华龙一号标准化技术手册

第三册

徐利根　总主编

中国原子能出版社

图书在版编目（CIP）数据

华龙一号标准化技术手册. 第三册 / 徐利根总主编.
—北京：中国原子能出版社，2021.1
ISBN 978-7-5221-1207-7

Ⅰ. ①华… Ⅱ. ①徐… Ⅲ. ①核电厂–标准化–中国
–技术手册 Ⅳ. ①U674.941–62

中国版本图书馆 CIP 数据核字（2021）第 012442 号

华龙一号标准化技术手册　第三册

出版发行　中国原子能出版社（北京市海淀区阜成路 43 号　100048）
策划编辑　王　朋　王　丹
责任编辑　杨　青
责任校对　宋　巍
责任印制　赵　明
印　　刷　河北文盛印刷有限公司
经　　销　全国新华书店
开　　本　787mm×1092mm　1/16
印　　张　70
字　　数　1747 千字
版　　次　2021 年 1 月第 1 版　2021 年 1 月第 1 次印刷
书　　号　ISBN 978-7-5221-1207-7　　**定　价**　**420.00** 元

网址：http://www.aep.com.cn　　**E-mail：atomep123@126.com**
发行电话：010-68452845

《华龙一号标准化技术手册》

总编委会

编委会办公室

第一卷　工程设计
编委会

第二卷　采　购
编委会

第三卷　建　安
编委会

第四卷　调　试

编委会

第五卷　维　修

编委会

第六卷　技术支持

编委会

主　编：肖冰山

副主编：郑德旭　李　华　阮彬标　金　凯　黄宏伟　鲁忆迅　尹凤奎　叶国栋　薛新才

编　制：程宏亚　魏　兴　张佶翱　孔凡鹏　沙平川　孟凡锋　李振振　彭　超　蔡光明
黄丹宾　罗　楠　潘延卿　况慧文　杨　赟　李建立　兰蛟龙　章圣斌　张　羽
张　鹏　马彦超　耿　飞　李　振　高　原　郑秀华　王志永　陈星玥　乔　泽
林建康　马谷剑　贺钰林　王梦磊　崔甫超　戴　猛　赖　伟　俞　慧　吴鹏飞
张明辉　赵　贺　王洪凯　戴贤源　项骏军　詹勇杰　刘　臻　代前进　王玲彬
李文涛　汪聪梅　骆雪莲　陈星明　胡明磊　张　维　陶　革　赵传礼　许　锋
栾兴峰　张江涛　黄　超　李世伟　杨　敏　秦建华　游兆金　王　东　徐　燕
卢叶艇　刘新福　孙金娜　任力元　王　森　李守平　陆　魏　陈　灿　朱晓勇
姜　赫　文　杰　赵卫东　高　轩　高　飞　葛炼伟　张　挺　周子卿

第七卷　运　行
编委会

主　编：徐金龙

副主编：朱金刚　王必勇　富宏利　胥　强

编制组：甘佳军　曹宇华　林　真　程　灿　黄　烨　王大鹏　贺英哲　谢晨宇　曹凤瑞
尹招辉　王　玮　江孝生　毛渊凯　李　栋　刘剑锋　牛朋亮　汤宏斌　饶忠南
胡　强　王　建　郑　立　宋家玉　彭克平

第八卷　设备管理
编委会

主　编：石屹峰

副主编：唐雪峰　何　林　金　凯　闵济东　王连生

编制组：林　琰　严　亮　黄显煊　杨敬伦　蔡涵颖　胡文勇　付　蓉　杨纪晨　吴　阳
游胜哲　张　政　沈　伟　洪　均　曾德球　吴舜华　许　涛　王　俊　金艳骏
李建春　岳春生　关　震　刘小年　胡宇杰　李小泉　夏炜琳

第九卷　保健物理
编委会

主　编：金卫阳

副主编：陈思明　秦国强　李厚文

编　制：李　刚　王建刚　胡　凌　柳红兰　王厉秦都　谢文瑾　姜　钺　徐明华　郭　行
徐卓群　晏雨实　周铁男　丁　爽　崔　鑫　曾进忠　侯　东　杜晓阳

第十卷　环境应急
编委会

第十一卷　消　防
编委会

第十二卷　信息文档
编委会

序言

伴随我国核工业的发展，我国核电技术走过了一个从无到有、持续改进和不断跨越的发展过程。从自主设计、建造和调试运行的秦山核电站（30 万千瓦压水堆）核电机组成功投产开始，我国核电工业发展就开始实行引进技术和自主研发并行的发展战略，核电技术取得了持续进步。引进技术路线始于广东大亚湾（100 万千瓦压水堆）核电站，其 1990 年投入商运，在国内进行了小规模化的连续建设；后续陆续又引进了压水堆 VVER 技术、重水堆 CANDU6 技术、压水堆 AP1000 技术、压水堆 EPR 技术和快堆技术等。而自主研发设计的国产化技术路线，经历了从压水堆（CNP600）技术到 CNP1000 压水堆技术，再到自主三代大型商用机组等发展阶段，该技术路线成功研发出了具有完整自主知识产权的三代压水堆核电品牌“华龙一号”（HPR1000）。

“华龙一号”的研发坚持了自主创新，采用了能动与非能动结合的安全设计理念，进行了大量的原创计算分析论证和试验验证，同时吸收了中国核工业发展 30 余年来核电科研、设计、制造、建设和运行等多方面经验，建设中采用了大量的先进安装调试技术。“华龙一号”是我国核电创新发展的重大标志性成果，对于我国实现由“核电大国”向“核电强国”跨越具有重要意义。“华龙一号”多次得到国家有关部门的认可，被国务院总理李克强誉为“国之重器”“国家名片”。

福清核电站 5 号机组是全球首台开工建设的“华龙一号”机组，于 2015 年 5 月 7 日正式开工，2020 年 11 月 27 日实现首次并网发电，2021 年 1 月 29 日投入商运，创造了全球三代核电首堆建设的最佳业绩。这标志着我国打破了国外核电技术垄断，正式进入核电技术先进国家行列，它还被评为“2020 年央企十大国之重器”“2020 中国硬核黑科技”。

面对国际核电市场的激烈竞争，为响应国家核电“走出去”的战略部署，实现“华龙一号”技术的标准化刻不容缓。为此，福清核电以 5 号机组——“华龙一号”首堆示范工程为依托，策划编制了《华龙一号标准化技术手册》系列丛书。标准化技术手册定位为技术规程、技术方案等的上游指导文件或总体性文件，包括技术大纲、导则、技术规范及技术要求。

《华龙一号标准化技术手册》于 2016 年 10 月开始策划，由福建福清核电有限公司主导，中核核电运行管理有限公司参编，历时 4 年完成。技术手册由 5 册组成，共 12 卷、143 章。手册内容包括工程设计、采购、建安、调试、运行、维修、设备管理、技术支持、保健物理、环境应急、消防和信息文档等 12 个专业领域，涵盖“华龙一号”示范工程的建造、调试和运行各阶段。

前言

2015 年 5 月 7 日，“华龙一号”全球首堆示范工程在福清核电开工建设，2016 年福清核电启动了“华龙一号”技术文件的标准化工作，按照集团“三化战略”部署要求，建立了公司标准化专项工作组织机构，开展了包括公司治理、生产运行、维修和科研管理等 18 个领域业务标准化工作。

《华龙一号标准化技术手册》是基于福清核电多年工程建设和生产运营经验，同时借鉴了秦山核电站技术文件体系建设经验，并在对“华龙一号”工程建设和机组运行中的实践经验进行全面总结和提炼的基础上，形成的适用于“华龙一号”的标准化技术文件系列产品。

技术手册专项工作组包括设计、采购、建安、调试、运行、维修、设备管理、技术支持、保健物理、环境应急、消防和信息文档等 12 个业务领域小组，涵盖“华龙一号”示范工程的建造、调试和运行等各阶段。专项工作组从 2016 年 10 月开始策划，历时 4 年，经过各领域专家多次审查和修改，于 2020 年 10 月完成书稿，2021 年 12 月完成标准化技术手册出版工作。

技术手册共分为 5 册，每册按专业领域细分为卷、篇、章和节。其中，第 1 册由工程设计、采购、建安等 3 卷组成，第 2 册由调试卷组成，第 3 册由维修卷组成，第 4 册由技术支持卷组成，第 5 册由运行、设备管理、保健物理、环境和应急、消防、信息文档等 6 卷组成。

福清核电 5 号机组“华龙一号”首堆示范工程已于 2021 年 1 月 29 日成功投入商运，6 号机组正在按计划调试。国内目前已经批复了 6 个厂址建设“华龙一号”技术核电机组，11 台机组在建，约 20 台机组在申请待批中，已经形成了小规模化的建设发展。国外两台“华龙一号”机组在建，一台机组的主合同已经签订。随着“华龙一号”首堆示范工程并网运行以及后续机组工程建设的实践经验积累，技术手册的内容将不断得到验证和完善，其将为后续“华龙一号”技术的持续改进、优化奠定良好的基础。本技术手册中的疏漏和不当之处，恳请广大读者批评指正。

在此致谢！

《华龙一号标准化技术手册》的出版是福建福清核电有限公司以及中核核电运行管理有限公司集体智慧的结晶，凝聚了福清核电、秦山核电工程技术人员的心血。在此，对为本手册做出贡献的全体参编成员、领导及专家表示衷心感谢！

目录

第五卷　维修…………………………………………………………………………………… 1

第一篇　维修技术策略……………………………………………………………………………3

第一章　预防性维修策略…………………………………………………………………………5

第二章　纠正性维修策略………………………………………………………………………… 16

第二篇　维修技术规范…………………………………………………………………………… 21

第一章　机械……………………………………………………………………………………… 23

第二章　电气………………………………………………………………………………………561

第三章　仪控………………………………………………………………………………………887

第四章　专用工器具……………………………………………………………………………… 1033

第五章　维修支持………………………………………………………………………………… 1047

附录：《图表编码规则及说明》 ………………………………………………………………… 1101

第五卷

维修

第一篇

维修技术策略

第一章　预防性维修策略

1　概述

预防性维修工作是保证核电厂构筑物、系统和部件能够按照设计的要求保持其可靠性和有效程度及保证核电厂安全、稳定和可靠运行的重要手段，通过制定预防性维修策略，明确预防性维修大纲、预防性维修数据库、预防性维修项目计划及过程控制基本要求，为预防性维修的实施提供明确指导，并结合数据和经验的积累，持续优化预防性维修大纲和预防性维修数据库，不断提升预防性维修管理水平。

2　引用文件

《Equipment Reliability Process Description 2013》（INPO AP-913）

《Work Management Process Description 2010》（INPO AP-928）

《Preventive Maintenance Program Guideline 2011》（SW014945）

《A Guideline for Developing Preventive Maintenance Programs in ElectricPOwer Plants 1984》（EPRI NP-3416）

《Guidance for optimizing nuclearPOwer plant maintenance programs 2006》（IAEA-TECDOC-1383）

《Predictive Maintenance Program Development and Implementation 1998》（TR-108936）

3　术语和定义

预防性维修（Preventive Maintenance，PM）：针对 SSCs 开展的防止和缓解性能劣化或故障，或对设备的性能与状态进行监测、检查及跟踪，以保持或延长设备使用寿命的维修活动。预防性维修又细分为周期性维修、预测性维修及策略性维修三种。

维修策略：针对某一具体的设备，确定适当的预防性维修方式，包括针对该设备的所有预防性维修任务。维修策略，是基于预防性维修模板，维修实施反馈，内外部经验等信息制定的，与设备的分级、分类及设备故障诊断技术等有关。维修策略包括预测性维修、周期性维修、策略性维修及运行至维修等方式。

预防性维修大纲（Preventive Maintenance Program，PMP）：核电厂预防性维修的指导和要求，规定了核电厂关键和重要的构筑物、系统和设备的预防性维修项目、内容和周期，同时阐明编写的依据和理由的说明性内容。

预防性维修优化（Preventive Maintenance Optimization，PMO）：基于预防性维修大纲执行的反馈、内外部运行经验反馈、以及新设备类型的使用，对预防性维修大纲的任务内容和频度，以及预防性维修模板进行持续优化。通过预防性维修优化，在提高设备可靠性的同时，提高设备的可用率，降低设备管理成本。

周期性维修（Periodic Maintenance）：是按照预定的日历时间间隔，或预定的设备运行时间，或电站的大修周期间隔而开展的预防性的维修。

预测性维修（Predictive Maintenance，也叫状态维修）：是指通过对能表征设备性能的可测参数和特征进行连续或间断式的监测、诊断或趋势分析，以得到设备功能完好性或健康状态的指示，并在这些参数或特征表明设备即将出现故障前进行针对性维修。预测性维修的结果指示了设备当前及未来执行其功能的能力或既有情况，并用于制定必需的策略性维修计划。

策略性维修（Planned Maintenance）：是指依据预测性维修的结论，在设备故障发生之前，有计划地进行设备翻新或更换，从而防止设备的失效。

预防性维修模板（Preventive Maintenance Template，PMT）：是对某一类型设备，按照关键度分级和工作环境（Service Condition）、工作频度（Duty Cycle），分别提供预防性维修工作的项目（包括监督监测、定期任务、故障排查）、时间等建议，是开发预防性维修大纲的基础文件。

预防性维修任务（Task）：根据预防性维修模板制定的、针对某具体设备的预防性维修任务，包括预防性维修任务内容和执行频度要求。预防性维修任务分为状态监测任务、定期维修任务和故障检测任务三类。预防性维修任务是构成预防性维修大纲的基本内容。

宽限期（Grace）：针对某项周期性维修任务，其执行周期的 25%作为宽限期，只要该项任务能够在宽限期内完成（即+25%），则该任务还被认为是有效执行的。

修前状态（As Found）：在对设备进行检修、操作、调整前或状态监测时设备所呈现的状态，包括设备的外观、泄漏情况、内外部锈蚀情况、内外部尺寸等状态。修前状态亦包括在打开设备外盖、人孔、或移除部分部件后所呈现的内部状态。

修后状态（As Left）：在对设备进行检修、操作、调整后所测到的设备状态参数。

预防性维修数据库：指在生产管理系统中用于管理预防性维修、在役检查、定期试验、化学监督、防腐等项目及其规划安排的模块。

关键设备（Critical Component，CC）：指对核电厂的核安全和机组发电具有关键作用的设备。为进一步突出重点，关键设备又细分为关键 1 级（CC1）和关键 2 级（CC2），CC1 即关键敏感设备（SPV）。

关键敏感设备（Single Point Vulnerability，SPV）：是指单个设备故障即可导致核电厂停堆、停机、降功率、功率大幅度波动的设备，关键敏感设备作为关键 1 级（CC1）设备管理。

关键 2 级设备（CC2）：指关键 1 级设备以外的设备，单个设备故障即可导致支持核电厂核安全或机组发电的重要功能丧失或降级的设备。

重要设备（Non critical Component，NC）：指对核电厂的核安全和机组发电具有重要作用，或通过维修可以避免重大设备损失、降低成本的设备。

一般设备（Run-to-Maintenance，RTM，与历史上的 RTF 等同）：指除关键和重要设备之外的其他设备。

设备管理责任处室：指直接承担电站机组设备管理职责的处室。

维修责任处室：负责维修和变更的实施和管理处室。

4 预防性维修策略

——核电厂的维修策略是指针对某一具体的设备，确定适当的预防性维修方式，包括针对该设备的所有预防性维修任务。维修策略包括采用：

- 预防性维修方式；
- 运行至维修（Run To Maintenance，RTM，以前称为 RTF）方式。

——采用何种维修策略是基于设备的重要性（分级）、设备类型及设备故障诊断技术、维修实施反馈、内外部经验等信息制定。对机组的安全稳定运行具有重要作用的设备，应该尽量避免设备故障影响机组的安全稳定运行，必须采取积极的维修方式–即预防性维修方式来及时探测和缓解设备的老化/

降级现象，消除设备故障以避免冲击机组的安全稳定运行。具体设备则要分析其工作环境和可能的故障模式，以及探测和缓解这些故障模式的方法，来确定合适的预防性维修项目；不排除某种应该采取预防性维修策略的设备因为预期在机组寿期内不会发生故障或没有任何合适的方法来探测或缓解其老化/降级现象而不用或不能安排预防性维修活动。

——预防性维修是针对构筑物、系统和设备开展的防止和缓解性能劣化或故障，或对设备的性能与状态进行监测、检查及跟踪，以保持或延长设备使用寿命的维修活动。预防性维修又细分为：

- 周期性维修，也称为基于时间的维修（Time Based Maintenance，TBM），即需对设备定期进行全面维修，传统上的预防性维修多用此种方式，相对来说比较保守，发生过度维修的可能性较大，但是方便预维计划控制，设备失修的风险较小。
- 预测性维修（Predictive Maintenance，PdM），也称为基于状态的维修（Condition Based Maintenance，CBM），即不安排设备定期进行全面维修，而是采用对设备的状态进行监测、定期评估，而合理安排设备的维修时机。相对来说采用预测性维修更科学合理，但是存在设备失修的风险，因此确定采用预测性维修方式时，必须仔细分析设备的故障模式和监测手段，确认不会有周期性的故障模式导致必须定期全面维修，确认有足够多的手段来监测设备的状态和发现故障征兆。并且采用预测性维修方式，必须严格执行设备性能监测、趋势分析和监督工作。
- 策略性维修（Planed Maintenance），是指依据预测性维修的结论，在设备故障发生之前，有计划地进行设备翻新或更换，从而防止设备的失效。如以监测到的压差为依据对过滤器滤芯更换、清洗、反冲洗等工作，即是属于这种策略性维修，而不是为消除设备故障的纠正性维修。

——在国际国内的实践上，一般来说核电厂投产初期，因为缺乏设备运行经验，对设备状态了解不足，建议设备预防性维修策略以周期性维修为主，随着设备可靠性工作的开展和基础数据的积累，再逐步将预防性维修策略过渡到预测性维修为主。

5 预防性维修大纲编撰导则

在编写预防性维修大纲前应该首先编写指导开发预防性维修大纲的技术指导文件作为预防性维修大纲的编撰导则。预防性维修大纲编撰导则可以是预防性维修模板（PMT）、编写指南等文件。

6 预防性维修模板管理

6.1 概述

预防性维修模板是一种基于以可靠性为中心的维修（RCM）理论，符合 AP-913 流程为简化预防性维修大纲开发或优化难度而编制的，针对设备类型和设备分级的设备预防性维修参考项目，便于开发优化预防性维修大纲，是预防性维修编撰导则的一种。本章所述的预防性维修模板将是基于预测性维修策略的。

6.2 预防性维修模板开发

——针对不同设备类型，开发相应的预防性维修模板，模板包括预防性维修任务和每项任务的执行频度（即执行周期）和不同等级（关键度分级、工作频度分级、工作环境分级）的设备给出不同的执行频度要求。同一类设备，不同的设计及制造、不同的容量，其预防性维修的要求有差别，这种差别由同一类设备的不同 PMT 模板来分别开发，对于结构上的小差别，也可以在同一份 PMT 模板中包含，即在任务描述中应针对不同的结构，列出不同的任务内容。

——预防性维修任务分为三类：

● 状态监测任务（Condition Monitoring Task），指主动安排的针对设备状态而开展的设备诊断、标定、检查、取样化验、无损探伤等；

● 定期维修任务（Time Directed Task），指定期对设备进行维修的工作，特别是解体检修、部件更换等；

● 故障检测任务（Failure Finding Task），主要指通过设备试验，集中诊断设备的性能和状态而排查设备可能的降级和缺陷现象。

——针对每一项任务开发“预防性维修任务模板”，模板包括任务目的，任务工时，设备不可用时间，任务描述，任务针对的故障模式，故障时间相关性，任务周期，选择背景及与其他任务之间的关系等内容。

——预防性维修模板的开发，可参考美国电科院（EPRI）的预防性维修数据库（PMBD）中的“预防性维修模板参考”，但必须根据现场设备型式型号、制造厂家说明书、以及设备的维修历史、相关法规、标准要求，结合开发人员的实践经验，作适应性调整。

6.3 预防性维修模板维护

预防性维修模板维护的内容包括：

——审查、修订、补充 PMT 模板：

● 在业界有新的 PMT 模板时，及时开发新的或升版原有的 PMT 模板；根据现场的反馈，修改或补充 PMT 模板；在维修策略调整时，及时对 PMT 进行修订；

● 随着管理的深入，同类型的设备，可按设备子类、容量、厂家等信息进行细分，针对不同细类的设备，可开发多个 PMT 模板。

——触发 PMT 模板在各类设备 PMP 大纲开发和优化过程中的应用。PMT 模板修订或新增后，列出 PMT 所适用的现场设备，并针对每台（组）设备，分别提出预防性维修大纲修改申请。

7 预防性维修大纲管理

7.1 概述

预防性维修大纲以各机组的生产系统或设备类型为单位而开发的设备维修任务和频度要求的技术文件。

现有的预防性维修大纲是基于周期性维修策略的。在基于预测性维修的预防性维修模板开发完成后，应根据本程序的预防性维修大纲优化流程，对原大纲进行逐步优化升版，并最终完成大纲的整体更换。

7.2 预防性维修大纲的编写依据

——核安全法规、导则；

——质量保证大纲、维修大纲；

——国务院各部委和地方行政规章、管理条例，国家或相关行业的标准，包括 ASME、IEEE、RCC 等设计时遵循的国际标准；

——FSAR 及其技术规格书；

——设计文件（包括竣工文件）；

——供货商的文件（设备运行、维修手册，系统设计手册等）；

——预防性维修模板；

——设备维修历史；
——美国电科院（EPRI）的预防性维修数据库（PMBD）中的预防性维修模板参考（PMT）；
——外部经验反馈（如 WANO、IAEA、国内外其他核电厂的运行经验）；
——内部经验反馈；
——设备工程师、系统工程师的经验；
——其他类型的文件。

7.3 预防性维修任务

——首先根据设备的结构、部件材料、工作环境等基本信息，分析设备和部件的故障模式，针对各故障模式制定预防性维修任务。

——在选择预防性维修的任务时，应该优先考虑开发状态监测任务；其次考虑开发定期的维修任务。

——在开发预防性维修任务和确定其执行周期时，必须认真考虑“度”的问题，并不是越多的预防性维修任务和越短的执行周期就是越好的。过多和过于频繁的预维工作首先从经济上是不合算的，同时也降低了设备的可用性，并且因为维修过程中的不确定性也大大增加设备降级和故障的风险。

图 351-01-07-01 是一个预防性维修和纠正性维修同经济性、可用性、故障率的关系示意图，以说明合适地安排预维工作的重要性。

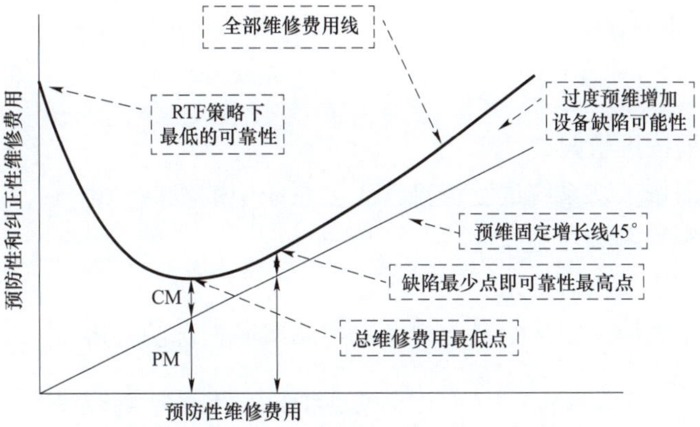

图 351-01-07-01 预防性维修和纠正性维修同经济性、可用性、故障率的关系示意图

合适的预维工作安排是指通过经验或对设备性能的监测（包括针对设备状态而开展的试验、诊断、标定、检查、取样化验、无损探伤等主动安排的状态监测任务和故障检测任务）而预测的一个设备可能故障的时间点，在这个点前安排合适的预防性维修以使设备消除故障隐患。如图 351-01-07-02 所示。

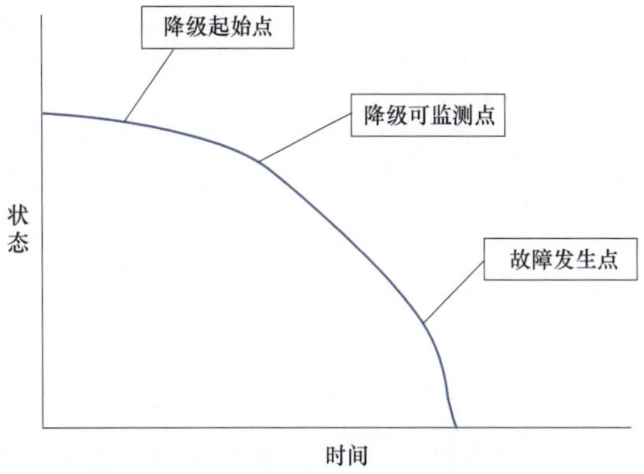

图 351-01-07-02 设备性能状态示意图

——状态监测任务和故障检测任务及其执行周期要求是在设备发生故障前，能够及时确定设备老化或性能降级状态，并留有足够时间裕量处理。

——预防性维修任务和执行周期依据章节 7.2 中列出的内容和设备/系统工程师的实践经验而定。

● 在其他大纲如在役检查大纲、金属监督大纲、自主检查大纲、防腐大纲、定期试验大纲、化学控制手册中规定的定期任务不包括在预防性维修大纲中。但是在这些大纲之外，为保持设备可靠性而需要额外开展的定期试验、检查、取样分析等任务必须落实在大纲中。

● 设备工程师/系统工程师在制定或修改设备的某项预维任务时，必须了解并同设备的其他预维任务协调，有时还必须考虑在更大的设备范围内的影响和适用性。

● 通过下列问题有助于审视设备预防性维修任务是否完整：

——可能的故障有哪些？对系统、机组有什么影响？

——是否有易老化需要定期更换的部件？更换周期多长？是否有易损坏需要定期检查的部件？检查周期多长？是否有定期标定要求？周期多长？设备是否有定期更换要求？

《中国核安全法规》(HAF、HAD）是否有要求？FSAR 及技术规格书对设备是否有试验、维修要求？

——在役检查大纲金属监督大纲是有检查要求？

——中国的特种设备监管法规、标准是否有维修、试验、检查的要求？

——中国电力行业法规，行业标准是否有维修、试验、检查的要求？

——中国的其他法规行业标准是否有维修、试验、检查的要求？

——设计标准（ASME、RCC、IEEE）是否有维修、试验、检查的要求？

——制造厂的维修、试验、检查的推荐意见（手册、信函、邮件）是什么？

——公司的管理程序、技术专项管理中是否有维修、试验、检查的要求？

——有没有内部、外部经验反馈？设备工程师、系统工程师有些什么经验？

——预防性维修模板（PMT）是否可以覆盖维修要求？

7.4 预防性维修大纲的归类与内容

（1）归类原则

——预防性维修大纲按机组归类；

——预防性维修大纲按工艺系统进行编排，工艺系统中的机械、电气、仪控设备，包括大型复杂设备，如汽轮机、主变等均编制在系统中。

（2）预防性维修大纲主要内容要求

大纲包含内容参考下表所示，大纲具体内容以电站实际情况的为准。

表 351-01-07-01 预防性维修大纲包含内容参考表

内容	说明
序号	
系统/设备编码	预防性维修任务的开发应以系统设备清单中的逻辑设备为单位
设备名称	
标准设备类型	
项目名称*	
工作内容*	对项目内容的详细描述
修后试验规程	记录维修后试验规程的编号
专业	指实施的专业，如机、电、仪、防腐、探伤、焊接等
周期*	以秒（S）、日（D）、周（W）、月（M）、年（Y）、运行周期（C）为单位
工作条件	选“日常”或“大修” 实际以生产计划处和大修管理处的计划安排为准
设备分组	指预防性维修的分组，便于安排预维计划时以某一比例从中抽样。如按照 ASME OM Code 制定的安全阀、阻尼器预维大纲时等设备必须分组。
NNSA 监管项目	选“是”或“否”
NNSA 监管项目依据	填写监督要求如“FSAR16.3.33.1.4SR1”

续表

内容	说明
预大修	选“是”或“否”
迎峰度夏	选“是”或“否”
迎峰度冬	选“是”或“否”
修订说明	
状态	
PMP 责任人	
PMP 编号	
PMP 修订号	
PMT 编码	指预防性维修模板的编号
PMT 使用方式	选“参考”或“依据”
开始时间（日常）	
开始次数（大修）	
定期试验规程编码	
替换关系	
备注	

*：指关键字段

（3）预防性维修大纲的关键字段

——上面的预防性维修大纲内容的各个字段中，只有“预防性维修项目”“工作内容”“周期”这三个字段是关键字段，如果需要对这三个字段的内容进行修改，必须对预防性维修大纲进行修订，修订流程详见本程序章节 11 的内容；

——其他字段是用于初始化预防性维修计划或用于说明和注释用，当修改这些字段内容时无需修改预防性维修大纲。用于预防性维修计划的字段在预防性维修数据库中控制，只需修改预防性维修数据库即可。

（4）预防性维修大纲封面和扉页参考要求

这是对新开发或升版预防性维修大纲时的要求，本程序不要求主动去将所有现有的预防性维修大纲文件按照下面的要求升版。

——文件名：XX 机组 XXX 系统预防性维修大纲；

——英文名：Preventive Maintenance Program for XXX System of XXX Unit；

——修订说明：修订本大纲的原因，包括优化编号、与原版大纲的主要差别等；

——本大纲所适用的机组、覆盖的主要设备清单（设备编码、设备名称和设备分级）；

——参考文件（一般指编写预防性维修大纲所参考的 PMT 模板、技术标准、设计规范、制造厂家给出的维修说明等。参考文件应给出名称、编号和版本，本公司的各类制度、规程、细则等不属于参考文件范围，若需要引用，可以在引用处直接说明）

7.5 预维大纲的编写和审批

预防性维修大纲由承担管理责任的设备工程师或系统工程师负责编写，其主管科、处长审查，主管技术厂长或领导批准。

涉及核安全相关的，如满足核安全局的管理要求、技术规格书要求等，由核安全部门审查和会签。

编写、审批的资格和权限参考表见表 351-01-07-02：

表 351-01-07-02　预防性维修大纲编写、审批权限参考表

技术文件类别	编制人	校核人	审核人	会签	批准人
关键（通用）设备（重要系统）预维大纲	工程师/技师或指定人员	科室技术主管/（副）科长	处室技术主管/（副）处长	相关处室技术主管/（副）处长	主管技术厂长或领导
非关键设备（非重要系统）预维大纲	助理工程师/技师或指定人员	科室技术主管/（副）科长	处室技术主管/副处长	相关处室技术主管/（副）处长	主管技术厂长或领导

7.6　预维大纲的定期升版要求

系统/设备预防性维修大纲、无固定升版周期要求，根据电站生产需要动态修订升版；但如果连续5年未进行过升版，需进行适用性评估。

8　预防性维修数据库和标准工作包（工单模板）的建立

8.1　预防性维修项目数据库

为了便于对预防性维修大纲文件所规定的预防性维修项目进行管理和制定预防性维修的规划和计划，应建立相应的预防性维修项目数据库。

在预防性维修数据库中，各种大纲，如预防性维修大纲、在役检查大纲、定期试验大纲、性能试验大纲、防腐大纲等，规定的定期性工作任务汇集在一起，针对同一设备的各种定期工作任务，统一安排，避免遗漏、重复。

8.2　标准工作包的准备

预防性维修项目属于周期性工作，其技术准备适宜采用标准工作包的方式。

9　预防性维修项目计划控制

9.1　计划控制的总体原则

某项周期性的预防性维修工作（PM），将其执行周期的25%作为宽限期，只要该项工作能够在宽限期内完成，则被认为是有效的。对于关键设备（CC1 和 CC2 级）的 PM，应尽可能安排在宽限期的前 1/2 时间段内完成。

未能在宽限期的前 1/2 时间段内完成的，称为“PM 未及时完成”；未能在宽限期内完成，称为“PM 推迟（延期）执行”。

任何 PM 工作的推迟（延期），需要事先提出申请，由设备管理的责任工程师对工作推迟执行所引入的风险进行评估，严格禁止未经批准的 PM 工作推迟（延期）。

设备管理责任人负责跟踪和监督相应设备预防性维修项目的实施情况。

9.2　预防性维修项目计划安排

预防性维修大纲只规定了设备预防性维修工作的内容、频度，日常和大修实施项目的计划安排应有专门处室负责，且必须保证项目实施的频度满足大纲的要求。

9.3 预防性维修项目推迟（延期）

开展 PM 工作推迟（延期）执行所引入的风险进行评估时，应综合考虑下列方面的内容：对该设备历史检修记录进行核实，是否存在缺陷率高的问题；对当前的缺陷工单进行核实，是否存在尚未消除的缺陷；设备目前运行的状态是否良好；取消工单后带来的安全风险等。必须将评估过程和结论形成正式的书面记录，作为批准 PM 工作推迟（延期）的支持性材料。

项目推迟（延期）执行后，为使项目下一次自动触发的时间间隔合适，可能需要修改预防性维修数据库中的项目起始时间或触发条件，若需要，则提出数据库修改申请，并附上批准 PM 工作推迟（延期）的相关支持性材料。按相关流程完成审批后，进行数据库中起始时间或触发条件的修改。

在大纲规定频度范围内进行的项目计划调整不需要提出数据库修改申请，可由数据库维护人员直接修改据库中的项目起始时间或触发条件。

预防性维修项目推迟（延期）的批准，只是调整了单次项目实施的时间，不涉及预防性维修内容和频度的调整，不需要修改预防性维修大纲文件。

每一项 PM 工作任务的所有工作内容都应完成，否则应提出修改申请。

9.4 预防性维修项目等效

在预防性维修周期内，设备已进行过纠正性维修且维修内容可以等效替代相应的预防性维修内容，或者进行过设备更换，为避免重复维修，应考虑预防性维修项目的等效。

发生预防性维修项目等效后，为使项目下一次自动触发的时间间隔合适，可能需要修改预防性维修数据库中的项目起始时间或触发条件，若需要，则提出数据库修改申请，按照相应的流程完成审批后，进行数据库中起始时间或触发条件的修改。

预防性维修项目等效，不涉及预防性维修内容和频度的调整，不需要修改预防性维修大纲文件。

10 预防性维修过程控制

为确保预防心维修过程可控，电站应编制预维工作包准备、关闭、过程控制、质量控制、质量验证等管理程序。

预防性维修实施过程中观察到和测量到的结果作为预防性维修大纲修订的依据，这是预防性维修优化的核心流程。根据本次设备修前状态/修后状态记录的反馈结果，并结合本设备及同类设备历史反馈记录，和其他内外部经验反馈，决定是否需要提出预防性维修大纲（PMP）修改。如果需要，则通过预维大纲修改流程完成相关的修改。

11 预防性维修大纲优化

11.1 预防性维修大纲优化的入口条件

在以下工作过程中出现了需要进行预防性维修大纲优化的条件时，启动升版流程：

——预防性维修实施过程的反馈；

——对纠正性维修历史的分析；

——设计变更或设备型号、形式变更；

——内外部经验反馈信息；

——系统设备监督结果，或者新的监测技术的应用；

——设备技术管理大纲对维修策略提出新的要求；

——设备厂家提出的建议；

——行业内或公司内部开发出新的预防性维修模板；

——国务院各部委和地方行政规章、管理条例，国家或相关行业的标准提出的新的要求，包括ASME、IEEE、RCC等设计时遵循的国际标准；

——状态报告行动要求。

11.2 预防性维修大纲优化申请（PMPCR）的提出

——提出人申请时，应尽可能详细地描述修改原因及建议。在说明修改原因及建议时，下列问题可作为参考，并非每一个问题需要作答，但必须要考虑：

- 从该设备的关键度、运行频度、运行环境分级情况，判断任务的合理性；
- 从该设备是否有上级监管要求，或者FSAR等的要求，判断任务的合理性；
- 了解该设备的结构形式，主要故障模式，分析设备是否出现了故障原因与影响分析（FMEA）中所列出的故障模式，针对这种故障模式，有没有手段建立一个新的维修任务，或者调整原有任务；
- 依据现场的执行情况，现有的PM任务和频度，或PMT所推荐的要求与现场实际情况差别很大。

——当有多个项预维项目时，可以采用在《预防性维修大纲修改申请单》后附清单的形式。

11.3 预防性维修大纲修改申请的评估与审批

——预防性维修大纲修改申请应进行风险和技术评估。评估时，需逐一进行以下内容的评估：

- PMP修改，引入了哪些风险？针对引入的风险，有没有防患、降低或消除风险的手段？减少了哪些风险？
- PMP修改，有没有提高了设备的可靠性？如果设备可靠性降低了，这种降低是不是可接受？有没有应对可靠性降低的手段？
- 有没有提高了设备的可用率，即提高了设备可运行的时间？反之，则可用率的降低是不是可接受？有没有应对可用率降低的手段？
- 对电站的经济性产生哪些影响？对大修计划产生哪些影响？
- 对最终安全分析报告产生哪些影响？对国家安全部门的监管要求产生哪些影响？
- 在技术上是不是可行，如维修手段？故障检测手段等？
- 在其他方面有没有产生影响？如与目前工作的衔接，对其他工作项目的影响。提醒，要了解设备上或相关设备上的其他工作任务，特别是在役检查项目、试验项目、防腐项目等，如果同其他工作有冲突，而那些工作无法跟随调整，则不必对这个项目进行优化。

——基于上述的评估，评估人给出评估结论，通常包括同意修改，不同意修改，部分采纳修改意见等。

——同时将大纲的修改内容制成附表，随PMPCR表单一起进入后续的审批和执行流程中。

——PMPCR批准。不涉及关键设备修改的PMPCR由设备工程师所在科长审核，处长批准；涉及关键设备（CC1、CC2级）的修改，由科长、处长审核后，由技术副厂长批准。认为必要时，批准前还可提交其他处室会签（如核安全处）。

——在制定或修改设备的某项预维任务时，必须了解并同设备的其他预维任务协调，有时还必须考虑在更大的设备范围内的影响和适用性。

11.4 预防性维修模板PMT的审查

通常在以下情况下需要对PMT模板进行修改：

——PMPCR 所列的修改原因，不仅适合本设备，也适合其他机组、其他同类设备；

——PMPCR 所列的修改原因，是长期适用的，而非临时改变；

——PMPCR 所列的修改原因，针对某一了类设备，该类设备由于特殊的结构，无法采用现有 PMT 模板，需要开发新的 PMT 模板。

11.5 预防性维修大纲优化的实施与关闭

——批准后的 PMPCR，实施下列修改工作：

● 预防性维修大纲文件的修订。由大纲文件责任人负责按照 PMPCR 确定的修改内容修订大纲文件。也可以将批准的 PMPCR 与大纲文件建立关联，作为大纲文件的修订记录。在 ERDB 管理的预防性维修大纲，由于大纲文件已经电子化，当 PMPCR 批准后，相应的电子化大纲文件已同步修改完成。

● 预防性维修数据库的修改。由预防性维修数据库管理人员按照 PMPCR 确定的修改内容进行数据库的修改。

● 维修文件修改，由责任工程师判断大纲的修改是否需要修改相关的维修规程？如是则发状态报告通知对应的维修责任处室修改相关的维修规程。

● 标准工作包和已触发工单的修改，由责任工程师判断大纲的修改是否需要修改相关的标准工作包和已触发的工单？如是则发状态报告通知对应的维修责任处室审查并修改相关的标准工作包和已触发的工单。

——在上述几项工作任务已完成或任务已纳入其他流程进行跟踪后，将 PMPCR 关闭。PMT 新增或升版后，如果需要进行其他的 PMP 大纲升版工作，则由 PMT 负责人触发新 PMPCR 进行管理。

第二章　纠正性维修策略

1　概述

纠正性维修工作是指针对缺陷、故障或失效的 SSCs 开展将其性能恢复到可接受标准的维修活动，电站功率运行期间的纠正性维修风险一般较大，应特别规定和规范功率运行期间的纠正性维修风险管理。纠正性维修策略主要明确了纠正性维修的优先级、响应、实施准备以及实施的管控要求，为电站的纠正性维修实施提供指导。

2　引用文件

无。

3　术语和定义

纠正性维修：是指针对缺陷、故障或失效的 SSCs 开展将其性能恢复到可接收标准的维修活动。考虑到对电站安全运行影响程度的不同，在制定纠正性维修计划的优先级别时，纠正性维修又可细分为“故障维修”及“小缺陷维修”。

检修方案：用于指导修复设备的缺陷、故障或功能失效，或对报修设备的问题的查找的技术文件。为最大地缓解和控制功率运行期间电站因重大的纠正性维修带来的影响和风险，检修方案中应包括检修过程风险评估及应对措施。

紧急缺陷（0 级）：设备失效或严重降级使系统不能运行或不可用，可能造成机组即时降功率或核安全、辐射安全、工业安全水平下降。

重要缺陷（1 级）：指系统或设备存在的缺陷将可能影响反应堆功率、热阱或备用热阱、运行限值和条件、安全系统可用性、纵深防御的有效性、放射性包容等。

一般缺陷：除紧急缺陷与重要缺陷之外的其他缺陷。

优先级：根据缺陷或其他工作对于机组当前状态的影响紧急程度而确定的级别。

设备管理责任处室：指直接承担电站机组设备管理职责的处室。

维修责任处室：负责维修和变更的实施和管理处室。

4　纠正性维修产生

核电厂各处室的员工发现设备或构筑物存在的问题，均可填报缺陷或联系运行责任处室确认并填报缺陷，由运行责任处室负责缺陷工作申请的审核与批准。缺陷申请过程中要重点关注 SPV 设备相关的工作申请。

5 工作优先级和响应要求

5.1 概述

纠正性维修工作根据缺陷紧急和重要程度，确定其优先级为 0 级、1 级和 2 级。

5.2 0 级：紧急缺陷

——分级原则。设备失效或严重降级对机组安全稳定运行造成以下即时的现实威胁：

- 停机停堆；
- 机组降负荷；
- 进入退防时间≤3 d 的 TS 运行限制条件；
- 放射性物质释放明显超标或失控；
- 工业安全水平下降造成人身伤害；
- 重要设备损坏；
- 反应堆、汽轮机、高中压变压器、重要设备的保护系统失去冗余；
- 消防保卫功能全部或部分失去；
- 值长认为需要紧急处理的其他缺陷。

——响应要求。立即响应。

5.3 1 级：重要缺陷

——分级原则。符合以下准则的非 0 级缺陷：

- SPV 设备缺陷；
- TS 相关系统设备缺陷；
- 发电直接相关系统/设备缺陷；
- 火灾监测系统设备缺陷；
- 辐射监测系统设备缺陷；
- 物理、化学监测、分析设备缺陷；
- 可能造成人身伤害的设备缺陷；
- 运行特别关注的缺陷。

——响应要求：工作申请批准后 2 个工作日内完成准备，且工作实施前必须做好充分的风险分析和工作准备。如工单准备中如涉及待备件、待方案、需要完成风险分析及措施、需要其他许可证审批等不能按时完成准备的，生产计划处应在计划管理平台上做好标识。

5.4 2 级：一般缺陷或非缺陷临时工作申请。

——分级原则：除紧急缺陷与重要缺陷之外的其他缺陷，以及非缺陷的临时工作申请；

——响应要求：工作申请批准后 5 个工作日内完成准备，且在方案明确的情况下安排在最近的工作窗口进行消缺。如工单准备中如涉及待备件、待方案、需要完成风险分析及措施、需要其他许可证审批等不能按时完成准备的，生产计划处应在计划管理平台上做好标识。

6 纠正性维修管理基本要求

——核电厂功率运行期间的纠正性维修风险一般较大，应特别规定和规范功率运行期间的纠正性维修风险管理；

——当设备的故障有明确的预防性维修项目与之相对应时，在执行这些纠正性维修项目时要为预防性维修项目的有效性判别提供相应维修记录，或保留好待查明原因的故障部件；

——功率运行期间影响核电厂安全及出力的不明原因设备缺陷，核电厂要协调维修、设备管理及运行等方面资源，通过制定详细的缺陷处理方案、计划及风险控制措施等手段，直到设备缺陷的消除，从而保证维修工作能够有力地支持电站的安全可靠运行；

——核电厂关键、重要设备上发生重复性的纠正性维修，或纠正性维修后发生返修时，应得到核电厂的充分重视，并审查分析维修人员的技能、资质、培训授权及维修过程控制的有效性，采取相应的纠正行动。

7 纠正性维修准备

维修责任处室在接收到纠正性维修工单任务后，应到现场确认设备或构造物状态，对故障或缺陷原因进行分析和定位，按照维修准备管理相关程序的要求开展工作准备。

维修责任处室在纠正性维修准备工作中，结合设备分级情况及缺陷、故障的维修复杂程度，对纠正性维修工单进行分类、分级管理，对于关键、重要设备纠正性维修，如果没有对应的维修规程或经过评估其他有必要的工单应编制专门的检修方案，经过审批后，指导现场工作。维修责任处室应特别关注涉及关键重要设备，并且维修过程复杂的纠正性维修工作。

维修责任处室在纠正性维修准备过程中，应充分评估维修过程中存在的各类风险及应对措施，重点关注维修风险的识别和控制措施的制定，其内容包括但不限于以下信息：工业安全风险、辐射防护风险、设备操作风险、防异物要求、备件异常风险、以上风险评估内容及应对措施在工单要点描述或检修方案中予以明确。

紧急工作可以不按照正常的工作流程准备工作文件包，但必须确保工作过程不危及核安全、工业安全及降低工作质量。

如值长或其他任何人员认为紧急工作存在风险，应编写检修方案，检修方案审批完成后作为办理紧急隔离票的条件。

对于需要隔离安措的紧急工作，由值长通知隔离经理同步在 eSOMS 中准备隔离。

现场检修如有需要，维修工程师/设备工程师应及时到现场协助工作负责人开展就地准备和技术支持。

8 编制检修方案的要求

8.1 检修方案编制原则

对一般设备的缺陷维修，只有在缺乏有效的维修手段及维修文件支持时才需要编写检修方案。对 SPV 设备、关键重要设备的缺陷，以下情况需编写检修方案：

——现有的维修规程不能完全覆盖或不适用缺陷维修过程；

——故障原因不明确，需提出多种确认方法或多种故障处理的方法；

——故障处理过程较为复杂；

——维修执行过程中所需安全措施比较复杂，运行人员难于完成实施过程并且必须检修人员参与安全措施的执行或确认；

——维修地点的操作容易导致附近其他关键/重要设备功能失效或误动；

——维修过程中在工业安全/辐射防护有特殊要求的项目；

——功率运行期间关键级设备首次出现的故障；
——有可能涉及停机/停堆、电站降模式相关等项目；
——维修人员对现有维修规程用于处理纠正性维修持有疑义时。

8.2 检修方案的管理

——检修方案编制的内容可参见附录《检修方案模板》；
——在缺陷处理过程和条件均相同时，可以重复利用的检修方案，使用前还需要检修、运行、计划协同再次确认，并重复编校审批流程；
——实施完成的检修方案及其记录、结果作为支持文件加入维修报告中；
——对缺陷检修产生检修方案，维修责任处室应进行清理，作为动态的维修技术培训教材，以不断提高维修人员的“应急”维修能力。

8.3 检修方案编写要求

涉及控制与保护信息相关的检修方案，其关键技术步骤、工序的编写应遵循“通道信号退出控制与保护逻辑→测量介质隔离→解除介质隔离→确认通道信号稳定→恢复通道信号控制与保护逻辑”顺序的原则。

8.4 检修方案的审批

检修方案的编制审批参照公司技术文件体系管理要求审批，满足其关于技术文件编写、校核、审核和批准人员的最低资格要求。

对于设备分级为关键（CC1、CC2 级）级设备的检修方案，设备工程师必须给予技术支持并审核签字（会签）。

9 纠正性维修计划管理

已批准的纠正性维修工作申请，按照生产计划相关程序进行计划管理和风险控制。

计划管理过程中要将 SPV 设备相关的维修活动进行识别并标注清楚，按照计划风险控制流程做好 SPV 设备（包括临时 SPV）的风险识别和控制。

10 纠正性维修实施管理

维修责任处室参照维修执行相关的制度，组织实施纠正性维修工作。组织召开工前会，组织现场检修场地的准备，做好防异物措施，根据检修方案实施维修工作，整理工单报告等。

SPV 设备维修实施过程中，设备工程师需到场对维修过程进行监督，并提供必须的技术支持与帮助。

SPV 设备维修实施过程中，维修负责人需到场对维修质量、维修过程进行监督控制。

第一章 机 械

1 概述

本章主要从泵、阀门、汽轮机、容器、空调与风机、柴油机六个要素对机械所涉及的维修技术规范内容进行描述，用以指导核电厂机械相关工作的开展。

表 352-01-01-01 机械技术要素

技术要素	包含内容
泵	主要包含核电厂通用离心泵、通用柱塞泵、通用齿轮泵、反应堆冷却剂泵、上充泵、电动辅助给水泵、汽动辅助给水泵、水压试验泵、低压安注泵、安全壳喷淋泵、主给水泵、循环水泵的相关内容
阀门	主要包含核电厂通用截止阀、通用调节阀、通用止回阀、通用减压阀、通用球阀、通用隔膜阀、通用弹簧式安全阀、通用蝶阀、通用闸阀、稳压器安全阀、安全壳隔离阀、主蒸汽安全阀、主蒸汽隔离阀、稳压器喷淋阀、抽汽逆止阀的相关内容
汽轮机	主要包含汽轮机高压缸、低压缸、支持轴承、推力轴承、正式盘车、检修盘车、高压主汽门、高压主调门、再热主汽阀、再热截止阀、主油泵的相关内容
容器	主要包含核电厂通用压力容器、反应堆压力容器、稳压器、中压安注箱、容控箱、稳压器泄压箱、辅助给水箱、换料水箱、硼和水补给水箱的相关的内容
空调与风机	主要包含空调、风机的相关内容
柴油机	主要包含柴油机定义、功能、结构、工作系统、参数指标、维修技术要求、质量管理、经验反馈等方面的内容

2 引用文件

《核电厂质量保证安全规定》（HAF003 1991）

《核动力厂运行安全规定》（HAF103 2004）

《核电厂维修》（HAD103/08 1993）

《核动力厂营运单位的组织和安全运行管理》（HAD103/06 2006）

《压力容器》（GB 150—2011）

3 术语和定义

泵：把原动机的机械能转化成液体能量机器；

阀门：是流体输送系统中用来改变通路截面和介质流动方向，控制输送介质流动的一种控制部件；

汽轮机：蒸汽透平发动机，是将蒸汽的热能转换成机械功的一种旋转式原动机；

压力容器：是指盛装气体或液体，承载一定压力的密闭设备；

换热器：也称为热交换器或热交换设备，是用来使热量从热流体传递到冷流体，以满足规定的工艺要求的装置；

空调：即空气调节器，是指用人工手段，对建筑/构筑物内环境空气的温度、湿度、洁净度、流速等参数进行调节和控制的设备；

风机：是对气体压缩和气体输送机械的习惯简称；

柴油机：是依靠燃烧柴油来获取能量释放的内燃机。

4 泵

4.1 总述

4.1.1 定义

泵是把原动机的机械能转化成液体能量机器，泵用来增加液体的位能、压能、动能（高速液能）。原动机通过泵轴带动叶轮旋转，对液体做工，使其能量增加，从而使需要数量的液体由吸水池经泵的过流部件输送到要求的高处或要求压力的地方。

4.1.2 功能

泵是将机械能转换为输送液体能的机器，具体功能有：

——提升作用：提高液体势能（静压能）和动能（流速）；

——抽吸作用：可将低液位贮槽或水池的液体吸入泵中。

4.1.3 结构

泵的种类很多，结构也各不相同，按照具体作用原理可分为如下三大类：

（1）叶片式泵

叶片式泵也叫动力式泵，这种泵是连续地给液体施加能量，如离心泵、混流泵、轴流泵等。

（2）容积式泵

在这种泵中，通过封闭而充满液体溶剂的周期性变化，不连续地给液体施加能量，如活塞泵、齿轮泵、螺杆泵等。

（3）其他类型泵

这些泵的作用原理各异，如射流泵、水锤泵、电磁泵。

泵的详细分类见表 352-01-04-01 所示。

表 352-01-04-01　泵的分类

叶片式泵	离心泵	单机（单吸、双吸、自吸、非自吸） 多级（节段式、蜗壳式）
	混流泵	蜗壳泵、导叶式（固定叶片、可调叶片）
	轴流泵	固定叶片、可调叶片
	旋涡泵	单级、多级、自吸、非自吸
容积式泵	往复泵	（活塞式、柱塞式）蒸汽双作用（单缸、双缸）电动往复式—单作用、双作用（单缸、双缸）
	转子泵	螺杆式（单、双、三螺杆式）；齿轮式（内啮合、外啮合） 环流柱塞式（内环流、外环流）；滑片式；凸轮式； 轴向柱塞式；径向柱塞式
其他类型泵		射流泵、气体扬气泵、水锤泵、电磁泵、水轮泵等

随着近代工农业发展的要求，泵在性能和结构上都有很大变化，为适应用户的要求，泵的流量、压头、温度、介质等范围很大。如：

——流量范围：巨型泵几十万立方/时；微型泵几十毫升/时；

——压头范围：从常压至 1000 bar，即 100 MPa；

——介质温度：100～+800 ℃；

——介质性质：酸性、碱性、粘稠液、泥浆、油类、化学液体、悬浮液体等。

泵应用得场所特别广泛，凡是液体输送的地方，都离不开水泵。例如：城市上、下水，工业上、下水，发电厂，另外通航、采矿，尤其是采煤以及水下施工、农业灌溉等。在核电厂中用泵的地方也很多，两个回路、各种循环系统，安注、化容以及喷淋系统等处都设有各种类型的水泵作为动力。

在众多类型的泵中，离心泵、齿轮泵和柱塞泵是核电厂用泵的主体，故本章通用部分中以此为重点予以介绍，并在专用部分中对核电厂反应堆冷却剂泵、上充泵等重要水泵进行逐一详细介绍。

4.2 通用型号技术要求

泵在核电厂的生产过程中，占有相当重要的位置，也是应用较多的机械设备之一。在核电厂的一回路以及核辅助系统和非核辅助系统中，只要有液体输送（如水、各种料液及油品等）的地方，就离不开泵。如反应堆冷却剂回路的主泵、主给水泵、凝结水泵、循环冷却水系统的循环冷却泵以及核与非核辅助系统的低压安注泵、上充泵、安全壳喷淋泵、辅助给水泵、设备冷却水泵、废液输送泵、闭式冷却水泵、主油泵、润滑油泵、消防泵、生活污水泵等。

表 352-01-04-02 泵技术要素清单

次级技术要素	包含内容
核电厂通用离心泵	核电厂应用最广泛的泵，主要包括单级泵、多级泵、卧式泵、立式泵、悬臂泵、中开泵等
核电厂通用柱塞泵	核电厂多用于高压润滑油系统，流量小、压力高，且压力可根据实际需求而调整
核电厂通用齿轮泵	核电厂多用于一般压力润滑油系统，具有一定的自吸能力，但应保证入口管道密封性
核电厂反应堆冷却剂泵	以秦山二期反应堆冷却剂泵为代表进行介绍
核电厂上充泵	以秦山二期上充泵为代表进行介绍
核电厂电动辅助给水泵	以秦山二期电动辅助给水泵为代表进行介绍
核电厂汽动辅助给水泵	以秦山二期汽动辅助给水泵为代表进行介绍
核电厂水压试验泵	以秦山二期水压试验泵为代表进行介绍
核电厂低压安注泵	以秦山二期低压安注泵为代表进行介绍
核电厂安全壳喷淋泵	以秦山二期安全壳喷淋泵为代表进行介绍
核电厂主给水泵	以秦山二期主给水泵为代表进行介绍
核电厂循环水泵	以秦山二期循环水泵为代表进行介绍

4.2.1 核电厂通用离心泵

（1）定义

离心泵为核电厂重要转动设备，用于系统中介质的传输，使用范围非常广泛。

（2）范围对象

核电厂通用离心泵。

（3）结构原理

1）工作原理

图 352-01-04-01 所示的为一台安装在管路上的离心泵。主要部件有叶轮 1 与泵壳 2 等。具有若干弯曲叶片的叶轮安装在泵壳内，并紧固于泵轴 3 上。泵壳中央的吸入口 4 与吸入管路 5 相连接，侧旁的排出口 8 与排出管路 9 相连接。

离心泵一般用电动机带动，在启动前需向壳内灌满被输送的液体，启动电动机后，泵轴带动叶轮一起旋转，充满叶片之间的液体也随着转动，在离心力的作用下，液体从叶轮中心被抛向外缘的过程中便获得了能量，使叶轮外缘的液体静压强提高，同时也增大了流速，一般可达 15～25 m/s，即液体的动能也有所增加。液体离开叶轮进入泵壳后，由于泵壳中流道逐渐加宽，液体的流速逐渐降低，又将一部分动能转变为静压能，使泵出口处液体的压强进一步提高，于是液体以较高的压强，从泵的排出口进入排出管路，输送至所需的场所。

当水泵内液体从叶轮中心被抛向外缘时，在中心处形成了低压区，由于贮槽液面上方的压强大于泵吸入口处的压强，在压强差的作用下，液体便经吸入管路连续地被吸入泵内，以补充被排出液体的位置。只要叶轮不断地转动，液体便不断地被吸入和排出。由此可见，离心泵之所以能输送液体，主要是依靠高速旋转的叶轮。液体在离心力的作用下获得了能量以提高压强。

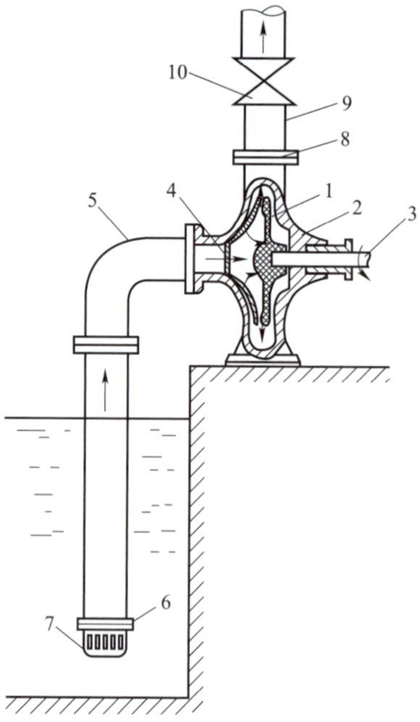

图 352-01-04-01　离心泵工艺安装示意图

1—叶轮；2—泵壳；3—泵轴；4—吸入口；5—吸入管；6—底阀；7—滤网；8—排出口；9—排出管；10—调节阀

离心泵启动时，如果泵壳与吸入管路内没有充满液体，则泵壳内存有空气，由于空气的密度远小于液体的密度，产生的离心力小，因而叶轮中心处所形成的低压不足以将贮槽内的液体吸入泵壳内，此时虽启动离心泵也不能输送液体，此种现象称为气缚，表示离心泵无自吸能力，所以启动前必须向壳体内灌满液体。若离心泵的吸入口位于吸液贮槽液面的上方，在吸入管路的进口处应装一台单向底阀 6 和滤网 7。单向底阀是防止启动前所灌入的液体从泵内漏失，滤网可以阻拦液体中的固体物质被吸入而堵塞管道和泵壳。靠近泵出口处的排出管路上装有调节阀 10，以供开车、停车及调节流量时使用。

2）主要部件

离心泵最主要的部件为叶轮、泵壳与泵轴密封装置，下面分别简述其结构和作用。

——叶轮：

叶轮的作用是将原动机的机械能传给液体，使液体的静压能和动能均有所提高。

离心泵的叶轮如图 352-01-04-02 所示，叶轮内有 6～12 片弯曲的叶片。图中（a）所示的叶片两侧带有前盖板 2 及后盖板 3 的叶轮，称为闭式叶轮。液体从叶轮中央的入口进入后，经两盖板与叶片之间的流道而流向叶轮外缘，在这过程中液体从旋转叶轮获得了能量，并由于叶片间流道的逐渐扩大，故也有一部分动能转变为静压能。有些吸入口侧无前盖板的叶轮，称为半闭式叶轮，如图中（b）所示。还有一些没有前、后盖板的叶轮，称为开式叶轮，如图中（c）所示。半闭式与开式叶轮可用于输送浆料或含有固体悬浮物的液体，因取消盖板后叶轮流道不容易堵塞，但由于没有盖板，液体在叶片间运动时容易产生倒流，故效率也较低。

闭式或半闭式叶轮在工作时，有一部分离开叶轮的高压液体漏入叶轮与泵壳之间的两侧空腔中去，而叶轮前侧液体吸入口处为低压，故液体作用于叶轮前、后两侧的压力不等，便产生了指向叶轮吸入口方向的轴向推力，使叶轮向吸入口侧窜动，引起叶轮与泵壳接触处磨损，严重时造成泵的振动。为此，可在叶轮后盖板上钻一些小孔（见图 352-01-04-02）。这些小孔称为平衡孔，它的作用是使后盖板与泵壳之间的空腔中一部分高压液体漏到低压区，以减小叶轮两侧的压力差，从而起到平衡一部分轴向推力的作用，但同时也会降低泵的效率。平衡孔是离心泵中最简单的一种平衡轴向推力的方法。

按吸液方式的不同，叶轮还有单吸和双吸两种。单吸式叶轮的结构简单，如图 352-01-04-02（a）

所示，液体只能从叶轮一侧被吸入。双吸式叶轮如图 352-01-04-02（b）所示，液体可同时从叶轮两侧吸入。显然，双吸式叶轮具有较大的吸液能力，而且基本上可以消除轴向推力。

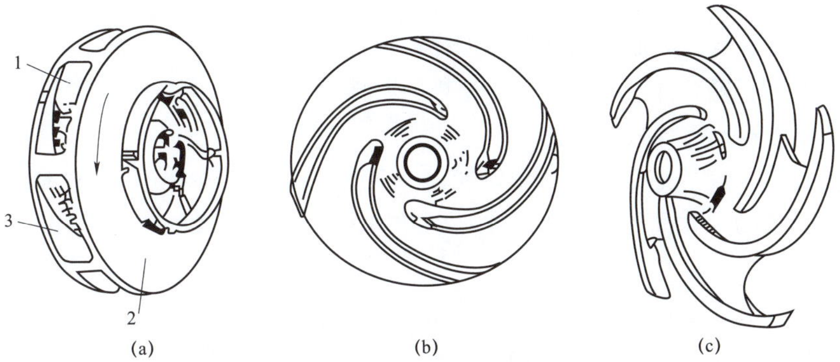

图 352-01-04-02 离心泵叶轮形式

（a）闭式叶轮；（b）半闭式叶轮；（c）开式叶轮

——泵壳：

离心泵的泵壳又称蜗壳，因壳内有一截面逐渐扩大的蜗牛壳形通道，如图 352-01-04-04 的 1 所示。叶轮在壳内顺着蜗形通道逐渐扩大的方向旋转，越接近液体出口，通道截面积越大。因此，液体从叶轮外缘以高速被抛出后，沿泵壳的蜗牛形通道而向排出口流动，流速便逐渐降低，减少了能量损失，且使部分动能有效地转变为静压能。所以泵壳不仅作为一个汇集由叶轮抛出液体的部分，而且本身又是一个转能装置。

为了减少液体直接进入蜗壳时的碰撞，在叶轮与泵壳之间有时还装有一个固定不动而带有叶片的圆盘。这个圆盘称为导轮，如图 352-01-04-04 中的 3 所示。由于导轮具有很多逐渐转向的流道，使高速液体流过时能均匀而缓和地将动能转变为静压能，以减小能量损失。

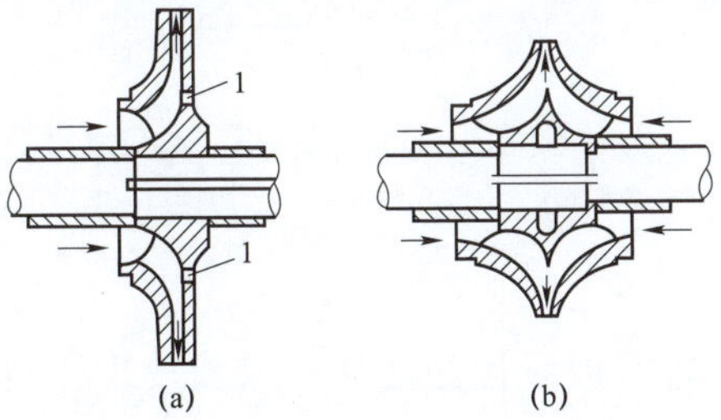

图 352-01-04-03 吸液方式

（a）单吸式；（b）双吸式

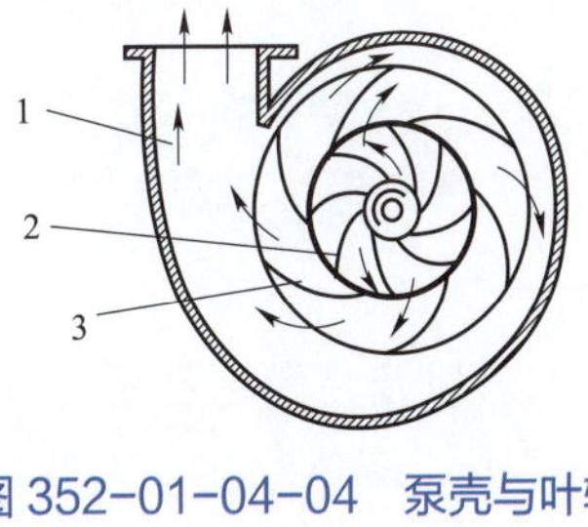

图 352-01-04-04 泵壳与叶轮

1—泵壳；2—叶轮；3—导轮

——轴封装置：

泵轴与泵壳之间的密封称为轴封。轴封的作用是防止高压液体从泵壳内沿轴的四周而漏出，或者从外界空气以相反方向漏入泵壳内。常用的轴封有填料密封和机械密封两种，基本结构如下。

- 填料密封：

填料密封装置主要由填料箱（填料函）、密封填料、填料压盖及紧固件组成。

填料密封又分为压力填料密封和真空填料密封两种。

压力填料密封

压力填料密封装在泵出口侧，内轴的出口处。在此设置密封装置是防止压力液体泄出泵体外。主要用在多级泵。

如果要求密封压力不太高，可使用一般编织物填料。填料的数量应很好地确定，如果太少，密封性能不好；如果太多，填料在轴上的摩擦就会增大。

此外编织物填料在轴上也不能压得太紧，以致在轴和密封填料之间不能渗漏一点液体，这样会引起摩擦过热。

根据泵所抽吸的液体的温度和性质不同，使用的编织物填料的材料也不尽相同，例如：

输送冷水时，使用棉花，或涂油的麻做编织物；

输送热水时，使用石墨石棉，或浸有二硫化钼的石棉做编织物；

输送酸时，使用涂石蜡石棉做编织物。

如果要求密封压力很高，那么在填料箱内加设一个腔室，如图 352-01-04-05 所示。这个腔室通过一根小的导管与泵内压力不太高的区域相连通，以减小填料承受的压力。

真空填料密封

真空填料密封设置在水泵的进口侧，泵轴的出口处，进口侧密封的目的是防止空气从进口侧的轴孔进入泵体内，如图 352-01-04-06 所示。由于泵壳与转轴接触处可能是泵内的低压区，为了更好地防止空气从填料箱不严密处漏入泵内，故在填料箱内装有液封圈 3。液封圈是一个金属环，如图 352-01-04-07 所示。环上开了一些径向的小孔，通过填料箱壳上的小管可以和泵的排出口相通，使泵内高压液体顺小管流入液封圈内，以防止空气漏入泵内，所引入的液体还起到润滑、冷却填料和轴的作用。

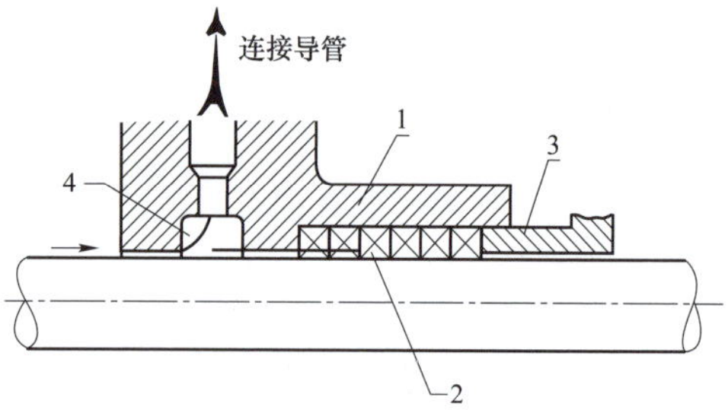

图 352-01-04-05　压力填料密封

1—填料箱；2—密封填料；3—填料压盖；4—腔室（液封）

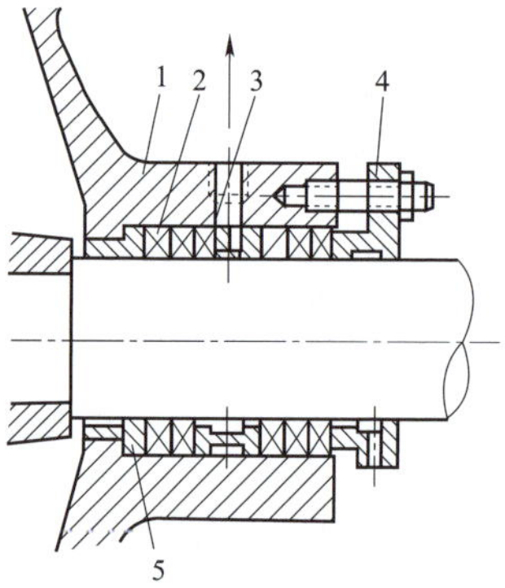

图 352-01-04-06　真空填料密封

1—填料箱；2—软填料；3—液封圈；4—填料压盖；5—内衬套

- 机械密封：

对于输送酸、碱以及易燃、易爆有毒液体，特别是含有放射性的液体，密封要求比较高，既不允许漏入空气，又不让液体渗出，为此近年来广泛采用机械密封的轴封装置。机械密封装置，国内已有系列产品，根据使用条件可以选用，机械密封装置产品品种、型号较多，但其基本结构是相同的。图 352-01-04-08 所示，为通用机械密封装置，它由一个装在转轴上的动环和另一个固定在泵壳上的静环所组成，两环的端面借弹簧力互相贴紧而作相对运动，起到了密封的作用，故又称为端面密封。图 352-01-04-08 是国产 AX 型机械密封装置的结构，该装置的左侧连接泵壳。螺钉 1 把传动座 2 固定于转轴上。传动座内装有弹簧 3、推环 4、动环密封圈 5 与动环 6，所有这些部件都随轴一起转动。静环 7 和静环密封圈 8 装在密封端盖上，并由防转销 9 加以固定，所有这些部件都是静止不动的。这样，当轴转动时，动环 6 转动而静环 7 不动，两环间借弹簧的弹力作用而贴紧，由于两环端面的加工非常光滑，故液体在两环端面的泄漏量极少。此外，动环 6 和泵轴之间的间隙有动环密封圈 5 堵住，静环 7 和密封端盖之间的间隙有静环密封圈 8 堵住，这两处间隙并无相对运动，故很不易发生泄漏。动环一般用硬材料，如高硅铸铁或由堆焊硬质合金制成。静环用非金属材料，一般由浸渍石墨、酚醛塑料等制成。这样，在动环与静环的相互摩擦中，静环较易磨损，但从机械密封装置的结构看来，静环易于更换。动环与静环的密封圈常用合成橡胶或塑料制成。

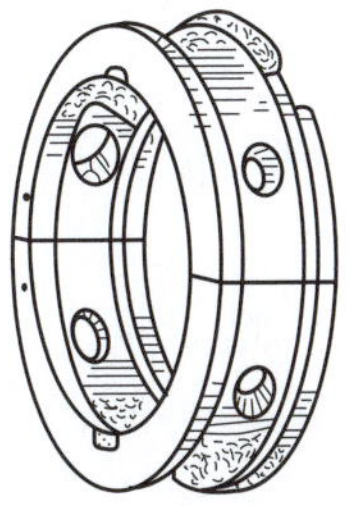

图 352-01-04-07 液封圈

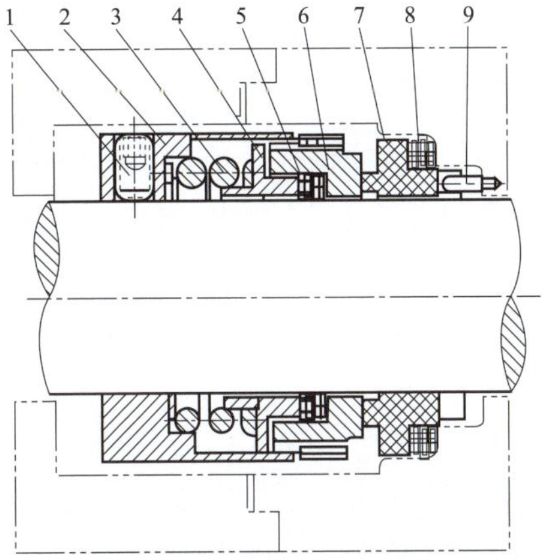

图 352-01-04-08 机械密封装置

1—螺钉；2—传动座；3—弹簧；4—推环；5—动环密封圈；6—动环；7—静环；8—静环密封圈；9—防转销

机械密封装置安装时，要求动环与静环严格地与轴中心线垂直，摩擦面要很好地研合，并通过调整弹簧压力，使端面密封机构能在正常工作时，于两摩擦面间形成一薄层液膜，以造成较好的密封和润滑作用。

机械密封与填料密封相比较，有以下优点：密封性能好，使用寿命长，较不易磨损，功率消耗小。其缺点是零件加工精度高，机械加工较复杂，对安装的技术条件要求比较严格，装卸和更换零件较麻烦，价格也比填料密封高很多。

图 352-01-04-09 为平衡式机械密封装置，静环材质为石墨，动环材质为陶瓷，适用于温度 0～100 ℃，压力较高 6～20 bar 的酸、碱、水及油品等介质的轴封。

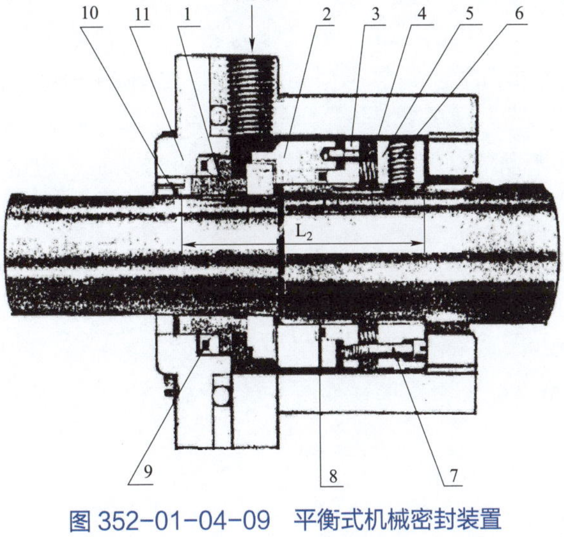

图 352-01-04-09 平衡式机械密封装置

1—静环；2—动环；3—压环；4—弹簧；5—弹簧座；6—固定螺钉；7—传动销；8—轴封环；9—缓冲环；10—防转销；11—静环座

（4）指标与参数

要正确选择和使用离心泵，就需要了解泵的性能。离心泵的主要性能参数有流量、压头、效率和轴功率，这些参数标注在泵的铭牌上，现将各项的意义分述于后。

1）流量

离心泵的流量又称泵的送液能力，是指离心泵在单位时间里排到管路系统的液体体积，以 Q 表示，单位常为 L/s 或 m^3/h。离心泵的流量取决于泵的结构、尺寸（主要为叶轮的直径与叶片的宽度）和转速。

2）压头

离心泵的压头又称为泵的扬程，是指泵对单位重量的液体所提供的有效能量，以 H 表示，单位为 m。离心泵的压头取决于泵的结构（如叶轮的直径、叶片的弯曲情况等）、转速和流量。对于一定的泵。在指定的转速下，压头与流量之间具有一定的关系。

由于液体在泵内的流动情况比较复杂，目前尚不能从理论上对压头作精确的计算，一般用实验测定。

3）效率

在输送液体过程中，外界能量通过叶轮传给液体时，不可避免地会有能量损失，故泵轴转动所做的功不能全部都为液体所获得，通常用效率 η 来反映能量损失。这些能量损失包括：

容积损失　容积损失是由于泵的泄漏所造成的。离心泵在运转过程中，有一部分获得能量的高压液体通过叶轮与泵壳之间的间隙漏回吸入口，或从填料函处漏至泵壳处，也有时从平衡孔漏回低压区，如图 352-01-04-10 所示，致使泵排出管道的液体量小于吸入的液体量，并消耗一部分能量。容积损失与泵的结构、液体在泵进出口处的压强差及流量有关。

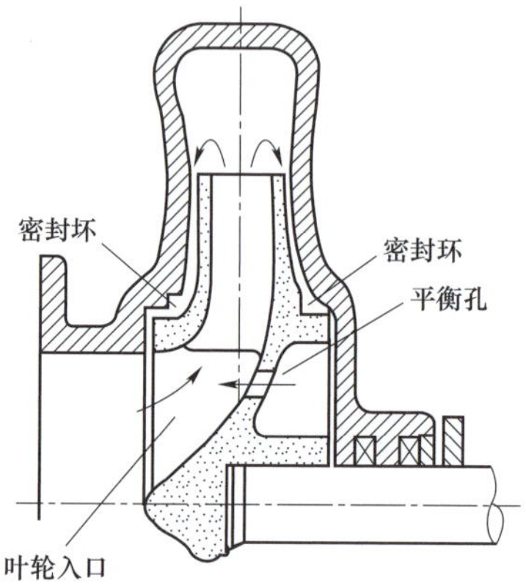

图 352-01-04-10　离心泵泄漏损失

水力损失　这种损失发生在泵的吸入室、叶轮流道和泵壳中，一般分为两种：一是由于粘性液体流过叶轮和泵壳时的流速和方向都在改变，产生流动阻力而引起能量损失。另一种是由于输送流量与设计流量不一致时，液体在泵体内产生冲击而损失能量，这两部分损失总称为水力损失。

机械损失　泵在运转时，泵轴与轴承之间、泵轴与填料之间、叶轮盖板外表面与液体之间均产生摩擦，从而引起的能量损失称为机械损失。

泵的效率反映上述三项能量损失的总和，故又称为总效率。离心泵的效率与泵的大小、类型、制造精密程度和所输送液体的性质有关。一般小型泵的效率为 50%～70%，大型泵可达 90%左右。

4）轴功率

离心泵的轴功率是泵轴所需的功率。当泵直接由电动机带动时，也就是电动机传给泵轴的功率，以 N 表示，单位为 J/s、W 或 kW。有效功率是排送到管道的液体从叶轮所获得的功率，以 N_e 表示。由于有容积损失、水力损失与机械损失，所以泵的轴功率大于有效功率，即：$N=\dfrac{N_e}{\eta}$

而有效功率可写成：

$$N_e = QH\rho g$$

式中：Q——泵的流量，m^3/s；

H——泵的压头，m；

ρ——被输送液体的密度，kg/m^3；

g——重力加速度，m/s^2。

若上式中 N_e 用 kW 来计量，则：

$$N_e = QH\rho g = \frac{QH\rho \times 9.81}{1\,000} = \frac{QH\rho}{102}$$

泵的轴功率为：

$$N = \frac{QH\rho}{102\eta}$$

式中：N——泵的轴功率，kW。

5）转速

离心泵的转速是指叶轮的旋转速度，用 n 表示。转速不同所对应的 Q、H、η、N 也不同。

（5）维修技术要求

1）离心泵的汽蚀现象

离心泵运转时，液体在泵内压强的变化如图 352-01-04-11 所示。液体的压强随着从泵吸入口向叶轮入口而下降，叶片入口附近的压强为最低，此后，由于叶轮对液体作功，压强很快又上升。当叶片入口附近的最低压强等于或小于输送温度下液体的饱和蒸气压时，液体就在该处发生汽化并产生气泡，随同液体从低压区流向高压区，气泡在高压的作用下，迅速凝结或破裂，瞬间内周围的液体即以极高的速度冲向原气泡所占据的空间，在冲击点处形成高达几万 kPa 的压强，冲击频率可高达每秒几万次之多。这种现象称为汽蚀现象。为了使泵正常运转，叶片入口附近的最低压强必须维持在某一临界值以上，通常是取输送温度下液体的饱和蒸气压 Pv 作为这种临界压强。

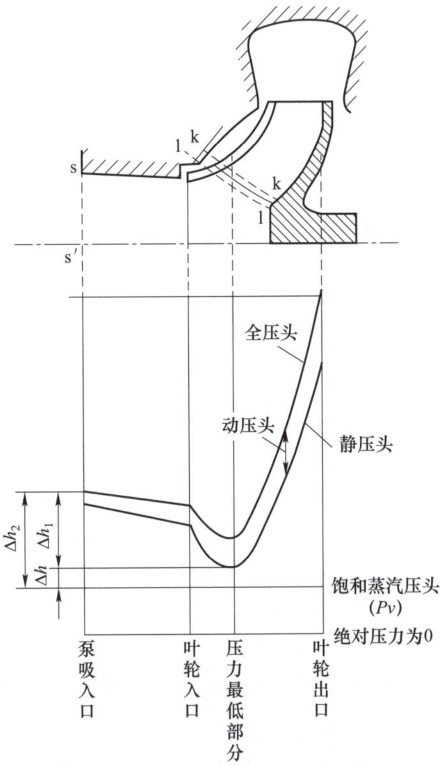

图 352-01-04-11 离心泵内的压力变化

汽蚀发生时，产生噪声和震动；叶轮局部地方在巨大冲击力的反复作用下，材料表面疲劳，从开始点蚀到形成严重的蜂窝状空洞，使叶片受到损坏。此外，汽蚀严重时，由于产生大量气泡，占据了液体流道的一部分空间，导致泵的流量、压头与效率显著下降。所以，为保证离心泵能正常运转，应避免产生汽蚀现象。一般使最低压强大于输送温度下液体的饱和蒸气压。但在实际操作中，不易测出最低压强的位置，而往往是测泵入口处的压强，然后考虑一安全量，即为泵入口处允许的最低绝对压强，以 P_s 表示，单位为 bar。习惯上常把 P_s 表示为真空度，并以输送液体的液柱高度为计量单位，称为允许吸上真空度，以 H_s' 表示。H_s' 是指压强为 P_s 处可允许达到的最高真空度，其表达式为：

$$H_s' = \frac{Pa - P_s}{\rho g}$$

式中：H_s'——离心泵的允许吸上真空度，m 液柱；

Pa——大气压强，bar；

ρ——被输送液体的密度，kg/m^3。

2）影响吸程的因素

——高度：当高度升高时，大气压减小，理论最大吸程减小，对实际吸程也是如此。不同海拔高度下的大气压见表 352-01-04-03。

表 352-01-04-03 不同海拔高度下的大气压

高度/m	0	500	1000	1500	2000	2500
大气压/mmHg mH_2O	760 10.33	716 9.73	672 9.13	635 8.63	598 8.13	562 7.63
气压减小量/ mH_2O	0	0.6	1.2	1.7	2.2	2.7

例如，在海拔 2000 m 高度时，泵吸程小于 8.13 m。

——液体温度：一定真空度下的液体，其温度越高，蒸发越快。

当液体通过吸入管时，就会产生蒸汽。蒸汽的压力等于与液体温度压力相符合的饱和蒸汽压力。这种蒸汽压力会减小泵的吸程。

表 352-01-04-04 给出饱和水蒸汽在 0 ℃和 100 ℃间不同温度时的水柱压力。

表 352-01-04-04 水的饱和蒸汽压

温度/℃	压力/mH_2O	温度/℃	压力/mH_2O	温度/℃	压力/mH_2O
0	0.06	40	0.75	80	4.82
10	0.13	50	1.26	90	7.15
20	0.24	60	2.03	100	10.23
30	0.40	70	3.18		

离心泵的正常吸程是 6～9 m，可以看出，水的温度小于 30 ℃时这个高度变化小。当水温为 80～90 ℃时，吸程趋于零。

当液体温度超过一定值时，就应对泵的抽吸增加压力。应在一个高于泵轴线液位的池中抽吸。池与泵的液位差应该是使泵内的吸入压力高于液体的饱和蒸汽压力。

——液体密度

泵的理论吸程与所吸液体的密度有关，等于测量大气压的该液柱的高度。

水的密度是：$\rho_0 = 1$

一个标准大气压等于 10.33 m 水柱高。因此离心泵的理论吸程是 10.33 m。如输送液体的密度为 ρ，则用米液柱为单位表示的理论吸程 H，得：

吸程 $$H = \frac{10.33}{\rho}$$

如果吸的液体是 100 ℃的水，则：

100 ℃的水 $$\rho = 0.958$$

吸程 $$H = \frac{10.33}{0.958} = 10.78 \text{（m）}$$

［**例题**］用某型号离心泵从敞口槽中将水输送到它处，槽内水位恒定，输送流量为 45～55 m^3/h，在最大流量下吸入管路的压头损失为 1 m，液体在吸入管路中的压头可以忽略。试计算：

——输送 20 ℃水时，泵的安装高度；

——若改为输送 65 ℃水时，泵的安装高度。

某型号离心泵的部分性能，根据产品样本和性能曲线列于下表：

流量 Q /（m^3/h）	扬程 H /m	转速 N /（r/min）	允许吸上真空度 H_s /m
30	35.5	2900	7.0
45	32.6		5.0
55	28.8		3.0

泵安装地区的大气压为 9.81×10^4 Pa≈10 mH_2O

解：

——输送 20 ℃水时，泵的安装高度

$$H_g = H_s' - \frac{u_s^2}{2g} - H_w$$

从该泵的性能可以看出，H_s 随泵的流量增加而下降。因此，安装高度应以最大流量对应的 H_s 为依据，以便保证离心泵正常运转和不发生气蚀现象，故取 H_s=3 m H_2O。

又输送的是 20 ℃水，泵安装地区的大气压为 9.81×10^4 Pa，与原出厂时的实验条件相符，故 H_s 不用换算，即 $H_s' = H_s = 3$ m。代入上式得：

$$H_g = 3 - 0 - 1 = 2\ m$$

为安全起见，泵的实际安装高度应小于 2*m*

——输送 65 ℃水时，泵的安装高度

输送 65 ℃水时，不能直接采用泵性能表中的 H_s 值，需对 H_s 进行换算，即：

$$H_s' = \left[H_s + (H_a - 10) - \left(\frac{P_v}{9.81\times10^3} - 0.24\right)\right]\times1000$$

式中：$H_s = 3$ mH_2O

H_a=9.81×10^4 Pa≈10 m H_2O

从表中查出，65 ℃水的饱和蒸汽压为 Pv=2.554×10^4 Pa 及其密度 ρ=980.5，代入上式得：

$$H' = \left[3 + (10 - 10) - \left(\frac{2.554\times10^4}{9.81\times10^4} - 0.24\right)\right]\frac{1000}{980.5} = 0.65\ (\text{m})$$

计算泵的安装高度，得：

$$H_g = H_s' - \frac{u_s^2}{2g} - H_w = 0.65 - 1 = -0.35\ (\text{m})$$

H_g 值为负值，表示泵应安装在水面以下，至少比贮槽水面低 0.35 m。

3）离心泵的工作点

离心泵总是安装在一定管路上工作的，泵所提供的压头与流量必然应与管路所需的压头与流量相一致。

若将离心泵的特性曲线 H—Q 与其所在管路的特性曲线 H_e—Q_e 绘于同一坐标图上，如图 352-01-01-12 所示，两线交点 M 称为泵在该管路上的工作点。该点所对应的流量和压头既能满足管路系统的要求，又为离心泵所提供，即 $Q=Q_e$，$H=H_e$。换言之，对所选定的离心泵，以一定转速在此特定管路系统运转时，只能在这一点工作。

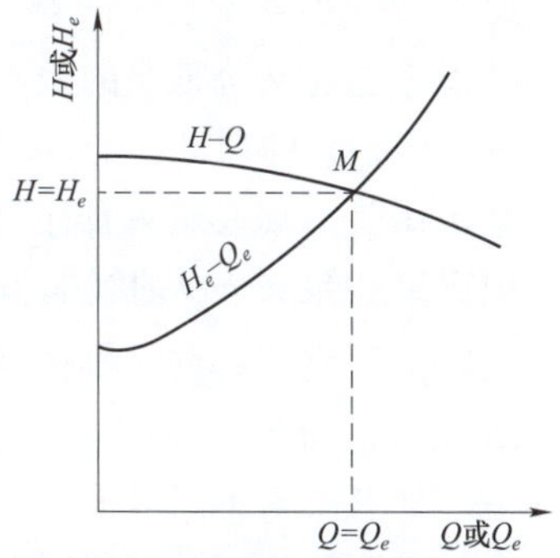

图 352-01-04-12 管路特性曲线与泵工作点

4）离心泵的流量调节

离心泵在指定的管路上工作时，由于生产任务发生变化，出现泵的工作流量与生产要求不相适应；或已选好的离心泵在特定管路中运转时，所提供的流量不见得符合输送任务的要求，对于这两种情况，都需要对泵进行流量调节，实质上是改变泵的工作点。既然泵的工作点为管路特性和泵的特性所决定，因此，改变两种特性曲线之一均能达到调节流量的目的。

——改变阀门的开度：

改变离心泵出口管线上的阀门开度，实质是改变管路特性曲线。当阀门关小时，管路的局部阻力加大，管路特性曲线变陡，如图 352-01-04-13 中曲线 1 所示，工作点由 M 移至 M_1，流量由 Q_M 减小到 Q_{M1}。当阀门开大时，管路局部都阻力减小，管路特性曲线变得平坦一些，如图中曲线 2 所示，工作点移至 M_2，流量加大到 Q_{M2}。

用阀门调节流量迅速方便，且流量可以连续变化，适合一般工业连续生产的特点，所以应用十分广泛。其缺点是当阀门关小时，流动阻力加大，要额外多消耗一部分动力，不经济。

——改变泵的转速：

改变离心泵的转速，实质上是改变泵的特性曲线。如图 352-01-04-14 所示，泵原来的转速为 n，工作点为 M，若把泵的转速提高到 n_1，泵的特性曲线 $H—Q$ 向上移，如图中上曲线所示，工作点由 M 移至 M_1。流量由 Q_M 加大到 Q_{M1}。若把泵的转速降至 n_2，$H—Q$ 曲线便向下移，如图中下曲线所示，工作点移至 M_2，流量减小至 Q_{M2}。

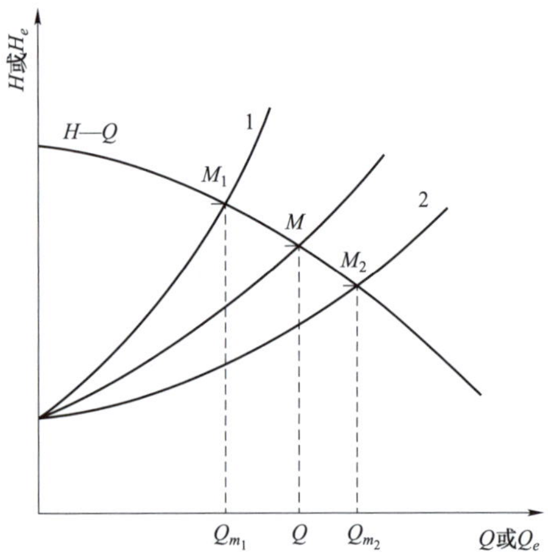

图 352-01-04-13　改变阀门开度时流量变化的示意图

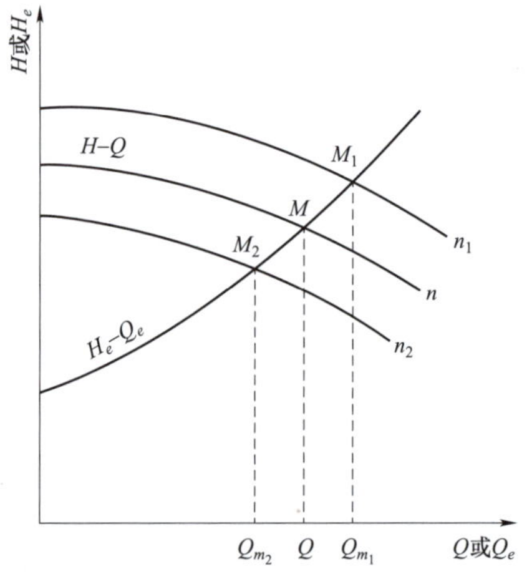

图 352-01-04-14　改变转速时流量变化的示意图

这种调节方法能保持管路特性曲线不变。由公式可知，流量随转速下降而减小，动力消耗也相应降低，从动力消耗来看是比较合理的。但需要变速装置或价格昂贵的变速原动机，且难以做到流量连续调节。

此外，减小叶轮直径也可以改变泵的特性曲线，从而使泵的流量变小，但可调节的范围不大，且直径减小不当还会降低泵的效率，故实际上很少采用。

——离心泵的启动：

灌水排气，离心泵只有在泵内及吸水管内充满液体时才能工作。

根据离心泵 $N—Q$ 曲线的特点，当 $Q=0$ 时，功率 N 最小。为降低起动电流，所以当离心泵起动时应先关闭出口阀，起动后再打开出口阀调到运行流量。关阀时间不得超过 2～3 min。一般起动电流是正常运行电流的 5～8 倍。

——泵出口的止回装置：

在每个泵的出口处，应预先安装一个能自动关闭的止回阀。这样，在泵停转时就可避免液体回流，导致泵反转。

对通常的小型泵而言，一般预设一个止回阀。

（6）质量管理

维护项目及周期：

对中检查。对中检查周期为一年，长燃料机组 1.5 年一次，即为单次燃料循环周期。

润滑油油样分析。润滑油油样分析周期为六个月，岛内设备油样分析周期为一年，长燃料机组 1.5 年一次，即为单次燃料循环周期。

机封检查。机封检查周期为 2 年，长燃料机组 3 年一次，即两个燃料循环。

解体检查。解体检查周期根据传输介质不同而存在差异，较好介质且连续运行工况下，解体周期一般为 4 年，长燃料机组 6 年一次，即四个燃料循环周期。

1）离心泵的维修目标

在核电厂中，在泵运行一定的时间后，通过对泵的检修，消除经过运行后的泵所存在的缺陷，达到下列要求：

——泵和驱动电机原先的对中可能遭到破坏，引起振动上升，需进行中心复查和调整；

——泵转子可能产生弯曲，需校正或更换；

——泵的零部件可能磨损、腐蚀、变形或产生裂纹，需修理或更换；

——必要时，转子需进行动静平衡的复查和校正；

——消除因磨损产生的较大间隙，提高泵的效率；

——泵内原有各部分间隙可能起了变化，需进行调整；

——除泵内污垢、锈迹；

——更换轴封填料、修理机械密封和更换各结合面的密封垫片或涂料，消除泵的跑、冒、滴、漏，减少被输送介质的浪费，减少泄漏出的介质对环境的污染；避免由于易燃、易爆、剧毒介质泄漏可能引起的火灾、爆炸以及人员中毒事故等。

2）离心泵维修内容

——定期维护的主要工作内容：

- 检查填料及更换机械密封；
- 检查轴承，调整间隙和检查对中情况；
- 检查、修理在运行中发生的缺陷和渗漏；
- 清理冷却水及润滑系统。

——解体检查的主要工作内容：

- 解体检查各零部件磨损和冲蚀情况；
- 检查和调整轴的弯曲度；
- 校核转子跳动值；
- 检查轴承；
- 检查所有的零部件；
- 更换润滑油或润滑脂。

3）单级悬臂式离心泵的检修

检修离心泵时，首先要熟悉泵的结构，同时要考虑四大重要环节：正确的解体；零件的清洗、检查、修理或更换；精心的组装；组装后的各零件之间的相对位置及各部间隙的调整。

单级悬臂式离心泵的解体

——拆卸前的准备工作：

- 断电，确保解体时的安全；
- 关闭进出口阀门，隔绝介质来源；
- 打开放液阀，消除泵体内的残余压力，放净泵体内的残余介质；
- 拆除联轴器的连接装置；
- 拆除电动机地脚固定螺栓，将电动机与泵体分离。

——解体程序。

泵体的解体：拆除泵体下部的固定螺栓，即可拆下泵体，泵体的固定螺栓在泵的最下部，最易受到腐蚀或锈蚀，所以在拆卸前应该使用松锈剂等对螺栓进行处理。

泵盖的拆卸：先卸下泵盖与壳体的连接螺母，然后用手锤敲击（应在敲击处垫上方木或铜棒）或用顶丝向内拧，使泵盖松动后即可取下。

叶轮的拆卸：拧下叶轮螺母，用木锤或铜锤沿叶轮四周轻轻敲击即可卸下。若叶轮已锈在轴上，可先用松锈剂浸泡后再拆。

壳体的拆卸：先卸下壳体与托架间的连接螺母，取下壳体；再把与它连接的填料压盖卸下，取出壳体内的填料。

泵轴的拆卸：要把泵轴拆卸下来，必须先将轴组件（包括泵轴、滚动轴承以及防松装置等）一起从泵体内拆卸下来，可参照以下步骤进行：拆除联轴器固定螺母，用拉马将半联轴器拆除，并用螺丝刀或錾子将平键拆除；拆除轴承压盖固定螺栓，卸下托架前后轴承压盖；再用手锤垫方木由轴的前方向后敲打，即可把轴组件从壳体内退出；拆除轴承的固定螺母；利用拉马将滚动轴承从泵轴上拆卸下来，由于轴承与轴的过盈量大，无法拆除轴承，那么可以将轴用隔热的石棉布包好，热机油浇注到轴承的内圈上，借内圈受热膨胀，就可以把轴承从轴上拆卸下来。

——拆卸中应注意的问题：

● 机座螺栓处的垫片是用来调整电动机轴与泵轴的同轴度的，因此同一个机座螺栓处的整片，应放在一起，回装时仍装在原处。

● 拆卸中，若泵体内仍有残留介质可用清水冲洗干净，以避免皮肤造成化学烧伤或辐射沾污。

零部件的检查和修理

离心泵是由许多零件组成的，零件的质量直接影响到泵的质量。无论是更换的新零件或是泵上原有的零件，在它们组装成泵整体之前，均需逐个检查其质量。

离心泵过流部分的零部件，多数是整体铸造成型的，铸件的尺寸精度和表面粗糙度直接影响泵的性能。同时，铸件的尺寸准确也是泵安全运行的必要条件。例如，铸件尺寸偏差太大，可能造成铸件壁厚薄不均，太薄处容易损坏。

——泵轴的检查与更换：

泵解体后，对轴的表面应先进行外观检查，通常是用细砂布将轴抛光，检查是否有被水冲刷的沟痕、两轴颈的表面是否有擦伤及碰痕。若发现轴的表面有冲蚀，则应做专门的修复。在检查中若发现下列情况，则应更换为新轴：

轴表面有被高速水流冲刷而出现的较深的沟痕，特别是在键槽处；

轴弯曲很大，经多次轴校正后运行中仍发生弯曲的情况。

泵轴检查标准：外观检查　泵轴在清洗干净后，检查是否有沟痕，两端轴颈处是否有擦伤、碰痕；轴颈的锥度与椭圆度不得大于轴径的 1/2000，最大不得超过 0.05 mm；键与键槽接合紧密；弯曲度检查　检查一般取轴承、叶轮、机械密封等重要部位进行，用百分表测量每个截面上的跳动值来计算弯曲度；轴弯曲必须在 C22-01-04-05 的标准范围内。

表 352-01-04-05　各类泵的特性

位置	标准
轴颈处不大于	0.02 mm
轴中部（1500 r/min）	不大于 0.10 mm
轴中部（3000 r/min）	不大于 0.08 mm

——叶轮检查与维修

叶轮在经过一段时间的运行后，会产生正常的磨损或腐蚀，也可能会因意外的情况出现裂纹或破损，相关检查标准及修复程序主要如下。

叶轮的检查标准：叶轮与轴的安装配合标准；新叶轮应该进行静平衡试验；叶轮在采用去重法进行平衡时，切去的厚度不得大于比厚的 1/3；叶轮应该无砂眼、穿孔、裂纹或冲刷壁厚严重减簿；叶轮与轴配合时，键顶部应有 0.1～0.4 mm 间隙。

叶轮的检修

在水泵解体后，检查叶轮密封环的磨损程度，若在允许范围内，可在车床上用专门胎具胀住叶轮内孔来车修磨损部位，修正后要保持原有的同心度和表面粗糙度。最后，配置相应的密封环和导叶衬套，以保持原有的密封间隙。

对叶轮的叶片，因其易于受汽蚀损坏，若有轻微的汽蚀小孔洞，可进行补焊修复或采用环氧树脂粘结剂修补。

测量叶轮内孔与轴颈配合处的间隙，若因长期使用或多次拆装的磨损而造成此间隙值过大，为避免影响转子的同心度甚至由此而引起转子振动，可采取在叶轮内孔局部点焊后再车修或镀铬后再磨削的方法予以修复。

——密封环的检查与维修：

叶轮口环磨损，可上车床切削加工，消除磨损痕迹。为了使切削后的配合间隙不超过规定值，可用相配的耐磨环毛坯，根据切削后的叶轮口环尺寸加工新配上的耐磨环备件。

在完成密封环的维修后，也需要进行跳动的检查，检查的方法与叶轮的检查一样。

——轴承的检查和维修：

轴承是泵动、静部件的转换枢纽，所以其维修质量是水泵检修质量的关键。如滑动轴承的主要缺陷，表现在轴承合金磨损、产生裂纹、局部脱落、脱胎及电腐蚀等。所有这些缺陷，若得不到及时的检修，最后则将导致轴承合金熔化事故。

——泵体的检查和维修：

泵壳是一个能量转换封闭体，它要承受液体的压力，同时又受到液体温度的影响，往往因机械应力或热应力的作用而出现裂纹，因此泵壳应定期进行探伤检查。其检查与修理方法如下。

裂纹的检查简便方法用手锤轻敲壳体，如有破哑声，这说明已破裂，应仔细寻找裂纹的地点。必要时可用放大镜或着色探伤方法检查，并确定裂纹的部位和长度。

裂纹的修补方法

如裂纹在不承受压力或不起密封作用的部位，为了防止裂纹继续扩大，可在裂纹的始端和终端各钻一个直径为 3 mm 的圆孔，以消除局部应力集中。

如裂纹在承受压力的部位时，修补方法如下。焊接前，在裂纹两尖端各钻一小孔，然后沿着裂纹铲出坡口，并在坡口上加装螺栓、目的是防止冷却收缩时将附近的材料拉开。

泵止口修复检查方法

分段式多级离心泵的泵体止口配合间隙及单级泵托架和泵体的配合间隙，如果过大，会影响泵转子和壳体的同心度，必须进行修理。下面介绍分段式多级离心泵泵体止口的检查及修理方法，单级泵托架和泵体止口的修理与此方法相同。

将两个装配时相邻的泵体叠起，在上面一个泵体上放置一个磁性百分表架，夹上一只百分表，表头的触点与下面一个泵体的外圆相接触，按图 352-01-04-15 中箭头方向，将上

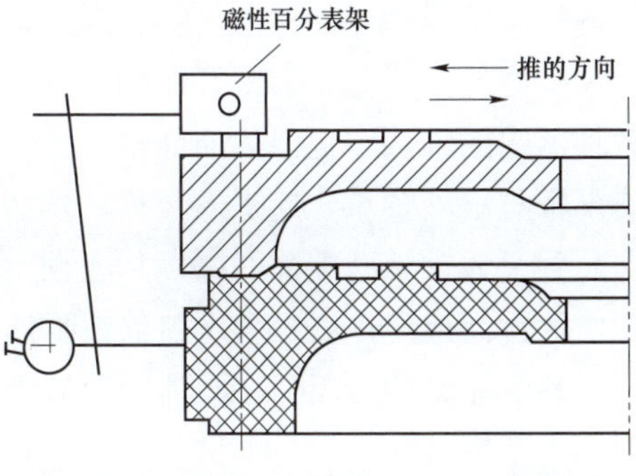

图 352-01-04-15　泵体止口同心度检查

面一只泵体往复推动，在百分表上反映出的读数，就是止口之间的间隙。在十字方向测量两次，如果测量的间隙为规定值 1.5 倍以上，止口就要修理，测量方法如图 352-01-04-15 所示。

简单的修理方法是，在泵体止口的外圆周上均布堆焊 6～8 处，每处长 25～40 mm，然后在车床上车削到所需要的尺寸。

单级悬臂泵的装配

离心泵的各个零部件在完成修理、更换、经过检查无误，确认其符合技术要求之后，应进行整机装配。离心泵的装配是一项重要的工作，是恢复离心泵工作性能的重要步骤。装配质量的好坏，直接关系到离心泵的性能和离心泵的使用寿命。一台离心泵，即使他的零部件质量完成合格，如果装配质量达不到技术要求，同样不能正常工作。

——装配的技术要求：

- 装配合格的离心泵，应盘车轻快，无机械摩擦现象；
- 泵轴不应产生轴向窜动；
- 离心泵的半联轴器和电动机的半联轴器应该符合技术要求；
- 添加的润滑油、润滑脂应适量，并且牌号符合使用说明书的要求；
- 设备清洁，外表无灰尘、油垢；
- 基础及底座清洁，表面及周围无积水、废液，环境整齐、清洁。

——装配顺序：

各种型号的离心泵，由于其结构不同，装配顺序有所不同，以下以后开门式的 IS 型泵为例，装配顺序如下：

- 装配轴组，既把轴承装配到泵轴上；
- 将轴组装到泵体；
- 将泵体安装在基座上；
- 将泵盖套装在泵轴上，并安装叶轮；
- 将泵盖安装在泵体上，把泵体安装机组上；
- 装填料；
- 联轴器找正。

——轴组件的装配：

离心泵轴组件的装配包括泵轴与滚动轴承内环装配，泵体轴承孔与滚动轴承的外环的装配的。

滚动轴承装配在泵轴上时，它的内环与轴颈之间以少量的过盈配合。通常过盈值为 0.01～0.05 mm，轴颈的直径较小者，过盈值取较小值；轴颈的直径较大者，过盈值取较大值；将滚动轴承装配到轴上时，应该加力于内环，使内环沿轴颈推到轴肩或轴套处为止。在核电厂检修中常对滚动轴承一般采用热安装。滚动轴承装配好以后，应加上防松垫片，然后用锁紧扳手把圆形螺母拧紧，并把防松垫片的外翅板入圆形螺母的槽内，防止圆形螺母回松。

最好的方式是将装配好的轴组件装入泵体内。为此，应先将叶轮背帽用手拧紧在轴头螺纹上，把联轴器端的轴头穿过泵体的前轴承孔，使滚动轴承的外环与轴承孔对正，并用手锤敲击叶轮背帽，迫使泵轴与滚动轴承一起进入泵体。然后，用垫片调整法调整轴承压盖凸台的高度，使之与滚动轴承外端面到泵体轴承孔端面的深度加上预留的轴向窜动量总和相同，这种方法，比较容易将轴安装在正常工作位置。最后，将轴承压盖盖在泵体的轴承孔上，并将压盖螺栓拧紧。

装配完成的轴组件在泵体中应该盘车灵活轻便，不产生轴向窜动和径向跳动。

①叶轮装配

叶轮的内孔与轴颈之间进行装配时，试装叶轮在轴颈上只有滑动而不产生摆动。叶轮装配到轴肩处时，其出口处应正对着泵体的出口管，不应产生轴向位移。叶轮背面与泵体之间不应该产生摩擦。但是他们直接的轴向间隙又不能太大。如果此处的轴向间隙过大，则会增加轴向密封的泄漏量。为了适当减小此处的轴向间隙，可以重新调整前后轴承压盖上的垫片厚度，但是在调整中必须保持总的轴向窜动量满足要求。

②泵体及泵盖的装配

泵体和泵盖的装配过程中需要仔细调整密封环与叶轮进口端之间的径向间隙，确保他它们之间不产生丝毫的摩擦。同时，在安装泵盖的过程中，泵盖与泵体的接触面之间应该加密封垫，垫片可以选用橡胶板、无机非石棉板、纸箔垫等材料制作。这样，即可避免泵体内的液体从这向外泄漏，又可借助于密封垫厚度的调整，来改变叶轮与密封环之间的轴向间隙。

③联轴器的装配

联轴器又称靠背轮，它是用来连接电动机和离心泵的一种特殊零件。在进行联轴器连接过程中，最主要的工作是进行对中。对中的质量差，两半联轴器误差大时，将会在轴与联轴器之间产生很大的附加力，发生不正常的噪声及振动，使联轴器发热，并会影响离心泵的正常工作，严重会出现设备事故。

4）水平中开式离心泵检修

对于水平中开式离心泵，其结构基本相同，以下以 SH 型双吸单级离心泵为例，对其检修方法进行介绍。

——解体时的注意事项：

● 在起吊泵盖时，先将固定在泵盖和泵体上的整体零件拆下（如盘根压盖等），再拧下结合面螺帽，并取出定位销，用顶丝将泵盖与泵体的结合面顶松。在未松动前，不许用起吊设备强行起吊，也不许用撬棍、錾子撬打结合面。起吊时应保持泵盖的水平并防止窜动，以防损坏密封环和撞伤叶轮。

● 在起吊转子前，应先将穿在轴上而且是固定在泵体内的零件，如密封环、盘根压盖、轴承等，都要一一松动，没松动前不许起吊转子。吊出的转子应用枕木或支架支承轴的两端，使转子上的所有零件悬空。

——检修、组装、调整：

● 检查叶轮磨损、汽蚀情况，并查看是否有裂纹。如能通过修理可继续使用的，则应尽量设法修复。叶轮的一般修理可连同轴整体进行，不必将叶轮取下。转子的侧量工作，如侧瓢偏、晃动、轴弯曲等，最好用原轴承在泵体内进行。

● 盘根轴套最易磨损，特别是水中含砂时尤为严重。当磨损超过 0.8 mm 时，应更换轴套，新轴套与轴的配合间隙为 0.03～0.05 mm。

● 密封环与泵体的径向配合，应有 0～0.03 mm 紧力。密封环就位时不许用粘接性的涂料，只需要擦抹一层干黑铅粉。密封环与叶轮口环的径向间隙可采用给水泵的标准。

● 转子修理完成后，在组装滚动轴承前，应先将内径比滚动轴承外径小的轴上零件按顺序先装在轴上，并注意不要装反，然后再装滚动轴承。经检查无误后，即可吊装转子。当转子接近泵体洼窝底部时，把轴上的零件一一对准装配部位，再将转子就位。

转子在泵体内的轴向位置，要求叶轮出水口中心对准蜗壳中心，同时要求叶轮两侧口环与密封环的轴向间隙相等。

转子在泵体内的径向位（即中心位置），应以泵体的密封环洼窝为准。当密封环内外圆的同心度及叶轮口环处的晃动度均在允许值以内时，便可测量密封环与叶轮口环的圆周径向间隙。若圆周径向间隙基本相等，则说明转子与泵体洼窝是同心的。如果圆周径向间隙不等，就应调整轴承的位置，使转子中心重合于泵体中心。

转子就位后，即可进行扣泵盖。泵盖与泵体的法兰结合面一般不需要加垫料，只需涂一层密封涂料。若泵盖或泵体因变形等原因而将结合面新刨铣或刮削过，则应加相应厚度的垫片。确定垫片厚度的方法，常采用压铅丝法。即在双侧密封环的顶部和泵体法兰面上放上铅丝，扣上泵盖，拧紧结合面螺栓，将铅丝压扁，测记其厚度。结合面铅丝平均厚度减去密封环顶部铅丝平均厚度。垫厚度还要考虑其压缩量及在结合面压紧后能使密封环有 0～0.03 mm 的紧力。装垫片前在其两面涂以热铅粉。在填料函处的垫片要做得与填料函边缘齐平。如果不齐平就会形成通道，造成在运行中漏水或漏空气。

（7）经验反馈

水泵的气蚀：

离心泵运转时，液体的压强随着从泵吸入口向叶轮入口而下降，叶片入口附近的压强为最低，此后，由于叶轮对液体作功，压强很快又上升。当叶片入口附近的最低压强等于或小于输送温度下液体的饱和蒸气压时，液体就在该处发生汽化并产生气泡，随同液体从低压区流向高压区，气泡在高压的作用下，迅速凝结或破裂，瞬间内周围的液体即以极高的速度冲向原气泡所占据的空间，在冲击点处形成高达几万 kPa 的压强，冲击频率可高达每秒几万次之多。这种现象称为汽蚀现象。

——防止气蚀的主要方法：

- 提高泵的有效气蚀余量：

减小安装高度，提高有效气蚀余量；

加大吸水管径或减小流量，以减小阻力，提高有效气蚀余量；

降低液体的温度，从而降低汽化压力，提高有效气蚀余量；

降低泵的转速 n，减小阻力，提高有效气蚀余量。

- 提高泵本身的抗气蚀性能：

采用双吸叶轮，降低入口速度；

增大叶轮进口直径及叶片进口宽度，降低入口速度；

叶轮采用耐汽蚀材料，提高泵的抗气蚀性；

进口处装设螺旋式诱导轮，改善泵的气蚀性能。

水泵的化学腐蚀：

——化学腐蚀的原因：

- 水中含有少量氧，当温度升高时和金属发生氧化作用；
- 水中含有重碳酸钠，当水温升高时重碳酸钠分解，降低了水中的 pH。即使水中不含氧，这种水也会对泵的部件起很强烈的腐蚀作用。

——防止的办法：

- 加除氧塔（脱气塔）；
- 选耐腐蚀材料泵。

水泵的磨损：

——磨损的原因及部件：

- 轴承磨损；
- 叶轮与外壳磨损；
- 介质颗粒引起的磨损。

——防止办法：轴润滑，过滤介质，选耐磨材料的部件。

——其他故障及解决方法：

故障可能因素	输不出液体	流量、扬程不足	功率消耗过大	产生振动及噪声	密封处泄漏过多	密封（包括填料函）发热	泵过分发热及转不动	轴承发热及轴承磨损	消除故障的方法
泵内或吸入管内含有空气	▽	▽		▽					重新灌泵排除空气
吸上扬程过高或灌注高度不足	▽	▽		▽					降低泵位，增加进口处的压力
吸入管径过小或有杂物堵塞	▽	▽		▽					加大进入管径，消除堵塞
吸入管进入深度不够或漏气	▽	▽							增大进入深度或检修管路
转速过高或过低	▽	▽	▽						按规定要求检查原动机转速
泵转向不对	▽	▽							调整转向
总扬程与泵扬程不符	▽	▽	▽						降低吐出系统阻力或高度
介质密度、黏度与泵的要求不符	▽	▽	▽						应进行换算
在流量过小时运转产生振动				▽	▽		▽	▽	加大流量或设置旁通循环管
泵与电机轴线不一致或轴弯曲			▽	▽		▽	▽	▽	校正
转动部分与固定部分有摩擦			▽	▽			▽	▽	检修泵或改善使用工况
轴承磨损严重或损坏				▽		▽	▽	▽	更换
密封环磨损过多		▽	▽						更换
轴套、填料或动静环磨损过多			▽		▽	▽	▽		更换
填料（或机械密封）选用或安装不当				▽	▽	▽	▽	▽	按使用要求重新选用或安装
转动部分不平衡引起振动			▽	▽				▽	检查原因设法消除
油试油量过多（或油过脏）	▽	▽		▽					按油位计要求加油（或换新油）
管内或泵内有杂物堵塞					▽	▽			检查并排除
密封					▽	▽			应按密封腔前的压力家大 0.049～0.147 MPa
			▽						适当调整

（8）技术规程清单

序号	规程名称
1	离心泵年度检查
2	离心泵轴承和机封检查
3	离心泵定期取油样
4	离心泵全面结构解体检查

（9）参考资料

无。

4.2.2 核电厂通用柱塞泵

（1）定义

柱塞泵属于往复式容积泵，流量小、压力高，但输送介质清洁度要求较高，多用于核电厂润滑油系统。

（2）范围对象

核电厂通用柱塞泵。

（3）结构原理

柱塞泵根据柱塞数量分为往复式单柱塞泵和斜盘式多柱塞泵，工作期间依靠作往复运动的活塞实现介质的吸入和排出。

图 352-01-01-16 为单柱塞泵装置简图，主要部件有泵缸 1、活塞 2、活塞杆 3、吸入阀 4 和排出阀 5。活塞杆与传动机构相连接而作往复运动，吸入阀和排出阀都是单向阀，泵缸内活塞与阀门间的空间叫做工作室。

当活塞自左向右移动时，工作室的容积增大，形成低压，便能将贮池内的液体经吸入阀吸入泵缸内。吸液体时，排出阀受排出管内液体压力作用而关闭。当活塞移到右端时，工作室的容积最大，吸入的液体量也最大。此后，活塞便改为由右向左移动，泵缸内液体受挤压，压强增大，使吸入阀关闭而推开排出阀将液体排出。活塞移到左端时，排液完毕，完成了一个工作循环。此后活塞又向右移动，开始另一个工作循环。

由上可见，柱塞泵就是靠活塞在泵缸的左右两端点间作往复运动而吸入和压出液体的。活塞从左端点到右端点（或从右端点至左端点）的距离叫做行程或冲程。活塞在往复一次中，只吸入和排出液体各一次的泵，称为单动泵。由于单动泵的吸入阀和排出阀均装在活塞的一侧（如图 352-01-04-16 中的左侧），吸液时就不能排液，因此排液不连续。加之活塞由连杆和曲轴带动，活塞在左右两端点之间的往复运动不是等速度，所以排液量也就随着活塞的移动有相应的起伏，其流量曲线如图 352-01-04-17（a）所示。相较而言，斜盘式多柱塞泵可以有效改善单柱塞泵流量的不均匀性，其两联各区县如图 352-01-04-17（c）所示。

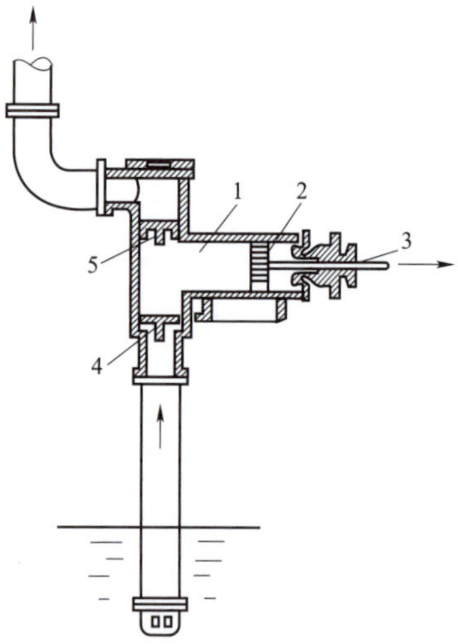

图 352-01-04-16 往复泵装置简图

1—泵缸；2—活塞；3—活塞杆；4—吸入阀；5—排出阀

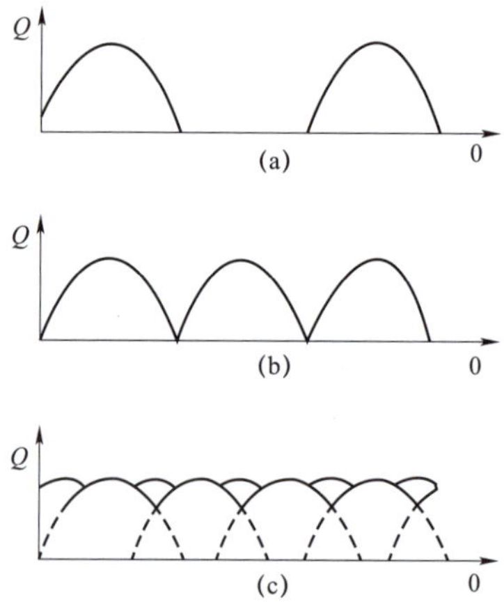

图 352-01-04-17 往复泵的流量曲线图

（a）单动泵；（b）双动泵；（c）三联泵

柱塞泵的工作原理与离心泵不同，具有以下特点：

——柱塞泵的流量只与泵本身的几何尺寸和活塞的往复次数有关，而与泵的压头无关，即无论在什么压头下工作，只要往复一次，泵就排出一定体积的液体，所以柱塞泵是一种典型的容积式泵。

柱塞泵的理论流量可按下式计算：

单柱塞泵　　$Q_T = ASn_r$

式中：Q_T——柱塞泵的理论流量，m^3/min；

A——活塞的截面积，m^2；

S——活塞的冲程，m；

n_r——活塞每分钟的往复次数，1/min。

斜盘式多柱塞泵　　$Q_T = (nA - a)Sn_r$

式中：a——活塞杆的截面积，m^2；

n——活塞数量，个。

实际上，由于活塞填衬不严，吸入阀与排出阀启闭不及时，并随着压头的增高，液体漏损量加大等原因，柱塞泵的实际流量小于理论流量。

——柱塞泵的压头与泵的几何尺寸无关，只要泵的机械强度及原动机的功率允许，输送系统要求多高的压头，往复泵就能提供多大的压头。实际上，由于活塞环、轴封、吸入和排出阀等处的泄漏，往往降低了柱塞泵可能达到的压头。

——柱塞泵的吸上真空度亦随泵安装地区的大气压强、输送液体的性质和温度而变，所以柱塞泵的吸上高度也有一定的限制。但是柱塞泵内的低压，是靠工作室的扩张来造成的，所以在开动之前，泵内无需充满液体，即往复泵有自吸作用。

——柱塞泵不能简单地用排出管路阀门来调节流量，一般采用回路调节装置。

基于以上特点，柱塞泵主要适用于小流量、高压强的场合，输送高粘度液体时的效果也比离心泵好。但不能输送腐蚀性液体和有固体粒子的悬浮液。

（4）指标与参数

柱塞泵的主要性能参数包括流量、压头、效率和轴功率，这些参数标注在泵的铭牌上。其中流量和压力主要取决于泵的结构、活塞尺寸、活塞行程和活塞数量。

（5）维修技术要求

对中检查。对中检查周期为一年，长燃料机组 1.5 年一次，即为单次燃料循环周期。

润滑油油样分析。润滑油油样分析周期为 6 个月，岛内设备油样分析周期为 1 年，长燃料机组 1.5 年一次，即为单次燃料循环周期。

解体检查。柱塞泵传输介质相对较好，连续运行工况下，解体周期一般为 5 年，长燃料机组 6 年一次，即 4 个燃料循环周期。

——输送介质必须满足系统清洁度要求，避免杂质影响活塞缸密封性和附属阀门密封性。

——活塞缸需要进行专业的表面硬化处理，并保证表面光洁度要求，活塞与活塞缸应密封性配合良好，密封件及时进行更换，发现表面划痕及时进行修复。

——活塞行程需启泵后根据实际情况进行调整，单柱塞泵通过调整限位挡块实现，斜盘式多柱塞泵通过调整活塞盘倾斜度实现。

（6）质量管理

对中检查质量控制点：对中调整；

润滑油油样分析质量控制点：油样分析结果；

解体检查质量控制点：活塞表面检查、活塞缸表面检查、对中调整、活塞行程检查、密封装置检查。

（7）经验反馈

——柱塞泵启动后出口油压偏低，确认仪表和管路没有问题后，通过调整活塞盘倾斜角度使油压达到系统要求范围；

——柱塞泵启动后压力无法达到设定要求值，经检查发现泄压阀因介质中存在异物颗粒而卡涩，更换泄压阀后重新启泵，压力恢复正常值。

（8）技术规程清单

序号	规程名称
1	柱塞泵定期对中检查
2	柱塞泵全面解体检查

（9）参考资料

无。

4.2.3 核电厂通用齿轮泵

（1）定义

齿轮泵由一对相互啮合的齿轮配合工作，与离心泵相比，齿轮泵的压头高而流量小，可用于输送粘稠液体以至膏状物，但不能输送有固体颗粒的悬浮液，适用范围较窄，常用于核电厂液压系统和润滑系统。

（2）范围对象

核电厂通用齿轮泵。

（3）结构原理

图 352-01-04-18 是齿轮泵的结构示意图，泵壳内有两个齿轮，一个是靠电机带动旋转，称为主动轮，另一个是靠与主动轮相啮合而转动，称为从动轮。两齿轮与泵体间形成吸入和排出两个空间。当齿轮按图中所示的箭头方向转动时，吸入空间内两轮的齿互相拨开，形成了低压而将液体吸入，然后分为两路沿壳壁被齿轮嵌住，并随齿轮转动而达到排出空间。排出空间内两轮的齿互相合拢，于是形成高压而将液体排出。

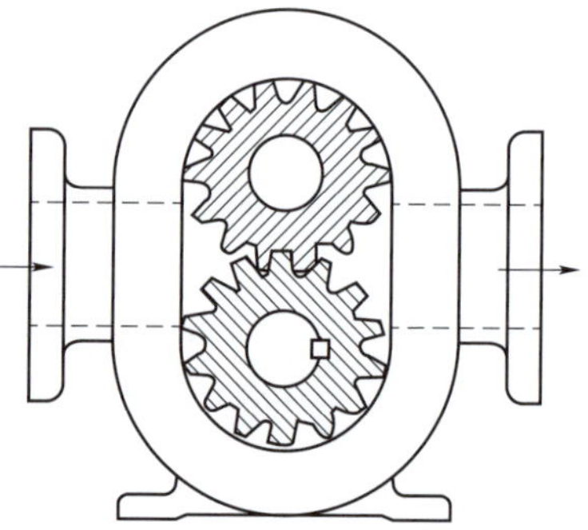

图 352-01-04-18 齿轮泵结构示意图

（4）指标和参数

齿轮泵的主要性能参数与离心泵相同，包括流量、压头、效率和轴功率，这些参数标注在泵的铭牌上。其中流量和压力主要取决于泵的结构、尺寸和转速。

（5）维修技术要求

对中检查。对中检查周期为一年，长燃料机组 1.5 年一次，即为单次燃料循环周期。

润滑油油样分析。润滑油油样分析周期为 6 个月，岛内设备油样分析周期为 1 年，长燃料机组 1.5 年一次，即为单次燃料循环周期。

解体检查。齿轮泵传输介质相对较好，连续运行工况下，解体周期一般为 5 年，长燃料机组 6 年一次，即四个燃料循环周期。

齿轮泵主要用于转动设备的润滑系统和供油系统，这类泵的检修主要是测量其各部间隙，检查磨损情况。在解体后用红丹粉检查齿面的接触情况，要求沿齿长度啮合 70%以上。齿的表面情况应进行定期目视检查，确保无明显的凹坑等表面缺陷，若表面及泵体内壁有轻微的磨痕，就可以用细砂布打磨，但不许用锉刀、刮刀加工。主齿轮和从动轮之间的齿顶间隙必须满足设计要求，否则可能产生卡涩或容积损失。齿顶与泵壳的径向间隙不得小于轴瓦间隙，可用压铅丝法测量齿面啮合间隙，此值通常取 0.2～0.3 mm，最大不得超过 0.5 mm。油封等密封部件必须进行检查测量，确保其数据符合设计要求范围，避免介质外漏。

（6）质量管理

对中检查质量控制点：对中调整；

润滑油油样分析质量控制点：油样分析结果；

解体检查质量控制点：齿顶间隙检查、对中调整、轴跳检查、轴承游隙检查。

（7）经验反馈

——齿轮泵解体检修后起泵试验打不出介质，检查发现入口管道膨胀节破损漏气，导致润滑油吸不上，齿轮泵干转运。因此齿轮泵解体检修后需对管路进行检查，确保无漏气或漏油部位。

——齿轮泵解体检修后无法手动盘车，随后在轴承端盖处增加厚度为 0.1 mm 的青稞纸垫，手动盘车轻松灵活。因此齿轮泵解体检修后应对首先进行手动盘车检查，确保合适的轴向尺寸。

（8）技术规程清单

序号	规程名称
1	齿轮泵定期对中检查
2	齿轮泵全面解体检查

（9）参考资料

无。

4.2.4 核电厂反应堆冷却剂泵

（1）定义

反应堆冷却剂泵又称主泵，为核电厂的关键设备，是反应堆冷却剂系统中唯一的转动设备，用于驱动高温高压、具有放射性的冷却剂，以提供足够的流量冷却反应堆堆芯，将堆芯中产生的热量通过蒸汽发生器传递给二回路，确保堆芯冷却。

反应堆冷却剂泵按输送足以满足堆芯冷却的流量设计。泵的总压头取决于反应堆冷却剂环路（反应堆压力容器、蒸汽发生器和管道）内的压降。

（2）范围对象

反应堆冷却剂系统 001 号泵、反应堆冷却剂系统 002 号泵。

（3）结构原理

反应堆冷却剂泵包括五个主要部分：水力部件、热交换器组件、转子组件和径向轴承、密封以及结构部件。

——水力部件

● 泵壳：

泵壳由不锈钢铸件制成，泵壳包括三个整体浇铸的支撑底座和进口及出口管嘴。泵壳的进口及出口管嘴的焊缝坡口加工面焊接到反应堆冷却剂系统管道。

● 叶轮：

叶轮由七片整体叶片组成，给反应堆冷却剂进入泵的进口端提供一个速度头。从泵的顶部看，叶轮设计成逆时针方向旋转。叶轮用椎体冷缩装配、键和带螺纹的锁紧螺母将叶轮固定在泵轴的下端。

● 导叶组件：

导叶组件由一个铸造的不锈钢导叶和一个锻造的导叶法兰组成。导叶组件接收由叶轮排出的冷却剂，并将速度头的一部分转换成压力头。导叶由 16 片整体叶片组成，同时也包含一套迷宫式密封，这套密封与叶轮的上部磨损环接触，以最大限度地减少进入叶轮盖板区域的回流。沿着导叶的圆周将导叶焊接到导叶法兰上，在泵壳和热交换器法兰之间使用金属垫圈进行密封，以便形成反应堆冷却剂压力边界。

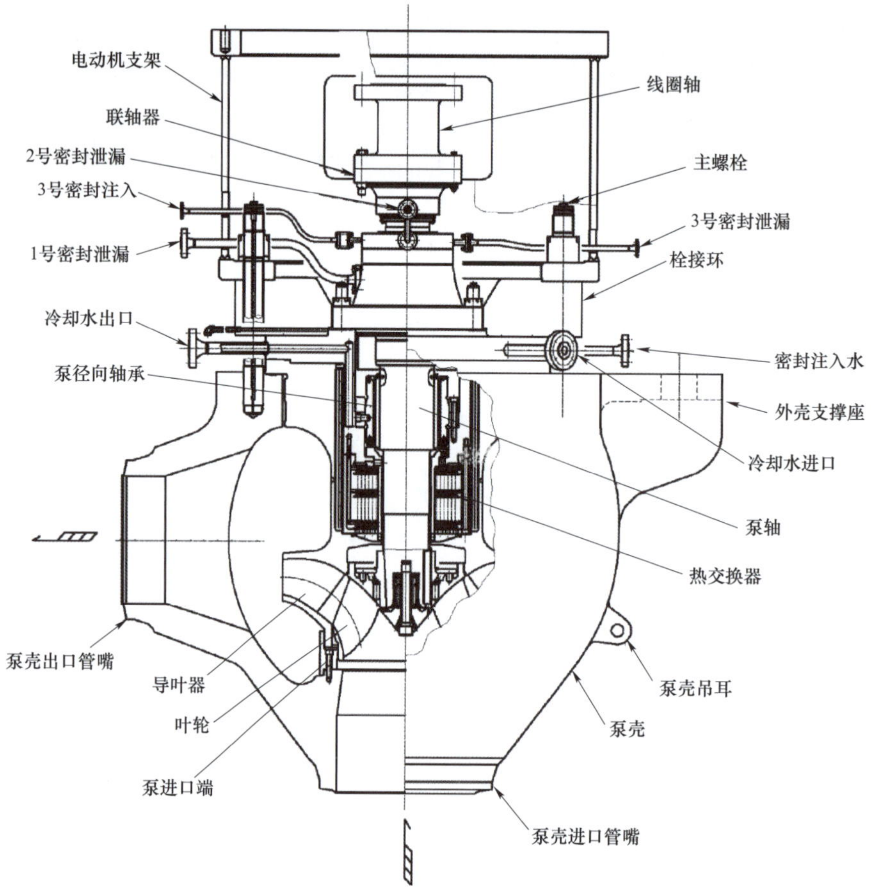

图 352-01-04-19　反应堆冷却剂泵结构

● 泵进口端：

在进口处使用螺栓固定到泵壳内侧的不锈钢锻件的泵进口端，限制叶轮吸入和泵壳之间的泄漏。导叶的下端安装到导流器内。两者之间的间隙非常小，以便限制从泵排放到吸入的回流。为了进一步限制回流，泵进口端内径上的迷宫式密封与叶轮下端部分的下端磨损环相配合。

——热交换器组件

热交换器组件用法兰进行支撑，使用 24 根直径为 114.3 mm 的柱头螺栓和螺母夹紧在导叶组件法兰和栓接环之间。这个组件由下列分组件构成：

● 热屏：

热屏由 20 个均匀间隔的、细小的、同中心的不锈钢罐组成，它限制来自热反应堆冷却剂的热流量通过导叶进入泵的内部件中（轴承和密封）。在顶部通过填焊将这些罐封闭，在底部打开。在最里面的罐的内径处通过不锈钢筒支撑这些罐。整个组件焊接到导叶组件的内侧表面上。

● 热交换器：

热交换器由盘管和相关外壳以及支撑结构组成，包括轴承支撑筒和热交换器法兰。不锈钢的热交换器管（八个双层扁形盘管堆叠在一起）输送设备冷却水，使用承插焊接的方法将盘管的入口和出口端焊接到热交换器支撑结构的孔上。

轴承支撑筒是使用不锈钢锻件制造的，热交换器法兰也是使用不锈钢锻件制造的，通过沿圆周进行焊接的方法将其连接到一起。

热交换器冷却盘管堆的底部和外径使用锻造的不锈钢冷却盘管盖进行封闭，冷却盘管盖使用螺栓连接到轴承支撑筒上。底板部分中的孔可引导反应堆冷却剂流到冷却剂盘管。

冷却盘管堆的内径使用锻造的不锈钢迷宫式筒体进行封闭，同时使用螺栓将迷宫式筒体连接到轴承支撑筒上。这个锻件在其内径上有一个迷宫式凹槽，这个凹槽限制沿泵轴的流量。底部和顶部的径向孔可引导密封注入水或反应堆冷却剂流向热交换器盘管。这个锻件的上端有一个机加工的支座，在密封检查和维修期间当轴下降时，与泵轴上的支座相配合，并提供较低压力的密封来防止反应堆冷却剂过度泄漏。

——转子组件和径向轴承：

● 转子组件：

转子组件由一个短轴、联轴器、叶轮以及两端带有锥形连接部的轴所组成。泵的联轴器和叶轮热配合安装到轴的各端。该组件的动力学是十分关键的：在体系平衡期间，叶轮与转子组件相配合，联轴器和短轴配合在一起并与特殊的轴相配合。在组装的情况下，使短轴的上部法兰机加工满足精确的同心度和垂直度，将确保电动机与泵轴的同轴性。

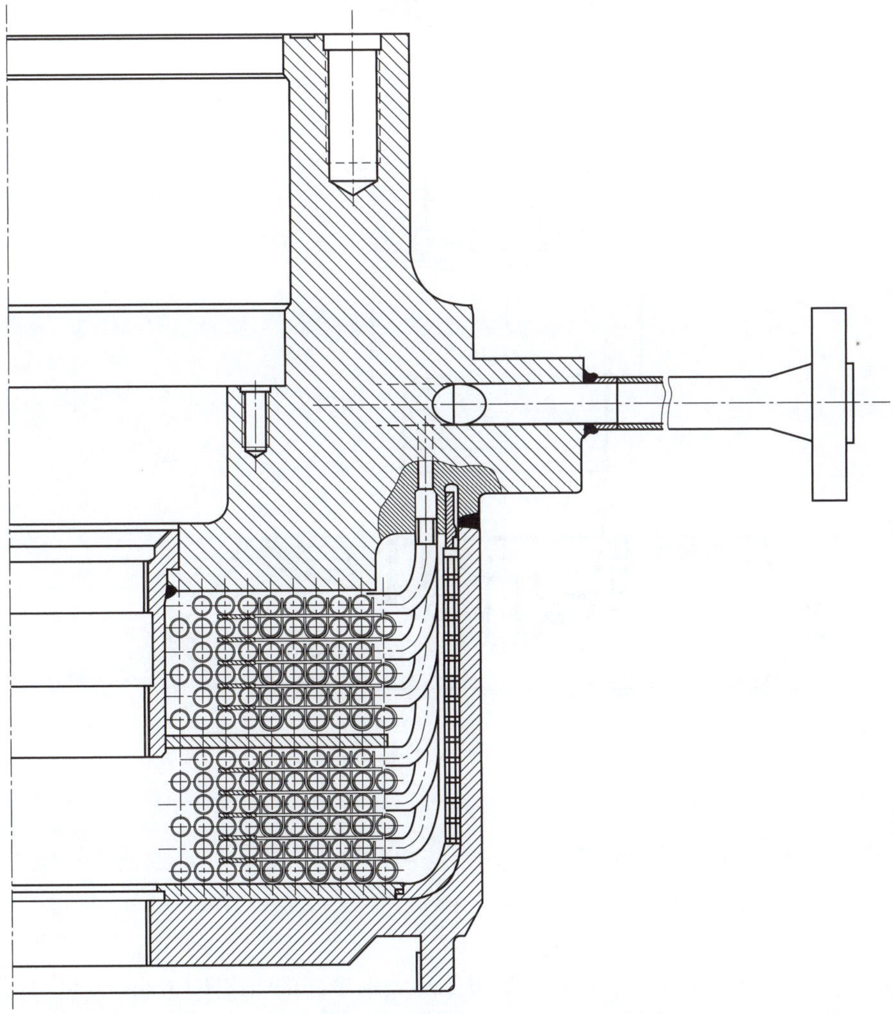

图 352-01-04-20 热交换器组件

轴颈上覆盖了一层零钴基合金，使用热配合方法组装在轴上。轴颈包含一个球形基座，当轴分开时与热交换器组件配合。叶轮和联轴器热配合安装到轴上，并轴上安装的锁紧螺母、键和键槽限制轴的轴向和角向移动。

对联轴器的下轮毂进行机加工，以便监控轴振动和旋转信号。

● 径向轴承组件：

径向轴承组件由一个两件式、水平分离的外壳和一个轴承芯组成，均使用不锈钢材料制作。轴承芯的外表面使用焊接方法覆盖了一层零钴基合金，并在分离的外壳上与球形内侧表面相配合。把碳–石墨环热配合安装到芯子的内表面，碳–石墨与泵轴上的轴颈接触，在正常运行期间，轴承通过密封注入水得到润滑和冷却。

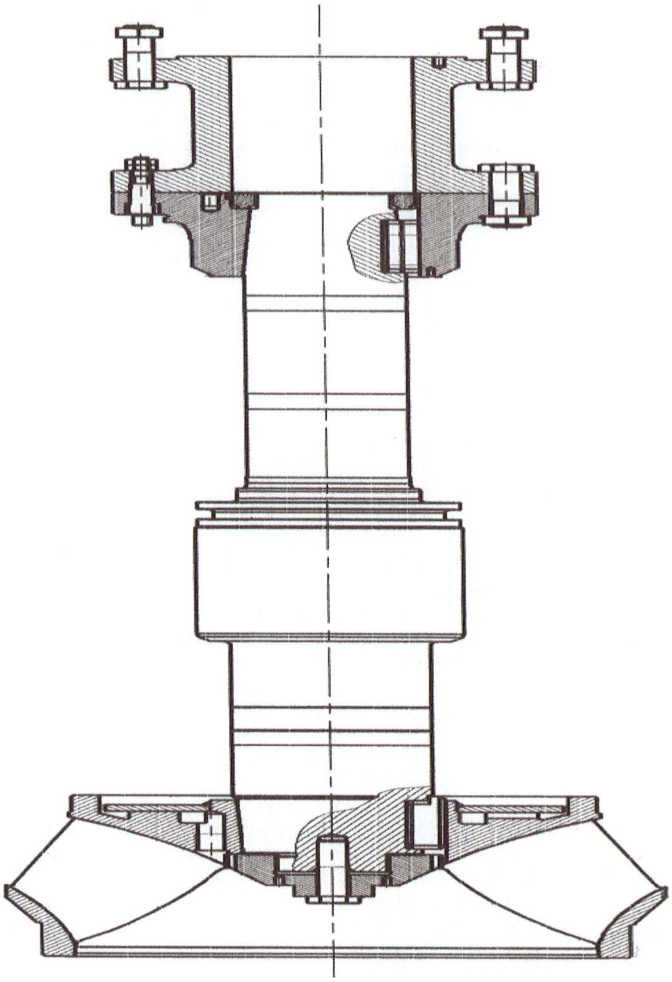

图 352-01-04-21　转子组件和径向轴承

——密封系统：

泵的密封系统由一个密封壳体内三级不同的控制泄漏的密封所组成，其特点是 2 号和 3 号密封的组件位于一个单独的盒芯式组件中就可以一起安装和拆卸。

● 1 号密封：

1 号密封是控制泵泄漏的主要密封。1 号密封是流体静力学平衡的、薄膜控制的表面密封，由一个密封动环和一个密封静环所组成。动环与轴一起旋转，静环被密封壳体所包裹。动环和静环都有一个氮化硅面板，用夹具固定在不锈钢支承件上。

密封注入水通过在两个面板之间分离而流动，分离量是通过面的等高线和系统压力进行控制的。只要保持了最小的运行压力，就会保持分离，不会发生表面接触。1 号密封的部分泄漏（通常是密封注入水）供给 2 号密封，而多余的流量则通过 1 号密封泄漏管输送到设备的容积控制箱。

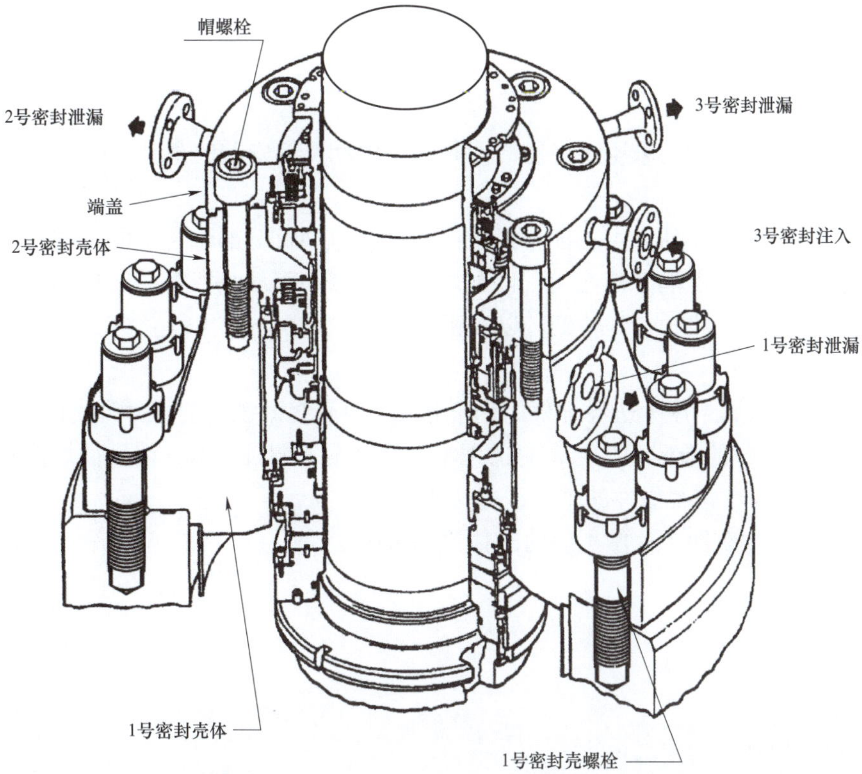

图 352-01-04-22 反应堆冷却剂泵机械密封

● 2 号密封：

2 号密封是一个摩擦面密封，包括一个碳—石墨镶嵌部件，使用热配合方法装配到定位环中。这个组件使用弹簧销连接到密封环底部，定位环和这个密封环都是不锈钢锻件制造的。使用销钉将这个组件固定住以防止旋转，但允许轴向运动。碳—石墨镶嵌部件在碳化铬涂层的不锈钢锻造的动环上摩擦，而动环与轴一起旋转。2 号密封的泄漏通过 2 号密封泄漏管输送到一个罐内。

当经受高压时（如果 1 号密封失效就会发生高压），2 号密封的设计可从摩擦面转换成薄膜控制密封。随着运行压力增大，由于动环偏斜，就会发生这种转换。

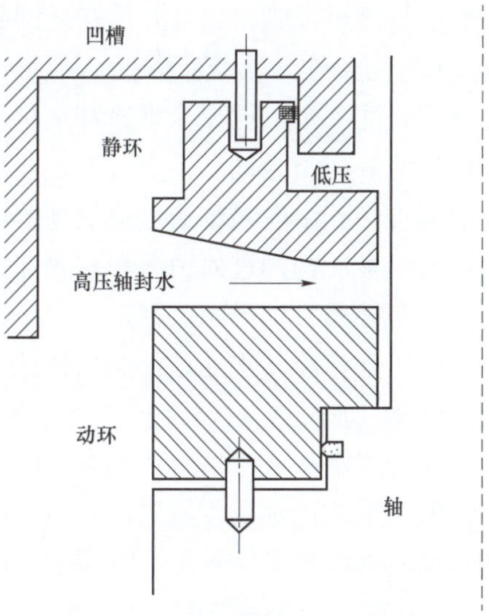

图 352-01-04-23 1 号密封

● 3 号密封：

3 号密封也是一个摩擦面密封。3 号密封包括一个通过热配合装配到不锈钢密封环中的碳—石墨镶嵌部件，这个碳—石墨镶嵌部件有两个被称为挡水圈的密封面。这些挡水圈在碳化铬涂层的不锈钢动环上摩擦，而动环与轴一起旋转。当压力大于 2 号密封泄漏接头内的压力时，密封环的两个挡水圈之间会注入清洁水。这样，就为这种注入水提供了两个泄漏通道。部分注入水流过外挡水圈，在外挡水圈处加入到 2 号密封的泄漏中并通过 2 号密封泄漏接头排到泵外。注入水剩余部分流到内挡水圈，并转向到防溅罩，通过 3 号密封泄漏接头流出。

在 3 号注入接头中安装有一个压力控制孔，以补偿挡水圈的轮廓变化。在这个位置还提供了一个止回阀，以便在 2 号泄漏高压条件下允许挡水圈内部压力能支撑密封的前端。

——结构部件：

泵的结构部件包括以下内容。

● 栓接环：

锻压碳钢的栓接环是主要的承压结构件，同时构成电动机架安装的基础。

● 电动机架：

电动机架是一个碳钢焊接件，由三部分组成：栓接到电动机下部法兰上的上部法兰、使用泵的主螺栓和螺母固定到泵栓接环上的下部法兰，以及焊接到上部和下部法兰上的圆柱形零件。电动机架圆柱形部分中的窗口，可方便线轴、联轴器、以及密封拆卸与更换时的出入。

● 密封壳体：

1 号和 2 号密封壳体属于压力边界部件，设计用来支撑密封系统的静止部件。1 号密封泄漏出口在 1 号密封壳体上，2 号密封的泄漏和 3 号密封的泄漏以及 3 号密封注入嘴，都承插焊接到泵芯密封的端盖上。2 号密封壳体是泵芯密封组件的唯一压力边界部件。

反应堆冷却剂泵运行有四个截然不同的液体流动系统：

反应堆冷却剂系统；

1 号密封注入系统；

热交换器冷却系统；

3 号密封注入系统；

每个系统的详细描述见以下各段。

反应堆冷却剂系统流程：

反应堆冷却剂在泵壳进口管处进入泵壳，向上流动到叶轮。叶轮通过导叶将水泵送到外壳，从而将水引导流至泵壳出口管外。在返回到泵之前，水通过反应堆容器和蒸汽发生器进行循环。

1 号密封注入系统流程：

密封注入水以比反应堆冷却剂稍高的压力通过热交换器法兰上的法兰管接头进入泵内。密封注入水流量恰好在 1 号动环下方分开，一部分水通过 1 号和 2 号密封向上流动，但大部分水通过径向轴承壳中的轴向孔沿着泵轴通过热交换器外壳向下流动，并进入反应堆冷却剂中。这样，注入水起到了防止热反应堆冷却剂进入轴承和密封部分的屏障作用。

热交换器冷却系统流程：

低压部件冷却水通过热交换器法兰上的法兰管接头进入热交换器。冷却水通过轴承支撑筒中的孔向下流动，进入热交换器盘管，并通过距离入口 180° 方向的轴承支撑筒中的孔退出。在正常运行期间，热交换器限制从反应堆冷却剂到泵内部件的传热。

但如果注入水发生流失，反应堆冷却剂将向泵内部件流动。在进入轴承和密封之前，热交换器将冷却反应堆冷却剂。

3 号密封注入系统流程：

3 号密封注入水通过 3 号密封端盖中的法兰管接头进入泵内，并通过注入盘管流入 3 号密封环控制面中的环状空间内。部分水通过外挡水圈流动，与 2 号密封的水混合，并通过 2 号密封泄漏排出。剩余的水通过内挡水圈流动，并通过 3 号泄漏排出。这样，该系统确保 3 号密封得到清洁水的润滑，消除了 2 号密封向防泄漏系统的泄漏，并消除了硼酸晶体在 3 号密封空气侧的积聚。

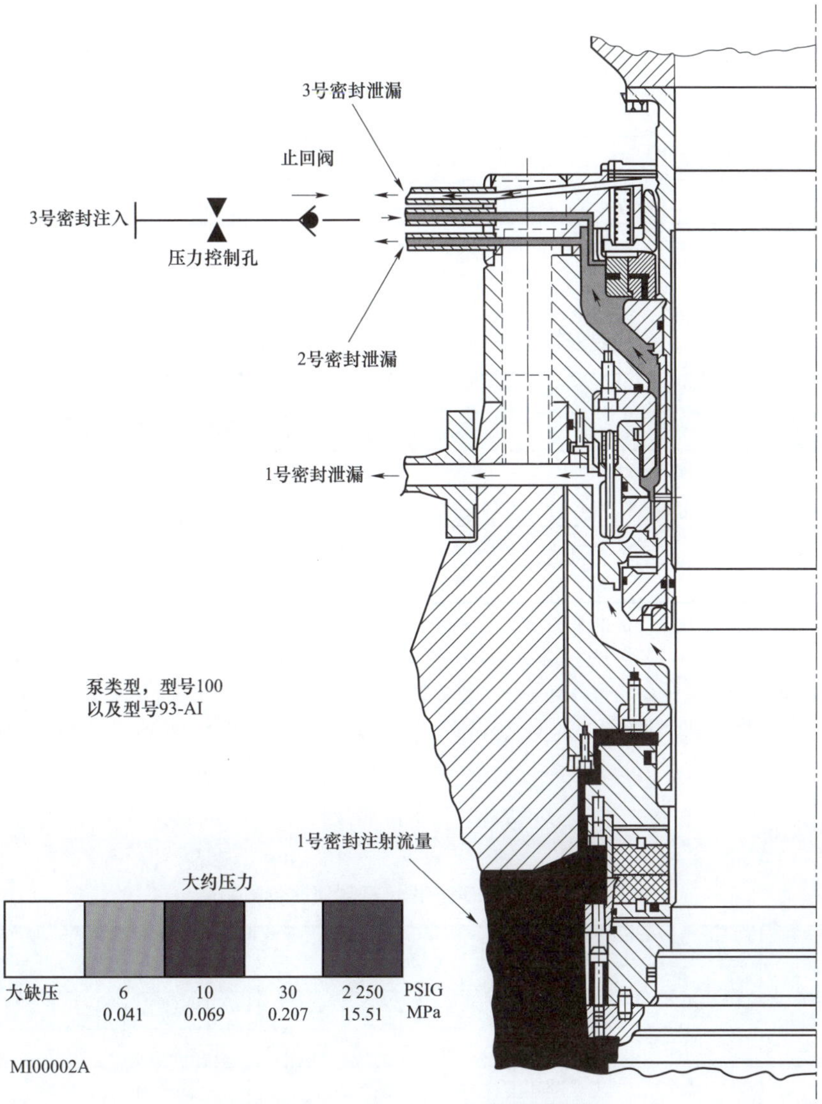

图 352-01-04-24 密封系统流程

（4）指标和参数

1）水力特性

表 352-01-04-06 应堆冷却剂泵总参数表

型号	100D
类型	单级、离心式
压头/m	91.0
反应堆冷却剂流量/（m^3/h）	24 290
反应堆冷却剂温度（标称）/℃	293
反应堆冷却剂压力（标称）/MPa	15.5
叶轮类型	七叶片，单吸式
总旋转惯性（包括电动机）/（kg/m^2）	3800
热交换器水流量（在 40.5 ℃时）/（m^3/h），正常运行	8.5～9.1
1 号密封注入水流量（在 54.4 ℃时）/（m^3/h）	1.8
1 号密封泄漏流量/（m^3/h）	0.68

续表

型号	100D
2 号密封泄漏流量/（m^3/h）	0.01
3 号密封泄漏流量（内部和外部挡水圈）/（mL/h）	800 总计
3 号密封注入水流量/（mL/h）	800

2）1 号密封注入

表 352-01-04-07　号密封注入参数表

项目	连续运行（国际标准单位）				特殊工况（国际标准单位）	
	正常	最小	最大	注释	最大	注释
流量/（m^3/h）	1.8～3.0	1.4	4.5	1	—	—
温度/℃	15.6～57.2	15.6	57.2	—	65.5	3
压力/MPa.g	不适用	不适用	不适用	2	—	—
过滤（μ）	5	不适用	5	—	—	—

注：1. 正常流量分配是：进入系统 1.14 m^3/h，密封供给 0.68 m^3/h。

2. 调节注入水压力，以获得所需的流量。在反应堆冷却剂系统压力高于大气压力或在反应堆冷却剂系统正在填充的任何时候，都应保持流量。在没有提供注入水以及反应堆冷却剂系统压力低于 0.69 MPa.g 时，泄漏阀必须关闭。这个程序可防止来自容量控制罐污水的潜在回流。

3. 关于特殊工况，注入水温度可以增加到最大 65.6 ℃。但是如果注入水温度增加到 57.2 ℃以上，反应堆冷却剂的温度应调节到不超过 204.4 ℃的温度。

3）1 号密封泄漏

表 352-01-04-08　密封泄漏参数表

项目	连续运行（国际标准单位）				特殊工况（国际标准单位）		起动（国际标准单位）	
	正常	最小	最大	注释	最大	注释	最小	注释
流量/（m^3/h）	图 7	0.18	1.36	2、3、4、5、8	—	—	0.05	1
ΔP/MPa	15.5	14.8	15.9	—	—	—	1.38	7
背压/MPa.g	0.21	0.10	0.55	—	0.69	9	0.07	—
进口温度/℃	26.7～73.9	26.7	73.9	6	82.2 110	10 6	15.6	—

注：1. 如果泄漏流量小于 0.05 m^3/h，在密封面进口处可能有微小的杂质限制了流量。密封面的作用类似过滤器。杂质粒子按照 10 μ 的顺序在表面之间聚集并限制流量。增大密封差压（ΔP）可以清洁密封。如果不能清洁，将密封差压降低到 0.69 MPa，给油提升泵供电，并用手旋转泵转子。如果密封流量低于规定的最小值，不要启动泵电动机。

2. 报警设定点值指示 1 号密封正常运行范围以外的泄漏速率，关于启动和连续运行，见图 352-01-01-24。

3. 如果 1 号密封泄漏流量在正常运行范围（0.23～1.14 m^3/h）以外，但处于运行极限（0.18～1.36 m^3/h）以内，则继续泵的运行。确保密封注入流量超过受影响的反应堆冷却剂泵 1 号密封泄漏速率。密切监视泵和密封的参数。

4. 对高于最大运行极限（1.36 m^3/h）或低于最小运行极限（0.18 m^3/h）的 1 号密封泄漏速率，遵守应急运行程序停机处理。

5. 如果在几周或更长的时间内，观察到 1 号密封泄漏流量缓慢地增加或降低，在此期间，可以运行泵，1 号密封的泄漏阀应保持开启。密封的泄漏流量不允许超过连续运行的最大或最小极限。一旦超过了最大或最小极限，遵守应急运行程序停机处理。

6. 在 1 号密封的进口处使用两个电阻温度计（RTD）测量温度。每个电阻温度计监督轴承温度和密封进口温度。在正常稳定状态运行期间，两个电阻温度计应显示几乎同样的温度值。所显示的最大值不应超过正常使用的值或丧失注入工况期间的值。

7. 运行的最小回路压力通过 1 号密封的最小ΔP（1.38 MPa）进行控制。在反应堆冷却剂泵运行期间，必须保持 1 号密封 1.38 MPa 或更大的差压。

8. 当一回路系统压力低于 0.69 MPa，要关闭 1 号泄漏阀。

9. 仅作为瞬态工况，1 号密封最大背压 0.69 MPa 是允许的。要求操作员采取行动，将 1 号密封背压重新复原到连续运行规定的范围以内。

10. 在下列运行期间，1 号密封进口最大温度 82.2 ℃是允许的：

——RHR（余热排放）运行；

——密封注入温度瞬态。立即启动操作员的行动，将密封进口温度复原到连续运行规定的范围之内。

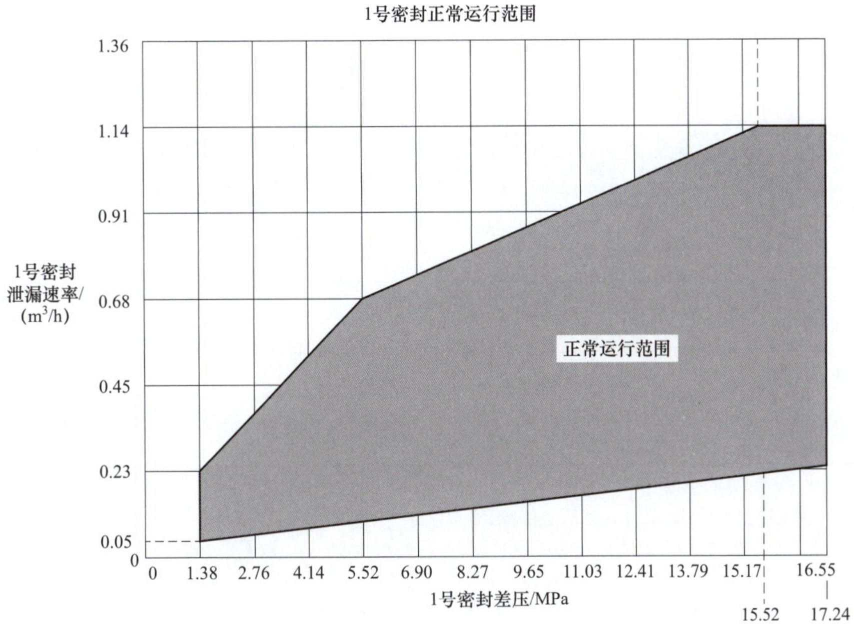

图 352-01-04-25　1 号密封性能参数

4）2 号密封泄漏

表 352-01-04-09　密封泄漏参数表

项目	连续运行（国际标准单位）				特殊工况（国际标准单位）	
	正常	最小	最大	注释	最大	注释
流量/（m^3/h）	≤0.11	可忽略	0.25	1、6	2.7	3
ΔP/MPa	0.16	0.06	0.55	2	0.69 15.9	4 3
背压/MPa.g	0.05	0	0.05	—	0.35	5

注：1. 正常运行——1 号密封可运行。

2. 通过主要系统工况复原。

3. 应急工况——如果 1 号密封不可运行，在 2 号密封上将发生主要压降。遵守应急运行程序停机处理。

4. 在 6.1.2 段 1 号密封注释 9 中规定的工况期间，2 号密封 0.69 MPa 的最大ΔP 是允许的。

5. 在下列运行期间，2 号密封 0.34 MPa 的最大背压是允许的：

应急工况。参见注释 3；

2 号密封背压瞬态。要求操作员采取行动，将 2 号密封背压重新复原到连续运行规定的范围之内。

6. 2 号密封流量的正常运行范围在 0～0.11 m^3/h。0.11～0.25 m^3/h 的密封流量表明存在问题，但泵的运行可以继续。在这种工况下，密切监督泵和密封的参数。如果 2 号密封流量超过 0.25 m^3/h，遵守应急运行程序停机处理。

5）3 号密封注入

表 352-01-04-10　密封注入参数表

项目	正常（国际标准单位）	最小（国际标准单位）	最大（国际标准单位）	注释
密封的流量/（mL/h）	800	可忽略	1600	1、2、3
温度/℃	32.2～48.9	15.6	65.6	1
压力/MPa	0.105	0.096	0.114	1
过滤（μ）（标称）	25	不适用	25	—

注：1. 正常运行——1 号密封可运行。

2. 注入水使用清洁的除盐水（含有小于 20×10^{-6} 的硼酸）。

3. 在运行极限之间，这个供水管应有 19 200 mL 的额定容量。这个容量意味着正常功能性密封将要求供水管每 24～48 h 再次填充。在 14 h 或不足 14 h 即要求供水管再次填充的密封，很可能已经磨损或损坏。在超过 7 d 到 8 d 的时间才要求供水管再次填充的密封，可能功能正常；但是，更可能是杂质颗粒堵塞了 3 号注入管线或密封进口通道。

6）3 号密封泄漏

表 352-01-04-11　密封泄漏参数表

项目	连续运行（国际标准单位）				特殊工况（国际标准单位）	
	正常	最小	最大	注释	最大	注释
（内挡水障）排放的流量（mL/h）	在最小/最大范围之内	0	1600	1	7570 3000	3、4、5
ΔP/MPa	0.105	0.096	0.114	1	0.170 0.345	3、4
（外挡水障）2 号泄漏的流量（mL/h）	在最小/最大范围之内	不适用	1600	1	—	—
ΔP/MPa	0.060	0.051	0.114	1、2	—	—

注：1. 正常运行——1 号密封可运行。
2. 通过 3 号注入供水管和 2 号密封背压，复原密封差压。
3. 应急运行（两个挡水障 0.345 MPa ΔP），1 号密封不可运行，则在 2 号密封上将发生主要压降。遵守应急运行程序停机处理。
4. 控制 2 号密封背压的系统故障所造成的应急运行（两个挡水障 0.170 MPa ΔP）。这种应急影响系统中所有的反应堆冷却剂泵。正常运行可以继续。由于这种工况加快密封磨损速率，应将 2 号密封背压降低到运行范围。
5. 如果反应堆冷却剂泵不工作，3 号密封内挡水障泄漏可能最大为 3000 mL/h。

7）密封应急和停机的运行技术参数

表 352-01-04-12　应急和停机的运行技术参数表

工况	1 号泄漏迹象	2 号泄漏迹象	1 号密封总流量	泵轴承、密封进口/1 号泄漏温度	反应堆冷却剂泵停机
1	＞1.36 m^3/h		＞1.36 m^3/h	增加	立即（5 min 之内）
2	＞1.36 m^3/h		＞1.36 m^3/h 和＜1.8 m^3/h	稳定	有序（8 h 之内）
3			≥1.8 m^3/h	稳定或增加	立即（5 min 之内）
4	＜0.18 m^3/h	零（或可忽略）	＜0.18 m^3/h	稳定	有序（8 h 之内）
5	＜0.18 m^3/h	零（或可忽略）	＜0.18 m^3/h	增加	立即（5 min 之内）

注：1. 1 号密封总流量=1 号密封泄漏加上 2 号密封泄漏的迹象。
2. 关于工况 1、3 和 5，人工电厂脱网必须先于反应堆冷却剂泵停机。

8）热交换器冷却水

表 352-01-04-13　换器冷却水参数表

项目	正常（国际标准单位）	最小（国际标准单位）	最大（国际标准单位）	注释
流量/（m^3/h）	8.0～9.1	6.8	13.627	1
温度/℃	26.7	10	40.5	2
压力/MPa	1.03	不适用	1.38	3

注：1. 必须从非放射性的设备冷却系统中提供水，而且水必须在反应堆冷却剂温度高于 93.3 ℃时的所有时间内一直流动。
2. 对于特殊的运行，冷却水的温度可以增加到最大 54.4 ℃。但是，如果冷却水的温度增加超过 40.5 ℃，反应堆冷却剂的温度应调节到不超过 204.4 ℃的温度。
3. 压力必须足够，以确保所需要的流量。

9）轴承水

表 352-01-04-14 水参数表

项目	正常（国际标准单位）	最小（国际标准单位	最大（国际标准单位）	注释
温度/℃	26.7～73.9	15.6	110	1

注：1. 在正常使用或丧失注入水工况期间都不应超过最大值。

10）振动限制

轴位移：

381 μm 可接受，于第一有利时间查找原因，一般通过动平衡降低；超过 381 μm，尽快查找原因，一般通过动平衡降低；达到 381 μm，且增加速率达到 25 μm/h，立即停机。达到 508 μm，立即停机

壳振：

76 μm，且没有上升速率时可接受；超过 76 μm，上升速率达 5 μm/h，立即停机；达到 127 μm，立即停机。

（5）维修技术要求

1）预防性维修项目

表 352-01-04-15 堆冷却剂泵维修项目内容与周期

项目名称	项目周期（1 C 为 1 个燃料循环）
主泵定期检查	1 C
主泵落座、对中调整及提轴	2 C
主泵 2/3 号密封更换	2 C
主泵 2/3 号密封解体检查	2 C
主泵 1 号密封更换	4 C
主泵水利部件整体更换	8 C
主泵水利部件翻新	8 C

2）主泵定期检查

主泵水力部件定期检查项目为大修常规检查项目，检修间隔值为 1 C，主要对水力部件进行目视检查、螺栓拉伸量测量、3 号密封注入流量限制器更换等。

——泵壳/导叶法兰之间密封垫片的泄漏情况检查；

——3 号密封端盖上防溅挡圈周围及各辅助接管法兰垫片之间有无泄漏情况检查；

——流量限制器组件的更换；

——主泵主螺栓和密封室紧固螺栓数据测量；

——主泵密封壳螺栓锈蚀情况检查。

3）主泵落座、对中调整及提轴

主泵落座、对中调整及提轴工作为主泵机械密封更换、电机下导轴承解体工作的前提条件，通过落座将电机联轴器与中间短轴脱开，以便于进行其他检修项目，检修工作完成后进行对中调整，并根据机组状态提轴，重新连接电机联轴器和中间短轴。

——落座之前的准备：仪控拆除相关探头、拆除防溅挡圈与保持环、拆卸联轴器底部的六角头螺栓和锁紧片、转动内筒体并使内筒体下降。

——主泵落座：运行配合打开 RPE083/084VP，关闭 RPE115/125VP（RPE：核岛疏水排气系统）。

注意：斜杠前后分别对应 001/002 PO 相关阀门位号；同步迅速地松开两个留下的螺栓和螺母来降低泵轴。卸下 180° 方向的两个螺栓的两颗螺栓和螺母，将主泵落座。

——主泵落座后密封泄漏量检查：主泵落座完成后，检查此时密封的泄漏量，观察 RPE083/084VP 下游窥视孔 RPE015/014IDS，确认泄漏量正常。

——对中调整：测量轴摆将泵轴和电机轴定中心，测量中间短轴与电机联轴器张口及外圆偏差，根据测量数据进行调整。

——提轴前密封面冲洗：打开 1 号密封注入排空阀反应堆冷却剂系统 616/626VP、RPE083/084VP（反应堆冷却剂系统：反应堆主冷却剂系统），关闭 RPE115/125VP，打开 1 号密封泄漏排空阀反应堆冷却剂系统 618/628 VP、RPE092/093VP，关闭 RPE111/121VP，通知主控建立 500～1000 L/h 的流量，等待反应堆冷却剂系统 616/626 VP 所在的排空管线排出的水是干净的（观察 RPE083/084VP 下游窥视孔 RPE015/014IDS），关闭反应堆冷却剂系统 616/626 VP，这时水上升到密封腔室，等反应堆冷却剂系统 618/628 VP 所在的排空管线排出的水是干净的（观察 RPE092/93VP 下游窥视孔 RPE010/009IDS），这时水进入到密封腔室。

——主泵提轴：启顶轴油泵盘车将电机轴转至拆前与泵轴标记匹配位置，按螺栓编号安装好所有电机联轴器螺栓，并按原位置回装配重。开始提轴直到上、下联轴器表面接触为止；提轴后为确认 1 号密封是否闭合，确认反应堆冷却剂系统 618/628 VP 打开，观察下游 RPE010/009IDS 水流情况，如果密封闭合，水流应该很小，若水流仍较大，重复落座提轴一次，观察水流情况。

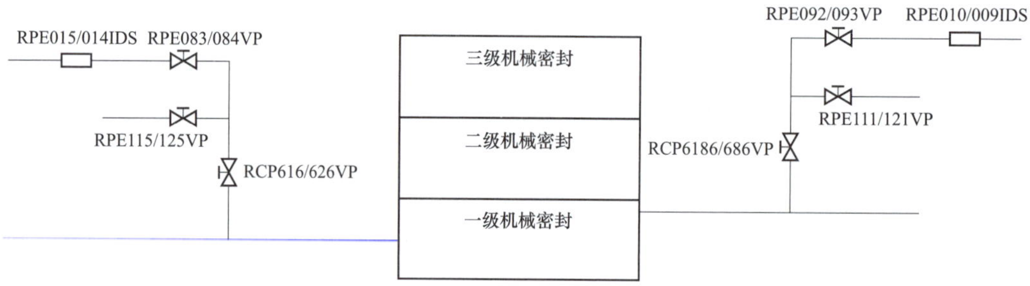

图 352-01-04-26 提轴前密封面冲洗示意图

——最终装配：内筒体安装；防溅挡板安装并用锁紧丝锁紧，恢复相关仪控探头

4）主泵 2/3 号密封更换

主泵 2、3 号密封为盒式机械密封，2、3 号密封更换为大修定期检修项目，检修间隔值为 2 C，大修前组装备用盒式密封，大修时进行更换：

——拆卸中间短轴：安装机械手臂，中间短轴与泵联轴器的两颗定位销分别做好标记，利用机械手臂拆除中间短轴存放至合适位置。注意：机械手臂拆装零部件过程中绑带需绑扎固定牢固，中间短轴存放时对端面及外圆面做好保护。

——拆除泵侧联轴器：安装联轴器液压拔出工具，使用联轴器液压拔出工具将联轴器从泵轴上松脱，安装导链支撑工具，利用导链支撑工具将联轴器慢慢水平提起存放至合适位置（提升前可起顶轴油泵盘车调整导链与吊具位置）。

——拆除 2/3 号盒式密封：脱开盒式密封相关辅助管线，拆除盒式密封与 1#密封壳紧固在一起的内六角头螺栓，安装导向杆和专用吊具，利用导链支撑工具将盒式密封慢慢水平提起，擦干残水，用机械手臂将密封移出电机支撑并存放至合适位置。注意：记录盒式密封编号。

——安装 2/3 号盒式密封：回装前测量 X 值、Y 值确认符合安装要求，拆除 2 号密封静环固定工装，用手提升 2 号密封静环确保活动灵活无卡涩，安装新盒式密封至 1 号密封壳上。

——安装泵侧联轴器：检查泵轴与联轴器的锥形配合面清洁、没有刻痕和毛刺；冷装联轴器测量冷装尺寸；安装联轴器热套工具，利用两块厚度不同的专用垫片调整联轴器安装深度，联轴器安装完成后测量并记录联轴器端面垂直度和法兰外径同心度。

——安装中间短轴：检查联轴器和中间轴的配合面清洁、没有刻痕和毛刺，利用机械手臂安装中间短轴至泵侧联轴器上。

5）主泵 2/3 号密封解体检查

主泵密封更换时，需提前在放射性厂房对备用 2、3 号密封进行翻新组装，并在试验台架上进行水压试验，水压试验合格方可作为备件用于密封更换：

——解体 2/3 号密封组件：将 2/3 号密封吊运至翻转平台，解体 2/3 号密封组件。注意：密封拆除时小心操作不要损伤密封面。

——检查 2/3 号密封组件：对 2/3 号密封动静环表面进行目视检查，确认不存在裂纹、磨损、剥落等缺陷；2/3 号密封新备件检查；2/3 号密封静环组装后相关数据检查；3 号密封注入盘管检查确认畅通。

——组装 2/3 号密封组件：组装时避免损坏密封面；3 号静环及插入件、3 号密封壳可组装好后整体安装；3 号密封动环利用间隔套作为敲击工具将动环安装到位；2 号密封静环组件、2 号密封壳组装好后整体安装；间隔套筒壁的小孔位置与内筒体支撑上的小孔错开。

——2、3 号密封组件打压试验：盒式密封安装至试验台架，按照试验程序进行打压试验。注意：打压试验过程中确认好试验台架各阀门状态正确。

6） 主泵 1 号密封更换

主泵 1 号密封更换为大修定期检修项目，1 号密封更换周期为 4 C，更换 1 号密封时，2、3 号盒式密封同步进行更换：

——拆卸中间短轴：安装机械手臂，中间短轴与泵联轴器的两颗定位销分别做好标记，利用机械手臂拆除中间短轴存放至合适位置。注意：机械手臂拆装零部件过程中绑带需绑扎固定牢固，中间短轴存放时对端面及外圆面做好保护。

——拆除泵侧联轴器：安装联轴器液压拔出工具，使用联轴器液压拔出工具将联轴器从泵轴上松脱；安装导链支撑工具，利用导链支撑工具将联轴器慢慢水平提起存放至合适位置（提升前可起顶轴油泵盘车调整导链与吊具位置）。

——拆除 2/3 号盒式密封：脱开盒式密封相关辅助管线，拆除盒式密封与 1#密封壳紧固在一起的内六角头螺栓；安装导向杆和专用吊具，利用导链支撑工具将盒式密封慢慢水平提起，擦干残水，用机械手臂将密封移出电机支撑并存放至合适位置。注意：记录盒式密封编号。

——拆除 1 号密封静环组件：1 号密封静环组件拆卸前相关数据测量；安装 1 号密封静环提升工具，工具与静环组件对应泵出口方向做好 MM 配合标记，确保原位置回装；利用导链支撑工具将静环组件拆除，静环组件运输至负压检修棚。

——拆除 1 号密封动环组件：1 号密封动环组件拆卸前相关数据测量，利用提升杆将 1 号密封动环组件提出泵轴；1 号密封动环组件移出泵轴后用塑料袋包裹好存放，避免交叉污染；安装防异物盖板，用塑料布盖上泵腔，防止异物进入。

——零部件清理检查：泵轴检查、中间短轴检查、联轴器检查、1 号密封壳检查。

——1 号密封动静环组件解体检查及组装：用注射器分别向新动、静环备件内、外的小孔注水，水注满后用手堵住 180° 方向的小孔，同时使用注射器加压，观察是否有水从密封面结合部位渗出（使用压空法也可以）；使用塞尺测量密封面结合部位的间隙，要求 0.02 mm 的塞尺不能塞入；记录 1 号密封动、静环备件序列号根据序列号确认动静环为匹配的一对；目视检查新 O 形圈及双 Δ 密封无毛刺、裂纹等缺陷；静环组件组装后用手慢慢水平提升静环后松开，确保静环组件自由下落无卡涩；检查完成后密封安装好保护盖板。

——回装 1 号密封动环组件：泵轴定中心，在装 O 形圈的情况下安装 1 号密封动环组件与不装 O 形环情况下试装 1 号密封动环组件比对，确保 1 号密封动环组件安装到位。

——回装 1 号密封静环组件：泵轴定中心，在装 O 形圈的情况下安装 1 号密封静环组件与不装 O 形环情况下试装 1 号密封静环组件比对，确保 1 号密封静环组件安装到位。

——安装 2/3 号盒式密封：回装前测量 X 值、Y 值确认符合安装要求，拆除 2 号密封静环固定工装，用手提升 2 号密封静环确保活动灵活无卡涩，安装新盒式密封至 1 号密封壳上。

——安装泵侧联轴器：检查泵轴与联轴器的锥形配合面清洁、没有刻痕和毛刺，冷装联轴器测量冷装尺寸；安装联轴器热套工具，利用两块厚度不同的专用垫片调整联轴器安装深度，联轴器安装完成后测量并记录联轴器端面垂直度和法兰外径同心度。

——安装中间短轴：检查联轴器和中间轴的配合面清洁、没有刻痕和毛刺，利用机械手臂安装中间短轴至泵侧联轴器上。

7）主泵水利部件整体更换

主泵水力部件整体更换为主泵重大检修项目，检修间隔周期目前为 8 C，工作内容为大修期间拆除旧主泵水力部件，然后更换备用主泵水力部件。

主泵落座—拆除主泵 1/2/3 密封—拆除阻碍吊装设施—主泵电机拆除—拆除主法兰螺栓—主法兰螺栓清理检查—拆除电机支撑和主法兰—拆除水力部件放入运输屏蔽容器—安装生物屏蔽塞—零部件清理检查—拆除生物屏蔽塞安装视频检查工具进行视频检查—拆除视频检查工具—回装水力部件—回装主法兰和电机支撑—主法兰螺栓拉伸紧固—安装新电机—回装主泵 1/2/3 密封—对中调整—阻碍吊装设施恢复—电机空载—主泵提轴—再鉴定（根据需要实施在线动平衡）。

8）主泵水利部件翻新

大修期间更换下的主泵水力部件在日常期间进行解体翻新，翻转完成后作为整机备件供下次水力部件整体更换使用，水力部件解体翻新间隔周期与整体更换一致为 8 C，翻新工作主要包括叶轮、导叶、热屏、水润滑轴承拆装检查及尺寸测量。

将水力部件吊装并固定至翻转支架上—翻转水力部件（叶轮朝上），打磨叶轮锁紧螺母与其固定螺栓焊缝，拆除锁紧螺母—拆除叶轮，根据需要单独去污—重新翻转水力部件，拆除泵轴固定装置—拆除 1 号密封壳—拆除泵轴、水润滑轴承—翻转水力部件，拆除扩散器—零部件清理、检查、尺寸测量—泵轴与叶轮匹配打磨—转子组装—转子动平衡测试及评估—动平衡校准—转子解体—水力部件组装，回装扩散器—回装水润滑轴承、紧固螺栓，回装泵轴—安装泵轴固定装置、联轴器，翻转水力部件—回装叶轮、锁紧螺母焊接固定—翻转水力部件、安装至储存容器。

（6）质量管理

表 352-01-04-16 堆冷却剂泵维修质量控制点

项目名称	质量管控点
主泵定期检查	3 号密封注入水管流量限制器过滤器及止回阀更换、回装流量限制器，回装前的防异物检查、主法兰螺栓和 1 号密封室法兰螺栓拉伸量测量
主泵落座、对中调整及提轴	落座结束后检查密封泄漏正常（观察下游窥视孔无水流），提轴结束后确认密封泄漏量正常、泵对中调整
主泵 2/3 号密封更换	短轴与泵侧联轴器拆除、轴端到机械密封的位置、密封注入/泄漏管线检查、开口防异物措施、2/3 号盒式密封 X 与 Y 值测量，确保 X 大于 Y、2/3 号盒式密封检查、机械密封回装前清理开口处异物、机械密封回装、短轴与泵侧联轴器回装
主泵 2/3 号密封解体检查	清洗，检查，零部件测量、新备件合格性检查，更换必换件及磨损零部件、械密封水压试验
主泵 1 号密封更换	短轴与泵侧联轴器拆除、轴端到机械密封的位置、密封注入/泄漏管线检查、开口防异物措施、2/3 号盒式密封测量 X 和 Y 值、1 号机械密封静环组件拆除前数据测量、1 号机械密封动环组件拆除前数据测量、主泵机械密封开口做好防异物措施、2/3 号盒式机械密封检查、2/3 号盒式密封 X 与 Y 值测量，确保 X 大于 Y、机械密封回装前清理开口处异物、机械密封回装、短轴与泵侧联轴器回装

续表

项目名称	质量管控点
主泵水利部件整体更换	主泵落座、1/2/3 号机械密封及部分辅助管道拆除，现场开口防异物措施建立、水利部件拆除吊运、清理检查各零部件，泵壳表面及密封面尺寸测量检查、专用工具对泵壳内表面及吸入口螺栓 TV 检查、水利部件回装、紧固调整 1 号密封壳螺栓、紧固主法兰螺栓、相关数据测量：电机支撑上表面与泵轴上表面距离，主法兰与泵壳间距离，中间轴上表面与主法兰上表面距离，拆前主法兰螺栓拉伸量测量、泵壳，水利部件，电机支撑，主法兰目视检查、水力部件平行度和同心度测量、1#密封壳螺栓，主法兰螺栓拉伸量
主泵水利部件翻新	泵轴清理检查、尺寸测量、无损检测、结果评估、水润滑轴承解体、尺寸测量、无损检查、叶轮尺寸测量、无损检测、结果评估、热屏、扩散器尺寸测量、结果评估、后座密封、1 号密封壳检查尺寸测量、结果评估、新泵轴尺寸及 PT 检查、叶轮与泵轴匹配试验、转子及动平衡试验、专用工具回装叶轮，先冷装，再热装，测量安装尺寸符合要求、相关数据尺寸测量符合要求

（7）经验反馈

——1 号密封在启机阶段泄漏量大的极端情况就是 1 号密封面完全打开，泄漏量非常大，根本无法建立起 1.38 MPa 以上的压差。这种情况的风险是无法启泵，反应堆根本无法运行。遇到这种情况，在排除仪表故障的情况下，通常为 1 号密封静环锁死在 1 号密封插入件上无法降落，可以采取以下方法进行处理：

- 反复起停顶轴油泵，手动盘车，试图通过启停顶轴油泵的振动及手动盘车的扰动来使 1 号密封静环降落下来；
- 短时间关闭 1 号密封泄漏管线的阀门再重新开启，通过改变 1 号密封的背压来改变 1 号密封的压差，给 1 号密封静环施加一个交变的力，使 1 号密封动环降落下来；
- 闭锁启泵运行几分钟。由于 1 号密封面处于打开状态，不必担心密封面的磨损，，通常伴随着主泵转速的上升，1 号密封静环会突然降落下来使 1 号密封面闭合，建立起压差。如果启泵无法关闭 1 号密封面，则要考虑解体 1 号密封。

——1 号密封在运行期间泄漏量偏大可能原因有：

- 1 号密封注入水温度偏高，引起水的黏度 μ 的下降；
- 1 号密封面上附着有异物，改变 1 号密封的型线，使 1 号密封面的锥度增大；
- 1 号密封的压差 ΔP 偏大导致 1 号密封泄漏量 Q 的上升；
- 1 号密封静环与 1 号密封插入件发生卡涩而无法在轴向移动导致 1 号密封泄漏量 Q 的上升；
- 1 号密封动静环发生损坏或 O 形圈、双 Δ 槽密封等密封原件失效。

以上引起 1 号密封泄漏量在运行期间偏大的原因只有第 5 点需要对 1 号密封进行解体检查，而其余四点都可以通过系统的操作来消除故障，所以判断异常的根本原因很重要，可以根据引起异常的原因来确定操作内容进而消除异常。

为了分析引起异常的根本原因，我们通常需要分析一下参数：

- 1 号密封注入流量和注入温度；
- 在整个运行周期的正常运行、启机、停机过程中反应堆冷却剂系统压力；
- 在整个运行周期的正常运行、启机、停机过程中 1 号密封的泄漏流量、温度；
- 2 号密封泄漏量；
- 更换 1 号密封注入管线的时间；
- 更换 1 号密封注入管线过滤器的时间；
- 水化学的变化（硼或者锂的浓缩）；
- 加硼或者稀释的时间；
- 一回路水的传导率或 pH 的改变；
- 1 号密封注入和泄漏温度的差值。

通常机组正常运行期间，1 号密封的泄漏量偏大都与 1 号密封注入水温度偏高有关，通过降低 1 号密封注入水的温度可以有效降低 1 号密封泄漏量偏大的异常。

——1 号密封在运行期间泄漏量偏小：

● 在机组正常运行期间，如果发现 1 号密封泄漏量偏小，首先要确认是否是仪表的故障。如果不是仪表故障，就要确认 2 号密封的泄漏量。因为 1 号密封的实际泄漏量等于 1 号密封泄漏仪表示值与 2 号密封泄漏仪表示值之和。如果 1 号密封泄漏仪表示值与 2 号密封泄漏仪表示值之和是正常的，则证明 1 号密封的运行是正常的，2 号密封面已经打开，部分或全部的 1 号密封泄漏流量从 2 号密封的泄漏管线流走了，这种情况下就要对 2 号密封泄漏量的原因进行分析。

● 1 号密封泄漏仪表示值与 2 号密封泄漏仪表示值之和也偏小的情况比较少见，在秦二厂从未发生过。这种异常的风险主要在于液膜厚度太小会造成 1 号密封动静环的干磨，而 1 号密封动静环的材料无法忍受干磨，短时间的干磨就会失效。1 号密封泄漏量偏小的原因主要是在于冬天，1 号密封注入水的温度较低造成的。这种情况下，主泵可以继续运行，但必须严格监测运行参数。

——2 号密封在运行期间泄漏量偏大：

在运行期间主泵 2 号密封泄漏量大，在排除仪表问题之后，可能有以下原因。

● 2 号密封静环与 2 号密封插入件发生卡涩而无法在轴向移动导致 2 号密封泄漏量的上升；

● 2 号密封面发生损坏或 O 形圈、双 Δ 槽密封等密封原件失效。

对于第一种原因，我们可以通过改变 2 号密封正面和背面压力的方法来关闭 2 号密封面；对于第二种原因，我们只能通过解体 2、3 号密封更换损坏的备件来处理。在运行期间 2 号密封泄漏量突然间增大的原因通常都是第一种。

对于第一种原因引起的 2 号密封泄漏量偏大，通常可以通过最大限度地缓慢减小 2 号密封的正面压力，再最大限度地缓慢增加 2 号密封的背面压力的方法来增大 2 号密封面的闭合力，由此完成 2 号密封面的关闭。由于 2 号密封动静环材质不同，动环很硬而静环很软，只要密封面闭合动静环就会自行磨合。所以在 2 号密封面闭合后运行两个小时以上无泄漏，就可以将 2 号密封的正面、背面压力恢复到正常的范围。

——3 号密封在运行期间注入水立管液位不下降：

● 在运行期间，3 号密封最常见的故障为 3 号密封注入水立管液位不下降。出现这种故障的原因通常为 3 号密封注入水立管及管道内的腐蚀产物使 3 号密封注入水过滤器堵塞，造成 3 号密封注入水无法注入。在丧失注入水后，3 号密封面就会发生干磨。由于 3 号密封静环材质为石墨，与动环相比硬度较软会发生磨损，磨损下来的石墨粉末会堵塞 3 号密封静环上的注入水孔，使缺陷进一步恶化。

● 通过增加 3 号密封注入水管线及立管冲洗的预防性项目，并每年更换 3 号密封的流量限制器来消除隐患缺陷。

（8）技术规程清单

表 352-01-04-17　堆冷却剂泵维修规程

序号	规程名称
1	主泵定期检查
2	主泵落座、对中调整及提轴
3	主泵 2/3 号密封更换
4	主泵 2/3 号密封解体检查
5	主泵 1 号密封更换
6	主泵水利部件整体更换
7	主泵水利部件翻新

（9）参考资料

[1] QINSHAN PHASE Ⅱ NUCLEAR POWER PLANT EXTENSION PROJECT REACTOR COOLANT PUMP INSTRUCTION MANYAL [R]. 4.Janpan，MHI，2011.

[2] 黄鹄. 秦山第二核电厂中级运行培训教材上册 [R]. 海盐：核电秦山联营有限公司，2010：26-30.

[3] 韩超. 主泵定期检查 [R]. 海盐：中核核电运行管理有限公司，2019.

[4] 梁雄杰. 主泵落座、对中调整及提轴 [R]. 海盐：中核核电运行管理有限公司，2018.

[5] 俞国侠. 主泵 2/3 号密封更换 [R]. 海盐：中核核电运行管理有限公司，2018.

[6] 梁雄杰. 主泵 2/3 号密封解体检查 [R]. 海盐：中核核电运行管理有限公司，2019.

[7] 俞国侠. 主泵 1 号密封更换 [R]. 海盐：中核核电运行管理有限公司，2019.

[8] 白川. 主泵水利部件整体更换 [R]. 海盐：中核核电运行管理有限公司，2018.

[9] 白川. 主泵水利部件翻新 [R]. 海盐：中核核电运行管理有限公司，2018.

4.2.5 核电厂上充泵

（1）定义

化学和容积控制系统是反应堆冷却剂系统的一个主要的辅助系统。它在反应堆的启动、停运及正常运行过程中都起着十分重要的作用，它为反应堆冷却剂系统的水容积控制、化学控制和反应性控制提供了手段。

上充泵作为化学和容积控制系统的动力源，其主要功能是正常运行时保证上充和轴封流量，发生 LOCA 事故时进行高压安注。在上充运行时，每台泵必须供给以下流量的总和：最大上充流+正常密封水注入流+最小流量管线流量。

（2）范围对象

高压安注泵。

（3）结构原理

三台并联的上充泵是离心式多级卧式泵，把容控箱来的水升压，使经过净化的下泄流重新返回一回路系统。

每台上充泵装有一台齿轮增速器驱动油泵和一台电动辅助油泵。正常运行时，用齿轮油泵润滑，在启动时用电动油泵提供顶轴油压。

用上充泵作高压安注泵使用时，要求上充泵立即启动。设计上允许即使在电动油泵不可用和齿轮油泵未给出有效油流量之前仍能启动上充泵。

上充泵结构包括七个主要部分：外泵壳体和壳盖、内泵壳体、机械密封、轴、叶轮、固定环（衬套）、轴承。

1）外泵壳体和壳盖

外泵壳体是在泵的中心线上靠两个脚（左、右）支承在底板上，泵壳的联轴器侧用圆锥销固定，而另一侧可自由伸缩，以避免由于热膨胀引起的壳体应变。外泵壳体和壳盖其浸湿的零部件通过在整个表面堆焊 18－8 不锈钢进行防腐蚀处理。

2）内泵壳体

使用经充分热处理的 13%铬钢铸件以增强其耐腐蚀和耐磨蚀性。内壳用相同材料制成的对分件（上、下）组成，经研磨配合，两对分件牢固地拧紧连接在一起。而且由于只有压缩力加到壳体上，防止了漏水，提高了泵的效率。此外还由于其对分结构（两件）可方便拆、装。再说，壳体内的流道经精加工到充分的光滑。

3）机械密封

对于机械密封的滑动材料，有转动侧用碳化硅（SiC），在静止侧用碳，并采用多螺圈型弹簧。

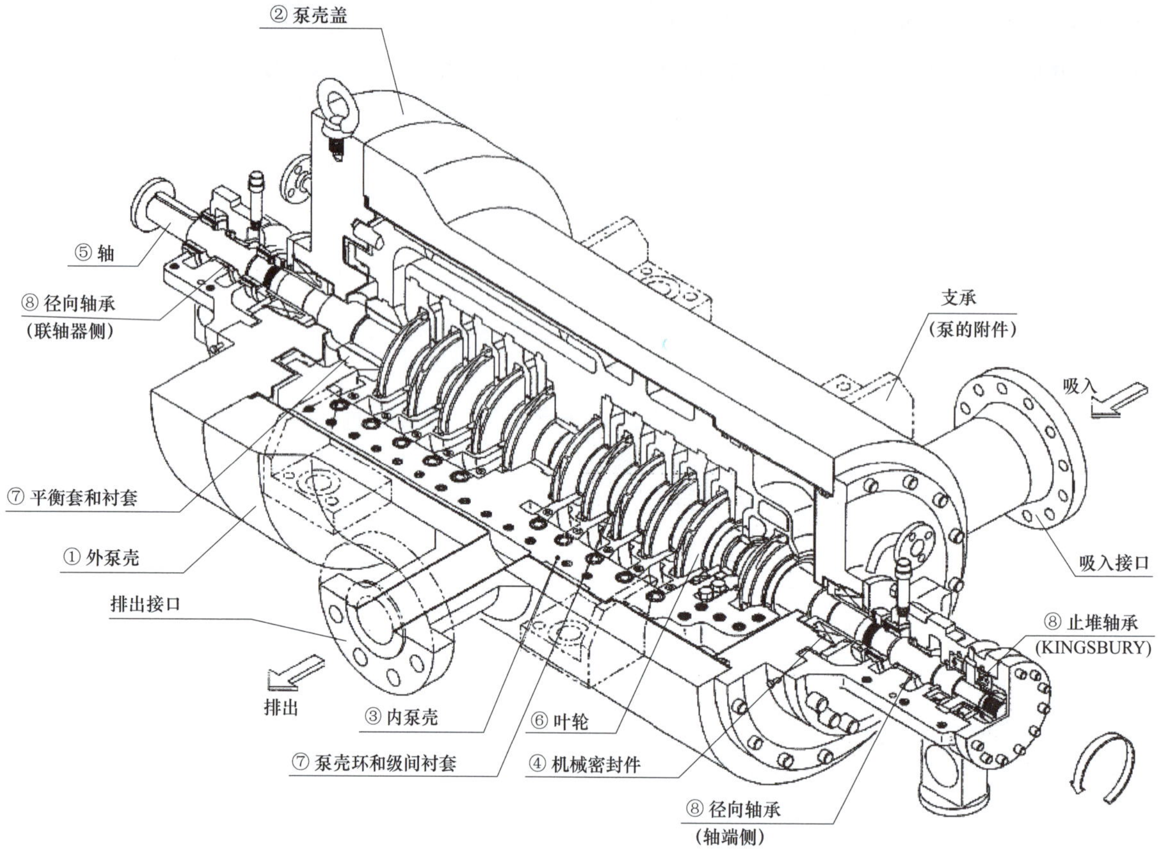

图 352-01-04-27　上充泵结构图

机械密封件的冷却方法采用了自循环系统，从第一级排水对分件处进水。

4）轴

此轴由 12% Cr－0.5%制成，进行了充分热处理。

5）叶轮

使用了经过充分热处理的 13%铬钢铸件，叶轮的设计完全满足此泵的用途，其内表面经精加工平滑，以保证高的工作效率。由于相对放置的两个部件（六级和七级）组成的特殊布置，泵产生的推力自行平衡。

轴和叶轮用热套配合方法固定，用一个开环进行轴向定位，按要求进行热处理，增加所用材料的硬度。

6）固定环（衬套）

固定环的基本材料是 13%锻铬钢（SUS420J2），经热处理（如同叶轮一样），以防止在高速旋转时的金属沉积，并且为了耐磨蚀，给套的材料以一个合适的硬度（低于叶轮）。

此外，固定环有一弯曲处。

由于所有中间衬套的对分结构，可方便地获得其动态平衡。

7）轴承

径向轴承（两个对分并带承压力肩）由碳钢（S25CN）制成，用轴承合金（WJ2）衬里。对于推力轴承采用 Kingsbury 型，具有耐用结构，甚至可以承受推力的突然改变。

每一轴承的润滑均采用强制的润滑系统，用齿轮型主油泵直接耦接到增速齿轮的轴端。

此外，安装了电动的辅助油泵。

（4）指标和参数

1）水力特性

表 352-01-04-18 泵总参数表

型号	MDG231D
类型	卧式多级双重壳体
排量/（m^3/h）	34/148/160
总压头/m	1760/730/500
液体	硼酸水溶液
温度/℃	7～120
$NPSH_r$（净吸入压头的要求）	7.8（最大流量 160 m^3/h 时）
旋转方向（从电动机侧观察）	顺时针

2）运行控制值

泵的振动值	最大 2.8 mm/s（105 m^3/h）	最大 4.5mm /s（在其他流量率时）
泵轴承温度	报警值 80 ℃	
增速齿轮的轴承温度	报警值 80 ℃	
轴承处的油压	目标值 0.1 MPa	报警值 0.06 MPa
油泵出口的排出压	目标值 0.13～0.25 MPa	
辅助油泵启动/停止时的油压	启动≤0.08 MPa	停止≥0.11 MPa

（5）维修技术要求

1）预防性维修项目

表 352-01-04-19 泵维修项目内容与周期

项目名称	项目周期（1 C 为 1 个燃料循环）
上充泵定期检查及对中	1 C
上充泵轴承检查及机械密封更换	3 C
上充泵全面解体检查	6 C

2）上充泵定期检查及对中

上充泵定期检查及对中为大修常规检查项目，检修间隔值为 1 C，主要对联轴器检查、润滑油检查、对中调整等。

——联轴器检查：测量联轴器间距；检查联接法兰、铰螺栓、自锁螺帽、防护板、中心管的状态，是否有裂纹、磨损、划痕和破损。

——润滑油检查：对油箱进行取油样并化验。主油箱油质合格时不需更换主油箱内润滑油。如果主油箱油样不合格，则检查分析油质不合格原因，清理主油箱并更换主油箱内所有润滑油（油位加至油箱中位线与最高线间，建议加至最高线下方约 3 mm 左右），进行油冲洗并在油冲洗后再次取样检查油质。直至油质合格。

——对中调整：按照标准要求进行对中调整。

注意：对中调整均在泵和电机地脚螺栓紧固完毕的情况下进行。

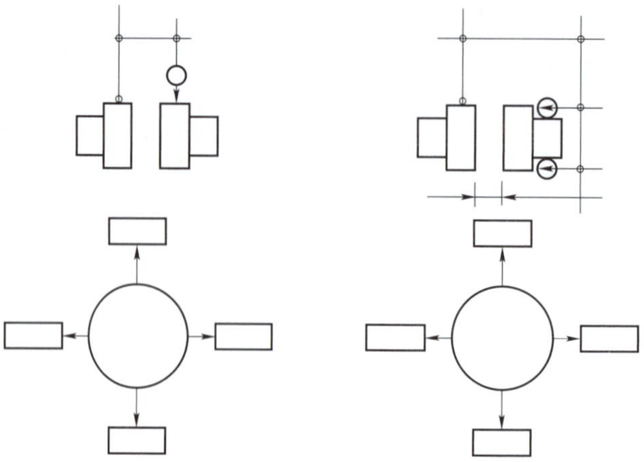

图 352-01-04-28 对中调整示意图

3）上充泵上充泵轴承检查及机械密封更换

上充泵轴承检查和机械密封更换项目为大修常规检查项目，检修间隔值为 3 C，主要对联轴器检查、径向轴承检查、推力轴承检查、机械密封更换、对中调整等。

——联轴器拆卸：复查对中情况、测量联轴器尺寸及靠背轮间距。

——推力轴承的推力间隙检查：轴向推动泵轴，在泵联轴器法兰端面用百分表测量泵推力间隙。

——轴承箱拆卸：拆卸推力轴承轴端侧推力瓦块，测量轴端侧分中数据；拆卸推力轴承泵侧推力瓦块，测量分中总窜数据；测量推力盘端面跳动及外圆跳动；利用推力盘拆卸专用工具，用气焊加热拆卸推力盘；拆除径向瓦；拆卸轴承箱。

注意：驱动端机械密封轴套螺母为左旋螺纹，靠背轮螺母为左旋，靠背轮加热温度控制在 110 ℃以下。

——清洗、检查轴承：检查径向轴承磨损情况，确认无异常磨损、划痕等缺陷，进行 PT 检查；目视和 PT 检查推力瓦块、推力盘的情况；使用抬瓦法测量驱动端与非驱动端径向轴承间隙（标准：0.074～0.112 mm），如果超标则再用压铅丝复核，如果都超标则需更换；测量检查推力轴承各个部件数据。

T1 测量：将前后推力轴承组件放在平板上，瓦面朝上，推力盘 45 放在瓦面上，然后用塞尺测量瓦背第一台阶面间隙
T2 测量：取出瓦块，瓦背平行面的一面贴在平板上，将表座吸在平板上，用百分表针指在瓦背平行面的另一面，滑动瓦块测量瓦背平行面磨损量，用相同方法测量另一面的磨损量
T3 测量：将推力盘组件放在平板上，取出瓦块和瓦枕，将百分表座吸在平板上，先后用加长百分表针指向推力盘座上凹槽面与瓦枕接触面定位销的上方和下方，转动推力盘座，测量瓦枕对推力盘座上凹槽面定位销的上方和下方的磨损量
T4 测量：用游标卡尺测量瓦背面与瓦枕接触面的磨损量。若直径超过 3 mm 必须进行更换，更换必须是 6 块瓦同时更换

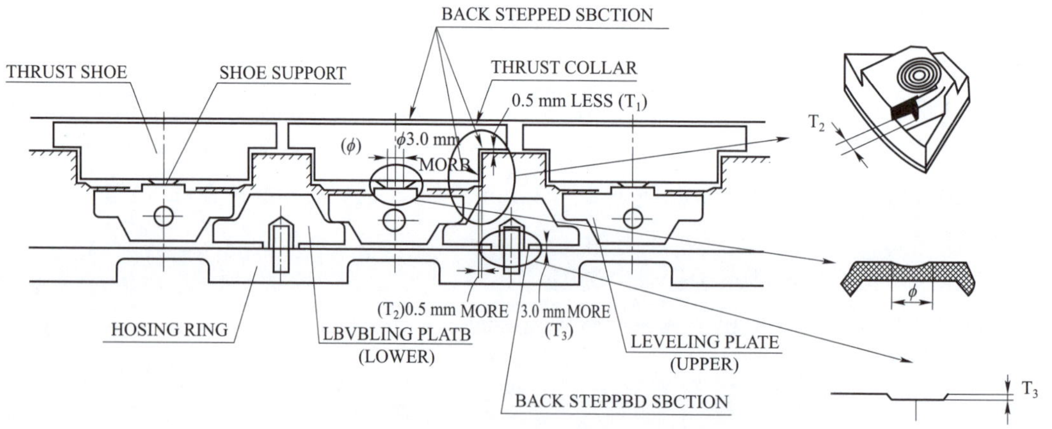

图 352-01-04-29 推力轴承检查示意图

——机械密封拆卸、组装、回装：注意机械密封工时作，工作人员应佩戴必要防护用品。

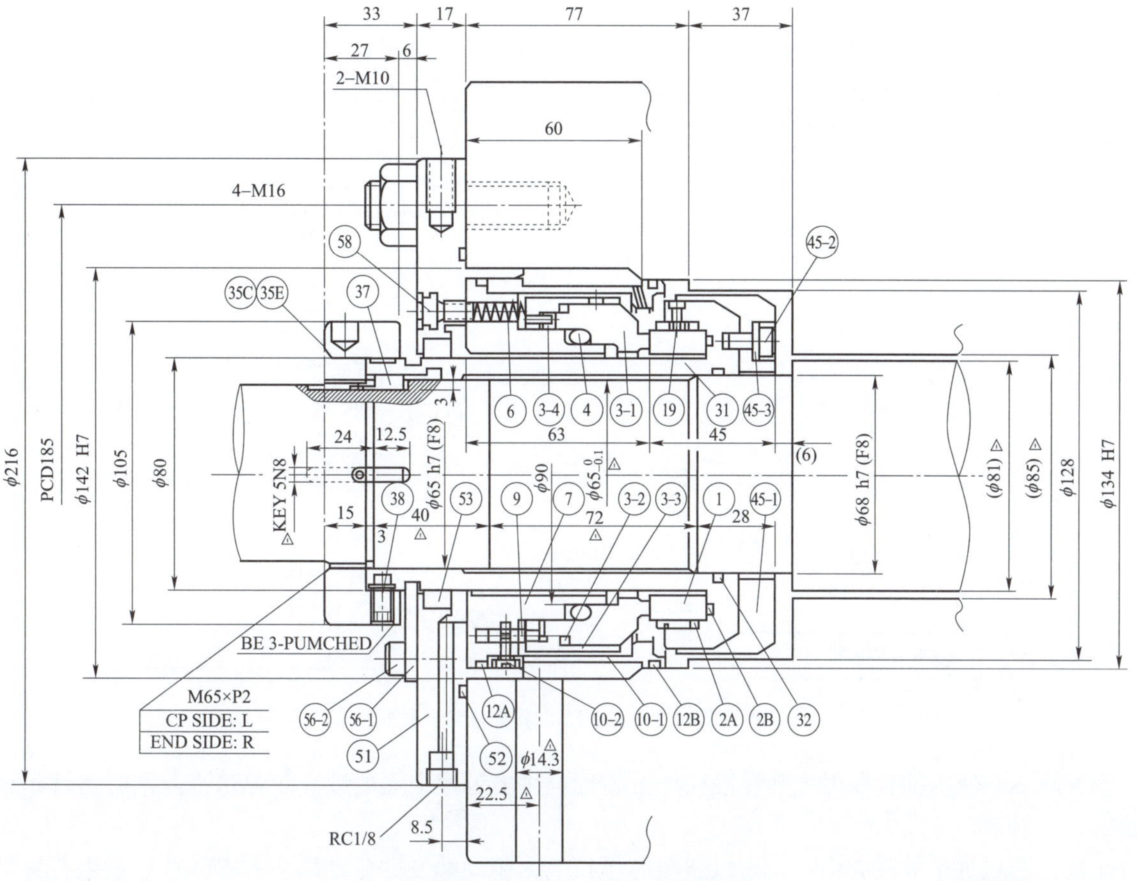

图 352-01-04-30 机械密封结构图

——轴承箱回装：注意如果定位环是新加工的，锁紧环上的锁紧螺栓孔与轴上的孔将会错位，需要在轴上钻新孔。推力盘降到常温，测量推力盘端面跳动及外圆跳动；测量轴总窜、半窜。测量推力轴承间隙，如果间隙不合格，用增减调整垫，来调整间隙。

——安装靠背轮：注意热态下靠背轮螺母的位置应比冷态下更深入 0.4～0.7 mm，选择目标位置应考虑到锁紧螺钉孔的位置。

——对中调整：按照标准要求进行对中调整。

注意：对中调整均在泵和电机地脚螺栓紧固完毕的情况下进行。

——油冲洗检查。

4）上充泵全面解体检查

上充泵全面解体检查项目为大修常规检查项目，检修间隔值为 6 C，主要对联轴器检查、泵芯组件解体拆装、泵芯组件解体检查、推力轴承检查、径向轴承检查、机械密封更换、对中调整等。

——联轴器拆卸：拆除联轴器中间短轴，做好标记检查联轴器组件是否有损坏、破裂或其他劣化的迹象；对中复查，测量两联轴器之间的间距。

——泵靠背轮拆卸：拆去泵靠背轮的定位螺钉后，用专用勾头扳手拆去联轴器螺母，记录旋下圈数及联轴器法兰定位数据，用深度尺测量联轴器端面到泵轴端面的距离。注意：加热温度控制在 110 ℃以下。

——轴承箱拆卸及轴承检查：测量推力轴承间隙；测量泵轴总窜与半窜；拆除推力盘，测量径向轴瓦间隙。

注意：注意对两侧推力轴承支架做好标记，防止回装发生方向装反。

——机械密封拆卸：注意机械密封锁住后不要转动泵，防止损坏机械密封面。

——泵壳盖的拆卸：用液压扳手拆除泵壳螺栓，拆除泵盖。

注意：在泵盖拆除的过程中注意观察芯包是否被拖出，如果芯包同时拖出，立即停止工作。安装推力盘专用工具、推力盘键、定位环及轴端螺母。用木块顶在吸入口盖与推力盘专用工具之间，将芯包固定。芯包固定后，继续用顶丝将泵盖与外泵壳分离。

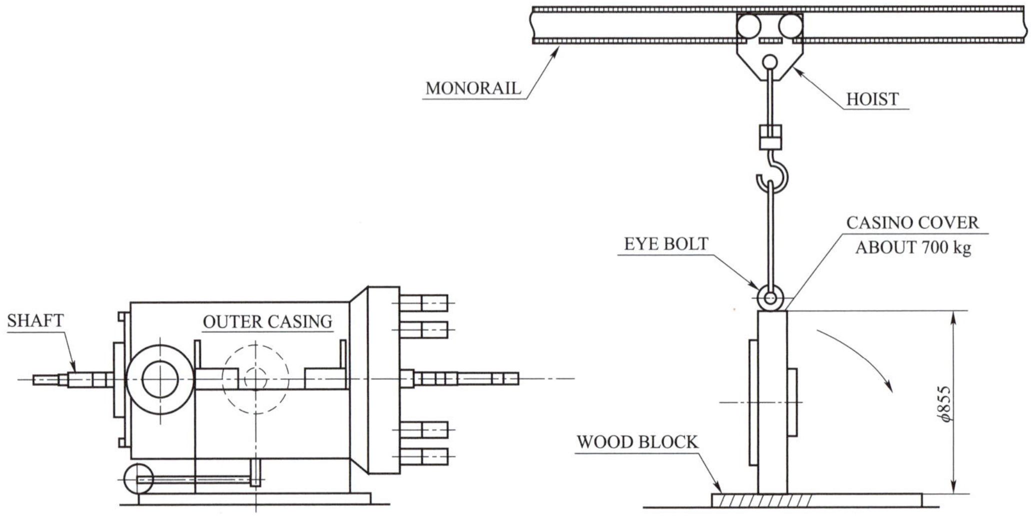

图 352-01-04-31　泵盖拆卸示意图

——抽芯：使用抽芯专用工具慢慢往外拉芯包，拉出过程中需要改变芯包吊点，同时保持芯包水平抽出。

注意：芯包处于外泵壳中心，可以避免芯包拉毛。驱动端及非驱动端应有专人观察是否有异常情况。如果使用抽芯专用工具无法将芯包抽出，需要拆卸吸入口盖 21，使用液压千斤顶及专用工具在非驱动端将芯包顶松之后，使用正常抽芯方法。

——芯包的拆卸：使用专用顶丝将上、下芯包分离，取下级间衬套 79－2 的上下半部分，一一对应标记后存放，共 9 个，检查级间衬套的方向。

注意：级间衬套所有刻有钢字的面朝向外，使钢字方便读取。拆下对分的中间衬套 79－1，检查中间衬套上平衡孔的方向。注意：大孔朝向非驱动端，防止方向装反。

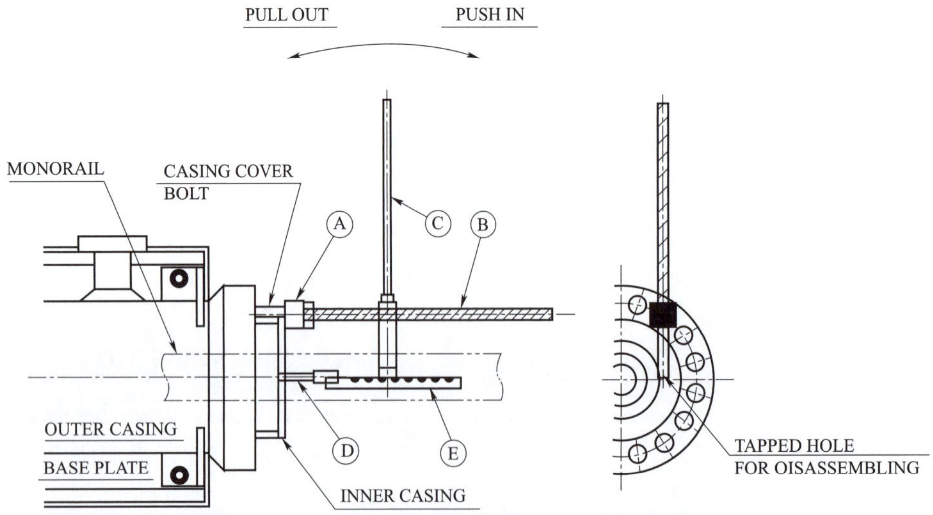

图 352-01-04-32　内泵壳抽出工具的安装示意图

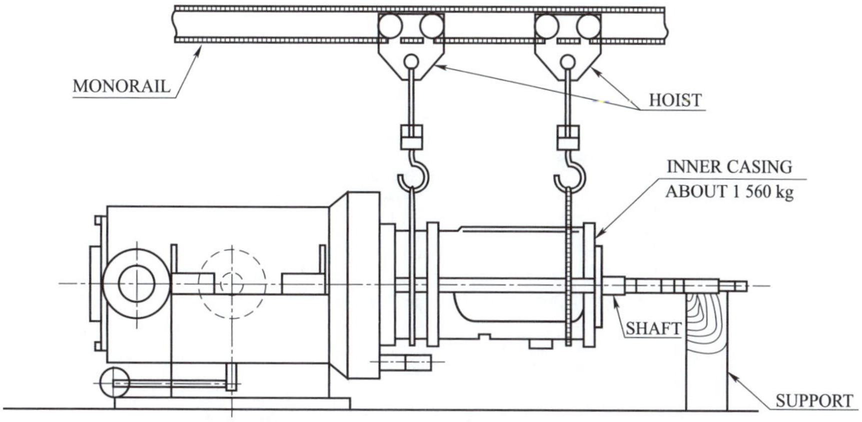

图 352-01-04-33 内泵壳抽出示意图

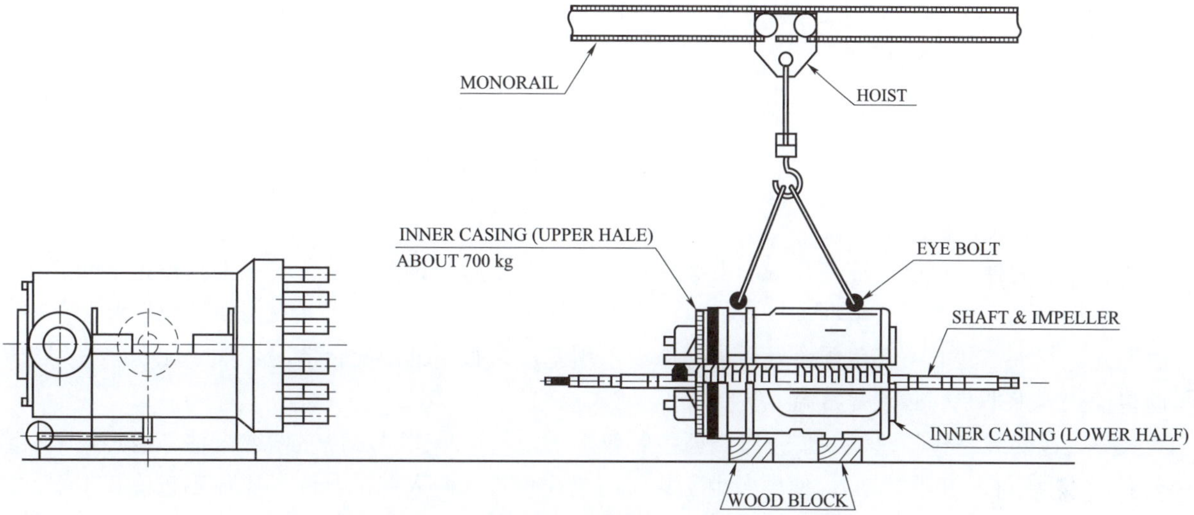

图 352-01-04-34 内泵壳上下泵盖分析示意图

——芯包部件清洗检查与测量：检查泵转子磨损情况，检查叶轮和主轴腐蚀和裂纹的情况；对各个轴肩做 PT 检查，对轴平衡套与第七级叶轮部位增加 UT 检查；测量主轴跳动及口环间隙；使用专用夹紧工具与杠杆百分表，测量级间衬套及平衡套内径。

——清洗、检查轴承：检查径向轴承磨损情况，确认无异常磨损、划痕等缺陷，进行 PT 检查；目视和 PT 检查推力瓦块、推力盘的情况。清理检查旋液分离器及机封水管道。

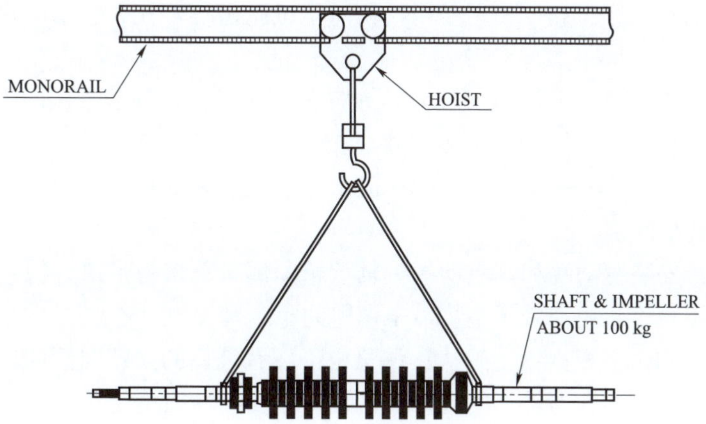

图 352-01-04-35 主轴与叶轮拆卸示意图

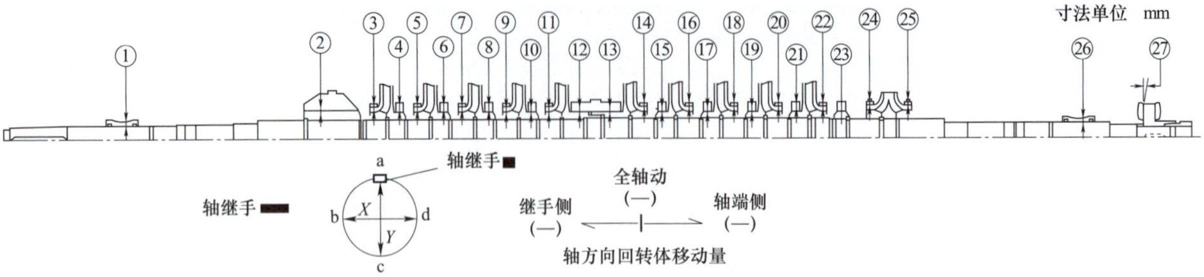

图 352-01-04-36　水利部件检查示意图

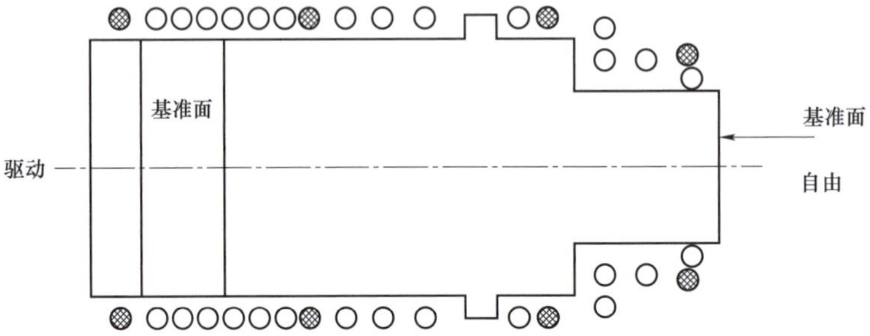

图 352-01-04-37　芯包微调图

——芯包组装：检查平衡鼓。

注意：若更换平衡鼓，需在接触面上涂抹红丹粉，将平衡鼓试装在上下芯包上，检查平衡毂在上下芯包中接触面，检查是否滑动顺畅自如。如果接触异常或转动卡涩，用油石修整芯包接触面，并修复后抛光。将上芯包与下芯包配合好后进行微调，用塞尺检查基准面配合情况，如果配合不好用橡胶锤调整校正（上下泵壳必须是常温）。

——芯包回装：将芯包放到泵壳口，调整芯包水平，利用吊梁将芯包慢慢往内移。当芯包只有约 500 mm 在泵壳外时（不算轴）；使用专用工具将芯包往里推（两人起吊，两人压住芯包使其水平，三人操作专用工具，一人指挥，一人在自由端观察轴是否与泵壳碰撞），确定芯包到位。

——泵盖回装：确认衬环（定位环）装在泵盖上。

注意：衬环（定位环）957 有方向性，大坡口向泵盖。

——确认轴承箱位置：测量驱动端与非驱动端径向轴承间隙（标准：0.074～0.112 mm）。用径向轴承检查轴相对轴承箱的左右位置。

注意：如果左右偏差较大，利用轴承箱调整螺栓调节左右位置。用打表法确认轴在轴承箱中心位置。如果上下间隙偏差较大，利用轴承箱调整螺栓调节上下位置。如果轴承箱位置需要调整，需进行以下步骤，无需调整则不执行扩孔：使用专用绞刀对定位孔进行扩孔。加工新定位销并用红丹粉检查配合程度。

——确认轴的位置（总窜、分中和偏移）：测量轴的总窜动量，安装泵侧的推力瓦，测量轴的半窜动量。如果分中数据不合格，计算出定位环尺寸，加工新定位环。定位环加工标准：加工定位环没坡口的面，平行度要求 0.01 mm，垂直度要求 0.01 mm，尺寸公差 0.01 mm。

——机械密封组装与回装。

——轴承箱回装：安装驱动端和非驱动端下轴承箱，测量总窜与半窜、检查分中情况。测量推力轴承间隙；如果间隙不合格，用增减调整垫，来调整间隙。

注意：径向轴承方向性，根据钢字确认。调整定位环有坡口的面朝向泵侧，如果调整定位环是新加工的，锁紧环上的锁紧螺栓孔与轴上的孔将会错位，需要在轴上钻新孔。

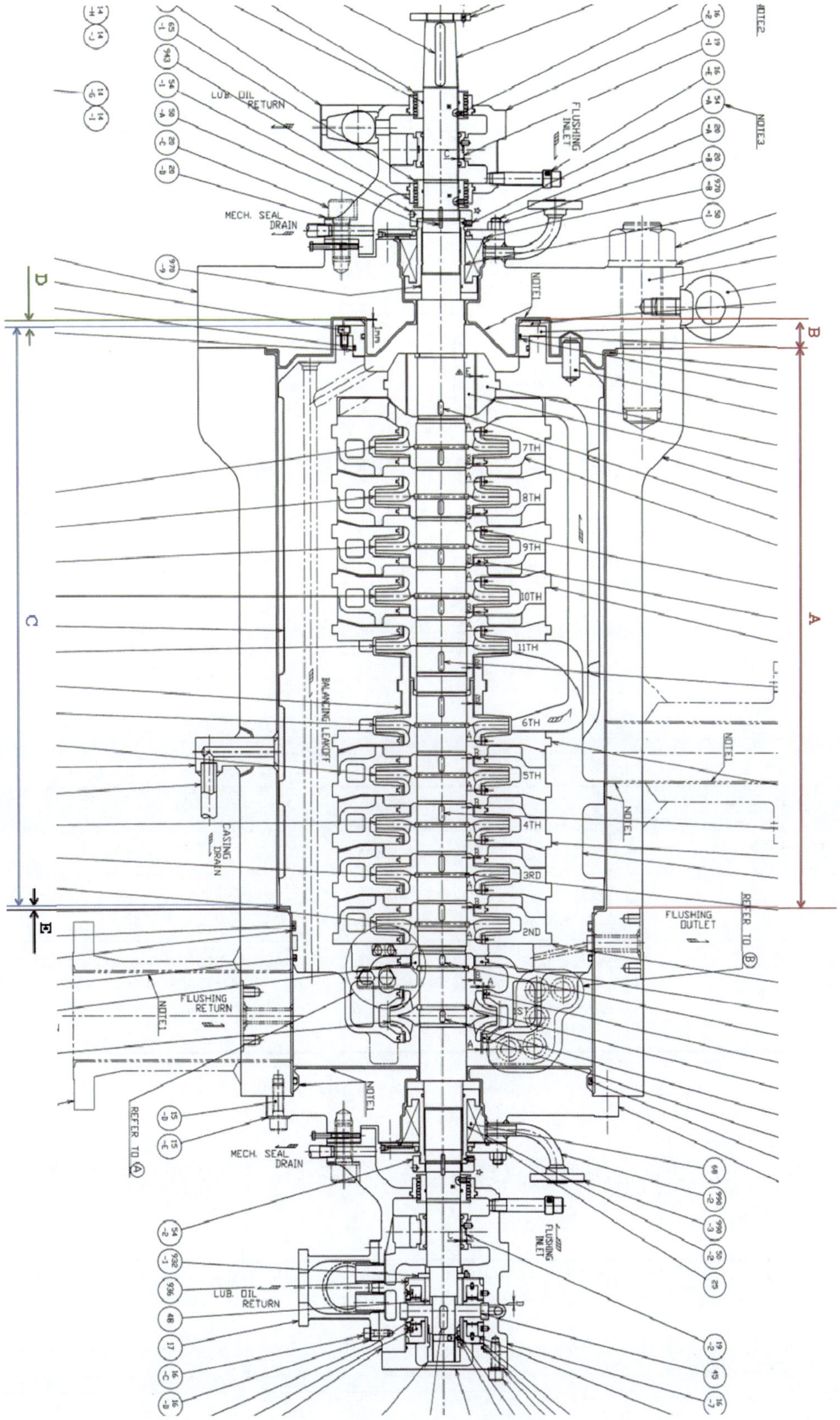

图 352-01-04-38　芯包定位尺寸

A：外泵壳深度；B：泵盖深度；C：芯包长度+衬套；D：定位环厚度；

E：金属缠绕垫厚度（运行中压缩后厚度为 3.2 mm；压缩前是 4.5 mm）

A+B=C+D+E+1 mm

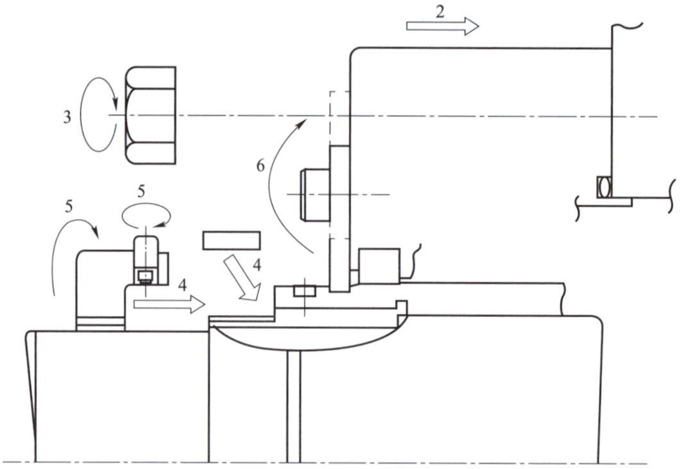

图 352-01-04-39　机械密封组装图

——安装靠背轮：注意热态下靠背轮螺母的位置应比冷态下更深入 0.4～0.7 mm，选择目标位置应考虑到锁紧螺钉孔的位置。

——对中调整：按照标准要求进行对中调整。

注意：对中调整均在泵和电机地脚螺栓紧固完毕的情况下进行。

——油冲洗检查。

（6）质量管理

表 352-01-04-20　泵维修质量控制点

项目名称	质量管控点
上充泵定期检查及对中	联轴器状态、间隙检查，对中调整
上充泵轴承检查及机械密封更换	联轴器状态、间隙检查，靠背轮定位检查，径向轴承、推力轴承状态及间隙检查，推力轴承自身数据检查，机械密封零部件检查，零部件状态检查，对中调整
上充泵全面解体检查	联轴器状态、间隙检查，拆前靠背轮定位数据，轴承间隙及总串与分中数据检查，泵转子状态及跳动检查，推力轴承状态及自身数据检查，径向轴承状态检查，零部件状态检查，泵转子重新组装后数据检查，芯包回装后数据检查，内泵壳回装后靠背轮定位数据，轴承间隙及总串与分中数据检查，对中调整

（7）经验反馈

1）上充泵典型故障查找

泵的故障原因可以考虑以下各项可能故障原因，当发生故障时，检查相关部位，并采取必要的措施，使其恢复到正常运行状态。

故障特征	可能原因
压头不够、容量不足	磨损
	混有空气
	气蚀
电动机过载	磨损
	流量过大

续表

故障特征	可能原因
备用泵反向旋转	磨损
	混有空气
	气蚀
	旋转件不平衡
	滑动区接触
	对中不精确
	安装基础松动，作用力加到管道上或其他物体上
轴承温度上升	缺油
	油压下降
	过载
	油冷却器故障
	不适宜的润滑油
	旋转体振动

2）上充泵电机定转子内有油迹

事件概述：某核电厂上充泵电机存在漏油缺陷，主要现象为轴承室的润滑油进入到电机转子内部，运行过程中从接线盒处渗出。目前存在漏油的电机为 4 号机组 2 号电机（从未解体过）和 3 号机组 2 号电机（大修解体过）。

电机内部进油的可能原因：

——电机运行导致的润滑油温升，形成油汽，通过迷宫密封动静部分之间的间隙逸出，进入电机内部，在电机停运后冷凝成油滴，从接线盒等处渗出；

——内侧轴承盖与轴承室之间的 O 形圈失效，润滑油直接泄漏进电机内部。

导致油汽增加的因素：

——轴承运行温度高。轴承运行温度高导致油汽总量增加，进入电机内部的油汽量也随之增加。

——回油孔堵塞。导致的油汽无法通过回油孔回到油槽，导致只能通过迷宫密封流入电机。

——呼吸器堵塞。当呼吸器堵塞时，轴承油槽内部压力上升，油汽进入电机内部。

——迷宫密封的刮擦和变形。迷宫密封表现恶化，间隙增大，油汽进入电机内部。

——润滑油过量。润滑油供应量过大，进入电机内部的油汽总量增加。

3）上充泵转子断轴

事件概述：2018 年 2 月 15 日 00：01，某电厂 2 号机组主控室 T12 盘触发 2 号机组 1 号主泵密封水注入流量低、2 号机组 2 号主泵密封水注入流量低报警，停运 2 号机组 3 号上充泵后现场检查发现 2 号机组 3 号上充泵机械密封漏水，对 2 号机组 3 号上充泵进行解体检查发现其泵轴断裂。

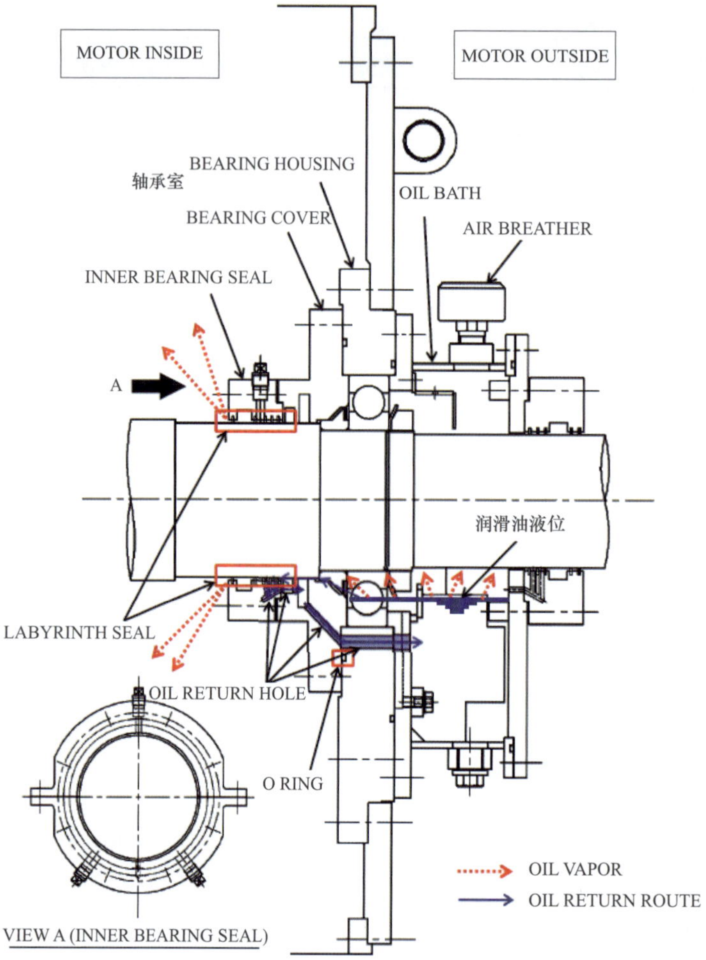

图 352-01-04-40 上充泵电机轴承室结构图

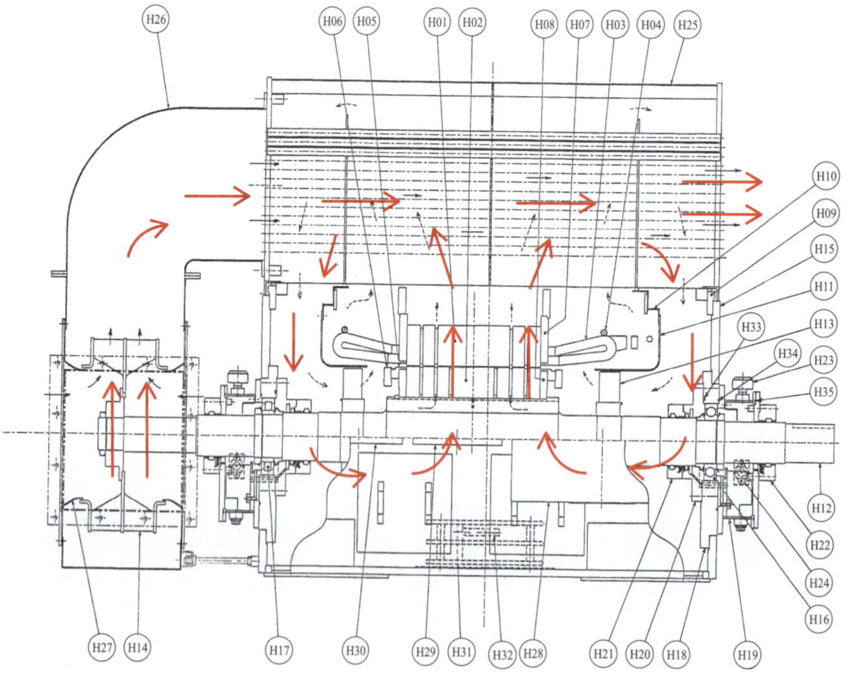

图 352-01-04-41 上充泵电机内部风向示意图

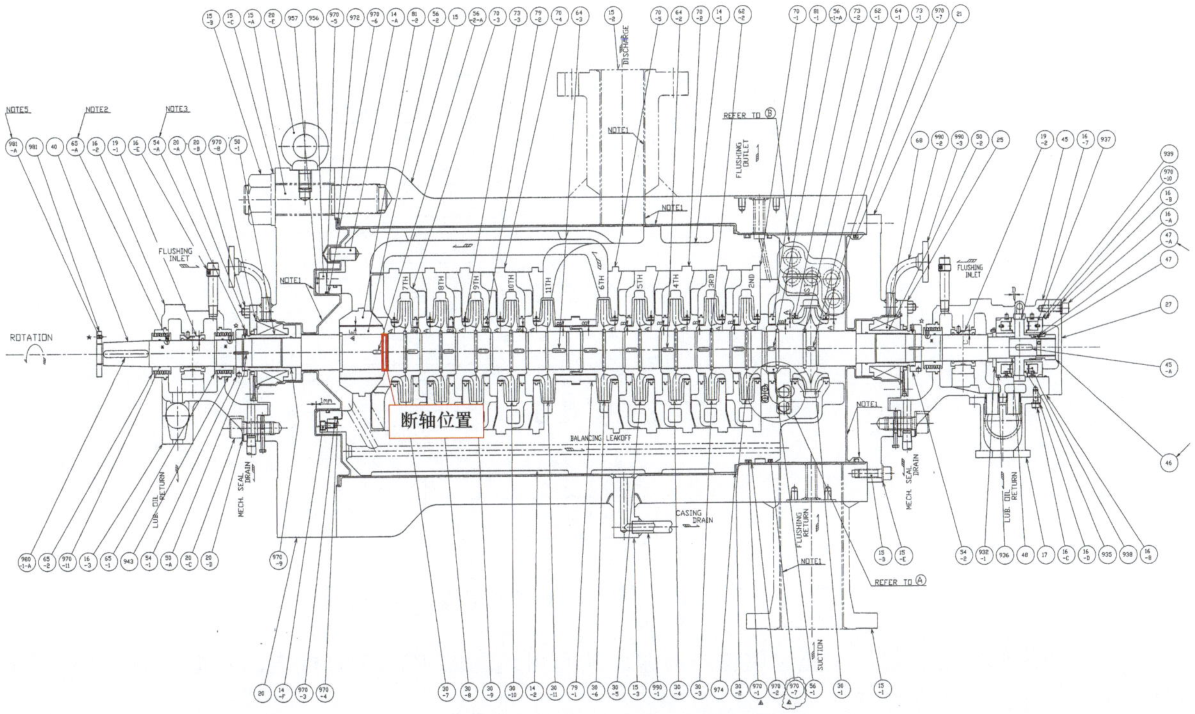

图 352-01-04-42 上充泵断轴位置

原因分析：经现场检查确认，2 号机组 3 号上充泵发生明显破损的有泵轴、短节及机械密封。仔细分析该泵的取得方式及受力状态，基本确认泵轴首先发生断裂，然后才导致短节及机械密封破损。因为：

——该泵由增速变速箱来进行驱动，泵侧联轴器与变速箱输出端联轴器由膜片式短节连接传递扭矩。

——当泵轴发生断裂后，断裂下的短轴（泵盖侧）失去了推力轴承的约束，在轴向力及断口处高点挤压的共同作用下向驱动端产生位移。由于机械密封的轴套与泵轴锁紧为一个整体，机械密封的动环连同轴套一同向驱动端移动，机械密封的静环在动环过大的压力作用下发生碎裂。

——同时断裂下的短轴（泵盖侧）也失去了非驱动端径向轴承的约束，平衡套与平衡衬套的间隙成为了短轴的径向约束。由于平衡套与平衡衬套的间隙为 0.60～0.65 mm，相比径向轴瓦间隙 0.074～0.112 mm 增大了 6～8 倍，因此泵轴的晃度大幅度增加短节的交变载荷，在轴向力的共同作用下，使短节发生开裂。

经讨论分析上充泵轴断裂的可能因素分析图，主要包括运行因素、维修因素、设计和制造因素。

在泵轴的失效分析中，在泵轴断口处退刀槽发现明显的加工刀痕，判断加工刀痕是泵轴初始疲劳的诱因。

该转子使用前在仓库中存放十几年，使用前未对泵轴进行 PT 检查。无法完全排除储存期间在退刀槽位置产生表面锈蚀情况，加上退刀槽本身的应力集中，在长期运行后产生疲劳裂纹，最终断裂。

最可能根本原因：泵轴退刀槽加工存在刀痕，在泵轴长期高速运转情况下产生初始裂纹，并持续扩展导致最终断裂。同时 PT 及目视检查手段无法对加工刀痕做出有效识别。

处理措施：

——对 2 号机组 3 号上充泵进行解体维修；

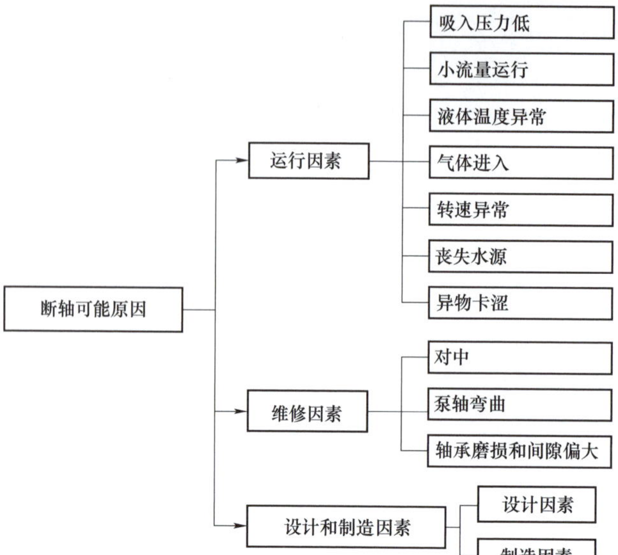

图 352-01-04-43 上充泵轴断裂的可能因素分析图

——升版维修规程，每次上充泵解体时对泵轴所有可达表面 PT、VT 检查，对退刀槽、轴肩等位置加强 PT、VT、光洁度检查。

（8）技术规程清单

表 352-01-04-21 泵维修规程

序号	规程名称
1	上充泵定期检查及对中
2	上充泵轴承检查及机械密封更换
3	上充泵全面解体检查

（9）参考资料

［1］QINSHAN PHASE Ⅱ NUCLEAR POWER PLANT EXTENSION PROJECT CHARGING PUMP INSTRUCTION MANYAL［R］. 9.Janpan，MHI，2018.

［2］黄鹄. 秦山第二核电厂中级运行培训教材上册［R］. 海盐：核电秦山联营有限公司，2010：93-106.

［3］韩超. 上充泵定期检查及对中［R］. 海盐：中核核电运行管理有限公司，2019.

［4］韩超. 上充泵轴承检查及机械密封更换［R］. 海盐：中核核电运行管理有限公司，2019.

［5］韩超. 上充泵全面解体检查［R］. 海盐：中核核电运行管理有限公司，2019.

4.2.6 核电厂电动辅助给水泵

（1）定义

核电厂电动辅助给水泵在主给水系统不能利用时，向蒸汽发生器的二回路侧提供足够的给水。辅助给水泵在下列情况中向蒸汽发生器供水：

——在反应堆冷却剂系统的温度升高时；

——在热停堆时，将反应堆保持在冷停堆状态，允许启动余热排出系统。

（2）范围对象

电动辅助给水泵。

（3）结构原理

电动辅助给水泵（以 RK9Z32 型为例）为卧式九级筒式泵壳离心式结构，泵的内部装有一个泵芯组，在抽出泵芯组时不会影响进口和出口管路或驱动电动机的对准。泵的安装支脚装在泵壳内部。每个电动泵及其相关电动机安装在与基础相连的钢板上。

泵运行时有连续引漏，引漏的流量通过减压容器返回到冷凝水贮槽。

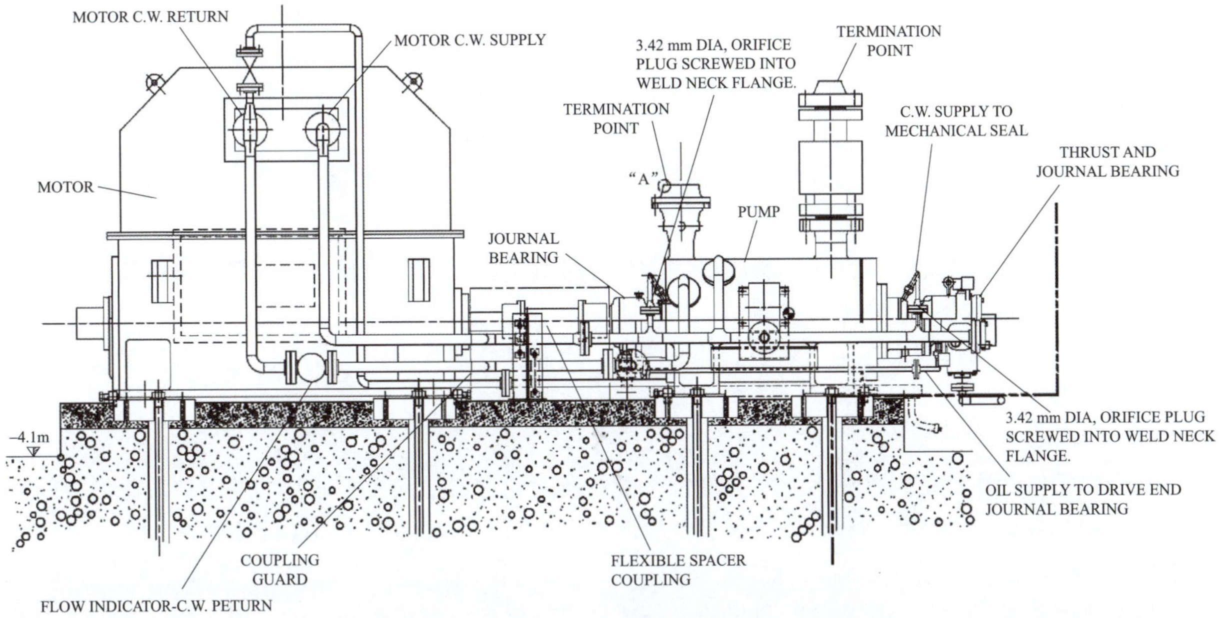

图 352-01-04-44 电动辅助给水泵整体布置图

1）泵壳

泵壳内有一个筒体，筒体上焊有进口与出口支管与泵的安装支脚。泵壳的驱动端由出口端上的盘簧靠在泵壳孔上的一级进口导向器从内部加以封盖。装在进口环任一侧凹槽内的 O 形环用来阻止泄漏：其支撑环装在进口环的内侧凹槽中。非驱动端由出口盖封盖，出口盖在其四周用双头螺柱和螺母与泵壳固定，由泵壳端面槽内的 O 形环进行密封。

泵由焊在泵壳上的支脚支撑，并置于与基础相连的板上。泵支脚用六角头螺钉固定在板上并用销钉定位。

2）环形段组件

环形段组件包括进口导向器组件和各环形段，相互间通过插口插接在一起。第一级环形相仿地插接在进口导向器处。由 O 形环进行密封。扩散器插接环形段上，径向位置由定位销定位。

为限制各级间的泵送液体的流量，并可容易地更换磨损面，耐磨环冷缩压在进口导向器内，环形段和扩散器则用平头螺钉固定。环形段和扩散器形成从第一级叶轮出口至出口环形成输送通道，扩散器设计为将泵送液体的动能转换为压力能。

进口导向器组件位于泵壳内孔中，由位于末级的扩散器和出口盖中的限制套间的盘簧固定在泵壳内的肩上。用 O 形环进行密封。进口导向器包括内侧和外侧两半，它们互相通过插口插接在一起，径向位置由定位销定位。内外两半间由内侧部分中凹槽内的 O 形环进行密封。进口导向器外侧部分包括驱动端机械密封盒。

环形段组件由末级扩散器支撑并定位在排出盖端上，末级扩散器则位于出口盖内形成的凹入处。用末级扩散器中的定位销进行径向对准，定位销啮入出口盖的孔中。

3）进口端盖

出口端盖通过插口插在泵壳上并在四周用双头螺柱和螺母固定，用泵壳端面中凹槽内的O形圈进行密封。

平衡鼓限制套冷缩装配在出口端盖的孔内，用平头螺钉固定。平衡室内的泄漏通过盖内经过机加工的孔返回到泵进口处。出口端盖内包括非驱动端机械密封盒。

4）转动部件

转动部件包括泵轴、叶轮、平衡鼓和螺母、定距件、推力盘和螺母、机械密封和泵半联轴器的旋转部件。

叶轮收缩并用键装在泵轴上，键是相互之间在直径上交替对置的。每个叶轮的轮毂与轴内机加工槽内的拼合式对接环齐平，对接环用叶轮轮毂的延伸部分固定住。

平衡鼓用键固定在轴上并靠在轴上机加工槽内的拼合式对接环上。平衡鼓用平衡鼓螺母固定在位，螺母用锁紧垫圈锁紧。

推力盘用键固定在轴上并用推力盘螺母固定靠在轴肩上，螺母用锁紧垫圈锁紧，定距件位于推力盘和轴肩之间及推力盘和止推螺母之间。

泵的半联轴器用键固定在轴驱动端的锥形段上，用联轴器螺母固定，联轴器螺母则用平头螺钉锁定在半联轴器上。

5）机械密封

泵壳在每端用机械密封件密封，密封件位于配在驱动端进口导向器和非驱动端出口端盖形成的密封盒内。密封件处有冲洗水循环，冲洗水取自筒形外壳上的近一级环形段的螺纹孔处。

6）轴承

转动部件用油润滑的有巴氏合金衬里的套筒式径向轴承支撑在每个轴端上，用双动倾斜垫推力轴承在非驱动端上吸收剩余的推力。

径向轴承用巴氏合金作衬里，通过轴线在水平面处分成两半。每个轴承用防转销定位在轴承座内。轴承座下半部用定位销定位在进口导向器/出口端盖上并用六角头螺钉固定，轴承座上半部分也用相似方式固定在下半部分上。轴承座的两端（驱动端）和内侧端（非驱动端）用拼合式端密封件封闭起来，密封件用螺钉与轴承座相固定。

推力轴承装配在非驱动端轴承座内，推力轴承位于止推环任意侧的拼合式基环中有6个巴氏合金衬里的轴瓦。环通过定位销可防止与轴一起转动，每个环的定位销嵌入轴承座上半部分的槽中。推力瓦块定在上，油封环位于推力轴承座内的凹槽中，用来限制油从推力轴承腔中逸出。

用润滑油系统的压力油向轴承供油。油在润滑油系统内通过环绕止推环的油循环器组件进行循环，泵送力油对止推环边缘有粘附力。油通过内部的油路泵送，并通过管子送至驱动端径向轴承。润滑轴承后，油返回至推力轴承座。润滑油用靠近泵安装的油冷却器冷却，油冷却器由靠近一级环形段的龙头（螺孔）供应冷却水，冷却后水返回至泵进口处。

7）液力平衡

轴向剖分式填料函套接到泵盖上，并用螺钉固定，用O形环保证泵盖与填料1函之间的密封。用定位螺栓及螺母把两半填料函固定在一起，用纸热片保证两半填料函之间的密封。在泵轴穿过填料函处的密封，用标准的填料函盖装置。这种填料函盖装置山一根中分式套环及五圈填料组成，用剖分式压盖压紧，压盖用双头螺柱及螺母固定在填料函上。从外接水源获得干净的轴封水，再在套环处提供给填料一函压盖。

由于作用在叶轮上的压力差，转动部件会承受不断变化的力，因此泵设计为在非驱动端安装一平衡鼓。

由于非驱动端处的平衡鼓的位置而使轴一直受到张力，并对其进行液力平衡，使得只有很少一部分残余推力被推力轴承吸收。

液力平衡布置的主要部分是排出盖内的机加工平衡室、固定在轴上的平衡鼓以及装在排出盖的孔中的限制套。作用在每个叶轮进口侧的进口压力所产生的推力被作用在每个叶轮出口侧的排出压力产生的更大推力所克服，作用在这些区域的差压造成的推力将转动部件移向泵的驱动端。

推力会随泵的负荷而变化，但液力平衡布置会减少其产生的影响，使残余推力被两个推力轴承分担。轴承容纳在启动阶段和过渡工况时发生的相对方向的冲击压力。

液压平衡布置工作状况如下：泵送物通过泵的平衡鼓和限制套之间的末级进行传送，以大约等于进口压力的压力进入平衡室，出口盖的端口可让泵送物通过泵壳内的接头用管道送回至泵的进口侧。平衡鼓两边的压差因此就等于叶轮两边的压差，但生成的推力与叶轮推力相对抗。平衡鼓横截而的尺寸使泵的驱动端只承受小的剩余推力，此推力由止推轴承承担。

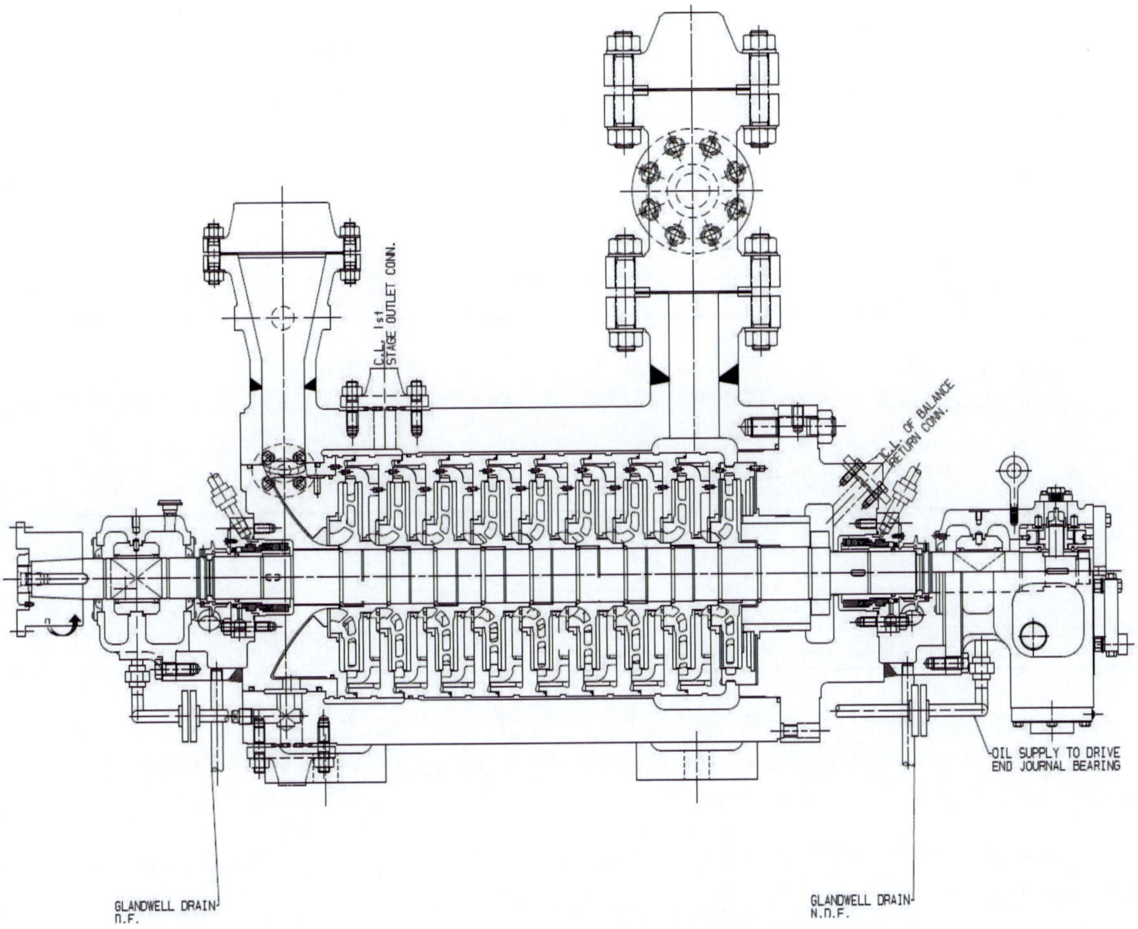

图 352-01-04-45　电动辅助给水泵整体结构图

（4）指标和参数

1）泵设计数据

表 352-01-04-22　辅助给水泵参数表

工况规定	小流量	正常流量	大流量
流量/（m^3/h）	17+旁排	91+7 旁排	151+旁排
扬程/m	1220	1062	648
效率/%	23	62	51

续表

工况规定	小流量	正常流量	大流量
泵转速/（r/min）		2983	
吸收功率/kW	315	457	495
NPSHR（净正吸入压头）/m	5.0	4.5	6.6
最小吸入压力/bar	0.8		
最大吸入压力/bar	2.2		
最低温度/℃	7		
最高温度/℃	50		

2）报警及跳闸条件

表 352-01-04-23　辅助给水泵报警及跳闸条件

监测参数	正常值	报警值	跳机值
驱动端径向轴承温度/℃	<90	100	N/A
非驱动端径向轴承温度/℃	<90	100	N/A
推力轴承温度/℃	<90	100	N/A
驱动端轴承振动/（mm/s）	<7	11	N/A
非驱动端轴承振动/（mm/s）	<7	11	N/A

（5）维修技术要求

1）预防性维修项目

表 352-01-01-24　辅助给水泵维修项目内容与周期

项目名称	项目周期（1 C 为 1 个燃料循环）
电动辅助给水泵定期检查	1 C
电动辅助给水泵轴承检查和机械密封更换	3 C
电动辅助给水泵全面解体检查	5 C

2）电动辅助给水泵定期检查

电动辅助给水泵定期检查项目为大修常规检查项目，检修间隔值为 1 C，主要对联轴器检查、对中调整等。

——联轴器检查：测量联轴器间距；检查联轴器挠性组件是否有损坏、破裂或其他劣化的迹象，必要时进行更换。

——对中调整：联轴器的最大平行度（端面张口偏差）≤0.05 mm，最大同轴度（外圆偏差）≤0.025 mm。注意：对中调整均在泵和电机地脚螺栓紧固完毕的情况下进行。

3）电动辅助给水泵轴承检查和机械密封更换

电动辅助给水泵轴承检查和机械密封更换项目为大修常规检查项目，检修间隔值为 3 C，主要对联轴器检查、推力轴承检查、径向轴承检查、机械密封更换、对中调整等。

——联轴器拆卸：检查联轴器挠性组件是否有损坏、破裂或其他劣化的迹象，如有损坏进行更换。

——推力轴承的推力间隙检查：推力轴承的总间隙其值应在 0.20～0.30 mm 之间。

——驱动端、非驱动端轴承拆卸：驱动端、非驱动端轴承拆卸；测量泵总串，总窜值约为 8 mm，最小可接收为 6 mm。注意：推力盘内外侧间距套做好标识并单独存放好，避免回装时弄混。

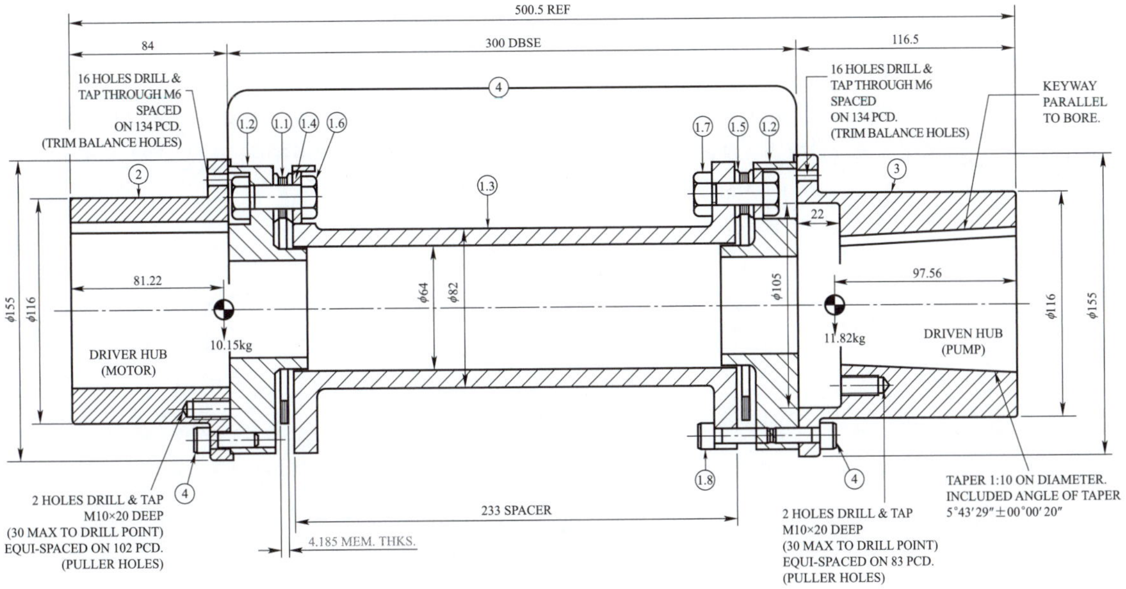

图 352-01-04-46　联轴器示意图

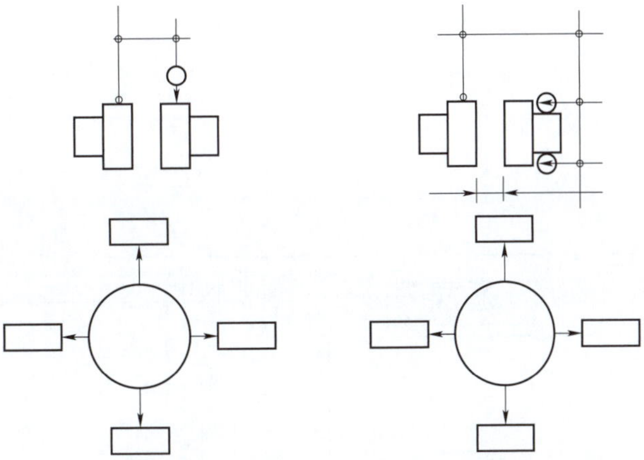
图 352-01-04-47　对中示意图

——零部件清洗检查：使用内径和外径千分尺测量部件间的所有径向配合间隙。

注意：如果测得的间隙已达到最大允许间隙或在下次检查前有可能会达到该最大允许间隙，则应对部件进行更换。

——径向与推力轴承检查：彻底清洁径向与推力轴承并检查其是否有磨损或损坏的迹象，同时对轴瓦进行 PT 检查。

——机械密封拆卸。

——驱动端轴承与机械密封安装：在轴上安装密封组件，定位在密封轴套键和密封板双头螺柱上，确保密封冲洗接头正确的径向配置；安装好径向轴瓦，压铅丝检查轴瓦的径向间隙。

——非驱动端轴承与机械密封安装：在轴上安装密封组件，定位在密封轴套键和密封板双头螺柱上，确保密封冲洗接头正确的径向配置；安装好径向轴瓦下瓦，测量总窜，约 8 mm，最小可接收为 6 mm；安装驱动端测推力瓦，测量分中 G，调整要求为总串的一半±0.15 mm；压铅丝检查轴承的径向间隙；检查推力轴承的推力间隙。

——油系统换油：用清洁的润滑油对非驱动端的轴承座和整个油系统进行灌注直至油位计所标的高液位线下约 5 mm，不要溢出，检查确认接头、密封面无渗漏。

——对中调整：联轴器的最大平行度（端面张口偏差）≤0.05 mm，最大同轴度（外圆偏差）≤

0.025 mm。注意：对中调整均在泵和电机地脚螺栓紧固完毕的情况下进行。

4）电动辅助给水泵全面解体检查

电动辅助给水泵全面解体检查项目为大修常规检查项目，检修间隔值为 5 C，主要对联轴器检查、泵芯组件拆装、泵芯组件解体检查、推力轴承检查、径向轴承检查、机械密封更换、对中调整等。

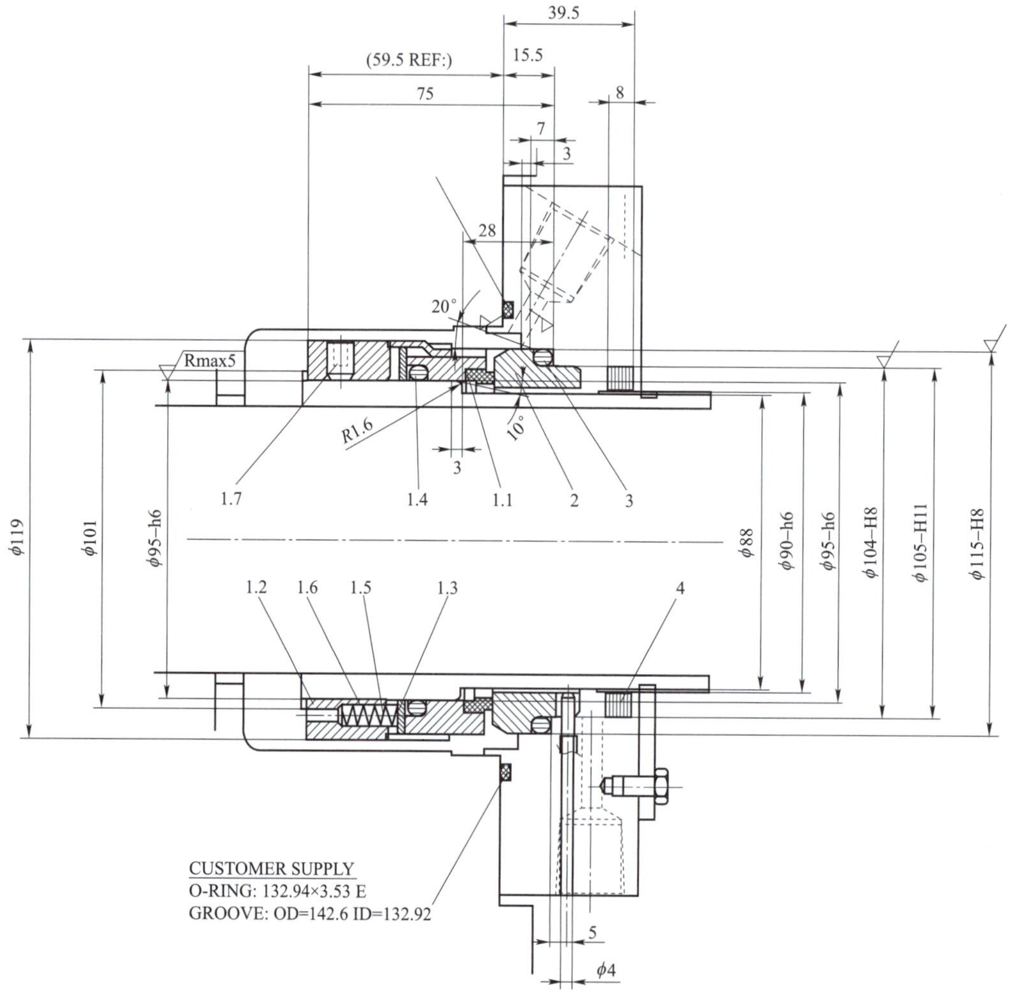

图 352-01-04-48 机械密封结构图

——联轴器拆卸：检查联轴器挠性组件是否有损坏、破裂或其他劣化的迹象，如有损坏进行更换。

——推力轴承的推力间隙检查：在轴头安装百分表进行推力轴承的总间隙检查。

——泵芯组件抽出：参照图 352-01-04-47 利用泵芯抽芯工具小心地从泵壳中抽出泵芯组件。注意：抽芯过程中确保安全环（E）已安装，每增加一个抽出管后就将其紧固，确认无松动。

——泵芯拉紧：安装泵芯拉紧装置，紧固拉杆固定螺母，两侧压板之间参考长度 810.15～810.25 mm。

——驱动端、非驱动端轴承、机械密封拆卸：测量泵总串，总窜值约为 8 mm，最小可接收为 6 mm。注意：平衡鼓和推力盘螺母、非驱动端密封锁紧环是左螺纹。联轴器螺母和驱动端密封锁紧环是右螺纹。

——泵芯组件解体：将起重装置与出口盖上的吊环螺栓相连，小心地将泵吊至竖直位置。降下组件使其落座在合适的支撑上，使轴端完全离开地板。

注意：抬高泵芯组件时，要注意确保任何时候都不得用泵轴的突出端支撑组件。

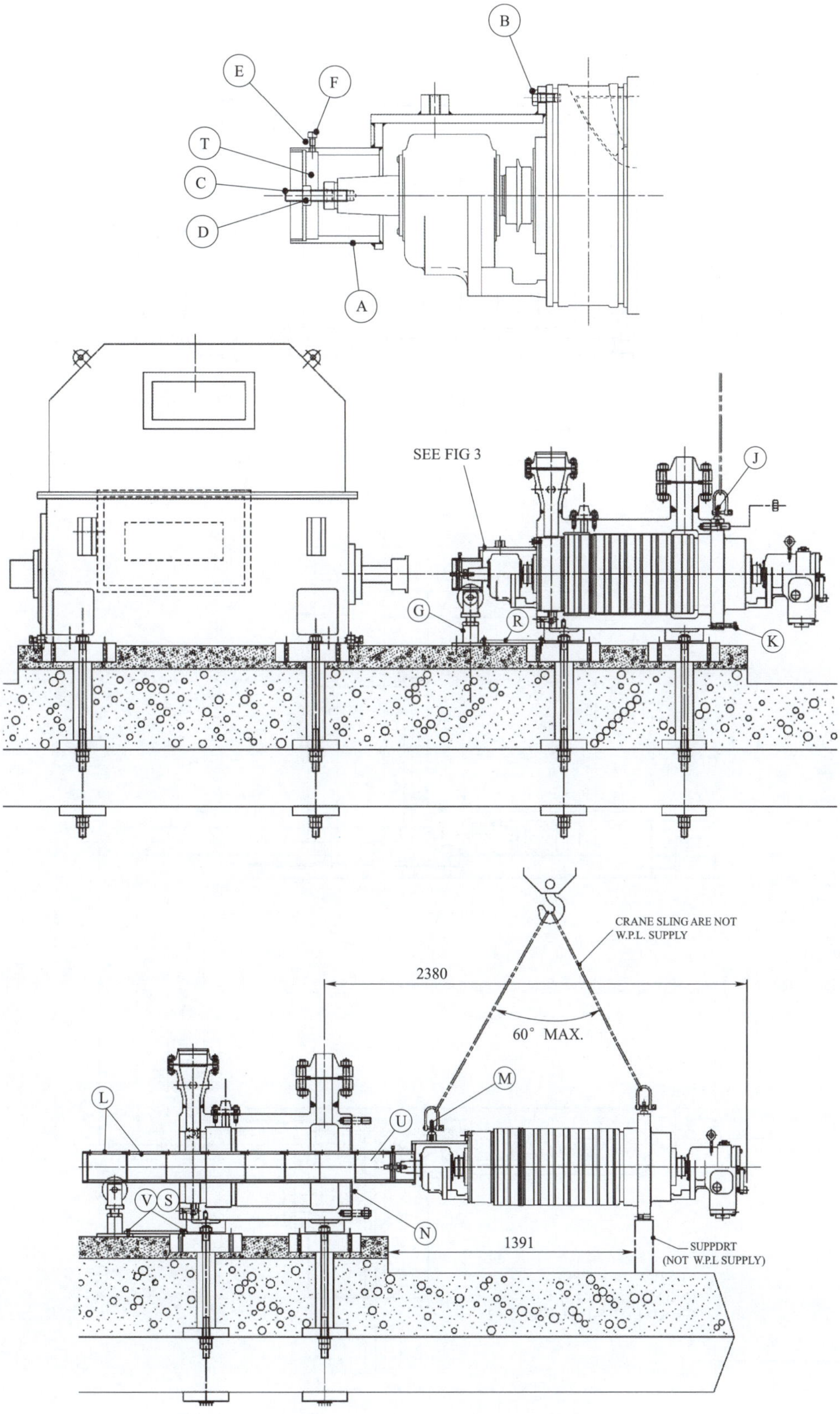

图 352-01-04-49 泵体抽芯示意图

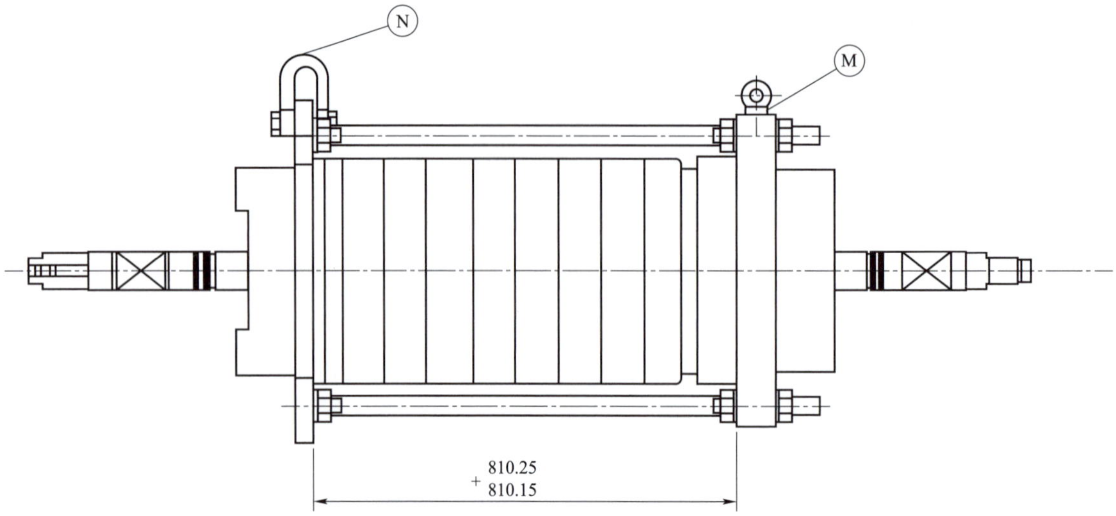

图 352-01-04-50 泵芯拉紧装置示意图

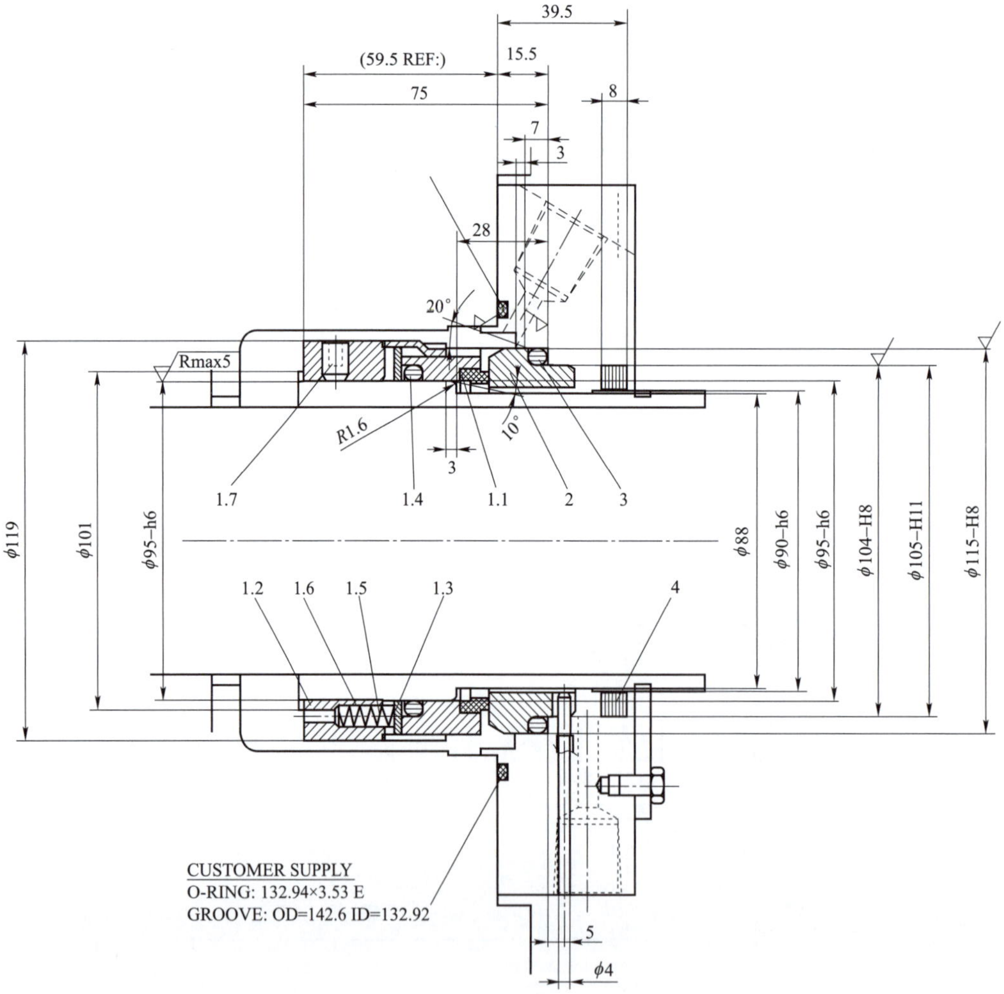

图 352-01-04-51 机械密封结构图

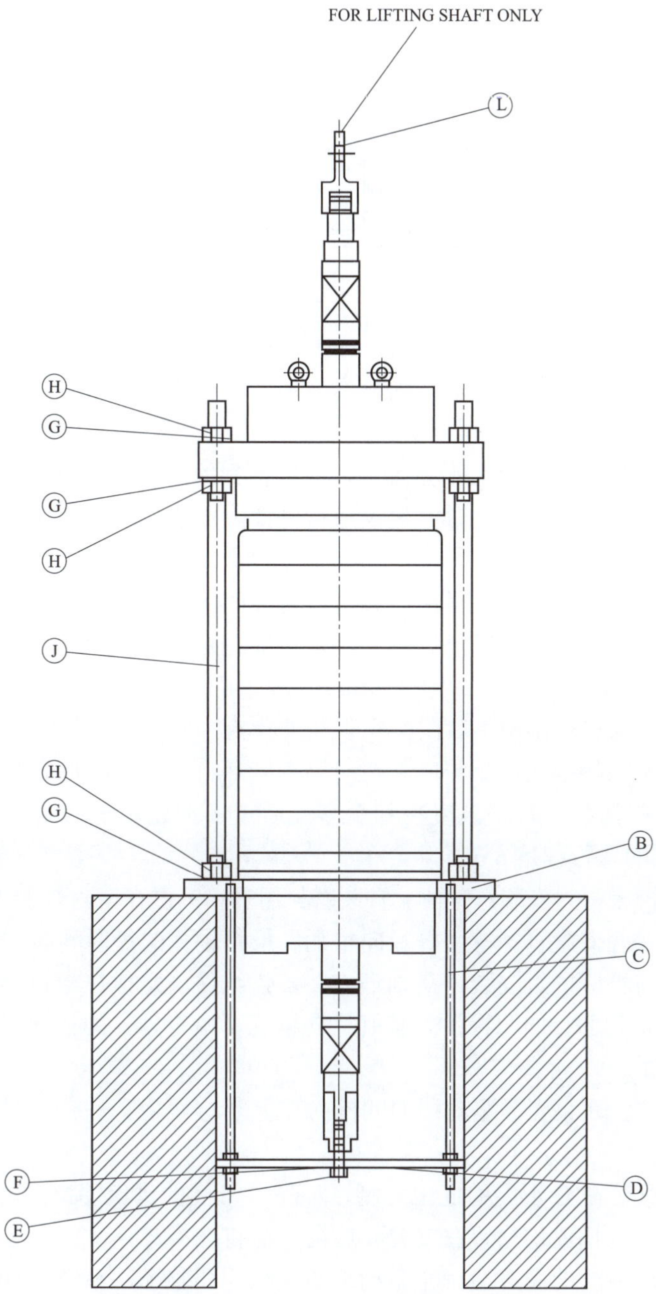

图 352-01-04-52 芯垂直位置示意图

——安装专用抽出工具，在平衡鼓周围均匀加热，从轴上拉出平衡鼓。

注意：拆下平衡鼓时不要强行用力拆卸。如果平衡鼓未完全拆出，让组件冷却，再重复加热再进行拆卸。

——零部件清洗检查：使用内径和外径千分尺测量部件间的所有径向配合间隙。

注意：如果测得的间隙已达到最大允许间隙或在下次检查前有可能会达到该最大允许间隙，则应对部件进行更换。

——叶轮和磨损环检查：检查叶轮是否有侵蚀的痕迹，检查叶轮孔和键槽是否有微振剥蚀或拆卸过程中已发生的损坏；检查叶轮和泵壳耐磨环，并测量它们间的径向间隙。

——轴和轴套检查：在 V 形铁或车床上检查测量泵轴同心度，百分表跳动不应超过 0.05 mm。

——机械密封检查：检查密封元件是否磨损或损坏，更换新机械密封。

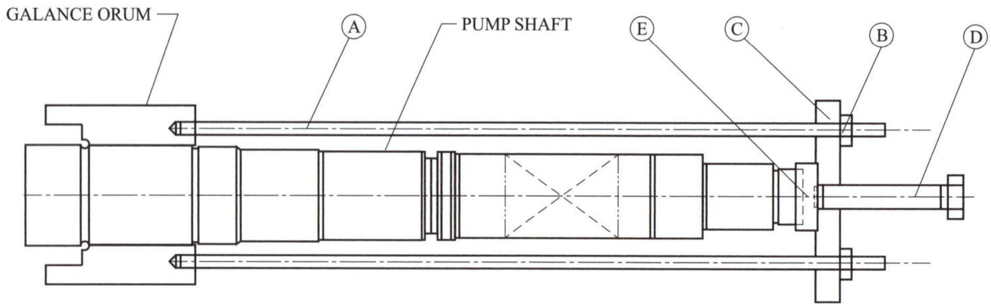

图 352-01-04-53 拆卸示意图

——径向与推力轴承检查：彻底清洁径向与推力轴承并检查其是否有磨损或损坏的迹象，同时对轴瓦进行 PT 检查。

注意：在正常工作条件下，瓦块上不会有可以测量得到的磨损，只有巴氏合金表面会发暗。当发暗的面积扩大到超过垫块表面一半以上时，建议进行更换。更换垫块时确保接合 RTD（电阻温度计）的垫块要正确放置。

——平衡鼓与节流衬套检查：测量平衡鼓和节流衬套间的间隙，将测得的间隙与表一中的间隙值比较。如果已超过需更换的间隙值或在下一次检修前可能超过此间隙，则应更换这些零件。同时对平衡鼓和节流衬套进行 PT 检查。

——泵芯组件组装：用加热器加热后依次安装九级叶轮。

注意：装配叶轮时不得用强力。如果叶轮没有与锁紧环齐平，拆下叶轮检查是否有检查中忽略的毛刺或脏物。必要时进行清理，等轴温度冷却至室温后重复上述步骤。测量泵轴的总窜动应大约为 8 mm，最小可接受的轴的总行程是 6 mm。

——驱动端轴承与机械密封安装：在轴上安装密封组件，定位在密封轴套键和密封板双头螺柱上，确保密封冲洗接头正确的径向配置；安装好径向轴瓦，检查轴瓦的径向间隙。

——非驱动端轴承与机械密封安装：在轴上安装密封组件，定位在密封轴套键和密封板双头螺柱上，确保密封冲洗接头正确的径向配置；安装好径向轴瓦，检查轴瓦的径向间隙；安装好推力轴承，检查推力轴承的推力间隙。

——泵芯包组装回装：在泵壳非驱动端的凹槽内装上新 O 形圈，在进口导流器的槽内装上新的 O 形圈和防挤压环。

注意：防挤压环必须装在 O 形圈的低压力侧，即在 O 形圈的进口端口侧。可将防挤压环浸在接近沸点的热水中，让其在装入槽前均热。在安装泵芯组件前将环冷却。

——油系统换油：用清洁的润滑油对非驱动端的轴承座和整个油系统进行灌注直至油位计所标的高液位线下约 5 mm，不要溢出，检查确认接头、密封面无渗漏。

——对中调整：联轴器的最大平行度（端面张口偏差）≤0.05 mm，最大同轴度（外圆偏差）≤0.025 mm。

注意：对中调整均在泵和电机地脚螺栓紧固完毕的情况下进行。

（6）质量管理

表 352-01-01-25 动辅助给水泵维修质量控制点

项目名称	质量管控点
电动辅助给水泵定期检查	对中调整，联轴器间隙、推力间隙检查
电动辅助给水泵轴承检查和机械密封更换	联轴器状态、间隙检查，轴承状态、径向轴承、推力轴承间隙检查，机械密封零部件检查，分中调整，对中调整
电动辅助给水泵全面解体检查	联轴器状态、间隙检查，轴承状态、径向轴承、推力轴承间隙检查，机械密封零部件检查，叶轮与磨损环状态、间隙检查，泵轴跳动、泵轴、轴套状态检查，平衡鼓与节流衬套状态、间隙检查，动平衡检查，分中调整，对中调整

（7）经验反馈

1）电动辅助给水泵典型故障查找

故障特征	可能原因	行动
泵组不能启动	驱动电动机故障	检查电动机
	电气故障	检查电源
	泵组处于跳闸状态	确定原因，纠正并使跳闸复
	泵组内咬死	脱开传动联轴器，用手在联轴器处转动元件，找出咬死的位置。必要时进行修正
泵的性能低	泵未达到全速	检查电动机的运行
	驱动电动机或电源故障	检查电动机及电源
	泵内部零件磨损过度	拆开泵，检查内部零件
	泵进口压力低	检查进口各项情况
	泵进口货出口阀未完全开启	检查阀位
备用泵反向旋转	出口逆止阀泄漏	隔离逆止阀并按需要修整
泵轴承过热	润滑油不足或受污	检查油位
	润滑油等级不正确	检查油品等级
	轴承磨损或未对准	检查轴承
	泵与电机不对中	检查对中情况
泵组需要过量电源以满足工作需要	出口压力低	检查流率
	转动和静止部件之间有摩擦	检查间隙
	泵中的内部间隙过大	检查间隙
	机械密封安装不正确	检查密封件
泵过热或咬住	泵干运行	检查泵进口阀是否完全打开。检查进口各项情况。如果泵失去进口源，立即停下泵
	泵内部有摩擦	检查间隙
	润滑油量不够，受污染或油品等级不正确	检查油位和油品等级
	轴承磨损或未对准	检查轴承
	泵组未对准	检查对准情况
机械密封过度泄漏	密封件磨损或安装不正确	检查密封件
过大的噪声和/或过度振动	转动部件不平衡	确定引起故障的泵内部组件，检查旋转部分的动平衡
	泵组不对中	检查对中情况
	失去进口压力	检查进口情况
	轴承磨损或不对中	检测轴承
	泵内部间隙过大	检查间隙情况
	地脚螺栓松动	检查螺栓，必要时拧紧
	由于管道系统的不正确支撑而产生共振	检查相邻管道系统和支撑物
	挠性联轴器损坏	检查联轴器

2）电动辅助给水泵轴瓦烧毁

某核电厂启动 3 号机组 2 号电动辅助给水泵为二号蒸汽发生器补水，启动后发现该泵驱动端和非驱动端轴承温度快速上升至 122°（该温度已经满量程），并且泵轴承的加油孔有轻微的冒白烟现象。主控马上停运 2 号电动辅助给水泵，停运后温度缓慢下降。

现场检修，放油时发现油质已发黑，油内有大量的金属杂质。拆开轴承箱，非驱动端推力轴承已烧毁，推力盘有较严重磨损。

图 352-01-04-54　侧推力轴瓦

图 352-01-04-55　端侧推力轴瓦

原因分析：检修更换轴承时发现两侧联轴器中间间距约为 303.2 mm，而中间的弹性联轴节图纸要求此处间距为 300 mm；当把中间的弹性联轴节装好后可能会产生额外的轴向力，将泵转子整体拉向驱动端侧，导致靠驱动端的推力轴瓦承受更多的轴向力。长期运行会使轴瓦磨损，产生金属杂质，造成油质的恶化，累积到一定程度后，量变导致质变，最终温度超出运行限值，烧毁轴瓦。

处理措施：

——解体检修 3 号机组 2 号电动辅助给水泵，清理管道内的残余金属杂质，更换所有的轴承，并严格控制组装精度，使泵组的窜动和推力间隙在要求的范围内。在联轴器中加一个总厚度为 2.95 mm 的垫子，相当于增长联轴器的长度，减少由于联轴器间距过长而带来的轴向力的影响。

——在大修的窗口，调整电机的位置来使联轴器间距在合适的长度。

（8）技术规程清单

表 352-01-04-26　辅助给水泵维修规程

序号	规程名称
1	电动辅助给水泵定期检查
2	电动辅助给水泵轴承检查和机械密封更换
3	电动辅助给水泵全面解体检查

（9）参考资料

［1］MOTOR DRIVEN AUXILIARY FEEDWATER PUMPS QINSHAN NPP PHASE EXTENSIONPROJECT OPERATING AND MAINTENANCE MANUAL［M］. 1.UK.Clyde Pumps.2011.08.

［2］黄鹄. 秦山第二核电厂中级运行培训教材下册［M］. 海盐：核电秦山联营有限公司，2010.08：87－92.

［3］韩超. 电动辅助给水泵定期检查［Z］. 海盐：中核核电运行管理有限公司，2019.01.

［4］韩超. 电动辅助给水泵轴承检查和机械密封更换［Z］. 海盐：中核核电运行管理有限公司，2019.01.

［5］韩超. 电动辅助给水泵全面解体检查［Z］. 海盐：中核核电运行管理有限公司，2019.01.

4.2.7 核电厂汽动辅助给水泵

（1）定义

核电厂汽动辅助给水泵在主给水系统不能利用时，向蒸汽发生器的二回路侧提供足够的给水。辅助给水泵在下列情况中向蒸汽发生器供水：

——在反应堆冷却剂系统的温度升高时；

——在热停堆时，将反应堆保持在冷停堆状态，允许启动余热排出系统。

（2）范围对象

汽动辅助给水泵。

（3）结构原理

汽动辅助给水泵（以 TWL45S 为例）具有卧式、两级离心式结构，由装在与泵壳成一体的汽机壳体内的汽轮机驱动。汽轮机叶轮有叶片，泵叶轮、汽轮机叶轮和导流轮安装在同一轴上，轴由两个水润滑的轴颈轴承支承。轴承安装在汽轮机壳体和泵壳体之间的中央水室内，由第一级叶轮的排水通过一个自清洗过滤器引入到轴承的水进行润滑。泵由泵壳和中央水室上的底脚支承在预制钢底板的底座上，泵的整体结构消除了泵和汽轮机之间对准的需要。

泵的工作速度由调节供给汽轮机的蒸汽量的汽轮机控制机构控制。控制机构的主要部件是蒸汽截止阀、节流阀和压力调节器。泵还配备了电气式和机械式超速脱扣机构，当速度达到预定值时，脱扣机构关闭蒸汽截止阀。由一个电子测速计提供速度测量。

泵运行时有连续的泄漏，漏出流体通过一个减压装置返回到冷凝水回水箱，汽轮机由主蒸汽系统或由辅助蒸汽系统供给蒸汽。

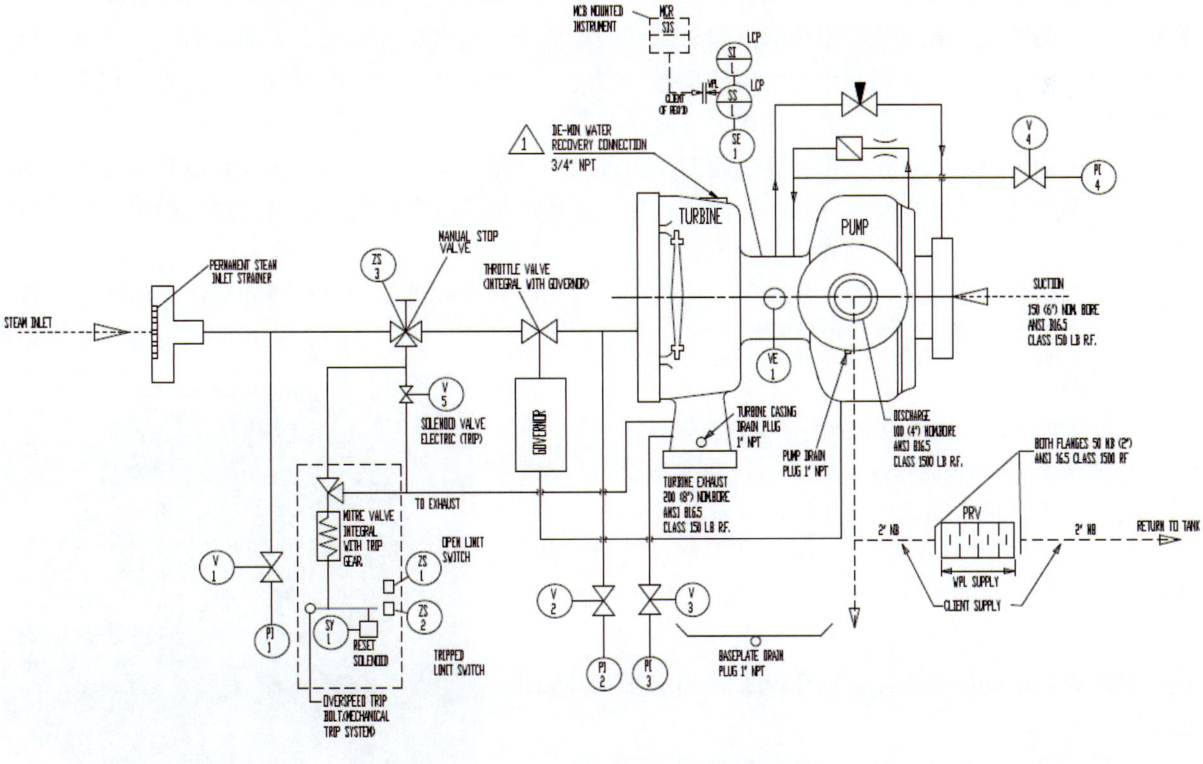

图 352-01-04-56 助给水泵运行原理图

1）泵/汽轮机壳体和盖

泵/汽轮机壳体是一体式的，一端是汽轮机壳体带两个法兰连接的排气支管，另一端是泵壳体和泵排放支管。壳体中间缩径部分形成水润滑轴颈轴承、超速脱扣机构和中央水室的外壳。

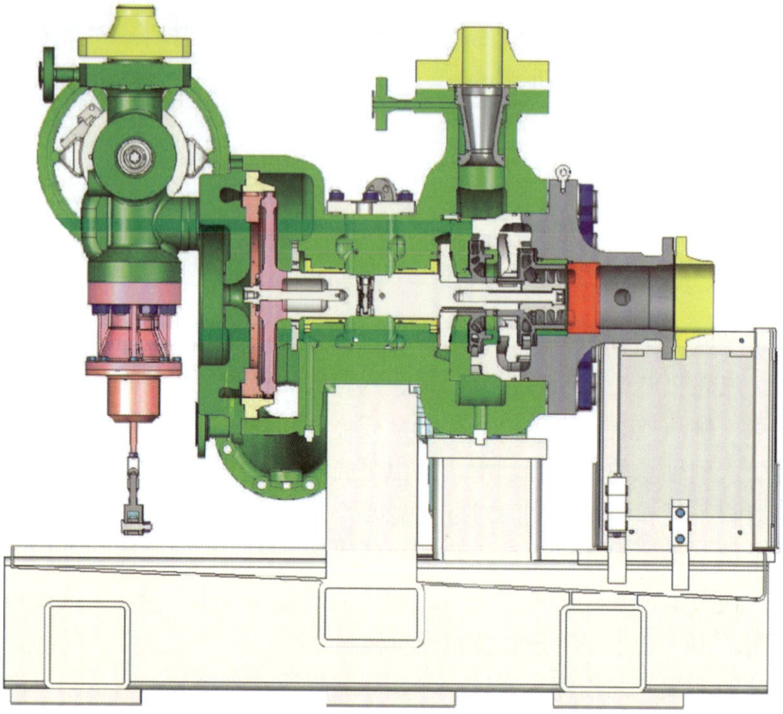

图 352-01-04-57　助给水泵结构示意图

汽轮机末端用汽轮机盖封闭，此盖插接到壳体上并用螺栓、螺母和垫圈固定。使用纤维板垫防止盖和壳体之间泄漏。蒸汽喷嘴室构成汽轮机盖壳的一部分，蒸汽室焊接在它上面。喷嘴室接收来自蒸汽室内节流阀的蒸汽，并将它分配给用凹头螺丝固定在盖上的喷嘴段。喷嘴段由许多截面积逐渐缩小的通道组成，它们将蒸汽的压能转换成速度能量，并将此高速蒸汽喷射到汽轮机叶片上。

为了消除因汽轮机叶轮两端差压引起的轴向推力，一根均衡回流管用螺栓、螺母和垫圈固定到汽轮机盖中间并连到汽轮机排气支管。汽轮机壳体上未使用的排气支管用一个盲板法兰封闭，盲板法兰通过螺栓、螺母和垫圈固定到壳体法兰上。

泵末端用装有法兰连接吸入支管的泵盖封闭，内部装有头部锥形和第一级叶轮的外耐磨圈。泵盖插接到泵壳中并用螺栓、螺母和垫圈靠着环段/扩散器固定。通过泵盖插口上槽中的 O 形圈和止退环组来防止泄漏。

壳体中间部分装有中央水室、两个水润滑轴颈轴承的外壳和连接轴承润滑水入口管的端面、润滑水控制孔板、超速脱扣机构、电子测速计探头和检查盖。

泵/汽轮机壳体由泵壳和中央水室上的底脚支承在预制底板的底座上，而汽轮机壳体是悬臂式的，允许膨胀。

2）泵端

泵端壳体中的固定部件包括环段/扩散器、平衡环和止推环。

环段和扩散器构成从第一级叶轮出口到第二级叶轮入口以及从第二级叶轮出口到排放环道的传输通道，扩散器用来将水的动能转换为压力。环段/扩散器整体铸件位于泵壳膛内，由泵盖支撑顶着平衡环。用安装在环段插口上槽

图 352-01-04-58　轮机壳体和盖示意图

中的 O 形圈和止退环组防止泄漏，在最后一级扩散器和平衡环之间配备了一个防转销。通过一个热压入环段并用平头螺丝夹持的中间耐磨圈和内耐磨圈来限制级间泄漏。

平衡环和安装在轴上的平衡活塞结合一起工作，实施泵的液压平衡，它用凹头螺丝固定在泵壳上的凹槽中。利用安装在环背面槽中的 O 形圈防止平衡环和壳体之间的泄漏。一个限制衬套热压入环的孔中并用三个平头螺丝夹持。

止推环位于泵壳的凹槽中，它和平衡活塞一起工作来适应起动时可能发生的反推力。止推环用一个埋头螺丝固定在凹槽中，螺丝头部低于止推环表面。

3）汽轮机端

汽轮机壳体中的固定部件有限制衬套、间隔件和挡板。

限制衬套位于间隔件孔中，用平头螺丝固定。

挡板同间隔件和限制衬套一起防止通过汽轮机端轴颈轴承泄漏的水冲击到叶轮上，挡板和间隔件用锁紧垫圈锁定的六角头螺丝固定。

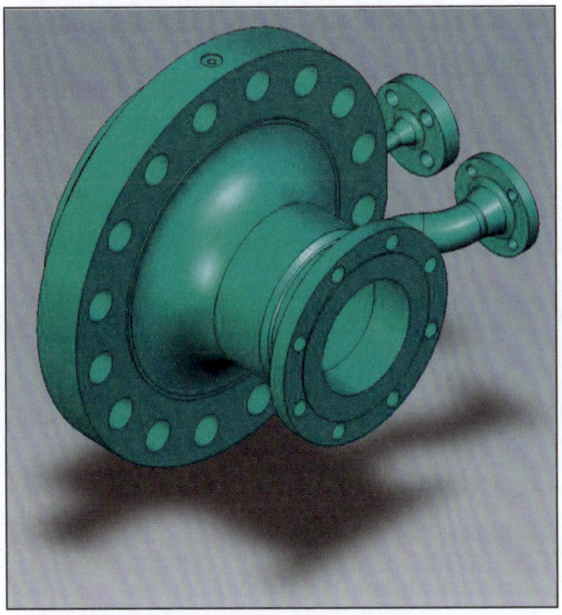

图 352-01-04-59　示意图

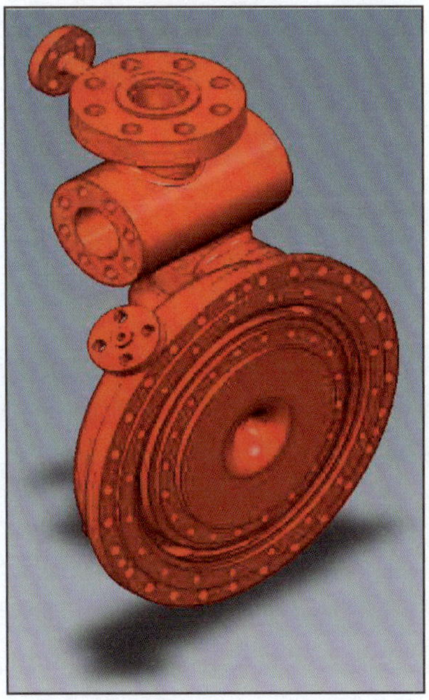

图 352-01-04-60　端盖示意图

4）转子部件

转子组件由轴、导流轮、叶轮、平衡活塞、磁塞、超速脱扣螺栓、汽轮机叶轮、键、叶轮锁定螺母和叶轮及汽轮机螺栓组成。

平衡活塞和最后一级叶轮用键安装到轴上并用叶轮锁定螺母对着轴上的台肩固定，通过安装在平衡活塞背面槽中的 O 形圈防止平衡活塞和轴之间的泄漏。第一级叶轮用键安装到轴上，导流轮位于叶轮轮毂的孔中。第一级叶轮靠着第二级叶轮锁定螺母，并与导流轮一起用叶轮螺栓固定，叶轮螺栓用锁定板和卡簧固定在导流轮毂中。

汽轮机叶轮安装在轴上并与齿形牙盘联接器联接，联接器将汽轮机动力传递到轴上，在保持对中的条件下，允许少量径向膨胀。汽轮机叶轮用汽轮机螺栓固定到轴上，螺栓通过轴空心部分延伸。这形成邻近轴颈轴承和汽轮机之间的热障。螺栓被双耳垫圈锁定到汽轮机叶轮上。

轴颈轴承之间的轴的中央部分是缩径的，包含有继电器式超速脱扣螺栓。脱扣螺栓组件包括脱扣螺栓本体、活塞、隔片、内外弹簧、端帽以及固定和调整塞，活塞、隔片和内弹簧包含在脱扣螺栓本体内。活塞重心位于轴轴线上脱扣螺栓去撞击触发器方向的一侧，而活塞和螺栓组合的重心位于轴轴线上另一侧。这样当轴开始旋转时，活塞将顶着内弹簧向外运动，脱扣螺栓对着调整塞向外运动。当达到脱扣速度时，活塞已经向外移动足够远，足以移动组合重心到轴轴线的另一侧，这使脱扣螺栓顶着外弹簧移动，直到它撞击触发器。可以通过泵/汽轮机壳体上的检查盖转动调整塞并将它重新锁定来调整脱扣速度。

两个相隔 180° 的磁铁为拧入壳体侧面的电子速度探头的工作提供必要的信号。

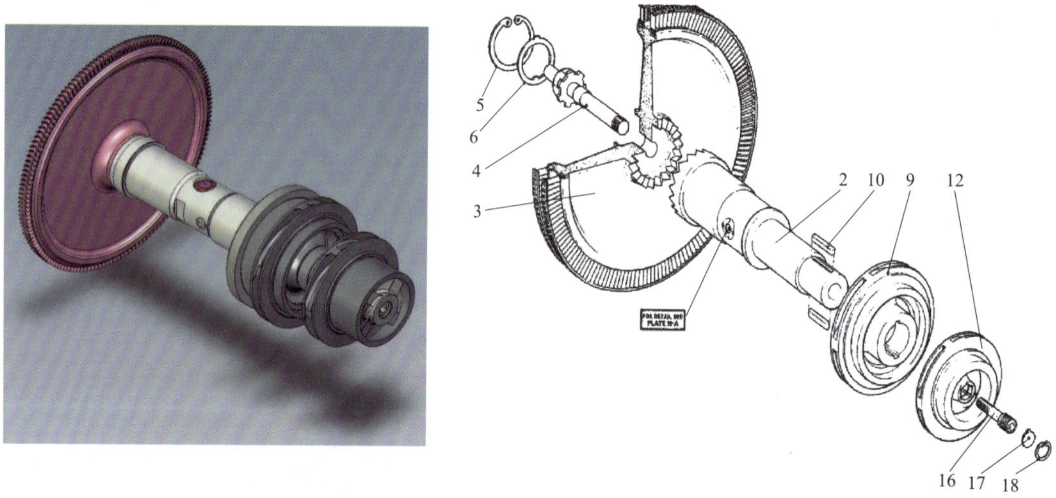

图 352-01-04-61　件示意图

5）　轴承

转子组件由两个水润滑轴颈轴承支承。每个轴承由一个上下分开的浸渍水的轴瓦组成，轴瓦座在钢制的具有法兰的瓦座上，最后用六角螺栓固定在外端。

轴承用取自第一级叶轮排放口的水润滑。此水在供给轴承之前流过一个多级孔板减压和手操作自动清洗过滤器。

中心轴承腔中的压力通过安装在室外壁上的可调针阀调节。

来自泵端轴承的轴承水流通过连接到平衡回流管的泄漏管回流到泵吸入口，而来自汽轮机端轴承的水流直接流入汽轮机壳体，在那里它和汽轮机排气混合不再回收。

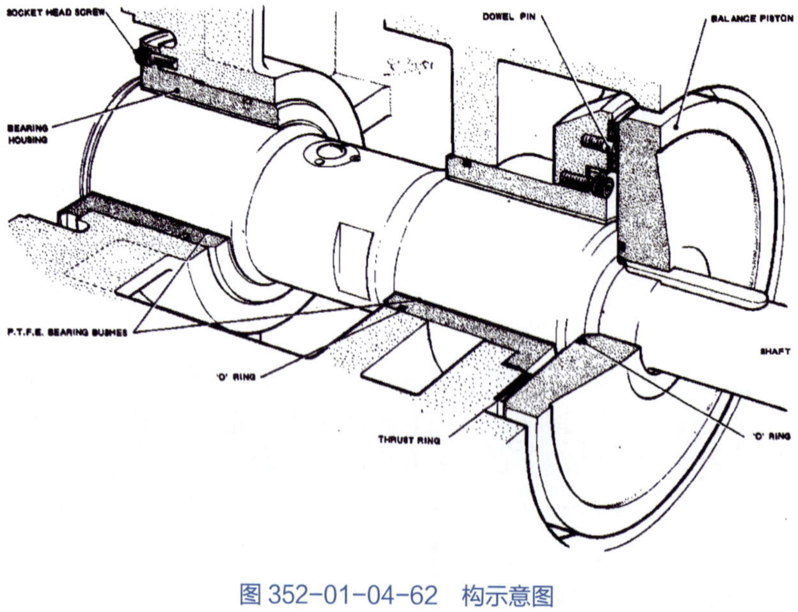

图 352-01-04-62　构示意图

6）水力平衡

由于叶轮上的差压力以及冲击汽轮机叶轮上蒸汽的力的作用，转子组件会承受变化的推力。

作用在每个叶轮入口侧叶轮耐磨环外侧面积上的排放压力所产生的推力被作用在叶轮出口侧相等面积上的相同压力平衡。作用在耐磨环内侧面积上抽吸压力所产生的推力被作用在叶轮出口侧相等面积上的排放压力克服。由于作用在这些面积上的不同压力所产生的合成推力趋向于推动转子组件朝泵壳吸入端移动，此推力因轴向导流轮产生的推力而增大。

通过汽轮机叶片装置的蒸汽流产生的轴向力比较小，但作用方向相反，稍微减小向着泵吸入端的合成推力。

为了控制转子组件的轴向运动，使用一个平衡活塞来平衡此推力的作用。近似于泵排放压力的水在最后一级叶轮毂和平衡环限制衬套之间通过，以较低压力流入平衡环和平衡活塞之间的环形空间。作用在平衡活塞上的这个压力趋向于推动转子组件朝泵的汽轮机端运动。当平衡活塞上的推力克服了汽轮机/叶轮推力，活塞和环之间的间隙加宽，使压力下降，允许转子组件向泵端回移。反复此周期，每次有少量移动，直到平衡系统稳定，转子组件的任何轴向移动可以忽略。

经过平衡活塞的漏水进入平衡环和泵壳凹槽之间的形成的平衡室，由将水回流到泵吸入侧的平衡管使压力保持在泵抽吸压力。在汽轮机盖和汽轮机排汽支管之间连接的第二平衡回流管防止汽轮机叶轮入口侧蒸汽压力上升。

仅在起动时，推力方向可能短暂反向，向着泵的汽轮机端推动转子组件，导致平衡活塞的背面与固定在泵壳上的止推环接触。但是随着泵速上升，所有推力朝向泵端，由液压平衡装置适应。

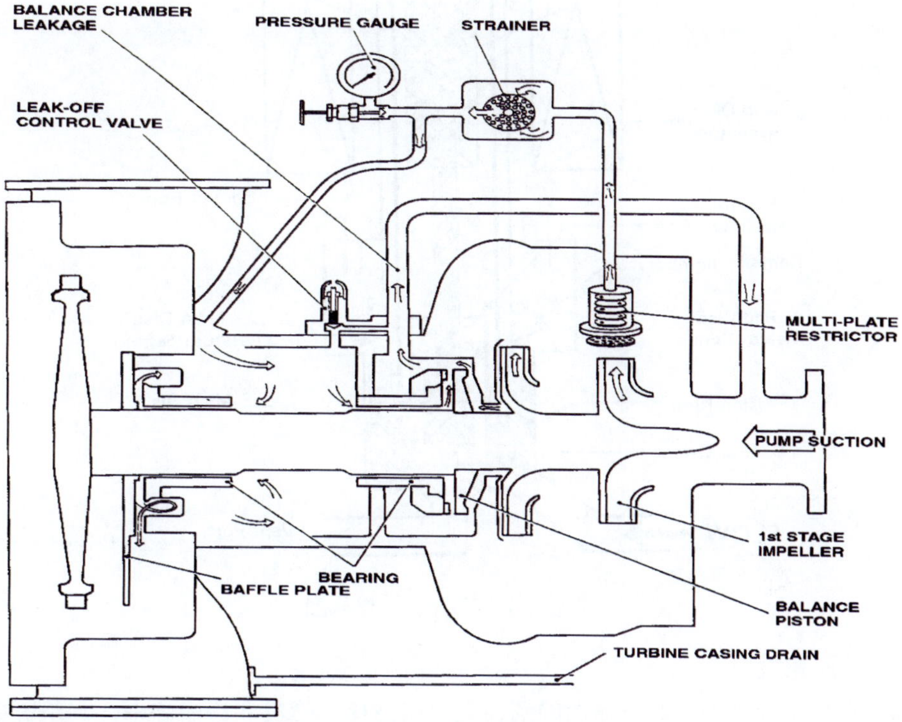

图 352-01-04-63 衡示意图

7）超速脱扣机构

为了汽动辅助给水泵的安全，提供了两个独立形式的超速脱扣机构：一个是主要的电子超速脱扣机构，它利用电子测速计感测速度进行工作，另一个是辅助的机械超速脱扣机构，它由安装在泵轴上的脱扣螺栓激励。脱扣机构工作时释放截止阀活塞下侧的蒸汽压力，使活塞上侧的蒸汽压力关闭阀，从而停止泵。

——电子脱扣：

电子脱扣机构独立于机械脱扣机构工作，它用来打开连接在从截止阀到锥形阀和锥形阀出口到蒸汽排汽口的蒸汽管道之间的电磁阀。当电子脱扣机构激励时，电磁阀打开，允许蒸汽压力释放到排汽口，从而关闭截止阀使泵停止。

通常，电子脱扣机构利用电子测速计来的信号自动使泵停止，但是在就地控制柜上和主控室内配备了操作员控制用的手动按钮，还配备了复位按钮。

在试验机械脱扣机构时，在就地控制柜上配备一个按钮，按压此按钮时，它将超控电子脱扣机构，允许泵达到机械脱扣速度。当释放此按钮后，电子脱扣重新激活。如果机械脱扣不能工作，释放超控按钮将自动停止泵，因为速度会超过电子脱扣机构的预设值。

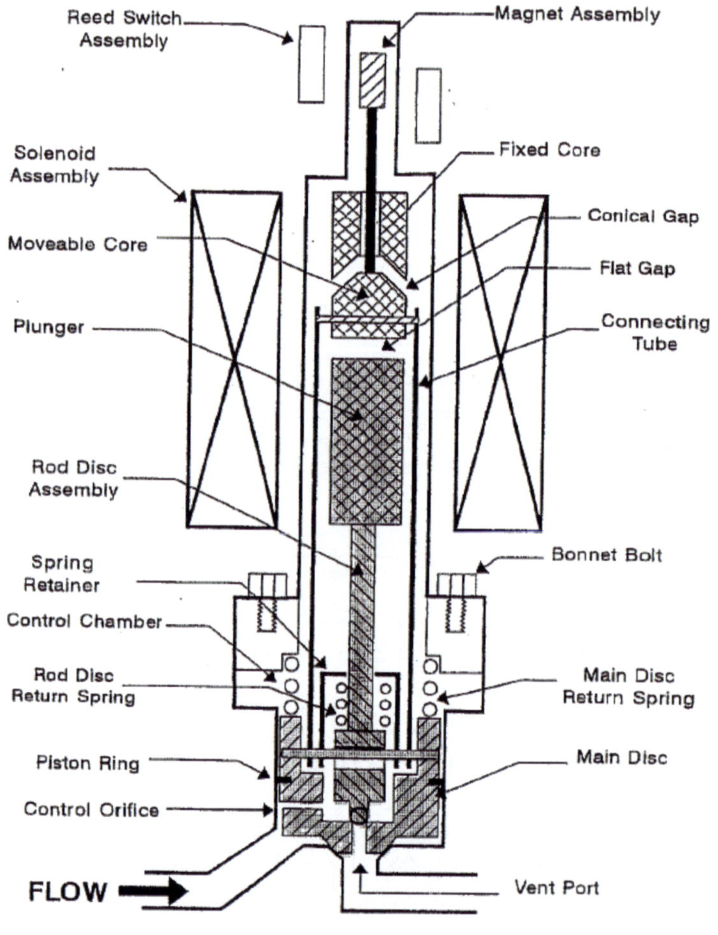

图 352-01-04-64 结构图

——机械超速脱扣机构：

超速机构组件位于壳体中央水室侧面的刮面上，用螺栓、螺母和垫圈固定，利用置于脱扣机构壳体凸缘和中央水室上刮面之间的密封接口防止泄漏。

一个安装在脱扣机构壳体支架上的弹簧加载触发器伸入中央水室。在设定位置，触发器与安装在轴上的超速脱扣螺栓之间保持一个小间隙，并通过安装在脱扣机构壳体中一根横向轴上的脱扣杆保持在此位置。一个复位杆安装在脱扣杆轴的端部，并伸到壳体外部，在它的外端，被组合的壳盖和用螺丝和垫圈固定到壳体上的缸封闭。通过壳体和盖之间的密封接口防止泄漏。缸含有一个锥形阀，此阀安装在阀杆上并用弹簧顶在缸盖孔中的座上。缸盖拧入缸的顶部，通过密封接口进行密封。一根管从缸盖的凸缘顶部引到截止阀阀体中活塞下侧。弹簧装在弹簧架中，它通过缸的下端伸出，支在手动复位杆上。当弹簧处于压缩状态时，复位杆和脱扣杆保持在设定位置。一个手动顶出钮从脱扣机构盖和壳体伸出，并通过弹簧加载使它脱离触发器。

当泵达到脱扣速度时，轴上的脱扣螺栓向外甩出击打触发器，使它离开轴。触发器的运动释放了脱扣杆，在锥形阀缸中弹簧的作用下，脱扣杆向上转动。这接着使手动复位杆向下运动，这样释放了弹簧的压力，使锥形阀落下打开。引到截止阀活塞下侧的管道内的压力通过连接到缸壁上一个端口的管子释放到汽轮机排气支管，截止阀上侧的蒸汽压力使截止阀关闭，切断供给汽轮机的蒸汽使泵停止。

要手动触发脱扣时，用手触击顶出钮，这样使顶出杆端部击打触发器，使脱扣杆脱开，一旦脱扣杆释放，脱扣机构如以上所述那样工作。

超速脱扣机构可以通过抬起复位杆进行复位，它关闭锥形阀并降下脱扣杆，直到脱扣杆和触发器啮合并使它脱离轴。复位杆可以用手或用安装在底板的泵底座段的电动电磁线圈抬起。正常情况下，电磁线圈心轴上的滚子脱离复位杆，但是当从主控室激励时，心轴抬起，直到滚子接触到杆，并向上推动它进入复位位置。一旦脱扣机构复位，心轴撤回脱离杆。

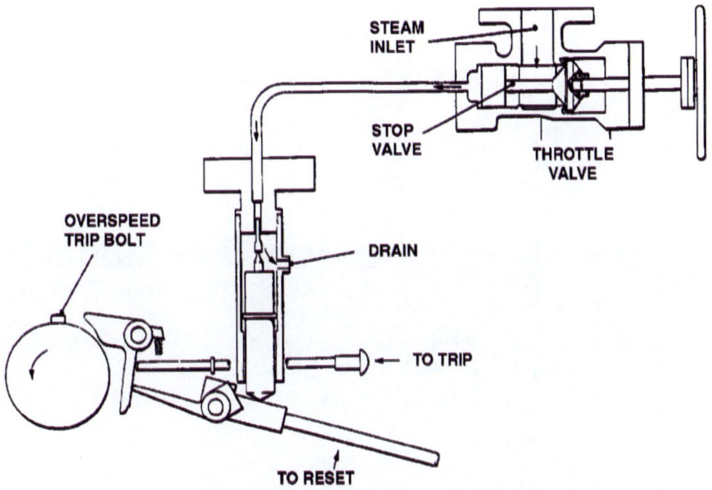

图 352-01-04-65 扣示意图

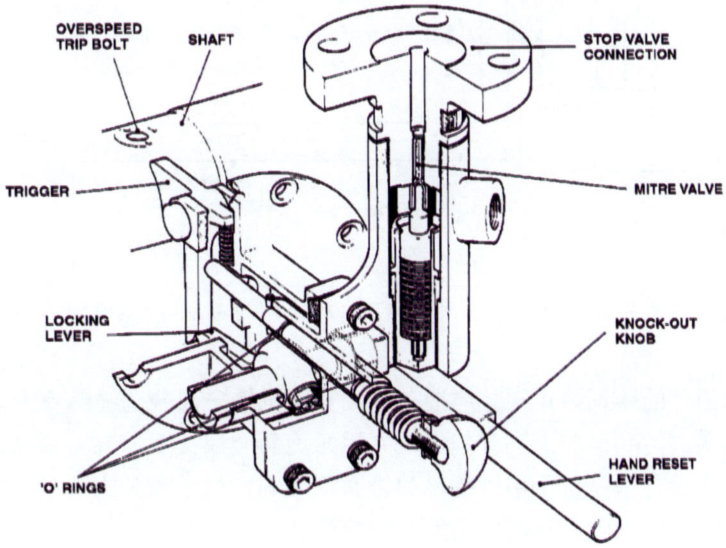

图 352-01-04-66 扣装置结构图

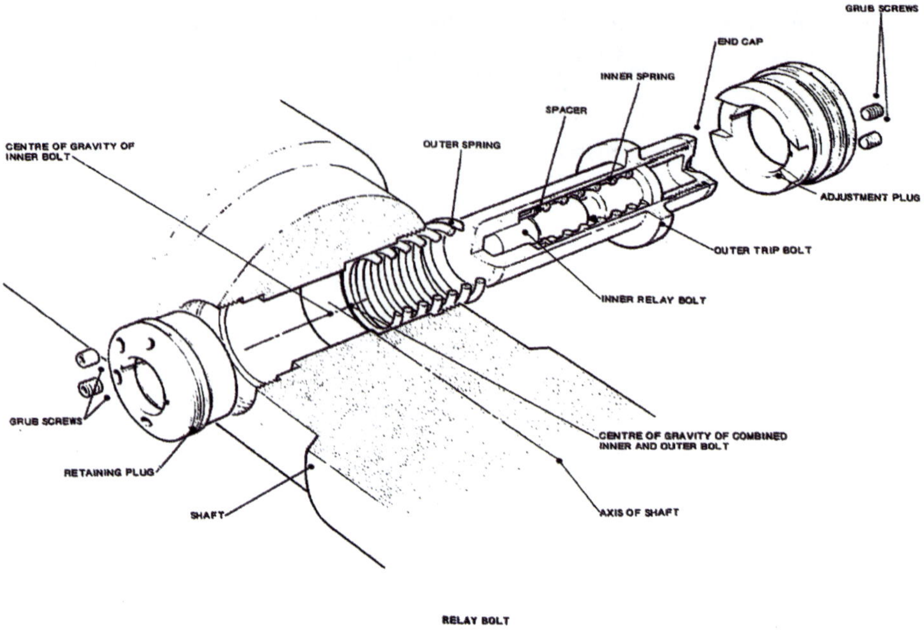

图 352-01-04-67　栓结构图

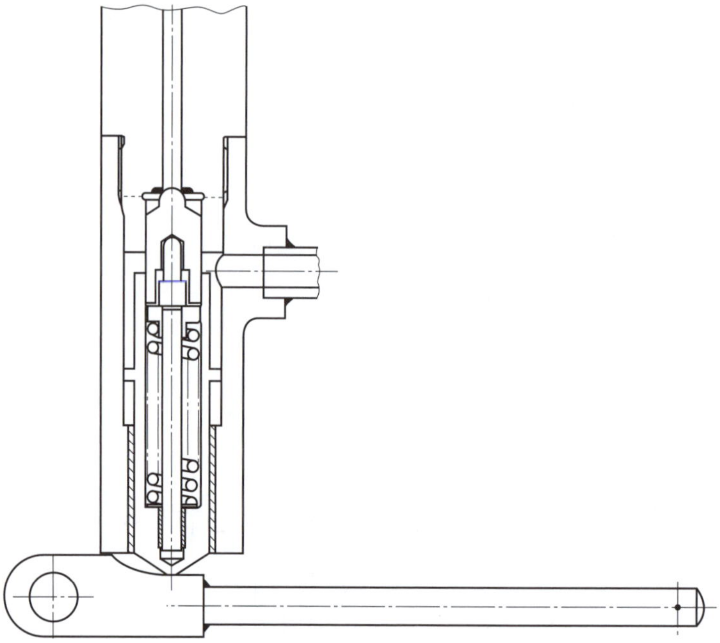

图 352-01-04-68　结构图

8）蒸汽截止阀

蒸汽截止阀切断供给汽轮机的蒸汽，它设计成在汽轮机达到预定速度时，通过超速脱扣机构自动关闭。

它还装有节流阀组件的铸钢截止阀腔焊接在构成汽轮机盖一部分的喷嘴室上。阀腔的一端用螺栓、螺母和垫圈将截止阀盖固定到阀腔上进行封闭，并用螺旋卷金属接头密封。截止阀杆在截止阀盖外端用双锥滚柱止推轴承支承，轴承位于用轴螺母和锁紧垫圈固定的轴承架上。一个轴承盖安装在轴承端部，整个轴承组件用带帽螺丝固定到截止阀盖上，轴承是油脂润滑的。

一个由有孔钢板构成的蒸汽过滤器位于蒸汽入口支管孔内，用平头螺丝固定。在截止阀盖对侧，一个活塞衬套热压入阀腔中形成的缸内，用螺栓、螺母和垫圈将蒸汽室盖固定到阀腔上来封闭缸，并用螺旋卷金属接头密封。一根管子从蒸汽室盖上形成的凸缘连到超速脱扣机构缸盖上类似的凸缘上。

截止阀座在阀腔内形成，阀的延伸部分携带一个活塞，活塞在阀腔中的活塞衬套内运行。活塞有两个活塞环以防泄漏，并用锁紧螺母和锁紧垫圈固定在阀延伸部分的台肩上。

当泵正常运行时，活塞的阀侧承受引到汽轮机喷嘴室的全蒸汽压，而活塞后面的面积利用受控泄漏在全活塞直径上接受相同的蒸汽压，受控泄漏通过截止阀杆上的钻孔和拧入阀伸端部并用活塞锁紧螺母固定的孔板实现。

因为活塞直径大于阀座，所以存在一个净压力，它确保正常运行时截止阀保持打开。

当“超速脱扣”在手动或电动或机械方式下通过轴安装的脱扣螺栓激励时，锥形阀打开（参见“超速脱扣机构”），活塞下侧的蒸汽压突然释放，上侧的汽压产生一个迅速关截止阀的力。因为脱扣机构复位前锥形阀保持打开，经过活塞的泄漏蒸汽通过脱扣机构缸上的端口被引入汽轮机排气口，截止阀活塞下侧压力不能建立，截止阀将保持关闭。当锥形阀关闭后，蒸汽压在活塞下再次建立，汽轮机将再次起动。

9）节流阀

节流阀由压力调节器操作，控制供给汽轮机的蒸汽流量，从而调节泵的输出以满足工作要求。

节流阀套筒热压进截止阀腔下部，它用节流阀盖封闭，节流阀盖用螺栓、螺母和垫圈固定在阀腔上并用螺旋卷金属接头密封。节流阀盖上装有一个颈圈和一个用压盖固定的内装软填料的填料函，压盖用螺栓和螺母固定在盖上。节流阀盖的延伸部分安装了含有浸渍铜衬套的阀杆导板，导板用螺丝和垫圈固定在盖延伸部分。节流阀阀杆通过导板伸出，连接到节流阀和压力调节器之间的操作连杆机构。

节流阀是一个在套筒内滑动的半平衡双座滑阀，进入节流阀的蒸汽分成两股。第一股通过套筒上的控制端口流入喷嘴室，而第二股通过输送通道流入套筒底部的第二组控制端口。蒸汽流过这些端口进入围绕滑阀中心的环形通路，然后流出到喷嘴室。输送通道、环形通路和输送端口是按一定尺寸制造的，以确保蒸汽流量受这两组控制端口的控制。滑阀的半平衡设计确保只有剩余力是施加在控制杆上的力，它经过盖压盖传到大气中。

套筒内滑阀的位置由调节器响应蒸汽压力、泵排放压力和泵流量的运动决定。这个运动通过调节器连杆机构传输到节流阀阀杆。

经过节流阀底部的泄漏蒸汽受到阀盖颈圈上一系列锯齿减压，然后从节流阀盖被引导到汽轮机排气口。通过压盖填料的泄漏蒸汽也由节流阀盖上第二接口从节流阀盖流到汽轮机排气口。

10）差压调节器

差压调节器通过连接调节器水侧的压力活塞杆和蒸汽侧的蒸汽节流阀杆的连杆机构操作节流阀来控制供给泵汽轮机的蒸汽流量。它响应调节器内产生的与现时蒸汽压力、泵排放压力和泵流量有关的力进行工作。

所有核 TWL 差压调节器的设计原理是共同的，但是详细设计是合同特定的，以满足客户规定的工作要求。

调节器设计成在泵流量降低时，泵速渐渐提高，由此使扬程/流量曲线“变陡峭”。为此，除泵排放压力外，调节器还必须感测泵流量。

在调节器的水侧，有一个装有两个液压活塞（活塞和活塞杆）的缸，缸下是调节器盘簧。全泵排放压力通过精滤器传送到较大的上活塞的上表面，而取自泵排放支管中文丘里喉管的压力通过另一个过滤器传送至大活塞的下表面。就在下面的小活塞也接受这个文丘里喉管压力。上活塞感测的这两个压力的差产生一个正比于泵流量平方的力，同时下活塞杆产生一个正比于文丘里喉管静压的力。

这些力积累起来提高了总液压力，它受到调节器弹簧，以及通过调节器连杆机构受到节流阀阀杆的不平衡蒸汽力在调节器蒸汽侧的反作用。

此关系为：

蒸汽力+弹簧力=总液压力

这对于泵性能包络线上所有点都是正确的。

当泵静止时（例如备用），在没有调节器弹簧反作用下，节流阀阀杆处于其行程的底部，节流阀端口大开，以便起动时快速加速。

在稳定的实际蒸汽压力下运行时，泵流量的任何增加会导致总液压力的增加（因为流量平方分量的增加快于文丘里静压降低的速率）。因为在稳定的蒸汽压力下蒸汽力是恒定的，液压力的增加必须由弹簧力相等的增加来平衡。弹簧力的增加使弹簧压缩增大，它通过调节器连杆机构传输到节流阀，抬高了节流阀阀杆，减小了节流阀端口面积。因此流向汽轮机的蒸汽流量减小，降低了汽轮机功率。汽轮机功率的降低和泵流量增加一起导致泵速降低以及“更陡”的扬程/流量曲线。

盖用螺栓、螺母和垫圈固定到调节器缸上，并用 O 形圈和挡圈密封，另一个 O 形圈装配到缸衬上。

调节器缸是插接定位到调节器壳体中的，用两个六角头螺丝、螺母和垫圈，以及两个加长的带螺母和锁紧螺母的柱螺栓固定，便于在维修时释放调节器弹簧的负荷。壳体上一个整体支架通过螺栓、螺母和垫圈固定在汽轮机盖上。封闭的壳体下端含有一个用平头螺丝固定到壳体上的衬套和一个法兰，调节器连杆机构支架用螺丝和垫圈固定到法兰上。这个支架提供杠杆组件的枢轴点，通过它调节器杆的向下运动转换成节流阀的向上运动。

上弹簧架顶着调节器缸的底面，在杆钮下面用一个平头螺丝锁紧的螺母固定在调节器杆上。下弹簧架安装在支在调节器壳体封闭端衬套上的弹簧调节器上。利用弹簧调节器伸出端上形成的六角头来设定弹簧压缩力。

加衬套的连杆机构杠杆支在固定于调节器壳体上的杠杆支架上，并在杠杆的每端用球轴承和万向接头连接调节器和节流阀杆。

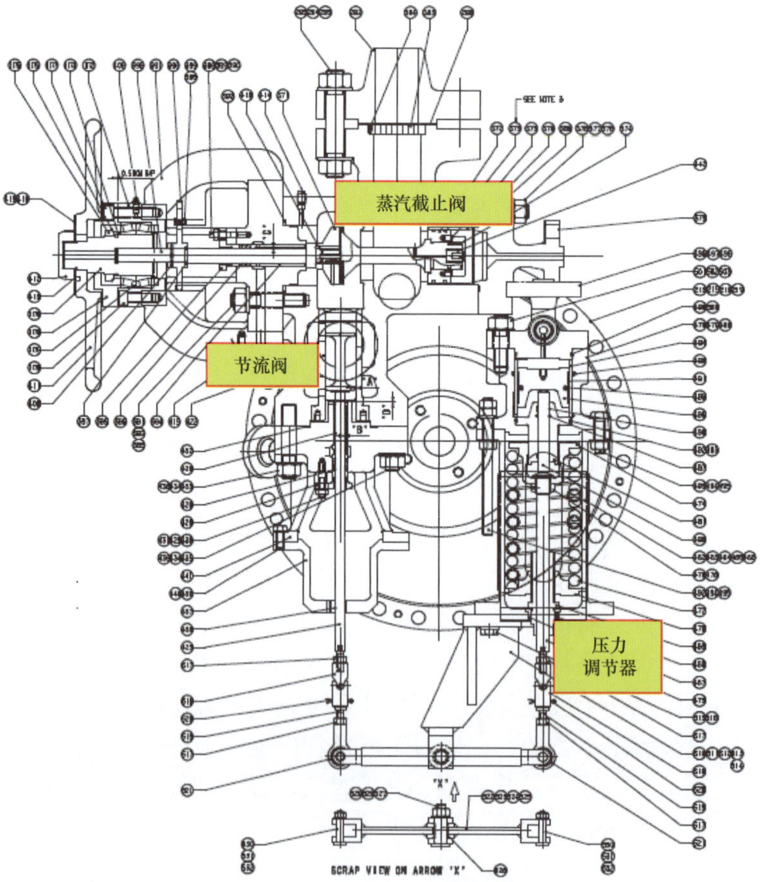

图 352-01-04-69 节机构结构图

（4）指标和参数

1）泵设计数据

表 352-01-04-27　辅助给水泵参数表

泵

工况规定	小流量	正常流量	大流量
流量/（m³/h）	17+25 旁排	91+25 旁排	168+25 旁排
扬程/m	1248	1062	540
效率/%	18	46	68
泵转速/（r/min）	8240	7750	5950
吸收功率/kW	794	730	410
NPSHR（净正吸入压头）/m	7.2	6.5	5.0
最小流量（连续）/（m³/h）		25	
最小吸入压力/bar	0.8～202		
最低温度/℃	7～50		
关闭扬程（在 8387 r/min）/m	1300		

汽轮机

汽轮机	单位	数值
设计压力	bar（绝对）	149
设计温度	℃	300
额定蒸汽压力	bar（绝对）	76
最小蒸汽压力	bar（绝对）	6.3
带载时蒸汽消耗量	kg/h	16 200
蒸汽排放状态		湿蒸汽
排放压力	bar（绝对）	1.345
电子脱扣速度	r/min	9226
机械脱扣速度	r/min	9645

2）报警及跳闸条件

表 352-01-04-28　辅助给水泵报警及跳闸条件

监测参数	正常值	报警值	跳机值
泵外壳振动/（mm/s）	＜4.5	7	N/A

（5）维修技术要求

1）预防性维修项目

表 352-01-04-29　辅助给水泵维修项目内容与周期

项目名称	项目周期（1 C 为 1 个燃料循环）
汽动辅助给水泵小汽轮机超速脱扣装置检查	3 C
汽动辅助给水泵及小汽轮机全面解体检查	6 C

2）汽动辅助给水泵小汽轮机超速脱扣装置检查

汽动辅助给水泵小汽轮机超速脱扣装置检查项目为大修常规检查项目，检修间隔值为 3 C，主要工作为轴承箱盖拆卸及间隙检查、超速脱扣装置拆卸、超速脱扣装置零部件检查、超速脱扣装置回装、轴承箱盖回装、脱扣转速调节等。

——轴承箱盖拆卸及间隙检查：用塞尺测量脱扣螺栓与触发器之间的间隙（理论值：0.38～0.68 mm）。注意：调整塞是围绕脱扣螺栓未端标记，即没有受到触发器打击的一端。动作检查脱扣螺栓确认动作灵活无卡涩，检查脱扣螺栓端塞锁紧螺钉紧固无松动，如有异常进行处理。

——超速脱扣装置拆卸：注意在开始拆卸超速脱扣装置之前，检查复位杆和脱扣杆组件的动作情况。

——超速脱扣装置零部件检查：

- 锥形阀和阀座检查：检查筒盖中的锥形阀和阀座有无磨损、划痕，阀门和阀座轻微损耗，可以用细研磨膏轻轻对研阀门和阀座；如过损坏比较严重，则必须更换阀门。
- 针型阀弹簧检查：检查锥形阀弹簧是否有锈蚀、退化或变形迹象。注意：弹簧原始自由长度为 86 mm，自由长度的测量应隔 180° 测量两次。
- 针型阀水压试验：对锥形阀进行水压试验，试验压力 10 MPa，保压 5 min 无泄漏。
- 脱扣杆心轴和衬套检查：检查脱扣杆心轴、衬套、弹簧是否变形、磨损或损坏；检查心轴与衬套间动作灵活，无磨损破坏或间隙过大，必要时更换；动作脱扣杆确认动作灵活无卡涩，脱扣杆可在弹簧作用下自由回弹。
- 触发器、销子和衬套检查：检查触发器在其与脱扣螺栓撞击区域及脱扣杆有无磨损、划痕或损坏迹象。注意：如果触发器检查发现接触部位有磨损至圆滑情况，需对触发器进行处理或更换，否则可能导致泵运行期间脱扣。触发器和脱扣杆是成套提供的，当触发器/脱扣螺栓间隙需要重新设定时应该成套更换触发器和脱扣杆。

——超速脱扣装置回装：测量脱扣螺栓与触发器间的间隙，确保间隙在 0.38～0.68 mm 之间。

——推力轴承的推力间隙检查：推力轴承的总间隙其值应在 0.20～0.30 mm 之间。警告：触发器的挫修不能将接触部分挫成圆弧型，否则可能导致异常脱扣。

——轴承箱盖回装：此处使用防人因失误工具自检和他检，确认轴承室内无异物残留。

——脱扣转速调节：如果脱扣转速不满足 9477～9645 r/min 要求，则需进行调整。警告：泵组的脱扣转速绝不能加以改动来提高泵的出力，因为该转速已确定为与安全和效率一致的最高转速。

3）汽动辅助给水泵及小汽轮机全面解体检查

汽动辅助给水泵及小汽轮机全面解体检查项目为大修常规检查项目，检修间隔值为 6 C，主要工作为泵和小汽轮机的全面解体、泵和小汽机零部件检查、超速脱扣装置解体检查、主汽门解体检查、调节阀全面解体检查、差压调节器全面解体、泵及小汽轮机回装等。

——泵和小汽轮机的全面解体：

- 轴向间隙、轴承间隙、脱扣间隙检查。

轴向间隙检查：确保汽轮机盖的面和所供应的轴向磨损量规的面都是清洁的，然后将磨损量规向下通过竖管并将它旋入汽轮机螺栓端部的螺孔中。要确保磨损量规的肩部与螺栓的端面靠紧，在磨损量规的平面上用一扳手将轴尽可能推向泵端，用塞尺测量磨损量规面和竖管面之间的间隙“*X*”（平衡面关闭）；将轴尽可能推向汽轮机端，用塞尺测量磨损量规面和竖管面之间的间隙“*Y*”（推力面关闭）；将获得的测量数据与附表 1 中的“理论值”进行比较：如果“平衡面关闭”的尺寸（间隙‘*X*’）与理论值差值≥0.48 mm，则平衡活塞和平衡环之间的最大允许磨损量已经发生，这些组件必须予以更新。如果“推力面关闭“的尺寸（间隙‘*Y*’）与理论值差值≥0.48 mm，则最大允许磨损发生在堆力环，该环必须予以更新。

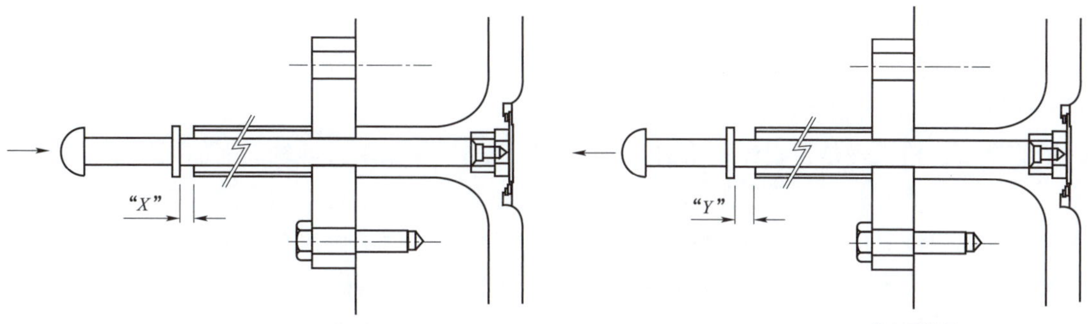

图 352-01-04-70 间隙测量示意图

轴承间隙检查：用塞尺检查轴承与轴颈的径向间隙“G”“F”。注意：如果间隙超过 1.5 倍，则需更换轴承，轴承应两只一起更换。

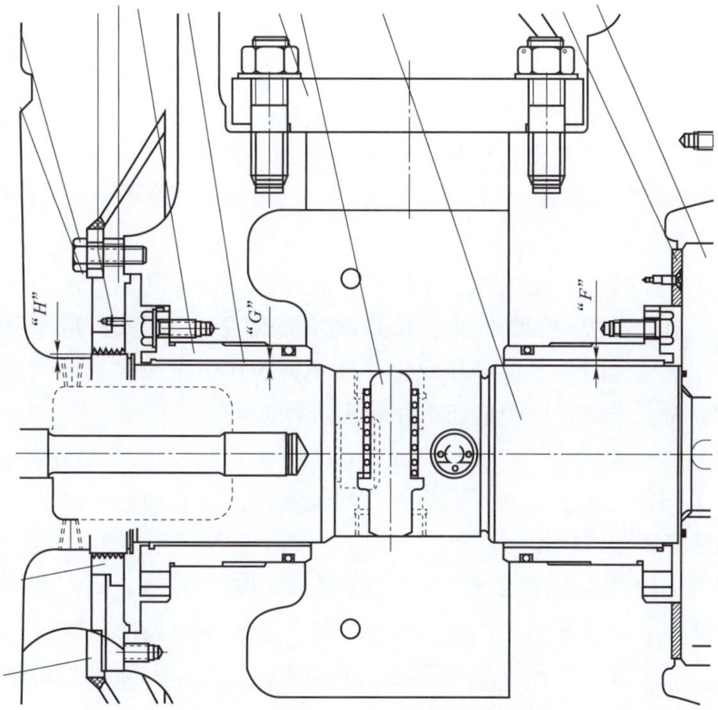

图 352-01-04-71 隙测量示意图

脱扣间隙检查：用塞尺测量脱扣螺栓与触发器间隙，正常要求值为 0.38～0.68 mm。说明：如果测量间隙不在要求范围内，该间隙需根据机械脱扣试验时实际脱扣转速进行调整，具体值以脱扣转速满足要求为准。

- 压力调节器拆卸：注意因现场空间有限，差压调节器拆除过程中小心操作，注意周围环境，避免碰撞设备；
- 超速脱扣装置拆卸；
- 小汽轮机拆卸：注意不要在汽轮机叶片上施加力来抵住扳手的扭力；
- 泵拆卸：注意当拆下泵叶轮螺栓时，必须小心确保轴向导叶不从它在第一级叶轮轮毂的位置中落下并被损坏；
- 泵及小汽机轴拆卸：通过泵壳的汽轮机端将轴抽出。

——泵和小汽机零部件检查：所有组件应加以彻底清洗并检查是否有任何磨损或损坏的迹象；测量汽机各组件之间的径向间隙，如果间隙超过新间隙的平均值的 1.5 倍，则组件应予以更换。

● 叶轮和泵壳磨损环/节流衬套检查：检查叶轮、叶轮磨损环和泵壳磨损环/节流衬套是否有任何磨损、冲蚀或损坏的迹向。测量测量叶轮和磨损环或限流套筒之间直径间隙，如果测得的间隙超过新间隙的平均值的 1.5 倍，则环或套筒必须更换。

● 轴的检查：检查轴是否损坏和弯曲；测量叶轮安装、轴承配合处轴表面的同轴度；动作检查脱扣螺栓确认动作灵活无卡涩，检查脱扣螺栓端塞锁紧螺钉紧固无松动，如有异常进行处理。注意：如果检修前机械脱扣转速正常，且脱扣螺栓动作检查无灵活无卡涩，无需对脱扣螺栓进行拆除，避免重装后重新调整脱扣转速影响大修工期。如需拆除脱扣螺栓，拆除前做好画好精确配合标记。

● 小汽轮机叶轮检查：检查汽轮机叶片是否有损坏或扭曲的痕迹；将汽轮机叶轮装到轴上，要确保与记录标记重合，将组件支撑在中心之间并检查其垂直度和同心度，要求小于 0.05 mm。注意：人孔内盖板螺钉沉头深度测量值应大于 1.52 mm。

● 轴承检查：仔细检查每只轴承的磨损表面，如果轴承表面被严重擦伤或者它露出 75%的青铜，则轴瓦应予以更新。检查轴承与轴颈的径向间隙，如果间隙超过 1.5 倍，则更换轴承，轴承应两只一起更换。

● 平衡活塞和平衡环检查：检查活塞和环的平衡表面是否有磨损或损坏的迹象，检查平衡活塞内孔是否有咬伤。注意：由于泵平衡装置保持很小轴向间隙，以铲削磨损表面来修整是不可行的。

● 推力环检查：检查推力环是否有磨损或损坏的迹象，如有损坏进行更换。

● 零部件 PT 检查：对泵轴整体、第一级叶轮、第二级叶轮、诱导轮、平衡活塞、平衡环进行 PT 检查。

——超速脱扣装置解体检查：注意检查复位杆和脱扣杆组件的动作情况。当复位杆提升到复位位置时，动作应平滑且无阻力，唯一的制约来自锥形阀弹簧的阻力，脱扣杆应牢靠地锁定在触发器上且无松动。当通过弹出钮来动作时，复位杆和脱扣杆在弹簧的作用下应轻快地回到脱扣位置，本检查可以将脱扣装置安装到泵壳上来进行，或装在工作台上进行：

● 超速脱扣装置解体；

● 超速脱扣装置零部件检查：注意所有组件都要彻底清洗并检查有无磨损、损坏或损耗痕迹。对所有垫片、O 形圈和锁定装置进行换新。

锥形阀和阀座检查：检查筒盖中的锥形阀和阀座有无磨损、划痕。阀门和阀座稍有损耗，可以用细的研磨膏来稍许研磨一下阀门和阀座，但如损坏比较严重，则必须换新阀门。

锥形阀弹簧检查：检查锥形阀弹簧是否有退化或变形的迹象，测量其自由长度，弹簧的原始自由长度为 86 mm，变形量超过 5%应予以更换弹簧。

脱扣杆心轴和衬套检查：检查脱扣杆心轴和衬套是否磨损或损坏；检查心轴与衬套间的径向间隙，心轴在衬套内的径向间隙应为 0.025～0.075 mm 内，如果超过最大值，衬套应予以换新。

触发器、销子和衬套检查：检查触发器在其与脱扣螺栓撞击区域内有无磨损或损坏迹象；检查触发器在触发器销子上装配良好且无磨擦或间隙过大，必要时换新。注意：触发器和脱扣杆是成套提供的，当触发器/脱扣螺栓间隙需要重新设定时应该成套更换触发器和脱扣杆。

● 超速脱扣装置组装：动作脱扣杆确认动作灵活无卡涩，脱扣杆可在弹簧作用下自由回弹。注意：O 形圈是没有被密封塞压缩的，密封塞以它们的六角形肩部座落在外壳上，使得它们的内侧端部与 O 形圈凹槽脱开。O 形圈被泵汽轮机外壳的中央机室内的水压轴向压缩，水压使 O 形圈轻轻地夹住复位杆心轴，并在每个 O 形圈凹槽的外圆缘上形成一个密封。

——主汽门解体检查。

● 主汽门拆卸：如果需要的话，活塞上有两个螺孔可以安装上拆卸螺杆。

● 主汽门检查：所有的零部件都要彻底清洗后检查有无磨损、损坏和破坏的迹向。

阀和阀座检查：检查阀和阀座有无划痕或其他损坏的迹向，轻微的划痕可以用细研磨膏研磨。如果损坏比较严重，阀应该更新，阀座应该切削去掉毛刺，密封面应该密封完好。测量阀杆与主汽门端盖导向衬套间的径向间隙，如有必要则更新。

活塞和缸体检查：清洗活塞中的活塞环沟槽和活塞环，然后检查有无磨损，测量活塞环和沟槽间的轴向间隙。最大允许间隙为 0.13 mm，如果测量间隙超过这个值，活塞环应该更新。测量新的活塞环以确保轴向间隙在 0.07～0.13 mm。注意：如果安装新的活塞环，测量环两端的开口间隙，并锉销活塞环的端面使其间隙为 2.2～2.4 mm，确保环两端的角度不变。

——过滤器检查。

主汽门组装：将活塞安装到活塞衬垫上时，确保活塞环没有损坏。当拧紧锁紧螺母时，要把住阀杆。脱扣装置管道上的垫片其内孔必须与管道的内径同心，以防止限流孔板变形，此将影响脱扣装置的运行。

——调节阀全面解体检查：

● 调节阀的解体。

● 调节阀零部件检查：所有的零部件都要彻底清洗后检查有无磨损、损坏和破坏的迹向。

● 阀杆和外壳检查：调节阀外壳与汽腔是过盈配合的，如果更新外壳，必须从汽腔的箱体里车销损坏的外壳。

● 颈环检查：测量颈环与调节阀阀杆间的径向间隙。

● 压盖检查：检查填料压盖有无损坏或破坏的迹向。

● 导向衬套检查：导向衬套是由 PTFE（聚四氟乙烯）内里烧结铜而成。检查中，如果衬套 75% 的表面可见铜则衬套需更新。

● 调节阀的组装：装上填料压盖并用螺母拧紧至正好充分压紧填料，轻轻拧松螺母，然后对称紧固螺母至力矩 5 Nm。注意：压盖的最终调节是在机组运行时进行。压盖调整到防止蒸汽从压盖处泄露并且不影响阀杆的自由移动。动作阀杆确保阀杆动作正常无卡涩。

——差压调节器解体检查。

● 差压调节器解体：在拆卸缸体组件时，确保活塞杆不露出缸体衬垫处以免损坏；

● 差压调节器检查：弹簧检查、缸体衬垫和活塞检查、调节器连杆检查、滤网检查；

● 差压调节器组装。

——泵及小汽轮机回装。

● 脱扣螺栓回装（如果脱扣螺栓未拆除，此步不执行）：用专用工具，检查塞子和平头螺钉都不突出于轴圆周表面。

● 小汽机叶轮组件回装（如果叶轮未拆卸，此步不执行）：为确保正确的平衡，Hirth 联轴器的汽轮机叶轮半只上的一只齿标有一个字母，它与标有相同字母的联轴器的轴半只上的齿啮合。如有需要，汽轮机叶轮可在轴已装进泵壳内后装到轴上：印在 Hirth 联轴器上的参照字母在叶轮前面以便更方便地定位。

● 泵组件回装。

● 轴向间隙检查测量：按照前面所述方法测量 X/Y 值，并与拆卸前取得的读数相比较。

● 超速脱扣装置回装：用塞尺测量脱扣螺栓与触发器之间的间隙，正常要求值为 0.38～0.68 mm。如果测量间隙不在要求范围内，该间隙需根据机械脱扣试验时实际脱扣转速进行调整，具体值已脱扣转速满足要求为准。

● 差压调节器回装：因现场空间有限，差压调节器回装过程中小心操作，注意周围环境，避免碰撞设备。

（6）质量管理

表 352-01-04-30 动辅助给水泵维修质量控制点

项目名称	质量管控点
汽动辅助给水泵小汽轮机超速脱扣装置检查	脱扣螺栓与触发器间隙、复位杆和脱扣杆动作情况检查、锥形阀和阀座检查、锥形阀弹簧状态及长度检查、锥形阀打压试验、脱扣杆心轴和衬套检查、触发器状态及间隙检查、脱扣螺栓与触发器回装间隙检查
汽动辅助给水泵及小汽轮机全面解体检查	轴向间隙测量检查、拆前轴承间隙检查、拆前脱扣间隙检查、叶轮部件检查、泵叶轮与口环间隙、轴状态及跳动检查、小汽机叶轮部件检查及零件 PT 检查、小汽机叶轮数据测量检查、轴承状态及与轴颈间隙检查、锥形阀和阀座检查、锥形阀弹簧自由长度测量、脱扣杆、触发器等部件检查、触发器等间隙测量、主汽门部件检查、主汽门阀杆与导向衬套径向间隙、活塞环间隙测量、调节阀部件检查、调节阀部件数据测量、颈环与调节阀阀杆间隙测量、压差调节器部件检查、差压调节器弹簧测量、调节器连杆径向跳动

（7）经验反馈

1）汽动辅助给水泵典型故障查找

故障特征	可能原因	行动
汽轮机不能启动	蒸汽供应不足	检查蒸汽供应
	泵处于脱扣状态	机械脱扣复位
	入口压力低；电子脱扣动作。	检查并恢复入口压力；电子脱扣复位
	脱扣装置活塞卡死	根据需要修复或更换活塞
	旋转组件卡死	拆除磨损护盖，检查旋转组件是否卡死。如有必要，予以修复
汽轮机速度低	蒸汽供应不足	检查蒸汽供应
	调速阀或节流阀运行故障	检查调速阀或节流阀运行情况。如有必要，予以修复
	脱扣装置锥形阀泄漏	检查阀门，如有必要，予以修复
	调速器弹簧劣化	更换弹簧
泵机不能保持要求的出口压力	汽轮机速度低	参见汽轮机速度低
	入口压力低	检查入口情况
	泵内件磨损（如果在设计速度下出口压力相对关闭的排出阀过低，则可推定出现这种情况）	大修泵内件
	泵的入口阀或出口阀没有完全打开	检查阀位
泵反向旋转	排放单向阀泄漏	隔离单向阀，如有必要，予以修复
泵过热或卡死	泵过干，入口压力脱扣装置不能动作	检查入口状况，如果入口失压，立即手动脱扣
	泵内部摩擦	检查间隙
	润滑水过滤器堵塞	停止泵机，清理过滤器。重新启动前检查轴承
噪声及/或振动过大	旋转组件不平衡	检查旋转组件的动态平衡
	轴承磨损或损坏	检查轴承
	泵内部间隙过大	检查间隙
	压紧螺栓松脱	检查螺栓，如有必要，拧紧
	入口压力损失	检查入口系统
	管线支架安装不当，产生共振	检查临近管线和支架
	汽轮机叶轮松脱	检查汽轮机叶轮是否牢固
	端齿盘连接错误	检查标记，如有必要，重新对准

续表

故障特征	可能原因	行动
速度不稳定，即猎振现	调速阀或节流阀因杂质侵入出现过度摩擦	检查并清洗调速阀或节流阀
	节流阀填料压盖装填错误	重新装填压盖填料
速度不稳定，即猎振现	节流阀杆或调速杆弯折	更换节流阀杆或调速杆
	入口压力快速波动	检查入口情况
	负荷快速波动，超过正常范围	调查波动原因并整改
泵在正常速度运转或低于正常速度运转时脱扣及/或无法复	触发器座及/或锁杆顶部磨损	检查脱扣装置，如有必要，予以更换

注意：如果泵机卡死，可能会发生内部损伤，重新开始运行之前有必要实施大修。

2）汽动辅助给水泵在运行时从脱扣杆处渗水

汽动辅助给水泵运行时，锥形阀处于关闭状态，阀芯下部压力为 0 bar（绝对），而汽机乏汽压力为 1.345 bar（绝对），汽动辅助给水泵运行时，不断的有乏汽从汽机排气口返至锥形阀排气口，在阀体内冷凝成水汽，最终从锥形阀的小孔中渗出，从而造成汽动辅助给水泵运行时脱扣杆处渗水汽的现象。

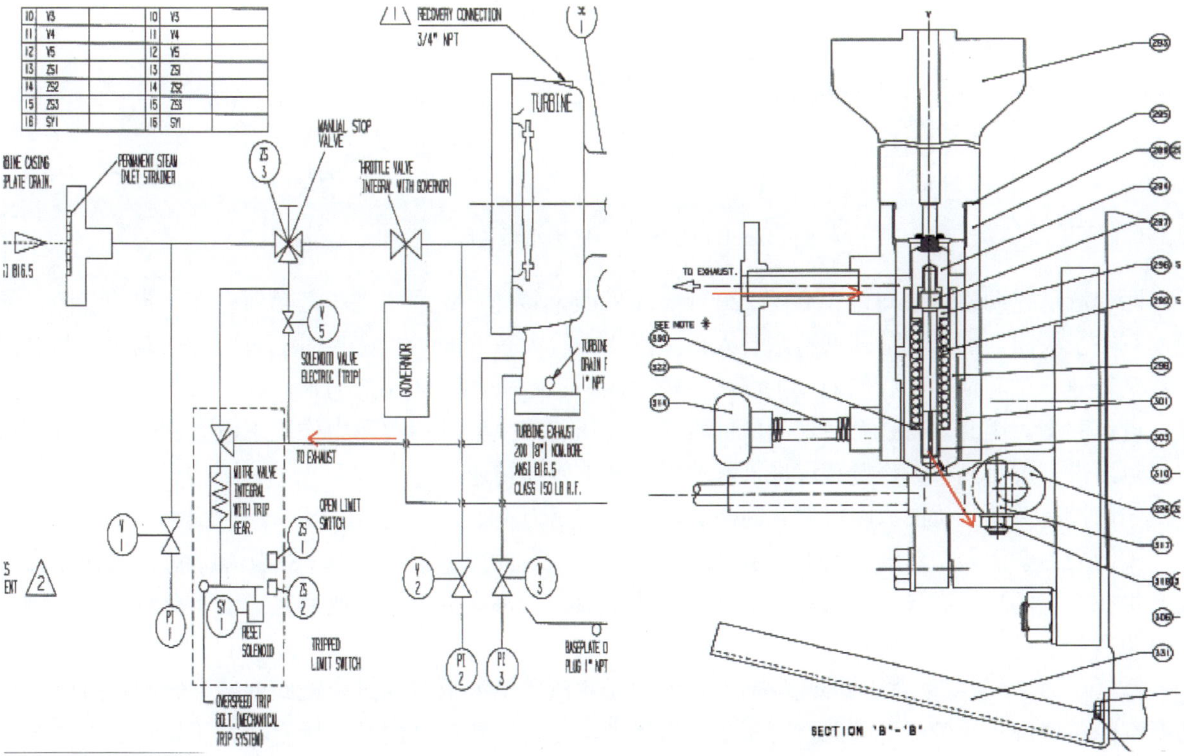

图 352-01-04-72 凝至脱扣杆处渗水流程图

但若是出现汽动辅助给水泵运行时脱扣杆处渗水汽现象的同时还伴随着汽动辅助给水泵运行参数不合格的问题。应及时检修锥形阀本体。检查筒盖中的锥形阀和阀座有无磨损、划痕，阀门和阀座稍有损耗，可以用细的研磨膏来稍许研磨一下阀门和阀座（研磨时采用对研的方法），但如损坏比较严重，则必须换新阀门。同时检查锥形阀弹簧是否有锈蚀、退化或变形的迹象，测量其自由长度，并做好记录。弹簧的原始自由长度为 86 mm。自由长度的测量应隔 180° 测量两次。在组装锥形阀完成后还必须对锥形阀进行水压试验（压力：20 bar，时间：30 min）。

3）汽动辅助给水泵脱扣后仍有剩余转速

事件描述：大修期间，4 号机组 3 号汽动辅助给水泵和 4 号机组 4 号汽动辅助给水泵试验过程中，电磁阀脱扣，机械脱扣均不能回零，残余转速约 1000～2200 r/min。手动关闭主汽阀（235/435 VV），转速可以回零。

原因分析：

汽动辅助给水泵的关闭机理是：电磁阀打开（电磁脱扣）或针型阀打开（机械脱扣），使得主汽阀活塞的背部对空，压力减至接近大气压。活塞两面形成压力差，推动活塞带动阀芯向右移动，直至阀门密封面贴合关闭。

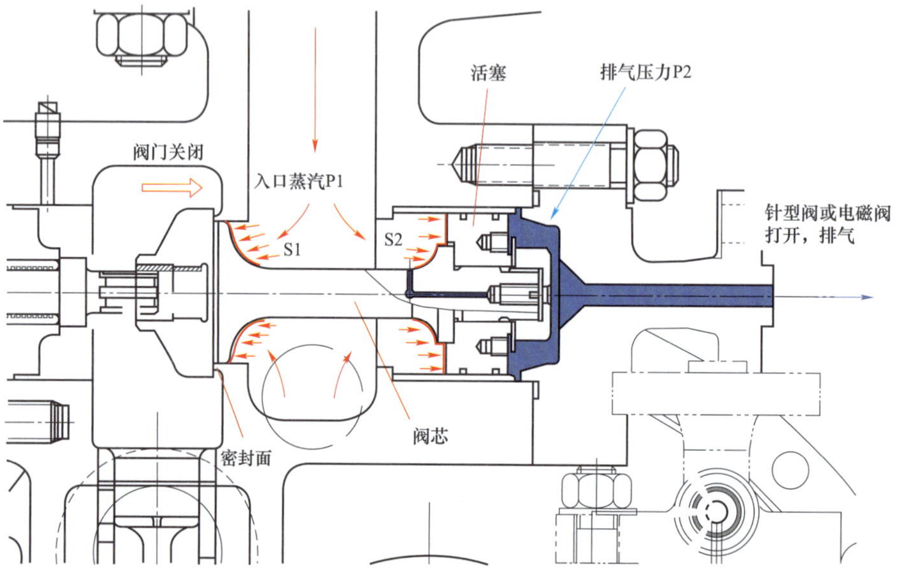

图 352-01-04-73　助给水泵关闭示意图

两台汽动辅助给水泵均有 1000～2200 r/min 的残余转速，说明主汽阀密封面存在一定的缝隙，阀门没有完全关闭。由于汽动辅助给水泵入口蒸汽压力较大（76 bar），密封面上只要有一点间隙即会产生残余转速。试验期间，我们通过主汽阀手轮对阀门进行关闭，转速降为零，说明阀门密封面本身完好，可以关严。因此，有残余转速的原因为活塞在压差产生的阀门关闭力作用下没有到关闭行程，阀门密封面没有关闭到位，少量蒸汽进入汽轮机，产生残余转速。

阀门没有关闭到位的原因可以分为两类，一是关闭力不足，二是阻力过大。

关闭力主要受入口蒸汽压力 P1、排气压力 P2、阀芯面积 S1、活塞面积 S2 影响。阀门关闭阻力主要产生在主汽阀上，有异物进入阀芯部件或者活塞部件，都会导致阀芯或活塞运动不顺畅，导致阀门无法关严。

排气压力 P2 主要受背压管线影响。背压管线是主汽阀活塞后侧通过电磁阀或针型阀和连接管线连通至汽轮机底部疏水管线。因此，背压受乏汽压力、电磁阀和针型阀是否堵塞、背压管线是否堵塞几个因素影响。

因此，分析认为汽动辅助给水泵转速不能归零的原因有两点：

——主汽阀本体问题，阀门关闭阻力过大，阀门无法关严；

——电磁阀和针型阀是否堵塞或汽轮机乏汽管线和疏水管线不畅通，造成主汽阀背压过大，主汽阀无法关严。

处理措施：

——对电磁阀和针型阀进行解体检查确认无堵塞；

——对汽轮机乏汽管线和疏水管线进行疏通处理；

——升级汽动辅助给水泵主汽阀，替代为关闭力更大的改进型主汽阀。

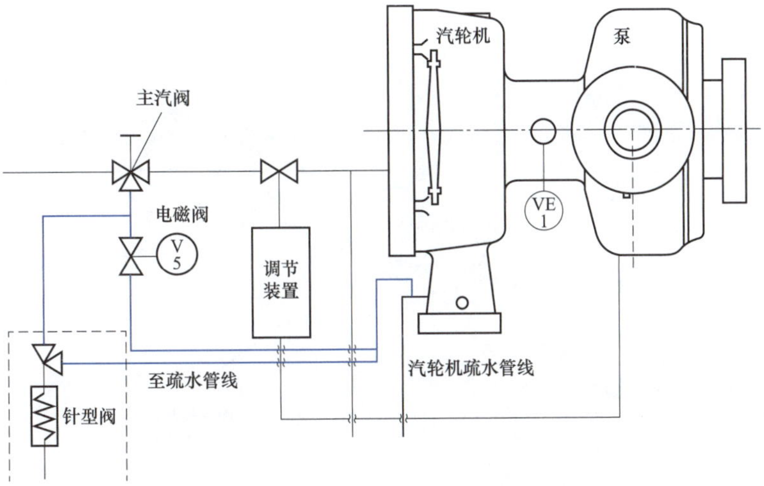

图 352-01-04-74　背压管线示意图

4）热停堆平台汽动辅助给水泵超速试验时机械超速保护动作跳闸

事件描述：

汽动辅助给水泵进行解体检查后汽动辅助给水泵进行超速试验，试验过程中泵机械超速保护在 9900 r/min 时未动作，试验人员按照规程手动打闸，不符合试验规程中 9477～9645 r/min 机械脱扣转速的验收要求。维修人员按照脱扣转速调整规程对脱扣螺栓进行调整，重新执行超速试验，机械脱扣转速 9490 r/min，满足试验规程要求，试验合格。

原因分析：因设备本身特性，检修时无法确定的变量引入使得检修后脱扣转速变化，且检修过程中无法验证，需在热停堆平台根据实际情况对脱扣转速进行调整。

汽动辅助给水泵超速试验准备：

——工具、备件、耗材准备；

——调整方法：

- 用 30 扳手将水室盖板上的测振探头取下；
- 用水泵钳安装疏水软管，引至地漏；
- 用 14 扳手拧下过滤器底部四方头进行疏水；
- 用 30 扳手拧下中间水室盖板紧固螺栓，取下盖板；
- 用吊带或转子防转扳手盘动转子，用塞尺测量飞锤打击端距离触发器间隙及调整端距离触发器间隙；
- 计算需调整的角度与方向。当转速已达到脱扣要求而没有脱扣时，通过将飞锤的调整塞进一步旋入轴中（顺时针旋转）来降低脱扣转速；当转速未达到脱扣要求而脱扣时，通过将飞锤的调整塞旋出轴（逆时针旋转）来升高脱扣转速。飞锤调整塞外径为ϕ41.3 mm；
- 经验值仅供参考：旋转 1° 转速变化 50 r/min（转速越高此数值越大，1° 约 70 r/min），弦长变化 1 mm 转速变化 200 r/min，每旋 1.5°，脱扣间隙变化约 0.01 mm；
- 将计算好的角度用细记号笔画在轴上，用 3/32 内六角扳手松开锁紧螺钉（无需拆下），用专用工具旋转调整螺塞；
- 调整完以后，紧固锁紧螺钉，测量记录飞锤两端间隙，将各部件回装，再次验证超速值。

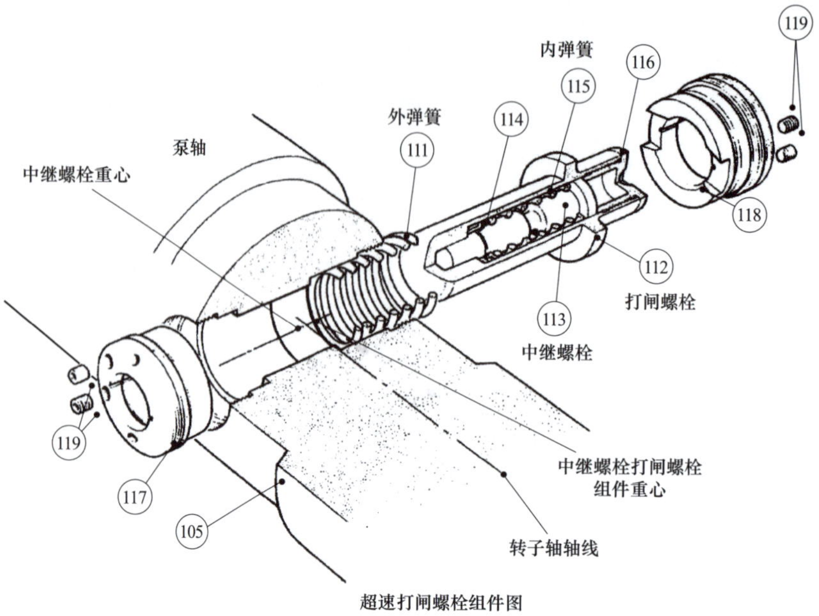

图 352-01-04-75 栓组件图

（8）技术规程清单

表 352-01-04-31 辅助给水泵维修规程

序号	规程名称
1	汽动辅助给水泵小汽轮机超速脱扣装置检查
2	汽动辅助给水泵及小汽轮机全面解体检查

（9）参考资料

[1] TURBINE DRIVEN AUXILIARY FEEDWATER PUMPS QINSHAN NPP PHASE EXTENSIONPROJECT OPERATING AND MAINTENANCE MANUAL[R]. 1. UK. Clyde Pumps，2019.

[2] 黄鹄. 秦山第二核电厂中级运行培训教材下册［R］. 海盐：核电秦山联营有限公司，2010：87–92.

[3] 韩超. 汽动辅助给水泵小汽轮机超速脱扣装置检查［R］. 海盐：中核核电运行管理有限公司，2019.

[4] 韩超. 汽动辅助给水泵及小汽轮机全面解体［R］. 海盐：中核核电运行管理有限公司，2019.

4.2.8 核电厂水压试验泵

（1）定义

水压试验泵是安全注射系统的一部分，为两机组共用设备。其主要用于对主系统作水压试验并为安全注射蓄能器定期补给水。它还要为主泵的机械密封件提供注射水。

水压试验泵为双缸往复式正排量泵。水力回路是包含两台泵的闭式回路，为了防止泵汽蚀，一台泵用另一台泵增压。试验泵最大流量为 6 m^3/h，最大流量下的总压头为 24.0 MPa.a。

（2）范围对象

水压试验泵。

（3）结构原理

水压试验泵主要由以下部件组成：水泵、油箱、增压油泵、主活塞油泵、空气冷却器及电机、脉动阻尼器、安全压力限制器、可控压力限制器、电动液压定向控制阀、直接作用压力限制器、三通截止阀及一些压力表等。

通过两级错油门实现活塞往复运动：

第一级信号油错油门，利用电磁阀动作，驱动错油门内的滑阀移位，改变低压信号油进入主错油门的方向。第二级主错油门，利用信号油驱动主错油门内的滑阀，改变动力油进入活塞缸的方向，实现泵往复运动。

水压试验泵每个活塞的水侧有一对双向逆止阀，活塞移动抽吸形成负压时，入口逆止阀开启，出口逆止阀关闭，流体进入活塞缸，即泵吸水；当活塞移动压缩腔室内流体升压时，入口逆止阀关闭，出口逆止阀开启，升压后的流出泵体。泵的入口设有安全阀，防止进口逆止阀关闭不严或关闭不及时导致入口管线超压。泵的出口设有稳压器（低压稳压器仅在安注箱补水工况时投入）。泵出口的脉冲压力经稳压器后趋于稳定，另外双活塞运行使泵在一个冲程内做功两次，不仅增加了流量，也使泵的出口压头曲线更趋于平缓，有利压力稳定。

1）水泵

该泵为往复式排液泵，配有对置式往复柱塞，其往复线性运动由液压系统产生（由电动式选择阀供给的双动式液压千斤顶）。

型号	GHC 2PP.125 不锈钢
往复柱塞直径	125 mm
往复柱塞冲程	110 mm
最大速率	40 周/min
可变输出	0～6 m^3/hr
额定总压头	240 bar
设计吸入压力	2 bar 绝对值
设计排放压力	260 bar 绝对值
设计温度	110 ℃

2）可变输出主活塞泵

该泵为一台变量输出活塞泵，由电动机驱动。它的出口流量可在 0～290 L/min 之间调节。

型号	A4VSG 250 DRG/22－RP PB10N00
转速	1500 r/min
旋转方向（观察者面向泵的轴端）	右手
输出	0～3751 L/min
额定压力（对 1 号密封件的紧急补给功能）	97 bar 绝对值
额定压力（试验功能）	122 bar 绝对值
额定压力（水补给功能）	32 bar 绝对值

3）增压泵

油回路系统中设有一台增压油泵，它由电动机驱动。增压泵是一台外啮合的自吸式齿轮泵，其主要构件为泵体和两个转动齿轮，齿轮支承在两个轴承上，轴承可以轴向移动，并且可通过出口压力来进行调节平衡。

齿轮在转动时腾出齿根所占据的相应空间（在入口侧）而造成真空，进而从油箱吸油。

在齿轮、泵体和轴承之间收集的流体被输送到对应的通道。在齿轮啮合到另一个齿轮的齿根空间时，将流体排到出口通道（在压力侧）。

型号	1PF2G3.3X/038 RA07MS
转速	1500 r/min
旋转方向（观察者面向泵的轴端）	右手
输出	55 L/min
标准压力（对 1 号密封件的紧急补给功能）	10 bar 绝对值

（4）指标和参数

水压试验泵性能参数

性能	单位	“补给”功能	“试验”功能	“安全注射”功能
输出	m^3/h	0	6	6
最大绝对排出压力	bar	47	240	180

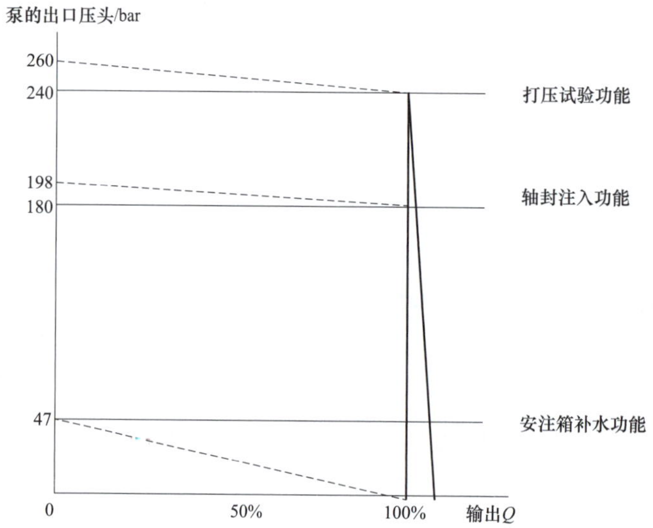

图 352-01-04-76　2PP.125 不锈钢泵的理论输出和压力图

（5）维修技术要求

1）预防性维修项目

表 352-01-04-32　试验泵维修项目内容与周期

项目名称	项目周期（1C 为 1 个燃料循环）
水压试验泵定期检查	1C
水压试验泵全面解体检查	6C

2）水压试验泵定期检查

水压试验泵定期检查项目为大修常规检查项目，检修间隔值为 1C，主要为清洗油过滤器、缓冲罐压力检查等：

——油过滤器清洗检查：用清洁剂浸泡滤芯充分后，手工进行除垢；使用压缩空气将滤芯吹干。

——缓冲罐压力检查：用水压试验泵充压专用工具进行充压，将高压罐充压至 150 bar，将低压罐充压至 35 bar。

3）水压试验泵全面解体检查

水压试验泵全面解体检查项目为大修常规检查项目，检修间隔值为6C，主要为活塞检查、油箱检查、缓冲罐压力检查、对中检查等：

——水压试验泵拆卸：现场拆卸完成后将水压试验泵做好左右标记并整体运往辐防车间进行解体。

——水压试验泵解体：原则上各大组件应该按解体、核清洁、组装的步骤完成，因为水力部件总成会在核清洁步骤中造成零件混乱。

——水压试验泵零件的清理检查：对活塞杆进行检查；测量分水环高度（A）、高压填料自然状态高度（B）、高压填料腔室深度（D）、高压填料压盖凸台高度（C）做好记录，所要安装的层叠垫片高度为 E，E=（A+B+C）－（D+S），其中 S 值为 $0.2<S<0.3$ 取值 0.25；低压填料自然状态高度（B'）、低压填料腔室深度（D'）、低压填料压盖凸台高度（C'）做好记录；所要安装的层叠垫片高度为 E'，E'=所要安装的层叠垫片高度，E'=（B'+C'）－（D'+S'），其中 S'值为 $0.1<S<0.2$ 取值 0.15。

——水压试验泵组装；

——高、低压缓冲罐解体与组装；

——高、低压缓冲罐充压：用水压试验泵充压专用工具将高压罐充压至150 bar，将低压罐充压至35 bar；

——对中检查：对主油泵和增压泵对中进行检查，主油泵联轴器平行度和同轴度均需小于0.33 mm，增压泵联轴器平行度和同轴度均需小于0.33 mm。

（6）质量管理

表 352-01-04-33 压试验泵维修质量控制点

项目名称	质量管控点
水压试验泵定期检查	缓冲罐压力检查
水压试验泵全面解体检查	活塞检查、零部件状态检查与测量、缓冲罐压力检查、对中检查

（7）经验反馈

1）泵启动后无异常报警，活塞不移动，可能原因：

——活塞两侧压力平衡；

——活塞的限位机构有一个或两个松脱，不能动作。

2）水侧入口安全阀动作，有节流的声音，可能原因：

——活塞运动速度过快，水侧活塞缸吸入口逆止阀来不及回座；

——吸入口逆止阀内漏。

这两种情况下会导致：升压后的高压流体从水侧活塞缸中返回吸入管线，导致水侧吸入口安全阀动作。

3）执行柴油发电机和水压试验泵无密封注水带负荷起动和运行试验，结果不合格

事件描述：某电厂执行柴油发电机和水压试验泵无密封注水带负荷起动和运行试验，试验过程中水压试验泵应急启动后其出口压力只达到12.5 MPa，低于验收准则要求（18.0 MPa）。依据技术规范，操纵员宣布水压试验泵不可运行。

原因及处理：维修对水压试验泵进行了全面检查。将故障原因定位在电磁阀组DR3/DR4。对水压试验泵换下来的电磁阀组DR3/DR4进行了解体，在电磁阀组DR3/DR4密封面上发现有挤压伤痕并发现一个0.5 mm的金属颗粒异物。由于电磁阀组DR3/DR4为三个通道公用，此处发生的故障可以造成所有通道的高低压短路，系统压力低，和现场试验现象一致。

（8）技术规程清单

表 352-01-04-34　试验泵维修规程

序号	规程名称
1	水压试验泵定期检查
2	水压试验泵全面解体检查

（9）参考资料

[1] RIS HYDROTEST PUMP QINSHAN NPP PHASE EXTENSIONPROJECT OPERATING AND MAINTENANCE MANUAL [R] .1.France.DKM，2011.

[2] 黄鹄. 秦山第二核电厂中级运行培训教材下册 [R]. 海盐：核电秦山联营有限公司，2010：67-77.

[3] 韩超. 水压试验泵定期检查 [R]. 海盐：中核核电运行管理有限公司，2019.

[4] 韩超. 水压试验泵全面解体检查 [R]. 海盐：中核核电运行管理有限公司，2018.

4.2.9　核电厂低压安注泵

（1）定义

低压安注系统由两个冗余系列组成，它们分别由两个独立的冗余电源供电。在电站正常运行期间，泵的进出口电动隔离阀是打开的，两条管线由止回阀隔离，以使低压安注泵接到安注信号能迅速启动，从换料水箱吸水。当反应堆冷却剂系统压力低于低压安注泵出口压头时，开始向反应堆冷却剂系统冷段和压力容器或冷段和热段及压力容器注水。当换料水箱出现低水位信号时，转为从安全壳地坑吸水进行再循环注入。

低压安注泵为带诱导轮的立式筒形离心泵，每台泵装有机械密封和球型止推轴承，传动轴由滑动轴承支承，该轴承由泵送的流体润滑。电机和轴承由设备冷却水系统冷却。

低压安注泵额定流量 680 m^3/h，额定流量时最大总压头 100 m，轴输入功率（最大）235 kW。

低压安注泵有以下两种运行工况：

——直接注入阶段，两台低压安注泵通过两条独立管线从换料水箱抽水；

——再循环注入阶段，两台低压安注泵通过两条独立管线从安全壳地坑抽水。

（2）范围对象

低压安注泵。

（3）结构原理

低压安注泵（以 RN3J40-X 为例）为立式三级离心筒型泵，驱动电动机是安装在不同地坪标高的分开的基础板上。泵的吸入和排出分支管是组合在头部构件中，在地坪之上，头部构件是紧固到筒上的。泵的三级是由一根主上升管和轴悬挂在头部构件之下，并在筒中运转。

泵的驱动轴，穿过头部构件，由位于紧固在头部构件中的一套轴承/密封外壳中的机械密封所密封。泵轴通过由双头螺柱和键型联轴器连接的中间轴接到驱动轴。泵轴由滑动轴承安装在泵腔中的限位轴衬套所定位。每台泵是通过间隔联轴器直接由恒定转速的鼠笼式电动机直接驱动。泵的液压推力和泵的转动组件的重量由在机械密封之上的紧固在头部构件的止推轴承所承受。

1）泵组件

泵组件包括泵壳、导流轮外壳和吸入导向叶，这些是以止口相互定位的并用螺钉和有耳垫圈紧固在一起。导流轮外壳和泵壳之间的密封由 O 形环起作用。泵壳是内部车削加工为了装配泵壳磨损环和用螺钉及有耳垫圈固定在位的碳化钨（硬质合金）径向轴承。轴承衬套由泵送的液体所润滑。一块侵蚀板被装配在每叶轮上方，在磨损环与外壳之间，防止外壳侵蚀。叶轮外壳在导流轮端上也装有外壳磨损环。

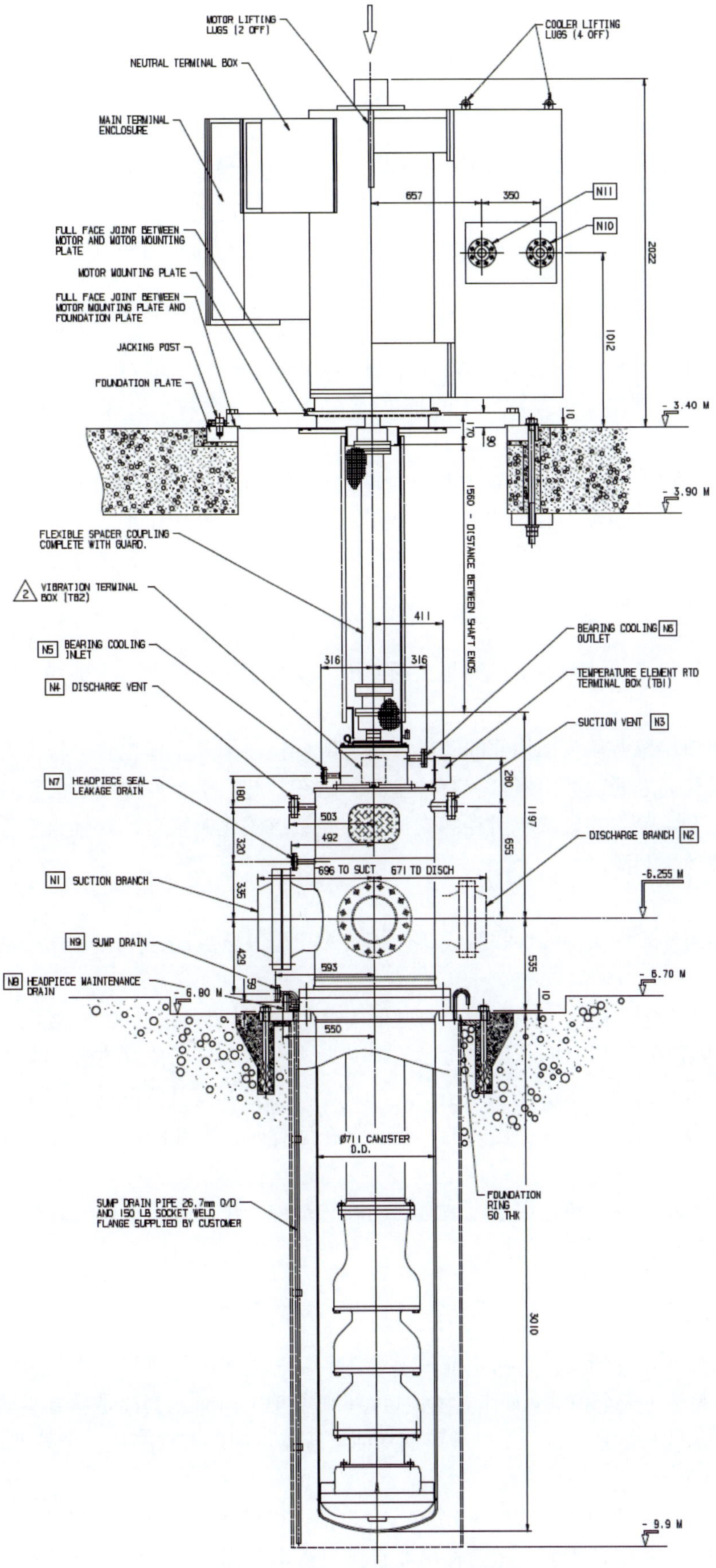

图 352-01-04-77 注泵布置图

2）转动组件

把预制的基础衬板浇注到泵壳上方的混凝土中，并且用一圈六角头螺钉固定在泵壳上壳段。

泵的转动组件包括驱动轴、中间轴、泵轴、双头螺柱和键型联轴器、轴承套管、叶轮、导流轮、轴螺母、键、机械密封和泵的半联轴器。

叶轮是单吸式、闭式叶轮，并用键固定在轴上。叶轮的轮毂与套筒对接，而套筒由叶轮键的延伸段固定防止其在轴上转动。导流轮用键固定在轴上，靠近第一级叶轮。叶轮、套筒和导流轮用锁定螺母和锁紧垫圈卡在轴上的轴肩上。在泵轴的底部装有一段轴承套筒，用一只防转动珠粒来防止其在轴上转动。套筒由一只螺母和锁紧垫圈靠在轴肩固定。

泵轴、中间轴和驱动轴造成方便的长度，可以容易组装和拆卸。每个轴的端部都用双头螺柱和键型联轴器连接，用键来传递转矩，双头螺柱则把轴端连接以传递轴向推力。

一套机械密封位于固定在头部构件中的轴承/密封外壳中。密封在驱动轴通过头部构件处起密封作用。

驱动轴的驱动端通过一个径向轴承/密封外壳和一个止推轴承座，这两个壳体都在头部构件中，并且是用键连接到一个间隔联轴器上。轴承套筒是用键装到轴上，并用止推螺母靠紧在轴肩上。螺母是用一只锁紧垫圈固定在位。止推螺母使泵的旋转组件能被设定其垂直的运转位置。

泵的半联轴器用键装在顶轴的驱动端。

3）筒的上升主管

泵壳和上升主管封闭在一个筒内。筒是在顶部由一个固定在用以支承头部构件的基础环的法兰所支持。

上升主体是止口定位并从头部构件的底部内法兰所悬挂。上升主体包含一根上升主管，是止口定位于头部构件和泵外壳之间，并由螺钉和有耳垫圈固定在一起，密封件由全表面垫片起作用的。中间轴由一个安装在上升主管中的轴承座所径向支持。外壳装有碳化钨轴套，对轴组合件起导向作用。轴承套管用由泵送液体来润滑。

4）头部构件

机加工制造的组件包括头部构件和组成一体的吸入和排出接头，配有径向轴承/密封外壳和止推轴承座的支持法兰。

止推轴承座是用定位销定位，用螺钉及有耳垫圈固定在头部构件的顶部法兰。径向轴承/密封外壳是以止口定位并用螺钉固定在头部构件上。密封是靠在轴承/密封外壳的止口位置的槽中的O形环起的作用。

有一个节流套被装到轴承/密封外壳的孔里。节流套用螺钉和有耳垫圈固定在位。节流套是被用来防止机械密封受到泵出口压力或真空压力的影响。泵在运行时，泄漏的液体流经节流套到机械密封，被导回吸入管。

头部构件上装有小口径管道，用于机械密封的冲洗水源、排出管分支排气、吸入管排气、头部构件密封泄漏排水以及维修头部构件的排水。

拆下护罩即可进入密封外壳区域。

5）止推轴承组件

泵轴是由止推轴承组件所支撑。而止推轴承组件则装在头部构件顶部法兰上的轴承座的水冷油槽中。向心止推轴承是装在一个轴承套筒上，用锁定螺母固定在位。轴承套筒是键到驱动轴并且推力螺母保持在位。止推轴承的润滑是通过一个轴承座的加油连接器，而冷却水则从一个外部水源供到轴承座。

6）机械密封

机械密封是安装在头部构件中的轴承/密封外壳之中。机械密封由旋转的和静止的组成部分构成。密封件表面被一系列弹簧保持接触。密封件由取自排出管道支撑点，经由一个旋液分离器馈入的冲洗水循环。

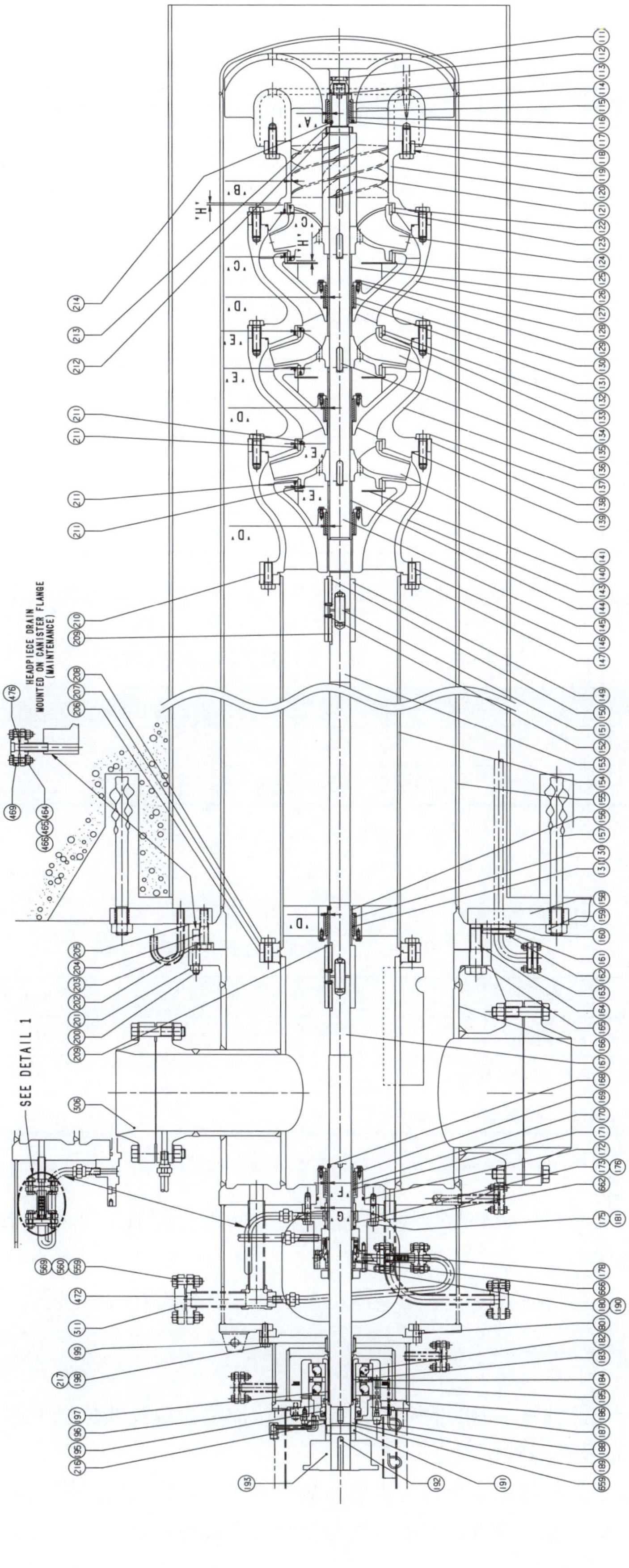

图 352-01-04-78 注泵结构图

（4）指标和参数

1）泵设计数据

表 352-01-04-35　安注泵参数表

工况规定	最小值	正常值	最大值
流量/（m^3/h）	80	680	880
扬程（最小）/m	150	100	70
扬程（最大）/m	180	100	75
效率/%	23	81.5	76.5
工作时吸收功率/kW	150	232	235
泵转速/（r/min）	1480	1480	1480
NPSHR（净正吸入压头）/m	1.0	2.0	2.3
最小吸入压力/bar	1		
最大吸入压力/bar	5.6		
最低温度/℃	6		
最高温度/℃	120		

2）报警及跳闸条件

表 352-01-04-36　安注泵报警及跳闸条件

监测参数	正常值	报警值	跳机值
推力轴承温度/℃	＜90	100	N/A
推力轴承振动/（mm/s）	＜4.5	7	N/A

（5）维修技术要求

1）预防性维修项目

表 352-01-04-37　安注泵维修项目内容与周期

项目名称	项目周期（1C 为 1 个燃料循环）
低压安注泵定期检查	1C
低压安注泵轴承及密封解体检查	4C
低压安注泵全面解体检查	10C

2）低压安注泵定期检查

低压安注泵定期检查项目为大修常规检查项目，检修间隔值为 1C，主要对联轴器进行检查、对中调整与轴承润滑油更换等：

——联轴器检查：检查联轴器挠性单元组件是否损坏、破裂或有其他损伤，检查所有螺栓、螺母、销钉等是否破损或变坏；

——对中调整；

——润滑油更换：更换轴承室内的润滑油，最终确认油位在最高油位线下约 2 mm。

3）低压安注泵轴承及密封解体检查

低压安注泵轴承及密封解体检查项目为大修常规检查项目，检修间隔值为 4C，主要对联轴器进行检查、推力轴承检查、机械密封检查、对中调整与轴承润滑油更换等。

——联轴器检查：检查联轴器挠性单元组件是否损坏、破裂或有其他损伤，检查所有螺栓、螺母、销钉等是否破损或变坏。

——推力轴承拆除：拆除前注意将机械密封组件的定位支架固定在密封套上的沟槽内，松开机械密封伸缩盘螺栓。从轴上拧松推力螺母后需确认转子组件无法转动。因为推力螺母已被拧松，所以泵转子组件可以在泵壳内放低至转子部件的重量被泵壳承受为止。

——机械密封组件拆卸：拆下把机械密封组件固定到密封外壳上的螺钉，小心地把机械密封吊离泵轴。

——机械密封检查：检查密封部件的磨损和损坏状况。注意：机械密封更换新备件，旧密封解体检查是否存在异常。

——推力轴承检查：清理轴承表面，检查轴承滚珠光滑无划痕、滑道无划痕及腐蚀、破损或过度磨损情况。用手指轻轻旋转轴承，确认给一个轻微的力就可以在任何方向自由地转动无任何卡涩或异音。

——机械密封安装：把机械密封组件吊到轴上并下降到轴上的密封外壳中，用螺钉把密封组件固定好，确保连接是正确地沿径向布置。

——推力轴承安装：把推力轴承套筒安装到轴上，确保键被正确地嵌到键槽中。安装轴承，把推力轴承锁紧螺母旋到轴上，以贴近轴承套筒。将泵的旋转组件装配到正确地运行位置。

——对中调整。

4）低压安注泵全面解体检查

——辅助管线拆卸：拆除影响电机与泵吊装的附属部件。

——电机与泵吊离：松开长连接轴与短轴的连接螺栓，注意做好标记（泵联轴器与短轴、短轴与长轴、长轴与电机联轴器）。拆除空冷器并吊离。起吊电机吊运至 0 m，并放在电机专用支架上，电机做好防异物（吊装前检查吊器具合格有效，按照起重作业规范吊装，避免设备损伤）。起吊泵组件，一直到出口泵壳/主提升管法兰脱离筒体为止（泵上部组件/各连接管路做好防异物）。继续起吊泵组件，直至 0 m，将水力部件运至放射性厂房进行解体检查。

——上部组件拆除：注意拆除前做好标记（轴承端盖与轴承室、轴承室与油箱、油箱与上部壳体、机械密封静环座与密封壳体、密封壳体与上部构件、上部构件与扬水管、扬水管与 3 级密封壳、2 级密封壳与 1 级密封壳与 3 级密封壳与导流壳与吸水导向器）。测量并记录驱动轴的端部和推力螺母之间的距离。用顶丝顶出推力轴承组件脱离泵轴上的定位块，拆除推力轴承组件。松开机械密封锁紧板的螺栓，拆除机械密封与上部壳体紧固螺栓，拆除机械密封组件。从轴上拆除上部壳体，把上部壳体移到合适的维护区域。拆除驱动轴与中间轴。

——泵解体：注意泵体叶轮与轴均为不锈钢材质，且安装间隙极小，易发生咬死现象，拆卸时，必须保持叶轮部件与轴的平行，一旦出现卡住的现象，不可硬拉。必要时采用加热或工装进行拆卸。将吊带绑在吸水导向器上，拆除吸水导向器与导叶轮壳紧固螺栓，拆除吸水导流器，提前拆除导流器的目的是为了做水力部件的轴向串动。在驱动端将泵轴推到底，用深度游标卡尺测量轴端和泵壳端面尺寸，然后，将轴向驱动端拔出到底，用深度游标卡尺测量轴端和泵壳端面尺寸，二尺寸相减即窜动量。依次拆除 3 级导流壳与 3 级叶轮。

——叶轮与泵壳口环检查：检查三个叶轮有无腐蚀的痕迹，特别在叶轮边缘上。检查叶轮孔和键槽有无腐蚀。依次检查第一级、第二级、第三级叶轮和相对应泵壳的口环，测量它们之间的径向间隙。若叶轮与泵壳口环间隙超标或损坏则必须进行口环更换。

——轴检查：注意对拆卸过程中拉毛的泵轴表面必须进行打磨和抛光处理，用 3 个轴套在对应的轴上滑动，如有卡涩，在泵轴卡涩位置处用 0 号砂纸打磨，做到试装过程中再无卡涩为止。检查确认驱动轴、中间轴、叶轮轴的同心度应在 0.05 mm 以内。检查轴上的内螺纹和外螺纹是否有碰伤，用涂有防咬剂背帽和丝杆进行试装，如试装受阻，应采用丝锥和板牙进行修复，也可上机床修复，直到背帽和丝杆顺利安装为止。

——轴套检查：注意轴套接触部位多条划痕且有深度超过 0.5 mm 则需进行更换。检查轴套内圆是否有拉毛现象，若有，用必须内磨机打磨，抛光处理。

——径向轴承衬套检查：检查轴套和径向轴承衬套有无损坏痕迹。注意若径向轴承接触部位多条划痕且有深度超过 0.5 mm，则需进行更换。注意：用内径千分尺测量径向轴承内径的平均值减去轴套外径的平均值，得出的值即为径向轴承衬套和轴套之间的径向间隙。如测得的间隙超过间隙表规定的最大允许间隙，或很可能在下次检查前要超过最大允许值，那么必须换掉此径向轴承衬套或轴套。

——联轴器检查：检查联轴器挠性单元组件是否损坏、破裂或有其他损伤。

——机械密封组装：注意新的机械密封静环座没有焊接注入水管线，必须用旧的静环座，只需更换密封环即可。

——推力轴承更换：注意检查新轴承滚珠座圈与滚珠的状况，确认滚珠光滑无划痕、滑道无划痕及腐蚀、破损或过度磨损情况，转动灵活无任何卡涩。

——装配前试装：注意试装前整根泵轴上涂满防咬剂（内罗毕），然后将做好标记，键涂上防咬剂后，装到泵轴上同样标记的键槽内，用铜棒轻轻敲到位。用任一泵轴轴套慢慢地过整个泵轴，如有卡涩，在泵轴卡涩位置处用 0 号砂纸打磨。依次将第三级、第二级、第一级往泵轴上试装，如有卡涩，马上退出叶轮进行检查，在叶轮卡涩位置有 0 号砂纸或者电动磨头进行打磨，一次打磨量不宜过多，直至叶轮试装没有卡涩。组装好后，抬到 V 形铁上，分别测量 3 级叶轮的口环跳动值确认合格。

——泵装配：组装泵水利部件。注意：在整个装配过程中，必须水平安装。

——扬水管安装：整个装配过程使泵水平放置。

——上部组件组装：注意推力轴承和机械密封可以在放射性检修厂房组装好后，运到现场安装。

——泵回装：将泵运至核辅厂房。运输过程做好绑扎固定，小心操作，缓慢行驶控制车速小于 20 km/h，避免设备损坏。回装前进行防异物检查，确认泵壳内无异物残留。将泵组件向下放进泵坑，快接近泵坑密封面法兰时放入两个定位销进行定位，直到上部组件法兰面停靠在泵坑法兰上。将机械密封组件抬起穿过泵轴，安装到与上部构件接触位置。用螺钉把机械密封组件固定到位，确保连接正确布置，松开锁紧片，回装推力轴承组件。检查润滑油油量，油位至油位上限线下约 2 mm。

——电机回装：在电机底座上部放入 1.5 mm 金属垫片，并在金属垫片上涂一圈 1211 密封胶。将电机缓缓起吊在电机底座上。回装电机空冷器，并连接冷却水管线。安装推力螺母，做轴窜检查。将推力螺母顺时针拧到拧不动为止，用深度游标卡尺测量轴头到推力螺母上端面距离，提升后测量的尺寸减去提升前的尺寸，即为提升量，大约 5.6 mm。

——联轴器对中调整。

（6）质量管理

表 352-01-04-38　压安注泵维修质量控制点

项目名称	质量管控点
低压安注泵定期检查	对中调整
低压安注泵轴承及密封解体检查	设备开口防异物、旧机械密封解体检查：密封面与密封座是否存在磨损、裂纹等情况、轴承检查：检查轴承滚珠光滑无划痕、滑道无划痕及腐蚀、破损或过度磨损情况、拆卸前与回装后驱动轴的端部和推力螺母之间的距离、对中调整
低压安注泵全面解体检查	拆卸时与回装后驱动轴的端部和推力螺母之间的距离，拆卸时驱动轴与中间轴之间的距离测量，拆卸时泵总窜测量（口环、叶轮、泵轴、套筒、衬套、联轴器、轴承、机械密封）等零部件清洗检查和轴承检查：检查轴承滚珠光滑无划痕；滑道无划痕及腐蚀，破损或过度磨损情况（进口导向器径向轴承和轴套、导流轮和导流轮壳体、第 1 级叶轮耐磨环和第 1 级泵壳耐磨环、第一级轴承套和径向轴承、第 2 级叶轮耐磨环和泵壳耐磨环、第二级轴承套和径向轴承、第 3 级叶轮耐磨环和泵壳耐磨环、第三级轴承套和径向轴承、轴承套和节流套、总轴向间隙），配合间隙测量，泵轴径向跳动测量，叶轮口环跳动测量，三轴轴端间隙，组装时泵总窜测量，回装时驱动轴端和推力螺母之间的距离测量，对中调整

（7）经验反馈

1）低压安注泵典型故障查找

故障特征	可能原因	行动
泵组未能启动（试运行时）	（a）驱动设备故障	检查电动机
	（b）电气故障	检查电源
	（c）泵组在脱扣状态	确定原因。纠正并复位脱扣
	（d）泵组卡住	拆卸联轴器，在联轴器处用手盘动以查出卡住位置。按需要纠正
泵组未能启动（自动备用）	（a）如上述的（a）到（d）	如上所述
	（b）选择开关未设在‘AUTO’（自动）	复位开关
泵效能低	（a）泵未达到全速	检查电动机的运行
	（b）驱动电动机或电源故障	检查电动机和电源
	（c）转动方向不正确	检查转动方向
	（d）泵的内部磨损过度	将泵解体，检查内部
	（e）泵的吸入压力低	检查吸入状况
	（f）泵的吸入或排出阀未全开	检查阀门位置
泵的止推轴承过热	（a）润滑油不足或污染	检查油位
	（b）润滑油牌号不对	检查油的牌号
	（c）缺少冷却水	检查冷却水供水
	（d）轴承磨损或未对中	检查轴承
	（e）泵与电动机未对中	检查对中
泵组需要过大的功率来满足任务	（a）出口压力低	检查流量
	（b）转动和静止组件之间摩擦	检查间隙
	（c）泵内的内间隙过大	检查间隙
	（d）机械密封安装不正确	检查密封
	（e）泵内有内部摩擦	检查间隙
	（f）不够的、污染的、或牌号不对的润滑油	检查油位和油的牌号
	（g）轴承磨损或未对中	检查轴承
	（h）泵组未对中	检查对中
机械密封过度泄漏	（a）密封磨损或安装不正确	检查密封
过度的噪声及/或振动	（a）转动组件不平衡	确定造成故障的泵组元件，检查转动组件的动平衡
	（b）泵组未对中	检查对中
	（c）失去吸入压力	检查吸入系统
	（d）轴承磨损或不对中	检测轴承
	（e）泵内间隙过大	检查间隙
	（f）底脚螺栓松驰	检查螺栓，按需要拧紧。检查泵组对中未曾发生变化
	（g）由于管道支撑不正确而发生的共振	检查临近管道及支架
	（h）挠性联轴器损坏	检查联轴器

2）低压安注泵电机振动大

低压安注泵主要由泵组件、转动组件、筒体、头部构件、轴承组件、机械密封、电机等组成。泵体部分安装在–6.7 m 基础上，上部电机的安装在–3.4 m 的一个环形基础板上。

电机下端盖通过 8 颗 M20 高强螺栓定位在外径 1650 mm、内径 680 mm、厚度 90 mm 的圆形连接板上。连接板通过 16 颗螺栓紧固在方形基础板上（厚度 90 mm），基础板通过垫铁及 8 颗双头螺栓紧固于混凝土基础板中。

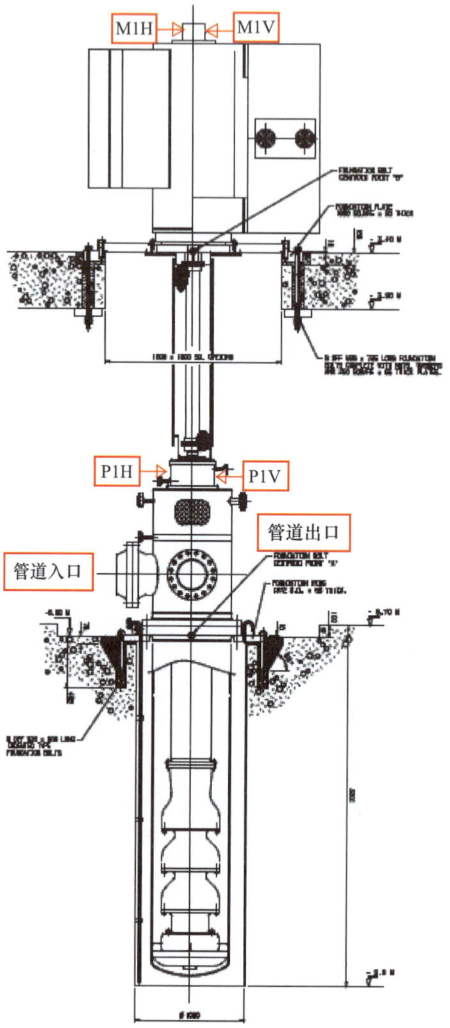

图 352-01-04-79　注泵盘根结构示意图

事件概述：3 号机组 1 号低压安注泵电机在电机厂家进行预防性解体检查，未发现明显异常。出厂试验振动 0.7 mm/s 合格（电机出厂试验未装空冷器）。3 号机组 1 号低压安注泵电机在现场空载试验过程中非驱动端水平方向超标，在调整的过程中最大值达到 16 mm/s，远超不大于 2.8 mm/s 的要求值。

原因分析：通过敲击的方式测量电机壳体的固有频率为 25 Hz 左右，而电机的转速为 1480 r/min，由此确定电机振动大的原因是电机壳体的固有频率与电机的转动频率（1 倍频）发生重合引起电机共振。

临时处理措施：通过 3 个顶丝及钢板顶在电机空冷器的下部，顶起空冷器 0.30～0.40 mm 后电机壳体的固有频率升至 31 Hz 左右。调整后两电机空载振动最大值为 1.6 mm/s，带载振动最大为 2.0 mm/s。由此可以确认该电机振动偏高与解体检查工作内容没有联系。

根本处理措施：

——通过增加临时支撑的方式将 3 号机组 1 号低压安注泵电机的振动降至合格范围内。

——咨询设计院临时支撑的可行性为：在增加顶丝作为临时支撑后，能有效降低电机振动幅值，从结构整体考虑。顶丝安装位置起到了辅助调刚作用；顶丝安装后会增加电机设备的整体刚度，设备固有频率增大，在电机所在楼层响应谱输入不变的情况下，电机抗震性能会由于增加临时支撑之前的状态。

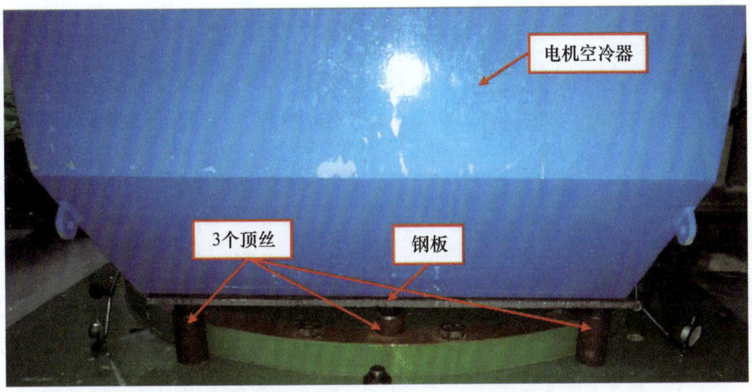

图 352-01-04-80 撑实物图

——申请技术变更提高低压安注泵电机固有频率。

（8）技术规程清单

表 352-01-04-39 安注泵维修规程

序号	规程名称
1	低压安注泵定期检查
2	低压安注泵轴承及密封解体检查
3	低压安注泵全面解体检查

（9）参考资料

［1］LOW HEAD SAFETY INJECTION PUMPS QINSHAN NPP PHASE EXTENSIONPROJECT OPERATING AND MAINTENANCE MANUAL［R］.1.UK.Clyde Pumps，2007.

［2］黄鹄. 秦山第二核电厂中级运行培训教材上册［R］. 海盐：核电秦山联营有限公司，2010：67-77.

［3］许书庆. 低压安注泵定期检查［R］. 海盐：中核核电运行管理有限公司，2017.

［4］韩超. 低压安注泵轴承及密封解体［R］. 海盐：中核核电运行管理有限公司，2019.

［5］韩超. 低压安注泵全面解体检查［R］. 海盐：中核核电运行管理有限公司，2019.

4.2.10 核电厂安全壳喷淋泵

（1）定义

安全壳喷淋系统是压水堆核电厂专设安全设施之一。当压水堆发生严重事故时，它可使安全壳降温和降低压力，以确保第三道安全屏障安全壳的完整性。

每一列喷淋系统包含一个地坑、一台立式筒形喷淋泵、一台化学添加剂喷射器、一台热交换器、位于安全壳拱顶下的两组喷淋集管及有关的阀门、管道、仪表等。此外还有一条泵试验管线。泵和电机由设备冷却水冷却。

喷淋泵能从两个地方吸水，一个是换料水箱，另一个是安全壳地坑。喷淋泵的部分输出流量通过喷射器，带动氢氧化钠溶液与主流混合，然后经热交换器冷却后经喷淋管线进入安全壳空间。

安全壳喷淋泵为带诱导轮的立式筒形离心泵，每台泵装有机械密封和球型止推轴承，传动轴由滑动轴承支承，该轴承由泵送的流体润滑。电机和轴承由设备冷却水系统冷却。

安全壳喷淋泵有以下两种运行工况：

——直接喷淋阶段，两台安全壳喷淋泵通过两条独立管线从换料水箱抽水；

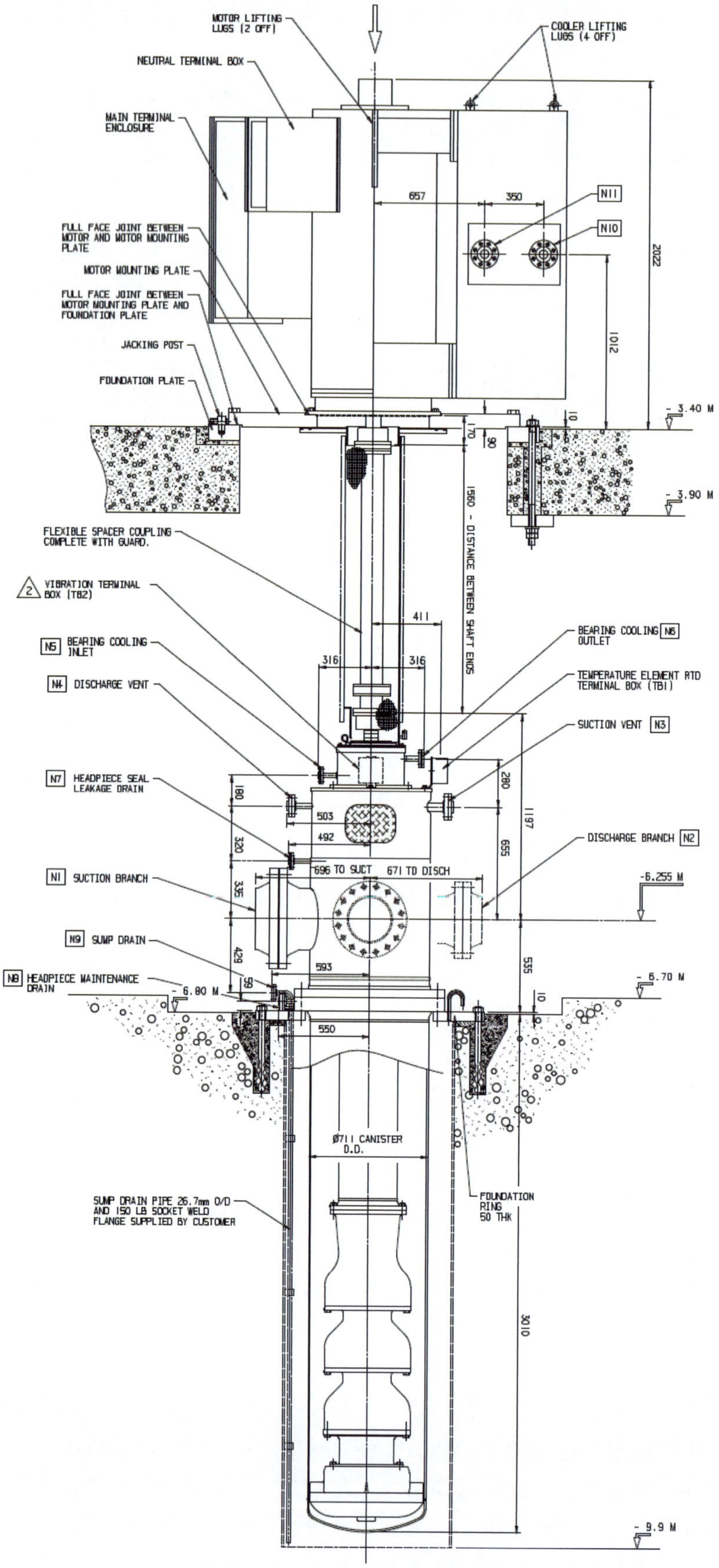

图 352-01-04-81　喷淋泵布置图

——再循环喷淋阶段，两台安全壳喷淋泵通过两条独立管线从安全壳地坑抽水。

（2）范围对象

安全壳喷淋泵。

（3）结构原理

安全壳喷淋泵（以 RN3J41-X 为例）为立式三级离心筒型泵，驱动电动机是安装在不同地坪标高的分开的基础板上。泵的吸入和排出分支管是组合在头部构件中，在地坪之上，头部构件是紧固到筒上的。泵的三级是由一根主上升管和轴悬挂在头部构件之下，并在筒中运转。

泵的驱动轴，穿过头部构件，由位于紧固在头部构件中的一套轴承/密封外壳中的机械密封所密封。泵轴通过由双头螺柱和键型联轴器连接的中间轴接到驱动轴。泵轴由滑动轴承安装在泵腔中的限位轴衬套所定位。每台泵是通过间隔联轴器直接由恒定转速的鼠笼式电动机直接驱动。泵的液压推力和泵的转动组件的重量由在机械密封之上的紧固在头部构件的止推轴承所承受。

1）泵组件

泵组件包括泵壳、导流轮外壳和吸入导向叶，这些是以止口相互定位的并用螺钉和有耳垫圈紧固在一起。导流轮外壳和泵壳之间的密封由 O 形环起作用。泵壳是内部车削加工为了装配泵壳磨损环和用螺钉及有耳垫圈固定在位的碳化钨（硬质合金）径向轴承。轴承衬套由泵送的液体所润滑。一块侵蚀板被装配在每叶轮上方，在磨损环与外壳之间，防止外壳侵蚀。叶轮外壳在导流轮端上也装有外壳磨损环。

2）转动组件

把预制的基础衬板浇注到泵壳上方的混凝土中，并且用一圈六角头螺钉固定在泵壳上壳段。

泵的转动组件包括驱动轴、中间轴、泵轴、双头螺柱和键型联轴器、轴承套管、叶轮、导流轮、轴螺母、键、机械密封和泵的半联轴器。

叶轮是单吸式、闭式叶轮，并用键固定在轴上。叶轮的轮毂与套筒对接，而套筒由叶轮键的延伸段固定防止其在轴上转动。导流轮用键固定在轴上，靠近第一级叶轮。叶轮、套筒和导流轮用锁定螺母和锁紧垫圈卡在轴上的轴肩上。在泵轴的底部装有一段轴承套筒，用一只防转动珠粒来防止其在轴上转动。套筒由一只螺母和锁紧垫圈靠在轴肩固定。

泵轴、中间轴和驱动轴造成方便的长度，可以容易组装和拆卸。每个轴的端部都用双头螺柱和键型联轴器连接，用键来传递转矩，双头螺柱则把轴端连接以传递轴向推力。

一套机械密封位于固定在头部构件中的轴承/密封外壳中，密封在驱动轴通过头部构件处起密封作用。

驱动轴的驱动端通过一个径向轴承/密封外壳和一个止推轴承座，这两个壳体都在头部构件中，并且是用键连接到一个间隔联轴器上。轴承套筒是用键装到轴上，并用止推螺母靠紧在轴肩上。螺母是用一只锁紧垫圈固定在位。止推螺母使泵的旋转组件能被设定其垂直的运转位置。

泵的半联轴器用键装在顶轴的驱动端。

3）筒的上升主管

泵壳和上升主管封闭在一个筒内，筒是在顶部由一个固定在用以支承头部构件的基础环的法兰所支持。

上升主体是止口定位并从头部构件的底部内法兰所悬挂。上升主体包含一根上升主管，是止口定位于头部构件和泵外壳之间，并由螺钉和有耳垫圈固定在一起，密封件由全表面垫片起作用的。中间轴由一个安装在上升主管中的轴承座所径向支持。外壳装有碳化钨轴套，对轴组合件起导向作用。轴承套管用由泵送液体来润滑。

4）头部构件

机加工制造的组件包括头部构件和组成一体的吸入和排出接头，配有径向轴承/密封外壳和止推轴承座的支持法兰。

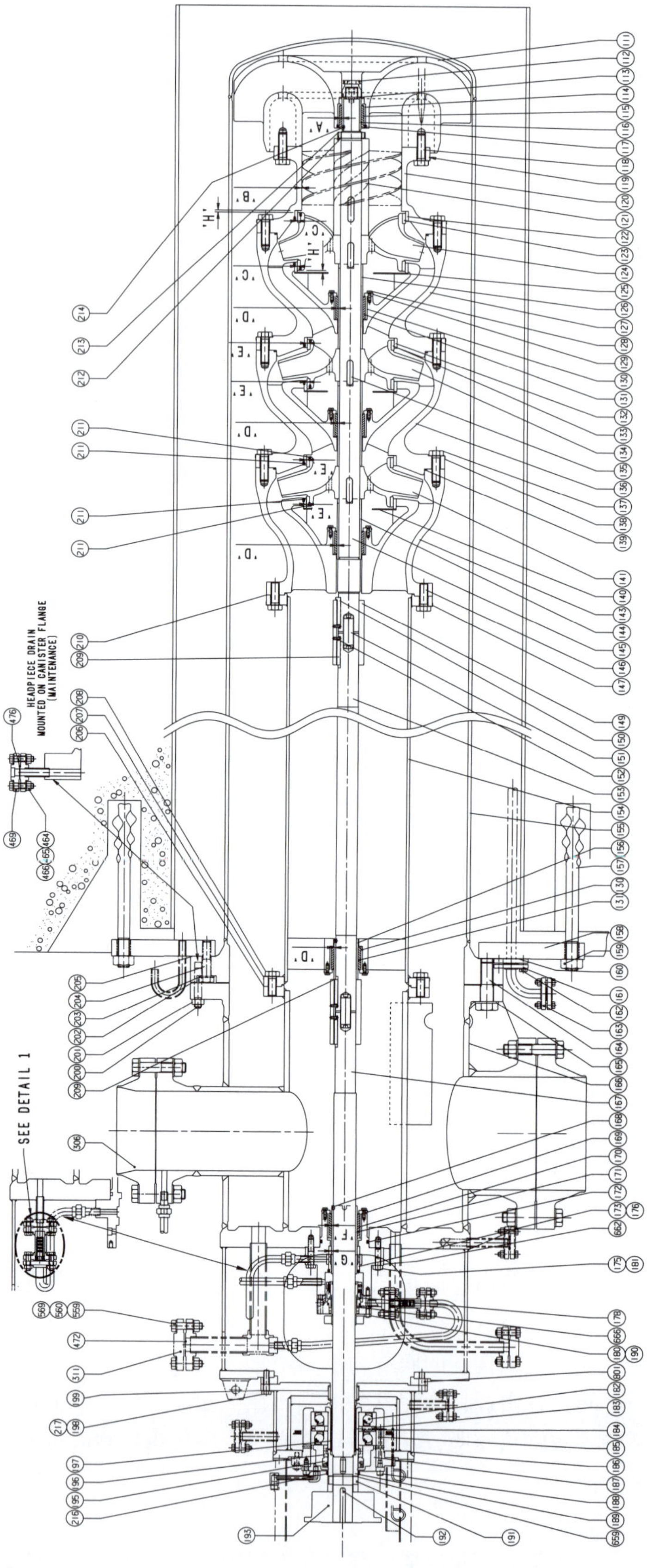

图 352-01-04-82 喷淋泵结构图

止推轴承座是用定位销定位，用螺钉及有耳垫圈固定在头部构件的顶部法兰。径向轴承/密封外壳是以止口定位并用螺钉固定在头部构件上。密封是靠在轴承/密封外壳的止口位置的槽中的O形环起的作用。

有一个节流套被装到轴承/密封外壳的孔里。节流套用螺钉和有耳垫圈固定在位。节流套是被用来防止机械密封受到泵出口压力或真空压力的影响。泵在运行时，泄漏的液体流经节流套到机械密封，被导回吸入管。

头部构件上装有小口径管道，用于机械密封的冲洗水源、排出管分支排气、吸入管排气、头部构件密封泄漏排水以及维修头部构件的排水。

拆下护罩即可进入密封外壳区域。

5）止推轴承组件

泵轴是由止推轴承组件所支撑，而止推轴承组件则装在头部构件顶部法兰上的轴承座的水冷油槽中。向心止推轴承是装在一个轴承套筒上，用锁定螺母固定在位。轴承套筒是键到驱动轴并且推力螺母保持在位，止推轴承的润滑是通过一个轴承座的加油连接器，而冷却水则从一个外部水源供到轴承座。

6）机械密封

机械密封是安装在头部构件中的轴承/密封外壳之中，机械密封由旋转的和静止的部分构成。密封件表面与一系列弹簧保持接触。密封件由取自排出管道支撑点，经由一个旋液分离器馈入的冲洗水循环。

（4）指标和参数

1）泵设计数据

表 352-01-04-40 壳喷淋泵参数表

工况规定	直接喷淋	再循环喷淋
流量/（m^3/h）	850	1050
扬程/m	131	119
效率/%	81	79.5
工作时吸收功率/kW	383	405
泵转速/（r/min）	1480	1480
NPSHR（净正吸入压头）/m	2.2	3.2
最小吸入压力/bar	0.6	0.2
最大吸入压力/bar	2.3	4.6
最低吸入温度/℃	6～40	40

2）报警及跳闸条件

表 352-01-04-41 壳喷淋泵报警及跳闸条件

监测参数	正常值	报警值	跳机值
推力轴承温度/℃	<90	100	N/A
推力轴承振动/（mm/s）	<4.5	7	N/A

（5）维修技术要求

1）预防性维修项目

表 352-01-04-42 壳喷淋泵维修项目内容与周期

项目名称	项目周期（1C 为 1 个燃料循环）
安全壳喷淋泵定期检查	1C
安全壳喷淋泵轴承及密封解体检查	4C
安全壳喷淋泵全面解体检查	10C

2）安全壳喷淋泵定期检查

安全壳喷淋泵定期检查项目为大修常规检查项目，检修间隔值为 1C，主要对联轴器进行检查、对中调整与轴承润滑油更换等。

——联轴器检查：检查联轴器挠性单元组件是否损坏、破裂或有其他损伤，检查所有螺栓、螺母、销钉等是否破损或变坏；

——对中调整；

——润滑油更换：更换轴承室内的润滑油，最终确认油位在最高油位线下约 2 mm。

3）安全壳喷淋泵轴承及密封解体检查

安全壳喷淋泵轴承及密封解体检查项目为大修常规检查项目，检修间隔值为 4C，主要对联轴器进行检查、推力轴承检查、机械密封检查、对中调整与轴承润滑油更换等。

——联轴器检查：检查联轴器挠性单元组件是否损坏、破裂或有其他损伤，检查所有螺栓、螺母、销钉等是否破损或变坏。

——推力轴承拆除：拆除前注意将机械密封组件的定位支架固定在密封套上的沟槽内，松开机械密封伸缩盘螺栓。从轴上拧松推力螺母后需确认转子组件无法转动。因为推力螺母已被拧松，所以泵转子组件可以在泵壳内放低至转子部件的重量被泵壳承受为止。

——机械密封组件拆卸：拆下把机械密封组件固定到密封外壳上的螺钉，小心地把机械密封吊离泵轴。

——机械密封检查：检查密封部件的磨损和损坏状况。注意：机械密封更换新备件，旧密封解体检查是否存在异常。

——推力轴承检查：清理轴承表面，检查轴承滚珠光滑无划痕、滑道无划痕及腐蚀、破损或过度磨损情况。用手指轻轻旋转轴承，确认给一个轻微的力就可以在任何方向自由地转动无任何卡涩或异音。

——机械密封安装：把机械密封组件吊到轴上并下降到轴上的密封外壳中。用螺钉把密封组件固定好，确保连接是正确地沿径向布置。

——推力轴承安装：把推力轴承套筒安装到轴上，确保键被正确地嵌到键槽中。安装轴承，把推力轴承锁紧螺母旋到轴上，以贴近轴承套筒。将泵的旋转组件装配到正确地运行位置。

——对中调整。

4）安全壳喷淋泵全面解体检查

——辅助管线拆卸：拆除影响电机与泵吊装的附属部件。

——电机与泵吊离：松开长连接轴与短轴的连接螺栓，注意做好标记（泵联轴器与短轴、短轴与长轴、长轴与电机联轴器）。拆除空冷器并吊离。起吊电机吊运至 0 m，并放在电机专用支架上，电机做好防异物。注意：吊装前检查吊器具合格有效，按照起重作业规范吊装，避免设备损伤。起吊泵组件，一直到出口泵壳/主提升管法兰脱离筒体为止。注意：泵上部组件/各连接管路做好防异物，继续起吊泵组件，直至 0 m，将水力部件运至放射性厂房进行解体检查。

——上部组件拆除：注意拆除前做好标记（轴承端盖与轴承室、轴承室与油箱、油箱与上部壳体、机械密封静环座与密封壳体、密封壳体与上部构件、上部构件与扬水管、扬水管与 3 级密封壳、2 级密封壳与 1 级密封壳与 3 级密封壳与导流壳与吸水导向器），测量并记录驱动轴的端部和推力螺母之间的距离。用顶丝顶出推力轴承组件脱离泵轴上的定位块，拆除推力轴承组件。松开机械密封锁紧板的螺栓，拆除机械密封与上部壳体紧固螺栓，拆除机械密封组件。从轴上拆除上部壳体，把上部壳体移到合适的维护区域，拆除驱动轴与中间轴。

——泵解体：注意泵体叶轮与轴均为不锈钢材质，且安装间隙极小，易发生咬死现象，拆卸时，必须保持叶轮部件与轴的平行，一旦出现卡住的现象，不可硬拉，必要时采用加热或工装进行拆卸。将吊带绑在吸水导向器上，拆除吸水导向器与导叶轮壳紧固螺栓，拆除吸水导流器，提前拆除导流器的目的是为了做水力部件的轴向串动。在驱动端将泵轴推到底，用深度游标卡尺测量轴端和泵壳端面尺寸，然后将轴向驱动端拔出到底，用深度游标卡尺测量轴端和泵壳端面尺寸，二尺寸相减即窜动量。依次拆除 3 级导流壳与 3 级叶轮。

——叶轮与泵壳口环检查：检查三个叶轮有无腐蚀的痕迹，特别在叶轮边缘上。检查叶轮孔和键槽有无腐蚀。依次检查第一级、第二级、第三级叶轮和相对应泵壳的口环，测量它们之间的径向间隙。若叶轮与泵壳口环间隙超标或损坏则必须进行口环更换。

——轴检查：注意对拆卸过程中拉毛的泵轴表面必须进行打磨和抛光处理，用 3 个轴套在对应的轴上滑动，如有卡涩，在泵轴卡涩位置处用 0 号砂纸打磨，做到试装过程中再无卡涩为止。检查确认驱动轴、中间轴、叶轮轴的同心度应在 0.05 mm 以内。检查轴上的内螺纹和外螺纹是否有碰伤，用涂有防咬剂背帽和丝杆进行试装，如试装受阻，应采用丝锥和板牙进行修复，也可上机床修复，直到背帽和丝杆顺利安装为止。

——轴套检查：注意轴套接触部位多条划痕且有深度超过 0.5 mm 则需进行更换。检查轴套内圆是否有拉毛现象，若有，用必须内磨机打磨，抛光处理。

——径向轴承衬套检查：检查轴套和径向轴承衬套有无损坏痕迹。注意若径向轴承接触部位多条划痕且有深度超过 0.5 mm，则需进行更换。注意：用内径千分尺测量径向轴承内径的平均值减去轴套外径的平均值，得出的值即为径向轴承衬套和轴套之间的径向间隙。如测得的间隙超过间隙表规定的最大允许间隙，或很可能在下次检查前要超过最大允许值，那么必须换掉此径向轴承衬套或轴套。

——联轴器检查：检查联轴器挠性单元组件是否损坏、破裂或有其他损伤。

—— 机械密封组装：注意新的机械密封静环座没有焊接注入水管线，必须用旧的静环座，只需更换密封环即可。

——推力轴承更换：注意检查新轴承滚珠座圈与滚珠的状况，确认滚珠光滑无划痕、滑道无划痕及腐蚀、破损或过度磨损情况，转动灵活无任何卡涩。

——装配前试装：注意试装前整根泵轴上涂满防咬剂（内罗毕），然后将做好标记，键涂上防咬剂后，装到泵轴上同样标记的键槽内，用铜棒轻轻敲到位。用任一泵轴轴套慢慢地过整个泵轴，如有卡涩，在泵轴卡涩位置处用 0 号砂纸打磨。依次将第三级、第二级、第一级往泵轴上试装，如有卡涩，马上退出叶轮进行检查，在叶轮卡涩位置有 0 号砂纸或者电动磨头进行打磨，一次打磨量不宜过多，直至叶轮试装没有卡涩。组装好后，抬到 V 形铁上，分别测量 3 级叶轮的口环跳动值确认合格。

——泵装配：组装泵水利部件。注意：在整个装配过程中，必须水平安装。

——扬水管安装：整个装配过程使泵水平放置。

——上部组件组装：注意推力轴承和机械密封可以在放射性检修厂房组装好后，运到现场安装。

——泵回装：将泵运至核辅厂房。注意：运输过程做好绑扎固定，小心操作，缓慢行驶控制车速小于 20 km/h，避免设备损坏。回装前进行防异物检查，确认泵壳内无异物残留。将泵组件向下放进泵坑，快接近泵坑密封面法兰时放入两个定位销进行定位，直到上部组件法兰面停靠在泵坑法兰上。将机械密封组件抬起穿过泵轴，安装到与上部构件接触位置。用螺钉把机械密封组件固定到位，确保连接正确布置，松开锁紧片。回装推力轴承组件。检查润滑油油量，油位至油位上限线下约 2 mm。

——电机回装：在电机底座上部放入 1.5 mm 金属垫片，并在金属垫片上涂一圈 1211 密封胶。将电机缓缓起吊在电机底座上。回装电机空冷器，并连接冷却水管线。安装推力螺母，做轴窜检查。将推力螺母顺时针拧到拧不动为止，用深度游标卡尺测量轴头到推力螺母上端面距离，提升后测量的尺寸减去提升前的尺寸，即为提升量，大约 5.6 mm。

——联轴器对中调整。

（6）质量管理

表 352-01-04-43　全壳喷淋泵维修质量控制点

项目名称	质量管控点
安全壳喷淋泵定期检查	对中调整
安全壳喷淋泵轴承及密封解体检查	设备开口防异物、旧机械密封解体检查：密封面与密封座是否存在磨损、裂纹等情况、轴承检查：检查轴承滚珠光滑无划痕、滑道无划痕及腐蚀、破损或过度磨损情况、拆卸前与回装后驱动轴的端部和推力螺母之间的距离、对中调整
安全壳喷淋泵全面解体检查	拆卸时与回装后驱动轴的端部和推力螺母之间的距离，拆卸时驱动轴与中间轴之间的距离测量，拆卸时泵总窜测量（口环、叶轮、泵轴、套筒、衬套、联轴器、轴承、机械密封）等零部件清洗检查，轴承检查：检查轴承滚珠光滑无划痕，滑道无划痕及腐蚀，破损或过度磨损情况（进口导向器径向轴承和轴套、导流轮和导流轮壳体、第一级叶轮耐磨环和第一级泵壳耐磨环、第一级轴承套和径向轴承、第二级叶轮耐磨环和泵壳耐磨环、第二级轴承套和径向轴承、第三级叶轮耐磨环和泵壳耐磨环、第三级轴承套和径向轴承、轴承套和节流套、总轴向间隙），配合间隙测量，泵轴径向跳动测量，叶轮口环跳动测量，三轴轴端间隙，组装时泵总窜测量，回装时驱动轴端和推力螺母之间的距离测量，对中调整

（7）经验反馈

1）安全壳喷淋泵典型故障查找

故障特征	可能原因	行动
泵组未能启动（试运行时）	（a）驱动设备故障	检查电动机
	（b）电气故障	检查电源
	（c）泵组在脱扣状态	确定原因，纠正并复位脱扣
	（d）泵组卡住	拆卸联轴器，在联轴器处用手盘动以查出卡住位置，按需要纠正
泵组未能启动（自动备用）	（a）如上述的（a）到（d）	如上所述
	（b）选择开关未设在‘AUTO’（自动）	复位开关
泵效能低	（a）泵未达到全速	检查电动机的运行
	（b）驱动电动机或电源故障	检查电动机和电源
	（c）转动方向不正确	检查转动方向
	（d）泵的内部磨损过度	将泵解体，检查内部
	（e）泵的吸入压力低	检查吸入状况
	（f）泵的吸入或排出阀未全开	检查阀门位置
泵的止推轴承过热	（a）润滑油不足或污染	检查油位
	（b）润滑油牌号不对	检查油的牌号
	（c）缺少冷却水	检查冷却水供水
	（d）轴承磨损或未对中	检查轴承
	（e）泵与电动机未对中	检查对中
泵组需要过大的功率来满足任务	（a）出口压力低	检查流量
	（b）转动和静止组件之间摩擦	检查间隙
	（c）泵内的内间隙过大	检查间隙
	（d）机械密封安装不正确	检查密封
	（e）泵内有内部摩擦	检查间隙
	（f）不够的、污染的、或牌号不对的润滑油	检查油位和油的牌号
	（g）轴承磨损或未对中	检查轴承
	（h）泵组未对中	检查对中

续表

故障特征	可能原因	行动
机械密封过度泄漏	（a）密封磨损或安装不正确	检查密封
过度的噪声及/或振动	（a）转动组件不平衡	确定造成故障的泵组元件，检查转动组件的动平衡
	（b）泵组未对中	检查对中
	（c）失去吸入压力	检查吸入系统
	（d）轴承磨损或不对中	检测轴承
	（e）泵内间隙过大	检查间隙
	（f）底脚螺栓松驰	检查螺栓，按需要拧紧。检查泵组对中未曾发生变化
	（g）由于管道支撑不正确而发生的共振	检查临近管道及支架
	（h）挠性联轴器损坏	检查联轴器

2）安全壳喷淋泵电机振动大

安全壳喷淋泵主要由泵组件、转动组件、筒体、头部构件、轴承组件、机械密封、电机等组成。泵体部分安装在–6.7 m 基础上，上部电机的安装在–3.4 m 的一个环形基础板上。

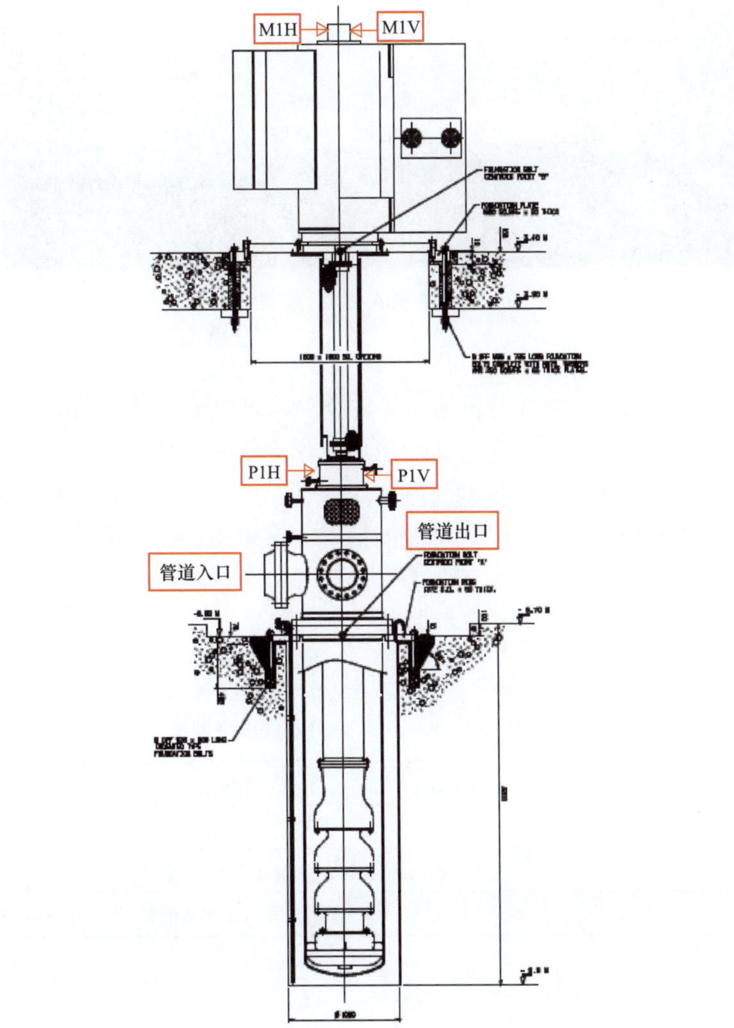

图 352-01-04-83　喷淋泵盘根结构示意图

电机下端盖通过 8 颗 M20 高强螺栓定位在外径 1650 mm、内径 680 mm、厚度 90 mm 的圆形连接板上。连接板通过 16 颗螺栓紧固在方形基础板上（厚度 90 mm），基础板通过垫铁及 8 颗双头螺栓紧固于混凝土基础板中。

事件概述：3 号机组 1 号安全壳喷淋泵电机在电机厂进行预防性解体检查，未发现明显异常。出厂试验振动 0.8 mm/s 合格（电机出厂试验未装空冷器）。3 号机组 1 号安全壳喷淋泵电机在现场空载试验过程中非驱动端水平方向超标，在调整的过程中最大值达到 14 mm/s，远超不大于 2.8 mm/s 的要求值。

原因分析：通过敲击的方式测量电机壳体的固有频率为 25 Hz 左右，而电机的转速为 1480 r/min，由此确定电机振动大的原因是电机壳体的固有频率与电机的转动频率（1 倍频）发生重合引起电机共振。

临时处理措施：通过 3 个顶丝及钢板顶在电机空冷器的下部，顶起空冷器 0.30～0.40 mm 后电机壳体的固有频率升至 30 Hz 左右。调整后两电机空载振动最大值为 1.6 mm/s，带载振动最大为 2.0 mm/s。由此可以确认该电机振动偏高与解体检查工作内容没有联系。

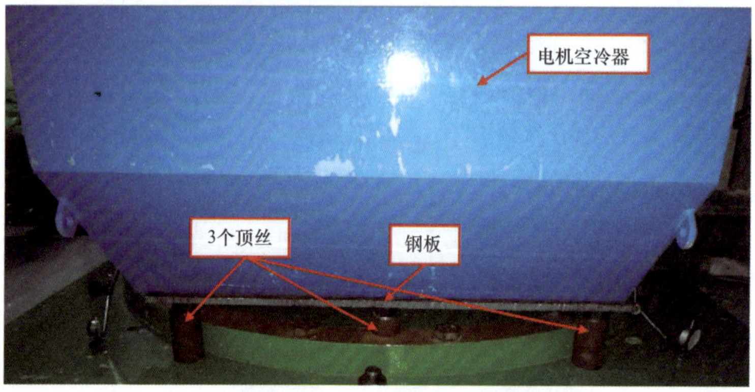

图 352-01-04-84　撑实物图

根本处理措施：

——通过增加临时支撑的方式将 3 号机组 1 号安全壳喷淋泵电机的振动降至合格范围内。

——咨询设计院临时支撑的可行性为：在增加顶丝作为临时支撑后，能有效降低电机振动幅值，从结构整体考虑。顶丝安装位置起到了辅助调刚作用；顶丝安装后会增加电机设备的整体刚度，设备固有频率增大，在电机所在楼层响应谱输入不变的情况下，电机抗震性能会由于增加临时支撑之前的状态。

——申请技术变更提高安全壳喷淋泵电机固有频率。

（8）技术规程清单

表 352-01-04-44　壳喷淋泵维修规程

序号	规程名称
1	安全壳喷淋泵定期检查
2	安全壳喷淋泵轴承及密封解体检查
3	安全壳喷淋泵全面解体检查

（9）参考资料

［1］CONTAINMENT SPRAY PUMPS QINSHAN NPP PHASE EXTENSIONPROJECT OPERATING AND MAINTENANCE MANUAL［R］. 1.UK.Clyde Pumps，2008.

[2] 黄鹄. 秦山第二核电厂中级运行培训教材 [R]. 海盐：核电秦山联营有限公司，2010：77-84.
[3] 许书庆. 安全壳喷淋泵定期检查 [R]. 海盐：中核核电运行管理有限公司，2019.
[4] 韩超. 安全壳喷淋泵轴承及密封解体 [R]. 海盐：中核核电运行管理有限公司，2019.
[5] 韩超. 安全壳喷淋泵全面解体检查 [R]. 海盐：中核核电运行管理有限公司，2019.

4.2.11 核电厂主给水泵

（1）定义

主给水泵系统由三台并联的 50%容量的电动泵组构成，正常时两台运行，一台自动备用，为蒸汽发生器的二次侧提供所需的给水。每台给水泵组在 8.79 MPa.a 的压力下能提供 2298.5 m^3/h 的有效输出流量，整个泵组安装在单独建造的基础上。

主给水泵系统的主要功能为在规定的各种运行工况下，将连续地经过高压给水加热器向蒸汽发生器提供所需的给水。

（2）范围对象

电动主给水泵。

（3）结构原理

电动给水泵组由吸入级泵（前置泵）、压力级泵、电动机、液力耦合器以及增速齿轮箱等主要部件组成。电动机轴的一端直接驱动前置泵，轴的另一端通过液力耦合器和增速齿轮箱带动压力级泵。前置泵由一台功率为 7100 kW 的鼠笼式异步电动机直接驱动，额定转速为 1485 r/min；压力级泵由电动机轴的另一端通过增速齿轮及涡轮液力联轴器驱动，额定转速为 5825 r/min。

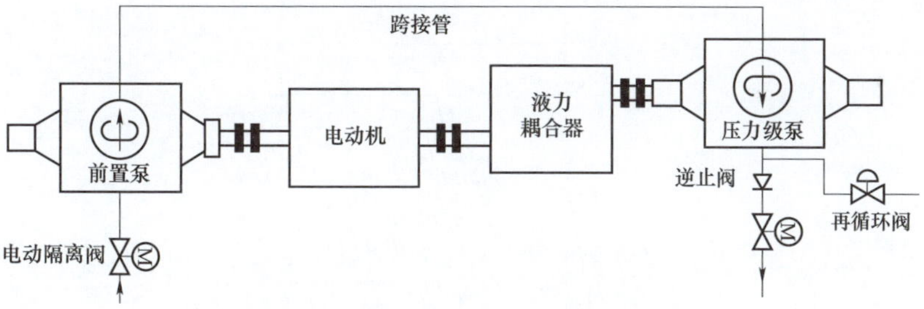

图 352-01-04-85 给水泵布置图

1）前置泵

类型	YNK400-850，卧式、单级、双进口双蜗壳泵
轴承	轴颈式径向轴承，可倾瓦式止推轴承
润滑	强制油润滑
轴封	单向动作、平衡式、独立于轴旋转方向、夹套冷却及静环座冷却

2）压力级泵

类型	RHD300，卧式、单级、双进口双蜗壳泵
轴承	轴颈式径向轴承，可倾瓦式止推轴承
润滑	强制油润滑
轴封	单向动作、平衡式、与轴旋转方向有关，包括循环水的泵送装置，有冷却的布置

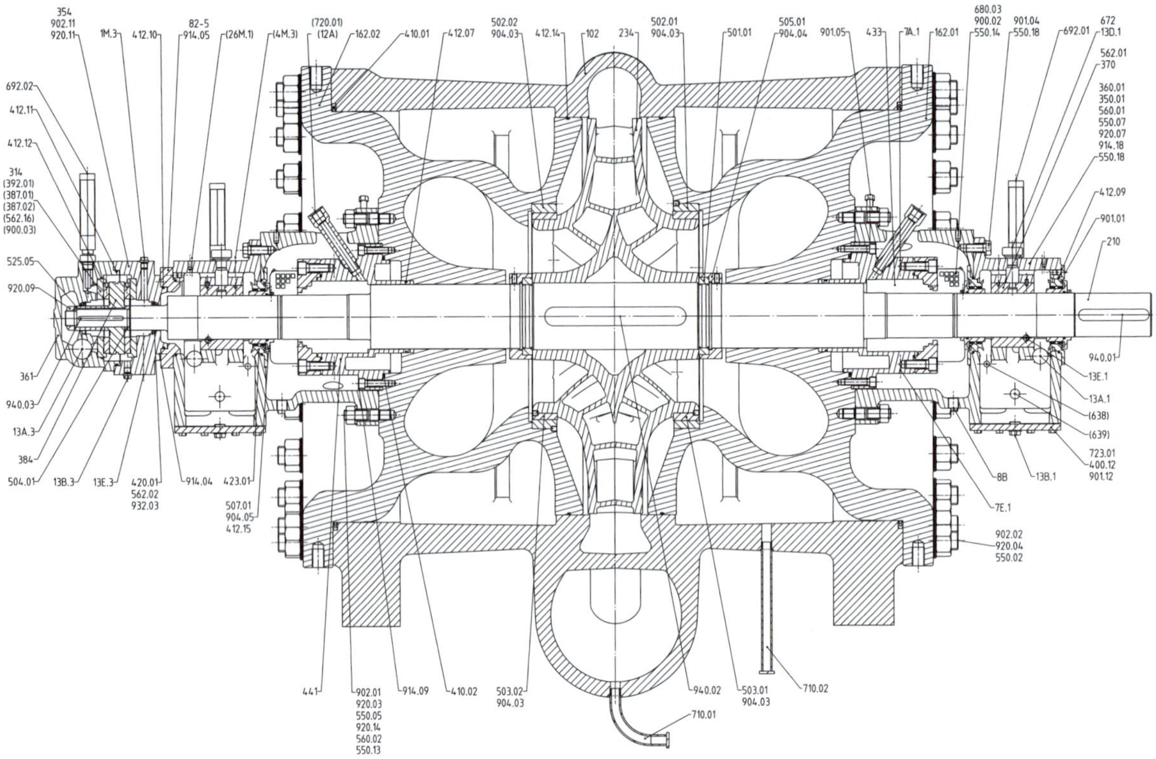

图 352-01-04-86　结构图

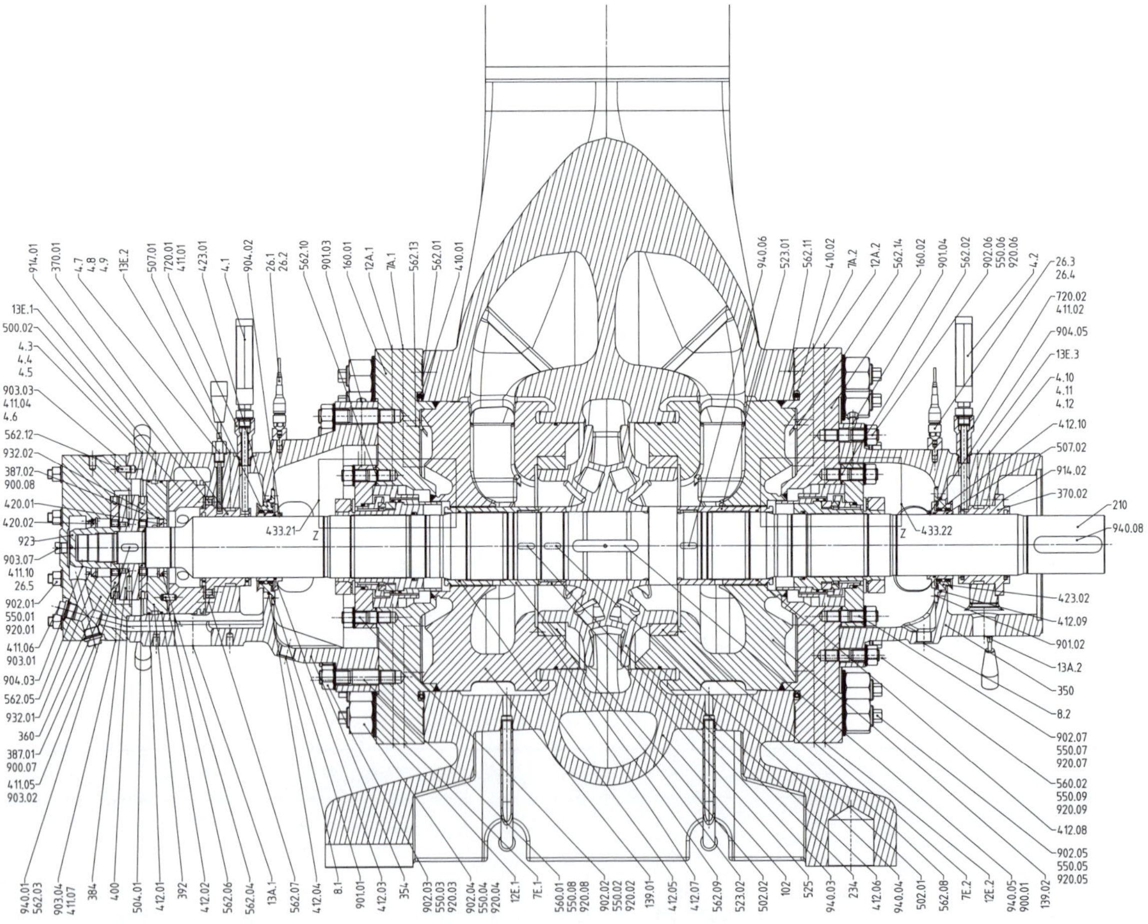

图 352-01-04-87　泵结构图

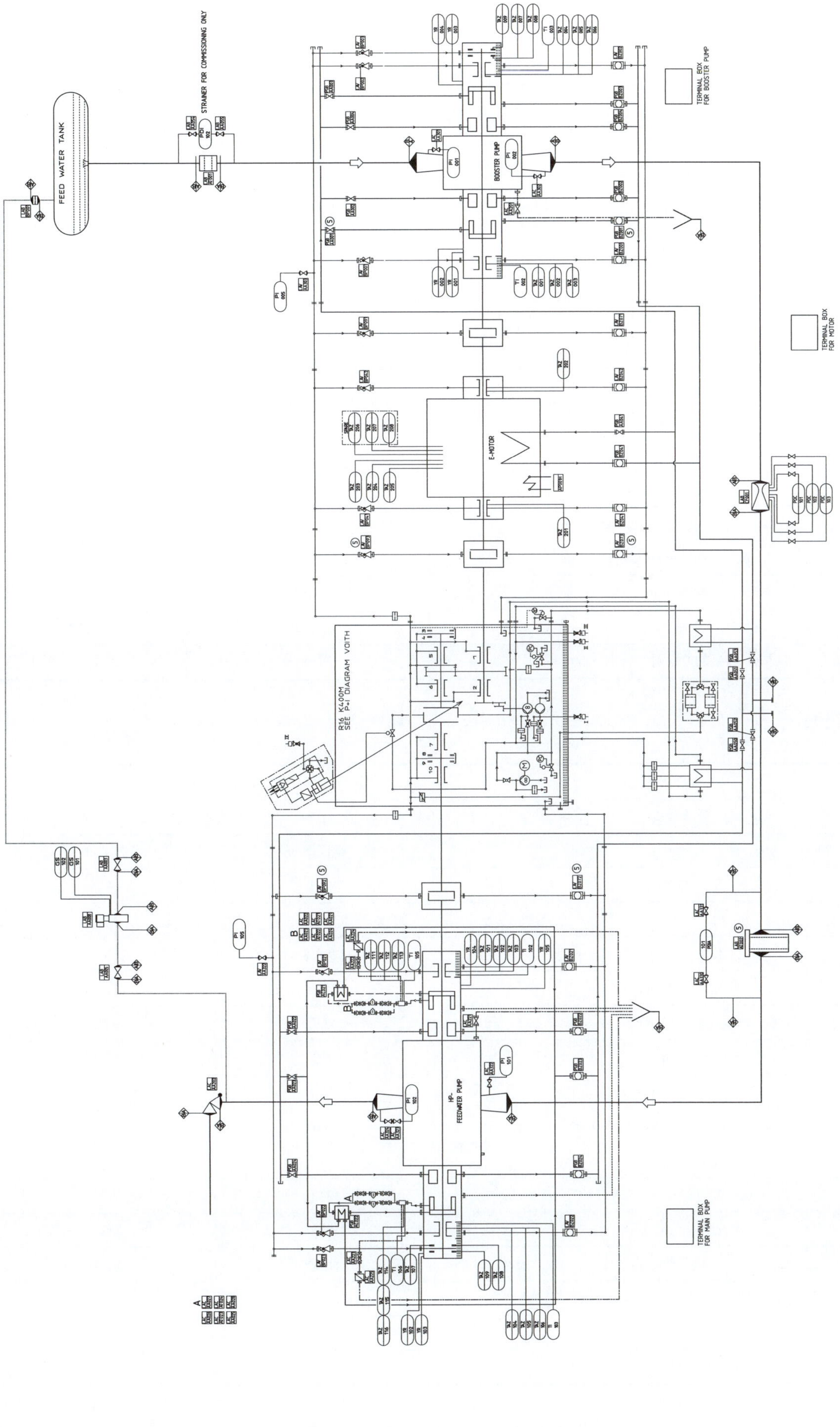

图 352-01-04-88 泵组润滑油路图

（4）指标和参数

1）泵设计数据

前置泵

级数	1，双吸式叶轮	
泵送介质	给水	
负荷	**设计值**	**额定值**
吸入温度/℃	149.1	147.8
比重	0.918 0	0.918 8
流速/（m^3/h）	2298.5	2101.7
吸入压力/（bar.a）	6.0	5.9
出口压力/（bar.a）	22.2	22.7
差压/（bar.a）	16.2	16.8
压头差/m	180	186
NPSHR（需要的净正吸入压头）/m	9.0	8.0
NPSHA（可提供的净正吸入压头）/m	15.2	15.55
运行时的功率损失/kW	1215	1176
转速/（r/min）	1485	1485
效率/%	85.0	84.5
从电机往泵的方向看，转动方向	顺时针	

压力级泵

级数	1，双吸式叶轮	
泵送介质	给水	
负荷	设计值	额定值
吸入温度/℃	149.1	147.8
比重	0.918 0	0.918 8
流速/（m^3/h）	2298.5	2101.7
吸入压力/（bar.a）	21.7	22.3
出口压力/（bar.a）	87.9	94.2
差压/（bar.a）	66.2	71.9
压头差/m	735	798
NPSHR（需要的净正吸入压头）/m	53.0	48.0
NPSHA（可提供的净正吸入压头）/m	190.2	197.5
运行时的功率损失/kW	4942	4900
转速/（r/min）	5825	5825
效率/%	85.5	85.7
从电机往泵的方向看，转动方向	顺时针	
引漏流量（30%）/（m^3/h）	620	
最大瞬时流量/（m^3/h）	2873.1	

2）报警及跳闸条件

表 352-01-04-45 水泵报警及跳闸条件

监测参数	正常值	报警值	跳机值
前置泵径向轴承温度/℃	<90	≥90	≥100
前置泵止推轴承温度/℃	<90	≥90	≥100
压力级泵径向轴承温度/℃	<90	≥90	≥100
压力级泵径向轴承温度/℃	<90	≥90	≥100
压力级泵机械密封循环液温度/℃	<80	≥80	≥95
前置泵轴承振动/（mm/s）	<7	≥7.1	≥11.2
压力级泵轴承振动/（mm/s）	<7	≥7.1	≥11.2
压力级泵前滤网压差/bar	≤0.5	>0.5	N/A
润滑油双过滤器滤网压差/bar	≤0.8	>0.8	N/A

（5）维修技术要求

1）预防性维修项目

表 352-01-04-46 水泵维修项目内容与周期

项目名称	项目周期（1C 为 1 个燃料循环）
主给水泵组联轴器对中及紧固件检查	1C
前置泵轴承检查及机械密封更换	2C
前置泵泵全面解体检查	6C
压力级泵轴承检查及机械密封更换	2C
压力级泵全面解体检查	6C

2）主给水泵组联轴器对中及紧固件检查

主给水泵组联轴器对中及紧固件检查为大修常规检查项目，检修间隔值为 1C，主要对联轴器检查、对中调整等。

——联轴器检查：测量联轴器间距；检查联轴器挠性组件是否有损坏、破裂或其他劣化的迹象，必要时进行更换。

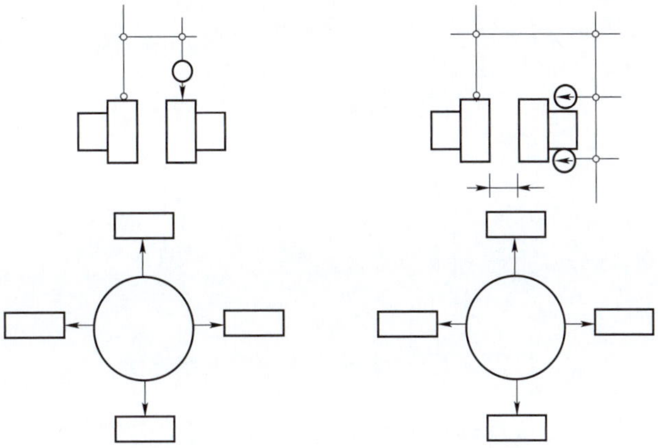

图 352-01-04-89 对中调整意图

——对中调整：对中检查前调整电机位置，使电机位于其磁力中心线的位置。注意：每台电机的磁力中心线理论值标示在电机铭牌上，磁力中心线测量位置为电机端板内侧电机轴止口至电机轴轴肩之间。按照《主给水泵组联轴器对中及紧固件检查》程序要求对耦合器-压力级泵、电机-耦合器、电机-前置泵进行对中调整。注意：对中调整均在泵和电机地脚螺栓紧固完毕的情况下进行。

3）前置泵轴承检查及机械密封更换

前置泵轴承检查和机械密封更换项目为大修常规检查项目，检修间隔值为 2C，主要对联轴器检查、径向轴承检查、推力轴承检查、机械密封更换、对中调整等。

——联轴器拆卸：检查联轴器组件是否有损坏、破裂或其他劣化的迹象；对中复查，测量两联轴器之间的间距。

——推力轴承的推力间隙检查：测量推力瓦的轴向间隙，理论值为 0.35～0.55 mm。

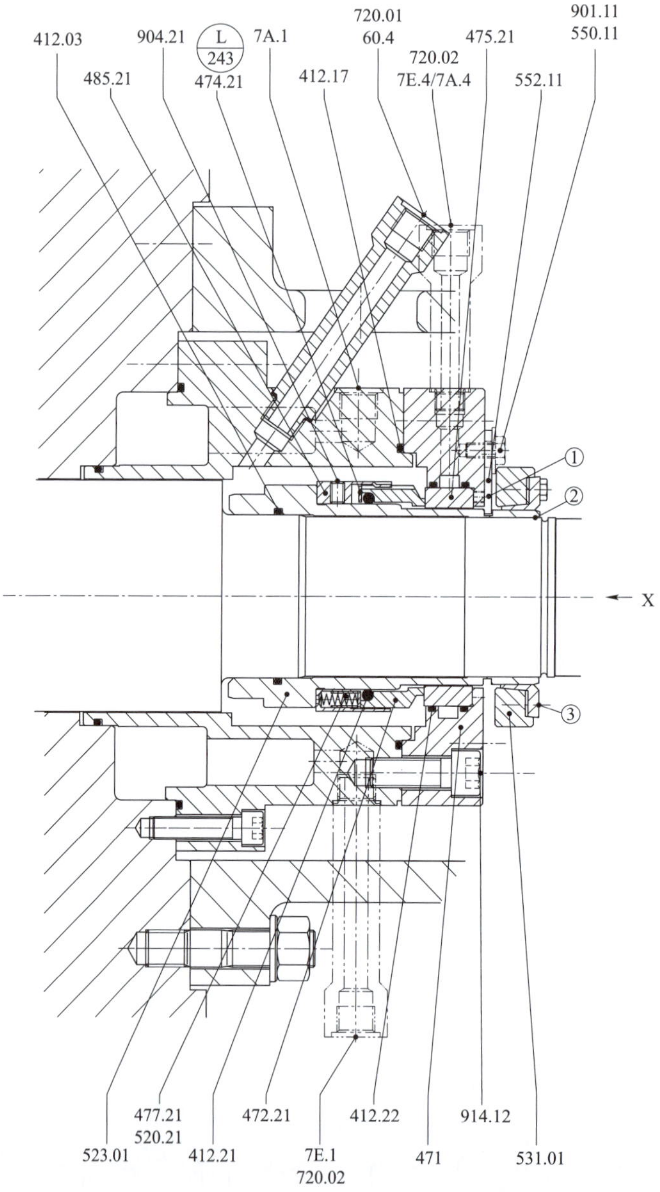

图 352-01-04-90　机械密封结构图

——轴承拆卸与检查：径向轴承拆卸；测量轴瓦间隙；测量内侧和外侧甩油环和迷宫环之间的间隙。注意：当拆除径向轴瓦时，轴不能落在迷宫环上，保证轴是在中心位置并做好标记。对轴瓦进行标记并保护轴瓦。若轴瓦有细小的表面损伤，轴瓦和轴承部件需要进行更换。推力轴承盘取出需要加热，加热温度约至 100 ℃。清洗拆卸下来的轴瓦、甩油环、迷宫环等部件，检查是否有损坏、划痕和磨损，并对这些部件进行 PT 试验。

——机械密封拆卸、检查与回装：检查机械密封动环、静环密封面是否良好，用干净的压缩空气对驱动端机封进行打压试验，打压压力：1.7 bar，打压时间：5～10 min，观察压降不大于 0.014 MPa 即为打压合格。注意：拧紧机械密封锁紧套的螺栓时应该按照顺时针或者逆时针的方向依次拧紧，而不能采取对角拧紧的方式。

——轴承箱分中调整：测量调整轴抬。测量轴抬时需要将对立侧轴瓦置于轴承室内。测量驱动端上下轴抬，将轴定位在轴承箱的中间位置，下抬量占总抬量的 50%～55%。

——轴承回装：将轴瓦回装，测量轴瓦间隙；压铅丝法测量轴承紧力。回装上轴承盖时用压铅丝的方法测量轴承盖对轴瓦的压紧量，并进行记录。测量推力瓦间隙值，理论值为 0.35～0.55 mm。如果测得的推力间隙大于理论值，则需要对推力轴承盖与推力轴承室的接触面进行加工。如果测得的推力间隙值小于理论值，则需要对推力轴承与推力轴承盖的接触面进行加工。

——联轴器回装与对中调整：按照《主给水泵组联轴器对中及紧固件检查》程序要求对耦合器-压力级泵、电机-耦合器、电机-前置泵进行对中调整。注意：对中调整均在泵和电机地脚螺栓紧固完毕的情况下进行。

4）前置泵全面解体检查

前置泵全面解体检查项目为大修常规检查项目，检修间隔值为 6C，主要对联轴器检查、泵芯组件拆装、泵芯组件解体检查、推力轴承检查、径向轴承检查、机械密封更换、对中调整等。

——联轴器拆卸：拆除联轴器中间短轴，做好标记检查联轴器组件是否有损坏、破裂或其他劣化的迹象；对中复查，测量两联轴器之间的间距。

——推力轴承的推力间隙检查：测量推力瓦的轴向间隙，理论值为 0.35～0.55 mm。

——轴承拆卸与检查：轴承拆卸；测量泵的总窜；测量轴瓦间隙；测量内侧和外侧甩油环和迷宫环之间的间隙。注意：当拆除径向轴瓦时，轴不能落在迷宫环上，保证轴是在中心位置并做好标记。对轴瓦进行标记并保护轴瓦。若轴瓦有细小的表面损伤，轴瓦和轴承部件需要进行更换。推力轴承盘取出需要加热，加热温度约至 100 ℃。清洗拆卸下来的轴瓦、甩油环、迷宫环等部件，检查是否有损坏、划痕和磨损，并对这些部件进行 PT 试验。

——机械密封与机械密封壳体拆卸。

——拆除非驱动端泵盖：将驱动端转子固定在电机上，防止拆除泵盖时将转子带出；拆除非驱动端泵盖。

——拆除转子：拆除过程中不要损坏转子和泵壳。叶轮上做好驱动端或非驱动端标记。键必须进行标注，在回装时不能混用。

——拆除驱动端泵盖。

——部件清洗和检查：对机械密封动静环分开，检查密封面；清洁泵轴并进行轴弯曲度检查，轴弯曲度最大不得超过 0.03 mm；测量泵壳口环内径和叶轮口环外径，计算口环间隙。

——转子组装（如果转子无损伤，该步不执行）：键必须进行标注，在回装时不能混用；叶轮上做好驱动端或非驱动端标记，确认没有装反。

——转子动平衡检查：检查整个转子部件的轴弯曲度，整个转子部件的平行度最大不得超过 0.03～0.05 mm；对转子进行动平衡检查，平衡度等级 Q=2.5。注意：如果没有新部件更换，例如叶轮，推力盘，转子不需要做动平衡。

——泵盖和转子部件回装：将非驱动端泵盖包括泵盖口环和翼型密封整体连在吊车上，安装到泵壳。

——机械密封回装：用干净的压缩空气对机封进行打压试验，打压压力：1.7 bar，打压时间：5～

10 min，观察压降不大于 0.014 MPa 即为打压合格。注意：此时不要锁紧机械密封的锁紧盘。

——分中调整：测量泵的总窜；测量泵的半窜量，并记录在附件表格中。理论上半窜应为总窜的一半。如果测得的半窜量大于总窜的一半超过 0.5 mm，则需要减少定距环的厚度，减少量为半窜量的测量值与理论值之差；如果测得的半窜量小于总窜的一半超过 0.5 mm，则需要增加定距环的厚度，增加值为半窜量的理论值与测量值之差。注意：锁紧机封锁紧盘时，按照顺时针或者逆时针方向均匀把紧。

——轴承箱分中调整：测量调整轴抬。注意：测量轴抬时需要将对立侧轴瓦置于轴承室内。测量驱动端上下轴抬，将轴定位在轴承箱的中间位置，下抬量占总抬量的 50%～55%。

——轴承回装：将轴瓦回装，测量轴瓦间隙；压铅丝法测量轴承紧力。注意：回装上轴承盖时用压铅丝的方法测量轴承盖对轴瓦的压紧量，并进行记录。测量推力瓦间隙值，理论值为 0.35～0.55 mm。

——联轴器回装与对中调整：按照《主给水泵组联轴器对中及紧固件检查》程序要求对耦合器-压力级泵、电机-耦合器、电机-前置泵进行对中调整。注意：对中调整均在泵和电机地脚螺栓紧固完毕的情况下进行。

5）压力级泵轴承检查及机械密封更换

前置泵轴承检查和机械密封更换项目为大修常规检查项目，检修间隔值为 2C，主要对联轴器检查、径向轴承检查、推力轴承检查、机械密封更换、对中调整等。

——联轴器拆卸：检查联轴器组件是否有损坏、破裂或其他劣化的迹象；对中复查，测量两联轴器之间的间距。

——推力轴承的推力间隙检查：测量推力瓦的轴向间隙，理论值为 0.35～0.55 mm。

——轴承拆卸与检查：径向轴承拆卸，测量轴瓦间隙，测量内侧和外侧甩油环和迷宫环之间的间隙。注意：当拆除径向轴瓦时，轴不能落在迷宫环上。保证轴是在中心位置并做好标记，对轴瓦进行标记并保护轴瓦。若轴瓦有细小的表面损伤，轴瓦和轴承部件需要进行更换。推力轴承盘取出需要加热，加热温度约至 100 ℃。清洗拆卸下来的轴瓦、甩油环、迷宫环等部件，检查是否有损坏、划痕和磨损，并对这些部件进行 PT 试验。

图 352-01-04-91　靠背轮拆卸示意图

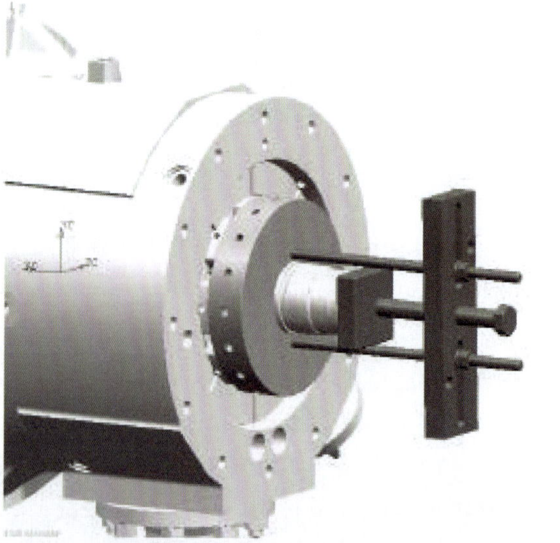

图 352-01-04-92　拆卸示意图

——机械密封拆卸、检查与回装：检查机械密封动环、静环密封面是否良好，用干净的压缩空气对驱动端机封进行打压试验，打压压力：1.7 bar，打压时间：5～10 min，观察压降不大于 0.014 MPa

即为打压合格。注意：拧紧机械密封锁紧套的螺栓时应该按照顺时针或者逆时针的方向依次拧紧，而不能采取对角拧紧的方式。

图 352-01-04-93　拆卸示意图

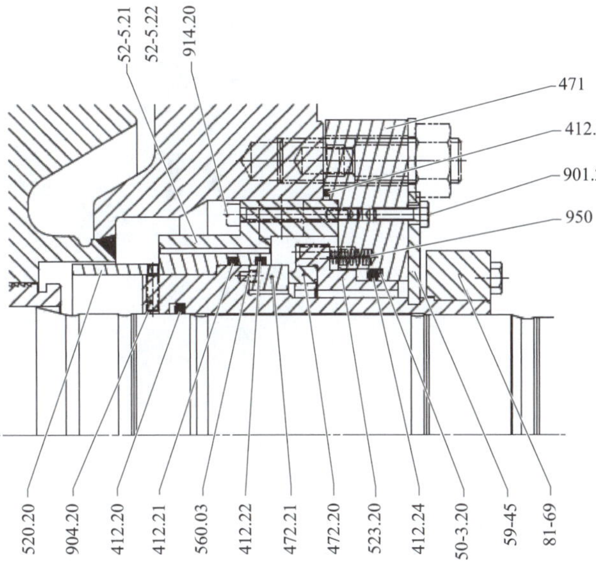

图 352-01-04-94　泵机械密封结构图

——轴承箱分中调整：测量调整轴抬。注意：测量轴抬时需要将对立侧轴瓦置于轴承室内。测量驱动端上下轴抬，将轴定位在轴承箱的中间位置，下抬量占总抬量的 50%～55%。

——轴承回装：将轴瓦回装，测量轴瓦间隙；压铅丝法测量轴承紧力。注意：回装上轴承盖时用压铅丝的方法测量轴承盖对轴瓦的压紧量，并进行记录。测量推力瓦间隙值，理论值为 0.35～0.55 mm。如果测得的推力间隙大于理论值，则需要对推力轴承盖与推力轴承室的接触面进行加工。如果测得的推力间隙值小于理论值，则需要对推力轴承与推力轴承盖的接触面进行加工。

——联轴器回装与对中调整：按照《主给水泵组联轴器对中及紧固件检查》程序要求对耦合器-压力级泵、电机-耦合器、电机-前置泵进行对中调整。注意：对中调整均在泵和电机地脚螺栓紧固完毕的情况下进行。

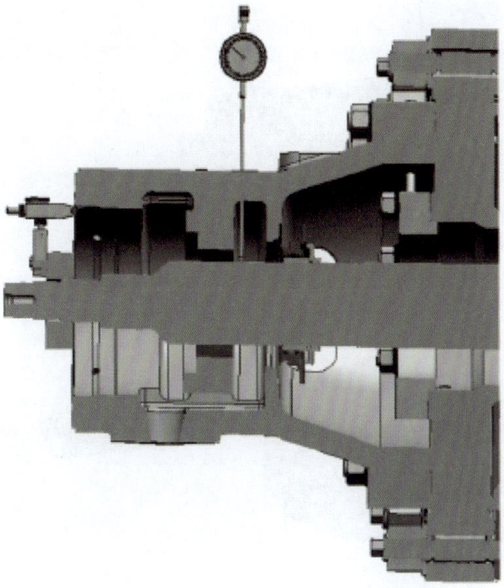

图 352-01-04-95　测量示意图

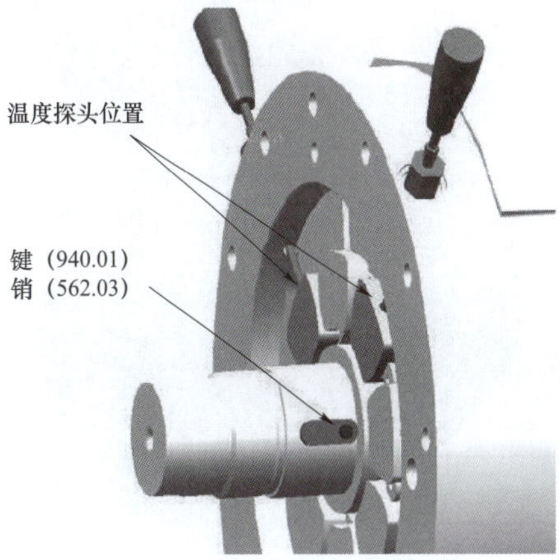

图 352-01-04-96　瓦回装示意图

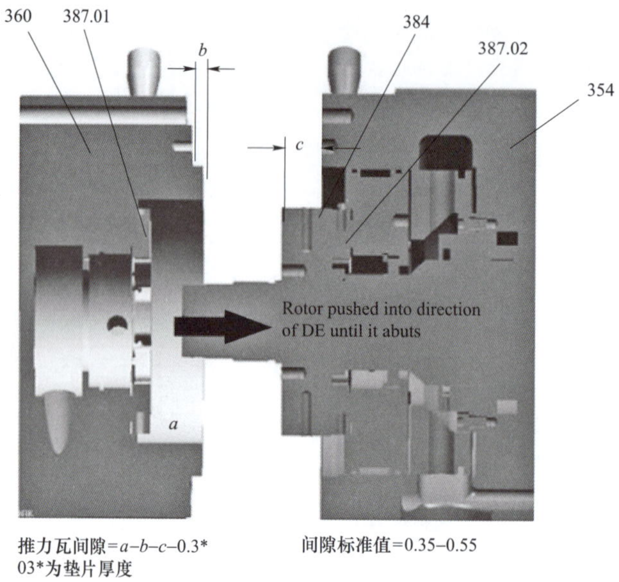

图 352-01-04-97　间隙测量示意图

6）压力级泵全面解体检查

压力级全面解体检查项目为大修常规检查项目，检修间隔值为 6C，主要对联轴器检查、泵芯组件拆装、泵芯组件解体检查、推力轴承检查、径向轴承检查、机械密封更换、对中调整等。

——联轴器拆卸：拆除联轴器中间短轴，做好标记检查联轴器组件是否有损坏、破裂或其他劣化的迹象；对中复查，测量两联轴器之间的间距。

——推力轴承的推力间隙检查：测量推力瓦的轴向间隙，理论值为 0.35～0.55 mm。

——轴承拆卸与检查：轴承拆卸，测量轴瓦间隙，测量内侧和外侧甩油环和迷宫环之间的间隙。注意：当拆除径向轴瓦时，轴不能落在迷宫环上。保证轴是在中心位置并做好标记。对轴瓦进行标记并保护轴瓦。若轴瓦有细小的表面损伤，轴瓦和轴承部件需要进行更换。推力轴承盘取出需要加热，加热温度约至 100 ℃。清洗拆卸下来的轴瓦、甩油环、迷宫环等部件，检查是否有损坏、划痕和磨损，并对这些部件进行 PT 试验。

图 352-01-04-98　装示意图

图 352-01-04-99　件拆卸示意图

——机械密封与机械密封壳体拆卸。

——拆除非驱动端泵盖：测量泵轴总窜；利用专用工具将驱动端轴固定在液力耦合器上，防止拆除非驱动端泵盖时转子被带出；拆除非驱动端泵盖。注意：拆除过程中不要损坏转子和泵壳。

——拆除转子部件：将转子从泵体中吊出。注意：叶轮不能接触驱动端泵体口环上。在解体过程中保护轴，轴套和叶轮不受损伤。

——拆除驱动端泵盖。

——部件清洗和检查：检查泵壳、泵盖、吸入口、泵壳口环、轴套和叶轮的表面和密封面。检查转子口环间隙，要求在 0.9～1.5 mm 以内；检查轴跳，最大弯曲的不超过 0.03 mm；泵轴、轴套、径向轴瓦、推力瓦、推力盘、环、推力轴承盖、轴封环、推力瓦保持架、轴承箱检查。

——转子部件解体：均匀加热轴套至 80 ℃左右，利用专用工具拆装轴套。注意：拆除轴套前先标记好驱动端与非驱动端，并且标记轴套的安装方向。加热叶轮外圆至 150～200 ℃，然后加热叶轮轮毂至 250～300 ℃，对叶轮进行拆装。

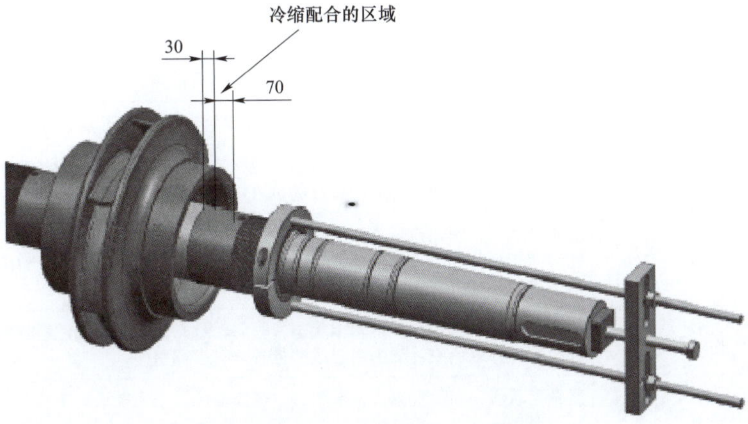

图 352-01-04-100 除示意图

——转子动平衡检查：依据 DIN ISO 1940-1 进行动平衡检查，等级 G=2.5。

——回装驱动端泵盖：将泵盖从驱动端装入到泵壳中，泵盖装入泵壳以后，用 S55 的扳手按照 200 N · m 的力矩对角拧紧螺母，然后利用套头为 55 的液压扳手对角均匀拧紧所有螺母，其中每个螺母根据螺母上的格数标记拧紧 3 格。注意：安装过程中要确认驱动端与非驱动泵盖不能装反，驱动端泵盖口环直径比非驱动端泵盖口环直径大 5 mm；安装翼型密封时短边朝里（压力侧），长边朝外（非压力侧）。

——回装转子部件。

——回装非驱动端泵盖：将泵盖从非驱动端装入到泵壳中，当泵盖通过转子以后，用支架支撑非驱动端延伸出来的假轴，保持转子位于中心位置。拆除悬挂转子的调平装置；泵盖装入泵壳以后，用 S55 的扳手按照 200 N · m 的力矩对角拧紧螺母，然后利用套头为 55 的液压扳手对角均匀拧紧所有螺母，其中每个螺母根据螺母上的格数标记拧紧 3 格。注意：安装翼型密封时短边朝里（压力侧），长边朝外（非压力侧）。

——机械密封回装：用干净的压缩空气对机封进行打压试验，打压压力：1.7 bar，打压时间：5～10 min，观察压降不大于 0.014 MPa 即为打压合格。注意：安装前确认所装机封为驱动端机封，驱动端机封压盖上一般标注有“DE”或者“AS”，从驱动端方向看转向为顺时针；此时不要锁紧机械密封的锁紧盘。

——分中调整：测量泵的总窜 T。在轴头安装百分表，轴向推动泵轴，转子在轴向的总行程为转子半窜 Te，将测量结果 Te 记录在附件表格中，要求半窜 Te 为 $T/2\pm0.5$ mm。若半窜未达到要求，则对推力盘定位环（504.01）的厚度进行调整：若半窜大于上限，则对推力盘定位环加工减薄，加工厚度为 *Te*–*T*/2；若半窜小于下限，则对新领的定位环备件进行加工，新备件的厚度比原有定位环的厚度厚 *T*/2–*Te*。注意：若定位环需要加工，则机加工要求：长度允许偏差在±0.1 mm，表面平行度 0.003 mm，表面粗糙度 Ra1.6。

——轴承箱分中调整：测量调整轴抬。注意：测量轴抬时需要将对立侧轴瓦置于轴承室内。测量驱动端上下轴抬，将轴定位在轴承箱的中间位置，下抬量占总抬量的 50%～55%。

——轴承回装：将轴瓦回装，测量轴瓦间隙；压铅丝法测量轴承紧力。注意：回装上轴承盖时用压铅丝的方法测量轴承盖对轴瓦的压紧量，并进行记录。测量推力瓦间隙值，理论值为 0.35～0.55 mm。

——联轴器回装与对中调整：按照《主给水泵组联轴器对中及紧固件检查》程序要求对耦合器-压力级泵、电机-耦合器、电机-前置泵进行对中调整。注意：对中调整均在泵和电机地脚螺栓紧固完毕的情况下进行。

（6）质量管理

表 352-01-04-47　给水泵维修质量控制点

项目名称	质量管控点
主给水泵组联轴器对中及紧固件检查	对中调整，联轴器间隙
前置泵轴承检查及机械密封更换	联轴器状态、间隙检查，轴承状态、径向轴承、推力轴承间隙检查，油挡间隙、机械密封零部件检查，分中调整，磁力中心线的位置，对中调整
前置泵泵全面解体检查	联轴器状态、间隙检查，轴承状态、径向轴承、推力轴承间隙检查，机械密封零部件检查，叶轮与磨损环状态、间隙检查，泵轴跳动、泵轴、轴套状态检查，分中调整，磁力中心线的位置，对中调整
压力级泵轴承检查及机械密封更换	联轴器状态、间隙检查，轴承状态、径向轴承、推力轴承间隙检查，油挡间隙、机械密封零部件检查，分中调整，磁力中心线的位置，对中调整
压力级泵全面解体检查	联轴器状态、间隙检查，轴承状态、径向轴承、推力轴承间隙检查，机械密封零部件检查，叶轮与磨损环状态、间隙检查，泵轴跳动、泵轴、轴套状态检查，分中调整，磁力中心线的位置，对中调整

（7）经验反馈

1）主给水泵典型故障查找

故障特征	可能原因	行动
泵的流量＜规定值	泵输送时受到过高的压力	进一步打开排放管上的阀门，直至调整到工作点为止
	背压过大	安装较大的叶轮
		检查设备中是否有杂质
	泵或管道没有完全排气或充灌	进行排气和/或充灌液体
	入口管道或叶轮堵塞	排除泵和/或管道中的沉积物
	在管道中形成气穴	改变管道布置
		安装排气阀
	NPSHa 太低（入口处）	校正流体的液位
		全开入口管道的阀门
		如果入口管道的阻力太大，改变入口管道
		检查安装的过滤器
	压力下降速度过快	遵守允许的压力下降速度
	抽吸压头太高	清洗滤芯和入口管道
		调整液位

续表

故障特征	可能原因	行动
泵的流量<规定值	抽吸压头太高	改变入口管道
		检查安装的过滤器
	旋转方向错误	互换电源的两个相位
	速度太低	提高速度
		提高电压
	泵内零件磨损	更换有缺陷的零件
	电动机仅有两个相位运行	更换有问题的熔丝
		检查电源电缆的连接
泵的排放压力>规定值	速度太高	改变叶轮直径
压力 ps<规定值	测量仪表损坏	更换测量仪表
	滤芯中的压差太大	拆卸并清洗滤芯
	入口管道的阀门没有全部打开	打开阀门
	入口压力容器中的压力太低	检查入口压力容器和/或增加压力
压力 pd<规定值	测量仪表损坏	更换测量仪表
	速度太低	检查传动装置
	入口压力太低	检查入口压力和入口压力容器
	泵送的介质温度太低或太高	增加或降低温度
	最小流量系统有缺陷	检查最小流量系统
	轴封有缺陷	如有必要，进行检查或更换
泵组需要过量电源以满足工作需要	轴套上有划痕或粗糙	检查轴套，如必要，进行更换
	密封盖的拧紧不正确	检查
	泵组对中有问题	检查联轴器；如必要，重新对中
	泵翘曲	检查泵的连接及泵的固定情况
	冷却液数量不足	增加冷却液的数量
	冷却液室或冷却器脏	清洗冷却液室和/或冷却器
	循环液流管有故障	检查冷却液；如必要，进行净化/清洗
		增加有效的截面积
	密封间隙上的表面压力太高，缺少润滑剂或循环流体	检查管道，检查安装尺寸
轴承温度上升	轴承有缺陷	检查；如有必要，进行更换
	油量	检查油量；如有必要，加满或更换
	油质	检查
	轴向推力上升	检查泵壳耐磨环，如有必要，进行更换
	泵内部零件磨损	更换有缺陷的零件
	泵的转子不平衡	清洗泵转子
		对泵转子进行平衡
	泵组没有正确对中	检查联轴器，如必要，重新对中
	泵翘曲	检查管道连接及泵的固定情况
	联轴器毂的距离	检查联轴器毂的距离是否与安装图纸一致；如有必要，进行纠正

续表

故障特征	可能原因	行动
泵的温度＞规定值	泵或管道没有完全排气或充灌	进行排气和/或充灌
	NPSHa 太低（入口处）	校正流体的液位
		全开入口管道的阀门
		如果入口管道的阻力太大，改变入口管道
		检查安装的过滤器
	压力下降速度过快	遵守允许的压力下降速度
	流速＜规定值	流速
泵泄漏	O 形圈和/或金属密封面有缺陷	更换 O 形圈和/或对金属密封面进行重新加工
泵的运行有剧烈振动	泵或管道没有完全排气或充灌	进行排气和/或充灌
	NPSHa 太低（入口处）	校正流体的液位
		全开入口管道的阀门
		如果入口管道的阻力太大，改变入口管道
		检查安装的过滤器
	压力下降速度过快	遵守允许的压力下降速度
	泵内部零件磨损	更换有缺陷的零件
	泵的背压比采购订单中规定的要低	通过排放管道上的阀门精确地调整工作点
		如果始终发生过载，需要时调低叶轮
	泵组对中问题	检查联轴器，如有必要，重新对中
	泵翘曲	检查管道连接及泵的固定情况
	油的质量问题	检查
	泵的转子不平衡	清洗泵转子
		对泵转子进行平衡
	轴承有缺陷	更换
	流速＜规定值	流速
在泵和/或管道中有气穴噪声	入口管道损坏	检查入口管道
	入口管道的阀门没有完全打开	打开阀门
	入口压力容器中的压力太低	检查入口压力容器和/或增加压力
	NPSHa/NPSHr 太低	检查入口管道
		改变入口管道
	压力下降速度过快	遵守允许的压力下降速度
	在密封件/阀门/轴封处有空气吸入	检查管道；检查轴封是否泄漏
	泵或管道没有完全排气或充灌	进行排气和/或充灌
传动装置过载	泵内零件磨损	更换有缺陷的零件
	泵的背压比采购订单中规定的要低	通过排放管道上的阀门精确地调整工作点
	泵送介质的密度或黏稠度比采购订单中规定的要高	如果始终发生过载，必要时，调低叶轮
	速度太高	改变叶轮直径
	泵内零件磨损	降低汽轮机或内燃机的速度
	泵翘曲	检查泵的连接及泵的固定情况
	工作电压太低	检查电源电缆的连接
	电动机仅有两个相位运行	更换坏的熔丝
		检查电源电缆的连接

2）主给水泵机械密封循环液异常波动

事件概述：巡盘发现 3 号机组 3 号机组 3 号主给水泵压力级泵驱动端/非驱动端密封循环水温度从 19 点 46 分由 46.271 ℃快速上涨，20:44 分上涨至 53 ℃左右基本稳定，确认主给水泵 C 泵其他参数正常，就地检查无明显异常。

原因分析：

——密封水过滤器部分堵塞，造成密封水循环液节流，进而导致密封循环液温度上涨；

——机械密封动静环磨合。

处理措施：

——切换密封水过滤器；

——合适窗口对机械密封进行解体检查。

3）前置泵侧电机壳体中有油迹

事件概述：某核电厂 3 号机组 2 号主给水泵进行离厂解体检修，发现该电机壳体中有油迹。

检修异常：

——电机靠耦合器侧的泄露管被一颗螺栓堵住；

——耦合器侧内油挡和前置泵侧外侧油挡在垂直方向超标。

原因分析：

主给水泵电机主要由壳体、转子、轴承室、风扇、冷却器几部分组成。

主给水泵电机正常工作时：空气从非驱动端被风扇吸入，通过风扇进入到冷却器中被冷却。导致轴承内侧油挡两边存在一个压差（图中 A、B 两个腔室），为了平衡这个压差，需要将轴承箱底部的吸气孔打开，减少轴承箱中的润滑油通过内油挡进入到电机壳体中。

所以，前置泵侧电机壳体中有油迹的根本原因为：

——轴承箱底部的吸气孔堵塞，内油挡两侧腔室存在压差，导致轴承箱中的润滑油通过内油挡进入到电机壳体中；

——内油挡垂直方向间隙超标，油挡变形导致油泄漏。

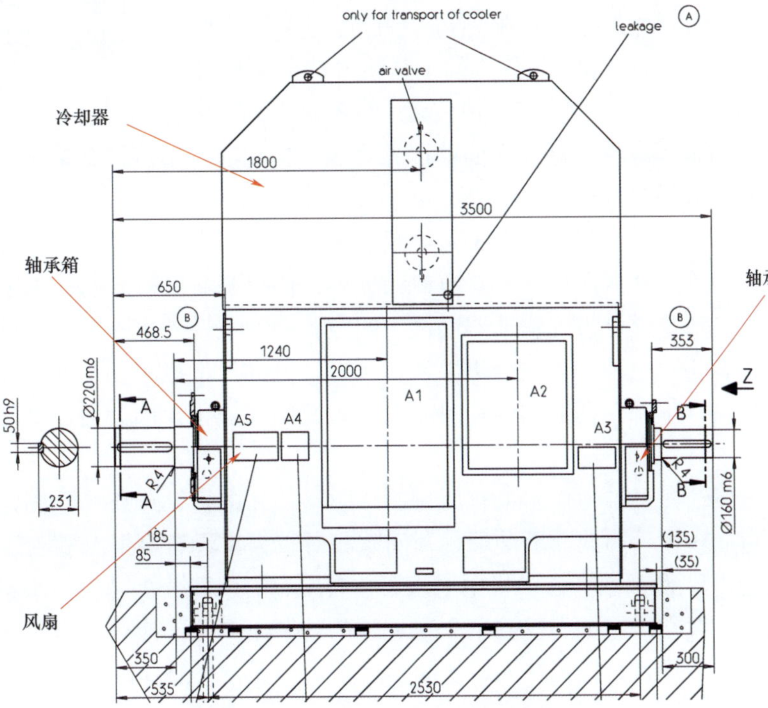

图 352-01-04-101　电机结构示意图

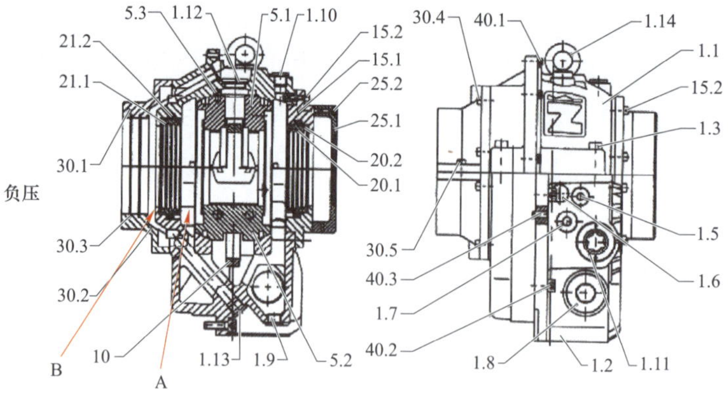

图 352-01-04-102 结构图

4）前置泵驱动端径向轴瓦烧毁

事件概述：

3 号机组 1 号主给水泵前置泵驱动端下部轴瓦温度异常上涨到 89.81 ℃，并快速上涨到 126.9 ℃。经现场确认，为轴瓦真实温度高。切换至 3 号机组 3 号主给水泵运行 2 h 后，3 号机组 3 号主给水泵前置泵驱动端下部轴瓦温度温度从 56 ℃异常上涨，最高温度达到 123 ℃，同时 3 号机组 3 号主给水泵前置泵驱动端上部轴瓦温度温度也异常上涨，最高温度达到 80 ℃。经现场确认，为轴瓦真实温度高。

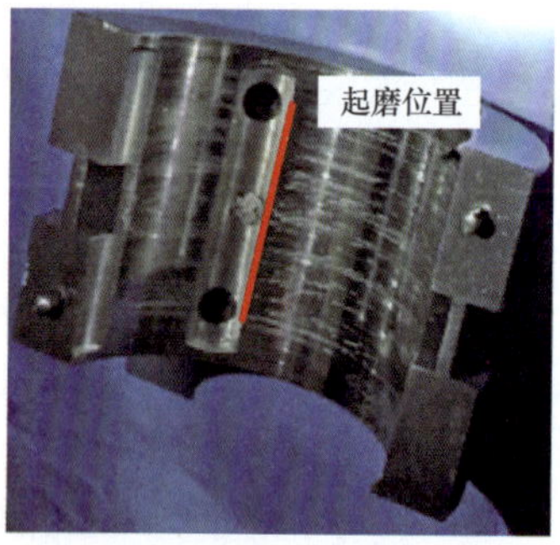

图 352-01-04-103 组 3 号主给水泵前置泵轴瓦磨损情况

检修异常：解体前置泵驱动端径向轴承，发现驱动端下部轴瓦有明显的磨损痕迹，上部轴瓦没有磨损，起磨位置在下部轴瓦进油口。

原因分析：

此次 3 号机组 1 号主给水泵前置泵、3 号机组 3 号主给水泵前置泵轴瓦的部位均为驱动端下部轴瓦，起磨位置均为进油口位置即泵的入口位置。从磨损的外观和特点来看，为面状的接触式磨损，不是颗粒杂质进入后造成的线状磨损，因此可推断磨损过程为：泵对中是在冷态下进行的，热态下泵和管道都有所膨胀，同时泵在运行期间受管道等外力影响，发生了不正常的位移（位移方向为从泵入口指向泵出口），导致运行期间泵轴瓦间隙不均匀，进油口位置（泵入口侧）间隙过小，无法形成正常润滑油油膜，导致泵轴和轴瓦直接发生金属摩擦，轴瓦表面的巴氏合金层被刮起，加剧轴瓦磨损，最终导致轴瓦温度快速升高，与前面几次磨损情况一致：

——从 3 号机组 1 号主给水泵前置泵、3 号机组 3 号主给水泵前置泵发生缺陷后的对中复查情况可以看出：泵在运行期间受到从泵入口指向泵出口的外力，使得泵朝出口方向产生了偏移。

——前置泵轴和电机轴是通过齿式联轴器连接，间隙较小，泵轴基本不动。因此运行过程中，泵体带着轴瓦相对于泵轴有相对位移，方向为沿泵入口到出口方向，造成了轴瓦和轴在泵入口侧的间隙变小。同时由于泵轴自重，下部轴瓦的间隙相对于上部轴瓦间隙较小，因此最小间隙发生在轴瓦和泵轴下部靠入口侧。

——运行过程中，泵轴在泵推力作用下有所弯曲，驱动端和电机轴连在一起固定住，弯曲较小。非驱动端是自由的，弯曲较大，因此非驱动端轴瓦间隙相对较大，没有磨损。驱动端轴瓦有磨损。

综上所述分析认为，导致 3 号机组 1 号主给水泵前置泵、3 号机组 3 号主给水泵前置泵轴瓦温度高的根本原因有可能是：泵在运行期间受到了来自管道的朝泵出口侧的应力，而泵本身没能承受住应力，泵朝出口侧产生偏移，导致泵轴瓦在入口侧间隙过小，轴瓦发生磨损，轴瓦温度快速升高。

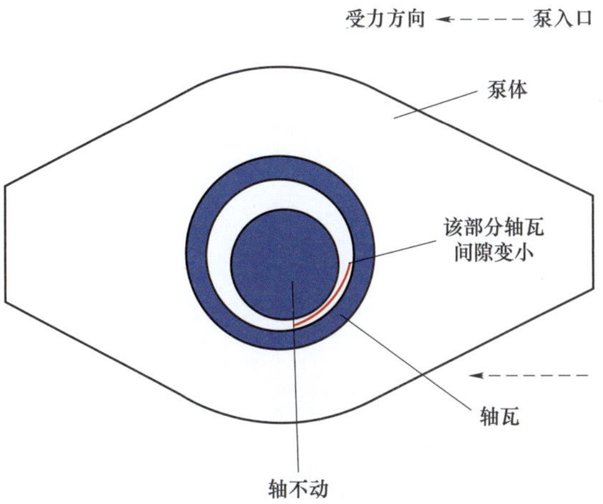

图 352-01-04-104 泵前置泵在管道应力作用下轴瓦间隙变化示意图

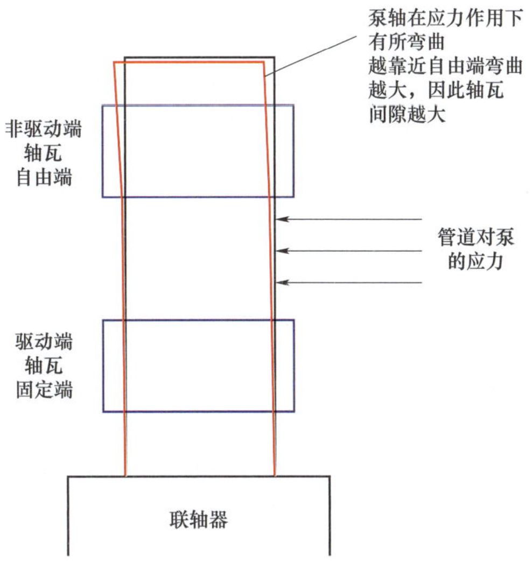

图 352-01-04-105 前置泵轴瓦磨损情况示意图

经测试 3/4 号机组 1 号主给水泵前置泵、2 号主给水泵前置泵的管道载荷，从冷态到热态的过程中，在压力和温度的共同作用下泵的入口和出口管道对泵都是拉力，且出口轴向载荷远大于入口载荷，理论上会拉动泵壳向出口侧偏移。

目前测量出来的轴向力大小比较如下：3 号机组 1 号主给水泵前置泵<3 号机组 2 号主给水泵前置泵<4 号机组 2 号主给水泵前置泵<4 号机组 1 号主给水泵前置泵。3 号机组 1 号主给水泵前置泵的轴向力是最小的，而 3 号机组 1 号主给水泵前置泵出现过轴瓦磨损的情况，说明 3 号机组 1 号主给水泵前置泵 O 轴瓦磨损不是热态到冷态变化过程中管道应力的 Δ 变化值引起的，而是管道初始安装造成的管道应力引起的。

根本处理措施：对 3 号机组 1 号主给水泵前置泵、3 号机组 3 号主给水泵前置泵出口管道进行切割重新安装，消除安装预应力影响。处理方案如下：

——切割前置泵出口管道第一个弯头（弯头 1）。对弯头 1 的焊缝 A 和焊缝 B 进行切割，切割时尽量靠近弯头，以免造成弯头签收直管段管道长度损失。

——将前置泵和电机进行对中调整，对中要求标准±0.03 mm。

——将弯头 1 备件和焊缝 A、焊缝 B 进行组对检查，优先将弯头 1 和焊缝 A 进行组对，然后检查弯头 1 和焊缝 B 的组对情况，可以通过调整弯头 1 和焊缝 A 的组对情况，若无法调整则扩大切割范围进行调整。根据检查情况结果不同，后续处理方案不同。具体不同情况的处理方案如下：

表 352-01-04-48 A 和焊缝 B 的错边检查情况和处理方案

序号	检查情况	处理方案
情况 1	弯头 1 备件和焊缝 A、焊缝 B 的管道内壁的错边量在 2 mm 以内，则说明错边量满足要求	将弯头 1 焊接在前后直管段上，和焊缝 A 和焊缝 B 组对焊接
情况 2	弯头 1 备件和焊缝 A、焊缝 B 的管道内壁的错边量不满足要求，弯头 1 后的直管段（管段 1）过长	切割管段 1，将弯头 1 焊接在前后直管段上，和焊缝 A 和焊缝 B 组对焊接
情况 3	弯头 1 备件和焊缝 A、焊缝 B 的管道内壁的错边量不满足要求，弯头 1 后的直管段（管段 1）过短	切割弯头 2 上游的焊缝 C，准备长度满足要求的管段 1 备件，将管段 1 备件和弯头 1 备件焊接至系统管道上
情况 4	弯头 1 备件和焊缝 A、焊缝 B 的管道内壁的错边量不满足要求，在焊缝 B 处存在水平偏差，偏差距离较小	切割弯头 2 上游的焊缝 C，准备长度满足要求的管段 1 备件，将管段 1 备件和弯头 1 备件焊接至系统管道上
情况 5	弯头 1 备件和焊缝 A、焊缝 B 的管道内壁的错边量不满足要求，在焊缝 B 处存在水平偏差，偏差距离较大	切割弯头 3 下游的焊缝 D，更换从焊缝 A 至焊缝 D 以内的管段和弯头，包括弯头 1、管段 1、弯头 2、管段 2 和弯头 3

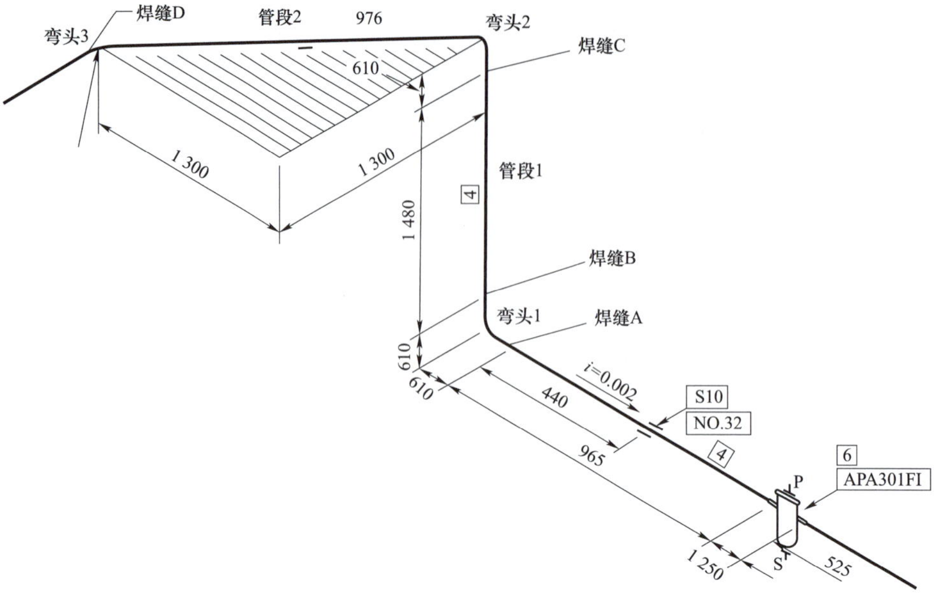

图 352-01-04-106　切割示意图

（8）技术规程清单

表 352-01-04-49　给泵维修规程

序号	规程名称
1	主给水泵组联轴器对中及紧固件检查
2	前置泵轴承检查及机械密封更换
3	前置泵泵全面解体检查
4	压力级泵轴承检查及机械密封更换
5	压力级泵全面解体检查

（9）参考资料

[1] Feed Water PUMPS QINSHAN NPP PHASE EXTENSIONPROJECT OPERATING AND MAINTENANCE MANUAL［R］. 1.Germany.KSB Pumps，2008.

[2]黄鹄. 秦山第二核电厂中级运行培训教材下册[R]. 海盐：核电秦山联营有限公司，2010：94-106.

[3] 韩超. 主给水泵组联轴器对中及紧固件检查［R］. 海盐：中核核电运行管理有限公司，2019.

[4] 韩超. 前置泵轴承检查及机械密封更换［R］. 海盐：中核核电运行管理有限公司，2019.

[5] 韩超. 前置泵泵全面解体检查［R］. 海盐：中核核电运行管理有限公司，2019.

[6] 韩超. 压力级泵轴承检查及机械密封更换［R］. 海盐：中核核电运行管理有限公司，2019.

[7] 韩超. 压力级泵全面解体检查［R］. 海盐：中核核电运行管理有限公司，2019.

4.2.12　核电厂循环水泵

（1）定义

循环水泵为核电厂的关键设备，是循环水系统中主要的转动设备，用以驱动循环水向凝汽器（以保证其一定的真空度以满足发电的需要）、常规岛辅助冷却水系统（以带走常规岛设备运转产生的热量）提供必需的冷却水流量。

正常运行工况下，每台机组的两台循环水泵均以低速方式运行。循环水泵为立式离心泵，由 SEP 水并以 SEA 生水作为备用水源供给轴密封，有橡胶充气密封将轴封隔离可实现维护操作而不需要关闭相应的闸门、阀门和排空水渠，压缩空气由 SAT 系统供给。

（2）范围对象

循环水泵。

（3）结构原理

循环水泵采用的是立式、单级、底部入口混凝土蜗壳离心式设计。每台泵由一部双速鼠笼式感应电动机、通过一台行星减速齿轮箱直接驱动。循环水泵包括七个主要部分：泵壳、基础衬板、电动机基础底板、轴承架、旋转部件、泵轴承、填料函与压盖组件。

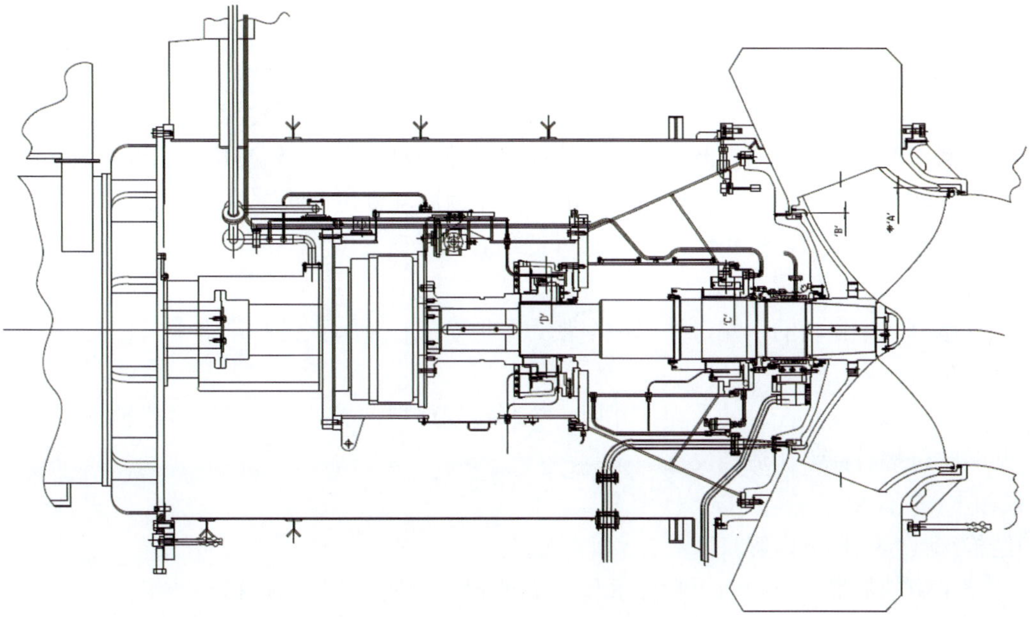

图 352-01-04-107 整体结构图

1）泵壳

泵壳由上壳段与下壳段组成，把它们浆砌在蜗壳范围内的混凝土中，从而在混凝土中形成泵壳。同时，分水角位于壳段之间排水支管与泵蜗壳的接合点。各壳段用螺钉固定在分水角上。

泵壳上壳段靠近泵盖，而泵盖则用螺钉和调整垫片固定在上泵壳上。泵壳与泵盖之间加 O 形环实现密封。在泵盖中心开孔，以便采用填料盒及标准密封函盖装置，防止水沿着轴套漏出。

在泵盖上配置上泵壳耐磨环，而在泵壳的下壳段配置类似耐磨环。这些耐磨环都用内六角头螺钉固定在泵壳及泵盖上，并按叶轮耐磨环的方向定位，以便把叶轮压力侧与负压侧之间的水的再循环减到最小程度。用螺钉把排砂/屑管固定到泵盖上盖段。

2）基础衬板

把预制的基础衬板浇注到泵壳上方的混凝土中，并且用一圈六角头螺钉固定在泵壳上壳段。

3）电动机基础底板

把电动机基础底板浆砌到基础衬板上方的混凝土中。把电动机安装在基础底板顶部。

4）轴承架

把预制的轴承安装在泵盖经过机加工的上法兰上，并用一圈六角头螺钉固定。

把轴上部的推力及轴颈组合轴承封装在位上轴承架上面的一个单独的箱体内。箱体用定位销及双头螺柱和螺母定位并固定在轴承架土。轴底部的下轴颈轴承同样封装在位于轴承架底部的一个单独的箱体内，并用定位销及螺钉固定在轴承架底部。

在轴承架内部所形成的腔室空间，安置润滑油系统的油箱。油室内的油位由量油尺指示。

污水泵位于轴承架底部，以便调节由通过压盖的控制泄漏引起的水位。污水泵由一台一体式浮动开关自动操作。把一台独立的浮动开关接装在轴承支架侧面，用来发出溢流报警信号。

轴承架上开两个口，以便靠近下轴颈轴承进行检查和维护。

5）旋转部件

泵的密封系统由一个密封壳体内三级不同的控制泄漏的密封所组成，其特点是 2 号和 3 号密封的组件位于一个单独的盒芯式组件中就可以一起安装和拆卸。

旋转部件包括：泵轴、叶轮、叶轮螺母及导流锥、轴套、轴承套以及包括轴螺母、键和锁定装置在内的泵半联轴器。用键把单吸式入口闭式叶轮固定到轴的锥形底部端，并用叶轮螺母锁紧。该螺母是由一块位于螺母端部凹槽内的方形定位板固定在轴上，并用偏心定位的内六角螺钉紧固在轴上。导流锥用内六角螺钉固定在叶轮上。在叶轮、轴套与叶轮螺母之间插入 O 形环，同时在叶轮螺母与导流锥之间也插入 O 形环，以防止水浸入。在空心导流锥中充填润滑脂，以便保护各部件。

利用叶轮耐一磨环在泵壳耐一磨环内存在的控制间隙，可限制从叶轮出口侧回到吸入侧的再循环。这种泵壳耐一磨环是固定在下壳段以及泵盖上的。叶轮耐磨环则用凹头定位螺钉固定在叶轮上。

用键把轴套固定在轴上，并用一个套筒螺母把贴靠在开口支承环上的轴套夹紧，而套筒螺母则由内六角头螺钉锁紧在适当位置。

用键把轴承套固定在轴的下端，并用一个张力环把贴靠在轴肩上的轴承套卡紧，而张力环则用定位螺钉和调整垫片紧固在承筒上。

用键把泵半联轴器固定在轴的上端，并用一个联接螺母把贴靠在轴肩上的半联轴器夹紧，而联接螺母则由凹头定位螺钉锁紧在适当位置。

6）泵轴承

泵的结构部件包括以下内容：

用一个在上半端的推力及导向组合轴承和一个在下半端的导向轴承，把旋转组件支承在一个使其正确运转的位置。各个轴承组件都封装在轴承箱内，而轴承箱则固定在轴承架上、下端处的法兰上。

上推力及导向组合轴承包括：作用在泵联轴器/推力盘圆周上用巴氏合金作内衬的轴颈（径向）轴瓦和位于泵联轴器/推力盘下方的轴承箱座上用巴氏合金作内衬的推力盘。把平衡环固定到在泵联轴器/推力盘上半面上方的轴承箱上，以便调节突发的瞬间向上推力。轴承采用油浴润滑，采用使润滑油通过润滑油模件循环的方法冷却轴承。用油泵，把润滑油泵送到轴承箱，再通过底座上的孔，把油排回位于轴承支架上的油箱内。用一个固定在底座上的套筒，把油保留在轴承箱内，该底座向上延伸到泵膜轴承/推力盘内。

下导向轴承包括作用在轴承套圆周上用巴氏合金作内衬的轴颈（径向）轴瓦。轴承采用油浴润滑，采用使水源通过一个内装在轴承箱中的冷油器进行循环的方法冷却轴承。用一个固定在底座上的套筒，把油保留在轴承箱内，而底座延伸到推力盘内。轴承箱内的油位由安装在轴承箱一侧的油位计指示。

7）填料函与压盖组件

轴向剖分式填料函套接到泵盖上，并用螺钉固定。用 O 形环保证泵盖与填料 1 函之间的密封。用定位螺栓及螺母把两半填料函固定在一起，用纸热片保证两半填料函之间的密封。在泵轴穿过填料函处的密封，用标准的填料函盖装置。这种填料函盖装置山一根中分式套环及五圈填料组成，用剖分式压盖压紧。压盖用双头螺柱及螺母固定在填料函上。从外接水源获得干净的轴封水，再在套环处提供给填料一函压盖。

填料函、压盖及套环均沿垂直中心线剖分，以便在该区域的维护。

在填料函填料区下方的泵盖蝶形底封头，装有一个箱体，内含用静止密封盖支持的膨胀密封件，而静密封盖则用内六角螺钉固定在泵盖上。出于维护的目的而要求对密封件充气吹胀时，可使用为此配置的在泵盖内的分接接头。这种分接接头可从蝶形封头内部连通。在对泵压盖进行维护时，用气源对密封件充气增压，使之膨胀到叶轮的轮毂上，以防从已溢出的泵向上方泄漏。在正常运行条件下，放气后瘪塌的密封件并不会碰到叶轮轮毂，因而也不会在泵运行时使密封件受到磨损。

经过泵的填料压盖泄漏出的清水积聚在泵盖的凹陷处，利用疏水泵可将积水从该处排掉。用一个整体式安装的浮动开关控制疏水泵的动作。

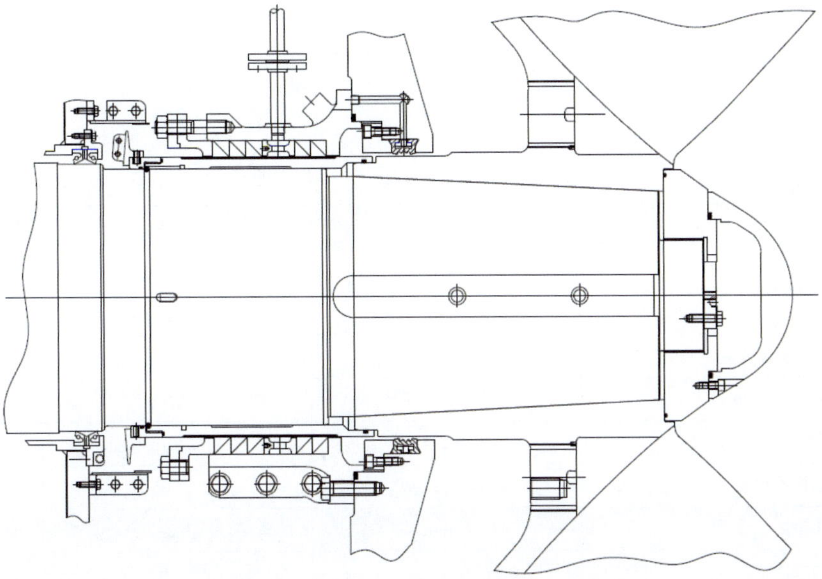

图 352-01-04-108 填料函结构图

（4）指标和参数

1）循环水泵启动条件

——鼓形滤网以低速投入运行至少 5 min；

——虹吸破坏阀都在关闭位置；

——润滑油温不小于 10 ℃；

——润滑油压＞1.3 bar；

——无维修密封充气的压力信号；

——无泵轴承冷却水流量低信号；

——无电机冷却水流量低信号。

2）泵设计数据

表 352-01-04-50 环水泵参数表

型号	CR1QLO
级数	1
泵级液体	海水
进口温度/℃	0～33.2
比重	1.03
旋转方向，从驱动装置朝泵看去	顺时针方向

续表

工况规定	夏季	春/秋季	冬季
流量（率）/（m^3/h）	19	18	14
压差（规定值）/m	19.18	18.19	15.08
压差（实际值）/m	19.18	20.82	15.39
NPSHR（净正吸入压头）/m	10.0	9.7	6.4
工作时吸收功率/kW	4156	4197	2436
泵转速/（r/min）	248	248	206
效率/%	89.5	91.0	90.0

3）报警及跳闸条件

表 352-01-04-51　水泵报警及跳闸条件

监测参数	正常值	报警值	跳机值
下部径向轴承温度/℃	＜90	90	95
上部径向轴承温度/℃	＜90	90	95
推力轴承温度/℃	＜90	90	95
上部轴承振动/（mm/s）	＜8	12	N/A
冷却水流量/（L/min）	＞570	＜570l	N/A
上部油箱油位/m	高于 min 线	＜0.55	N/A
下部油箱油位/m	高于 min 线	＜0.227	N/A
润滑油温度/℃	＞10	＜10	N/A
润滑油压力	泵正常运行时，润滑油压约大于 2.0 bar；润滑油压大于 1.8 bar 时，允许停运电动辅助油泵；润滑油压大于 1.6 bar 时，允许启动循环水泵；润滑油压小于 1.3 bar 时，必须启动电动辅助油泵；润滑油压小于 1.0 bar 时，必须停运循环水泵		

（5）维修技术要求

1）预防性维修项目

表 352-01-04-52　水泵维修项目内容与周期

项目名称	项目周期（1C 为 1 个燃料循环）
海水循环泵定期检查及叶轮处理	1C
海水循环泵全面解体检查	2C

2）海水循环泵定期查及叶轮处理

海水循环泵定期查及叶轮处理项目为大修常规检查项目，检修间隔值为 1C，主要对叶轮进行更换、上下推力轴承与径向轴瓦检查、下部径向轴瓦检查等。

——电动机拆除：电动机检修平台与爬梯拆除，拆开齿轮箱/电动机联轴器，将电动机吊运至电动机支撑上。

——泵芯拆除：打开循泵出口管道检修人孔盖板（做好人员和物品的进出登记），用塞尺测量泵体下部口环和壳体口环的间隙；拆下将泵芯固定到内装泵壳上的定位螺钉，泵芯吊运至泵芯支撑上。

——泵叶轮拆除：吊运叶轮专用拆装工具至泵支撑下方，将叶轮导流锥拆除，利用叶轮螺纹保护套孔使用叶轮专用拆装工具将叶轮从泵轴上拆除。注意：拆卸叶轮时，专用工具的液压油泵压力不要超过 50 bar。

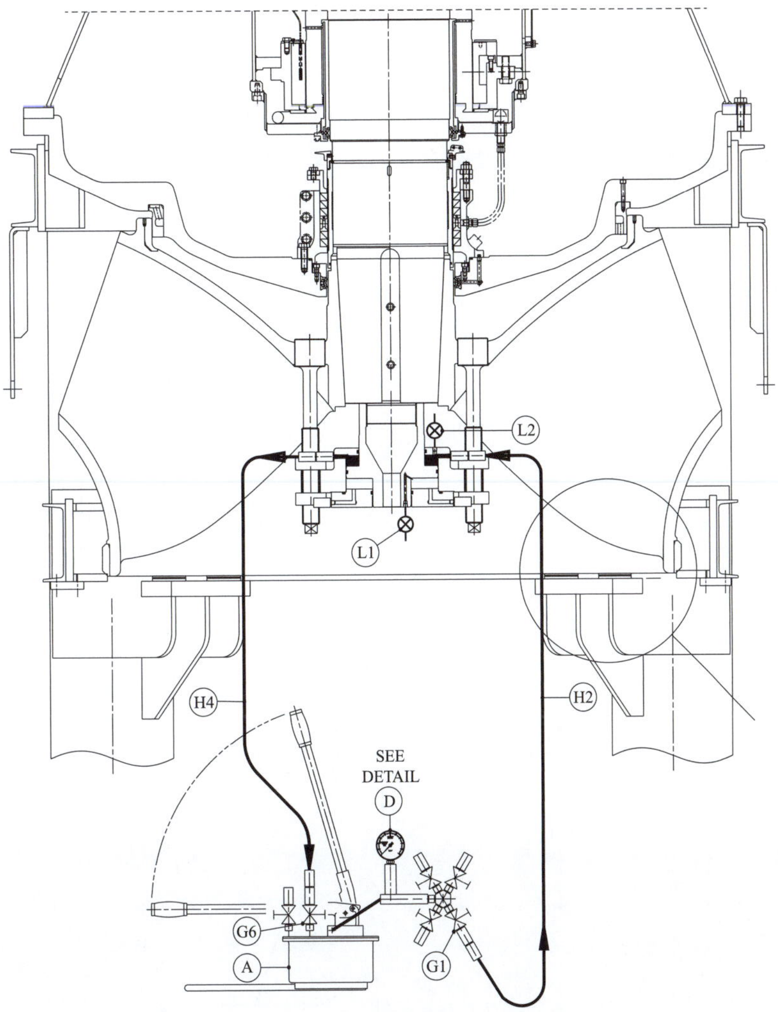

图 352-01-04-109　示意图

——轴套检查：将填料函中的上三层填料环，对分的水分环及下两层填料取出；将泵芯吊出泵盖；目视检查轴套表面磨损状况，若磨损较大需更换轴套。

——检查径向轴瓦、推力轴瓦：复测轴瓦间隙，确认轴瓦、推力盘无磨损、点坑、腐蚀等缺陷。注意：轴瓦运行后巴氏合金表面会些许暗淡，但这个现象不影响瓦块使用。巴氏合金表面在旋转方向也可能有一些划痕，少量的这类痕迹不影响拆下的瓦块继续使用，但如果划痕严重，必须更换瓦块。

——零部件清理检查修复：叶轮与耐磨环检查确认叶轮与耐磨环间隙合格，轴与轴套检查确认轴与轴套无磨损，充气密封检查确认充气密封保压合格及其他零部件检查。

——安装轴套：如果第 4 步检查发现轴套需要更换，则进行此步骤；若没有更换，跳过此步骤。

——安装填料与分水环：将填料事先切好并做好成型环，切口与轴线成 45° 并与周表面垂直，检查所有填料长度和接头状况符合安装要求；安装之前，将整个填料环浸入水中 5 min。对装入新的填料环并将它推至填料函底并预压一下（防止填料全部安装完成后无法压缩），但不应过度压缩。

——安装叶轮：利用叶轮螺纹保护套孔使用叶轮专用拆装工具将叶轮安装至泵轴上。安装叶轮时，专用工具的液压油泵压力不要超过 88 bar，安装叶轮导流锥至叶轮螺母上。

——安装泵芯：移动泵芯到进口并小心地将组件放入泵壳，确保不损坏底部叶轮和外壳防磨环，并正确地径向布置所有连接；调整叶轮下部口环和泵壳下部口环之间的间隙，使得圆周四点间隙相等，然后将泵转子部件向出口方向侧顶（0.7～0.8 mm），用定位螺钉将泵盖固定在泵壳上并重新关上人孔。

——安装电动机：将电动机吊离支撑并安装至基础底板法兰上。

3）海水循环泵全面解体检查

海水循环泵定期查及叶轮处理项目为大修常规检查项目，检修间隔值为 2C，主要对叶轮进行更换、上下推力轴承与径向轴瓦检查、下部径向轴瓦检查、齿轮内部组件检查等。

——电动机拆除：电动机检修平台与爬梯拆除，拆开齿轮箱/电动机联轴器，将电动机吊运至电动机支撑上。

——齿轮箱拆除：拆除泵联轴器的螺栓和锁定板，拔出定位销；安装好起吊装置，将齿轮内部组件从齿轮箱架中吊运至合适存位置。

——齿轮内部组件拆卸：确认齿轮与齿轮环的状态良好。

——泵芯拆除：打开循泵出口管道检修人孔盖板（做好人员和物品的进出登记），用塞尺测量泵体下部口环和壳体口环的间隙；拆下将泵芯固定到内装泵壳上的定位螺钉，泵芯吊运至泵芯支撑上。

——泵叶轮拆除：吊运叶轮专用拆装工具至泵支撑下方，将叶轮导流锥拆除，利用叶轮螺纹保护套孔使用叶轮专用拆装工具将叶轮从泵轴上拆除。拆卸叶轮时，专用工具的液压油泵压力不要超过 50 bar。

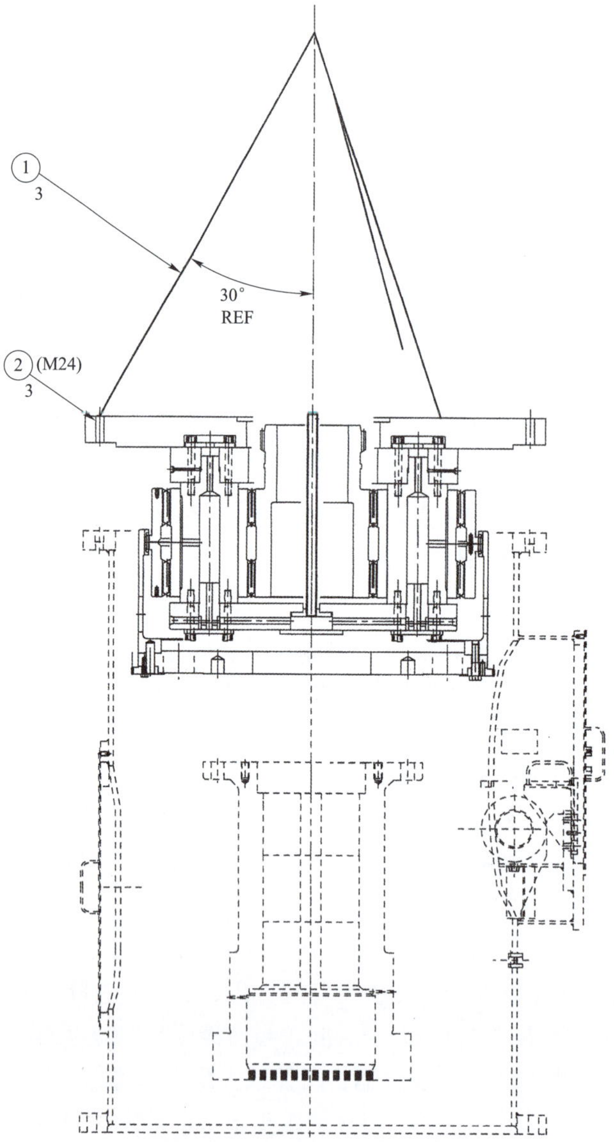

图 352-01-04-110 起吊示意图

——轴套检查：将填料函中的上三层填料环，对分的水分环及下两层填料取出，将泵芯吊出泵盖，目视检查轴套表面磨损状况，若磨损较大需更换轴套。

——检查径向轴瓦、推力轴瓦：复测轴瓦间隙，确认轴瓦、推力盘无磨损、点坑、腐蚀等缺陷。轴瓦运行后巴氏合金表面会些许暗淡，但不影响瓦块使用。巴氏合金表面在旋转方向也可能有一些划痕，少量的这类痕迹不影响拆下的瓦块继续使用，但如果划痕严重，必须更换瓦块。

——零部件清理检查修复：叶轮与耐磨环检查确认叶轮与耐磨环间隙合格，轴与轴套检查确认轴与轴套无磨损，充气密封检查确认充气密封保压合格及其他零部件检查。

——安装轴套：如果第 4 步检查发现轴套需要更换，则进行此步骤。若没有更换，跳过此步骤。

——安装填料与分水环：将填料事先切好并做好成型环，切口与轴线成 45° 并与周表面垂直，检查所有填料长度和接头状况符合安装要求；安装之前，将整个填料环浸入水中 5 min。对装入新的填料环并将它推至填料函底并预压一下（防止填料全部安装完成后无法压缩），但不应过度压缩。

——安装叶轮：利用叶轮螺纹保护套孔使用叶轮专用拆装工具将叶轮安装至泵轴上。注意：安装叶轮时，专用工具的液压油泵压力不要超过 88 bar。安装叶轮导流锥至叶轮螺母上。

——安装泵芯：移动泵芯到进口并小心地将组件放入泵壳，确保不损坏底部叶轮和外壳防磨环，并正确地径向布置所有连接；调整叶轮下部口环和泵壳下部口环之间的间隙，使得圆周四点间隙相等，然后将泵转子部件向出口方向侧顶（0.7～0.8 mm），用定位螺钉将泵盖固定在泵壳上并重新关上人孔。

——安装齿轮箱内部组件：注意所有零件的清洁度最重要。确保所有配合表面、法兰、轴承、轴承表面和齿表面是清洁的没有任何毛刺、撞印和毛边。

——齿轮箱架与泵对中：泵轴联轴器的同心度和端面跳动应该在 0.050 mm 范围内，调整齿轮箱齿轮架的位置同心度 0.050 mm 范围内、端面跳动在 0.100 mm 范围内。

——安装电动机并对中：将电动机吊离支撑并安装至基础底板法兰上。确认联轴器轮毂的同心度和平行度在 0.025 mm 范围内，调整电动机的位置同心度与平行度在 0.050 mm 范围内。

（6）质量管理

表 352-01-04-53　水循环水泵维修质量控制点

项目名称	质量管控点
海水循环泵定期检查及叶轮处理	修前泵体下部口环间隙测量、轴套磨损检查、轴瓦外观和安装间隙检查、新叶轮和耐磨环间隙检查、充气密封检查、叶轮安装、填料安装、水力部件回装前检查清理开口处异物、泵上部口环间隙检查、水泵和电动机对中调整
海水循环泵全面解体检查	修前泵体下部口环间隙测量、轴套磨损检查、、轴瓦外观和安装间隙检查、新叶轮和耐磨环间隙检查、充气密封检查、叶轮安装、填料安装、水力部件回装前检查清理开口处异物、齿轮箱内部组件组装、齿轮箱支座和泵对中调整、电动机和齿轮箱支座对中调整

（7）经验反馈

1）循环水泵典型故障查找

表 352-01-04-54　水循环水泵维修故障查找表

故障特征	可能原因	行动
泵组无法启动	驱动电动机失效	检查电动机
	电气故障	检查电源
	泵组处于跳闸状态	确定原因，纠正并使跳闸复
	泵组内咬死	脱开传动联轴器，用手在联轴器处转动元件，找出咬死的位置。必要时进行修正
泵的性能低	泵未达到全速	检查电动机的运行
	驱动电动机或电源故障	检查电动机及电源

续表

故障特征	可能原因	行动
泵的性能低	旋转方向错误	检查旋转方向
	泵内部零件磨损过度	拆开泵，检查内部零件
	泵的吸入口堵塞	检查吸入口情况
	泵的排放阀未完全打开	检查阀门位置
泵轴承过热	润滑油不足或受污	检查润滑油系统以及油样
	润滑油等级不正确	检查油的等级
	通向冷油器的冷却水源不足	检查冷却水源
	轴承磨损或不对中	检测轴承
	泵与电机不对中	检查对中情况
填料压盖密封过热	填料压盖螺母拧紧过紧	拧松填料压盖螺母，直到保持受控泄漏
注意：长期或过度的过热可能会永久性损坏压盖填料，必需更换填料		
	通向填料压盖的冷却水源不足	检查冷却水源
填料压盖处的过度泄漏	填料压盖螺母松动	拧紧填料压盖螺母，直至维持只有轻微的受控泄漏
	压盖填料磨损	更换压盖填料
过大的噪声和/或过度振动	泵处于干转状态	立即停止泵运转，检查吸入口情况
	汽蚀	检查吸入系统
	泵组不对中	检查对中情况
	轴承磨损或不对中	检测轴承
	泵内部间隙过大	检查间隙情况
	旋转组件不平衡	确定引起故障的泵内部组件，检查旋转部分的动平衡
	地脚螺栓松动	检查螺栓，必要时拧紧
	联轴器螺栓松动	检查联轴器

2）循环水泵轴封注水管堵塞

循环泵轴封注水金属管经常发生因管道内部锈蚀堵塞，使海水循环水泵盘根失去轴封注入水，导致盘根异常磨损，进而引起盘根泄漏大，使泥沙向上泛入盘根腔室内，形成恶性循环，造成盘根进一步磨损加剧，降低其使用寿命，对海水循环泵的安全稳定运行造成隐患。

解决方案：

——将现场轴封注水金属管改为高压橡胶软管；

——在轴封注入水表下游管道安装三通，分别引出两路轴封注入水管，并每路分别安装阀门，阀门后连接高压软管，每路轴封管通往盘根腔室的入口处分别安装阀门，阀门上游安装三通，分别连接阀门、软管和丝堵，必要时可通过丝堵检查轴封注入水情况。即将现场 SEP 轴封注入水管由一路改为并联的两路，正常运行期间保证一路投用，另一路备用。

3）循环水泵盘根压盖压板及螺栓断裂

循环水泵的轴封采用盘根密封，填料函通过螺栓安装到泵盖上，填料函中间安装分水环提供润滑冷却水，盘根分布在分水环上部三道、下部两道，提供两路轴封水进行润滑，正常运行期间保证一路投用，另一路备用。

循环水泵的盘根压盖（材质为 BS3468 S2W）为剖分对开结构，上部安装有同样对开结构的压板（材质为 316S31），将其连成一个整体，通过均布的 4 颗压盖固定及调整螺栓（M20×120）将压盖固定在填料函上，可通过紧固调整螺栓的螺母对盘根泄漏量进行调整。

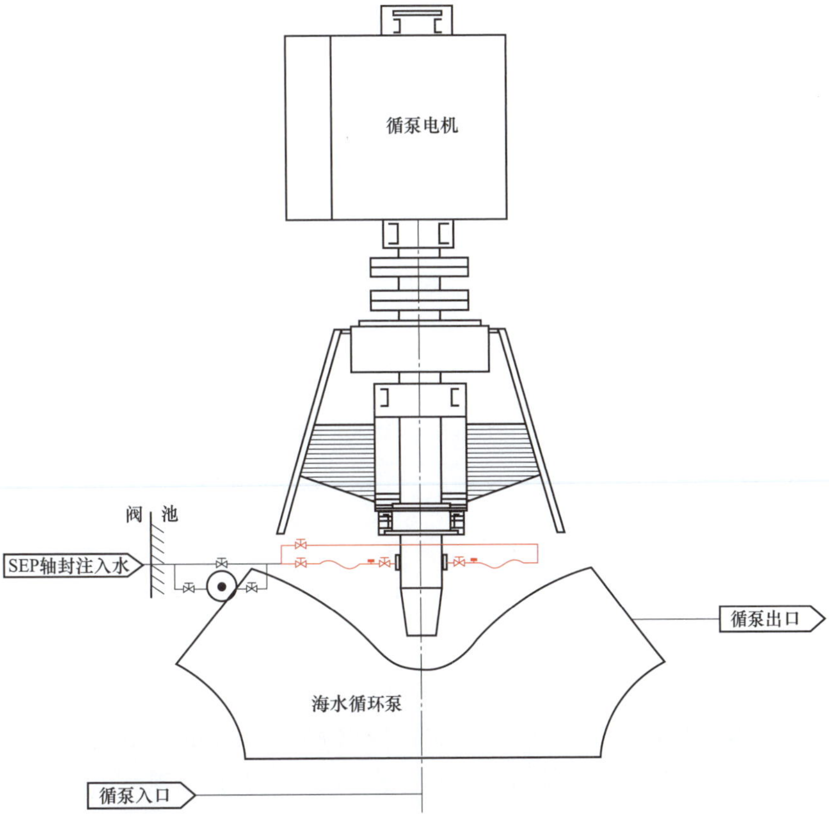

图 352-01-04-111　轴封水变更示意图

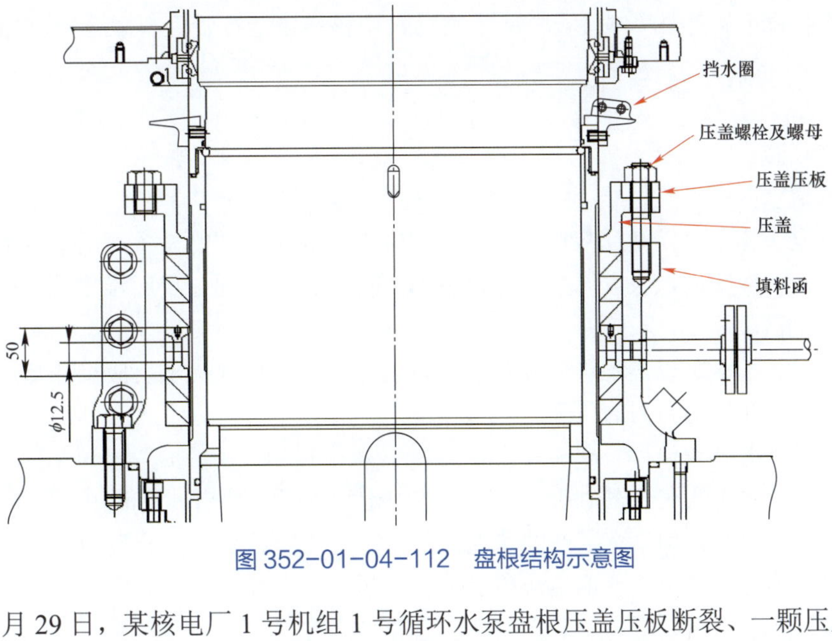

图 352-01-04-112　盘根结构示意图

2018 年 6 月 29 日，某核电厂 1 号机组 1 号循环水泵盘根压盖压板断裂、一颗压盖调整螺栓断裂，此处盘根压盖上移，压盖上移位置部分盘根已移出填料函，压盖上移至与挡水圈接触，挡水圈一侧的固定螺栓脱落，挡水圈被上移的压盖顶在下油箱底部。

原因分析：

——在泄漏流体压力的作用下，盘根会产生一个沿轴向变化的应力，同时旋转的泵轴将会对盘根产生一个周期性变化的载荷，盘根会产生一个周期性变化的应力，这两种力均可以传递给盘根压盖螺栓，使得盘根压盖螺栓承受交变载荷。

——盘根压板为剖分对开式结构，每个半分的压板上均开有 2 个顶丝孔（现场实际拆装该压板并不困难）。对断裂的盘根压板进行目视检查，发现断口的位置位于顶丝孔处，确认该顶丝孔处产生应力集中，且减小压板的横截面积。

应对措施：

——盘根压板取消顶丝孔，消除应力集中并增大截面积；

——盘根压盖紧固螺栓为 M20×120（上部螺纹长度 70 mm），螺母初始安装位置螺纹仅能露出 2 扣左右，螺母容易松动。将双头螺栓改为 M20×140（上部螺纹长度 90 mm）。安装两个螺母，泄漏量调整合格后将螺母备紧。

（8）技术规程清单

表 352-01-04-55　循环水泵维修规程

序号	规程名称
1	海水循环泵定期检查及叶轮处理
2	海水循环泵全面解体检查

（9）参考资料

[1] CONCRETE VOLUTE C.W.PUMPS QINSHAN NPP PHASE EXTENSIONPROJECT OPERATING AND MAINTENANCE MANUAL [R]. 1.UK.Clyde Pumps，2011.

[2] 黄鹄. 秦山第二核电厂中级运行培训教材下册 [R]. 海盐：核电秦山联营有限公司，2010：134-137.

[3] 韩超. 海水循环泵定期查及叶轮处理 [R]. 海盐：中核核电运行管理有限公司，2019.

[4] 韩超. 海水循环泵全面解体检查 [R]. 海盐：中核核电运行管理有限公司，2018.

4.3　适用于“华龙一号”泵技术要求

4.3.1　反应堆冷却剂泵

（1）定义和术语

反应堆冷却剂泵又称主泵，是反应堆冷却剂系统中唯一高速旋转的设备，用于驱动高温高压、具有放射性的冷却剂，使冷却剂以很大流量（每台泵约 23 790 m^3/h）通过反应堆堆芯，把堆芯中产生的热量传送给蒸汽发生器。

反应堆冷却剂泵按输送足以满足堆芯冷却的流量设计。泵扬程取决于反应堆冷却剂环路（反应堆压力容器、蒸汽发生器和管道）内的压降。

泵的电动机按以下考虑设计：

——最频繁的运行方式是在热态中运行，在冷态中运行限于电站启动期间；

——泵电动机转子组件必须具有足够的惯性，以便在由于电站断电引起反应堆紧急停堆时，能帮助建立自然循环冷却堆芯而避免出现偏离泡核沸腾。

（2）范围对象

RCS001PO、RCS002PO、RCS003PO。

（3）结构原理

福清核电 5/6 号机组采用安德里茨设计的三轴承轴封立式轴流主泵，该泵组由电机、水力部件和辅助系统等组成。通过电机、转子、导叶完成电能、转子机械能、流体动能和势能间的转化，从而提供维持一回路冷却剂循环所需的流量和扬程。冷却剂流动方向为竖直底吸，水平侧排。

电机以外的主泵部件按功能、结构又细分为叶轮、泵轴、轴封等 21 个组件，详见图 2 及表 1。

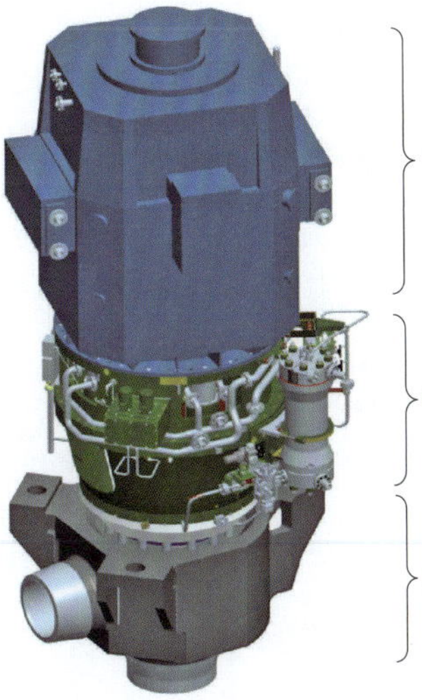

图 352-01-04-113 主泵示意图

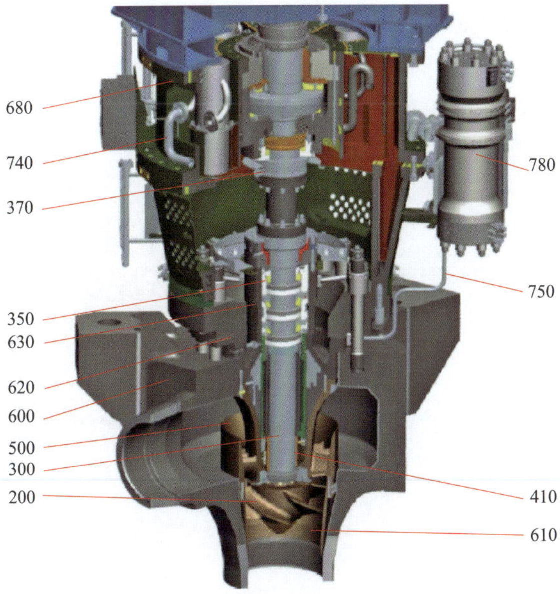

图 352-01-04-114 主泵主要部件

表 352-01-04-56 主泵主要部件

编号	名称	编号	名称
200	叶轮	670	支撑管
300	泵轴	680	电机支座
350	轴封	700	电机供应
370	油封	720	冷却水
410	下导轴承	730	再循环管线
450	径向轴承	740	水管线
500	导叶	750	氮气密封管线
600	泵壳	760	悬液分离器
610	叶轮罩	780	高压冷却器
620	隔热体	790	支撑
630	密封室		

1）水力部件

——叶轮：

叶轮是机械能从泵轴传递到冷却剂的核心部件，主泵叶轮包含 5 个叶片，材质为 1.431 3 镍基高温不锈钢。叶轮是水力特性的决定性部件之一，其几何形状设计由设计计算和模型试验确定。制造过程中整体锻造后通过五轴联动加工中心加工而成，经过三坐标/关节臂检测和动平衡试验来保证水力特性和运行特性与设计相符。

图 352-01-04-115 主泵叶轮

由于一回路水温较高，所以叶轮与泵轴为柔性紧固，设计上充分考虑热膨胀因素。叶轮通过叶轮螺栓和叶轮螺母以拉伸的方式紧固在泵轴上，叶轮轮毂帽通过螺栓和锁片固定在叶轮上。叶轮背面设计了 8 个径向销来传递转矩，同时可保证叶轮与泵轴在不同热膨胀情况下的定心精度。

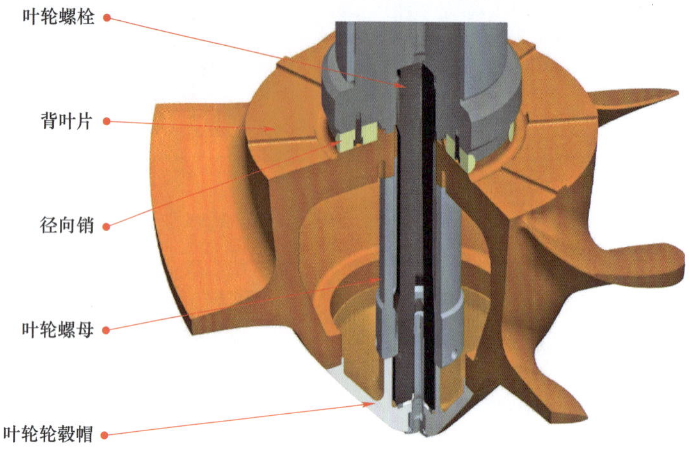

图 352-01-04-116 叶轮示意图

叶轮背部有 8 个背叶片，辅助形成再循环工况轴封注水取水点的高压区，进而通过压差建立轴封再循环注水。背叶片大约可升压 0.6 MPa。

为避免叶轮汽蚀，要求主泵启动压力大于 2.4 MPa，并在整个运转期间都在汽蚀曲线范围（大刀图）上运行。

——叶轮罩：

叶轮罩位于叶轮外侧，起到入口导流和提高泵组效率的作用。

叶轮罩与叶轮配合间隙较小，可以减少叶轮前后压差带来的流量损失。该间隙在出厂前的首次装配过程中通过加工叶轮罩高度来调整，停运状态间隙约 0.6～0.8 mm，运行状态间隙约 1.1 mm。叶轮罩外侧也设置两道金属 T 形密封环，减小泵壳出口高压区向入口低压区的流量损失。

——主泵泵壳：

主泵泵壳是一回路承压边界的一部分，通过安全端与主管道焊接。泵壳母材为 SA508M Grade3 Class1 马氏体不锈钢，内壁堆焊 309L、308L 不锈钢，安全端采用 RCC-M M-3301，Z2CND18-12 控碳不锈钢。

泵盖通过主螺栓将密封室法兰压紧在泵壳密封面上，通过 2 道静密封形成一回路压力边界的一部分，2 道静密封之间设有泄漏监测装置。

泵壳与墙体之间安装 3 个水平方向阻尼器，并由 3 个泵腿提供垂直支撑，这种设计方式可以有效平衡管道热变形和位移。

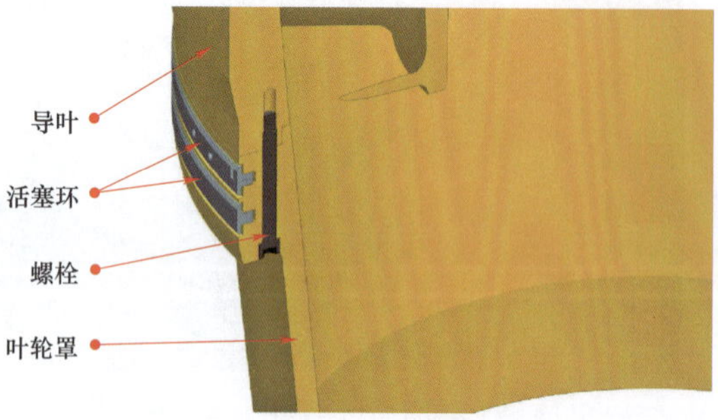

图 352-01-04-117 叶轮罩示意图

图 352-01-04-118 泵壳制造

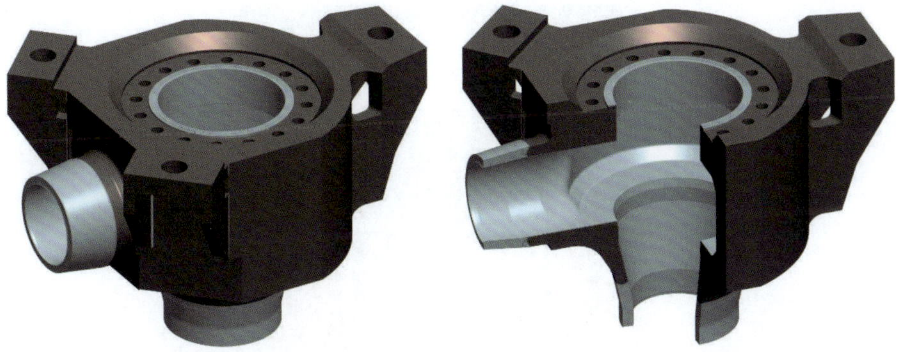

图 352-01-04-119 泵壳示意图

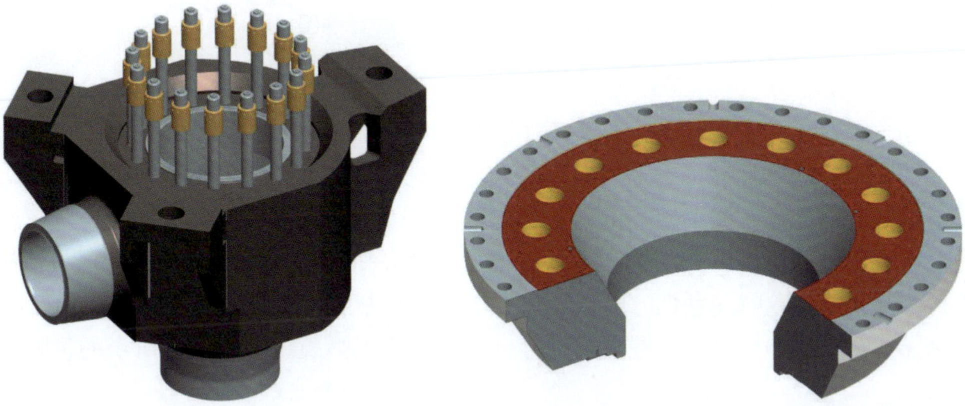

图 352-01-04-120 泵盖与主螺栓示意图

——导叶：

导叶起到导流、稳压、能力转化作用。其承受高强度的液力矩，将流体环向流转变为轴向流，降低流速来实现动能向压能转化。导叶共包含 14 个叶片，配合 5 叶片叶轮，避免产生水力共振。导叶通过螺栓与密封室、叶轮罩配合，内部安装有隔热体组件、折流管组件等。同时导叶还为叶轮罩、下导轴承等提供结构支撑。

导叶同为整体锻造后数铣而成。导叶过流表面中的车削表面还经过辊压形成低粗糙度、高强度的表面，避免应力集中。其他过流表面，如叶片及叶片之间区域，采用喷丸处理，因此检修过程中尤其应注意对导叶过流部位的防护，避免磕碰。

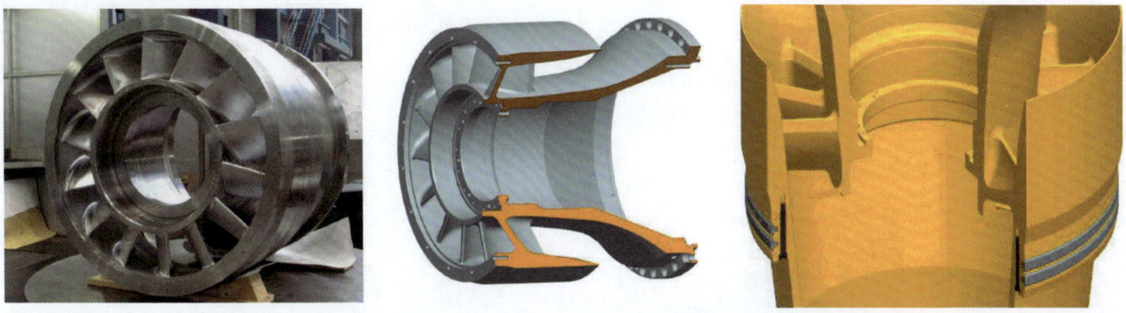

图 352-01-04-121 泵盖与主螺栓示意图

——隔热体：

隔热体由上下两半厚重的低导热系数不锈钢组成，起到隔绝一回路热量的作用，使泵内部件、泵轴、三级轴封、下导轴承等保持合适的低温工作环境。

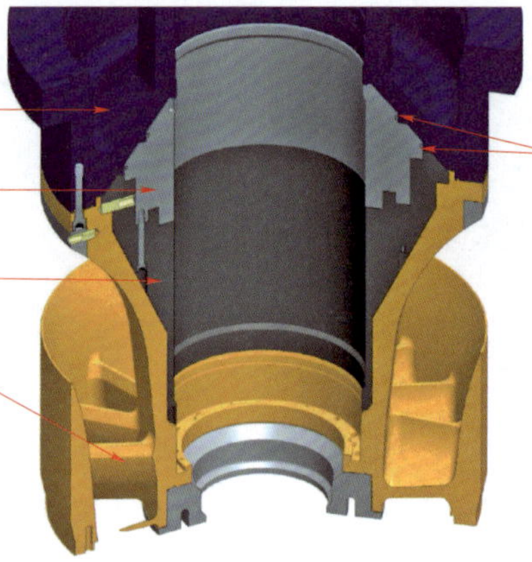

图 352-01-04-122　隔热体示意图

——泵转子：

主泵轴系包含泵转子和电机转子，泵转子由叶轮轮毂帽、叶轮螺栓及螺母、叶轮、泵轴、轴套、机械密封动部件、下半联轴器、可拆轴和上半联轴器组成。能量和转矩的通过各轴系部件之间的键、销，逐级从电机向叶轮传递。整个轴系由 3 个径向轴承和 1 个双向推力轴承支撑。

泵轴与电机轴通过三段可拆式刚性联轴器连接，传递高扭矩的同时保证不拆卸电机情况下停车密封、机械密封、油密封的检修便利性。与福清核电 1～4 号机组主泵相比，福清核电 5、6 号机组主泵联轴器与转轴在配合设计和定位销布置方式进行了改进，降低拆装过程配合面研伤的风险。

图 352-01-04-123　主泵转子示意图

泵轴表面装有圆筒薄壁轴承套，轴套下部和水润滑导轴承形成摩擦副，避免泵轴表面磨损和下导轴承故障时更换整个泵轴。轴套与下导轴承配合表面使用辊压工艺形成硬化层，提高强度。轴套由顶部的旋转弹簧板压紧在泵轴轴肩上，从而保证轴向定位，该弹性部件同时起到压紧和补偿作用。泵轴与轴套通过 1 个平键连接，泵轴转动时，依靠键来带动轴套转动。

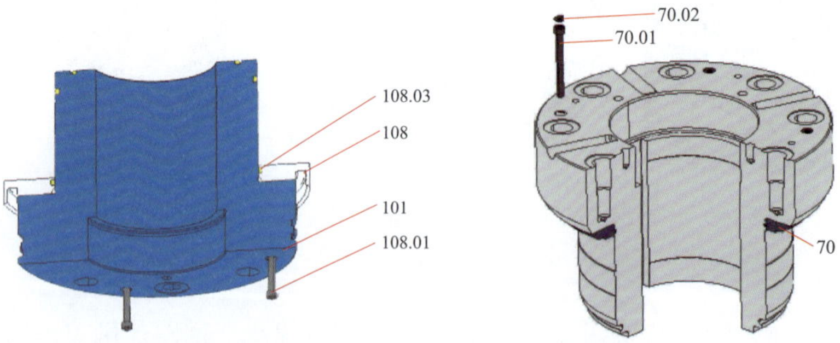

图 352-01-04-124　联轴器组件示意图

70–停车密封环 70.01–内六角螺栓；70.02–锁片；101–上半联轴器；108–飞溅环；108. 1–内六角螺栓；108.03–O 形圈

——下导轴承：

下导轴承是泵转子的两个径向轴承之一，对泵轴下部径向支撑和限位。主要由石墨导轴承、轴承室、轴承导环、定心块及紧固件组成。导轴承采用圆柱形套筒结构，石墨导轴承通过热装方式嵌入轴承室，在高温工况仍具有足够强度。8 个定心块通过螺栓和销固定在轴承导环上，与轴承室外侧的 8 个开槽一一配对，可以保证轴承在受热时径向均匀膨胀，保持与泵轴的均匀间隙。定心块与配对槽的表面 均对焊硬质合金，增加耐磨性。轴承室通过 8 个径向销与下支撑管配合定位，轴承导环通过螺栓固定在导叶下部。下支撑管与下隔热体之间有一道活塞环密封，从而使轴承冷却水可通过下支撑管上的开孔进入轴承配合间隙。

图 352-01-04-125 轴套

下导轴承为水润滑轴承，由轴封注入水冷却和润滑，可以承受干摩擦以及一回路高温。轴承与轴套的正常设计间隙约为 0.5～0.6 mm，当长期运行间隙超过 0.65 mm 时需更换下导轴承。该下导轴承选型源于四轴承结构主泵，对于三轴承结构主泵的刚性轴，在较大的间隙情况下，泵轴振动会明显受到水流涡动的影响，频谱上表现为 10～12 Hz 分量。

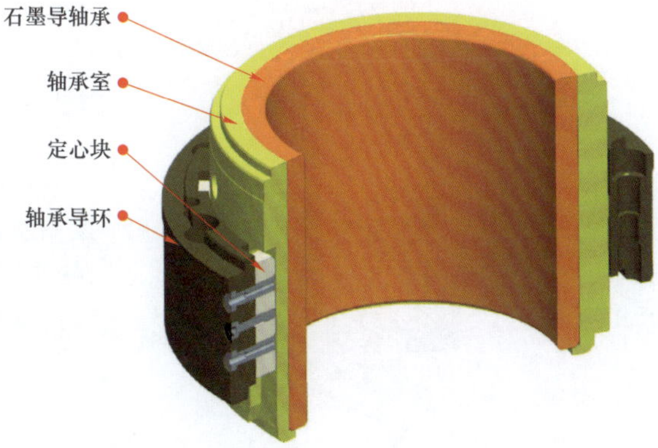

图 352-01-04-126 下导轴承组件示意图

——折流管组件：

折流管组件由上支撑管、下支撑管、内折流管、外折流管等部件形成曲折流道，其主要功能有以下几项。

- 下导轴承轴向定位；
- 下导轴承冷却水导流；
- 轴封水丧失时，延缓一回路高温水返流导致轴封温度上升的速率。

——密封室：

密封室组件为一回路压力边界的一部分。主泵三级轴封安装在密封室内，密封室盖位于密封系统上部并起到固定停车密封的作用，密封室与密封室盖之间有一道 O 形圈密封。

密封室与外部有大量接口，包括轴封注水、轴封再循环管线、高低压泄漏、氮气供应、泵壳静密封泄漏、三级密封测压、首级密封测温等。

2）泵轴密封

主泵为一回路承压边界，泵轴密封系统防止放射性向环境释放，主要包括三级机械密封、氮气密封和检修密封。

——机械密封：

三级机械密封包含 3 级完全互换的流体动压密封动、静环组件，每级密封均可单独承受全压（设计压力 16 MPa)。Andritz 型机械密封不能承受反压，长时间憋压会导致机封静环卡涩，密封功能失效。

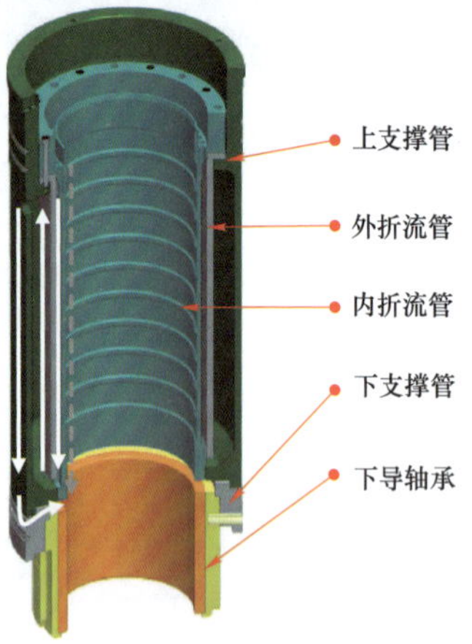

图 352-01-04-127　折流管组件示意图

图 352-01-04-128　密封室示意图

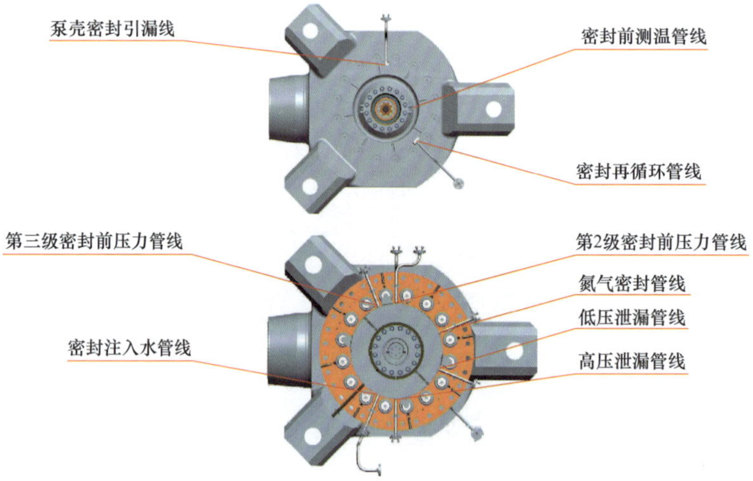

图 4352-01-04-129　密封室接管

三级机械密封结构如图 352-01-04-130 所示：

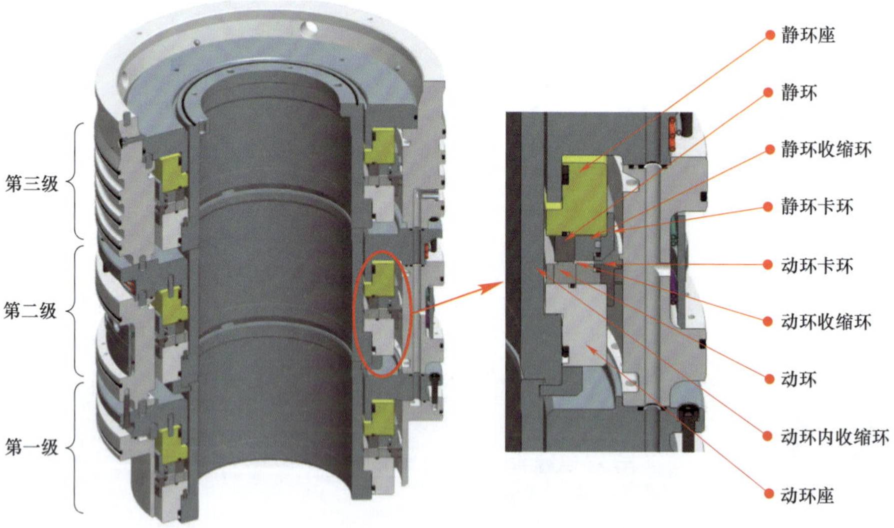

图 352-01-04-130　机械密封结构示意图

其中可互换的密封动静环组件共包含 18 种零部件，详见图 352-01-04-131。

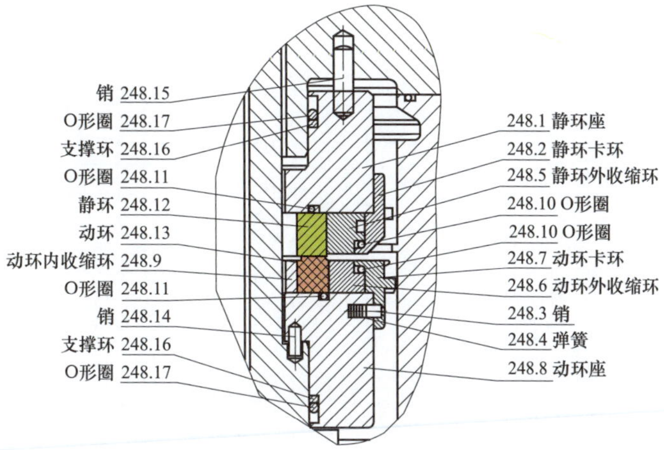

图 352-01-04-131 机械密封动静环

Andritz 机械密封有以下设计特点。

流体动压型机械密封：

动环采用金属镶嵌石墨环，使机械密封具有短暂承受干摩擦能力。动环内外都有卡环，防止在高应力下石墨有过大的形变。静环采用氮化钨材质，并在静环面上有微米级波纹槽，每 40° 一个波纹槽，如图 352-01-04-132 所示，一共 9 个。

机械密封工作过程中静环上下压差和弹簧力产生密封面静压效应，形成密封。两密封面之间的动压效应产生支撑刚度很大的动压液膜，脱开动静环，对密封面进行润滑冷却。

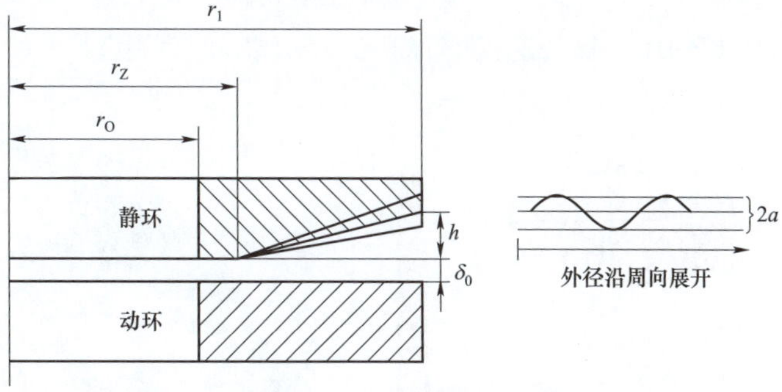

图 352-01-04-132 机械密封波度示意图

如图 352-01-04-133 所示，液膜厚度越小，液膜承载力越高，摩擦功耗越大。因此主泵启停工况下两密封面间可快速建立动压液膜，减少磨损，增加机械密封使用寿命。同时，若机械密封工作过程中遇到波动，液膜承载力的动态响应可与静环静压对静环位置进行修正，最终重新趋于平衡运行工况。

密封面动态特性：

主泵密封因为处于高压力，甚至极端工况时有高温情况，机械密封会产生一定的热变形和力变形。如果变形控制不好，会影响密封面间隙，导致机械密封面接触而磨损，泄漏量也会加大。

Andritz 型机械密封对运行中不同的温度和压力都进行精确的计算，采取了以下措施：

合理设置 O 形圈位置和动静环座结构，让热变形与压力变形方向相反，大小相当，相互对消。如图 352-01-04-134 示意图所示：

静环座与导环线接触或者不接触，充分让静环随着动环调整。如动环初始微偏斜，或者泵轴不对中情况下，仍能不断调整静环，使密封面始终保持贴合。

此外在动环外部还设置了带螺旋翅片的卡环，如图 352-01-04-135。随着主泵运转而运转，使轴封注入水得到充分搅动，从而保证机械密封内部迅速散热，防止出现冷热不均匀而导致密封面变形。

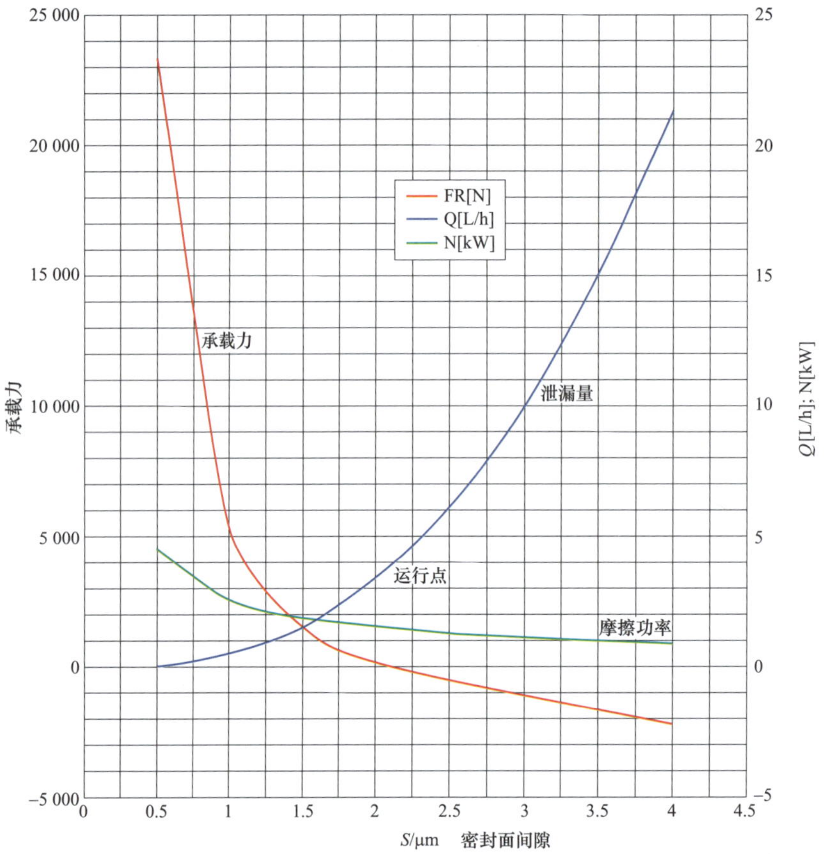

图 352-01-04-133 液膜厚度与液膜承载力、泄漏量等关系

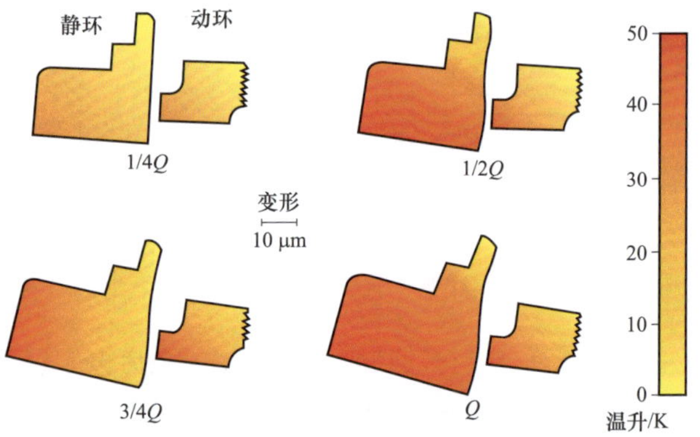

图 352-01-04-134 不同机械密封变形模型图

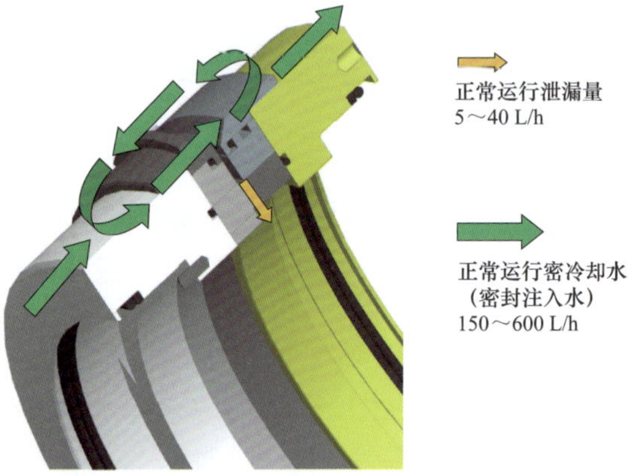

图 352-01-04-135 带翅片卡环

——轴封注水：

● 正常轴封注入水。

正常注入水由一台上充泵提供，流量大于 1920 L/h，经过上充泵出口过滤器（5 μm），再经过高压冷却器、旋液分离器进入机械密封，对机械密封进行冲洗与冷却润滑。

值得注意的是，Andritz 主泵在三级轴封下还设置了螺旋泵，主泵运转时可以给轴封注入水增加 0.2 MPa 左右，并在主泵叶轮后面加 8 个背叶片，主泵运转时可以给轴封注入水增压约 0.6 MPa。

正常运行工况下，轴封注入水一共 1920 L/h，进入主泵后分为三路，如图 352-01-04-137 所示：

图 352-01-04-136 螺旋泵

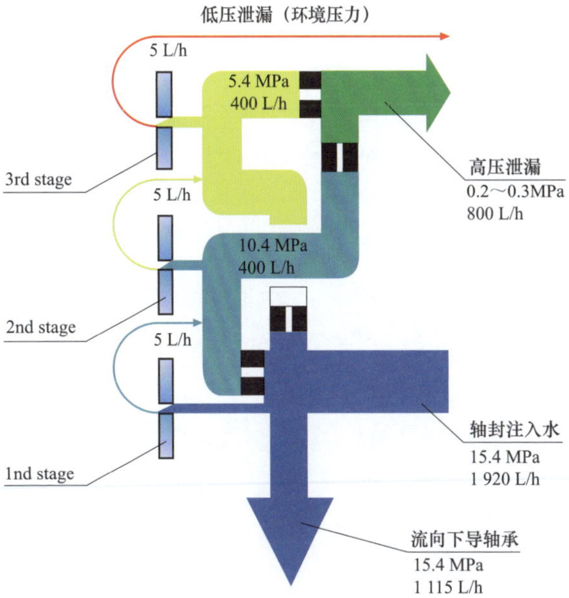

图 352-01-04-137 轴封注入水分配

第一路约 1115 L/h 冷却第一级密封后向下流动，为下导轴承提供润滑和冷却。

第二路约 400 L/h 的经过节流盘管减压（15.4～10.4 MPa）后，冷却第二级机械，之后经过节流盘管减压（10.4～0.3 MPa）后从高压泄漏管线排放。

第三路水约 400 L/h 经过节流盘管减压（15.4～5.4 MPa）后，冷却第三级机械密封，之后经过节流盘管减压（5.4～0.3 MPa）从高压泄漏管线排放。

主泵轴封泄漏包含 2 部分：

从第二级密封（10.4～0.3 MPa）节流管和第三级密封（5.4～0.3 MPa）节流管进入高压泄漏管线的密封高压泄漏。系统压力 15 MPa 时高压泄漏压力约 0.3 MPa，流量约 800 L/h，高压泄漏进入进入 RCV 系统。

流经密封间隙的小流量泄漏，流量约 5～10 L/h 左右。其中第三级机械密封密封面的泄漏成为低压泄漏，进入 RVD 系统中。由于低压泄漏为常压，低压泄漏管线设计带坡度，方便泄漏水排出。

正常运行工况下，三级密封压力通过节流装置控制，理论上每级均匀承受约 5 MPa 系统压力。节流管为内径约 3 mm 的奥氏体不锈钢盘管，制造阶段经过标定来获得所需流阻。

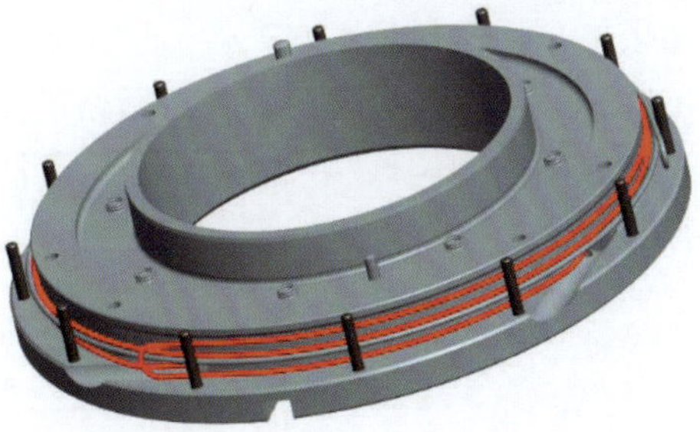

图 352-01-04-138 节流管示意图

$$\Delta p = \lambda \cdot \frac{l}{d_i} \cdot \frac{\rho \cdot v^2}{2}$$

λ 管阻系数$=\dfrac{64}{Re}$

l 节流管长度，单位 m

d_i 节流管内径，单位 m

v 流速，单位 m/s

ρ 密度，单位 kg/m^3

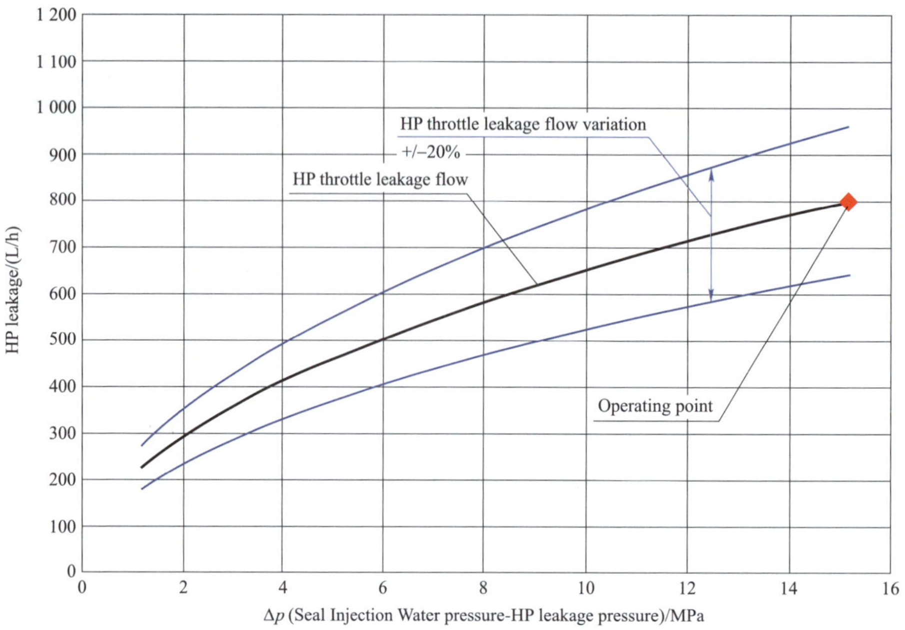

图 352-01-04-139 高压泄漏流量特性

- 再循环轴封注入水。

若主泵运行时，轴封注入水流量 LOW2（1350 L/h），再循环管线上的电动阀 06 阀自动开启，利用主泵内叶轮前后压差，并加上螺旋泵和背叶片增压，在泵壳高压区引一回路水至应急密封注入水回路，通过高压冷却器冷却，旋液分离器净化后再供给反应堆冷却剂泵密封系统。该方式仅在主泵运转时有效。经方家山核电厂现场试验，该路轴封注入水约 1900 L/h，可以保证主泵正常运行。

若主泵停运，12 阀门自动打开，密封注入水通过射流泵作用，把一回路系统内高温水抽至再循环密封注入水管线，与正常轴封注水会合后输送至高压冷却器冷却，经悬液分离器过滤后注入密封室。如果停泵后密封注入水失效，射流泵提供的轴封水流量是保证停运时泵组安全的最小流量，主要为满足主泵停运且丧失轴封水时一回路高温水通过下导轴承逆流，该功能需配合停车密封投用、轴封泄漏管线阀门关闭。该注水流量较小，无法保证主泵运行时轴封冷却和下导轴承润滑，因此无法在主泵运行时使用。

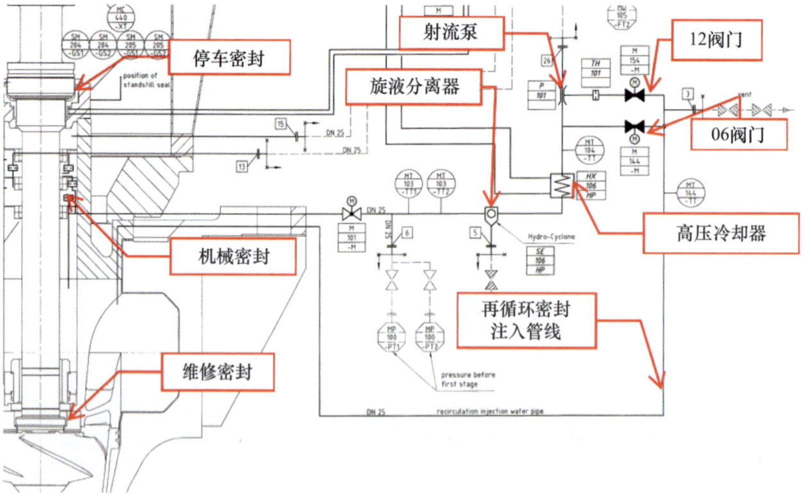

图 352-01-04-140 主泵密封系统流程图

射流泵的设计是基于文丘里管原理，由两段变径管相接而成，中间细两头粗。这种结构设计使介质流经射流泵时流速迅速上升并在喉部产生低压区，从而使一回路冷却剂连续进入再循环管线。

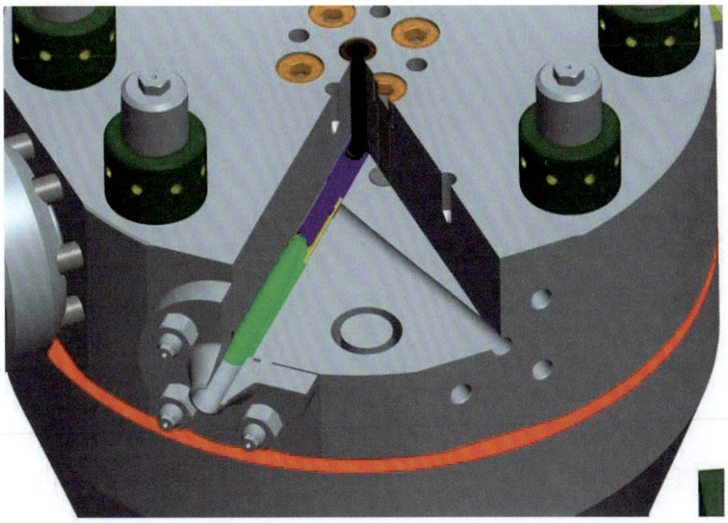

图 352-01-04-141　喷射泵组件

- 备用轴封注入水。

针对 Andritz 主泵共有两路备用轴封注入水：水压试验泵提供应急轴封注入水和启动备用上充泵提供轴封注入水。

在全部失去厂外电源和厂内电源的情况下，密封水注入将不再由上充泵来保证，由水压试验泵为主泵提供后备密封水。水压试验泵由水压试验泵发电机组 EES 供电，出口流量可在 0～6 m^3/h 之间调整。

在方家山 1 号机组冷试后，为防止上充泵故障造成无轴封水，对上充泵启动进行设计改进，当上充母管出口 RCV017MP 压力低或者运行泵跳闸信号自启，立刻启动备用上充泵，迅速在 10s 内给主泵提供轴封注入水。大大提高了主泵机械密封的安全性能。

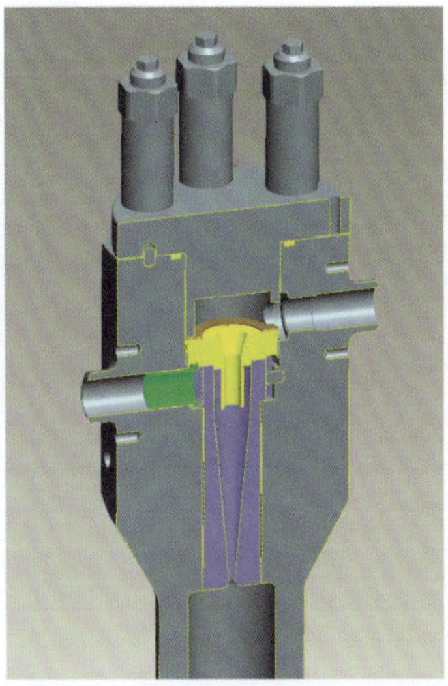

图 352-01-04-142　悬液分离器示意图

——悬液分离器：

悬液分离器安装在高压冷却器后、密封室前，靠离心力作用净化再循环注入水中可能存在的高密度或大尺寸杂质，达到轴封注水杂质小于 5 μm 的设计要求。

——停车密封：

停车密封是一种特殊形式的活塞，位于三级密封上部，轴密封失效或者密封注水断失情况下作为主泵最后一道承压边界。值得注意的是，停车密封的完整边界包含高压泄漏阀门和低压泄漏阀门，一起共同构成压力边界。

停车密封与 RND 管线相连，在主泵停运后，电磁阀开启，泄压阀关闭，充氮气到停车密封，将提升环向上顶起，直至提升环上 O 形圈与泵轴联轴器密封，保持一回路密封性。在氮气释放后，依靠停车密封弹簧复位。停车密封氮气正常工作压力为 0.6 MPa，每次动作进气量约 0.19 Nm^3。停车密封属于静密封，仅在主泵转子完全停运时才能投用，否则将损坏停车密封和泵轴。

停车密封还可在一回路水压试验时使用，此时可以安装机械密封，也可不装机械密封。若机械密封已安装，则需开启高低压泄露管线之间的两个连通手阀，从而避免卸压过程出现第三级密封承受反压的现象。

——维修密封：

在可拆轴拆卸后，利用泵轴与叶轮的重量（约 1.15 t），将泵轴下部压到维修密封锥形面上形成密封，防止一回路水位高于轴封组件时过快泄漏，对检修人员产生不必要的照射。经计算承压范围在 0～1.5 bar，可以满足在一回路水在 20 m 时情况下进行停车密封与机械密封维修工作，对调试过程机械密封故障、换料期间机械密封检修非常关键。

按技术规格书要求在维修密封承受 1 bar 压力时，泄漏量不大于 4 L/min。在福清现场装料后在一回路 15 m 水位情况下进行过一次机械密封拆卸，发现维修密封效果良好，整个拆卸过程中未发现泄漏。全流量试验过程中“华龙一号”主泵检修密封在 1.5 bar 系统压力下开始出现泄漏，泄漏量为 2.7 L/h，1.6 bar 时泄漏量达到 1160 L/h。

3）主泵油系统及油润滑轴承

——油系统：

每台主泵都设有独立的油循环系统，油系统主要包括以下内容。

- 泄漏油箱/下电机支座：收集油密封泄漏到下电机支座的润滑油，为电机上油箱间歇性供油。
- 轴承主油箱/上电机支座：为径向推力轴承提供润滑和冷却，为电机上油箱持续供油。
- 电机上油箱/电机：为电机上导轴承提供润滑和冷却，过多的润滑油满溢到轴承主油箱。

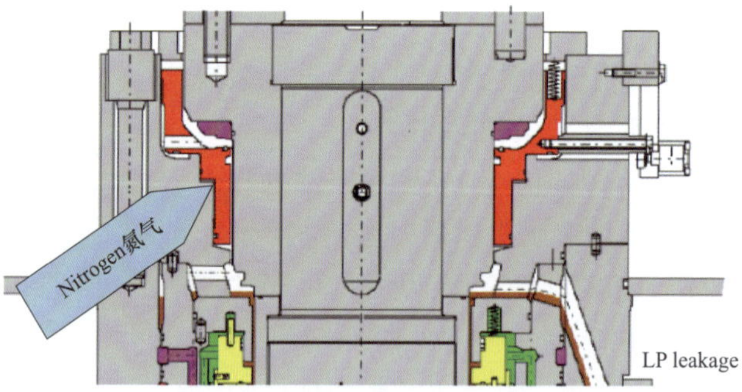

图 352-01-04-143 停车密封示意图

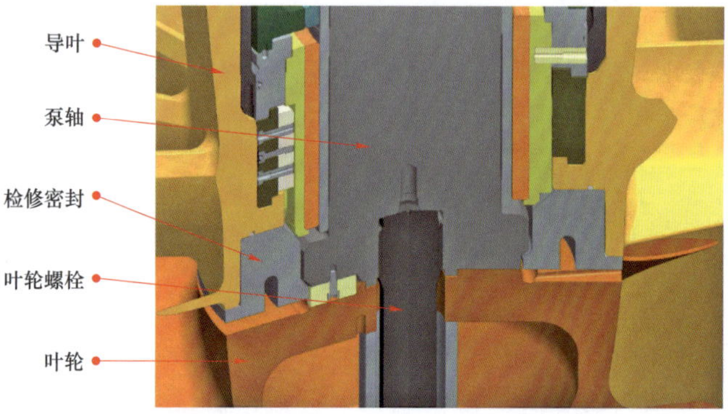

图 352-01-04-144 检修密封示意图

- 顶轴油泵：主泵含两台同轴驱动的顶轴油泵，主泵启停前启动顶轴油泵，将轴承主油箱的润滑油吸入主、副瓦推力间隙，从而提高轴承安全性。
- 泄漏油泵：主泵含两台独立的泄漏油泵，可根据油位联锁信号自动启动，调节三个油箱油位。当同时启动两台泄漏油泵时，可快速排空泄漏油箱。单泵运行流量大于 18 L/min，双泵运行流量大于 30 L/min。
- 油密封：油密封是与安装在电机轴上的单级流体动压机械密封，用于密封油循环回路。可控泄漏的润滑油通过油密封后收集在下部油箱中。

● 主油泵（油叶轮、油导叶）：主泵润滑油循环的动力来源于安装在电机轴上的油叶轮，主油泵流量约 45 L/min。

● 油冷却器：主泵包含四台油冷却器，对主泵轴承出口的热油进行冷却，维持轴承温度均匀。油冷器冷源来自 WCC 系统。

主泵采用嘉实多或类似品牌的 ISO VG 32 润滑油，总油量约 1800 L。以轴承主油箱为起点，油系统可分为 3 个油循环回路：顶轴油回路、主油路、泄漏油回路，详见图 352-01-04-145。

● 主泵顶轴泵回路：

在主泵运转时，推力盘带动润滑油进入推力瓦与推力盘之间，形成锲形动压油膜，使推力盘与推力瓦脱开而实现流体润滑。但在启泵与停泵时转速较低，轴承比压较大，油膜减薄，推力盘和推力瓦处于混合摩擦、边界摩擦甚至干摩擦状态，容易造成推力瓦磨损。设置顶轴油泵回路，可使主泵停运和启动时在推力瓦与推力盘之间形成强制润滑油膜。

顶轴油泵回路包括顶轴油泵（齿轮泵，流量 0.40 L/s）、顶轴油泵出口止回阀、出口压力表、孔板与止回阀，连接管线等组成。与 M310 主泵相比，华龙主泵在主瓦顶轴油的基础上增加了副瓦顶轴油设计，从而保障一回路低压（2.4～3.0 MPa）启动主泵时副瓦的安全性，无需提前提轴盘车。

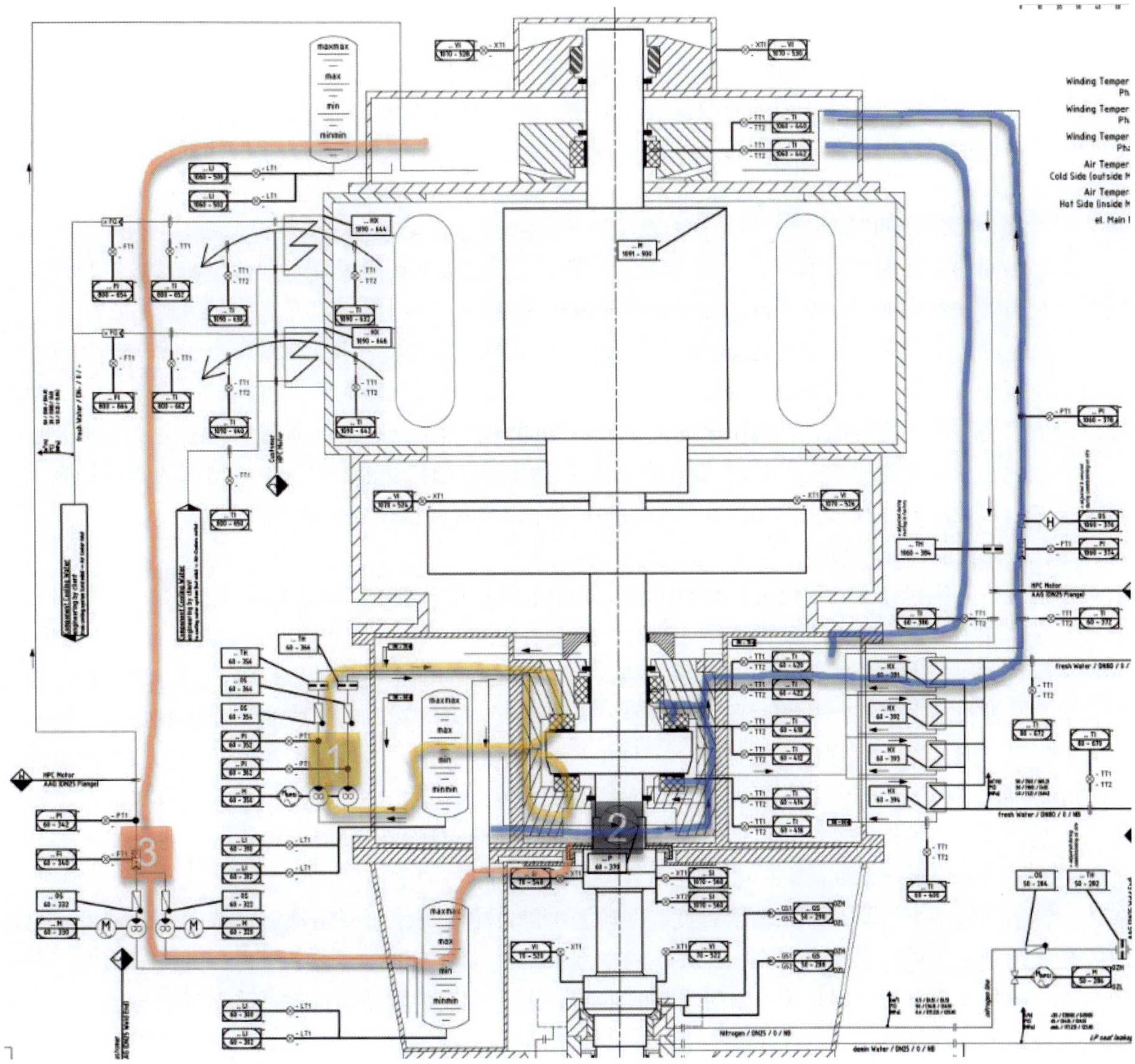

图 352-01-04-145　主泵油循环回路

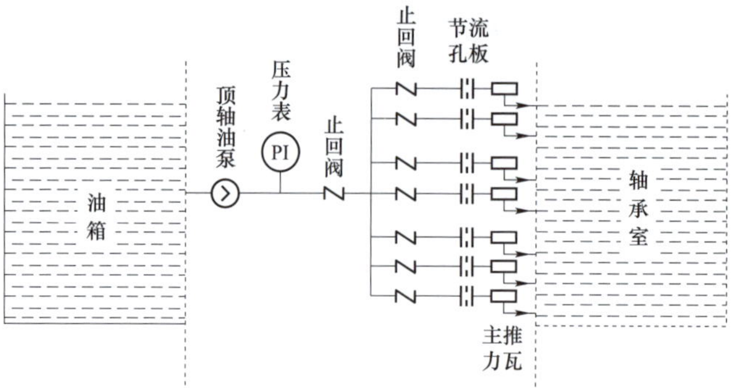

图 352-01-04-146　主瓦顶轴油回路简图

● 主泵主油路：

在上半联轴器上带有轴流式机械油泵（也称为主油泵），随着电机轴一起运转，从轴承主油箱抽取冷油，分别输送到主副瓦和径向瓦进油边，以及电机上油箱。机械油泵出口压力约 2.9 bar，流量约为 397 L/min，其中有 45 L/min 润滑油通过外部管线供给上导轴承，其余部分通过轴承室内部管线供给组合轴承。组合轴承室内的热油回流至 4 个外置油冷却器，通过 WCC 设备冷却水冷却后回到轴承主油箱。

轴承主油箱油位要求保持在 93%～98%。93%对应径向轴承 75%浸润，低于 93%则禁止启动主泵，98%对应溢油管油位。轴承主油箱润滑油泄漏液位低于 88%则自动跳主泵，若设冷水管道发生破口侵入油系统导致油位快速上升并超过溢油位，自动跳主泵（100%油位）。

上油箱油位一直保持在 48%～52%，设置溢流板，从机械油泵供到上油箱的油通过溢流返回中油箱，保持循环。

● 主泵泄漏油泵回路：

泄漏油回路主要由泄漏油箱、泄漏油泵、流量计以及连接管线组成，主要收集机械油密封泄漏、顶轴油泵与泄漏油泵泄漏以及中油箱油量过多时候的溢流。

主泵油叶轮下带有机械油密封。静环为石墨材质，动环为氮化钨材质，在动环上设置 12 道波纹槽，用于主泵运转后，依靠动压效应让动静环脱开，运转时动静环面间隙大约有 12 μm，会产生一定泄漏量，用于润滑与冲洗密封面，泄漏出来的油被收集到泄漏油箱中，这个是泄漏油箱最主要的油来源。

泄漏油箱油位设置在 6%～30%，如果油位高于 30%则自动启动泄漏油泵，将泄漏油箱油抽到上油箱，再从上油箱溢流到轴承主油箱，在泄漏油箱油位低 6%时候自动停运泄漏油泵。

——电机支座：

主泵电机支座包含上、下电机支座两部分，承受电机重量、扭矩、辅助系统接管载荷和地震载荷。电机支座由碳钢卷板和法兰焊接而成，包含上百条大小焊缝，是主泵尺寸精度控制难度最大的焊接件。

上电机支座内有 4 个联通的主泵轴承油箱，内部安装径向推力组合轴承、油冷器、油密封，外围装有油泵、油位计、高压冷却器、悬液分离器、设冷水管、氮气管、电仪线缆等辅助系统部件。

下电机支座带 2 个联通的泄漏油箱，可收集从油密封泄漏的润滑油。泄油油箱中的润滑油可通过 2 台泄漏油泵中的一台送至电机上油箱，从而返回油回路。下电机支座上有 2 个检修窗口，通过窗口进入主泵内部可在不拆除主泵电机的情况下实现可拆轴、油密封、停车密封和轴密封的检修。

——径向推力组合轴承：

三轴承结构主泵飞轮、推力轴承等设置在转子中部，电机与水泵共用油润滑双向推力轴承，配备双向高压顶起油，能够承受各种系统压力下的轴向水推力、系统压力、转子重力。电机轴上部、下部和泵轴下部各设置一套径向轴承，如图 352-01-04-149 所示。其中泵轴径向轴承为石墨水导轴承，其余轴承为油润滑金属轴承。水润滑导轴承由轴密封注水通过高压冷却器冷器（应急轴封注入工况），油润滑轴承由润滑油通过油冷却器冷却，油冷却器、高压冷却器冷却水为设冷水。

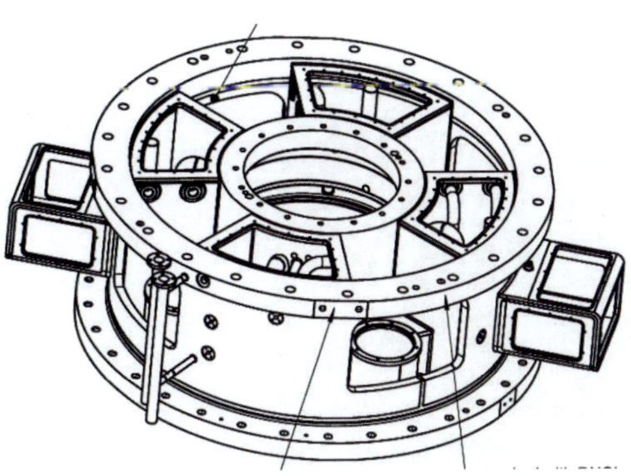

图 352-01-04-147 上电机支座

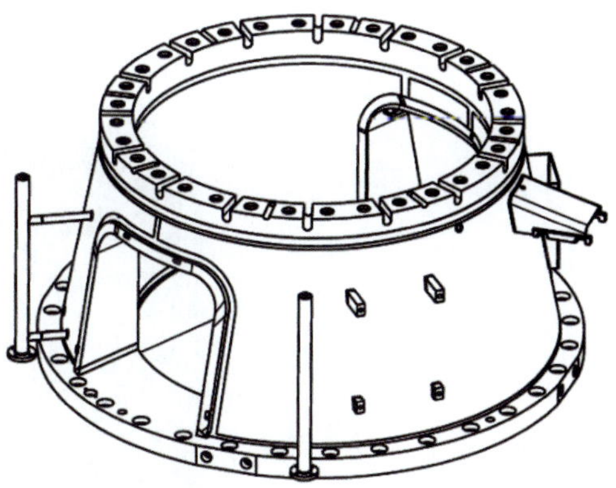

图 352-01-04-148 下电机支座

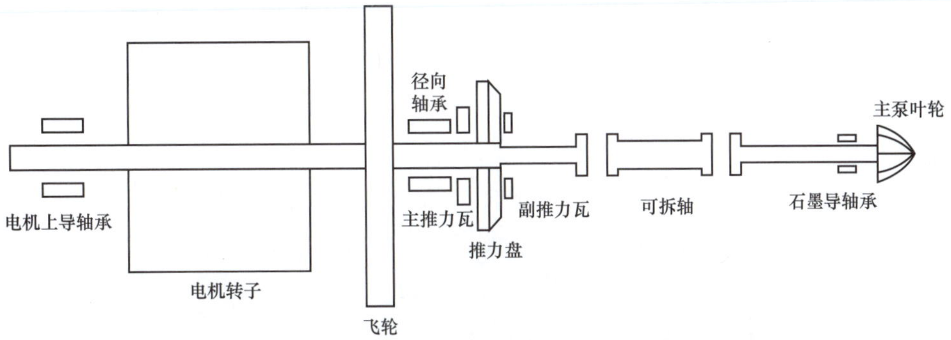

图 352-01-04-149 三轴承主泵轴承布置与转子示意图

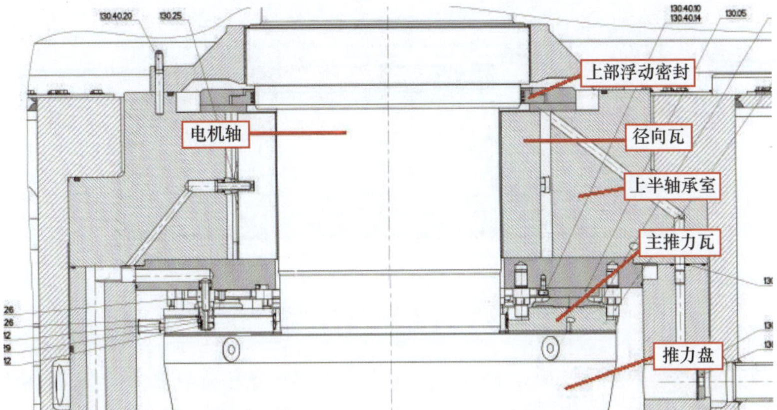

图 352-01-04-150 径向推力组合轴承结构图

中部径向瓦一共 5 块，为可倾式轴瓦，采用偏心支撑结构，以便在主泵电机运转时更容易建立起锲形动压油膜，电机反转则无法建立油膜，所以只允许主泵电机单向转动，在电机顶部设置止逆机构。编号为 4、5 的两块径向瓦设有测温探头。如图 352-01-04-151 所示，径向轴承支撑与楔形块配套，通过底部调节螺栓可调整径向轴承间隙。

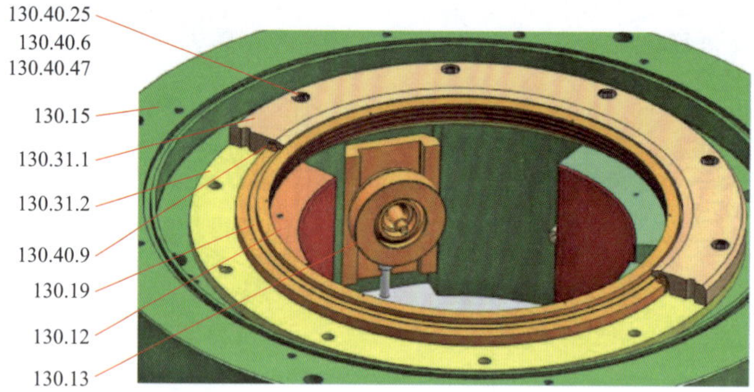

图 352-01-04-151　径向轴承示意图

130.12–径向导瓦；13.13–轴瓦支撑；130.15–上轴承室；130.19–顶部密封环；130.31.1–顶部盖板；130.31.2–基础板；130.40.6–锁片；130.40.9–导向销；130.40.25–螺栓；130.10.47–Gleitmo 805K 密封胶

推力轴承用来承载泵和电机产生的轴向力，并将轴向力传递到电机支座，最终传递给基础。设置有主推力瓦和副推力瓦，可以承受双向轴向力，采用偏心支撑的可倾轴瓦。主推力瓦位于推力盘上部，一共 10 块。副推力瓦一共 8 块，位于推力盘下部。主副瓦均有 180° 布置的两个测温探头。

从载荷平衡角度考虑，推力瓦厚度的精度要求很高，制造图纸要求瓦厚最大偏差小于 0.02 mm，平面度小于 0.01 mm。推力瓦背面设有弹簧板与支枢结构，可平衡各瓦块载荷，避免局部瓦块承载力过高。组装过程中对推力间隙进行测量，并根据实测结果，使用垫片将推力间隙调整到（0.2+0.025）mm，供应商提供的调整垫最小厚度为 0.05 mm，所以无法支持瓦块厚度不同时的补偿。

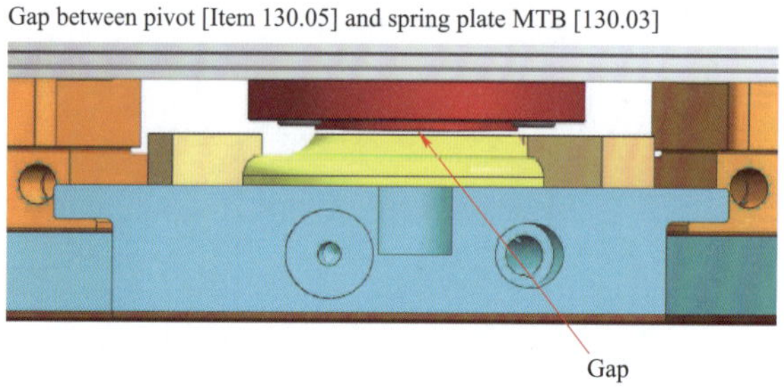

图 352-01-04-152　推力瓦支撑结构示意图

为改善主泵运行过程中润滑油温度场，相比 M310 机组，华龙主泵增加了直供油和推力盘唧送泵设计。

主泵运转时的轴向力来源主要有水推力、轴头力和转子重力，轴头力随系统压力变换，水推力随泵转速和水温变化。主泵典型工况受力情况如表 352-01-04-57 所示，轴向载荷随转速变化趋势如图 352-01-04-153 所示。

表 352-01-04-57　主泵典型工况受力情况

受力方向	载荷	转速 0 r/min		转速 1485 r/min	
		2.4 MPa/20 ℃	15.4 MPa/293 ℃	2.4 MPa/20 ℃	15.4 MPa/293 ℃
↑	F_s	155 kN	996 kN	155 kN	996 kN
↓	G	−194 kN	−194 kN	−194 kN	−194 kN
↓	F_H	0	0	−423 kN	−315 kN
承载轴瓦		副瓦	主瓦	副瓦	主瓦
Σ	F	−39 kN	802 kN	−462 kN	487 kN

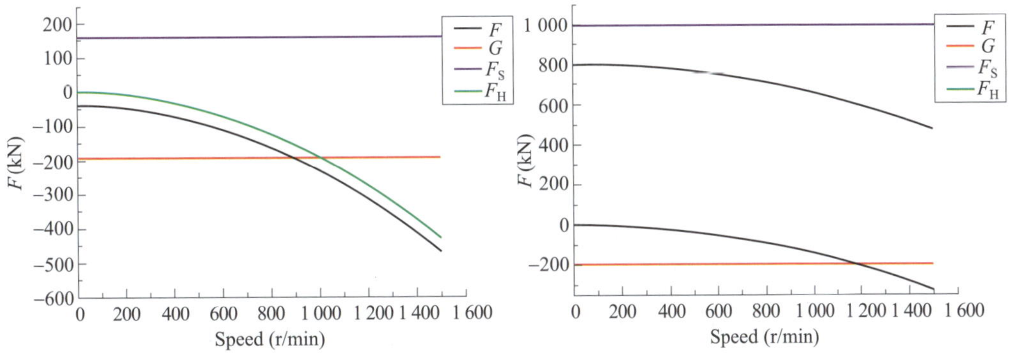

图 352-01-04-153 主泵 2.4 MPa 和 15.4 MPa 工况 F-n 图

5、6 号机组为满足 SBO 工况要求，对主泵轴承进行了全新设计改进，采用了巴氏合金轴承和复合材料轴承两种供货方案，主要部件如图 352-01-04-154 所示。

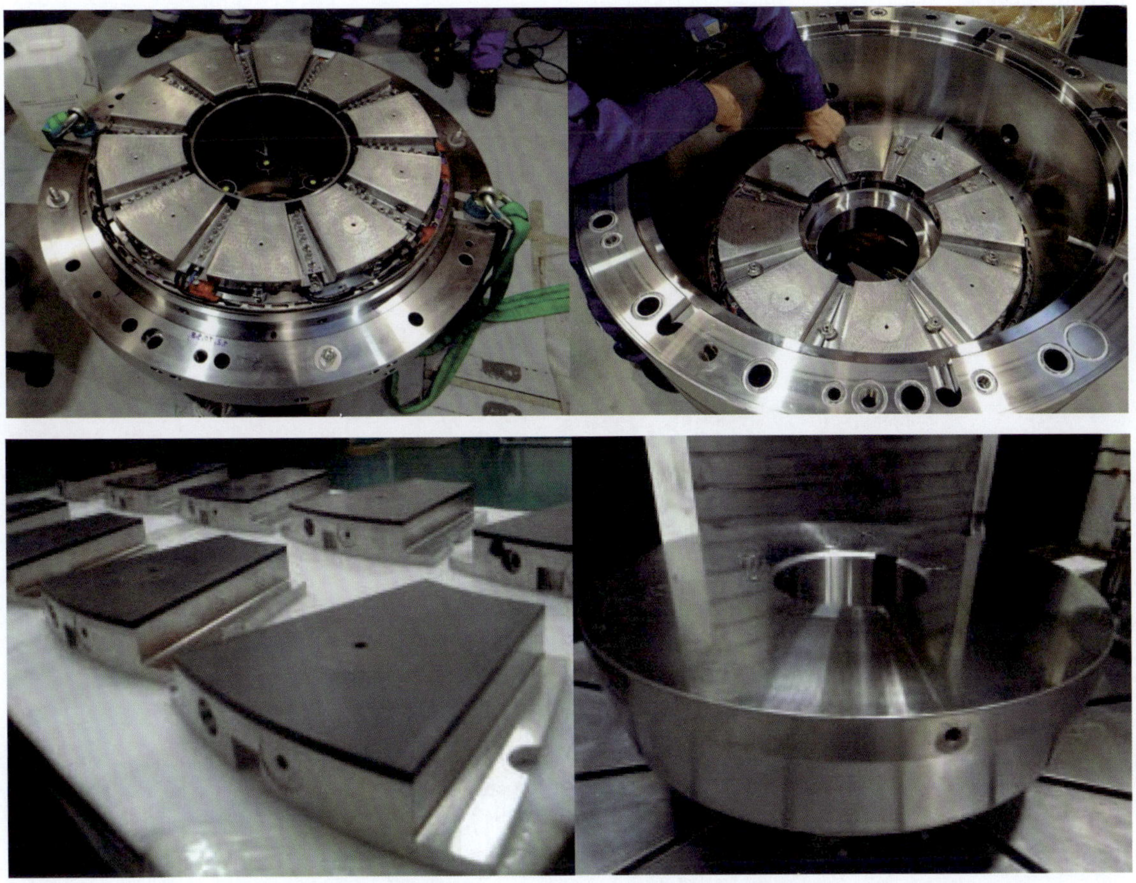

图 352-01-04-154 5、6 号机组主泵轴承照片

——上导轴承：

电机上导轴承一共 8 块径向瓦对称布置，径向瓦背部带有调整螺栓，可以调整径向瓦与滑转子间隙，满足组装与运行需求。如在盘车调中心时候可以把轴瓦间隙调到 0.02 mm 左右，使电机转子固定在中心，减少晃动。在盘车调中心完成后可以将径向瓦间隙调到运行间隙 0.15 mm，满足运行时轴承部件热膨胀和动压油膜建立需求。上导轴承径向瓦设置两个 180° 对称布置的测温探头。

轴承上下设置浮动油密封，与滑转子间隙保持在 1 mm 左右，由滑转子转动起来带动的泵吸作用，将润滑油从轴承底部泵入，润滑冷却上导轴承后，在轴承中部出油孔中排出，完成一个循环。

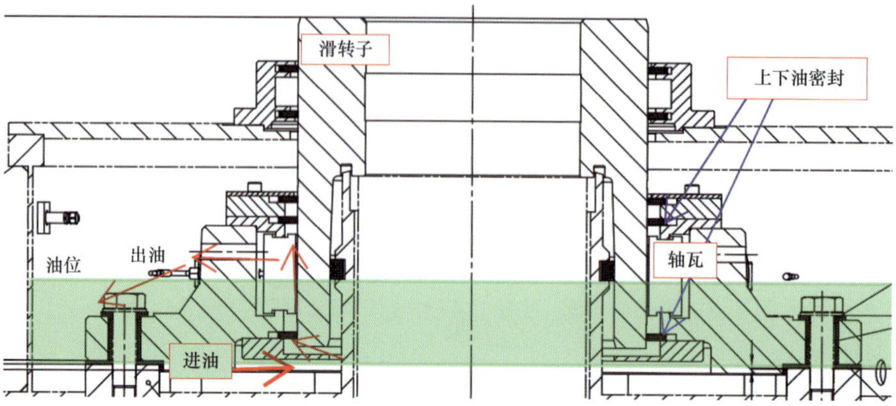

图 352-01-04-155 上导轴承结构

4）主泵电机

反应堆冷却剂泵电动机是三相鼠笼式感应电动机，用于驱动反应堆一回路主泵旋转。主泵电机主要由上机架、定子、转子、下机架、上导轴承、止逆机构、冷却器等部分组成。定子两侧装有空气、水热交换器来冷却通风空气。定子绕组内装有 12 个 Pt 100 铂热电阻监测温度。

电机用导轴承安装在电机上机架内部的电机导轴承油箱（以下简称上油箱）中，由循环油进行润滑及冷却，止逆机构安装在电机的最上方。

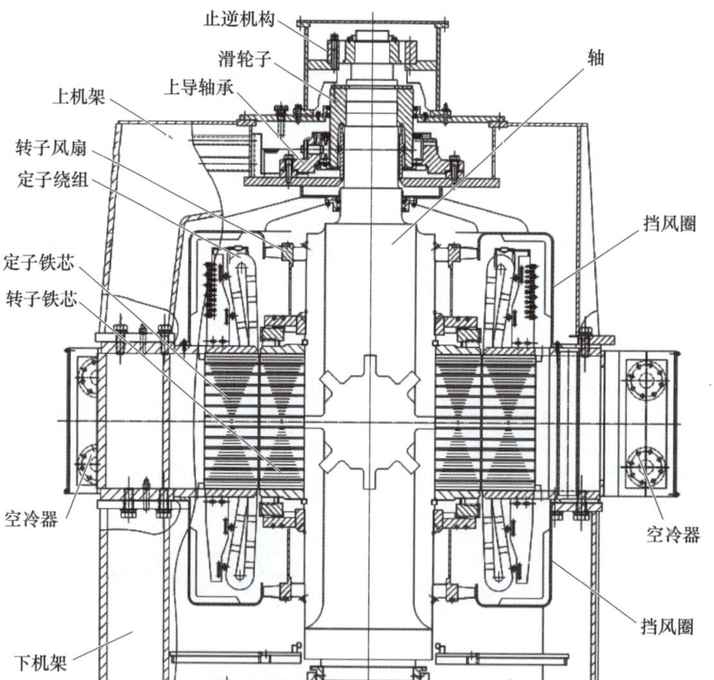

图 352-01-04-156 主泵电机结构图

——定子：

定子结构见图 352-01-04-157。

——定子铁芯：

定子铁芯由涂有绝缘层的定子冲片叠压而成，被紧固在定子机座外壳的两块端压板之间，铁芯上分布有 12 道 8 mm 宽的通风沟。由定子铁芯、焊接的轴向肋及盒形支柱使定子外壳具有足够的刚度。

机座板上开有足够的通风孔，使定子绕组端部获得均匀的冷却。为了保护绕组及改善气流分布，在绕组的两端均装有一个玻璃钢绕组端罩。每个绕组端罩由 6 块组成，并用螺栓固定在外壳上。

焊在定子外壳上的起吊柱具有足够的强度和刚度，允许吊绳拴在起吊柱上吊装整台电机。

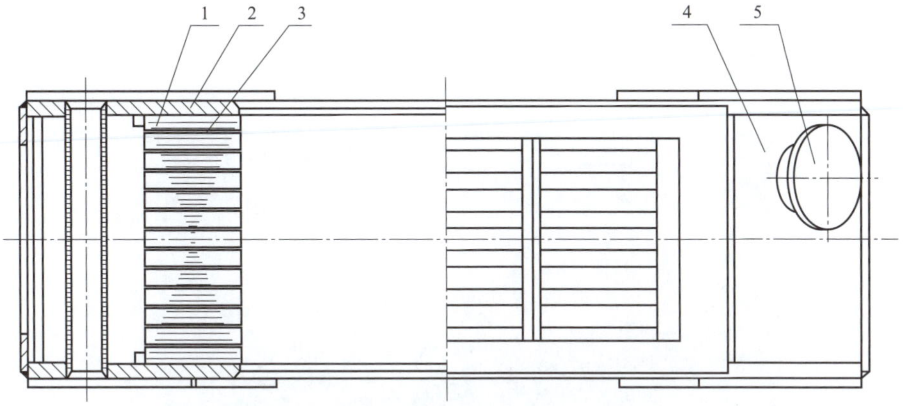

图 352-01-04-157 定子铁芯

1—定子冲片；2—定子压板；3—通风沟；4—定子盒形支柱；5—吊攀

——定子绕组：

定子绕组由预先制作完成的成型线圈嵌入定子铁芯槽内并整浸绝缘漆而成。绕组的端部伸出槽外用两道端箍固定并支撑，每个线圈间隙内采用热胀材料胀紧以承受电机起动及运行时产生的机械力。绕组嵌入并接线完成后，采用整体真空无溶剂浸漆处理，使得定子具有良好的绝缘性能、可靠的机械强度及非常好的散热性。然后再进行烘干，完成定子的制造。

——主出线盒：

主出线盒如图 352-01-04-158 所示。

图 352-01-04-158 主出线盒

接线 U1、V1 及 W1 被引入主出线盒，分别连接在三个异型接线板上，用户电源线再与异型接线板连接。出线盒有与电机外壳连接的导线，用于传导静电。在电缆入口处装有绝缘柱，用来固定电机引线及电缆，还装有可调式封紧装置，防止绝缘柱受到过高的机械应力。

主出线盒有与电机外壳连接的导线，用于传导静电。

主出线盒背部装有压力释放膜，万一短路时，它能释放超高压力，防止火焰或破碎物带来的危害。

——副出线盒：

副出线盒内装有三个电流互感器，接线 U2、V2 及 W2 被引入副出线盒后通过电流互感器作中点联接。出线盒有与电机外壳连接的导线，用于传导静电。

——转子：

转子结构图见图 352-01-04-159。

图 352-01-04-159　转子结构图

转子部件由轴、转子铁芯、鼠笼绕组、轴向风扇及飞轮所组成。在驱动端的双向推力/导轴承组件和上机架内的上导轴承支撑着整个电机转子。

由于电机采用了半伞式的结构，所以对转动系统的动平衡要求很高（G2.5），转子的加工精度（包括安装部件）要求相应提高。转子在精加工之后，进行半速（750 r/min）动平衡。

——轴：

轴由整体性能优良的锻件加工而成，其材质为 25NCD8-05，转子铁芯部分的轴上加工出肋板，以满足冷却通风的要求。虽然增加了加工制造周期，但此结构有效地避免了焊接轴结构应力的产生，提高了电机安全性。

——转子铁芯：

转子铁芯由涂漆绝缘的整圆硅钢片制成，整圆硅钢片能承受较高离心力，两块加工出齿形的压板在两端将铁芯固定牢，铁芯上的通风槽片与通风槽板组成通风沟。铁芯通过热套的方式与轴装在一起。电机的转矩通过冲片与轴之间的紧量来传递。

——鼠笼绕组：

鼠笼绕组由铜条与端环构成，铜条装入转子槽内并与槽紧密配合，导条上平面除两端铁芯段外全长胀紧，增加导条与铁芯的紧量，防止窜动。端环与导条采用中频焊技术牢固地焊接成一体。

由高强度非磁性钢制成的护环套装在转子端环外圆处，增强转子端环的强度。

——平衡盘与转子风扇：

在转子铁芯两端装有平衡盘，用于动平衡时安装平衡块。在两端平衡盘的外侧，分别装有一件轴流式风扇，用来冷却绕组端部。

——飞轮：

飞轮是涉及核安全的关键部件，影响到主泵堕转性能，需要有足够的转动惯量，保证堕转流量满足 DNBR 的要求，并给一回路建立自然循环提供初始动力。

本电机飞轮设置在电机下部，飞轮与飞轮套通过柱面过盈配合，飞轮内套与轴通过锥面过盈配合。飞轮套上开有液压油孔，在飞轮装到电机轴上后，可以通过这些给液压油孔注入高压油，使飞轮内套膨胀，使飞轮套与电机轴的应力消除，并可以对飞轮的安装位置进行微调。

飞轮和整个转子的转动惯量＞3800 kg·m^2（对比 AP1000 主泵转动惯量为 931 kg·m^2，采用上下两个飞轮，并在飞轮中添加重金属块）。飞轮套与转子脱开转速为 2100～2200 rpm，飞轮破裂速度约为 4200 r/min。

——上机架、下机架及上箱体：

上机架结构如图 352-01-04-160 所示。

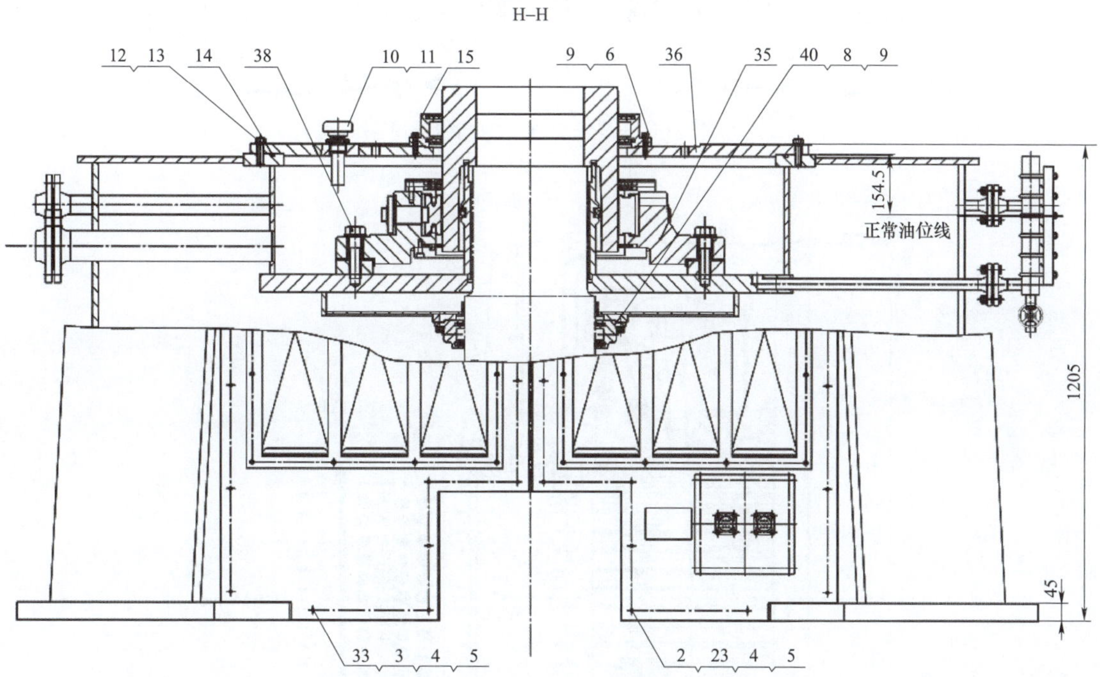

图 352-01-04-160 上机架与上箱体

上箱体位于电机最上部，用于固定止逆机构。上箱体与上机架连接部位装有绝缘垫片，防止轴电流产生损坏轴承。

上机架由焊接结构的油箱及焊在油箱上的四个立柱所构成。立柱用螺栓联接到电机的定子机座上，把转子部分的作用力传递到定子上。油箱中装有导轴承组件，在油箱的外侧装有法兰用于油循环。

——轴绝缘系统：

电机运行时会产生轴电压，一般电压值不大于 5 V。为了防止因轴电压而产生的轴电流损坏轴承，在电机上导轴承增加绝缘以防止电流环路产生。检测上导轴承绝缘电阻值需将电机从主泵上拆除。

一套轴承绝缘及密封包括绝缘垫片、绝缘套筒、轴承浮动密封、绝缘锥销等零部件，位置如图 352-01-04-161 所示。

——风扇、空冷器与通风系统：

电机通风系统由风扇、空冷器等设备组成。在电机运转时，依靠转子两侧的风扇和转子筋板的作用，将主泵间的冷空气从百叶窗抽入，冷却电机定转子后从空冷器吹出，经过空冷器冷却后进入主泵间，依次反复循环，如图 352-01-04-162 所示。

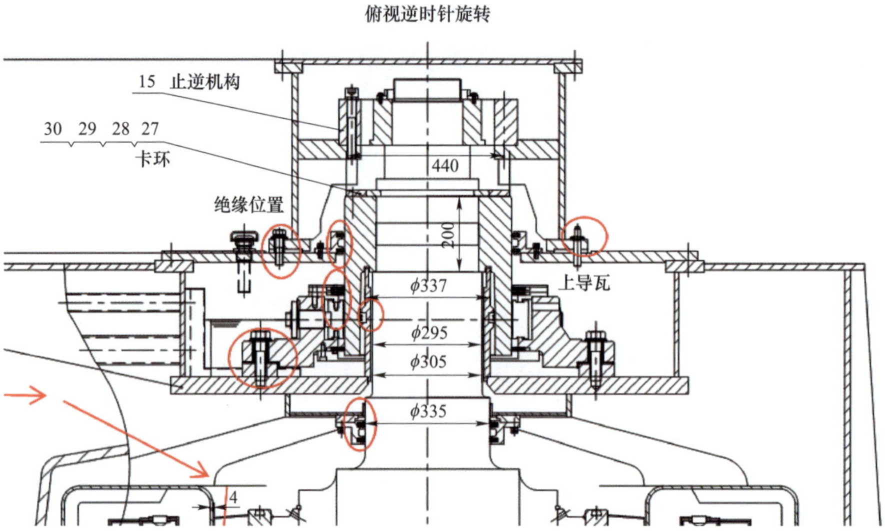

图 352-01-04-161 轴绝缘示意图

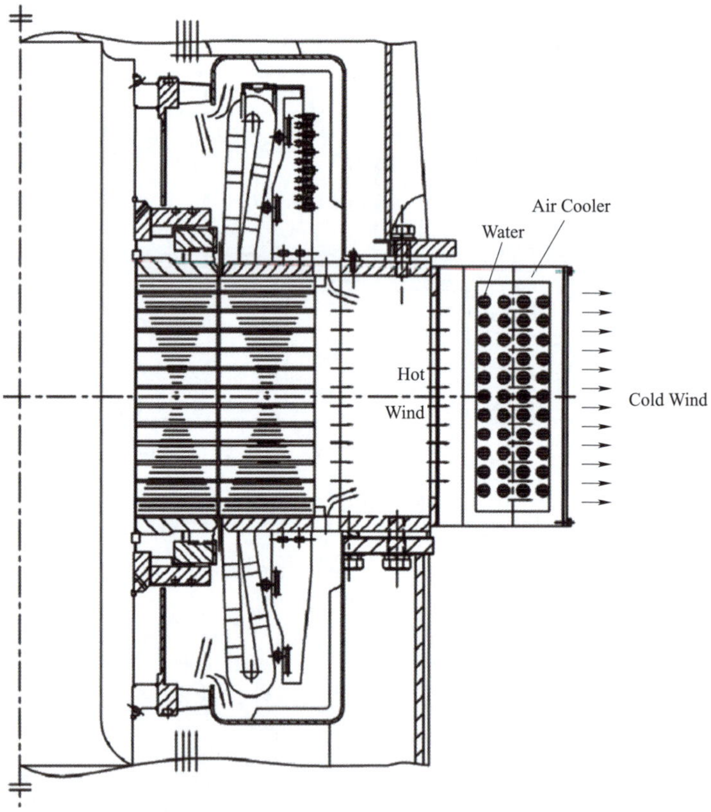

图 352-01-04-162 电机风扇/风冷器图

——止逆机构：

止逆机构为摩擦式，结构简单，安装检修快捷，安全可靠。

有止动块的内圈组成，外圈用螺栓固定在电机上机架上，内圈固定在电机轴上。沿圆周方向有 16 个止动块，止动块带有弹簧，可以绕自己的心轴转动。内圈不转时候，弹簧会把止动块顶住外圈，起到止逆作用。在电机启动后，内圈随着电机轴一起转动，达到一定转速后（<300 r/min）时，离心力远大于弹簧力，止动块与外圈脱离，不再接触。

该止逆机构可以承受80%额定转矩的倒转转矩，在其他泵运转，该台泵不转时，承受约30%～35%额定转矩的转矩。无法承受电机启动时的反向力矩，所以在现场进行首次电气试车时，先不安装止逆机构外圈，要点动确认转向正确后，再安装止逆机构外圈。

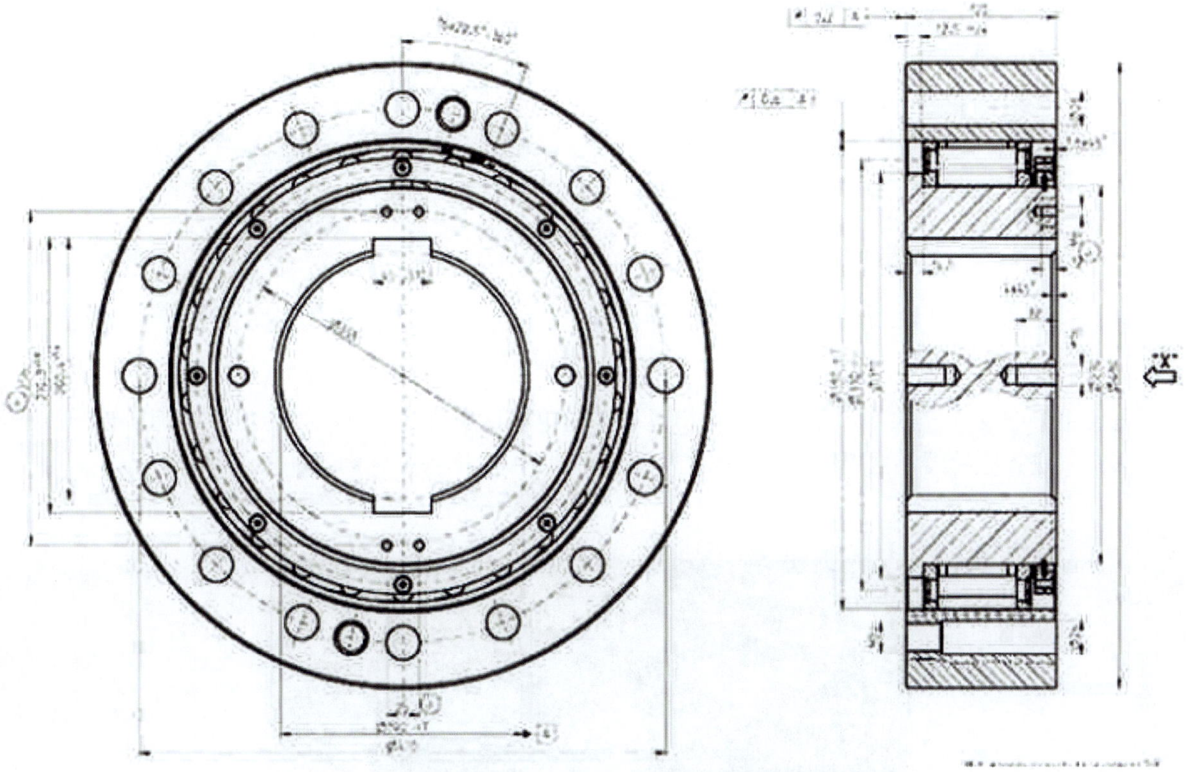

图 352-01-04-163　止逆机构结构图

5）其他辅助系统

——冷却系统：

主泵辅助系统热量由 WCC 设冷水通过热交换器导出，主要冷却器包括：油冷器、高压冷却器、电机空水冷却器。

——油冷器：

每台主泵包含4个油冷器，对主泵油系统进行冷却。油冷却器内部流道为U形布置，出入口接管均位于油冷器顶部，可最大程度避免异物进入轴承内部。油冷器油侧设计压力为0.6 MPa，流量6.2 m^3/h。水侧设计压力为1.2 MPa，流量为17.3 m^3/h。40 ℃设冷水温度下最小换热功率为63 kW。

——高压冷却器：

每台主泵含1个盘管式高压冷却器，正常轴封注水断失工况下，可将300 ℃的轴封再循环注水冷却至52 ℃。轴封再循环工况下必须保持高压冷却器设冷水正常供应，设冷水和正常轴封注水同时断失的工况下，高压冷却器后轴封注入水温度将迅速上升，主泵由联锁保护停泵。

高压冷却器为核一级冷却器，设备制造商及原材料分包商需取得相应的设计制造许可证。高压冷却器管侧设计温度343 ℃，压力为17.23 MPa，流量4.5 m^3/h，出口最高温度65 ℃。水侧设计压力为1.2 MPa，流量为38 m^3/h。40 ℃设冷水温度下最小换热功率为945 kW。

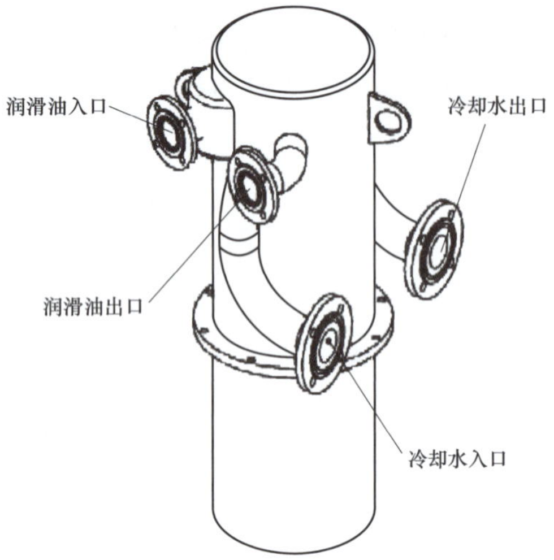

图 352-01-04-164　油冷器示意图

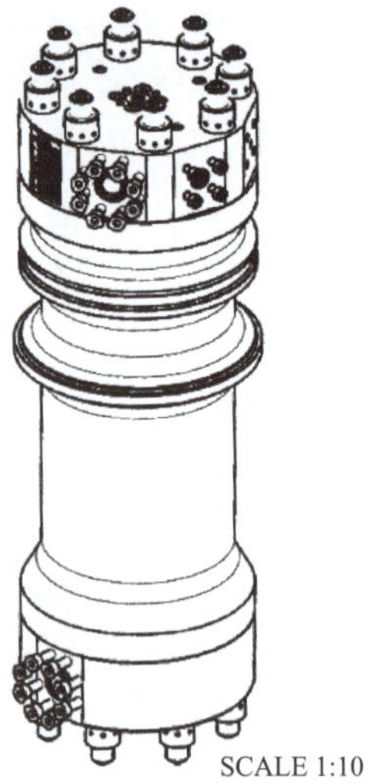

图 352-01-04-165　高压冷却器

——电机空水冷却器：

每台主泵含 2 个空水冷却器，主泵电机运行时由电机风扇将冷空气吸入电机，带走定转子线圈热量，热空气进入空冷器，由 WCC 设冷水冷却至 50 ℃以下后排入主泵间，如此循环往复。

图 352-01-04-166　电机空水冷却器

空冷器关侧设计压力为 1.5 MPa，流量 25 m^3/h，壳侧常压，设计流量为 4.15 m^3/s，换热功率 195 kW。

6）仪控

主泵的探测系统包括温度、压力、流量、液位、速度、振动、位移，其中涉及联锁控制的参数有：轴封系统、油系统、轴承、转速、振动、电机、设冷水等相关参数。

几种重要的主泵联锁保护模式①

——允许电机空载启动：

① 参考华龙主泵 K 版联锁文件，目前主泵联锁设计还未固化，保护逻辑、定值等还将根据热试情况进一步调整，该节内容仅供参考。

需同时满足以下条件。

- 上电机支座油温超过限值 20 ℃；
- 主副瓦顶轴油泵出口压力与第一级密封前压力关系曲线符合设计要求（主瓦大于 LC4，副瓦大于 LC5，详见图 352-01-04-167）；

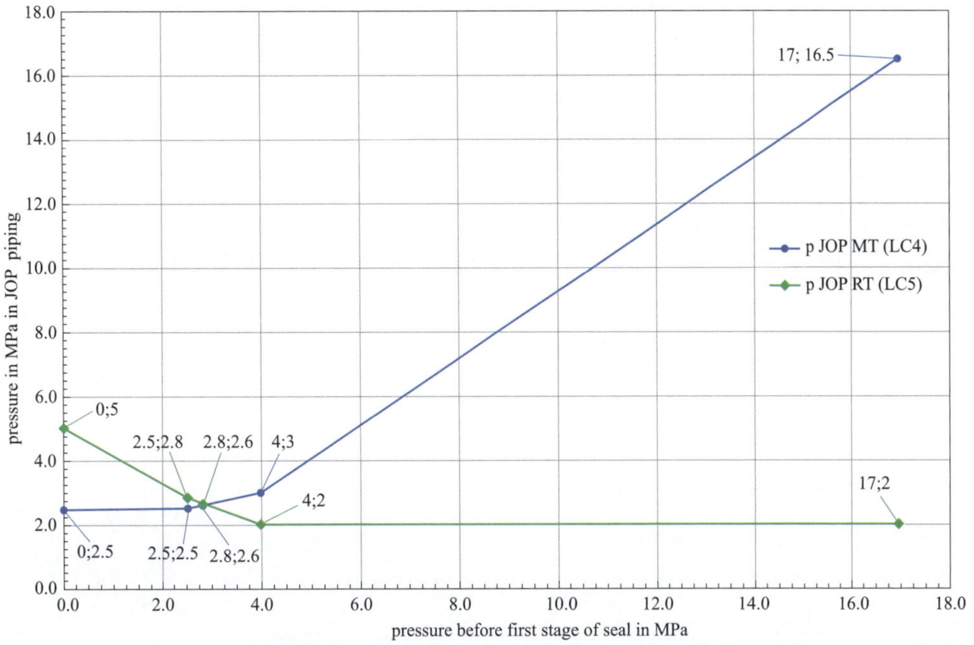

图 352-01-04-167 顶油泵出口压力限制曲线

- 同时出现 2 下油箱油位 6%～26%范围内；
- 同时出现 2 中油箱油位大于 94%；
- 同时出现 2 上油箱油位大于 50%；

——允许电机空载运行：

无 Poff 信号。

——允许电机空载停运：

主副瓦顶油泵出口压力均大于 1 MPa。

——电机空载保护停运：

满足以下任一条件。

同时出现 2 个主推力瓦温度≥98 ℃；

同时出现 2 个副推力瓦温度≥97 ℃；

同时出现 2 个径向瓦温度≥98 ℃值；

同时出现 2 个电机上导瓦温度≥95 ℃；

同时出现 2 个下电机支座油箱油位≥35%；

同时出现 2 个下电机支座油箱油位≤4%；

同时出现 2 个上电机支座油箱油位≥100%；

同时出现 2 个上电机支座油箱油位≤88%；

同时出现 2 个电机上导轴承油箱油位≥60%；

同时出现 2 个电机上导轴承油箱油位≤35%；

同时出现 2 个超速≥1750 r/min；

同时出现 2 个电流/功率超限，电流≥5093 A，延迟 10 s；

所有（取 1 对）U 相绕组温度≥140 ℃；

所有（取 1 对）V 相绕组温度≥140 ℃；

所有（取 1 对）W 相绕组温度≥140 ℃。

启动阶段保护停运：

启动后 5 s 内主泵电机转速≤200 r/min。

——允许带载启动主泵：

同时满足以下条件。

同时出现 2 个高压冷却器出口轴封注水温度在 15.5～55 ℃；

上电机支座油温超过限值 20 ℃；

第一级密封前压力高于 2.5 MPa；

主副瓦顶轴油泵出口压力与第一级密封前压力关系曲线符合设计要求（主瓦大于 LC4，副瓦大于 LC5）；

同时出现 2 个轴封注水流量高于 1820 L/h；

2 个高压泄漏流量符合设计曲线 LC2（详见图 352-01-04-168）；

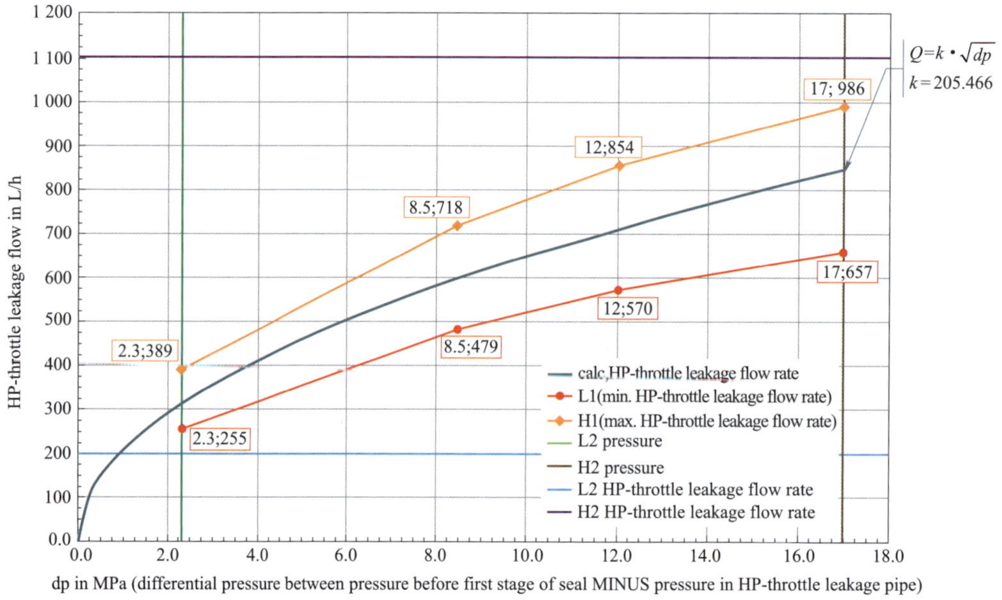

图 352-01-04-168 高压泄漏特性曲线

同时出现 2 个下电机支座油箱油位≥35%；

同时出现 2 个下电机支座油箱油位≤4%；

同时出现 2 个上电机支座油箱油位≥100%；

同时出现 2 个上电机支座油箱油位≤88%；

同时出现 2 个电机上导轴承油箱油位≥60%；

同时出现 2 个电机上导轴承油箱油位≤35%；

全部停车密封限位开：电磁阀关，泄压阀开；

射流泵前轴封再循环阀关闭；

轴封再循环阀关闭；

低压泄漏阀打开。

——允许主泵带载运行：

同时满足以下条件，且无 Poff 信号；

同时出现 2 个轴封注水温度高于 15.5 ℃；

第一级密封前压力高于 2.5 MPa；

2 个高压泄漏流量符合设计曲线 LC2；

低压泄漏阀打开。

——运行主泵带载惰转：

满足以下条件，且无 Poff 信号——顶油泵出口压力≥1 MPa。

——主泵带载保护停运：

满足以下任一条件。

同时出现 2 个轴封注入温度≥95 ℃；

同时出现 2 个高压泄漏温度≥95 ℃；

同时出现 2 个主推力瓦温度≥98 ℃；

同时出现 2 个副推力瓦温度≥97 ℃；

同时出现 2 个径向瓦温度≥98 ℃值；

同时出现 2 个电机上导瓦温度≥95 ℃；

同时出现 2 个第一级密封前压力≥17 MPa；

同时出现 2 个第一级密封前压力≤2.3 MPa；

同时出现 2 个高压泄漏流量≥1100 L/h；

同时出现 2 个高压泄漏流量≤200 L/h；

同时出现 2 个下电机支座油箱油位≥35%；

同时出现 2 个下电机支座油箱油位≤4%；

同时出现 2 个上电机支座油箱油位≥100%；

同时出现 2 个上电机支座油箱油位≤88%；

同时出现 2 个电机上导轴承油箱油位≥60%；

同时出现 2 个电机上导轴承油箱油位≤35%；

同时出现 2 个超速≥1750 r/min；

同时出现 2 个停车密封限位非开：电磁阀非关，泄压阀非开；

同时出现 2 个电流/功率超限，电流≥5093 A，延迟 10 s；

同时出现 2 个轴封注入流量≤1320 L/h 和 15 s 内轴封再循环阀非开；

所有（取 1 对）U 相绕组温度≥140 ℃；

所有（取 1 对）V 相绕组温度≥140 ℃；

所有（取 1 对）W 相绕组温度≥140 ℃；

启动阶段保护停运：

启动后 5 s 内主泵电机转速≤200 r/min。

7）主泵支撑

主泵支承由横向支承和支承立柱组成。横向支承为抗震阻尼器，支承柱两端座套内有球铰，具有活动性。3 根支承柱与主泵联接后组成平动刚架，适应了主泵的位移变化并保持主泵轴线始终垂直。

当反应堆冷却剂系统正常运行时，允许主泵随着主管道热膨胀移动（47 mm），横向支承的阻尼器可以吸收主泵的位移，而垂直支腿从冷态下的倾斜状态转变为热态下的垂直状态，起稳定的支承作用。在地震工况下，阻尼器可以承受水平冲击载荷，限制主泵的冲击位移，并起缓冲作用；垂直支腿除了承受主泵自重，还能承受由地震引起的垂直方向的载荷。保证反应堆冷却剂系统、主泵及土建结构的稳定和安全。

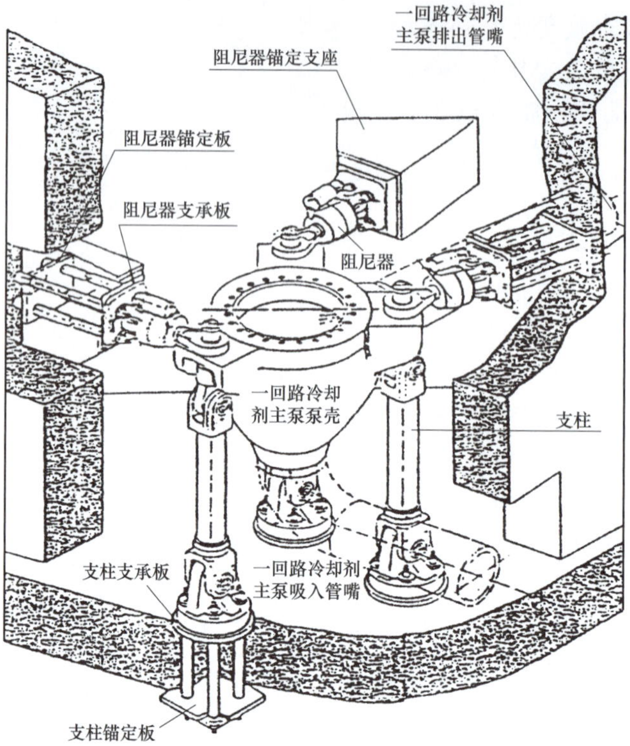

图 352-01-04-169　主泵支撑示意图

（4）指标与参数

1）主泵参数

表 352-01-04-58　主泵参数表

类型	立式单级泵
数量	3 台/机组
设计标准	ASME B&PVC，Section III-1，E07，A08
设计寿命	40 年
叶轮外径	853.4 mm
叶片数量	5
导叶数量	14
流量	6.608 m^3/s，23 790 m^3/h±2.5%
入口介质温度	293.0 ℃
293 ℃时介质密度	744.0 kg/m^3
介质入口压力	15.16 MPa（abs）
扬程	95.5 m
NPSHa	150.0 m
泵效率	接近 83.0%（或者更好）
泵组效率	接近 78.5%（或者更好）
转速	1485 r/min
冷态输入功率	7459.0 kW
热态输入功率	5550.0 kW
冷态输出功率	6191.0 kW

续表

类型	立式单级泵
热态输出功率	4606.0 kW
出口管嘴尺寸	698.0 mm
入口管嘴尺寸	787.0 mm

2）电机参数

表 352-01-04-59 电机参数表

类型	鼠笼式感应电机
额定功率	7500 kW
同步转速	1500 r/min
额定电压/额定电流 700A	6600 V
频率	50 cps
相数	3
绝缘等级	IP 23/20/22
电机效率	96.0%
冷态转动速度	1484 r/min
热态转动速度	1486 r/min
冷态运行电流	799 A
热态运行电流	680 A
冷态启动电流	4684 A
热态启动电流	4684 A
最小启动电压	0.8 x 6600 V=5280 V
最大启动电压	100%UN
冷态输出功率	8000.0 kW
热态输出功率	6800.0 kW
冷态输入功率	8325.0 kW
热态输入功率	7083.0 kW
冷态启动时间	21.3 s

3）运行参数

表 352-01-04-60 主泵运行参数表

压力	
入口压力	15.16 MPa（abs）
设计出口压力	17.23 MPa（abs）
水压试验	25.8 MPa（abs）
温度	
正常入口温度	293.0°C
设计温度	343.0°C
周围环境最高温度	50°C

（5）维修技术要求

1）预防性维修项目

主要列出该预防性维修项目清单，不要体现机组按如下表：

表 352-01-04-61 主泵预防性维修项目表

设备名称预防修性维修项目	
项目名称	项目周期（1C 为 1 个燃料循环）
主泵电机机械年度检查	1C
主泵电机机械全面解体检查	4C
主泵电机下导轴承和推力轴承检查	4C
主泵高压冷却器全面检查	8C
主泵 1、2、3 号密封解体检查	2C
主泵 1、2、3 号密封拆卸及装配	2C
主泵机械年度检查	1C
主泵停车密封解体检查	2C
主泵全面解体检查	8C
主泵油密封解体检查	4C

2）检修主要内容

——主泵电机机械年度检查：

主泵电机机械年度检查的主要目的是在不对设备进行解体检修的前提下，对设备外观、润滑油品质、油泵工作情况、油位等项目进行检查确认，以便从总体上确认设备的运行状态。主要检修条目包含：

- 润滑油检查：颗粒度≤NAS 8 级、水分≤150×10^{-6}；
- 润滑油滤油；
- 外观检查：裂纹、掉漆、漏油、漏水、锈迹、绝缘垫片等；
- 油泵检查：顶轴油压、油管渗漏、泄漏油流量等；
- 油位调节：上中油箱在溢流液位下，下油箱油位处于 6%～9%。

——主泵电机机械全面解体检查：

主泵电机机械全面解体检查的主要目的是根据预防性维修周期对主泵电机机械零件进行解体检查和必要的修复或更换。主要检修条目包含：

- 电机机械解体；
- 检查和清洗：上油箱及上到轴承、定子和转子、电机绕组、空冷器、油管等；
- 电机机械组装和单体对中。

——主泵电机下导轴承和推力轴承检查：

主泵电机下导轴承和推力轴承检查的主要目的是根据预防性维修周期对主泵电机轴承室进行解体检查，包括径向轴承和推力轴承，根据检查情况进行必要的修复或更换。主要检修条目包含：

- 排油；
- 电仪、辅助管道及钢构拆除；
- 拆卸联轴器和油密封；
- 拆卸密封水管、高压冷却器、停车密封；
- 主泵电机转运至 AC 厂房；

- 拆卸电机附件；
- 组合轴承拆卸；
- 轴承组件检查：主推力瓦、副推力瓦、径向瓦、轴承室外观和内窥镜检查，逆止阀打压，轴承部件尺寸检查；
- 上电机支座解体检查；
- 电机上导轴承检查及对中检查；
- 轴承室组装；
- 轴承组件对中；
- 电机安装及恢复。

——主泵高压冷却器全面检查：

主泵高压冷却器全面检查的主要目的是根据预防性维修周期对高压冷却器及其零部件进行检查清洗，更换老化密封件。

主要检修条目包含：

- 高压冷却器拆解；
- 清洗检查；
- 组装。

——主泵 1、2、3 号密封解体检查、拆卸及装配：

主泵 1、2、3 号密封解体检查、拆卸及装配的主要目的是根据预防性维修周期从运行机组拆出主泵机械密封，组装备件密封并回装至运行机组，旧机封解体清洁后交付开展复用评价。密封解体检查主要检修条目包括：

- 第 3 级密封解体；
- 第 1、2 级密封解体；
- 密封动静环解体；
- 清洁检查；
- 装配密封动静环；
- 组装 1、2 级密封；
- 组装第 3 级密封；
- 检查对中。

密封拆卸及装配主要检修条目包括：

- 工具安装；
- 拆除可拆轴、停车密封；
- 拆卸第 3 级密封组件；
- 拆卸 1、2 级密封组件；
- 清洁检查；
- 安装 1、2 级密封组件；
- 安装第 3 级密封组件；
- 安装停车密封、可拆轴。

——主泵机械年度检查：

主泵机械年度检查的主要目的是在不对设备进行解体检修的前提下，对设备外观进行检查确认，以便从总体上确认设备的运行状态。主要检修条目包含高压冷却器设冷管、泵壳保温、主螺栓、停车密封、集液盘、辅助管线和法兰。

——主泵停车密封解体检查：

主泵停车密封解体检查的主要目的是根据预防性维修周期对停车密封及其零部件进行拆检、清洗和必要的修复或更换。主要检修条目包含：

- 工具安装；
- 拆除可拆轴；
- 拆卸停车密封；
- 解体停车密封；
- 清洁检查；
- 组装停车密封；
- 安装停车密封；
- 安装可拆轴。

——主泵全面解体检查：

主泵全面解体检查的主要目的是根据预防性维修周期对主泵水力部件进行解体检查和必要的修复或更换。主要检修条目包含：

- 拆卸电机及辅助系统；
- 拆卸下电机支座；
- 拆卸轴套；
- 拆卸泵盖及辅助管道；
- 拆卸水力部件；
- 水力部件去污；
- 水力部件解体，包含折流管、轴承导环、支撑管、下导轴承、叶轮罩、叶轮、泵轴、导叶、密封室、隔热体、后座密封等；
- 清洗检查；
- 水力部件组装；
- 水力部件转运及落座；
- 泵盖安装及主螺栓拉伸；
- 附属管线安装；
- 轴套安装；
- 下电机支座安装。

——主泵油密封解体检查：

主泵油密封解体检查的主要目的是根据预防性维修周期对油密封及其零部件进行拆检、清洗和必要的修复或更换。主要检修条目包含：

- 排油及工具安装；
- 拆卸可拆轴；
- 拆卸集油盘；
- 拆卸油密封；
- 油密封解体：油封动环、油导叶、静环、飞溅环；
- 清洁检查；
- 油密封组装；
- 油密封安装；
- 集油盘、可拆轴安装。

(6) 质量管理

表 352-01-04-62 主泵质量管理表

项目名称	质量管控点
主泵电机机械年度检查	润滑油化验、管线泄漏检查
主泵电机机械全面解体检查	上导轴承绝缘电阻、电机对中、定转子气隙偏差、上导瓦接触面积检查、电机上导轴承运行间隙
主泵电机下导轴承和推力轴承检查	润滑油化验、逆止阀打压、孔板尺寸检查、上导瓦接触面积检查、上导轴承绝缘电阻、电机单体对中、轴承零部件尺寸检查、推力间隙测量、电机轴承组件对中、电机与泵轴对中、电机上导轴承运行间隙
主泵高压冷却器全面检查	顶盖、底盖螺栓拉伸，盘管检漏
主泵 1、2、3 号密封解体检查	密封零部件外观检查、密封圈尺寸检查、弹簧高度测量、静环安装高度测量、节流盘管接口检查、部件对中
主泵 1、2、3 号密封拆卸及装配	联轴器间隙测量、密封室盖与密封室上端面间隙测量、密封室端面与第三级密封外环距离测量、第三级密封轴套与泵轴端面距离测量、联轴器与泵轴端面距离测量、密封圈尺寸检查、部件对中
主泵机械年度检查	管线泄漏检查
主泵停车密封解体检查	联轴器间隙测量、密封室盖与密封室上端面间隙测量、密封室端面与第三级密封外环距离测量、停车密封环检查、密封圈尺寸检查、停车密封落座
主泵全面解体检查	轴承定心块与轴承导环间隙测量、轴套与轴承间隙测量、叶轮螺栓拉伸、叶轮与后座密封间隙、叶轮与叶轮罩间隙、叶轮轮毂帽配销、部件对中
主泵油密封解体检查	联轴器间隙测量、动环和定位环间隙测量、油叶轮与油导叶间隙测量、油密封顶升

(7) 技术规程清单

表 352-01-04-63 主泵技术规程清单表

序号	规程名称
1	RCS 反应堆冷却剂泵电机机械年度检查
2	RCS 反应堆冷却剂泵电机机械全面解体检查
3	RCS 反应堆冷却剂泵电机下导轴承和推力轴承检查
4	RCS 反应堆冷却剂泵高压冷却器全面检查
5	RCS 反应堆冷却剂泵 1、2、3 号密封解体检查
6	RCS 反应堆冷却剂泵 1、2、3 号密封拆卸及装配
7	RCS 反应堆冷却剂泵机械年度检查
8	RCS 反应堆冷却剂泵停车密封解体检查
9	RCS 反应堆冷却剂泵全面解体检查
10	RCS 反应堆冷却剂泵油密封解体检查

(8) 经验反馈

1) 常见故障

表 352-01-04-64 主泵常见故障表

故障特征	可能原因
顶轴油泵故障（报警）	过载
	齿轮泵损坏
	油压表异常
泄漏油泵/油密封故障（报警）	过载
	齿轮泵损坏

续表

故障特征	可能原因
泄漏油泵/油密封故障（报警）	流量计故障
	油位计故障
	油密封故障 放油塞漏油
冷却水泄漏（泄漏油泵持续运行、泄漏油泵运行但下油箱油位上升、下油箱油位高高报警）	冷却水系统泄漏
	油冷器泄漏
径向轴承故障（瓦温高）	油冷器出口油温高
	轴承损伤
	测温装置故障
	供油故障
推力轴承故障（瓦温高、轴承主油箱油位低）	油冷器出口油温高
	轴承损伤
	测温装置故障
	供油故障
	油位偏低
油冷器换热能力低	测温装置故障
	油位偏低
	冷却水流量低
	冷却水温高
	冷却水控制故障
高压冷却器换热能力低	测温装置故障
	冷却水流量低
	冷却水温高
	冷却水控制故障
WCC 故障（换热器换热能力下降）	测温装置故障
	油位低
	冷却水流量低
	冷却水温高
	冷却水控制故障
轴封注水流量低	轴封注水供应故障
轴封再循环工况下高压冷却器出口密封水温度过高	高压冷却器换热能力低
下导轴承故障（温度高，不可监测）	高压泄漏流量高
	轴封注水流量低
密封前温度高	轴封注水流量低
	轴封注水故障
	轴封注水温度高
	热水侵入
高压泄漏流量低	密封泄漏阀关闭
	轴封故障或损伤
	轴封注水流量低

续表

故障特征	可能原因
高压泄漏流量低	测量装置故障
	测量装置未充分排气
	密封滤网堵塞
	轴封安装问题
	密封损坏
	2、3 级密封严重损伤
高压泄漏流量高	轴封故障或损伤
	测量装置故障
	测量装置未充分排气
	轴封安装问题
	密封损坏
	第 1 级密封严重损伤
	第 1、2 级密封严重损伤
低压泄漏高	流量控制故障
	轴封安装问题
	轴封损伤
	第 3 级密封严重损伤
	1、3 级密封严重损伤
	2、3 级密封严重损伤
轴封注水断失	测量装置故障
	测量装置未充分排气
	轴封注水供应故障
高温水进入轴封（>120 ℃）	泄漏阀故障或未及时关闭
	轴封注水和冷却水双断 20 min 以上
	泄漏阀故障或未及时关闭
低油位	泄漏
高油位	进油管流量过大或出油管堵塞
轴径向振动大	电机动平衡不良
	被驱动机械动平衡不良
	磁平衡不良，转子偏心，转轴变形
	对中度失调
	与基础发生共振
	基础发生变动
	被驱动机械动平衡不良
外壳振动大	共振现象；刚度不够
空载运行时超温	系统电压高；频率低
	通风量小，通风道堵塞
	冷却水供应量不足；空气—水冷却器的热交换量过低

续表

故障特征	可能原因
负载运行时超温	合闸后，一相开路
	通风量小，通风道塞
	冷却水供应量不足；空气—水冷却器的热交换量过低
个别绕组超温	定子绕组联接错误
	定子绕组匝间短路或相间短路
电动机不能起动	超负荷
	一相开路
	定子绕组连接错误
	止逆机构安装方向错误
	转动和静止零件之间的机械干扰
电动机起动勉强、电动机升速困难	超负荷
	合闸后，一相开路
	系统电压低，频率高
	定子绕组连接错误
	定子绕组匝间短路或相间短路
起动、运行时有蜂鸣声	超负荷
	合闸后，一相开路
	定子绕组连接错误
	定子绕组匝间短路或相间短路
间歇蜂鸣声	鼠笼绕组焊接不良
	磁平衡不良，转子偏心，转轴变形
隆隆声	转子铁芯与定子铁芯相摩擦
摩擦声	转动部件与定子或外壳部件相摩擦
尖叫声	气流噪声，通风回路间隙过小或锐角
轴承超温	润滑油老化或污染
	径向间隙太小
	在工作转速下转子偏心过大
	轴承电流
	循环油流量不够
	损坏的轴承巴氏合金
轴承温度突然变化或突然升高，而找不到外部原因	循环油流量不够
	进油温度升高
滑油过早变黑或含有磨蚀物质	润滑油老化或污染
	径向间隙太大
	在工作转速下转子偏心过大
	轴承电流

2）典型经验反馈案例

——某核电厂 1 号机组热试时机械密封过热。

现象：在某电厂 1 号机组进行热试时，一回路温度 293 ℃，压力 15.4 MPa，进行断电试验时，三台主泵停运，上充泵给轴封供水流量为 2300 L/h。在停运过程中发现 2 环主泵机械密封温度持续升高，最高达到 158°。关闭高压泄漏阀门 931 VP 后，机械密封温度逐步下降。

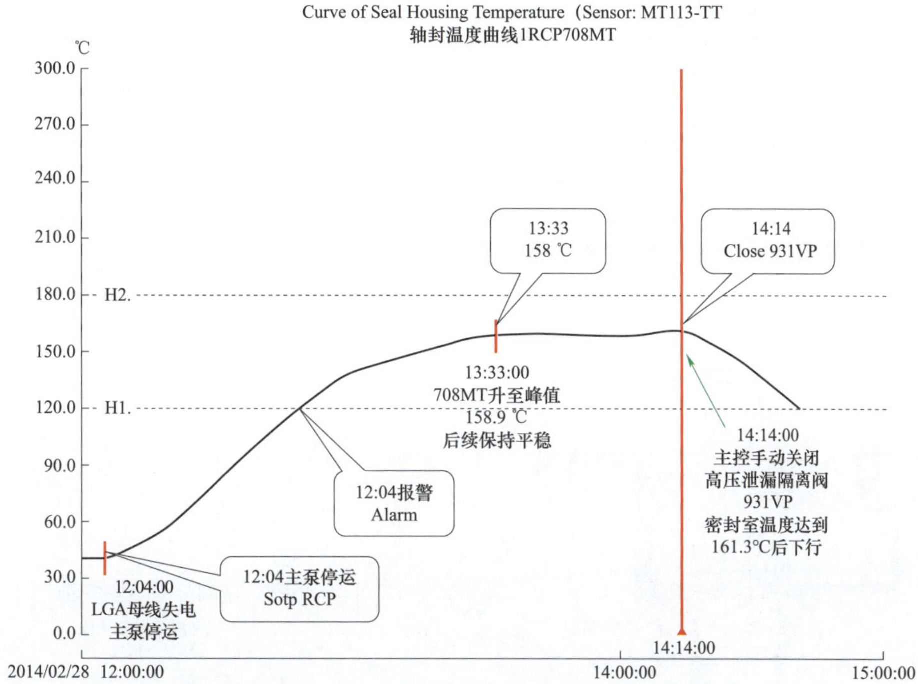

图 352-01-04-170　机械密封温度随时间变化

原因分析：

经过就地检查，主泵再循环阀门 936 VP 未全关紧，在主控命令关该阀门后，达到关限位后，仍然可以手动将该阀门拧 10 圈左右。经检查接线，确认该阀门为限位开关，会存在关不严工况。

由于泵叶轮前后压差，主泵运转时再循环管线水流向如下：

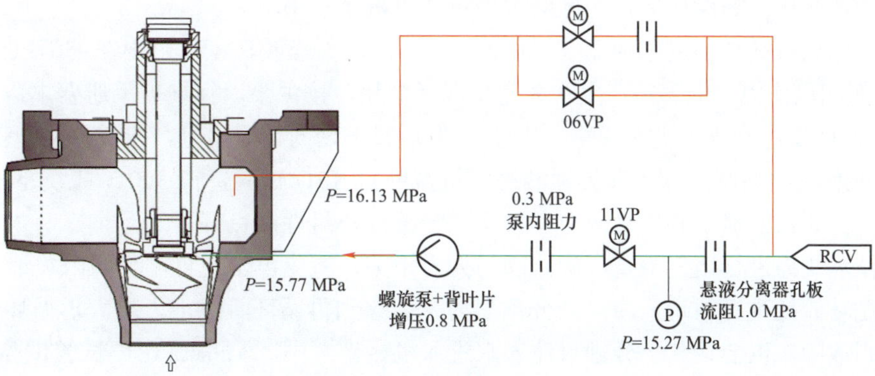

图 352-01-04-171

主泵停运时再循环管线水流向如下，螺旋泵和背叶片不再给轴封水增压，叶轮前后压力相等：

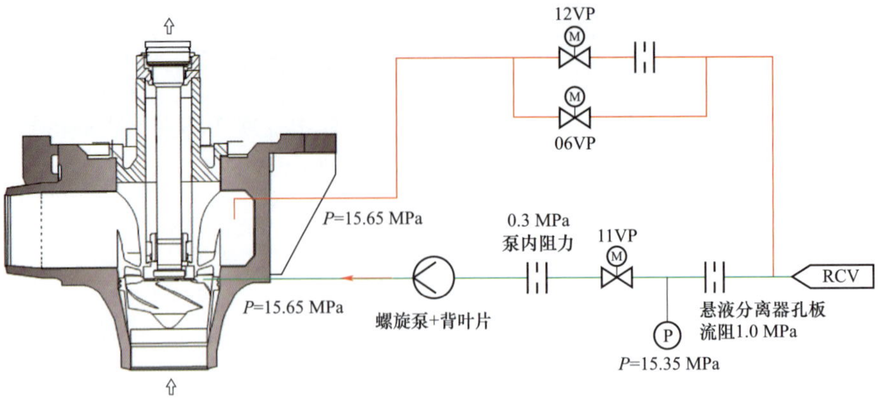

图 352-01-04-172

如果再循环阀存在泄漏，会导致如下情况：

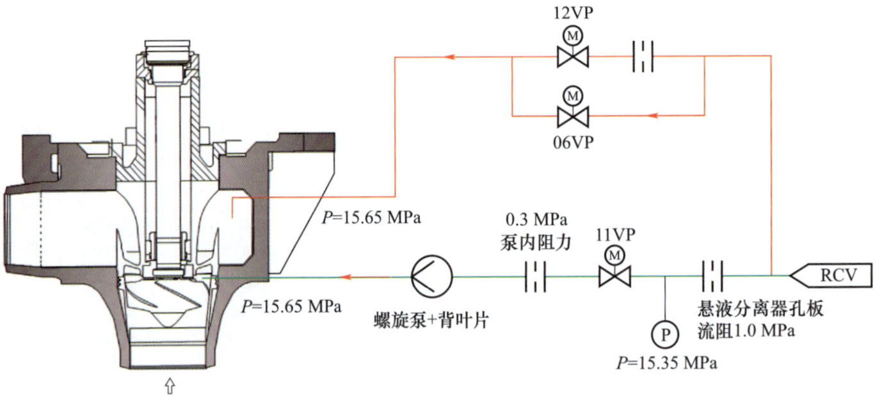

图 352-01-04-173

泵运转时泵壳压力较高，即使再循环阀未关严，轴封水从再循环管线进入泵壳可能性较小。而停泵时泵壳压力与叶轮处压力相同，加上机械密封内部流阻较大，大部分轴封注入水通过再循环管线直接进入泵壳，进入机械密封的水较少，而高压泄漏阀门此刻是打开状态，还产生 750 L/h 左右的高压泄漏，一回路高温水逐渐经过泵石墨导轴承、折流管、隔热体等组件进入机械密封，最终导致机械密封温度升高。关闭高压泄漏阀门后，一回路水不再往机械密封中泄漏。

后续措施：因为机械密封内部使用 O 形圈都是三元乙丙橡胶，工作范围在−50～150 ℃，可以在 150～250 ℃中间间歇使用，但容易产生永久变形或者老化。按主泵运行维护手册要求，如果机械密封温度超过 150°，就要对 O 形圈进行更换。拆开后发现机械密封情况良好，未发现 O 形圈有变形，说明该 O 形圈性能优良。后续厂家也在奥地利进行机械密封 SBO 试验，在 300 ℃工况下保持 72 h 后，机械密封仍能保持正常的泄漏和压力分布，再次运转机械密封性能良好。

对所有再循环阀门进行电气检查，确认阀门为力矩关，避免再出现再循环阀门关不严情况。

厂家对再循环管线进行改造，将悬液分离器内孔板移到再循环管线上，增大再循环管线的阻力，让即使再循环阀故障，也会让大部分轴封注入水进入机械密封中。Andritz 出厂试验试验合格，福清 3 号机组也将进行改造，并进行现场试验。改造后的管线流程图如下，将悬液分离器处的孔板位置改到再循环管线上，增大再循环管线阻力，即使 06 VP 关不严或者故障，也会有较多的轴封注入水进入机械密封中：

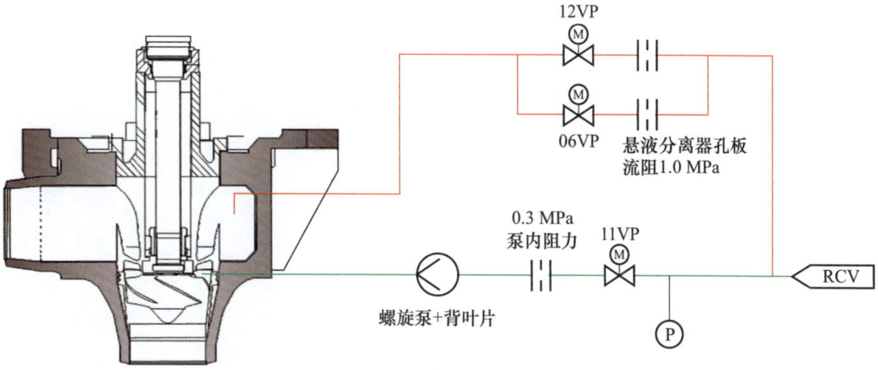

图 352-01-04-174 改造后轴封管线图

——第三级机械密封泄漏异常。

现象：某核电 1、2 号机组主泵在冷却剂系统热态功能试验充水升压过程中出现过 4 起低压泄漏流量超报警定值 50 L/h 事件，同时伴随第三级机械密封前压力及高压泄漏流量偏低现象。

原因分析：

可能原因如下。

- 低压泄漏仪表故障，导致误报警；
- 高、低压泄漏管线联通阀门未能完全关闭，导致高压泄漏从低压泄漏流出；
- O 形圈失效，导致密封不严；
- 第三级密封面功能失效，包含密封面损坏或密封面未贴合。

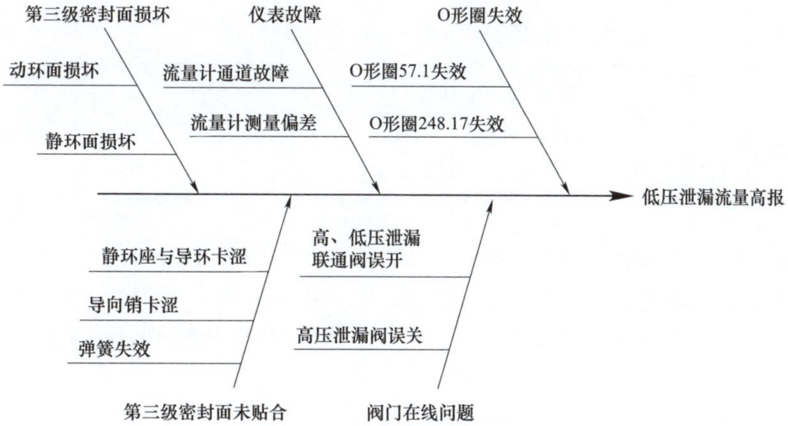

图 352-01-04-175 原因分析

通过现场测流量，确认低压泄漏流量大，排除原因（1）；通过重新检查阀门在线情况，排除原因（2）；因为主泵已经进行过冷态试验，机械密封正常，O 形圈不可能会突然损坏，排除原因（3）。最终怀疑为机械密封面未贴合，大量水从密封面泄漏到低压泄漏管线，导致第三级密封前压力低和高压泄漏流量低情况。

但是是什么原因导致的密封面未贴合？如何解决？厂家主泵手册并未给出解决方法，而现场厂家爱调试工程师也从没碰到该情况，坚决要求对机械密封全部解体，重新组装。

目前分析机械密封面未贴合应该是静环遇到卡涩。可能卡涩原因：

表 352-01-04-65　原因分析表

静环未贴合可能原因	分析
导向销 248.15 卡在销孔	经检查图纸，销 248.15 为平行销，与销孔配合间隙为 1 mm，卡涩可能性较小
弹簧失效	已经过冷试验证，弹簧失效可能性较小
静环座与导环卡涩	在热试前主泵已经停运 4 个月，1、2 级密封因为有部分存水而状态良好。第 3 级直接与外界接触，清洁度较差，在静环座与导环之间 O 形圈 248.17 又涂有大量硅脂，长时间存放有可能变干。最终导致静环座与导环直接摩擦力加大而卡涩，从而使密封面无法贴合，泄漏量偏大

根据以往在秦山二期处理 Westinghouse 主泵机械密封第一级密封泄漏量大的故障经验，制定了以下解决措施：

- 反复启动顶轴油泵、盘车等方法扰动泵轴；
- 通过改变第三级密封前后压差来扰动静环；
- 通过将一回路降压到 2 bar 以下，脱开电机轴与泵轴，让泵轴缓缓下落，利用静环背部弹簧力及静环重力将静环下落；
- 如果以上措施不能解决，则只能按外方要求进行解体。

解决措施 1：因为 M310 机组 Andritz 型主泵顶轴油泵仅供给主推力瓦，在 2.5 MPa 平台时副瓦受力，启停几次后对泵轴基本无扰动作用。而盘车方法因担心对机械密封造成偏磨，未进行实施。

解决措施 2：第三级密封的压差△*P* 受高压泄漏阀开关与停车密封开关影响，高压泄漏阀关闭时，第三级密封承受全部一回路压力 *P*，高压泄漏阀打开时，第三级密封承受 1/3 *P*；在高压泄漏阀关闭，停车密封投用时，第三级密封后压力为 *P*。

表 352-01-04-66　压力分析表

停车密封与高压泄漏阀状态	投停车密封+关高压泄漏阀	投停车密封后，开高压泄漏阀	不投停车密封+高压泄漏阀开	不投停车密封+高压泄漏阀关
压差△*P*	0	−2/3 *P*	1/3 *P*	*P*

在 2.5 MPa 压力平台下，我们通过改变停车密封与高压泄漏阀状态，从而使第三级密封前后压差改变。并通过反复提高一回路压力到 3.5 MPa（需要退出余排系统）几次，使泵轴在推力轴承间隙内上下浮动几次，最终使第三级密封静环座与导环卡涩问题解决，密封面得到贴合，解决了低压泄漏高的问题。

图 352-01-04-176　静环组件

图 352-01-04-177　导环

改进措施：

● 加强清洁度控制，组装阶段严格控制部件清洁度，长时间停泵时将泵腔室密封，防止外界杂质；

● 建议厂家对导环与 O 形圈 248.17 接触部位进行镀耐磨金属，提高表面光洁度，从而减小摩擦和增加耐磨性。

——调试机械密封遇到其他问题汇总：

表 352-01-04-67 调试机械密封问题汇总表

问题	原因分析	改进措施
在 2.5 MPa 平台，主泵启动后第一级密封前压力低多次导致主泵跳闸	因 Andritz 主泵内含螺旋泵与叶轮背叶片的抽吸作用，泵运转后第一级密封前压力下降约 3 bar，导致跳泵	充分给一回路排气，并将主泵启动压力从 2.5 MPa 提高到 2.8 MPa 以上
在 2.5 MPa 平台，主泵启动后高压泄漏低于 200 L/H 而跳闸	发现高压泄漏管线有阀门未全开，导致高压泄漏流量低，在主泵启动后，由于螺旋泵抽吸作用，高压泄漏流量会降低 20 L/h 左右，导致跳泵	重新在线，确认阀门状态正确
轴封流量波动时，再循环阀 06 阀还未完全打开，主泵就跳闸	当轴封流量低于 LOW2（1350 L/H）时，再循环阀 06 阀自动打开，但打开时间需要 11 s 左右，而轴封流量从 LOW2 到 LOW4（1200 L/H）时仅需要不到 1 s，达到 LOW4 时如果没收到再循环阀 06 打开信号的话，主泵会直接跳闸	将轴封流量 LOW4 信号延时 15 s，保证再循环阀打开后再动作
热试时发现主泵低压泄漏水返流到泵壳上	低压泄漏水依靠重力流入 RPE001BA，而 RPE001BA 在充氮后压力为 0.12 MPa 左右，将 RPE001BA 水反压到低压泄漏管线中，最终流出	将低压泄漏水改引入 RPE003BA，RPE003BA 为直接对空，避免返流

——某电厂 1 号机组小流量试验时主推力瓦过载烧毁。

现象描述：2012 年 5 月在哈尔滨进行首台主泵小流量试验时，在 15.4 MPa 压力下运转主泵，主推力瓦温度急剧升高，解体后发现主推力瓦烧毁，副推力瓦和径向瓦也有较多毛刺。

原因分析：按照合同要求，出厂每个机组 1 台主泵做全流量试验，其余两台做小流量试验。与核电厂主泵不同的是，小流量主泵试验时采用小电机，小叶轮，其余部件与采用核电厂主泵的部件，具体带来影响如下：

● 小流量采用小电机，相比核电厂用主泵电机，少了 15 t 的电机转子重量；

● 小流量电机采用小叶轮，叶轮前后压差产生轴向力很小，可以忽略掉。而核电厂主泵叶轮在运转时，产生的向下的轴向力大于有 31 t。

所以在小流量 8 MPa 运行时，轴向力已经与核电厂用主泵正常运转时 15.4 MPa 相同。在 15.4 MPa 运行时，小流量试验时比核电厂主泵正常运转轴向力大了 46 t，主推力瓦载荷已经达到 96 t，远超设计载荷值（85 t），造成主推力瓦过载而烧毁。

采取措施：更换主推力瓦，修复副推力瓦和径向瓦，并对整个油系统进行清洗。在后续试验中，降低试验压力到 12.8 MPa，防止主推力瓦过载。

经验反馈：运行时要注意推力瓦受力情况，不能在轴向力过载情况下运行主泵。

——出厂试验时组合轴承泄漏。

现象描述：2012 年 5 月开始在哈尔滨进行主泵小流量试验时，发现组合轴承甩油环处油泄漏量较大，达到 2 L/h，在电机试验时，该处的泄漏量更大，达到 240 L/h，如此大的泄漏量，难以保证主泵一个换料周期的安全运转，而且会造成核岛火灾隐患。

原因分析：通过主油泵叶轮供到轴承室的油有 3 bar 的压力，浮动密封环与轴存在 0.14 mm 的间隙，必然会存在一定泄漏，AAG 以四轴承设计中，浮动密封环的泄漏直接进入齿形联轴器起到润滑作用。而 RCP 440-TB50 型主泵采用三轴承结构，无齿形联轴器。浮动密封环处泄漏依靠甩油环外部设置 4

个 D25 的回油孔回油，但在电机轴的甩动下，泄漏油未能全部直接进入回油孔，而且电机运转时转子风扇的抽吸作用，造成甩油环处处于负压状态，导致油泄漏量更大，并有大量油雾散出。

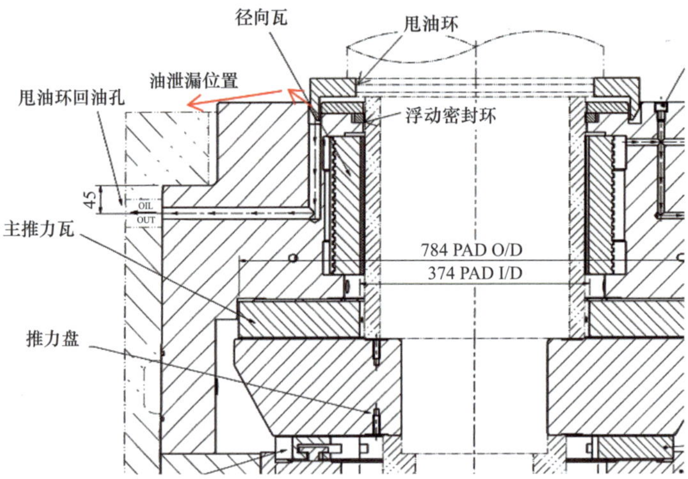

图 352-01-04-178　旧轴承甩油环设计

采取措施：经过 5 个月的 13 次试验后，确定更改措施如下。

- 加大回油能力：新增加 4 个ϕ36 的回油孔。回油孔前加挡块，让泄漏的油随电机轴甩动时都能被阻挡，反冲到回油孔中。
- 消除掉电机风扇转动带来的负压：给电机飞轮下加挡板，减少电机风扇抽吸作用。采用新型甩油环，在盖环外加螺纹槽，让电机转动起来时往轴承室泵风，抵消电机风扇带来的抽吸作用。
- 减少油雾产生：新甩油环外侧加盖环，盖环空间较大，让油雾有更好的冷凝空间并回流。减少甩油环长度，减少甩油环与油接触从而甩出油雾。

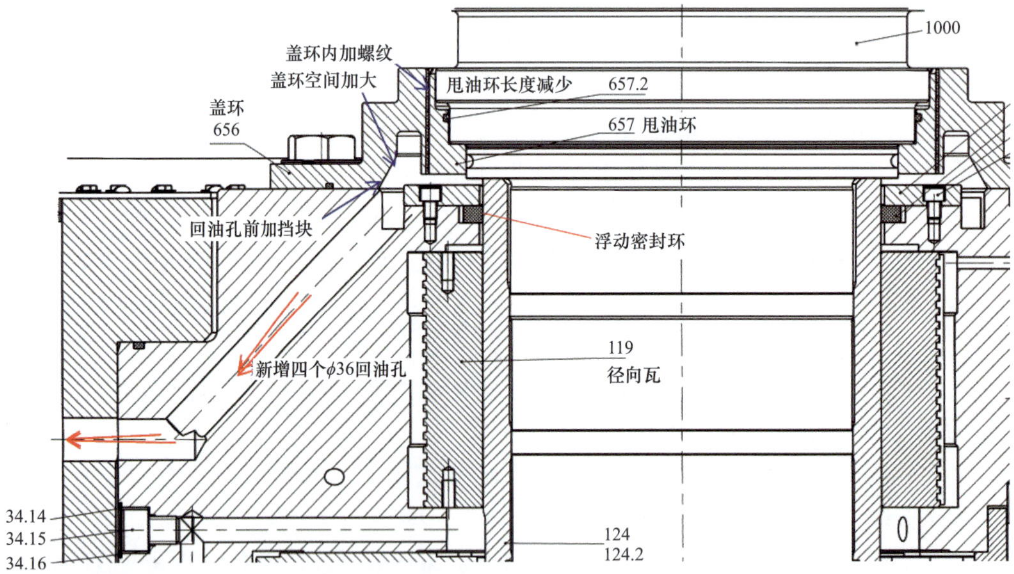

图 352-01-04-179　新轴承甩油环部分设计

后续在哈尔滨试验时，未再发现该处泄漏。核电现场试验时也未发现泄漏，说明改进的效果是良好的。

经验反馈：在主泵进行改型设计时，厂家经验不足，经过 CNPE 协调国内外专家多次商量解决办法，终于解决了该问题。

——泄漏油泵抽空。

现象描述：在某电厂 2013 年 12 月份热态试验时发现，按照逻辑在泄漏油箱高于 35%时自动启动泄漏油泵，启动 1～2 min 后泄漏油泵流量波动很大，已处于抽空状态，而泄漏油箱油位仍在 20%以上，并未达到自动停泄漏油泵条件。长期抽空会有损坏泄漏油泵、给油里面泵入太多空气产生油沫风险。

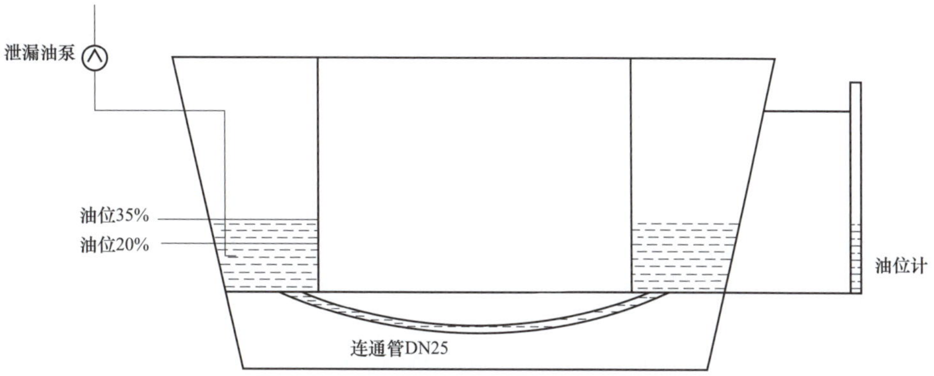

图 352-01-04-180 泄漏油箱示意图

原因分析：泄漏油箱实际为两个油箱，泄漏油泵从一侧抽油，油位计位于另一侧油箱。两个油箱中间连通管线仅有 DN25 的连通管线。

当泄漏油泵 1～2 min 就把 A 侧油抽空后，油位计侧油箱依然有较多的油，由于连接管线较细，两侧油位达到平衡需要至少五分钟左右，所以按厂家给的逻辑靠泄漏油箱油位低于 20%停泵时，泄漏油泵已经处于抽空状态。

后续措施：后续试验时看到泄漏油泵流量波动时即手动停止泄漏油泵，并敦促厂家与设计院修改逻辑，按泄漏油泵流量设置停泄漏油泵信号。并在福清 3、4 号机组上，将联通管直径加大为 50 mm，两侧油箱平衡能力有所增加。

经验反馈：主泵出厂试验时泄漏油箱油位较高（60%），不存在抽空问题，因此到现场才发现该问题。需要厂家在出厂试验时，严格按照逻辑手册与定值来试验，提早发现问题。

——主推力瓦烧瓦事件。

现象描述：2014 年 9 月某电厂 2、3 环路主泵做断电试验时候，断电前启动顶轴油泵，主泵与顶轴油泵一起断电，断电后发现两台主推力瓦温度一直上升到 89 ℃才下降，再次启动发现 2 环路推力瓦在顶轴油泵停止后，主推力瓦温度一直升高到 116 ℃和 108 ℃手动停泵，3 环路再次启动后，主推力瓦温度也急剧上升，到 95 ℃时进行手动停泵，而且失电试验时 2、3 环路主泵堕转时间相比兄弟电厂少了 39 s 左右，说明摩擦阻力较大。对电机解体时发现主推力瓦已经全部磨损。

图 352-01-04-181 主推力瓦背后带止回阀

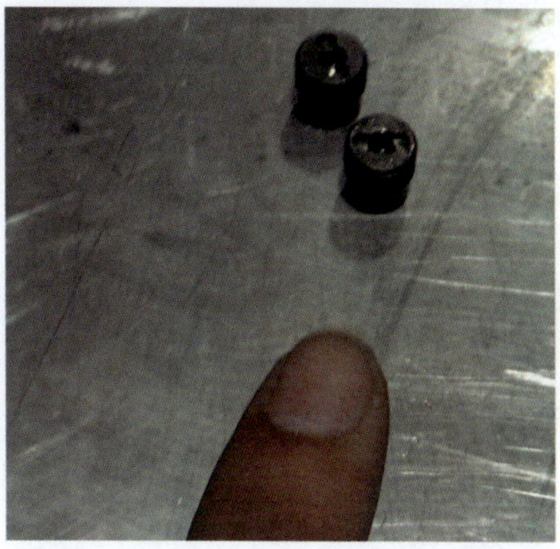

图 352-01-04-182 主推力瓦损坏情况

原因分析：主泵推力瓦为可倾推力轴瓦，在主泵正常运转时推力瓦与推力盘之间自动形成动压油膜，油膜平均压力约 1.86 MPa。在停泵与启泵瞬间由于转速较低，推力盘与推力瓦之间难以建立其动压油膜，需要顶轴油泵强制建立油膜。

对主泵电机解体后试验发现，主推力瓦后带的止回阀（属于顶轴油管线一部分）螺纹处泄漏，且顶轴油管线有其他漏点。因此断定在断电试验时，因转速降低，动压油膜产生的油流量减小，而止回阀又存在泄漏，造成顶轴油管线导通，推力瓦和推力盘之间的动压油膜直接被该管线破坏，造成主推力瓦磨损。

后续措施：进行主推力瓦更换，消除顶轴油管线漏电，并修复其他磨损部件并更换。将主泵顶轴油泵电源由 LKA/LKB 改接到 LLI/LLC 上，由 380 V 应急电源供电，失电情况下最多 12.9 s 能启动顶轴油泵，足够保证主泵在转速大于 500 转时将顶轴油泵启动，避免了主泵断电时同时失去顶轴油泵，从而造成主推力瓦磨损。如下图，顶轴油泵电源改造前后的堕转情况。

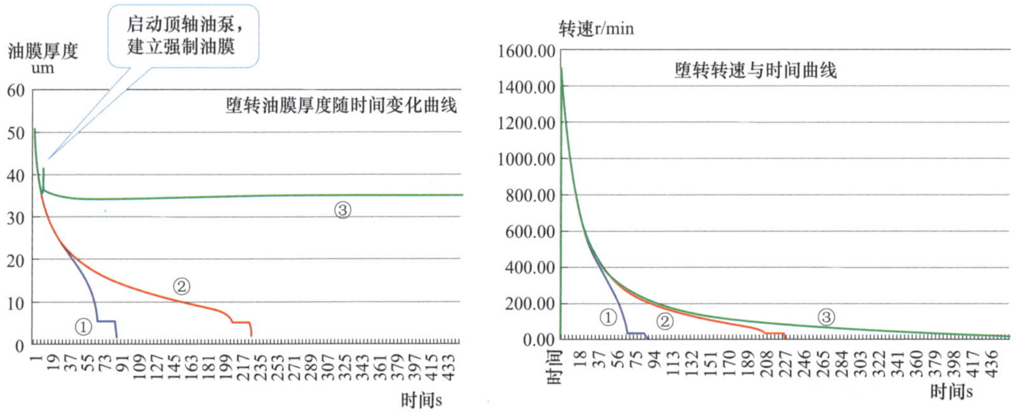

	①	②	③
试验名称	2COC53断电试验	1BAS56断电试验	2BAS56（加电源改造）
顶轴油泵状态	未启动	未启动	断电8 s启动
主推力瓦状态	主推力瓦烧毁	主推力瓦正常	推力瓦温度正常
堕转时间	87 s	227 s	444 s

图 352-01-04-183　顶轴油泵电源改造前后堕转与油膜厚度关系

经验反馈：主泵允许在停泵时候不启动顶轴油泵，但顶轴油管线泄漏会造成动压油膜破坏，后续组装时候要加强质量管理，对所有顶轴油管线都进行打压试验。并对顶轴油泵电源采用应急电源，保证在全厂断电时顶轴油泵能够启动。

——副推力轴承瓦温高事件：

现象描述：2014 年 9 月某核电厂 2 号主泵在 2.5 MPa 平台下启动时，发现副推力瓦温度急剧升高，$-Y$ 方向副推力瓦 745 MT 达到 93 ℃，$+Y$ 方向副推力瓦 744 温度达到 83 ℃，操纵员进行手动停泵，但在主泵堕转过程中，副瓦温度继续上升，最后两个副瓦测温探头都达到 95° 左右才开始下降。

将主泵电机吊入 AC 厂房后解体，发现副推力瓦已经全部磨损，并在推力盘上形成一道约 0.2 mm 深的划痕。

原因分析：在 2.5 MPa 平台下运行主泵，副推力瓦受力。该台主泵电机之前有毛巾屑进入，本次启动前进行大量油冲洗与异物抓取工作，但轴承室内部结构复杂，未能完全清除异物，所以本次启动时，毛巾碎屑杂质进入推力盘与副推力瓦中间，使得副推力瓦不能自由摆动，油膜建立困难，受力面积减小，最终造成副推力瓦和推力盘磨损，使所有的副推力瓦烧毁。

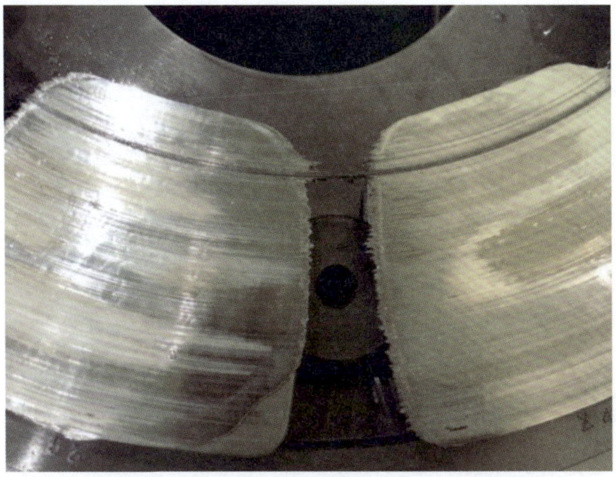

图 352-01-04-184 副推力瓦磨损情况

图 352-01-04-185 油冷却器冲洗

后续措施：将电机全面解体，更换副推力瓦，对推力盘进行修复，并重新加工轴向间隙调整垫片，对整个油系统进行细致清洁工作后再回装。

经验反馈：轴瓦是非常敏感易损部件，在组装阶段要注意控制整个油系统清洁度，加强质量控制。

——上导瓦烧瓦事件。

现象描述：2013 年 9 月，某核电机组 3 号主泵电机按计划进行空载试运行试验。电机于 17：45：35 启动，运行大约 4 min 后，上导轴承温度信号显示异常，尤其 *X* 方向轴瓦温度上升较快。17：50：41，*X* 方向上导瓦温度达到 90 ℃，接近跳机值（110 ℃），主控室操作员立即切断电机电源。随后电机惰转，上导瓦温度持续升高，并最高达到 100℃。

经过拆开后发现 8 块上导瓦全部磨损，滑转子也有一道划痕。

图 352-01-04-186 上导瓦烧毁

图 352-01-04-187 对上导瓦恢复，进行测量间隙

原因分析：电机上导瓦烧瓦的可能原因为油质不合格、电机轴未在中心、轴瓦间隙过小等原因，检查项目如下：

表 352-01-04-68　检查项目表

检查项目	结果
油质检查	在组装时已对油箱进行比较仔细清洁，并做过油冲洗，在油冲洗后化验油质为 NAS7 级，合格
设冷水与油温检查	检查设备冷却水流量温度满足要求，油温正常
电机调中心检查	复查滑转子到上油箱内止口距离，确认电机轴在中心位置
上油箱油位检查	通过主控曲线确认，上油箱油位一直保持在 50%左右，满足标准值>45%的要求，并且中油箱通往上油箱流量保持在 45 L/min，说明上油箱油位，油流量满足要求
上导瓦油密封检查	测量上导瓦油密封与滑转子间隙为 1 mm，合格。并且油密封未发现破损，说明上导瓦泵吸润滑功能未被破坏
电机轴位移检查	电机轴位移一直未超过 17 μm，对比 1、2 环路主泵电机试车，轴位移都在 40 μm 左右。说明 3 号主泵一直处于抱轴状态，轴瓦间隙较小
轴瓦间隙检查	在轴瓦磨损后对间隙测量，仍发现 1～5 两块瓦间隙和仅为 0.17 mm，.小于标准值 0.3 mm。说明轴瓦间隙不足。

最终确认为：在核岛安装时，盘车时上导瓦间隙仅为 0.02 mm 左右，在对中完成后，要将轴瓦单边间隙调整到 0.15 mm。安装公司在对中完毕后未将上导瓦间隙调整到规定值，导致上导瓦进油不足，进而造成轴瓦缺油烧毁。

处理措施：对上导瓦进行更换，更换滑转子，清洁整个中油箱与上油箱，重新调整上导瓦间隙到规定值。再次启动后上导瓦温度正常。

经验反馈：安装时应严格把关，把轴瓦间隙调整作为质量控制点，并加强对安装公司的技术指导。

——上油箱溢流。

现象描述：在 2013 年 12 月某核电厂热试时，启动主泵后 2 min 就因为中油箱油位从 93%迅速减少到 75%而跳泵，上油箱油位从 50%一直涨到超量程，停主泵后慢慢回落。就地查看发现上油箱油已经大量从呼吸塞处泄漏，并有不少油由于主泵电机风扇抽吸作用进入电机内部。

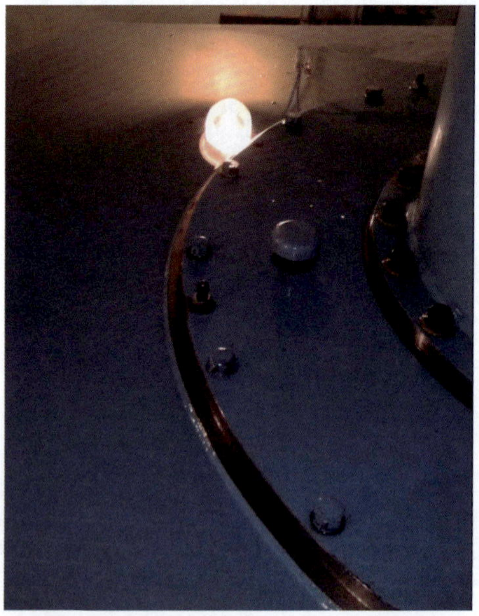

图 352-01-04-188　油流量调节阀

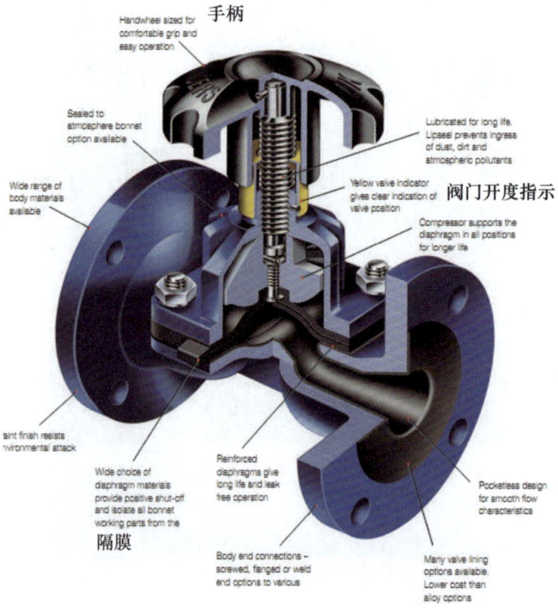

图 352-01-04-189　呼吸塞漏油情况

原因分析：机械油泵供给电机上油箱管线有油流量调节阀，该阀门为手动隔膜阀，型号为IA025D1CXC1H01。阀门不同开度时流量变化很大，非常难调节，而且调节后也没锁紧装置，所以每次启动主泵电机时，都要有人在就地调节该阀门流量，本次启动时调节阀门人员不熟练，将阀门开的过大，导致过量油从中油箱抽到上油箱，上油箱溢流能力不足，所以最终造成油泄漏，并造成中油箱油位过低而跳泵。

后续处理：对电机本体进行擦拭，并拆除百叶窗，对被电机风扇抽入的油滴也进行擦除。对阀门设置临时固定装置，在给该阀门调节好开度后，将阀门手柄锁紧。并催促厂家更换阀门类型，换为可调节与固定的阀门。

经验反馈：涉及流量调节的阀门，一定要用专门的流量调节阀门，并带有阀门开度锁紧装置。并提高现场操作人员的技能。

（9）参考资料

［1］袁潮潋．“华龙一号”主泵检修［R］．福清：福建福清核电有限公司，2019.

［2］Figer，Stockle.Equipment operation and maintenance manual（EOMM）［R］．Graz：Andritz AG，2019.

上充泵

（10）定义

上充泵是化学和容积系统的重要组成部分，主要负责给反应堆冷却剂系统提供上充水流，从而维持稳压器中正常液位（上充功能）；给 3 台反应堆冷却剂泵的一号密封提供冷却水，此水流也起到防止高温冷却剂通过密封泄漏的作用（密封水注入功能）。

上充功能运行时，每台泵必须能供给最大上充流、正常密封水注入、最小流量管线的流量的总和，泵由容控箱或内置换料水箱供水。

（11）范围对象

RCV001PO、RCV002PO

（12）结构原理

上充泵为卧式多级离心泵，它们装有两个内置式静压轴承和一个外轴径止推轴承。每台泵装有一个润滑油增速器（齿轮箱），正常运行时，用该增速器驱动油泵。泵启动之前，用电动辅助油泵提供油压；上充泵设计成在电动油泵不能使用和正常油泵未奏效之前都可以启动，泵的油系统每月需进行 30 min 的定期试验，油在空气冷却器中进行冷却；上充泵装有由所输送液体进行润滑的密封；上充泵电动绕组装有加热器，以防止停泵时受潮。

泵组主要由泵、齿轮箱、电机、联轴器以及底板等组成：

1）泵

泵体作为 RCV 系统介质的压头和动力来源，主要由筒体、芯包、轴承室、机械密封等组成。筒体作为芯包的支撑体、承压体及进出口管线的连接部分；芯包作为能量转换体，将机械能转化为压力能和动能；轴承室起到轴承的支撑及冷却作用；机械密封起到防止介质泄漏的作用。

2）齿轮箱

齿轮箱又称为齿轮增速箱，可将电机转速增大之后传递给泵，从而使泵能达到额定转速，满足各种工况的需求。齿轮箱可装载 100L 中级 VG46 润滑油，且与泵非驱动端轴承室互相循环冷却。

3）电机

电机作为泵组的动力源头，将电能转化为机械能。

4）联轴器

联轴器作为电机=齿轮箱=泵的机械连接部位，也是设备间唯一传递机械能的零部件，均为齿套式联轴器，用 EP1 润滑脂润滑。

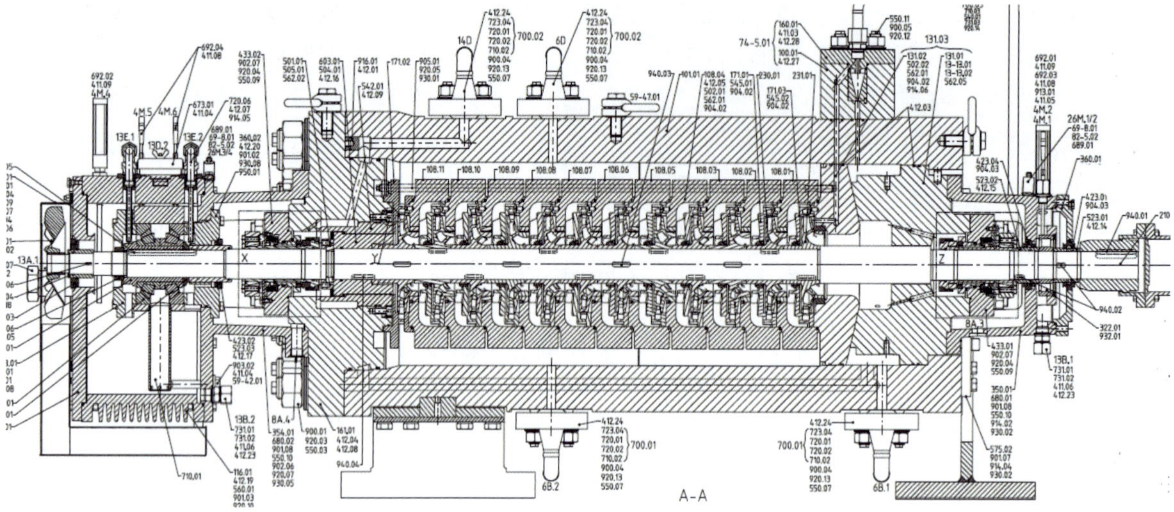

图 352-01-04-190 上充泵结构图

5）底板

底板起到支撑泵组的作用，保证泵组的轴线在同一水平线上，主要分为两部分，一部分支撑电机，另一部分支撑泵体和齿轮箱。

（13）指标与参数

上充泵总压头等于反应堆冷却剂系统压力最大值加上流过上充管道的阀门、管道和其他设备的压降减去容积控制箱的压力。主要运行数据如表 352-01-04-69 所示：

表 352-01-04-69 上充泵参数表

运行数据						
输送介质	含硼放射性水					
pH（25 ℃）	4～10.5		硼含量/（mg/kg）		Max.–2.300	
工况点	Q=m³/h	0	29.2	34	148	160
最高运行温度	℃	/	/	100	40	120
工况温度	℃	/	/	46	/	/
最低运行温度	℃	/	/	/	7	/
密度	kg/m³	1020	1020	1020	1020	1020
有效 NPSH	m	/	/	/	7.8	/
必需 NPSH	m	/	/	/	/	≤7.8
最低吸入压力	MPa（g）	/	/	0.05	/	/
最高吸入压力	MPa（g）	/	/	0.45	0.18	2.1
流量	m³/h	0	29.2	34	148	160
最低扬程	m	1830	/	1760	730	500
最高扬程	m	1860	/	1802	810	/
效率	%	/	34	38	53	/
泵轴功率	kW	/	424	438	587	580
泵转速	r/min	4657	4657	4657	4657	4657
旋向	从驱动端看为顺时针					

续表

其他数据		
最小运行流量	m^3/h	13.6
最大运行流量	m^3/h	160
关闭扬程	m	1830～1860
关闭压力冷水	MPa（g）	20.5

（14）维修技术要求

1）预防性维修项目

表 352-01-04-70　上充泵预防性维修项目表

设备名称预防修性维修项目	
项目名称	项目周期（1C 为 1 个燃料循环）
RCV 上充泵齿轮箱全面解体检查	8C
RCV 上充泵及齿轮箱年度检查	1C
RCV 上充泵全面解体检查	8C
RCV 上充泵轴承检查及机械密封更换	4C

2）检修主要内容

——RCV 上充泵齿轮箱全面解体检查：

齿轮箱全面解体检查是唯一能够全面了解齿轮箱内所有部件（含齿轮等）状况信息的 PM 任务。其周期并非完全根据项目周期确定，还同工艺系统状况密切相关，因此应充分利用巡检、在线监测或者常规及部件解体情况确定解体需求。主要检修条目包含以下内容。

- 检查齿轮：清洗检查齿面啮合部位有无缺陷、磨损现象，检查轴承部件有无磨损、损坏现象，检查齿面啮合情况及齿面间隙；
- 检查双联油泵：主要检查双联油泵联轴器磨损情况；
- 检查液压马达：主要检查液压马达的花键磨损情况；
- 检查过滤器：清洗检查过滤器运行情况。

——RCV 上充泵及齿轮箱年度检查：

上充泵年度检查是定期对泵组进行的一个定期维护保养工作，主要对轴承室、外观、地脚螺栓力矩等项目进行检查确认。主要检修条目包含以下内容。

- 检查润滑油运行状态：要求化学专业配合取油样，分析其中的水分、颗粒度、金属成分含量是否满足运行要求，不满足将进行更换；
- 检查紧固件状态：对各紧固件按照相关的力矩值要求依次紧固，并记录反馈异常现象，确保每个紧固件的状态满足运行要求；
- 检查对中情况：分别复查并调整泵/齿轮箱侧联轴器对中情况、齿轮箱/电机侧联轴器对中情况，若超过 0.04 mm 的标准，必须重新调整；
- 盘车检查：联轴器恢复之后，需要对整个泵组进行盘车检查，确保泵组无卡涩、异音等异常现象。

——RCV 上充泵全面解体检查：

上充泵全面解体检查是唯一能够全面了解泵内所有部件状况信息的 PM 任务，其周期并非完全根据大纲要求执行，还需充分利用巡检、在线监测或者常规及部件解体情况来制定全解计划，主要检修条目包含以下内容。

- 检查润滑油运行状态：要求化学专业配合取油样，分析其中的水分、颗粒度、金属成分含量是否满足运行要求，不满足将进行更换；
- 检查紧固件状态：对各紧固件按照相关的力矩值要求依次紧固，并记录反馈异常现象，确保每个紧固件的状态满足运行要求；
- 检查对中情况：分别复查并调整泵/齿轮箱侧联轴器对中情况、齿轮箱/电机侧联轴器对中情况，若超过 0.04 mm 的标准，必须重新调整；
- 检查动静结合部件：检查各动静配合面间的磨损情况以及配合间隙是否存在偏差或异常，包括导叶/叶轮口环间隙、平衡鼓/套间隙、机械密封处的配合间隙及磨损情况等；
- 检查泵轴：包括泵轴的跳动不得超过 0.03 mm，联轴器部位或者动静配合部位不得有拉伤/划痕现象；
- 检查轴承：清洗检查轴承是否有磨损、裂纹现象，若评估可继续使用，将进行无损检测，合格后方可继续使用；
- 更换备品备件：按照要求对易损件进行严格检查，必要时进行更换；按照要求更换所有必换件，如 O 形圈、橡胶垫、机械密封等；
- 盘车检查：联轴器恢复之后，需要对整个泵组进行盘车检查，确保泵组无卡涩、异音等异常现象。

——RCV 上充泵轴承检查及机械密封更换：

上充泵长期处于运行状态，故轴承及机械密封存在一定的磨损风险和使用寿命，需定期开展检查或更换，以保证设备的运行质量。主要检修条目包含：

- 检查轴承：清洗检查轴承是否有磨损、裂纹现象，若评估可继续使用，将进行无损检测，合格后方可继续使用；若不可继续使用，需要及时更换。
- 检查并更换机械密封：检查机械密封运行情况，若有异常现象，需要分析根本原因后，方可更换机械密封。
- 检查对中情况：分别复查并调整泵/齿轮箱侧联轴器对中情况、齿轮箱/电机侧联轴器对中情况，若超过 0.04 mm 的标准，必须重新调整。

（15）质量管理

表 352-01-04-71　上充泵质量管理项目表

项目名称	质量管控点
RCV 上充泵齿轮箱全面解体检查	啮合情况、齿面间隙、轴端跳动
RCV 上充泵及齿轮箱年度检查	联轴器状态、间隙检查，对中调整
RCV 上充泵全面解体检查	各部件磨损情况检查、联轴器状态、间隙检查，对中调整
RCV 上充泵轴承检查及机械密封更换	联轴器状态、间隙检查，对中调整

（16）技术规程清单

表 352-01-04-72 上充泵技术规程清单

序号	规程名称
1	RCV 上充泵齿轮箱全面解体检查
2	RCV 上充泵及齿轮箱年度检查
3	RCV 上充泵全面解体检查
4	RCV 上充泵轴承检查及机械密封更换

（17）经验反馈

1）常见故障

故障特征	可能原因
没有流量 流量太低 启动后流态分离 泵内部温度上升过快	泵没有充分排气 进口管路中形成气泡 进口段产生蒸汽泡 管路没有充分排气
没有流量 流量太低 启动后流态分离 泵振动或产生不寻常的噪声	泵或者进口管路没有完全充满液体
没有流量 流量太低 扬程太低 泵振动或产生不寻常的噪声 泵内部温度上升过快	进口压力和蒸发压力相差不足 未达到必须汽蚀余量 压力下降速度过快
没有流量 流量太低 扬程太低 启动后流态分离 泵振动或产生不寻常的噪声 泵内部温度上升过快	进口管路的开口与吸液箱里的液面太近 给水箱液位太低
没有流量 流量太低 扬程太低 启动后流态分离 泵振动或产生不寻常的噪声	吸入扬程过高
没有流量 流量太低 扬程太低	转速太低 不允许的出口最小流量
输入功率过高	转速太高
没有流量 扬程太低 泵内部温度上升过快	旋转方向错误
轴承过早磨损	温度过低 水冷式轴承导致轴承里德潮湿空气凝结成水 水进入轴承座
泵振动或产生不寻常的噪声 轴承过早磨损 泵内部温度上升过快 轴承温度过高	轴承安装不正确 （安装过程中，轴承损坏）

2）重要经验反馈

——某电厂上充泵非驱动端振动高。

事件描述：2019 年 12 月 30 日至 2020 年 1 月 19 日期间，5RCV002PO 多次启动过程中发现非驱端轴承水平方向（最高达到约 10 mm/s）、驱动端垂直方向振动高（最高达到约 7 mm/s），主要为二倍频，同时，每次对中均存在跑偏现象。经过更换非驱动端轴承、泵/齿轮箱联轴器，更换泵芯包，消除泵进出口管道应力，增大泵驱动端抬量与重新对中等多项措施的处理，5RCV002PO 在 2020 年 1 月 20 日再次验证泵已振动合格。

原因分析：（a）泵出口管道存在应力；（b）联轴器磨损；（c）新芯包驱动端抬量存在偏差；（d）系统排气不充分。

处理措施：（a）更换芯包/联轴器；（b）消除管线应力；（c）调整驱动端抬量；（d）泵体充分排气。

经验反馈：非驱动端异常振动可从泵体排气、芯包内部故障、进出口管线应力等方向进行考虑分析。

——某电厂 KSB 上充泵泵轴断裂。

事件描述：2013 年 6 月 30 日 06:46，某核电厂 1RCV003PO 在运行 2913 h 后，主控出现 1LHB004KAI（DOS 报警）、1RCV780KA（1RCV003PO 推力轴承水平振动高）、1RCV783KA（1RCV003PO 轴承垂直振动高）、1RCV785KA（1RCV003PO 轴承垂直振动高高），主控检查发现 1RCV003PO 跳闸。事件发生后，对泵进行解体，解体后发现泵芯包组件损坏：泵轴在平衡推力卡环缩颈处断裂、非驱动端风扇侧推力轴承烧毁、第 2 至第 11 级叶轮与入口口环卡死。

原因分析：事件泵轴平衡推力卡环缩颈处加工存在局部尺寸偏差，造成此处强度余量减小，抗疲劳能力下降。此为导致 N1RCV003PO 失效事件的根本原因。N1RCV003PO 运行期间可能经历了短暂突发的较大应力冲击，冲击时间虽短但危害较大，促成了泵轴裂纹的萌生。

处理措施：（a）凯士比厂家查找了泵轴的加工偏差（圆角、坡角、沟槽刀痕）的原因，分析由加工偏差带来的影响，并重新设计了泵轴断轴处的倒角方案；（b）对新设计的泵轴加工方案进行了力学计算。

经验反馈：在上充泵全解工作中，检查是否存在类似的泵轴加工偏差。

（18）参考资料

无。

余热排出泵

（19）定义

余热排出泵是余热排出系统的构成部分。当反应堆冷却剂泵停运时，余热排出泵使冷却剂在 RHR 热交换器和反应堆压力容器之间循环以保证电厂处于冷停堆状态。余热排出系统设有两台完全一样的泵，每台泵的容量为系统总流量的一半以满足电厂停堆的需要。

（20）范围对象

RHR001PO、RHR002PO。

（21）结构原理

泵均为水平布置，单级，离心叶轮带有一个泵壳。泵轴装在一个圆柱滚子轴承和一圆锥滚子轴承上，轴承外设有轴承支架和轴承座。在轴承座上设有水冷却管的冷却回路为两个轴承冷却，圆锥滚子轴承承受产生的轴向推力。泵轴通过一套集装式机械密封装置密封，集装式密封内设有泄露，冷却和冲洗接口。能量由电机通过一个带有中间段的齿式联轴器传递给泵，叶轮和导叶的密封区通过密封环将泄漏控制到最小。泵送介质通过泵吸入口进入到泵内，泵送介质通过叶轮加压到泵壳内，泵送介质通过出水管排出。

余排泵主要由机械密封、联轴器、定子部件、泵体组件及泵盖组件、转子部件、轴承室组成：

1）机械密封

机械密封作为泵体内外界的重要隔离部件，可以有效杜绝动静部件间的泄漏现象，可以减少放射性介质泄漏。

2）联轴器

联轴器作为电机=泵的机械连接部位，也是设备间唯一传递机械能的零部件，为齿套式联轴器，用EP1润滑脂润滑。

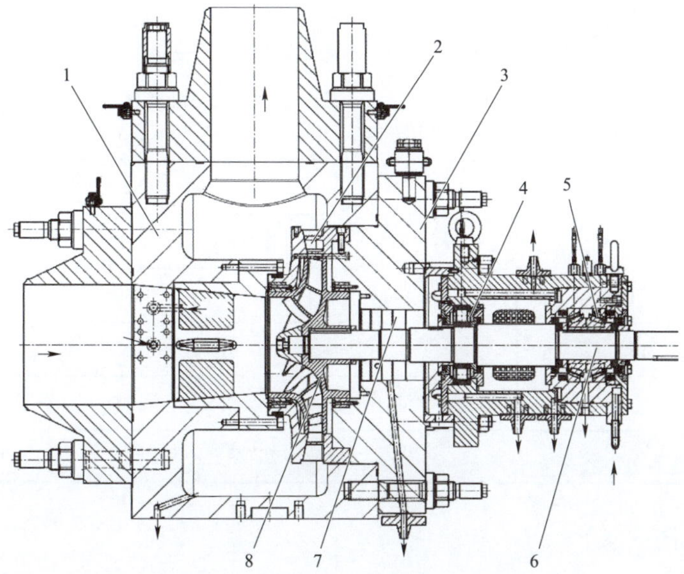

图 352-01-04-191 余排泵结构图

1—泵壳；2—导叶；3—泵盖；4—圆柱滚子轴承；5—圆锥滚子轴承；6—泵轴；7—机械密封装置；8—叶轮

3）定子部件

定子部件主要包括泵体、导叶、轴封部件、导流装置等，其中泵体作为芯包的支撑件，同时作为承压体及进出口管线的连接部位，可有效的传递增压后的介质；导叶作为增压后介质的导向部件，可有效减少介质在输送过程中的能量损失。

4）泵体组件及泵盖组件

泵体和泵盖为主要承压部件，泵承压部分的设计、计算遵循了的相关标准规定。

5）转子部件

转子部件包括泵轴、叶轮、叶轮螺母、键、机封轴套、轴承套等。转子转动时与泵体耐磨环之间存在摩擦损耗，需定期更换。叶轮与泵体耐磨环之间的间隙为0.5～0.75 mm。

6）轴承室

轴承室有左右两个轴承腔，左腔体圆柱滚子轴承。右腔体安装双列圆锥滚子轴承，承受转子径向力与轴向力的共同作用。腔体设置有轴承温度、振动测量装置，顶部有三个注脂口，由此加入润滑脂。腔体内有润滑脂用以润滑轴承。

（22）指标与参数

表 352-01-04-73　余热排出泵指标与参数表

工况点	单位	小流量 130 / (m³/h)	正常流量 610 / (m³/h)	大流量 1204 / (m³/h)
最高运行温度	℃	180	180	180
最低运行温度	℃	20	20	20
密度	kg/m³	1020	1020	1020
NPSHr	m	—	3.9	6.5
最低吸入压力	MPa（g）	0.65	0.03	0.03
最高吸入压力	MPa（g）	2.8	2.8	2.8
扬程	M	87（±3%）	77（±3%）	45（±3%）
效率	%	27	80	76
泵轴功率	kW	115	153	200
泵转速	r/min	1480	1480	m³/h
噪声	dB（A）	≤93		
振动	mm/s	≤4.2	≤2.8	≤4.2
旋转方向	从驱动端向泵看，为顺时针			

（23）维修技术要求

1）预防性维修项目

主要列出该预防性维修项目清单，不要体现机组按如下表：

表 352-01-04-74　余排泵预防性维修项目表

设备名称预防修性维修项目	
项目名称	项目周期（1C 为 1 个燃料循环）
RHR 余热排出泵年度检查	C1
RHR 余热排出泵全面解体检查	C4

2）检修主要内容

——余热排出泵年度检查：

年度检查的主要目的是在不对设备进行大的动作的前提下（如部件解体检查或者全解），对轴承室、外观、地脚螺栓力矩等项目进行检查确认，以便从总体上确认设备的运营状态。如果在常规检查中发现异常如润滑油异常（含金属颗粒等），可以及时升级为部件解体检查或者全解，以保证设备的运行质量，主要检修条目包含以下内容。

- 检查润滑状态：更换轴承室所有的润滑脂，观察润滑脂的状态，若偏差严重，可申请解体轴承室检查轴承运行状态；
- 检查机械密封：检查机械密封运行情况，若有异常现象，需要分析根本原因后，方可更换机械密封；
- 检查紧固件状态：对各紧固件按照相关的力矩值要求依次紧固，并记录反馈异常现象，确保每个紧固件的状态满足运行要求；

- 检查对中情况：分别复查并调整泵/齿轮箱侧联轴器对中情况、齿轮箱/电机侧联轴器对中情况，若超过 0.04 mm 的标准，必须重新调整；
- 盘车检查：联轴器恢复之后，需要对整个泵组进行盘车检查，确保泵组无卡涩、异音等异常现象。

——余热排出泵全面解体检查：

全面解体检查是唯一能够全面了解泵内所有部件（含叶轮等）状况信息的 PM 任务，其周期并非完全根据失效模式确定，还同工艺系统状况密切相关，因此应充分利用巡检、在线监测或者常规及部件解体情况来制定具体的全面解体检查周期，主要检修条目包含以下内容。

- 检查润滑脂状态：清理轴承室所有的润滑脂，观察润滑脂的状态，若偏差严重，需要进一步解体检查轴承；
- 检查紧固件状态：对各紧固件按照相关的力矩值要求依次紧固，并记录反馈异常现象，确保每个紧固件的状态满足运行要求；
- 检查对中情况：分别复查并调整泵/齿轮箱侧联轴器对中情况、齿轮箱/电机侧联轴器对中情况，若超过 0.04 mm 的标准，必须重新调整；
- 检查动静结合部件：检查各动静配合面间的磨损情况以及配合间隙是否存在偏差或异常，包括导叶/叶轮口环间隙、平衡鼓/套间隙、机械密封处的配合间隙及磨损情况等；
- 检查泵轴：包括泵轴的跳动不得超过 0.03 mm，联轴器部位或者动静配合部位不得有拉伤/划痕现象；
- 检查轴承：清洗检查轴承是否有磨损、裂纹现象，若评估可继续使用，将进行无损检测，合格后方可继续使用；
- 更换备品备件：按照要求对易损件进行严格检查，必要时进行更换；按照要求更换所有必换件，如 O 形圈、橡胶垫、机械密封等；
- 盘车检查：联轴器恢复之后，需要对整个泵组进行盘车检查，确保泵组无卡涩、异音等异常现象。

（24）质量管理

表 352-01-04-75　余热排出泵质量管理表

项目名称	质量管控点
RHR 余热排出泵年度检查	联轴器状态、对中调整
RHR 余热排出泵全面解体检查	联轴器状态、间隙检查，对中调整，运行磨损情况

（25）技术规程清单

表 352-01-04-76　余热排出泵技术规程清单表

序号	规程名称
1	RHR 余热排出泵年度检查
2	RHR 余热排出泵全面解体检查

（26）经验反馈

1）常见故障

故障特征	可能原因
泵流量值＜额定值	泵提供压力过高
	背压过高
	泵/管路事先未排
	进口管或叶轮阻塞
	有效汽蚀余量（正吸头）过低
	压降速度过快
	吸头过高
	转向错误
	转速过低
	泵组内部零件磨损
泵出口压力值＞额定值	转速过高
进口压力值＜额定值	测量仪表损坏
	滤网前后压差过大
	进口阀未全开
	进口罐压力过低
泵出口压力值＜额定值	测量仪表损坏
	转速过低
	进口压力过低
	介质温度过高或过低
	最小流量系统磨损
轴封泄漏	轴封磨损
	泵运行磨损
	泵组校准
	泵扭曲
	密封间隙处表面压力过大，缺少润滑
轴承温度过高	轴承损坏
	润滑脂质量或数量不够
	增加轴向推力
	泵组内部零件磨损
	泵转子不平衡
	泵扭曲
	联轴器轮毂间距

续表

故障特征	可能原因
泵温度值＞额定值	泵/管路未完全排空
	有效汽蚀余量 NPSH（正吸头）过低
	压降速度过快
	流量值＜额定值
泵运行不平滑	泵/管路未完全排空
	有效汽蚀余量（正吸头）过低
	压降速度过快
	泵组内部零件磨损
泵/管的气蚀噪声	进口管损坏
	进口阀未全开
	进口罐压力过低
	压降速度过快
	泵/管路未完全排空

2）重要经验反馈

——某核电厂余排泵入口临时过滤器法兰垫片破损。

事件描述：2019 年 1 月 16 日，某核电厂 5 号机组调试期间，因余热排出泵入口临时滤网法兰垫片破损，导致一回路压力瞬间下降，引起主泵跳泵，严重影响设备安全及机组调试进度。

原因分析：调试阶段安装单位作业不规范，在与一回路相关的重要系统上使用了橡胶垫片，不能满足密封强度需求。

处理措施：更换法兰垫片为正式垫片。

经验反馈：使用橡胶临时垫片需及时排查处理，避免同类事件再次发生。

——某核电厂余排泵机械密封泄漏流量高。

事件描述：6 月 19 日 22:40 触发 2RRA002PO 密封泄漏报警（2RRA512KA），排水后报警消失，6 月 21 日 6:20 和 6 月 22 日 23:08 该报警再次触发。密封水泄漏量已超过允许值。机械判断泄漏的原因可能有以下 3 个：（a）机械密封面磨损；（b）机封静环 O 形圈泄漏；（c）冷却夹套第 1、2 道 O 形圈泄漏。若需对泵进行解体检查，在目前的 NS\RRA 模式为第一组 I0，检修必须在 3 d 完成。

原因分析：（a）机械密封面磨损；（b）O 形圈损坏。

处理措施：更换机械密封。

经验反馈：定期巡检，解体时重点检查旋液分离器清洁度。

（27）参考资料

无。

安全壳喷淋泵

（28）定义

安全壳喷淋泵是安全壳喷淋系统的重要构成部分，主要有两大功能：

1）在事故工况下，当安全壳内的压力和温度升高到一定值时，系统将安全壳内的压力和温度降低至可接受的水平，已保持安全壳的完整性；

2）在冷停堆期间，如果反应堆内置换料水箱的水温超过 40 ℃，可以用安全壳喷淋系统对它进行冷却。

（29）范围对象

CSP001PO、CSP002PO。

（30）结构原理

安全壳喷淋泵的介质经由出水壳体的进口管路进入筒体，它流经吸入室和扩散体后进入吸入段的双吸叶轮。为了提高吸入水头（汽蚀余量），将筒体里的吸入段安放位置低于安装平面。经吸入段增压后，泵送介质经由涡壳体和扩散体，通过直管流向下一级，经后一级增压后，液体经由安装平面上方的出水壳体管道流出泵体。泵体耐磨环处的间隙阻止了任何液体从中段流向前一级叶轮的吸入区域，上轴穿过位于出水壳体上方的轴封室，穿过轴封室的轴通过机械密封与大气隔绝，轴封上方的径向/推力轴承引导着上轴，这种轴承也吸收残余的轴向推力，轴承室位于出水壳体上。电机位于泵上方的平面上，通过联轴器与泵上轴联接在一起。

安全壳喷淋泵主要由机械密封、联轴器、定子部件、泵体组件及泵盖组件、转子部件、轴承室等部件组成：

1）机械密封

机械密封作为泵体内外界的重要隔离部件，可以有效杜绝动静部件间的泄漏现象，可以减少放射性介质泄漏。

2）联轴器

联轴器作为电机=泵的机械连接部位，也是设备间唯一传递机械能的零部件，为齿套式联轴器，用 EP1 润滑脂润滑。

3）定子部件

定子部件主要包括进出水壳体、筒体、轴封部件、导叶等。其中进出水壳体相当于泵体，作为芯包的支撑件，同时作为承压体及进出口管线的连接部位，可有效的传递增压后的介质；筒体作为介质的一个暂存容器；导叶作为增压后介质的导向部件，可有效减少介质在输送过程中的能量损失。

4）泵体组件及泵盖组件

进出水壳体和筒体为主要承压部件，泵承压部分的设计、计算遵循了 RCC-M 标准的相关规定，筒体实际壁厚为 12 mm。

5）转子部件

转子部件包括上轴、泵轴、叶轮、叶轮耐磨环、叶轮螺钉、键、节流套、陶瓷轴承等。上轴与泵轴通过分半联轴器连接，键来传递扭矩。转子转动时叶轮耐磨环与泵体耐磨环之间存在摩擦损耗，需定期更换。叶轮耐磨环与泵体耐磨环之间的间隙为 0.50～0.63 mm。

6）轴承室

轴承室有上下两个轴承腔，下腔体安装机械密封。上腔体安装双列推力滚子轴承，承受转子径向力与轴向力的共同作用。上腔体设置有油标和轴承温度测量装置，顶部有一个进油口，由此加入润滑油。腔体内有润滑油（VG 46 润滑油）用以润滑轴承。

（31）指标与参数

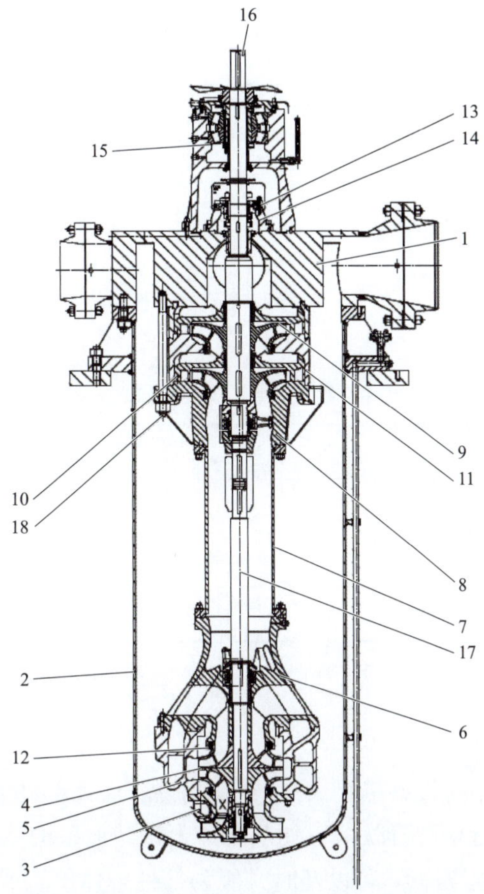

图 352-01-04-192　安全壳喷淋泵结构图

1—出水壳体；2—筒体；3—吸入室；4—双吸叶轮；5—蜗壳体；6—扩散体；7—直管；8—吸入壳体；
9—叶轮；10—导叶；11—中段；12—泵体耐磨环；13—轴密封；14—轴封室；
15—径向/推力轴承单元；16—上轴；17—泵轴；18—紧固螺栓

表 352-01-04-77　安全壳喷淋泵参数表

工况点	单位	循环工况（流量 1029 m³/h）
最高运行温度	℃	120
最低运行温度	℃	7
密度	kg/m³	1020
NPSHa（–11.78 m）	m	1.41
NPSHr	m	3
NPSHr（–11.78 m）	m	1.2
最低吸入压力	MPa	0.06
最高吸入压力	MPa	0.46
最低扬程	m	116
扬程	m	116
最高扬程	m	119
效率	%	75
泵轴效率	kW	447

续表

工况点	单位	循环工况（流量 1029 m³/h）
泵转速	r/min	1485
噪声	dB（A）	≤93
振动	mm/s	2.8
旋转方向	/	从驱动端向泵看，为逆时针

（32）维修技术要求

1）预防性维修项目

表 352-01-04-78　安全壳喷淋泵预防性维修项目表

项目名称	项目周期（1C 为 1 个燃料循环）
CSP 安全壳喷淋泵年度检查	1C
CSP 安全壳喷淋泵全面解体检查	15C
CSP 安全壳喷淋泵轴承及密封解体检查	5C

2）检修主要内容

——安全壳喷淋泵年度检查：

年度检查的主要目的是在不对设备进行大的动作的前提下（如部件解体检查或者全解），对轴承室、外观、地脚螺栓力矩等项目进行检查确认，以便从总体上确认设备的运营状态。如果在常规检查中发现异常如润滑油异常（含金属颗粒等），可以及时升级为部件解体检查或者全解，以保证设备的运行质量，主要检修条目包含以下内容。

● 检查润滑状态：检查润滑油运行状态，要求化学专业配合取油样，分析其中的水分、颗粒度、金属成分含量是否满足运行要求，不满足将进行更换；

● 检查机械密封：检查机械密封运行情况，若有异常现象，需要分析根本原因后，方可更换机械密封；

● 检查紧固件状态：对各紧固件按照相关的力矩值要求依次紧固，并记录反馈异常现象，确保每个紧固件的状态满足运行要求；

● 检查对中情况：分别复查并调整泵/齿轮箱侧联轴器对中情况、齿轮箱/电机侧联轴器对中情况，若超过 0.04 mm 的标准，必须重新调整；

● 盘车检查：联轴器恢复之后，需要对整个泵组进行盘车检查，确保泵组无卡涩、异音等异常现象。

——安全壳喷淋泵全面解体检查：

全面解体检查是唯一能够全面了解泵内所有部件（含叶轮等）状况信息的 PM 任务，其周期并非完全根据失效模式确定，还同工艺系统状况密切相关，因此应充分利用巡检、在线监测或者常规及部件解体情况来制定具体的全面解体检查周期，主要检修条目包含以下方面。

● 检查润滑油运行状态：要求化学专业配合取油样，分析其中的水分、颗粒度、金属成分含量是否满足运行要求，不满足将进行更换；

● 检查紧固件状态：对各紧固件按照相关的力矩值要求依次紧固，并记录反馈异常现象，确保每个紧固件的状态满足运行要求；

● 检查对中情况：分别复查并调整泵/齿轮箱侧联轴器对中情况、齿轮箱/电机侧联轴器对中情况，若超过 0.04 mm 的标准，必须重新调整；

● 检查动静结合部件：检查各动静配合面间的磨损情况以及配合间隙是否存在偏差或异常，包括导叶/叶轮口环间隙、平衡鼓/套间隙、机械密封处的配合间隙及磨损情况等；

● 检查泵轴：包括泵轴的跳动不得超过 0.03 mm，联轴器部位或者动静配合部位不得有拉伤/划痕现象；

● 检查轴承：清洗检查轴承是否有磨损、裂纹现象，若评估可继续使用，将进行无损检测，合格后方可继续使用；

● 更换备品备件：按照要求对易损件进行严格检查，必要时进行更换；按照要求更换所有必换件，如 O 形圈、橡胶垫、机械密封等；

● 盘车检查：联轴器恢复之后，需要对整个泵组进行盘车检查，确保泵组无卡涩、异音等异常现象。

——安全壳喷淋泵轴承及密封解体检查：

本节中的部件都是属于转动或者密封边界，故存在一定的磨损风险和使用寿命，需定期开展检查或更换，以保证设备的运行质量，主要检修条目包含以下方面。

● 检查轴承：清洗检查轴承是否有磨损、裂纹现象，若评估可继续使用，将进行无损检测，合格后方可继续使用；若不可继续使用，需要及时更换。

● 检查并更换机械密封：检查机械密封运行情况，若有异常现象，需要分析根本原因后，方可更换机械密封。

● 检查对中情况：分别复查并调整泵/齿轮箱侧联轴器对中情况、齿轮箱/电机侧联轴器对中情况，若超过相关要求，必须重新调整。

（33）质量管理

表 352-01-04-79　安全壳喷淋泵质量管理表

项目名称	质量管控点
CSP 安全壳喷淋泵年度检查	联轴器状态、对中调整
CSP 安全壳喷淋泵全面解体检查	联轴器状态、间隙检查，对中调整
CSP 安全壳喷淋泵轴承及密封解体检查	轴承运行状态、机械密封运行状态

（34）技术规程清单

表 352-01-04-80　安全壳喷淋泵技术规程清单表

序号	规程名称
1	CSP 安全壳喷淋泵年度检查
2	CSP 安全壳喷淋泵全面解体检查
3	CSP 安全壳喷淋泵轴承及密封解体检查

（35）经验反馈

1）常见故障

故障特征	可能原因
泵流量值＜额定值	泵提供压力过高
	背压过高
	泵/管路事先未排
	进口管或叶轮阻塞
	有效汽蚀余量（正吸头）过低
	压降速度过快
	吸头过高
	转向错误
	转速过低
	泵组内部零件磨损
泵出口压力值＞额定值	转速过高
进口压力值＜额定值	测量仪表损坏
	滤网前后压差过大
	进口阀未全开
	进口罐压力过低
泵出口压力值＜额定值	测量仪表损坏
	转速过低
	进口压力过低
	介质温度过高或过低
	最小流量系统磨损
轴封泄漏	轴封磨损
	泵运行磨损
	泵组校准
	泵扭曲
	密封间隙处表面压力过大，缺少润滑
轴承温度过高	轴承损坏
	润滑脂质量或数量不够
轴承温度过高	增加轴向推力
	泵组内部零件磨损
	泵转子不平衡
	泵扭曲
	联轴器轮毂间距
泵温度值＞额定值	泵/管路未完全排空
	有效汽蚀余量 NPSH（正吸头）过低
	压降速度过快
	流量值＜额定值

续表

故障特征	可能原因
泵运行不平滑	泵/管路未完全排空
	有效汽蚀余量（正吸头）过低
	压降速度过快
	泵组内部零件磨损
泵/管的气蚀噪声	进口管损坏
	进口阀未全开
	进口罐压力过低
	压降速度过快
	泵/管路未完全排空

2）重要经验反馈

某核电厂安喷泵再鉴定后悬液分离器接口漏水

事件描述：3/4 号机组安注泵、安喷泵日常运行期间发现悬液分离器出口接头有硼结晶，401 大修期间更换了厂家提供的不锈钢垫片。4RIS001PO/4EAS001PO 再鉴定期间，发现悬液分离器接头位置仍有漏水现象，约 3 min 1 滴。

原因分析：直接原因是金属垫片压缩量小，未起到密封作用。根本原因是接头设计不合理，密封位置采取螺纹接头直接压紧金属垫片的形式进行密封，无法保证金属垫片平面密封面受力均匀。

处理措施：更换金属垫片，回装时保证受力均匀。

经验反馈：选用合适的金属垫片。

（36）参考资料

无。

主给水泵

（37）定义

主给水泵的主要功能是：

1）将除氧器的水抽出并升压，经高压加热器系统向蒸汽发生器供应品质合格的给水；

2）给水泵具有调速功能，以保证在反应堆整个热负荷范围内，能够满足蒸汽发生器的流量变化要求；

3）三台电动给水泵组两用一备，可任意切换，当一台脱扣时，备用泵组可快速启动，确保蒸汽发生器水位稳定；

4）在前置泵和主给水泵之间设置滤网，保证给水充分过滤，使给水泵组长期安全运行。

每台华龙机组配置 3×50%容量电动调速给水泵组，位于 MX－8.5 m。在机组正常运行工况下，两台 50%容量电动调速主给水泵组并列运行时，应能满足汽机低负荷至最大负荷给水参数的要求。其中，每台泵组的前置泵和主给水泵由同一台电机驱动，前置泵采用定速，主给水泵通过液力耦合器调速。

（38）范围对象

TFP101/102PO、TFP201/202PO、TFP301/302PO。

（39）结构原理

每台电动给水泵组由前置泵、主给水泵、电动机、液力耦合器组成，电机一端直接连接前置泵，电机另一端通过液力耦合器连接主给水泵。

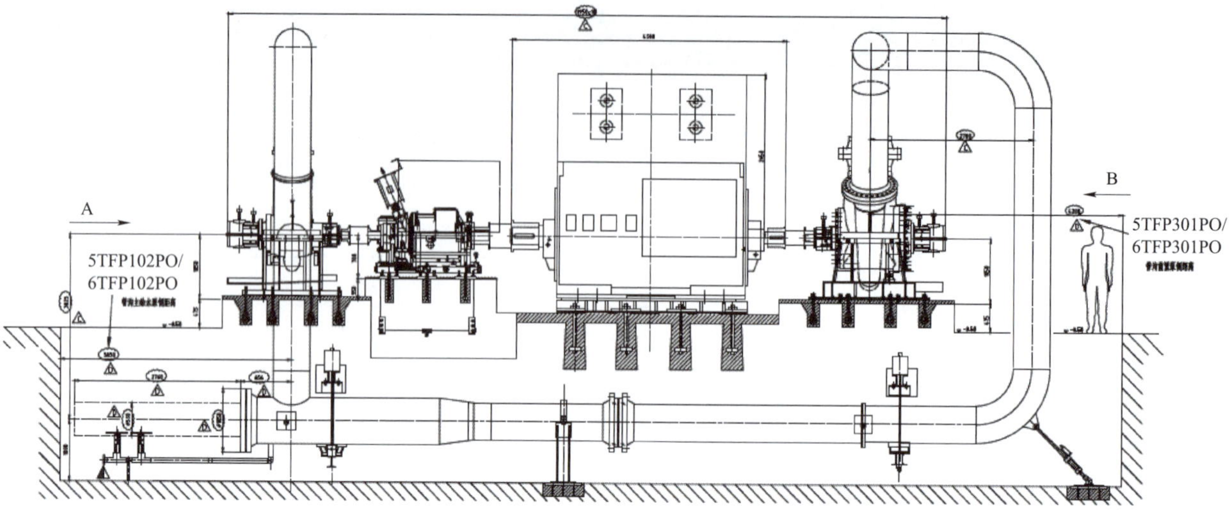

图 352-01-04-193　主给水泵组布置图

1）前置泵

前置泵是水平单级、双吸离心泵，轴向完全抽芯设计。中心支撑的泵体允许轴向和径向自由膨胀，并且始终维持泵的对中。泵完成装配后安装在焊接底座上。

前置泵进口方向为垂直向上，出口为与垂直方向呈一定夹角向上，前置泵进、出口与管道均采用焊接型式。

为方便快速检修，泵内部组件均设计为整体芯包结构，在拆除联轴器中间轴的情况下，无需移动电机和管道，即可整体将芯包从泵非驱动端抽出，并能实现相同型号的泵组芯包内所有零部件的互换性。

——泵轴承采用两套径向滑动轴承和一套双向可倾瓦推力轴承，均为稀油强制润滑；

——前置泵两端轴承部件与主给水泵两端轴承部件具有设备互换性，由于主给水泵运行要求较前置泵高，所以不建议进行长时间的互换使用；

——泵和电机采用带中间轴的膜片联轴器，设置全封闭金属护罩，提供安全保障；

——从泵的驱动轴方向看泵为逆时针旋转；

——泵组在安装时我公司提供各大部件间的热膨胀高差，在冷态安装时预留偏移量；

——前置泵主要部件均采用抗汽蚀材料，在结构设计同时还考虑热膨胀等因素；

——前置泵主要由泵体、转子部件、泵盖、机封函体、密封环、径向轴承、推力轴承、轴承体、机械密封等构成。

重要部件结构：

● 泵体：

前置泵泵体为双蜗室、径向剖分结构，能有效消除蜗壳产生的径向力。

泵体采用马氏体不锈钢 CA6NM 整体铸造，该材料强度高，抗汽蚀性能高。高精度的铸造工艺保证泵体的几何尺寸精度及表面粗糙度，确保同规格泵的性能误差小于±3%的要求。

泵体上的连接处采用高强度螺栓，较好地减少法兰盘在压力载荷与热冲击联合作用下的变形。同时，为增强泵体强度，在泵体上铸有加强筋。

泵体设置有纵向键，管口载荷是通过这些键传递到底座，该设计可以允许热膨胀，同时在热膨胀的情况下仍然能保持对中。

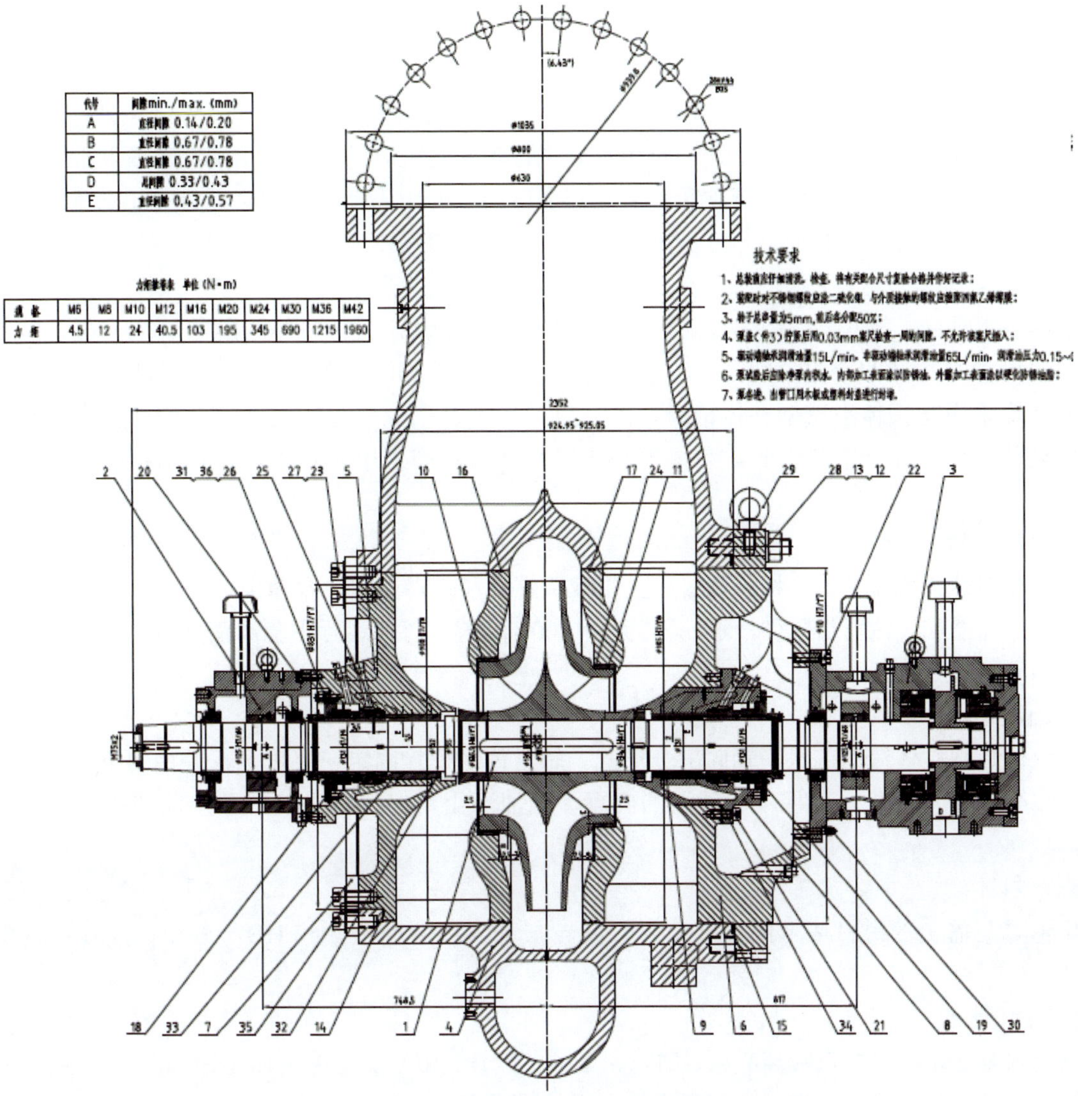

图 352-01-04-194 前置结构图

● 芯包：

前置泵芯包主要由叶轮、轴、泵盖、机封函体、密封环、径向轴承、推力轴承、轴承体、机械密封等构成，拆除联轴器中间轴和两端泵盖上的螺栓，在不移动电机及进出口管路就能够将芯包从泵体中抽出，方便现场检修，大大缩减了泵的维修时间。相同型号泵组的芯包具有互换性。

● 转子部件：

前置泵转子部件主要由叶轮、轴、轴套、挡油环、键、推力盘、轴头螺母等转动元件组成。整个转子由两端径向滑动轴承支撑，并由非驱动端的双面推力轴承进行轴向定位。泵轴的驱动端的锥形联轴器由键来传递转矩，同时由联轴器螺母和沉头螺钉固定在轴上，转子部件按 GB/T 9239（ISO1940）G2.5 级做转子动平衡试验。

● 叶轮：

前置泵采用单级、双吸叶轮，抗汽蚀性能好并能有效平衡轴向力，材质选用抗冲刷、耐腐蚀性能优良的不锈钢材料 CA6NM。叶轮采用精密铸造技术，确保几何尺寸精度及表面粗糙度；采用调质处理，确保材料机械性能。叶轮与轴采用过盈加键连接，也保证转子部件在高温和高速运转下的安全可靠性。叶轮先按 GB/T 9239（ISO1940）G6.3 级作静平衡试验，后装配到轴上，整个转子按 GB/T 9239（ISO1940）G2.5 级作动平衡试验。叶轮与泵盖上的密封环形成蜂窝密封，叶轮与密封环硬度差>

50 HB，避免在运行过程中的发生咬合。

● 轴：

前置泵轴为马氏体不锈钢 0Cr13Ni4Mo 锻件，在与径向轴承配合处经过镀铬硬化处理，叶轮与轴为过盈配合，并通过键固定在轴上，同时用轴套进行轴向定位。叶轮由驱动端的轴套和非驱动端轴套夹紧固定在中间，驱动端间隔轴套顶在轴肩处，非驱动端的间隔轴套由轴套螺母和止动垫圈锁定。轴上不同轴径通过带有圆角的轴阶光滑过渡，尽可能减小轴的应力集中。

● 泵盖：

前置泵驱动端、非驱动端泵盖为插入泵体内形式，并设计有与泵体匹配的流道，与泵体组成整个压力边界，并按 6 MPa 做水压试验，且保压不少于 30 min，期间无渗漏、冒汗、永久变形等现象。泵盖均采用马氏体不锈钢整体铸造、高精度铸造工艺确保泵盖的几何尺寸精度及表面粗糙度。泵盖与泵体采用金属缠绕垫密封，泵体内高压区与低压区间采用密封圈，密封结构设计考虑了冷热冲击。

● 机械密封：

泵采用集装式机械密封，机械密封压盖由双头螺柱和螺母固定在泵盖上，并由 O 形圈密封。机械密封配有冷却器和过滤器等附件，过滤器为 2×100%配置，可在运行中隔离清洗过滤器。机械密封冲洗方案为 PLAN23。

● 轴承体：

轴承体是圆柱体铸件，水平轴向剖分形式。轴承体由螺栓固定在泵盖上，并由定位销定位。轴承体的两端分别设置油封，确保不出现漏油问题。挡油环由销定位，进油口和出油口接口位于下半轴承体。

● 密封环：

叶轮与泵盖上的密封环形成蜂窝密封，叶轮与密封环硬度差＞50 HB，避免在运行过程中的发生咬合。

2）主给水泵

主给水泵是水平单级双吸离心泵、轴向完全抽芯设计。中心支撑的泵体允许轴向和径向自由膨胀，并且始终维持泵的对中。泵完成装配后安装在焊接底座上。

给水泵出口方向为垂直向上，进口方向为与垂直方向呈一定夹角向上。主给水泵进、出口均采用焊接形式。

为方便快速检修，泵内部组件均设计为整体芯包结构，在拆除联轴器中间轴的情况下，无需移动电机和管道，即可整体将芯包从泵非驱动端抽出，并能实现相同型号的泵组芯包内所有零部件的互换性。

——泵轴承采用两套径向滑动轴承和一套双向可倾瓦推力轴承，均为稀油强制润滑；

——主给水泵两端轴承部件与前置泵两端轴承部件具有设备互换性，由于主给水泵运行要求较前置泵高，所以不建议进行长时间的互换使用；

——泵和电机采用带中间轴的膜片联轴器，设置全封闭金属护罩，提供安全保障；

——从泵的驱动轴方向看泵为逆时针旋转；

——泵组在安装时我公司提供各大部件间的热膨胀高差，在冷态安装时预留偏移量；

——主给水泵内所有受高速流水冲击的零件材料都经过热处理，提高表面硬度；泵盖和泵体接合面处设置密封圈，有效防止冲蚀；

——主给水泵主要由泵体、转子部件、泵盖、密封环、阻尼轴承、推力轴承、轴承体、机械密封等构成。

重要部件结构：

技术要求

1、总装前应仔细清洗、检查，将有关配合尺寸复验合格并作好记录；

2、装配时序号33螺钉涂螺纹胶，对不锈钢螺纹应涂二硫化钼，与介质接触的螺纹应缠聚四氟乙烯薄膜；

3、转子总串量为4.5mm，前后各分配50%；

4、后盖板拧紧后用0.03mm塞尺检查一周的间隙，不允许该塞尺插入；

5、驱动端轴承润滑油量15L/min，非驱动端轴承润滑油量65L/min，润滑油压力0.15~0.25MPa；

6、泵试验后应除净泵内积水，内部加工表面涂以防锈油，外露加工表面涂以硬化防锈油脂。

7、泵各进、出管口用木板或塑料封盖进行封堵。

代号	间隙min./max.（mm）
A	直径间隙 0.14/0.20
B	直径间隙 0.68/0.76
C	直径间隙 0.68/0.76
D	直径间隙 0.68/0.76
E	直径间隙 0.68/0.76
F	总间隙 0.33/0.43

力矩紧固表 单位（N·m）

规格	M6	M8	M10	M12	M16	M20	M24	M30	M36
[illegible]	9	22	45	78	193	376	651	1293	2259
[illegible]	16	38	75	131	326	635	1098	2181	3812

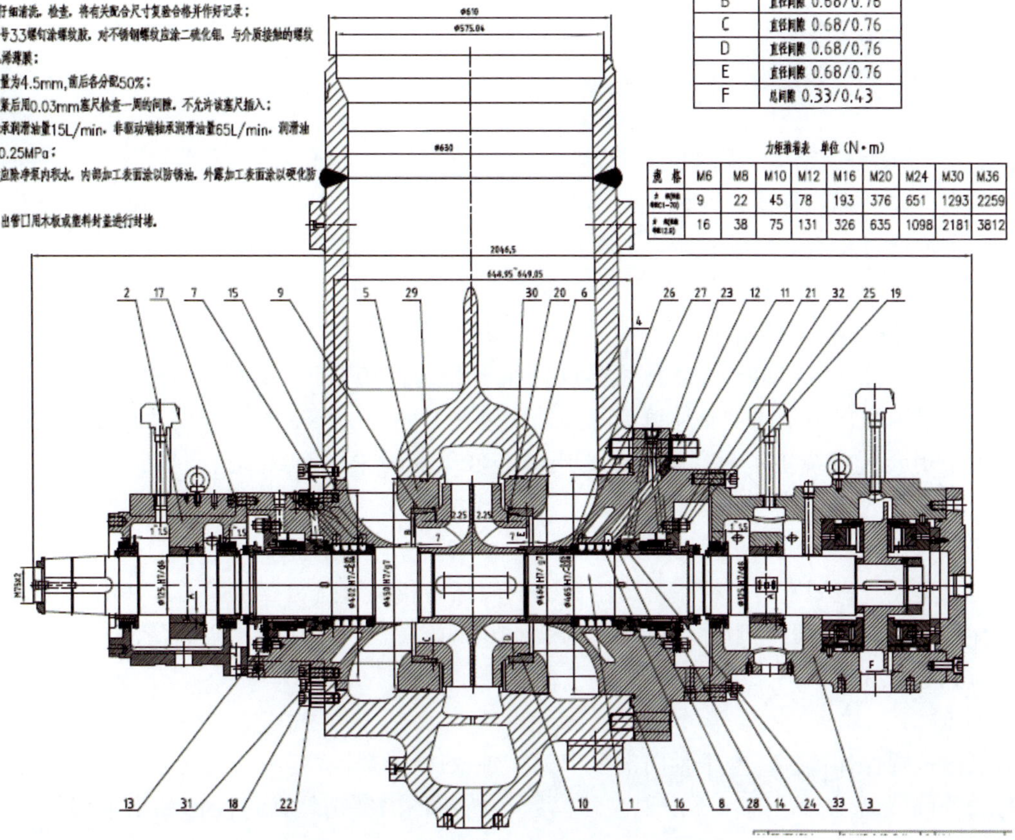

图 352-01-04-195　压力级泵结构图

● 泵体：

主给水泵泵体为双蜗室、径向剖分结构，能有效消除蜗壳产生的径向力。

泵体采用马氏体不锈钢 CA6NM 整体铸造，该材料强度高，抗汽蚀性能高。高精度的铸造工艺保证泵体的几何尺寸精度及表面粗糙度，确保同规格泵的性能误差小于±3%的要求。

泵体上的连接处采用高强度螺栓，较好地减少法兰盘在压力载荷与热冲击联合作用下的变形。同时，为增强泵体强度，在泵体上铸有加强筋。泵体设置有纵向键，管口载荷是通过这些键传递到底座，该设计可以允许热膨胀，同时在热膨胀的情况下仍然能保持对中。

● 芯包：

主给水泵芯包主要由叶轮、轴、泵盖、密封环、阻尼轴承、推力轴承、轴承体、机械密封等构成，拆除联轴器中间轴和两端泵盖上的螺栓，在不移动电机及进出口管路就能够将芯包从泵体中抽出，方便现场检修，大大缩减了泵的维修时间。相同型号泵组的芯包具有互换性。

● 转子部件：

主给水泵转子部件主要由叶轮、轴、轴套、挡油环、键、推力盘、轴头螺母等转动元件组成。整个转子由两端的阻尼轴承支撑，并由非驱动端的双面推力轴承进行轴向定位。泵轴的驱动端的锥形联轴器由键来传递转矩，同时由联轴器螺母和沉头螺钉固定在轴上。转子结构设计考虑了冷热冲击及反转的可能性。转子部件按 GB/T 9239（ISO1940）G2.5 级做转子动平衡试验。

● 叶轮：

主给水泵采用单级、双吸叶轮，抗汽蚀性能好并能有效平衡轴向力，材质选用抗冲刷、耐腐蚀性能优良的不锈钢材料 CA6NM。叶轮采用精密铸造技术，确保几何尺寸精度及表面粗糙度；采用调质处理，确保材料机械性能。叶轮与轴采用过盈加键连接，也保证转子部件在高温和高速运转下的安全可靠性。叶轮先按 GB/T 9239（ISO1940）G6.3 级作静平衡试验，后装配到轴上，整个转子按 GB/T 9239（ISO1940）G2.5 级作动平衡试验。叶轮与泵盖上的密封环形成蜂窝密封，叶轮与密封环硬度差＞50 HB，避免在运行过程中的发生咬合。

● 轴：

主给水泵轴为马氏体不锈钢 0Cr13Ni4Mo 锻件，在与径向轴承配合处经过镀铬硬化处理，叶轮与轴为过盈配合，并通过键固定在轴上，由非驱动端的间隔轴套定位，并由轴套螺母和止动垫圈锁定。轴上不同轴径通过带有圆角的轴阶光滑过渡，尽可能减小轴的应力集中。

● 泵盖：

主给水泵驱动端、非驱动端泵盖为插入泵体内形式，并设计有与泵体匹配的流道，与泵体组成整个压力边界，并按 20.25 MPa 做水压试验，且保压不少于 30 min，期间无渗漏、冒汗、永久变形等现象。泵盖均采用马氏体不锈钢整体铸造、高精度铸造工艺确保泵盖的几何尺寸精度及表面粗糙度。泵盖与泵体采用金属缠绕垫密封，泵体内高压区与低压区间采用密封圈密封密封结构设计考虑了冷热冲击。

● 机械密封：

泵采用集装式机械密封，机械密封压盖由双头螺柱和螺母固定在泵盖上，并由 O 形圈密封。机械密封配有冷却器和过滤器等附件，过滤器为 2×100%配置，可在运行中隔离清洗过滤器。机械密封冲洗方案为 PLAN23。

● 轴承体：

轴承体是圆柱体铸件，水平轴向剖分形式。轴承体由螺栓固定在泵盖上，并由定位销定位。轴承体的两端分别设置油封，确保不出现漏油问题。挡油环由销定位，进油口和出油口接口位于下半轴承体。

● 冷却套：

主给水泵沿轴向配置了螺旋形冷却水套，螺旋形冷却水套能有效隔离轴和泵体向机械密封腔传递热量，确保机械密封腔温度不高于 80 ℃。

● 密封环：

叶轮与泵盖上的密封环形成蜂窝密封，叶轮与密封环硬度差＞50 HB，避免在运行过程中的发生咬合。

3）电机

电机有两个轴伸端，主要的轴伸端用于直接驱动液力耦合器带动主给水泵，另一轴伸端用来直接驱动前置泵。

4）液力耦合器

液力耦合器由电机带动输入轴，通过电液调节机构驱动齿轮副，输出满足主给水泵组使用要求的转速。

液力耦合器自带的稀油站提供给水泵组的所有稀油润滑，稀油站配置有双向过滤器、工作油泵、主油泵、辅助油泵和安全阀等。启动给水泵组前，先启动稀油站的辅助润滑油泵，向泵轴承与电机轴承、耦合器轴承提供压力油，待供油压力到达设定值后（＞0.17 MPa），具备给水泵组启动条件之一，待给水泵组启动后，主油泵工作，主辅油泵共运行约 20 s 后，辅助油泵自动关闭。给水泵组停止或事故停机时，油压低于设定值（＜0.15 MPa）后，辅助润滑油泵自动启动。

液力耦合器升降速控制：根据给水泵系统要求：通过 DCS 控制系统传输出 4～20 mA 信号，由液力耦合器上配置一体化执行机构里的电磁阀控制油缸前后的油压，使油缸内的活塞推动液力耦合器的勺管上下移动，并反馈勺管开度位置信号，使液力耦合器平稳调速。液力耦合器的勺管向下移动。液力耦合器输出转速降低，勺管向上移动，液力耦合器输出转速升高。

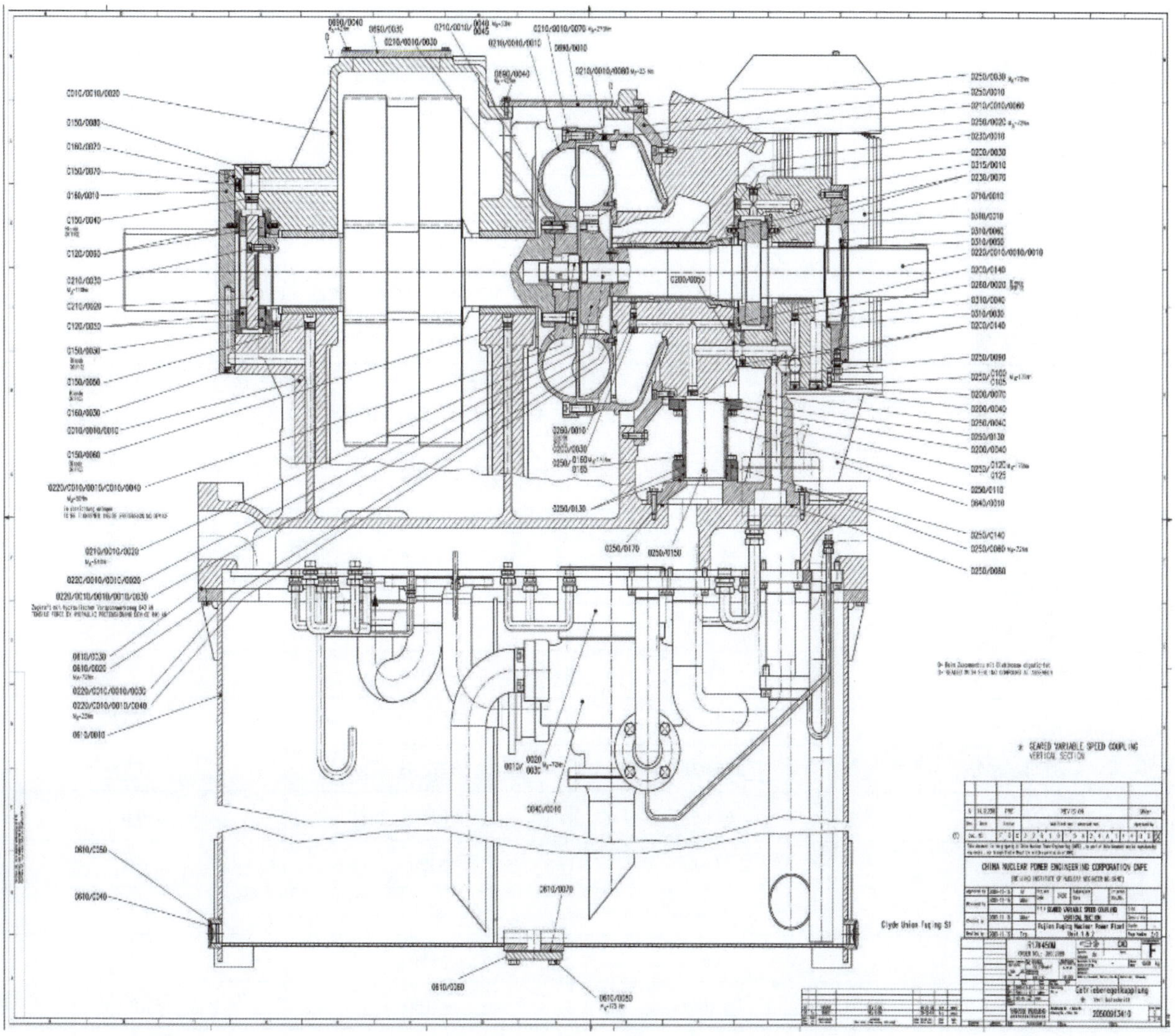

图 352-01-04-196 液力耦合器结构图

（40）指标与参数

1）前置泵

表 352-01-04-81 前置泵参数表

前置泵			
性能参数	额定工况点	最大工况点	单泵最小流量运行点
进水温度 ℃	178.8	178.8	178.8
进水压力 MPa	1.141 5	1.124	/
流量 t/h	3088.59	3368.57	1010.57
m^3/h	3464.71	3778.41	1137.85
扬程 mH_2O	246.8	237.6	276
转速/（r/min）	1492	1492	1492
效率%	86.9	86.9	52

续表

前置泵			
性能参数	额定工况点	最大工况点	单泵最小流量运行点
必须汽蚀余量（3%）	9	9	≤9
必须汽蚀余量（0）	10	10	≤10
轴功率/kW	2379.8	2496.7	1255
出口压力/MPa	3.28	3.19	/
轴承型式	径向滑动轴承（2 套）+双面推力轴承（1 套）		
旋转方向	逆时针（从驱动端向泵看）		

2）压力级泵

表 352-01-04-82　压力级泵参数表

主给水泵			
性能参数	额定工况点	最大工况点	单泵最小流量运行点
进水温度/℃	178.8	178.8	178.8
进水压力/MPa	3.15	3.05	/
流量/（t/h）	3088.59	3368.57	1010.57
流量 m^3/h	3464.71	3778.41	1137.85
扬程 mH_2O	615.6	637.5	790.6
转速/（r/min）	5150	5320	5320
效率/%	87.4	87.5	52.5
必须汽蚀余量（3%）	≤90	≤90	≤90
必须汽蚀余量（0）	≤100	≤100	≤100
轴功率/kW	5894.6	6649.4	3400
出口压力/MPa	8.384	8.517	/
轴承型式	径向滑动轴承（2 套）+双面推力轴承（1 套）		
旋转方向	逆时针（从驱动端向泵看）		

3）电机

表 352-01-04-83　主给水泵电机参数表

电机	
额定功率	11 500
电源	6600 V/3 相/50 Hz
额定电流 A	1139
极数	4
额定转速/（r/min）	1492
起动电流倍数	≤5.5

续表

电机	
防护等级	IP55
绝缘等级	F 级绝缘（B 级考核）
冷却方式	空–水冷却（IC81 W）
额定负荷效率%	97
额定荷载功率因数	0.91
安装方式	卧式（IMB3）

4）液力耦合器

表 352-01-04-84 液力耦合器参数表

液力耦合器	
轮距/mm	450
齿轮增速比	1:3.6364
输入转速/（r/min）	1492
输出转速/（r/min）	5426
额定滑差/%	3.2
调速范围/%	25～100
动作时间/s	10
油箱容积/m^3	1.4
增速齿轮型式	双斜齿
调节机构型式	电–液调节
旋转方向	顺时针（从主给水泵端看）

（41）维修技术要求

1）预防性维修项目

表 352-01-04-85 主给水泵预防性维修项目表

设备名称预防修性维修项目	
项目名称	项目周期（1C 为 1 个燃料循环）
电动主给水泵电机轴承检查	3C
电动主给水泵电机年度检查	1C
主给水泵全面解体检查	6C
主给水泵轴承检查及机械密封更换	3C
前置泵全面解体检查	6C
前置泵轴承检查及机械密封更换	3C
主给水泵年度检查	1C
液力耦合器年度检查	1C
液力耦合器解体检查	6C

2）检修主要内容

——电动主给水泵电机轴承检查：

电动主给水泵电机属于高压三相异步电动机，封闭式结构，内部采用双回路空气加闭式循环水冷却，轴承采用润滑油强制循环冷却，需定期对轴承进行检查，以保证设备的运行质量，主要检修条目包含以下方面。

- 轴瓦外观检查：检查轴瓦是否存在磨损、划痕、剥落或锈蚀等问题；
- 轴瓦间隙检查：间隙标准为 0.32～0.38 mm；
- 油封间隙检查：间隙标准为≤0.08 mm。

——电动主给水泵电机年度检查：

年度检查的主要目的是在不对设备进行大的动作的前提下（如部件解体检查或者全解），对电机轴承室、外观、地脚螺栓力矩等项目进行检查确认，以便从总体上确认设备的运营状态。如果在常规检查中发现异常如润滑油异常（含金属颗粒等），可以及时升级为部件解体检查或者全解，以保证设备的运行质量，主要检修条目包含以下方面。

- 轴承室检查：检查是否有异物；
- 轴承室呼吸器检查：检查是否存在堵塞、锈蚀等问题；
- 地脚螺栓力矩校核：要求力矩值 1118 N·m。

——主给水泵全面解体检查：

全面解体检查是唯一能够全面了解泵内所有内部件（含叶轮等）状况信息的 PM 任务，其周期并非完全根据失效模式确定，还同工艺系统状况密切相关，因此应充分利用巡检、在线监测或者常规及部件解体情况来制定具体的全面解体检查周期，主要检修条目包含以下方面。

- 检查润滑脂状态：清理轴承室所有的润滑脂，观察润滑脂的状态，若偏差严重，需要进一步解体检查轴承；
- 检查紧固件状态：对各紧固件按照相关的力矩值要求依次紧固，并记录反馈异常现象，确保每个紧固件的状态满足运行要求；
- 检查对中情况：复查并调整联轴器对中情况，若超过 0.05 mm 的标准，必须重新调整；
- 检查动静结合部件：检查各动静配合面间的磨损情况以及配合间隙是否存在偏差或异常，包括导叶/叶轮口环间隙、机械密封处的配合间隙及磨损情况等；
- 检查泵轴：包括泵轴的跳动不得超过 0.05 mm，联轴器部位或者动静配合部位不得有拉伤/划痕现象；
- 检查轴瓦：清洗检查轴瓦是否有磨损、裂纹现象，若评估可继续使用，将进行无损检测，合格后方可继续使用；
- 更换备品备件：按照要求对易损件进行严格检查，必要时进行更换，按照要求更换所有必换件，如 O 形圈、橡胶垫、机械密封等；
- 盘车检查：联轴器恢复之后，需要对整个泵组进行盘车检查，确保泵组无卡涩、异音等异常现象。

——主给水泵轴承检查及机械密封更换：

本节中的部件都是属于转动或者密封边界，故存在一定的磨损风险和使用寿命，需定期开展检查或更换，以保证设备的运行质量，主要检修条目包含以下方面。

- 对中复查；
- 轴承室部件检查；
- 关键尺寸测量检查：推力间隙、轴承尺寸、窜动量等检查；
- 机械密封更换。

——前置泵全面解体检查：

全面解体检查是唯一能够全面了解泵内所有内部件（含叶轮等）状况信息的 PM 任务。其周期并非完全根据失效模式确定，还同工艺系统状况密切相关，因此应充分利用巡检、在线监测或者常规及部件解体情况来制定具体的全面解体检查周期，主要检修条目包含以下两方面。

● 检查润滑脂状态：清理轴承室所有的润滑脂，观察润滑脂的状态，若偏差严重，需要进一步解体检查轴承；

● 检查紧固件状态：对各紧固件按照相关的力矩值要求依次紧固，并记录反馈异常现象，确保每个紧固件的状态满足运行要求；

● 检查对中情况：复查并调整联轴器对中情况，若超过 0.05 mm 的标准，必须重新调整；

● 检查动静结合部件：检查各动静配合面间的磨损情况以及配合间隙是否存在偏差或异常，包括导叶/叶轮口环间隙、机械密封处的配合间隙及磨损情况等；

● 检查泵轴：包括泵轴的跳动不得超过 0.05 mm，联轴器部位或者动静配合部位不得有拉伤/划痕现象；

● 检查轴瓦：清洗检查轴瓦是否有磨损、裂纹现象，若评估可继续使用，将进行无损检测，合格后方可继续使用；

● 更换备品备件：按照要求对易损件进行严格检查，必要时进行更换，按照要求更换所有必换件，如 O 形圈、橡胶垫、机械密封等；

● 盘车检查：联轴器恢复之后，需要对整个泵组进行盘车检查，确保泵组无卡涩、异音等异常现象。

——前置泵轴承检查及机械密封更换：

本节中的部件都是属于转动或者密封边界，故存在一定的磨损风险和使用寿命，需定期开展检查或更换，以保证设备的运行质量，主要检修条目包含以下方面。

● 对中复查；

● 轴承室部件检查；

● 关键尺寸测量检查：推力间隙、轴承尺寸、窜动量等检查；

● 机械密封更换。

——主给水泵年度检查：

年度检查的主要目的是在不对设备进行大的动作的前提下（如部件解体检查或者全解），对轴承室、外观、地脚螺栓力矩等项目进行检查确认，以便从总体上确认设备的运营状态。如果在常规检查中发现异常如润滑油异常（含金属颗粒等），可以及时升级为部件解体检查或者全解，以保证设备的运行质量，主要检修条目包含以下方面。

● 外观检查：检查是否有泄漏、锈蚀等问题；

● 轴承室呼吸器检查：检查是否存在堵塞、锈蚀等问题；

● 机封过滤器检查：检查是否存在堵塞、锈蚀、变形等问题，并进行清洁，必要时更换。

——液力耦合器年度检查：

年度检查的主要目的是在不对设备进行大的动作的前提下（如部件解体检查或者全解），对润滑状态、外观、地脚螺栓力矩等项目进行检查确认，以便从总体上确认设备的运营状态。如果在常规检查中发现异常如润滑油异常（含金属颗粒等），可以及时升级为部件解体检查或者全解，以保证设备的运行质量，主要检修条目包含以下方面。

● 润滑油过滤器检查：滤芯清洁，检查是否损坏，必要时进行更换；

● 呼吸器检查：检查是否存在堵塞、锈蚀等问题；

● 齿轮啮合面检查：检查齿面是否存在锈蚀、磨损等；

● 泵轮涡轮检查：检查泵轮、旋转内套是否存在锈蚀、划痕、磨损等、检查易熔塞是否完好；

● 润滑油检查：对润滑油取样化验；

● 紧固件检查：检查各法兰、解头是否有泄漏，必要时拆解更换密封件。

——液力耦合器解体检查：

全面解体检查是唯一能够全面了解液力耦合器所有内部件状况信息的 PM 任务。其周期并非完全根据失效模式确定，还同工艺系统状况密切相关，因此应充分利用巡检、在线监测或者常规及部件解体情况来制定具体的全面解体检查周期。主要检修条目包含：

● 外观检查：检查是否存在锈蚀、泄漏等问题；

● 拆除辅助油泵、勺管组件、工作油进油阀等附属设备；

● 检查各轴瓦情况：清洗检查轴瓦是否有磨损、裂纹现象，若评估可继续使用，将进行无损检测，合格后方可继续使用；

● 检查齿轮轴：跳动不得超过 0.05 mm，不得有拉伤/划痕现象；

● 更换备品备件：按照要求对易损件进行严格检查，必要时进行更换；按照要求更换所有必换件，如 O 形圈、橡胶垫、机械密封等；

● 油泵解体检查：主油泵及辅助油泵解体检查。

（42）质量管理

表 352-01-04-86 主给水泵质量管理表

项目名称	质量管控点
电动主给水泵电机轴承检查	轴瓦检查、间隙检查
电动主给水泵电机年度检查	防异物检查、紧固力矩校核检查
主给水泵全面解体检查	联轴器状态、间隙检查、跳动检查、防异物检查
主给水泵轴承检查及机械密封更换	联轴器状态、间隙检查、防异物检查
前置泵全面解体检查	联轴器状态、间隙检查、跳动检查、防异物检查
前置泵轴承检查及机械密封更换	联轴器状态、间隙检查、防异物检查
主给水泵年度检查	联轴器状态、间隙检查、防异物检查
液力耦合器年度检查	齿面状态检查、间隙检查、防异物检查
液力耦合器解体检查	齿面状态检查、间隙检查、跳动检查、防异物检查

（43）技术规程清单

表 352-01-04-87 主给水泵技术规程清单表

序号	规程名称
1	TFP 电动主给水泵电机年度检查
2	TFP 电动主给水泵电机轴承检查
3	TFP 电动主给水泵组对中检查
4	TFP 电动主给水前置泵轴承检查及机械密封更换
5	TFP 电动主给水压力级泵轴承检查及机械密封更换
6	TFP 电动主给水泵年度检查
7	TFP 电动主给水压力级泵全面解体检查
8	TFP 电动主给水前置泵全面解体检查
9	TFP 电动主给水泵液力耦合器年度机械检查
10	TFP 电动主给水泵液力耦合器全面解体检查

(44）经验反馈

1）常见故障

故障特征	可能原因
泵流量值＜额定值	泵提供压力过高
	背压过高
	泵/管路事先未排
	进口管或叶轮阻塞
	有效汽蚀余量（正吸头）过低
	压降速度过快
	吸头过高
	转向错误
	转速过低
	泵组内部零件磨损
泵出口压力值＞额定值	转速过高
进口压力值＜额定值	测量仪表损坏
	滤网前后压差过大
	进口阀未全开
	进口罐压力过低
泵出口压力值＜额定值	测量仪表损坏
	转速过低
	进口压力过低
	介质温度过高或过低
	最小流量系统磨损
轴封泄漏	轴封磨损
	泵运行磨损
	泵组校准
	泵扭曲
	密封间隙处表面压力过大，缺少润滑
轴承温度过高	轴承损坏
	润滑脂质量或数量不够
	增加轴向推力
	泵组内部零件磨损
	泵转子不平衡
	泵扭曲
	联轴器轮毂间距

续表

故障特征	可能原因
泵温度值>额定值	泵/管路未完全排空
	有效汽蚀余量 NPSH（正吸头）过低
	压降速度过快
	流量值<额定值
泵运行不平滑	泵/管路未完全排空
	有效汽蚀余量（正吸头）过低
	压降速度过快
	泵组内部零件磨损
泵/管的气蚀噪声	进口管损坏
	进口阀未全开
	进口罐压力过低
	压降速度过快
	泵/管路未完全排空

表 352-01-04-88　主给水泵经验反馈表

故障特征	可能原因
泵启动失败	（a）驱动电机电源脱离或电源故障
	（b）电机故障
	（c）泵设备咬死
	（d）泵组处于跳闸状态
	（e）运行后继电保护不复位
	（f）控制电路故障
泵启动失败（自动备用）	（a）上述（a）到（d）
	（b）选择开关没有设置"自动"
泵性能低	（a）驱动电机故障
	（b）旋转错误
	（c）低压给水系统故障
	（d）设备泄漏故障
	（e）泵内部过度磨损
	（f）泵吸入压力低
	（g）泵吸入和排出阀没有全开
轴承过热	（a）轴承缺油或油过多
	（b）污染油
	（c）泵组部件未校对
	（d）轴承磨损或未对中
	（e）轴弯曲
	（f）润滑油等级不正确

续表

故障特征	可能原因
泵组要求过大功率满足工况	（a）出口压力低
	（b）旋转和静止部件之间的摩擦
	（c）泵内部间隙过多
	（d）机械密封安装不正确
泵过热或咬合	（a）泵运行缺油
	（b）泵内部摩擦
	（c）润滑油不足、污染或等级不正确
	（d）润滑油系统缺陷
	（e）轴承磨损或未对中
	（f）泵组未对中
泵止推轴承过热	（a）轴承润滑不足/过多
机械密封泄漏过多	（a）机械密封部件失效
噪声或震动过大	（a）泵组部件未对中
	（b）轴承未对中或磨损
	（c）泵内部间隙过大
	（d）禁锢地脚螺栓松动
	（e）失去吸入压力
	（f）来自错误支撑管道的共振
	（g）挠性联轴节损坏
	（h）旋转装配不平衡
反向旋转（停泵）	（a）泵出口止回阀未关闭

2）重要经验反馈

某核电厂主给水泵液力耦合器异物问题

现象描述：2019 年 5 月 16 日，5TFP101RR 进行油冲洗前内窥镜检查，发现油箱内部存在铁屑、漆皮等多种异物。通过油箱底部两个排油孔进行异物抓取，整个清理过程中发现油箱内存在较多异物，异物主要包含铁丝、少量金属碎屑、蓝色密封胶、白色漆皮、黄色漆皮、黑色橡胶等异物。

原因分析：泵厂家在开展厂内试验过程中未认真履行防异物管理要求，造成临时油管内的异物随润滑油进入液耦油箱内部。

处理措施：对液力耦合器进行全面解体检查，确保异物得到彻底清理；

经验反馈：临时外接油管应做好防异物检查以及适当的油冲洗后才可接入设备。

（45）参考资料

无。

凝结水泵

（46）定义

凝结水泵的主要功能是：

1）将凝汽器中的凝结水送入各级低压加热器和除氧器；

2）向辅助给水箱提供凝结水。

每台华龙机组配置 3×50%容量凝结水泵，位于 MX-12.62 m。在机组正常运行工况下，两台 50%容量凝结水泵并列运行，一台凝结水泵备用。备用泵进出口电动蝶阀处于开启状态，当凝结水母管出现低压力信号时，备用泵自动启动。

（47）范围对象

TFE001PO、TFE002PO、TFE003PO。

（48）结构原理

凝结水泵是筒袋型、立式、多级离心泵，凝结水泵的设计保证在工况点达到最佳效率。凝结水泵电机组件，能够在它们的流量–扬程曲线内任意一个点保证连续运行，满足整个电厂和系统运行的要求。由设计点到关闭点扬程曲线平滑，设计点到关闭点之间的压头上升占到 25%～50%。凝结水泵适合所有工作条件，也包括最低允许流量（再循环阀打开）时并联运行模式。

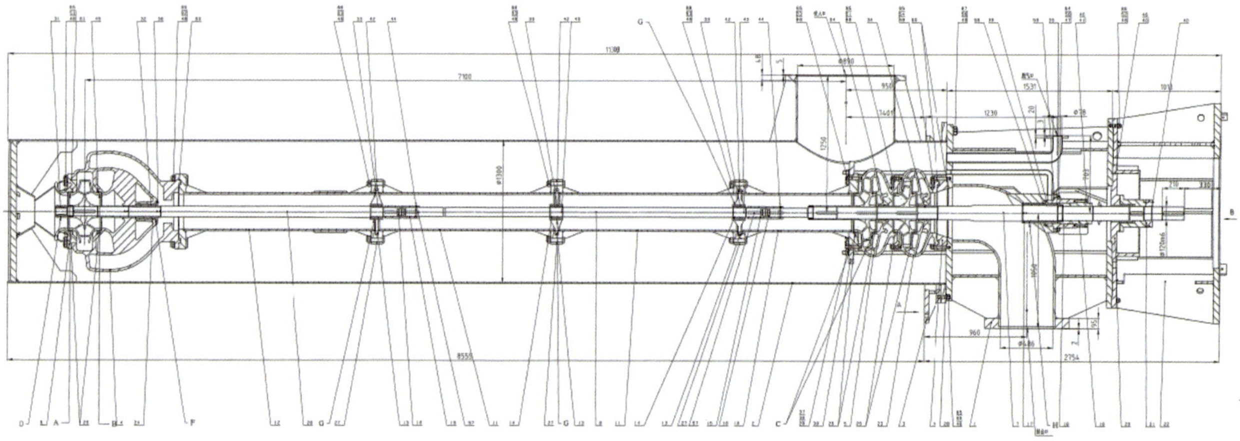

图 352-01-04-197　凝结水泵结构图

重要部件结构

导叶：采用轴向导叶，在满足性能要求和保证足够的刚度的前提下，减少了泵的横向（径向）尺寸，从而减少了泵组的安装宽度。

叶轮：泵的轴向力主要由每级叶轮上的平衡孔、平衡腔平衡，剩余轴向力则由泵本身的推力轴承部件承受；首级叶轮为双吸结构，能够平衡部分轴向力。

泵导轴承：采用一种高分子材料，耐磨性好 可以干承受短时间干摩擦，磨损后成粉末状不会发生抱轴

轴封：采用双端面集装式机械密封，可快速拆装，密封冷却水采用自身介质及设冷水两路水源。

（49）指标与参数

表 352-01-04-89　凝结水泵参数表

凝结水泵		
性能参数	额定工况点	最大工况点
进水温度/℃	33.4	33.4
进水压力/MPa	0.025	0.025
流量/（t/h）	1829.85	2086.9

续表

凝结水泵		
性能参数	额定工况点	最大工况点
扬程/mH_2O	/	254.82
转速/（r/min）	1480	1480
效率/%	83.6	83.6
必须汽蚀余量（3%）	≤6	≤6
必须汽蚀余量（0）	≤6.6	≤6.6
轴功率/kW	/	1732.2
出口压力/MPa	/	2.49
关闭扬程/mH_2O	325	
旋转方向	逆时针（从电机向泵看）	
泵轴承座振动	6.3 mm/s 报警、9 mm/s 高报、11.2 mm/s 手动停机	
泵轴承温度	75 ℃报警、85 ℃手动停机	
电机轴承温度	85 ℃报警、95 ℃手动停机	
电机轴承座振动	6.3 mm/s 报警、9 mm/s 高报、11.2 mm/s 手动停机	

（50）维修技术要求

1）预防性维修项目

表 352-01-04-90　凝结水泵预防性维修项目

设备名称预防修性维修项目	
项目名称	项目周期（1C 为 1 个燃料循环）
TFE 凝结水泵全面解体检查	3C
TFE 凝结水泵年度检查	1C

2）检修主要内容

——凝结水泵全面解体检查：

全面解体检查是唯一能够全面了解泵内所有内部件（含叶轮等）状况信息的 PM 任务，其周期并非完全根据失效模式确定，还同工艺系统状况密切相关，因此应充分利用巡检、在线监测或者常规及部件解体情况来制定具体的全面解体检查周期，主要检修条目包含以下方面。

● 检查润滑脂状态：清理轴承室所有的润滑脂，观察润滑脂的状态，若偏差严重，需要进一步解体检查轴瓦；

● 检查紧固件状态：对各紧固件按照相关的力矩值要求依次紧固，并记录反馈异常现象，确保每个紧固件的状态满足运行要求；

● 检查对中情况：复查并调整联轴器对中情况，若超过 0.05 mm 的标准，必须重新调整；

● 检查动静结合部件：检查各动静配合面间的磨损情况以及配合间隙是否存在偏差或异常，包括导叶/叶轮口环间隙、机械密封处的配合间隙及磨损情况等；

● 检查泵轴：包括泵轴的跳动不得超过 0.05 mm，联轴器部位或者动静配合部位不得有拉伤/划痕现象；

● 检查轴瓦：清洗检查轴瓦是否有磨损、裂纹现象，若评估可继续使用，将进行无损检测，合格后方可继续使用；

● 更换备品备件：按照要求对易损件进行严格检查，必要时进行更换，按照要求更换所有必换件，如O形圈、橡胶垫、机械密封等；

● 盘车检查：联轴器恢复之后，需要对整个泵组进行盘车检查，确保泵组无卡涩、异音等异常现象。

——凝结水泵年度检查：

年度检查的主要目的是在不对设备进行大的动作的前提下（如部件解体检查或者全解），对轴承室、外观、地脚螺栓力矩等项目进行检查确认，以便从总体上确认设备的运营状态。如果在常规检查中发现异常如润滑油异常（含金属颗粒等），可以及时升级为部件解体检查或者全解，以保证设备的运行质量，主要检修条目包含以下方面。

● 检查润滑脂状态：清理轴承室所有的润滑脂，观察润滑脂的状态，若偏差严重，需要进一步解体检查轴瓦；

● 检查紧固件状态：对各紧固件按照相关的力矩值要求依次紧固，并记录反馈异常现象，确保每个紧固件的状态满足运行要求；

● 检查对中情况：复查并调整联轴器对中情况，若超过0.05 mm的标准，必须重新调整；

● 盘车检查：联轴器恢复之后，需要对整个泵组进行盘车检查，确保泵组无卡涩、异音等异常现象。

（51）质量管理

表352-01-04-91　凝结水泵检修质量管控点

项目名称	质量管控点
TFE凝结水泵全面解体检查	联轴器状态、间隙检查、跳动检查、防异物检查、轴瓦检查
TFE凝结水泵年度检查	联轴器状态、紧固力矩校核检查

（52）技术规程清单

表352-01-04-92　凝结水泵规程表

序号	规程名称
1	TFE凝结水泵全面解体检查
2	TFE凝结水泵年度检查

（53）经验反馈

1）常见故障

表352-01-04-93　凝结水泵经验反馈表

故障特征	可能原因
泵的流量小于指定值	泵扬程过高
	背压超额
	泵或管路没有充分地排气或灌满
	进口管道或叶轮阻塞

续表

故障特征	可能原因
泵的流量小于指定值	在管道中形成气旋
	NPSHa 可能太低
	转动方向错误
	转速过低
	泵的内部元件磨损
	电动机只在 2 相运转
泵出水压力大于指定值	转速过高
进水压力小于指定值	测量工具损坏
	滤网的差压太高
	进水管道的阀门没有完全打开
	进水导管的压力太低
出水压力小于指定值	测量工具损坏
	转速太慢
	进口压力太低
轴封泄漏	轴封破损
	轴套上刻过标记或太粗糙
	轴承盖固定方式不正确
	泵组不对中
	泵接管弯曲
	冷却水流量不足
	冷却腔体或冷却器变脏
	循环液体管道出现故障
	密封间隙的表面压力过高，缺乏循环液体或滑润剂
轴承温度增加	轴承损坏
	油量
	轴向推力增加
	泵的内部元件磨损
	泵的转子不平衡
	泵组没有正确校准
	泵接管弯曲
	泵在小流量处运转
	轴承或密封环磨损过多
泵发热及转不动	泵或管路没有充分地排气或灌满
	NPSHa 可能太低
	压力下降速度过快

续表

故障特征	可能原因
泵发热及转不动	泵在小流量处运转
	泵组没有正确校准
	转动部分和固定部分发生碰擦
	轴承或密封环磨损过多
	泵的转子不平衡
泵不出液体或流量扬程不够	泵或管路没有充分地排气或灌满
	NPSHa 可能太低
	压力下降速度过快
	泵内部元件磨损
	转向不对
	总扬程和泵的扬程不符
泵或管路出现振动和噪声	NPSH（有效）/NPSH（必需）过低
	泵组没有正确校准
	密封元件、阀门和轴密封上有进气孔
	泵或管路没有充分地排气或灌满
	泵在小流量处运转
	泵的转子不平衡
	转动部分和固定部分发生碰擦

2）重要经验反馈

某核电厂凝结水泵轴承温度异常问题

现象描述：2019 年 10 月 31 日，5TFE003PO 执行带载试车，泵轴承温度及振动异常，轴承温度（5TFE301KT）持续上升至 70 ℃（标准值为<75 ℃），且未见收敛，泵振动最大为 5.4 mm/s（标准值为<2.8 mm/s）。

原因分析：发现泵轴承温度处于持续平缓上升趋势，未见明显拐点，可以排除轴承异常磨损的问题。对比 5TFE002PO 带载试车数据，泵启泵运行约 5 min 左右，泵轴承温度即可到达平稳状态，温度约为 56 ℃。泵轴承室由 WCI 系统提供润滑油冷却，现场检查发现，5TFE003PO 泵轴承室冷却水管管壁温度明显较 5TFE002PO 的低，故判断 5TFE003PO 轴承室冷却水管存在堵塞，造成冷却水流量不足，导致泵运行期间，轴承室润滑油得不到有效冷却，从而导致泵轴承温度无法达到平衡。

处理措施：对泵轴承室进出口冷却水管线针型阀（5WCI089/090VC）进行解体检查，发现针型阀存在铁屑堵塞情况；

经验反馈：凝结水泵轴承室冷却水管线阀门由于流道较小，易引起堵塞的风险。

（54）参考资料

无。

循环水泵

（55）定义

循环水泵简称循泵，属于循环水系统，其功能主要是为常规岛凝汽器及辅助冷却水系统提供必要的冷却水，每台机组配置两台循环水泵，不设备用泵，每台循泵提供正常运行以及汽轮机旁路使用时凝汽器和辅助系统所需冷却水的一半。

（56）范围对象

WCW001PO、WCW002PO。

（57）结构原理

循环水泵主要由水力部件、齿轮减速箱及油系统、伺服电机三部分组成。

1）水力部件

循环水泵为大型立式混流泵，水力部件由混凝土进水流道、混凝土蜗壳、预埋件（基坑里衬、下支撑环、分水角等）、叶轮、泵轴、泵盖、主轴密封、停机密封、下导轴承、支架、联轴器组成。

——叶轮：

叶轮为双相不锈钢整体铸造，材料为耐海水腐蚀的 1.4468，外表面加工，流道手工打磨，保证与进水流道流线光滑过渡。其上安装可以更换的上、下密封环，提高叶轮使用寿命。叶轮上设有平衡孔，叶轮与轴采用法兰联接，由连接螺栓承受水泵的轴向推力。

——机械密封：

机械密封由带有轴封静止部件的支撑环组成。转动部件（所有都是分半式）安装在一起并固定在泵轴上，外接生活饮用水系统，同时在泵盖配置了两台排水泵以排除将泵盖上的积水（密封冲洗水），排水泵由液位开关控制动作。

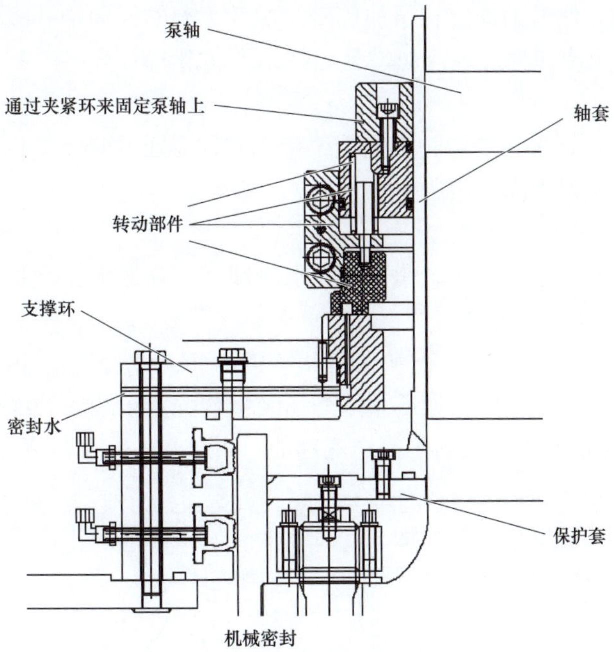

图 352-01-04-198 循环水泵机械密封图

——停机密封：

在停车时，为防止海水灌注，每台循环水泵设计两道气囊密封，互为备用；两道气囊密封是采用两个带骨架的完全独立的气囊，如果其中一支破损，可独立更换。两道膨胀密封的供气是采用一支总管路分成两条分管路供气，并分别设置阀门进行控制充气，检修时可只用一个气囊，另一只气囊作为备用。

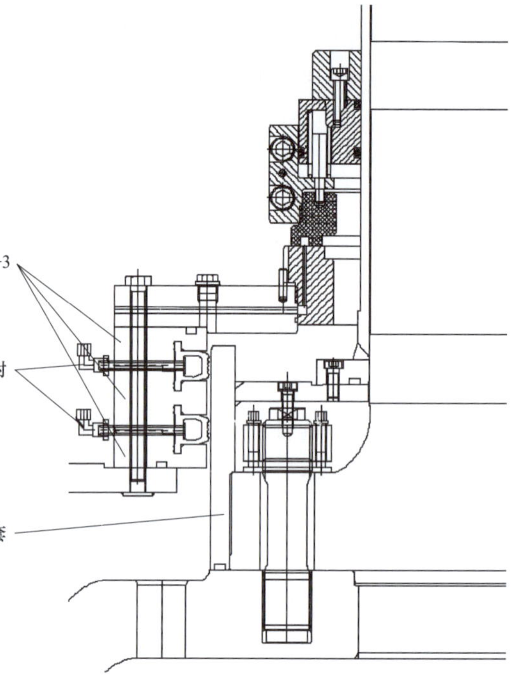

图 352-01-04-199 循环水泵停车密封图

——下导轴承：

径向轴承为水冷却浸油自润滑轴承，该轴承运转表面为巴氏合金，为分块式的可倾瓦块，它们能根据负载自动的调整倾角；润滑油通过转子的旋转，由其下部的径向小孔吸入，当润滑油满后从瓦块顶部溢流出，并流经油－水冷却器进行冷却，至此完成了润滑油的循环。

——联轴器：

联轴器材料为 35CrMo 锻件，与齿轮箱刚性连接，联轴器通过两个平行键来传递扭矩。为了便于安装拆卸和维修，泵轴联轴器考虑了液压拆装方案。

2）电机

电机包括定子、转子、上轴承、下轴承、空－水冷却器、总进水管路和出水管路、接线盒（主接线盒、中性点 CT 接线盒）等主要部件。

——定子：

定子采用钢板焊接方型机座，定子铁芯采用外压装结构，定子线圈绝缘采用少胶绝缘结构及真空压力浸漆（VPI）工艺，保证电机优良的绝缘电气性能，耐电晕性能及热老化性能。

——转子：

转子冲片对支架叠压，支架热套在转轴上，转子导条采用梯形铜排，导条在槽内用斜楔楔紧，导条与铜环的焊接工艺能保证转子导条不断条及其焊接质量的可靠。

——上轴承：

整个上轴承由推力滑动轴承、导轴承、油－水冷却系统、油箱及轴承防漏油密封系统组成，采用油浴自润滑、水冷却。推力滑动轴承采用弹性支撑圆形推力瓦结构，用以承受电机自身转子的重量。导轴承采用径向可倾瓦滑动轴承结构。轴承润滑油的冷却依靠油箱内的油－水冷却系统完成，轴承油－水冷却器采用盘管式绕簧冷却管。整个轴承的防漏油系统由防内漏油密封系统及防外漏油密封系统组成。

——下轴承：

下轴承装置主要由径向可倾瓦导轴承、油－水冷却器、油箱及轴承防漏油密封系统组成，采用油浴自润滑、水冷却。

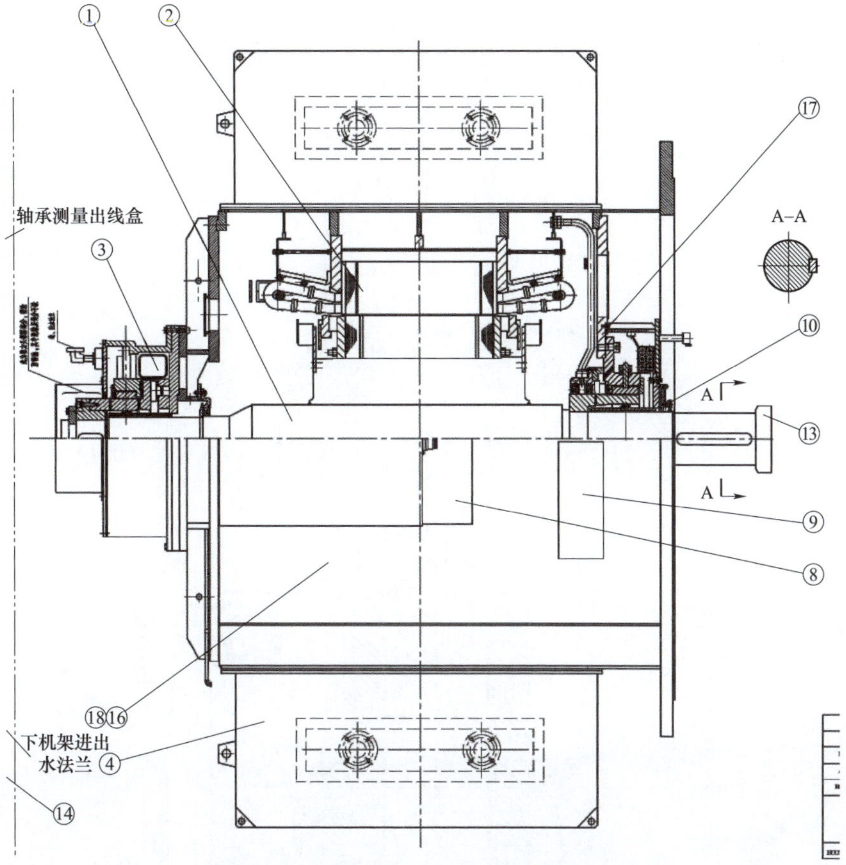

图 352-01-04-200 循环水泵电机结构图

1—转子；2—钉子；3—上机架；4—冷却器；5—主出线盒；6—中性点出线盒；7—加热器出线盒；8—盖板；9—盖板；10—刷架；11—垫片；12—螺母；13—盖板；14—盖板；15—铭牌；16—下机架；17—标牌；18—测量出线盒

3）齿轮箱

齿轮箱为立式行星传动结构，立式行星轮减速箱安装在电机和水泵之间，主要由输入联轴器、行星包、组合轴承、箱体、润滑油站等组成。齿轮箱是立式行星传动结构，立式行星轮减速箱安装在电机和水泵之间。运动和扭矩首先由电动机传至齿轮箱高速轴齿式联轴器，然后经太阳轮–行星轮啮合副及行星轮–内齿轮啮合副，驱动行星架实现输出。

——行星包：

行星包包括太阳轮（1个）、行星轮（4个）、行星架、行星轮轴等组成。太阳轮与行星轮啮合，而行星轮围绕衬以巴氏合金的轴（固定在旋转的行星架上）旋转。行星齿轮为整体式双斜齿，太阳轮、行星轮均采用优质低碳合金钢，渗碳淬火、磨齿修形，内齿轮采用调质、磨齿、氮化。

——组合轴承：

组合轴承为推力与径向轴承，该轴承由导向瓦和推力瓦共同组成，除了承受齿轮箱和水泵的径向力外，还承受齿轮箱转动部件的自重、水泵转子的自重以及水泵工作时所产生的推力。推力瓦块表面为巴氏合金，推力瓦块为圆形瓦，并支撑在碟形弹簧上，其受力后碟形弹簧会产生位移变化；该结构具有受载均匀、缓冲吸振能力强。润滑油通常通过导瓦座底部进油门通入低压油，从承板底部流入油室内侧，润滑推力瓦和导向瓦之后从导瓦座顶部排油口流出至油箱。

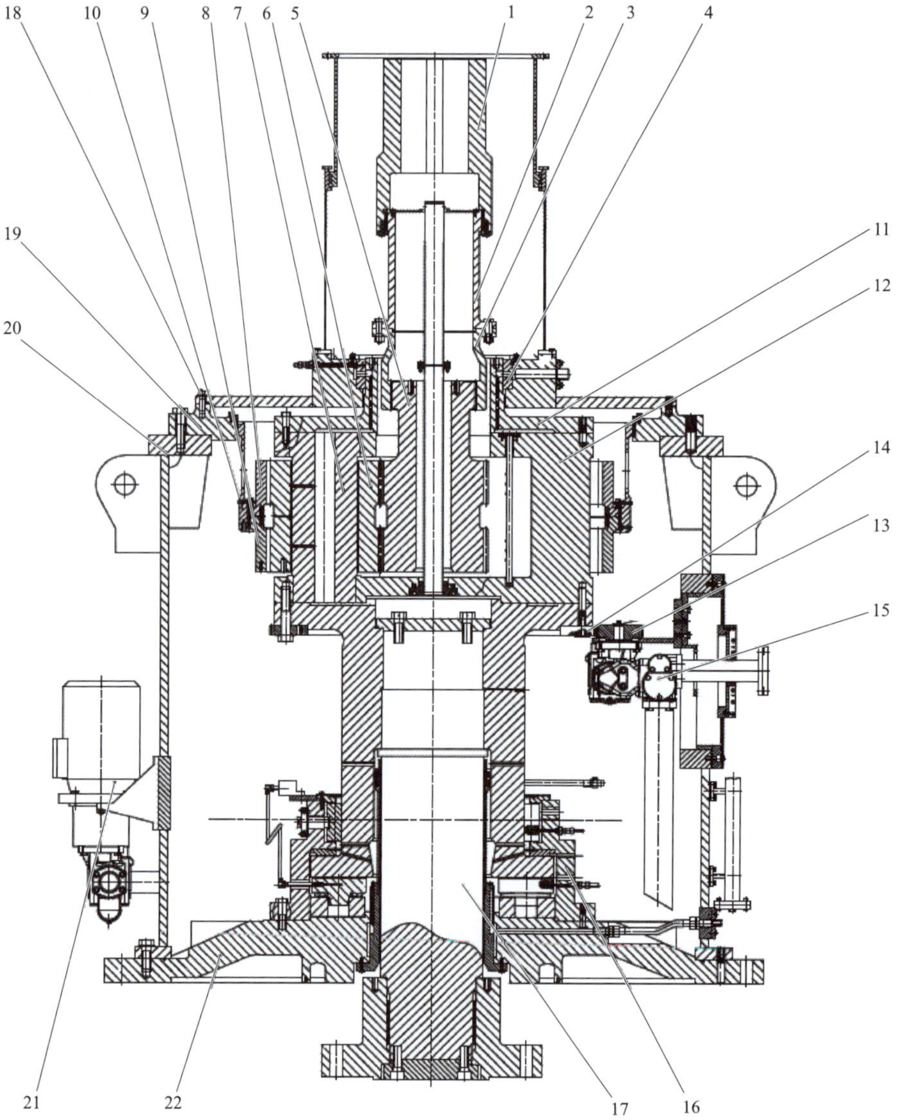

图 352-01-04-201 循环水泵齿轮箱结构图

1—输入轴；2—输入中间轴；3—花键轴；4—上导轴承；5—太阳轮；6—行星齿轮；7—行星轮轴；8—内齿圈一；9—内齿圈二；10—齿套；11—输入法兰；12—行星架；13—油泵小齿轮；14—油泵大齿轮；15—机械油泵；16—组合轴承；17—输出轴；18—上箱盖；19—花键座；20—中箱体；21—电动油泵；22—底座

——润滑油站：

该齿轮箱的底部装有一定容量的润滑油，它是整个循环水泵润滑油系统（WCL）的大油箱。在润滑油站上配置有一台电动辅助油泵，一台由齿轮箱机械驱动的主油泵，一台高压油泵，冷却器，过滤器，仪表，阀门等，该油站位于在齿轮箱外部。

（58）指标与参数

表 352-01-04-94 循环水泵参数表

循环水泵（WCW001/002PO）	
额定流量	29.75 m³/s
扬程	17.8 m

续表

循环水泵（WCW001/002PO）	
额定转速	179 r/min
额定工况下的效率	90.6%
NPSHr	3.7 m
额定流量下的泵轴功率	5900 kW
旋转方向	逆时针（从电机方向看泵）
电动机（WCW001/002MO）	
额定功率	7200 kW
额定频率	50 Hz
额定电压	6.6 kV
额定转速	746 r/min
绝缘等级	F 级（温升按 B 级考核）
冷却方法	IC81W
工作方式	S1
齿轮箱（WCW001/002RR）	
额定输入转速	746 r/min
额定输出转速	179 r/min
减速比	4.167

（59）维修技术要求

1）预防性维修项目

表 352-01-04-95 循环水泵预防性维修项目表

循环水泵预防修性维修项目	
项目名称	项目周期（1C 为 1 个燃料循环）
循环水泵年度检查	1C
循环水泵全面解体检查	8C
循环水泵齿轮箱全面解体检查	6C

2）检修主要内容

——循环水泵年度检查：

年度检查的目的是在不对设备进行大的动作的前提下（如部件解体检查或者全解），对泵的可视、可达部分进行检查，以便从总体上确认设备的运行状态。由于循环水泵结构较为特殊，在大修期间进行年度检查时，需根据现场实际情况及需求，选择检查项目。如果在常规年度检查中发现异常如润滑油异常（含金属颗粒等），可以及时升级为部件解体检查或者全解，以保证设备的运行质量，主要检修条目包括（部分条目可选）以下方面。

- 泵外观检查：检查设备外观，是否存在跑冒滴漏等问题，是否存在锈蚀，紧固件是否按照力矩要求完成紧固；

● 润滑油检查：检查润滑油状态，化验润滑油成分，如水分、颗粒度、金属元素含量等；

● 对中复查：在电机输出轴、泵体联轴器或齿轮箱输出轴、导轴承箱滑转子三个位置架设百分表，用于测定轴系摆度；在齿轮箱接盘、齿轮箱输出轴、行星包下端面（必要时）、推力头处（必要时）架设百分表，用于检测齿轮箱状态；

● 轴承使用情况及间隙调整：测量齿轮箱导瓦间隙并记录，取出导瓦清洗检查，回装并调整间隙；

● 齿轮箱检查：检查齿轮箱内是否有异物，检查齿轮箱底部油质外观是否澄清透明，油质检查是否正常；

● 叶轮检查：口环间隙测量及检查，检查叶轮叶片是否冲蚀磨损；

● 机封及气囊密封检查：检查气囊密封、供气软管、轴封水注入水软管、轴承冷却水软管等是否有老化破裂。检查机械密封压缩量，检查动静环密封面状态。

——循环水泵全面解体检查：

循环水泵全面解体检查是在设备长时间运行后或在常规检查发现问题后进行的针对设备的细致且全面的检查，主要针对泵水力部件部分，是对设备在完成上一个周期运行后的状态进行检查确认，对设备存在的缺陷进行处理修复，确保设备能健康稳定的完成下一个周期的运行工作。主要检修条目包括：

● 年度检查项目：较常规的年度检查更加全面细致，对部分零件有外观检查变为拆检；

● 下导轴承解体检查：拆解泵下导轴承，检查下导轴承、滑转子等部件的使用状态；

● 停车密封及保护套解体检查：拆解停车密封以及保护套，检查其使用状态；

● 泵轴及叶轮检修：检查泵轴弯曲，叶轮冲蚀，口环磨损等情况，测量口环间隙，并根据检查情况更换零部件；

● 备品备件更换：按要求对易损件进行严格检查，必要时更换，按要求对所有必换件进行更换，如 O 形圈、橡胶垫等。

——循环水泵齿轮箱全面解体检查：

循环水泵齿轮箱全面检查主要针对齿轮箱部件，对齿轮箱在上一个周期运行后的状态进行确认，对齿轮箱的密封件、磨损件等进行更换，对其他零部件进行检查，对设备缺陷进行修复，确保齿轮箱健康且稳定的完成下一个运行周期的工作，主要检修条目包括以下方面。

● 年度检查项目：较常规的年度检查更加全面细致，对部分零件有外观检查变为拆检；

● 行星包解体检查：将行星包完全拆解，对拆解的各零部件进行清洁检查，检查各齿轮是否存在锈蚀、磨损点蚀、变形等情况，测量行星轮轴瓦尺寸和对应的行星轮孔尺寸；

● 组合轴承解体检查：完全拆解齿轮箱组合轴承，清洁并检查组合轴承的径向瓦及推力瓦的使用情况，回装并调整轴瓦间隙；

● 推力头检查：完全拆解推力头，清洁并检查其平面度，必要时进行打磨。

（60）质量管理

表 352-01-04-96　循环水泵质量管理表

项目名称	质量管控点
循环水泵年度检查	轴承状态、间隙检查、对中调整
循环水泵全面解体检查	轴承状态、间隙测量、对中调整、密封调整
循环水泵齿轮箱全面解体检查	轴承状态、行星轮状态

（61）技术规程清单

表 352-01-04-97　循环水泵技术规程清单

序号	规程名称
1	WCW 循环水泵季度检查
2	WCW 循环水泵年度检查
3	WCW 循环水泵电机年度检查
4	WCW 循环水泵齿轮箱解体检查
5	WCW 循环水泵电机机械全面解体检查
6	WCW 循环水泵全面解体检查
7	WCW 循环水泵下导轴承在线换油及滤油规程

（62）典型故障

1）常见故障

表 352-01-04-98　循环水泵典型故障表

故障特征	可能原因
电机振动、噪声	转子不平衡
	安装不紧或基础不好
	动静碰磨
	对中不良
	共振
电机轴承过热	不适合的润滑剂
	油位不合适
	轴承磨损
电机漏油	密封面检修过大
	呼吸器风口堵塞
	油的品级不对
齿轮箱轴承温度过高	轴承损伤
	润滑油质量发生变化
	温度传感器失真
	供油量不足
	供油温度过高
轴承箱噪声或振动异常	齿轮或轴承损伤
	过载荷或冲击载荷
	水泵端或电机端中心线偏移
	油泵过载，油的黏度过高
	联轴器损坏
齿轮箱漏油	油泵轴承、齿轮和泵体损坏
	联接螺栓松动
	呼吸器堵塞
泵振动或噪声异常	泵处于干转状态
	叶轮发生气蚀

2）典型案例

循泵机械密封压缩量不足事件

现象描述：2016 年 5 月某核电厂 2 号机组大修，维修人员检查发现 2 号循泵机械密封压缩量，已由 25 mm 放大至 31.7 mm（最大压缩量为 35 mm，只剩下 3.3 mm 磨损余量）。对比旧环与新机械密封备件，发现磨损量只有月 2～3 mm，拆卸前测量的压缩量由 25 mm 放大至 31.7 mm，产生原因为机械密封卡箍上移。

原因分析：机械密封安装过程中，压缩量由 25 mm 放大至 31.7 mm。

经验反馈：机械密封安装过程中，严格按照规程控制压缩量，经与厂家核实，建议压缩量为 25～27 mm。

循泵停车密封失效事件

现象描述：某核电厂调试期间，多次出现停车密封失效事件——气囊密封进气管线使用橡胶软管，经海水长时间浸泡后老化破损，导致停车密封气囊失效。后续对气囊密封进行改型，使用金属螺纹接头，但安装过程不规范，导致气囊密封进气管线螺纹接头漏气。

原因分析：气囊密封进气管线选材不当，抗老化性能不佳，易破损；

气囊密封改型后进气管线接头安装不规范，导致松脱失效。

经验反馈：对气囊密封改型，选用耐海水腐蚀，抗老化性能材料；

对于管线接头，需正确规范安装，否则存在设备失效风险。

（63）参考资料

无。

堆腔冷水注入泵

（64）定义

堆腔冷水注入系统在发生堆芯熔化的严重事故后，通过压力容器外冷却带走堆芯熔融物热量，降低反应堆压力容器外壁的温度，维持压力容器的完整性，实现压力容器内堆芯熔融物的滞留。

能动注入子系统设置了并联的两个系列，每个系列配备了一台堆腔注水泵，其入口分别与安注系统相应系列的安注泵的入口管道相连，严重事故工况下由安全注入系统的安全壳内置换料水箱取水；同时，堆腔注水泵的入口还与消防水分配系统相连，将消防水作为能动注入的备用水源。两台堆腔注水泵出口管线在经过安全壳隔离阀，贯穿安全壳后再合并为母管后注入堆腔。注水管道与保温层的底部相连，注入的冷却水通过压力容器外壁与保温层内壁之间的流道向上流动，最终从保温层筒体上部的排放窗口流出，并返回到内置换料水箱。堆腔冷水注入系统的能动部分在严重事故发生时，将安全壳内置换料水箱内的水注入堆腔中压力容器保温层内，冷却反应堆压力容器外壁面，导出堆芯熔融物的热量，确保压力容器不被熔穿，维持压力容器的完整性，减轻事故的后果。

（65）范围对象

CIS001PO、CIS002PO。

（66）结构原理

堆腔注水冷却泵为单级离心泵，每台泵的额定流量为 900 m^3/h，扬程为 50 m。两台堆腔注水冷却泵分别由两个系列的应急电源供电，在应急电源故障情况下可连接附加柴油发电机。设置两台完全相同的堆腔注水冷却泵。每台堆腔注水冷却泵的流量均能够满足系统冷却能力的要求。冷却水注入反应堆压力容器及其保温层之间的流道，并淹没反应堆压力容器达到一定高度，被加热后冷却水的状态为汽/液两相。堆腔注水泵的扬程需能够克服冷却水在堆腔流道内形成的阻力，同时应考虑注水管道（包括管道和阀门）的沿程阻力和相关位置高差。

泵在零流量至最大流量范围内，其扬程—流量曲线应具有陡斜的特性，其斜率恒为负值。泵轴应是刚性的，一阶临界转速至少比最大允许速度大 25%，此速度应完全偏离所有可预见的激振频率。轴的尺寸应能在各种运行工况下传递所需的扭矩，而不产生过度的应力和振动。轴径应尽量大于 40 mm。叶轮应是整体制造，应锁紧并用键连接，防止在使用中松动。泵径向轴承和推力轴承设计，分别承受泵产生的径向力和残余轴向力，应保证泵在其特性曲线的给定范围内任意点能连续正常运行。轴承应耐磨，使用寿命 10 000 h。机械密封采用单断面平衡型密封，使用寿命至少 10 000 h。联轴节应是膜片式联轴节，并安全地锁紧在轴上并配有足够尺寸的中间轴。

泵组主要由泵、电机、联轴器以及筒袋等组成。

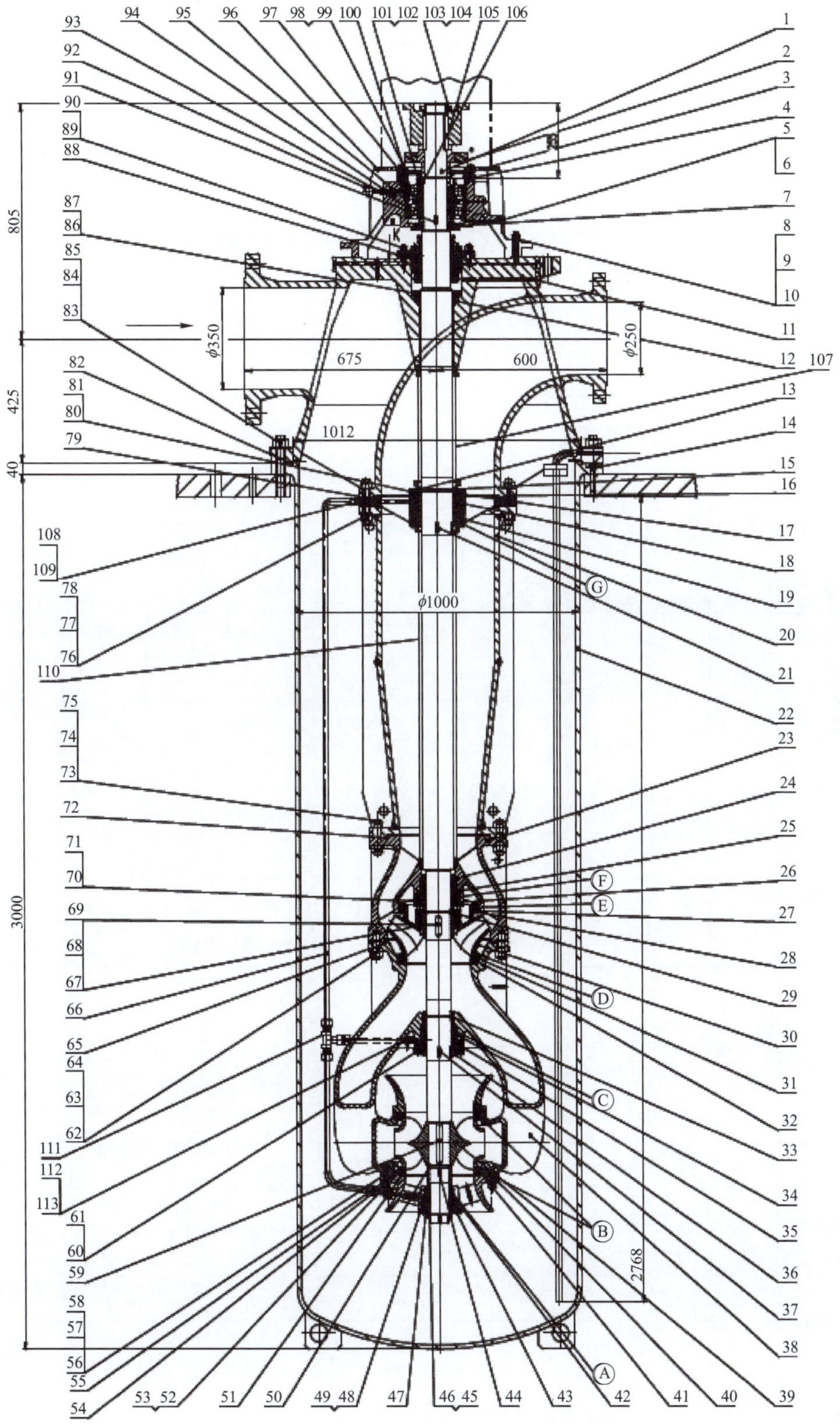

图 352-01-04-202 堆腔冷水注入泵结构图

1）泵

泵体主要由芯包、轴承室、机械密封等组成。该泵叶轮为单吸闭式叶轮，整体铸造结构，与泵轴采用键连接，通过与液体的动态作用，实现叶轮到流体的能量传递，是泵的重要功能部件。转子部件：由轴、叶轮、轴套等泵的回转零部件组成，是泵实现能量转化的主要功能部件。该泵转子部件在装配完成后，按标准进行 G2.5 级的动平衡试验。机械密封属于轴封的一种，主要功能是防止由于泵腔体内外压差而产生的泄漏。该泵采用的是由集装式机械密封。滚动轴承：为泵转子部件提供支撑，并承受作用在转子部件上的轴向和径向负荷。该泵采用 SKF 进口滚动轴承。

2）电机

电机为泵的驱动设备，为泵提供原动力，电机功率 185 kW。

3）联轴器

联轴器作为电机、泵的机械连接部位，也是设备间唯一传递机械能的零部件，为叠片挠性联轴器，由一对靠背轮、中间轴、叠片组成。

4）筒袋

筒袋可作为泵的吸入口，同时也作为转子部件的承载容器。

（67）指标与参数

堆腔注水冷却泵的主要运行数据如表 352-01-04-99 所示：

表 352-01-04-99 堆腔冷水注入泵参数表

运行特征			
项目	正常运行工况	项目	正常运行工况
流量 Q/（m^3/h）	900	入口压力/MPa	0.02～1.2
扬程 H/m	50	入口设计压力/MPa	1.5
装置汽蚀余量/m	2.21	出口设计压力/MPa	2.5
必须汽蚀余量/m	1.0	设计温度/℃	160
介质	1.25%硼酸溶液或除盐水	所配电机功率/kW	185
密度/（kg/m^3）	1023	电压/kV	6.6
温度/℃	5～156	同步转速/（r/min）	1500
旋向	从电机端看泵为顺时针方向旋转		

（68）维修技术要求

1）预防性维修项目

表 352-01-04-100 堆腔冷水注入泵预防性维修项目表

设备名称预防修性维修项目	
项目名称	项目周期（1C 为 1 个燃料循环）
CIS 堆腔注水冷却泵全面解体检查	6C
CIS 堆腔注水冷却泵年度检查	1C

2）检修主要内容

——CIS 堆腔注水冷却泵全面解体检查：

堆腔注水冷却泵全面解体检查是唯一能够全面了解泵内所有部件状况信息的 PM 任务，其周期并非完全根据大纲要求执行，还需充分利用巡检、在线监测或者常规及部件解体情况来制定全解计划，主要检修条目包含以下方面。

- 检查润滑油运行状态：要求化学专业配合取油样，分析其中的水分、颗粒度、金属成分含量是否满足运行要求，不满足将进行更换；
- 检查紧固件状态：对各紧固件按照相关的力矩值要求依次紧固，并记录反馈异常现象，确保每个紧固件的状态满足运行要求；
- 检查对中情况：分别复查并调整泵/齿轮箱侧联轴器对中情况、齿轮箱/电机侧联轴器对中情况，若超过 0.8 mm 的标准，必须重新调整；
- 检查动静结合部件：检查各动静配合面间的磨损情况以及配合间隙是否存在偏差或异常，包括导叶/叶轮口环间隙、平衡鼓/套间隙、机械密封处的配合间隙及磨损情况等；
- 检查泵轴：包括泵轴的跳动不得超过 0.03 mm，联轴器部位或者动静配合部位不得有拉伤/划痕现象；
- 检查轴承：清洗检查轴承是否有磨损、裂纹现象，若评估可继续使用，将进行无损检测，合格后方可继续使用；
- 更换备品备件：按照要求对易损件进行严格检查，必要时进行更换，按照要求更换所有必换件，如 O 形圈、橡胶垫、机械密封等；
- 盘车检查：联轴器恢复之后，需要对整个泵组进行盘车检查，确保泵组无卡涩、异音等异常现象。

——CIS 堆腔注水冷却泵年度检查：

堆腔注水冷却泵年度检查是定期对泵组进行的一个定期维护保养工作，主要对轴承室、外观、地脚螺栓力矩等项目进行检查确认，主要检修条目包含以下方面。

- 检查润滑油运行状态：要求化学专业配合取油样，分析其中的水分、颗粒度、金属成分含量是否满足运行要求，不满足将进行更换；
- 检查紧固件状态：对各紧固件按照相关的力矩值要求依次紧固，并记录反馈异常现象，确保每个紧固件的状态满足运行要求；
- 检查对中情况：分别复查并调整泵/齿轮箱侧联轴器对中情况、齿轮箱/电机侧联轴器对中情况，若超过 0.8 mm 的标准，必须重新调整；
- 盘车检查：联轴器恢复之后，需要对整个泵组进行盘车检查，确保泵组无卡涩、异音等异常现象。

（69）质量管理

表 352-01-04-101　堆腔冷水注入泵质量管理表

项目名称	质量管控点
CIS 堆腔注水冷却泵年度检查	联轴器状态、间隙检查，对中调整
CIS 堆腔注水冷却泵全面解体检查	各部件磨损情况检查、联轴器状态、间隙检查，对中调整

（70）技术规程清单

表 352-01-04-102　堆腔冷水注入泵技术规程清单表

序号	规程名称
1	CIS 堆腔注水冷却泵年度检查
2	CIS 堆腔注水冷却泵全面解体检查

（71）典型故障

1）常见故障

表 352-01-04-103　堆腔冷水注入泵经验反馈表

故障特征	可能原因
手动盘车困难	泵轴弯曲 轴承磨损 机组不同心 叶轮碰泵壳
泵轴摆动过大	轴承和轴磨损或间隙过大
水力不平衡	叶轮不平衡 离心泵个别叶槽堵塞或损坏
基础在振动	基础刚度差或底脚螺栓松动或共振
机组效率急剧下降	发生汽蚀
——	进水管路固定不牢或引起共振
——	出水管道内压急剧变化及水锤
——	机组启动和停机顺序不合理，致使泵的进液条件恶化
——	流量过小
无法正常输送液体	泵无法灌注液体 泵吸入管路内留有空气 吸入管路中存有无法排出空气 吸入管路漏气 空气通过机械密封渗入泵内 泵在关闭或部分关闭入口阀门的情况下运行 吸入管路阻塞
泵过度发热及转不动	泵在关闭或部分关闭入口阀门的情况下运行 吸入管路堵塞 叶轮堵塞 在旁通管路及出口阀门关闭的情况下运行泵 泵在低于规定的最小流量下运行
联轴器故障	泵与电机轴不对中 基础刚性不足 泵或电机与底板把紧螺栓松动 作用在泵上的管路载荷超过规定值 泵轴弯曲变形

2）典型案例

华龙新增设备，暂无。

（72）参考资料

无。

中压安注泵

（73）定义

每台华龙机组共有 2 台中压安注泵泵组，中压安注泵其主要功能是：

1）中压安注泵用于所有事故工况，在电站正常运行期间，泵处于备用状态；事故工况下，安注信号启动中压安注泵；

2）中压泵投运后，从内置换料水箱吸水。泵的小流量返回管线保证泵的正常运行，并将泵的注入关闭压头控制在 1000 m 以下。如果 RCS 压力高于泵的注入关闭压头，则通过小流量管线返回内置换料水箱，当一回路压力下降到泵的注入关闭压头以下时，向反应堆冷却剂系统冷段注入含硼水；

3）在反应堆停堆期间，反应堆处于半管水位时，若失去余热排出泵泵，一台中压安注泵会自动地从换料水箱取水通过冷管段向堆芯注水。

（74）范围对象

RSI003PO、RSI004PO。

（75）结构原理

中压安注泵为卧式，电机采用设备冷却水冷却。泵的最小流量为 45 m^3/h，最大流量为 250 m^3/h，在 0～250 m^3/h 的整个运行范围内，泵能不停机地运行 1 年；且需要特别保证机械密封完整性和密封严密性，破损的机械密封最大泄漏率低于 2 L/min。泵装置的最大输入功率，在输送比重为 1020 kg/m^3 的流体，在全流量范围内频率为 50 Hz，应不大于 500 kW。泵应按照累计总使用寿命 100 000 h 和 10 000 此启动设计；泵应在允许的任一工况下不发生汽蚀。泵在最小到最大流量范围内，其扬程 – 流量曲线应该具有陡斜的特性，当一台泵或者向同一管线排放的两台泵并联的泵在连续或者间断运行时，该特性曲线的斜率保证了它们稳定运行而与流量无关。

泵组主要由泵、电机、联轴器以及底板等组成。

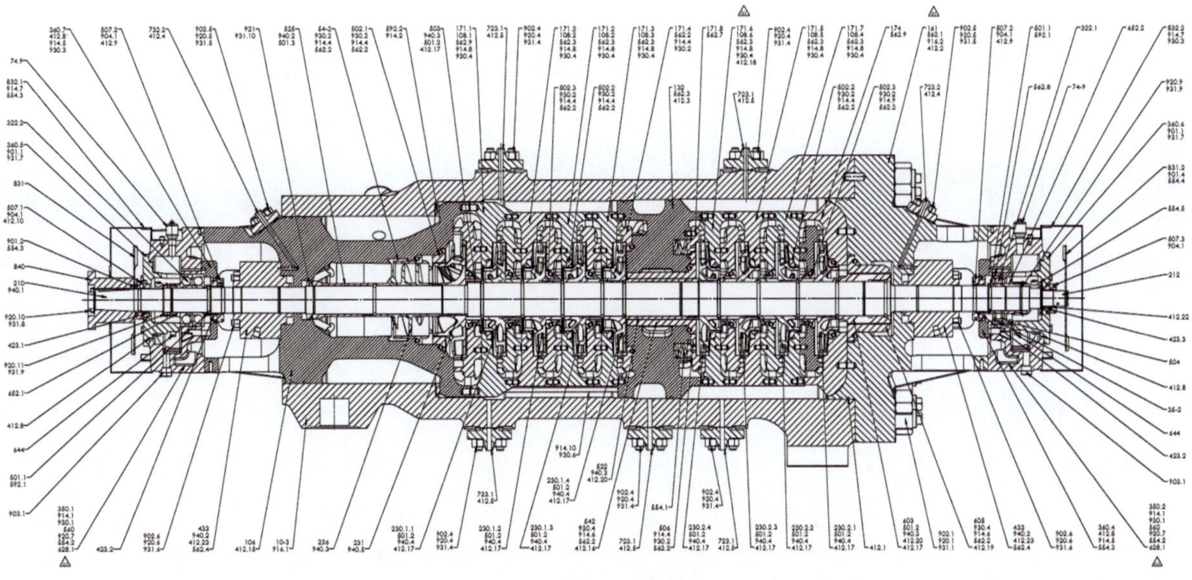

图 352-01-04-203 中压安注泵结构图

1）泵

泵体主要由筒体、芯包、轴承室、机械密封等组成，筒体作为芯包的支撑体、承压体及进出口管线的连接部分；芯包作为能量转换体，将机械能转化为压力能和动能；轴承室起到轴承的支撑及冷却作用；机械密封起到防止介质泄漏的作用。应按照在各种运行工况下传输所需扭矩，而不产生应力或者过量振动来确定泵轴的尺寸，轴颈应该是逐渐阶梯形的，以便于安装 O 形圈部位防止损伤该连接。叶轮应该是整体制造的，他们应锁紧并用键连接，用于在使用中松动，其设计应使磨损效应减至最小。在使用轴套的组合，他们应锁紧并固定就位，除非紧配合能足以防止相配表面腐蚀，否则套筒应该有限漏密封。静止部件上装有口环，以避免泵运行期间泵壳和叶轮接触而损坏泵壳；设计时应考虑降低磨损和摩擦的危险，在等距离三点测量泵壳的口环和叶轮口环的表面硬度差不小于 50 HB。叶轮和所有转动部件应分别平衡；然后对整个的叶轮轴装配组件进行动平衡校核（保证 G 2.5 级）。在轴通过泵体穿出的地方，装设单级、平衡型机械密封防止泄漏。

2）电机

电机作为泵组的动力源头，将电能转化为机械能。

3）联轴器

联轴器作为电机、泵的机械连接部位，也是设备间唯一传递机械能的零部件，属于弹簧膜片式联轴器。

4）底板

底板起到支撑泵组的作用，保证泵组的轴线在同一水平线上。

（76）指标与参数

上充泵总压头等于反应堆冷却剂系统压力最大值加上流过上充管道的阀门、管道和其他设备的压降减去容积控制箱的压力。主要运行数据如表 352-01-04-104 所示。

表 352-01-04-104　中压安注泵参数表

运行参数			
	最小值	最大值	备注
介质 pH	N/A	N/A	正常值：4
转速/（r/min）	N/A	N/A	正常值：2964.5
介质压力/bar	0	4.6	N/A
介质温度/℃	7	160	正常：7～40
运行工况			
运行流量/m^3	最小扬程/m	最大扬程/m	有效汽蚀余量/m
45	963	1015	1.78
155	630	N/A	1.85
242	100	213	2.66

（77）维修技术要求

1）预防性维修项目

表 352-01-04-105　中压安注泵预防性维修项目表

设备名称预防修性维修项目	
项目名称	项目周期（1C 为 1 个燃料循环）
RSI 中压安注泵全面解体检查	15C
RSI 中压安注泵年度检查	1C
RSI 中压安注泵轴承及密封解体检查	5C

2）检修主要内容

——RSI 中压安注泵全面解体检查：

中压安注泵全面解体检查是唯一能够全面了解泵内所有部件状况信息的 PM 任务，其周期并非完全根据大纲要求执行，还需充分利用巡检、在线监测或者常规及部件解体情况来制定全解计划。主要检修条目包含以下方面。

● 检查润滑油运行状态：要求化学专业配合取油样，分析其中的水分、颗粒度、金属成分含量是否满足运行要求，不满足将进行更换；

● 检查紧固件状态：对各紧固件按照相关的力矩值要求依次紧固，并记录反馈异常现象，确保每个紧固件的状态满足运行要求；

● 检查对中情况：分别复查并调整泵/齿轮箱侧联轴器对中情况、齿轮箱/电机侧联轴器对中情况，若超过 0.05 mm 的标准，必须重新调整；

● 检查动静结合部件：检查各动静配合面间的磨损情况以及配合间隙是否存在偏差或异常，包括导叶/叶轮口环间隙、平衡鼓/套间隙、机械密封处的配合间隙及磨损情况等；

● 检查泵轴：包括泵轴的跳动不得超过 0.05 mm，联轴器部位或者动静配合部位不得有拉伤/划痕现象；

● 检查轴承：清洗检查轴承是否有磨损、裂纹现象，若评估可继续使用，将进行无损检测，合格后方可继续使用；

● 更换备品备件：按照要求对易损件进行严格检查，必要时进行更换，按照要求更换所有必换件，如 O 形圈、橡胶垫、机械密封等；

● 盘车检查：联轴器恢复之后，需要对整个泵组进行盘车检查，确保泵组无卡涩、异音等异常现象。

——RSI 中压安注泵年度检查：

中压安注泵年度检查是定期对泵组进行的一个定期维护保养工作，主要对轴承室、外观、地脚螺栓力矩等项目进行检查确认。主要检修条目包含以下方面。

● 检查润滑油运行状态：要求化学专业配合取油样，分析其中的水分、颗粒度、金属成分含量是否满足运行要求，不满足将进行更换；

● 检查紧固件状态：对各紧固件按照相关的力矩值要求依次紧固，并记录反馈异常现象，确保每个紧固件的状态满足运行要求；

● 检查对中情况：分别复查并调整泵/齿轮箱侧联轴器对中情况、齿轮箱/电机侧联轴器对中情况，若超过 0.05 mm 的标准，必须重新调整；

● 盘车检查：联轴器恢复之后，需要对整个泵组进行盘车检查，确保泵组无卡涩、异音等异常现象。

——RSI 中压安注泵轴承及密封解体检查：

中压安注泵运行状态期间，轴承及机械密封存在一定的磨损风险和使用寿命，需定期开展检查或更换，以保证设备的运行质量。主要检修条目包含以下方面。

● 检查轴承：清洗检查轴承是否有磨损、裂纹现象，若评估可继续使用，将进行无损检测，合格后方可继续使用；若不可继续使用，需要及时更换；

● 检查并更换机械密封：检查机械密封运行情况，若有异常现象，需要分析根本原因后，方可更换机械密封；

● 检查对中情况：分别复查并调整泵/齿轮箱侧联轴器对中情况、齿轮箱/电机侧联轴器对中情况，若超过 0.05 mm 的标准，必须重新调整。

（78）质量管理

表 352-01-04-106　中压安注泵质量管理表

项目名称	质量管控点
RSI 中压安注泵全面解体检查	叶轮（零部件检查），泵轴（零部件检查、跳动检查），轴封（零部件检查），轴承（零部件检查、齿轮检查），联轴器，口环检查，必换件更换（O 形圈、密封垫等），口环间隙，轴向间隙（检查及调整），对中
RSI 中压安注泵年度检查	设备清洁，机械密封，轴承箱检查，对中检查，盘车无卡涩
RSI 中压安注泵轴承及密封解体检查	机械密封及滚动轴承检查

（79）技术规程清单

表 352-01-04-107　中压安注泵技术规程清单表

序号	规程名称
1	RSI 中压安注泵全面解体检查
2	RSI 中压安注泵年度检查
3	RSI 中压安注泵轴承及密封解体检查

（80）经验反馈

1）常见故障

故障特征	可能原因
轴承温度过高	温度探头顺坏 润滑油过少 润滑油过多 冷却风扇顺坏 房间温度太高
振动值过高	轴承顺坏 对中不良 振动探头顺坏
没有流量 流量太低 扬程太低 泵振动或产生不寻常的噪声 泵内部温度上升过快	进口压力和蒸发压力相差不足 未达到必须汽蚀余量 压力下降速度过快
没有流量 流量太低 扬程太低 启动后流态分离 泵振动或产生不寻常的噪声 泵内部温度上升过快	进口管路的开口与吸液箱里的液面太近 给水箱液位太低
没有流量 流量太低 扬程太低 启动后流态分离 泵振动或产生不寻常的噪声	吸入扬程过高
没有流量 流量太低 扬程太低	转速太低 不允许的出口最小流量
输入功率过高	转速太高
没有流量 扬程太低 泵内部温度上升过快	旋转方向错误

2）重要经验反馈

某核电厂中压安注泵泵壳和芯包划伤

事件描述：2019.02.28 厂家人员对 5 号机组中压安注泵 RSI003 PO 进行抽芯检查泵轴无法旋转的原因，当芯包抽出后，发现泵壳和芯包驱动端密封面部分各有两条贯穿密封圈部分的划伤。

原因分析：（a）拆卸过程中芯包存在轻微不水平现象，抽出过程中和筒体发生划伤；（b）由于未完全消除膨胀间隙、工器具使用不当导致拉伤。

处理措施：返厂维修，对划伤部位进行打磨、补焊处理。

经验反馈：设计合理的抽芯专用工具，培训工作人员的抽芯技能。

某电厂中压安注泵转子卡涩事件

事件描述：某电厂中压安注泵安装试车结束后，发现无法手动盘车。厂家人员对芯包进行了全面解体检查，第 4 级叶轮后口环、耐磨环磨损严重，且严重拉伤。

原因分析：口环间隙值偏小，导轴承间隙值偏大，以及转子挠度的影响，导致第 4 级叶轮口环/耐磨环磨损直至卡死。

处理措施：耐磨环拉伤/磨损位置进行打磨处理。

经验反馈：可考虑优化克莱德中压安注泵的口环类型、材料、间隙值。

（81）参考资料

无。

5 阀门

5.1 总述

5.1.1 定义

阀门是流体输送系统中用来改变通路截面和介质流动方向，控制输送介质流动的一种控制部件，它具有截断截流、调节、导流、防止逆流、稳压、分流或溢流泄压等功能。

阀门在核电厂一回路、二回路、循环冷却水回路以及各种辅助系统中是应用最广泛的机械设备。据初步统计，一座核电厂就装有近万台各种类型的阀门，它们在系统中执行各种不同的控制功能，因此，核电厂选用的阀门种类就很多，功能也各异。

5.1.2 功能

阀门在核工业和其他工业部门都使用非常广泛，种类也很多，目前对阀门的分类方法也各种各样，如按阀门的功能、驱动方式、公称压力、工作温度、适用介质、阀体材料、阀门启闭件运动方式等其常用的分类方法有以下几类。

（1）按阀门动作方式分为 2 类

——驱动型阀门：借助手动、电动、液力或者气压来操作阀门阀瓣启闭的阀门。

如闸阀、截止阀、蝶阀、球阀、调节阀、隔膜阀等。

——自动阀门：依靠介质（液体、空气、蒸汽）本身的能力而自行动作的阀门。

安全阀、止回阀、减压阀等。

（2）按阀门的功能分为如下 6 类：

——用于截断、节流：截止阀、闸阀、蝶阀、球阀、隔膜阀等；

——用于压力和流量调节：调节阀、减压阀；

——用于单向保护：止回阀、断流阀；

——用于超压保护：安全阀；

——用于分离介质，阻汽排水：疏水阀等；

——用于改变介质流动方向：三通阀、分配阀等。

（3）按关闭件的结构特征分类：

——截止形：关闭件沿着阀座中心移动实现开、关阀功能；

——闸门形：关闭件沿着垂直阀座中心移动实现开、关阀功能；

——旋塞和球形：关闭件为柱塞或球形，围绕本身的中心线旋转实现开、关阀功能；

——旋启形：关闭件围绕阀座外的旋转中心旋转实现开阀、关阀功能；

——蝶形：关闭件为蝶形圆盘，围绕阀座内的轴旋转实现开、关阀功能；

——滑阀形：关闭件在垂直于流体出口通道的方向滑动实现开、关阀功能。

（4）按阀门公称压力分类

——真空阀：公称压力低于标准大气压，即绝对压力＜0.1 MPa；

——低压阀：公称压力≤1.6 MPa；

——中压阀：公称压力为 2.5～6.4 MPa；

——高压阀：公称压力 10～80 MPa；

——超高压阀：公称压力≥100 MPa。

（5）按阀门的公称通径分类：

——小口径阀门：公称通径≤40 mm；

——中口径阀门：公称通径 50～300 mm；

——大口径阀门：公称通径 350～1200 mm；

——特大口径阀门：公称通径≥1400 mm。

（6）按介质工作温度分类：

——超低温阀：$t<-100$ ℃；

——低温阀：$-100\leqslant t\leqslant -40$ ℃；

——常温阀：-40 ℃$\leqslant t\leqslant 120$ ℃；

——中温阀：120 ℃$\leqslant t\leqslant 450$ ℃；

——高温阀：$t>450$ ℃。

5.1.3 结构

阀门的结构一般包括阀体、阀内件、阀杆、密封等，各种阀门的结构具有不同结构，具体按照各种阀门结构为准。

为便于使用选择，识别各种类型的阀门，必须对阀门各种类型的阀门有一个统一的型号表示方法或编制方法。阀门的基本参数包括公称直径、公称压力和适用介质等。它们一般与表示介质流动方向的箭头等组合，以钢号、铭牌等方式标示在阀体上，是阀门使用者必须了解的基本数据。

——公称通径：阀门与管道连接处通道的名义直径，公称直径是供参考用的一个方便的圆整数，而并不是加工尺寸；

——公称压力：阀门在基准温度下允许的最大工作压力，说明阀门承压能力的大小，是供参考用的一个方便的圆整数；

——适用介质：按照选用材料和结构型式不同，各种型号的阀门都有一定的适用介质；

——强度试验压力：对阀门进行水压强度和材料紧密性试验时的压力；

——试验密封压力：对阀门密封面密封性检查时的压力；

——阀门结构长度：阀门与管道连接的两个端面之间的距离。

5.2 通用型号技术要求

阀门是流体输送系统中用来改变通路截面和介质流动方向，控制输送介质流动的一种控制部件，它具有截断截流、调节、导流、防止逆流、稳压、分流或溢流泄压等功能。

阀门在核电厂一回路、二回路、循环冷却水回路以及各种辅助系统中是应用最广泛的机械设备。据初步统计，一座核电厂就装有近万台各种类型的阀门，它们在系统中执行各种不同的控制功能，因此核电厂选用的阀门种类很多，功能各异。

表 352-01-05-01 阀技术要素清单

阀门	包含内容
核电厂通用截止阀	以核电厂通用截止阀为代表进行介绍
核电厂通用调节阀	以核电厂通用调节阀为代表进行介绍
核电厂通用止回阀	以核电厂通用止回阀为代表进行介绍
核电厂通用减压阀	以核电厂通用减压阀为代表进行介绍
核电厂通用球阀	以核电厂通用球阀为代表进行介绍
核电厂通用隔膜阀	以核电厂通用隔膜阀为代表进行介绍
核电厂通用弹簧式安全阀	以核电厂通用弹簧式安全阀为代表进行介绍
核电厂通用蝶阀	以核电厂通用蝶阀为代表进行介绍
核电厂核电厂通用闸阀	以核电厂核电厂通用闸阀为代表进行介绍
核电厂稳压器安全阀	以核电厂稳压器安全阀为代表进行介绍
核电厂安全壳隔离阀	以核电厂安全壳隔离阀为代表进行介绍
核电厂主蒸汽安全阀	以核电厂主蒸汽安全阀为代表进行介绍
核电厂主蒸汽隔离阀	以核电厂主蒸汽隔离阀为代表进行介绍
核电厂稳压器喷淋阀	以核电厂稳压器喷淋阀为代表进行介绍
核电厂抽汽逆止阀	以核电厂抽汽逆止阀为代表进行介绍

5.2.1 核电厂通用截止阀

（1）定义

截止阀的阀堵件由阀杆来操纵。阀杆在垂直于支承座的平面内移动，移动方向与流体流动方向垂直。闭合时，依靠阀堵贴合在支承座面上来保证密封，其方向一般与流向方向相反。

由于截止阀有流动方向的改变，因而就有流阻损失。所有截止阀在工作时，流体都从阀堵（阀瓣）下部进入，经阀堵与支座的间隙从其上面排出，通称为低进高出，并用箭头标示其流向，除非有专门规定例外。这种设计结构在阀闭合时，可使密封垫免受流体压力和温度的影响。这类阀是非对称型，在管路中有固定的安装方向，在壳体上用箭头标出。

（2）范围对象

截止阀为关闭件沿阀座中心线移动的阀门，在核电厂中，截止阀主要在管径较小的系统位置，一般公称通径都限制在 DN≤200 mm 以下，用于截断与通流介质。截止阀的流体阻力损失较大，因而限制了截止阀更广泛的使用。

（3）结构原理

截止阀的基本结构包括：

——阀体。阀体内装有支承座，两端为管接头。

——阀盖。阀盖或阀帽用螺栓 或螺纹固定在阀体上。

——阀杆与传动装置。由阀杆、螺纹套、手轮等组成阀门的操纵系统，该系统通过支柱或支架由阀盖支承。最常用的装配方法是将螺母固定在支架内，通过操纵手轮转动传动。

——阀瓣。阀瓣有锥型和圆盘型两种，阀瓣铰接于传动杆（阀杆）上，随传动杆上、下运动而移动。有导向阀瓣的截止阀主要用于大口径、高压力和蒸汽以外的流体管路上。

——密封。阀瓣与支承面的密封，一般为镜面密封。传动杆（阀杆）与阀体的密封一般为填料，采用密封盖（压盖）填料函结构密封。

截止阀根据结构可以分为：平座式截止阀、锥形座式截止阀、角式和斜杆直流式截止阀、柱塞式截止阀和波纹管截止阀。

截止阀依靠阀瓣与阀座之间的紧密贴合来保证密封。阀瓣一旦开启，阀座与阀板密封面之间就不在接触，因此它的密封面机械磨损很小，故其密封性良好。

流体都从关闭件（阀瓣）下部进入，经关闭件与支座的间隙从其上面排出，通称为低进高出，并用箭头标示其流向，除非有专门规定例外。这种设计结构在阀闭合时，可使密封垫免受流体压力和温度的影响。

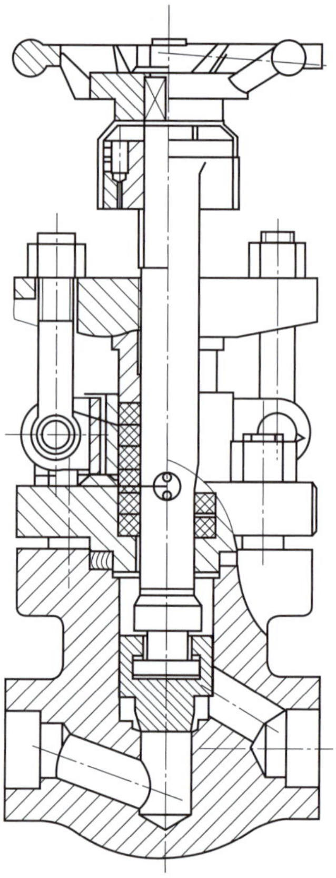

图 352-01-05-01　截止阀结构图

（4）指标和参数

——阀门动作无卡涩；

——阀门无外漏；

——阀门无内漏。

（5）维修技术要求

表 352-01-05-02　通用截止阀维护项目

项目名称	项目内容	项目周期（1C 为 1 个燃料循环）
阀门外观检查及润滑	检查阀门有无外漏，破损等情况，并润滑阀杆及阀杆螺母	1C
阀门解体检修	对阀门进行解体检查，研磨阀芯、阀座密封面，更换填料、垫片等	3C

——拆除中法兰螺栓或者切割阀门中法兰密封焊；

——取下阀门上部组件并解体，检查各零部件有无异常，有则修复或者更换；

——研磨阀座、阀芯，并进行蓝油试验，无贯穿性划痕为标准；

——清洗，更换新填料、组装上部组件；

——回装垫片以及上部组件，紧固螺栓或恢复密封焊。

（6）质量管理

表 352-01-05-03　通用截止阀质量控制

项目名称	质量管控点
外观检查及润滑	无需
解体检查	蓝油试验，新填料、垫片以及法兰密封面检查，中法兰螺栓力矩，填料力矩

（7）经验反馈

——阀门出现填料处出现渗漏，原因为填料力矩不足，重新紧固填料后不渗漏；

——阀门出现内漏，解体检查，发现密封有压痕，研磨密封面，蓝油试验合格后，组装阀门，内漏消除；

——阀门出现卡涩，检查发现阀杆螺母损伤，更换阀杆螺母后，操作灵活；

——阀门手轮空转，检查发现阀门限位指示固定螺栓松动，更换紧固后合格。

（8）技术规程清单

表 352-01-05-04 技术规程清单

序号	规程名称
1	截止阀外观检查及润滑
2	手动截止阀全面解体检查规程

（9）参考资料

［1］孙勤.核反应堆核级设备检修工［M］. 北京：中国原子能出版社，2014.

5.2.2 核电厂通用调节阀

（1）定义

调节阀的功能是根据收到的外部指令（手控的，或调节电路控制的气动装置），通过改变通道截面积来调节流体的流量和压力。因此，调节阀要遵守它自己的压力、流量、温度设定值。除了特殊情况外，一般对大流量、高温高压都有很高的灵敏度和精确度。

另外，由于调节阀经常构成调节系统的最后一个组成部件，因此一定要保证主控部件的精确、可靠，否则就会破坏管路系统的自动调节功能。

调节阀因其作用是按节流原理来实现的，故也称节流阀。通常调节阀在结构上除了启闭件、阀杆控制系统外均与截止阀相同，其流道也有直通和角式之分。

（2）范围对象

调节阀是工艺自动化控制系统检测，控制，执行器三个主要环节中的控制执行器，也叫控制阀，它是过程控制系统中用动力去改变流体流量的装置。

调节阀的功能是根据收到的外部指令（气动控制或电动控制等），通过改变通道截面积来调节流体的流量和压力。调节阀因其作用是按节流原理来实现的，故也称节流阀。

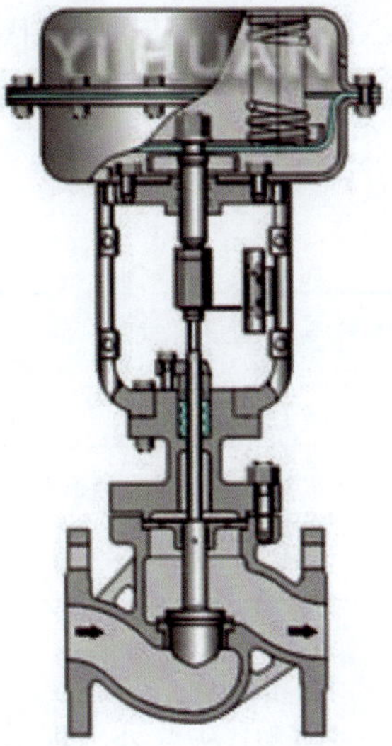

图 352-01-05-02 通用调节阀结构图

（3）结构原理

调节阀的基本结构：有阀体、上阀盖组件（包括填料函）、阀杆、下阀盖和阀内调节件（包括阀芯、阀座、阀笼等）组成。不同性能的调节阀其主要不同在阀门调节件即阀芯、阀座的不同。

调节阀因其作用是按节流原理来实现的，通常调节阀在结构上除了启闭件、阀杆控制系统外均与截止阀相同，其流道也有直通和角式之分。区分调节阀的类型要根据下列条件：作用方式、阀瓣形状与数量、与流体和管道的性质密封相关的阀门的作用。按照流量特性分为：直线流量特性、等百分比流量特性、抛物线特性、快开特性。

（4）指标和参数

——阀门动作无卡涩；

——阀门无外漏；
——阀门无内漏；
——阀门调节性能满足系统要求。
（5）维修技术要求

表 352-01-05-05　通用调节阀维护项目

项目名称	项目内容	项目周期（1C 为 1 个燃料循环）
阀门外观检查及润滑	检查阀门有无外漏，破损等情况，并润滑阀杆及阀杆螺母	1C
阀门气动执行机构解体检查	更换气动执行机构膜片，易损件，检查膜腔，阀杆等零部件	3C
阀门解体检修	对阀门进行解体检查，研磨阀芯、阀座密封面，更换填料、垫片等	6C
气动调节阀阀门在线诊断	对阀门密封力、摩擦力、行程、定位器性能、线性度等性能参数进行测量	1C

——拆除气动执行机构联轴器，支架螺栓；
——取下气动头，解体气动头，更换膜片等易损件；
——检查气动执行机构附件（如定位器等）性能；
——解体阀体，研磨阀座、阀芯，并进行蓝油试验，无贯穿件划痕无标准；
——检查阀体、阀笼无裂纹，阀杆无弯曲等缺陷；
——清洗更换新填料、垫片；
——回装阀门，均匀紧固螺栓，回装气动头，连接气动头，回装仪控附件；
——对阀门进行在线诊断或者控制检查。
（6）质量管理

表 352-01-05-06　通用调节阀质量控制

项目名称	质量管控点
外观检查及润滑	无需
阀门气动执行机构解体检查	检查新膜片，检查膜腔，膜强连接螺栓的力矩
阀门全面解体检查	蓝油试验，新填料、垫片以及法兰密封面检查，中法兰螺栓力矩，填料力矩

（7）经验反馈
——阀门中法兰处出现泄漏，重新紧固法兰进行带压堵漏后处理；
——阀门中法兰螺栓紧固后，四周间隙偏差较大，重新解体，发现阀座、阀盖垫片位置偏移，重新更换垫片，仔细对中后，紧固中法兰螺栓，间隙均匀；
——气动执行机构膜片连接螺栓经过一段时间运行后有所松动，定期紧固螺栓；
——阀门关闭后，出现内漏，检查原因为气动执行机构膜片下部存有气体，降低阀门定位器的输出压力，调整定位器零点和量程后，定位器至气动头压力为 0，阀门保持关闭；
——阀门关闭时间过长，经过检查发现排气管线弯曲较大，管径较小，更换较大管径的管道，重新布置管线，减少弯曲后，阀门关闭时间合格；
——阀门更换新填料后，在开启和关闭过长出现卡顿，摩擦力较大，对阀杆润滑后，摩擦力减小。

（8）技术规程清单

表 352-01-05-07 通用调节阀技术规程

序号	规程名称
1	主给水调节阀外观检查及润滑
2	主给水调节阀在线性能诊断
3	主给水调节阀全面解体检查

（9）参考资料

［1］孙勤.核反应堆核级设备检修工［M］. 北京：中国原子能出版社，2014.

5.2.3 核电厂通用止回阀

（1）定义

止回阀是一种不需要从外部操纵的自动调节阀，其运行仅受流体的流动方向及速度来控制，并在一个规定的方向上永远是闭合状态。止回阀一般适用清洁介质，不宜用于含有固体颗粒和粘度较大的介质。

止回阀按结构可分为旋启式、垂直升降式和蝶式止回阀。

（2）范围对象

止回阀又称逆流阀、逆止阀、背压阀和单向阀。它是一种不需要外部操作，只靠管路中介质本身流动产生的力而自动开启和关闭的一种自动调节阀。止回阀的启闭过程受流体瞬变流动状态所影响，当然，阀的关闭特性又对流体流动状态产生反作用。止回阀在一个规定的方向上永远是闭合状态。

（3）结构原理

止回阀按结构形式及其关闭件与阀座的相对位移方式可分为旋启式止回阀、升降式止回阀和蝶式止回阀。

旋启式止回阀：阀瓣围绕阀座外的销轴旋转的止回阀，如图 352-01-05-03 所示。旋启式止回阀应用较为普遍。

旋启式止回阀，它的阀壳体内有一个垂直于管道轴又略倾斜的座。一个平盘形阀瓣顶靠在座上，并按流体流动方向绕连接轴摆动。阀瓣的转动轴位于阀瓣重心的上方。流体正向流动时，其推力作用在阀瓣上，使其保持向上打开的状度，处于开启位置；流体反向，阀瓣落下，在反向推力作用下，阀瓣贴合在阀壳体内的支承座面上，阀门关闭。旋启式止回阀的结构一般包括：阀体、阀盖、阀瓣等部件。

阀体：阀体与闸板阀的阀体相同，阀体内只有一侧有支承座，阀体的两端有管接头。

阀盖：阀盖为碟形或平板盖，用螺栓固定在阀体上，在两者之间嵌装密封垫密封。

阀瓣：阀瓣上装有摆动支臂，支臂的另一端装在连接轴上，连接轴经常有一端伸出阀体外，它可以起到下列作用：

旋启式止回阀由于其阀瓣及运动部件较重，一般只用在频率低的工况，如涡轮机的排放管道。启闭式止回阀，不宜制成小口径阀。它可装在水平、垂直或倾斜的管道上，如装在垂直管道上介质的流向应由下至上。

升降式止回阀：阀瓣沿着阀体垂直中心线滑动的止回阀，如图 352-01-05-04 所示。升降式止回阀的阀体形状与截止阀一样（可与截止阀通用），因此它的流体阻力系数较大。在高压小口径止回阀上阀瓣可采用圆球，升降式止回阀的闭合都是自动的，当正常工况流体正向流动时，流体压力将阀瓣推开，处于开阀状态，当流体反向时，阀瓣通过自身重量和有时在阀瓣上的回动弹簧的作用下落下来，贴合在支承座面上，阀门关闭。升降式止回阀的结构一般包括阀体、阀盖和阀瓣等部件。

阀体：阀体的结构与球阀相同，由二半块壳体组成，二者用螺栓固定，垫片密封，阀体中间部位装有支承座，该座与截止阀的支承座相似，也有锥形座和平行座两种。阀体上、下两端有管接头。

阀盖：阀盖为碟形或平板盖，用螺栓固定在阀体上，在两者之间嵌装密封垫密封。

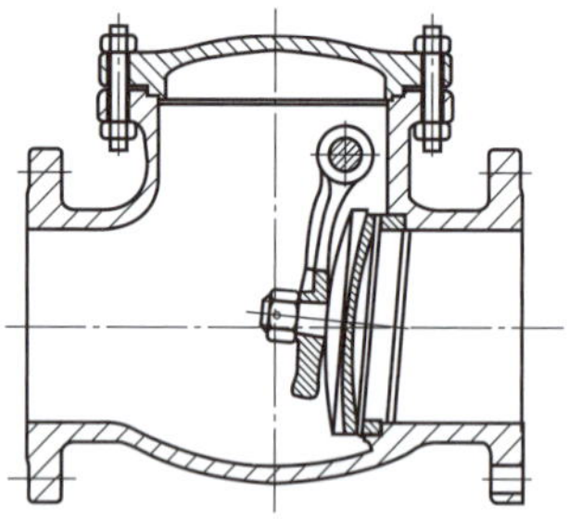

图 352-01-05-03　旋启式止回阀结构图

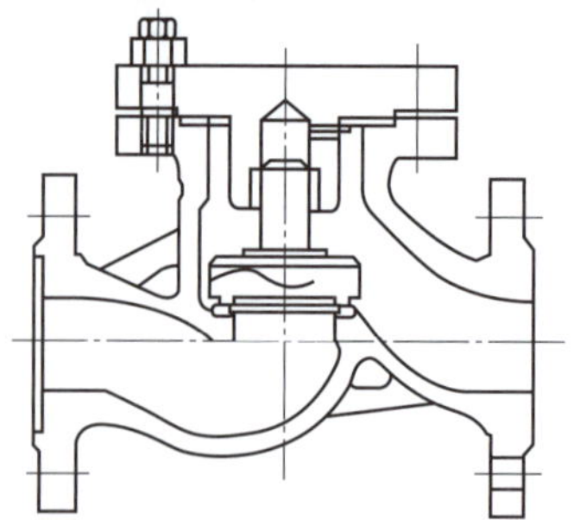

图 352-01-05-04　升降式止回阀结构图

阀瓣：阀瓣件也有锥形和平板形两种，在阀瓣的轴线方向上也装有导向装置，导向装置可装在阀瓣的上方，也可装在阀瓣的下方，限止阀瓣的升、降移动不偏离座面，保持阀瓣的移动轴和管道轴同心。

蝶式止回阀：其阀瓣为两块半圆形组成，背部有旋转轴以及弹簧。当正常工况流体正向流动时，流体压力克服弹簧力将阀瓣推开，处于开阀状态。当流体反向时，流体压力作用在阀瓣上形成密封，无介质流动时，依靠弹簧力将阀瓣关闭，并形成一定的密封。

（4）指标和参数

——阀体、阀座和阀板无裂纹；

——阀门无外漏；

——阀门无内漏；

——阀门动作无卡涩。

（5）维修技术要求

表 352-01-05-08　通用止回阀维护项目

项目名称	项目内容	项目周期（1C 为 1 个燃料循环）
阀门解体检修	对阀门进行解体检查，研磨阀板、阀座密封面，更换中法兰垫片	6C

——拆除中法兰螺栓；

——取下阀盖，检查各零部件有无异常，有则修复或者更换；

——研磨阀座、阀板，并进行蓝油试验，已连续、均匀和无贯穿性划痕为标准，且密封面在阀板整体密封面的 1/3～2/3 处；

——清洗、更换磨损垫片、销等部件；

——回装垫片，紧固螺栓。

（6）质量管理

表 352-01-05-09　通用止回阀质量控制

项目名称	质量管控点
止回阀解体检查	蓝油试验，摇臂轴、金属垫片和销子检查，旋启式止回阀阀瓣与摇臂间隙，摇臂与螺母之间的间隙，升降式止回阀阀瓣与导向套间隙，垫片以及法兰密封面检查，中法兰螺栓力矩

（7）经验反馈

——运行试验时，止回阀出现内漏现象，对止回阀阀体进行敲击，内漏现象有所缓解。

——止回阀阀座、阀板密封面堆焊了新形式的合金材料，经过长时间运行后，阀板和阀座出现裂纹，整体更换阀门，密封面材料为司太立合金。

——止回阀蓝油试验时，密封面位置靠上，阀板下移严重，为摇臂经过长时间运行以及材料、设计等原因，摇臂变直。更换新的摇臂后，情况有所缓解，增加摇臂座下的垫片进行处理。

——止回阀解体过程中发现阀板与摇臂固定的销子断裂，更换定位销子。

——止回阀阀板与摇臂后的固定垫片磨损后，上下厚度不一致，导致阀板在阀座上受力不同，检查以及更换垫片后，情况有所缓解。

（8）技术规程清单

表 352-01-05-10　用止回阀技术规程

序号	规程名称
1	旋启式止回阀解体检查

（9）参考资料

［1］孙勤.核反应堆核级设备检修工［M］. 北京：中国原子能出版社，2014.

5.2.4　核电厂通用减压阀

（1）定义

减压阀工作主要靠活塞、膜片、弹簧、先导阀等敏感元件改变阀瓣和阀座间的间隙来调节流体阻力，达到自动降低压力的作用。其目的就是通过减压阀启、闭件的节流，将进口高压介质降到出口需要的压力。

（2）范围对象

减压阀的功能主要是减压并保持出口压力稳定。大压差的减压阀主要用在高压气瓶上，用于将瓶内的高压减至使用压力。管路减压阀主要用在工业生产系统中压力容器和管路上，用于维持阀门的压力稳定。

（3）结构原理

减压阀的功能是，将进口压力通过减压阀的调节减至某一需要的出口压力，并依靠介质本身的能量，使出口压力自动保持稳定的阀门。

减压阀从流体力学的观点看，是一个局部阻力可以变化的调节元件，即通过改变节流面积，使流速及流体的动能改变，造成不同的压力损失，从而达到减压的目的。然后，依靠控制与调节系统的调节，使阀后压力的波动与弹簧力平衡，使阀后压力在一定的误差范围内保持恒定。

管路减压阀根据减压阀的的动作原理大致可分为直接作用式（自力式）和间接作用式（它力式）。

直接作用式减压阀利用出口压力的变化直接控制阀瓣运动的减压阀，这种阀结构简单，使用范围广。

采用弹簧和活塞作为敏感元件直接带动阀瓣做升、降运动的减压阀，根据出口压力要求调节弹簧式主阀瓣处于开启状态，进口高压流体经过减压后进入出口，出口压力通过减压流道送至膜片下腔。如果出口压力高于设定值，推动活塞向上运动关小阀瓣通道，出口压力下降，反之亦然。

（4）指标和参数

——阀门调节性能满足技术要求，能够稳定阀后压力；

——阀门无外漏；

——阀门无内漏；

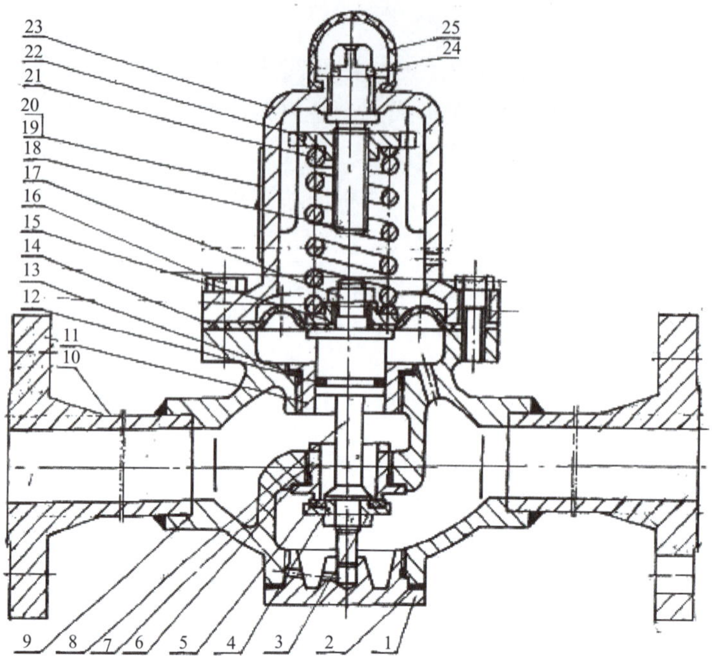

图 352-01-05-05　通用减压阀结构图

（5）维修技术要求

表 352-01-05-11　通用减压阀维护项目

项目名称	项目内容	项目周期（1C 为 1 个燃料循环）
阀门解体检修	对阀门进行解体检查，更换阀芯密封圈、O 形圈等易损件，检查阀杆、阀座等损坏情况。	3C

——释放减压阀弹簧力；

——拆除上下中法兰螺栓，取下阀瓣固定螺母，取下上部组件，解体；

——清洗，检查阀杆、阀座、阀体以及上下法兰密封面；

——更换阀芯密封圈、O 形圈等易损件；

——回装各零部件，紧固螺栓；

——系统在线后，调整减压阀压力。

（6）质量管理

表 352-01-05-12　减压阀质量管控点

项目名称	质量管控点
减压阀解体检查	检查阀杆、阀座情况，检查法兰密封面，检修新的阀芯密封圈、O 形圈等易损件，中法兰螺栓力矩，调节减压阀

（7）经验反馈

——阀后压力无法稳定，持续升高，检查原因为管道较脏，杂质卡在密封圈上，导致阀门关闭时出现内漏，介质持续从漏至下游，解体阀门，对管道进行吹扫后，清洗各零部件，重新调整，压力稳定；

——减压阀调节时，调整 1～2 圈，压力无变化，再次调整，压力变化较大，需要回转，主要为阀门各零部件的摩擦力与弹簧力的变化抵消较多，阀门运动后，摩擦力减小，导致阀门调整过多，目前此情况存在较多，无法消除，需要多次调整。

（8）技术规程清单

表 352-01-05-13 通用减压阀技术规程

序号	规程名称
1	IMNIBH DN25 型减压阀全面解体检查

（9）参考资料

［1］孙勤.核反应堆核级设备检修工［M］. 北京：中国原子能出版社，2014.

5.2.5 核电厂通用球阀

（1）定义

球阀，启闭件（球体）由阀杆带动，并绕球阀轴线作旋转运动的阀门。而多通球阀在管道上不仅可灵活控制介质的合流、分流、及流向的切换，同时也可关闭任一通道而使另外两个通道相连，本类阀门在管道中一般应当水平安装。球阀按照驱动方式分为：气动球阀、电动球阀、手动球阀。

（2）范围对象

核电厂通用球阀。球阀的特点是结构简单，开关迅速，操作方便，体积小，重量轻，零部件少，流体阻力小，调节性能差，适用于低温、高压及黏度大的介质。

（3）结构原理

核电厂常见的球阀，主要由球体、阀座、阀杆、阀座组成。球阀的主要功能是切断或接通管道中的流体通道，其原理为借助手柄或其他驱动装置在阀杆上端施加一定的转矩并传递给球体，旋转 90°，使得球体的通道与阀体通道中心线重合或垂直，完成阀门的全开或全关。其结构见图 352-01-05-06 所示。

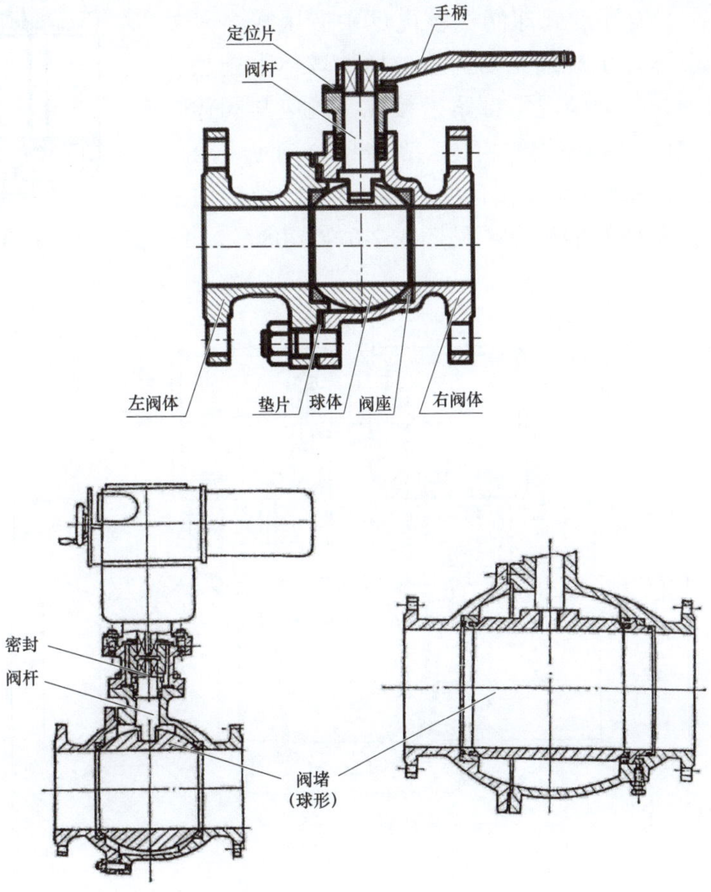

图 352-01-05-06 手动球阀

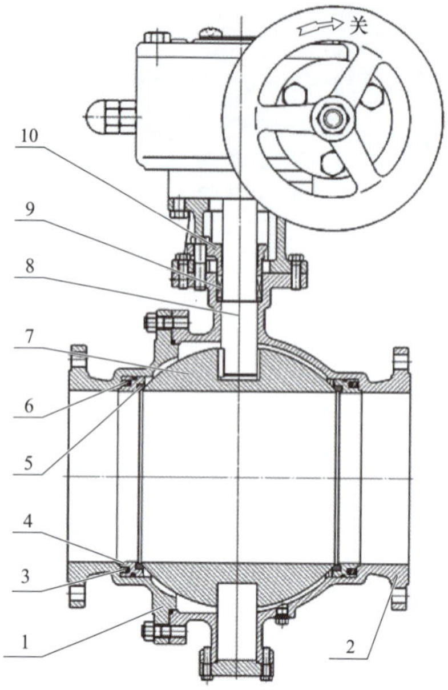

图 352-01-05-06 手动球阀（续）

核电厂常见的球阀主要分为：

——侧装式球阀：侧装式球阀在核电厂中应用广泛。其特点为中法兰位于阀体的一侧。检修和解体需要从其中一侧进行拆装。内部可包含弹簧构件来增强关闭力。如图 352-01-05-07 所示。

——上装式球阀：上装浮动式球阀在核电厂中应用较多。其阀座有角度的，一般球体上施加压缩弹簧，增加球体上施加预紧力，使阀座密封面在任何情况下都紧密接触。阀座与阀体接触面的楔角一般为 10°，阀座能够自锁，在管路方向上，当阀座受到较大的压力时，阀座不会产生任何位移。故这种结构的阀门既有闸阀的特点又有球阀的优点。见图 352-01-05-08。

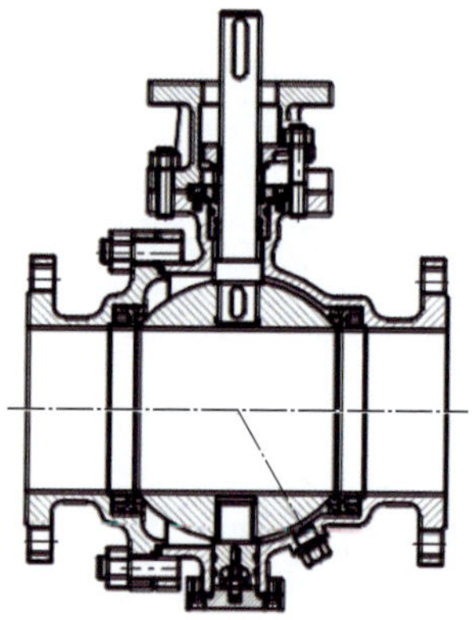

图 352-01-05-07 侧装式球阀

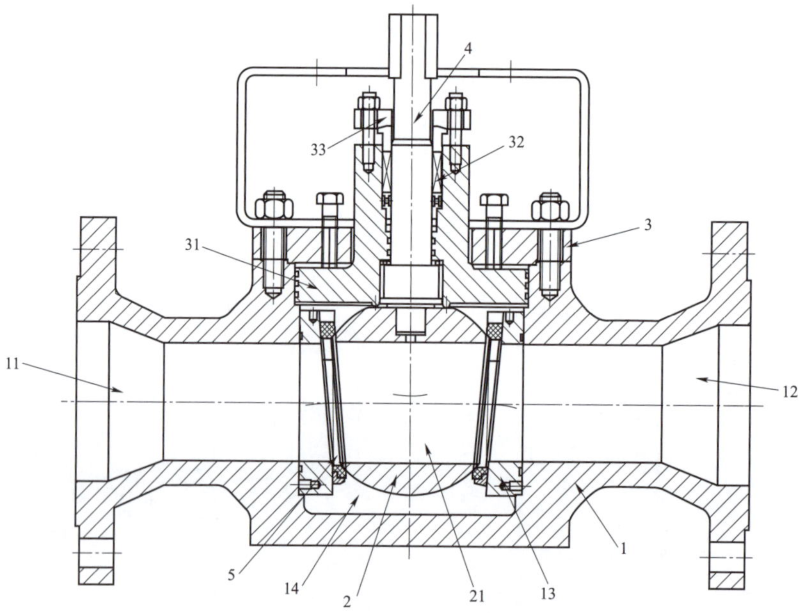

图 352-01-05-08 上装式球阀

其阀座无有角度的，一般阀座后设计有弹簧或碟簧片，增加球体上施加预紧力，使阀座密封面在任何情况下都紧密接触。适应性更广，具有更好的备件互换性，阀内件磨损有更大的裕度。

（4）指标和参数

——阀门手动或者电动、气动开关灵活、无卡涩；

——阀门无外漏；

——阀门无内漏。

（5）维修技术要求

表 352-01-05-14 维护技术要求

项目名称	项目内容	项目周期（1C 为 1 个燃料循环）
外观检查	检查阀门外观	根据用户经验反馈
解体检查	对阀门进行解体检查，更换易损件	6C（或根据阀内易损件寿命）

——解体检查：

将阀门置于全开位置。拆除手柄等附属构件后，拆开中法兰。利用专用工具或直接将阀内件整体取出。取出后更换易损件并清洗检查阀内件，记录原间隙调整片的厚度（如有）。

——密封性检查：

如阀门阀座为平行式，且阀座后设计有碟簧可补偿对应间隙，则按照原有尺寸厚度回装即可。

如阀座为楔式，如更换新密封件后对密封相关间隙进行测量。其中阀座厚度尺寸圆周的偏差不允许＞0.2 mm，会导致无法压缩补偿而产生内漏。

按照原配合尺寸进行回装。利用力矩扳手测量开关力矩，其力矩应在 70 N • m 和 170 N • m 之间。力矩过大需要对阀座厚度进行加工或研磨，过小需要增加垫片。

如阀门为侧装式，则应通过侧装中法兰的垫片厚度和中法兰紧固力矩来调整密封力的大小。其中法兰的紧固力矩不得小于密封力矩。且阀门的操作力矩也应满足上面的要求，来保证阀门的密封性。

如阀门密封面为硬密封，则需要进行研磨和打磨球体和阀座的操作。

（6）质量管理

表 352-01-05-15 质量管理

步骤	质量管控点
解体检查	密封性试验、回装前内部异物检查和密封面检查、阀盖安装力矩

（7）经验反馈

——部分球阀设计有固定销，操作时需要拔出固定销后进行开关动作；

——部分球阀涂抹密封脂可以补偿磨损丧失的密封性且形成良好润滑；

——球阀较长时间不进行操作，其操作力矩会加大，属于正常现象；

——阀座不带碟簧自动补偿的各类球阀，配装时需要关注组合间隙和操作力矩，避免产生内漏；

——V 型球阀或半球阀，阀体的开关位置与执行机构的开关位置需要匹配，避免出现开关位置不对应的故障；

——侧装式球阀的密封力与中法兰紧固力相关，需要防止紧固力过大导致阀门无法操作，也需要避免紧固力矩不足导致阀门内漏。

（8）技术规程清单

表 352-01-05-16　规程清单

序号	规程名称
1	阀门外观检查及润滑
2	球阀全面解体检查

（9）参考资料

[1] 孙勤.核反应堆核级设备检修工［M］．北京：中国原子能出版社，2014.

5.2.6　核电厂通用隔膜阀

（1）定义

隔膜阀是在阀体与阀盖之间装有一挠性隔膜（片）或组合隔膜（片）形成阀瓣，其关闭键是与隔膜片相连接的压缩装置。

隔膜阀的特性是结构简单，密封性好，可以实现无泄漏，阻力小，便于维修；主要缺点，膜片易损寿命短，也不能用于高温高压介质。主要用于水、酸性介质和含有悬浮物的介质。由于膜片及衬里等材料性质所限，不能用于有机溶剂及强氧化剂介质。

（2）范围对象

核电厂隔膜阀。

（3）结构原理

它们的启闭件（阀堵或阀瓣）是一弹性隔膜片，夹于阀体与阀盖之间。隔膜片上中间突出部分固定在阀杆上，阀体内衬有橡胶。闭合时的密封，由阀杆推动膜片贴合在水平或凹形的衬胶座上来实现。由于介质不进入阀盖内腔，因此无需填料函密封，所以隔膜阀也是无填料密封阀。

隔膜阀的基本结构包括：阀体、阀盖、阀杆、隔膜组件、检漏孔塞。

——阀体：阀体为铸铁内部有衬橡胶或塑料，或者为铸铁；

——阀盖：阀盖为铸件，与阀体密封靠隔膜片本身；

——阀杆：阀杆与隔膜组件采用 T 形槽或螺纹连接；

——隔膜组件：隔膜组件压紧后形成阀门通道的密封、中法兰的密封、阀杆运动部件的整体密封；

——检漏孔塞：核电厂部分隔膜阀在阀盖设计了检漏孔，正常情况下由螺丝加 O 形圈密封。

隔膜阀的特性是结构简单，密封性好，可以实现无泄漏，阻力小，便于维修；主要缺点，膜片易损寿命短，也不能用于高温高压介质，主要用于水、酸性介质和含有悬浮物的介质。由于膜片及衬里等材料性质所限，不能用于有机溶剂及强氧化剂介质。

核电厂常用隔膜阀为堰式隔膜阀 352-01-05-09（a）和直通式隔膜阀 352-01-05-09（b）。

（4）指标和参数

——阀门手动或者电动、气动开关灵活、无卡涩；

——阀门无外漏；

——阀门无内漏。

（5）维修技术要求

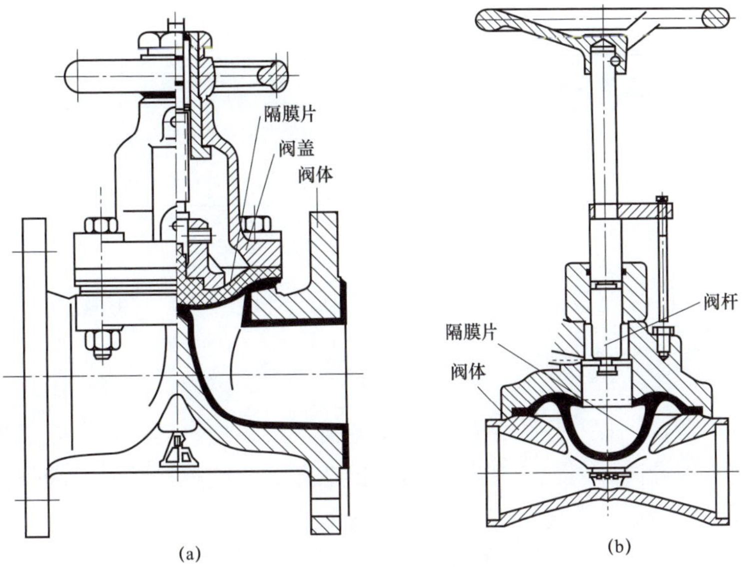

图 352-01-05-09　隔膜阀结构图

表 352-01-05-17

项目名称	项目内容	项目周期（1C 为 1 个燃料循环）
外观检查	检查阀门外观	根据用户经验反馈
解体检查	对阀门进行解体检查，更换橡胶部件	5C

拆除中法兰螺栓；

取下阀门上部组件并解体，检查各零部件有无异常，有则修复或者更换；

特别是阀杆螺母（铜制）及其固定螺钉，需进行细致检查，对磨损的铜套和弯曲的螺钉必须进行修理或更换。

（6）质量管理

表 352-01-05-18

步骤	推荐的选点
全面解体	回装前内部异物检查和密封面检查、阀盖安装力矩

（7）经验反馈

——隔膜阀阀盖与阀体应做好标记，按照原有方位回装，错位 90° 安装会导致部分隔膜阀阀盖无法压紧隔膜，产生泄漏；

——隔膜阀解体完成后，必须进行开关动作，检查阀门是否有卡涩；

——隔膜阀螺钉未固定到位，会导致阀门无法开关；

——隔膜阀铜套如锈蚀或磨损，导致配合间隙异常，进而阀门卡死，无法操作；

——隔膜阀关闭力过大会导致隔膜老化加速；

——隔膜阀在系统负压或过长时间未操作时，可能会导致隔膜吸住无法打开。碰到类似情况，系统无法过流时应予以考虑。

（8）技术规程清单

表 352-01-05-19 技术规程清单

序号	规程名称
1	阀门外观检查及润滑
2	隔膜阀全面解体检查

（9）参考资料

[1] 孙勤. 核反应堆核级设备检修工. 北京：中国原子能出版社，2014.

5.2.7 核电厂通用弹簧式安全阀

（1）定义

安全阀为超压保护装置，保护压力系统、受压容器及设备安全运行，防止超压引起的事故及对容器和设备的损坏。当压力升高超过允许值时，阀门自动开启，全量排放，避免压力继续升高，当压力下降时阀门及时关闭，保持压力在额定值运行。安全阀常用于可压缩流体如蒸汽、压缩空气以及其他气体，也用于不可压缩的流体如水等。

（2）范围对象

核电厂通用弹簧式安全阀。

（3）结构原理

1） 弹簧安全阀的基本结构

弹簧安全阀的基本结构如图 352-01-05-10 所示，主要结构部件有：

阀体。一般由铸钢做成，阀体装有两个管接头，一个与容器或待保护的管路相接，另一个与由阀排放流体侧排放口相连。管接头可用法兰盘、焊接或螺纹接头固定。在阀体上装有阀支承座，一般是不锈钢焊接成的，密封面是钨铬钴硬质合金，并配有下调节圈，并根据需要配置上调节圈。

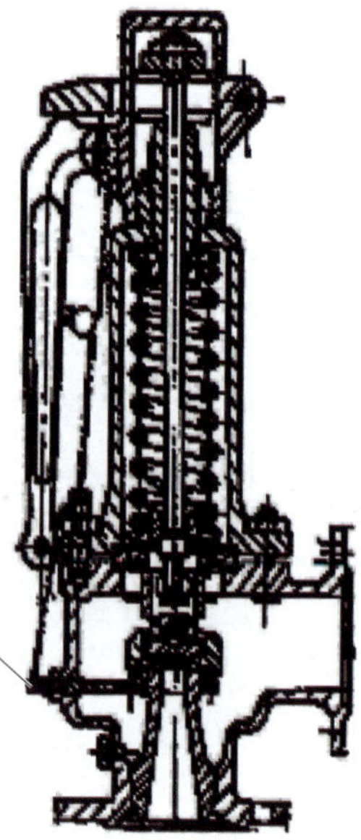

图 352-01-05-10 弹簧封闭式安全阀

阀瓣（阀堵）。安全阀的阀瓣（阀堵）与截止阀的阀堵件相似，也有锥形和平板形两种，通常用锥形阀瓣，在阀瓣上装有阀杆、支承架及弹簧等。

阀盖。阀盖内装有弹簧和调节装置，以及相应的支撑构件。阀盖或支架通常是用碳钢制造的。

传动系统。传动系统包括一个下部连接阀瓣的阀杆、支承装置和压力弹簧调节装置（螺钉，螺母止动系统）、阀杆和阀瓣以及装在两者间的中间导向件，通常是不锈钢制造的。

弹簧及弹簧座。一个压力弹簧顶靠在阀盖或支架上部，并向阀座施加力，弹簧座通过球形支承面与杆相连。工作温度低于 250～300 ℃时，弹簧用高质的碳钢制造，工作温度比较高时，则采用钨合金钢弹簧。

手柄。在上部有一个手动操纵柄，抬起手柄可检验阀的工作状态是否良好，必要时也可用来卸压。

2）弹簧安全阀的类型

弹簧封闭式安全阀

弹簧封闭式安全阀按开启度不同又可分为两种：

弹簧封闭全启动式安全阀：

$$起跳高度：h \geqslant \frac{1}{4}d_0$$

d_0——安全阀喉径

h——安全阀起跳高度

适用介质：蒸汽，有时也用于空气。

弹簧封闭微启动安全阀

起跳高度有两种工况：

$$\frac{1}{40}d_0 \leqslant h \leqslant \frac{1}{20}d_0$$

$$h \geqslant \frac{1}{20}d_0$$

适用介质：空气或水。

封闭式的功能：封闭是指阀盖或罩帽封闭，有两种功能：

——防止灰尘杂物侵入阀内，保护内部零件，不要求气密性；

——防止有毒、有害、易燃、易爆介质溢出，要求气密性，盖或帽须做气密性试验。

如图 352-01-05-11 所示。

非封闭式弹簧安全阀：

这种安全阀的阀盖是敞开的，有利于降低弹簧腔室的温度，主要用于蒸汽介质，如图 352-01-05-12 所示。

带提升卸压手柄安全阀：

装卸压手柄的目的，主要用来做定期试验检查阀门的开启灵敏度。

波纹管式弹簧安全阀：

波纹管式弹簧安全阀，如图 352-01-05-13 所示。

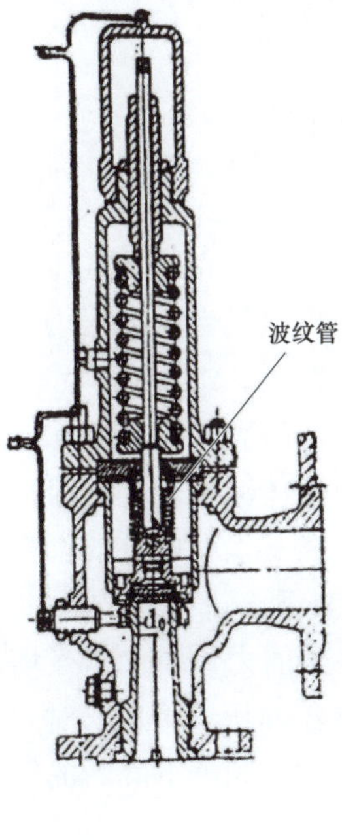

图 352-01-05-11
弹簧封闭式安全阀

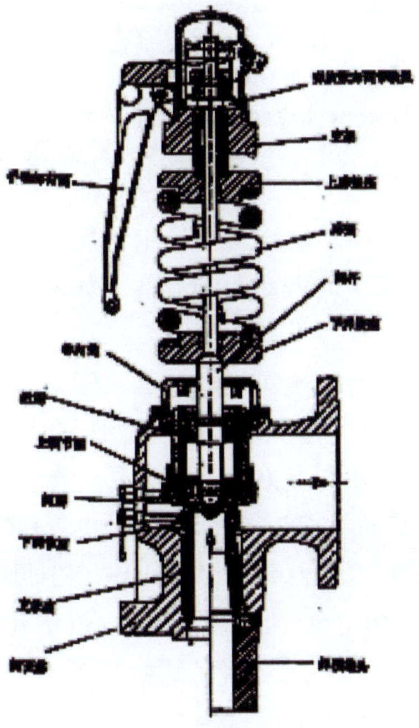

图 352-01-05-12
弹簧非封闭式安全阀

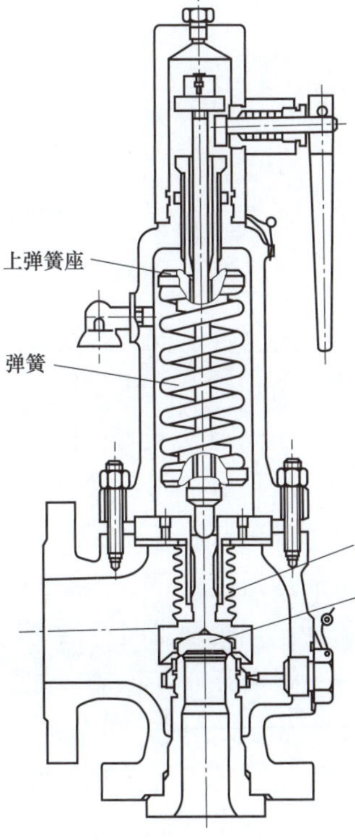

图 352-01-05-13
弹簧非封闭式安全阀

用波纹管代替常规密封使一般弹簧安全阀成为无泄漏安全阀，同时又利用波纹弹簧管把弹簧与导向机构等与介质隔离以防止这些重要部位免受介质腐蚀而失灵，它的最大优点是确保密封适用于对环境有害的介质。

核电厂一般应用于一回路介质系统中，避免放射性物质外漏。

3）安全阀的工作原理

安全阀的工作原理及工作过程如图 352-01-05-14、图 352-01-05-15 所示。

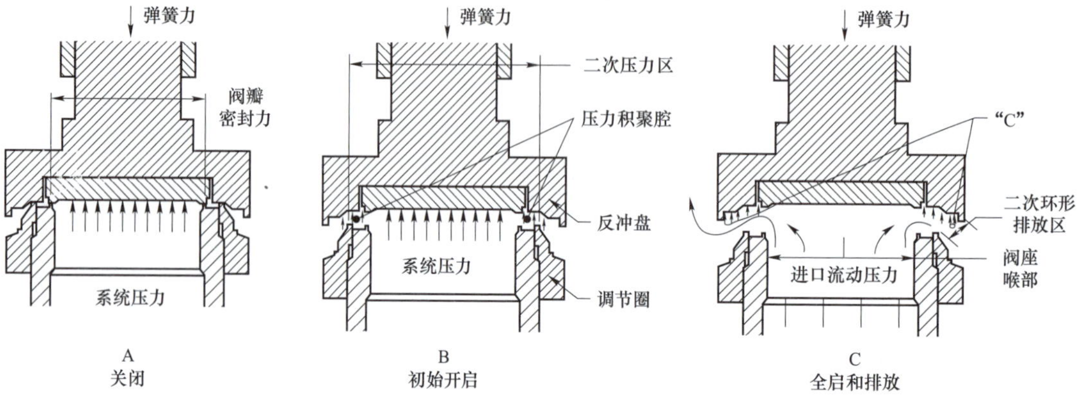

图 352-01-05-14　安全阀工作原理-1

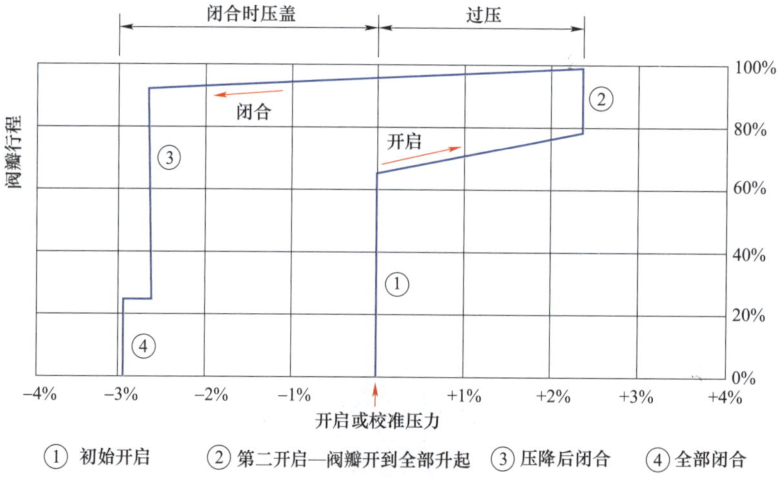

图 352-01-05-15　安全阀工作原理-2

——阀闭合，安全阀属反作用力型阀，靠弹簧等作用力加载，旁侧分流卸压，克服加载压力（校准压力）所需的力，由作用在阀瓣（阀堵）承受面的流体（如蒸汽等）压力提供。当流体压力小于校准压力时，阀门处于闭合状态。

——阀开启，闭合状态的安全阀，当流体（如蒸汽等）压力上升至与校准压力（弹簧，加载作用力）达到平衡时，作用在阀瓣上的升力是以使阀瓣上移，阀门微微开启，使流体流通，此时流体（蒸汽）微弱地流过下部调节圈的内表面，并向上方偏流。于是，流体重又作用在支承面以外的阀瓣下表面上和活塞（阀瓣上装有活塞时）下表面上，其推力大增，并使阀瓣突然上升到全部行程的 2/3 左右。

——阀全开，当流体（如蒸汽等）的压力继续增加，作用在阀瓣和活塞上的力也增加。当增加至开启压力 3%以上时，阀瓣完全升起，阀门全开，确保以最大流量卸压。如果流体压力降低，对阀瓣的推力低于校准压力（弹簧作用力），阀瓣也随之下降到闭合位置。若调节正确时，阀瓣下降后的闭合位置，将保持到比开启位置压力略低或低于 2%～3%。

——安全阀工作原理曲线为安全阀的工作过程线，曲线中①、②、③、④表示安全阀的动作段。

图中的“过压”和“闭合压差”的定义为：

过压：过压是形成阀瓣的提升压力（校准压力）与刚好达到安全阀全开压力之差（在 2%～4%之间变化）；

闭合压差：闭合压差是指校准压力与闭合压力之间的偏差（在 3%～5%之间变化）。

4）安全阀的安全要求

——校准压力（整定压力）最多等于容器或管路的最大允许压力。校准压力是通过作用在阀瓣（阀堵）上平衡力来确定的，作用在阀瓣上的力是通过调节弹簧作用力或外部扛杆重锤产生的力来实现的。

——通路截面（阀座喉径截面积）应足以满足超压时流体排放量的要求，以保证在任何情况下，将“超压”限止在额定压力的 1/10，通路截面可采用几个相应的安全阀来满足，而不限只采用一个阀，如核电厂稳压器一般装设 2～3 个安全阀。通路截面积的确定是根据额定排放量公式来计算的。

（4）指标和参数

——阀门起跳定值准确；

——阀门无频跳、颤振；

——阀门起跳后及时回座并密封；

——阀门无外漏；

——阀门无内漏。

（5）维护技术要求

表 352-01-05-20

项目名称	项目内容	项目周期（1C 为 1 个燃料循环）
外观检查	检查阀门外观	根据用户经验反馈
定值校验	对阀门进行定期校验	1C
解体检查	对阀门进行定期解体检查	根据用户经验反馈

1）定期校验

拆除安全阀连接法兰螺母、螺栓。取下阀门及法兰间垫片（如有），将垫片废弃。清理管道法兰密封面，并用白布和塑料布做好防异物封堵。用白布和塑料布封堵管道开口。用白布包裹好安全阀，并运至安全阀校验间。

将安全阀安装到试验台上，确保阀门进口法兰或螺纹与试验台间密封良好。确定所有设备已经连接好，关闭泄压阀，打开进气阀升压。

逐渐提升压力，当压力达到 90%整定压力时，升压速度不应超过 0.01 MPa/s。继续升高压力，直到阀门打开。读取阀门打开时的压力值，并记录在校验单中。关闭进气阀，打开排气阀泄压。比较安全阀起跳压力是否在定值校验单要求范围，重复执行校验操作。

如不满足定值要求，拆下阀帽，旋松弹簧调节背帽。若起跳值大于要求范围，则逆时针调节弹簧调节螺母，若起跳值小于要求范围，则顺时针调节弹簧调节螺母，调节完成后锁紧调节螺母背帽，装上阀帽。如果不满足要求则执行安全阀解体。

定值满足要求后，进行密封试验。关闭泄压阀，打开进气阀，升压至安全阀校验单要求的密封试验压力。按照安全阀校验单进行记录，将该值与检验单要求对比，若超标，则执行安全阀解体。如密封试验合格后，对安全阀进行铅封（如有：如没有铅封则此步骤不执行）。

对有波纹管的安全阀执行，反向打压试验。将阀门的出口端与校验台连接。打压值 0.3 MPa 观察是否有泄漏情况，如有泄漏则进行解体检查。

2）解体检查

确认安全阀是否有开启手柄，若有则拆除手柄及其附件。拆下阀帽。

确认阀帽和阀盖之前是否有垫片（O 圈），若有取下阀帽和阀盖间密封垫（O 圈）。确认是否有提升螺母，若有则取下提升螺母的锁紧螺母，之后取下提升螺母。

测量并记录调节螺杆和阀杆顶部的相对距离，记录到表中，然后松开锁紧螺母。

松开弹簧调节螺母至弹簧力全部释放。用记号笔在中法兰上做好记号，拆下连接螺栓。

取下阀盖、阀杆/阀瓣和弹簧等组件，并放在稳妥的地方。取下导向套。拆下调节环固定螺钉和调节环。将各零部件整齐地摆放在橡胶板或塑料布上，并用白布或塑料布覆盖在各零部件。对安全阀清洗与检查。

用清洗剂清洗阀瓣、阀座、阀杆和导向套等重要部件。

检查阀座质量状况，其密封面应平整、光滑，不得出现任何擦伤或划痕。

检查阀瓣质量状况，其密封面应平整、光滑，不得出现任何擦伤或划痕。

检查导套质量状况，其导向面应平整、光滑，不得出现任何擦伤或划痕。

检查调节螺杆螺纹是否完好。

检查阀杆是否有弯曲变形、锈蚀与毛刺等情况，阀杆表面应光滑。

检查弹簧的外观，不得有裂纹。

清理检查各接合面，不得有损坏现象。

将检查结果记入表中。

如果阀门密封面是软密封，更换软密封。

确认安全阀阀座是否可以拆下，若可以，则取下阀座在研磨，研磨方法同阀瓣，若不可以取下，则用专用工具研磨。

如果阀门密封面是硬密封，则在研磨平板上研磨阀瓣，阀瓣的运行轨迹应呈“8”字形，直至密封面缺陷修复。根据阀门密封面情况选择研磨砂纸，将研磨砂纸贴到研磨平板上。

注意：勤清理和更换砂纸，以免磨削损伤密封面。有明显划痕和凹坑用 80 μ 砂纸，次之用 60 μ 砂纸，再次用 30 μ，最后用 15 μ、9 μ 抛光（使用研磨膏则研磨精度与砂纸对应）。

研磨完成后，对安全阀组装。

注意：阀门重装时必须更换全部密封垫。

将阀门部件、阀体内部清理干净，用不起毛的布料清理阀瓣、阀座。按照解体时的记录安装调节环和固定螺钉，安装导向套、阀瓣和阀杆等组件。小心地放置上述组件于阀体内。

装上弹簧座、弹簧。

核实密封垫片备件尺寸正确，在中法兰处放置新密封垫，检查确认垫片安装到位、无破损，将阀盖按原拆卸位置与阀体连接，并按要求力矩紧固。按原测量记录位置紧复调节螺杆，然后旋上锁紧螺母。

组装完成后重新执行安全阀的校验，安全阀试验合格后铅封，将安全阀做好防护包裹。

将安全阀运至现场后。需打开管道，清洁连接法兰或螺纹。检查管道内部，确认管道内部无异物。检查确认法兰垫片备件尺寸、材质正确，更换垫片，确认安装到位，按之前做好的记号回装阀门，并按力矩值对称均匀紧固。若是螺纹连接则旋紧安全阀，并注意排出放口的位置正确。

（6）质量管理

表 352-01-05-21

步骤	推荐的选点
全面解体	安全阀定值校验及密封性检查、回装前内部异物检查和密封面检查

（7）经验反馈

——当过压不变时（过压主要取决于阀瓣型面），闭合时的压差，则与调节圈（可调导向板）的轴向位置有关。对中低压安全阀来说，一般只有一个下调节圈，当下调节圈向上调时，闭合压差增加，反之，下调时，闭合压差减小。对高压安全阀来说，则有两个调节圈，闭合压差的调节，是可通过改变上下调节圈的位置来实现的，当上调节圈上移时，闭合压差减小，下降时，闭合压差增大。

——安全阀校验完成后运输应封好进出口，并妥善运输，否则会导致密封损伤。

——安全阀导向结构对于安全阀起跳后回座密封极为重要，需要解体时对间隙和配合进行检查。同时对关键结合面应做好检查，对损伤及时进行修复。

——核电厂安全阀设计有强制关闭顶丝，可以在回座无法密封，放射性介质泄漏的情况下在安全阀顶部加装顶丝强制安全阀关闭。加装顶丝后安全阀丧失保护功能。

——波纹管安全阀的波纹管寿命为约 200 次阀门开启动作，安全阀频跳会导致波纹管寿命迅速下降。且波纹管背压超压也会导致波纹管损坏，化学及容积控制系统等安全阀容易在机组启动时产生频跳现象，需定期检查更换类似频跳安全阀的波纹管。

（8）技术规程清单

表 352-01-05-22

序号	规程名称
1	安全阀压力整定及解体检查

（9）参考资料

［1］孙勤. 核反应堆核级设备检修工［M］. 北京：中国原子能出版社，2014.

5.2.8 核电厂通用蝶阀

（1）定义

其密封件称为蝶板。它由阀杆驱动并绕阀杆轴转动，以改变阀的开启度。流体流向不改变，位于阀体内的蝶板呈圆形或椭圆形。绕椭圆的短轴或直径转动，开启角度值最大等于 90°，该旋转轴与短管轴线垂直。

（2）范围对象

核电厂通用蝶阀。

（3）结构原理

核电厂常见蝶阀，主要由阀体、阀杆、阀板和密封圈组成。阀体呈圆筒形，轴向长度短，内置蝶板，如图 352-01-05-16 所示。

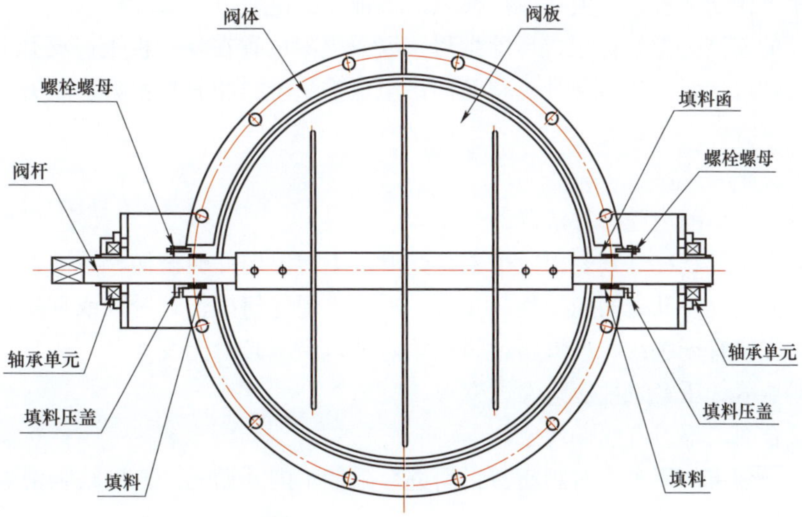

图 352-01-05-16 蝶阀

核电厂通用蝶阀主要分为：

1）软密封蝶阀

密封副由非金属材料与金属材料构成。

2）硬密封蝶阀

密封副由金属材料对金属材料构成。

核电厂其中蝶阀多采用软密封蝶阀。

核电厂的软密封蝶阀，大多采用不偏心结构、单偏心和双偏心结构。硬密封蝶阀采用三偏心结构。不偏心结构的蝶阀，双向密封能力强，应用于双向均需要承压的环境。单偏心和双偏心的阀门检修较为方便，但单项承压能力差。三偏心蝶阀一般采用硬密封结构，其组装间隙控制要求高，可以实现大密封力。

（4）指标和参数

——阀门手动或者电动、气动开关灵活、无卡涩；

——阀门无外漏；

——阀门无内漏。

（5）维修技术要求

表 352-01-05-23

项目名称	项目内容	项目周期（1C 为 1 个燃料循环）
外观检查	检查阀门外观	根据用户经验反馈
解体检查	对阀门进行解体检查，更换橡胶部件	5C（软密封）
解体检查	对阀门进行解体检查	6C（硬密封）

解体检查：

1）解体准备

现场设置工作点，铺设好保护垫，工器具摆放好。在蝶阀上方挂好葫芦，用吊带吊牢蜗杆传动装置并使其保持平衡。在蜗杆传动装置与支架的连接处做好标记。

2）阀门解体

拆除螺母，吊下传动装置，放置在保护板上，将轴上的键取下。

在支架与阀体的连接处做好标记，拆除螺母，取下支架放置在保护板上。松开并取下管道法兰与阀体的连接螺柱及螺母，取下法兰垫片。将阀门吊至保护垫上，将管口封好。松开并取下填料压盖螺母，更换填料。

3）检查修理

对蝶板和阀轴、阀体的内腔进行清洗。

检查阀座密封面质量状况，其表面应平整、光滑，不得出现任何擦伤、锈蚀、点伤或划痕。

检查蝶板的质量状况，其表面应平整、光滑，不得出现任何擦伤、锈蚀或划痕。

清理填料函，支架有无裂纹、严重腐蚀等损坏，填料函应光滑无变形。

清理检查填料压盖、压紧螺柱应无腐蚀变形。

清理打磨各接合面，不得有损坏现象。

如果蝶板有轻微划痕，用车床对阀座密封面进行微量车削并抛光，直到缺陷消除。

4）蝶阀重新装配

安装前将阀门清洗干净，介质流向与箭头方向一致。将新的密封圈装入阀体内，装上压圈并螺钉初步紧固。将下填料，中填料，上填料依次装入阀体的填料函内，安装时填料要依次错开 90°～180°。

将填料压盖装入阀轴，并用螺母对称均匀拧紧。

5）密封试验

蝶阀密封试验可采用色印检查、透光检查、打压试验、间隙检查多种方式。

色印检查，在蝶阀阀板开启时密封面涂抹蓝油，关闭蝶板到全关后重新打开。检查印记连续完整性。

透光检查，在阀门全关位置，从一侧用强光照射密封面结合处，从另一侧进行检查，不允许有透光。

打压试验，在阀门的承压方向进行打水压（气压），压力为阀门运行压力的 1.1 倍，检查另一侧，不允许有可见泄漏。

间隙检查，使用塞尺对密封面接口处进行塞入检查，0.07 mm 不允许通过。

合格后调整并锁定关闭位置齿轮箱顶丝螺钉。

并对阀门开关位指示检查，如指示不正确对应，对其进行调整并划线标记。

（6）质量管理

表 352-01-05-24

步骤	推荐的选点
全面解体	回装前密封性及限位对应检查、回装前内部异物检查和密封面检查、法兰安装力矩检查

（7）经验反馈

——蝶阀齿轮箱顶丝位置需要在解体密封性检查后及时调整，与开关位置完全对应。避免蝶阀密封性和开度受到影响；

——蝶阀齿轮箱顶丝需要妥善锁定，避免在运行过程中产生松动，导致阀门内漏或开度不够；

——蝶阀执行机构和阀体应做好标记，拆装前后的相对位置应保持一致。避免执行机构接线无法连接等问题；

——蝶阀执行机构和阀体连接时，需要注意阀体和执行机构均需要在关闭位置进行连接；

——偏心蝶阀存在安装方向，其阀门本体标注为承压方向箭头与流向箭头不一定重合。需要在安装中关注，错误的安装方向会导致阀门密封性受到削弱，可能会导致内漏；

——三偏心蝶阀关闭位置顶丝位置需要关注，避免对关闭力的削弱。同时三偏心蝶阀的密封面配合精度要求较高，需机加工和机修钳工配合修理才能达到密封精度要求。

（8）技术规程清单

表 352-01-05-25 术规程清单

序号	规程名称
1	阀门外观检查及润滑
2	蝶阀全面解体检查

（9）参考资料

无。

5.2.9 核电厂核电厂通用闸阀

（1）定义

通过一个阀杆操纵的闸板与流体垂直上下移动，该件的两个密封支承面称为支承件，闸板也叫阀堵。在关闭时，这两个支承件顶靠在与其面相对的连在阀体上的另两个支承件上，后边这两个支承件称为支承座。闸板平行于阀座面移动。

（2）范围对象

闸阀是指关闭件（闸板）沿与管道中心线的垂直方向运动的阀门，主要作切断用。闸阀是使用很广的一种阀门，一般口径 DN≥50 mm 的切断装置都选用闸阀，有时口径很小的切断装置也选用闸阀。

（3）结构原理

闸阀的基本结构包括：

闸阀的基本结构如图 352-01-05-17 所示，一般包括阀体、阀盖、阀板、阀杆和传动装置等。

——阀体：经过机加工的阀体内，可装或不装支承座或支承座环。

——阀盖：阀盖用螺栓或螺纹固定在阀体上，并支撑传动杆（阀杆）的密封装置及操纵机构。

——闸板：闸板有单板和双板两种，与传动杆（阀杆）连接。

——阀杆和传动装置：由阀杆、螺纹、手轮等组成的传动系统，由固定在阀盖上的支架或圆柱体支撑。阀杆常采用外部螺纹，按螺纹部位和传动结构，可分为明杆式和暗杆式两种。明杆式传动螺纹在阀杆上部，配合螺纹套（阀杆螺母）在支架内，阀杆在安装座内上下运动并带动闸板上下移动。手轮的支配也有两种，一种为随阀杆上下移动，另一种手轮不随阀杆上下移动；暗杆式传动螺纹在阀杆的下部，并与闸板中心内螺纹啮合，随着传动杆的转动，带动闸板在阀体内上下移动，而传动杆则无上下运动。

——密封。闸板和阀座面之间的密封为硬密封。阀杆和阀体的密封，通常采用各种类型的填料密封，用的最多的是填料函、填料压盖密封装置。阀盖和阀体之间的密封常采用密封垫，密封垫材料的选用应根据流体的温度、压力、物化性质及阀杆运动速度等因素综合而定。

闸阀根据闸板的结构分为平行式闸阀和楔式闸阀，根据阀杆的结构闸阀又可分为明杆闸阀和暗杆闸阀。

闸阀根据结构形式，其原理有所不同，对于楔式闸阀，其启闭件闸板是楔形的，使用楔形的目的是为了提高辅助的密封载荷，以使金属密封的楔形闸阀既能保证高的介质压力密封，也能对低得介质压力进行密封，关闭时配合的楔面及弹性力确保了完好的密封性，其斜度可以防止阀杆在打开时受力过大。平行式闸阀的闸板向阀座的压紧力是由作用与浮动闸阀或浮动阀座的介质压力来实现。

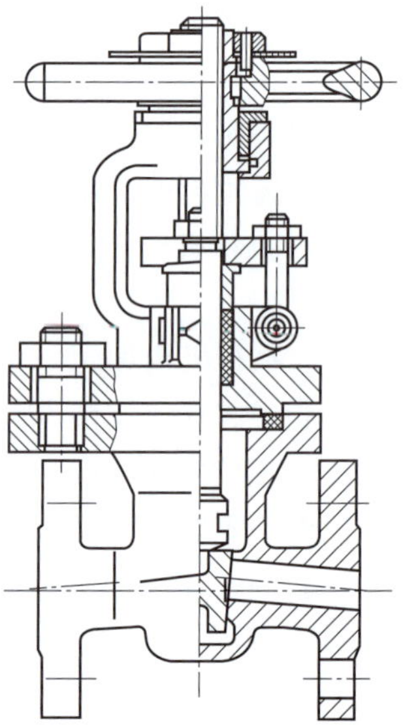

图 352-01-05-17　通用闸阀结构图

（4）指标和参数

——阀门动作无卡涩；

——阀门无外漏；

——阀门无内漏。

（5）维修技术要求

表 352-01-05-26　用闸阀维护项目

项目名称	项目内容	项目周期（1C 为 1 个燃料循环）
外观检查及润滑	检查阀门外观以及阀杆螺母润滑	1C
解体检查	对阀门进行解体检查，检查密封面，阀杆螺母和阀杆，更换填料，中法兰垫片等	一般为 6C

——拆除中法兰螺栓。

——取下阀门上部组件并解体，检查各零部件有无异常，有则修复或者更换。

——研磨阀座、阀板，对楔式闸阀进行蓝油试验，以均匀连续为标准，蓝油密封面在闸板密封面1/3～2/3处为适宜；平行式闸阀目视检查阀座、阀板密封面无贯穿性划痕为标准。

——清洗，更换新填料、组装上部组件。

——回装垫片以及上部组件，紧固螺栓或恢复密封焊。

——专用工具：研磨机。

（6）质量管理

表 352-01-05-27　压阀质量管控点

项目名称	质量管控点
闸阀解体	1. 研磨阀座、阀板，对楔式闸阀进行蓝油试验，以均匀连续为标准，蓝油密封面在闸板密封面1/3～2/3处为适宜 2. 平行式闸阀目视检查阀座、阀板密封面无贯穿性划痕为标准 3. 阀杆螺母以及阀杆螺纹无异常，无严重磨损 4. 填料函无贯穿性划痕 5. 中法兰密封面无贯穿性划痕 6. 阀杆无弯曲 7. 阀体无损伤 8. 阀板、阀座无裂纹 9. 新填料和中法兰垫片完好

（7）经验反馈

——中法兰垫片尺寸有所差别，可以安装，但是压缩紧固后中法兰垫片压溃；

——楔式闸阀密封面蓝油试验上部接触较好，下部密封面非常窄，接触效果不良好，再次研磨后合格；

——楔式闸阀闸板有裂纹，更换新的阀板，但新阀板加工余量较大，需要加工，需要测量两侧阀座之间的各个方位的距离，依照此参数留有余量加工阀板；

——由于死管段效应，闸阀阀座以及阀板密封面的分层处有腐蚀；

——蓝油试验合格，起机阶段阀门试验有所泄漏，后经过手动关闭后泄漏量减小，后续对于重要闸阀进行中腔打压验证密封性；

——对于重要电动闸阀，可以实施在线诊断验证关闭力、摩擦力等重要参数。

（8）技术规程清单

表 352-01-05-28　用闸阀技术规程清单

序号	规程名称
1	闸阀外观检查及润滑
2	带引漏管的电动弹性单闸板楔式闸阀解体检查

（9）参考资料

[1] 孙勤. 核反应堆核级设备检修工［M］. 北京：中国原子能出版社，2014.

5.2.10　核电厂稳压器安全阀

（1）定义

稳压器安全阀为：稳压器上确保在一回路系统超压状况下将稳压器内压力的及时释放，保证了系统及设备的安全；确保在反应堆冷却剂系统系统在低压状态下及时关闭阀门，保护一回路压力，避免压力太低造成堆芯融化风险，是一回路的最后一道压力屏障。

（2）范围对象

稳压器安全阀位于稳压器顶部，分为三组并列布置，每组由两台安全阀组成，为核电厂关键重要设备。

（3）结构原理

$m^3$10 机组稳压器安全阀较多的采用的是先导式安全阀，每台阀门由主阀（后续称为阀体）与先导阀（后续称为控制柜）。

1）阀体

阀体主要部件包括阀体 A、鳍形筒 CA、阀头 E、活塞 V、阀杆 T、波纹管 D、阀芯 C、阀座 B 等。阀头接受来自控制柜的压力指示，通过活塞推动阀杆带动阀瓣进行动作，保护阀在普通状态下保持关闭，隔离阀通过电磁阀作用，正常运行期间为开启状态，只在事故工况下关闭。

阀门以鳍型筒上下法兰为界，分为三部分：下部由阀体、波纹管和密封件（阀座和阀瓣）组成，中部包括鳍形筒和其内部的阀杆，上部则是由针形阀、与控制柜连接组件、阀头及其内部的活塞和弹簧等部分组成。

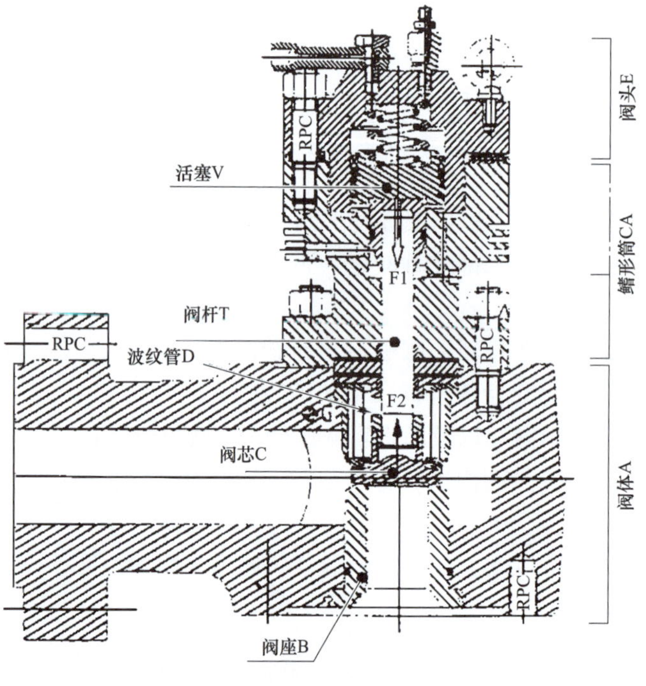

图 352-01-05-18　阀体结构图

图 352-01-05-18 为稳压器安全阀保护阀简图，保护阀与隔离阀最大区别在于：保护阀在系统无压力情况下阀瓣与阀座密封面是贴紧的，阀门密封力为活塞上部弹簧力；隔离阀在系统无压力情况阀瓣与阀座密封面有大约 5 mm 的间隙，是处于自然开启状态，这 5 mm 间隙来源于：隔离阀活塞上部只有一个细弹簧，弹簧力较小，同时隔离阀阀瓣波纹管的伸缩力较保护阀大，所以弹簧力不足以推动阀瓣贴紧阀座，而保护阀活塞上部粗细弹簧各一根，弹簧力较大，阀瓣波纹管伸缩力较小，弹簧推动阀瓣贴紧阀座。隔离阀从关闭状态到自然开启状态，是通过阀瓣的波纹管收缩实现的。

工作原理：通过图 352-01-05-18 可以看出，阀门有两处承受来自系统的压力：第一处为阀瓣下面承受来自系统管道的系统压力；第二处为活塞承受通过控制柜及阀头的控制柜连接组件传递过来的系统压力。正常运行时两处压力均为系统压力，故相同，为稳压器内一回路水压力 P。在压力 P 作用下，活塞 V 得到一个向下的力 $F1=P\times S$（活塞承压面积为 S，约 250 cm^2），并且传递到阀杆 T 上。系统提供同样的压力 P 作用到阀瓣 C 上，阀瓣得到一个向上的力 $F2=P\times s$（阀瓣的承压面积为 s，约 110 cm^2），这样，阀瓣作用到阀座上的合力为 $F=F1-F2=P\times$（S–s），阀瓣受到向下的推力，这个推力差即保证阀门的关闭。由于面积差为一定值，在系统压力低于阀门关闭压力时，压力越大，推力差越大，阀门关闭力越大；系统压力在阀门关闭压力和开启压力中间时，活塞和系统压力不一致，但是推力差仍可保证阀门关闭。鳍形套筒 CA 担当导向及支撑作用。

2）控制柜

控制柜主要部件包括过滤筒、整定组件、控制组件、电磁阀和辅助部件。过滤筒有两层过滤网，分别为 9μ和 40μ过滤网，过滤网能够将介质进行过滤，以保证通过 R1 和 R2 的介质颗粒不会堵塞流道。整定组件主要通过调整定值螺母从而调整弹簧力，保证阀门开启和关闭压力在要求的范围内。三件块为 R1 和 R2 提供了支撑，并为介质流动提供了通道。电磁阀主要保证在特殊工况，阀门需要强制开启时，由主控人员操作使电磁阀带电，强行开启 R2 进而开启阀门。

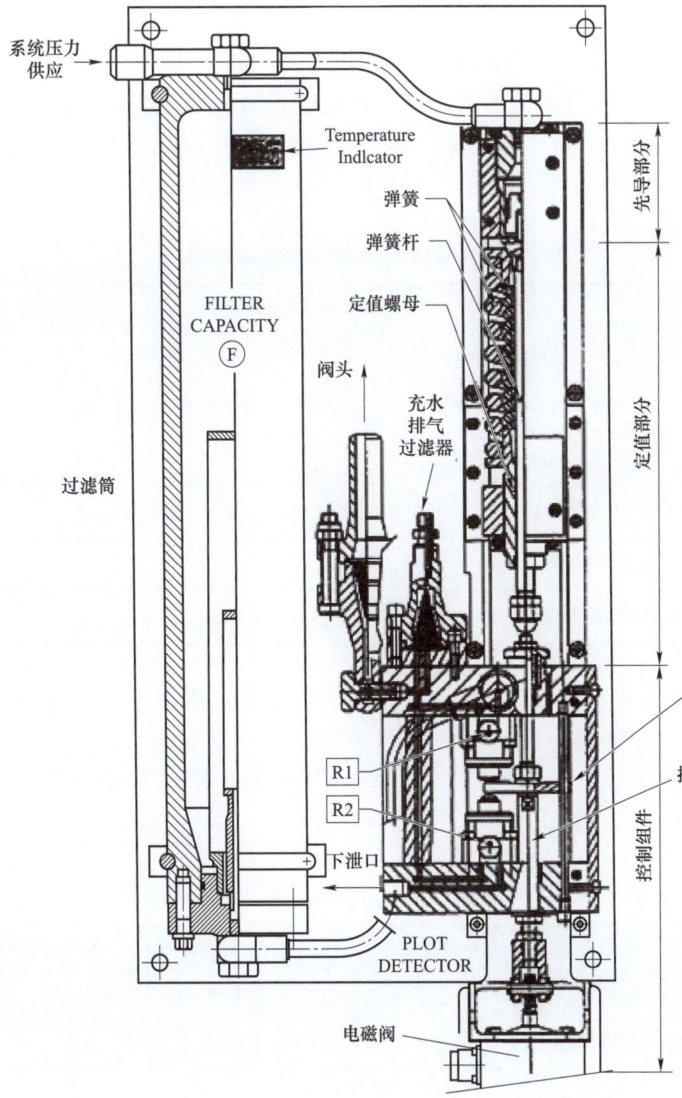

图 352-01-05-19 控制柜结构示意图

工作原理：控制柜为阀门状态的改变提供了信号。系统压力经过滤筒及短管的传导作用在整定组件的活塞上面，压力变化带来活塞向下推力的变化，活塞通过弹簧杆将位移传递到控制杆进而传递到控制组件中的控制块上，控制块的动作改变了 R1 和 R2 的开关状态。

3）工作过程：

——当稳压器的压力低于控制柜的整定压力后，控制柜的传动杆在上面位置，控制柜 R1 开启，是阀体活塞上部与稳压器相通，由于阀体的活塞面积比阀芯密封面的面积大，因此安全阀关闭。

——当稳压器压力升高时，作用在控制柜活塞上，使弹簧杆、控制杆向下，控制柜 R1 关闭，使阀体活塞与稳压器隔离，此时安全阀仍保持关闭。

——当稳压器压力进一步上升到控制柜整定值时，弹簧杆、控制杆继续向下，控制柜 R2 开启，阀体活塞上的介质排出，作用在阀体密封面的压力使安全阀开启。

——稳压器压力降低时，控制杆上升，关闭控制柜的 R2，打开 R1，阀体活塞上部与稳压器接通，安全阀关闭。安全阀低于其整定值时，通过电磁线圈通电，可以强制开启阀门。

（4）指标和参数

——对于压力整定试验，试验管线需要充水排气，保证水实体，验证压力表、压力变送器以及示波器的压力值显示一致。

——压力整定试验前需要对控制柜以及试验管线进行密封性试验，试验理论为整定值的 1.5 倍，稳压器大致在 140～170 bar 范围，1.5 倍压力过高，对试验设备影响较大，故在实际操作过程中，密封压力为 170 bar，进行恒压保持 3 min，目视各接头无渗漏为合格。

——稳压器安全阀压力定值。

表 352-01-05-29　压器安全阀压力定值

	开启标准值/bar	关闭标准值/bar
稳压器安全阀（1 号隔离阀）反应堆冷却剂系统 017VP	145^{+1}_{-2}	138±2
稳压器安全阀（2 号隔离阀）反应堆冷却剂系统 018VP		
稳压器安全阀（3 号隔离阀）反应堆冷却剂系统 019VP		
稳压器安全阀（保护阀）反应堆冷却剂系统 020VP	165^{+1}_{-2}	159^{+3}_{-1}
稳压器安全阀（保护阀）反应堆冷却剂系统 021VP	169±1	163^{+3}_{-1}
稳压器安全阀（保护阀）反应堆冷却剂系统 022VP	171±1	165^{+3}_{-1}

——充水排气试验，阀头充水排气时，抽真空压力为 –1 bar，维持 1～2 min 无变化，接通压力后，压力表指针速度目视较快。

（5）维修技术要求

1）预防性维修项目

表 352-01-05-30　器安全阀维修项目内容与周期

项目名称	项目内容	项目周期（1C 为 1 个燃料循环）
压力整定	检查与调整压力定值	1C
充水排气	对连接管线以及阀门充水排气，保证水实体	1C
起机前动作试验	验证阀门的开关时间、阀门行程和阀头出水量	1C
控制柜解体	对控制柜解体检查、清洗零部件、更换易损件，组装控制柜、控制柜密封性试验、压力定值的初步整定、电磁阀试验、回装系统	3C

续表

项目名称	项目内容	项目周期（1C为1个燃料循环）
阀头的解体检查	解体鳍型筒及以上部件和阀瓣	3C
阀组解体	解体阀组、更换易损件、清洗零部件、研磨阀门、组装阀组、阀组密封性试验、阀组全开试验、回装阀组	6C

2）压力整定试验

——排空介质，拆除脉冲管线，连接试验管线与仪器仪表，并进行充水排气。

——使用U形卡（专用工具）锁定弹簧力进行密封性试验，升压至170 bar，保压3 min，确认各接头无渗漏。

——进行压力整定，接近定值时，压力上升与下降速率小于0.1 bar/s，记录压力定值，并进行优化。

——压力定值不满足标准值范围时，需要进行调整。通过调整螺母以及控制块台阶面进行调整。调整螺母每转动60° 压力定值变化3.2 bar。控制厚度变化0.1 mm，Δ的值变化0.8 bar。

——调整完成后，需要连续2次合格。

3）充水排气

——需要在压力整定试验后进行，检查REA系统水清澈见底即为合格；

——使用真空泵对阀头腔室进行充水排气，重复2～3次；

——对脉冲管线进行充水10 min；

——对排水管线进行充水，有水流出即可。

4）控制柜解体

——对管线设备排水后，拆除控制柜。

——拆除连接管线，取下并分解三件块，拆除过滤筒内的滤芯，解体弹簧组件。

——清洗零部件，小孔零部件一起清洗，其他零部件一起清洗。

——回装三件块，并安装R1、R2的模拟块，使用高压水流进行冲洗，重复3次以上，直至封堵开口用的白布无任何异物。

——清洗过滤筒，回装滤芯，使用高压水流冲洗过滤筒，确保封堵的白布无异物。

——测量控制块厚度8.3～8.6 mm，弹簧杆的同轴度偏差小于0.3 mm，控制杆的同轴度小于0.1 mm。

——三件块组件的安装，注意R1、R2的编号以及按照方向。即注意R1、R2与三件块的流通孔对齐。

——安装充水组件。

——回装控制块以及控制杆组件，回装完成后，验证弹簧压盖至与上部块的间隙是否为2.6 mm。

——将零部件依次回装至活塞，注意零部件顺序。检查活塞套的内表面情况，有缺陷则修复或者更换，组装在一起，确保活塞与活塞套之间顺畅，轻微吃力但不紧，不顿挫。

——回装活塞套组件，保证内部垫片按照。

——回装弹簧组件、活塞组件以及三件块组件至控制柜面板。调整弹簧杆尾部的锁紧螺母与控制杆间隙为（1.5±0.1）mm。连接各部件之间的短管。

控制柜密封试验：

——连接试验管线，密封压力170 bar，对R2、R1分次进行密封性试验，保压试验45 min，标准为：出水量小于0.4 cm^3/h 或7 min 30 s内，引漏管滴下不大于一颗水滴。

控制垫片的确认与回装：

——依次确认R1、R2刚好开启值D，最大可被接受的定值补偿垫 $E=D-$（0.3+0.1）mm。在控制块8.6 mm台阶面，在控制块上放置补偿垫，确保设备部渗漏。

——安装补充补偿垫片。

电磁阀回装：

——安装电磁阀，调整间隙；

——电磁阀试验：记录开启与关闭的电压值。通常来说，电磁阀 21 V 电压左右下开始动作，7 V 电压左右下开始返回原始状态。

初步压力整定：

——按照压力定值试验的方法验证与调整压力定值至合格范围。

现场回装：

——现场回装后置过滤器以及控制柜，连接电磁阀接线。

5）阀体解体

——排空设备中的介质，拆除位移传感器，测量阀组进出口法兰间隙，拆下阀门运至检修场地。

——使用旋转支架以及吊车分离阀组，分别安装在检修小车上。

——从上至下，解体阀门，取下阀头、鳍型筒、热屏、金属密封和阀芯阀杆组件，分解活塞。

——清洗零部件，对阀腔内进行 PT 检查。对阀芯、阀座进行研磨，标准：光洁度高，能形成镜面；没有贯穿痕迹。研磨后阀座深度标准：研磨需满足 $X \leqslant 82$ mm，即阀腔深度大于 82 mm 时阀座不可用。研磨后阀芯阀杆长度标准：阀瓣经过研磨需满足 $X \geqslant 259$ mm，即阀瓣尺寸小于 259 mm 时阀瓣报废。

——依次回装活塞密封并组装活塞。

——检查阀瓣和阀座及阀体内部是否有异物，保护阀波纹管数目较多：8 个，波纹管较细。隔离阀波纹管数目较少：6 个，波纹管较粗。注意防止安装错误。

——在阀门依次装入新的金属密封、石墨环、热屏、鳍形筒、活塞安装到阀体上。测量法兰间隙，确保四周间隙小于 0.1 mm。

单个阀体保压试验：

——阀头升压 30 bar，确保阀门关闭，调零位移传感器，阀座处升压至 30 bar，再次调零，同步升压至 257 bar，保压 10 min。合格标准：液位管液位上升速度小于 0.1 cm^3/min 或者 6 cm^3/h，各接头处无渗漏，卸压排水。

阀门全开试验：

——阀体腔室内充氮气，压力 80 bar。阀头也充压至 80 bar 水压，隔离充压管线，调零位移。开启阀头针形阀，用量筒接水，同时读取位移传感器读数。合格标准：千分表读数≥5.460 mm，意味着阀瓣行程≥15 mm，各部位无渗漏。

自然开启试验（只针对隔离阀）：

——阀头充水压 30 bar，隔离试验管线，开启针形阀，记录位移传感器读数。合格标准：0.730 mm≤千分表读数≤2.000 mm。

——使用旋转支架以及吊车连接阀门。分三步紧固连接螺栓时，需要测量四周间隙，最终紧固力矩为（530±20）N • m，测量进出口法兰面的平行度，法兰间隙标准：小于 0.1 mm，平行度：-0.2 mm$\leqslant X \leqslant 0.1$ mm。

——对阀门及试验管线充水排气，隔离阀阀头水压升至 30 bar，阀腔压力升至 30 bar，同时升压至 257 bar，保压 30 min，确认各部位无渗漏，卸压排空介质。

——测量阀组尺寸。保护阀与隔离阀进出口法兰高度标准：256−0.78 mm$\leqslant H \leqslant$256+1.18 mm，中心距标准：505−1.78 mm$\leqslant E \leqslant$505+0.78 mm。

——阀门连同支架运至现场。修复、清理密封面，起吊阀门至管道密封面上。回装进出口螺栓、螺母。进口力矩：520+30 N • m，出口力矩：380+40 N • m，法兰四周间隙的差值小于 0.1 mm，间隙值的与理论间隙差值为：-0.2 mm$\leqslant X \leqslant 0.1$ mm。

6）专业工器具

BEAN4 试验台，真空泵，活塞拆装工具，U 形卡。

（6）质量管理

表 352-01-05-31　压器安全阀维修质量控制点

项目名称	质量管控点
压力整定	密封性试验，压力定值，接头回装力矩值
充水排气	阀头真空压力保持，阀头压力表指针上升速度快
控制柜解体	控制杆、弹簧杆的同轴度，活塞密封套的密封面情况，弹簧是否弯曲，控制柜 R1、R2 密封性检查，补偿垫片的确定，初步压力定值设定，电磁阀开关的电压，现场过滤器密封面检查
阀体解体	阀芯、阀座密封面检查，阀座、阀杆参数测量，组装力矩检查，法兰间隙检查，保压试验，全开试验，自然开启试验（隔离阀），连接力矩值，法兰间隙，平行度，中心距，法兰密封面检查，现场进出口安装力矩值，间隙

（7）经验反馈

1）压力整定

——压力变送器与示波器显示数值不一致，经过排查确认，两者的量程设置不一致，重新设置相同的量程后，数值显示一致；

——压力定值试验多次试验，结果相差较大，可能为试验管线中有残余气体，重新进行充水排气，使管线以及阀门中为水实体，试验结果在误差范围内；

——压力试验定值超出标准范围，调节定值调整螺母后合格；

——压力定值超出标准范围，开启与关闭差值超出最大范围，调整控制块后缩小差值；

——压力定值超出标准范围，开启与关闭差值超出最大范围，控制块已在 8.6 mm 台阶面，仍超出最大范围，原因为活塞内的摩擦力过大导致，在线解体活塞组件，更换活塞套以及活塞密封后再次试验合格；

——试验过程中，阀头的 T2 曲线下降时有较大弧度，原因为 R2 的开启较小，关闭时密封球与阀座密封面不同心，升压系统压力，强制开启 R2，使球体能够及时回座。

2）充水排气

——REA 系统有工作开口，介质中有较多气体，排出介质较长时间，直至水质清澈；

——真空泵的压力表密封性不好，出现漏水以及负压无法保持的现象，重新安装密封垫片后合格。

3）控制柜解体

——三件块拆除时，由于拆卸过大，导致控制杆弯曲，不满足要求，重新更换测量合格后回座；

——控制柜现场回装时，后置过滤器与管道法兰安装存在卡涩，对密封面以及圆周进行打磨后，可以顺利安装；

——现场试验过程中，R2 存在内漏，排水管线有介质渗出，原因为系统或者阀门内有异物，导致卡在 R2 的密封面处，使用高压冲洗以及低压冲洗 R2，合格。

4）阀体解体

——管道错口极大，对安装要求极高；

——位移传感器接口存在异常，需要在解体过程中进行验证，如无法安装，则修复接口；

——阀芯密封面有异物，解体取出异物，研磨、冲洗后回装；

——某电厂在同类型阀门的解体回装过程中，保护阀与隔离阀的阀芯、阀杆组件相互安装，导致系统恢复过程中发现，重新降低水位，解体阀门，更换阀芯。

（8）技术规程清单

表 352-01-05-32　压器安全阀维修规程

序号	规程名称
1	反应堆冷却剂系统先导式安全阀整定压力值检查
2	反应堆冷却剂系统先导式安全阀注水和排气
3	反应堆冷却剂系统先导式安全阀全面解体检查
4	反应堆冷却剂系统先导式安全阀控制柜全面解体检查
5	反应堆冷却剂系统先导式安全阀控制柜整机更换
6	反应堆冷却剂系统先导式安全阀整机更换

（9）参考资料

[1] Y.CASCARO，OPERATION AND MAINTENENANCE MANUAL FOR QINSHAN 3&4 PRESSURIZER PILOT OPERATED SAFETY AND RELIEF VALVES [R]. SEBIM，2008.

5.2.11　核电厂安全壳隔离阀

（1）定义

安全壳换气通风系统安全壳隔离阀的主要功能是在一回路小破口事件中（LOCA 事件中）保证安全壳的密封性，防止放射性物质外泄。在停堆维修前，打开安全壳隔离阀与外界相连并循环来保证大修期间维修人员进入安全壳必要的工作条件。虽然安全壳换气通风系统是非安全相关系统，但是 EBA 安全壳隔离阀属于核二级设备。

安全壳大气监测系统安全壳隔离阀的主要功能也是在一回路小破口事件中（LOCA 事件中）保证安全壳的密封性，防止放射性物质外泄。正常功率运行期间或者事故状态，可打开安全壳大气监测系统安全壳隔离阀用以监测或者净化安全壳内空气。

（2）范围对象

每个压水堆机组核岛的安全壳上都装有 16 台通风相关的安全壳隔离阀。其中 8 台口径 750 mm 的安全壳隔离阀属于安全壳换气通风系统（下文简称 EBA 系统），主控室人员控制阀门的电磁离合带电后便可由就地人员手动打开或者关闭阀门，当阀门电磁离合一旦失电（事故状态下或者主控室控制）阀门便立即关闭并保证密封，从而防止放射性物质外泄；另外 8 台口径都为 250 mm 的安全壳隔离阀属于安全壳大气监测系统（下文简称 ETY 系统），其中有 4 台安全壳隔离阀可以由主控室控制打开，当然也可以在主控室控制阀门的电磁离合带电后由就地人员手动打开，另外 4 台阀门没有主控直接打开的功能，当电磁离合失电后（事故状态下或者主控室控制）阀门便立即关闭，从而防止放射性物质外泄。

（3）结构原理

阀体：

EBA 系统安全壳隔离阀口径为 750 mm 的 8 台 EBA 安全壳隔离阀安装的位置是不同的，其中 4 台是安装在安全壳外面的连接厂房中，另外 4 台是安装在安全壳内部的。正因为其主要功能是防止安全壳内部的放射性物质泄漏，因此，为保证阀门在各种事故工况下的密封性，8 台阀门都具有安全壳压力越高，密封性越好的特性，即蝶阀阀座都是朝向安全壳内部，安全壳压力越高就能使碟板密封圈在阀座上压得更紧，密封性更好。由于安装位置的不同，且需要两个安全壳隔离阀焊接在同一个安全壳贯穿件上，所以厂房外的 4 台阀门的阀座远离焊接端，它们分别布置在驱动轴中心线两侧，厂房内 4 台阀门的阀座接近焊接端，它们布置在驱动轴中心线同侧，正因为有这种结构区别，所以在安装时需注意确定阀门正确安装的位置。

ETY 系统安全壳隔离阀 口径都为 250 mm 的 8 台 ETY 安全壳隔离阀由于都是安装在安全壳外部的厂房，并且也具有安全壳压力越高，密封性越好的特性，因此蝶阀的阀座密封面也都是朝向安全壳内部的，但是由于安装位置相同，都安装于安全壳外，且串联的两台阀门不需焊接在同一根管道，因此，这 8 台阀门的阀体结构都是一样的，且焊接端都在接近安全壳侧，这样不仅能增加安全壳的密封系数（避免了阀门与安全壳之间的一道螺栓紧固法兰，而用一道对接焊取而代之），同时便于调试、检修时对阀门密封面的处理。

阀座密封面堆焊了 Stellite 合金，Stellite 合金是一种能耐各种类型磨损和腐蚀以及高温氧化的硬质合金。该阀阀座与一般的双金属密封副的蝶阀也有区别，对于一般的双金属密封副的蝶阀，其阀座在圆周上的角度和尺寸都不一样，这是为了保证阀门关闭后阀座和蝶板的配合密封，因此阀门制造时需要根据蝶板密封圈的形状尺寸来确定阀座的形状尺寸，这不仅增加了设备制造时的难度，同时也给日后的检修带来了麻烦，也会发生密封圈备件无法提前准备而只能依照旧的密封圈的尺寸来加工新的密封圈。但是本文介绍的该类安全壳隔离阀的蝶板具有偏置的特性，该阀的阀座、蝶板密封圈在整个圆周上的角度和尺寸都是一样的，这一特点使得阀门制造加工更为简单，另一方面也降低了日后处理阀门密封面缺陷的难度系数，该阀是比较少见的双金属密封的单偏心蝶阀。

阀瓣结构：

虽然 EBA 与 ETY 安全壳隔离阀的动作方式都是一样的，但是由于口径不同等原因，内部结构也是有差异的。最明显的差异是 ETY 安全壳隔离阀的阀板是整体式的，而 EBA 安全壳隔离阀的阀板是分体式的，虽然它们关闭的过程都是克服弹簧力的过程，但是由于阀门蝶板的形式不同，所以弹簧的布置也是有区别的，ETY 安全壳隔离阀使用的是双层弹簧、蝶板布置在轴线两侧的形式，如图 352-01-05-20 所示，这种形式也便于整体式蝶板的安装。

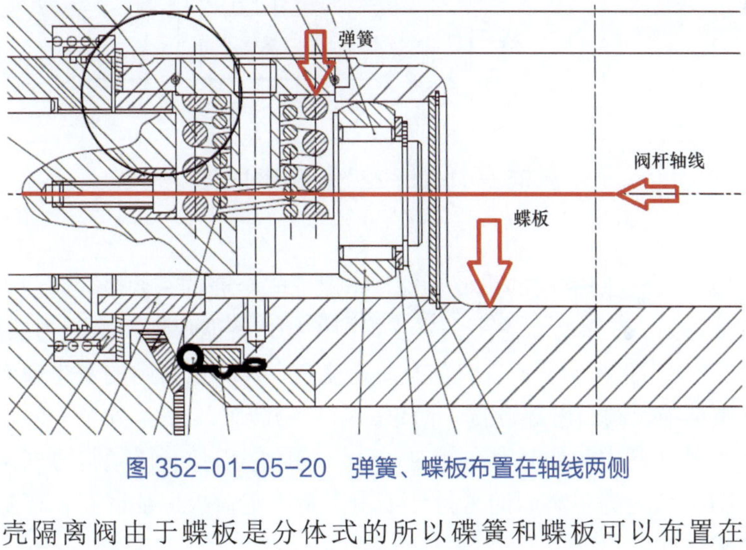

图 352-01-05-20 弹簧、蝶板布置在轴线两侧

而 EBA 安全壳隔离阀由于蝶板是分体式的所以碟簧和蝶板可以布置在轴的同一侧，如图 352-01-05-21，这样使得阀体结构更加紧凑。虽然弹簧（碟簧）布置的位置有差异，但是其作用都是对蝶板施加远离阀座的力，即蝶板关闭的过程都是克服弹簧力的过程。

此 16 个安全壳隔离阀均是金属与金属接触密封的单偏心蝶阀，蝶板密封圈采用了外部铜材料包裹，内部弹簧加强的结构形式，铜材料通过压缩产生密封性，同时用弹簧来加强支撑，保证密封圈的强度和耐压性能，两个弹簧被完全包裹在铜材料中。该密封圈有两个密封副，主密封（密封 1）与阀座挤压形成密封，该密封类似于动密封，压环与蝶板之间的推环具有加强密封圈强度的作用，保证主密封的压缩量和稳定性；副密封（密封 2）是通过用螺栓紧固的压环挤压形成密封，该密封属于静密封，其中压环上的定位槽是用来定位密封圈的位置，以保证密封圈装配后两个密封副的正确位置和各自的合理压缩量。两个密封副密封时产生压缩形变的位置，如果该位置存在贯穿划痕或者缺陷会直接导致阀门发生泄漏（调试期间曾发生多个阀门该处损坏导致阀门泄漏的情况），两个弹簧被完全包裹在铜材料中以保证密封圈的强度。

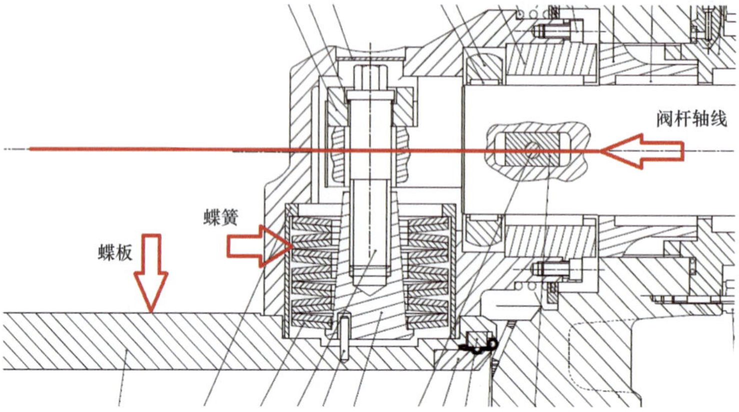

图 352-01-05-21　弹簧、蝶板布置在轴的同一侧

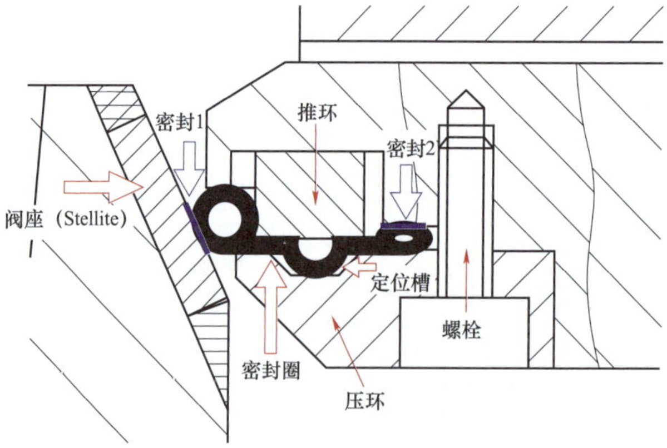

图 352-01-05-22　蝶板密封简图

阀体密封结构：

整体密封结构　针对安全壳隔离阀的重要功能，即保证安全壳的密封性，阀门设计时对阀体除蝶板动密封外还设置了其他密封。在事故状态下，只要阀门关闭，就能保证安全壳内的放射性物质不外泄。

防尘密封结构　由于阀门正常运行时，内部介质是空气，为防止其中的灰尘或者颗粒进入阀体结构内部，影响阀门的正常性能，阀门内部设置了简单的防异物装置。EBA 安全壳隔离阀的密封件 1 和密封件 2，由于密封件 2 处在阀门动作时存在相对运动，因此采用弹簧压紧得方式来保证阀门动作时密封件 2 处的密封性。ETY 安全壳隔离阀的密封件 1 用卡簧固定盖板保证密封，密封件 2 也是通过弹簧来保证阀门动作时的密封性

偏置弹簧机构：

动作原理简述　在介绍偏置弹簧机构之前，首先简要说明下阀门开关的特殊动作方式。所有 16 台安全壳隔离阀的动作方式都是一样的，都分为两段式，阀门在全开位置开始（100%全开）关闭，首先执行机构杆带动阀杆连同阀瓣转动 90°（下文将此过程简称动作一），这跟一般蝶阀的动作一样，但是当蝶板转动 90°后便被阀杆非驱动侧的机械限位限定（机械限位能保证蝶板开关的转动角度都为 90°），此时阀杆连同碟板不能再转动，但是执行机构杆在蝶板被机械限位限定后并没有到达最终位置，而且此时密封圈与阀座并没有贴合且压紧（即没有密封），而是处于与阀座平行的状态，并且其四周的

间隙距离是相等的，然后执行机构杆在执行机构的驱动下继续转动，此时偏置弹簧机构便开始作用，在该机构的作用下蝶板变转动为移动逐渐贴近阀座，直至密封圈和阀座贴合并挤压产生密封（下文将此过程简称动作二），该过程中执行机构杆大概转动了 10°，此时阀门才真正处于关闭密封的位置。因此在整个关阀过程中，碟板只转动了 90°，而执行机构杆共转动了 100°（动作一 90°，动作二 10°）。二阀门的打开过程正好相反，首先蝶板平行移开阀座，然后碟板再转动 90° 将阀门全开。

（4）指标和参数

——16 台安全壳隔离阀都是金属与金属接触密封的单偏心蝶阀，阀门打开的过程都是弹簧蓄能的过程，阀门在任何位置，只要电磁离合失电阀门立即关闭，这是必要的防止放射性物质外泄的安全功能。阀门从全开失电到关闭有时限要求，EBA 安全壳隔离阀是 2 s 以内，而 ETY 安全壳隔离阀则是 1 秒以内。

——稳定可靠运行，保证密封性。正常运行期间，ETY 需要保持安全壳内部压力低于最大值规定值 0.006 MPa。

——ETY 系统阀门更换密封圈，阀座与密封圈之间的间隙需在 0.1 mm 之内。

——密封圈检查无凹坑、变形等情况。

——透光试验合格。

（5）维修技术要求

表 352-01-05-33　全壳隔离阀预防性维修项目

项目名称	项目内容	项目周期（1C 为 1 个燃料循环）
安全壳隔离阀密封面检查及密封圈更换	检查密封圈情况以及透光试验，无法修复情况下，更换密封圈	3C
安全壳隔离阀执行机构全面解体检查	解体执行机构，更换易损件，检查电磁离合器等零部件	N/A

1）密封圈检查

——拆除阀门连接短管，手动开启阀门，同时在执行机构后部旋入定位螺杆，同步进行实施，开启到位后，锁定定位螺杆，将阀门锁定；

——清洗密封面，检查密封面，有缺陷则处理，缺陷较大，则更换密封圈；

——检查阀门密封面是否偏心，关闭阀门，进行透光试验；

——手动关闭阀门 90%，检验密封圈压环螺钉，校验力矩为 82 N • m。

2）更换密封圈

——电磁离合啮合，手动打开阀门，使用短丝杆定位，电磁阀断电，阀门处于 10° 开度；

——拆除执行机构，拆除下部轴衬端盖；

——阀板可以自由活动，推动阀板旋转 90°，人员进入管道；

——阀板旋转 180°，使密封圈面向维修人员，松开压板螺钉，取下密封圈；

——将密封圈折成鞍状，更换新密封圈，清洗各零部件，将支持环嵌入密封圈，固定在阀板上；

——旋转至 10° 位置，回装执行机构，回装下部轴衬端盖。电磁阀通电，手动关闭，使密封面接触，确保密封面接触；

——打开阀门至全开位置，同步选入长丝杆，紧固密封圈压环螺钉；

——进行透光试验合格。

3）执行机构全面解体

——拆除端盖，选入定位螺杆，接通离合器，手动开启阀门至 10°，锁定定位螺杆，离合器断电，拆除执行机构；

——释放定位螺杆，拆除马达，拆除定位环、推动轴承等零部件，取下手轮；
——拆除蜗杆，碟簧等，拆除齿轮轴系、离合器等零部件；
——在蓄能箱上标记，使用长螺栓，拆除箱体螺栓，释放弹簧力；
——取出弹簧，活塞等部件；
——拆除拨叉连接件、固定螺母，旋松定位螺杆，反向移动取下蜗杆，取下拨叉等零部件；
——检查各零部件情况；
——按照相反的步骤对回装个零部件；
——将执行机构回装至阀体，带电，手动对中合格后，紧固连接螺栓，力矩为 48.3 N•m；
——拆下定位杆，电磁离合器断电；
——检查和调整。动作不卡涩，关闭时间≤1 s。

4）专业工器具

长定位螺杆、短定位螺杆。

（6）质量管理

表 352-01-05-34　全壳隔离阀质量控制

项目名称	质量管控点
安全壳隔离阀密封面检查及密封圈更换	密封圈表面间隙、阀座密封面检查，透光检查
安全壳隔离阀执行机构全面解体检查	电磁离合器绝缘测量，离合器齿面间隙，离合器连接螺栓检查

（7）经验反馈

1）密封面检查及密封圈更换

检查密封圈有较小凹坑，使用铜棒对铜质密封圈进行碾轧，使凹坑恢复，透光试验合格。

检查密封圈缺陷较大，无法修复，更换密封圈。

阀门内漏，检查阀板在关闭情况下，左右不对称，检查下部 90° 挡块，其磨损严重，导致关闭位置偏差，补焊下部挡块。

2）执行机构

阀门开启时，出现无法开启的情况，检查发现电磁离合器一侧整圈齿凹陷、损坏，无法正常啮合，更换电磁离合器后正常；

阀门开启时故障，无法开启，更换电磁离合器后仍无法开启，再次更换后正常，检查电磁离合器备件，其绝缘性能差；

阀门开启过程中，出现多次开关后，阀门有时可以到达全开位置，电磁离合器之间的垫片安装错误，导致电磁离合器间隙存在问题，调整垫片位置后，阀门开关正常；

阀门关闭时间过长，经过分析，可能为排气较慢，对排气孔进行扩孔，排气速度增加，关闭时间合格。

（8）技术规程清单

表 352-01-05-35　全壳隔离阀技术规程

序号	规程名称
1	安全壳大气监测系统安全壳隔离阀密封面检查及密封圈更换
2	安全壳大气监测系统安全壳隔离阀执行机构全面解体检查

（9）参考资料

无。

5.2.12 核电厂主蒸汽安全阀

（1）定义

设备位于蒸汽发生器出口管道上。功能是在二回路系统超压时，蒸汽安全阀提供蒸汽发生器和主蒸汽管线的超压保护。在超压时，安全阀自动开启，排出过剩的蒸汽，降低系统压力，保证二回路安全运行。当压力降到工作压力以下时，主安全阀自动关闭，防止蒸汽过分流失。同时，安全阀泄放时发出较大的响声，可以起到自动报警的作用。

（2）范围对象

主蒸汽安全阀。

（3）结构原理

核电厂主蒸汽安全阀为弹簧式安全阀。其动作原理与普通弹簧式安全阀类似，其结构见图 352-01-05-23 所示。

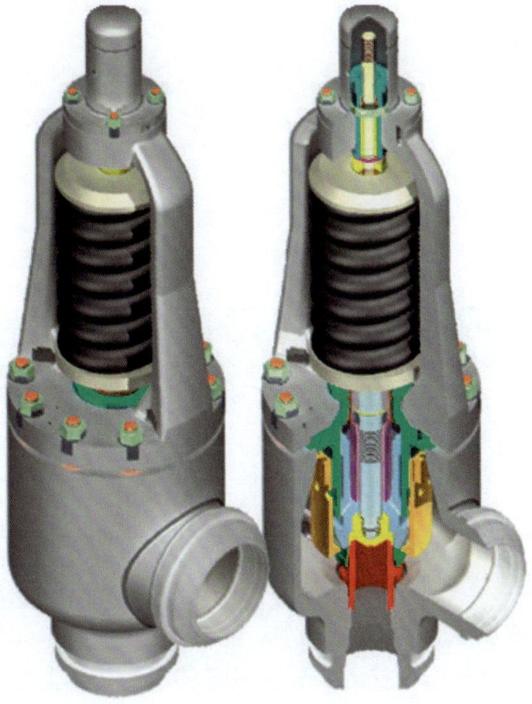

图 352-01-05-23

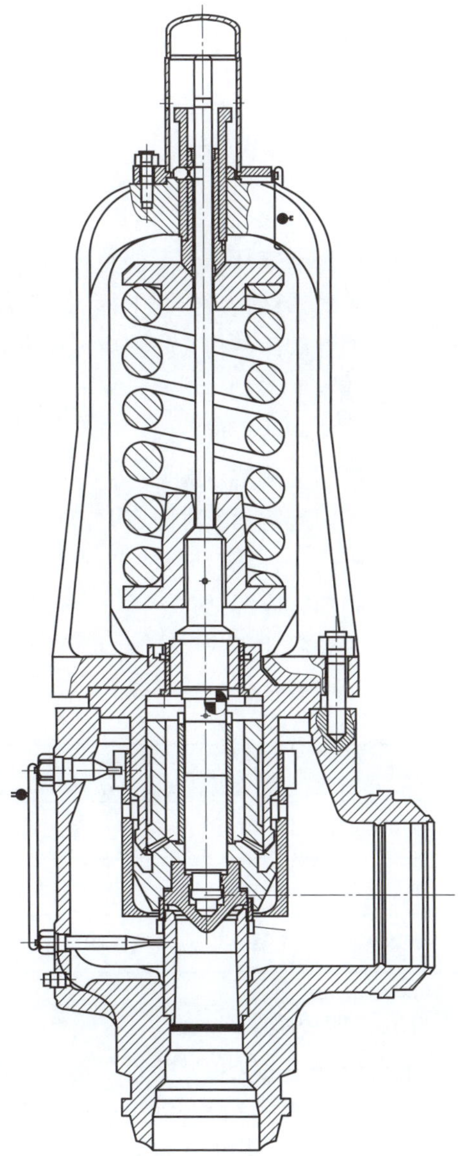

图 352-01-05-24

核电厂主蒸汽安全阀与普通弹簧式安全阀不同的是：

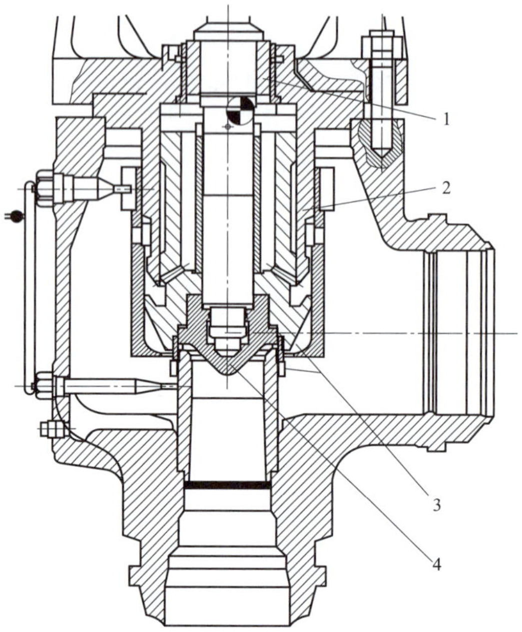

图 352-01-05-25

——平衡活塞环和上下调整环结构（如图中标识为 3），可以调整阀门的起跳压力和回座压力；
——喷射器结构（如图中标识为 2），可以使阀门超压 3%即可达到全开；
——弹性阀瓣结构（如图中标识为 4），可以使阀门在 0～96%定值下严密密封。

（4）指标和参数

——阀门起跳定值准确；
——阀门无频跳、颤振；
——阀门起跳后及时回座并密封；
——阀门无外漏；
——阀门无内漏。

（5）维修技术要求

表 352-01-05-36

项目名称	项目内容	项目周期（1C 为 1 个燃料循环）
外观检查	检查阀门外观	根据用户经验反馈
定值校验	对阀门进行定期校验	1C
解体检查	对阀门进行定期解体检查	3C

1）定期校验

准备试验设备，将试验设备连接，将 2 根高强度液压油管的一端分别接至电动液压控制单元的提升和复位端，将另一端分别引至待测安全阀附近。将系统引压源接入到试验设备的压力传感器上，用于读取系统压力。压力传感器安装完成后，应检查确认连接处无泄漏。压力传感器应尽量和阀门出口轴线处于同一高度上，若不在同一高度，需在电脑软件上进行高度差调整。

将合适的油缸垫片放置在待测安全阀的调整螺母上，然后将提升油缸置于垫片上，同时将电动液压控制单元引出的 2 根高强度液压油管分别连接至提升油缸相应的接口上，将合适的力传感器（由计算机根据安全阀参数提示）置于提升油缸上，对正中心孔，选取适当的连接螺母，自上而下地穿过力传感器和提升油缸，拧到安全阀阀杆螺母上，使连接螺母和力传感器之间保留 1～3 mm 间隙。

将配套放大器用专用信号线连接至提升力传感器（配套放大器与提升力传感器都有唯一一组相同的编号，选取时只需选取相同编号的放大器即可）。将放大器另一端用专用信号线连接至数据采集器力传感器接口上，操作液压控制单元换向控制旋钮，控制液压单元向阀门上部提升油缸输出提升力，观察电脑上安全阀动作曲线。

通过观察阀杆上升或听到介质排泄的声音，确定阀已开启后，将换向控制旋钮旋回“复位”位置。计算机将自动进入结果显示窗体，显示测试曲线、测试时间、开启压力、调整高度等参数。

调整安全阀：根据计算机提示的调整高度，调节定压螺母。反复执行上述步骤，直至开启压力和整定压力相差不大于“测量允许误差”时，即为完成调整。

整定压力调整：

将专用弹簧压缩工具的千斤顶安装到弹簧压盖和阀盖支架之间。根据千斤顶和阀盖支架间的间隙，放置合适的垫块（如大于 9 mm）。松开调整螺母的锁紧螺母。记录调整螺母位置并做好标记。利用手动液压泵把阀门的弹簧压缩约 2 mm。

根据需要对调整螺母进行调整，并记录调整量。调整螺母旋转 1 周相应于约 0.6 MPa 的压力变化（用于粗调时的经验值）；顺时针旋转调整螺母，阀门的整定压力增大；逆时针旋转则减小。调整好调整螺母后，缓慢释放液压泵压力，最后取下垫块和千斤顶，固定锁紧螺母，重新检查阀门的整定压力。

试验完毕后，拆除连接螺母、拉力传感器及油缸。断开所有的电气连接（传感器、笔记本电脑等），从引压管线上拆下压力传感器后，拆除所有的试验设备。

2）解体检查

先决条件：阀门已停运，阀体内介质已泄压排空，阀体已冷却到常温。

拆除阀体、阀盖上的两个防误动铅丝，拆除保护罩并测量弹簧调节螺母与支架之间的距离。用一字螺丝刀拨动调节环直至调节阀无法拨动为止，同时数出旋转切槽数。

将阀杆提升状态的连接头旋入阀杆，并将拉伸杆旋入连接头。将提升支架和提升活塞穿过提升杆装到阀门支架上部，将手动液压泵油压管接入提升活塞接口，锁紧手动液压泵泄压阀，上下压动液压泵，提升阀杆。当阀杆提升 4 mm，将 U 形垫块垫在弹簧托板下。

缓慢打开手动液压泵泄压阀，当液压泵油压降为 0 后，取下提升装置（螺母、提升活塞、提升支架），拆卸提升杆和连接头。

在中法兰上做好标记后，用 55#扳手拆除中法兰螺母，将专用圆形螺母旋入阀杆顶端螺纹，将安全阀上部组件整体起吊出阀体。

解体安全阀上部组件，使阀杆与阀瓣分离，将阀杆从阀瓣支撑和喷射器组件中抽出，抬起阀瓣支撑和喷射器组件。将阀瓣支撑和喷射器组件翻转，逆时针旋转调整环，将调整环从喷射器上旋出。从喷射器中取出阀瓣支撑，将阀瓣固定套销子从阀杆中拔出。将阀瓣固定套从阀杆上旋出，从阀杆上取出挡圈及活塞。

将弹簧压缩工具放入支架和上弹簧座之间。手动液压弹簧压缩工具，将弹簧压缩 2 mm 左右。将调节螺母旋出来，取出弹簧调节套筒和调节套筒轴承。

缓慢逆时针旋转弹簧压缩工具手动泵上的泄压螺丝，将系统压力泄至 0，取出弹簧压缩工具。取出上弹簧座、弹簧和下弹簧座，对阀内件进行清洗检查。

对阀瓣、阀座进行研磨，研磨后使用平晶配合单色光灯进行检查。检查结果与表 352-01-05-37 进行比对，单色光灯和平晶使用示意图如图 352-01-05-26 所示。

表 352-01-05-37

得到的图象	说明	结论
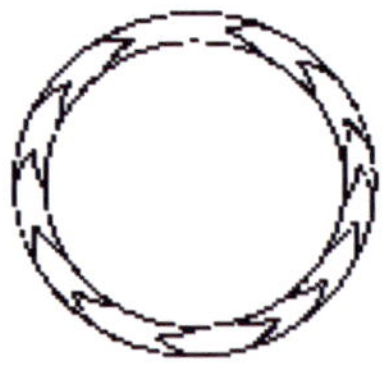	有下倒边	不合格 再研磨
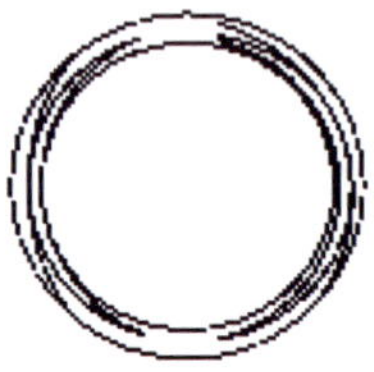	无干涉条纹	不合格 再研磨
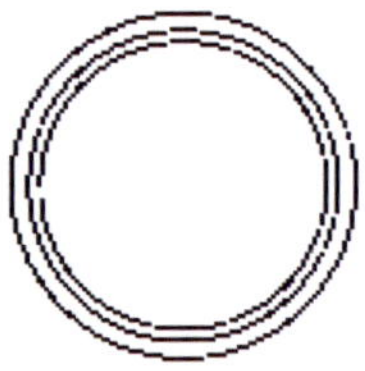	一条同心条纹	合格 对平的密封表面是理想的不平度标准
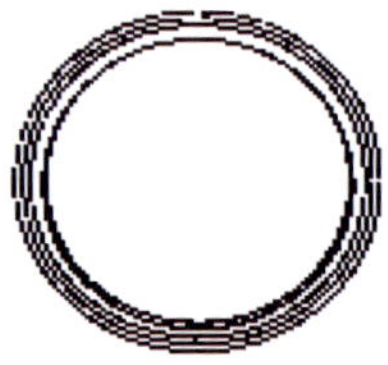	N 条同心干涉条纹	$N \leqslant 10$ 时合格 一条假象线所截的同心干涉条纹数最大值为 10
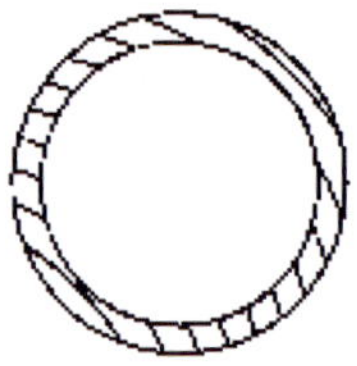	N 条偏离零件中线的干涉条纹	$N \leqslant 10$ 时合格 一条假象线所截的同心干涉条纹数最大值为 10

研磨后，应对阀瓣和喷嘴的有关尺寸进行检查，测量阀瓣的尺寸 C 值，如图 352-01-05-27 所示。测量值不得小于下列标准值，否则应更换阀瓣，C=0.38 mm。测量喷嘴的尺寸 A 值，其值不能小于 0.21 mm；如果 A 值小于 0.21 mm，应对喷嘴进行加工修复，但最大加工尺寸 R 为 357.5 mm。若 R 值大于 357.5 mm，则应更换喷嘴组件。喷嘴测量点如图 352-01-05-28 所示。

将调节套筒轴承装入调节套筒上，轴承孔与套筒上的销子对齐。用润滑剂润滑调节套筒轴承、调节套筒轴套。将调节套筒从阀盖支架孔中穿入，在阀盖支架孔上旋入弹簧调节螺母。把活塞用弹簧挡圈固定在阀杆上，将阀瓣保持环旋到阀杆上。阀瓣放置在专用楔块上，将喷射器放置在阀瓣上。将阀杆旋入阀瓣内，转动阀杆确保阀杆能自由转动。

将保持环向下旋转，接触到阀瓣支撑后回 1/4 圈，确保间隙为 0.4 mm。如下图。

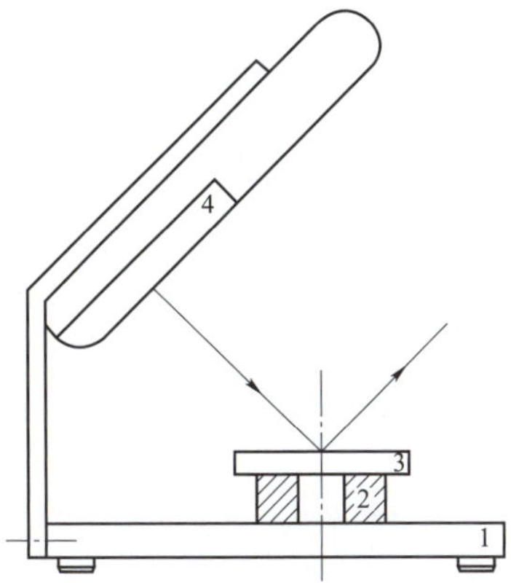

图 352-01-05-26

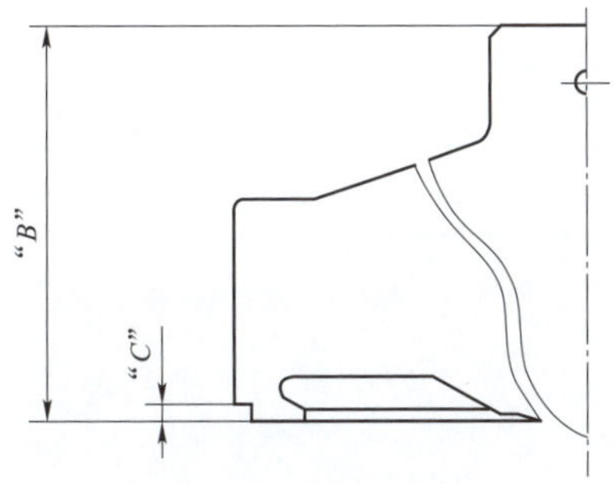

图 352-01-05-27

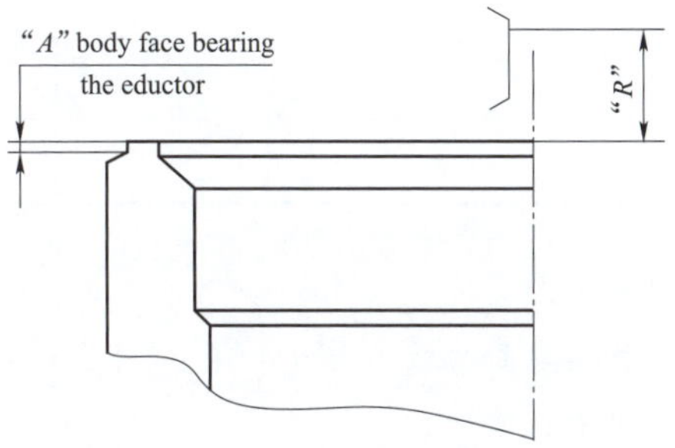

图 352-01-05-28

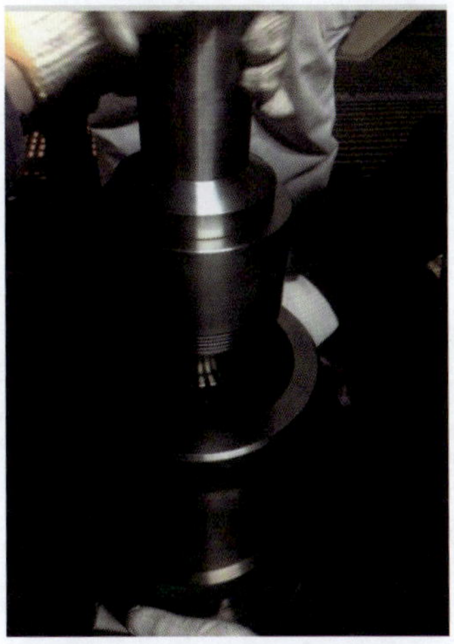

图 352-01-05-29

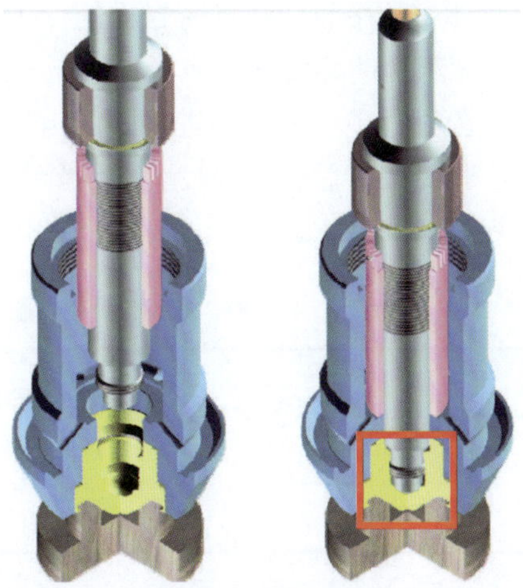

图 352-01-05-30

将销钉插入到阀杆内，取出阀杆。

将阀瓣支撑装入装入喷射器。在调节环内螺纹和喷射器外螺纹上涂抹不锈钢防咬剂（NEOLUBE）。

将调节环旋入喷射器注意不要拧到底，喷射器的外螺纹不能从调节环侧面的小孔内看到。将喷射器组件翻转放在阀瓣上，将阀杆组件装入喷射器组件，并旋入阀瓣中。

图 352-01-05-31

将上述组件用阀杆吊环螺母整体吊起，放在专用支架上。将阀盖支架/弹簧组件吊起套在阀杆组件上。利用弹簧压缩装置来压缩弹簧，根据报告上的记录恢复调节套筒及阀杆螺母到拆卸前的位置。在喷嘴环内部螺纹和喷嘴外部螺纹上涂抹不锈钢防咬剂（NEOLUBE）后，重新装上喷嘴环。

装上阀杆上部锁紧螺母，把阀盖组件与阀杆组件等作为整体吊装入阀体，注意不同零件的相对位置。上部组件在阀体内就位后，用手带紧中法兰螺母。

在阀门顶部装上提升装置，将阀杆往上提升，之后用力矩扳手均匀对称紧固中法兰螺栓，紧固力矩 1000 N·m。利用塞尺检查中法兰间隙的均匀性。泄压阀杆提升装置系统压力后取下阀杆提升装置。

向左拨动动调节环，向下旋动调节环 75 个齿。向左拨动动调节环，向下旋动调节环 18 个齿。用固定螺钉固定两个环，确认两个环在其切槽上是松的。

（6）质量管理

表 352-01-05-38

步骤	推荐的选点
全面解体	回装前检查阀体内无异物、密封面平晶检查、调整环位置

（7）经验反馈

——上下调节圈应在固定的位置，并保持灵活。如产生卡涩或调整位置不正确，会导致阀门泄漏或起跳、回座不正确；

——安全阀定值校验时应尽量减少蒸汽过流量，避免蒸汽发生器水位波动或损伤密封面；

——阀门内部间隙需要严格控制，确保在要求的范围内。否则会导致阀门动作不正确；

——阀门解体中的吊装应注意密封面的保护，避免异物或者重物落下砸到密封面；

——阀门内部组件的螺纹连接应涂抹不锈钢专用防咬剂，避免高温环境下长时间运行后咬死；

——阀门校验过程中，如需要进行阀门定值调整，需保证三爪千斤顶的三个支点同步顶升，避免弹簧产生偏斜。弹簧偏斜后会导致校验曲线异常，起跳点不准确。

（8）技术规程清单

表 352-01-05-39　技术规程清单

序号	规程名称
1	主蒸汽安全阀全面解体检查
2	主蒸汽安全阀整定压力检查

（9）参考资料

［1］孙勤.核反应堆核级设备检修工［M］. 北京：中国原子能出版社，2014.

5.2.13　核电厂主蒸汽隔离阀

（1）定义

主蒸汽隔离阀（英文缩写为 MSIV）位于压水堆核电厂二回路主蒸汽系统管道上。系统设计每条主蒸汽管线安装一台主蒸汽隔离阀，包括阀门本体和执行机构以及控制系统。其功能是防止蒸汽发生器和主蒸汽隔离阀之间某一主蒸汽管道破裂而造成安全壳超压及主系统冷却，使释放的蒸汽不超过一台蒸汽发生器的水容量。主蒸汽隔离阀主要由两大部分组成：上部的执行机构和下部的阀门本体。主蒸汽隔离阀根据 RCC–P3.3.2.2 节所规定，它的一个功能为，在安全壳内或安全壳外的主蒸汽管线发生破裂时，提供主蒸汽的快速隔离。由反应堆保护系统 VVP 测量通道（蒸汽流量和压力测量）发出的信号产生蒸汽管线隔离信号。

（2）范围对象

主蒸汽隔离阀的关闭，在汽轮机主汽门和调节阀以及相应的给水隔离阀的配合下，将时空的蒸汽释放量限制在一台蒸汽发生器的容量内，从而防止下列情况发生：

反应堆冷却剂系统的过速冷却，这可能会造成热冲击损伤反应堆压力容器的完整性和导致反应堆在低功率下重返临界。

安全壳压力过分升高而超过设计压力（当安全壳内蒸汽管线破裂时）。

主蒸汽隔离阀在正常和事故工况（主蒸汽管线破裂）下运行，并假设处于最苛刻的载荷状态下进行设计。

（3）结构原理

阀门本体部分结构：

阀门本体部分如图 352-01-05-32 所示，共重 9055 kg 分为 5 个部分组成，分别为支架机构、联轴器—盘根组件、阀帽、阀体、阀芯组件。

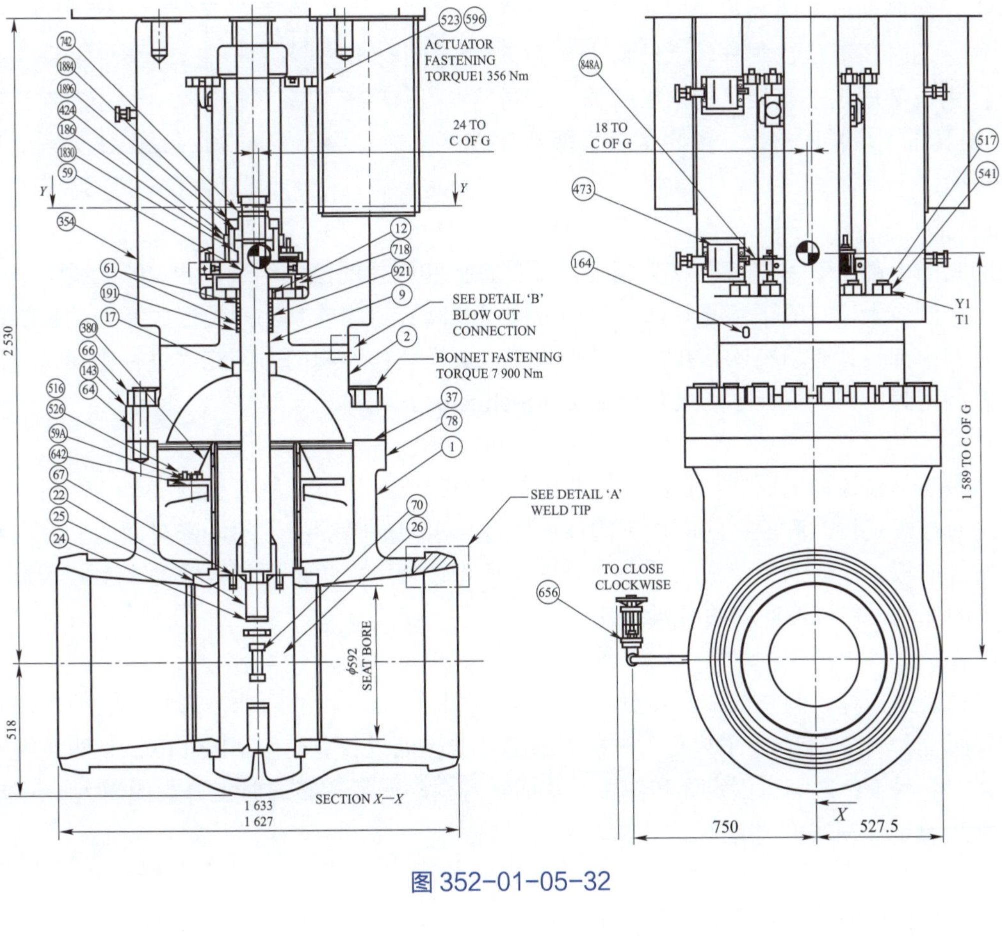

图 352-01-05-32

支架机构：

支架结构（Pillar）启着支撑整个执行机构的作用，并保证执行机构的伸出杆与阀杆相连接后有足够的提升动作空间。结构比较粗大是为了使其固有频率远离地震频率。

它的下部使用 8 颗螺栓和螺母可靠的连接着阀帽，8 颗螺栓在支架的下支撑面板上面成对的对称均布在支架的 4 个垂直支柱之间。下支撑面上部固定着 4 颗盘根压盖组件的固定螺栓，用来为动载盘根压盖提供载荷。

四根垂直支柱上部支撑着一体的上支撑面板。它的中间留有允许执行机构伸出杆穿过的孔洞，并且留有均布的 12 个螺栓孔。同时使用 12 颗内六角螺栓连接上部执行机构并保证执行机构的可靠稳定。四根垂直支柱上分布着“开”“90%开”“关”几种限位开关。

两个阀杆导向柱位于上、下支撑面板之间，用来抵消阀杆的轴向转动力。

联轴器—盘根组件：

联轴器部分如图 352-01-05-33 所示，它是由两个中间有螺栓孔的凸圆台、两个凹形抱环、一个固定圈构成。两个凸圆台分别靠螺纹连接在阀杆上端和执行机构伸出杆的下端，两个凹形抱环将其固定之后，将最外环的固定圈套在两半凹环的外侧，旋紧固定圈上的顶丝来确保可靠固定。

盘根组件：

盘根组件包括填料函、压盖组件两部分。填料函是中从下至上分别为：最下的金属填料底环、石墨浸制的编织盘根、六环纯石墨盘根。压盖组件的组成方式是：圆盘状填料压盖压在填料函盘根之上，两个填料压板对夹，两侧两对半圆孔将能在阀杆导向上滑动的铜套夹住，同时压板压在阀杆轴上凸肩上，由键轴向固定，再由下部固定在支架上的四根螺栓、螺母将 26 片动载蝶簧压在填料压盖上，紧固螺母来得到合适的盘根密封力。

图 352-01-05-33

阀帽：

阀帽的它的上部由 8 颗螺栓与支架相连，下部直接和阀体的法兰结合，由 20 颗螺栓以 7900 NM 的力矩固定在阀体上。它的下部与阀体一起构成阀门的阀芯封闭腔室。阀帽的中心孔的顶端就是填料函腔室，孔的中部设计有填料吹扫孔，可以用来在线更换填料和阀门中腔充气进行密封试验用。孔的底端设计有倒密封结构，堆焊了斯太立合金层（Stellite 6）。

阀体：

阀体也是整体铸造加工而成，它的上法兰面与阀帽相连，使用金属石墨缠绕垫片密封。进、出口与管道使用对接焊连接。阀座密封面位于阀体内腔进、出口的喷嘴的端部。密封面的上方安装有非常光滑的阀瓣导向板。阀体的中腔和入口之间设置有平衡管，用来防止锅炉效应的产生。管上设置有普通的 DN15 的球阀，在加热阀门的时候打开。

阀芯组件：

阀芯组件是由阀杆、两块阀瓣、弹簧构件组成。阀杆犹如没网的网球拍形状，它的顶端和圆环端上部分别有两个和一个 M20 的吊装孔，阀杆下部圆环结构处设计有带眼（Belt Eye），两块阀瓣突出的圆台插入其中，两圆台之间有固定环和弹簧，从而实现提动阀杆阀瓣同时上升。阀瓣为 D 字母型，半圆侧和两侧共均布有 M20 的吊装孔。

执行机构：

阀门的执行机构部分主要由动力单元和过流控制部件组成。动力单元即泵回路，包括油箱、泵、电机及相关的干燥装置、过滤装置等。过流控制部件包含电磁控制阀、气蓄能器、气罐、止回阀、超压保护的安全阀等。

执行机构控制原理：

根据标准 RCC–P2.1.3.3.6 节的要求，被看作能动部件的主蒸汽隔离阀必须在其整个使用寿期内能执行其功能。这意味着在正常和不正常的运行工况下，它们必须在 RPR（反应堆保护系统）快速关阀信号产生后不到 5 s 关闭。为满足这些要求，秦山二核扩建工程采用的主蒸汽隔离阀的执行机构快速关阀部分设计成高压氮气系统，把它作为不会失效蓄能器，在触发快关信号时打开电磁阀来释放氮气的压力，从而迅速的关闭阀门，它的基本工作原理如图。

其控制油路基本由三大功能组成，分别是慢开（Slow Open）、慢关（Slow Close）、快关（Emergence Close），其余逻辑功能都是由几种基本功能复合得到。共有 10 个电磁阀分别为 SV1——SV10，其中三号与五号电磁阀、四号与六号电磁阀、七号与九号电磁阀、八号与十号电磁阀互为列内备用，三、四、五、六和七、八、九、十两列电磁阀互为列备用通过控制几组电磁阀来实现切换不同的功能。

“慢开功能”是使二号电磁阀得电动作，油泵通向油缸活塞下部的油路连通，活塞缸下部进油，活塞上升，同时连锁控制和油缸上部活塞腔连通的油路打开，使其通向回油箱。活塞上部卸油，下部充油，实现开功能，最长需 13 min。

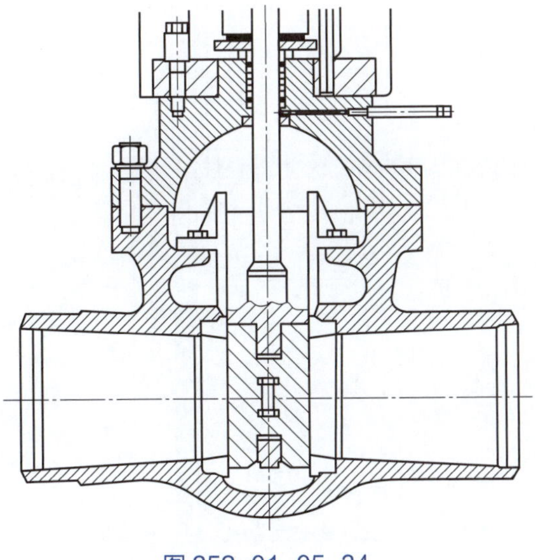

图 352-01-05-34

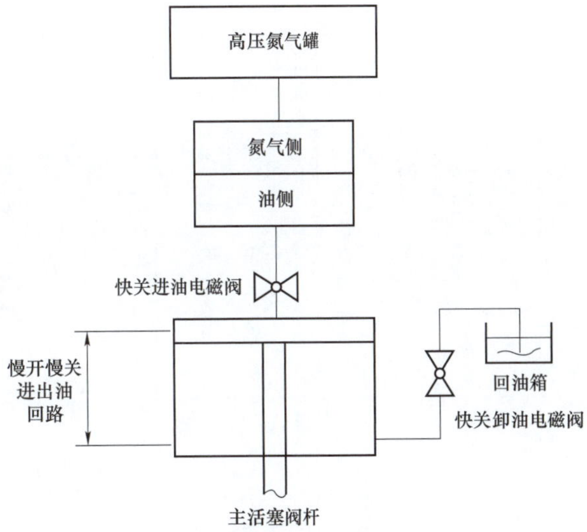

图 352-01-05-35

“慢关功能”是一号电磁阀得电动作，油泵通向油缸活塞上部的油路连通，活塞缸上部进油，活塞下降，同时连锁控制和油缸下部活塞腔连通的油路打开，使其通向回油箱。活塞上部充油，下部卸油，实现慢关功能，最长需 7 min。

“快关功能”的电磁阀分两列每列两组，列内和列间互为备用。当要实现快关功能时，3/4、5/6 得电，两个压力控制阀上部油路和回油箱连通，使其控制压力丧失，两压力控制阀打开，两下部油路连通。第一个下部油路是从“氮气/液压油”缸下部连出连接到油缸活塞上部腔室，由于氮气压力作用快速的将氮气/油缸中的活塞下部的液压油注入油缸活塞上部。第二个下部油路是连通油缸活塞下部腔室同回油缸之间的快速卸压回路，使其快速回油卸压。活塞上部快速充油，下部快速卸油，实现快速关闭阀门功能。它的快关控制液压图如图 352-01-05-36 所示。

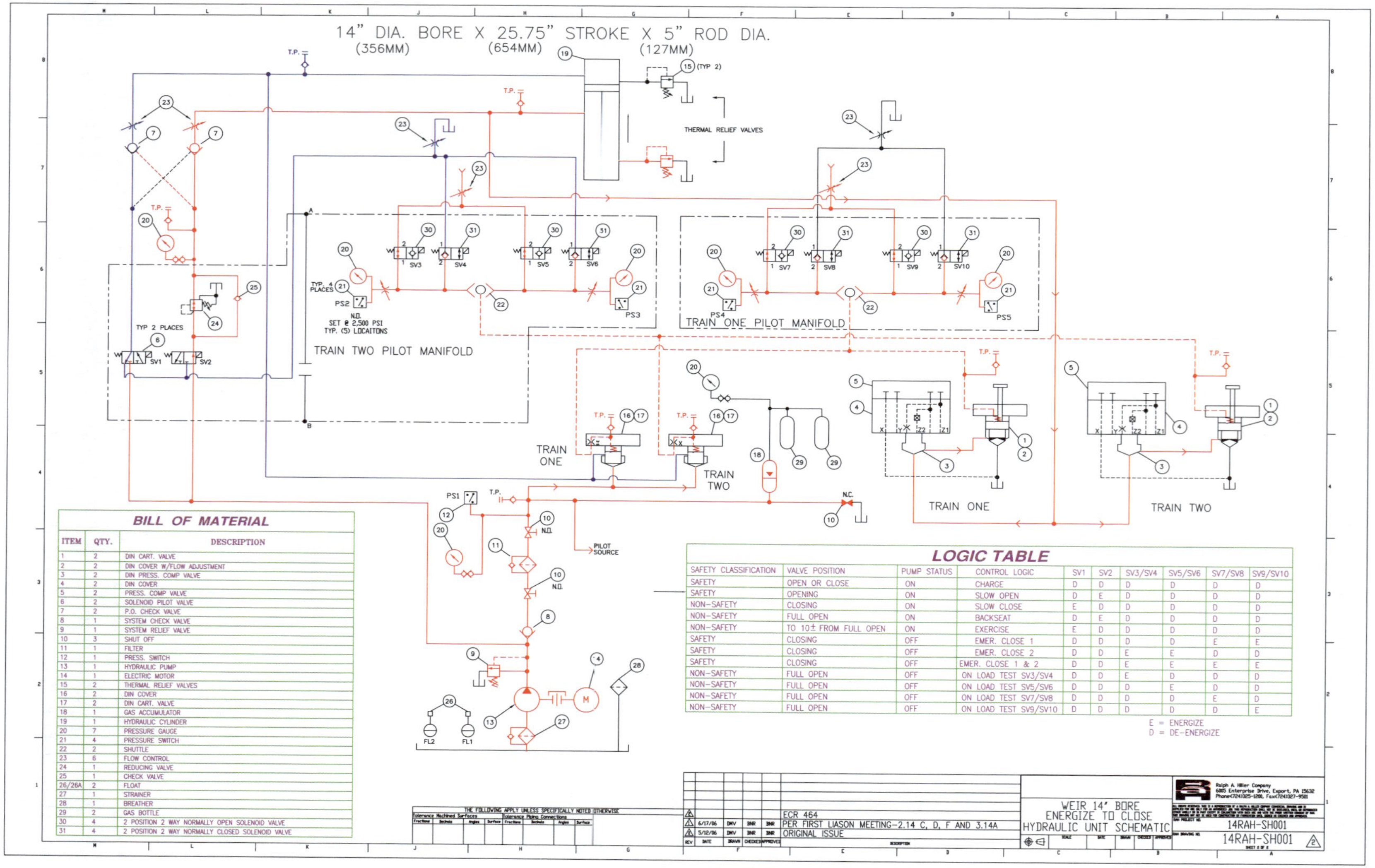

BILL OF MATERIAL

ITEM	QTY.	DESCRIPTION
1	2	DIN CART. VALVE
2	2	DIN COVER W/FLOW ADJUSTMENT
3	2	DIN PRESS. COMP VALVE
4	2	DIN COVER
5	2	PRESS. COMP VALVE
6	2	SOLENOID PILOT VALVE
7	2	P.O. CHECK VALVE
8	1	SYSTEM CHECK VALVE
9	1	SYSTEM RELIEF VALVE
10	3	SHUT OFF
11	1	FILTER
12	1	PRESS. SWITCH
13	1	HYDRAULIC PUMP
14	1	ELECTRIC MOTOR
15	2	THERMAL RELIEF VALVES
16	2	DIN COVER
17	2	DIN CART. VALVE
18	1	GAS ACCUMULATOR
19	1	HYDRAULIC CYLINDER
20	7	PRESSURE GAUGE
21	4	PRESSURE SWITCH
22	2	SHUTTLE
23	6	FLOW CONTROL
24	1	REDUCING VALVE
25	1	CHECK VALVE
26/26A	2	FLOAT
27	1	STRAINER
28	1	BREATHER
29	2	GAS BOTTLE
30	4	2 POSITION 2 WAY NORMALLY OPEN SOLENOID VALVE
31	4	2 POSITION 2 WAY NORMALLY CLOSED SOLENOID VALVE

LOGIC TABLE

SAFETY CLASSIFICATION	VALVE POSITION	PUMP STATUS	CONTROL LOGIC	SV1	SV2	SV3/SV4	SV5/SV6	SV7/SV8	SV9/SV10
SAFETY	OPEN OR CLOSE	ON	CHARGE	D	D	D	D	D	D
SAFETY	OPENING	ON	SLOW OPEN	D	E	D	D	D	D
NON-SAFETY	CLOSING	ON	SLOW CLOSE	E	D	D	D	D	D
NON-SAFETY	FULL OPEN	ON	BACKSEAT	D	E	D	D	D	D
NON-SAFETY	TO 10± FROM FULL OPEN	ON	EXERCISE	E	D	D	D	D	D
SAFETY	CLOSING	OFF	EMER. CLOSE 1	D	D	D	D	E	E
SAFETY	CLOSING	OFF	EMER. CLOSE 2	D	D	E	E	D	D
SAFETY	CLOSING	OFF	EMER. CLOSE 1 & 2	D	D	E	E	E	E
NON-SAFETY	FULL OPEN	OFF	ON LOAD TEST SV3/SV4	D	D	E	D	D	D
NON-SAFETY	FULL OPEN	OFF	ON LOAD TEST SV5/SV6	D	D	D	E	D	D
NON-SAFETY	FULL OPEN	OFF	ON LOAD TEST SV7/SV8	D	D	D	D	E	D
NON-SAFETY	FULL OPEN	OFF	ON LOAD TEST SV9/SV10	D	D	D	D	D	E

图 352-01-05-36

（4）指标和参数

主蒸汽隔离阀应设计成能在所有预计的正常或事故工况下，在关闭信号发出后 5 s 内关闭。正常工况为全开，主蒸汽隔离阀为平行双闸板阀。

设计压力	8.6 MPa.a
设计温度	16 ℃
运行压力（100%额定功率/热停堆）	6.66/7.6 MPa.a
运行温度（100%额定功率/热停堆）	283/290.8 ℃
额定流量（0 排污量/1%排污量）	1951.0/1948.3 t/h
额定流量下的压降	0.025 MPa.a
阀门关闭最大压差	8.6 MPa.a
快关时间	<5 s
事故安全位置	关闭

（5）维修技术要求

表 352-01-05-40

项目	周期	内容
定期外观检查与润滑	1 个燃料循环	补充氮气、外观检查、更换干燥剂、滤油
执行机构更换易损件	6 个燃料循环	执行机构全面解体更换易损件试验
全面解体检查	6 个燃料循环	阀门本体全面解体；研磨
动作试验	1 个月	阀门关闭至 90%开度后全开试验
电磁阀动作试验	1 个燃料循环	液压执行机构内部快关电磁阀动作试验

主蒸汽隔离阀驱动装置全面检查维修技术要求：

执行机构已运至检修车间；执行机构内氮气压力、油压力已泄压；仪控已拆除控制电缆；工器具已准备好；备件齐全，质量满足要求；检修车间环境满足要求；起重设备合格有效；检修车间通风良好；检修车间照明良好。

文件、工器具、备件、耗材、人力已准备就绪；现场通风和照明满足施工条件；现场已设置隔离检修区。

焊接管道的解体和组装：

用扳手拆卸驱动轴压缸顶部进油管道两端法兰连接螺栓和垫圈，取下连接油管及两端法兰面上的 O 形圈，并做好开口封堵。

用扳手拆卸氮气罐与蓄能器连接管道法兰螺栓和垫圈，取下连接管道以及法兰上的 O 形圈，并做好开口封堵。拆卸蓄能器与油箱底部模块连接管道两端的连接螺栓和垫圈。

焊接管道的回装：

移走管道法兰封堵物，用 Polytech36265 润滑 O 形圈。

将 O 形圈装入管道两端法兰 O 形圈沟槽内，并确保 O 形圈到位。

回装连接管道、垫圈、螺栓，均匀对称紧固法兰螺栓，紧固力矩 677 N • m（500 ft-lbs）。

泵的解体和组装：

拆除泵吸入管、排出管、溢流管的连接螺母，取下吸入管、排出管、溢流管以及 O 形圈，并做好防异物封堵。用吊带将油泵和电机固连同它们的支架定好。

用扳手拆卸泵固定支架底部与驱动机构的连接螺母、垫圈和螺栓，拆卸泵固定支架上部与驱动机构的连接螺母、垫圈和螺栓。用扳手拆卸联轴器保护罩螺栓和垫圈，取下联轴器保护罩。将泵和支架用专用工具固定好，用扳手拆卸泵支架连接螺栓、螺母以及垫圈。将泵从支架上移走，根据泵的使用周期 6C 整机更换泵。拆卸泵联轴器，取下联轴器内部橡胶缓冲件。

用扳手拆卸电机与支架的连接螺栓、平垫圈、锁紧垫圈和螺母，将泵从支架上拆下交给电气人维修。将电机安装到支架上，用扳手和力矩扳手回装连接螺栓、平垫圈、锁紧垫圈和螺母，对称均匀紧固螺栓，紧固力矩为 122 N • m（90 lbs-ft）。

回装泵联轴器，更换联轴器内部橡胶缓冲件。

用 3/8 力矩扳手回装联轴器保护罩和其固定螺栓和锁紧垫圈，紧固力矩为 45 N • m（33 lbs-ft），用临时固定工具将泵固定到支架上，用力矩扳手和力矩扳手回装泵支架连接螺栓、螺母以及垫圈，对称均匀紧固螺栓，紧固力矩为 45 N • m（33 lbs-ft）。

将泵、电机连同它们的支架用吊车安装至执行机构上。用扳手和力矩扳手回装泵、电机整体支架下部与执行机构的连接螺母、垫圈和螺栓，紧固力矩为 420 N • m（310 lbs-ft）。

用扳手和力矩扳手回装泵固定支架上部与驱动机构的连接螺母、垫圈和螺栓，紧固力矩为 420 N • m（310 lbs-ft）。

先导液压控制箱解体和组装：

用两把开口扳手拆卸先导模箱内部的连接油管，取出连接接头上的 O 形圈，管道开口做好防异物包裹。

将液压控制箱内的两块液压模块临时固定好，用内六角扳手和开口扳手拆下液压模块的固定螺栓和螺母。从液压控制箱上取下液压控制模块。用扳手拆除液压模块上所有螺纹针型阀、测试接头、6 个 O 圈塞子。

先导液压控制箱内共 10 个电磁阀，用扳手拆除电磁阀线圈锁紧螺母，取下电池阀线圈和电磁阀。拆除压力开关底部的连接接头和控制电缆。用扳手拆卸压力开关的固定螺栓后取下压力开关交仪控人员校验或更换。拆卸液压模块上的螺纹接头和螺纹可调节接头。取出下以上部件的密封圈作废，并清洁各零部件。回装 O 形密封圈前，必须对密封圈润滑。

更换 O 形圈后，回装液压模块上的螺纹接头和螺纹可调节接头［#4 螺纹（可调）接头紧固力矩 25 N • m（18 ft-lbs），#6 螺纹（可调）接头紧固力矩 41 N • m（30 ft-lbs）］。

更换针型阀上的密封圈后，用扳手回装螺纹针型阀，紧固力矩为 41～48 N • m（30～35 ft-lbs）。

更换取样接头密封圈后，用扳手回装取样接头，紧固力矩为 30 N • m（260 in-lbs）。

更换堵头 O 形圈后，用扳手回装液压模块上的堵头，紧固力矩为 3 N • m（2 ft-lbs）。

用内六角扳手将两个液压模块回装到先导液压控制箱内，螺栓紧固力矩为 41 N • m（30 ft-lbs）。

更换电磁阀上的密封圈后，回装液压模块上的 6 个电磁阀，紧固力矩为 27 N • m（20 ft-lbs）。

按照标记回装电磁阀线圈和线圈锁紧螺母，用 3/4” 扳手紧固锁紧螺母，紧固力矩为 7 N • m（5 ft-lbs）。

用扳手将压力开关回装到先导液压控制箱内，紧固力矩为 48 N • m（35 ft-lbs）。

在连接接头锥螺纹上均匀涂抹乐泰 545 密封胶，回装压力开关底部连接接头，紧固力矩为 25 N •m（18 ft-lbs）。

回装先导液压控制箱内部的油管（卡套接头），卡套螺母紧固力矩 #4 为 25 N • m（18 ft-lbs），#6 为 41 N • m（30 ft-lbs）。

蓄能器解体和组装：

用内六角扳手拆除氮气罐、蓄能器上部固定板螺栓和锁紧垫圈，取下固定半环板，注意半环掉落。拆除氮气罐下部固定半螺栓和锁紧垫圈，取下固定半环板。拆卸蓄能器液压缸与安装底板的连接螺栓和锁紧垫圈。

利用蓄能器顶部 7/8-9 UNX-2B 吊耳孔，将氮气罐、蓄能器液压缸从执行机构安装底板上吊开。拆卸氮气罐顶部和底部密封板，并取出密封板上的 O 形圈。拆除蓄能器顶部和底部密封板，并取出密封板上的 O 形圈。

从蓄能器液压缸筒体内部取出活塞、活塞环、密封圈。清理检查各零部件，如有异常则进行更换。更换各橡胶密封件，回装蓄能器液压缸密封圈、活塞环、活塞。更换新的 O 形圈后，回装蓄能器顶部和底部密封板。更换新的 O 形圈后，回装氮气罐顶部和底部密封板。

将蓄能器整体吊到执行机构安装固定板上。回装蓄能器和氮气罐固定板以及紧固螺栓和锁紧垫圈，并用 3/4 扳手紧固螺栓，紧固力矩为 420 N • m（310 ft-lbs）。

油箱解体和组装：

拆卸呼吸器支架螺栓。将呼吸器整体从油箱盖板上拆下。拆卸油箱顶部油位计和温度计连接螺栓，将油位计和温度计抽出。旋松油箱盖后将油尺从油箱里抽出。拆卸油箱盖板连接螺母。

取下油箱顶盖盖板。拆卸油箱盖连接螺柱。将油箱筒吊离安装底板，取下油箱筒底部 O 形圈。旋下油箱底部上的两个过滤器，并开口做好防异物封堵。更换橡胶密封件和过滤器，清理检查各零部件，若有异常则进行更换。将过滤器回装到油箱底部。用液压油润滑油箱筒体顶部和底部 O 形圈。确认油箱筒体底部 O 形圈沟槽清洁度后，将 O 形圈装入底部 O 形圈沟槽内，并确认已装到位。小心地将油箱筒体回装到油箱底板凹槽内。

用液压油润滑 O 形圈后，将油箱筒体顶部 O 形圈装到油箱顶部的 O 形圈沟槽内。确认油箱筒体内清洁无异物后，将油箱筒体盖板装到油箱筒体上。回装油箱上下盖板固定螺杆，并对称均匀紧固螺母，紧固力矩为 305 N • m（225 ft-lbs）。

更换油箱呼吸器内部的干燥器后，回装呼吸器以及固定支架，并均匀紧固固定螺栓。

主液压模块解体和组装

用内六角扳手拆卸主液压模块与执行机构安装底板的 6 颗连接螺栓和锁紧垫圈。拆卸主液压模块与驱动轴液压缸 4 颗连接螺栓。从执行机构安装底板上取下主液压模块。

用 3/4 内六角扳手拆卸插装式阀盖固定螺栓，每个阀盖有 4 颗固定沉头螺栓，主液压模块上共有 6 个插装式阀。取下插装式阀保持架、弹簧、提升阀。用专用拔出工具，将插装式阀套筒取出。取下插装式阀套筒后，做好防异物封堵。

用扳手拆卸主液压模块上的 5 个螺纹针型阀。用扳手拆卸螺纹针型阀（带黑色手柄）和螺纹插装式过滤器。用扳手拆卸取样接头和快速接头及堵头。

从各零部件上取下橡胶密封件并作废，清洁、检查各零部件是否完好，若有异常则进行更换。所有 O 形圈必须更换，回装 O 形圈前，必须对 O 形圈润滑，推荐使用液压油润滑。

更换 O 形后，回装塞子。部件 43 回装紧固力矩 26 N • m（225 in-lbs），部件 44 回装紧固力矩 204 N • m（1800 in-lbs），部件 51 回装紧固力矩 13 N • m（107 in-lbs）。

更换 O 形圈后，回装取样接头（6/11″扳手）和快速接头，取样接头紧固力矩 30 N • m（260 in-lbs），快速接头紧固力矩 116 N • m（85 ft-lbs）。更换 O 形圈后，用 7/8″扳手回装主液压模块上的 5 个螺纹针型阀，紧固力矩 41～48 N • m（30～35 ft-lbs）更换 O 形圈后，用 1-1/4″扳手回装螺纹针型阀（带黑色手柄）和螺纹插装式过滤器。紧固力矩 204～217 N • m（150～160 ft-lbs）。更换 O 形圈后，用回装插装式阀、阀盖、阀盖固定螺栓，阀盖螺栓紧固力矩 420 N • m（310 ft-lbs）。更换主液压模块与驱动轴液压缸连接 O 形圈，利用 4 个与油箱连接的孔，将主液压模块安装到执行机构安装板上，安装过程中确认与液压缸连接处 O 形圈到位，没有被挤出。用 1/2 内六角回装主液压模块与驱动轴液压缸 4 颗连接螺栓和锁紧垫圈，紧固力矩 122 N • m（90 ft-lbs）。

驱动轴液压缸解体和组装

轴封解体：

检查驱动轴伸出部分，确保驱动轴上没有毛刺、划痕和异物，避免拆卸轴封时，损坏轴封。用干净的压空或氮气接入驱动轴液压缸底部，使驱动轴充分缩回。将液压缸内的压空或氮气泄到常压。拆卸轴封检漏排位管线。用 1/2 扳手拆除 8 颗轴封与液压缸连接螺栓。

用一字螺丝刀向联轴器方向将轴封撬出。用螺丝刀取下轴封上的防尘密封圈、第二道油封圈、第一道油封圈及其支撑环，将密封圈作废。

检查轴封、驱动轴表面是否有毛刺、划痕或损坏情况，若有则修复或更换。

轴封回装：

用均匀涂抹在第一道密封圈及其支撑环上，回装第一道密封圈和支撑环，密封圈的安装方向。

用液压润滑油均匀涂抹在第二道密封圈上，将密封圈回装到轴封的沟槽内，密封圈的安装方向。

用液压润滑油均匀涂抹在防尘密封圈上上，将密封圈回装到轴封的沟槽内，密封圈的安装方向。

用液压润滑油均匀涂抹在轴封上，将轴封穿过驱动轴，回装到液压缸上。用橡胶锤沿轴封一圈对称均匀敲打，将轴封装到位。

在 8 颗轴封紧固螺栓螺纹上涂抹乐泰 242，用 1/2 扳手回装轴封螺栓，均匀对称紧固螺栓，紧固力矩 68 N • m（50 ft-lbs）。

液压缸解体：

拆除液压缸轴封用干净的压空或氮气接入驱动轴液压缸顶部，使驱动轴充分伸出。

将液压缸内的压空或氮气泄到常压。

用 1-1/2/扳手拆卸液压缸连接杆紧固螺母。移走顶部的安装板，用橡胶锤拆除液压缸顶部缸盖（联轴器对面侧）。用小一字螺丝刀从上缸盖上取下 O 形圈，并作废。

将液压缸下缸盖与活塞、驱动轴和缸套为整体的部件分开，必要时使用橡胶锤。

用小一字螺丝刀从下缸盖上取下 O 形圈，并作废。从活塞上小心地取下缸套，注意取出过程中不要划伤活塞和缸套。用 3/8 扳手拆除活塞上 16 颗密封圈压紧螺栓，取下活塞密封圈压紧环、活塞环和活塞密封圈。拆除螺栓，将活塞和驱动轴分开，取出它们之间的 O 形圈作废。

清洗检查各零部件，检查缸套内部有无划痕、磨损等缺陷，检查各密封环按照沟槽有无损伤和划痕，检查螺纹孔、螺栓螺纹是否有损坏，若有则进行修复或更换。将所有橡胶密封件作废并更换新的备件。

组装液压缸：

润滑 O 形圈后，将 O 形圈装到驱动轴上，将驱动轴穿到活塞上，并回装螺栓 22，螺栓上需涂抹红色乐泰 242，用 1/4 扳手紧固螺栓，力矩为 68 N • m（50 ft-lbs）。

润滑密封件后，在活塞上回装压紧环、活塞环和活塞密封圈。

在活塞密封压紧环固定螺栓的螺纹上均匀涂抹红色乐泰 242 后，回装螺栓，用 3/8 扳手均匀对称紧固螺栓，紧 c 固力矩为 48 N • m（35 ft-lbs）。

用 Parker 超级 O 形圈润滑剂润滑 O 形圈，将这两个 O 形圈装到液压缸下缸盖密封沟槽内。

将活塞、驱动轴部件穿过液压缸下缸盖，注意不要划伤驱动杆。

用 polytech 液压油润滑活塞外径表面，将液压缸缸套套入活塞，直到缸套与下缸盖配合到位。

润滑 O 形圈后，在上缸盖 O 形圈沟槽中回装 O 形圈。

将上缸盖回装到液压缸缸套上，回装安装板和螺杆、螺母、垫圈，均匀对称紧固螺栓，紧固力矩 1355 N • m（1000 ft-lbs）。回装驱动轴轴封。

年度检查维修技术要求：

检查阀门驱动装置的安全性（支架、联轴器、限位开关、限位拨杆等是否有松动）。

阀门外观进行检查，包括油漆或隔热材料，看看有无漏油、掉漆迹象。

检查阀门中法兰和填料压盖有无渗漏迹象，并检查四个压盖的蝶簧组件有无弹性。

检查驱动装置的管线、接头、电缆连接是否完整和安全。

注意：检查油路接头时，不光要检查外部油管，还要打开液压控制箱门，检查控制箱内部油管，务必检查仔细，以便发现微小渗漏情况。

检查油回路管线、泵、驱动装置底部法兰和油管组件有无液压油泄漏。

将回油阀门打开，把全部液压油缓慢泄回油箱并实时观测油箱液位，如液位过高则使用排油管通过排泄液压油至规定液位。

检查油箱液位（游标尺钻有 2 个孔，顶部的孔代表执行机构液压排放至 0 PSI，油气缸完全被氮气充满，底部的孔代表正常运行时油位）。如标尺油位不足底限，则打开油箱顶盖螺帽，添加专用液压油；在全部液压油回油箱后，油位要比上部孔标位置略高。

清洁驱动装置区域包括底部法兰和底面和活塞的暴露部分，注意管线和电缆；（使用无麻布、毛刷、合格清洁剂）。

检查空气干燥器硅胶，如果它由白变粉（或者粉变蓝）则应更换硅胶填充干燥剂（袋）。

对执行机构液压油取样分析，若油瓶不合格则进行滤油工作，直至取样合格为止。

检查阀门导向杆，如产生锈蚀则进行除锈并喷涂防锈剂。

驱动装置氮气罐的充气：

检查氮气压力表，如果数值低于 1950 PSI，则进行充氮。

达到最终需要压力（夏天应为 1950 PSI-2100 PSI，冬天应为 2000 PSI）时停止充氮设备，并关闭执行机构的氮气进口阀。

阀体全面解体检查维修技术要求：

文件、工器具、备件、耗材、人力已准备就绪、现场通风和照明满足施工条件，现场已设置隔离检修区。

警告：请再次确认拟检修设备的设备位号准确无误。

拆卸执行机构：

确认阀门处于关闭状态。

在以下相关法兰处做标记：执行机构/支架、支架/阀盖、阀盖/阀体。

从联轴器固定环拆除 2 个 3/8″ 紧定螺钉，然后提升联轴器固定环。取下联轴器半环（189A）。确认驱动机构连杆和阀杆之间无拖带物，联系主控及仪控人员，开启阀门，即驱动机构阀杆缩回。

取下联轴器组件，并将联轴器组件和紧定螺钉及固定环放在保护垫上（联轴器中间有销钉，注意防止丢失）。

对执行机构进行泄油压。

将吊带和执行机构顶部的吊环（M36 吊环螺栓）相连，并拆除执行机构与支架连接螺栓、螺母和垫圈。

吊运执行机构并放置在执行机构支架上，安装固定螺栓，联系服务将其移动到合适位置。

拆卸支架部分：

拆除 4 个 3/4″ UNS 填料压盖螺母和垫圈。

将压盖压板和压盖压套与填料盒脱开并从阀杆上取下；注意防止刮伤阀杆密封面。

拆除导向及其附件，注意防止键丢失。拆卸螺栓，从支架上拆除导向杆。用吊带将阀杆支架和起重设备的吊钩相连。拆除 8 个 2“UNS”支架螺母，然后将支架从阀盖上吊起并安全存放。

拆卸前至少提前 2 天将松动剂喷入螺栓、螺母间隙。拆卸前使用铜刷清理螺纹间隙杂物。

使用 9300 NM 力矩拆除 20 个 2.1/4″ UNS 阀盖固定螺母和垫圈，使其和螺栓分离。

将吊带安装至阀盖上，小心起吊。禁止摇晃，损伤阀体和阀杆，将阀盖放置于安全位置，然后拆除吊带。将联轴器安装至阀杆顶部，然后将吊耳安装至联轴器上，并安装吊带至吊耳上。提升阀杆直至闸板在闸板导套之间，然后使用专用工具夹紧并固定闸板。

将阀杆和闸板组件小心吊离阀体，放置于安全位置，卸下吊带、吊耳及联轴器。取下中法兰垫片。将所有零部件整齐摆放至保护垫上。

阀体内部检查：

确保阀体内无任何碎屑、工具或用于清洁的物质，然后彻底清洁阀体的法兰面，检查法兰面有无裂缝、变形和腐蚀。

导向板的清洗检查：

彻底并仔细地清洗闸板导向板（丙酮、抹布），检查有无裂缝和变形，然后擦干。

无明显损坏则不执行以下拆卸导向板工作。

展开锁紧垫圈，并拆除 8 个 1″ UNS 闸板导套螺母和垫圈。在两个闸板导向板上标明进、出口并拆除它们和 4 个销子。

闸板导向板不能互换，更不能和其他主蒸汽隔离阀零件互换

闸板导向板必须正确地、单独地和配合座面贴合，两者必须平行。闸板导向板最大误差为 +/–0.005″（每个导向板为+/–0.0025″与配合座面），在将来阀门仔细检验时，阀座可能要被磨去比较大的间隙，此时尽可能要求每个闸板的误差在–0 到+0.0025″之间，以免销钉孔的重加工。

将两个闸板导套按标识位置放回原位并用销钉固定。先将新的锁紧垫圈装在每个导向板上，然后装上 3 个 1″ UNS 固定螺母，均匀上紧螺母并将垫圈锁住

阀座的检查和研磨：

仔细清洁阀座并检查有无裂缝、点伤、划伤。

目视发现的轻微伤痕使用移动式研磨机清除。

使用干净厚塑料布盖住阀体并用封箱带绑紧。

支架、阀盖、阀杆、闸板等详细检查：

小心将闸板夹紧专用工具取下，然后从带眼上卸下两个闸板和弹簧，拆除带环。

给限位开关在支架上的位置做标记，然后拆除限位开关并运往电气工作间测试。

清洗所有阀门部件（使用丙酮并用钢丝刷刷洗内螺纹），要非常小心清洗闸板、填料盒内部和阀杆导向支架。确保阀盖和阀体联接表面彻底清洁。

检查阀盖有无裂缝、腐蚀、变形。检查填料盒内侧有无划痕和腐蚀点。检查支柱插孔是否有碎屑和变形。检查阀杆顶部螺纹有无损伤和变形。检查阀杆和压盖相关部分有无划伤或磨损。检查阀杆的弯曲变度（平板、V 形铁、百分表和支撑）满足直线度 9 级要求小于 150 μm/1 m。

检查带环和眼有无裂缝和变形。

检查填料压盖压板、填料压套和 4 个加载碟式弹簧组件有无磨损、腐蚀和变形。

注意：更换加载碟式弹簧组件时应向上一级报告，如果有一个碟式弹簧组件要更换则 4 个全要更换。

检查阀杆导套有无裂缝、变形和支柱轴承有无磨损，检查轴承座的孔有无划痕。确保键槽是平的并用油光锉消除任何小刺。检查限位开关的触点和指针是否完整。

检查支柱是否光亮、平滑和扭曲。检查弯曲度（工器具同阀杆）。

检查闸板弹簧有无扭曲和腐蚀。检查闸板有无点伤、划伤。目视轻微伤痕可以通过研磨以消除。将闸板固定在轨道研磨机底盘上后开始进行研磨。如果闸瓣的磨损严重，如有备件则更换，如无备件，则送往机械加工厂用磨床加工。

组装：

将带环、闸板和闸板弹簧安装在带眼上后，用闸板夹紧专用工具固定闸板并确保其配合到位。从

电气工作间取出限位开关，并根据标记将限位开关安在支架上。

将所有在工作间内检查完毕的零部件装上小车运回阀门所在地，并带上工具、设备及一组新填料和一个新中法兰垫片。

将阀体上的塑料袋除去，确认阀体连接表面和内部仍然清洁、无污物。将吊带连在阀杆上。小心吊起阀杆和闸板组件并将闸板放在闸板导向套之间，然后卸下闸板夹紧专用工具。

继续放低阀杆直至闸板达到“关闭位置”，然后拆除吊带和阀杆引导螺母。

将中法兰垫片装到阀体上。将阀盖和起吊设备用吊带连接，并垂直地将阀盖吊至阀体上方。根据标记位置，小心将阀盖穿过阀杆和 20 个阀盖螺栓吊放至最终位置，并从阀盖上拆下吊带

使用防咬剂均匀涂抹在螺栓连接处，涂抹量不应过多，以手动轻易旋转为宜。装上阀盖固定螺母并手动上紧所有螺母。

将底部填料环顺着阀杆滑落到填料函内并使用管式撞紧装置捣压在填料函底部。将填料逐次装入填料函，并逐次捣压紧。安上填料压盖压板并装上压盖螺栓，确保压盖压套对中并和阀盖顶部平行。安上加载碟式弹簧组件并安上压盖螺母（3/4″ UNS）和垫圈。

逐步均匀地上紧压盖螺母至规定扭矩 73.6 N • m，确保压盖压板是平行的。

将吊带与支架相连，吊起支架并据标识放在阀盖上的相对应位置。将 8 个支架固定螺母逐步上紧至最终扭矩（6574 N • m）。从支架上拆除吊带。

将阀杆导向键安入阀杆上键槽，并安上两个阀杆导向板，并上紧 4 个 1/2″ UNS 螺母。

安上两个紧定螺钉使导向衬套固定在阀杆导向板内。

穿过支架顶部托盘安装支柱并将阀杆导向板轴承进入支架底部托盘，确保它们就位正确。安装并上紧支柱螺钉。上紧阀杆导向板螺母然后固定两个紧定螺钉。将执行机构连上阀门

通过检查阀杆导向板上的指针是否指向指示盘上的关闭位置以检查阀门是否处于关闭位置。

将吊带和执行机构顶部的吊环相连（M36 吊环螺钉），起吊执行机构至阀门上部。将联轴器固定环安在阀杆导套顶部的阀杆上。

确信标记合适，根据标记将执行机构放低就位，然后将 12 个螺母（2″ UNS）和垫圈安在螺栓上，均匀地上紧所有螺母。确信标记全部吻合。

将执行机构吊环上拆除吊带。仪控人员给执行机构安装接线，并恢复限位开关的接线。

执行阀门关闭动作，即执行机构连杆伸出，至完全伸出位置。

提升联轴器固定环使其在执行机构接头上。使两个半个的联轴器包住执行机构接头和阀杆，再放低联轴器固定环使其就位并安上两个紧定螺钉。

检查执行机构氮气压力，若低于 2000 PSI，则给执行机构充氮气至 2000 PSI。

（6）质量管理

表 352-01-05-41

项目名称	质量管控点
定期外观检查与润滑	泄漏外观检查、干燥剂检查、油位检查、油质合格、气压检查
执行机构更换易损件	部件外观检查、轴检查、活塞缸检查、力矩检查、密封面检查、内部检查、防异物、保压试验、动作试验、快关试验
全面解体检查	防异物检查、阀瓣和阀座密封面检查、内部检查、力矩检查、拉伸量检查
动作试验	油压检查、气压检查、限位触发检查
电磁阀动作试验	动作正常检查、液压系统压力检查

（7）经验反馈

升温后氮气压力异常问题：主蒸汽隔离阀执行机构由于设计上未考虑蓄能器内液压油热胀冷缩，导致密封腔式内液压油热胀冷缩无缓冲空间，进而出现液压系统超压现象。经过改进，对液压系统中增加自动泄压的液压模块，消除超压的现象。

D 型闸板周向未定位导致闸板碰撞损坏问题：主蒸汽隔离阀的闸板的形状和横放的英文字母 D 基本相同，两个闸板套在阀杆下部的孔中，正常的阀板的工作状态是圆弧侧朝上，水平的一侧朝下。在主蒸汽隔离阀的蒸汽密封试验当中，我们发现有明显泄漏。将阀门拆开发现阀板和阀体有明显碰撞变形痕迹，破坏了密封面导致了密封不严以致泄漏。经分析这是由于阀板的重心略微靠下，并且阀板的两侧的密封面有些许的不同，导致有可能在阀门运输的过程当中阀板围绕阀杆的下部圆环中心进行旋转或在开启的过程当中阀板的两侧的密封面摩擦力不同导致旋转。形成下图所示的阀板状态，D 型闸板的圆弧侧朝左，由于 D 型闸板的正常状态圆弧侧是朝上的，而且上下和左右两侧的距离是不相同的，所以在旋转以后如果进行阀门的开启操作，就会碰撞到阀体。经对在库中仍未使用的两台主蒸汽隔离阀的检查发现，所有的此类阀门均产生此现象。为此我们对阀板和阀杆进行了改造，在阀杆的下部圆环的面板上钻孔、攻丝，加装带螺纹的销钉。在阀板的上侧和阀杆钻孔贴合的位置加工一个键槽型孔，用来和阀杆上的销相互配合，来防止阀板旋转。

螺栓咬死问题：由于主蒸汽隔离阀的螺栓为较粗的高温螺栓（21/2 in），容易在拆卸过程中产生咬死。经验反馈后修改了拆装方式，由原有的液压力矩扳手拆装，改为拉伸机拆装。将原力矩换算为拉伸量，并更换为更长的双头螺栓，以便安装拉伸机。

（8）技术规程清单

表 352-01-05-42　技术规程清单

序号	规程名称
1	主蒸汽隔离阀全面解体检查
2	主蒸汽隔离阀驱动装置定期检查
3	主蒸汽隔离阀驱动装置全面检查
4	主蒸汽隔离阀接头定期外观检查
5	主蒸汽隔离阀局关试验机械配合检查
6	主蒸汽隔离阀快速关闭试验机械配合检查
7	主蒸汽隔离阀执行机构滤油检查
8	主蒸汽隔离阀执行机构整机更换
9	主蒸汽隔离阀执行机构充氮、滤油及试验规程

（9）参考资料

[1] 孙勤. 核反应堆核级设备检修工 [M]. 北京：中国原子能出版社，2014.

5.2.14　核电厂稳压器喷淋阀

（1）定义

稳压器喷淋阀为调节阀，为稳压器顶部控制和保持连续的喷雾流量，从而改变稳压器中的喷淋流量。

（2）范围对象

稳压器喷淋阀位于主泵下游与 2 个主回路冷段的 2 条喷淋管线上，阀门制造商为法国某公司，为核电厂关键重要设备。稳压器喷淋阀装有下部支档，以便保持连续的喷雾流量从而减少喷雾管和波动

管的热应力，并有助于在稳压器中维持均匀的水化学和温度（极化运行）

（3）结构原理

m310 机组稳压器喷淋阀，由阀体部分和气动执行机构部分组成。

1）阀体

阀体主要部件包括阀体、端盖、V 形球、阀座组件、阀轴、填料组件、转臂、驱动连杆、倒密封调整组件、最小流量调节组件等。

工作原理：驱动连杆（121）与上阀轴（8）是齿键连接，并由卡簧（110）固定。当气动头驱动力作用在销轴（108）上，会对上阀轴产生一个扭力，带动球体转动。图示位置阀门是关位，对应的气动头是失气状态。当气动头进气后，驱动杆带着销轴朝向纸外运行，球体正面逐渐转离筒型密封面，阀门开启。

2）气动执行机构

气动执行机构主要包括联轴器、驱动杆、执行机构等。

工作原理：气动执行机构失气状态时，驱动杆是在高位。因为球阀是角行程驱动，所以通过在气动头的下部安装一个“两连杆”机构，实现将气动头的直线运动转化成转角运动。

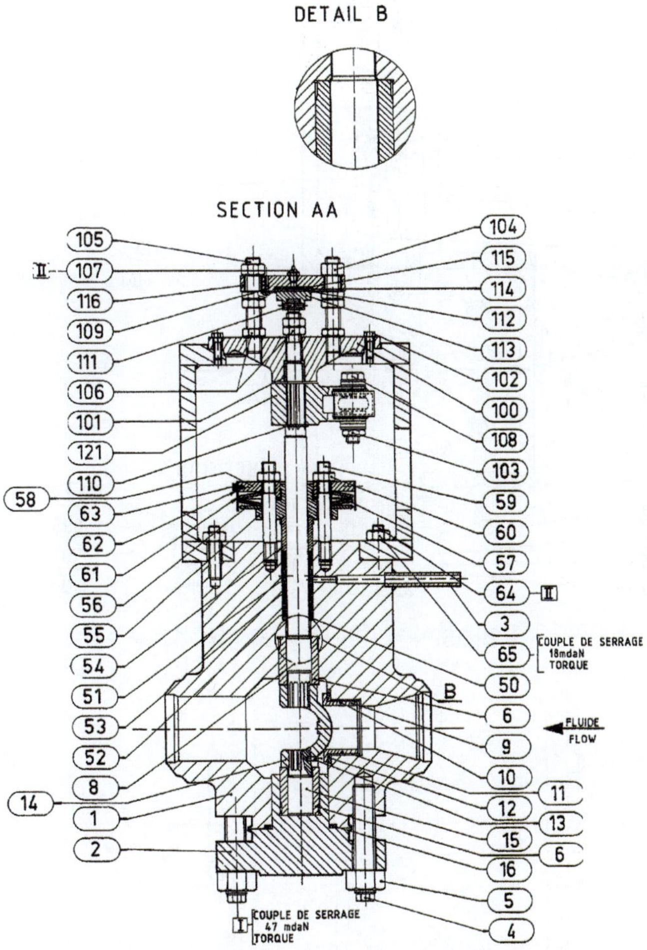

图 352-01-05-37 阀体结构图

最下流量调节原理：“极化运行”要求阀门在任何情况下，都不能关闭，必须保证有一最小开度（根据运行需要可调），为了绝度可靠，在“两连杆”下面安装了一个限位拉杆。该限位拉杆与“两连杆”的中心转轴连为一体，在限位拉杆的另一端安装有挡块，以限制气动头驱动杆更多地向上的运动，亦限制球体逆时针转动的角度。

（4）指标和参数

——阀门执行机构无漏气、阀门动作无异常、阀门开关动作均匀无卡涩；

——稳压器喷淋阀参数要求：

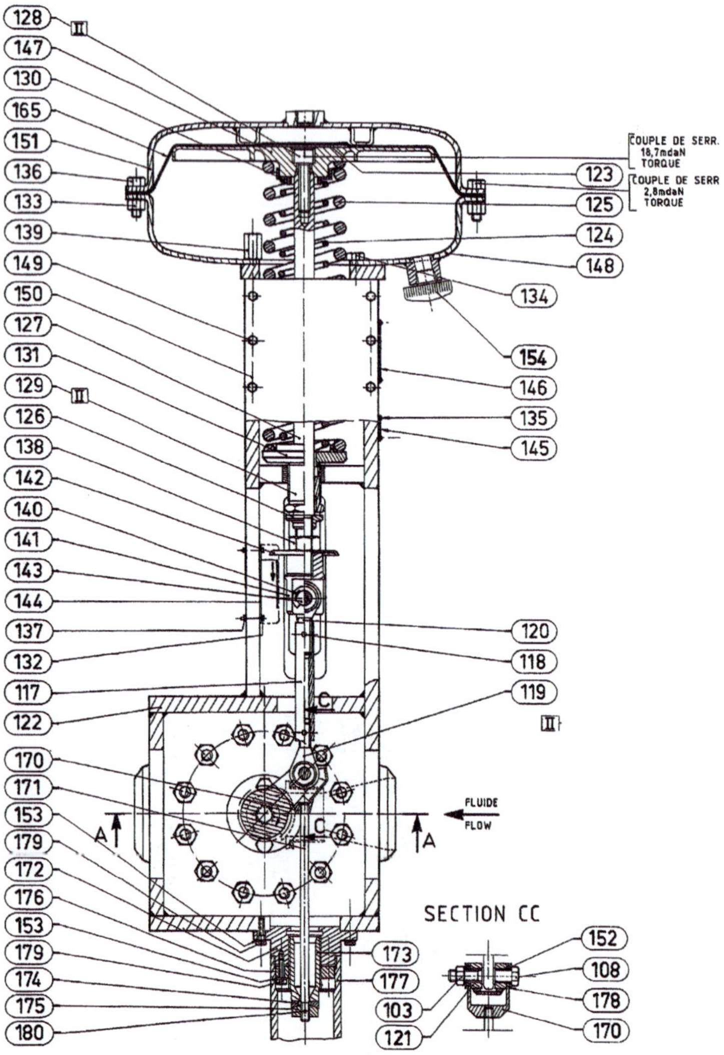

图 352-01-05-38　阀体结构图

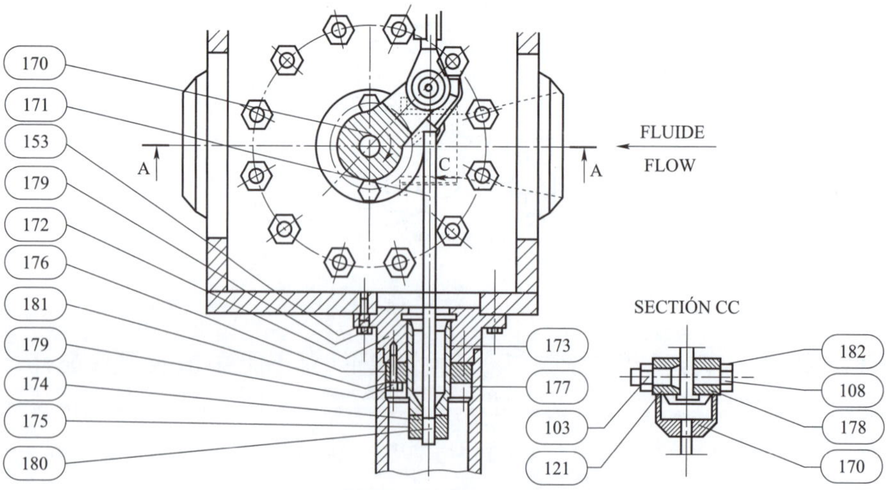

图 352-01-05-39　阀体结构图

表 352-01-05-43 稳压器喷淋阀参数

阀门编码	开阀时间	关阀时间	行程
稳压器喷雾阀反应堆冷却剂系统 001VP	≤3 s	≤5 s	90～100 mm
稳压器喷雾阀反应堆冷却剂系统 002VP			

——稳压器喷淋阀参数最小流量参数要求：

表 352-01-05-44 稳压器喷淋阀参数最小流量参数

阀门编码	反应堆冷却剂系统 401RC 信号值	喷淋管线温差	连续喷淋管线温度
稳压器喷雾阀反应堆冷却剂系统 001VP	24%～26%	<5 ℃	预期值 280 ℃、偏差尽量小
稳压器喷雾阀反应堆冷却剂系统 002VP			

（5）维修技术要求

1）预防性维修项目

表 352-01-05-45 稳压器喷淋阀维修项目内容与周期

项目名称	项目内容	项目周期（1C 为 1 个燃料循环）
全面检查	对阀门进行解体检查，更换阀座组件、填料、垫片、执行机构膜片等	3C

2）运行定期试验

表 352-01-05-46 稳压器喷淋阀定期试验项目内容与周期

项目名称	项目内容	项目周期（1C 为 1 个燃料循环）
喷淋阀试验（PT 反应堆冷却剂系统 003）	检查阀门最小开度，必要时进行调整	1C

3）阀门全面检查

——阀门处于手动控制状态，管道内介质排空，对阀门进行初始标记和记录；

——记录调节螺母（173）至锁紧挡块（176）之间的距离 L 及调节螺母（173）伸出螺纹数；

——取下调节杆组件、驱动连杆、倒密封调整组件、转臂、填料组件、端盖、阀轴、V 型球、阀座组件等；

——检查并清洗 V 形球、阀轴、阀座、阀体、填料函、端盖等，特别是阀轴填料函部分应该光洁无划痕。

——更换阀座组件、垫片、填料后回装阀体部分，调整倒密封；

——更换气动头膜片，进行执行机构密封性检查；

——使用专用工器具对阀门进行性能诊断，初步调整阀门最小开度。

4）喷淋阀试验

检查并调整阀门最小开度。

5）专业工器具

Flowscanner 调节阀诊断仪。

（6）质量管理

表 352-01-05-47 稳压器安全阀维修质量控制点

项目名称	质量管控点
全面检查	执行机构无外漏，端盖力矩检查，法兰间隙检查，倒密封设置、最小流量设置，阀门开关时间等

（7）技术规程清单

表 352-01-05-48　稳压器喷淋阀技术规程

序号	规程名称
1	稳压器喷淋阀最小流量调节机械规程
2	稳压器喷雾阀全面解体检查

（8）经验反馈

——阀门解体时处于一回路系统开口，工作中做好防异物措施和人员防沾污措施；

——某核电厂在同类型阀门在机组运行期间发生填料泄露情况，导致一回路泄露量高报警。通过倒密封暂时解决。

（9）参考资料

[1] 孙勤. 核反应堆核级设备检修工 [M]. 北京：中国原子能出版社，2014.

5.2.15　核电厂抽汽逆止阀

（1）定义

抽汽逆止阀是保证汽轮机安全运行的重要设备之一，当汽轮机甩负荷时，它们迅速关闭，保护汽轮机不致因蒸汽的回流而超速，并防止加热器及管路带水进入汽轮机。机组正常运行中，需要在事故情况下可靠动作，保护汽轮机。

（2）范围对象

核电厂抽汽逆止阀。

（3）结构原理

抽气逆止阀阀体结构属于旋启式止回阀，如图 352-01-05-40 所示。

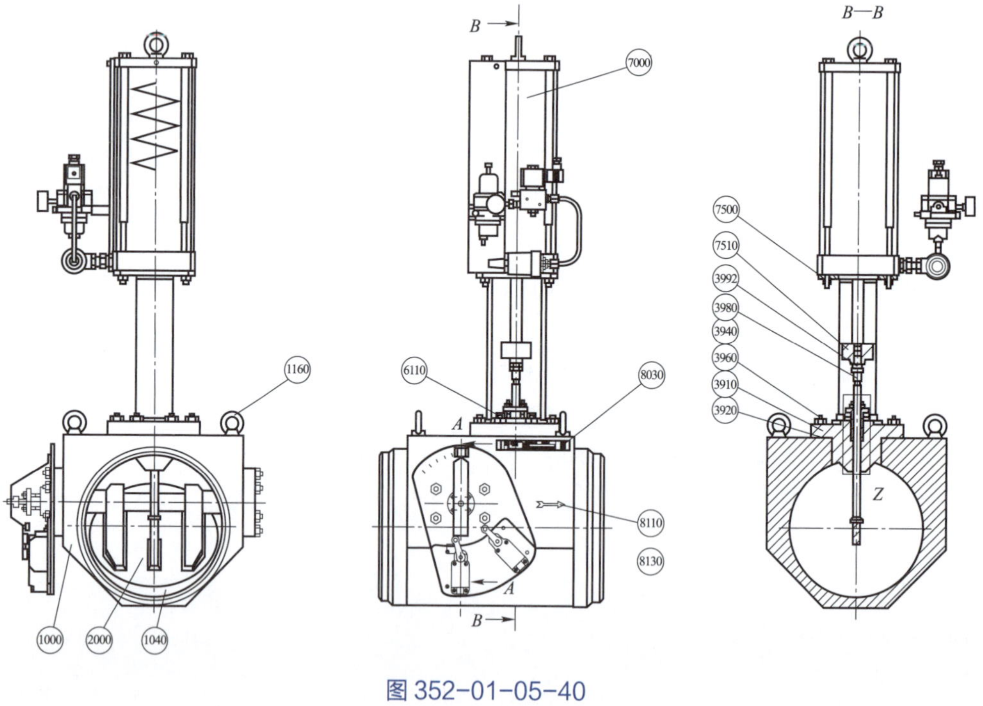

图 352-01-05-40

其与普通逆止阀不同的是：

——有气动辅助关闭的执行机构。为进气开，失气弹簧关闭。气动执行机构上设计有 2 位 3 通电磁阀，以及快速排放阀。

——在阀体阀瓣转轴侧面设计有阀瓣的限位开关，用于指示阀瓣的位置。

——阀体阀瓣转轴的两侧设计有密封结构，其中一侧是填料，另一侧为垫片结构。

——阀体与执行机构连接侧，设计有填料结构，用于密封执行机构的阀杆。

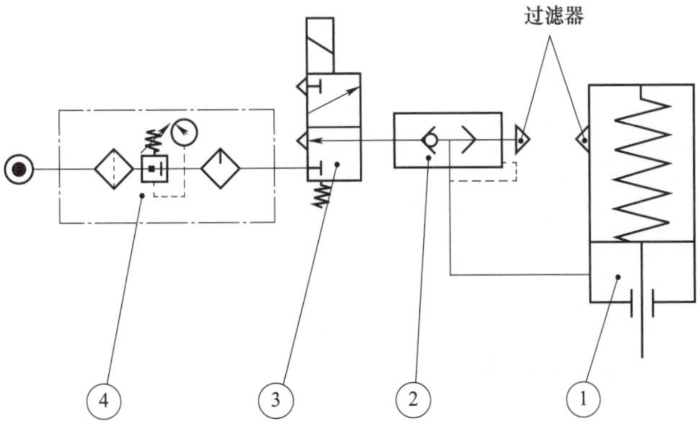

图 352-01-05-41

其执行机构的结构原理如上图。其中 1 为执行机构（单作用，进气开/弹簧关），2 为快速排放阀，3 为 2 位 3 通电磁阀，4 为减压阀。

其本体结构原理如上图。其中转轴两侧各设计了一个密封。左侧为填料，右侧为垫片密封。

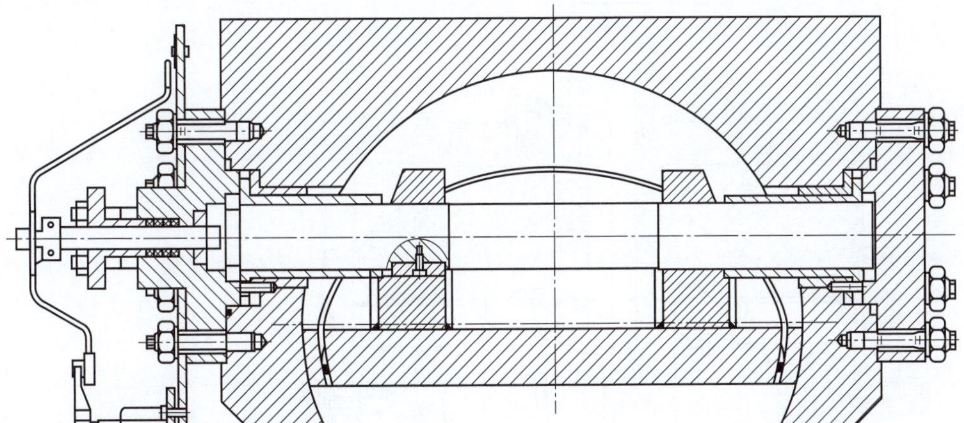

图 352-01-05-42

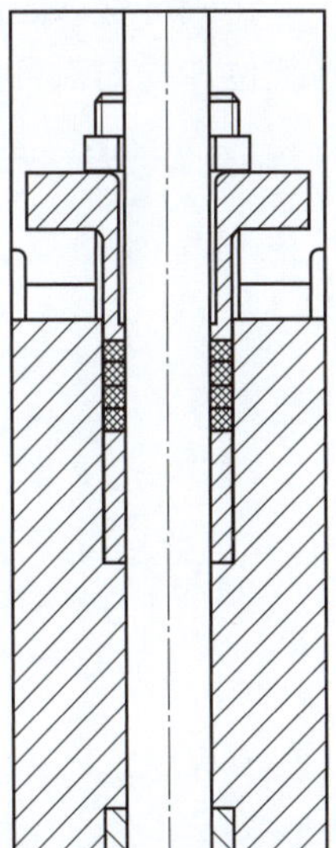

图 352-01-05-43

其执行机构阀杆与阀体连接的结构原理如图 352-01-05-42，其密封结构为填料。

（4）指标和参数

——关闭时间满足要求，无卡涩；

——阀门无外漏；

——阀门无内漏；

——阀门限位开关指示正确。

(5) 维修技术要求

维护项目：

表 352-01-05-49

项目名称	项目内容	项目周期（1C 为 1 个燃料循环）
阀门定期动作试验	进行动作检查	根据运行试验需求
执行机构密封件更换	更换执行机构的密封件	2C
阀门解体检修	对阀门进行解体检查，研磨阀板、阀座密封面，更换密封件 解体阀门执行机构更换密封件	3C

1) 阀门解体和组装

确认系统已被隔离，介质已排空，气动机构的电源、气源已被切断。拆除气动机构的供气管、控制元件及控制线路后，拧松螺母、松开连接套，使阀杆与气动驱动杆脱开。在阀门上方用葫芦吊住气动装置，旋开出螺钉，拆除气动装置。

在做好上盖与阀体的装配记号后，松开螺母，卸下上盖。依次拆除螺母、压盖，取出填料、填料环、衬套，松开螺母，卸下盖板。取出支撑轴套、销、平键。

检查内部阀体、阀板、阀杆等是否有磨损，更换密封部件。组装前必须将阀体内腔清理干净，防止污垢卡阻或损坏密封部件。装复支撑轴套，并插入销固定。装复两端的盖板，上紧压紧螺母。转动阀板，检查阀板转动应灵活、无卡涩现象。

将阀杆穿入上盖，随后套入衬套、填料环、填料以及填料压盖并均匀压紧。将上盖按拆卸时的记号就位，均匀对称拧紧连接螺母。

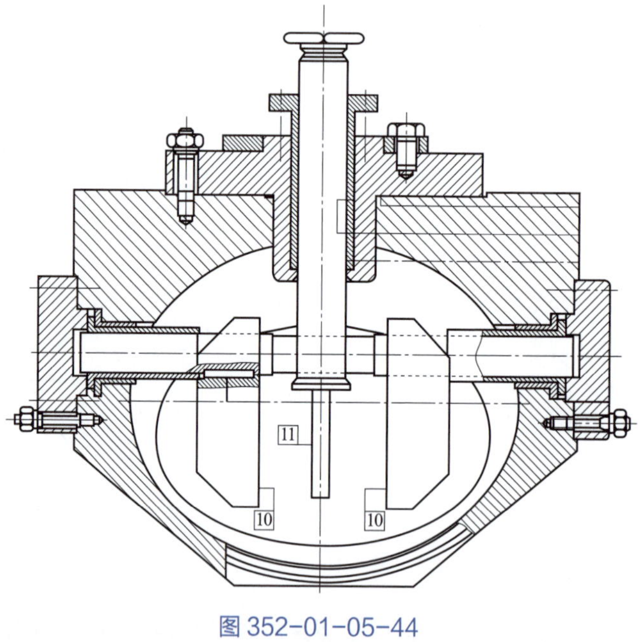

图 352-01-05-44

2) 气动装置解体和组装

在气缸与前、后端盖的结合处做上记号，便于组装。拆除气缸与端盖的连接螺栓和螺母，卸下气缸的前、后端盖。将弹簧组件和活塞组件依次抽出缸体。拆下活塞杆的并紧螺帽，使活塞杆与活塞分离，并取下活塞杆上的 O 形密封圈。取下活塞上的一道 O 形密封环和两道 V 形密封环。将气缸前端盖中的衬套取出，并取下衬套上的O形密封圈。分别取下气缸前、后端盖的O形密封环。

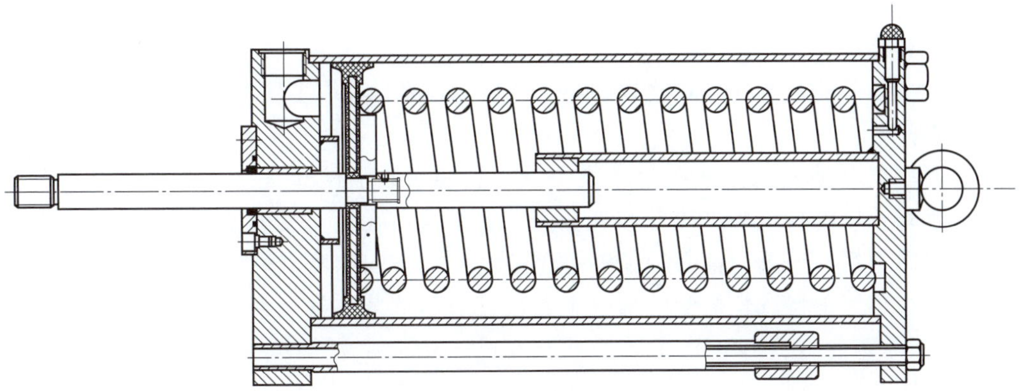

图 352-01-05-45

对执行机构内部进行检查。对活塞组件进行细致检查。

更换衬套上的O形密封圈，并将其装回气缸前端盖中。更换活塞上的一道O形密封环和两道V形密封环。更换活塞杆上的O形密封圈，并用活塞杆并紧螺帽，将活塞杆与活塞固定成一体。将弹簧组件和活塞组件依次装入缸体中。更换气缸前、后端盖的O形密封环，并用连接螺栓和螺母，按原标记将两者与缸体联成一体。将气动装置吊至阀门上方就位，装好螺钉。用连接套把阀杆与气动驱动杆连接好，拧紧螺母。恢复气动执行机构的供气管、控制元件及控制线路。

（6）质量管理

表 352-01-05-50

项目名称	质量管控点
全面解体	蓝油试验\摇臂轴检查\金属垫片和销子检查\垫片以及法兰密封面检查\中法兰螺栓力矩

（7）经验反馈

——运行试验时，止回阀出现卡涩现象，对止回阀漏出端进行敲击，辅助回座；

——阀门投运后曾经出现卡涩，经检查出现阀杆弯曲，将阀杆由 16 mm 改为 25 mm；

——执行机构密封圈出现运行中损坏，需保持 2C 定期更换项目执行有效；

——气缸下盖螺栓曾经出现松脱，需安装过程中使用螺栓锁固胶；

——运行中曾经出现过填料泄漏，稳压器泄压箱液位上涨，需要拉至倒密封消除泄漏。

（8）技术规程清单

表 352-01-05-51　抽汽逆止阀阀技术规程

序号	规程名称
1	大高 DN2001500LBS 旋启式止回阀解体检查

（9）参考资料

［1］孙勤. 核反应堆核级设备检修工［M］. 北京：中国原子能出版社，2014.

5.3 适用于“华龙一号”阀门技术要求

5.3.1 主蒸汽隔离阀

（1）定义和术语

“华龙一号”是中国拥有自主知识产权的第三代核电技术，其中主蒸汽隔离阀为“华龙一号”堆型核 2 级重要关键敏感设备。

主蒸汽隔离阀的功能是在主蒸汽管道或主给水管道破裂后防止失控的蒸汽喷放量超过一台蒸汽发生器的储水量，以维持反应堆冷却和安全壳压力升高值在可接受的范围内。在任何位置的蒸汽管线或给水管线破裂后，该阀门都必须能够迅速截断任一方向的蒸汽流。当反应堆处于热停堆状态时，主蒸汽隔离阀还用来将汽轮机侧的部分主蒸汽管道与核蒸汽供应系统隔离开，以进行下游设备的检修。

（2）范围对象

TSM001VV、TSM002VV、TSM003VV。

（3）结构原理

“华龙一号”主蒸汽隔离阀采用的是气液联动的执行机构对阀门进行控制。其中执行机构气侧部分为预充的压缩氮气，其功能相当于一个永不失效的弹簧，阀门的主要动作及其调节控制主要通过调节执行机构液压部分压力控制液压杆的运动从而控制主蒸汽隔离阀动作。

设备的液压原理如图 352-01-05-46 所示：

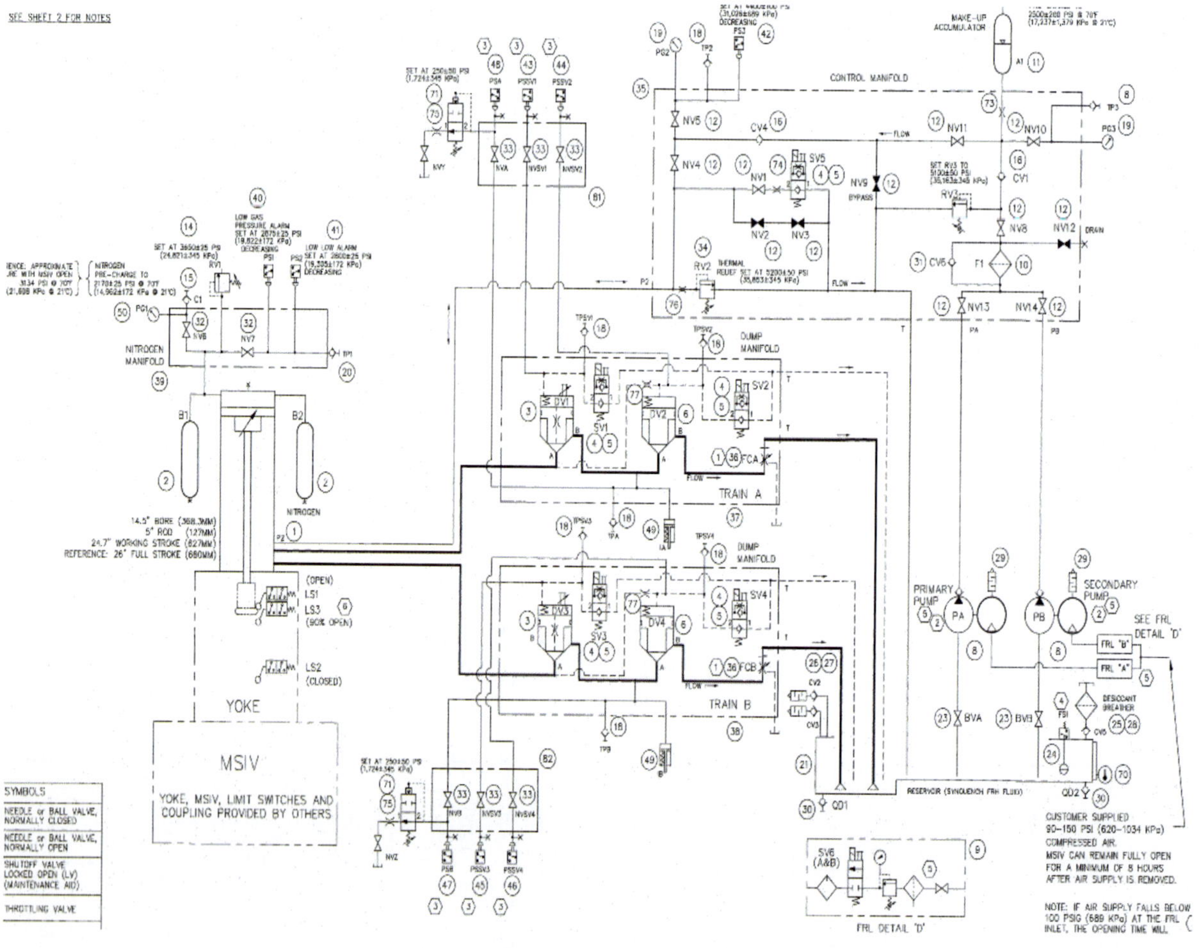

图 352-01-05-46　液压泵（PA 和 PB）

液压由冗余压缩空气驱动的液压泵提供，用于对液压系统加压。泵配有整体式止回阀，可防止在运行过程中回流。泵的空气供应由FRL（过滤调节器润滑器）组件控制，该组件包括空气切断阀SV6A和SV6B。

油箱：

液压油储存在一个30加仑的液压油箱中。油箱配有螺旋式干燥剂呼吸器，以防止油箱中积聚水分。为防止在快速关闭事件期间过度增压，当空气压力超过1 PSIG时，油箱使用低开启压力止回阀释放储气罐内的空气压力。通过移除干燥剂呼吸器并使用过滤套件通过呼吸器端口添加液压油，或通过一个QD 连接将过滤后的液压油泵入油箱。安装了电动浮子液位开关（FS1），以在整体液位过低时提供报警指示。液位观察镜安装在油箱的前部。所需的液位用油箱上的标签标注。

高压过滤器：

带有 3 μm 滤芯的高压滤清器（F1）位于控制管线内，用于捕获悬浮在液体中的污染物。该过滤器配有一个旁路止回阀（CV6），当滤芯因堵塞而压差过大时，该阀打开。

[注：过滤器旁路止回阀的开启压力为75 PSI，并用作设定为75 PSI开启（75 PSI开启压差）的安全阀。在正常操作期间，油液不会绕过过滤器。冷启动期间（温度低于正常工作温度时）或者未按要求定期更换滤芯，油液可能会绕过过滤器]。

液压泵安全阀（RV3）：

高压低流量安全阀位于高压过滤器的下游，以提供超压保护。该安全阀的出口直接连接到储液罐。

补给蓄能器（A1）：

活塞式蓄能器安装在高压滤清器的下游。该蓄能器提供储存的能量，用于在压缩空气供应或电源故障时保持执行器处于打开位置。氮气通过充气阀（C2）添加到蓄能器中。

手动控制阀（NV1、BVA等）：

液压动力系统的手动隔离和放气是通过使用支管和管路上安装的球阀和针阀实现的，这些阀门用于启动、维护和手动操作活动。

排放阀（DV 1、DV 2、DV 3 和 DV 4）：

该执行器的安全关闭功能由先导式插装式卸料阀组件执行。每个排放阀都由电磁阀控制。要关闭卸压阀，需要关闭控制卸压阀的电磁阀（断电）。当电磁阀关闭时，管路压力和卸压阀顶部的弹簧力共同迫使卸压阀关闭。当控制卸压阀的电磁阀通电时，来自卸压阀阀芯上腔的流体压力通过电磁阀排出。为了关闭 MSIV，任一列或两列中的两个排放阀必须打开，油缸管路中的液体被排放到油箱中，导致活塞杆伸出，关闭MSIV。

电磁阀测试开关（PSSV1、PSSV2、PSSV3 和 PSSV4）：

每个卸压阀各自的电磁阀都连接到电磁阀测试开关，该开关用于验证每个电磁阀的工作情况，以便进行测试。在测试过程中，每个电磁阀的功能可以通过单独操作每个阀门并监控这些开关的状态变化来验证。

注意：为了避免 MSIV 的假关闭，一次只测试一个电磁阀。提供测试开关 PSA 以验证 DV1 是否关闭，也可用于验证 DV 2 的运行。测试开关 PSB 用于验证 DV 3 是否关闭，也可用于验证DV4 的运行。

过压阀（OVA 和 OVB）：

过压阀通过正常保持打开来工作，以确保正常操作期间排放阀之间的容积不加压。阀门在高流量（和由此产生的高压）下关闭，然后在压力降低时通过弹簧力再次打开。

[注：当第一次设置（或恢复到标称值）时，关闭调整螺母直到其触底，然后将其退回两整圈，以确保弹簧设置在正确的力]。

流量控制阀组件（FCA 和 FCB）：

有两个流量控制阀总成，每排一个，用于调节执行器的关闭速度。每个流量控制阀组件由一个高流量控制阀组成，该阀插入每个排放支管组件中。流量控制阀是出厂预设的，不可调整。每列的调节范围应确保执行机构能够将关闭时间控制在 2～5 s 之间。

慢关阀（SV5）：

为了允许 MSIV 阀门缓慢关闭，该执行机构配备了缓慢关闭回路。通电时，慢关阀将允许执行器缓慢关闭；断电时，执行器将返回至全开位置。该阀门可与 LS 3（90%打开限位开关）一起用于执行部分关闭（操作）。慢关针阀（NV1）可用于隔离阀门或在需要慢关速度时限制关闭速度。

手动关闭阀（NV 2 和 NV 3）：

两个针阀安装在慢关管线上，可以在不使用排放阀的情况下关闭阀门。为了关闭执行机构，应将针阀缓慢打开，从油缸中排出液压油。在正常运行期间，这些阀门应保持关闭。

测试点（TP）：

系统内各点均设有压力测试点，用于测试和取样，这些测试点在液压原理图上的标识为“TP”。

执行机构液压缸总成：

执行机构液压缸总成的功能是将执行机构高压氮气瓶中储存的能量转换为机械能，以便在收到关闭信号时关闭 MSIV 阀门。该气缸在其上腔使用高压氮气作为高能气体弹簧来关闭阀门，而泵入下腔的液压油则用于打开阀门并将阀门保持在打开位置。

液压缸：

执行机构液压缸总成中的主要部件是一个“上气下油”的液压缸。上方气体提供阀门的关闭推力，下方的液压油提供阀门的开启推力。

液压缸有一个液压缓冲垫，在执行机构行程的最后 1 in（25 mm）内降低关闭速度。

氮气瓶（B1 和 B2）：

提供关闭推力的氮气储存在两个 80 L 容积的氮气瓶中。氮气瓶通过高压软管总成直接连接到液压缸的顶部腔室。

低气压开关（PS 1 和 PS 2）：

压力开关连接到液压缸的气体侧，以便在氮气压力低的情况下提供报警信号，以确定是否有气体泄漏。两个开关都可以使用位于气体管线上提供的隔离针阀 NV 7 进行隔离和校准。

氮气安全阀（RV 1）：

气体管线上设有安全阀。该阀一旦达到最大允许值，便开启排放氮气，降低氮气侧的压力。

充气阀（C 1）：

在气体总管上连接一个充气阀，用于补充氮气，这个阀门可以用 NV 6 隔离。

氮气压力阀和压力表：

氮气压力表通过切断阀（NV 6）隔离。为了方便起见，还提供了 NSR 仪表（PG 1）。

阀门本体：

阀门设计有二块闸板，它们是相互独立的，二块闸板间有上下二块楔形零件，上楔块通过方螺母与阀杆连接。阀座和闸板之间是平行的，阀座直接焊接在阀体中。本阀门兼有自动密封和强制密封的功能。当阀门快速关闭时，阀杆上的轴向力通过楔形零件传递到闸板上形成强制密封，同时如果上游存在压力，压力将作用在阀门出口端闸板的背面，实现自动密封。在阀门不受压的情况下，主要通过执行机构向下的推力传递到闸板上实现密封。通常情况下，阀门受到的压力越高，闸板密封性能越好。

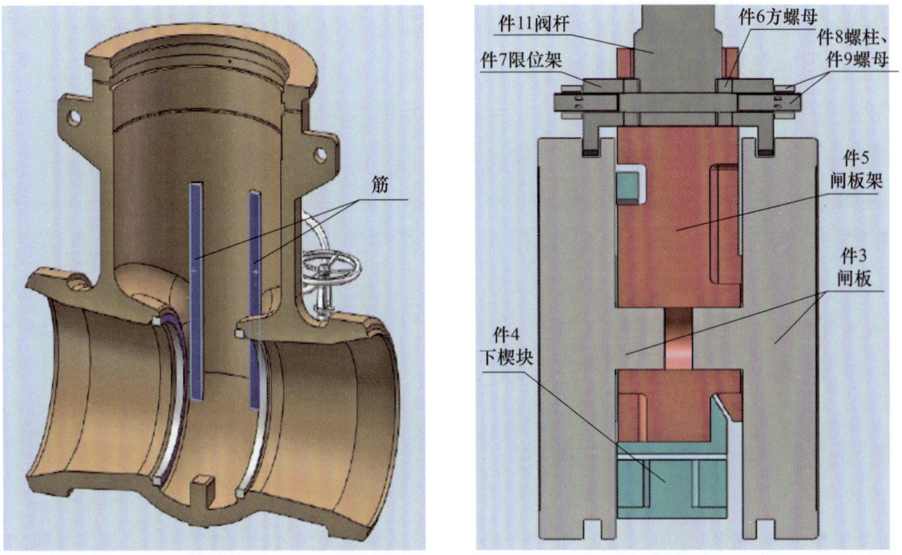

图 352-01-05-47

（a）阀体外壳；（b）闸板组件

（4）指标与参数

工作条件及工作特性：

表 352-01-05-52 工作条件及工作特性

项目名称	要求
快速关闭时间	≤5 s
缓慢开启	＜15 min
缓慢关闭	＜3 min
动作检查循环时间	≤120 s
液压油颗粒度	NAS 1638 Class 6 或更高。（相当于 ISO 15/12）
液压油水分	小于 1000×10^{-6}
氮气瓶预充压力	2170±25 PSIG（70 ℉时关阀状态）
液压油开阀的正常压力范围	4940±40 PSIG（开阀状态）

（5）维修技术要求

1）预防性维修项目

表 352-01-05-53 预防性维修项目

设备名称预防修性维修项目	
项目名称	项目周期（1C 为 1 个燃料循环）
主蒸汽隔离阀阀体解体检查	10C
主蒸汽隔离阀执行机构全面解体检查	5C
主蒸汽隔离阀年度检查	1C

2）检修主要内容

主蒸汽隔离阀阀体解体检查：

阀体的解体检查主要内容为检查闸板及阀座密封面的完好程度。主要检修条目有以下几方面。

——闸板密封面检查：闸板密封面完好，无肉眼可见缺陷，蓝油试验结果清晰连续无断点；

——阀座密封面检查：闸板密封面完好，无肉眼可见缺陷，蓝油试验结果清晰连续无断点；

——阀盖螺栓力矩：满足技术规格书要求。

主蒸汽隔离阀执行机构全面解体检查：

执行机构的解体检查主要内容为检查执行机构零部件的完好程度及功能是否正常，主要检修条目有以下几方面。

——快关回路检查：无跑冒滴漏，外观良好；

——慢关回路检查：无跑冒滴漏，外观良好；

——气泵检查：无跑冒滴漏，外观良好；

——氮气瓶检查：无跑冒滴漏，外观良好；

——安全阀检查：无跑冒滴漏，外观良好；

——液压缸检查：无肉眼可见划痕；

——液压杆检查：无肉眼可见划痕，直线度满足要求；

——阀门保压试验：保压 12h 以上，压力波动不大于 300 psi；

——快关动作时间：动作时间小于 5 s；

——慢关动作时间：动作时间小于 3 min；

——阀门开启时间：开启时间小于 15 min；

——90%开度动作正常：阀门动作正常。

主蒸汽隔离阀年度检查：

阀体的解体检查主要内容为检查验证阀门状态良好，主要检修条目有以下几方面。

——液压油质量检查：颗粒度达到 NAS 1638 Class 6 或更高（相当于 ISO 15/12），含水量小于 1000 PPM；

——氮气压力检查：氮气压力满足 EOMM 手册要求；

——关键部位螺栓力矩复核：力矩值满足 EOMM 手册要求；

——执行机构动作检查：动作时间满足 EOMM 手册要求；

——压空管线检查：无跑冒滴漏，外观良好；

——阀门外观检查：无跑冒滴漏，外观良好。

（6）质量管理

项目名称	质量管控点
阀门保压试验	阀门保压试验满足要求
阀门动作检查	动作时间满足技术规格书要求
液压缸检查	液压缸完好无划痕
密封面检查	密封面完好，蓝油等试验满足现场要求

（7）技术规程清单

序号	规程名称
1	主蒸汽隔离阀执行机构全面解体检查
2	主蒸汽隔离阀阀体全面解体检查
3	主蒸汽隔离阀定期检查

（8）经验反馈

故障特征	可能原因
泵频繁循环（每分钟超过一次冲程）或在 MSIV 完全打开或漂移关闭的情况下连续运行	针阀裂开或泄漏
	安全阀 RV3 或安全阀 RV2 打开或故障
	电磁阀和/或排放阀泄漏
	液压泵吸入侧的 BVA 和 BVB 球阀关闭或未完全打开
	泵因低温而丧失充压功能
	液压杆或活塞处泄漏
	压力表或压力表切断阀故障
	外部液压泄漏或空气泄漏进入泵吸入管
泵无法产生液压	液压旁通阀（NV2、NV3 和/或 NV9）打开或泄漏
	由于空气泄漏或冷却，泵失去充注温度
	油箱液位低
	BV1 和 BV2 球阀门关闭或未完全打开
	排放阀或电磁阀打开
	排放阀或电磁阀泄漏
	压缩空气供应关闭或不足
	安全阀 RV2 或 RV3 打开或有缺陷
	FRL 堵塞或调节器故障或调整不当
	泵故障
	外漏
MSIV 在开阀状态下液压过低无法补充	电磁阀 SV1、SV2、SV3、SV4 或 SV5 得电
	排放阀故障（卡在打开位置）
	安全阀调整不当或有缺陷
	泵故障
MSIV 液压低无法开启	空气供给不足
	SV6A 和 SV6B 或 FRL 手动阀关闭
液压正常，但 MSIV 未打开	由于 MSIV 阀门阻力导致的过载
	供给阀关闭
	气缸故障
	过量充氮
关闭时间太慢	流量控制阀调整不当或其中一个阀有故障
	排放阀行程调节器关闭
	气压不足
	由于 MSIV 阀门阻力导致的过载
	只有一列快关回路可以正常工作

续表

故障特征	可能原因
填料渗漏	填料压盖未压紧
	填料圈数不足
	填料由于使用过久或保存不妥而失效
密封面间渗漏	密封面有污杂物附着
	密封面损坏
阀门启闭过程中有卡阻	填料压板、压套装置歪斜
	执行机构输出轴歪斜
	阀杆弯曲
自紧密封处泄漏	预紧螺栓力矩不够
	密封圈失效

（9）参考资料

无。

5.3.2 安全壳隔离阀

（1）定义

安全壳隔离阀是用来保证在 LOCA 事故时安全壳的密封性。

（2）范围对象

CSV001VA、CSV002VA、CSV003VA、CSV004VA、CSV013VA、CSV014VA、CSV015VA、CSV016VA；CAM003VA、CAM004VA、CAM005VA、CAM006VA、CAM007VA、CAM008VA、CAM009VA、CAM010VA。

（3）结构原理

1）DN350 安全壳隔离阀（CAM 系统）

安全壳隔离阀 DN350 在机组正常运行工况下，能够正常开启和正常关闭。在事故工况下（特别是“LOCA 事故”），关闭时间应小于 1 s（压差 0.05 MPa.g）。

阀门 CAM005、006、007、008VA 应能：

——手动开启；

——失电时自动关闭（故障关闭）。

阀门 CAM003、004、009、010VA 应能：

——气动开启；

——失电时自动关闭（故障关闭）；

——配备有备用的手动开启装置。

CAM 阀门的阀座都设计在法兰一侧。

该阀门由阀体、蝶板、阀轴、阀座、密封套、轴承、配对法兰及驱动装置等组成。

材料：碳钢阀门的阀体、蝶板为碳钢，阀轴为不锈钢，密封圈材质为 12Cr18Ni9+柔性石墨。

安全壳隔离阀的密封原理：

——采用三偏心结构，保证密封圈只是在关闭位置时才与阀座接触，不会产生对摩擦和磨损，即具有开启时能瞬间脱开，关闭时具有越关越紧及磨损补偿的功能。又能确保密封面周向接触的均匀一致性。关阀时密封圈渐渐切入阀座密封面，能自动清除密封面上的杂质。

——安全壳隔离阀关闭状态时，阀座密封面 A 与密封圈的外锥面接触形成密封副，阀门的驱动装置输出扭矩，使密封副之间形成一定的密封比压，从而实现阀门的密封。在关闭位置，随着介质压力升高，密封副的比压也相应升高，从而保证了阀门的密封性能。密封接触面相对较宽，对介质中的杂质敏感度不高。

——密封圈由多层次不锈钢片与垫片层叠构成，密封副形成迷宫式的密封，确保阀门实现气泡级密封。

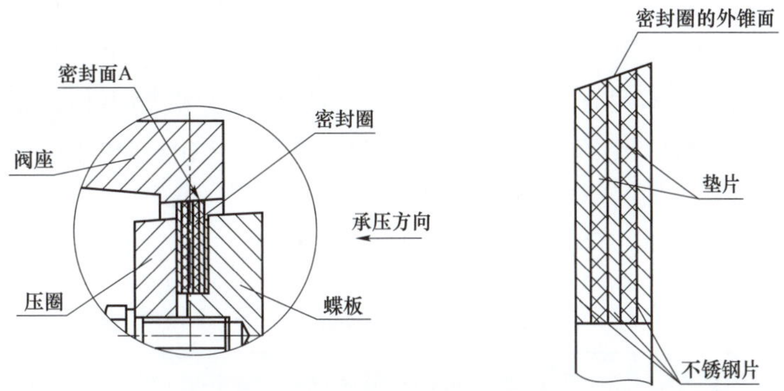

图 352-01-05-48 安全壳隔离阀

结构形式及工作原理：阀体及阀座为静止部件，蝶板通过花键与阀轴固定连接，阀轴和驱动装置之间用花键连接，阀轴上下两端由轴承支撑。阀门动作时，若驱动装置为气动装置，则靠气动装置带动阀轴、蝶板同时旋转来实现阀门的开启和关闭；气动装置不工作时，转动气动装置上的手轮，也可使蝶板达到启闭的目的。若驱动装置为手动装置，则转动驱动装置上的手轮，使蝶板达到启闭的目的。手轮顺时针方向转动为关闭，逆时针方向转动为开启。

该阀门没有消声器，阀门关闭时（手动操作时，请注意开到位和关到位的标识，严格按照指针指示位置操作，避免开、关过头，损坏阀门或装置）通过驱动装置上的排气螺栓排气。

根据系统要求，DN350 安全壳隔离阀装置配备有：

——过扭矩微动开关：当手轮操作力过大时，通过接触过扭矩微动开关触点传递阀门关信号。过扭矩微动开关型号：SP4863-12；电压（V）：48 DC；电流：3A；级别：K3；接线：EPR/CSP 3x1 mm^2；

——限位开关：当阀门完全关闭或完全开启时，通过限位开关触点传递信号。限位开关型号：SP4863-12；电压（V）：48 DC；电流：3A；级别：K3；接线：EPR/CSP3x1 mm^2。

2）DN850 安全壳隔离阀（CSV 系统）

安全壳隔离阀 DN850 在机组正常运行工况时关闭，当堆芯装料或反应堆厂房进行维修操作（反应堆冷停堆）时，阀门开启，并同时确保系统功能正常。在这个期间安全壳只承受大气压力；在装卸事故时，阀门的关闭时间应小于 3 s。

——手动开启；

——手动关闭；

——失电时自动关闭（故障关闭）。

阀门 CSV 001、003、013、015 VA 的阀座设计在焊接端一侧。

阀门 CSV 002、004、014、016 VA 的阀座设计在法兰一侧。

阀门由阀体、蝶板、阀轴、阀座及驱动装置等组成。

材料：阀门的阀体及蝶板为碳钢，阀轴为不锈钢。

结构形式及工作原理：阀体为静止部件，蝶板通过花键与阀轴固定连接，阀轴和驱动装置之间用花键连接，阀轴上下两端由轴承支撑。阀门动作时，转动驱动装置上的手轮，可使蝶板达到启闭的目的。手轮顺时针方向转动为关闭，逆时针方向转动为开启。

手动操作时，请注意开到位和关到位的标识，严格按照指针指示位置操作，避免开、关过头，损坏阀门或装置。驱动装置主要由蜗轮蜗杆、轴，齿杆、拨叉、弹簧缸等组成。

密封原理与 DN350 安全壳隔离阀（CAM 系统）相同。

DN850 安全壳隔离阀装置配备有限位开关

——安全壳外：当阀门完全关闭或完全开启时，通过限位开关触点传递信号。限位开关型号：SP4863-12；电压（V）：48 DC；电流：3A；级别：K3；接线：EPR/CSP 3x1 mm^2。

——安全壳内：当阀门完全关闭或完全开启时，通过限位开关触点传递信号。限位开关型号：SP4816-11；电压（V）：48 DC；电流：3A；级别：K1；接线：3 fils EPR 1 mm^2。

（4）指标与参数

1）安全壳隔离阀（CSV）技术参数见表 352-01-05-54。

表 352-01-05-54 安全壳隔离阀（CSV）技术参数

安全壳隔离阀 CSV001/003/013/015VA		
分级	安全级	2
	质保等级	Q1
	承压边界类型	1A
	电气鉴定等级	K1
运行条件	设计压力	0.42
	设计温度	156
执行机构	启闭时间 s	3
	限位开关要求	3.5

安全壳隔离阀 CSV002/004/014/016VA		
分级	安全级	2
	质保等级	Q1
	承压边界类型	1A
	电气鉴定等级	K3
运行条件	设计压力	0.42
	设计温度	156
执行机构	启闭时间 s	3
	限位开关要求	3.5

2）安全壳隔离阀（CAM）技术参数见表 352-01-05-55。

表 352-01-05-55 安全壳隔离阀（CAM）技术参数

安全壳隔离阀 CAM003/004/005/006/007/008/009/010VA		
分级	安全级	2
	质保等级	Q1
	承压边界类型	1A
	电气鉴定等级	K3
运行条件	设计压力	0.42
	设计温度	156
执行机构	压差	0.42
	启闭时间 s	1
	限位开关要求	35

（5）维修技术要求

1）预防性维修项目

表 352-01-05-56 预防性维修项目

设备名称预防修性维修项目	
项目名称	项目周期（1C 为 1 个燃料循环）
稳压器安全阀压力整定	1C
先导阀解体检查	R10
阀组解体检查	R10

2）检修主要内容

安全壳隔离阀的日常维护可以分为以下两个方面：

① 定期试验

试验目的：检查阀门的密封性能及证明驱动装置能够完成工况条件下的预期功能功能；

试验要求：无特殊要求；

试验频度：拆装时试验一次；

试验步骤：首先要检查阀门的密封部位，根据检查的结果进行相应的预防性维护，检查密封面应无污物和杂物；

动作检查：阀门的启闭灵活可靠，无卡阻现象，开度指示正确无误；

试验介质：常温 B 级水、常温空气。

性能检查。

壳体强度试验：阀门未涂漆，试验前应安装好阀门，阀门进口和出口用密封盲板封闭，不得对阀门施加任何影响试验结果的外力，开启阀门，使蝶板处于半开启位置，不能与阀座密封面接触，给阀门加压，保压 10 min 后检查阀体各部位，无渗漏、无永久变形为合格。

蝶板强度试验：试验前应安装好阀门，用规定的操作力矩使蝶板处于全关位置，将阀门承压侧用盲板封住，另一侧接通大气，给阀门加压，保压 5 min 后检查，蝶板无破损，无永久变形为合格。

密封试验：

——阀体密封试验：阀门未涂漆，试验前应安装好阀门，阀门进口和出口用密封盲板封闭，开启阀门，使蝶板处于半开启位置，不能与阀座密封面接触，给阀门加压 10 min，阀体无泄漏为合格。

——密封套密封试验：阀门在试验前先完成 10 次循环操作，阀体两端用密封盲板封闭，开启阀门，使蝶板处于半开启位置，不能与阀座密封面接触，给阀门加压。保压 10 min，密封副处无泄漏为合格。

——阀座密封试验：

气密封试验（0.01 MPa）：试验前应清洗阀座和蝶板密封面，不允许有任何油渍存在。阀门处于关闭位置。在蝶板的承压侧加压，保压 10 min，内漏小于 0.5 NL/h 为合格。

气密封试验（0.55 MPa）：验前应清洗阀座和蝶板密封面，不允许有任何油渍存在。阀门处于关闭位置。

在蝶板的承压侧加压，保压 10 min，内漏小于 0.5 NL/h 为合格。

正常动力操作试验（仅限于DN350气动安全壳隔离蝶阀）：操作在正常室温下进行，但不超过 38 ℃。试验前应安装好阀门，阀门完全处于开启位置，阀门关闭并计时；阀门关闭后在承压侧加压至试验压力阀门开启并计时，关闭时间小于 1 s。

失电自动关闭时间试验：

——DN 350 气动、手动安全壳隔离蝶阀：阀门处于开启位置，在室温下给阀门加压，气动装置的离合器失电，阀门关闭同时计时，对关闭时间作记录，关闭时间应小于 1 s 为合格。

——DN 850 安全壳隔离蝶阀：阀门处于开启位置，在室温下给阀门加压，手动装置的离合器失电，阀门关闭同时计时，对关闭时间作记录，关闭时间应小于 3 s 为合格。

② 解体维修

——解体维修时需注意安全；

——阀门和装置的解体应在室内清洁专项进行；

——在进行任何拆卸操作前，重要的是确保驱动装置没有加压；

——驱动装置是弹力恢复装置，确保拆卸前驱动装置处于停止位置；

——阀门及驱动装置全部解体再重新组装后一定要进行相关检查。

（6）质量管理

项目名称	质量管控点
安全壳隔离阀密封试验	阀门密封试验期间测量泄漏率，泄漏率满足技术规范才合格
安全壳隔离阀解体检查	蝶板各部件完好，无刮痕；密封圈完好，无贯穿伤，且安装良好；阀座密封面完好；阀杆正常；执行结构正常

（7）技术规程清单

序号	规程名称
1	安全壳隔离阀密封性试验
2	安全壳隔离阀全面解体检查

（8）经验反馈

故障特征	可能原因
阀轴转动不灵活	O 形圈损坏
	阀座与密封圈处有异物
密封面处渗漏	阀芯/阀座密封面异物
	密封圈失效

续表

故障特征	可能原因
与装置连接的阀体端泄漏	O 形圈失效
阀门处于关闭状态操作不动	电磁离合器失电
	驱动装置被锁定
端盖处渗漏	O 形圈失效

（9）参考资料

无。

5.3.3 稳压器安全阀

（1）定义

稳压器安全阀是用来防止反应堆冷却剂系统出现超压工况，其功能是对反应堆冷剂系统的保护、卸压和隔离，以及在事故情况下防止系统过低减压。

稳压器的超压保护由三组安全阀提供。每组由两台相似的串联安装的安全阀组成：上游的保护阀具有卸压保护功能，如果保护阀在关闭失败时，在下游的隔离阀即执行隔离功能。正常运行期间，保护阀关闭，隔离阀处于中间开启位置。

（2）范围对象

RCS017VP、RCS018VP、RCS019VP、RCS020VP、RCS021VP、RCS022VP。

（3）结构原理

在反应堆冷却剂系统与余热排出系统隔离的各种运行工况下，主系统的超压保护由三台稳压器安全阀来保证，每个阀门均安装在稳压器汽相空间相连的支管上，通过这些阀门向稳压器卸压箱卸压。

当反应堆冷却剂系统与余热排出系统相连时，超压保护功能有余热排出系统上的安全阀和/或稳压器安全阀实现。当反应堆冷却剂平均温度高于 180 ℃或余热排出系统与反应堆冷却剂系统隔离时，两套稳压器安全阀组件必须能运行。在反应堆某些参数偏离前，三套稳压器安全阀组必须是可运行的。当余热排出系统与反应堆冷却剂系统接通（冷却剂平均温度低于 180 ℃时）时，余热排出系统的三台安全阀和三台稳压器安全阀必须是可用的。

稳压器安全阀的泄漏由安装在稳压器卸压排放管线上的温度测量进行探测，测量信号送到控制室。

稳压器的超压保护由三个安全阀组提供，每组安全阀由两台相似的先导式安全阀串联安装而成。每一组安全阀的释放量可保证在电源全部丧失的情况下，RCS 系统最大负荷时的压力不超过设计压力。其余两组安全阀的释放容量则是按照全部主蒸汽隔离阀关闭造成的负荷完全丧失这个最严重的超压工况设计的。在确定安全阀组的数量以及他们的释放容量时，必须允许由于一个稳压器安全阀组误开启引起的反应堆冷却剂系统卸压。每个阀组的过大释放容量也是不推荐的，因为在瞬态开始时它增加了由于快速降压引起 DNB 的风险。

在正常运行期间，保护阀关闭，隔离阀开启。如保护阀在开启之后回座时失效，则隔离阀关闭，防止反应堆冷却剂系统进一步卸压。

主要运行原理是：当稳压器压力低于先导阀的整定压力时，主阀阀头与稳压器相连通，由于主活塞的表面积比阀瓣大，因此安全阀关闭。

当稳压器压力达到开启整定值时，通过先导阀的动作将主阀阀头介质排空，作用在主阀阀瓣上的稳压器压力使安全阀开启。

当稳压器压力降低到关闭整定值时，通过先导阀的动作使主阀活塞上部与稳压器接通，于是安全阀关闭。

安全阀在低于其整定压力下，通过使电磁线圈通电，可以“强制开启”。

“华龙一号”稳压器安全阀增加了低温超压保护功能，提高了机组在低压力下的安全性。“华龙一号”稳压器安全阀辅助部件减少了先导箱固定托架、冷凝罐、平衡罐、banjo 接头，专用工具则不需要注水装置、真空泵，压力整定试验台也从 BEAN 4 试验台优化为迷你试验箱，整定弹簧锁定功能则由一根螺杆完成。M310 机组安全阀在压力整定完成后或系统管线排空后重启前，都需要进行充水排气，防止各附属管线内残余空气，影响阀门动作的准确性和动作时间。“华龙一号”安全阀则不需要充水排气。

稳压器安全阀是先导式阀门。每一台安全阀由两个主要部分组成：阀门的先导部分（DCM）和主阀。

主阀是一个液压启动阀，提供卸压功能。它包括：

——一个装有喷嘴的下阀体，主阀瓣位于喷嘴上；

——一个装有活塞的上阀体，活塞使阀瓣压到喷嘴上，而且活塞的表面积比阀瓣的表面积大。

阀门的先导部分起到压力传感和控制的作用。先导阀直接连在主阀上。先导阀采用的密封材料均为石墨和金属波纹管，减少了对辐照和热老化的敏感度并且可使用于高温蒸汽、水和汽水混合物介质的工况。

在先导部分安装有一个电磁三通阀，可通过远程手动操作为该电磁线圈通电使先导阀头卸压来强制开启阀门。

稳压器安全阀由阀阀体、DCM pilot、3 VHT 及 FTD 等模块组成。其中 DCM 模块替代了旧的冷态方案的控制柜组件，使得整个阀门结构更紧凑，体积更小，效率更高且风险更小。

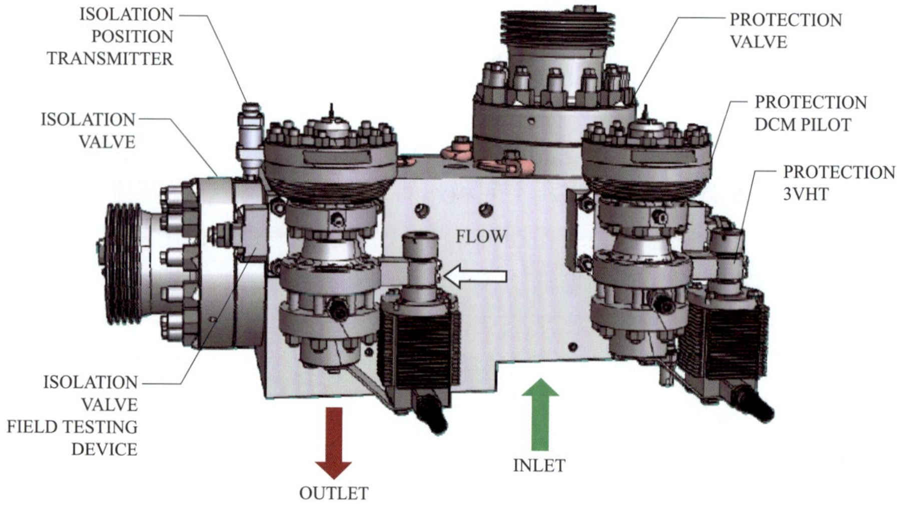

图 352-01-05-49 稳压器安全阀

阀体：

阀体为一个整体锻造的结构，它包含了保护阀和隔离阀的阀座，保护阀和隔离阀的阀头组件坐落在阀体的阀座上，构成了稳压器安全阀的主体部分，如图 352-01-05-50 所示。

这两部分组件的结构基本一致，主要包含了弹簧（隔离阀阀头没有弹簧）、波纹管、阀盖、位移传感器等，如图 352-01-05-51 所示。

DCM Pilot：

此部分相当于冷态解决方案中的控制柜组件，但变化非常大，也是热态方案的最重要变化之一，它是控制稳压器安全阀准确开启，稳定排放，适时回座，可靠密封的核

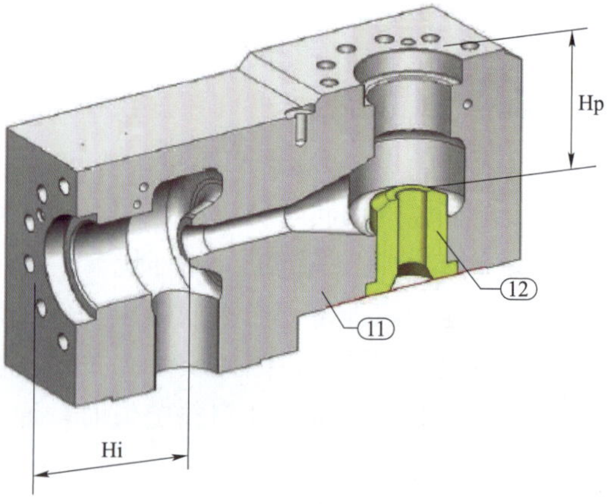

图 352-01-05-50 保护阀阀头组件及隔离阀阀头组件

心部件。DCM Pilot 分为三个大部分，Pressure sensing element、Needle area、Volume 5 area。如图 352-01-05-52 所示。

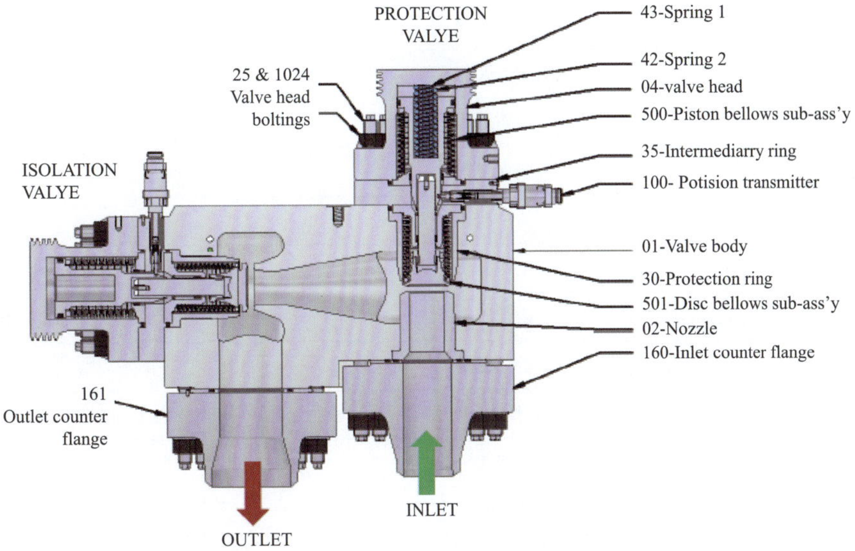

图 352-01-05-51　保护阀和隔离阀组件结构

3VHT：该部分为电磁阀组件，其功能为满足机组运行要求或者在事故工况下满足特定的运行要求而设置。如图 352-01-05-53 所示。

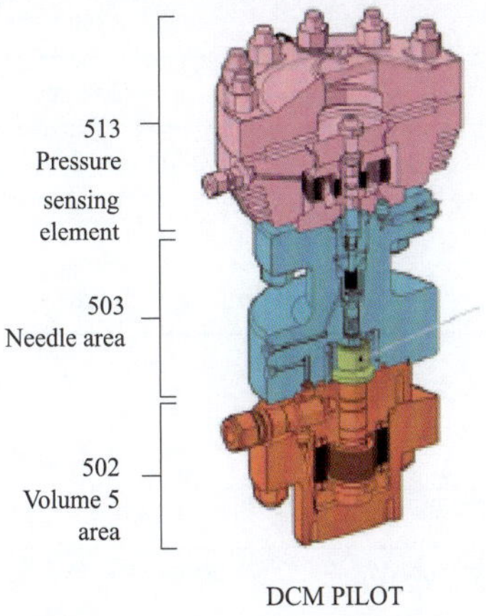

图 352-01-05-52　DCM Pilo

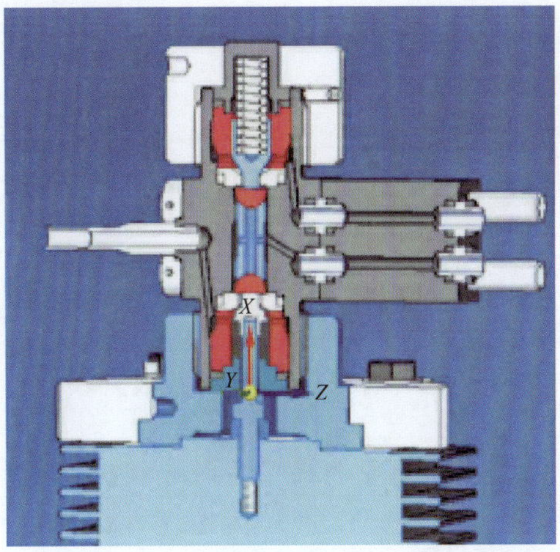

图 352-01-05-53　电磁阀组件

FTD：

FTD 组件是为在线验证安全阀组整定压力准确性的配合部件，可以在不需要 DCM 组件的情况下，使用外接工具对整个安全阀组的压力设定值进行检测。FTD 组件是一个机械部件，但若要在线验证安全阀组的压力设定值，需要配合 B 4 使用，如图 352-01-05-54 所示。

（4）指标与参数

1）稳压器安全阀的隔离阀技术参数见表 352-01-05-57

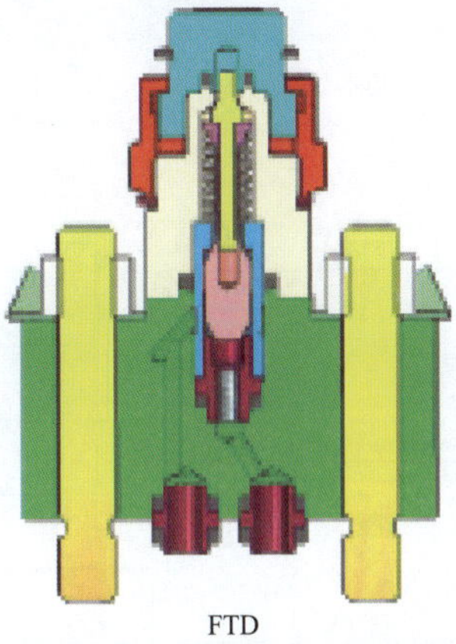

图 352-01-05-54　FTD 组件

表 352-01-05-57　稳压器安全阀的隔离阀技术参数

稳压器安全阀（隔离阀）RCS017，018，019VP		
基本要求	安全等级	安全 1 级
	RCC-M 规范等级	1 级
	抗震分类	1A
	质保等级	QA1
	清洁要求	A2
运行工况	工作介质	反应堆冷却剂
	运行压力	15.5 MPa abs
	运行温度	345 ℃
	设定压力 开/关	14.6/13.9 MPa abs
	静态背压	0.15～2.1 MPa abs
	环境温度	15～50 ℃
	最小排量，在 17.23 MPa abs 下蒸汽流量	175 t/h
	要求密封度	＞98%
设计要求	压力	17.23 MPa abs
	温度	360 ℃
安装位置	房间号	R840
	标高	+22.00 m
材料	承压部件	Z2CND 18–12（控氮）
接管嘴与人孔	上游管道（类型/ϕ）	焊接/6 "
	下游管道（类型/ϕ）	焊接/6 "

2）稳压器安全阀的保护阀技术参数见表 352-01-05-58

表 352-01-05-58　稳压器安全阀的保护阀技术参数

稳压器安全阀（保护阀/泄压阀）RCS020、021、022VP		
基本要求	安全等级	安全 1 级
	RCC-M 规范等级	1 级
	抗震分类	1A
	质保等级	QA1
	清洁要求	A2
运行工况	工作介质	反应堆冷却剂
	运行压力	15.5 MPa abs
	运行温度	345 ℃
	设定压力（热态）开/关 RCS020VP	16.6/16.0 MPa abs
	设定压力（热态）开/关 RCS021VP	17.0/16.4 MPa abs

续表

稳压器安全阀（保护阀/泄压阀）RCS020、021、022VP		
运行工况	设定压力（热态）开/关 RCS022VP	17.2/16.6 MPa abs
	设定压力（冷态）开/关 RCS021VP	3.4/3.1 MPa abs
	设定压力（冷态）开/关 RCS022VP	3.4/3.1 MPa abs
	设定压力（冷态）开/关 RCS023VP	3.5/3.2 MPa abs
	静态背压	0.15–2.1 MPa abs
	环境温度	15～50 ℃
	最小流量，在 17.23 MPa abs 下蒸汽流量（热态）	175 t/h
	最小流量，在 Δ*P*=4.5 MPa 下水流量（冷态）	364 t/h
	要求密封度	＞98%
设计要求	压力	17.23 MPa abs
	温度	360 ℃
安装位置	房间号	R840
	标高	+22.00 m
材料	承压部件	Z2CND 18–12（控氮）
接管嘴与人孔	上游管道（类型/ϕ）	焊接/4 "
	下游管道（类型/ϕ）	焊接/6 "

（5）维修技术要求

1）预防性维修项目

表 352-01-05-59　预防性维修项目

设备名称预防修性维修项目	
项目名称	项目周期（1C 为 1 个燃料循环）
稳压器安全阀压力整定	1C
先导阀解体检查	10Y
阀组解体检查	10Y

2）检修主要内容

稳压器安全阀的预防维修可以分为以下三个方面。

——常规检查：

常规检查主要是阀门外观检查。

- 主要检查阀门中法兰的密封情况，确认有无泄漏及硼结晶。同时检查各个引压管线的接头处、脉冲管线的接头处、排放管线的接头处、DCM 集块部件连接处、DCM 与主阀的连接处，有无泄漏及硼结晶现象。
- 同时清洁阀门，尤其是设备各个连接部位，必须保证清洁。
- 检查阀门外观完整，无零部件松脱、材料剥落。
- 对各个连接管道、中法兰力矩进行检查、校核。

——阀门压力整定 1C：

为保证稳压器安全阀满足超压保护功能和密封功能，避免机组停堆，必须在 1C 内验证安全阀开关性能、整定值。

——阀门解体 10 Y：

稳压器安全阀每十年必须进行一次全面解体检查，确认各个密封面密封效果良好，各通道顺畅无异物。稳压器安全阀解体主要是对 DCM/主阀/现场试验装置三大组件进行检修，解体主要内容如下：

- 拆卸 DCM、现场试验装置与主阀的连接件，先将 DCM 和现场试验装置从主阀上分离开，然后再单独拆卸 DCM/现场试验装置，更换所有必换件，清洗所有零部件必要时进行更换；
- DCM 重点检修上三通阀、下三通阀、球体密封面，清洗各零部件，更换所有必换件，调整压力探测头，组装 DCM；
- 拆卸阀头，分离保护阀和隔离阀，更换所有必换件，清洗所有零部件必要时进行更换；
- 拆除鳍形筒，清洗检查阀瓣及阀组必要时进行研磨；
- 更换石墨环、密封件，润滑螺栓，组装鳍形筒，组装阀头；
- 组装保护阀和隔离阀，检查配合面平行；
- 解体检修完成后，进行密性试验、压力整定试验。

（6）质量管理

项目名称	质量管控点
稳压器安全阀压力整定试验	开启压力、关闭压力整定值与 QSR 大纲标准一致
先导阀解体检查	DCM 内部各个通道清洁度、DCM 上下三通阀密封面质量、针型阀区参数范围、针形组件提升行程检验、波纹管质量、DCM 回装后打压试验合格
阀组解体检查	阀腔内部清洁度检查、阀芯/阀座密封面质量、波纹管组件质量

（7）技术规程清单

序号	规程名称
1	RCS 热态 SEBIM 安全阀全面解体检查全面解体检查
2	（Q）RCS 热态 SEBIM 安全阀压力整定试验

（8）经验反馈

故障特征	可能原因
DCM 排放管存在可见泄漏，DCM 排放管温度探测器温度偏高	DCM 上三通阀泄漏（针形阀区）
DCM 排放管存在可见泄漏，DCM 排放管温度探测器温度偏高	DCM 下三通阀泄漏（DISC 与 Volume 5 Part 密封面）
DCM 排放管存在可见泄漏，DCM 排放管温度探测器温度偏高	电磁阀泄漏
稳压器安全阀出口管道温度偏高，稳压器卸压箱水位上升	稳压器安全阀保护阀主阀阀芯/阀座密封面异物
稳压器安全阀出口管道温度偏高，稳压器卸压箱水位上升	稳压器安全阀保护阀主阀阀芯/阀座密封面损伤
稳压器安全阀出口管道温度偏高，稳压器卸压箱水位上升	稳压器安全阀保护阀主阀电磁阀意外开启
稳压器安全阀主阀未关闭	位移传感器故障
稳压器安全阀主阀未关闭	电磁阀通电
稳压器安全阀主阀未关闭	DCM 整定值偏移

续表

故障特征	可能原因
主阀在整定压力范围内没有相应动作	位移传感器故障
	DCM 故障
	阀门卡涩
DCM 顶部泄漏	检测头的外部波纹管失效
主阀外漏	紧固力矩不符合要求
	密封石墨垫圈失效
DCM 外漏	紧固力矩不符合要求
	密封石墨垫圈失效

（9）参考资料

无。

5.3.4 快速卸压阀

（1）定义

快速卸压阀安装在稳压器上方管道，正常情况下阀门关闭，在严重事故工况下，当稳压器安全阀开启后仍无法有效的将系统压力降至安全状态时，开启该阀门，迅速将系统压力降至安全状态。

快速卸压系统共有 4 台快速卸压阀，其中两台电动截止阀，两台电动闸阀。作为稳压器的安全阀屏障，为避免阀门出现故障导致稳压器内压力泄漏，稳压器快速卸压系统由两个系列组成，每个系列包括一台电动闸阀和一台电动截止阀。

（2）范围对象

RCS023VP、RCS024VP、RCS025VP、RCS026VP。

（3）结构原理

快速卸压阀有电动闸阀与电动截止阀两种阀门，两种结构的阀门整体性能相同，闸阀作为系统边界安装在系统外部，如图 352-01-05-55 所示。

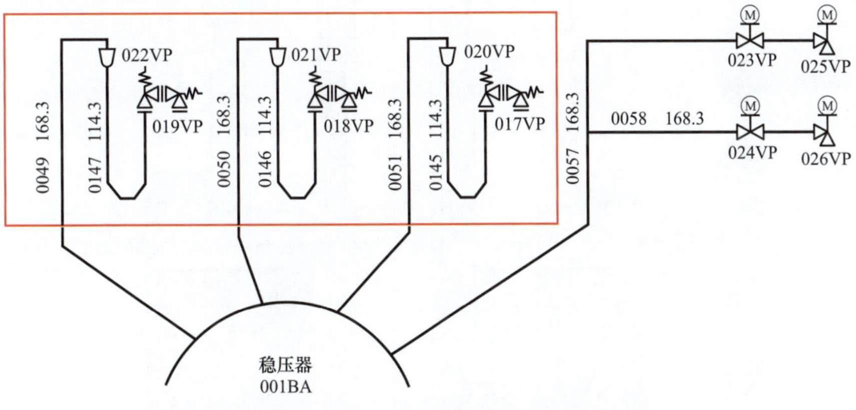

图 352-01-05-55 闸阀安装在系统外部示意图

快速卸压阀主要有四个部门，分别为电动执行机构部分、止推轴承部分、阀盖组件部分、阀体组件部分。

电动执行机构部分：快速卸压阀作为电动阀门，主要通过上部电动执行机构来控制阀门的开启及关闭，当需要开启阀门时，由主控给出阀门开启信号，阀门迅速开启。

止推轴承部分：止推轴承部分主要有个四个止推轴承、三对碟簧、轴承套筒以及连接轴。轴承套筒与连接轴通过键槽连接，电动装置通过连接轴来控制轴承套筒转动。轴承套筒与阀杆通过螺纹连接，轴承套筒转动带动阀杆转动从而控制阀门的开关。轴承箱内四个止推轴承分别与连接轴及轴承套筒安装在一起，以保证连接轴和轴承套筒能够顺利转动。轴承套筒外部放置三对碟簧，碟簧能够有效降低阀门关闭时阀杆产生的反冲力，其次碟簧能够补偿各部件的安装间隙，能够在阀杆上施加一个长久的作用力，止推轴承箱部分如图 352-01-05-56 所示。

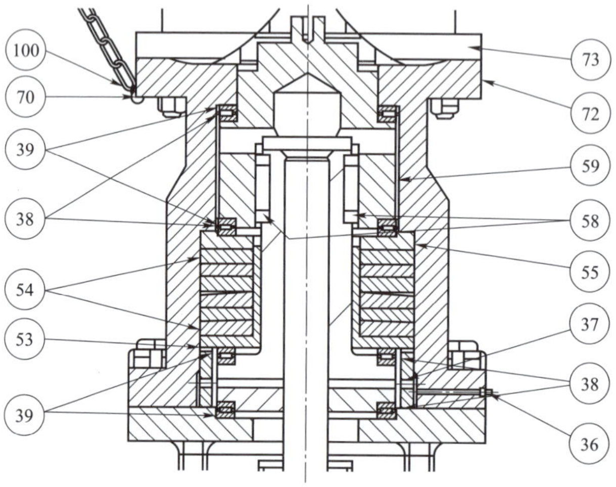

图 352-01-05-56　止推轴承箱部分

阀盖组件：阀盖组件主要有阀门填料组件、阀盖、引漏管及机械限位。阀门填料组件可以有效避免阀门内介质从阀杆上溢出。为避免阀门开启时破坏阀门的倒密封结构，在阀杆上固定一个机械限位，当阀门开启到一定程度后机械限位与轴承套筒接触，阀门无法进一步开启。当阀门有倒密封需求时，将机械限位拆除，阀门开至全开即可。

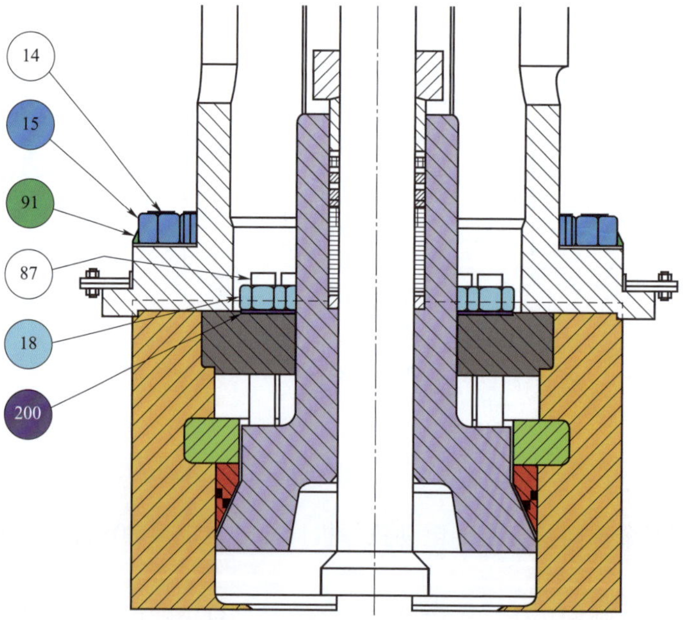

图 352-01-05-57　阀盖组件

(4) 指标与参数

表 352-01-05-60 指标与参数

大气排放阀的相关特性	
安全等级	2
质保等级	QA1
RCC-M 规范等级	1
抗震类别	1A
最高环境温度	50 ℃
最低环境温度	0 ℃
工作介质	液体

(5) 维修技术要求

1) 预防性维修项目

表 352-01-05-61 预防性维修项目

设备名称预防修性维修项目	
项目名称	项目周期
动作性能检查	R1
阀门解体检查	R3

2) 检修主要内容

大气释放阀的预防维修可以分为以下两个方面。

——性能诊断:

性能诊断主要是检查阀门性能是否满足要求。

- 检查阀门行程是否满足要求;
- 检查阀门动作时间是否满足要求;
- 检查阀门关闭力矩是否满足要求。

——阀门解体检查:

执行机构解体检查主要是检查执行机构零部件的完好程度及功能是否正常。

- 检查清洗各零部件;
- 检查阀体、阀瓣、阀杆、阀座、填料函等零部件是否腐蚀、锈蚀、变形、开裂,螺纹是否磨损、变形;
- 检查阀瓣、阀座密封面,必要时进行研磨并做蓝油试验;
- 更换垫片和填料等密封件。

(6) 质量管理

项目名称	质量管控点
阀门性能诊断	阀门动作正常,动作时间、关闭力矩符合要求
阀门解体检查	阀门清洁度检查,密封面质量,回装后各螺栓力矩满足要求且动作正常

（7）技术规程清单

序号	规程名称
1	VELAN SJXSSA0150RAG 阀门全面解体
2	VELAN VJXSSA0150RAGZ 阀门全面解体

（8）经验反馈

故障特征	可能原因
阀门无法关闭	阀门机械限位与轴承套筒背死
填料泄露	填料螺母松动
	填料安装不正确
	填料材质不正确
	填料老旧破损
阀门泄漏	紧固力矩不符合要求
	密封垫圈失效
	密封面存在异物
	密封面损伤
	阀门未关到位
阀门卡涩	紧固力矩不符合要求
	填料与阀杆粘着
	阀杆损伤

9）参考资料

无。

5.3.5 主蒸汽安全阀

（1）定义

二回路水介质经蒸汽发生器转化为高温蒸汽，高温蒸汽进入主蒸汽管道后，为避免系统故障导致主蒸汽管道压力过高，主蒸汽三个环路的主管道上分别安装 7 台主蒸汽安全阀作为超压保护装置。

（2）范围对象

TSM100VV、TSM101VV、TSM102VV、TSM103VV、TSM104VV、TSM105VV、TSM106VV、TSM107VV、TSM108VV、TSM109VV、TSM110VV、TSM111VV、TSM112VV、TSM113VV、TSM114VV、TSM115VV、TSM116VV、TSM117VV、TSM118VV、TSM119VV、TSM120VV。

（3）结构原理

安全阀是一种自动阀门，当安全阀介质压力超过工作压力时自动开启，而在压力回到工作压力或略低于工作压力时，又自动关闭。

当安全阀的整定压力大于被保护系统的工作压力时，阀门处于关闭状态，如图 352-01-05-58 所示，这时作用在阀瓣上的力有弹簧预紧力 $P1$，弹簧、弹簧座、阀杆等零件重力因与介质工作力相比较小，故忽略（只有当开启力很小时，才考虑）。方向向下，介质的作用力 $P \cdot A$，方向向上，再就是阀座对阀瓣的托力（压紧力），这个压紧力在密封面上所产生的比压力，保证了安全阀关闭件间有了必需的密封性。此时 $P_1+P_{重}=P\cdot A+P_m$。

当系统中的压力升高且超过正常工作压力时，由于此时的弹簧预紧力和压紧力未发生变化，升高的压力就会使阀瓣上下受的平衡力被破坏（合力不为零）。此时阀瓣在介质升高部分压力的作用下，有向上作功的趋向，使得关闭件密封面上的密封力随之减少：到介质升高到某一压力时，随着介质压力的进一步升高，阀瓣开始升起。阀瓣升起后阀瓣与蒸汽接触面积增加，受力增加，阀门快速开启。

当介质压力 P 降低到小于弹簧力 P_1 时，阀瓣又会在弹簧力的作用下迅速地回落到关闭位置，使关闭件间又产生了密封比压力，阻止了介质从密封面间流出，安全阀又处在了新的密封关闭状态，使系统压力又回到了正常工作状况。

主蒸汽安全阀作为一种弹簧加载式安全阀，阀门主要有上部执行机构及下部阀体部分组成。

下部阀体部分主要有阀芯、阀座，及阀门本体。阀芯与阀杆通过螺纹连接在一起，在上部执行机构外力作用下，阀芯与阀座密封面接触密封。

上部执行机构：主要有支撑部分、阀杆、弹簧组件部分组成。弹簧组件主要有碟簧及微调弹簧；碟簧作为施加阀门弹簧力的施加部分，与阀芯自身重力共同施加阀门的密封力，微调弹簧在阀门关闭时不提供弹簧力的作用，微调弹簧仅在阀门开启时提供弹簧力用于补偿碟簧在阀门开启时弹簧力的变化。上部支持板主要支撑弹簧组件，同时可以控制弹簧的挤压程度以控制阀门开启的力矩。具体如图 352-01-05-59 所示。

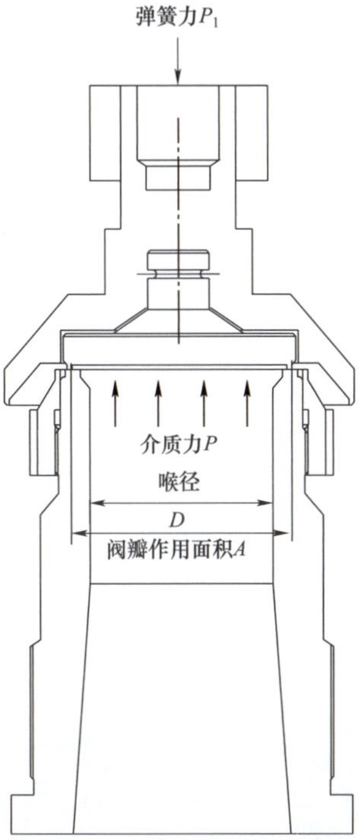

图 352-01-05-58　安全阀关闭状态

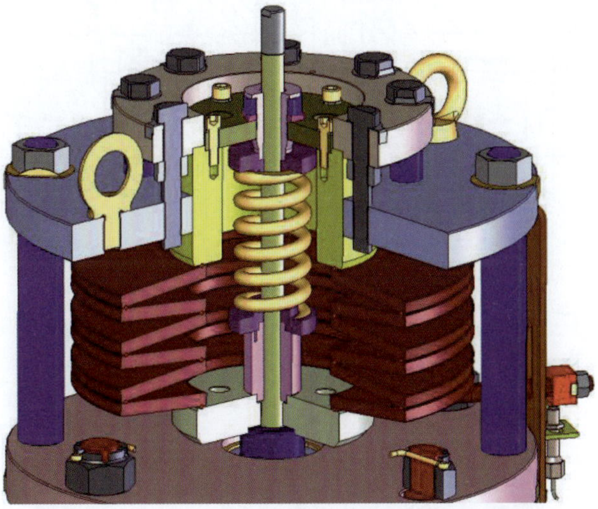

图 352-01-05-59　主蒸汽安全阀上部执行机构

压力整定方式：华龙机组主蒸汽安全阀通过控制阀门的上推力环的位置来调节压力，主要步骤为调节锁紧套筒（26）内部垫片的数量来控制套筒的高度，来控制上推力环与支撑板（22）距离，从而达到控制碟簧压缩量的目的。其上部压力整定部分机构图如图 352-01-05-60 所示。

阀门上部执行机构与下部阀体部分通过螺栓连接在一起，阀门下部进口处焊接在主蒸汽管道上，阀门出口管道与外部管道相连直接通往大气。整体结构图如图 352-01-05-61 所示。

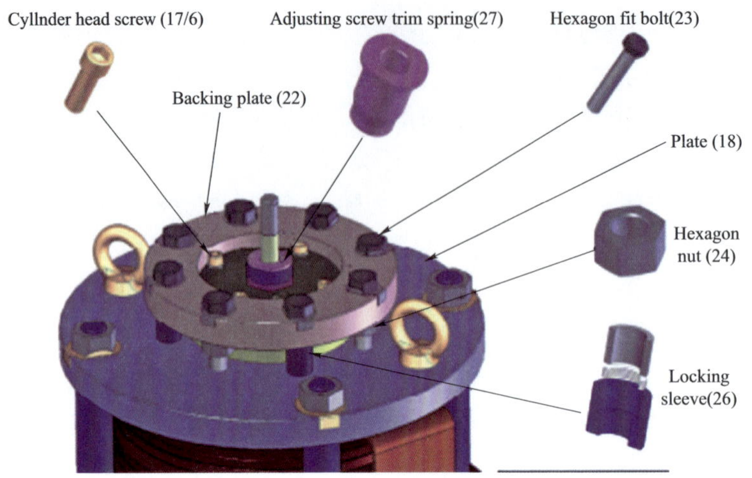

图 352-01-05-60　主蒸汽安全阀上部压力整定部分机构

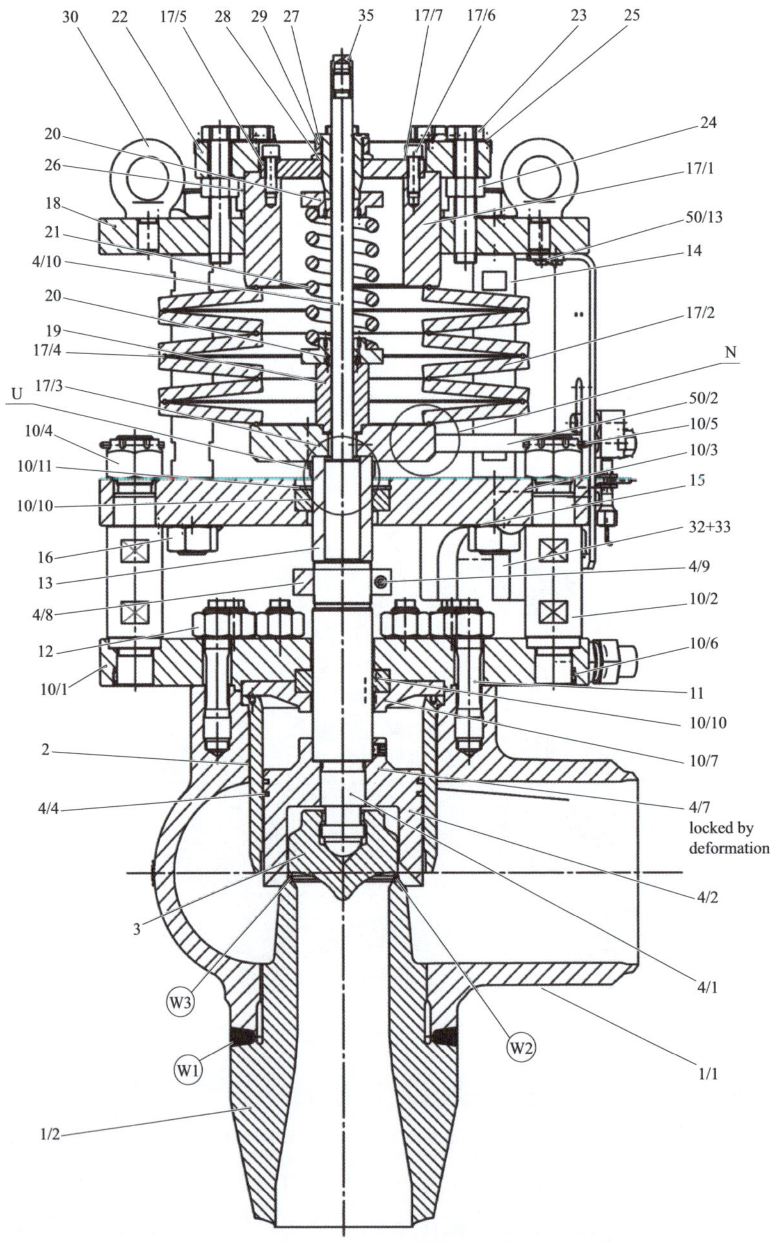

图 352-01-05-61　主蒸汽安全阀整体结构图

（4）指标与参数

表 352-01-05-62　指标与参数

主蒸汽安全阀的相关特性	
安全等级	2
质保等级	QA1
RCC-M 规范等级	2
抗震类别	1A
介质	饱和蒸汽
正常运行压力	6.8 MPa.a
最大允许温度	316 ℃
最低允许温度	-1.4 ℃
整定压力	5TSM100-105VV：8.5 MPa.a；5TSM106-120VV：8.7 MPa.a
最小质量流量（PD）	Qmmin=127，7 kg/s=460 T/h
最大质量流量（PD）	Qmmax=150 kg/s=540 T/h
吹扫压力	76 bar（7，6 MPaa）abs
阀瓣密封面宽度	1.2～2.1 mm

（5）维修技术要求

1）预防性维修项目

表 352-01-05-63　预防性维修项目

设备名称预防修性维修项目	
项目名称	项目周期
压力整定	R1
解体检查	R7
执行机构解体检查	R10

2）检修主要内容

主蒸汽安全阀的预防维修可以分为以下三个方面。

——压力整定试验：

压力整定试验主要是检查阀门整定压力是否在合格范围内。

- 检查阀门压力整定值是否在合格范围内。

——解体检查：

- 解体检查主要是检查阀门零部件的完好程度，密封面效果及功能是否正常。
- 检查清洗各零部件；
- 检查阀体、阀瓣、阀座等零部件是否腐蚀、锈蚀、变形、开裂，螺纹是否磨损、变形；
- 检查阀瓣、阀座密封面，需要用平面度检测仪检测密封面的平面度，干涉条纹需小于等于 3 条；
- 回装时确认各螺栓力矩是否满足要求；

● 回装后需再次对阀门进行压力整定并检查仪控限位是否能够触发。

——执行机构解体检查：

执行机构解体检查主要是检查执行机构零部件的完好程度及功能是否正常。

● 弹簧组件性能试验；
● 零部件清洗检查；
● 阀杆同心度测量；
● 阀瓣和阀座加工及尺寸测量。

（6）质量管理

项目名称	质量管控点
阀门压力整定	阀门整定压力在合格值范围内且阀门无泄漏
阀门解体检查	密封面平面度在要求范围内，阀瓣和阀座尺寸在要求范围内
执行机构解体检查	弹簧组件性能试验合格，阀杆同心度测量合格

（7）技术规程清单

序号	规程名称
1	主蒸汽安全阀压力整定试验
2	主蒸汽安全阀全面解体检查

（8）经验反馈

故障特征	可能原因
阀门泄漏	密封面损伤
	阀门卡涩无法回座
	阀门设计固有缺陷

（9）参考资料

无。

5.3.6 大气排放阀

（1）定义

大气排放阀安装在主蒸汽管道，为核电厂提供一种冷却方式并为二次侧提供超压保护。

大气蒸汽排放系统由三根独立的管线组成，每根管线连接在相应的一条主蒸汽管道上，它们处在反应堆安全壳外，主蒸汽隔离阀上游。在每根管线上装有一个电动隔离阀和一个大气释放阀。每条主蒸汽管道有一个压缩空气罐，在外部压空后仍可维持大气释放阀工作 2 h（可向单阀连续供气 4 h）。每条主蒸汽管道有一个消音器，蒸汽通过消音器排入大气，以降低系统的噪声水平。

（2）范围对象

TSA131VV、TSA132VV、TSA133VV。

（3）结构原理

大气释放阀是气动调节阀，通过控制阀门隔膜的供气压力从而控制阀门的开关，对蒸汽进行调节。

大气释放阀为气开阀门，进气时，阀门开启；失去气源时，阀门关闭，阀门的控制逻辑简图如图 352-01-05-62 所示。

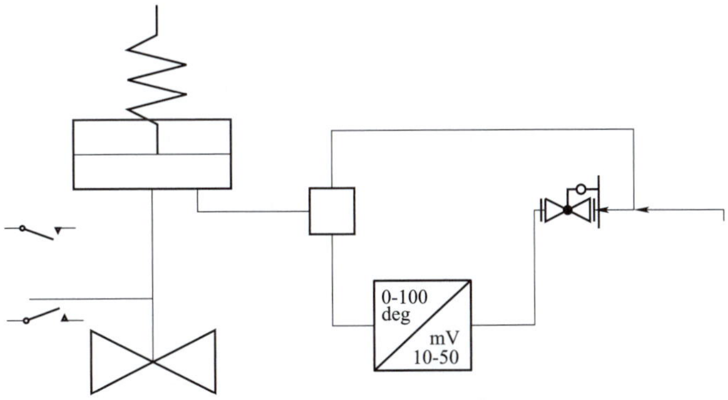

图 352-01-05-62 大气排放阀控制逻辑

在正常运行期间，大气释放阀要求紧密关闭，否则，如果出现蒸汽泄漏，由于大气释放阀前后压差达到 6.5～7.5 MPa，如此大的压差会造成阀芯快速损坏，致使大气释放阀失效。

如图 352-01-05-63，为了达到密封要求，该阀门采用先导阀式设计，主阀内部设计有一个先导阀，通过先导阀施加或释放主阀上部的来自阀门入口的介质压力（6.7 MPa），可以使得大气释放阀具有良好密封性能，同时使大气释放阀顺利开启。

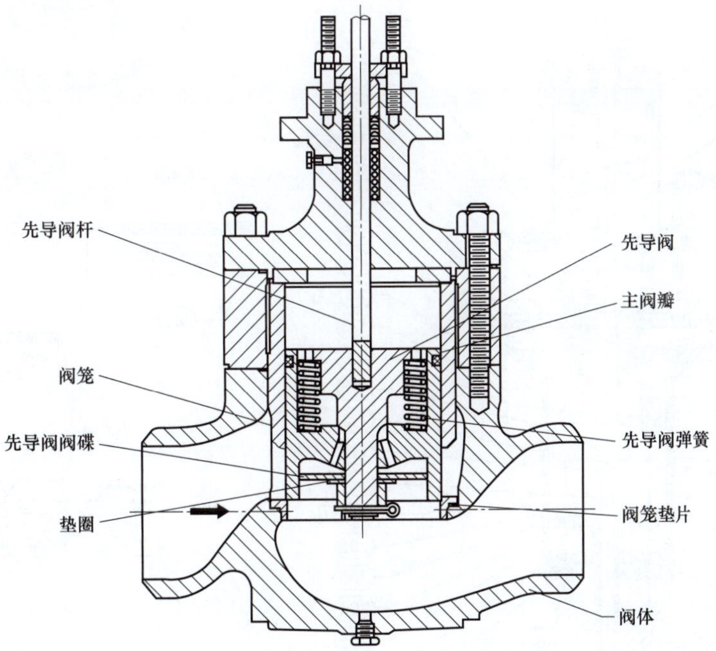

图 352-01-05-63 阀门设计

阀门开启时：当大气释放阀处于关闭状态时，主阀在其上部介质压力的作用下紧贴在阀座上，同时，先导阀坐在位于主阀上的阀座上。当阀门开启时，在膜头气压和先导阀弹簧的作用下，先导阀首先离开阀座，通过主阀的定位孔将作用在主阀顶部的入口介质压力释放到阀门的出口，此时先导阀处于开启位置，但是主阀仍然在弹簧的作用下保持关闭。随着膜头压力的增大，先导阀位置继续提升，先导阀挡块与主阀接触，带动主阀离开阀座，大气释放阀开启。

阀门关闭时：膜头气压降低，阀杆在弹簧力的作用下向下移动，主阀随之首先回座，切断通过主阀的流体（先导阀仍然开启），随后阀杆继续向下移动，先导阀压缩其弹簧并回座，同时切断通过主阀定位孔的流体，此时阀门就像非平衡阀一样将阀门入口压力加到主阀和先导阀上部平面上，由于先导阀顶部的截面积比较大，上部的压力作用在这个截面上可以产生一个比较大的力，确保阀门的密封性能。

先导阀的存在，有助于大气释放阀克服阀门入口介质压力的作用而顺利开启，否则阀门膜头需要一个非常大的气压来使阀门开启，也就需要设计一个大几倍的气动执行机构，这样势必造成大气释放阀的抗震性能降低。所以先导阀的存在，大大缩小了气动执行机构的尺寸。同时在阀门失气时，主阀芯关闭，导阀芯由于压差关系，增大阀门的密封力，有效提高阀门的密封性能。

大气释放阀主要分为气动执行机构、阀门本体组成。阀体主要由阀笼、主阀芯、导阀芯、填料、联轴器等组成；气动执行机构主要由气动隔膜、减压阀、定位器、放大器等组成。阀笼采用打小孔结构，阀门流量特性曲线为线性。

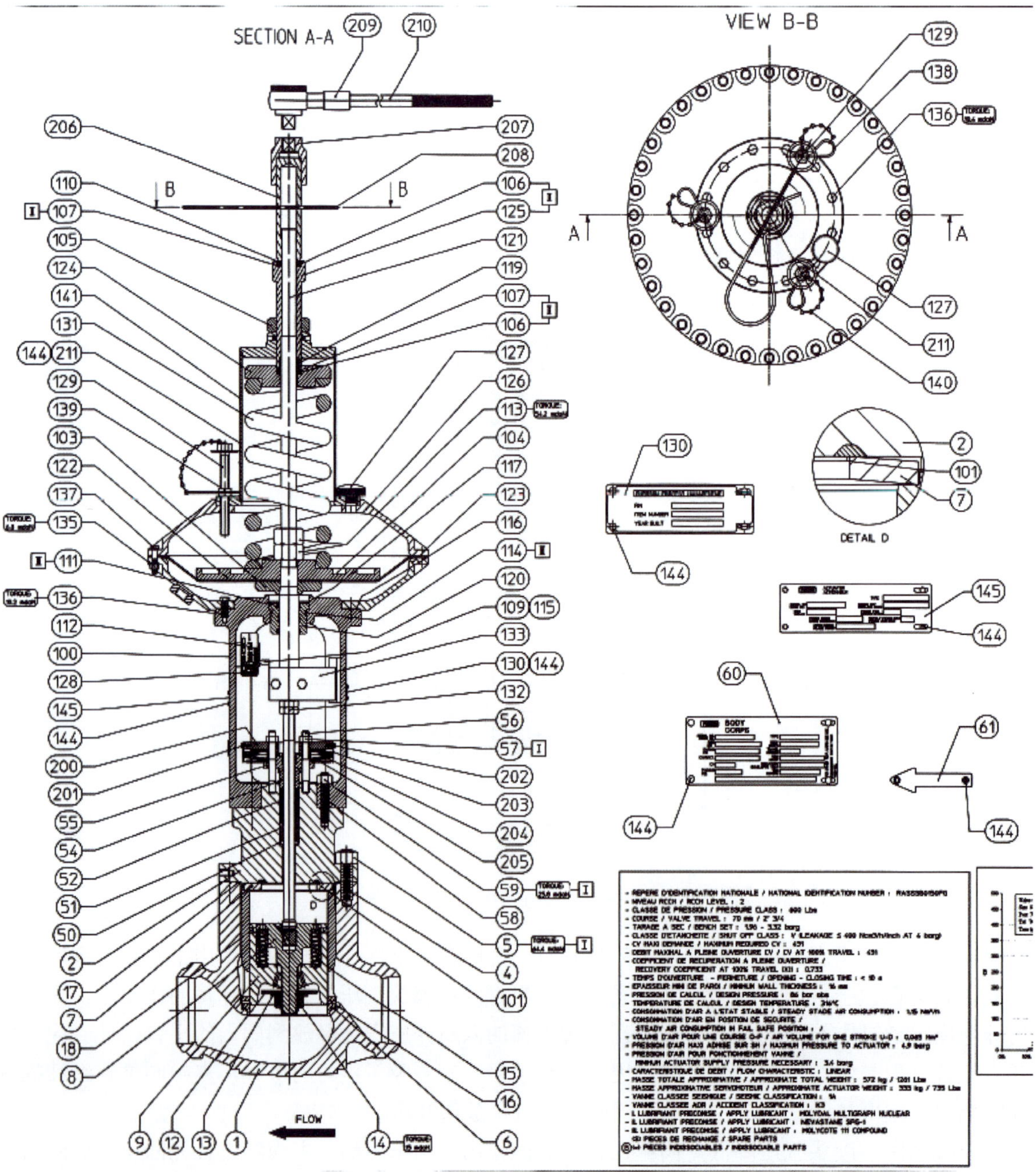

图 352-01-05-64 大气释放阀结构

（4）指标与参数

表 352-01-05-64　指标与参数

大气排放阀的相关特性	
安全等级	2
质保等级	QA1
RCC-M 规范等级	2
抗震类别	1A
最大运行压力	8.6 MPa.a
最大允许温度	316 ℃
热停堆时运行温度和压力	292 ℃，7.6 MPa.a
最小流量	在 7.6 MPa.a 下为 450 t/h
最大排放能力	在 806 MPa.a 下为 540 t/h
泄漏量	每英寸≤400 Ncm^3/h
全开到全关时间	10 s
执行机构气源最低压力	0.35 MPa.g
阀门关闭，最大压差	8.5 MPa.a
工作介质	饱和蒸汽
阀门故障安全位置	全关位置
阀体结构材料	非合金钢或低合金钢
阀座密封面材质	硬质合金
连接发生	对接焊
工程直径	200 mm

（5）维修技术要求

1）预防性维修项目

表 352-01-05-65　预防性维修项目

设备名称预防修性维修项目	
项目名称	项目周期
性能诊断	R3
解体检查	R3
执行机构解体检查	R3

2）检修主要内容

大气释放阀的预防维修可以分为以下三个方面。

——性能诊断：

性能诊断通过在线检测阀的各项性能参数，为阀的维修和定值设定提供依据的 PM 任务。通过检测阀门的各项参数，使阀的维修真正意义上成为基于阀门状态的维修，帮助维修人员锁定阀门故障，有效地提高维修效率，并辅助维修人员最终将阀门调整到最佳工作状态，提高阀门及系统的安全性能。

- 检查阀门行程是否满足要求；
- 检查阀门动作时间是否满足要求；
- 检查阀门关闭力矩是否满足要求。

——解体检查：

解体检查是为了全面检查阀门及其零部件状态的PM任务，通过检查阀门外观，有无零部件松脱、损伤，密封性能是否失效，更换必换件，使维修人员能够很好地把握阀门状态，及时发现阀门及其零部件存在的缺陷并及时处理，保障阀门功能能够正常行使。

- 检查清洗各零部件；
- 检查阀体、阀瓣、阀杆、阀座、填料函等零部件是否腐蚀、锈蚀、变形、开裂，螺纹是否磨损、变形；
- 检查阀瓣、阀座密封面，必要时进行研磨并做蓝油试验；
- 更换垫片和填料等密封件；
- 润滑阀杆螺母；
- 回装时确认各螺栓力矩是否满足要求；
- 回装后检查阀门是否动作灵活，并调整行程到位。

——执行机构解体检查：

执行机构解体检查是为了全面检查执行机构零部件的完好程度及功能的PM任务，通过检测执行机构外观，有无零部件松脱、损伤，执行机构气密性是否良好，使得维修人员及时发现执行机构存在的缺陷，保障阀门功能能够正常行使。

- 检查清洗气动装置；
- 组装气动装置更换密封件；
- 气密性试验；
- 阀门动作试验，确认行程到位，时间合格，开关灵活。

（6）质量管理

项目名称	质量管控点
阀门性能诊断	阀门动作正常，动作时间、关闭力矩符合要求
阀门解体检查	阀门清洁度检查，密封面质量，回装后各螺栓力矩满足要求且动作正常
执行机构解体检查	执行机构清洁度检查、气密性试验合格、阀门动作正常

（7）技术规程清单

序号	规程名称
1	TSA蒸汽大气排放调节阀全面解体检查

（8）经验反馈

故障特征	可能原因
填料泄露	填料螺母松动
	填料安装不正确
	填料材质不正确
	填料老旧破损

续表

故障特征	可能原因
阀门泄漏	紧固力矩不符合要求
	密封垫圈失效
	密封面存在异物
	密封面损伤
	阀门未关到位
阀门卡涩	紧固力矩不符合要求
	填料与阀杆粘着
	阀杆损伤

（9）参考资料

无。

6 汽轮机

6.1 总述

6.1.1 定义

汽轮机又名“蒸汽透平发动机”，是将蒸汽的热能转换成机械功的一种旋转式原动机。它比其他类型原动机具有单机功率大、热经济性高、运行安全稳定、单位功率制造成本低等一系列优点，所以不不仅是现代火力发电和核动力工业中所普遍采用的发动机，而且还广泛应用于冶金、化工、船运等部门，直接拖动各种泵、风机、压缩机和船舶的螺旋桨等。汽轮机的排气或中间抽汽可用来满足生产和生活上供热的需要，这种用于热能和电能联合生产的热电式汽轮机，具有更高的热经济性，对节约能源具有重要意义。

中文名	汽轮机
外文名	The Steam Turbin
别名	蒸汽透平发动机
用途	发电或动力装置
动力源	高温高压蒸汽做功于叶片

6.1.2 功能

汽轮机是一种旋转式蒸汽动力装置，来自锅炉或其他蒸汽发生器的蒸汽进入汽轮机后，依次经过一系列环形配置的喷嘴成为加速的汽流后喷射到动叶片上，使装有叶片排的转子旋转，将蒸汽的热能转化为汽轮机转子旋转的机械能，同时拖动发电机、螺旋桨等对外做功。在火力发电厂和核电厂中，绝大多数都是以汽轮机拖动发电机来生产电能的，汽轮发电机组为人类提供了 80%左右的电能，是现代电力工业中应用最广泛的原动机。

蒸汽在汽轮机中，以不同方式进行能量转换，便构成了不同工作原理的汽轮机。汽轮机历史较久，用途广泛，类型繁多，可以从不同的角度将汽轮机进行分类，如表 352-01-06-01 所示：

表 352-01-06-01 汽轮机分类

按工作原理分	冲动式汽轮机	由冲动级组成，蒸汽主要在喷嘴中膨胀，在动叶栅中只有少量膨胀
	反动式汽轮机	由反动级组成，蒸汽在喷嘴和动叶中膨胀程度相同。由于反动级不能做成部分进汽，故调节级采用单列冲动级或复速级
按热力特性	凝汽式汽轮机	排汽在高度真空状态下进入凝汽器凝结成水。有些小汽轮机没有回热系统，称为纯凝汽式汽轮机
	背压式汽轮机	排汽直接用于供热，没有凝汽器。当排汽作为其他中低压汽轮机的工作蒸汽时，称为前置式汽轮机
	调节抽汽式汽轮机	从汽轮机某级后抽出一定压力的部分蒸汽对外供热，其余排汽仍进入凝汽器。由于热用户对供热蒸汽压力有一定要求，需要对抽汽供热压力进行自动调节，故称为调节抽汽。根据供热需要，有一次调节抽汽和两次调节抽汽
	抽汽背压式汽轮机	具有调节抽汽的背压式汽轮机
	中间再热式汽轮机	进入汽轮机的蒸汽膨胀到某一压力后，被全部抽出送往锅炉的再热器进行再热，再返回汽轮机继续膨胀做功
	混压式汽轮机	利用其他来源的蒸汽引入汽轮机相应的中间级，与原来的蒸汽一起工作。通常用于工业生产的流程中，作为蒸汽热能的综合利用
按汽流方向分	轴流式汽轮机	组成汽轮机的各级叶栅沿轴向依次排列，汽流方向的总趋势是轴向的，绝大多数汽轮机都是轴流式汽轮机
	辐流式汽轮机	组成汽轮机的各级叶栅沿半径方向依次排列，汽流方向的总趋势是沿半径方向的
按用途	电站汽轮机	用于拖动发电机，汽轮发电机组需按供电频率定转速运行，故也称为定转速汽轮机，主要采用凝汽式汽轮机。也采用同时供热供电（抽汽式、背压式）汽轮机，通常称它们为热电汽轮机或供热式汽轮机
	工业汽轮机	用于拖动风机、水泵等转动机械，其运行速度经常是变动的，也称为变转速汽轮机
	船用汽轮机	用于船舶推进动力装置，驱动螺旋桨。为适应倒车的需要，其转动方向是可变的
	凝汽式供暖汽轮机	在中低压缸连通管上加装蝶阀来调节供暖抽汽量，抽汽压力不像调节抽汽式汽轮机那样维持规定的数值，而是随流量大小基本上按直线规律变化的
按进汽参数	低压汽轮机	新蒸汽压力小于 1.5 MPa
	中压汽轮机	新蒸汽压力为 2～4 MPa
	高压汽轮机	新蒸汽压力为 6～10 MPa
	超高压汽轮机	新蒸汽压力为 12～14 MPa
	亚临界汽轮机	新蒸汽压力为 16～18 MPa
	超临界汽轮机	新蒸汽压力超过 22.2 MPa
	超超临界汽轮机	新蒸汽压力超过 25 MPa

此外，汽轮机还可以按汽缸数目（单缸、双缸、多缸）、排列方式（单轴、双轴）等来分类。

6.1.3 结构

汽轮机通常在高温高压及高转速的条件下工作，是一种较为精密的重型机械，一般须与锅炉（或其他蒸汽发生器）、发电机（或其他被驱动机械）以及凝汽器、加热器、泵等组成成套设备，一起协调配合工作。

汽轮机结构部件由转动部分和静止部分两个方面组成，转子包括主轴、叶轮、动叶片和联轴器等，静子包括进汽部分、汽缸、隔板和静叶栅、汽封及轴承等。

（1）汽缸

汽缸是汽轮机的外壳，其作用是将汽轮机的通流部分与大气隔开，形成封闭的汽室，保证蒸汽在汽轮机内部完成能量的转换过程，汽缸内安装着喷嘴室、隔板、隔板套等零部件；汽缸外连接着进汽、排汽、抽汽等管道。汽缸的高、中压段一般采用合金钢或碳钢铸造结构，低压段可根据容量和结构要求，采用铸造结构或由简单铸件、型钢及钢板焊接的焊接结构。

高压缸有单层缸和双层缸两种形式。单层缸多用于中低参数的汽轮机。双层缸适用于参数相对较高的汽轮机，分为高压内缸和高压外缸。高压内缸由水平中分面分开，形成上、下缸，内缸支承在外缸的水平中分面上。高压外缸由前后共四个猫爪支撑在前、后轴承箱上。猫爪由下缸一起铸出，位于下缸的上部，这样使支承点保持在水平中心线上。

中压缸由中压内缸和中压外缸组成。中压内缸在水平中分面上分开，形成上下汽缸，内缸支承在外缸的水平中分面上，采用在外缸上加工出来的一外凸台和在内缸上的一个环形槽相互配合，保持内缸在轴向的位置。中压外缸由水平中分面分开，形成上下汽缸。中压外缸也以前后两对猫爪分别支撑在中轴承箱和 1 号低压缸的前轴承箱上（有的汽轮机不设置中压缸或中压缸与高压缸合在一起，称为高中压合缸）。

低压缸为反向分流式，每个低压缸由一个外缸和一个内缸组成，全部由板件焊接而成。汽缸的上半和下半均在垂直方向被分为三个部分，但在安装时，上缸垂直结合面已用螺栓连成一体，因此汽缸上半可作为一个零件起吊。低压外缸由裙式台板支承，此台板与汽缸下半制成一体，并沿汽缸下半向两端延伸。低压内缸支承在外缸上，每块裙式台板分别安装在被灌浆固定在基础上的基础台板上，低压缸的位置由裙式台板和基础台板之间的滑销固定。

（2）转子

转子是由合金钢锻件整体加工出来的。在高压转子调速器端用刚性联轴器与一根长轴连接，此节轴上装有主油泵和超速跳闸结构。所有转子都被精加工，并且在装配上所有的叶片后，进行全速转动试验和精确动平衡。

套装转子：叶轮、轴封套、联轴节等部件都是分别加工后，热套在阶梯型主轴上的。各部件与主轴之间采用过盈配合，以防止叶轮等因离心力及温差作用引起松动，并用键传递力矩。中低压汽轮机的转子和高压汽轮机的低压转子常采用套装结构。套装转子在高温下，叶轮与主轴易发生松动。所以不宜作为高温汽轮机的高压转子。

整锻转子：叶轮、轴封套、联轴节等部件与主轴是由一整锻件车削而成，无热套部分，这解决了高温下叶轮与轴连接容易松动的问题。这种转子常用于大型汽轮机的高、中压转子。结构紧凑，对启动和变工况适应性强，宜于高温下运行，转子刚性好，但是锻件大，加工工艺要求高，加工周期长，大锻件质量难以保证。

焊接转子：汽轮机低压转子质量大，承受的离心力大，采用套装转子时叶轮内孔在运行时将发生较大的弹性形变，因而需要设计较大的装配过盈量，但这会引起很大的装配应力，若采用整锻转子，质量难以保证，所以采用分段锻造、焊接组合的焊接转子。它主要由若干个叶轮与端轴拼合焊接而成。焊接转子质量轻，锻件小，结构紧凑，承载能力高，与尺寸相同、有中心孔的整锻转子相比，焊接转子强度高、刚性好，质量轻，但对焊接性能要求高，这种转子的应用受焊接工艺及检验方法和材料种类的限制。

组合转子：由整锻结构套装结构组合而成，兼有两种转子的优点。

（3）联轴器

联轴器用来连接汽轮机各个转子以及发电机转子，并将汽轮机的扭矩传给发电机。现代汽轮机常用的联轴器有三种形式：刚性联轴器，半挠性联轴器和挠性联轴器。

刚性联轴器：这种联轴器结构简单，尺寸小，工作不需要润滑，没有噪声，但是传递振动和轴向位移，对中性要求高。

半挠性联轴器：右侧联轴器与主轴锻成一体，而左侧联轴器用热套加双键套装在相对的轴端上。两对轮之间用波形半挠性套筒连接起来。波形套筒在扭转方向是刚性的，在变曲方向刚是挠性的。这种联轴器主要用于汽轮机–发电机之间，补偿轴承之间抽真空、温差、充氢引起的标高差，可减少振动的相互干扰，对中要求低，常用于中等容量机组。

挠性联轴器：挠性联轴器通常有两种形式，齿轮式和蛇形弹簧式。这种联轴器，可以减弱或消除振动的传递。对中性要求不高，但是运行过程中需要润滑，并且制作复杂，成本较高。

（4）静叶片

隔板用于固定静叶片，并将汽缸分成若干个汽室。

（5）动叶片

动叶片安装在转子叶轮上，接受喷嘴叶栅射出的高速气流，把蒸汽的动能转换成机械能，使转子旋转。

叶片一般由叶型、叶根和叶顶三个部分组成。

叶型是叶片的工作部分，相邻叶片的叶型部分之间构成汽流通道，蒸汽流过时将动能转换成机械能。按叶型部分横截面的变化规律，叶片可以分为等截面直叶片、变截面扭叶片。等截面直叶片：断面型线和面积沿叶高是相同的，加工方便，制造成本较低，有利于在部分级实现叶型通用等优点，但是气动性能差，主要用于短叶片；变截面扭叶片：截面型心的连线连续发生扭转，可很好地减小长叶片的叶型损失，具有良好的波动特性及强度，但制造工艺复杂，主要用于长叶片。

叶根是将叶片固定在叶轮或转鼓上的连接部分。它应保证在任何运行条件下的连接牢固，同时力求制造简单、装配方便。T 形叶根：加工装配方便，多用于中长叶片；菌形叶根：强度高，在大型机上得到广泛应用；叉形叶根：加工简单，装配方便，强度高，适应性好；枞树型叶根：叶根承载能力大，强度适应性好，拆装方便，但加工复杂，精度要求高，主要用于载荷较大的叶片。

汽轮机的短叶片和中长叶片通常在叶顶用围带连在一起，构成叶片组。长叶片在叶身中部用拉筋连接成组，或者成自由叶片。围带的作用：增加叶片刚性，改变叶片的自振频率，以避开共振，从而提高了叶片的振动安全性；减小汽流产生的弯应力；可使叶片构成封闭通道，并可装置围带汽封，减小叶片顶部的漏气损失。拉筋：拉筋的作用是增加叶片的刚性，以改善其振动特性。但是拉筋增加了蒸汽流动损失，同时拉筋还会削弱叶片的强度，因此在满足了叶片振动要求的情况下，应尽量避免采用拉筋，有的长叶片就设计成自由叶片。

（6）汽封

转子和静体之间的间隙会导致漏汽，这不仅会降低机组效率，还会影响机组安全运行。为了防止蒸汽泄漏和空气漏入，需要有密封装置，通常称为汽封。汽封按安装位置的不同，分为通流部分汽封、隔板汽封、轴端汽封。

（7）轴承

轴承是汽轮机一个重要的组成部分，分为径向支撑轴承和推力轴承两种类型，径向支撑轴承用来承受转子的全部重力，推力轴承用来确定转子在汽缸中的正确位置。

——多油楔轴承（三油楔、四油楔）：轻载、耗功大，高速小机；

—— 圆轴承：可承重载，瓦温高；

——椭圆轴承：可承重载；

——可倾瓦轴承：2、4、5、6 瓦块轴承，稳定性好，承载范围大，耗油量较大；

——推力轴承：1）固定瓦块式：承载能力小，用于小机组。2）可倾瓦块式分为 ①密切尔式：瓦块背面线接触；②金斯伯里式：瓦块背面点接触。

6.2 通用型号技术要求

6.2.1 定义

下述术语和定义适用于本文件。

扬度：扬度即向上扬起的程度。使用精密水平仪（精度不低于 0.1 mm/m）在汽轮机转子轴颈上测得的扬起值叫做转子扬度。从汽轮机高压缸往低压缸方向看，转子向前扬起叫前扬，转子向后扬起叫后扬。

椭圆度：使用外径千分尺在转子同一横断面内测得的最大直径与最小直径之差即为椭圆度。

锥度：使用外径千分尺在转子同一纵断面内测得的最大直径与最小直径之差即为锥度。

瓢偏：转子上回旋部件端面沿轴线的跳动，即轴向晃动，称为瓢偏，瓢偏程度的大小称为瓢偏度。

洼窝：为了在汽缸内安装汽封、隔板、油挡等环形部件，在汽缸缸体上设计加工出来的环形工艺面。由于汽缸洼窝设计用于安装汽缸通流部件，其尺寸设计精确、加工工艺精良、加工尺寸控制严格，因此，在汽轮机安装和大修时，汽缸洼窝可以用作汽缸缸体定位、缸内各部件定位的基准面。

LEG 轴承：LEG，Leading Edge Groove，前缘沟槽型轴承。

巴氏合金：一种软基体上分布着硬颗粒相的低熔点轴承合金，具有良好的减摩特性，是最为常用的轴承材料，由美国人巴比特发明，按照国家标准可分为锡基和铅基轴承合金两种。

AST：Autom Atic Shift Trip，危急遮断，汽轮机紧急停机保护。

OPC：Overspeed Protection Controller，汽轮机超速保护。

司太立合金：是一种能耐各种类型磨损和腐蚀以及高温氧化的硬质合金，即通常所说的钴基合金。

6.2.2 范围对象

序号	设备
1	汽轮机高压缸
2	汽轮机 1/2/3 号低压缸
3	汽轮机 1～8 号支持轴承
4	汽轮机推力轴承
5	正式盘车
6	检修盘车
7	汽轮机 1/2 号高压主汽门
8	汽轮机 1～4 号高压主调门
9	汽轮机再热主汽阀
10	汽轮机再热截止阀
11	汽轮机主油泵

6.2.3 结构原理

（1）蒸汽流程

主蒸汽从核岛的蒸汽发生器产生后，经过主蒸汽隔离阀和管道，进入常规岛。首先通过汽轮机高压主汽阀（共 2 台）的摇板式阀板后分两路进入汽轮机高压调节阀（共 4 台），然后经高压导汽管（共

4 根）分别从高压缸上部和下部（各 2 根）进入高压缸。高压缸共有 4 个排汽口，位于高压缸两端上部，蒸汽经 4 根高压排汽管从 MSR（汽水分离再热器）的底部侧面进入布置于低压缸两侧的两个 MSR，每个 MSR 共有 3 个排汽口，每个排汽口通过一根低压进汽管进入低压缸上半，每根低压进汽管上分别在接近 MSR 出口处和接近低压缸进口处装有再热主汽阀和截止阀，其目的是当跳闸时迅速关闭以防止汽轮机超速。蒸汽经低压缸做功后通过排汽口排入凝汽器。高压缸排汽管和低压缸进汽管的直径均为 ϕ914.4 mm，为了吸收管道横向和轴向的热膨胀，管道上装有数量不等的板式金属膨胀节。为了减小蒸汽流动损失，在管道的每个 90° 转弯处都采用导向叶栅装置，使蒸汽在改变方向时流线圆滑，损失减小。由于高压排汽的湿度大，为了防水蚀，高压缸排汽管采用 12 Cr 合金钢管。低压缸进汽为过热蒸汽，低压缸进汽管道采用碳钢管。为了便于检查和维修，高压缸排汽管和低压缸进汽管上均有一定数量的检查手孔和检修人孔。

（2）汽缸

1）高压缸（1 台）

高压缸为双层结构，由高压内缸和高压外缸组成。高压内缸为合金铸钢，根据核电要求选用抗腐蚀性能较强的 ZG15Cr2Mo1，由水平接合面分开，形成内缸的上半和下半。它以挂耳形式支承在外缸的水平中分面上，采用在外缸上加工出来一外凸台和在内缸上的一个环形槽相互配合，保持内缸的轴向位置。高压外缸也是合金钢铸件，材料为 ZG15Cr2Mo1，其抗腐蚀性能可以保证寿命期内汽缸不需补焊。在与内缸、隔板套等接合部位堆焊有不锈钢。高压外缸为上下两半结构，由水平接合面分开，形成外缸上半和下半。高压缸的进汽导流环分离了两个流向相反的叶片的通流部分，并使转子不受入口高温蒸汽的作用。导流环通过水平接合面支承在内缸上，其轴向是采用它顶部和底部的定位销保持正确的位置，并允许随温度变化而自由膨胀和收缩。高压缸外缸底部除 2 根进汽管和 6 根抽汽管外，还有若干疏水管、温度测点套管、压力测点套管等。

高压缸 1～7 级隔板为单只静叶组焊加工成两半而后紧镶在隔板套上的静叶环结构，静叶全部采用扭曲叶片以实现控制涡流，高压缸 1～7 级隔板静叶材料均选用 1Cr12Mo。高压缸的调速器端和发电机端的 1 号隔板套，采用挂耳支承在内缸上，2、3 号隔板套和内汽封也以同样的方法支承在外缸上。在每半隔板和隔板套中都加有一个直角槽并且用一连串的 L 形塞紧条将隔板固定。从高压缸往低压缸看，隔板上半左侧水平中分面处用紧定螺钉使隔板上半与隔板套锁紧来防止隔板转动。隔板内环有膨胀槽，可吸收静叶片的膨胀量。高压缸的叶顶汽封和隔板汽封均为梳齿式汽封结构。每级叶顶汽封圈均由 8 段弧段组成，弧段上镶有汽封片形成汽封齿，在水平中分面处有用沉头螺钉固定的止动片，防止汽封圈在隔板套中转动。第一级隔板汽封圈由 6 个弧段组成，其余隔板汽封圈均由 8 个弧段组成，各弧段间预留膨胀间隙，汽封齿为长短齿结构，水平中分面处有专用销钉防止汽封圈在隔板套中转动。

为提升汽轮机热效率，高压缸在第 3、5、7 级后分别设计有抽汽口，正向和反向对称布置共计 6 根抽汽管道，将抽汽送往高压加热器和汽水分离再热器等给水加热器。3 级后抽汽分别送往 2 台 7 号高压加热器，并分出 1 条支路送往 2 台汽水分离再热器。5 级后抽汽分别送往 2 台 6 号高压加热器，7 级后抽汽分别送往 2 台 5 号高压加热器。每根抽汽管道上均安装有 1 台抽汽逆止阀，机组停机时，阀板在介质回流压力和重力作用下关闭，防止水倒流进高压缸。此外，每根抽汽管道上均根据长度安装有数量不等的金属膨胀节，以补偿管道热胀冷缩。

高压缸轴端装有内汽封和外汽封，以防止蒸汽漏出或空气漏入。内汽封包含 3 圈汽封块，汽封块上装有高低梳齿，与高压转子形成迷宫密封。内汽封安装于高压外缸缸体内，采取挂耳式安装，与高压缸隔板套安装形式类似。外汽封安装于高压外缸轴端端面上，采取钢垫片密封，通过一圈螺栓紧固在高压外缸上。外汽封包含 2 圈汽封块，同样是高低梳齿结构，两圈汽封之间的腔室称为 Y 腔室，外汽封与内汽封之间的腔室称为 X 腔室。在汽轮机启动和低负荷运行时，高压缸内的压力低于大气压力。

X 腔室由轴封系统蒸汽供汽，在一侧通过汽封漏入高压缸内，另一侧漏入 Y 腔室，Y 腔室由装在轴封冷却器上的电动风机维持微负压。空气通过外汽封漏入 Y 腔室，Y 腔室内的汽气混合物被轴封冷却器上的电动风机抽出。当汽轮机负荷增大时，高压缸排汽压力超过 X 腔室压力，蒸汽从高压缸流向 X 腔室和 Y 腔室，流量随着高压缸压力的升高而增加，X 腔室大部分蒸汽通过溢流管线向外溢流，另一部分蒸汽漏入 Y 腔室被风机抽出。

高压外缸由四个猫爪支承，在调速器端，猫爪支承在前轴承箱上；在发电机端，猫爪支承在 1 号低压缸（调）排汽端下半。高压外缸下半的两端，用 H 形推拉杆通过螺栓和定位销分别与前轴承箱下半和低压缸下半相连接。推拉杆保持轴承箱和低压缸下半在轴向和横向的正确位置。高压缸上、下半在水平中分面上用大型双头螺柱或定位双头螺柱连接。汽缸水平中分面螺柱靠近缸壁中心线，使缸壁与法兰厚度差别减小，上、下半结构基本对称，重量接近，热容量差别小，因此汽缸的热负荷适应能力强。

2）低压缸（3 台）

低压缸共有 3 台，均采用双层缸结构，即低压外缸和低压内缸，低压内缸上设有隔热罩。1 号和 2 号低压缸通流部分结构相同，其抽汽口位置分别在第 2、5、6 级后，3 号低压缸的抽汽口分别在第 4、5、6 级后。1 号和 2 号低压缸的 2 级后抽汽送往除氧器，3 号低压缸的 4 级后抽汽分别送往 2 台 3 号低压加热器，3 台低压缸的 5 级后抽汽分别送往对应的 3 台 2 号低压加热器，3 台低压缸的 6 级后抽汽分别送往对应的 3 台 1 号低压加热器。与高压缸类似，低压缸抽汽管上均装有金属膨胀节，低压缸往 3 号低压加热器的抽汽管上装有抽汽逆止阀。低压外缸全部由钢板焊接而成，为其内部的各部套提供支撑并把负荷转移至基础上，它要承受所有安装于外缸上部件的重量以及真空负荷，并保证不产生过大的变形而影响动、静间隙，从而保证运行安全可靠。低压外缸上下半分为三部分：调端、电端和中部，各部分通过垂直中分面螺栓连接。低压外缸上半采用了大、小圆弧构成的薄壁拱顶，端壁焊有撑管，下半为端壁与侧壁构成的长方形框架结构，在接近中分面处四周设支角，又称“裙边”。低压外缸下部与凝汽器喉部通过金属膨胀节连接，连接方式为焊接，确保密封。

每个外缸上半有 4 个人孔，每边 2 个，可以在不开缸的情况下进行内部检查。2 个大气阀位于外缸上半顶部，如外缸内压力达到 0.034～0.048 MPa（g），大气阀的薄膜会破裂，进行危急排汽，从而保护低压缸。每个低压缸只有 1 个低压内缸，其沿叶片通道装有进汽导流环、隔板套、隔板和排汽导流环。低压缸 1～5 级隔板为单只静叶组焊加工成两半而后紧镶在隔板套上的静叶环结构，静叶材料选用 1Cr12Mo，为整体隔板套。末二级隔板为内、外环及静叶焊接结构，静叶材料选用 0Cr19Ni9，为独立的隔板。第 5 级和第 6 级隔板叶顶采用蜂窝汽封，可以收集叶片流道内的水汽，增强去湿提高效率，第 7 级由于湿度很大未采用汽封。低压缸其余的叶顶汽封和隔板汽封均采用低直径的弹簧汽封，汽封齿呈 V 形，每段汽封块背面均有弹簧片，使汽封块的凸肩与隔板槽内弧面贴合。在汽封中分面附近，汽封环的上下半各用 2 个销钉紧固在水平中分面两侧，防止汽封块在隔板槽内转动。

低压外缸在启动和运行期间均处于接近真空状态，为防止空气从轴端进入缸内，低压外缸两端装有外汽封。外汽封采取钢垫片密封，通过一圈螺栓紧固在低压外缸上。外汽封包含 4 圈汽封块，汽封块为带 T 形叶根的弧段，T 形叶根装入外汽封相应的槽内。从内往外起，第 2 道汽封圈与第 3 道汽封圈之间的腔室为 X 腔室，第 3 道汽封圈与第 4 道汽封圈之间的腔室为 Y 腔室。X 腔室由轴封系统供应蒸汽维持一定的压力，一部分蒸汽通过汽封漏向低压缸内，另一部分蒸汽向外漏入 Y 腔室，Y 腔室内的汽气混合物被轴封冷却器上的电动风机抽出。

（3）转子（4 台）

汽轮机转子系统由 1 根高压转子和 3 根低压转子组成。高压转子前端装有接长轴，用于安装主油泵叶轮和调相盘等部件。高压转子与 1 号低压转子之间、1 号低压转子与 2 号低压转子之间、2 号低压转子与 3 号低压转子之间有中间轴连接，3 号低压转子与发电机转子之间装有盘车大齿轮，各转子和中间轴之间通过连接螺栓刚性连接形成汽轮机轴系。高压转子和低压转子均采用无中心孔整锻转子，每根转子的两端和中部均设有一个动平衡面。

高、低压转子均采用反动式叶片，每根转子均装有正反各 7 级叶片。高压转子叶片的叶根为直的枞树形，叶顶由围带固定。低压转子的前 4 级叶片与高压转子叶片类似，第 3 级叶片是变截面扭叶片并由整体围带连接成整圈。低压转子的 5 级和 7 级叶片为自由叶片，6 级叶片有凸台拉筋，末三级叶片的进汽边均焊有司太立合金片，并适当拉大了动静叶片之间的距离，有效防止水蚀。

（4）轴承

1）支持轴承（8 台）

高压转子和低压转子的支持轴承（共 8 台）均采用四瓦块可倾瓦轴承。4 块独立的浇有巴氏合金的可倾瓦块，互不相连，其中 2 个下瓦块承受轴颈的载荷，2 个上瓦块保持轴承运行的稳定性。各瓦块均用球面调整垫块支撑在轴承体内，轴承体水平中分为上下半，通过定位销和螺栓连接，并嵌入轴承座和轴承盖的槽中。轴承由汽轮机润滑油系统供油强迫润滑，瓦块支承在调整垫块上，可自由摆动，具有良好的自对中性和稳定性。为了防止轴承上半两瓦块的进油边与轴颈发生摩擦，将该处巴氏合金刮去，并在这两瓦块的出油边装有弹簧。汽轮发电机组转子通过轴颈支承在表面浇注巴氏合金的轴瓦上作高速旋转，这主要依靠轴颈与轴瓦之间产生的油膜，保护轴颈和轴瓦不被磨损或破坏。轴瓦两侧装有浮动油封环，油封环内圆同样浇注巴氏合金，顶部销钉防转但能随转子上下浮动，使润滑油充满轴承腔室并以一定速率从两侧排出。2 个下瓦块各装有 2 个双支热电偶，用于监测轴承温度。每台支持轴承的轴承箱上均安装有 2 只速度传感器和 2 只涡流传感器，1 只速度传感器用于监测轴承箱竖直方向的绝对振动，涡流传感器则用于监测转子相对于轴承箱的振动，2 只涡流传感器方向垂直相交于汽机转子轴心，分为 X 向和 Y 向 45° 角对称安装，还有 1 只速度传感器检测轴承箱 Y 向绝对振动。高压缸调端支持轴承（1 号轴承）瓦径为 305 mm，安装在前轴承箱内，由 4 根金属软管供油。高压缸电端支持轴承（2 号轴承）瓦径为 381 mm，安装在 1 号低压缸调端轴承箱内，由底部瓦枕润滑油孔供油，靠高压缸侧装有隔热板。低压缸支持轴承（3～8 号轴承）瓦径为 508 mm，由底部瓦枕润滑油孔供油，其下瓦块开有顶轴油孔，瓦面顶轴油囊深度约为 0.20 mm，启动顶轴油系统后可以在轴径下强制形成油膜，将转子顶起 0.05～0.10 mm，避免盘动转子时轴径与瓦面干磨。所有支持轴承的轴承箱内均维持微负压，轴承箱两端采用挡油板镶嵌铜梳齿的迷宫密封方式，铜梳齿下方开有一组小孔并与挡油板内侧的油槽连通，油槽集满后排油至轴承箱内，同时防止油烟溢出。

2）推力轴承（1 台）

推力轴承位于 1 号低压缸调端的轴承箱内，为单独的 LEG 型滑动式自位推力轴承。在推力盘两侧的支承环内各安装 8 块可滑动的推力瓦块，能够使所有瓦块承载均匀，而不受推力盘与轴承偏心和巴氏合金不均的影响。转子的轴向推力通过推力盘传递到瓦块上，推力盘与转子加工成一整体。支承环沿水平中分面分为两半，装在推力轴承壳体中。轴承壳体同样分成两半，在水平中分面处分开，通过螺栓和定位销连接在一起。轴承壳体由两组楔块固定，通过旋转调整螺栓使楔块上下移动，楔块挤压轴承壳体轴向移动，从而调整轴承壳体的轴向位置，保证转子在汽缸中的正确轴向位置。推力盘电端为工作面，调端为非工作面，两侧瓦块各装有 4 个热电偶探头以监测瓦温。推力轴承由金属软管从上部供油，分成 2 个支路分别给推力盘两侧轴瓦注油，通过内部流道分配到各个瓦块，汇聚到轴承壳体底部排到轴承箱内。推力瓦块用铜锡合金作衬背，表面浇注巴氏合金。

（5）滑销（1 套）

上文已指出，低压缸通过裙边落在台板上，台板浇注在基础中，裙边与台板间的位置靠键来定位，各键的位置如示意图所示。2 号低压缸有预埋在基础里的 2 个横向定位键，又有 2 个轴向定位键，因此，两横向定位键中心线与两轴向定位键中心线交点即为机组的绝对死点。当机组温度变化时，汽缸可以在基础台板顶面沿任何方向作自由膨胀。1 号低压缸和 3 号低压缸各有 2 个横向键，1/2/3 号低压缸之间用定中心梁连接，机组运行时以绝对死点为中心推动 1/3 号低压缸沿轴向自由膨胀。

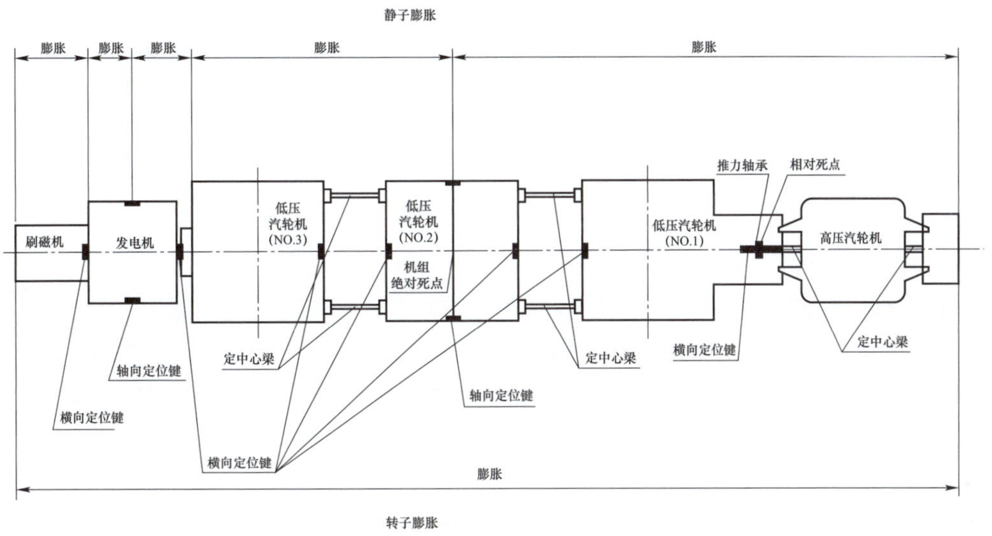

图 352-01-06-01　汽轮机滑销系统

高压缸通过 4 只“猫爪”支承在两端轴承座的键上，并可以在其上自由滑动。高压缸的前后端分别通过定中心梁与前轴承箱以及 1 号低压缸连接。每个“猫爪”与轴承座之间用双头螺栓连接，以防止汽缸与轴承座之间产生脱空，螺母与“猫爪”之间留有适当的间隙，双头螺柱与“猫爪”通孔之间留有较大的间隙。当温度变化时，汽缸“猫爪”能自由膨胀。

推力轴承座位于 1 号低压缸，与 1 号低压缸同步滑动。汽轮机各转子之间采用法兰式刚性联轴器连接形成轴系。轴系轴向是靠高压转子电端的推力盘定位的，推力盘被限制在推力轴承中，由此构成了机组动静之间的死点。当机组静子部件在膨胀或收缩时，推力轴承所在的轴承箱也相应地轴向移动，推力轴承也随之移动，因此称机组动静之间的死点为机组的相对死点。

（6）盘车装置

1）自动盘车（1 台）

汽轮机自动盘车由卧式电机驱动，安装在汽轮机与发电机连接对轮处，与 8 号轴承共用一个轴承箱体。汽发对轮之间装有联轴器盘车大齿轮，盘车的摆动齿轮与联轴器盘车大齿轮啮合，从而驱动汽轮发电机组转子。电机转速为 980 r/min，通过链条传动驱动盘车蜗杆转速至 700 r/min，蜗杆与蜗轮配合减速至 43.7 r/min，与蜗轮同轴的齿轮再通过 3 级齿轮传动减速至 16.6 r/min，最终摆动齿轮驱动联轴器盘车大齿轮以 3.38 r/min 转动。正式盘车支持自动啮合和手动啮合，自动啮合通过压空驱动气缸从而推动摆动齿轮与齿轮垫片啮合，手动啮合则由人工直接推动摆动齿轮与齿轮垫片啮合。无论是自动啮合还是手动啮合，都需在啮合前点动电机，使摆动齿轮带有极低转速以利于齿轮啮合。盘车内部传动部件的轴承均采用烧结多孔青铜衬套，具有良好的自润滑性能。盘车内部引入汽轮机润滑油进行喷淋冷却和强制润滑，润滑油淋下后与 8 瓦回油一起流回主油箱。冲动转子后，齿轮垫片转速快速超过摆动齿轮，摆动齿轮被甩开。

2）检修盘车（1 台）

为了在汽轮机检修期间能够低速盘动转子（测量同心度、翻转子等需要），同时作为自动盘车的备用盘车，在自动盘车的正对面安装有检修盘车。检修盘车支持电机驱动和手轮驱动，电机转速为 1500 r/min（可调节转速），驱动汽轮机转子以 3 r/min 的速度转动，电机与齿轮之间通过皮带传动。将皮带轮和皮带卸下，装上手轮，即可实现手轮驱动。手轮回转半径为 0.4 m，作用力矩为 8 kg/m，传动比为 7200，确保一名检修人员即可轻松盘动。检修盘车的上半内部装有谐波减速器，从谐波减速器的输出齿轮至检修盘车的输出齿轮是一组自上而下的齿轮传动链。检修盘车与 8 号轴承共用一个轴承箱体，底座安装在轴承箱上，起到支承和密封作用。在底座上设置有轨道，盘车装置可以在轨道上整体滑移从而实现与联轴器盘车大齿轮啮合和脱开。在底座上安装有调节丝杠，通过手动旋转调节丝杠可实现盘车装置在轨道上前后移动。在旋转调节丝杠使盘车前移的同时，需要盘转手轮使输出齿轮与联轴器盘车大齿轮错齿，以获得最佳啮合间隙。检修盘车无自动脱开功能，需手动旋转调节丝杠使盘车后移退出。

（7）汽门

1）高压主汽门（2 台）

主蒸汽母管分两路进入汽轮机，每路管道上分别装有 1 台主汽门，位于高压缸两侧。主汽门可以快速关闭保障汽轮机安全，防止超速，其关闭时间要求小于 0.25 s，关闭后要求严密。主汽门采用旋启式蝶板阀，阀蝶通过键固定在阀轴上，阀轴通过连杆与油动机连接，油动机活塞动作时，驱动阀轴 90° 旋转，阀轴上装有碗型密封，用于正常运行时密封向驱动端泄漏的蒸汽。阀门非驱动端依靠端盖密封，轴端部为高压汽腔，通向油控跳闸阀。机组挂闸前，油控跳闸阀处于开启状态，主汽门非驱动端汽腔未形成，碗型密封处于松弛状态蒸汽通过轴间隙从驱动端漏出，机组挂闸时，主汽门首先开启，至全开状态时，油控跳闸阀关闭，高压汽腔建立，将阀轴推向驱动端，碗型密封压紧，蒸汽停止泄漏。机组打闸时，油控跳闸阀先动作，泄掉汽腔压力，使碗型密封恢复松弛，继而主汽门关闭。

油动机由液压模块、活塞缸、卸荷阀、快关电磁阀、试验电磁阀、蓄能器等组成。高压油进入油动机后分为四路，即驱动油控跳闸阀、形成 AST 保安油、关闭卸荷阀以及进入油缸驱动主汽门。挂闸前，AST 油压未形成，卸荷阀处于开启状态，高压油通过卸荷阀下腔与回油连通，主汽门和油控跳闸阀的驱动油压无法建立，主汽门处于关闭状态，油控跳闸阀处于开启状态。挂闸后，AST 油压建立，与高压进油油压相等，使卸荷阀关闭，切断油动机回油，高压油建立。驱动主汽门打开和油控跳闸阀关闭。打闸时，AST 油压首先卸压，卸荷阀上腔油压卸掉，卸荷阀打开，将高压进油、主汽阀和油控跳闸阀驱动油与回油连通，卸掉驱动油压，主汽门关闭，油控跳闸阀打开。

2）高压主调门（4 台）

高压主调门安装在高压主汽门后，每台高压主汽门与两台高压主汽门公用一个壳体，采用铸焊结构，组成一个联合阀。主调门属于笼式调节阀，用于调节进入汽轮机的蒸汽流量，从而控制汽轮机的转速和功率。主调门分为执行机构和阀门本体两大部分，执行结构由油动机、机械连杆和弹簧等组成，执行机构与阀杆通过 M42×3 螺纹连接，并配有防转销防止阀杆与执行机构脱开。主调门阀芯是一个圆柱形筒体，筒体下端面边缘加工成 SR357.28 mm 的圆弧面，阀座上堆焊一层约 6 mm 厚的司太立合金，其表面加工成 R124 圆角，阀芯圆弧面与阀座 R124 圆角形成一圈密封线。阀芯需要上下动作，为防止卡涩，阀芯外圈与阀笼内圈之间留有 1.17～1.27 mm 的直径间隙，阀芯上装有 2 道密封环阻止蒸汽从该间隙泄漏。密封环为带开口圆环，材料为 GH2136，具有较强的耐磨性和回复性，受热膨胀后与阀笼内壁贴合。为使阀芯具有一定的自对中性，阀芯与阀杆连接部位为球面接触，阀芯上部圆周均布 4 个定位钮，从而限制阀芯倾斜。

油动机由液压模块、活塞缸、伺服阀、卸荷阀、蓄能器等组成。高压油进入油动机后，经过伺服阀进入活塞缸下腔，驱动活塞杆向上运动，执行机构在活塞杆的驱动下克服弹簧压力，带动阀芯上升，露出阀笼消音器的小孔（孔径 ϕ6.4 mm）区域，蒸汽通过小孔进入汽轮机内做功。阀芯的开度越大，露出的小孔数量就越多，蒸汽流量也就越大，使汽轮机功率提升。当需要关闭阀门时，通过伺服阀将油动机活塞下腔的 EH 油压卸去，阀芯在弹簧压力作用下落在阀体密封面上，阀门关闭。

3）再热主汽门（6 台）

再热主汽门安装在汽水分离再热器和低压缸之间的蒸汽管道上，其作用是提供一个安全的附加措施，即当超速跳闸机构动作而再热截止门关闭不上时，迅速关闭以防止汽轮机超速（关闭时间可调，0.15～0.20 s，包含延迟时间）。汽水分离再热器和低压缸之间共有 6 根蒸汽管道，因此共有 6 台再热主汽门。再热主汽门采用两位蝶阀，即只有全开或全关状态，阀板开度 0°～90°，阀体选用整体铸件。再热主汽门靠油动机驱动，二者通过花键连接。

油动机由液压模块、活塞缸、试验电磁阀、液控换向阀、蓄能器等组成。高压油进入再热截止阀油动机，经过入口滤网后分成两路。一路通过$\phi 4$ 的节流孔板，进入试验电磁阀，通过试验电磁阀后被液控单向阀堵死。另一路则通过$\phi 0.6$ 的节流孔板，然后通过快关电磁阀后分成三路。一路打开液控单向阀，以使高压油进入油动机活塞下腔；一路进入卸荷阀上腔，将卸荷阀关死；另一路则通过单向阀进入 AST 母管建立 AST 油压。AST 油压建立后，高压油驱动活塞使汽门开启。需要对汽门进行开关试验时，使试验电磁阀得电，活塞下腔液压油通过试验电磁阀排回油箱，汽门关闭；反之使试验电磁阀失电，活塞下腔液压油被试验电磁阀封堵，油压建立，汽门开启。机组打闸时，AST 油压迅速泄去，所有汽门全部快速关闭。

4）再热截止门（6 台）

再热截止门同样安装在汽水分离再热器和低压缸之间的蒸汽管道上，在再热主汽门后，其作用是当汽轮机甩负荷后，限制从汽水分离再热器到低压缸的蒸汽流量。再热截止门与再热主汽门结构及原理类似，区别是再热截止门使用快关电磁阀取代液控换向阀，实现电控快关和复位功能。

（8）主油泵（1 台）

汽轮机正常运行时，由主油泵供应汽轮机润滑油系统的大量用油。主油泵为单吸中开式离心泵，位于前轴承箱内，叶轮及其轴套安装在高压转子延伸轴上，高压转子延伸轴与高压转子通过刚性联轴器相连接，属于机带泵。主油泵由泵壳、叶轮、密封环、轴套等组成，泵壳水平中分成上下半，通过螺栓和定位销连接，叶轮与高压转子延伸轴之间采用键配合，叶轮高压侧装有一道高压密封环，轴套内圆加工有螺纹，旋到高压转子延伸轴上以压紧叶轮，并通过敛缝螺钉防转，叶轮的低压侧和轴套各装有一道低压密封环，两道密封环之间形成泵的吸入腔室。叶轮与高压转子延伸轴的轴肩之间装有一道不锈钢调整垫片，其厚度根据叶轮的实际位置确定，以确保叶轮中心线与泵壳中心线一致。

6.2.4　指标和参数

表 352-01-06-02　指标和参数

指标	参数
额定功率/MW	652.833
最大保证功率/MW	695.99
主汽门前额定蒸汽压力/MPa	6.41
主汽门前额定蒸汽温度/℃	279.9
主汽门前蒸汽干度/%	99.5
再热门前额定蒸汽压力/MPa	1.009
额定主蒸汽流量/t/h	3902
最大保证工况背压/kPa	5.39
额定工况背压/kPa	11.8

续表

指标	参数
冷却水温度/℃	18
最高冷却水温度/℃	33
最大保证工况低压缸排汽湿度/%	10.9
工作转速/（r/min）	3000
偏周波范围/Hz	50±1.5
空负荷时额定转速波动/（r/min）	±1
1 m 内噪声水平/db	≤90
各轴承处最大垂直振动（双振幅）/mm	≤0.05
高压转子临界转速/（r/min）	2270
1 号低压转子临界转速/（r/min）	1733
2 号低压转子临界转速/（r/min）	1767
3 号低压转子临界转速/（r/min）	1749
轴承回油温度/℃	≤77
支持轴承金属温度/℃	≤99
推力轴承金属温度/℃	≤99
转子晃动（双振幅）/mm	≤0.025
转子偏心度（双振幅）/mm	≤0.076
转子轴位移/mm	≤0.889
转子振动限值（双振幅）/mm	优秀：≤0.076；合格：≤0.127；跳闸：≥0.254
高压缸上下部温差/℃	≤24
汽轮机润滑油压/kPa	97～124
主油泵出口压力/MPa	≥0.27
EH 油母管压力/MPa	13.5～14.5
超速保护跳闸设定值/（r/min）	3300
高压差账/mm	−6.22～+3.32
低压差账/mm	−0.25～+26.64
主汽门快关时间/ms	≤500

6.2.5 维修技术要求

（1）维护项目及周期

表 352-01-06-03 维护项目及周期

项目名称	工作内容	项目周期
高压缸全面解体检查	解体数据测量、汽轴封间隙测量、动静间隙测量、高压转子及叶片检查 高压缸部件清理、检查、修整 高压隔板及隔板套清理、检查、修整 高压缸前后轴封、进汽插管密封环的清理、检查、修整 高压外缸、内缸的清理、检查、修整高压缸各部件紧固螺栓检查、清理、修整 高压缸滑销部分的检查高压缸变形检查 高压缸汽、轴封间隙测量调整高压缸组装前测量 高压缸内壁腐蚀检查、焊缝检查	3C
（1~3 号）低压缸全面解体检查	解体数据测量、汽轴封间隙测量、动静间隙测量、低压转子及叶片检查 低压缸部件清理、检查、修整 低压隔板及隔板套清理、检查、修整 低压缸前后轴封的清理、检查、修整 低压外缸、内缸的清理、检查、修整，低压缸各部件紧固螺栓检查、清理、修整 低压缸滑销部分的检查、缸体变形检查 低压缸汽、轴封间隙测量调整高压缸组装前测量 低压缸内壁腐蚀检查、焊缝检查 大气阀爆破膜更换	3C
（1~3 号）低压缸末级叶片检查	对末级叶片及其零件进行宏观检查 检查叶身有否腐蚀、冲蚀、硬物击伤、麻点、裂纹、断裂及其他缺陷 检查叶片进、出汽边有否卷边和变形 检查硬质合金防腐条有否脱焊和剥落、是否有隙间腐蚀、水蚀是否严重以及水垢沉积 必要时通知金属人员对叶片进行无损探伤 检查叶片和根部锁紧装置上有无化学沉积物	1C
汽轮机导汽管人孔垫片更换	人孔盖板密封面清理、检查、修整 人孔盖板螺栓清理、检查、修整 人孔盖板垫片更换	3C
（1~8 号）支持轴承解体检查	解体轴瓦测量重要部位的间隙检查轴瓦有无裂纹、脱胎、磨损、腐蚀等（包括金属检查），检查接触情况，检查轴颈、并测量直径、椭圆度、锥度等 检查下瓦壳调整垫块与洼窝接触情况 进行必要的修刮对调整垫块进行调整清洁检查后回装	3C
1 号支持轴承进油管更换	更换金属软管	6C
（3~8 号）支持轴承顶轴油管检查	顶轴油管焊缝无损检查 顶轴油管接头密封性检查 单向节流阀定期更换	3C
推力轴承解体检查	测量推力轴承定位基准值，测量推力间隙 推力轴承解体清理 推力盘瓢偏测量 推力瓦检查及测量 推力瓦部件清理检查 测量推力瓦块厚度 推力瓦块接触情况检查 推力轴承复装	3C

续表

项目名称	工作内容	项目周期
推力轴承进油软管更换	更换金属软管	6C
（1～2 号）高压主汽门全面解体检查	阀门各零部件进行质量检查、测量阀板和阀座密封面间隙、摇臂轴向窜动间隙、检查测量摇臂与阀瓣间隙、检查各密封面和密封圈并处理 更换阀盖及轴端密封垫片 检查阀轴、碗形密封状态	3C
（1～2 号）高压主汽门油动机及连杆解体检查	设备解体及清理检查蓄能器 运转试验 内泄漏试验 外渗漏试验 全行程试验 电磁阀动作试验 油动机及连杆机构的安装 更换油管密封 更换活塞密封环、油动机密封件	3C
（1～2 号）高压主汽门连杆年度检查及润滑	对连杆执行机构外观检查 对各连杆及传动销润滑	1C
（5～10 号）再热主汽门全面解体检查	阀门各零部件质量检查、测量阀板和阀座密封面间隙 更换盘根及轴端垫片	8C
（5～10 号）再热主汽门油动机及连杆解体检查	设备解体及清理检查蓄能器 运转试验 内泄漏试验 外渗漏试验 全行程试验 电磁阀动作试验 油动机及连杆机构的安装、更换油管密封 更换活塞密封环、油动机密封件	3C
（5～10 号）再热主汽门油动机连杆年度检查及润滑	对连杆执行机构外观检查 对各连杆及传动销润滑 更换进油过滤器滤芯	1C
（1～4 号）高压主调门全面解体检查	阀门解体检查 弹簧杠杆座解体检查 检查、测量阀门各部件	3C
（1～4 号）高压主调门油动机及连杆解体检查	拆卸、解体油动机及连杆 活塞杆和密封套间配合间隙检查 更换所有密封圈 清理全部零部件 油动机紧固件检查、更换 O 形圈以及其他密封垫片和垫圈 回装油动机后进行运转试验	3C
（1～4 号）高压主汽门连杆年度检查及润滑	对连杆执行机构外观检查 对各连杆及传动销润滑 更换进油过滤器滤芯	1C
（5～10 号）再热截止门全面解体检查	阀门各零部件质量检查、测量阀板和阀座密封面间隙 更换盘根及轴端垫片	8C

续表

项目名称	工作内容	项目周期
（5～10 号）再热截止门油动机及连杆解体检查	拆卸、解体油动机及连杆 活塞杆和密封套间配合间隙检查 更换所有密封圈 清理全部零部件 油动机紧固件检查、更换 O 形圈以及其他密封垫片和垫圈 回装油动机后进行运转试验	3C
（5～10 号）再热截止门油动机连杆年度检查及润滑	对连杆执行机构外观检查 对各连杆及传动销润滑 更换进油过滤器滤芯	1C
自动盘车全面解体检查	盘车机构解体 齿轮、蜗轮、蜗杆啮合检查、磨损检查 链条张力检查 DU 衬套磨损检查、尺寸检查，视情况进行更换 滤网、骨架油封检查更换 啮合间隙调整 气动啮合缸检查	3C
自动盘车检查及润滑	链条张力检查 滤网、骨架油封检查更换 啮合间隙调整	1C
检修盘车全面解体检查	盘车机构解体 齿轮、减速器状态检查、磨损检查 皮带更换 盘车底座密封检查、导轨检查	6C
汽轮机主油泵解体检查	解体主油泵 检查测量各密封环径向、轴向间隙，检查叶轮 检查各部件磨损状态、检查敛缝螺钉紧固状态	3C

（2）汽缸解体基本技术条件

汽轮机调节级外缸壁金属温度降到 150 ℃以下停止盘车装置运行；

金属温度降到 120 ℃以下时拆除汽缸及导汽管保温材料；

金属温度降到 80 ℃以下时可以拆除导汽管、汽封供回汽管及其他附件，拆卸汽缸结合面螺栓，进行汽缸检修。

（3）螺栓安装技术要求

螺母拆下要进行清扫工作。用螺栓松动剂或清洗剂、煤油浸泡螺纹约 20 min，然后用钢丝刷与毛刷配合清扫螺杆和螺纹部分。清扫要全面、彻底，不能留有死角。清扫干净、用热风吹扫烘干，摆放整齐，为进一步检验做准备。

螺栓安装前需涂抹适量的高温防咬剂，如 N 5000 或者 N 7000 等。

螺母安装前，对应螺纹部分必须清理干净、清除毛刺。

M 52 以下的螺栓一般采用冷紧法紧固，对于 M 52 以上的大螺栓，所需的紧力矩非常大，仅使用冷紧方法不易达到，因此此类大螺栓的拧紧一般都是先进行力矩冷紧，冷紧的目的是消除由汽缸自重引起的结合面间隙，给热紧有一个较准确的数据，在施加一定的冷紧力矩后再进行热紧。大螺栓的热紧一般控制热紧弧长或角度。

螺栓冷紧时，应先用 50%～60%的规定力矩对汽缸螺栓左右对称进行预紧，然后再用 100%的规定力矩进行紧固。

螺栓冷紧时，不允许使用大锤敲击的方法撞击，冲击力大小难以掌握，使螺栓的冷紧值难以控制，而且螺纹承受很大的冲击载荷，容易发生裂纹，也会使螺纹至高温下产生塑性变形或拉出毛刺造成咬合和损坏。

螺栓热紧时，一般通过有中心加热孔进行加热。

热紧弧度的标记必须“有始有终”，标记清晰明确。

热紧后，如果条件允许（部分结构的螺栓无法测量伸长量），应该对螺栓的伸长量进行验证。

热紧螺栓时，不能用液压扳手、敲击扳手等工具将螺栓硬紧固到规定的弧长，否则因螺纹温度高时硬度降低而可能产生毛刺咬丝扣。

螺栓热紧时，应控制加热温度，以不超过螺栓材料的回火温度为准。

螺栓热紧时，不可对相邻的几颗螺栓同时加热，但可对对称或者对角的 4 颗螺栓进行。

汽缸法兰螺栓拧紧的顺序一般以消除汽缸上下法兰面间隙为原则，优先紧固缸体变形比较大（缸体最大垂弧处）、密封难度比较大部位的螺栓。

松螺栓的顺序应以防止消除汽缸上下法兰间隙所引起的法兰变形的力量集中到最后拆卸的一个螺栓上为原则。

拧螺栓时，从汽缸中部垂弧最大处开始，在汽缸两侧依次对称地向汽缸前后紧，将汽缸法兰间隙逐渐地向前后自由端减少。

紧固螺栓的扭矩或者伸长应力，不应大于对应螺栓材料的屈服强度的 70%～80%。

对于汽缸螺栓直径大于 M52 以上的螺栓、螺母及特殊厚度的垫圈应按制造厂编号配合，回装时应对号入座，以防止螺纹咬合、卡涩和罩形螺母内孔顶部与螺栓端部相碰等故障。

螺栓紧固到位后，如果没有有效的手段确认螺栓紧固到位，可使用铜棒对螺帽进行逐一敲击，通过敲击声的差异判断螺栓是否紧固，力矩是否到位。

对于缸面定位螺栓的紧固(螺栓中间定位销部分跟缸体配合间隙小)，冷紧时需要两端都进行紧固，热紧角度可以两端各拧转一半要求弧度。

大于 M30 的螺栓必须进行硬度检测。

（4）结合面安装技术要求

涉及密封的金属接触直接密封结合面，如汽缸中分面、隔板中分面、浮动油封环中分面等需组装检查密封面结合情况，组装后用塞尺对结合面进行检查，要求高压缸 0.03 mm 塞尺自内外两侧检查均不得塞入；低压缸 0.05 mm 塞尺不得塞通，从内外两侧塞入长度总和不得超过汽缸法兰宽度的 1/3；其他位置原则上 0.03 mm 塞尺无法贯通。

将上下半隔板套（或静叶环）组合，紧固 1/3 结合面螺栓，用塞尺检查结合面间间隙，0.1 mm 塞尺塞不进为合格。

对于高压缸中分面需进行平面度检查，如果平面度大于 0.1 mm，需使用合适的密封胶补偿保证密封。

对于大型缸体的结合面，由于正常变形，很难将间隙消除，一般需要组装后，通过紧固部分螺栓消除间隙后再测量，否则无法保证运行期间的密封效果。

解体后，在清理密封胶前，需对涂抹密封胶的状态进行检查，如果出现密封胶缺失等情况，需要在大修期间，对密封胶缺失部位进行重点检查，如有必要可进行补焊打磨。

对于大型结合面，如高低压缸面等，需要空扣缸，紧固部分螺栓进行缸体变形检查，如有异常，需处理。

（5）密封胶涂抹技术要求

涂抹密封需要关注时效性，避免凝固后再安装，会影响密封效果，甚至产生泄漏。

金属密封表面的密封胶需涂抹均匀，厚度不宜太厚，一般 0.5～1 mm，特别是螺栓孔周围需涂抹全，避免运行期间介质沿螺栓孔泄漏。

对于密封压力、温度比较高，对异物比较敏感的位置，一般将密封胶涂抹在上半缸体。

（6）油挡安装技术要求

油挡垂直面如果安装垫片，螺栓需按照力矩紧固，螺栓力矩根据选用垫片的预压紧力、密封面尺寸和螺栓参数等确定。

为了保证密封效果，金属对金属密封时，可涂抹密封胶，密封胶需均匀连贯，涂抹厚度不超过 0.5 mm。

如果油挡垂直面涂抹了密封胶，需关注密封胶的凝固时效性，禁止在密封胶凝固后对油挡进行位置调整。

如果安装密封垫片，可以单面适量均匀涂抹密封胶提高密封效果和降低垫片安装的难度。

油挡下方间隙调整时，需尽量保证下间隙靠标准下限，这样能降低轴承甩油的可能性。

上下两半油挡中分面需组装检查结合间隙小于 0.03 mm，如果无法满足，需要使用油石打磨，安装时可均匀涂抹密封胶。

油挡齿下方有疏油孔，安装时需检查疏油孔无堵塞。

（7）滑销系统维护技术要求

如果机组运行无异常，高低压差胀正常，滑销系统无卡涩现象，不需要每年对滑销系统进行解体检查，只需每年对滑销系统进行润滑，并且跟随机组全面解体检查对滑销系统进行解体检查（能拆的滑销）。

所有滑销的间隙，必须符合制造厂的规定。间隙过大，将造成汽缸、转子的相对位置变化；间隙过小，容易发生卡涩，妨碍汽缸膨胀。

如果间隙大，可通过补焊后加工或者重新配制部件的方案将间隙缩小。处理后，滑动表面金属强度不得低于处理前。

滑动表面粗糙度不低于 Ra3.2 μm，接触面积应大于 80%。

（8）支撑、推力轴承维护技术要求

轴承检修前，机组正常运行时，应对支撑轴承的运行状态数据采集，评估轴承的状态，使检修期间有针对性，如轴承振动、瓦温、回油温度等等。

如果支撑轴承运行无异常，不宜对标高、紧力和顶隙等进行大幅调整。

轴承解体检查时，需重点关注支撑部件的状态和接触情况，如轴承瓦壳垫块与轴承座的接触情况、瓦块背部的支撑销圆弧面状态等。

对于座缸式轴承，需尽量保证轴承修后标高不低于修前标高。

轴承瓦块与转子轴颈平行度需要关注。

转子轴颈的扬度、轴瓦间隙及轴瓦垫铁的接触。尽量使扬度符合设计要求，轴颈在轴瓦内间隙均匀，减少轴瓦垫铁的研刮工作。

瓦块支撑销或者调整块、瓦块乌金面、推力瓦块乌金面需要进行 PT、UT 无损检测。

支撑轴承可倾瓦上瓦块弹簧的弹性模量需要定期检查，弹性模量如果偏大，运行期间容易断裂；弹性模量如果偏小，会导致支撑轴承运行异常。

（9）汽、轴封维护技术要求

汽、轴封齿无污垢、锈蚀、断裂、磨损、弯曲变形和毛刺等缺陷。

汽、轴封块弹簧需检查其弹性。

蜂窝汽封无无污垢、缺失等缺陷。

轴封径向间隙是保证设备质量的关键，需严格控制。

轴封块的安装方向需正确，轴封块缺口正对汽侧。

轴封块的膨胀间隙需关注。

轴封体拼装后，中分面间隙 0.03 mm 塞尺不贯穿，中分面无贯穿划痕。

通流间隙偏大，一般通过修刮汽封背弧来进行调整，这种方式能保证间隙均匀，禁止调整汽封齿。

（10）转子、轴系维护技术要求

相邻转子对轮上下左右外圆和端面偏差符合制造厂家标准要求。

中心调整垫片薄不应小于 0.05 mm，垫片层数一般不应超过三层，应平整无毛刺。

各缸体的洼窝中心需符合厂家期望值，一般左右洼窝相等、上部洼窝大于下部洼窝，可采用假轴、拉钢丝等方法进行。

轴颈的锥度和椭圆度要求≤0.02 mm。

主轴的晃度和弯曲度要求≤0.06 mm。

对轮端面的平面偏差要求≤0.06 mm。

推力盘径向跳动，瓢偏度不大于推力盘半径的 0.01%，且≤0.03 mm。

振动探头检测部位的晃度≤0.02 mm。

末三级叶片的吹蚀情况需检查。

如果末三级叶片采用司太立合金片防水蚀，需对合金片本身和周围叶片母材进行 PT 检查，如果叶片拆下，需进行萤光磁粉检查。

定期对叶片叶跟进行 UT 检查。

定期对叶片末叶锁紧措施进行检查。

围带的铆接牢固程度，铆钉头有无剥落及裂纹。

拉筋脱焊、断裂、冲蚀的情况进行检查。

对转子表面损伤情况进行目视检查。

定期对汽轮机转子对轮螺栓进行硬度检查和表面目视检查。

（11）通流部分维护技术要求

对于动叶、静叶，除了人工清理，如果条件允许喷砂或喷珠清扫，能有效清除氧化皮、积垢而不损伤通流部件。

重点清扫叶片、结合面、密封面、定位槽，严禁使用砂轮片进行打磨。

用小锤逐片轻敲静叶片作音响检查，是否发音清脆，衰减适当，对有疑问的静叶片应用放大镜或着色法作进一步检查。

对隔板（静叶环）逐级宏观检查，重点检查进、出汽侧有无与叶轮、叶片摩擦的痕迹；铸铁隔板的静叶片铸入处有无裂纹和剥落现象；静叶片有无伤痕、卷边、松动、腐蚀、裂纹或组合不良现象；隔板（静叶环）、隔板套的挂耳有无松动、损伤现象；焊接隔板中分面处的两端静叶应重点检查有无脱焊、开裂、漏焊或腐蚀吹薄等现象；隔板套有无裂纹并进行隔板（静叶环）严密性检查。

严禁用砂轮机或角向磨光机进行清扫，防止增加叶片表面的粗糙度，改变叶片型线和挂耳的调整压板螺钉，上隔板的压块螺钉必须拆下清理，螺孔均用丝锥重新过丝、装复。

对隔板（静叶环）与隔板套或与汽缸的轴向配合面均用砂布清理干净，各部位可钢丝刷将浮垢清除。

对静叶片裂纹、缺口等缺陷进行整修，小缺口或小裂纹用圆锉修成圆角，裂纹较长时应在裂纹顶端打止延孔，出口边卷曲严重应作必要的热校正，较大缺口应补焊。

隔板挂耳间隙需检查，与标准值进行比较，若需要进行调整时，可以增减挂耳调整垫片的厚度；无调整垫片时，可直接在挂耳上或者压销上修锉或补焊。

将转子调整到冷态 K 值位置后，检查轴向和径向通流间隙是否符合厂家设计期望值。

定期对末叶疏水孔进行检查，避免堵塞的情况。

6.2.6 质量管理

项目	质量管理控制点
低压缸全面解体检查质量管理关键点	低压内外缸中分面密封面状态良好，密封胶涂抹均匀，密封可靠
	低压内外缸中分面螺栓紧固到位
	低压缸轴封间隙符合标准
	低压缸在冷态 K 值位置轴向、径向通流间隙无异常
	低压缸轴封、隔板汽封汽封块背部弹簧无变形和断裂
	低压缸轴封、隔板汽封轴封块方向正确，密封面无吹蚀
	低压转子洼窝符合标准
	低压转子叶片无损检查无异常（VT、UT 或 PT）
	低压末三级叶片防水蚀司太立合金片无裂纹、脱落和严重吹蚀
	转子叶片锁紧件完好、未脱落
	低压缸正式回装前进、排汽管、抽汽管、缸内异物检查
高压缸全面解体检查质量管理关键点	高压内外缸中分面密封面状态良好，密封胶涂抹均匀，密封可靠
	高压内外缸中分面螺栓冷紧、热紧紧固到位
	高压缸轴封间隙符合标准
	高压缸在冷态 K 值位置轴向、径向通流间隙无异常
	高压缸轴封、隔板汽封汽封块背部弹簧无变形和断裂
	低压缸轴封、隔板汽封轴封块方向正确，密封面无吹蚀
	高压转子洼窝符合标准
	高压转子叶片无损检查无异常（VT、UT 或 PT）
	高压外缸中分面结合间隙合格
	高压缸正式回装前进、排汽管、抽汽管、缸内异物检查
	转子叶片锁紧件完好、未脱落
支撑轴承全面解体检查质量管理关键点	轴承紧力均匀且在标准范围内
	轴承顶隙在标准范围内
	轴承瓦块乌金面无脱胎、无超声异常显示和无明显磨划痕
	轴承瓦块背后调整薄垫片数量少于 3 片
	轴承上瓦块弹簧没有变形、断裂
	轴承壳体垫块与轴承座、轴承箱盖接触良好
	轴承回装前，进油管、回油管和轴承箱异物检查

续表

项目	质量管理控制点
推力轴承全面解体检查质量管理关键点	推力轴承轴向间隙符合标准
	推力轴承瓦块厚度一致性符合标准
	推力瓦桥架活动自如
	推力轴承瓦块乌金面无脱胎、无超声异常显示和无明显磨划痕
	推力轴承回装前，进油管、回油管和轴承箱异物检查
汽轮机轴系中心检查与调整	汽轮机组对轮中心符合标准
	汽轮机组对轮同心度符合标准
	汽轮机对轮螺栓拉伸量符合要求

6.2.7 技术规程清单

表 352-01-06-04 技术规程清单

序号	规程名称
1	低压缸全面解体检查
2	低压缸两端轴承全面解体检查
3	低压缸末级叶片水蚀定期检查
4	低压缸大气阀（爆破膜）定期检查
5	低压缸抽汽膨胀节定期检查
6	低压内外缸之间的支架及引压管定期检查
7	低压缸喷淋系统定期检查
8	低压缸近轴承体轴封管线壁厚检查
9	高压缸两端轴承全面解体检查
10	高压缸全面解体检查
11	轴承顶轴油管无损检查
12	轴承顶轴油管定期检查
13	推力轴承全面解体检查
14	轴承供油金属软管定期更换
15	轴承供油窥视孔定期检查
16	轴承顶轴油节流阀定期检查
17	转子延轴及调相盘晃度定期检查与调整
18	汽轮机转子动平衡配重
19	汽轮机轴系中心检查与调整
20	汽轮机滑销系统润滑及定期检查
21	汽轮机导汽管人孔门垫片定期更换
22	高压调节汽门及操纵座全面解体检查

续表

序号	规程名称
23	高压调节汽门油动机全面解体检查
24	高压调节汽门油动机进油滤芯定期更换
25	高压调节汽门油动机油冲洗临时 TSD 实施和恢复
26	高压调节汽门驱动机构定期润滑
27	高压主汽门及操纵座全面解体检查
28	高压主汽门油动机全面解体检查
29	高压主汽门油动机油冲洗临时 TSD 实施和恢复
30	高压主汽门驱动机构定期润滑
31	高压主汽门油动机进油滤芯定期更换
32	低压汽门全面解体检查
33	低压汽门油动机全面解体检查
34	低压汽门油动机进油滤芯定期更换
35	汽轮机盘车装置全面解体检查
36	汽轮机盘车装置外观检查与润滑
37	汽轮机顶轴油压力分配试验与调整
38	汽轮机组外部防腐刷漆
39	汽轮机危急遮断系统解体检查

6.2.8 经验反馈

（1）低压缸

——末三级叶片防水蚀司太立合金片裂纹、脱落和严重吹蚀；

——低压缸次末级叶片次末级叶片叶根部位裂纹、断裂；

——低压缸次末级叶片次末级叶片司太立合金槽根部裂纹、断裂；

——低压缸轴承轴振、盖振高；

——低压缸通流间隙异常；

——低压内外缸之间抽汽管的引压管支架脱落、引压管断裂和破裂；

——低压缸内部存在低频异音；

——低压内缸中分面螺栓咬死；

——低压缸进汽导管螺栓咬死和不易拆卸；

——低压缸大气阀漏汽；

——低压缸隔板密封失效；

——低压缸抽汽管异物掉落；

——低压缸内外缸隔板密封焊缝处裂纹；

——低压缸抽汽膨胀节裂纹；

——低压缸进汽导汽管人孔门漏汽；

——低压缸隔板静叶焊缝处裂纹；

——低压缸隔板疏水槽、梳水孔堵塞；

——低压缸内网笼脱落；
——低压外缸中分面密封胶缺失（漏汽）；
——低压缸叶顶、静叶顶的汽封块弹簧变形、断裂；
——低压缸汽封块汽封齿磨损弯曲变形及折断；
——低压缸末三级蜂窝汽封缺失、损坏；
——座缸式低压缸轴承支撑刚度低，导致轴承盖振超标；
——低压缸转子更换叶片后转子动不平衡；
——低压转子弯曲超标；
——低压转子对轮端面瓢偏超标；
——低压转子叶片锁紧件脱落；
——排汽导流环吹蚀、偏心销裂纹；
——低压缸对中块变形。

（2）支撑轴承

——轴承轴振超标；
——轴承轴振波动；
——轴承盖振超标；
——轴承金属温度异常升高；
——轴承回油温度异常升高；
——轴承瓦块顶轴油管碰磨破口或者断裂；
——轴承瓦块乌金面脱胎；
——轴承瓦块乌金面磨损；
——轴承瓦块乌金面 UT 显示异常；
——轴承瓦块乌金面与瓦块结合面 PT 显示；
——轴承瓦块后面支撑销磨损；
——轴承瓦架支撑销孔磨损；
——轴承上瓦背部弹簧断裂；
——轴承间隙、紧力超标；
——轴承壳体瓦枕接触异常；
——轴承箱盖油挡甩油、垂直面漏油；
——轴承箱盖手孔渗油；
——顶轴油管进油短管断裂、接头漏油、顶轴油管焊缝裂纹；
——顶轴油管碰磨破裂；
——顶轴油管固有频率接近汽轮机频率导致共振断裂。

（3）推力轴承

——推力轴承轴向间隙超标；
——推力轴承瓦块异常磨损；
——推力轴承金属温度异常升高；
——推力轴承回油温度异常升高；
——推力轴承瓦块乌金面存在划痕；
——推力轴承瓦块乌金脱胎；
——推力轴承瓦架背后销钉磨损。

（4）高压缸

——高压缸轴承轴振、盖振高；

——高压缸通流间隙异常；

——高压缸外缸中分面螺栓咬死；

——高压缸内缸中分面螺栓咬死；

——高压缸进汽导管螺栓咬死和不易拆卸；

——高压缸缸体支撑杆焊缝处裂纹缺陷；

——高压缸冲动级压力低，高压内外缸定位底销间隙过大所致；

——高压缸隔板密封失效；

——高压缸抽汽管、进汽管异物掉落；

——高压缸排汽导汽管人孔门漏汽；

——高压缸排汽法兰漏汽；

——高压外缸空扣缸间隙超标；

——高压外缸中分结合面；

——高压缸叶顶、静叶顶的汽封块弹簧变形、断裂；

——高压缸汽封块汽封齿磨损弯曲变形及折断；

——高压缸近轴封体中分面漏汽；

——高压外缸中分面漏汽；

——高压缸两端轴封处漏水；

——高压缸轴封管道吹蚀减薄、破口；

——高压缸轴封汽封块吹蚀；

——高压转子弯曲超标；

——高压转子对轮端面瓢偏超标。

（5）主汽门

——主汽门无法关闭；

——主汽门碟板螺杆断裂；

——主汽门关闭后无法或者延迟开启；

——主汽门中法兰垫片损坏漏汽；

——本体温度套管焊缝缺陷导致漏汽；

——主汽门支架端垫片漏气；

——主汽门中法兰螺栓弯曲变形；

——主汽门中法兰密封面贯穿性划痕；

——主汽门阀轴密封面损坏；

——主汽门阀碟间隙超标；

——主汽门底部疏水法兰焊缝处沙眼导致漏气。

（6）主调门

——主调门冲转期间存在内漏；

——主调门通流能力不足；

——主调门消音器裂纹、消音器固定销焊缝裂纹；

——主调门本体温度套管焊缝缺陷导致漏汽；

——主调门阀杆防转销断裂；

——主调门运行期间内部存在异音；

——主调门中法兰密封面贯穿性划痕；
——主调门阀杆漏气；
——主调门滤网裂纹；
——主调门间歇性抖动；
——主调门中法兰螺栓弯曲变形。

（7）再热门

——进出口法兰螺栓大批量咬死；
——再热门阀杆卡涩；
——再热门填料泄漏；
——密封形式选型错误，原设计阀门关闭状态需要泄漏量。

（8）油动机

——部件紧固螺栓断裂导致油动机漏油；
——卸荷阀故障导致阀门无法开启；
——再热门弹簧断裂、运行期间存在异音；
——油动机连接油管振动高；
——主调门油动机 MOOG 阀 O 形圈滤油；
——卸荷阀内漏量异常增大，导致 GFR 系统流量上涨；
——进油隔离阀内漏、外漏。

（9）其他

——转子延伸轴和调相盘晃动超标；
——汽轮机组对轮中心超标；
——汽轮机组对轮同心度超标；
——轴承箱外顶轴油管碰磨破口；
——滑销间隙超标。

6.2.9 参考资料

无。

6.3 适用于“华龙一号”汽轮机技术要求

6.3.1 汽轮机

（1）定义和术语

二回路中凝结水通过低加、除氧器、高加加热后进入蒸汽发生器，转化成蒸汽后进入汽轮机进行做功，做功后的乏汽冷凝成凝结水，形成二回路循环。汽轮机是将蒸汽的热能转换成机械能的一种旋转式原动机，并通过带动发电机最终将机械能转换成电能，达到电厂最终的能量转化。

（2）范围对象

TSD101KO、TSD102KO、TSD201KO、TSD301KO、TTL001PL、TTL002PL、TTL003PL、TTL004PL、TTL005PL、TTL006PL、TTL101PL、TTL002EE、TTL003PN、TTL001PO、TTP001VV、TTP002VV、TTP002VV、TTP004VV、TTP011VV、TTP012VV、TTP013VV、TTP014VV、TTG001VV、TTG002VV、TTG002VV、TTG004VV、TTG011VV、TTG012VV、TTG013VV、TTG014VV。

（3）结构原理

汽轮机以水蒸汽作为工作介质，当一定温度和压力的蒸汽通过汽轮机汽缸时，蒸汽在隔板汽道中膨胀，将蒸汽所具有的热能转换为高速动能，蒸汽冲击动叶片时动量发生改变，从而推动转子高速旋转。蒸汽的动能转变为机械能，主要是利用蒸汽通过动叶栅时，发生动量变化对该叶栅产生冲力，使动叶栅转动做功而获得的。

汽轮机为单轴、半转速、中间再热、三缸四排汽凝汽式汽轮机，结构部件由转动部分和静止部分两个方面组成。转子包括主轴、叶轮、动叶片和联轴器等，静子包括进汽部分、汽缸、隔板和静叶栅、汽封及轴承等。还包括支持轴承、推力轴承、主盘车、辅助盘车、主油泵、中压及高压主汽调节阀组等辅助部件。

——高中压汽缸：

汽缸作为一个密封容器，主要作用是将机组通流部分的高温、高压蒸汽与外界隔离开来，确保蒸汽不会泄露以及外界空气不会漏入汽轮机。汽缸支撑和固定着大多数通流静子部件，使转子和静子保持一定的相对位置（滑销系统），并且构成进汽腔室、排汽腔室和抽汽腔室，保证整个汽水系统的顺畅工作。

高中压汽缸为单层合缸结构，采用上猫爪支撑，分为高中压缸和中压排汽缸两部分，二者通过垂直法兰螺栓连接，厂内封焊以保证其密闭性。高中压缸和中压排汽缸均采用铸钢件，其中高中压缸为不锈钢铸件，中压排汽缸为碳素铸钢。高压及中压蒸汽进汽口（热区）位于缸的中部，其排汽口在两端，这种设计有利于汽缸的温度场分布及管道连接并减小轴向推力。

高中压汽缸通过滑销部件支撑和导向，滑销部件包括猫爪支撑装置、横向和轴向导向键、汽缸压紧装置、临时支撑垫片。猫爪支撑装置共四处，位于前轴承箱、中低压轴承箱和汽缸上猫爪之间，用于支撑高中压汽缸的重量。垫板和轴承箱之间设有调整垫片，可以调整汽缸高度。支撑块和垫板滑动面采用渗氮处理，提高了耐磨性能；横向导向键安装在汽缸电机侧的两个下猫爪和中低压轴承箱之间，键块固定在轴承箱上，通过前后两侧调整垫片配准间隙，约束缸体沿轴向方向的位移，保证其轴向定位；轴向导向键：焊接在基础二次埋件上，位于在下半缸前后两端和前轴承箱、中低压轴承箱之间（箱体与汽缸共用），约束缸体沿横向方向的位移，保证其轴向对中；汽缸压紧装置共四处，安装在轴承箱和汽缸下猫爪之间。压紧块固定在轴承箱上，槽孔中设有九片碟形弹簧，碟簧预压缩量为1.2～1.3 mm。垫块和压紧块之间留有 0.2～0.3 mm 的间隙，允许汽缸有适当的位移或膨胀，同时又能防止汽缸在汽流反力和管道推力的作用下产生翻转；临时支撑垫片：共四处，汽缸安装、检修时安装在轴承箱和汽缸下猫爪之间，用于临时支撑下半缸体，机组正常工作时可以拆除。

——高中压隔板：

隔板是汽轮机通流级的一个重要组成部件，一个通流级包括一级隔板和一级动叶。隔板的主要作用有以下几点：固定静叶栅，并通过悬挂销和底键等保证隔板与汽缸的对中；蒸汽膨胀单元，将蒸汽的内能转化为高速动能；阻止级间漏汽，防止蒸汽不经膨胀直接漏入级后动叶，提高内效率。

高压隔板共 9 级，中压隔板共 4 级，为两两把合结构，其中高压第 9 级单独为一级，隔板外环上装有排汽导流环，中压第 4 级亦设有排汽导流环。高压隔板为整圈焊接结构，采用自带冠导叶片，通过窄间隙焊与内外环（锻件）连接，而中压隔板内外环为半圈焊接结构，采用直焊式导叶片，导叶顶部和底部开有坡口，内环为板件，外环为铸件。高压隔板外环设有疏水槽，出汽侧设有径向汽封，径向汽封体采用焊接结构，汽封体上开 T 形槽，采用装配式带 DAS 汽封片的汽封圈中压隔板外环处开有 T 形槽，装配有 DAS 汽封圈，内环设有密封键及斜齿汽封圈，中压第 4 级隔板带有导流环，通过径向圆柱销与外环连为一体。

隔板下半靠中分面处设有悬挂销，用于支撑隔板的重量和调整高度；对于两两把合的隔板，前一级隔板上还设有辅助悬挂销。隔板底部设有定位键，以保证隔板和汽缸的横向对中；中分面设有螺栓保证上下半把合紧密。

——高中压汽封体：

汽轮机运行时，转子高速旋转，汽缸、隔板等静止不动。因此转子和静子部件之间需留有适当的间隙，防止相互碰摩。然而间隙的存在会导致蒸汽泄露，这不仅会降低机组效率，还会影响机组安全运行。为了减少蒸汽泄露和防止空气漏入，通常会在汽缸端部设置汽封体。为了防止和减少漏汽以及回收漏汽，大多数汽轮机设有由轴端汽封加上与之连接的管道、阀门及附属设备组成的汽封系统。

汽轮机设置有高压后汽封体、中压后汽封体及高中压间汽封体。高压后汽封体分为 2 段，均为不锈钢铸件，除最外端设有一圈直齿汽封圈外，其余均为斜齿汽封圈；中压后汽封体分为 2 段，1 段为碳素铸件，2 段为钢板装焊结构，除最外端设有一圈直齿汽封圈外，其余均为斜齿汽封圈；高中压间汽封体为不锈钢铸件，铸造完成后两侧汽道面整体加工成型，最后焊接底部定位键块再精加工，汽封圈均为斜齿汽封圈结构。

——转子及动叶片：

汽轮机中所有转动部件的组合体总称转子，它是由主轴、叶轮、动叶片及连接件、联轴器等部件组成，有些转子还包括带动主油泵的附加轴。转子是汽轮机最重要的部件之一，担负着工质能量转换及扭矩传递的重任。其工作条件相当复杂，它处在高温高压工质中，并以高速旋转，承受着叶片、叶轮、主轴本身质量引起的巨大离心力，以及由于温度分布不均匀引起的热应力，另外，转子不平衡质量的离心力还将引起转子振动。所以转子要具有很高的强度和均匀的质量，以保证它的安全工作。

高中压转子为四段三焊缝结构的焊接转子，材料为 22Cr2Ni3MoV，转子跨距 9600 mm，总长为 12 236 mm，重量约 112 t，高中压动叶片采用成熟的叉形叶根，叶顶为棱形自带冠结构，采用带一定反动度的型线（根部 17%以上）。为了驱动主油泵以及按照主盘车、辅助盘车尺寸，高中压转子前端还带有一段延长轴。

——高压主汽调节阀：

主汽阀是主蒸汽进入汽轮机的第一道阀门，是保证机组安全启、停和运行的关键部件，其主要功能是在危急情况下能迅速自动关闭，切断进入汽轮机的主蒸汽通路，使机组停机，以防止产生过大的超速或避免事故扩大。危急情况主要是指机组超速、机组振动的振幅超过极限、轴承乌金温度过高、轴向位移或胀差超过极限等等。主汽阀应能缓慢开启，迅速关闭，并能在正常运行时做阀杆的活动试验，以保证动作灵活，安全可靠。调节阀是用来调节汽轮机的进汽量（机组出力），以满足电网功率的要求，或维持电网的频率。当机组甩负荷时，它应能迅速关小，以防止超速，并保持机组低负荷或空载稳定运行。调节阀一般可有四至八只，可有顺序开启，也可以同时开启，以实现喷嘴调节或节流调节。

高压阀门由 4 个阀组组成，每个阀组包括一个主汽阀和一个调节阀，高压阀门对称布置在高中压汽缸两侧，主汽阀和调节阀阀碟均为提升式，其中主汽阀为两位控制（全开和全关），调节阀为连续阀位控制，每个阀门均设置有独立的操纵机构；高压主汽调节阀均为卧式，阀杆呈水平设置。阀门为浮动支撑，采用叠放形式，每个阀组配有三套弹簧支架，允许阀门在高度方向产生一定的位移。在阀门支撑臂和弹簧支架之间，设置有球面配合的垫块，允许阀门在水平方向移动。

阀壳采用整体铸造成型，阀壳壳体与其内部阀芯结构采用不同心设计，主汽阀设预启阀，全开时靠阀杆限位，其中预启阀行程 22 mm，阀杆总行程 222 mm。调节阀不设预启阀，开启状态下靠油动机限位，阀杆总行程 200 mm。阀门内部部件主要有阀杆、阀碟、阀座、滤网、套筒、密封圈等，主汽阀阀杆设有一段抽汽，调节阀阀杆设有两段抽汽，抽汽口位于阀盖上，漏汽进入轴封系统管道。

——中压主汽调节阀：

中压主汽调节阀安装于汽水分离再热器和中压缸之间的蒸汽管道上，用于关断或控制进入中压缸的蒸汽。由于蒸汽容积流量很大，中压主汽调节阀均为蝶阀形式，每台机组共四组中压主汽调节阀，每组由一台主汽阀和一台调节阀串联为整体结构。采用整体结构的主汽调节阀，是因为高中压缸为一个对称布置合体单层缸，使得布置阀门的空间距离很短。主汽阀为两位控制，实现开/关功能，调节阀为连续阀位控制，实现调节功能。每台阀门均由独立的操纵机构控制。

——低压缸：

汽轮机共有两个低压缸，为双层缸，分为低压内缸和低压外缸，采用内缸落地支撑，外缸直接座在凝汽器上喉部（与凝汽器喉部刚性连接）的支撑方式。低压内、外缸之间相互独立，在外缸与低压汽封体之间，外缸与低压内缸支撑臂之间、外缸与内缸轴向导向杆之间设有膨胀节，起到密封和吸收内、外缸相对变形的作用。

低压内缸为装焊结构，分为上下两半，通过水平中分面法兰螺栓把紧，偏心销套定位，主要起到支撑隔板的作用。内缸两端装配有低压导流环，材质为Q235-B。采用横向落地支撑结构，下半缸体上设置有支撑装置，整个低压内缸的重量由4个支撑臂承担，其中汽机侧的支撑臂和内缸之间通过横向键和键槽配合，并设有螺栓压紧，保证了低压内缸的轴向定位；电机侧的支撑臂和内缸之间为自由接触式装配，同样设有压紧螺栓，螺栓和支撑装置间留有间隙，允许低压内缸自由膨胀，同时又能防止汽缸在汽流反力和管道推力作用下产生翻转。内缸下半缸体端部设有轴向导向杆，一端通过螺栓和锥销与内缸固定，一端通过垫片与预埋在基座上的导向键配合，保证了低压内缸在横向方向的定位，轴向导向杆与汽机侧支撑臂横向键的连线交点即为低压内缸的死点。由于低压内缸采用横向支撑，为提高汽缸横向方向的刚性，缸体上下半设置了加强箍筋。低压进汽温度为150 ℃左右，内外缸夹层为排汽参数，为了减少低压进汽部分的内外壁温差，在内缸外壁上装有隔热板。低压内缸两端的导流环上设有喷水管，可以在机组低负荷运行或低压排汽温度超高时喷水降温，防止排汽温度高损坏设备。

低压外缸为装焊件，板体材质为Q235-C、撑杆材质为Q345-B。外缸直接座落在凝汽器上，和凝汽器上喉部刚性连接，主要起到排汽扩压整流、回收工质、保持真空和稳定背压的作用。外缸上半焊有导流板，与低压内缸导流环配合起到扩压的作用，减小排汽损失。顶部设有4个大气阀，作为真空系统的安全保护装置。为方便安装支撑臂，外缸水平中分面相对内缸抬高了300 mm，因此低压内、外缸的水平中分面不在同一高度。

——低压隔板及汽封体：

低压隔板共5级，为两两把合结构，第1级隔板外环通过悬挂销装配在第2级隔板外环上，内环与低压进汽分流环把合，分流环位于低压进汽口中心，下半通过螺栓把在正反向第1级隔板上，上半靠中分面密封键与下半固定，并防止漏汽；第3级隔板外环通过悬挂销装配在第4级隔板外环上，低压第3、4级隔板外环进汽侧焊有不锈钢带；第5级隔板单独为一级，外环为空心焊接结构。为降低排汽湿度，内外环上均开有疏水孔，内环焊有疏水通道，导叶为空心叶片并开有去湿槽，隔板疏水最终经外环底部的泄水孔和低压导流环上的输水管排往凝汽器热井。低压1、3级隔板中分面不设螺栓，上下半分别通过悬挂销支撑在低压2、4级隔板外环上，且顶部和底部均设有定位键；低压2、4、5级隔板通过悬挂销支撑在下半汽缸上，底部设有定位键，中分面螺栓结构同高中压隔板类似。

低压汽封体为装焊结构，材质为Q235-C。低压汽封体一端与膨胀节把合，一端与轴承箱把合，除最外端设有一圈直齿汽封圈外，其余均为斜齿汽封圈。抽送汽管设置在下半。

——低压转子及动叶片：

低压转子为六段五焊缝结构，材料为20Cr2NiMo，转子跨距9750 mm，总长为13 000 mm，重量约283 t（含叶片）。低压前三级动叶片采用成熟的叉形叶根，叶顶为棱形自带冠结构；末两级采用斜齿枞树型叶根，叶顶为整体围带自锁结构。

——轴承：

每根转子由2个支持轴承支撑，支持轴承安装在轴承箱内；整根轴系由1个推力轴承来承受轴向力。支持轴承的作用是承受转子的重量及由于转子质量不平衡、进汽度不对称、气动和机械原因引起的振动和冲击等因素所产生的附加载荷，并保证转子相对静子部分的径向对中。在转子轴颈和瓦块之间可以形成楔形油膜，保证转子的高速旋转。轴承设有顶轴油孔，可以减少转子低速旋转时的摩擦力。

汽轮发电机组共 9 个支持轴承和 1 个推力轴承，支持轴承采用椭圆形结构，以提供运行转速所要求的轴承稳定性，这种近似的椭圆形是在孔的加工过程中把垫片垫在轴承中分面接合处，加工一个较大直径的孔，然后抽去垫片，最终获得椭圆内孔；上半内孔开周向槽，该槽宽度约等于轴瓦有效长度的三分之一。为了便于进油和排油，中分面处轴瓦的巴氏合金被切去一部分，形成具有圆形边的且在轴瓦端部向内延伸的油槽。油从一侧中分面处进入轴承，另一侧中分面处的油槽有一个镗孔以限制油的流量，以便在轴承排油侧建立一个微小油压，并经过这个排油孔把油引入观察孔的腔室里，而大部分油则最终通过轴瓦端部排出。为了使泄漏到挡油环的油减至最小，一个环形外泄油槽使油从轴瓦外侧回到轴承箱内，与外泄油槽相邻的轴承镗孔部分为圆形，以减小油泄漏间隙。椭圆形内孔表面浇注有巴式合金，1～2 号轴承规格为ϕ630，3～8 号轴承规格为ϕ800。

支持轴承主要包括轴瓦体和轴瓦套，轴瓦体采用锻件加工而成，由上、下半两部分组成，结合面为水平中分面，运行过程中在上、下半各形成一个油膜区，以保持转子旋转的稳定性。轴瓦体在朝向转子的表面内衬有巴氏合金。下半瓦体上配有高压顶轴油孔，以便在动力油膜尚未形成时降低启动摩擦力矩；轴瓦套采用铸造成型，由上、下半两部分组成，结合面为水平中分面，用以支撑转子和轴瓦体。瓦套内球面与瓦体外球面配合。轴瓦套安装与轴承箱内，下半圆周方向有五组垫块与轴承箱接触。

推力轴承位于中低压轴承箱内，承受转子的轴向载荷，其中心线为整个轴系的相对死点，转子受热后以此为起始点分别向两侧膨胀。推力轴承由单个在转子上的环行推力盘和两组推力瓦组成，推力瓦装在推力盘两侧，形成前后两个推力面。推力轴承安装在轴承箱内，为转子轴向定位基准。推力轴承采用密歇尔式结构，两侧推力瓦表面浇注有巴氏合金，在推力盘和推力瓦之间形成油楔。润滑油进入推力轴承后填充在推力轴承与转子间的密闭腔室内，并沿瓦块内孔向外流动，沿径向排出，通过轴瓦体上的小孔排入轴承箱内。推力瓦块由优质碳素钢浇巴氏合金后沿径向切成扇形瓦块，每侧各有 10 瓦块组成，通过弹性垫环挂在瓦套上，其中正反各有两块瓦块上设有温度测点。转子推力盘外径为ϕ1140。在轴承盖和轴承体之间装有调整垫片，这些垫片是必要时用来调整转子的轴向位置或改变推力轴承间隙。大部分油从推力轴承经箱体排入轴承箱的底部，经排油管反回到油箱。主要包括推力轴承瓦体、推力瓦、弹性垫环、瓦套、浮环。

——盘车系统：

主盘车装置安装在前轴承箱箱盖中部，立式布置，沿径向方向与主轴齿轮啮合。主要用途是在汽轮机启动或停机过程中盘动转子，防止转子弯曲变形。由于自身的结构特点，主盘车只有在转子完全静止时才能与盘车齿轮啮合。主盘车电机转速 1480 r/min，盘车转速 5.34 r/min。

辅助盘车用于转子精确定位以及主盘车故障时盘动转子，整个装置安装在汽轮机的前轴承箱箱体内部，属于棘轮型结构，其从动棘轮（辅助盘车齿轮）安装在转子上。该装置配套有双动执行机构的液压千斤顶，通过流量控制器和电磁阀控制顶轴油的给油，从而由千斤顶带动驱动柄进行往复运行，并将脉冲力传递到从动棘轮上，从而驱动轴系转动。其主要部件有支座架、支架、千斤顶、轴套、驱动柄等。

——主油泵：

主油泵是汽轮机润滑油系统中的重要设备，用于汽轮发电机正常运行期间向各轴承提供润滑油，以带走汽轮机转子和轴承运行时产生的热量，防止轴承和转子超温，同时向电机提供密封油。主油泵为 1 台齿轮泵，安装在前轴承箱内，通过减速齿轮机构与高中压转子轴端连接，由汽轮机转子直接驱动。主要由泵和减速机构组成，泵主要由泵壳、前后端盖和齿轮组成，齿轮通过前后端盖上的轴承支撑，前后端盖通过螺栓与泵壳连接，连接处均通过密封槽引入高压侧油液进行密封；减速机构通过螺栓固定在前端盖上；为保证排气，泵壳出口侧设置有排气孔。

机组正常运行期间，润滑油系统完全由主油泵提供油源，系统已设置相应的测点和报警对系统运行情况进行监测，在停运辅助油泵后确认系统仪器仪表参数在正常范围内，排烟风机运行正常，闭冷水供应正常。由于本主油泵为齿轮泵，自身 存在一定的流量脉动，同时润滑油中还含有少量无法除尽的气泡，均会导致泵出口油压存在一定波动，属正常现象，只要在各轴承前的进油管孔板后试验测点处压力稳定，机组均可正常运行。

（4）指标与参数

电站设计寿命为 60 年，可用率不低于 87%，汽轮发电机组额定输出功率不小于 1150 MWe。转速为 1500 r/min、额定频率为 50 Hz，为凝汽式、非调节抽汽、单轴、单背压、湿饱和蒸汽轮组和发电机组。核电厂机组与电网连接的电压为 500 kV，电网频率为 50 Hz，电站机组的运行频率为 49.5～50.5 Hz。详细参数如下：

1）汽轮机主要技术参数

表 352-01-06-05 汽轮机主要技术参数

项目名称	参数
同流级数	高压 9 级，中压 4 级，低压 2×2×5 级
机组出力	1161.175 MW（TMCR 工况）
主蒸汽温度	280.9 ℃
主蒸汽压力	6.5 MPa
主蒸汽流量	6124 896 kg/h
额定转速	1500 r/min
旋转方向	逆时针（汽轮机往发电机看）
回热级数	7 级（4 低加+2 高加+1 除氧器）
背压	5.1 kPa
给水温度	226 ℃

2）蒸汽和给水参数

表 352-01-06-06 蒸汽和给水参数

功率/%	主蒸汽流量/（t/h）	汽轮机进汽压力/MPa（a）	主给水流量/（t/h）	主给水温度/℃
100	6134.70	6.72	6195.90	226.0
90	5438.07	6.82	5493.00	220.0
80	4749.33	6.91	4797.30	212.8
70	4081.37	7.00	4122.60	205.2
60	3429.46	7.08	3464.10	196.6
50	2795.66	7.16	2823.90	186.8
40	2188.00	7.24	2210.10	176.7
30	1601.13	7.32	1617.30	165.0
20	1021.98	7.39	1032.30	143.9
10	498.66	7.46	503.70	130.6
0	0	7.63	0	/

3）主要部件尺寸参数

表 352-01-06-07 主要部件尺寸参数

项目名称	参数
高中压汽缸上半	长 10 270×宽 6230×高 3400，120 t
高中压汽缸下半	长 9300×宽 6400×高 3550，130 t
高中压转子	总长 12 236 mm，112 t
低压内缸上半	长 7844×宽 9000×高 4368，106 t
低压内缸下半	长 7844×宽 13 220×高 4887，171 t
低压外缸上半	长 10 960×宽 145 000×高 5725，116 t
低压外缸下半	长 7844×宽 13 220×高 5000，122 t
低压转子	总长 13 000 mm，283 t
高中压转子支持轴承	长 1840×宽 530×高 1500 mm，4.1 t
低压转子支持轴承	长 2080×宽 800×高 1780 mm，8.2 t
推力轴承	长 1950×宽 640×高 1535 mm，5.8 t
中压主汽调节阀	长 5942×宽 3685×高 1725 mm，17.5 t
高压主汽调节阀	长 3530×宽 1950×高 2040 mm，26 t
低压末级叶片长度	1828 mm
汽轮机总厂	40 655 mm

4）运行监视重要参数

表 352-01-06-08 运行监视重要参数

项目名称	要求
汽轮机转子/轴承相对振动	＜90 μm
汽轮机转速	＜1650 r/min
转子轴向位移	−0.6 mm＜D＜+0.3 mm
高中压缸胀差	−10 mm＜D＜+6 mm
低压转子绝对膨胀	−3 mm＜D＜+14 mm
低压缸排汽温度	＜80 ℃
汽轮机支持轴承金属温度	＜115 ℃
汽轮发电机组支持轴承金属温差	ΔT＜25 ℃
汽轮机推力轴承金属温度	＜95 ℃
润滑油供油管路油温	35 ℃＜T＜50 ℃
润滑油供油母管压力	190～230 kPa.g
汽轮机润滑油回油温度	33 ℃＜T＜65 ℃
调节油压力	12 MPa

（5）维修技术要求

1）预防性维修项目

表 352-01-06-09　设备名称预防修性维修项目

项目名称	项目周期（1C 为 1 个燃料循环）
汽轮机高中压缸全面检查	6C
汽轮机 1 号低压缸全面检查	6C
汽轮机 2 号低压缸全面检查	6C
汽轮机 1 号轴瓦解体检修	3C
汽轮机 2 号轴瓦解体检修	3C
汽轮机 3 号轴瓦解体检修	3C
汽轮机 4 号轴瓦解体检修	3C
汽轮机 5 号轴瓦解体检修	3C
汽轮机 6 号轴瓦解体检修	3C
汽轮机推力轴瓦解体检修	3C
高中压缸前猫爪垫片清理、润滑	1C
大轴顶起高度测量与调整	1C
汽轮机低压缸末级叶片检查	1C
主油泵解体检查	6C
盘车装置年度检查	1C
辅助盘车装置年度检查	1C
高压调节阀全面解体检查	4C
高压调节阀定期检查	1C
中压调节阀全面解体检查	4C
中压调节阀定期检查	1C
高压主汽阀全面解体检查	4C
中压主汽阀全面解体检查	4C

2）检修主要内容

——汽轮机高中压缸全面检查：

常规检查的主要目的是在不对设备进行大的动作的前提下（如部件解体检查或者全解），对泵的外观、地脚螺栓力矩等项目进行检查确认，以便从总体上确认设备的运营状态。如果在常规检查中发现异常如润滑油异常（含金属颗粒等），可以及时升级为部件解体检查或者全解，以保证设备的运营质量。

全面检查的主要目的是查看上一周期机组运行后缸体及相关部件状态，测量及修正安装间隙，发现问题及时处理，保证设备以一种良好状态投运至下一周期运行中。主要检修条目包含：

- 解体数据测量、汽轴封间隙测量、通流间隙测量、高中压转子及叶片检查；
- 高中压缸部件清理、检查、修整；
- 高中压隔板及隔板套清理、检查、修整；
- 高中压缸汽封体的清理、检查、修整；

- 高中压缸的清理、检查、修整及高中压缸各部件紧固螺栓检查、清理、修整；
- 高中压缸滑销部分的检查、高中压缸变形检查；
- 高中压缸汽、轴封间隙测量调整及高中压缸组装前测量；
- 高中压缸内壁腐蚀检查、焊缝检查；
- 联轴器拆装、螺栓检查；
- 轴系中心数据测量、调整。

——汽轮机低压缸全面检查：

全面检查的主要目的是查看上一周期机组运行后缸体及相关部件状态，测量及修正安装间隙，发现问题及时处理，保证设备以一种良好状态投运至下一周期运行中。主要检修条目包含：

- 解体数据测量、汽轴封间隙测量、通流间隙测量、低压转子及叶片检查；
- 低压缸部件清理、检查、修整；
- 低压隔板及隔板套清理、检查、修整；
- 低压缸汽封体的清理、检查、修整；
- 低压外缸、内缸的清理、检查、修整及缸体各部件紧固螺栓检查、清理、修整；
- 低压缸滑销部分的检查、低压缸变形检查；
- 低压缸汽、轴封间隙测量、调整及低压缸组装前测量；
- 低压缸内壁腐蚀检查、焊缝检查；
- 联轴器拆装、螺栓检查；
- 轴系中心数据测量、调整；
- 大气阀爆破膜更换。

——汽轮机轴瓦解体检查：

全面检查的主要目的是查看上一周期机组运行后瓦体及相关部件状态，测量及修正安装间隙，发现问题及时处理，保证设备以一种良好状态投运至下一周期运行中。主要检修条目包含：

- 解体轴瓦测量重要部位的间隙，检查轴瓦有无裂纹、脱胎、磨损、腐蚀等（包括金属检查），检查接触情况，检查轴颈、并测量直径、椭圆度、锥度等；
- 检查下瓦壳调整垫块与瓦座接触情况；
- 轴瓦平行度测量、修正；
- 进行必要的修刮对调整垫块进行调整清洁检查后回装。

——汽轮机推力轴瓦解体检查：

全面检查的主要目的是查看上一周期机组运行后瓦体及相关部件状态，测量及修正安装间隙，发现问题及时处理，保证设备以一种良好状态投运至下一周期运行中。主要检修条目包含：

- 测量推力轴承定位基准值，测量推力间隙；
- 推力轴承解体清理；
- 推力盘瓢偏测量；
- 推力瓦检查及测量；
- 推力瓦部件清理检查；
- 测量推力瓦块厚度；
- 推力瓦块接触情况检查；
- 推力轴承复装。

——高中压缸前猫爪垫片清理、润滑：

猫爪垫片清理、润滑的主要目的是使高中压缸体猫爪部位清洁，保证缸体可自由膨胀，避免因缸体无法膨胀而导致动静碰磨。主要检修条目包含：

- 猫爪垫片清理；
- 涂抹高温润滑脂。

——大轴顶起高度测量与调整：

大轴顶起高度测量与调整的主要目的是使大轴顶起高度满足厂家文件要求，确保大轴低转速时避免轴与轴承干磨，造成转子与大轴损坏。主要检修条目包含：

- 大轴顶起高度测量；
- 顶起高度不合格数据进行调整。

——汽轮机低压缸末级叶片检查：

检查的主要目的是在不开缸的情况下检查低压缸转子叶片的状态，确保设备在下一运行周期下保持良好状态。主要检修条目包含：

- 对末级叶片及其零件进行宏观检查；
- 检查叶身有否腐蚀、冲蚀、硬物击伤、麻点、裂纹、断裂及其他缺陷；
- 检查叶片进、出汽边有否卷边和变形；
- 检查硬质合金防腐条有否脱焊和剥落、是否有隙间腐蚀、水蚀是否严重以及水垢沉积；
- 必要时通知金属人员对叶片进行无损探伤；
- 检查叶片和根部锁紧装置上有无化学沉积物。

——主油泵解体检查：

全面检查的主要目的是查看上一周期泵运行后齿轮及相关部件状态，测量及修正安装间隙，发现问题及时处理，保证设备以一种良好状态投运至下一周期运行中。主要检修条目包含：

- 各备件拆解后状态检查；
- 部件装配间隙测量、调整。

——盘车装置年度检查：

年度检查的主要目的是在不对设备进行大的动作的前提下（如部件解体检查或者全解），对主盘车的外观、螺栓力矩等项目进行检查确认，以便从总体上确认设备的运营状态。如果在常规检查中发现异常如润滑油管异常、盘车齿轮异常等，可以及时升级为部件解体检查或者全解，以保证设备的运营质量。主要检修条目包含：

- 设备部件外观检查；
- 各安装螺栓力矩复查。

——辅助盘车装置年度检查：

年度检查的主要目的是在不对设备进行大的动作的前提下（如部件解体检查或者全解），对辅助盘车的外观、行程等项目进行检查确认，以便从总体上确认设备的运营状态。。主要检修条目包含：

- 油管路检查；
- 油缸及棘轮外观检查。

——高压调节阀全面解体检查：

全面检查的主要目的是查看上一周期阀门运行后阀芯及相关部件状态，测量及修正安装间隙，发现问题及时处理，保证设备以一种良好状态投运至下一周期运行中。主要检修条目包含：

- 拆卸、解体油动机及连杆；
- 行程测量；
- 各部件配合间隙检查；
- 更换所有密封圈；
- 清理全部零部件；
- 阀杆 PT 检查、阀芯蓝油试验；

- 油动机紧固件检查、更换 O 形圈以及其他密封垫片和垫圈；
- 回装油动机后进行运转试验。

——高压调节阀定期检查：

定期检查的主要目的是在不对设备进行大的动作的前提下（如部件解体检查或者全解），对阀门、油动机的外观、螺栓力矩等项目进行检查确认，以便从总体上确认设备的运营状态。如果在常规检查中发现异常如油动机渗油、阀门泄露异常等，可以及时升级为部件解体检查或者全解，以保证设备的运营质量。主要检修条目包含：

- 阀门、油动机外观检查；
- 油管外观检查；
- 紧固件力矩复查。

——中压调节阀全面解体检查：

全面检查的主要目的是查看上一周期阀门运行后阀芯及相关部件状态，测量及修正安装间隙，发现问题及时处理，保证设备以一种良好状态投运至下一周期运行中。主要检修条目包含：

- 拆卸、解体油动机及连杆；
- 阀轴密封更换；
- 各部件配合间隙检查；
- 更换密封圈；
- 清理全部零部件；
- 油动机紧固件检查、更换 O 形圈以及其他密封垫片和垫圈；
- 回装油动机后进行运转试验。

——中压调节阀定期检查：

定期检查的主要目的是在不对设备进行大的动作的前提下（如部件解体检查或者全解），对阀门、油动机的外观、螺栓力矩等项目进行检查确认，以便从总体上确认设备的运营状态。如果在常规检查中发现异常如油动机渗油、阀门泄露异常等，可以及时升级为部件解体检查或者全解，以保证设备的运营质量。主要检修条目包含：

- 阀门、油动机外观检查；
- 油管外观检查；
- 紧固件力矩复查。

——高压主汽阀全面解体检查：

全面检查的主要目的是查看上一周期阀门运行后阀芯及相关部件状态，测量及修正安装间隙，发现问题及时处理，保证设备以一种良好状态投运至下一周期运行中。主要检修条目包含：

- 拆卸、解体油动机及连杆；
- 行程测量；
- 各部件配合间隙检查；
- 更换所有密封圈；
- 清理全部零部件；
- 阀杆 PT 检查、阀芯蓝油试验；
- 油动机紧固件检查、更换 O 形圈以及其他密封垫片和垫圈；
- 回装油动机后进行运转试验。

——中压主汽全面解体检查：

全面检查的主要目的是查看上一周期阀门运行后阀芯及相关部件状态，测量及修正安装间隙，发现问题及时处理，保证设备以一种良好状态投运至下一周期运行中。主要检修条目包含：

- 拆卸、解体油动机及连杆；
- 阀轴密封更换；
- 各部件配合间隙检查；
- 更换密封圈；
- 清理全部零部件；
- 油动机紧固件检查、更换O形圈以及其他密封垫片和垫圈；
- 回装油动机后进行运转试验。

（6）质量管理

项目名称	质量管控点
汽轮机高中压缸全面检查	缸体密封面、转子、隔板状态，通流间隙测量调整，扣缸前异物检查，螺栓紧固件紧固，对中调整
汽轮机1号低压缸全面检查	缸体密封面、转子、隔板状态，通流间隙测量调整，扣缸前异物检查，螺栓紧固件紧固，对中调整
汽轮机2号低压缸全面检查	缸体密封面、转子、隔板状态，通流间隙测量调整，扣缸前异物检查，螺栓紧固件紧固，对中调整
汽轮机1#轴瓦解体检修	轴瓦状态检查，接触试验检查，平行度测量，压盖压紧力测量
汽轮机2#轴瓦解体检修	轴瓦状态检查，接触试验检查，平行度测量，压盖压紧力测量
汽轮机3#轴瓦解体检修	轴瓦状态检查，接触试验检查，平行度测量，压盖压紧力测量
汽轮机4#轴瓦解体检修	轴瓦状态检查，接触试验检查，平行度测量，压盖压紧力测量
汽轮机5#轴瓦解体检修	轴瓦状态检查，接触试验检查，平行度测量，压盖压紧力测量
汽轮机6#轴瓦解体检修	轴瓦状态检查，接触试验检查，平行度测量，压盖压紧力测量
汽轮机推力轴瓦解体检修	推力瓦块状态检查，装配间隙测量调整，瓦盖压紧力测量
高中压缸前猫爪垫片清理、润滑	无
大轴顶起高度测量与调整	顶起高度测量调整
汽轮机低压缸末级叶片检查	叶片状态检查，回装人孔前异物检查
主油泵解体检查	各部件状态检查
盘车装置年度检查	无
辅助盘车装置年度检查	无
高压调节阀全面解体检查	阀芯、阀杆状态检查，行程测量，阀芯蓝油试验，阀盖螺栓回装
高压调节阀定期检查	无
中压调节阀全面解体检查	阀轴密封更换，各部件状态检查
中压调节阀定期检查	无
高压主汽阀全面解体检查	阀芯、阀杆状态检查，行程测量，阀芯蓝油试验，阀盖螺栓回装
中压主汽阀全面解体检查	阀轴密封更换，各部件状态检查

（7）技术规程清单

序号	规程名称
1	高中压合缸全面解体检查
2	1号低压缸全面解体检查
3	2号低压缸全面解体检查

续表

序号	规程名称
4	汽轮机 1 号轴承全面解体检查
5	汽轮机 2 号轴承全面解体检查
6	汽轮机 3～6 号轴承全面解体检查
7	推力轴承全面解体检查
8	低压缸末级叶片检查
9	基础弹簧的闭锁与释放
10	汽轮发电机对轮螺栓拆装
11	高中压缸导汽管拆装
12	汽轮发电机轴系中心校验与调整
13	大轴顶起高度测量与调整
14	高压调节阀全面解体检查
15	中压调节阀年度检查
16	中压调节阀全面解体检查
17	高压调节阀年度检查
18	中压主汽阀年度检查
19	中压主汽阀全面解体检查
20	主盘车拆装及检查
21	高压主汽调节阀油动机拆卸与回装
22	中压主汽调节阀油动机拆卸与回装
23	高压主汽阀全面解体检查
24	高压主汽阀年度检查
25	辅助盘车装置年度检查

（8）经验反馈

故障特征	可能原因
汽轮机转子/轴承相对振动异常	由于转速增加（临界转速附近），轴振动值会超过报警阈值
	盘车时间不够
	轴承阻油环磨损
	汽封体摩损
	转子不平衡
	轴承损坏
	振动传感器故障
	动静碰磨
汽轮机超速	出现遮断信号
	调节系统高压调节阀调节故障
	调节系统中压调节阀调节故障
	测量通道出现错误

续表

故障特征	可能原因
转子轴向位移异常	汽轮机非冷态启动导致转子膨胀
	蒸汽压力不平衡导致非正常的推力
	缺少润滑油导致推力轴承磨损
	转子轴向位移传感器故障
高中压缸胀差异常	汽轮机负荷变化过快
	高中压缸内非正常压力和温度
	不能接受的温度梯度
	强制空冷速度过快
	高中压缸胀差传感器故障
低压转子绝对膨胀异常	汽轮机负荷变化过快
	凝汽器真空度异常
	低压缸内压力温度异常
	异常的热力曲线
	强制风冷速度过快
	低压缸绝对胀差传感器故障
汽轮机密封面泄露	密封面损坏
	缸体上下温差较大
	紧固件故障（损坏、松弛）
	安装问题（密封胶不均匀、未按照力矩等）
低压缸排汽温度高	凝汽器真空度下降
	如果负载小于汽机额定负载的 20%，排汽口喷淋工作不正常
	低压缸排汽温度传感器故障
润滑油供油母管压力低	主油泵或辅助油泵故障
	润滑油管路泄露
	双联滤油器堵塞
	冷油器堵塞
	压力调节阀故障
	压力变送器或压力开关故障
汽轮发电机组润滑油回油温度高	轴承损坏
	润滑油量不足
	润滑油管路供油温度太高
	温度传感器故障
支持轴承金属温度高	轴承损坏
	轴瓦受力异常或损坏大
	润滑油量不足
	润滑油管路供油温度太高
	温度传感器故障

续表

故障特征	可能原因
支持轴承金属温差大	轴承损坏
	温度传感器故障
推力轴承金属温度高	推力轴承损坏
	润滑油量不足
	润滑油管路供油温度太高
	温度传感器故障
顶轴油压低	运行中的顶轴油泵故障
	顶轴油管路泄漏
	顶轴油泵扰动
	顶轴油泵入口堵塞
	顶轴油泵出口压力变送器故障
主盘车故障	主盘车故障
	主盘车电机故障
	控制柜故障
	反馈出错
辅助盘车故障	辅助盘车液压模块故障
	其中一个轴承处轴系顶起高度不合理
	若机组在热态，轴系转动可能受阻
	反馈错误或无反馈
	油压设置错误
高压调节阀阀位扰动	调节油供油故障
	扰动可能关系到相应仪表，信号处理故障
	扰动可能直接关系到阀门动作
	电气故障
	测量差值过大（在不同的传感器之间）
高压缸阀门活动试验功能组扰动	高压缸阀门试验中出现故障
	该阀门位移传感器故障
	油动机液压模块故障
	安全油压力故障
	阀门机械故障（关闭，卡塞）
安全油压力故障	出现遮断信号
	油泵故障
	压力油泄漏（管道破裂，阀门未关闭）
	TTC 调节油箱液位极低
	测量链中出现错误
	逻辑控制器的输入卡件故障

（9）参考资料

无。

7 容器

7.1 压力容器

7.1.1 总述

（1）定义

压力容器，是指盛装气体或液体，承载一定压力的密闭设备。

（2）功能

压力容器是各工业行业的常用工艺设备，在承压状态下工作，其工作介质多数是高压、高温、易燃、易爆、有毒的气体或液体，是一种比较容易发生事故的特殊设备，国家将其作为特种设备予以强制管理。

（3）结构

压力容器通常是由壳、板组成的焊接结构。主要包括：筒体、密封元件、支座、安全附件等。

分类方法：常见的有按压力、制造方法、外形、材料、安装和操作等要求分类。通常按压力的高低、容积的大小、介质的危害程度以及它们在生产过程中的重要作用，将容器分为一类容器、二类容器和三类容器；按照承压方式不同分为内压容器和外压容器两大类；按容器在生产工艺过程中的作用原理，分为反应容器、换热容器、分离容器、贮运容器四种。

7.1.2 通用型号技术要求

为了保证各类压力容器在全生命周期内的本质安全，在各类压力容器诞生之初的设计过程中，就考虑了其后生命周期内的各种有关工况以及各工况下的载荷，对其材料选用、制造和检验检测以及投运期间的维护保养都做了严格要求和规定。

根据核电厂承压设备的安全分级，核电厂的各类压力容器大致可分为构成反应堆冷却剂系统压力边界的核安全 1 级压力容器设备，例如反应堆压力容器、蒸汽发生器一次侧和稳压器等；和对安全有重要作用的核安全 2、3 级承压容器，例如化学和容积控制以及其他系统的各种蒸汽容器和气体容器；以及其他不受核辐射作用的常规压力容器。

核电厂核级压力容器，要承受堆芯核裂变时产生的强烈中子流和 γ 射线辐射，发生脆性破坏的可能性大大增加。为了防止容器内放射性物质泄漏污染环境，对容器的强度、密封结构的安全可靠性要求更高。因此在参照国家标准《钢制压力容器》（GB-150）和《压力容器安全技术监察规程》中的要求进行材料、设计计算以及压力容器的制造、检验与验收的基础上，还按照压水堆核岛机械设备相关规范进行设计制造验收，以及有关规范对在役的压力容器进行定期检验。

表 352-01-07-01 通用容器技术要素

次级技术要素	包含内容
核电厂通用压力容器	概述核电厂核级碳钢、低合金钢和奥氏体不锈钢及含堆焊层等各类压力容器
核电厂反应堆压力容器	概述核电厂机组核级反应堆压力容器
核电厂稳压器	概述核电厂稳压器
核电厂中压安注箱	概述核电厂中压安注箱
核电厂容控箱	概述核电厂容控箱
核电厂稳压器泄压箱	概述核电厂稳压器泄压箱
核电厂辅助给水箱	概述核电厂辅助给水箱
核电厂换料水箱	概述核电厂换料水箱
核电厂硼和水补给水箱	概述核电厂硼和水补给水箱

（1）核电厂通用压力容器

1）定义

压力容器，是指盛装气体或者液体，承载一定压力的密闭设备，其范围规定为最高工作压力大于或者等于 0.1 MPa（表压），且压力与容积的乘积大于或者等于 2.5 MPa.L 的气体、液化气体和最大工作温度高于或者等于标准沸点的液体的固定式容器和移动式容器；盛装公称工作压力大于或者等于 0.2 MPa（表压），且压力与容积的乘积大于或者等于 1.0 MPa.L 的气体、液化气体和标准沸点等于或者低于 60 ℃液体的气瓶；氧舱等。

2）范围对象

核电厂核级碳钢、低合金钢和奥氏体不锈钢及含堆焊层等各类压力容器。

3）结构原理

常见压力容器由筒体、封头、接管、法兰和密封元件等部件构成。

4）指标和参数

各级压力容器运行正常，无渗漏，焊缝无缺陷。

对主要的核 1 级，核 2、3 级压力容器的容器类型和压力等重要参数进行了统计分类，以中核核电运行管理有限公司秦二厂 3、4 号机组为例（后续相同），详见表 352-01-07-02。

表 352-01-07-02　核 1 级压力容器参数

序号	容器名称	容器类型	设计压力/MPa	运行压力/MPa
1	反应堆压力容器	液体容器	17.2	15.5
2	蒸汽发生器一次侧	液体容器	17.2	15.5
3	稳压器	液体和蒸汽容器	17.2	15.5

表 352-01-07-03　核 2、3 级压力容器参数

序号	容器名称	容器类型	设计压力/MPa	运行压力/MPa
1	再生热交换器	蒸汽容器	3.0	3.0
2	辅助给水主汽水分离器	蒸汽容器	8.5	6.4
3	仪用压缩空气缓冲箱	气体容器	1.0	1.0
4	再生热交换器	蒸汽容器	17.5（壳侧） 19.4（管侧）	17.5（壳侧） 19.4（管侧）
5	下泄热交换器	蒸汽容器	4.9（管侧）	2.8
6	化学容积控制箱	气体容器	0.52	0.52
7	安注箱	气体容器	4.83	4.55
8	除气塔	蒸汽容器	0.45（管侧） 0.45（壳侧）	0.25（管侧） 0.05（壳侧）
9	再生热交换器	蒸汽容器	1.1（管侧）	0.55（管侧）
10	加热器	蒸汽容器	0.51	0.25
11	仪表压空系统贮气罐	气体容器	1.0	1.5
12	蒸汽发生器二次侧	蒸汽容器	8.6	6.8

5）维修技术要求

压力容器经过一段时间使用后，受到强辐照，压力、温度的频繁交变作用，介质对容器钢材的腐蚀作用等影响。具体影响如下：

容器使用温度和压力波动或频繁的加载和卸压，使容器壁受到较大的交变应力。由此，在容器整

体结构不连续部位如焊接接头缺陷部位等应力集中处引起疲劳裂纹。

腐蚀性介质对容器内壁作用，使壁厚减薄因而受压时薄膜应力加大，或由于晶间腐蚀等使材料塑性、韧性恶化。

高温容器的器壁材料长期受高温下的压力载荷作用，材料将产生蠕变。

堆芯核裂变时产生的强烈中子流和 Y 射线辐射，发生脆性破坏的可能性大大增加。

为了了解设备运行状况和保证运行安全，以及掌握每台容器的缺陷发生发展规律。并根据每台设备的技术状况和使用条件确定，需对通用压力容器进行定期检验，包括外部检查，内外部检验和全面检验。

——容器外部检查：

为了及时发现容器外表面及安全装置和仪表的缺陷，确定容器能否在安全条件下运行。外部检查项目包括：

- 检查容器外壁防腐层、保温层是否完好，有无破损、脱落等情况，有无泄漏等痕迹；
- 检查容器外表面有无裂纹、形变、局部过热等现象，焊缝、法兰密封、开孔接管部位有无泄漏；
- 检查容器的基础是否下沉、倾斜或开裂，基础的螺栓是否松动，容器支座处焊缝有无裂纹；
- 安全阀、爆破片、压力表等安全装置和仪表是否齐全、灵敏、可靠，是否按照规定的要求进行计量校验；
- 审查容器的压力、温度等操作工艺参数的控制情况。

——容器内外部检验：

通过直观的目测检查，检查受压部件的结构型式是否合理，器壁表面有无腐蚀、明显的裂纹、沟槽、变形和焊缝的表面缺陷。使用工器具检查各受压部位的尺寸是否符合规定，钢材表面腐蚀面积和深度以及钢板变形程度等。用小锤直接轻敲被检查的部位，通过听觉和手的感觉判定缺陷。具体检查项目如下：

- 外部检查的全部项目；
- 容器内外表面、开孔接管出有无介质腐蚀或冲刷磨损。容器衬里是否有鼓包凸起、开裂或其他损坏的迹象；
- 检查容器多有焊缝有无裂纹，应力集中部位的材料有无开裂；
- 高压、超高压容器的主要紧固螺栓，应逐个进行外形宏观检查。

——容器全面检验：

全面检验包括无损探伤、耐压试验等。

无损探伤检验方法应用于压力容器上主要是检验材料和焊接接头的缺陷。对容器进行寿命评定，根据缺陷的种类、形状尺寸、产生部位的应力状态等推断和评定在下次检验前能否安全使用。常用的无损探伤方法有液体渗透探伤、磁粉探伤、涡流探伤、射线探伤和超声波探伤等。

耐压试验是用水或其他事宜的液体作为加压介质（气压），对容器进行强度和密封性的综合检验。耐压试验的主要目的是检验容器受压部件的结构强度，验证其是否有在设计压力下安全运行所需的承压能力。在压力容器使用中进行耐压试验时，在耐压试验时，对于高压或小容量容器还可以进行残余变形测定，以判明容器材料是否已出现整体屈服。对于中低压容器，不易准确测定残余变形值，可以从试验过程中升压异常及直观检查来考察其是否已出现屈服。如果压力容器存在潜在性缺陷或连接部件不严密的情况，也可以通过耐压试验发现其是否泄漏。核电厂大多数耐压试验用水作为加压介质，一般耐压试验的常规要求如下。

- 耐压试验压力值：常温下使用的固定式压力容器耐压试验压力一般不低于设计压力的 1.25 倍。压力容器耐压试验一般都在常温下进行，高温容器要通过常温下试验考核其在高温下使用的承压能力，通常将耐压试验压力提高，即乘以耐压试验系数η。

● 耐压试验温度：压力容器上广泛使用的碳素钢和普通低合金钢等珠光体型钢种有一个无延性转变温度，低于该温度下材料韧性急剧下降，因此必须保证耐压试验器壁温度高于钢材的无延性转变温度。此点，对确定高温容器的耐压试验温度下限尤为重要。水压试验的水温通常不得低于 5 ℃，为了便于观察，温度上限一般宜限制在 40 ℃以下，不应超过 60 ℃。

● 试验介质：碳素体和普通低合金钢钢种的容器，一般用清洁的水就可以。对奥氏体不锈钢制容器，水中的氯离子会导致晶间腐蚀倾向，因此应控制氯离子含量，核电厂一般用除盐水作为加压介质。

● 试验方法：

试验前的准备有如下几项。

确定耐压试验压力。

试验前，必须彻底清除那些与水接触后能引起器壁强烈腐蚀的残留物。有衬里的容器，应对衬里的完好情况作检查。

将容器的人孔、检查孔和其他接管管孔封严，顶部应预留一个排气孔。

容量较小的容器，最好用手动试压泵，容量大的容器应使用专用试压泵，保证压力能够缓慢平稳地升高。

各密封部位的紧固螺栓必须全部装配齐全，并对称、均匀地施加紧固力。

容器试压前，应装设两块经校验合格的压力表。

试验过程有以下内容。

注液和排空气。液压试验注入液体加压介质时，器内空气同时由容器顶部的排气孔排出，直至整个容器内部充满液体为止。再略停留 1～2 min，让空气泡有时间逸出。然后关闭顶部排气孔，连接试压泵准备打压。

升压。在容器温度与液体温度趋于一致后，开动试压泵缓慢升压，压力应分阶段上升。当压力上升至设计压力或最高工作压力时，应暂停升压，并对受压部件外观和各连接部位进行检查。若发现有异常情况或泄漏应作出判断和处理，但严禁在这个压力下紧固密封件螺栓。若情况正常即可继续升压至试验压力，并根据容器容量大小和结构确定保压时间。保压时间一般不少于 30 min。

检查。容器在保压后缓慢卸压至规定试验压力的 80%进行检查。重点检查焊缝及各连接部位有无泄漏、容器受压部件有无变形或异常现象。

卸压和排液处理。容器检查完毕后，应将液体排出，并同时把顶部排气孔打开。液体排净后再根据要求进行通风干燥处理。

气压试验时，先缓慢升压至试验压力的 10%左右，保持 5～10 min 后对所有焊缝和连接部位进行初步检查。初步检查合格后，再继续升压至规定试验压力的 50%，然后按每级为试验压力的 10%的级差逐级升到试验压力。

试验验收标准。

容器壁和焊缝无渗漏，受压部件无可见的异常变形。

参照以上通用压力容器定期检验要求，部分核级压力容器根据自身实际工况对在役期间检查进行了细化要求。

——核 1 级容器：

反应堆压力容器、蒸汽发生器、稳压器是压水堆核电厂中最关键的压力容器，是反应堆冷却剂系统压力边界最重要的部件，并影响反应堆核电厂的运行寿命。由于这些容器承受高压、高温含硼酸水介质和放射性辐照等恶劣环境，寿期内的检查维护就非常重要。因此技术部门对这些设备的重要零部件以及重要焊缝都进行定期的在役无损探伤检查，以及定期十年进行一回路的耐压试验。

● 在役无损探伤检查：

反应堆压力容器、蒸汽发生器一次侧和稳压器在每个换料大修期间都要进行无损探伤役检查，具体清单和检查周期表见表 352-01-07-04。

表 352-01-07-04　核 1 级容器无损探伤检查周期表

序号	设备名称	预防性检修标题	监测周期
1	反应堆压力容器	十年大修期间对反应堆压力容器底部贯穿件进行超声检查和涡流检查	6C
2	反应堆压力容器	控制棒驱动机构和热电偶目视检查	1C
3	反应堆压力容器	主螺栓、主螺母涡流检查	1C
4	反应堆压力容器	法兰孔带超声检查	6C
5	反应堆压力容器	顶盖内表面堆焊层电视检查	6C
6	反应堆压力容器	筒体焊缝、筒体接管焊缝、接管与安全端焊缝、安全端与管道焊缝的超声检查和内部堆焊层电视检查	6C
7	反应堆压力容器	接管与安全端连接焊缝、安全端与管道连接焊缝射线检查	6C
8	反应堆压力容器	接管与安全端连接焊缝液体渗透检查	3C
9	反应堆压力容器	吊耳与顶盖连接焊缝液体渗透检查	6C
10	反应堆压力容器	主螺栓超声检查	6C
11	反应堆压力容器	法兰与上封头连接焊缝超声检查	9C
12	稳压器	喷雾、泄压、安全接管，人孔与上封头连接焊缝；上封头与筒体环焊缝射线检查	6C
13	稳压器	螺栓孔间的孔带超声检查、内螺纹表面目视检查	6C
14	稳压器	波动接管与下封头焊缝射线检查	6C
15	稳压器	下封头与筒体环焊缝超声检查	6C
16	稳压器	支撑裙与下封头焊缝液体渗透检查	6C
17	稳压器	支撑裙与下封头焊缝超声检查	3C
18	稳压器	泄压、安全接管与安全端焊缝射线检查	3C
19	稳压器	安全、泄压、喷淋和波动接管与安全端焊缝液体渗透检查	3C
20	稳压器	阀门支撑与筒体焊缝液体渗透检查	6C
21	稳压器	安全端与波动接管焊缝射线检查	2C
22	稳压器	人孔螺栓超声检查、螺母目视检查	2C
23	稳压器	内壁堆焊层电视检查	2C
24	稳压器	喷雾管接管与安全端焊缝射线检查	2C
25	蒸汽发生器	蒸汽发生器下封头母材超声检查	6C
26	蒸汽发生器	蒸汽发生器下封头母材 PT 检查	6C
27	蒸汽发生器	传热管涡流检查	2C
28	蒸汽发生器	一次侧人孔螺栓超声检查；螺栓、螺母目视检查	2C
29	蒸汽发生器	管板与水室封头连接焊缝超声检查	3C
30	蒸汽发生器	主管道与进出水接管安全端焊缝液体渗透、射线检查	6C
31	蒸汽发生器	管板与二次侧下部筒体焊缝超声检查	3C
32	蒸汽发生器	安全端与进出水接管连接焊缝液体渗透、射线检查	6C
33	蒸汽发生器	支撑腿与水室封头焊缝液体渗透检查	3C
34	蒸汽发生器	水室封头内表面堆焊层电视检查	6C
35	蒸汽发生器	一次侧人孔螺栓孔间的孔带超声检查，内螺纹孔表面目视检查	6C
36	蒸汽发生器	安全端/蒸汽出口接管焊缝超声检查、给水接管/上部筒体焊缝超声检查及目视检查	6C
37	蒸汽发生器	锥形筒体与下部筒体焊缝超声和磁粉检查	6C
38	蒸汽发生器	锥形筒体与上部筒体焊缝超声检查	6C

续表

序号	设备名称	预防性检修标题	监测周期
39	蒸汽发生器	接管与筒体焊缝液体渗透检查	6C
40	蒸汽发生器	内部构件目视检查	2C
41	蒸汽发生器	内部构件目视检查	2C

注：C 为燃料循环周期。

- 一回路耐压试验：

核 1 级容器内部构造比较复杂，无法进行单独耐压试验，因此定期对容器所在的反应堆冷却剂系统的一回路进行耐压试验。一回路耐压试验是以设计压力的 1.2 倍（20.6 MPa.g）对反应堆冷却剂系统及其有关附注系统的高压部分进行强制性水压试验，以检查一回路系统的设备、管道的密封和焊接质量，验证其承压运行时的密封性和安全性。

一回路水压试验过程是从反应堆压力容器顶盖关盖开始，一直到完成各压力平台试验和相关的检查后排空一回路水并打开反应堆压力容器顶盖结束为止。

一回路试验周期：根据相关规范要求，反应堆冷却剂系统水压试验周期定义如下：

一回路系统的初始水压试验，按照制造规则应在制造、安装完成后和装料之前进行。第一次重复试验应在初始日期之后 30 个月以内进行。以后，相邻两次重复试验之间的时间间隔不应超过 10 年。

试验压力和温度：

试验压力和温度的确定根据规范相关章节的规定。

反应堆压力容器的设计压力为 17.23 MPa.a，反应堆冷却剂系统水压试验的压力为设计压力的 1.2 倍，即 20.676 MPa.a，近似为 20.7 MPa.a，用相对压力表示为 20.6 MPa.g。

有关规范规定试验温度应取下列值中的最大值。

- 第一次试验的规定温度；
- 反应堆压力容器的 RTNDT（无塑性转变温度）+33 ℃。

秦二厂 3/4 号机组首次冷态水压试验的温度下限为 35 ℃，同时为防止一回路试验温度过高而造成检查人员烫伤，试验温度范围确定为 35～80 ℃。

温度和压力的控制：

试验温度由反应堆压力容器下封头外壁的温度探头测得；

压力上升和稳定阶段，确保一回路排气充分，使一回路水和金属温度均匀；

避免升温太快，以免对设备、构件产生太大的热冲击。

验收准则

泄漏计算：

反应堆冷却剂系统水压试验期间将实施两次泄漏计算，分别在 2.7 MPa.g 和 15.4 MPa.g 试验压力平台下进行，其中 15.4 MPa.g 压力平台下进行的计算是强制的。

两次的泄漏计算结果是用来评估构成水压试验回路的一回路焊缝和试验回路的密封性。

第一次计算：此次计算是在 2.7 MPa.g 压力平台下，动态排气结束后，RRA 系统还没有与主系统隔离的情况下进行的。它的作用是在升压至额定压力值前评估反应堆冷却剂系统系统的密封性。如果反应堆冷却剂系统的密封性未满足要求，可将压力降到 0.3 MPa.g 平台进行法兰连接的重新紧固。

第二次计算：是在 15.4 MPa.g 压力下进行的。该次泄漏计算是规范要求的，总泄漏率要求小于 230 L/h，否则需要找到原因后再决定是否继续升压。

20.6 MPa.g 压力的试验平台时，检查确认焊缝无渗漏，各种密封面无异常。

水压试验的边界

反应堆冷却剂系统水压试验的回路主要由以下构成：

压力容器及其顶盖；

热电偶套管的导向管（耐压管）；

控制棒驱动机构的套管；

一回路主管道，即两个环路的冷段、过渡段和热段；

蒸汽发生器的一次侧；

承压情况下主泵的泵壳；

稳压器及其波动管线；

安全阀管线；

其他辅助管线。

水压试验的实施过程

水压试验的操作过程主要分为以下几个主要阶段：

在对反应堆冷却剂系统系统充水、静态排气以及反应堆冷却剂系统系统的动排气后，投运主泵对一回路打循环以使水温处于试验允许的范围之内。随后利用上充泵通过正常上充/下泄回路以及主泵一号轴封的注入回路来进行升压。升压过程中将在 2.7 MPa、10.0 MPa、15.4 MPa 压力平台停留，以便实施查漏和规定的检查。

在 2.7 MPa 和 15.4 MPa 三个压力平台上要实施一回路泄漏率的计算，在 2.7 MPa 平台停留 2 h，在 15.4 MPa 平台至少要停留 4 h 以上，15.4 MPa 平台下的泄漏率计算的结果要报给 NNSA 现场代表，以便后者决定是否升压至 20.6 MPa。

在升压到 17.2 MPa 后隔离所有仪表，以升压至试验压力平台（20.6 MPa），在 20.6 MPa 压力平台停留的时间取决于现场检查所需的时间。

现场检查的目的是检查系统在不同压力平台下焊缝是否有泄漏或渗漏，或者检查出阀门、法兰等部位的泄漏并收集之。检查在 2.7 MPa、10.0 MPa、15.4 MPa 和 20.6 MPa 压力平台进行（见表 352-01-07-05）。

表 352-01-07-05　一回路检查及所处压力平台一览表

操作	相对压力/MPa			
	2.7	10.0	15.4	20.6
安全局对反应堆冷却剂系统一回路的检查				▲
反应堆冷却剂系统泄漏计算	△（1）		▲	
反应堆冷却剂系统一回路可能泄漏的评估和定位	△（1）	△	△	△
焊缝目视检查			▲（2）	

注：△表示检查和监督；▲表示规定的正式检查或强制的泄漏计算。

（1）表示升压过程中；（2）表示降压过程中。

检查期间必须做好相关的检查记录，如果发现法兰密封垫、阀门盘根等密封装置处有泄漏，在升压到更高压力平台之前，应进行重新紧固或重新恢复这些装置的状态。在这些泄漏无法消除时，应当在 15.4 MPa 压力平台做泄漏率计算时加以考虑。在审查完每一压力平台的检查记录报告后，才能决定是否继续升压至下一压力平台。

反应堆冷却剂系统一回路焊缝的目视检查在降压过程中的 15.4 MPa 压力平台进行。

- 核 2、3 级容器：

针对核 2、3 级容器，一般需要对其进行内外部检查，主要检查焊缝和容器内部内衬层，除此之外，还需对容器单体定期实施耐压试验。

表 352-01-07-06　核 2、3 级容器内外部检查周期表

序号	设备名称	预防性标题	监测周期
1	给水除氧水箱	内外部检查	1C
2	给水除氧箱	内外部检查	1C
3	再生热交换器	外部检查	1C
4	再生热交换器	内部检查	2C
5	辅助给水主汽水分离器	外观检查及润滑	1C
6	辅助给水主汽水分离器	外观检查及润滑	1C
7	仪用压缩空气缓冲箱	外部腐蚀检查	3C
8	再生热交换器	外部检查	1C
9	再生热交换器	外壁目视检查	1C
10	再生热交换器	外部腐蚀检查	8C
11	化学容积控制箱	水箱外部，包括支撑目视检查	2C
12	化学容积控制箱	外部腐蚀检查	9C
13	化学容积控制箱	外部检查	2C
14	化学容积控制箱	水箱内部目视检查	6C
15	下泄热交换器	外壁目视检查	1C
16	下泄热交换器	外部检查	1C
17	安注箱	内外壁目视检查	2C
18	安注箱	安注箱外部检查	2C
19	安注箱	外部腐蚀检查	3C
20	安注箱	内外壁目视检查	2C
21	安注箱	安注箱外部检查	2C
22	安注箱	外部腐蚀检查	3C
23	仪表压空系统贮气罐	壳体外壁和管嘴区域、壳体内壁目视检查	2C
24	仪表压空系统贮气罐	壳体外壁和管嘴区域、壳体内壁目视检查	2C
25	仪表压空系统贮气罐	壳体外壁和管嘴区域、壳体内壁目视检查	2C
26	仪表压空系统贮气罐	壳体外壁和管嘴区域、壳体内壁目视检查	2C
27	仪表压空系统贮气罐	壳体外壁和管嘴区域、壳体内壁目视检查	2C
28	仪表压空系统贮气罐	壳体外壁和管嘴区域、壳体内壁目视检查	2C
29	除气塔	年度外部检查	Y1
30	除气塔	年度外部检查	Y1
31	入口再生热交换器	内外检查	2C
32	入口再生热交换器	内外检查	2C

表 352-01-07-07　核 2、3 级容器耐压试验清单

序号	设备名称	预防性检修标题	监测周期
1	给水除氧水箱	水压试验	6C
2	给水除氧箱	水压试验	6C
3	再生热交换器	水压试验（壳侧）	6C
4	辅助给水主汽水分离器	水压试验	6C
5	辅助给水主汽水分离器	水压试验	6C

续表

序号	设备名称	预防性检修标题	监测周期
6	仪用压缩空气缓冲箱	水压试验	6C
7	仪用压缩空气缓冲箱	水压试验	6C
8	仪表用压缩空气缓冲箱	水压试验	6C
9	仪表用压缩空气缓冲箱	水压试验	6C
10	仪表用压缩空气缓冲箱	水压试验	6C
11	仪表用压缩空气缓冲箱	水压试验	6C
12	1 号蒸汽发生器	反应堆冷却剂系统 1 号 蒸汽发生器二次侧水压试验	6C
13	2 号蒸汽发生器	反应堆冷却剂系统 2 号 蒸汽发生器二次侧水压试验	6C
14	再生热交换器	水压试验（壳侧）	6C
15	化学容积控制箱	水压试验	6C
16	下泄热交换器	水压试验（管侧）	6C
17	安注箱	水压试验	6C
18	安注箱	水压试验	6C
19	仪表压空系统贮气罐	水压试验	6C
20	仪表压空系统贮气罐	水压试验	6C
21	仪表压空系统贮气罐	水压试验	6C
22	仪表用压缩空气系统贮气罐	水压试验	6C
23	仪表压空系统贮气罐	水压试验	6C
24	仪表用压缩空气系统贮气罐	水压试验	6C
25	除气塔	水压试验（管侧）	Y10
26	再生热交换器	水压试验	6C
27	除气塔	水压试验（壳侧）	Y10
28	除气塔	水压试验（管侧）	Y10
29	入口再生热交换器	水压试验	Y10

承压容器两次耐压试验的时间间隔应不超过 10 年，特殊情况下，经过国家核安全局批准可以免除重复耐压试验。

对于蒸汽承压容器，重复耐压试验压力符合表 352-01-07-08 要求。

表 352-01-07-08　重复耐压试验压力选取值

设计（铭牌）压力 T/bar	试验压力/bar
$0.5<T\leqslant2$	$2T$
$02<T\leqslant12$	$T+2$
$T>12$	$1.17T$

对于气体承压容器，耐压试验压力不应低于设计压力的 1.5 倍，但不能超出容器铭牌上标出的试验压力值。

耐压试验验收要求：部件外壁的目视检查不应发现某种程度的缺陷引起的泄漏或滴漏，也不应有严重的表面缺陷，但密封连接处除外；在受压元件金属壁、连接部位、阀门和焊缝上没有水珠和水雾；在试验过程中无异常的响声；水压试验后没有任何明显的残余变形。

6）质量管理

表 352-01-07-09　重要质量管控表

项目名称	质量管控点
内外部检查	焊缝检查无裂纹、内部涂层或衬里检查完好
设备水压试验	目视无泄漏或滴漏，无明显变形，无异响。连接部位焊缝无水珠和水雾
一回路水压试验	目视无泄漏或滴漏，无明显变形，无异响。连接部位焊缝无水珠和水雾

7）技术规程清单

表 352-01-07-10　重要技术规程表

序号	规程名称
1	安注箱水压试验
2	硼回收系统除气塔管侧水压试验
3	硼回收系统热交换器水压试验
4	硼回收系统除气塔壳侧水压试验
5	蒸汽发生器二次侧水压试验
6	下泄热交换器水压试验
7	化学和容积控制系统再生热交换器壳侧水压试验
8	蒸汽发生器排污系统再生热交换器壳侧水压试验
9	仪表用压缩空气分配系统仪用压空罐水压试验
10	蒸汽发生器辅助给水系统辅助给水主汽水分离器水压试验
11	安注箱水压试验
12	一回路水压试验

8）经验反馈

容器边界设备检修和容器排水作业时，保持开口具有通气功能，使用 4～6 目铁丝网进行防异物封堵作为防止负压变形的措施。防止进气能力小于排水速率，容器内部负压逐渐增加，最终达到不可承受的程度，致使容器壳体承载达临界载荷以上，最终产生了弹塑性变形。

9）参考资料

[1] GB 150—2011 压力容器［S］.

[2] 秦山第二核电厂 3/4 号机组核级承压容器耐压试验大纲［R］.

[3] 秦山第二核电厂 3/4 号机大修一回路水压试验［R］.

（2）核电厂反应堆压力容器

1）定义

反应堆压力容器设备是压水堆核电厂中的心脏设备，该设备是放射性物质的包壳，在运行期间不仅承受高温、高压和强辐照，而且在核电厂的整个运行寿期内不可更换，对电厂的稳定安全运行极其重要。

反应堆压力容器作为核电厂一回路主设备承担着三项重要功能：(a) 作为包容反应堆堆芯的容器，起着固定和支撑堆内构件的作用，保证燃料组件按一定的间距在堆芯内的支撑与定位；(b) 作为反应堆冷却剂系统的一部分，起着承受一回路冷却剂与外部压差的压力边界的作用；(c) 与其他一回路压力边界设备一起构筑了核电厂防止放射性物质外逸的第二道屏障。

反应堆压力容器是压保证核电厂安全和寿命的重要部件，故被定为规范一级、安全一级、质保一级、抗震类 I 级的设备，即在正常、异常、紧急和事故工况下都能保证其可靠和结构完整性，杜绝发生容器无延性断裂破损和放射性物质泄漏等事故。

2）范围对象

核电厂机组核级反应堆压力容器。

3）结构原理

反应堆压力容器是一个圆筒状的大开口高压容器，受工况影响，反应堆压力容器材料具备良好的纯净度、致密度、成分和性能均匀性，在中高温度下具有优良的力学性能、冶金质量及良好的耐蚀性、焊接性和抗辐照的性能、热稳定性、加工性等。其中，以面对活性区的筒体段材料性能要求最高。采用了低合金钢，化学成分和机械性能基本与国产 A508-III 钢等同。压力容器内壁不锈钢堆焊，防止腐蚀和蠕变的危害。

反应堆压力容器通常分为顶盖组件、筒体组件两大部分，示意图详见图 352-01-07-01（以中核核电运行管理有限公司秦二厂 3、4 号机组 60 万千瓦压水堆机组为例说明）。

——顶盖组件：

顶盖组件主要由上封头和顶盖法兰两部分组成。上封头上焊有 37 个贯穿件管座，其中 33 个为 CRDM 管座，4 个为热电偶管座，以供安装控制棒驱动机构组件和热电偶仪表导向管；有 1 根排气管，用于排放容器内的气体；有 3 个吊耳，用来运输吊装；还有通风罩支承，用来支承上面 CRDM 通风罩组件。顶盖法兰上开有 56 个主螺栓孔，用于主螺栓贯穿；在法兰面上设有两道同心环形沟槽，安装两道金属密封环。

——筒体组件：

筒体组件主要由法兰-接管段筒体、堆芯筒体、过渡段和下封头组成。其中法兰-接管筒体上有 2 个入口接管和 2 个出口接管，它们分别与反应堆各个冷却剂环路的冷段和热段连接；另外还设有 2 个安注管，用于在事故情况下注入冷却剂；在法兰面上设有 1 个检漏管，用于检测并引出密封泄漏。过渡段上焊有四个径向支承块，这四个支承块与堆内构件 M 形插入件配合，用以限制堆内构件下部在水力冲击下发生转动。下封头上有 38 根中子测量管座，用作堆芯测量系统伸入压力容器的通道。

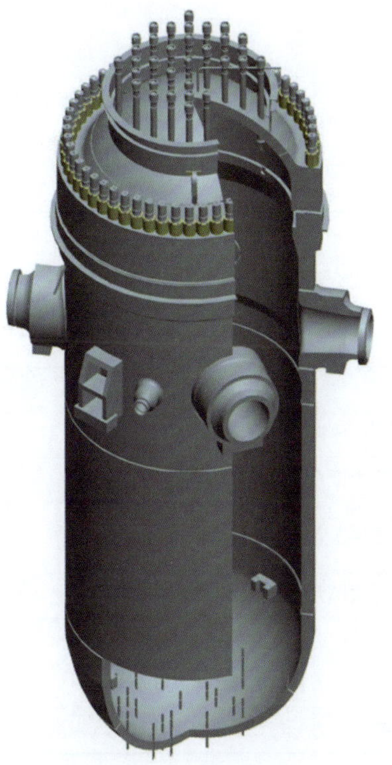

图 352-01-07-01　反应堆压力容器结构图

顶盖组件和筒体组件通过可拆卸的 56 件主螺栓、主螺母和垫圈进行连接紧固。并用两道同心配置在顶盖密封槽中的自紧式镀银 C 形密封环密封。

封头、法兰、筒体等大部件都是锻造的环形部件，没有纵向焊缝，只有环向焊缝，以避免焊缝受高通量中子的辐射引起纵向焊缝脆化损伤。所有承压的压力边界焊缝全部采用全焊透焊缝连接，确保压力边界的完整性。反应堆压力容器入口接管和出口接管位于同一水平上，该平面低于容器法兰，但高于燃料组件顶部。冷却剂通过入口管进入反应堆压力容器，沿着容器壁和堆芯支承结构的围筒之间的环形空间向下流动，在底部转向上流动，通过堆芯直到出口。

冷却剂通过入口接管进入压力容器，并且向下流过堆芯吊篮和容器壁之间的环形空间，在底部转向朝上流过堆内构件/燃料组件堆芯到出口接管，将堆芯内产生的热能带出。

4）指标和参数

反应堆压力容器遵循法国《压水堆核岛机械设备设计和建造规则（RCC-M）》要求进行设计和制

造，主要按照提供包容反应堆堆芯、上部堆内构件及下部堆内构件所要求进行容积设计，并考虑到核电厂的 40 年寿期，以及运行时冷却剂的循环流动，水对设备的腐蚀，设备的耐蚀性能与金属的老化，选用了具有高机械强度和在强中子辐照下不易脆化的材料。其主要材料和技术参数如表 352-01-07-11 所示。

表 352-01-07-11　60 万机组反应堆压力容器主要技术参数

安全等级：一级	运行压力：15.5 MPa
抗震要求：抗震一类	运行温度：327.2～292.8 ℃
规范级别：一级	主要材料：16MND5
质保等级：Q1 级	腐蚀余量：堆焊层 6 mm
全容积：123 m^3	焊缝系数：（1.0）
有效容积：98.577 m^3	设计寿命：40 年
设计压力：17.2 MPa	总　　重：332 t
设计温度：343 ℃	外型尺寸：6200 × 5282 × 12 978 mm

5）维修技术要求

表 352-01-07-12　反应堆压力容器维修项目内容与周期

项目名称	项目内容	项目周期
螺栓拉伸机等专用工具年度维护与试验	螺栓拉伸机等专用工具年度维护与试验	1C
反应堆压力容器开盖	反应堆压力容器开盖	1C
反应堆压力容器低低水位相关工作	容器法兰面清洗、顶盖密封槽清洗、螺栓孔检查、假封头/密封环安装与拆卸	1C
反应堆压力容器螺栓、螺母的清洗、检查和润滑	反应堆压力容器主螺栓、主螺母和球面垫圈清洗、检查和润滑	1C
反应堆压力容器关盖	反应堆压力容器关盖	1C
反应堆压力容器关盖（水压试验前）	反应堆压力容器关盖（水压试验前）	6C
反应堆压力容器开盖及螺栓孔清洗（水压试验后）	反应堆压力容器开盖及螺栓孔清洗（水压试验后）	6C

6）质量管理

表 352-01-07-13　反应堆压力容器重要质量管控表

项目名称	质量管控点
反应堆容器顶盖吊离	关注数显电子秤重量变化，防止与其他物件发生碰撞；检查 C 环无脱落；确认保护套未被带出
反应堆压力容器结合密封面检查	筒体密封面清洗检查修复合格；顶盖密封槽清洗检查修复合格；热电偶阴法兰清洗检查修复合格
C 形密封环安装	检查备件表面光洁无划痕，固定垫片和固定螺栓正确安装
反应堆容器顶盖回装	关注数显电子秤重量变化，防止与其他物件发生碰撞；检查 C 环固定良好

7）技术规程清单

表 352-01-07-14　反应堆压力容器规程表

序号	规程名称
1	反应堆压力容器顶盖的吊离
2	反应堆压力容器顶盖的复装
3	反应堆压力容器开关盖拧螺栓机的操作

续表

序号	规程名称
4	反应堆压力容器关盖时螺栓拉伸机的操作
5	反应堆压力容器开盖时螺栓拉伸机的操作
6	反应堆压力容器结合面的清洗目检和必要维修
7	压力容器 C 形密封环的拆卸
8	压力容器 C 形密封环的安装

8）经验反馈

——低低水位期间，反应堆压力容器筒体密封面需铺设保护，防止裸露在外造成意外磕碰，密封面需仔细检查，涉及密封线上的压痕和点蚀坑，用酒精、绸布清洗后，利用研磨砂纸对压痕和点蚀坑进行圆周方向打磨，确保密封无泄漏。

——反应堆压力容器 C 形密封环安装时应均匀、平稳地托起，并使用丙酮或工业酒精将其擦拭干净后，放置顶盖密封槽内，在螺栓已经涂抹不锈钢防咬剂后对称依次将压板及锁紧螺栓紧固，紧固过程中人工用一字螺丝刀尽量地将压板尾部往内侧推，否则即便紧固后的压板是无法将 C 环从外侧顶紧。

——热电偶机械密封拆除后，需在热电偶管束上装上一根带有密封效果的保护套筒，并用弹簧卡将保护套筒固定。为防止弹簧卡脱落，使用胶带在套筒外弹簧卡位置粘 3/4 圈，不凸出套筒的外表面。在压力容器顶盖吊出时，保护套筒仍保持在上部堆内构件上，避免随顶盖吊起。

9）参考资料

[1] 0401S-420300-GG1-A 秦山核电二期扩建工程反应堆压力容器制造规格书：[R].

（3）核电厂稳压器

1）定义

稳压器是反应堆冷却剂系统（反应堆冷却剂系统）的主要设备之一，它的主要作用，是将一回路（反应堆冷却剂系统）的压力维持在 15.5 MPa 的整定值上，以防止冷却剂水在一回路中汽化。稳压器内贮有两相状态的水，水和蒸汽都在确定的压力所对应的同一温度，依靠喷淋阀和加热器进行压力调节；其次是可缓冲一回路系统水容积的迅速变化。

稳压器的设计应能调节由于负荷瞬动引起的压力波动，即能维持水和蒸汽在饱和状态下的平衡。它的容量必须有足够的水容积和足够的蒸汽容积。

2）范围对象

稳压器：3 反应堆冷却剂系统 001 BA、4 反应堆冷却剂系统 001 BA。

3）结构原理

——稳压器结构：

- 上封头组件，包括上封头、喷雾接管嘴、安全阀接管嘴（三个）、脉冲管集管接管嘴、人孔座、喷雾接管嘴安全端、安全阀接管嘴安全端、脉冲管集管接管嘴安全端、喷雾接管嘴防热冲击套管、喷雾头接管嘴内衬管、喷雾头连接管；
- 圆筒体组件，包括筒体、仪表测量接管嘴、阀门支架组件、电加热元件上支撑板、上支撑板支撑座组件、上支撑板紧固螺栓、螺母及垫片；
- 下封头组件，包括下封头、波动接管嘴、波动接管嘴安全端、电加热器元件套管、波动接管嘴防热冲击套管、加热器元件下支撑板、流体分配罩、下支撑板支撑座组件、下支撑板紧固螺栓、螺母及垫片；
- 裙式支座组件，包括支撑裙筒体、底座环板法兰、接地电极连接件；
- 人孔组件，包括人孔盖、人孔盖主螺栓、人孔盖主螺栓螺母、人孔盖主螺栓垫片、人孔盖吊环螺栓；

- 密封组件，包括人孔密封衬板、人孔密封垫、衬板紧固螺钉。

——稳压器原理：

- 压力调节：

核电厂正常运行时，稳压器内液相与汽相处于平衡状态。因而，稳压器中的压力等于该时刻温度下水的饱和蒸汽压力。

运行时，为避免冷却水在一回路内产生沸腾，冷却水温度应低于稳压器饱和蒸汽温度。

当稳压器的蒸汽空间存在时，由稳压器压力控制系统控制反应堆冷却剂系统压力。外负荷的变化会引起反应堆功率和汽轮机负荷之间失配，从而引起水容积膨胀或收缩。

如果反应堆功率超过汽轮机负荷，则水容积膨胀并压缩蒸汽，引起的波动将由冷管段引来的喷淋水通过喷淋而使蒸汽凝结。

当超压时，由稳压器安全阀组、卸压箱和反应堆高压停堆提供超压保护。

如果汽轮机负荷超过反应堆功率，则容积收缩且稳压器蒸汽空间扩大，引起的降压将由电加热器的投入使水蒸发加以补偿，直至压力整定值的重新建立。如果超过稳压器的低压停堆整定值，就要停堆。在稳态运行过程中，可调式加热器是工作的，以补偿连续喷淋和稳压器的热损失。当稳压器充满水时，由化学和容积控制系统低压下泄阀控制其压力。

- 水位调节：

核电厂正常运行工况下，一回路平均温度的变化，将引起稳压器水位的变化。而引起一回路平均温度变化的因素很多。如功率运行时二回路系统热功率的变化，蒸汽发生器二次侧给水的突然增加或减少，反应堆功率控制系统的超调；当反应堆启动或者停闭时，一回路水温由 60 ℃升到 290.8 ℃（或由 290.8 ℃降到 60 ℃），就要引起一回路水容积的变化；当反应堆从热备用到功率运行，一回路平均温度从 290.8 ℃提高到 310 ℃，也要引起一回路水容积的变化。

当稳压器内水位过高时，稳压器将失去对一回路系统压力控制的能力，而且安全阀组有进水的危险；如果水位过低，加热器电阻加热元件有裸露于汽相中的危险。为此，必须对稳压器进行水位调节，以保持稳压器的水位在正常的运行范围内。

4）指标和参数

表 352-01-07-15 压器参数

主要参数	数值
设计压力	17.2 MPa（abs）
设计温度	360 ℃
运行压力	15.5 MPa（abs）
运行温度	345 ℃
额定功率下蒸汽容积	14.4 m^3
额定功率下水容积	21.6 m^3
淹没加热器要求的水容积	5.32 m^3
稳压器总容积	36 m^3
喷淋速率	151～200 m^3/h
波动速率	3010 m^3/h
连续喷淋流量	230 L/h
辅助喷淋流量	m^3/h

5）维修技术要求

——预防性维修项目：

表 352-01-07-16　稳压器预防性维修项目

项目名称	项目内容	项目周期（1C 为 1 个燃料循环）
开稳压器人孔	使用拉伸机开启稳压器人孔	1C
关稳压器人孔	使用拉伸机关闭稳压器人孔	1C
稳压器人孔螺栓、螺母的清洗、检查和润滑	对稳压器螺栓、螺母进行清洗、检查及润滑	1C
稳压器人孔螺孔的清洗、检查和润滑	对稳压器人孔螺孔进行清洗、检查和润滑	1C
螺栓拉伸机保养，电子表校验	对稳压器螺栓拉伸机进行保养，对电子表进行校验	1C
一回路水压试验	以水压试验拉伸值关闭稳压器人孔	6C

——螺栓拉伸机保养，电子表校验：

- 拉伸机动作试验，要求无卡涩、漏油缺陷；
- 对油管进行外观检查，不得有开裂、弯折、接头漏油缺陷；
- 对千分表进行校验，更换不合格的千分表；
- 连接油管，启动油泵，压力可以升至 1200 bar 且可以保持，无漏油缺陷；
- 检查油泵上的压力表是否在有效期，必要时重新进行校验。

——开稳压器：

- 拆保温层、搭建负压棚、测量螺栓及端盖温度，确认满足开工条件，并记录；
- 安装稳压器螺栓拉伸机，检查确认支撑块贴紧法兰端盖；
- 通过拨杆调节螺母套筒的位置，检查确认套筒已经套进螺母；
- 将所有拉伸套筒回退半圈；
- 加压拉伸螺栓至 200 bar，并检查各油管连接是否牢固，检查拉伸器是否紧贴人孔盖；
- 人员远离拉伸器，加压升至 1100 bar，检查螺母是否松动；
- 如果螺母不松动，可继续加压 50 bar，最大压力不得超过 1250 bar；
- 保持油压，并将螺栓拧松一圈；
- 慢慢打开泵的出口阀，并卸压至 600 bar，并将螺栓拧紧；
- 起泵，加压至 650 bar，拧松螺母，并检查确认；
- 拆除螺栓；
- 安装人孔盖专用吊具，起吊人孔盖；
- 拆卸人孔内盖板，并安装临时人孔盖。

——关稳压器人孔：

- 拆除临时人孔盖，检查人孔及内盖板密封面；
- 检查密封垫片，安装稳压器人孔内盖板；
- 测量内螺钉到人孔内盖板的距离，需≥1.5 mm；
- 吊装人孔盖板到位，调整人孔盖板专用工具调节螺钉，使人孔盖板螺栓孔对准；
- 安装稳压器螺栓拉伸机，检查确认支撑块贴紧法兰端盖；
- 将所有拉伸套筒回退半圈；
- 泵升压至 200 bar（工作人员尽量远离油管及接头）；
- 检查泵、油管、接头无漏油，测量表工作正常；
- 用力矩扳手拧紧全部螺母（力矩设置为 40 N · m）后，卸压至 0 bar；

- 泵升压至 400 bar，拧紧全部螺母后，卸压至 0 bar；
- 泵升压至 800 bar，拧紧全部螺母后，卸压至 0 bar；
- 泵升压至 1100 bar，拧紧全部螺母后，卸压至 0 bar；
- 螺栓残余拉伸量目标值 0.26～0.28 mm（一回路水压试验时，目标值为 0.29～0.33 mm)；
- 测量检查法兰间隙是否均匀。

——稳压器人孔螺栓、螺母的清洗、检查和润滑：

- 清洗螺栓、螺母、垫圈；
- 擦干螺栓、螺母、垫圈；
- 检查螺栓测量杆安装到位，测量杆端面光滑平整；
- 清洗后螺纹检查，如有必要进行简单的修复；
- 润滑螺纹，按规程包装后放入原贮存箱。

——稳压器人孔螺孔的清洗、检查和润滑：

- 拆除临时人孔盖；
- 用刷子及白布进一步清洗稳压器螺孔；
- 检查清洗后的螺孔螺纹，如有必要进行简单的修复；
- 润滑螺纹，润滑剂涂抹均匀。

6）质量管理

表 352-01-07-17　稳压器维修质量控制点

项目名称	质量管控点
开稳压器人孔	通过拨杆调节螺母套筒的位置，检查确认套筒已经套进螺母 如果螺母不松动，继续加压至 1100 bar，最大压力不得超过 1150 bar 拆卸人孔内盖板，并安装临时人孔盖 检查人孔法兰及内盖板密封面
关稳压器人孔	备件垫片、密封面目视检查 测量内螺钉到人孔内盖板的距离 通过拨杆调节螺母套筒与螺母的相对位置，检查确认套筒已经套进螺母 计算螺栓残余伸长量，若伸长量不够则每 50 bar 升压进行调整，压力不超过 1150 bar，目标值 0.26～0.28 mm 测量检查法兰间隙是否均匀
稳压器人孔螺栓、螺母的清洗、检查和润滑	清洗后螺纹检查，如有必要进行简单的修复 润滑螺纹，润滑剂涂抹均匀
稳压器人孔螺孔的清洗、检查和润滑	清洗后螺纹检查，如有必要进行简单的修复 润滑螺纹，润滑剂涂抹均匀
螺栓拉伸机保养，电子表校验	千分表、压力表均在合格有效期内 拉伸机、油管、油泵动作无卡涩、泄漏故障

7）经验反馈

——开稳压器人孔：

- 该工作为大修关键路径项目，需提前按照工器具清单核实工具可用性及检修电源的可用性；
- 提前拆除保温并通知辐射防护人员布置场地；
- 为防止人员烫伤及螺栓咬死，要求人孔盖温度低于 42 ℃、螺栓与稳压器母体温度之差小于 20 ℃；
- 拉伸机安装到位后，需将拉伸套筒回退半圈，防止拉伸机与螺栓咬死；
- 目视检查拉伸机是否与人孔盖平整贴合，螺栓套筒与螺母是否安装到位，若安装不到位，可能导致无法拧动螺母；

- 起泵拉伸前需要设定油泵最大压力 1400 bar，防止超压导致螺栓咬死或者损坏；
- 为防止安装不到位，导致油管崩开伤人，在首次起泵升压前，所有工作人员需远离稳压器人孔；
- 若用力矩扳手拧松螺母困难，则可适当升高油压，油压最高不能超过 1250 bar；
- 拆除内盖板前需联系辐射防护人员配合穿戴气面罩，防止沾污；
- 内盖板拆除时，做好防异物措施，防止异物进入稳压器；
- 内盖板拆除后需安装专用防异物盖板。

——关稳压器人孔：

- 该工作为大修关键路径项目，需提前按照工器具清单核实工具可用性及检修电源的可用性；
- 关稳压器人孔前需对备件垫片、法兰及内盖板密封面进行检查，确保无缺陷；
- 拉伸机安装到位后，需将拉伸套筒回退半圈，防止拉伸机与螺栓咬死；
- 目视检查拉伸机是否与人孔盖平整贴合，螺栓套筒与螺母是否安装到位，若安装不到位，可能导致无法拧动螺母；
- 起泵拉伸前需要设定油泵最大压力 1400 bar，防止超压导致螺栓咬死或者损坏；
- 为防止安装不到位，导致油管崩开伤人，在首次起泵升压前，所有工作人员需远离稳压器人孔；
- 内盖板安装时，工作人员手中不得持有任何工具、部件，身上不得有任何松动部件，包括剂量计、胶带、眼镜等，防止异物掉入稳压器中；
- 内盖板安装后，测量螺钉到人孔内盖板的距离，该距离需≥1.5 mm；
- 内盖板安装到位后方可进行螺孔的清洗工作，否则可能导致异物进入稳压器；
- 为防止螺栓咬死，需用软毛刷在螺栓螺纹上均匀涂抹防咬剂 N-7000，但不宜涂抹过多；
- 螺栓拉伸前，需用胶带将各拉伸机的油管进行捆扎固定，防止在拉伸过程中，由于油管的移动而导致拉伸值测量出现偏差；
- 电动泵油压值最高不能超过 1400 bar，升压调整时每次升压值不得不大于 50 bar，人孔螺栓残余伸长量要求（0.27±0.01）mm。

——稳压器人孔螺栓、螺母、垫圈、螺孔清洗检查：

- 内盖板安装到位后方可进行螺孔的清洗工作，否则可能导致异物进入稳压器；
- 使用清洗剂清洗螺栓、螺母完成后，需联系役检人员进行检查确认；
- 螺栓及螺孔上涂抹防咬剂需均匀且薄，并非越多越好；
- 螺栓、螺母需放置在专用的存储箱中，防止运输过程中磕碰、损坏。

——拉伸机保养及电子表校验：

- 大修开始前 3 个月需执行此项工作，以便在发现问题后有足够的时间处理；
- 建议定期（10 年）对油管、拉伸机油缸中的密封件、磁力表座进行更换。

8）技术规程清单

表 352-01-07-18 稳压器维修规程

序号	规程名称
1	螺栓拉伸器打开稳压器人孔盖
2	螺栓拉伸器关闭稳压器人孔盖
3	稳压器螺栓/螺母/螺孔清洗检查

9）参考资料

无。

(4）核电厂中压安注箱

1）定义

两台中压安注箱分别接到反应堆压力容器上。每个安注箱总容积 48.2 m^3，内充 33.2 m^3 的含硼水（$C_B=2100\times10^{-6}$），用压力 4.335～4.47 MPa.a 的氮气覆盖。在反应堆冷却剂系统压力降到安注箱压力以下时，由氮气将含硼水注入压力容器，每个安注箱能提供淹没堆芯容积的 50%。

安注箱是中压安注系统中的重要设备。中压安注系统为非能动系统，在失水事故情况下，一旦反应堆冷却剂系统系统压力降到安注箱正常压力以下时，就自动建立注入流量，能在最短时间内淹没堆芯，避免燃料棒熔化。

2）范围对象

中压安注箱。

3）结构原理

——基本结构：

中压安注箱为中央圆柱形筒体加上下圆球形封头结构，材质为 Z2CN19-10 控氮不锈钢。安注箱上预留的接口有：

人孔（接口尺寸 450），人员进出容器内的通道；

硼酸溶液出口（接口尺寸 273.1×12.7），与主回路相连，在事故工况下通过该接口向一回路注入 2100×10^{-6} 的含硼水；

硼酸溶液入口（接口尺寸 33.4×3.38）；

氮气入口（接口尺寸 33.4×3.38）；

水位指示接管口 4 个（接口尺寸 33.4×3.38）；

取样管（接口尺寸 21.3×2.77）；

排气管（接口尺寸 33.4×3.38）。

——动作原理：

事故工况下，当一回路压力低于全安注箱中氮气压力时，在氮气压力下，浓硼注入一回路，淹没堆芯，避免燃料棒熔化。

4）指标和参数

表 352-01-07-19 安注箱参数

序号	名称	技术要求
1	全容积	47.7 m^3
2	有效容积	33.2 m^3
3	最高工作压力	4.55 MPa.g
4	设计压力	4.83 MPa.g
5	设计温度	50 ℃
6	工作介质	硼酸溶液 + 氮气
7	材质	Z2CN19-10 控氮
8	外形尺寸	4200*3900*6700 mm
9	设计寿命	40 年
10	设备总量	36.57 t
11	充水重量	69.79 t

5）维修技术要求

——预防性维修项目：

表 352-01-07-20 安注箱预防性维护项目

项目名称	项目内容	项目周期（1C 为 1 个燃料循环）
RX 厂房关闭前查漏	8 m 气闸门关闭前进行查漏	1C
外部检查	泄漏痕迹检查；焊缝检查；腐蚀检查；螺栓力矩校验	2C
水压试验	验证安注箱在工作压力及设计压力平台下的承压能力	6C

——RX 厂房关闭前查漏（以 3RIS001BA 为例，其他安注箱可参照流程图对涉及的设备位号进行适应性修改）：

- 使用检漏液对阀门 3RIS801VB 进行外漏检查，查看是否有漏点；
- 使用检漏液对阀门 3RIS802VB 进行外漏检查，查看是否有漏点；
- 使用检漏液对阀门 3RIS803VB 进行外漏检查，查看是否有漏点；
- 使用检漏液对阀门 3RIS804VB 进行外漏检查，查看是否有漏点；
- 使用检漏液对阀门 3RIS141VB 进行外漏检查，查看是否有漏点；
- 使用检漏液对阀门 3RIS102VZ 进行外漏检查，查看是否有漏点；
- 使用检漏液对阀门 3RIS014VZ 进行外漏检查，查看是否有漏点；
- 使用检漏液对阀门 3RIS156VZ 进行外漏检查，查看是否有漏点；
- 使用检漏液对阀门 3RIS601VZ 进行外漏检查，查看是否有漏点；
- 使用检漏液对阀门 3RIS607VB 进行外漏检查，查看是否有漏点；
- 使用检漏液对阀门 3RIS001VP 进行外漏检查，查看是否有漏点。
- 对发现的漏点进行紧固后，再次使用检漏液进行检查，确认漏点完全消除。

——外部检查：

- 目视检查各管道与容器连接处是否有泄漏、腐蚀等情况；
- 检查容器外壁是否有涂层脱落及锈蚀；
- 检查容器各焊缝是否有宏观裂纹、腐蚀现象；
- 检查各管道连接螺栓是否连接牢固；
- 使用力矩扳手检查人孔螺栓是否连接牢固，力矩值 800 N・m；
- 使用敲击扳手检查地脚螺栓是否连接牢固；
- 对螺栓进行防锈处理：涂抹防锈油。

——水压试验(以 3RIS001BA 为例,其他安注箱可参照流程图对涉及的设备位号进行适应性修改)：

- 试验边界如图 352-01-07-02、图 352-01-07-03；
- 设置水压试验工作区域，拉警示带，挂警示标志，布置检修场地；
- 确认已排空容器内介质；
- 通知役检人员对安注箱进行内部检查；
- 关闭安注箱人孔，更换人孔垫片，均匀拧紧人孔螺栓至 1000 N・m；
- 拆除原安全阀 RIS102VZ，安装试验用溢流阀 TST001VL（整定压力为 7.5 MPa）；
- 拆除 024MP/027MP/021MN/018MN 的疏排孔塞；
- 对容器所有试验压力边界部位进行擦拭、清洁，确保没有任何水珠、水雾；
- 用加热器将安注箱加热到试验温度 25 ℃以上；
- 打开 RIS604VB、TST004VL，关闭 TST005VL，排气阀；
- 启动水压试验泵，缓慢升压至 4.83 MPa，升压速率<0.2 MPa/min；
- 检查是否有泄漏或其他异常情况，并记录；

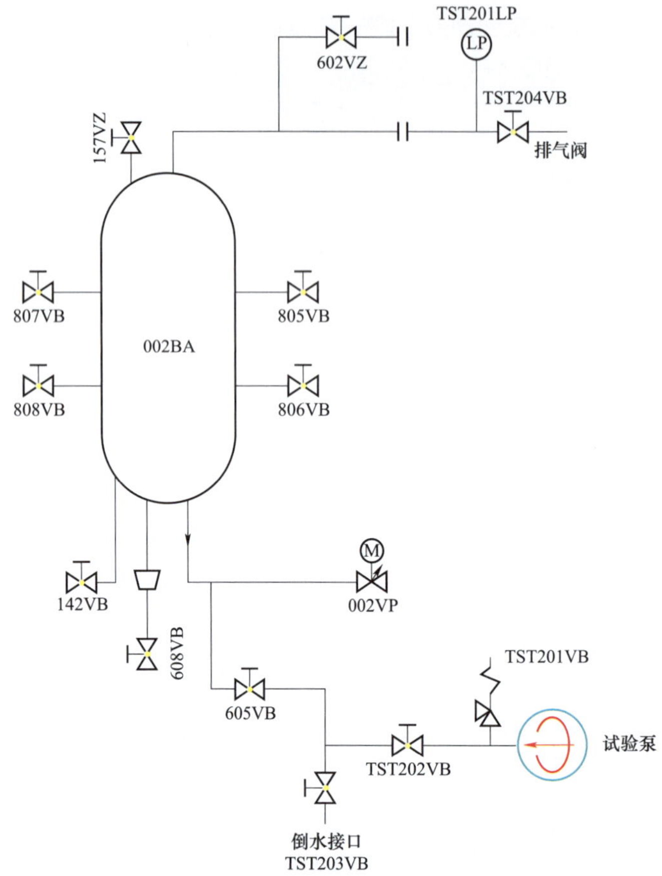

图 352-01-07-02　安注箱水压试验边界图（a）

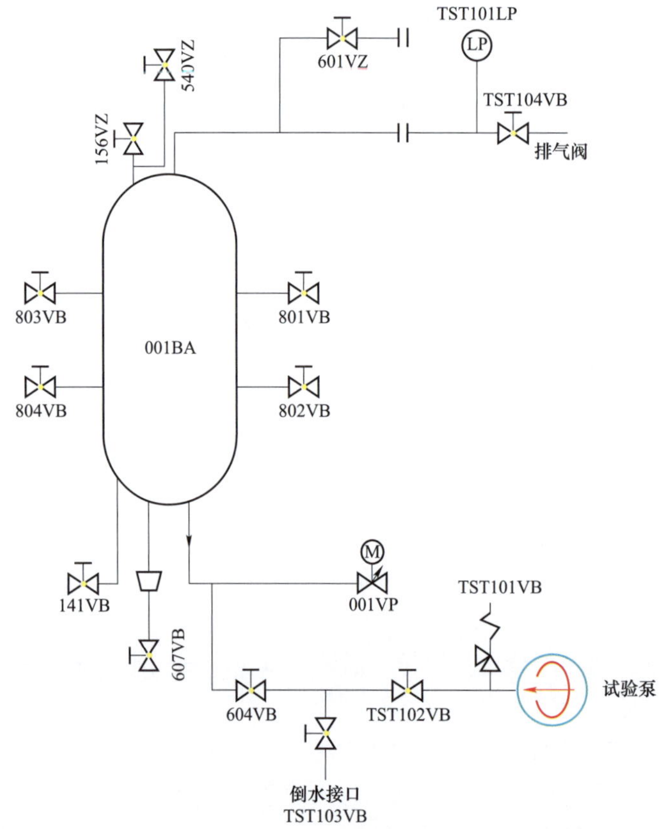

图 352-01-07-03　安注箱水压试验边界图（b）

● 启动水压试验泵，缓慢升压至 7.25 MPa，升压速率＜0.2 MPa/min；

● 检查是否有泄漏或其他异常情况，并记录；

● 保压结束后关闭 TST003VL，打开 RIS604VB、TST005VL，轻微开启 RIS605VB 进行卸压，缓慢降压至工作压力（4.83 MPa），关闭阀门，控制卸压速率小于 0.2 MPa/min；

● 检查是否有泄漏或其他异常情况，并记录；

● 继续卸压至常压，检查有无残余变形，并记录；

● 恢复 RIS601VZ 后盲板；

● 拆除溢流阀，将原安全阀压力整定后回装；

● 对水位、压力测量用仪表管线进行吹扫，确保无水残留；

● 回装 024MP/027MP/021MN/018MN 的疏排孔塞；

● 系统恢复，将阀门置于正确的开/关位置；

● 开启人孔，更换人孔垫片，均匀拧紧人孔螺栓至 800 N • m。

6）质量管理

表 352-01-07-21 安注箱维修质量控制点

项目名称	质量管控点
RX 厂房关闭前查漏	漏点处理完毕后的复验
外部检查	螺栓松动检查及力矩复验 泄漏、腐蚀检查
水压试验	试验 前人孔关闭力矩 1000 N • m 试验用溢流阀 TST001VL 整定压力 7.5 MPa 最高工作压力平台 4.83 MPa 及水压试验压力平台 7.25 MPa 时对安注箱进行外部检查 水压试验后更换人孔垫片，人孔螺栓力矩 800 N • m

7）经验反馈

RX 厂房关闭前查漏：

该工作为 RX 厂房关闭前的必要工作，可以减少功率运行时进红区执查漏的机率。

重点检查水位计压力测量的仪表接头。

——水压试验：

● 充水前需要打开人孔进行内部检查，并进行外部焊缝目视检查，在缺陷未处理完毕前，禁止进行水压试验。

● 水压试验前，人孔的关闭力矩为 1000 N • m，而非正常运行时的力矩（800 N • m）。

● 人孔关闭时，内盖板固定螺栓需拧紧到位，螺栓头需没入内盖板以下至少 1.5 mm，防止泄漏。

● 试验用水首选容器中的含硼水，可以减少废水量。若因为检修窗口安排、边界阀门检修等原因，提前排空了容器内的含硼水，则使用符合 RCC-M F6610 中 A 级水质要求的水，如 SED 水。

● 为缩短大修周期，同时保证水压试验一次成功，建议在水压试验前一次大修期间，对边界阀门 3/4RIS001/002VP 进行解体检查，确保其密封性。

● 试验过程中要求容器温度不低于 25 ℃，需要在容器底部布设伴热电缆，采用电加热的方式来保证该温度。若试验时气温高于 25 ℃，则无需使用伴热电缆。

● 为减少废水量同时提高试验效率，可以采用在两台安注箱间连接临时传水管线的方式，将试验用水从一台安注箱传至另一台安注箱。两台安注箱水压试验项目需要同时下发工作许可，以方便传水操作。

● 传水操作时，保持通信顺畅，水满后立即关闭压空。传水接管安装需符合规范，传水过程中需专人监管，防止跑水。

- 试验前需提前将水压试验泵上的安全阀整定到 7.5 MPa，防止超压。
- 各试验压力平台保压时间以满足全面检查要求为准，不强制要求 30 min。
- 水压试验前需对照边界清单注意进行状态确认，防止跑水。边界清单如表 352-01-07-22。

表 352-01-07-22　安注箱水压试验边界清单

阀门位号	状态	打√确认	阀门位号	状态	打√确认
RIS001VP	关闭		RIS801VB	关闭	
RIS141VB	关闭		RIS802VB	关闭	
RIS156VZ	关闭		RIS803VB	关闭	
RIS601VZ	关闭		RIS804VB	关闭	
RIS604VB	关闭		RIS540VZ	关闭	
RIS607VB	关闭				
RIS002VP	关闭		RIS805VB	关闭	
RIS142VB	关闭		RIS806VB	关闭	
RIS157VZ	关闭		RIS807VB	关闭	
RIS602VZ	关闭		RIS808VB	关闭	
RIS605VB	关闭				
RIS608VB	关闭				

- 水压试验后需重新打开人孔，更换人孔垫片，并将人孔螺栓力矩恢复到 800 N·m。
- 水压试验过程中，仪表的引压管线会充满水。在泄压排水后，引压管线中的水难以排尽，将影响安注箱压力及液位测量，因此需要在水压试验结束后，从仪表处向安注箱内进行反向吹扫，吹干引压管线。每根引压管线需至少吹扫 30 s。

8）技术规程清单

表 352-01-07-23　安注箱维修规程

序号	规程名称
1	安注箱内外部检查
2	安注箱水压试验

9）参考资料

［1］秦山第二核电厂 3、4 号机组核级承压容器耐压试验大纲［R］. 2014.

（5）核电厂容控箱

1）定义

容控箱吸收稳压器不能全部吸收的那部分一回路水容积变化的量，维持稳压器水位在一个整定的范围内。

2）范围对象

容控箱。

3）结构原理

作为一回路的缓冲水箱，其在负荷瞬变时，可接收稳压器不能容纳的那部分冷却剂波动容积，当下泄流过多时可向硼回收系统 TEP 排放，不足时可由硼和水补给系统 REA 补充。

停堆期间，还用于冷却剂脱气，在打开主回路前，先用氮气吹扫，以清除溶解于一回路水中的气体；积聚在容控箱中的气体裂变产物均定期地向核岛废气和疏排水系统 RPE 排放，并作为上充泵的高位水箱能为上充泵提供足够的 NPSH；也是一回路冷却剂加氢除氧途径。

4）指标和参数

表 352-01-07-24 容控箱指标和参数

安全等级	3
规范等级	RCC-m^3
抗震等级	1F
质保等级	Q2
最高工作压力	1 MPa
设计压力	1 MPa
设计温度	50 ℃
全容积	2.5 m^3

5）维修技术要求

——预防性维护：

表 352-01-07-25 容控箱维修项目内容与周期

项目名称	项目内容	项目周期（1C 为 1 个燃料循环）
外部检查	外部目视检查及力矩校验	2C
水压试验	水压试验	6C

——外部检查：

- 目视检查各管道与容器连接处是否有泄漏、腐蚀等情况；
- 检查容器各焊缝是否有宏观裂纹、腐蚀现象；
- 检查各管道连接螺栓是否连接牢固；
- 检查地脚螺栓是否连接牢固；
- 人孔力矩校验，力矩值 200 N • m。

——水压试验：

- 对容控箱进行内部检查；
- 更换人孔垫片，关闭容控箱人孔，人孔门螺栓紧固力矩 240 N • m；
- 按规程要求要求安装临设，建立试验回路；
- 启动试验回路向容器充入除盐水；
- 疏排水完成后确认疏排阀门关闭，在不补水的条件下观察 10 min，如水位有明显下降，在确认隔离阀状态前不执行下一步工作；
- 启动水压试验泵，在升压速率＜0.2 MPa/min 的速度下升压至 0.52 MPa；
- 启动水压试验泵，缓慢升压至 0.78 MPa，升压速率＜0.2 MPa/min；
- 以小于 0.2 MPa/min 的速率卸压至设计压力 0.52 MPa；
- 继续卸压至常压，检查有无残余变形，并记录；
- 更换人孔垫片，均匀拧紧人孔螺栓至 200 N • m。

6）质量管理

表 352-01-07-26　容控箱维修质量控制点

项目名称	质量管控点
外部检查	螺栓松动检查及力矩复验 泄漏、腐蚀检查
水压试验	试验前人孔关闭力矩 240 N·m； 最高工作压力平台 0.52 MPa 及水压试验压力平台 0.78 MPa 时对安注箱进行外部检查 水压试验后更换人孔垫片，人孔螺栓力矩 200 N·m

7）经验反馈

——水压试验：

- 在试验开始前必须进行边界确认；
- 安全阀在拆除后，为防止人因失误，需在安全阀的进出口均安装正式盲板，防止跑水。

8）技术规程清单

表 352-01-07-27　容控箱维修规程

序号	规程名称
1	容控箱内外部检查
2	容控箱水压试验

9）参考资料

无。

（6）核电厂稳压器泄压箱

1）定义

卸压箱接收稳压器安全阀排放的蒸汽，使之冷凝和降温，以确保一回路压力边界的完整性，防止一回路流体对反应堆安全壳造成污染，同时也用于收集冷凝 RRA 系统安全阀、RCV 系统安全阀的排放物和一回路阀门的阀杆填料装置的泄漏物。

2）范围对象

稳压器泄压箱：3 反应堆冷却剂系统 002BA、4 反应堆冷却剂系统 002BA。

3）结构原理

从稳压器排放的蒸汽，排放到卸压箱的冷水中而冷凝。在蒸汽排放之前，卸压箱内水温被维持在 40 ℃，在蒸汽排放之后，水温增加，但不会超过 93 ℃。

卸压箱内的冷凝水，由下列方式降温：

——卸压箱的喷淋水来自 REA 系统，它是经过处理后的除盐水（反应堆冷却剂系统 038VD 是在 T12 盘上手动控制的）；

——卸压箱液体里的蛇形管，由 RRI 系统提供冷却水（不间断地提供冷却水）。

卸压箱按照满功率运行工况下，能接收 110%的稳压器蒸汽容积的蒸汽设计，但是卸压箱不能连续接收稳压器的蒸汽排放。

卸压箱上部空间覆盖有氮气，氮气的容积按一次排放后限制最大压力达到 0.45 MPa.a 设计。卸压箱上的爆破盘具有等于稳压器安全阀联合排放量的释放能力，卸压箱设计压力（即爆破盘的整定压力）为选定的氮气设计压力的两倍。

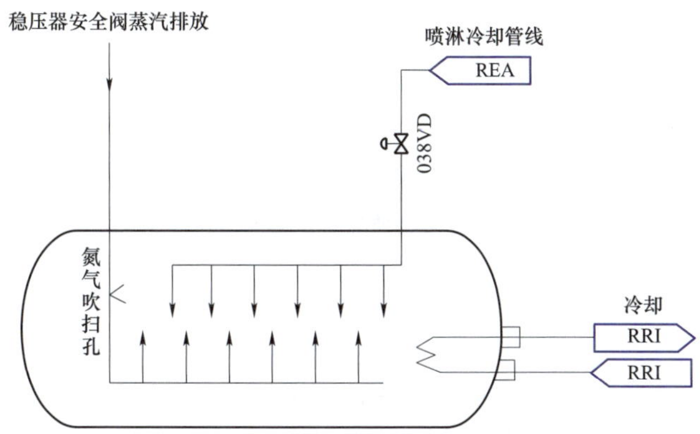

图 352-01-07-04 稳压器泄压箱原理

在正常状态下，卸压箱内水位为总高度的 65%，箱内水温维持在 40 ℃，水是经过处理的除盐水，由反应堆硼和水补给系统（REA）供给，其余空间充满氮气，其额定压力是为了完全阻止空气的进入，防止排放的蒸汽中含有的氢气与空气中的氧气形成爆炸，氮气由核岛氮气分配系统（RAZ）供给。

当稳压器安全阀开启时，蒸汽经卸压管路进入卸压箱，从鼓泡管均匀喷入水中，被水冷却和混合。在这过程中，卸压箱中水升温，但不会超过 93 ℃；水位增高，但不应超过总高度的 90%；箱内压力增高，但不应超过 0.8 MPa.a。当压力增加到一定值时，卸压箱的排放阀自动开启，将汽水混合物排放到 RPE 系统；如果压力继续增高到 0.8 MPa.a 时，卸压箱上部的爆破盘爆破，直接将蒸汽排放到安全壳内，作为超压保护。

为了恢复正常状态，使卸压箱降温，把来自 REA 系统的除盐水经喷头喷入卸压箱内，其最大喷淋流量为 13.6 m^3/h，卸压箱的水则同时由蛇形管内的设备冷却水不间断地进行冷却，如水位过高，就打开卸压箱底部的疏水阀向 RPE 系统排水。秦山第二核电厂卸压箱的 REA 喷淋水流量在调试时过大，所以在反应堆冷却剂系统 038VD 上游增加了一个限流孔板。

由上述可见，机组从冷停堆状态启动时，卸压箱就应投入运行，当机组处于维修冷停堆或换料冷停堆时，卸压箱可退出运行。在退出运行之前或者在运行中卸压箱气体中的氢或氧的浓度超过限值时，必须进行排气。

4）指标和参数

表 352-01-07-28 稳压器泄压箱指标和参数

设计压力（内部）	0.8 MPa（abs）
设计温度	170 ℃
运行压力	0.12～0.45 MPa（abs）
运行温度	20～93 ℃
总容积	37 m^3
正常水容积	25.5 m^3
正常气容积	11.5 m^3
喷淋系统（REA） 最大流量率 鼓泡压降	 13.6 m^3/h 0.5 MPa（abs）
冷却系统（RRI） 流量率 入口温度 出口温度	 1 m^3/h 35 ℃ 45 ℃

续表

爆破盘 数量 爆破压力 爆破压力下每个盘的释放能力	 2 个 0.8 MPa（abs） 280 t/h

5）维修技术要求

——预防性维修项目：

表 352-01-07-29　稳压器泄压箱维修项目内容与周期

项目名称	项目内容	项目周期（1C 为 1 个燃料循环）
外部检查	外部目视检查及力矩校验	1C
全面检查	容器内部及爆破膜全面检查	2C

——外部检查：

- 检查各管道与容器连接处是否有泄漏、腐蚀等情况；
- 检查容器外壁是否有涂层脱落及锈蚀；
- 检查容器各焊缝是否有宏观裂纹、腐蚀现象；
- 检查地脚螺栓是否连接牢固并校验力矩。

——全面检查：

- 打开卸压箱两个人孔盖，对人孔密封面进行保护；
- 检查卸压管、冷却水管与各法兰及接头是否连接牢固；
- 检查爆破片及夹持器是否完好；
- 检查内部是否存有异物，清理卸压箱内部异物；
- 检查人孔密封面、螺栓、螺孔、垫片。

6）质量管理

表 352-01-07-30　稳压器泄压箱维修质量控制点

项目名称	质量管控点
外部检查	检查容器各焊缝是否有宏观裂纹、腐蚀现象，检查地脚螺栓是否连接牢固并校验力矩
全面检查	检查卸压管、冷却水管与各法兰及接头是否连接牢固；检查爆破片及夹持器是否完好

7）经验反馈

——进行安全壳打压试验前，需至少拆除稳压器泄压箱上的一个爆破膜；

——爆破膜安装时，需严格按照力矩要求进行紧固，防止泄漏。

8）技术规程清单

表 352-01-07-31　稳压器泄压箱维修规程

序号	规程名称
1	稳压器卸压箱外部检查
2	稳压器卸压箱内部检查

9）参考资料

无。

（7）核电厂辅助给水箱

1）定义

辅助给水箱是一个具有一定水质要求的永久性贮水箱，水箱的顶部是以氮气覆盖的，压力维持在表压 0.01～0.012 MPa 之间。水箱上部装有一只呼吸阀作为高压和低压保护。

2）范围对象

辅助给水箱。

3）结构原理

该水箱的温度通常保持在 7～50 ℃之间，当温度低于 7 ℃时有低温报警，当温度高于 50 ℃时有高温报警。如果水箱的水温降到 7 ℃以下，则必须用经过除氧器再循环的方法重新加热。如果水箱水温高，则可用板式热交换器用 SRI 水进行循环冷却。

ASG 001 BA 的水位是不进行控制的，按照运行的类型，可以在高高水位和低低水位间变化。

低低水位时的水容积为 56 m^3（有报警信号）。此时，如果不能用新的给水向水箱供水，则必须立即手动停运 MAFP（ASG 001/002 PO）及 TAFP（ASG 003/004 PO），否则就可能发生泵的汽蚀。

低水位时的水容积为 525 m^3（有报警信号），对应于由热停堆向冷停堆过渡所必需的有效安全压头（有报警信号）。

高水位时的水容积为 790 m^3。对应于正常的贮水量，可提供额定有效压头。在主控室设置有非高水位报警，该报警信号的定值为 10.20 m。

高高水位时的水容积为 799 m^3（有报警信号），此时必须停止补水。

正常运行时，应维持 ASG001BA 的水位在高水位与高高水位之间。若出现非高水位报警，必须及时补水。

4）指标和参数

——主要指标和参数：

表 352-01-07-32　辅助给水箱指标和参数

设计压力	0.013 MPa
设计温度	70 ℃
有效容积	790 m^3
主要材料	20HR
外形尺寸	最大外径 9700 mm；最大高度 13 100 mm

——地脚螺栓力矩要求 1140 N·m，人孔螺栓力矩要求 370 N·m。

5）维修技术要求

——预防性维修项目：

表 352-01-07-33　辅助给水箱维修项目内容与周期

项目名称	项目内容	项目周期（1C 为 1 个燃料循环）
在 ASG001BA 排空前，拆除 ASG005JP 下游的盲板，防止水箱负压损坏	在 ASG001BA 排空前，拆除 ASG005JP 下游的盲板，防止水箱负压损坏	1C

——拆除 ASG005JP 下游的盲板：

- 拆除螺栓、取下盲板；
- 安装钢丝网制防异物装置；
- 待相关检修完成后，回装盲板，螺栓拧紧力矩 200 N·m。

6）质量管理

表 352-01-07-34 辅助给水箱维修质量控制点

项目名称	质量管控点
拆除 ASG005JP 下游的盲板	安装钢丝网制防异物装置

7）经验反馈

——在进行水箱排水操作前，为防止水箱吸瘪，需拆除水箱上部对空盲板，并使用铁丝网制防异物盖板进行防异物。禁止使用塑料布进行防异物；

——在进行蒸汽发生器二次侧水压时，为了缩短加热时间，可以使用 SVA 循环加热的方式，提前将辅助给水箱温度提高至 50 ℃。

8）技术规程清单

表 352-01-07-35 辅助给水箱维修规程

序号	规程名称
1	水箱孔板操作
2	水箱检查孔板操作

9）参考资料

无。

（8）核电厂换料水箱

1）定义

正常运行，贮水至少为 1600 m^3，以满足设计基准事故时安注和安喷（1380 m^3），及换料时换料水池注满水的需要。水箱内硼浓度至少 2000×10^{-6}，换料水箱设有 6 个 12 kW 电加热器，保持水温 7 ℃以上，防止硼结晶。

2）范围对象

换料水箱。

3）结构原理

——REA 系统入口接管：通过 RIS 系统的管线向换料水箱灌注含硼水；

——RIS 和 EAS 系统入口接管：用于将来自安喷泵（EAS 001/002 PO）和低压安注泵（RIS001/002 PO）的水送回换料水箱；

——两根与安全壳喷淋泵进水端相接的出口接管（PTR162 VB、163 VB）；

——与低压安注泵和高压安注泵进口端及与 RIS 水压试验泵 RIS 011 PO、REA 003/004 PO 进水端连接的出口接管；

——装有球阀 159 VB 和盲板的水箱出水口；

——事故后 30 s，高压安注泵及低压安注泵开始向一回路及安全壳喷淋泵提供流量，喷淋泵向喷淋管道供水；

——当泵从 PTR001BA 水箱吸水时称为直接注入和直接喷淋阶段，当水箱水位到达低 3 阈值时，低压安注泵及喷淋泵被直接转换到从安全壳地坑吸水，此阶段被称为安注和喷淋的再循环阶段。

4）指标和参数

表 352-01-07-36 换料水箱指标和参数

安全等级	2
规范等级	RCC-M2
抗震等级	1F
质保等级	Q1
最高工作压力	常压
设计压力	常压
最高工作温度	60 ℃
设计温度	＜100 ℃
有效容积	1760 m^3
全容积	1916 m^3

5）维修技术要求

——预防性维修项目：

表 352-01-07-37 换料水箱维修项目内容与周期

项目名称	项目内容	项目周期（1C 为 1 个燃料循环）
外部检查	外部检查，包括人孔、地脚、各焊缝、接口管等	1C

——外部检查：

- 目视检查各管道与容器连接处是否有泄漏、腐蚀等情况；
- 检查容器外壁是否有涂层脱落及锈蚀；
- 检查容器各焊缝是否有宏观裂纹、腐蚀现象；
- 检查各管道连接螺栓、人孔螺栓是否连接牢固并效验力矩；
- 检查地脚螺栓是否连接牢固并效验力矩。

6）质量管理

表 352-01-07-38 换料水箱维修质量控制点

项目名称	质量管控点
外部检查	检查各管道连接螺栓、人孔螺栓是否连接牢固并效验力矩 检查地脚螺栓是否连接牢固并效验力矩

7）经验反馈

加热器套管缺陷处理：

大修期间，在对 4PTR001BA 进行定期腐蚀检查中发现第五组电加热器 4PTR005RS 套管焊缝部位有硼结晶。

加热器套管为内外两侧角焊，固彻底处理需要排空 4PTR001BA，排空过程为：

4PTR001PO 从 4PTR001BA 取水，将水转运至乏燃料水池、转运仓等处，直至 4PTR001PO 因低液位保护信号跳泵；

开启 4PTR001PO 底部排空阀，将水排至地坑，为了防止地坑水满溢，需在地坑增加临时排水泵，为防止水箱中的高剂量颗粒进入废水处理系统，在排空管口增加了临时滤布；

当排空管无水流出后，打开人孔盖板，穿戴气衣，使用吸水纸对罐体底部残水进行清理。

缺陷处理过程：

为防止过度打磨伤及罐体本体，采用每打磨 0.5 mm 及进行 PT 检查的方式，PT 检查合格后进行补焊。焊接完第一层后，进行层间 PT 检查合格后，再进行下一层焊接（层间 PT 代替 RT）。

4PTR001BA 接管口 P 13、P 15 焊缝缺陷。

缺陷描述：

核岛腐蚀检查时发现，4PTR020VML 所在管道与换料水箱 4PTR001BA 相连部位疑似硼酸结晶析出，在拆除保温后，检查发现 4PTR020VML 与 4PTR001BA 罐体连接的焊缝（即 P 15 接口焊缝）存在缺陷。以正上方为零点，距零点逆时针 4 mm 处观察到一处直径约为 0.5 mm 的通孔。

对 4PTR001BA 其他接管焊缝进行检查时发现，4PTR184VB 与罐体连接焊缝（即 P 13 接口焊缝）存在有三处小于 2.5 mm 的线性显示，其余焊缝未发现显示。

原因分析：

罐体及管座材质均为 00Cr19Ni10，现场检查也未发现腐蚀情况；

对所有类似接管形式的焊缝总计 22 处进行了检查，仅发现这两处缺陷；

综上所述，可以判断此次缺陷为安装期间，焊接质量问题所致。

总体方案：

使用 PTR 泵将水箱液位排至尽量低（按历史经验，可排至约 1 m 左右）；

在排水管末端增加临时滤网后，打开排水阀，将液位排至 P 15 接口下方；

对 P 15 与 P 13 处焊缝缺陷进行打磨后进行焊接；

焊接过程中进行 PT 检查，焊接完成后再进行 PT 检查。

恢复现场；

8）技术规程清单

无。

9）参考资料

无。

（9）核电厂硼和水补给系统补水箱

1）定义

硼和水补给系统补水箱是两个容积各为 300 m^3 的水箱，为两台机组共用。正常运行时，一个水箱对两台机组供水，另一水箱则处于充水或备用状态。一个水箱的容量（300 m^3）足以保证机组在寿期末（含硼 50×10^{-6}）时一台机组从冷停堆状态启动至额定功率时稀释所需的水量。

2）范围对象

硼和水补给系统补水箱。

3）结构原理

为避免箱内除盐除氧水与空气接触而覆氧，水箱顶盖采用浮顶式结构和隔膜密封。如图 352-01-07-05 所示：

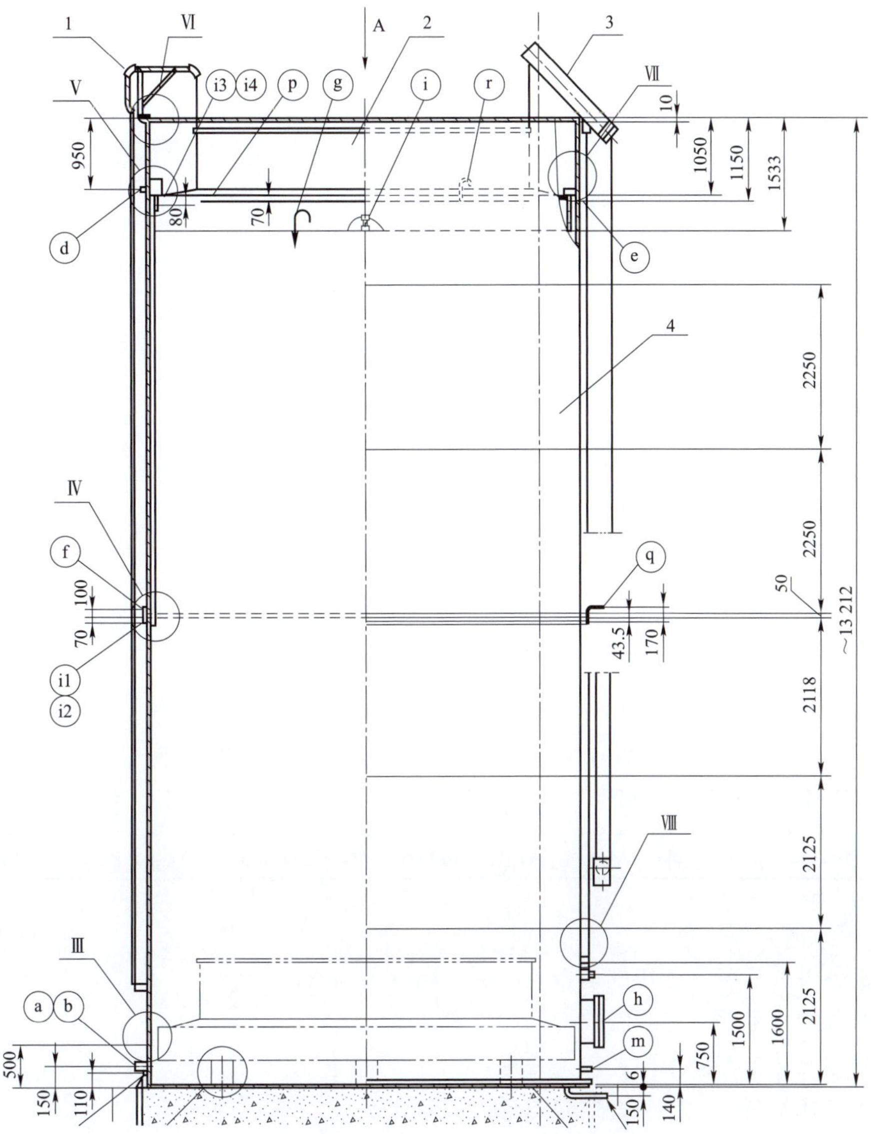

图 352-01-07-05 补水箱结构图

4）指标和参数

——指标和参数：

表 352-01-07-39 补水箱指标和参数

安全等级	NC
规范等级	NA
抗震等级	NO
质保等级	Q3
最高工作压力	常压
设计压力	常压
最高工作温度	50 ℃
设计温度	50 ℃
有效容积	300 m^3
全容积	373 m^3

——水质要求：

表 352-01-07-40 补水箱水质要求

参数	单位	限值
电导率（25 ℃）	μS/cm	≤1.0
溶解氧	$\times 10^{-6}$	<0.10
pH（25 ℃）	$\times 10^{-6}$	6.0～8.0
卤素	$\times 10^{-6}$	<0.10
硫酸盐	$\times 10^{-6}$	<0.10
二氧化硅	$\times 10^{-6}$	<0.10
Na	$\times 10^{-6}$	<0.015
Ca	$\times 10^{-6}$	<0.005
Mg	$\times 10^{-6}$	<0.005
Al	$\times 10^{-6}$	<0.015

5）维修技术要求

——预防性维修项目：

表 352-01-07-41 补水箱维修项目内容与周期

项目名称	项目内容	项目周期（1C 为 1 个燃料循环）
外部检查	外部检查，包括人孔、地脚、各焊缝、接口管、薄膜套密封件、密封压板等	1C

——外部检查：

- 目视检查各管道与容器连接处是否有泄漏、腐蚀等情况；
- 检查容器各焊缝是否有宏观裂纹、腐蚀现象；
- 检查人孔螺栓是否连接牢固并效验力矩；
- 检查地脚螺栓是否连接牢固并效验力矩；
- 检查薄膜套密封件是否存在老化开裂情况；
- 检查密封压板处是否松动，密封胶是否老化开裂。

6）质量管理

表 352-01-07-42 补水箱维修质量控制点

项目名称	质量管控点
外部检查	检查人孔螺栓是否连接牢固并效验力矩 检查地脚螺栓是否连接牢固并效验力矩 检查薄膜套密封件是否存在老化开裂情况 检查密封压板处是否松动，密封胶是否老化开裂

7）经验反馈

——薄膜套更换：

薄膜套为橡胶材质，存在老化的可能。橡胶渗透试验结果表明，不同材质的橡胶，空气的透过性存在很大差异。综上两点，在氧含量超标时，可以考虑更换薄膜套。

——补水箱充压查漏：

若薄膜套与顶盖间的连接处存在密封不严的情况，可能导致空气进入，进而导致氧含量超标；若薄膜套与容器腰部连接处存在密封不严的情况，可能导致空气进入，同样会导致氧含量超标。此时，可以对顶盖、腰部进行查漏，消除漏点。

——顶盖充压查漏：

- 确认 8REA002BA 水位 10m；
- 将制作的打压工具连接至 8REA096VD 下游；
- 打压工具另一端与压缩空气相连；
- 开启 8REA096VD；
- 控制充气压力，向浮顶与水面之间充压，压力 3 mbar；
- 维持该压力 10 min，观察压力变化；
- 若压力有下降，则使用检漏液对各可能泄露部位进行检查并适当紧固；
- 继续充压至 6 mbar；
- 维持该压力 30 min，观察压力变化；
- 若压力有下降，则使用检漏液对各可能泄露部位进行检查并适当紧固；
- 关闭 8REA096VD 并拆除打压工具。

——腰部充压查漏：

- 排水至 5.0 m；
- 将制作的打压工具连接至 8REA094VD 下游；
- 打压工具另一端与压缩空气相连；
- 开启 8REA094VD；
- 控制充气压力，向胶囊与罐壁之间充压，压力 3 mbar；
- 维持该压力 10 min，观察压力变化；
- 若压力有下降，则使用检漏液对各可能泄露部位进行检查并适当紧固；
- 继续充压至 5.5 mbar；
- 维持该压力 30 min，观察压力变化；
- 若压力有下降，则使用检漏液对各可能泄露部位进行检查并适当紧固；
- 关闭 8REA094VD 并拆除打压工具。

——增加体外循环除氧装置：

项目背景和系统描述

硼回收系统主要收集和贮存一回路系统排出的反应堆冷却剂以及其他与冷却剂成份相似的含硼放射性疏水，并为反应堆运行和辅助系统提供符合一回路运行水质要求的再生补水、除氧水和除盐水。

在的设计中，硼回收系统设置了两台补水箱（8REA001/002BA），用来收集和贮存蒸汽发生器的二次蒸汽冷凝液。两台箱体的有效容积为 $2 \times 300\ m^3$。根据水质要求，再生补水的氧含量应不超过 0.1×10^{-6}。

由原设计可知，8REA001BA/002BA 两台补水箱为常压设计，通过橡胶薄膜胶袋覆盖的方法来隔绝空气向箱内渗透，防止水质恶化。但运行现状及经验表明，所使用的胶袋密封不能将补水氧含量维持在限值以内，造成水质不符合要求。

本项目将通过改进补水箱上封头和内胶袋，增设膜除氧装置的方法，来保证补水箱水质满足补水要求。

本改造说明书仅针对增设的膜除氧装置，不涉及补水箱上封头和内胶袋的设计改造。

改造范围和目标

改造目标：当补水箱内氧含量不满足要求时，通过增设的膜除氧装置，采用箱体外循环的方式，为补水箱除氧，保证补水箱进入各系统的补水满足氧含量 $<0.1 \times 10^{-6}$ 的要求。

改造范围：新增的膜除氧装置、阀门以及相关管道、仪表和控制。膜除氧装置入口初步选定在8REA109/110VD下游，出口选定在8REA141/142VD上游母管上。

技术方案

秦山二期的设计中，一回路的补水主要来自硼回收系统中的补水箱。补水中氧含量过高，会导致反应堆冷却剂中腐蚀产物增加，影响电厂运行。因此有必要维持反应堆冷却剂中氧含量在限值以内。本项目通过增设膜除氧装置，采用箱体外循环的方式，为补水箱除氧。新增的膜除氧装置以及管道和阀门均为非核级。具体技术方案如下：

——膜除氧装置：

为将补水箱中氧含量控制在0.1×10^{-6}以下，在系统中增设2套并联的膜除氧装置S03-40A/B，2套装置一用一备并且可以同时运行。膜除氧装置采用膜除氧工艺，通过抽真空加氮气的方法可高效脱除水中的溶解氧。每套装置的除氧能力为15 t/h。装置分别与补水箱8REA001/002BA进出口管相连，补水从箱体出口管进入除氧装置，经过除氧装置除氧后，返回补水箱，以保证补水箱中氧含量满足要求。

——膜除氧装置循环管道：

膜除氧装置通过补水箱外循环的方式维持补水箱中氧含量在限值内。除氧装置通过管道03-901A、03-901B分别与补水箱S03-231/232的出口管道相连。补水箱内的补水通过膜除氧装置除氧后，分别通过03-907A、03-907B返回补水箱S03-234/233。

与补水箱进出口管直接相连的管道和其他新增管道均为非核级。

——新增的阀门：

为对除氧操作进行隔离和控制，需增设相关阀门。

在膜除氧装置入口管道03-901A/B上分别设置一个常关的非核级电动隔膜阀V03-901A/B，以隔离膜除氧装置与补水系统，阀门为常关，在需要为补水箱除氧时，由操纵员在副控室手动开启相应的阀门。

在除氧水返回补水箱的管道03-907A/B上分别设置一个常关的非核级电动隔膜阀V03-907A/B，阀门为常关，在需要为补水箱除氧时，由操纵员在副控室手动开启相应的阀门。所有电动阀门均需要带手动操作功能，且电动阀的供电由成套装置自带控制箱实现。

在管道03-903A/B、03-904A/B上设置常开的手动隔离阀V03-903A/B及V03-904A/B，以在膜除氧装置需要检修时，进行隔离。

在管道03-905上设置止回阀V03-905，以防止检测槽泵来液回流至膜除氧装置，影响装置的正常运行。

8）技术规程清单

无。

9）参考资料

无。

7.2 热交换器

7.2.1 总述

（1）定义

换热器（亦称为热交换器或热交换设备）是用来使热量从热流体传递到冷流体，以满足规定的工艺要求的装置，是对流传热及热传导的一种工业应用。

（2）功能

换热器的应用广泛，日常生活中取暖用的暖气散热片、汽轮机装置中的凝汽器和航天火箭上的油冷却器等，都是换热器。在石油、化工、轻工、制药、能源等工业生产中，换热器常常用作把低温流体加热或者把高温流体冷却，把液体汽化成蒸汽或者把蒸汽冷凝成液体。换热器既可是一种单元设备，如加热器、冷却器和凝汽器等；也可是某一工艺设备的组成部分，如氨合成塔内的换热器。换热器是化工生产中重要的单元设备，根据统计，热交换器的吨位约占整个工艺设备的20%有的甚至高达30%。

换热器可以按不同的方式分类，如表352-01-07-43所示：

按使用目的不同，可以分为热交换器、加热器、冷却器、冷凝器、蒸汽发生器和再沸器等；按照作用原理可分为间壁式、混合式、蓄热式（或称回热式）三大类。

表352-01-07-43　热交换器分类

分类方式	名称	特性
作用原理或传热方式	间壁式换热器	利用固定壁面将两种流体隔开，通过壁面进行传热
	混合式换热器	利用两种换热流体的直接接触与混合进行热量交换
	蓄热式换热器	两种温度不同的流体先后通过同一固体填料，实现热量交换
工艺功能或使用目的	冷却器	冷却工艺物流的设备，冷却剂一般多采用水，若冷却温度低时，可采用氨或者氟利昂作为冷却剂
	加热器	加热工艺物流的设备，一般多采用水蒸汽作为加热介质，温度要求高时可采用导热油、熔盐等作为加热介质
	再热器	用于蒸馏塔底蒸发物料的设备
	冷凝器	蒸馏塔顶物流的冷凝或者反应器的冷凝循环回流的设备，分凝器多用于多组分的冷凝；最终冷凝温度高于混合组分的泡点，仍有一部分组分未冷凝，以达到再一次分离的目的；另一种为含有惰性气体的多组分的冷凝，排出的气体含有惰性气体和未冷凝组分 全凝器，多组分冷凝器的最终冷凝温度等于或者低于混合组分的泡点，所有组分全部冷凝
	蒸汽发生器	专门用于蒸发溶液中的水分或溶剂的设备
	过热器	对饱和蒸汽再加热升温的设备
	废热锅炉	从高温物流或废气中回收其热量而产生蒸汽的设备
	换热器	两种不同温度的工艺物流相互进行显热交换能量的设备

在换热器中又以间壁式换热器应用最为广泛，其按照传热面形状和结构分类见表352-01-07-44：

表352-01-07-44　间壁式换热器的分类及特征

分类	名称	特性
管壳式	固定管板式	使用广泛，已系列化；壳程不易清洗，管壳两物温差>65 ℃时应设置膨胀节，最大使用温差不应大于120 ℃
	浮头式	壳程易清洗，管壳两物温差>120 ℃，内垫片易渗漏
	填料函式	优缺点同浮头式，造价高，不宜制造大直径
	U形管式	制造、安装方便，造价较低，管程耐高压，但结构不紧凑，管子不易更换和不易机械清洗
板式	板翅式	紧凑、效率高，可多股物料同时加热，使用温度不大于150 ℃
	螺旋板式	制造简单、紧凑，可用于带颗粒物料，温位利用好，不易检修
	伞板式	制造简单、紧凑、成本低、易清洗，使用压力不大于1.2 MPa，使用温度不大于150 ℃
	波纹板式	紧凑、效率高、易清洗，使用压力不大于1.5 MPa，使用温度不大于150 ℃
管式	蛇管式（沉浸式）	结构简单，造价低廉，操作敏感性较小，由于管外流体流速很小，因而给热系数小，传热效率第，设备显得笨重
	空冷器	投资和操作费用一般较水冷低，维修容易，但受周围空气温度影响大
	套管式	制造方便、不易堵塞，耗金属多，使用面积不宜大于20 m^2
	喷淋管式	制造方便，可用海水冷却，造价较套管式低，对周围环境有水雾腐蚀
	箱管式	造价简单，占地面积大，一般作为出料冷却

续表

分类	名称	特性
液膜式	升降膜式	接触时间短，效率高，无内压降，浓缩比≤5
	括板薄膜式	接触时间短，适于高粘度、易结垢物料，浓缩比≤20
	离心薄膜式	受热时间短、清洗方便，效率高，浓缩比≤15
其他型式	板壳式	结构紧凑、传热好、成本低、压降小，较难制造
	热管	高导热性和导温性，热流密度大，制造要求高

1）换热器传热的基本方式

换热器传热的基本方式主要是以热传导（导热）和对流传热相结合的方式进行传热。

——热传导（又称导热）：

若物体上的两部分间连续存在着温度差，则热将从高温部分自动地流向低温部分，直至整个物体的各部分温度相等为止。此种传热方式称为热传导，固体中热的传递是典型的热传导。在金属固体中，热传导起因于自由电子的运动；在不良导体的固体和大部分液体中，热传导是由个别分子的动量传递所致；在气体中，热传导是由分子不规则运动而引起的。热传导是静止物质内的一种传热方式。也就是说没有物质的宏观位移。

——对流传热：

对流传热是指流体中质点发生相对位移而引起的热交换。对流传热仅发生在流体中，因此它与流体的流动状况密切相关。在对流传热时，必然伴随着流体质点间的热传导。事实上，要将它们分开是很困难的。若将两者合并处理时，一般也称为对流传热（又称为给热）。工程中讨论的对流传热，多是指热由流体传到固体的壁面（或反之）的过程。

在流体中产生对流的原因有二：一为流体质点的相对位移是因流体中各处的温度不同而引起的密度差别，使轻者上浮，重者下沉（流体产生这种对流则称为自然对流）；二为流体质点的运动是因泵（风机）或搅拌等外力所致（流体的这种对流则称为强制对流）。流动的原因不同，对流传热的规律也有所不同。应予指出，在同一种流体中，有可能同时发生自然对流和强制对流。

2）换热器的传热过程

核电厂所用的换热器主要为间壁式，其中又以列管式换热器为主，所以本节以间壁式换热器的传热过程进行分析。

在间壁式换热器中，冷、热流体被壁面隔开，它们分别在壁面两侧进行流动。热流体将热传到壁面的一侧，通过固体壁面的热传导，再由壁面另一侧将热传给冷流体。冷热流体流动状态是，当流体流经固体壁面时形成流动边界层，边界层内存在速度梯度；当流体呈湍流时（形成湍流边界层），靠近壁面处总有一层滞流内层存在，在此薄层内流体呈滞流流动。因此在滞流内层中，沿壁面的法线方向上没有对流传热，该方向上热的传递仅为流体的热传导。由于流体的导热系数较低，使滞流内层中的导热热阻就很大，因此该层中温度差也较大，即温度梯度较大。在湍流主体中，由于流体质点剧烈混合并充满了旋涡，因此湍流主体中的温度差（温度梯度）极小，各处的温度基本上相同。在湍流主体和滞流内层之间的缓冲层内，热传导和对流传热均起作用，在该层温度发生缓慢的变化。图 352-01-07-06 表示流体在壁面两侧的流动情况以及和流体流动方向垂直的某一截

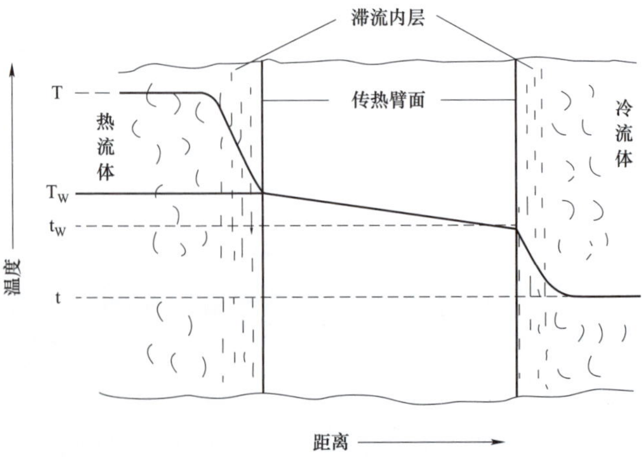

图 352-01-07-06 对流传热的温度分布情况

面上流体的温度分布情况。

以上分析可知，对流传热的热阻主要集中在滞流内层内，因此，减薄滞流内层的厚度是强化对流传热的重要途径。

（3）结构

1）间壁式换热器

间壁式换热器的特点是冷、热两流体被固体壁面隔开，不相混合，通过间壁进行热量的交换。此类换热器中，以列管式应用最广，各类间壁式换热器简介如下。

——列管式换热器：

列管式换热器可分为两类。

- 固定管板式换热器：

所谓固定管板式即两端管板和壳体连接成一体，因此它具有结构简单和造价低廉的优点。但是由于壳程不易检修和清洗，因此壳方流体应是较洁净且不易结垢的物料。当两流体的温度差较大时，应考虑热补偿。图 352-01-07-07 为具有补偿圈（或称膨胀节）的固定管板式换热器，即在外壳的适当部位焊上一个补偿圈，当外壳和管束热膨胀不同时，补偿圈发生弹性变形（拉伸或压缩），以适应外壳和管束的不同的热膨胀程度。这种补偿方法简单，但不宜用于两流体的温度差太大（应不大于 70 ℃）和壳侧流体压强过高（一般不高于 6 bar）的场合。

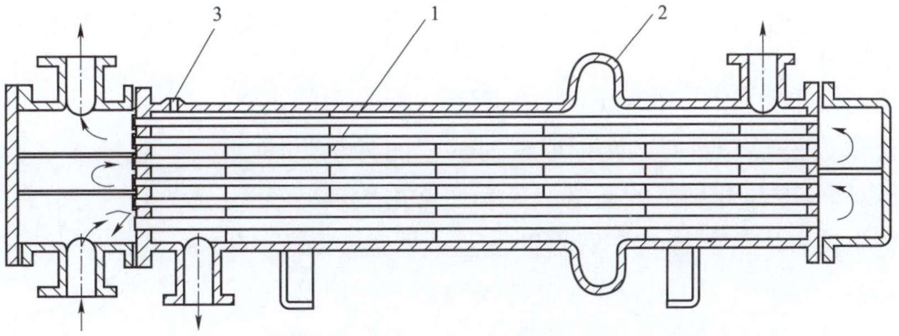

图 352-01-07-07　具有补偿圈的固定管板式换热器

- U 形管换热器：

U 形管换热器如 352-01-07-08 所示。管子弯成 U 形，管子的两端固定在同一管板上，因此每根管子可以自由伸缩，而与其他管子和壳体均无关，故不受热膨胀限制。

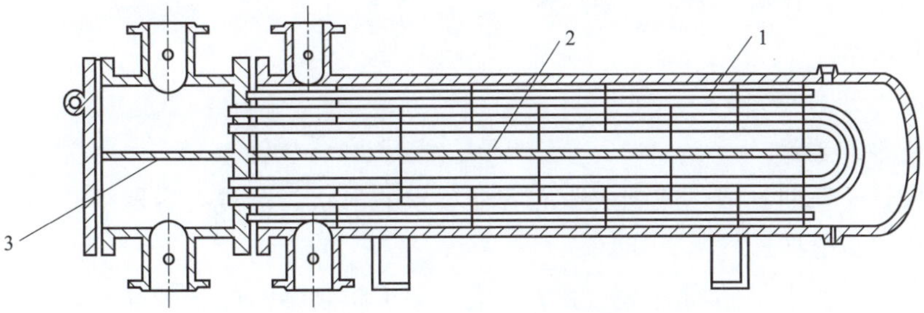

图 352-01-07-08　U 形管换热器

这种形式换热器仅一端有管板结构也较简单，重量轻，适用于高温和高压的场合，核电厂反应堆回路和汽轮机回路的换热器多为这种类型。其主要缺点是管内清洗比较困难，因此管内流体必须洁净；且因管子需一定的弯曲半径，故管板的利用率差些。

- 浮头式换热器：

浮头式换热器如图 352-01-07-09 所示，两端管板之一不与外壳固定连接，该端称为浮头。当管子受热（或受冷）时，管束连同浮头可以自由伸缩，而与外壳的膨胀无关。浮头式换热器不但可以补偿热膨胀，而且由于固定端的管板是以法兰与壳体相连接的，因此管束可从壳体中抽出，便于清洗和检修，故浮头式换热器应用较为普遍，但结构较复杂，金属耗量较多，造价较高。

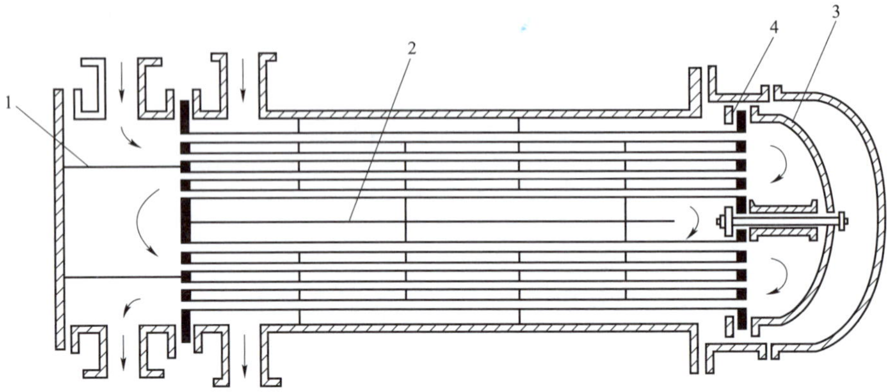

图 352-01-07-09　浮头式换热器

以上几种类型的列管换热器，都有系列标准产品，可供选用。规格型号中通常标明型式、壳体直径、传热面积、承受的压强和管程数等。

——夹套式换热器：

这种换热器构造简单，如图 352-01-07-10 所示。换热器的夹套安装在容器的外部，夹套与器壁之间形成密封的空间为载热体（加热介质）或冷载体（冷却介质）的通路。夹套通常用钢或铸铁制成，可焊在器壁上或者用螺钉固定在容器的法兰或器盖上。

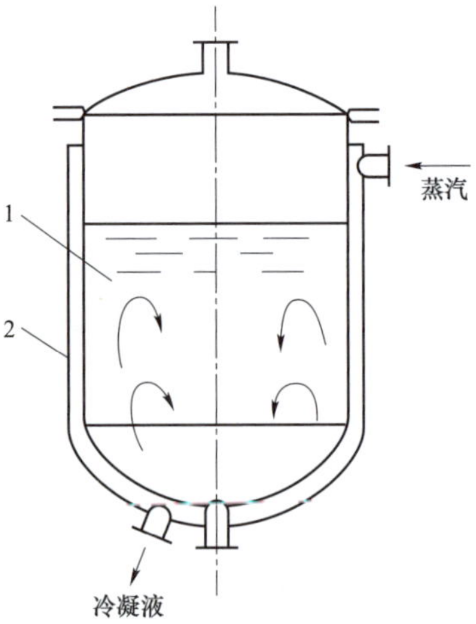

图 352-01-07-10　夹套式换热器

夹套式换热器主要应用于反应过程的加热或冷却。在用蒸汽进行加热时，蒸汽由上部接管进入夹套，冷凝水则由下部接管流出。作为冷却器时，冷却介质（如冷却水）由夹套下部的接管进入，而由上部接管流出。

该种换热器的传热系数较小，传热面又受容器的限制，因此适用于传热量不太大的场合。为了提高其传热性能，可在容器内安装搅拌器，使器内液体作强制对流；为了弥补传热面的不足，还可在器内安装蛇管等。

——蛇管式换热器：

蛇管式换热器可分为两类。

● 沉浸式蛇管换热器：

蛇管多以金属管子弯曲制成，或制成适应容器要求的形状，沉浸在容器中。两种流体分别在蛇管内、外流动而进行热量交换。

这种蛇管换热器的优点是结构简单，价格低廉，便于防腐蚀，能承受高压。主要缺点是由于容器的体积较蛇管的体积大得多，故管外流体的给热系数 α 较小，因而总传热系数 K 值也较小。如在容器内加搅拌器或减小管外空间，则可提高传热系数。

● 喷淋式换热器：

喷淋式换热器多用作冷却器。固定在支架上的蛇管排列在同一垂直面上，热流体在管内流动，自最下管进入，由最上管流出。冷却水由最上面的多孔分布管（淋水管）流下，分布在蛇管上，并沿其两侧下降至下面的管子表面，最后流入水槽而排出。冷却水在各管表面上流过时，与管内流体进行热交换。这种设备常放置在室外空气流通处，冷却水在空气中汽化时，可带走部分热量，以提高冷却效

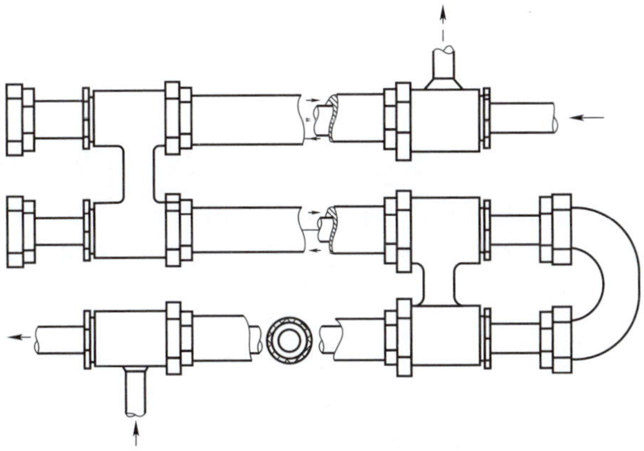
图 352-01-07-11 套管式换热器

果。它和沉浸式蛇管换热器相比，还具有便于检修和清洗、传热效果也较好等优点，其缺点是喷淋不易均匀。

应指出，在夹套式或沉浸式换热的容器内，流体常处于不流动的状态，因此在某瞬间容器内的各处的温度基本相同，而经过一段时间后，流体的温度由初温 t_1 变为终温 t_2，故属于不稳定传热过程。这些换热器仍为一些中小型工厂所广泛采用。

——套管式换热器：

套管式换热器系用管件将两种尺寸不同的标准管连接成为同心圆的套管，然后用 180°的回弯管将多段套管串连而成，如图 352-01-07-11 所示。每一段套管称为一程，程数可根据传热要求而增减。每程的有效长度为 4～6 m，若管子太长，管中间会向下弯曲，使环形中的流体分布不均匀。

套管换热器的优点为：构造较简单，能耐高压，传热面积可根据需要而增减；适当地选择管内、外径，可使流体的流速较大，且双方的流体做严格的逆流，都有利于传热。

缺点为：管间接头较多，易发生泄漏，单位换热器长度具有的传热面积较小，故在需要传热面积不太大而要求压强较高或传热效果较好时，宜采用套管式换热器。

2）混合式换热器

这种类型的换热器主要用于气体的冷却（有时兼作除尘、增湿或减温等用）及蒸汽的冷凝，故又称为混合式冷却器或冷凝器。其特点是被冷凝（或冷却）的蒸汽直接与水（或冷流体）接触进行换热，因此传热效果好。此外设备结构简单，易于防腐蚀。必须指出，仅在允许冷、热流体互相混合时，才能应用混合式换热器。

图 352-01-07-12（a）所示的为混合式冷凝器，其中图 352-01-07-12（b）较为常见，称为干式逆流高位冷凝器，被冷凝的蒸气与冷却水在器内逆流流动，上升蒸气与自上部喷淋下来的冷却水相接触而

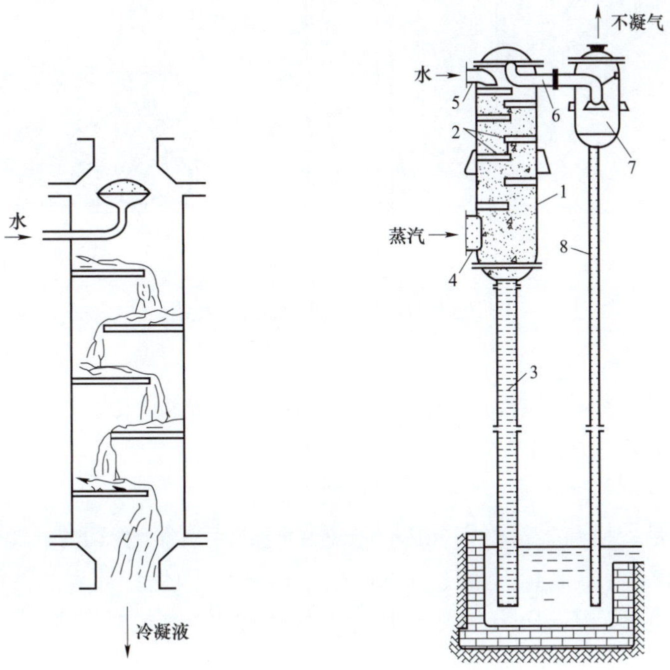

图 352-01-07-12 混合式换热器

冷凝，冷凝液和冷却水沿气压管向下流动。由于冷凝器通常与真空蒸汽发生器相连，器内压强为 0.1～0.2 bar，因此气压管必须有足够的高度，一般为 10～11 m。

3）蓄热式换热器

蓄热式换热器又称蓄热器，器内装有固体填充物（如耐火砖等）。冷、热流体交替地流过蓄热器，利用固体填充物来积蓄和释放热量而达到换热的目的。通常由二个并联的蓄热器交替使用，如图 352-01-07-13 所示。

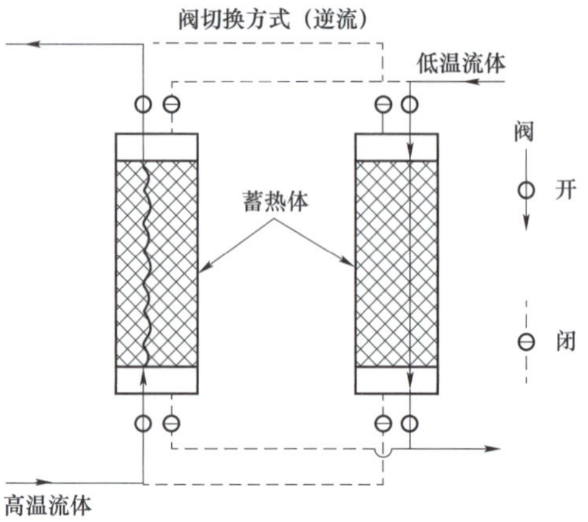

图 352-01-07-13　蓄热式换热器

蓄热器结构简单，且可耐高温，因此多用于高温气体的加热。其缺点是设备体积庞大，且不能完全避免两种流体的混合，所以这类设备在生产中使用得不太多。

4）板式换热器

板式换热器主要由一组长方形的薄金属板平行排列、夹紧组装于支架上而构成。两相邻板片的边缘衬有垫片，压紧后可以达到密封的目的，且可用垫片的厚度调节两板间流体通道的大小。每块板的四个角上，各开一个圆孔，其中有两个圆孔和板面上的流道相通，另外两个圆孔则不相通，它们的位置在相邻的板上是错开的，以分别形成两流体的通道。冷、热流体交替地在板片两侧流过，通过金属板片进行换热。每块金属板面冲压成凹凸规则的波纹，以使流体均匀流过板面，增加传热面积，并促使流体的湍动，有利于传热。图 352-01-07-14 所示，为核岛设备冷却水系统（RRI）采用的板式换热器结构图。

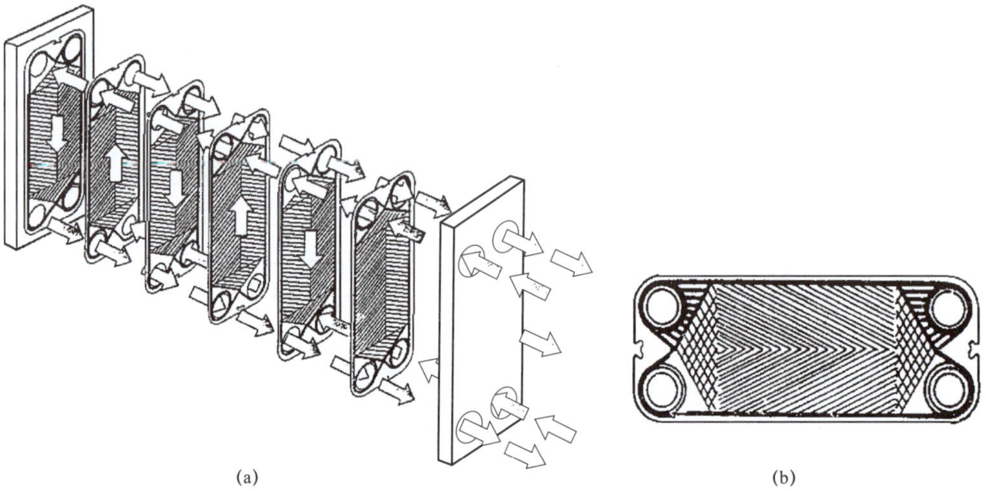
(a)　　(b)

图 352-01-07-14　板式换热器

（a）板式换热器结构；（b）板式结构

板式换热器的优点是：结构紧凑，单位体积设备提供的传热面积大，总传热系数 K 值高，如对低粘度液体的传热，K 值可高达 7000 W/（m^2 • ℃）；可根据需要增减板数以调节传热面积，检修和清洗都较方便等。

板式换热器的缺点是：换热容量不宜大，一般是管壳式换热器的 10%～20%；操作压强比较低，一般低于 15 bar（1.5 MPa），最高也不超过 20 bar（2.5 MPa）；因受垫片耐热性能的限制，操作温度不能太高，一般对合成橡胶垫圈不超过 130 ℃，压缩石棉垫圈也低于 250 ℃。

7.2.2　通用型号技术要求

本节所包含主要技术要素见表 352-01-07-45。

表 352-01-07-45 通用热交换器技术要素

次级技术要素	包含内容
核电厂通用管壳式热交换器	概述核电厂通用管壳式热交换器
核电厂通用板式热交换器	概述核电厂通用板式热交换器
蒸汽发生器	概述蒸汽发生器
再生热交换器	概述再生热交换器
余热排出热交换器	概述余热排出热交换器
设备冷却水系统板式热交换器	概述设备冷却水系统板式热交换器
高压加热器	概述高压加热器
低压加热器	概述低压加热器
凝汽器	概述凝汽器
汽水分离再热器	概述汽水分离再热器

（1）核电厂通用管壳式热交换器

1）定义

管壳式换热器（Shell and Tube Heat Exchanger）又称列管式换热器，是以封闭在壳体中管束的壁面作为传热面的间壁式换热器。这种换热器结构较简单，操作可靠，可用各种结构材料（主要是金属材料）制造，能在高温、高压下使用，是目前应用最广的类型。管壳式换热器的材料一般以碳钢、不锈钢和铜为主，其中碳钢材质的管板在作为冷却器使用时，其管板与列管的焊缝经常出现腐蚀泄漏，泄漏物进入冷却水系统污染环境又造成物料浪费。管壳式换热器由于管内外流体的温度不同，因之换热器的壳体与管束的温度也不同。

2）范围对象

核电厂通用管壳式换热器。

3）结构原理

换热管束

——换热管：

换热管是列管式换热器的基本部件，其形状、尺寸和管束布置对换热器性能和设备经济性影响很大。换热管包括管型、管径、管长、管子材质等的选取：

① 管型

换热管型式有光管、各式翅片管、螺纹管、异形管等。光管是列管式换热器换热管的传统形式，当前应用非常普遍，它价廉，易于制造、安装、检修，清洗方便。随着节约材料、节约能源的强化传热技术研究的发展，光滑换热管不断受到冲击。特别是壳程换热系数小的场合，选用翅片管最为恰当，翅片管已成为空冷器最优良的换热管型而被广泛使用。

② 管径

采用标准管径在结构上和经济上均有好处，应尽可能选用。管径小，单位体积传热面积大，结构紧凑，金属耗量小，传热系数高。但是小管径中流体流动阻力大，不便清洗，一般黏度大或污浊流体常采用较大直径管子。

③ 管长

换热器的管子长度较大时，单位传热面积材料耗量低。但管子过长，清洗、安装均不便，一般取 6 m 以下，且尽量采用标准管子或其等分。常用的长度有 1.5 m、2 m、2.5 m、3 m、4 m、6 m、8 m、10 m。随着石油、化工、能源生产规模的扩大，换热器也向大型化发展，管长也出现增加的趋势。

④ 管子材质

换热管的材料种类很多，有碳钢、不锈钢、铝、铜、黄铜及其合金、铜—镍合金、镍、蒙乃尔合金、钛、石墨、玻璃等及其他特殊材料。换热管除采用单一材料制成外，为满足管、壳程介质工作压力、温度及对壁材的化学相容性、腐蚀性等工艺条件的不同要求，常采用复合管。所谓复合管即由两种不同材料的管子构成，把一种管子套在另一种管子上，用拉伸或其他机械方法把外管紧密地固定在内管上。例加对许多生产过程中用海水作冷却剂的冷却器，就可用钢作外套和耐海水腐蚀的铜—镍合金作内管。

——换热管束排列：

换热管在管板上的排列应力求均布、紧凑并考虑清扫和整体结构要求。换热管束排列的标准形式有四种，即正三角形、转角正三角形、正方形和转角正方形，如图 352-01-07-15 所示。

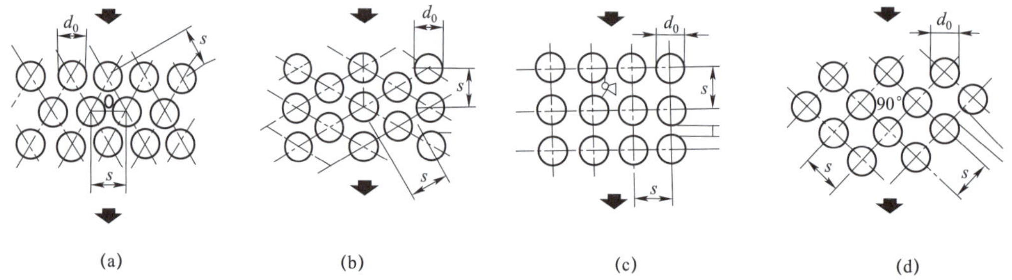

图 352-01-07-15 管束排列方式（正三角形、转角正三角形、正方形、转角正方形）

正三角形排列是最常用的形式，布管比较紧凑，与正方形排列相比，在同一管板面积上布置相同管束，可节省 15%的管板面积，且传热系数较高，便于管板划线及钻孔，但管间不易清洗。适用于壳程介质污垢少，且不需要进行机械清洗及允许压降较高的场合。

转角正三角形排列传热系数低于正三角形排列，但高于正方形排列，应用条件与正三角形排列相同。

正方形和转角正方形排列能够使管间形成一条直线通道，可用机械方法进行清洗，常用于要求流体降压小而管束可抽出清洗管间的场合。其传热系数均低于正三角形排列，但转角正方形的传热系数比正方形排列的要高。此外，还有同心圆式排列方法，用于小壳径换热器上时比正三角形排列还紧凑。其优点在于靠近壳壁的地方布管均匀，介质不易短路。

对于多管程换热器，常采用组合排列法，如图 352-01-07-16 所示。每程均属正三角形排列，各程之间又呈正方形布管，以便于安排分程隔板。

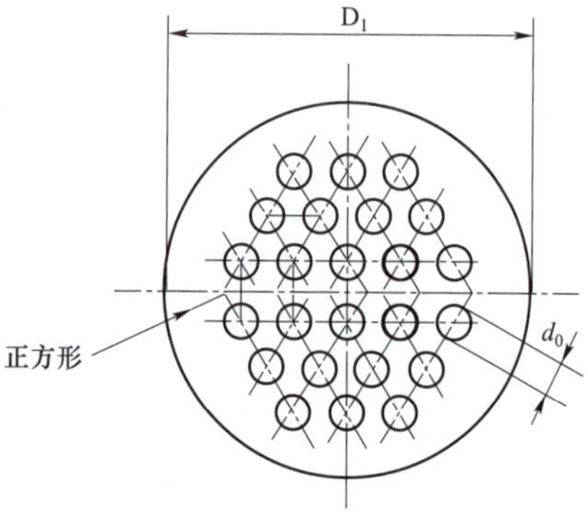

图 352-01-07-16 组合排列束

无论哪种排列方法，最外围管子的管壁与壳体内壁间的距离都不应小于 10 mm。

——管间距（管中心距）：

如图所示，当换热管与管板采用胀接方法连接时，管间距 S 至少为管外径 d_0 的 1.25 倍，以保证管间小桥在胀接时有足够的强度。在采用焊接方法时，管间距可小些，但要保证壳程清洗时有 6 mm 的清洗通道。当壳程用于蒸发过程时，为使气相更好地逸出，管间距可加大至 1.5 倍管外径。

多管程换热器在管板上应设分程隔板槽，槽宽 12 mm。槽两侧管心距按表 352-01-07-46 分程隔板槽两侧的管心距选取。

——管束安装转角：

对于卧式冷凝器，为了减小液膜在列管上的包角及液膜厚度，管板在装配时，其轴线（对正三角形排列，轴线指六边形对角线，对正方形排列，轴线指正方形的边）应与设备的水平轴线偏转一定角度α，如图 352-01-07-17 冷凝器管束安装转角所示。

表 352-01-07-46 分程隔板槽两侧的管心距

管外径/mm	19	25	32	38	45	57
管间距/mm	25	32	40	48	57	70
隔板槽两侧管心距/mm	38	44	52	60	68	80

注：当换热管径为 25 mm，管间距为 32 mm 且按转角正方形排列时，隔板槽两侧管心距应为该正方形的对角线长度，即为 32$\sqrt{2}$ mm。

正三角形排列：$\alpha = 30^\circ - \arcsin\dfrac{d_o}{2S}$；

正方形排列：$\alpha = 26^\circ 25'$。

——管束分程：

当换热器换热面积较大而管子又不能很长时，换热管数就得增多。这了减小管程流体的流通截面积，提高管程流速，增大传热系数，就得将管束分程。

多管程换热器结构复杂，流体穿过隔板垫片短路机会增多。隔板占据的位置在壳程会形成无管占据的流体走廊，造成壳程流体的旁路而不利于传热。

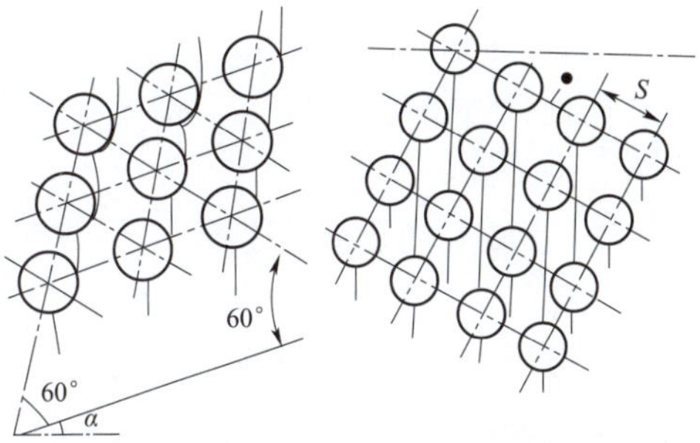

图 352-01-07-17 冷凝器管束安装转角

——分程原则：

当换热管束分程时采用偶数，每程中的管数应大致相等，分程隔板的形状应简单，相邻程间的跨程温度一般不超过 20 ℃。管程数越多，设备造价越高。管程数除单程外，一般有 2、4、6、8、10、12 等 7 种，以 2、4 程应用较多。

——分程方法：

当前普遍采用的分程方法有平行和 T 形两种，其分程隔板布置如表图 352-01-07-18 平行和 T 形分程法 1-6 程所示。以 4 管程为例，平行分程在工艺安装采用换热器迭加时，接管方便，可使管箱内放尽残液，*T* 形分程在制造上可于双程管板共用模板，尚可多排些管子。

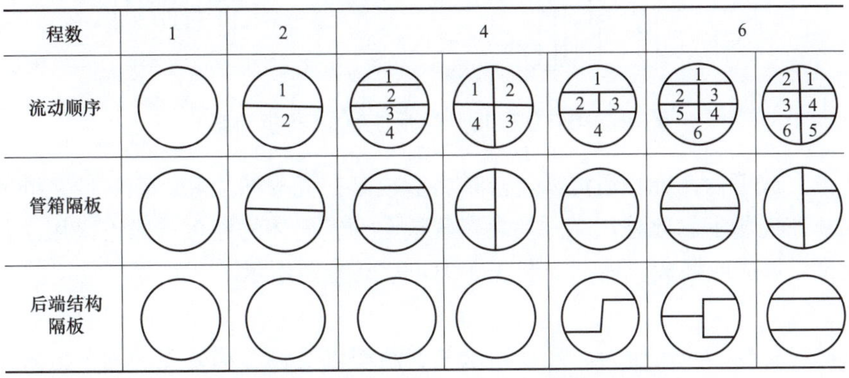

图 352-01-07-18 平行和 T 形分程法 1-6 程

管板：

管板的作用是固定换热管束，并用来作为换热器两端间壁将管、壳程流体相互分开。大多数换热器采用单层管板，但对有危险性或腐蚀性的物料或当管、壳程流体一旦相互渗漏即会产生严重问题的场合，可采用双层管板（如核电厂的冷凝器）。

——管板管孔：

① 管板孔直径和允差

管板孔直径和允差应符合《钢制管壳式换热器》（GB 151—89）的相应规定。

② 管孔数

管板上的管孔数通常等于或大于壳体中的换热管数 n。换热管数可按下式估算：

$$n=\frac{S}{\pi\times d_0L}$$

式中：n——管数；

S——总传热面积，m；

d_0——换热管外径，mm；

L——单程管长，m。

根据管数 n 及管间距 S，按正三角型或正方型排列方式，用作图法最后确定管数。

——管板的连接：

① 管板与换热管的连接

换热管与管板连接必须牢固，不泄漏，不产生大的应力和变形。最常见的连接方式为胀接和焊接。胀接一般用于设计压力不超过 40 bar，设计温度在 350 ℃以下，且无特殊要求的场合，新发展的爆炸胀接工艺则不受此限。焊接：只要材料可焊性允许，可用于任何场合，特别是高温、高压、易燃、易爆的运行条件多用。当温度和压力较高，且换热管与管板连接接头在操作中受到反复热变形、热冲击和热腐蚀的作用时，换热管与管板相连接处容易受到破坏。为保证连接处不泄漏，减少间隙腐蚀和减弱管子因振动而引起的破坏，常采用焊胀并用的连接方法（如核电厂蒸汽发生器）。

② 管板与壳体及管箱的连接

管板与壳体的连接有可拆和不可拆两种。固定管板式常采用不可拆连接。两端管板直接焊于外壳之上并伸出壳体圆周外兼作法兰，如图 352-01-07-19 管板与壳体不可拆卸连接所示，拆下管箱可检修胀口或清扫管内。不兼作法兰，把管板直接焊在壳体内的结构用得较少。

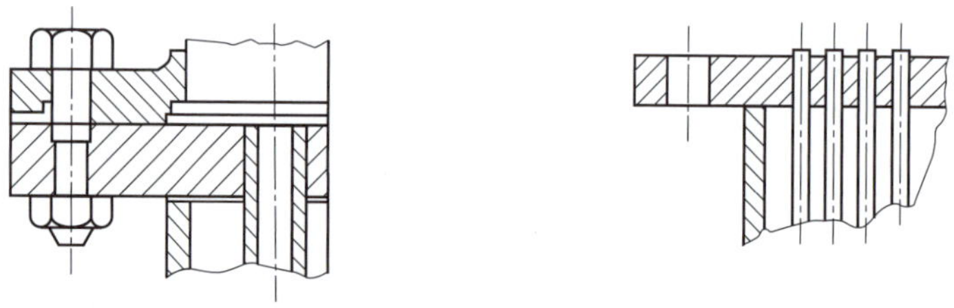

图 352-01-07-19 管板与壳体不可拆卸连接

浮头式、U 形管式等为使壳程清洗方便，常将管板夹在壳程法兰和管箱法兰之间构成可拆连接，如图 352-01-07-20 左图所示。此外，高压换热器管板与管箱筒体的连接一般不采用法兰连接，为防止泄漏而将管板或管箱焊成或锻成一体，如图 352-01-07-20 右图所示。

——管板的厚度：

管板厚度与材料强度、介质压力、温度和压差、温差以及管子和外壳的固定方式等因素有关。一般浮头式滑动管板受力小，其厚度只要满足密封性要求即可。对于换热管与管板胀接，足够的厚度还能防止接头处松脱、泄漏和引起振动，当换热管与管板为焊接连接时，其最小厚度应根据焊接工艺及管板焊接时变形等情况确定。

——薄管板：

高温高压换热器（通常认为是温度超过 350 ℃，压力超过 100 bar 的换热器）的热应力和机械应力的叠加作用是当前的主要研究课题。对于高温高压换热器的管板，其强度要求与减小热应力的要求是矛盾的。减小管板厚度能减小管板热、冷两侧的热应力，但会遇到高压下强度要求的限制。对于固定管板则必须同时考虑管束与壳体间的温差应力、管板本身的轴、径向温差应力以及管板机械强度要求。为此出现了称为弹性管板的一些新型结构的薄管板。其共同特点是都带有圆弧形结构，有利于增加承压能力，同时可利用其弹性变形来部分吸收热膨胀差值。由于厚度较相同工作条件下的平板形管板薄得多，这就有利于减小管板冷、热两面的轴向温差应力。这类管板有椭圆形、碟形、球形等，如图 352-01-07-21 所示为椭圆形管板。

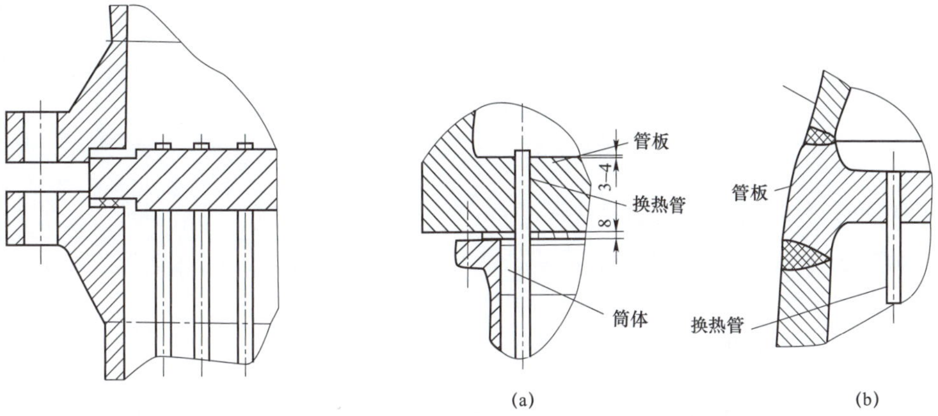

图 352-01-07-20　管板与壳体可拆卸/锻造或焊接管板

（a）锻造；（b）焊接

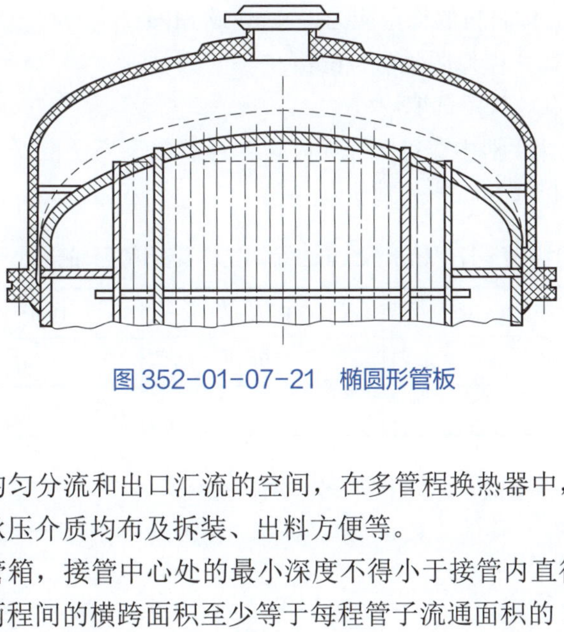

图 352-01-07-21　椭圆形管板

管箱：

管箱是管程流体进口均匀分流和出口汇流的空间，在多管程换热器中，它还起改变流体流向的作用。管箱的结构要有利于承压介质均布及拆装、出料方便等。

对于轴向接管的单程管箱，接管中心处的最小深度不得小于接管内直径的三分之一，对于多管程管箱，其内侧深度应保证两程间的横跨面积至少等于每程管子流通面积的 1.3 倍。

管箱有多种形式，最常用的是如图 352-01-07-22 左图所示的平盖管箱和封头管箱，前者制造较容易，但承压能力弱于后者。应尽量采用封头管箱，特别是对于大直径及较高压力的换热器尤其应该优先考虑使用封头管箱。

对于多管程换热器，必须按分程方法在管箱内安放分程隔板。分程隔板的安装，除特殊情况外，隔板被连续焊接在管箱壁上。当换热器的公称直径大于 1500 mm 时，为了增加分程隔板的强度和传热效率，分程隔板可设计成双层结构，如图 352-01-07-22 中图所示。双层结构存在隔热空间，能防止管程流体通过隔板传热。当分程隔板厚度大于 10 mm 时，其密封面处应削边至 10 mm，如图 352-01-07-22 右图所示。

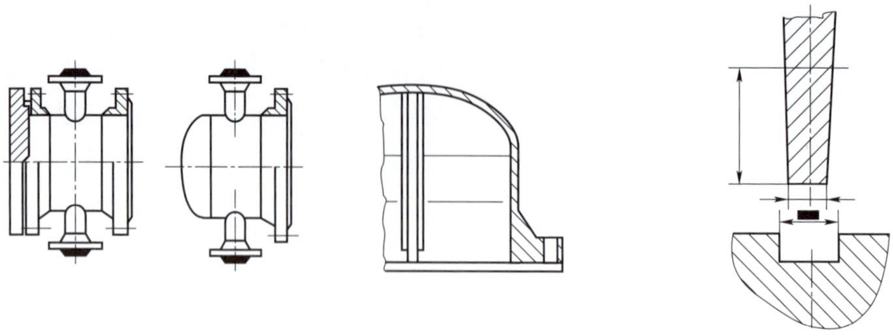

图 352-01-07-22　管箱、分程隔板、隔板密封面削边

壳体：

换热器壳体的型式应在传热计算前确定，因为它是换热管、管板、管箱和折流板等选择的重要依据。图 352-01-07-23 介绍了壳体一般型式，特殊情况下还有其他型式。壳体选择应满足强度、刚度、稳定性、耐久性、密封性、节约材料等要求及制造、安装、运输、维修方便等。

壳体厚度可根据强度理论计算，其公式为：

$$S=\frac{PD_i}{2[\sigma]^t\phi-P}+C \quad \text{mm}$$

式中：S——壳体壁厚，mm；

P——设计压力，N/m^2 或 MPa，一般稍高于最大工作压力；

$[\sigma]^t$——设计温度下壳体材料的许用应力，N/m^2 或 MPa；

C——考虑腐蚀等所需之壁厚附加量，mm；

ϕ——焊缝系数，按设计规定选取。

以上各量从压力容器设计手册中查得。在实际设计计算中，为了保证壳壁具有必要的刚度，壳体的最小厚度不得低于表 352-01-07-47 所列数值。

表 352-01-07-47　碳素钢或低合金钢壳体及管箱短节的最小厚度/mm

公称直径	400～700	800～1000	1100～1500	1600～2000
浮头式 U 形管式	8	10	12	14
固定管板式	6	8	10	12

壳体内径是换热器的重要参数，它可按下述方法估算：

由总管数 n 求管束中心排一排的管数 n_c

正三角形排列：

$$n_c=1.1(n)^{0.5}$$

正方形排列：

$$n_c=1.19(n)^{0.5}$$

壳内径：

$$D_{计}=s(n_c-1)+2b$$

式中：$D_{计}$——壳体内径，mm；

s——相邻二管的管心距 mm，一般 $s=1.25～1.5\,d_0$

b——管束中心线上最外层管中心至壳体内壁的距离，一般取 $b=(1\sim1.5)\ d_0$；

d_0——管外径，mm。

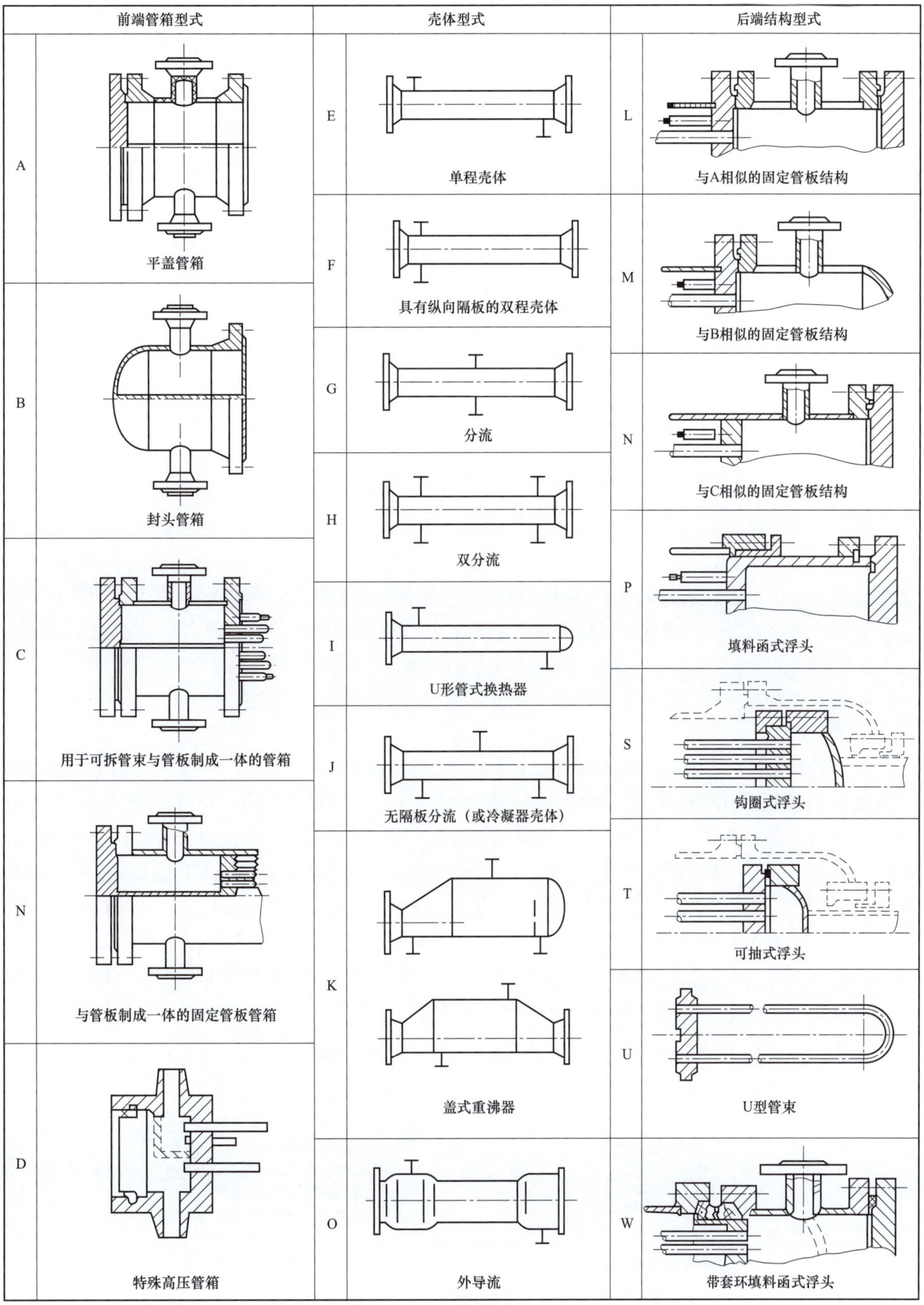

图 352-01-07-23　列管式换热器主要部件分类

最后根据 $D_{计}$ 选取一个相近尺寸的标准壳内径。所选定的壳径是否合理可用设备的长径比来校核。换热管长度已由管长决定，一般长径比 L/D 为 4～6，卧式和小直径换热器可以取大一些，为 6～10。

——壳程分程：

利用纵向隔板可把壳侧分为多壳程，双壳程结构如图 352-01-07-24 所示。

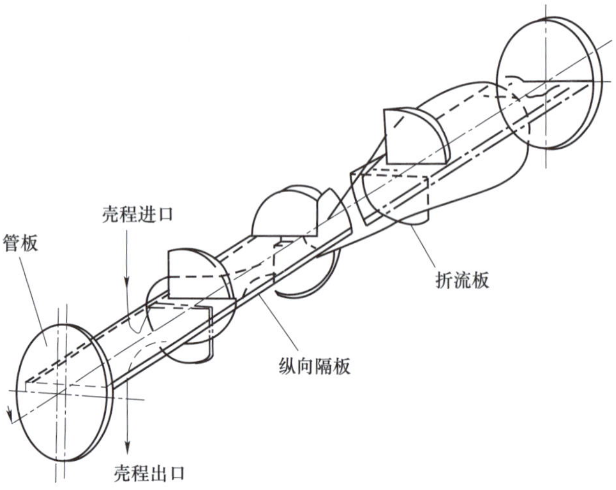

图 352-01-07-24 双壳程结构示意图

壳侧分程可使流速成倍增加，有利于强化传热，比换热器串联要便宜，但流阻与速度平方成比例增大，加装纵向隔板又使结构复杂化，故一般只有在以下条件下才考虑，即壳侧放热系数远小于管侧，而壳侧流量又太小，就是采用最小折流板间距仍然不能改善传热状况；壳侧污垢热阻小而换热热阻成为控制热阻，以及壳侧可利用的压降较大，又能较容易焊接纵向隔板的情况下，采用多壳程结构。

折流板和支承板

折流板除加大紊流有利传热外，兼有支撑管束防止振动及弯曲的作用。

——折流板型式：

折流板型式很多，主要有圆缺形即弓形、盘环形、管孔形和螺旋形等，如图 352-01-07-25 左图所示。螺旋形折流板适用于壳程流体含有固体颗粒的场合，它可防止固粒的沉积。管孔形折流板如图 352-01-07-25 右图所示，在圆板上钻有全部管孔，孔径比管直径大 1.6～3.2 mm，壳程流体在管孔和折流板孔间环隙流过。这种折流板对管子支撑作用很小，容易引起管束振动破坏，流阻很大，一般很少使用，仅对管子总数少的小换热器才予以考虑。盘环形折流板用的比上两型多一些，如图 352-01-07-26 所示。其圆盘和圆环从同一圆板上切割下来并沿管束相间排列，流体流型在整个换热器中较均匀。由于在圆环后面容易沉积沉淀物，要求流体清洁度高。此外，若有惰性气体或溶解性气体放出来，圆环上部不能有

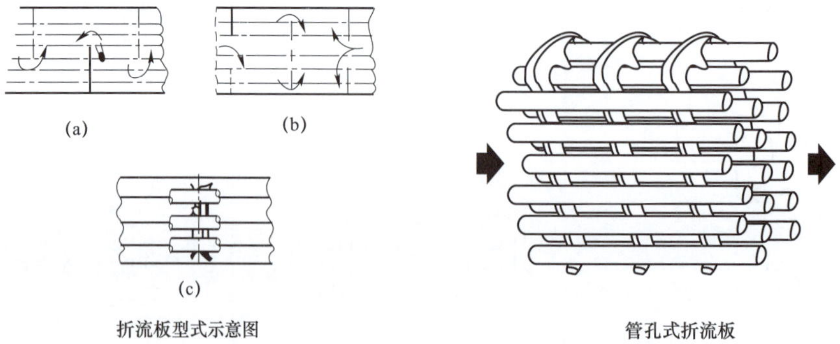

图 352-01-07-25 折流板型式、管孔式折流板

（a）圆缺形；（b）盘环形；（c）管孔形

效排出，若有冷凝液生成，圆环下部又无较大开口，无法排出。故圆缺型折流板是最常用型式。

图 352-01-07-26　盘环形折流板

——圆缺型折流板：

卧式换热器的圆缺型折流板圆缺切口有三种布置方式。

① 水平方向

水平切口折流板如图 352-01-07-27（a）所示。它可以使流体剧烈扰动，增加传热，宜用于无相变流体。当液体中含有少量气体或汽体时，应在折流板上方开小孔，当气流中夹带少量液体时，则应在下折流板下方开小孔，但排气或泄液孔均会造成流体旁通泄漏。

② 垂直方向

垂直切口弓形折流板如图 352-01-07-27（b）所示。这种折流板便于液体和气体流动，多用于卧式冷凝器以及气、液两相流动的场合。

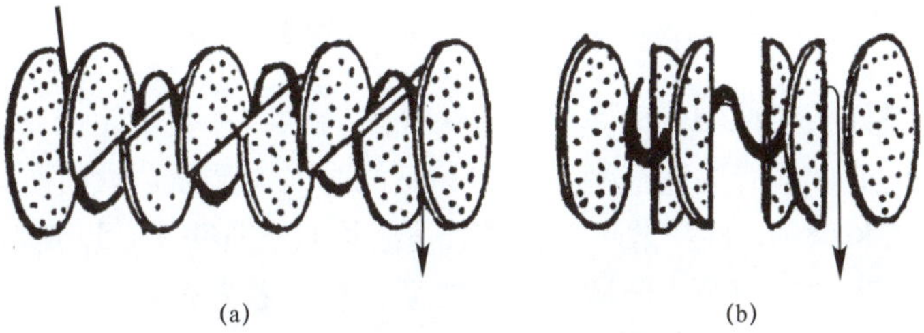

图 352-01-07-27　圆缺形折流板

（a）横缺形折流板；（b）竖缺形折流板

③ 倾斜方向

倾斜切口折流板主要用于管束呈正方形排列的情况。倾斜 45°布置的折流板可以增加流体的紊流程度，有利于传热。

——支承板：

折流板对换热管束起支承作用。但当卧式换热器在工艺上无折流板要求时，为便于支承管束，防止其下垂和振动，常设置弓形或半圆形支承板。每个支承板只能支撑半数管子，故必须交错排列，并以垂直切口为宜。支承板对传热的影响常忽略不计，但对压降的影响则不可忽视。

进、出口接管及防冲与导流

在换热器壳体和管箱上将按需要装设接管或接口。管、壳程流体的进、出口管，在壳体和大多数管箱的底部需设有排液管，上部设置排气管，壳侧常要求设有安全阀接口及按需设置温度计、压力表、液位计以及取样管接口。测量、取样接口一般在管、壳程流体进、出口接管上。对于立式换热器，必要时将设置溢流口。若换热器管、壳程流体进、出口接管设计不当，会对传热和压降带来不利影响。

——管、壳程进、出口接管：

管程进、出口接管的位置对换热器性能有重要影响。实践表明，水平布置不利于管程流体均匀分布，将会使部分换热管不能很好地发挥作用，甚至还会因流速过低而发生堵塞现象。进口接管布置在底部，出口接管在顶部，使管程流体由下向上流动，比布置在两侧使管程流体水平流动更为合适。图 352-01-07-28 示出几种布置方案的比较。

壳程流体进、出口设计不当将直接影响管束寿命。壳程流体在入口处横向冲刷管束，对管束产生磨蚀并诱导振动。

流体进、出口接管直径通常根据允许压降或流速来确定。

——防冲与导流：

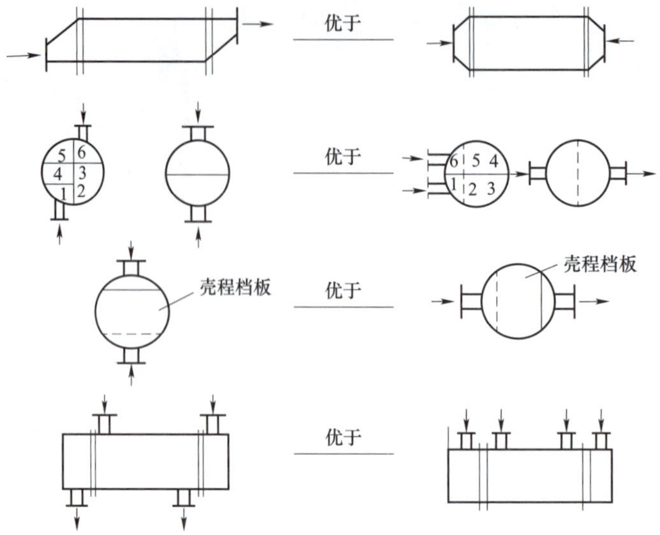

图 352-01-07-28　进出口管的分布

由于壳程流体在入口处横向冲刷管束，将对管束产生磨蚀，并有可能诱导管束振动。当流速高，特别是含有固体颗粒或气流中含有高速液滴以及饱和蒸汽时尤为严重。此时须采用防冲导流装置以减缓壳程流体对管束的冲击和磨蚀，并分散进入流体，使之均布于管束上，以及迫使流体通过因壳程进、出口距管板较远而可能产生的流动滞止区域，使换热面积利用更为充分。

常用的防冲导流装置为防冲挡板和导流筒。防冲挡板的形式如图 352-01-07-29 所示。图中（a），（b）把防冲挡板两侧焊在定距管（拉杆）上，为牢固起见，也可和第一块折流板焊接。（c）把防冲板焊在壳体上。为了减小流阻，防冲板与壳体的距离 h 不宜太小，至少应保证此处流通面积不小于进口接管的流通面积，一般取 h 值为接管内径 d 的 1/4 或 1/3。若防冲挡板已紧贴管束仍不能保证上述要求

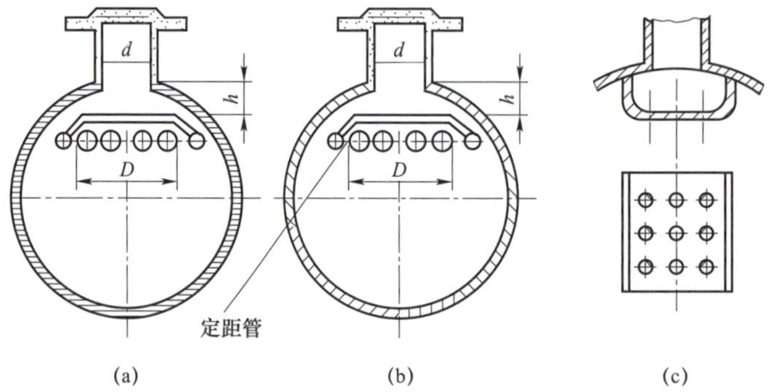

防冲挡板的形式

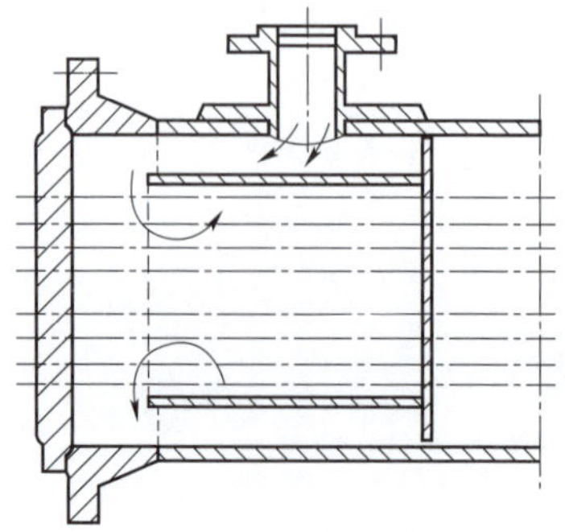

内导流筒结构

图 352-01-07-29　防冲板的形式与内导流筒结构

时，可在防冲板上开孔以增加流通面积，但开孔不要正对管子。此外，应使防冲挡板直径（防冲板为正方形时则为边长）$D_{板} \geqslant (d+50)$ mm；其最小厚度对于碳素钢为4.5 mm，对于不锈钢为3 mm。壳程出口管处不需要装防冲板。

导流筒除有把壳程流体引向管板方向以消除壳程进口与管板间的流动死区外，还起防冲挡板作用，保护管束免受冲击。当壳程有冷凝过程时，导流筒还有一定的分离液滴的作用。常见的导流筒如图352-01-07-29内导流筒结构所示。

表352-01-07-48 维护项目及周期

序号	项目名称	项目周期
1	外部检查	1C
2	内部检查	2C
3	外部腐蚀检查	2C

4）指标和参数

无。

5）维修技术要求

外部检查：

——检查前应将待检查的表面清洁干净；

——检查设备铭牌是否牢固、清晰；

——检查各法兰连接处有无泄漏痕迹；

——检查各处接管焊缝是否有裂纹、锈蚀；

——检查筒体焊缝、封头焊缝有无裂纹、锈蚀；

——检查人孔吊耳是否完好；

——检查外表漆层有无损伤；

——检查螺栓、螺母有无锈蚀，如果有进行除锈、防锈处理；

——校验各处连接法兰螺栓及支座/地脚螺栓的拧紧力矩。

内部检查：

——检查设备标牌（是/否）清晰完成，如影响辨认，则立即停止工作，联系运行确认设备位号和挂临时标牌；

——热交换器打开人孔，人孔打开后使用专用防异物盖板临时封堵，进行通风散热；

——测氧合格后进入热交换器内部，记录并清理内部异物；

——换热管束内壁清理：用压空（&水）逐根吹扫换热管束内壁，将换热管吹扫干净；

——清理及检查法兰结合面情况，密封面应无径向贯穿性的凹槽、无裂纹等缺陷；

——对拆除的螺栓、螺母进行清洗检查，螺纹应无毛刺、变形或损坏；用毛刷将螺栓的螺纹刷净并在其螺纹面均匀涂上一薄层润滑脂；

——检查管板处有无裂纹、腐蚀情况，并作好记录；

——检查热交换器内部结构件、焊缝有无裂纹、腐蚀情况，并作好记录；

——传热管查漏：从壳侧安全阀处接入压缩空气，缓慢对壳侧进行升压，压力至2 bar，在管板处涂抹检漏液进行查漏；

——对泄漏传热管堵管处理：金属堵头需密封焊，非金属堵头敲紧即可；

—— 修复管板、内部结构件的裂纹及腐蚀缺陷；

—— 再次对传热管进行查漏，以验证泄漏传热管的堵管有效；

——确认热交换器内部无异物后，更换人孔密封垫片，回装人孔盖板，按力矩要求紧固人孔螺栓。

外部腐蚀检查：

腐蚀检查原则上以目视检查为主，对于热交换器主要检查手段包括以下方面。

——目视检查：包括借助望远镜和放大镜对设备腐蚀特征和程度进行观察和记录；

——尺寸测量：借助直尺及标准样板等对腐蚀区域的大小，蚀坑深度进行测量；

——金相检测：对不锈钢设备表面的点蚀源及裂纹进行观测。

主要检查部位：壳体、支撑、连接管。

6）质量管理

外部检查

表 352-01-07-49　外部检查管理表

步骤	推荐的选点
校验各处连接法兰螺栓及支座/地脚螺栓的拧紧力矩	W

内部检查

表 352-01-07-50　内部检查管理表

步骤	推荐的选点
清理及检查法兰结合面情况，密封面应无径向贯穿性的凹槽、无裂纹等缺陷	W
传热管查漏：从壳侧安全阀处接入压缩空气，缓慢对壳侧进行升压，压力至 2 bar。在管板处涂抹检漏液进行查漏	H

外部腐蚀检查

表 352-01-07-51　外部腐蚀检查管理表

步骤	推荐的选点
腐蚀检查	R

7）经验反馈

机油热交换器及轴承油冷却器传热管及管板锈蚀

现象：

某核电厂机油热交换器及轴承油冷却器传热管及管板锈蚀，机油冷却器管板 50×60 mm 左右锈坑。

根本原因：

机油热交换器及轴承油冷却器长年的使用，而机油热交换器及轴承油冷却器是通过冷取水对其进行冷却的，而冷取水对水腔有严重的腐蚀和锈蚀，导致传热管及管板锈蚀，机油冷却器管板 50×60 mm 左右锈坑。机组大修现场已更换机油热交换器和轴承油冷却器。机油热交换器和轴承油冷却器有单独的开盖检查预维，且检修周期固定，与应急柴油机解体检修预维一同触发。

应急柴油机海水热交换器在运行期间经常发生传热管泄漏

现象：

某核电厂应急柴油机海水热交换器在运行期间经常发生传热管泄漏，泄漏的海水进入柴油机冷却水系统或中冷水系统后与机本体接触，腐蚀机本体及辅机系统，影响应急柴油机组的备用。

根本原因：

海水沉积物下局部腐蚀和泥沙冲击造成传热管破损，热交换器壳侧的冷却水泄漏到管侧的海水中，导致水箱水位下降过快。由于海水悬浮物和泥沙含量高且热交换器传热管选材不当导致。

国外某电厂 3 号机组发电机氢气密封油系统热交换器传热管损坏导致机组被迫停堆的事件

现象：

由于发电机氢气密封油系统热交换器传热管因流动腐蚀、损坏，导致机组被迫停堆的事件。

根本原因：

发电机氢气密封油系统传热管破损，流动腐蚀导致传热管降级，同时预防性维修大纲评估内容不够充分，没有明确的对传热管状态进行检测的技术要求。

停堆冷却热交换器壳侧的下部区域存在明显减薄

现象：

国外某电厂 6 号机组的停堆冷却热交换器实施了超声检查，检查结果表明 HX 壳侧的下部区域存在明显减薄，最小值为 5.51 mm，明显低于其名义壁厚 12 mm。

根本原因：

设备冷却水冷却过程中的沉积物引起的沉积腐蚀。

8）技术规程清单

表 352-01-07-52　技术规程清单

序号	规程名称
1	定期内外部检查
2	外部腐蚀检查

9）参考资料

[1]《管壳式换热器》：GB 151—1999 [S].

（2）核电厂通用板式热交换器

1）定义

板式换热器主要由一组长方形的薄金属板平行排列、夹紧组装于支架上而构成。两相邻板片的边缘衬有垫片，压紧后可以达到密封的目的，且可用垫片的厚度调节两板间流体通道的大小。每块板的四个角上，各开一个圆孔，其中有两个圆孔和板面上的流道相通，另外两个圆孔则不相通，它们的位置在相邻的板上是错开的，以分别形成两流体的通道。冷、热流体交替地在板片两侧流过，通过金属板片进行换热。每块金属板面冲压成凹凸规则的波纹，以使流体均匀流过板面，增加传热面积，并促使流体的湍动，有利于传热。图 352-01-07-30 所示，为核岛设备冷却水系统采用的板式换热器结构图。

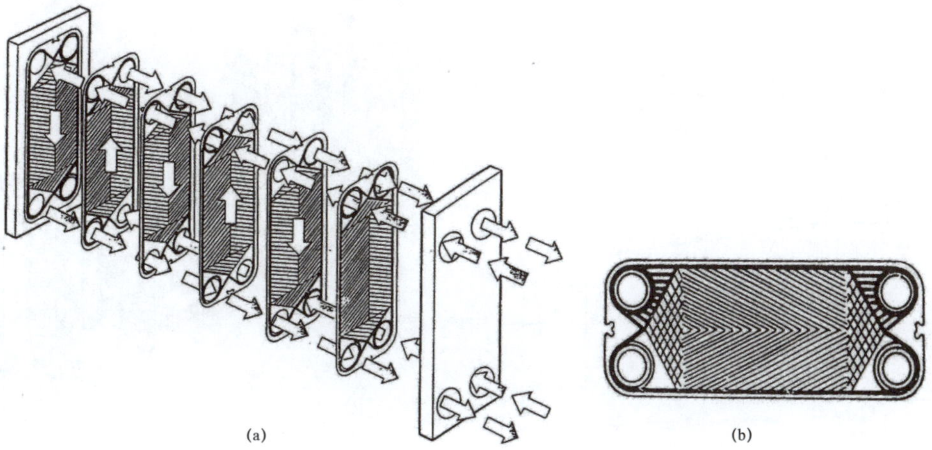

图 352-01-07-30　板式换热器示意图

（a）板式换热器结构；（b）板式结构

板式换热器的优点是：结构紧凑、单位体积设备提供的传热面积大，总传热系数值高，如对低黏度液体的传热，值可高达 7000 W/（m^2•℃）；可根据需要增减板数以调节传热面积，检修和清洗都较方便等。

板式换热器的缺点是：换热量不宜大，操作压强比较低，一般低于 15 bar（1.5 MPa），最高也不超过 20 bar；因受垫片耐热性能的限制，操作温度不能太高，一般对合成橡胶垫圈不超过 130 ℃，压缩石棉垫圈也低于 250 ℃。

2）范围对象

设备冷却水系统板式热交换器之外的其他板式换热器，包含但不限于：

表 352-01-07-53　范围对象表

设备名称	设备位置
核岛冷冻水系统冷油器	核岛厂房
辅助给水系统润滑油冷却器	连接厂房
汽轮发电机润滑、顶轴和盘车系统冷油器	常规岛厂房
真空泵冷却器	常规岛厂房
应急柴油机燃油回油冷却器	柴油机厂房

3）结构原理

板式热交换器是一种间壁式的换热器。它是通过对流传热和热传导（导热）相结合的方式进行传热的。根据热力学定律，热量总是由高温物体自发地传向低温物体。当两种流体存在温度差时，就必然有热量进行传递。在板式热交换器中，冷热流体被换热片分割开而在两侧流动。热流体将热传到换热片的一侧，通过换热片的热传导将热传到换热片的另一侧，换热片的另一侧再将热传给冷流体，这就是板式热交换器的传热过程。

板式换热器的换热片表面采用瓦楞波结构优化设计，这样流体能均匀流过板面，增加传热面积，并促使流体的湍动，使两种存在温度差的流体在受迫对流传热过程中，热交换率达到 92%以上，即使流体流速在雷诺准数值以下，流体在板片之间的运动亦呈三维运动，促使流体形成剧烈紊动，减少边界层热阻，强化传热效率。

图 352-01-07-32（a）和（b）分别是冷媒流体（冷冻水）和工作流体（冷却循环水）的换热片。比较（a）和（b）可以看出，冷媒流体换热片与工作流体换热片，实际上是同一换热片经过 180°的

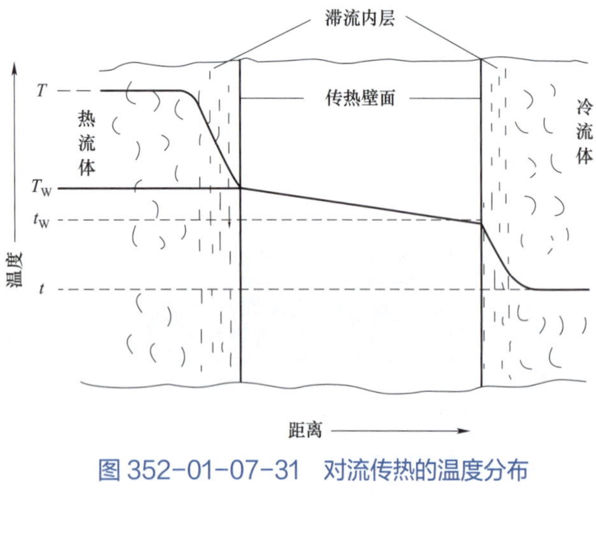

图 352-01-07-31　对流传热的温度分布

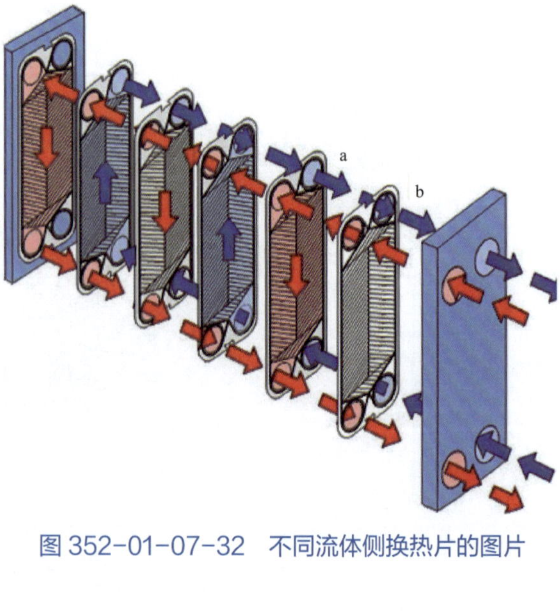

图 352-01-07-32　不同流体侧换热片的图片

旋转，使其瓦楞波结构在冷媒流体侧朝上排列，低温度的冷冻水从换热片的下面进入，通过瓦楞波结构的换热片换热后温度升高，从换热器的上面流出。而在工作流体侧则恰好相反，瓦楞波结构是朝下排列的，温度较高的冷却水从换热片的上面进入，通过瓦楞波结构的换热片换热后温度降低，从换热片的下面流出，这样就完成了冷却水的整个热交换过程。当冷媒流体为高温热水，工作流体为温度较低的冷水时，则必须是工作流体从换热器的下面进入。设置瓦楞波结构的目的是流道比较均匀，另外流体经过瓦楞波结构流动时总是朝着边缘流动，这样可以减少边缘效应，防止污垢在边缘处积累和沉降。

4）指标和参数

无。

5）维修技术要求

表 352-01-07-54 维护项目及周期

序号	项目名称	项目周期
1	板式热交换器解体检查	1C
2	板式换热器密封胶条更换	5C

板式热交换器解体检查：

- 解体前的准备，测量板式热交换器的两块压板间的内测距离 A；
- 检查设备的隔离；
- 用毛刷和擦布清理干净装载杆 9 的导轨滑动表面；
- 清除掉导向杆 11 导轨上的杂物；
- 检查可动压板 2 上方的滚筒，应能转动无卡涩；
- 拉出拉紧螺栓 3 螺纹尾部上的塑料护套，用钢丝刷清理干净螺纹表面；
- 检查螺纹表面的磨损或损坏情况，并记录；
- 在螺杆螺纹表面上薄薄刷上一层润滑油脂；
- 检查换热器板片组 7 的侧面上所作的顺序记号(如图 352-01-07-33 所示斜线)，若不清晰应重作；
- 测量并记下板组的叠厚尺寸 A 值。

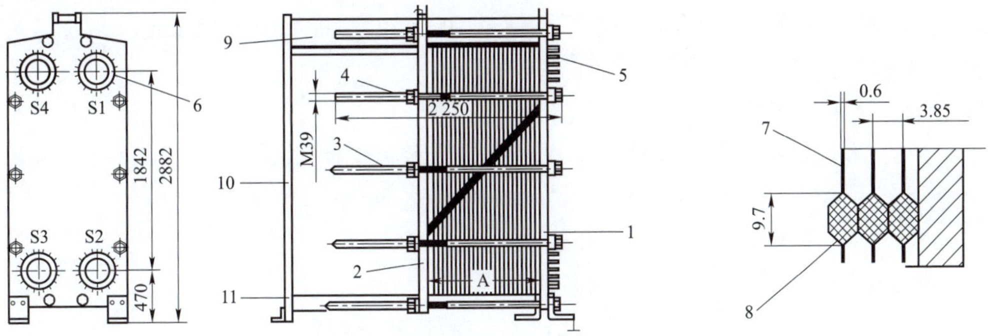

图 352-01-07-33 设备部件总图

——换热器板片的拆卸：

- 拆除可动压板的下部支承连接螺栓和外侧支承块；
- 拧松 T3 板的连接螺母，拆除 T3 板；
- 根据板式热交器的长度 *A*（mm），计算 1.05 *A* 和 1.10 *A*；

注意：*A* 为现场测量的对应板式热交换器的两块压板间的内侧距离。

● 用手动专用扳手松开和拆掉 12 根不带支承盒的拉紧螺栓；

● 按图 352-01-07-34 所示的 1、2、3、4 的顺序松开剩余的 4 根带支承盒的螺栓，使板组叠厚尺寸增大到 1.05 A；

● 全松掉 1 号和 2 号螺栓或 3 号和 4 号螺栓，然后全松掉剩余的 2 个螺栓；

● 将可动压板 2 推靠支柱 10；

● 拆卸换热器板片时，如图 352-01-07-34 所示，向后和向侧边倾斜，卸下换热板。

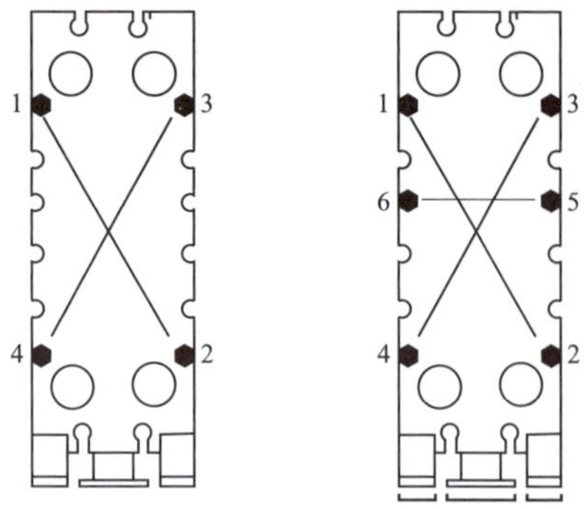

图 352-01-07-34　拆装时螺栓顺序

——换热器板片的清洗和检查：

● 一个人用除盐水冲洗换热器板面，一个人用软塑料地板刷清除板面上的杂物。

注意：避免损坏板面上的密封圈，不得用钢丝刷清洗。

● 板面上若有化学沉积物，用水冲洗的办法无法清洗时，填写质量缺陷报告 QDR，可根据沉积物类型，按《M310-FG 板式热交换器的运行维修手册》中所述的相应化学溶液清洗。

注意：避免板件的腐蚀。

● 检查换热器板片密封圈的缺陷：裂纹、破口或老化，记录结果。

● 肉眼检查每块换热器板片。若有穿孔怀疑，用行灯置于板后观察漏光，或用放大镜检查可疑区域，记录检查结果。

● 有缺陷的热交换器的板直接更换。

● 对密封条简单脱落可以用乐泰胶进行粘接，如密封条大部分脱落必须更换板片。

——热交换器的重新组装：

● 清理装载杆 9、导向杆 11，给装载杆的导轨滑动表面涂上润滑油脂；

● 检查可动压板 2 上方的辊子；

● 逐一清理板片 7 的密封面后，将板件依原作的斜线记号顺序推靠至固定压板 1；

● 将可动压板 2 压住换热器板片组件；

● 穿上如图 3 所示的 6 根螺栓，用钢丝刷把螺纹擦干净，再涂上一薄层润滑油脂；

● 按拆卸图示 6 顺序，用专用手动扳手先紧 1-2 或 3-4 到板组叠厚等于 1.10 A；

注意：在紧固时，压板的歪斜偏差：水平不超过 10 mm，垂直不超过 25 mm。

● 计算 1.03 A，按 1-2-3-4 的顺序紧固到叠厚 1.03 A；

● 再按 1-2-3-4-5-6 顺序紧固到叠厚 A；

● 装上其余的 10 根螺栓，将螺纹清理干净，抹上油脂后拧紧；

● 测量叠厚尺寸 A；

● A＜1000 mm，相邻螺栓之间的差不超过 2 mm；

● A＞1000 mm，相邻螺栓之间的差不超过 4 mm；

● 所有螺栓之间的最大差值不超过叠厚的 1%。将测量数值记入检修报告；

● 如不完全密封，可继续紧到 A-1%，但不能超过最大拧紧力矩值；

● 在裸露的螺纹表面上涂上油脂，套上塑料保护套管；

● 安装滑动压板支承块和连接螺栓；

● 安装 T3 板和连接螺母。

——水压试验：

● 检查并确认设冷侧前后隔离阀已经完全关闭，如果设冷侧阀门已经从管道上拆卸，安装设冷侧阀门盲板进行隔离；

- 用 M41 两用扳手拆除海水侧下部流道盲板；
- 将设冷侧下部管道盲板更换为打压盲板，在打压盲板上安装压力表（1.6 MPa 或 2.5 MPa），用软管接引除盐水水；
- 手动打开进水阀、排气阀，对设冷侧进行充水，待排气阀出水后，手动关闭排气阀；
- 调节进水阀进行升压，待压力升至 0.6 MPa 后，关闭进水阀。连接手动打压泵，将试验压力升至 0.74 MPa，保持 30 min；
- 检查板式换热器侧面和底部，确认外部无泄漏；
- 检查海水侧下部流道，确认无泄漏；
- 确认均无泄漏后，排空设冷侧，拆除临时盲板；
- 海水侧水压试验；
- 检查并确认海水侧前后隔离阀已经完全关闭，如果阀门从管道上拆卸，请安装海水侧阀门盲板进行隔离；
- 拆除设冷侧流道盲板，将海水侧下部管道盲板更换为打压盲板；
- 在打压盲板上安装压力表，并接引除盐水水；
- 打开进水阀、排气阀，对海水侧进行充水，待排气阀出水后，关闭排气阀；
- 调节进水阀进行升压，压力升至 0.4 MPa 后，关闭进水阀，保持 30 min；
- 检查板式换热器侧面和底部，确认外部无泄漏；
- 检查设冷侧下部流道，确认无泄漏；
- 确认均无泄漏后，排空海水侧，拆除排气临设及临时盲板；
- 核实新盲板垫片尺寸及垫片表面情况，确认垫片可用；
- 更换垫片，回装海水侧、设冷侧流道盲板及海水管道盲板；
- 回装活动端底部的固定支架。

6）质量管理

——板式热交换器解体检查：

表 352-01-07-55 质量管理表

步骤	推荐的选点
打压试验	H

7）经验反馈

板式换热器容易出现板片穿孔、减薄、密封胶条脱胶、密封胶条老化、变形等缺陷，从而直接或者间接导致板式换热器内漏/外漏，影响设备可用性。

——常见故障及排除方法：

表 352-01-07-56 常见故障及排除方法

故障现象	发生原因	排除方法
外漏	板片分流区穿孔	更换穿孔板片
	密封胶条老化/脱落	定期更换密封胶条（返厂翻新）
	观察孔密封垫片失效	更换密封垫片
	管道法兰垫片失效	更换密封垫片
	板片变形错位	板片矫形/更换合格板片
内漏	板片流道区穿孔	更换穿孔板片

——典型案例：

● 闭式水板换出现过 4 次泄漏故障。

现象：

国内某核电厂 2 号闭式水板换出现过 4 次泄漏故障。

根本原因：在分流区更容易出现局部流速过高的情况；检修使用的钛板备件均为补焊返修的钛板，导致钛板减薄穿孔的概率升高。

8）技术规程清单

表 352-01-07-57　技术规程清单

序号	规程名称
1	全面解体清洗检查

9）参考资料

[1]《无损检测人员技术资格鉴定通则》：GB 9445—99［S］.

[2]《承压设备无损检测第 6 部分》：JB/T 4730.6—2005［S］.

[3] Nuclear Maintenance Applications Center. Heat Exchanger Maintenance Guide 1018089［R］.

（3）蒸汽发生器

1）定义

蒸汽发生器（SG）的主要作用是将一回路中水的热量传给二回路的水，使其汽化。由于一回路水流经堆芯而带有放射性，因而蒸汽发生器与压力容器和一回路管道共同构成防止放射性外溢的第二道屏障。在压水堆核电厂正常运行时，二回路应不受到一回路水的污染，是不具有放射性的。

压水堆核电厂蒸汽发生器是按自然循环原理运行的。在这类蒸汽发生器中，保证流体的原动力是冷水柱和热水柱之间的密度差，产生的蒸汽是饱和蒸汽。

每一台饱和式蒸汽发生器按照满负荷运行时传递二份之　的反应堆热功率设计。

下述出现的具体参数以中核核电运行管理有限公司秦二厂 3、4 号机组为例做说明。

2）范围对象

蒸汽发生器。

3）结构原理

结构功能

举例蒸汽发生器为 Model F-60 型立式 U 形管束自然循环蒸汽发生器。它分上、下两部分，下部直径较小（$D_{下}$=3346 mm）为蒸发段，其中装有 4640 根ϕ19.05 的 U 形管以及管板、支承板、管束围板、流量分配挡板等；上部直径比较大（$D_{上}$=4484 mm）为汽水分离段，内装 18 个旋流叶片式（离心式）一次汽水分离器及采用西屋公司专利技术的波纹板式二次汽水分离器等。下端为球形封头，内有一块分隔板，将球形封头分为冷却剂进口室和冷却剂出口室（即平常我们所说的热端、冷端）。蒸汽发生器上部为椭圆形封头，顶部设有一个特殊结构的蒸汽出口。传热管材料为因科镍 690，管径为$\phi 19.05\times 1.09$，管束排列为正方形，管束与管板的连接采用先胀后焊，确保其密封。

换热过程：一回路冷却剂（加热介质）从蒸汽发生器底部，即球形封头一侧入口进入水室，自管板进入 U 形管内并沿传热管上升至 U 形管束顶部，再沿 U 形管流至球形封头的出口水室引出，通过一回路压力管再去循环。二回路的给水从上部汽水分离段一侧给水口进入蒸汽发生器，经环管分配使给水沿筒体周边分布，再经管束围板与筒体间通道由上而下流至蒸汽发生器下部蒸发段，并沿管束围板与管板之间的通道进入管束区，经流量分配挡板分配流量后，在自然循环的作用下沿管束中心部位管间上升同时吸收管内热介质（冷却剂）传来的热量而成为汽水混合物，当汽水混合物到达汽水分离段，其中一部分被沸腾变成蒸汽，离开水面后，进入一次汽水分离器，在大部分液滴被分离后，蒸汽进入二次汽水分离器进一步除去水份而成为饱和蒸汽，由顶部蒸汽出口进入二回路管道供汽轮机做功。另一部分未汽化的水，会同汽水分离器分离出的凝结水与给水一起经筒体和管束围板（套筒）之间的空间下降到蒸汽发生器下部重新被加热和进行再循环。

——设备描述：

压水堆核电厂的蒸汽发生器由带有内置式汽水分离设备的立式筒体和倒置式U形管束组成，如图352-01-07-35。

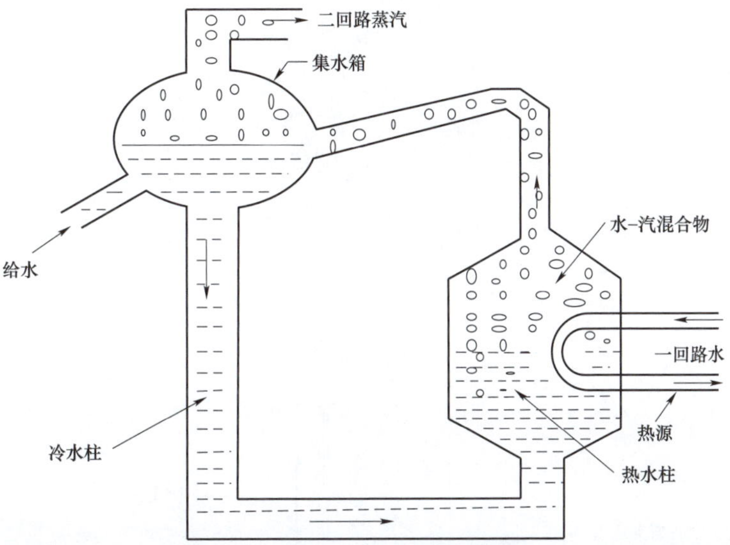

图352-01-07-35 自然循环原理

一回路的每一个环路有一台蒸汽发生器，它是垂直布置的、自然循环的管式汽化装置。整个装置可分为：

——给水蒸发段：

蒸汽发生器蒸发段的下部是由倒置的4640根倒U形管束构成，倒U形管的材料是因科镍Inconel690，一回路水在管内流动，二回路水在管外汽化。这些管子焊接在585 mm厚的锰-钼-镍（Mn-Mo-Ni）管板上，管板和管束承受一回路压力。一回路水侧封头是由铸钢半球形封头构成的，在其内表面覆盖了不锈钢层，并通过焊在管板上的因科镍隔板分成两个水室（入口水室、出口水室）。每个水室都有一个连到一回路的接管和人孔。

整个汽化装置安置在圆筒状的金属筒体内，筒体下部与管板衔接，其上部通过一个中间过渡锥体而与一个包含干燥装置的更大的金属筒体相连。给水的入口位于该筒体的上部。

给水分配由一个环形孔管完成。给水与干燥设备排出的水相混合，然后在由下部筒体与包围管束的圆柱形薄钢板包壳所形成的环形空间内向下流动。在包壳下部与管板上表面之间有一个空间，在这里水加热到接近饱和温度，然后进入到管束中间，向上流动。

借助于蒸汽发生器U形管束的隔板来保持管束的间距，而在隔板之间又通过拉杆固定。在8个抗震隔板上开有一些孔以让管子及水—蒸汽混合物通过。此外，隔板通过一些防止管束整体振动的楔子固定在管束围板上。同样，在管束的弧形段也设置了防振定位杆。

——汽水混合物—机械干燥段：

从管束出来的蒸汽—水混合物首先通过18个旋流叶片式分离器，在分离器中用离心法除掉混合物中大部分水。

然后，蒸汽在离开蒸汽发生器之前通过一根位于上封头轴线处的管子而穿过人字形干燥器。在其上部还设计了能进入干燥器的两个人孔。

来自人字形干燥器和旋流叶片式分离器的水与给水混合并使给水局部加热。

循环倍率定义为流过管束的总流量与蒸汽发生器出口蒸汽流量之比，在蒸汽发生器满负荷运行时该值大约是 3.4。这个值是一个折中值，它介于尽可能的蒸汽干度与蒸汽发生器稳定运行之间。

用于蒸汽发生器排空和连续排污的两根管子布置在管束的下部，用于检查管板上表面的两个二次侧手孔也位于这个高度。

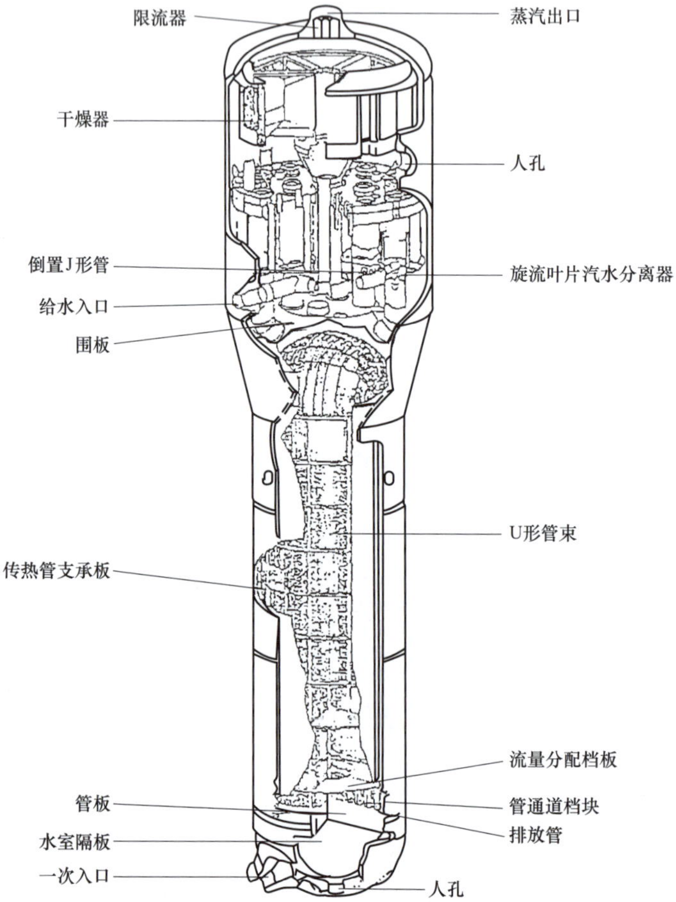

图 352-01-07-36　压水堆蒸汽发生器

——蒸汽发生器水位调节；

——保持水位的必要性：

蒸汽发生器的水位，是指蒸汽发生器筒体和管束套筒之间的部分中测得的水位，即冷柱的水位。

核电厂正常运行时蒸汽发生器必须保持正常的水位，若水位过低，蒸汽发生器二次侧水量过少，会引起一回路冷却不充分，U 形管束的温度升高将有破裂的危险，如果蒸汽进入给水环，就有可能在给水管道中产生汽锤，另外，蒸汽发生器的管板还将受到热冲击。若水位过高，将有加速汽轮机腐蚀的危险。

水位调节，可通过控制给水流量调节系统的给水流量调节阀来实现（见图 352-01-07-37）。运行时，监测蒸汽集管的压力与给水进口的压力，二者的压差值 ΔP 与根据蒸汽流量 Q 表征的功率，通过函数发生器产生的参考压差定值相比较，以调节电动给水泵的转速。

——蒸汽发生器的给水：

正常工况下由给水流量控制系统（ARE）给水。冷凝器冷凝乏蒸汽而得到凝结水，经凝结水抽取泵抽出，送到低压加热器、除氧器、及高压加热器重新加热后，送到蒸汽发生器内投入再循环。蒸汽

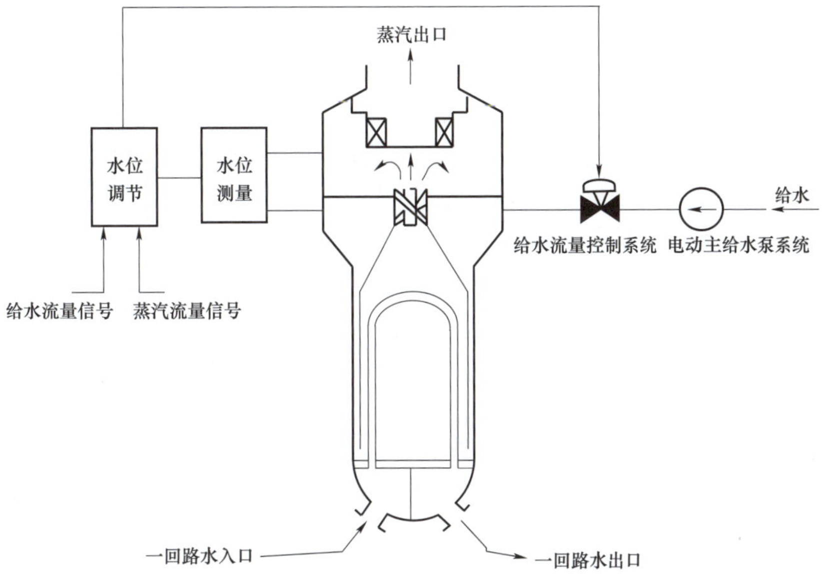

图 352-01-07-37 蒸汽发生器水位保持的必要性

回路上装有安全阀，当蒸汽压力达到一定阈值时，能使蒸汽卸压。

当正常给水发生故障时，由辅助给水系统提供紧急给水。辅助给水系统还担负机组启动时蒸汽发生器的长时间充水和热备用时蒸汽发生器的给水。

——蒸汽发生器的排污：

运行时，由于一回路和二回路间可能的泄漏，蒸汽发生器有遭受腐蚀的危险，尤其在 U 形管与管板的连接处，由于非挥发性产物的积累，更可能产生腐蚀。为抑制腐蚀，要严格进行二回路的水质处理，并在管板标高处连续地进行排污。为此，设有蒸汽发生器排污系统（APG），见图 352-01-07-38。

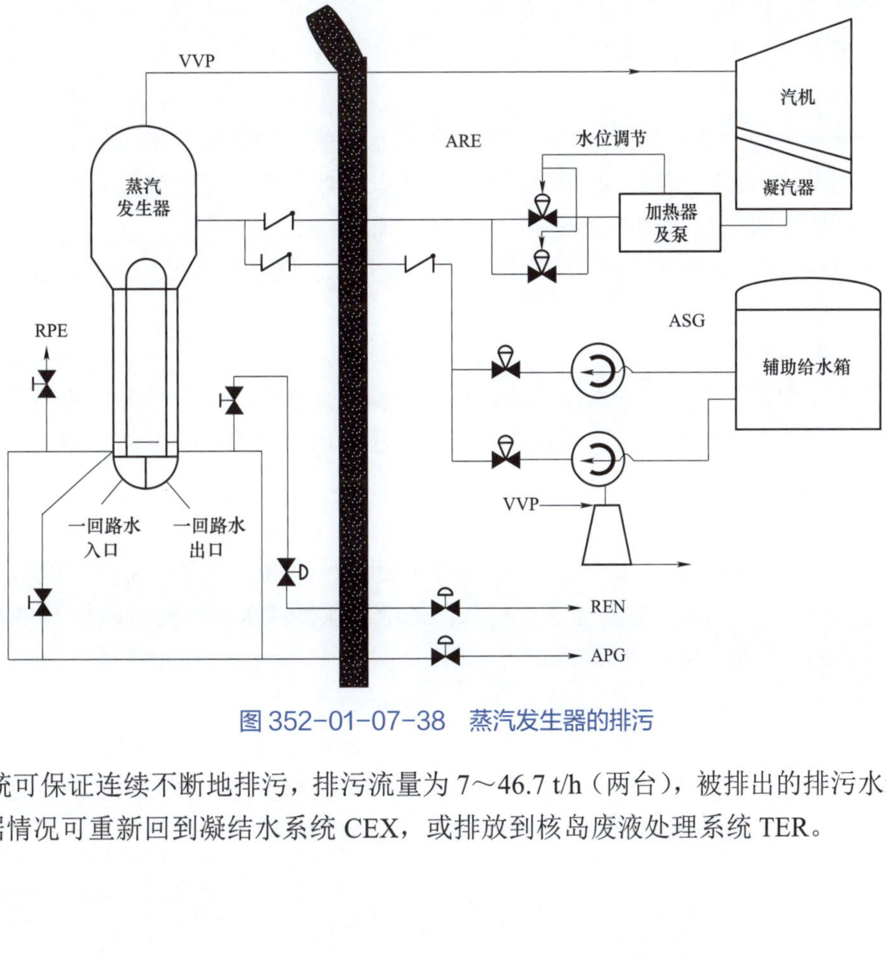

图 352-01-07-38 蒸汽发生器的排污

APG 系统可保证连续不断地排污，排污流量为 7～46.7 t/h（两台），被排出的排污水经冷却和净化处理后，根据情况可重新回到凝结水系统 CEX，或排放到核岛废液处理系统 TER。

运行原理

——热动力学原理：

蒸汽发生器为立式壳管式热交换器。其中从高温和高压（反应堆冷却剂）来的单相反应堆冷却剂在管侧释放热量，壳体介质被加热产生低温和低压的双相（蒸汽-水）混合物。二次侧有汽水分离器将水从汽水混合物中分开，使蒸汽发生器输出干蒸汽。

在稳态工况下，蒸汽发生器的一次侧和二次侧的流体流量和热焓相对恒定，一次侧反应堆冷却剂的流量基本是常数，二次侧的恒定给水流量等于蒸汽产生量和下泄排污流量之和。

给水系统（主给水系统/辅助给水系统）向 SG 二次侧提供一定过冷度的给水，并通过上壳体给水分配装置进入蒸汽发生器。在蒸汽发生器内，给水与汽水分离器从蒸汽-水混合物中分离出的再循环水混合，产生稍低于饱和温度的过冷混合物。过冷混合物从蒸汽发生器壳体内表面和管束包壳外表面之间形成的环状通道向下流，然后通过包壳的底端和管板的上表面之间间隙进入下部管束区。一小部分位于二回路管板表面上方的管束将流体温度加热到饱和温度，绝大部分的管束工作将二回路给水加热到沸腾状态。

在满功率稳态运行中。蒸汽发生器水位保持在给水分配环之上。从管束的 U 形弯头区出来的汽水混合物进入一级汽水分离器，通过旋风分离器的螺旋叶片后，变直线运动为旋转运动，在离心力的作用下，比重较大的水被甩到外圈，而比重较小的水蒸汽保留在筒体的中间区域，在叶片出口至筒体出口的空间内，形成了旋转的中央气流和旋转的环形水层。大部分分离水通过叶片上方的旋风分离器筒体中的孔眼排出，另一部分分离水旋风分离器的顶端出口扩散器切向流出，都返回到 SG 上部腔室进行再循环。一次除湿后的蒸汽流经圆形开口和扩散器后告诉扩散进入一级分离器和二级分离器之间的腔室中。

在一级分离器和二级分离器之间的腔室中，由于这个区域的截面积大于一级分离器出口喷嘴的面积。蒸汽向上运动的速度下降，产生了重力分离效应，在此分离的水通过一次分离器主甲板上的许多疏水管开孔返回到 SG 上部壳体水室进行再循环。

二级汽水分离器含有多组并排布置的分离组件，汽水混合物在分离组件内的波形板流道中均匀分布，运动方向不断变化。

二级汽水分离器工作的原理是：由于汽水混合物中水滴的质量较大，相应的动量也大，不能快速变动方向运动，因此撞击在二次分离器波形板片表面上，被收集水滴集中到收集槽中（收集槽位于每两个平行组件之间的空间中），并由集水管排放到 SG 上部腔室进行再循环。

SG 在 100%功率稳态运行下，通过一次汽水分离器和二次汽水分离器后，SG 出口蒸汽的干燥度保持在 99.9%以上。

——蒸汽发生器的循环：

本立式蒸汽发生器被认为是两个承压部分，即一次侧和二次侧。每一侧各自的循环模式。一次侧压力边界包括下封头进口和出口水室，管板和管束。二次侧压力边界包括下部壳体、过渡锥体、上部壳体和椭圆封头。

一回路的循环：

来自反应堆压力容器的高温高压冷却剂通过 SG 下封头一回路进口进入 SG 一次侧，流入“热侧”腔室，从管板进入 U 形管。通过 U 形管管壁释放热能给二次侧汽水混合物后，从 U 形管出口经管板流入“冷侧”腔室，并通过 SG 一回路出口管流出，经主泵打入反应堆压力容器进行下一次循环。

二回路的循环：

在正常稳态运行中，二次侧水位通过调节给水系统（ARE、ASG）的流量与 APG 排污系统流量来保持稳定。主给水通过给水环送入蒸汽发生器二次侧，在被 U 形管束加热后汽水混合物通过第一和第二级汽水分离器，干燥的饱和蒸汽通过出口管（带有文丘利管，用于流量限制）流出蒸汽发生器。分离出的水通过疏水系统返回到一次汽水分离器主甲板下的再循环水室。与进入的给水相混合后进入在循环。

——二次侧排污系统的运行：

二次侧排污系统被用来保持二次侧水化学指标。排污系统包括六个管间通道挡块和由挡块固定的一个开孔下泄管(见4.7节)。沿管间通道间隔布置的挡块安装在管板二回路表面并伸出280 mm(11 in)，每个挡块都有一个让排污管通过的孔。流量分配板位于管板二回路表面之上约510 mm（20 in），与挡块协同作用使悬浮固体和高化学浓度的流体聚集在管板中心区域。由于二次侧的压力高于APG排污系统的压力，管间通道的中心区域的悬浮固体和高化学浓度的流体被压入排污管上的开孔，从SG中排出到排污系统。

——再循环：

再循环系统收集由一级汽水分离器和二级汽水分离器从汽水混合物中分离出的水，返回到SG的蒸发段（管束）。满负荷时，从管束U形弯管区上升的汽水混合物中水和蒸汽的比例约为2:1。汽水混合物进入18只一级汽水分离器。分离器直径为495 mm（19.5 in）。在此绝大部分水由离心作用进入与每个旋风分离器同心的下降管筒体［直径为670 mm（26.4 in）］。下降管筒体将分离出的水导入主甲板下的水室中。在较高质量的汽水混合物离开第一级分离器后，在进入第二级分离器之前，还有部分水分通过重力效应排出，其余要排除的水分在第二级汽水分离器中进一步排出。

第二级汽水分离是在6个平行的二级汽水分离器组件中产生的。每个组件为矩形，向倾斜的导流板引导进入的汽水混合物进入分离装置。每个组件框上焊有一块多孔板，可以均匀分配汽水混合物平行进入各个分离组件，减少由于扰动的蒸汽流动造成局部过载。每排分离组件内由顶部和底部定位支承，每个组件下部有集水槽和集水管，集水管将分离出的水返回到上部壳体水室进行再循环。

——泥沙收集器：

蒸汽发生器在上部腔室的下甲板内有一泥沙收集器，设计目的在于减少蒸汽发生器中的悬浮颗粒总量。减少管板二回路表面和其他位置的泥沙聚集。泥沙收集器是一个大约4000 mm（157.5 in）直径×200 mm（7.9 in）高度的圆槽。它位于一级汽水分离器的下甲板上。泥沙收集器内部，有上下两个水平流动的区域，在正常运行中，一部分的再循环水通过位于泥沙收集器顶部的开孔进入泥沙收集器，然后径向从泥沙收集器圆周的出口槽缓慢流出。

泥沙收集器的运行原理是：如果流体的流速小于临界沉淀速度时，悬浮颗粒将沉淀。因为在泥沙收集器中横向流速相对比较低，流体中的悬浮颗粒将在泥沙收集器中沉淀。在SG正常运行中，泥沙收集器被动运行，收集的污泥在维修时可以从泥沙收集器排出。

4）指标和参数

表352-01-07-58　蒸汽发生器的主要参数

传热量/MWt	968
总传热面积/m^2	5630
管侧	
设计压力/MPa	17.13
设计温度/℃	343
运行压力/MPa	15.5
试验压力/MPa	22.9～24.0
反应堆冷却剂	
进口温度/℃	327.2
出口温度/℃	292.6
流量/（m^3/h）	23 320

续表

壳侧	
设计压力/MPa	8.6
设计温度/℃	343
运行压力/MPa	
试验压力/MPa	12.9～13.5
蒸汽参数	
压力/MPa	6.71
出口温度/℃	282.9
最大湿度/%	0.1
流量/（t/h）	1952
给水温度/℃	230.5
尺寸与重量	
下部蒸发段直径/mm	3447.9
上部汽水分离段直径/mm	4487.7
总高度/mm	20 855
无水总重/t	327.5
满水总重/t	522.5
最大连续下泄流量/kg/h	19 505
传热管数量	4640
一次侧：	
设计压力	17.2 MPa（a）
设计温度	343 ℃
运行压力	15.5 MPa（a）
反应堆冷却剂温度（最佳估算）	
——进口	327.2 ℃
——出口	292.6 ℃
反应堆冷却剂流量（最佳估算）	24 290 m^3/h
压降	0.31 MPa
反应堆冷却剂容积	
——冷态	
——热态	31.12 m^3
热负荷	1/2 × 1936 MW
二次侧：	
设计压力	8.6 MPa（abs）
设计温度	316 ℃
蒸汽压力	6.71 MPa（abs）
蒸汽温度	282.9 ℃
给水温度	230 ℃
流量率（最佳估算）	1951 t/h
一般数据	
蒸汽最大湿度（重量百分比）	0.25%
总换热面积	5630 m^3
总高度	20.864 m

续表

参数	数值
上部外径	4487.8 mm
下部外径	3465.1 mm
管板厚度	585 mm
U 形管　数目	4640 根
名义直径	19.05 mm
壁厚	1.09 mm
材料	因科镍 690
总重量（无水）	338 t
（充满水）	530 t

5）维修技术要求

表 352-01-07-59　维修技术要求表

序号	项目名称	项目周期
1	蒸汽发生器下封头母材超声检查	6C
2	蒸汽发生器下封头母材 PT 检查	6C
3	3 反应堆冷却剂系统　蒸汽发生器冲洗管线布置	1C
4	3 反应堆冷却剂系统　蒸汽发生器螺孔的清洗、检查和润滑	1C
5	3 反应堆冷却剂系统　蒸汽发生器关闭二次侧人孔	1C
6	3 反应堆冷却剂系统　蒸汽发生器人孔、手孔和观察孔螺栓、螺母和球面垫圈的清洗、检查和润滑	1C
7	3 反应堆冷却剂系统　蒸汽发生器开启二次侧人孔	1C
8	3 反应堆冷却剂系统　蒸汽发生器关闭手孔	1C
9	3 反应堆冷却剂系统　蒸汽发生器开启手孔	1C
10	3 反应堆冷却剂系统　对大修期间打开的所有孔（包括一、二次测人孔、手孔、观察孔）的螺纹孔进行检查	1C
11	3 反应堆冷却剂系统　一次侧人孔螺栓超声检查（UT）；螺栓、螺母目视检查（VT）	2C
12	3 反应堆冷却剂系统　蒸汽发生器开启一次侧人孔	2C
13	3 反应堆冷却剂系统　蒸汽发生器关闭一次侧人孔	2C
14	3 反应堆冷却剂系统　蒸汽发生器支撑外部腐蚀检查（支撑表面涂层为安全相关涂层）	3C
15	3 反应堆冷却剂系统　传热管涡流检查（ET）	2C
16	3 反应堆冷却剂系统　管板与水室封头连接焊缝（包括 1A）超声检查（UT）	3C
17	3 反应堆冷却剂系统　主管道与进出水接管安全端焊缝液体渗透、射线检查（PT/RT）	6C
18	3 反应堆冷却剂系统　管板与二次侧下部筒体焊缝（包括 6A）超声检查（UT）	3C
19	3 反应堆冷却剂系统　安全端与进出水接管连接焊缝液体渗透、射线检查（PT/RT）	6C
20	3 反应堆冷却剂系统　支撑腿与水室封头焊缝液体渗透检查（PT）	3C
21	3 反应堆冷却剂系统　水室封头内表面堆焊层电视检查（TV）	6C
22	3 反应堆冷却剂系统　一次侧人孔螺栓孔间的孔带超声检查（UT）内螺纹孔表面目视检查（VT）	6C
23	3 反应堆冷却剂系统　安全端/蒸汽出口接管焊缝超声检查(UT)、给水接管/上部筒体焊缝超声检查(UT)及目视检查(VT)	6C
24	3 反应堆冷却剂系统　锥形筒体与下部筒体焊缝超声和磁粉检查（UT/MT）	6C
25	3 反应堆冷却剂系统　锥形筒体与上部筒体焊缝超声检查（UT）	6C
26	3 反应堆冷却剂系统　接管与筒体焊缝液体渗透检查（PT）	6C

续表

序号	项目名称	项目周期
27	3 反应堆冷却剂系统 蒸汽发生器关闭眼孔	3C
28	3 反应堆冷却剂系统 水压试验蒸汽发生器开启一次侧人孔	6C
29	3 反应堆冷却剂系统 蒸汽发生器开启眼孔	3C
30	3 反应堆冷却剂系统 内部构件目视检查（VT）	2C
31	3 反应堆冷却剂系统 内部构件目视检查（VT）	2C
32	3 反应堆冷却剂系统 水压试验蒸汽发生器关闭一次侧人孔	6C
33	3 反应堆冷却剂系统 传热管涡流检查（100%ET）	6C
34	3 反应堆冷却剂系统 蒸汽发生器二次侧水压试验	6C
35	3 反应堆冷却剂系统 二次侧管板及泥渣收集器水力冲洗	1C

6）质量管理

表 352-01-07-60　质量管理表

步骤	推荐的选点
螺栓残余拉伸量满足要求	H
二次侧水压试验参数（包括压力、温度、持续时间）	H
气密堵板密封腔室压力监测	H

7）经验反馈

蒸汽发生器是核电厂一回路和二回路的核心设备，其主要检查/检修活动均是围绕传热管的可靠性展开。

——常见故障及排除方法：

表 352-01-07-61　常见故障及排除方法

故障现象	直接原因	根本原因	排除方法
二回路发现放射性	传热管穿孔	1. 异物卡涩致局部冲刷加剧 2. 传热管异常腐蚀 3. 异物（外部）砸伤	1. 传热管堵管 2. 查找腐蚀根本原因后消除腐蚀要素，堵管 3. 查找异物来源，提升防异物管理，整改并堵管
	传热管与管板密封失效	异物引起管口冲刷 异物砸伤	查找异物来源，提升防异物管理，堵管、焊接
人孔/手孔/观察孔螺栓无法拆卸	螺栓/螺孔损坏	保养不当，腐蚀 异物卡涩螺纹，致螺纹损坏 拉伸/开关孔操作不当，致螺纹损坏	修复损坏螺纹 螺栓/螺孔清理、保养
	工具故障	工具保养不当	定期工具保养

——典型案例：

- 某核电厂调试期间一次侧人孔螺孔螺纹锈蚀及损伤

直接原因：重要设备防腐保护措施不到位。

处理方式：① 对螺纹孔检查评估，采用螺纹孔扩孔攻丝，加装螺纹套的方式修复。修复后螺栓规格不变，缺陷螺栓换新。② 优化开关孔程序，对螺栓/螺孔的清洗润滑提出细致要求。

- 某核电厂大修期间蒸汽发生器一次侧水室内发现 2 个异物

直接原因：① 蒸汽发生器传热管涡流检验设备进入水室前，涡流组未对探头门上的白色锁扣状态进行确认，在检验过程中该锁扣发生松动，落入水室形成异物。② 蒸汽发生器传热管涡流检验工作异物控制不到位，工作完成后对蒸汽发生器水室异物检查不到位。③ CCTV 电视检查设备因年久而老化，检查过程中轴承作为受力支点承担大部分机械臂重量，导致个别受力较大的轴承部件发生断裂，部分零件落入水室形成异物。④ 在成套、复杂设备进出容器内的防异物管理上存在不足，缺乏对成套、复杂设备的防异物管理规定。完工时异物检查不到位，防异物程序执行不到位。

处理方式：① 取出异物，确认异物并未进入主管道和反应堆压力容器内部；② 异物取出后进行了 2 号蒸汽发生器一次侧热端、冷端水室内部的电视检查，全面排查异物，未见异常和其他异物；③ 对本次大修进入 2 号蒸汽发生器的设备或工器具进行全面排查，经逐一核实后，确认设备完好，未发现有其他部件遗失或脱落；④ 两处异物取出后，已全部将其与设备上未脱落部分进行拼接，证明该部件已完整，无其他遗失部分。

- 某核电厂大修期间高水位堵板（气密堵板密封）失效导致一回路跑水

直接原因：蒸汽发生器堵板的中间板下部螺栓没有拧进螺栓孔内，升水位后由于水压作用中间板下端被顶起，气囊局部被挤出主管道外，干室和湿室两层气囊同时破裂，这是导致堵板漏水事件发生的直接原因。

处理方式：全面去污，受影响设备清洁，重新堵板；

8）技术规程清单

表 352-01-07-62　技术规程清单

序号	规程名称
1	蒸汽发生器堵板工具操作
2	蒸汽发生器一次侧入孔螺栓孔清洗检查
3	安装与拆卸蒸汽发生器盲板和疏水孔塞
4	蒸汽发生器二次侧人孔封盖
5	蒸汽发生器内部通道盖板拆装
6	蒸汽发生器一次侧人孔开盖
7	蒸汽发生器人孔螺栓、螺母、球面垫圈的清洗、检查和润滑
8	蒸汽发生器螺孔的清洗、检查和润滑
9	蒸汽发生器观察孔、手孔封盖
10	蒸汽发生器二次侧人孔开盖
11	蒸汽发生器手孔和观察孔螺栓的清洗、检查和润滑
12	蒸汽发生器观察孔、手孔开盖
13	蒸汽发生器一次侧人孔封盖

9）参考资料

[1] 蒸汽发生器运行维修手册 [R].

[2] 蒸汽发生器技术规格书 [R].

（4）再生热交换器

1）定义

再生热交换器是通过将下泄流的热量回收以预热上充流，从而实现能量的回收再利用，是根据设备功能特点命名。

这是一个双单元串联连接的热交换器。每个单元都是管壳式 U 形热交换器。管子焊到管板上。每个单元有一个带分程隔板的水室封头。

2）范围对象

表 352-01-07-63　范围对象表

设备名称	设备位置
再生热交换器	核岛厂房

3）结构原理

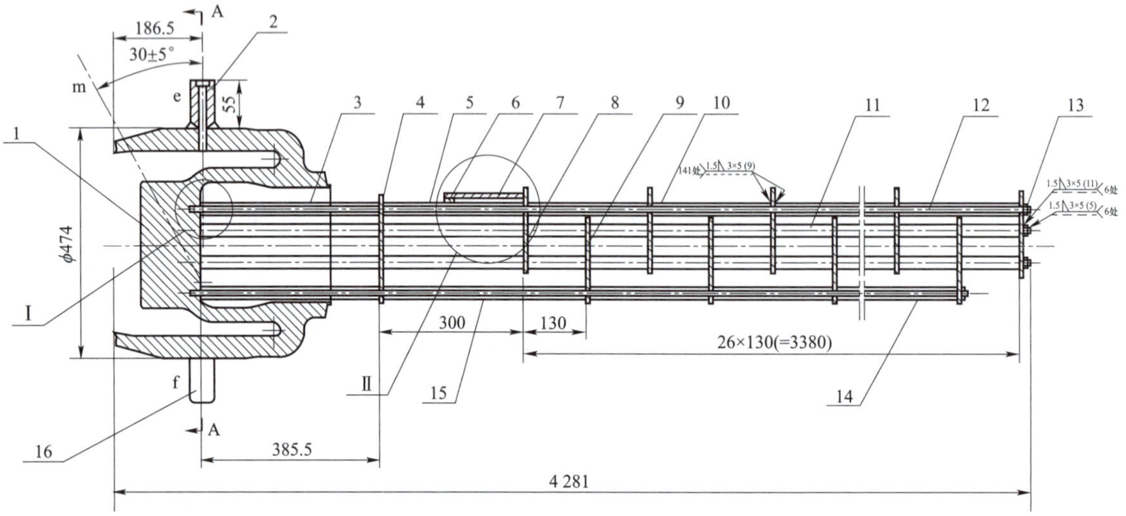

图 352-01-07-39　再生热交换器结构图

主要功能是：反应堆冷却剂（下泄流）进入除盐器之前在管程冷却；反应堆冷却剂（上充流）返回反应堆冷却剂之前在壳程被预热，以回收热量。

所考虑的下泄流量是最大下泄流。下泄出口温度必须受到限制，以避免下泄孔板下游发生闪蒸。为此，在热交换器管内必须保持有最小上充流量率。在反应堆升温末期，当要求的下泄流总量超过热交热器容量时，必须使用过剩下泄通道。

热交换器内部检查，需技术处配合，执行内窥镜检查。

4）指标和参数

表 352-01-07-64　主要技术参数表

名称	管侧	壳侧
安全等级	2	2
规范等级	2	2
抗震等级	1I	1I
质保等级	Q1	Q1
清洁度等级	A22	A22
换热面积/m^2	46.41	
全容积/m^3	0.107	0.324
设计压力/MPa.g	19.4	17.15
设计温度/℃	343	343
程数	1	1
主要材料	00Cr19Ni10	00Cr19Ni10
腐蚀余量/mm	管束 0.13	
焊缝系数	1	1
外形尺寸 长×宽×高/mm	5240×1000×1720	
换热管尺寸/mm	10.2×2	

5）维修技术要求

表 352-01-07-65 维修技术要求表

序号	项目名称	项目周期
1	外部腐蚀检查	8C
2	外部检查	1C
3	水压试验（壳侧）	6C
4	外壁目视检查（VT）	1C

6）质量管理

表 352-01-07-66 质量管理表

步骤	推荐的选点
水压试验压力	H
紧固力矩	W

7）技术规程清单

表 352-01-07-67 技术规程清单

序号	规程名称
1	再生式热交换器内外部检查
2	再生式热交换器壳侧水压试验

8）经验反馈

——典型案例：

● 某核电厂调试期间再生热交换器水室内部发现异物

直接原因：设备制造期间或安装配管期间机加工产生的铁屑；

处理方式：用内窥镜观察，切割管道辅以异物取出手段取出异物。

9）参考资料

[1] RCV 系统手册 [R].

（5）余热排出热交换器

1）定义

余热排出热交换器为立式 U 形管壳式热交换器。一回路水进出口设在下封头，封头内有一隔板，封头用法兰固定在壳体上，管板被夹紧在壳体与封头法兰之间，在底部封头的两侧开有人孔。反应堆冷却剂流经管侧，设备冷却水流经壳侧。

2）范围对象

表 352-01-07-68 范围对象表

设备名称	设备位置
余热排出热交换器	核岛
余热排出热交换器	核岛

3）结构原理

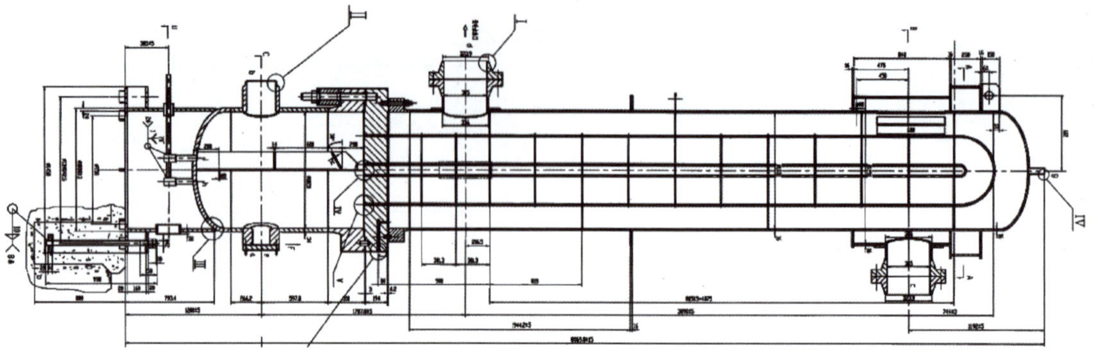

图 352-01-07-40　余热排出热交换器结构图（正常为立装）

热交换器的设计在反应堆停堆后 20 h 内，通过两台泵和两台热交换器的运行使反应堆达到冷停堆状态。

热交换器设计运行条件如下：

——C 热源：反应堆冷却剂侧进口温度为 60 ℃；

——C 热阱：设备冷却水侧进口温度为 35 ℃；

——C 反应堆冷却剂侧出口温度为 50 ℃。

本系统设有两台并联的热交换器，以保证一旦一台热交换器不能运行，本系统仍具有部分排出热量的能力。

4）指标和参数

表 352-01-07-69　主要技术参数表

名称	管侧	壳侧
安全等级	2	2
规范等级	2	2
抗震等级	1I	1I
质保等级	Q1	Q2
清洁度等级	A22	B
换热面积/m²	292.5	
设计压力/MPa.g	4.65	1.1
设计温度/℃	180	150
程数	2	1
主要材料	00Cr19Ni10	20 HR-B
腐蚀余量/mm	0	3.2
焊缝系数	1	1
外形尺寸 C 长 × 宽 × 高/mm	2000 × 1550 × 8072	

5）维修技术要求

表 352-01-07-70　维修技术要求表

序号	项目名称	项目周期
1	外部腐蚀检查	4C
2	内壁目视检查（VT）	2C
3	余热排出热交换器外部检查	2C
4	外壁目视检查（VT）	1C

6）质量管理

表 352-01-07-71 质量管理表

步骤	推荐的选点
紧固力矩	W

7）技术规程清单

表 352-01-07-72 技术规程清单

序号	项目名称
1	余热排出热交换器外部检查
2	余热排出热交换器管侧水压试验
3	余热排出热交换器解体检查

8）经验反馈

——典型案例：

● 某核电厂启机期间筒体法兰密封面泄漏。

直接原因：密封垫片失效；

处理方法：筒体法兰解体，更换密封垫片。

9）参考资料

[1] 余热排出系统手册 [R].

（6）设备冷却水系统板式热交换器

1）定义

同 4.2.2 定义。

2）范围对象

表 352-01-07-73 范围对象表

设备名称	设备位置
设备冷却水 1 号板式热交换器	核辅助厂房
设备冷却水 2 号板式热交换器	核辅助厂房
设备冷却水 3 号板式热交换器	核辅助厂房
设备冷却水 4 号板式热交换器	核辅助厂房
设备冷却水 1 号板式热交换器	核辅助厂房
设备冷却水 2 号板式热交换器	核辅助厂房
设备冷却水 3 号板式热交换器	核辅助厂房
设备冷却水 4 号板式热交换器	核辅助厂房

3）结构原理

同 4.2.3 节结构原理。

4）指标和参数

表 352-01-07-74 主要技术参数表

名称	设冷侧	海水侧
安全等级	3	3
规范等级	3	3
抗震等级	1F	1F

续表

名称	设冷侧	海水侧
质保等级	Q2	Q2
清洁度等级	B	B
换热面积/m^2	932.9	
设计压力/MPa.g	1.2	0.9
设计压力/MPa.g	1.8	1.8
设计温度/℃	90	90
正常入口表压/MPa	0.78	0.2
允许压降/MPa	0.08	0.15
污垢系数/（m^2℃/W）	1×10^{-5}	4×10^{-5}

5）维修技术要求

表 352-01-07-75　维修技术要求表

序号	项目名称	项目周期
1	板式热交换器解体检查	1C
2	密封胶条更换	5C

——板式热交换器解体检查：

解体前的准备，测量板式热交换器的两块端板间的内测距离 *A*。

- 检查设备的隔离；
- 用毛刷和擦布清理干净装载杆的导轨滑动表面；
- 清除掉导向杆导轨上的杂物；
- 检查活动端板上方的滚筒，应能转动无卡涩；
- 拉出拉紧螺栓螺纹尾部上的塑料护套，用钢丝刷清理干净螺纹表面；
- 检查螺纹表面的磨损或损坏情况，并记录；
- 在螺杆螺纹表面上薄薄刷上一层润滑油脂；
- 检查换热器板片组的侧面上所作的顺序记号，若不清晰应重作；
- 测量并记下板组的叠厚尺寸 *A* 值。

换热器板片的拆卸：

- 拆除活动端板的下部支承连接螺栓和外侧支承块；
- 拧松 T3 板的连接螺母，拆除 T3 板；
- 根据板式热交器的长度 *A*，计算 1.05 *A* 和 1.10 *A*；

注意：A 为现场测量的对应板式热交换器的两块端板间的内侧距离。

- 用手动专用扳手松开和拆掉 12 根不带支承盒的拉紧螺栓；
- 1-2-3-4 的顺序松开剩余的 4 根带支承盒的螺栓，使板组叠厚尺寸增大到 1.05 *A*；
- 全松掉 1 号和 2 号螺栓或 3 号和 4 号螺栓，然后全松掉剩余的 2 个螺栓；
- 将活动端板推离固定端板；
- 拆卸换热器板片时，向后和向侧边倾斜，卸下换热板。

换热器板片的清洗和检查：

- 一个人用除盐水冲洗换热器板面，一个人用软塑料地板刷清除板面上的杂物；

注意：避免损坏板面上的密封圈，不得用钢丝刷清洗。

● 板面上若有化学沉积物，用水冲洗的办法无法清洗时，填写 QDR，可根据沉积物类型，按《M310-FG 板式热交换器的运行维修手册》中所述的相应化学溶液清洗。

注意：避免板件的腐蚀。

● 检查换热器板片密封圈的缺陷：裂纹、破口或老化，记录结果。

● 目视检查每块换热器板片。若有穿孔怀疑，用行灯置于板后观察漏光，或用放大镜检查可疑区域，记录检查结果。

● 有缺陷的换热器板片直接更换。

● 对密封条简单脱落可以用乐泰胶进行粘接，如密封条大部分脱落必须更换板片。

热交换器的重新组装：

● 清理装载杆、导向杆，给装载杆的导轨滑动表面涂上润滑油脂；

● 检查活动端板上方的辊子；

● 逐一清理板片的密封面后，将板件依原作的斜线记号顺序推靠至固定端板；

● 将活动端板压住换热器板片组件；

● 穿上 6 根螺栓，用钢丝刷把螺纹擦干净，再涂上一薄层润滑油脂；

● 按拆卸顺序，用专用手动扳手先紧 1-2 或 3-4 到板组叠厚等于 1.10 A；

注意：在紧固时，端板的歪斜偏差：水平不超过 10 mm，垂直不超过 25 mm。

● 计算 1.03 A，按 1-2-3-4 的顺序紧固到叠厚 1.03 A；

● 再按 1-2-3-4-5-6 顺序紧固到叠厚 A；

● 装上其余的 10 根螺栓，将螺纹清理干净，抹上油脂后拧紧；

● 测量叠厚尺寸 A；

A<1000 mm，相邻螺栓之间的差不超过 2 mm；

A>1000 mm，相邻螺栓之间的差不超过 4 mm；

所有螺栓之间的最大差值不超过叠厚的 1%，将测量数值记入检修报告。

● 如不完全密封，可继续紧到 A－1%，但不能超过最大拧紧力矩值；

● 在裸露的螺纹表面上涂上油脂，套上塑料保护套管；

● 安装滑动端板支承块和连接螺栓；

● 安装 T3 板和连接螺母。

——水压试验：

● 检查并确认设备冷却水侧前后隔离阀已经完全关闭，如果设备冷却水侧阀门已经从管道上拆卸，安装设备冷却水侧阀门盲板进行隔离；

● 用 M41 两用扳手拆除安全厂用水侧下部流道盲板；

● 将设备冷却水侧下部管道盲板更换为打压盲板，在打压盲板上安装压力表（1.6 MPa 或 2.5 MPa），用软管接引除盐水；

● 手动打开进水阀、排气阀，对设备冷却水侧进行充水，待排气阀出水后，手动关闭排气阀；

● 调节进水阀进行升压，待压力升至 0.6 MPa 后，关闭进水阀。用手动水压泵将试验压力升至 0.74 MPa，保持 30 min；

● 检查板式换热器侧面和底部，确认外部无泄漏；

● 检查安全厂用水侧下部流道，确认无泄漏；

● 确认均无泄漏后，排空设备冷却水侧，拆除临时盲板；

● 安全厂用水侧水压试验；

- 检查并确认安全厂用水侧前后隔离阀已经完全关闭，如果阀门从管道上拆卸，请安装安全厂用水侧阀门盲板进行隔离；
- 拆除设备冷却水侧流道盲板，将安全厂用水侧下部管道盲板更换为打压盲板；
- 在打压盲板上安装压力表，并接引除盐水水；
- 打开进水阀、排气阀，对安全厂用水侧进行充水，待排气阀出水后，关闭排气阀；
- 调节进水阀进行升压，压力升至 0.4 MPa 后，关闭进水阀，保持 30 min；
- 检查板式换热器侧面和底部，确认外部无泄漏；
- 检查设备冷却水侧下部流道，确认无泄漏；
- 确认均无泄漏后，排空安全厂用水侧，拆除排气临设及临时盲板；
- 核实新盲板垫片尺寸及垫片表面情况，确认垫片可用；
- 更换垫片，回装安全厂用水侧、设备冷却水侧流道盲板及安全厂用水管道盲板；
- 回装活动端底部的固定支架。

6）质量管理

表 352-01-07-76　质量管理表

步骤	推荐的选点
水压试验	H

7）技术规程清单

表 352-01-07-77　技术规程清单

序号	规程名称
1	板式热交换器全面解体清洗检查

8）经验反馈

板换泄漏频发

现象：国内某核电厂的板式热交换器预维项目热交换器在 2015 年发生板片减薄及板片挤压而导致热交换器内漏。

根本原因：

系统工况差，临海海水水质含砂量大，且过滤效果不好，导致贝壳、海水等异物进入，板片间隙堵塞导致局部流速过高。目前备件为翻新板，状态差（翻新板为使用多年的旧板，多处减薄，整体状况下降）。

9）参考资料

[1] 设备冷却水系统板式热交换器_操作手册 [R].

[2] 设备冷却水系统板式热交换器_板片组装程序 [R].

[3] 设备冷却水系统板式热交换器_水压检测程序 [R].

（7）高压加热器

1）定义

高压加热器（High Pressure Heater），是利用汽轮机的部分抽汽对给水进行加热的装置。作为一种热量转换装置，主要应用于大型火电机组回热系统，其传热性能的优劣直接影响机组的经济型和安全性。因此提高高压加热器的传热效率，减小热量传递过程中的不可逆损失，成为解决能源高效利用的重要措施之一。

以下叙述以中核核电运行管理有限公司秦二厂 3、4 号机组为例做说明。

2）范围对象

表 352-01-07-78 范围对象表

设备名称	设备位置
高压加热器	常规岛厂房

3）结构原理

二回路高压加热器的作用是利用从汽轮机的抽汽加热给水，以保证进入蒸汽发生器的给水水温达到给水设计要求。

6 台高压加热器，即 5A、5B、6A、6B、7A、7B，每台高加的结构均相同，每台加热器设计加热 50%流量，型式为卧式 U 型管式双流程表面加热器，其主要组成部件有筒体、半球形封头、管板、传热管、防震杆、防冲板、隔板和支撑板等。

传热管外径ϕ16 mm，壁厚 1.5 mm，经焊接和爆炸胀安装于管板上。

钢制隔板沿着整个长度方向布置。这些隔板支撑着管束并引导蒸汽流沿着管束按 90°转折流过管子，隔板又借助拉杆和定距管固定。

在加热器里装有不锈钢防冲板，可使壳侧液体和蒸汽不直接冲击管束，以免管子受冲蚀，这些板都布置于壳体各进口处。

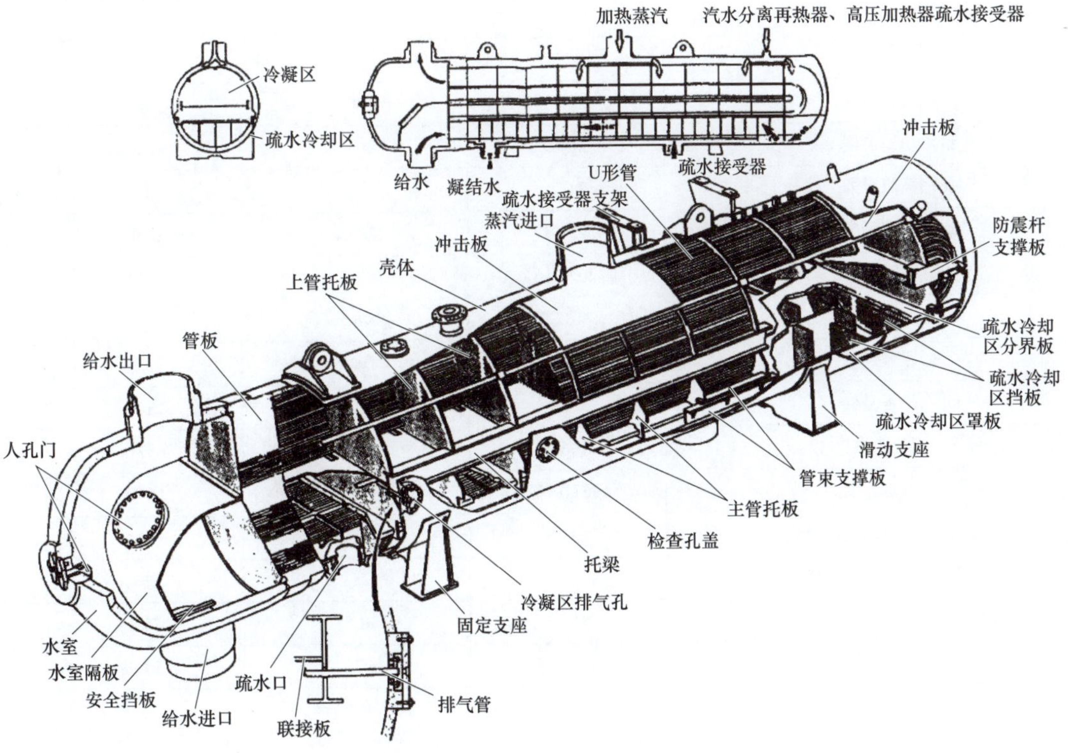

图 352-01-07-41 高压加热器结构图

从结构图中可以看出，高压加热器的加热介质分别为蒸汽和凝结后疏水。在同一筒体内，用壳程纵向隔板分成两个加热区，上部为蒸汽加热区，下部为疏水凝结液加热区。高压给水走管内，下进上出。加热蒸汽走管间，从高加上部进入经换热后凝结为疏水，疏水在疏水冷却段与高加给水逆向流动，对其进行加热后从高加下部疏水管排出。

4）指标和参数

表 352-01-07-79　高压加热器性能参数

名称	高压加热器数据			单位
设备代号	7 号	6 号	5 号	
管材	SA688CTP304			
总长（近似尺寸）	11 330	12 000	14 045	mm
抽芯长度	8500	8500	11 000	mm
壳侧设计压力	3.70	2.314	1.42	MPa
名称	高压加热器数据			单位
壳侧设计温度	246	220	200	℃
管侧设计压力	12.0	12.0	12.0	MPa
管侧设计温度	246	220	220	℃
传热总面积	1800	1900	2300	m^2
U 形管总数	2065	2037	2037	根
管子外径 × 壁厚	$\phi16\times1.5$			mm
给水流程数	2			
管子管板连接方式	焊接后爆胀			
给水流量	1931			t/h
给水进口温度	205.1	180.7	148.8	℃
给水出口温度	230.5	205.1	180.7	℃
加热蒸汽压力	2.971	1.829	1.087	MPa
加热蒸汽温度	233.3	207.9	183.5	℃
加热蒸汽焓	2625.16	2521.16	2530	kJ/kg
加热蒸汽量	113.27	96.5	102.1	t/h
进入疏水量	—	196.6	375.4	t/h
进入疏水温度	—	210.7	186.3	℃
出口疏水量	196.6	375.4	652.3	t/h
出口疏水温度	210.7	186.3	154.4	℃
GSS 系统加热器扫汽量	1.665	1.645	—	t/h
GSS 系统加热器扫汽温度	275.86	233	—	℃
GSS 系统疏水箱疏水量	81.65	80.65	174.85	t/h
GSS 系统疏水箱疏水温度	275.865	233	183.98	℃
管侧压力降	0.1			MPa
壳侧压力降	0.05			MPa

表 352-01-07-80　设备主要部件材料

部件	材料
壳体	SA516Gr70
水室	P355GH
传热管	SA668TP304
管板	20MnMo

续表

部件	材料
支撑板/隔板	碳钢
进口防冲挡板	SA240Gr405
高压抽汽管道	A335P22
高压给水管道	A106C
高压加热器疏水管道（疏水调节阀前）	A106B
高压加热器疏水管道（疏水调节阀后）	10CrMo910
再热器疏水管道（疏水调节阀前/后）	A106B/10CrMo910
再热器扫汽管道	0Cr18Ni9
高压加热器排汽管道	20

5）维修技术要求

表 352-01-07-81 预防性维修项目

项目名称	项目周期
外部年检，VT	1C
内外部腐蚀检查	2C
年度内外部检查及传热管查漏	1C
定期检验：VT/UT/PT/TM/HM	4C

6）质量管理

5/6/7 号高压加热器传热管数量分别为 2037 根、2037 根、2065 根，设计管内流速分别为 2.29 m/s、2.37 m/s、2.66 m/s，HEI 标准允许传热管内最大流速为 3 m/s。在传热管堵管 10%后管内流速仍然满足 HEI 标准，且还具有 3%～5%换热面积余量。因此将 10%作为高压加热器传热管堵管数量的控制标准，超过 10%需要对高压加热器的可用性进行评估。

表 352-01-07-82 质量管理表

步骤	推荐的选点
密封性试验	H

7）技术规程清单

表 352-01-07-83 技术规程清单

序号	规程名称
1	高压加热器定期内外部检查
2	高压加热器氦质谱泄漏检验

8）经验反馈

——常见故障及排除方法：

表 352-01-07-84　常见故障及排除方法

故障现象	原因	排除方法
传热管缺陷	异物卡涩致局部冲刷加剧 传热管异常腐蚀 异物（外部）砸伤 传热管密封性检查未检出	传热管堵管 查找异物来源，提升防异物管理，堵管、焊接 采用氦检漏/负压查漏等先进检漏方法
焊缝缺陷	结构件热应力开裂 本体焊缝缺陷	补焊修复 本体裂纹考虑特种焊接（如镍基冷焊）修复
疏水阀内漏	阀门密封失效 阀门密封结构不当/阀门质量缺陷	解体研磨修复 换型改造/更换新阀

——典型案例：

- 某核电厂启机期间高压加热器传热管泄漏。

直接原因：大修期间采用泡沫液检漏方式，未检出漏点，检查手段不足；

处理方式：隔离查漏，焊接堵管，引进氦检漏/负压查漏先进检漏方法。

- 某核电厂大修期间壳体焊缝缺陷。

直接原因：设备制造缺陷；

处理方式：缺陷较深，采用挖补后镍基冷焊的方式修复。

9）参考资料

［1］高压加热器系统手册［R］.

（8）低压加热器

1）定义

第一级和第二级低压加热器分别由三台加热器组成，并行排列，C 形成三列，每列容量为额定容量的 1/3。所有低压加热器均为双流道表面式换热器，凝结水在传热管内流动，加热蒸汽在管外即壳侧流动。

卧式布置的管壳式低压加热器由壳体、水室组件、传热管束、隔板、支撑板及防冲板组成。壳体是用钢板焊接成形的构件，为保证接头的质量，焊缝经无损探伤检查合格。在壳体上焊有支座。

2）范围对象

表 352-01-07-85　范围对象表

设备名称	设备位置
1 级双列低压加热器	汽轮机厂房
2 级双列低压加热器	汽轮机厂房
3 级低压加热器	汽轮机厂房

3）结构原理

低压给水加热器是利用低压缸抽汽加热主凝结水（低压给水），它由三级加热器组成。以下涉及参数部分以中核核电运行管理有限公司秦二厂 3、4 号机组为例。

第一级、第二级低压给水加热器组合在一个共同的筒体（壳体）内，称为组合式加热器。每台凝汽器的接颈处安装一台组合式加热器，共三级（No.1A/No.2A、No.1B/No.2B、No.1C/No.2C），每列容量为额定容量的 1/3，并行排列。所有低加型式均为卧式双流道表面式换热器。一、二级低压加热器内径 1.8 m，长度 15.25 m。传热管直径为$\phi 16\times 1$ mm 不锈钢管，管数为 780 根。壳体和管板为碳钢，管束与管板的连接采用机械胀接。

第三级的二台低压加热器也是卧式双流道表面式换热器，内径 1.4 m，长度 11.885 m，传热管直径为$\phi16\times1$ mm 不锈钢管，管数为 889 根。每台容量为总额定容量的 50%。蒸汽冷凝液（疏水凝结液）走管间，与走管内的低压给水成逆向流动，并通过壳程的隔板引导蒸汽流沿管束 90°转折流经管束，提高了传热效率，使凝结液的热量进一步传给低压给水。加热蒸汽由上部引入，蒸汽冷凝后汇集进入疏水区。被加热的低压给水走管内，下进上出。

传热管束采用不锈钢，壳体和管板为碳钢（材料分别为 SA516Gr70 和 19Mn6），管束与管板的连接采用机械胀接。

4）指标和参数

表 352-01-07-86 指标参数表

设备代号/参数描述	NO.1	NO.2	NO.3
类型	二类容器	二类容器	二类容器
型号	JD-730-1	JD-890-1	JD-900-1
加热面积/m^2	730	890	900
管侧设计压力/MPa	3.0	3.0	3.0
壳侧设计压力/MPa	0.35	0.35	0.35
管侧/壳侧设计温度/℃	140	140	140

5）维修技术要求

表 352-01-07-87 预防性维修项目

项目名称	项目周期
1 号双列低压加热器定期检验：VT/UT/PT/TM/HM（合包）	4C
1 号双列低压加热器内部腐蚀检查	3C
1 号双列低压加热器外部年检，VT	1C
1 号双列低压加热器定期检验：VT/UT/PT/TM/HM（合包）	4C
1 号双列低压加热器内部腐蚀检查	3C
2 号双列低压加热器定期检验：VT/UT/PT/TM/HM（合包）	4C
2 号双列低压加热器内部腐蚀检查	3C
2 号双列低压加热器外部年检，VT（合包）	1C
3 号双列低压加热器定期检验：VT/UT/PT/TM/HM（合包）	4C
3 号双列低压加热器内部腐蚀检查	3C
3 号双列低压加热器外部年检，VT（合包）	1C
3 级低压加热器定期检验：VT/UT/PT/TM/HM	4C
3 级低压加热器内外部腐蚀检查	R2
3 级低压加热器外部年检，VT	1C
3 级低压加热器内外部检查及密封性试验	1C

6）质量管理

表 352-01-07-88 质量管理表

步骤	推荐的选点
盛水试验	H
气密试验	H

7）技术规程清单

表 352-01-07-89 技术规程清单

序号	规程名称
1	双列低压加热器 U 形管检漏及堵管
2	双列低压加热器的内部检修
3	3 级给水加热器（NO.3AC3B）年检

8）经验反馈

——常见故障及排除方法：

参照 4.2.2.8.8 高压加热器常见故障及排除方法。

——典型案例：

● 某核电厂运行期间出现联合低加异常解列。

直接原因：低压加热器汽侧液位变送器引压管水平段布置不合理，造成管段内水封，液位失真；

处理方式：大修期间调整引压管水平段的角度，消除水封。

● 国外某核电厂 1 号机组因处理低压给水热交换器传热管泄漏问题被迫停堆检修。

2013 年 12 月，国外某核电厂 1 号机组因处理低压给水热交换器传热管泄漏问题被迫停堆检修，由于是单列加热器运行条件，4 号机组也降功率至 95%FP 运行。

根本原因：寿期管理计划未有效实施以解决 1 号机组和 4 号机组的低压给水加热器的老化问题。

9）参考资料

[1] 低压加热器系统手册 [R].

（9）凝汽器

1）定义

凝汽器是水冷堆核电厂汽轮发电机组的重要辅助设备，在汽轮机装置的热力循环中起到冷源的作用。主要作用一是在汽轮机排气口建立并保持高度真空；二是将汽轮机排汽凝结成水进入二回路循环。

下述内容以中核核电运行管理有限公司秦二厂 3、4 号机组为例。

2）范围对象

表 352-01-07-90 范围对象表

设备名称	设备位置
凝汽器	常规岛厂房

3）结构原理

凝汽器在核电厂的主要功能和火电厂一样是为汽轮发电机组提供一经济背压，并且使机组在规定的冷却水温度范围和运行条件下，安全可靠的运行；满足机组要求的热力性能，冷凝所有进入凝结器的蒸汽，保持凝结水质，提供所需的凝结水量。

凝汽器的热力设计及结构设计按照《汽轮机凝汽器技术条件》（ZBK54034）和《凝汽器加工装配技术条件》（ZBK54015），使凝汽器的热力性能及结构设计均达到较高的水平。

凝汽器的型式为双背压、三壳体、单流程、对分表面式，它由凝汽器 A、凝汽器 B 及凝汽器 C 组成。

凝汽器按汽轮机最大保证工况进行设计，当冷却水温为 18.3 ℃时，凝汽器的平均背压为：5.4 CkPa（a）。

正常运行工况时凝汽器出口凝结水的含氧量不超过 12 CPPb。

结构特点：

凝汽器主要由接颈、壳体、水室、排汽接管和汽轮机旁路的第三级减温减压装置组成，每个凝汽器由汽平衡管和水平衡管连通，在外端两只壳体的外侧各附有一只疏水扩容箱，每个凝汽器底部用四个大支墩、四个小支墩和四个临时支墩支撑。

循环冷却水由前水室进口进入凝汽器，和蒸汽进行热交换后，由后水室出口流出。

图 352-01-07-42 所示为凝汽器的结构图。每台机组配有三台凝汽器，布置在汽轮机厂房汽轮机下方。每台凝汽器有两组单流程管束，为卧式单程管板式换热器。循环冷却水（海水）由入口水室下端的进水暗渠引入，经管板走管内至出口水室再从出口水室下端排至排水暗渠。被冷凝的蒸汽走管间，自上而下，冲刷冷却水管束的同时，冷凝成凝结水，经集水箱除氧浅盘流入热井。

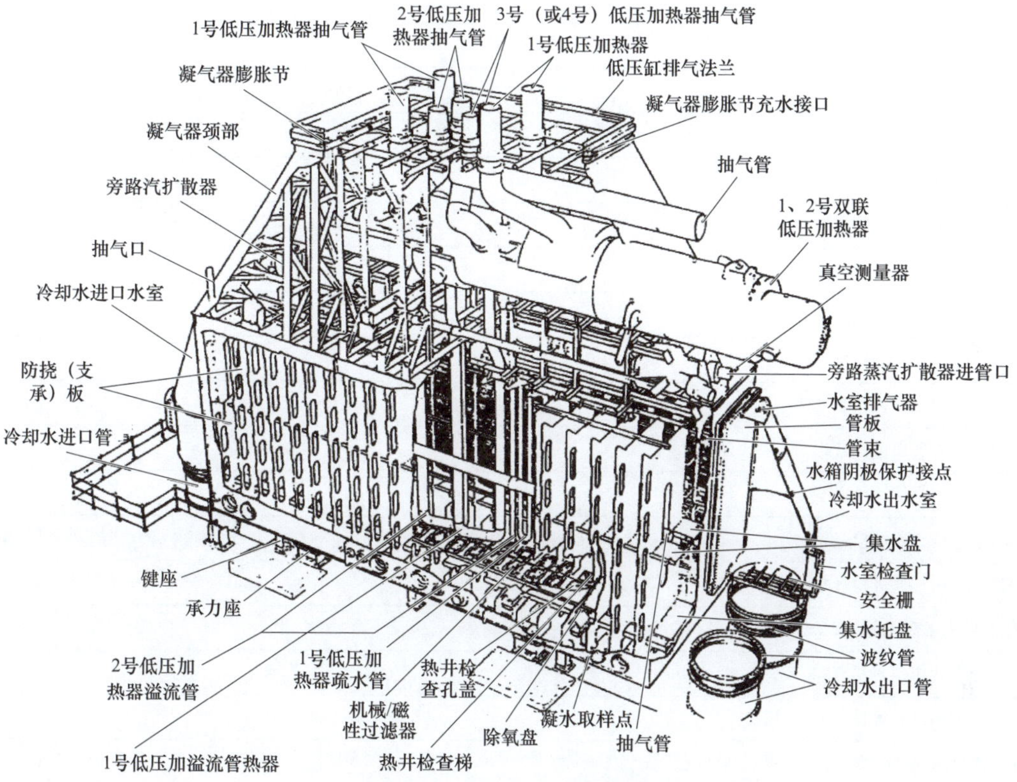

图 352-01-07-42 凝汽器结构图

4）指标和参数

表 352-01-07-91 主要参数

名称	参数
凝汽器型号	N-35400-1
型式	双背压、三壳体、单流程、对分表面式
总冷却面积	35 400 cm^2
凝汽器 A/B/C 冷却面积	11 800 cm^2
设计冷却水进口温度	18.3 ℃
设计冷却水量	11.64 m^3/s
冷却水管内设计流速	2.3 m/s
凝汽器水阻	－50 kPa
凝汽器设计压力（真空 C）	5.4 kPa（a）
水侧设计压力	0.245 MPa（g）
汽侧设计压力	0.098 MPa（g）

5）维修技术要求

表 352-01-07-92　预防性维修项目

项目名称	项目周期
凝汽器外部腐蚀检查（系统设备外部腐蚀检查，见详单）	Y3
凝汽器腐蚀评估（包括对凝汽器汽测和水侧的腐蚀评估）	Y10
1 号凝汽器海水侧清洗/检查	1C
2 号凝汽器海水侧清洗/检查	1C
3 号凝汽器海水侧清洗/检查	1C
1 号目视、20%涡流（ET）	1C
3 号目视、20%涡流（ET）	1C
2 号目视、20%涡流（ET）	1C
3 号 A 列出口水室内部腐蚀检查	1C
2 号 A 列出口水室内部腐蚀检查	1C
1 号 B 列进口水室内部腐蚀检查	1C
2 号 A 列进口水室内部腐蚀检查	1C
1 号 A 列进口水室内部腐蚀检查	1C
3 号 B 列出口水室内部腐蚀检查	1C
2 号 B 列进口水室内部腐蚀检查	1C
2 号 B 列出口水室内部腐蚀检查	1C
3 号 B 列进口水室内部腐蚀检查	1C
3 号 A 列进口水室内部腐蚀检查	1C
1 号 A 列出口水室内部腐蚀检查	1C
1 号 B 列出口水室内部腐蚀检查	1C
1 号减温减压器内部腐蚀检查	3C
2 号减温减压器内部腐蚀检查	3C
3 号减温减压器内部腐蚀检查	3C
1 号热井内部腐蚀检查（包括热井内壁、底板、钛管、支撑板、隔板及接管管口）	3C
2 号热井内部腐蚀检查（包括热井内壁、底板、钛管、支撑板、隔板及接管管口）	3C
3 号热井内部腐蚀检查（包括热井内壁、底板、钛管、支撑板、隔板及接管管口）	3C
1 号凝汽器颈部内部腐蚀检查（主要检查凝汽器上部构件、管道、低压加热器不锈钢护罩、减温减压器及其疏水管等）	1C
2 号凝汽器颈部内部腐蚀检查（检查凝汽器上部构件、管道、低压加热器不锈钢护罩、减温减压器及其疏水管等）	3C
3 号凝汽器颈部内部腐蚀检查（主要检查凝汽器上部构件、管道、低压加热器不锈钢护罩、减温减压器及其疏水管等）	1C

6）质量管理

表 352-01-07-93　质量管理表

步骤	推荐的选点
传热管检查	H
内部检查	W

7）技术规程清单

表 352-01-07-94　技术规程清单

序号	规程名称
1	凝汽器海水侧清洗检查
2	凝汽器减温减压器内外部检查
3	凝汽器汽侧清洗检查

8）经验反馈

——常见故障及排除方法：

表 352-01-07-95　常见故障及排除方法

故障现象	原因	排除方法
传热管缺陷	异物卡涩致局部冲刷加剧 传热管异常腐蚀 异物（外部）砸伤	传热管堵管 查找异物来源，提升防异物管理，堵管、焊接
衬胶穿孔	正常失效 外力损伤	衬胶层修复
牺牲阳极块脱落	异常腐蚀	考虑去除牺牲阳极，将水室内部衬胶满衬

——典型案例：

- 某核电厂运行期间凝汽器传热管泄漏。

直接原因：传热管变形破损；

处理方式：隔离查漏，缺陷传热管堵管。

- 某核电厂海水侧牺牲阳极脱落与取消。

直接原因：牺牲阳极块支撑杆腐蚀断裂；

处理方式：取消牺牲阳极的方式，将水室内部满衬。

9）参考资料

[1] 凝结水抽取系统手册 [R].

（10）汽水分离再热器

1）定义

汽水分离再热器（Moisture Separator Reheater，MSR）是水冷堆核电厂汽轮发电机组的重要辅助设备，其作用主要有两个：降低蒸汽湿度和提高蒸汽温度。在水冷堆核电机组，核岛产生的新蒸汽为饱和蒸汽，过热度低。新蒸汽进入高压缸做功后，温度和压力都大大降低，蒸汽含水量加大。湿蒸汽直接进入低压缸一方面会引起低压缸叶片的过度冲刷，另一方面其热效率会有所降低，既不安全也不经济。

2）范围对象

表 352-01-07-96　范围对象表

设备名称	设备位置
汽水分离再热器	汽轮机厂房

3）结构原理

水冷堆核电厂的通用做法是将高压缸做功后的湿蒸汽先经过汽水分离再热器降低湿度，提高温度后再送入低压缸做功，从而避免损坏汽轮机叶片并提高汽轮机的内效率。汽水分离器和再热器通常被合并在一个很大的卧室筒体内，每台饱和蒸汽汽轮机都配备两套汽水分离再热器，平行布置在汽轮机两侧，其长度约与汽轮机低压缸总长度相当。

汽水分离再热器主要由分离器、再热器、筒体及封头四部分组成。

——汽水分离器：根据惯性原理把蒸汽和水滴分开。汽水分离器的分离效率对整个核电厂的性能影响较大，因此要求分离效率在90%以上。水冷堆核电厂汽水分离器采用波纹板式结构，波纹板式分离器均匀的分布于水平筒体内部。

——再热器：水冷堆核电厂汽轮机的功率很大，蒸汽初始参数比常规火电站低，高、低压缸的分缸压力一般只有1 MPa左右，蒸汽容积流量大，连通管很粗。因此要把高压缸排汽直接送回反应堆中再次加热是不现实的，只能在汽轮机旁就再热。

为了提高机组的经济性，水冷堆核电厂的再热循环不仅采用新蒸汽加热高压缸排汽，还利用汽轮机高压缸抽汽来加热，组成两级再热，其中用高压缸抽汽的加热器为一级再热器，利用新蒸汽的加热器为二级再热器。每一个再热器都由半球形水室与U形换热管管束组成。根据朗肯循环理论，用新蒸汽加热压力较低的排汽只会降低循环效率，但由于降低了蒸汽湿度，提高了汽轮机的相对内效率，最终还是能够改善机组的经济性。经济性的提高程度与再热压力、再热器端差、汽水分离再热器的压力损失等因素有关。

从高压缸排出需要去湿和再热的湿蒸汽通过左、右各二根与两台MSR筒体下部管接头直接相连的冷再热蒸汽管进入汽水分离器。蒸汽进入MSR壳体后流入四根进汽分布管。这些被割有槽口的流量分布管引导蒸汽以均匀的速度分布流入汽水分离再热器的流量分配板和分离器波纹板元件。在分离约98%的水分后，蒸汽流再经过抽汽和新蒸汽再热段加热变成过热蒸汽。过热蒸汽向上流动，从蒸汽出口管排出。

由波纹板作用从湿循环蒸汽中分离出来的水收集于壳体较低处，并通过壳体疏水接口，排入布置于汽水分离再热器下方的水位受控的壳体疏水箱。

一级和二级再热器的作用是相似的。加热蒸汽经进汽接管进入再热器半球形封头上部腔室。蒸汽在U形管内循环，将其热量传递给流过管束外的循环蒸汽。加热蒸汽放热后大部分凝结成水，进入半球形封头下部腔室，通过再热器凝结水接口，排入布置于汽水分离再热器下方的水位受控的再热器疏水箱。

第一级再热器的加热蒸汽是由高压缸的第一级抽汽供给的，第二级再热器的加热蒸汽为取自主蒸汽母管的新蒸汽。

再热器的半球形蒸汽室的两侧设有扫汽、排气接口，接管引自扫汽盖腔室。扫汽室盖装在每个管束板的下一半上部的五排管子上（二级再热器是四排），这就迫使加热蒸汽进汽室后沿着大弯曲半径几排管子（二级再热器是八排，一级再热器是九排）由上向下流动，在这部分管子（第一、第二流程）中形成的凝结水由蒸汽室下部的凝结水接口疏出。剩余的扫汽（在第一、第二流程中部分未凝结的蒸汽以及不凝结气体）转向流入扫汽室盖未盖住的上一半下部的管子，经第三、第四流程排出凝结、聚集在扫汽室，再经排汽接管排出。

4）指标和参数

无。

5）维修技术要求

表 352-01-07-97 单台 MSR 最大连续出力工况下的运行参数

序号	项目	单位	汽水分离器	一级再热器		二级再热器	
				壳侧	管侧	壳侧	管侧
1	蒸汽流量	t/h	1463.01	1284.1	84.141	1284.1	82.01
2	进口压力	MPa	1.081	1.077	3.13	1.066	6.348
3	进口温度	℃	183.3	183.14	236.22	224.04	279.26
4	进口焓	kJ/kg	2529.3	2773.2	2677.3	2880.9	2772.6
5	出口压力	MPa	1.077	1.066	2.94	1.055	6.234
6	出口温度	℃	266.77	224.04	232.73	266.77	278.06
7	出口焓	kJ/kg	2978.4	2880.9	1141.6	2978.3	1345.2
8	压降	MPa	0.004	0.011	0.19	0.011	0.114
9	疏水流量	t/h	178.91	0	82.075	0	80.013
10	扫汽流量	t/h	N/A	N/A	2.066	N/A	1.997

该设备主体材料均采用 ASME 系列材料，部分非受压辅助材料使用了 GB 标准系列材料，其中：

表 352-01-07-98 材料指标

名称	材质
封头	SA-516Gr70
筒体	SA-516Gr70
人孔	SA-105 锻件
管板	SA-350-LF2C 锻件
壳体隔板	SA-516Gr70CCδ= 16
分布管	SA-516-70
分布管内衬	SA-240M：TypeC304
接管	SA-350LF2 锻件

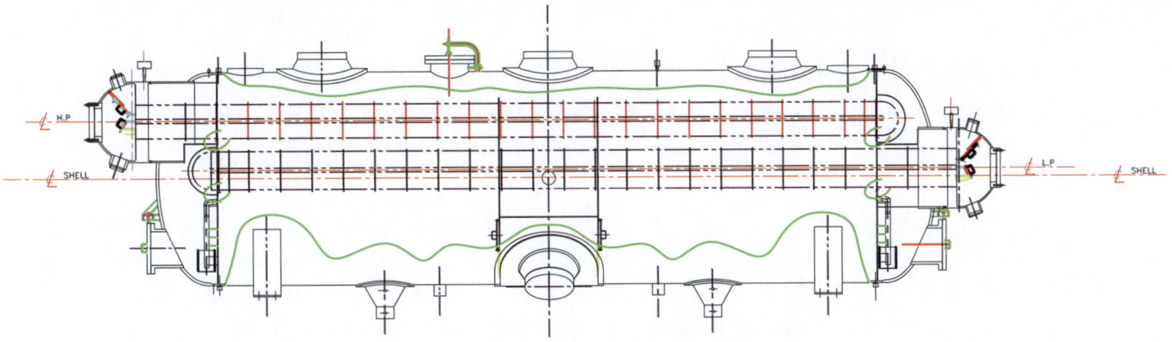

图 352-01-07-43 汽水分离再热器结构图

表 352-01-07-99 预防性维修项目

项目名称	项目周期
内部腐蚀检查	1C
内外部检查	1C
定期检验，VT/UT/PT/TM/HM	4C
外部年检，VT	1C

6）质量管理

表 352-01-07-100　质量管理表

步骤	推荐的选点
内部检查	W
密封性试验	H

7）技术规程清单

表 352-01-07-101　技术规程清单

序号	规程名称
1	汽水分离再热器定期检查

8）经验反馈

——常见故障及排除方法：

表 352-01-07-102　常见故障及排除方法

故障现象	原因	排除方法
传热管缺陷	异物卡涩致局部冲刷加剧 传热管异常腐蚀 异物（外部）砸伤 正常冲刷	传热管堵管 查找异物来源，提升防异物管理。堵管、焊接
内部衬板变形	热应力 焊接方式错误，异种金属热应力变形	补焊修复 修正焊接工艺，消除封闭腔室

——典型案例：

- 某核电厂汽水分离再热器蒸汽分布管内衬变形修复。

直接原因：焊接方式错误；

处理方式：根据原设计技术要求修正焊接工艺，更换变形衬板。

9）参考资料

[1] 汽水分离再热器系统手册 [R].

7.3　适用于“华龙一号”压力容器

压力容器

（1）定义和术语

反应堆压力容器是固定和包容反应堆堆芯、堆内构件和控制棒驱动结构的装置，是反应堆冷却剂压力边界的重要设备，能承受各种工况的载荷，在设计期限内保持其结构完整性。反应堆压力容器使得核燃料的裂变反应限制在一个密封空间内进行，并与一回路的管道共同组成高温高压高辐射冷却剂的压力边界，是核安全第二道重要屏障。

（2）范围对象

反应堆压力容器。

（3）结构原理

反应堆压力容器的主要结构：

反应堆压力容器主要由反应堆容器、顶盖、紧固密封件三部分组成，总重为 418 t。

反应堆容器由下封头、下封头过渡段、径向支承块、堆芯筒体、容器法兰-接管段筒体、进口接管

（含整体接管支承）、出口接管（含整体接管支承）、进口接管安全端、出口接管安全端、换料密封支承环、检漏管等组成；

顶盖组件主要由上封头、顶盖法兰、堆顶结构支承台等部件组成。在上封头球形拱顶上有 74 个贯穿件，分别为 61 个控制棒驱动机构导向管座和 12 个堆芯测量管座，作为控制棒驱动机构的移动通道、堆内中子注量率测量和堆芯温度测量仪表通道。顶盖上还有 1 个排气孔，它的作用是在冷却剂系统充水时排出压力容器顶部积聚的不凝结气体或卸压。上封头外表面焊有 12 个堆顶结构支承台，其中 3 个支承台上带有吊耳，用于顶盖吊具的安装和顶盖起吊。

压力容器一体化堆顶装置为“华龙一号”机组三新设备（福清核电 5、6 号机组中使用的属于新设计、新设备、新厂家的设备统称为三新设备），其结构主要由围筒组件、冷却围板及风管组件、控制棒驱动机构抗震组件、电缆托架及电缆桥组件、顶盖吊具、防飞射物屏蔽板、整体螺栓拉伸机导轨等部件组成，轴向高度约为 13 260 mm，径向最大尺寸约为 5090 mm，总重约 130 t（含压力容器顶盖及其上部全部机械结构件和电缆及相关附件等），是反应堆的重要部件之一。

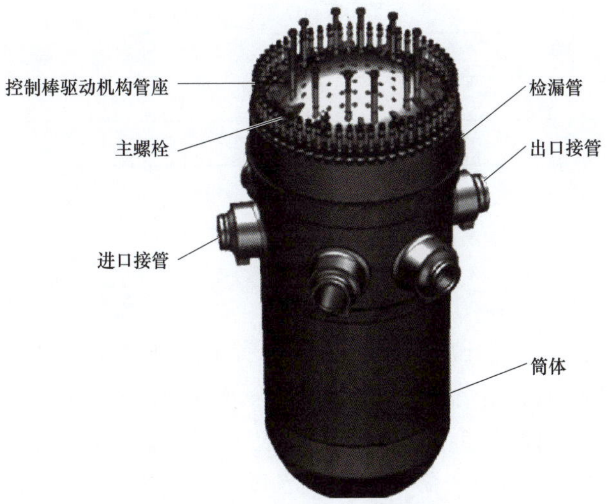

图 352-01-07-44 反应堆压力容器

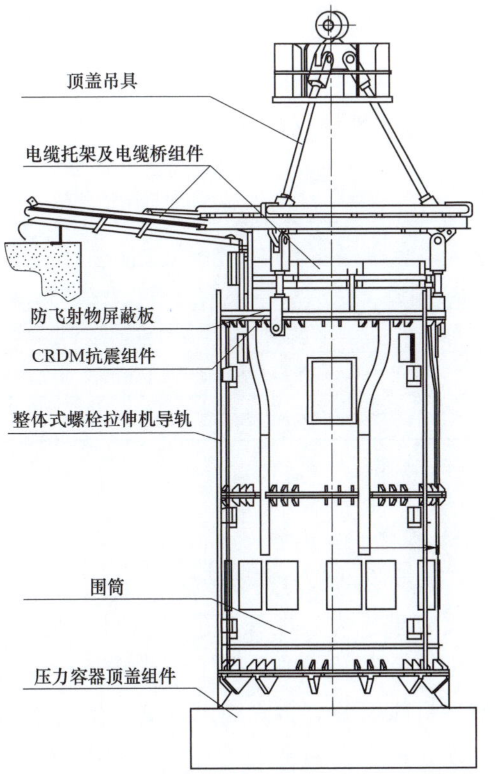

图 352-01-07-45 一体化堆顶装置

紧固密封件分为紧固件和密封件两部分，紧固件包括主螺栓、主螺母、球面垫圈、垫圈固定装置、主螺栓中心孔底塞；密封件包括内密封环、外密封环、固定夹和固定螺钉。

反应堆压力容器的预防维修在大修中进行，主要分为三个部分，分别是压力容器开盖、压力容器低低水位检修、压力容器关盖。

（4）指标与参数

表 352-01-07-103 压力容器指标与参数

项目	指标与参数
安全等级	1
质保等级	Q1

续表

项目	指标与参数
抗震等级	1I
规范等级	1 级
设计压力（MPa（绝对压力））	17.23
设计温度/℃	343
入口温度/℃	292.2
出口温度/℃	327.8
设计寿命/年	60
主体材料	16MND5（锰镍相低合金钢）
最大快中子（＞1.0 MeV）注量	$2.921*10^{19}$ n/cm^2
堆芯筒体内经/mm	4340
压力容器总高/mm	～13 228

（5）维修技术要求

1）预防性维修项目

表 352-01-07-104　预防性维修项目

设备名称预防修性维修项目	
项目名称	项目周期（1C 为 1 个燃料循环）
反应堆压力容器开盖	1C
反应堆压力容器低低水位检修	1C
反应堆压力容器关盖	1C

设备非常规预防性维修项目：十年打压等。

2）检修主要内容

——反应堆压力容器开盖：

反应堆压力容器开盖的主要目的是在大修开始后打开压力容器顶盖，是机组卸料前的必须工作，压力容器开盖的主要工作步骤有：竖起电缆桥架、拆除顶盖风管、拆除顶盖排气管、拆除堆芯探测器机械密封、拆除顶盖保温、压力容器主螺栓拉伸和拆除、安装导向柱及螺栓孔塞、吊出一体化堆顶、吊入密封面保护环、控制棒驱动杆脱扣、堆芯探测器导向装置（IGA）提升、上部堆内构件吊出等。

整个反应堆压力容器开盖都为大修主线时间，所需工时约 72 h。

——压力容器低低水位检修：

压力容器低低水位检修工作主要包括主螺栓清洗检查、主螺栓孔清洗检查、压力容器 C 型密封环更换、压力容器顶盖及筒体密封面检查等。

——反应堆压力容器关盖：

在机组装料完成后，需要对压力容器进行关盖，其中关盖的主要工作有：上部堆内构件回装、IGA 结构下降、控制棒驱动杆联扣、吊出密封面保护环、吊入一体化堆顶、拆除导向柱及螺栓孔塞、压力容器主螺栓的拧入及拉伸、安装顶盖保温、安装堆芯探测器机械密封、安装顶盖排气管、安装顶盖风管、放下电缆桥架等。

整个反应堆压力容器关盖都为大修主线时间，所需工时约 72 h。

（6）质量管理

表 352-01-07-105　质量管理表

项目名称	质量管控点
反应堆压力容器开盖	压力容器各密封面无损伤 压力容器内部无异物
压力容器低低水位检修	主螺栓、主螺栓孔检查满足要求 压力容器密封面、C 形密封环环槽无损伤 压力容器内部防异物检查
反应堆压力容器关盖	主螺栓残余拉伸量满足要求 压力容器各密封面无损伤 压力容器内部无异物

（7）技术规程清单

表 352-01-07-106　技术规程清单

序号	规程名称
1	堆芯探测器组件整体拔出
2	堆芯探测器组件整体插入
3	反应堆压力容器结合面的清洗目检和必要维修
4	控制棒驱动杆的联扣
5	控制棒驱动杆的脱扣
6	下部堆内构件的复装
7	堆内构件吊具检查维护
8	反应堆压力容器顶盖组件的吊离
9	反应堆压力容器顶盖组件的复装
10	上部堆内构件的吊离
11	上部堆内构件的复装
12	压力容器假顶盖的安装与拆卸
13	反应堆压力容器关盖时整体螺栓拉伸机的操作
14	反应堆压力容器开盖时整体螺栓拉伸机的操作
15	反应堆压力容器低低水位时视频检测仪的使用
16	反应堆压力容器螺栓孔清洗
17	整体螺栓拉伸机的役前维护、检查与试验
18	视频检测螺栓孔检查仪役前维护、检查与试验
19	RRV 风管的安装和拆除
20	RX 厂房水闸门安装和吊出
21	螺孔清洗机役前维护、检查与试验
22	螺栓螺母清洗机役前维护、检查与试验
23	顶盖 C 形环的拆除、安装及顶盖的清洁检查
24	法兰面间隙测量
25	螺孔塞、导向柱衬套及导向柱的安装与拆除
26	压力容器法兰密封面保护环的安装和吊出
27	压力容器主螺栓组件的清洗、检查及修理
28	顶盖排气管的安装与拆除

续表

序号	规程名称
29	下部堆内构件的吊离
30	反应堆压力容器开关盖相关物项运输
31	辅助桥的安装与拆除
32	主泵间盖板的安装与拆除
33	RNI 盖板密封圈的更换和关闭以及启机前的打开
34	电缆桥架与抗振拉杆的放下
35	电缆桥架与抗震拉杆的竖起
36	反应堆假顶盖排气管安装和拆除

（8）经验反馈

表 352-01-07-107　经验反馈

故障特征	可能原因
反应堆压力容器 C 形密封环泄露	C 形密封环本身存在缺陷
	安装 C 形密封环过程中有异物导致密封失效
反应堆压力容器内部存在异物	压力容器检修过程中防异物措施落实不到位，导致此过程中有异物落入压力容器内部
	一回路系统中有异物冲入压力容器

某电厂大修期间辅助桥刹车制动手柄掉入堆芯导致压力容器法兰密封面出现凹痕

直接原因：辅助桥制动装置手柄拧松脱落。

处理方式：① 对凹坑位置进行打磨、修复，使凹坑圆滑过渡；② 在压力容器检修期间，增加密封面保护设施，保护密封面不被损伤。

某电厂大修期间反应堆压力容器密封环槽划痕事件

直接原因：① 工作人员使用一字螺丝刀拆除 C 形环时将顶盖密封环槽划伤（一字螺丝刀硬度大于顶盖密封环槽）。② 重要设备维修管理存在不足：工作文件指导性与可执行性不足，工前会交底不充分，缺乏对参加重要设备、重要操作的人员的全面评价方法和授权机制，检修关键步骤缺乏对人员资质的全面掌握并进行有效监护。

处理方式：① 对划伤位置进行打磨修复，消除划伤凹坑，使其圆滑过渡；② 设计专用的 C 形密封环拆除工具，避免事件再次发生。

某电厂反应堆压力容器主螺栓卡涩事件

直接原因：螺纹首扣未完整去除以及起始段的加工差异，是可能产生螺栓卡涩的原因。设计院在理论依据不充分的情况下，批准了图纸不完整螺纹的变更，可能会导致螺栓拉伸机在自动啮合首扣螺纹时发生磕碰，从而造成螺纹凹陷及划痕，在继续旋入过程中螺纹间形成磨削而产生铁屑，易造成螺纹卡涩。

处理方式：切除卡死的主螺栓，重新加工主螺栓及主螺栓孔。

（9）参考资料

无。

7.4　适用于“华龙一号”蒸汽发生器

7.4.1　蒸汽发生器

（1）定义和术语

蒸汽发生器用于产生饱和蒸汽，每台蒸汽发生器安装满负荷运行时传递三分之一的反应堆热功率设计。

（2）范围对象

蒸汽发生器：RCS001GV、RCS002GV、RCS003GV。

（3）结构原理

蒸汽发生器由带有内置式汽水分离设备的立式筒体和倒U形传热管束构成。

反应堆冷却剂从蒸汽发生器下部半球形封头的入口接管流入蒸汽发生器，流经倒U形管束，再从下部半球形封头的出口接管流出。下封头由一块封头与管板之间的立式隔板分成进口和出口腔室、。为了进入被分隔的封头两侧，各设一个人孔。

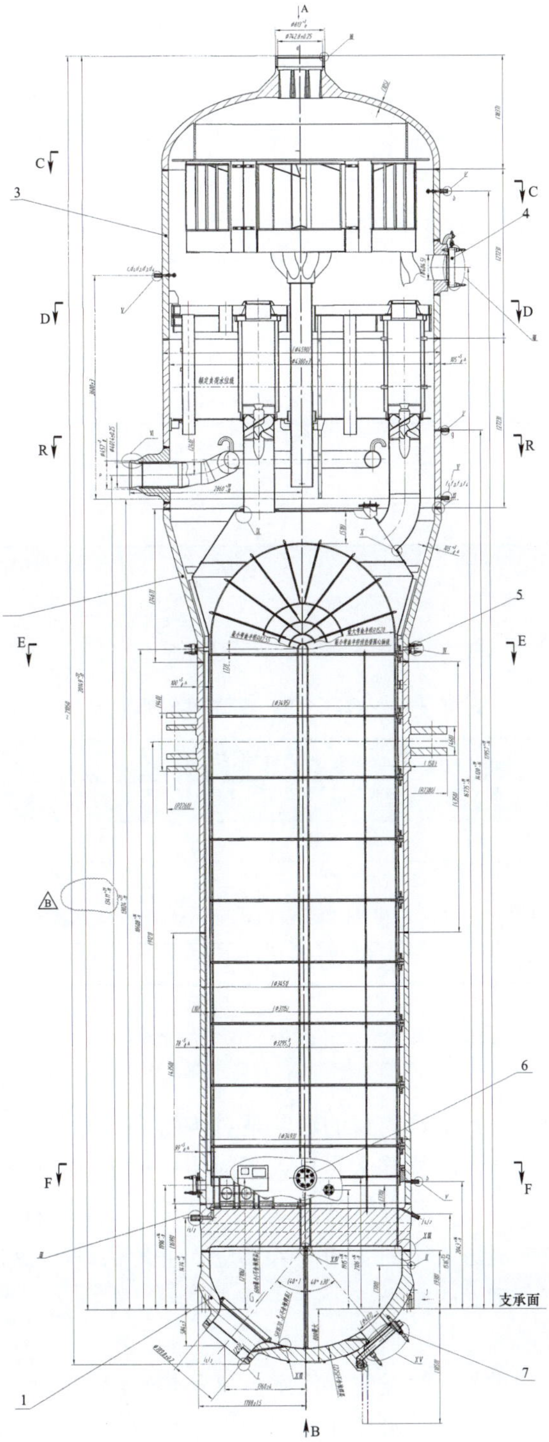

图352-01-07-46 蒸汽发生器

由反应堆冷却剂传送的热量通过管束的管壁传给二回路流体。二回路流体被加热和部分地汽化。汽-水混合物向上流动，通过螺旋式汽水分离器和人字形干燥器，最后通过蒸汽发生器椭圆封头顶部的出口接管流出。

汽水分离设备收集的水向下流回蒸汽发生器，给水在水位以下通过装在给水环上的 J 形给水管进入蒸汽发生器。给水同汽水分离设备来的含汽水相混合，并在壳体与管束套筒形成的环形腔中向下流动，混合后的水沿径向进入管束下部，在向上沿管束流动过程中被加热并汽化。

（4）指标与参数

表 352-01-07-108　指标与参数

	二次侧	一次侧
安全等级	2	1
质保等级	QA1	QA1
抗震等级	1I	1I
规范等级	1 级	1 级
设计压力（MPa（绝））	8.6	17.23
设计温度/℃	316	343
入口温度/℃	226	328.5
出口温度/℃	284	291.4
换热面积/m^2	6494	
一次侧运行压力/MPa（绝）	15.5	
二次侧给水压力/MPa（绝）	6.8	

（5）维修技术要求

1）预防性维修项目

表 352-01-07-109　预防性维修项目

设备名称预防修性维修项目	
项目名称	项目周期（1C 为 1 个燃料循环）
一次侧内部检修	1C
二次侧内部检修	4～5C
管板二次侧表面检查、冲洗	1C
顶部管子支承板检查	3C

2）检修主要内容

——一次侧内部检修：

进入蒸汽发生器一次侧内部进行检修的目的通常是对传热管或管子管板焊缝进行维修。

由于反应堆冷却剂带有放射性，在检修人员进入下封头操作之前，应按相关规定对下封头表面进行去污，并安装一次侧接管堵板、下封头疏水管堵塞。人员进入前，应检查下封头内氧气含量，当氧气含量满足相关要求时，人员才能进入下封头内。人员进入下封头后，应采取必要的通风换气措施，确保下封头内氧气含量维持在可接受的水平。

——二次侧内部检修：

人员通过二次侧人孔后，即进入蒸汽发生器汽水分离器与干燥器之间的检修空间，并在此空间内开展相关检查工作。检查中应重点关注给水环 J 形管、汽水分离器（上升筒、分流帽、叶片组件等部位）等是否存在异常腐蚀（特别是流动冲刷腐蚀、磨损）或其他损伤。在进行上封头内部空间的检查时，宜与上封头内部进行在役检查时同时进行，检查中应重点关注干燥器波形板、流量限制器（特别是喉部区域及连接焊缝）等是否存在异常的腐蚀（特别是流动冲刷腐蚀、磨损）或其他损伤。

——管板二次侧表面检查、冲洗：

热态功能试验完成后以及每次换料检修时，均应通过管板二次侧附近的手孔、检查孔对管板二次侧表面的泥渣进行冲洗，检查确认管板二次侧表面的管束区域无异常腐蚀及其他损伤，无异物、外来件脱件等可能损伤传热管的物项。换料检修时的冲洗操作建议在传热管的在役涡流检查前进行，进行前应打开管板二次侧附近的 4 个手孔及检查孔。

180°及 0°方向的手孔安装有管束套筒堵块，冲洗前应使用手孔堵块装拆装置将管束套筒孔堵块拆卸出来，并在手孔附近开辟出专用区域对其进行清理和临时存放。清洗、检查完成后，应对管束套筒孔堵块组件进行清洁并进行清洁度检查，检查合格后，使用手孔堵块装拆装置将管束套筒堵块安装至原拆出的手孔处的正确位置。

——顶部管子支承板检查：

换料检修时，如有必要，可打开顶部管子支承板处的检查孔，对小弯曲半径传热管以及最顶层管子支承板处的管巷进行检查。

（6）质量管理

表 352-01-07-110　质量管理

项目名称	质量管控点
一次侧内部检修	人孔螺栓残余拉伸量满足要求 泄漏、腐蚀或其他损伤检查 蒸汽发生器内部防异物检查
二次侧内部检修	人孔螺栓残余拉伸量满足要求 泄漏、腐蚀或其他损伤检查 蒸汽发生器内部防异物检查
管板二次侧表面检查、冲洗	手孔、检查孔螺栓残余拉伸量满足要求 蒸汽发生器内部防异物检查
顶部管子支承板检查	蒸汽发生器内部防异物检查

（7）技术规程清单

表 352-01-07-111　技术规程清单

序号	规程名称
1	蒸汽发生器一次侧人孔开盖
2	蒸汽发生器一次侧人孔关盖
3	蒸汽发生器二次侧人孔开盖
4	蒸汽发生器二次侧人孔关盖
5	蒸汽发生器眼孔、手孔开盖
6	蒸汽发生器眼孔、手孔关盖
7	蒸汽发生器简易堵板和疏水孔塞的安装
8	蒸汽发生器简易堵板和疏水孔塞的拆除
9	蒸汽发生器气密性堵板和疏水孔塞的安装
10	蒸汽发生器气密性堵板和疏水孔塞的拆除
11	蒸汽发生器二次侧泄漏率计算

（8）经验反馈

表 352-01-07-112　经验反馈

故障特征	可能原因
二回路发现放射性	传热管穿孔
	传热管与管板密封失效
人孔/手孔/观察孔螺栓无法拆卸	螺栓/螺孔损坏
	工器具故障

某核电厂调试期间一次侧人孔螺孔螺纹锈蚀及损伤

直接原因：重要设备防腐保护措施不到位。

处理方式：① 对螺纹孔检查评估，采用螺纹孔扩孔攻丝，加装螺纹套的方式修复。修复后螺栓规格不变，缺陷螺栓换新；② 优化开关孔程序，对螺栓/螺孔的清洗润滑提出细致要求。

某核电厂大修期间蒸汽发生器一次侧水室内发现 2 个异物

直接原因：① 蒸汽发生器传热管涡流检验设备进入水室前，涡流组未对探头门上的白色锁扣状态进行确认，在检验过程中该锁扣发生松动，落入水室形成异物；② 蒸汽发生器传热管涡流检验工作异物控制不到位，工作完成后对蒸汽发生器水室异物检查不到位；③ CCTV 检查设备因年久而老化，检查过程中轴承作为受力支点承担大部分机械臂重量，导致个别受力较大的轴承部件发生断裂，部分零件落入水室形成异物；④ 在成套、复杂设备进出容器内的防异物管理上存在不足，缺乏对成套、复杂设备的防异物管理规定。完工时异物检查不到位，防异物程序执行不到位。

处理方式：① 取出异物，确认异物并未进入主管道和反应堆压力容器内部；② 异物取出后进行了 2 号蒸汽发生器一次侧热端、冷端水室内部的电视检查，全面排查异物，未见异常和其他异物；③ 对本次大修进入 2 号蒸汽发生器的设备或工器具进行全面排查，经逐一核实后，确认设备完好，未发现有其他部件遗失或脱落；④ 两处异物取出后，已全部将其与设备上未脱落部分进行拼接，证明该部件已完整，无其他遗失部分。

某核电厂大修期间高水位堵板（气密堵板密封）失效导致一回路跑水

直接原因：蒸汽发生器堵板的中间板下部螺栓没有拧进螺栓孔内，升水位后由于水压作用中间板下端被顶起，气囊局部被挤出主管道外，干室和湿室两层气囊同时破裂，这是导致堵板漏水事件发生的直接原因。

处理方式：全面去污，受影响设备清洁，重新堵板。

（9）参考资料

无。

7.4.2　汽水分离再热器

（1）定义

汽水分离再热器（Moisture Separator Reheater，MSR）是压水堆核电厂汽轮发电机组的重要辅助设备，其作用主要有两个：降低蒸汽湿度和提高蒸汽温度。在压水堆核电机组，核岛产生的新蒸汽为饱和蒸汽，过热度低。新蒸汽进入高压缸做功后，温度和压力都大大降低，蒸汽含水量加大。湿蒸汽直接进入低压缸一方面会引起低压缸叶片的过度冲刷，另一方面其热效率会有所降低，既不安全也不经济。

（2）范围对象

汽水分离再热器：TSR001ZZ、TSR002ZZ。

（3）结构原理

压水堆核电厂的通用做法是将高压缸做功后的湿蒸汽先经过汽水分离再热器降低湿度，提高温度后再送入中压缸做功，从而避免损坏汽轮机叶片并提高汽轮机的内效率。汽水分离器和再热器通常被合并在一个很大的卧室筒体内，每台饱和蒸汽汽轮机都配备两套汽水分离再热器，平行布置在汽轮机两侧，其长度约与汽轮机低压缸总长度相当。

表 352-01-07-113　汽水分离再热器相关参数

名称	数值
总体形式	大型卧式换热器，带双鞍座
外形尺寸（长×宽×高）	~24×5.6×6.4 m
壳体内径×厚度	DN4300×45 mm
支座间距	12 m
循环蒸汽进口接管数量和大小	2 个 DN1200 mm
循环蒸汽出口接管数量和大小	2 个 DN1300 mm
人孔大小和数量	2 个 DN500，4 个 DN600 mm
设备重量	净重：340 t；运行重：355 t

表 352-01-07-114　零部件信息

零部件名称	材料	形式	规格/mm
换热管	SA-803 TP439	不锈钢焊接管	ϕ19.05×1.75
一级管板	20MnMoIV	锻件	ϕ2690，t=255+6
二级管板	20MnMoIV	锻件	ϕ2440，t=360+6
外壳筒体和封头	Q245R	板材	DN4300，t=45/60
主蒸汽进/出口接管	16MnIV	马鞍形锻件	DN1200/DN1300
其他接管	16Mn	锻件	
一级球封头	Q345R+S30403	复合板	DN2600
二级球封头	Q345R	板材	DN2300
内件不锈钢板材	S11306（GB24511）	不锈钢板	T6、T8、t10 等
内件碳钢板材	SA-516Gr.70	板材	T16、t20、t30、t40 等

汽水分离再热器主要由分离器、再热器、筒体及封头四部分组成。

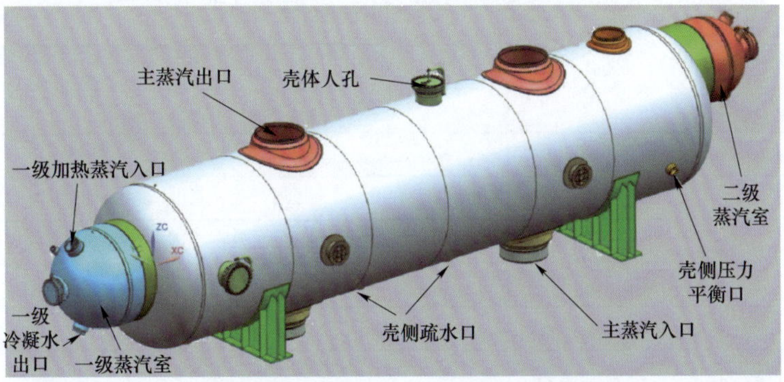

图 352-01-07-47　汽水分离再热器

汽水分离器：根据惯性原理把蒸汽和水滴分开。汽水分离器的分离效率对整个核电厂的性能影响较大，因此要求分离效率在 90%以上。压水堆核电厂汽水分离器采用波纹板式结构，波纹板式分离器均匀的分布于水平筒体内部。

再热器：压水堆核电厂汽轮机的功率很大，蒸汽初始参数比常规火电站低，高、低压缸的分缸压力一般只有 1 MPa 左右，蒸汽容积流量大，连通管很粗。因此要把高压缸排汽直接送回反应堆中再次加热是不现实的，只能在汽轮机旁就再热。

为了提高机组的经济性，压水堆核电厂的再热循环不仅采用新蒸汽加热高压缸排汽，还利用汽轮机高压缸抽汽来加热，组成两级再热，其中用高压缸抽汽的加热器为一级再热器，利用新蒸汽的加热器为二级再热器。每一个再热器都由半球形水室与 U 形换热管管束组成。根据朗肯循环理论，用新蒸汽加热压力较低的排汽只会降低循环效率，但由于降低了蒸汽湿度，提高了汽轮机的相对内效率，最终还是能够改善机组的经济性。经济性的提高程度与再热压力、再热器端差、汽水分离再热器的压力损失等因素有关。

从高压缸排出需要去湿和再热的湿蒸汽通过左、右各二根与两台 MSR 筒体下部管接头直接相连的冷再热蒸汽管进入汽水分离器，蒸汽进入 MSR 壳体后流入四根进汽分布管，这些被割有槽口的流量分布管引导蒸汽以均匀的速度分布流入汽水分离再热器的流量分配板和分离器波纹板元件。在分离约 98%的水分后，蒸汽流再经过抽汽和新蒸汽再热段加热变成过热蒸汽。过热蒸汽向上流动，从蒸汽出口管排出。

由波纹板作用从湿循环蒸汽中分离出来的水收集于壳体较低处，并通过壳体疏水接口，排入布置于汽水分离再热器下方的水位受控的壳体疏水箱。

一级和二级再热器的作用是相似的。加热蒸汽经进汽接管进入再热器半球形封头上部腔室。蒸汽在 U 形管内循环，将其热量传递给流过管束外的循环蒸汽。加热蒸汽放热后大部分凝结成水，进入半球形封头下部腔室，通过再热器凝结水接口，排入布置于汽水分离再热器下方的水位受控的再热器疏水箱。

第一级再热器的加热蒸汽是由高压缸的第一级抽汽供给的，第二级再热器的加热蒸汽为取自主蒸汽母管的新蒸汽。

再热器的半球形蒸汽室的两侧设有扫汽、排气接口，接管引自扫汽盖腔室。扫汽室盖装在每个管束板的下一半上部的五排管子上（二级再热器是四排），这就迫使加热蒸汽进汽室后沿着大弯曲半径几排管子（二级再热器是八排，一级再热器是九排）由上向下流动，在这部分管子（第一、第二流程）中形成的凝结水由蒸汽室下部的凝结水接口疏出。剩余的扫汽（在第一、第二流程中部分未凝结的蒸汽以及不凝结气体）转向流入扫汽室盖未盖住的上一半下部的管子，经第三、第四流程排出凝结、聚集在扫汽室，再经排汽接管排出。

（4）指标和参数

表 352-01-07-115 指标和参数

名称	单位	壳侧	一级再热器	二级再热器
容器类别	/	II 类		
操作介质	/	水、水蒸气	水、水蒸气	水、水蒸气
设计温度	℃	300	300	316
工作温度	℃	268.8	228.62	280.9
设计内压/外压	MPa（g）	1.5/−0.1	3.4/−1.5	8.5/−1.5
工作压力	MPa（g）	0.906	2.627	6.4
焊接接头系数	/	1.0	1.0	1.0
腐蚀裕量	mm	3.0	1.5	1.5

（5）维护技术要求

1）预防性维修项目

表 352-01-07-116 预防性维修项目

项目名称	项目周期（1C 为 1 个燃料循环）
5TSR001/002ZZ 内部腐蚀检查	1C
5TSR001/002ZZ 内外部检查	1C
5TSR001/002ZZ 定期检验；VT/UT/PT/TM/HM	4C
5TSR001/002ZZ 外部年检，VT	1C

2）检修主要内容

表 352-01-07-117 检修主要内容

检查内容	标准
人孔密封面检查	无磕伤、损坏等缺陷、密封，面无贯穿划痕
人孔法兰及盖板检查	无磕伤、损坏等缺陷
异物检查	汽水分离器内部无异物
内部焊缝检查	内部焊缝无明显裂纹
内部钢结构变形情况	内部钢结构无明显变形、裂纹

（6）质量管理

表 352-01-07-118 质量管理

步骤	推荐的选点
检查一级蒸汽室内部清洁度，确认无异物	W
检查二级蒸汽室内部清洁度，确认无异物	W
对壳侧进行清洁度检查，确认无异物	W
对容器内部检修通道进行清洁度检查，确认无异物	W

（7）技术规程清单

表 352-01-07-119 技术规程清单

规程编码	规程名称	执行周期
FQZ-TSR-TPMAPM-0005	汽水分离再热器年度检查	1C

（8）经验反馈

表 352-01-07-120 经验反馈

故障现象	原因	排除方法
加热蒸汽气流不稳定	1. 排气阀不能完全关闭 2. 蒸汽室分程隔板漏气 3. 疏水系统故障	1. 打开备用阀或紧急阀，并返修故障排气阀 2. 核实阀门位置，如果有故障，隔离阀门并返修 3. 核实控制阀门正常运行
循环蒸汽被加热效果不佳	1. 再热器故障 2. 换热管泄漏 3. 加热蒸汽阀部分关闭 4. 管束周边冷蒸汽内部泄漏	1. 核实蒸汽气流状况，进行隔离返厂维修，并核实排气系统正常运行 2. 执行换热管泄漏试验，找到泄漏管，并堵管 3. 核实阀门位置，并调校 4. 核实管系密封是否完好

续表

故障现象	原因	排除方法
内部衬板变形	1. 热应力 2. 焊接方式错误，异种金属热应力变形	1. 补焊修复 2. 修正焊接工艺，消除封闭腔室
进入再热器的蒸汽流量增加	1. 换热管泄漏 2. 疏水阀打开故障	1. 执行换热管泄漏试验，找到泄漏管，并堵管 2. 核实阀门位置，如果有故障，隔离阀门并返修

（9）参考资料

表 352-01-07-121　参考资料

资料编号	资料名称
FQZ31900001D01A44D	MSR 运行维护图
FQZ31910002D01A44DD	MSR 再热器抽芯图

7.4.3　PCS/PRS 换热水箱

（1）定义

PCS 换热水箱作为非能动安全壳热量导出系统（PCS 系统）的一部分满足系统设计要求。该水箱与安全壳厂房一起设计，其位于安全壳外，作为在超设计基准事故工况下安全壳热量的热阱。换热水箱也是蒸汽发生器二次侧非能动余热排出系统（PRS 系统）的冷却水源，水箱内的水作为 PRS 系统的最终热阱，通过蒸汽发生器带走堆芯余热和反应堆冷却剂系统各设备的储热。水箱容积的设计应保证 PRS 系统能够连续运行 72 h 而不会导致应急余热排出冷却器裸露。

（2）范围对象

PCS/PRS 换热水箱：PCS001BA、PCS002BA、PCS003BA。

（3）结构原理

PRS 换热水箱与 PCS 共用，三个换热水箱均布在安全壳外侧接近安全壳筒体顶部的位置，形成环状结构，其土建结构与安全壳统一设计，是混凝土结构内衬不锈钢衬里，位于 50.6～55.6 m 的标高，不会受到其他水淹的影响。每个换热水箱分为“冷凝器隔间”和“水箱”两部分，且彼此相通。“冷凝器隔间”用于布置应急余热排出冷却器，“水箱”位于“冷凝器隔间”的上部，三个系列“水箱”的总有效水容积（运行 72 h 蒸发损失的水体积）为 2300 m^3。

换热水箱设计有补水接口和排水接口，以便启动前为水箱充水和检修期间排水。

事故后，安全壳内的高温汽水混合物加热换热器，换热器内的水受热膨胀后沿着上升管道进入安全壳外的换热水箱。随着安全壳内温度不断上升以及换热器受热实际不断加长，换热水箱温度也随之升高。水箱温度达到沸点时，产生的蒸汽通过导热水箱排放到安全壳外大气，安全壳外大气是该系统的最终热阱。

（4）指标与参数

表 352-01-07-122　指标与参数

安全等级	LS
质保等级	Q1
抗震等级	1F
内部设计压力/MPa abs	0.2
外部设计压力/MPa abs	0.1

续表

正常液面压力/MPa abs	0.1
设计温度/℃	110
正常温度/℃	0～40
总容积/m^3	1033
液态正常容积/m^3	900

（5）维修技术要求

1）预防性维修项目

PRS、PCS 系统在机组正常运行情况下处于备用状态，机组完全丧失给水工况系统投入运行。PCS/PRS 换热水箱为构筑物，并长期处于充水状态中，不宜定期进行检查。PCS/PRS 换热水箱无需相关预防性维修工作。

2）检修主要内容

外挂水箱内部检修

进入外挂水箱内部进行检修的目的通常是对外挂水箱内部的钢覆面及设备进行检查。人员进入前，应检查外挂水箱内氧气含量，当氧气含量满足相关要求时，人员才能进入外挂水箱。人员进入外挂水箱后，应采取必要的通风换气措施，确保外挂水箱内氧气含量维持在可接受的水平。

（6）质量管理

表 352-01-07-123　质量管理

项目名称	质量管控点
外挂水箱内部检检修	外挂水箱内部钢覆面损伤、锈蚀检查 外挂水箱内部设备损伤、锈蚀检查 外挂水箱内部防异物检查

（7）技术规程清单

表 352-01-07-124　技术规程清单

规程编码	规程名称
CPX451600N53244DS	PRS 换热器及支承设备规格书

（8）经验反馈

表 352-01-07-125　经验反馈

故障特征	可能原因
内部钢覆面及设备锈蚀	水箱中存在脏污
	换热水箱中水质不合格

（9）参考资料

表 352-01-07-126　参考资料

资料编号	资料名称
CPX45160001N53244DD	PRS 换热器及支承设计图纸目录
CPX45160001N53244SS	PRS 换热器及支承安装技术要求

7.4.4 稳压器

（1）定义

稳压器是反应堆冷却剂系统（RCP）的主要设备之一，它的主要作用是将一回路（RCP）的压力维持在 15.5 MPa 的整定值上，以防止冷却剂水在一回路中汽化。稳压器内贮有两相状态的水，水和蒸汽都在确定的压力所对应的同一温度，依靠喷淋阀和加热器进行压力调节；其次是可缓冲一回路系统水容积的迅速变化。

稳压器的设计应能调节由于负荷瞬动引起的压力波动，即能维持水和蒸汽在饱和状态下的平衡。它的容量必须有足够的水容积和足够的蒸汽容积。

（2）范围对象

稳压器：RCS001BA。

（3）结构原理

1）稳压器结构

稳压器由上封头组件、圆筒体组件、下封头组件、裙式支座组件、人孔组件和密封组件组成。

上封头组件，包括上封头、喷雾接管嘴、安全阀接管嘴（三个）、脉冲管集管接管嘴、人孔座、喷雾接管嘴安全端、安全阀接管嘴安全端、脉冲管集管接管嘴安全端、喷雾接管嘴防热冲击套管、喷雾头接管嘴内衬管、喷雾头连接管。

圆筒体组件，包括筒体、仪表测量接管嘴、阀门支架组件、电加热元件上支撑板、上支撑板支撑座组件、上支撑板紧固螺栓、螺母及垫片。

下封头组件，包括下封头、波动接管嘴、波动接管嘴安全端、电加热器元件套管、波动接管嘴防热冲击套管、加热器元件下支撑板、流体分配罩、下支撑板支撑座组件、下支撑板紧固螺栓、螺母及垫片。

裙式支座组件，包括支撑裙筒体、底座环板法兰、接地电极连接件。

人孔组件，包括人孔盖、人孔盖主螺栓、人孔盖主螺栓螺母、人孔盖主螺栓垫片、人孔盖吊环螺栓。

密封组件，包括人孔密封衬板、人孔密封垫、衬板紧固螺钉。

2）稳压器原理

压力调节：

核电厂正常运行时，稳压器内液相与汽相处于平衡状态。因而，稳压器中的压力等于该时刻温度下水的饱和蒸汽压力。

运行时，为避免冷却水在一回路内产生沸腾，冷却水温度应低于稳压器饱和蒸汽温度。

当稳压器的蒸汽空间存在时，由稳压器压力控制系统控制反应堆冷却剂系统压力。外负荷的变化会引起反应堆功率和汽轮机负荷之间失配，从而引起水容

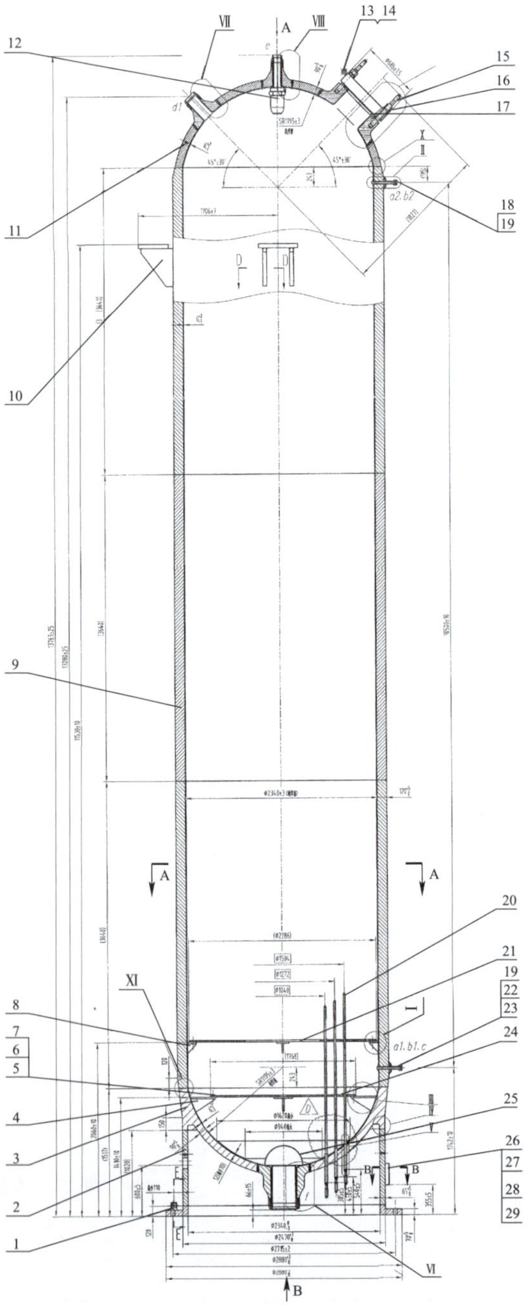

图 352-01-07-48 稳压器结构简图

积膨胀或收缩。

如果反应堆功率超过汽轮机负荷，则水容积膨胀并压缩蒸汽，引起的波动将由冷管段引来的喷淋水通过喷淋而使蒸汽凝结。

当超压时，由稳压器安全阀组、卸压箱和反应堆高压停堆提供超压保护。

如果汽轮机负荷超过反应堆功率，则容积收缩且稳压器蒸汽空间扩大，引起的降压将由电加热器的投入使水蒸发加以补偿，直至压力整定值的重新建立。如果超过稳压器的低压停堆整定值，就要停堆。在稳态运行过程中，可调式加热器是工作的，以补偿连续喷淋和稳压器的热损失。当稳压器充满水时，由化学和容积控制系统低压下泄阀控制其压力。

水位调节：

核电厂正常运行工况下，一回路平均温度的变化，将引起稳压器水位的变化。而引起一回路平均温度变化的因素很多。如功率运行时二回路系统热功率的变化，蒸汽发生器二次侧给水的突然增加或减少，反应堆功率控制系统的超调；当反应堆启动或者停闭时，一回路水温由 60 ℃升到 290.8 ℃（或由 290.8 ℃降到 60 ℃），就要引起一回路水容积的变化；当反应堆从热备用到功率运行，一回路平均温度从 290.8 ℃提高到 310 ℃，也要引起一回路水容积的变化。

当稳压器内水位过高时，稳压器将失去对一回路系统压力控制的能力，而且安全阀组有进水的危险；如果水位过低，加热器电阻加热元件有裸露于汽相中的危险。为此，必须对稳压器进行水位调节，以保持稳压器的水位在正常的运行范围内。

（4）指标和参数

表 352-01-07-127 指标和参数

主要参数	数值
设计压力	17.23 MPa（abs）
设计温度	360 ℃
运行压力	15.5 MPa（abs）
运行温度	345 ℃
额定功率下蒸汽容积	20.67 m^3
额定功率下水容积	31.00 m^3
淹没加热器要求的水容积	7.21 m^3
稳压器总容积	51 m^3
最大喷淋速率	200 m^3/h
在最大喷雾流量时进出口压降	0.1 MPa
名义加热功率（增加电加热器数量功率等具体信息）	1872 kW

（5）维护技术要求

1）预防性维修项目

表 352-01-07-128 预防性维修项目

项目名称	项目周期（1C 为 1 个燃料循环）
开稳压器人孔	1C
关稳压器人孔	1C
稳压器人孔螺栓、螺母的清洗、检查和润滑	1C

续表

项目名称	项目周期（1C 为 1 个燃料循环）
稳压器人孔螺孔的清洗、检查和润滑	1C
螺栓拉伸机保养，电子表校验	1C
一回路水压试验	6C

2）检修主要内容

——稳压器开、关人孔前准备：

- 螺栓拉伸机保养，电子表校验；
- 拉伸机动作试验，要求无卡涩、漏油缺陷；
- 对油管进行外观检查，不得有开裂、弯折、接头漏油缺陷；
- 对千分表进行校验，更换不合格的千分表；
- 连接油管，启动油泵，压力可以升至 1200 bar 且可以保持，无漏油缺陷；
- 检查油泵上的压力表是否在有效期，必要时重新进行校验。

——开稳压器人孔：

- 拆保温层、搭建负压棚、测量螺栓及端盖温度，确认满足开工条件，并记录；
- 安装稳压器螺栓拉伸机，检查确认支撑块贴紧法兰端盖；
- 通过拨杆调节螺母套筒的位置，检查确认套筒已经套进螺母；
- 将所有拉伸套筒回退半圈；
- 加压拉伸螺栓至 200 bar，并检查各油管连接是否牢固，检查拉伸器是否紧贴人孔盖；
- 人员远离拉伸器，加压升至 1100 bar，检查螺母是否松动；
- 如果螺母不松动，可继续加压 50 bar，最大压力不得超过 1250 bar；
- 保持油压，并将螺栓拧松一圈；
- 慢慢打开泵的出口阀，并卸压至 600 bar，并将螺栓拧紧；
- 起泵，加压至 650 bar，拧松螺母，并检查确认；
- 拆除螺栓；
- 安装人孔盖专用吊具，起吊人孔盖；
- 拆卸人孔内盖板，并安装临时人孔盖。

——关稳压器人孔：

- 拆除临时人孔盖，检查人孔及内盖板密封面；
- 检查密封垫片，安装稳压器人孔内盖板；
- 测量内螺钉到人孔内盖板的距离，需≥1.5 mm；
- 吊装人孔盖板到位，调整人孔盖板专用工具调节螺钉，使人孔盖板螺栓孔对准；
- 安装稳压器螺栓拉伸机，检查确认支撑块贴紧法兰端盖；
- 将所有拉伸套筒回退半圈；
- 泵升压至 200 bar（工作人员尽量远离油管及接头）；
- 检查泵、油管、接头无漏油，测量表工作正常；
- 用力矩扳手拧紧全部螺母（力矩设置为 40 N·m）后，卸压至 0 bar；
- 泵升压至 400 bar，拧紧全部螺母后，卸压至 0 bar；
- 泵升压至 800 bar，拧紧全部螺母后，卸压至 0 bar；
- 泵升压至 1100 bar，拧紧全部螺母后，卸压至 0 bar；
- 螺栓残余拉伸量目标值 0.26～0.28 mm（一回路水压试验时，目标值为 0.29～0.33 mm）；

- 测量检查法兰间隙是否均匀。

——稳压器人孔螺栓、螺母的清洗、检查和润滑：

- 清洗螺栓、螺母、垫圈；
- 擦干螺栓、螺母、垫圈；
- 检查螺栓测量杆安装到位，测量杆端面光滑平整；
- 清洗后螺纹检查，如有必要进行简单的修复；
- 润滑螺纹，按规程包装后放入原贮存箱；
- 稳压器人孔螺孔的清洗、检查和润滑；
- 拆除临时人孔盖；
- 用刷子及白布进一步清洗稳压器螺孔；
- 检查清洗后的螺孔螺纹，如有必要进行简单的修复；
- 润滑螺纹，润滑剂涂抹均匀。

（6）质量管理

表 352-01-07-129　质量管理项目

项目名称	质量管控点
开稳压器人孔	通过拨杆调节螺母套筒的位置，检查确认套筒已经套进螺母 如果螺母不松动，继续加压至 1100 bar，最大压力不得超过 1150 bar 拆卸人孔内盖板，并安装临时人孔盖 检查人孔法兰及内盖板密封面
关稳压器人孔	备件垫片、密封面目视检查 测量内螺钉到人孔内盖板的距离 通过拨杆调节螺母套筒与螺母的相对位置，检查确认套筒已经套进螺母 计算螺栓残余伸长量，若伸长量不够则每 50 bar 升压进行调整，压力不超过 1150 bar，目标值 0.26～0.28 mm 测量检查法兰间隙是否均匀
稳压器人孔螺栓、螺母的清洗、检查和润滑	清洗后螺纹检查，如有必要进行简单的修复 润滑螺纹，润滑剂涂抹均匀
稳压器人孔螺孔的清洗、检查和润滑	清洗后螺纹检查，如有必要进行简单的修复 润滑螺纹，润滑剂涂抹均匀
螺栓拉伸机保养，电子表校验	千分表、压力表均在合格有效期内 拉伸机、油管、油泵动作无卡涩、泄漏故障

（7）技术规程清单

表 352-01-07-130　技术规程清单

规程名称	实施周期（1C 为 1 个燃料循环）
3、4 号机组用螺栓拉伸器打开稳压器人孔盖	1C
3、4 号机组用螺栓拉伸器关闭稳压器人孔盖	1C
3、4 号机组稳压器螺栓/螺母/螺孔清洗检查	1C

（8）经验反馈

1）开稳压器人孔

——该工作为大修关键路径项目，需提前按照工器具清单核实工具可用性及检修电源的可用性；

——提前拆除保温并通知辐射防护人员布置场地；

——为防止人员烫伤及螺栓咬死，要求人孔盖温度低于 42 ℃、螺栓与稳压器母体温度之差小于

20 ℃；

——拉伸机安装到位后，需将拉伸套筒回退半圈，防止拉伸机与螺栓咬死；

——目视检查拉伸机是否与人孔盖平整贴合，螺栓套筒与螺母是否安装到位，若安装不到位，可能导致无法拧动螺母；

——起泵拉伸前需要设定油泵最大压力 1400 bar，防止超压导致螺栓咬死或者损坏；

——为防止安装不到位，导致油管崩开伤人，在首次起泵升压前，所有工作人员需远离稳压器人孔；

——若用力矩扳手拧松螺母困难，则可适当升高油压，油压最高不能超过 1250 bar；

——拆除内盖板前需联系辐射防护人员配合穿戴气面罩，防止沾污；

——内盖板拆除时，做好防异物措施，防止异物进入稳压器；

——内盖板拆除后需安装专用防异物盖板。

2）关稳压器人孔

——该工作为大修关键路径项目，需提前按照工器具清单核实工具可用性及检修电源的可用性；

- 关稳压器人孔前需对备件垫片、法兰及内盖板密封面进行检查，确保无缺陷；
- 拉伸机安装到位后，需将拉伸套筒回退半圈，防止拉伸机与螺栓咬死；
- 目视检查拉伸机是否与人孔盖平整贴合，螺栓套筒与螺母是否安装到位，若安装不到位，可能导致无法拧动螺母；
- 起泵拉伸前需要设定油泵最大压力 1400 bar，防止超压导致螺栓咬死或者损坏；
- 为防止安装不到位，导致油管崩开伤人，在首次起泵升压前，所有工作人员需远离稳压器人孔；
- 内盖板安装时，工作人员手中不得持有任何工具、部件，身上不得有任何松动部件，包括剂量计、胶带、眼镜等，防止异物掉入稳压器中；
- 内盖板安装后，测量螺钉到人孔内盖板的距离，该距离需≥1.5 mm；
- 内盖板安装到位后方可进行螺孔的清洗工作，否则可能导致异物进入稳压器；
- 为防止螺栓咬死，需用软毛刷在螺栓螺纹上均匀涂抹防咬剂 N-7000，但不宜涂抹过多；
- 螺栓拉伸前，需用胶带将各拉伸机的油管进行捆扎固定，防止在拉伸过程中，由于油管的移动而导致拉伸值测量出现偏差；
- 电动泵油压值最高不能超过 1400 bar，升压调整时每次升压值不得不大于 50 bar，人孔螺栓残余伸长量要求（0.27±0.01）mm。

3）稳压器人孔螺栓、螺母、垫圈、螺孔清洗检查

- 内盖板安装到位后方可进行螺孔的清洗工作，否则可能导致异物进入稳压器；
- 使用清洗剂清洗螺栓、螺母完成后，需联系役检人员进行检查确认；
- 螺栓及螺孔上涂抹防咬剂需均匀且薄，并非越多越好；
- 螺栓、螺母需放置在专用的存储箱中，防止运输过程中磕碰、损坏。

4）拉伸机保养及电子表校验

- 大修开始前 3 个月需执行此项工作，以便在发现问题后有足够的时间处理；
- 建议定期（10 年）对油管、拉伸机油缸中的密封件、磁力表座进行更换。

（9）参考资料

表 352-01-07-131 参考资料

资料编号	资料名称
CPX44001001N53244SS	稳压器运行技术手册
CPX44501001N53244DS	稳压器技术规格书

7.4.5 除氧器

（1）定义

除氧器利用汽轮机高压缸抽汽将凝结水加热到对应于除氧器运行压力下的饱和温度，除去溶解于给水中的氧气及其他不凝结气体，防止或减轻核电常规岛管道及设备、汽轮机及其附属设备管道等的氧腐蚀。另外，作为一级加热器，将给水加热，通过本级回热，使热能得到充分利用，提高发电机组热效率；同时，能够贮存蒸汽发生器给水，吸收变负荷时给水量的变动，保持系统的平衡。

（2）范围对象

除氧器：TFD010DZ。

（3）结构原理

除氧器结构为卧式无头，由壳体、支座、给水装置、弹簧喷嘴、排汽装置、加热蒸汽装置、高加疏水装置、再沸腾装置及水泵再循环管等组成。

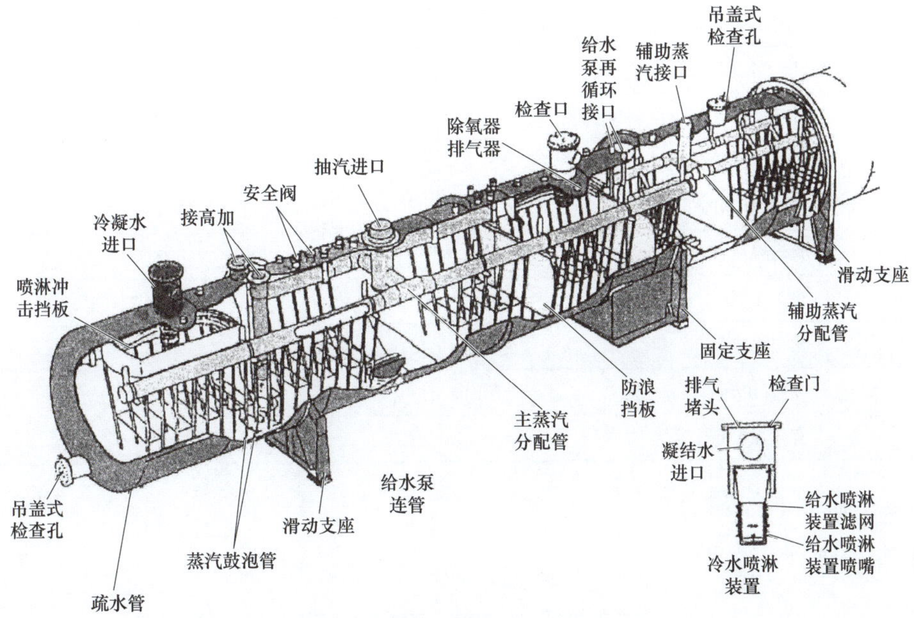

图 352-01-07-49 除氧器

壳体是由一个圆柱体筒身和左右两个标准的椭圆形封头焊制而成，卧式放置。壳体上焊有各种对外接管，其左右各不相同，接管通过强度计算采用补强圈补强，除了个别小的接管外其余均采用了全焊透结构，保证焊接质量。左右封头及筒身上各有一个安装、检修时用的人孔。通过对设备稳定性、刚度的计算，壳体内部采用 T 形加强圈对其进行支撑，保证其刚性和稳定性。

除氧器壳体上方设置为 3 块除氧区域，下部壳体作为储水区域，经过除氧的给水经折流后储存在储水区域以保证整个电厂的给水平衡。加热蒸汽接管进入汽空间和储水空间，各疏水接管采用多孔分散结构。

凝结水通过给水母管进入弹簧喷嘴中，因凝结水的压力高于除氧器内的工作压力，两侧的压差作用使喷嘴打开，凝结水以膜状喷至水箱，水箱中的水流经下面的散水桶上的锯齿时被撕碎和破裂，然后均匀流动至下方的除氧盘上。在此过程中，蒸汽自下而上流动，与凝结水充分接触，将凝结水加热至接近除氧器工作压力下的饱和温度，去除凝结水中大部分的氧量，被加热除氧的凝结水均匀地洒在下方除氧盘上，在这里水再次被不断破碎、剖析，形成膜状一层层向下流动，同时水在除氧盘中还做横向流动，增加了汽水接触的面积，保证了传质传热的时间，使凝结水与自下而上的蒸汽充分接触，为溶氧的逸出提供足够长的时间和动力，从而达到深度除氧，使给水含氧量达到标准要求。

除氧器底部有三个给水出口接管，连接到给水泵进口。在适当的位置设置防浪板，并在接口附近设置导流板以防止水冲击和紊流形成。另外，这些接口需安装防涡器。

除氧器壳体底部设置了去凝汽器的放水接口，放水管线上设置一个电动放水阀，除氧器设置去凝汽器溢流放水接口，管线上设置电动溢流阀。

除氧器筒体顶部装有安全阀管座，一旦除氧器内部的压力超过一定值，安全阀就会打开向大气排出过多的蒸汽。安全阀的尺寸通过计算能满足最大的排放要求。

（4）指标与参数

表 352-01-07-132　指标与参数

安全等级	NC
质保等级	QA2
抗震等级	NO
设计压力/MPa（g）	1.2/-0.1
最高工作压力/MPa（g）	1.002
最低稳定工作压力/MPa（g）	0.12
水压试验压力/MPa（g）	2.2
设计温度/℃	281
进口水温/℃	155.2
出口水温/℃	178.8
总容积/m^3	780
有效容积/m^3	474

（5）维修技术要求

1）预防性维修项目

表 352-01-07-133　预防性维修项目

设备名称预防修性维修项目	
项目名称	项目周期（1C 为 1 个燃料循环）
拆卸人孔盖清理	1C
除氧器内件检查	1C
固定支座和滑动支座检查	1C

2）检修主要内容

——拆卸人孔盖清理：

- 开始检修工作前，应先阅读有关安全规则，确保自己已经完全理解相关条文；
- 搭建能够安全到达人孔门的扶梯和平台；
- 去除人孔门附近的保温材料；
- 当法兰盖从法兰上拆卸时应确保连接法兰盖的吊杆能够正常使用；
- 用扳手拧开法兰盖上的螺母；
- 利用人孔上的把手将法兰盖移开；

- 准备新的垫片，去除原有的垫片，注意不要将碎片掉入除氧器内；
- 清理法兰盖和法兰连接面，确保没有毛刺、划痕等；
- 将卸下来的螺母储存起来。

注意：拆卸螺栓之前一定确保人孔门上的折叶出可以自由开合，并且无其他异常，防止开门时人孔门出现掉落风险。开关时请尽量缓慢操作，不要快速启闭。

——除氧器内件检查：

- 开始检修工作前，应先阅读有关安全规则，确保自己已经完全理解相关条文；
- 确认人孔门已经打开，并打开封头上的通风口；
- 由于除氧器内部可能存在有害气体，因此只有当工厂安全员宣布除氧器可以安全进入后，才可以开始检修；
- 检查高加疏水装置和 MSR 疏水装置的冲蚀情况和安全状态；
- 检查蒸汽入口处蒸汽挡板的冲蚀情况和安全状态；
- 检查启动加热蒸汽耙管的冲蚀情况和安全状态；
- 检查凝结水母管的冲蚀情况和安全状态；
- 检查排气母管的冲蚀情况和安全状态；
- 检查除氧盘、受水箱的冲蚀情况、弯曲程度和安全状态；
- 检查喷嘴的阀座有无损伤、弹簧有无扭曲、破损和清洁度状况；
- 检查内部支架和固定装置的状态，如有断裂或严重冲蚀的立即更换。

——固定支座和滑动支座检查：

固定支座检查：

- 检查固定支座的腐蚀情况和安全状态；
- 检查螺母是否松动或损坏。

滑动支座检查：

- 检查滑动支座的腐蚀情况和安全状态；
- 确认地脚螺栓在螺栓孔位置；
- 检查滚轮及周围是否有杂物阻塞滑道。

（6）质量管理

表 352-01-07-134 质量管理项目

项目名称	质量管控点
拆卸人孔门检查	螺栓松动检查及力矩复验 泄漏、腐蚀检查
除氧器内件检查	设备冲蚀情况和安全状态 除氧器内部防异物检查

（7）技术规程清单

表 352-01-07-135 技术规程清单

序号	规程名称
1	除氧器内外部检查

（8）经验反馈

表 352-01-07-136 经验反馈

故障特征	可能原因
出水含氧量过高	含氧量测量仪表失效或测量方法有误
	非凝结气体未有效排出除氧器，原因可能是排汽阀被关闭，或者排汽管道阻塞
	进入除氧器的凝结水含氧量过高或进入除氧器的凝结水温度与除氧器出水温度温差过大
除氧器设备振动	从除氧器外部系统、管道、阀门传递过来的振动或钢架结构振动导致的除氧器振动
	内部蒸汽支管或其他内件受到损伤或安装错误
	水位、压力失控。阀门系统不协调
	地脚螺栓组件松动造成设备固定不稳定

（9）参考资料

表 352-01-07-137 参考资料

资料编号	资料名称
CPX32211001E01044DS	除氧器技术规范书
FQZ42EOM001002A45SS-	除氧器设备运行维护手册（F 版）

7.4.6 PCS 热交换器

（1）定义

PCS（非能动安全壳热量导出系统）热交换器的主要功能是：热交换器内的水和安全壳内的高温空气通过冷凝、对流和辐射传热进行能量交换，然后依靠热交换器与外部水箱的高度差和水温变化的密度差来形成自然循环，从而实现把安全壳内的热量连续不断地传递到安全壳外。

（2）范围对象

PCS 热交换器：PCS101RF、PCS102F、PCS111RF、PCS112RF、PCS201RF、PCS202RF、PCS211RF、PCS212RF、PCS301RF、PCS302RF、PCS311RF、PCS312RF。

（3）结构原理

每台机组设置 12 台 PCS 热交换器。PCS 热交换器是一个由上下联箱和传热管组成的 C 型热交换器，安装在支撑框架上。它由 1 个上联箱、1 个下联箱、132 根传热管、1 个进口三通和 1 个出口三通、1 个支撑框架组成。上下联箱组件分别由两个半圆形筒体、两个球形封头和一个三通焊接组成。上下联箱上装有 3 个滑动支座和一个固定支座。传热管由 132 根φ38 mm×2 mm 的 C 形管组成，传热管通过胀焊的方式与上下联箱进行连接。热交换器由 4 个支撑管支撑，除了固定支撑是焊在支撑框架上外，其他支撑管是通过底板由螺栓固定在支撑框架上。支撑框架由螺栓固定在牛角支撑上。

（4）指标与参数

PCS 热交换器导出安全壳热量的过程是非能动的，不需要外界干预，PCS 热交换器正常工况下不需要运行。PCS 热交换器性能参数见表 352-01-07-138：

表 352-01-07-138 PCS 热交换器性能参数

性能参数	数值	性能参数	数值
连接系统	管内 PCS，管外空气	热交换器空重	6950 kg
流体类型	管内除盐水，管外湿空气	热交换器充水后重量	8060 kg
设计压力（表压）/MPa	管内 0.9，管外 0.55	热交换器有效容积	1150 m^3
设计温度/℃	管内 190，管外 190	C 形传热管数	132
换热面积	94（单位）	传热管规格	φ38 mm×2 mm
程数	1		

（5）维修技术要求

PCS 热交换器的预防性维修主要为定期外观检查，传热管、管板及筒体通过焊接形式连接，一般不执行解体检查工作。

设备备用期间（机组正常运行期间，设备处于备用状态；电站发生超设计基准事故时，PCS 系统投入运行），需要完成下述检查：

——检查支座固定螺栓拧紧程度；

——检查支撑框架上部支撑与预埋板螺栓的拧紧力矩；

——检查其余螺栓连接处松动情况；

——根据现场需要可对螺栓进行润滑。

（6）质量管理

表 352-01-07-139　质量管理项目

项目名称	质量管控点
外观检查	螺栓松动检查及力矩复验 泄漏、腐蚀检查

（7）技术规程清单

表 352-01-07-140　技术规程清单

序号	规程名称
1	PCS 热交换器外部检查

（8）经验反馈

无。

（9）参考资料

无。

8　空调与风机

8.1　总述

8.1.1　定义

空调即空气调节器（Air Conditioner），是指用人工手段，对建筑/构筑物内环境空气的温度、湿度、洁净度、流速等参数进行调节和控制的设备。

8.1.2　功能

一般包括冷源/热源设备，冷热介质输配系统，末端装置等几大部分和其他辅助设备。主要包括制冷主机、水泵、风机和管路系统。末端装置则负责利用输配来的冷热量，具体处理空气状态，使目标环境的空气参数达到要求。

核电厂的空调系统主要服务于生产厂房，为核岛/常规岛等厂房内设备提供适当的散热，以及为工作人员提供适宜的可居留环境，以保证设备的正常运行以及人员的正常工作。

8.1.3　结构

空气调节系统的分类：

按空气处理设备的设置情况分类如下。

——集中式空调系统是将空气处理设备及冷热源集中在专用机房内，经处理后的空气经风道分别送往各个空调房间。这样的空调系统称为集中式系统，这是一种出现最早、迄今仍然广泛应用的最基本的系统形式。

——半集中式空调系统又称为混合式空调系统。它是建立在集中式空调系统的基础上，除有集中空调系统的空气处理设备处理部分空气外，还有分散在被调节房间的空气处理设备，对其室内空气进行就地处理，或对来自集中处理设备的空气再进行补充处理。风机盘管加新风空调系统是目前应用最广、最具生命力的系统形式，这种系统多半用于大型旅馆和办公楼等多房间建筑物的舒适性空调。

——全分散空调系统又称为局部式或整体式空调系统。它是将空气处理设备、冷热源设备和风机紧凑地组合成为一个整体空调机组，可将它直接安装在空调房间或者安装在邻室，通过较短的风道将它与空调房间联系在一起。例如恒温恒湿机组、窗式空调器、分体式空调机及机房专用空调机等。

集中式空调系统和半集中式空调系统通常可以称为中央空调系统。核电厂生产厂房由于结构和布局所限，一般使用中央空调系统。

按负担室内负荷所用介质分类如下。

——全空气式空调系统：全空气式空调系统是指空调房间内的热湿负荷全部由经过处理的空气负担的空调系统。空气经空调设备处理后，在风机的作用下，通过风管和风口送入各个空调房间或区域，吸热吸湿或放热放温后排出房间，也可通过回风管道，部分返回空调设备再处理使用。全空气式空调系统的优点是配置简单，初始投资较小，可以引入新风，能够提高空气质量和人体舒适度。但它的缺点也比较明显，安装难度大，空气输配系统所占用的建筑物空间较大，一般要求建筑要有较大的层高，还应考虑风管穿越墙体问题。而且它采用统一送风的方式在没有变风量末端的情况下，难以满足不同房间、不同空调负荷的要求。风管式中央空调系统就是典型的全空气式空调系统，如图 352-01-08-01 所示。

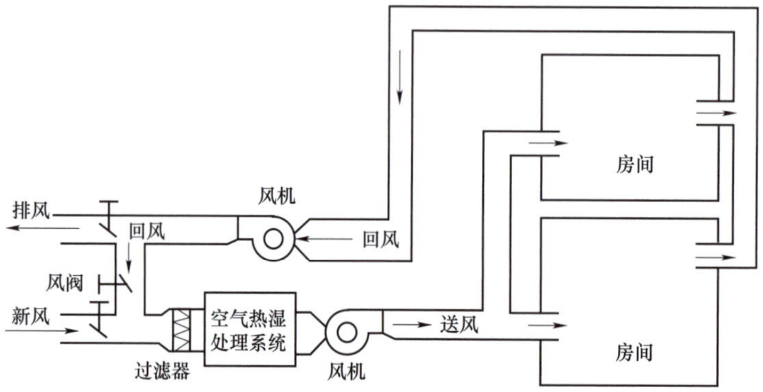

图 352-01-08-01 风管式中央空调系统

——冷/热水式机组空调系统：空调房间内的热湿负荷全部由水负担的空调系统称为冷/热水式机组空调系统，如图 352-01-08-02 所示，也称为全水系统。冷/热水式机组空调系统的输送介质通常为水或乙二醇溶液。它通过室外主机产生出空调冷/热水，由管路系统输送至室内的各末端装置，在末端装置处冷/热水与室内空气进行热量交换，产生冷/热风，从而消除房间内空调的冷/热负荷。该系统的室内末端装置通常为风机盘管。

由于水的比热容比空气大得多，在相同情况下只需要较少的水量即可满足要求。因此，全水系统的水管管网所占建筑空间要比全空气系统的风管管网小得多。但是由于这种系统是靠水来负担空调房间或区域的热湿负荷，显然解决不了通风换气的问题，因此室内空气质量没有保障，通常不单独采用。

——空气-水式空调系统：空调房间内的热湿负荷由水和空气共同负担的空调系统，称为空气-水式空调系统。目前，广泛采用的空气-水式空调系统是风机盘管加新风系统，如图 352-01-08-03 所示。在这种系统中，冷热源提供的冷水或热水由水管分送到各个空调房间或区域的风机盘管，通过盘管与吸入风机盘管的空气就地进行热湿交换，从而达到控制风机盘管所在房间或作用区域温、湿度的目的。与此同时，冷热源提供的冷水或热水也送到专门的新风机组中以处理室外空气。经过新风机组处理后的室外空气再通过新风管网送到各个空调房间或区域，以满足建筑降温、人体生理等的需要。

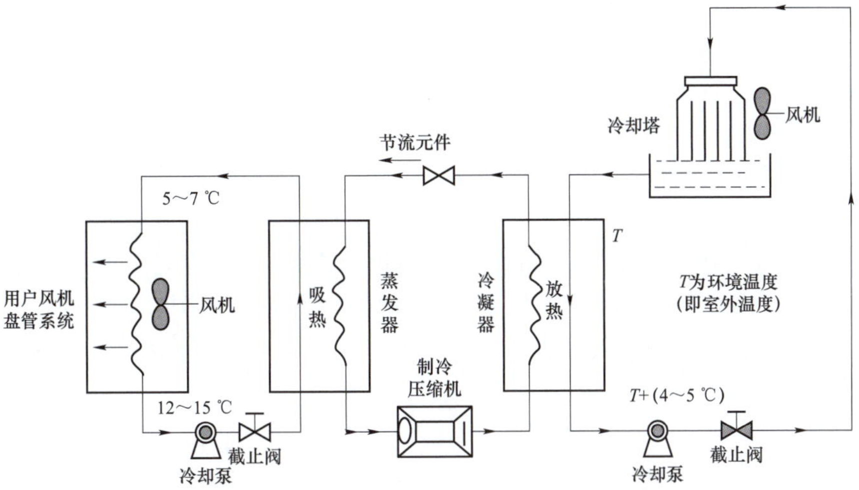

图 352-01-08-02 冷/热水式机组空调系统

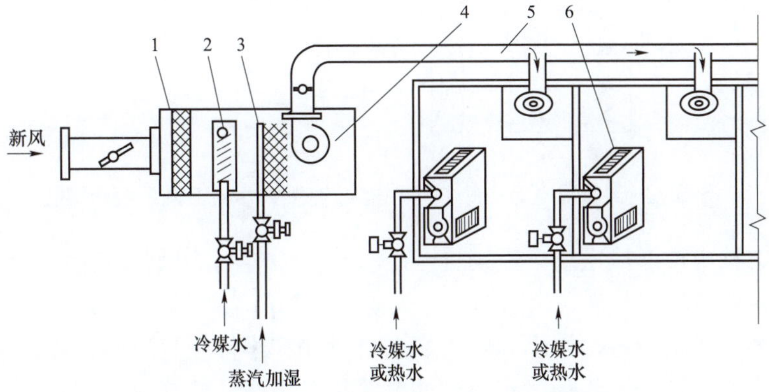

图 352-01-08-03 空气-水式空调系统示意

1—过滤网；2—冷却器；3—加湿器；4—风机；5—风管；6—风机盘管

空气-水式空调系统解决了冷/热水式空调系统无法通风换气的困难，又克服了全空气系统要求风道面积比较大、占用建筑空间多的缺点。

——制冷剂式空调系统：制冷剂式空调系统是把制冷或热泵装置的蒸汽发生器（冷凝器）直接放在室内，由制冷剂来负担空调房间或区域的热湿负荷，如图 352-01-08-04 所示。

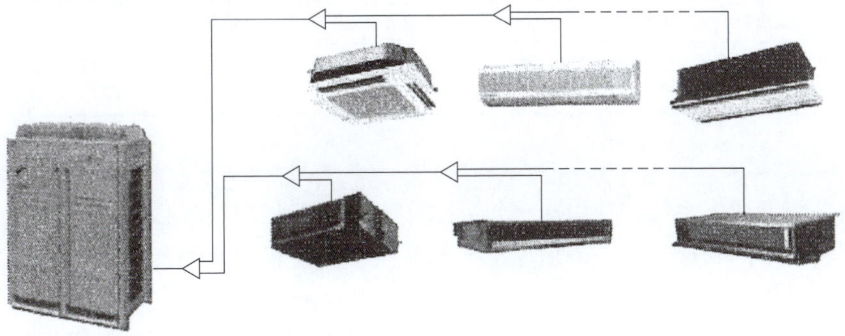

图 352-01-08-04 制冷剂式空调系统示意图

制冷剂式空调系统具有节能、舒适、运转平稳等诸多优点，而且各房间可独立调节能满足不同房间不同空调负荷的需求。但该系统控制复杂，对管道材质、制造工艺、现场焊接等方面要求非常高，初投资比较高。

核电厂空调（通风）系统是核电厂生产厂房内的重要系统，为生产厂房提供通风换气，为设备及工作人员提供适宜的工作环境，同时保证部分重要厂房内始终处于负压状态。通风系统也作为载体，为厂房内提供热/冷风，以适应不同季节的厂房温度需求。

核电厂空调（通风）系统由于厂房的特殊性，5.1.3 章节介绍的多种中央空调系统均有采用，但核岛厂房区域主要采用空气-水式空调系统，此种系统克服了集中式空调系统在系统大、风管粗、占用建筑面积和空间较多、系统灵活性差等方面的缺点，主要由风机和盘管（换热器）组成的机组，直接设在核岛各用户房间内，开动风机后将室内空气吸入机组，经空气过滤器过滤再经盘管冷却或加热处理后，就地送入房间，以达到调节室内空气的目的。风机盘管机组所用的冷媒水或热媒水，是由冷水机组或热交换站集中供应的。室内所需的新鲜空气，是由新风处理机组（由风机和过滤器等组成）将室外空气进行集中处理后，经风管送入各个房间的。一般情况下房间内设置有送风和排风风管，形成可以引入一部分新风的半封闭循环系统。

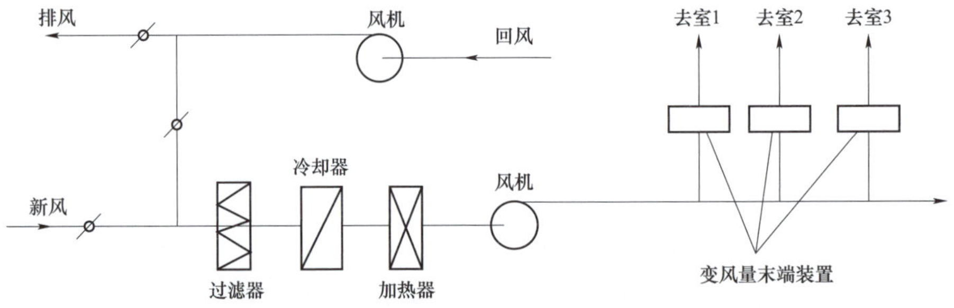

图 352-01-08-05　有送风、排风的空气-水式空调系统示意图

因此一套完整的核电厂通风系统一般设置有冷源（冷水机组）/热源（汽水交换加热器、电加热器）、风机、风阀（包括各类型的调节阀、止回阀、防火阀、排烟阀）、过滤器、通风管道、送风口等设施与部件，其中冷源设备和风机设备，由于其结构复杂，操作和维修项目较多，需要一定的技术水平，为本章节的主要介绍内容；风管、各种风阀与过滤器等设备由于结构简单、维护技术要求低将不再设立章节详细介绍。

8.2　通用技术型号

表 352-01-08-01　通用空调与风机技术要素

次级技术要素	包含内容
空调	空调即空气调节器（Air Conditioner），是指用人工手段，对建筑/构筑物内环境空气的温度、湿度、洁净度、流速等参数进行调节和控制的设备。本文主要以核电离心式冷水机组、核电螺杆式冷水机组对空调进行阐述
风机	风机是对气体压缩和气体输送机械的习惯简称。通常所说的风机包括通风机、鼓风机、压缩机以及罗茨鼓风机，但是不包括活塞压缩机等容积式鼓风机和压缩机。本文主要以核电离心风机、轴流风机、罗茨风机对风机进行阐述

8.2.1　空调

核电厂的核岛空调通风系统，使用冷（热）水作为调节和处理空气设备的冷（热）源，其中采用冷水机组作为产生冷水的制冷装置，采用电加热器与汽水交换机组作为产生热源（水）的加热装置；电加热器与汽水交换机组（主要由管壳式热交换器组成）结构简单，不在本文中进行介绍。

冷水机组可向通风空调系统中的空调箱（机）、风机盘管和非独立式新风机提供处理空气所需的低温水（通常称为冷媒水、冷水或冷冻水）。蒸汽压缩式冷水机组将压缩机、冷凝器、蒸汽发生器、节流机构及控制系统等集中安装在一个公共机座上。冷水机组按冷凝器冷却方式的不同，可分为水冷冷水机组和风冷冷水机组。热泵型冷热水机组不但可以为中央空调系统提供冷水，还可以在供暖季节提供空调用热水，例如溴化锂吸收式机组可以提供冷水、供暖用温水和生活热水等，在一些新的核电厂也有所采用，目前在二代核电上较少应用。

表 352-01-08-02　不同形式的冷水机组的制冷量范围、使用工质及性能指标

<table>
<tr><th colspan="2">种类</th><th>制冷剂</th><th>单机制冷量/kW</th><th>性能系数</th></tr>
<tr><td rowspan="6">蒸汽压缩式水冷冷水机组</td><td>活塞式</td><td>R22，R134a</td><td>52～700</td><td>3.57～4.16</td></tr>
<tr><td>螺杆式</td><td>R22，R134a</td><td>112～3870</td><td>4.50～5.56</td></tr>
<tr><td rowspan="3">离心式</td><td>R123</td><td>250～10 500</td><td>5.00～6.00</td></tr>
<tr><td>R134a</td><td>250～28 500</td><td>4.76～5.90</td></tr>
<tr><td>R22</td><td>1060～35 200</td><td>～</td></tr>
<tr><td>涡流式</td><td>R22</td><td><335</td><td>4.00～4.35</td></tr>
<tr><td rowspan="3">溴化锂吸收式冷水机组</td><td>热水型</td><td>H_2O/LiBr</td><td>175～23 260</td><td>>0.6</td></tr>
<tr><td>蒸汽型</td><td>H_2O/LiBr</td><td>175～23 260</td><td>1.00～1.23</td></tr>
<tr><td>直燃型</td><td>H_2O/LiBr</td><td>175～23 260</td><td>1.00～1.23</td></tr>
</table>

核电厂中核岛通风系统中的冷源设备一般主要使用离心式和螺杆式蒸汽压缩式水冷冷水机组，采用 R134a 制冷剂，下面将对其进行详细介绍。

（1）核电离心式冷水机组

1）定义

核岛冷冻水系统是一个冷却系统，它的设计是用来冷却每台核电机组的下列介质。

来自下述通风系统的空气：

- 安全壳连续通风系统；
- 反应堆堆坑通风系统；
- 核辅助厂房通风系统；
- 核燃料厂房通风系统；
- 辅助给水泵房通风系统。

——当设备冷却水系统的水温过高时，则用于冷却核取样系统在线分析仪二次侧所用的设备冷却水。

虽然本系统设计用于为反应堆厂房各部分通风系统提供冷源，并用于防止其他部件的过热，诸如敏感元件、电气设备以及支撑反应堆压力容器的混凝土，但是它并不是与安全有关的系统，只有两个安全壳贯穿件定为与安全有关的部件。

核岛冷冻水系统是一个闭合式的冷冻水回路，它的功能是将核岛通风系统冷却盘管所回收的热量通过冷水机组传送给设备冷却水系统。冷水机组的蒸汽发生器供应冷冻水，并回收冷冻水回水中的热量。热量经冷水机组的冷凝器传送给设备冷却水系统。本系统每个反应堆有三套 50%容量的冷水机组：其中两套运行，一套备用。本系统的控制在主控制室进行，控制两套机组的启动和停运，在现场也可以进行操作。

核岛冷冻水系统的冷水机组采用离心式冷水机组，离心式冷水机组也属于蒸气压缩式制冷机组中的一种。其主机为离心式压缩机，属于速度型压缩机，是一种叶轮旋转式的机械。目前，制冷量在 350 kW 以上的大、中型空调系统中，离式制冷机组是首选设备。与活塞式、螺杆式制冷机组相比，离心式制冷机组有如下优点：

- 冷量大，最大可达 28 000 kW。

● 结构紧凑、重量轻、尺寸小，因而占地面积小，在相同的制冷工况及制冷量下，活塞式制冷机组比离心式制冷机组重 5～8 倍，占地面积多 1 倍左右。

● 结构简单、零部件少、制造工艺简单。没有活塞式制冷机组中复杂的曲柄连杆机构，以及气阀、填料、活塞环等易损部件，因而工作可靠，操作方便。维护费用低，仅为活塞式制冷机的 1/5。

● 运转平衡、噪声低、制冷剂不污染。运转时，制冷剂中不混有润滑油，因此蒸汽发生器、冷凝器的传热性能不受影响。

● 容易实现多级压缩和节流，操作运行可达到同一制冷机组多种蒸发温度。

2）范围对象

核电厂核岛冷冻水系统配备的离心式冷水机组，二代压水堆一般每台机组配备三台离心式冷水机组，每台容量为机组的 50%，平时两台运行，一台备用。

3）结构原理

离心式冷水机组采用蒸汽压缩式制冷循环：利用工质（制冷剂 R134a）相变产生的潜热，通过压缩、冷凝、节流、蒸发四个过程的封闭循环实现制冷，这是应用最广泛的一种制冷循环。

——饱和压力、蒸发压力、冷凝压力概念：

● 饱和压力：当液体处于密闭容器时，若此容器内除了液体及液体本身的蒸气外，不存在其他任何气体，那么液体和蒸气在某一压力下达到平衡，此时气体的压力称为饱和压力，此时的温度为饱和温度；

● 在制冷机蒸汽发生器内的压力称为蒸发压力；

● 在制冷机冷凝器内的压力称为冷凝压力。

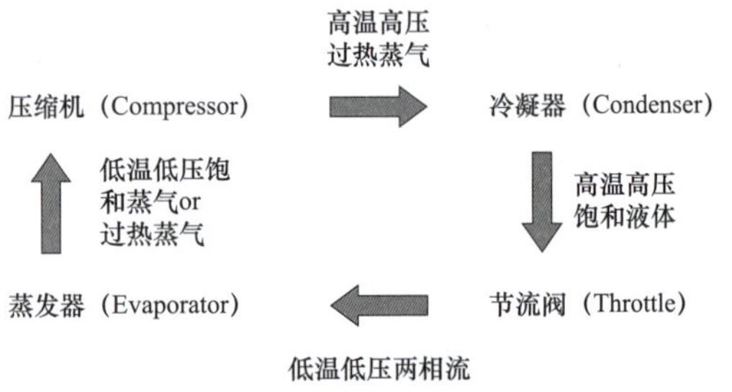

图 352-01-08-06 冷水机组制冷循环过程示意

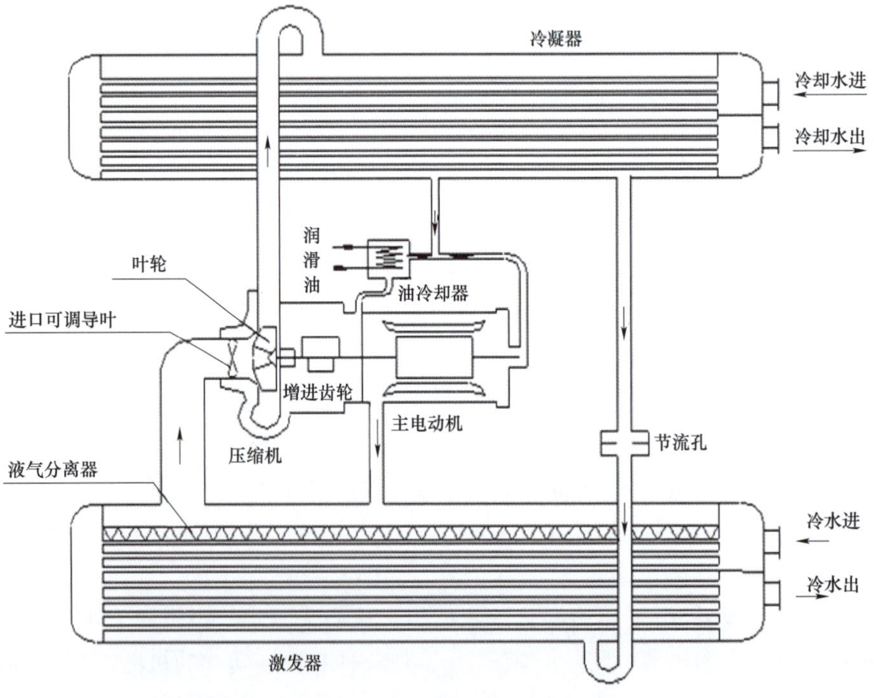

图 352-01-08-07 离心式冷水机组制冷剂循环示意图

——蒸发温度、冷凝温度与制冷量关系：

对一台制冷机，当蒸发温度下降，其他条件不变时，制冷量下降；冷凝温度上升，其他条件不变时，制冷量下降。

制冷量的调节：制冷量正比于压缩机的吸入流量。为此，在离心压缩机进口装有可调导叶调节机构用它来控制压缩机的吸入流量，亦可控制制冷剂的蒸发量，从而实现制冷量可以在一定范围内无级调节。

——一台典型的离心式冷水机组外观结构如图 352-01-08-08 所示：

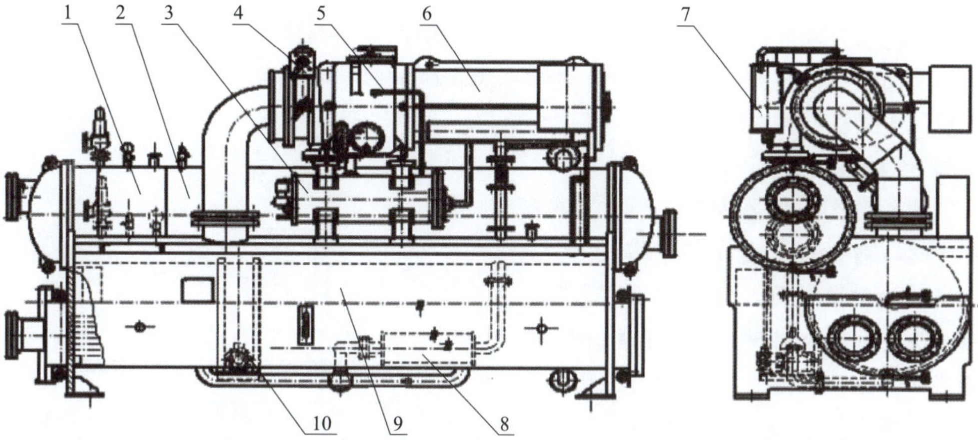

图 352-01-08-08 离心式冷水机组外观结构示意图

1—微机控制柜；2—冷凝器；3—油箱；4—导叶执行机构；5—离心压缩机；6—主电机；7—旋风分离器；8—冷媒提纯装置；9—蒸汽发生器；10—冷媒泵

主要部件的结构功能如下。

- 压缩机：

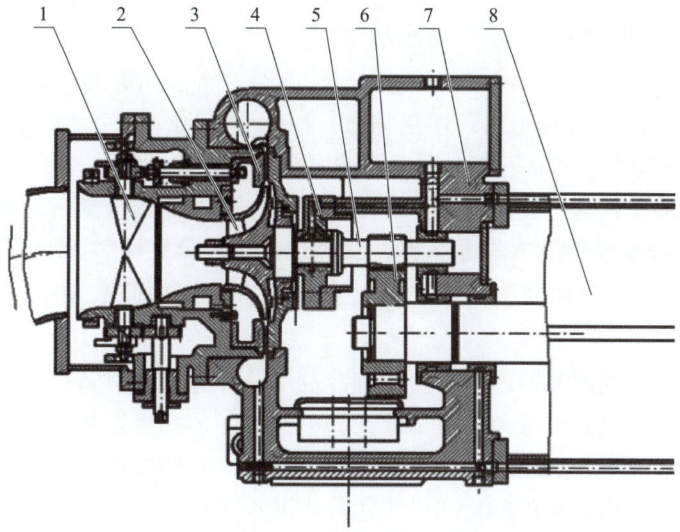

图 352-01-08-09 离心式压缩机主要结构部件

1—进口可调导叶；2—叶轮；3—可调扩压器；4—复合轴承；5—小齿轮轴；6—主动齿轮；7—机壳；8—电机

可调导叶：制冷量控制是用装在压缩机进口处的导叶的开度大小来控制吸入制冷剂蒸汽的流量，从而控制制冷机的制冷量。该可调导叶根据需保持冷水出水温度恒定，由微机控制系统通过采集的温度变化信号输出指令，控制电动执行器的机械旋转方向，通过其中连杆和齿轮来实现导叶的开、闭动作，也可手动操作，最终实现对制冷量的调节。

本机组采用进口可调导叶调节机构和可调扩压器的双重调节方式，扩压器流道宽度随冷量减少而减少，不仅扩大了机组冷量调节范围，且可避免机组在小冷量时发生喘振，考虑到机组运行中在超低负荷时（如冷冻水温度过低），进口可调导叶调节机构的导叶已关闭到最低值，此时旁通装置自动打开，以维持机组在超低负荷时的运行。

叶轮：叶轮是压缩机的心脏，是传递能量的唯一元件。叶轮采用特殊铝合金材料制成，耐蚀性好，具有足够的强度和刚度确保高速旋转。

齿轮：齿轮对采用渗碳淬火磨齿的高强度硬面齿轮，齿轮参数均经优化设计，且齿高、齿向都作了特殊修型，齿轮啮合性能好，加上齿轮箱体为双层结构，能有效消除部分啮合噪声，使齿轮副的传动噪声降低。大齿轮直接装在电机轴上，叶轮与小齿轮轴的联接采用先进的无键连接，避免了应力集中，从而使整台压缩机结构先进、紧凑、可靠。

- 蒸发和冷凝系统：

蒸汽发生器：蒸汽发生器为卧式壳管式换热器，冷水走管程，制冷剂 R134a 走壳程。内装有传热性能优良的高效蒸发管，管束的长度方向由支撑板支撑，为避免制冷剂液滴吸入压缩机叶轮，在蒸汽发生器管束上方沿整个管长装有除雾性能良好的汽液分离器。

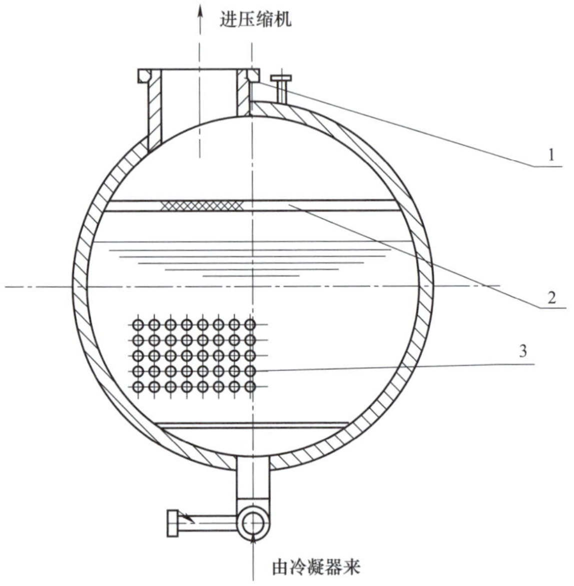

图 352-01-08-10　蒸汽发生器结构示意图

1—排气管；2—汽液分离器；3—传热管

冷凝器：冷凝器的作用在于通过冷却水出制冷机组系统中的全部热负荷，保持制冷循环的热平衡。冷凝器也为卧式壳管式换热器，其主要结构与蒸汽发生器相同，内装有传热优良的高效冷凝传热管。为避免由压缩机出口排出的过热蒸汽直接冲刷冷凝管，在冷凝器内沿轴向装有缓冲板。

润滑油系统：安装在油箱中的油泵、油冷却器（板式冷油器）、油过滤器（纸滤芯）组成的油路系统供给主电动机、压缩机各轴承（及增速箱齿轮）润滑、冷却所必须的润滑油。油箱内的润滑油被内装式密闭电动机驱动的油泵加压后，进入 R134a 液冷却的油冷却器，润滑油在这里被冷却至一定的温度后，经过滤器过滤，调整至给定的压力后供给各个轴承。润滑油冷却后的油温通过调节进入油冷却器的冷媒流量来调节。供油温度范围 35～55 ℃（油箱油温保持 45～55 ℃）。润滑油油压的调节通过在油泵上的调压阀来完成，供油压差范围 150～250 kPa。

冷却系统：主电动机和润滑油的冷却主要由制冷剂液从冷凝器中引来，利用它与蒸汽发生器之间的压力差，将其引入主电动机和油冷却器内部，在其中摄取了电动机发热和润滑油的热量后汽化为气体，使电机和润滑油冷却，汽化后的气体引入蒸汽发生器里。机组在低能量头时，由于冷凝压力和蒸发压力间的压差变小，造成供应油冷却器和电机的冷媒减少，使供油温度和电机温度上升，此时冷媒泵启动运行，对冷却用制冷剂液体进行加压，以保证油冷却器和电机的冷媒供应，使机组能正常运行。在供液管上装有制冷剂过滤器，以除去供给的制冷剂液中可能有的杂质，滤网应定期清洗。

制冷剂的提纯系统：在制冷机组的运行中，少量的润滑油从压缩机的轴承、齿轮箱混入压缩机的制冷剂气体中，随制冷剂气体液化后混于冷凝器的制冷剂液体，最后流入蒸汽发生器；另一方面，在主电动机两轴承处，润滑油也有可能进入电动机内腔，然后随同冷却电机后的制冷剂气体从电机回气管进入蒸汽发生器。所有从以上两种渠道进入蒸汽发生器的润滑油由于不蒸发，蒸汽发生器中的润滑油将越来越多。同时，油箱中的润滑油将越来越少。由于润滑油比重低于液体制冷剂，在蒸汽发生器中润滑油浮在液体制冷剂的上部。因此，冷媒提纯装置取自从蒸汽发生器液面来的低温混合液，通过从冷凝器来的高温制冷剂加热，使混合液中的制冷剂蒸发，回到压缩机进气口去，不能蒸发的润滑油返回到油箱。从而达到了分离、提纯的目的。实现分离制冷剂中的润滑油功能，还有一个旋风分离器。它抽取齿轮箱的部分制冷剂，经一级过滤再经二级分离器，最后进入旋风分离器。分离出的制冷剂进入压缩机入口，润滑油则送回油箱。

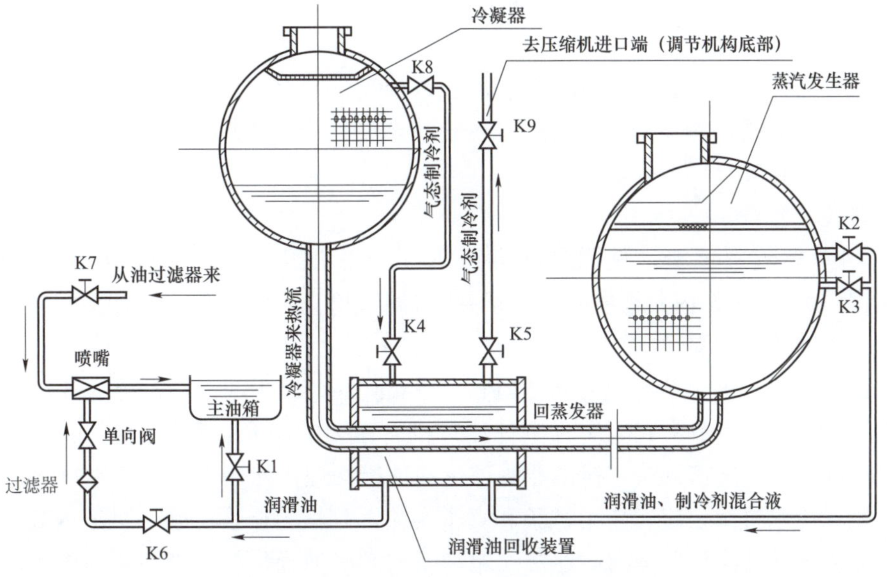

图 352-01-08-11　制冷剂的提纯系统

4）指标与参数

以某核电厂核岛离心式冷水机组为例：电机额定功率：550 kW；制冷量：2000 kW；冷却水最大压力：1.1 MPa；冷冻水供/回水温度：7±0.5 ℃/12 ℃；冷冻水流量：350 m^3/h。

5）维修技术要求

——预防性维修项目：

表 352-01-08-03　核电离心式冷水机组维修项目内容与周期

项目名称	项目周期
离心式冷水机组定期巡检	2 次/周（维修人员巡检）
离心式冷水机组换油检查	2 年
离心式冷水机组解体检查	8 年

——离心式冷水机组定期巡检：

- 通过控制屏检查各项运行参数是否在正常范围内，是否存在异常与报警；
- 检查机组各接头、管线和部件是否存在跑冒滴漏；
- 检查油视窗与制冷剂视窗检查液位是否在正常范围内。

——离心式冷水机组换油检查：

- 使用冷媒回收装置，回收制冷剂。
- 将旧润滑油排空。
- 清洗油箱及潜油油泵。
- 清洗油冷却器。
- 检查油箱油管及阀门有无堵塞或泄漏。

- 更换油过滤器滤芯。
- 检查各支路小管道有无接触碰磨。
- 拆下压缩机进气管，开启导叶机构，检查导叶运转是否卡涩，执行机构各零部件有无锈蚀。
- 检查导叶是否存在腐蚀、变形。
- 将导叶开度置于零位，检查导叶间隙是否均匀。
- 清理法兰面，更换进气管法兰 O 形密封圈。
- 回装进气管及各部件。
- 检查冷水机组外部铜管及各接头是否有磨损或松动，若有则进行更换或处理。
- 检查冷水机组的机体调节阀盘根压盖是否松动，进行适当紧固。
- 机组制冷剂回路安全阀校验。
- 各传感器校验检查。

● 进行机组总体气密试验：使用高纯高压氮气，将机组内逐步加压至 1.25 MPa（正负偏差 0.05 MPa），保压 24 h，24 h 内允许压降 5 kPa。用检漏液检查各结合部、管接头、各焊缝部位和角阀盘根等密封部位，确认无泄漏。

● 真空试验：将机内抽至绝对压力为 1 kPa（7.5 mmHg）以下的真空，停放 1～2 h，若机内压力不回升，再放置 24 h 后用数字式电子真空计测量机内压力的回升，若机内压力的回升超过 0.4 kPa（3 mmHg）则应重新进行气密试验，找出泄漏部位并进行修理，然后再进行真空试验，直至合格。

● 充油：确认冷水机组已进行压力试验和真空实验，且试验合格；确保机组内处于负压状态；务必确认润滑油电加热器已停运并隔离；连接油箱和新的润滑油桶，打开阀门将新的润滑油充入到冷水机组中。

- 回充制冷剂：保持机组真空状态下，按照机组额定制冷剂量回充制冷剂。
- 进行维修后启机试验，检查各项参数正常，机组不存在跑冒滴漏。

——离心式冷水机组解体检查：

- 使用冷媒回收装置，回收制冷剂。
- 将旧润滑油排空。
- 清洗油箱及潜油油泵。
- 清洗油冷却器。
- 检查油箱油管及阀门有无堵塞或泄漏。
- 更换油过滤器滤芯。
- 检查各支路小管道有无接触碰磨。
- 拆下压缩机进气管，开启导叶机构，检查导叶运转是否卡涩，执行机构各零部件有无锈蚀。
- 检查导叶是否存在腐蚀、变形。
- 解体压缩机，更换叶轮/传动大齿轮/传动小齿轮/轴瓦/梳齿密封。
- 主电机定转子检查，更换驱动/非驱动轴承/梳齿密封。
- 更换主电机金属膨胀节。
- 将导叶开度置于零位，检查导叶间隙是否均匀。
- 清理法兰面，更换进气管法兰 O 形密封圈。
- 回装进气管及各部件。

● 拆除蒸汽发生器/冷凝器水室封头，检查传热管清净及接头情况，如有必要进行换热管清洗，并更换封头密封垫片。

- 检查冷水机组外部铜管及各接头是否有磨损或松动，若有则进行更换或处理。
- 机组制冷剂回路安全阀校验。

● 各传感器校验检查。

● 检查冷水机组的机体调节阀盘根压盖是否松动，进行适当紧固。

● 进行机组总体气密试验：使用高纯高压氮气，将机组内逐步加压至 1.25 MPa（正负偏差 0.05 MPa），保压 24 h，24 h 内允许压降 5 kPa。用检漏液检查各结合部、管接头、各焊缝部位和角阀盘根等密封部位，确认无泄漏。

● 真空试验：将机内抽至绝对压力为 1 kPa（7.5 mmHg）以下的真空，停放 1～2 h，若机内压力不回升，再放置 24 h 后用数字式电子真空计测量机内压力的回升，若机内压力的回升超过 0.4 kPa（3 mmHg）则应重新进行气密试验，找出泄漏部位并进行修理，然后再进行真空试验，直至合格。

● 充油：确认冷水机组已进行压力试验和真空实验，且试验合格；确保机组内处于负压状态；务必确认润滑油电加热器已停运并隔离；连接油箱和新的润滑油桶，打开阀门将新的润滑油充入到冷水机组中。

● 向机组中充入高纯氮气压力至 500 mmHg，机组在线后，试运转 2～3 min，确认各机构运转正常，新安装的轴承温度正常。

——回充制冷剂：重新将机组真空抽至 1 kPa 以下，保持机组真空状态下，按照机组额定制冷剂量回充制冷剂。

——进行维修后启机试验，检查各项参数正常，机组不存在跑冒滴漏。

6）质量管理

表 352-01-08-04　离心式通冷水机组换油检查质量控制点

项目名称	质量管控点
更换过滤器	确认润滑油过滤器正确更换，过滤器腔室清洗干净
导叶机构检查	确认导叶机构动作灵活/同步
密封性检查	使用高纯高压氮气，将机组内逐步加压至 1.25 MPa（正负偏差 0.05 MPa），保压 24 h，24 h 内允许压降小于 5 kPa
真空测试	将机内抽至绝对压力为 1 kPa（7.5 mmHg）以下的真空，放置 24 h 后用数字式电子真空计测量机内压力的回升，机内压力的回升不超过 0.4 kPa（3 mmHg）
回充制冷剂	按机组额定填充量回充制冷剂

表 352-01-08-05　离心式冷水机组解体检查质量控制点

项目名称	质量管控点
更换过滤器	确认润滑油过滤器正确更换，过滤器腔室清洗干净
导叶机构检查	确认导叶机构动作灵活/同步
压缩机解体	各部件更换及正确安装
电机检查	各轴承/密封更换及正确安装
密封性检查	使用高纯高压氮气，将机组内逐步加压至 1.25 MPa（正负偏差 0.05 MPa），保压 24 h，24 h 内允许压降小于 5 kPa
真空测试	将机内抽至绝对压力为 1 kPa（7.5 mmHg）以下的真空，放置 24 h 后用数字式电子真空计测量机内压力的回升，机内压力的回升不超过 0.4 kPa（3 mmHg）
空车试验前回充氮气	回充氮气至机组内压力 500 mmHg
空车试验	空车试验合格
回充制冷剂	按机组额定填充量回充制冷剂

7）经验反馈

——制冷剂泄漏（最常见的故障）：由于该机组接口较多，并且部分管道采用的是细径铜管。因此，容易在接口处或者由于其他原因导致细铜管的破裂，从而导致制冷剂泄漏。处理方法：抽出机组制冷剂，用氮气进行打压；在相应规定的压力下进行查漏。找到泄漏点后，机组泄压，处理漏点。重新进行打压试验，直至所有泄漏点消除。

——机组漏油：机组部分存在润滑油的部件接口处，由于密封件的失效、螺丝力矩不够及安装偏差等原因，可能导致有漏油问题。处理方法：由于该机组润滑油及制冷剂空间互通，同样需要先抽出制冷剂。然后再根据具体情况消除漏油点。再进行打压试验。

——常见故障及处理：

故障显示	原因	处理方法
蒸发压力过低	1. 冷水量不足 2. 冷负荷少 3. 节流孔板故障 4. 蒸汽发生器的传热管因水垢等污染而使传热恶化 5. 冷媒量不足	1. 检查冷水回路，使冷水量达到额定水量 2. 检查自动起停装置的整定温度 3. 检查膨胀节流管是否畅通 4. 清扫传热管 5. 补充冷媒至所需量
冷凝压力过高	1. 冷却水量不足 2. 冷水温度太高。制冷能力过大，使冷凝器负荷加大 3. 冷凝器传热管因水垢等污染，传热恶化	1. 检查冷却水回路，调整至额定流量 2. 使冷水温度尽快接近额定温度 3. 清扫传热管
油压差过低	1. 油过滤器堵塞 2. 油压调节阀（泄油阀）开度过大 3. 油泵的输出油量减少 4. 压缩机轴承磨损 5. 油压传感器失灵 6. 润滑油中混入的制冷剂过多（由于起动时油起泡而使油压过低）	1. 更换油过滤芯 2. 关小油压调节阀使油压升至额定油压 3. 解体检查 4. 更换轴承 5. 检查油压压力传感器，必要时更换 6. 制冷机停车后务必将油加热器投入，保持给定油温（确认油加热器有无断线，油加热器温度控制的整定值是否正确）
冷水温度过低	1. 冷水量不足 2. 冷负荷过少	1. 检查冷水回路，使冷水量达到额定值 2. 等待冷负荷回升
油泵过负荷	1. 油泵损坏 2. 油路阻力过大	1. 检查油泵 2. 检查油路系统，如油过滤器等，必要时更换
油温过高	1. 油冷却器冷却能力降低 2. 因冷媒过滤器网堵塞而使油冷却器冷却用制冷剂的供给量不足 3. 压缩机轴承磨损	1. 调整油温调节阀 2. 清扫冷媒过滤器网 3. 解体后修理或更换轴承
断水	1. 冷水量不足 2. 压差计故障	1. 检查冷水泵及冷水回路，调至正常流量 2. 检修压差计
电机绕组过热	1. 电源相电压不平衡 2. 电源线中电压降大 3. 极端低能头运行 4. 因冷媒过滤器的滤网堵塞而使供给主电动机的冷却用制冷剂量不足	1. 采取措施使电源相电压平衡 2. 采取措施减小电源线路电压降 3. 请参阅使用说明书 4. 清扫制冷剂滤网

8）技术规程清单

表 352-01-08-06　离心式冷水机组维修规程

序号	规程名称
1	离心式冷水机组换油检查规程
2	离心式冷水机组解体检查规程

9）参考资料

[1] 秦山第二核电厂维修处技能培训教材离心制冷机组（DEG）3 级 PPT-OE-Q2GMM610 [R]. 中核核电运行管理有限公司，2018.

[2] 3、4 号机组 DEG 冷水机组定期检查 [R]. 中核核电运行管理有限公司，2019.

［3］3、4 号机组 DEG 冷水机组全面检查［R］. 中核核电运行管理有限公司，2019.
［4］张国东. 中央空调运行管理与维修［M］. 化学工业出版社，2013.

（2）核电螺杆式冷水机组

1）定义

电气厂房冷冻水系统的功能是对下列通风系统的冷却盘管提供 7 ℃的冷冻水。

主控制室空调系统；

电气厂房主通风系统；

电缆层通风系统。

电气厂房冷冻水系统为非安全相关系统。但由于冷冻水系统故障后，电气厂房内的温度升高会最终导致电厂核电机组的停运，故它间接地对核电厂的运行安全性有贡献。该系统的能动部件（冷水机组和电动泵）为冗余设置，以减少核电机组停运的风险。由柴油发电机组对两个电气系列（系列 A 和系列 B）进行应急供电。核电厂的每个核电机组，由两台螺杆式的冷水机组生产冷冻水。每台冷水机组在正常工况下的额定制冷量为 100%负荷，一台运转、一台备用。所供冷量用于克服盘管和管路内的热量损失。每台冷冻水泵的流量对应于冷水机组的额定功率。

2）范围对象

压水堆核电厂每台机组所配备的螺杆式冷水机组，每台螺杆式冷水机组应包括以下主要部件和系统：

——制冷压缩机；

——电机（包括主电机和油泵电机）；

——蒸汽发生器；

——冷凝器；

——支架（包括地脚螺栓）；

——各种附属的机械和电气部件；

——机组控制柜；

——机组启动柜；

——机组制冷剂系统；

——机组润滑油系统；

——机组控制和调节系统；

——机组保护系统；

——机组电机防冷凝加热器（带温控接点）。

3）结构原理

制冷就是从某一物体或空间吸取热量，并将其转移给周围环境介质，使该物体或空间维持低于环境温度的某一相对低温。这一热量转移过程称为制冷过程。在单位时间内从低温物体或空间吸取的热量称为制冷量。螺杆式冷水机组主要采用液体气化制冷法，即制冷剂液体在气化（蒸发）时产生的吸热效应，达到制冷目的。

每台螺杆式冷水机组包含制冷压缩机、电机（包括主电机和油泵电机）、蒸汽发生器、冷凝器、电子膨胀阀、支架（包括蒸汽发生器、冷凝器、油分离器、压缩机、配电箱各脚座）、各种附属的机械和电气部件、机组控制柜机组制冷剂系统、机组润滑油系统。冷水机组制冷过程为逆卡诺循环，其主要制冷循环过程原理见图 352-01-08-12。

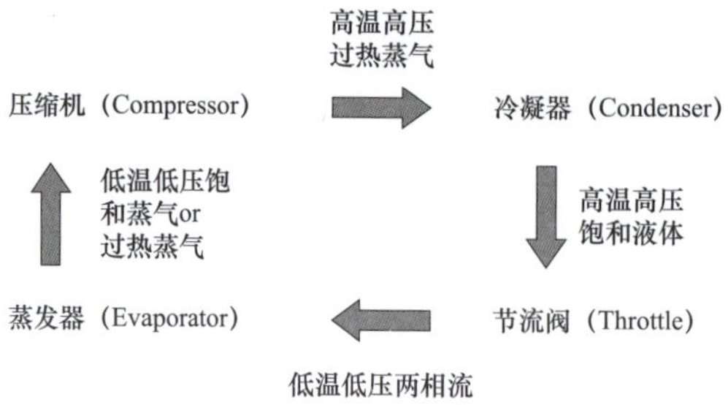

图 352-01-08-12　冷水机组制冷循环过程示意

——压缩机：

核电用螺杆式冷水机组多采用新型单螺杆式压缩机，其结构为一个螺杆和两个对称分布的星轮啮合，当动力传到螺杆轴上时，螺杆就带动星轮旋转。气体经过吸气腔进入螺槽内，经压缩后通过排气口由排气腔排出。图 352-01-08-13 为典型的单螺杆式压缩机示意图。

压缩机的工作过程包括吸气过程、压缩过程和排气过程，如图 352-01-08-14 所示。

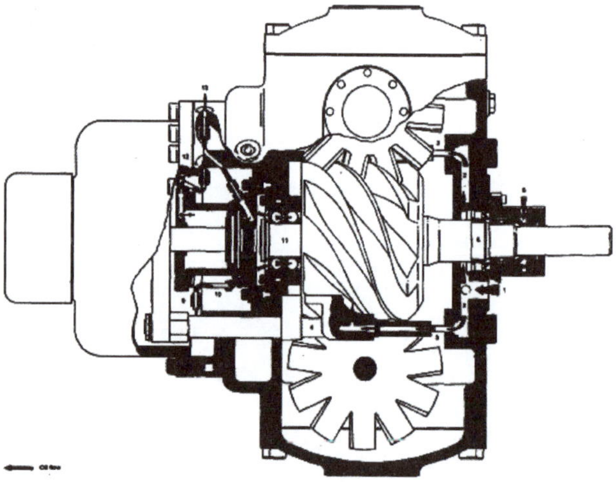

图 352-01-08-13　典型的单螺杆式压缩机示意图

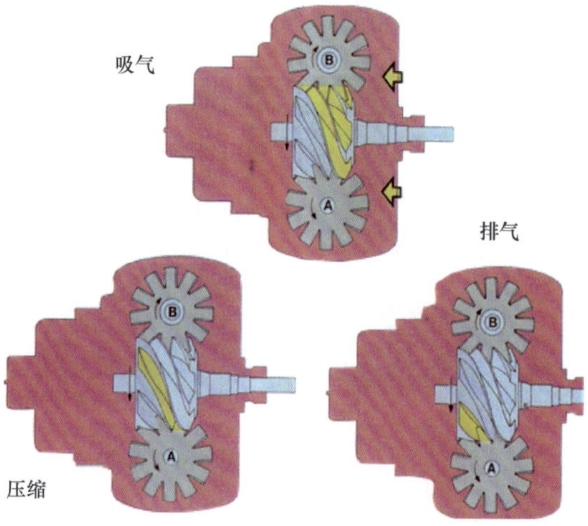

图 352-01-08-14　螺杆式压缩机工作过程图

吸气过程：螺杆螺槽在星轮齿尚未啮入前，与吸气腔连通，处于吸气状态，当螺杆转到一定位置，星轮齿将螺槽封闭，吸气过程结束。压缩过程：吸气过程结束后，螺杆继续转动，随着星轮齿沿着螺槽推进，封闭的工作容积开始减小，实现工质的压缩过程；当工作容积与排气口连通时，压缩过程结束。排气过程：工作容积与排气口连通后，随着螺杆继续转动，被压缩工质由排气口输送到排气管道，直至星轮齿脱离螺槽为止。

——蒸汽发生器：

蒸汽发生器在制冷系统中的作用是使低温低压之液态冷媒在冰水器内吸收被冷却介质（水、空气或盐水等）的热量而气化，使被冷却介质的温度降低而达到制冷目的。核电螺杆式冷水机组采用满溢蒸发技术，换热管完全润浸在沸腾的液态制冷剂中，总传热系数为干式蒸汽发生器的三倍以上，机组能效比可提高 15%，近于饱和的吸气状态有效提高了压缩机的压缩效率和质量流量。同时冷冻水流动于管程，水垢容易清洗。

——冷凝器：

冷凝器的作用是使制冷压缩机排出的过热蒸汽冷却，水冷机组采用卧式管壳式冷凝器冷却水以水平方向在管内依次流过，高温高压之气态冷媒则在管外冷凝，通过高效换热管管壁将热量传递给冷却水，冷凝后制冷剂液体流向膨胀阀.吸收冷凝热水温上升后的冷却水则流向设备冷却水，将热量释放给环境空气，水温降低后又重新回到冷凝器，如此反复循环。

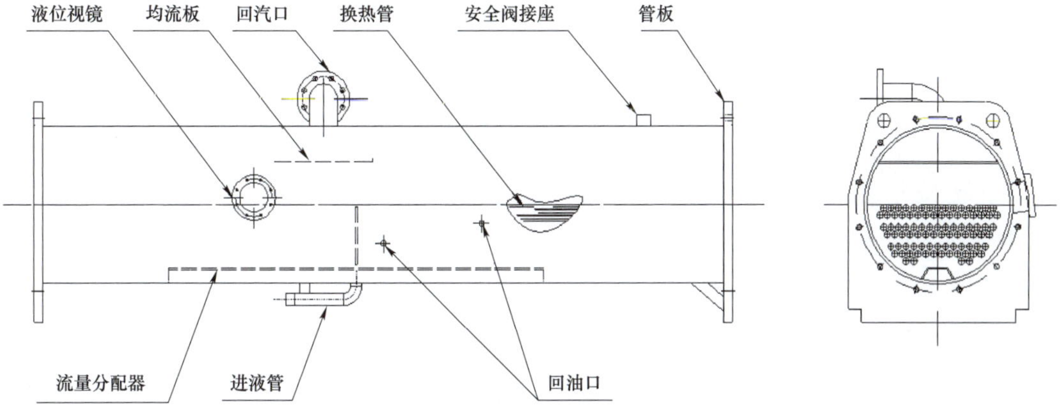

图 352-01-08-15　满溢蒸发式蒸汽发生器

核电厂螺杆式冷水机组冷凝器水管采用高效换热管，以发挥最佳热传效果。直通式水管设计易于清洗保养，端盖可左右互换以便于变更水侧接管方向。壳体外侧附有安全阀、排气阀等装置。壳侧设有冷媒分流装置，将冷媒平均分配至各铜管。

——电子膨胀阀：

用电子膨胀阀做节流机构，以蒸汽发生器液位为目标参数，可在较大容量范围内实现制冷剂流量的精确控制，当冷却水温或机组容量发生较大变化时，能自动调整阀门开度，使蒸汽发生器伺液量与实际负载相匹配，以保持机组的最佳状态下运行。

——制冷剂和润滑油系统：

电气厂房冷水机组采用蒸汽压缩式制冷方式，制冷剂与润滑油互溶，制冷剂循环中增加油分离器对制冷剂和润滑油进行分离。

——制冷剂：

制冷剂流程：进气过滤器→压缩机→油分离器→冷凝器→干燥过滤器→电子膨胀阀→蒸汽发生器→进气过滤器。

——润滑油：

油循环系统：油分离器→油过滤器→出口分两路→一路到压缩机螺杆润滑与密封、一路去容量调节器和压缩机前后轴润滑→油分离器。部分聚集在蒸汽发生器的油通过引射器导回压缩机。

4）技术与指标

以某核电厂电气厂房螺杆式冷水机组为例：电机额定功率：550 kW；制冷量：775 kW；冷却水最大压力：1.21 MPa；冷冻水入/出口温度：12 ℃/7 ℃；冷冻水流量：134 m^3/h；冷却水入/出口温度：15～35 ℃/10～45 ℃；冷却水流量：≤150 m^3/h；蒸汽发生器最大压力 14 bar；蒸汽发生器压力 2.39 bar。

5）维修技术要求

表 352-01-08-07　核电螺杆式冷水机组维修项目内容与周期

项目名称	项目周期
螺杆式冷水机组定期巡检	2 次/周（维修人员巡检）
螺杆式冷水机组换油检查	1.5 年
螺杆式冷水机组解体检查	5 年

——螺杆式冷水机组定期巡检：

- 通过控制屏检查各项运行参数是否在正常范围内，是否存在异常与报警；
- 检查机组各接头、管线和部件是否存在跑冒滴漏；

- 检查油视窗与制冷剂视窗检查液位是否在正常范围内。

——螺杆式冷水机组换油检查：

- 使用冷媒回收装置，回收制冷剂；
- 将旧润滑油排空；
- 更换干燥过滤器；
- 更换润滑油过滤器；
- 检修并修复发现的各处泄漏点；
- 检查电加热器；
- 打开蒸汽发生器/冷凝器水室封头，检查内部铜管清洁及腐蚀情况；
- 更换新的蒸汽发生器/冷凝器水室封头垫片并回装；
- 检查油泵出口调节阀和油泵情况，检查是否有泄漏等故障，并进行处理；
- 检查校验制冷剂回路侧安全阀；
- 检查校验机组各传感器；
- 冷水机组密封性试验，使用高纯氮气对机组内加压至 1.2 MPa，过程中进行查漏，确认无泄漏后保压 24 h，根据公式 $P_1/P_2=T_1/T_2$（精确到小数点后两位）进行核对机组是否存在泄漏，如有泄漏则重复打压查漏直至合格；
- 开启真空泵，连接管线，对机组进行抽真空 1 h；
- 连接油箱和新的润滑油桶；
- 打开阀门将新的润滑油充入到冷水机组中；
- 待润滑油充注完毕，立即关闭相关阀门，以免空气进入冷水机组中；
- 保持真空泵运行，对机组进行抽真空 11 h，随后关闭阀门，拆除抽真空管线；
- 重新回充额定重量的制冷剂 R134a。

——螺杆式冷水机组解体检查：

- 使用冷媒回收装置，回收制冷剂；
- 将旧润滑油排空；
- 更换干燥过滤器；
- 更换润滑油过滤器；
- 检修并修复发现的各处泄漏点；
- 检查电加热器；
- 打开蒸汽发生器/冷凝器水室封头，检查内部铜管清洁及腐蚀情况；
- 更换新的蒸汽发生器/冷凝器水室封头垫片并回装；
- 检查油泵出口调节阀和油泵情况，检查是否有泄漏等故障，并进行处理；
- 检查校验制冷剂回路侧安全阀；
- 检查校验机组各传感器；
- 更换螺杆式压缩机循环备件；
- 对机组进行重新对中，标准参照说明书要求执行；
- 更换机组电子膨胀阀，及机组上各回路电磁阀；
- 冷水机组密封性试验，使用高纯氮气对机组内加压至 1.2 MPa，过程中进行查漏，确认无泄漏后保压 24 h，根据公式 $P_1/P_2=T_1/T_2$（精确到小数点后两位）进行核对机组是否存在泄漏，如有泄漏则重复打压查漏直至合格；
- 开启真空泵，连接管线，对机组进行抽真空 1 h；
- 连接油箱和新的润滑油桶；

- 打开阀门将新的润滑油充入到冷水机组中；
- 待润滑油充注完毕，立即关闭相关阀门，以免空气进入冷水机组中；
- 保持真空泵运行，对机组进行抽真空 11 h，随后关闭阀门，拆除抽真空管线；
- 重新回充额定重量的制冷剂 R134a。

6）质量管理

表 352-01-08-08　螺杆式通冷水机组换油检查质量控制点

项目名称	质量管控点
更换过滤器	确认润滑油过滤器/干燥过滤器正确更换，过滤器腔室清洗干净
密封性检查	使用高纯氮气对机组内加压至 1.2 MPa，保压 24 h，根据公式 $P_1/P_2 = T_1/T_2$（精确到小数点后两位）进行核对机组是否存在泄漏
抽真空	抽真空共计 12 个 h，如两台泵同时进行时间减半
回充制冷剂	按机组额定填充量回充制冷剂

表 352-01-08-09　螺杆式冷水机组解体检查质量控制点

项目名称	质量管控点
更换过滤器	确认润滑油过滤器正确更换，过滤器腔室清洗干净
对中检查	更换压缩机后进行重新对中，对中标准参照联轴器说明书
更换电子膨胀阀	更换电子膨胀阀及其他电磁阀
密封性检查	使用高纯氮气对机组内加压至 1.2 MPa，保压 24 h，根据公式 $P_1/P_2 = T_1/T_2$（精确到小数点后两位）进行核对机组是否存在泄漏
抽真空	抽真空共计 12 个 h，如两台泵同时进行时间减半
回充制冷剂	按机组额定填充量回充制冷剂

7）经验反馈

——螺杆式冷水机组的电子膨胀阀由于工作期间动作频繁，存在一定的磨损，建议定期更换，否则容易在运行过程中出现异常；

——螺杆式冷水机组上润滑油回路有较多电磁阀，由于机组振动及电磁阀频繁动作等原因，电磁阀容易产生损害破损，导致制冷剂外漏，因此也建议定期进行更换，一般可以安排在解体检查期间；

——常见故障及处理：

故障显示	原因	处理方法
机器不运转	1. 停电或电源开关切断 2. 水温度过低 3. 水流量开关不良 4. 连锁水泵未打开 5. 压缩机油加热时间未到 6. 冷冻水流开关断开	1. 送上电源 2. 检查空调末端是否开启，调整水温设定值 3. 检查维修或更换水流量开关 4. 检查连锁线路连接是否正确 5. 等待，继续进行油加热 6. 检查冷冻水流量，断电后重新开机
机器运转有异音	1. 机器固定不良 2. 水管内有异物 3. 压缩机有异音 4. 制冷回路与机体相碰撞	1. 锁紧固定螺丝 2. 清理水管路及水过滤器 3. 检修压缩机 4. 将管路拉离机体或在中间以橡塑材料隔离
制冷效果不良	1. 室内负荷侧的负荷大于冷水机组容量 2. 水管路内积空气（主机低压表摆动不定） 3. 冷媒不足 4. 室内负荷侧的隔热不良或外气进入较多 5. 冷冻水管路保温不良 6. 过滤器或膨胀阀堵塞 7. 冷冻水管路系统压降过大水流量太小	1. 改装较大容量的冷水机组或加装冷水机组 2. 打开水路排气阀排出空气 3. 查漏并补修后加注必要量的冷媒 4. 改善隔热效果避免外气进入太多 5. 改善保温 6. 排除堵塞或换新 7. 检查水滤器是否堵塞，有关阀门是否全部开启，必要时更换扬程较大水泵或增加水泵

续表

故障显示	原因	处理方法
异味产生	1. 大量冷媒泄漏 2. 电子元器件过热或烧毁	1. 查漏并补修后加填必要量的冷媒 2. 查明后更换或采取保护措施
高压开关动作	1. 冷媒充填过多 2. 系统内有空气或不凝性气体混入 3. 冷却水进水温度太高 4. 冷却水阀故障 5. 冷凝器冷却管脏 6. 高压开关不良 7. 冷却水过滤器阻塞	1. 冷媒抽出部分 2. 排出该气体 3. 查明原因并修理 4. 检修该阀 5. 清洗 6. 检查更换 7. 清洗 （排除高压开关动作原因后，重新开机）
低压开关动作	1. 冷媒不足，泄漏 2. 干燥球堵塞 3. 冷冻负荷过低 4. 冷冻水过滤器堵塞 5. 电子膨胀阀堵塞或开度不足 6. 水路内积空气（主机低压表摆动） 7. 低压开关不良	1. 查漏修理后补充冷媒 2. 换新并清洁滤网 3. 调整负荷 4. 清洗 5. 排除堵塞或更换 6. 打开水路排气阀排除空气 7. 检查更换
容量调整失灵	1. 容量电磁阀线圈故障 2. 环境温度过低，润滑油粘度过高 3. 毛细管阻塞 4. 容调电磁阀阻塞或卡住 5. 机油过滤器阻塞	1. 更换新品 2. 运行前油加热器至少通电加热 6 h 以上，油温≥30 ℃ 3. 清洁 4. 清洁 5. 清洁或更换
压缩机过热	1. 压缩机轴承不良 2. 高压侧压力过高 3. 低压侧冷媒气体温度太高 4. 电动机过热	1. 压缩机更新 2. 调整 3. 调整低压侧的压力及膨胀阀开度 4. 参考过载继电器动作要点
压缩机过载	1. 电压太高或太低或电压不平衡 2. 压缩机接触器触头接触不良 3. 电动机不良 4. 吸气/排气压力过高 5. 压缩机冷冻机油供给不足	1. 检查机器本身配电状况 2. 检查更换 3. 查明原因后修理或更换。若烧毁，冷媒循环回路必须清洗 4. 排除压力异常原因 5. 清洁或者更换油过滤器 （查明压缩机过载原因后按压塑机过载保护器 RESET 重新开机）

8）技术规程清单

表 352-01-08-10　螺杆式冷水机组维修规程

序号	规程名称	实施周期
1	螺杆式冷水机组换油检查规程	1.5 年
2	螺杆式冷水机组解体检查规程	5 年

9）参考资料

［1］秦山第二核电厂维修处技能培训教材螺杆制冷机组（DEL）1 级 PPT-OE-Q2GMM582［R］. 中核核电运行管理有限公司，2018.

［2］3、4 号机组 DEL 冷水机组定期检查［R］. 中核核电运行管理有限公司，2019.

［3］3、4 号机组 DEL 冷水机组全面检查［R］. 中核核电运行管理有限公司，2019.

8.2.2　风机

风机是对气体压缩和气体输送机械的习惯简称。通常所说的风机包括通风机、鼓风机、压缩机以及罗茨鼓风机，但是不包括活塞压缩机等容积式鼓风机和压缩机。

风机的分类如下。

——按工作原理分类：

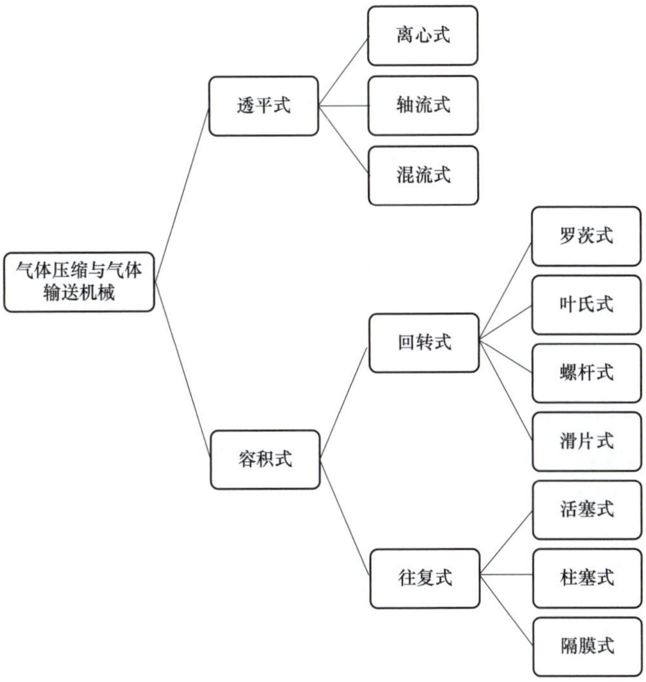

图 352-01-08-16　风机分类图

——按气体出口压力分类：

- 通风机，指其在大气压为 0.101 MPa、气温为 20 ℃时，出口全压值低于 0.115 MPa；
- 鼓风机，指其出口压力为 0.115～0.35 MPa；
- 压缩机，指其出口压力大于 0.35 MPa。

对于核电厂风机，一般是指通风机和鼓风机，在核电中的应用主要包括：离心式通风机、轴流式通风机、罗茨式鼓风机三种。

（1）核电离心风机

1）定义

核电离心通风机的工作原理和离心水泵工作原理相同，也是依靠叶轮的旋转运动，使气体获得能量，从而提高了压强和速度，达到输送气体的目的。气体在离心通风机内的流程如图 352-01-08-17 所示。

2）范围对象

核电厂内核岛、常规岛、核辅助厂房与外围厂房等厂房通风系统使用的离心式通风机。

3）结构原理

离心式通风机如图 352-01-08-18 所示，一般由集流器、叶轮、机壳、传动部件组成。

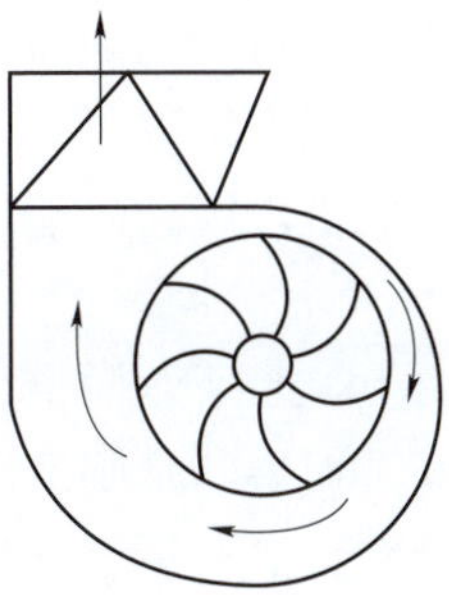

图 352-01-08-17　离心通风机内气流走向

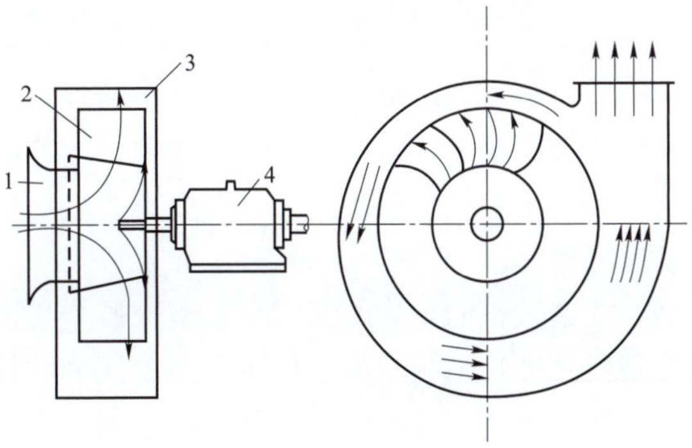

图 352-01-08-18　离心式通风机构造示意图

1—集流器；2—叶轮；3—机壳；4—传动部件

——集流器：

集流器也称喇叭口，是通风机的入口。它的作用是在损失较小的情况下，将气体均匀地导入叶轮。目前常用的集流器有如图 352-01-08-19 所示的四种类型：圆筒形、圆锥形、圆弧形及双曲线形（喷嘴形）。

圆筒形集流器本身损失很大，且引导气流进入叶轮的流动状况也不好，其优点是加工简便。圆锥形集流器，略比圆筒形好些，但仍不佳。圆弧形集流器，较前两种形式好些，实际使用也较为广泛。双曲线形（或称喷嘴形）集流器，损失较小，引导气流进入叶轮的流动状况也较好。其缺点是加工比较复杂，加工制造要求较高，广泛采用在高效通风机上。

——叶轮：

叶轮是通风机的主要部件，它的尺寸和几何形状对通风机的性能有着重大的影响。离心式通风机的叶轮由前盘、后盘、叶片和轮毂组成，一般采用焊接和铆接加工。叶轮前盘的形式有如图 352-01-08-20 所示的平前盘、圆锥前盘和圆弧前盘等几种。平前盘制造简单，但对气流的流动有不良影响，效率降低。圆锥前盘和圆弧前盘叶轮虽然制造比较复杂，但效率和叶轮强度都比平前盘优越。

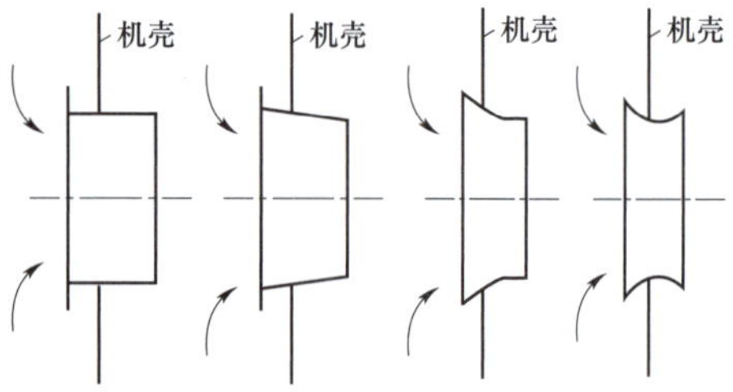

图 352-01-08-19 集流器示意图

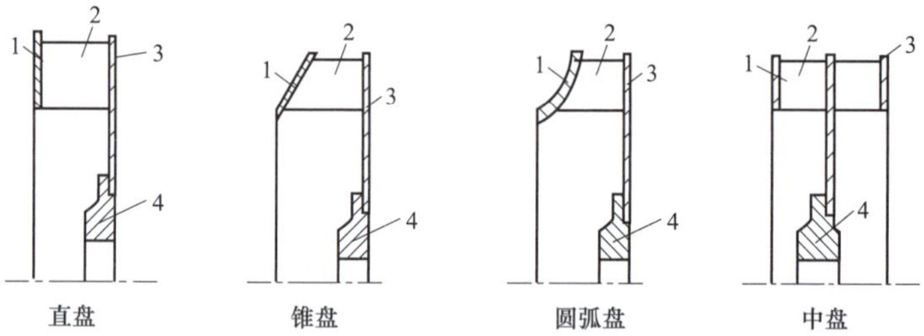

图 352-01-08-20 叶轮的结构形式

叶片是叶轮最主要的部分，它的出口角、叶片形状和叶片数目等对通风机的工作有很大的影响。离心式通风机的叶轮，根据叶片出口角的不同，可分为如图 352-01-08-21 所示的（a）前向（前弯）、（b）径向和（c）后向（后弯）三种。

在叶轮圆周速度相同的情况下，叶片出口角β_2越大，则产生的压力越高。所以两台同样大小和同样转速的离心式通风机，前弯叶轮的压力比后弯叶轮的压力要高。但一般后弯叶轮的流动效率比前弯叶轮要好，所以，在一般情况下，使用后弯叶轮的通风机，耗电量比前弯叶轮通风机要小。同时从图 352-01-08-22 所示的三种叶轮通风机的性能曲线可以看出，当流量超过某一数值后，后弯叶轮通风机的轴功率具有下降的趋势，表明它具有不超过负荷的特性；而径向叶轮与前弯叶轮的通风机，轴功率随流量的增加而增大，表明容易出现超负荷的情况。如果在通风除尘系统工作情况不正常时，后弯叶轮通风机由于不超过负荷的特性，因而不会烧坏电动机，而其他两类通风机，就会出现超负荷以致烧坏电动机的事故。

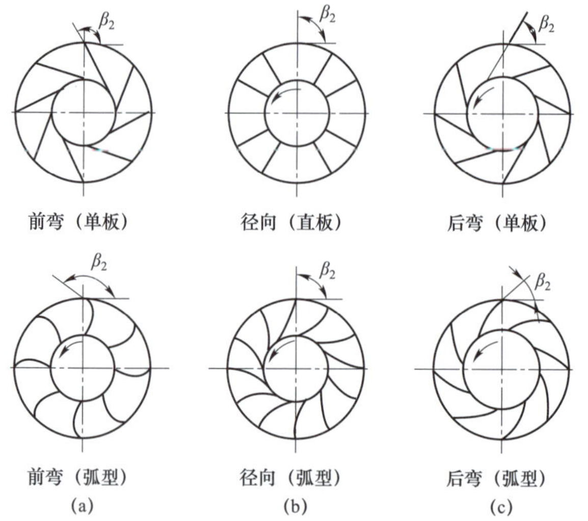

图 352-01-08-21 离心式通风机叶轮结构的三种类型

离心式通风机的叶片的形状有板型、弧型和机翼型三种。图 352-01-08-23 所示的上行图为三种叶轮型式的板式叶片结构，所示的下行图为三种叶轮型式的弧型叶片结构。板型叶片制造简单。机翼型叶片具有良好的空气动力性能，强度高，刚性大，通风机的效率一般较高。但机翼型叶片的缺点是输送含尘气流浓度高的介质时，叶片容易磨损，叶片磨穿后，杂质进入叶片内部，使叶轮失去平衡而产生振动。前弯叶轮一般采用弧型叶片，后弯叶轮中，对于大型通风机多采用机翼型叶片。

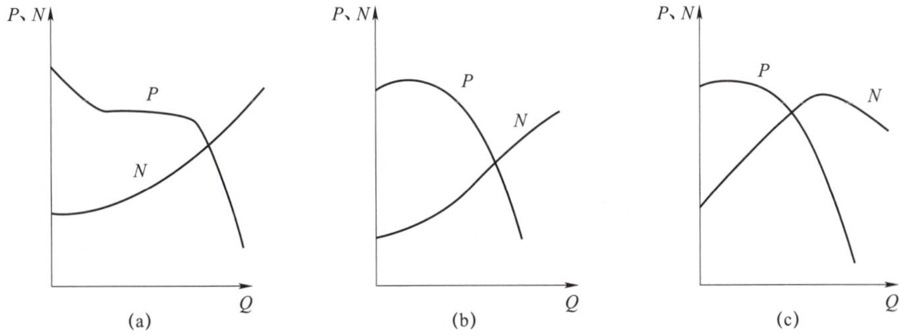

图 352-01-08-22 三种类型叶轮的离心式通风机性能曲线比较

（a）前向叶轮通风机的性能曲线；（b）径向叶轮通风机的性能曲线；（c）后向叶轮通风机的性能曲线

——机壳：

机壳为包围在叶轮外面的外壳，一般多为螺线形。断面沿叶轮转动方向渐渐扩大，在气流出口处断面为最大。机壳可以用钢板、塑料板、玻璃钢等材质制成。机壳断面有方形及圆形。一般低、中压通风机的机壳多呈方形断面，高压通风机多呈圆形断面。机壳的作用在于收集从叶轮甩出的气流，并将高速气流的速度降低，使其静压力增加，以此来克服外界的阻力，将气流送出。

离心式通风机的螺线形机壳，其正确形状是对数螺线。但由于对数螺线作图较繁，在实际作图时，常以阿基米德螺线来代替宽度相等的对数螺线。其作图法如下（见图 352-01-08-24）：首先定出通风机中心 O，然后以通风机外形尺寸长边 m 和短边 n 之差的一半为一边，即 $a=(m-n)/2$，以 O 点为中心作正方形 ABCD（通风机外形尺寸长边和短边可以从通风机样本上查得），接着顺序地以 A 点为圆心，以 A1 长为半径（A1 为从 A 点到通风机出风口侧的长度）画弧，交 AB 延长线于 2；以 B 点为圆心，以 B2 长为半径（B2 为从 B 到 A1 弧与 AB 延长线交点的长度）画弧，交 BC 延长线于 3；以 C 点为圆心，以 C3（C3 为从 C 点到 B2 弧与 BC 延长线交点的长度）长为半径画弧，交 CD 延长线于 4，最后分别过 1、4 点画切线交于点 5。

图 352-01-08-23 机翼型叶片断面

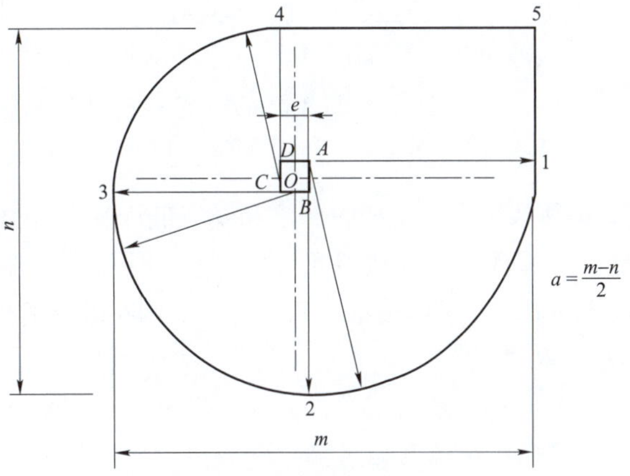

图 352-01-08-24 离心式通风机机壳的画法

离心式通风机的机壳出口方向，可以向任何方向。使用时，一般由通风机叶轮旋转方向和机壳出口位置联合表示决定，通风机机壳出口的位置，要在购买通风机时注明，生产厂是按照用户的要求进行生产的。

由于通风机所产生的压力差很小（不大于 1500 mm 水柱），所以离心式通风机一般都是单级的，没有导轮装置；并且由于压力差小，漏气问题不大，故不需设填料函轴封装置。

离心式通风机分为高压、中压、低压三类。在不同的出口压力要求下，高压、中压、低压离心式

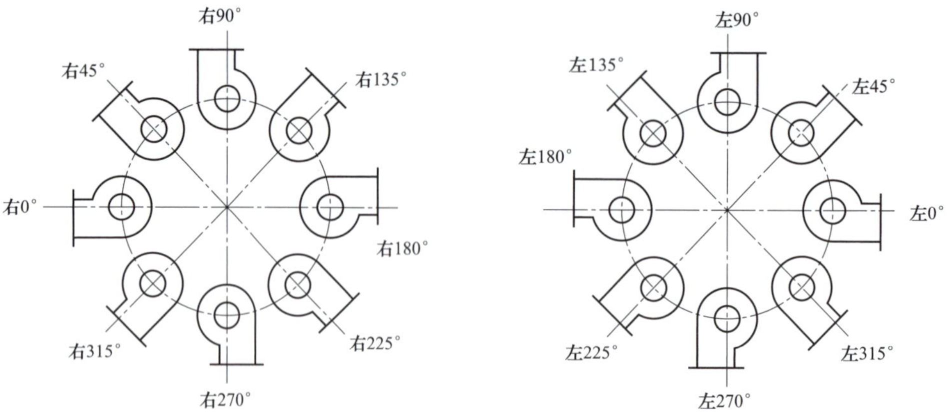

图 352-01-08-25　离心式通风机机壳出口位置表示法

通风机的基本构造不相同，它们的进口直径相对地讲，低压的最大，中压的居中，高压的最小。叶轮上的叶片数目一般随压力的大小和叶轮的形状而改变。压力越高，叶片数目越少，也越长。一般低压离心式通风机的叶片为48～64片。在选择通风机时，要注意根据输送空气的特点来选择相适合的通风机。

——传动部件：

离心式通风机的传动部件包括轴和轴承，有的还包括联轴器或皮带轮，是通风机与电动机连接的构件。机座一般用生铁铸成或用型钢焊接而成。

通风机的叶轮用键或沉头螺钉固定在轴上，轴安装在机座上的轴承中，然后与电动机相连接。通风机的轴承用的最多的是滚动轴承。离心式通风机与电动机的连接方式共有六种，如图 352-01-08-26 所示。

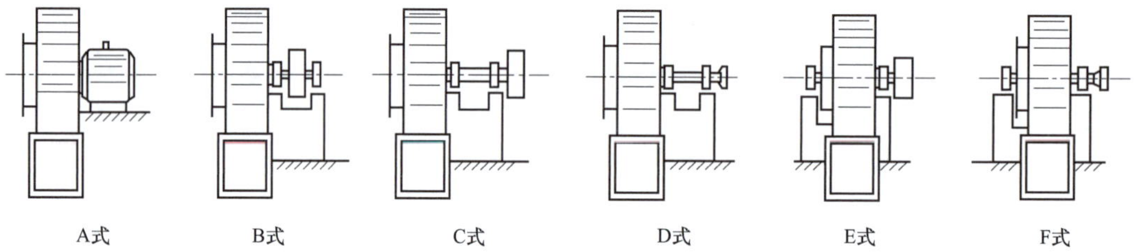

图 352-01-08-26　离心式通风机的传动方式简图

A 式-直连传动；B 式、C 式悬臂支承皮带传动；D 式悬臂支承联轴器；E 式双支承皮带传动；F 式双支承

上述 6 种就可靠、紧凑、经济和噪声低而言，A 式传动最好，但这种传动方式，仅在通风机尺寸较小的条件下采用，当通风机尺寸较大时，应采用皮带或联轴器传动。B 式传动与 C 式传动的区别在于，B 式传动的皮带在两轴承之间，而 C 式则在轴承的外侧，B 式传动一般应用于较大型通风机的传动。

4）指标和参数

——风机启动后转向正常，无异常噪声，运行平稳，运动部件无任何碰磨；

——风机运行电流不超过额定电流；

——轴承温度正常：

表 352-01-08-11　轴承温度的规定

轴承及润滑类别	轴承温度/℃		入口温度/℃	出口温度/℃	温升/℃
	正常	允许			
滚动轴承压力给油润滑	＜60	＜70	35～45	55～65	＜40
滚动轴承油脂润滑	＜70	＜80			
滑动轴承	＜65	＜70			＜35

——依据《通风机振动检测及其限制》（JB/T 8689—1998），风机振动的有效值（方均根速度）应小于 4.6 mm/s（刚性支承风机）或 7.1 mm/s（挠性支承风机）；

——根据国际标准化组织建议试行的噪声允许标准为 85 分贝。

——风机的抗震类别设计为 1A。风机/电机及其部件、支撑件均应在所要求的楼层响应谱（另发）条件下，保证运行基准地震动（SL-1）和安全停堆地震动（SL-2）时及地震后应仍能可靠地运行，其最大位移不得超过叶片或叶轮进口与外壳间径向间隙的 90%。

——风机与电机机组支座设计应能承受上述所规定的载荷，基础和支座设计时应使风机主轴临界转速低于 0.75 倍风机主轴转速，或高于 1.25 倍风机主轴转速。

5）维修技术要求

——预防性维修项目：

表 352-01-08-12　离心式通风机维修项目内容与周期

项目名称	项目周期
离心式通风机定期巡检	2 次/周（维修人员巡检）
离心式通风机定期润滑检查	6 个月
离心式通风机解体检查	3 年

——离心式通风机定期巡检：

- 使用点温仪检查风机轴承温度；
- 检查风机转动声音是否存在异常；
- 检查读取风机轴承振动值（如有在线振动检测）；
- 观察风机皮带情况（如能看到）；
- 观察风机加脂器内油脂情况（如能看到）。

——离心式通风机定期润滑检查：

- 检查皮带轮对中及皮带张力（符合厂家要求），如有必要更换皮带；
- 检查皮带轮磨损情况，如有必要进行更换；
- 检查轴承、定位环、轴承座是否有剥离，裂纹等缺陷，如发现缺陷则进行修复或更换备件；
- 检查轴承游隙，应符合轴承手册要求；
- 检查轴承与轴承室顶间隙，应符合轴承手册要求；
- 更换轴承室内润滑脂，检查风机自动加脂器，如有必要进行更换；
- 目视检查风机叶轮与转轴情况；
- 用百分表测量转轴与轴承外圈平面的垂直度（转轴与轴承外圈的同心度），中心偏差不大于 0.1 mm；
- 重新调整皮带轮的平行度为 1/1000（即：中心距 1 m 的带轮最大偏差允许 1 mm）；
- 重新调整风机皮带张力；
- 检查风机轴承温度传感器和振动传感器（如有）；
- 检查风机隔振器（如有），如果发现开裂老化或超过使用期限则进行更换；
- 检查风机进出口软连接，如有破损进行修复或更换；
- 紧固风机各部件螺栓；
- 对风机进行清洁与防腐；
- 电动机的加脂、绝缘等检查。

——离心式通风机解体检查：

- 将风机的转子部件（叶轮、轴）从风机中拆出；
- 检查风机轴的径向跳动≤0.04 mm；
- 风机叶轮进行防腐、动平衡（≤5 g）；
- 检查皮带轮对中；
- 检查皮带轮磨损情况，如有必要进行更换；
- 更换风机轴承、紧定套；
- 检查定位环、轴承座是否有剥离，裂纹等缺陷，如发现缺陷则进行修复或更换备件；
- 更换风机自动加脂器；
- 用百分表测量转轴与轴承外圈平面的垂直度（转轴与轴承外圈的同心度），中心偏差不大于0.1 mm；
- 检查轴承游隙，应符合轴承手册要求；
- 检查轴承与轴承室顶间隙，应符合轴承手册要求；
- 重新调整皮带轮的平行度为1/1000（即：中心距1 m的带轮最大偏差允许1 mm）；
- 更换新的风机皮带，并调整风机皮带张力（符合皮带厂家要求）；
- 检查风机轴承温度传感器和振动传感器（如有）；
- 检查风机隔振器（如有），如果发现开裂老化或超过使用期限则进行更换；
- 紧固全部地脚螺栓后检查底座水平情况，风机底座水平度不大于2/1000 mm，隔振器不存在虚脚；
- 检查风机进出口软连接，如有破损进行修复或更换；
- 紧固风机各部件螺栓；
- 对风机各部件进行清洁与防腐；
- 电动机的解体检查，更换电动机轴承部件。

——专业工器具：

轴承拆装工具、皮带张力计、塞尺、百分表、液压千斤顶、动平衡机。

6）质量管理

表 352-01-08-13　离心式通风机定期润滑检查质量控制点

项目名称	质量管控点
叶轮与集流器调整	叶轮与集流器间隙调整，驱动端与非驱端间隙均匀无碰磨
转轴垂直度检查	转轴与轴承外圈平面的垂直度（转轴与轴承外圈的同心度）检查，中心偏差≤0.1 mm
轴承游隙检查	轴承游隙调整，要求符合轴承手册要求且紧定套完全锁死
轴承室顶间隙检查	轴承安装后与轴承室顶间隙检查与记录，要求符合轴承手册要求
皮带轮对中及皮带张力调整	皮带轮对中（要求平行度≤1/1000）与皮带张力调整（遵照皮带厂家要求）
异物检查	工作结束前异物检查，风机内外均无异物遗留

表 352-01-08-14　离心式通风机解体检查质量控制点

项目名称	质量管控点
叶轮与集流器调整	叶轮与集流器间隙调整，驱动端与非驱端间隙均匀无碰磨
转轴垂直度检查	转轴与轴承外圈平面的垂直度（转轴与轴承外圈的同心度）检查，中心偏差≤0.1 mm
轴承游隙检查	轴承游隙调整，要求符合轴承手册要求且紧定套完全锁死
轴承室顶间隙检查	轴承安装后与轴承室顶间隙检查与记录，要求符合轴承手册要求
皮带轮对中及皮带张力调整	皮带轮对中（要求平行度≤1/1000）与皮带张力调整（遵照皮带厂家要求）
风机底座及隔振器检查	隔振器更换，更换新隔振器备件并对底座进行调平，底座水平度≤2/1000 mm
异物检查	工作结束前异物检查，风机内外均无异物遗留

7）经验反馈

——风机振动高故障：

● 风机振动高故障一般往往由底座引起，出现该故障应着重检查风机隔振器以及底座/框架的水平度及变形情况；

● 风机的橡胶隔振器不能仅从外观观察是否老化，还需要考虑其使用寿命；

● 叶轮的动平衡检查由于转速较低，并不能代表风机运转的真实工况，可以通过目视检查叶轮的叶片的一致性及平行度排除叶轮造成的振动高故障；

● 系统在线原因或过滤器堵塞等导致系统流量过低，也会造成风机喘振，引发振动高缺陷。

——轴承故障：

● 皮带传动离心风机，由于皮带张力的存在，会导致轴承寿命降低以及温度上升，应注意悬臂式离心风机轴承的散热情况，如有必要可增加单独的散热叶轮；

● 离心风机多使用圆锥滚子轴承，需要在安装时调整轴承游隙至规定范围内，游隙如果过小会导致轴承发热甚至烧毁；如果游隙过大则可能造成振动高或轴承紧定套没有完全锁紧，运行中松动可能导致轴承烧毁，风机断轴的严重事故。

——风机常见故障现象和解决方法：

表 352-01-08-15 风机常见故障现象和解决方法

常见缺陷描述	故障原因分析	解决方法
轴承温度高	润滑脂过多	减少定期加润滑脂的量
	润滑脂型号不符合要求	更换成合适的油脂
	定位环间隙太小	检查轴承，调整定位环间隙
	轴承润滑周期过长	及时进行预防性润滑
风机运行异音	润滑脂不足	增加定期加润滑脂的量
	轴承游隙和定位环间隙不符合要求	检查并重新安装轴承
	皮带轮及叶轮与转轴之间的配合有误	检查转轴与皮带轮及叶轮的问题
皮带抖动大	皮带安装时张力调整不符合要求	重新安装皮带并调整好皮带张力
	皮带使用时间较长磨损严重	定期更换风机皮带
风机运行振动高	叶轮动平衡偏差大	需对多方面原因进行综合考虑，解决方法一般都是组合性的
	轴承座及机座受力不均	
	减振垫松动或失效	
	轴承游隙偏差较大	
	轴承与轴承座配合偏差	
	其他原因	

8）技术规程清单

表 352-01-08-16 离心式通风机维修规程

规程名称	实施周期
皮带传动离心风机皮带调整规程	3 个月（视情况，可不执行）
皮带传动离心风机定期检查规程	6 个月/1 年
D&F 型风机定期润滑及检查规程	6 个月/1 年
皮带传动离心风机全面解体规程	3 年

9）参考资料

[1] 秦山第二核电厂维修处技能培训教材［R］. 核电秦山联营有限公司，2010.

[2] 3、4 号机组皮带传动离心风机全面解体 Q2Y-XXX-TPMAPM-0071，中国：中核核电运行管理有限公司，2019.

[3] 3、4 号机组离心带传动风机的定期润滑 Q2Y-XXX-TPMAPM-0054，中国：中核核电运行管理有限公司，2019.

（2）核电轴流风机

1）定义

轴流式通风机，用途非常广泛，因其气体平行于风机轴流动而得名。轴流式风机通常用在流量要求较高而压力要求较低的场合，轴流式风机固定位置并使空气流动。轴流风机主要由风机叶轮和机壳组成，结构相比离心式通风机要简单。

2）范围对象

核电厂内核岛、常规岛、核辅助厂房与外围厂房等厂房通风系统使用的轴流式通风机。

3）结构原理

一般轴流式通风机的结构如图 352-01-08-27 所示。叶轮安装在圆筒形机壳中，当叶轮旋转的时候，空气由集流器进入叶轮，在叶片的作用下，空气压力增加，并接近于沿轴向流动，由排出口排出。

一般轴流式通风机的叶轮直接安装在电动机的轴上。为了减小气流运动的阻力，常在叶轮前面设置一个流线型整流罩，并把电动机用流线罩罩起来，也可起到整流作用，如图 352-01-08-28 所示。

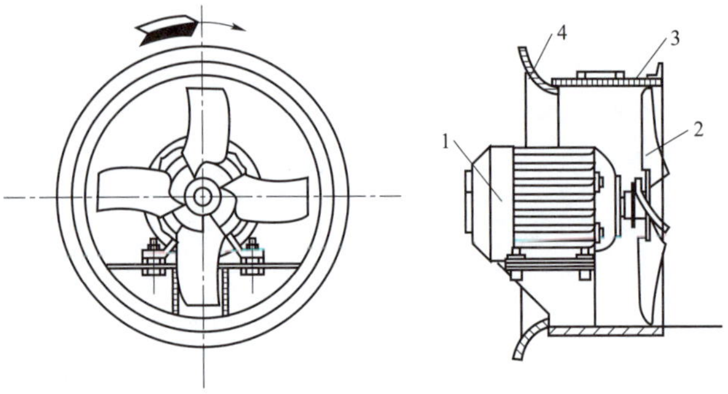

图 352-01-08-27 轴流式通风机的一般构造

1—电动机；2—叶轮；3—机壳；4—集流器

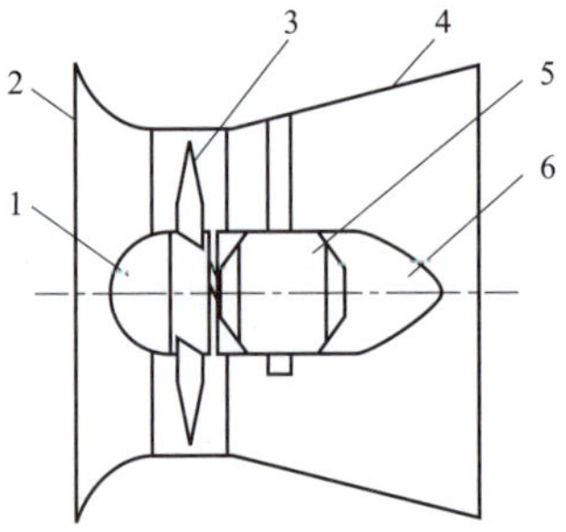

图 352-01-08-28 整流较好的轴流式通风机的一般构造

1—前整流罩；2—集流器；3—叶片；4—扩散筒；5—电动机；6—后整流器

轴流式通风机的集流器与离心式通风机的集流器作用相同。轴流式通风机的机壳和叶轮、叶片根据不同用途，采用不同材质制作。目前，常用的有普通钢、不锈钢、塑料、玻璃钢或合金铝等。

由于气流在轴流式通风机内是近似沿轴向流动的，因此，轴流式通风机在通风系统中往往成为通风管道的一部分。它既可以水平放置，也可以垂直放置或倾斜地放置。

在有些情况下，由于生产需要，也可以把电动机安装在机壳的外面。其构造形式如图 352-01-08-29 所示。采用这种安装方法时，要注意使叶片和机壳内表面之间保证一定的间隙，一般正常间隙为$\delta=0.015\times(D-d)/2$（$D$ 为叶轮直径，d 为轮毂直径），以保证叶轮的自由旋转。

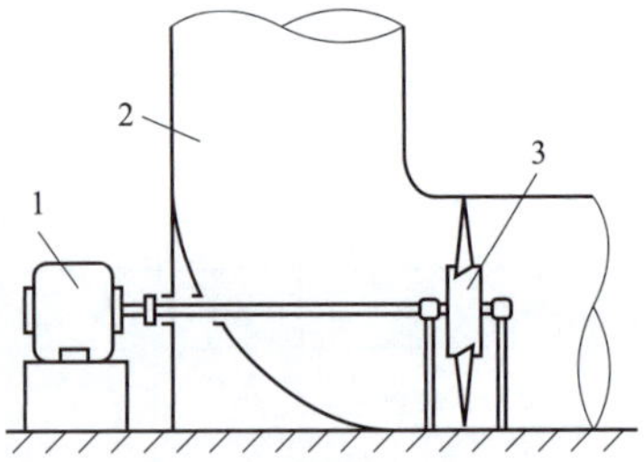

图 352-01-08-29 电动机安装在机壳外面的轴流式通风机

1—电动机；2—机壳；3—叶轮

轴流式通风机的传动方式，有图 352-01-08-30 所示的六种形式，在 A 式传动中，通风机叶片直接装在电动机的轴上，电动机安装在机壳中心线上。B 式与 C 式所不同的是，B 式的皮带轮在两轴承之间。E 式与 F 式所不同的是，F 式在通风机与电动机之间设置了减速机。在核岛厂通风系统中，由于系统设计原因，仅使用了 A 式轴流式通风机。

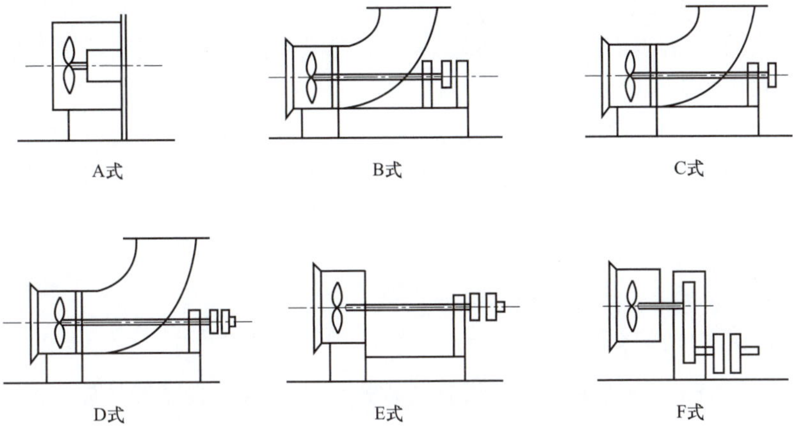

图 352-01-08-30 轴流式通风机传动方式简图

A 式直连传动；B 式、C 式引出式皮带传动；D 式引出式联轴器传动；E 式、F 式长轴式联轴器传动

4）指标和参数

——风机启动后转向正常，无异常噪声，运行平稳，运动部件无任何碰磨。

——风机运行电流不超过额定电流。

——电动机空载外壳温升不高于 50 ℃，轴承温度不高于 75 ℃。

——依据《通风机振动检测及其限制》（JB/T 8689—1998），风机振动的有效值（方均根速度）应小于 4.6 mm/s。

——根据国际标准化组织建议试行的噪声允许标准为 85 dB。

——风机的抗震类别设计为 1A。风机/电机及其部件、支撑件均应在所要求的楼层响应谱（另发）条件下，保证运行基准地震动（SL-1）和安全停堆地震动（SL-2）时及地震后应仍能可靠地运行，其最大位移不得超过叶片或叶轮进口与外壳间径向间隙的 90%。

——风机与电机机组支座设计应能承受上述所规定的载荷，基础和支座设计时应使风机主轴临界转速低于 0.75 倍风机主轴转速，或高于 1.25 倍风机主轴转速。

5）维修技术要求

——预防性维修项目：

表 352-01-08-17 轴流式通风机维修项目内容与周期

项目名称	项目周期
轴流式通风机定期巡检	2 次/周（维修人员巡检）
轴流式通风机定期润滑检查	1 年
轴流式通风机解体检查	3 年

——轴流式通风机定期巡检：

- 检查风机转动声音是否存在异常；
- 检查读取风机轴承振动值（如有在线振动检测）。

——轴流式通风机定期润滑检查：

- 使用兆欧表 500 V 直流电压档测量风机电机定子绕组绝缘电阻，不应低于 0.5 MΩ，否则进行处理；
- 目视风机外壳、叶轮、电机外观是否有异常，如有必要进行防腐处理。

● 目视检查风机电机内部引出线、接线板、主电源线、电缆保护套管、葛兰头是否完好，并参照电动机接线检查表检查电机接线盒内部接线情况。

● 检查电机两侧轴承外盖、周围地面是否有油迹。

● 使用电桥测量电动机定子绕组直流电阻，100 kW 以下电机线间直流电阻不平衡度不大于 2%；100 kW 及以上电机线间直流电阻不平衡度不大于 1%；进口电机线间直流电阻不平衡度不大于 5%（不平衡度 =（最大值 – 最小值）÷ 最小值）。

● 使用兆欧表 500 V 电压挡测量电机加热器绝缘阻值，绝缘电阻应不低于 0.5 MΩ。

● 使用万用表欧姆挡测量加热器（如有）直流电阻，与上次维修记录相比，应无明显偏差。

——离心式通风机解体检查：

● 拆除轴流风机风叶，对风叶表面进行清洁。

● 检查风叶表面应无裂纹、叶片无损伤或缺损。

● 叶轮进行动平衡。

● 若电机有骨架密封圈，对骨架密封圈进行目视检查，确认是否完好，如有磨损则进行更换。

● 更换电机轴承。

● 检查风机电机定转子，应紧固完整，无过热变色、锈蚀、磨损、变形、松动等异常现象。

● 使用兆欧表 500 V 直流电压档测量绕组绝缘阻值，不应小于 0.5 MΩ。

● 使用电桥测量电机绕组的直流电阻阻值，线间直流电阻不平衡度不大于 2% [不平衡度 =（最大值 – 最小值）÷ 最小值]。

● 使用兆欧表 500 V 直流电压挡测量加热器绝缘阻值，不应低于 0.5 MΩ。

● 使用万用表欧姆挡测量加热器直流电阻，直流电阻与上次维修记录比较，应无明显偏差。

● 各部件进行防腐处理。

——专业工器具：

兆欧表、电桥、万用表、轴承加热器、动平衡机。

6）质量管理

表 352-01-08-18　轴流式通风机定期润滑检查质量控制点

项目名称	质量管控点
电机参数测量	测量电机的直流电阻和对地绝缘电阻及电机加热器直流电阻与对地绝缘；标准：电动机绝缘电阻≥0.5 MΩ；电机直流电阻不平衡度不大于 2%，电机加热器绝缘电阻≥0.5 MΩ
风机外观检查	目视风机外壳、叶轮、电机外观是否有异常，如有必要进行防腐处理

表 352-01-08-19　轴流式通风机解体检查质量控制点

项目名称	质量管控点
定转子检查	检查电机定、转子应完好。无过热，无磨痕
轴承配合公差检查	测量新轴承与电机轴径及轴承室的配合数据
异物检查	电机回装前检查无异物
电机解体后测量	测量电机的直流电阻和对地绝缘电阻及电机加热器直流电阻与对地绝缘；标准：电动机绝缘电阻≥0.5 MΩ；电机直流电阻不平衡度不大于 2%，电机加热器绝缘电阻≥0.5 MΩ
电机空载运行	电机修后试验（空载）

7）经验反馈

——风机振动高故障：

● 风机振动高故障一般往往由底座或壳体变形引起；

● 系统在线原因或过滤器堵塞等导致系统流量过低，也会造成风机喘振，引发振动高缺陷。

8）技术规程清单

表 352-01-08-20 轴流式通风机维修规程

序号	规程名称	实施周期
1	轴流式通风机定期检查规程	1 年
2	轴流式通风机全面解体规程	3 年

9）参考资料

[1] 秦山第二核电厂维修处技能培训教材［R］. 核电秦山联营有限公司，2010.

[2] 3、4 号机组 380 V 三相异步电动机定期检查规程 Q2Y-XXX-TPMAPM-0013［R］. 中核核电运行管理有限公司，2019.

[3] 3、4 号机组轴流风机解体检修规程 Q2Y-XXX-TPMAPM-0043［R］. 中核核电运行管理有限公司，2019.

（3）电罗茨风机

1）定义

罗茨鼓风机在国民经济各行业中广泛地被应用，我国生产国家推广的 L 系列罗茨鼓风机，机型由 L1-L10 各机号，流量 0.6～800 m^3/min，升压 9.8～98 kPa（1000～10 000 mmH_2O），这些鼓风机广泛地应用于水泥、化工、化肥、冶炼、污水处理、水产养殖、电力、城市煤气、气体输送等行业，满足国民经济的发展需要。罗茨鼓风机与离心式鼓风机相比，具有强制送风的特点，离心式鼓风机在压力变化时，流量变化很大，而罗茨鼓风机在压力变化时，流量变化甚微，具有强制送风的特性。罗茨鼓风机与压缩机相比，又有经济耐用的特点，且风量较大。

风机选型可以根据被输送介质的性质，工艺流程所需的流量和压力来确定。

罗茨鼓风机的主要特点：

——因无内压缩过程，故输气具有强制性；

——流量随升压的变化小。可根据用户需要在升压的额定值内调节选用排气压力；

——因无需对气缸进行润滑，故输送的介质不含油；

——整机振动小、使用寿命长、机械效率高；

——结构简单，保养和维修方便。

2）范围对象

罗茨鼓风机主要用于核电厂各水处理系统中，氧化池、调节池、清毒池、中和池等系统的送风机。

3）结构原理

如图 352-01-08-31 所示，罗茨鼓风机是一种旋转活塞型容积式气体压缩机械，它由机壳与两墙板包容成一气缸；机壳设有进气口和出气口，一对彼此保持一定间隙而相互作间隙“啮合”（因有间隙，实际上并不接触）的叶轮通过同步齿轮传动而作等速反向旋转。由于两叶轮的相互“啮合”，使进气口与出气口相互隔开，在旋转过程中无内压缩地将气缸容积内的气体从进气口推移到出气口，以达到强制排气目的。

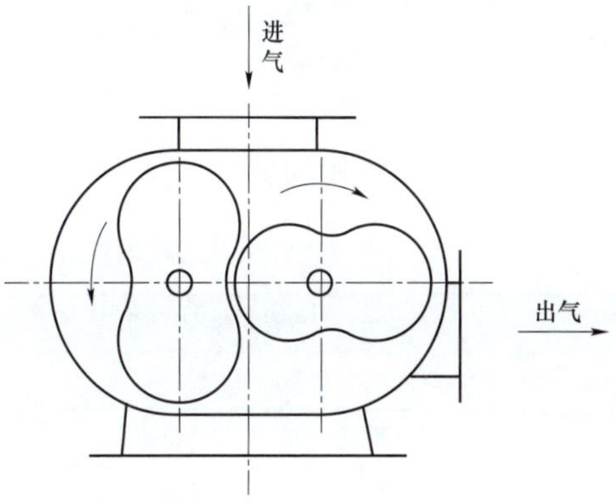

图 352-01-08-31 卧式罗茨鼓风机原理示意图

两叶轮之间，叶轮与墙板之间以及叶轮与机壳之间，均保持一定的间隙，以保证鼓风机正常运转，若间隙过大，则被压缩的气体通过间隙的泄漏量增加，将影响鼓风机的容积效率；如间隙过小，则由于热膨胀可能导致叶轮与机壳、或叶轮之间发生相互磨擦、碰撞现象，这种现象是绝不允许出现的。

以卧式结构鼓风机为例，气体从上部进气口吸入，从下侧出气口出排，机组安装在混凝土墓础上，电机与鼓风机传动方式有皮带传动或直联传动两种，带传动时，电机和鼓风机主轴各带一个带轮，利用 V 形皮带传递动力，直联时通过梅花形弹性联轴器传递扭矩。

主要部件。

——机壳、墙板：

机壳、墙板均为整体结构，其外表面有合理布置的加强筋，故有良好的刚性。墙板装于机壳两端墙板结合大面装有侧板，从结构上保证了装配质量，并且装拆检修方便，前、后墙板内装有滚动轴承，作为叶轮转子部的支承。机壳、墙板、侧板结合在一起构成刚性良好的密闭气缸。

——叶轮部分：

叶轮部分为主叶轮部和从叶轮部，主叶轮部由主轴和齿轮轴及叶轮组成，从叶轮部由从轴和齿轮轴与叶轮组成，轴与叶轮内孔均为带键过盈配合，在轴上直接加工迷宫沟槽，这样既简化了结构，又提高了密封寿命。叶轮转子的动平衡精度达到 G6.3 级，保证了整机振动小。

——同步齿轮：

同步齿轮是关键零件之一，它直接关系到鼓风机能否长期安全连续运行，不仅是一对传动齿轮，也是一对同步齿轮。只有在两个齿轮转角一致的情况下，才能保证鼓风机的正常运转，否则两叶轮将发生撞击，以致造成设备事故。齿轮圈选用优质合金结构钢，经渗碳淬火，精磨后制成，提高了使用寿命。齿轮毂与轴、齿轮圈与齿轮毂均采用锥度配合，并且互为反锥，从而既能保证自动定心精度，又能满足调整定位后的自锁性，装拆亦很方便。重新组装时，请按齿轮毂、齿轮圈的装配标记进行，以保证叶轮之间的装配间隙。

——密封：

四个轴封采用迷官密封，主轴贯通部用橡胶骨架油封，轴承油封部为迷宫密封，其迷宫均直接加工在轴与轴承座上。

4）指标和参数

——输送介质的排气温度不宜高于 40 ℃；

——输送介质微粒杂质含量不得大于 100 mg/m^3，微粒最大尺寸不得超过装配间隙表所规定最小工作间隙的一半；

——轴承温度不得高于 95 ℃，润滑油温度不得高于 65 ℃；

——使用压力不得超过鼓风机标牌所规定的升压范围；

——转向正确、运转平顺无异音；

——振动不超过设计标准；

——无漏水、漏油。

5）维修技术要求

——预防性维修项目：

表 352-01-08-21　罗茨风机维修项目内容与周期

项目名称	项目周期
罗茨定期巡检	2 次/周（维修人员巡检）
罗茨风机定期润滑检查	1 年
罗茨风机解体检查	3 年

——罗茨风机定期巡检：

- 检查风机转动声音是否存在异常；
- 检查是否存在漏水、漏油；
- 检查轴承运行温度。

——罗茨风机定期润滑检查：

- 更换新的润滑油；
- 检查皮带有无开层、裂口、断裂、老化，若有异常应更换皮带（对于皮带传动风机）；
- 检查调整皮带轮对中情况，并重新调整皮带张力；
- 检查联轴器是否有松动，弹性块是否老化，并重新进行对中（对于联轴器传动风机）；
- 检查风机入口消音器脏堵情况，若堵塞严重，则进行清洗或更换；
- 对各润滑点适当添加润滑脂；
- 检查紧固各连接螺栓无松动；
- 对风机外观进行检查，如有必要进行清洁防腐。

——罗茨风机解体检查：

- 解体齿轮箱，检查齿轮啮合间隙在标准范围内；
- 在常温条件下，测量叶轮的各工作间隙，主要装配间隙见表 352-01-08-22。

表 352-01-08-22　罗茨鼓风机的装配间隙检查表

部位和名称	代号
叶轮与叶轮之间的啮合间隙	δ_1
叶轮与机壳之间的径向间隙	δ_2
叶轮与前墙板之间的轴向间隙（定位端）	δ_3
叶轮与后墙板之间的轴向间隙（自由端）	δ_4
同步齿轮副侧隙	c_n

注：1. 间隙 δ_1 的调整：拧松齿圈与齿毂紧固螺栓及拆下定位圆锥销、调节齿圈与齿毂的安装角度位置，即能达到调整间隙的效果。间隙调整后，必须修正定位销孔（或另置），再以圆锥销定位，并紧固。在调整 δ_1 间隙时，应以叶轮旋转 360°来进行。

2. 间隙 δ_2 的调整：拧松机壳与墙板的紧固螺栓，并拆下定位锥销，根据具体情况，调整机壳与墙板的相对位置，以达到调整叶轮与机壳的径向间隙。调整后，必须修正定位孔（或另置）再以圆锥销定位。

3. 间隙 δ_3 和 δ_4 的调整：用定位端轴承座进行调整，至间隙 δ_3 与 δ_4 符合图样要求为止，然后在轴承座与墙板间垫上合适的垫片，最后紧固螺钉，即调整完毕。间隙经调整后必须进行空负载试运转；

- 检查各轴承游隙和轴承状况，如不合格或有异常磨损则进行更换；
- 如果叶轮各间隙数据测量不合格，则解体叶轮腔室，更换相应的部件后按照标准进行组装，直至各数据满足要求；
- 对冷却水管进行打压查漏，并更换密封圈；
- 用手盘动皮带轮，检查转动是否灵活，有无磨擦和碰撞现象。检查轮宽对称平面位移度及轴线不平行度（皮带传动风机）；
- 更换新的传动皮带，并调整张力至要求范围内（皮带传动风机）；
- 检查风机联轴器，更换弹性部件，并进行重新对中（联轴器传动风机）；
- 更换润滑油；
- 检查更换入口过滤器；
- 各部件进行防腐处理。

6）质量管理

表 352-01-08-23　罗茨风机解体检查质量控制点

项目名称	质量管控点
齿轮啮合间隙检查	检查齿轮啮合间隙符合厂家图纸要求
叶轮的各工作间隙检查	测量叶轮的各工作间隙符合厂家图纸要求
轴承游隙检查	轴承游隙调整，要求符合轴承手册要求
冷却水管打压试验	对冷却水管进行打压，要求无泄漏
皮带轮对中及皮带张力调整（皮带转动风机）	皮带轮对中（要求平行度≤1/1000）与皮带张力调整（遵照皮带厂家要求）
联轴器检查及对中（联轴器转动风机）	更换老化的联轴器弹性块，安装厂家技术要求进行对中
异物检查	工作结束前异物检查，风机内外均无异物遗留

7）经验反馈

- 经常检查各紧固部位，不能有任何松动；
- 保证机组清洁，切勿使异物进入机内，如机壳内腔及叶轮腔室；
- 常见故障及排除方法：

表 352-01-08-24　常见故障及排除方法

故障现象	发生原因	排除方法
风量不足	叶轮与机体因磨损而引起间隙增大	更换磨损零件
	配合间隙有所变动	按要求调整
	系统有泄漏	检查后排除
电动机超载	系统压力变化： 1. 进口过滤器堵塞或其他原因造成阻力增高，形成负压 2. 出口系统压力增加	检查排除
	零部件不正常所引起： 1. 静、动件发生摩擦 2. 齿轮损坏 3. 轴承损坏	调整间隙 更换 更换
温度过高	机体： 1. 由于压比值 P 出/p 进增大 2. 由于进口气体温度增高 3. 静、动件发生摩擦	检查后排除 检查后排除 调整间隙
	轴承： 1. 轴承损坏更换 2. 润滑油过多或不足 3. 润滑油油温过高或油质欠佳	更换 调整油量 见"润滑油"条目所述
	润滑油： 1. 冷却水断路或水量不足 2. 齿轮啃合不正常或损坏 3. 轴承损坏 4. 油质欠佳	检查后排除或调节 检查后调整或更换 更换 更换
叶轮与叶轮直接发生撞击	齿轮圈与齿毂紧固件松动，发生位移 δ_1 超值	调整间隙后定位并紧固
	齿面磨损，齿隙增大，叶轮之间间隙变化	按间隙 δ_1 的调整方法处理
	齿轮与叶轮键松动	更换键
	主、从动轴弯曲超限	校正或更换轴
	机体内混入杂质或由于介质所形成之结垢	消除杂质或结垢
	滚动轴承磨损、游隙增大更换	更换
	超额定压力运行	检查超压原因后排除

续表

故障现象	发生原因	排除方法
叶轮与机壳径向发生摩擦	间隙 δ_2 超值	按间隙 δ_2 的调整方法处理
	滚动轴承磨损，游隙增大	更换
	主从动轴弯曲超限	校直或更换
	超额定压力运行	检查超压原因后排除
叶轮与墙板之间发生摩擦	δ_3 和 δ_4 间隙超允许值	调整 δ_3 和 δ_4 间隙
	叶轮与墙极端面附粘着杂质或介绍结垢	消除杂质和结垢
	滚动轴承磨损、游隙增大	更换
振动超限	转子平衡精度过低	按 G6.3 级要求校正
	转子平衡被破坏	检查后排除
	轴承磨损或损坏	更换
	齿轮损坏	更换
	地脚螺栓或其他紧固件松动	检查后紧固
齿轮损坏	超负荷运行或承受不正常之冲击	更换
	润滑油量过少，或油质不佳	更换
	齿轮磨损其侧隙超过叶轮间隙 1/3	更换
轴承损坏	润滑油质量不佳或供油量不足	更换
	由于气体密封失效，致使腐蚀性气体接触轴承，造成轴承损坏	更换轴承，修复气体密封
	长期超负荷运行	更换
	超过额定的使用期限	更换

8）技术规程清单

表 352-01-08-25 罗茨风机维修规程

序号	规程名称	实施周期
1	罗茨风机定期检查规程	1 年
2	罗茨风机全面解体规程	3 年

9）参考资料

［1］ATE 罗茨风机解体检查规程 Q2Y-ATE-TPMAPM-0037［R］. 中核核电运行管理有限公司，2019.
［2］风机手册［M］. 机械工业出版社，2010.

9 柴油机

9.1 总述

9.1.1 定义

柴油机是依靠燃烧柴油来获取能量释放的内燃机。

9.1.2 功能

柴油机是一种常见的热机，是利用柴油机在其气缸中燃烧，使气体膨胀推动活塞做功，将热能转变为机械能的一种动力机械。为使柴油机连续工作，必须使燃烧做过功的废气排出气缸，然后引进新气，再经压缩，提高气体工质的温度和压力后，重新喷进柴油，自行发火燃烧，再次膨胀做功。这些动作周而复始地不断重复，一次再次的循环，就能维持柴油机持续地工作。

6.0 kV 应急柴油发电机组是核电厂专设安全设施，为核电厂提供 6.0 kV 应急交流电源，每台核电机组配备两列柴油发电机组，分别为带应急厂用设备的 6.0 kV 交流应急配电系统配电盘供电，在场外主电源和厂外备用电源均失去的情况下，核电厂两个核电机组的每台柴油发电机组都有能力满足厂用应急设备用电要求，以确保反应堆安全停堆，并且防止由于外部正常电源失电而导致重要设备的损坏。柴油机作为应急柴油发电机组的动力源，为发电机组提供动力输出。

9.1.3 结构

柴油机一般采用 V 形结构，机体用球墨铸铁制成，采用龙门式结构，以保证足够的刚度。刚制的轴承盖装在轴承座中，依靠侧壁与机体配合定位。主轴承盖垂直方向用拉紧螺栓，水平方向用横向拉紧螺栓固定在机体的横向隔板上。曲轴由若干个滑动轴承支承在由横向隔板和主轴承盖组成的主轴承孔中，并在曲轴输出端用一个由凸缘衬套和向心推力轴承组成的止推轴承实现轴向定位。两根凸轮轴布置在机体中位置较高的地方，这样可缩短推杆，从而有助于提高配气机构刚度。由特种铸铁离心浇铸成的湿式缸套从机体上方装入，每只缸套上用凸肩密封，下方用密封环密封。采用组合式活塞，为冷却活塞，活塞内部有冷却油槽，由专门的活塞冷却油喷嘴连续不断地喷入滑油，以带走活塞顶大部分热量，降低活塞热负荷。

柴油机一般采用双重弹性安装，在柴油机左右两侧，在机身上各装有若干个弹性柴油机支承。立式支架用螺栓刚性地固定在底座上，底座与柴油机及立式支架一起安放在底座两侧，固定在船体或厂房的底座上。这种安排对柴油机噪声和振动都有改善。

柴油机因其热效率高，用途十分广泛，有汽车用柴油机，拖拉机用柴油机，还有船用、内燃机车用和工程机械用柴油机，功率大小不一，形式繁多。按工作循环特点分，可分为两冲程柴油机及四冲程柴油机。按燃烧室结构分，可分为直接喷射式燃烧室柴油机和分隔式燃烧室柴油机。按柴油机进气方式分，可分为自然吸气式柴油机和增压式柴油机。按照气缸排列方式分，可分为直立式柴油机和 V 型柴油机。

在众多类型的柴油机中，四冲程、废气涡轮增压、V 形结构直喷式柴油机是核电厂用柴油机的主体，故本章通用部分中以此为重点。

9.2 通用技术型号

目前国内核电厂主要采用 PC2-5 柴油机及 20V956TB33 型柴油机，四冲程柴油机的原理及结构基本相同，后文将重点以 20V956TB33 型柴油机为例进行介绍。

表 352-01-09-01 柴油机型号意义

型号	含义
20V956TB33 柴油机	20：汽缸数量 V 形结构 956：单缸工作容积的 100 倍 T：废气涡轮增压 B：船用 33：设计代号

9.2.1 20V956TB33 柴油机

（1）定义

20V956TB33 柴油机是一种高速大功率柴油机，其结构紧凑、性能优越、质量可靠，被广泛应用于舰船的推进动力以及核电厂应急柴油发电机组的动力来源。

柴油机的主要专业术语：

上止点（上死点）：活塞距曲轴中心最远的位置称为活塞的上止点；

下止点（下死点）：活塞距曲轴中心最近的位置称为活塞的下止点。

活塞的冲程（S）：活塞上止点与下止点之间的距离称为活塞的冲程，活塞的冲程 S 等于曲柄半径

R 的两倍，即 $S=2R$。

压缩室容积（V_C）：当活塞位于上止点时，活塞上面的容积称为压缩室容积，由于燃料就在这里燃烧所以又称为燃烧室容积。

气缸的工作容积（V_h）：活塞上、下止点之间的容积称为一个汽缸的工作容积，它可以用气缸直径 D（cm）由下式表示：

$$V_h=\pi \cdot D_2 \cdot S \cdot 10\text{-}3/4\ (\text{L})$$

气缸的最大容积（V_a）：活塞在下止点时气缸的容积，即气缸的工作容积与压缩室容积之和：

$$V_a=V_h+V_C$$

内燃机的总容积 V（又称总排量）：是内燃机所有气缸工作容积的总和。即：

$$V=V_h \cdot i\ (\text{L})\quad i\text{—气缸数}$$

压缩比（ε）：气缸的最大容积与压缩室容积的比值称为压缩比。即：

$$\varepsilon=1+V_h/V_C$$

压缩比说明活塞由下止点移动到上止点时，气缸内空气被压缩的程度，柴油机的压缩比一般大于 12。

（2）范围对象

20V956TB33 型柴油机。

（3）结构原理

1）工作原理

本文以单缸柴油机为例来介绍柴油机的工作原理。

柴油机的工作是由进气、压缩、燃烧膨胀（即做功）和排气这四个过程来完成的，这四个过程构成一个工作循环。活塞往返四个过程才能完成一个工作循环的柴油机称为四冲程柴油机（四冲程柴油机工作原理参照图 352-01-09-01）。

进气冲程：

第一冲程：进气，它的任务是使气缸内充满新鲜空气。当进气冲程开始时，活塞处于上止点。气缸内的燃烧室中还留有一些废气。

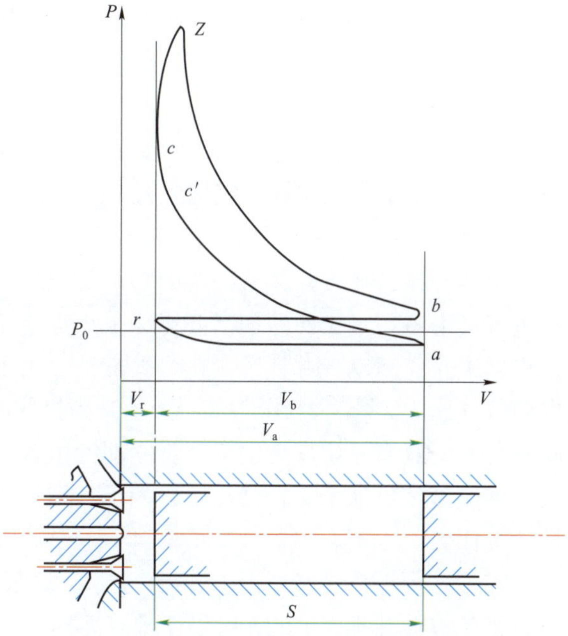

图 352-01-09-01 柴油机示功图

当曲轴旋转时，连杆使活塞由上止点向下止点移动，同时进气阀打开。

随着活塞的向下运动，气缸内活塞上面的容积逐渐增大，造成气缸内压力低于进气管内的压力，因此，外面的新鲜空气就不断地充入气缸。

进气过程中气缸内气体压力随着气缸容积变化的情况，如示功图（图 352-01-09-01）所示。

图中纵坐标表示气体压力 P，横坐标表示气缸容积 V_h（或活塞冲程 S），这个图形称为示功图。图中的压力曲线表示柴油机工作时，气缸内气体压力的变化规律，图中 r-a 线表示进气过程中气体压力的变化情况。进气开始（r 点）由于存在残余废气，所以稍高于大气压力 P_o。在进气过程中由于空气通过进气管和进气阀时产生流动阻力，所以进气过程的气体压力低于大气压力，在整个进气过程中，气缸内气体压力大致保持不变。

当活塞向下运动接近下止点时，进入气缸的气流仍具有很高的速度，惯性很大，为了利用气流的惯性来提高充气量，进气阀在活塞过了下止点以后才关闭。虽然此时活塞上行，但由于气流的惯性，气体仍能充入气缸。

压缩冲程：

第二冲程：压缩，压缩时活塞从下止点向上止点运动，这个冲程的功用有二点：一是提高空气的温度，为燃料自行发火做准备；二是为气体膨胀作功创造条件。当活塞上行时，进气阀关闭以后，气缸内的空气受到压缩，随着容积的不断缩小，空气的压力和温度也就不断升高，压缩终点的压力和温度与空气的压缩密度有关，即与压缩比有关。

柴油的自燃温度为 543～563 K，压缩终点的温度要比柴油自燃的温度高很多，足以保证喷入气缸的燃油自行发火燃烧。

喷入气缸的柴油，并不是立即发火的，而是经过物理化学变化之后才发火，这段时间大约有 0.001～0.005 s，称为发火延迟期。因此，要在曲柄转至上止点前 10°～35°曲柄转角时开始将雾化的燃料喷入气缸，并使曲柄在上止点后 5～10°时，在燃烧室内达到最高燃烧压力，迫使活塞向下运动。

在示功图上，压缩冲程用 a-c 线表示，而 c′点为开始喷油的始点。

- 燃烧膨胀冲程：

第三冲程：燃烧膨胀，在这个过程开始时，大部份喷入燃烧室的燃料已燃烧。燃烧时放出大量的热量，因此气体的压力和温度便急剧升高，活塞在高温高压气体作用下下行，并通过连杆使曲柄轴转动，对外做功。所以这一冲程又叫作做功或工作冲程。

随着活塞的下行，气缸的容积增大，气体的压力下降，工作冲程在活塞行至下止点，排气阀打开时结束。

在示功图中，工作冲程的压力变化用 c-z-b 线表示。这条线的 c-z 段表示燃料在气缸内燃烧时压力急剧升高，而 z 点表示最高燃烧压力 P_z。

排气冲程：

第四冲程：排气，排气冲程的功用是把膨胀后的废气排出去，以便充填新鲜空气，为下一个循环的进气做准备。当工作冲程活塞运动下止点附近时，排气阀开启，活塞在曲轴和连杆的带动下，由下止点向上止点运动，并把废气排出气缸外。由于排气系统存在着阻力，所以在排气冲程开始时，气缸内的气体压力 P_b 比大气压力高。为了减少排气时活塞运动的阻力，排气阀在下止点前就打开了。排气阀一打开，具有一定压力的气体就立即冲出气缸外，缸内压力迅速下降，这样当活塞向上运动时，气缸内的废气依靠活塞上行排出去。为了利用排气时的气流惯性使废气排出得干净，排气阀在上止点以后才关闭。

在示功图上，排气冲程用 b-r 线表示。这条线表示在排气过程中，缸内的气体压力几乎是不变的，而且都是提前开推迟关的，所以在排气冲程末和进气冲程初，活塞处于上止点附近时，有一段时间进、排气阀同时开启，这段时间用曲轴转角来表示，称为气阀重叠角。

排气冲程结束后，又开始进气冲程，于是整个工作循环就依照上述过程重复进行。

在四冲程柴油机的四个冲程中，只有第三个冲程即工作冲程才产生动力对外做功，而其余三个冲程都是消耗功的准备过程，为此在柴油机上必安装飞轮，利用飞轮的转动惯性，使曲轴在四个冲程中连续均匀地运转。

2）主要辅助系统

柴油发电机组辅助系统的完整性也关系到柴油发电机组运行的稳定性。一台柴油发电机组的辅助系统主要包括启动空气系统、燃油系统、润滑油系统、冷却水系统、进/排气系统，发电机润滑油系统。

启动空气系统：

柴油机本身没有自行启动能力。要使静止的柴油机转动起来，必须借助于外力，创造柴油机获得第一个工作行程的条件，即在外力作用下进行进气、压缩、喷油，直至燃油燃烧膨胀做功才能推动活塞自行转动。这一过程称为柴油机启动。

为了保证柴油机启动，带动柴油机的外力还必须使柴油机达到一定的转速。因为转速太低时，压缩过程进行缓慢，气体通过气缸壁的散热和通过活塞环处的漏泄较多，致使压缩终点温度下降。压缩终点温度低，达不到燃油自燃发火的要求，柴油机也不可能自行转动起来。

20V956TB33 型柴油机采用压缩空气启动。压缩空气启动系统将具有一定压力的压缩空气，按柴油机的发火顺序在工作行程时引入气缸，代替燃气推动活塞，使柴油达到启动转速，完成自行发火。这种启动方式的优点是启动能量大，启动迅速可靠。

启动空气系统完成三个功能：

——在启动工况下，用压缩空气冲转柴油机，直至完成点火启动；

——在待命工况下，充注压缩空气启动气瓶，维持其备用时的正常压力；

——提供柴油机控制用气源。

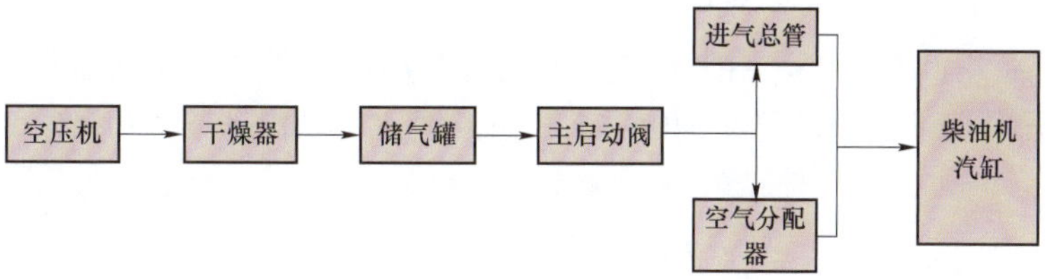

图 352-01-09-02 压缩空气系统流程图

燃油系统：

燃油系统用于向柴油机不间断得供给燃油，并将燃油以一定的压力和程序准确、足量地喷入柴油机燃烧室，以保证柴油机的正常工作。

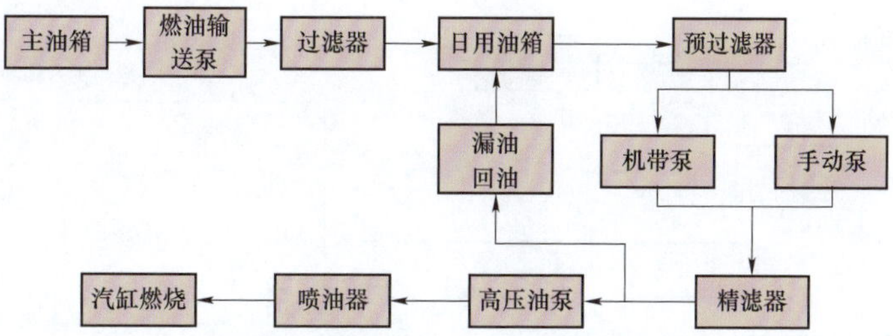

图 352-01-09-03 燃油系统流程图

燃油系统所需燃油储存在一个 250 m^3 的主油罐，以供给柴油发电机组在额定负载下连续工作 7 d 所需的燃油量。柴油发电机组运行期间，燃油系统通过燃油输送泵将燃油从主油罐送至日用油罐。

供给柴油机燃烧的燃油通过柴油机本身自带的机带泵将燃油从日用油罐，经燃油粗滤器、燃油精滤器送至喷油泵，喷油泵根据所要求的柴油机功率（调速器设定），将一定量的燃油经高压油管和喷油器喷入气缸。喷油泵内的溢流槽使多余的燃油回流，回油管路将多余的燃油送回日用油箱。

在柴油机停车检修后要重新注入燃油并且放气，排气需要由装在柴油机机身的燃油手动泵实现，它将燃油从进油管中吸出并且将它压入燃油输送泵的高压管路中去。

冷却水系统：

柴油机工作时，由于与燃气直接接触的活塞、气缸及气缸盖等机件强烈地受热，如果不设法对它们进行适当的冷却，将热量及时地散走，将会使材料机械性能下降，增大零件的热应力和热变形等不良影响；滑油润滑摩擦面所吸收的热量也必须散走，以降低滑油的温度，保持其正常的粘度，以便使润滑油循环使用；为了使经涡轮增压器的空气温度降低，也必须对空气进行冷却散热。

所以冷却系统的任务就是保证冷却水不断地流过受热机件周围，吸收和带走它们的热量，同时还通过热交换器带走滑油的热量和涡轮增压器增压后空气的热量，使它们的温度保持在规定的范围内，从而保证柴油机的正常工作。

秦二厂 3、4 号机组 柴油机是采用闭式循环冷却系统，即用冷却水循环冷却机器、滑油和增压后的空气。而冷却水温度随之升高，再用高速流动的空气通过散热器把水的热量带走，使冷却水温度下降，最终再进入机器进行冷却，如此不断循环使用。

必须指出：对柴油机的冷却并不是越强烈越好，而是冷却程度必须适当。这是因为过度冷却也会给柴油机的工作带来以下不良后果：

——由于温度过低，散走的热量过多，从而降低柴油机的功率和经济性；

——使传热零件的各处的温度差变大，易因热应力过大而产生裂纹。

因此，只有进行适当的冷却，才能保证柴油机正常工作，并具有良好的经济性。柴油机运转过程中，必须根据负载的大小，严格地控制冷却水的进出口温度，才能使机组工作在最佳状态。

柴油机冷却系统可分为高温水系统和低温水系统。

高温回路还与热备用回路相连，用来在柴油机处于备用工况时，保证高温回路的冷却水温在 60～65 ℃的范围之内。同时保证润滑油温在 40～55 ℃的范围内。以保证柴油机冷启动时能够快速加载以及减小磨损。

高温水系统有几方面的功能，这些功能分别体现在运行状态和备用状态。

柴油发电机组在运行过程中，高温水系统的功能是冷却机械部件，例如：气缸套、气缸盖、排气阀、喷油器及涡轮增压器等，而热量最终将由安装在高处的散热风机带走。

机组处于备用状态时，为了时刻保持暖机状态，以确保机组能很好地应急起动，高温水系统的功能一方面是预热柴油机，另一方面则是通过热交换器加热润滑油，使得柴油机在应急启动时有一个最佳的机械条件；高温水系统由电加热器进行预热。

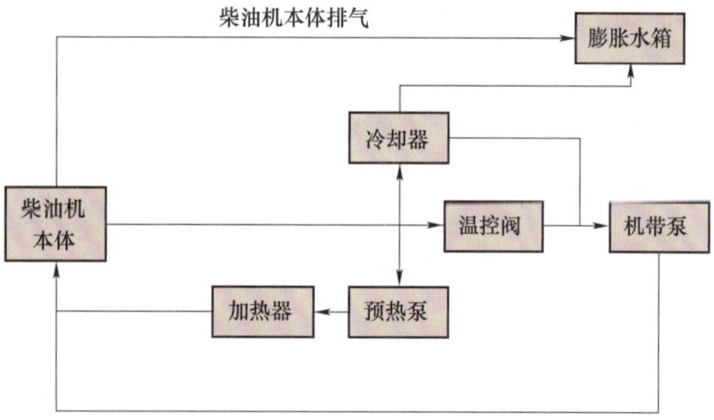

图 352-01-09-04　高温水系统流程简图

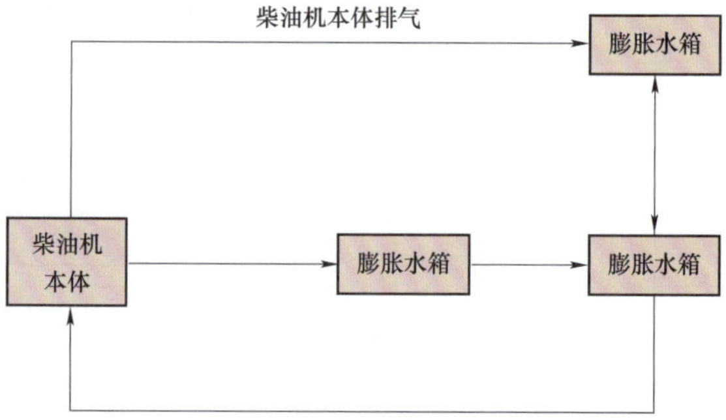

图 352-01-09-05　低温水系统流程简图

低温水系统的功能是在柴油机运行期间冷却滑油和进气，该系统是一个闭式循环冷却系统。

低温水带走滑油和增压后空气的热量，使它们的温度保持在规定的范围内，而低温水的温度随之升高，再用风机和散热器组成的空气冷却器对其进行冷却，最终低温水再进入机器，如此不断循环使用。

——润滑油系统：

柴油机工作时，各运动零件接触面之间以很高速度相对运动，各接触面虽经精细加工，但从微观角度看仍存在高低不平的现象。当两零件相对运动，又有载荷时，凸起部分相互挤压而被剥落，并阻碍两零件的相对运动。这种摩擦现象会使有效功率下降，零件遭到磨损。由于摩擦产生大量的摩擦热，使零件表面温度升高，材料性能下降，甚至使某些材料如轴承铜铅合金熔化。

为保证柴油机的正常工作，必须设法尽量减少零件表面磨损，即在零件接触面之间供入润滑油，形成一定的油膜，将两表面隔开，从而大大减少摩擦作用，所以柴油机润滑油的主要作用是：

- 减轻零件表面的摩擦，从而减少零件磨损和柴油机的功率损失；
- 通过润滑油带走零件所吸收的部分热量，使零件的温度不致过高；

- 利用循环润滑油冲洗零件表面，带走磨损剥落的金属屑和其他杂质。

柴油机润滑油系统在不同工况发挥不同的功能，这取决于机组的运行状态：运行状态或备用状态。如果机组在运行，则润滑油系统的功能体现在以下几个方面：

- 润滑主机（轴承、活塞、缸套……）以及辅机（涡轮增压器轴承、泵……）；
- 冷却活塞头部；
- 清洗柴油机和管路，防止腐蚀和氧化。

如果机组处于备用状态，则润滑油系统中的预润滑回路处于工作状态，其功能是使润滑油系统内部充满滑油，相互运动零件表面布有充分的润滑油，同时润滑油接受适当加热以利于流动布油，确保柴油机在紧急情况时，能够快速起动并接受满载工作。

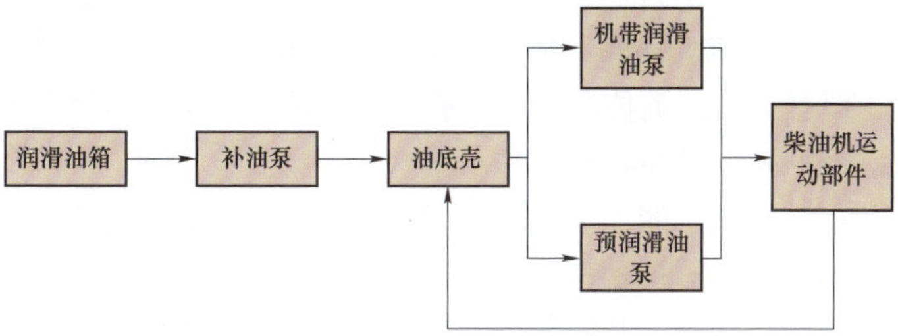

图 352-01-09-06 润滑油系统流程图

润滑油系统用于向柴油机的所有旋转部件不间断地、自动的供给润滑油，以减小摩擦提高部件的耐磨稳定性并冷却部件，系统向旋转表面供给润滑油是强制性的，即有润滑油泵保证润滑油的供给及循环。

润滑轴承及旋转部件所需的润滑油储备在柴油机油盘中，当油盘油位不足时通过润滑油补充泵从润滑油箱往油盘充油。

柴油机设置有润滑油预供回路，当柴油机热备用时润滑油预泵从油盘中抽出润滑油，并将一部分滑油通过一个网盘式滤器输送到调速器。另一部分滑油则进入柴油机滑油循环系统。柴油机起动后，润滑油预供泵被断开，改由柴油机自身的机带泵供油。

——发电机润滑油系统：

发电机润滑油系统是为发电机轴承运行提供必须的润滑介质和冷却介质，通过安装在发电机润滑油箱上的输油泵往发电机轴承端供油，而润滑油的冷却则是靠风扇冷却器完成。

发电机润滑油系统在接到柴油机启机信号后自动投运，在柴油发电机组停运后，为保证良好的散热，发电机润滑油系统会继续运行 5 min 后自动停运。

——进排气系统：

进气系统的功能是使空气经空气滤清器过滤后，流经涡轮增压器的压缩机进行增压，然后经中间冷却器进行冷却，最后进入 A/B 列的进气总管供给 20 个气缸作为燃烧所需的空气。

为了达到快速停机的目的，在进气系统的气缸进气总管最前端设有紧急停机风门，在某些特殊工况（如超速）柴油机可以通过切断进气来使柴油机瞬间停下来。虽然这是使柴油机停下来最有效的方法，但由于进气失去，而柴油机气缸仍在进行进气，势必会对气缸、活塞、连杆等个部件造成强烈的冲击，这对柴油机本身是不利的。

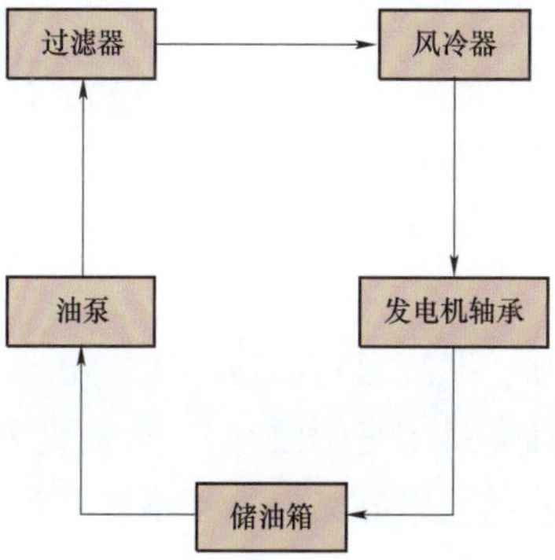

图 352-01-09-07 发电机润滑油系统流程图

3）主要部件

以下部分主要介绍构成柴油机的主要零部件的结构和作用。

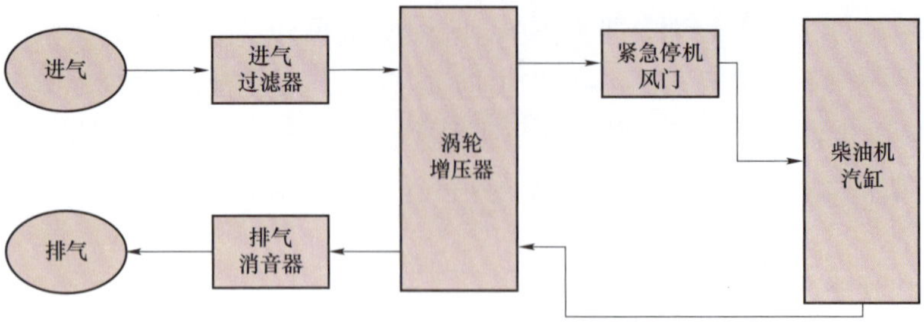

图 352-01-09-08　进排气系统流程图

——汽缸体：

图 352-01-09-09 所示柴油机的汽缸体结构图。该型柴油机采用两列汽缸，V 形对称布置的方式，每列 10 个汽缸，共 20 个，V 形夹角 600。曲轴采用下部轴承螺栓悬吊固定的方式，这就要求固定螺栓必须要有很高的强度。该型机的汽缸体采用将所有缸体铸成一体的整体式。机体上部为 V 形，V 形上平面开有汽缸孔、气门推杆孔、机油孔及冷却水出水孔等。

汽缸体的前端与前端盖连接，中间加垫片，形成正时齿轮室，内装正时齿轮即传动机构，而后端与联轴节相连，通过联轴节，与发电机轴相连。其下部与油底壳（油盘）连接，中间加垫片，形成曲轴箱，内装曲轴主轴承及机油粗滤网，其右侧装凸轮轴（用于带动及控制进气和排气门的开、关，以及柱塞式燃油喷射泵的动作）、轴套、燃油泵、机油泵、燃油滤清器及水过滤器等。

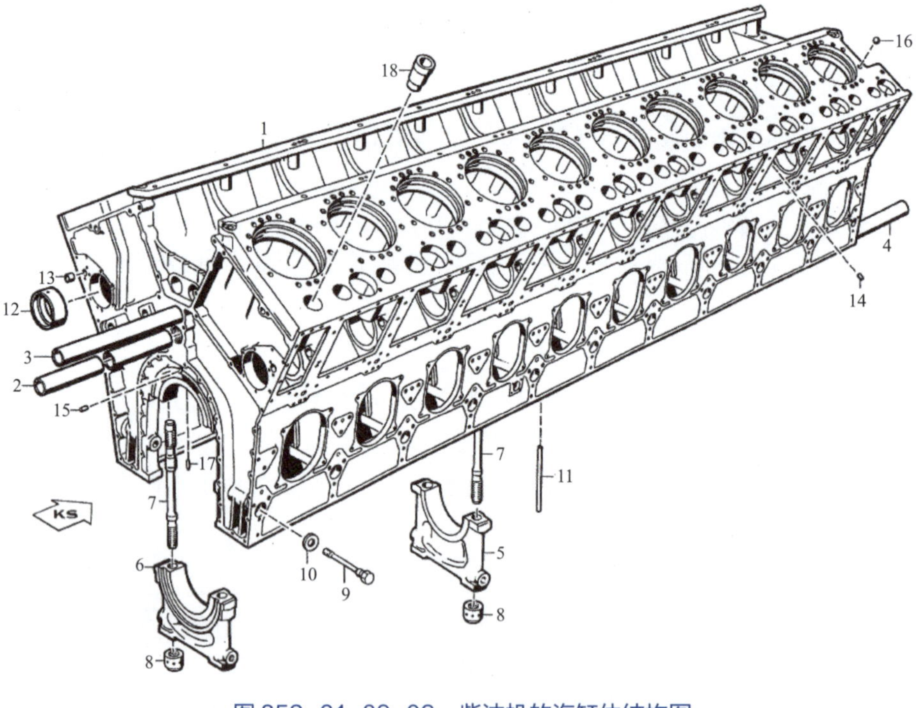

图 352-01-09-09　柴油机的汽缸体结构图

——汽缸套：

汽缸套按其冷却方式可分为湿式缸套和干式缸套（干式缸套外壁不与冷却水相接触，冷却水在汽缸体封闭空间流动）。柴油机采用湿式缸套，即缸套外壁与冷却水直接接触。这种冷却方式的特点是：散热效果好，但冷却水对汽缸套外壁腐蚀较严重。汽缸套呈圆筒状，由耐热耐磨合金铸铁制造。缸套上部做出凸肩，用汽缸盖螺栓把缸盖、缸套凸肩和缸体紧固再一起，工作时不允许上下移动。缸套只有上部固定，呈悬挂状态，受热时可以向下自由膨胀。缸套外圆与缸体内孔之间有一定间隙，允许缸套受热时在径向向外自由膨胀。汽缸套下部凸缘上车有二道环形槽，供安装橡胶封水圈，防止冷却水渗入曲轴箱，造成润滑油变质。

缸套上部的热负荷和机械负荷都很大，为了减小缸套上部的机械应力和热应力，降低缸套上部和第一道活塞环的温度，把缸套凸肩做的又高又厚，并在凸肩中钻了冷却水孔。

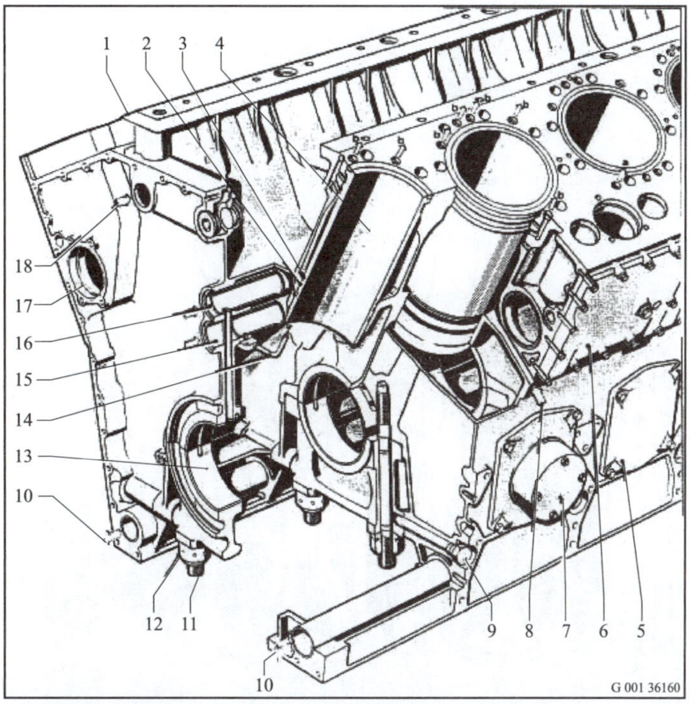

图 352-01-09-10 汽缸套安装位置示意图

1—凸轮轴箱；2、3—密封环衬套；4—汽缸衬垫；5—观察窗盖；6—凸轮轴箱盖板；7—防爆阀；8—从冷却水来的入口；9—横贯螺栓；10—到润滑油泵；11—主轴承支撑螺栓；12—主轴承支撑螺栓螺母；13—主轴承；14—润滑油喷嘴活塞；15—润滑油管活塞；16—润滑油通道；17—凸轮轴；18—从齿轮箱来的润滑油

汽缸盖：

汽缸盖又称汽缸头，装在汽缸体的上部，用缸盖螺栓紧固在汽缸体上。其作用密封汽缸上部，构成燃烧室。它的内部也有冷却水套、其端面上的冷却水孔与汽缸体的冷却水孔相通，以便利用循环水来冷却燃烧室的高温部分。柴油机汽缸盖结构，如图 352-01-09-11 所示：

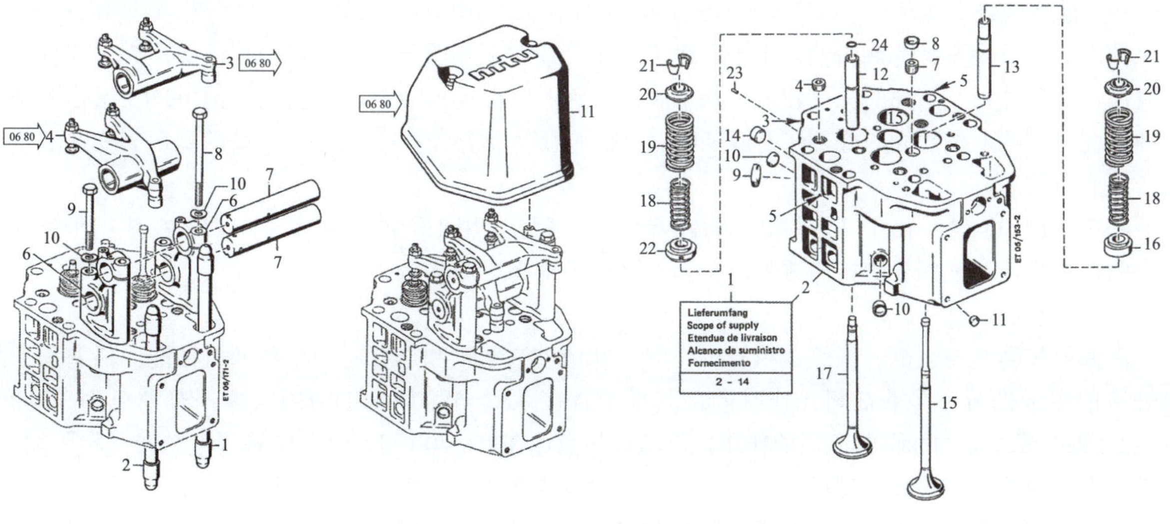

图 352-01-09-11 柴油机汽缸盖结构

汽缸盖的结构有多种多样的形式。有单缸式，即每一个汽缸有一个单独的汽缸盖，如我们采用的柴油机就是这种方式。双缸式，即每两个汽缸共用一个汽缸盖。多缸式，即每排汽缸共用一个汽缸盖，又称整体式。

汽缸盖通常是用铸铁铸造。中央为喷油器孔，左、右两侧分别有两个进气阀孔和排气阀孔。它的内部有进、排气道、冷却水道及润滑油道，缸盖上还有供安装喷油嘴、进气门、排气门、气门弹簧、气门座、气门导管及摇臂室等零件的孔和螺纹孔。

图 352-01-09-12 给出了汽缸盖内部进气、排气门、燃油喷射器及缸头内部的结构。从图上可以看出，冷却水经过汽缸套与缸头之间的孔，流到汽缸头的冷却水腔室内，从而达到冷却缸头的目的。

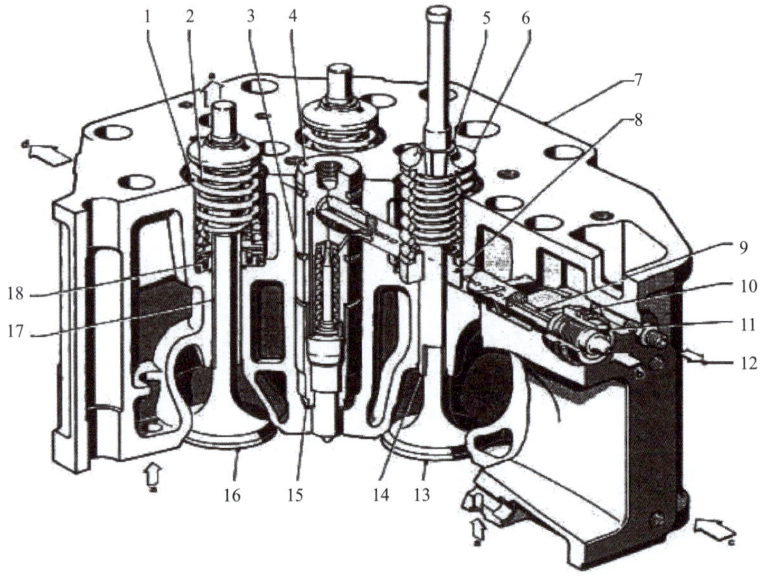

图 352-01-09-12　柴油机汽缸盖内部结构图

1—外弹簧阀；2—内弹簧阀；3—密封环；4—燃油喷射器；5—阀头；6—弹簧上部固定器；7—汽缸头；8—弹簧下部固定器；9—供燃油管；10—密封圈；11—套筒螺母；12—泄漏燃油出口；13—进气阀；14—进气阀引导装置；15—密封环；16—排气阀；17—排气阀引导装置；18—旋转阀；a 冷却水；b 燃油；c 空气；d 排气

另外，汽缸头上还布置有汽缸启动阀，该型柴油机的启动空气阀布置在汽缸头的侧面，因此从上表面看不出启动空气阀的位置。

——油底壳：

油底壳主要用来贮存润滑油。由于它受力很小，通常采用薄钢板冲压或焊接而成，为了保证润滑油泵能经常吸油，其后部的深度较大，整个底部呈斜面以保证供油充足。图 352-01-09-13 示出了柴油机油底壳的结构。油底壳的底部装有放油螺塞 12，油底壳端部的 3、2、5、4 处的孔用来安装油位计的一根测量管。

图 352-01-09-14 给出了其内封装的管路示意图。管路 1 用来给油底壳补油，管路 2、3 用于将油底壳内的油排出，在油底壳的自由端侧，安装着两台机带润滑油输送泵。

——活塞及活塞环：

活塞的作用是与汽缸、汽缸盖组成工作室，并通过活塞销和连杆向曲轴传递机械能。活塞顶部是燃烧室的组成部分，当柴油机工作时间，其顶部直接承受 5880～8820 kPa（增压柴油机为 7840～11 760 kPa）爆发压力和瞬时高温的作用，顶部最热点达 300～400 ℃，整个活塞温度分布又极不均匀，并进行不等速的高速直线往复运动，因此，要求活塞强度要高、质量要轻、导性要好。

柴油机的活塞顶部通常设有各种各样的凹坑。凹坑是为改变燃烧室的形状而设置的，使可燃混合气的形成更有利，燃烧过程更加完善。

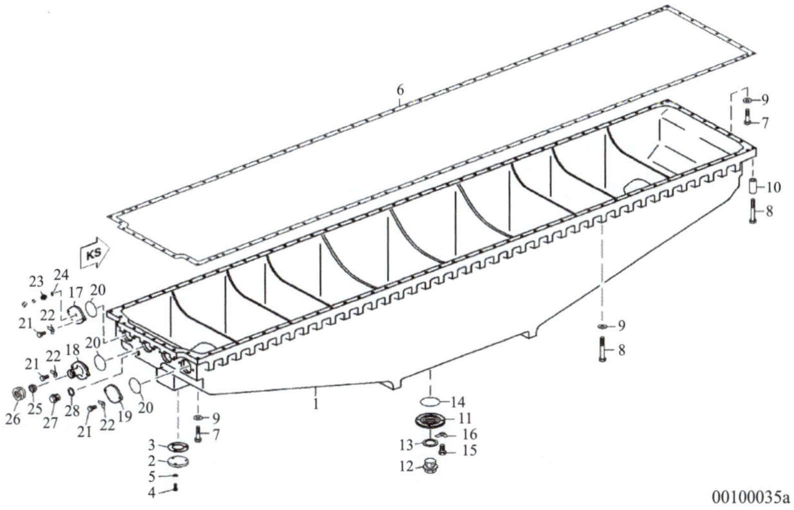

图 352-01-09-13　柴油机油底壳结构

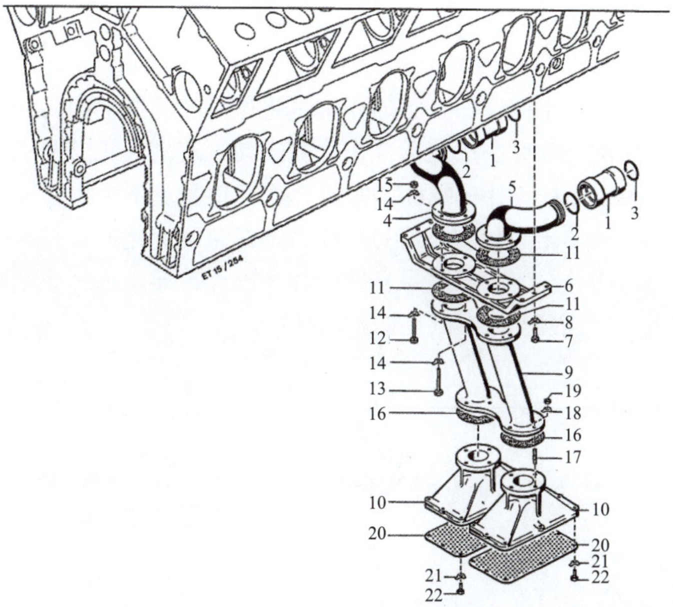

图 352-01-09-14　油底壳内部封装的管路示意图

活塞裙部用来引导活塞在汽缸内作直线运动，并把连杆的侧向力传给汽缸壁，因此，应有足够的承压面积。活塞裙部还有活塞销座，将气体作用力经活塞销传给连杆。

由于柴油机汽缸中压力很大，故其活塞裙部不开切槽，只是将活塞做成锥形，并在裙部做出较大的椭圆度，因此，它的活塞与汽缸壁的装配间隙比汽油机大。为了保证柴油机压缩终了有足够的压力和温度，则要求有更好的密封性，因此，柴油机应具有更多的密封环和刮油环。

在使用过程中，由于磨损，活塞与汽缸之间的间隙逐渐增大，若间隙大于 0.5 mm 时，需要搪修汽缸，然后按汽缸尺寸选配适当尺寸的活塞，恢复标准间隙。汽缸按原来尺寸加大 0.25 mm 作为修理尺寸，活塞也应有相应的选配尺寸，以保证其密封性。

活塞环（又称涨圈）是具有弹性的金属开口圆环，按其功用不同可分为密封环（又称气环）和刮油环（又称油环）两种。密封环是用来密封汽缸，并将活塞所吸收的热量传给汽缸壁进入冷却系统。它是活塞散热的主要路径，特别是第一道环，传递全部热量的 40%～50%。刮油环是将飞溅在缸壁上过多的机油刮下，防止机油窜入燃烧室。

Description	Group	803
	Subgroup	220
	Page	01

PISTON

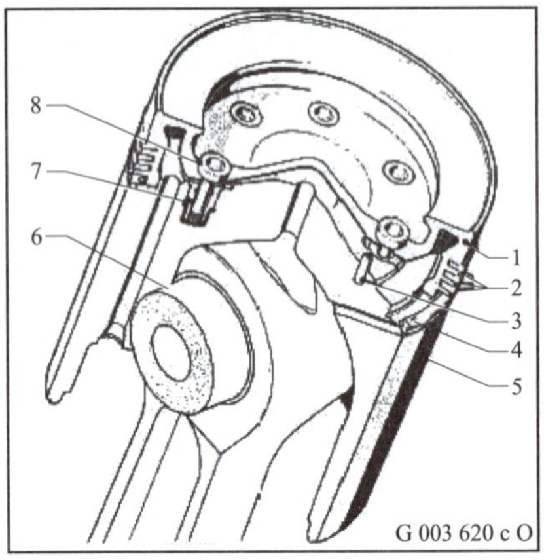

1 Piston Crown
2 Compression Ring
3 Dowel Pil
4 Oi1 control Ring
5 Piston Skirt
6 Piston Pin
7 Threaded Bush
8 Stress Bolt

图 352-01-09-15　活塞及活塞环安装结构示意图

——连杆组件：

连杆是将活塞与曲轴连接起来的部件。它的作用是将作用在活塞上的力传给曲轴，通过连杆把活塞的往复运动转变为旋转运动。连杆小头随活塞作往复运动，连杆大头随曲轴的连杆轴颈转动，整个连杆绕活塞销摆动。连杆组由连杆、连杆螺栓、螺母、连杆轴瓦及小头衬套等零件组成。

柴油机工作时连杆承受气体压力和活塞组的惯性力都是急剧变化的，其载荷带有冲击性，而且连杆本身摆动，工作时承受弯曲、拉伸和压缩等复杂应力，因此，要求连杆必须有足够的强度和刚度，而且每组连杆的质量和重心位置偏差应在准许的范围之内。

CONROD

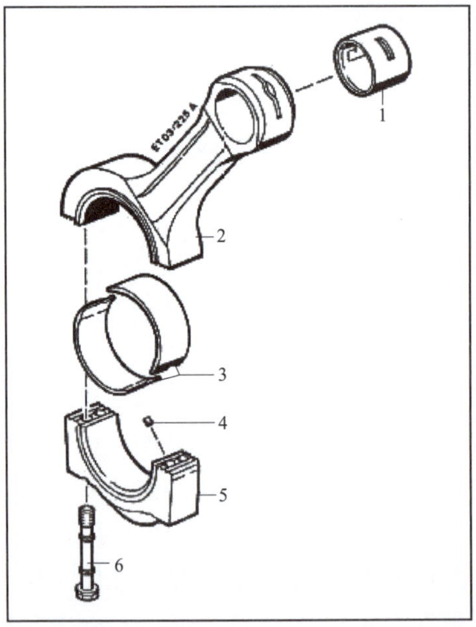

1 Piston Pin Bushing
2 Conrod
3 Conrod Bearing Shells
4 Shell Locating Pin
5 Conrod Cap
6 Stress Bolt

Technical Data

Manufacturer: MTU Friedrichshafen

图 352-01-09-16　连杆结构示意图

——飞轮组件：

图 352-01-09-17 中 KGS 为柴油机的自由端，KS 是柴油机的功率输出端。曲轴是柴油机的主要机件之一，对于多缸柴油机，它主要连续承受作功冲程从活塞经连杆来的力，将其转变为扭矩传给传动机构；同时，还要通过连杆推动各缸活塞进行吸气、压缩和排气，并驱动配气机构及其他辅助装置。

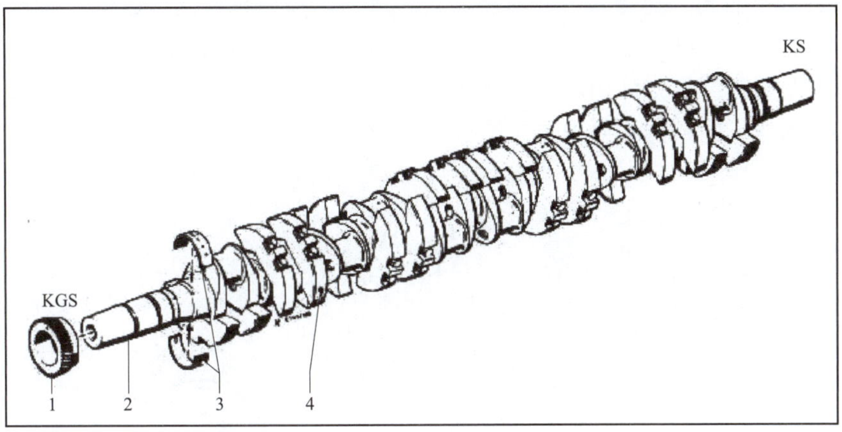

1 Crankshaft Gear
2 Crankshaft
3 Main Bearing Shells
4 Balance Weight

图 352-01-09-17　连杆结构示意图

——凸轮轴：

凸轮轴是配气机构中的关键部件，其作用是通过传动零件按柴油机的工作循环准确地开启和关闭每个气缸上的进、排气门。在柴油机上，它还要带动喷油泵、输轮泵等。为了保证柴油机喷油和汽油机点火的准时可靠，凸轮轴和曲轴必须保持一定的正时关系，使柴油机正常运转。

气门开启的距离决定于凸轮的顶高；气门开启时间的长短决定于凸轮头部的角度，此角度称为夹角，对于四冲程柴油机，理论上此夹角为 90°，但由于气门需要早开晚关，故夹角应超过 90°。

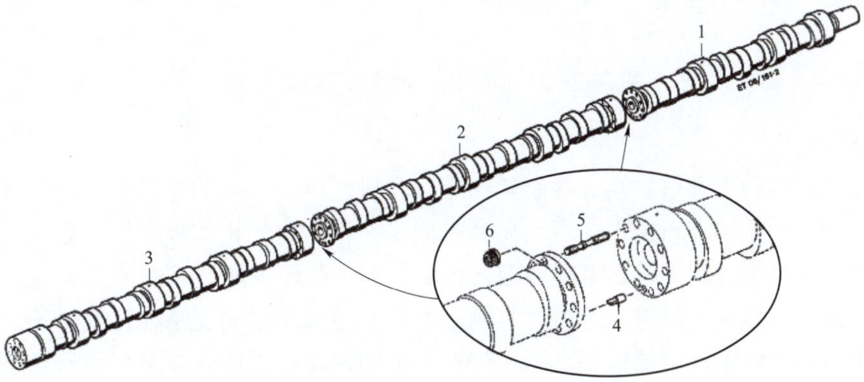

图 352-01-09-18　凸轮轴结构示意图

凸轮轴的驱动通常采用齿轮传动，很少采用链条传动。采用齿轮传动时，齿轮是装在凸轮轴的前端与曲轴上的齿轮直接或者间接啮合，称为正时齿轮。对于四冲程柴油机，每完成一个工作循环，曲轴要旋转两周，各缸进、排气门各开启一次，而凸轮轴只旋转一周，因此曲轴与凸轮轴的转速比为 2:1。

——涡轮增压器：

柴油机输出功率的大小，取决于进入气缸的燃油和空气的数量及热能的有效利用率。由此可知要提高柴油机的输出功率，最经济有效的办法是增加进入气缸的空气量，在柴油机气缸容积保持不变的条件下，增加进入气缸的空气密度是提高柴油机输出功率的主要手段。然而，空气密度与压力成正比，与温度成反比，因此，增加进气压力，降低进气温度都能提高进气密度，目前柴油机中采用增压器来提高压力，采用中冷器降低气体的温度。

所谓增压，即用增压器（压气机）将柴油机的进气缸外压缩后再送入气缸，以增加柴油机的进气量，从而提高平均有效压力和功率。田湾核电厂应急柴油机采用的是废气涡轮增压的技术。废气涡轮增压是利用柴油机排出的废气能量来驱动增压器，将空气压缩后再送入气缸的一种增压方法。柴油机采用废气涡轮增压器之后，可以提高输出功率30%～100%以上，同时还可减少单位功率的质量，缩小外形尺寸，节省原材料，降低燃油消耗率，增大柴油机的扭矩，提高载荷能力以及减少排气对大气的污染等优点。涡轮增压机的结构和原理图见图352-01-09-19。

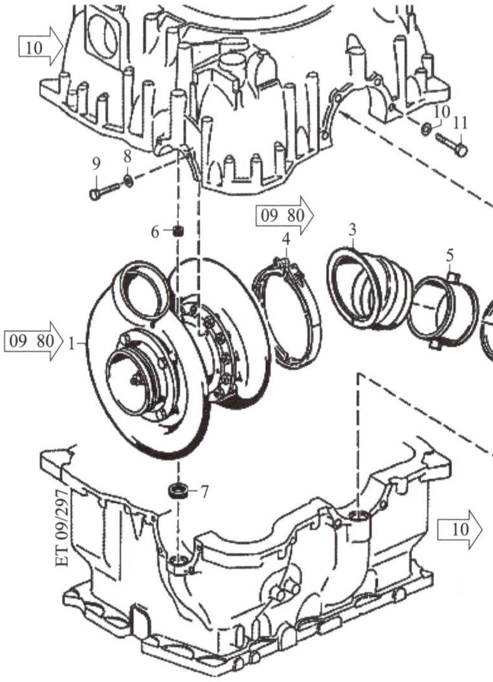

图352-01-09-19　涡轮增压器结构图

——气阀控制机构：

所谓气阀控制机构是指那些按次序控制增压空气和排气进出气缸的零部件。每排气缸在机体侧面都有自身的凸轮轴。凸轮轴在自由端由两块用螺钉固定在机体上的止推板作轴向定位。凸轮轴由曲轴驱动的齿轮传动，通过滚轮、挺柱、挺杆和摇臂控制气阀。凸轮轴还通过燃油摇臂控制喷油泵。

挺杆将挺柱的运动传递到摇臂上。摇臂有两条臂并通过轴承衬套支承在摇臂轴上。排气阀由长摇臂驱动。进气阀由短摇臂驱动。摇臂轴支承在气缸盖上的两个摇臂座中并且用销钉定位。摇臂上的调节螺钉可以精确地调整所需的气阀间隙。

滑油通过传动箱上的油孔供到凸轮轴上。摇臂上的滑油是从凸轮轴轴颈分路供给的。从气缸盖上流回的滑油润滑滚轮的挺柱。

凸轮轴上进、排气凸轮用来控制气阀的开启规律，燃油凸轮控制喷油定时。凸轮表面主要受到气阀间歇性开启的冲击载荷，因此对凸轮表面要求耐磨；对凸轮轴本身要求有足够的韧性，能承受冲击性载荷，同时受力后变形小。为了保证精确的配气定时和喷油定时，必须保证各凸轮相时角位置的配置。气阀用来控制进气道和排气道的开启的关闭，气阀与阀座的配合面密封性要好；若气阀座配合面磨损严重，则会造成燃气泄漏或排气阀烧损，使柴油机不能正常工作。

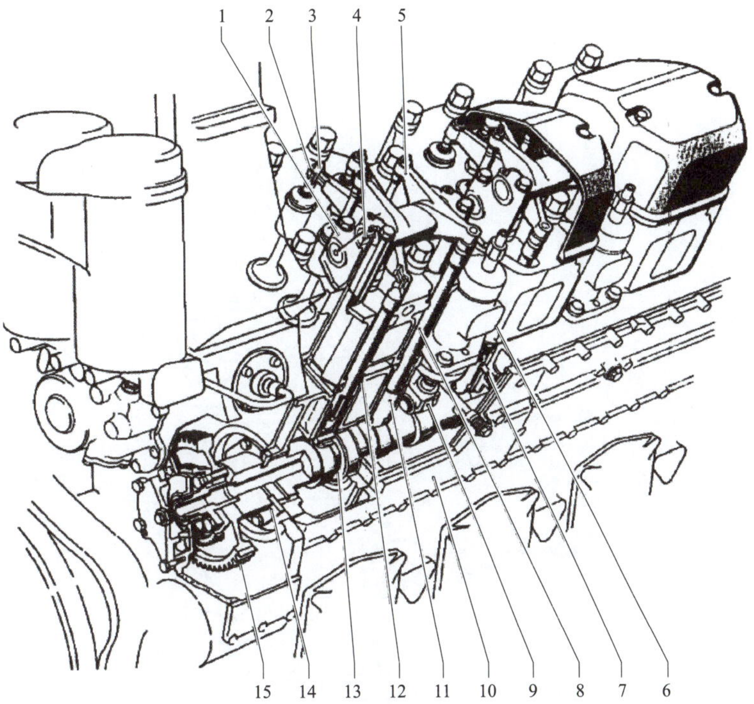

图 352-01-09-20　气阀控制机构图

1—摇臂座；2—排气摇臂；3—气阀间隙调节螺钉；4—摇臂轴；5—进气摇臂；6—喷油泵；7—导向轴；8—挺杆；9—喷油泵摇臂；10—凸轮轴箱盖板；11—滚轮挺柱；12—密封圈座；13—凸轮轴；14—止推板；15—凸轮轴齿轮

——高压油泵：

高压油泵在特定的时间根据柴油机负荷状态将所需的燃油量供给各个气缸。泵体是锻钢件，泵体上方是吸入腔，垂直的孔放置柱塞偶件，泵体下部的孔用于安装柱塞弹簧、导筒和调节装置。

导筒在泵体下部孔内运动，它靠柴油机滑油系统来的压力油润滑。柱塞偶件靠法兰接头固定在泵体的上部，柱塞偶件由柱塞和柱塞套筒组成。柱塞套筒从上方装入泵体内。

柱塞头部铣出四条螺旋槽和两条直槽，这些凹槽决定供油始点和供油终点，一般称为“控制斜边”和“纵向凹槽”。在柱塞下端凸肩处压入一个拨杆，它与控制套筒连接。

柱塞偶件有漏油导出槽，它把漏油引导到泵外侧再由回油管连接到燃油箱，柱塞偶件上方是出油阀和一只并联的泄压阀。

——喷油器：

喷油器（喷嘴和喷油器体）靠压块固定在气缸盖上，它将喷油泵供给的燃油喷入燃烧室。

喷嘴是孔式喷嘴，它由针阀体和针阀组成。针阀体和针阀之间研磨配合，并且这对偶件不能分开使用，更换时也须作为一个单元同时更换。针阀下端有一锥体作为阀座面（密封面）。

针阀体上的孔为对称布置，它使燃油分布在燃烧室内。针阀偶件靠一只锁紧螺母朝中间垫块压紧，中间垫块又压紧在经喷油器体端部。

弹簧力通过顶杆将针阀压在阀座里，这个弹簧的预紧力可以调节并且确定喷油器的开启压力。高压油管连接在喷油器体上，喷油器体上的供油孔使燃油流向针阀体上的压力腔。

喷油器喷射靠燃油压力控制。喷油泵压力升高时，作用在针阀上的燃油压力大于喷油器体内弹簧的预紧力，针阀被作用在其压力凸肩上的力从阀座上抬起，使燃油直接喷射到燃烧室内。针阀由燃油润滑，部分燃油从针阀体和针阀之间漏出，漏出的燃油经过顶杆孔、气缸盖内的孔和泄漏燃油管路无压力地返回到燃油箱。

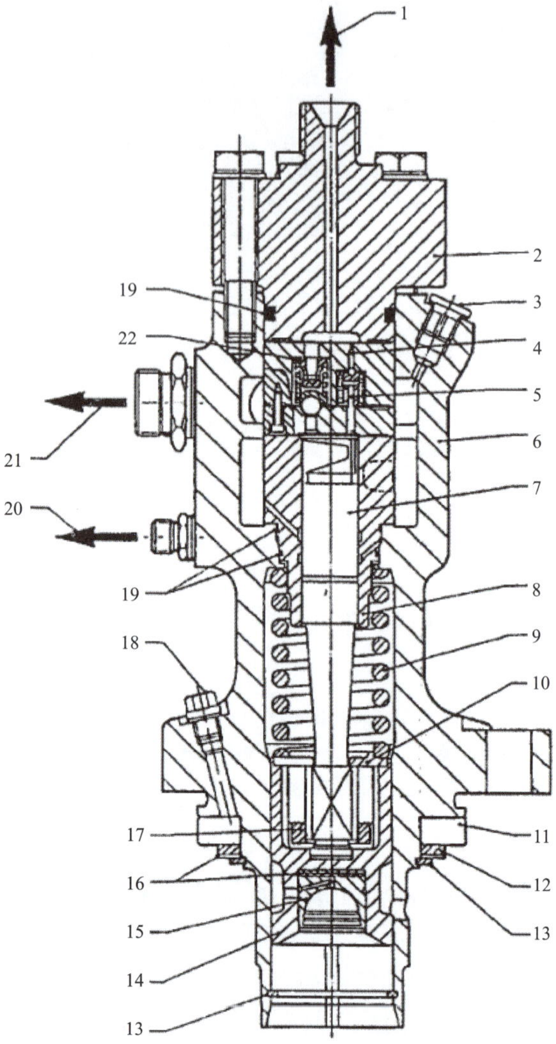

图 352-01-09-21　压油泵结构图

1—至喷油器；2—法兰接头；3—放气螺塞；4—节流孔；5—泄压阀；6—泵体；7—柱塞；8—柱塞套筒；9—柱塞弹簧；10—弹簧座；11—控制套筒；12—中间环；13—弹性挡圈；14—导筒；15—球形顶头座；16—调整垫片；17—拨杆；18—螺塞；19—密封圈；20—燃油漏油；21—燃油回油；22—出油阀

主要技术参数：开启压力	（35+0.8）MPa，设定值；
喷孔数	6；
喷孔夹角	120°；
喷孔直径	0.45 mm。

——调速器：

调速器是用来保持柴油机的转速稳定的。在柴油机的负载变化的过程中，它的转速是会相应发生变化的。当转速降低时，如果调速器不调节，柴油机最终将停掉；当转速升高时，如果调速器不作用，柴油机最终将无法承受过大的离心力而损坏。调速器的作用就是保持柴油机的转速稳定。另外，调速器还可以保持柴油机的最低转速和最高转速，防止低转速运转时熄火和高转速运转时“飞车”，造成机械损坏。

调速器由速度感受元件、控制机构、执行机构组成。速度感受元件是分布在柴油机自由端处的两个速度传感器；控制机构是分布在柴油机靠近发电机一侧的本体上的两个“黑匣子”，两套控制机构是互为备用的，当一套控制机构故障时，会自动切换到另一套；执行机构分布在柴油机的自由端，速度

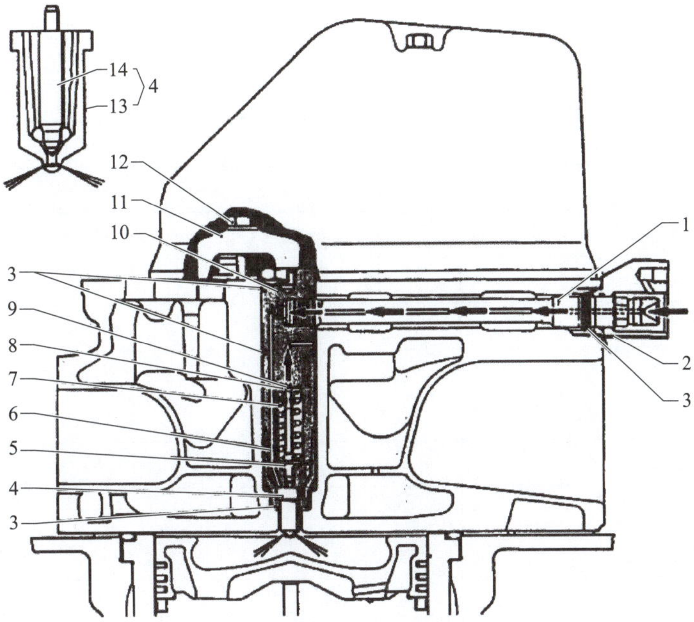

图 352-01-09-22　喷油器结构图

1—进油管；2—锁紧块；3—密封圈；4—喷嘴；5—顶杆；6—锁紧螺母；7—弹簧；8—弹簧座；
9—调整垫圈；10—喷油器体；11—压块；12—螺栓；13—针阀体；14—针阀

传感器的上部，其内部有管线与柴油机润滑油系统的一支管线相连，用作动力。

调速的基本原理：改变进入气缸进行燃烧的柴油的数量（加大或者关小“油门”），就可以改变柴油机的转速或者负荷。如果保持转速不变，改变燃油的数量就可以改变柴油发电机的负荷；如果保持柴油发电机的负荷不变，改变燃油的数量，就可以改变柴油机的转速。调速器就是在保持转速不变的情况下，改变（或者适应）柴油发电机的负荷。

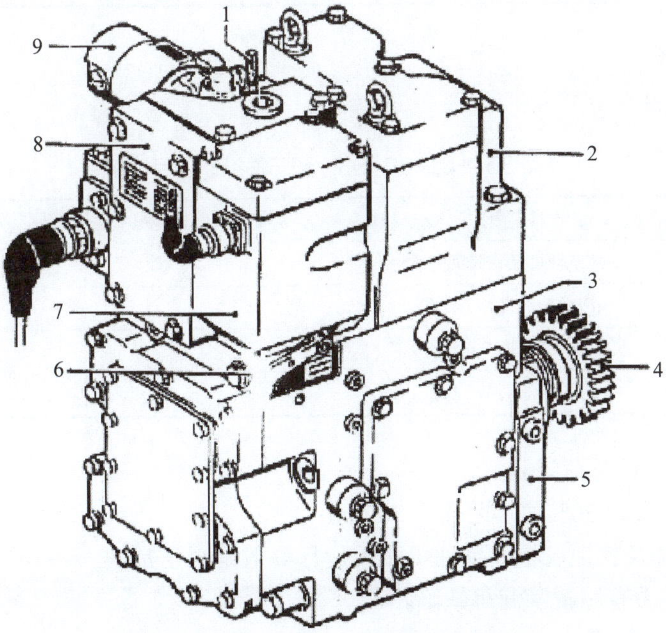

图 352-01-09-23　调速器外形图

1—手操转速设定杆；2—调速器输出机构；3—调速器本体；4—驱动齿轮；5—调速器油泵；6—停车杆；
7—停车机构；8—转速设定机构；9—转速设定电机

（4）指标和参数

表 352-01-09-02 柴油机主要技术参数

工作方式	四冲程、单作用
燃烧方法	直接喷射
增压方式	废气涡轮增压
冷却方式	水冷
结构型式	V 形 60°
气缸直径	230 mm
活塞冲程	230 mm
气缸工作容积	9.56 L
气缸数	20
总工作容积	191.2 L
压缩比	12:1
从输出端看旋转方向	逆时针
发火次序	A1-B7-A7-B2-A2-B6-A6-B3-A3-B10-A10-B4-A4-B9-A9-B5-A5-B8-A8-B1
喷油器开启压力	设定值：400＋8 bar 起动运行后的最小检验压力：380 bar 无故障运行的最小压力：320 bar
柴油机冷却水温度为 40 ℃时的发火转速	80～100 r/min
柴油机冷态时的气阀间隙	进气阀：0.30 mm 排气阀：0.50 mm
燃油消耗率（最大持续功率 MCR 时）	227 g/kWh
滑油消耗率（100 h 磨合后）	燃油消耗率×0.7%

（5）维修技术要求

1）预防性维修项目

表 352-01-09-03 预防性维修项目清单

项目名称	项目周期
应急柴油机定期低负荷试验	2 个月
应急柴油机 W2 检查	1C
应急柴油机 W4 检查	3C
应急柴油机 W5 检查	6C

2）应急柴油机定期低负荷试验

——柴油机启动，带约 30%功率运行约 30 min；

——通过 PLC 屏幕及就地表检查柴油机相关运行参数是否正常；

——检查柴油机是否有跑冒滴漏等缺陷。

3）应急柴油机 W 2 检查

——进风口过滤器的检查、清洁；

——应急空气停机阀的检查；

——燃油预过滤器的清洁；

——燃油精滤器的更换；
——各润滑点润滑；
——润滑油过滤器滤芯及密封圈的更换；
——活塞冷却油过滤器更换；
——润滑油盘式过滤器清洗；
——更换发电机润滑单元 170 BA 润滑油和过滤器；
——空气分配器位置检查；
——燃油供油管路充油排气、手动燃油泵检查；
——更换柴油机油底壳润滑油；
——100/101 FF 溢流管线吹扫；
——100/101 BA 排空；
——更换主启动先导阀阀芯及其密封圈。

4）应急柴油机 W 4 检查

——进风口过滤器的检查、清洁；
——应急空气停机阀的检查；
——燃油预过滤器的清洁；
——燃油精滤器的更换；
——启动空气系统止回阀解体及蓝油试验；
——喷油器校验并更换密封；
——汽缸的内窥镜检查；
——喷油器回装；
——气阀间隙检查及调整；
——柴油机弹性支撑检查；
——各润滑点润滑；
——润滑油过滤器滤芯及密封圈的更换；
——活塞冷却油过滤器更换；
——润滑油盘式过滤器清洗；
——更换发电机润滑油单元 170 BA 润滑油和过滤器；
——空气分配器位置检查；
——更换高温水温控阀阀芯组件；
——燃油供油管路充油排气、手动燃油泵检查；
——更换柴油机油底壳润滑油；
——主启动阀动作试验；
——更换主启动先导阀阀芯及其密封圈；
——紧急停车功能验证；
——限压阀动作检查及更换堵头密封圈。

5）应急柴油机 W5 检查

——进风口过滤器的检查、清洁；
——进气母管与其疏水阀入口管线检查；
——应急空气停机阀的检查；
——涡轮增压器进气流量控制阀定位销检查；
——气缸头后排气膨胀节检查；

——涡轮增压器进排气风阀及其驱动装置维护；
——进气预热器控制阀解体检查；
——进气凝结水收集箱的维护；
——启动电磁先导阀的维护；
——气缸启动阀灵活性检查；
——主启动阀动作试验；
——启动止回阀的维护；
——限压阀动作检查及更换堵头密封圈；
——空气分配器检查；
——燃油粗过滤器的维护检查；
——燃油精滤器滤芯更换；
——机带燃油泵及手摇泵维护；
——燃油系统止回阀检查；
——燃油供油管路充油排气；
——润滑油过滤器滤芯及密封圈更换；
——活塞冷却油过滤器更换；
——润滑油盘式过滤器清洗；
——润滑油分流阀检查；
——润滑油恒温阀解体检查；
——更换柴油机油底壳润滑油；
——预热水泵更换；
——高温冷却水出机滤网清洗；
——冷却水温控阀的解体检查；
——机带高温水泵解体检查；
——机带低温水泵解体检查；
——更换柴油机本体所有软管；
——喷油器校验；
——气缸内窥镜检查；
——柴油机对中复查。

（6）质量管理

应急柴油机 W 2 检查质量控制点：燃油精滤器的更换、空气分配器位置检查。

应急柴油机 W 4 检查质量控制点：燃油精滤器的更换、空气分配器位置检查、汽缸的内窥镜检查、气阀间隙检查及调整、喷油器校验并更换密封、主启动阀动作试验、冷却水温控阀的解体检查。

应急柴油机 W 5 检查质量控制点：燃油精滤器的更换、空气分配器位置检查、汽缸的内窥镜检查、气阀间隙检查及调整、喷油器校验并更换密封、主启动阀动作试验、冷却水温控阀的解体检查、机带高温水泵解体检查、机带低温水泵解体检查、润滑油恒温阀解体检查、柴油机对中复查。

（7）经验反馈

表 352-01-09-04　常见故障及处理

故障现象	可能的原因	测试/检查
柴油机冷却水水位太低	柴油机冷却水系统不密封	冷却水膨胀水箱是否关闭 膨胀水箱呼吸阀的密封性

续表

故障现象	可能的原因	测试/检查
柴油机冷却水水位太低	柴油机外部不密封	外部管路、冷却水排水部件、外部附件、机体的密封性
	柴油机淡水冷却器不密封	密封性
	柴油机内部不密封	滑油油位、滑油特性、气缸盖、气缸套的密封、气缸套、机体、增压器的密封性
	冷却水监控装置故障	液位监控器
柴油机滑油油位太低	柴油机外部不密封	外部管路、滑油排油部位、外部附件、机体和油底壳的密封性
	柴油机滑油冷却器不密封	检查密封性
	柴油机滑油油位调节系统不正常	滑油箱中的油位、监控系统、油位调节系统的油泵、油位调节系统的放气
柴油机滑油油位过高	滑油中有水	柴油机滑油冷却器、增压器、气缸盖、气缸套的密封性、气缸套和机体的密封性
	滑油中有燃油	喷油器和喷油泵的密封性
起动空气压力太低	压缩空气系统不正常	空气压缩机到空气瓶的密封性、压气机传动及压气机
	起动空气系统不正常	检查空气瓶和空气瓶到三通电磁阀的空气管路的密封性、起动空气分配器、起动空管路
	起动空气压力监控系统不正常	监控系统
柴油机冷却水预热温度太低	冷却水预热装置	冷却水预热装置是否接通
	冷却水预热装置不正常	恒温阀、供电、预热装置及冷却水循环泵
预供滑油压力不足	柴油机滑油油位太低	柴油机滑油油位
	柴油机滑油预供泵不工作	通向预供滑油泵的电源、柴油机预供滑油泵、泵控制电子元件
	柴油机滑油压力监控系统不正常	监控系统
	预供滑油系统外部不密封	外部管路和外部连接部位的密封性
	柴油机滑油中有燃油	滑油质量
	柴油机滑油压力安全阀不正常	柴油机滑油压力、安全阀开启压力
	运动部件中压力损失	运动部件润滑部位有不正常溢流
	转换开关	工作位置
	滤器过脏	网盘式滤器
滑油油位调节系统储油箱油位太低	储油箱油位太低	储油箱油位
	柴油机滑油油位监控系统不正常	监控装置
在操作起动按钮时柴油机不转动	监控系统没有起动信号	可运行信号、紧急空气关闭阀是否打开、压力监控器、电子设备、预供泵滑油压力
	起动连锁装置闭锁	盖板和限位开关是否在合适位置上
	起动装置不正常	起动空气压力、起动空气关闭阀是否打开、三通电磁阀的供电、三通电磁阀、空气分配器及其传动
操作起动键时柴油机转动，但不发火，或转几圈后又停止	柴油机控制系统不正常	调速器的网盘式滤器、止回阀的开启值、调速器的传动装置、调速器、电器设备
	柴油机达不到发火转速	起动空气压力、减压阀是否关闭、空气分配器调整
	柴油机的燃油不足	燃油供应情况、燃油截止阀是否打开、燃油输送泵前后的管路的密封性、燃油粗滤器、燃油双联滤器、燃油系统中是否有空气、燃油输送泵的传动装置、燃油中是否有水、溢流阀和止回阀的开启值
柴油机发火不均匀	柴油机燃油不足	燃油供给情况、燃油截止阀是否打开、燃油输送泵前后的管路的密封性、燃油粗滤器被污染、燃油双联滤器、燃油中是否有水、燃油系统中是否有空气、止回阀的开启值
	燃油喷射装置不正常	喷油器、喷油泵

续表

故障现象	可能的原因	测试/检查
柴油机达不到全负荷转速	柴油机燃油不足	燃油粗滤器、燃油双联滤器、溢流阀和止回阀的开启值
	柴油机的燃烧空气不足	进入空气消音器是否被污染或损坏、空气滤清器被污染或损坏、增压器被污染或损坏、增压空气冷却器被污染或损坏、空气输送管路的密封性
	增压空气温度太高或压力太低	增压空气温度和压力
	燃油喷射装置不正常	喷油器、喷油泵、喷油泵的供油始点
	柴油机控制系统不正常	调速器、电子设备
	气缸的压缩压力不正常	压缩压力、气阀间隙、气阀、气缸盖垫片、活塞压力环
	功率输出不正常	柴油机是否超负荷
柴油机转速不稳定	柴油机控制系统不正常	调速器调整、转速设定机构、调速器及其传动装置
某缸排气温度太高	排气温度监控装置不正常	监控装置
	燃油喷射装置不正常	喷油器、喷油泵、喷油泵的供油始点
	各缸的压缩压力不正常	压缩压力、气阀间隙、气阀、气缸盖垫片、活塞压力环
排气总管温度过高	排气温度监控装置不正常	监控装置
	柴油机的燃烧空气不足	进气消音器是否被污染或损坏、空气滤清器是否被污染或损坏、增压器被污染或损坏、增压空气冷却器、增压空气预热装置被污染或损坏、空气输送管路的密封性
	增压空气温度太高	增压空气温度
	排气不正常	排气背压、排气管路是否被污染、排气消音器是否被污染
	燃油喷射装置不正常	喷油器、喷油泵、喷油泵的供油始点
	增压器泄漏滑油	轴承密封性
柴油机冷却水温度太高	柴油机冷却水系统不正常	柴油机冷却水水位、柴油机冷却水恒温阀、柴油机冷却水水泵是否有水压、柴油机冷却水系统是否被污染、放气管路是否通畅
	柴油机淡水冷却系统不正常	冷却水阀是否打开、冷却水滤器是否被污染、冷却水泵是否有压力、柴油机淡水冷却器是否被污染
	柴油机冷却水系统中有燃气	气缸盖和缸套是否密封
	柴油机冷却水温度监控装置不正常	监控装置
柴油机冷却水温度太低	柴油机冷却水恒温阀不正常	柴油机冷却水恒温阀
柴油机滑油压力升高	滑油压力监控装置不正常	监控装置
	滑油安全阀不正常	滑油安全阀的开启压力
柴油机滑油压力太低	滑油油位太低	滑油油位
	滑油压力监控装置不正常	监控装置
	柴油机滑油循环系统外部不密封	外部管路和机带附件的密封性
	柴油机滑油循环系统内部不密封	
	滑油中有燃油	滑油质量、喷油器的密封性、喷油泵
	滑油安全阀不正常	滑油安全阀的开启压力
	滑油滤器不正常	滑油滤器的滤芯是否被污染
	运动部件中压力损失	运动部件润滑部位有不正常溢流
	滑油泵不正常	滑油泵及其传动
柴油机滑油温度太高	柴油机滑油温度监控装置不正常	监控装置
	滑油冷却器不正常	滑油冷却器是否被污染
柴油机通过紧急空气关闭阀停车	转速监控装置不正常	电器设备、转速传感器
	调速器控制系统不正常	调速器传动机构是否灵活、调速器功能
柴油机冷却水水位升高	柴油机冷却水系统中有滑油	柴油机滑油冷却器的密封性
增压器运转噪声不正常	增压器不正常	增压器被污染的情况、增压器的轴承是否有损伤、转子组件的摩擦情况

续表

故障现象	可能的原因	测试/检查
排气烟色发黑	柴油机的燃烧空气不足	进气消音器是否被污染或损坏、空气滤清器被污染或损坏、增压器被污染或损坏、增压空气冷却器是否被污染或损坏、增压空气预热装置是否被污染或损坏、进气管路的密封性
	排气系统不正常	排气背压、排气管是否被污染、排气消音器是否被污染
	燃油喷射装置不正常	喷油器、喷油泵、喷油泵的供油始点
	各气缸的压缩压力不正常	压缩压力、气阀间隙、气阀、活塞压力环
	柴油机控制系统不正常	调速器、电子设备
	功率输出不正常	柴油机是否超负荷
排气烟色发蓝	燃烧室中有过多的滑油	滑油油位、气阀导套、气缸套、刮油环和压缩环、曲轴箱呼吸器、阀杆的密封性、阀座润滑油泵
	增压器轴承垫片	增压器
排气烟色发白	燃油	燃油中是否有水
	燃烧室进水	气缸盖和气缸套的密封性、增压器、增压空却器的密封性、预热装置的密封性
	燃油喷射装置不正常	喷油器
	气缸的压缩压力不正常	压缩压力
燃油泄漏油箱中有燃油	高压油管不密封	燃油泄漏油箱中有燃油
	燃油泄漏监控装置不正常	燃油泄漏显示器
检查部位上有溢油及溢水	柴油机冷却水泵不密封	溢油时检查油封、溢水时检查水封
	冷却水泵不密封	溢油时检查油封、溢水时检查水封
	增压空气冷却器不密封	冷凝水排水管路
柴油机冷却水压力太低	柴油机冷却水位太低	柴油机冷却水位
	柴油机冷却水压力监控装置不正常	监控系统
	柴油机冷却水系统外部不密封	外部管路和机带附件的密封性
	柴油机冷却水系统外部不密封	滑油油位、滑油品质、气缸盖、气缸套的密封性、气缸套、机体
	柴油机冷却水泵不正常	柴油机冷却水泵及其传动
冷却水压力太低	冷却水供水太少	冷却水泵、截止阀是否打开、冷却水滤器是否被污染
	冷却水系统不密封	管道和机带附件的密封性
	监控装置不正常	监控系统
燃油压力太低	燃油系统不密封或被污染	燃油系统管路的密封性、止回阀设定值、燃油粗滤器是否被污染、燃油双联滤器是否被污染
	燃油输送泵不正常	燃油输送泵及其传动
	燃油压力监控系统不正常	监控系统
增压空气压力太低	增压空气压力监控系统不正常	监控系统
	柴油机燃烧空气不足	增压器是否被污染或损坏、增压空气冷却器是否被污染或损坏、空气输送管路的密封性
活塞冷却油压力太低	柴油机滑油油位太低	柴油机滑油油位
	滑油压力监控系统不正常	监控系统
	滑油系统外部不密封	外部管路和机带附件的密封性
	滑油系统内部不密封	
	柴油机滑油中有燃油	喷油泵、喷油器的密封性
	滑油压力安全阀不正常	滑油压力安全阀的开启压力
	活塞冷却油滤器不正常	活塞冷却油滤器滤芯是否被污染
	活塞冷却油压力不足	冷却和润滑部位是否有不正常的溢油
	柴油机滑油泵不正常	柴油机滑油泵及其传动

续表

故障现象	可能的原因	测试/检查
某缸排气温度太低	喷油装置不正常	喷油器、喷油泵、喷油泵的供油始点
	废气温度监控系统不正常	监控装置
用内窥镜检查燃烧室内的损伤	气缸套拉伤或热褪色	拆下和检查活塞、更换活塞环、重新珩磨气缸套，必要时更换
	气缸套有大的光亮区	拆下和检查活塞、更换活塞环、重新珩磨气缸套，必要时更换
	气缸套磨损或拉缸	更换活塞、更换气缸套
	气缸套上有麻点、裂纹锈斑、腐蚀等	拆下和检查活塞、更换气缸套
	活塞顶被滑油污染或有积炭	更换活塞，清洗和检查、检查活塞环、检查阀杆密封性、检查气阀导套、检查阀座润滑情况、检查进气系统、检查喷油器
	活塞顶有碰撞损伤	更换活塞、检查气阀和气阀传动机构、检查气道中是否有异物
	活塞上有冷却水残留物	检查气缸盖与体的密封性、气缸盖、气缸套、检查增压空气冷却器和废气涡轮、增压器的密封性、检查进气系统是否渗入雨水，喷溅水和冷却水
	活塞顶腐蚀（静态腐蚀）、深度麻点、穿孔	更换活塞、检查气阀和气阀传动机构
	气缸盖下部有油污或严重积炭	清洁气缸盖、检查活塞环、检查气阀阀杆的密封性、检查气阀导套、检查阀座润滑情况、检查空气管路、检查喷油器
	气阀、阀座或气阀导套磨损，气阀烧坏，腐蚀、有裂纹或麻点	修理或更换气阀、阀座或缸盖、更换气阀导套、检查增压空气冷却器的密封性
	气缸盖下部有碰撞痕迹	更换气缸盖、检查空气管路中是否有异物，必要时清洗、确定异物来源
	气缸盖下部过热	更换气缸盖、检查柴油机冷却水系统

典型案例分析 1：

故障描述：国内某核电厂采用的是 956TB33 柴油机，在运行过程中曾多次出现由于空气分配器传动链连接件发生错位（图 352-01-09-24 部件 5），导致柴油机无法启动。

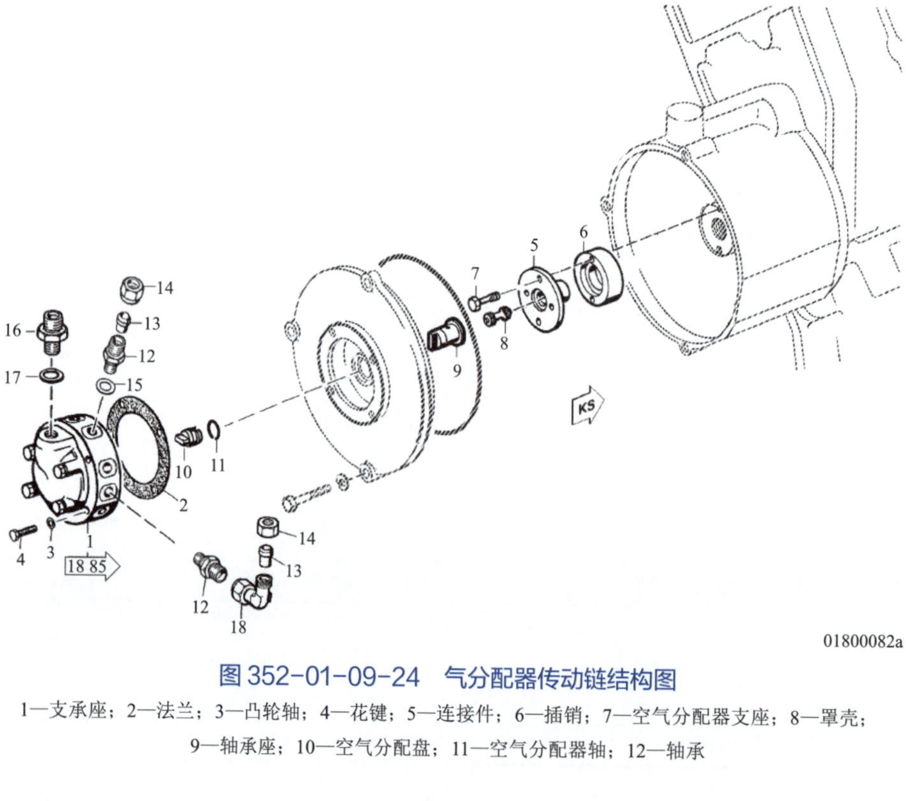

01800082a

图 352-01-09-24　气分配器传动链结构图

1—支承座；2—法兰；3—凸轮轴；4—花键；5—连接件；6—插销；7—空气分配器支座；8—罩壳；9—轴承座；10—空气分配盘；11—空气分配器轴；12—轴承

原因分析：该传动链连接件是采用分体式设计，由两个部件过盈配合组成，通过过盈配合面的摩擦传递扭矩。

处理措施：后联系厂家，对该部件进行升级，改为一体化设计的连接件（图 352-01-09-25），彻底解决了该缺陷。

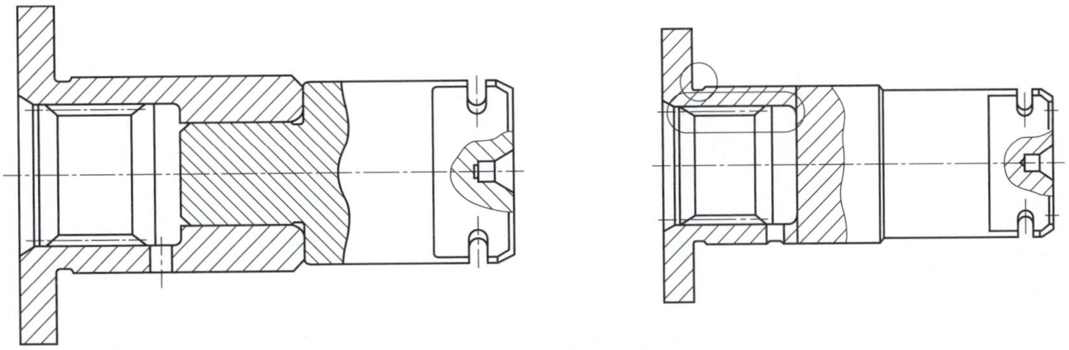

图 352-01-09-25　气分配器传动链升级前后对比

典型案例分析 2：

故障描述：国内某核电厂采用的是 956TB33 柴油机，在运行过程中曾多次出现应急柴油机在执行柴油发电机组低负荷试验，当试验结束，柴油机停运，预润滑油泵启动后，产生预润滑回路油压低报警，导致主控触发柴油发电机机械故障报警，导致柴油机不可用。

原因分析：预润滑油泵长期运行，振动影响，泵自带的泄压阀阀杆与导向套之间发生碰磨，当柴油机停运的瞬间，泵出口压力高于泄压阀开启压力，泄压阀动作后，由于导向杆卡涩，且此时泵出口压力较大，抵消了部分弹簧力，导致阀芯无法正常回座，一直卡在一个小开度状态。大部分的润滑油通过泄压阀处回流至泵入口，致使柴油机停运后出现预润滑油泵压力低缺陷。

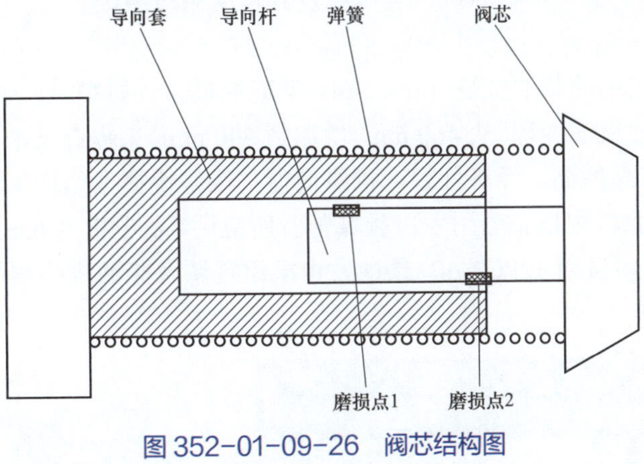

图 352-01-09-26　阀芯结构图

处理措施：对泄压阀阀芯进行改造，取消原设计的插接结构。

（8）技术规程清单

表 352-01-09-05　维修规程

序号	规程名称
1	《应急柴油机 W2 检查》
2	《应急柴油机 W4 检查》
3	《应急柴油机 W5 检查》

（9）参考资料

[1] 20V956TB92 柴油机培训教材 [R]. 陕柴重工装配试验厂，2006.

[2] 扩建机组 6.0 kV 应急柴油发电机组辅助系统调试实施与总结 [R]. 中核核电运行管理有限公司/蒋勇，2010.

[3] 应急柴油机 W2 检查 [R]. 中核核电运行管理有限公司，2019.

[4] 应急柴油机 W4 检查 [R]. 中核核电运行管理有限公司，2019.

[5] 应急柴油机 W5 检查 [R]. 中核核电运行管理有限公司，2019.

9.3 适用于“华龙一号”柴油机

9.3.1 应急柴油发电机

（1）定义和术语

柴油机是依靠燃烧柴油来获取能量释放的柴油机。它是由德国发明家鲁道夫·狄塞尔（Rudolf Diesel）于 1892 年发明，核电厂内应急交流电源由每个机组的 2 台应急柴油发电机组构成，分别为带应急厂用设备的 6.6 kV 交流应急配电系统 A 列和 B 列配电盘供电。每台柴油发电机组连接一个中压配电盘。

在厂外主电源和厂外辅助电源均失去的情况下，核电厂两个核电机组的每台应急柴油发电机组都有能力满足应急厂用设备用电要求，以确保反应堆安全停堆，并且防止由于正常的外部电源系统失电而导致重要设备的损坏。

EMS 系统是由柴油发电机组构成的厂区附加电源系统。

（2）范围对象

A 列柴油机、B 列柴油机、厂区附加电源系统。

（3）结构原理

应急柴油发电机组主要由一台柴油机、发电机及其辅助系统组成。

1）柴油发电机

“华龙一号”机组所采用的柴油机是 12PC2-6B 型柴油机，该机型是在 PC2-6 型柴油机的基础上设计开发的，通过加大柴油机的冲程（从 460 mm 增加到 500 mm）来提高柴油机的单缸功率（从 550 kW 提高到 720 kW），具有可靠性高，经济性好，操纵简便，维修快捷，结构简洁紧凑的特点。目前，该机型在陆用电站、核电应急机组以及船用主机领域都有所应用。发电机为 6.6 kV 三相同步卧式发电机。下图 352-01-09-28 为核电项目用 12PC2-6B 柴油发电机组视图及柴油机横剖面图。

图 352-01-09-27 柴油发电机组外观图

该柴油机为四冲程、600 r/min、单作用、V 形、不可逆转、涡轮增压、气缸数量为 12 缸的柴油机。柴油机主要结构部件包括汽缸体、柴油机机架、汽缸顶盖、活塞、连杆、曲轴、凸轮轴、振动阻尼器等。

2）机械相关的辅助系统

燃油系统：包含燃油输送系统及柴油机给油系统。

燃油输送系统：输送回路用于将燃油从主储油箱输送至日用燃油箱，主要由主储油罐、燃油输送泵、日用燃油箱组成。

柴油机给油回路：供油回路是为柴油机运行提供所需的燃油，给油管路用于从日用燃油箱供油给柴油机。管道系统连接日用燃油箱、机带燃油泵、燃油增压泵、燃油自净滤器等设备。

润滑油系统：

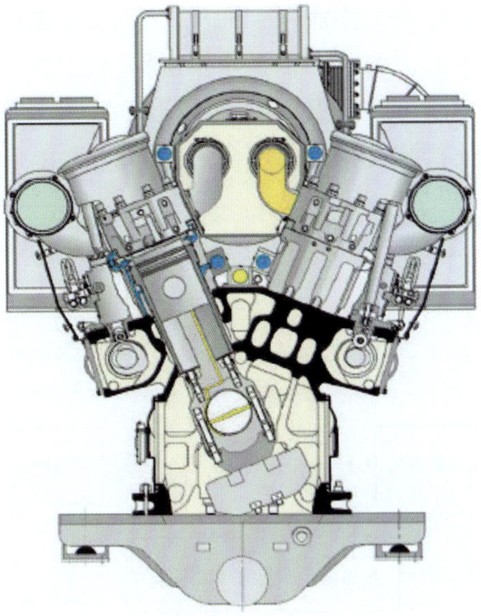

图 352-01-09-28　柴油机横剖面图

机组运行时，机带滑油泵将滑油从油底壳抽出并在滑油回路里循环，然后滑油流向热交换器，滑油与低温水换热。滑油温度调节阀通过部分分流或全部流向热交换器以调节滑油温度，滑油在进入机身润滑和冷却发动机机械部件之前先通过滑油自净滤器进行过滤。

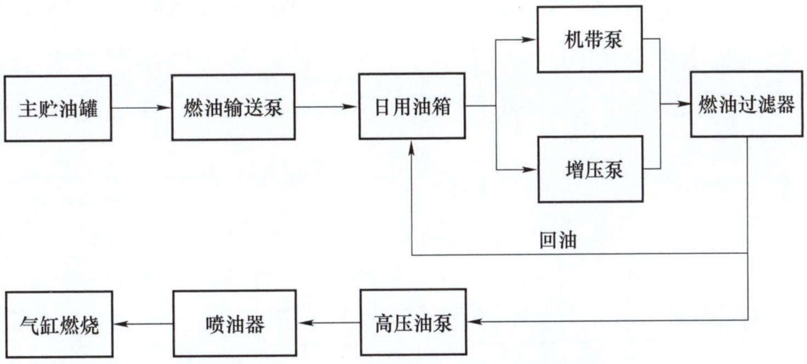

图 352-01-09-29　燃油系统流程简图

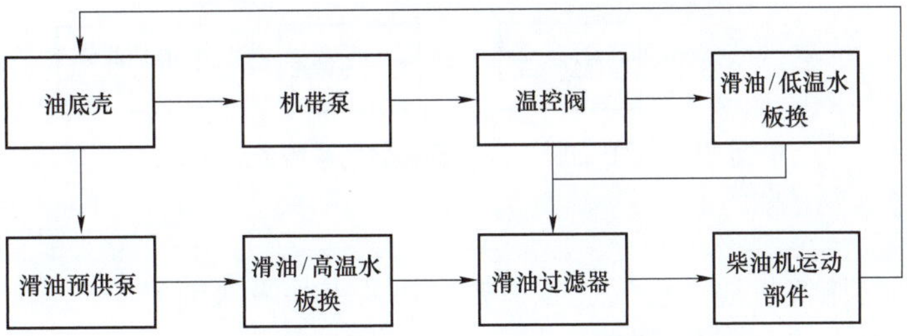

图 352-01-09-30　润滑油系统流程简图

冷却水系统：包含高温水系统和低温水系统。

高温水系统：机组运行时，机带高温水泵确保水系统循环。柴油机内的高温水被分成两个部分，每部分单独冷却柴油机 A 或 B 排机械部件和空冷器。这两路水在系统管路汇合后流向高温水恒温阀，恒温阀通过分配去风冷散热器的流量控制柴油机高温水出机温度。高温水恒温阀温度设定点为 91 ℃。高温水风冷散热器通过 12 个轴流风扇进行冷却。安装在机带泵后的止回阀确保在机组处于备用状态时机组的预热。

低温水系统：机组运行时，机带低温水泵确保低温水系统循环。机带低温水泵出口的低温水被分为三路，分别流向柴油机 A 排空冷器、B 排空冷器、滑油冷却器。流经滑油冷却器的低温水与流经空冷器的低温水在低温水恒温阀前汇合，低温水恒温阀通过调节去低温水风冷散热器的流量控制低温水进机温度。恒温阀设定温度为 41 ℃，低温水风冷散热器通过 12 个轴流风扇进行冷却。低温水膨胀水箱连接到机带低温水泵进口，用于由于水系统温度变化引起的体积自由膨胀，同时给主回路补水。

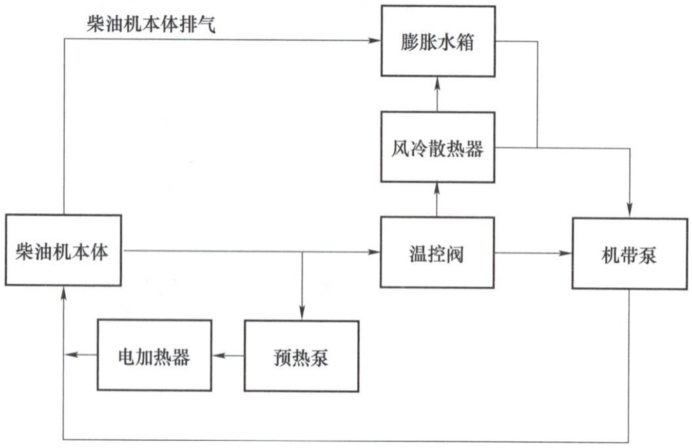

图 352-01-09-31　高温水系统流程简图

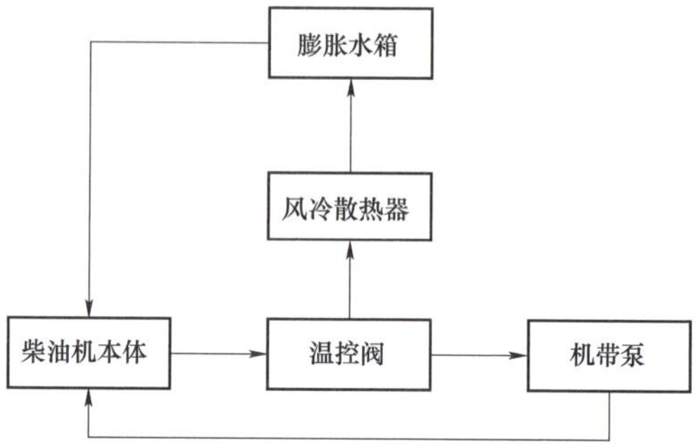

图 352-01-09-32　低温水系统流程简图

压缩空气系统：包含高压和低压两个系统。

高压系统用于柴油机的启动、紧急停车；低压系统用于柴油机的控制。

压缩空气由两个启动空气瓶提供，由两台空压单元为启动空气瓶充气。当空气瓶压力低于 34 bar 时，启动空压机，当空气瓶压力高于 40 bar 时，停止空压机。紧急停车空气由超速保护气瓶提供，每个启动空气瓶均与超速保护气瓶连通，压缩空气直接从启动空气瓶流进超保空气瓶，每个供气回路上安装有止回阀以防止空气回流。

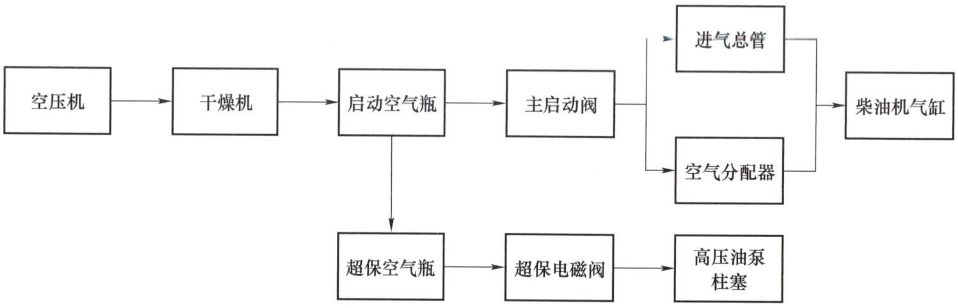

图 352-01-09-33　压缩空气系统流程简图

进气和排气系统：

进气系统：增压器的压气机通过进气过滤消音模块从室外吸入新鲜空气，经空冷器冷却后进入气缸，进入气缸的空气温度为（45±5）℃。

排气系统：燃烧后的废气经排气管进入涡轮增压器透平端，推动涡轮以驱动压气机，出涡轮增压器的废气温度为（398±15）℃，两个 DN 700 的管道中的废气汇聚到一个 DN 1100 的管道中之后进入排气消音器，降噪后排入大气。

每个核电机组的柴油发电机组由两个完全相同的实体上分隔和电气上独立的系列 A 和系列 B 组成，每台柴油发电机组和有关的辅助设备分别安装在各自独立的厂房内。

3）设计要求

柴油发电机组是单柴油机型，即发电机是由一台柴油机来驱动的，每台柴油发电机组安装在互相

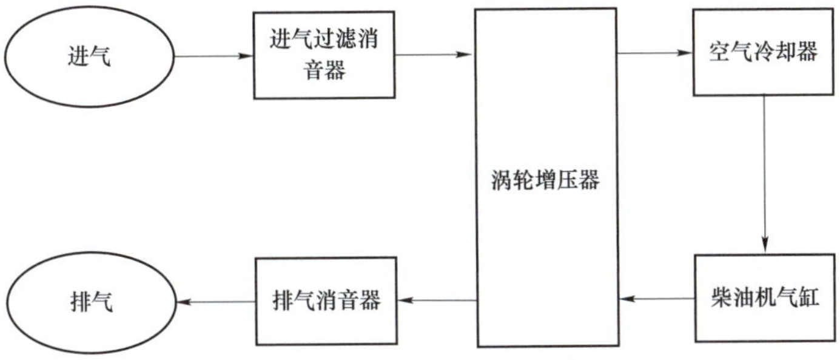

图 352-01-09-34 进排气系统流程简图

分隔的厂房里：

——每台柴油机配备两个独立的空气启动系统，每一个系统都有能力启动本系统柴油机；

——每台柴油发电机组配备自己独立的燃油系统；

——每台柴油发电机组配备有其独立的冷却水系统；

——当柴油发电机组处于备用状态时，为了防止柴油发电机在启动和带载期间的机械损坏，应采取措施确保冷却水系统的加热和润滑油系统的连续循环。

在柴油发电机组应急供电时，柴油发电机组在收到启动信号 15 s 内能达到额定转速和额定电压，并按照预定的加载程序自动地接上各个负荷组。在加载期间设备的特性要求如下：

——频率不得低于额定频率的 95%（47.5 Hz）；

——电压不得低于额定电压的 75%（4950 V）；

——频率恢复到其额定值的 98%以及电压恢复到其额定值 90%的时间应小于这一程序步骤开始和下一程序步骤开始之间的时间间隔的 60%；

——切除最大的单个负载，或者在按程序加载的每一步骤之后，运行条件的瞬变均不应导致柴油发电机组转速的增加超出超速跳闸最小整定值与额定转速之差的 75%。

在事故工况下，甩掉满负荷不应由于超速引起柴油发电机组跳闸。

4）运行原理

柴油机的起动就是将静止的柴油机运转起来。柴油机的起动必须消耗外界起动装置的能量，才能使曲轴旋转。但并不是曲轴一转动起来就能保证气缸内发火燃烧。因为转速很低时，气缸内被压缩的空气在压缩过程中向气缸壁散热时间长，散热量多，使压缩终点温度较低，同时空气通过气环的漏气也比较多，也使压缩终点温度降低。同时，低速时喷油泵柱塞运动速度低，燃料的雾化差，也不易发火。因此，为保证柴油机初次发火的条件有二：一是压缩终点温度必须大于燃料的自燃点（轻柴油为 270 ℃左右）；二是喷入气缸的燃料雾化良好。

12PC2-6B 型柴油机柴油的是 A/B 双排压缩空气起动。当柴油机接收到远程起机信号或手动按下起动按钮后，起动电磁阀动作，控制空气（7 bar）通过盘车联锁阀打开主起动阀，起动空气（38 bar）到达缸盖上的起动控制阀和安装在 A/B 排的空气分配器。空气分配器按照柴油机气缸的发火顺序，依次控制缸盖上的起动控制阀打开或关闭。当缸盖的起动控制阀打开时，起动空气进入气缸，推动活塞使曲轴转动起来，当转速达到一定（约 80 r/min）时，柴油机点火成功。当柴油机成功启动后，启动空气系统不再供气，柴油机通过燃烧柴油做功带动发电机完成发电。

在柴油发电机组应急供电时，柴油发电机组在收到启动信号 15 s 内能达到额定转速和额定电压，并按照预定的加载程序自动地接上各个负荷组。

柴油机的工作是由进气、压缩、燃烧膨胀（即做功）和排气这四个过程来完成的，这四个过程构成一个工作循环。活塞往返四个过程才能完成一个工作循环的柴油机称为四冲程柴油机。在四冲程柴油机的四个冲程中，只有第三个冲程即工作冲程才产生动力对外做功，而其余三个冲程都是消耗功的准备过程，为此在柴油机上必安装飞轮，利用飞轮的转动惯性，使曲轴在四个冲程中连续均匀地运转。四冲程柴油机工作简图见图 352-01-09-36。

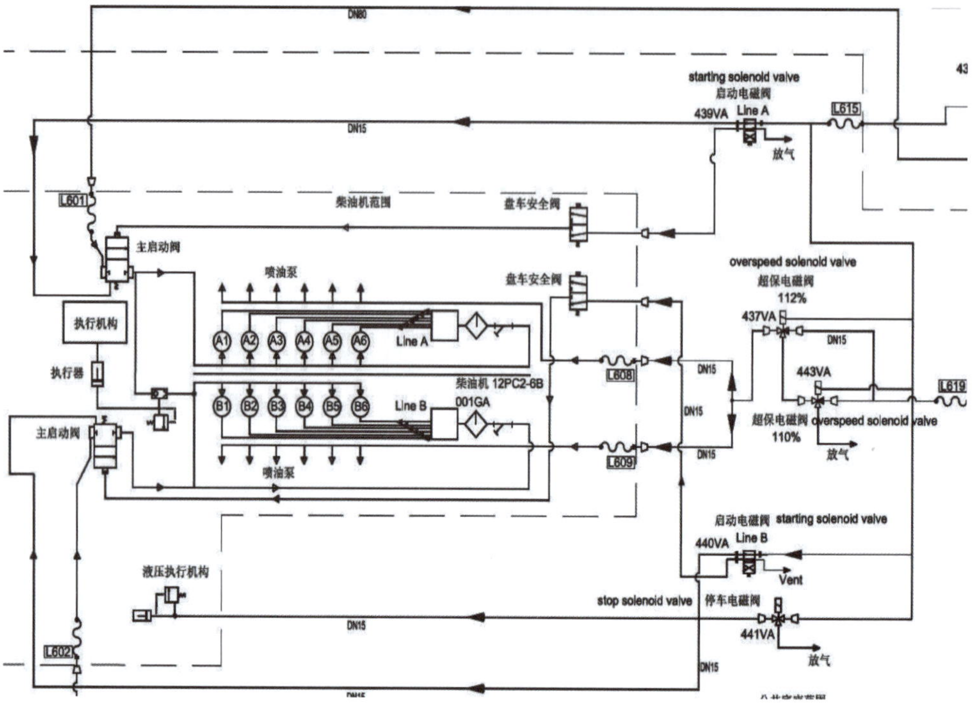

图 352-01-09-35　启动空气系统原理图（局部）

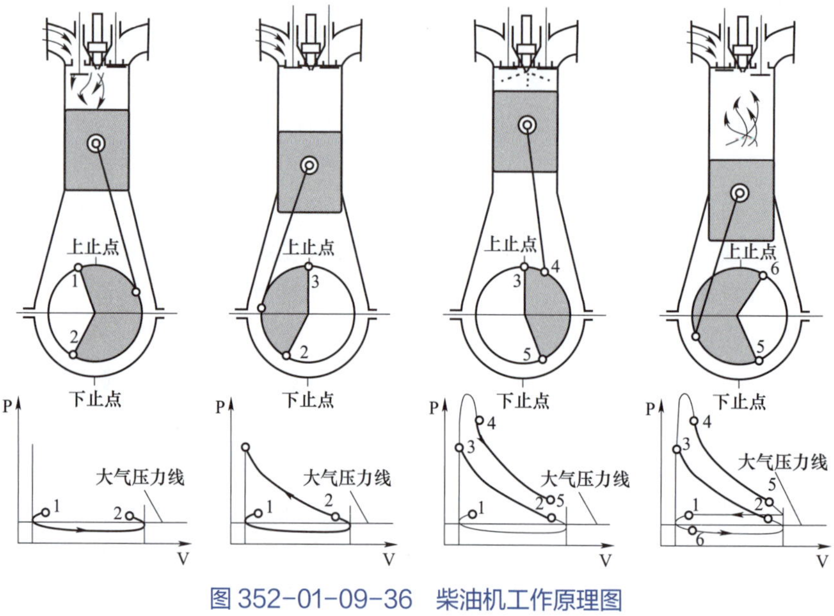

图 352-01-09-36　柴油机工作原理图

（4）指标与参数

表 352-01-09-06　指标与参数

名称	参数	名称	参数
生产厂家	NA	排列角度	45°
型号-转速	12PC2-6B-V600 r/min	旋转方向	顺时针方向
运行周期	四冲程	点火顺序	A1-B1-A3-B3-A5-B5-A6-B6-A4-B4-A2-B2

续表

名称	参数	名称	参数
汽缸直径	400 mm	柴油机重量	87 600 kg
活塞行程	500 mm	发电机组重量	180 000 kg
平均活塞速率	10 m/s	汽缸数量	12
压缩比	12.5	最大功率	8247 kW 补充额定功率 额定电流 额定电压 额定效率等参数进行补充

（5）维修技术要求

1）预防性维修项目

表 352-01-09-07　预防性维修项目

设备名称预防修性维修项目	
项目名称	项目周期（1C 为 1 个燃料循环）
应急柴油机的 1C 检查	1C
应急柴油机的 2C 检查	2C
应急柴油机的 4C 检查	4C

2）检修主要内容

——应急柴油机的 1C 检查：

常规检查的主要目的是在不对设备进行大的动作的前提下（如部件解体检查或者全解），对柴油机燃油尺杆检查、曲轴箱检查、曲臂差检查、启动空气系统过滤器、进气过滤器、滑油/燃油回路检查、本体安全阀、空压机 1C 检查等项目进行检查确认，以便从总体上确认设备的运营状态。如果在 1C 检查中发现异常如润滑油异常（含金属颗粒等），可以及时升级为部件解体检查或者全解，以保证设备的运营质量。

完成任务所需的工时：40 h；设备不可用时间：40 h。

主要检修条目包含：

- 柴油机喷油泵燃油尺杆清洁检查（清洁度/润滑/磨损/自由活动度等检查）；
- 曲轴箱检查（泄漏及裂纹检查）；
- 对启动空气系统过滤器进行清扫及更换、对柴油机气过滤器清洁及更换、检查柴油机油底壳润滑油液位及取样分析、对柴油机燃油进行取样分析、柴油机/空压机上安全阀进行整定。

1C 检查主要针对的是柴油机在运行过程中的一种状态监测，及时的发现设备运行过程中可能存在的一些隐患，及时发现并在故障出现前提前解决，以保证设备质量可靠。

对于柴油机组而言，建议每 1 次换料周期必须进行 1 次 1C 检查，1C 检查中发现的异常可以及时升级为部件检查或者全面解体检查。

——应急柴油机的 2C 检查：

主要内容有柴油机 1C 检查的所有内容、喷油器检查、盘车驱动装置润滑、启动空气润滑油加注、涡轮增压器检查、机械调速器润滑检查、空压机的 2C 检查。

完成任务所需的工时：60 h；设备不可用时间 60 h。

2C 检查除了包括 1C 检查范围外，还包括以下内容：

- 喷油器检查（喷油器校准、雾化、密封性检查）；
- 对盘车驱动装置润滑油进行更换；
- 对柴油机 A/B 列启动空气润滑油杯进行加注润滑油；
- 涡轮增压器检查（检查涡轮增压器、清洁涡轮增压器密封管、检查涡轮增压器密封气阀）；
- 机械调速器润滑检查（对机调润滑油进行更换）。

本任务主要关注柴油机燃烧及润滑情况。这类故障大部分属于随机效应，导致失效时间是随机的。这是一项基于实际情况的维修任务，对故障进行监视并在有故障预警时进行。

本节中的部件都是根据经验要求检查的部件，建议每 2 次换料周期进行 1 次 2C 检查。当然，在 1C 检查查中发现了部件隐患或者问题，可以提前开始部件检查项目。

——应急柴油机的 4C 检查：

全 4C 检查是在 1C 及 2C 检查的基础上增加设备重要运动部件的检查，以检查柴油机实际运行状态情况，对于重要运动部件在检查过程中发现的故障，需要找出根本原因分析，对该原因制定有效处理措施并处理，以保证柴油机安全运行稳定。

完成任务所需的工时：160 h；设备不可用时间：160 h。

- C 检查除包括 2C 检查的所有项目外，还应包括以下内容：
- 进排气气门间隙检查；
- 进排气阀检查；
- 凸轮轴和挺杆套筒检查；
- 燃油滤芯检查；
- 空气分配器检查；
- 水泵检查；
- 膨胀节更换。

4C 检查是能够基本排除柴油机本体运动部件故障，可以检查各运动部件运转磨损情况，避免该部件损坏导致的不可逆故障。可以有效的解决已发生或者潜在可能发生的故障模式。

（6）质量管理

表 352-01-09-08 柴油机质量控制点

项目名称	质量管控点
曲轴箱检查	1. 机体内壁边缘和曲轴箱内零部件表面应无小金属颗粒 2. 各缸连杆应运动自如，连杆大端轴瓦应无相对连杆大端移动 3. 各缸缸套底部和活塞裙部应无拉痕、裂纹 4. 各缸连杆大端紧固螺母和平衡重紧固螺母上的记号应无偏移
曲臂差检查	1. 曲柄 No.1 上的允许偏差： 柴油机与被驱动机器之间的联轴节取决于装置，曲柄 No.1 的偏差与分配到曲轴的负载有关 ——偏差 dv 应当介于-0.08 mm 与 0 mm 之间 2. 其他曲柄上的偏差： 偏差 dh 和 dv 应当介于－0.06 mm 与＋0.06 mm 之间 ——两个连续曲柄的水平偏差或纵向偏差之间的差值必须低于 0.05 mm
喷油器校准、雾化、密封性检查	1. 燃油应当以薄雾形式的从喷嘴中急促射流 2. 喷油器射流应均匀清晰 3. 每次喷嘴雾化时的压力应位于（35±0.5）MPa 之间
调整气门挺杆间隙	气阀与挺杆间的间隙应满足标准（进气门间隙调整为 1 mm，排气门间隙为 1.5 mm）
检查空气分配器	1. 空气分配盘拆卸后测量并记录分配盘的角度间隙，将此值与极限尺寸 LR＝1.5 mm 相比较，如果达到极限尺寸 LR，需更换十字销或轴，或同时更换该两零件。 2. 检查分配盘及盘体的摩擦面，如果摩擦面上的划痕深度大于 0.1 mm，须更换分配盘或本体。

（7）技术规程清单

表 352-01-09-09 技术规程清单

序号	规程名称
1	《应急柴油机的 1C 检查》
2	《应急柴油机的 2C 检查》
3	《应急柴油机的 4C 检查》

（8）经验反馈及故障分析

1）经验反馈

——2015 年 3 月 4 日下午 1LHQ MTU956 系列柴油机进行满功率试验，空载 15 min 无异常并进行并网，并网后突然出现异音，后柴油机和发电机中间联轴器部分冒出青烟；异常出现 30 s 后手动拍停柴油机。停机后经检查各项参数曲线均正常。异音怀疑为柴油机高速转动部件有问题，青烟初步怀疑为排烟口冒出或柴油机发电机轴承部位的密封圈磨损导致。2015 年 3 月 9 日重新执行试验，未出现上述问题；但在空载期间柴油机 B 列进气母管一部位出现漏气。请在后续试验中密切关注柴油发电机组本体异常，一旦出现影响机组安全运行问题请尽快紧急停机。

——某核电厂 MTU956 系列柴油机预热温度低缺陷从调试到 2016.01，已大概出现 8 次左右，1LHQ 在管道冲洗后仍然无法彻底清除系统杂质，根据规律，机械发现该缺陷主要发生在 12 月、1 月、2 月三个最冷的月份，且每次缺陷都发生在低功率试验后，故在低环境温度下执行低功率试验会大大加大温控阀卡涩的概率，主要原因为环境温度低时，低功率试验期间高温水温度低，温控阀开度极小，极容易被杂质卡涩，从而导致低功率试验后温控阀不能回坐，从而导致预热温度低。故经机械、设备管理、安工、运行等部门共同讨论决定：在柴油机低功率试验（包含定期低功率试验和大修后再鉴定期间的低功率试验）规程中，加设高温水温度确定项目，具体步骤为在低功率试验期间的功率达到最大值后（一般为 40%），运行人员观察柴油机高温水出机温度，如果测量温度达到 80～85 ℃之间，则不采取额外操作，如果小于 80 ℃，则关闭风机，观察水温上升趋势，如果水温稳定后仍未达到 80 ℃，则继续关闭其余风机，直到水温达到 80～85 ℃范围之间即可，过程中如有水温超过 85 ℃时，则按照相反的循序逐步恢复启动风机即可，最终维持水温在 80～85 ℃区间内。

——2016.07.18 某厂 MTU956 系列柴油机执行 2LHP 低功率试验，在将 2LHA 由 2LGB 切至 2LHP 供电时，2LHA 短时失电，导致控制柜内的 B 列电源短时失去，而此时控制柜内的 A 列电源开关接触不良，由此导致控制柜失电，该机柜为 1 号蒸汽发生器给水调节阀控制回路供电，由此导致蒸汽发生器给水调节阀关闭，且给水流量和蒸汽流量测量信号丧失，最终因 1 号蒸汽发生器液位低低+汽水失配触发反应堆停堆，汽轮机停机。

——某核电厂 MTU956 系列柴油机 2016.9.1 执行 FQ3-LHP-T-001，在 LHA 由 LGB 切换到 LHP 供电时，因主盘车以 8 r/min 带汽轮机运行，导致主盘车卸载，汽轮机惰转到 0 r/min 后，主盘车启动（此步卸载后重新带载是自动进行的），重新恢复至 8 r/min。惰转到 0 转速的时间为 15 min（真空正常时），位移测量通断信号未亮。在试验恢复时（电源反切回 LGB 前），先手动停运主盘车，位移测量通断信号灯亮，在 3LHA 由 3LHP 切换到 3LGB 供电且汽轮机转速降到 0 后，主盘车手动启动失败，且位移测量通断信号灯未亮。后经维修仪控及现场复位后，再次启动成功。整个过程导致汽轮机停止的时间约 17 min。在主盘车启动失败后，需执行 FQ3-GGR-I-002，由于位移测量通断信号灯未亮，导致辅助盘车无法启动。故建议在主盘车运行期间，避免执行 FQ3-LHP-T-001。

——2017 年 12 月 21 日 1 号机组 MTU956 系列柴油机执行 FQ1-LHP-T-001：柴油发电机组（A 列）低功率试验规程，柴油机启动 20 min 后，发电机非驱动端轴瓦温度探头温度升高，达到 130 ℃。主控接到现场反馈后立即启动 1RCV002PO，停运 1RCV001PO，将 1LHA 母线重新切回 1LGB，之后在 KIC 上给出 1LHP 允许停运命令，柴油机随即保护停机。发电机非驱动端轴瓦温度探头最高达到 160 ℃。通过更换润滑油泵、轴瓦和修复自动排气阀，于 12 月 24 日恢复 A 列柴油机可用。

2）常见问题及故障分析

表 352-01-09-10 常见问题及故障分析

存在问题	故障分析	解决措施
示功阀流水	中冷器的冷凝水	查明进气总管内是否有水
	通过排气管进入的雨水	查明透平涡壳底部是否有水；当柴油机长时间停车时，排气出口应盖保护罩
	缸套或缸盖有裂纹	查出有毛病的气缸；通过检查门检查曲轴箱内部缸盖、缸套，并做液压试验
	空气冷却器漏水	查出有问题的空冷器和管子，做焊补
	涡轮增压器水腔漏水	检查涡轮增压器有无蚀点、穿孔
润滑油被水污染	水经气缸进入	查出有毛病的气缸
	润滑油冷却器进水	检查滑油冷却器
	润滑油中有水渍，冷凝所致（滑油温度过低）	检查恒温阀是否正常工作
	缸盖上部清沙孔螺塞漏水	查出有毛病的缸盖，更换旋塞（具有气密螺纹，缸盖做水压试验）
柴油机起动时曲轴不转动	空气瓶压力太低	充气
	柴油机主启动阀未打开	打开主启动阀
	空气滤清器堵塞	清洗滤清器
	空气分配器损坏	检查空气分配器
	处在启动位置的气缸启动空气阀未打开	检查启动空气阀
由于燃烧产生的噪声，这种噪声随着喷油的停止而消失	缸盖垫片漏气	检查缸盖的密封性，必要时更换垫片
	缸盖排气出口处漏气	更换垫片
	喷油器与缸盖的配合面处漏气	拆下喷油器，并检查它在缸盖上的密封性
	喷油器堵塞或针阀卡死或关闭	更换喷油器
由于零件损坏而造成的杂音，这种杂音不随喷油的停止而消失	摇臂轴卡死	更换损坏的零件，若损坏的零件可能掉入气缸时，必须仔细地检查活塞、连杆和涡轮增压器地涡轮
	气阀损坏或者在导套里卡死	
	气阀弹簧断裂	
冒烟	由于进气状况不好或起喷压力太低或雾化质量不好造成黑烟	清洗涡轮增压器和空气滤清器，检查喷油器
	由于活塞环或缸套磨损（滑油窜入气缸燃烧）造成蓝烟	检查活塞活塞环及缸套，必要时进行更换
	曲轴箱通气管间歇性地大量冒烟，是活塞或运动部件开始咬卡，一个或者几个活塞的活塞环烧结	柴油机立即停车，等待 15 min 后才能打开检查门以防止发生爆炸，用手摸下列零件：主轴承、连杆大端、缸套底部，仔细检查最近的工作参数（压力、温度），找出原因；另外，同时需检查滑油和冷却水的流量
柴油机突然停车	断油	检查日用油箱油位和整个燃油系统
	燃油中有水	从日用油箱底部排水
	柴油机超速停车	记录停车原因后，重新调整超速停车装置，检查调速器与齿条间的连接杆
	调速器故障	检验调速器
排气温度下降	高温测量装置有问题	检查高温传感器及其接线情况
	喷油器故障	更换喷油器
	燃油供给有问题	迅速采取一系列必要的预防措施，以防止损坏喷油泵

续表

存在问题	故障分析	解决措施
排气温度上升	各缸之间负荷匹配不当	检查柴油机负荷与齿条位置是否相符
	增压空气冷却有问题	打开冷却水排放阀
	进气阻塞	检查空气滤清器
	排气背压高	检查排气出口防护罩是否已取下
	涡轮增压器故障	检查涡轮增压器
柴油机进口的滑油压力下降	压力表有渗漏	检查压力表及其连接状况
	滑油过滤器堵塞	检查过滤器的压降，必要时清洗过滤器滤网
	压力调节阀卡死在开启状态	检查压力调节阀
	滑油泵安全阀卡死在开启状态	检查安全阀
滑油温度过高	恒温阀损坏	更换有故障的温包
	冷却水流量不足	检查冷却水系统
	柴油机有异常发热	检查主要动力传递件的受热情况
滑油压力升高	压力调节阀卡死在关闭状态	检查压力调节阀
	滑油泵安全阀卡在关闭状态	检查安全阀
	滑油太冷	检查滑油温度
高温水温度过高	恒温阀损坏	更换有故障的温包
	低温水流量不足或热交换器有毛病	检查低温水系统或热交换器是否故障
	启动前水泵未泵水排气	检查膨胀水箱的水位，放出高温水系统中的空气
	水泵严重损坏	拆下水泵做检查
齿条指示器位置不正确	喷油泵磨损	当磨损量影响启动时，更换泵
	燃油中有水或者杂质	放掉燃油系统中的水，清洗燃油滤器
	燃油供给出现问题	检查燃油泵及驱动装置，连接管路
	燃油性能出现变化	化学分析燃油品质后，有必要时更换
	调速器发生故障	调速器本身故障要更换，检查调速控制机构
	超速保护装置动作	检查超速保护装置
最大爆发压力异常	该缸测量装置故障或缸盖气道堵塞	检查测量仪表，清洁气道
	喷油泵磨损	更换滑油泵，并检查燃油中的杂质含量
	喷油器雾化不良	更换喷油器，或调整起喷压力
	喷油泵发生故障（咬卡、间隙过大等）	更换喷油泵
	高压油管泄漏	更换高压油管，且注意连接头处的密封
	喷油泵柱塞控制机构故障	检查滚轮、凸轮轴
	齿条限位螺钉调节不当	重新调节限位螺钉
曲轴箱油雾	缸套组件（一个或数个活塞环）有严重故障	停机，检查组件是否正常，活塞环是否损坏，必要时更换
	未按照磨合要求进行磨合	降低柴油机负荷，进行重新磨合
	曲轴箱透气管堵塞	使透气管畅通

（9）参考资料

《柴油机运行和维修手册》

9.3.2 小型柴油发电机

（1）定义

柴油机是依靠燃烧柴油来获取能量释放的柴油机。它是由德国发明家鲁道夫·狄塞尔（Rudolf Diesel）于 1892 年发明，每台华龙机组共有 2 台 SBO 柴油发电机组，设备设备寿命为 40 年。在应急母线（EMA 和 EMB）同时失去电压的情况下，400 V SBO 柴油发电机组自动启动，通过其配电柜向 RSI 水压试验泵控制柜供电，RSI 水压试验泵启动以及 RCS 密封水注入恢复的机械系统的配置都是自动进行的。

在失去全部电源的情况下，400 V SBO 柴油发电机组除作为水压试验泵的备用电源外，还为主控室和重要机柜间通风系统、安全壳环形空间通风系统、主泵相关电动阀门及 72 h 交流不间断电源系统调压变供电，并保证控制室某些指示仪的工作，并使得单元机组运行必需的控制器可用。

（2）范围对象

SBO 柴油发电机组（主用）、SBO 柴油发电机组（备用）。

（3）结构原理

小型柴油发电机的型式为三项同步交流发电机组，额定功率为 800 kW，机组应能在 72 h 内满载持续运行，以下是柴油机的各项性能要求：

——柴油和润滑油的消耗量：柴油机在额定功率下柴油和润滑油的消耗量应符合相关标准规定；燃油特性：所用燃油其特性应符合 GB 252—2011 要求。

——润滑油特性：根据应急柴油机启动和运转的环境条件，出卖方推荐。在 0.9～1.2 倍额定转速范围内柴油发电机组周期性的扭振不会产生有害应力而导致机组性能下降。

——在如下累计时间内柴油发电机应能输出额定功率：① 8000 等效小时（可更换磨损件）。在非运行时也会老化的部件（软管、密封垫等）除外，这些部件的也应根据制造厂要求定期更换；② 约 1500 h 内不用机械拆装。

——机组噪声应满足从距离 1 m 假想表面的任何测点处测得的噪声平均值不大于 110 分贝。

每台柴油机必须配备两套独立的蓄电池启动装置，每套蓄电池都有能力启动本系统柴油机，当柴油发电机组处于备用状态时，为了防止柴油发电机在启动和带载期间的机械损坏，应采取措施确保冷却水系统的加热和润滑油系统的预润滑。在全厂断电时，柴油发电机组在接到启动信号 10 s 内应就能达到额定转速和额定电压，带上水压试验泵。柴油发电机组能够在不需要外部干预，连续 72 h 以额定工况运行。两台柴油发电机组设置一个共用燃油罐，其容量满足柴油发电机组以额定功率输出时可靠地运行 72 h 的用油量。

管道连接一般采用焊接结构，但是某些部位的连接如管道与阀门的连接可以采用法兰，以利于维修。所有法兰用螺栓者设有锁紧装置，法兰用紧固螺栓不少于四个。管道与容易发生振动或热位移的设备部件的连接，采用挠性连接方式。罐体采用焊接结构。所有可拆卸的设备与管道连接采用法兰连接型式。燃油管路尽量远离柴油机高温排气管，油箱采用焊接结构。

（4）指标与参数

表 352-01-09-11　指标与参数

名称	参数	名称	参数
额定容量	1000 kVA（铭牌）	功率因数	0.8（滞后）
额定功率	800 kW（铭牌）	极数	4
额定电压	400 V	额定转速	1500 r/min
额定电流	1520 A	效率	93%
额定频率	50 Hz	防护等级	IP23

（5）维修技术要求

1）预防性维修项目

表 352-01-09-12 预防性维修项目

设备名称预防修性维修项目	
项目名称	项目周期（1C 为 1 个燃料循环）
一年度检查	1C
两年度检查	2C
四年度检查	4C

2）检修主要内容

——一年度检查：

一年度检查的主要目的是在不对设备进行大的动作的前提下（如部件解体检查或者全解），对柴油机的外观、冷却水系统、空滤检查、润滑油、油管、传动皮带外观检查、蓄电池检查等项目进行检查确认，以便从总体上确认设备的运营状态。如果在日常检查中发现异常如润滑油异常（含金属颗粒等），可以及时升级为部件解体检查或者全解，以保证设备的运营质量。

完成任务所需的工时：16 h；设备不可用时间：16 h。

维修详细描述：

- 柴油机的表面灰尘/泄漏及异物检查；
- 冷却水液位及中冷器清灰或被异物情况检查；
- 检查并清洁空气过滤器堵塞情况；
- 检查柴油机油底壳润滑油液位及取样分析；
- 对柴油机燃油管路泄漏情况进行检查；
- 风扇及充电发电机传动皮带外观检查；
- 蓄电池电压及清洁检查。

一年度检查主要针对的是柴油机在运行过程中的一种状态监测，及时的发现设备可能存在的一些隐患，及时发现并在故障出现前提前解决，是保证设备质量极为重要的手段。

对于柴油机组而言，建议每一年必须进行一次一年度检查。一年度检中发现的异常可以及时升级为部件检查或者全面解体检查。

——两年度检查：

两年度检查主要是更换润滑油、燃油/滑油/空气过滤器更换、散热器清洗检查、油水分离器过滤器更换、燃油系统排气、检查/更换传动皮带等。

完成任务所需的工时：32 h；设备不可用时间 32 h。

两年度检查除了包括一年度检查范围外，还包括以下内容：

- 润滑油的更换；
- 油机燃油过滤器的拆卸及更换（密封圈的更换，新过滤器内部充油回装）；
- 柴油机滑油过滤器的拆卸及更换；
- 柴油机空气过滤器的拆卸及更换（恢复过滤器阻塞指示器）；
- 散热器清洗检查（检查散热器铝片是否损坏，检查焊接情况，安装支架连接情况）；
- 油水分离器过滤器更换；
- 燃油系统排气；
- 检查/更换传动皮带等。

● 本任务主要关注燃油/滑油/进气过滤器的年限使用要求情况。这类故障大部分属于随机效应，导致失效时间是随机的。这是一项基于实际情况的维修任务，对故障进行监视并在有故障预警时进行。

本节中的部件都是属于时间范围要求更换的部件，建议每两年进行一次常规部件更换。当然，在常规检查中发现了部件隐患或者问题，可以提前开始部件检查项目。

——四年度检查：

全四年度检查是在一年度及两度检查的基础上增加设备重要参数的检查，以检查柴油机实际运行状态情况，对于参数偏离要求值的缺陷，提前提出有效处理措施，使柴油机运行稳定。

完成任务所需的工时：40 h；设备不可用时间：40 h。

四年度检查除包括两年度检查的所有项目外，还应包括以下内容：

● 柴油机进排气气门间隙的检查和调整。

四年度检查是能够基本消除柴油机本体运行一般故障，可以排除燃油/滑油/冷却水/进气/启动等引起的故障。可以有效的解决已发生或者潜在可能发生的故障模式。

（6）技术规程清单

表 352-01-09-13　技术规程清单

序号	规程名称
1	一年度检查
2	两年度检查
3	四年度检查

（7）经验反馈

无。

（8）参考资料

无。

第二章 电　气

1 概述

本章主要从继电保护、电缆、发电机、电动机、GIS 设备、封闭母线、变压器、6.6 kV 中压配电装置、柴油发电机、低压电气设备 10 个要素对电气所涉及的维修技术规范内容进行描述，用以指导核电厂电气相关工作的开展。

表 352-02-01-01　电气技术要素

技术要素	包含内容
继电保护	主要包含开关站继电保护、NCS 监控继电保护、中压继电保护、柴油发电机继电保护、发变组继电保护、励磁系统的内容
电缆	主要包含 220 kV 电缆、500 kV 电缆、6 kV 电缆、二次电缆的内容
发电机	主要包含发电机励磁变压器、发电机定子铁芯和线圈、发电机转子、发电机出口断路器的内容
电动机	主要包含 6.6 kV 高压交流电动机、380 V 低压交流电动机、220 V 低压交流电机、直流电动机的内容
GIS 设备	主要包含断路器、隔离开关、接地开关、避雷器、电压互感器、电流互感器
封闭母线	主要包含封闭母线、风冷装置、微正压装置、空气循环干燥装置、智能防结露装置的内容
变压器	主要包含主变压器、厂用变压器、干式变压器、有载调压开关、电抗器的内容
6.6 kV 中压配电装置	主要包含真空断路器、真空接触器、电流互感器、电压互感器的内容
柴油发电机	主要包含发电机、发电机组励磁模块、柴油机控制系统的内容
低压电气设备	主要包含装卸料系统、380 V 交流低压盘柜、交直流系统、电动装置、水压试验泵柴油发电机组、低压系统切换、棒电源、停堆断路器、稳压器电加热器及调控柜、螺栓拉伸机环轨吊车、环吊、正常照明系统、应急照明系统、水下照明、光枪、闸门、硼伴热、通风系统的内容

2 引用文件

《智能变电站继电保护通用技术条件》(GB/T 32901—2016)

《厂用电继电保护整定计算导则》(DLT 1502—2016)

《继电保护和安全自动装置通用技术条件》(DLT 478—2010)

《大型发电机变压器继电保护整定计算导则》(DLT 684—2012)

《大型发电机组涉网保护技术规范》(DLT 1309—2013)

《大型核电发电机变压器组继电保护技术规范》(GB/T 37549—2019)

《同步电机励磁系统大、中型同步发电机励磁系统技术要求》(GB/T 7409.3—2007)

《大型汽轮发电机励磁系统技术条件》(DL/T 843—2010)

《电网运行准则》(GB/T 31464—2015)

《电力系统稳定器整定试验导则》(DL/T 1231—2013)

《额定电压 220 kV 交联聚乙烯绝缘电力电缆及其附件（高压分册）》(GB/Z18890—2002)

《电力设备预防性试验规程》(DL/T 596—1996)

《电气设备交接试验标准》（GB50150—2006）
《电力设备预防性试验规程》（DL/T 596—1996）
《滚动轴承与轴和外壳的配合》（GB/T 275—1993）
《核电厂电动机调试技术导则》（GB/T 25738—2010）
《旋转电机定额和性能》（GB 755—2000）
《滚动轴承与轴和外壳的配合》（GB/T 275—1993）
《核电厂电动机调试技术导则》（GB/T 25738—2010）
《电力设备预防性试验规程》（DL/T 596—1996）
《高压开关设备和控制设备的共用技术要求［S］》（GB/T 11022—1999）
《交流无间隙金属氧化物避雷器》（GB 11032—2000）
《交流电力系统金属氧化物避雷器使用导则》（DL/T 804—2014）
《金属氧化物避雷器状态检修导则》（DL/T 1702—2017）
《气体绝缘金属封闭开关设备现场耐压及绝缘试验导则》（DL/T 555—2004）
《电力设备预防性试验规程》（DL/T 596—2005）
《电磁式电压互感器》（GB 1207—2006）
《气体绝缘金属封闭开关设备现场耐压及绝缘试验导则》（DL/T 555—2004）
《电力设备预防性试验规程》（DL/T 596—1996）
《铝母线焊接技术规范》（DL/T 754）
《高电压试验技术第 1 部分》（GB/T 16927.1）
《高电压试验技术第 2 部分》（GB/T 16727.2）
《电力变压器　第 1 部分：总则》（GB 1094.1—1996）
《电力变压器　第 2 部分：温升》（GB 1094.2—1996）
《电力变压器　第 5 部分：承受短路的能力》（GB 1094.5—2008）
《电力变压器　第 7 部分：油浸式电力变压器负载导则》（GBT 1094—2008）
《电力变压器检修导则》（DL/T 573—2010）
《变压器油中溶解气体分析和判断导则》（DL/T 722—2014）
《电力变压器绕组变形的频率响应分析法》（DL/T 911—2016）
《电力变压器运行规程》（DL/T 572—2010）
《电工术语　变压器、调压器和电抗器》（GB/T 2900.95—2015）
《干式电力变压器》（GB 1094.11—2007）
《干式电力变压器技术参数和要求》（GB/T 10228—1997）
《电力变压器检修导则》（DL/T 573—2010）
《电力设备预防性试验规程》（DL/T 596—2005）
《爆炸性气体环境用电设备通用要求》（GB 3836.1—83）
《爆炸性气体用电气设备隔爆型“d”》（GB 3836.2—2000）
《电站阀门电动执行机构》（DL/T 641—2015）

3　术语和定义

NCS：（NETWORK CONTROL SYSTEM，电力网络计算机监控系统）；
RTU：（Remote Terminal Unit，远程终端控制系统）；
GIS：（Gas Insulated Switchgear，气体绝缘全金属封闭开关设备）；

FAC：发电机出线箱强迫风冷装置；

IPB FAC：离相封闭母线强迫风冷装置；

PMC：装卸料系统全称。

4 继电保护

本节总结概括常规继电保护内容，主要包括内容见表 352-02-04-01：

表 352-02-04-01 继电保护次级技术要素

次级技术要素	包含内容
开关站继电保护	为 500 kV 开关站提供电气量保护
NCS 监控继电保护	电力网络计算机监控系统
中压继电保护	中压继电保护为 6 kV 母线及其下游负载提供电气量保护，在故障发生时可以在约定时间内隔离故障点，保障被保护设备的安全运行，将设备损害将至最小
柴油发电机继电保护	柴油发电机继电保护为发电机及其出口电缆提供电气量保护
发变组继电保护	可以实时监测发电机、主变压器、常规岛高压厂变压器和核岛高压厂变压器的运行工况并提供保护
励磁系统	跟踪励磁机励磁电流、并网后跟踪发电机机端电压的基础上为励磁机提供稳定可靠的励磁电流

4.1 开关站继电保护

4.1.1 定义

TV：电压互感器。

CT：电流互感器。

4.1.2 范围对象

500 kV 开关站继电保护设备有线路保护、开关站母线保护、断路器失灵保护、短引线保护，所有保护装置均放置于外壳全金属的一体化屏蔽机箱内。

4.1.3 结构原理

详见 4.1.4 节指标与参数。

—— 配置线路保护、开关站母线保护、断路器失灵保护、短引线保护等保护；

—— 各保护具有完善的保护判据以及闭锁条件；

—— 线路保护双套冗余配置。

4.1.4 指标与参数

（1）断路器失灵保护

断路器失灵保护是指故障电气设备的继电保护动作发出跳闸命令而断路器拒动时，利用故障设备的保护动作信息与拒动断路器的电流信息构成对断路器失灵的判别，能够以较短的时限切除同一厂站内其他有关的断路器，使停电范围限制在最小，从而保证整个电网的稳定运行，避免造成发电机、变压器等故障元件的严重烧损和电网的崩溃瓦解事故。断路器拒动是电网故障情况下又叠加断路器操作失灵的双重故障，允许适当降低其保护要求，但必须以最终能切除故障为原则。在现代高压和超高压电网中，断路器失灵保护作为一种近后备保护方式得到了普遍采用。

500 kV 断路器配置失灵保护微机保护装置。该装置是由微机实现的数字式断路器保护与自动重合闸装置，其功能包括断路器失灵保护、三相不一致保护、死区保护、充电保护等。

1）保护程序结构

主程序按固定的采样周期接受采样中断进入采样程序，在采样程序中进行模拟量采集与滤波，开关量的采集、装置硬件自检、交流电压断线和起动判据的计算，根据是否满足起动条件而进入正常运行程序或故障计算程序。正常运行程序中进行采样值自动零漂调整及运行状态检查，运行状态检查包括交流电压断线、同期电压断线、检查开关位置状态判别等。不正常时发告警信号，信号分两种，一种是运行异常告警，这时不闭锁装置，提醒运行人员进行相应处理；另一种为闭锁告警信号，告警同时将装置闭锁，保护退出。

故障计算程序进行失灵保护、死区保护、三相不一致保护、充电保护跳闸逻辑，并进行事件报告、故障报告及波形的整理。

2）正常运行程序

——交流电压断线：

三相电压向量和大于 12 V，保护不起动，延时 1.25 s 发 TV 断线异常信号；TV 断线时，将低功率因素元件退出，装置的其他功能正常。三相线路电压恢复正常后，经 10 s 延时后全部恢复正常运行。

满足以下条件时可不接三相交流电压（与门条件）：

- 低功率因素元件不投；
- 重合闸退出或者重合闸投入时检同期和检无压元件均退出；
- 如果重合闸投入，必须整定为先合重合闸，如果为后合重合闸，则“后合检线路有压”控制字必须为“0”；
- 本侧为非电厂侧。

当满足以上条件时装置也不进行 TV 断线判别。

——电压、电流回路零点漂移调整：

随着温度变化和环境条件的改变，电压、电流的零点可能会发生漂移，装置将自动跟踪零点的漂移。

——跳闸位置异常告警：

当线路有电流且跳闸位置继电器动作，或三相跳闸位置继电器不一致，经 10 s 延时报跳闸位置继电器异常。跳闸位置异常报警在正常运行程序与故障处理程序中始终进行计算。

——同期电压断线：

当重合闸投入且处于三相重合闸或综合重合闸方式，如果装置整定为重合闸检同期或检无压方式，开关在合闸位置时输入的同期电压小于 40 V 经 10 s 延时报同期电压异常。如重合闸不投，或重合闸投入时重合方式为不检重合，则该路电压可以不接入本装置，装置也不进行同期电压断线判别。

3）起动元件

装置总起动元件与保护起动元件一样，均为电流变化量起动、零序过流元件起动、位置不对应及外部跳闸起动四种。

表 352-02-04-02　启动元件

序号	启动方式	功能
1	电流变化量起动	该元件动作并展宽 7 s，去开放出口继电器正电源
2	零序过流元件起动	零序过流门坎值可以整定，零序过流继电器满足条件，起动元件动作并展宽 7 s，去开放出口继电器正电源
3	跳闸位置起动	这一部分的起动由用户选择投入，条件满足总起动元件动作并展宽 15 s，去开放出口继电器正电源
4	外部跳闸起动	当有外部跳闸输入且无外部跳闸告警时，起动元件动作并展宽 7 s，去开放出口继电器正电源

4）失灵保护启动方式

断路器失灵保护按照如下几种情况来考虑，即故障相失灵、非故障相失灵和发、变三跳起动失灵；

另外，充电保护动作时也起动失灵保护。

——故障相失灵：

按相对应的线路保护跳闸接点和失灵过流高定值都动作后，先经“失灵跳本开关时间”延时发三相跳闸命令跳本断路器，再经“失灵动作时间”延时跳开相邻断路器。

——非故障相失灵：

由三相跳闸输入接点保持失灵过流高定值动作元件，并且失灵过流低定值动作元件连续动作，此时输出的动作逻辑先经“失灵跳本开关时间”延时发三相跳闸命令跳本断路器，再经“失灵动作时间”延时跳开相邻断路器。

——发、变三跳起动失灵：

由发、变三跳起动的失灵保护可分别经低功率因素、负序过流和零序过流三个辅助判据开放。三个辅助判据均可由整定控制字投退。输出的动作逻辑先经“失灵跳本开关时间”延时发三相跳闸命令跳本断路器，再经“失灵动作时间”延时跳开相邻断路器。

（2）短引线保护

所谓短引线指的是对于 3/2 接线方式下，主变出口刀闸外中开关与边开关之间的这个区域，因此顾名思义短引线保护也就是对这一部分的保护。当机组正常运行时，如果短引线区域发生短路，相当于主变高压侧发生短路，故障点位于中开关 CT 和边开关 CT 与主变 CT 之间，也就是主变差动保护的保护范围内，主变差动保护会立刻动作跳闸切除故障，此时显然不需要短引线保护。当机组停运时，若想继续成串运行，提高 500 kV 开关站供电可靠性，则需要将主变高压侧隔离刀闸断开后再将对应串的断路器全部合闸，此时机组停运主变保护退出，则短引线区域带电运行但没有保护了，因此需要设置专门的短引线保护来保护这一区域。其保护范围是主变高压侧隔离刀闸至两开关之间的接线部分。短引线保护由主变高压侧隔离刀闸的辅助触点来投入或退出。

短引线保护除了作为短线部分的保护外，还可以用作充电保护，即对空载变压器充电，作为带电设备首次进行带电的主保护，因为这时主变保护还没有使用过。进行充电前先手动通过压板投入短引线的跳闸回路，当设备充电发生短路故障时，继电器中流过短路电流，瞬时切除断路器，起到充电保护作用。如果充电无故障发生，充电电流只是很小的电容电流或不平衡电流，继电器不会动作。这时短引线保护的保护范围扩大到变压器本体。

短引线保护采用数字式短引线保护装置。该装置主要用作于 3/2 接线方式下的短引线保护，也可兼用做线路的充电保护，充电保护由两段和电流过流保护构成。保护的出口正电源由线路隔离刀闸的辅助接点与装置的起动元件共同开放，使保护的安全性得以提高。

1）保护程序结构

由于短引线保护与断路器失灵保护装置同为同一厂家生产的微机型保护装置，二者的保护程序结构相同。而短引线保护装置与断路器失灵保护装置的不同在于其故障程序进行差动保护、充电保护的判别逻辑以及跳闸逻辑，并进行事件报告、故障报告及波形的整理。

2）装置总起动元件

起动元件的主体以反应相间工频变化量的过流继电器实现，同时又配以反应全电流的零序过流继电器互相补充。数字式短引线保护装置因接入线路两侧断路器 CT 的和电流，在进行起动与保护计算时直接用各相电流计算，不需要计算两个开关各相的和电流，但在以下表达中，保护装置的各相交流量仍用两个开关各相的电流和形式表示。

——电流变化量起动：

分别分相测量两组 CT 和电流的工频变化量幅值，由最大相电流突变量幅值得到电流突变量起动元件的判距。该元件动作并展宽 7 s，去开放出口继电器正电源。

——零序过流起动元件：

测量两组 CT 和电流幅值，每侧零序电流均由 A、B、C 三相电流相加自产得出。当此电流大于零序电流起动定值时，零序电流起动元件动作并展宽 7 s，去开放出口继电器正电源。

——和电流起动元件：

分别分相测量两组 CT 和电流幅值，当最大相和电流大于充电保护电流定值，且充电保护投入（硬压板及相应各段软压板投入），和电流起动元件动作并展宽 7 s，去开放出口继电器正电源。

3）线路充电保护

线路充电保护由两段和电流过流保护构成，通过屏上保护投入压板或线路隔离刀闸及充电保护投入整定控制字控制。

4）CT 断线判别

带延时 CT 断线报警在保护采样程序中进行，当零序和电流起动元件长期起动时间超过 10 s 发 CT 断线告警信号。延时的 CT 断线报警也兼起电流采样回路自检功能。

只有在某侧电流同时满足下列条件时，方认为是 CT 断线：

- 只有一相电流为零（小于 $0.1I_n$）；
- 其他二相电流与起动前电流相等（小于 $0.1I_n$）。

CT 断线闭锁保护装置出口。

（3）线路保护

线路继电保护采用分相电流差动保护，配以相应的光纤通道以 2 m 复用方式构成全线速动保护。每回线路配置两套不同厂家生产的分相电流差动保护原理的微机保护作为主保护，每套主保护又具有完善的后备保护。从电流互感器、电压互感器二次绕组、直流控制电源、跳闸线圈均实现了完全独立。通信通道采用复用光纤通道，光纤为地线复合光缆。

线路保护配置了两套完全相同功能的分相电流差动保护作为主保护，以距离保护作为后备保护。保护功能都集成在 1 个继电器内部，此外网控侧的每套保护还为启用方向零流保护功能而加装了 1 个相同的继电器。为了启动失灵保护，主控侧还外加了 1 个失灵继电器和 2 个失灵时间继电器。网控侧和主控侧的两套保护装置的通信采用光缆通信。正常情况下，两套保护装置同时运行，如果一套保护装置故障，可以短期内退出运行。

（4）母线保护

母线边断路器上的 CT 二次回路接入保护输入单元，在输入单元中形成差动量和制动量，并输入至母差测量单元进行比较测量判断区内区外故障，通过逻辑单元驱动出口回路。逻辑单元由母线保护的各种功能模块组成，这些模块包括 CT 二次回路的监视闭锁、弱电回路电源监视闭锁、母差动作驱动出口回路、母差动作指示、CT 二次回路断线指示。逻辑单元输出接点起动出口继电器，跳闸出口回路，同时，还留有母线侧断路器失灵动作起动母差跳相邻断路器的入口。母线保护动作后同时输出接点至各母线侧断路器保护柜起动失灵及闭锁重合闸。

4.1.5 维修技术要素

表 352-02-04-03 预防性维修项目

项目名称	项目内容	项目周期（C 为一个燃料周期）
线路保护全面检查	定值校验、绝缘检查、端子紧固	4C
线路保护定期检查	绝缘检查、端子紧固	2C
线路保护传动试验	开关传动试验	2C
断路器保护全面检查	定值校验、绝缘检查、端子紧固	4C
断路器保护定期检查	绝缘检查、端子紧固	2C
母差保护全面检查	定值校验、绝缘检查、端子紧固	4C
母差保护定期检查	绝缘检查、端子紧固	2C

（1）保护全面检查

主要工作内容为模拟量采样检查、开入量检查、模数转换检查、各保护定值校验、交直流回路绝缘检查、端子紧固等工作。

（2）保护定期检查

主要工作内容为模拟量采样检查、开入量检查、模数转换检查、交直流回路绝缘检查、端子紧固等工作。

4.1.6 质量管理

（1）巡回检查

检查各保护装置是否工作正常，盘面有无报警。

（2）预防性检修计划

根据机组大修状态进行预防性维修。

（3）特别检修计划

在发现不正常情况时，应采取特别检修措施，对有关部分进行检修。

4.1.7 经验反馈

电力监控系统报“5023 开关失灵保护”闭锁退出

故障现象：断路器失灵保护装置上出现 TV 断线及充电黄灯点亮。

检查处理：同型更换 5023 开关失灵保护装置 CPU 插件。

缺陷原因：CPU 插件工作异常。

后续改进：偶发缺陷，巡检关注。

4.1.8 技术规程清单

表 352-02-04-04 技术规程清单

序号	规程名称
1	线路保护全面检查
2	线路保护定期检查
3	线路保护传动试验
4	断路器保护全面检查
5	断路器保护定期检查
6	母差保护全面检查
7	母差保护定期检查

4.1.9 参考资料

[1]《智能变电站继电保护通用技术条件》（GB/T 32901—2016）[S].

4.2 NCS 监控继电保护

4.2.1 定义

NCS：（NETWORK CONTROL SYSTEM，电力网络计算机监控系统），它是变电站自动化实现的一种形式。

RTU：（Remote Terminal Unit，远程终端控制系统）。

变电站自动化的任务：完成对变电所电气量及非电气量的采集和电气设备的状态监视、控制、调节，以便实现对变电所正常运行时的监视和操作，从而保证变电所的正常运行和安全。在变电所发生事故时，完成对瞬态电气量的的采集、监视和控制（由继电保护、故障录波等完成），并迅速切除故障，实现对事故后变电所恢复正常运行的操作。

变电站自动化的模式：将控制、测量功能和继电保护功能分别由不同的设备完成，再由串行口或者网络将微机化的监控系统、微机型继电保护装置、微型故障录波器等连接起来，构成变电站自动化系统。另一种模式，便是将控制、测量功能和继电保护功能全部由一个设备完成。目前比较流行的是前一种模式，它将控量控制、保护及通信技术相结合，并采用模块化的结构设计，把完成各种不同功能的单元模块通过总线进行连接，构成一个完成变电站自动化功能的、多 CPU 的变电站自动化系统。

4.2.2 范围对象

变电站自动化系统的组成：变电站自动化系统采用分层设计，每一层完成不同的功能，每一层的功能由该层的一组设备完成。它包括变电站层、间隔层（单元）层和设备层。变电站层是指同整个变电所有关的功能和设备，主要有全所性的监控主机、人机接口、通信接口等。变电站层设备一般设于控制室。

间隔层：指一个间隔内的全部功能和设备。间隔层的设备包括测量控件单元和继电保护单元，间隔层一般按继路器间隔划分。

设备层：指变电所的生产过程设备，如断路器、隔离开关、变压器、电流互感器、电压互感器等。

以秦山核电二厂 3、4 号机组为例，升压站采用 3/2 不完全接线，只有进线，没有出线。发电机与变压器采用单元接线，设有发电机出口断路器。NCS 系统则是对上述工程将数据采集、信息处理、远程控制一身的计算机监控系统。

整个监控系统基于双以太网，分为两个部分：间隔层，分布在 500 kV 继电器小室、3 号继保间小室，小室放置 2 个交换机和若干个测控单元组成；每个测控单元通过其 I/O 模板完成本间隔的测量、监控、同期以及防误闭锁，并通过双以太网连接到本小室的交换机上，每个小室的两个交换机通过光缆直接连接到站控层的屏柜交换机。

站控层系统包括：4 台操作员站、2 台主机、1 台工程师站，1 台网关机。用于两级调度通信的 2 台远动通信装置。同时在控制室还配置了公用信息管理机，完成与各小室微机保护、电度表、直流监视系统、绝缘监视系统等站内其他设备的通信。

4.2.3 结构原理

详见 4.2.4 小节。

——电源模块为测控单元箱体上的中央以及外围模块提供电源，正常输入电压为 110 VDC，输出电压 30 VDC，公差：±5%，总额定功率 80 W；

——所有的输入通过光隔离器与内部逻辑电压及其他组的输入、输出进行隔离，每一组的输入电压可进行调节，扫描及监视精度可达 1 ms；

——所有测控柜为双 CPU 配置，互为热备用；

——整个站控层与间隔层的通信采用的是高速以太网，利用 104 规约。

4.2.4 指标与参数

（1）间隔层

间隔层由按电气单元组屏的测控部件组成，并配置 500 kV 断路器操作箱，该箱配有开关各相跳、合闸线圈断线监视继电器和电源监视继电器；测控部件具有交流采样测量、防误闭锁、同期检测、间隔层断路器紧急操作和主接线状态及测量数字显示等功能。间隔层单元测控是通过每一个测控单元实现的(即一个测控柜)。测控单元是一个模块化的，多处理器控制的并且是可参数化设计的自动化设备，完成综合过程控制和远动技术相结合的任务(就地的和全分布式的自动化)。测控单元提供了就地自动功能和远动功能。

一个测控单元形成了一个自动化单元并且包括如下组件：电源单元、外围 I/O 模板、中央处理和通信单元。

1）电源单元

电源模块为测控单元箱体上的中央以及外围模块提供电源，正常输入电压为 110 VDC，输出电压 30 VDC，公差：±5%，总额定功率 80 W。

2）外围 I/O 模板

外围 I/O 模板主要有开关量输入模板、开关量输出模板、直接变压器输入模板，它们主要用于过程开关量和模拟量的采集和输出。

开关量输入模板在测控单元自动化模块中是作为有微处理器支持的外围模块。开关量输入被分为三个组，每一个组有 8 个输入和一个公用输入（相同的基准电位）。所有的输入通过光隔离器与内部逻辑电压及其他组的输入、输出进行隔离，每一组的输入电压可进行调节，扫描及监视精度可达 1 ms。

直接变压器输入模板系统元件是带有一个微处理器的外围元件，用于电流采样和通过 4 个电压互感器及 3 个电流互感器输入推导计算出变量值（均方根、有功功率、无功功率、功率因数、线或相电压）。此模板还可进行同步检查。

开关量输出模板是 16×1 开关量输出的继电器（24-220 VDC/230 VAC），用来对系统中的开关量信号进行输出，为 16 点光电隔离输出。

3）中央处理和通信单元

此单元提供 2 路开关量输出、1 个控制 LED 显示的开关、控制光缆系统总线的逻辑、通过光总线与外围模块的通信、一个 16 位微处理器和数值处理器。

以中核核电运行管理有限公司秦二厂 3、4 号机组为例做说明：间隔层有三个小室，其中 500 kV 小室有：5011 及 3 号主变测控柜、5012 测控柜、5022 测控柜、5023 及 4 号主变测控柜和 500 kV 公用测控柜；3 号继电器小室中有：辅助变测控柜、3 号发变组测控柜；4 号继电器小室有 4 号发变组测控柜。每一个测控柜电源采用两路 110 V DC 供电方式，无扰动切换。所有测控柜测控单元的开关量接点的电压等级采用 110 V DC。所有测控柜为双 CPU 配置，互为热备用。测控中配有配置 500 kV 断路器操作箱，跳闸回路采用的是双重化回路。双重化回路是指同一个断路器的两套从电源到构成回路中的所有二次元件完全独立的分闸回路。两套分闸回路具有完全独立的直流控制电源，该直流电源完全独立且分别引自不同的直流电源；回路中的所有二次元件包括继电保护元件和断路器的电量和非电量元件完全独立；双重化回路的逻辑出口，计算机监控系统出口分别动作同一个断路器的两个独立的跳闸线圈。

为了满足就地手动控制，5011 及 3 号主变测控柜、5012 测控柜、5022 测控柜、5023 及 4 号主变测控柜设有远方和就地切换开关以及跳合闸按钮，其软件也作相应的配置。当计算机监控系统站及控制层停运时，在测控屏控制面板上可对断路器实现一对一的操作，最大限度保证设备的可操作性。

NCS 间隔层统一时钟的实现方式：5011 及 3 号主变测控柜、5012 测控柜、5022 测控柜、5023 及 4 号主变测控柜及公用测控柜为串口通信。间隔层发变组测控柜、辅助变测控柜中的测控单元接入 GPS 时钟的分脉冲，通信处理装置接收 GPS 时钟屏的 B 码脉冲再转化为串口对时，通信处理装置将“年月日时分”的信息通过网络传送到上述发变组测控柜、辅助变测控柜的测控单元中。间隔层通过网络将含有时序信息的报文传送到站控层。

（2）通信处理装置（远动部分）

以中核核电运行管理有限公司秦二厂 3、4 号机组为例做说明：远动系统结构如下：生产机组主要通过 TG5700RTU 采集 500 kV 开关站第三、四、五、六串开关、1 号、2 号发电机变压器，220 kV 杨柳变电站的遥测、遥信量。根据扩建工程监控系统的设计要求，需要把 RTU 的数据全部导入 NCS 系统，NCS 作为全厂和整个 500 kV 联合开关站的唯一的对外数据接口，向网/省调发送全厂和整个 500 kV 开关的监控数据。

RTU 与 NCS 的物理连接采用串口；利用 RTU 两台主机原有的串口与 NCS 的两台通信处理装置的连接，RTU 主机一与通信处理装置一相连接，RTU 主机二与通信处理装置二相连接，通信处理装置作为主站，RTU 主机作为子站。RTU5700 以 IEC 60870-5-101 规约将相关遥测、遥信量转发到通信处理装置。扩建部分两套通信处理装置（一主机，一备机）接收间隔层测控单元采集的（第一二串开关，3 号、4 号发电机变压器，220 kV 鸽山变电站）的遥测、遥信量。

通信处理装置将 NCS 的采集信息和 RTU 转发信息进行组态，筛选网调、省调需要的数据，做统一的转发表，以 IEC 60870-5-101 规约、IEC 60870-5-104 规约，上送网调，省调。

通信处理装置由中央处理器、处理通信模块、通用串行接口处理器组成的。

（3）站控层

NCS 站控层采用分布式设计，采用双服务器+四操作员工作站+工程师站+智能接口管理机+网关管理机的系统模式，完成站内监控功能，全面提供变电站设备的状态监视、控制、信息记录与分析等功能。整个站控层与间隔层的通信采用的是高速以太网，利用 104 规约。

以中核核电运行管理有限公司秦二厂 3、4 号机组为例做说明：站控层设备的布置：两台主机（即双服务器）、网关管理机、智能接口管理机以组屏方式布置于 500 kV 开关站继保室中。两台操作员（1 号、2 号）和工程师站布置在 500 kV 开关站值班大厅中，同时将 3 号操作员站放于 3 号主控，4 号操作员站放于 1 号主控，操作员站的这样布置是为了主控人员能全面的了解 500 kV 开关站的运行状态，在一定特殊情况下，可以将 500 kV 开关值班人员操作权限收回，主控人员获得操作控制权。工程师站主要是做为工程师日常维护的。两台主机采用冗余设置，互为备用。网关管理机的设置是来做网络接口管理。智能接口管理机主要用于变电站内第三方智能设备（保护装置、直流屏、电度表等）进行通信，达到信息共享的目的，方便运行监视。智能管理机通过 NSC 公共信息管理机集中接入实现与站内其他智能设备通信。

站控层采用软件系统采用 UNIX 平台。它可实现以下功能：

1）数据采集、处理

通过间隔层测控单元实时采集模拟量、状态量、脉冲量、保护及综合自动化信息、时钟信息等。并对数据进行工程转换、零漂、合理性校验等预处理，并实时更新数据库。

2）统计、计算与分析

系统对模拟量、状态量均可进行计算、统计与分析，如进行电度量的分时统计管理，主要一次设备停运时间、次数、运行小时的数的统计管理，保护、开关动作次数的统计管理，母线电量平衡、电压合格率、变压器负荷率及损耗的计算分析等。

3）报警处理

当在系统范围内发生需要引起操作员注意的情况时，系统会产生一系列报警信息。报警方式有图形报警、文字报警、语音报警、打印报警四种。报警类型有越限告警、变位报警、事故报警、工况告警、系统本身告警。

4）历史数据处理

系统提供一种历史数据查询手段，可以方便地查询各种设备、各种类型、各个时间段的历史数据，可按类型对历史数据分类统计。

5）控制操作

提供就地操作、测控装置操作、监控系统操作三种方式，能完成对扩建每一二串开关的遥控。三种操作方式均能实现全站逻辑闭锁功能。后台操作用双机监护。

6）图形界面

通过操作员工作站可对全站电气设备运行参数和设备状态进行监视，画面支持双屏显示。系统提供功能强大、灵活自如的报表编辑工具，并支持在线打印、定时打印和召唤打印。

7）远动功能

支持 101、104 等多种规约，具备与调度主站通信实现四遥功能，满足电网调度实时性、安全性、可靠性和实用化要求。

8）继电保护管理功能

可以召唤定值、测量值、软压板、开关量和定值区号，可以下装定值、软压板、切换定值区号，复归保护。

4.2.5 维修技术要素

预防性维修项目

（1）绝缘检查

用 500 V 摇表测量直流电源回路对地、交流电流回路和交流电压回路对地绝缘电

阻值。绝缘值应大于 1 MΩ。

（2）外观检查及清扫控制柜

屏内各元件外观应良好，无损坏。各回路接线应完好。对端子排接线应紧固。

卡件工作正常、无报警。

（3）装置上电检查

检查机柜内电源模件指示灯是否显示正常，检查各部分电压和极性是否正确。检查测控单元控制器模件、网络通信模件、I/O 模件，检查各模件的运行状态是否正常，指示灯是否正确，就地控制屏是否有故障告警等。

（4）输入单元测试

模拟量精度测试：根据信号类型，依次输入 0、50%、100%量程信号到监控柜的模拟量输入端子，对应参数表，分别检查监控柜以及操作员站显示的相应点的测量点号是否对应。采样值误差不大于±5%或 0.05 A/0.1 V。

（5）继电器校验及更换

表 352-02-04-05　NCS 维修项目

项目名称	项目内容	项目周期（C 为一个燃料周期）
测控柜预防性维修	采样检查、绝缘检查、端子紧固	2C
测控柜 500 kV 开关分合闸线圈监视继电器定期更换	监视继电器更换	4C

继电器动作电压不大于 70%额定工作电压，返回电压不小于 5%额定工作电压。辅助触点接触电阻不大于 1 Ω。

测控柜预防性维修：

测控柜预防性维修项目主要工作内容为装置开关量输入检查、模拟量采样检查、绝缘检查、端子紧固等。

测控柜 500 kV 开关分合闸线圈监视继电器定期更换：

监视继电器同型更换。

4.2.6 质量管理

（1）巡回检查

——各测控柜工作正常，卡件无报警；

——系统正常，页面数据刷新，电脑无死机。

（2）预防性检修计划

——根据机组大修状态进行预防性维修。

（3）特别检修计划

在发现不正常情况时，应采取特别检修措施，对有关部分进行检修。

4.2.7 经验反馈

（1）增加反校逻辑

故障现象：在调试初期，从操作员站做遥控操作时，遥控预置完成后，如果不想继续进行遥控操作，点取消遥控后不会取消遥控命令，而是继续向下进行遥控执行命令。

检查处理：在间隔层增加了逻辑判断和反校逻辑，当间隔层测控柜收到站控层下发的遥控预置命令时，进行逻辑判断，如果满足条件则发出返校信息，站控层遥控预置成功，否则站控层遥控与之失败。在站控层遥控预置成功后，如果操作取消预置，则间隔层返回相应信息，取消遥控，如果操作遥控执行，则间隔层向下发出遥控操作。

缺陷原因：预置逻辑不满足现场要求。

后续改进：需要逻辑。

反校逻辑：当操作为远方操作，且闭锁逻辑正确，则反校成功，否则只要有一个条件不满足，反校失败。对于可以由主控和 NCS 操作的 50116、50236 的刀闸和第一二串的断路器（5011、5012、5022、5023），反校逻辑为：远方操作、闭锁逻辑正确、NCS 允许，三者缺一不可。

（2）操作命令无效

故障现象：在 500 kV 倒送电期间，运行操作人员在等指挥下命令时就从站控层操作员站下发遥控操作命令遥控预置成功，进行操作遥控执行时，操作执行失败。当第二次进行操作时，操作成功。

检查处理：经检查分析认为遥控预置成功后，如果间隔较长时间没有下发遥控执行命令，间隔层测控柜收不到任何命令，则认为取消遥控，这时再进行要控执行操作则不会操作成功。因此，在进行遥控操作时，遥控预置和遥控执行的命令中间不能停顿太长时间。

缺陷原因：逻辑配置问题。

后续改进：运行人员组织培训。

4.2.8 技术规程清单

表 352-02-04-06　NCS 维修项目维修规程

序号	规程名称
1	测控柜 500 kV 开关分合闸线圈监视继电器定期更换检修规程
2	测控柜预防性维修

4.2.9 参考资料

[1]《NCS 系统使用手册》[R]. 国电南瑞科技股份有限公司，2007.

[2]《测控单元技术说明书》[R]. 西门子.

4.3 中压继电保护

4.3.1 定义

中压继电保护：为 6 kV 母线及其下游负载提供电气量保护，在故障发生时可以在约定时间内隔离故障点，保障被保护设备的安全运行，将设备损害将至最小。

中压系统保护继电器：主要为过流接地保护继电器、电动机保护继电器、带制动特性的差动保护继电器、高阻抗型差动保护继电器、综合电压保护继电器、零序保护继电器、应急段母线低压继电器、微机消谐装置、弧光保护等。

4.3.2 范围对象

过流接地保护继电器主要为中压母线电源进线以及变压器负荷出线提供过流和接地故障保护。

电动机保护继电器主要为电动机负荷提供三相热过载保护、电动机堵转保护、三相定时限过流保护、定时限接地故障保护、相序或相不平衡保护、定时限低电流保护、累积启动计数和重启动闭锁功能等保护。

带制动特性的差动保护继电器为循环水泵电机（CRF）提供差动保护。

高阻抗型差动保护继电器为主泵电机（RCP）、主给水泵电机（APA）提供差动保护。

综合电压保护继电器为正常段中压母线提供低电压保护。

零序保护继电器为正常段中压母线提供零序电压保护。

应急段母线低压继电器为应急段中压母线提供低电压保护与零序电压保护。

微机消谐装置为中压系统提供消除系统谐振功能。

弧光保护为中压母线系统提供燃弧保护。

4.3.3 结构原理

详见 4.3.4 技术参数、指标小节。

4.3.4 指标与参数

（1）过流接地保护继电器

过流及接地保护继电器用于中性点不接地、经电阻接地或阻抗接地的辐射式馈线的短路和接地故障保护。

保护继电器包括过电流模块和零序电流模块两部分，它们都具有高度灵活的跳闸和信号输出。馈线保护可根据使用要求，采用单相、两相或三相过流保护以及无方向零序电流保护。

保护装置硬件由两大部分组成：过电流单元和接地故障单元，包括三相定时限或反时限低定值过流保护、三相电流速断或高定值过流保护、定时限或反时限低定值接地故障保护、瞬时或定时限高定值接地故障保护。

过流元件和零序电流过流元件均可选择定时限或反时限（IDMT）特性。当选择反时限（IDMT）特性时，本继电器可提供六种实用的特性曲线，其中四种曲线分别为：正常反时限、极反时限、甚反时限和长反时限。

保护继电器跳闸出口、外部闭锁、保护曲线选择等功能均可由继电器内部二进制控制字进行设定。

1）综合保护继电器的过流元件

继电器模块的电流元件是设计作为单相、两相或三相过流保护。它包含两个过流段，即过电流保护 $I>$ 和电流速断保护 $I\gg$ 。

过电流保护的动作可根据定时限和反时限特性。在定时限动作方式时，其动作时间 $t>$ 可在 0.05～300 s 的整定值范围内直接以秒为单位整定。当采用反时限动作方式（I.D.M.T）时，四种国际标准和两种特殊型式的时间/电流特性是有效的。同样编程开关可用来选择所需要的动作特性。

电流速断保护的动作时间可在 0.04～300 s 范围内单独整定。两段过流动作都可以具有自保持功能，电流速断保护整定值范围为 $0.5 \sim 40 \times I_n$。

2）综合保护继电器的零序电流元件

继电器模块的无方向零序电流元件是单极零序电流元件。它包括两段零序过流，即零序过电流 $I_o>$ 和零序电流速断保护 $I_o\gg$ 。

零序过电流 $I_o>$ 起动电流的设定范围工作于定时限制为 $0.5 \sim 5.0 \times I_n$，反时限则为 $0.5 \sim 2.5 \times I_n$，零序电流速断保护的动作时间 $t_o\gg$ 可在 0.05～300 s 范围内单独整定。

零序电流速断保护的起动将闭锁基于反时限特性的零序过电流的动作。而且在严重故障情况下，过流元件的动作时间由零序电流速断保护的整定时间决定。两段零序过流的动作信号都可以具有自保持功能。

（2）电动机保护继电器

电动机保护装置包括如下保护功能：三相热过载保护、电动机堵转保护、三相定时限过流保护、定时限接地故障保护、相序或相不平衡保护、定时限低电流保护、累积启动计数和重启动闭锁功能等。

保护继电器用于保护由断路器或接触器控制的交流电动机，可灵活地作为馈线的单相、两相或三相保护继电器。跳闸出口触点有两种类型：一种是常开触点适用于断路器控制装置，另一种是常闭触点适用于具有自保持操作回路的接触器控制装置。

为了保证继电器在两相输入情况下不平衡保护和逆相保护能正确动作，应将两相和电流接到第三相电流的输入端。在单相应用场合下可采用串联接线方式让相电流通过两个或三个相电流输入端，这样可以加快继电器的动作速度和提高热保护单元动作的稳定性。

保护继电器跳闸出口、外部闭锁、保护曲线选择等功能均可由继电器内部二进制控制字进行设定。

1）热过载保护单元

热过载单元为电动机在负载变化的情况下提供全面的热过载保护。电动机的温升曲线是条指数曲线，其稳态值取决于负载电流的平方。热过载单元的动作值由继电器的两个整定值来确定。满载电流（FLC）整定值 I_θ决定了单元的动作值，而时间整定值 *t*6x 决定了动作时间。整定值 *t*6x 表示电动机冷态下以六倍的 FLC 启动时热过载单元的动作时间。

热保护单元包含两条不同的温升曲线，一条表示短时和长时过载，并导致跳闸，另一条曲线维持原有热背景的轨迹。加权系数 *P* 确定两条曲线的温升比率，它能在 20%～100%之间选定。对直接在线启动具有热急增点特性的电动机，系数 *P* 整定在 50%。不带热急增点特性的场合，如电缆或用软启动器启动的电动机，其整定值为 100%。

对于变化中的电流，热保护单元根据加权系数 *P* 的值以不同的方式运行：

当 *P*=50%时，热保护单元计入电动机的热急增点特性并在短时热耗和长时热背景之间作出区别。在诸如启动的暂态过程结束后，热耗值急速下降，相当于电动机的热急增点已消除，这意味着电动机多次启动的可行性比较高。比较时间/电流特性曲线的热态和冷态曲线图就能看出这种特性。

当 *P*=100%时，脱离重载状态后，热耗值仅能缓慢地下降到轻载时对应的新数值。此时该单元适应于没有热急增点特性的负载，例如软启动方式的电动机或电缆或不存在热急增点特性的其他负载。

电动机的静止状态定义为电动机电流低于 I_θ的 12%。在电动机停转期间，它的冷却能力降低，这时用于运算的冷却时间常数应该大于由 *t*6x 确定的升温时间常数。将升温时间常数乘以倍率 *kc* 就可获取冷却时间常数，*kc* 可在 1～64 整数范围内选定。

电动机的启动状态定义为起始电流低于 I_θ的 12%，也就是静态，然后电流在 60 ms 内上升到高于 1.5 倍的 I_θ。当电流经 100 ms 后回落到 1.25 倍的 I_θ以下时，即认定启动状态已结束。

任何时候只要辅助电源消失或接通，继电器就认定电动机热耗增至热容量的 70%左右。这可确保重载情况下跳闸信号能够及时发出。在轻载的情况下，继电器计算得出的热耗值将逐渐衰减至与电动机电流相一致的实际值。

2）启动监视单元

启动堵转保护两种不同的方式来实现：过电流定时限保护方式的启动监示和基于计算热耗的启动监示方式。

最直接的方式是采用过电流定时限功能监示启动时间。启动的条件由检测定值 I_s 是否超出来确定并且允许的启动时间整定成 *t*s。

电流 *I*>段的整定范围是 1.0～10×I_n。过流段动作时间 t_s 的整定范围是 0.3～80 s。

低定值过流单元的动作带有自保持特性，输出继电器可以用五种不同的方式复位。

过流段的起动电流整定范围为 1.0～10×I_n。过流段动作时间的整定范围为 0.3～80 s。

3）高定值过流单元

如果一相或几相电流上升至整定值，则高定值过流段起动。同时发出起动信号。当过流现象延长至动作时间的整定值时，就发出跳闸信号让开关跳闸。高定值过流段起动电流整定范围为 0.5～20×I_n，高定值过流段动作时间 t≫ 整定范围为 0.04～30 s。

高定值过流单元的动作具有自保持特性。

启动过程中，高定值过流段的整定值 I≫/I_n 也可整定成自动加倍功能。

4）接地故障单元

无方向性接地故障单元是个单极零序过流单元。它具有一个整定范围为 1.0～100% I_n 的低定值过流段 I_0>。动作时间可整定在 0.05～30 s 范围内。

I_0>段的动作可通过该段上的闭锁信号 BS 实现闭锁。接地故障单元（高定值段）的动作具有自保持特性。

在使用接触器控制元件时，可通过整定来防止过高电流场合下接地单元的误动作，在这种情况下，只要线电流上升至由两个开关整定的 4，6 或 8 倍满载电流 $I_θ$时，接地单元的动作将被闭锁。

在中性点不接地的系统中，有时需要接地故障单元不作用于跳闸而仅输出信号。此时只要将连接接地故障单元与跳闸输出 TS2 之间的开关整定成分断状态即可。如果单元选定跳闸动作，则跳闸输出 TS2 和被选定的信号输出继电器两者均动作。如果单元仅选定发信形式，则跳闸输出 TS2 不动作。

5）相不平衡单元

相电流不平衡单元具有单相保护和反时限电流不平衡保护的功能。电路的不平衡通过检测相电流的最高值与最低值即可得出，即不平衡值ΔI=100%（ILmax-ILmin）/ILmax。在完全不平衡时显示器指示 100%，相当于负序电流 I_2=57.8%。若不平衡分量上升至动作整定值ΔI，则该单元起动，同时定时器也起动，动作时间取决于不平衡程度以及根据下图所整定的动作时间 tΔ。实际的不平衡分量处于最低可整定的起动值（10%）时，动作时间等于 tΔ的整定值，而单相运行情况下，动作时间为 1 s 左右。

动作电流的整定范围为 10～40%IL 或∞。不平衡单元的基本动作时间 tΔ整定范围为 20～120 s。

不平衡单元的动作具有自保持特性。

为了使两相接线场合下的相不平衡单元的动作更精确，应该将两相电流向量和当成第三相电流互感器的值，即把实际的第三相电流建立起来。

6）逆相序单元

逆相保护以相电流正半周出现的顺序为根据。如果相电流以错误的顺序上升，该单元起动，而且令断路器在一秒钟之内动作。通过开关可选用或闭锁逆相保护。动作之后的指示及输出继电器状态如同前述的不平衡单元一样。

7）启动时间累计器

每次电动机启动时，它的启动时间都累加至记数器Σ$t$si，若寄存器的数值超出Σ$t$si，由于再启动赋能的继电器被复位，则电动机任何再启动的尝试将被中止。除了启动时间最大累加值外，复原的速率也要整定，它是按需要递减的启动时间寄存器内的分量要衰减多快来确定的。如果电动机在 4 h 内最多允许启动三次，每次启动时间为 60 s，则应该使定值Σ$t$si=3×60=180 s，及定值ΔΣ$t$si=180 s/4 h=45 s/h。

（3）带制动特性的差动保护继电器

具有制动特性的差动保护继电器主要为设备的线圈多相短路、匝间短路提供保护。继电器的额定交流输入电流为 5 A 和 1 A。高压侧和低压侧可以使用不同或相同的电流。

差动继电器比较被保护对象两侧的相电流。如果某相差动电流超出制动特性区或模块瞬动保护段的整定值，模块就会发出动作信号。电流幅值差或相位差都可能产生差动电流。

除了制动段外，差动继电器模块还具有一个单独可调的瞬动段，其动作不被制动。当计算出的差动电流基波分量超出动作的整定值 I_d/I_n≫ 或差动电流的瞬时值超出 2.5×I_d/I_n≫ 时，差动电流瞬动段动作。瞬动段 I_d/I_n≫ 的定值范围是 5～30。如果制动电流小于差动电流的 30%，这几乎可以肯定保护区内发生故障。在这种情况下，动作整定值将自动减半且制动段的闭锁也将自动解除。

（4）高阻抗型差动保护继电器

高阻抗型差动保护由压敏电阻和一检测电压的继电器组成。高阻抗差动保护具有显著的特点，对于穿越性故障，即使在电流互感器 CT 饱和情况下，保护也不会误动，而且对保护区内故障有较高的灵敏度。此外，在内部故障时，由于高阻抗差动保护继电器本身配有压敏电阻器，可将差动保护回路中的电压限制在可以接受的水平。

正常运行时，电机驱动端电流 I_1 与中性点侧电流 I_2 相等，因此电流不流经继电器线圈，加在继电器输入端的电压 U_{ab} 也为零，继电器不会动作。

当发生区内故障时，二次回路原有的平衡被打破，流经继电器线圈的电流不为零，加在继电器输入端的电压 $U_{ab}=R_j \times I_j$，继电器将会动作。根据回路二次等效电路，CT 的故障电流可分为流向 CT 励磁阻抗的电流和流向继电器的电流，因此 CT 励磁阻抗越大，越能检测出更小的故障电流，保护的灵敏度就越高。

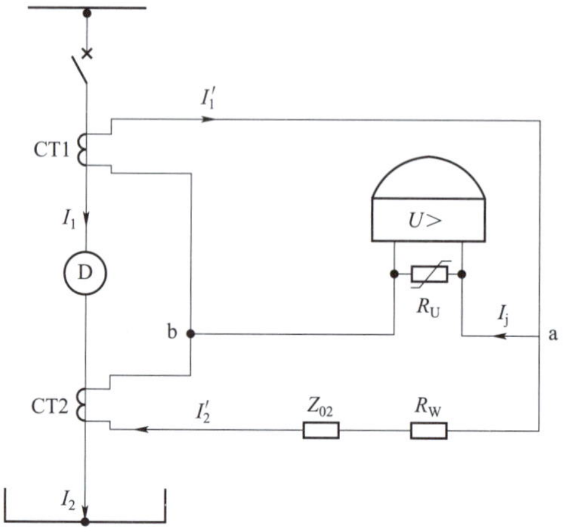

图 352-02-04-01　电动机负荷高阻抗差动保护原理图

当发生区外故障时，若较大的穿越性故障电流致使电机两侧 CT 饱和程度不一致，假设电机中性点侧 CT2 率先饱和，则其励磁阻抗几乎为零，由于高阻抗继电器内阻较高，其阻抗值远大于饱和的 CT2 二次绕组漏阻抗 Z_{02} 与二次电缆电阻 R_w 之和，因此未饱和的电机驱动端侧 CT1 的二次电流将流入饱和的中性点侧 CT2，而继电器中流过的电流很小，加在继电器输入端的电压仅相当于饱和侧 CT2 的二次回路的电压降，因此 CT 二次漏抗越低，继电器越不容易误动。

（5）综合电压保护继电器

综合电压保护继电器接于中压母线 P_T 二次侧，具有过电压和低电压保护功能。秦山核电 3、4 号机组使用低电压保护功能，低电压设定值分为高值和低值。

当系统电压值低于设定的低设阶段启动值，低压单元将在约 80 ms 启动时间后开始传送启动信号。当在定时特性设定的运行时间过后，低压单元将传送保护动作出口信号。

系统电压值定于设定的高设阶段启动值时，低压单元将在约 50 ms 确定时间后开始传送启动信号。

低压阶段的启动与跳闸可以设置成在测量值低于 0.2 U_n 时使用组合开关内部闭锁。

低压阶段的跳闸也可以通过向继电器施加外部二进制输入信号闭锁。

（6）零序保护继电器

继电器用于中性点不接地系统接地保护故障检测。该保护继电器构成完整的保护方案。该继电器接于中压母线 P_T 二次侧开口三角。

当检测的电压超过电压设定值时，继电器启动，当故障一致存在，达到继电器设定的延时时间后，继电器动作出口。

（7）应急母线电压继电器

继电器为单相过压和低压继电器，为应急段中压母线提供低电压保护与零序电压保护。

低电压继电器接于应急母线 P_T 二次侧，过压继电器接于应急母线 P_T 二次侧开口三角。

（8）微机消谐装置

微机消谐装置能自动消除电网中的 1/10 次分频、1/7 次分频、1/5 次分频、1/3 次分频、1/2 次分频、基频和 3 次高频铁磁谐振的功能。装置接于各段中压母线 P_T 二次侧开口三角

（9）弧光保护

弧光保护为母线配置的短路燃弧保护，由断路器室和母线室顶部配置的限位开关叠加母线进线开关过流保启动信号构成。

4.3.5 维修技术要素

（1）预防性维修项目

表 352-02-04-07 预防性维修项目

项目名称	项目内容	项目周期（C 为一个燃料周期）
开关保护及表计校验	交、直流回路绝缘情况，保护装置动作特性，各型号中间继电器动作值、返回值，变送器输出特性、指针式表计特性	4C
6 kV 母线弧光保护预防性维修	弧光保护回路试验	4C

——开关保护及表计校验：

开关保护及表计校验工作主要工作内容为检查开关柜内交、直流回路绝缘情况，保护装置动作特性，各型号中间继电器动作值、返回值，变送器输出特性、指针式表计特性、弧光保护回路完好性。

（2）预防性维修长周期项目

表 352-02-04-08 预防性维修长周期项目

项目名称	项目内容	项目周期（C 为一个燃料周期）
开关二次部分长周期维护		8C
开关二次部分长周期维护（日常实施部分）		12C

——预防性维修长周期项目：

预防性维修长周期项目工作主要工作内容为更换开关柜内保护装置、继电器及电流、电压变送器。

4.3.6 质量管理

（1）巡回检查

——保护装置电源指示正常，无报警；

——装置屏幕正常点亮，数据刷新。

（2）预防性检修计划

根据机组大修状态执行。

（3）特别检修计划

在发现不正常情况时，应采取特别检修措施，对有关部分进行检修。

4.3.7 经验反馈

（1）4LHA001TB 段电保持接触器控制电失电跳闸

故障现象：4LHA001TB 段电保持接触器跳闸。

检查处理：现场检查发现直流控制电源母排端子由于端子压接问题导致接触不良，造成直流供电中断，导致电保持接触器跳闸。

缺陷原因：端子压接接触不良。

后续改进：申请变更，将直流控制母排进行环节，避免由于某一节点接触不良导致直流电源失电。目前变更已经批准，正在按照计划实施。

（2）4LGA 段母线弧光保护限位安装异常导致报警

故障现象：4LGA001TB 段产生电气异常报警。

检查处理：现场检查发现一断路器柜顶弧光回路 S364 节点限位由于安装原因造成支架倾斜，随着运行时间的增加，节点断开，造成回路报警。

缺陷原因：支架安装异常。

后续改进：大修期间普查支架安装情况。

4.3.8 技术规程清单

表 352-02-04-09 预防性维修项目规程清单

序号	规程名称
1	中压母线弧光保护及控制电源小母线预防性维修
2	变压器柜保护及表计预防性维修
3	电动机中压柜保护及表计预防性维修规程
4	进线柜保护及表计预防性维修
5	母线 PT 柜保护及表计预防性维修
6	保护装置长周期更换规程

4.3.9 参考资料

[1]《厂用电继电保护整定计算导则》(DL/T 1502—2016) [S].

[2] 继电保护和安全自动装置通用技术条件：DL/T 478—2010 [S].

4.4 柴油发电机继电保护

4.4.1 定义

柴油发电机继电保护：为发电机及其出口电缆提供电气量保护，在故障发生时可以在约定时间内隔离故障点，保障被保护设备的安全运行，将设备损害将至最小。

4.4.2 范围对象

柴油发电机继电保护单独组屏，位于柴油机组电气控制间。保护系统由综合保护装置、低电压继电器、直流电流监视继电器及其相关继电器组成。

综合保护装置：提供差动保护、低电压记忆定时限过电流保护、定子过负荷保护、过电压保护、低电压保护、失磁保护、频率异常保护、逆功率保护、定子接地保护。

低电压继电器：提供应急工况下低电压保护。

直流电流监视继电器：提供机组过励磁电流和低励磁电流报警。

4.4.3 结构原理

详见 4.4.4 技术参数、指标小节。

4.4.4 指标与参数

(1) 装置工作电源

1) 综合保护装置

装置采用直流 24 V 电源。电压允许范围 19～58 V DC。交流文波电压允许值≤15%的辅助电压。

2) 低电压继电器

装置采用直流 24 V 电源。电压允许范围 18～30 V DC。

3) 直流电流监视继电器

装置采用直流 24 V 电源。电压允许范围 19～390 V DC。

(2) 装置运行环境

1) 综合保护装置

装置连续运行的建议温度为–5～+55 ℃，允许的湿度为年平均 75%的相对湿度。

2）低电压继电器

装置连续运行的建议温度为–20 ℃～+70 ℃，允许的湿度为小于95%的相对湿度。

3）直流电流监视继电器

装置连续运行的建议温度为–25 ℃～+70 ℃，相对湿度湿度大于95%时超过56 d。

（3）装置绝缘性能

综合保护装置、低电压继电器以及直流电流监视继电器要求用500 V绝缘电阻表测试装置所有电路与外壳之间的绝缘电阻，不小于1 MΩ。

（4）保护技术参数

1）综合保护装置

具有8个电流输入端子和4个电压输入端子。其中，有两组各3个电流输入端子用于测量被保护对象各侧的相电流，另外2个单独的灵敏电流输入端子（IEE）可以用于测量毫安级的二次侧电流。3个电压输入端子用于采集单相对地电压，第四路电压输入端子测量开口电压，用于定子接地故障保护功能。

在模拟量输入端至少存在一个交流量，且该交流量的幅值至少在其额定值的5%以上时，装置可以持续不断地获得测量量的频率，并且用于保护装置实际采样频率的自适应。这样，就确保了保护功能和测量功能在一个宽广的频率范围内可以获得正确的结果，也确保了在11 Hz到69 Hz范围之内的测量精度。

保护装置前面面板布置了发光二极管（LEDs）和液晶显示窗（LCD），可以提供保护装置的各保护功能状态、事件报告、装置运行状态和测量值等信息。保护装置还集成了控制键和数字键，因此可以就地对保护装置进行相关操作。可以调出保护装置任何类型的信息，诸如组态和整定的参数、运行值显示以及故障信息。

前面面板上设置的9针RS232串行接口，该接口用于与个人计算机之间的通信。通过SIPROTEC4的操作软件DIGSI，所有的操作和评估工作都可以通过这个操作员接口来执行，如设定和修改组态与定值、配置用户特定的逻辑功能、调出运行信息和故障信息还有测量值、读出并显示故障录波以及查询装置的状态和测量值。

——差动保护：

差动保护采用比率差动保护原理，分为比率制动段和速动段。

比率制动段设置两段斜率，分别为0.25、0.5。差动电流最小启动值按照发电机额定电流的20%整定。差动速动电流按照大于暂态短路电流的稳态分量整定。

——低电压记忆定时限过电流保护：

低电压记忆定时限过电流保护作为短路故障的后备保护。

过电流保护带有低电压段（可以断开）辅助条件。过电流保护启动以后（即使电流值又掉到定值以下），如果电压的正序分量低于某个门槛值（其值可以设定），可以利用低电压条件设定过电流的记忆时间。通过这种方式，延长了跳闸时间并且确保跳开相关断路器。如果在过电流的记忆时间范围内电压又恢复过来，或者通过开关量输入信号闭锁了低电压条件，如电压互感器保护开关跳开以及电机停止运行时，过电流保护将立即返回。

过电流定值按照1.4倍发电机额定电流整定。具体延时时间根据中压网络级配设计确定。低电压闭锁设置成低于正常操作时的最低线电压，闭锁的保持时间必须长于后备时间与断路器分断时间之和。

——定子过负荷保护：

定子过负荷保护功能用于保护发电机定子绕组不受热过负载的危害。

保护功能对保护对象的热剖面进行建模（过负载保护有记忆能力），在算法中既考虑了保护对象之前的过负载情况，也考虑了保护对象向周围环境的散热。热模型取决于发电机允许的最大持续定子过流，这个最大持续定子电流由发电机制造商提供。

——过电压保护：

过电压保护功能用于保护运行中的发电机免遭非允许的过电压危害。在过电压倍数很高的情况下，保护的跳闸命令延时可以整定得较短从而快速切除相关设备。而在过电压倍数不高的情况下，保护的跳闸命令延时可以整定得较长，以便让电压自动调节装置有机会将电压调整到正常运行水平。

过电压保护设置两段，其中第一段为长延时段，对稳态过电压时间进行干预。过电压定值按照 115%的发电机额定电压进行整定，延时时间设置为 1.5 s。

第二段为短延时段，过电压定值按照 130%的发电机额定电压进行整定，延时时间设置为 0.3 s。

——低电压保护：

低电压保护功能用于检测运行中电机的电压下降，以避免电机出现不允许的运行工况以及可能失去稳定。

低电压保护设置两段，其中第一段为长延时段，对稳态过电压时间进行干预。低电压定值按照 80%的发电机额定电压进行整定，延时时间设置为 5 s。

第二段为短延时段，低电压定值按照 65%的发电机额定电压进行整定，延时时间设置为 2 s。

——失磁保护：

失磁保护作用是当励磁系统发生故障或者励磁调节装置不正常时，保护同步电机不至于运行在异步状态，以及防止转子过热。

保护装置采用电流和电压的正序分量计算出阻抗的倒数（相当于导纳）。导纳测量的方法，总是产生物理上近似的稳定极限，这个稳定极限与机端电压相对额定电压的偏移无关。因此，即使在机端电压偏移的情况下，保护装置的动作特性也可以很好地接近电机的稳定特性。因为此原理评估正序分量系统，所以即使在机端电流或者电压出现非对称分量时，保护装置也可以可靠地探测到同步电机的失磁状态。

根据发电机的直轴同步电抗计算相应的导纳值，乘以 1.05 的安全系数后得到特性 1 与横坐标轴的交点值。在大部分的情况下，电机厂家给出有功功率很低时的最小励磁电压。正是因为这个原因，在有功负载很小时，特性 1 被特性 2 切断，于是特性 2 与横坐标轴的交点值设定为 0.9 倍的特性 1 与横坐标轴的交点值。

失磁保护的特性 3 用于匹配同步电机的动态稳定极限特性，其值在发电机的同步电抗和暂态同步电抗之间取值。

——频率异常保护：

频率保护功能用于检测发电机运行中出现的频率非正常偏高和偏低的异常工况。

频率保护功能由四段频率保护元件 f 1 到 f 4 组成。为了使频率保护在不同的电力系统运行工况下均能灵活运用，这四段频率保护元件都可以分别用作低频率保护或者高频率保护，并且可以独立地执行不同的控制功能。

频率保护定值按照机组特性及系统要求整定。

——逆功率保护：

发电机在正常运行时如果失去了原动机动力，就会导致同步发电机做电动机状态运行，从电网吸收能量驱动柴油机运转。这种情况将会导致柴油机损坏，这时就需要装设发电机的逆功率保护，在短时间内跳开发电机与电网的断路器从而阻止这种危险的发生。

逆功率保护的算法是通过取得的最近 16 个周波的平均值，从电压和电流基波的对称分量很准确地计算出有功功率。逆功率保护评估的是正序分量，这样做的好处是使得逆功率保护独立于非对称分量，从而真实地反映原动机动力系统的带载情况。

逆功率保护按照发电机标称有功功率的 5%整定。

——定子接地保护：

定子接地保护功能用于探测三相发电机定子绕组回路中发生的接地故障。故障的判据主要是看是否出现开口电压，这种原理的定子绕组接地故障保护可以探测发电机定子绕组 90%～95%范围的接地故障。

当发电机空载运行时，保护装置提供了发电机的接地故障保护。当发电机出口断路器合闸，发电机接入应急母线后，保护装置的接地故障信号出口被闭锁。

定子接地保护的定值按照不对称运行电压的两倍整定。

2）低电压继电器

当柴油发电机组应急运行时，为机组提供低电压保护。低电压继电器共计 3 个，采取三取二出口跳闸逻辑。

低电压继电器低电压定值按照 70%系统额定电压整定，延时时间为 3 s。

3）直流电流监视继电器

直流电流监视继电器用来监测励磁电流。

直流电流监视继电器设置欠电流保护和过电流保护定值，动作延时时间应稍高于励磁控制系统的响应时间。

欠电流保护电流定值可按照空载励磁电流的 70%整定，过电流保护电流定值可按照额定励磁电流的 120%整定。

4.4.5 维修技术要素

——预防性维修项目：

表 352-02-04-10 柴油发电机继电保护装置维修项目内容与周期

项目名称	项目内容	项目周期（C 为一个燃料周期）
定检	装置外观检查、接线端子检查、二次回路绝缘检查、装置上电检查	1C
全检	装置外观检查、接线端子检查、二次回路绝缘检查、装置上电检查、模拟量及开关量输入检查、输出跳闸及输出信号检查、事件记录功能检查、整定值的整定及检验、整组试验	4C

（1）定检

- 装置外观应完好，无破损、过热等痕迹；
- 屏内端子接线应紧固，端子无破损、过热等痕迹；
- 用 500 V 绝缘电阻表测试装置所有电路与外壳之间的绝缘电阻，不小于 1 MΩ；
- 装置上电后电源指示、屏幕显示等应无异常。

（2）全检

- 装置外观应完好，无破损、过热等痕迹；
- 屏内端子接线应紧固，端子无破损、过热等痕迹；
- 用 500 V 绝缘电阻表测试装置所有电路与外壳之间的绝缘电阻，不小于 1 MΩ；
- 装置上电后电源指示、屏幕显示等应无异常；
- 装置模拟量输入检查应记录零漂和额定值采样，额定值采样误差不应超过±5%；
- 装置开关量输入应正确；
- 装置跳闸输出及信号输出应按照定值及通道设定正确输出；
- 装置事件记录功能应正常，可正常导出相关记录；
- 装置定值应和整定单一致；
- 装置各保护设定值与检验值误差不应超过±5%；

- 屏内继电器校验应满足继电器检验相关标准；
- 装置跳闸通道应完整可靠；
- 所有试验完成后应检查安措均已恢复原状。

4.4.6 质量管理

（1）巡回检查

——保护装置所处房间温度及相对湿度应在保护装置要求范围内，当超出时应立即采取措施进行纠正；

——装置电源灯正常点亮，无报警。

（2）预防性检修计划

根据机组大修状态。

（3）特别检修计划

在发现不正常情况时，应采取特别检修措施，对有关部分进行检修。

4.4.7 经验反馈

（1）综合保护装置。

——对于装置本身输出二次信号是电压信号还是电流信号，需要通过装置内部板卡上的跳线进行修改后才能进行设定。

——装置中定值的地址如果带有 A 字样，比如差动保护比率段的延时设定地址为 2026 A，如需设定该定值，则必须通过装有 DIGSI 软件的个人计算机连接装置后才能设定，并且在装置本体上查看定值的界面并不显示定值地址带有 A 后缀定值信息。基于此，差动保护的速断定值校验，必须通过连接个人计算机将差动保护比率段的延时时间修改后才能执行。

——基于定子过负荷保护模型中对于被保护设备热量的记忆功能，在校验其过负荷曲线时，需要对装置进行断电复位，否则校验结果叠加了上次校验时的热量。

——失磁保护校验时，应注意保护装置采用电流和电压的正序分量计算出阻抗的倒数（相当于导纳），注意输入电压、电流的相位关系。也可通过公式变换，将定值转换为阻抗圆的形式进行校验。

——逆功率保护校验时，应注意原始设计回路中电压、电流互感器二次侧极性，注意输入电压、电流的相位关系。

——低电压保护和定子接地保护校验时应注意外部节点信号的闭锁逻辑。

（2）低电压继电器

关注电压定值是线电压和相电压的区别。

（3）直流电流监视继电器

该型号继电器的定值设定均为机械旋钮设定，整定精度不高，需要多次调整、验证。该回路继电器串接在励磁回路间，尤其关注励磁回路的完整性。

4.4.8 技术规程清单

表 352-02-04-11 柴油发电机继电保护装置维修项目维修规程

序号	规程名称
1	柴油发电机组保护定检
2	柴油发电机组保护全检

4.4.9 参考资料

[1] 应急柴油发电机保护定值［R］. 中国核工业第二研究设计院，2009.

[2] 继电保护和电网安全自动装置检验规程：DL/T 955—2016［S］.

4.5 发变组继电保护

4.5.1 定义

发电机变压器组保护系统：可以实时监测发电机、主变压器、常规岛高压厂变压器和核岛高压厂变压器的运行工况并提供保护，在故障发生时可以在最短的时间内隔离系统的故障部分，保障相关设备的安全运行，使损害降至最小。

4.5.2 范围对象

发电机变压器组保护系统包括发电机保护、主变压器保护、常规岛高压厂用变压器保护和核岛高压厂用变压器保护柜及相应保护管理机柜。其中所有电量保护为双重化保护，非电量保护为单套保护。

4.5.3 结构原理

（1）发电机保护配置

1）发电机差动保护

保护发电机定子绕组及其引出线的相间短路故障。均应具有以下主要功能及技术要求：

——应具有防止区外故障误动的谐波制动和比例制动特性，防止发电机过激磁时误动，差动保护应具有防止 CT 饱和误动的措施；

——当电流互感器发生断线时，可选择发出报警信号或闭锁差动，当电流大于额定电流的 1.2～1.5 倍时应自动解除闭锁；

——在同一相上出现两点接地故障（一点区内、一点区外）时，可动作出口；

——动作电流的整定范围应为 0.1～1.0 额定电流；

——动作时间（2 倍整定电流时）不大于 30 ms；

——差动保护动作后采用跳闸方式三动作出口继电器。

2）发电机负序电流保护

负序电流保护由定时限和反时限两部分特性构成。应具有以下主要功能及技术要求：

——定时限部分应具有灵敏的报警单元；

——反时限部分动作电流按照发电机承受负序电流的能力确定，保护应能反应负序电流变化时发电机转子的热积累过程；

——删除；

——反时限特性的长延时应可整定到 1000 s；

——反时限整个特性应由信号起动段、反时限段二部分组成；

——保护固有延时不大于 70 ms；

——负序电流保护动作后采用跳闸方式三动作出口继电器。

3）发电机失磁保护

保护发电机在发生失磁或部分失磁时，防止危及发电机安全及电力系统稳定运行的保护装置，其主要功能和技术要求如下：

——发电机失磁保护由静稳和异步阻抗元件、机端低电压元件及负序电压闭锁元件组成。

——应能检测机组的静稳/异步边界，还应能检测不同负荷下各种全失磁和部分失磁。

——应防止机组正常进相运行时和电力系统振荡时的误动，还应防止系统故障、故障切除过程中以及电压互感器断线时的误动，当电压互感器回路断线时应发出报警信号。

——固有延时不大于 70 ms。

——失磁后当机端电压低于设定值后，经 $t1$ 延时后采用跳闸方式五动作于出口继电器，低电压元件判据可用软件投退。失磁后经 $t2$ 延时后直接采用跳闸方式五动作于出口继电器，低电压元件判据可用软件投退。

——对发电机失磁、失步保护，要采取相应措施来防止系统单相故障发展为两相故障时，失步继电器的不正确动作行为。在发电机进相运行的上限工况时，防止发电机的失步、失磁保护装置不正确跳闸。

4）发电机逆功率保护

保护发电机在运行时因失去蒸汽而造成电动机运行方式，从而使汽轮机尾部叶片受损的保护装置。逆功率分为两个部分：一是作为保护装置程序跳闸的起动元件；另一个是作为逆功率保护元件。其主要功能和技术要求如下：

——作为程序跳闸起动元件，在汽机主汽门关闭并且逆功率继电器动作的情况下，经较短延时起动跳闸；作为电动机运行方式保护元件，当发电机-变压器组在线运行时，逆功率继电器动作但未得到主汽门关闭信号时经较长的时限起动跳闸。逆功率继电器动作还要求输出一付接点用于手动跳发电机断路器的联锁条件，该接点的动作电流要求满足发电机断路器跳闸回路的要求，具体设联会确定。

——有功测量原理应与无功大小无关。

——当电压互感器回路断线时应闭锁装置并发出报警信号。

——有功最小整定应不大于 10 W（二次的三相功率，额定电流为 5 A)。

——返回系数不小于 0.9。

——固有延时（1.2 倍整定值时）不大于 70 ms。

——逆功率保护动作后程序跳闸元件采用跳闸方式三动作出口继电器，逆功率保护元件采用跳闸方式三动作出口继电器。

5）发电机正向低功率保护

延时返回，正向低功率继电器动作要求输出一付接点用于手动跳发电机断路器的联锁条件，该接点的动作电流要求满足发电机断路器跳闸回路的要求，延时时间设联会确定。

6）发电机过负荷保护

过负荷保护由定时限和反时限两部分组成，定时限部分用于起动报警信号，反时限部分应具有与发电机定子绕组的过载容量相匹配的特性，可以模拟定子绕组的热积累过程并采用跳闸方式三动作出口继电器。

7）发电机定子接地保护

保护发电机定子及其引线的单相接地。外加交流 20 Hz 电源定子单相接地保护（第一套）与双频式定子接地保护（第二套）构成发电机定子单相接地保护的双套不同原理的保护，且在发电机起机和停机状态都能起保护作用。

外加交流 20 Hz 电源发电机定子单相接地保护是在发电机定子回路对地之间外加一个交流 20 Hz 电源，发电机正常运行时，20 Hz 电源几乎不产生电流，发生定子单相接地故障时对地绝缘被破坏，20 Hz 电源将产生电流。当接地故障电阻计算值低于电阻的高整定值时保护发信号告警，当接地故障电阻计算值小于电阻的低整定值时保护动作于跳闸。保护另外设有工频零序过流定子接地保护作为外加交流 20 Hz 电源发电机定子单相接地保护的补充。本保护通过修正，进一步提高了检测的灵敏度。采用注入式发电机定子接地保护，其 20 Hz 电源、滤波器由保护厂家配套提供。

8）频率异常保护

保护汽轮机，为防止发电机在频率偏低或偏高时，使汽轮机的叶片及其拉筋发生断裂故障的保护装置，其主要功能和技术要求如下：

——该保护应能反应频率下降和持续低频运行的时间累计；

——应根据汽轮机的频率-时间特性，具有按频率分段时间累积功能，时间累积在装置断电时应能保持；

——低频累加时间在停机前应能记忆，大修期间的功能试验不应计入低频累加中，在起机前应能很方便地恢复到停机前的低频累加时间；

——在发电机停机过程和停机期间应自动闭锁频率异常保护；

——低频保护应在发电机-变压器组断路器合闸后投人运行；

——当电压互感器回路断线时不误动并发出报警信号；

——频率测量范围为 40～65 Hz；频率测量允许误差±0.01 Hz；

—— 低频保护包括信号段和跳闸段，跳闸段动作采用跳闸方式五动作出口继电器（具体时间累积的整定应根据汽轮机厂资料）。

9）过励磁保护

过励磁保护保护发电机过励磁，即当电压升高和频率降低时工作磁通密度过高引起绝缘过热老化的保护装置。保护装置设低定值和高定值两个时限，低定值定时限动作于信号，低定值反时限及带延时的高定值动作于跳闸。

其主要功能和技术要求如下：

——保护装置应设有定时限和反时限两个部分，以便同发电机的过励磁特性近似匹配；

——当电压互感器回路断线时不误动并发出报警信号；

——装置适用频率范围 25～65 Hz，电压整定范围 1.0～1.5 额定电压；

——过励磁返回系数不小于 0.97～0.98；

——装置固有延时（1.2 倍整定值时）不大于 70 ms；

——反时限长延时应可整定到 1000 s；

——发电机过励磁定时限动作信号，反时限采用跳闸方式三动作出口继电器。

10）发电机过电压保护

保护发电机在起动或并网过程中发生电压升高而损坏发电机绝缘的事故。其主要功能和技术要求如下：

——电压整定范围：1～2 额定电压；

——返回系数不小于 0.97～0.98；

——固有延时不大于 30 ms；

——采用跳闸方式三动作出口继电器。

11）突加电压保护

突加电压保护用于当汽轮发电机在盘车的情况下，发电机-变压器组的断路器意外合闸，突然加上电压，发电机投入运行后应能可靠退出，采用过流元件和低阻抗元件双重化保护，瞬时动作延时返回。突加电压保护动作后采用跳闸方式三动作出口继电器。

12）发电机失步保护

保护发电机在发生失步时，造成机组受力和热的损伤及厂用电压急剧下降，使厂用机械受到严重威胁，导致停机、停炉严重事故的保护装置。其主要功能和技术要求如下：

——应能检测加速和减速失步；

——应能区分短路故障与失步、机组稳定振荡与失步；

——应具有区分振荡中心在发电机变压器组内部或外部的功能；

——应能记录滑极次数；

——应具有选择失磁保护闭锁或解除失步保护以及当电流过大危及断路器安全跳闸时应闭锁出口的功能；

——当电压互感器回路断线不误动并发出报警信号；

——固有延时不大于 70 ms；

——失步保护动作后采用跳闸方式四动作出口继电器。

13）发电机定子匝间保护

发电机匝间保护作为发电机内部匝间短路的主保护。保护采用纵向零序过电压和故障分量负序方向（ΔP_2）判据构成，装在发电机端，不仅可作为发电机内部匝间短路的主保护，还可作为发电机内部相间短路及定子绕组开焊的保护。当发电机三相定子绕组发生相间短路、匝间短路及分支开焊等不对称故障时，在故障点出现负序源。故障分量负序方向元件的$\Delta \dot{U}_2$和$\Delta \dot{I}_2$分别取自机端 TV、CT，纵向零序电压取自机端专用 PT。

保护动作后采用跳闸方式三动作出口继电器。

14）发电机断路器失灵保护起动电流元件

发电机保护宜起动失灵保护，且只有那些在故障切除后能快速返回的保护才起动失灵保护，动作于程序跳闸的保护不应起动失灵保护。发电机出口断路器失灵保护起动可由能瞬时复归的保护出口接点与发电机出口断路器辅助接点加上能快速返回的三相电流或负序电流或零序电流判别元件组成。保护动作后采用跳闸方式九动作出口继电器。

——发电机定子断水保护采用跳闸方式三动作出口继电器使发电机跳闸；

——发电机断路器和灭磁开关联跳采用跳闸方式五动作出口继电器使汽机跳闸；

——主泵转速低采用跳闸方式四动作出口继电器使 500 kV 断路器跳闸；

——励磁系统保护动作和控制台手动紧急跳闸按钮动作后都采用跳闸方式三动作出口继电器；

——励磁系统保护由励磁系统制造商提供，保护第一时限动作于信号，第二时限动作后都采用跳闸方式三动作出口继电器。

（2）主变压器保护配置

1）主变压器差动保护

保护主变压器绕组及其引出线的相间短路故障。

——应具有防止区外故障误动的谐波制动和比例制动特性，防止变压器过激磁时误动，差动保护应具有防止 CT 饱和误动的措施；

——当电流互感器发生断线时，可发出报警信号；

——在同一相上出现两点接地故障（一点区内、一点区外）时，可动作出口；

——应具有高整定值，无制动功能的电流速断，动作电流整定范围 5～25 I_n；

——应有防止励磁涌流引起误动的功能；

——由于各侧电流互感器的变比可能不同，应有平衡差动保护各侧电流的措施，能满足两侧电流互感器至少具有 10 倍差别的调节范围；

——变压器差动保护应具有 5 组穿越故障制动输入口；

——动作电流的整定范围应为 0.1～1.0 额定电流；

——动作时间（2 倍整定电流时）不大于 30 ms；

——差动保护动作后采用跳闸方式一动作出口继电器。

2）主变高压侧分侧差动保护

保护主变压器空投及流过穿越性励磁涌流时引起的相间短路故障。

——应具有防止区外故障误动的比例制动特性，防止变压器过激磁时误动；

——当电流互感器发生断线时，可发出报警信号；

——在同一相上出现两点接地故障（一点区内、一点区外）时，可动作出口；

——由于各侧电流互感器的变比可能不同，应有平衡差动保护各侧电流的措施，能满足两侧电流互感器至少具有 10 倍差别的调节范围；

——分侧差动保护动作后采用跳闸方式一动作出口继电器。

3）主变过激磁保护

主变过激磁保护保护变压器过激磁，即当电压升高和/或频率降低时工作磁通密度过高引起绝缘过热老化的保护装置。保护装置设低定值和高定值两个时限，低定值定时限动作于信号，低定值反时限及带延时的高定值动作于跳闸。

其主要功能和技术要求如下：

——保护装置应设有定时限和反时限两个部分，以便同变压器的过激磁特性近似匹配；

——在变压器出现励磁涌流时保护不应发生误动作；

——当电压互感器回路断线时不误动并发出报警信号；

——装置适用频率范围 25～65 Hz，电压整定范围 1.0～1.5 额定电压；

——过激磁返回系数不小于 0.97～0.98；

——装置固有延时（1.2 倍整定值时）不大于 70 ms；

——反时限长延时应可整定到 1000 s；

—— 变压器过励磁定时限动作信号，反时限采用跳闸方式四动作出口继电器。

4）主变高压侧复合电压闭锁过流保护

主变高压侧复合电压闭锁过流保护，分别作为发变组侧和 500 kV 系统侧的后备保护。当过电流保护的灵敏度不够时，可采用主变低压侧 PT 复合电压闭锁的和采用主变高压侧 PT 复合电压闭锁的过电流保护。保护动作后采用跳闸方式四动作出口继电器。

5）低阻抗保护

低阻抗保护作为主变压器主保护的后备保护。保护接于主变高压侧 CT 及主变高压侧 PT，该保护应由一个距离保护继电器，失步闭锁和时间继电器组成，保护动作后采用跳闸方式一动作出口继电器。保护应设 PT 断线闭锁。

要具有防止变压器低阻抗保护在电压二次回路失压、断线闭锁以及切换过程交流和直流失压等异常情况下误动的有效措施。

6）主变高压侧零序过流保护

对主变中性点接地运行情况，主变压器零序过流保护作为主变压器高压绕组及引出线的单相接地保护，同时作为 500 kV 系统发变组相邻元件接地故障的后备保护。保护接于主变压器中性点引出线的电流互感器上，保护经延时 $t1$ 采用跳闸方式四动作出口继电器跳 500 kV 断路器，经延时 $t2$ 采用跳闸方式一动作出口继电器全停。

7）500 kV 断路器闪络保护

保护发电机在同步过程中，由于断路器断口两侧电压周期性升高，使断口一相或两相击穿造成故障的保护装置。500 kV 断路器闪络是由 500 kV 断路器断开接点和负序电流组成。其主要功能和技术要求如下：

——固有延时不大于 70 ms；

—— 闪络保护动作后采用跳闸方式六动作出口继电器。

8）主变低压侧接地保护

变压器低压侧零序电压元件用于发电机出口断路器分闸后，反应单相接地时的零序电压。单相接地后，则零序电压保护动作，经延时 t 动作于信号或采用跳闸方式四动作出口继电器。

9）500 kV 断路器失灵保护

主变、高厂变保护宜起动 500 kV 断路器失灵保护，且只有那些在故障切除后能快速返回的保护才起动失灵保护。电流判别元件由系统断路器保护实现。

10）主变高压侧 PT 和发电机 PT 无电压信号

保护要求当主变高压侧 PT 和发电机 PT 无电压时，保护装置能分别提供二套无电压信号，为相应接地开关提供合闸闭锁条件。

（3）厂用变压器保护配置

1）高压厂变差动保护

保护高压厂变绕组及其引出线的相间短路故障。

——应具有防止区外故障误动的谐波制动和比例制动特性，变压器过激磁时误动；

——当电流互感器发生断线时，可发出报警信号；

——在同一相上出现两点接地故障（一点区内、一点区外）时，可动作出口；

——应具有高整定值，无制动功能的电流速断，动作电流整定范围 5～25I_n；

——由于各侧电流互感器的变比可能不同，应有平衡差动保护各侧电流的措施，能满足两侧电流互感器至少具有 10 倍差别的调节范围；

——对于变压器的差动保护应有防止励磁涌流引起误动的功能；

——动作电流的整定范围应为 0.1～1.0 额定电流；

——动作时间（2 倍整定电流时）不大于 30 ms；

——差动保护动作后采用跳闸方式一动作出口继电器。

2）高压厂变速断保护

速断保护动作后采用跳闸方式一动作出口继电器。

3）高压厂变复合电压闭锁过流保护

由 6 kV 侧两分支复合电压闭锁高压侧电流构成与回路，保护动作后采用跳闸方式一动作出口继电器。

4）高压厂变高压侧过流和低压侧电流闭锁继电器保护

保护由高厂变高压侧的电流和 6 kV 分支进线开关柜的电流构成，当故障发生在 6 kV 侧时，闭锁该侧厂用电慢速切换。

5）高压厂变低压侧限时速断/过流保护

装设在 6 kV 开关柜内，动作于本侧 6 kV 开关。

6）6 kV 低电压保护

6 kV 低电压保护作为防止核岛厂用辅助设备电压过低的异常运行工况的保护。当 6 kV 系统发生三相同时低电压时，保护经 *t*1 采用跳闸方式四动作出口继电器首先跳开 500 kV 断路器使发电机与系统解列，如低电压没有消除则经 *t*2 采用跳闸方式三动作出口继电器使发电机全停。其主要功能和技术要求如下：

——为保证低电压保护的可靠性，应设置完善的 PT 断线闭锁；

——PT 断线闭锁应考虑一次及二次熔丝单相、两相、三相熔断，同时发生一次单相接地时不误闭锁低电压保护，采用负序电压来实现 PT 断线闭锁的功能；

——6 kV 低频率保护。

6 kV 低频率保护作为防止核岛厂用辅助设备频率过低的异常运行工况的保护。当 6 kV 系统发生低频时，保护经 *t*1 采用跳闸方式四动作出口继电器首先跳开 500 kV 断路器使发电机与系统解列，如低频没有消除则经 *t*2 采用跳闸方式三动作出口继电器使发电机全停。其主要功能和技术要求如下：为保证低频保护的可靠性，测频电压应采用相间电压。为保证低频保护的可靠性，低频保护闭锁电压采用相间电压闭锁。

（4）非电气量保护配置

1）主变压器本体保护

主变压器本体保护包括主变重瓦斯、轻瓦斯、压力释放、油位高低、油温过高、油气套管压力、冷却系统故障、冷却器失电等（具体由买方根据变压器制造厂资料提供具体接点），其主要功能和技术要求如下：

——主变压器重瓦斯、压力释放、冷却器全停、油温高-高和绕组温度高-高等信号应采用跳闸方式二动作于出口继电器；

——主变压器轻瓦斯、压力释放、油位高低，油温高、绕组温度高、冷却系统故障和冷却器失电等动作于信号；

——在非电量保护屏中应另行装设 3 个备用的辅助继电器，继电器输出接点为六开二闭。

2）高压厂变本体保护

高压厂变本体保护包括高压厂变重瓦斯、轻瓦斯、压力释放、油位高低、油温过高、冷却系统故障和冷却器失电等（具体由买方根据变压器制造厂资料提供具体接点），其主要功能和技术要求如下：

——高压厂变本体重瓦斯、油温高-高和绕组温度高-高等应采用跳闸方式二动作于出口继电器；

——高压厂变轻瓦斯、油位高低、油温高、绕组温度高和冷却系统故障等动作于信号。

4.5.4 指标与参数

（1）工作电源质量

1）交流电源

——额定电压：220 V+10%～−15%；

——波形：正弦，波形畸变不大于 5%；

——频率：50 Hz±0.5%。

2）直流电源

——额定电压：110 V+20%～−20%；

——波纹系数：不大于 5%。

（2）整套装置的主要功能

——微机保护的额定输入：

额定交流电流：5 A 和 1 A；

额定交流电压：100 V（相间）；

额定交流频率：50 Hz；

直流电源电压：88～132 V，电源波纹系数不大于 5%。

——微机保护的过载能力：

交流电流回路：2 倍额定电流，连续工作；

10 倍额定电流，工作 10 s；

40 倍额定电流，工作 1 s；

交流电压回路：1.2 倍额定电压连续工作。

——装置具有独立性、完整性和成套性。被保护设备包括发电机、主变压器、高压厂变等，在成套装置内具有被保护设备所必需的保护功能。装置的保护模块配置应合理，当装置出现单一硬件故障退出运行时，被保护设备应能允许继续运行。各种保护装置的动作特性不受交流输入量的频率变化影响，特别在机组起动时的低频状态下。

——各种保护装置的输入输出的开关量、模拟量配置应满足协议书和设计院施工图要求，且输入输出的开关量应留有 15%的备用。各种保护装置测量元件设定值与实际动作值的误差小于±2.5%，时间元件的误差小于±2.5%。

——各种保护装置具备宽广的整定范围，当直流电源消失时整定值不能丢失。装置每一个独立逆变稳压电源的输入应具有独立的保险功能，并设有失电报警。各种保护装置的 CPU 负荷率小于 30%。

——保护装置具备事件记录及故障录波等功能，并且保护装置应具有实时数据和波形查看功能。当直流电源消失时，所记录的信息量不丢失，并可重复输出，事件记录的分辨率不大于 1 ms，故障录波每个录波的最大持续时间不小于 10 周波，故障录波保护管理器可保证能长时间保存故障数据。

——保护装置有独立的内部时钟，其对时误差不大于±1 ms，并同时提供外部时钟硬件同步对时接口和通信对时接口，并负责满足 GPS 对时要求。

——保护装置中的各类保护，设有在线软投退功能，此项功能也可在保护管理机上操作。重要保护还应设有硬连接板投退功能。保护装置具备在线连续监视和自检功能，装置故障时，发出相应的信号，且不能造成保护误动作。保护装置各保护软件在任何情况下都不得相互影响。装置应具有自复位功能，当软件工作不正常时应能通过自复位电路自动恢复正常工作。每台机组设置二块保护管理机屏，负责与机组的各套保护装置的通信接口的组合，并与全厂的保护管理机进行通信，传输保护装置的各种信息以及进行远方诊断和整定。并在该屏上配置针式打印机。保护管理机屏为进口硬件，国内组屏和进行软件编程。保护装置及保护管理机需有 GPS 接口。

——所有保护装置在谐波、直流分量、励磁涌流及穿越性短路电流稳态和瞬态影响下，不误动作。在雷电过电压、一次回路操作、配电装置故障及其他强干扰作用下，或在二次回路操作干扰下，在拉合直流电源、插件熔丝发生重复击穿火花时，所有保护装置（包括测量元件）均不发生误动或拒动。各保护装置的逻辑回路由独立的逆变稳压电源供电，各稳压电源的小开关独立配置。在直流电源恢复（包括缓慢恢复）至额定电压的 80%时直流逆变电源能自动恢复，保护能可靠动作。直流电源回路有监视，当直流电源失去时，发出相应信号，且不能造成保护装置误动作。双重化保护要求做到：各柜中每套保护直流电源分别设置，直流电源回路有监视。当直流电源失去时，发出相应信号，且不能造成保护装置误动作。80%额定直流电压下，要求保护能可靠动作。每套保护装置的电压互感器因断线失电时，接于该组电压互感器的保护装置闭锁该装置中的各套相应保护，并发出“电压互感器断线信号”。

4.5.5 维修技术要素

为防止保护装置电子元器件老化及降低故障率，应采取如下措施：

——尽量保证发变组保护装置所处房间温度及相对湿度在合适范围内。温度应尽量控制在 15 ℃～30 ℃，24 h 内平均温度不超过 35 ℃；相对湿度最湿月的月平均最大相对湿度为 90%，同时该月的月平均最低温度为 25 ℃且表面无凝露。最高温度为 40 ℃时，平均最大相对湿度不超过 50%。

——每年需对发变组继电保护装置定值进行校核，确保定值整定符合最新电力规范及电网要求。

——每 2～4 年应对保护装置进行部分校验并进行整体传动试验，包括装置外观检查、接线端子检查、二次回路绝缘检查、装置上电检查、模拟量及开关量输入检查、输出触点及输出信号检查、事件记录功能检查、整定值的整定及检验、整组试验。

——每六年应对保护装置进行全部校验并进行整体传动试验，包括装置外观检查、接线端子检查、二次回路绝缘检查、装置上电检查、工作电源检查、模拟量及开关量输入检查、输出触点及输出信号检查、事件记录功能检查、整组试验。

—— 每 5 年应更换保护装置的电源模块。

——每 10～12 年可考虑保护装置整体更换。

表 352-02-04-12 柴油发电机继电保护装置维修项目内容与周期

项目名称	项目内容	项目周期（C 为一个燃料周期）
定检	装置外观检查、接线端子检查、二次回路绝缘检查、装置上电检查	2C
全检	装置外观检查、接线端子检查、二次回路绝缘检查、装置上电检查、模拟量及开关量输入检查、输出跳闸及输出信号检查、事件记录功能检查、整定值的整定及检验、整组试验	4C
保护传动试验	发变组保护传动试验	2C
保护装置电源模块更换	电源模块更换	3C

4.5.6 质量管理

为有效监测保护装置运行状态，并为后续老化趋势分析提供数据输入，建议记录以下参数。

—— 正常运行期间每周巡检时应记录保护装置所在房间温度和相对湿度；

——正常运行期间应定期（建议每 3 个月）记录保护装置各路模拟量采样值，并与电厂其他数据记录系统（如故障录波器）内同一参数进行对比，误差不应超过 10%；

——每次校验时记录保护装置的绝缘数据，模拟量采样数据，整定值校验数据。

4.5.7 经验反馈

（1）常规岛、核岛厂变保护动作启动 500 kV 断路器失灵问题

常规岛和核岛厂变保护动作后，均以“全停方式”出口，同时启动 500 kV 断路器失灵保护。在发变组保护系统设计里边，发电机、主变、厂变保护动作后出口均先到发变组出口接口屏，然后再统一出口。而在原设计图中，常规岛和核岛厂变保护动作后启动 500 kV 断路器失灵保护信号未接到发变组出口接口屏，而是直接送到了网控楼 500 kV 断路器保护屏；但主变及发电机保护动作后启动 500 kV 断路器失灵信号均先接到发变组出口接口屏，然后出口。设计院常规岛及核岛厂变保护启动 500 kV 断路器失灵保护信号与许继厂家设计存在偏差。为保证各保护出口一致，建议设计院修改此部分图纸，将此信号先接到发变组出口接口屏，然后再统一出口。设计院回复同意此部分修改。

（2）发变组保护跳 500 kV 断路器相互交叉问题

设计院设计图纸与厂家图纸不一致，具体情况是：发变组保护动作（比如主变差动）跳 500 kV 5011、5012 两个开关，设计院将厂家设计的用于 5012 开关跳闸的接点用于 5011 开关跳闸；将厂家设计用于 5011 开关跳闸的接点用于 5012 开关跳闸，两者刚好错位。建议设计院修改外部接线图，与厂家图纸一致，因为保护装置按照厂家图纸进行出口。设计院同意上述修改。

（3）主变冲击中主变分侧差动误动问题

在主变启动冲击过程中，当利用 5012 开关对主变进行冲击时，主变第二套保护分侧差动保护误动，保护出口将 5012 开关跳掉。查看保护装置中的动作报告，发现是 B 相分侧差动保护动作。进一步调看保护装置中的录波波形，发现主变中性点侧 CTB 相电流传变特性变差，B 相出现比较大的差流，超过保护整定值，故保护出口跳闸。而主变差动保护由于有二次谐波制动，冲击中并未动作。经过后续比较全面的分析，认为此次分侧差动误动的根本原因可能是主变中性点侧 CT 剩磁比较大，从而造成冲击瞬间，CT 饱和，引起保护误动。

4.5.8 技术规程清单

表 352-02-04-13 柴油发电机继电保护装置维修项目维修规程

序号	规程名称
1	保护定检
2	保护全检
3	保护传动试验
4	保护装置电源模块更换

4.5.9 参考资料

[1]《继电保护和电网安全自动装置检验规程》(DL/T 955—2016).

[2]《发电机变压器组保护系统系统手册》华东电力设计院.

[3]《大型发电机变压器继电保护整定计算导则》(DLT 684—2012).

[4]《大型发电机组涉网保护技术规范》(DLT 1309—2013).

[5]《防止电力生产事故的二十五项重点要求》国家能源局.

[6]《大型核电发电机变压器组继电保护技术规范》(GB/T 37549—2019).

4.6 励磁系统

4.6.1 定义

自动电压调节器（AVR）是在机组并网前跟踪励磁机励磁电流、并网后跟踪发电机机端电压的基础上为励磁机提供稳定可靠的励磁电流装置。机组并网后，AVR 用于在正常或者事故情况下调节励磁电流，并由此控制发电机机端电压以满足运行的需要。

以中核核电运行管理有限公司秦二厂 3、4 号机组为例做说明：三机无刷励磁，调节器采用的是数字式双通道自动电压调节系统，具有高起始响应特性，即在 0.1 s 的时间内达到励磁电压与额定负荷下励磁电压之差的 95%。强行励磁电流为 2 倍额定值，允许强励时间为 10 s。

自动电压调节器有恒定机端电压及恒定磁场电流两种运行方式，恒定机端电压为自动控制方式，恒定磁场电流为手动控制方式，他们在运行中是相互跟踪的，正常运行情况下，运用在恒定机端电压控制，恒定励磁电流控制方式只用于非人为的中止运行（PT 熔断器熔断）及试验（控制参数调整）。

另外自动电压调节系统还配有一套中频电源机组及一套工频手动励磁装置，中频电源机组用于对自动电压调节器的调试。

4.6.2 范围对象

系统的电源部分包括用于为功率整流桥提供电源永磁机，还有用来给起励装置、系统启动以及电制动供电的电厂辅助电源。所有这些电源可以向发电机磁场绕组励磁电流。

控制部分按系统要求自动调节励磁电压和电流。包括发电机定子电压和定子电流测量，调节器(PID 控制器）和可控硅的门极控制单元。

功率整流部分可将交流输入电压转变为发电机磁场绕组所需的直流电压。励磁系统采用全控可控硅整流桥。

灭磁装置用于给机组快速灭磁。它包括磁场开关，灭磁电阻和磁场过电压保护回路（跨接器)。

4.6.3 结构原理

详见 4.6.4 技术参数、指标章节描述。

4.6.4 指标与参数

（1）励磁系统的结构

电源由永磁机供电，与发电机电压无关。当发电机以额定速度运转时，该电源就存在，励磁电流可以从这个电源直接获得。

在大多数情况下，永磁机不可能提供主机所需的全部功率，因此还需要有主励磁机，这种系统被称为间接励磁。

励磁变压器将永磁机电压变换为整流桥能接受的输入电压，同时在电气上将永磁机与发电机磁场绕组隔离。

（2）调节器

双自动通道系统由两个相同的自动电压调节器组成，即电压调节器的电子部件是冗余的。手动方式运行时，切换到励磁电流调节。

发电机电压 U_g 和发电机电流 I_g 的实际值测量为双路冗余设计。励磁电流 I_f 和同步电压 U_{syn} 的实际值测量为冗余设计。

在运行中，两个自动电压调节通道中的一个处于待机模式。通道之间的切换是自动和无扰动的。

励磁调节器的核心是主控板 COB。所有的调节、控制以及脉冲形成等功能均由 COB 实现。带数字信号处理器 DSP 的测量单元板 MUB 用于实际值的快速测量。这两块板叠装在同一个金属箱内，形成一个独立的调节通道。箱内还可安装一块结构上独立的扩展门极控制板 EGC 作后备通道，用于励磁电流调节。另一种配置是用两套调节器组成一套完全冗余的系统。两个通道是完全独立的，可以在线维护。每个通道可以控制一个或多个并联的整流桥，输出励磁电流高达 10 000 A。

快速输入输出接口板 FIO 和整流桥接口板 CIN 等接口装置用于电气隔离和信号转换。这些接口装置一般都放在接近信号源的位置，如整流桥接口板 CIN 就安装在功率柜内。励磁系统内非实时信号的处理则通过 ARCnet 网传输。

1）主控板（COB）

COB 集成了自动电压调节、各种限制、保护和控制功能。COB 所使用的 CPU 是增强型的微处理器 AN80186AM，时钟 32 MHz。1 片专用的集成芯片 ASIC 负责交换和储存数据，控制脉冲生成、A/D 和 D/A 转换以及与励磁系统内其他装置通信的 ARCnet 现场总线连接。COB 支持与就地控制面板 LCP、手持编程器 SPA 和 CMT 工具的通信。此外，它还提供串行端口和看门狗自诊断功能。为方便快速诊断和故障查找，COB 配有一个七段数码显示管。

此外，COB 还配有一个故障录波器和故障记录器。这些记录可通过调试和维护工具 CMT 处理。故障录波器和故障记录器可与实时钟保持同步。

2）测量单元板（MUB）

测量单元板 MUB 由数字信号处理器 DSP 和 Intel DSP 56303 构成。用于完成实际测量值的快速处理、电气隔离和信号转换。测量单元板 MUB 有下述功能：

——滤波和数字式交流采样；

——励磁电流和电压、可控硅整流桥输入电流和电压、有功功率和无功功率、功率因数和发电机频率的计算；

——以加速功率和频率为输入信号，控制算法基于 IEEE Std.421-2A 的电力系统稳压器 PSS；

——自适应电力系统稳压器（PSS 的一种方案）。

3）扩展门极控制板（EGC）

扩展门极控制板 EGC 可在单通道配置中作后备通道使用，或在非 50/60 Hz 额定频率系统中用做脉冲形成。在后一种情况下，典型应用是作为脉冲形成板用于供电电源频率高达 500 Hz 的带副励磁机的励磁调节器。此外，该板还可用于铁路电网中 162/3 Hz 发电机的励磁系统。EGC 连同 COB、MUB 一起安装在同一个金属箱中，但在结构上是独立的。

EGC 还具有下列功能：

——励磁电流调节；

——通道跟踪，以便在 COB 故障时实现平稳切换；

——后备瞬时过电流保护继电器（ANSI 50）；

——后备反时限过电流继电器（ANSI 51）；

——直流侧短路保护；

——根据尖峰检测原理设计的可控硅整流桥导通监视；

——自带电源。

4）主回路信号接口板（PSI）

主回路信号接口板 PSI 用于实现电气隔离，将磁场测量信号变换后送到测量单元板 MUB。

5）励磁调节器电源

所有电路板的供电电源均取自于 24 V 直流母线。24 V 直流母线来自双冗余电源组：由直流电源供电的 DC/DC 电源和由励磁变压器副边供电的 AC/DC 电源。

6）励磁系统的内部通信

励磁系统的内部通信是通过 ARCnet 现场总线实现的，如：与可控硅整流桥之间的控制与状态信号的双向交换即使用该现场总线。此外，就地控制面板 LCP 的测量和报警信号以及就地控制命令也是通过该通信线路发送的。

（3）交流灭磁开关

磁场开关位于励磁变压器和整流桥的交流侧之间。交流侧磁场开关不仅能断开整流桥出口的故障电流，还能切断整流桥的内部故障。电是通过跨接器实现的。

4.6.5 维修技术要素

（1）预防性维修项目

1）控制柜清洁检查

——控制柜及柜内元器件的清洁；

——过滤网清洁；

——散热桥清洁；

——磁场开关清洁及机构润滑；

——灭磁电阻测量；

——柜内端子紧固。

2）绝缘检查

3）继电器校验

4）电源电压检查

5）输入/输出操作试验

6）小负载试验

7）AVR 功能模块校验

——AVR 功能模块校验；

——V/Hz 限制试验；

——PT 断线试验；

——P/Q 限制试验；

——定子电流限制试验。

（2）冷却风扇更换

（3）电源模块更换

（4）季度性预防性检查（主要工作为滤网清洁）

表 352-02-04-14 预维项目清单

项目名称	项目内容	项目周期（C 为一个燃料周期，M 为月）
更换励磁调节柜电源模块	更换励磁调节柜电源模块	5C
励磁机控制柜空气滤网清扫	励磁机控制柜空气滤网清扫	3M
励磁调节系统建模实验	励磁调节系统建模实验	3C
励磁调节系统 PSS 性能复核性试验	励磁调节系统 PSS 性能复核性试验	3C
定期更换 3 号发电机励磁装置冷却风扇	更换冷却风扇	2C

4.6.6 质量管理

（1）巡回检查

—— 检查 ECT 是否工作正常；

——画面数据是否更新；

——整流组件温度是否正常。

（2）预防性检修计划

根据机组大修状态执行。

（3）特别检修计划

在发现不正常情况时，应采取特别检修措施，对有关部分进行检修。

4.6.7 经验反馈

电压调节器切通道运行

电压调节器在运行期间自动切通道运行，故障原因为第一通道的直流输出开关有接线松动导致过热，造成开关热脱口，导致系统自动切换到第二通道运行。

4.6.8 技术规程清单

表 352-02-04-15 预防性维修项目规程清单

序号	标题
1	自动电压调节器（AVR）季度预防性检查规程
2	自动电压调节器（AVR）电源模块更换规程
3	自动电压调节器（AVR）预防性维修
4	自动电压调节器（AVR）冷却风扇更换规程

4.6.9 参考资料

［1］电力系统稳定器整定试验导则：DL/T 1231—2013［S］.

［2］防止电力生产事故的二十五项重点要求（国能安全〔2014〕161 号）［Z］.

［3］电力二次系统安全管理若干规定》（电监安全〔2011〕9 号）［Z］.

［4］同步电机励磁系统大、中型同步发电机励磁系统技术要求：GB/T 7409.3—2007［S］.

［5］大型汽轮发电机励磁系统技术条件：DL/T 843—2010［S］.

［6］电网运行准则：GB/T 31464—2015［S］.

5 电缆

电缆是用以传输电能、信息和电磁能转换的线材料产品。广义的电线电缆简称为电缆，狭义的电缆是指绝缘电缆。它可定义为一根或多根绝缘线芯，以及它们各自可能具有的包覆层、总保护层及外护层。

电线电缆产品按其用途可以分为以下五大类：

（1）裸电线

指仅有导体，而无绝缘层的产品，其中包括铜、铝等各种金属和复合金属圆单线，各种结构的架空输电线用的绞线、软接线、型线和型材。

（2）绕组线

以绕组的形式在磁场中切割磁力线感应产生电流，或通以电流产生磁场所用的电线，故称为电磁线，包括具有各种特性的漆包线、绕包线、无机绝缘线等。

（3）电力电缆

在电力系统的主干线路中用以传输和分配大功率电能的电缆产品，包括 1～330 kV 及以上的各种电压等级、各种绝缘的电力电缆。

（4）通信电缆和通信光缆

通信电缆是传输电话、电报、电视、广播、数据和其他电信息的电缆；通信光缆是以光导纤维作为光波传输介质，进行信息传输；射频电缆是适用于无线电通信、广播和有关电子设备中传输射频信号的电缆。

（5）电气装备用电线电缆

从电缆系统的配电点吧电能直接传送到各种用电设备、器具的电源连接线路用电线电缆。

核电厂的电缆分类：

——按使用功能可分为：中压电缆、低压电缆、控制电缆、测量电缆和通信电缆；

——按导体材料可分为：铜芯电缆、铝芯电缆、补偿电缆和光缆；

——按电缆的结构可分为：铠装电缆、变径电缆、复合电缆、屏蔽电缆、分屏+总屏仪表电缆、防水电缆及耐火电缆；

——按质量鉴定等级划分：

K1 级：安装装在安全壳内的电缆在地震荷载和正常工况、事故工况以及事故后工况下有能力完成其规定的功能；

K2 级：安装在安全壳内的电缆在正常工况和地震荷载下有能力完成其规定的功能；

K3 级：安装在安全壳外的电缆在正常工况和在地震荷载下有能力完成其规定的功能；

标准级（普通级）：电缆在正常工况下有能力完成其规定的功能；

电缆的安全分级：电缆可以认为是同设备连接的一部分，因此电缆的安全等级与其连接的设备相同。

本节主要包括内容见下表。

表 352-02-05-01　小节次级要素

次级技术要素	包含内容
220 kV 电缆	220 kV 铜芯交联聚乙烯绝缘电力电缆的结构，技术参数，试验及验收标准，预防维护和经验反馈
500 kV 电缆	主变高压侧与 500 kV 开关站电力电缆的结构，技术参数，试验及验收标准，预防维护和经验反馈
6 kV 电缆	中压系统与中压设备间传输和分配电能电缆的结构，技术参数，试验及验收标准，预防维护
二次电缆	用于控制、信号传递和反馈的电缆的结构，技术参数，试验及验收标准，预防维护

5.1　220 kV 电缆

5.1.1　定义

220 kV 电力电缆为 220 kV 铜芯交联聚乙烯绝缘电力电缆，用于连接 220 kV 门架和 220 kV 封闭母线。

5.1.2　范围对象

220 kV GIS 进线电缆及 220 kV 系统间的联络电缆。

5.1.3　结构原理

（1）电缆的导体种类和标称截面

——电缆导体种类：

采用电解铜，绞合压紧圆形截面。

——电缆标称截面：

电缆采用单芯；

电缆工作电流为 350 A。

通过计算确定电缆截面积 500 mm^2

——电缆导向运行的最高温度：

正常运行：90 ℃；

应急运行：130 ℃；

短路运行：250 ℃（最长持续时间 5 s）。

- 电缆绝缘：XLPE；
- 电缆金属护套：挤压铅合金（负荷短路电流的要求）；
- 电缆外护套：挤压高密度热塑性聚乙烯（负荷电缆直埋技术要求）。

（2）电缆绝缘及电缆结构

1）电缆的挤包方式和绝缘材料

——电缆的绝缘采用交联聚乙烯 XLPE 绝缘材料，电缆的成缆过程在净化的净化厂房进行；

——电缆的挤包方式：为三层共挤式，以确保内外屏蔽层与绝缘层截面的光滑及紧密接触，从而确保电缆的电气性能；

——三层共挤式应包括：

- 导线屏蔽，挤出半导电交联聚乙烯混合物；
- 绝缘层，挤出交联聚乙烯；
- 绝缘层屏蔽，挤出半导电交联聚乙烯化合物；
- 上述三层必须同时挤出干式的交联聚乙烯电缆。

——轴向防水层：半导体阻水膨胀包带。

2）电缆的绝缘厚度

电缆的绝缘厚度应满足 GB 标准或 IEC 相关标准。

3）单芯电缆的金属屏蔽采用 CY 互联接地方式

（3）电缆敷设及终端安装条件

——电缆间距及布置方式：

电缆布置方式，除了在电缆两端的电缆终端附件外，将基本采用“一字型”水平布置方式；“一字型”的电缆全长将敷设在充填黄砂的电缆沟内；

——电缆布置垂直落差：小于 10 m；

——电缆埋设深度：−1.0～2.8 m；

——电缆终端技术要求：

- 户外型看，干式绝缘及 SF_6 绝缘；
- 爬电比距：31 mm/kV；
- 抗弯强度：3000 N；
- 接线端子静态负荷：

垂直负荷：1000 N；

水平负荷：1500 N。

——采用硅橡胶外护套；

——应力锥采用硅橡胶材料；

——采用环氧树脂材料的外护套；

——电缆终端的安装条件：

- 采用 LGJQ400 导线与敞开型电器设备连接以及与 220 kVGIS 连接以及直接与 GIS 连接；
- 每一回路的电缆长度为定长；
- 电缆长度为正误差。

（4）运行环境

年平均气温：16.1 ℃；

年最高气温：38.1 ℃；

年极端最高气温：39.28 ℃；

年最低气温：–10.8 ℃；
最高月平均气温：29.9 ℃；
最低月平均气温：4.5 ℃；
年平均降雨量：1124.6 mm；
年最大降雨量：1417 mm；
年最小降雨量：43.7 mm；
年平均蒸发量：1346.2 mm；
潮湿系数：0.72；
年平均湿度：81%；
平均风速：3.4 m/s；
最大风速：19.0 m/s。

（5）电缆选型

制造方必须完成下列选型计算：
——电缆在下列情况下的载流量：
在 12 ℃、20 ℃、25 ℃、28 ℃、55 ℃、80 ℃时的持续额定值；
15 min 允许热稳定电流；
4 h 允许热稳定电流；
——金属屏蔽层容许的最大故障电流；
——电缆拉伸应力；
——电缆容许侧应力；

220 kV 电缆的敷设方式为地下直埋敷设和部分空气中敷设，制造方必须提供符合电缆敷设条件的技术数据，并以技术数据证明电缆的选择符合相关技术要求。

（6）电缆部件特征

1）导体

导体应为圆截面的铜材，制造厂应标明导体的直径和 20 ℃是的最大电阻值，同时明确绞线的形式、导线数量和直径。

2）导体绝缘

——绝缘由交联聚乙烯挤压形成；
——电缆在额定电压 U_0 下正常运行的电压梯度应为：
半导电内层应小于或等于 11 kV/mm，二半导电外层则应小于或等于 5.5 kV/mm。
——尺寸特性：
绝缘的平均厚度应等于或大于电缆厂确定的标称厚度；
任意点厚度可以不同于平均厚度，但是任意点所得值应满足一下条件：
$e_{最大}-e_{最小}\leqslant 0.15e_{最大}$；
$e_{最小}\geqslant 0.92e_{平均}$。

3）导体和绝缘半导电屏蔽层

——总则：

任何一种屏蔽层可由一层或多层半导电化合物构成，每一层半导电层应有一层负荷规定的挤压成形层，该层应是连续的且有不变的厚度，无表明不平度，且在正常运行工况下与绝缘层接触良好，覆盖全部表面。

——尺寸特性：

同绝缘层相接处的挤压成形的半导电层的平均厚度，对导体屏蔽层来说，应大于或等于 5%之绝缘层平均厚度；对绝缘层屏蔽来说，应大于或等于 0.2 mm。测量到的最大厚度之间的比值应该不超过 2 倍。

——电阻率：

导体和半导电屏蔽层的电阻，在 20 ℃时应不超过 50 Ω/m，在正常运行工况下的温度应不超过 250 Ω/m。

4）防止轴向渗水的措施

在外半导电层和金属护套之间有防轴向渗水要求。

5）电缆安装后的试验

——电缆绝缘的电气试验：

电缆包括接头在内应在敷设后按 IEEE400 的建议值做直流高压试验 15 min。

——电缆外护套的电气试验：

应对电缆的外护套进行施加直流电压 20 kV、15 min 的耐压试验。如果在试验期间发生击穿，侧应对电缆予以修复，直至试验得到满意的结果。外护套的绝缘强度应进行定期施加直流电源 10 kV 持续 15 min 的定期检验。

5.1.4 指标与参数

表 352-02-05-02 主要技术参数

序号	项目	单位	技术参数
1	额定电压	kV	220
2	系统最高电压	kV	252
3	电缆芯数	-	单芯
4	导体截面	mm^2	500
5	导体材料	-	无氧铜
6	导体形式	-	圆绞、拉模、压紧
7	导体外径	mm	26.5
8	导体屏蔽材料	-	半导电包带+超光滑屏蔽材料
9	导体屏蔽标称厚度	mm	2.0
10	导体屏蔽最小厚度	mm	1.8
11	绝缘材料	-	超净化绝缘料
12	绝缘挤包方式和交联方法	-	三层共挤，全干式立式交联
13	绝缘标称厚度	mm	27.0
14	绝缘最小厚度	mm	24.3
15	绝缘屏蔽半导电屏蔽层材料	-	超光滑屏蔽料
16	绝缘屏蔽半导电屏蔽层材料标称厚度	mm	1.0
17	绝缘屏蔽半导电屏蔽层材料最小厚度	mm	0.8
18	金属护层类型	-	铅护套
19	金属层标称厚度	mm	2.7
20	电缆总外径	mm	111.2
21	电缆单位长度重量	kg/M	26.4
22	电缆最大容许牵引力	kN	34.3
23	电缆最大容许侧应力	kN/M	5.0
24	导体最高容许温度（正常运行）	℃	90

续表

序号	项目	单位	技术参数
25	导体最高容许温度（短路状态）	℃	250
26	导体直流电阻（20 ℃时）	Ω/kM	0.036 6
27	导体最大容许短路电流（3S）	kA	41.3
28	金属屏蔽最大容许短路电流（3S）	kA	40.5
29	电缆电容	F/M	$1.253\,92*10^{-10}$
30	实际联系载流量	A	350
31	紧急过负荷和短时过负荷载流量	A	450

5.1.5 维修技术要求

电缆两端外护套以及护套接地线：清扫干净，无裂纹。

电缆两端的接地箱：清扫干净，密封性良好。

电缆外护套绝缘电阻测量：大于每千米 0.5 MΩ。

5.1.6 质量管理

表 352-02-05-03 220 kV 电缆预防性维修项目

序号	项目名称	项目内容	项目周期（1C 为 1 个燃料循环）
1	电缆检查与清扫	清扫电缆两端外护套及护套接地线，并检查是否有裂纹 清扫门架侧电缆上部终端并检查是否有裂纹，接头是否良好 清扫门架侧电缆终端支架四周瓷瓶，并检查是否存在裂纹 清扫电缆两端的接地箱，检查其密封性是否良好	1C
2	电缆外护套绝缘电阻测量	试验前将电缆外护套的接地解开 将电缆两端外护套的放电装置解开 使用 2500 V 兆欧表测量外护套的绝缘电阻 测量完成后应充分放电	1C

表 352-02-05-04 220 kV 电缆试验项目及结果要求

序号	试验项目	结果要求及说明
1	电缆相位检查	电缆两端相位一致
2	测量金属护套和导体电阻比	测量在相同温度下的金属护套和导体直流电阻
3	测量电缆主绝缘绝缘电阻	5000 V、1 min 耐压试验前后，绝缘电阻测量应无明显变化
4	测量电缆金属护套绝缘电阻	500 V、1 min 不应低于 0.5 MΩ/km
5	电缆金属护套对地直流耐压试验	10 kV、1 min 无击穿现象
6	电缆主绝缘交流耐压试验	$1.7U_0$、60 min 无闪络及击穿现象

5.1.7 经验反馈

故障现象：220 kV 电缆外护套绝缘不合格，经检查发现支撑绝缘子瓷瓶开裂。

故障原因：瓷瓶式支撑绝缘子，由于瓷性材料受温差大热胀冷缩影响，容易出现裂纹。

消缺方案：将瓷瓶式支撑绝缘子改成复合式（硅橡胶的）绝缘子，瓷瓶的刚性好，垂直受力性能方面较硅橡胶的好，相对而言抗震等级瓷瓶的较好，地震多的地方一般都用瓷瓶的；硅橡胶的柔韧性好，针对风大导致倾斜时左右受力以及温差大导致的热胀冷缩而言，更适合使用硅橡胶的。我国地震带少，所以现在国内基本上都采用橡胶的。

目前现场已全部采用复合支柱绝缘子替换瓷柱式绝缘子，复合绝缘子的拉伸和抗压都比瓷柱式高很多。复合支柱绝缘子，高强度环氧玻璃钢柱外部浇注灰色户外硅橡胶伞群。拉伸破坏负荷不小于：20 kN，压缩破坏负荷不小于：150 kN。

图 352-02-05-01　绝缘子瓷瓶开裂

5.1.8　技术规程清单

表 352-02-05-05　技术规程清单

序号	文件名称
1	220 kV 电缆及其附件预防性维修
2	220 kV 母联电缆预防性维修

5.1.9　参考资料

［1］额定电压 220 kV 交联聚乙烯绝缘电力电缆及其附件（高压分册）：GB/Z 18890—2002［S］.

［2］《电缆外护层》GB 2925［S］.

5.2　500 kV 电缆

5.2.1　定义

以中核核电运行管理有限公司秦二厂 3、4 号机组为例做说明：500 kV 充油电缆连接主变高压侧与 500 kV 开关站，采用低压力（油压约 0.22 MPa）、铝护套结构，导体为六扇形，截面积 1200 mm^2，导体的外面有多层不同的绝缘介质，导体的中心是由镀锌钢螺旋管构成的空心油路，中间通油，电缆的铝护套以内都是充油的，起到加强绝缘和散热的作用。

5.2.2　范围对象

500 kV 充油电缆系统组成如表 352-02-05-06 所示。

表 352-02-05-06　500 kV 充油电缆系统组成

序号	名称	序号	名称
1	500 kV 充油电缆	5	直接接地箱
2	500 kV GIS 电缆终端头	6	接地回流电缆
3	主变侧连接带保护器箱	7	绝缘连接头
4	放电计数器	8	铅油管

续表

序号	名称	序号	名称
9	油压表计、阀门箱	13	电缆金属套接地监测装置电流互感器箱
10	储油罐	14	电缆金属套接地监测装置变送器箱
11	T 字油管连接头	15	电缆金属套接地监测装置箱
12	油压报警箱	16	盘柜接地线

5.2.3 结构原理

（1）电缆结构示意

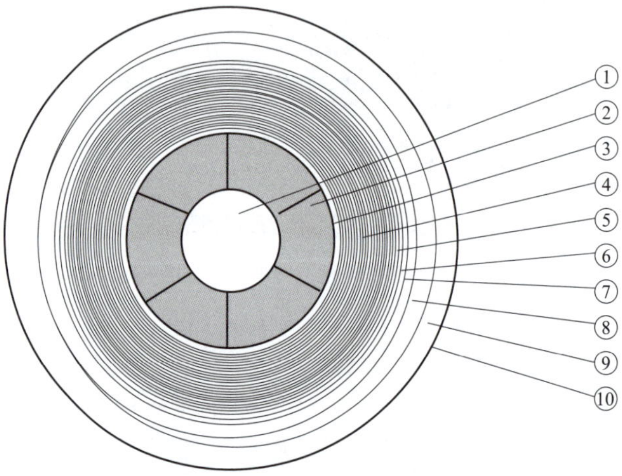

图 352-02-05-02 电缆结构示意图

电缆共有 10 层组成（由内到外）：

Oil Duct（油道）；

Conductor（导体）；

Conductor Binder（带炭黑纸的不锈钢夹层）；

Conductor Screen（带炭黑纸的金属屏蔽层）；

Insulation（由牛皮纸和聚丙烯组成的绝缘层）；

Insulation Screen（炭黑纸和金属纸组成的绝缘屏蔽层）；

Binder（铜编织带）；

Metallic Sheath（金属护套）；

Outer Serving（外护套绝缘层）；

Graphite（石墨层）。

导体是由 6 股裸铜导体并夹以绝缘而形成的自容式空心圆柱体，导体截面积为：1×1200 mm^2，中间绝缘材料为 0.1 mm 厚的牛皮纸。主绝缘材料为油浸绝缘纸，共 13 层，其中 1、2、13 层为牛皮纸，其余 10 层为聚丙烯纸。

（2）500 kV 充油电缆接地监视屏

500 kV 充油电缆配有电缆接地监视系统。该监视系统通过监视电缆金属护套上流过的电流大小来判断充油电缆是否接地。如果出现接地情况，接地监视屏上会出现报警。

500 kV 充油电缆接地监视系统主要有三部分构成：接地监视屏、电流互感器箱、变送器箱。

500 kV 充油电缆金属护套在主变压器侧通过避雷器接地，而在 GIS 开关站侧护套直接接地，正常运行时在金属护套上感应较小电压，故流过接地监视用电流互感器的电流很小（不大于 1000 A）。当充油电缆绝缘受损，甚至出现接地故障时，金属护套上将感应数千伏的电压，此时流过电流互感器的电流超过 1000 A。

电流互感器将测量到的电流信号转换为电压信号，送入相应的变送器，变送器将转换好的 4～20 mA DC 信号传入位于网控楼的 500 kV 充油电缆接地监视屏。该接地监视屏上分别显示 A、B、C 相电缆的接地监视电流。

（3）电缆交流耐压试验

1）概述

主变高压侧与 500 kV 开关站是通过充油电缆相连的，《电气设备交接试验标准》（GB 50150—2006）规定充油电缆在现场交接时做直流耐压。部分厂家不允许在 GIS 中打直流耐压，现场没有专门的电缆打压窗，可采用交流耐压，试验电压 420 kV，时间 15 min。

试验设备清单详见表 352-02-05-07。

表 352-02-05-07 试验设备清单

序号	设备名称	技术参数	重量（T）	台数
1	电抗器	额定电压：333 kV/单级	5	2
		额定电流：6 A		
		电感：		
		L1 198H L2 220H L3 242H		
2	电抗器	额定电压：250 kV/单级	1.5	4
		额定电流：5 A		
		电感：		
		L1 135H L2 150H L3 165H		
3	可调电抗器	额定电压：400 kV/单级	16	2
		额定电流：6 A		
		电感：250～2500 H		
4	高压分压器	额定电压：400 kV/单级	0.5	2
		电容量：4000 pF/单级		
		准确度：1 级		
5	变频电源	输出电压：350 V	2.3	1
		输出电流：1144 A		
		输出频率范围：20～300 Hz		
6	励磁变压器	额定容量：400 kVA	6	1
		输出电压：40 kV		
7	工频电源控制器	输出电压（有效值）：220 V	0.3	1
		输出电流：1200 A		
		频率：50 Hz		

2）试验设备调试

由于在试验之前按照电缆的设计参数来做的试验方案，电缆的设计参数和现场实际参数存在一定的误差。所以在进行试验之前对设备的调试一方面是检查设备是否可用，另一方面是现场测量电缆的实际参数，以便对试验方案提前做修改。

3）试验接线图

图中的高压电抗器将根据现场电缆容量对现有试验设备进行适当的串并联连接，以满足试品试验电压和电流的要求。FC—变频源，Tr—励磁变压器，L—电抗器，CX—试品电容，C1、C2—高压分压器。

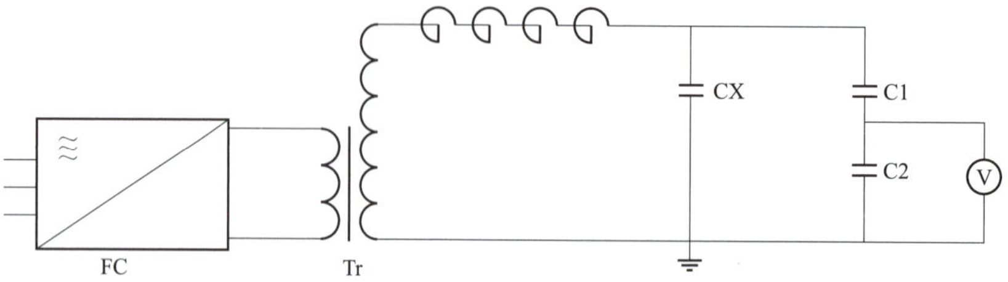

图 352-02-05-03　500 kV 电缆交流耐压试验接线示意图

4）试验设备容量估算

电缆电容量在 110～120 nF 之间，根据 IEC 标准及厂家技术人员讨论，试验电压为 420 kV，试品在工频（50 Hz）试验电压下的总电流为：

$$Lx=U\omega C$$

$$Lx=420\times103\times2\pi\times50\times120\times10^{-9}=15.8\text{（A）}$$

其中：C 按最大电容量估算。现场拟采用六节电抗器串并联方式进行连接，如图 352-02-05-04 所示。

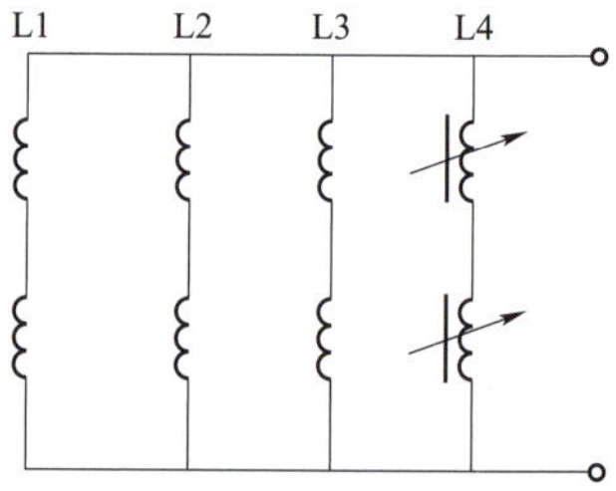

图 352-02-05-04　连接方式

L1、L2— 2×150H/250kV 电抗器；

L3—2×220H/333kV 电抗器；

L4—2×可调电抗器/400kV

在试验电压下，串联电抗器组 L1、L2 的电流为：

$$L1，L2=U/\omega L1$$

$$L1，L2=420\times103/（2\pi\times50\times270）=4.9\text{（A）}$$

串联电抗器组 L3 的电流为：

$$L3=U/\omega L3$$

$$L3=420\times103/（2\pi\times50\times400）=3.34\text{（A）}$$

$$L1+L2+L3=L3.14\text{（A）}$$

可调电抗器组 L4 中的电流为：

$$L4=Lx-（L1+L2+L3）=2.66\text{（A）}$$

可调电抗器组 L4 的电感量应调节为：

$$L4=U/\omega I4$$

$$L4=420\times103/（2\pi\times50\times2.66）=502.8\text{（H）}$$

每节电抗器的电感量为 274 H，可调电抗器最小电感量为 250 H，可以满足试验要求。

按照试验时 Q 值为 30 计算，励磁电压选用 20 kV，励磁变压器原边电压为 400 V，励磁变压器变比 K=20 000/400，励磁变压器原边电流（等于变频电源输出电流）为：

$$L0=Lx\times K$$

$$L0=15.8\times50=790\text{（A）}$$

变频电源输入电流（工频电源需提供电流）约为 0.7I0，即 553 A。可以满足试验要求。

5）现场实际方案

上述方案中估计的电缆电容值较大，而现场电缆电容一般不大于 80 nF，故最终采用以下方案。

A 相方案：

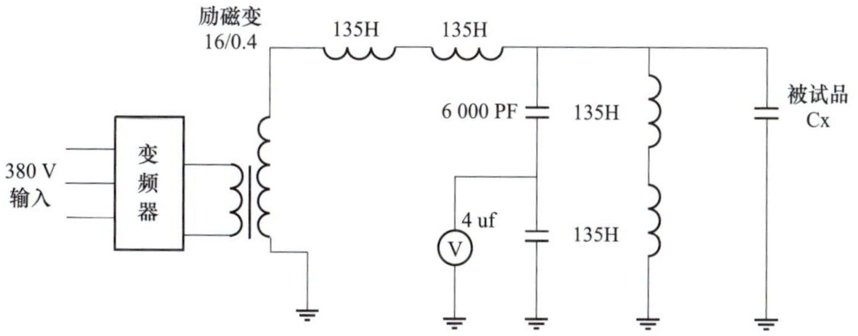

图 352-02-05-05 A、B 相电缆工频交流耐压方案接线图

B/C 相方案（同 A）：

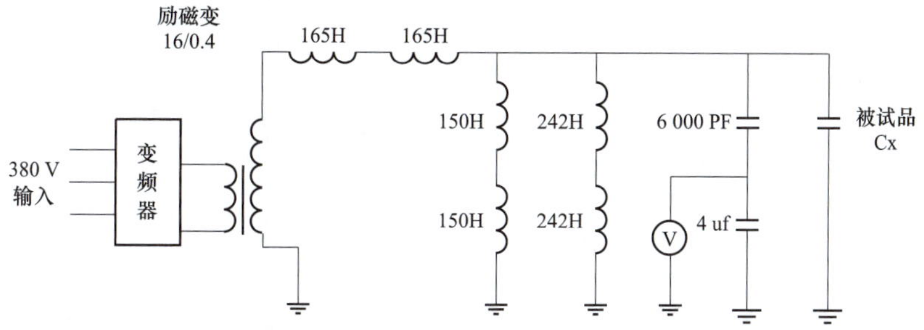

图 352-02-05-06 C 相电缆工频交流耐压方案接线图

试验步骤：

现场状态确认和试验安全警戒。

试验之前，再次确认电缆及其附件状态，必须符合实验要求。在试验场地周围装设安全围栏或警戒线，并在各通道口派专人值守。

试验接线：

被试相电缆对应的 GIS 开关、接地开关按照试验要求全部操作到位。

非被试相电缆出线 GIS 套管和变压器侧出线套管可靠接地。

使用无晕导线将试验设备和被试电缆加压套管高压部分可靠连接。

试验：

检查试验设备，包括电源、变频电源、励磁变压器电压组别、高压分压器等设备的电气连接，所有设备的接地。

检查变频电源装置，确认变频源接地端已可靠接地，所有散热通风口已打开，输入、输出断路器已合闸。空试变频源无异常后，切断变频器电源，将变频源输出端接到励磁变压器的低压侧。

调节变频电源输出，在预期谐振电压低于 10%试验电压下，调节可调电抗器，直到试验回路谐振，再开始加压。

逐步升高电压到试验电压的 50%，记录变频电源输出电压、电流以及高压分压器值，核对系统谐振情况，无异常则继续升压至试验电压的 100%，升压速度取每秒 3%～5%试验电压。

升压至 100%试验电压后开始计时，在加压过程中，要注意观测、记录异常现象。

15 min 后立即降低电压，降压速度可按设备最大降压速度，当电压降至零时，断开变频电源输出。

试验数据及判断，在试验过程中，如无放电、无闪络现象，电压、电流指示无抖动。试验判定为合格。

5.2.4 指标与参数

设备参数详见表 352-02-05-08。

表 352-02-05-08　离相封闭母线设备参数

序号	参数名称		单位	数值		
1	额定电压（U_0/U）		kV/kV	300/500		
2	最大运行电压		kV	550		
3	额定传输容量		MVA	780		
4	额定长期工作电流		A	872		
5	最大工作电流		A	900		
6	额定动稳定电流峰值		kV	157.5		
7	额定热稳定电流（3 s）		kA	63		
8	电缆主绝缘水平	雷电冲击耐压	kV	1675		
		开关操作过电压	kV	1175		
		工频耐受电压	kV	740		
9	护套绝缘水平	工频耐受电压	kV	20		
		雷电冲击电压	kV	72.5		
10	导线截面积		mm^2	1200		
11	电阻		Ω/km	0.014 4		
12	电容		μF/km	0.187		
13	电缆长度		m	A：426	B：435	C：445

5.2.5　维修技术要求

（1）电缆相位检查

采用万用表检查电缆相位，电缆两端的相色标志应一致。

（2）测量金属护套和导体电阻比

1）试验目的

电缆铜屏蔽层具有改善电场分布，提供电容电流和故障电流通道的作用，当护套损伤进水后，将导致铜屏蔽层锈蚀甚至锈断，失去上述作用而使绝缘击穿。测量铜屏蔽层和导体的直流电阻可以监视其受腐蚀变化的程度，以便及时采取对策，同时也可检查系统发生不同相多点同时接地时，短路电流对铜屏蔽层的影响。

直流电阻受温度影响很大，而各次测量时的地温不同，同一时间各点的地温也不同，无法换算为标准温度，一般采取分析铜屏蔽层对导体电阻比值的方法来消除温度的影响，判断两电阻的变化情况。当铜屏蔽的直流电阻增大，铜屏蔽层有可能腐蚀，当电缆直流电阻增大，可能是电缆头连接点的接触电阻增大。

2）测量方法

采用 BZC 3391 变压器直流电阻测试仪分别测量在相同温度下金属护套和导体的直流电阻，并计算出金属护套和导体电阻比。若由于电缆安装完成后，电缆两侧较远，无法直流在电缆两端直接通流测压测量，可借助其他两相来完成。

3）测量电缆主绝缘绝缘电阻

采用 5000 V 兆欧表测量导体对金属护套及地的绝缘电阻，持续时间 1 min。在交流耐压试验前后，绝缘电阻测量值应无明显变化。对电缆的主绝缘测量绝缘电阻时，分别在每一相上进行。对一相进行测量时，其他两相导体、金属护层一起接地。

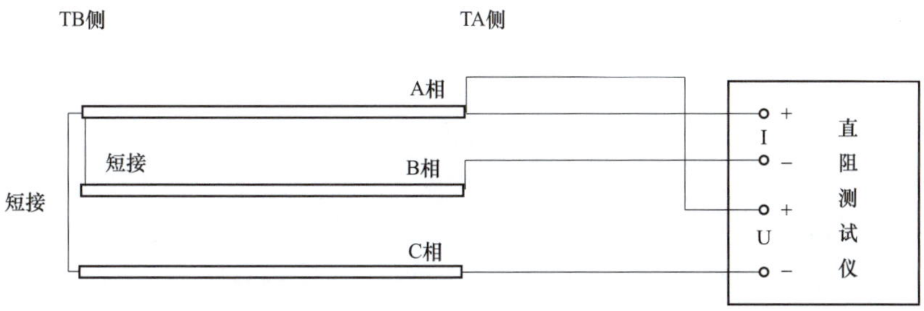

图 352-02-05-07 电缆直流电阻测试原理图

4）测量电缆金属护套绝缘电阻

采用 500 V 兆欧表测量金属护套对地绝缘电阻，持续时间 1 min，其值不应低于 0.5 MΩ/km。

5）电缆金属护套对地直流耐压试验

采用直流高压发生器进行金属护套对地直流耐压试验。试验电压 10 kV，持续时间 1 min，试验时电缆导体接地，将护层过电压保护器断开，试验结束应充分放电。

6）电缆绝缘油试验

电缆绝缘油试验要求如表 352-02-05-09 所示。

表 352-02-05-09 电缆外护套、过电压保护器绝缘电阻验收标准

试验项目	取样部位	标准
击穿电压	电缆及附件内	不低于 60 kV
	储油罐中	不低于 50 kV
介质损耗因数 tgδ	电缆及附件内	不大于 0.003
	储油罐中	不大于 0.003

过电压保护器：500 kV 充油电缆在主变侧 500 kV GIS 电缆端处，电缆护层与地之间每相装有 2 个过电压保护器（氧化锌避雷器），以有效抑制由 GIS 外壳传过来的暂态过电压来保护电缆护套；500 kV 充油电缆在 GIS 端护套直解接地，在主变侧每相通过两个过电压保护器（氧化锌避雷器）再接地。

测量绝缘电阻：用 1000 V 兆欧表测量过电压保护器的绝缘电阻，其值不小于 100 MΩ。

7）测量直流参考电压和 0.75 倍直流参考电压下的泄漏电流

用直流高压发生器测量 1 mA 电流下的直流参考电压，同时测量 0.75 倍直流参考电压下的泄漏电流。直流参考电压应在 5 kV±0.5 kV 范围内，0.75 倍直流参考电压下的泄漏电流＜50 μA。

8）检查放电计数器动作情况

用避雷器计数器校验器对放电计数器冲击放电，此时放电计数器应可靠动作 1 次，进行 3 次测试，每次均应正常动作。

接地回流线电缆：为了降低 500 kV 充油电缆可能出现的工频或冲击感应电压超过电缆护套绝缘的耐受强度，在三相充油电缆间换位敷设了一根回流线。接地回流线电缆为交联聚乙烯绝缘电缆，额定电压 10 kV。

直流电阻测量：用变压器直流电阻测试仪测量主导体的直流电阻，导体直流电阻（20 ℃时）应不大于 0.028 3Ω/km。

绝缘电阻测量：采用 2500 V 兆欧表测量导体对地的绝缘电阻，持续时间 1 min。在交流耐压试验前后，绝缘电阻测量值应无明显变化。

交流耐压试验：用试验变压器和并联电抗器进行试验。试验时应充分考虑试验变压器的容量和试验电源的容量，合理选择电抗器。试验电压为 20 kV，试验持续时间 1 min，试验过程中应无击穿、闪

络现象发生。

油浸系数试验：为了确认油中气体是否超标而做的试验。油浸系数的计算如下：

$$K=\frac{dV}{dP\times V}$$

dV = 放出的油量（mL）

dP = 放油前后的油压差（bar）

V = 电缆总油量（mL）

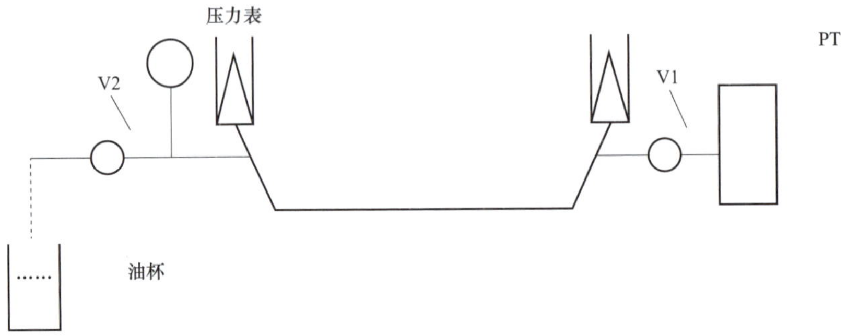

图 352-02-05-08 油浸系数试验原理图

油前 $V1$ 打开，$V2$ 关闭测量油压 $P1$，然后关闭 $V1$，打开 $V2$ 放油，放油后关闭 $V2$ 再测量油压 $P2$，dP 即为 $P2$-$P1$。放出的油量即为油杯中的油。（K 的值应小于 0.045%）。

油流试验：为了检验油路中无阻塞，油流畅通而做的试验。

5.2.6 质量管理

表 352-02-05-10 500 kV 电缆预防性维修项目

序号	项目名称	项目内容	项目周期（1C 为 1 个燃料循环）
1	电缆外护套绝缘电阻测量	试验前将电缆外护套的接地解开 将电缆两端外护套的放电装置解开 将主变侧连接箱内避雷器解开 测量完成后应充分放电 用直流 1000 V 测量过电压保护器及避雷器的绝缘电阻 测量完成后应充分放电 对护套进行力矩检查，力矩要求 98 N·m	1C
2	电缆外护套的直流耐压试验	试验前将电缆外护套的接地解开 试验电压 6 kV，时间 1 min，应无击穿现象	必要时
3	电缆供油箱油的检查	供油特性检查 油击穿电压，应不低于 50 kV 油的介损 tgδ，应不低于 0.005 μF	必要时
4	电缆及其附件中的电缆油的检查。	电缆油的击穿耐压，应不低于 45 kV 电缆油的介损 tgδ，应不低于 0.01 μF 油中溶解气体分析（怀疑电缆绝缘过热老化或终端塞止接头存在严重局部放电时）	必要时
5	检查电缆油油压	在 500 kV GIS 电缆油压表（Pressure Gauge）处检查每相电缆的电缆油油压，油压应正常，不应过低和过高 检查电缆油压监视屏是否有报警	1C
6	检查电缆油的密封性	检查电缆终端接头处、压力油箱到电缆的输油管道、油压表等处没有油泄漏的痕迹 对充油电缆隐蔽设备（包括压力油箱、管路以及两侧电缆沟内电缆）的进行检查	1C
7	检查电缆终端的牢固性	清理电缆终端及其附件 检查电缆终端的 A/B/C 三相绑扎是否牢固，如果有松动现象，用专用密封带对其重新进行绑扎固定 更换电缆外护套多点接地监测屏 PLC 电池（5 年）	1C

续表

序号	项目名称	项目内容	项目周期（1C 为 1 个燃料循环）
8	电缆电缆护套检测系统的 CT、传感器端子箱的检查	检查电缆护套检测系统的 CT、传感器端子箱接线的紧固性	1C

日常巡检观察相关参数情况，详见表 352-02-05-11。

表 352-02-05-11　充油电缆油油压情况

序号	位置	验收标准	监检频度
1	就地油压表（A、B、C 三相）	油压值不低于 1.4 bar，且与最近一次巡检数据相比无明显变化	2 次/周
2	远方油压监视屏（A、B、C 三相）	油压值不低于 1.4 bar，且与最近一次巡检数据相比无明显变化	2 次/周

5.2.7 经验反馈

故障现象：充油电缆出现鼓包渗油缺陷，如果 500 kV 充油电缆油压降低，会导致电缆绝缘降低，散热条件变差，严重时造成电缆损坏、机组停机。当下，现场采用带压堵漏带进行临时封堵绑扎处理。

故障原因：电缆头搪铅部位早期安装过程中，由于受热不均匀，导致铅层中出现缝隙。

消缺方案：拆除主变侧和开关站侧的 GIS 套筒，打开漏油部位确定缺陷部位后进行处理，重新进行搪铅，回装 GIS 套筒。

回装后执行交流耐压试验，本次耐压试验范围包括主变 C 相电缆、主变 C 相 500 kV 进线 PT。主要试验方法：

（1）绝缘电阻测量

主绝缘在耐压前后采用 2500 V 兆欧表测量，金属外护套采用 1000 V 兆欧表表测量。耐压试验前后，绝缘电阻应无明显变化。电缆外护套绝缘电阻不低于 0.5 MΩ/km。

（2）主绝缘的交流耐压试验

1）试验电压和加压程序

试验电压根据业主的要求，本次交流耐压试验值按设备最高运行电压 318 kV、30 min 执行，在 106 kV、212 kV 时各停留 1 min，加压程序如图 352-02-05-09 所示：

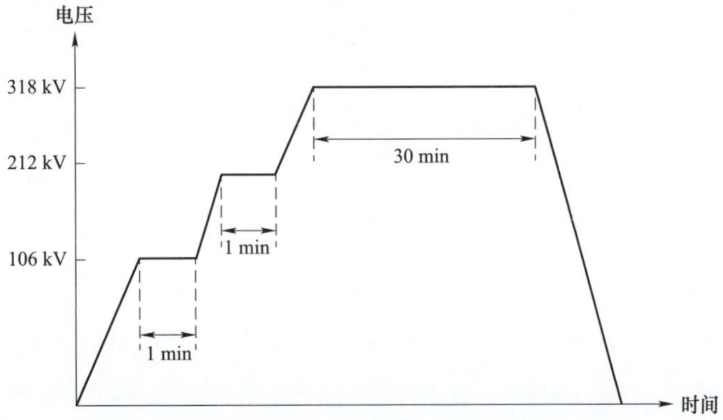

图 352-02-05-09　电缆交流耐压试验加压程序

2）被试品接线和试验接线

试验根据被试品电容量及现场情况，加压位置选择 4 号主变高压侧充油电缆临时加装套管处，交流耐压试验时各断路器、隔离开关、接地开关的状态见图 352-02-05-10。

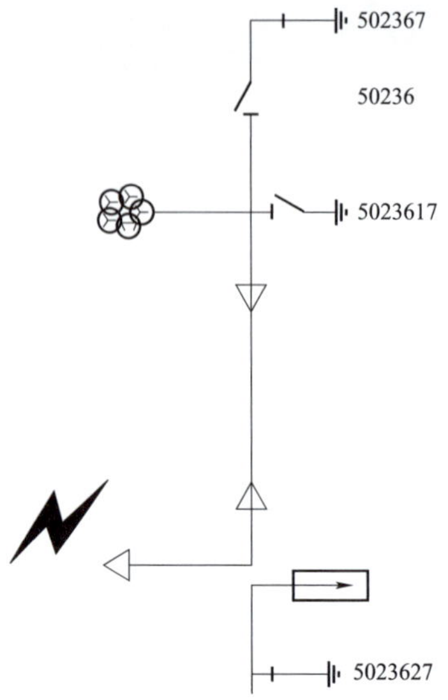

图 352-02-05-10　断路器、隔离开关、接地开关的状态

图中，断路器、隔离开关、接地开关的状态位置如表 352-02-05-12 所示。

表 352-02-05-12　状态位置表

状态 设备	合闸位置	分闸位置
断路器	/	5022、5023
隔离开关	/	50236
接地开关	502367、5023627	5023617

试验采用变频串联谐振，试验接线如图 352-02-05-11 所示。

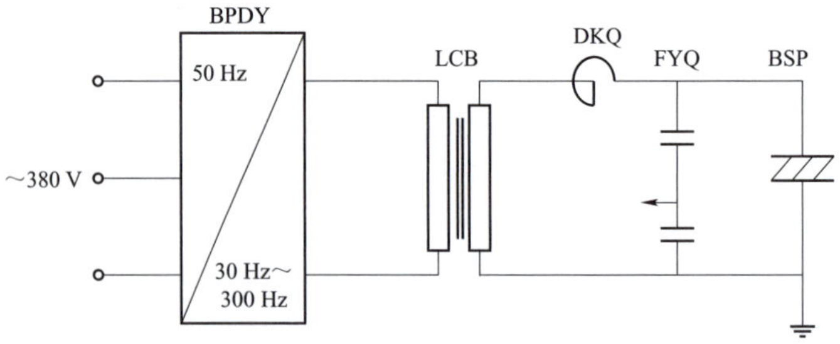

图 352-02-05-11　试验接线示意图

图中：BPDY－变频电源（20～400 Hz、300 kVA）；LCB－励磁变压器（400 V/35 kV、300 kVA）；YKDTR－高压电抗器（220 kV/146 H，4 台）；FYQ－分压器（600 kV，500 pF）；BSP－被试品（被试区域）

C 相进行交流耐压试验，被试电缆的屏蔽层接地，被试相导体连接到高压输出。

（3） 试验判断

试验加压持续过程中，如无放电、无闪络现象，且耐压后绝缘电阻与耐压前相比无明显变化，试验判定为合格。

5.2.8 技术规程清单

表 352-02-05-13 技术规程清单

序号	文件名称
1	500 kV 充油电缆及其附件预防性维修
2	500 kV 电缆油压监视屏预防性维修
3	500 kV 电缆护套接地监测屏预防性维修

5.2.9 参考资料

[1] 电力设备预防性试验规程：DL/T 596—1996 [S].
[2] 电气设备交接试验标准：GB 50150—2006 [S].

5.3 6 kV 电缆

5.3.1 定义

用于中压系统间，中压系统与中压设备间传输和分配电能的电缆。

K3 类电缆：

在安全壳外，在正常情况下和在地震荷载下能执行其规定功能的电缆。

线芯：

一根没有护套保护的绝缘导体。

电缆：

它由一根或多根线芯组合在一起，并且有外护套进行整体机械保护。

导体：

线芯或电缆的一部分，用来承载电流。

塑形导体：

非圆形截面的导体。

绞合导体：

一定数量的导线扭绞组合而成的导体。

绝缘层：

覆盖在导体外，用于隔离来自相邻的线芯或接地线的电流。

填充物：

置于多芯电缆的芯线之间的填充材料。

屏蔽层：

半导体或履盖在介质上的金属层，用于提供电气保护。

外护套：

环绕在电缆表面外的固体保护层。

5.3.2 范围对象

适用于发电机、变压器、开关柜及中压设备间的 6 kV 动力连接的电缆。

5.3.3 结构原理

详见本文 5.3.5 小节内容。

5.3.4 指标与参数

表 352-02-05-14 6.6 kV 电缆额定技术参数

序号	项目	单位	技术参数
1	运行电压	kV	6
2	频率	Hz	50
3	导体对地的额定工频电压 U_0	kV	6
4	导体之间的额定工频电压 U	kV	10
5	系统电压最大值 U_m	kV	12
6	导体截面（圆形）	mm^2	单芯：120、150、185、240、300、400、500、630
			三芯：35、50、70

表 352-02-05-15 6.6 kV 电缆极限技术参数

序号	项目	单位	技术参数
1	导体温度（θ）	℃	正常运行状态下：$\theta \leqslant 90$ ℃，长期 事故运行状态下：$\theta \leqslant 250$ ℃，≤4 s
2	介质损耗	介质损耗角 tgδ	作为电压函数，在规定的环境温度、工频交流电压下所测量的介质损耗角（tgδ）不应超过以下值： 6 kV（U_0）：40×10^{-4} 3 kV（$0.5u_0$）和 12 kV（$2u_0$）之间的增量：20×10^{-4} 作为温度函数，以下规定的温度中、在工频交流 2 kV 电压下所测量的介质损耗角（tgδ）不应超过下列值： 在规定的环境中的 tgδ：40×10^{-4} 在 90 ℃时的 tgδ：80×10^{-4}

5.3.5 维修技术要求

表 352-02-05-16 6.6 kV 电缆维修项目内容与周期

项目名称	项目内容	项目周期（1C 为 1 个燃料循环）
外观检查	检查电缆绝缘外观、护套，短接、中间接头、电缆所处环境	4C
绝缘电阻/极化指数测量	测量电缆的绝缘电阻	4C

外观检查

——电缆绝缘层、护套外观无脆化、裂纹、褪色、膨胀、等老化现象；

——电缆绝缘层、护套无机械损伤、无动物咬伤；

——电缆端接和中间接头无肿胀、脆化、裂纹等降级现象；

——电缆所处环境正常，无浸湿；

——电缆外护套无物质渗出、无表面粉末化、硬化。

绝缘电阻/极化指数测量

——2500 V 电压下，时间 1 min，绝缘电阻不低于 60 MΩ；

——500 V 兆欧表测量中压电缆外护套的绝缘电阻，时间 1 min，每千米绝缘电阻不应低于 0.5 MΩ。

表 352-02-05-17 6 kV 电缆试验项目及结果要求

序号	试验项目	结果要求及说明
1	电缆绝缘外观、护套	无脆化、裂纹、褪色、膨胀等老化异常
2	电缆端接和中间接头	无肿胀、脆化、裂纹等降级现象

续表

序号	试验项目	结果要求及说明
3	电缆外护套、绝缘层	无机械损伤、被动物咬伤破坏
4	电缆所处环境	无浸湿、浸水
5	电缆护套	护套无表面物质渗出、表面粉末化、电缆表面硬化
6	中压电缆绝缘电阻	≥60 MΩ
7	电缆外护套绝缘电阻	每千米>0.5 MΩ

表 352-02-05-18　6 kV 电缆不同运行状态下的技术要求

运行状态	技术要求
正常运行状态	制造厂应根据绝缘和护套材料按有关的国标或 IEC—60287［电缆连续电流额定值（负荷率 100%）的计算］给出各种规格电缆在下面条件下的连续额定电流 a. 一根 3 芯电缆或三根单芯电缆（品字形排列）架空敷设，平均环境温度为 40 ℃，无阳光直射 b. 一根 3 芯电缆或三根单芯电缆在管道内或在埋设于混凝土结构中的导管内敷设，平均环境温度为 40 ℃
异常运行状态	在异常运行状态下，电缆应能经受下列化学试剂的作用而不影响其性能： a. 水（浸入 1 m） b. 二氧化硫和三氧化硫（微量） c. 臭氧（微量） d. 油或润滑脂（喷洒） e. 轻质燃油（喷洒） f. 对轻微挥发性物质，电缆经受的接触时间为 5000 h g. 电缆应通过《GB/T 2951.3 电缆绝缘和护套材料通用试验方法 第 3 部分：密度测定方法-吸水试验-收缩试验》中吸水试验的要求
事故运行状态	a. 频率在 50 Hz 上下时的电压波动 波动电压的有效值为额定电压的 1.4 倍，在 4 s 内可能出现 20 次 b. 全波冲击过电压 在相对地之间可能出现波形为 1.2/50 μs 和峰值为 60 kV 的冲击波。这种冲击波可能出现 100 次 c. 短时过电流 制造厂应给出电缆在初始热态（导体温度为 90 ℃）下经受短路时间达 1 s、2 s、3 s、4 s、5 s 时允许的短路电流值 d. 阻燃 电缆应通过《GB/T 18380.3—2001 电缆在火焰条件下的燃烧试验 第 3 部分：成束电线或电缆的燃烧试验方法》中规定的试验，电缆应是阻燃电缆

交联聚乙烯材料的机械特性应符合下列值。

——在供货状态：

抗张强度　≥12.5 MPa

断裂延伸率　≥200%

——在（135±2）℃的烘箱中老化 240 h 后：

断裂应力变化　≤±25%

断裂延伸率变化　≤±25%

乙丙橡胶材料的机械特性应符合下列值：

——在供货状态：

抗张强度　≥7 MPa

断裂延伸率　≥200%

——在（135±2）℃的烘箱中老化 240 h 后：

断裂应力变化　≤±30%

断裂延伸率变化　≤±30%

绝缘层的每千米绝缘电阻由下面公式求得

$$R=K\log 10\frac{D}{d}$$

式中：D——绝缘层的外径（或扇形导体绝缘层的外周长）；

d——绝缘层的内径（或扇形导体的内周长）。

无论何种绝缘材料，其常数 K 的值至少应等于：

3670 MΩ.Km　　在 20 ℃时；

36.7 MΩ.Km　　在 60 ℃时；

3.67 MΩ.Km　　在 90 ℃时。

在导体上和绝缘层上的半导体屏蔽层采用合成的半导体材料挤压，不含卤素。

用于导体屏蔽的材料应适合于电缆的运行温度。

半导体屏蔽材料的机械特性应符合下列值。

——供货时的状态：

抗张强度≥7 MPa；

断裂延伸率≥150%。

——相容性试验后断裂延伸率的变化：

在供货时的状态下测得数值与老化 42 d 后之差≤±40%；

在老化 14 d 后与老化 42 d 后测得数值之差应≤±25%。

在绝缘层上的半导体屏蔽层的电阻率在 20 ℃时不应超过 5000 Ωcm，在 90 ℃时不应超过 25 000 Ωcm。

极之间的功耗不能超过 0.1 W，即：$\frac{V1*V2}{R}\leqslant 0.1$ W。

试验的进行：

——常温下，

——样品放入烘箱内，在 90 ℃温度下放置至少预热两个小时，然后进行试验。半导体材料的电阻率：

$$\sigma=-\frac{V1}{V2}*\frac{S*R}{L}$$

$V1$，$V2$：电压表的读数（V）；

L：极之间的距离（cm），等于 20 cm；

R：试验回路的电阻（Ω）；

S：半导体屏蔽层的截面积（cm^2）。

半导体屏蔽层样品截面积的确定可以在按照《NFC32-070 用于安装的绝缘导体和电缆-依据燃烧特点有关导体和电缆分类试验》11 节中方法确定密度后，通过测重得出。

金属屏蔽：采用铜带，其单位长度的电阻不应超过 3Ω/km。

外护套：电缆组件由交联、阻燃、无卤材料或热塑、阻燃、无卤材料的黑色护套所覆盖，其机械特性应符合下列值：

——供货时的状态和 110±2 ℃温度下老化 10 d 后：

抗张强度　　≥9 MPa；

断裂延伸率　　≥120%。

——相对于老化之前的记录值，老化之后的值不应超过下述变化范围：

抗张强度变化　　≤±25%；

断裂延伸率变化　　≤±25%。

外护套的设计应耐受异常运行状态中所述的化学试剂的腐蚀。在每批制造的电缆中取一段样品进行该项试验。试验结果不满意时，应重新取样进行试验。如果新样品也不符合要求时，则认为该批产品是不合格的。

中压电缆每个样品应做下述试验;

——绝缘层尺寸检查:

绝缘层的厚度应该按《GB/T 2951.1 电缆绝缘和护套材料通用试验方法 第 1 部分：通用试验方法》进行。

绝缘层的厚度的平均值不应小于上文对绝缘层的要求。

——电缆和外护套尺寸的检查:

护套的厚度测量按《GB/T 2951.1 电缆绝缘和护套材料通用试验方法 第 1 部分：通用试验方法》进行。

电缆外径测量按《GB/T 2951.1 电缆绝缘和护套材料通用试验方法 第 1 部分：通用试验方法》进行。

护套厚度的平均值应符合上文对外护套的要求。

——绝缘层机械性能测试:

应在老化前测试绝缘层的机械性能，按照《GB/T 2951.1 电缆绝缘和护套材料通用试验方法 第 1 部分：通用试验方法》进行。

测试结果应符合上文对绝缘层的相应的要求。

——外护套机械性能测试:

应在老化前测试护套的机械性能，按《GB/T 2951.1 电缆绝缘和护套材料通用试验方法 第 1 部分：通用试验方法》进行。

测试结果应符合上文对外护套的相应要求。

——阻燃性能的试验:

电缆阻燃性能应符合《GB/T 18380.3 电缆在火焰条件下的燃烧试验 第 3 部分：成束电缆或电缆的燃烧试验方法》的要求。

5.3.6 质量管理

无脆化、裂纹、褪色、膨胀等老化异常，无肿胀、脆化、裂纹等降级现象，无机械损伤、被动物咬伤破坏，无浸湿、浸水，护套无表面物质渗出、表面粉末化、电缆表面硬化，绝缘电阻≥60 MΩ，外护套绝缘电阻大于每千米 0.5 MΩ。

5.3.7 经验反馈

无。

5.3.8 技术规程清单

表 352-02-05-19 技术规程清单

序号	规程名称
1	中压电缆预防性维修

5.3.9 参考资料

[1] 秦山核电二期扩建工程 6 kV 电缆技术协议 [R].

5.4 二次电缆

5.4.1 定义

用于控制、信号传递和反馈的电缆。

5.4.2 范围对象

用于额定电压 0.6/1 kV 及以下配电盘及柜内控制和信号连接系统、测量连接系统的电缆。

5.4.3 结构原理

（1）导体材料及线芯

控制电缆均采用软拉铜绞合导线。其截面一般为 1.5 mm^2、2.5 mm^2 和 4 mm^2，还有少量的 6 mm^2、10 mm^2。

（2）绝缘及护套

电缆的绝缘材料应适用于本工程环境温度条件下的运行。

控制电缆绝缘水平 U_0/U 一般为 0.45/0.75 kV，特殊情况下 U_0/U 为 0.6/1 kV。缆芯与绝缘层之间的冲击耐压，应满足系统绝缘配合要求的雷电冲击绝缘水平。

控制电缆的绝缘材料一般可采用耐热耐寒型的聚氯乙烯，绝缘材料均应为阻燃型的。

控制电缆的护套一般可采用阻燃型挤包聚氯乙烯，但应适应于夏季的高温环境和冬季的低温环境及虫害鼠害地区运行，特殊情况下采用耐火型电缆。

电缆护套应采用低烟无卤材料。燃烧时不应释放出有毒气体。

（3）其他要求

电缆应满足在各种情况下敷设，尤其在托架及导管中弯曲时，应能经受住产品标准的弯曲半径不大于 10 倍。对较长管路，为满足施工时不致超出电缆允许拉力及侧压力，制造厂应提供导体的护套所允许的最大拉力及侧压力。

当为“阻燃电缆”时，必须做电缆的成束燃烧试验（试验应符合 IEC332-3），并符合《GB 12666.5 电线电缆燃烧试验方法 第 5 部分：成束电线电缆燃烧试验方法》中 C 类燃烧标准。

当为“耐火电缆”时，必须做电缆的成束燃烧试验（试验应符合 IEC331），并符合《GB 12666.6 电线电缆燃烧试验方法 第 6 部分：电线电缆耐火特性试验方法》中 B 类燃烧标准。

当系统故障时，电流增大可能造成电缆铜屏蔽多次烧熔、烧断或退火时，应对铜屏蔽的热稳定性加以考虑，必要时应适当增大铜屏蔽的截面。

电缆应妥善包装在电缆交货盘上交货。每个电缆包装件上应附有产品质量证明书，证明书应放在不透水的袋内，当用电缆交货盘交货时，装有证明书的袋子应牢固地固定在电缆交货盘侧板的内侧壁上。

5.4.4 指标与参数

——各种类型的电缆均应按照相应国家标准制造，各项性能指标均不应低于《GB/T 9330 塑料绝缘控制电缆》中所规定的指标，并能在工程环境条件下安全可靠地运行，各种类型的电缆使用寿命应不少于 40 年。

——电缆的导体及导线表面均应光洁，不得有任何缺损。电缆应防潮（湿）、防油、防酸。

——电缆导体长期允许工作温度不应低于 70 ℃，短路时允许最高温度不应低于 160 ℃（短路时间不大于 5 s）。

——电缆外护套应具有永久性标志（打印深度不超过 15%的外护套厚度），其内容应至少包括以下信息：

制造厂名称、额定电压、导体规格、导体数量、绝缘材料、护套材料、制造年份

——电缆应适合安装于户内、户外，暴露于空气中、阳光中，敷设于保护管中、桥架中、电缆沟（隧道）中。当要求电缆有铠装时，铠装电缆应可直埋在土壤中敷设。

——电缆应适应于夏季的高温环境和冬季的低温环境，多油地区，火灾危险地区，经化水处理地区及虫害鼠害地区运行。

——阻燃电缆指难燃电缆，阻燃（难燃）等级为 C 级。

表 352-02-05-20 主要技术参数

分类	额定电压 U_0/U/kV	导体材料	芯线长期允许最高温度/℃	绝缘材料	护套材料	屏蔽层
控制电缆	0.45/0.75 0.6/1	铜	70	聚氯乙烯	聚氯乙烯	铜带
计算机电缆	0.45/0.75	铜	70	聚氯乙烯	聚氯乙烯	铜带
重要回路控制电缆	0.45/0.75	铜	70	聚氯乙烯	聚氯乙烯	铜带
通信电缆	0.45/0.75	铜	70	聚乙烯	聚乙烯	铝塑复合包带

控制电缆全部采用聚氯乙烯绝缘，聚氯乙烯阻燃护套带铜带总屏蔽的电缆 ZRC-kVVP$_2$-0.45/0.75 kV，用于 500 kV 和 220 kV GIS 系统采用 ZRC-kVVP$_2$-0.6/1 kV。

直流系统、微机保护系统采用聚氯乙烯绝缘，聚氯乙烯阻燃护套铜带总屏蔽的耐火电缆，NH-kVVP2-0.45/0.75 kV。

计算机监控系统信号回路控制电缆选用聚氯乙烯绝缘，对绞铜带屏蔽，聚氯乙烯护套加铜带总屏蔽阻燃电缆（ZRC-DJYP$_2$VP$_2$-0.45/0.75 kV）。

通信电缆选用铜芯聚烯烃绝缘，铝-聚乙烯粘结组合护层，具有挡潮层电缆。

5.4.5 维修技术要求

预防措施：绝缘监测（利用绝缘检测仪对直流电源系统进行在线监测）。

监检参数：监测参数包括控制电源系统直流电压，支路绝缘状况。

验收准则：绝缘检测仪应无“绝缘报警”“接地报警”“瞬时接地报警”“支路报警”等报警信息。

5.4.6 质量管理

无脆化、裂纹、褪色、膨胀等老化异常，无肿胀、脆化、裂纹等降级现象，无机械损伤、被动物咬伤破坏，无浸湿、浸水，护套无表面物质渗出、表面粉末化、电缆表面硬化。端接头接触良好，接线紧固。

5.4.7 经验反馈

无。

5.4.8 技术规程清单

表 352-02-05-21 技术规程清单

序号	规程名称
1	直流系统绝缘监测仪整机更换规程

5.4.9 参考资料

[1]《常规岛控制电缆技术规范》.

6 发电机

本节主要讲述发电机相关重要内容，主要包括内容见表 352-02-06-01：

表 352-02-06-01 主要内容介绍表

次级技术要素	包含内容
发电机励磁变压器	发电机励磁变压器是接于发电机出口专门为发电机励磁系统提供三相交流励磁电源的降压变压器，通过可控硅将三相电源转化为发电机转子直流电源，形成发电机励磁磁场

续表

次级技术要素	包含内容
发电机定子铁芯和线圈	660 MW 汽轮发电机（不包括励磁机、励磁装置、氢系统、密封油系统、定子线圈冷却水系统）主要有九大部分组成：转子；油密封、轴承、端；挡风盖、导风环；冷却器与外罩；定子线圈；定子机座、定子铁芯；定子出线；定子出线端点和中心点外罩；定子外部水管
发电机转子	发电机转子由转轴、转子绕组、转子绕组电气连接件、护环、中心环、风扇、半联轴器等部件构成
发电机出口断路器	用于发电机出口保护及控制

6.1 发电机励磁变压器

6.1.1 定义

发电机励磁变压器是接于发电机出口专门为发电机励磁系统提供三相交流励磁电源的降压变压器，通过可控硅将三相电源转化为发电机转子直流电源，形成发电机励磁磁场。

6.1.2 范围对象

发电机励磁变压器。

6.1.3 结构原理

发电机励磁变压器的结构原理见表 352-02-06-02：

表 352-02-06-02　结构原理表

序号	结构	结构要素
1	铁芯	采用优质冷轧晶粒取向硅钢片，铁芯硅钢片采用 45° 全斜接缝，使磁通沿着硅钢片接缝方向通过
2	绕组形式	采用环氧树脂加石应砂填充浇注
3	高压绕组	采用多层圆筒式
4	低压绕组	采用层式结构
5	冷却方式	采用开启式，其器身与大气直接接触，适应于比较干燥而洁净的室内（环境温度 20° 时，相对湿度不应超过 85%），冷却方式为 AN/AF（自然空气冷却/强迫空气冷却）

6.1.4 指标与参数

表 352-02-06-03　发电机励磁变压器技术参数表

技术内容	参数
型号	ZSCB9—3150/18/0.97
保护等级	IP21
额定容量	3150 kVA
相数	3
额定电压	18 000/970 V
额定频率	50 Hz
额定电流	101/1875 A
联络组标号	Yd11
冷却方式	AN/AF （自然空气冷却/强迫空气冷却）
绝缘耐热等级	F

6.1.5 维修技术要求

表 352-02-06-04 预防性维修项目表

序号	预防性维修项目	周期（C 为一个核燃料周期）
1	发电机励磁变压器各元器件检查	1C 或小修时
2	铂电阻、PTC 电阻检查	1C 或小修时
3	发电机励磁变压器高低压侧直流电阻测量	1C 或小修时
4	发电机励磁变压器高低压侧绝缘电阻测量	1C 或小修时
5	铁芯绝缘测量	1C 或小修时
6	冷却风机的检查与试验	1C 或小修时

表 352-02-06-05 维修定期巡检参数表

序号	监检内容	参数标准	周期（W 为周）
1	变压器 A\B\C 三相绕组温度	不超报警值	1 W
2	变压器铁芯温度	不超报警值	1 W
3	风机投运状态	与风机启停定值相符	1 W
4	有无报警（绕组超温报警、铁芯超温报警）	无报警	1 W

6.1.6 质量管理

表 352-02-06-06 预防性维修质量标准

序号	维护项目	标准
1	发电机励磁变压器各元器件检查	（1）外露导电部件无锈蚀痕迹，如有锈蚀需进行处理 （2）绝缘表面无爬电痕迹或炭化现象，如有爬电痕迹或炭化现象应进行相应处理 （3）保持变压器内部清洁 （4）紧固件、连接部件无松动，如有松动进行紧固 （5）电缆线鼻或软连接的铜片无裂纹、放电、过热，如有要进行处理，严重时更换软连接 （6）发电机励磁变压器接地线正常
2	铂电阻、PTC 电阻检查	（1）测量三相 pt 100 铂电阻直阻，要求三相电阻差别小于 10% （2）测量测温元件 PTC 电阻直阻，要求三相电阻差别小于 10%
3	发电机励磁变压器高低压侧直流电阻测量	（1）高压绕组直阻测量：使用直阻仪器测量高压绕组 AB、BC、CA 间的直阻，线间差别不应大于三相平均值的 1% （2）低压绕组直阻测量：使用直阻仪器测量低压绕组 ab、bc、ca 间的直阻，与以前相同部位测得历史值比较，其变化不应大于 2%
4	发电机励磁变压器高低压侧绝缘电阻测量	（1）使用 2500 V 兆欧表测量高压侧对低压侧及地的绝缘电阻，要求绝缘大于 1000 MΩ （2）使用 2500 V 兆欧表测量低压侧对高压侧及地的绝缘电阻，要求绝缘大于 100 MΩ
5	铁芯及穿心螺杆绝缘测量	（1）使用 2500 V 兆欧表测量铁芯对地绝缘，要求绝缘大于 1 MΩ （2）使用 2500 V 兆欧表测量穿心螺杆对铁芯及地绝缘，要求绝缘大于 1 MΩ
6	温控器、冷却风机的检查与试验	（1）温控器元器件功能正常 （2）冷却器风扇转动正常 （3）使用 500 V 摇表测量风扇电机绝缘，要求绝缘大于 0.5 MΩ

6.1.7 经验反馈

表 352-02-06-07 常见故障和一般处理方法表

序号	故障现象	原因分析	处理
1	噪声异常	（1）长期运行变压器零部件松动而导致 （2）电压偏高	（1）检查垫块是否松动 （2）风机及风机支架安装螺栓是否松动 （3）外壳面板安装螺栓是否松动 （4）高压连接杆及其他螺栓装配处是否松动

续表

序号	故障现象	原因分析	处理
2	局部闪络	受潮或污染	（1）检查是否有接地不可靠的部位 （2）检查垫块是否受潮 （3）变压器内是否有异物 （4）变压器器身是否灰尘堆积太多
3	局部发热	安装螺栓松动	检查浇筑螺母或母排安装螺栓是否松动，确认后拧紧
4	温控器超温报警，温度显示“a（b、c、d）-H-”	（1）Pt100 开路 （2）所测温度超出测温上限	（1）更换 Pt100； （2）检查变压器负载和线圈温度，并于正常值比较
5	温控器超温报警，温度显示“a（b、c、d）-E-”	Pt100 开短	更换 Pt100
6	接通电源后，所有数码管和指示灯不亮	电源断开或未接好 保险丝熔断	（1）接通电源 （2）更换保险丝
7	温控器超温跳闸	非内部故障，其他保护装置动作 温控器故障 变压器内部故障	（1）重新投运 （2）检查保护等二次回路及温控器有无故障 （3）更换故障原件 （4）检查变压器输出侧电网和设备有无故障 （5）必要的电器测试，变压器故障停机维修

6.1.8 技术规程清单

表 352-02-06-08 规程清单表

序号	规程名称
1	发电机励磁变压器维修规程

6.1.9 参考资料

［1］电力设备预防性试验规程：DL/T 596—1996［S］.

6.2 发电机定子铁芯和线圈

6.2.1 定义

发电机的型号为 QFSN-660-2 型（QF—代表汽轮发电机；S—代表定子水内冷；N—氢内冷；660—额定容量为 660 MW；2—代表两极），该型发电机为三相交流两极同步发电机，发电机采用水氢氢冷却方式，即定子绕组为水内冷，转子绕组为氢内冷，定子铁芯及结构件为氢冷。励磁方式采用同轴无刷励磁，励磁控制采用 UN5000 自动电压调节系统，氢、油、水系统采用集装式自动控制。发电机总装配图各部件布置及名称如图 352-02-06-01 所示：

QFSN-660-2 型汽轮发电机汽轮机直接联接传动，其工作环境要求海拔高度不超过 1000 m，环境温度为 5～40 ℃，要求周围环境不含导电灰尘、腐蚀性气体，无爆炸、振动和机械损伤等危险，该型汽轮发电机工作方式为连续长期运行。

660 MW 汽轮发电机（不包括励磁机、励磁装置、氢系统、密封油系统、定子线圈冷却水系统）主要有九大部分组成：转子；油密封、轴承、端；挡风盖、导风环；冷却器与外罩；定子线圈；定子机座、定子铁芯；定子出线；定子出线端点和中心点外罩；定子外部水管。

6.2.2 范围对象

QFSN-660-2 型发电机定子铁芯和线圈

6.2.3 结构原理

（1）定子铁芯基本结构和原理

定子铁芯由涂有半无机硅钢片绝缘漆的高导磁、低损耗扇形硅钢冲片叠装而成，沿圆周 10.5 冲片。

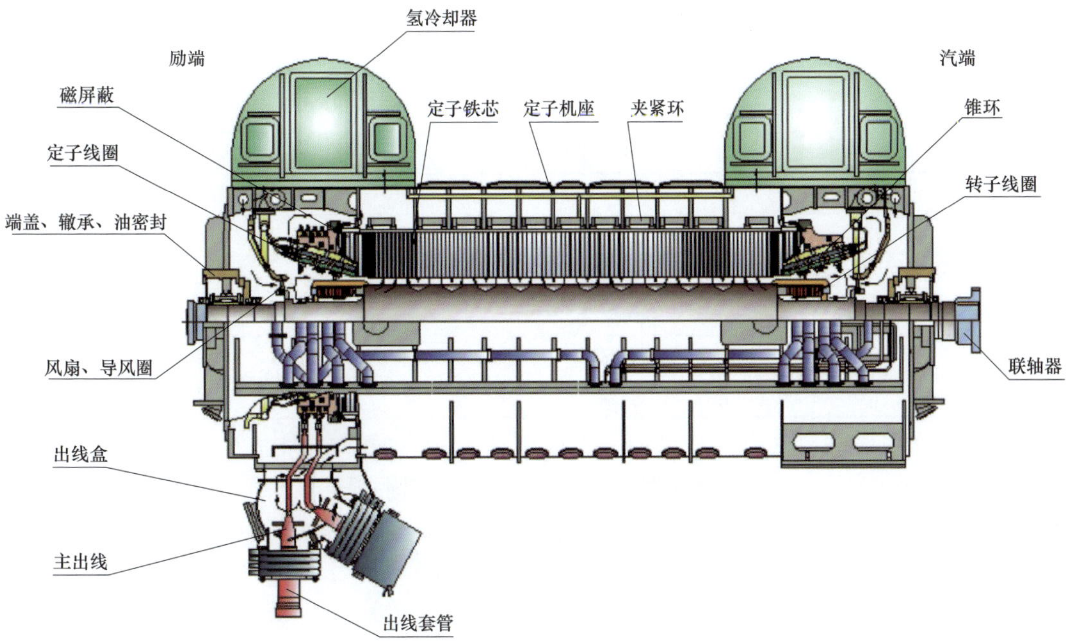

图 352-02-06-01 发电机总装图

硅钢片厚度为 0.5（比损耗 P15/50=2.63 W/kg），在扇形硅钢片的两侧表面涂有 F 级环氧绝缘漆。定子槽数为 42 槽。定子铁芯通过装焊在机座内夹紧环上的 42 根圆形定位筋与机座的隔振结构件相连接。铁芯两端设有无磁性铸钢齿压板。在齿压板的外侧设有硅钢冲片叠装成的磁屏蔽，磁屏蔽内圆表面为阶梯形多齿表面，以有效地分导定子端部轴向漏磁通，防止主铁芯过热，使发电机具有良好的进相运行能力。在磁屏蔽的外侧设有 21 块无磁性铸钢分块压板。定子铁芯轴向紧固由定位螺杆和 42 根高强度无磁钢绝缘穿心螺杆拉紧，穿心螺杆的紧固经液压拉伸器拉伸后再紧定螺帽，使铁芯受压均匀，并减小端部不平度。铁芯的轴向压紧力为 1.37 MPa（100 ℃时），铁芯的径向紧固通过把紧夹紧环来实现，以增强铁芯的刚度。夹紧环的内外环间涂聚四氟乙烯润滑剂，减少阻力，增大夹紧力。

为了减少端部漏磁损耗，降低边端铁芯的温升，边段铁芯设计成沿径向呈现阶梯形，在边段铁芯齿部开小槽，同时边段铁芯的段厚比正常铁芯段减薄，对边段铁芯进行漏磁通透入深度、温升分析计算，确定边段铁芯的长度为 129 mm，齿部开小槽的深度为 64 mm。磁屏蔽、边段铁芯为粘整体结构。

定子铁芯端部屏蔽结构设有径向通风道，为加强磁屏蔽的冷却，对其背部的挡风板等相应改动，即在磁屏蔽端板上开设通风孔与定子机座的第 1、11 风区相通构成磁屏蔽的冷却通路。

在检修过程中，请特别注意保护铁芯内圆表面不要受到碰伤而形成片间短路。由于本型转子磁势很大，铁芯轭部较高，气隙较大（达 93 mm），一旦短路，该处短路损耗较大，温度会有较大的升高，并促使铁芯临近的硅钢片绝缘受到损坏，因而使短路逐步扩展，导致严重的铁芯烧伤事故。

（2）定子绕组基本结构和原理

1）定子绕组端部结构

表 352-02-06-09 定子绕组端部结构对应部件名称表

代号	部件名称	材料名称
1	绝缘大锥环	玻璃长丝绕制
2	槽口垫块	高强度环氧玻璃层压板
3	适形材料	涤纶绳
4	层间适形材料	内充灌注胶水笼带
5	上层线圈	导线均包聚脂玻璃丝绝缘

续表

代号	部件名称	材料名称
6	绝缘螺杆	玻璃毡及特制玻璃布
7	绝缘螺母	环氧毡层压制品
8	绝缘垫型垫圈	环氧毡层压制品
9	绝缘支撑环	玻璃纤维缠绕
10	下层线圈	导线均包聚脂玻璃丝绝缘
11	绝缘支架	F 级高强度玻璃布板
12	绑扎内环	玻璃纤维缠绕
13	滑移层	聚四氟乙烯/棉布

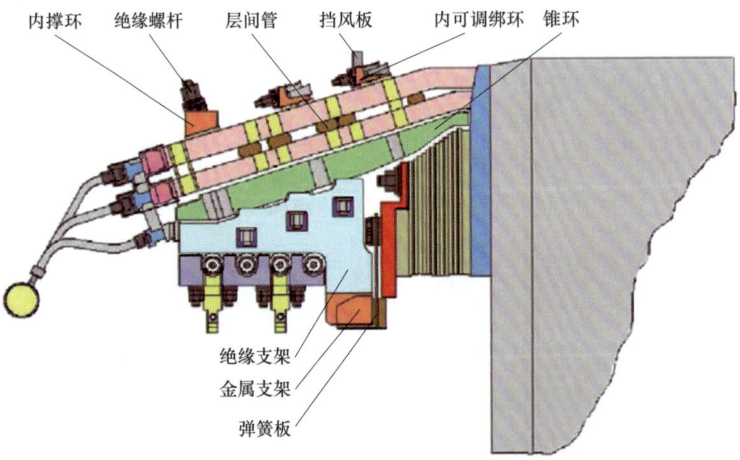

图 352-02-06-02　定子绕组端部固定结构图

2）定子绕组槽部结构

表 352-02-06-10　定子绕组槽部结构对应部件名称表

代号	部件名称	材料名称
1	槽楔	高强度 F 级玻璃布
2	楔下垫条	环氧玻璃布板
3	波纹板	热固性树脂和特种玻璃布
4	滑移层	聚四氟薄膜粘带
5	适形材料	中温适形毡
6	适形材料	中温适形毡
7	层间垫条	环氧玻璃布板
8	槽底、侧面垫条	半导体玻璃板
9	上层线圈	/
10	下层线圈	/

3）定子绕组原理

660 MW 发电机的定子线棒由空心导线和实心导线组合构成，空、实导线的组合比为 1:2。空实心导线均包聚脂玻璃丝绝缘，导线线规为：空心 4.8×7.85–1.35，实心 2.4×7.85 上层线棒由 5 组 4 排导线构成，下层线棒由 4 组 4 排导线构成，因此上、下层线棒的截面不同。在线棒的直线部分的两排导

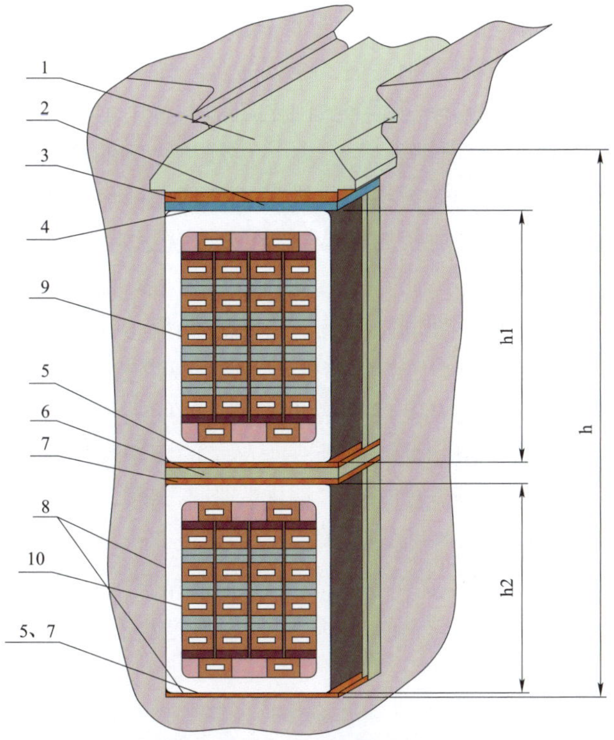

图 352-02-06-03 定子绕组槽部固定结构图

线进行 540° 编织空换位。采用上、下层不同截面的线棒的设计比相同截面的设计，使涡流作用所引起的附加损耗减少近 20%，而直线部分进行空换位既能抵消股间循环电流产生的附加损耗，还能减少端部横向磁场差异所引起的附加损耗。

定子线棒的对地绝缘的厚度按 20 kV 级绝缘规范要求，包括防晕层在内双边厚度为 10.8 mm。并采用进口 VPI（真空压力浸渍技术）少胶绝缘系统。

线棒端部为渐开线式，为了增大相间鼻端的放电距离，异相线棒的鼻端距离加大，而同相线棒的鼻端距离减小，因此，上、下层线棒的端部形状和尺寸各为 7 种。

线棒两端的水盒接头构成线棒鼻端的水电连接结构，线棒的空、实心导线均用中频加热钎焊在水盒内。上下层线棒的电连接由上下水盒夹紧多股实心铜线（12×5），用中频加热钎焊而成。水电连接的绝缘采用绝缘盒做外套，盒内塞满填料，并采用电位移法逐一检查绝缘盒外的表面电压，以保证水电连接头的绝缘强度。套在线棒上或汇水管上水接头的成型绝缘引水管，都用卡箍将水管箍紧。

发电机定子为 42 槽，绕组为 60° 相带，双层 2 支路并联。

绕组的槽部固定结构与引进 600 MW 机基本相同，即在槽底和上、下层线棒之间填加外包聚脂薄膜的热固性适形材料，采用涨管压紧工艺，使线棒在槽内良好就位，在线棒的侧面和槽壁之间配塞半导体垫条，使线棒表面良好接地，以降低线棒表面的电量电位防止电腐蚀。定子绕组槽内固定结构见图 352-02-06-03。

定子槽楔为高强度 F 级玻璃布卷制模压成型，在槽楔下采用弹性绝缘波纹板径向压紧线棒，防止槽楔松动，在检修中，由带有测量孔的槽楔上测量波纹板的压缩量来控制槽楔的松紧度，以保持径向恒压力。在每槽两端的槽楔，采用开人字形槽的结构锁紧槽楔，防止槽楔在运行时因振动而松动，发生轴向位移。

大型汽轮发电机定子绕组端部受力情况很复杂，在正常运行时有电动力、热应力、振动疲劳。在非同期合闸或突然短路时，产生巨大的冲击力和弯矩，更应注意到，端部绕组，特别是各支路首末长引线线圈的自振频率，应远离双信工频，以免发生谐振，否则绝缘、股线将可能导致断裂，或磨损绝缘甚至露铜，造成相间或对地击穿。

定子端部绕组固定结构采用成熟的大锥环内三个固定环、绝缘螺杆、螺母、蝶型垫圈巩固，层间充填灌注胶的水笼带，外加压板组成刚——柔绑扎固定结构。整个定子绕组端部通过设在端部内圆上的 2 道径向可调绑扎环、绕组鼻端径向撑紧环，上、下层线棒之间的充胶支撑管及下层线棒对锥环间的适形材料等固定在环氧玻璃纤维绕制的大型整体锥形支撑环上，而线棒的鼻端之间则用垫块，楔形支撑块和浸胶玻璃布带绑扎成沿圆周呈环状的整体。这样整个绕组端部与锥形支撑环形成牢固的整体，锥形支撑环的外圆周与 21 个均匀辐向分布的绝缘支架固定在一起，而绝缘支架则通过反磁弹簧板与定子铁芯的分块压板固定在一起，形成柔性联接结构。锥环内端头与铁芯端部搭接处垫滑移层，且锥环的线膨胀系数与线圈的线膨胀系数相近。当热胀冷缩时，通过弹簧板使定子线圈和支撑系统自由伸缩，从而缓解了热应力，抑制住电磁振动力及突然短路冲击力，使线圈形变限制在极限小的范围内，有效地均匀了各元件地载荷。整个定子绕组端部则成为既刚又柔的固定结构，该结构在径、切向的刚度很大，而在轴向具有良好的弹性。当运行温度变化，铜铁膨胀不同时，绕组端部可沿轴向自由伸缩，有效的减缓绕组绝缘中产生的机械应力。

定子绕组引线的前端也固定在锥环支撑块上，引线的圆弧固定在绝缘支架上，引线与引线线棒的联接方式与上下层线棒间的联接方式一样，采用多股导线把合在水盒接头，中频感应加热软钎焊的结构。

6.2.4 指标与参数

表 352-02-06-11 发电机基本数据表

内容	参数	内容	参数
额定容量	733 MVA	定子槽数	42
额定功率	660 MW	转子槽数	32
功率因素	0.90	转子槽分度数	48
额定电压	20 kV	承受最大负序能力	稳态负序电流 I_2/I_N: 10% 瞬态负序电流（I_2/I_N）$^2 \cdot t$：10 s
额定电流	21 170 A		
额定励磁电压（90 ℃）	441 V	定子每相串联匝数	7
空载励磁电压（75 ℃）	139 V	定子引线铜排	4
额定励磁电流	4493 A	发电机波阻抗	74.3Ω
空载励磁电流	1480 A	短路比	0.5
励磁顶值电压	2 倍额定电压（恒电阻特性）	极数	2
		定、转子绝缘等级	F
额定频率	50 HZ	定子线圈每相对地电容	0.213 μF
额定转速	3000 r/min	直/交轴同步电抗	237%/231%
相数	3	零序电抗（不饱和/饱和）	11.1%/10.6%
定子绕组连接方式	YY	负序电抗（不饱和/饱和）	24.3%/22.3%
定子绝缘等级	F	转子线圈自感	0.701 H
定子出线端子数	6	效率保证值	98.85%
相带	60°	发电机噪声水平	距机壳 1 m 处，≤90 dB

表 352-02-06-12 定子铁芯基本数据表

定子铁芯外径	2673.4 mm
定子铁芯内径	1316 mm
定子铁芯总长	6300 mm

续表

定子槽数	42
定子槽形尺寸	46.23/159.34
定子铁芯通风道数	95
定子铁芯段数	96
定子铁芯通风道宽	6 mm
定位筋数量及尺寸	42ϕ38.1
穿心螺杆数量尺寸	42ϕ31.8/ϕ36.6（绝缘后）
分块压板数	2×21
边段铁芯长度	2×129 mm
边段铁芯通风道数	2×3
每圆周定子冲片数	10.5

6.2.5 维修技术要求

表 352-02-06-13 预防性维修项目表

序号	维护项目	周期{年（Y）、运行周期（C）}
1	定子铁芯损耗试验	1）重新组装或更换、修理硅钢片后 2）首次大修或 5Y 3）必要时
2	定子绕组的绝缘电阻、吸收比或极化电势	1）1C 或小修时 2）大修前后
3	定子绕组的直流电阻	1）1C 或大修时 2）出口短路后
4	定子绕组泄漏电流和直流耐压试验	1）1C 或小修时 2）大修前后 3）变更绕组后
5	定子绕组交流耐压试验	1）大修前 2）更换绕组后

表 352-02-06-14 维修定期巡检参数表

序号	巡检项目	标准	周期（周（W））
1	检查发电机定子冷却水流量	与额定值无明显偏差	1 W
2	发电机三相电流检查记录	与历史值无明显差异	1 W
3	发电机各出水温度检查记录	（1）水温最高不超过 85 ℃ （2）层间温差小于 8 K （3）进出水温升小于 31 K	1 W
4	定子线圈温度检查记录	（1）层间温差小于 10 K （2）最高温度小于 90 ℃	1 W
5	铁芯温度检查记录	无明显过高点	1 W

6.2.6 质量管理

（1）定子铁芯损耗试验

1）技术要求：

引用国标：《GB/T 20835—2016 发电机定子铁芯磁化试验导则》

对铁芯施加额定励磁的 4%磁通量，铁芯故障点即可产生故障电流，该电流微弱不会对铁芯造成实质性损伤和二次破坏，同时铁芯磁通也产生一个相电流。通过 EL CID（数字式铁芯检测仪）的 Chattock 磁通探头扫面铁芯表面获取故障电流，故障电流和相电流存在相位差，检测系统可以将两个电流区分开，从而提取处故障电流。根据计算，在 4%额定磁通量下，每 100 mA 故障电流对应铁芯故障点温升为 5 K。测试参数见表 352-02-06-15：

表 352-02-06-15　机组及试验参数表

参数	单位	数值
额定功率	MW	660
额定电压	kV	20
相数	相	3
频率	Hz	50
转速	r/min	3000
铁芯长度	mm	6300
铁芯外径	mm	2673.4
铁芯内径	mm	1316
铁芯齿高	mm	159.6
定子每槽线圈数	匝	2
定子绕组每相串联匝数	匝	7
定子槽数	槽	42
励磁线圈匝数	匝	6
测量线圈匝数	匝	1
励磁电压	V	216
励磁电流	A	9.2
感应电压	V	35.83
扫描速度	mm/s	40

2）验收标准：

所有故障电流小于 150 mA。

（2）定子绕组的绝缘电阻、吸收比或极化电势

1）技术要求

——发电机三相绕组及各汇水管引出线对地充分放电；

——发电机定子水流量为正常运行值，且电导率小于 1.5 μS/cm；

——将发电机绕组接入发电机水内冷绝缘电阻测试仪的“绕组”端；

——将所有汇水管短接接入发电机水内冷绝缘电阻测试仪的“汇水管”端；

——将发电机水内冷绝缘电阻测试仪的“机座”端接地；

——使用万用表测量绕组对汇水管绝缘大于 75 kΩ，汇水管对地绝缘大于 3 kΩ；

——将定子绕组、地、汇水管引线至测试仪的接线接好。接通测试仪的电源后，必须等待测试仪自动放电结束后，才可按下测量按钮开始测量；

——检修中绝缘测量采相间及地绝缘测量模式：即 A-BC 及地、B-AC 及地、C-AB 及地的测量方式；

——起机前绝缘采用三相对地绝缘测量方式；

——注意不要遗漏发电机中性点至接地变连接电缆的绝缘测量，采用 2500 V 摇表测量。

2）验收标准

——发电机绕组相间及对地绝缘要求大于 500 MΩ/min；

——进行直流耐压实验前的绝缘要求大于 1000 MΩ/min；

——中性点电缆绝缘要求大于 500 MΩ/min；

——吸收比不合格的情况下执行极化指数测量。

（3）定子绕组的直流电阻

1）技术要求

——由于发电机定子线棒温度难以测量，建议在发电机定子进水工况下进行直流电阻测量，此时水温即可近似作为发电机定子线棒温度；

——使用直流电阻快速测试仪测量发电机定子直流电阻。

2）验收标准

——折算至同一温度下，相间差别不得大于最小值的 1.5%；每相与初始值（出厂或交接值）相比偏差不得大于 1.5%，如超出要求，则需查明原因。

（4）定子绕组泄漏电流和直流耐压试验

1）技术要求

——应该在停机后清理脏污前热状态下进行试验；

——发电机堂内要求氢浓度在小于 3%或者大于 96%条件下进行，严禁在气体置换过程中进行试验；

——发电机定子水流量为正常运行值，且电导率小于 1.5 μS/cm；

——发电机绕组绝缘值大于 1000 MΩ；

——试验电压按照每级 $0.5U_n$ 分阶段升高，每阶段停留 1 min，并记录没阶段的泄漏电流值；

——泄漏电流随电压升高不成比例显著增长时，应注意分析；

——试验时微安表应该接在高压侧，并对出线套管表面加以屏蔽；

——试验电压满足以下要求：

表 352-02-06-16　直流耐压电压参考表

序号	条件	电压等级
1	全部更换定子绕组并修好后	$3.0U_n$
2	局部更换定子绕组并修好后	$2.5U_n$
3	大修前 运行 20 年以下者	$2.5U_n$
4	大修前 运行 20 年以上且与架空线直接连接	$2.5U_n$
5	大修前 运行 20 年以上且不与架空线直接连接	（2.0～2.5）U_n
6	小修时和大修后	$2.0U_n$

2）验收标准

——在规定试验电压下，各相泄漏电流的差别不应大于最小值的 100%；

——最大泄漏电流在 20 μA 以下者，相间差值与历次试验结果相比，不应有显著的变化；

——泄漏电流不随时间的延长而变化。

（5）定子绕组交流耐压试验

1）技术要求

——应该在停机后清理脏污前热状态下进行试验；

——发电机堂内要求氢浓度在小于 3%或者大于 96%条件下进行，严禁在气体置换过程中进行试验；

——发电机定子水流量为正常运行值，且电导率小于 1.5 μS/cm；
——发电机绕组绝缘值大于 1000 MΩ，直流耐压试验合格后方可进行本试验；
——试验电压满足以下要求：

表 352-02-06-17　交流耐压电压参考表

序号	条件		电压等级
1	更换全部绕组后参考厂家提出的标准执行		参考厂家标准
2	大修前或者局部更换绕组并修好后试验电压：	大修前　运行 20 年以下者	$1.5U_n$
3		大修前　运行 20 年以上且与架空线直接连接	$1.5U_n$
4		大修前　运行 20 年以上且不与架空线直接连接	（1.3～1.5）U_n

2）验收标准

无放电，无击穿。

6.2.7　经验反馈

表 352-02-06-18　经验反馈表

序号	故障现象	原因分析	处理
1	抽转子后发现风区隔板和附近铁芯受损	由于转子护环直径较大，抽转子时位置控制偏差会导致护环撞击到风区隔板上；虽然风区隔板材质较软，但撞击越靠近根部还是会导致铁芯受力，从而导致铁芯撞击损伤	（1）拆除受损的分区隔板 （2）对铁芯受损处做铁芯损耗试验 （3）若铁芯损耗试验无过热点，则对受损铁芯处表面进行刷绝缘清漆处 （4）再次进行铁芯损耗试验，确认处理过后铁芯无局部过热 （5）若受损处铁芯损耗试验发现有过热，则请发电机厂家专业人员判断并处理
2	定子铁芯风道齿条松动	由于发电机铁芯长期处于高温高压高速旋转的环境下，导致风道齿条松动	（1）用开缝刀分开冲片 （2）将定制斜楔片插入齿顶部分分开的冲片间 （3）再将斜楔片打入齿部并刷漆紧固 （4）最后使用 70 N 推力器验证紧度合格
3	发电机直流耐压试验闪络问题	解开发电机中性点电缆后，电缆距离中性点接线盘距离不够大	在中性点电缆与接线盘中间使用绝缘胶皮加强绝缘后再进行试验
4	测量发电机定子绝缘时，汇水管对地绝缘低	发电机气密试验时，发电机定冷水主进水法兰、主出水法兰、定冷水的排污法兰、出线盒汇水管法兰等接头处被喷检漏液	（1）禁止对上述法兰处进行喷检漏液 （2）联系厂家对发电机汽、励两端汇水管绝缘支架进行检查，必要时更换合适长度的绝缘管
5	发电机定子绝缘测量时绝缘值波动大或绝缘不达标	（1）汇水管接线脱落或不可靠连接 （2）汇水管极化电势过高，超出仪器平衡极化电势能力的极限 （3）试验仪器故障或仪器平衡极化电势能力较弱	（1）检查汇水管接线，要求三个汇水管引出线可靠接入仪器 （2）测量绝缘前对汇水管保持接地放电 （3）使用合格有效且性能优良的水内冷发电机专用摇表

6.2.8　技术规程清单

表 352-02-06-19　规程清单表

序号	规程名称
1	发电机定子绕组绝缘检测
2	发电机定子预防性维修
3	发电机定子开端盖检修
4	发电机定子抽转子检修
5	发电机定子铁芯损耗检测

6.2.9　参考资料

[1] 电力设备预防性试验规程：DL/T 596—1996 [S].

［2］QFSN-660-2 型水氢氢 660 MW 发电机设计技术报告［R］.
［3］QFSN-660-2 型 600～660 MW 级发电机说明书［R］.

6.3 发电机转子

6.3.1 定义

发电机转子由转轴、转子绕组、转子绕组电气连接件、护环、中心环、风扇、半联轴器等部件构成。

6.3.2 范围对象

QFSN-660-2 型发电机转子。

6.3.3 结构原理

（1）转子转轴

转子本体上共有 32 个转子嵌线槽，槽形为开口半梯形槽，即槽形的上半部是开口的平行槽，下半部是梯形槽，以尽可能增加槽内布置的铜线面积，降低转子铜耗。为了削弱电机运行时，气隙磁通和转子轭部磁通在近磁极中心部分的局部饱和，改善气隙磁通的波形，在设计中分别加宽了转子大齿附近二个齿的宽度，即 1 号转子嵌线槽和 2 号转子嵌线槽分别向磁极中心偏移 2.345° 和 0.746°，并减小了 1 号转子嵌线槽的深度。

在转子本体每一磁极的大齿部分，各开有 22 个横向槽，以均衡转子 X 轴方向和 Y 轴方向的刚度。同时，因为在励磁机端轴柄的磁极中心线位置有二条磁极引线槽，所以在该处轴柄的几何中心线位置上，也开有二条均衡槽，以均衡该二个中心线方向的刚度差，从而降低倍频振动。

在转子本体每一磁极大齿上，开有三条阻尼槽，其中一条在磁极中心线上，二条靠近横向槽的尖角部分。在发电机承受不平衡负载时，可减小在横向槽尖角处的阻尼电流和由此引起的尖角处温度急剧升高，使得 100 Hz 涡流部分流经由阻尼绕组构成的回路中，有效地提高发电机承受负序能力。

在转子 1 号嵌线槽和阻尼槽的中间，转子本体每一磁极上还开有二个探伤槽，用于对转子本体的槽底部分进行超声波探伤。

探伤槽的两端，即转子本体每一磁极的大齿两端，共开有 4 个月亮形轴向通风槽。

转子轴设计要求如下：

在超速 20%时，中心孔最大应力必须小于材料屈服强度的 80%。

在起动到额定转速 10 000 次时，超声波可采测到最小裂纹不会增长到临界裂纹长度。

在超速 20%时，齿头、齿根、齿缘处最大应力不超过材料屈服强度的 50%。考虑应力集中后，最大应力应低于材料屈服强度，否则应估算低周疲劳寿命，从起动到额定转速至少 10 000 次。

在超速 20%时，转轴分别计算了铝槽楔部位和铜槽楔部位转轴的应力，所有的应力都满足设计要求。

（2）转子线圈

转子线圈采用冷拉无氧含银铜线，含银量为 0.085%，转子线圈直线部分铜线的抗张强度为 235～262 MPa，转子线圈端部的铜线的抗张强度为 241 MPa。

每一磁极下，有 8 组转子线圈，其中 1 号转子线圈为 6 匝，2～8 号线圈均为 8 匝。每匝铜线之间垫以一层 0.4 mm 厚的玻璃布板作为匝间绝缘。每匝铜线由上、下二根铜线组成，每一圈铜线由 2 段直线部分，2 段圆弧部分和 4 个圆角经钎焊拼成，焊接处采用舌榫接头，以确保焊接质量。转子线圈的直线部分共有 9 种铜线规格，端部共有 5 种铜线规格，每台转子线圈共有 14 种铜线规格。转子绕组的极间连接线由弯成两个半圆的对扣凹型导线构成，两半圆之间的连接由高强度含银薄铜带构成柔性连接，这样有利于两极的重量平衡，具有良好的变形能力，从而减小应力。

转子线圈的槽内直线部分共分为 11 个风区，其中 5 个为进风区，6 个为出风区。每个风区设置二排径向斜流的通风孔，每个通风孔的尺寸为 4.5 mm×55 mm，通风孔用铣刀加工而成，1 号线圈的铣刀半径为 R51.8 mm，2～8 线圈的铣刀半径为 R46.3 mm。

转子线圈端部设有二路侧面进风孔，一路是将风流经二根铜线中间的通风凹槽引入直线部分槽内的端部径向斜流出风区，另一路是将风流经二根铜线中间的通风凹槽引向端部线圈的圆弧部分，经近磁极中心线的侧面出风孔排出。所有转子线圈端部进风孔的截面积为 110 mm^2（1 号线圈），125 mm^2（2～4 号线圈），和 150 mm^2（5～8 号线圈），端部出风孔的截面积均为 130 mm^2。组成直线部分铜线二端的通风凹槽是在铜线二端加工而成的，端部铜线的通风凹槽由拉制成型。。

槽内的楔下垫条，由一面贴有聚四氟乙烯滑移层的玻璃布板做成，在楔下垫条上，根据转子线圈的进、出风孔位置，开有通风孔。转子槽绝缘厚度为 1.2～1.4 mm，槽绝缘内与转子线圈接触面也敷有聚四氟乙烯滑移层。转子线圈护环下的绝缘由玻璃布卷成的玻璃布筒加工而成，在护环下绝缘与端部铜线接触的内圆，也贴有聚四氟乙烯滑移层。使铜线在离心力高压下能自由热胀冷缩，避免永久性残余变性，以适应调峰运行工况的需要。

（3）转子结构

在转子嵌线槽中，除两端采用铍铜槽楔外，中间均为铝槽楔（在转子线槽内第一槽的槽楔也采用铜合金槽楔）。铝槽楔的材料为 LY12，屈服强度为 305 MPa。铍铜槽楔的屈服强度为 590 MPa。

铝槽楔的有效厚度为 34.5 mm，两端的铍铜槽楔，厚度为 28.5 mm。转子槽楔与转子齿顶部采用 45° 的斜面配合。

660 MW 发电机转子嵌线槽内直线部分采用气隙取气，斜流式通风，为了减小风阻，有利于导风作用，所有铝槽楔的通风孔都要根据其所处的进、出风区位置，在铝槽楔的顶部设有进风或出风的风斗，该槽楔风斗的高度高出转子外圆表面 10 mm。除了两端铍铜槽楔不开有风斗以及靠近两端铍铜槽楔的槽楔上开有 8 个风斗外，其余的槽楔上都开有 7 个风斗槽楔。

转子线圈嵌线槽内的每两根槽楔设置镀银的搭接块，来保证槽楔良好的电连接。

在阻尼槽放置具有导电率高、强度高和抗火花能力强的铜合金槽楔，可以分流很多的负序电流，并在接缝处设有镀银的铜合金搭接块，并在搭接块的底部的凹槽内放入两个弹簧以顶住槽楔，保证搭接块和两根槽楔之间的良好电连接。在阻尼槽中间防止长的槽楔，而两端放置较短的槽楔。

（4）护环、中心环和风扇

护环材料为 18Mn18Cr 高强度反磁钢锻件，该材料具有较好的抗应力腐蚀性能和断裂韧性，材料的屈服强度为 1070 MPa，中心环材料为 34CrNi3Mo 合金钢锻件，材料的屈服强度为 860 MPa。风扇叶片为铝合金锻件。单级螺旋桨式风扇对称布置在转子两端向铁芯背部、转子护环等处送风。

护环外径为ϕ1228 mm，内径为ϕ1041 mm，长 825 mm。中心环外径为ϕ1028 mm，内径为ϕ812 mm，厚 81 mm。护环为悬挂式结构，其与转子本体热套面处采用环键作为轴向固定。护环与中心环热套后也采用环键作为轴向固定。

（5）磁极引线

转子线圈的磁极引线包括 J 形磁极引线，J 形磁极引线与转子 1 号线圈之间的柔性连接线（Ω形）和轴向引线，径向导电螺杆装配。J 形引线的一端与 1 号线圈端部底匝铜排连接，另一端通过转轴轴柄上的引线槽引至径向导电螺钉处，径向导电螺钉将 J 形引线与转轴中心孔内的轴向导电杆连接在一起，而轴向导电杆通过中心孔一直延伸至转子励端联轴器的端面，并与励磁机联轴器端面处的励磁机导电杆相接，从而构成发电机的转子励磁电路。采用柔性连接，使得具有良好的热变形能力和抗弯能力。径向导电螺钉与转轴径向孔间设有可靠的绝缘和气体密封结构。

660 MW 转子中 J 形磁极引线与 1 号线圈与转子本体之间的距离，为 160 mm。660 MW 发电机转子 J 形磁极引线的电流密度为 6.8 A/mm^2。转子 J 形磁极引线采用先进的舌形固定结构，在轴柄圆角附近的固定在本体端面采用一个线夹固定，在轴向采用将压板槽楔伸长固定的结构，避免了在轴柄处攻螺纹，导致轴柄应力最大处引起应力集中的问题。

转子引线在槽中四周垫块都要用F级高强度玻璃布板3242，引出线顶上用NHN复合箔6550垫紧，玻璃层压板厚度以0.5～1.0 mm为宜，柔韧性较好，这样槽中绝缘在运行过程中热应力、离心力等作用下不易损坏。

轴向引线和径向导螺杆均采用锆铜锻件，使其能承受结构件离心力所产生的高应力。为了减小轴向引线受热膨胀时，在径向导电螺杆圆锥螺纹根部产生的附加弯曲应力，轴向引线在长度方向由二根组成，中间加以挠性连接。

6.3.4 指标与参数

表 352-02-06-20 转子基本参数表

转子本体直径	1130 mm
本体总长	6250 mm
转子总长	12 025 mm
转子槽分度	32/48
转轴材料	25Cr2Ni4MoV 合金钢锻件
材料的屈服强度	660～760 MPa
转子嵌线槽数	32 个
线圈材质	冷拉无氧含银铜线

6.3.5 维修技术要求

表 352-02-06-21 预防性维修项目表

序号	维护项目	周期
1	绝缘电阻测量	1）小修时 2）抽转子大修中转子清扫前后
2	直流电阻测量	抽转子大修时
3	绕组交流耐压试验	1）抽转子大修时 2）拆卸套箍后，局部维修内绝缘和更换绕组后
4	绕组交流阻抗和功率损耗试验	抽转子大修时
5	导电螺钉密封圈更换	1）抽转子大修时 2）必要时
6	转子气密试验	抽转子大修时
7	转子通风试验	抽转子大修时

表 352-02-06-22 监检项目

序号	巡检项目	标准	周期（W为周）
1	发电机冷却器冷风温度检查记录	（1）每个冷却器冷氢温度在40～50 ℃范围内 （2）两个冷却器的冷风温度差不超多2 K	1 W

6.3.6 质量管理

表 352-02-06-23 预防性维修质量标准

序号	维护项目	技术要素
1	绝缘电阻测量	使用500 V摇表测量，要求绝缘大于5 MΩ

续表

序号	维护项目	技术要素
2	直流电阻测量	使用直流电阻快速测试仪测量，换算公式 $R_{75℃}=\frac{235+75}{235+t}\times R_t$。$R_t$：为在 t 温度（℃）下所测绕组的直流电阻值（Ω）。T：测量时线圈温度（℃） 要求与初次（交接或大修）所测结果比较，其相互差别应不大于 2%
3	绕组交流耐压试验	使用 2500 V 兆欧表测量绝缘代替交流耐压试验
4	绕组交流阻抗和功率损耗试验	（1）本实验内容建议抽转子大修过程中执行 4 次，分别为：修前堂内、堂外，修后堂内堂外各一次，用于监控抽穿转子过程中对转子有无造成损伤 （2）使用专用发电机交流阻抗测试仪，对转子绕组进行试验，确认调压器容量足够，发电机外壳可靠接地 （3）试验进行中缓慢升降压，分别在升压状态：50 V、100 V、150 V、200 V，降压状态：200 V、150 V、100 V、50 V 时，读取各试验电压下对应的电流值（I）、功率值（P）和阻抗值（Z） （4）要求上述三个值与首次或交接对应值偏差小于 20%
5	导电螺钉密封圈更换	（1）请发电机厂家专业人员执行 （2）更换后需做转子气密试验，并验证合格
6	转子气密试验	（1）确认转子径向导电螺杆装配的绝缘电阻值合格，大于 0.5 MΩ （2）使用转子气密专用闷板，并自制足够厚度密封圈密封并安装精密压力表，精度不小于 0.01 MPa （3）使用压缩氮气作为气源，试验压力为 1.4 MPa （4）要求 2 h 内压降不得大于 0.07 （5）若有漏气进行检漏，导电螺钉处密封不建议使用检漏液 （6）气密试验结束后，复测径向导电螺杆装配的绝缘电阻值，要求与试验前无明显变化
7	转子通风试验	（1）试验前清理每一个转子风道 （2）专用蜗壳式进风室内的风压控制在 00±50 Pa （3）端部风道直接使用切向光电风速仪进行测量 （4）槽部风道测试方法： 1）通过橡皮管从套在端部专用蜗壳式进风室给各风道单独供风。供风方法为靠近励端风区内的风道从汽端取风，靠近汽端风区内的风道从励端取风 2）把引风橡胶管接入专用蜗壳式进风室内，调整其风压使引风橡皮管出口处风压为 1000±50 Pa 3）测量每一个风道的风速 （5）通风槽平均等效风速标准范围： 1）槽部部分 4～15 m/s（实测风速：1.6～6 m/s） 2）端部部分 15～23 m/s（实测风速：6.2～9.6 m/s） 3）槽部部分不允许存在小于等效风速 2.5 m/s（实测 1.0 m/s，槽部换算系数 K=2.5） 4）端部部分不允许存在小于等效风速 7.5 m/s（实测 3.2 m/s，槽部换算系数 K=2.3） （6）同一转子各槽对应的同号通风孔检测数据不允许存在大于 50%的差异

6.3.7 经验反馈

表 352-02-06-24 经验反馈项目表

序号	反馈项目	原因分析及处理
1	转子气密试验不合格	在确认闷板密封无问题后，检查导电螺钉处的密封性，是否存在漏气。导电螺钉处漏气主要表现为内部密封组件问题，常见的为橡胶密封垫老化变形导致，同时检查其他金属绝缘部件有无应力损伤
2	转子通风试验时的防异物措施	（1）在进行通风试验前，需对每一个通风口使用吸尘器清洁，目视检查每一个通风口无异物残留，防止通风试验过程中异物吹入 （2）在暂停试验时或完成试验后，需使用防异物塑料布遮盖通风口，防止异物掉落进入通风口
3	转子轴颈处的防护问题	转子抽出后，需对转子轴颈部位进行包裹防护，防止厂房其他吊装工作或人员误撞产生的损坏

6.3.8 技术规程清单

表 352-02-06-25 规程清单表

序号	规程名称
1	发电机转子预防性维修

6.3.9 参考资料

[1] 电力设备预防性试验规程：DL/T 596—1996 [S].

[2] QFSN-660-2 型水氢氢 660 MW 发电机设计技术报告 [R].
[3] QFSN-660-2 型 600～660 MW 级发电机说明书 [R].

6.4 发电机轴承绝缘电阻

6.4.1 定义

一般情况下，发电机轴电压高于几伏时会产生轴电流，这时因为回路电阻很小，轴电流数值可达数百安，引起轴承电弧，轴承的巴氏合金材料因电弧失去维持正常油膜的能力，以致轴瓦上出现凹凸不平的芝麻状小点，也就是常说的电腐蚀，由于发电机是在运行中，电腐蚀的累计作用，恶性循环，轴电流会很快烧坏油膜和轴承表面，甚至熔化轴瓦和轴套，造成发电机的停运。

为防止产生轴电流，上半轴瓦与端盖之间设有绝缘顶块，除轴瓦对端盖绝缘外，密封支座和端盖之间，端盖和轴承外油挡之间都设有绝缘。本型发电机的励端端盖轴承、轴密封均为双重绝缘，即上半轴瓦顶部绝缘轴承顶块及下半轴承座的绝缘轴承座块均为双层式绝缘结构，并在密封支座与端盖之间增设一个对地绝缘的中间环，这样就加强了励端转轴对机座端盖的绝缘，又便于在运行过程中对转轴和轴承与油密封的绝缘电阻进行监测。

6.4.2 范围对象

QFSN-660-2 型发电机转子轴瓦。

6.4.3 结构原理

660 MW 水氢冷汽轮发电机轴承的结构形式是上半瓦为圆瓦、下半瓦为两块对称分布的可倾瓦。上半瓦开有偏心油楔，偏心油楔具有由泵作用而产生的冷却效果。下半瓦由于可倾瓦块采用了球面作支承点，瓦块的倾斜度可以随轴颈位置的不同而自动调整，以适应不同的载荷、转速和轴的弹性变形偏斜等具体情况，保持轴颈与轴瓦间的适当间隙，因而能够建立起可靠的润滑支承油膜，可以防止油膜振荡。可倾瓦采用由铜体及巴氏合金组成的瓦块和钢板作支撑块组成的结构，同时在铜体的背面开有许多散热槽，使瓦块具有较高的冷却效果。下瓦的两块可顷瓦均设有供启动用轴承结构的对地绝缘的高压进油管及顶轴楔，以降低盘车启动功率和防止在低速盘车启动时在轴径处造成条状痕迹。在发电机励端轴承座、轴承止动销、轴承顶块、中间环及外挡油盖处均设双重对地绝缘，为防止产生轴电流。

6.4.4 指标与参数

在发电机励端轴承座、轴承止动销、轴承顶块、中间环及外挡油盖处均设双重对地绝缘，在这些部件上均接有引出到机外的测量引线，供在发电机运行期间监测其对地绝缘电阻，如表 352-02-06-26 所示的 6 个绝缘参数。

表 352-02-06-26 发电机轴瓦绝缘端子测量点表

编号	端子代号	绝缘测量点
1	BGE1	中间环
2	BGE2	顶 块
3	BGE3	止动销
4	BGE4	左垫块
5	BGE5	右垫块
6	BGE6	挡油盖

6.4.5 维修技术要求

表 352-02-06-27 预防性维修项目表

序号	维护项目	周期（C 为燃料循环）
1	对轴承各绝缘部件进行绝缘测量	1C 或小修时

表 352-02-06-28　监检项目

序号	巡检项目	标准	周期（W 为周）
1	检查轴承绝缘引出线接线盒有无渗油	无渗油	1 W

6.4.6　质量管理

表 352-02-06-29　预防性维修质量标准表

序号	维护项目	验收标准
1	对轴承各绝缘部件进行绝缘侧测量	（1）使用 500 V 摇表测量各绝缘部件，通油工况下要求绝缘值大于 1 MΩ，未通油条件下绝缘值大于 10 MΩ （2）若绝缘不合格，则进行处理

6.4.7　经验反馈

表 352-02-06-30　经验反馈项目表

序号	反馈项目	原因分析	处理方法
1	轴瓦绝缘部件引出线渗油问题	发电机轴瓦的绝缘垫块有引出线至发电机端盖外，线芯一般采用带屏蔽层的结构，由于重力作用和虹吸现象，若引出线的接线盒比引出线孔的位置低，则运行期间可能会存在发电机内部的油随着引线外渗的现象	（1）将端盖外的接线盒安装在引出线孔高的位置 （2）引出孔采取防渗油措施；更换为防渗油设计的引线

6.4.8　技术规程清单

表 352-02-06-31　规程清单表

序号	规程名称
1	停机后发电机 10 瓦绝缘情况监测

6.4.9　参考资料

［1］《电力设备预防性试验规程》：DL/T 596—1996［S］.

［2］QFSN-660-2 型水氢氢 660 MW 发电机设计技术报告［R］.

［3］QFSN-660-2 型 600～660 MW 级发电机说明书［R］.

6.5　发电机出口断路器

6.5.1　定义

发电机出口断路器采用了单侧隔离刀闸（发电机出口断路器靠近主变侧），双侧接地刀闸的结构，传动机构采用液压操动。首先断路器与变压器间增加了隔离刀闸，主回路中就增加了一个断开点，提高了大修和发电机停机后厂用变由 500 kV 主变带载的隔离可靠性。再则断路器两侧增加了接地刀，这样在主变低压侧、厂变高压侧和发电机出线侧都可以方便进行隔离，也增加了隔离的可靠性。

6.5.2　范围对象

发电机出口断路器（简称 GCB）。

6.5.3 结构原理

（1）内部暂态恢复电压

表 352-02-06-32 内部暂态恢复电压数据表

内部暂态恢复电压 TRV			
T2（μs）	E2（峰值）		额定 TRV（kV/μs）
系统故障	0.39U	1.84U	5.5
发电机故障	1.08U	1.84U	2
负荷电流分合	0.77U	0.92U	1.4
失步电流分合	0.63U	2.6U	4.7

（2）电容器

该电容器的功能是限值开断短路电流时引起的恢复电压升高，以保证 GCB 的短路开断容量。电容器的对地绝缘水平、寿命应该和 GCB 是相同的。电容的安装在 GCB 的防护外罩内。主变侧：260 μF/phase，发电机侧：130 μF/phase。

（3）断路器寿命

——机械寿命（连续操作不调整）≥10 000 次；

——电气寿命：

- 开断 100%额定开断短路电流大于 5 次；
- 开断 50%额定开断短路电流大于 5 次；
- 开断 100%额定持续电流大于 90 次；
- 开断 50%额定持续电流大于 350 次。

（4）GCB 操动结构

液压操动结构可实现远方，就地操作和三相联动。每个 GCB 配备两个单独的跳闸线圈和必要的压力开关，跳闸线圈各自由独立的电源供电。操动结构本身具有防跳功能，操动机构能够避免在压力低于一定值时慢分和慢合操作。液压操动机构油泵电机电源为直流 220 V，控制电源为直流 110 V。GCB 有两个跳闸线圈，用于主保护和后备保护，跳闸线圈各自由独立的电源供电。

6.5.4 指标与参数

表 352-02-06-33 出口短路器基本技术参数表

额定最高电压	24 kV（有效值）
额定运行电压	24 kV（有效值）
额定最大连续电流	24 kA（有效值）
额定频率	50 Hz
最大对称短路电流开断能力	160 kA（有效值）
最大不对称短路电流开断能力	210 kA（有效值）
瞬时耐受电流能力	600 kA（峰值）
短时允许过流 3 s（有效值）	160 kA
关合能力	250 kA（有效值）405 kA（峰值）
各极同期性要求	（1）合闸时各触头接触间最大差异应不超过 5 ms （2）分闸时各触头分离瞬间最大差异应不超过 5 ms

续表

绝缘水平	（1）1 min 工频耐受电压（50 Hz，有效值） 1）断口间：65 kV 2）对地和相间：（65+20）kV （2）额定雷电冲击耐受电压（1.2/50 μs，峰值） 1）断口间：125 kV 2）对地和相间：（125+20）kV
额定合闸时间	（75±15）ms
额定分闸时间	（30±3）ms
额定开断时间	（50±6）ms
额定操作周期	开断短路电流：CO—1800S-CO 分断额定电流：CO-180S-CO 开断失步电流：CO
三相操作不一致性（允许偏差）	分闸操作：≤2 ms 合闸操作：≤2 ms
正常运行时最大噪声（1.5 m 处）	80 db（A）

6.5.5 维修技术要求

表 352-02-06-34 预防性维修项目表

序号	维护项目	周期（C 为燃料循环）
1	断路器的清洁与检查	1C
2	断路器液压机构的检查	1C
3	电容器的检查与试验	3C
4	断路器和隔离开关主回路接触电阻测量	1C
5	储能机构油泵零起打压时间	3C
6	测量储能机构行程及微动开关检查	3C
7	SF_6气体微水测量	3C

表 352-02-06-35 监检项目

序号	巡检项目	标准	周期（W 为周）
1	检查 SF_6气体压力	≥0.6 MP	1 W
2	检查断路器油位	≥1/3	1 W
3	外观检查	无异常	1 W
4	记录油泵动作次数	记录次数	1 W
5	记录开关动作次数	记录次数	1 W
6	接地线状态检查	无异常	1 W

6.5.6 质量管理

表 352-02-06-36 预防性维修质量标准表

序号	维护项目	维护标准
1	断路器的清洁与检查	（1）检查断路器 SF_6气体压力值，根据压力随温度变化的曲线图，SF_6气体压力值应与交接值相近，如压力过低则补气 （2）断路器与封闭母线连接的螺栓、软连接检查，注意检查软连接的焊接部分是否有断裂迹象

续表

序号	维护项目	维护标准
2	断路器液压机构的检查	（1）检查断路器液压机构无漏油 （2）断路器操作机构液压油油位检查标准：当液压机构弹簧片处于拉紧（压缩）状态时，油位到达1/2位置 （3）断路器直流电机碳刷检查，要求碳刷长度不小于11 mm，并对转动部分紧固和润滑
3	电容器的检查与试验	（1）发电机侧和变压器侧的电容外观、套管无损伤、外壳无变形、无渗油 （2）电容测量值偏差不超过额定值的-5%或+10%。（所测电容值是指C1、C2串联后的电容值） （3）介质损耗正切角值 tgδ<0.2
4	断路器和隔离开关主回路接触电阻测量	试验电流不小于100 A，测量各相的电阻值要求≤2.8 μΩ
5	储能机构油泵零起打压时间	打压时间要求≤2 min
6	测量储能机构行程及微动开关检查	（1）弹簧总行程：83～84（mm） （2）断路器分闸闭锁时行程：29.5～31.5（mm） （3）断路器合闸闭锁时行程 40.5～42.5（mm）
7	SF_6气体微水测量	20 ℃时SF_6气室额定压力下含水量应<405.5 ppm（体积比）

6.5.7 经验反馈

表 352-02-06-37 经验反馈项目

序号	反馈项目	原因及解决措施
1	软连接有铜绿	氧化引起，更换为材质更好的软连接
2	储能机构模块渗油	更换储能模块，并对机构内部抽真空注油，静置后进行相关试验
3	断路器操作机构操作的注意事项	（1）液压机构手动泄压前要将防慢分的销子拔下 （2）操作断路器操作机构卸压手柄时，注意自身防护，避免自身或衣服被断路器的操作机构弹簧夹住

6.5.8 技术规程清单

表 352-02-06-38 规程清单表

序号	规程名称
1	发电机出口断路器检修状态下进行内部检查与预防性试验
2	发电机出口断路器在合闸状态下进行主回路试验

6.5.9 参考资料

[1]《电力设备预防性试验规程》(DL/T 596—1996).

7 电动机

本节主要讲述电动机相关重要内容，主要包括的内容见表 352-02-07-01：

表 352-02-07-01 小节次级要素

次级技术要素	包含内容
6.6 kV 高压交流电动机	介绍6.6 kV高压交流电动机的定义，在核电厂的应用场景，结构原理，技术指标，维修技术要求和经验反馈
380 V 低压交流电动机	介绍380 V低压交流电机的定义，在核电厂的应用场景，结构原理，技术指标，维修技术要求和经验反馈
220 V 低压交流电机	介绍220 V低压交流电机的定义，在核电厂的应用场景，结构原理，技术指标，维修技术要求
直流电动机	介绍直流电动机的定义，在核电厂的应用场景，结构原理，技术指标，维修技术要求

7.1 6.6 kV 高压交流电动机

7.1.1 定义

6.6 kV 高压交流电动机是核电厂重要的一种厂用负荷，这种类型的电动机是三相异步电动机。6.6 kV 是电动机的额定电压，也是高压厂用电的电压等级。“三相”指电动机定子绕组为三相绕组，通入定子绕组的电流也为三相电流。“异步”是指电动机转子旋转速度与定子绕组中合成旋转磁场的速度不一致，所以称“异步”。

7.1.2 范围和对象

以中核核电运行管理有限公司秦二厂 3、4 号机组为例，6.6 kV 母线上的负荷，除干式变压器外，主要有各类水泵和风机，而驱动水泵和风机的设备就是 6.6 kV 高压交流电动机。这些设备包括：

表 352-02-07-02 6.6 kV 高压交流电动机在不同系统中的配置

序号	系统名称	设备名称	单机组配置数量
1	RCP：反应堆冷却剂系统	主泵电机	2
2	RCV：高压安注系统	高压安注泵电机	3
3	RRA：余热排出系统	余热排出泵电机	2
4	RIS：低压安注系统	低压安注泵电机	2
5	EAS：安全壳喷淋系统	安全壳喷淋泵电机	2
6	ASG：电动辅助给水系统	电动辅助给水泵电机	2
7	CRF：循环水系统	循环水泵电机	2
8	RRI：设备冷却水系统	设备冷却水泵电机	4
9	DVN：核辅助厂房通风系统	核岛厂房通风电机	3（2 台机组公用）
10	CEX：凝结水抽取系统	凝结水泵电机	3
11	ATE：凝结水精处理系统	净凝结水泵电机	3
12	APA：电动主给水系统	电动主给水泵电机	3
13	APD：电动启动给水系统	电动启动给水泵电机	1
14	SRI：常规岛闭式冷却水系统	常规岛闭式冷却水泵电机	3
15	SEC：安全厂用水系统	安全厂用水泵电机	4
16	JPP：消防水生产系统	消防水泵电机	2
17	SAP：压缩空气生产系统	空压机电机	3（2 台机组公用）
18	DEG：核岛冷冻水系统	核岛制冷机电机	3

7.1.3 结构原理

电动机主要由定子、转子、轴承组成。

定子的主要组成部分为机座、定子铁芯和定子绕组。机座是电动机的支架，起着支撑整个电动机的作用，一般多用铸铁制成。机座里面是一个圆柱形的空间，用来安装定子铁芯、定子绕组以及整个转子。定子铁芯一般用许多 0.5 mm 厚的硅钢片叠成。铁芯的外表面呈圆柱形，内表面则形成许多与轴平行的槽，用来镶嵌定子绕组。整个定子铁芯固定在机座的内膛里。定子绕组由带有绝缘外皮的铜线（例如漆包线）绕成，它们分成互相独立的三个部分，工作时通入三相电流，所以整个绕组又叫做三相绕组，其中每一个独立的部分叫做一相绕组，简称为一个相。三相绕组按一定的规律镶嵌在定子铁芯的槽内并伸出六个引出线头联到机座的接线盒中，以便使用时与三相电源相接。

转子分为鼠笼式和绕线式两种。采用鼠笼式转子的感应电动机叫做鼠笼式电动机；采用绕线式转子的感应电动机叫做绕线式电动机。由于三相鼠笼式电动机具有结构比较简单、使用和维修方便、价格便宜等优点，所以得到广泛使用。转子铁芯也由硅钢片叠成。铁芯冲片的大圆孔可穿转轴，四周的小孔则形成转子槽，槽内铸铝，同时在铁芯两端用铝铸成两个圆环（端环），与槽内铝条联通。铝条及两个端环合在一起组成转子绕组（用铝铸成）。如果只画出转子绕组本身，其形状好象一个鼠笼。因此这种转子叫做鼠笼式转子。转子中的铝条相应地叫做笼条（导条）。在铸造鼠笼时，一般同时用铝铸出许多风扇叶片，当转子转动时，叶片便起散热作用。

轴承结构包含内圈、外圈、保持架、滚动体，轴承内部加有润滑油或润滑脂。轴承的作用是在轴承座内支撑转子，并在转子转动时通过轴承来降低摩擦。

7.1.4 指标与参数

额定功率：电动机在额定情况下运行时，由轴端输出的机械功率，单位为 W、kW。

额定电压：电动机在额定情况下运行时，施加在定子绕组上的线电压，单位为 V。

额定频率：施加在电动机定子的额定电压的频率，我国电网频率为 50 Hz。

额定电流：电动机在额定电压、额定频率下轴端输出额定功率时，定子绕组的线电流，单位为 A。

额定转速：电动机在额定电压、额定频率、轴端输出额定功率时，转子的转速，单位为 r/min。

防护等级：电动机的机壳防尘防水的能力，通常用 IPXX 表示，第一个 X 代表的数字是表征防固体能力，第二个 X 代表防液体能力，数字越大，防护能力越强。例如 IP 54 表示机壳防尘且防任何方向的溅水。

冷却方式：电动机运行时定转子、转动部件各部分持续散发热量，需要通过某种冷却方式将这些热量持续不断地传递至周围环境，一般分为自然风冷以及水冷两种冷却方式。

绝缘等级：表征电动机中各种绝缘材料所能承受最高温度的水平，常用大写英文字母 B、F、H、C 等字母表示，B 级耐热温度为 130 ℃，F 级耐热温度为 155 ℃，H 级耐热温度为 180 ℃，C 级耐热温度最高，耐热温度超过 180 ℃。

接线方式：指电动机定子三相绕组的内部连接方式，有两种，Y 接及△接。

表 352-02-07-03 6.6 kV 高压交流电动机主要技术参数

系统	额定功率/kW	额定电流/A	转速/（r/min）	绝缘等级	防护等级	安装方式	安全等级
RCP	冷态 7457 热态 5965	冷态 816 热态 648	1483	F	IP22	立式	NC
CRF	2900/5000	385.4/558.6	490/590	F	IP55	立式	NC
RCV	700	82	1475	F	IP55	卧式	1E
RRA	225	29	1492	F	IP55	卧式	NC
RIS	225	30	1480	F	IP55	立式	1E
EAS	460	54	1480	F	IP55	立式	1E
ASG	500	57	2970	F	IP55	卧式	1E
RRI	580	69.3	980	F	IP55	卧式	1E
DVN	250	30	1480	F	IP54	卧式	NC
CEX	800	88.6	1491	F	IP54	立式	NC
ATE	400	46.6	1485	F	IP54	卧式	NC
APA	7700	845	1496	F	IP55	卧式	NC
APD	820	88	2972	F	IP55	卧式	NC
SRI	280	32.5	1486	F	IP54	卧式	NC
SEC	460	56.4	980	F	IP55	立式	1E

续表

系统	额定功率/kW	额定电流/A	转速/（r/min）	绝缘等级	防护等级	安装方式	安全等级
JPP	200	24.8	2950	F	IP55	卧式	NC
SAP	250	31	1483	F	IP55	卧式	NC
DEG	550	63	2960	F	IP55	卧式	NC

7.1.5 维修技术要求

（1）巡检（2 次/周）

机组功率运行期间，除反应堆厂房内的主泵电机、余排泵电机无法进行日常巡检外，维修人员对其他 6.6 kV 高压电动机进行例行巡检，巡检频次为 2 次/周，巡检内容：

——机体和周围地面是否有明显油迹，若有油迹，用白布擦拭干净并判断油迹来源；

——电动机外壳是否清洁、锈蚀；

——电动机加热器是否正常运行；

——轴承为稀油润滑的电动机，轴承室油位是否满足刻度要求；

——电动机运行时是否有异音；

——电动机运行时振动是否满足技术要求；

——电动机运行时机体温度、轴承温度是否满足要求。

（2）电动机定期清洁和绝缘检查。

按照预维大纲，所有 6.6 kV 高压交流电动机需定期进行清洁与绝缘检查，检查的工作内容主要包括：

——对电动机机体进行清洁；

——对轴承为稀油润滑的电动机，目视检查轴承室油位是否满足刻度要求，若油位线低于窥视孔要求的刻度线，则进行补油；

——目视检查电动机定子引出线、电源线外观是否完好，绝缘有无损伤，若有缺陷则进行处理；

——目视检查电动机接线箱内绝缘子外观有无裂纹、有无放电痕迹，有缺陷则进行处理；

——目视检查电动机电缆保护管是否完好，若有缺陷则进行处理；

——使用兆欧表测量电动机定子绕组绝缘电阻，应满足设备维修手册要求。

表 352-02-07-04 6.6 kV 高压交流电动机绝缘电阻标准

系统代码	CRF/RRA/ASG/RIS/EAS	SEC/RRI JPP/DVN	SRI/ATE CEX/APD	SAP DEG	RCP	RCV	APA
绝缘电阻要求值（不小于）	64 MΩ	12 MΩ	21 MΩ	6 MΩ	500 MΩ	7 MΩ	90 MΩ
测试电压	1000 V	2500 V	2500 V	2500 V	1000 V	1000 V	2500 V

——使用电桥测量电动机定子绕组直流电阻，线间直流电阻不平衡度不大于 1%；

——使用万用表测量加热器直流电阻，与上次检修值相比，偏差不超过 10%；

——使用兆欧表 500 V 电压档测量加热器绝缘电阻，不应低于 0.5 MΩ；

——检修周期：按预维大纲的要求，RRI、DVN、SEC、JPP、SAP、DEG 系统的高压交流电动机每年进行一次定期清洁与绝缘检查，其余高压交流电动机在机组大修期间执行该项预维项目。

（3）电动机解体检查

按照预维大纲要求，对电动机进行定期解体检修，主要的工作内容包括：

——电动机定期清洁与绝缘检查工作涉及的所有检查项目；

——电动机全面解体，拆解轴承室、端盖；

——轴转子，为了全面的目视检查定子和转子，需要将转子从定子膛内抽出。抽转子过程中要确保转子均匀缓慢地从定子膛内移出，避免砸伤定子；

——目视检查转子铁芯外表面是否有擦痕、是否有过热，风扇平衡块是否松动、转子铁芯与轴有无松动；

——目视检查定子绕组端部引出线绑扎是否牢固、槽楔有无缺失、松动；

——目视检查定子线圈，线圈表面漆膜应完整、平滑，无变色、过热、脱落异常现象；

——使用合格量具测量轴承内外径、轴承档轴径、轴承座内径的尺寸，判断轴承与轴径、轴承座的配合是否满足国标要求；

——回穿转子于定子膛内，小心轻放；

——拆除旧轴承并更换新轴承，对新轴承加油脂，油脂添加量为轴承室空腔总空隙的三分之二；

——轴承盖、端盖及其他部件的回装；

——电动机空载试验并对试验结果进行判定；

——电动机带载试验并对试验结果进行判定；

——检修周期。

表 352-02-07-05 6.6 kV 高压交流电动机解体周期设置表

系统代码	RCP	RCV/APD/DEG	RRA/RIS/EAS/ASG/APA	AET/SRI/CEX	CRF	RRI/SEC	DVN/JPP/SAP
解体周期	C8	C5	C6	C2	C3	Y4	Y6

备注：解体周期“C”代表 1 个换料周期，“Y”代表一年，C8 指 8 个换料周期，Y4 指 4 年，以此类推

（4）电动机定期加油

按照预维大纲的要求，对电动机进行定期加油脂工作，目的是为了使电机轴承维持足够的润滑，一般为每 6 个月对轴承加一次油脂。

7.1.6 质量管理

表 352-02-07-06 质量管控项目

项目名称	质量管控点
电动机绝缘电阻	绝缘电阻满足厂家要求值，具体见表 352-02-04-04
电动机直流电阻	线间直流电阻不平衡度不大于 1%
电动机运行声音	听针听音，应无异音
电动机运行时机体温度	不大于 90 ℃
电动机运行时轴承温度	不大于 75 ℃
电动机运行时电流	各相电流小于额定电流，三相电流不平衡度不超过 10%
电动机运行时振动值	不大于 2.8 mm/s

7.1.7 经验反馈

（1）安全厂用水泵电机绝缘电阻低

故障现象：停运期间，安全厂用水泵电机均出现绝缘电阻不满足要求的情况。

检查处理：投运电机加热器后电机绝缘电阻未能得到有效提升并得以维持在标准值之上（电机绝缘电阻不小于 12 MΩ）。

缺陷原因：厂家确认该批电机定子绝缘真空浸漆工艺存在缺陷。

后续改进：对安全厂用水泵电机分批次返厂进行真空浸漆处理，设备未再出现绝缘不合格现象。

（2）电机逆止器故障

故障现象：安全厂用水泵电机因逆止器故障导致电机运行异常或启动后跳闸。

检查处理：解体电机，更换损坏的逆止器。

缺陷原因：通过对逆止器结构的分析发现：原有结构带轴承型的逆止器轴承承载较小，而电机本体轴承承载较大，当把逆止器外盖和逆止器安装到电机本体后，由于安装误差原因，会出现逆止器轴承承担了本来是电机本体轴承所承担的载荷，而且是逆止器 2 个轴承中靠近电机本体那个轴承承载的相对大些，此轴承会先损坏、甚至断裂。一旦逆止器轴承损坏，逆止器随之报废失效。也就是说逆止器内包含轴承结构时，客观上多了一个额外故障点，当逆止器内部轴承发生故障时，逆止器随之损坏，造成设备停运。

后续改进：目前已经通过物项替代的方式用楔块式逆止器替代原来的逆止器，设备运行情况良好。

（3）核辅助厂房通风电机扫膛缺陷

故障现象：机组日常期间执行核辅助厂房通风电机解体预防性检修任务，发现电机非负荷侧定子膛内有轻微摩擦扫膛痕迹，对应转子部位也有擦痕。

检查处理：由于机组 I0 限制，为尽快使设备投运，现场更换备件电机，故障电机后续解体检查。

缺陷原因：经详细检查，发现转子铁芯和转轴有松动，导致电机转子在定子膛内同心度有偏差，引起定转子摩擦。电机返厂检修，对转轴进行整体更换，电机组装完成后空载试验合格。

后续改进：属于电机制造缺陷，解体检修时应按维修规程对电机各部分进行详细检查。

（4）主泵电机轴绝缘电阻为 0 缺陷处理

故障现象：依设备维护手册要求，主泵电机在泵与电机脱开时，需测量电机轴绝缘电阻，并要求不小于 1000 Ω。3 号机组第一次大修期间，2 号主泵电机轴绝缘电阻不合格，值为零。

检查处理：按照主泵电机维护手册的推荐检查步骤进行针对性检查：

——拆除与电机连接的 7 个快速插头，绝缘电阻测量为零；

——在密封和轴之间插入绝缘材料（青稞纸），使下轴承密封与轴隔离，在电动机联轴器和接地（下托架）之间施加电压，绝缘电阻测量为零；

——按厂家建议投运电机加热器，并用若干碘污灯在电机下部轴承处进行烘烤，持续近 4 h，绝缘电阻没有上升趋势，仍然为零；

——拆开电机仪表相关连接，绝缘电阻测量为零；

——拆除下轴承组件，将轴和轴承座绝缘，绝缘电阻测量为零；

——核实盖组件与电动机之间绝缘的完整性，绝缘套和绝缘垫片均完好，无异常；

——核实冷油器和电机之间绝缘的完整性，绝缘套和绝缘垫片均完好，无异常；

——拆卸每个将上支架固定到定子机座的绝缘螺栓和销钉，同时测量轴绝缘电阻，仍为零；

——以上检查步骤完成后仍然没有找到故障点，工作组紧急制定“通流法”方案，使用继电保护综合测试仪，通流导线一端接电机上部油槽大螺栓，另一端夹在接地钢构架上，调整输入电流，保持一段时间后，轴绝缘电阻上升为无穷大，轴绝缘电阻满足要求。

缺陷原因：轴绝缘系统某个位置出现不可视的隐性缺陷。

后续改进：主泵电机出现轴绝缘不满足要求的情况时，应按照厂家维护手册的建议处理步骤，一步步对电机的绝缘系统进行排查。使用常规检修方法无法达到检修目的时，通过使用“通流”来解决现场问题是一个创新，有借鉴意义。

（5）设备冷却水电机非负荷侧端盖内孔超标

故障现象：执行电机解体检修时，经测量发现电机非负荷侧端盖内孔尺寸超差。

检查处理：多人复测，确认电机非负荷侧端盖内孔尺寸超差，采用镶套工艺来完成端盖内孔修复。

缺陷原因：电机制造出厂时端盖内孔尺寸不是最佳尺寸，电机在运行期间，这一缺陷得到放大。

后续改进：此类缺陷属于设备检修时发现的新缺陷，及早发现，及早处理，避免缺陷在设备运行期间对设备造成不可逆的损伤。

（6）安全厂用水泵电机电源线电缆头根部断股

故障现象：执行电动机定期检查预维项目时，目视检查其中一相电源线弯曲严重。

检查处理：剥开电源线电缆头的绝缘层，发现接线柱根部近一半的电缆已断股，调节电缆线长度并重新更换接线柱。

缺陷原因：电源线在接线箱内弯曲半径太大，且电源线在多次检修过程中反复拆装，造成薄弱的接线柱根部电缆断股。

后续改进：排查同型设备是否存在类似隐患，对所有安全厂用水泵电机电源线依次进行检查，又发现两起类似缺陷并进行了及时处理，避免设备运行时由于电源缺相而损坏核级电机。

（7）设备冷却水泵电机启动后反转

故障现象：机组调试期间，设备冷却水泵电机启动后反转，由于电机非负荷侧安装有逆止器，电机反转后逆止器将转轴抱死，上游高压开关跳闸。

检查处理：解体电机，拆除损坏的逆止器，更换新逆止器，在电机接线箱内调整电源线相序，电机再次启动后转向正确，正常运行。

缺陷原因：装有逆止器的电机通入与要求旋转方向相反的电流，造成设备损坏。

后续改进：含逆止器的电机，调试期间初次启动前，务必先行使用马达相序表确定电机相序，之后进行正确接线后方可启动电机，避免电机启动后逆止器将转轴抱死而损坏逆止器。

7.1.8 技术规程清单

表 352-02-07-07 技术规程清单

序号	规程名称
1	RCP 反应堆冷却剂泵电动机定期检查规程
2	RCP 反应堆冷却剂泵电动机解体项目电气专业检修规程
3	RCV 高压安注泵电动机解体检查规程
4	RCV 高压安注泵电动机定期检查规程
5	RRA 余热排出泵电动机定期检查规程
6	RRA 余热排出泵电动机解体检修规程
7	RIS 低压安注泵电动机定期检查规程
8	RIS 低压安注泵电动机解体项目电气专业检修规程
9	EAS 安全壳喷淋泵电动机解体项目电气部分检修规程
10	EAS 安全壳喷淋泵电动机定期检查规程
11	ASG 辅助给水泵电动机解体检修规程
12	ASG 辅助给水泵电动机定期检查规程
13	RRI 设备冷却水泵电动机解体检查规程
14	RRI 设备冷却水泵电动机定期检查规程
15	DVN 中压电动机解体检修规程
16	DVN 中压电动机定期检查规程
17	CEX 凝结水泵电动机解体项目电气专业检修规程
18	CEX 凝结水泵电动机定期检查规程
19	ATE 净凝结水泵电动机解体规程
20	ATE 净凝结水泵电动机定期检查规程

续表

序号	规程名称
21	APA 主给水泵电动机定期检查规程
22	APA 电动主给水泵电机解体外委检修规程
23	APA 主给水泵电机更换规程
24	APD 启动给水泵电动机定期检查规程
25	APD 启动给水泵电动机解体检修规程
26	SRI 闭式冷却水泵电动机解体检修规程
27	SRI 闭式冷却水泵电动机定期检查规程
28	SEC 安全厂用水泵电动机解体规程
29	SEC 安全厂用水泵电动机定期检查规程
30	CRF 循环水泵电动机解体项目电气专业检修规程
31	CRF 循环水泵电动机定期检查规程
32	JPP 消防水泵电动机定期检查规程
33	JPP 消防水泵电动机解体检修规程
34	SAP 公用空压机电动机定期检查规程
35	SAP 公用空压机电动机解体检修规程

7.1.9 参考资料

[1]《电力设备预防性试验规程》: DL/T 596—1996 [S].

[2]《滚动轴承与轴和外壳的配合》: GB/T 275—1993 [S].

[3]《核电厂电动机调试技术导则》: GB/T 25738—2010 [S].

[4]《旋转电机定额和性能》: GB 755—2000 [S].

[5]《SEC 安全厂用水泵电机维护手册》[R].

[6]《JPP 消防泵电机维护手册》[R].

[7]《RRI 设冷泵电机维护手册》[R].

[8]《DVN 通风系统电机维护手册》[R].

[9]《CEX 凝泵电机维护手册》[R].

[10]《ATE 净凝泵电机维护手册》[R].

[11]《RCV 高压安注泵电机说明书》[R].

[12]《RCP 反应堆冷却剂泵电机说明书》[R].

[13]《RRA 余热排出泵电机说明书》[R].

[14]《CRF 循环水泵电机说明书》[R].

[15]《ASG 辅助给水泵电机说明书》[R].

[16]《RIS 低压安注泵电机说明书》[R].

[17]《EAS 安全喷淋泵电机说明书》[R].

[18]《APA 电动主给水泵电机说明》[R].

7.2 380 V 低压交流电动机

7.2.1 定义

380 V 低压交流电动机是核电厂分布最为广泛的厂用负荷，这种类型的电动机定子绕组为三相绕组，额定电压为 380 V。厂房中的大部分风机和水泵均由 380 V 低压交流电动机来驱动，是核电厂非常重要的一类旋转设备。

7.2.2 范围和对象

380 V 低压交流电动机种类繁多，从结构及安装方式的不同上分，大体可以分以下各类：泵驱动电机、轴流风机、直连风机、离心风机、潜水泵。

7.2.3 结构原理

电动机主要由定子、转子、轴承组成。

定子的主要组成部分是机座、定子铁芯和定子绕组，机座是电动机的支架，起着支撑整个电动机的作用，一般多用铸铁制成。机座里面是一个圆柱形的空间，用来安装定子铁芯、定子绕组以及整个转子。定子铁芯一般用许多 0.5 mm 厚的硅钢片叠成，铁芯的外表面呈圆柱形，内表面则形成许多与轴平行的槽，用来镶嵌定子绕组。整个定子铁芯固定在机座的内膛里。定子绕组由带有绝缘外皮的铜线（例如漆包线）绕成，它们分成互相独立的三个部分，工作时通入三相电流，所以整个绕组又叫做三相绕组，其中每一个独立部分叫做一相绕组，简称为一个相。三相绕组按一定的规律镶嵌在定子铁芯的槽内并伸出六个引出线头联到机座的接线盒中，以便使用时与三相电源相接。

转子分为鼠笼式和绕线式转子两种，采用鼠笼式转子的感应电动机叫做鼠笼式电动机，采用绕线式转子的感应电动机叫做绕线式电动机。由于三相鼠笼式电动机具有结构比较简单、使用和维修方便、价格便宜等优点，所以得到广泛使用。转子铁芯也由硅钢片叠成，铁芯冲片的大圆孔可穿转轴，四周的小孔则形成转子槽，槽内铸铝，同时在铁芯两端用铝铸成两个圆环（端环），与槽内铝条联通。铝条及两个端环合在一起组成转子绕组（用铝铸成）。如果只画出转子绕组本身，其形状好象一个鼠笼，因此这种转子叫做鼠笼式转子。转子中的铝条相应地叫做笼条（导条）。在铸造鼠笼时，一般同时用铝铸出许多风扇叶片，当转子转动时，叶片便起散热作用。

轴承结构包含内圈、外圈、保持架、滚动体，轴承内部加有润滑脂。

电动机定子绕组通入三相交流电流后，合成的旋转磁场同步速旋转，等同于转子导条反向切割旋转磁场，转子导条中产生感应电流，该电流在合成磁场作用下产生电磁力，驱动转子转动，通过转轴输出机械转矩。

7.2.4 指标与参数

额定功率：电动机在额定情况下运行，由轴端输出的机械功率，单位为 W、kW。

额定电压：电动机在额定情况下运行时，施加在定子绕组上的线电压，单位 V。

额定频率：电动机额定电压的频率，我国电网频率为 50 Hz。

额定电流：电动机在额定电压、额定频率下轴端输出额定功率时，定子绕组的线电流，单位为 A。

额定转速：电动机在额定电压、额定频率、轴端输出额定功率时，转子的转速，单位为 r/min。

防护等级：电动机的机壳防尘防水的能力，通常用 IPXX 表示，第一个 X 代表的数字是表征防固体能力，第二个 X 代表防液体能力，数字越大，防护能力越强。例如 IP54 表示机壳防尘且防任何方向的溅水，IP55 表示机壳防尘且防一定压力的喷水。

冷却方式：电动机运行时会由定转子、转动部件各部分持续散发热量，将这些热量持续不断地通过某种冷却方式传递至周围环境中，一般分为自然风冷以及水冷两种冷却方式。

绝缘等级：电动机中各种绝缘材料所能承受最高温度能力的水平，常用大写英文字母 B、F、H、C 等字母表示，B 级耐热温度为 130 ℃，F 级耐热温度为 155 ℃，H 级耐热温度为 180 ℃，C 级耐热温度最高，耐热温度超过 180 ℃。

接线方式：指电动机定子三相绕组的内部连接方式，有两种，Y 接及△接。

7.2.5 维修技术要求

（1）巡检

——机体和周围地面是否有明显油迹，若有油迹，用白布擦拭干净并判断油迹来源；

——电动机本体是否清洁，机壳有无严重锈蚀情形；

——电动机加热器是否正常运行或退出运行；
——电动机运行时是否有异音，尤其要注意轴承运行声音；
——电动机运行时振动值是否偏大、超标；
——电动机运行时机体、轴承温度是否在合格范围以内。

（2）电动机定期清洁和绝缘检查

按照预维大纲，电动机每年或每个燃料循环做一次定期清洁和绝缘检查，主要的工作内容包括：
——检查电动机本体是否清洁，机壳有无严重锈蚀；
——检查电动机定子引出线、主电源线是否完好；
——检查电动机接线箱内绝缘子是否完好，有无放电现象、有无裂纹；
——检查电动机电缆保护管是否完好；
——检查电动机定子绕组绝缘电阻是否满足要求，应不小于 0.5 MΩ；
——检查电动机定子绕组直流电阻不平衡度是否满足要求，应不大于 2%；
——检查电动机加热器直流电阻是否满足要求，与上次检修值的偏差不超过 10%；
——检查电动机加热器绝缘电阻是否满足要求，应不小于 0.5 MΩ。

（3）电动机解体检查

按照预维大纲，对电动机进行定期解体检修，主要的工作内容包括：
——电动机定期清洁与绝缘检查工作涉及的所有检查项目；
——对电动机进行全面解体，电动机两侧轴承盖、端盖、轴承的拆卸；
——轴转子，为了全面的目视检查定子和转子，需要将转子从定子膛内抽出。抽转子过程中要确保转子均匀缓慢地从定子膛内移出，避免砸伤定子；
——对转子目视检查，转子铁芯有无过热，平衡块是否松动、转子铁芯与轴有无松动；
——检查定子绕组端部绑扎是否牢固、绕组有无过热痕迹、槽楔有无缺失、松动；
——目视检查定子线圈，线圈表面漆膜应完整、平滑，无变色、过热、脱落异常现象；
——使用合格量具测量轴承内外径、轴承档轴径、轴承座内径的尺寸，判断轴承与轴径、轴承座的配合是否满足国标要求；
——回穿转子于定子膛内，小心轻放；
——拆除旧轴承并更换新轴承，若轴承为敞开式轴承，对新轴承加油脂，油脂添加量为轴承室空腔总空隙的三分之二；
——轴承盖、端盖及其他部件的回装；
——电动机空载试验并对试验结果进行判定；
——电动机带载试验并对试验结果进行判定。

（4）电动机定期加油

按照预维大纲要求，对敞开式轴承的电动机，需按要求定期对轴承加油脂，目的是保证电机轴承维持足够的润滑。一般电动机的轴承运行 5000 h 左右时应补充或更换润滑脂（双封轴承在使用寿命期内不必更换润滑脂），运行中发现轴承过热或轴承油脂变质时，应及时更换润滑脂。更换润滑脂时，应清除旧润滑脂，并用有机溶剂清洗轴承及轴承盖的油槽，然后将润滑脂填充轴承内外圈之间空腔的三分之二。

7.2.6 质量管理

表 352-02-07-08 质量管控项目

项目名称	质量管控点
电动机绝缘电阻	绝缘电阻不大于 0.5 MΩ
电动机直流电阻	线间直流电阻不平衡度不大于 2%

续表

项目名称	质量管控点
电机加热器绝缘电阻	绝缘电阻不大于 0.5 MΩ
电机加热器绝缘直流电阻	直流电阻与上次检修值的偏差不超过 10%
电动机运行声音	听针听音，应无异音
电动机运行时机体温度	不大于 90 ℃
电动机运行时轴承温度	不大于 75 ℃
电动机运行时电流	各相电流小于额定电流，三相电流不平衡度不超过 10%
电动机运行时振动值	按厂内技术要求执行

7.2.7 经验反馈

（1）控制棒驱动机构冷却风机电机轴承室尺寸超标

故障现象：大修期间，控制棒驱动机构冷却风机电机执行定期解体检修检修任务，测量发现电机负荷侧轴承室内径尺寸为（150+0.05）mm，标准为150 $mm^{+0.026\ mm}_{-0.014\ mm}$，测得的轴承室孔径偏大，超标。

检查处理：轴承室超标部位进行刷镀处理，刷镀后的尺寸在标准范围内。

缺陷原因：电机运行期间，端盖与轴承的正常磨损。

后续改进：维修规程对电机轴径尺寸、轴承室尺寸都有明确的标准，检修过程中对这些数据应进行严格的测量，并与标准值进行比对。若类似缺陷没有在大修窗口及时发现并得到纠正，设备运行期间可能导致定转子扫膛事故，此时再进入 R 厂房进行设备抢修，对维修人员来说有较大辐射风险。因此，在机组大修期间，对 R 厂房内旋转设备的维修务必足够重视。

（2）上充泵辅助油泵电机启动前发现绝缘为零

故障现象：大修期间，上充泵辅助油泵电机启动前进行绝缘电阻测量，发现绝缘电阻为零，不满足设备启动条件。

检查处理：打开电机接线盒，发现由于电机电源线裸露导体处绝缘胶布被接线盒盖挤压，绝缘胶布已破损，电源线导电部分与接线盒盖相接触，导致绝缘电阻为零。对电缆裸露导体部分重新用绝缘胶布包扎，接线盒盖紧后，在开关抽屉处摇绝缘，绝缘电阻大于 100 MΩ，合格。

缺陷原因：工作人员工作失误，导致接线盒盖压破电缆绝缘。

后续改进：上充泵辅助油泵电机接线盒内无接线板，电机内部引出线与电源线通过导电螺钉连接，导线裸露部分及螺钉用绝缘胶布包好置于接线盒内。绝缘电阻合格是电机启动的必要条件，维修规程中增加送电前在盘柜侧测量电机绝缘电阻工作内容。

（3）冷冻水泵电机机体、轴承温度高，且三相电流不一致

故障现象：机组正常运行期间，巡检时发现冷冻水泵电机机体温度、轴承温度较高。电机轴承温度达 85 ℃，机体最高温度高达 113 ℃，且电机三相运行电流不一致，A 相运行电流 280 A，B 相运行电流 230 A，C 相运行电流 220 A。经维修、技术部门决策，停运电机并进行检查，冷冻水系统切换至另一列运行。

检查处理：检查发现电机 V 相绕组引出线电缆头芯线已部分烧熔，保守起见，更换电机备件。

缺陷原因：由于该电机的内部引出线较长，接入连接螺杆时弯曲半径太大，导致电机 V 相绕组引出线线芯在机械力的作用下断股。电机运行时，由于引出线断股部分接触电阻增大而发热严重，直至电机内部 V 相引出线端部熔毁，进而造成电机三相电流严重不平衡，机体温度轴承温度升高。

后续改进：执行电动机检修相关工作时，对电机接线盒内部电缆的弯曲情况进行检查，若电缆弯曲半径过大，应调整电缆走向或将电缆截短后重新端接。

（4）轴加风机异音

故障现象：机组正常运行期间，巡检时发现轴加风机运行时有异音。

检查处理：维修人员用听针听音检查，确认设备有异音，为尽快消除缺陷，恢复系统可用性，对缺陷设备进行了备件更换。对异音电机进行解体，经测量发现负荷侧轴承室尺寸超标，轴承室内壁肉眼可见磨损痕迹，电机运行时负荷侧轴承跑外圈，产生异音。

缺陷原因：电机运行时负荷侧轴承跑外圈。

后续改进：维修人员在对旋转设备巡检时，应关注旋转设备发出的声音，通过对同一设备不同时期发出声音进行比对，分辨出投运电机轴承状态的异常。

（5）轴加风机振动大

故障现象：大修期间，轴加风机执行预防性解体检修。电机解体工作完成后进行功能再鉴定时，振动值最大为 6.0 mm/s，超出标准 4.6 mm/s。

检查处理：考虑到两台轴加风机的安装方式较为特殊，现场临时用丝杆将两台轴加风机电机底座进行点焊加固，启动两台风机，振动均控制在 4.0 mm/s 以下。使用丝杆点焊风机底座后改变了轴加风机基础的固有频率，增强了轴加风机基础的刚性，电机启动后振动值得到有效控制。

缺陷原因：单机组的两台轴加风机通过两个独立的金属支架坐落于汽封冷却器上，电机的振动在汽封冷却器振动的基础上叠加放大，电机振动值超出标准值，历次检修，轴加风机解体后功能再鉴定难以再鉴定一次合格。

后续改进：申请技术改造，对轴加风机的金属支架进行支撑改造。

（6）海水泵房屋顶风机电机绝缘电阻低

故障现象：海水泵房屋顶风机在执行定期清洁与绝缘检查时发现绝缘电阻值较低，约为 0.2 MΩ，维修规程要求 380 V 异步电动机绝缘电阻不低于 0.5 MΩ。

检查处理：将电机解体，抽出电机转子，使用热风枪长时间对电机定子绕组、铁芯部分进行充分干燥，直至电机绝缘电阻提升至 100 MΩ，回装电机。

缺陷原因：电机安装于海水泵房，距离海边近，另一方面泵房内部潮湿度较大，电机定子绕组受潮而导致绝缘电阻下降。

后续改进：无。

（7）R 厂房穹顶冷却风机叶轮断裂

故障现象：大修期间，机械专业处理风阀卡涩故障时发现穹顶轴流风机叶轮断裂，断裂的叶轮卡在风阀上。

检查处理：清理断裂的风机叶轮残片，更换新风机叶轮。

缺陷原因：原装穹顶冷却风机的叶轮为 PVC 材质，叶轮在风机运行期间产生裂纹，造成叶片断裂，遗落在风道内部。

后续改进：经调研，方家山核电、福清核电相同设备位号的风机采用不锈钢材质叶轮，且经理论论证，叶轮由 PVC 材质变更为不锈钢材质后，叶轮材质的变化不会对电机启动产生不利影响。目前穹顶风机叶轮由 PVC 材质更换为不锈钢材质的改造项目已完成，设备运行情况良好。

（8）核岛厂变冷却风机跳闸

故障现象：机组运行期间某日凌晨，主控室出现“核岛高压厂变油位/油温/绕组温度异常或冷却器故障”报警信号，经现场检查，核岛厂变冷却器控制柜柜体显示故障黄灯亮，一台冷却风机跳闸。

检查处理：打开风机电机接线盒，发现接线盒内有大量积水。清理积水后使用热风枪处理接线盒，风机电机绝缘电阻仍然达不到使用要求，更换风机备件后消除缺陷。

缺陷原因：核岛厂变冷却风机的接线盒位于风筒筒壁上，该风机在故障前，已经下雨好几天。由于风机接线盒处密封垫密封不严，阴雨期间，风筒上的雨水顺筒壁慢慢渗入接线盒，导致风机短路跳闸。

后续改进：普查厂变冷却风机的接线盒，对个别损伤的密封垫进行更换并在接线盒接缝处涂抹固体胶，防止水滴进入接线盒，导致相间短路而引起风机跳闸。

（9）循环水泵顶盖排水泵无法自动启停

故障现象：机组运行期间，多次出现循环水泵顶盖排水泵无法自动启停。

检查处理：经检查，顶盖排水泵浮筒被淤泥卡涩，无法通过调节浮筒内的浮子来控制顶盖排水泵的启停。清理浮筒淤泥后排水泵可正常运行。

缺陷原因：由于杭州湾海水中泥沙含量较大，细小泥沙容易藏入浮筒内壁，结垢后阻碍浮子的上下移动，造成顶盖排水泵无法自动启停。

后续改进：与国内有关厂家调研，将当前使用的顶盖排水泵均变更为浮球式排水泵，运行情况良好，故障率很低。浮球式排水泵的好处是在泥沙量较大的应用场合中，泥沙不会结垢于浮球内部浮子中。

（10）海水升压泵电机备件空载有异音

故障现象：海水升压泵电机备件空载运行时轴承有明显异音。

检查处理：打开电机轴承外盖，发现两侧轴承内部的油脂发黑，且局部油脂已结垢，油脂丧失润滑功能。清理旧油脂，更换新油脂，重新试转电机，异音消除。

缺陷原因：电动机备件长期存放于库房，轴承内的油脂产生质变，直至丧失润滑功能。投运电机备件前，应检查电机两侧油脂情况，若不满足要求，及时更换油脂。

后续改进：升版维修规程，对备件电机投运前进行油脂检查。

（11）皮带传动离心风机电动机扫膛事故

故障现象：电气厂房电缆间排风电机跳闸，所在房间有焦糊味。

检查处理：目视检查，电动机负荷侧轴承盖处漏出黑色油脂。解体电机，负荷侧轴承保持架扭曲变形，转子下沉后定转子扫膛。缺陷设备无法在短时间内修复，更换备件。

缺陷原因：经分析计算，事故的根本原因为规程中皮带张紧力过大，电机负荷侧轴承承受超标径向力，导致轴承寿命大幅缩短，轴承损坏后转子下沉，导致定转子扫膛。

后续改进：咨询皮带厂家及设计院，以保证传动为前提，结合现场实际使用情况，重新确定一套三角带张紧力的标准，并以此标准来核算电机轴承寿命，确保张紧力与轴承寿命相匹配。对规程《皮带传动离心风机检查与润滑》中的皮带张紧力进行全面检查梳理，对不合适的张紧力进行修改。

7.2.8 技术规程清单

表 352-02-07-09 技术规程清单

序号	文件名称
1	380 V 三相异步电动机解体检修规程
2	380 V 三相异步电动机定期检查规程
3	三相异步电动机加注油脂规程
4	电机类整机备件更换规程

7.2.9 参考资料

[1]《电力设备预防性试验规程》：（DL/T 596—1996）[S].

[2]《滚动轴承与轴和外壳的配合》：（GB/T 275—1993）[S].

[3]《核电厂电动机调试技术导则》：（GB/T 25738—2010）[S].

[4]《核电厂用三相异步电机使用维护说明书》[R].

[5]《380 V 异步电动机技术条件》[R].

7.3 220 V 低压交流电机

7.3.1 定义

220 V 低压交流电机是一种单相异步电机，当定子输入单相 220 V 电压时，转子能够输出机械转矩的一类设备。

7.3.2 范围和对象

单相异步电机具有结构简单、成本低廉、噪声小等优点。由于它只需要单相电源供电且使用方便，因此被广泛应用于工业和人民日常生活的各个领域，尤其以电动工具、医疗器械、家用电器等使用场合居多。与同容量的三相异步电机相比，它的体积较大，运行性能较差，因此只能做成小容量的，功率从零点几瓦到几百瓦。在核电厂中主要有以下几种应用场合，一类是用在发电机主出线盒处的排氢风机，一类是用在海水循环系统的顶盖排水泵，一类是碱剂量泵，还有一类是用作某些厂房局域范围内的排风机。

7.3.3 结构原理

单相异步电动机由定子、转子组成。

定子主要由机座、铁芯、绕组三大部分组成。机座采用铸铁、铸铝或钢板制成，其结构形式则取决于电动机的使用环境及冷却方式。单相异步电动机的机座形式一般分为开启式、防护式、封闭式等几种。开启式结构的定子铁芯和绕组外漏，由周围空气自然冷却，多用于一些与整机装成一体的使用场合。防护式结构则是在电机的通风路径上开些必要的通风孔道，而电机的铁芯和绕组则被机座遮盖着。封闭式结构则是整个电机均采取密闭方式，电机内部与外部完全隔绝，防止外界的侵蚀与污染。电机内部的热量则由机座散发。定子铁芯多用铁损小、导磁性能好，厚度为 0.35 mm 的硅钢片冲槽叠压而成。由于单相异步电动机定、转子之间的气隙比较小，一般在 0.2～0.4 mm 以内。单相异步电动机的定子绕组，采取两相绕组的形式，即主绕组和辅助绕组。主辅绕组的轴线在空间相差 90° 电角度，两相绕组的槽数、槽形和线圈匝数可以相同，也可以不相同。一般主绕组占定子总槽数的三分之二，辅助绕组占定子总槽数的三分之一。定子绕组的导线均采用高强聚酯漆包线，线圈在线模上绕好后，嵌放在备有槽绝缘的定子槽内。经浸漆、烘干等绝缘处理，以提高绕组的机械强度和耐热性能。

单相异步电动机的转子主要有转轴、铁芯、绕组三部分。转轴用含碳轴钢车制而成，两端安置用于转动的轴承。单相异步电动机常用的轴承有滚动轴承和滑动轴承两类，小容量的电动机均采用含油滑动轴承。这种轴承结构简单、噪声也较小。轴承由轴承室、轴承盖支撑后装在端盖上。转子铁芯先用与定子铁芯相同的硅钢片进行冲制，然后将冲有齿槽的转子冲片叠装后压入转轴而成。单相异步电动机转子绕组一般采用鼠笼型绕组。

单相异步电动机能够旋转，首先要在定转子气隙中建立旋转磁场，转子才能产生电磁转矩。为了产生旋转磁场，单相异步电机的定子铁芯上有两套绕组，在定子上的两相绕组同时通入两相电流，才能在电机的气隙中产生旋转磁场，转子才能从静止状态起动起来。根据起动方法的不同以及起动性能、运行性能的差别就产生了不同类型的单相异步电动机。国产单相异步电机一般可以分为以下几种类型：单相电阻起动异步电动机，单相电容起动异步电动机，单相电容运转异步电动机，单相电容起动与运转异步电动机。

7.3.4 指标与参数

1）额定电压：电动机能够稳定输出功率时定子绕组所施加的电压，没有特殊要求的话，一般均采用标准电压，单相异步电动机的标准电压为 12 V、24 V、36 V、42 V、220 V。

2）额定频率：交流电每秒内周期变化的次数，我国规定的频率为 50 Hz。

3）额定功率：额定电压、频率和转速下电动机转轴上输出的机械功率。

4）额定电流：在额定电压、额定功率、额定转速下电动机定子绕组的电流值，称为额定电流。

5）工作方式：一般分为“连续”“短时”“断续”三种。“连续”是表示该电动机可以在符合各项额定值下连续运行；“短时”则表示电动机只是在限定的时间内作短时运行；“断续”表示电动机只能短时运行，但可多次断续使用。“短时”和“断续”运行的电动机，其运行时间都有明确规定。如短时运行的时间限制有 10 min、30 min、60 min 和 90 min 等，电动机工作到规定时间后就要停车，待电动机完全冷却后才能再次工作。

6）绝缘等级：是电动机所用绝缘材料的耐热等级，电机的工作温度主要受绝缘材料耐热性能的限制，绝缘材料根据其耐热性能分为 4 级，常用大写英文字母 B、F、H、C 等字母表示，B 级耐热温度为 130 ℃，F 级耐热温度为 155 ℃，H 级耐热温度为 180 ℃，C 级耐热温度最高，耐热温度超过 180 ℃。

7.3.5 维修技术要求

排氢风机，由于排氢风机位置特殊，故在机组大修窗口进行整机更换，保证排氢风机在下一个燃料循环时可靠运行。

顶盖排水泵，主要执行的工作有：整机更换项目一年半一次；主备用泵切换 3 个月一次。

吊顶内部的排风机，进行纠正性维修，风机损坏后进行整体更换。

碱剂量泵，进行纠正性维修，碱剂量泵损坏后整体更换。

7.3.6 质量管理

表 352-02-07-10 质量管控项目

项目名称	质量管控点
电动机绝缘电阻	绝缘电阻不小于 0.5 MΩ
电动机运行时机体温度	不大于 90 ℃
电动机运行时轴承温度	不大于 75 ℃
噪声和异音	检查电动机运行中有无异常振动和过大的噪声和异音

7.3.7 经验反馈

无。

7.3.8 技术规程清单

表 352-02-07-11 技术规程清单

序号	规程名称
1	循泵顶盖排水泵更换规程
2	GST006PO 定期检查规程

7.3.9 参考资料

无。

7.4 直流电动机

7.4.1 定义

直流电动机是将直流电源的电能转变为转轴转动的机械能的电磁转换装置。直流电动机励磁回路及电枢回路输入直流电压后，转子能够在磁场力作用下旋转，输出机械转矩。直流电动机是核电厂重要安保负荷，大部分直流电动机的额定电压为直流 220 V。

7.4.2 范围和对象

表 352-02-07-12 直流电机设备信息

系统	设备名称	单机组数量	型号
GGR 汽机发电机润滑油、顶轴和盘车系统	事故直流油泵电机	1 台	无
GGR 汽机发电机润滑油、顶轴和盘车系统	直流盘车电机	1 台	Z2-42
GHE 发电机密封油系统	空侧密封油直流油泵电机	1 台	ZH4-180-31
GHE 发电机密封油系统	氢侧密封油直流油泵电机	1 台	ZH4-132-3

7.4.3 结构原理

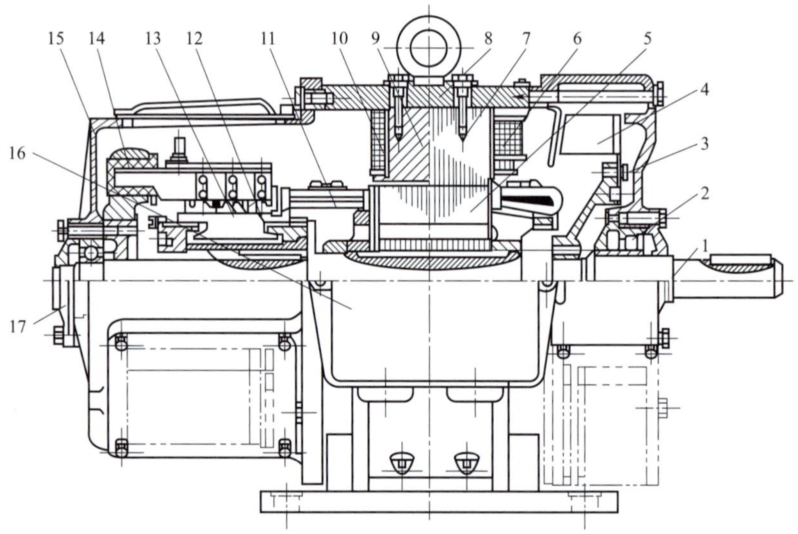

图 352-02-07-01 直流电机总装图

1—轴；2—轴承；3—端盖；4—内风扇；5—电枢铁芯；6—主磁级绕组；7—主磁级铁芯；8—机座；9—换相级铁芯；10—换相级绕组；11—电枢绕组；12—换向器；13—电刷；14—刷架；15—端盖；16—出线盒；17—轴承盖

直流电动机运行时静止不动的部分称为定子，定子的主要作用是产生磁场，由机座、主磁极、换向极、端盖和电刷装置等组成。主磁极的作用是产生气隙磁场，由主磁极铁芯（分为极身和极靴）和主磁级绕组（励磁用）两部分组成；换向级的作用是改善换向，减小电机运行时电刷与换向器之间可能产生的换向火花；机座用来固定主磁极、换向极和端盖，并起整个电机的支撑和固定作用，机座本身也是磁路的一部分，借以构成磁极之间磁的通路。电刷装置是用来引入或者引出直流电压和直流电流，由电刷、刷握、刷杆和刷杆座等组成。

直流电动机运行时转动部分称为转子，其主要作用是产生电磁转矩和感应电动势，是直流电机进行能量转换的枢纽，故也称为电枢。电枢由转轴、电枢铁芯、电枢绕组、换向器和风扇等组成。电枢铁芯是主磁路的主要部分，同时用来嵌放电枢绕组。换向器又称整流子，配以电刷，能将外加直流电源转换为电枢线圈中的交变电流，使电磁转矩的方向恒定不变。

直流电机从励磁方式上分，可分为他励、并励、串励、复励。主磁级绕组提供恒定磁场，电枢绕组由于换向器的作用，使主磁级下的电枢绕组电流方向保持一致，电枢绕组在磁场力的作用下按照一定方向不停旋转。

7.4.4 指标与参数

额定功率：电动机在额定工况下运行，长期运行时所允许的输出功率，单位为 kW。

额定电压：电动机在额定工况下运行，施加在电枢上的直流电压，单位为 V。

额定电流：电动机在额定电压、轴端输出额定功率时电枢绕组中的电流，单位为 A。

励磁电流：电动机在额定工况下运行时，主磁级绕组中的电流，单位为 A。

额定转速：电动机在额定功率、额定电压、额定电流下的转速，单位为 r/min。

防护等级：电动机的机壳防尘防水的能力，通常用 IPXX 表示，第一个 X 代表的数字是表征防固体能力，第二个 X 代表防液体能力，数字越大，防护能力越强。

定额：是指电动机在额定值允许的持续运行时间，分为连续、断续和短时三种工作方式。

绝缘等级：电动机中各种绝缘材料所能承受最高温度能力的水平，常用大写英文字母 A、E、B、F、H、C 等字母表示。

表 352-02-07-13 不同绝缘等级的长期耐热温度

等级代码	A	E	B	F	H	C
耐热温度/ ℃	105	120	130	155	180	>180

表 352-02-07-14 直流电机技术参数

设备名称	额定功率/kW	额定电流/A	转速/（r/min）	励磁电压	励磁方式	绝缘等级	防护等级	润滑种类
事故直流油泵电机	42	205	1600	220	复励	F	IPW55	3 号锂基脂
直流盘车电机	4	22	1500	220	并励	B	IP21	双封轴承油脂
空侧密封油直流油泵电机	15	77	3000	220	复励	F	IP44	双封轴承油脂
氢侧密封油直流油泵电机	3	15.7	1500	220	复励	F	IP44	双封轴承油脂

7.4.5 维修技术要求

（1）巡检

直流电机运行时，应关注电机轴承温度、机体温度、声音、振动等各参数。

（2）电机定期检查

按照预维大纲，电动机每个燃料循环做一次电动机定期清洁和绝缘检查项目，主要的检查工作内容包括：

——电动机本体是否清洁，机壳有无严重锈蚀；

——电动机定子引出线、电源线电缆头是否完好；

——电动机的接线板是否完好，有无放电现象、有无裂纹；

——电动机电缆保护管是否完好；

——电动机励磁绕组、电枢绕组的绝缘电阻不大于 0.5 MΩ；

——电动机励磁绕组、电枢绕组的直流电阻与历史值比较，不应有明显变化；

——测量换向片片间电阻，片间电阻的差别应不大于最小值的 10%，有均压线的电枢片间电阻，不要求差别小于 10%，只要求电阻有规律性的变化。

（3）电机解体检查

按照预维大纲，每两个换料周期做一次直流电机解体工作。

——电动机本体是否清洁，机壳有无严重锈蚀；

——电动机定子引出线、电源线电缆头是否完好；

——电动机接线盒内接线板是否完好，有无放电现象、有无裂纹；

——电动机电缆保护管是否完好；

——电动机励磁绕组、电枢绕组的绝缘电阻不大于 0.5 MΩ；

——电动机励磁绕组、电枢绕组的直流电阻与历史值比较，不应有明显变化；

——测量换向片片间电阻，片间电阻的差别应不大于最小值的 10%，有均压线的电枢片间电阻，不要求差别小于 10%，只要求电阻有规律性的；

——更换电机两侧轴承。

7.4.6 质量管理

表 352-02-07-15 质量管控项目

项目名称	质量管控点
各绕组绝缘电阻	绝缘电阻不小于 0.5 MΩ
换向器检查	表面光洁，各导电条之间有明显绝缘槽口，若表面有损伤及火花烧伤痕迹，则应对换向器进行修理，即使看起来似乎不太严重的伤痕也要认真修理，使表面平整光洁，否则运行时将会产生不正常的火花，进一步加剧换向器的损伤程度
检查电刷装置	电刷安装是否牢固，有无变形，位置是否正确，电刷的型号、规格和尺寸是否合适，电刷压簧的压力是否适当，电刷与换向器的接触面是否良好，以及电刷铜辫子是否均已离开与外壳相连接的金属部件
检查电刷引线	引线是否完整，与电刷的连接是否牢固。当引线中折断的股数超过总股数的 1/3 时，应更换引线
检查轴承	轴承是否缺油，转动是否灵活
检查电机地脚	地脚螺钉是否紧固，机座是否已稳固在基础上
直流电机运行时机体温度	不大于 90 ℃
直流电机运行时轴承温度	不大于 75 ℃
直流电机运行时振动值	满足技术要求
噪声和异音	检查电动机运行中有无异常振动和过大的噪声和异音

7.4.7 经验反馈

无。

7.4.8 技术规程清单

表 352-02-07-16 技术规程清单

序号	规程名称
1	直流电机定期检查规程
2	直流电机解体检查规程

7.4.9 参考资料

［1］《电力设备预防性试验规程》（DL/T 596—1996）［S］.

［2］《滚动轴承与轴和外壳的配合》（GB/T 275—1993）［S］.

［3］《核电厂电动机调试技术导则》（GB/T 25738—2010）［S］.

［4］《直流电机使用说明书》［R］.

8 GIS 设备

GIS（Gas Insulated Switchgear）称为气体绝缘全金属封闭开关设备。它是一种以 SF_6 气体作为绝缘介质，把断路器、隔离开关、接地开关、电流互感器、电压互感器、避雷器、套管、母线等高压电气设备按功能单元组合在金属封闭壳体内的组合式电气设备。与常规的配电设备相比，GIS 占地面积省、运行安全可靠、动热稳定性好、检修周期才长、维护工作量少等优点。

整体上分为 5 个间隔：两条进线间隔、两条出线间隔、一个母线 PT 间隔。含断路器 3 台、隔离开关 7 个、接地开关 9 个、故障接地开关 2 个、电流互感器 13 组、电压互感器 1 组、SF_6 气室间隔 15 个。

本节主要讲述 GIS 相关重要内容，主要包括内容见表 352-02-08-01：

表 352-02-08-01 小节次级要素

次级技术要素	包含内容
断路器	ZFW9-252（L）/Y2000-40 气体绝缘金属封闭开关设备（GIS）用高压六氟化硫断路器
隔离开关	隔离电源、倒闸操作、用以连通和切断小电流电路
接地开关	在异常情况下（如短路）耐受一定时间的电流，但在正常情况下不通过负荷电流
避雷器	GIS 避雷器，也称为金属罐式避雷器。其外壳为金属材料，端部安装有盆式绝缘子，内部由金属氧化物电阻片、均压屏蔽罩、导电杆、导电触头、绝缘件，并充以一定压力的 SF_6 气体
电压互感器	电压互感器属于 GIS 内部功能单元，以 SF_6 气体作为绝缘介质，封闭在壳体内
电流互感器	电流互感器属于 GIS 内部功能单元，以 SF_6 气体作为绝缘介质，封闭在壳体内

8.1 断路器

高压断路器不仅可以切断或闭合高压电路中的空载电流和负荷电流，而且当系统发生故障时通过继电器保护装置的作用，切断过负荷电流和短路电流，它具有相当完善的灭弧结构和足够的断流能力。

8.1.1 定义

ZFW9-252（L）/Y2000-40 气体绝缘金属封闭开关设备（GIS）用高压六氟化硫断路器。

主要特点：

优良的灭弧性能——采用压气式灭弧室结构，不仅能成功断开普通短路故障，而且能成功开断诸如近区故障，失步故障等故障电流及开合容性或感性电流。

操作噪声小——液压弹簧操动机构缓冲特性平缓，分合闸操作均靠液压传动，操作噪声水平低。

结构简单——断路器本体与操动机构采用直连方式，结构简单。

防慢分可靠——液压弹簧操动机构采用两套防慢分装置，在机构一旦出现失压意外，能可靠的防止断路器出现慢分。

可靠性高——由于采用液压弹簧操动机构，以碟形弹簧贮能代替了传统的压缩氮气贮能，压力管道与环境温度无关，整台机构无一根外露油管。经历了 5000 次不间断的机械寿命试验，证明整机的可靠性很高，并且维护容易，检修周期长。

8.1.2 范围对象

ZFW9-252（L）/Y2000-40 用断路器，配用液压弹簧操动机构，是 ZFW9-252 GIS 的重要组成部分。

表 352-02-08-02 环境条件

项目名称		要求
安装条件		户内或户外
最大风速		34 m/s
环境温度		−30～+40 ℃
最大日温差		25 K
相对湿度		≤90%（月平均）
日照能力		≤0.1 W/cm^2（在 0.5 m/s 风速下）
抗震能力	水平加速度	0.30 g
	垂直加速度	0.15 g

8.1.3 结构原理

（1）结构和工作原理

1）总体结构

断路器为每极单断口结构。每台产品由三个单极组成。每极包括灭弧室、操动机构，外形呈 I 形布置。产品每极配用一台液压弹簧操动机构，可单极操作，也可三极电气联动操作。

2）灭弧室

灭弧室为压气式变开距、双吹结构。它是由壳体、静触头系统、绝缘拉杆、直动密封等组成。

在合闸位置，电流从上端的梅花触头经导体、主触头座、静触头、中间触头、动触头座，到下端的梅花触头。

分闸时，由绝缘拉杆带动动触头一起向下运动，当动、静弧触头脱离时，其间产生电弧，与此同时压气缸中的 SF_6 气体压力已建立起来，强大的气体吹熄电弧。

合闸时，绝缘拉杆向上运动，这时所有的运动部件按分闸操作的反方向动作，SF_6 气体进入气压缸，动触头最终到达合闸位置。

3）液压弹簧操动机构

液压弹簧操动机构，基本构造由五个功能模块组成。

贮能模块：由三组相同的贮能活塞、工作缸、支撑环和八片碟簧组成。

监测模块：主要由齿轮转动时带动的限位开关，齿轮、齿条构成的贮能弹簧位置指示器及泄压阀组成。

控制模块：包括 1 个合闸电磁阀、2 个分闸电磁阀、换向阀和调整分合闸速度的可调节流螺栓。

打压模块：主要有贮能电机、变速齿轮、柱塞油泵、排油阀和位于低压油箱的油位指示器组成。

工作模块：主要由两端带有阶梯缓冲的活塞杆和工作缸组成，其工作缸还是固定其他功能元件的基座。

——储能：

当贮能电机接通时，油泵将低压油箱的油压入高压油腔，三组相同结构的贮能活塞在液压力的作用下，向下压缩碟簧而贮能。

注意：试验时应特别注意储能电机仅适用于短时工作。为了防止贮能电机过热而损坏，贮能电机启动次数每小时不能超过 20 次。

——合闸操作：

当合闸电磁阀线圈带电动作，高压油进入换向阀的上部，在差动力的作用下，换向阀芯向下运动，切断了工作活塞下部原来与低压油箱连通的油路，而与储能活塞上部的高压油路接通。工作活塞在差动力的作用下，快速向上运动，带动断路器合闸。

——分闸操作：

当分闸电磁阀线圈带电动作，换向阀上部的高压油腔与低压油箱导通而失压，换向阀芯立即向上运动，切断了原来与工作活塞下部相连通的高压油路，而使工作活塞下部与低压油箱连通失压。工作活塞在上部高压油的作用下，迅速向下运动，带动断路器分闸。

——机械防慢分装置：

液压弹簧操动机构的换向阀本身就具有防失压慢分的功能，为了保证可靠的防慢分，还设置了机械防慢分装置。先将合闸位置闭锁销弹性开口销拔出，试验完后随即装上。

断路器处于合闸位置，一旦机构液压系统出现失压故障，支撑环受到弹簧力的作用，向上运动，推动连杆，连杆带动拐臂顺时针转动，支撑住向下慢分的活塞杆，使断路器始终保持在合闸位置。

待机构的故障排除后重新贮能，在储能活塞的作用下，支撑环向下运动压缩弹簧，连杆在复位弹簧力的作用下，带动拐臂逆时针转动，脱离活塞杆，产品又恢复正常工作状态。

——慢分、慢合操作：

断路器油泵电机的控制开关，用泄压阀释放系统油压，将系统油压释放为零，随即关闭泄压阀。合上电机电源开关，接通油泵电机，待油泵运转 1～2 s 时，手按合闸（或分闸）电磁阀推杆进行慢合（或慢分）操作。

注意：慢分、慢合操作仅适用于检修时，以及主回路（灭弧室）不带电的情况下进行。要进行慢分、慢合操作时，应将弹性开口销拔出，否则有可能使拐臂损伤。待工作完成后，切记应将弹性开口销再装上。

——缓冲：

为了使断路器在分、合闸操作末了时平稳的停下来，在操作活塞的两端设置了阶梯缓冲器，通过逐渐缩小油流的截面积，吸收分、合闸操作的剩余能量，降低对断路器本身的冲击，使机械特性平滑，提高了机械可靠性。

——防跳跃：

防跳跃功能主要是靠电气防跳跃回路实现。

——闭锁：

为了保证断路器具有所需要的开断能力，操动机构中的控制回路中设有两种闭锁装置，一种是低 SF_6 气体压力操作闭锁，另一种是低操作油压闭锁，前一种是由 SF_6 气体密度计实现，而后一种则是通过固定在支撑环上的齿条，随储能弹簧上下运动，转动与其啮齿的齿轮，与齿轮同轴的凸轮带动限位开关实现。

——电气回路：

机构的电气回路包含控制回路，电机回路，加热器回路。控制回路与电机回路的电压可以相同（共用同一电源），也可以不相同（分别由两个电源供电）。加热器回路与其余回路通常不用同一电源供电。

联锁装置由联锁电磁铁、限位开关、凸轮开关、挡板等组成。联锁装置及控制回路具有联锁及保障功能：在与其他元件如断路器等的联锁条件不具备时，控制回路不能通电，联锁电磁铁不能通电动作，挡板不能完全打开，此时既不能电动操作，也不能手动操作；手动操作时，限位开关由挡板推动切换，其限位开关的动断触头切断控制回路，以防止进行电动操作。

限位开关动作，其动合触头接通联锁电磁铁线圈回路。如果外部联锁条件满足要求，该电磁铁的铁芯吸合，挡板才能完全打开。找开后，挡板必然推动凸轮开关的动断触头切断锁控制回路。这时，再将手动操作工具插入进行手动操作；限位开关及串联于合、分闸控制回路的两台接触器的联锁用动断触头，可以保证以下功能：

- 电动操作后自动断电；
- 合闸控制回路与分闸控制回路不能同时接通；
- 开关和机构处于合闸位置，不能进行合闸操作；分闸位置不能进行分闸操作。

——操作注意事项：

在操作机构之前，注意如下事项：

确认与变电站其他元件的联锁情况，确认控制回路中的电压是否正常；在连续操作时，在分闸和合闸操作之间保持 30 s 以上的时间间隔。

4）SF_6 气体系统：

——SF_6 气体系统：

如图 352-02-08-01 所示，SF_6 气体系统由截止阀经气管连向温度补偿气体密度计和供气口。

阀 E 在正常情况下，应处于开启位置，连通灭弧室和气压表中的 SF_6 气体，使其压力一致。

阀 D 在正常情况下，应处于闭合位置。供气口应用 O 形密封圈和专业法兰密封。当 SF_6 气体密度降低，发出警报时，可由此口补给 SF_6 气体，即便是在带电运行的条件下，也可由此口补气。

截止阀 F 是检查口，检查自补偿气体压力表动作值之用。

——SF_6 密度继电器：

气体密度开关采用表计合一的结构，表计内部装有双金属片进行温度补偿（–20～+60 ℃范围内，误差为 2.5%，可以修正环境温度对 SF_6 气压的影响），能直观监视气压变化。当 SF_6 气室出现异常，SF_6 气体压力降低至报警压力时，气体密度开关发出报警信号。SF_6 气体压力降至闭锁压力时，气体密度开关会切断断路器的操作回路，自行闭锁，并发出闭锁信号。

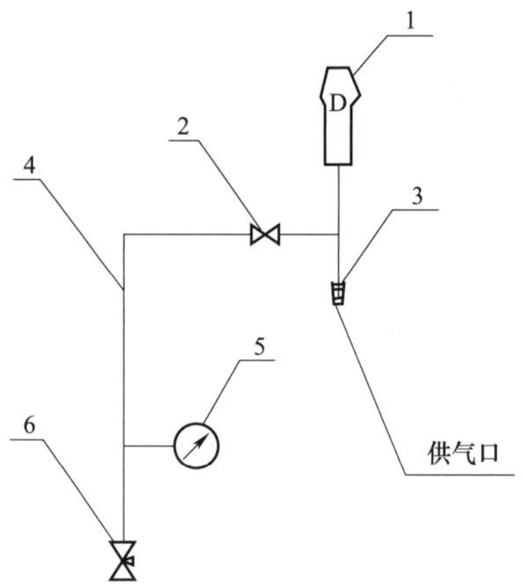

图 352-02-08-01 SF_6 气体系统

1—灭弧室；2—截止阀 E（常开）；3—截止阀 D（常闭）；4—SF_6 气管；5—SF_6 密度继电器；6—截止阀 F（常闭）

5）吸附器

为了维持 SF_6 气体的干燥度，每一极断路器都装有吸附器。

6）六氟化硫（SF_6）气体

——特性：

纯 SF_6 是惰性气体，它具有理想的稳定性，优异的灭弧能力和介质强度。SF_6 气体无毒、无味、不可燃，是最稳定的化合物之一。

SF_6 气体密度约为空气的 5 倍，其导热率也比空气大得多。

在大气压下，介质强度约为空气的 2.4 倍。而在 0.3 MPa 气压下与油的介质强度相当。

SF_6 气体经电弧分解后，会生成某些低氟化合物。但这些分解物数量很少，而且大部分在极短时间内又复合成 SF_6 气体，因而对灭弧能力和介质强度也没有影响。电弧能量形成的固态分解物是金属氟化物，呈灰色粉末状。在断路器内部的干燥条件下，这种粉末具有很高的介质强度。因此 SF_6 断路器的性能非常稳定。

——SF_6 气体处理的防护措施：

SF_6 气体的惰性和稳定性都无害于人体健康。经电弧分解的 SF_6 低氟化物呈轻度的酸性，对眼、鼻有刺激。

检修断路器时，首先将 SF_6 气体回收，将断路器打开，壳体内的金属氟化物粉末可用真空吸尘器轻易地吸净。在此期间，维修人员应戴好防尘罩和手套。

在断路器进行大修时，短期接触 SF_6 分解物并不会危及人体健康。因为断路器的大修次数少，维修人员不可能反复地或连续不断地吸入 SF_6 粉尘。

（2）操作

1）概述

从用户的控制室或断路器的就地控制柜，对断路器进行电气合闸或分闸操作，如果气体系统压力下降到闭锁压力以下，SF_6 气体密度继电器节点将闭锁操作回路，防止电气合闸或分闸。对照断路器的二次电气原理图以确定所需的控制要求。电气操作断路器以前应检查下列项目：

——SF_6 密度控制器的指示压力大约为 0.50 MPa，SF_6 气体系统阀门在正确位置；

——直流控制电压和电机电源电压符合要求，所有控制开关闭合（除加热器回路按需要闭合或打开外）；

——分合指示器的指示位置。

2）紧急操作

如果储能弹簧已储能，储能指示器指示为储能到位，按动机构内的合闸或分闸电磁阀，而无需电源就可操动断路器进行合闸或分闸。

注意：紧急操作时与 SF_6 密度控制器无关，因此在操作前应检查 SF_6 压力是否正常，如果 SF_6 气压低于闭锁压力，禁止操作断路器。

进行紧急操作时，切勿将手、身体和衣服与机构接触，否则有可能伤害人的身体。

（3）注意事项

——分开断路器及其两侧的隔离开关，充气套管端子通过接地棒接地；

——内部检修前，先将灭弧室壳体内的 SF_6 气体回收，并使之充分通风换气；

——将机构泄压手柄放下，释放机构压力，在进行内部检查及可动零部件检修；

——使用指定的润滑脂；

——不得把润滑脂抹到绝缘件上；

——检修中拆开的法兰上相应的所有 O 形圈均应更换，处理 O 形圈时应特别精心以防任何损伤；

——不得拆卸滑动轴密封装配；

——壳体内部检修后，应更换吸附剂，换好后应在 0.5 h 或 1 h 内抽真空，谨防吸附剂吸潮；

——用合适的力矩扳手紧固所有螺钉；

——所有拆卸过的密封环节应进行漏气检测；

——对比检修前、后的机械动作数据，确保断路器动作正常；

——壳体内 SF_6 压力低于闭锁压力时，不得操作断路器。

8.1.4 指标与参数

表 352-02-08-03 主要技术参数

序号	项目		单位	技术参数
1	额定电压		kV	252
2	额定频率		Hz	50
3	额定电流		A	2000
4	额定短路开断电流 I_K	短路电流	kA	40
		直流分量百分数	—	50%
5	额定短时耐受电流（4 s）		kA	40
6	额定峰时耐受电流（峰值）		kA	125
7	额定短路关合电流（峰值）		kA	125
8	近区故障开断电流		kA	I_K×90%；I_K×75%
9	失步开断电流		kA	I_K×25%
10	额定线路充电开断电流		A	160
11	首开极系数		—	1.5
12	额定操作顺序		—	O-0.3 s-CO-180 s-CO
13	开断时间		ms	≤50
14	额定分闸时间		ms	≤25
15	额定合闸时间		ms	≤100
16	合分时间		ms	＞40（由用户保证）
17	分合时间		ms	300
18	极间合闸同期性		ms	≤4
19	极间分闸同期性		ms	≤2
20	每极断口数		个	1
21	操作方式		—	分极操作或三极电气联动

续表

序号	项目		单位	技术参数
22	每极主回路电阻		μΩ	≤60
23	无线电干扰电压		μV	≤500
24	机械寿命		次	5000
25	额定短路开断电流下的电寿命		次	20
26	额定 SF_6 气体压力（20 ℃）		MPa	0.5
27	SF_6 气体允许年漏气率		—	≤0.5%
28	SF_6 气体水分含量	验收值	ppm（V/V）	150
		运行允许值		300
29	配用的操动机构		—	液压弹簧操动机构
30	符合标准		—	GB 1984 及 IEC 60056

表 352-02-08-04 额定绝缘水平

序号	名称			单位	参数
1	1 min 工频耐受电压（有效值）	干试 湿试	断口间	kV	395+145
			对地		460
2	额定雷电冲击耐受电压（峰值）		断口间	kV	950+206
			对地		1050
3	5 min 零表压工频耐受电压（有效值）		断口间	kV	$1.3\times252\sqrt{3}$
			对地		$1.3\times252\sqrt{3}$
4	辅助回路 1 min 工频耐受电压				2
5	分、合闸线圈 1 min 匝间耐压 AC			V	2.5×220/110

表 352-02-08-05 SF_6压力参数（20 ℃时）

序号	项目	单位	技术参数
1	额定压力	MPa	0.50
2	补气报警压力	MPa	A=0.45±0.03
3	补气报警解除压力	MPa	A1=A+（0.01～0.05）
4	断路器闭锁压力	MPa	L=0.40±0.03
5	断路器闭锁解除压力	MPa	L1=L+（0.01～0.05）

表 352-02-08-06 产品结构参数

序号	项目	单位	数据
1	行程	mm	205.0±2.0
2	接触行程（电气）	mm	39.0±1.5
3	液压弹簧机构活塞杆行程	mm	205.0±2.0

表 352-02-08-07 控制回路与辅助回路参数

序号	项目		单位	数据
1	分、合闸线圈控制电压		V	DC110/220
2	分闸线圈电流		A	3.06/1.43
3	合闸线圈电流		A	3.06/1.43
4	电机电源电压		V	DC220/AC220
5	电机功率		W	660
6	加热器	电压	V	AC220
		功率	W	100

表 352-02-08-08 标准紧固力矩值

螺纹规格	紧固力矩 kg/cm		紧固力矩 N·m		紧固力矩 Lb/ft	
	标准值	特殊值	标准值	特殊值	标准值	特殊值
M6	60	40	5.9	3.9	4.3	2.9
M8	140	80	13.7	7.8	10.1	5.8
M10	280	200	27.5	19.6	20.3	14.5
M12	480	350	47.1	34.3	34.7	25.3
M16	1200	870	118	85.3	86.8	62.9
M20	2200	1700	215	167	159	123
M22	3000	2200	294	216	217	159
M24	3900	2900	382	284	282	210
M30	7700	5300	755	520	557	383

注：特殊值适用于对浇注绝缘件的紧固。

8.1.5 维修技术要求

（1）断路器的检查

1）外观检查

——检查各处螺栓是否紧固；

——检查接地线的状态；

——是否有锈迹及损伤。

外观检查验收标准参见表 352-02-08-09。

表 352-02-08-09 断路器外观检查验收标准

序号	检查或维修项目	验收标准	项目周期（C 为 1 个燃料循环）
1	检查各处螺栓是否紧固	参见力矩要求	1C
2	检查接地线的状态	状态良好	1C
3	是否有锈迹及损伤	无锈蚀损伤	1C

2）断路器壳体内部灭弧室的检查

——内部检修前，先将灭弧室壳体内的 SF_6 气体回收，并使之充分通风换气；

——断路器内部元件的清理；

——更换吸附剂；

——测量主回路接触电阻；

——测量触头行程及接触超程。

断路器壳体内部灭弧室检查验收标准参见表 352-02-08-10。

表 352-02-08-10 断路器壳体内部灭弧室检查验收标准

序号	检查或维修项目	验收标准	项目周期
1	断路器内部元件的清理	清洁	1C
2	更换吸附剂	更换	1C
3	测量主回路接触电阻	≤60 μΩ（出线端间）	1C
4	检查动静触头及喷口情况，必要时更换动、静触头及喷口	触头无损伤，必要时进行更换	1C
5	测量主回路的绝缘电阻	≥1000 MΩ	1C

3）断路器本体操作机构的检查

——将机构泄压手柄放下，释放机构压力（手动泄压前要将防慢分的销子拔下），再进行内部检查及可动零部件检修；

——记录操作计数器；

——测量操作机构的行程；

——清理辅助开关运动系统并进行润滑（切忌将润滑脂抹到绝缘件上）；

——检查螺母和垫圈的松紧情况，必要时进行更换；

——检查断路器操作机构的油位；

——碳刷检查，碳刷长度不小于 11 mm；

——油泵零起打压时间小于等于 2 min；

——是否可靠手动分合闸断路器；

——测量断路器的合、分闸时间。

断路器本体操作机构检查验收标准参见表 352-02-08-11。

表 352-02-08-11　断路器本体操作机构检查验收标准

序号	检查或维修项目	验收标准		项目周期
1	记录操作计数器	记录		1C
2	测量操作机构的行程	合闸闭锁	48.5～50.5 mm	1C
		分闸闭锁	39～41 mm	1C
		油泵动作点弹簧行程	83.5±0.5 mm	1C
3	清理并润滑辅助开关运动系统	清理并润滑		1C
4	检查螺母和垫圈的松紧情况，必要时进行更换	紧固良好		1C
5	检查断路器操作机构的油位	可见		1C
6	碳刷检查	≥11 mm		1C
7	油泵零起打压时间	≤2 min		1C
8	是否可靠手动分合闸断路器	可靠分合闸		1C
9	断路器的合、分闸时间	合闸	50～80 ms	1C
		分闸	14～24 ms	1C

4）断路器操动机构箱的检查

——检查加热器的状态及接线状况是否良好；

——检查分合指示器的状态是否良好；

——检查动作计数器的动作次数，对比检修前、后的机械动作数据，确保断路器动作正常；

——检查断路器操动机械柜内是否有锈迹、渗水及凝露；

——检查柜门是否紧固，如有必要，可更换柜门；

——检查箱门密封垫，若已老化，予以更换；

——检查螺栓及端子的紧固状态；

——恢复防慢分的销子。

断路器操动机构箱检查验收标准参见表 352-02-08-12。

表 352-02-08-12 断路器操动机构箱检查验收标准

序号	检查或维修项目	验收标准	项目周期
1	检查加热器的状态及接线情况是否良好	状态良好	1C
2	检查分合指示器的状态是否良好	状态良好	1C
3	记录检修前、后动作计数器的动作次数	记录实际数值	1C
4	检查断路器操动机械柜内是否有锈迹、渗水及凝露	干燥无锈蚀	1C
5	检查柜门是否紧固，如有必要，可更换柜门	紧固良好	1C
6	检查箱门密封垫，若已老化，予以更换	若已老化予以更换	1C
7	检查螺栓及端子的紧固状态	紧固良好	1C

表 352-02-08-13 标准紧固力矩值

螺纹规格	紧固力矩 kg/cm		紧固力矩 N·m		紧固力矩 Lb/ft	
	标准值	特殊值	标准值	特殊值	标准值	特殊值
M6	60	40	5.9	3.9	4.3	2.9
M8	140	80	13.7	7.8	10.1	5.8
M10	280	200	27.5	19.6	20.3	14.5
M12	480	350	47.1	34.3	34.7	25.3
M16	1200	870	118	85.3	86.8	62.9
M20	2200	1700	215	167	159	123
M22	3000	2200	294	216	217	159
M24	3900	2900	382	284	282	210
M30	7700	5300	755	520	557	383

注：特殊值适用于对浇注绝缘件的紧固。

（2）各测试点 SF_6 微水的测量（项目周期：1C）

——按照《220 kV GIS SF_6 气体流程图》设置的各气室的检测口，用微水测试仪测试各气室中 SF_6 中水分的含量，并与历次测量值比较；若有增加的趋势，需注意监测（预试规程上的规定是在运行中的断路器灭弧室是 $<300\times10^{-6}$，其他气室是 $<500\times10^{-6}$）。

——测量后恢复测量接头，并用卤素检漏仪检查，防止漏气。

——测量工作结束后确认各气室常开、常闭截止阀处于原始状态，保证密度计显示气室真实数据。

8.1.6 质量管理

（1）检修计划

正常的维修是确保断路器安全运行的必要措施。推荐的检修计划见表 352-02-05-14，断路器允许操作次数见表 352-02-05-15。

表 352-02-08-14 以运行时间确定的检修计划

检修类别	检修周期	说明
巡回检查	每月	不停电、外部检查
定期检修	六年	停电、外部检修、局部调整
	十二年	停电、断路器回收气体、内外部检查、触头检修、润滑、局部调整、机械特性测试
特别检修	—	停电、断路器回收气体、内部检查、触头及机械零件更换、机械特性测试

表 352-02-08-15 断路器允许操作次数

开断电流类别	允许操作次数
额定短路开断电流	约 20 次
额定电流	约 2000 次
空载	约 5000 次

注：达到表中规定的任一档次数时，开关应进行特别检修

（2）巡回检查

巡回检查项目见表 352-02-08-16，这类检查在开关站的日常巡视中进行，无需打开机构箱门或盖板。

一旦发出 SF_6 气体的低压力报警，应立即补气至额定工作压力，补气工作可在断路器带电运行状态下进行。

表 352-02-08-16 检修项目

序号	名称	部位	检修项目	说明	I	Pa	R-6	R-12
1	断路器本体	操动机构	操作计数器	记录	O	O	O	O
			行程	测量	—	O	O	O
			辅助开关运动系统	清理、润滑	—	O	O	O
			螺母和垫圈	检查松动情况，紧固或更换	—	O	O	O
			油位	确认是否泄漏	—	O	O	O
2	控制系统	操动机构箱	检查加热器的接线状况		O	—	O	O
			检查分合指示器的位置		O	O	O	O
			检查动作计数器的动作次数		O	O	O	O
			检查箱内是否有凝露、锈蚀和渗水		O	O	O	O
			检查箱门密封垫	若已老化，予以更换	O	—	O	O
			紧固箱内的螺栓		O	—	O	O
			配线	接线端子牢靠，紧固接线端子螺钉	O	—	O	O
			测量控制回路绝缘电阻	用 500 V 兆欧测量，不小于 2 MΩ	O	—	O	O
3	机械特性测试（功能检查）		手动分闸和合闸		—	—	—	O
			机械特性 合闸时间	参照设备出厂试验报告	—	—	O	O
			机械特性 分闸时间		—	—	—	—

注：1. I—安装检查，Pa–巡回检修，R6–六年定期检修，R12–十二年定期检修

2. O—进行，——不进行

（3）六年定期检查

这类检查是除了灭弧室元件以外的外部零部件的全面检修。它包括巡视检修的全部项目，使断路器保持正常的工作状况。

检修程序见图 352-02-08-02。

（4）十二年定期检修

对于十二年定期检修，先检查动、静弧触头及喷口烧损情况，必要时再更换。这类检修是六年定期检修基础上的更为全面的大修。

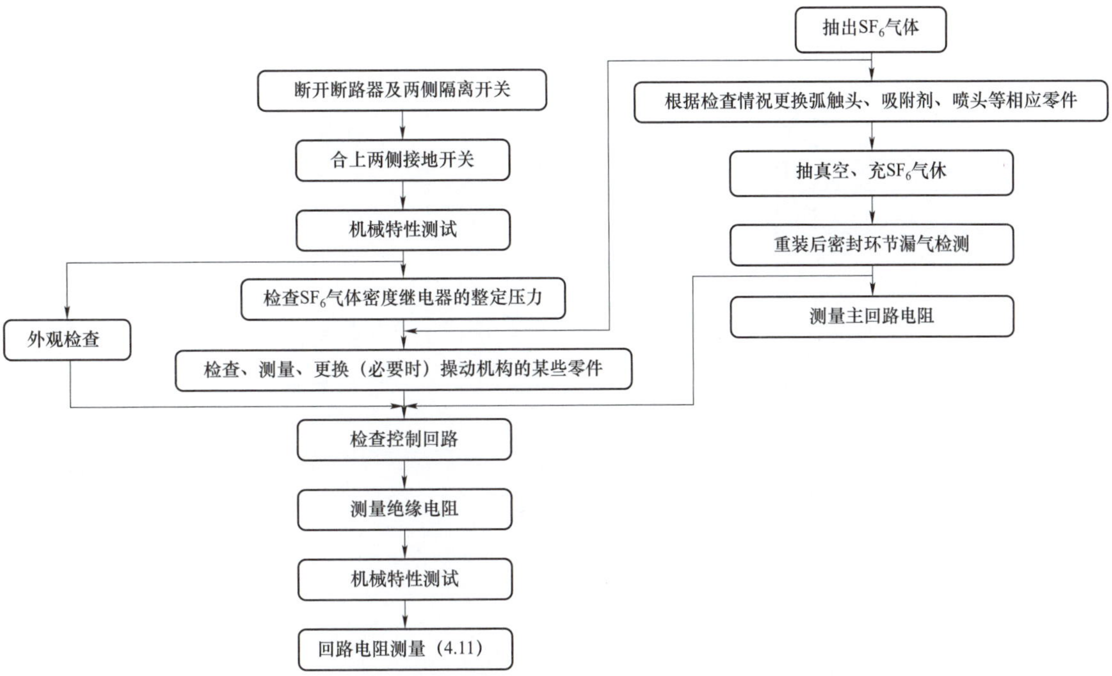

图 352-02-08-02　六年定期检修程序

在十二年定期检修中，除应完成巡视检查和六年定期检修所规定项目外，还应检查动、静弧触头及喷口，如果静弧触头的烧损量接近于规定值时，静弧触头、动弧触头和喷头口均应给予更换。

使用极限：根据图 352-02-08-03 中所示尺寸（205 为机构行程）。静弧触头尖端烧损量大于 2 mm，或者出现明显的开裂或变形时应更换。

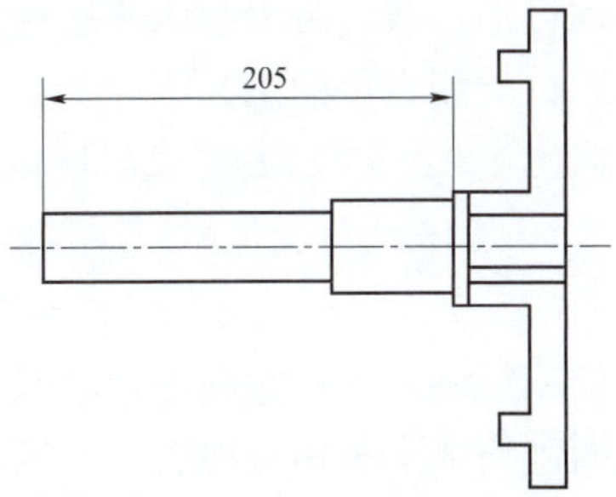

图 352-02-08-03　静弧触头的使用

（5）特别检修

在发现不正常情况时，应采取特别检修措施，对断路器的有关部分进行检修。

当断路器完成规定的次数后，不论弧触头、喷口烧损轻重，都应予以更换。

（6）弧触头及喷口的检修

按照十二年定期检修项目，应对灭弧室的静触头进行检修。检修时断路器应在分闸位置，切断控制回路电源，机构应全部释压，回收 SF_6 气体，以确保安全工作，但不需拆去整个灭弧室。弧触头及喷口的检查应严格按程序进行。

——内部检查前，先仔细检测壳体内的氧气密度，为了安全工作，壳体内含量不得低于 18%。建议在工作过程中，不断地向壳体内腔输送干燥、新鲜的空气。

——检查静弧触头的烧损情况。如果触头的烧损轻微，可用细砂纸抛光，涂上一薄层微碳润滑脂。如果触头烧损超过使用极限，要用新的更换。

（7）更换吸附剂

吸附剂装在壳体上端的检修盖上，每相约需吸附剂 3 kg。新吸附剂换好以后，为了防止吸入过多的潮气，应在 1 h 内尽快地给壳体内腔抽真空。

（8）操动机构检查

操动机构原则上是免维护的，为了获得更大程度上的可靠性，建议按表 352-02-08-17 给出的检修维护项目进行检查。

表 352-02-08-17 操动机构的检查及维护

检修的功能	检查			大修期
	安装调试检	经常	每六年	连接上断路器检查
油位	检查	检查	检查	检查
碳刷	检查	—	检查	检查
二次配线	检查	—	检查	检查
接线端子	—	—	检查	检查
辅助开关	—	—	检查	检查
辅助开关运动系统	—	—	检查	润滑
贮能时间	—	—	检查	检查
密封	检查	检查	检查	检查

注：维修时检查电机碳刷长度，当碳刷长度≤11 mm 时，对其进行更换。

（1）测量主回路绝缘电阻

当 GIS 安装完毕后用 2500 V 兆欧表测量主回路（包括母线、断路器、隔离开关及接地开关）对地绝缘电阻，其值应大于 1000 MΩ。交流耐压试验前后应测量绝缘电阻。

（2）测量主回路导电电阻

GIS 各元件安装完成后一般在抽真空充 SF_6 气体之前进行主回路导电电阻测量，测量主回路导电电阻，可以检查主回路中的联结和触头接触情况，采用直流压降法进行测量，测量电流不小于 100 A。为了便于与工厂测量的数值相比较，测量回路要和工厂内的测量回路相同。试验时解开相应的接地开关的接地连接，合上相应的接地开关、隔离开关和断路器。根据工厂的测量点，现场测量值应不超过工厂试验测量值的 1.2 倍。

（3）220 kV GIS 交流耐压试验

1）GIS 进行交流耐压试验的必要性

GIS 在工厂组装完成经试验合格后运输到现场。在运输过程中会由于机械振动等外部因素导致 GIS 元件或组装件内部紧固件松动或相对位移。安装过程中，在联结、密封等过程中可能失误，导致电极表面刮伤或安装错位而引起电极表面缺陷。空气中悬浮的尘埃、导电微粒杂质和毛刺等在安装现场又难以彻底清理干净。现场进行交流耐压试验，能够有效地检查内部导电微粒沉积、绝缘子表面污染、电场严重畸变等故障，并在老练时间内将 GIS 进行“清扫”。

2）试验电压和加压程序

根据标准，试验电压为被试品出厂试验电压的 80%，即 460×0.8=368 kV，持续时间 1 min。加压程序建议采用如图 352-02-08-04 所示的加压程序，其中 145 kV 电压为额定相电压，15 min 为老练时间。

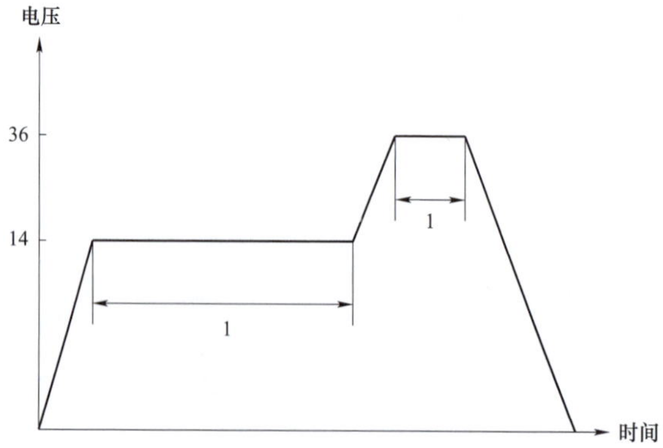

图 352-02-08-04 交流耐压加压程序

3）试验判据

如 GIS 被试区域中的每一部件均已按以上选定的试验程序耐规定的试验电压而无击穿放电，则耐压试验通过。在试验过程中如果发生击穿放电，则根据现场情况进行综合判断。遇有放电情况，待查明原因厂家确认后才能进行重复试验，重复试验通过则该放电是自恢复放电，耐压试验通过；重复试验失败，应对有怀疑的气隔解体、检查绝缘，经处理后再一次进行规定的耐压试验。

4）220 kV GIS 交流耐压试验注意事项

——除交流耐压试验外，其他 GIS 常规试验应全部完成且合格。

——220 kV GIS 交流耐压试验加压套管安装在 220 kV 进线电缆 GIS 侧终端处。

——220 kV GIS SF_6 气体各气室的气体密度保持在制造厂规定的额定值且 SF_6 气体含水量测量合格。

——220 kV GIS 交流耐压试验一相结束后，试验套管需更换至另一相。试验套管安装完毕后被试相 G52 气室封闭、抽真空、充气、SF_6 气体静置 12 h、SF_6 气体含水量测量。

——为提高试验效率，在扩建工程 220 kV GIS 的 G52 气室 A、B、C 三相每相气室安装自封接头，这样可以对每相单独充气、抽气。G52 气室抽真空、充气时，其相邻 G51 气室压力降至 0.25 MPa。

（4）断路器试验

——测量分、合闸线圈直流电阻：测量分、合闸线圈直流电阻，其值与产品出厂试验值相比应无明显差别。

——测量分、合闸线圈绝缘电阻：用 1000 V 兆欧表测量分、合闸线圈绝缘电阻，不应低于 10 MΩ；

——测量分、合闸时间及三相同期性：

- 固有分闸时间概念：由发布分闸命令（指分闸回路接通）起到灭弧触头刚分离的一段时间；
- 合闸时间概念：由发布合闸命令到最后一相主灭弧触头刚接触为止的一段时间；
- 三相同期性：不论分闸或是合闸，单次操作的各相时间差的最大值。

用开关测试仪测量分、合闸时间及三相同期性。测试应在断路器额定操作电压下进行，实测值应符合：分闸时间≤25 ms，分闸同期性≤2 ms，合闸时间≤100 ms，合闸同期性≤4 ms。

——操动机构试验：控制线圈端钮电压在 80%、100%、110%额定电压下断路器应可靠合闸，在 65%、100%、110%额定电压下应可靠分闸，30%额定电压下分闸不动作，分别操作 3 次，每次操作结果均应符合要求。

（5）SF_6 断路器和 GIS 的试验项目、周期和要求见表 352-02-08-18。

表 352-02-08-18 SF_6 断路器和 GIS 的试验项目、周期和要求

序号	项目	周期	要求	说明
1	运行中断路器和 GIS 内 SF_6 气体的湿度（20 ℃体积分数）10^{-6}	1）1～3 年（35 kV 以上） 2）大修后 3）必要时	断路器灭弧室气室： 大修后不大于 150 运行中不大于 300	1）按 GB 12022、SD306《六氟化硫气体中水分含量测定法（电解法）》和 DL506—92《现场 SF_6 气体水分测定方法》进行 2）新装及大修后 1 年内复测 1 次，如湿度符合要求，则正常运行中 1～3 年 1 次 3）周期中的“必要时”是指新装及大修后 1 年内复测湿度不符合要求或漏气超过表 5.1.7-1 中序号 2 的要求和设备异常时，按实际情况增加的检测
2	SF_6 气体泄漏试验	1）大修后 2）必要时	年漏气率不大于 1%或按制造厂要求	1）按 GB 11023 方法进行 2）对电压等级较高的断路器以及 GIS，因体积大可用局部包扎法检漏，每个密封部位包扎后历时 5 h，测得的 SF_6 气体含量（体积分数）不大于 30×10^{-6}
3	辅助回路和控制回路绝缘电阻	1）1～3 年 2）大修后	绝缘电阻不低于 2 MΩ	采用 500 V 或 1000 V 兆欧表

续表

序号	项目	周期	要求	说明
4	耐压试验	1）大修后 2）必要时	交流耐压或操作冲击耐压的试验电压为出厂试验电压值的 80%	1）试验在 SF_6 气体额定压力下进行 2）对 GIS 试验时不包括其中的电磁式电压互感器及避雷器，但在投运前应对它们进行试验电压值为 U_m 的 5 min 耐压试验 3）罐式断路器的耐压试验方式：合闸对地；分闸状态两端轮流加压，另一端接地。建议在交流耐压试验的同时测量局部放电 4）对瓷柱式定开距型断路器只作断口间耐压
5	辅助回路和控制回路交流耐压试验	大修后	试验电压为 2 kV	耐压试验后的绝缘电阻值不应降低
6	断口间并联电容器的绝缘电阻、电容量和介损 tgδ	1）1～3 年 2）大修后 3）必要时	1）对瓷柱式断路器和断口同时测量，测得的电容值和 tgδ 与原始值比较，应无明显变化 2）罐式断路器（包括 GIS 中的 SF_6 断路器）按制造厂规定 3）单节电容器按第 12 章规定	1）大修时，对瓷柱式断路器应测量电容器和断口并联后整体的电容值和 tgδ，作为该设备的原始数据 2）对罐式断路器（包括 GIS 中的 SF_6 断路器）必要时进行试验，试验方法按制造厂规定
7	合闸电阻值和合闸电阻的投入时间	1）1～3 年（罐式断路器除外） 2）大修后	1）除制造厂另有规定外，阻值变化允许范围不得大于±5% 2）合闸电阻的有效接入时间按制造厂规定校核	罐式断路器的合闸电阻布置在罐体内部，只有解体大修时才能测定
8	断路器的速度特性	大修后	测量方法和测量结果应符合制造厂规定	制造厂无要求时不测
9	断路器的时间参量	1）大修后 2）机构大修后	除制造厂另有规定外，断路器的分、合闸同期性应满足下列要求： 相间合闸不同期不大于 5 ms 相间分闸不同期不大于 3 ms 同相各断口间合闸不同期不大于 3 ms 同相各断口间分闸不同期不大于 2 ms	
10	分、合闸电磁铁的动作电压	1）1～3 年 2）大修后 3）机构大修后	1）操动机构分、合闸电磁铁或合闸接触器端子上的最低动作电压应在操作电压额定值的 30%～65% 2）在使用电磁机构时，合闸电磁铁线圈通流时的端电压为操作电压额定值的 80%（关合电流峰值等于及大于 50 kA 时为 85%）时应可靠动作 3）进口设备按制造厂规定	
11	导电回路电阻	1）1～3 年 2）大修后	1）敞开式断路器的测量值不大于制造厂规定值的 120% 2）对 GIS 中的断路器按制造厂规定	用直流压降法测量，电流不小于 100 A
12	分、合闸线圈直流电阻	1）大修后 2）机构大修后	应符合制造厂规定	
13	SF_6 气体密度监视器（包括整定值）检验	1）1～3 年 2）大修后 3）必要时	按制造厂规定	
14	压力表校验（或调整），机构操作压力（气压、液压）整定值校验，机械安全阀校验	1）1～3 年 2）大修后	按制造厂规定	对气动机构应校验各级气压的整定值（减压阀及机械安全阀）
15	操动机构在分闸、合闸、重合闸下的操作压力（气压、液压）下降值	1）大修后 2）机构大修后	应符合制造厂规定	
16	液（气）压操动机构的泄漏试验	1）1～3 年 2）大修后 3）必要时	按制造厂规定	应在分、合闸位置下分别试验

续表

序号	项目	周期	要求	说明
17	油（气）泵补压及零起打压的运转时间	1）1～3 年 2）大修后 3）必要时	应符合制造厂规定	
18	液压机构及采用差压原理的气动机构的防失压慢分试验	1）大修后 2）机构大修时	按制造厂规定	
19	闭锁、防跳跃及防止非全相合闸等辅助控制装置的动作性能	1）大修后 2）必要时	按制造厂规定	
20	GIS 中的电流互感器、电压互感器和避雷器	1）大修后 2）必要时	按制造厂规定	

（1）主回路电阻测量

目的：检查整个 GIS 本体一次导电回路中电接触、导电材料、设计结构、制造质量以及现场安装质量是否符合技术要求。

方法：直流压降法；使用回路电阻测试仪，依据工厂设计文件《主回路电阻测量方案》要求，闭合待测回路上的断路器（CB）、隔离开关（DS）和接地开关（ES），去除接地开关端子上的接地板，给每一被测试区间部位通入 50～100 A 直流电流，测量回路两端之间的直流电阻。

标准：不超过出厂计算值的 1.2 倍。

试验中应注意的问题：

——试验可以在 SF_6 气体中或空气中进行，不允许在真空状态下进行；

——电流注入点一般在接地开关端子处，应避免与电压测量点重合；

——对于双母线设备，在测量时要注意开关状态，避免出现分流现象，影响测量结果的准确性；

——$R=U/I$，$1\ \Omega=10^6\ \mu\Omega$。

（2）主回路绝缘电阻测量

目的：检查整个 GIS 本体内是否有短路或接地现象。近早发现电器设备导电部分绝缘缺陷。

方法：使用 1000 V 以上兆欧表对 GIS 本体一次进行测量，如用手动摇表应按摇表中说明控制摇表速度（一般在工频耐压前后和送电前进行）。测量前先将兆欧表进行一次开路和短路试验，检查仪器是否良好。

标准：对地应大于 2000 MΩ 以上。

（3）控制回路及辅助回路绝缘电阻测量

目的：检查 GIS 控制回路及辅助回路绝缘是否符合技术要求。

方法：使用 500～1000 V 兆欧表对 LCP 柜中的所有二次回路端子对地进行绝缘电阻测量，如用手动摇表应按摇表的说明控制摇表速度。

标准：对地应大于 2 MΩ 以上。

试验中应注意的问题：

——试验必须在 LCP 柜二次线未与主控制室连接前进行；

——测量前先将兆欧表进行一次开路和短路试验，检查仪器是否良好；

——电机回路、电流互感器线圈用 500 V 兆欧表进行测量。

（4）主回路工频耐压试验

目的：检查 GIS 本体内是否含有导电质点、是否存在异常的电场结构等内在质量。

方法：工频耐压试验装置在现场一般采用频率为 50 Hz 的谐振试验装置和频率可变的谐振试验装置，设备一般由安装公司提供。

标准：现场主回路工频耐压试验值按照本工程出厂试验报告中耐压值的 80%进行。

试验中应注意的问题：

——试验前一定要检查电流互感器的二次是否短接并可靠接地；

——电压互感器和避雷器是否已隔离或脱离本次耐压试验；

——各气室的 SF_6 气体压力是否在额定压力下；

——接地开关和临时接地点是否可靠接地。

（5）控制回路及辅助回路工频耐压试验

目的：检查 GIS 二次回路及辅助回路绝缘是否符合技术要求。

方法：采用电压能达到 2000 V 以上小型交流电压发生器（频率为 50 Hz）。试验时，将电压升到 2000 V，对 LCP 柜中的所有二次回路端子对地进行工频耐压，保持 1 min。

标准：未发生短路或接地现象。

试验中应注意的问题：试验必须在 LCP 柜二次线未与主控制室连接前进行。

（6）SF_6 气体泄漏试验

目的：检查 GIS 本体 SF_6 气体漏气情况，近早发现漏气。

方法：使用 SF_6 气体检漏探测仪对已装配好的电器设备进行检查，对所有现场安装过的连接面用塑料薄膜包扎各密封面，边缘用胶带粘贴密封，塑料薄膜与被试品应保持一定的间隙。布包扎 24 h 后进行检查。

标准：漏气率不超过 1%年。

漏气率的计算方法：

$$F=\Delta C\times(V_m-V_1)\times P/\Delta t\ \text{MPa}\cdot\text{m}^3/\text{s}$$

F—漏气率；

ΔC—试验开始到终了时泄露气体浓度的增量，为测量值的平均值（10^{-6}）；

Δt—测量ΔC 的间隔时间，s；

V_m—封闭罩的容积，m^3；

V_1—试品体积，m^3；

P—绝对大气压，0.1 MPa。

相对年漏气率 F_y：

$$F_y=F\times31.5\times10^6/V\times(P_r+0.1)\times100\%/\text{年}$$

V—试品气体密封系统容积，m^3；

P_r—气室 SF_6 气体压力，MPa。

（7）空气系统泄漏试验

目的：检查空气系统漏气情况，近早发现漏气。

方法：给断路器储气罐充气到额定压力（1.5 MPa）后，关闭供气阀。保持 24 h，检查气压下降率。

标准：漏气率不超过 10%/24 h。

（8）SF_6 气体水分测量

目的：检查 GIS 本体内 SF_6 气体的水份含量，避免由于水分过大给设备运行带来隐患。

方法：使用 SF_6 气体水分仪对已装配好的电器设备全部气室进行测量。

标准：根据 GB 7674 中水分含量的允许值［$\times10^{-6}$（V/V）］。

表 352-02-08-19 SF_6 气体水分测量标准值

气室	交接验收值	运行允许值
有电弧分解的气室	≤150	≤300
无电弧分解的气室	≤500	≤1000

试验中应注意的问题：

——给本体充气前应对气瓶中的 SF_6 气体先进行水分测量，根据我国有关标准规定，新 SF_6 气体中的水份含量不得大于 64×10^{-6}（V/V），1×10^{-6}=1×10^{-6}。

——无电弧分解的气室交接验收值是≤250×10^{-6}（V/V）。

——重量比（W 水蒸气/WSF_6）=0.123×体积比（V 水蒸气/VSF_6）。

（9）SF_6 气体压力表开关动作特性检查

目的：检查 GIS 本体每个 SF_6 气室上所装的压力表的动作值是否符合本产品的技术要求。

方法：使用万用表、压力表检查工装和 1 瓶 SF_6 气体，将被检测的压力表装在工装上，缓慢充入 SF_6 气体，用万用表按照压力表上的说明测量它的节点动作值是否符合要求。

标准：断路器气室：报警回路用　动作：0.45 MPa

闭锁回路用　动作：0.40 MPa

电压互感器气室：报警回路用　动作：0.35 MPa

其他气室：报警回路用　动作：0.30 MPa

大电流气室：报警回路用　动作：0.40 MPa

注：允许误差值是动作值±0.03 MPa。

（10）联锁试验

目的：检查 GIS 整体的二次联锁回路接线是否符合设计要求。

方法：根据设计的二次原理图和接线图要求，按照联锁条件逐一进行试验，满足联锁条件和不满足联锁两种情况下都要检查。

标准：按照二次原理图联锁条件要求进行。

试验中应注意的问题：

——二次原理图中转换开关是设备在分闸状况下、继电器是设备在无励磁的状况下设计的；

——隔离开关与断路器有联锁，接地开关与隔离开关有联锁；

——断路器一般情况下没有联锁。

（11）机械特性试验

目的：检查断路器在规定的条件下，其机械特性参数是否符合本产品的设计要求。

方法：用断路器机械特性测试仪，测量机构合闸特性（包括时间、速度、同期、弹跳等）和分闸特性（包括时间、速度、同期、弹跳等）。

标准：符合生产厂家《出厂检验报告》中的规定值。

试验中应注意的问题：

——在现场不测量断路器的分、合闸速度。

——隔离开关和快速接地开关的分、合闸时间记录是从机构励磁线圈带电起到机构整个操作结束后的总时间。

表 352-02-08-20　机械特性技术要求

序号	试验项目	试验内容		技术要求
1	线圈电阻测量	合闸线圈（Ω）	52C	110±5%
		分闸线圈（Ω）	52T1	110±5%
			52T2	110±5%
2	合闸特性	合闸时间（ms）		80～120
		合闸速度（m/s）		1.7～2.4
		三相不同期（ms）		≤4

续表

序号	试验项目	试验内容	技术要求
3	分闸特性	分闸时间（ms）	21～30
		分闸速度（m/s）	4.1～4.8
		三相不同期（ms）	≤2
4	机械操作试验	30%额定电压下试验 3 次	不能分闸
		65%额定电压下试验 3 次	可靠分闸
		100%额定电压下防跳跃试验 3 次	可靠动作
		手动合、分闸操作	5 次
		65%额定电压下分闸	5 次
		80%额定电压下合闸	5 次
		120%额定电压下分闸	5 次
		110%额定电压下合闸	5 次
		100%额定电压下分、合闸	各 25 次
		100%额定电压下分-0.3 s-合分	5 次

8.1.7 经验反馈

（1）断路器的维修

断路器的可靠性已在各种条件下所做的型式试验所证实，一般来说不应出现故障，如果出现故障，也只能有几种可能。故障类型及原因见表 352-02-08-21。

表 352-02-08-21 断路器故障表

序号	故障类型	原因	检查项目及解决措施
1	电动拒合	电源电压低或断电	检查控制电压
		电气控制系统出问题	检查是否有断线或端子松脱，线圈、行程开关以及辅助开关等是否正常
		其他	检查是否能进行手动合闸
2	电动拒分	电源电压低或断电	检查控制电压
		电气控制系统出问题	检查是否有断线或端子松脱，线圈、行程开关以及辅助开关等是否正常
		其他	检查是否能进行手动分闸
3	SF_6气体压力降低	漏气	补气，检查漏气点

（2）液压弹簧操动机构的维修

关于液压弹簧操动机构故障，综合给出了故障产生的原因及相应的维修措施，详细参见表表 352-02-08-22。

表 352-02-08-22 液压弹簧造作机构故障表

序号	故障	原因	维修措施
1	操动机构	自动开关分闸	合上自动开关
		没施加电压	开关合上施加电压
		电机故障	更换电机
		碳刷磨损	更换碳刷

续表

序号	故障	原因	维修措施
2	电机运转但弹簧不能储能	高压放油阀打开	合上高压放油阀手柄
		油泵故障	更换油泵
		油位太低	重新加油
		滤油器阻塞	更换滤油器
3	不能运行	未施加电压	加上电压
		线圈故障	更换线圈
		辅助开关不能传递指令	重新调整辅助开关
4	机构锈蚀	加热器自动开关分闸	合上自动开关接通加热器供给电压
		加热器没电压	
		加热板故障	更换加热板
		机构箱密封不良	检查机构箱密封条，如有必要予以更换
5	操动机构频繁打压（平均每天打压次数超过 20 次）	高压放油阀关闭不良	对机构多次进行手动分合闸操作后，机构贮能至额定压力，关闭电机控制开关，24 h 候碟片弹簧压缩量变化不得大于 30 mm，超过 30 mm 表示有故障需要进行处理，如不能排除故障需通知制造厂进行处理
		内部泄露	

（3）液压机构储能模块渗油缺陷

故障现象：液压机构油位偏低，接近不可见位置。现场对该液压机构进行检查，发现其中一储能活塞处有明显的渗油痕迹。

故障原因：液压机构油位偏低，接近不可见位置。现场对该液压机构进行检查，发现其中一储能活塞处有明显的渗油痕迹。

消缺方案：更换液压机构储能模块。

——根据现场实际情况，手动分合闸操作数次，使系统液压油充分混合，然后排出液压油；

——用专用工具拆除储能模块；

——更换储能模，注意密封圈与挡圈的方向，以及连接管的安装方向；

——抽真空，注油；

——修后试验：

- 测量油泵打压时间，从 0 MPa 打压至油泵停止运行，时间应≤120 s；
- 验证断路器合闸低油压闭锁功能；
- 验证断路器分闸 1 低油压闭锁功能；
- 验证断路器分闸 2 低油压闭锁功能；
- 验证液压机构油泵停止功能；
- 分合闸线圈直流电阻测量，标准 32.4～39.6 Ω。

8.1.8 技术规程清单

表 352-02-08-23 技术规程清单

序号	规程名称
1	220 kV GIS 预防性维修（1 个换料周期）
2	220 kV GIS 预防性维修（3 个换料周期）
3	220 kV GIS-G42/G43 气室预防性维修
4	（220 kV GIS）SF_6 设备 12 年检

8.1.9 参考资料

[1]《电力设备预防性试验规程》(DL/T 596—1996)[S].

[2]《高压开关设备和控制设备的共用技术要求》(GB/T 11022—1999)[S].

8.2 隔离开关

隔离开关是一种主要用于“隔离电源、倒闸操作、用以连通和切断小电流电路”,无灭弧功能的开关器件。

8.2.1 定义

隔离开关,即在分位置时,触头间有符合规定要求的绝缘距离和明显的断开标志;在合闸位置时,能承载正常回路条件下的电流及在规定时间内异常条件(例如短路)下的电流的开关设备。

8.2.2 范围对象

252 kV GIS 用隔离开关的所有带电部件(如动、静触头等)均安装在金属壳体中,隔离开关具有一套分、合闸装置,由气动、电动或弹簧操动机构进行操作。

由于这种隔离开关的分、合闸装置没有开断能力,因此与断路器及其他隔离开关和接地开关之间必须具有连锁。根据主接线的需要,隔离开关有时须具备一定的开合容性、感性小电流和母线转换电流能力,隔离开关内部通过专门设计来满足这些要求。

8.2.3 结构原理

隔离开关由三个标准装配单元组成,并且配有一台气动、电动或弹簧操动机构。

装在壳体中的隔离开关触头是经过绝缘棒及密封轴伸出来经过连接机构与操动机构连接,每一壳体中充有一定压力的 SF_6 气体,在采用气动操动机构时,操作用气与断路器及接地开关用的压缩空气来自同一气源。

(1)CJG2 型电动操动机构

1)用途

CJG2 型电动操动机构用于 252~363 kV GIS 中,操作 GIS 的隔离开关和接地开关。

2)主要技术参数

表 352-02-08-24 CJG2 型电动操动机构技术参数

序号	项目		单位	技术参数	备注
1	输出拐臂转角			90°	
2	额定电压	电动机	V	DC/AC220	电机交流直流两用
		控制回路	V	DC220.DC110	
		加热器回路	V	AC220	
3	电动机额定功率		W	240	
4	电动机额定电流		A	2	
5	加热器功率		W	40	
6	电动合闸或分闸时间(额定电压)		s	<4	
7	机械寿命		次	3000	可靠性大于 10 000 次
8	机构重量		kg	约 60	

注:电动合闸或分闸时间为给出操作信号起至机构到达规定的合闸或分闸结束位置的时间。

3)结构及工作原理

图 352-02-08-05~图 352-02-08-09 中,同一零部件或主件重复出现时,序号不变,但只在第一次出现的图中注明其名称。

——外形：

CJG2 型机构的外形见图 352-02-08-05，机构主要由传动部分、控制部分等组成。

——内部结构及主要组成部分：

机构的内部结构及主要组成部分见图 352-02-08-06。

——传动系统及动作原理：

机构传动系统见图 352-02-08-06。

——电动合闸及分闸：

图 352-02-08-06 为分闸位置的机构状态，图 352-02-08-08 为合闸位置。

电动合闸：

电机（201）通过伞齿轮（203）和（204）驱动直齿轮（202），旋转运动通过直齿轮（219）、（220）和（205）传向曲柄（206），曲柄（206）驱动输出轴（105），该轴又通过拐臂（207）带动辅助开关切换。在合闸操作结束时凸轮（210）驱动限位开关（212）切断电机回路，而曲柄（206）由缓冲器（214）缓冲止动。辅助开关（103）和位置指示器（110）通过链（216）、（217）和（218）由输出轴（105）驱动。

电动分闸：

电动分闸时，各部分运动过程与电动合闸相同，但方向相反。

——手动合闸及分闸：

手动合闸及分闸操作时，打开手动操作门（108），顺时针转动挡板（107），将手动操作手柄（106）插入与手动轴相连并转动即可。

4）联锁装置

联锁装置由联锁电磁铁（301）、限位开关（302）、凸轮开关（303）、挡扳（107）等组成，见图 352-02-08-07。联锁装置及控制回路具有以下联锁及保障功能：

——在与其他元件如断路器等的联锁条件不具备时，控制回路不能通电，联锁电磁铁不能通电动作，挡扳不能完全打开，此时既不能电动操作，也不能手动操作。

——手动操作时，限位开关（302）由挡扳（107）推动切换，其限位开关（302）的动断触头切断控制回路，以防进行电动操作。

限位开关（302）的动合触头接通联锁电磁铁线圈回路。如果外部联锁条件满足，该电磁铁的铁芯（301）吸合，挡（107）才能完全打开。打开后，挡扳必然推动凸轮开关（303）的动断触头切断联锁控制回路。这时，再将手动操作手柄（106）插入手动轴进行手动操作。

——手动操作手柄（106）闭锁（见图 352-02-08-09）。手动操作过程中，手柄不能取出，手动操作到位时，手柄才能取出。

——限位开关（212、213）及串联于合、分闸控制回路的两台接触器的联锁用动断触头，可以保证以下功能：

- 电动操作后自动断电；
- 合闸控制回路与分闸控制回路不能同时接通；
- 开关和机构处于合闸位置，不能进行合闸操作，分闸位置不能进行分闸操作。

5）操作注意事项

——电动或手动操作前确认事项：

确认相关的其他设备，元件的状态允许本机构进行操作，即满足外部联锁条件；

确认控制回路及电机回路电压正常。

——电动操作注意事项：

发出电动操作信号后，由机构自动完成操作及断电，不得人为断电，不允许手按接触器启动电机进行操作；

连续合、分闸操作的时间间隔大于 30 s。

——手动操作注意事项（图 352-02-08-09）：

确认指示器（304）指示到：“操作完”位置之后，手柄（106）从手动轴卸下。

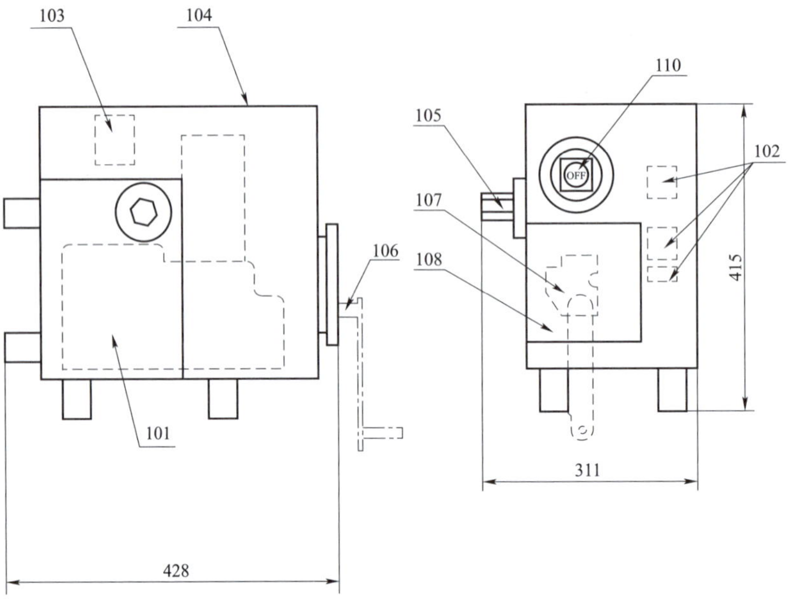

图 352-02-08-05　机构外形

101—驱动装置；102—控制继电器；103—辅助开关；104—盖；105—输出轴；106—手柄；107—挡扳；108—手动操作门；110—位置指示器

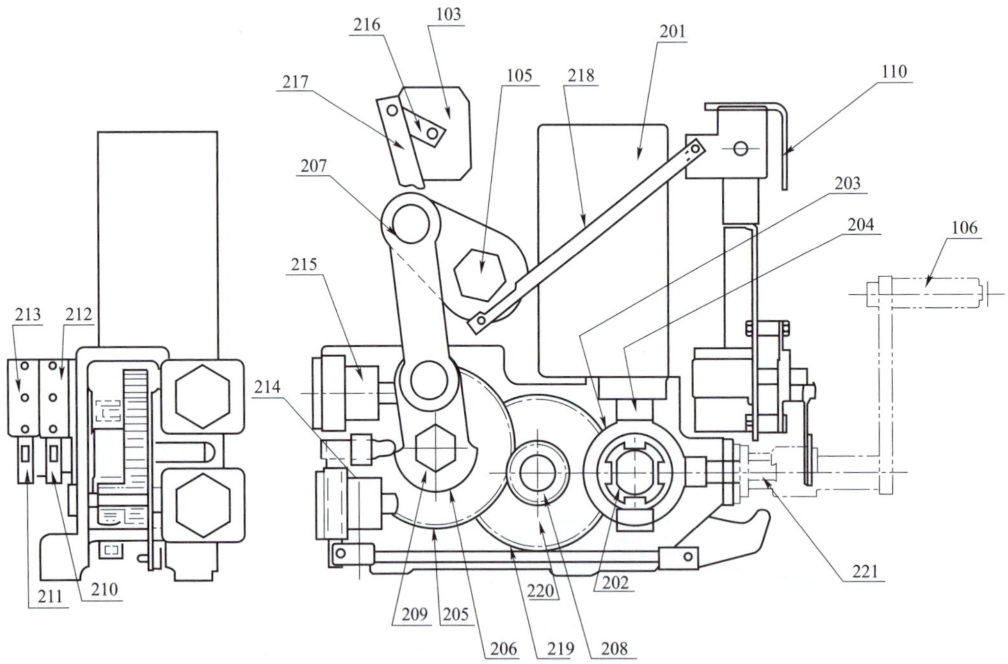

图 352-02-08-06　分闸时机构的状态

201—电机；202—直齿轴；203—锥齿轮；204—锥齿轮；205—直齿轮；206—曲柄；207—输出拐臂；208—轴；209—曲柄轴；210—合闸凸轮；211—分闸凸轮；212—限位开关；213—限位开关；214—合闸缓冲器；215—分闸缓冲器；216—连杆；217—连杆；218—连杆；219—直齿轮；210—直齿轮；221—手动轴

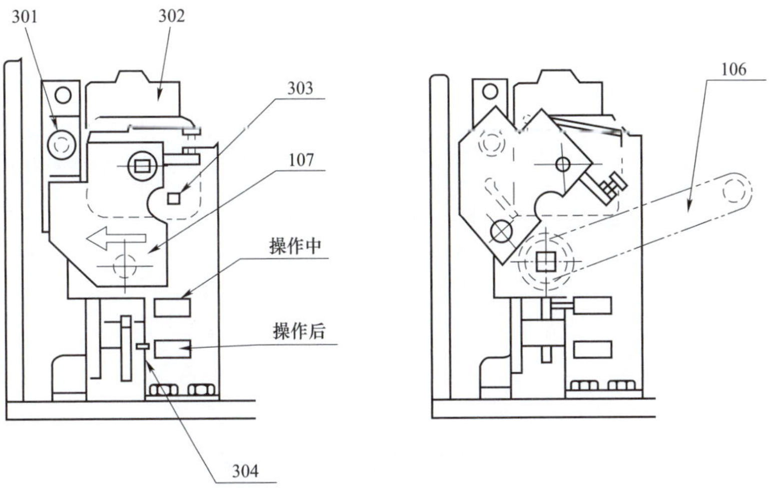

图 352-02-08-07 联锁装置

301—联锁电磁铁动铁芯；302—限位开关；303—凸轮开关；304—指示器

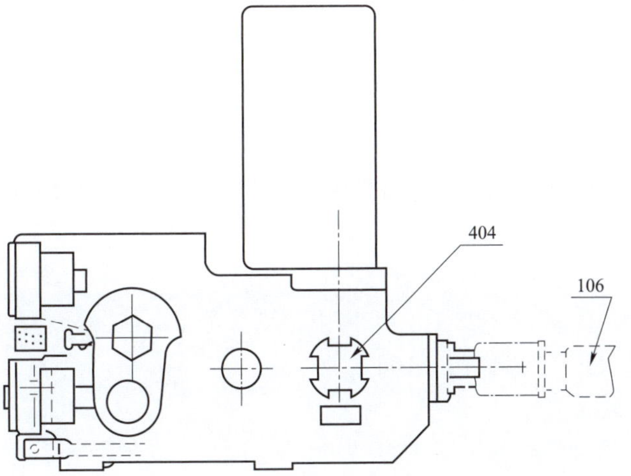

图 352-02-08-08 机构合闸位置（404—斜齿轮轴）

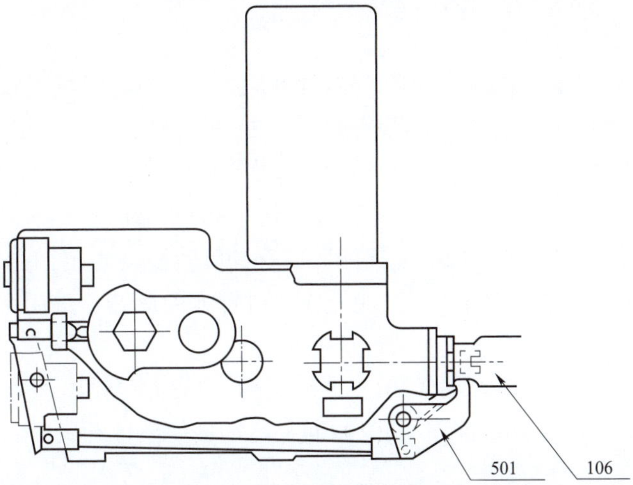

图 352-02-08-09 手动闭锁（501—闭锁柄）

（2）CTG2 型电动操动机构

1）用途

CTG2 型弹簧操动机构用于 252—363 kVGIS 中，操作 GIS 的隔离开关和故障接地开关，配套供货。

2）主要技术参数

表 352-02-08-25　CTG2 型弹簧操动机构主要技术参数

序号	项目		单位	技术参数	备注
1	输出拐臂转角			90°	
2	额定电压	电动机	V	DC/AC220	电机交流直流两用
		控制回路	V	DC220、DC220	
		加热器回路	V	AC220	
3	电动机额定功率		W	240	
4	电动机额定电流		A	2	
5	加热器功率		W	80	
6	电动合闸/分闸时间		s	<5	
7	机械寿命		次	3000	可靠性大于 10 000 次
8	机构重量		kg	160	
9	分、合闸最大操作功		J	480	

注：电动合闸或分闸时间为给出操作信号起至机构到达规定的合闸或分闸结束位置的时间。

3）结构及工作原理

注：图 352-02-08-10 至图 352-02-08-14 中，同一零部件或组件重复出现时，其序号不变，但只在第一次出现的图中注明其名称。

——外形：

CTG2 型机构的外形见图 352-02-08-10，机构由传动部分、储能部分和控制部分等组成。在机构的前面有位置指示器（803）和手动操作门（104）。

——内部结构及主要组成部分：

机构的内部结构及主要组成部分见图 352-02-08-11。

——传动系统及动作原理：

机构传动系统见图 352-02-08-11、图 352-02-08-12。

——电动合闸及分闸：

图 352-02-08-11 为分闸时的机构状态而图 352-02-08-12 为合闸时的机构状态。

电动合闸：

电机（401）通过直齿轴（402）按顺时针方向驱动弹簧储能装置（403），储能装置（403）与销 A（305）接触并驱动弹簧旋转装置（304）旋转，这样弹簧（302）储能直到死点位置为止。在通过死点时，销 A（305）的另一端与凸轮柄 A（209）接触，储存的弹簧能使固定在主轴上的联锁柄（212）和凸轮柄（209）旋转，因而输出轴（205）通过连杆作逆时针方向旋转，进而通过外部连接机构带动开关合闸。

在合闸运动接近完成时，合闸缓冲器（201）通过滚轮（203）对输出拐臂（204）进行缓冲，并使输出轴（205）停止旋转。同时合闸缓冲器（201）向上运动并使限位开关（210）切断电机回路。

电动分闸：

电动分闸时，各部分运动过程与电动合闸相同，但运动方向相反。

——手动操作：

手动操作可用手动操作手柄（902）和手动工具（901）进行。图 352-02-08-12 为手动合闸操作时的状态。

将手动操作工具（901）插入手柄轴（603），确认铭牌为“手动合闸”，同时将固定在手动操作工具（901）上的销（903）插入导孔（904），然后将手动操作手柄（902）插入手动操作工具（901）并予以旋转，使机构操作为顺时针，分闸操作为逆时针方向。

分闸操作的铭牌为“手动分闸”，同时手柄旋向为逆时针方向。

4）电气回路

本机构主要用于GIS成套设备，机构的电气回路原理图和接线图已在GIS设备的二次回路原理图和接线图中详细绘出，该图标明了属于机构内部的电气元件及其接线。

机构的电气回路包含控制回路，电机回路，加热器回路。控制回路与电机回路的电压可以相同（共用同一电源），也可以不相同（分别由两个电源供电）。加热器回路与其余回路通常不用同一电源供电。

联锁装置

联锁装置由联锁电磁铁（602）、限位开关（604）、凸轮开关（605）、挡板（601）等组成，见图352-02-08-13。联锁装置及控制回路具有以下联锁及保障功能（见GIS成）套设备的二次回路电路图：

——在与其他元件如断路器等的联锁条件不具备时，控制回路不能通电，联锁电磁铁不能通电动作，挡板不能完全打开，此时既不能电动操作，也不能手动操作。

——手动操作时，限位开关（604）由挡板（601）推动切换，其限位开关（604）的动断触头切断控制回路，以防止进行电动操作。

限位开关（604）动作，其动合触头接通联锁电磁铁线圈回路。如果外部联锁条件满足要求，该电磁铁的铁芯（602）吸合，挡板（601）才能完全打开。找开后，挡板必然推动凸轮开关（605）的动断触头切断锁控制回路。这时，再将手动操作工具（901）插入进行手动操作；

——限位开关（210、211）及串联于合、分闸控制回路的两台接触 器的联锁用动断触头，可以保证以下功能：

- 电动操作后自动断电；
- 合闸控制回路与分闸控制回路不能同时接通；
- 开关和机构处于合闸位置，不能进行合闸操作；分闸位置不能进行分闸操作。

5）操作注意事项

在操作机构之前，注意如下事项：

——确认与变电站其他元件的联锁情况；

——确认控制回路中的电压是否正常；

——在连续操作时，在分闸和合闸操作之间保持30 s以上的时间间隔。

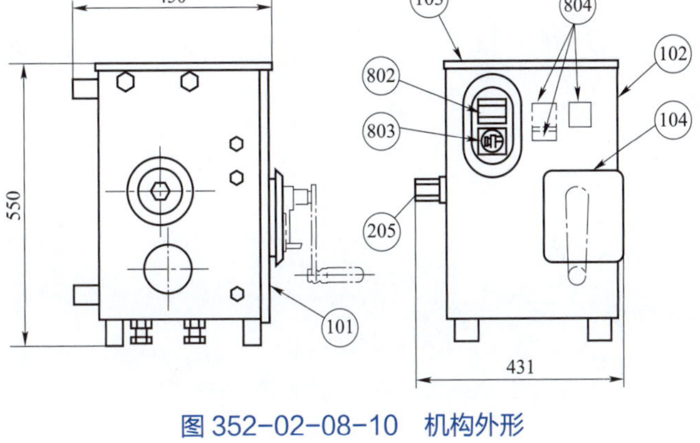

图352-02-08-10 机构外形

101—前盖；102—侧盖；103—上盖；104—手动操作门；205—输出轴；802—操作记数器；803—位置指示器；804—继电器

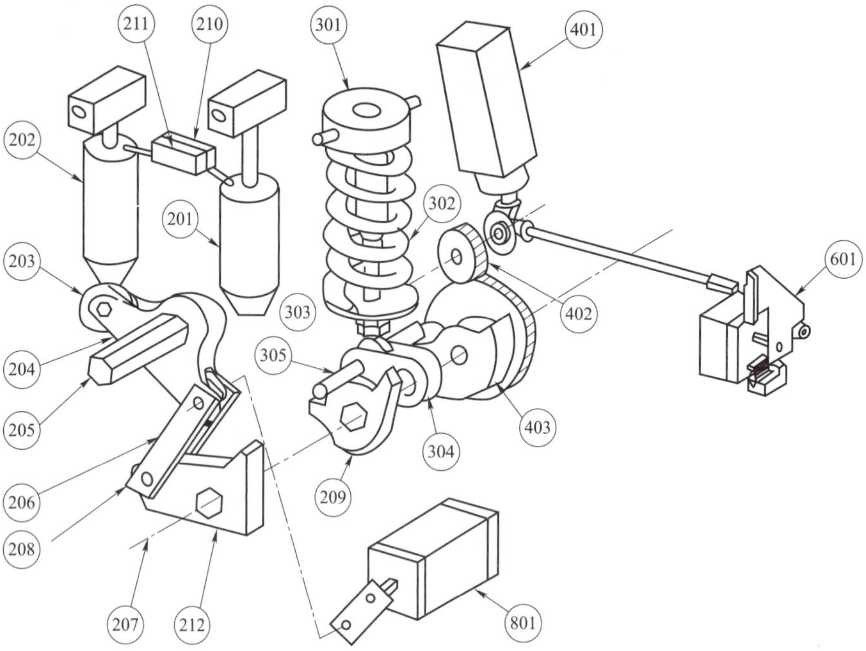

图 352-02-08-11　分闸时的机构状态

201—合闸缓冲器；202—分闸缓冲器；203—滚子；204—输出拐臂；206—链；207—主轴 208—连杆；209—凸轮杆；210—限位开关；211—限位开关；212—连锁柄；301—弹簧座；302—弹簧；303—弹簧拉杆；304—压簧曲柄；305—销；401—电机；402—直齿轴；403—弹簧储能柄；601—挡板；801—辅助开关

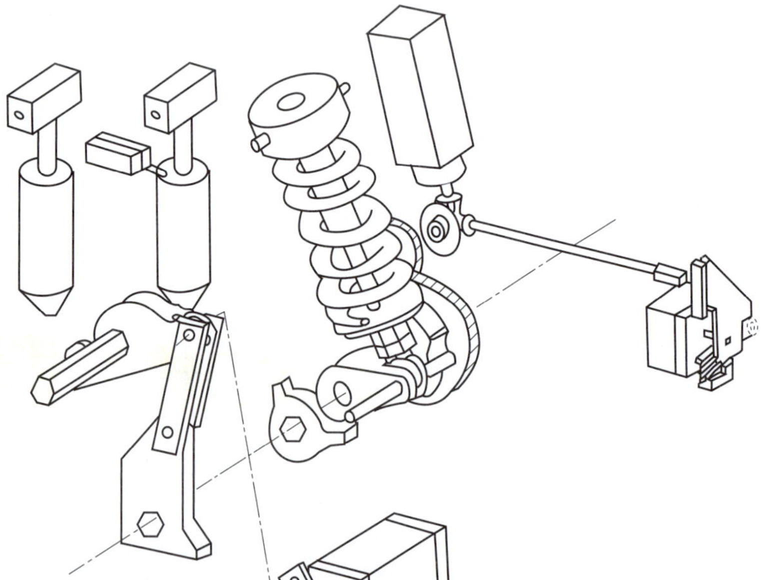

图 352-02-08-12　合闸时的机构状态

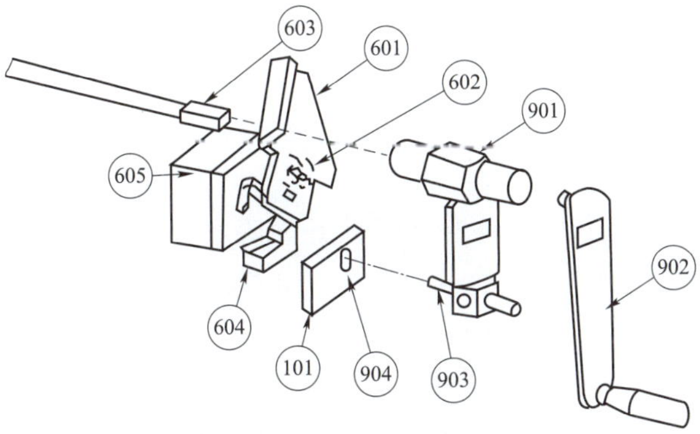

图 352-02-08-13 联锁装置

602—联锁电磁铁动铁芯；603—手动轴；604—限位开关；605—凸轮开关；901—手动操作工具；
902—手动操作手柄；903—销；904—导孔

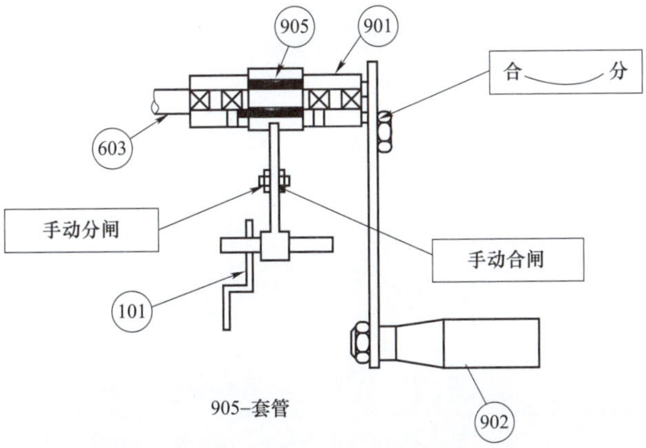

图 352-02-08-14 手动操作工具

8.2.4 指标与参数

隔离开关的主要额定参数值见表 352-02-08-26。

表 352-02-08-26 主要技术参数

序号	参数名称	单位	产品类型	备注
			252 kV GIS	
1	额定电压	kV	252	
2	额定电流	A	2000～4000	
3	额定频率	Hz	50	
4	额定短时耐受电流	kA	40、50	
5	额定短路持续时间	s	3	
6	额定峰值耐受电流	kA	100、125	
7	额定雷电冲击耐受电压	kV	1050	
8	额定短时工频耐受电压（1 min）	kV	395、460	
9	额定 SF_6 气体压力（20 ℃）	MPa	0.40	
10	额定控制电压	V	DC 110，220	
11	额定操作空气压力	MPa	1.50	对气动操动机构
12	额定电机电压	V	110（DC）、220（AC，DC）	对电动/弹簧操动机构

8.2.5 维修技术要求

——检查操动机构线圈的最低动作电压：

检查操动机构线圈的最低动作电压，应符合制造厂的规定。

——操动机构的试验：

控制线圈端钮电压在 80%、100%、110%额定电压下隔离开关、接地开关、故障接地开关应可靠分、合闸。额定控制电压下连续进行分、合闸操作 5～10 次，必须操动正常。

——测量分、合闸时间：

用开关测试仪测量分、合闸时间。测试应在额定操作电压下进行，隔离开关、接地开关实测值应符合：分闸时间≤4 s，合闸时间≤4 s；故障接地开关实测值应符合：分闸时间≤3 s，合闸时间≤3 s。

——隔离开关试验项目、周期和要求见表 352-02-08-27。

表 352-02-08-27 隔离开关试验项目、周期和要求

序号	项目	周期	要求	说明
1	分、合闸时间	大修后	≤4000 ms	
2	二次回路的绝缘电阻	1）1～3 年 2）大修后 3）必要时	绝缘电阻不低于 2 MΩ	采用 1000 V 兆欧表
3	交流耐压试验	大修后	试验电压值按 DL/T 593 规定	在交流耐压试验前、后应测量绝缘电阻；耐压后的阻值不得降低
4	二次回路交流耐压试验	大修后	试验电压为 2 kV	
5	电动、气动或液压操动机构线圈的最低动作电压	大修后	最低动作电压一般在操作电源额定电压的 30%～80%范围内	气动或液压应在额定压力下进行
6	导电回路电阻测量	大修后	不大于制造厂规定值的 1.5 倍	用直流压降法测量，电流值不小于 100 A
7	操动机构的动作情况	大修后	1）电动、气动或液压操动机构在额定的操作电压（气压、液压）下分、合闸 5 次，动作正常 2）手动操动机构操作时灵活，无卡涩 3）闭锁装置应可靠	

8.2.6 质量管理

——检查操作机构箱内加热器的状态是否良好；

——检查隔离开关合分闸指示器的指示状态是否正确；

——检查隔离开关合分闸连杆与隔离开关制动螺钉间隙（2～20 mm）；

——检查操动机构上是否有锈迹及腐蚀；

——检查各紧固件的紧固状态；

——检查能否正常手动分合隔离开关；

——检查隔离开关接线箱中的接线情况；

——隔离开关的联锁检查试验；

——用 500 V 兆欧表测量电机和加热器回路对地的绝缘电阻，绝缘值应大于 2 MΩ；

——检查并清扫机构箱内、外灰尘；

——对个隔离开关操作机构的运动摩擦部分涂锂基润脂 ZL-1。

表 352-02-08-28 隔离开关检查验收标准

序号	检查或维修项目	验收标准	项目周期（1C 为 1 个燃料循环）
1	检查操作机构箱内加热器的状态是否良好	状态良好	1C
2	检查隔离开关合分闸指示器的指示状态是否正确	状态正确	1C
3	检查隔离开关合分闸连杆与隔离开关制动螺钉间隙	2～20 mm	1C
4	检查操动机构上是否有锈迹及腐蚀	干燥无锈蚀	1C
5	检查各紧固件的紧固状态	紧固良好	1C
6	检查能否正常手动分合隔离开关	可正常手动分合	1C
7	检查隔离开关接线箱中的接线情况	紧固良好	1C
8	隔离开关的联锁检查试验	状态良好	1C
9	用 500 V 兆欧表测量电机和加热器回路对地的绝缘电阻	绝缘值应大于 2 MΩ	1C
10	检查并清扫机构箱内、外灰尘	清洁无尘	1C

表 352-02-08-29 隔离开关预防性维护方案

序号	项目	内容	安装后投运前	巡视检查	定期检查
1	锈蚀现象	生锈处进行除锈、涂漆、涂防锈油等处理	○		○
2	接线状况	接线端子板及各电器组件接线不应松动，各端子螺钉应拧紧	○		○
3	紧固件	各紧固螺栓、螺钉、螺母应拧紧，调整部位锁紧螺母应拧紧锁牢	○	○	○
4	分、合闸状态	确认标牌的分、合显示正确	○	○	○
		指示牌上 U 形小槽与指针对准（针尖在小槽范围内），如有偏移，用定位器（308、309）上的调节螺杆调整			○
5	手动分、合闸操作	动作正常	○		○
6	电动分、合闸操作	在控制电压和电机电压的额定值及 85%额定值操作，动作正常，电器组件动作及切换正常	○		○
7	联锁及闭锁检查试验	按说明书的有关条款检查和试验，应满足其功能			○
8	绝缘试验	用 500 V 兆欧表测试绝缘电阻。控制回路、电机和加热器及其回路与机座间的绝缘电阻不小于 2 MΩ	○		○
9	清扫	清扫机构箱内外尘土脏物	○		○
10	润滑	运动摩擦部位涂锂基润滑脂 ZL－1			○

8.2.7 经验反馈

表 352-02-08-30 检验反馈

序号	故障或异常现象	可能原因	处理措施
1	电动操作不动作	控制或电机回路电压降低或失压	提供正常电压
		控制或电机回路接线松动或断线	接好线，拧紧接线螺钉，更换断线的导线
		控制或电机回路的开关、接触器的触头接触不良或烧坏	清理、检修或更换有故障的触头或开关
		接触器线圈断线或烧坏	检修或更换线圈
		热继电器动作，切断了接触器线圈回路	卸下热继电器手动复位孔孔盖，按动热继电器复位按钮。必要时检查其动作原因并采取措施
		外部联锁回路不通	检查有关设备、组件的状态是否满足外部联锁条件。检查外部联锁回路及有关设备、组件的联锁开关及其触头是否完好，动作正常
		闭锁杆处于闭锁位置	释放闭锁

续表

序号	故障或异常现象	可能原因	处理措施
2	手动操作不能进行	闭锁杆处于闭锁位置	释放闭锁
		控制回路电压降低或失压，联锁电磁铁不动作	提供正常电压
		外部联锁回路不通，联锁电磁铁不能通电动作	检查有关的设备、组件的状态是否满足外部联锁条件。检查外部联锁回路及有关设备、组件的联锁开关及其触头是否完好、动作正常
		联锁电磁铁线圈断线或烧坏，该回路联锁开关有故障，接线松动或断线	检修或更换线圈或开关，检修该线路
		操作手柄转动方向不对	按指示标牌规定的方向操作
3	分闸或合闸不到位或卡滞	定位器调整不当或松动，使得指示盘上小槽与指示针未对准	调整定位器调节螺杆，使得指示盘上小槽与指示针对准，拧紧锁紧螺母
		机构或配用开关由机械故障	慢动合、分检查，检修排除故障
4	手动操作后，止挡杠杆复位不到位	取出操作手柄牵联锁电磁铁已经断电	不插入手柄，转动挡板使联锁电磁铁吸合后释放。或者重新插入手柄随即快速抽出

8.2.8 技术规程清单

表 352-02-08-31 技术规程清单

序号	规程名称
1	220 kV GIS 预防性维修（1 个换料周期）
2	220 kV GIS 预防性维修（3 个换料周期）
3	220 kV GIS-G42/G43 气室预防性维修
4	（220 kV GIS）SF_6 设备 12 年检

8.2.9 参考资料

[1]《电力设备预防性试验规程》（DL/T 596—1996）.

[2]《高压开关设备和控制设备的共用技术要求》（GB/T 11022—1999）[S].

8.3 接地开关

接地开关可以在异常情况下（如短路）耐受一定时间的电流，但在正常情况下不通过负荷电流。

8.3.1 定义

接地开关，用于电路接地部分的机械式开关。它能在一定时间内承载非正常条件下的电流，但不要求它承载正常电流下的电流。

8.3.2 范围对象

接地开关作为检修时的安全保护装置，其配置位置由系统主线确定。接地开关的壳体与 GIS 壳体之间设有绝缘隔板，可用于主回路电阻的测量、断路器触头接触的检测等。接地开关根据技术规范的要求由一台手动或气动或电动操动机构操作，安装在线路侧的入口。为了防止误操作关合到带电主回路上，接地开关应与其相关的隔离开关、接地开关和断路器联锁。

8.3.3 结构原理

接地开关是由三个彼此分离的装配单元组成，并且配有一台手动或气动或电动操动机构。安装在壳体中的接地装置通过密封轴和连接机构连接，每一壳体内充有一定压力的 SF_6 气体。在采用气动操动机构时，操作用的压缩空气与断路器及隔离开关用压缩空气来自同一气源。

本接地装置借助于操动机构的驱动，使其密封轴旋转，带动动触头运动。当该接地开关合闸（接地）时，其电流通路是静触头→动触头→接地开关壳体及接地端子。

8.3.4 指标与参数

接地开关的主要额定参数值见表 352-02-08-32，故障接地开关的主要额定参数见表 352-02-08-33。

表 352-02-08-32 接地开关主要额定参数

序号	参数名称	单位	产品类型	备注
			252 kV GIS	
1	额定电压	kV	252	
2	额定频率	Hz	50	
3	额定短时耐受电流	kA	40、50	
4	额定短路持续时间	s	3	
5	额定峰值耐受电流	kA	100、125	
6	额定雷电冲击耐受电压	kV	1050	
7	额定短时工频耐受电压（1 min）	kV	395、460	
8	额定 SF_6 气体压力（20 ℃）	MPa	0.40	
9	额定控制电压	V	DC 110，220	对气动/电动操动机构
10	额定操作空气压力	MPa	1.50	对气动操动机构
11	额定电机电压	V	110（DC）、220（AC，DC）	对电动/弹簧操动机构

表 352-02-08-33 故障接地开关主要额定参数

序号	参数名称	单位	产品类型	备注
			252 kV GIS	
1	额定电压	kV	252	
2	额定频率	Hz	50	
3	额定短时耐受电流	kA	40、50	
4	额定短路持续时间	s	3	
5	额定峰值耐受电流	kA	100、125	
6	额定雷电冲击耐受电压	kV	1050	
7	额定短时工频耐受电压（1 min）	kV	395、460	
8	额定 SF_6 气体压力（20 ℃）	MPa	0.40	
9	额定控制电压	V	DC 110、220	对气动/电动操动机构
10	额定操作空气压力	MPa	1.50	对气动操动机构
11	额定电机电压	V	110（DC）、220（AC，DC）	对电动/弹簧操动机构

8.3.5 维修技术要求

（1）接地开关（ES）的检查

——检查操作机构箱内加热器的状态是否良好；

——检查接地开关合分闸指示器的指示状态是否正确；

——检查接地开关合分闸连杆与制动螺钉间隙（2～8 mm）；

——检查操动机构上是否有锈迹及腐蚀；

——检查各紧固件的紧固状态；

——检查接地开关接线箱中的接线情况；

——接地开关的联锁检查试验；

——用 500 V 兆欧表测量电机和加热器回路对地的绝缘电阻，绝缘值应大于 2 MΩ；
——检查并清扫机构箱内、外灰尘，对接地开关操作机构的运动摩擦部分涂锂基润脂 ZL-1。

表 352-02-08-34 接地开关检查验收标准

序号	检查或维修项目	验收标准	项目周期（1C 为 1 个燃料循环）
1	检查操作机构箱内加热器的状态是否良好	状态良好	1C
2	检查接地开关合分闸指示器的指示状态是否正确	状态正确	1C
3	检查接地开关合分闸连杆与制动螺钉间隙	2～8 mm	1C
4	检查操动机构上是否有锈迹及腐蚀	干燥无锈蚀	1C
5	检查各紧固件的紧固状态	紧固良好	1C
6	检查接地开关接线箱中的接线情况	紧固良好	1C
7	接地开关的联锁检查试验	状态良好	1C
8	用 500 V 兆欧表测量电机和加热器回路对地的绝缘电阻	绝缘值应大于 2 MΩ	1C
9	检查并清扫机构箱内、外灰尘	清洁无尘	1C

（2）故障接地开关（FES）的检查
——检查操作机构箱内加热器的状态是否良好；
——检查故障接地开关合分闸指示器的指示状态是否正确；
——检查故障接地开关合分闸连杆与制动螺钉间隙（2～8 mm）；
——检查操动机构上是否有锈迹及腐蚀；
——检查各紧固件的紧固状态；
——检查故障接地开关接线箱中的接线情况；
——故障接地开关的联锁检查试验；
——用 500 V 兆欧表测量电机和加热器回路对地的绝缘电阻，绝缘值应大于 2 MΩ；
——检查并清扫机构箱内、外灰尘，对接地开关操作机构的运动摩擦部分涂锂基润脂 ZL-1。

表 352-02-08-35 故障接地开关检查验收标准

序号	检查或维修项目	验收标准	项目周期（1C 为 1 个燃料循环）
1	检查操作机构箱内加热器的状态是否良好	状态良好	1C
2	检查故障接地开关合分闸指示器的指示状态是否正确	状态正确	1C
3	检查故障接地开关合分闸连杆与制动螺钉间隙	2～8 mm	1C
4	检查操动机构上是否有锈迹及腐蚀	干燥无锈蚀	1C
5	检查各紧固件的紧固状态	紧固良好	1C
6	检查故障接地开关接线箱中的接线情况	紧固良好	1C
7	故障接地开关的联锁检查试验	状态良好	1C
8	用 500 V 兆欧表测量电机和加热器回路对地的绝缘电阻	绝缘值应大于 2 MΩ	1C
9	检查并清扫机构箱内、外灰尘	清洁无尘	1C

表 352-02-08-36 接地开关预防性维护方案

序号	项目	内容	安装后投运前	巡视检查	定期检查
1	锈蚀现象	生锈处进行除锈、涂漆、涂防锈油等处理	○		○
2	接线状况	接线端子板及各电器组件接线不应松动，各端子螺钉应拧紧	○		○

续表

序号	项目	内容	安装后投运前	巡视检查	定期检查
3	紧固件	各紧固螺栓、螺钉、螺母应拧紧。调整部位锁紧螺母应拧紧锁牢	○	○	○
4	分、合闸状态	确认标牌的分、合显示正确	○	○	○
		指示牌上 U 形小槽与指针对准（针尖在小槽范围内），如有偏移，用定位器（308、309）上的调节螺杆调整			○
5	手动分、合闸操作	动作正常	○		○
6	电动分、合闸操作	在控制电压和电机电压的额定值及 85%额定值操作，动作正常。电器组件动作及切换正常	○		○
7	联锁及闭锁检查试验	按说明书的有关条款检查和试验，应满足其功能			○
8	绝缘试验	用 500 V 兆欧表测试绝缘电阻。控制回路、电机和加热器及其回路与机座间的绝缘电阻不小于 2 MΩ	○		○
9	清扫	清扫机构箱内外尘土脏物	○		○
10	润滑	运动摩擦部位涂锂基润滑脂 ZL—1			○

8.3.6 质量管理

（1）外观检查

外观检查的主要内容有：装配状态、零件松动情况、接地端子配置、气体管路和电缆台架有无损坏。

（2）接线检查

检查从控制屏到断路器、隔离开关、接地开关等元件操动机构的接线，同时要检查接线端子的松紧及端子标记。

（3）绝缘电阻测定

用 1000 V 或 2000 V 兆欧表测量主回路（母线、断路器、隔离开关及接地开关等）对地，以及控制回路对地的绝缘电阻。

判定标准：主回路 1000 MΩ以上；控制回路 2 MΩ。

（4）机械操作实验

对气动操动机构进行分合闸操作试验：在额定操作压力和额定控制电压下，按下控制屏上按钮，并检查状况如何。

判定标准：必须正常动作。

对电动或弹簧操动机构分合闸操作试验：在额定电机电压和额定控制电压下，按下控制屏上的按钮检查操作机构、转换开关等部位的状况。

判定标准：达到技术条件要求的次数。

（5）联锁试验

操作各元件，检查断路器与隔离开关和接地开关之间的联锁。

判定标准：必须满足电气控制原理图所规定的联锁条件。

（6）控制回路和辅助回路工频耐压试验

控制回路和辅助回路对地应进行工频耐压试验。

判定标准：耐受电压 2 kV、1 min。

8.3.7 经验反馈

无。

8.3.8 技术规程清单

352-02-08-37 维修规程清单

序号	维修规程
1	220 kV GIS 预防性维修（1 个换料周期）
2	220 kV GIS 预防性维修（3 个换料周期）
3	220 kV GIS-G42/G43 气室预防性维修
4	（220 kV GIS）SF_6 设备 12 年检

8.3.9 参考资料

[1]《电力设备预防性试验规程》(DL/T 596—1996)[S].
[2]《高压开关设备和控制设备的共用技术要求》(GB/T 11022—1999)[S].

8.4 避雷器

8.4.1 定义

GIS 避雷器，也称为金属罐式避雷器。其外壳为金属材料，端部安装有盆式绝缘子，内部由金属氧化物电阻片、均压屏蔽罩、导电杆、导电触头、绝缘件，并充以一定压力的 SF_6 气体以保证其绝缘强度。电气上通过盆式绝缘子与气体绝缘金属封闭开关设备等相连。

与绝缘外套避雷器相比，GIS 避雷器设备尺寸小，但需长期承受内部 SF_6 气体的压力，是 GIS 的配套设备，主要用于 GIS 变电站中。

8.4.2 范围对象

表 352-02-08-38 范围对象表

名称	单机组数量
500 kV 主变侧避雷器	3

8.4.3 结构原理

罐式氧化锌避雷器主要由罐体，盆式绝缘子、安装座及芯体部分组成，芯体是由氧化锌电阻片作为主要元件，罐体内部充以 SF_6 气体。

8.4.4 指标与参数

避雷器的性能符合国家标准《交流无间隙金属氧化物避雷器》(GB 11032) 的规定，其主要技术性能如下：

表 352-02-08-39 避雷器技术性能表

系统电压（有效值）	126 kV
持续运行电压（有效值）	73 kV
避雷器额定电压（有效值）	100 kV
标称放电电流（峰值）	10 kA
工频参考电压（2 mA 下）（峰值）	≥142 kV
直流（1 mA 下）参考电压（峰值）	≥145 kV
雷电冲击残压（8/20 μs10kA）	250 kV
持续运行电压下阻性电流（峰值）	0.2 mA

8.4.5 维修技术要求

表 352-02-08-40 避雷器维修技术要求表

项目	标准
避雷器外观	螺栓、螺母是否松动，计数器外壳完好，密封完好，内部无进水受潮、凝露现象
绝缘电阻	电阻值应在 2000 MΩ以上
全电流有效值（mA）	各测量值与初始值比较，有明显变化时，应加强监测，当阻性电流增加 1 倍时，应停电检查
基波阻性电流（mA）	
基波容性电流（mA）	
全电流峰值（mA）	
基波功耗（W）	
正阻性电流峰值（mA）	
负阻性电流峰值（mA）	
三次谐波功耗（W）	
三次阻性电流（mA）	
三次容性电流（mA）	

8.4.6 质量管理

表 352-02-08-41 避雷器质量管理表

预防项目	措施	周期
检查放电记数器	在投入运行时记下其初始数据，以后每月或雷电后检查一次	1 月/次
避雷器外观检查	检查的重点是螺栓、螺母是否松动等	1 个大修周期
绝缘电阻的测量	用 2500 V 摇表测量，其电阻值应在 2000 MΩ以上	1 个大修周期
泄漏电流的测量	在避雷器附属品箱中，留有泄漏电流测量端子，在测量阻性电流时，应先将测量端子 b 接地，然后将阻性电流测量仪的电流端子与附属箱 a、b 相联接后，方可打开短路板；测后，应先将短路板接上，才能拆除其余引线	1 个大修周期
放电计数记录	避雷器放电计数器检查（次）	2 次/周
漏电流检查	避雷器泄漏电流检查（≤1.8 mA）	2 次/周
接地检查	接地线检查情况	2 次/周

8.4.7 经验反馈

无。

8.4.8 技术规程清单

表 352-02-08-42 避雷器技术规程清单

序号	文件名称
1	主变高压侧避雷器运行电压下交流泄漏电流测量规程
2	主变低压侧避雷器预防性规程

8.4.9 参考资料

[1]《交流无间隙金属氧化物避雷器》(GB 11032—2000).
[2]《交流电力系统金属氧化物避雷器使用导则》(DL/T 804—2014).
[3]《金属氧化物避雷器状态检修导则》(DL/T 1702—2017).
[4]《气体绝缘金属封闭开关设备现场耐压及绝缘试验导则》(DL/T 555—2004).
[5]《电力设备预防性试验规程》(DL/T 596—2005).

8.5 电压互感器

8.5.1 定义

一种在正常使用条件下其二次电压与一次电压实际成正比、且在联接方法正确时其相位差接近于零的互感器。

电压互感器属于 GIS 内部功能单元，以 SF_6 气体作为绝缘介质，封闭在壳体内，与常规配电设备相比，具有运行安全可靠、动热稳定性好、检修周期长、维护工作量少等优点。

8.5.2 范围对象

表 352-02-08-43 范围对象表

名称	单机组数量
母线电压互感器	3

8.5.3 结构原理

GIS 中电压互感器属于电磁式结构，为了在接触测量仪表和继电保护装置的安全，互感器的每一个二次绕组必须有一可靠的接地。

电压互感器的工作原理与变压器相似，其特点有以下两点：

1. 容量小，类似于一台小容量变压器，但结构上要求有较高的安全系数；
2. 二次侧仪表和继电器的电压线圈阻抗大，电压互感器在近于空载状态下运行。

8.5.4 指标与参数

JSQX8-110ZH 型电压互感器是由三台单相器身安装在同一壳体内的三相共体式电压互感器，每相的一次绕组“A”端为全绝缘结构（即盆式绝缘子上导电端），另一端作为接地端“N”，一次绕组和二次绕组绕制在同轴圆筒上，二次绕组端子一和次绕组的“N”端经环氧树脂接线板由壳体引出进入二次接线盒。

表 352-02-08-44 电压互感器参数表

额定频率	50 Hz
设备最高电压	126 kV
额定一次电压	$110/\sqrt{3}$ kV
额定二次电压	$0.1/\sqrt{3}$ kV
剩余绕组额定电压	0.1 kV

8.5.5 维修技术要求

表 352-02-08-45 电压互感器技术要素表

试验项目	准则
绕组绝缘电阻	绝缘电阻值不宜低于 1000 MΩ。
绕组交流耐压	交流耐压 1 min，通过无异常
检查极性	极性必须符合设计要求，并应与铭牌和标志相符
绕组直流电阻	换算到同一温度下的出厂值比较，相差不宜大于 10%
检查变比	变比必须符合设计要求，并应与铭牌相符
母线电压互感器气体密度计	压力（≥0.38 MPa）2 次/周

8.5.6 质量管理

表 352-02-08-46 电压互感器质量管理表

预防项目	措施	周期
测量绕组的绝缘电阻	采用 2500 V 兆欧表，测量一次绕组对二次绕组及外壳、各二次绕组间及其对外壳的绝缘电阻。绝缘电阻值不宜低于 1000 MΩ	3 个大修周期
绕组的交流耐压试验	二次绕组之间及其对外壳的交流耐压试验电压为 2 kV，一次绕组接地端 N 对地的交流耐压试验电压为 3 kV	必要时
检查极性	将 1.5～3 V 直流电池经开关接在一次侧端子上，在互感器的二次侧端子上接一个指针式直流微安表或毫伏表。电池和表计的同极性端接绕组的同极性端。若合上开关瞬间指针顺偏，断开开关瞬间指针反偏，则互感器为减极性；反之，为加极性。极性必须符合设计要求，并应与铭牌和标志相符	10 年/次
测量绕组的直流电阻	采用单臂电桥测量一次绕组的直流电阻，与换算到同一温度下的出厂值比较，相差不宜大于 10%。采用双臂电桥测量二次绕组的直流电阻，其值与换算到同一温度下的出厂值比较，不宜大于 15%	10 年/次
检查变比	一次绕组施加电压，测量二次绕组的电压，记录一次侧和二次侧的电压，变比必须符合设计要求，并应与铭牌相符。试验时应断开二次绕组接线端与外部的连接，防止二次绕组短路	10 年/次

8.5.7 经验反馈

无。

8.5.8 技术规程清单

表 352-02-08-47 电压互感器规程清单

序号	文件名称
1	（220 kV GIS）SF_6 设备 12 年检

8.5.9 参考资料

[1]《电磁式电压互感器》(GB 1207—2006).

[2]《气体绝缘金属封闭开关设备现场耐压及绝缘试验导则》(DL/T 555—2004).

[3]《电力设备预防性试验规程》(DL/T 596—2005).

8.6 电流互感器

8.6.1 定义

一种在正常使用条件下其二次电流与一次电流实际成正比、且在联接方法正确时其相位差接近于零的互感器。

电流互感器属于 GIS 内部功能单元，以 SF_6 气体作为绝缘介质，封闭在壳体内，与常规配电设备相比，具有运行安全可靠、动热稳定性好、检修周期长、维护工作量少等优点。

8.6.2 范围对象

表 352-02-08-48 电流互感器参数表

名称	单机组数量
辅变测量用电流互感器	3
辅变保护用电流互感器	3

8.6.3 结构原理

电流互感器是电流系统中测量仪表、继电保护等二次设备获取电气一次回路信息的传感器，将大电流按比例变成小电流（5/1 A），其中一次侧接在一次系统，二次侧接测量仪表与继电保护装置等；互感器的每一个二次绕组必须有一可靠的接地，以防绕组间绝缘损坏而使二次部分长期存有高电压。电流互感器特点有以下两点：

——电流互感器一次绕组串联在电路中，并且匝数很少，故一次绕组中电电流安全取决于被测电路的负荷电流，而与二次电流大小无关；

——电流互感器二次绕组所接仪表的电流线圈很小，所以正常情况下电流互感器在近与短路状态下运行。

电流互感器的额定电流比 K_i 为

$$K_i = \frac{I_{1N}}{I_{2N}} \approx \frac{N_2}{N_1}$$

式中 I_{1N}、I_{2N} 分别为一二次绕组的额定电流，N_1、N_2 分别是一二次绕组的匝数。

8.6.4 指标与参数

二次线圈为环氧树脂浇注环型铁芯，三相铁芯分别装在接地屏蔽筒上，然后安装于同一外壳内，一次线圈即主回路导体，三相导体分别穿过屏蔽筒，由盆式绝缘子固定。

表 352-02-08-49 电流互感器参数表

额定一次电流	作为电流互感器性能基准的一次电流值
额定二次电流	作为电流互感器性能基准的二次电流值
电流误差（比值差）	互感器在测量电流时所产生的误差，它是由于实际电流比与额定电流比不相等造成的
相位差	互感器的一次电流与二次电流向量的相位差，向量方向是按理想互感器的相位差为零来决定的。若二次电流向量超前，则相位差为正值
额定动稳定电流	在二次绕组短路情况下，电流互感器承受住其电磁力作用而无电气或机械损伤的最大一次电流峰值
额定连续热电流	在二次绕组接有额定负荷的情况下，一次绕组允许连续流过且温升不超过规定限值的一次电流值

8.6.5 维修技术要求

表 352-02-08-50 电流互感器技术要素表

密度计名称	周期
1 号断路器气体密度计压力（≥0.48 MPa）	2 次/周
2 号断路器气体密度计压力（≥0.48 MPa）	2 次/周

8.6.6 质量管理

表 352-02-08-51 电流互感器质量管理表

预防项目	措施	周期
测量二次绕组的绝缘电阻	采用 2500 V 兆欧表，测量各二次绕组间及其对外壳的绝缘电阻。绝缘电阻值不宜低于 1000 MΩ	10 年
二次绕组的交流耐压试验	二次绕组之间及其对外壳的交流耐压试验电压为 2 kV	必要时
检查极性	将 1.5～3 V 直流电池经开关接在一次侧端子上，在互感器的二次侧端子上接一个指针式直流微安表或毫伏表。电池和表计的同极性端接绕组的同极性端。若合上开关瞬间指针顺偏，断开开关瞬间指针反偏，则互感器为减极性；反之，为加极性。极性必须符合设计要求，并应与铭牌和标志相符	10 年
测量二次绕组的直流电阻	采用双臂电桥测量二次绕组的直流电阻，同型号、同规格、同批次电流互感器二次绕组的直流电阻和平均值差异不宜大于 10%。当有怀疑时，应提高施加的测量电流，测量电流（直流值）一般不宜超过额定电流（方均根值）的 50%	10 年
检查变比	一次绕组通入大电流，测量二次绕组的电流，记录一次侧和二次侧的电流。使用 0.2 级的电流互感器和 0.2 级的电流表。试验时应断开二次绕组接线端与外部的连接，并短接非被试绕组，防止开路	10 年
测量励磁特性	测量保护级二次绕组的励磁特性，二次绕组通入电流，通入电流不超过二次绕组的额定电流，同时测量电压，记录电流与电压的关系曲线。当电流互感器为多抽头时，可在使用抽头或最大抽头测量。测量后核对是否符合产品要求	10 年
二次绕组绝缘电阻	绝缘电阻值不宜低于 1000 MΩ	
二次绕组交流耐压试验	二次绕组之间及其对外壳的交流耐压试验电压为 2 kV，持续加压 1 min 通过无异常	
检查极性	极性必须符合设计要求，并应与铭牌和标志相符	
二次绕组的直流电阻	同型号、同规格、同批次电流互感器二次绕组的直流电阻和平均值差异不宜大于 10%	
检查变比	应与铭牌和标志相符	
测量励磁特性	电流与电压的关系曲线符合产品要求	

8.6.7 经验反馈

无。

8.6.8 技术规程清单

表 352-02-08-52 电流互感器规程清单

序号	文件名称
1	（220 kV GIS）SF_6 设备 12 年检

8.6.9 参考资料

[1]《电流互感器》(GB 1208—2006).

[2]《电流互感器试验导则》(JB/T 5356—2002).

[3]《气体绝缘金属封闭开关设备现场耐压及绝缘试验导则》(DL/T 555—2004).

9 封闭母线

本节主要讲述封闭母线相关重要内容，主要包括内容见下表：

表 352-02-09-01 小节次级要素

次级技术要素	包含内容
封闭母线	离相封闭母线是连接发电机和变压器的主导体
风冷装置	发电机离相封闭母线强迫风冷装置，包括发电机出线箱强迫风冷装置和离相封闭母线强迫风冷装置
微正压装置	离相封闭母线微正压装置
空气循环干燥装置	封闭母线空气循环干燥装置
智能防结露装置	BAC 机柜、供气及回气管道、采样传感器

9.1 封闭母线

离相封闭母线是连接发电机和变压器的主导体，是核电厂向电网输送电能的主要通道。

9.1.1 定义

封闭母线是连接发电机和变压器的主导体，是电厂向电网输送电能的主要通道。主要由母线导体、支撑绝缘子和防护屏蔽外壳三部分组成。主回路的额定电流为 25 000 A。与离相封闭母线配套的是空气循环干燥装置，该装置使母线内空气进行循环，并对空气进行除湿，保证母线在相对低的湿度水平下正常运行。同时离相封闭母线还配备了三套组合高压电气柜，对发电机变压器等重要设备进行比较的数据测量和保护。

9.1.2 范围对象

离相封闭母线系统共由四部分组成：离相封闭母线本体、空气循环干燥装置、高压电器柜及红外测温装置。离相封闭母线是连接发电机、发电机出口断路器和变压器的主导体，是传输电能的主要通道。

9.1.3 结构原理

（1）离相封闭母线本体

离相封闭母线本体的安装工作主要是吊装和焊接。首先以发电机 B 相和主变 B 相套管中心线为基准，确定户内至户外离相封闭母线中心线，然后对离相封闭母线支，吊架进行安装，并且保证其牢固，最后根据布置总图指定的位置，将离相封闭母线分段吊运到安装位置。可以从发电机端开始安装，也可从主变开始安装。吊装结束就位后，不要着急焊接，应先进行调整，使其安装误差在允许范围内。

离相封闭母线导体及外壳分段间均采用氩弧焊进行焊接，焊缝应符合 DL/T 754《铝母线焊接技术规范》等有关方面的标准，并保证导体及外壳焊缝界面不少于焊接面的 1.25 倍。母线导体焊接时，母线两端三角支撑不要拆除，以免变形过大。母线导体接头与设备端子间一般采用镀锡铜编织线作伸缩连接，所有螺接导电面均镀银。

离相封闭母线本体除了安装和焊接，更重要的是现场的交接试验。现场的交接试验应该在封闭母线安装完成后，并与发电机，变压器等设备连接以前进行，且试验时电压互感器等设备应予断开。离相封闭母线本体的现场试验主要有：绝缘电阻测量和额定的 1 min 工频耐受电压试验。

（2）红外测温装置

——端子排：用于电源进线和通常的信号出线。

——AC 220 V/DC 24 V 电源：用于 AC 220 V 整流转化为 DC 24 V 给测温仪电子和供电。

——温度数显仪：用于就地温度显示和向用户提供 4～20 mA 和接点信号。

——红外测温仪电子盒：用于向红外探头供电，并对红外探头送来的电信号进行处理。

——红外测温仪配套红外探头：用于收集被测物体的红外辐射信号。

——红外测温仪电子盒和探头间的专用电缆：一般 8 m 或 15 m，依照具体工程而定。

——三点红外测温装置的电气原理：首先由红外测温探头采集母线导体发出的红外辐射波中的特定波长的辐射，然后将收集到的辐射转化成电信号后通过配套专用电缆传输给仪表箱。通过仪表箱内的相关元件对其进行处理，将对应温度就地显示出来并转化为标准的信号传输给监控系统。

通常情况下装置在出厂前已经做好了相关参数的设置。

观察红外测温仪的显示是否正常，根据需要可以检查和调整设置的参数。

操作人员可以使用电子盒面板上的功能键设置和查看参数，具体设定见表 352-02-09-02：

表 352-02-09-02　功能参考表

显示举例	说明	设定值	备注
142.3C	目标温度（142.3 ℃）	固定	
127CH	探头温度（127 ℃）	固定	
25CB	电子盒温度（25 ℃）	固定	
142CA	当前目标温度（142 ℃）	固定	
□0～20	信号输出通道（0～20 mA）	□4～20	
E0.97	发射率（0.97）	一般情况下 E0.8～E0.9	
T1.000	透过率（1.0）	如无遮挡可不考虑	
A0.2	信号输出平均时间（0.2 s）	建议 2 s 使读数跳动小	采样时间
P—	信号输出峰值保持（未启动）	目前应用可不考虑	
V—	信号输出谷值保持（未启动）	目前应用可不考虑	
U.0	温度下限（0 ℃）	一般情况下.0	
n500.0	温度上限（500 ℃）	一般情况下 500.0	
U ℃	温度单位（ ℃）	U ℃	
[0.00	下限信号输出（0 mA）	[4.00	
] 20.00	上限信号输出（20 mA）	] 20.00	
|-40.0	低温报警（−40 ℃）	建议和温度下限一致	低于它背景蓝色
||900.0	高温报警（900 ℃）	建议设 100.0	高于它背景红色
B 9.6	波特率 = 9.6 K	目前应用可不考虑	
M 01	多头地址［1］（适用与 RS 485）	目前应用可不考虑	

观察温度数显仪显示是否正常，根据需要可以检查和调整设置的参数。

通过功能键“FUN”和“▲”和“▼”三个键可以对仪表的主要参数进行设置。按住“FUN”键不放几秒钟会显示“PASS”要求输入密码，一般情况下，通过“▲”和“▼”键输入相应数字，并按下“FUN”确认，随后利用这三个键可以对主要参数进行检查和修改，具体见表 352-02-09-03：

表 352-02-09-03　红外测温装置功能设置表

提示符	说明	一般设定值	备注
AL1	第一路报警类型设置 H＝上限报警，L＝下限报警	H	
AL2	第二路报警类型设置 H＝上限报警，L＝下限报警	H	
InPt	输入类型	4～20	
rAGH	测量范围上限	500	须和电子盒的温度上限一致
rAGL	测量范围下	0	须和电子盒的温度下限一致
dP	小数点位置	1	小数点位于十位
bIAS	偏移量	通过设定使数显表的显示和电子盒一致	
	显示值＝测量值＋偏移量		
FILt	输入滤波时间常数	建议 2.0 s	0 表示无滤波作用
outP	变送输出类型	1	表示 4～20 mA

设置检查过程中或完成后，如果不按任何键，过一小段时间仪表会自动恢复到温度过程量的显示。

通过功能键“FUN”和“▲”和“▼”三个键还可以对仪表的两个报警上下限及对应不灵敏区进行设置。大部分情况下用户不需要上下限报警所提供的接点输出信号，但某些用户需要时只需先点按（按下后就松开）“FUN”键，随后利通这三个键便可以进行设置。

表 352-02-09-04　报警上下限设置表

提示符	说明	一般设定值	备注
AL1H	第一路报警设定值	建议 100	如果测量的是非接头处导体温度，建议 85 ℃
db1	第一路报警不灵敏区	建议 1.0	
AL2H	第二路报警设定值	建议 100	如果测量的是非接头处导体温度，建议 85 ℃
Db2	第二路报警不灵敏区	建议 1.0	

置完成后，再次按下“FUN”键就可以恢复温度过程量显示状态。

9.1.4　指标与参数

以中核核电运行管理有限公司秦二厂 3、4 号机组为例做说明。该离相封闭母线的设备参数详见表 352-02-09-05。

表 352-02-09-05　离相封闭母线设备参数

设备参数	主回路	三角回路	分支回路
最高电压/kV	24	24	24
额定电压/kV	20	20	20
额定电流/A	25 000	15 000	3150
额定频率/Hz	50	50	50
额定雷电冲击耐受电压峰值/kV	185	185	185
额定短时工频耐受电压有效值湿/干/kV	80/95	80/100	80/100
动稳定电流/kA	750	750	750
热稳定电流/kA	300（4 s）	300（4 s）	300（4 s）

9.1.5 维修技术要求

表 352-02-09-06 红外测温装置常见故障和一般处理方法

序号	故障现象	原因分析	现场排除方法
1	上电后，电子盒和数显表均无显示	保险端子中的保险已经熔断或损坏	停电检查 AC220 V 相关回路有无短路，排除后更换熔管并再次送电
2	电子盒无显示，数显表显示负值，或下划线“------”	电子盒没有电源或有故障不能输出信号	1. 检查开关电源 2. 检查电子盒设置和接线 3. 检查数显仪信号输入端信号 4. 更换损坏的元件
3	电子盒显示温度和数显仪偏差较大	电子盒或数显仪量程设置不匹配	1. 检查电子盒和数显仪设置 2. 更换故障元件
		数显仪或电子盒故障	
4	电子盒显示	电子盒设置不正确	1. 检查电子盒设置
	“OVER”	探头接线不正确或断线	2. 检查探头接线
	温度高于量程	探头或电子盒故障	3. 更换损坏元件
5	电子盒显示 “UNDER” 温度低于量程	同上	同上
6	电子盒显示正常，数显仪表显示 上划线“------”	电子盒输出信号超过 20 mA，电子盒设置不正确或故障	1. 检查电子盒设置 2. 更换损坏元件
7	电子盒显示明显不正常，数显仪表显示上划线 “------”	探头或电子盒故障	检查和更换损坏元件
8	温度数显仪显示正常，端子排上的 4～20 mA 输出信号不正常	数显仪表设置不正确或故障	1. 检查数显仪设置 2. 更换损坏的元件
9	温度数显仪表显示的数字不全，缺少笔画	温度数显仪故障	更换数显仪
10	就地显示均正常，电站监控显示明显偏大或偏小	电子盒以及数显表的量程设置和电站监控采集点的量程设置不一致	调整设置使就地量程和监控采集点的量程一致

——离相封闭母线绝缘电阻试验：

根据 GB 50150 的要求，应测量金属封闭母线导体（相）对导体（相）、导体（相）对外壳（地）间的绝缘电阻，对于离相封闭母线其值不应小于 50 MΩ。测量绝缘电阻时，采用兆欧表的电压等级应按下列规定执行：

金属封闭母线的额定电压为 1000 V 时，采用 1000 V 兆欧表；

金属封闭母线的额定电压为 3000 V 及以上时，采用 2500 V 兆欧表。

工频耐受电压的试验方法：额定 1 min 工频耐受电压试验，按 GB/T 16927.1、GB/T 16927.2 的要求进行，工频耐受电压值按下表中规定的 75%执行。

表 352-02-09-07 离相封闭母线绝缘水平

额定电压（有效值 kV）	最高电压（有效值）	绝缘水平		
		额定 1 min 工频耐受电压		额定雷电冲击耐受电压（峰值）
		湿试（有效值）	干试（有效值）	
1	1.2		4.2	8
3.15	3.6	18	25	40
6.3	7.2	23	32	60
10.5	12	30	42	75
–13.8	15.8	36	51	95
15.75	18	40	57	105
–18	21	45	61	115
20	24	50	68	125
–24	27.6	60	75	150
35	40.5	80	100	185

9.1.6 质量管理

表 352-02-09-08 质量管理表

序号	项目名称	项目内容	项目周期（1 C 为 1 个燃料循环）
1	封闭母线本体检修	拆除主变、厂变与封闭母线的软连接 检查封闭母线与变压器连接处接头，触头表面是否良好 检查封闭母线与变压器连接处封母密封圈检查，是否有裂纹 封闭母线外壳接地完整、牢固、可靠	1 C
2	红外测温装置的检查和维护	检查红外测温装置内部是否有灰尘，并清理干净 检查红外测温装置接线是否松动 对装置进行通电检查，验证装置工作正常	1 C
3	更换电源模块	更换新的电源模块 对装置进行通电检查，验证装置工作正常	3 C
4	恢复软连接	恢复发电机封闭母线与主、厂变之间的软连接按照要求力矩紧固 确认封闭母线“H”形密封圈安装正确且无下垂情况，力矩要求见表 352-02-09-09	1 C

表 352-02-09-09 封闭母线螺栓紧固力矩表

螺栓规格	力矩值		螺栓规格	力矩值	
	N·m	kgf.m		N·m	kgf.m
M8	8.8～10.8	0.9～1.1	M16	78.5～98.1	8.0～10.0
M10	17.7～22.6	0.8～2.3	M18	98.0～127.4	10.0～13.0
M12	31.4～39.2	3.2～4.0	M20	156.9～196.2	16.0～20.0
（M14）	51.0～60.8	5.2～6.2	M24	274.6～343.2	28.0～35.0

9.1.7 经验反馈

故障现象：封闭母线绝缘测量时，绝缘电阻偏低。

故障原因：外部环境湿度过大（如阴雨天气影响）。

处理方案：将封闭母线所有活动套筒密封好，回盖发电机出口断路器上盖板，开启封闭母线干燥装置。待封闭母线内湿度下降后测量绝缘电阻，试验结果合格。

9.1.8 技术规程清单

表 352-02-09-10 技术规程清单

序号	文件名称
1	发电机出口断路器检修状态下封闭母线软连接拆除及检查
2	发电机出口断路器检修状态下封闭母线软连接恢复与检查

9.1.9 参考资料

[1]《电力设备预防性试验规程》(DL/T 596—1996).

[2]《铝母线焊接技术规范》(DL/T 754).

[3]《电气装置安装工程电气设备交接试验标准》(GB 50150).

[4]《高电压试验技术　第一部分》(GB/T 16927.1).

[5]《高电压试验技术　第二部分》(GB/T 16727.2).

9.2 风冷装置

发电机离相封闭母线强迫风冷装置，包括发电机出线箱强迫风冷装置和离相封闭母线强迫风冷装置。

9.2.1 定义

发电机离相封闭母线强迫风冷装置，包括发电机出线箱强迫风冷装置（以下简称“出线箱 FAC”）和离相封闭母线强迫风冷装置（以下简称“IPB FAC”）。

FAC：发电机出线箱强迫风冷装置。

IPB FAC：离相封闭母线强迫风冷装置。

9.2.2 范围对象

出线箱 FAC 利用空气冷却的原理，实现对发电机出线箱（包括主出线箱和中性点出线箱）内部导体和箱体外壳的冷却，将各个部位的温度限定在在标准规定的值以下。

IPB FAC 利用空气和水热交换的原理，实现对离相封闭母线主回路导体和外壳的冷却，将各载流体的温度限定在标准规定的值以下。

注：离相封闭母线各分支回路采用自然冷却设计，无需进行强迫冷却。

9.2.3 结构原理

（1）出线箱 FAC

——出线箱 FAC 装置主要由装置本体、电气柜、气体输送管道、发电机出线箱温度测点、发电机出线箱出风口等几部分组成。

——装置本体包括 2 套离心风机及其各自配套的，滤网、风门、压力开关等设备。离心风机为冷却空气流动的动力源。滤网用作防止外部空间的杂质进入风机影响其正常工作。风门用作单台风机出口的隔离。当 1 号风机处于运行状态时，2 号风机的配套出口风门自动关闭。这样，2 号风机和正在运行的装置其他部分之间实现了安全隔离。反之，当 2 号风机工作时，1 号风机也实现了和装置其他部分之间的安全隔离。压力开关测量过滤器两侧的压差，从而实现对其是否通畅的监测。

——电气柜包括控制柜和动力柜两部分。控制柜内主要安装 PLC、人机界面、低压继电器等控制设备，实现对整套装置的运行监控。动力柜内主要安装变频器、进线双电源切换开关等设备，用作风机的控制以及整套装置的电源分配。

——气体输送管道为气体流动的通道。通道既包括装置本体与发电机出线箱之间的管道也包括出线箱外壳内部的空间，安装在中性点出线箱上的压力开关 PA1 用作监测流动空气的压力是否达到设定值的要求。

——属于出线箱 FAC 的温度测点有 4 点。发电机主出线侧，每个单相出线箱配置 1 点。发电机中性点出线箱整体配置 1 点。4 个测点采用铂电阻温度变送器，用于实时监测箱内靠近出风口位置的空气温度，进而判断强迫空气冷却的效果。

——发电机出线箱出风口为流动空气最终进入外部环境的出口。出风口开度可调，用作调节出风量的大小，以满足实际工况的需要。

（2）IPB FAC

——IPB FAC 装置主要由装置本体、电气柜、气体输送管道、温度压力等物理量测点、封闭母线消离子装置、封闭母线本体调节风门、微正压装置、安全释放阀等几部分组成。

——装置本体包括 4 套离心风机及其各自配套的风门、2 套热交换器、冷却水进水管路及阀门、冷却水出水管路及阀门等设备。离心风机为循环空气流动的动力源。工作方式为 2 台一组，互为备用。当其中 1 组处于运行状态时，另一组风机及风门关闭。热交换器起到空气和冷却水热交换的作用，将母线内部空气的热量传递到冷却水中。热交换器为 2 台互为备用，正常情况下只有 1 台处于工作状态。冷却水管和阀门用于控制冷却水的流动。每台热交换器配套一路分支冷却水管及进出口阀。

——电气柜包括控制柜和动力柜两部分。控制柜内主要安装 PLC、人机界面、低压继电器等控制设备，实现对整套装置的运行监控。动力柜内主要安装变频器、进线双电源切换开关等设备，用作风机的控制以及整套装置的电源分配。气体输送管道为气体流动的通道。通道既包括装置本体与封闭母线之间的管道也包括封闭母线外壳内部的空间。

——温度压力等物理量测点用于监测装置的运行状态及系统的冷却效果。

——封闭母线消离子装置用作消除流动空气中的带电离子，防止相间短路的发生。

——封闭母线本体调节风门用作调节各空气流动回路的流量分配。

——微正压装置通过向母线内冲入一定压力的空气，使母线内的空间维持一定的正压力。避免由于离心风机运行，导致风道局部压力低于外界大气压的情况，从而防止外部潮湿空气的进入。

——安全释放阀，用于防止母线内的空气压力超出限定的范围。

9.2.4 指标与参数

（1）出线箱 FAC

——形式：开环冷却系统；

——电机数量：2（同一时刻只有 1 台投入工作）；

——单台电机额定功率：15 kW；

—— 空气流量：≥20 000 m^3/h。

（2）IPB FAC

——系统形式：封闭式循环冷却系统；

——热交换器：气－水热交换；

——电动机额定功率：22 kW×2（一组）；

——风机电机数量：4 只；

——系统气体流量：≥40 000 m^3/h；

——冷却水流量：100 m^3/h。

9.2.5 维修技术要求

（1）出线箱 FAC

——出线箱 FAC 装置包含调试模式、高级模式、降级模式三种运行模式。

调试模式的适用于调试和检修，所有操作均须通过手动完成。高级模式为装置通常运行的模式，降级运行模式一般是当高级运行模式下出现问题后启用的运行模式。在未出现问题的情况下，降级运行模式也可由人机界面的控制面板进行选择和控制。

2）报警及报警相关页面

——按下“alarm”键确认并清除所有当前未发生的故障；

——通过“↑”和“↓”浏览当前仍然出现的故障；

——当出现下面的页面时，表示当前不存在故障信息：

No alarm!

——出线箱 FAC 装置故障报警分为三个等级。

Level 0：非关键报警，对整个系统的工作无影响。

Level 1：风机及风机驱动元件故障，风门故障。装置停止故障部分的工作，自动切换至备用风机和风门工作，报警信息被储存。

Level 2：关键故障，整个体统停止工作。

——报警列表如表 352-02-09-11 所示：

表 352-02-09-11 出线箱 FAC 装置报警列表

描述	Level	报警触发的直接原因	装置对报警的自动处理
Filter clogged up fan 1 side 1 号风机进气口过滤器堵塞	0	1 号风机工作的情况下，压差开关 PF1 动作	无
Filter clogged up fan 2 side 2 号风机进气口过滤器堵塞	0	2 号风机工作的情况下，压差开关 PF1 动作	无
Air temperature on neutral point 中性点出线箱出口气温超标	0	温度测点 B4 测得的温度＞设定值	无
Air temperature on phase U U 相出线箱出口气温超标	0	温度测点 B1 测得的温度＞设定值	无
Air temperature on phase V V 相出线箱出口气温超标	0	温度测点 B2 测得的温度＞设定值	无
Air temperature on phase W W 相出线箱出口气温超标	0	温度测点 B3 测得的温度＞设定值	无
Air flow switch 没有明显的冷却空气流动	0	任一风机运行情况下，压力开关 PA1 未动作	无
Door opened 风机检修门未关闭	0	检修门打开接点输入	无
Default summary fan 1 1 号风机或风机驱动元件故障	1	1 号风机断路器动作或软启动器故障或负荷开关断开	储存报警信 装置运行模式变成降级
Default summary fan 2 2 号风机或风机驱动元件故障	1	2 号风机断路器动作或软启动器故障或负荷开关断开	储存报警信 装置运行模式变成降级
Damper 1 opening timer too long default 1 号风门打开时间超时	1	1 号风门正在打开，但打开时间达到设定最大值后，仍无位置开关动作	储存报警信 装置运行模式变成降级
Damper 2 opening timer too long default 2 号风门打开时间超时	1	2 号风门正在打开，但打开时间达到设定最大值后，仍无位置开关动作	储存报警信 装置运行模式变成降级
Power default 装置输入电源故障	2	电源失压、缺相等	装置停止工作

（2）IPB FAC

1）IPB FAC 装置包含调试模式、高级模式、降级模式三种运行模式。

调试模式的适用于调试和检修，所有操作均须通过手动完成。高级模式为装置通常运行的模式。降级运行模式一般是当高级运行模式下出现问题后启用的运行模式。在未出现问题的情况下，降级运行模式也可由人机界面的控制面板进行选择和控制。

2）报警及报警相关页面

——按下“alarm”键确认并清除所有当前未发生的故障；

——通过“↑”和“↓”浏览当前仍然出现的故障；

——当出现下面的页面时，表示当前不存在故障信息：

No alarm!

——IPB FAC 装置故障报警分为三个等级。

Level 0：非关键报警，对整个系统的工作无影响。

Level 1：风机及风机驱动元件故障，风门故障。装置停止故障部分的工作，自动切换至备用风机和风门工作，报警信息被储存。

Level 2：关键故障，整个体统停止工作。

——报警列表如表 352-02-09-12 所示：

表 352-02-09-12　IPB FAC 装置报警列表

描述	Level	报警触发的直接原因	装置对报警的自动处理
Presence air flow 1（PA1） 没有冷却气流（测点 PA1）	0	1 号或 3 号风机工作的情况下，压力开关 PA1 未动作	无
Presence air flow 2（PA2） 没有冷却气流（测点 PA2）	0	2 号或 4 号风机工作的情况下，压力开关 PA2 未动作	无
Presence air flow 2（PA3） 没有冷却气流（测点 PA3）	0	任一组风机工作时，压力开关 PA3 未动作	无
Presence water flow 1（FS1） 没有冷却水流（测点 FS1）	0	当 1 号热交换器工作情况下，流量开关 FS1 未动作	无
Presence water flow 2（FS2） 没有冷却水流（测点 FS2）	0	当 2 号热交换器工作情况下，流量开关 FS1 未动作	无
High humidity 母线内流动空气湿度过高	0	测点 B6 测得的湿度值超过设定上限	无
Door opened 任一风机检修门未关闭	0	检修门为处于关闭状态	无
High temperature air outlet 出口气体温过高	0	测点 B8 测得的温度超过设定值	无
High temperature water inlet 1 1 号冷却水入口温度过高	0	1 号热交换器进口水温测点 B4 测得温度超过设定	无
High temperature water inlet 2 2 号冷却水入口温度过高	0	1 号热交换器进口水温测点 B5 测得温度超过设定	无
High temperature phase W blown 母线 W 相进口风道气温过高	0	母线 W 相进口风道气温测点 B2 测得温度超过设定	无
High temperature phase U U 相母线内气温过高	0	测点 B1 测得的气温超过设定值	无
High temperature phase V V 相母线内气温过高	0	测点 B2 测得的气温超过设定值	无
High temperature phase W W 相母线内气温过高	0	测点 B3 测得的气温超过设定值	无

续表

描述	Level	报警触发的直接原因	装置对报警的自动处理
Fan 1 default 1 号风机或风机驱动元件故障	1	1 号风机断路器动作或软启动器故障或负荷开关断开	储存报警信 装置运行模式变成降级
Fan 2 default 2 号风机或风机驱动元件故障	1	2 号风机断路器动作或软启动器故障或负荷开关断开	储存报警信 装置运行模式变成降级
Fan 3 default 3 号风机或风机驱动元件故障	1	3 号风机断路器动作或软启动器故障或负荷开关断开	储存报警信 装置运行模式变成降级
Fan 4 default 4 号风机或风机驱动元件故障	1	4 号风机断路器动作或软启动器故障或负荷开关断开	储存报警信 装置运行模式变成降级
Damper 1 opening timer too long default 1 号风门打开时间超时	1	1 号风门正在打开，但打开时间达到设定最大值后，仍无位置开关动作	储存报警信 装置运行模式变成降级
Damper 2 opening timer too long default 2 号风门打开时间超时	1	2 号风门正在打开，但打开时间达到设定最大值后，仍无位置开关动作	储存报警信 装置运行模式变成降级
Damper 3 opening timer too long default 3 号风门打开时间超时	1	3 号风门正在打开，但打开时间达到设定最大值后，仍无位置开关动作	储存报警信 装置运行模式变成降级
Damper 4 opening timer too long default 4 号风门打开时间超时	1	4 号风门正在打开，但打开时间达到设定最大值后，仍无位置开关动作	储存报警信 装置运行模式变成降级
Power default 装置输入电源故障	2	电源失压、缺相等	装置停止工作
Water leak 1 1 号热交换器漏水	2	1 号热交换器漏水监测开关 K2 动作	装置停止工作
Water leak 2 2 号热交换器漏水	2	2 号热交换器漏水监测开关 K3 动作	装置停止工作
High temperature air inlet 装置进口风道气温过高	2	装置进口风道气温测点 B7 测得温度高于设定值	1 号和 2 号热交换器打开，如果仍然过高就停止工作

9.2.6 质量管理

（1）出线箱 FAC

——当装置处于运行状态时，如果没有相关报警信号发出（包括 Level 0、Level 1、Level 2 三个等级的报警），就表明装置运行状态良好，无需进行特别的检查和维护。

——当装置向电站监控系统发出报警信号时（只要三个等级的报警有一个动作），运行人员应进行就地的检查工作，并根据人机界面上对应报警的内容作出相应的处理。相关内容如表 352-02-09-13 所示。

表 352-02-09-13　出线箱 FAC 装置报警信号表

序号	描述	处理
1	Filter clogged up fan 1 side 1 号风机进气口过滤器堵塞	检查 1 号风机过滤器 检查 1 号风机过滤器压差开关 PF1
2	Filter clogged up fan 2 side 2 号风机进气口过滤器堵塞	检查 2 号风机过滤器 检查 2 号风机过滤器压差开关 PF2
3	Air temperature on neutral point 中性点出线箱出口气温超标	检查 B4 测点温度传感器
4	Air temperature on phase U U 相出线箱出口气温超标	检查 B3 测点温度传感器
5	Air temperature on phase V V 相出线箱出口气温超标	检查 B2 测点温度传感器
6	Air temperature on phase W W 相出线箱出口气温超标	检查 B1 测点温度传感器

续表

序号	描述	处理
7	Air flow switch 没有明显的冷却空气流动	确认风机是否处于运行状态 检查压力开关 PA1，确认是否有冷却气流从出线箱出气口流出
8	Door opened 风机检修门未关闭	检查风机检修门是否关闭，如果已经关闭则检查检修门限位开关的状态
9	Default summary fan 1 1 号风机或风机驱动元件故障	检查 1 号风机电机的驱动元器件，包括断路器是否动作，软启动器是否故障，负荷开关是否闭合
10	Default summary fan 2 2 号风机或风机驱动元件故障	检查 2 号风机电机的驱动元器件，包括断路器是否动作，软启动器是否故障，负荷开关是否闭合
11	Damper 1 opening timer too long default 1 号风门打开时间超时	检查 1 号风门是否打开，打开位置的行程开关是否能正常发出信号
12	Damper 2 opening timer too long default 2 号风门打开时间超时	检查 2 号风门是否打开，打开位置的行程开关是否能正常发出信号
13	Power default 装置输入电源故障	检查装置的两路电源是否正常 检查电源监视继电器

——当装置出现 Level 0 报警时，应定时监视装置和发电机出线箱各气温测点及导体测温点的数值。在机组负荷不变的情况下，如各测点普遍出现温度明显升高，应将装置设定为降级运行状态并切换至另一组风机运行，继续观察温度是否有下降趋势。如有，则切换前工作的风机系统存在问题，在条件允许情况下应及时进行检修操作。如果温度仍然没有下降趋势，且 1 h 内不能解决问题，则须对发电机组进行降负荷处理。

——当装置处于高级模式运行且出现 Level 1 报警时，应观察装置是否自动切换至另一备用风机工作。对于切换前工作的风机，在条件允许情况下，运行人员应及时进行检修操作。

——当装置处于高级模式运行且出现 Level 2 报警时，运行人员应在 1 h 内处理完毕并使装置重新投入工作。如果不能使至少一组风机投入正常工作，则须对发电机进行降负荷处理。

——装置的维护应根据表 352-02-09-14。

表 352-02-09-14 出线箱 FAC 各部件检查维护周期及内容

部件	检查维护维护内容	建议周期
风机	检查风机小室是否清洁，进行必要的清洁	3 个月或每次发电机机组正常停机后
	检查风机叶轮	3 个月或每次发电机机组正常停机后
	检查风机轴承（噪声）	3 个月或每次发电机机组正常停机后
风机	添加润滑油脂	每工作 2000～3000 h 或每次发电机机组正常停机后
	检查安装支架、避振垫等	3 个月或每次发电机机组正常停机后
	检查各紧固件有无松动	3 个月或每次发电机机组正常停机后
	检查风机腐蚀情况	6 个月或每次发电机机组正常停机后
风机电机	检查风机轴承（噪声）	3 个月或每次发电机机组正常停机后
	检查各紧固件有无松动	3 个月或每次发电机机组正常停机后
	检查各机械和电气连接	6 个月或每次发电机机组正常停机后
进气口过滤器	检查滤网	3 个月或每次发电机机组正常停机后
	检查整个安装	3 个月或每次发电机机组正常停机后
	更换	由制造厂建议

（2）IPB FAC

——当装置处于运行状态时，如果没有相关报警信号发出（包括 Level 0、Level 1、Level 2 三个等级的报警），就表明装置运行状态良好，无需进行特别的检查和维护。

——当装置向电站监控系统发出报警信号时（只要三个等级的报警有一个动作），运行人员应进行就地的检查工作，并根据人机界面上对应报警的内容作出相应的处理，相关内容如表 352-02-09-15 所示。

表 352-02-09-15 IPB FAC 装置报警信号表

序号	描述	处理
1	Presence air flow 1（PA1） 没有冷却气流（测点 PA1）	确认风机是否处于运行状态 检查压力开关 PA1，确认是否有冷却气流通过
2	Presence air flow 2（PA2） 没有冷却气流（测点 PA2）	确认风机是否处于运行状态 检查压力开关 PA2，确认是否有冷却气流通过
3	Presence air flow 2（PA3） 没有冷却气流（测点 PA3）	确认风机是否处于运行状态 检查压力开关 PA3，确认是否有冷却气流通过
4	Presence water flow 1（FS1） 没有冷却水流（测点 FS1）	检查 1 号热交换器的进口和出口阀门是否打开 检查流量开关 FS1
5	Presence water flow 2（FS2） 没有冷却水流（测点 FS2）	检查 1 号热交换器的进口和出口阀门是否打开 检查流量开关 FS1
6	High humidity 母线内流动空气湿度过高	检查湿度传感器 B6
7	Door opened 任一风机检修门未关闭	检查风机检修门是否关闭，如果已经关闭则检查检修门限位开关的状态
8	High temperature air outlet 出口气体温过高	检查温度传感器 B8
9	High temperature water inlet 1 1 号冷却水入口温度过高	检查温度传感器 B4
10	High temperature water inlet 2 2 号冷却水入口温度过高	检查温度传感器 B5
11	High temperature phase W blown 母线 W 相进口风道气温过高	检查温度传感器 B9 及其和控制柜之间的连接
12	High temperature phase U U 相母线内气温过高	检查温度传感器 B1 及其和控制柜之间的连接
13	High temperature phase V V 相母线内气温过高	检查温度传感器 B2 及其和控制柜之间的连接
14	High temperature phase W W 相母线内气温过高	检查温度传感器 B3 及其和控制柜之间的连接
15	Fan 1 default 1 号风机或风机驱动元件故障	检查 1 号风机电机的驱动元器件，包括断路器是否动作，软启动器是否故障，负荷开关是否闭合
16	Fan 2 default 2 号风机或风机驱动元件故障	检查 2 号风机电机的驱动元器件，包括断路器是否动作，软启动器是否故障，负荷开关是否闭合
17	Fan 3 default 3 号风机或风机驱动元件故障	检查 3 号风机电机的驱动元器件，包括断路器是否动作，软启动器是否故障，负荷开关是否闭合
18	Fan 4 default 4 号风机或风机驱动元件故障	检查 4 号风机电机的驱动元器件，包括断路器是否动作，软启动器是否故障，负荷开关是否闭合
19	Damper 1 opening timer too long default 1 号风门打开时间超时	检查 1 号风门是否打开，打开位置的行程开关是否能正常发出信号
20	Damper 2 opening timer too long default 2 号风门打开时间超时	检查 2 号风门是否打开，打开位置的行程开关是否能正常发出信号
21	Damper 3 opening timer too long default 3 号风门打开时间超时	检查 3 号风门是否打开，打开位置的行程开关是否能正常发出信号

续表

序号	描述	处理
22	Damper 4 opening timer too long default 4 号风门打开时间超时	检查 4 号风门是否打开，打开位置的行程开关是否能正常发出信号
23	Power default 装置输入电源故障	检查装置的两路电源是否正常 检查电源监视继电器
24	Water leak 1 1 号热交换器漏水	检查泄水盘中是否有水 寻找漏水点
25	Water leak 2 2 号热交换器漏水	检查泄水盘中是否有水 寻找漏水点
26	High temperature air inlet 装置进口风道气温过高	检查温度传感器 B7

——当装置出现 Level 0 报警时，应定时监视装置和母线上各气温测点，还有导体、外壳测温点的数值。在机组负荷不变的情况下，如各测点普遍出现温度明显升高，应将装置设定为降级运行状态并切换至另一组风机和热交换器运行，继续观察温度是否有下降趋势。如有，则切换前工作的系统系统存在问题，在条件允许情况下应及时进行检修操作。如果温度仍然没有下降趋势，且 1 h 内不能解决问题，则须对发电机组进行降负荷处理。

——当装置处于高级模式运行且出现 Level 1 报警时，应观察装置是否自动切换至另一备用风机和热交换器工作。对于切换前工作的风机和热交换器，在条件允许情况下，运行人员应及时进行检修操作。

——当装置处于高级模式运行且出现 Level 2 报警时，运行人员应在 1 h 内处理完毕并使装置重新投入工作。如果不能使至少一组风机和热交换器投入正常工作，则须对发电机进行降负荷处理。

——装置的维护应根据表 352-02-09-16 进行。

表 352-02-09-16　IPB FAC 各部件检查维护周期及内容

部件	检查维护维护内容	建议周期
风机	检查风机小室是否清洁，进行必要的清洁	3 个月或每次发电机机组正常停机后
	检查风机叶轮	3 个月或每次发电机机组正常停机后
	检查风机轴承（噪声）	3 个月或每次发电机机组正常停机后
	添加润滑油脂	每工作 2000 到 3000 h 或每次发电机机组正常停机后
风机	检查安装支架、避振垫等	3 个月或每次发电机机组正常停机后
	检查各紧固件有无松动	3 个月或每次发电机机组正常停机后
	检查风机腐蚀情况	6 个月或每次发电机机组正常停机后
风机电机	检查风机轴承（噪声）	3 个月或每次发电机机组正常停机后
	检查各紧固件有无松动	3 个月或每次发电机机组正常停机后
	检查各机械和电气连接	6 个月或每次发电机机组正常停机后
过滤器	检查滤网	3 个月或每次发电机机组正常停机后
	检查整个安装	3 个月或每次发电机机组正常停机后
	更换	由制造厂建议
热交换器	清洁热交换器	3 个月或每次发电机机组正常停机后
	放出热交换器内的冷却水	根据运行情况

9.2.7 经验反馈

无。

9.2.8 技术规程清单

无。

9.2.9 参考资料

［1］《电力设备预防性试验规程》（DL/T 596—1996）

9.3 微正压装置

9.3.1 定义

离相封闭母线微正压装置的主要作用是使发电机离相封闭母线外壳内的干燥空气压力维持在一个比外界大气压略高一些的水平，形成微正压，从而抑制外界潮湿空气通过母线外壳上的安装接合处进入母线内部。在母线外壳密封有保证的情况下，使用微正压装置可以保持母线外壳内空气的干燥和洁净，运行温度和环境温度的大幅变化不容易使母线内壁和绝缘子出现凝露现象，从而提高母线整体的绝缘水平，防止母线带电运行过程中出现接地和短路故障。

当离相封闭母线配套强迫风冷装置时，微正压装置的运行，可以防止靠近离心风机进气口处，母线内部的空气压力低于外界大气压，从而抑制潮湿空气的进入母线内部。因而，在福清方家山项目中，离相封闭母线微正压装置也属于强迫风冷系统的一部分。

装置可以提供就地的压力显示和对应 4～20 mA 远传信号。此外，装置还提供各种故障报警信号输出。

装置气源采用电站压缩空气站的仪用压缩空气，气源洁净干燥，露点低于 −30 ℃。

装置主要气路元件和所有电气元件均集成在一个挂壁控制箱内。控制箱和母线之间采用铝塑复合软管连接，系统现场布置灵活，安装方便。

9.3.2 范围对象

离相封闭母线微正压装置。

9.3.3 结构原理

—— 离相封闭母线微正压装置主要由控制箱、压缩空气输送管、母线压力反馈管、母线安全阀四部分组成。

—— 控制箱提供了外部仪用气源接入的接口，在电站安装现场使用管路（通常为软管）和配套接头可将附近的仪用气源接入装置。控制箱主要控制向母线内冲入干燥洁净压缩空气的过程，使母线内的空气正压力维持在一定的范围（一般为 500～1500 Pa）。

—— 压缩空气输送管道采用 A—2025 规格的铝塑复合管及配套管件，它提供了同时向三相母线外壳内冲入压缩空气的通道。

—— 压力反馈管起到向控制箱实时反馈母线内部压力的作用，为了便于安装反馈管也采用 A—2025 规格的铝塑复合管及配套管件。

——母线安全阀起到防止母线外壳内压力过高的作用，防止压力过高对母线外壳的密封产生不利影响。

9.3.4 指标与参数

表 352-02-09-17 微正压装置基本技术参数表

输入空气压力	0.7～0.8 MPa
输出空气压力	0.4～0.5 MPa
额定充气量	54 m^3/h

9.3.5 维修技术要求

表 352-02-09-18 监检项目

序号	巡检项目	标准	周期
1	检查减压阀出口压力	0.7～0.8 MPa。	每周至少一次
2	装置有无报警信号	无报警	每周至少一次

表 352-02-09-19 预防性维修标准表

序号	维护项目	技术要求和验收标准
1	对各电磁阀和减压阀等阀体检查	（1）电磁阀可以正常开关 （2）减压阀正常，且出口压力在 0.7～0.8 MPa 之间 （3）其他阀体外观无异常
2	对柜内设备检查和柜体密封部件检查	（1）柜内设备无异常、接线无松动 （2）柜门密封无老化，若有则更换密封条
3	对数显表接线及逻辑报警回路检查	所有接线紧固
4	测量二次控制回路绝缘	（1）使用 500 V 兆欧表测量二次回路对外壳（地）的绝缘电阻 （2）绝缘电阻大于 0.5 MΩ
5	气密性检查	（1）打开空压阀后进行查漏 （2）要求无漏点，若有则进行补胶处理

9.3.6 质量管理

表 352-02-09-20 预防性维修项目表

序号	维护项目	周期
1	对各电磁阀和减压阀等阀体检查	1 个燃料周期或小修时
2	对柜内设备检查和柜体密封部件检查	1 个燃料周期或小修时
3	对数显表接线及逻辑报警回路检查	1 个燃料周期或小修时
4	测量二次控制回路绝缘	1 个燃料周期或小修时
5	气密性检查	1 个燃料周期或小修时

9.3.7 经验反馈

表 352-02-09-21 经验反馈项目

序号	故障现象	原因分析	处理
1	上电后，数显压力表无任何显示	对应空气开关动作	检查电源和相关回路，消除短路故障点
		数显压力表损坏	更换数显压力表
2	超时报警指示灯点亮并发出故障接点信号	母线微正压长时间达不到上限值	母线和管路检漏，提高密封性，排除故障后按下复位按钮
		气源输入消失或不正常	检查气源
3	数显压力表表始终显示“0”或很低的数值	母线或气路管路存在较多漏气点	母线和管路检漏，提高密封性
		压力反馈管漏气严重	检漏，提高密封性
		数显压力表故障	校准或更换压力表
		电磁阀未能正确打开或关闭	检查电磁阀和控制电路

续表

序号	故障现象	原因分析	处理
4	压力过高报警动作且数显压力表显示的压力超过设定上限	数显压力表故障	校准或更换压力表
		母线密封较好，且存在内部空气受热膨胀的现象	观察一段时间，待下降到较低值后，观察电磁阀自动充气过程是否可以在上限值左右自动停止
		电磁阀或控制电路故障，不能正确停止装置向母线充气	检查控制电路和电磁阀
5	电源故障接点动作	电源消失或欠压	检查上级供电电路

9.3.8 技术规程清单

表 352-02-09-22 技术规程清单

序号	文件名称
1	离相母线微正压装置定期维护规程

9.3.9 参考资料

[1]《电力设备预防性试验规程》(DL/T 596—1996).

9.4 空气循环干燥装置

9.4.1 定义

空气循环装置采用大流量空气循环干燥方式，用分子筛作吸附剂、吸湿能力强，使用寿命长，对母线内空气循环不断进行干燥，可使母线内湿度保持很低的水平，同时对母线的密封要求相对不高。本装置采用精密湿度传感器并采用“PLC”控制，运行稳定，实时监测、显示母线内部的相对湿度，观察方便、直观，并通过设定上、下限自动控制装置的启停。

9.4.2 范围对象

封闭母线空气循环干燥装置。

9.4.3 结构原理

（1）工艺流程

——干燥流程：B 相母线内空气→罗茨风机→吸附筒 A（B）→干燥空气回充入 A、C 两相母线→B 相母线；

——再生流程：外部空气→罗茨风机→吸附筒 A（B）→排除潮湿空气；

——每个循环工作周期中，A、B 筒每 8 h 互换一次。

（2）电气控制原理

——采用“PLC”控制，有“自动”和“手动”两种运行模式，通过控制箱面板上的转换开关进行转换。转换开关有三个位置：“0”为停止，“1”为自动，“2”为手动。

——“自动”运行模式：当湿度监控器测得母线内湿度超过设定上限时，监控器输出一个节点信号给“PLC”，“PLC”根据设定程序启动装置。首先进入的是“A 筒干燥吸附，B 筒再生排气”程序。打开（关闭）相应的电动阀门，阀门关闭到位后，启动罗茨风机，然后启动再生筒（B 筒）内的加热器。装置通过热电阻和数显仪监测、显示筒内的温度，当温度超过设定上限时，则加热器停止加热。当温度降至设定下限时，则加热器重新加热。排气口也设有测温元件，当排气温度超过设定值时，则加热器在该周期内不再加热，B 筒再生结束。8 h 后，A、B 筒互换，装置进入“B 筒干燥吸附，A 筒再生排气”程序，控制原理与上述类似。16 h 后，一个循环工作周期结束，如湿度监控器测得母线内湿度低于设定下限时，则整套装置停止运行，否则装置继续运行，进入下一个工作周期。

——“手动”运行模式：手动运行模式只是通过“启动”和“停止”按钮人为给“PLC”发出启停信号，代替湿度监控器的节点信号，其他与“自动”运行模式完全一致。

——无论“手动”还是“自动”运行模式，转换开关打到“停止”位置或按“停止”摁钮后，装置均停止运行。

9.4.4 指标与参数

表 352-02-09-23 空气循环干燥装置基本技术参数表

技术内容	参数
空气循环干燥量	≥45m³/h
干燥后出气相对湿度	≤20%RH
吸附筒最大吸水量（1 个工作周期）	9.40 kg×2
吸附筒循环工作周期	16 h
分子筛用量	40 kg×2
分子筛使用寿命	≥4 year
电源	AC380 V（3 P+N）
总功率	4.0 kW
风机功率	1.1 kW
电加热器功率	2.4 kW

9.4.5 维修技术要求

表 352-02-09-24 监检项目

序号	巡检项目	标准	周期
1	记录空气干燥装置湿度	≤50%	每周至少一次

表 352-02-09-25 预防性维修标准表

序号	维护项目	技术要求和验收标准
1	对干燥装置内部元器件进行检查	（1）吸附筒以及各阀门状态检查，要求无异常 （2）柜内各元件、端子排和功能单元接线检查，要求无松动、无过热 （3）柜内接地线良好 （4）补气阀前的空气滤清器检查清理，要求无异常
2	罗茨风机检查	（1）检查罗茨风机外观无异常 （2）检查罗茨风机齿轮箱油位在正常范围内，油位过低时加注润滑油至正常范围内
3	更换分子筛	（1）旧分子筛排放后需及时关闭防料口法兰 （2）注入新分子筛至离加料口法兰下 130 mm，并用小棍搅均匀 （3）工作完成后，注意防料法兰和加料法兰需密封完好

9.4.6 质量管理

表 352-02-09-26 预防性维修项目表

序号	维护项目	周期
1	对干燥装置内部元器件进行检查	1 个燃料周期或小修时
2	罗茨风机检查	1 个燃料周期或小修时
3	更换分子筛	4 年

9.4.7 经验反馈

表 352-02-09-27 经验反馈项目

序号	故障现象	原因分析	处理方法
1	上电后，电源指示灯不亮	熔管熔断	更换熔管或检查电源
		指示灯故障	更换指示灯
2	故障指示灯量，装置不能正常启动	风机热继电器（3TH）动作（PLCI14 灯不良）	（1）缺相或风机故障，检查电源和风机，排除故障后复位继电器 （2）风机过载，检查阀门是否按照要求打开
		电动阀热继电器（1TH\2TH）动作（PLC 的 I7\I13 灯不亮）	缺相或风机故障。用手轮反复启闭阀门，直至阀启闭灵活；打开阀盖，检查限位开关凸轮，如松动应重新拧紧限位螺钉。复位继电器，将阀置于“开”与“关”的中间位置，重新启动
		电动阀力矩报警点动作（PLC 的 I6\I12 灯亮）	电动阀故障，排除方法同上
3	运行 8 h 后，故障指示灯亮，装置停止运行	电动阀在“开”“关”转换时出现故障	电动阀故障，排除方法同上
4	温度显示始终不变化	加热器不工作	检查加热器和加热器的控制回路，更换损坏的加热器或元器件
5	温度数显仪显示为“_ _ _ _”	热电阻断路或数显仪故障（A\B 筒切换过程中短时出现为正常现象）	检查接线有无松动，更换热电阻或温度数显仪
6	长时间（如 16 h）运行后，湿度始终不下降	母线外壳存在较大的漏气口，干燥空气不能循环	封堵漏气口
		回气阀 V1 开度太小而补气阀 V3 开度太大	调节阀门开度
		加热器不工作	检查加热器和加热器的控制回路，更换损坏的加热器或元器件
7	湿度监控器显示“HH”或“LL”	“HH”是传感器短路 “LL”是传感器断线或反接	检查传感器接线或更换传感器

9.4.8 技术规程清单

表 352-02-09-28 技术规程清单

序号	规程名称
1	发电机封闭母线空气干燥装置检查规程

9.4.9 参考资料

[1]《电力设备预防性试验规程》(DL/T 596—1996).

9.5 智能防结露装置

按照行业要求封闭母线筒内应始终维持在干燥的环境下，应避免粉尘、潮湿等有害气体的渗入，避免闪络、结露等现象的发生。

9.5.1 定义

智能防结露装置系统由 BAC 机柜、供气及回气管道、采样传感器三部分所组成。

9.5.2 范围对象

智能防结露装置系统由 BAC 机柜、供气及回气管道、采样传感器三部分所组成。BAC 机柜集成了包含传感、PLC、GOT 等元器件的控制系统、螺杆式空气压缩机、除水气罐、空气过滤器组，无热再生吸附式干燥机等主要设备。

BAC 机柜将外界空气或母线内循环的空气经过滤、压缩、除湿后，经管道供给母线本体内。在满足微正压的条件下，进行循环除湿，直至母线本体内的空气露点符合实时工况需求。

9.5.3 结构原理

（1）安装

——须宽阔采光良好的场所，以利操作与检修。

——空气相对湿度低，灰尘少，空气清洁且通风良好。

——环境温度越高，空压机输出空气量越少。

——如果环境清洁度较差，灰尘多，须加装前置过滤设备。

——预留通路及装设天车，以利维修保养。

——预留保养空间，BAC 与墙之间至少须有 700 mm 以上距离。

——BAC 机柜离顶端空间距离 1000 mm 以上。

——由于采用螺杆式空压机所产生的振动很小，不需做基础。但其所放置位置的地面须平坦，且地下不可为软性土壤，另须加垫 5～15 mm 厚的橡胶减震。

——注意通风环境。不得将 BAC 放置于高温附近或通风不良的密闭空间内，避免排气温度过高造成高温停机，如在一般封闭系统中使用，须加装抽、排风装置，以利空气循环。一般而言，其抽风、排风的单个风量须大于空压机散热排风量。

（2）系统流程

1）空气流程

空气由空气滤清器滤去尘埃后，经进气阀进入主压缩室压缩，并与冷却液混合，与冷却液混合后压缩空气进入油气桶，再经由油细分离器、压力维持阀、后部冷却器，送入使用系统中。

——空气过滤器：空气过滤器为干式纸质过滤器，通常每 1000 h 应取下清除表面尘埃，清除的方法是使用低压空气将尘埃由内向外吹除。空气过滤器的清洁或更换间隔不环境的清洁程度密切相关。

——进气阀空、重负荷控制：进气阀采用活塞式控制，利用活塞上下的动作来控制空、重负荷。当启动、停机或空车时，均利用泄放电磁阀控制进气阀活塞向上关闭阀门，同时也利用压力维持阀来维持系统循环所需的最低压力。当电动机全负荷运转后，泄放电磁阀通电，即停止泄放，此时，进气阀活塞因进气压力差的关系，活塞被吸向下，成进气状态。若压力到达压力设定上限值，PLC 输出使泄放电磁阀开始泄放，并且将进气阀活塞推挤向上关闭阀门，成空负荷状态。

——油气桶：油气桶桶侧装有观油镜，静态冷却液之液位应在观油镜的高液位线不低液位线之间，油气桶下装有泄油阀，每次启动前应略为开启泄油阀以排除油气桶内沉淀的凝结水。桶上开有加液口，可供加液用。由于油桶截面积宽大，压缩空气可使螺杆冷却液流速减小，液滴分离，大部分冷却液从气体中分离出来，此为第一段除液。

——安全阀：当压力开关调节不当或失灵而使油气桶内的压力比设定排气压力高出 0.1 MPa 以上时，安全阀即会自动打开，使压力降到设定排气压力以下。安全阀于出厂前即已经过调整，请勿随意调节。

—— 泄放阀：泄放阀为二通常开型电磁阀，当停机或空车时，此阀即打开，排出桶内的压力，关闭进气阀以确保压缩机再次运行时能在无负载情况下启动或空负荷运转。

—— 压力维持阀：位于油气桶上方油细分离器出口处，开启压力设定于 0.45 MPa 左右。压力维持阀的功能为起动时优先建立起冷却液所需的循环压力，确保机体的润滑；在压力超过 0.45 MPa 后开启，可降低流过油细分离器的空气流速，除确保油细分离效果之外，并可保护油细分离器避免因压差过大而受损。

——后部冷却器：风冷式的冷却器，用冷却风扇将空气抽入，通过冷却器来冷却压缩空气。风冷式的空压机的冷却效果不环境温度条件密切相关，选择放置场所时，最好注意环境的通风条件。

2）润滑油流程

——喷油流程说明：

由于油气桶内压力，将冷却液压入冷却器，冷却器将冷却液冷却后，经过油过滤器除去杂质颗粒，然后分成二路，一路由机体下端喷入压缩室、冷却压缩空气，另一路通到机体的两端用来润滑轰承，然后各部冷却液再聚集于压缩室底部，随压缩空气排出。冷却液混合于压缩空气进入油气桶，分离一大部分的冷却液，其余的含油雾空气再经过油细分离器，滤去剩余的冷却液，经过压力维持阀进入后部冷却器冷却。

——油路上各组件功能说明：

冷却器：冷却器与空气后部冷却方式相同，若环境状况不佳，则风冷式冷却器散热片易受灰尘覆盖而影响冷却效果，排气温度会过高而导致 BAC 系统报警甚至停机。因此应保持冷却器散热表面清洁。

油过滤器：油过滤器是一种纸质的过滤器，其功能是除去冷却液中杂质如金属微粒及油之劣化物等，过滤精度在 10 μm 以下，对轴承及压缩机转子有完善的保护作用。油过滤器寿命一般设定为 2000 h。新机第一次运转 500 h 之后即需要更换冷却液和油过滤器，而后每 2000 h 更换油过滤器。若油过滤器使用寿命超期，则可能导致进油量不足而导致排气温度升高，同时因冷却油量不足会影响到轴承寿命。

油细分离器：油细分离器滤芯是多层细密的玻璃纤维制成，压缩空气中所含的霜状油气经过油细分离器后几乎可被完全滤去，低于 3×10^{-6}。油细分离器出口装有安全阀、泄放阀及压力维持阀，压缩空气由此引出通至后部冷却器。油细分离器所滤过的冷却液集中于中央的小圆凹槽内，再由回油管回流到机体轴承端，避免已被过滤出来的冷却液随空气排出。

一般而言，油细分离器是否损坏可由以下方法判断：空气过滤器所含有的冷却液量明显增加；油细分离器寿命设定为 3000 h，达到时应予以更换；若油压＞气压时，表示油细分离器阻塞严重，甚至会有过载保护现象发生；检规油压是否偏高；电流是否增加。

3）风冷冷却系统

冷空气经轴流风扇抽入，吹过冷却器散热片，与压缩空气及冷却液做热交换，达到冷却效果。

（3）电气一般规范及安全规范

——参照 BAC 功率，选择正确的电源线径，否则电源线易因线径过细导致高温烧毁发生危险；

——BAC 最好单独使用一套供电回路，尤其要避免与其他不同大功率设备并联使用，如并联使用时，可能会因过大的电压降或三相电流不平衡形成空压机过载而使保护装置动作；

——装置适当的断路器，以确保电器及维修保养安全；

——BAC 配电时须确认电源电压符合要求；

——系统的接地线应规范可靠，防止因漏电而造成危险；

——在进行任何电气检修工作前，务必切断电源。

（4）BAC 系统设备操作

BAC 系统设备的操作，均集中于电气控制箱门上设置的操作面板进行，完成功能操作如下。

——电源指示：打开电气控制箱，合上断路器后，此灯亮；

——启动按钮：按压系统启动，本按钮指示灯亮；

——停止按钮：按压系统停机，本按钮指示灯亮；

——报警灯：存在任何报警发生时此灯亮，所有报警解除后熄灭；

——紧急停机按钮：按下后系统紧急停机，此按钮保位，启动前须将按钮旋出；

注：除非紧急情况，避免使用紧急停止按钮停止系统。

——GOT：系统上电后即投入，可实现系统的控制模式设定、参数输入、工况动态显示、实时曲线/历史曲线显示、报警内容查询、数据存储/导出等项操作和显示功能。

（5）运行注意事项

1）开机前检查

—— 确认各连接部位不得有松动现象；

—— 检查液位是否在观油镜的高液位线不低液位线之间，补充冷却液时应确定系统内已经没有压力时方可打开加液口；

——确认电源正常；

——机器运转一个月，油气桶需要排污一次。打开泄油阀，首先排除的是冷凝水，待排除是冷却液时，立即关闭泄油阀。

2）运转中注意事项

——当运转中有异音或不正常振动时应立即停机。当机器运转时不可开启皮带轮运转侧的活门；

——运转中管路及容器内均有压力，不可松开管路螺栓塞，以及打开不必要的阀门；

——在长期运转中若发现液位计上的冷却液不见，且液温逐渐上升时，应立即停机，停机 10 min 后观察液位，若不足时待系统内部没压力时再补充冷却液；

——如果出现故障停机，必须查明原因排除故障才允许开机。

9.5.4 指标与参数

机柜（户内安装）

—— 环境温度：0 ℃—+45 ℃；

——海拔高度：≤1000 m；

—— 相对湿度：10%～90%；

—— 振动频率：10～57 Hz 57～150 Hz；

——振动加速度：0.075 mm 9.8 m/s^2。

户外部分

——相对湿度：10%～100%；

—— 海拔高度：≤1000 m；

—— 环境温度：0 ℃～+45 ℃。

技术指标

——电源：AC380 V，三相，10 kW；

—— 微压控制：300 Pa～2500 Pa（可调）；

—— 露点：≤－40 ℃；

—— 空压机：≤1.0 MPa，≤1.0 m^3/min，7.5 kW；

—— 除水罐：0.2 m^3，1.0 MPa；

—— 吸附机：露点≤－40 ℃，0.4～0.8 MPa，1.0 m^3/min；

——过滤器精度：Ⅰ=5 μm，Ⅱ=0.1 μm，Ⅲ=1 μm；

—— 控制装置：PLC、GOT 7″ TFT 液晶，LED 背光 真彩 65536 色；

——组态软件：MCGS 嵌入型 VER6.8；

——A/D 转换：4AD*2 8CH 12 bit；

——传感器：露点传感器、压力、温度；

——阀门：电动阀/气动阀/电磁阀；

——连接管路：不锈钢管/铜管/铝管；

——机柜外形尺寸：1900*1150*1400 mm；

——机柜重量：1100 kg。

9.5.5 维修技术要求

BAC 系统画面可实时表示出系统设备的工作状态，包括空压机启停、控制阀门开闭、系统各项参数显示、气体动态路径及流通方向等。

（1）泄漏率

泄漏率作为封闭母线设备的重要指标之一，不仅量化了设备的封闭程度，对 BAC 设备投运的功效、设备运行状况、使用寿命等均将产生重要影响。BAC 系统自带了泄漏率检测程序，使用时在 BAC 启动情况下，电机“泄漏率测试”按钮，进入 BAC 保压测试画面。

（2）BAC 系统实时曲线与历史曲线

两种曲线均可通过按钮选择，查看其所对应的曲线。为保证 GOT 资源充分利用，GOT 每次上电实时曲线需采取查看激活，即查看过的变量该内容才开始曲线生成，历史曲线则可按条件调用任何时刻的历史数据。

（3）BAC 系统实时数据

该数据主要记录了各分项设备的运行计时，为设备的维护和消耗件更换提供依据。消耗件到期也可从 BAC 报警得到提示，更换后需人工清零所对应的原计时时间，本操作可通过按设定按钮，经密码验证后进行设定。

（4）BAC 历史数据表格

BAC 历史数据表格可将表头字段名所关联的内容，按一定时间周期存入 GOT 所嵌入的存储器，并具备长期保存、断电数据不丢失、自动更新覆盖等功能。该表格也为历史曲线生成及数据导出提供数据支持。

（5）报警列表

当 BAC 系统由报警发生时，画面列出报警开始、结束时间等相关信息。

BAC 系统报警项目清单：

——母线筒压力（控制）传感器开路故障；

——母线筒压力（控制）传感器短路故障；

——母线筒压力（保护）传感器开路故障；

——母线筒压力（保护）传感器短路故障；

——母线露点传感器开路故障；

——母线露点传感器短路故障；

——母线温度传感器开路故障；

——母线温度传感器短路故障；

——环境温度传感器开路故障；

——环境温度传感器短路故障；

——压缩机出口温度传感器开路故障；

——压缩机出口温度传感器短路故障；

——压缩机出口压力传感器开路故障；

——压缩机出口压力传感器短路故障；

——PLC 存储电池电压低报警；

——电源相序错误报警；

——主机过载报警；

——风机过载报警；

——母线露点高报警；

——母线压力低报警；

——母线压力高报警；

——压缩机排气温度高报警；

——压缩机排气压力高报警；

——机油过滤器寿命报警；

——机油寿命报警；

——空气过滤器寿命报警；

——吸附剂寿命报警；

—— 油细过滤器寿命报警。

（6） 试车前的检查

——检查配管是否符合要求；

——检查电源线径是否符合要求，接地是否可靠；

——确认各个联接部位不得有松动现象；

——确认油气桶内液位应在观油镜的高液位线不低液位线之间；

——确认电源正常；

——转动皮带轮 2～3 转，空压机应转动灵活；

—— 测量电动机的绝缘，应在 1 MΩ以上。

（7） 试车

——接通电源，系统是否存在报警发生；

——按下启动按钮，当空压机开始运转，在 10 s 钟内，压力表指针应该动作，显示空压机已经开始升压，否则，应立即停机处理；

——观察所有显示仪表和 GOT 运行参数是否正常，否则必须停机处理；

——待设备运转 20 min 后按下停止按钮，泄放电磁阀失电而打开泄放管路并关闭进气阀，空压机约 10 s 后停转；

——试车合格后，设备才可以投入正常运转。

离相封闭母线运行时，母线导体（主要为接头处）运行的最高温度超过 90 ℃时，显示其对应的报警信号，铝外壳运行的最高温度超过 70 ℃时，显示其对应的报警信号。

9.5.6 质量管理

（1） 日常保养

——每次运转前：执行开机检查。

——压缩机风冷式冷却器散热片易受灰尘覆盖而影响冷却效果，排气温度会过高而导致跳机。因此应定期采用低压空气将散热片表面的灰尘吹掉，若无法吹干净则必须以溶剂来清洗，务必保持冷却器散热表面干净。

——运转 500 h：

- 新机使用后第一次换油过滤器；
- 更换冷却液。

——运转 1000 h：

- 检查进气阀动作及活动部位，并加注油脂；
- 清洁空气过滤器。

——运转 2000 h 或 6 个月：

- 检查各部管路；
- 更换空气滤清器滤芯和油过滤器。

——运转 3000 h 或一年：

- 清洁进气阀，更换O形环，加注润滑油脂；
- 检查泄放阀；
- 换油细分离器，更换螺杆油；
- 检查压力维持阀；
- 清洗冷却器，更换O形环；
- 更换空气滤清器滤芯、油过滤器；
- 电动机加注润滑油脂；
- 检查起动器动作；
- 检查各保护压差开关是否动作正常。

——每20 000 h或4年：

- 更换机体轴承、油封，调整间隙；
- 测量电动机绝缘，应在1 MΩ以上。

（2）冷却液的规范及使用保养

——冷却液对本系列螺杆式空压机的性能具有决定性的影响，若使用不当或错误，则会导致压缩机机体的严重损坏，甚至可能引发火灾，因此必须使用复盛螺杆空压机高级冷却液。

——影响换冷却液时间因素：

- 通风不良，环境温度太高；
- 高湿度环境或雨季；
- 灰尘多的环境。

——换冷却液步骤：

- 压缩机正常运转1 h以上时，停机，趁热将系统内冷却液全部放尽（注意要将冷却器、油过滤器、机头、系统管路各处存液尽可能放尽）；
- 加入正常加液量的1/3之冷却液，开机运行20 min后（请留意排气温度须在95 ℃以下），停机，趁热将系统内冷却液放尽（注意将冷却液、油过滤器、机头、系统管路各处存冷却液尽可能放尽）；
- 更换油细分离器和油过滤器；
- 加入正常用量冷却液后，机器更换完成。

——加入正常用量冷却液后，机器更换完成：

- 将空压机运转，使液温上升，以利排放。然后按下“停止”钮停止运转；
- 带压时打开泄油阀，泄液速度很快，但容易喷出，应慢慢打开，避免冷却液溅出；
- 冷却液放完后，关闭泄油阀，打开加油口盖注入新冷却液，必须将系统内所有冷却液排净，如管路、冷却器、油气桶等。如果是在机体内油温较高时换液，注意不要被烫伤；
- 加入新冷却液至油窗中部。

（3）冷却液使用注意事项

——压缩机初次运行，则第一次换液在使用500 h磨合期后更换，之后每3000 h左右更换一次。但若机器的运行环境较差时，例如温度较高，灰尘较多，应注意适当缩短换冷却液的周期；

——请勿冷却液超寿命使用，应按时更换，否则冷却液品质下降，容易造成高温停机和积炭现象，同时因为冷却液燃点下降，也易造成自燃而发生空压机烧毁。空压机在使用二年后，最好用冷却液做一次“系统清洗”工作，做法是更换螺杆空压机冷却液时，让空压机运转6～8 h后，立即更换冷却液，使原本系统中残存的各种有机成分可以被清洗干净，再度更换的冷却液可达到较佳的使用寿命。

（4）皮带调整

皮带传动型式，在新机第一次运转30 h后即须检查皮带，若有松弛加以调整。后每1500 h检查一次。

——利用张力计及弹簧平衡器，将负荷加载于皮带上测出其变形量，如在标准值以内则安全不必调整，如变形量超过标准值则调整皮带张力；

——更换皮带时，须将所有的皮带一齐更换，不得只更换一条皮带，否则张力会不平衡，影响皮带使用寿命；

——注意调整或更换时，不要将冷却液溅到皮带轮上；

——调整后，电机皮带轮与机体皮带轮须在同一直线上，否则皮带易磨损及产生异响。

（5）油过滤器及油细分离器更换步骤

——空压机停机；

——将空气出口关闭，泄水阀打开，确认系统已无压力；

——更换过滤器、油细分离器。

9.5.7 经验反馈

表 352-02-09-29 BAC 故障排除表

序号	故障现象	原因分析	现场排除方法
1	无法启动	1. 保险烧毁	1. 检修更换
		2. 保护继电器动作	2. 检修
		3. 接线松动或接触不良	3. 检修紧固
		4. 电源、相序故障	4. 检修
		5. 电动机故障	5. 检修
		6. 机体故障	6. 手动盘车，若无法转动，需联系服务单位
2	运转电流高，BAC 自行停机	1. 电压低	1. 检修
		2. 排气压力高	2. 检查压力定值、压力传感器
		3. 电路接点接触不良	3. 检修
		4. 冷却液规格不正确	4. 检查液号、更换液品
		5. 传动皮带松	5. 检查并调整
		6. 油细分离器堵塞（冷却液压力高）	6. 更换油细分离器
		7. 压缩机机体故障	7. 手动盘车，若无法转动，需联系服务人员
3	运转电流低于正常值	1. 空气耗量太大（压力在设定值以下运转）	1. 调整供气调节阀
		2. 空气过滤器堵塞	2. 清洁或更换
		3. 进气阀动作不良	3. 拆卸清洗并加冷却液脂
		4. 压力设定不当	4. 检查压力定值
4	排气温度低于 70 ℃	1. 排气温度检测不正确	1. 检查温度传感器
		2. 热控阀故障	2. 更换热控阀
5	排气温度高，空压机自动跳闸（超过设定值 100 ℃）	1. 冷却液量不足	1. 检查液位，若液量不足需停车加液
		2. 环境温度高	2. 增加排风，降低室温，改善环境
		3. 油冷却器堵塞	3. 检查进出口温差，正常温差为 5～8 ℃，如低于 5 ℃，可能油冷却器堵塞，拆下并清洗
		4. 冷却液规格不正确	4. 检查液号，更换液品
		5. 板翅式换热器不清洁	5. 以低压空气清洁
		6. 油过滤器堵塞	6. 更换
		7. 冷却风扇故障	7. 更换
		8. 传感器故障	8. 更换

续表

序号	故障现象	原因分析	现场排除方法
6	空气中含液份高，冷却液添加周期短，空车时滤清器冒烟	1. 液面太高	1. 检查液面并适当排放
		2. 回油管路限流孔堵塞	2. 拆卸清洁
		3. 回油芯管 O 形环破损	3. 更换 O 形环
		4. 排气压力太低	4. 调整压力开头至设定值
		5. 油细分离器破损、失效	5. 更换新品
		6. 压力维持阀弹簧疲劳	6. 更换弹簧
7	无法全载运转	1. 压力传感器故障	1. 更换新品
		2. 电磁阀故障	2. 更换新品
		3. 进气阀动作不良	3. 拆卸清洁后加注冷却液控制管路是否通畅
		4. 压力维持阀动作不良	4. 拆卸后检查阀座及止回阀片是否磨损，如磨损更换
		5. 控制管路泄漏	5. 检查泄漏位置并锁紧
8	无法空车，空车时表压力仍保持工作压力或继续上升，安全阀动作	1. 压力传感器故障	1. 检修，必要时更换
		2. 进气阀动作不良	2. 拆卸清洗后加冷却液
		3. 泄放电磁阀失效或泄放管路阻塞	3. 检修，必要时更换
		4. 输出继电器故障	4. 更换
9	压缩机风量低于正常值	1. 进气过滤器阻塞	1. 清洁或更换
		2. 进气阀动作不良	2. 拆卸清洗后加冷却液
		3. 油细分离器阻塞	3. 更换
		4. 泄放电磁阀或管路泄漏	4. 检修，必要时更换
10	空/重车频繁	1. 管路泄漏	1. 检查泄漏位置并锁紧
		2. 压力定值压差太小	2. 重新设定（一般压差位 0.2 MPa）
		3. 压力维持阀阀芯密封不严，弹簧疲劳	3. 检修或更换阀芯、弹簧，调整供气减压阀
		4. 供气减压阀调整不当	
11	停机时油雾从空气过滤器冒出	1. 进气阀关闭不严或卡死	1. 检修，必要时更换
		2. 重车停机	2. 检查进气阀是否卡住，如卡住，拆卸清洁后加润滑油脂
		3. 止回阀泄漏	3. 拆下后检查阀片及阀座是否磨损，如磨损更换之
		4. 压力维持阀泄漏	4. 检修，必要时更换
		5. 泄放阀未泄放	5. 检查泄放阀，必要时更换
		6. 油细分离器破损	6. 更换

9.5.8 技术规程清单

表 352-02-09-30 技术规程清单

序号	文件名称
1	发电机离相封闭母线及其通风设施部分启动试验

9.5.9 参考资料

[1]《电力设备预防性试验规程》(DL/T 596—1996).

10 变压器

以中核核电运行管理有限公司秦二厂为例（下同），本系统的主要功能是将发电机发出的电力传输给电网，以及通过常规岛高压厂用变压器向常规岛 6 kV 交流配电系统供电，通过核岛高压厂用变压器向核岛 6 kV 交流配电系统供电。系统主要包括：主变压器；常规岛、核岛高压厂用变压器；干式变压器；有载调压开关；有载调压开关。

主变压器。

发电机 20 kV 电压，通过主变压器升高至 500 kV，并与 500 kV 电网相连，主变压器为三个单相变压器，其高压侧中性点相连，并直接接地。

常规岛、核岛高压厂用变压器。

常规岛、核岛高压厂用变压器由 20 kV 电压降至 6 kV，对电厂内的厂用设备供电。变压器的 6 kV 侧为星形接线，其中性点不接地。

常规岛高压厂变为一台从发电机或主变压器向常规岛 6 kV 母线供电的分裂变压器，其容量为 50/25-25 MVA，电压为 20/6.3-6.3 kV。

核岛高压厂变为一台从发电机或主变压器向核岛 6 kV 母线供电的分裂变压器，其容量为 50/25-25 MVA，电压为 20/6.3-6.3 kV。

干式变压器。

本系统主要功能是由 6 kV 厂用配电装置向 380 V 正常厂用配电装置和应急配电装置供电。每组 380 V 配电装置由一台额定容量为 800 kVA（或 630 kVA）的三相 6.3/0.4 kV 干式变压器供电，干式变压器安装在金属柜内，与相应的配电装置并列布置。变压器一次侧电源由相应的 6 kV 中压配电盘经过熔断器、接触器和电缆供电。

有载调压开关。

由于高压厂变接于出力变化大的主变压器低压侧，低压侧有时为送端，有时为受端，因此变压器采用有载调压。

表 352-02-10-01 变压器技术要素

次级技术要素	包含内容
主变压器	发电机 20 kV 电压，通过主变压器升高至 500 kV，并与 500 kV 电网相连
厂用变压器	厂用变压器即厂内供电变压器
干式变压器	铁芯和绕组不浸渍在绝缘油中的变压器
有载调压开关	有载分接（调压）开关为在变压器励磁或负载下进行操作的用来改变绕组分接位置的一种装置，先由分接选择开关选择绕组分接，然后通过切换开关实现分接间的切换，以实现调压功能
电抗器	并联电抗器为安装在 500 kV SF_6 气体开关站相与地之间用以补偿电容电流的电抗器

10.1 主变压器

10.1.1 定义

变压器：具有两个或多个绕组的静止设备，为了传输电能，在同一频率下，通过电磁感应将一个系统的交流电压和电流转换为另一个系统的电压和电流，通常这些电流和电压的值是不同的。主变压器为油浸式变压器即铁芯和绕组都浸入油中的变压器。

ODAF：强迫油循环风冷，用变压器油泵强迫油循环，使油经风冷却器进行散热的冷却方式。

YNd11：代表三相变压器绕组的接线组别，Y 表示一次为星型接线，N 表示一次带中线，d 指二次绕组为三角型接线的，11 表示高低压绕组的相位差为 330°。

10.1.2 范围对象

以中核核电运行管理有限公司秦二厂为例（下同），主变压器组成见表 352-02-10-02：

表 352-02-10-02 范围对象表

名称	单机组数量（台）
主变压器	3
备用变压器	1

10.1.3 结构原理

主变压器的主要组成部分是铁芯、绕组、绝缘、外壳和必要的组件等。

（1）铁芯

铁芯是电力变压器的基本部件，由铁芯叠片、绝缘件和铁芯结构等组成。铁芯本体是有磁导率很高的磁性钢带组成，为使不同绕组能感应出和匝数成正比的电压，需要两个绕组链合的磁通量相同，这就需要绕组内有磁导率很高的材料组成的铁芯，尽量使全部磁通在铁芯内和两个绕组链合，并且使只和一个绕组链合的磁通，即漏磁通尽量少。

为减少励磁电流，铁芯做成一个封闭磁路，铁芯又是安装的骨架，影响变压器的电磁性能、机械强度和变压器噪声。铁芯叠片由电工磁性钢带卷绕而成，铁芯结构主要由夹件、垫脚、撑板、拉带、拉螺杆和压顶等组成。结构件保证叠片的充分夹紧，形成完整而牢固的铁芯结构。叠片和夹件、垫脚、拉带及拉板间均有绝缘件。铁芯叠片引出接地引线通过油箱到外部可靠接地，铁芯不允许多点接地情况，主变铁芯下夹件利用油箱的定位钉定位，铁芯上部有撑板上的定位件与油箱配合定位。铁芯被绕组遮盖住的部分称为铁芯柱，其他未被绕组围住构成磁通闭合路径的部分称为铁轭。

（2）绕组

绕组是变压器变换电压的基本部件，绕组由不同的匝数组成，由于不同绕组的每匝电压是一样的，因此需要使绕组有不同的匝数来得到不同的电压。

绕组的材料主要有铜、铝和超导材料，但超导材料价格昂贵，所以变压器绕组多用铜和铝。绕组的结构与绕组容量有关，故绕组中通过的电流随电压的不同而不同，同时要考虑到制造方便和可能性。

（3）油箱

油浸式变压器的油箱室保护变压器器身和外壳与盛油的容器，又是装配变压器外部结构件的骨架，同时通过变压器油将器身损耗所产生的热量以对流和辐射的方式散至大气中。变压器容量增加后，由于电磁损耗与容量的 3/4 次方成正比，而外表面积的增加却与容量的 1/2 次方成正比，即损耗的增加速度超过了油箱自然冷却表面积的增加速度，因此，要使大容量变压器和小容量变压器具有同一水平的绕组温度和油温升，必须在结构上采取措施增加油箱散热面积，主变采用增设吹风装置和加速油流循环散热的冷却油泵进行加快散热。

（4）分接开关

当系统电压有变化时，为了获得理想的电压，在变压器上就必须装设分接开关来调节电压，主变压器采用无励磁分接开关。无励磁分接开关必须在变压器不施加电压的情况下变换变压器的分接头，用来改变变压器的电压比。

（5）压力释放阀

压力释放阀是变压器的压力保护装置，安装在变压器油箱的顶部，当由于故障引起油箱内压力过高时，压力释放阀开启，将油箱内的油喷出以释放压力防止油箱爆裂，同时压力释放阀的微动开关动作发出跳闸信号使变压器停止运行。当压力降低到压力释放阀的关闭压力值时，压力释放阀可靠关闭，使油箱内永远保持正压，有效地防止外部空气、水分及其他杂质进入油箱。

（6）压力突变继电器

压力突变继电器专门设计于变压器压力保护装置，当变压器内部有严重故障产生电弧时，油分解产生大量的气体，压力迅速升高，继电器测量油箱内动态压力增大。油压增长率越高，继电器动作越迅速，由于油压波在变压器油中的传播速度很快，因此继电器反应灵敏、动作迅速，能迅速发出信号，并切断电源。

（7）套管

高压套管：该套管为电容式套管，其主绝缘由真空下经环氧树脂浸渍的特种绝缘纸卷制而成。在绝缘体卷制中加入了铝箔导电层以均匀轴向、径向电场。

中性点套管：该套管为油纸电容式变压器套管，套管的头部设有油枕，以调节套管内部变压器油因温度变化引起的压力变化。套管为全密封结构，强力弹簧将电容芯子，安装法兰、瓷套、油枕等连接在一起，连接处都采用优质密封圈及合理密封结构。

低压套管：该套管为环氧树脂浸纸电容式大电流变压器套管，套管由环氧树脂浸纸芯子、铝导电杆、铝法兰和户外磁套组成。

（8）温度计

变压器用温度计是用来测量变压器油顶层温度和变压器绕组热点温度的测量和保护装置。变压器用温度计主要分为油面温度计、绕组温度计。

主变油面温度计由弹性波纹管、毛细管和温包组成一个全密封系统，利用这密封系统内部所充的感温介质受温度变化而产生的压力变化，使弹性波纹管端部产生位移来带动指针指示被测温度值。

绕组温度计是采用模拟测量方法来间接地测得绕组热点温度，即绕组温度为变压器顶层油温和变压器铜油温差之和。油温 60 ℃时启动冷却装置，55 ℃停止冷却装置，85 ℃发报警，97 ℃油温高高跳闸。

（9）气体继电器

气体继电器又称瓦斯继电器，常用于变压器内部故障保护。它安装在变压器主油箱和储油柜的连通管路上。主变压器采用挡板式气体继电器，主变压器正常运行时，气体继电器中充满变压器油，当主变压器内发生轻微故障时，因油分解产生的气体向上进入储油柜之前，途径瓦斯继电器，会聚集在壳内的上部空腔，继续产生的多余气体将顺着管道排入储油柜，此为轻瓦斯；当主变压器内部发生严重故障时，产生大量气泡的同时产生急速的油流涌向瓦斯继电器，当流速超过一定值，迫使挡板倒向油流动的方向，使相应的开关触点闭合，发出跳闸命令，此为重瓦斯。

（10）胶囊储油柜

储油柜主要由以下几部分组成：端盖、顶罩、胶囊吊装器、放气塞、呼吸塞、指针式油位计、放油塞、集气室、小管式油表、蝶阀、柜体、压圈、胶囊。

储油柜的工作原理如下。

1）胶囊的作用

储油柜是油浸式变压器所用油的补充、储蓄容器，储油柜中油的质量好坏会直接影响变压器的使用寿命。变压器油的老化程度与其接触空气的时间有关，为了使储油柜中的油不与空气接触，在储油柜内部设置了一个耐油胶囊，胶囊内腔的空气通过吸湿器与外界相通，用胶囊的膨胀和收缩来调节储油柜油面上的空间，从而防止了变压器油与空气的接触。

2）集气室的功能

为了避免储油柜注油时和变压器运行中产生的气体进入储油柜，在储油柜的下部设置了一个集气室，当变压器油经此进入储油柜时，能使夹杂在变压器油中的气体分离出来，被分离出来的气体积存在集气室的上部，气体量可以从集气室外部的小管式油表查看。当小管式油表的油面降到中下部时，应从排气管路排除气体。另外，从集气室接出的注油管路，可用以给储油柜补油或者放油，从集气室底部接出的排污油管路可用以排掉储油柜中的污油。

3）指针式油位计

当变压器储油柜的油面升高或下降时，油位计的浮球随之上下浮动，使摆杆作上下摆动运动，从而带动传动部分转动，通过耦合磁钢使报警部分的磁铁和显示部分的指针旋转，指针指到相应位置，当油位上升到最高油位或下降到最低油位时，磁铁吸合相应的舌簧开关发出报警信号。

（11）评估和趋势分析

国外先进诊断变压器性能的试验方法介绍：介电频率响应（Dielectric Frequency Response，以下简称 DFR）

变压器绝缘中的微水将严重影响油纸绝缘的电气寿命和机械寿命。如何准确、及时测量变压器绝缘中的水分，是评估变压器油纸绝缘状态关键。

1）测量变压器固体绝缘中水分的常规方法

——卡尔滴定法：

最直接的方法是变压器大修时，直接从变压器内部取纸绝缘样品，然后测量样品的中水分。该方法的缺点是：不太方便，需要进入变压器中取样。取样的部位不同，测量的误差也较大。为了得到一个比较准确的值，需要多个样品测试后取平均值。

——油中水分测量法：

通过测量变压器油中水分，再通过平衡曲线，得出绝缘纸中的水分。该方法比较方便，但有一定的局限性，随着变压器负荷和绕组温度的变化，油中水分以不同的速度不断的吸收和释出，使得油样和平衡曲线存在疑问。该平衡曲线中，油温是非常重要和需要考虑的，通常变压器油温很难确定，另外该方法很难估计低温油样本中纸的含水量。

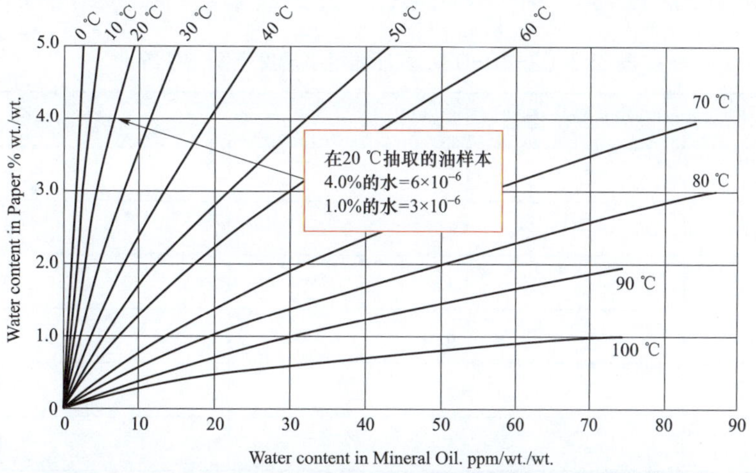

图 352-02-10-01　油中微水含量与绝缘纸微水含量关系图

——其他评估变压器纸绝缘中的水分的方法：工频电压下介损和电容测量。

图 352-02-10-02 两条曲线显示，50 Hz 电压下介损值分别为 0.518%和 0.499%，介损值满足要求，但它们都存在不同程度的缺陷：绝缘油老化严重和变压器严重受潮。

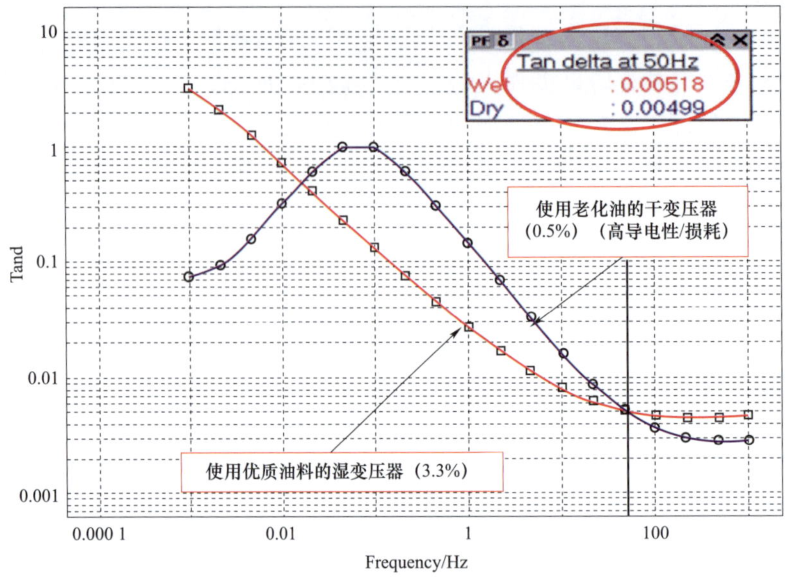

图 352-02-10-02 异常变压器试验数据

2）新型测量变压器绝缘中水分含量方法：介电频率响应测量

特定的绝缘模型其频率响应有唯一性，绝缘系统水分含量改变时导致介电模型改变，进而使介电响应改变，在较宽频率范围内测量绝缘的介电响应，从而评定绝缘介质的水分含量和对绝缘状态进行诊断。其测量方法和接线与传统介质损耗测量一样，但测量电压较低（200 $V_{P\text{-}P}$），频率范围为 1 mHz 到 1 kHz。

3）该仪器的测量原理

对所测变压器施加 1 mHz 至 1 kHz 的信号，测量介损与频率的曲线，后与仪器提供曲线模型进行匹配，显示绝缘纸中的水分百分比和变压器油的导电性。

应用实例：

——根据油中水分所占百万分数的数据，计划对六台变压器滤油处理。见表 352-02-10-03。对比可见，使用介电频率响应法测量后，结果只有编号“5”一台变压器需要进行油处理：

表 352-02-10-03 变压器绝缘湿度不同方法统计

变压器编号	种类	绝缘湿度/%（通过油分析）	绝缘湿度/%（通过 DFR）
1	芯式	2.5	0.9
2	芯式	1.8	0.9
3	芯式	1.4	0.9
4	芯式	2.8	0.7
5	芯式	3.5	2
6	壳式	3.3	1

注：不合格标准（%）（IEEEC 57.106—2002）：1.25%

——测量一台变压器在 50 Hz 下介损为 0.518%，试验数据合格，但通过介电频率响应方法测量后，该变压器水分百分比为 3.3%，已经超过其标准 1.25%，需要采取干燥措施。

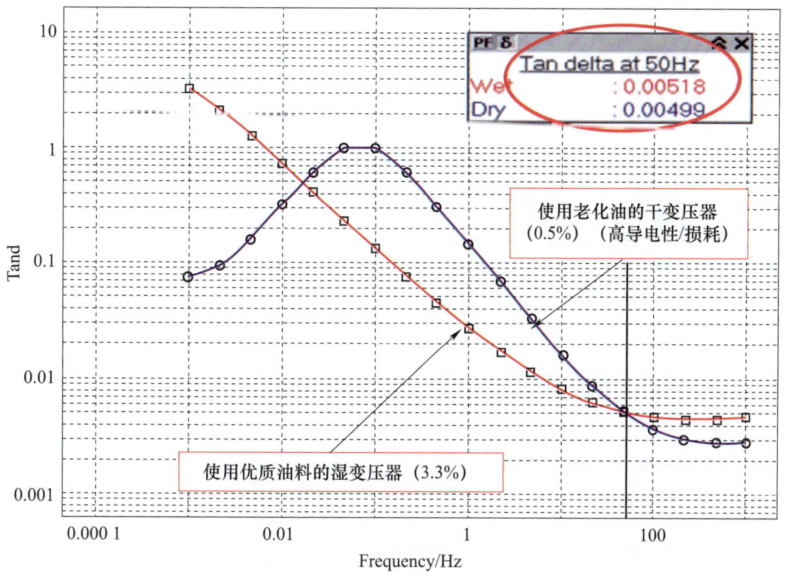

图 352-02-10-03 介电频率响应仪试验结果示意图

10.1.4 指标与参数

表 352-02-10-04 主变压器指标和参数

产品名称	单相双绕组无励磁调压电力变压器
产品型号	DFP—260 000/500 TH
最高运行电压	$550/\sqrt{3}$ kV
额定电压比	$515/\sqrt{3}/20$ kV
调压方式	高压侧无励磁调压，调压范围 $515/\sqrt{3}\ \pm 2\times 2.5\%$kV
额定容量	260 MVA
额定频率	50 Hz
阻抗电压	18%
空载损耗	89.5 kW
负载损耗	485.7 kW
联结组标号	Ii0（三相联结组标号：YNd11）
冷却方式	强迫油循环导向风冷却 ODAF
套管电流互感器极性	减极性
中性点运行方式	直接接地

10.1.5 维修技术要求

表 352-02-10-05 主变压器维修项目内容与周期

检查项目	标准和要求	项目周期（1 C 为 1 个燃料循环）
变压器外观检查	漆膜完好，无渗漏油，无变形损坏	1 C
检查变压器各套管	瓷套无损坏，釉面光泽，接线面完好无氧化，无渗漏油	1 C
检查变压器气体继电器	外观良好，无渗漏油，集气盒完好	1 C
检查变压器压力释放器	外观良好，无渗漏油	1 C
检查变压器的温度计	外观良好，指示正常	1 C

续表

检查项目	标准和要求	项目周期（1 C 为 1 个燃料循环）
检查变压器的油位计	外观良好，指示正常，传动机构无渗漏油	1 C
冷却器检查	无损坏及渗漏油，风机和油泵运行无异音	1 C
本体端子箱检查	端子完好，箱体密封良好	1 C
绕组直流电阻	测量变压器低压侧、高压侧的直流电阻	1 C
套管绝缘电阻	测量套管对地的绝缘电阻	1 C
末屏对地绝缘电阻	测量末屏对地的绝缘电阻	1 C
冷却风扇电机检修	测量风扇电机的绝缘、直流电阻	1 C
油泵电机检修	测量油泵电机的绝缘、直流电阻	1 C
铁芯和夹件绝缘电阻	测量铁芯和夹件绝缘电阻值	1 C
高、低压绕组绝缘电阻	测量绝缘电阻和吸收比	1 C
绕组介损及电容值	测量高压、低压绕组介损及电容值	1 C
套管介损电容	测量绕组高压高压、中性点、低压套管的介损及电容值	1 C
呼吸器	更换呼吸器内部硅胶及油杯中的油	1 C
介电频率响应	变压器高压、低压绕组进行介电频率响应，并根据频率曲线判断绕组状态	1 C
对冷却器进行冲洗清扫	清洗变压器散热翅片	1 C
主变送电后 1～3 d	分析变压器油中各气体组分含量	1 C
主变送电满负荷后 1～3 d 内取油样	分析变压器油中各气体组分含量	1 C
油样分析	化学取油样分析变压器油中各气体组分含量；油样分析其他参数是否正常	3 M/1 Y
风扇电机解体检查	风扇电机解体检查	2 C
泄露电流	测量高压、低压绕组的泄露电流值	2 C
气体继电器更换	对气体继电器备件进行校验，合格后完成更换	3 C
温度计校验	对用油面、绕组温度计备件进行校验，合格后完成更换	3 C
绕组变形试验	变压器高压、低压绕组 进行绕组变形试验，通过横向对比及出厂曲线对比判断绕组变形程度	4 C
压力突变继电器更换	对压力突变继电器备件进行校验，合格后完成更换	5 C
内部腐蚀检查	检查变压器内部腐蚀情况	6 C
变压器内检查	变压器滤油、内检、热油循环、抽真空、注油、静置、电气试验等工艺	6 C
油泵更换	对三组油泵及油流继电器进行更换	6 C
压力释放阀更换	对压力释放阀备件进行校验，合格后完成更换	6 C

表 352-02-10-06　主变压器验收准则

检修项目	准则
变压器各附件检查	变压器附件无变形、无渗油、密封良好
风扇电动机绝缘电阻与直流电阻测量	风扇电动机绝缘值大于 1 MΩ，电流电阻测量值与前一次测试结果相比应无明显变化
油泵电动机绝缘电阻测量	油泵电动机绝缘值大于 20 MΩ
测量高低压绕组直流电阻	高低压侧绕组测量值与同温下出厂值相比变化不得大于 2%
测量高低压绕组及套管绝缘电阻、吸收比	高低压侧绝缘电阻换算成同一温度下，与前一次测试结果相比无明显变化，吸收比（10～30 ℃范围）不低于 1.3；套管的绝缘电阻大于 1000 MΩ

续表

检修项目	准则
测量高低压绕组连同套管的介损和电容值	高低压绕组连同套管：20 ℃时介质损耗正切值（简称 tgδ）不大于 0.6%，tgδ 值与历年的数值比较不应有显著的变化（一般不大于 30%）
测量高低压套管的介损及电容值	高压及中性点套管：20 ℃使的 tgδ（%）不大于 1.0%，电容值与出厂值或上一次试验值的差别不超过±5% 低压套管：20 ℃使的 tgδ（%）不大于 2.0%，电容值与出厂值或上一次试验值的差别不超过±5%
测量铁芯和夹件绝缘电阻	铁芯及夹件绝缘电阻大于 400 MΩ
测量高低压绕组泄漏电流	与前一次测量结果相比应无明显变化

10.1.6 质量管理

表 352-02-10-07 主变压器监检参数与周期

序号	监检参数	标准			周期
1	记录变压器本体测量仪表读数	绕组温度计（≤100 ℃），油温度计（≤75 ℃），本体油枕油（负荷变压器油位和温度曲线，一般建议值为 3.5～9.5）			2 次/W
2	油流继电器	指示及无进水			2 次/W
3	瓦斯继电器	外观正常，无异音，无漏油			2 次/W
4	检查变压器密封情况	套管处，法兰面等是否有渗漏油			2 次/W
5	呼吸器	内硅胶颜色：蓝色变白色体积≤2/3 呼吸情况：呼出时外油杯冒泡，吸进时内油杯液位高于外油杯			2 次/W
6	红外成像情况	中性点套管接线排和将军帽≤80 ℃ 本体≤100 ℃			1 次/W
7	油样分析	外观：透明 机械杂质：无 水分：≤10×10^{-6} 酸值：≤0.03 mgKOH/g 水溶性酸（pH）：>4.2 闪点：≥135 ℃ 界面张力（25 ℃）：≥19 mN/m 介质损耗因数：≤0.5% 击穿电压：≥60 kV 体积电阻率：≥6×10^{10} Ω • m 含气量：≤3%			1 次/Y
8	油色谱分析		期望值/（μL/L）	限值/（μL/L）	1 次/3 M
		甲烷	<45	无	
		乙烷	<35	无	
		乙烯	<55	无	
		乙炔	无	<1	
		氢	<100	<150	
		一氧化碳	无	无	
		二氧化碳	无	无	
		总烃	<100	<150	

10.1.7 经验反馈

（1）秦二厂 3、4 号机满功率运行主变运行温度较 1、2 机高

故障现象：秦二厂 3、4 号机满功率运行，主变运行温度较 1、2 机高 10 ℃左右。

检查处理：经咨询厂家，拆除冷却器消音罩后可以提高冷却器的冷却效率，同时日常风机运行时故障方便在线更换，将消音罩拆除。

缺陷原因：变压器冷却器消音罩影响变压器冷却效率。

后续工作：无。

（2）3 号主变 A 相油中含气量增加速率较快

故障现象：3 号主变 A 相内检滤油后油中含气量为 0.87%，运行 1 年半后含气量上涨至 2.5%，接近 3%增加速率较快。

检查处理：

因检修工期原因，气密试验（20 kPa）8 h，检查变压器油枕胶囊未破损，发现 3 号主变 A 相第一组冷却器进口处 150 蝶阀阀杆处微渗，未发现其他渗漏点）、热油循环 12 h、静置 20 h、取样为 0.8%（满足变压器检修后 1%的投运标准）。

缺陷原因：

——怀疑变压器内检时空气进入变压器固体绝缘，虽然变压器真空注油严格执行标准（抽真空至 50 Pa 后，真空保持 36 h 后再注油），固体绝缘中残余气体未脱气完全，运行中逐渐释放导致含气量上升较快，另外与秦三厂交流变压器内检后也有此现象；

——密封试验发现冷却器进口 150 蝶阀阀杆处微渗，该区域为变压器负压区，也会导致变压器油的含气量上涨；

——变压器运行时有漏点，变压器油与空气接触导致含气量升高；

——变压器长期运行，油的劣化及固体绝缘的分解。

后续改进：

——变压器内检后严格执行变压器真空注油标准，工作中做好工艺控制；

—— 变压器日常运行中关注负压区的密封情况。

（3）3 号主变 A 相第三组油流继电器指示异常

故障现象：3 号主变停运后，发现 3 号主变 A 相第三组油流继电器没有复位至停运位置。

检查处理：同型更换油流继电器。

缺陷原因：变压器长期运行，油流继电器内部弹簧弹性变差，无法机械复位。

后续改进：

——针对该油流继电器（型号：YJ2-150/135Y），虽有 6 C 定期预防性更换项目，但障率高（且历次变压器停运检修均有损坏情况），且日常无法带电更换，大修更换也需排放较多变压器油，调研某国内核电厂油流继电器故障率较低（型号：092-051-01），后续同型号更换；

——若不进行换型，建议 3 年定期更换。

（4）主变 C 相绕组温度计电流匹配器异响

故障现象：3 号主变 C 相绕组温度计电流匹配器异响。

检查处理：

由于运行期间匹配器内有电流互感器的接线，工作时可能导致互感器二次侧开路，日常期间暂时未对此缺陷进行处理。大修期间打开匹配器后发现匹配器内固定元器件的螺栓有掉落情况，随即对 5 台变压器的元器件固定螺栓进行了紧固，并涂抹防松胶。

缺陷原因：变压器振动引起螺栓松动。

后续改进：变压器检修程序中增加了打开匹配器对内部螺栓进行检查紧固。

（5）3 号主变 B 相主变低压绝缘不合格。

故障现象：3 号主变 B 相套管升高座活动套筒橡皮垫脱落，造成主变低压绝缘不合格，绝缘值 1.4 MΩ。

检查处理：将密封条正确安装后绝缘合格。

缺陷原因：低压套管活动套筒密封圈为矩形，密封垫尺寸稍小，活动套筒稍有变形，两者配合不好，易出现安装不到位造成密封条下垂，搭接至封闭母线与变压器套管的软连接处。

后续改进：将矩形密封垫更换后 H 形密封垫，密封垫直接卡在在活动套筒上，降低了安装过程中的脱落风险。

（6）秦二厂 3 号主变中性点套管接线排发热

故障现象：2012 年 1 月 19 日，3 号主变中性点套管接线排处进行红外测温（A 相：29 ℃，B 相：21 ℃，C 相：54 ℃，环境温度 17 ℃），C 相中性点套管接线排处温升值为 37 K，B、C 两相差值较大。

检查处理：

——检查主变中性点套管外部接线排螺栓力矩值，确认螺栓是否松动：力矩均大于 98 N•m，螺栓无松动；

——拆除中性点套管外部接线排，检查铜铝过渡板是否正确安装：A 相和 C 相中性点套管接线排之间的铜铝过渡板装反；

——检查接线排导电膏涂抹是否较多，是否变色：没有发现异常；

——更换 3 号主变中性点外部引线与接线排，接线排采用铜铝过渡板与接线排一体式结构，避免以后将接线排铜铝过渡板安装错误的风险；

——在中性点套管外部接线排处涂适量导电膏，更换螺栓的弹簧垫圈和平垫圈，恢复接线排，螺栓力矩值为 98 N•m；

——用微欧计测量接线排的接触电阻，电阻值不大于 10 μΩ。

缺陷原因：

装反铜铝过渡板导致发热：中性点套管将军帽接线排为铜材质，变压器中性点引线为铝材质，为防止电化学腐蚀造成接触电阻增大，中间采用 0.5 mm 铜铝过渡板连接。

后续工作：

——4 号主变压器中性点引线采用铝排和铜铝过渡板一体式结构，避免装反情况发生；

—— 1 个换料周期更换弹簧垫圈，安装标注力矩恢复后测量接线排接触电阻（≤10 μΩ）。

（7）秦二厂 4 号主变 A 相中性点套管将军帽发热

故障现象：2012 年 2 月 21 日，发现 4 号主变 A 相中性点套管将军帽温度为 61 ℃，B 相 24 ℃，C 相 26 ℃，环境温度 12 ℃。技术处化学科对 4 号主变 A 相进行取油样分析，油样报告合格。4 号主变 A 相中性点套管将军帽最高温升值为 49 K，若夏天按 40 ℃，最高温度为 89 ℃，超过厂家的建议运行温度 80 ℃。

检查处理：

排油将中性点套管将军帽打开检查，发现引线发黑、定位销和孔有烧蚀放电痕迹，将军帽螺纹处未安装泥巴垫和铝圈。按照套管厂家安装要求增加了铝圈和泥巴垫，按照规定力矩紧固回装后正常。

缺陷原因：

——变压器中性点套管引线为穿缆式，将军帽未旋到位，引线接头与将军帽接触力不够（检查发现引线发黑、定位销和孔有烧蚀放电痕迹）；

——将军帽螺纹处未安装泥巴垫和铝圈。

后续工作：

对 3、4 号主变共计 6 台变压器中性点套管（套管型号：BRLW2-72.5/1250-4，）增加铝圈和泥巴垫，增大穿缆引线和将军帽接触力。

（8）主变冷却器未按照设计温度 55 ℃停运

故障现象：主控触发辅助冷却器启动报警（辅助冷却器启动定值为 60 ℃，停止为 55 ℃），现场变压器温度降低为 50 ℃辅助冷却器扔无法停运。

检查处理：

由于运行期间匹配器内有电流互感器的接线，工作时可能导致互感器二次侧开路，日常期间暂时未对此缺陷进行处理。大修期间打开匹配器后发现匹配器内固定元器件的螺栓有掉落情况，随即对 5 台变压器的元器件固定螺栓进行了紧固，并涂抹防松胶。

温度计（型号：AKM3440112X-6.0）回程差设计为 10～14 ℃，设置辅助冷却器停运为 55 ℃（闭合接点变为打开接点），正常为 41～44 ℃才能停止。温度计控制回程差的 L 型挡板拆除，重新设定为 55 ℃定值后正常。

缺陷原因：温度计定值设置异常，温度计回程差设计为 10～14 ℃，设置辅助冷却器停运为 55 ℃（闭合接点变为打开接点），正常为 41～44 ℃才能停止。

后续改进：升版变压器的 AKM 温度计校验方法，将温度计控制回程差的 L 型挡板拆除后，在重新对定值校验。

（9）秦二厂 3 号主变低压套管侧面法兰放气塞子渗油

故障现象：秦二厂 3 主变大修时，发现低压套管侧面法兰放气塞子渗油。

检查处理：放气塞密封圈老化无弹性，手感可见松动，更换放气塞密封圈后正常。

缺陷原因：放气塞密封圈老化致密封不良。

后续工作：

——细化变压器年度检查规程，大修时对其进行重点检查；

——优化变压器 PM 项，6C 对该密封圈进行更换。

（10）秦二厂 3 号主变 A 相无载开关机构箱渗油

故障现象：2015 年 2 月 26 日，主变投运 6 年，3 号主变 A 相无载开关机构箱有少许渗油。

检查处理：更换无载开关机构箱。

缺陷原因：老型无载调压开关操作机构传动轴密封圈使用非耐油材质，运行后密封圈老化。

后续工作：

采购新型无载调压开关传动机构（密封圈采用耐油设计，传动轴设计在气侧可紧固密封圈），变压器内检窗口逐步更换。

（11）秦二厂 3 号主变 A 相油温比 B、C 相高 12～14 ℃

故障现象：2014 年 6 月 9 日，环境温度 28 ℃，巡检时发现 3 号主变 A 相油温为 70 ℃，较 B、C 相高 12～14 ℃，A 相的油位指示为 9.8，接近报警值 10。A 相 3 组冷却器均投入运行，顶层油温升为 42 K，超过型式试验的 31.6 K 和说明书 40 K 限值，并且油箱表面热点温度为 96 ℃，温升为 68 K，接近说明书 70 K，但超过型式试验的 62.6 K，若 2 组冷却器运行，温度和温升会更大，可能会超过厂家限值。

检查处理：

——变压器内部发热故障：检查 3 号主变 A 相油色谱在线监测装置色谱数据没有发现明显异常，紧急联系化学取油样分析，没有发现异常。

——冷却系统故障：现场检查冷却风机、油泵运行电流和油箱底部阀门开度没有发现异常。

——冷却系统冷却效率降低：检查 A 相冷却器散热翅片脏污，带电对冷却器冲洗后温度降至 50 ℃，并且只靠两组冷却器运行即可满足要求。

缺陷原因：变压器冷却器长时间运行聚集污垢较多，致使冷却系统冷却效率降低。

后续工作：增加了变压器停电检修时对冷却器冲洗预防性维修项目。

10.1.8 技术规程清单

表 352-02-10-08 主变压器检修技术规程

序号	文件名称
1	主变低压侧预防性维修及试验

续表

序号	文件名称
2	主变高压侧预防性维修及试验
3	主厂变压器检修后检查规程
4	主变、厂变绝缘测量

10.1.9 参考资料

[1]《电力变压器　第 1 部分：总则》(GB 1094.1—1996).
[2]《电力变压器　第 2 部分：温升》(GB 1094.2—1996).
[3]《电力变压器　第 5 部分：承受短路的能力》(GB 1094.5—2008).
[4]《电力变压器　第 7 部分：油浸式电力变压器负载导则》(GBT 1094—2008).
[5]《电力设备预防性试验规程》(DL/T 596—1996).
[6]《电力变压器检修导则》(DL/T 573—2010).
[7]《变压器油中溶解气体分析和判断导则》(DL/T 722—2014).
[8]《电力变压器绕组变形的频率响应分析法》(DL/T 911—2016).
[9]《电力变压器运行规程》(DL/T 572—2010).
[10]《电工术语　变压器、调压器和电抗器》(GB/T 2900.95—2015).

10.2 厂用变压器

10.2.1 定义

厂用变压器即厂内供电变压器，以中核核电运行管理有限公司秦二厂 3、4 号机组为例做说明，厂变分为常规岛厂变、核岛厂变，其结构为户外式三相油浸风冷式有载调压双分裂变压器，将发电机出口电压 20 kV 降低至 6 kV，为常规岛、核岛下游负载（厂用电机、干式变）供电，保障机组的稳定运行。高压厂用变压器位于常规岛汽机房外，变压器高压侧由发电机出口离相封闭母线分支引入，常规岛高压厂用变压器低压侧经共箱电缆母线连接至常规岛 6 kV 开关柜；核岛高压厂用变压器低压侧经电缆连接至核岛 6 kV 开关柜。

Dyn1-yn1：D 表示高压侧三角形接法，y 表示低压侧星型接法，n 代表低压侧中性点引出，1 代表高低压差相位差 30 度。

ONAN/ONAF（70%/100%）：小于等于 70%负荷，采用油浸自然循环冷却方式，70%～100%负荷，采用油浸吹风装置冷却方式。

10.2.2 范围对象

以中核核电运行管理有限公司秦二厂为例（下同），厂用变压器有以下组成：

表 352-02-10-09　厂用变压器数量组成

名称	单机组数量（台）
常规岛厂变	1
核岛厂变	1

10.2.3 结构原理

以中核核电运行管理有限公司秦二厂为例（下同），厂用变压器的主要组成部分是铁芯、绕组、绝缘、外壳和必要的组件等。

（1）铁芯

铁芯用优质、低损耗的晶粒取向冷轧硅钢片 30 JGH 120 叠成，三相三柱六级阶梯接缝结构。铁芯用绑扎带绑扎，铁轭用低磁钢拉带拉紧。铁芯的磁路部分通过安装在油箱顶盖上的接地套管引出一接地点。

（2）绕组

内外高压绕组为单螺旋式结构，内外低压绕组为双螺旋式结构，调压绕组为五螺旋式结构。所有绕组均用半硬铜导线绕制，其中调压绕组用换位导线（半硬铜）绕制。为了保证绕组有效的冷却，绕组间设有油道。

（3）器身

（4）绕组间和绕组对铁芯的绝缘均为油隙纸筒结构。铁芯上部有两个将器身与油箱定位的装置，下部有四处与箱底定位。

（5）油箱

油箱为钟罩式结构，箱盖有约 1.5%的坡度，有利于油箱内气体汇集到气体继电器。油箱可以承受 0.133 kPa 的真空度和 98 kPa 的正压。

油箱上部有 4 个吊攀用于变压器整体和上节油箱的起吊，下部有 4 个千斤顶支架，两端各 4 个带孔拉板用于运输及安装时牵引变压器。高压和低压升高座外侧有手孔，用于套管拆装。高、低压侧通气管经主通气管汇集后再与气体继电器连通至储油柜，主通气管能使油箱内的气体顺利通往气体继电器。箱盖上有 4 个温度计座，两个用于油面温度计，一个用于线圈温度计，一个供用户用酒精温度计测量顶部油温。

（6）本体主储油柜

厂变储油柜是胶囊式储油柜。储油柜是变压器油存储、补充及保护的组件，安装在变压器油箱顶部，与变压器油箱相连。当油箱的油随温度升高体积膨胀时，多余的油通过联管到达储油柜，这样储油柜就完成了存储变压器油的作用；反之，当温度下降时，储油柜中的油通过联管到达油箱，补充变压器油的不足。储油柜中的胶囊阻断变压器油与空气的接触，使变压器油免被氧化，与储油柜相连的吸湿器吸收进入储油柜的空气中的水分，使其免受潮湿。

储油柜的工作原理如下。

胶囊的作用：

储油柜式油浸式变压器油源补充、储蓄的容器，为了既保证柜体内的变压器油与空气隔绝减缓老化变质，又能保证柜体内的压力与外界空气相同，在柜体内设置了一个尼龙橡胶膜做成的胶囊，它漂浮在柜体内的油面上，内腔的空气经过吸湿器与外界空气相通，随着柜体内的油量的变化而膨胀或收缩。

集气室的作用：

从注放油蝶阀或接油箱的蝶阀注入的变压器油须经集气室才能进入柜体内，集气室的结构使夹杂在变压器油中的气体分离出来并积聚在它的上部而不会进入柜体内。随着积聚的气体量的增大，小管式油表内的釉面下降，当油面降到小管式油表的中下部时，应通过从排气蝶阀接出的排气管排气，使小管式油表内充满变压器油即可。另外，从集气室的注放油蝶阀接出的注放油管路可以给储油柜补充变压器油或者排放多余的变压器油，从集气室底部排污油蝶阀接出的排污油管路可以排掉储油柜中的污油。

主储油柜油位计的工作原理：

主储油柜油位计的浮子漂浮在柜体内胶囊下面油面上，它随着油面的变化而升降并带动摆杆上下摆动，摆杆通过齿轮副带动油位计的主动磁钢转动，主动磁钢带动油位计的被动磁钢转动，被动磁钢又带动指针转动，指示主储油柜的油位并带动接点磁钢转动，当达到最高油位或最低油位时接点磁钢使干黄接点接通发出油位报警信号。为了保证油位计的密封性能，在主动磁钢和被动磁钢之间设置了一个与油位计壳体铸成一体的隔板，主动磁钢和被动磁钢通过磁力传递力矩。

（7）压力释放阀

压力释放阀是变压器的压力保护装置，安装在变压器油箱的顶部，当由于故障引起油箱内压力过高时，压力释放阀开启，将油箱内的油喷出以释放压力防止油箱爆裂，同时压力释放阀的微动开关动作发出跳闸信号使变压器停止运行。当压力降低到压力释放阀的关闭压力值时，压力释放阀又可靠关闭，使油箱内永远保持正压，有效地防止外部空气、水分及其他杂质进入油箱。厂变本体有一个压力释放阀，有载开关油箱有 3 个（A\B\C 相各有 1 个）。

（8）压力继电器

压力突变继电器专门设计于变压器压力保护装置，当变压器内部有严重故障产生电弧时，油分解产生大量的气体，压力迅速升高，继电器测量油箱内动态压力增大。油压增长率越高，继电器动作越迅速，由于油压波在变压器油中的传播速度很快，因此继电器反应灵敏、动作迅速，能迅速发出信号，并切断电源。

（9）套管

变压器套管（以下简称套管）是将变压器内部的高、低压引线引到油箱外部的出线装置。它不但作为引线对地的绝缘，而且担负着固定引线的作用，因此必须具有规定的电气强度和足够的机械强度；同时套管又是载流组件，在变压器投入运行后能长期通过负载电流，同时应能承受短路时的瞬时过热，因此套管必须具有良好的热稳定性。

（10）温度计

变压器用温度计是用来测量变压器油顶层温度和变压器绕组热点温度的测量和保护装置。变压器用温度计主要分为油面温度计、绕组温度计。

本厂高压厂变油面温度计由弹性波纹管、毛细管和温包组成一个全密封系统，利用这密封系统内部所充的感温介质受温度变化而产生的压力变化，使弹性波纹管端部产生位移来带动指针指示被测温度值。油温 60 ℃时启动冷却装置，55 ℃停止冷却装置，85 ℃发报警，97 ℃油温高高跳闸。

本厂高压厂变绕组温度计是采用模拟测量方法来间接地测得绕组热点温度，即绕组温度为变压器顶层油温和变压器铜油温差之和。

（11）片式散热器

8 组片式散热器故挂在变压器的高压侧，6 组片式散热器挂在变压器低压侧，每两组片散下部装油一只吹风装置。

10.2.4 指标与参数

型号：SFFZ—50 000/20 TH；

额定容量：50/25-25 MVA；

额定电压比：$(20_{-7}^{+3}\times2\%)/6.3-6.3$；

额定频率：50 Hz；

相数：三相；

联结组标号：Dyn1-yn1；

调压方式：高压侧有载调压；

调压范围：$20_{-7}^{+3}\times2\%$ kV；

冷却方式：ONAN/ONAF（70%/100%）；

空载损耗：29.2 kW；

负载损耗：203.6 kW；

短路阻抗：低压 1：14.9%低压 2：15%；

中性点接地方式：不接地；
带油运输重：63.9 t；
器身吊重：39. t；
总油重：22.2 t；
总重：79.7 t；
变压器油牌号：DB-25。

10.2.5 维修技术要求

表 352-02-10-10 厂用变压器维修项目内容与周期

检查项目	标准和要求	项目周期（1 C 为 1 个燃料循环）
变压器外观检查	漆膜完好，无渗漏油，无变形损坏	1 C
检查变压器各套管	瓷套无损坏，釉面光泽，接线面完好无氧化，无渗漏油	1 C
检查变压器气体继电器	外观良好，无渗漏油，集气盒完好	1 C
检查变压器压力释放器	外观良好，无渗漏油	1 C
检查变压器的温度计	外观良好，指示正常	1 C
检查变压器的油位计	外观良好，指示正常，传动机构无渗漏油	1 C
散热器检查	无损坏及渗漏油，风机运行无异音	1 C
本体端子箱检查	端子完好，箱体密封良好	1 C
绕组直流电阻	测量变压器低压侧、高压侧的直流电阻	1 C
冷却风扇电机检修	测量风扇电机的绝缘、直流电阻	1 C
风扇电机检修	测量油泵电机的绝缘、直流电阻	1 C
铁芯和夹件绝缘电阻	测量铁芯和夹件绝缘电阻值	1 C
高、低压绕组绝缘电阻	测量绝缘电阻和吸收比	1 C
绕组介损及电容值	测量高压、低压绕组介损及电容值	1 C
呼吸器	更换呼吸器内部硅胶及油杯中的油	1 C
厂变送电满负荷后 1～3 d 内取油样	分析变压器油中各气体组分含量	1 C
油样分析	全油样分析是否正常	1 Y
风扇电机解体检查	风扇电机解体检查	2 C
泄露电流	测量高压、低压绕组的泄露电流值	2 C
气体继电器更换	对气体继电器备件进行校验，合格后完成更换	3 C
温度计校验	对用油面、绕组温度计备件进行校验，合格后完成更换	3 C
压力突变继电器更换	对压力突变继电器备件进行校验，合格后完成更换	5 C
内部腐蚀检查	检查变压器内部腐蚀情况	6 C
变压器内检查	变压器滤油、内检、热油循环、抽真空、注油、静置、电气试验等工艺	6 C
压力释放阀更换	对压力释放阀备件进行校验，合格后完成更换	6 C

表 352-02-10-11 厂用变压器验收准则

检修项目	准则
变压器各附件检查	变压器附件无变形、无渗油、密封良好
风扇电动机绝缘电阻与直流电阻测量	风扇电动机绝缘值大于 1 MΩ，电流电阻测量值与前一次测试结果相比应无明显变化

续表

检修项目	准则
测量高低压绕组直流电阻	各相绕组电阻相互间的差别不应大于三相平均值的 2% 各相绕组电阻线之间的差别不应大于三相平均值的 1% 测量值与同温下出厂值相比相间变化不得大于 2%
测量高低压绕组及套管绝缘电阻、吸收比	高低压侧绝缘电阻换算成同一温度下，与前一次测试结果相比无明显变化，吸收比（10～30 ℃范围）不低于 1.3，套管的绝缘电阻大于 1000 MΩ
测量高低压绕组连同套管的介损和电容值	高低压绕组连同套管：20 ℃时介质损耗角正切值（以下简称 tgδ）不大于 0.6%，tgδ 值与历年的数值比较不应有显著的变化（一般不大于 30%）。
测量铁芯和夹件绝缘电阻	铁芯及夹件绝缘电阻大于 400 MΩ
测量高低压绕组泄漏电流	与前一次测量结果相比应无明显变化

10.2.6 质量管理

表 352-02-10-12 厂用变压器监检参数与周期

<table>
<tr><th>序号</th><th>监检参数</th><th colspan="3">标准</th><th>周期</th></tr>
<tr><td>1</td><td>记录变压器本体测量仪表读数</td><td colspan="3">绕组温度计（≤100 ℃），油温度计（≤75 ℃），本体油枕油（负荷变压器油位和温度曲线，一般建议值为 3.5～9.5）</td><td>2 次/W</td></tr>
<tr><td>2</td><td>有载调压油枕油位</td><td colspan="3">负荷变压器油位和温度曲线，一般建议值为 1～8</td><td>2 次/W</td></tr>
<tr><td>3</td><td>瓦斯继电器</td><td colspan="3">外观正常，无异音，无漏油</td><td>2 次/W</td></tr>
<tr><td>4</td><td>检查变压器密封情况</td><td colspan="3">套管处，法兰面等是否有渗漏油</td><td>2 次/W</td></tr>
<tr><td>5</td><td>呼吸器</td><td colspan="3">内硅胶颜色：蓝色变白色体积≤2/3；
呼吸情况：呼出时外油杯冒泡，吸进时内油杯液位高于外油杯</td><td>2 次/W</td></tr>
<tr><td>6</td><td>红外成像情况</td><td colspan="3">本体≤100 ℃</td><td>1 次/W</td></tr>
<tr><td>7</td><td>油样分析</td><td colspan="3">外观：透明
机械杂质：无
水分：≤20×10^{-6}
酸值：≤0.03 mgKOH/g
水溶性酸（pH）：＞5.4
闪点：≥135 ℃
界面张力（25 ℃）：≥35 mN/m
介质损耗因数：≤0.10
击穿电压：≥40 kV
体积电阻率：≥6×10^{10} Ω · m</td><td>1 次/Y</td></tr>
<tr><td rowspan="9">8</td><td rowspan="9">油色谱分析</td><td></td><td>期望值（μL/L）</td><td>限值（μL/L）</td><td rowspan="9">1 次/Y</td></tr>
<tr><td>甲烷</td><td>＜45</td><td>无</td></tr>
<tr><td>乙烷</td><td>＜35</td><td>无</td></tr>
<tr><td>乙烯</td><td>＜55</td><td>无</td></tr>
<tr><td>乙炔</td><td>无</td><td>＜5</td></tr>
<tr><td>氢</td><td>＜100</td><td>＜150</td></tr>
<tr><td>一氧化碳</td><td>无</td><td>无</td></tr>
<tr><td>二氧化碳</td><td>无</td><td>无</td></tr>
<tr><td>总烃</td><td>＜100</td><td>＜150</td></tr>
</table>

10.2.7 经验反馈

（1）常规岛厂变低压套管漏油。

故障现象：3、4 号常规岛厂变在运行期间，低压套管均有漏油现象。

检查处理：

——临时将套管密封垫圈重新紧固，用清洗剂清洁变压器漏油后送电；

——将3、4常规岛厂用变压器和核岛厂用变压器低压套管更换为密封性较好的瓷铁一体式套管。

缺陷原因：低压侧电缆长时间拉动低压套管造成套管密封垫老化，密封性降低。

后续改进：无。

（2）4号常规岛厂变本体油枕油位计指示异常。

故障现象：2011.10.17，主控触发4GEV011AA，现场检查发现常规岛厂变油位指示为零。

检查处理：

——现场检查变压器无渗油情况，判断油位计故障；

——停电将变压器排油后，检查油枕胶囊未破损，拆除油位计检查浮球有裂纹导致进油，更换新油位计后正常。

缺陷原因：油位计浮球有裂纹，变压器油进入浮球内，导致油位计指示异常。

后续改进：无。

（3）3号常规岛厂变瓦斯继电器集气盒破裂。

故障现象：2019.5.22，3号常规岛厂变主油箱油枕瓦斯集气器窥视孔破裂，窥视孔内有油渗漏到厂变外壳及地面上，10 s一滴。

检查处理：

——确认变压器各项运行参数正常后，紧急联系运行人员，退出3号常规岛厂变重瓦斯跳闸信号，并将瓦斯继电器至集气器之间的阀门关闭，防止变压器重瓦斯保护误动；

——对3号常规岛厂变瓦斯继电器至集气器之间的油路进行了检查，发现瓦斯继电器与油管连接的弯头内部堵塞；

——更换瓦斯继电器与油管之间的连接弯头，同时更换瓦斯继电器与弯头连接处使用紫铜垫片，防止此处渗油，更换后验证瓦斯继电器至集气器油路畅通。

——缺陷原因：

——正常运行时，瓦斯继电器集气盒与瓦斯继电器油路相通，集气盒中油随温度变化的体积通过变压器油枕进行补偿，集气盒承受的压力不会太大；

——检查瓦斯继电器弯头内部油路被挤压的密封垫堵塞，油温升高时瓦斯继电器集气盒油体积膨胀，憋压致集气盒破损；

——堵塞是因为设计的原因，瓦斯继电器弯头处密封圈内径（孔）较小，该弯头处又需保证密封可靠，安装过程中密封圈压缩量稍大会就导致密封圈内孔堵塞，密封垫甚至还会被挤压至弯头内油路处造成油路堵塞；

——针对弯头处密封圈易堵塞问题，该处密封圈更换为紫铜垫，既可保证密封，又可根除堵塞问题。

后续改进：

升版规程《3、4号机组油浸式变压器气体继电器更换 》（Q2Y-GEV-TPMAPE—0001）：更换瓦斯继电器，同步更换弯管和连通管，密封垫使用紫铜垫，更换完成后试验油路是否畅通。

10.2.8 技术规程清单

表352-02-10-13 技术规程

序号	文件名称
1	《常规岛高压厂变预防性维修》
2	《核岛高压厂变预防性维修》

10.2.9 参考资料

[1]《电力变压器　第 1 部分：总则》(GB 1094.1—1996).

[2]《电力变压器　第 2 部分：温升》(GB 1094.2—1996).

[3]《电力变压器　第 5 部分：承受短路的能力》(GB 1094.5—2008).

[4]《电力变压器　第 7 部分：油浸式电力变压器负载导则》(GBT 1094—2008).

[5]《电力设备预防性试验规程》(DL/T 596—1996).

[6]《电力变压器检修导则》(DL/T 573—2010).

[7]《变压器油中溶解气体分析和判断导则》(DL/T 722—2014).

[8]《电力变压器绕组变形的频率响应分析法》(DL/T 911—2016).

[9]《电力变压器运行规程》(DL/T 572—2010).

[10]《电工术语　变压器、调压器和电抗器》(GB/T 2900.95—2015).

10.3 干式变压器

10.3.1 定义

以中核核电运行管理有限公司秦二厂 3、4 号机组为例做说明，秦二厂 3、4 号机组干式变压器依靠空气对流进行冷却，简单的说干式变压器就是指铁芯和绕组不浸渍在绝缘油中的变压器。干式变压器的额定变比为 6.3 kV/400 V，用于带厂内额定电压 380 V 的负载。

干式变压器：属于静止电气设备，电磁感应定律是变压器基本的、核心的理论，其工作原理是：当一次绕组接通交流电源后，在铁芯中感应出交变磁通，该交变磁通在两个二次绕组中感应出同频率的电动势，根据一次绕组、二次绕组的匝数不同，可以感应出不同等级的电压。

额定容量：在额定使用条件下，变压器施加的使额定电压、额定频率，输出的是额定电流，温升也不超过极限值时变压器的容量，用 S_N 表示。

$$S_N=\sqrt{3}\bullet U_{1N}I_{1N}=\sqrt{3}\bullet U_{2N}I_{2N}$$

额定电压：在三相变压器中，额定电压是指线电压，根据变压器强度、铁芯饱和的限制和允许温升所规定的一次侧电压值叫做一次侧额定电压，用表示 U_{1N}，变压器在空载时的二次侧电压叫做二次额定压力，用 U_{2N}，为了适应电网电压变化的需要，高压侧一般都安装有供调压用的分接头。

额定电流：根据额定容量和额定电压算出来的电流称为额定电流，在额定使用条件下，变压器一次侧输入的电流叫做一次侧电流，用 I_{1N} 表示，变压器二次侧输出的电流叫做二次侧额定电流，用 I_{2N} 表示

Dyn11：D 表示高压侧三角形接法，y 表示低压侧星型接法，n 代表低压侧中性点引出，11 代表高低压差相位差 330 度。

10.3.2 范围对象

序号	设备名称
1	常备低压厂变
2	汽轮机厂房 1 号通风厂变
3	单元 1 号低压厂变
4	单元 2 号低压厂变
5	单元 3 号低压厂变
6	汽轮机厂房 2 号通风厂变
7	核岛厂用变

10.3.3 结构原理

(1) 干式变压器结构特点如下。

——铁芯：采用优质冷轧晶粒取向硅钢片，铁芯硅钢片采用 45° 全斜接缝，使磁通沿着硅钢片接

缝方向通过；

——高压绕组：一般采用多层圆筒式或多层分段式结构；

——低压绕组：一般采用层式或箔式结构。

（2）干式变压器形式：

——浇注式，用环氧树脂或其他树脂浇注作为主绝缘，它结构简单、体积小，适用于较小容量的变压器。

（3）智能温控器控制器采用工业单片机，利用预埋在干式变压器三相绕组中的三只 *Pt* 热电阻来检测变压器绕组的温度，并具有相应的报警和控制功能，能够根据绕组温度自动启停风机（高低压侧各有三个风机）对绕组温度进行强迫风冷，保证变压器运行在安全状态。

10.3.4 指标与参数

表 352-02-10-14 干式变压器指标与参数

产品名称	6.3/0.4 kV-800 kVA（或 630 kVA）变压器
额定功率	800 kVA（或 630 kVA）
空载额定电压比	6.3/0.4 kV
绕组连接方式	Dyn 11
中压绕组： （1）连接方式 （2）相间电压 （3）无载分接头电压	 △ 6.3 kV 6.3 kV±2*2.5%
低压绕组： （1）连接方式 （2）相间电压（中压侧在主抽头上） （3）中性点	 Y 0.4 kV 直接接地

10.3.5 维修技术要求

表 352-02-10-15 干式变压器维修项目内容与周期

检查项目	标准和要求	项目周期（1 C 为 1 个燃料循环）
变压器外观检查	清洁完好，无过热和松动情况	4 C
绕组直流电阻	线间差别不应大于三相平均值的 2%，与以前相同部位测得值比较，差别不应大于 2%	4 C
变压器铁芯绝缘的电阻测量	用 2500 V 兆欧表测量铁芯绝缘电阻，将电压加压线夹于铁芯处，时间 1 min，其值不应小于 5 MΩ	4 C
变压器绕组的绝缘电阻测量	将低压侧绕组短接接地，用 2500 V 兆欧表测量变压器 HV-LV.G 绝缘电阻，将加压线夹于高压侧接线端，时间 1 min，绝缘值不应小于 300 MΩ 将高压侧绕组短接接地，用 2500 V 兆欧表测量变压器 LV-HV.G 绝缘电阻，将加压线夹于低压侧铜排处，时间 1 min，绝缘值不应小于 100 MΩ	4 C
变压器风机检查	使用 500 V 兆欧表测量风机的绝缘电阻，应大于 0.5 MΩ；测量 PT100 的电阻值；手动启动风机检查运行情况（外加电源）	4 C
变压器的耐压试验	变压器低压绕组对高压绕组及地进行耐压试验：试验电源 2.4 kV 变压器高压绕组对低压绕组及地进行耐压试验：试验电压 17 kV	必要时

10.3.6 质量管理

表 352-02-10-16 干式变压器监检参数与周期

序号	监检参数	标准	周期
1	变压器温度（℃）和报警情况	变压器温度≤100 ℃且无报警	1 次/周

表 352-02-10-17 干式变压器验收准则

序号	项目	验收准则
1	变压器外观检查	清洁完好，无过热和松动情况
2	绕组直流电阻	线间差别不应大于三相平均值的 2%，与以前相同部位测得值比较，差别不应大于 2%
3	变压器铁芯绝缘的电阻测量	用 2500 V 兆欧表测量铁芯绝缘电阻，将电压加压线夹于铁芯处，时间 1 min，其值不应小于 5 MΩ
4	变压器绕组的绝缘电阻测量	HV-LV.G 绝缘电阻不应小于 300 MΩ LV-HV.G 绝缘电阻不应小于 100 MΩ
5	变压器风机检查	风机的绝缘电阻应大于 0.5 MΩ 测量 PT100 的直阻偏差小于 10% 手动启动风机检查运行情况正常
6	变压器的耐压试验	耐压试验后测量绝缘电阻与试验前无明显差别

10.3.7 经验反馈

（1）铁芯绝缘电阻不合格

故障现象：在干式变检修期间，多次发生铁芯绝缘不合格的情况。

检查处理：

——404 大修期间，4 LLN001 TR 铁芯绝缘不合格，经过检查发现铁芯与夹件之间的绝缘板（B 相绕组顶部）有破损情况，导致测量绝缘时此位置放电。现场通过在此处加装环氧树脂板的方式，使此处的绝缘强度增加，最终铁芯绝缘电阻试验合格。

——在日常检修 5 LKL001 TR 过程中，铁芯绝缘电阻不合格。在对铁芯结构进行检查时发现，铁芯与绕组直接有一颗螺栓，为安装期间遗留。将螺栓取出后，绝缘电阻满足要求。

缺陷原因：

——大多数原因为干式变运行时间较久，铁芯内部灰尘较多，导致铁芯绝缘不合格；

——部分由于内部存在异物或绝缘材料存在缺陷导致绝缘缺陷。

后续工作：无。

10.3.8 技术规程

表 352-02-10-18 干式变压器技术规程

序号	文件名称
1	6 kV/10 kV 干式变压器预防性维修

10.3.9 参考资料

[1]《干式电力变压器》(GB 1094.11—2007).

[2]《干式电力变压器技术参数和要求》(GB/T 10228—1997).

[3]《电力变压器检修导则》(DL/T 573—2010).

[4]《电力设备预防性试验规程》(DL/T 596—2005).

10.4 有载调压开关

10.4.1 定义

有载分接（调压）开关：适合在变压器励磁或负载下进行操作的用来改变绕组分接位置的一种装置。

有载分接开关是设计成在变压器励磁和带负载的情况下能够改变变压器的分接位置，从而改变其匝数比。在完成这种变换中不需要中断电源，他是利用机械操作装置来选择各个分接位置和切换负载电流及级电压的。

分接选择器：能承载电流但不能接通或开断电流的一种装置，它与切换开关配合使用，以选择分接连接位置。

切换开关：与分接选择器配合使用，在已选电路中承载、接通和开断电路中电流的一种装置。

选择开关：把分接选择器和切换开关的功能结合在一起，能承载、接通和开断电流的一种开关装置。

B 级绝缘的耐热等级为 130 ℃，C 级绝缘的耐热等级为大于 180 ℃。

10.4.2 范围对象

以秦二厂 3、4 号机组大型油浸变压器中使用有载分接开关为例，包括 3/4 号常规岛高压厂用变压器、3/4 号核岛高压厂用变压器、鸽山 1 号辅助变压器和鸽山 2 号辅助变压器，共计 6 台油浸变压器使用有载调压开关。

10.4.3 结构原理

有载调压开关由切换开关、分接选择器和电动操作机构组成。切换开关装在自身的油室内，包含切换开关芯子、开关头盖、头部法兰、绝缘筒、筒底四部分组成。

10.4.4 指标与参数

——以秦二厂 3、4 号机组大型油浸变压器中使用有载分接开关为例，核岛、常规岛高压厂用变压器有载调压开关指标与参数见表 352-02-10-19：

表 352-02-10-19 核岛、常规岛高压厂用变压器有载调压开关指标和参数

序号	项目	技术参数
1	型号	3 × MI 1203A-72.5/B-12 11 1 W
2	调压范围	20（+3，−7）×2% kV
3	最大通电电流	1200 A
4	对地绝缘水平	72.5 kV
5	分接选择器绝缘等级	B 级
6	分接头触头数	12
7	最大分接数	11
8	中间分接数	1

——以秦二厂 3、4 号机组大型油浸变压器中使用有载分接开关为例，辅助变压器有载调压开关指标与参数见表 352-02-10-20：

表 352-02-10-20 辅助变压器有载调压开关指标和参数

序号	项目	技术参数
1	型号	MⅢ350Y-123/C—10193 WR
2	调压范围	220（+8，−8）×1.25% kV
3	最大通电电流	350 A
4	对地绝缘水平	123 kV
5	分接选择器绝缘等级	C 级
6	分接头触头数	10
7	最大分接数	19
8	中间分接数	3

10.4.5 维修技术要求

（1）预防性维修项目

表 352-02-10-21 有载调压开关维修项目内容与周期

项目名称	项目内容	项目周期（1 C 为 1 个燃料循环）
油样分析	微水和击穿电压	1 C
切换开关解体检修	开关油室的检查、瓦斯继电器检查、切换开关芯子检查、解体后电气试验	7 Y 或必要时
操作箱检查	逐级操作和终端限位开关和抗多档连变保护装置的检查	1 C

（2）油样分析试验

有载分接开关油枕处取油样分析，微水＜40×10^{-6}，击穿电压＞30 kV/2.5 mm。

（3）验收准则

表 352-02-10-22 有载调压开关验收准则

序号	项目	验收准则
1	油样分析：水分和击穿电压	型号 MⅢ350Y-123/C—10193WR 标准：微水＜40×10^{-6}，击穿电压＞30 kV/2.5 mm 型号 3×MI 1203A-72.5/B-12111W 标准：微水＜40×10^{-6}，击穿电压＞30 kV/2.5 mm
2	电机投入运行过程中观察压力表计指示	超过 3.5 bar 需要更换滤芯

（4）切换开关解体检修

——从中间以上分接位置开始，把开关切换至校准位置，确认开关头分接位置指示和操作机构箱位置指示均为校准位置。

——卸下水平传动轴、开关头盖并确认开关头内三角形标记应对应。

——吊出切换开关芯子并检查确认油室底部齿轮的校准位置。

——开关油室的检查：清洗开关油室并用合格的变压器油再次冲洗，检查绝缘材料（油室、吸管和指示轮轴）及滑动触头应正常，静止约 3 h，利用变压器本体与有载开关油室之间的压力差检查油室的密封情况（放油螺栓、开关头法兰处、与选择开关的传动轴处和油室内壁引线触头处），若渗油需处理。

——瓦斯继电器检查：对瓦斯继电器进行校验。

——开关绝缘支撑筒检查：清洗及检查支撑绝缘筒及绝缘传动轴应无损伤和放电痕迹。

——拆卸切换开关芯子：利用专用工具，打开制轮，解除切换开关的锁紧状态，把切换开关调整到中间位置以减小触头的接触压力；在切换开关的中间位置拆除弧形板。

——切换开关动触头系统检查：清洗并检查切换开关的整体情况，绝缘板、触头辫子导线应无损伤，测量切换开关主触头、主通断触头和过渡触头磨损量。

——检查切换开关的储能机构：检查储能弹簧、枪击机构应无变形。

——切换开关弧形板检查：清洗并检查切换开关弧形板，测量弧形板上主触头、主通断触头和过渡触头磨损量，触头正常厚度为 8 mm，厚度小于 4 mm 要更换该组所有触头，或者过渡触头与主弧触头厚度之差大于 2.5 mm 需要更换该组所有触头；检查放电弧片是否放电痕迹，若有必须更换；测量切换开关的过渡电阻，若过渡电阻连接导线、定触头为旧型，需要更换电阻连接导线、电流簧片和定触头。

——切换开关重新组装：重装灭弧室、弧形板传动轴及支撑绝缘筒、再次测量过渡电阻（对应的触头要打开）、手动操作测试（制轮要锁紧）、用清洁的油最后清洗。

接地套管引出油箱后用接地引线分别引下并做标识接地，其接地引线能耐受工频耐油 5000 V，该接地方式方便了运行人员对设备的检测。

（4）引线

500 kV 出头引线按电场分析计算结果设计，保证电气、机械、热性能的要求，在 500 kV 出头根部，通过龙门支架和特制的夹紧装置将其固定，避免由于出头的晃动和拉伸而损坏到线圈的根部，在出头与油箱之间设有隔板。高压引线有导杆式套管引出。中性点出头与高压出头在同一侧引出后，将其从铁轭上部引至低压侧，再通过套管引出。可以根据需要装设套管式电流互感器。为了满足外绝缘的要求，中性点套管向外侧倾斜了一定的角度。

（5）油箱

油箱采用钟罩式结构，拱顶式箱盖，箱盖顶部的设计防止了雨水浸入以便于气体聚集到瓦斯继电器里。油箱采用了高强度钢板，确保了机械强度。高、低压侧的箱壁上都装有磁屏蔽，可以对绕组漏磁通提供回路，有效吸收漏磁通，减小漏磁通在油箱壁表面产生涡流损耗，防止局部过热的产生。油箱外壁设有数道竖加强筋，不仅外形美观而且机械强度大大加强。油箱为焊接钢板结构，不仅能承受真空和正压的要求，不会产生泄漏和永久变形和损坏，而且能承受和保持长期全真空。电抗器为平底基座，该基座能均匀地将电抗器载荷分布到基础上，基础预埋钢板，电抗器本体就位后箱底与基础预埋钢板焊接固定在混凝土基础上，采用这种方法足以承受设备的重量和惯性作用力，以及地震力产生的位移。油箱设有顶起千斤顶的位置和牵引孔，底座能在纵向、横向作平面滑动，满足滚杠运输的要求，并设有用于拖动的构件。在油箱的上下部位各设有放油阀门，并且箱盖和箱底的注油、放油阀门成对角线布置，确保了油路流畅。所有的密封面处理均采用先进的技术，确保密封接头部位不渗漏油和发生气体泄漏。为了保护人身安全，油箱本体上设有带门带锁的梯子，并有警示标志，真正将安全保护意识放在了首位。

（6）冷却设备

该电抗器为油浸自冷式结构，采用鹅颈式散热器，其中心距 2500 mm 片子 23 张，心距 2200 mm 片子 3 张，且每 2 组与 3 组散热器间拉大间距，增加空气流通量，提高散热效率，散热器分布在油箱的两侧，通过蝶阀分别安装在并联电抗器的联管上，并且在不用从油箱中抽油的情况下也能拆卸散热器，运行维护方便。散热器可与本体一起抽真空。为了确保其导油框架的机械强度，采用方管对导油框架加以支撑，防止导油管的受力变形而导致渗漏油。

（7）套管

电抗器套管是将电抗器内部的高、中性点引线引至油箱外部的出线装置，它不但作为引线对地绝缘，而且担负着固定引线的作用。

（8）安全保护装置

该电抗器在箱盖顶部设有一个压力释放装置，带有报警触点，当油箱内压力升高到释压器的开启压力时，迅速开启使箱内压力很快降低，确保油箱内保持正常压力。当压力增大时变压器油顺着导油罩导出至油箱下部，保护电抗器安全运行，箱盖并不受到污染。该电抗器还配备了大连世有右面温度计和绕组温度计，输出 4～20 mA 电流，温度报警与显示具备与监控系统对接的条件；配备了沈阳旭升气体继电器以检测电抗器内部故障等其他保护装置。

（9）储油柜

储油柜内装有一个耐油尼龙胶囊，胶囊内经过呼吸管及吸湿器与大气相接触，胶囊外和变压器油相接触，当变压器油箱中油膨胀或收缩时，储油柜油面将会上升或下降，使胶囊向外排气或自行补气以平衡胶囊内外侧压力，起到呼吸作用。

（10）吸湿器

吸湿器规格为 5 kg，用于干燥储油柜中的空气，以免使油箱中的变压器油发生氧化作用。

10.5.4 指标与参数

表 352-02-10-25 电抗器指标与参数

序号		项目	参数
1. 额定值	1.1	额定频率（Hz）	50
	1.2	额定电压（kV）	$500/\sqrt{3}$
	1.3	额定容量（Mvar）	60
	1.4	额定电流（A）	189
	1.5	额定电抗（Ω）及容许偏差（%）	1680±5%
	1.6	三相间阻抗互差（%）	±2
	1.7	冷却方式	ONAN
2. 绝缘水平	2.1	雷电冲击全波电压（kV 峰值）	
	2.1.1	高压端子	1550
	2.1.2	中性点端子	325
	2.2	雷电冲击截波电压（kV 峰值）	
	2.2.1	高压端子	1675
	2.3	操作冲击电压（kV 峰值）	
	2.3.1	高压端子	1175
	2.4	短时工频耐受电压（kV 方均根值）	
	2.4.1	高压端子	680
	2.4.2	中性点端子	140
3. $1.05U_N$ 温升限值（K）	3.1	顶层油温	50
	3.2	绕组（平均）	55
	3.3	油箱及金属结构件表面	65
	3.4	铁芯	65
4	4	损耗（kW，75 ℃）	≤100
5	5	噪声水平 dB（A）	≤72
6. 振动限值（μm，峰－峰）	6.1	平均值	≤50
	6.2	最大值	≤90
	6.3	油箱底部	≤30
7	7	局部放电水平（pC）	≤100
8	8	绕组连同套管的 $\tan\delta$（20 ℃）	≤0.5%
9	9	无线电干扰水平（μV）	≤500
10. 套管	10.1	额定电流（A）	
	10.1.1	高压套管	1600
	10.1.2	中性点套管	630
	10.2	绝缘水平（LI/SI/AC）（kV）	
	10.2.1	高压套管	1675/1300/740
	10.2.2	中性点套管	325/－/140
	10.3	局部放电水平（pC）	
	10.3.1	高压套管	＜10
	10.3.2	中性点套管	＜10

10.5.5 维修技术要求

（1）防性维修项目

表 352-02-10-26 电抗器维修项目内容与周期

项目名称	项目内容	项目周期（1 C 为 1 个燃料循环、1 Y 为 1 个自然年）
一般性外观检查	检查记录电抗器本体油位；检查记录电抗器渗油情况；清除电抗器各部件表面的明显积尘，检查记录漆膜完好情况和锈蚀情况；检查记录电抗器上各阀门是否在其正常的开或关状态	1 C
检查电抗器各组件	检查电抗器套管 检查电抗器油箱及附件	1 C
检查接地系统	检查电抗器各设备接地	1 C
冷却系统检查	检查各散热器散热片的情况	1 C
绕组直流电阻测量	测量三相绕组的直流电阻	1 C
测量绕组连同套管的绝缘电阻、吸收比	测量三相绕组的绝缘电阻和吸收比	1 C
测量套管绝缘电阻	测量套管和套管末瓶绝缘电阻	1 C
测量铁芯、夹件绝缘电阻	测量铁芯、夹件绝缘电阻	1 C
测量绕组连同套管的介损及电容	测量绕组连同套管的介损及电容	1 C
测量套管的介损及电容	测量高压、中性点套管的介损和电容	1 C
测量绕组泄漏电流	测量绕组泄漏电流	2 C

（2）验收准则

表 352-02-10-27 电抗器验收准则

序号	项目	验收准则
1	测量绕组直流电阻	各相绕组电阻间的差别不应大于三相平均值的 2%，校正测量值与出厂值相比变化不得大于 2%
2	测量绕组连同套管的绝缘电阻、吸收比	在考虑环境湿度等因素下，各测试结果应与历史数据无明显差别，吸收比应不小于 1.3
3	测量套管的绝缘电阻	末屏绝缘≥1000 MΩ，主绝缘≥10 000 MΩ
4	测量铁芯、夹件绝缘电阻	与上一次测量值无明显变化
5	测量绕组连同套管的介损及电容	20 ℃时绕组 tgδ 不大于 0.6%，与历年的数值比较不应有显著变化（一般不大于 30%）
6	测量套管的介损及电容	高压套管 20 ℃时 tgδ 不大于 0.8%，中性点套管 20 ℃时 tgδ 不大于 1.0%，各套管电容值与出厂值或上次测量值无显著变化（不大于±5%）
7	测量绕组泄漏电流	与上一年测量值无明显变化（不大于 150%），小于 10 μA 时不作比较

（3）检查和预防性试验要求

——一般性外观检查：检查记录电抗器本体油位；检查记录电抗器渗油情况；清除电抗器各部件表面的明显积尘，检查记录漆膜完好情况和锈蚀情况；检查记录电抗器上各阀门是否在其正常的开或关状态。

——检查电抗器各组件：

- 检查电抗器套管；
- 检查电抗器油箱及附件。

——检查接地系统：

- 检查电抗器各设备接地。

——冷却系统检查试验：

- 检查电抗器各设备的接地，应符合：接地连接可靠，接地铜缆完整无明显断股、锈蚀；紧固螺栓和螺母无明显锈蚀，如锈蚀严重应更换。

——绕组直流电阻测量：

● 试验前，将高压套管与门架接线拆开，再将中性点套管与接地导体接线拆开，获得绕组接头；

● 用变压器直流电阻测量仪分别测量三相绕组的直流电阻。

——测量绕组连同套管的绝缘电阻、吸收比：

● 在端子箱内将各套管升高座电流互感器二次绕组短接接地；

● 将被试绕组短接加压，电抗器外壳可靠接地；

● 采用 2500 V 兆欧表分别测量三相绕组的绝缘电阻和吸收比，分别读取 15 s 和 60 s 时的绝缘电阻值，测量完毕应对绕组充分放电。

——测量套管绝缘电阻：

● 将高压被测套管的末屏接地螺帽打开；

● 将兆欧表 L 端接在被试套管的末屏引线柱上，使用 2500 V 档位逐个测量高压 A、B、C 三相套管的末屏绝缘电阻值，每次测量完毕应放电；

● 将兆欧表 L 端接在中性点套管上，兆欧表 E 端接被试套管的末屏引线柱上，使用 2500 V 档位逐个测量中性点 X、Y、Z 套管主绝缘的电阻值，每次测量完毕应放电，并恢复套管末屏接地盖。

——测量铁芯、夹件绝缘电阻：

● 采用 2500 V 兆欧表测量铁芯对油箱外壳的绝缘电阻；

● 采用 2500 V 兆欧表测量夹件对油箱外壳的绝缘电阻。

——测量绕组连同套管的介损及电容：

● 将被试绕组短接加压，电抗器外壳可靠接地；

● 将介损测试仪加压线接中性点套管，参考仪器说明书按工频反接的接线方式接线，启动仪器加压 10 kV，逐个测量 A、B、C 三相绕组连同套管的介损及电容，加压过程操作人员注意周边情况，测量后关闭仪器，进行放电。

——测量套管的介损及电容：

● 将高压被测套管的末屏接地螺帽打开；

● 将介损仪加压线连接在高压套管上，将介损仪的试品输入线接被试套管的末屏引线柱上，逐个测量高压 A、B、C 三相套管介损及电容，参考仪器说明书按工频正接的接线方式接线，启动仪器加压 10 kV，加压过程操作人员注意周边情况，测量后关闭仪器，进行放电，并恢复套管末屏接地盖；

● 将中性点被测套管的末屏接地螺帽打开；

● 将介损仪加压线连接在中性点套管上，将介损仪的试品输入线接被试套管的末屏引线柱上，逐个测量中性点套管 X、Y、Z 介损及电容，参考仪器说明书按工频正接的接线方式接线，启动仪器加压 10 kV，加压过程操作人员注意周边情况，测量后关闭仪器，进行放电，并恢复套管末屏接地盖。

——测量绕组泄漏电流：

● 将被试绕组短接加压，电抗器外壳可靠接地；

● 正确连接仪器，使用直流高压发生器对中性点套管加压 DC 60 kV，持续 1 min。逐个测量 A、B、C 三相绕组泄露电流，读取微安表电流值即为所测得的泄漏电流值。

● 对被试绕组充分放电。

10.5.6 质量管理

表 352-02-10-28 电抗器监检参数与周期

序号	监检参数	标准	周期
1	记录电抗器本体测量仪表读数	绕组温度计（≤100 ℃），油温度计（≤75 ℃），本体油枕油（负荷变压器油位和温度曲线）	2 次/W
2	油流继电器	指示及无进水	2 次/W

续表

<table>
<tr><th>序号</th><th>监检参数</th><th colspan="3">标准</th><th>周期</th></tr>
<tr><td>3</td><td>瓦斯继电器</td><td colspan="3">外观正常，无异音，无漏油</td><td>2 次/W</td></tr>
<tr><td>4</td><td>检查电抗器密封情况</td><td colspan="3">套管处，法兰面等是否有渗漏油</td><td>2 次/W</td></tr>
<tr><td>5</td><td>呼吸器</td><td colspan="3">内硅胶颜色：蓝色变白色体积≤2/3
呼吸情况：呼出时外油杯冒泡，吸进时内油杯液位高于外油杯</td><td>2 次/W</td></tr>
<tr><td>6</td><td>红外成像情况</td><td colspan="3">本体≤100 ℃</td><td>1 次/W</td></tr>
<tr><td>7</td><td>油样分析</td><td colspan="3">外观：透明
机械杂质：无
水分：≤10×10^{-6}
酸值：≤0.03 mgKOH/g
水溶性酸（pH）：＞4.2
闪点：≥135 ℃
界面张力（25 ℃）：≥19 mN/m
介质损耗因数：≤0.5%
击穿电压：≥60 kV
体积电阻率：≥6×10^{10} Ω.m
含气量：≤3%</td><td>1 次/Y</td></tr>
<tr><td rowspan="9">8</td><td rowspan="9">油色谱分析</td><td></td><td>期望值（μL/L）</td><td>限值（μL/L）</td><td rowspan="9">1 次/3 M</td></tr>
<tr><td>甲烷</td><td>＜45</td><td>无</td></tr>
<tr><td>乙烷</td><td>＜35</td><td>无</td></tr>
<tr><td>乙烯</td><td>＜55</td><td>无</td></tr>
<tr><td>乙炔</td><td>无</td><td>＜1</td></tr>
<tr><td>氢</td><td>＜100</td><td>＜150</td></tr>
<tr><td>一氧化碳</td><td>无</td><td>无</td></tr>
<tr><td>二氧化碳</td><td>无</td><td>无</td></tr>
<tr><td>总烃</td><td>＜100</td><td>＜150</td></tr>
</table>

10.5.7 经验反馈

表 352-02-10-29 电抗器异常检测和处理

<table>
<tr><th>序号</th><th>设备名称</th><th>非电量保护定值</th><th>异常情况原因</th><th>分析检查</th></tr>
<tr><td>1</td><td rowspan="2">气体继电器</td><td>200～300 L</td><td>内部过热及设备漏气聚集气体</td><td rowspan="3">采集气体进行色谱分析，根据气体组分变化以及通过线路故障监测、常规试验手段确定检修方案</td></tr>
<tr><td>2</td><td>1±15%m/s</td><td>内部绕组对地及相间短路</td></tr>
<tr><td>3</td><td>压力释放器</td><td>55±5 kPa</td><td>呼吸系统不畅或内部故障，变压器内压力过高</td></tr>
<tr><td>4</td><td rowspan="2">温控器</td><td>油面温度计：一级报警为 85 ℃；二级跳闸为 100 ℃</td><td rowspan="2">温控器故障、整定值偏差、冷却系统循环不畅</td><td rowspan="2">检查温控器，油道阀门</td></tr>
<tr><td>5</td><td>绕组温度计：一级报警为 100 ℃；二级跳闸为 115 ℃</td></tr>
<tr><td>6</td><td>油位表</td><td>距离储油柜顶部 100 mm 高油位报警
距离储油柜底部 100 mm 低油位报警</td><td>储油柜胶囊破损、油位表故障</td><td>关闭储油柜阀门并排除储油柜油，检查油位表和胶囊</td></tr>
</table>

10.5.8 技术规程清单

表 352-02-10-30 电抗器维修规程

序号	文件名称
1	《500 kV 电抗器预防性维修》

10.5.9 参考资料

[1]《电工术语　变压器、调压器和电抗器》（GB/T 2900.95—2015）.

[2]《电力设备预防性试验规程》（DL/T 596—1996）.

11 6.6 kV 中压配电装置

本节主要讲述 6.6 kV 中压配电装置相关重要内容，主要包括内容见表 352-02-11-01：

表 352-02-11-01 小节次级要素

次级技术要素	包含内容
真空断路器	真空断路器因其灭弧介质和灭弧后出头间隙的绝缘介质都是高真空而得名，其具有体积小、重量轻、适用于频繁操作、灭弧不用检修的优点。在配电网中应用较为普及
真空接触器	真空接触器利用真空灭弧室灭弧，用以频繁接通和切断正常工作电流，通常用于远距离接通和断开频繁启停的 6 kV 交流电机或者干式变
电流互感器	概述电流互感器
电压互感器	概述电压互感器

11.1 真空断路器

11.1.1 定义

真空断路器因其灭弧介质和灭弧后出头间隙的绝缘介质都是高真空而得名；其具有体积小、重量轻、适用于频繁操作、灭弧不用检修的优点。在配电网中应用较为普及。

11.1.2 范围对象

每台机组有正常厂用母线四个段（LGA、LGB、LGC、LGD），应急母线两个段（LHA、LHB），循泵房母线两个段（LGEA、LGEB），电动主给水泵 F，两台机组共用母线两个段（8LGIA、8LGIB）备用电源母线两个段（8LGR001、8LGR002）均配有真空断路器。

11.1.3 结构原理

断路器本体呈圆柱状，垂直安装在做成托架状的断路器操动机构外壳的后部。断路器本体的导电部分浇筑在环氧树脂的极柱内，使得真空灭弧室免受外界影响和机械的伤害。断路器在合闸位置时的主回路电流路径是从上出线端到位于真空灭弧室内部的静触头，而后经过动触头及软连接至下部接线端子。真空灭弧室的开合是依靠绝缘拉杆与触头压力弹簧推动的。

操动机构的储能弹簧是平面蜗卷弹簧，一台操动机构操作三相极柱，拧紧平面蜗卷弹簧将储存足够的能量以供断路器动作之需要。平面蜗卷弹簧有手动和电动机储能两种储能方式。在断路器操作机构面板上装有一块标有断路器主要技术参数的铭牌，而另一块铭牌则装在外壳的下部右前方。基本型式的平面蜗卷谭爽操作机构装有分闸脱扣器、合闸脱扣器、辅助开关、手动合闸按钮、手动分闸按钮、断路器分、合闸位置指示器、储能状态指示器、动作计数器、电动机储能机构、闭锁电磁铁等部件。

平面蜗卷弹簧通过装有棘轮的传动链使平面蜗卷弹簧储能，用以供给驱动断路器所需要的能量，储能既可由储能电机自动进行，也可用手动储能手柄完成。

当手动按下合闸按钮或远方给出合闸命令后，合闸过程便开始了。脱扣机构释放由预先已经储能的平面蜗卷弹簧并转动主轴，凸轮盘和主轴一起转动，通过拔叉推动绝缘拉杆动作，真空灭弧室内的动触头由绝缘拉杆带动向上运动，直至触头接触为止。同时压力弹簧被压紧，保证主触头有适当的接触压力，在合闸过程中分闸弹簧也同时被压紧。

当手动按下分闸按钮或远方给出分闸命令后，分闸过程开始。脱扣机构允许仍有足够储能的平面蜗卷弹簧去进一步转动，由凸轮和拔叉释放分闸弹簧，于是触头和绝缘连杆一起以一定的速度向下运动至分闸的位置。

由于灭弧室的静态压力极低，所以只需很小的触头间隙就可达到很高的电解质强度。在分闸过程中，高温产生了金属蒸汽离子和电子组成的电弧等离子体，使电流将持续一段很短的时间。由于触头上开有螺旋槽，电流曲折路径效应形成的磁场作用在电弧上，使电弧以每秒 70～100 m 的速度在触头表面旋转运动，直到电弧熄灭。这样即使在切断很大的电流时，也可避免触头表面的局部过热与不均匀的烧蚀。

电弧在电流自然过零熄灭，残留的离子、电子和金属蒸汽只需几分之一毫秒的时间内就可以复合或凝聚在触头表面屏蔽罩上，因此，灭弧室断口的电介质强度恢复极快。对于真空灭弧室而言，由于触头间隙小，由金属蒸汽形成的电弧等离子体的电导率高，电弧电压极低。另外，由于燃弧时间短，伴生的电弧能量极小，综上各点都有利于触头寿命的增加，也有利于真空灭弧室性能的提高。

11.1.4 指标与参数

表 352-02-11-02 真空断路器技术数据表 1

型号	额定电流	对称短路开断电流	非对称短路开断电流	额定短路电流	额定短路电流耐受时间
1206-25	630	25 kA	27.3 kA	63 kA	4 s
1212-25	1250				
1216-25	1600				
1220-25	2000				
1206-31	630	31.5 kA	34.3 kA	80 kA	4 s
1212-31	1250				
1216-31	1600				
1220-31	2000				
1206-40	630	40 kA	43.6 kA	100 kA	4 s
1212-40	1250				
1216-40	1600				
1220-40	2000				

表 352-02-11-03 真空断路器技术数据表 2

额定电压	kV	12
额定频率	Hz	50/60
额定 1 min 工频耐受电压	kV	42
额定雷电冲击耐受电压	kV	75
瞬态恢复电压峰值	kV	20.6
瞬态恢复电压上升率	kV/μs	0.34
额定操作顺序		O-3 min-CO-3 min-CO
额定自动重合闸操作顺序		O-0.3 s-CO-3 min-CO

11.1.5 维修技术要求

——断路器本体检修：表面清扫；检查断路器本体环氧树脂、触头无开裂、发黑、烧焦等现象；检查断路器本体航空插，确认插针无弯折或缩进等异常情况；检查断路器前面板是否破损；检查储能电机外形是否变形，是否存在漏油情况；检查辅助开关接线端子和插件是否有松动情况发生。

——主回路绝缘电阻测试：在合闸状态下用 2500 V 兆欧表分相测量，非被试相接地。绝缘电阻值应符合产品技术条件的规定。

——主回路直流电阻测试：使用回路电阻测试仪测量，测试电流不小于 100 A DC。微欧计的电流电缆与试品的连接处应有足够的接触面积，且接触良好，电压引线应尽量缩短，实测结果应符合产品技术条件的要求。

表 352-02-11-04 断路器直流电阻标准

	单位	12 kV 浇注式极柱系列			
额定电流	A	630	1250	1600 2000	2500 3150
不含触臂电阻值	μΩ	26	25	20	16
含触臂电阻值	μΩ	68	55	30	28

——测量分、合闸时间及三相同期性；采用开关测试仪测量，在断路器的额定操作电压下进行。实测分、合闸时间应满足产品技术条件的规定，分闸试验为 33～45 ms，合闸试验为：55～67 ms，分、合闸不同期时间不应大于 2 ms，合闸弹跳时间不应大于 2 ms。操作电压对测量结果有一定影响，应在控制线圈端钮上测量电压。真空接触器的分合闸时间国标中没做要求，制造厂建议为：合闸时间 30～50 ms，分闸试验 20～30 ms。

——操动机构的试验：控制线圈端钮电压在 85%、100%、110%额定电压下断路器应可靠合闸，在 65%、100%、110%额定电压下应可靠分闸，30%额定电压下分闸不动作，分别操作 3 次，每次操作结果均应符合要求。

——交流耐压试验：相间、断口间交流耐压试验的试验电压及持续时间应符合制造厂的规定。相间的交流耐压试验时断路器应在合闸状态，被试相加压，非被试相接地。断口间交流耐压时断路器在分闸状态。

11.1.6 质量管理

项目名称	质量管控点
断路器检修	（1）绝缘电阻测试；（2）直流电阻测试；（3）交流耐压试验

11.1.7 经验反馈

断路器本体储能电机渗油：

故障现场：在对 VD 4 断路器进行年度检查时，发现断路器本体内的储能电机有渗油情况。

检查处理：更换一体式的储能电机。

缺陷原因：断路器内配置的储能电机是靠橡胶塞密封的，橡胶塞在长期运行后逐步老化，密封性能下降。

后续改进：按照断路器年度检查的计划安排，逐步更换一体式的储能电机，从结构上杜绝渗油缺陷的发生。

辅助开关接线端子和插件松动导致断路器无法合闸，对应措施为每次检修时对此处进行检查，防止松动。

11.1.8 技术规程清单

表 352-02-11-05 技术规程清单

序号	文件名称
1	《6 kV/10 kV 断路器小车预防性维修》

11.1.9 参考资料

[1]《电力设备预防性试验规程》(DL/T 596—1996).

11.2 真空接触器

11.2.1 定义

真空接触器利用真空灭弧室灭弧，用以频繁接通和切断正常工作电流，通常用于远距离接通和断开频繁启停的 6 kV 交流电机或者干式变。

11.2.2 范围对象

每台机组有正常厂用母线四个段（LGA、LGB、LGC、LGD），应急母线两个段（LHA、LHB），两台机组共用母线两个段（8LGIA、8LGIB）均配有真空接触器。

11.2.3 结构原理

接触器分为永磁式和电磁式两种型号接触器。

永磁式接触器可以分为 SCO 和 DCO 两种型号接触器。SCO 接触器仅仅需要一条供电回路，当向接触器供电时合闸，并且仅仅需要消耗 5 W 的功率，维持储能电容电压值不变，就能将接触器保持在合闸状态。而 DCO 接触器需要两条控制回路，合闸回路和分闸回路。当合闸回路收到脉冲电压信号时接触器合闸；当分闸回路收到脉冲电压信号时，接触器分闸。同样接触器需要消耗 5 W 的功率维持储能电容电压值不变。

电磁式接触器可以分为电气保持和机械保持两种型号接触器。电气保持型接触器合闸时，需要持续消耗 60～70 W 的功率才能使接触器保持在合闸状态，当回路被切断，接触器将依靠分闸弹簧分闸。而机械保持型接触器合闸后，机械闭锁装置将接触器始终保持的合闸位置，这时接触器不需要消耗功率。当脉冲信号给分闸线圈时，分闸线圈会解除机械闭锁，接触器在分闸弹簧的作用下降动触头释放，使接触器分闸。

11.2.4 指标与参数

表 352-02-11-06 真空接触器技术数据表

额定电压	kV	7.2
额定电流	A	400
额定 1 min 工频耐受电压	kV/1 min	32
额定雷电冲击耐受电压	kV	60
短时耐受电流	kA	6
短路开断能力	kA	6

11.2.5 维修技术要求

——接触器本体检修：表面清扫；检查接触器本体环氧树脂、触头无开裂、发黑、烧焦等现象；检查接触器本体航空插，确认插针无弯折或缩进等异常情况；检查接触器前面板是否破损；检查储能电机外形是否变形，是否存在漏油情况；检查辅助开关接线端子和插件是否有松动情况发生。

——主回路绝缘电阻测试：在合闸状态下用 2500 V 兆欧表分相测量，非被试相接地。绝缘电阻值应符合产品技术条件的规定。

——主回路直流电阻测试：使用回路电阻测试仪测量，测试电流不小于 100 ADC。微欧计的电流电缆与试品的连接处应有足够的接触面积，且接触良好；电压引线应尽量缩短。实测结果应符合产品技术条件的要求。

表 352-02-11-07 接触器直流电阻标准表

测量位置	测量标准
高压熔丝	≤1.3 mΩ
真空泡	≤250 μΩ
接触器	≤1.5 mΩ

——操动机构的试验：控制线圈端钮电压在 85%、100%、110%额定电压下接触器应可靠合闸，在 65%、100%、110%额定电压下应可靠分闸，30%额定电压下分闸不动作，分别操作 3 次，每次操作结果均应符合要求。

——交流耐压试验：相间、断口间交流耐压试验的试验电压及持续时间应符合制造厂的规定。相间的交流耐压试验时接触器应在合闸状态，被试相加压，非被试相接地。断口间交流耐压时接触器在分闸状态。

11.2.6 质量管理

项目名称	质量管控点
接触器检修	（1）绝缘电阻测试；（2）直流电阻测试；（3）交流耐压试验

11.2.7 经验反馈

（1）VSC 接触器小车无法合闸。

故障现象：VSC 接触器小车无法合闸。

检查处理：在接触器底盘 S6 节点动作区域增加铜块，确保 S6 节点在工作和试验位置时可以有效动作。

缺陷原因：经过对控制回路检查，发现控制回路中 S6 节点是随着小车底盘移动而动作的，但是在小车推进至工作位置时，S6 节点同接触器底盘配合出现偏差，导致 S6 节点无法正确动作，合闸回路始终处于断开的情况，最终导致接触器无法合闸。

后续改进：无。

（2）V7 型接触器熔丝熔断后无法触发辅助触点动作。

故障现象：V7 接触器下游负荷出现两相接地短路故障，对应的 V7 接触器两相熔丝熔断，但没有触发接触器跳闸。

检查处理：在对故障接触器检查时发现，虽然熔丝已经熔断，撞针已经弹出，但是撞针机构没有有效地触发熔丝熔断的辅助触点，导致接触器没有分闸。按照厂家给出的作业指导书，在熔丝撞针机构上增加垫片，并且模拟撞针弹出，验证熔丝熔断的辅助触点工作正常。

缺陷原因：熔丝撞针机构同熔丝熔断后弹出的撞针配合不当。

后续改进：对现场 V7 型接触器进行逐步排查，加装撞针机构垫片后，使用专用工装，模拟熔丝熔断情况，验证熔丝熔断的辅助触点可以正确动作。

11.2.8 技术规程

表 352-02-11-08 技术规程清单

序号	文件名称
1	《6 kV/10 kV 接触器小车预防性维修》

11.2.9 参考资料

[1] 电力设备预防性试验规程（DL/T 596—1996）.

11.3 电流互感器

11.3.1 定义

电流互感器是依据电磁感应原理将一次侧大电流转换成二次侧小电流来测量的仪器。电流互感器是由闭合的铁心和绕组组成。它的一次侧绕组匝数很少，串在需要测量的电流的线路中。因此它经常有线路的全部电流流过，二次侧绕组匝数比较多，串接在测量仪表和保护回路中，电流互感器在工作时，它的二次侧回路始终是闭合的，因此测量仪表和保护回路串联线圈的阻抗很小，电流互感器的工作状态接近短路。电流互感器是把一次侧大电流转换成二次侧小电流来测量，二次侧不可开路。

11.3.2 范围对象

中压母线上断路器、接触器均配有电流互感器。

11.3.3 结构原理

电流互感器是由环氧树脂浇筑成型，接触器柜中的电流互感器是穿心式电流互感器，安装在 AC 两相的进线静触头上。断路器柜中的电流互感器是块状电流互感器，安装在开关柜后侧盖板上，与一次回路通过铜排连接。

11.3.4 指标参数

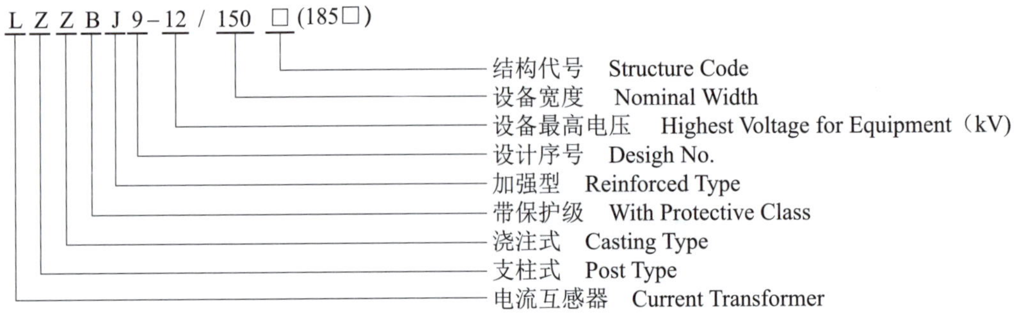

11.3.5 维修技术要求

电流互感器安装在开关柜内，属于免维护设备，且检修期间无法达到安装位置，无需维修。

11.3.6 质量管理

无。

11.3.7 经验反馈

无。

11.3.8 技术规程清单

无。

11.3.9 参考资料

无。

11.4 电压互感器

11.4.1 定义

电压互感器和变压器类似，是用来变换线路上的电压的仪器，但是变压器变换电压的目的是为了输送电能，因此容量很大，一般都是以千伏安或兆伏安为计算单位；而电压互感器变换电压的目的，主要是用来给测量仪表和继电保护装置供电，用来测量线路的电压、功率和电能，或者用来在线路发生故障时保护线路中的贵重设备、电机和变压器，因此电压互感器的容量很小，一般都只有几伏安、几十伏安，最大也不超过一千伏安。

11.4.2 范围对象

中压母线以及母线进线开关均配有电压互感器。

11.4.3 结构原理

中压系统的电压互感器均是环氧浇筑式，分为进线电压互感器和母线电压互感器。两种互感器都属于手车型式，区别在于进线电压互感器是安装在电缆仓中，母线电压互感器是安装在中间的舱室内。电压互感器与一次回路接触器部位是通过互感器前部的金属弹簧触头接触器，并且每相点互感器均有一根熔丝。若其内部线圈发生匝间、层间或相间短路以及一相接地等故障时，熔丝就会熔断，保护故障不扩大。

11.4.4 指标参数

11.4.5 维修技术要求

——外观检查：检查电压互感器本体有无松动、放电痕迹，并将互感器打扫干净。

—— 电压互感器一、二次绕组对外壳的绝缘电阻的测量：用 2500 V 兆欧表测量电压互感器一次绕组对外壳接地，非被试绕组短接接地；用 500 V 兆欧表测量电压互感器二次绕组对外壳接地，非被试绕组短接接地（可不拆二次线）。

——电压互感器一次绕组的直流电阻测量：用单臂电桥测量一次绕组直流电阻。

——测量励磁特性：分别测取在额定电压 U_N 和 $1.5U_N$ 下的空载电流。

——感应耐压试验：采用 3 倍频模式对电压互感器进行感应耐压试验。

11.4.6 质量管理

项目名称	质量管控点
电压互感器检修	（1）绝缘电阻测试；（2）直流电阻测试；（3）耐压试验

11.4.7 经验反馈

无。

11.4.8 技术规程

表 352-02-11-09 技术规程清单

序号	文件名称
1	《6 kV/10 kV 电压互感器预防性维修》

11.4.9 参考资料

[1]《电力设备预防性试验规程》(DL/T 596—1996).

12 应急柴油发电机

本节主要讲述应急柴油发电机相关重要内容，以中核核电运行管理有限公司秦二厂 3、4 号机组为例做说明。

表 352-02-12-01 次级技术要素表

次级技术要素	包含内容
发电机	应急柴油发电机概述
发电机组励磁模块	发电机组励磁模块概述
柴油机控制系统	柴油机的控制以及保护

12.1 定义

应急柴油发电机系统是为了在应急情况下保证核安全而专门设立的一套相对独立的电源系统。每台机组有两台柴油发电机系统分别为两列 6.0 kV 交流配电系统配电盘供电。在厂外主电源和厂外备用电源均失去的情况下，每台柴油发电机组都有能力满足应急厂用设备用电要求，以确保反应堆安全停堆，并且防止由于正常的外部电源系统失电而导致重要设备的损坏。当柴油发电机组应急供电时，柴油发电机组在收到应急启动信号 10 s 内可以达到系统需要的电压和频率，按照预先设计的各个工况下的应急情况按顺序自动加载各个安全负荷，并且加载过程中能够保持发电机电压和频率的稳定性。

LCP：Local Control Panel 就地控制屏。

DGS：Diesel Generator System 柴油发电机系统。

EDG：Emergency Diesel Generator 应急柴油发电机。

停止转速：90 r/min。当柴油机转速将至低于 90 r/min 时，认为柴油机已停止工作，此时柴油机预润滑系统、预热系统启动；柴油机冷却风扇、发电机轴承润滑油系统延时停运。

点火转速：350 r/min。当柴油机转速升至高于 350 r/min 时，认为柴油机已达到点火转速，此时柴油机启动压空系统退出运行，柴油机预润滑系统、预热系统停运，柴油机冷却风扇、发电机轴承润滑油系统启动。

柴油机应急启动信号：包括应急母线低电压、主控室手动应急启动、安注、安喷等信号，应急启动信号触发后会在柴油机控制逻辑内得到保持，应急启动信号消除后，可在主控室进行复位。当柴油机处于应急启动状态时，大部分柴油机停机指令会被闭锁，只有发电机低电压、紧急手动停运、柴油机进气遮断板关闭、超速保护动作四个停机信号能够动作于停机。

12.2 范围对象

表 352-02-12-02 范围对象表

名称	单机组数量（台）
应急柴油发电机	2
柴油机励磁调节系统端子箱	2
柴油发电机组就地非核级控制柜	2
柴油发电机组就地核级控制柜	2

12.3 结构原理

本文主要以应急柴油发电机、发电机组励磁模块、柴油机控制系统，三个大的方面对应急柴油进行定义，详见 12.4 节。

12.4 指标与参数

12.4.1 发电机

型号：三相交流发电机，无刷励磁，滑油润滑，自带电压调节系统；

额定出力：6960 kVA；

额定电压：6.3 kV；

额定电流：638 A；

Cosϕ：0.8；

频率：50 Hz；

保护：IP44R；

转速：1500 r/min；

励磁电压：37 V；

励磁电流：3.2 A。

12.4.2 发电机组励磁模块

以下内容以中核核电运行管理有限公司秦二厂 3、4 号机组为例做说明：

柴油发电机组使用的励磁模块，是一个基于微处理器控制的数字式自动励磁调节器，通过控制无刷励磁机的励磁绕组的电流来调节无刷交流发电机的输出电压。其全部输入功率来自一台多极的高频永磁发电机，也可以取自发电机的输出端（常规的并励励磁系统）。

励磁模块功能有：

（1）OVEREXCITATION SHUNTDOWN 过励磁关断

当模块的过励磁功能启动时，如果励磁电压超过可调的设定值并持续 10 s，会有 LED 灯发光提示。在检测到过励磁工况时，励磁调节器将会关断。在励磁调节器因为过励磁导致关断后再通电时，OVEREXCITATION SHUNTDOWN（过励磁关断）LED 将发光 5 s。

（2）GENERATOR OVERVOLTAGE 发电机过电压

当发电机输出电压超过可调的设定值并持续 0.75 s 时，会有相应的 LED 发光提示。当检测到发电机过电压工况时，励磁调节器输出接点闭合，并且将会关断（如果启动硬件关断）。在励磁调节器因为过电压导致关断后再通电，GENERATOR OVERVOLTAGE（发电机过电压）LED 将发光 5 s。

（3）LOSS OF GENERATOR SENSING 发电机测量电压失去

当检测到发电机的检测电压失去时，相应 LED 发光提示。在发电机测量电压失去工况出现时，励磁调节器的输出接点闭合。根据所选择的保护动作，励磁调节器可以关断或切换到手动模式运行。当励磁调节器因为测量电压失去导致关断后再加电时 LOSS OF GENERATOR SENSING（发电机测量电压失去）LED 将闪烁 5 s。

（4）OVEREXCITATION LIMITING 过励磁限制

当励磁电流超过设定的过励磁限制值时，相应 LED 发光提示，并保持到过励磁工况消失或过励磁延迟时间到达，励磁调节器关断。当励磁调节器因为过励磁限制导致关断后再通电时，OVEREXCITATION LIMITING（过励磁限制）LED 将闪烁 5 s。

（5）UNDEREXCITATION LIMITING 低励磁限制

当检测到的无功功率（超前无功）减少到设定的低励磁限制值时，相应 LED 发光提示，并保持到低励磁工况消失或低励磁时间延迟到达，励磁调节器关断。当励磁调节器因为低励磁限制导致关断后再通电时，UNDEREXCITATION LIMITING（低励磁限制）LED 将闪烁 5 s。

（6）VAR/P.F.MODE ACTIVE 无功功率/功率因数模式激活

当励磁调节器运行在可选的无功功率或者功率因数控制模式下，相应 LED 发光提示，无功功率或者功率因数控制可以通过专用控制软件启动。

（7）MANUAL MODE ACTIVE 手动模式激活

当励磁调节器运行在手动模式时，相应 LED 发光提示，手动模式可以通过专用控制软件启动。

（8）UNDERFREQUENCY ACTIVE 低频率激活

当发电机频率减小到低于低频率设定值时，相应 LED 发光提示，励磁调节器将按照所选择的 V/Hz 曲线进行调节。

（9）励磁调节器的运行模式

励磁调节器提供了多达 4 个运行模式，可以通过专用控制软件选择。自动电压调节模式和手动是标准的功能，无功功率（AVR）和功率因数（PF）模式是选件。

（10）自动电压调节模式

在自动电压调节模式下，励磁调节器的调节对象是发电机的输出电压。励磁调节器通过检测发电机的输出电压，调整输出的励磁电流、维持发电机的输出电压在给定值。给定值可以通过增减输入节点、辅助输入或专用控制软件调整，给定值在某些情况下也可能受到调差功能或者低频率功能的影响。

（11）手动模式

在手动模式下，也称为励磁电流调节（FCR）模式，励磁调节器维持励磁电流在一定的等级。电流等级给定值在直流 0～7 A 之间可以通过增减输入节点、可选的辅助输入或专用控制软件调整，步长直流 0.1 A。

值得注意的是，在启动手动模式之前请注意必须估计其励磁给定值。如果励磁电流的给定值与发电机不相匹配，则可能会导致出现致命的破坏性的高电压。

（12）无功功率（VAR）控制模式

在无功功率控制模式下，励磁调节器维持与无穷大母线并联运行的发电机的无功功率在给定的等级。励磁调节器通过测量发电机的输出电压和电流计算无功功率，然后调整励磁电流来维持无功功率在给定值。无功功率控制可以通过专用控制软件来启动或者禁止。当在软件启动后，无功功率控制就通过 VAR/PF 控制输入电路启动或禁止。无功功率给定值可以在－100%～100%之间通过增减输入节点、可选的辅助输入或者专用控制软件调整。

（13）功率因数控制模式

在功率因数控制模式下，励磁调节器维持与无穷大母线并联运行的发电机的功率因数在给定等级。励磁调节器通过测量发电机输出电压和电流计算功率因数，调整励磁电流来维持功率因数在给定值，功率因数控制可以通过专用控制软件来启动或者禁止。当在软件中启动后，功率因数给定值可以在滞后 0.6－超前的 0.6 之间通过增减输入接点、可选的辅助输入或者专用控制软件调整。

（14）励磁调节器的保护功能

励磁调节器共有三个保护功能：发电机过电压、发电机检测电压失去和过励磁。

——发电机过电压：

励磁调节器在发电机过电压工况下可以闭合输出继电器、关断硬件，同时启动这两个动作或者不启动任何动作。当检测到发电机电压升高超过可调的电压设定等级，并持续到可调的报警延迟时间，励磁调节器将会启动所选择的动作。

如果励磁调节器设置为闭合输出继电器，前面板上和在专用控制软件中的发电机过电压工况指示灯将会发光，输出继电器将会闭合。

如果励磁调节器设置为关断硬件，发电机过电压工况在报警延迟时间到达后将会关断励磁调节器。当励磁调节器由于发电机过电压关断再通电时，GENERATOR OVERVOLTAGE SHUTDOWN（发电机过电压关断）指示灯将发光 5 s。

——电压检测电压失去：

励磁调节器检测并监视发电机的输出电压，如果电压检测失去则采取保护动作。在下列情况下励磁调节器判断电压检测失去：检测电压低于额定电压的 50%（单相或三相检测）、任意一相（线电压）和三相平均值之间的电压差超过额定值的 20%（三相检测）、任意一相电压全部消失（三相检测）。

使用专用控制软件，时间延迟可以在 0～25 s 之间调整，这就推迟了保护动作的时刻，以便在检测不到 B 相电流时允许采取强励。

在专用控制软件中，电压检测失去时可以从两个保护中选择一个，即可以选择完全关断或者切换到手动模式。

如果选择了关断，在电压失去时，前面板和专用控制软件上的发电机测量电压失去指示灯发光，在达到设定的延迟时间之后励磁调节器关断。当励磁调节器由于电压检测失去而关断后再上电时，LOSS OF GENERATOR SENSING 指示灯将发光 5 s。如果电压检测消失的状况仍然存在，励磁调节器不会因为电压检测消失而立即关断，直到软启动时间和电压检测消失时间延迟到时。

如果选择到了切换到手动，在电压检测失去时，在达到设定的延迟时间后输出继电器闭合，励磁调节器切换到手动模式运行。励磁调节器将继续在这个模式下运行，直到通过专用控制软件关断。在检测电压失去之后，选择切换到手动模式之前，必须确定一个合适的手动模式（FCR）给定值，不适合的励磁等级可能导致设备严重损坏。

当频率低于 12 Hz 或检测到发电机短路工况时这个功能将会被禁止。当 B 相 CT 电流超过三倍的标幺值时则判断为发电机短路。在软启动期间，电压检测失去关断不会激活。

——过励磁（励磁绕组过电压关断）：

在专用控制软件中，可以设置励磁调节器在励磁绕组过电压工况下闭合输出继电器、关断硬件、同时启动这两个动作或不启动任何动作。当检测到励磁电压升高超过可调的电压设定等级，并持续到固定的 10 s，励磁调节器将会启动所选择的动作。

如果励磁调节器设置为闭合输出继电器，前面板上励磁绕组过电压工况指示灯和 BESTCOMS 中的过励磁关断指示灯将会发光，输出继电器将会闭合。

如果励磁调节器设置为关断硬件，励磁绕组过电压工况在 10 s 延迟时间到达后将会关断励磁调节器。当励磁调节器由于励磁绕组过电压关断后再通电时，过励磁关断指示灯将会发光 5 s。

12.4.3 柴油机控制系统

分为核级柜（继电器控制）、非核级柜（PLC 加继电器控制）。

柴油发电机组主要由以下系统组成：启动压空系统、燃油系统、润滑油系统、高低温水系统、进排气系统、调速系统、发电机系统、24/380 V 辅机配电系统、机组控制系统、电气保护系统、同期系统以及继电器机架系统等。

（1）紧急停机及超速保护控制逻辑

柴油机本体的两侧空气进气管路上面有各有一个遮断板，在机组的紧急停机时关闭空气进气口，使机组迅速的停下来。

当机组发生严重故障时，需要进行紧急停机，那么按下紧急停机按钮，或者在柴油机本体上面拉下任何一路空气进气口的遮断板的手柄，柴油发电机将会立刻关断油门，关闭两个空气进气口的遮断板，实现机组的紧急停机。机组的控制屏触发紧急停机报警。

当柴油机的转速迅速上升，达到机组超速保护的定值时（1725/1730 r/min），机组的超速保护将会动作，将会立刻关断油门，关闭两个空气进气口的遮断板，实现机组的紧急停机。同时机组的控制屏触发紧急停机报警。

（2）启机逻辑

柴油发电机组有两个状态，正常状态和检修状态，通过就地核级控制柜面板上面的 旋转开关来进行选择。当机组在检修状态时，任何启机信号都不能将机组启动。但机组在检修状态，如果真的发生应急启机信号，启机信号将会送到就地核级控制柜中，并得到保持。此信号必须主控室控制盘的复位按钮才能复归，否则机组从检修转正常时，由于此信号的存在，机组会立即启动。

机组在正常热备状态时，将柴油发电机就地/远方控制钥匙置于就地位置，预润滑油压力满足试验启机要求（大于 0.5 bar），操作就地非核级控制柜控制面板上的柴油机手动启停按钮顺时针旋转启动柴油发电机组。两个压缩空气先导阀打开，两个压空主阀打开进行柴油机的压空冲转启机。如果在启机 2 s 内，转速小于点火转速，4 个启动阀中有任何一个没有开启，机组的控制屏都会触发启动阀门没有开启机械报警。

在启机 6 s 后，转速小于点火转速，将会自动关闭压空先导阀，送停止信号至柴油发电机组的调速器关断柴油机油门，复位启机信号，同时在机组控制屏触发启动故障报警。

如果柴油发电机组启动正常，在有启机信号 10 s 后将会自动复位启机信号。

不论柴油发电机在就地位置还是在远方控制方式，预润滑油压力是否满足试验启机要求，应急启动信号都可以启动柴油发电机组，启机的相应逻辑和正常的启机逻辑一样。但是启机信号 10 s 之后不能自动复位，必须用主控室的停机认可复位信号。

当机组通过就地核级控制柜面板上面的安注/安喷试验位置选择开关将机组置于安注/安喷试验位置时，主控室报警信号处理系统报警窗将会发试验位置报警，当存在安注/安喷的启动信号时，将不会真的启动柴油发电机组，只是就地核级控制柜面板上面的试验指示灯点亮。在试验的过程中发生应急母线的低电压信号或者主控室手动启动，那么柴油发电机还会真实的启动。

应急启机的同时触发应急保护，此保护会闭锁一些相应设备的的手动启停操作以及机组的一些工艺和电气保护。

（3）机组的停机逻辑

柴油发电机组的停机分为两种，一种是重要保护动作的瞬时停机，一种是非重要保护以及正常停机的延时停机。

在这些停机保护中，只有紧急停机，超速保护停机以及低电压保护停机不受应急保护信号的闭锁，其他停机保护在应急保护信号没有复位之前都将闭锁停机功能。

不论是重要保护停机，非重要保护停机还是紧急停机，首先都要跳开柴油发电机的出口断路器，关闭压空先导阀，在关闭油门 5 min 之后停运 8 台冷却风扇和发电机润滑油泵及冷却风机。

当机组发生电气保护或者柴油机本体保护停机后，保护信号会保持，当机组完全停下来之后，检查解决故障后，按就地核级控制柜面板上面的跳机复位按钮进行停机保护的复位。

和保护停机不同的是，应急启机条件下的正常手动停机必须得到主控室的停机认可之后才能进行停机操作。停机信号靠柴油机的转速来复位。当柴油发电机就地/远方控制钥匙置于就地位置，机组执行手动停机后，1 min 后机组关断油门，机组的转速逐渐的下降，当机组的转速达到停止转速后 70 s，停机信号自动复位。

表 352-02-12-03 以对停机信号进行了说明：

表 352-02-12-03　柴油机停机信号

是否受应急保护信号影响	停机方式	停机信号
不受应急保护信号影响	瞬时停机	紧急按钮停机
		紧急关遮断板停机

续表

是否受应急保护信号影响	停机方式	停机信号
不受应急保护信号影响	瞬时停机	超速保护停机
		低电压电气保护停机
受应急保护信号影响	瞬时停机	润滑油压力低（三取二）
		活塞润滑油压力低
		曲轴润滑油压力低
		柴油机油底盘油位高
		高温水液位低
		低温水液位低
		发电机电气保护
		发电机轴承温度（驱动端）
		发电机轴承温度（非驱动端）
		发电机定子绕组温度（A 相）
		发电机定子绕组温度（B 相）
		发电机定子绕组温度（C 相）
	延时 1 min 停机	高温水温度高
		低温水温度高
		日用油箱油位空
		润滑油温度高
		发电机电气保护
		手动停机

（4）启动压空系统

柴油发电机组有两套启动压空系统，其控制逻辑是一样。

每套压空系统有三个储气瓶，当每个储气瓶的压力下降到设定的报警低定值（30 bar）时，将会发相应储气瓶的压力低报警。当三个储气瓶公共出口管线的压力小于设定的空压机启动压力（34 bar）时，相应的压力开关闭合，给 PLC 程序一个启动空压机的信号，空压机和空气干燥器将会同时启动；延时 15 s 后，PLC 程序输出一个节点，将使高压疏水阀和低压疏水阀的电源开关闭合，高压疏水阀和低压疏水阀将关闭。这两个疏水阀将在空压机组运行的时间里关闭 15 min，开启 15 s 进行排水，如此往复。

空压机组在正常运行 20 min 后，三个储气瓶公共出口管线的压力仍然小于设定的空压机启动压力（34 bar），柴油发电机的控制屏将会发空压机组机械故障报警。

当三个储气瓶公共出口管线的压力大于设定的空压机停运压力（39 bar）时，相应的压力开关闭合，给 PLC 程序一个停运空压机的信号，空压机、空气干燥器和高低压疏水阀将会同时停运。

将柴油发电机就地/远方控制钥匙置于就地位置，在控制屏上选择启动压空系统界面，登陆成功后进行启动压空系统的手动启停操作，空压机组的启停逻辑和正常的自动启停逻辑一样。

（5）燃油输送泵

柴油发电机有两个燃油箱，日用油箱和主油箱。日用油箱油位量程 95～815 mm，主油箱 213～4530 mm。同时有两台燃油输送泵，主油箱的燃油通过燃油输送泵提升至日用油箱，机组运行时使用日用油箱的燃油。两台燃油泵可以设置一台泵为优先启动，另外一台为备用，当优先启动的泵失效导致日用油箱液位低于一个极低值（20%容量）时，燃油系统控制逻辑会自动切换另外一台备用泵启动，该切换过程不可逆，如不进行人工重新选择操作，以后任何情况下自动启动燃油泵的信号，都会使这台备用泵启动，原先设置的优先启动泵不会再启动。

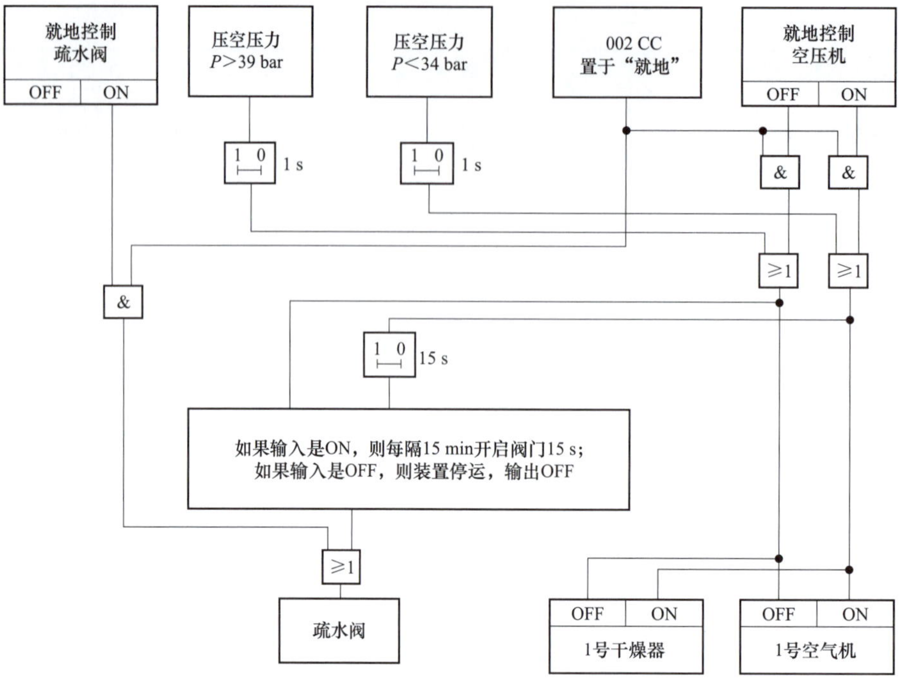

图 352-02-12-01　压空系统启动逻辑图

当日用油箱的油位低到低液位燃油输送泵启动值时，将会启动预先选择好的那台燃油输送泵。当燃油输送泵启动之后，日油箱的油位开始上升，主油箱的油位开始下降。若此时发生火灾，按下消防按钮后，燃油输送泵将会停止运行，柴油机将会发火灾停运燃油输送泵报警信号，并且此停运信号需保持住。当火灾消失后，确认需要启动燃油输送泵时，手动按下就地核级控制柜面板上的燃油输送泵重启按钮，燃油输送泵将会继续运行。当日用油箱油位达到燃油泵停运的高液位定值（90%容量）时，并且应急保护信号已经复位，燃油输送泵将会停止运行。

柴油发电机组是应急启动时，即使液位超过燃油泵自动停运的高液位定值（90%容量）后燃油输送泵会一直保持运行，日用油箱的油达到最高油位时将会通过溢流管线再流回至主油箱，从而保证在应急情况下柴油发电机组有充分的油供应。

当有柴油发电机的启动信号时，柴油发电机启动的同时燃油输送泵启动。当主油箱的油位降低到一个极低值（213 mm）时，此时柴油机会发出主油箱液位低报警。

当主油箱的油位高于一个极大值（4530 mm）时，控制屏将会发主油箱油位高报警。

启泵信号：

——应急柴油机启动/手动试验启动；

——当日用油箱的油位低于 60%容量对应的液位值；

——就地触摸屏手动启动。

关泵信号：

——消防防按钮：该信号不受柴油机应急启动信号影响，信号发出后会保持，信号复位需按下核级控制柜上的燃油重动按钮。

——非核级柜的信号：就地触摸屏手动停运，主油箱液位<4.7%，日用油箱液位>88.9%，当柴油机有应急启动信号时，这些信号会被闭锁，无法使燃油泵停运。

注意，优先级：关泵>启泵即有关泵信号时，启泵信号无效。

（6）燃油漏油泵

柴油机运行时，燃油部分会回流，经过管线汇集到漏油箱中，当漏油箱的液位大于 50%的油位量程时，燃油漏油泵将会启动，将漏油箱中的燃油打回至日用油箱；当漏油箱的液位小于 20%的油位量程时，燃油漏油泵将会停止运行。

当漏油箱的液位大于 80%的油位量程时，控制屏将会发燃油漏油箱油位高报警。

此外，将柴油发电机就地/远方控制钥匙置于就地位置，在控制屏上可以进行燃油漏油泵的手动启停操作，手动操作信号会被柴油机应急启动信号闭锁。

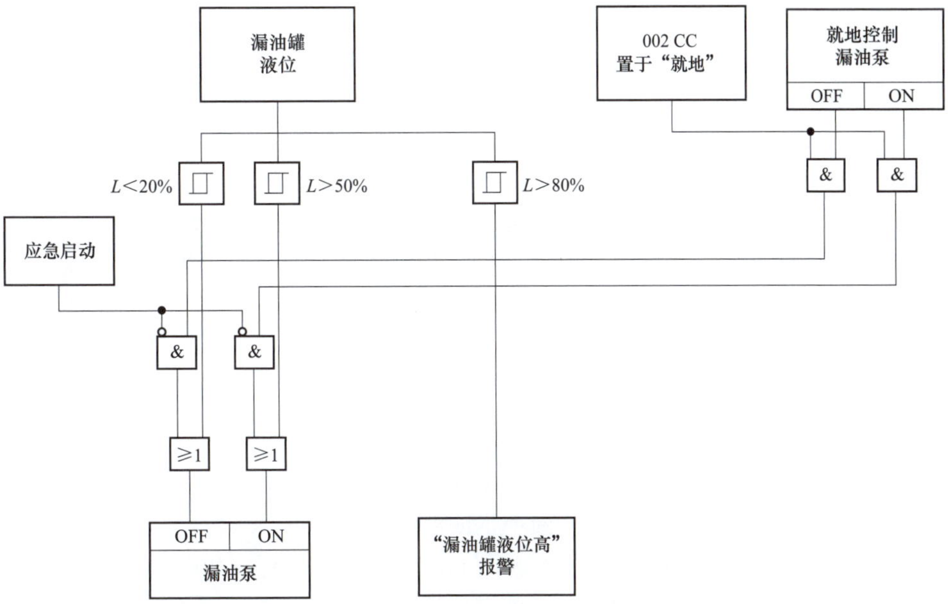

图 352-02-12-02 燃油漏油崩启停逻辑图

（7）冷却风扇

由于应急母线正常是由核岛厂用母线供电，备用电源开关是在工作位置断开状态。

当柴油发电机组收到启动信号时，柴油发电机组启动，同时 8 台冷却风扇全部启动。当此启动信号是就地用钥匙试验启动时，8 台冷却风扇将会一直运行，直到机组停运后 5 min 停止运行。

但是当此信号是柴油发电机组的应急启动信号时，比如说是应急母线失压 7 s，柴油发电机组启动成功，电压和频率建立好后，系统继电器机架将进行正常电源开关和备用电源开关的切换，先跳开正常电源开关，1.5 s 之后合上备用电源开关。这就有一个 1.5 s 的时间正常电源开关和备用电源开关都是断开的，两个开关同时在分闸的位置时，8 台风扇全部跳闸。在备用电源开关合闸 5 s 之后，第一组四台风机合闸，10 s 之后第二组四台风机合闸。机组停运后 5 min 8 台风扇停止运行，此时应该注意，当柴油发电机组停机，在冷却风扇还没有停止运行之前，机组再一次启动的同时，冷却风扇将会一直保持运行，直到下一次的停机操作 5 min 后停止运行。

另外，即使柴油发电机组没有控制方面的启机信号，手动使用主启动阀启机时，当机组的转速达到点火转速，同时柴油机出口断路器在分闸位置时，将会同时启动 8 台冷却风扇。

将柴油发电机就地/远方控制钥匙置于就地位置，在控制屏上选择高温水或者低温水系统界面，输入用户名和密码，登陆成功后，在没有应急保护信号时可以进行冷却风扇的手动停止操作，启动操作不受应急保护信号的限制。

启动信号：

——正常电源开关断开，发电机出口断路器（备用电源开关）闭合后，第一组 4 台风机延时 5 s，第二组 4 台风机延时 10 s 启动；

——电机出口断路器断开，正常电源开关闭合时，柴油机转速只要达>375 r/min 不管有没有任何柴油机启动信号就会启动 8 台冷却风扇；

——电机出口断路器断开，正常电源开关闭合时，柴油机正常启动；

——电机出口断路器断开，正常电源开关闭合时，就地位置 LCP 手动直接启动。

停止信号：

——正常电源开关、备用电源开关两个开关都在断开位置，8 台风扇全部跳闸；

——DGS 停运指令，会被 DGS 应急启动闭锁；

——就地位置 LCP 手动停运，会被 DGS 应急启动闭锁。

（8）发电机润滑油供给系统

随着柴油发电机组的启动，发电机润滑油供油泵和冷却风扇同时启动，在没有应急保护信号的前提下，发电机润滑油供油泵和冷却风扇将会随着机组的停运 5 min 之后停止运行。

当柴油发电机组停机，在发电机润滑油供油泵和冷却风扇还没有停止运行之前，机组再一次启动的同时，发电机润滑油供油泵和冷却风扇将会一直保持运行，直到下一次的停机操作 5 min 后停止运行。

将柴油发电机就地/远方控制钥匙置于就地位置，在控制屏上选择发电机系统界面，登陆成功后在没有应急保护信号时可以进行发电机润滑油供油泵和冷却风扇手动停止操作。启动操作不受应急保护信号的限制。

（9）机组预热系统

当柴油发电机组处于热备用状态时，转速是小于停止转速（90 r/min）的，此时预热循环泵是一直在运行。假如此时循环水的温度低于 60 ℃，那么电加热器将会自动的投入运行。当循环水的温度高于 65 ℃，电加热器将会自动的退出运行，保持循环水的温度在 60～65 ℃之间。

当柴油发电机组启动，转速达到点火转速（350 r/min）时，预热循环泵和电加热器将会自动退出运行。

当高温水的膨胀水箱的液位低于 195 mm，或者低温水的膨胀水箱的液位低于 195 mm 都会使预热循环泵和电加热器自动退出运行。

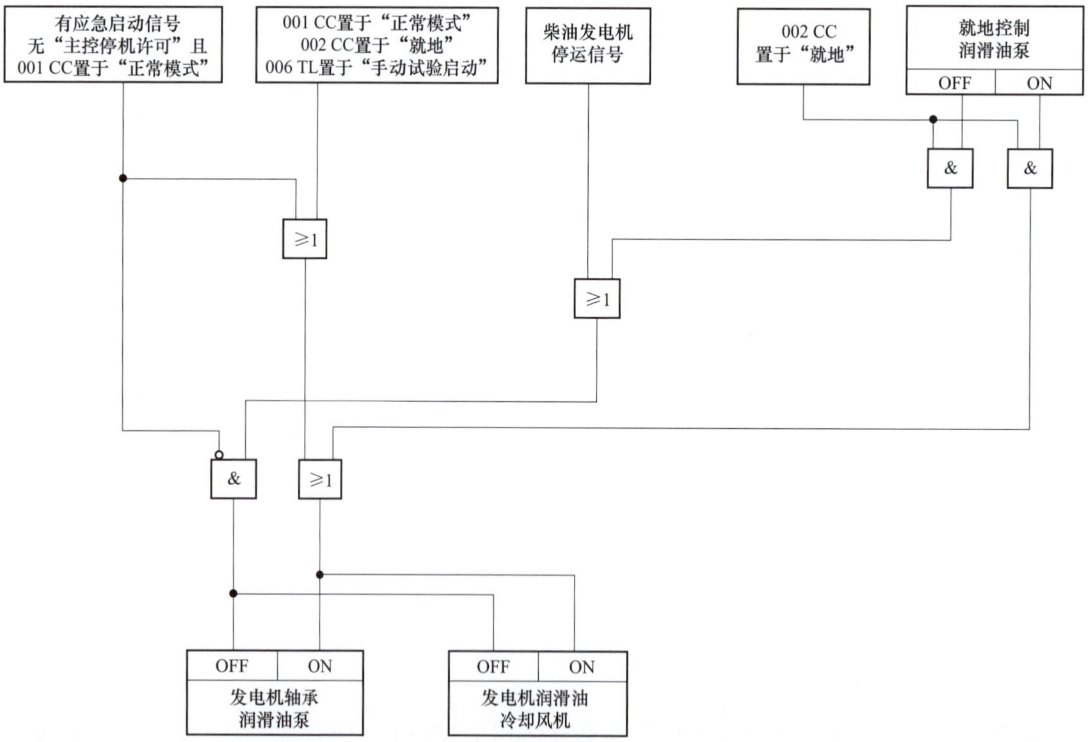

图 352-02-12-03　发电机润滑油供给系统启停逻辑

对于循环水电加热器，当电加热器内部的温控开关动作时（温度达到 95 ℃时动作）将会停运此电加热器。

如果预热循环泵停止运行，那么循环水电加热器将会同时停止运行。

将柴油发电机就地/远方控制钥匙置于就地位置，在控制屏上选择低温水系统界面，登陆成功后可以进行预热循环泵的手动启动停止操作。操作不受应急保护信号的限制。

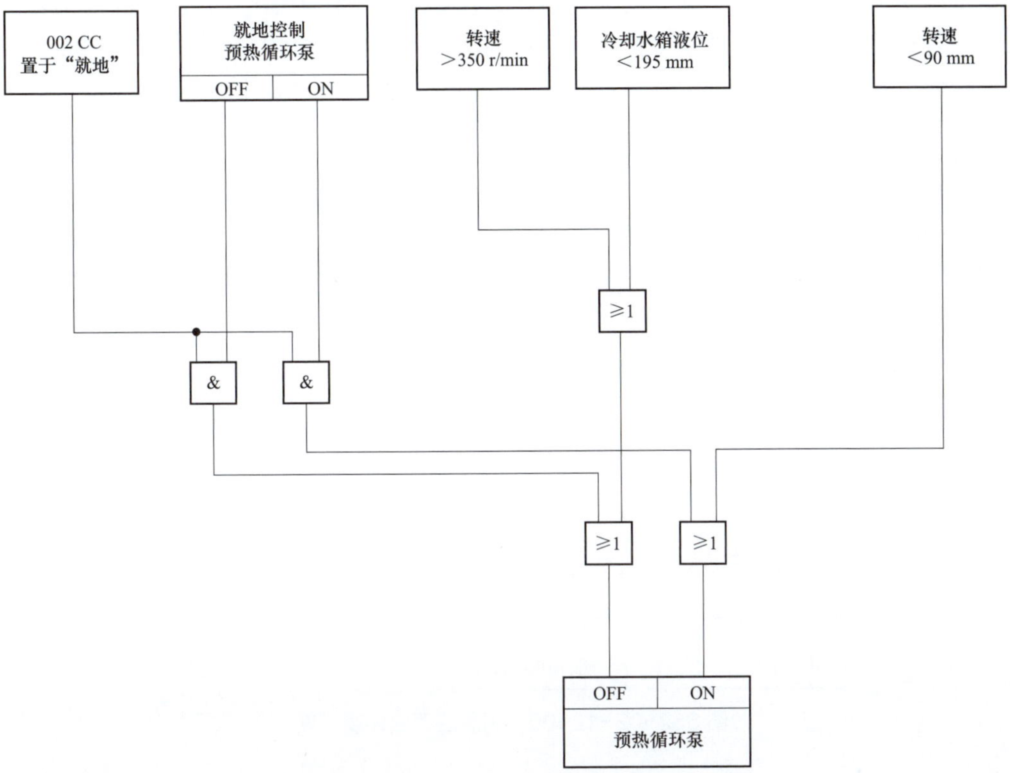

图 352-02-12-04 机组预热系统启停逻辑图

（10）预润滑油泵

对于柴油发电机组的预润滑油泵来说它的逻辑比较简单，当柴油机的转速低于停止转速时预润滑油泵启动；当柴油机的转速高于点火转速时预润滑油泵停止运行。

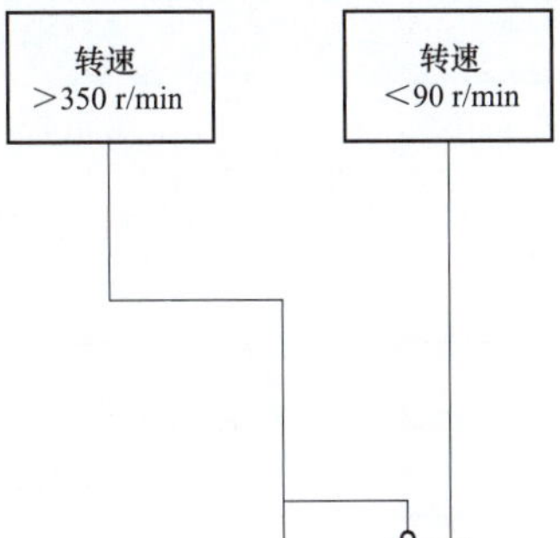

图 352-02-12-05 预润滑油泵启停逻辑图

润滑油补充泵

柴油机的各个部件的润滑油来自柴油机本体的油底盘，此润滑油通过润滑油补给泵从润滑油储存罐抽取进行润滑油的补充。

当柴油发电机组启动，其转速达到点火转速 5 min 后，如果柴油机油底盘的油位低于油位测量探头满量程的28%时将会启动润滑油补给泵以及出口阀。同时控制屏触发油底盘油位低报警。在润滑油补给泵及出口阀运行 30 s 后如果出口阀侧的压力小于 0.8 bar，将会触发润滑油补给泵及出口阀的停运信号，同时控制屏触发润滑油补给泵机械故障报警。如果润滑油补给泵运行正常，那么在柴油机油底盘两个油位计中一个达到满量程的39%或者另一个达到满量程的40%时将会触发润滑油补给泵及出口阀的停运信号。

当柴油机的转速达到点火转速，此时如果柴油机油底盘的油位低于油位测量探头满量程的 28%或者高于满量程的 40%，将会在控制屏触发柴油机油底盘油位低或者高报警。如果油位无限制的继续增加，在没有应急保护信号的情况下，当油位达到油位测量探头满量程的 44%时将会触发柴油发电机的停机，并在控制屏触发柴油机油底盘油位高停机报警。

将柴油发电机就地/远方控制钥匙置于就地位置，在控制屏上选择润滑油系统界面，登陆成功后可以进行润滑油补给泵以及出口阀手动启动停止操作，操作受应急保护信号的限制。

当机组进行检修，需要将柴油发电机组的润滑油从油底壳排出机体，此时需要在 380 V 配电盘上将的开关用试验盒合上，再在柴油机本体上操作的就地开关控制润滑油排出泵的启停。

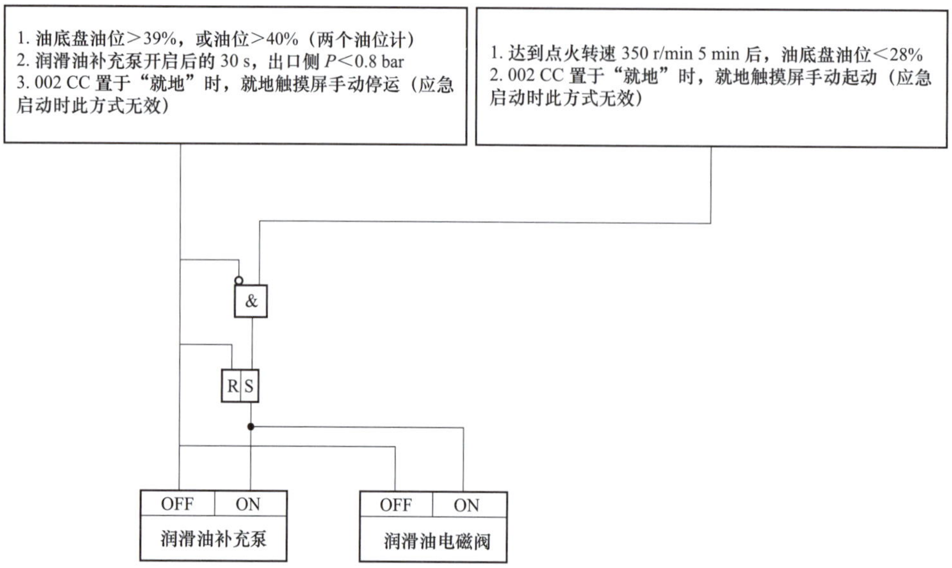

图 352-02-12-06　润滑油泵启停逻辑图

12.5　维修技术要求

12.5.1　预防性维修项目内容

表 352-02-12-04　柴油发电机维修项目内容与周期

序号	项目内容	项目周期（1 C 为 1 个燃料循环）
1	发电机定检、测绝缘	1 C
2	励磁系统检查、清扫	1 C
3	柴油机超速保护检测	1 C
4	柴油机控制柜全面检查	4 C
5	柴油机控制柜定期检查	1 C
6	应急柴油机机架定期检查	1 C
7	柴油机调速器预防性维修	1 C
8	更换转速模块及隔离变送器	5 C

（1）发电机定检、测绝缘

——检查电机连线、电缆鼻子应无过热痕迹，应接触良好，焊接点应无脱焊等异常现象；

——检查连接螺丝是否有松动情况、检查各接地线应连接良好，接地点应牢固；

——对发电机中性点柜进行清扫；
——检查发电机 PT、CT 是否存在裂纹；
——兆欧表测量发电机定子、转子绝缘。
（2）励磁系统检查、清扫
——外观检查；
——数据连接线检查；
——端子紧固。
（3）柴油机超速保护检测
——外观检查；
——超速回路检查；
——紧急停机回路检查；
——低电压保护停机回路检查。
（4）柴油机就地核级/非核级控制柜全面检查
——外观检查；
——端子紧固；
——中间继电器校验；
——时间继电器校验；
——转速模块校验；
——液位/压力/电压/频率模块校验；
——隔离变送器校验；
——控制电压电压监视继电器校验。
（5）柴油机就地核级/非核级控制柜定期检查
——外观检查；
——端子紧固。
（6）应急柴油机机架定期检查
——外观检查；
——端子紧固；
——中间继电器校验。
（7）柴油机调速器预防性维修
——外观检查；
——清扫。
（8）更换转速模块及隔离变送器
——更换转速模块；
——更换隔离变送器。

12.5.2 预防性维修项目验收准则

（1）发电机定检、测绝缘

表 352-02-12-05 发电机定检、测绝缘验收标准

序号	检修或维修项目	验收标准
1	测量定子绕组绝缘	用 2500 V 兆欧表测量柴油发电机定子绕组绝缘电阻，1 min 的绝缘电阻值不得小于 8 MΩ
2	测量转子绕组绝缘	用 500 V 兆欧表测量发电机转子绝缘，其值不得小于 5 MΩ

（2）励磁系统检查、清扫

表 352-02-12-06　励磁系统检查、清扫验收标准

序号	检修或维修项目	验收标准
1	外观检查	各个端子排接线没有松动，没有脱落，经常拆接的端子没有滑丝现象；各个端子排接线没有烧毁现象；励磁模块完好；接地线可靠接地
2	端子紧固	紧固所有端子，确认端子紧固良好，不会被轻易拔出

（3）柴油机超速保护检测

表 352-02-12-07　柴油机超速保护检测验收标准

序号	检修或维修项目	验收标准
1	外观检查	各个继电器元件安装可靠正常，确认没有继电器烧毁现象；各个端子排接线没有松动，没有脱落；检查直流电源供电可靠；6 个转速模块外观和显示正常，无端子松脱等异常
2	超速回路检查	确认调速器与电脑之间的通信正常；模拟转速信号可以正确触发超速模块及继电器动作；确认控制柜可以测量到超速停机信号输出；确认调速器可以接收到停机信号
3	紧急停机回路检查	确认调速器与电脑之间的通信正常；紧急停机按钮可以正确触发超速模块及继电器动作确认控制柜可以测量到超速停机信号输出；确认调速器可以接收到停机信号

（4）控制柜全面检查

表 352-02-12-08　柴油机控制柜全面检查验收标准

序号	检修或维修项目	验收标准
1	外观检查	各个端子排接线没有松动，没有脱落，经常拆接的端子没有滑丝现象；各个端子排接线没有烧毁现象；励磁模块完好；接地线可靠接地
2	端子紧固	紧固所有端子，确认端子紧固良好，不会被轻易拔出
3	中间继电器校验	动作值不大于额定电压的 70%，返回值不小于额定电压的 5%
4	时间继电器校验	测量误差不大于设定值的 5%，或者不大于 25 ms
5	转速模块校验	转速测量误差不大于 3 r/min，模拟量信号误差不大于 0.1 mA
6	液位/压力/电压/频率模块校验	测量误差不大于 0.1 mA
7	隔离变送器校验	测量误差不大于 0.1 mA
8	控制电压电压监视继电器校验	测量误差不大于设定值的 5%

（5）控制柜定期检查

表 352-02-12-09　柴油机控制柜定期检查验收标准

序号	检修或维修项目	验收标准
1	外观检查	各个端子排接线没有松动，没有脱落，经常拆接的端子没有滑丝现象；各个端子排接线没有烧毁现象；励磁模块完好；接地线可靠接地
2	端子紧固	紧固所有端子，确认端子紧固良好，不会被轻易拔出

（6）应急柴油机机架定期检查

表 352-02-12-10　应急柴油机机架定期检查验收标准

序号	检修或维修项目	验收标准
1	外观检查	各个端子排接线没有松动，没有脱落，经常拆接的端子没有滑丝现象；各个端子排接线没有烧毁现象；励磁模块完好；接地线可靠接地
2	继电器校验	动作值不大于额定电压的 70%，返回值不小于额定电压的 5%，辅助触点的接触电阻不大于 5 Ω

（7）更换转速模块及隔离变送器

表 352-02-12-11 更换转速模块及隔离变送器验收标准

序号	检修或维修项目	验收标准
1	更换转速模块	接线正确、可靠，动作值校验误差为±3 r/min，模拟量信号校验误差为±0.1 mA
2	更换隔离变送器	接线正确、可靠，测量误差不大于 0.1 mA

（8）柴油机调速器预防性维修

表 352-02-12-12 柴油机调速器预防性维修验收标准

序号	检修或维修项目	验收标准
1	外观检查和清扫	各个接插件没有松动，没有脱落；直流电源供电可靠，指示灯完好；装置表面无灰尘

12.6 质量管理

日常巡检（每周两次）相关监测任务：柴油发电机及相关端子箱、控制柜正常、无报警、接线无明显松动现象、柜子无焦臭味存在、指示仪表指示正常、各继电器正常、各模块正常。

12.7 经验反馈

——执行满负荷试验期间，如需调节功率因数，尤其是调减功率因数时，不要沿减磁方向调节，否则发电机进入进相运行状态，向电网输送有功，从电网吸收无功，出现了无功的剧烈波动，同时发 AVR 故障报警。应通过沿增磁方向调节电压调节开关来功率因数调至目标值。

——在柴油发电机完成检修后，恢复隔离时，注意检查励磁开关的投退状态，确保与柴油机本体 PT 箱内励磁空开处于闭合状态，否则柴油机启动期间会发生低电压跳机。

——励磁模块的备件需要定期上电检查，周期为 1～2 年，否则有可能发生备件的损坏失效。

——保护装置所处房间温度及相对湿度应在保护装置要求范围内，当超出时应立即采取措施进行纠正，否则可能对现场设备及测试设备造成损害。

——发电机润滑油泵未随柴油机启动导致发电机轴瓦磨损

缺陷原因：本机组使用的发电机润滑油泵非机带泵，其启动逻辑存在隐患，当应急柴油机处于“就地”位置时，柴油机辅机的手动启停信号会长期保持，此时直接手动启动柴油机，辅机可能无法启动，存在较大风险。

后续改进：工作程序中明确该风险及正确的操作步骤；修改柴油机逻辑，确保柴油机以任何方式启动时（包括应急启动和手动试验启动），相关辅机（尤其是柴油运行期间中要求必须要同时运行的润滑、冷却相关辅机系统：发电机润滑油供给系统、冷却风机系统）能够自动启动

12.8 技术规程清单

表 352-02-12-13 技术规程清单

序号	规程名称
1	柴油机励磁调节系统预防性维修
2	柴油机超速保护检测规程
3	柴油发电机本体电气部分预防性维修
4	应急柴油机更换核级控制柜转速模块及隔离变送器规程

续表

序号	规程名称
5	柴油机机架继电器定期检查
6	柴油机就地控制柜预防性维修
7	柴油机调速器预防性维修

12.9 参考资料

[1] 励磁调节器产品说明书。

13 低压电气设备

电气低压设备遍及核电厂的任何地方，兼顾上游电源分配下游设备转接的承上启下作用，按照功能可分为输配电类、吊车类、旋转设备类、照明类、门禁类等设备，是电站实现设备功能的终端单元。

小节技术要素见表 352-02-13-01：

表 352-02-13-01　小节技术要素

次级技术要素	包含内容
13.1　装卸料系统	装卸料系统的结构、逻辑、功能，主要包括装卸料机、燃料转运装置、人桥吊等。燃料组件在反应堆厂房内的吊运，具体为堆芯坐标位置与燃料转运装置之间的运输
13.2　380 V 交流低压盘柜	380 V 交流低压配电系统为全厂的低压设备提供动力电源
13.3　交直流系统	交直流系统由充电器、逆变器、蓄电池组成
13.4　电动装置	控制水汽气等流体的一种调节装置介绍
13.5　水压试验泵柴油发电机组	核电厂的低压柴油机组主要用于应急情况使用，主要包括给水压试验泵安全注入系统提供电源的柴油发电机组
13.6　低压系统切换	切换开关是有一个或多个开关组成的开关装置，是供电电源从一个电源切换至另一个电源的装置
13.7　棒电源	棒电源机组用于给反应堆控制棒驱动机构提供 260 V 的交流电源，棒电源系统主要包括电动发电机组、断路器屏、控制屏
13.8　停堆断路器	当机组出现异常情况时，可通过来自反应堆保护系统的自动停堆信号或主控手动跳开此断路器，从而保证控制棒顺利插入堆芯底部，实现安全停堆
13.9　稳压器电加热器及调控柜	调节一回路内压力的容器，内设喷淋装置与加热装置，分别用于降低与提高反应堆一回路内压力
13.10　螺栓拉伸机环轨吊车	吊运作业专用吊具，包括电动葫芦、环形轨道、环形安全滑接输电装置等部件及相关零件组成
13.11　环吊	环形轨道吊车是核电厂反应堆厂房内最重要的吊装设备之一
13.12　正常照明系统	正常照明和应急照明系统同时运行为电站厂房在所有工况下提供照明
13.13　应急照明系统	正常和应急照明系统同时运行为电站厂房在所有工况下提供照明
13.14　水下照明	用于反应堆厂房的反应堆堆腔和换料水池
13.15　光枪	可移动式照明系统
13.16　闸门	包括人员（应急）闸门、设备闸门生物防护门、平拉门、翻转门
13.17　硼伴热	解决含硼溶液的结晶问题
13.18　通风系统	核电厂各厂房气体交换系统，涵盖主控制室空调系统、电缆层通风系统、电气厂房排烟系统、辅助给水泵房通风系统、上充泵房应急通风系统、设备冷却水系统间通风系统、燃料厂房通风系统、电气厂房防火通风系统、常规岛通风系统、核辅助厂房通风系统、安全厂用水泵房通风系统、安注和安喷泵电机房通风系统、外围设备间通风系统

13.1 装卸料系统

本章节主要介绍燃料操作与贮存系统，按燃料组件入堆前后的顺序，可分为接收—贮存—装料—卸料—贮存—外运等几个阶段。本章节从以上几个阶段对相关设备进行介绍。

13.1.1 定义

PMC 系统主要活动包括新燃料组件入堆前的接收、检查、贮存，拆卸和装封反应堆，堆芯换料以及乏燃料组件的运输、贮存和发送等一系列工艺操作。

系统的装卸料设备负责燃料组件在堆芯和乏燃料水池之间的转运。在反应堆停堆后（冷态和卸压）装卸反应堆燃料组件，主要内容包括：从堆芯卸出燃料组件，转运至乏燃料贮存水池；将乏燃料组件贮存在乏燃料贮存格架中；在乏燃料贮存水池实施相关组件在燃料组件之间的抽插倒换操作；完成相关组件的倒换操作后，将燃料组件逐组运回反应堆堆芯。由于乏燃料组件的高放射性，而水是很好的屏蔽层，所有的转运操作均在水下进行。

PMC：装卸料系统全称。

13.1.2 范围对象

PMC 系统的设备分别布置在反应堆厂房和燃料厂房。根据完成工艺操作环节的不同，使用的设备也不同，表 352-02-13-02 汇总了各工艺环节使用的电气相关设备。

表 352-02-13-02 各工艺环节使用的电气相关设备

序号	工艺环节	使用的电气设备
1	将新燃料组件从新燃料贮存格架转运至乏燃料贮存格架	辅助吊车 新燃料升降机 人桥吊车
2	燃料组件及相关组件在乏燃料贮存水池的倒换	人桥吊车
3	装卸料	人桥吊车 燃料转运装置 装卸料机
4	水下照明	水下照明装置

从上表看出，PMC 系统电气相关设备主要由装卸料机、燃料转运装置、人桥吊组成，同时配以水下照明装置进行辅助照明。

13.1.3 结构原理

装卸料系统的设备分别布置在反应堆厂房和燃料厂房，以完成各工艺操作环节的规定功能。负责装卸料的 PMC 系统主要功能如下。

装卸料机：负责燃料组件在反应堆厂房内的吊运，具体为堆芯具体坐标位置与燃料转运装置之间的运输。整个过程燃料组件始终处于垂直状态，燃料组件的抓取和释放通过气动抓具的啮合与释放实现。其与燃料转运装置存在逻辑互锁。

燃料转运装置：负责燃料组件在反应堆厂房与乏燃料厂房之间的转运。整个过程中，燃料组件经过倾翻（垂直—水平）、转运、再倾翻（水平—垂直）的过程，燃料组件始终在承载器中。其在反应堆厂房的倾翻与装卸料机存在逻辑互锁，在乏燃料厂房的倾翻与人桥吊存在逻辑互锁，从而保证不被误操作。

人桥吊：负责燃料组件在乏燃料厂房内的吊运，具体为乏燃料水池与燃料转运装置间的运输。整个过程燃料组件始终处于垂直状态，燃料组件的抓取和释放通过长柄抓具手动啮合与释放实现。其与燃料转运装置存在逻辑互锁。同时还与各专用抓具配合完成燃料组件相关组件的倒换。

13.1.4 指标与参数

整个装卸料系统，在设计上能满足全自动化的操作，这就要求有关键的信号输入、安全的逻辑运算和条件判断、可靠的执行机构之间相互配合。

输入信号主要包括：位置信号和重量信号。位置信号由限位开关、位置编码器等输入，重量信号由称重传感器输入。部分位置编码器和重量传感器采用了主副比较的方式，使输入信号可靠性更强。

逻辑运算和条件判断：通过对位置信号的采集，结合乏燃料水池、转运通道、构建水池、堆芯水池的实际物理边界，给出装卸料系统的允许运行边界，并在接近物理边界区域设定慢速区，超出区域禁止移动。同时，通过区域信息结合装卸料机抓具位置和燃料转运装置的倾翻机的位置，给出燃料转运装置与装卸料机之间的干涉条件；通过区域信息结合人桥吊吊钩（抓具）位置和燃料转运装置的倾翻机的位置，给出燃料转运装置与人桥吊之间的干涉条件。通过对重量信号的采集，结合不同燃料组件重量在程序中的设定值进行比较，给出超载或欠载的逻辑判断。

执行机构：主要通过驱动电机带动各类机构实现。电机驱动随着科技的进步及产品更新换代，有不同的实现方式，变频拖动、伺服拖动等均可满足实际的工程要求，实现快慢速切换以及恒定转速输出。

只有当信号、判断逻辑、执行机构可靠的配合，才能使整套系统安全稳定的运行。各区域的判定，包括：转运装置垂直、水平的位置，各个运动部位的高/低速切换点，都根据现场水池的边界布置在程序中设定了条件，设定值不应擅自修改。

13.1.5 维修技术要求

由于装卸料系统不属于在线运行系统，因此，可在使用前进行预防性维护。

主要内容可包括：

——端子接线紧固性检查；

—— 通信接线屏蔽接地检查；

——各元器件的性能检查；

——伺服驱动器以及电机的动作检查；

——各区域的逻辑核对性检查；

——针对转运装置，进行无水试验（干试）以及有水试验（湿试，冲水使所有限位开关均被淹没）；

——针对装卸料机，进行坐标定位。

PMC 系统一般在大修开始前或者大修开始初期进行设备的预防性检查，检查的验收标准主要有以下几个方面：

回路的绝缘满足要求，大于等于 0.5 MΩ；

驱动电动机的三相阻值应平衡、运行电流值小于额定电流；

人桥吊车 X、Y、Z 轴各运行边界，慢速区域、禁止运行区域动作正确；

人桥吊车称重值正确，不同组件的重量保护值设置正确；

转运装置小车倾翻、转运各边界快慢速切换、停止区运行动作正确；

转运装置称重值正确，过载重量保护值设置正确；

装卸料机 X、Y、Z 轴各运行边界，慢速区域、禁止运行区域动作正确，主/副编码器比较差值在允许范围内；

装卸料机称重值正确，不同组件的重量保护值设置正确；主/副称重比较差值在允许范围内；

人桥吊车与燃料厂房转运装置间的连锁功能正确；

反应堆厂房转运装置与燃料厂房转运装置间的连锁功能正确；

反应堆厂房转运装置与装卸料机间的连锁功能正确。

13.1.6 质量管理

整套 PMC 系统均不属于在线设备，但使用时又是影响机组大修关键路径的重要设备。建议在装卸料系统运行时，对以下重要参数进行监督：

——建议定期监视各电机的运行电流，通过横向及纵向的对比，及时发现电机运行导致的劣化趋势，并及时处理。

—— 建议定期监视各称重传感器的重量显示值，一般情况下的重量波动均在 10 kg 以内，对波动数值较大的重量值建议评估称重系统的稳定性和可靠性。

—— 建议记录各编码器在零点位置的初始反馈值，并按时间顺序每隔一定时间记录一次，以尽早发现编码器的累积误差对坐标定位产生的偏差。

——在设备的安装固定方面，不论是 PMC 系统的设备还是与 PMC 系统有关的设备，其设计应防止零部件掉落到乏燃料贮存水池、反应堆换料水池及操作地面等的可能性，所有的固定螺栓均应配置有防松装置。

——在水下设备的材料选择方面，水下运行的设备零部件一般应采用奥氏体不锈钢制造，其外形应已去污，不允许使用有机材料，包括有机润滑脂等。

——在设备的应急操作要求方面，各设备应配置手动操作，在失效情况下应能手动操作使燃料组件处于安全状态。各设备在急停情况下，应能保持故障前的状态不变。

——在各装置间的逻辑设定方面，各装置、吊车间应配置必要的逻辑连锁，满足任何情况下的操作均应避免燃料组件变形的情况发生。具体为：

表 352-02-13-03　各区域的逻辑要求

序号	区域	逻辑要求
1	人桥吊车在转运装置上方	在人桥吊车吊钩挂有组件时，转运装置不允许由垂直位置下放，除非人桥吊车吊钩处于非干涉高度以上 人桥吊车吊钩不允许处于非干涉高度以下，除非转运装置处于垂直位置
2	装卸料机在转运装置上方	在装卸料机抓具挂有组件时，转运装置不允许由垂直位置下放，除非装卸料机抓具处于非干涉高度以上 装卸料机抓具不允许处于非干涉高度以下，除非转运装置处于垂直位置
3	转运装置间	转运装置仅当两侧的倾翻架均处于水平位置且厂房间的隔离闸阀处于全开位置时，才允许转运小车水平转运 仅当转运小车完全到达转运装置某一侧的到达位置时，才允许该侧的倾翻架进行起升和下放的操作

13.1.7　经验反馈

在装卸料系统的维护过程中，积累了一些重要的经验反馈。

（1）控制柜的散热问题

故障现象：装卸料期间，由于柜体空调未开启，导致控制柜过热。

检查处理：确认柜体空调正常运行。

缺陷原因：控制柜内的伺服驱动器或者变频器是电气元件的主要发热源。控制柜的原始设计中，有些并单独配置空调，而根据设备现场使用的规范性，柜门又不宜长时间开启，这就导致柜内设备的热量无法及时带出，引起柜内过热现象，严重则会导致变频器的过热故障。

后续改进：在装卸料操作或者模拟演练开始前，确认柜体空调正常运行。

（2）通信中断问题

故障现象：装卸料期间，反应堆厂房和燃料厂房的系统通信无法建立。

检查处理：检查所有联网设备的网络模式选择正确，确认通信连接及信号放大器工作正常。

缺陷原因：装卸料机、燃料转运装置、人桥吊之间的逻辑连锁都通过通信实现，仅手动急停按钮通过硬接线连接。设备间的通信都是通过同轴电缆实现，受到反应堆厂房的贯穿件布置的影响，燃料转运装置之间的通信距离最长，达数百米，由于同轴电缆的长距离信号传递衰减大，因此在中间配置了两个信号放大器。该放大器受设备长时间发热影响，造成通信能力劣化。

后续改进：在装卸料操作进行时，确保放大器控制箱的正常通风，使放大器工作在正常温度范围内。

（3）水下限位开关的绝缘问题

故障现象：在预防性检查过程中，发现水下限位绝缘值明显降低。

检查处理：整体更换水下限位开关。

缺陷原因：由于限位开关处于水下，其开关本体与电缆接头采用螺纹连接，长期水下运行导致密封处进水。应避免插头（或螺母）松脱导致限位开关绝缘下降。同时，其安装支架有槽（沟）等，因此有着不小的剂量率。在对这部分限位进行检查时，首先应严格遵守辐射防护的相关规定，上下水池需要设立临时隔离区。

后续改进：在接头处理过程中，注意密封性。

（4）伺服电机运行电流增大导致驱动器报错

故障现象：在电机运行过程中，伺服驱动器报错。

检查处理：测量电机运行电流，发现当前电流值显著高于历史值。

缺陷原因：由于伺服电机转子有磁性，一旦其出现弱磁现象，就会影响转矩，进而在同等条件下增大了伺服放大器的输出电流。

后续改进：对各驱动电机运行电流的定期检测是有必要的，通过电流参数的纵向对比趋势，能尽早发现伺服电机转子的弱磁现象。若不及时发现，当伺服放大器的输出电流上升到一定值时，一旦伺服放大器报故障，则不能立即通过参数调整来恢复设备的可用性。

（5）水下限位无法正确显示状态

故障现象：在干试时水下限位状态正确，冲水后显示不正确。

检查处理：发现水下限位位置发生变化。

缺陷原因：由于水下限位开关位置安装的特殊性，在现场安装位置可能位于水池充水管线的附近。如果这样，一旦开始充水，当水冲到限位开关上时，可能导致限位开关的位置移动。

后续改进：需要对此部分限位开关的固定提高关注度，必要时在年检过程中进行紧固。当然，在系统设计时能把限位开关与充水管线在空间上错开，就不会出现此类问题。

13.1.8 技术规程清单

表 352-02-13-04 技术规程清单

序号	规程名称
1	《装卸料机及其辅助吊电气部分预防性维修》
2	《安全壳密封性试验前后相关电气设备的拆卸与恢复规程》
3	《水下照明装置预防性维修规程》
4	《水下照明装置检查后的试验》
5	《装卸料机辅助吊载荷校准》
6	《倾翻机电气部分预防性维修规程》
7	《转运装置检查后的试验规程》
8	《大修期间相关设备的拆卸规程》

13.1.9 参考资料

[1]《燃料操作与贮存系统系统手册》(0401XPMCXTS01).

[2]《转运装置操作手册》(PR-06—0005).

13.2 380 V 交流低压盘柜

380 V 交流低压配电系统为全厂的低压设备提供动力电源，由于其下游负荷的多样性，包括风机、加热器、充电器、电动头等，因此其配置也不尽相同。在核岛、常规岛及 BOP 厂房有各自的 380 V 低压交流系统为厂房的低压设备供电，其正常运行为保证核电厂的正常运转和核安全起了至关重要的作用。

13.2.1 定义

380 V 交流低压系统有多种分类。根据所在的厂房可分为核岛配电盘、常规岛配电盘、BOP 配电盘。根据其功能，可分为正常列配电盘、应急列配电盘。根据是否直接由变压器供电，可分为常规配电盘、分配电盘。

13.2.2 范围对象

安装在 380 V 低压交流配电盘实体范围内的所有设备均属于 380 V 交流低压盘柜。与外部的接口主要有：母线 380 V 动力电源、母线控制电源、母线报警信息上送、单个负荷的反馈及外部信号。

13.2.3 结构原理

380 V 配电盘主要由以下几个部分组成：

安装在监控小室内的一个母线电压监测回路及报警上送通道；

安装在低压配电装置内的一组 380 V 配电母线；

安装在低压配电装置内的一组控制电源小母线；

安装在低压配电装置内的若干负荷开关。

13.2.4 指标与参数

母线的参数在完成负荷设计后就基本确定，馈线抽屉根据负荷确定容量及方式。主要有：额定电压、额定电流、进出线方式、电缆仓位置、馈线开关形式、馈线开关额定电流。

——额定绝缘电压：500 V；

—— 额定工作电压：380 V；

——短路电流（有效值）：28 kA；

——母线额定电流：1500 A。

13.2.5 维修技术要求

由于核电厂的母线多为单母线运行，其灵活性较差。因此，对于母线的预防性维修往往在机组大修期间执行。结合机组换料大修的周期及设备厂家的运行维护手册要求，目前 380 V 交流低压母线的预防性维修周期定为 4 C（1 C 为 1 个燃料循环周期）。预防性工作的主要内容包括：

——母线及馈线开关的清扫，检查接地线连接良好，各出线电缆接触应良好，无发热变色放电现象，各出线电缆端接螺栓按下表的力矩值进行复紧；

表 352-02-13-05 各螺栓的紧固力矩值

<table>
<tr><th>额定电流</th><th>极数</th><th>电缆连接螺栓</th><th>抽屉尺寸</th><th>最大紧固力矩</th></tr>
<tr><td rowspan="2">160 A</td><td>3</td><td rowspan="3">M10 × 30</td><td>≥8 E</td><td rowspan="3">45 N • m</td></tr>
<tr><td>6</td><td>≥8 E</td></tr>
<tr><td>250 A</td><td>3</td><td>≥8 E</td></tr>
<tr><td>400 A</td><td>3</td><td>M12 × 35</td><td>≥8 E</td><td>80 N • m</td></tr>
</table>

——检查各负荷抽屉的一次、二次接插件触头应良好，无过热痕迹，一次插张力及间隙标准如下表，抽屉规格 8E/2 及以下的二次插针用专用工具检查公插对中度合格，检查公插无内缩现象；

表 352-02-13-06 一次插件的夹紧力与间隙标准

序号	抽屉规格	一次插夹紧力	一次插间隙
1	8E/2 及以下	≥33 N	4.5～4.75 mm
2	8E 及以上	≥40 N	无要求

——对抽屉内指示灯塑料固定夹等非金属固定件进行老化检查，若存在老化情况进行更换；

——对抽屉内的中间继电器进行校验，各参数按照如下标准控制，触点标准可根据各电厂要求视与其相连的负荷参数控制；

表 352-02-13-07 中间继电器校验标准

校验内容	动作值	返回值	线圈阻值
交流继电器	≤85%额定电压	≥30%额定电压	N/A
直流继电器	≤85%额定电压	≥30%额定电压	N/A
48 V DC 线圈阻值	N/A	N/A	2.6 kΩ±20%
110 V DC（2 副点）线圈阻值	N/A	N/A	12.2 kΩ±20%
110 V DC（3 副点）线圈阻值	N/A	N/A	8.6 kΩ±20%

——对配电母线各抽屉及母线表计进行校验，对存在卡涩、指示不正确或者外壳等故障的表计进行更换；

——检查各个抽屉的机械机构运转应正常、灵活无卡涩，必要时进行润滑；

——对各抽屉的一次回路进行通断测试，要求进、出插件间的直阻＜0.5Ω；

——母线监控小室内继电器的校验及各上送信号的核对性检查。

13.2.6 质量管理

在配电盘运行期间，系统的在线监测及报警系统已具备了母线电压、报警、重要负荷电流等监测手段。除此之外，还应对以下参数进行定期监督：

——电气设备只要运行就伴随着发热，接触电阻过大往往会造成局部过热，从而逐渐演变为过热、设备损坏。设备运行期间应关注主要连接部位的平均温度和温升情况。

——对大功率设备，由于配电盘的空间受到限制，接触器的选型可能选在允许功率的上限，建议对这部分设备的开关重点听一下运行期间的接触器声音，当发生异常的铁芯线圈吸合声音时应重点关注，必要时停役检查。

——热继电器的整定值：设备额定电流的 1.15 倍（核岛）、设备额定电流的 1.05 倍（常规岛及 BOP）；

——漏电保护的整定值：出线负荷为插座的：30 mA，0 s；再供电负荷的反应堆乏燃料水池和换料水箱冷却和处理系统泵回路：300 mA，0 s；再供电负荷的其他回路：30 mA，0 s；其他回路：3 A，0 s。

—— 二次小室的整定值：低电压继电器：266 V，低电压延时继电器：10 s。

——针对母线检修后的验收，主要标准有：母线绝缘：＞0.5 MΩ；通道的正确性检查：要求通道正确；继电器单体校验：要求合格；接线正确型性：要求正确牢固。

13.2.7 经验反馈

随着母线运行的时间越来越长，相应的缺陷也较为集中的出现，主要可分设备缺陷、电气元件老化和长期操作劣化几大类。

（1）接触器的线圈鼓包

故障现象：接触器在设备运行及启动期间多次出现设备跳闸现象。

检查处理：对跳闸的设备进行检查，接触器线圈存在明显过热现象，铁芯内侧四个角落存在涡流过热使绝缘材融毁。

缺陷原因：接触器线圈分为合闸线圈和保持线圈，合闸线圈的功率远大于保持线圈的功率，在合闸后，造成合闸线圈始终通电，运行一段时间后过热鼓包。

后续改进：检查接触器的合闸线圈、保持线圈的阻值，进行型号替换。

（2）二次插针的接触不良

故障现象：柴油机试验期间，燃油输送泵不能按逻辑启动。

检查处理：检查燃油输送泵的启动信号已送至开关的二次端子，但没开关未按逻辑启动，进一步检查发现抽屉侧的插针存在内缩现象。

缺陷原因：开关的二次插针存在内缩现象，导致二次信号没有送至接触器线圈。

后续改进：把二次插针同心度及内缩检查列入母线定期检查的项目。

（3）一次插件的过热融化

故障现象：在配电盘定期检查期间发现一次插件有过热融化现象。

检查处理：对一次插件进行更换。

缺陷原因：一次插件夹紧力低造成局部接触电阻大。

后续改进：把一次插件夹紧力测试列入母线定期检查的项目。

13.2.8 技术规程清单

表 352-02-13-08 技术规程清单

序号	规程名称
1	低压交流配电盘预防性维修规程
2	低压交流正常配电盘二次小室预防性维修规程
3	低压交流应急配电盘二次小室预防性维修规程
4	380 V 分配电盘二次小室预防性维修规程
5	380 V 常规岛、BOP 配电盘低压预防性维修规程
6	380 V 常规岛、BOP 配电盘低压清扫后试验

13.2.9 参考资料

[1]《380 V 配电装置保护定值表》(0401XNI-DQS05).

13.3 交直流系统

13.3.1 定义

核电厂使用的交直流系统由充电器、逆变器、蓄电池组成，用于对核电厂重要的低压交直流系统提供可靠的控制电源和后备电源。

13.3.2 范围对象

充电器：是一种将交流电变成直流电的整流装置，所有直流系统都需使用充电器。充电器的交流输入都来自 380 V 电源，根据系统设计的不同需求，输出电压有三种：220 V、110 V、48 V。根据系统的设计要求，直流母线一般配置一台或两台充电器。配置一台充电器的直流母线，其充电器的电源一般来自对应列的应急母线，配置两台充电器的直流母线，其充电器的电源一般来自对应列的应急母线以及非对应列的正常母线。

逆变器：是一种将直流逆变为交流，向不间断交流电源系统供电。不间断交流电源系统一般用于调节、控制与保护回路。

蓄电池：直流系统中的后备电源，一般配合充电器使用，储备直流电能的设备。

13.3.3 结构原理

一台充电器可包括变压、整流、滤波几个主要元件，以及控制板、接口板、操作板等辅以控制和人机交互的设施。外部电源通过充电器本体连接到变压器的初级绕组上，变压器把交流输入电压降低到要求值，以便整流。变压器的次级与整流器单元相连，整流电路是一个三相桥式全控整流电路，包含六个晶闸管。整流器和扼流圈单元之间的熔断器，用来保护晶闸管。整流器输出被扼流圈和电容组件滤波，然后通过隔离二极管给蓄电池或其他直流负载供电。

另一个重要的组成部分就是充电器控制板。这块板子产生输出脉冲，以保证以合适的顺序和在合适的时间触发晶闸管门极，以及控制整流器，检测电压、电流、告警和与前盘通信等。给晶闸管门极施加触发信号的精确时间是由充电器的输出电压，输入电压和流进负载（与蓄电池）的电流决定的。它的控制电源来自两个地方，380 V 电压取一路交流电源，在直流母线电压取一路直流电源。

充电器的技术参数主要包括输入参数、输出参数、环境参数。充电器的输入电压为三相 380 V、电压允许波动范围是±10%。充电器的直流输出电压根据需求可由 24 V、48 V、110 V、125 V、220 V 进行选择。充电器的环境参数主要包括：运行环境温度（−10～+40 ℃）、允许空气湿度＜95%（无凝露）、防护等级 IP20（根据 IEC60529），其冷却方式为强迫风冷。

一台逆变器可包括逆变、变压、静态开关、旁路变压器等几个主要元件，以及控制板、接口板、操作板等辅以控制和人机交互的设施。

逆变器系统技术参数包括输入参数、输出参数、环境参数。逆变器的输入根据需求可分为直流电压 110 V、125 V、220 V、400 V，允许的电压波动范围是−15%～+20%。旁路是输入电压为 380 V±10%。逆变器的输出电压精度为 220 V±1%（静态），在负荷 0～100%之间波动时的精度为 220 V±4%，电压恢复时间≤25 ms。频率的同步精度≤0.01%。同时逆变器具备承受一定的过载能力，200%额定值，50～100 ms；150%额定值，小于 1 min；125%额定值，小于 10 min；105%额定值长期运行。逆变器的环境参数主要包括：运行环境温度（−10～+40 ℃）、允许空气湿度＜95%（无凝露）、防护等级 IP20（根据 IEC 60529），其冷却方式为强迫风冷。

蓄电池运行温度范围−15～45 ℃，标准温度为 20 ℃，之后每差 1 ℃，容量减少 0.6%，以此推算达到极限温度时，容蓄电池量约为 85%。蓄电池房间温度必须在 10～40 ℃，持续高温会导致过量的水损耗并缩短电池寿命，持续低温将降低放电性能。

13.3.4 指标与参数

（1）充电器（以 220 V 等级系统为例）

1）设定指标和参数

输入电压：3 相 380 V AC；

容许范围：+10/−15%（低于−15%蓄电池可能放电）；

最大容许范围：+15/−25%；

最大输入电流：313.0 A AC；

输入频率：50 Hz±8%；

外部熔断器：400 A AC；

额定直流输出：220 V DC；

浮充电压：0.4～1.3 Vnom，通常设定 236.5 V DC；

均充电压：0.4～1.4 Vnom，通常设定 245.7 V DC；

均充时间：0～72 h 可调；

初充电压：0.4～1.5 Vnom，最高 286 V DC；

初充时间：0～72 h 可调；

直流输出最大电流：630 A DC；
蓄电池电流限值：63.0 A DC；
低电压报警：202.0 V DC；
低电压停运：161 V DC；
高电压报警：250 V DC；
高电压停运：286 V DC；
充电模式：浮充/均充/初充，通常设定为浮充；
自动启动：ON/OFF，通常设定为 OFF；
自动均充：ON/OFF，通常设定为 ON；
蓄电池容量试验：ON/OFF，通常设定为 OFF。
2）报警参数

表 352-02-13-09 充电器报警参数

序号	报警名称	中文	延时	原因
1	RECTIFIER MAINS FAULT	进线故障	30 s	电压超限（+10%/−15%）或频率超限（±8%）；相序不对
2	RECTIFIER FAILURE	整流器故障	5 s	三个信号相与：进线正常；电流限制未启动；电压与设定值偏差超出±3%
3	DC OUT OF TOLERANCE	直流超限	5 s	直流电压超限
4	DC FUSE BLOWN	直流熔断器熔断	5 s	直流熔断器熔断
5	CHARGER CURRENT LIMIT ACTUATION	充电电流限制启动	30 s	整流装置输出电流超过最大电流限值（630 A）
6	CONTROL POWER FAULT	控制电源故障	5 s	5 V/±15 V 电源故障
7	OVERTEMPERATURE	元件过热	5 s	下列元件之一温度高：整流桥（90 ℃报警，110 ℃停运）、变压器（150 ℃）、二极管（110 ℃）、电抗器（150 ℃）
8	FAN FAILURE	风扇故障	30 s	冷却风扇转速低（1200 r/min）

（2）逆变器
1）设定指标和参数（以 110 VDC 输入/220 VAC 单相输出系统为例）
旁路变压器：
额定容量：10 kVA；
输入电压：380 V AC±10%2 相 2 线；
输入电流：1×26.3 A AC；
输入频率：50 Hz±6%；
外部熔断器：40 A AC；
输出电压：220 V AC，单相；
额定输出电流：45.5 A AC；
短路阻抗：7%；
效率：>96.0%。
逆变器：
额定输入电压：110 V DC，满足精度要求+10/−15%，满足功能要求±25%；
直流电压低报警：95 V DC；
直流电压低关机：87 V DC；
直流电压高报警：147 V DC；

直流电压高关机：159 V DC。
输入电流：
额定输入电压：100%负载 108 A DC；
直流电压低报警时：100%负载 125 A DC；
直流电压低报警时：150%负载 187 A DC；
输出容量：10 kVA；
功率因数范围：0.4 感性 0.9 容性；
额定功率因数：0.8 感性；
输出电压：220 V AC，单相±1%；
输出频率：50 Hz、±0.01%；
输出电流：100%负载 46 A AC；
0～100 ms 短路电流：200%负载 91 A AC；
0～1 min 过载：150%负载 68 A AC；
1～10 min 过载：125%负载 57 A AC；
长期连续过载：105%负载 48 A AC；
同步范围：±6%；
跟踪速度：1 Hz/s；
额定负载时的效率：＞84%；
系统总效率：＞84%。
2）报警参数

表 352-02-13-10 逆变器报警参数

序号	报警名称	中文	延时	原因
1	DC OUT OF TOLERANCE	直流超限	5 s	因直流电压过高或者过低，逆变器关机
2	DC LOW WARNING	电池电压低	5 s	电池电压降至低压报警
3	INVERTER FAULT	逆变器故障	5 s	下列事件同时发生：① 逆变器运行；② 逆变器未过载；③ 逆变器输出电压超限或者逆变器关断或者逆变器元件温度高
4	OVERLOAD INV/BYPASS	逆变器/旁路过载	30 s	逆变器或者旁路负载≥100%负载
5	INVERTER FUSE BLOWN	逆变器熔断器	5 s	一个或多个逆变器输出熔断器断或者逆变器输入开关（可选件）断开
6	ASYNCHRONOUS	不同步	30 s	逆变器输出与旁路不同步
7	BYPASS MAINS FAULT	旁路电源故障	30 s	旁路电源电压或频率（静态开关输入端）超限
8	MANUAL BYPASS ON	手动旁路运行	5 s	手动旁路开关置于固体废物处理系统 T 或者 BYPASS 位置
9	EN INHIBITED	旁路静态开关 EN 闭锁	5 s	假如下列事件发生，静态开关 EN 被闭锁： ● 旁路电压或者频率超限 ● 静态开关 EN 温度高
10	EA INHIBITED	逆变器静态开关 EA 闭锁	5 s	逆变器电压超限或 EA 温度高
11	OVERTEMPERATURE	温度过高	5 s	下列电子器件有热量监测： ● 整流桥 ● 整流变压器 ● 直流滤波器 ● TSM 模块 ● 逆变器变压器 ● 交流滤波器 ● 静态开关 EN ● 静态开关 EA

续表

序号	报警名称	中文	延时	原因
12	FAN FAILURE	风扇故障	30 s	系统一个或者多个风扇故障
13	POWER SUPPLY FAULT	电源故障	5 s	电源（+5 V/±12 V/+20 V）之一超限或者电源板缺输入电源（整流器/旁路电源/直流）
14	DISTRIBUTION EARTH FAULT	配电箱接地故障		AC 输出对地阻抗低于限值
15	DISTRIBUTION MCB OPEN	馈线开关断开		馈线开关 Q101…Q1xy 之一断开
16	DISTRIBUTION OPEN	出线开关断开		出线开关断开
17	DISTRIBUTION UNDERVOLTAGE	配电箱低电压		AC 输出电压低于限值
18	DISTRIBUTION OVERVOLTAGE	配电箱高电压		AC 输出电压高于限值

（3）蓄电池

额定容量 C_{10}（Ah）：在交流电源失去或充电器故障期间，蓄电池的容量应该具有向所有直流负荷供电一小时的能力。

确定蓄电池容量的假设条件为：

蓄电池在浮充状态下运行时间超过 10 h，少于 3 个月。

不管蓄电池是处在充电状态还是放电状态，都要求负荷端的电压在电源条件中规定的范围内变化。

在放电 1 h 后叠加在放电电流（Id）上的最大电流峰值为 0.5Id，最长持续时间为 15 s。

房间温度可在规定的限值范围内变化，值得注意的是可以等于最低值 10 ℃。

每个电池在承受峰值电流之前的放电终止电压至少等于 1.86 V。

在承受峰值电流结束时，每个电池的电压至少应等于 1.80 V。

在放电期间用电设备汲取的电流等于最大持续负荷电流值。

蓄电池组中的电池个数如下：

48 V 蓄电池组为 23 个。

110 V 蓄电池组为 54 个。

220 V 蓄电池组为 108 个。

电解液的液位处于最高和最低液位之间的某一液位，也可以处于最低液位。

13.3.5 维修技术要求

由于核电厂直流母线运行的重要性，同时受到机组运行技术规范的限制要求，充电器和逆变器的检修工作基本在机组换料大修期间执行。根据设备累积的运行时间，结合设备维护手册，预防措施分为以下几部分。

—— 充电器、逆变器月度检查：通过测量仪表检查输出电压、通过测量仪表直流输出电流、记录持续的告警信息或者不正确的运行状态、按下试灯按键，所有运行状态和告警指示发光二极管必须同时亮；

——充电器、逆变器年度检查：检查所有仪表开关和仪表的正常、检查所有连接紧固、清洁、检查整个系统的功能；

——充电器、逆变器元器件的定期更换；

——蓄电池月检、年检、更换。

月检：每个月进行蓄电池的单节电压 2.18～2.23 V DC、单节密度 1.24±0.01 g/cm^3。

年检：进行 C_{10} 的充放电试验，应满足技术要求。

更换：使用期限为 10 年，达到后进行整体更换。

13.3.6 质量管理

充电器：

负荷电流在额定值 0～100%范围内变化时，输出电压的稳压精度为≤±1%。

稳流（包括恒流、限流）精度：当电源电压和直流输出电压均在规定范围内变化时，直流输出电流在稳流范围内任一值上保持稳定，其稳流精度为≤±2%。

输出电压的纹波系数：浮充稳压运行，交流输入电压和直流输出电流均在所允许的变化范围内，直流输出电压为浮充稳压范围内的任一值，且为电阻性负载，输出纹波系数≤1%，噪声≤50 dB。

逆变器：

交流输出失真≤5%；

频率波动范围 50 Hz±1%；

总谐波失真≤5%；

单个谐波失真≤5%。

13.3.7 经验反馈

（1）48 V 蓄电池初充电时间过长问题

在核电厂的调试阶段，对某组 48 V 蓄电池进行充电，充电时间明显偏长，最终分析其充电时间过长主要有以下原因：

蓄电池间空间过小，蓄电池全紧密摆放在一起，中间电池无法良好散热，且房间的温度过高及正式通风未投运，当充电器以 $0.05C_{10}$ 电流充电时，电池温度很快达到规定的高限 45°，为了使电池温度降低，只能将充电电流减小一半，长时间的小电流致使蓄电池充电时间加长；

初充电电压设定不高，致使充电后期充电器与蓄电池之间的电压压差过小，相对应的使初充电电流提升不上去，在后期，充电电流一直保持在 10 A 左右，远远低于 $0.05\ C_{10}$ 的电流（40 A）。在刚开始充电时，其初充电电压根据设计院技术手册和厂家的给定值设置在 61 V，但蓄电池厂家规定的初充电每节电池的最高端电压可达到 2.7 V，该系统共 23 节蓄电池，所以要使蓄电池初充好电，则加在蓄电池端的电压要最少达到 62.1 V，加上在线路上的压降，充电器的初充电压最少应设置在 63 V，由于厂家人员对其设备性能不是很熟悉，刚开始时厂家人员只愿意将初充电压值设定在 61 V，在以 61 V 充了将近 140 h 之后，所充容量仍未达到要求的容量。和厂家反复商量，决定将初充电电压设置为 63 V，高报警电压设置为 64 V，高关机电压设置为 65 V；之后，充电电流达到了 40 A，并按要求充足蓄电池容量。

由于上述两点原因，致使 48 V 蓄电池初充电总共持续 191 h 左右；虽然这次初充电历经各种困难，但为以后的充电积累了宝贵的经验，为以后的充电打好了良好的基础。

经验反馈：蓄电池在初充电时，要将蓄电池的初充电压、高报警及高关机电压重新设置：

48 V 系列的充电器应将初充电压由 61 V 改为 63 V，高报由 57 V 改为 64 V，高关机电压由 62 V 改为 65 V；

110 V 系列的充电器应将初充电压由 141 V 改为 148 V，高报由 125 V 改为 149 V，高关机电压由 143 V 改为 150 V；

220 V 系列的充电器应将初充电压由 286 V 改为 295 V，高报由 250 V 改为 296 V，高关机电压由 286 V 改为 297 V。

（2）充电器整流模块故障致使充电器 380 V 进线开关和充电器出线开关跳闸问题

当 380 V 交流输入电压及充电器输出电压超限时，会向外送一个信号，此信号会使联跳 380 V 进线开关和充电器出线开关。由于此信号节点是一个无源常闭节点，即在充电器 380 V 交流电源未送时，此信号存在，进而导致 380 V 进线开关无法正常合闸。

经验反馈：将电压超限信号不外送，在充电器柜内新增继电器，此继电器只检测充电器输出电压过高，并将此信号连接到 380 V 进线开关和和充电器出线开关上，当充电器直流输出电压过高时，此信号去跳闸这两个开关，以保护充电器。

13.3.8 技术规程清单

表 352-02-13-11 技术规程清单

序号	规程名称
1	充电器半年度预防性检查规程
2	充电器预防性维修规程
3	充电器检查后的试验规程
4	充电器九年备件更换规程
5	充电器九年备件更换后的试验规程
6	逆变器预防性维修规程
7	逆变器清扫后检查试验规程
8	逆变器备件更换规程
9	充电器备件更换后的试验规程
10	蓄电池组预防性维修规程
11	蓄电池定期充放电规程
12	蓄电池定期更换规程
13	蓄电池组月度预防性维修

13.3.9 参考资料

[1]《(1）低压柜、直流及 220 V 交流控制配电柜出厂验收细则》(DG-OEM-049).

13.4 电动装置

阀门是工艺系统管道中的重要组成部分，用于截断或调节系统管道中介质的流量。阀门按其驱动方式可分为：手动、电动、气动、液动以及各种联动等。电动阀门是电动头（或称为阀门电动装置）和阀门组合成一体的管道附件，它可以接受操作人员或信号的命令，自动截断或调节管道中的介质，具有操作迅速、方便、可靠等特点，并且容易满足各种控制要求。

13.4.1 定义

额定转矩：电动头设计时的给定值，往往是铭牌值的 100%。

控制转矩：在开、关两个方向，电动执行机构所能控制的转矩范围值，有最大控制转矩和最小控制转矩。

堵转转矩：电动执行机构负载逐渐增大，使电动机堵转时输出的转矩。

设置转矩：电动执行机构的设定控制转矩。

输出转速：电动执行机构输出轴的转速。

全行程时间：电动执行机构从“全关”位置运行至“全开”位置所需的时间。

13.4.2 范围对象

电动执行机构按输出位移可分为三类，分别是多回转、部分回转、直行程。

按工作制一般可分为两类：开关型和调节型。

13.4.3 结构原理

电动执行机构应由电动机、减速传动系、转矩控制、行程控制、位置指示、手动操作机构、手动-电动切换装置（部分为自动切换）组成。

13.4.4 指标与参数

电动头的各组成部分都有其相应的技术标准：

——电动机：绝缘≥10 MΩ（@500 V DC）；三相直阻不平衡度≤2%。

——位置重复偏差：

表 352-02-13-12 位置重复偏差

电动执行机构类型	位置重复偏差
多回转	−5°～+5°
部分回转	−1°～+1°
直行程	−1%～+1%

——控制转矩重复精度：

表 352-02-13-13 控制转矩重复精度

最大控制转矩/N·m	转矩重复精度/%
≤100	−10～+10
100～1200	−7～+7
>1200	−5～+5

13.4.5 维修技术要求

由于电动头的服务对象是阀门，而阀门的启闭受到工艺系统运行的条件限制，因此，在机组功率运行期间很少允许阀门进行预防维护，电动头的预防维护基本在机组大修期间执行。

一般的预防性工作主要进行：

——电动机绝缘及三相不平衡度检查，运行电流监测；

—— 位置指示器能正确指示阀门实际位置；

——位置信号能正确反馈阀门实际位置；

——扭矩单元不应动作后出现弹跳，不自锁的情况；

——在配电盘运行期间，系统已具备了母线电压、报警、重要负荷电流等监测手段；

——电气设备只要运行就伴随着发热，接触电阻过大往往会造成局部过热，关注运行设备温升也非常重要；

——电动头在机械结构上与阀门配套，在电气结构上与供电单元相互联系。在选型及工作时，应避免电动头与阀门、电动头与供电单元间的差异导致的不一致。

13.4.6 质量管理

——电动机：直阻不平衡度满足要求，绝缘合格，运行电流小于额定电流；

——位置信号：信号能正确指示阀门的开关状态；

——转矩：动作后能自锁，不反弹，若上校验台校验则其值应满足控制转矩重复精度；

——对电动头进行实际动作，记录的数据主要有：

表 352-02-13-14　电动头试验记录数据

动作试验记录		
阀门状态	开工前	完工后
	全关□　　全开□	全关□　　全开□
	注：若无特殊情况，工作结束后的阀门状态应保持与开工前一致	
动作时间	开阀	关阀
	参考：　　　s	参考：　　　s
	实测：　　　s	实测：　　　s
	注：实测时间≤参考时间为合格，开关阀时间参考各电厂的具体要求	
动作电流	开阀	关阀
	参考：　　　A	参考：　　　A
	实测：　　　A	实测：　　　A
	注：运行电流不大于铭牌额定电流 2 倍	
位置反馈	全开	全关
	远方：已全开□　未全开□	远方：已全关□　未全关□
	就地：已全开□　未全开□	就地：已全关□　未全关□
	注：1. 远方验证指示灯、电厂过程计算机系统趋势等状态指示 2. 就地、远方阀位反馈需与阀门真实状态一致	

13.4.7　经验反馈

（1）电动执行机构出现 E 通信故障

故障现象：电动执行机构在主控显示半开半关（就地阀门为全开），并有电气故障，主控无法操作，电气人员就地检查发现电装面板报 E 通信，无法进入操作显示界面。

处理过程：检查板件通信连接。

（2）高输出转速电动头的蜗轮蜗杆传动不能自锁。

故障现象：这就导致蜗轮向蜗杆也可传递输出。电动头设定为关力矩控制时，力矩开关动作断开后电机停止转动，由于蜗轮蜗杆不自锁，导致蜗杆向蜗轮传递输出，使力矩开关复位。若此时电动头仍然有关闭的信号，则在阀门关闭的位置，电动头始终执行“关－停－关－停”的操作，电动机不停承受启动（或堵转）电流，直至电动机的电气保护动作跳闸。

出现这一问题的原因多数为选择了高输出转速的电动头来获得尽可能快的阀门启闭时间。解决方法有若技术规范允许其速度降低，则可换型低输出转速的电动头。如果技术规范对时间要求严格，则可选择多级传动的电动头进行替代。

13.4.8　技术规程清单

表 352-02-13-15　技术规程清单

序号	规程名称
1	电动头隔离后的检查规程
2	电动头定期解体大修维修规程
3	电动头检查后的试验
4	电动头更换内部模块维修规程
5	电动头检查后的试验规程

13.4.9 参考资料

[1]《工业过程测量和控制系统用电动执行机构》(JB/T 8219—1999).
[2]《爆炸性气体环境用电设备通用要求》(GB 3836.1—83).
[3]《爆炸性气体用电气设备隔爆型“d”》(GB 3836.2—2000).
[4]《电站阀门电动执行机构》(DL/T 641—2015).

13.5 水压试验泵柴油发电机组

在核电厂即超基准设计工况下，水压试验泵柴油发电机组能给水压试验泵安全注入系统提供应急电源，以确保给主泵密封供水，从而确保反应堆冷却剂系统的完整性。

13.5.1 定义

核电厂的低压柴油机组主要用于应急情况使用，主要包括给水压试验泵安全注入系统提供电源，其他低压应急柴油发电机组可以进行类比。

13.5.2 范围对象

两台低压柴油发电机组、水压试验泵及其控制柜。

13.5.3 结构原理

——正常运行：在核电厂正常运行期间，水压试验泵柴油发电机组或是处于热备用状态，或是处于例行试验状态。

——特殊的稳定运行：水压试验泵柴油发电机系统将在检测到中压电源失去后的 2 min 内恢复密封水注入功能，此时利用由水压试验泵柴油发电机系统作后备电源的试验泵来恢复密封水注入功能。由于这台泵为 2 台机组共用，因此应采取措施以保证该泵向正确的方向注水。

——起动和正常停运。

- 系统起动原理：

机组起动分就地、远程起动，应急起动信号优于手动起动信号。

机组能在接到起动信号后 10 s 内达到额定转速和额定电压，频率和电压一达到规定范围，机组就立即投入。

柴油机起动后，预热和预润滑自动关闭。

水压试验泵正常工况下是由主控制室通过推旋式灯光开关起动的。

当水压试验泵柴油发电机组起动失败时，另一台没有发生故障的机组的柴油发电机组自动投入，向水压试验泵共用电控柜供电。

- 系统停运原理：

水压试验泵的正常电源由中控室的推旋式灯光开关切断，柴油发电机组可以从控制室通过有盖的按钮停机。运行人员可以通过使用就地按钮停止水压试验泵，而不必切断水压试验泵共用电控柜的电源，通过使用就地按钮可以重新起动试验泵。

- 其他运行：

空载运行（试验模式）：柴油发电机组空载运行只是为了试验或维修的目的而进行的起动和停止操作，在空载运行时发电机出口断路器处于分闸状态。

这种试验模式的目的是对机组进行定期维护并测试柴油发电机组性能。

13.5.4 指标与参数

（1）机组

机组的主要技术参数：

额定功率：160 kW；

额定电压：400 V/230 V；

额定电流：289 A；
额定频率：50 Hz；
额定转速：1500 r/min；
功率因素：0.8（滞后）；
机组噪声：≤110 dB（A）；
蓄电池：24 VDC（180 A.h）；
机组外形尺寸：3268×1370×2190（mm）；
机组重量：3200 kg；
抗震类别：1I 类；
质保等级：Q3 级；
寿命：40 年。
（2）柴油机
工作过程：四冲程；
燃烧方式：直接喷射；
气缸排列：V 形夹角 60°；
气缸数：8；
缸径/冲程：128/140 mm；
单缸排量：8.8 dm^3；
总排量：14.4 dm^3；
压缩比：15:1；
最高爆发压力：15 MPa；
额定转速：1500 r/min；
最低稳定工作转速：45%额定转速；
最低空载稳定转速（怠速）：700～750 r/min；
20 ℃时点火转速：115 r/min；
旋转方向：逆时针旋转（从飞轮端看）；
发火顺序：A1-B2-A3-B1-A4-B3-A2-B4；
主轴承数：5；
空气滤清器：油浴式；
燃油滤清器：精滤器；
燃油输送泵：柱塞泵；
润滑方式：压力润滑；
滑油滤清器：精滤器（安装在主油路）；
冷却水温（最佳）：76～82 ℃；
最高允许冷却水温度：85 ℃（柴油机出口）；
冷却水报警：90～96 ℃；
油底壳中滑油最高温度：120 ℃；
冷却方式：风扇冷却；
涡轮前排气温度：≤750 ℃；
起动器 24 V：2×6.6 kW；
蓄电池 24 V：2×180 Ah。
（3）发电机
额定容量：200 kVA（铭牌）；

额定功率：160 kW（铭牌）；
功率因数：0.8（滞后）；
额定电压：400 V；
额定电流：289 A；
额定频率：50 Hz；
极数：4；
额定转速：1500 r/min；
效率：93%；
励磁系统：无刷励磁；
绝缘等级：H；
防护等级：IP23；
重量：770 kg。

（4）电气控制柜

水压试验泵柴油发电机组电气设备主要包括机组控制柜一台及出口开关柜和低压配电柜各一台，为启动系统的启动电机供电的蓄电池。出口开关柜、低压配电柜、机组控制柜、共用底架设计为具有抗震要求的结构，柜内电器元器件符合抗震要求。

（5）水压试验泵柴油发电机组定期试验中的电气验收准则

1）柴油发电机启动

发电机频率：50 Hz；
速度稳定性：≤6 r/min；
启动后达到额定转速与电压的时间：≤10 s。

柴油机和水压试验泵运行试验：

发电机频率：50 Hz；
速度稳定性：≤6 r/min；
启动后达到额定转速与电压的时间：≤10 s。

柴油发电机和水压试验泵综合试验：

发电机频率：50 Hz；
速度稳定性：≤6 r/min；
启动后达到额定转速与电压的时间：≤10 s。

2）柴油机备用检查：

蓄电池电压正常：24～28 V。

13.5.5 维修技术要求

对设备的预防性维修需按照核电厂的使用维护手册进行，详细可参见各设备的使用维护手册。柴油发电机的维修基于三个准则：备用和（或）老化所经历的时间、启动次数和（或）运行小时数、蓄电池有效工作的时间。

——在役检查：

机组在核电厂在役时，应进行油、水、电的日常检查，并检查机组各状态是否正常。

- 贮油罐油位是否正常；
- 蓄电池电压是否正常；
- 油底壳油位是否正常；
- 散热水箱液位是否正常；
- 机组控制柜及低压配电柜工作及指示是否正常；

- 检查机组有无漏水、漏油等现象。

——定期运行试验：

定期试验是为了更好的使柴油发电机组处于较好的工作准备状态，及时地发现设备可能出现的故障并及时排除。进行定期试验，以验证：

- 柴油机启动系统是否正确地运行；
- 柴油机和发电机是否按要求运转；
- 柴油发电机能否带上负载；
- 测量和记录所有启动前数据；
- 发出启动信号，测量和记录从发出启动信号至达到额定转速所经历的时间；
- 证实发电机电压和频率均保持在每项试验的特定状态所规定的限值之内。

13.5.6 质量管理

柴油发电机的维修基于三个准则：备用和（或）老化所经历的时间、启动次数和（或）运行小时数、蓄电池有效工作的时间。

13.5.7 经验反馈

（1）水压试验泵带载试验中启动时间超限

故障现象：在日常柴油发电机组的带载试验中，水压试验泵有时会出现——使用厂电供电时启动正常，切换至柴油发电机组供电时则启动超时的问题，有时甚至无法正常启动。

检查处理：柴油发电机组带载时，其下游负载的控制电源取自柴油发电机组。带载过程中若柴油发电机电压输出过低，将导致水压试验泵控制柜内部继电器复位，当电压恢复之后重新执行带载序列。具体的调整策略是，提高柴油发电机组输出电压：将柴油发电机组的输出电压由原 390 V 提高至 400 V；优化柴油发电机组动态响应性能：对该柴油发电机组的电子调速器重新调整，将增益值由原设定值 4.5 增大 2 个刻度左右（满刻度为 10）。具体的调整方式是，增大调速器“增益”电位器至柴油机出现轻微游车，再适度减小“增益”至机组转速稳定（可以通过油门拉杆的稳定度确定），其他参数也同步进行了一些微调。

（2）大修后柴油发电机组启动困难

故障现象：水压试验泵柴油发电机组采用的是蓄电池启动方式，每组柴油发电机组配备有两组单独的启动回路，每个启动回路包含一组单独的启动蓄电池。根据预维内容，大修期间要对柴油发电机组机电部分进行检查，在完成检修后的首次启动中，柴油发电机组很难正常启动。

检查处理：大修期间对柴油机进行燃油回路和气门间隙等的检查，期间需对电磁阀至过滤器的燃油进行排空，在回装后不可避免会进入气体。若启机前不能完全排空，柴油机也无法正常启动。适度延长启动时间，保证启动前完全排空，柴油发电机组启机成功。

13.5.8 技术规程清单

表 352-02-13-16 技术规程清单

序号	规程名称
1	水压试验泵电气部分预防性维修
2	柴油发电机组电气部分预防性维修
3	柴油发电机组超速、短路模拟试验规程
4	柴油发电机组无负荷试验电气配合检查
5	柴油发电机和水压试验泵无密封注水带负荷启动和运行试验电气配合检查
6	柴油发电机和水压试验泵综合试验电气配合检查

续表

序号	规程名称
7	柴油发电机蓄电池启动能力试验电气配合检查
8	柴油发电机组机架预防性维修
9	水压试验泵机架预防性维修规程
10	水压试验泵柴油发电机定期检查规程

13.5.9 参考资料

[1]《往复式内燃机驱动的交流发电机组》(GB/T 2820).

13.6 切换

核电厂自动切换功能的系统保障了电源可靠性，当常用电源发生故障或断电时，要求备用电源在极短的时间内投入使用，这就需要一种在两路电源之间进行可靠且快速切换的自动切换装置，这些电源自动切换装置为供电可靠性发挥着非常重要的作用。

13.6.1 定义

切换开关是由一个或多个开关组成的开关装置，用于供电电源从一个电源切换至另一个电源的装置。

13.6.2 范围对象

智能控制器按功能可分为自投自复（R）、自投不自复（S）、电网－发电机（F）型；共有三种控制方式，可以通过面板上的选择开关进行选择：手动控制和自动控制。

手动控制方式：

手动控制方式有断开、常用、备用三种方式，不进行自动切换。

自动控制方式：

智能控制器在自动控制方式下，可对两路电源各三相相电压有效值进行实时采样，将所得数据进行处理后，与所设置的过压、欠压值进行比较，当电源电压任一相出现异常时，控制电路就做出电源故障的判断，相应的故障指示灯闪烁，经设定的延时时间后发出控制信号驱动电动机传动机构自动切换到另一路正常电源。

13.6.3 结构原理

切换开关基本结构：

（1）电压表

显示各相运行电压值，正常状态时循环显示当前电源的三相电压值。

（2）电压显示指示灯

指示电压表显示值为 A、B、C 三相相电压的某一相。

（3）状态指示灯

保护类别及故障类别指示，分别为欠压、过压、过载故障。

（4）二位置指拨开关

用于设定常用、备用电源的各相控制电压参数。

（5）控制电压设定指示值

在此栏中设置各项控制电压的参数。

NL：常用电源欠电压设定值，现场设定为 70%U_e，即 266 V；

NB：常用电源返回电压设定值，现场设定为 90%U_e 即 342 V；

VO：常用电源、备用电源过电压设定值，现场设定为 110%U_e 即 418 V。

（6）保险丝

（7）双切开关智能控制器电源开关

（8）自动、手动（断开、常用、备用）的手动切换按钮

基本原理：

双切开关智能控制器对常用三相电源（NA、NB、NC）和备用三相电源（RA、RB、RC）的相电压值同时进行检测，同时整合常用电源 N 和备用电源 R 的开关状态信号，对于高于额定值 110%～130%（可调）的电源判定为过电压，低于额定值 65%～85%（可调）的电源判定为欠电压，微处理器对上述检测结果进行判断，处理结果通过延时电路驱动相应的指令继电器向电动机传动机构发出分闸/合闸指令，并在面板上显示处理结果。

13.6.4 指标与参数

（1）脱扣报警

当断路器因电路故障脱扣时，报警灯会闪烁，而相应的脱扣指示灯发光，并发出蜂鸣声。当故障排除后，报警便会自动解除。

（2） 缺相报警

在正常供电电源或应急电源缺相时，报警等会闪烁，而相应的缺相指示灯发光，并发出蜂鸣声。

（3）拒执行报警

当双切控制器发出操作指令后，若正常供电断路器或应急供电断路器未能按要求执行闭合或断开操作，则系统报警灯会闪烁。

13.6.5 维修技术要求

关于双切开关的预防性维修，主要包括：

（1） 不带电检查

主要是进行切换开关的清扫检查以及机械连锁机构润滑，包括对内部一些元器件进行校验。若切换中有时间设置的，则需要对时间继电器、低电压继电器等进行校验等。

（2） 带电切换试验

主要包括对切换开关的自动切换，手动切换，自投自复等各种功能的验证。

13.6.6 质量管理

双切开关切换不影响母线电能特性。

13.6.7 经验反馈

双切开关一般动作频率低，故容易造成机构卡涩，拒动等情况，故需要在大修期间对其定期润滑，动作，使其保持良好的工作状态。

13.6.8 技术规程清单

表 352-02-13-17 技术规程清单

序号	规程名称
1	常规岛应急配电盘电源切换试验
2	380 V 常规岛、外围厂房配电盘低压清扫后试验

13.6.9 参考资料

［1］《1999 家用和类似用途的电气自动控制器》（IEC 60664-1）.

［2］《电气设备用图形符号》（IEC 60417-DB 2002）.

13.7 棒电源

棒电源机组用于给反应堆控制棒驱动机构提供 260 V 的交流电源。

13.7.1 定义

棒电源：用于给反应堆控制棒驱动机构提供 260 V 的交流电源的电动发电机系统。

13.7.2 范围对象

棒电源系统主要包括电动发电机组、断路器屏、控制屏。

13.7.3 结构原理

电动发电机组：两套完全相同的机组，每套机组包括：三相异步电动机、三相同步发电机、电压调节器、安装在电动机和发电机之间轴上的飞轮、弹性联轴器组件。每台核电机组共配备两台棒电源机组，每台棒电源机组由一台三相异步电动机拖动一个飞轮及一台发电机，并通过励磁调节系统，将棒电源机组的输出电压稳定在 260 VAC。正常运行期间，两组棒电源机组同时运行，并各带 50%负荷；当一台棒电源机组停运时，另一台带载 100%；当两台机组都停运时，控制棒失去驱动电源，将依靠自重落入堆芯导致停堆。两台棒电源机组通过各自的出口断路器输出后，并联在一起，送入停堆断路器组，并最终送入 RGL 棒控棒位系统。

断路器屏：发电机出口断路器、给棒控系统（RGL）的控制逻辑和固态功率装置供电的断路器、保护和测量装置所必须的电流互感器、分流器以及保护熔断器、有关的控制器和指示器。

控制屏：实现对棒电源机组的控制、保护、监视以及自动运行，控制屏有三面，其中两面屏分别控制各自的棒电源机组，另一面屏是共用屏，用于并机运行。

13.7.4 指标与参数

（1）三相异步电动机

电机特性

类型：FNCB MS 355 S4 B3；

F：封闭的有棱纹浇铸构成的骨架；

N：正常的使用方法；

C：鼠笼型转子；

B：三相电源；

MS：机械焊接结构；

355：轴高 355 mm；

S：铁芯长度代码；

4：极数（4 极为 1500 r/min）；

B3：卧式安装；

频率：50 Hz；

电压：380 V；

防护等级：IP 55；

额定功率：135 kW；

平均额定功率：79 kW；

功率因数：0.85；

额定转速：1500 r/min；

超速转速：1800 r/min；

效率：92%；

启动电流 Id/In：6.6＋20%；

绝缘等级：F；

允许温升等级：B；

电机旋转方向（从连接系统看电动机）：顺时针；

周围环境温度：40 ℃；

通风状况：自行通风；

转子转动惯量：MD2：20，08 kg*m^2；

轴承类型：滚球轴承；

转子重量：355 kg；

总体电动机重量：1410 kg。

电动机定子：

进线电缆，端子接线盖和不同附件所需的孔口；

纵向安装在电机较低部位的附件可以利用插销或附加的螺丝固定在电机上。

与定子线圈相配合的铁芯先被压制成型，浇铸在模子里，焊接在相应的位置上。定子线圈上的插入纸上涂有环氧清漆，来满足 F 级绝缘等级的要求。环氧清漆涂层确保高绝缘性和卓越的机械抗拉强度，同时还具有较好的热交换性。

——电动机转子：

转子属于鼠笼型。转子铁芯是由硅钢片迭成并压在转轴上，鼠笼的棱条被安装在铁芯的凹槽内，棱条的末端用短路环焊接起来。鼠笼装配上可以径向插入（铁芯凹槽）的棱条，附着在驱动转轴上的风叶在电机内产生气流。

——两个轴承：

前后端盖是由带有散热板的铸钢制成。轴承为密封式带有外端盖，防止气流的影响。非负荷端和负荷端的轴承型号均为 6322 C3 滚球轴承，轴承的外端盖配有 TECALEMIT 型的液压式润滑油管和加油嘴。

——通风系统：

电机内部非负荷侧有一固定在转轴上的风扇，用于冷却电机内部的定子和转子线圈。

电机外部在非负荷侧有一个通过销键来固定的外部风扇，用来冷却电机外部，附着在电机外罩上的外壳用来保护风扇。

——接线盒：

每一相绕组的接线端均聚集在接线盒内（相线和接地线），接线盒的上面有一个或多个气孔，并被安装在机组的上端。

中性线排列在接线盒内是便于站在电机前端的观察者观察。

电机外壳有一根接地线。

——辅助接线盒：

在电机钢棱结构的两侧装有两个辅助接线盒，一个接线盒用于探测定子线圈温度，一个接线盒是电机加热器接线盒，接线盒附近装有一个温度开关。

（2）交流发电机

发电机特性

型号：AP 76 B4；

A：交流发电机；

P：保护式；

76：定子钢铁架的外部直径（cm）；

B：铁芯长度代码；

4：极数：4 极；

接法：曲折星形，中性点绝缘；

电流特性：三相交流；

电压：260 V±5%；
电流：890 A；
频率：50 Hz；
输出电压：260 V；
保护等级：IP 23；
额定功率：400 kVA；
额定电流：890 A；
功率因数：0.25；
转速：1500 r/min；
过速：1800 r/min；
满载效率：＞0.76，功率因数 0.25；
满载励磁电流：112 A；
绝缘等级：F；
允许温升等级：B；
周围环境温度：40 ℃；
通风状况：自行通风；
转动惯量：73 kg*m^2；
励磁部分的型号：ESCRS；
轴承类型：滚球轴承。

带有电压调节器的固态复励装置：

骨架－底座：发电机整体结构为一圆柱体，钢结构锻造压制而成，两侧有轴承支架，用于起到收口的作用，同时也用来固定轴承。发电机底脚处焊有 4 个支撑架，用于和底座螺栓连接。

定、转子线圈：定子线圈重叠放置在钢结构骨架内侧，材质为铜线，外有环氧树脂绝缘层，并经过真空压力浸漆。定子线圈的槽隙错齿排列，用来削减输出电压的谐波分量。经过真空压力浸漆的电缆可以保证良好的电强度和机械强度，同时具有很好的导热性。转子由层叠的磁硅钢片组成，依靠柳钉固定成十字交叉形态，并通过加热套装在转轴上。

轴承：

发电机轴承为 6300 系列滚球轴承。

连接系统侧轴承——6326 C3。

连接系统相反侧轴承——6320 C3。

连接系统侧轴承在轴承室内可以沿轴向轻度移动，用来抵消热胀冷缩的位移效果。

非负荷侧的轴承用于形成阻挡，并且是全密封的，利用一个绝缘垫将轴承隔离起来，防止环流，轴承的外端盖配有 TECALEMIT 型的液压式润滑油管和加油嘴。

通风：

发电机通风方向未轴向，从连接系统相反侧的网格处进风，流经定转子线圈，从连接系统侧的风扇口处排出。

（3）电压调节部分

电压调节器特性

电压调节器范围 260 V±5%；

精度 1.5%；

稳定时间 0.2～1.2 s；

发电机的输出频率不应低于 44 Hz，即使在电源故障前最不利的情况下，即 f=49.5 Hz，发出的功率为 79 kW，cosϕ=0.25 时，也不能超过这个容许偏差。

组成部分：励磁调压部分包括：一个调节三相线圈、一个三相变压器、三个饱和单相线圈、一个三相整流桥、一个整流桥保护电阻。

调节三相线圈：它包括三个间隙调节柱，安装在励磁支架的顶端，使缺口垫片无须拆卸便可调节或改变。

三相变压器：这个变压器垂直放置在支架顶部的中心，接线端子在调节中是易于调节的，接线端子必须是具有一定长度和弹性。

三个饱和单相线圈：线圈垂直固定在支架底部，接线端子在调节中是易于调节的，接线端子必须是具有一定长度和弹性。

三相整流桥：此整流桥为格里茨［多相整流］三相整流桥，它安装在支架的底部中心处，靠近通风口且远离热源。

整流桥保护电阻：它依靠励磁线圈的绝缘端子倾斜的安装在支架处。

（4）飞轮

形状：圆柱形；

材料：锻钢；

直径：1100 mm；

厚度：60 mm；

重量：510 kg；

飞轮转动惯量：302 kg*m^2；

发电机组的转动惯量：405 kg*m^2；

当发电机以平均满负荷运行时，如果电动机突然失去电源，发电机的频率/电压特性 44 Hz/234 V 保持时间为 1.2 s。该时间考虑了电动机恢复供电所需要的时间 0.2 s。

（5）断路器屏

棒电源系统有 2 面断路器屏，屏内主要包括下列设备：发电机出口断路器给棒控系统（RGL）的控制逻辑和固态功率装置供电的断路器、保护和测量装置所必须的电流互感器、分流器以及保护熔断器、有关的控制器和指示器。

断路器的主要特性：两台可抽出式的三位置（插入、试验、拉出）、4 极断路器。该断路器可在屏前进行机械控制，也可以利用安装在屏正面的带灯按钮进行电动控制。

额定电流：1000 A；

额定电压：380 V；

工作电压：260 V、50 Hz；

具有过流跳闸后能就地恢复的电磁一热脱扣器。

一台三极手动控制的断路器，它的作用是将 260 V 电源供给棒控系统控制逻辑柜。

额定电流：100 A；

额定电压：380 V；

工作电压：260 V；

频率：50 Hz；

具有电磁一热脱扣器；

三台四极熔断器式开关，有 3 根熔丝和 1 个中线极，接到 260 V 工作母线上，给保护继电器供电。

（6）机组保护功能

电动机保护：通过接触器、熔断器接到 380 V 交流电源上进行保护；

发电机保护：由出口侧的断路器进行保护；

在发电机输出端：三台 750 A/5 A、15 VA 电流互感器，用于差动保护；

在发电机输出端：一台 750 A/5 A、10 VA 电流互感器，用于逆功率保护；

纵向瞬时差动保护：采用 3 只 MICOM P120 型继电器，差动电流调整值为 280 mA（阈值 42 A），即额定电流的 4.7%；

有功逆功率保护：采用 1 只 MICOM P125 型功率继电器（运行值 0.12 A、3.2 s 或在电流互感器初级绕组中电流为 18 A）进行有功逆功率保护；

励磁故障保护：在 1 台 100 A、0.1 V 的分流器上采用一只 MX3IPG2A 型电流继电器进行励磁故障保护（阈值≤30 A）；

发电机断路器闭合时，为了联锁，采用 1 只 MICOM P921 型电压继电器来监测发电机输出端的电压（继电器整定值：144 V）；

熔断器式开关：用于保护报警和监测回路的直流控制电源；

低电压保护：采用 3 只 MICOM P921 型电压继电器来监测发电机母线输出端的电压（继电器整定值：136 V、动作域值 129.2～142.8 V），用于发报警信号；

低频保护：采用 1 只 HDG7020 A 频率继电器检测，当发电机的频率≤44 Hz 时，跳出口断路器进行保护；

接地故障检测：采用 1 只 50396 型接地故障继电器监测母线上的中性线绝缘电阻，设定值：10 kΩ，用于发报警信号。

13.7.5 维修技术要求

表 352-02-13-18 预防性维护

项目名称	项目内容	项目周期（1 C 为 1 个燃料循环）
电动机加油脂	为电机轴承添加润滑油脂	2 个月
电动机解体大修	1. 电机解体检查 2. 测量解体前后的定、转子绝缘、直阻 3. 测量加热器绝缘、直阻 4. 电机内外清洁 5. 检查电机定、转子线圈无异常现象 6. 更换轴承与油脂 7. 电机空载	2 C
发电机解体大修	1. 发电机解体检查 2. 测量解体前后的定、转子绝缘、直阻 3. 发电机内外清洁 4. 检查发电机定、转子线圈无异常现象 5. 更换轴承与油脂 6. 与电动机对中后，进行再鉴定	2 C
棒电源机组电机及发电机定期检修	1. 发电机定期检查，检查发电机各部件无异常 2. 测量发电机的定、转子直阻、绝缘 3. 励磁部分检查及更换碳刷	1 C
棒电源机组电机及发电机定期检修后的试验	1. 测量棒电源机组启动与运行电流 2. 测量励磁电压、励磁电流、输出电压 3. 验证两机组同期	1 C
控制柜保护部分预防性维修	对差动保护继电器、接地监测继电器、低电压继电器、逆功率继电器、低频保护继电器、励磁故障继电器、时间继电器、中间继电器等进行校验，测量其动作值与返回值	1 C
棒电源出口断路器预防性维修	1. 断路器内部清洁、检查灭弧室无明显磨损 2. 测量出口断路器一次回路绝缘 3. 测量合闸线圈、低电压跳闸线圈动作值返回值以及储能电机运行电流 4. 手动或远程分合闸	1 C

表 352-02-13-19 监检参数

序号	试验项目	结果要求及说明
1	为棒电源机组轴承添加油脂	添加油脂前后，轴承温度应无明显上升
2	测量电动机解体前后的定、转子直阻、绝缘	直阻数据不平衡度应<5%，绝缘应≥0.5 MΩ
3	测量轴承挡尺寸	应符合厂家标准
4	电机空载试验	任一项空载电流与平均值差值不超过平均值 10% 温升、振动、声音符合标准
5	测量发电机解体前后的定、转子直阻、绝缘	直阻数据不平衡度应<5%，绝缘应≥0.5 MΩ
6	测量发电机两端轴径以及轴承室尺寸	应符合厂家标准
7	发电机零部件检查	无缺失、污垢等现象
8	励磁部分检查	测量整流桥、电路板无异常损坏，滑环外径符合厂家标准
9	棒电源机组检修后试验	1. 棒电源机组运行电流应平衡 2. 棒电源输出电压应为（260±2）V 3. 电压调节器参数符合厂家标准
10	控制柜检查	差动保护继电器、接地监测继电器、低电压继电器、逆功率继电器、低频保护继电器、励磁故障继电器、时间继电器、中间继电器等经校验合格，符合规程要求
11	出口断路器柜检查	1. 测量出口断路器一次回路绝缘应≥0.5 MΩ 2. 测量合闸线圈、低电压跳闸线圈动作值返回值以及储能电机运行电流符合规程要求 3. 手动或远程分合闸无异常

13.7.6 质量管理

（1）正常运行：

棒电源系统在正常运行期间，为适应反应堆的各种运行状态，两套电动发电机组由各自的 380 V 交流母线供电，两台发电机输出端并联，将共同的 260 V/150 V 电源供给棒控系统电源柜（EEC）及控制逻辑柜（UP），在反应堆运行期间这种运行状态是连续的。

（2）特殊稳态运行

在反应堆正常运行条件下，由于维修或保养使一套棒电源机组停运时，应确保另一套机组对 260 V 配电网络供电。

（3）棒电源机组额定转速下连续运转的条件：

表 352-02-13-20 连续运转的条件

检查项目	标准
电机 380 V 输入电压范围	342<V<402.8
电机稳态电流	≤265 A
电机 380 V 输入频率范围	49.5<F<50.5
启动时间	≤29 s
启动电流	≤1590 A
空载励磁电流和电压	励磁电流：53 A，励磁电压：15 V
转速	约为 1485 r/min
发电机输出电压	相电压 150±5%，线电压 260±5%
机组振动	≤1.8 mm/s XYZ 三个方向

续表

检查项目	标准
电动机线圈温升	≤80 ℃
电动机轴承温升	≤60 ℃
发电机轴承温升	≤60 ℃
丧失 380 电压后，1.2 s 内发电机输出电压及频率要求	电压≥234 V 频率≥44 Hz

13.7.7 经验反馈

无。

13.7.8 技术规程清单

表 352-02-13-21 技术规程清单

序号	规程名称
1	棒电源机组加油脂规程
2	380 V 三相异步电动机解体检修规程
3	发电机定期解体检修规程
4	棒电源机组发电机预防性维修规程
5	棒电源发电机励磁系统检修
6	棒电源发电机组检修后的试验
7	保护部分预防性维修
8	棒电源系统发电机组输出断路器预防性维修

13.7.9 参考资料

[1]《棒电源机组操作及维修手册》(QEX44691097QRTM44QR).

[2]《CRDM 电源系统手册》(0401S—441300-SC2-B).

13.8 停堆断路器

停堆断路器是位于棒电源机组系统下游，介于棒控棒位逻辑柜和棒电源机组出口断路器间。其主要功能为当机组出现异常情况时，可通过来自反应堆保护系统的自动停堆信号或主控手动跳开此断路器，从而保证控制棒顺利插入堆芯底部，实现安全停堆。

13.8.1 定义

停堆断路器：位于棒电源机组系统下游，介于棒控棒位逻辑柜和棒电源机组出口断路器间的断路器。

13.8.2 范围对象

停堆断路器由 A、B 两个分系统串联在一起。每个分系统又由一台主断路器，一台旁路断路器并联。正常工况下，由主断路器闭合带载，当主断需要停役检查或出现异常时，由旁断闭合带载。

13.8.3 结构原理

A 列断路器柜一台；

B 列断路器柜一台；

每台断路器柜各安装由主断路器与旁通断路器。

13.8.4 指标与参数

额定电压：400 V；

频率：（50±4）Hz；

额定电流：1000 A；

控制电压：39～53 V；

最大断开时间：150 ms。

13.8.5 维修技术要求

表 352-02-13-22 预防性检修内容

项目名称	项目内容	项目周期（1 C 为 1 个燃料循环）
停堆断路器定期清扫检查	1. 控制柜清扫紧固 2. 检查断路器灭弧室 3. 测量断路器主回路绝缘	1 C
停堆断路器清扫检查后的试验	1. 测量合闸线圈、分闸线圈、低电压跳闸线圈的直阻与动作值 2. 测量蓄能电机的直阻 3. 验证断路器就地与远方分合闸功能正常	1 C

表 352-02-13-23 预防性试验内容

序号	试验项目	结果要求及说明
1	断路器本体检查	1. 灭弧室无明显损伤 2. 断路器主回路绝缘不低于 0.5 MΩ
2	合闸线圈、分闸线圈、低电压跳闸线圈、蓄能电机的直阻	应满足规程要求
3	合闸线圈、分闸线圈、低电压跳闸线圈的动作值返回值	应满足规程要求，动作值应满足 $0.35U_n \leqslant U \leqslant 0.7U_n$，返回值应满足 $U \leqslant 0.85U_n$
4	断路器就地与远方分合闸	可正常分合闸

13.8.6 质量管理

无。

13.8.7 经验反馈

无。

13.8.8 技术规程清单

表 352-02-13-24 技术规程清单

序号	规程名称
1	停堆断路器及其配电柜预防性维修规程
2	停堆断路器及其配电柜检查后的试验规程

13.8.9 参考资料

[1]《反应堆保护系统手册 RPR》(0401S—440500-SC3-A).

13.9 稳压器电加热器及调功柜

稳压器装有六组穿过其半球形底封头的电加热器。其作用是通过加热稳压器内一回路介质，调节稳压器内水气比例，从而调节一回路压力。

加热器为浸没式，其上端用端帽密封焊，其下端是一防泄漏的连接组件，即使在加热器外包壳破损事故下，仍能维持不泄漏。加热器元件用镍—铬合金制造，而且放在管状不锈钢套管中心，用压紧的氧化镁绝缘。

13.9.1 定义

稳压器：用于调节一回路内压力的容器，内设喷淋装置与加热装置，分别用于降低与提高反应堆一回路内压力。

稳压器电加热器：稳压器底部的加热元件及其控制部分。

13.9.2 范围对象

稳压器电加热器由 60 根直管护套型电加热元件组成（共安装 63 根，其中 3 根备用，每根的功率是 24 kW），共分 6 组，通过稳压器的下封头插入稳压器中。其中 4 组为通断式（即恒定输出式），2 组为比例可调式（即比例输出式），总功率为 1440 kW，分配如下：

第 1 组和第 2 组为通断式，每组 216 kW；

第 3 组和第 4 组为可调式，每组 216 kW；

第 5 组和第 6 组为通断式，每组 288 kW。

13.9.3 结构原理

稳压器电加热器采用三角形接法，用 380 V 的三相交流电源供电。其中，14 个三角形连接的开关组用来补偿稳压器大的压力偏差，6 个三角形连接的比例组用来补偿稳压器小的压力偏差。2 组比例式加热器均由 3 个三角形连接的加热元件组成，每个三角形连接组的额定功率为 72 kW±6%。每一组加热器由一组开关柜进行开关控制，其中 2 组比例加热器各有一套功率调节柜，用途是使加到比例式电加热器端子上的电压有效值与稳压器压力和压力设定值之差成反比，即稳压器压力降低，这将会引起稳压器电加热器输出功率增加，反之亦然。

稳压器电加热器由加热器本体、接线转接箱、贯穿件、通断式配电柜和比例式的调功柜组成。

（1）加热器本体

加热元件的护套管上端用塞焊密封，下端由连接管座密封。加热元件的镍铬合金电热丝放在管状不锈钢护套中心，周围用压紧的氧化镁粉末绝缘。

通断式电加热器主要用于反应堆启动或瞬态过程，可调式在稳压器内压力小幅度波动时起作用，在稳态功率运行时，一方面补偿热量的损失，另一方面补偿因连续喷淋导致的蒸汽的冷凝，可调式电加热器每组有 9 根电加热元件。

（2）功率调节柜

每台核电机组有两个相同的功率调节柜，它们分别用来控制两组比例式电加热器的输出功率。每组包括三个三角形连接的电加热器组。

在每台功率调节柜内，安装有一台晶闸管调整器，将稳压器压力调节器输出信号（4～20 mA，与稳压器压力和压力设定值之差成反比）接入晶闸管调整器，晶闸管调整器根据输入的 4～20 mA 信号线性调节比例电加热器端子上的电压有效值。当输入信号为 4 mA 时，晶闸管调整器输出到比例电加热器端子上的电压有效值为电源额定电压的 0。当输入信号为 20 mA 时，晶闸管调整器输出到比例电加热器端子上的电压有效值为额定电压的 100%（可调），输入输出成线性关系。

调功控制柜进线电源由配电柜直接接入晶闸管调整器，中间不再加断路器，如需切断电源，须在配电柜上切断。在晶闸管调整器电源输入端加速断保险丝和电抗器，以便在负载发生短路时，保护晶闸管元件不被损坏，同时电抗器可抑制晶闸管调整器工作时产生的谐波。晶闸管调整器采用分频控制方式（过零触发，分频周期为 1 s），在电源的零点附近进行晶闸管的 ON-OFF 防止产生高频干扰，可与抗干扰能力小的数字仪表使用同一电源。

（3）调功控制柜上包括有保护装置、故障指示和显示装置

除主回路上速断保险丝的短路保护外，在晶闸管的输出端，安装有 3 个霍尔电流变送器，用来检测输出电流，并将信号送入 PLC。当有任何一路电流超过设定值（额定电流的 1.2 倍）时，显示过载，同时关断晶闸管调整器；当三相电流不平衡时，显示报警；当输入信号和输出不符时，显示报警；当

机柜风机故障、晶闸管调整器故障时，显示报警。在机柜上安装有一台电压表和一个转换开关配合，显示晶闸管调整器输入端三相电压。在机柜上安装有三台电流表，显示晶闸管调整器输出端三相电流。控制柜顶部配置了排热风扇，其排风量大于柜内晶闸管调整器的排风量，排风机的运行为手动控制。当功率调节柜通电时，风机运行，但也可手动关闭风机。功率调节柜前门上装有 AC 380 V 和 AC 220 V 电源指示灯、闪光报警器、晶闸管调整器输入电压表、电压换相开关、晶闸管调整器输出电流表和晶闸管调整器的控制设定器。当发生控制柜掉电、晶闸管调整器故障、控制柜风机故障以及主回路短路、过载、相不平衡和输入、输出不符时除控制柜面板上有信号指示外，控制柜内有可供输出至主控的综合信号接点。在机柜内部安装一个防冷凝加热电阻器，该加热器由柜内温湿度控制器控制运行，当相对湿度≥85%时，加热；相对湿度≤70%或温度高于设定值时，停止加热。

（4）报警

过载报警：当输出电流大于 400 A 时，过载报警，同时关闭调整器；

缺相报警：正常工作时，如缺相，则发出缺相报警；

输入/输出不符报警：当输入信号小于 5 mA 时，若有某相电流大于额定电流的 80%，可能该相晶闸管击穿或现场人工将输出调至最大，将发出报警；当输入信号大于 8 mA 时，若功调柜无输出，可能功调柜故障或现场人工将功调柜输出关闭，将发出报警；

晶闸管调整器故障报警，晶闸管调整器故障；

柜内温度过高将发出柜内温度高报警；

调功柜轴流风机故障将发出风扇故障报警。

13.9.4 指标与参数

单根电加热元件的额定功率：24 kW±6%（380 V）；

电加热元件管外包壳单位面积上的最大功率（功率密度）：32 W/cm^2；

在室温下，电加热元件电阻丝与外包壳间的绝缘电阻≥2000 MΩ；

2000 V（AC 50 Hz）电压下，最大允许漏电电流：10 mA；

设计外压：17.2 MPa（绝压）；

设计温度：360 ℃（最高环境水温）；

工作外压：15.5 MPa（绝压）；

工作温度：345 ℃（工作环境水温）；

水压试验压力：23.6 MPa（绝压）。

13.9.5 维修技术要求

表 352-02-13-25 预防性检修项目

项目名称	项目内容	项目周期（1 C 为 1 个燃料循环）
稳压器电加热器绝缘检查	在稳压器排水前、排水后、充水后分别测量加热元件的直阻与绝缘	1 C
稳压器电加热器转接箱的检查	1. 检查稳压器电加热器接线箱内电缆完好，并校验力矩 2. 稳压器底部外观检查，看加热器接线柱有无破损	1 C
稳压器电加热器配电盘预防性维修	1. 配电盘清扫、紧固 2. 就地与模拟远方操作加热器合分闸 3. 低电压继电器的校验 4. 模拟漏电，验证漏保性能完好	1 C
比例调功柜预防性维修	1. 调功柜清扫紧固 2. 检查柜内各电气元件完好	1 C
比例调功柜清扫后的试验	1. 验证手动、自动功率调节功能正常 2. 验证缺相报警、输入输出不符报警、风机故障报警、柜内温度报警等可正常触发 3. 对柜内的电压表、电流表进行校验	1 C

表 352-02-13-26　监测指标

序号	试验项目	结果要求及说明
1	测量加热器元件的直阻、绝缘	绝缘应≥50 MΩ，直阻应在 3.75～4.5 Ω之间
2	低电压继电器校验	动作值应为 272 V±1%，延时约为 10 s
3	模拟接地故障试验	漏保动作值应≤1 A，抽屉可正常跳闸
4	调功柜控制回路绝缘	≥1 MΩ
5	调功柜内加热器与风扇直阻	满足规程标准或厂家要求
6	调功柜报警功能验证	报警动作逻辑正常，可正常触发并上送

13.9.6　质量管理

绝缘性能试验

（1）对每根电加热元件都应按以下步骤进行绝缘性能试验

室温、1000 V DC 下，测试电阻丝与外包壳间绝缘电阻，应≥2000 MΩ。

通电加热电加热元件使外包壳表面温度达到 360 ℃，在 1000 V DC 时的热绝缘电阻测试，要求绝缘电阻应≥50 MΩ。

在以上操作后，直接把电加热元件（除了接头）全部浸入到冷水（B 级水）中。

在冷水中、1000 V DC 条件下进行绝缘测试，待电加热元件冷却到环境温度后，在 1000 V DC 条件下进行绝缘测试，要求绝缘电阻应≥2000 Ω。

（2）绝缘强度试验

每一根电加热元件都应进行绝缘强度的测试。

在电阻丝与外包壳之间应能承受 2000 V（50 Hz）交流电压，持续 1 min，要求没有击穿和闪络现象，且漏电电流不超过 10 mA。

13.9.7　经验反馈

（1）稳压器电加热器的直阻和绝缘不平衡

稳压器电加热器在热态试验投运前做投运前检查时，在检查稳压器电加热器的绝缘和相间阻值时发现部分加热器的相间阻值不平衡（正常的相间阻值应为 4.2 Ω），故障阻值为分别为 4.3 Ω、4.3 Ω和 5.6 Ω。检查发现贯穿件的 A 相接线端子有被烧熔的迹象。

（2）稳压器电加热器的布线

在热态试验时，稳压器电加热器投运一段时间后，部分电加热器配电柜跳闸并有打火的现象。检查发现电缆捆绑过紧导致电缆发热软化，被箱体磨破导致接地。

13.9.8　技术规程清单

表 352-02-13-27　技术规程清单

序号	规程名称
1	稳压器电加热器组绝缘检测规程
2	稳压器电加热器检查及转接箱端子紧固预防性维修规程
3	稳压器电加热器配电盘预防性维修规程
4	稳压器电加热器比例调控柜预防性维修规程
5	稳压器电加热器比例调控柜清扫后检查试验规程

13.9.9 参考资料

[1]《稳压器电加热元件技术规格书》(0401S—420700-JT3-A).

13.10 螺栓拉伸机环轨吊车

螺栓拉伸机环轨吊车安装在反应堆厂房的顶盖吊具上，其环形轨道由工字钢弯制并焊接而成。其功能是在压力容器顶盖开启和装封时，对使用的螺栓拉伸机及相关辅助设备（螺栓旋转装置、螺孔清洗机等）进行吊运作业。堆顶葫芦是对螺栓拉伸机主机及相关辅助设备（螺栓旋转装置、螺孔清洗机等）进行吊运作业专用吊具。包括电动葫芦、环形轨道、环形安全滑接输电装置等部件及相关零件组成。

13.10.1 定义

螺栓拉伸机环轨吊车：是对螺栓拉伸机主机及相关辅助设备（螺栓旋转装置、螺孔清洗机等）进行吊运作业专用吊具。

13.10.2 范围对象

螺栓拉伸机环轨吊车包括电动葫芦、环形轨道、环形安全滑接输电装置等部件及相关零件组成。

13.10.3 结构原理

4 台提升载荷各为 20 kN，起重高度为 9 m 的电葫芦。

一套环形安全滑接输电装置。

21 套由厚度为 6 mm 钢板制作成的环形安全滑接输电装置支吊卡环。

13.10.4 指标与参数

环境条件：螺栓拉伸机环轨吊车的工作环境：温度：约 40 ℃、相对湿度≤80%、工作区有放射性。螺栓拉伸机环轨吊车的停放环境：从顶盖吊具上拆下，存放在反应堆厂房内稳压器间顶上的存放架上。温度≤50 ℃，相对湿度：≥85%。

安全等级：NC；

质保等级：QNC 级；

设计提升载荷（每台电葫芦）：20 kN；

设计总提升载荷：80 kN；

提升行程（电葫芦）：9 m；

提升速度（电葫芦）：快速：8 m/min，慢速：0.8 m/min；

运行速度（电葫芦）：9 m/min；

环轨轨道直径：4170 mm（应确保电葫芦的吊钩与轨道直径处同一直径上）；

设计寿命：40 年；

每台螺栓拉伸机环轨吊车包括 4 台设计参数完全相同的电葫芦。

13.10.5 维修技术要求

表 352-02-13-28 断路器外观检查标准

项目名称	项目内容	项目周期（1 C 为 1 个燃料循环）
堆顶葫芦电气部分预防性检查	1. 电气部分清扫紧固 2. 测量行走、起升电机的直阻绝缘 3. 检查限位开关是否卡涩 4. 上电验证堆顶葫芦运行正常	1 C

表 352-02-13-29 螺栓拉伸机检查标准

序号	试验项目	结果要求及说明
1	起升电机与行走电机的直阻绝缘	绝缘应≥0.5 MΩ，直阻应符合规程标准
2	主回路与控制回路绝缘	应≥0.5 MΩ
3	各个限位开关的动作情况	上电试验，应可正常有效触发
4	制动器直阻测量	直阻应符合规程标准

螺栓拉伸机环轨吊车的电葫芦沿环形轨道的运动与电葫芦卷筒的提升与下降运动应联锁，电葫芦运动到所需的确定位置后，卷筒才能提升或下降；运行机构的运动和电葫芦卷筒的升降运动应均匀、平稳、不得有震动、卡滞现象；

13.10.6 质量管理

螺栓拉伸机环轨吊车的质保等级为 QNC，应满足国家标准和行业标准规范。

13.10.7 经验反馈

无。

13.10.8 技术规程清单

表 352-02-13-30 技术规程清单

序号	规程名称
1	堆顶葫芦电气部分检查及试验规程

13.10.9 参考资料

[1]《螺栓拉伸机环轨吊车技术规格书》(0401G6028).

13.11 环吊

环形轨道吊车（以下简称环吊）是核电厂反应堆厂房内最重要的吊装设备之一。在核电厂建造阶段，用于安装反应堆厂房内的重型设备，如蒸汽发生器、反应堆压力容器、稳压器、下部堆内构件以及其他轻载设备。

13.11.1 定义

环吊：反应堆停堆换料和反应堆内设备维修所需的各种吊运服务的环形吊车。

13.11.2 范围对象

反应堆停堆换料和反应堆内设备维修所需的各种吊运服务的环形吊车及配套设备。

13.11.3 结构原理

大车及旋转机构；

运行小车：运行小车设置 190 t 主起升机构和 20 t 副起升机构；

安装小车：安装小车也设置了 190 t 起升机构；

5 t 移动起重机：该起重机由连接在主梁底板上的固定导轨、行走梁和带 5 t 起升机构的服务小车组成；

60 t 卷扬装置：其设置在稳压器喷淋阀门间的顶部平台上，起重钢丝绳绕过设置在弓形支架的导向滑轮后与悬挂在弓形支架顶部的滑轮组相连，用于环吊本身部件的安装和两机组共用的安装小车的吊运；

电气控制设备：环吊的主要电气控制设备安装在一根主梁内的电气小室，包括电气机柜、控制柜及辅助监控工作站。

电气要素：主电源由位于反应堆厂房+20 m平台的一个带锁的电源箱内的主断路器控制其开断。主断路器由四根独立线路的电缆连到位于环吊中央拱梁中部的集电箱上。在集电箱内安装了四个滑环，用来将电送到整个环吊设备上。每个滑环设计为380 V、300 A，用来承担安装期间两个小车的运行要求。除了电力滑环外，一些控制滑环被增加用来提供对厂房的接口。滑环之后，主电源被分为两部分：所有驱动、控制、系统动作的电源和特殊用途的电源。这个分割隔离开吊车的运转，但是特殊用途的电源（如照明、加热器、插座等）仍然工作。环吊上有两个整流/再生单元AFE，第一个AFE单元负责给190 t主吊、20 t辅助吊的变频器，两个大车电机和通过一个直流电连接装置相连的运行小车供电。第二个AFE单元负责给190 t安装小车的变频器，另两个大车电机和通过一个直流电连接的安装小车的吊钩，*X*方向和*Y*方向的电机供电。当一台AFE发生故障时，环吊可降低速度继续运行。环吊在操作员舱、电气室内、运行小车上和遥控装置上都安装了紧急制动按钮，当任意一个紧急按钮被按下时，回路的主接触器将被切断，紧急制动复位需旋转拉出蘑菇头状的制动按钮，并按下复位按钮进行复位。

主吊车190 t：190 t主吊车驱动器由一台逆变器驱动的电机组成。该电机由一根高速轴与两个变速箱相连，每个变速箱均通过低速轴连接到一个独立的卷筒上。在电机和变速箱之间的高速轴上装有两个电磁制动器，一个作为正常制动，另一个是带有延时的紧急制动器。在两个卷筒外缘装有两个液压轮圈式的制动器，两个均为安全制动器，每个制动器上均装有断电和磨损检测以及手动释放装置。如果有故障产生时起升或下降均停止，逆变器的释放动作失效，制动器将抱闸，主接触器断开。190 t主吊钩的运行速度与负载的重量相关，当负载重量不超过20 t时，吊钩的最大运行速度为3.5 m/min，当负载重量大于20 t时，吊钩的最大运行速度为1 m/min。在发生内部故障（如轴断裂或电源丧失）时，可以不依靠电源，通过手动操作来将负载降下。在这种情况下安全制动器和紧急制动器必须同时打开，另外运行制动器必须谨慎操作，确保负载以小步伐、低速度下降。

13.11.4 指标与参数

（1）190 t主吊车：

电机功率：90 kW；

电机转速：742 r/min；

额定转矩：1160 N·m；

逆变器：132 kW；

正常制动器、紧急制动器、安全制动器。

（2）20 t辅助吊车：

电机功率：45 kW；

电机转速：1450 r/min；

额定转矩：290 N·m；

电机设备：加热器、热敏电阻、编码器；

逆变器：55 kW；

正常制动器、紧急制动器、安全制动器。

（3）运行小车

运行小车有两台电机驱动，每台电机均通过变速箱与车轮连接。每台电机均有一台逆变器驱动，均有断路器保护。每台电机均装备制动器和编码器，每个制动器上均装有断电、磨损检测和手动释放装置。如有故障产生小车随即停止运动，逆变器的释放动作失效，制动器动作，主接触器电源断开。

运行小车的最大运行速度为10 m/min，不受负载影响。安装小车与运行小车之间存在机械连锁，在两台小车并车运行时，最大的速度为2 m/min。

如有内部故障发生（如轴断裂或电源丧失），可以不依靠电源，通过手动操作驱动电机，在这种情况下须释放所有制动器，两个电机上均有一个手柄用来小步伐、慢速移动桥梁。

小车的主要设备清单：

电机功率：4 kW；

电机转速：1480 r/min；

额定转矩：26.9 N • m；

电机设备：加热器、热敏电阻、编码器；

逆变器：15 kW。

（4）服务小车起升

服务小车起升装置的驱动器由一台逆变器驱动的电机组成，该电机通过高速轴与变速箱相连，变速箱通过低速轴连接到一个单独的卷筒上。电机制动器作为正常制动器运行，卷筒的外缘装有一个轮圈式的安全制动器。每个制动器上均装有断电、磨损检测和手动释放装置。如由故障产生，起升或下降动作均停止，逆变器的释放动作失效，制动器动作，主接触器电源断开。

服务小车起升的最大运行速度为 12.5 m/min。

如有内部故障发生（如轴断裂或电源丧失），可以不依靠电源，通过手动操作来将负载降下，在这种情况下正常制动器和安全制动器必须谨慎操作，确保负载以小步伐、低速度下降。

服务小车起升的主要设备清单：

电机功率：12 kW；

电机转速：1500 r/min；

电机设备：加热器、热敏电阻、编码器、风扇、制动器；

逆变器：15 kW。

（5）服务小车 *X* 方向

服务小车在 *X* 方向的驱动由一台受逆变器控制的电机完成，该电机通过高速轴与变速箱连接，低速轴连接变速箱和两个手轮。电机制动器作为正常制动器运行，每个制动器上均装有断电、磨损检测和手动释放装置。如有故障产生，小车运动停止，逆变器释放动作失效，制动器动作，主接触器电源断开。

服务小车在 *X* 方向的最大运行速度为 32 m/min，不受负载影响。

服务小车 *X* 方向的主要设备清单：

电机功率：2.2 kW；

电机转速：1500 r/min；

电机设备：加热器、热敏电阻、制动器；

逆变器：3 kW。

（6）服务小车 *Y* 方向

服务小车在 *Y* 方向的驱动由一台受逆变器控制的电机完成，该电机通过高速轴与变速箱连接，低速轴连接变速箱和两个手轮。电机制动器作为正常制动器运行，每个制动器上均装有断电、磨损检测和手动释放装置。如有故障产生，小车运动停止，逆变器释放动作失效，制动器动作，主接触器电源断开。

服务小车在 *Y* 方向的最大运行速度为 20 m/min，不受负载影响。

服务小车 *Y* 方向的主要设备清单：

电机功率：2.2 kW；

电机转速：1500 r/min；

电机设备：加热器、热敏电阻、制动器；

逆变器：3 kW。

（7）控制站

环吊的控制和监控位置有司机室、遥控和电气室。

司机室：所有环吊的操作均可以在司机室控制。司机室位于主梁下方，以便于给司机一个好的视野来看清楚吊车的所有动作。司机室的控制台分为左控制台和右控制台。

遥控：该系统由一个带通信反馈的便携式发射器和接收器组成，接收器在电气室内，但天线安装在室外以便信号安全传输。接收器通过 Profibus DP 总线连接到运行 PLC 上。发射器可以控制除了安装小车以外所有的运行设备，这确保了环吊安全可靠地运行。遥控的紧急制动器信号从硬线进入整个吊车的紧急制动电路，一旦遥控装置被关闭，接触器必须从司机室内的一个选择钥匙开关上被旁路，从而允许来自司机室的操作。

电气室：位于主吊车桥梁之一内的电气室是一个辅助工作站，室内有一个触摸屏，从这里可以知道环吊的实际情况和故障显示以及故障诊断。

13.11.5 维修技术要求

表 352-02-13-31 预防性维修项目

项目名称	项目内容	项目周期（1 C 为 1 个燃料循环）
环吊电气部分预防性维修	1. 电气紧固清扫 2. 测量各个电机的直阻、绝缘 3. 测量各制动器的直阻、绝缘 4. 测量各变压器的直阻、绝缘 5. 检查外部电缆无损伤	1 C
环吊整体试车	将环吊各个机构动作若干来回，确认环吊运行无异常	1 C

13.11.6 质量管理

无。

13.11.7 经验反馈

（1）PLC 控制器导致服务小车不能动。

故障现象：在断电重新上电后发现环吊除了服务小车不能动外，其他部件的工作均正常。

故障处理：经现场检查，服务小车也不存在电气问题，于是查看其 PLC 程序工作是否正常。检查后发现其电机运转通道无法接通是由于复位按钮未复位，经复位恢复正常。因此，提醒司机在断电后重新上电时一定要按复位按钮。

13.11.8 技术规程清单

表 352-02-13-32 技术规程清单

序号	规程名称
1	环吊电气部分预防性维修规程
2	环吊检查后的整体试验规程

13.11.9 参考资料

［1］《环吊技术规格书》（0401G6001）.

13.12 正常照明系统

正常照明和应急照明系统同时运行为电站厂房在所有工况下提供照明。在失去正常和应急照明期间，由蓄电池供电的安全照明装置提供照明。

13.12.1 定义

正常照明系统：电源从正常段母线供电的照明系统，下属负载包含检修电源、照明灯具、加热器等。

13.12.2 范围对象

正常照明系统包括正常照明回路、220 V/24 V 和 380 V 交流插座回路。

13.12.3 结构原理

正常照明回路：每一个照明回路包括：主断路器、照明配电盘、接线盒、灯具、插座等。每个正常照明配电盘是由带中性点接地的 380 V/380 V 隔离干式变压器供电，变压器额定容量为 125 kVA 或者 100 kVA。干式变压器安装在配电盘内。正常照明配电盘母线与变压器间的连接是直接的。对于反应堆厂房，变压器与配电盘是分开安装的。

220 V/24 V 交流插座与 380 V 交流插座：这个辅助系统包括所有安装在电站厂房内的 220 V/24 V 交流插座与 380 V 动力交流插座，为移动式电气设备供电。

13.12.4 指标与参数

（1）照度设计标准

表 352-02-13-33 照度设计标准

场所	在距离地面 75 cm 处的照度（1X）	
	正常和应急照明	应急照明
空压机和柴油发电机厂房	150/200	
电缆层	75	50
通道		30
*走廊	100	
*楼梯间	100	30
蓄电池室	150	30
乏燃料水池区域	200	50
反应堆厂房	100	75
应急停堆盘	300	30
中压低压配电室	200	100
继电器室	200	75
核辅助厂房	100	75
主控制室	500	30
办公室	200	

（2）正常照明供电系统

380 V 正常照明配电盘由 380 V 交流正常电源配电盘供电。

380 V 交流正常电源配电盘内装有馈线断路器。

每个正常照明配电盘通过 380 V/380 V 隔离变压器出正常电源配电盘供电，隔离变压器中性点接地并配出，每路照明馈出线由断路器保护。

（3）正常照明配电系统

从正常照明配电盘到每一区域负荷的供电为三相四线制，照明灯具和 220 V/24 V 交流插座箱由 220 V 相一中线供电。

从正常照明配电盘到最远的负荷两者间的电压降不得超过额定电压的 5%（220 V 交流）。

照明由跳板开关或按钮开关控制。按钮和跳板开关用于就地控制。

在高顶棚的房间内，在吊装设备不影响的地方，照明灯具安装在距地面不超过 3 m 处。如有吊顶，可采用嵌入式灯具。在办公室，开关安装在门开启后手方便触及的位置，中心距地 1.4 m。

（4）220 V 和 24 V 交流插座箱

220 V 和 24 V 插座箱由正常照明配电盘供电。插座箱内装有两个 220 V 交流插座，两个 24 V 交流插座和一个 220 V/24 V 交流变压。

每个插座箱上配备漏电保护断路器。

（5） 380 V 插座箱

380 V 插座箱出三相三线系统通过 380 V 交流正常电源配电盘供电。

每个插座箱内装有一个 380 V 交流带接地的四极插座。

每个插座箱上配备漏电断路器。

13.12.5 维修技术要求

表 352-02-13-34 预防性检修

项目名称	项目内容	项目周期（1 C 为 1 个燃料循环）
检修电源箱清扫检查	对所有就地检修电源箱进行清扫紧固	1 C
检修电源箱定期试验	验证检修电源箱内漏保是否正常，是否可正常跳闸	1 C
照明配电柜预防性维修	1. 配电柜内清扫紧固 2. 测量照明回路绝缘电阻 3. 送电试验，测量电压应正常，断路器漏保可有效动作	1 C

13.12.6 质量管理

正常照明开关控制正常；设备、人员保护功能完整。

13.12.7 经验反馈

三防照明日光灯具经长时间运行，镇流器发热，容易造成灯具外壳老化脆弱，时间长了容易掉落，有极大的安全隐患，建议将灯具改为发热量小且不带镇流器的 LED 三防灯具。

厂房顶棚照明安装高度过高，可能会为后续维护更换过程带来不便，特别是在行车上搭设脚手架，风险较高。建议采用寿命较长的 LED 灯具，并且在安装期间，综合考虑安装高度，或选择可升降式更具，便于后续检修。

13.12.8 技术规程清单

表 352-02-13-35 技术规程清单

序号	规程名称
1	核岛正常照明配电柜预防性维修
2	外围厂房照明配电柜预防性维修
3	就地检修电源箱定期试验规程
4	就地检修电源箱清扫与紧固规程
5	常规岛检修电源箱预防性维修
6	常规岛照明配电柜预防性维修规程

13.12.9 参考资料

[1]《核岛厂房正常照明系统 DN*手册》（0401XDN*DQS01）.

13.13 应急照明系统

正常和应急照明系统同时运行为电站厂房在所有工况下提供照明，在失去正常和应急照明期间，由蓄电池供电的安全照明装置提供照明。

13.13.1 定义

应急照明系统：由应急段电源母线供电的照明系统，下属负载包括应急照明灯具、主控安全照明、主控插座等，同时为电站厂房在所有工况下提供照明。

13.13.2 范围对象

应急照明：保证适当的照度（与正常照明一起），以满足电站运行和维修工作的需要。一旦正常照明发生故障失去，应急照明为电站的基本运行（必不可少的）操作提供适当的照度。

安全照明：在失去正常和应急照明期间，安全照明为电站的安全而有序的操作提供必需的照度，同时也给控制室和人员疏散通道提供照明。

13.13.3 结构原理

应急照明回路和正常照明回路在实体上和电气上都要分开。为了在正常照明失去时保持均匀的照度，正常和应急照明灯具交替安装，即在可能的范围内，三分之一的照明灯具由应急照明系统供电。

（1）应急照明供电系统

应急照明配电盘出 380 V 交流应急配电系统供电。

380 V 交流配电盘内装有断路器。

每个照明配电盘通过 380 V/380 V 隔离变压器山应急电源配电盘供电，隔离变压器中性点可靠接地并配出，每路照明馈出线出断路器保护。

应急照明通过两个实体上隔离的 A 和 B 系列供电。

控制室和计算机室由 A 和 B 两个系列供电，以保证在失去一个系列期间的照明连续性。

（2）应急照明配电系统

每个应急照明配电盘包括一台 380 V/380 V 隔离变压器，并为相对应的厂房应急照明箱供电，隔离变压器中性点可靠接地并配出。

从应急照明配电盘到就地应急照明配电箱的配电为三相四线系统，所有应急照明箱内的馈线由一个漏电断路器保护。照明灯具的电源为 220 V 相电压，从应急照明配电盘到最远的负荷两者间的电压降不得超过额定电压的 5%（220 V 交流）。

除反应堆厂房外应急照明连续运行。

（3）安全照明

安全照明系统按不同的供电区域分成三个分系统。

控制室及其相关区域：在控制室、应急停堆盘和计算机室，安全照明灯具由 110 V 直流配电盘供电。

反应堆厂房：反应堆厂房的安全照明由独立的照明装置提供，此装置通过馈线由反应堆厂房的应急照明配电箱供电。每个独立照明装置由一个蓄电池和一个充电器组成，同时带有一个自动切换开关，此开关在失去应急照明系统供电时动作。

其他区域：在其他房间和走廊，安全照明由独立照明装置提供，此装置直接并独立地与相应的应急照明线连接。

13.13.4 指标与参数

（1）应急照明配电盘

每个应急照明配电盘包括一台隔离变压器、母线、照明馈线，以三相四线系统向应急照明箱配电。

隔离变压器：变压器△/Y 接线，中性点接地并配出。变压器出线上装有与剩余电流继电器配合使用的电流互感器，该继电器动作电流 1 A，动作时间 0.8 s，发生接地故障，使主断路器跳闸。变压器电压分接头为±2×2.5%，阻抗电压 4%，应急照明配电盘内的变压器额定容量均为 100 kVA。

母线：母线应能耐受：1. 稳定电流 300 A；2. 持续 1 s 的三相短路电流约 3000 A。

应急照明箱馈线。每一回路馈线装备一断路器，一个漏电保护附件，动作电流 300 mA。

（2）照明灯具

照明灯具的特性须适应现场环境情况：

安装在放射性污染区（反应堆厂房和部分核辐辅助厂房）的灯具，不能使用铝材，并且要选用能去污染的防水型灯具；

安装在反应堆厂房和燃料厂房操作平台上的灯具（标高+20.00 m 平台上方）内的光源，不能含有任何微量水银，因此禁止使用荧光灯、汞灯和放电管中充有汞的灯具；

安装在反应堆厂房的灯具应能承受 0.5 MPa 的标准压力，灯具外壳宜采用不锈钢材质加工；

安装在有可能出现放射性污染场所的灯具，应选用防水、防尘、易去污型；

安装在潮湿和充满灰尘的场所中的灯具，选用防水防尘型；

安装在有潜在爆炸危险场所中的灯具，选用防爆型；

在办公室、控制室和走廊安装荧光灯具或球形灯具，在有吊顶的房间荧光灯具用吸顶式或嵌入式安装方法，并加装反射置；

在继电器室、中低压配电室和电缆层安装荧光灯；

某些有特殊要求的房间的荧光灯具采用耐热玻璃罩；

光源引线采用低烟、无卤、阻燃导；

独立照明装置内装白炽灯泡。

安装在控制室、应急停堆盘和计算机室的独立照明装置，内装白炽聚光灯泡。

（3）控制室及其相关区域的供电

交流电源电压：220 V 单相；

额定电压：110 V 直流；

蓄电池容量：50 Ah；

再充电时间：12 h 恢复到 100%容量。

（4）反应堆厂房的供电

交流电源电压：220 V 单相；

额定电压：3.75 V 直流；

光源：氙灯泡或白色大功率 LED；

蓄电池类型：锦镍电池；

储存容量：1 h；

再充电时间：12 h 恢复到 100%容量。

13.13.5 维修技术要求

表 352-02-13-36 预防性维护

项目名称	项目内容	项目周期（1 C 为 1 个燃料循环）
照明配电柜预防性维修	1. 配电柜内清扫紧固 2. 测量照明回路绝缘电阻 3. 送电试验，测量电压应正常，断路器漏保可有效动作	1 C
安全应急照明灯具检查	测试安全应急照明灯失去市电后应能点亮足够长的时间	1 C
主控室安全照明逻辑验证与灯具更换	验证主控安全照明在应急照明失去的情况下可正常点亮，并对未点亮的灯具进行更换	1 C
主控照明灯具 15 000 h 定期更换	对主控室内两路应急照明灯具与镇流器进行更换	15 000 h

13.13.6 质量管理

应急照明开关控制正常；设备、人员保护功能完整。

13.13.7 经验反馈

三防照明日光灯具经长时间运行，镇流器发热，容易造成灯具外壳老化脆弱，时间长了容易掉落，有极大的安全隐患，建议将灯具改为发热量小且不带镇流器的LED三防灯具。

厂房顶棚照明安装高度过高，可能会为后续维护更换过程带来不便，特别是在行车上搭设脚手架，风险较高。建议采用寿命较长的LED灯具，并且在安装期间，综合考虑安装高度，或选择可升降式更具，便于后续检修。

13.13.8 技术规程清单

表 352-02-13-37 技术规程清单

序号	规程名称
1	应急安全照明灯定期检查
2	主控室照明逻辑验证及筒灯检查更换
3	主控室照明定期更换
4	核岛应急照明配电柜预防性维修
5	主控安全照明检修规程

13.13.9 参考资料

[1]《核岛厂房应急照明系统 DS*手册》(0401XDS*DQS01).

13.14 水下照明

核岛水下照明装置由光源、可调节灯具、支承架、提升机构、多功能保护装置（MP）等部件组成，是核电厂和核燃料后处理厂乏燃料贮存水池进行水下观察和操作必备的配套装置。采用核工业允许使用的白炽灯，卤钨灯作为电光源。各部件材质采用不能造成对水（去离子水或含硼去离子水）有污染、更不能产生不能接受的腐蚀性材料。

13.14.1 定义

水下照明系统：用于反应堆厂房的反应堆堆腔和换料水池，燃料厂房的燃料转运舱，乏燃料贮存水池和容器装载井中，为燃料操作提供足够的照度以保证燃料操作的正常进行。

13.14.2 范围对象

水下照明装置服务于燃料操作与贮存系统，该系统在反应堆停堆换料期间完成拆、装反应堆容器顶盖及堆内构件、燃料组件装卸运输，在反应堆运行期间，完成组件贮存、检查及外运的操作。水下照明装置为上述操作提供照明，以保证各项操作按要求完成。

13.14.3 结构原理

水下照明装置山灯具、提升机构、失水保护装置等组成。

灯具：灯具主要由卤钨灯灯管、不锈钢反光项和保护等等组成。每盏灯功率为2000 W，供电电压220 V。

提升机构：提升机构是将灯具连接到其灯具支架上的装置。提升机构悬挂在一水平支撑杆上，既可固定也可左右移动位置。移动提升机构时，灯具可沿该支撑杆左、右移动，调节好灯具位置后，可将其固定于支撑杆上。

每套提升机构上可放置两套核用水下照明灯，既可同时开启，也可互作备用。

13.14.4 指标与参数

安全等级：NC；

规范等级：NA；

质保等级：Q3 级；

抗震级别：1I。

（1）安装位置和要求

根据操作及工艺布置要求，在反应堆厂房堆腔及换料水池、燃料转运舱、乏燃料贮存水池及容器装载井内设置水下照明装置。

反应推厂房堆腔及换料水池内共设置水下照明装置 7 处，燃料厂房内共设水下照明装置 13 处。

根据操作及工艺布置要求，水下照明装置有 2 种，一种为固定式，安装后其水平位置是确定的。另一种为移动式，安装后其水平位置可根据要求在支撑杆轨道上移动，选择好位置之后予以同定。

所有水下照明装置安装后不得影响厂房内其他设备的运行，具体要求如下：

燃料厂房内，水下照明装置安装后最高标高须低于＋20.310 m；

反应堆厂房内，水下照明装置安装后最高标高须低于＋20.000 m。

水下照明装置安装在水池壁或楼梯支架上。

（2）接口

水下照明装置由其提升机构承重，提升机构悬挂在水平布置的支撑杆做成的轨道上，支撑杆焊接到水池壁或楼梯的预埋件上，安装所需的预理件须在水池安装覆面时预埋，供货厂家应及时提出预埋件要求。

水下照明装置的电源线由＋20.000 m 标高的电缆沟引至水下照明装置自带的专用插座。

（3）电气设计要求

配电柜通过 380 V/380 V 干式隔离变压器由正常电源配电盘供电，隔离变压器中性点直接接地并引出；

每个配电柜设一总的供电电源开关，并配有指示灯；

每套照明装置包括两个水下照明灯具，每个照明灯具有独立的供电及开关装置；

每套水下照明装置应设置漏电、短路、过载保护；

每套水下照明装置及配电柜必须可靠接地。

13.14.5 维修技术要求

表 352-02-13-38 预防性维修项目

项目名称	项目内容	项目周期（1 C 为 1 个燃料循环）
水下照明装置预防性维修	1. 系统紧固所有电气元件接线 2. 检查柜内电气元件应完好无异常 3. 测量水下灯具直阻、绝缘 4. 检查灯具上下顺畅无卡涩	1 C
水下照明装置检查后的试验	1. 设备上电，验证水下灯具可正常点亮，测量运行电流是否正常 2. 验证浮球失水保护是否有效	1 C

13.14.6 质量管理

应对处于 0.15 MPa（表压）的水下环境的每套装置进行试验，试验项目包括水密封试验、性能试验、照度试验、定向试验、绝缘性能试验等。

灯具安装后，灯外缘距池壁的最大距离须小于 270 mm，且应尽量小（楼梯除外），并且在使用过程中采用远距离工具调节灯具方位角、俯仰角。

在水中不得使用行机材料的润滑剂。

13.14.7 经验反馈

当光源组件的发光强度只有原强度的 85%时，必须更换，以确保安全运行。水下灯频繁开关会缩短使用寿命，连续运行有利于延长其寿命。

13.14.8 技术规程清单

表 352-02-13-39 技术规程清单

序号	规程名称
1	水下照明装置预防性维修规程
2	水下照明装置检查后的试验

13.14.9 参考资料

[1]《水下照明装置技术规格书》(0401G6020).

13.15 光枪

光枪为可移动式照明系统，主要服务于燃料操作与贮存系统。具有光束角小，光通量集中等特点，能够为较远处目标提供高照度的照明。

13.15.1 定义

光枪：在堆芯换料期间，为堆芯装卸料等操作时的光源系统。

13.15.2 范围对象

堆芯装卸料等操作时的光源系统

13.15.3 结构原理

光枪系统的主要部件包括 3 组灯组件，在机柜、控制器和灯组件上用绿色、红色和橙色指示灯给每个灯组件作出标志。每个灯组件包括下列部件：浮标灯（挂在承载舱之下，浮标灯在池水中，接受池水冷却）、关节杆、导杆、灯/机柜连接电缆。

（1）浮标灯

浮标灯使用时，其承载舱与关节杆相连，承载舱放置在堆腔池水之中并浮于水面上，带有 2 台电动机，可调整光源光束方向（俯仰和方位），其灯泡组件提供极窄光束，为操作、维修人员提供照明。该灯的外形尺寸应不大于中 600×400 mm。

（2）关节杆

该圆柱形杆用于控制浮标灯，使之不能远离池壁任意游动。关节杆在其长度的中间位置上是铰接的，并以此为中心分为两段。通过两段关节杆的伸展和折回来控制浮标灯距池壁的距离，也作为调整照射角度和方位角的手段之一。关节杆的最大伸展长度应为（1540±15）mm。

（3）导杆

导杆是使关节杆与水池池壁相连接的中间部件，它与焊接在池壁上轨道中的定位器相接。关节杆以导杆为轴，可在其长度为半径的 180° 围内转动。导杆最外沿距壁应小于 265 mm。

（4）机柜组件

机柜组件为车载式，在停车位置可锁定。机柜组件内含有每盏灯的动力电源和控制器，以及当红外远距离控制器发生故障时可使用的有线控制器。机柜内还应装有强制空气冷却系统，以避免柜内温度过高而影响控制性能。

机柜仪表板上应包括下列控制检测器件：

总电源指示灯和控制启动指示灯；

总电源指示灯和控制启动指示灯；

三组光枪组件工作状态选择指示灯；

三组光枪组件光源工作电压指示表；

三组光枪组件转角操作的方向指示灯；

在机柜外备有接线盒，用它来连接以下部件：

提供 220 V 交流电源的水下灯照明电气柜；

三盏灯的供电和信号连接电缆；

红外远距离接收器及手动控制用连接器。

（5）红外远距离控制器

该控制器包括一个发射器和一个接收器。接收器通过电缆与机柜相连，用于接收红外信号。手持发射器用于远距离控制光枪，可以控制每盏灯的开关、每盏灯的光照度及每盏灯的光束投射角。手持发射器应采取措施避免掉入水中，控制距离不小于 12 m。手持发射器的频率应有标识。发射器面板包括：动力供电开、关按键，光枪组选择键，所选光枪组照度增、减键和灯组方位角操作键。

（6）有线控制器

有线控制器面板与红外发射器面板相同，只是它以有线形式与控制柜相连。

（7）定位器

定位器放置在焊接于水池覆面顶端角钢折边处的不锈钢（00Cr19Ni10）轨道中，可在轨道中按需滑动并可锁住定位，与光枪组件的导杆相连。而上述轨道的两个端部，均有阻挡件防止定位器脱出轨道。阻挡件安装后不能随意卸去，可焊接在轨道端部。定位器带有一锁紧装置，可有效保证与导杆的连接牢固且便于拆卸。

（8）运输贮存容器

由于除定位器以外的光枪部件均为两机组共用，因此需配备运输贮存容器，用于制造厂与现场以及电站两机组之间运输光枪组件。容器要求设计合理，装取方便，并采取有效的减震措施，保证光枪组件在运输中不受损伤。

13.15.4 指标与参数

（1）光源

必须用卤钨灯，禁用含汞灯（EJ1088—1998 标准要求），色温：2900～3200 K。

（2）寿命

每盏灯的光源寿命应≥1000 h。

单个浮标灯在达到寿期前不能无警示突然完全熄灭。

（3）功率

光枪总功率不超过 3000 W，每盏灯的功率约 1000 W。

（4）光学性能

光束角：2～4.5°。

1 米处中心照度：4×10^5 Lx。

10 米处中心照度：4×10^3 Lx。

（5）安全

安全等级：NC。

规范等级：NC。

质保等级：Q3 级。

抗震级别：1I 类。

（6）环境

空气温度：38 ℃。

空气压力：0.096～0.106 MPa（绝对压力）。

相对湿度：5%～100%。

池水：（含硼水）。

温度：50 ℃（最高 80 ℃）。

池水含硼浓度：2000～2500×10^{-6}，水深 12 m。

（7）操作要求

光枪主要用于在装卸料操作期间观测下部堆芯板和燃料组件。在正常换料期间，池水标高为+19.500 m，需观测的燃料组件上表面标高为+7.755 m，下部堆芯板的标高为+3.695 m，此时光枪应为操作人员提供足够的照明。

光枪的布置和操作在任何情况下均不能影响其他设备的正常运行，特别是装卸料机的正常运行。

13.15.5 维修技术要求

日常维护

对控制柜作预防性维护，包括把控制柜后门打开，对各种电路逐级进行检查，检查频率：1 年 1 次。

（1）测绝缘电阻

——在测量绝缘电阻之前，首先必须拔掉控制柜左侧总的供电电源（220 V AC）之插座，使总开关处于 OFF 位置，检查柜内电线的连接，确保控制柜内接的电缆及部件间连线的连接正确；

——从电源插座（接线端子）起，检查控制柜结构，每组光枪的灯组、电机输出端子（或插座），在电压为 500 V DC 下，L、N 接线端子与机械接地之间的绝缘电阻确保大于 10 MΩ；

——在电压为 500 V DC 下，在 1 min 内电源插头的绝缘电阻确保大于 10 MΩ。

（2）漏电保护检验

——接通控制柜外电源（220 V AC 供电），开启柜后门及前门，扭动总电源开关置 ON，将调试开关置 ON，控制系统通电，相应指示灯点亮；

——按下漏电断路器的检验按键，保护器应立即跳闸，确保控制系统全部断电，相应指示灯熄灭；

——检验完毕，扭动总电源开关至 OFF，合上漏电断路器的闸刀。

（3）光枪控制系统检测

在控制柜不接任何负载的情况下，接通控制柜外电源（220 V AC 供电），调节稳压器的输出电压为 220 V，开启柜后门及前门，扭动总电源开关至 ON，将调试开关至 ON，使用有线控制器或红外遥控器进行检测。

——光枪组件选择：分别按蓝、黄、绿按键，控制柜面板上和柜内 NIM 插件面板上的相应指示灯即亮，即视工作正常；

——浮标灯光源电压预置：选定某灯组，调节面板上光源电压，显示表的数字随之增减，同时柜内 NIM 插件面板上相应指示灯或亮或灭，即视工作正常；

——光枪组件全部启停控制。按 ON/OFF 按键，三组光枪组件浮标灯同时按预置电压点亮或熄灭，可从相应输出插座上测出供电电压（电压小于 220 V，由于可控硅的工作特性）并且可调节该电压，即视工作正常；

——灯组光束方向控制。选定某光枪组件，调节面板上显示仰角、转角的指示灯和柜内 NIM 插件面板上相应的指示灯或亮或灭，同时在相应输出插座上可测出约 215 VAC 电压，即视工作正常。

（4）红外遥控器功能测试

使用红外遥控器，在 12 m 处，对红外接收器中心 50° 立体角的范围内重复上述“光枪控制系统检测”项的各条检测。调节光枪组件浮标灯光源电压的上限。使用一组试验灯组（总功率 700 W）做负载分别接到某光枪组件的插座，按上述“光枪控制系统检测”开机后进行调节。

（5）功率测试

开机验证灯实际功率是否与额定功率一致。

预防性维护：

——检查各部件上有掉落的铜屑、螺钉、垫片、金属粉末等可导电物质否，若有，则必须清理干净；

——检查各输出回路连接可靠否，接地可靠否；若不可靠或松动，则必须重新连接；

——检查主输出回路电连接器触点氧化是否严重；若严重，则必须处理（刮去）氧化层；

——将浮球提出液面，看浮标灯是否关闭。注意：浮球在池中的位置在液位之下，浮标灯的标高之上；

——控制柜预防性维护，把控制柜后门打开，对各种电路逐级进行检查，1 年 1 次。

解体：

（1） 更换浮标灯透光罩

（2）更换浮标灯内光源用电子变压器

——将浮标灯从水池中取出，去污后放置于维修作业区。确认需更换的变压器组件。

——将连接灯具体与光源座的螺钉松开，拆卸变压器。先将防脱落部件开口销拆去，然后用扳手将固定变压器组件之螺母卸下（注意应将拆下的开口销和螺母放入检修容器中），取出变压器。

——将变压器组件的电源输入（与分线盒连接）、输出（与对应的灯杯组件连接）线剪断。

——安装变压器。将备用新变压器装入原变压器的固定位置中，用上述卸下之螺母把变压器固定，拧紧不得松动，然后用开口销锁住，防止螺母跌落。

——连接导线。先套上热缩管，连接变压器输入、输出导线，再用热风枪缩热缩管。内层用透明带胶热缩管，中间两端用透明带胶热缩管，外层用黑色带胶热缩管，再整理导线。注意：当热风枪吹缩热缩管时，必须由接头中间分别在导线四周并往两端缓慢吹缩，中间不可留空气。

——拧紧连接灯具体与光源座的螺钉，组装好光枪组件（在整个更换过程中必须注意不得损坏面玻璃）。

注意：更换变压器组件时，请逐个更换，不得同时剪开多个变压器的输入、输出导线，以防止接错。

13.15.6 质量管理

满足技术规格书与检修规程中的相关技术要求。

13.15.7 经验反馈

维护过程应注意：

光枪组件中所有的连接紧固件应有可靠的防松措施，弹簧垫圈不得用作紧固件的防松；

同一区域的光枪可以逐个开启和关闭或同时开启或关闭；

光枪应设置失水保护，即在失水的情况下可以自动关闭，防止光源炸裂或烧毁灯具中任何部件。

13.15.8 技术规程清单

无。

13.15.9 参考资料

[1] 光枪技术规格书（0401G6021）[R].

13.16 闸门

13.16.1 人员（应急）闸门

（1）定义

人员（应急）闸门的主要功能是供人员和小型设备在反应堆运行或热停堆时通过，而不损坏安全壳的密封功能，分为内门、舱体、外门三部分。

（2）范围对象

在每台机组 RX 厂房，各安装两台闸门，一台为正常人员闸门，标高 RX+7 m，另一台为应急人员闸门，标高 RX 0 m。每台闸门包括了一台 PLC 控制柜、三个操作台、闸门本体、电力拖动系统以及相关保护限位或监测仪表等零部件。

（3）结构原理

人员闸门在特殊情况下应具备以下功能：事故情况下，作为人员紧急撤离的出口；在冷停堆时，闸门解除联锁两个门同时打开，可以作为人员和小型设备进入安全壳的通道，即“通道模式”；在安全壳进行密封和强度试验时，作为增压/减压舱。

人员闸门的电力拖动控制系统是一套主要由 PLC（可编程逻辑控制器）和驱动变频器组成的连续

自动控制系统，其运行维护的任务是保证此自动化电力拖动系统的正常运转。如果拖动系统一旦发生故障，将会影响工作人员安全的进出反应堆，给正常工作带来不便和损失。

1）控制柜

电机的调速装置、逻辑控制系统的 PLC 装置、控制回路和信号回路的直流稳压设备、电磁离合器的供电装置、接触器、继电器、风机、变压器、接线端子排等。

2）控制台

控制台面板上装有灯试验按钮及用于各种操作的按钮以及指示。

3）电气贯穿件

电气贯穿件允许穿过下列电缆。

闸门内的正常与应急照明电缆。

电话和内部通信设施电缆。

控制柜与三台控制台之间的控制电缆及电源电缆。

从闸门控制的反应堆厂房照明电缆。

每个闸门有三个电气贯穿件。

两个在闸门外筒节上。

一个在闸门的内筒节上。

电气贯穿件的设计应依据闸门的结构采用专用的电气贯穿件。

4）调速装置

每扇门的速度控制装置是确保在一个恒定并且可调的速度上使每扇门平滑稳定动作。

5）电动机

用于驱动人员闸门打开或关闭。电机可选低速的交流或直流伺服电机，IP59，电机绕组为 H 级绝缘。

6）操作方式的选择

闸门的批准进入由控制室控制，该信号允许手动或电动开启外门。

在控制柜上装有一个钥匙开关，在紧急情况下，超越控制室批准信号，可进行闸门的操作。在每个就地控制台上都装有手动及电动控制选择按钮，在手动操作时，自动操作不起作用。在任何情况下，都能实现手动和电动的操作的相互转换。在电动模式下，任何时间可以停止门的运动，而且可以按相同或相反的方向重新启动门。

降级操作：在断电的情况下，闸门操作由电动切换到手动操作模式，此时两个门的机械联锁仍起作用。反应堆厂房的操作事故可导致安全壳内设备失效，在这种情况下手动操作是可能的。

门的开启和关闭电路：开门和关门的控制电路是独立的。内、外两扇门中，每一扇门都可以由设在三个台控制台上的按钮来控制。在任何时刻，都可以按“停止”按钮来停止当前程序指令的执行。每条控制回路都能确保在前一个动作指令完全结束后，再执行下一个动作指令。

7）系统联锁

两个密封闸门正常时都处在关闭位置。当安全壳处于隔离状态时，同时打开两扇门是不可能的。联锁系统是机械和电气双重的。

闸门电动操作时，手动操作不起作用。

闸门手动操作时，电动操作失效。

每个闸门上均装有一个压力平衡装置，用于开门瞬间平衡门体内外压力。当人员闸门作为加压/减压室使用时，利用加压/减压装置来平衡门体内外压力差，只有门体两侧压力平衡时，门才允许打开。

8）联锁解除

两扇门的机械和电气联锁功能可在闸门内解除。

联锁解除后，闸门将失去密封功能。

9）优先请求：

优先请求对正常使用的闸门不是必须的。在安全壳或闸门内控制台上设置优先请求按钮，三个控制台均显示优先请求状态，它能显示出紧急要求的使用。这个要求经 30 s 的保持，如果要求不再重新提出则自动消失。

10）手动电磁离合器电路

手动电磁离合器电路包括断路器、隔离器变压器、二次熔断器、110 V 整流桥、48 V 稳压电源以及供电继电器。手动电磁离合器的供电电路，内、外门共用一套。两个电磁离合器的线圈并联，它的工作原理为线圈通电，离合器打开，断电后离合器齿合。由于电磁吸盘在吸合时克服弹簧力矩较大，电路的设计为：通电瞬间，110 V 与 48 V 同时对线圈供电，2 s 后，电磁吸盘已吸合，机械离合器已打开，此时 110 V 电路切断，48 V 电压继续保持吸合。由于闸门正常是保持在自动状态，手动离合器的线圈始终有 48 V 电压存在（约合 35 W），故离合器表面温度约在 50 ℃左右，仍为正常。

11）自动离合器电路

自动离合器电路包括断路器、变压器、二次熔断器（以上为内外门共用）、内门稳压电源外门稳压电源、直流 24 V、电磁离合器 29 W、内门的自动电磁离合器的通断继电器和外门自动电磁离合器的通断继电器。

（4）指标与参数

1）环境条件

自然环境：

环境气氛为海洋气候；

最高温度：+40 ℃；

最低温度：−10 ℃；

相对湿度：最冷日平均 75%；

最热日平均 82%。

正常运行环境条件：

安全壳以外及人员闸门舱室之外的设备；

温度限值范围：−20～+40 ℃；

相对湿度范围：0～95%；

工作压力：大气压。

安全壳内及闸门舱室内的设备：

温度限值范围：−10+50 ℃；

相对湿度范围：0～95%；

工作压力：−0.025～0.01 MPa（表压）。

事故状态下（失水事故）环境条件：

最高温度：136 ℃；

最高湿度：100%；

最大压力：0.35 MPa（表压）；

介质为：空气+硼水+碱+氢。

2）主要参数

门的手动操作参数：

门的开启（关闭）手轮约 5 转；

门的提升（下降）手轮约 85.08 转；

门的锁紧（释放）手轮约 96 转。
门的电动操作参数：
门的开启（关闭）约 12 s；
门的提升（下降）约 5.86 s；
门的锁紧（释放）约 6.61 s；
压力平衡时间约 5 s。
电机转速：
开门时（释放和提升门时）约 2118 r/min；
到达提升终点时约 55.56 r/min。
门的位置：
自动操作时，内门停止在 100° 的开启位置上，然而用手动操作可将门开到 180° 的位置上；
关门时，可从 180° 的位置自动关门；
压力继电器：调定值为：0.05 MPa。
优先请求：
在紧急情况下使用优先请求，这个请求经 30 s 的延迟后，如不再重新提出则自动取消。
电源：
供电电源：AC 380 V 50 HZ 3 相 25 kVA；
电动机负荷：AC 380 V 50 HZ 3 相 16 kW；
照明：AC 220 V 50 Hz 单相；
测量传感器：AC 220 V 50 Hz 单相；
断路器：DC 110 V；
逻辑继电器：DC 48 V。
（5）维修技术要求

表 352-02-13-40　预防性维护

项目名称	项目内容	项目周期（1 C 为 1 个燃料循环）
更换 PLC 电池	对控制柜内 PLC 电池进行定期更换	3 C
闸门电气部分清扫、检查	1. 对所有电气柜清扫并紧固检查 2. 控制回路绝缘 3. 检查电机直阻、绝缘 4. 测量离合器线圈的直阻 5. 检查各限位开关的动作是否流畅，绝缘是否良好	1 C
控制柜及相关电气设备定期检查	1. 对闸门上电进行开关门试验 2. 验证闸门各机械传动机构动作应正常，各限位开关应正常触发 3. 内外门联锁应有效，报警应正确上送主控	1 C

（6）质量管理
制造商应有详细的质保大纲，并严格按照大纲中各项要求进行生产与供货，对质量全面负责。
（7）经验反馈
无。
（8）技术规程清单

表 352-02-13-41　技术规程清单

序号	规程名称
1	人员闸门电气设备预防性维修规程
2	人员闸门电气设备检查后的试验规程

（9）参考资料

无。

13.16.2 设备闸门生物防护门

设备闸门生物防护门反应堆厂房的边界门，大型备件及工器具的唯一进出口，禁止人员通行。

（1）定义

生物防护气密封门属于 DMW 反应堆厂房龙门吊：外围设备间部分，门体尺寸（闭合时）7640 mm（长）×6852 mm（高）×400 mm（厚）。开门方式为对开。电控系统实现设备闸门外生物防护气密门的开门、关门、停止、准确到位控制和门密封圈中空气的降压排气和充气控制。

（2）范围对象

生物防护气密封门属于反应堆厂房龙门吊。

（3）结构原理

1）电控设备

控制柜是安装在反应堆厂房外，龙门吊架钢工作平台上。在控制柜内安装有电气元件构成门控制电路，即主变压器、接触器、继电器等。在控制柜左门上部，布置有供运行人员使用的控制器（按钮、转换开关）和供运行人员使用的信息（防护门状态的指示灯）。

2）气路设备

气路元件均用于门密封圈的充气和排气。

外部气路由主过滤器、止回阀、截止阀、引压管及管接头等构成。

内部气路由过滤器、二位三通电磁阀、减压阀、真空发生器、压力表、压力开关等构成，均布置在控制柜内。

在控制柜右边上、下部设有与门气密封圈连接的充气排气孔及气源输入孔。

（4）指标与参数

1）电动机

防护等级 IP557；

F 级绝缘；

在 $0.9U_n$ 下的电动机温升应保证在规定的限值之内，当影响变量在异常范围时，电动机应保持如下性能：

——轴上转矩等于满负载转矩；

——电动机在带载或空载情况下均能起动。

对于绕线型电动机应采取措施避免转子滑环的短路起动，转子绕组应按最大转速来设计；

所有部件在设计时应避免产生有害于电动机良好运行和无声运转的磨损和振动；

定子和转子绕组应可靠绝缘并双重浸漆；

活动部件应装设保护套、防护罩等来保护人身安全；

在 $0.85U_n$ 下具有额定输出；

满载转矩低电压保护电压是 $0.7U_n$；

最小起动电压是 $0.8U_n$；

对鼠笼型电动机，在直接起动电流倍数 I_d/I_n 应小于 8.5；

电动机应设缺相保护、过流保护、过载保护和失压保护；

电动机的绝缘电阻、电介质强度和噪声水平应符合有关标准的要求。

2）电缆

箱内线缆采用低烟、无卤、阻燃型材料制造，聚氯乙烯电缆禁止使用。

电缆为 1E 级 K3 类，电缆应由保护或刻字标签来标识，防止由于周围环境或老化使特征标识消失。

3）基本控制操作

防护门体设计为：左门体、右门体、开关门方式为对开，对关；

防护门的操作为电动和手动；

门的密封圈充气和排气使用开关实现。

4）系统的联锁

装置能实现下列电、气、机械的联锁：

只有当门密封圈中的充气全部排空后，锁紧装置全部松开，才能开门；

只有当门完全关闭后，门锁紧装置锁定后，才能对门密封圈充气，正在充气时门不能开启；

防护门的开、关均设有机械上的锁定装置，轨道夹紧装置及门到位限位开关。

（5）维修技术要求

表 352-02-13-42　预防措施

项目名称	项目内容	项目周期（1 C 为 1 个燃料循环）
开生物防护门时搬运铅板	搬开设备闸门生物防护门铅块，并放在指定地点	1 C
关生物防护门时搬运铅板	恢复设备闸门生物防护门铅块	1 C
设备闸门生物防护门电气部分清扫、检查	1. 设备清扫、电气紧固 2. 检查主回路及控制回路绝缘 3. 测量左右门电机直阻、绝缘 4. 检查各限位开关的动作情况	1 C
生物防护门电气部分清扫、检查	1. 检查开关门的动作逻辑正常 2. 验证各限位开关可正常触发 3. 检查左右门电机的运行电流	1 C

（6）质量管理

制造商应有详细的质保大纲，并严格按照大纲中各项要求进行生产与供货，对质量全面负责。

（7）经验反馈

无。

（8）技术规程清单

表 352-02-13-43　技术规程清单

序号	规程名称
1	生物防护门电气部分预防性维修规程
2	生物防护门电气部分预防性维修后的试验

（9）参考资料

[1]《设备闸门生物防护门电控系统技术规格书》.

13.16.3　平拉门

平拉门位于 KX 厂房，反应堆新燃料运输的路径上，用于将乏燃料水池与其他房间隔离开，开门和关门通过一台电机驱动，由链条实现该门的滑动，就位后由 4 个千斤顶顶升平拉门，完成门的密封动作。

（1）定义

平拉门：安装于反应堆新燃料运输的路径上，用于将乏燃料水池与其他房间隔离开。

（2）范围对象

1 台 0.00 m 电控箱。

1 台 20.00 m 电控箱。

1 台电动机。

4 个千斤顶。

4 个接线箱。

10 个限位开关（2 个小门限位、4 个千斤顶高位、4 个千斤顶低位）。

（3）结构原理

平拉门应能水平运动以完成开、关的动作，开门速度为 0.135 m/s；应能在 4 个千斤顶的作用下垂直运动，以确保门的密封。垂直方向的运动用 8 个限位开关检查。这些限位开关用于保证安全，检查工作是否正常。

平拉门上的 2 个安全门均配有 1 个限位开关，只有在 2 个安全门均被锁住的情况下才能打开平拉门。

（4）指标与参数

安全等级：NC。

质保等级：Q3。

（5）维修技术要求

表 352-02-13-44　预防措施

项目名称	项目内容	项目周期（1 C 为 1 个燃料循环）
平拉门电气部分预防性检查	1.设备清扫、电气紧固 2. 检查主回路及控制回路绝缘 3. 测量平拉门电机直阻、绝缘 4. 检查平拉门动作正常无卡涩	1 C

（6）质量管理

制造商应有详细的质保大纲，并严格按照大纲中各项要求进行生产与供货，对质量全面负责。

（7）经验反馈

无。

（8）技术规程清单

表 352-02-13-45　技术规程清单

序号	规程名称
1	平拉门电气部分预防性维修

（9）参考资料

[1]《装卸口平拉门电控系统规格书》.

13.16.4　翻转门

翻转门为核燃料厂房辐射防护边界。

（1）定义

翻转门：门体直立位置为关门状态，开门时，门体上升翻转为水平位置。

（2）范围对象

核燃料厂房大门是一个高 5025 mm，宽 5550 mm，厚 250 mm 的钢板焊接壳体，总重约 2.9 t，它借助于一个液压缸拉动钢丝绳来实现开门动作，门体直立位置为关门状态，开门时，液压缸在液压站（含有泵、电磁阀、单向阀等）的驱动控制拉动钢丝绳使门体升起，由于受到竖直和水平轨道的限制，门体在上升过程中翻转达到水平位置时即为开门状态，此时液压缸的上腔被封闭（单向线），使门体保持在水平位置。关门时，靠门体自重迫使液压缸上腔的液体回流，从而使门体翻转下降，最终到达竖直位置在开门和关门过程中可以在任何位置停止。断电时，门停止不动（可以借助于一个手动液压泵来实现手动开门和关门）。

（3）结构原理

1）大门

该大门上配有两个限位开关，分别在门关闭和门打开时动作，发出“门已关闭”和“门已打开”的触点信号。

2）液压站

液压站由电动液压泵、电磁阀、节流阀、单向阀及油箱等组成。

3）电控箱

供电电源为三相 380 V、50 Hz，无中性线配出。

仪表、控制信号的用电设备应给以 48 VDC。

设备的保护接地应连接到全厂主接地网。

线路对地的绝缘电阻在 500 VDC 下测量 1 min 的值应大于 100 MQ，对整个电气设备绝缘电阻不应小于 10 M。

所有进入机箱的电线电缆均采用密封装置。

4）限位开关

安装在门框上，2 个，防护等级为 IP55。

5）电缆

箱内线缆采用低烟、无卤、阻燃型材料制造，聚氯乙烯电缆禁止使用，电缆为 1E 级 K3 类。

（4）指标与参数

安全等级：NC。

质保等级：Q3。

（5）维修技术要求

表 352-02-13-46 预防措施

项目名称	项目内容	项目周期（1 C 为 1 个燃料循环）
KX 厂房翻转门电气部分预防性维修	1. 设备清扫、电气紧固 2. 检查主回路及控制回路绝缘 3. 测量翻转门电机直阻、绝缘 4. 检查翻转门动作正常无卡涩	1 C

（6）质量管理

制造商应有详细的质保大纲，并严格按照大纲中各项要求进行生产与供货，对质量全面负责。

（7）经验反馈

无。

（8）技术规程清单

表 352-02-13-47 技术规程清单

序号	规程名称
1	翻转门电气部分预防性维修

（9）参考资料

[1] 核燃料厂房大门电控系统技术规格书 [R].

13.17 硼伴热

13.17.1 定义

由于硼元素可以吸收大量中子，因此在核反应堆运行时，为了保证运行安全，在部分系统管道中，流通着大量的含硼溶液。作为维持反应堆临界和防止反应堆超临界的添加剂，硼溶液必须保证随时供应至核反应堆一回路。含硼溶液尤其是浓硼溶液在常温下会产生硼结晶，而且这种硼结晶是一种不可逆的转变。一旦溶液结晶，晶体将附着在管道内壁，轻则减小管道内径，影响管道流通性，重则堵塞管道，影响系统功能。

为了解决含硼溶液的结晶问题，需要在硼溶液流动的管道外壁进行补热，防止管道以及内部的流体温度下降至结晶温度，即硼伴热系统需要实现的主要功能。

13.17.2 范围对象

需要硼伴热系统提供伴热的工艺系统有：安全注入系统、安全壳喷淋系统、反应堆硼和水的补给系统、反应堆乏燃料水池和换料水箱冷却和处理系统、硼回收系统、废液处理系统和固体废物处理系统。

13.17.3 结构原理

（1）伴热缆组成

硼伴热系统由监视层、过程控制层和现场控制设备三方面组成，其中监视层与过程控制层通过光纤以太网及交换机的连接，实现信息互通、显示、控制。现场层设备主要用来引入热电偶信号以及对硼伴热管道热缆通电加热和断电控制，确保伴热管道硼溶液的温度在规定范围以内，使不发生硼溶液结晶现象。

控制系统分正常伴热回路 A 系列和备用伴热回路 B 系列。正常情况下，A 系列工作，当发生异常，A 系列不能将硼溶液温度控制在要求范围内，B 系列投入控制，确保硼溶液不发生结晶。

配电盘用来对加热电路盘变压器供电。加热电路盘受控于 PLC 的指令，接通或切断伴热缆的电源，控制管道硼溶液的温度。

（2）监视层

监视层为一个操作员站，由一台工控机、一台液晶显示器和一台打印机组成。监视层通过现场总线（光纤星形网）接受各机组各过程控制站的数据信息，实现对整个系统状态的监视。

监视层设置在辅助控制室，设备组成为：

一套工控机 IPC-610（以太网接口）；

一套显示器；

一套激光打印机；

一套交换机柜，内设双电源切换装置，电源分别来自两路不同的电源。

（3）过程控制层

过程控制层由连接在总线网络上的六个过程控制站组成。

过程控制站由控制机柜和机柜内主要配置的可编程控制器（PLC）和输入、输出模块组成。柜内设置光纤链路模块，与其他各控制站通过现场总线（光纤环路）连接，以实现各站之间的电气隔离。电源故障属系统的可恢复性故障，一旦重新得电，处理器模块能自动恢复正常工作而无需运行人员的任何干预。每个机柜内的每种类型的 I/O 测点都配有 10%～15%的备用量。每台控制柜配置一个断路器和一个电加热器，通过开关由机柜电源供电。其作用是用于采集现场测温热电偶、系统设备的配电故障信号以及备用回路投入等信号，通过信号处理，实现对伴热元件的逻辑控制并通过网络将过程信息发送到操作员站。

硼伴热系统信号的采集由六个站完成，通过光纤网络传送至辅助控制室的硼伴热系统操作员站。其中，送往电厂过程计算机系统及电厂报警信号处理系统的报警信号则是通过硬接线连接的方式直接送出。

送往电厂报警信号处理系统的信号有：硼伴热系统控制站有电、硼伴热系统配电箱断路器跳闸、硼伴热系统控制箱的断路器跳闸、硼伴热系统的绝缘故障、硼伴热系统配电柜中 48 VDC 失电。

送往电厂过程计算机系统的信号有：处于正常供电状态和硼伴热系统控制箱供电电源状态。

输出的信号有：送往各个伴热回路的温度控制；

输入的信号有：硼伴热系统配电箱断路器跳闸、硼伴热系统配电箱的绝缘故障、硼伴热系统配电箱中 48 VDC 失电、硼伴热系统配电箱上游配电盘的开关柜故障。

机柜从上至下大体分为三大部分：最上面一排为电源部分，从左至右依次为 1 个 220 VAC 备用电源插座，6 个 220 VAC 断路器，电源通电指示继电器，3 个 24 V 断路器 DC，1 个 220 VAC～24 V DC 转换器；中间部分为机柜 PLC 卡件和相关 I/O 卡件，第一排从左至右依次为通信卡件，PLC 的 CPU 卡件，DI 输入卡件，DO 输出卡件，第二排最左侧为通信卡和电源卡件，后面为 AI 卡件，信号是由现场温度变送器送来的 4～20 mA 标准信号；下面部分为 24 V 继电器，通过 PLC 的输出信号控制继电器的动作，从而控制现场电加热器的通断。一般在 I/O 卡件右侧会安放一个 24 V 集线器，负责与其他机柜进行通信；机柜的顶部有个风扇，负责通风；机柜最下部分有两个接地铜排，分别是屏蔽接地铜排和保护接地铜排，铜排右侧有一个防凝露加热器，机柜的左侧是汇线槽。

每个过程控制站均有一组 PLC 控制柜组成，它们分别安装在现场的不同房间里。

（4）现场设备层

现场设备层由配电盘、加热电路盘、热电偶接线箱、串联接线箱、K 型双支热电偶以及伴热电缆组成。

每个需伴热管段都装有两套热电偶，无备用回路的管道仅设置一套热电偶。正常及备用回路测温热电偶均为双支热电偶，其一支信号经热电偶接线箱送至回路控制站，另一支接入热电偶接线箱作为备用，没有另设就地指示。

伴热元件由装有一个降压变压器和对应每一个回路有一个断路器和一个接触器的加热电路盘供电，加热电路盘一般可向 12 个伴热元件供电，最多可向 16 个伴热元件供电。每个加热电路盘由各自馈线上带有一个断路器的配电盘供电。伴热元件采用 316 L 不锈钢外套，无机矿物（氧化镁）绝缘，芯线材料为镍 40 铜 60 合金。同时，伴热元件具有高绝缘、高韧性、阻燃、耐高温等特点；每根伴热元件有 1 个或 2 个冷端，冷端通过连接器引出连接软电缆，能方便的与外部电缆连接。每根伴热元件的功率、电压、直径、长度等结合各种工艺参数、伴热元件的产品性能详细设计计算确定。

伴热电路盘接收来自配电盘的 380 VAC 电源，并接于容量为 6 kVA 的变压器一次侧，变压器的二次侧有多级抽头，分别提供不同的电压等级的电压（220 VAC、144 VAC、96 VAC、72 VAC、48 VAC、24 VAC、12 VAC），与下游相应的伴热缆配套。在变压器的二次侧，通过 48 VAC 这个抽头连接一个信号灯，显示在伴热电路盘的面板上“380 VAC 电源通”。在变压器工作正常的情况下二次侧的 48 VAC 抽头能代表变压器输出正常；但当变压器二次侧某个抽头出现故障时，在面板上的“380 VAC 电源通”的光字牌并不能代表全部的变压器二次侧输出正常。每一个从伴热电路盘去往就地伴热缆的控制都由一个空气开关和一个接触器组成。空气开关根据该伴热缆的选型以及功率，选择相应的电压等级连接，空气开关的辅助触点和报警触点串联提供一个得电信号——指示灯显示在伴热电路盘的盘面上以指示该伴热电缆的电源通断情况“硼伴热系统”。当发生开关跳闸时，报警触点接通断路器跳闸的继电器，并由此继电器往上控制站发送断路器跳闸信号。从控制站上来的温度控制信号（PLC DO）通过接触器的吸合控制伴热缆的通断。需要注意的是，只有在伴热回路盘中相应回路的空气开关处在合闸位置时，此温度控制信号才能有效。

热电偶对现场每条需要伴热的回路进行温度的监测，当温度高于整定值时，停止管道的加热，当温度低于整定值时，开始对管道进行加热。现场选用双支热电偶用来测量被伴热管道温度。热电偶选用镍铬-镍铝（K 型），氧化镁绝缘，不锈钢外套；工作范围为 5～120 ℃，精度为±1.5 ℃，寿期 40 年。双支热电偶具有能弯曲、耐高温、热响应时间快和坚固耐用等特点。由现场双支热电偶来的温度信号其中一支信号经接线箱转接后送控制机柜，另一支接入接线箱后作为备用。为了保证箱体的防护等级要求，每支热电偶接入箱体底部时，都配有进线密封头。伴热元件采用 316 L 不锈钢外套，无机矿物（氧化镁）绝缘，芯线材料为镍 40 铜 60 合金。同时，伴热元件具有高绝缘、高韧性、阻燃、耐高温等特点；每根伴热元件应有 1 个或 2 个冷端，冷端通过连接器引出连接软电缆，长度为 0.2 m，使之能方便的与外部电缆连接，采用压接的连接方式并有连接护套。伴热元件易拆卸，并且可以在不损坏元件情况下易拆除被伴热管道上的机械部件（如阀门、孔板等）。每根伴热元件的功率、电压、直径、长度等根据规格书的要求，结合各种工艺参数、伴热元件的产品性能详细设计计算确定。

所以，基于 PLC 控制的硼伴热系统有着无可比拟的优点：

第一，热电偶与 PLC 相结合的技术控制精度更高。第二，参数修改方便。当由于工艺条件的变化要求对温度控制设定值进行修改时只需要修改计算机程序的设定值参数即可，不用再到现场对每一块温度控制器进行校准。第三，有利于延长伴热元件的使用寿命。正是由于温度控制参数的修改非常便利，可以在正常伴热回路运行一段时间后，将正常和备用伴热回路进行互换，这种正常备用回路的交替工作方式避免了正常伴热回路长期运行对伴热元件造成的损耗，有利于延长伴热元件的使用寿命。

13.17.4 指标与参数

在正常运行工况下，硼伴热系统始终投入运行。通过对伴热缆电源的通断来维持硼酸管线（管道、阀门、泵以及仪表管线等设备）内的流体温度在一个预期的范围内以维持流体循环，防止硼酸结晶。当管道表面温度达到高整定值（T_{max}）时，温控器切断电源，管道温度降低到低整定值（T_{min}）时，再给加热元件通电。

正常回路（N）与备用回路（S）温控器控制整定值之间的关系为：

$T_{Smin} < T_{Smax} = T_{Nmin} < T_{Nmax}$。如果正常回路不能按要求运行，则当管道温度下降到 $T_S$min 时，备用回路才接通。

表 352-02-13-48 温度整定值与结晶温度表

范围	硼伴热系统	备用电路	结晶温度/℃	调节整定值/℃		警报整定值/℃	
				正常电路	备用电路	高	低
核岛蒸汽系统回路	安全注入系统（13 000～15 000×10^{-6}）反应堆硼和水的补给系统（13 000～15 000×10^{-6}）	Y	37～43	$55<T_N<60$	$60<T_S<65$	90	50
	反应堆硼和水的补给系统（7000～7700×10^{-6}）	Y	18	$30<T_N<35$	$25<T_S<30$	38	22
	反应堆乏燃料水池和换料水箱冷却和处理系统/安全注入系统（2100～2300×10^{-6}）	Y	0	$16<T_N<22$	$10<T_S<16$	30	7
核岛配套设施回路	反应堆乏燃料水池和换料水箱冷却和处理系统/安全壳喷淋系统/核岛疏水排气系统（2100～2300×10^{-6}）	Y	0	$16<T_N<22$	$10<T_S<16$	30	7
	硼回收系统（7000～7700×10^{-6}）	Y	20	$37<T_N<42$	$32<T_S<37$	50	29
	废液处理系统（40 000～45 000×10^{-6}）	Y	37	$55<T_N<60$	$50<T_S<55$	65	45
	固体废物处理系统（40 000×10^{-6}）	Y	37	$55<T_N<60$	$50<T_S<55$	65	45
	硼回收系统（<7000×10^{-6}）	N	5	$12<T_N<18$	—	22	7

13.17.5 维修技术要求

表 352-02-13-49 维护项目及周期

项目名称	项目内容	项目周期（1 C 为 1 个燃料循环）
电加热器配电盘定期检查	配电盘清洁、外观检查、绝缘检查	3 C
接触器定期更换	对伴热缆启动接触器定期更换	6 C

13.17.6 质量管理

制造商应有详细的质保大纲，并严格按照大纲中各项要求进行生产与供货，对质量全面负责。

13.17.7 经验反馈

伴热缆的现场安装：由于伴热缆是围绕在管道周围的，因此从出厂到现场安装还需要经过一个弯制成形的过程。这个过程必须要使用相应的专用仪器进行，严禁人工随意进行弯曲。

绝缘情况的清查：由于伴热缆在现场安装完成后，还要在伴热缆外增加保温层。因此，在系统实际运行的过程中，伴热缆是不暴露在外界中的，一旦发现伴热缆有绝缘降低的问题，是很难处理的。所以，在保温安装前，建议对伴热缆的绝缘情况进行一次彻底的清查，检查的范围不仅仅是绝缘电阻的测量，还应该根据现场的实际情况。例如：考察伴热缆的走向路径中，是否存在可能致使伴热缆破损的环境；相关管道和法兰的连接处是否可能有伴热被挤破的可能性等。

温度探头的安装位置：温度探头的安装，尤其是泵体部分的，基本安装在加热棒的另一侧。因此，实际上温度探头探测到的是加热棒对侧的空气温度。可能的情况是加热棒已经被加热到发红的状态，而温度探头却仍然显示一个较低的温度值。因此，温度探头的安装位置需要适中，可能还要在现场经过几次试验后，才能得出一个比较理想的位置。

伴热功率的调节：在设计院的设计计算书中，有所有伴热缆电阻和所加电压等级的计算结果，现场也是按照这个计算进行安装和端接的。但是在实际运行的过程中，有几组硼伴热缆的加热效果并未达到设计的要求，加热器一直都处在投运状态，温度一直上不去。这时候就有两种办法可供选择：（1）更换伴热缆：这种方法的缺点是执行起来工程量比较大，优点是更换完成后，可以满足管线的伴热要求。（2）改变电压分接头：这种方法的优点是工作量比较小（只需改变分接头即可），缺点是更改完成后的功率有较大的变化，温度变化和更改之前相比，有着明显的变化。具体采用哪种方法还要视实际的情况经过计算后而定。

13.17.8 技术规程清单

表 352-02-13-50 技术规程清单

序号	规程名称
1	硼伴热系统定期更换接触器
2	硼伴热系统系统 N 厂房配电柜及电加热器配电盘预防性维修规程
3	硼伴热系统系统配电柜及电加热器配电盘预防性维修规程
4	硼伴热系统伴热缆更换安装规程

13.17.9 参考资料

[1]《硼加热系统系统手册》.

[2]《硼伴热系统管道计算书》.

13.18 通风系统

13.18.1 定义

厂房通提供新风的系统。

13.18.2 范围对象

表 352-02-13-51 核电厂各厂房气体交换系统清单

1	主控制室空调系统	8	电气厂房防火通风系统
2	电缆层通风系统	9	常规岛通风系统
3	电气厂房排烟系统	10	核辅助厂房通风系统
4	辅助给水泵房通风系统	11	安全厂用水泵房通风系统
5	上充泵房应急通风系统	12	安注和安喷泵电机房通风系统
6	设备冷却水系统间通风系统	13	外围设备间通风系统
7	燃料厂房通风系统		

13.18.3 结构原理

（1）主控制室空调系统

保持房间内的温度和湿度在所规定的限值内以满足设备运行和人员长期停留的要求。

保证最小的新风量。

维持室内压力略高于出入口区域的压力（相对大气压的微正压）。

在事故情况，使新风净化或者使空气全部再循环。

控制室通风系统不执行与核安全直接有关的功能，但在厂区污染情况下本系统必须保证主控室操作人员的安全卫生条件。本系统也必须保持核安全有关的设备处于温度和湿度的允许限值内。

（2）电缆层通风系统

维持设备正常运行所允许的室内温度。

为工作人员提供适宜的换气条件。

蓄电池室通风系统：本系统为蓄电池室提供通风。

本系统设计用于：

维持设备正常运行所允许的室内温度；

为蓄电池室提供适宜的换气条件（10 次/时）；

两台机组公用的蓄电池为独立的通风系统。

（3）电气厂房排烟系统

电气厂房排烟系统主要是保证各电气设备房间的排烟。电气厂房排烟系统无直接的安全功能，然而在房间着火情况下，它必须能迅速的投入及时将烟排走。

（4）辅助给水泵房通风系统

辅助给水泵房通风系统保证控制棒驱动机构（CRDM）电源室和蒸汽发生器辅助给水系统泵房的通风、供热和供冷。

在冬夏两季，保持运行人员所需的适宜温度。

为有关的房间提供适当的换气次数。

保证控制棒驱动机构供电系统和棒控棒位系统的设备处于合适的温度。

（5）上充泵房应急通风系统

维持设备正常运行所允许的室内温度。

为工作人员提供适宜的换气条件。

（6）设备冷却水系统间通风系统

保证设备冷却水房间的环境温度在维修人员可以接受的范围之内。

相对于邻近区域保持轻微的正压。

保证一定的换气次数，以维持适当的保健条件。

（7）燃料厂房通风系统

维持设备完成一般功能所需要的环境温度和人员进入区所需要的适当环境温度。

限制环境空气中水蒸汽含量，避免水蒸汽在乏燃料水池大厅墙内壁结露。

在事故情况下，把排风的放射性降低到居民可接受及允许排放的水平，这种事故有：

- 燃料操作事故；
- 铅容器操作事故；
- LOCA（冷却剂散失）事故。

（8）电气厂房主通风系统

电气厂房主通风系统由三个独立的分系统组成，设计用于提供下列场所的通风：

——低压和中压配电盘室及继电器室；

——出入口通道区和冷区；

——压缩机房。

电气厂房主通风系统不属于安全有关的系统但是当该通风分系统失效时，电气设备过热可能要求反应堆机组正常停堆。

（9）常规岛通风系统

通风和空调系统的功能是维持汽轮机厂房、凝结水精处理车间和汽轮机润滑油箱间内的环境条件。

（10）核辅助厂房通风系统

在电厂正常运行期间，保持核辅助厂房和电气厂房高温区的内部温度在设备运行和人员健康及安全所规定的范围内。

按辐射防护分级，限制房间中的气溶胶放射性水平，以便人员进入。

控制空气从可能较低的污染区流向可能较高的污染区，然后排气。

减少向环境释放的放射性污染物的浓度。

保持厂房内的压力略低于大气压力，使电厂在各种运行方式下由厂房泄漏的放射性气溶胶最少。

在反应堆冷停堆期间，保证安全壳换气通风系统所需风量和过滤要求。

发生火情时，排除核辅助厂房中电气间的烟气。

在正常运行期间，本系统对上充泵房通风。在本系统故障时，必须由与安全有关的上充泵房应急通风系统代替它执行该功能。

（11）安全厂用水泵房通风系统

安全厂用水泵房通风系统用于对安全厂用水泵泵房及消防泵泵房进行通风，因此本系统执行的功能是保证运行设备和维修人员在夏季有合适的温度条件。

（12）安注和安喷泵电机房通风系统

燃料厂房安注和安喷泵电机房通风系统是仅对安全注入泵和安全壳喷淋泵电机房进行通风，安注和安喷泵电机房通风系统设计功能是为设备维修和定期试验时维持适当的环境条件，也就是：

——防止放射性物质释放到电机房；

——在安全注入泵和安全壳喷淋泵运行时，允许人员进入电机房进行维修。

安全注入泵和安全壳喷淋泵的电机是由设备冷却水系统进行冷却，将电机运转时产生的大约 90% 热量带走，因此燃料厂房安注和安喷泵电机房通风系统是与安全无关的系统。

(13) 外围设备间通风系统

外围设备间通风系统为反应堆安全堆厂房外围容纳贯穿件的所有环廊区提供排风。

其目的为：

——控制气流流向，防止环廊房间内可能污染的空气扩散到环境；

——对来自环廊房间的气体进行过滤，以保证降低排放到烟囱的放射性水平。

本系统的风量包括从相邻区域转送来的风量和室外渗漏进入的空气量。并且收集安全壳贯穿件处可能泄漏的气体。

应该注意到：

——贯穿件可能的泄漏只能来自安全壳的事故加压；

——污染气体的释放可能来自安全壳贯穿件（如上所述）的泄漏，也可能来自一回路管道或阀门处水的泄漏。

外围设备间通风系统连续运行，所有排气通过一组高效空气粒子过滤器进行过滤。如果需要的话，在发生污染的情况下则同时通过一组碘吸附器来吸附碘及其有机化合物。

在核辅助厂房烟囱处探测到异常放射性或万一发生 LOCA 时该系统则由远距离控制进行操作。

13.18.4 指标与参数

无。

13.18.5 维修技术要求

通风系统的检修工作主要有：电机清洁与绝缘检查、风机年度检查及润滑及机组内部检查和清理（加热盘管/加湿器等）、风阀的年度检查及润滑、更换过滤器、电机解体大修、对控制箱进行清扫和紧固、常规的通风系统控制箱清洁检查。

13.18.6 质量管理

制造商应有详细的质保大纲，并严格按照大纲中各项要求进行生产与供货，对质量全面负责。

13.18.7 经验反馈

表 352-02-13-52 常见故障检查表

序号	故障症状	可能的故障原因	故障排除的操作步骤
部分故障及原因			
1	风机不转	(1) 系统失电 (2) 控制回路故障 (3) 电机损坏	(1) 检测系统送电情况 (2) 检查控制回路 (3) 检查电机
2	指示灯不亮	(1) 线路短路 (2) 设备老化	(1) 更换指示灯 (2) 更换造成短路的故障的元器件
3	开关电源不工作	(1) 系统失电 (2) 设备老化或损坏	(1) 检测系统送电情况 (2) 单独给开关电源送电检测输出 (3) 更换开关电源
4	中间继电器	继电器触点虚接故障	控制回路的接触电阻变化，使得电磁式电器线圈两端的实际电压低于 85%额定电压，从而使铁芯不吸合，引起电路失控
5	回路发热超标，出现元件烧损或绝缘降低	(1) 设备老化 (2) 设备容量不匹配 (3) 回路接触点松动接触电阻过大 (4) 回路电阻过大 (5) 导电部分受损	(1) 找出发热源 (2) 发热源若在元件方面，检查元件容量是否符合回路要求 (3) 检查回路的接线点接触是否松动 (4) 检查回路的导线是否老化 (5) 检查导电部分是否受损
6	过载保护动作（如断路器跳闸）	(1) 设备容量不匹配 (2) 过载整定值不匹配 (3) 负载改变开关或定值没做修改 (4) 负载设备故障	(1) 检查设备是否与图纸对应 (2) 检查设备的定值是否符合图纸要求 (3) 检查设备所连接的负载是否与图纸匹配 (4) 检查所连接的负载是否出现故障

续表

序号	故障症状	可能的故障原因	故障排除的操作步骤
7	短路保护动作，有可能出现设备烧毁	(1) 设备老化内部击穿 (2) 电缆内部击穿或硬物割穿 (3) 负载设备短路	(1) 检查其故障回路，确定故障点 (2) 进一步分析故障原因 (3) 切除故障点，并及时修复 (4) 检查故障回路的绝缘程度 (5) 按使用说明书检查本开关设备其是否受短路电流烧损

13.18.8 技术规程清单

表 352-02-13-53 技术规程清单

序号	规程名称
1	常规岛空调机组风机全面解体检查
2	常规岛通风系统预防性维修规程
3	核岛通风系统中压电动机定期检查规程
4	核岛通风系统中压电动机解体检修规程
5	常规岛继电器室风机全面解体检查
6	常规岛继电器室风机定期检查和润滑
7	常规岛系统蒸发冷却空气处理机组定期检查
8	风机定期检查和润滑
9	三通阀控制性能检查规程
10	常规岛通风系统就地控制柜预防性维修规程
11	温度探头检查

13.18.9 参考资料

[1]《通风系统手册》.

14 华龙特有电气设备

14.1 72 h 电源系统技术要求

14.1.1 概述

72 h 电源系统包括 72 h 直流电源系统（系列 A）—ETE、72 h 直流电源系统（系列 B）—ETF、72 h 交流不间断电源系统（系列 A）—EAU、72 h 交流不间断电源系统（系列 B）—EAV。

14.1.2 引用文件

[1]《72 h 电源系统手册（ETE/ETF/EAU/EAV）第 2-5 章》(C3X17ETE002B21645GN).

[2]《72 h 电源系统定期试验技术要求》(CPX39ETE031B22A45GN).

14.1.3 术语和定义

ETE/ETF 系统向下列厂用负荷提供 220 V 直流电源：

——CIS、PCS 和 PRS 系统的驱动装置；

——为 EAU/EAV 系统逆变器提供 220 V 直流电源；

——其他用电设备。

ETE 系统对应于 A 系列。

ETF 系统对应于 B 系列。

EAU/EAV 系统向下列厂用负荷提供 220 V 交流电源：

——主控室应急照明；

——事故后 DCS 机柜。

EAU 系统对应于 A 系列。

EAV 系统对应于 B 系列。

14.1.4 范围对象

72 h 直流电源系统（ETE/ETF）主要包括以下设备：配电柜（ETE001TB/ETF001TB）、蓄电池（ETE001BT/ETF001BT）、蓄电池充电器（ETE001RD/ETF001RD、ETE002RD/ETF002RD）。

72 h 交流不间断电源（EAU/EAV）系统主要包括以下设备：配电柜（EAU001TB/EAV001TB）、逆变器（EAU001DL/EAV001DL）、调压变压器（EAU001TR/EAV001TR）。

14.1.5 结构原理

ETE/ETF 系统包括：

——一组蓄电池；

——两台充电器；

——装有进、出线断路器及监测装置的配电柜；

——充电器 380 V 交流侧断路器。

（1）正常运行

正常运行时，ETE/ETF 系统由厂用 380 V 交流配电柜供电的两台充电器同时向直流负荷供电，并向蓄电池组浮充电或必要时再充电。每台充电器负担 50%的负荷，蓄电池组仅需对应瞬时尖峰负荷。

两台充电器并列运行。当一台充电器故障或失去交流电源时，负荷自动切换到另一台上，该充电器可带 100%负荷。

在充电器的控制屏上按下 S1“SYSTEM ON”，充电器开始运行。

（2）特殊稳态运行

浮充电方式：在充电器的控制屏上选择“FLOAT CHARGE”方式，充电器端子上的电压保持在浮充电压整定值上不变。

再充/均衡充电方式：在充电器的控制屏上选择“BOOST CHARGE”方式，在充电器端子上的电压保持在再充/均衡充电的电压整定值上不变。

手动方式（与负荷断开）：手动充电时断开负荷。

在充电器的控制屏上选择“INITIAL CHARGE”方式。这种运行方式越过其他三种运行方式（自动、浮充、再充/均衡充电），电压调整范围从 88～286.7 V。

（3）特殊瞬态运行

失去交流电源：当交流电源恢复时，充电器将根据装在配电柜蓄电池进线回路上的霍尔元件自动地在浮充和再充/均衡充电方式间切换充电方式，以便短时高效地为电池充电。

交流和直流母线短路：充电器的功能和特性不受短路影响。蓄电池进线开关和充电器直流侧断路器之间的短路保护具有选择性。充电器过流保护回路约在 10 ms 后动作。

直流配电柜出线断路器下游短路：短路发生后，出线断路器的电磁脱扣器瞬时跳闸。

直流母线短路：短路发生后，蓄电池进线熔断器先分断，充电器自动关断，充电器直流侧断路器不跳闸。

充电器下口和充电器直流侧断路器之间短路：由于蓄电池和非故障侧充电器提供的短路电流，使故障侧的充电器的直流侧断路器跳闸，而蓄电池进线熔断器不分断。

充电器交流侧短路：充电器 380 V 交流母线侧断路器瞬时跳闸。

充电器故障：充电器自动关断。

（4）操作步骤

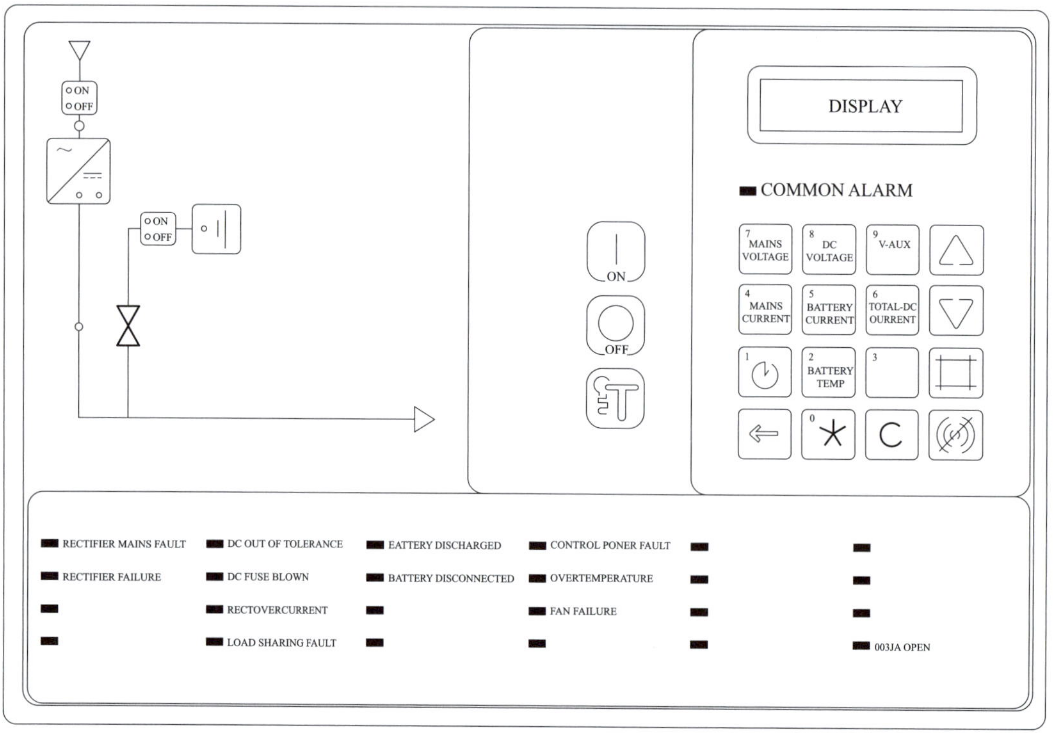

图 352-02-14-01　充电器显示单元

启动 UPS：

送上电源，显示器显示；

10 s 后显示；

按前盘开机按钮 S1，显示；

闭合蓄电池回路，在显示器中检查电池电压，按“8”键；

在显示器中检查输出电压在范围内，按“9”键；

送上旁路电源，等待 10 s 后按键，直至报警 LED 指示消失。

停机：

切断旁路电源，同时按前盘上按键 S1《SYSTEM ON》（系统启动）和 S2《OFF》（关机）将系统关机，显示器显示；

断开蓄电池回路，断开主回路电源。

EAU/EAV 系统包括：

——一台逆变器；

——一台调压变压器；

——一台静态开关；

——调压变压器 380 V 交流侧断路器；

——装有进、出线断路器及监测装置的配电盘；

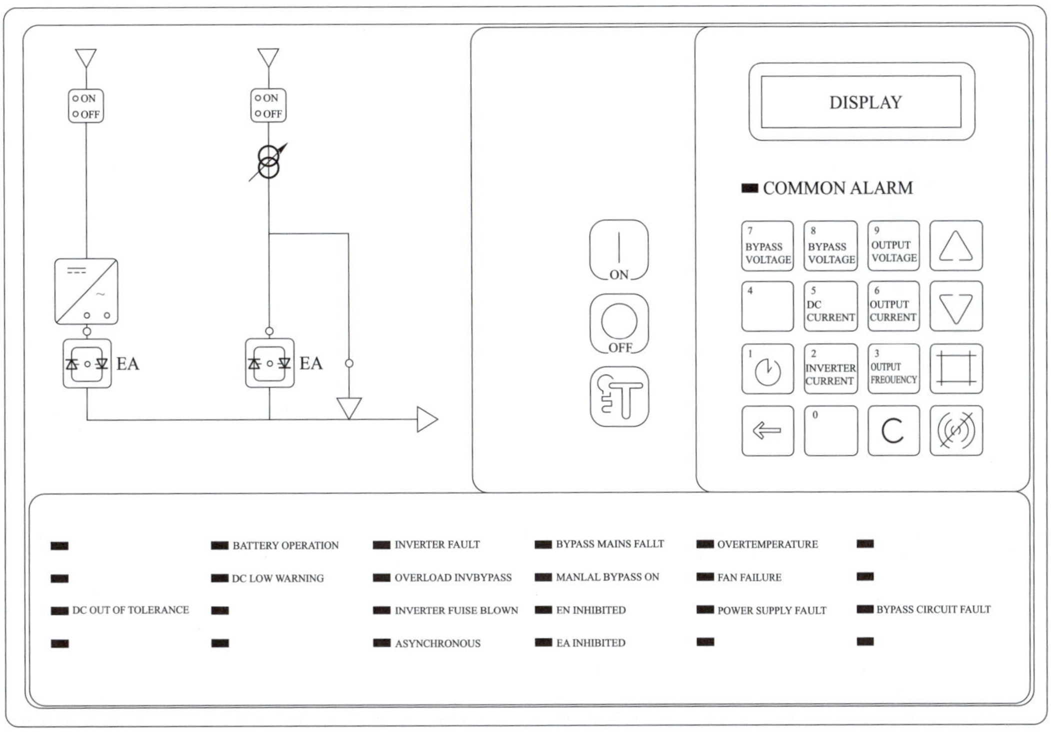

图 352-02-14-02　逆变器显示单元

——正常运行：

正常运行时，全部负荷由逆变器提供。逆变器的运行方式选择开关位于“逆变器和静态开关运行”的位置上。

——特殊稳态运行：

110 V 直流电源或逆变器故障，全部负荷将自动切换到备用调压变压器供电，调压变压器由 380 V 正常交流系统 ERE/ERD 供电。

——特殊瞬态运行：

EAU/EAV 系统输入的 220 V 直流电压突升、骤降或失去：

当逆变器直流输入电压在 87～147 V 范围内突变时，在 220 V 交流配电柜内的输入电压的瞬态变化不超过 220 V 的±4%。

图 352-02-14-03 是 ETE、EAU 供电关系图，ETF、EAV 的供电关系与之类似。

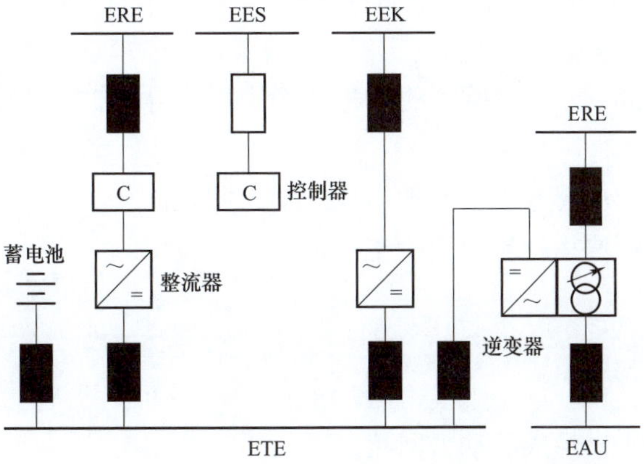

图 352-02-14-03　ETE、EAU 供电关系图

14.1.6 指标与参数

（1） 蓄电池：蓄电池为固定型防酸式铅蓄电池

特性参数	ETE		ETF	
设备编号	001BT		001BT	
型号	GFD（OPzS）—2500		GFD（OPzS）—2500	
额定电压（V）	220		220	
电池数量	210		210	
容量	2500		2500	
	单个蓄电池	蓄电池组	单个蓄电池	蓄电池组
再充/均衡充电电压调节范围（V）	2.28	239.4	2.28	239.4
浮充电压调节范围（V）	2.23	234.2	2.23	234.2
放电开始电压	2.00	210.0	2.00	210.0
放电终止电压（V）	1.86	183.8	1.86	183.8
充电末期，20 ℃时，电解液在最高液位时的密度（kg/L）	1.24±0.01		1.24±0.01	

（2） 蓄电池充电器：

充电器安装在强迫空气冷却的机柜中，电流通过由二极管和可控硅组成的静态桥式整流器整流，功率半导体由高分断能力的快速熔断器保护，充电器装有限流保护，防止充电器过热及部件损坏。

特性参数	ETE	ETF
设备编号	001RD 和 002RD	001RD 和 002RD
电压调节范围： 浮充电 再充/均衡充电 手动充电（V）	至少±5% 至少±5% 0～286.7	至少±5% 至少±5% 0～286.7
手动充电方式下蓄电池过电流整定值（A）	$0.03C_{10}$	$0.03C_{10}$

（3）逆变器和调压变压器

逆变器和调压变压器安装在柜子内。其布置应便于检查和维修操作。逆变器和调压变压器为强迫风冷。

调压变压器是从 380 V 50 Hz 交流网络的两相经降压直接得到 220 V 50 Hz 的单相交流备用电源。

每台逆变器包括：

——一个主要由变压器、电感及功率元件组成的动力回路；

——用于逆变器控制和程序运行的的印刷电路板和电子模块；

——静态开关；

——仪表和控制部件。

调压变压器包括：

——一个主要由调压变压器组成的动力回路；

——调压装置；

——仪表和控制元件。

逆变器：

特性参数	EAU/EAV
设备编号	001DL/001DL
额定直流输入电压/V	220
交流输出电压/V	220±1%
频率/Hz	50±0.01%
谐波失真	≤3%

配电柜、断路器和开关测量仪表

设备编号：5ETE001TB；

低压配电盘为 MNS 型抽屉柜，主母线水平安装，经垂直分支母线与各断路器相连；

所有断路器都可以抽出并能锁定在抽出位置上；

出线断路器配有电磁脱扣器作为短路保护，并装有热脱扣器作为过载保护；

断路器具有位置指示器指示它的分合闸状态；

配电盘上装有电压表和电流表指示母线电压和电流。

母线

特性参数	ETE/ETF
额定电压/V	220（单相直流）
电压范围/V	176～242
纹波系数（峰-峰值）	≤3%
额定绝缘电压/V	500

特性参数	EAU/EAV
额定电压/V	220（交流）
额定频率/Hz	50
额定绝缘电压/V	500

蓄电池进线熔断器开关

特性参数	ETE/ETF
设备编号	005JA
额定电压/V	220

充电器直流侧断路器

特性参数	5ETE
设备编号	003JA 和 004JA
额定电压/V	220

出线断路器

特性参数	ETE/ETF
设备编号	008JA 和 009JA
额定电压/V	220

蓄电池放电试验断路器

特性参数	ETE/ETF
设备编号	006JA
额定电压/V	220

充电器交流侧断路器

特性参数	ETE/ETF
设备编号	001JA 和 002JA
额定电压/V	AC 380

14.1.7 维修技术要求

定期运行试验

正确的对蓄电池进行浮充时，可使蓄电池更好的保有其容量，但在运行几年后，极板的硫化作用等会引起一些容量的损失，蓄电池的容量也可能因蓄电池内部损坏或充电器的不正确运行而受到严重影响。因此，要求监测系统应在蓄电池故障之前探测出它的性能开始劣化，以及检查蓄电池充电器的正确运行。

蓄电池在核电厂安全方面起着重要的作用，但由于缺乏对可靠运行的充电状态进行检查的手段，所以制造厂应在其运行维修手册中提供一套用于检验蓄电池组运行能力的方法。为此，在例行停堆期间要进行蓄电池组的放电试验，以检查蓄电池组的容量。

蓄电池放电试验如下：

——以 10 h 或 5 h 放电率放电；

——放电终止电压不低于最小允许值（1.80 × 电池数）。

如经 10 h 或 5 h 放电后，蓄电池组端电压仍不低于最小允许值，则认为该蓄电池组是合格的。

除对蓄电池组端电压进行测量外，为了探测出可能有缺陷的单个蓄电池，还应分别测量所有的单个蓄电池的电压。然后继续以相同的放电率进行放电试验，直到最小终止电压，以便确定实有的安全裕度，绘制放电曲线和探测有缺陷的单个蓄电池。

其他检查

其他检查包括：

——检查充电器浮充电压（为了检验充电器的运行）；

——检查单个蓄电池的电解液液位，需要时补充电解液；

——检查单个蓄电池的浮充电压；

——对蓄电池组进行均衡充电以活化极板材料。

（1）预防性维修项目

表 352-02-14-01 设备名称预防修性维修项目

项目名称	项目周期
直流配电盘定期检查	R2
充电器定期检查	R2
蓄电池组月度检查	M1
蓄电池年度充放电试验	R2
直流配电盘定期检查	R4
交流不间断电源配电柜定期检查	R4

（2）检修主要内容

1）核岛直流配电柜定期维护

主要检修条目包含：

——检查、清洁开关；

——紧固端子；

——检查、润滑机械结构；

——检查开关通断；

——检查指示灯；

——检查断路器触点；

——检查、测量一二次插件；

——校验断路器功能。

2）核岛充电器定期维护

——清洁检查充电器本体；

——更换厂家推荐的有关元器件；

——执行充电器试验；

——执行充电器运行检查。

3）核岛铅酸蓄电池组定期维护

——记录蓄电池室室温，检查蓄电池的外观、清洁度及结构的完整性；

——检查蓄电池有无意外接地；

——检查蓄电池有无裂缝或电解液的渗漏情况；

——记录充电器的输出电流和电压，检查并记录蓄电池组电压和电流。

4）蓄电池 ETE 001BT 放电

——进行放电试验前准备；

——执行蓄电池组放电试验；

——执行蓄电池组再充电。

5）核岛直流系统二次监控小室定期维护

——检查、清洁开关；

——紧固端子；

——检查、润滑机械结构；

——检查开关通断；

——检查断路器触点；

——检查、测量一二次插件；
——检查电缆及测试绝缘。
6）核岛 220 V 交流不间断电源配电柜定期维护
——检查、清洁配电柜；
——紧固端子；
——检查、润滑机械结构；
——检查开关通断；
——检查指示灯；
——检查断路器触点；
——检查一二次插件、测量一次接插件触头间距；
——检查电缆及测试绝缘；
——校验断路器功能；
——检查电流、电压阈值（Q）；
——接地故障探测器检查（Q）。

14.1.8 质量管理

表 352-02-14-02 质量管理

项目名称	质量管控点
直流配电盘定期检查	配电盘清扫后检查

14.1.9 技术规程清单

表 352-02-14-03 技术规程清单

序号	规程名称
1	核岛直流配电柜定期维护
2	核岛充电器定期维护
3	核岛铅酸蓄电池组定期维护
4	蓄电池 ETE001BT 放电
5	核岛直流系统二次监控小室定期维护
6	核岛 220 V 交流不间断电源配电柜定期维护

14.1.10 经验反馈

表 352-02-14-04 经验反馈

故障特征	可能原因
充电器故障	充电器输入、输出电压超出正常工作范围
	内部故障
蓄电池熔断器熔断	ETE001TB/ETF001TB 直流母线短路

14.2 “华龙一号”QFSN—1200-4-24 型汽轮发电机技术要求

14.2.1 概述

主发电机由发电机本体，轴电流测量装置，局部放电检测系统及定子线圈端部和引出线振动检测系统组成。其功能为接受汽轮机端传递的动力，将机械能转化为电能，并监测发电机转子轴电流、定子局部放电现象及线圈端部和引出线振动情况，确保发电机本体安全运行。

14.2.2 引用文件

[1]《发电机定子铁芯磁化试验导则》(GB/T 20835—2016).

[2]《电力设备预防性试验规程》(DL/T 596—2005).

[3]《发电机运行和维护手册-发电机描述》(Q-CEDCA—000001-1).

[4]《发电机运行和维护手册-发电机维护》(Q-CEDCA—000001-2).

14.2.3 结构原理

同步发电机是利用电磁感应原理将机械能转换成电能的设备。同步发电机可分为定子和转子两大部分，定子部分主要由定子铁芯和绕组组成，定子绕组分为 A、B、C 三相；转子部分由转子铁芯和绕组组成，绕组通以直流电，建立转子磁场。转子由原动机（如汽轮机）带动旋转产生旋转磁场，定子绕组切割转子磁场，在定子绕组上感应出电动势。当定子绕组接通用电设备时，定子绕组中即产生三相交流电流，发出电能。

“华龙一号”主发电机型号为 QFSN—1200-4-24 型汽轮发电机，如图 352-02-14-04 所示，其代表含义为：QF—汽轮机拖动的发电机；S：定子绕组水内冷；N：转子绕组氢气内冷；1200：1200 MW；4：极数为 4，既极对数为 2，额定转速为 1500 r/min；24：发电机额定电压为 24 kV。发电机冷却方式为水-氢-氢，转子线圈直接氢冷（气隙取气方式）和定子铁心氢冷。发电机采用密闭循环通风冷却，机座内部的氢气由装于转子两端的轴流式风扇驱动。其主要特点如下：

——采用整体机座布置方式，冷却器布置在发电机机座两端的顶部；

——采用汽励端对称的闭式循环全径向通风系统，由位于转轴两端的单级轴流式风扇驱动；

——定子线圈 2 支路并联，星形连接，共 6 个出线从励端底部引出；

——采用端盖式椭圆瓦轴承；

——采用双流环式油密封系统；

——采用机端变静止可控硅励磁方式。

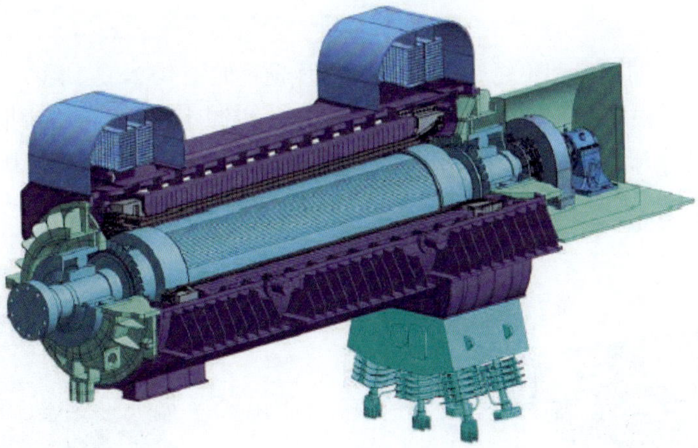

图 352-02-14-04 QFSN—1200-4-24 型汽轮发电机

定子机座：

机座是由高强度优质合金钢板组焊成的壳体结构，为整体式机座，具有足够的强度和刚度，用以支承定子铁芯和定子线圈，并构成特定的冷却气体流道。机座作为氢气的密闭容器，能承受机内意外氢气爆炸产生的冲击。机座两端顶部有可拆卸的冷却器包，励端底部为出线罩，机座两侧为底脚和可拆式吊攀。其作用是支承定子铁心和定子线圈。

发电机采用密闭循环通风冷却，机座内部的氢气由装于转子两端的轴流式风扇驱动。定子基座作为冷却风路的外壳，在转子风扇驱动和定子内部导向装置的基础上构成单风区全径向出风冷却，氢气经氢气冷却器冷却，带走发电机内部产生的热量，风路如图 352-02-14-05 所示：

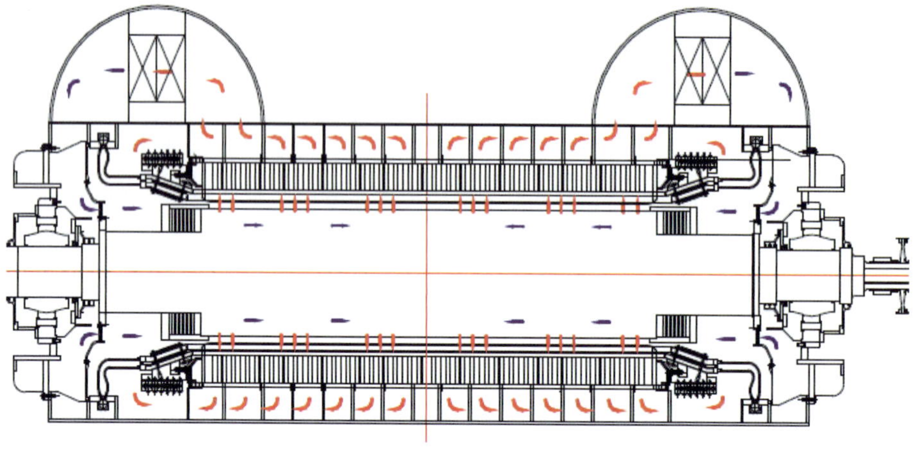

图 352-02-14-05　发电机风路图

定子铁芯：

定子铁芯（见图 352-02-14-06）的作用是形成发电机主磁通的磁路，同时支撑和固定定子线圈。为减少损耗，定子铁芯采用由高导磁、低损耗的冷轧硅钢片冲制的扇形片层层交错叠装而成，扇形片两面刷涂有绝缘漆，各片之间通过涂刷绝缘漆彼此绝缘。定子铁芯用径向通风槽钢隔成多段，段间形成流通氢气的风道，以保证定子铁芯的良好冷却。在定子机座的内圆上均匀布置有定位筋，定子冲片外圆开有鸽尾槽，定子冲片叠装时，利用定位筋的鸽尾进行定位，叠装完成后整个铁芯固定在定位筋上。铁芯两端设有钢制压圈，通过定位筋两端头的紧固螺母对压圈施加压力，压力再通过压圈内侧的齿压板传递到铁芯轭部及齿部将铁芯压紧。另外，边端铁芯冲片涂粘接胶，使铁芯粘结成一个整体，进一步提高边端铁芯的刚度。。

定子线棒：

定子线棒由多根实心铜扁线和不锈钢空心线编织而成，如图 352-02-14-07 所示，股线之间彼此绝缘以减小涡流损耗，且每根股线还进行 540° 罗贝尔换位，以减小环流产生的附加损耗。定子冷却水经不锈钢空心线带走损耗冷却线棒。定子线棒的主绝缘为少胶云母带，采用真空压力浸渍（VPI）工艺制造，绝缘等级为 F 级。

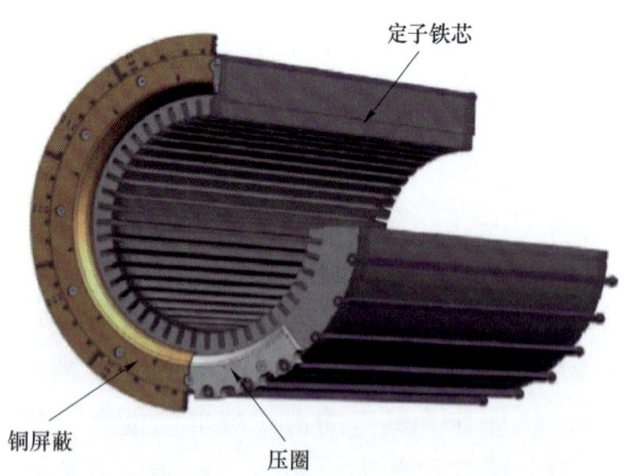

图 352-02-14-06　发电机定子铁芯结构

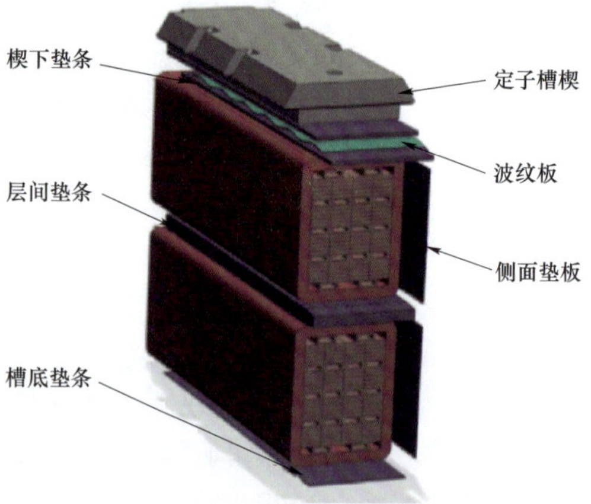

图 352-02-14-07　发电机定子线棒结构

定子引线及出线：

定子线圈通过环形引线连接之后，再通过上、下半过渡引线、出线套管从发电机底部引出，如图 352-02-14-08 所示，其中 3 个出线套管为出线端，与封闭母线相连；另外 3 个为中性端，通过短路排短接后，经过中性点接地柜接地。各出线套管上均装有电流互感器供测量和保护用，电流互感器二次侧信号接至就地端子箱。

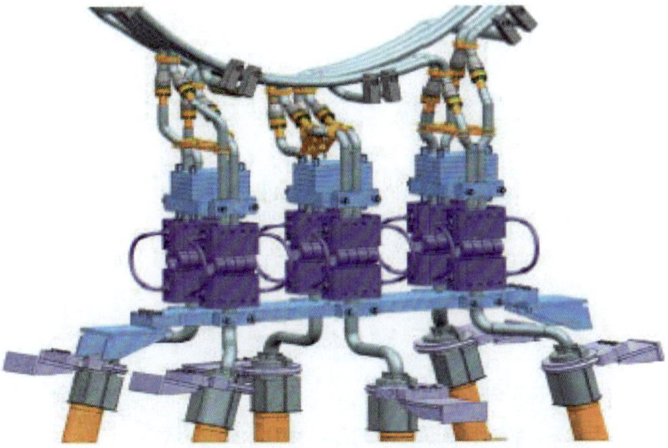

图 352-02-14-08　发电机定子出线结构

环形引线和上、下半过渡引线均采用空心铜管制成，表面包绝缘。上、下半过渡引线之间的电路通过软铜排连接，水路通过绝缘引水管进行连接。环形引线用压板和螺杆固定在锥环外圆，下半过渡引线通过绝缘夹板固定在出线罩内。

出线套管的上部与下半过渡引线连接；下部伸出出线罩外，安装哈佛金具用于与封闭母线和短路排连接，出线套管上下两端头导电接触面均镀银以提高导电性能。出线套管与出线罩把合面间设置密封条以密封机内氢气。

端盖、轴承和油密封：

发电机端盖、轴承和油密封如图 352-02-14-09 所示。

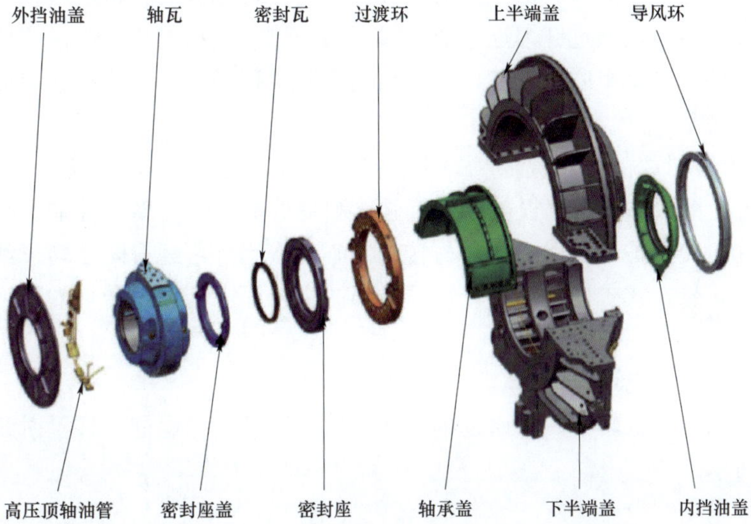

图 352-02-14-09　发电机端盖、轴承和油密封结构

端盖既是发电机外壳的一部分，又是轴承座用于支撑转子，同时还支撑油密封、挡油盖等部件。端盖与机座的配合面及上、下半间的水平合缝面上开有密封槽，槽内填充密封胶，确保机内氢气不发

生泄漏。沿水平方向分为上下两半，由厚钢板焊接而成，整周布置径向筋板，确保有足够的强度和刚度以支撑转子，同时承受机内氢气甚至氢爆产生的压力。

轴瓦位于端盖内部，为上下分半椭圆瓦。轴瓦与轴承座（端盖）的配合面为球面，使轴瓦可以根据转子挠度自动调节轴心。励端轴瓦设有对地绝缘以防轴电流损伤轴颈和轴承内表面。对地绝缘为双层镶块式结构，可在运行时检测绝缘电阻。

油密封采用双流环式，密封油分为氢侧和空侧，各自通过端盖、过渡环、密封座和密封瓦上加工的沟槽进入密封瓦内圆与转轴接触的间隙，分别向氢侧（机内侧）和空侧（机外侧）流出。密封油的压力大于机内氢压，在密封瓦与转轴间的间隙处形成压力油膜，防止氢气从机内泄漏，同时防止机外空气进入机内。

发电机转子：

发电机转子结构如图 352-02-14-10 所示。

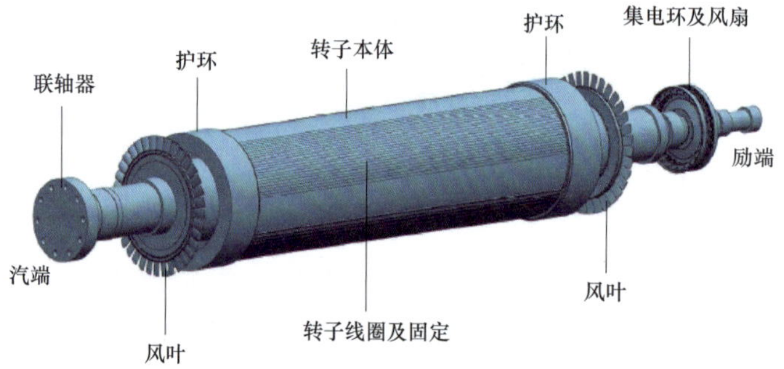

图 352-02-14-10 发电机转子结构

转轴由高强度、高磁导率的合金钢锻件加工而成，具有传递功率、承受事故状态下的扭矩、承受高速旋转产生的离心力的能力。转轴汽端通过联轴器和汽轮机转子连接，励端通过集电环电刷连接励磁系统。转子绕组采用具有良好的导电性能、机械性能和抗蠕变性能的含银铜线制成。转子绕组采用具有良好的导电性能、机械性能和抗蠕变性能的含银铜线制成。另外，转子磁极（大齿）表面还加工有浅槽用以容纳阻尼绕组。

整个转子绕组通过多匝线圈串联形成。每匝线圈由两根对称分布在极心线两侧槽内的扁铜线、汽端和励端的端部铜线及转角块通过钎焊连接成整圈。同一槽（包括对称槽）的多匝线圈组合成一组，组与组之间通过励端的连接块串联在一起，不同极的线圈组再通过极间连接线串联起来，最后形成完整的转子绕组。

护环承受转子线圈端部的巨大离心力，是整个发电机承受机械应力最大的部件。护环材料为 Mn18Cr18 非磁性合金钢锻件，具有很高的机械强度和良好的耐应力腐蚀性能。护环另一端热套在中心环上，中心环除起着支撑护环和保持护环与转轴同心的作用外，还有防止转子线圈端部轴向位移的作用。当转子旋转时，悬挂式护环结构使转轴与护环的搭接面不会由于转轴的挠度受到交变应力作用而损伤。

转子引线、导电杆和集电环：

转子励磁电流经碳刷引入转子后，通过集电环、导电螺钉、导电杆、转子引线传导给转子线圈，如图 352-02-14-11 所示。

导电杆位于转轴励端的中心孔内，一端与本体侧导电螺钉连接，另一端与集电环侧导电螺钉连接。导电杆由两根半圆形截面的铜棒组成，上下两半导电杆之间用绝缘垫板隔开，并用绝缘筒与转轴之间构成对地绝缘。导电杆设置轴向柔性连接结构，允许导电杆在转子电流变化时可以在轴向自由伸缩。导电杆与集电环间通过铜合金制成的导电螺钉相连，导电螺钉与转轴之间有密封结构以防漏氢。

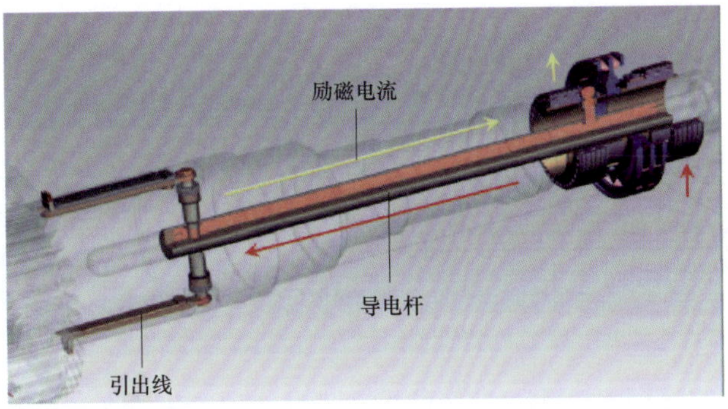

图 352-02-14-11 发电机转子导电杆

集电环用耐磨合金钢锻件制成，结构如图 352-02-14-12 所示，与转轴采用热套装配，在集电环与转轴之间设有绝缘套筒。集电环上加工有轴向和径向通风孔以形成冷却风路，表面的螺旋沟可以保证电刷与集电环间接触良好，使电刷之间的电流分配均匀。两个集电环间设有离心式风扇对集电环及电刷进行强迫冷却，并防止碳粉堆积。

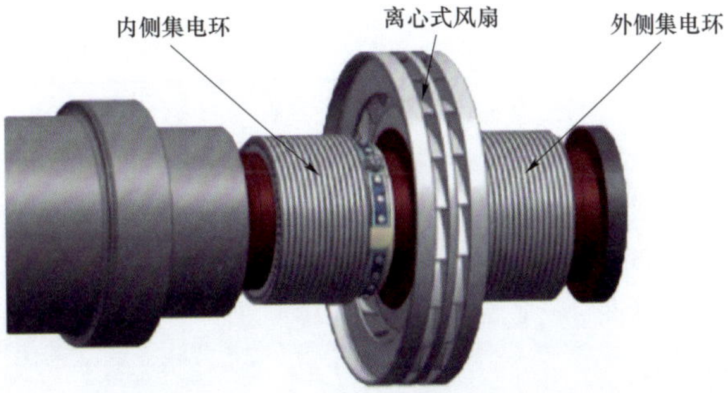

图 352-02-14-12 发电机集电环结构

电刷及刷握：

电刷，如图 352-02-14-13 所示，是将励磁电流从刷架通入高速旋转的转子的滑动接触部件。电刷采用天然石墨材料烧结制成，具有良好的导电性、较低的磨擦系数和一定的自润滑性能。多个电刷组合在一起装配在一个盒式刷握中，以便在运行时能安全、迅速地更换电刷。刷握上的卷绕弹簧恒定地将压力施加在电刷上。

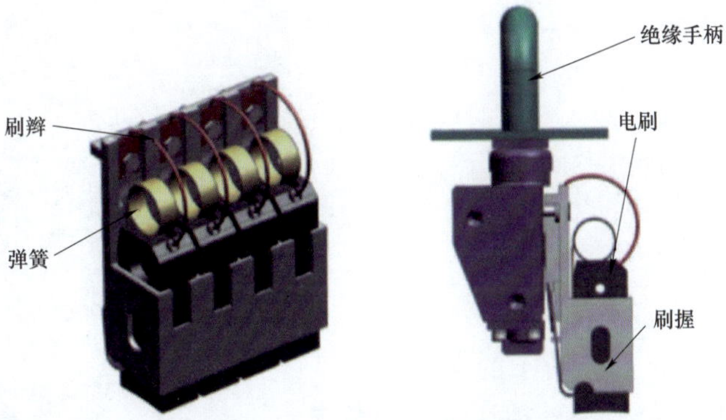

图 352-02-14-13 发电机碳刷结构

发电机运行监测

发电机测温：

为确保发电机的安全运行，机内各相关部位埋设了测温元件以实时监测温度，防止发生局部过热损害发电机。

所有测温元件连接到机座上的航空插座引出机外，并接至就地测温端子箱。

具体埋设部位及点数见表 352-02-14-05：

表 352-02-14-05　具体埋设部位及点数

序号	测温部位	数量	测温元件
1	定子线棒层间	48	双支三线制 RTD
2	定子线棒出水	96	单支三线制 RTD，上、下层线棒各 48 个
3	定子铁芯	12	单支三线制 RTD，汽、励端各 6 个
4	铜屏蔽	6	单支三线制 RTD，汽、励端各 3 个
5	汽、励端进出氢温	8	双支三线制 RTD，汽、励端各 4 个
6	环形引线出水	3	单支三线制 RTD
7	定子出线出水	6	单支三线制 RTD
8	中性点短路排出水	1	单支三线制 RTD
9	集电环进出风温	2	双支三线制 RTD，冷、热风各 1 个

轴承测温及测振：

汽、励端轴承都装有如下测温元件

——1 个测量轴承回油温度的热电偶；

——2 个测量轴瓦温度的热电偶。

稳定轴承装有如下测温元件：

——1 个测量轴承回油温度的热电偶；

——1 个测量轴瓦温度的热电偶。

汽、励端轴承都装有如下测振元件

——2 个轴承振动加速度传感器：1 个水平方向，1 个垂直方向；

——2 个非接触式转轴振动位移传感器：1 个水平方向，1 个垂直方向。

定子端部及过渡引线测振：

定子端部绕组及过渡引线共配有 18 个光纤式振动传感器，其中汽、励端端部绕组各 6 个，过渡引线处 6 个。

转子绕组匝间短路探测：

转子绕组匝间短路探测通过伸入气隙的线圈感应气隙磁通的变化来实现。探测器通过密封法兰插入机座内，穿过铁芯的通风道到达气隙并通过卡套固定，保持探测器头部到转子表面的距离不变。

转子接地及轴电压、轴电流测量：

发电机在汽、励端设置有搭接转子的铜辫，参见图 352-02-14-14。在发电机汽、励端外挡油盖上安装支架，支架与外挡油盖间设有绝缘。铜辫一端固定在支架上，另一端搭接在转轴上，与转轴保持良好接触。汽端铜辫通过接地电缆与发电机接地点相连，将转子接地。接地电缆上安装电流变送装置用于测量轴电流。轴电压通过励端铜辫进行测量。

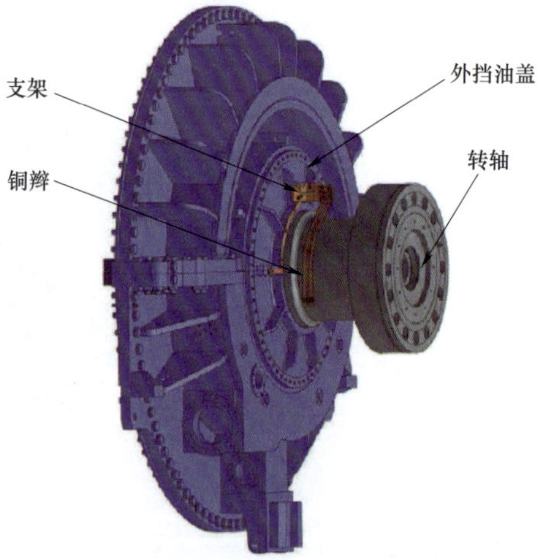

图 352-02-14-14　转子接地铜辫及轴电流测量

发电机局部放电监测：

在发电机出线端每一相和中性点上各安装一个电容耦合器，通过局部放电监测系统来在线监测定子绕组局部放电。系统由高压电容耦合传感器、信号采集单元、后台计算机、专用分析软件 RPDM-100F 组成。

14.2.4 指标与参数

表 352-02-14-06 发电机基本数据表

序号	名称	单位	设计值	保证值	备注
1	规格型号				
	发电机型号	QFSN—1200-4-24			
	额定容量 S_n	MVA	1333.3		
	额定功率 P_n	MWe	1200		
	最大连续输出功率 P_{max}	MWe	与汽轮机匹配		
	最大连续容量 S_{max}	MVA	与汽轮机匹配		
	氢压（汽轮机额定条件）	MPa（g）	0.4		
	进口水温（额定条件，冷却器进口）	℃	最高 38		
	额定功率因数 $\cos\phi_n$		0.9		
	定子额定电压 U_n	kV	24		
	定子额定电流 I_n	A	32 075		
	额定频率 f_n	Hz	50		
	额定转速 N_n	r/min	1500		
	额定励磁电压 U_{fn}	V	505		按 100 ℃
	额定励磁电流 I_{fn}	A	6381		
	空载励磁电流 I_{f0}	A	2203		
	定子线圈接线方式	YY			
	冷却方式	水氢氢			
	励磁方式	静态励磁			
	通风方式	闭式循环通风			
2	参数性能				
	定子每相直流电阻/75 ℃	Ω	0.001 395		
	转子线圈直流电阻/75 ℃	Ω	0.072 929		
	定子每相对地电容	μf			
	A 相	μf	0.41		
	B 相	μf	0.41		
	C 相	μf	0.41		
	转子线圈自感 L	H	0.62		
	直轴同步电抗 Xd	%	200.58		
	横轴同步电抗 Xq	%	198.92		
	直轴瞬变电抗（不饱和值）X′du	%	41.85		
	直轴瞬变电抗（饱和值）X′d	%	36.83		

续表

序号	名称	单位	设计值	保证值	备注
	横轴瞬变电抗（不饱和值）X′qu	%	43.56		
	横轴瞬变电抗（饱和值）X′q	%	38.33		
	直轴超瞬变电抗（不饱和值）X″du	%	25.16		
	直轴超瞬变电抗（饱和值）X″d	%	23.14		
	横轴超瞬变电抗（不饱和值）X″qu	%	25.16		
	横轴超瞬变电抗（饱和值）X″q	%	23.14		
	负序电抗（不饱和值）X2u	%	28.70		
	负序电抗（饱和值）X2	%	26.40		
	零序电抗（不饱和值）X0u	%	14.70		
	零序电抗（饱和值）X0	%	13.96		
	直轴开路瞬变时间常数 *T*′do	s	11.52		
	横轴开路瞬变时间常数 *T*′qo	s	1.28		
	直轴短路瞬变时间常数 *T*′d	s	2.40		
	横轴短路瞬变时间常数 *T*′q	s	0.28		
	直轴开路超瞬变时间常数 *T*″do	s	0.075		
	横轴开路超瞬变时间常数 *T*″qo	s	0.061		
	直轴短路超瞬变时间常数 *T*″d	s	0.045		
2	横轴短路超瞬变时间常数 *T*″q	s	0.035		
	灭磁时间常数 T_{dm}	s	不适用		
	转动惯量 GD2	kg·m^2	427 500		
	短路比 SCR		0.542	≥0.5	
	稳态负序电流 I_2	%	5		
	暂态负序电流能力 $I_2 2t$	s	5		
	允许频率偏差		−3%～+1%		*U*/f≤1.05
	允许定子电压偏差	±%	5		
	强迫停机率	%	<0.5		
	进相运行能力		额定功率，功率因数 0.95（超前）		
	进相运行时间		长期		
	总谐波因数 THF	%	<1.5		
	电话谐波因数 THD	%	<5		
	电压波形正弦畸变率 K_u	%	<5		
	三相短路稳态电流	%	141.2		
	相-中性点	%	467.3		
	相-相	%	329.4		
	3 相	%	326.5		
	相-中性点	%	541.2		

续表

序号	名称	单位	设计值	保证值	备注
	相-相	%	400.5		
	3 相	%	495.1		
	相-相短路最大电磁转矩	t*m	5999.8		
3	振动相关值				
	临界转速（一阶）	r/min	921.5		
	临界转速（二阶）	r/min	2 343		
	临界转速（三阶）	r/min	NA		
	临界转速轴承振动值	mm			
	垂直	mm	≤0.15	≤0.15	
	水平	mm	≤0.15	≤0.15	
	轴向	mm	NA	NA	
	临界转速轴的振动值	mm		≤0.32	
	垂直	mm	≤0.32		
	水平	mm	≤0.32	≤0.32	
	轴向	mm	NA	NA	
	超速时轴承振动值	mm			
	垂直	mm	≤0.15	≤0.15	
	水平	mm	≤0.15	≤0.15	
	轴向	mm	NA	NA	
	超速时轴振动值	mm			
	垂直	mm	≤0.32	≤0.32	
	水平	mm	≤0.32	≤0.32	
	轴向	mm	NA	NA	
	额定转速轴振动值				
	垂直	mm	≤0.10	≤0.10	
	水平	mm	≤0.10	≤0.10	
	轴向	mm	NA	NA	
	额定转速时轴承振动值				
	垂直	mm	≤0.05	≤0.05	
	水平		≤0.05	≤0.05	
	轴向		NA	NA	
	定子线圈端部振动频率 fz	Hz	100 Hz 的±10%以外		
	定子线圈端部振动幅值	mm	0.15	0.18	
	噪声	dB（A）	85	85	
4	损耗和效率（额定条件下）				
	定子线圈铜耗 Qcu1	kW	4304		
	定子铁耗 QFe	kW	878		
	励磁损耗 Qcu2	kW	3139		
	转子线圈损耗（I2R）Q'cu2	kW	2982		含于励磁损耗

续表

序号	名称	单位	设计值	保证值	备注
	短路附加损耗 Qkd	kW	2155		
	机械损耗 Qm	kW	1455		
	通风损耗 Qv	kW	262		含于机械损耗
	轴承摩擦损耗 Qs	kW	757		含于机械损耗
	转子风摩损耗 Qf	kW	436		含于机械损耗
	总损耗ΣQ	kW	11 932		
	满载效率η（按照国标 GB7064）	%	99.01	≥98.95	
5	绝缘等级和温度				
	定子线圈绝缘等级	F	F		
	额定负荷时定子线圈出水温度	℃	≤90	≤90	
	额定负荷时定子线圈层间温度	℃	≤90	≤90	
	定子铁芯绝缘等级		F		
	额定负荷时定子铁芯最高点温度	℃	≤120	≤120	
	额定负荷时定子端部结构温度	℃	≤130	≤130	
	转子线圈绝缘等级		F		
	额定负荷时转子线圈平均温度	℃	≤120	≤120	
	额定负荷时转子线圈最高点温度	℃	≤120	≤120	
	集电环温度	℃	≤120	≤120	
	发电机进口风温	℃	≤46		氢冷器出口
	发电机出口风温	℃	≤72		氢冷器入口
6	冷却介质压力、流量和温度				
	① 定子水冷却器				
	定子冷却水流量	t/h	190		
	冷却器容量	%	100		
	定子冷却水进口水温	℃	42±3		
	定子线棒冷却水出口水温	℃	70.7		
	定子冷却水电导率	μS/cm	≤0.2		
	定子冷却水压力 P	MPa（g）	0.24		
	气体冷却器堵管率		不适用		
	② 氢气冷却器				
	数量	个	4		
	每台冷却器容量	%	25		
	一台冷却器退出运行后发电机出力	MVA	67%额定容量		
	冷却器进水温度	℃	≤38		
	冷却器出水温度	℃	≤45		
	冷却器冷却水流量	t/h	800		
	额定条件下发电机进口氢气温度	℃	≤72		
	额定条件下发电机出口氢气温度	℃	≤46		

续表

序号	名称	单位	设计值	保证值	备注
	额定氢压	MPa（g）	0.4		
	最高允许氢压	MPa（g）	0.45		
	发电机容积	m^3	140		
	发电机氢气干燥器		吸附式氢气干燥器		
	③ 密封油系统				
	润滑油及密封牌号		与汽轮机一致		
	轴承润滑油进口温度	℃	45		
	轴承润滑油出口温度	℃	≤65		
	轴承润滑油流量	L/min	2×1400		
	密封瓦进油温度	℃	45		
	密封瓦出油温度	℃	≤65		
	密封瓦油量 氢侧 空侧	L/min	2×16 2×110		
	密封瓦温度	℃	NA		
7	主要尺寸和电磁负荷				
	定子铁芯内径 *D*o	mm	2152		
	定子铁芯外径 *D*a	mm	3300		
	定子铁芯长度 *L*1	mm	7750		
	气隙（单边）δ	mm	100		
	定子槽数 *Z*1		48		
	定子绕组并联支路数 *a*1		2		
	定子线圈尺寸				
	空心 $m\times h$-壁厚	mm	10.1×4-1		
	实心 $m\times h$	mm	10.3×1.7		
	每槽线圈股数				
	空心 n		32		
	实心 n		160		
	定子电流密度 J1	A/mm2	11.73		
	定子线负荷 As1	A/cm	2277		
	定子槽主绝缘单边厚度	mm	5.6		
	定子总重量	t	453		
	定子运输重量	t	460		
	定子运输尺寸 $L\times W\times H$	mm	12 600×5850×5100		
	转子外径 *D*2	mm	1952		
	转子本体有效长度	mm	7900		
	转子运输长度 *L*2	mm	18 100（包装）		
	转子槽数		48		

续表

序号	名称	单位	设计值	保证值	备注
	转子槽尺寸 $m \times h$	mm	47 × 231.5		
	转子每槽线匝数		7（1 号槽 6）		
	每匝铜线尺寸 $m \times h$	mm	44.2 × 24		
	转子电流密度 $J2$	A/mm2	7.26		
	转子槽绝缘单边厚度	mm	1.2		
	气隙磁密 B_s（额定）	Gs	10 860		
	转子匝间绝缘厚度	mm	0.52		
	护环直径 D_k	mm	2 034		
	护环长度 L_k	mm	765		
8	主要材质和应力				
	定子硅钢片型号		35Q155		
	硅钢片厚度	mm	0.35		
	定子铜线型号		无氧铜		
	转轴材料型号		25Cr2Ni4MoV		
	转轴材料脆性转变温 FATT	℃	0		
	转轴屈服极限 σ0.2	N/mm2	650（拖动端）/550（非拖动端）		
	转轴安全系数 X		2		
	转子铜线型号		含银铜		
	转子铜线屈服极限 σs	N/mm2	≥120		
	护环材质型号		Mn18Cr18		
	护环屈服极限 σ0.2	N/mm2	≥950		
	护环安全系数 K		1.5		
	转子槽锲材质型号		铜合金		
	集电环材料		50 Mn		
	碳刷材料		石墨		
	定子冷却水系统密封材料		聚四氟乙烯		
9	发电机总体尺寸				
	总长度	m	19.1		包括隔音罩
	宽度	m	5.84		包括吊攀
	高度	m	5.72		运行层至发电机顶部

14.2.5 维修技术要求

（1）预防性维修项目

表 352-02-14-07 预防修性维修项目

序号	项目名称	项目周期（1 C 为 1 个燃料循环）
定子部分		
1	定子外观检查和清洁	大修前后

续表

序号	项目名称	项目周期（1 C 为 1 个燃料循环）
2	定子铁芯损耗试验	1）重新组装或更换、修理硅钢片后 2）首次大修或每 5 年 3）必要时
3	定子绕组的绝缘电阻和吸收比	1）1 个燃料周期或小修时 2）大修前后
4	定子绕组的直流电阻	1）1 个燃料周期或大修时 2）出口短路后
5	定子绕组泄漏电流和直流耐压试验	1）1 个燃料周期或小修时 2）大修前后 3）变更绕组后
6	定子绕组交流耐压试验	1）大修前 2）更换绕组后
转子部分		
7	转子外观检查和清洁	大修时
8	转子绝缘电阻测量	1）小修时 2）抽转子大修中转子清扫前后
9	转子直流电阻测量	抽转子大修时
10	转子绕组交流耐压试验	1）抽转子大修时 2）拆卸套箍后，局部维修内绝缘和更换绕组后
11	转子绕组交流阻抗和功率损耗试验	抽转子大修时
12	转子气密试验	抽转子大修时
13	碳刷检查	1）局部检查 2）小修期间 3）大修期间

（2）检修主要内容

1）定子外观检查和清洁

——定子铁芯：

外观检查铁芯背部；外观检查定位筋及其焊缝；外观检查铁芯内圆（转子抽出后），风道内有无油污。

——定子机座：

外观检查（机座、底板和外饰罩、焊缝、人孔和机壳的密封）；保持端盖、人孔等的把合面接触良好；检查有无漏油（检查机座外部有无油污；检查机内有无积液；清洁出线套管表面，并进行外观检查）。

——定子绕组：

定子绕组的维护包括外观检查，检查的目的是保证定子绕组无污染。

——定子出线：

外观检查出线套管及过渡引线等（检查氧化、破裂或过热现象），必要时相关部位重新刷镀银；外观检查过渡引线的楔紧情况；外观检查水路连接。

——氢气冷却器：

外观检查冷却器包是否清洁；外观检查管束气侧和翅片上是否有灰尘；拆卸并外观检查承管板；外观检查水箱；检查冷却器管道内有无腐蚀、锈蚀或结垢；外观检查阀门、进水管和回水管、排气、排水、漏水检测等管路；气密性检查。

——轴承和轴承装配：

外观检查管道；外观检查拆卸部件；外观检查端盖、轴承盖的紧固性；外观检查励端的绝缘；部件测试励端轴承，稳定轴承的绝缘电阻；外观检查巴氏合金；检查轴瓦尺寸和间隙；轴瓦的超声波测试；巴氏合金的着色渗透检查；外观检查润滑油和顶轴油的进油管和回油管；检查顶轴油压。

2）定子铁芯损耗试验

对铁芯施加额定励磁的4%磁通量，铁芯故障点即可产生故障电流，该电流微弱不会对铁芯造成实质性损伤和二次破坏，同时铁芯磁通也产生一个相电流。通过ELCID仪器的Chattock磁通探头扫面铁芯表面获取故障电流，故障电流和相电流存在相位差，检测系统可以将两个电流区分开，从而提取处故障电流。

3）定子绕组的绝缘电阻和吸收比

定子绕组绝缘电阻测量试验分为绕组水路排干和绕组水路有循环水的情况，两种情况却别在于绕组内部是否有循环水（定冷水系统处于运行中且水的导电率正常，发电机进口处的导电率小于0.2 μS/cm)，其他测量步骤无本质区别。定子绕组测量先对整个定子绕组（三相并联）的绝缘电阻测试，如果测得的绝缘电阻值小于上述值的 80%，则进行下述单相测试。

表 352-02-14-08　验收标准

条件	绝缘电阻	正常值	异常值
绕组水路排干	三相并联对地	≥75 MΩ	<60 MΩ
	单相对地	≥150 MΩ	<120 MΩ
绕组水路中有循环水（水泵不停运）且水导电率正常	三相并联对地	≥310 kΩ	<248 kΩ
	单相对地	≥620 kΩ	<496 kΩ

吸收比不合格的情况下执行极化指数测量。

4）定子绕组的直流电阻

——由于发电机定子线棒温度难以测量，建议在发电机定子进水工况下进行直流电阻测量，此时水温即可近似作为发电机定子线棒温度；

——使用直流电阻快速测试仪测量发电机定子直流电阻；

验收标准：

折算至同一温度下，相间差别不得大于最小值的 2%；每相与初始值（出厂或交接值）相比偏差不得大于 2%，如超出要求，则需查明原因。

5）定子绕组泄漏电流和直流耐压试验

——应该在停机后清理脏污前热状态下进行试验；

——发电机定子水流量为正常运行值，且电导率小于 2 μS/cm；

——发电机绕组绝缘值大于 1000 MΩ；

——试验电压按照每级 $0.5U_n$ 分阶段升高，每阶段停留 1 min，并记录没阶段的泄漏电流值；

验收标准：

——在规定试验电压下，各相泄漏电流的差别不应大于最小值的 100%；

——最大泄漏电流在 20 μA 以下者，相间差值与历次试验结果相比，不应有显著的变化；

——泄漏电流不随时间的延长而变化。

6）定子绕组交流耐压试验

——应该在停机后清理脏污前热状态下进行试验；

——发电机堂内要求氢浓度在小于3%或者大于96%条件下进行，严禁在气体置换过程中进行试验；

——发电机定子水流量为正常运行值，且电导率小于 2 μS/cm；

——发电机绕组绝缘值大于 1000 MΩ，直流耐压试验合格后方可进行本试验；

——试验电压为 39.2 kV：

验收标准：

无放电，无击穿。

7）转子外观检查和清洁

——风扇叶片：

外观检查叶片。

——护环：

外观检查护环，检查其总体状态并确保表面无锈蚀，可以利用拍摄护环外表面的显微照片对其进行彻底检查。

——转子表面和护环搭接部分：

检查转子表面和护环搭接部分有无过热现象（若转子未抽出则可使用内窥镜）；检查有无因电流引起的电弧灼伤痕迹。

——转子槽楔：

外观检查槽楔和通风孔（若转子未抽出则可使用内窥镜），检查通风孔是否有堵塞；转子绕组利用内窥镜或摄像头对护环下方的绕组和垫块进行外观检查；外观检查极间连接。

——接触面：

外观检查轴颈表面和油密封接触面是否有研伤、麻点或过热现象。

——汽端联轴器：

联轴器对接后，检查外观和尺寸。

——集电环及风扇：

外观检查集电环风扇；停机后检查集电环表面的粗糙度及圆周跳动，如有异常应及时处理；用干燥、清洁、无油的白布清理碳粉，清理碳刷和刷握之间的灰尘以及集电环各部件上的灰尘；定期更换集电环的极性（正、负极的磨损状态不同）；检查集电环绝缘筒周围的涂漆层状况，如有损坏，应清理表面并补涂。

8）转子绝缘电阻测量

用兆欧表在转子绕组（集电环处）和地间施加直流电压 UE＝2500 V。施加 UE，1 min 后，读取绝缘电阻。停止测量，然后将转子接地使转子绕组放电。

验收标准：转子绕组在 15～35 ℃的室温状态下，绝缘电阻值≥20 MΩ。

9）转子直流电阻测量

使用直流电阻快速测试仪测量，换算公式 R（75 ℃）＝（235＋75）/（235＋t）×Rt。Rt：为在 t 温度（℃）下所测绕组的直流电阻值（Ω）。T：测量时线圈温度（℃）。要求与初次（交接或大修）所测结果比较，其相互差别应不大于 2%。

10）转子绕组交流耐压试验

采用 2500 V 兆欧表测量绝缘电阻来代替交流耐压试验，试验时间 1 min。

11）绕组交流阻抗和功率损耗试验

——转子交流阻抗试验应在静止状态下膛外、膛内下分别测量，用于监控抽穿转子过程中对转子有无造成损伤；

——使用专用发电机交流阻抗测试仪，对转子绕组进行试验，确认调压器容量足够，发电机外壳可靠接地；

——试验进行中缓慢升降压，分别在升压状态：50 V、100 V、150 V、200 V，降压状态：200 V、150 V、100 V、50 V 时，读取各试验电压下对应的电流值（*I*）、功率值（*P*）和阻抗值（*Z*）。

验收标准：要求上述三个值与首次或交接对应值偏差小于 20%。

12）转子气密试验：

向发电机转子引线内测注入 0.8 MPa 的压缩空气，达到压力值后，将内螺纹球阀关闭。观察压力表压力，如在 6 h 内，最大压降小于 8%，则说明转子引线气密性良好，满足要求；若压降大于 8%，则需要对其进行检查（由于集电环和导电螺钉属于导电设备，此时检查不能使用肥皂水，如有需要可用无水酒精进行检漏）。

13）碳刷检查

——碳刷：

用红外热像仪检测碳刷温度分布，对温度异常的碳刷应检查碳刷在刷盒内有无摇动或卡住情形，碳刷在刷盒内应能上下活动，但不得有摇摆情形。检查碳刷磨损状况，必要时更换。

——集电环：

检查集电环表面的碳刷摩擦区域，清洁集电环表面，保持碳刷接触良好。清除集电环风孔和风沟内的碳粉和灰尘。

——刷盒和刷架：

刷盒和刷架上有无积灰，若有积灰须用刷子扫除或用吹风机吹净。

14.2.6 质量管理

表 352-02-14-09 质量管理

项目名称	质量管控点
发电机定子检查与试验	发电机定子修后试验
拆除并检查发电机出线软连接核中性点铜排	铜排和软连接检查及更换
发电机起机前绝缘测量	转子绕组对地绝缘电阻
发电机氢气冷却器年度检查	对氢气冷却器底部水室封头力矩进行复紧检查
轴承年度检查	对所有开口进行防异物封堵、拆除所有润滑油进油口封堵物，检查确认轴承润滑油进油口无异物遗留、测量轴承平行度并调整
发电机抽转子程序	发电机抽出状态检查
发电机转子预防性维修	1. 测试转子绕组的绝缘电阻 2. 转子绕组耐压试验
发电机定子内部检查	定子铁芯检查、定子槽楔检查
发电机定子起晕试验	分相加压至 UN/1.73（13.87 kV）、UN（24 kV），观察每阶段电晕情况
发电机定子直流耐压试验	分相进行 0.5 UN（12 kV）、1.0UN（24 kV）、1.5UN（36 kV） 2.0UN（48 kV）下的耐压试验及泄漏电流试验
发电机起机前绝缘测量	定子绕组绝缘电阻测量

14.2.7 经验反馈

表 352-02-14-10 经验反馈

定子部分	
故障特征	可能原因
抽转子后发现风区隔板和附近铁芯受损	由于转子护环直径较大，抽转子时位置控制偏差会导致护环撞击到风区隔板上；虽然风区隔板材质较软，但撞击越靠近根部还是会导致铁芯受力，从而导致铁芯撞击损伤

续表

定子部分	
故障特征	可能原因
定子铁芯风道齿条松动	由于发电机铁芯长期处于高温高压高速旋转的环境下，导致风道齿条松动
发电机直流耐压试验闪络问题	解开发电机中性点电缆后，电缆距离中性点接线盘距离不够大
测量发电机定子绝缘时，汇水管对地绝缘低	发电机气密试验时，发电机定冷水主进水法兰、主出水法兰、定冷水的排污法兰、出线盒汇水管法兰等接头处被喷检漏液
发电机定子绝缘测量时绝缘值波动大或绝缘不达标	（1）汇水管接线脱落或不可靠连接 （2）汇水管极化电势过高，超出仪器平衡极化电势能力的极限 （3）试验仪器故障或仪器平衡极化电势能力较弱
转子部分	
故障特征	可能原因
转子气密试验不合格	在确认闷板密封无问题后，检查导电螺钉处的密封性，是否存在漏气。导电螺钉处漏气主要表现为内部密封组件问题，常见的为橡胶密封垫老化变形导致，同时检查其他金属绝缘部件有无应力损伤
转子通风试验时的防异物措施	（1）在进行通风试验前，需对每一个通风口使用吸尘器清洁，目视检查每一个通风口无异物残留，防止通风试验过程中异物吹入 （2）在暂停试验时或完成试验后，需使用防异物塑料布遮盖通风口，防止异物掉落进入通风口
转子轴颈处的防护问题	转子抽出后，需对转子轴颈部位进行包裹防护，防止厂房其他吊装工作或人员误撞产生的损坏

14.2.8 技术规程清单

表 352-02-14-11 技术规程清单

序号	规程名称
1	发电机定子定期部分检查
2	发电机转子定期全部检查
3	发电机转子匝间探测器录波
4	发电机励端轴绝缘绝缘电阻测量
5	发电机轴电压测量
6	发电机局部放电监测仪定期检查
7	发电机定子绕组冷却水系统严密性试验
8	发电机定子绕组冷却水流量试验
9	发电机起机前绝缘电阻测量
10	发电机出口电压互感器定期检查
11	发电机抽转子程序
12	发电机局部放电监测仪定期检查
13	发电机出线软连接及中性点铜排检查

14.3 发电机励磁系统技术要求

14.3.1 概述

发电机励磁系统是同步发电机的一个重要组成部分，它通常由两部分组成：第一部分是励磁功率单元，它向同步发电机的励磁绕组提供可调节的直流励磁电流；第二部分是励磁调节器，它根据发电机及电力系统运行的要求，自动调节功率单元输出的励磁电流。自动励磁调节系统的主要作用是在发电机出力变化和系统故障等工况下，维持发电机端电压恒定或在给定水平，保证机组间无功功率的合理分配，提高电力系统运行的稳定性以及提高继电保护动作的灵敏性等。

14.3.2 引用文件

[1]《发电机励磁系统设计手册》(FQZ17TGR001-013C01A44GN A).

[2]《发电机励磁系统运行和维护手册》(FQZ37TGRS01C01A45SS-A).

14.3.3 术语和定义

PSS 电力系统稳定器

AVR 励磁调节器

14.3.4 范围对象

1) 励磁调节柜(+ER)

2) 灭磁电阻柜(+EE)

3) 灭磁开关柜(+ES)

4) 直流引出线柜(+EW)

5) 功率整流柜 1(+EG1)

6) 功率整流柜 2(+EG2)

7) 功率整流柜 3(+EG3)

8) 功率整流柜 4(+EG4)

9) 功率整流柜 5(+EG5)

10) 交流进线柜(+EA)

以上设备现场布置如图 352-02-14-15 所示。

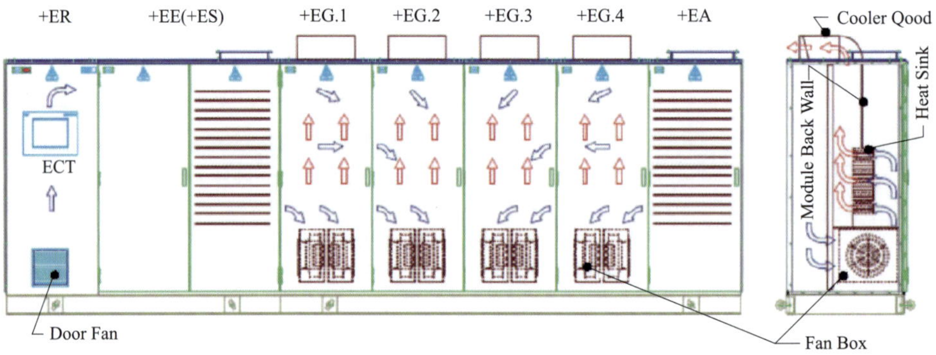

图 352-02-14-15 发电机励磁系统各屏柜布置图

14.3.5 结构原理

(1) 控制功能

如图 352-02-14-16 所示，发电机励磁系统控制模型。当发电机负载减少或突甩负荷后，发电机内电势（电压降）会减小或增大，进而引起发电机机端电压上升或降低，此时需要励磁调节器参与控制励磁电压来减少由于负荷变化引起的电压波动。此时励磁调节器 AVR 会监测到机端电压的变化量ΔU_g，经过通信控制测量板以及主控制器形成控制电压 U_c，经过移相触发单元形成控制触发角α，通过改变α的大小来控制励磁电流，保证发电机端电压的稳定。

励磁调节作用弱，电压随负载变化下降越快；励磁调节作用越强，电压随负载变化下降越小，理想情况下，电压不随负载电流变化而变化。当机组出现运行在一些不稳定区域、母线发生短路故障或人员误操作等恶劣工况时，为了保护发电机组及主变压器的安全，发电机励磁系统针对不同情况设计了不同限制器，如图 352-02-14-16 所示。各限制器由主控制器内软件逻辑编程所形成，在 AVR 模式下，限制器主要包括 6 大支路，分别是：AVR 限制器、最大励磁电流限制、最小励磁电流限制、定子容性电流限制器、定子感性电流限制器和 P/Q 限制。

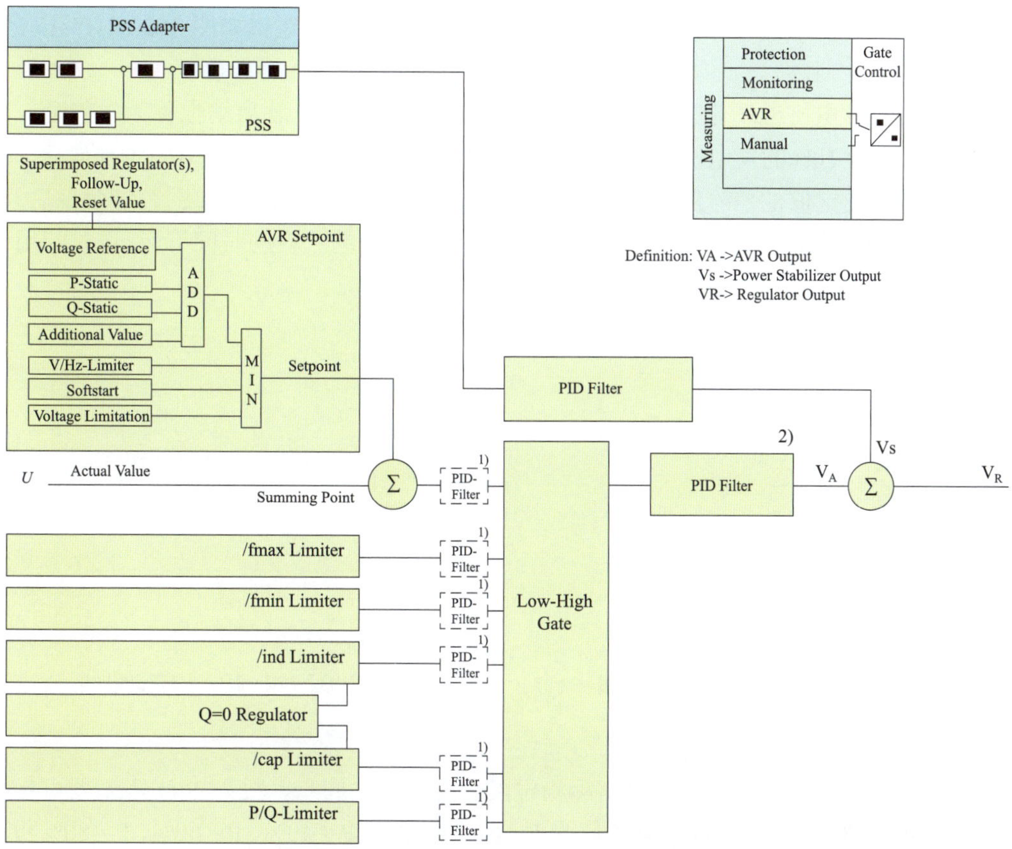

图 352-02-14-16 AVR 控制逻辑框图

1）AVR 设定点

AVR 设定点为励磁调节器的主环，在正常工况下起到维持机端电压及无功功率在设定值的作用。调整来自控制指令，叠加调节或者跟踪控制的增磁或减磁命令都可以进行电压调节。若母线电压跟随指令为“真”，内部 AVR 的设定值随母线电压值调整。这样，只要发电机和母线电压不同，发电机将随母线电压进行调整。

以下情况下停用“母线电压跟随”功能：

——“母线电压”信号丢失；

—— 同步单元增/减指令；

——“母线电压跟随”命令关闭。

电压基准值可以在“最小值”和“最大值”之间可以通过设置预设值来进行选择。

2）有功/无功功率补偿

包含在 AVR 主环内，静态有功/无功值补偿（调差）被加载到参考值上，以补偿由于有功和无功穿过变压器单元或传输线路所导致的压降。连在同一母线上的两台或多台发电机并行调节无功功率，在这种情况下，静态无功信号按比例降低了 AVR 的设定值以增加无功功率。运行设定值的改变可以使无功功率和有功功率能在 –20%～20%范围之间调整。

3）V/Hz 限制器

包含在 AVR 主环内，为了避免同步发电机和励磁变压器过激磁而设置伏/赫限制器。对于一定频率，如果 AVR 的设定点太高，设定值将按照预先设置的 V/Hz 限制器特性曲线平稳地减少设置点，经过一段调整延迟时间后限制器开始起作用。V/Hz 限制功能在自动调节称为 V/Hz 限制器，在手动调节称为 V/Hz 限流器。V/Hz 限制器降低了 AVR 频率依赖的设定点信号值，使同步机内部及励磁变压器的磁饱和效应通过一个低频处理方式来加以避免。V/Hz 限制器计算逻辑如图 352-02-14-17 所示。

4）软启动

软启动可以防止发电机磁场建立（起励）时机端电压过冲现象，软启动也称为软起励。当励磁投入且初始起励完成（约 10%的发电机电压），软启动信号便开始按照可调梯度方式增加励磁。软启动给定值直到超过发电机设定值的信号停止，软起励投入的“测量时间”，它在"励磁投入"命令后开始计时，当 GCU 准备好 6 个脉冲运行时计时结束。测量时间减去参数值的“启动时间”，斜坡时间用于剩余时间计算，其最小为 1 s。软起励曲线如图 352-02-14-18 所示。

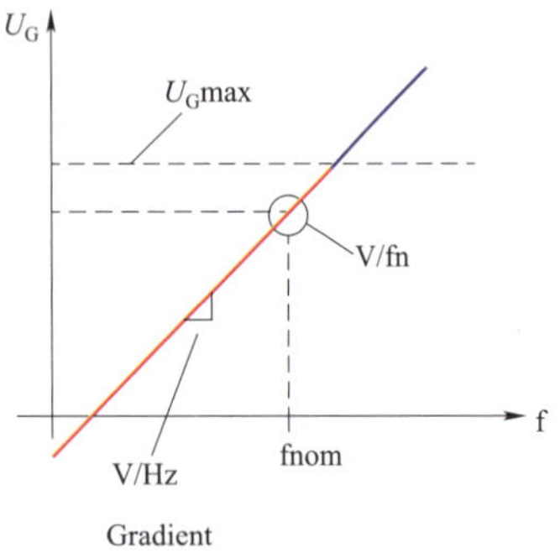

图 352-02-14-17 V/Hz 限制曲线

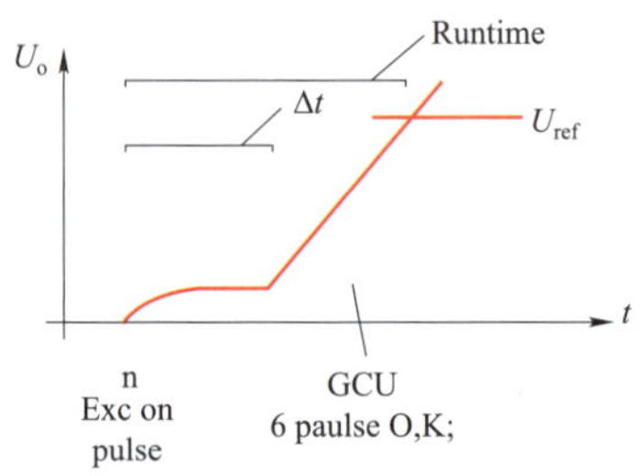

图 352-02-14-18 软启动曲线

5）P/Q 限制器

P/Q 限制器可以防止发电机工作超出实际稳定限制区和失去同步，投入 P/Q 限制器可保护发电机工作稳定范围以内。P/Q 限制器可以在有功值为 P＝0、P＝20%、P＝40%、P＝60%、P＝80%和 P＝100%时定义六个无功功率值。

6）最小励磁电流限制器

最小励磁电流限制器用于维持励磁电流在最低水平。功率柜维持励磁电流在一个预设的最低水平。最小励磁电流限制器只在并电网投入。增益校正因子可以用来调整限设定值，以尽量减少低增益调节所造成的控制偏差。如果最小励磁电流限制器投入，实际励磁电流和最小励磁电流之间的差值计算，用于防止发电机过低励磁电流。

该功能主要应用于可在低励磁条件下运行的水轮机发电，它的工作点可以深入功率图表的欠励区，例如电流接近 0。在这个范围内最小励磁电流限制器使励磁电流保持最小值，这对同步电机的稳定运行是必须的。此外，它还可以用来保护转子磁极端部过度发热。

7）最大励磁电流限制器

最大励磁电流限制器有两个不同的设定点，一个是为了限制瞬态最高电流（励磁强励限制），另一个为了防止转子热过载（最大连续出力发电机在正常工作期间（限制器停止）。

最大励磁电流用作限制最大励磁电流限制器的设定值，因此，无论何时需要顶值都可以达到。假设电力系统达到了（如电压崩溃）的情形，要求瞬时电流达到上限直到故障被清除。发电机电压调节器随后起作用，并提高控制变量，以便励磁电流实际值超过额定值或更高。一旦励磁电流超过励磁电流热容量设定值，过流探测器启动。

8）定子电流限制器

定子电流限制器限制发电机容性电流和感性负载过载，按照发电机无功工作区域，这两种定子电流限制又称为定子电流过励限制器和定子电流欠励限制器，前者动作结果是减磁，后者是增磁定子电流限制器原理与励磁电流最大/最小限制器工作原理基本相同。唯一不同的是，定子电流过励磁限制器没有最大值限制定子电流平均值作为这两种限制器的实际值。当发电机过励时，将定子电流欠励限制器闭锁，相反当发电机欠励时，定子电流过励限制器闭锁。当综合考虑功率因数的情况下，逻辑电路保证了两个定子电流限制器正确工作。

如果涡轮输出（功率）非常高，虽然发电机感性负载低，定子电流也会超过允许的限制。在这种情况下，定子电流限制器没有活动点，不能减少由于高涡轮负载引起的定子有功电流。规定“温度影响”外部信号用于修改定子电流发热点，其补偿因素（如最大定子电流对冷空气的依赖）。这种外部信号影响了内部设定值。

9）PSS

PSS 的目的是利用发电机的励磁提高电力系统阻尼，PSS 也提高了发电机组以及整个电力传输系统的稳定性。PSS 会影响发电机的电压调节器设定点如果发电机电压过高或过低，将自动退出 PSS 稳定器。如果运行工作点在 P/Q 限制器以下，PSS 自动减少最小输出限制。

（2）电子控制设备

如图 352-02-14-19 所示，以 ABB 的 Unitrol 6800 励磁控制设备为例，励磁控制的核心是带有调节和控制功能及触发脉冲的主控板卡装置。通信控制测量装置应用于实际测量值的快速处理。每个装置装配有金属柜体，两者一起构成一个单独处理（控制）通道（通道 1）。一个全冗余系统中提供第二处理通道（通道 2）。也就是说，这两个渠道是机械分离的，使易在线维修。每个微处理器控制设备通道可以控制一个或多个平行的功率柜，系统额定电流高达 6200 A。

像上面提到的配置一样，机械分离后备设备（CCM BU）用作励磁电流调节器的紧急通道，即第三后备通道。接口装置，例如组合输入输出设备（CIO）和功率柜控制接口（CCI）用于电源隔离、信号分配、信号匹配以及转换，例如每个功率柜模块包含一个功率柜控制接口。

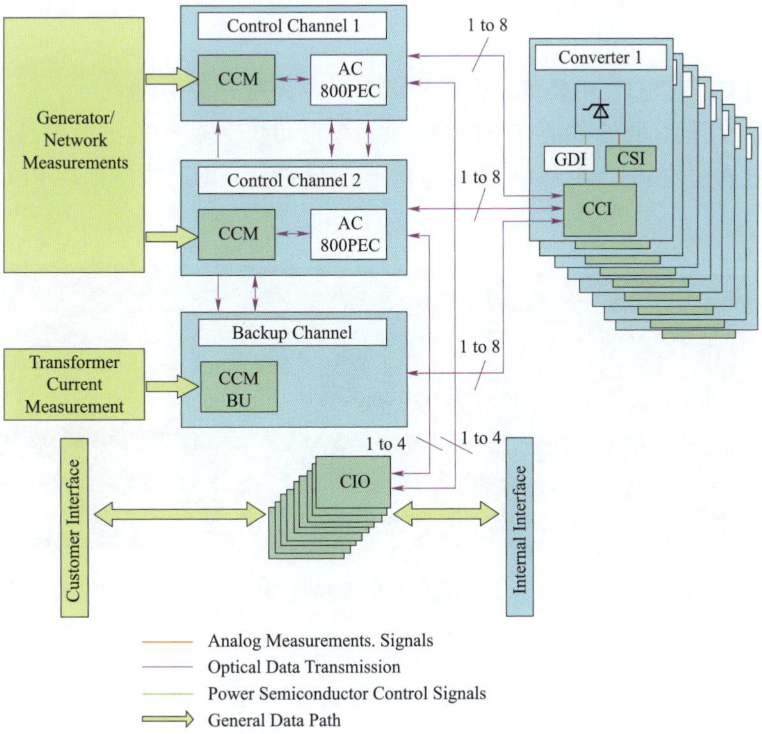

图 352-02-14-19 发电机励磁系统典型硬件布局

1）主控制器（AC PEC800，包含在励磁调节柜内）

控制装置是处理和通信的中心，通过光纤与其他电路板连接。它是基于 AC 800PEC 控制平台（PP D113），包括 PP D103 处理器模块，KU D181 电源和 UF D128 光纤通信组件。

可利用接口：

——处理器模块（CPU）；

——－1 个以太网接口；
——－RS232 服务接口；
——3 个光纤通信模块 3×6 光链路；
——1 个输入输出通信模块现场总线；
—— 1 个 LED 显示模块；
—— 电源模块 2×24 V 电源。

2）通信控制测量装置（CCM，包含在励磁调节柜内）

该装置测量发电机和电路网络值，它提供了基本数量的数字和模拟输入输出接口。它还包括用于编程和现场总线连接的接口。此外，它可以作为一个控制装置代替简化的 AC800PEC。该装置基于 AC800PEC 控制平台，包括 PEC80PM 处理器模块，PEC80EMU 励磁测量单元，PEC80PS 供电模块和 PEC80OM 光纤通信模块。

可利用的接口：
——通信：4 端口以太网交换机，RS232 服务接口；
——1 个光纤通信模块：3 个光链路；
——6 快速数字输入：24 V，光电耦合器隔离器；
——3 个数字输出：2×继电器输出，1×个电隔离；
——4 个模拟电压/电流测量输入；
——2 个模拟输出：电隔离；
——4 个系统控制 LED 指示灯；
——电源模块：2×24 V 电源。

3）综合输入输出板（CIO，主要包含在励磁调节柜及灭磁开关柜内）

如图 352-02-14-20 所示，此设备是 UNITROL 系列模拟和数字输入/输出设备。设备基于 AC 800PEC 控制平台，包括处理器模块 PEC80 PM，输入输出单元 PEC80 IOU，电源模块 PEC80 PS 和光纤通信模块 PEC800M。

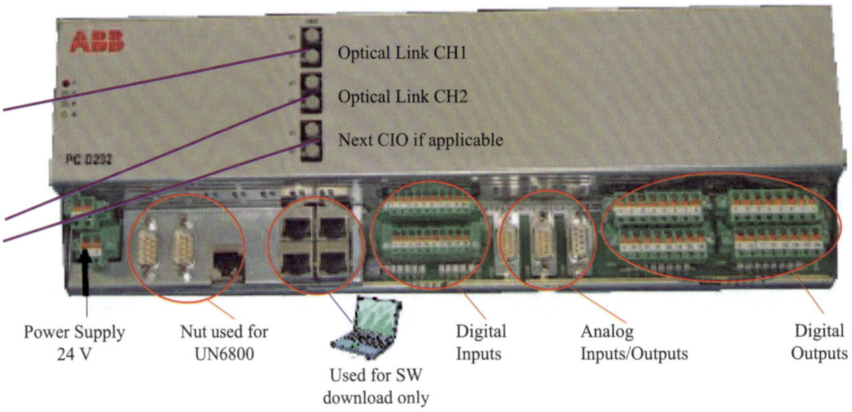

图 352-02-14-20 CIO 综合输入输出板硬件图

可利用的接口：
—— 通信：4 端口以太网交换机，RS232 服务接口；
—— 1 个光模块：3 个光链路；
—— 12 个数字输入：带 2 个独立的 24 V 的电压的 24 V 电源；
—— 16 个数字继电器输出；
—— 3 个 PTC 元件；

——3 个模拟输入/3 个模拟输出；

——4 个控制系统 LED 指示灯；

——电源模块：2×24 V 电源。

4）整流桥信号接口板（CCI，包含于功率整流柜内）

功率柜控制接口（CCI）是来控制功率柜模块分散的一个调节装置，它是 GDI、CSI 和 SCI 的一个服务接口。该装置是基于 AC800PEC 控制平台，包括处理器模块 PEC80PM，功率柜控制单元 PEC80CCU，供电模块 PEC80PS 和光纤模块 PEC80OM。CCI 结合门控制单元（GCU），功率柜电流均衡控制（CCEC）和功率柜同步功能。它的主要功能是门驱动器接口（GDI）产生栅极脉冲用于 3 相全桥式整流电路的操作。

可利用的接口：

——通信：4 端口以太网交换机，RS232 服务接口；

—— 1 个一光纤通信模块：3 个光链路；

—— 12 个数字输入：带 2 个独立的 24 V 的电压的 24 V 电源；

——16 个继电器输出；

—— 8 个 PTCs/PT100；

——3 个模拟输入；

——3 个模拟输出；

—— 4 个控制系统 LED 指示灯；

——电源模块：2×24 V 电源。

（3）励磁功率单元

功率整流柜单元由以下主要部分组成：

——带 6 脉冲晶闸管桥和缓冲（阻容保护）组合电路的功率柜模块（抽屉式结构）；

—— L 型框架，为功率柜模块组装支架。它包括抽出式通风装置，它们控制风道出口。

如图 352-02-14-21 所示，功率整流柜模块中，晶闸管堆栈安装于钢箱梁上。机械的可插拔模块（抽屉式模块）可以从伸缩轨道上拉出，整流桥模块可以用滚轮抬起，这种结构能够保证功率柜的更换不会关掉整个系统。整流器由一个主电源、三相晶闸管桥组成。3 in 或 4 in 盘装晶闸管被安装在一个堆栈上，一个运行的缓冲电路可以保护晶闸管免受过电压。如果冷却系统关闭，那么缓冲电路的吸能电阻器是通过 IGBT 半导体器件进行关断，这一措施防止电路热过载。

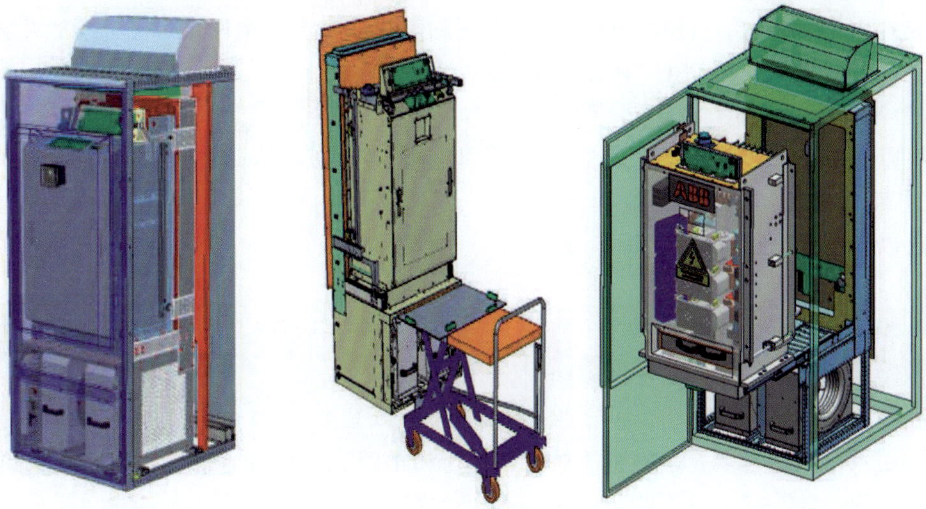

图 352-02-14-21　励磁功率整流柜结构图

功率整流柜控制装置是由功率柜控制接口（CCI）、栅极驱动器接口（GDI）、缓冲控制接口（SCI）和转功率柜信号接口（CSI）组成。UNL14300 功率柜最大特点就是采用抽屉式结构，主要功率器件包括风机，都可以在运行中抽出来更换。

（4）系统冗余功能

1）通道冗余

通道冗余是基于两个功能齐全的控制通道。此外，后备通道存在于紧急操作。如果通道 1 和通道 2 两个通道都失效，系统会自动切换到后备通道通道 1 或通道 2 的组成包括一个 AC800PEC 和一个通信控制测量装置（CCM）。独立后备手动通道是一个单通信控制测量装置（CCM BU），任何时间只有这三个通道中的一个控制这一过程。

2）IO 冗余

在冗余配置中，每个通道都有自己的 CIO 和其他通道不能访问这个 CIO。CIO 总是由一组串联的 CIO 组成，第一个 CIO 是连接到各自的通道和第二个 CIO，第二个 CIO 没有直接和各自的通道连接在一起。通道故障后 CIO 得不到状态信号而变成为无效的，所以后备通道都拥有自己的 IO。

3）电源冗余

电源装置（PSU）的结构为双冗余电源，如图 352-02-14-22 所示。

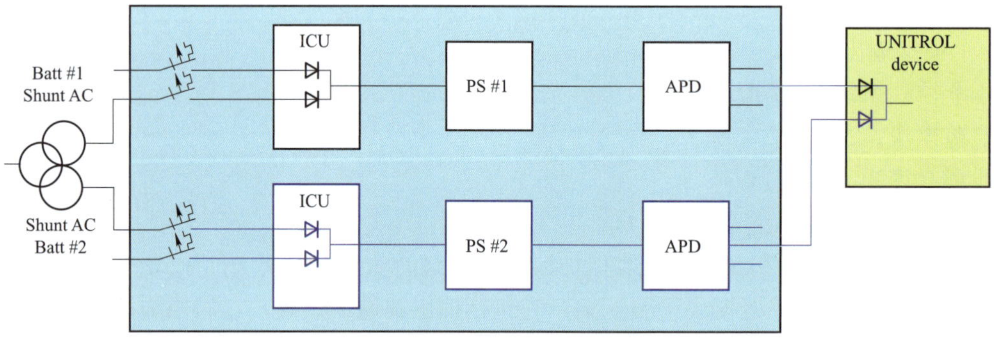

图 352-02-14-22　双冗余电源

24 V 电源的一般特征：

——多通道故障之间的隔离；

——通过启动序列避免电源启动峰值出现。

输入耦合单元（ICU）连接输入到公共的母线，对所有输入进行监控，输出电压直接连接到电源（PS）。整流是在 ICU 实施的，以实现解耦直流电压和整流器交流相电压（阳极电压）。（交流：单相桥式整流器，直流：只去耦）在 PSU 中最重要的组成部分是 APD。

这个 APD 有两个功能：

——它可以保护每个 24 V 电源防止出现短路引起的电源电压骤降等情况，它还可以防止 24 V 电源电源电压过高；

——它可以显示哪个装置被封锁。

4）功率柜风扇冗余

每个功率柜可以有两个风扇框控制，但是只有一个风扇在运行。功率柜控制接口（CCI）监视其运行，风扇故障可以引起切换到备用风扇。

5）整流桥冗余

发电机励磁系统共包含 5 个功率整流桥，当 1 个桥故障退出运行时，仍可以满足机组包括 2 倍强励在内的任何工况。

14.3.6 指标与参数

1）同步发电机参数

发电机励磁系统基于表 352-02-14-12 参数进行设计。

表 352-02-14-12 同步发电机参数

符号	描述	值	单位
S_N	额定视在功率	1333.3	MVA
U_N	额定定子电压	24.0	kV
f_N	额定频率	50.0	Hz
cos_φ	额定功率因数	0.9	
I_{fN}	额定励磁电流	6381.1	A DC
I_{f0}	空载励磁电流	2202.7	A DC
U_{fN}	额定励磁电压	504.9	V DC
U_{f0}	空载励磁电压	162.6	V DC
U_{test}	试验励磁电压	5050	V DC
R_{fN}	转子磁场电阻	58.814	mΩ
X_d	直轴同步电抗	2.006	p.u.
$X_{d'}$	直轴暂态电抗	0.419	p.u.
$X_{d''}$	直轴次暂态电抗	0.251	p.u.
X_q	交轴同步电抗	1.989	p.u.
X_c	特征电抗	0.133	p.u.
$T_{d'}$	直轴短路暂态时间常数	2.403 7	s
$T_{d''}$	直轴短路次暂态时间常数	0.045	s
$T_{d'0}$	直轴开路暂态时间常数	11.52	s
T_a	电枢时间常数	0.283 2	s

2）励磁变压器参数

表 352-02-14-13 励磁变压器参数

符号	描述	值	单位
S_{TN}	额定视在功率	3 × 3800	MVA
U_{1N}	额定一次电压	24	kV
U_{20}	空载二次电压	1000	V
f_N	额定频率	50	Hz
X_T	短路电抗	0.08	p.u.
	接线方式	Yd11	

3）发电机励磁系统性能

表 352-02-14-14 所示为发电机励磁系统在允许环境条件下的参数。

表 352-02-14-14　发电机励磁系统性能

符号	描述	值	单位
U_{EN}	系统连续输出电压	556.2	V DC
I_{EN}	系统连续输出电流	7019.2	A DC
U_{PL}	系统顶值电压	1 136	V DC
I_{PL}	系统顶值电流	12 762	A DC
K_{Umin}	欠励状态下达到顶值电压参数	100	%
t_{PL}	到达顶值电压时间	20	s
	到达顶值电压响应时间	20	ms
R_{Cr}	理论响应率	5	S^{-1}
V_{RRM}	晶闸管截止电压	5200	V

K_{Umin} 表示用于计算励磁变二次电压最小值的输入量（$100\% = U_{gN}$）

V_{RRM} 表示计算晶闸管最小截止电压的参数，计算示例如下：

$$V_{RRM,\ Min} = \sqrt{2}U_{20}kV_{RRM} = \sqrt{2} \cdot 1\,050 \cdot 2.75 = 4\,083.5\ \text{V}$$

上述公式中的 K 值实际整定为 3.5。

4）允许的环境条件

表 352-02-14-15　允许的环境条件

描述	值	单位
运行期间的环境温度范围	0…+40	℃
存放期间的环境温度范围	−40…+55	℃
最高相对湿度	95	%
最高安装海拔	1000	m.a.s.l

5）发电机励磁系统噪声排放

表 352-02-14-16　发电机励磁系统噪声排放

描述	值	单位
最大噪声释放	70	dB

6）发电机励磁系统绝缘等级

表 352-02-14-17　发电机励磁系统绝缘等级

描述	值	单位
电源电路	5.1	kV（AC 1 min）
测量回路	2	kV（AC 1 min）
模拟量输入/输出接口	1.5	kV（AC 1 min）
数字 I/O 接口	1.5	kV（AC 1 min）

7）发电机励磁系统短路测试

表 352-02-14-18 发电机励磁系统短路测试

符号	描述	值	单位
$I_{k3''max}$ ·	初始对称短路电流，3 相最大值	155	kA
I_{CW} ·	额定短时耐受电流	155	kA
I_{PK} ·	额定峰值耐受电流	300	kA
I_{EN} ·	系统额定连续输出电流	8000	A DC
U_{20} ·	励磁变额定次级空载电压	1500	V

发电机励磁系统短路值。由于系统输入电压 U_{20} 较高，因此可以认为是极端工况。基于测试结果，励磁变次级电压在 1500 V 时，峰值电流不会达到 300 kA，并且由于电压也会影响磁场的分布，因此将 155 kA 作为计算值。

14.3.7 维修技术要求

（1）预防性维修项目

表 352-02-14-19 发电机励磁系统预防修性维修项目

项目名称	项目周期（1 C 为 1 个燃料循环）
发电机励磁系统全检	3 C
发电机励磁系统部检	1 C
发电机励磁维修后 AVR 动态试验	1 C

（2）检修主要内容

1）发电机励磁系统全检

发电机励磁系统全检主要目的为验证发电机励磁系统采样、输入输出模块、限制器功能等是否完好，内部软件程序及逻辑是否完整，有无缺失或偏差增大的情况；验证励磁调节柜与其他盘柜之间的 IO 点位是否正常，数据及控制指令传递是否能正常实现；检查灭磁开关外形有无破损，相关控制板卡接线是否紧固，是否有积灰现象，是否能正常接收分合闸指令，相应报警指示是否正确；检查交直流铜排、绝缘子是否完好，转子接地保护装置接线是否紧固，转子接地保护功能是否能正常实现。为发电机下一个燃料循环周期能够实现稳定运行、可靠励磁做好准备。主要检修内容如下：

——二次线紧固及盘柜清扫；

——绝缘检查；

——寄生回路检查；

—— 模拟量输入输出回路、开关量输入输出检查；

——限制器功能验证；

——小电流试验；

——自动参考值上下限检查；

——继电器校验；

——整流桥风机切换试验；

——滤网更换；

——转子接地保护校验；

——传动试验。

2）发电机励磁系统部检

发电机励磁系统部检主要目的为检查励磁调节柜内各接线端子有无松动、绝缘水平是否合格，信号传输是否正常；检查灭磁电阻外形有无破损，烧灼痕迹，相关控制板卡接线是否紧固，是否有积灰现象；检查交直流铜排、绝缘子是否完好，绝缘水平是否正常。主要检修内容如下：

——二次线紧固及盘柜清扫；

——绝缘检查；

——寄生回路检查；

——模拟量输入输出回路、开关量输入输出检查；

——整流桥风机切换试验；

——滤网更换；

——传动试验。

3）发电机维修后励磁 AVR 动态试验

首启试验主要目的为验证发电机励磁系统在动态条件下是否具备励磁调节及限制功能，手动升降压及阶跃试验是否真实有效。主要检修内容如下：

——手动自并励空载试验；

——手动/自动方式切换；

——自动方式 5%阶跃响应；

——手动方式 5%阶跃响应；

——通道切换试验。

14.3.8 质量管理

表 352-02-14-20 质量管理

项目名称	质量管控点
绝缘检查	1000 V 兆欧表测量交流电流回路对地、交流电压回路对地、直流电源对地。测量值应大于 1 MΩ
V/Hz 限制器功能试验	动作值的误差范围为±5%
外部跳闸继电器校验	动作功率应大于 5 W

14.3.9 技术规程清单

表 352-02-14-21 技术规程清单

序号	规程名称
1	发电机励磁系统全检试验
2	发电机励磁系统部检试验
3	发电机维修后励磁 AVR 动态试验

14.3.10 经验反馈

表 352-02-14-22 经验反馈

故障特征	可能原因
“华龙一号”专项经验反馈：10 月 25 日防城港核电厂 1 号机组处于低功率运行模式。在其首次并网实验中，并网信号发出后，自动稳压器（AVR）过励保护动作，跳开励磁开关，发电机失磁保护Ⅲ段动作于程序跳闸，主汽门关闭，汽机跳机	并网继电器未动作，AVR 未收到机组并网信号，过励保护定值仍维持空载定值

续表

故障特征	可能原因
转子接地保护误动的问题	轴电压滤波器环节中的 R05 与 C05 间的接线出现了开路（属插接式接线，怀疑为人员误碰）
“华龙一号”专项经验反馈：励磁调节器断电重启后，通道 1 CPU201UC.1 的 OUTPUTS ENABLED 灯不亮，逻辑输出模块 201UC.10 未启动	P320 励磁调节器板卡内含有电池，电池电量不足导致程序丢失
发电机励磁系统交流侧进线铜牌相序与设计不一致	发电机励磁系统 EA 柜交流侧进线铜牌的实际相序与 ABB 设备硬件图标注的相序相反，安装期间对安装单位与厂家图纸的理解不同
1#机组发电机励磁调节器定值手册过励保护定值整定错误，存在跳机保护拒动风险	FQ1-GEX-DZ-001 发电机励磁系统（1GEX）定值手册过励保护 2 段跳闸定值误整定为退出
短路试验时绘制短路曲线过程中，励磁调节器就地控制面板一直发增磁指令	励磁调节柜触摸屏为电阻屏幕，内部压敏电阻感应到屏幕按下才会发出响应命令。在增磁过程中，增磁按钮粘连，导致调节器持续发增磁命令
AVR 动态试验励磁调节器 DCS 试验中，主控增减磁操作无法连续执行	DCS 一层逻辑中 AVR 的增减磁多了一个 RS 触发器互相复归模块，导致增磁（减磁）一次之后无法继续增磁（减磁）
ECT 长时间运行后的黑屏问题	由于 ECT 装置其本身已存储大量数据库文件（定值、参数表映射等），且在长时间开机运行中，PEC 处理器内的过程性文件（事件信息、系统录波等）需优先寄存在 ECT 内作为缓存的形式进行处理，在 ECT 内存较小的情况下，会出现处理能力不足导致黑屏（死机）的情况
风机误切换问题	风机供电空开与出厂所配备的辅助触点模件不能完全匹配，在振动、长时间运行等情况下，导致辅助触点模件脱开，引起辅助接点异常断开，发出“风机电源已断开”的误报警，从而导致误切换风机运行

14.4 应急柴油发电机及其电控和保护技术要求

14.4.1 概述

应急柴油机在厂外主电源和厂外辅助电源均失去的情况下，核电厂两个核电机组的每台应急柴油发电机组都有能力满足应急厂用设备用电要求，以确保反应堆安全停堆，并且防止由于正常的外部电源系统失电而导致重要设备的损坏。

应急柴油发电机电控和保护柜主要实现柴油发电机组及其辅助系统监视、控制及保护功能。应急柴油发电机继电保护为发电机及其出口电缆提供电气量保护，在故障发生时可以在约定时间内隔离故障点，保障被保护设备的安全运行，将设备损害将至最小。

14.4.2 引用文件

[1]《EMP 发电机设备竣工文件安装调试分卷》(FQ554103101210A04GN A).

[2]《柴油机运行和维修手册》(FQ742EOM001210A45SS A).

[3]《电力设备预防性试验规程》(DLT 596—2005).

14.4.3 术语和定义

Isochronous 模式，无差调节模式

14.4.4 Droop 模式，有差调节模式范围对象

应急柴油发电机、电压互感器柜、PLC 控制柜、就地控制柜、速度调节、保护柜和移动式同期小车。

14.4.5 结构原理

应急柴油发电机部分

同步发电机是由建立磁场的转子和定子两大部分组成，从转子结构特点来看，分为隐极式和凸极式转子。隐极式同步发电机没有显露的磁极，转子能够承受较大的离心力，因此多用于高转速发电机上。凸极式同步发电机有明显露出的磁极，多用于转速较低的发电机，如水轮发电机、柴油发电机等。

应急柴油发电机采用无刷励磁结构，其工作原理如图 352-02-14-23 所示。

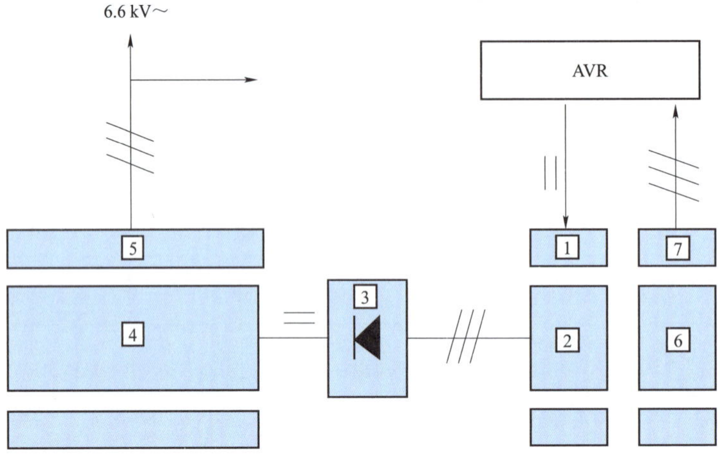

图 352-02-14-23　应急柴油发电机工作原理图

1—励磁机定子；2—励磁机电枢；3—旋转整流桥；4—发电机转子；5—发电机定子；6—永磁发电机转子；7—永磁发电机定子

应急柴油发电机励磁系统由三部分组成，第一部分是永磁发电机，用于产生三相交流电流，并供给 AVR 系统。第二部分是励磁机电枢，用于产生三相交流电流，经旋转整流桥上的二极管整流后，向发电机转子绕组供电。第三部分为发电机转子绕组接受整流后的励磁电流，产生一个旋转磁场切割发电机定子线圈，产生三相交流电动势。

“华龙一号”采用的应急柴油发电机主要结构如图 352-02-14-24 所示。

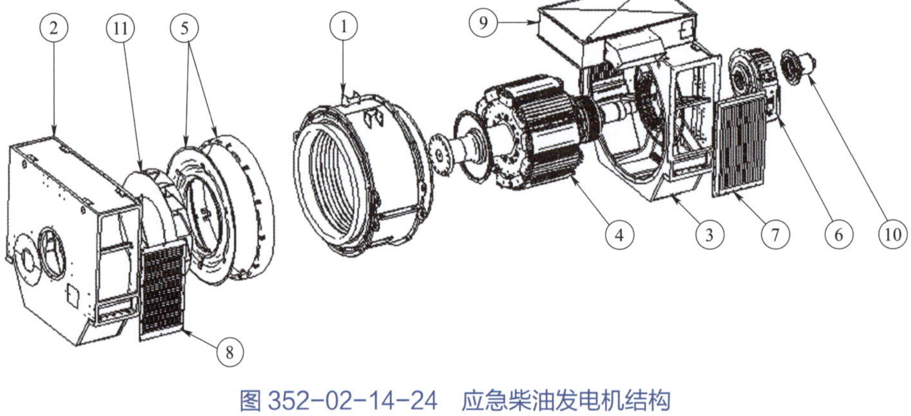

图 352-02-14-24　应急柴油发电机结构

①—定子；②、③—端盖；④—转子绕组；⑤—风扇罩；⑥—滑动轴承；⑦—进气百叶窗；⑧—出气百叶窗；⑨—出线端子箱；⑩—永磁发电机定子；⑪—转子风扇

定子：定子由定子铁芯和定子绕组组成。定子铁芯由低损硅钢片叠压而成，定子线圈采用云母带包覆的铜导线绕制在定子槽内，线圈间装有温度传感器。发电机定子属于不可拆卸装置，在发电机寿期内不需要进行任何调整。

端盖：端盖为平行六面体结构，用于发电机组定子两端的的封闭及支撑转子轴承，端盖上装有用于冷却的空气进出气口，其中进气口在非驱动端端盖上，出气口在驱动端端盖上。

转子绕组：用于产生旋转磁场。

风扇罩：采用玻璃纤维材质制造，对冷却空气起导向作用，用螺栓安装在定子上。

滑动轴承：用于支撑转子大轴的旋转，轴承通过法兰安装在端盖上。

进气百叶窗、出气百叶窗：安装在端盖上的进气口和出气口，主要作用是防止异物进入发电机内。

出线端子箱：安装在发电机顶部，平行六面体形状，内含出线端子及互感器。

永磁发电机定子：永磁发电机主要是用来向 AVR 提供电源，其定子通过螺栓固定在轴承密封座的中间环上。

转子风扇：安装在转子上，用于驱动空气对定子、转子进行冷却。

转子主要部件

转子上的主要部件如图 352-02-14-25 所示。

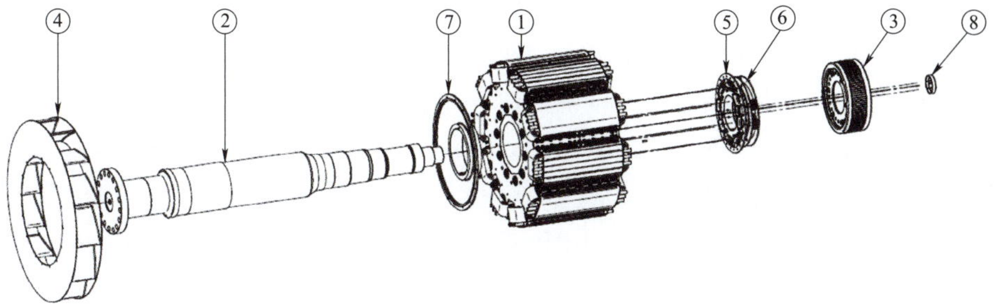

图 352-02-14-25 转子主要部件示意图

①—转子绕组；②—转子大轴；③—励磁机电枢；④—转子风扇；⑤—平衡盘；⑥—旋转整流桥；⑦—风扇轮毂；⑧—永磁发电机转子

转子绕组：共五对磁极，由励磁系统提供励磁电流，形成旋转磁场切割定子线圈产生三相交流电流。

转子大轴：通过法兰盘连接柴油机曲轴一端，所有旋转部件都安装在大轴上。

励磁机电枢：即励磁机转子，随大轴旋转时切割励磁机定子线圈的磁场，产生三相交流电流，并通过旋转整流桥整流后给转子绕组供电。

转子风扇、风扇轮毂：风扇轮毂嵌装在转子大轴上，用于固定转子风扇，转子风扇是离心式风扇，用于驱动空气对定子、转子进行冷却。

平衡盘：嵌装在转子大轴上，主要用于转子动平衡、固定用于保护转子绕组线圈的旋转压敏电阻和旋转整流桥。

旋转整流桥：由三组，每组两个整流二极管组成，用于接受励磁机电枢产生的三相交流电流，整流成直流电流后供给转子绕组。其安装在平衡盘上。

永磁发电机转子：永磁发电机即副励磁机，其转子是一个嵌入永磁体的固体。

速度调节和保护柜：

速度调节和保护柜主要完成柴油机速度管理和控制，发电机电气设备保护，其柜内主要部件及功能包含：电子调速器：监测柴油机运行状态；110%超速模块：对柴油机转速提供 110%超速保护；112%超速模块：对柴油机转速提供 112%超速保护；柴油机速度控制器：提供柴油机转速的阈值开关量。

超速保护盒 SVEM 是超速保护回路核心设备，它接收转速探头探测到的频率信号，通过阈值判断，输出信号控制超速电磁阀的开启，实现超速保护功能。转速盒 AFSEM 与超速保护盒 SVEM 配合使用，实现柴油机转速阈值探测及转速显示输出。

超速保护是当柴油机转速超过预设定值时，通过迅速切断燃油方法来迅速停机的手段，本系统中通过三个 112%定值的 SVEM，依照预期的行为关系，判断执行。该设计依据标准 IEC61508 中 SIL2 类要求。

超速装置测试：

1）停机时超速系统测试

超速阀不动作：先按下按钮非停机测试按钮并保持，按下按钮超速测试按钮，超速指示红灯亮。在释放按钮非停机测试按钮之前先按下按钮复归按钮复位。

超速阀动作：按下按钮超速测试按钮，超速指示红灯亮，超速电磁阀动作。按下按钮复归按钮复位。

2）半速超速测试（柴油机怠速启动）

非停机测试：按下按钮非停机测试按钮和按钮半速按钮并保持，手动提升柴油机转速。当转速升至超速定值的一半时，超速指示红灯亮。在释放按钮非停机测试按钮之前先按下按钮复归按钮复位。

停机测试：按下按钮半速按钮并保持，手动提升柴油机转速。当转速升至超速定值的一半时，超速指示红灯亮，超速电磁阀动作，柴油机保护停机。停机后通过按钮复归按钮复位。

电子调速控制系统：

引擎控制器是柴油机调速系统的核心设备，以它为核心组成闭环控制系统。它是确保整个柴油机系统运行稳定响应及时的关键设备。在柴油机启动阶段，引擎控制器限定喷入柴油机燃烧室内的最大燃油量来预防柴油机超速而失去控制；柴油机启动后，调速系统通过调速器的 PID（比例/积分/微分）运算向调速执行器 Europa 2231 提供合适的电流信号而使柴油机发电机组在给定的转速上实现一定的负荷输出。

引擎控制器是“Reverse-acting”类型，输出控制电流与负荷成反比，即输出功率增加时，控制电流减小。

引擎控制器带有故障自检功能，可自动检测转速探头故障及看门狗电路故障。根据 IEC60880 标准对可编程控制器上位机软件操作权限的要求，禁止未经开发方培训和允许的人员操作。

引擎控制器关键 I/O 接口说明

引擎控制器关键 I/O 接口说明见表 352-02-14-23。

表 352-02-14-23　E19600 关键 I/O 接口说明

开关量输入	
CB opened	发电机出口开关 002JA 分闸位反馈信号
CB closed	发电机出口开关 002JA 合闸位反馈信号
Run/stop	控制器投运/停运。柴油机启动记忆将投运引擎控制器
Rated/not idle	额定转速启动模式。将 001PP 上 006CC 旋钮置 RATED 位或存在紧急启动记忆时控制器置 rated 模式
Droop/not iso	Droop 模式。机组在做同期并网试验时自动将控制器置 Droop 模式
Raise speed	怠速启动时，可在 001PP 上手动提升转速。同期并网时，可在同期小车上手动提升转速
Lower speed	怠速启动时，可在 001PP 上手动降低转速。同期并网时，可在同期小车上手动降低转速
Fault reset	故障复位信号。可在 001PP 上用 005TO 复位控制器的相关故障
开关量输出	
Speed measure fault	转速测量故障。机柜上电 120 s 内或启机后可将自检到的转速测量故障信号输出到 001PP 上报警
Watch dog fault	看门狗故障。机柜上电 120 s 内或启机后可将自检到的看门狗故障信号输出到 001PP 上报警
模拟量输入	
Engine speed sensor 1	转速探头 1 测量信号输入
Engine speed sensor 2	转速探头 2 测量信号输入
模拟量输出	
Actuator command	执行器指令。输出 0～1 A 信号控制执行器油门开度，调节引擎转速

引擎控制器启动步序控制：

引擎控制器接收到机组启动指令后，开始对机组的启动步序进行控制，保证柴油机启动过程的顺利进行，如图 352-02-14-26 所示。

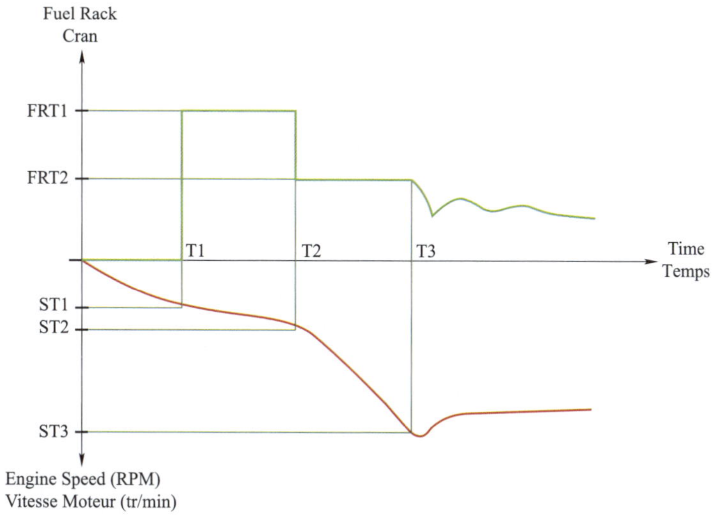

图 352-02-14-26　启动步序

——柴油机转速达到第一启动阈值（ST1、T1）时，引擎控制器输出与之对应的油门开度信号（FRT1）。

——柴油机转速达到第二启动阈值（ST2、T2）时，调速执行器自动接受油门开度信号（FRT2）。油门开度限制在此值下，防止柴油机在启动过程中超速。

——柴油机转速达到第三启动阈值（ST3、T3）时，引擎控制器进入调节模式，根据柴油机转速及设定值调节油门开度。

柴油机达到启动转速后，转速的设定值置为怠速值，并根据预设的转速设定值曲线调节为当前设定值。

启动模式设定：

柴油机模式选择开关置为“RATED”或应急启动时，柴油机转速设定值为额定值（600 r/min），柴油机转速追随应急曲线迅速上升至额定值。

柴油机模式选择开关置为“IDLE”时，可通过控制盘增减速按钮手动调节柴油机转速，柴油机转速追随正常曲线上升或下降。启动曲线如图 352-02-14-27 所示。

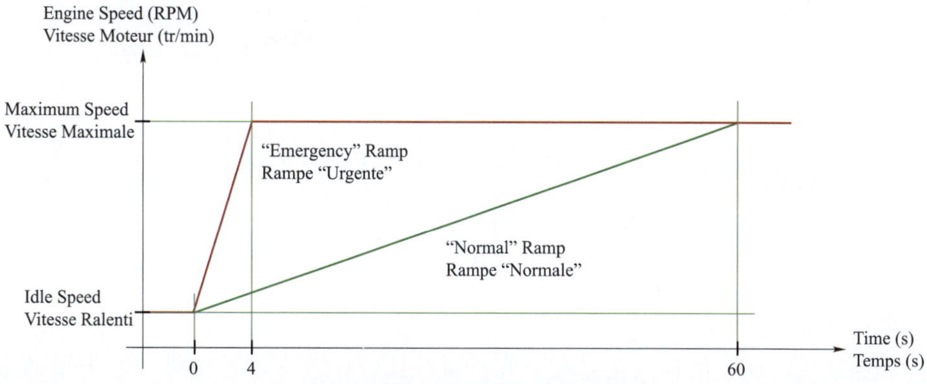

图 352-02-14-27　启动曲线

转速信号选择：

引擎控制器连接有两个转速探头，将根据下述原则对两个探头信号做出选择。

引擎控制器默认取探头 1 频率信号；

——探头 2 频率值小于探头 1 频率值时，取探头 1 信号；

——探头 2 频率值大于探头 1 频率值时：若当时取探头 1 信号，当两个探头的频率差大于预设偏差加上预设滞后值，则取探头 2 信号，否则仍取探头 1 信号。若当时取探头 2 信号，当两个探头的频率差小于预设偏差减去预设滞后值，则取探头 1 信号，否则仍取探头 2 信号。

Isochronous 模式：

此模式意味着柴油机只有一种单一频率或一个固定的转速，也就是说，柴油机的转速恒定，而与负荷无关。

在这种控制模式下，柴油机的运行方式为孤立系统运行。此时柴油机系统只有转速可控，输出的功率是由实际带动的负载决定的。

在核电厂，根据核安全的要求和应急柴油发动机组所带负载特性，柴油发电机组应急启动时调速系统使用的是 Isochronous 模式。柴油机发电机在接到启动命令后 10 s 内建立额定频率和额定电压。按照带载顺序依次带载，转速始终调节稳定在 600 r/min。

DROOP 模式：

柴油发电机组随着负荷增加，转速下降，这种情况可以通过改变转速来获得带载能力。类似于油门位置不动，随着负荷加大，柴油机转速自动降低，随着转速下降，油门控制系统也做相应改变，最终在某一转速下稳定运行。

电子调节系统也能运行在降速模式。在 Droop 模式下，转速/频率的下降与负载成比例关系，也就是说随着负载增加，转速降低，故需要根据负荷修改相应的转速设定值。

对于 DROOP 控制模式的发电机，若想向电网提供功率，其设定频率必须高于电网频率，根据电网频率和要向电网提供的功率来决定柴油机的并网转速，即通过降速来向外供电。若并网频率低于电网频率，则柴油发电机组从电网吸收功率。当处于 DROOP 控制模式下的发电机与电网脱离时，柴油机转速升高到并网前的转速设定值。DROOP 模式调速曲线如图 352-02-14-28 所示。

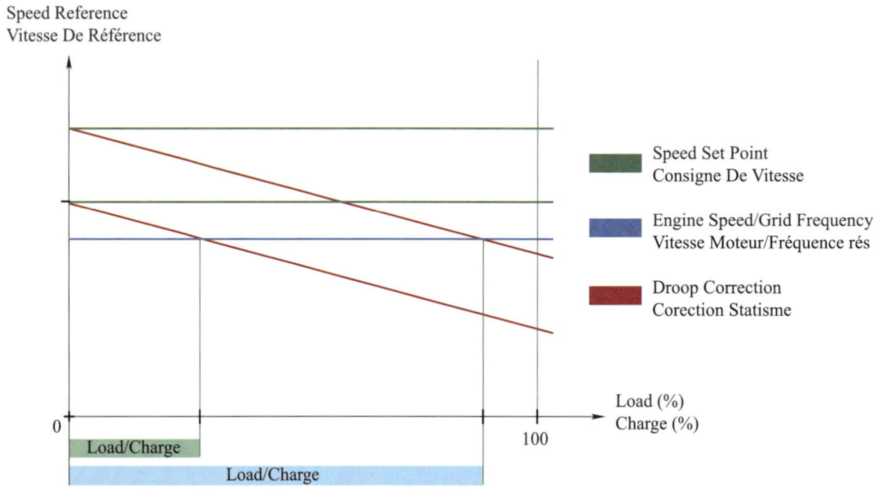

图 352-02-14-28 DROOP 模式调速

引擎控制器调速原理：

在闭环控制系统中，所有的输入信号在求和点进行比较，输出偏差信号。对于精确稳定的控制系统，求和点输出的信号最后为零，表明实际输出值与期望值相同。柴油机的转速信号作为闭环控制相同中的负反馈信号，且该信号与柴油机的实际转速成正比。转速设定值是可调的，该值作为控制系统中的一个参数比较基准。转速设定值与实际的转速反馈系统进行比较，产生一个偏差信号，偏差信号经过特定的 PID（比例/积分/微分）运算最终产生一个增加或减小油门信号并输出到执行机构；柴油机的转速便随着油门的增加/减小而增大/减小；柴油机实际转速又被反馈到调速器进行比较，最终使柴油机的转速稳定在设定值。

其中若柴油机工作在 DROOP 模式时，DROOP 百分比值也参与到转速设定值与实际转速的偏差计算点中，对该计算点进行补偿，当计算点达平衡时，偏差消除，PID 停止运算，达到调节油门的目的。

发电机保护配置：发电机保护矩阵中的 NC 级保护都通过装置实现。发电机辅助保护继电器有建压保护、建频保护、低电压保护，发电机保护矩阵中的 1E 级保护都通过发电机辅助保护继电器实现。

发电机综合保护装置提供发电机的非核级电气保护，包括差动保护、接地故障保护、过频/低频保护、过电压/低电压保护、过流/过负荷保护、负序过流保护、逆功率保护和失磁保护。

1E 保护：

建压继电器：柴油发电机组启动时监测发电机电压，电压整定值 80%，延时 0 s；

建频继电器：柴油发电机组启动时监测发电机频率，整定值 49 Hz，延时 0 s；

欠压继电器：柴油发电机组启动后监测发电机电压，三取二逻辑，电压整定值 70%，延时 3 s。

PLC 控制柜：

PLC 控制柜主要完成柴油发电机组运行状态监视功能，主要部件包括 PLC 系统 CPU、数字量输入/输出模块、模拟量输入/输出模块、通信模块、隔离继电器、打印机等设备。

PLC 控制系统包括数字量输入/输出模块：处理柴油发电机组数字量信号；模拟量输入/输出模块：处理柴油发电机组模拟量信号；隔离继电器：隔离 PLC 系统输入/输出信号，避免信号干扰。

就地控制柜

就地控制柜包含 N1E 部分和 1E 部分。N1E 部分控制发电机电压、电流、功率、功率因素、频率，柴油机温度、压力、液位；1E 部分包括柴油发电机组手动起停、柴油发电机组自动起停、柴油发电机组自动保护逻辑、柴油发电机辅助系统控制。

柴油机控制逻辑：

1）机组启动记忆

机组起动记忆由两种信号触发，一种是就地手动启动，另一种是远程手动启动和应急启动。

当机组两种起动命令中任一组触发后，通过双稳态继电器保持状态信号。

2）机组就地启动命令

在 700 PP 的“001 CC”达到“就地模式”时，满足相应启动条件，即可通过就地手动旋钮“002 CC”触发机组启动记忆。

3）启动信号测试

为定期测试主控 DCS 送机组就地控制柜的 4 个启动信号线路，设计了测试逻辑，根据运行维护手册操作说明，在执行启动信号测试期间，机组须达到维护位。

测试信号发出后，就地控制柜会抑制机组启动命令执行，但会向主控反馈测试 OK 信号，证实线路良好。

4）启动电磁阀控制及启动失败判断

根据设计，启动记忆会触发一个 4 s 的脉冲信号，驱动 A、B 列启动空气电磁阀同时打开 4 s，但是如果机组转速提前达到 30%，则启动电磁阀将提前关闭。当启动记忆触发 4 s 后，机组转速如果还没有达到 30%，则判断启动失败。

5）停机命令

停机的方式归纳为以下四种：

就地手动停机；

远程授权停机；

常规保护停机；

应急保护停机。

紧急停机记忆和启动失败记忆是可以直接触发停机命令的。

就地手动停机和常规保护停机需要先消除应急启动记忆。

消除应急启动记忆的方法是复位应急启动双稳态继电器，需要主控先发停机授权信号。如果此时没有应急启动命令保持，则应急启动双稳态继电器复位。

消除应急启动记忆后，操作人员须赴机组就地用“002CC”停机。常规保护此时也可以触发停机。

6）停机电磁阀控制

常规停机命令生效会复位机组启动记忆的双稳态继电器，该动作会触发一个 120 s 时长的停机动作信号，作用于停机电磁阀和停机线圈，在此期间无法再起启动机组。

7）紧急停机电磁阀控制

112%超保系统单独配置电磁阀，110%超保系统也单独配置了电磁阀，但是该保护定义为 N1E 级保护，紧急启动记忆信号可以抑制其动作。

电压互感器柜：

电压互感器柜内主要部件包含电压互感器、熔丝、小型断路器。

电压互感器（001TU/002TU/003TU）：为柴油发电机继电保护、测量、调压以及同期功能提供 AC 100 V 三相电压信号。

移动式同期小车：

移动式同期小车每个堆配置一台，本项目共两台，机组定期试验期间，通过操作同期小车完成机组并网试验，主要部件包含同期模块、显示表计（有功功率表、无功功率表、功率因素表、同期表、频率表和压差表）、电压/转速调节开关、同期状态指示灯、手动同期合闸按钮、同期模式选择开关等设备。

同期操作的目的是在柴油发电机组定期试验阶段与电网进行连接。

柴油发电机组的电压、相位和频率将通过同期小车与电网的参数进行比较以及调整，当两者数据相互匹配达到同期条件时，即可通过同期小车进行同期操作。

同期小车通过一套航空插头（901PJ1/902PJ1/903PJ1）与控制柜的控制电源及信号实施连接，从而实现同期操作。

在进行同期操作前，柴油发电机组必须在运行状态，并且柴油发电机组控制模式为“远程控制”模式（001CC 在“Remote”模式），同期操作模式选择“手动”或者“自动”模式（390TL 在“Manual”或者“Auto”模式）。

在同期“手动模式”下，操作员需操作 390TO 将柴油发电机组出口断路器（002JA）和电网侧断路器（001JA）合闸。为了保证 001JA 和 002JA 及时合闸并且完全合闸，390TO 必须保持接通状态直到同期小车面板显示 001JA 和 002JA 开关状态为合闸方可松开。

在同期“自动模式”下，同期单元模块（390ZK）将判断是否可同期并发出柴油发电机组出口断路器（002JA）和电网侧断路器（001JA）合闸命令。

不管在“手动”还是“自动”模式下，同期单元模块（390ZK）都将会检查并监视柴油发电机组与电网参数，并判断是否满足同期条件，同时触发同期命令。

14.4.6 指标与参数

1）“华龙一号”应急柴油发电机技术参数

表 352-02-14-24　“华龙一号”应急柴油发电机技术参数

型号	LSA 62 A-95
极数	10
转速	600 r/min
额定容量	10 187 kVA
功率因素	0.8
额定电压	6600 V
额定频率	50 Hz

2）速度调节与保护柜技术参数

速度调节与保护柜主要用于完成机组两类控制：一类是柴油机的速度控制和监测功能，用以保证机组在负载扰动情况下转速（频率）稳定和带载能力的稳定；另一类是实现机组的电气保护和远程电量测量的功能。AFSAM 预设定值如表 352-02-14-25 所示。

表 352-02-14-25　AFSAM 预设定值参数

SVEM	AFSEM
额定 600 r/min	阈值 1：30 r/min
超速阈值 672（112%）	阈值 2：120 r/min
位置：凸轮轴	阈值 3：180 r/min
齿数：92	阈值 4：480 r/min
阈值频率 515.2 Hz	阈值 5：480 r/min
控制类型：干接点	阈值 6：800 r/min
3 取 2 逻辑：外部搭建	模拟量：4～20 mA、0～800 r/min

保护定值配置如表 352-02-14-26 所示。

表 352-02-14-26　保护定值配置参数

代码	描述	分级	整定值
87G	发电机差动保护	NC	差动启动值 700 mA；第一段斜率 0、拐点值 5 A、第二段斜率 50%
59.1	过压保护 1 过压保护 2	NC	电压定值 120 V；延时 4 s 电压定值 140 V；延时 0.3 s
51.1	过流保护	NC	电流定值 4.75 A；延时 2 s
46	负序保护 1 负序保护 2	NC	负序电流定值 300 mA；延时 5 s 负序电流定值 550 mA
27.1	低压保护	NC	电压定值 70 V；延时 4 s
81.1	低频保护 1 低频保护 2	NC	频率定值 48.5 Hz、延时 3 s 频率定值 48 Hz、延时 3 s
81.2	过频保护 1 过频保护 2	NC	频率定值 51 Hz、延时 3 s 频率定值 52 Hz、延时 3 s
51.2	过负荷保护	NC	电流定值 3.56 A；延时 60 s
64G	接地保护	NC	零序电压定值 17 V、延时 1 s

续表

代码	描述	分级	整定值
32	逆功率保护	NC	逆功率定值 33 W；延时 5 s
40	失磁保护	NC	Xa1 定值 2.10 hm；Xb1 定值 200 hm；延时 0.5 s
59.3	建压电压	1E	电压定值 80 V；延时 0 s
81.3	建压频率	1E	频率定值 49 Hz；延时 0 s
27.2	低电压保护	1E	电压定值 70 V；延时 0 s
27.3	低电压保护	1E	电压定值 70 V；延时 0 s
27.4	低电压保护	1E	电压定值 70 V；延时 0 s

3）就地控制柜技术参数

就地控制柜主要完成应急柴油发电机组的就地起、停、紧急停、自动保护等控制功能；

与机组参数监测和报警的功能（1E 级回路）；

故障报警：柴油发电机组状态、机械故障、电气故障、音频报警；

柴油机全部工艺流程图，报警点可以在流程图相应位置闪动，便于快速查找故障；

电气量的监控和显示（精度等级 1.5）：电压、电流、有功功率、无功功率、功率因数、频率；

机组运行监控：累计运行时间计时器、启动次数计数器、启动成功次数计数器、启动时间计时器；

HMI 中的数据可以通过 U 盘导出，便于打印机打印报表。

4）PLC 控制柜技术参数

主要完成柴油发电机控制等任务（N1E 级回路）。

使用 B&R 或类似品牌的最新型号 PLC，其中包括用于非核级回路信号处理的输入输出卡件，接收柴油发电机组及其辅助设备上各种传感器的输入信号，如 4～20 mA 模拟量信号，PT100 和热电偶（*K* 分度）信号等，同时也能接收来自电厂的接口数据信号。PLC 控制辅助设备，以保证机组运行状态良好，且在运行过程当中适时输出所需的控制信号，采集通道预留 15%的余量。

凡执行安全功能的 1E 级设备或部件，如果使用了编程软件，必须按 IEC 60880 要求进行鉴定。

5）电压互感器柜技术参数

电压互感器柜柜内主要安装用于柴油发电机组继电保护、测量、调压以及同期功能的电压互感器及其相关配套设备。

电压互感器的最大工作电压为 7200 V，具体参数如下表所示：

名称	变 比	精确等级	容量
电压互感器/TU	$\frac{6\,600}{\sqrt{3}}/\frac{100}{\sqrt{3}}/\frac{100}{\sqrt{3}}$	0.5	30 VA

14.4.7 维修技术要求

（1）预防性维修项目

表 352-02-14-27 应急柴油发电机电控柜预防修性维修项目

项目名称	项目周期（1 C 为 1 个燃料循环）
速度调节和保护柜定检	1 C
应急柴油发电机本体电气部分定期检查	1 C
应急柴油发电机本体解体检查	4 C

续表

项目名称	项目周期（1 C 为 1 个燃料循环）
PLC 控制柜定检	1 C
就地控制柜定检	1 C
移动式同期小车定检	1 C

（2）检修主要内容

——装置外观应完好，无破损、过热等痕迹；

——屏内端子接线应紧固，端子无破损、过热等痕迹；

——用 500 V 绝缘电阻表测试装置所有电路对地的绝缘电阻，不小于 20 MΩ；

——P343 保护装置各保护设定值与检验值误差不应超过±5%；

——发电机建压继电器、建频继电器、欠压继电器护设定值与检验值误差不应超过±5%；

——中间继电器校验应满足继电器检验相关标准；

——直流接触器动作电压、返回电压应满足相关要求；

——时间继电器整定时间与校验值误差不应超过±5%；

——变送器校验应满足合格相应合格标准；

——检查 PLC 工控机显示界面无异常报警，PLC 硬件各输入输出模块无异常报警；

——自动同期装置 390ZK 校验、393ID 同期表校验、394ID 双频率表校验、395ID 压差表校验、390ID 有功功率表校验、391ID 无功功率表校验、392ID 功率因数表校验、同期回路逻辑校验。

（3）所有试验完成后检查安措均已恢复原状。

发电机部分：

定子部分

发电机定子部分的定期检查项目有绝缘电阻测量、极化指数测量、螺栓紧固、定子线圈目视检查、定子线圈测温探头功能检查，清洁进出气口。

绝缘电阻测量：采用 5000 VDC 测试电压，测量定子相对地之间的绝缘，测量时间 1 min，测量值应不低于 1000 MΩ（环境温度折算到 40 ℃）。如果测量值有问题，需解开发电机中性点，单独测量每相对地绝缘，测量周期 4 年。

极化指数测量：极化指数 i_p 能反应出发电机绝缘状况或定子线圈污染情况。当 i_p 过低时（$i_p<1$），可考虑清洁、烘干定子线圈，如 i_p 依然过低，则需对定子线圈绝缘作进一步检查。测量时采用 5000 VDC 测量电压，解开发电机中性点，非被测相短接接地，对被测相和地之间加压（如图 352-02-14-29 所示），读取 1 分钟时的绝缘电阻值和 10 min 时的绝缘电阻值，使用公式

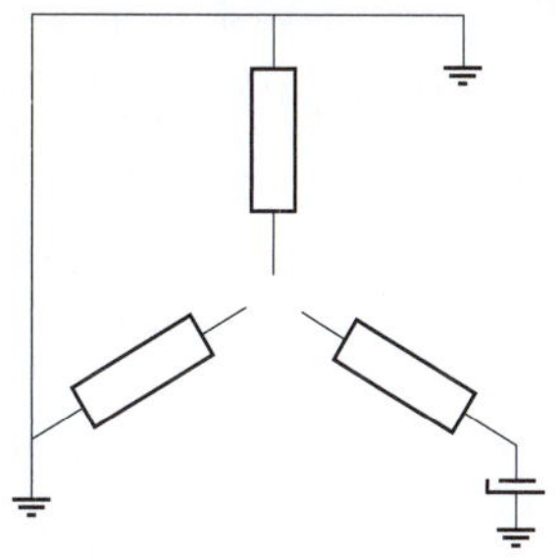

图 352-02-14-29 测量极化指数时接线简图

$$i_p = \frac{R_{(t=10minutes)}}{R_{(t=1minute)}}$$

即可计算处极化指数 i_p。当 $i_p<1$ 时，表明绝缘状况差，需对定子绝缘进行处理；当 $1<i_p<2$ 时，需要对定子绝缘进行监视；当 $2<i_p<4$，表明绝缘状况良好；当 $i_p>4$ 时，表明绝缘状况极佳，极化指数测量周期为 4 年。

螺栓紧固：目视检查各螺栓紧固标记线是否移动，如有移动，使用力矩扳手检查对其重新进行紧固，具体力矩值可通过查询制造厂运行维护手册，紧固后需用记号笔重新标记，检查周期为 4 年。

定子线圈目视检查：目视检查定子线圈，有无脏污、明显变形、过热或放电痕迹。如有，则需进一步处理，检查周期为 4 年。

定子线圈测温探头功能检查：定子线圈共有 6 个 Pt100 测温探头，可使用万用表测量其电阻，折算成温度值，与当前环境温度作比较，以确定其功能是否正常，该项目检查周期为 4 年。

清洁进出气口：对进出气口百叶窗进行清洁，周期为 4 年。

定期检查结束后应清点工器具、耗材，防止遗落在发电机内部。

转子部分：

发电机的转子部分定期检查项目有绝缘电阻测量、极化指数测量、转子线圈目视检查、清洁二极管、二极管和压敏电阻检查、二极管紧固，各项目检查周期为 4 年

绝缘电阻测量：采用 500 VDC 测量电压，将固定旋转二极管整流桥的两个平衡盘短接，兆欧表一端接地，一端接平衡盘，以测量转子绕组和励磁机电枢的绝缘电阻，绝缘电阻值不小于 100 MΩ（折算到环境温度 40 ℃时）则视为合格。

极化指数测量：接线同绝缘电阻测量，读取 1 min 和 10 min 时的绝缘电阻值，计算出极化指数。

转子线圈目视检查：目视检查转子线圈有无脏污、过热或放电痕迹。

清洁二极管：对旋转二极管进行清洁。

二极管和压敏电阻检查：检查二极管和压敏电阻有无损坏。

二极管紧固：按照规定的力矩值对二极管进行紧固。

出线端子箱：

出线端子箱的定期检查项目主要是对其进行清洁和紧固件的紧固工作，周期为 4 年。

永磁发电机：

作为副励磁机的永磁发电机定期检修项目主要是绝缘电阻测量、极化指数测量和气隙检查，各检查项目周期为 4 年。

绝缘电阻测量：采用 100 VDC 测量电压，从接线端子盒处对永磁发电机定子线圈进行测量，绝缘电阻应不小于 100 MΩ（环境温度折算到 40 ℃时）。如测量值有问题，需单独测量每相绝缘电阻值。

极化指数测量：接线同绝缘电阻测量，读取 1 min 和 10 min 时的绝缘电阻值，计算出极化指数。

气隙检查：通过调整顶举螺栓（图 352-02-14-30，序号⑥）来移动中间环（图 352-02-14-30，序号③），使其处于正确的中心位置，测量 12 点、3 点、6 点、9 点位置的气隙值，各位置的测量值误差应小于 0.5 mm。

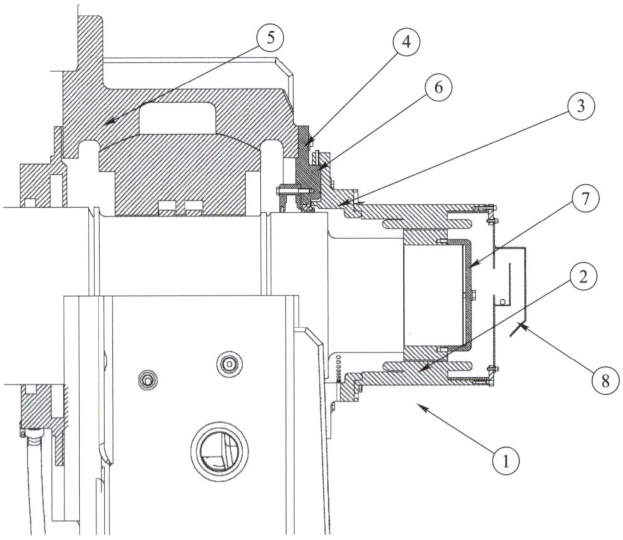

图 352-02-14-30　发电机端部结构

滑动轴承：

轴承的定期检查项目主要有润滑油更换、螺栓紧固、轴承内部检查、轴承箱测温探头检查。

润滑油更换：如发电机运行在干净的环境下，可 4 年更换一次。如在更换周期内，润滑油特性变化超过下述要求，或超过 ISO 4406：18/16/13 或 NAS 1638 class9 所规定的最大可接受污染水平，则需进行检查并更换润滑油：

——新油黏度变化超过±10%；

——酸值（TAN）超过 2；

——新油酸性变化超过±0.5 mg KOH/g；

——水分含量超过 0.05%。

如果更换下来的润滑油有残渣或明显变化，排除可能原因外，必要时需对轴承进行检查。注入新油时确保无异物进入轴承箱，注入量从油量观察窗看，最小在观察窗底部，最大不超过观察窗上 2/3 处。

螺栓紧固：用力矩扳手按照规定的力矩值对轴承箱上相关螺栓进行紧固，该项目周期为 4 年。

轴承内部检查：解体轴承箱，对轴承箱内各部件进行检查，该项目执行周期为 8 年。

轴承箱测温探头检查：轴承箱内有 1 个 Pt100 测温探头，对其进行电阻测量并计算温度值，与实际温度值进行比较，该项目检查周期为 4 年。

防凝露电加热器：

防凝露电加热器检查项目主要是测量其绝缘电阻，使用 500 VDC 测量电压，测量其对地绝缘，绝缘电阻应不小于 100 MΩ（环境温度折算到 40 ℃时），防凝露电加热器检查周期为 4 年。

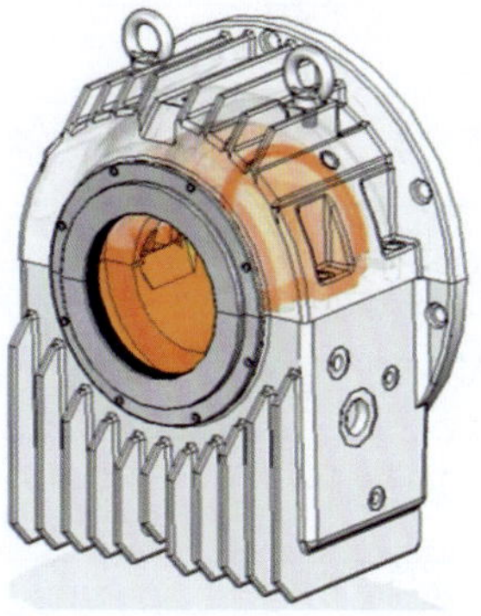

图 352-02-14-31 轴承箱

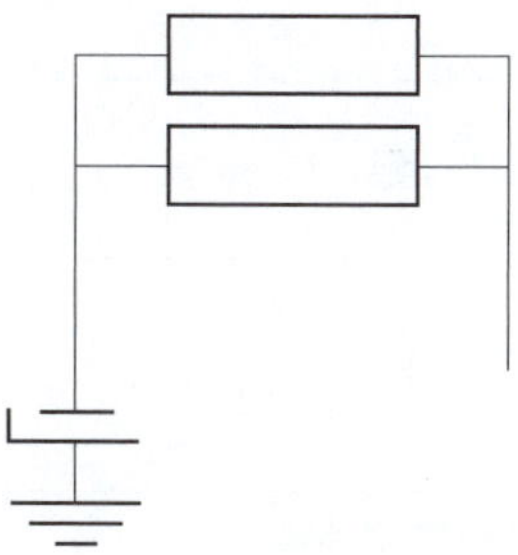

图 352-02-14-32 测量电加热器绝缘电阻接线

14.4.8 质量管理

表 352-02-14-28 质量管理

项目名称	质量管控点
速度调节和保护柜全检	绝缘检查、P343 综保装置校验
就地控制柜全检、PLC 控制全检	绝缘检查、继电器校验
柴油发电机同期并网装置全检	绝缘检查、自动同期装置 390ZK 校验
应急柴油发电机本体检查	定子绕组绝缘、转子绕组绝缘

14.4.9 技术规程清单

表 352-02-14-29 技术规程清单

序号	规程名称
1	柴油发电机同期并网装置全检

续表

序号	规程名称
2	柴油发电机同期并网装置部检
3	EMP/Q 柴油机调速器部检
4	EMP/Q 柴油发电机保护柜部检
5	EMP/Q 柴油发电机保护全检
6	EMP/Q 柴油发电机就地控制柜部检
7	EMP/Q 柴油发电机就地控制柜全检
8	6.6 kV 应急柴油发电机本体电气部分定期检查
9	6.6 kV 应急柴油发电机本体解体检查

14.4.10 经验反馈

表 352-02-14-30 经验反馈

故障特征	可能原因
电源缺失	电气控制柜输入电源是否故障 隔离开关（020JS/021JS）位置异常 直流电源模块（030AN/031AN）异常 小型断路器（021JA/022JA/025JA/030JA/031JA 等）异常
柴油机超速保护卡件多次发生故障	超速探头保护卡件故障可能导致误发报警 外部回路接线异常可能导致故障报警 超速探头异常可能导致报警触发
福清核电 1LHQ 柴油机非同期合闸	DCS1 层与 2 层通信中断，导致连锁逻辑失效 1LHB002JA 断路器分闸反馈信号节点故障
福清核电 1/2LHP501AR 控制屏上信息显示错误	工控机 PLC 信息配置错误
301 大修运行定期试验期间发现 3LHQ501AR 显示屏显示异常	工控机及 PLC 对环境运行粉尘、温湿度要求较高，在安装期间需增加温湿度控制及防尘措施
5EMP 柴油发电机一次相序设计错误	国内厂家与国外厂家设计接口错误，国内厂家未正确理解国外厂家图纸
5EMP 启动试验时间不满足技术规格书要求	陕柴出厂试验使用励磁装置并非现场装置，其采用一台公用励磁设备进行出厂试验，现场励磁装置未实际待柴油发电机进行试验，导致试验结果不合格
5EMP 电气差动保护 CT 极性设计错误	差动保护 CT 极性设计错误，未考虑保护装置差动原理
5EMP 单体试验过程中，滑油继电器烧毁	使用仪器选型不当，不能实际模拟现场表计

14.5 直流电动执行机构华龙专用型号技术要求

14.5.1 定义

直流电动执行机构应用于 PCS 和 PRS 系统，上游由 ETE 和 ETF 220 V 直流配电盘直接供电，在电站发生包括严重事故（包括全厂断电、喷淋系统故障相关事故）时，蓄电池组能够向直流电动执行机构供电至少 72 h。

PCS 系统（非能动安全壳热量导出系统）：

用于在严重事故（包括全厂断电、喷淋系统故障相关事故）工况下安全壳的长期排热，包括与全厂断电、喷淋系统故障相关的事故。在电站发生严重事故（包括全厂断电、喷淋系统故障相关事故）时时，将安全壳压力和温度降低至可以接受的水平，保持安全壳完整性。

系统安全壳内换热器、安全壳外隔离阀和两者之间的管道为电站第三道安全屏障的组成部分。在系统设备、管道出现破口时，安全壳外的电动隔离阀根据安全壳外辐射监测信号，隔离这些管线，确保电站第三道安全屏障的完整性。

PRS 系统（二次侧非能动余热排出系统）：

在发生全厂断电事故且辅助给水系统汽动泵系列失效工况下，系统投入运行，在不超过冷却剂压力边界设计条件的前提下，通过蒸汽发生器导出堆芯余热及反应堆冷却剂系统各设备的储热，在 72 h 内将反应堆维持在安全状态。

在安全壳外，冷凝水管道及应急补水箱的注入管道上分别设置两台并联的隔离阀，在安全壳内，冷凝水管道上设置了一台止回阀，可以执行安全壳隔离阀的功能。为保证系统执行其功能，蒸汽管道上的隔离阀应保持常开。

14.5.2 范围对象

PCS 系统：

为了保证系统出现泄漏时，核电厂第三道屏障—安全壳的完整性，PCS 系统分别在安全壳外的上升管道和下降管道设置了电动隔离阀，机组正常运行时上升管道隔离阀处于常开位置，下降管道隔离阀处于常关位置。

PRS 系统：

PRS 系统可分为三列，蒸汽管线通过安全壳外常开的电动隔离阀后分为两路，一个支路连接应急余热排出冷却器的入口，另一个支路连接换热水箱底部，冷凝水管道连接应急余热排出冷却器，并在管道上设置两台并联电动隔离阀，应急补水箱的注入管道也设置两台并联电动隔离阀，应急补水箱的上游管道设置一台常开的隔离阀。冷凝水管道与蒸汽发生器给水管道相连且在管道上设置一台止回阀。通过辅助给水系统统一对三列 PRS 系统进行充水。

14.5.3 结构原理

如图 352-02-14-33 所示，该部分为电动执行机构的控制部分，六个凸轮用螺丝固定在中间转轴上，左边和右边各分布三个开阀微动限位开关和三个关阀微动限位开关，三个开阀（关阀）微动限位开关的作用分别为开（关）到位控制、配电盘开关位置指示灯显示、DCS 位置显示。

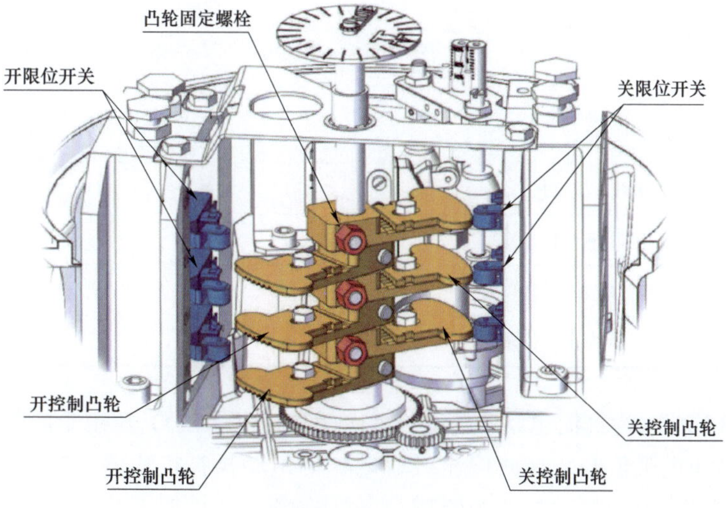

图 352-02-14-33

图 352-02-14-34 所示为力矩开关，PCS 和 PRS 系统的直流电动执行机构使用力矩关，关阀时且力

矩达到要求，阀门停止动作，此时阀门在全关位置；开力矩开关仅作为后备保护，避免开阀时力矩过大顶坏阀门。

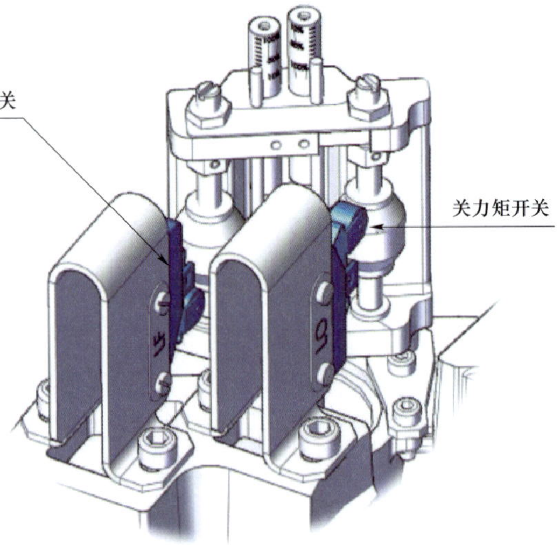

图 352-02-14-34

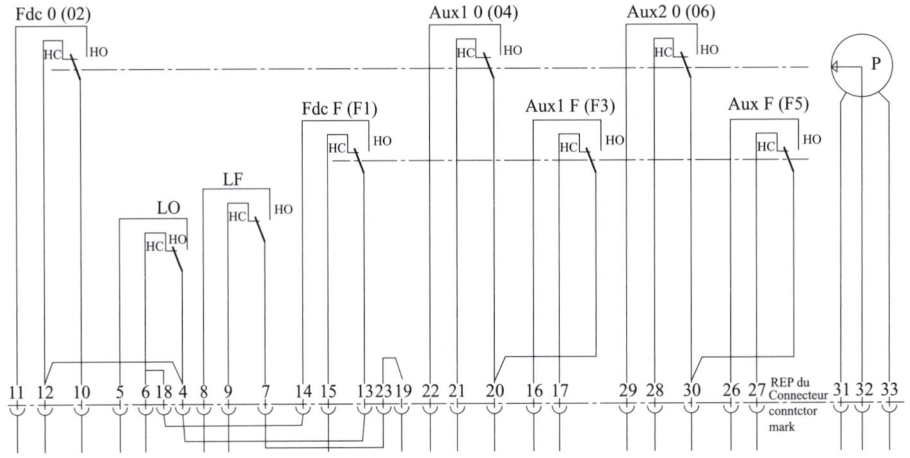

图 352-02-14-35

元件号	用途	元件号	用途
LO	开扭矩限位开关	LF	关扭矩限位开关
O2	开启行程限位开关	F1	关闭行程限位开关
O4	开启行程辅助限位开关	F3	关闭行程辅助限位开关
O6	开启行程辅助限位开关	F5	关闭行程辅助限位开关

如图 352-02-14-35 所示为直流电动执行机构的内部接线图，LO 开扭矩限位开关作为阀门开阀的后备保护，O2 开启行程限位开关在阀门全开时动作，电动执行机构停止转动，O4、O6 开启行程辅助限位开关用作状态指示触点；LF 关扭矩限位开关在阀门全关时动作，电动执行机构停止转动，F1 关闭行程限位开关作为旁路控制，可躲开阀门初始力矩过大的情况，F3、F5 关闭行程辅助限位开关用作状态指示触点。

14.5.4 指标与参数

PCS 和 PRS 系统直流电动执行机构的型号及参数如下表：

开关力矩	额定电压	额定电流	功率	鉴定等级
53/49 N • m	220 V/DC	3.5 A	0.44 kW	K3
92/115 N • m	220 V/DC	3.5 A	0.44 kW	K3
270/270 N • m	220 V/DC	10 A	1.32 kW	K3

14.5.5 维修技术要求

电动执行机构本体清洁；标牌指示正确；零件、紧固件紧固；电机直流电阻正常；电机绝缘电阻正常（数值≥0.5 MΩ）；就地操作开、关电动执行机构，检查位置状态、显示正确；主控操作开、关电动执行机构，检查位置状态、显示正确；校验电动执行机构限位开关位置准确。

（1）预防性维修项目

主要列出该预防性维修项目清单

表 352-02-14-31　设备名称预防修性维修项目

项目名称	项目周期（1 C 为 1 个燃料循环）
核岛电动执行机构定期维护	3 C
核岛电动执行机构解体	10 C
核岛电动执行机构维修后试验	3 C

（2）检修主要内容

1）电动执行机构外观检查

——接地线完好，固定正常；

——电动执行机构表面清洁。

2）电动执行机构内部检查

——电动执行机构控制盒及电机接线盒清洁；

——检查动力电缆和控制电缆紧固良好、接插件整齐插好、固定牢固可靠；

—— 电动执行机构无漏油；

——检查电缆表皮无损伤；

——检查电动执行机构开关指示牌螺丝紧固，开关指示正确；

—— 检查限位开关和力矩开关动作正常；

——测量电机直流电阻值；

—— 测量电机对地绝缘电阻，其数值应≥0.5 MΩ。

3）电动执行机构解体检修

—— 清洗电动执行机构各部件，清洁金属结合面；

——检查各部件是否有磨损或损坏，必要时更换；

—— 测量电机直流电阻值；

—— 测量电机对地绝缘电阻，其数值应≥0.5 MΩ；

——检查限位开关和力矩开关动作正常；

——试验力矩校验平台对电动执行机构力矩调整，力矩校验值与初始值保持一致，偏差介于±10%之间。

4）电动执行机构动作验证

——电动执行机构本体、配电柜和主控显示阀门状态正确；

——开关阀动作时间满足要求；

—— 阀门在开关过程中无卡涩；

—— 开阀电流和关阀电流满足要求。

14.5.6 质量管理

表 352-02-14-32 质量管理

项目名称	质量管控点
核岛电阀门动作验证	（1）阀门本体、配电柜和主控显示阀门状态正确 （2）开关阀动作时间满足要求

14.5.7 技术规程清单

表 352-02-14-33 技术规程清单

序号	规程名称
1	核岛电动执行机构定期维护规程
2	核岛电动执行机构维修后试验规程
3	核岛电动执行机构解体规程

14.5.8 经验反馈

表 352-02-14-34 经验反馈

故障特征	可能原因
电动执行机构动力电缆正负极短路	现场为临时接线且未严格按照电动执行机构 EOMM 的操作要求进行规范接线；电缆与端子连接处未用热缩套管进行保护

14.5.9 参考资料

《核岛阀门通用技术条件》（C3X47000359B21344DS）.

第三章 仪 控

1 概述

核电厂仪控主要分为DCS及仪表部分，其中DCS分为安全级DCS和非安全级DCS。安全级DCS系统主要完成紧急停堆，专设安全设施及支持系统驱动，事故后监视数据采集和处理等安全级（1E）功能；非安全级DCS包含两大系统：电站过程控制机柜系统和电厂计算机信息和控制系统。前者属于核电厂仪控系统结构中的自动控制与保护层，是电站自动控制的基础；后者主要承担电厂的数字化操作任务，在电厂仪表和控制系统总体结构中，电厂计算机信息和控制系统构成了电厂的操作和管理信息层，其终端是实现电厂监控的主要人机接口。

反应堆核测仪表分为堆芯测量系统（RII）和核仪表系统（RNI）。堆芯测量系统（RII）的功能是在线提供反应堆堆芯中子注量率分布、燃料组件出口以及反应堆压力容器上封头腔室内反应堆冷却剂温度和反应堆压力容器水位的测量数据。“华龙一号”堆芯测量系统主要分堆芯冷却系统（CCMS）和中子注量率测量系统（CNFM），其中CCMS系统包含堆芯温度测量系统和水位测量系统。两者自给能中子探测器与热电偶集成在一个中子温度探测器组件中，水位探测器集成在液位探测器组件中。RNI系统共有12个独立保护通道：4个源量程、4个中间量程、4个功率量程。这12个子通道的信号处理机架分别布置在RNI001AR至RNI004AR 4个保护机柜中，保护柜接收来自探测器的信号，放大和处理以后输往显示设备和其他有关系统。

2 引用文件

无。

3 术语和定义

DCS：分布式控制系统

仪表：测定稳定、气压、电量、流量等仪器的统称。

变送器：把传感器的输出信号转变为可被控制器识别的信号的转换器。

核辐射探测器：利用核辐射在气体、液体、固体中引起的电离效应、发光现象、物理或化学变化等进行核辐射探测的元器件。

4 核电厂DCS

4.1 核电厂非安全级DCS

4.1.1 概述

核电厂非安全级DCS（分布式控制系统）包含两大系统：核电厂过程控制机柜系统和核电厂计算机信息和控制系统。前者属于核电厂仪控系统结构中的自动控制与保护层，是核电厂自动控制的基础；后者主要承担核电厂的数字化操作任务，在核电厂仪表和控制系统总体结构中，核电厂计算机信息和控制系统构成了核电厂的操作和管理信息层，其终端是实现电厂监控的主要人机接口。

核电厂过程控制机柜系统由过程控制机柜、自动控制与保护层网络和网络接口、工作站及配电柜（盘）等组成。

系统的主要功能如下：

——信号采集、调制、预处理、有效性检查；

——传感器、变送器供电，热电偶冷端温度补偿；

——变量计算；

——逻辑处理；

——控制算法运算；

——执行器驱动，48 VDC 电磁阀配电；

——信号隔离和解耦；

——系统故障自诊断和报警；

——网络通信，包括与二层系统的通信、一层专用仪控系统的通信；

——与时钟系统接口、DCS 系统对时等。

核电厂计算机信息和控制系统主要由操纵员站、网络交换机、数据服务器、通信接口服务器等组成，核电厂计算机信息和控制系统主要完成下列功能：

——核电厂数据处理和信息显示；

——报警显示和处理；

——核电厂运行控制操作；

——反应堆状态监督；

——安全参数显示；

——与过程控制网络通信；

——与其他网络通信；

——挂牌功能；

——计算机化操作规程；

——性能计算。

4.1.2 非安全级 DCS 典型结构

非安全级 DCS 系统具有图 352-03-04-01 所示典型结构：

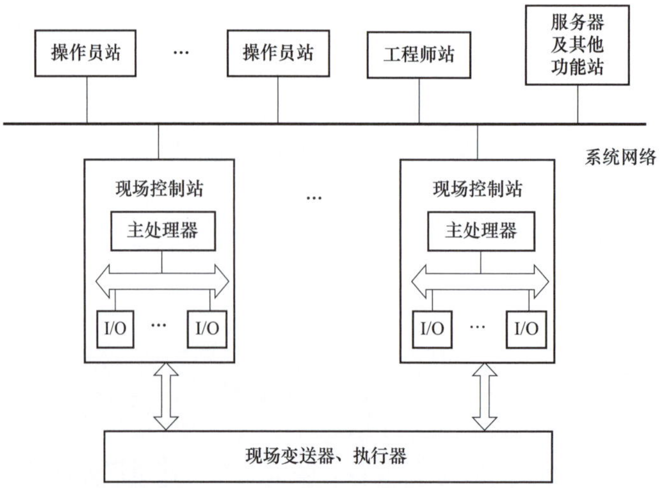

图 352-03-04-01 （非安全级）DCS 典型结构

系统内主要部件有：

——机柜——遵守导轨安装标准，设置防尘滤网、风扇、通风口、接线端子等辅助设备；

——控制器——运行过程控制程序，处理电厂所有闭环、开关控制、显示及报警逻辑；

——模拟量输入卡件——采集电厂过程模拟量信号（4～20 mA、0～5 V、脉冲）；

——模拟量输出卡件——输出控制指令到闭环控制设备；

——RTD 温度测量卡件——采集电厂热电阻温度信号；

——TC 温度测量卡件——采集电厂热电偶温度信号；

——开关量输入卡件——采集电厂过程开关量信号；

——开关量输出卡件——输出控制指令到控制过程设备；

——电源模块——电源属性转化及供电；

——通信模块——DCS 与外部系统通信、交换信息；

——工作站主机、显示器、输入设备、外围设备——DCS 系统信息显示、管理及操作接口；

——服务器主机——存储、处理、分发 DCS 数据；

——交换机——组成 DCS 网络。

4.1.3 非安全级 DCS 典型供电图

非安全级 DCS 二层系统机柜供电为两路 220 VAC（一路正常电源，一路不间断电源）为柜内服务器和显示设备供电。

非安全级 DCS 一层系统机柜由两路 220 VAC 电源供电，一路正常电源，一路不间断电源。并在机柜内部转化成冗余的 24 VDC 电源。

4.1.4 非安全级 DCS 部件技术要求

电厂计算机信息和控制系统不属于安全级系统，而且它仅仅是作为通常操作电厂功能的手段（计算机化意味着提供了一套不同于常规方式的有效的工具），要求有很好的可用性和可靠性以确保核电厂的稳定可靠运行，同时当系统出现干扰或故障时能及时通知操纵员并执行适当的动作（切换到后备盘）。

在主控室不可用的情况下，运行人员将电厂控制切换到远程停堆站。引起主控室不可用的原因有可能是地震引起的其他灾害，因此对远程停堆站及其相关的通信网络、服务器等必须进行抗震鉴定（远程停堆站的计算机化操纵员站同样属于电厂计算机信息和控制系统）。系统属于非安全级，但是它能够帮助操纵员在事件/事故情况时完成相应的功能。布置在主控室的电厂计算机信息和控制系统的大屏幕需在地震期间或地震后保持结构的完整性以防止飞射物造成的危害。布置在远程停堆站盘台以及相关的通信处理设备是抗震 I 类的，以便在主控室因为地震等而不可用时能维持监视操作的可用性，而布置在计算机中心、隔离办公室、值长室和技术支持中心的设备则没有抗震要求。

电站过程控制机柜系统需具有连续在线自检的能力，在线自检和报警监视包括 CPU 硬件设备（处理器、存储器、控制器等）故障检查、IO 模件故障检查、通信故障检查、电源故障检查、机柜故障检查等，并能连续存储异常日志、报警日志供后续查询。

4.1.5 非安全级 DCS 部件维修技术要求

（1）定期检查要求

日常运行期间应进行定期检查，且检查不影响操纵员任务，通过这些检查项目对系统健康状态能进行评估，以防止在电厂正常运行期间设备突发故障，或系统存在一些未报警的异常、或设备异常未产生报警的而长期未被发现的情况发生。检查内容包括：

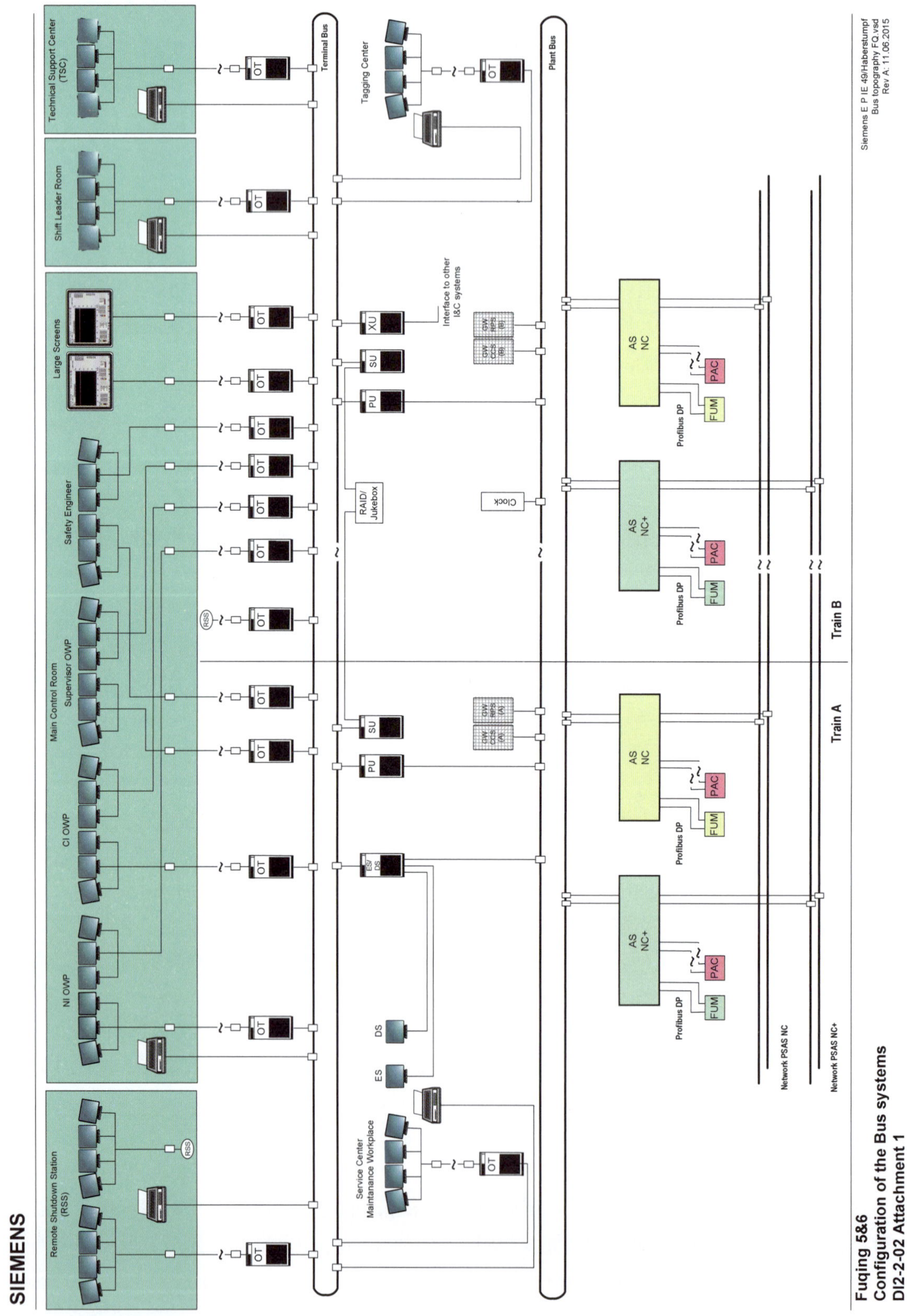

图 352-03-04-02　系统网络图

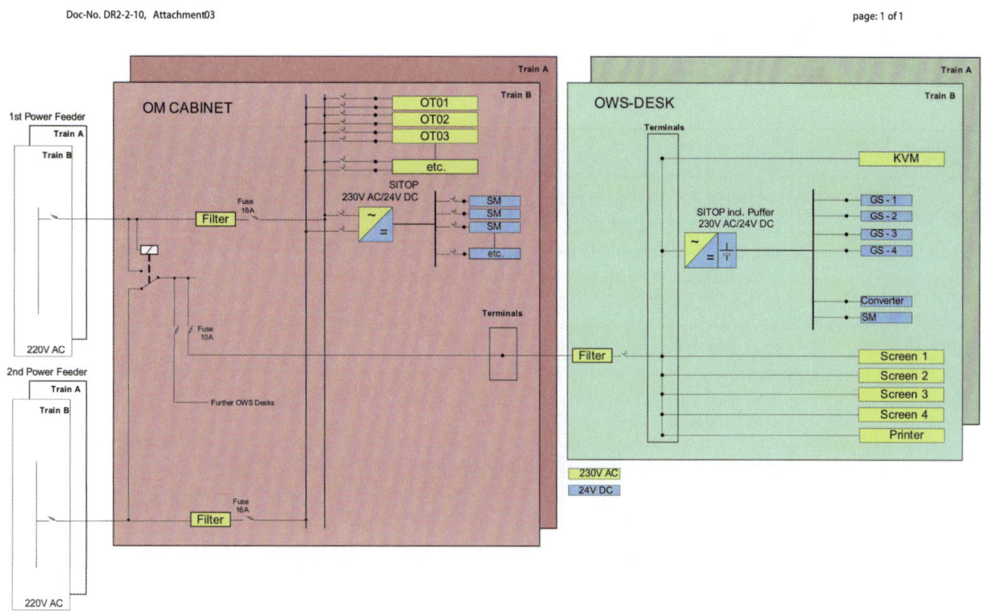

图 352-03-04-03 DCS 二层典型供电图

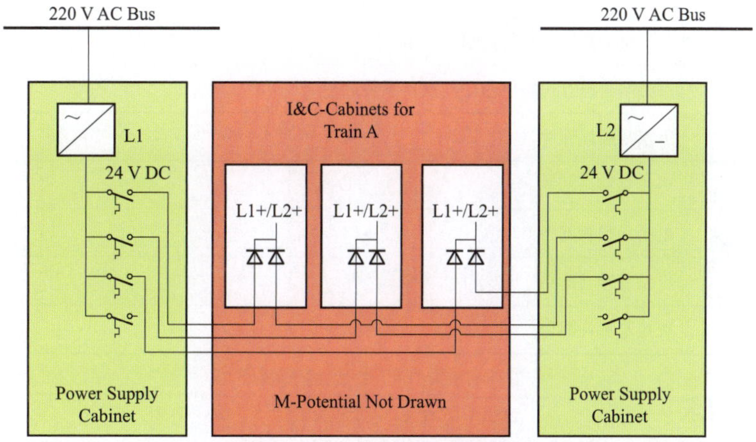

图 352-03-04-04 DCS 一层典型供电图

表 352-03-04-01 日常运行期间系统定期检查

项目名称	检查内容	项目周期
服务器、工作站	检查积灰、工作指示灯状态，对设备报警日志进行逐条检查	每周
控制器	检查工作指示灯状态，对设备报警日志进行逐条检查	每周
IO 卡件	检查工作指示灯状态，对设备报警日志进行逐条检查	每周
交换机	检查工作指示灯状态，对设备报警日志进行逐条检查	每周
厂房环境	检查温度、湿度、扬尘	每周
设备供电	检查设备始终保有双路供电	每周
机柜	检查机柜报警灯、积灰	每周
组态数据备份	对系统总体的组态进行备份	每月

停堆换料期间执行定期维护，检验那些对操纵员任务有影响的功能设备，或需要改变设备运行状

态的项目，定期更换易损耗设备、部件，以保证系统长期稳定运行。

表 352-03-04-02　预防修性维修项目

项目名称	检查内容	项目周期（1 C 为 1 个燃料循环）
服务器机柜电源冗余检查	验证电源系统的冗余切换功能，检查、更换备用电池，确保 DCS 设备电源系统可靠性	2 C
服务器系统及软件备份	对服务器、工作站操作系统、应用软件进行备份（该工作在执行系统更新后必须执行），以应对突发故障，便于快速恢复系统。	1 C
服务器内电池状态检查	检查电池电量，并进行更换	4 C
工作站、操纵员电源冗余检查	验证电源系统的冗余切换功能，检查、更换备用电池，确保 DCS 设备电源系统可靠性	2 C
机柜清灰	对机柜内设备进行清灰，防止影响设备电路、功能	2 C
盘台清灰	对操纵员、工作站设备进行清灰，防止影响设备电路、功能	2 C
网络状态检查	检查系统网络设备运行状态	1 C
网络负荷检查	检查系统网络带宽占比	1 C
时钟同步状态及功能检查	检查系统时钟同步	1 C
大屏幕投影功能检查	评估发光设备寿命、定期更换	3 C
接线端子紧固检查	防止机柜接线在基频振动下逐渐松脱	4 C
控制器组态初始化及下装	对控制器进行初始化操作，重新下装组态	4 C
内存更换	更换易损耗部件	6 C
硬盘更换	更换易损耗部件	6 C
显示器更换	更换易损耗部件	6 C
电源模块更换	更换易损耗部件	6 C
机柜滤网更换	更换易损耗部件	2 C

（2）纠正性维修要求

纠正性维修任务主要进行故障设备更换、零部件更换、系统及软件功能修改等，通过些工作对故障设备、异常功能进行处理，必须进行后续对应验证，来确保修后的功能，包括：

表 352-03-04-03　纠正性维修项目及处理措施和验证

项目	处理措施及验证
打印机墨盒更换	打印功能正常、报警消失
应用软件、操纵系统升级	验证软件功能、控制功能、通信功能
交换机端口故障处理	更换端口模块、检查通信功能正常、报警消失
交换机整体故障处理	更换端口模块、检查通信功能正常、报警消失
DCS 组态修改	按设计文件修改，验证修改后功能
平台系统重启	验证显示功能、控制功能、通信功能
电源模块更换	断电、更换电源，验证供电正常、报警消失
IO 卡件故障更换	在线更换模块，检查通道精度、响应时间满足要求，报警消失
控制器模块更换	更换模块，检查指示灯正常，报警消失
通信控制器更换	更换模块，检查指示灯正常，报警消失

（3）质量管理

表 352-03-04-04　质量管理

项目名称	质量管控点
控制器更换	控制器切换、控制功能、信号处理功能正常
电源更换	电源冗余性能、供电负荷检查
内存、显卡、硬盘检查	能正确载入操作系统，运行应用软件
IO 卡件检查	通道精度、响应时间检查
接线检查	力矩符合要求

（4）技术规程清单

表 352-03-04-05　技术规程清

序号	规程名称
1	DCS 一层数据库备份及恢复
2	DCS 二层数据备份及恢复
3	机柜电源冗余切换
4	机柜状态检查
5	机柜硬件检查与清灰-A 列
6	机柜硬件检查与清灰-B 列
7	二层网络状态检查
8	时钟同步网络功能检查
9	操纵员站维护-A 列
10	操纵员站维护-B 列
11	大屏幕功能检查
12	控制器通信状态检查
13	服务器维护-A 列
14	服务器维护-B 列
15	服务器冗余功能检查
16	服务器维护-B 列
17	服务器内存更换
18	服务器硬盘更换
19	服务器整体更换
20	大屏幕灯泡更换
21	时钟服务器更换
22	系统安装及配置
23	组态数据修改与下装
24	系统启动、停运
25	IPP 机柜状态检查
26	IPP 机柜冗余切换功能检查

续表

序号	规程名称
27	一层网络状态检查
28	通信模块更换及配置
29	IO 模块状态检查及更换
30	交换机检查、更换及配置
31	电池检查及更换
32	电源模块更换
33	控制器状态检查及更换
34	系统日常巡检
35	机柜上电、下电
36	平台启动、停运

（5）经验反馈

表 352-03-04-06　经验反馈

故障特征	可能原因
DCS 一二层信息不一致	时钟系统故障
	接口服务器、软件故障
	网络故障
供电线或端子烧坏	端接松动、接触电阻增大
	电源短路、线缆老化
接地报警	线缆接地
	下游设备金属过于接近地
信号显示异常	接线松动
	IO 卡件故障
	变送器故障
	软件配置错误
	通信错误
信号输出异常	接线松动
	IO 卡件故障
信号输出异常	软件配置错误
	通信错误
操纵员无法操作设备	设备允许条件不满足
	设备状态异常（动作超时、执行机构失电等）
	通信、设备故障
时钟紊乱	时钟服务器异常
	时钟网络异常

（6）参考资料

[1]《核电厂计算机信息和控制系统手册》.
[2]《核电站过程控制机柜系统手册》.

4.2 核电厂安全级 DCS

4.2.1 总述

安全级 DCS 系统主要完成紧急停堆，专设安全设施及支持系统驱动，事故后监视数据采集和处理等安全级（1E）功能，其基本构架如图 352-03-04-05 所示。

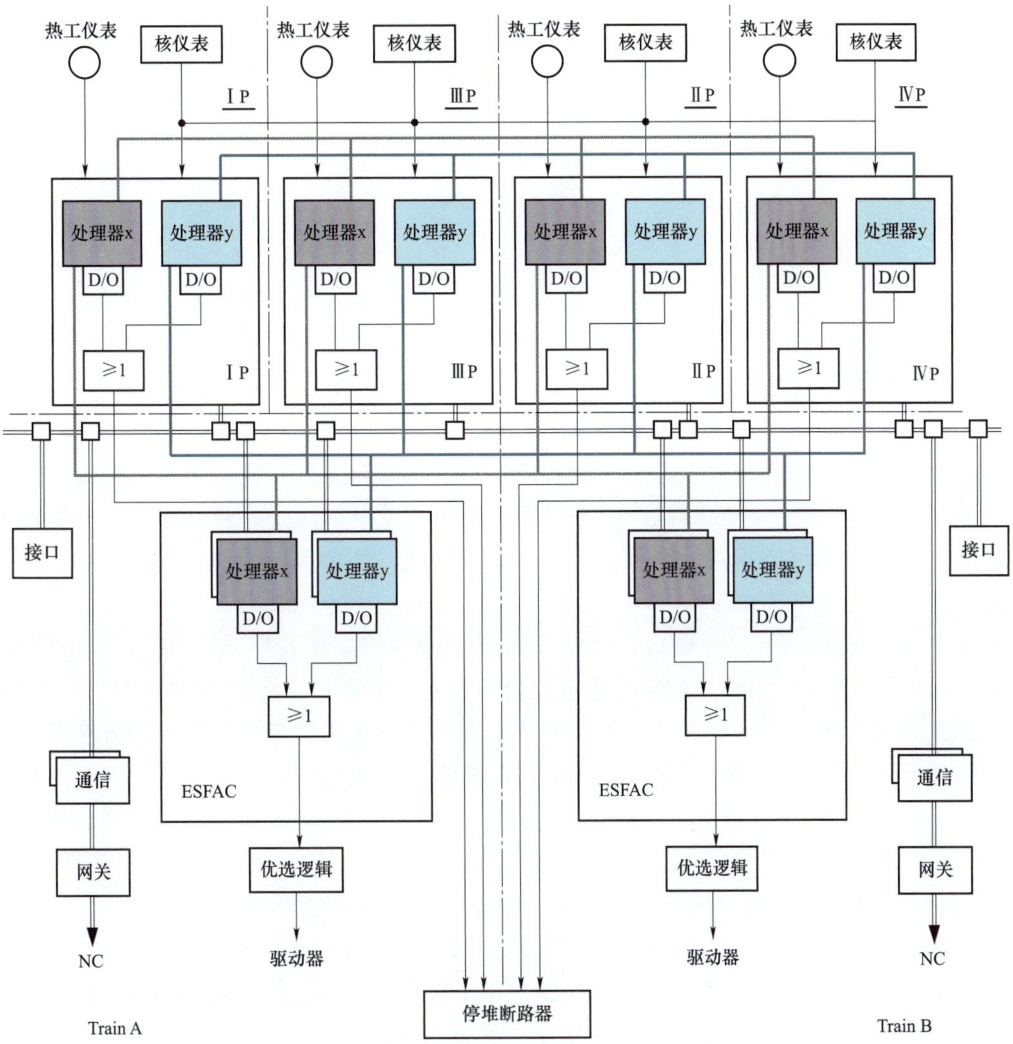

图 352-03-04-05 安全级 DCS 构架图

安全级 DCS 系统执行的 1E 级功能主要包括：

——反应堆紧急停堆；

——专设安全设施驱动：

- 安全注入；
- 安全壳喷淋；
- 蒸汽发生器辅助给水系统启动，正常给水系统隔离；
- 安全壳 A 阶段，B 阶段隔离；
- 主蒸汽管道隔离；
- CAM 系统小流量吹扫管线隔离。

——专设安全设施支持系统驱动：

- 设备冷却水系统驱动；
- 安全厂用水系统驱动；
- 应急通风系统驱动；
- 应急柴油机启动和应急母线卸载加载管理；
- TSA 大气排放阀控制；
- 事故后监测（PAMS）；
- 停堆和专设系统级手动驱动；
- 一些部件级的手动驱动，如蒸汽发生器传热管破裂事故后对一些设备的手动控制。

安全级 DCS 系统也执行部分非 1E 级功能，主要包括：

- 安全级 DCS 系统自诊断和故障报警功能；
- 定期试验功能（反应堆保护系统及其他系统要求的 T1、T2、T3 试验等）。

安全级 DCS 系统设计基准从以下几个方面体现。

- 单一故障准则：

为了满足这一准则，设计了四个冗余的保护组用以执行保护参数的采集、处理、阈值比较，以及产生紧急停堆信号。同时设置 A、B 两列，用于专设安全设施及支持系统的驱动。

- 多样性准则：

多样性是解决共模故障的有效手段，功能多样性和设备多样性等手段来降低共模故障的风险。

——功能多样性体现在：将应对同一始发事件的保护功能分成两个多样性子组，分别由不同的计算机单元进行处理，并通过不同路径进行信号传输。相应地，每个保护组和列内设备均分为两个多样性子组，相互之间没有数据通信。

——设备多样性体现在：设置 ATWT 和 DAS 系统，在保护系统共模失效时提供后备的保护功能。ATWT 与 DAS 的设计各有针对性。ATWT 系统仅考虑应对“失去正常给水 ATWT 事件，而 DAS 系统设计是依据纵深防御和多样性分析原则，以安全分析为基础，采用“最佳估算”的方法对不同的事故进行分析，确定事故发生后一段时间内，在操纵员能够做出正确的判断并进行人为干预之前必须要执行的自动保护动作。ATWT 和 DAS 系统采用不同于安全级 DCS 系统的数字化平台，属于非安全级 DCS 子系统。

来自紧急操作盘（ECP）的系统级停堆和专设指令完全旁通安全级 DCS 系统数字化部分，与非数字化的执行器驱动接口，也为安全级 DCS 数字化系统共模失效提供了一种后备手段。

不需要计算的 PAMS I 类变量在采集入安全级 DCS 数字化系统之前，通过隔离分配模件硬接线直接分配至 BUP 常规指示和记录仪表，在数字化系统失效时可提供必要的支持信息。

——独立性准则：

安全级 DCS 系统设计需考虑以下独立性要求

- 保护组与 A、B 列之间的独立性；
- 不同的冗余通道之间的独立性；
- 不同安全级设备之间的独立性；
- 功能多样性子组之间的独立性。

通过实体隔离，电气隔离，通信隔离措施来保证上述独立性要求。

- 故障安全准则：

反应堆停堆信号驱动停堆断路器动作设计为失电动作；

在冗余保护通道故障或退出运行时，采用适当的退防策略。

——可试验性准则：

主要通过自诊断功能对系统进行连续监测，并通过操纵员工作站，应用工作站、机柜和模件指示灯等方式向维护和运行人员告知故障报警和诊断信息。

对于不能由自诊断功能进行监测的部分，必须进行定期试验。定期试验不应干扰机组的正常运行，不能阻碍安全功能的执行并满足单一故障准则。根据数字化系统的特点，通过自诊断或者定期试验，提供 T1、T2、T3 等试验的实现方式。

- T1 试验：测试测量通道，包括从传感器、变送器、隔离器到输入模件整个测量通道的试验，试验时应考虑必要的旁通；
- T2 试验：对计算机处理部分进行测试；
- T3 闭锁试验：测试非数字化的执行器驱动回路，包括非数字化的优选模件以及其与数字化系统的连接。闭锁试验不真正驱动现场执行器动作，闭锁试验不干扰执行器的正常运行。

——可用性准则：

整个 DCS 的可用性应优于 99.99%。

——可靠性准则：

可靠性应达到以下指标：

- 由于系统或部件的故障引起的误停堆不大于 0.1 次/年；
- 执行其设计功能的拒动概率不大于 10^{-7}。

——可维护性准则：

- 应能执行高性能的自诊断功能，软硬件的连续监测，并给操作员和维护人员提供诊断信息；
- 设计应尽可能减少在所有核电厂运行模式下的人为错误的风险；
- 模件应该采用便于插拔的低散热量、标准化、模块化结构。在核电厂功率运行时，所有冗余的系统组件应是可维护的，并且组件的更换不影响电厂运行，软件的修改、生效、保存、备份也不应对核电厂的安全性和可用性产生影响。

模件的平均修复时间（MTTR）应小于 4 h，电源模件的 MTTR 应小于 2 h。

4.2.2 安全级 DCS 部件类型

安全级 DCS 系统主要由各个不同类型的机柜、柜间线缆、SVDU、工程师站等组成，通过各设备连接成网络，结合软件的运行，实现安全级 DCS 的功能。

安全级 DCS 机柜是实现安全级 DCS 系统功能最重要设备，其根据机柜类型可分为处理柜、网关柜、隔离柜、PLM 柜等。实现各机柜的部件类型较多，其中主要的部件类型如下：

——主处理器模件：为核心部件，其内部主要为处理器，下装有安全级 DCS 的软件，通过处理器的运行，实现安全级 DCS 系统的整体控制；

——电源模件：主要将外部 220 VAC 转换为机柜内部件需求用电规格，为机柜其他部件提供供电，及为机柜内信号输出提供电源供给；

——通信模件：负责处理器间的信号通信处理；

——数字量输入模件：将外部数字量输入的电压信号转化为处理器接收的计算机信号，让处理器进行逻辑处理；

——数字量输出模件：将处理器处理输出的计算机信号转化为电压信号，然后将信号送出；

——模拟量输入模件：将外部模拟量输入的电流或电压信号转化为处理器接收的计算机信号，让处理器进行逻辑处理；

——模拟量输出模件：将处理器处理输出的计算机信号转化为模拟量电流或电压信号，然后将信号送出；

——RTD 模件：将温度 RTD 信号转化为模拟量标准电流或电压信号；

——隔离分配卡件：将信号进行隔离分配，隔离上下游信号相互的影响，使下游故障不会导致上游故障，隔离下游各分路的分配信号，使得下游一路分配信号故障不会导致另一路分配信号故障；

——PLM 模件：对各级别的信号命令进行分级处理；

——网关模件：单向网关，主要实现安全级 DCS 向非安全级 DCS 的网络信号单向传输。

4.2.3 安全级 DCS 部件技术要求

安全级 DCS 部件需遵守系统整体的技术要求，其技术要求主要如下：

——设备分级如下：

- 安全分级：1E 级；
- 抗震等级：抗震 I 类；
- 鉴定等级：硬件应满足 RCC-E 规定的 K3 鉴定程序要求；
- 软件鉴定满足 IEC60880—2006 的要求；
- 质保等级：Q1 级。

——电磁兼容性要求：

- 设备设计应结合各种反噪声技术，包括光电隔离、高滤波率、适当接地和屏蔽；
- 系统设备应通过 IEC61000-4 的 2～6 部分的试验项（第 3，4，5，6 项应满足严酷等级 3 级，第 2 项应满足严酷等级 2 级），设备在测试时，不应该表现出任何故障或超出指定的运行容许值的性能退化。

——精度要求：

- 模拟量输入通道（包括 IO 模件和相关外围设备）：优于±0.2%；
- 模拟量输出通道（包括 IO 模件和相关外围设备）：优于±0.2%。

——响应时间要求：

- 对于停堆功能，从 IPS 接收到现场传感器信号输入至发出停堆断路器驱动信号之间的响应时间不超过 200 ms；
- 对于 ESFAS 功能，从 IPS 接收到现场传感器信号输入至发出执行器驱动信号之间的响应时间不超过 300 ms。

——裕量要求：

- I/O 通道裕量：≥20%；
- 机柜安装空间裕量：≥10%；
- 供电负荷裕量：≥40%；
- CPU 负荷：＜50%；
- 网络负荷：＜20%。

——劣化模式下的性能要求：

- 小于 20 ms 的失电对 DCS 系统无影响；
- 在失电超过 20 ms 或供电恢复重启时不发出误指令；
- 电源恢复时，系统启动无需重装程序。

4.2.4 安全级 DCS 部件维修技术要求

安全级 DCS 系统有其自检诊断功能，卡件故障等会出现报警提示。通过以下预防性维修项目，可减缓故障概率。

（1）预防性维修项目

表 352-03-04-07　设备名称预防修性维修项目

项目名称	项目周期（1 C 为 1 个燃料循环）
安全级 DCS 机柜清洁	1 C
安全级 DCS 机柜状态检查	1 C

续表

项目名称	项目周期（1 C 为 1 个燃料循环）
安全级 DCS 机柜接地检查	1 C
安全级 DCS 机柜接线松动检查及紧固	1 C
安全级 DCS 软件数据备份	1 C
安全级 DCS 机柜模件定期更换	根据产品预期寿命及故障数据统计而定

（2）检修主要内容

1）安全级 DCS 机柜清洁

机柜运行期间灰尘的集聚，影响卡件散热等性能，加快了卡件的老化。通过定期的机柜清洁，可有效延缓机柜内卡件的老化时间。主要检修条目包含：

——防尘棉更换；

——卡件清灰；

——风扇部件清灰；

—— 柜内整体环境清洁。

2）安全级 DCS 机柜状态检查

对安全级 DCS 机柜进行整体软硬件状态检查，主要检修条目包含：

——软件检查：处理器、网络等负荷检查，通信状态检查；

——硬件检查：电源模块、处理器模块、IO 模块、通信模块、保险模块等状态检查。

3）安全级 DCS 机柜接地检查

机柜的接地线缆如果接触不良，可能导致人员触电，而接地线缆松动，机柜无法完全正确检测。通过接地检查，确保机柜的接地正常（接地电阻<1 Ω）。主要检修条目包含：

——机柜接地系统与电厂接地系统正常连接；

——机柜本体金属部件接地正常。

4）安全级 DCS 机柜接线松动检查及紧固

机柜内的接线，受到长期应力影响及端接不规范的存在，可能部分信号接线松动，而导致信号通路不通。主要检修条目包含：

——接线松动检查；

——松动接线紧固（按照厂家部件力矩标准进行紧固）。

5）安全级 DCS 软件数据备份

软件数据进行定期备份，防止处理器卡件故障而不能更新现场正确的软件。主要检修条目包含：

——安全级 DCS 组态数据备份；

—— SVDU/QDS 组态数据备份；

——工程师站等其他安全级 DCS 辅助工具的系统及软件备份。

（3）质量管理

表 352-03-04-08 质量管理

项目名称	质量管控点
安全级 DCS 机柜状态检查	处理器负荷、网络负荷等
安全级 DCS 机柜接线松动检查及紧固	紧固的力矩工具等
安全级 DCS 机柜模件定期更换	更换后状态检查等

（4）技术规程清单

表 352-03-04-09　技术规程清单

序号	规程名称
1	安全级 DCS 机柜清洁
2	安全级 DCS 机柜状态检查
3	安全级 DCS 机柜接地检查
4	安全级 DCS 机柜接线松动检查及紧固
5	安全级 DCS 组态配置文件备份
6	安全级 DCS 机柜模件定期更换

（5）经验反馈

故障描述：安装调试期间，频繁出现 DCS 机柜内部保险烧毁现象，经查，为就地侧电缆接地导致。

后续处理措施：规范现场拆接线工作，拆下的接线必须用绝缘胶带包裹接线鼻子。

（6）参考资料

无。

5　专有仪控系统

5.1　概述

5.1.1　堆芯测量系统配置及测量原理

堆芯测量系统（RII）的功能是在线提供反应堆堆芯中子注量率分布、燃料组件出口以及反应堆压力容器上封头腔室内反应堆冷却剂温度和反应堆压力容器水位的测量数据。“华龙一号”堆芯测量系统主要分堆芯冷却系统（CCMS）和中子注量率测量系统（CNFM），其中 CCMS 系统包含堆芯温度测量系统和水位测量系统。两者自给能中子探测器与热电偶集成在一个中子温度探测器组件中，水位探测器集成在液位探测器组件中，两类探测器组件构成了堆芯测量系统的一次仪表。

（1）堆芯温度测量

堆芯温度测量系统是堆芯测量系统 RII 的一部分，是指反应堆内燃料组件出口处冷却剂以及反应堆压力容器上封头腔室温度测量。

温度测量由 44 支布置在反应堆压力容器内燃料组件出口处的 K 型热电偶实现，此外，两支水位探测器组件中分别有一支参考端热电偶用于测量反应堆压力容器上封头腔室温度。在每个测量通道上，热电偶与位于同一测量位置的自给能中子探测器集成到一个探测器组件中。探测器组件沿着导向管走向并插入堆芯燃料组件内的测量通道。探测器组件通过反应堆压力容器顶盖的专用通道贯穿压力容器顶盖并实现可靠密封。探测器组件顶端配置了 K1 级电气接插件，堆芯中子注量率信号和热电偶信号经安全壳电气贯穿件引出，其中的温度信号由连接电缆连接到堆芯冷却监测机柜中处理。热电偶冷端补偿电阻温度计布置在探测器组件顶端。

（2）堆芯水位测量

反应堆压力容器水位由 4 支热传导式水位探测器组件进行测量，每支水位探测器组件在轴向上布置两个水位测点。4 支探测器组件分为 A、B 两个系列，每个系列 2 支探测器组件共测量包括压力容器上封头、热管段顶部、热管段底部和堆芯出口共 4 个水位。由导向管为水位探测器组件提供导向、保护与支撑。由安装在压力容器顶盖处的密封结构为探测器组件提供密封。

液位测量的原理是水的传热效率高于汽。液位测量的 1 个测点由两支热电偶组成，其中 1 支被加热的热电偶作为主动端，另外 1 支不加热的热电偶作为参考端以反映环境温度，通过比较两支热电偶的温差以判断测点是否被水淹没。

（3）堆内中子注量率测量

中子注量率测量系统（CNFM）是堆芯测量系统的一个子系统。堆内中子注量率测量系统由探测器组件和信号处理系统组成。其中探测器组件包括中子温度探测器组件和液位探测器组件，信号处理系统包括 4 台自给能中子探测器（SPND）信号处理柜和一台控制柜。沿堆芯径向布置 44 个堆芯中子注量率测量通道，每个通道沿堆芯活性段高度等距布置 7 个自给能中子探测器。自给能中子探测器与热电偶集成在一个中子温度探测器组件中，以减少堆顶的开孔。探测器从压力容器顶部插入堆芯，采用世伟洛克（Swagelok）固定密封，其外壳是反应堆冷却剂的压力边界。

1）自给能中子探测器

本系统采用的自给能中子探测器（SPND），SPND 主要由探测器和电缆组成。探测器由发射体、绝缘体、收集极组成；电缆采用铠装形式的双芯电缆，分别测量发射体产生的电流和本底芯线产生的电流。探测器的信号经过接插件、信号传输电缆传输到信号处理机柜。SPND 主要的电流产生过程是：发射体材料铑（45Rh103）与中子发生辐射俘获反应（n，γ），产生 45Rh104 同位素，并在随后进行β衰变产生β粒子。β粒子以一定概率逃脱发射体被收集体收集，发射体带正电，探测器输出一小电流。

在自给能中子探测器内，主要信号噪声是由中子和γ射线在信号芯线中引起的本底电流。用自给能探测器发射体芯线信号减去本底芯线的信号，可实现本底补偿。在经过本底补偿后选取可用电流，并将电流转功率计算。

2）中子温度探测器组件

在每个测量通道上沿堆芯活性段高度等距布置自给能中子探测器。7 支 SPND 与 1 支热电偶（测量堆芯出口温度）集成为 1 根中子温度探测器组件。为便于探测器组件在堆内导向以及探测器电缆的敷设，探测器组件分为 4 组，第 1～2 组每组各 12 根，第 3～4 组每组各 10 根，共 44 根探测器组件。44 根测量堆芯中子注量率和温度探测器组件分为 A、B 两列，在电气贯穿件外侧将温度信号和自给能探测器信号分开成不同的电缆，引出后的 SPND 信号送到 4 个处理柜。

5.1.2 堆芯测量系统维修技术要求

（1）预防性维修项目

表 352-03-05-01 设备名称预防修性维修项目

项目名称	项目周期（1 C 为 1 个燃料循环）
RII 系统堆芯中子-温度探测器组件热电偶绝缘及电阻检查	1 C
RII 系统堆芯水位探测器组件热 电偶绝缘及电阻检查	1 C
堆芯温度综合检查	1 C
C21 试验	2 M
机柜清洁	1 C
机柜整体状态检查	1 C
中子温度测量通道与环路电缆连接与解除	1 C
中子温度测量通道拔出至运输位置	1 C
中子温度测量通道安装	3 C（12 个月换料周期） 2 C（18 个月换料周期）
中子注量率探测器拆除	3 C（12 个月换料周期） 2 C（18 个月换料周期）

（2）检修主要内容

1）RII 系统堆芯中子-温度/水位探测器组件热电偶绝缘及电阻检查

每个换料周期主要开展温度和水位测量通道电气性能检查。探测器组件内热电偶环路电阻检查，每个换料周期测量组件内热电偶环路电阻，并与组件首次安装完成后组件内热电偶环路电阻数据进行比较，确认环路电阻差值满足要求。

验收准则：

$$|R_{TCi} - R_{TCi0}| \leqslant 0.1R_{TCi0}$$

R_{TCi} 为探测器组件内热电偶的环路电阻；

R_{TCi0} 为探测器组件首次安装完成后内部热电偶的环路电阻；

同时，每个换料周期还需进行连接电缆绝缘电阻测试，包括探测器组件到连接板、连接板到贯穿件电缆测试以及探测器组件到堆芯冷却监测机柜全通道绝缘电阻测试。

验收准则：

连接电缆绝缘电阻≥10 MΩ（100 VDC/常温）

整个测量通道绝缘电阻≥10 MΩ（100 VDC/常温）

2）机柜整体状态检查

检查内容包括：机柜绝缘检查；通信检查；性能检查试验：温度测量单元误差测量、模拟量输入单元误差测量、开关量输入输出误差；功能检查（放大卡自检、微电流采集功能、模拟量采集功能）。

注意事项：通过控制柜的中子注量率测量系统应用程序，监测系统有无异常。在正常情况下，CNFM系统信号处理设备一经启动，即进入连续运行状态，系统不间断的监测燃料组件的线功率密度（LPD）、偏离泡核沸腾比（DNBR）、反应堆的三维功率分布及系统故障信息等。

注意事项：通过服务单元的堆芯冷却监测系统应用程序，监测系统有无异常。在正常情况下，CCMS信号处理设备一经启动，即进入连续运行状态，系统不间断监测反应堆的温度、水位状态及系统故障信号等。

3）机柜清洁

清除机柜内外、各机箱表面和面板污染物和灰尘；检查各机箱是否安装就位、稳固；检查所有外部电缆是否连接正确，连接是否牢固；对日常维护中发现的故障设备、模块、部件、零配件必须立即维修或用备件更换；对定期试验中检测出的故障部件或设备，须立即维修或用备件更换。

4）定期试验

定期试验就是为探测故障和检查可运行性，按计划的间隔时间所进行的试验。主要关注核电厂定期试验是指对安全有关的系统、设备和构筑物的定期试验，试验的目的是保证系统和设备的可用性以及良好性能。

——每个月：

每个月需要进行堆芯出口热电偶一致性检查，在堆芯冷却监测机柜服务单元上检查堆芯温度分布图，比较每个分区内堆芯出口热电偶最大温差是否在允许范围内。

验收准则：$T_{MAX} - T_{MIN} < 31$ ℃

T_{MAX} 为每个分区热电偶最高温度；

T_{MIN} 为每个分区热电偶最低温度；

每个月需要检查堆芯冷却监测系统运行状态，确认堆芯冷却监测系统运行无故障。该过程中涉及的仪表及设备位号详见表 352-03-05-02：

表 352-03-05-02　堆芯冷却监测系统涉及的仪表及设备位号

信号描述	仪表位号
仪表	
堆芯出口热电偶	RII001MT～RII044MT
安全壳大气压力	CAM101MP、CAM104MP
一回路压力	RCS039/171MP RCS037/170MP
环路热段温度	RCS028/043/055MT
设备	
堆芯冷却检测机柜	RII011AR/012AR
堆芯冷却检测系统服务单元	RII301AR

——每两个月：

每两个月需要定期地检验堆芯测量系统正确产生、传输 C21 信号的能力。在堆芯测量系统控制柜运行图界面点击相应的按钮产生 C21 信号，在主控制室检查相应的 C21 显示信号。

5）中子温度测量通道拆除和安装

探测器失效后需要进行判定，并且进行更换

——探测器可能短路的判定：自给能中子探测器电流信号读数缺失或者绝缘电阻低于最低可接受值相当多（明显不正确）；

——机组正常运行中，自给能探测器电流信号频繁波动，将自给能信号插头重新处理、端接后无法消除信号波动，则认为自给能探测器失效；

——绝缘电阻下降到 0.1 MΩ时测量值与最可能值之间的偏差大于 20%，或是信号回路断路导致没有信号。

（3）质量管理

无。

（4）技术规程清单

表 352-03-05-03　技术规程清单

序号	规程名称
1	C21 信号试验
2	RII 系统控制柜参数调整
3	中子注量率测量（CNFM）机柜检查
4	堆芯冷却检测（CCMS）机柜检查
5	RII 系统机柜清洁
6	RII 系统温度测量通道电气性能检查（首次安装前）
7	RII 系统温度测量通道电气性能检查（安装后）
8	RII 系统中子测量通道电气性能检查（首次安装前）
9	RII 系统中子测量通道电气性能检查（安装后）
10	RII 系统水位测量通道电气性能检查（首次安装前）
11	RII 系统水位测量通道电气性能检查（安装后）

续表

序号	规程名称
12	RII 系统探测器组件接头拆卸
13	RII 系统探测器组件接头回装
14	RII 系统探测器组件安装
15	堆芯探测器组件整体拔出
16	堆芯探测器组件机械密封安装
17	堆芯探测器组件机械密封拆除

（5）经验反馈

无。

（6）参考资料

无。

5.2 核仪表系统

5.2.1 核仪表系统配置及测量原理

RNI 系统共有 12 个独立保护通道：4 个源量程、4 个中间量程、4 个功率量程。这 12 个子通道的信号处理机架分别布置在 RNI001AR 至 RNI004AR 四个保护机柜中，保护柜接收来自探测器的信号，放大和处理以后输往显示设备和其他有关系统。每个通道包括：

——一个探测器和安装在支架组件内的一体化电缆；

——一个在仪表井中的连接板；

——一根或多根连接探测器和电子设备的电缆；

——一套信号调理设备（探测器探测信号放大、提供高压）；

——一套信号处理设备（CPU、I/O 处理、通信和监视）；

——与上述通道有关的探测器定位装置、显示器、扬声器、选择开关等。

系统设备架构图详见图 352-03-05-01。

——保护柜：

保护柜系列有 RNI001AR\RNI002AR\RNI003AR\RNI004AR，这 4 台保护柜置于不同房间，分别位于 L613\S821\L614\S822，以实现实体隔离。四个通道由 220V 交流可靠电源（EAA\EAB\EAC\EAD，220V 交流保护）为四个 RNI 保护机柜提供 220V 电源。每个通道为抽屉式结构，各种功能的电子线路分放在自身的抽屉内。保护机柜的设计基于“模块”概念，每一模块完成特定的功能，与每一个通道有关的模块安装在同一个机箱中。从反应堆厂房中的中子探测器到信号处理，包括连接电缆、都保持冗余保护通道（ⅠP、ⅡP、ⅢP、ⅣP）的隔离。

——控制柜：

控制机柜 RNI005AR，由 220 V 交流不间断电源供电（EAE，220 V 交流控制），该电源完全独立于 220 V 交流保护电源。控制机柜主要通过微机实现系统与操作者之间的人际界面，以及同其他系统的接口。机柜接收来自功率量程信号调理部分的模拟信号，以及四个保护机柜信号处理部分通过网络传送的信息。控制机柜中的控制计算机（SU）执行控制功能。控制监测通道和声计数率通道安装于 RNI005AR（L713）机柜中，它完成所有的控制监测功能。

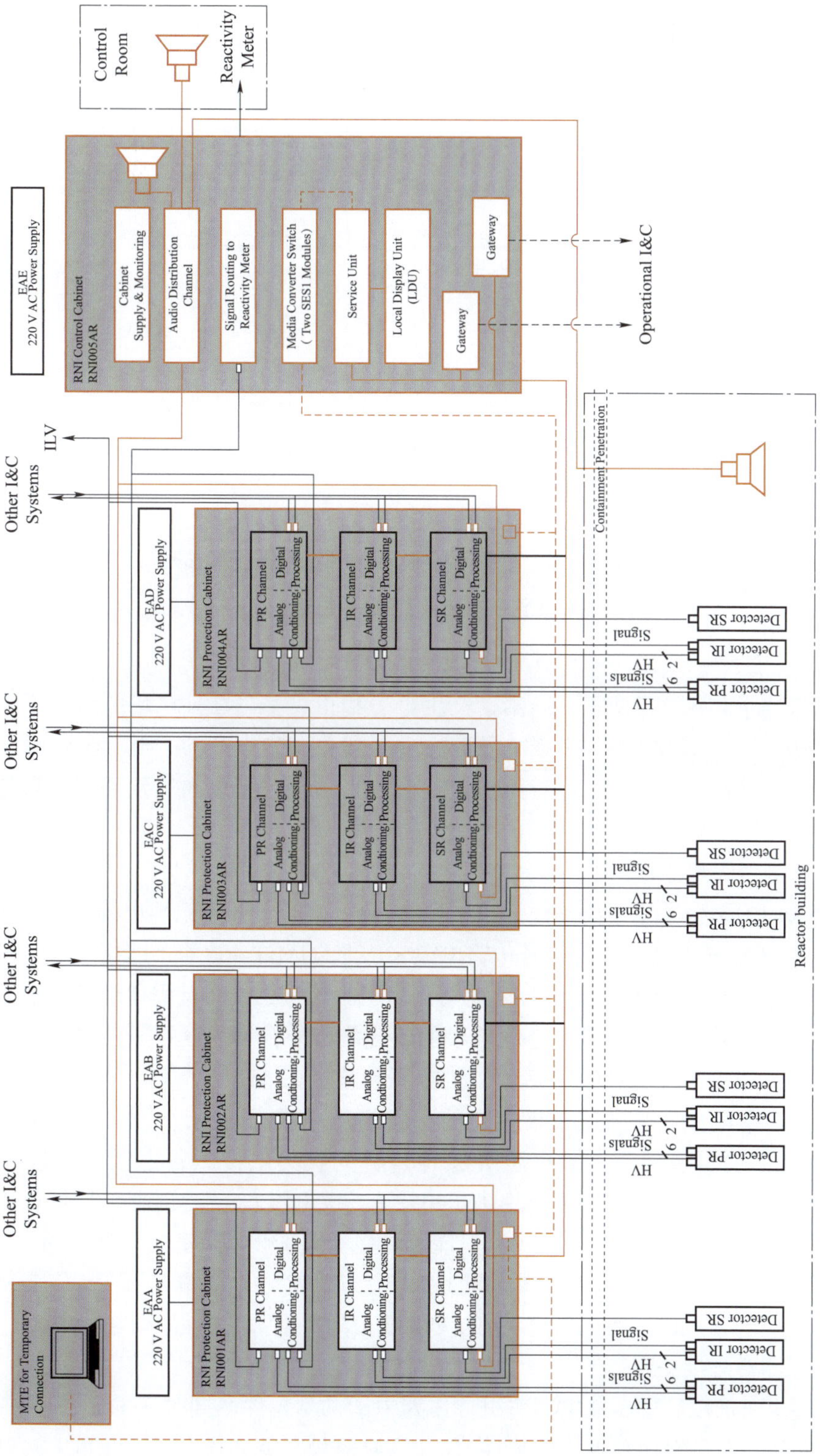

图 352-03-05-01 RNI 系统设备构架图

——源量程探测器测量原理：

源量程探测器采用 ZJ1520 型涂硼正比计数管组件作为中子探测元件，其自带$\phi6$ 铠装一体化电缆，通过 HN/HN-2K 型电缆转接器与安全壳内 CZ24B 型信号传输电缆连接至电气贯穿件并引出到安全壳外，安全壳外采用 CP711 型信号电缆与测量仪表柜连接。用于测量核电厂反应堆启动、停堆和换料工况时的中子注量率及其变化。源量程通道的功能是通过源量程探测器连续监测反应堆源量程阶段的功率水平的变化趋势，并通过源量程核测仪表来指示反应堆的功率水平及其变化率。

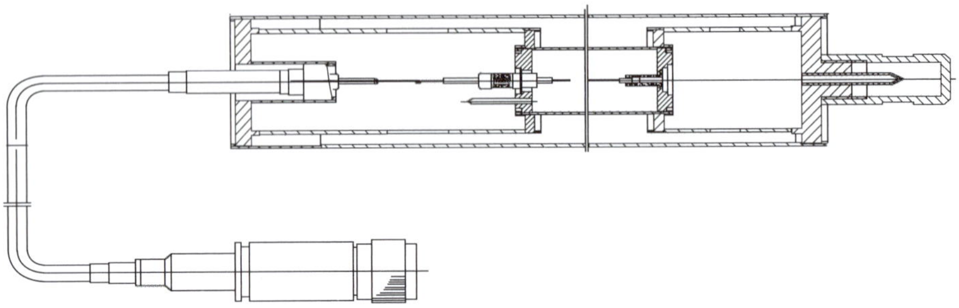

图 352-03-05-02 ZJ1520 型涂硼正比计数管组件结构示意图

探测器内的核反应公式如下：

$$ {}_0^1\text{n} + {}_5^{10}\text{B} \rightarrow {}_3^7\text{Li} + {}_2^4\text{He} + 2.793\ \text{MeV} $$

$$ \rightarrow {}_3^7\text{Li}^* + {}_2^4\text{He} + 2.316\ \text{MeV} $$

$$ {}_3^7\text{Li} + \gamma + 0.048\ \text{MeV} $$

核反应产生的锂离子和α粒子使氩气电离，产生电子和正离子。在外电场的作用下，电子和正离子分别向阳极和阴极运动，形成电脉冲（称α脉冲）。γ射线也产生电脉冲，但其幅值较小，可用甄别放大器将它和反应堆内其他的γ射线产生的小幅度脉冲滤除，只放大α脉冲，从而得到只与中子注量率成比例的计数。

——中间量程探测器测量原理：

中间量程使用 DL131 型γ补偿电离室作为中子探测元件，其自带$\phi4$ 铠装电缆（NMIT-400 型），通过 HN/HN-2K 型电缆转接器与安全壳内信号传输电缆 K1 类（NMIT-400 型）连接至电气贯穿件并引出到安全壳外，安全壳外采用 THJHP/D 型信号电缆与测量机柜连接。中间量程通道的功能是通过中间量程探测器测量反应堆在低功率阶段以及高功率阶段的反应堆堆外孔道内的中子注量率，并通过中间量程通道测量仪表来指示或表示反应堆的功率水平和功率水平的变化速率。

γ补偿电离室有 3 个电极：与高压正极相连的称正高压电极，与补偿电压的负极相连的称负高压电极，两电离室之间的极板通过负载电阻 R 接地，称为收集电极。各电极之间是绝缘的。涂硼电离室对中子和γ均敏感，在高压作用下产生中子电流 I_n 和γ电流 $I_{\gamma1}$，其原理与源量程探测器相同，不过当中子注量率较高时，脉冲较多无法计数，只能监测电流。补偿电离室由于不涂硼，故仅对γ敏感，在补偿电压作用下只产生γ电流 $I_{\gamma2}$。流经负载电阻上的电流 I 为涂硼电离室电流 $I_n + I_{\gamma1}$ 与补偿电离室电流 $I_{\gamma2}$ 之差：$I = I_n + I_{\gamma1} - I_{\gamma2}$，如果两电离室对γ的灵敏度相同，则 $I_{\gamma2} = I_{\gamma1}$，则输出电流 $I = I_n$。

——功率量程探测器测量原理：

功率量程通道选用 DL123 型 6 节电离室组件作为中子探测元件，同时在 DL123 型探测器外采用 BH0078 型屏蔽组件作为中子慢化和吸收的部件，保证探测器只对朝向堆芯开口 120° 方向的中子敏感。DL123 型探测器通过 HN-2KF-F 型电缆转接器与安全壳内信号传输电缆 THJHP/D 型连接至电气贯穿件并引出到安全壳外，安全壳外采用 THJHP/D 型信号电缆与测量仪表柜连接。

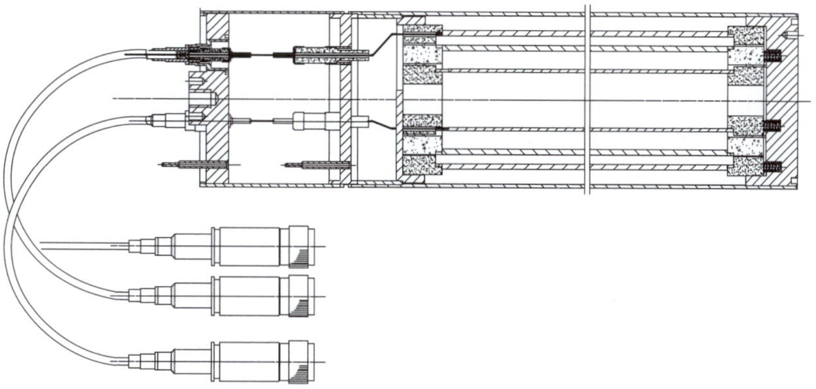

图 352-03-05-03　DL131 型 γ 补偿中子电离室结构示意图

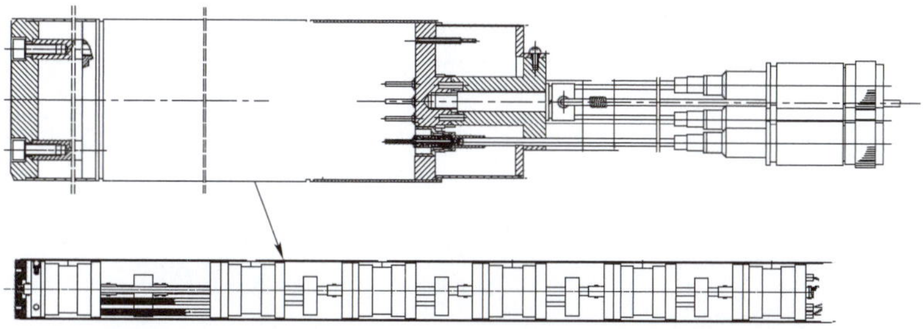

图 352-03-05-04　DL123 型功率量程探测器结构示意图

DL123 型探测器其由六个独立的且结构尺寸相同的子电离室及一体化电缆构成。它是一个筒形容器，内部充以混合气体：1%氦+6%氮+93%氩。高压电极内表面和收集电极外表面涂硼。当中子注量率足够大时，γ射线产生的电流可忽略不计，可以认为测量电阻上只流过中子电流 I_n。探测器接受到热中子信号后产生小电流信号（共有 6 个电离小室，每个电离小室输出的信号范围是 0～200 μA），这 6 个电离小室的电流信号分别各自的放大器进行放大处理，之后转换成标准信号送功率量程通道的模拟量信号输入模件进行模数转换，然后将信号送给功率量程通道的 CPU 进行计算和处理。

5.2.2　核仪表系统维修技术要求

（1）预防性维修项目

表 352-03-05-04　设备名称预防修性维修项目

项目名称	项目周期（1 C 为 1 个燃料循环）
源量程ⅠP 通道周期试验	2 M
中间量程ⅠP 通道周期试验	2 M
功率量程ⅠP 通道周期试验	2 M
源量程ⅡP 通道周期试验	2 M
中间量程ⅡP 通道周期试验	2 M
功率量程ⅡP 通道周期试验	2 M
源量程ⅢP 通道周期试验	2 M
中间量程ⅢP 通道周期试验	2 M
功率量程ⅢP 通道周期试验	2 M

续表

项目名称	项目周期（1 C 为 1 个燃料循环）
源量程ⅣP 通道周期试验	2 M
中间量程ⅣP 通道周期试验	2 M
功率量程ⅣP 通道周期试验	2 M
RNI 系统定值检查及继电器输出试验	1 C
源量程声响报警试验（RX 厂房内）	1 C
重叠性检查	1 C
接线检查	1 C
绝缘及连续性检查	1 C
机柜清洁	1 C
功率量程探测器坪特性曲线绘制	1 C
功率量程探测器高压调整及定值检查	1 C
中间量程探测器坪特性曲线绘制	1 C
中间量程探测器高压调整及定值检查	1 C
源量程探测器坪特性曲线绘制	1 C
源量程探测器高压调整及定值检查	1 C

（2）检修主要内容

1）就地探测器（一次仪表）

反应堆运行时，堆芯中子注量率约时 10^{12}～10^{14}n/（cm^2·s），γ射线的强度约 10^5～10^8R/h，温度约 300 ℃，压力约 15.5MPa。探测器有以下注意事项：

微弱信号：探测器的信号十分微弱，不管输出是脉冲量还是直流电流量都是如此。裂变室和计数管等脉冲输出的探测器，单个脉冲平均电荷数只是 10^{-13}C 级；而电离室输出的电流也只在 10^{-12}～10^{-3}A。对这些弱信号的处理要求采取特殊的抗电气干扰等技术措施。

高阻抗：探测器信号处理时应考虑探测器内阻非常高的特点。

宽频带：脉冲电路的通频带要求很宽，从 1 Hz 直到 10^6 Hz 以上，这对电子设备和信号传输电缆都提出了很高的要求。

宽量程：测量范围宽，整个测量范围达 11 个数量级以上，脉冲工作达 6 个数量级，电流工作范围达 8 个数量级。

正是因为具有以上特点，所以探测器性能指标正常是核仪表系统稳定运行的一个关键点。

2）源量程探测器坪曲线绘制

机组热停堆后 2 h 内检查 RPN 系统源量程测量通道探测器的坪曲线性能是否正常，将绘制得到的甄别电压曲线跟典型电压曲线进行对比。如果发现曲线有出现明显的变化，则需要考虑更换探测器，同时使用以下公式计算探测器甄别电压坪特性曲线的斜率：

$$\text{Slope}\ (\%) = \frac{C_{(0.4\ \text{V})} - C_{(0.8\ \text{V})}}{2 \times C_{(0.6\ \text{V})}} \times 100$$

验收准则：如果斜率 Slope（%）小于 60%，代表坪特性曲线在合格范围内；如果斜率 Slope（%）大于 60%，则进行更换探测器。

3）中间量程探测器坪曲线绘制

探测器高压坪曲线+HV 绘制在探测器探测到的电流值在 $5\cdot10^{-4}$ A 时进行，此时功率值大约在 15% FP。将绘制得到的高压坪曲线跟典型电压曲线进行对比，如果发现曲线有出现明显的变化，则需要考虑更换探测器。

V_0 标准：低压区坪斜，I_0（A）$=0.2\times I_{600\ \mathrm{V}}$，$V_0$（$V$）$=V_{\mathrm{I=I0}}$，如果 $V_0>70$ V，建议每三个月绘制一次坪曲线进行检测；如果 $V_0>140$ V，建议更换探测器

同时使用以下公式计算中间量程探测器高压坪特性曲线的斜率：

$$\mathrm{Slope}\ (\%)=\frac{I_{(700\ \mathrm{V})}-I_{(500\ \mathrm{V})}}{2\times I_{(600\ \mathrm{V})}}\times10$$

验收准则：如果斜率 Slope（%）大于 6%，则进行更换探测器。

补偿高压坪曲线–HV 绘制在热停堆后一小时左右执行。补偿高压坪曲线对探测器来说没有实际的参考意义，只要补偿的作用在进行，则说明探测器功能正常，但是补偿功能需要足以下两个条件：

验收准则：

——10 min<ΔT<40 min；

——通过两个源量程通道读出在 $\overline{P6}$ 出现时的计数率 5000 C/S<T_C<20 000 C/S。

如果补偿电压不满足以上情况时则可通过调整中间量程补偿电压值进行调整，调整无法满足要求时则需要进行探测器更换。

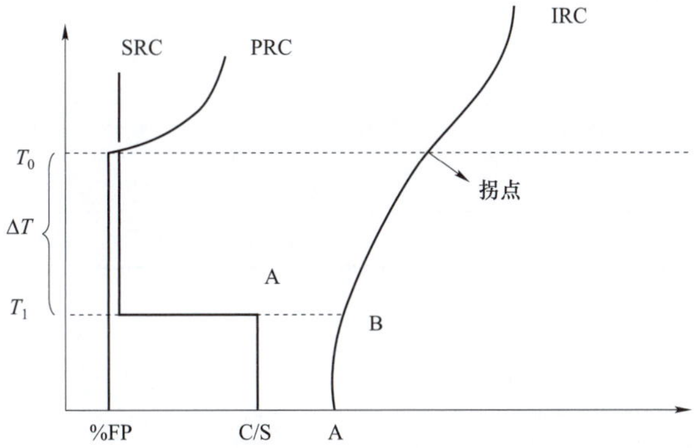

图 352-03-05-05　源量程投运示意图

T_C：源量程投入运行时的中子注量率。ΔT：T_1-T_0；T_1：为两个中间量程 $\overline{P6}$ 出现，源量程投入运行的时间。

T_0：分为两种情况解释：第一种情况是反应堆跳闸，控制棒全部下落时的时刻。

第二种情况是在快速降功率过程中，在中间量程输出曲线上反映的反应堆达到次临界的时刻。

反应堆达次临界的时刻即当中间量程的输出曲线斜率变化出现拐点，且功率量程输出为零时刻。

4）功率量程探测器坪曲线绘制

功率量程探测器高压坪曲线绘制在主要是在带功率进行，一般在满功率时进行。将绘制得到的高压坪曲线跟典型电压曲线进行对比，如果发现曲线有出现明显的变化，则需要考虑更换探测器。

V_0 标准：低压区坪斜，I_0（A）$=0.2\times I_{600\ \mathrm{V}}$，$V_0$（$V$）$=V_{\mathrm{I=I0}}$，如果 $V_0>30$ V，建议每三个月绘制一次坪曲线进行检测；如果 $V_0>60$ V，建议更换探测器

同时使用以下公式计算功率量程探测器高压坪特性曲线的斜率：

$$\mathrm{Slope}\ (\%)=\frac{I_{(700\ \mathrm{V})}-I_{(500\ \mathrm{V})}}{2\times I_{(600\ \mathrm{V})}}\times100$$

验收准则：如果斜率 Slope（%）大于 1.5%，则进行更换探测器。

5）探测器绝缘连续性

每个换料周期，记录每个探测器的性能指标数据，以提供探测器发生的故障情况时的数据支持。针对每根电缆，使用兆欧表 500 V 电压档对电缆进行绝缘电阻的检查，包括芯 – 屏蔽之间的绝缘进行检查（注：屏蔽层与绝缘表负极相连）和屏蔽 – 地绝缘进行检查。

在探测器首次安装时（无信号电缆及接头）

验收准则：见表 352-03-05-05。

表 352-03-05-05 验收准则

通道号	要求值	
	芯-屏蔽	屏蔽-地
SRC	≥10^{12} Ω	≥10^{7} Ω
IRC	≥10^{12} Ω	≥10^{7} Ω
PRC	≥10^{11} Ω	≥10^{7} Ω

在探测器连接信号电缆及接头全通道时，

验收准则：见表 352-03-05-06。

表 352-03-05-06 验收准则

通道号	要求值	
	芯-屏蔽	屏蔽-地
SRC	≥10^{10} Ω	≥10^{6} Ω
IRC	≥10^{10} Ω	≥10^{6} Ω
PRC	≥10^{8} Ω	≥10^{6} Ω

针对探测器的每根电缆，使用反射计对电缆连续性进行测量，反射计屏幕显示为连续且无明显断点。

6）信号转接装置及传输电缆

核仪表系统就地探测器采集中子信号，通过信号转接装置及传输电缆送往各保护机柜，通常信号转接装置及传输电缆故障。

——转接装置：探测器整体信号回路绝缘性或连续性不合格，但断开与转接装置的连接后，信号电缆性能测试又合格，则可以判断转接装置电缆接口存在接地、松动、老化的问题。

——信号传输电缆：由于核探测器靠近反应堆压力容器，周围具有强辐射和较高的温度，而且信号传递路径长，周围环境复杂（需要引出堆坑，穿过安全壳）等特点，对于电缆提出了诸如耐高温、抗辐照、低噪声、抗干扰等特殊要求。当探测器整体信号回路绝缘性或连续性不合格，且断开与转接装置的连接后，信号电缆性能测试仍然不合格时，可以判断电缆出现出现破损或者老化。

通常处理方式：对测试电缆分段进行排查，定位精确位置，通常电缆接头及贯穿件部分可能性较大。

7）信号处理柜（二次仪表）

核仪表系统一共有 4 个信号处理机柜，也叫保护通道机柜，每个机柜又包含 3 个机架单元，分别对应源量程、中间量程及功率量程 3 个通道。源量程、中间量程和功率量程运行时需要进行切换。3 个量程测量范围都需有重叠部分，以保证反应堆从源量程、中间量程一直升到功率量程运行时的检测和控制需要。为此，从反应堆启动，到反应堆额度功率运行的升功率阶段，每到相应量程测量范围重叠部分区间时，需及时稳定地切换到高一级量程测量，并及时关闭被切除的探测器高压电源，以防止超量程引起测量系统的放大器等电子线路因过流烧毁。而从额定功率到停堆的降功率阶段，则需要每到相应量程测量范围重叠部分区间时，要及时切入低量程的探测器，以确保反应堆功率检测和控制的平稳过渡。

参数调整：针对机柜部分，应进行定期测试和校准，以便能迅速发现故障。由于探测器内中子敏感物质与中子核反应的自然耗损，以及测量系统测量通道的漂移，核测量信号与热功率并非总是一一对应于某个固定的数值。随着耗损的增加，灵敏度减低，堆芯的热功率由热平衡计算，计算结果值再与机柜所给出的功率量程通道的指示值相比较。若此差值大于 1.5% FP，相应的功率修正系数可通过 LDU 进行调整，以校正功率信号。这调整是必须的，以确保在正常工况下，允许测量误差范围内，反应堆的功率低于 102% FP。当灵敏度降低到一定程度，且通过功率修正系数将无法被调整时，则必须更换探测器。

周期试验：而作为反应堆保护系统的测量部分，属于核安全级，也要求进行周期测试，以便及时发现异常或故障，排除反应堆拒动或误动保护等故障。为此，通常每一次反应堆停闭时，允许进行可能的调整和检修。在系统测试和调整时，控制室内的报警应被隔离。如果是在线自检或检修，则必须按规定提出检修申请，并确保不影响系统的正常运行。在每个 RNI 保护机柜上安装有 SES1 光电转换模块，专用维护工具 MTE 通过 SES1 上的 RJ45 接口进行保护柜的连接。特别指出的是在每个保护柜中安装有 STG1 模块，此模块可以产生测试信号，包括脉冲和电流信号，适用于三个量程。当 STG1 连接上 MTE 后可以对测试信号进行配置，包括信号类型、幅度和频率。在进行周期试验时，可将机柜前面板上相应通道中的开关置测试模式，放大信号直接通过处理部分的软件进行读取。这样整个周期试验就不再需要额外的信号发生器、通信网络和转接头。另外针对 TXS 平台特点，安装在 RNI 的控制柜的 SU 也可以通过光线连接到每个保护机柜的 SES1 上，这样 SU 和 MTE 一样可以对三个量程通道进行周期试验和维护工作。

（3）质量管理

无。

（4）技术规程清单

表 352-03-05-07 技术规程清单

序号	规程名称
1	RNI 系统功率量程通道探测器高压调整及定值检查
2	RNI 系统功率量程通道探测器高压坪特性曲线绘制
3	RNI 系统中间量程通道探测器高压、补偿高压调整及定值检查
4	RNI 系统中间量程通道探测器高压坪特性曲线及补偿高压坪特性曲线绘制
5	RNI 系统源量程通道探测器高压、甄别电压调整及定值检查
6	RNI 系统源量程通道探测器甄别曲线及高压坪特性曲线绘制
7	RNI 系统机柜电源检查
8	RNI 系统机柜清洁及检查
9	RNI 系统探测器、电缆的绝缘及连续性检查
10	RNI 系统源量程声响报警试验（RX 厂房内）
11	RNI 系统中间量程与功率量程的重叠性检查
12	RNI 系统保护机柜停电
13	RNI 系统参数调整

续表

序号	规程名称
14	RNI 系统功率量程探测器组件更换
15	RNI 系统源量程及中间量程组件更换
16	RNI 系统定值检查及继电器输出试验
17	源量程通道周期试验（ⅠP）
18	源量程通道周期试验（ⅡP）
19	源量程通道周期试验（ⅢP）
20	源量程通道周期试验（ⅣP）
21	中间量程通道周期试验（ⅠP）
22	中间量程通道周期试验（ⅡP）
23	中间量程通道周期试验（ⅢP）
24	中间量程通道周期试验（ⅣP）
25	功率量程通道周期试验（ⅠP）
26	功率量程通道周期试验（ⅡP）
27	功率量程通道周期试验（ⅢP）
28	功率量程通道周期试验（ⅣP）

（5）经验反馈

无。

（6）参考资料

《C3X17RNI002N54403GN　RNI 系统手册　第 2～5 章》.

《C3X17RNI006N54403GN　RNI 系统手册第 6.1 节　控制基准》.

《FQZ44900028555B45GN Equipment Operating and Maintenance Manual》.

5.2.3　华龙专用组件技术要求

华龙机组设计同 M310 对比，没有增加专用组件，所有技术要求见上一章节。

5.3　棒控棒位系统

5.3.1　棒控棒位系统配置及测量原理

棒控棒位系统（RPC）由三部分构成：棒控系统（DRCS）、棒位监测系统（RPI）以及堆芯控制系统（CCS 基于 TXS 平台），其主要功能是提升、插入和保持控制棒束，并监视每一束控制棒束的位置。通过移动含有中子吸收体的控制棒束在堆芯中的位置来控制反应堆堆芯的反应性或中子注量率。

——棒控系统组成：

棒控系统设备包括 1 台逻辑柜和 16 台电源柜。逻辑柜和电源柜都由 PLC 控制。电源柜设计采用“一带一”方案，一个电源柜对应一个子组，通过利用可控硅进行三相半波整流，将整流后的电源提供给子组中每根棒束的三个线圈（LC、MG、SG）。棒控系统不用于产生保护信号，不属于核安全系统，但它与电厂可用性密切相关。棒控系统结构框图如图 352-03-05-06 所示。

——棒位检测系统组成：

棒位系统设备包括 4 台测量柜、1 台处理柜。测量柜用于提供、调节探测器原边线圈激磁电源，并对测量线圈感应电压信号进行整形，得到棒位格莱码信号，一方面送处理柜进行比较、处理，并送主控室显示。测量柜与处理柜之间的信号传送是分时进行的。处理柜每次选通一个子组，读取 4 束棒的测量位置。将读取的位置进行比较，棒束定位异常触发报警。棒位测量系统框图如图 352-03-05-07 所示。

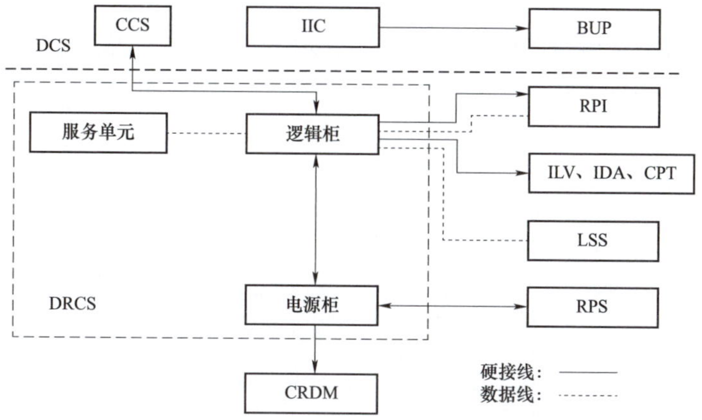

图 352-03-05-06 棒控系统结构框图

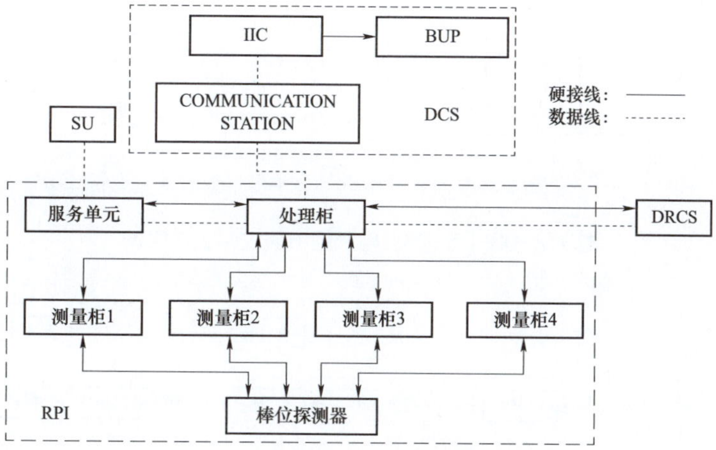

图 352-03-05-07 棒位测量系统框图

——堆芯控制系统组成：

堆芯控制系统（CCS）是非安全级系统，但采用安全级 TXS 平台，属于 RPC 系统一部分，硬件主体由 AU 柜、TU 柜、CMU 柜以及 SU 和网关组成。

——棒控系统控制原理：

一台电源柜共有 12 套可控硅整流电路，主电路包括断路器、熔丝、可控硅等，每套可控硅整流电路为一个驱动机构的一个线圈提供励磁电流。动力电源来自 RRS 系统供电柜的交流 260 V，动力电源经三个断路器隔离后分为 3 路：一路作为 4 束控制棒的 LC 整流电路输入；一路作为 4 束控制棒的 MG 整流电路输入；一路作为 4 束控制棒的 SG 整流电路输入。电源柜电流控制工作原理如图 352-03-05-08 所示。

电源柜的控制回路主要由电流采集模块、电流控制器、同步电压采集电路、脉冲放大模块组成。电流采集模块由霍尔传感器和接口电路组成，负责采集线圈电流，隔离转换生成电流实测值；同步电压采集电路负责采集动力电源电压，隔离转换成同步电压信号；电流控制器对时序电流设定值和线圈电流实测值进行比较，通过 PID 闭环调节，得到控制电压，基于同步电压信号，产生触发脉冲；脉冲放大模块对触发脉冲进行整形放大后输出给可控硅，控制可控硅整流器的输出。

● 棒位系统测量原理：

测量柜主要由主电流控制器组件和格莱码处理器组件两种功能插件组成，正常工作的共有 61 套，分布在 4 个测量柜中。主电流控制器组件主要为棒位探测器原边线圈提供电源，并且为了保证各测量线圈感应电压不受磁滞损耗的影响，必须设置调节系统对原边线圈电流进行调节。主电流控制器组件设置了两种报警电路：辅助线圈电压低报警、初级线圈电流高报警。用以监测自身的工作情况。报警阈值可以通过面板电位器进行调节。主电流控制器组件原理框图如图 352-03-05-09 所示。

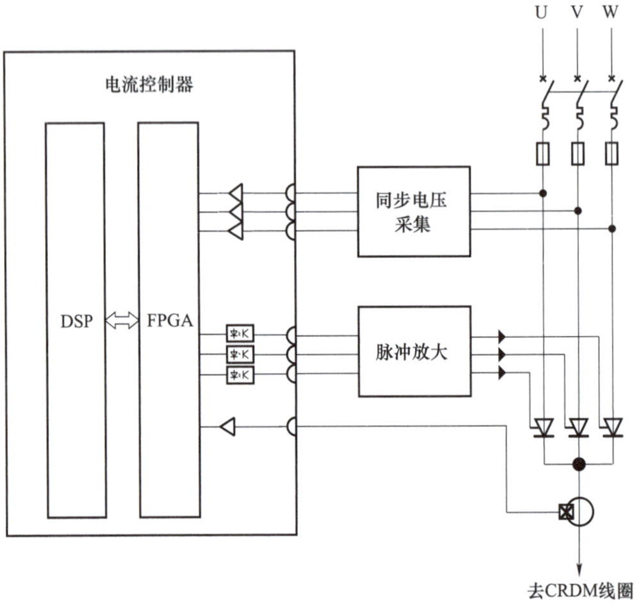

图 352-03-05-08　电源柜电流控制工作原理

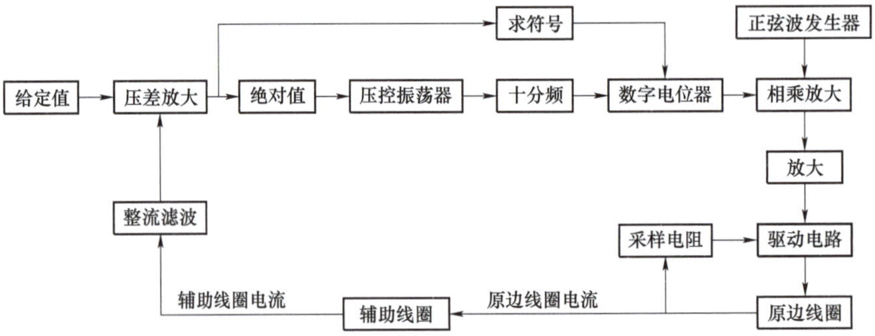

图 352-03-05-09　主电流控制器组件原理框图

从图 352-03-05-09 中看到，整个调节回路的反馈信号取自辅助线圈。由于所处的位置特殊，辅助线圈的感应电压信号不受控制棒驱动轴上下运动的影响，而主要由激励电流决定大小，因此它的波动变化也就反映了电流的波动变化。整个调节回路的核心元件则是数控调节器。它的作用相当于一个电位器。其上端接至 50 Hz 正弦波发生器的输出端，其下端接线路地，而其中头则接到放大、驱动电路的输入端并且是受控的。该元件有两个控制端：方向控制端和移动控制端；而且它的整个电阻在内部是分成若干个电阻段。当移动控制端每送入 1 个脉冲信号时，电位器中头就移动一个电阻段、中头上的 50 Hz 交流电压信号就有一个小变化。通过放大、驱动电路的转换，就可以使负载（探测器初级线圈）中的电流产生相应的变化。所以，移动控制端送入的脉冲个数及频率，决定了中头移动的次数和快慢，也就决定了负载电流的大小和调节速度。而电位器中头究竟是向上移动使电压变大还是向下移动使电压变小，则取决于方向控制端的电平信号：高电平时向上移动；低电平时向下移动。本组件采用负反馈调节：探测器工作时，初级线圈中的电流受环境、温度、电源电压变化等因素的影响，不可避免地会有波动变化，偏离规定值。这种情况通过本组件的负反馈调节将大大得到改善，电流值将通过自动调节达到较高的稳定度。

5.3.2 棒控棒位系统维修技术要求

（1）预防性维修项目

表 352-03-05-08 设备名称预防修性维修项目

项目名称	项目周期（1 C 为 1 个燃料循环）
RPC 系统桥架电缆解列及接插件状态检查	R1
RPC 系统桥架电缆重连和连接状态检查	R1
RPC 系统反应堆顶盖电缆连接检查	R1
RPC 系统逻辑柜常规检查与维护	R1
RPC 系统测量柜常规检查与维护	R1
RPC 系统处理柜常规检查与维护	R1
（Q）RPC 系统棒位测量通道定期试验	M1
（Q）RPC 系统功率控制棒组重迭步计数器偏差报警试验	R1
（Q）RPC 系统落棒时间测量	R1
（Q）RPC 系统温度棒组插入限值报警及闭锁功能试验	R1
RPC 系统棒位测量通道性能再鉴定	R1
RPC 系统整体功能测试	R1
RPC 系统 CRDM 性能再鉴定（冷态）	R1
RPC 系统 CRDM 性能再鉴定（热停）	R1
RPC 系统电源柜常规检查与维护	R1
RPC 系统 CRDM 线圈温度分布检查	R1
RPC 系统 CRDM 线圈绝缘检查与电阻测量（RPC 连接板电缆解列前）	R1
RPC 系统 CRDM 线圈绝缘检查与电阻测量（RPC 连接板电缆重连后）	R1
RPC 系统棒位探测器线圈绝缘检查与电阻测量（RPC 连接板电缆解列前）	R1
RPC 系统棒位探测器线圈绝缘检查与电阻测量（RPC 连接板电缆重连后）	R1
RPC501/505/511AR 常规检查与维护	R1
大修后机组启动时 CCS 参数记录	R1
RPC 系统系统电源柜熔断器定期更换	R8

（2）检修主要内容

1）RPC 系统桥架电缆解列及接插件状态检查

反应堆压力容器开盖前，解开 RPC 电缆连接板 RPC000PJ 棒控/棒位电缆，并检查电缆连接器（插头/插座）及其他相关设施的状态。

注意事项：棒位电缆接头中 12 针脚、13 针脚、14 针脚实际未使用，若发现针脚存在缺失的现象，不影响系统功能；注意连接器插头插针有无回退。

验收准则：电缆、插头、插座及螺纹外观无异常，插头本体螺纹无松动。

2）RPC 系统桥架电缆重连和连接状态检查

反应堆压力容器扣盖后，重连 RPC 电缆连接板 RPC000PJ 棒控/棒位电缆，并检查电缆连接器（插头/插座）及其他相关设施的状态。

注意事项：棒位电缆接头中 12 针脚、13 针脚、14 针脚实际未使用，若发现针脚存在缺失的现象，不影响系统功能；注意连接器插头插针有无回退。

验收准则：电缆、插头、插座及螺纹外观无异常，连接板侧插头与插座连接可靠。

3）RPC 系统反应堆顶盖电缆连接检查

检查电缆是否与盖顶发热部件相接触，检查电缆接头连接的紧固程度。

注意事项：检查过程注意异物掉落、注意避免踩踏连接器和电缆。

验收准则：电缆、插头外观无异常，插头与插座连接可靠。

4）RPC 系统逻辑柜常规检查与维护

棒控棒位系统逻辑柜的常规检查与维护，以确保机柜内各部件的性能良好。

注意事项：清洁过程注意接线是否紧固，使用专门清洁工具。

验收准则：机柜、卡件外观干净整洁且无破损，标牌（签）完好，机柜重新上电无异常报警。

5）RPC 系统测量柜常规检查与维护

棒控棒位系统测量柜的常规检查与维护，以确保机柜内各部件的性能良好。

注意事项：清洁过程注意接线是否紧固，使用专门清洁工具。

验收准则：机柜、卡件外观干净整洁且无破损，标牌（签）完好，机柜重新上电无异常报警。

6）RPC 系统处理柜常规检查与维护

棒控棒位系统处理柜的常规检查与维护，以确保机柜内各部件的性能良好。

注意事项：清洁过程注意接线是否紧固，使用专门清洁工具。

验收准则：机柜、卡件外观干净整洁且无破损，标牌（签）完好，机柜重新上电无异常报警。

7）（Q）RPC 系统棒位测量通道定期试验

确认棒位测量通道试验结果合格。

注意事项：需将卡件置于校验位。

验收准则：控制棒测量位置传送信息的正确性，与试验功能的指示一致，格莱码校 0 试验：0 步，格莱码校 1 试验：160 步。

8）（Q）RPC 系统功率控制棒组重迭步计数器偏差报警试验。

确认功率控制棒组重迭步计数器偏差报警试验结果合格。

注意事项：参数修改需监护。

验收准则：灰棒控制部分和监测部分棒位偏差报警的传送和动作值一致。

9）（Q）RPC 系统落棒时间测量

确认落棒时间测量合格。

注意事项：断电落棒操作需确认操作对象。

验收准则：$T_4 \leqslant 0.15$ s；$T_5 \leqslant 2.15$ s；$T_5 + T_6 \leqslant 3$ s。

10）（Q）RPC 系统温度棒组插入限值报警及闭锁功能试验

确认 R 棒组低-低-低插入限制报警阈值为 45 步以及 R 棒组低-低-低插入限制报警下的棒组插入闭锁功能正常。

注意事项：报警阈值验证时，可能需要根据实际功率水平进行调整。

验收准则：低于设定阈值时，报警能正常触发，结果满意。

11）RPC 系统棒位测量通道性能再鉴定

热停堆状态下检查棒位探测器的动态特性和静态特性。

注意事项：试验期间，至多允许一组控制棒处于堆顶（即 225 步），其他棒组位于 5 步。安装或抽出延伸板前，应将 MCP10 的旋钮置于关闭状态。

验收准则：棒位探测器的动态特性和静态特性合格。

12）RPC 系统整体功能测试

大修期间 RPC 系统主要的预防性维修活动完成后，检查 R 棒组相关报警功能。

注意事项：R 棒运行带上、下限阈值由操作员临时设定。

验收准则：系统功能正常。

13）RPC 系统 CRDM 性能再鉴定（冷态）

冷态时检查控制棒驱动机构在控制棒组提升或插入的过程中能否正确执行。

注意事项：禁止将控制棒插入 5 步以下，棒束落入堆底的操作只能通过手动落棒实现。

验收准则：CRDM 线圈电流波形满足要求。

14）RPC 系统 CRDM 性能再鉴定（热停）

热停时检查控制棒驱动机构在控制棒组提升或插入的过程中能否正确执行。

注意事项：禁止将控制棒插入 5 步以下，棒束落入堆底的操作只能通过手动落棒实现。

验收准则：CRDM 线圈电流波形满足要求。

15）RPC 系统电源柜常规检查与维护

棒控棒位系统电源柜（RPC011AR-RPC026AR）的常规检查与维护，以确保机柜内部各部件性能良好。

注意事项：清洁过程注意避免损坏卡件。

验收准则：机柜、卡件外观干净整洁且无破损，标牌（签）完好。机柜重新上电无异常报警。

16）RPC 系统 CRDM 线圈温度分布检查

测量 CRDM 线圈电阻，进而计算 CRDM 线圈温度。

注意事项：电阻测量前，将线圈对地放电。

验收准则：CRDM 在控制棒组提升或插入的过程中能正确执行，CRDM 线圈温度应低于 200 ℃。

17）RPC 系统 CRDM 线圈绝缘检查与电阻测量（RPC 连接板电缆解列前）

在 RPC 连接板电缆解列前，测量 CRDM 线圈绝缘检查和电阻测量，检查一个运行周期后 CRDM 线圈的电气特性。

注意事项：电阻测量前，将线圈对地放电。绝缘测试结束后，需将线圈对地放电。

验收准则：CRDM 线圈电气特性合格。

18）RPC 系统 CRDM 线圈绝缘检查与电阻测量（RPC 连接板电缆重连后）

在 RPC 连接板电缆重接后，测量 CRDM 线圈绝缘检查和电阻测量，用于检验 CRDM 线圈的电气特性和电缆连接状态。

注意事项：电阻测量前，将线圈对地放电。绝缘测试结束后，需将线圈对地放电。

验收准则：CRDM 线圈电气特性合格。

19）RPC 系统棒位探测器线圈绝缘检查与电阻测量（RPC 连接板电缆解列前）

对棒位测量探测器的绝缘检查和电阻测量，用于检查一个运行周期后棒位探测器的电气特性。

注意事项：电阻测量前，将线圈对地放电。绝缘测试结束后，需将线圈对地放电。

验收准则：线圈电气特性合格。

20）RPC 系统棒位探测器线圈绝缘检查与电阻测量（RPC 连接板电缆重连后）

对棒位测量探测器的绝缘检查和电阻测量，用于检验棒位探测器线圈的电气特性和电缆连接状态。

注意事项：电阻测量前，将线圈对地放电。绝缘测试结束后，需将线圈对地放电。

验收准则：线圈电气特性合格。

21）RPC501/505/511AR 常规检查与维护

机组大修期间对反应堆功率控制柜（RPC501/505/511AR）的常规检查与维护，以确保机柜内各部件的性能良好。

注意事项：清洁过程注意避免损坏卡件。

验收准则：机柜、卡件外观干净整洁且无破损，标牌（签）完好。机柜重新上电无异常报警。

22）大修后机组启动时 CCS 参数记录

在汽机冲转并网后，读取反应堆控制系统（CCS）软件过程参数值，并对各项参数进行分析，确认反应堆控制系统相关接口信号是否正常。

注意事项：禁止修改参数。

验收准则：参数无异常。

23）RPC 系统系统电源柜熔断器定期更换

定期更换电源柜熔断器，确保熔断器工作正常。

注意事项：更换前需测量熔丝的电阻。

验收准则：熔断器接触良好。

（3）质量管理

无。

（4）技术规程清单

表 352-03-05-09　技术规程清单

序号	规程名称
1	RPC 系统反应堆功率控制柜功能参数检查
2	RPC 系统逻辑柜常规检查与维护
3	RPC 系统电源柜常规检查与维护
4	RPC 系统处理柜常规检查与维护
5	RPC 系统测量柜常规检查与维护
6	RPC 系统电缆桥电缆解列、重接与连接状态检查
7	RPC 系统反应堆顶盖电缆连接检查
8	RPC 系统棒位探测器线圈绝缘检查与电阻测量
9	RPC 系统 CRDM 线圈绝缘检查与电阻测量
10	RPC 系统 CRDM 线圈温度分布检查
11	RPC 系统功能试验
12	RPC 系统控制棒驱动机构性能再鉴定
13	RPC 系统棒位测量通道性能再鉴定
14	RPC 系统反应堆功率控制柜常规检查与维护
15	RPC 系统电源柜熔断器定期更换
16	棒位测量通道定期试验
17	落棒时间测量
18	温度棒组插入限值报警及闭锁功能试验
19	G 棒组监测报警功能试验

（5）经验反馈

无。

（6）参考资料

无。

5.3.3 华龙专用工具使用说明

（1）格莱码信号发生器

该信号发生器是棒位系统的专用调试设备，能以自动循环和手动静止两种方式产生 A-E 码五位格莱码信号，以模拟棒位探测器在控制棒上、下运动或静止不动时所产生的实测棒位信号。将发生器的信号送入棒位设备中的格莱码处理组件，可对棒位系统的软、硬件进行调试和检测。

该信号发生器为一台式设备。前面板左侧有电源开关，“自动”方式下的速度选择开关、步计数数码管、步计数暂停按钮。前面板右侧按钮 CH1～CH8 的顺序装有 8 组，每组为 A～E 五位“手动”方式下的乒乓开关。后面板左侧（从后方看）装有 AC220 V 三芯电源插座、保险丝（2～2.5 A）、“手动”方式下的 8 个输出插座 CH1～CH8。后面板右侧装有“自动”方式下的 8 个输出插座 CH1～CH8。“自动”方式下的速度选择开关分三格。由于控制棒每动作 8 步，实测棒位才发生一次变化。因此，其中的 9 步/min 档与控制棒棒速的 72 步/min 对应；其中的 6 步/min 档与控制棒棒速的 48 步/min 对应；其中 1 步/min 档与控制棒棒速的 8 步/min 对应。“自动”方式下的步计数数码管可以根据所选速度的快慢，显示在 0→30→0→30……之间循环变化，以表示整个棒位测量的 30 个不同区间，并模拟棒提升到顶后自动下降，下降到底后又自动提升……不断循环的过程。“自动”方式下的步计数暂停按钮，被放开时，数码管可以循环计数。被按下时，数码管的计数将停在之前的数上不变，直到该按钮再被放开后，数码管的计数将从停止不变的计数继续按顺序循环。这是为了使自动循环的棒位人为地停止在某个状态而设的。“自动”方式下的 8 个输出插座 CHl～CH8 送出的只能同步变化的 8 位格莱码；而“手动”方式下的 8 个输出插座 CH1～CH8 则可根据乒乓开关的不同位置，送出不同的 8 位格莱码。

使用方法是将所配电源线的三芯插头拧入后面板的电源插座，并接通 AC220 V 电源。若在“自动”方式下工作，则可将所配 9 芯插头线（最多 8 根），一侧装在后面板"自动"区域内的 CH1～CH8，另一侧装入机柜上某子组（最多两个子组）格莱码处理器组件的 9 芯插座。接好后打开前面板上的电源开关，则开关上的绿灯应亮，数码管应显示“00”。将暂停按钮放开，速度选择一般可放在最快档 9 步/min，则几秒后，数码管将变为“01”“02”……进行加计数，并按 0→30→0→30……顺序循环，而所接子组的格莱码处理器上的指示灯也有相对应的变化。若在“手动”方式下工作，则可将所配 9 芯插头线（最多 8 根），一侧装在后面板“手动”区域内的 CH1～CH8，另一侧装入机柜上需检查的格莱码处理器组件的 9 芯插座。接好线后打开前面板上的电源开关，则开关上的绿灯应亮，数码管应显示“00”。此时可将暂停按钮按下，使计数不变。然后根据“手动”乒乓开关与“手动”输出插头的对应关系：CH1 组开关对应 CH1 插头、CH2 组开关对应 CH2 插头……CH8 组开关对应 CH8 插头用乒乓开关设置各格莱码处理器所需的不同格莱码。乒乓开关向上扳，其旁边指示灯亮，为置“1”；乒乓开关向下扳，其旁边指示灯灭，为置“0”。不论是“自动”方式下工作还是“手动”方式下工作，在更换所配 9 芯插头线在机柜侧或信号发生器侧的位置时，都必须先将信号发生器的电源开关关闭，然后方可更换接线位置。否则，极易导致发生器内元件损坏。

（2）模拟负载

该负载是粗略的模拟棒位探测器的原边线圈和辅助线圈的情况，用于对主电流控制器在制造厂内的调试以及在电站现场未接棒位探测器真负载时对主电流控制器的调试和检测。使用前确认负载盒上白色开关扳在“L0”挡。用万用表电阻挡测负载盒引出的 19 芯插头上的 1、17 脚之间电阻，应为 3Q 左右，再测 3、4 脚之间电阻，应为 0.8～1.2 KQ。若过大或过小，可微调负载盒侧面的电位器。上述确认工作正常后，方可将此负载的插头拧入装有主电流控制器组件的棒位机箱后面板上相对应的 19 芯插座上。

6 辐射监测系统

6.1 电离辐射仪表测量原理及方法

对各种核辐射进行探测的原理都是基于其与物质的相互作用的，利用核辐射在气体、液体、固体中引起的电离效应、发光现象、物理或化学变化等进行核辐射探测的元器件称为核辐射探测器。核辐射进入探测器灵敏体积后与探测器介质相互作用，探测器输出能够直接或间接地确定核辐射的种类、能量、强度、寿命等的消息。到目前为止，用于各种目的的核辐射探测器种类和规格非常多。按照探测辐射的物理过程，可以分为两大类：电离型探测器和发光型探测器。常用的电离型探测器有电离室、正比计数器、G-M 计数器、半导体探测器等；闪烁探测器、热释光探测器等属于发光型探测器类。

6.1.1 气体探测器

气体探测器是核科学技术中最早使用的探测器之一，具有结构简单、使用方便等特点，因此得到了广泛的应用。应用最广泛的三种气体探测器是电离室、正比计数管和 G-M 计数管。

（1）基本原理

气体探测器都是内部充有气体，两极加有一定电压的小室，入射带电粒子通过气体时，使气体分子电离或激发，初级电离产生的电子又可导致次级电离，因此，在入射粒子通过的路径上会生成大量的离子对：电子和正离子（包括初级电离产生的和次级电离产生的）。离子对在气体中运动，并和气体分子碰撞，发生如下几种物理过程：

扩散：离子对从高密度区向低密度区扩散；

电子吸附：电子在运动过程中与气体分子碰撞时被俘获，形成负离子；

复合：电子和正离子相遇或负离子和正离子相遇而复合为中性原子或分子；

漂移：电子和正离子在外加电场的作用下分别向正、负电方向运动。

气体探测器就是利用收集核辐射在气体中产生的电离电荷来探测核辐射的。为有效地收集电荷，必须在气体电离室空间加上电场，使电子和正离子在电场的作用下向两极漂移，以被收集。

不同的气体探测器工作在的不同区段，各个区段所代表的外加电压不同、离子对在其条件下的各种物理过程也不相同。现假设带电粒子在气体探测器中形成了 N_0 个离子对，收集的粒子对数为 N，来分别说明各区的区别：

1）复合区

复合区为图中的Ⅰ区，此时外加电压较小，离子的漂移速度很小，复合效应起主要作用，因此收集到的离子对数要小于入射粒子电离产生的离子对数 N_0，即收集到的电荷数少，随着电压的增加，收集到的电荷数也将增多。图中曲线 1 和 2 分别对应入射能量为 E1 和 E2 的两种粒子，且 E2＞E1，所以曲线 2 比曲线 1 要高。

2）饱和区

饱和区为图中的Ⅱ区，当外加电压达到 Va 值时，离子的定向漂移已足够快、复合效应基本消失，这时，初电离的离子对数可全部被收集，达到了最大电荷收集数，此时即便继续增大电压（＜Vb 值），收集到的电荷数也不会再增加（因为初电离只产生了 N_0 个），收集到的电荷饱和值 $Q_0=N_0 \cdot e$，且只与入射粒子的种类和能量有关系。电离室就工作在此区域。

3）正比区和有限正比区：

正比区为图中的Ⅲa 区，当外加电压继续增大是（＞Vb 值），在外电场的作用下，初级电离产生的电子将获得足够大的能量，该电子也将能使气体分子电离而产生次级离子对，这样，总的粒子对数 N 将大于 N_0，但会正比于 N_0，也就是正比于入射粒子的能量，这种现象叫做气体放大（有时也称电子雪崩）。$M=N/N_0$ 叫做“气体放大倍数”，当外加电压继续增加时，M 值也将继续变大，但一直保持正比关系。正比计数器就工作在这一区域。

在有限正比区（图中Ⅲb 区），因正离子漂移速度很慢，其滞留在气体空间中，形成空间电荷，产生空间电场，抵消了部分外加电场，限制了类似Ⅲb 区的离子对的继续增加，其 M 值已偏离正比关系。

4）G-M 计数区

G-M 计数区为图中的Ⅳ区，从Ⅲb 区末端开始，当外加电压继续增加时，次电离的作用会越来越大，到正离子形成的空间电场将外加电场降低到不能再产生电离时，这是的倍增过程是自抑制的，收集到的总电荷将成为一个常数，与初电离的 N_0 数完全无关，也即与入射粒子的能量无关。G-M 计数管就工作在此区域。

（2）电离室

电离室是工作在饱和区的气体探测器，原则上它既不存在离子复合，也没有气体放大，入射粒子初级电离产生的全部电子和正离子都被收集到正、负电极上，电离室外加工作电压必须介于上图 Va 和 Vb 之间，但对于不同大小、不同结构和充不同气体的电离室，为达到收集电荷的饱和状态，其外加电压是大小相同的，可以从几十伏至上千伏不等。

1）电离室的基本结构

常见电离室的结构主要是由两个电极、保护环和室体等组成，最常见的圆柱形电离室的剖面结构示意图见下图。两个电极中的一个和高压电源直接连接，加所需工作电压，称为高压级（或阴极）；另一个电极和后续电子学记录仪器连接并通过负载电阻来接地，称为收集极；两电极之间用绝缘体隔开；两电极之间还有一个保护环，其主要作用是使收集极边缘的电场保持均匀，也可以使高压电极到地的漏电流不通过收集极，保护环和收集极同电位，但它和两电极之间也由绝缘体分开。在不计复合扩散的情况下，保护环保证了灵敏体积内形成的离子对全部被两电极收集。电极的形状根据需要会有圆柱形、平行板型、球形等，阴极、阳极和保护环等密封在充有气体的小室内，实际使用的电离室产品，在这小室之外还会有一个完整的保护套筒，以及部分电子学线路板块如前放板等。

2）电离室类型

按照工作方式不同，电离室可以分为两类：脉冲电离室和电流电离室。

脉冲电离室用来记录单个入射核辐射粒子。其工作原理是一个带电粒子进入脉冲电离室的灵敏体积后，与气体分子或原子发生相互作用，使气体电离，产生的大量电子和正离子在电场的作用下向两级漂移，从而产生一个电流脉冲，该电流脉冲在电离室输出回路的 RC 电路上产生一个电压脉冲。由于正离子移动缓慢，因此脉冲电离室的输出脉冲较宽，一般为 10^{-3} s 数量级，这使它不适用于用来探测活度很强的放射源，主要用于测量带电粒子的辐射量和能量。

电流电离室是通过测定单位时间内入射核辐射粒子在电离室内产生的平均电力电流来探测核辐射的，其原理为入射粒子在电离室灵敏体积内电力产生的离子对，在外电场作用下向两极分别移动，从而在收集极上形成一个电流，电离电流的强弱与入射粒子流的强弱有关，可从 10^{-16} A 量级至 10^{-6} A 量级不等，通过与电离室相连结的后续核电子学线路对输出电流进行测量，即可得到入射的粒子数目，再根据探测效率，即可得到粒子辐射量等信息。电流电离室用于记录大量粒子平均电离效应。

3）特性参量

——饱和特性：

饱和特性又称伏安特性，它表示电离室的输出电流与外加电压的关系，对于电离室来说，其外加工作电压应保证其工作在饱和区，即在该区段内，输出电流基本不随外加电压的变化而变化。影响饱和区（斜率、范围等）的因素很多，如射线的种类和注量率、电离室充入的工作气体种类、工作气体的压力和纯度、电离室的自身结构等。

——线性电流：

在一定的工作电压下，电离室输出的电离电流与辐射注量率（或粒子通量密度）保持线性关系时，对应的最大输出电流即为在这个工作电压下的线性电流，所以有时也称为最大线性电流。通常以额定工作电压下保持线性关系的最大输出电流来表示电离室的线性范围，对于电离室，必须要保证其输出电流保持在线性范围内，才能保证其工作在饱和区。在实际使用中，电离室的线性电流值都是在实验室标定的，一个好的电流电离室，其线性范围应该相当宽。提高电离室线性电流范围的最好方法是改善其饱和特性。

——灵敏度：

对于给定能量的粒子，电流电离室的灵敏度定义为输出电流与探测器所在位置的粒子注量率的比值。实际应用中，灵敏度都是在实验室标定的，在已知注量率的射线照射下，测量电离室的输出电流，即可计算出其灵敏度。实际工程应用中，常常先通过高阻将输出电流信号转化为电压信号，在通过 V/F 转化器件将电压信号转化为频率信号，所以也用最后输出的频率大小与探测器所在位置的粒子注量率的比值作为探测器的灵敏度。

（3）正比计数器

1）工作原理结构

由前述已知，正比计数器工作在气体探测器特性曲线的正比区。该区存在气体放大作用，最后形成的总离子对数是初次电离生成离子对数的 M 倍。因此，在收集极上感生的信号脉冲幅度也会是初次电离感生脉冲幅度的 M 倍。

气体放大倍数不能无限制地取大，因为随着 M 的增大，除了电离之外，还可能由于光电效应而产生光电子（入射带电粒子使原子激发，原子在退激过程中产生光子，而光子会与计数管阴极或气体作用而产生光电子）。产生的光电子就如同入射电子一样会与气体发生作用，若光电子产额较大的话，就会使计数管由正比区过度到 G-M 区。为此，在计数管的工作气体（通常是惰性气体如 Ar 等）中会加入一定的多原子分子气体，如甲烷、二氧化碳、酒精等，专门用于吸收产生的光子，以保证计数管始终工作于正比区。

正比计数管大多是类似于电离室的圆柱形结构，但有较大不同，计数管的类型按充气方式可分为流气式、换气式、密封式等。核电厂常用到的是一种多阳极丝的平行板型流气式正比计数器：在计数管内部空间的中央平面上均匀地排列一定数量的阳极丝，而镀铝聚酯膜（可导电）和金属板平行对称地布置在阳极丝阵列的两侧，作为阴极，工作气体为 $Ar+CH_4$ 或 $Ar+CO_2$，这种大面积正比计数器在核电厂主要用于人员全身污染监测和手脚污染监测。

2）特性参量

——坪长：

随着外加工作电压的升高，计数率在一段范围内的变化会很小，在计数曲线上会出现一个比较平坦的区域，即所谓的坪，坪区电压范围叫坪长。正比计数管的坪长一般大于 300 V。

——坪斜：

在坪区，实际上计数率仍随工作电压的升高而有增加，表现为坪带有一定的坡度，称为坪斜。通常规定坪斜的值为在坪区范围内，电压每升高 1 V 或 100 V 时计数率增加的百分比。正比计数管的坪斜一般小于 0.01%/V。

——工作电压：

正比计数管的工作电压一般选择在坪区的前半部分（前 1/3 左右），这样即工作在坪区，又能延长使用寿命。

坪特性是衡量计数管质量好坏的主要参量，坪长越长、坪斜越小、工作电压越低，则计数管受工作电压的影响也就越小，其寿命也就越长。

——寿命：

寿命包括两种：计数寿命和自然寿命。

计数寿命是指计数管的性能变差所累积的计数数目，影响计数寿命的主要因素是：

多原子分子粗灭气体的分解，即每次气体放大都会有一部分多原子分子由于与电子或光子的非电离碰撞而分解，因此随着计数次数的增加，多原子分子成分会逐渐减少：

- 气体分解会沉积在阳极丝和阴极上，这就要改变阳极丝的直径和电场，减少材料的脱出功。在实际应用上，也发生过计数性能下降，但设备停运解体后用钳子拔一下两个丝极，设备变恢复正常工作。
- 气体放电使阳极丝逐渐损伤而变得不均匀。
- 气体放电使阳极丝逐渐损伤而变得不均匀。

显然，在测量强放射性时，最好用具有小放大倍数的计数管，以延长计数管的技术寿命。

自然寿命是指计数管制成后其性能变坏所放置的时间。

（4）G-M 计数管

1）工作原理结构

G-M 计数管又称盖革管，它是使用最早、最广泛的一种辐射探测器，工作在气体探测器特性曲线的 G-M 计数区。G-M 计数管内的电厂强度比正比计数管的要强的多，其内的电子雪崩不光是由电离电子引起，还由光电子引起，实际上，G-M 计数管内的电荷增值主要决定于光电子引起的雪崩，管内还会有次级雪崩过程（雪崩再生），这都来源于较大的光子—光电子产生几率（强电场使得电子激发原子的几率增加），雪崩放大和电荷收集都终止于管内的阳离子到达阴极的时候，这时计数管就输出一个脉冲。由前述的 G-M 计数区特性我们可知道，对于 G-M 计数管，无论入射粒子产生多少初级离子对，每次放电都是以在管内产生大致相同的总电荷数结束的，因此计数管的输出脉冲幅度都是相同的。因为 G-M 计数管的 M 很大，因此其输出脉冲信号的幅度也很大，可以达到 1 V 左右。

当阳离子到达阴极并中和时，会因相互作用而再次产生光电子（中和所放出的能量会部分以光子形式释放，光子与阴极作用而生成光电子），这些再次新生的光电子会像入射粒子一样，重复前述的过程，又导致一个新的计数管输出脉冲，如不加抑制，仅一次入射粒子，G-M 计数管将反复持续放电，不断输出脉冲，这个过程叫自持放电。为避免这种情况，通常在计数管的工作气体（主要是惰性气体）中充入一定量的所谓淬灭气体（溴、酒精等），用于吸收光子、淬灭放电，保证计数管对一次入射仅产生一个脉冲。

G-M 计数管大多是圆柱形，中央是一根阳极丝，直径约几十微米左右，周围是管式阴极，管长一般为几厘米至几十厘米，管中充工作气体和淬灭气体，根据淬灭气体的种类将管子分为有机管或卤素管等。

G-M 计数管和正比计数器最大的区别在于：在正比计数器中，由于电场强度还不够强，电子雪崩只发生在局部区域，光子和正离子对雪崩几乎不起作用，一次雪崩后，增殖过程即行停止。而在 G-M 工作区，由于电场强度增大，发射的大量紫外光子产生的光电子在雪崩过程中将起作用，使雪崩过程不断地持续下去，雪崩在 10^{-7} s 的时间内很快遍及整个灵敏区，并扩展到阳极丝的附近；产生的正离子形成正离子鞘，使阳极附近的电厂强度减弱，导致新生的电子无法增殖，从而使雪崩过程停止。

2）特性参量

——计数曲线和坪特性：

类似于正比计数管，G-M 计数管也存在坪曲线，也存在坪长和坪斜的要求，计数管的工作电压一般选择在坪区的 1/2～1/3 处。坪长和坪斜也是计数管质量的重要标志：坪长越长、坪斜越小，则计数管的质量越好。需要注意的是，当外加电压超过坪区末段电压后，计数管会进入多次或连续放电区，计数率会急剧增加，此时猝灭气体会被大量消耗，计数管极易损坏，通常我们把出现这种现象的外加电压成为计数管的击穿电压。

——死时间：

在计数管形成两个输出脉冲之间的某一段时间内，计数管无法对此时入射的离子产生反应，这段时间称为计数管的死时间，死时间与管子的工作电压、工作气体、气体压力和管子形状等有关。计数管的死时间一般较长，约 10^{-4} s 数量级，在计数率高的情况下，漏计数会较多，就必需进行修正，这种修正通常称为死时间修正或分辨时间修正。

——探测效率：

G-M 计数管对α、β等带电粒子的探测效率很高，通常接近 100%，用于探测γ射线时，通常用高 Z 材料制作管阴极内壁，以增大相互作用几率，但其对γ的探测效率也只有 1%左右。

——寿命：

G-M 计数管的寿命取决于粗灭气体的消耗，有机管每次放电后都有相当数量的猝灭气体分子因离解而丧失猝灭能力，猝灭气体含量减少后，管子的坪长会变短，坪斜会增加，直至完全失去猝灭作用而产生持续放电。通常将计数管失去猝灭作用之前的总计数定义为计数管的寿命，一般有机管为 10^8 个计数左右，卤素管为 10^{10} 个计数左右

6.1.2 半导体探测器

半导体探测器作为辐射探测介质的使用始于 20 世纪 60 年代，俗称固体电离室，其快速的时间响应，远优于气体介质的对辐射的高阻止能力，以及源于电荷载体数小的统计涨落而得的最优能量分辨率，使半导体探测器广泛用于各种辐射探测领域。

1982 年以后，得益于大规模集成电路的飞速发展，大量的平面处理技术应用到硅表面，硅探测器也由简单的金硅面垒等结构向更复杂的电极制作及位置灵敏和成像系统发展。不断发展的核技术应用领域对探测器提出大量新的要求，着重于解决因特殊应用而引起的问题，对各项因素综合考虑，如小尺寸、可室温操作、高辐射硬度、低电压、长使用寿命等。同时，探测器的整个电子学系统向集成度更高，噪声更低、体积更小、能耗更低、速度更快、功能更复杂的数字化处理的方向转化。经过人们多年的研究和努力，半导体探测器相关的各项研究趋于成熟，由实验室开始向市场转化。

（1）基本工作原理

类比于气体电离室，带电粒子在气体中电离形成的是电子-正离子对，但在半导体探测器中，入射粒子电离产生的是电离-空穴对，但半导体因为密度大的原因，其对射线的阻止本领比气体的大得多，在半导体中电离产生一个电子-空穴对所需的平均电离能约为 3 eV，比在气体中电离产生电子-正离子对的平均电离能（30 eV）要低一个数量级，同样的入射粒子在半导体中产生的电子—空穴对数要远远大于在电离产生电子和空穴，它们通称为载流子，在外加电场作用下，电子和空穴分别向两个电极漂移，从而在收集电极上感应出电荷，在输出电路上形成输出电信号。

1）常见的半导体探测器

2）PN 结型半导体探测器

P 型半导体材料和 N 型半导体结合后，载流子将由浓度高的区域向浓度低的区域扩散，结果在 P 区和 N 区的界面形成一个 PN 结。在 PN 结区，基本上不存在自由载流子，只剩下施主和受主的离子，形成一个空间电荷区。在靠近 N 区一端带正电，P 区一侧带负电，产生了一个由 N 区指向 P 区的内电场。阻碍载流子继续扩散。PN 结区通常被称为“耗尽层”或“阻挡层”。在不加外加电压的情况下，这种大约只有 1 V 的接触电位差所形成的电厂强度很弱，电荷很容易被俘获和复合而损失掉。因而，电荷收集不完全；这时 PN 结区也很薄，远远小于一般的带电粒子在其中的射程。

在 PN 结两端加上反向偏压，即 P 区加负电压，N 区加正电压，则 P 区中的空穴从结区被吸引到接触点；N 区中的电子也被吸引到接触点。结果，使结区变宽。随着反向偏压的升高，结区逐渐变宽。该结区即为探测器的工作灵敏区，入射粒子在结区电离产生电子—空穴对，在电厂作用下分别向两极

漂移，于是在输出回路中形成输出信号。输出信号的幅度与带电粒子在结区消耗的能量成正比，如果入射粒子的能量全部消耗在结区，则探测器输出脉冲的幅度与入射粒子的能量成正比。面垒型的 PN 结型探测器常用作α等重带电粒子的能谱测量。

3）高纯锗（HPGe）探测器

高纯锗探测器是 20 世纪 70 年代才出现的一种新型的半导体探测器，这种探测器本质上也是 PN 结型半导体探测器，但其工作灵敏体积要大于通常的 PN 结型探测器。高纯锗探测器主要用于各种γ能谱的测量，一般工作在液氮温度，在某些应用中让探测器温度提高到 77 K 这一额定值以上可能更方便。在高达 150～180 K 的温度下可以获得满意的性能，主要的缺点是噪声水平提高了，这相应于陷获效应与带间体漏电流增加了。

（2）闪烁体探测器

闪烁体探测器的出现和应用也很早，它是利用某些物质在核辐射的作用下会发光的特性来探测器＝核辐射的，这些可发光物质称为荧光物质或闪烁体，闪烁体发出的闪烁光由光电器件处理后形成电信号输出。通常，将闪烁体和光电器件的组合装置称为闪烁体探测器。

闪烁体探测器的主要组成部分由闪烁体、光学收集系统、光电倍增管、高压电源分压器等组成，这些部件通常被一起密封在一个不透光的外壳内使用，统称为闪烁体。典型的闪烁体探测器结构组成示意图见下图。

1）基本工作原理

闪烁体探测器由闪烁体、光电倍增管、电子学仪器三个主要部分组成。闪烁体探测器的工作原理包括以下五个互相联系的物理过程：

射线进入闪烁体（如果是γ射线，将在某一地点产生次级电子）与之发生相互作用，闪烁体吸收带电粒子的能量，使闪烁体分子电离、激发。

受激原子、分子退激时发射荧光光子。

利用包在闪烁体周围的反射物质和光导，将闪烁光子尽可能多的收集到光电倍增管的光阴极上。由于光电效应，光子在光阴极上打出光电子，实现光电转换。

光电子在光电倍增管中倍增，数量由一个倍增到 10^4～10^9 个，电子流在阳极负载上产生电信号。

输出的电信号由电子仪器记录和分析。

——闪烁体：

闪烁体从物理状态上可分为固体（晶体）、固溶体（塑料）、液体、气体；按化学性质可分为有机闪烁体和无机闪烁体，最常用的无机闪烁体有 NaI（Tl）、锗酸铋（BGO）等，有机闪烁体有塑料闪烁体和液体闪烁体等。闪烁体的发光效率越高越好。

NaI（Tl）闪烁体是一种透明的晶体，其含有高 Z 元素碘，γ射线与其作用的三种效应的几率较大，且可以制成大块，所以其对γ射线的探测效率较高。同时发光效率也很高，可达 12%，因而能量分辨率也较好。其缺点是容易潮解，因此必须密封使用，一旦其潮解（晶体中产生了黄色斑点或块），将会性能下降或不能使用。

塑料闪烁体通常是在溶剂（如乙烯溶液）中加入一些溶质后聚合而成的，其发光机制是辐射在溶剂中损失的能量传递给溶质分子并使其激发，在退激时就会发光。

——光电倍增管：

光电倍增管是一个灵敏度很高的光电器件，在闪烁探测器中，其作用是将闪烁体产生的弱光转变为电子，并将电子经过多级倍增后形成一个可被电子学仪器记录的电脉冲信号。

光电倍增管由光阴极、倍增机（打拿级）、阳极和玻璃管体等组成，管子打在光阴极上，由于光电效应而产生光电子，光电子经加速和聚焦后到达第一倍增级（D1），每个电子在 D1 上又打出更多的电子，然后这些电子再被电场加速后到达第二倍增级（D2），同样，每个电子在 D2 上又打出更多的电子，然后再加速后到达后续的倍增级，如此经过多级倍增后，最终在阳极（D13）上会产生数目巨大的电子。阳极之后的 RC 电路收集电荷后形成一个电脉冲信号，这就是光电倍增管的光电转换和倍增放大原理，光电倍增管的倍增系数多在 10^4～10^8。

光电倍增管依内部结构的不同而有不同的型号，其工作时需要加载高压电源，以形成各倍增级之间的加速电场，从光阴极至各倍增级最后至阳极，后级相对于前级都是正高压。各级高压电源专门的高压分压电路（分压器提供），可使用正高压、也可以使用负高压。

环境温度、电磁场等环境条件对光电倍增管的正常工作有较大的影响，光电倍增管和闪烁体通常密封在一暗盒内使用，以避免外光源的影响。正常工作中的光电倍增管若暴露到外环境光源条件下，会立刻因大电流而烧毁，即便是管子单独本身若漏过光，在使用前也需先避光在暗处放置几十个小时，待降低其暗电流后才可使用。选择使用光电倍增管时，光阴极灵敏度、倍增系数、暗电流、时间特性和稳定性等是一些主要考虑的特性指标。

2）闪烁探测器的工作特性

闪烁探测器可以工作在脉冲状态（脉冲型），给出单个核辐射粒子在探测器中产生的电脉冲，也可以工作在连续状态（电流型），给出大量核辐射粒子产生的平均电流。

闪烁探测器探测带电粒子、γ粒子、中子等的特性主要取决于闪烁体，对低能电子的探测主要用塑料闪烁体或液体闪烁体，对极低能量的若β放射性的测量，使用液体闪烁体。闪烁探测器探测α射线的效率接近 100%，探测β射线的效率主要取决于甄别阈，对γ射线的效率主要取决于闪烁体。

闪烁探测器的能量分辨率主要决定于闪烁体和光电倍增管，相对与半导体探测器来说，闪烁探测器的能量分辨率较差。在辐射能谱测量中，NaI（TI）闪烁体得到广泛的应用，主要用于γ辐射能谱的测量，这主要缘于其较高的发光效率，良好的能量线性和较好的能量分辨率，NaI（TI）γ谱仪的能量分辨率通常在 7%～10%。

（3）热释光探测器

热释光探测器（TLD）自 20 世纪 60 年代以来得到了迅速的发展和广泛的应用，特别是在辐射剂量的测量中，在常规个人剂量监测中使用得最为广泛，目前，我国的法定个人剂量计就是热释光剂量计。热释光剂量计具有体积小、灵敏度高、量程宽、衰退小、可重复使用等特点。

——热释光探测器的基本工作原理：

热释光探测器的工作原理基于固体能带理论，按照组合能带的原子轨道能级以及电子在能带中分布的不同，有满带、导带和禁带等多种能带。

满带：由于能带内所含分子轨道数与参加组合的原子轨道数是相同的，同时每一个分子轨道最多也只能容纳 2 个电子，所以参加组合的原子轨道如完全为电子所充满，则组合的分子轨道群（能带）也必然完全为电子所充满，充满电子的低能量能带叫做满带。如金属锂的 ls 能带就是满带。

导带：参加组合的原子轨道如未充满电子，则形成的能带也是未充满的，还有空的分子轨道存在；在这种能带上的电子，只要吸收微小的能量就能跃迁到带内能量稍高的空轨道上运动，从而使金属具有导电、导热作用。未充满电子的高能量能带叫做导带。例如金属锂的 2 s 能带就是导带。

禁带：正如原子中各个能级间有能量差别一样，金属晶体中各个能带之间也有能量差别，这使相邻能带之间一般都有间隙，此间隙叫带隙。在相邻原子轨道间隙之中，电子是不能停留的；在金属晶体能带的带隙中，电子也不能停留。带隙是电子的禁区，所以又叫带禁。如果带禁不太宽，电子获得能量后，可以从满带约过带禁而跃迁到导带上去；如果禁带很宽，这种跃迁就很困难，甚至不可能实现。

当带电粒子进入热释光晶体后，产生电离和激发，电离电子会从满带向导带跃迁、跃迁过程中因能量不够到达导带而被晶体中的陷阱能级或激活能级所俘获，常温下，陷阱能级和激活能级中电子靠热运动到不了导带。当晶体被加热时，电子会获得额外的能量，从而挣脱束缚，到达导带，然后从导带跳回满带，同时将能量以光的形式放出，此种光称为热释光。加热放出的光子总数与陷阱中释放的电子数成正比，而总电子数又与晶体最初吸收的辐射能量成正比。因此，通过测量总光子数，就可以籍此来探测入射核辐射。

许多天然矿石和人工合成的物质都具有热释光特性，但不一定都能作为探测器使用，用于核辐射探测的热释光都是采用专门的工艺进行处理和生产的，常见的热释光探测材质有 LiF（Mg、Cu、P）和 LiF（Mg、Ti）等，应用中多被制作成小晶片或粉末状，封装在适当的壳体中使用。热释光的测量装置通常由加热部件、光电转换部件、输出显示部件等组成，这部分的原理类似于闪烁体探测器

（4）核辐射探测器的基本性能和指标

1）探测效率

在探测器的使用中，多设计到的是源效率，又叫绝对效率，其定义如下：

$$E = \text{探测器输出的脉冲数/源发射的}\gamma\text{光子数或带电粒子数}$$

探测效率与被探测射线种类、射线能量、探测器灵敏体积、探测器材质、源和探测器之间的距离等相关。同一探测器对不同射线的探测效率不同，不同探测器对同一射线的探测效率也不同。如 G-M 计数管，其对α、β等带电粒子的探测效率非常高，对入射到其灵敏体积内的该类带电粒子，其探测效率接近 100%，但其对γ光子的探测效率却很低，一般在 1%左右。对于探测器来说，我们通常希望其探测效率越高越好。

实际使用中，还经常用到探测器本征效率的概念，其定义为：探测器输出脉冲数与入射到探测器灵敏体积内的粒子数之比。根据不同的实际需要，对探测效率还有各种不同的定义种类，如在γ射线谱仪的测量中，还经常用到本征峰效率，其定义为：全能峰内的计数与入射到探测器灵敏体积内的γ光子数之比。

2）灵敏度

灵敏度定义为探测器对单位辐射量的输出响应，如对于电流电离室，将其放置在 1 mGy/h 的辐射场中进行照射，其输出电流为 10^{-9} A，则其灵敏度为输出电流与辐射场剂量率的比值：即其灵敏度为 10^{-6} A/Gy/h。对于不同的辐射量和不同的探测器输出信号，其灵敏度有不同的表示单位和方式，例如，常见的还会有 Hz/Gy/h、cps/Sv/h 等。实际应用中，探测器的灵敏度都是在标准实验室中进行标定后得出的。

3）输出信号幅度和波形

探测器的输出信号幅度依探测器种类不同而不同，这与各探测器的探测机理有关、与入射射线的能量有关、也与探测器的电荷收集和脉冲信号成形电路有关。电离室的输出信号幅度很小，多在 mV 级别或小于 10^{-7} A；正比计数管的输出信号幅度通常比电离室的要大一些；G-M 计数管的信号输出幅度很大，可达 1 V 数量级；闪烁探测器的输出信号幅度也很大，可达 1 V 数量级。对于这些差别，了解了前述的各探测器的工作原理后就不难理解。

相比于输出信号的幅度，其输出信号的波形对于核辐射探测更为重要，输出波形直接影响到探测效率、探测器能量分辨率等参数，简单来说，探测器的输出脉冲信号波形应该具备快速的上升沿和下降沿。

4）能量分辨率

能量分辨率是核辐射探测器的一项非常重要的指标，尤其在能谱测量中。能量分辨率定义为探测器微分脉冲幅度分布谱（简称能谱）中的半宽高与所对应的脉冲幅度之比：

$$\eta = \Delta V/V = \Delta E/E$$

式中：V 为峰值脉冲幅度，V；

E 为峰值脉冲幅度所对应的能量，keV 或 eV；

ΔV 为脉冲幅度谱半高宽，V；

ΔE 为能谱的半高宽，keV 或 eV；

η 是一个无量纲的量，通常以百分数表示。

脉冲幅度谱峰值一半处所对应的全宽度称为半高宽，用 FWHM 表示，它与高斯分布能谱峰的标准偏差 σ_e 存在如下关系：

$$\mathrm{FWHM}=0.355\ \sigma_e$$

能量分辨率是表示探测器分辨两个不同能量的辐射粒子的分辨能力、或者说表示探测器分开两种不同能量辐射粒子的能量分辨特性。对同种辐射粒子来说，探测器的能量分辨率取决于辐射粒子在探测介质中的平均电离能，有如下关系：

$$\eta=2.355\ (F\times\omega/E)$$

式中 F 为法诺因子，ω为平均电离能，由上式我们可以了解，半导体探测器的能量分辨率要好于气体探测器，因为半导体的平均电离能比气体的要小一个数量级。

5）线性响应

线性响应是衡量一定范围内探测器所给出的信息，与入射粒子相应的物理量（如能量、位置等）是否成线性关系的标志，有时直接称之为能量线性或位置线性等。对于气体探测器，其能量线性指标通常为小于 0.01%，对半导体探测器为 0.015%，对闪烁探测器，为 1%～5%。

6）线性响应

通常情况下，温度和电源的变化会引起探测器性能的不稳定，如闪烁探测器，温度和高压的变化对光电倍增管的工作影响很大，而对于半导体探测器，温度对其的影响非常明显。因此，探测器对工作环境温度和电源供电电压的稳定性都有一定的要求，一般对于高压电源，都要求其稳定性要好于千分之一至万分之一。为消除温度影响，半导体探测器常工作在低温环境下，而闪烁探测器，通常会采用各种方法来补偿温度变化造成的影响。

6.2.1 功能

（1）主要功能

整个电厂辐射监测系统（IRM）包括以下方面。

场所辐射监测：及时发现工作场所放射性辐射水平的异常变化，确保核电厂工作人员免受高辐射照射。

流出物监测：连续监测废水，废气流出物中的放射性活度水平，确保核电厂排出的放射性活度低于国家标准规定的限值，以保护环境和确保公众的辐射安全。

工艺辐射监测：连续监测可能被放射性污染的工艺流体或厂房空气，以检查燃料包壳、系统压力边界等屏障的完整性，防止放射性物质通过各道屏障泄露或释放。

IRM 系统各监测道至少具有以下一种或几种功能：

——防止核电厂工作人员免受高辐射照射；

——防止广大居民受辐射照射；

——屏障监测；

——自动启动隔离设备或其他系统。

（2）安全功能

IRM 系统总的任务是确保电厂放射性水平与正常运行水平相符，虽然没有把 IRM 系统当作同安全有关的系统考虑，但是 IRM 系统中的某些监测道能帮助运行人员分析和监视事故以及控制放射性物质向外释放，因而这些监测道属于事故后监测道（PAMS），它们具有 1E 级设备的各种特性。

6.2.2 设计综述

（1）设计基准与安全准则

本节说明百万千瓦级先进压水堆核电机组电厂辐射监测系统（IRM）的设计基准和安全准则。

（2）法规、标准

核电厂辐射监测系统设计满足国家核安全法规、导则的相关规定，同时满足国家标准、行业标准的相关要求，并参考国外标准要求。

（3）设计基准

1）属于 PAMS 的 IRM 系统监测道还应遵循事故后监测道的设计准则，这些准则的主要内容是：

——冗余性；

——应急电源（A 列和 B 列）；

——抗震类别；

——环境条件；

——质量鉴定等级；

——试验规则。

2）不属于 PAMS 通道的其他 IRM 系统监测道按下列原则考虑：

——对于那些不输送同安全有关流体的设备，或不作为机械系统考虑的设备则不属于安全级设备。

3）对各监测道设备还考虑下列因素：

——尽量选用技术成熟的设备，这些设备已经成功应用在其他核电厂或工程技术上；

——设备应提供硬件接口和网络通信接口。

对于防止气态放射性物质释放到环境中的监测道应冗余配置，还要符合抗震要求，由应急电源供电（A 列和 B 列）。例如用于监测反应堆装卸料水池和乏燃料水池周围剂量率来快速发现燃料元件事故的监测道，监测控制室进风空气γ剂量率的监测道也是属于这种类型的监测道。

对于废液排放监测道可不考虑上述这些要求，因为废液排放监测道的放置目的仅是验证实验室对贮槽要排放的废液分析测量结果是否有错。这类设备不要求符合抗震要求，也不需应急电源供电。

（4）安全准则

1）设备分级

设备部件分级见对应的《电厂辐射监测系统设备数据表》，分级要求如下：

根据 RCC-P，机械设备安全级分为 1、2、3、LS；电气设备分为 1E、NC。

——抗震分级：1A、1F、1I 是对机械部件的分级，1 和 NO 是对电气部件的分级；

——质保等级：Q1、Q2、Q3 和 QNC；

——Q1 级用于安全级为 1、2 和 1E 的设备，Q2 级用于安全级为 3 或 LS 的设备，Q3 或 QNC 用于安全级为 NC 的设备；

——根据 RCC-E，电气设备质量鉴定等级分为 K1、K2 和 K3；

——设备洁净的定义见 RCC-M。

2）设备冗余及单一故障准则的应用

对于 PAMS 监测道应考虑设备冗余和单一故障准则。

对于为防止气态放射性物质释放到环境中的监测道应冗余配置。

应特别注意多重部件和多重通道间的实体隔离。

3）与反应堆冷却剂系统之间的隔离及安全壳隔离

系统安全壳内外的电缆通过电气贯穿件连接。

4）灾害防护

系统中具有安全等级的其余部分在承受同样载荷时，只要求其保持完整性。

5）在役检查和定期试验

核电厂辐射监测系统的设计能够实现：

——对主要部件进行定期检查；

——定期功能试验，以确保其设备的完整性，并在尽可能接近设计的条件下，检查系统的可使用性和要求的功能特性。

（5）系统设计

IRM 系统安全级监测道的测量数据传送至全厂 DCS，全厂 DCS 上传到主控室和 IRM 信息管理系统。非安全级监测道测量数据直接传至 IRM 信息管理系统，以图形数据模式显示测量数据，再上传至全厂 DCS 系统。

（6）设备设计

1）测量范围

选择 IRM 各监测仪的有效测量范围、灵敏度和指示器或显示器时，要考虑仪表在正常运行工况和预期运行事故工况条件下的被测介质（流体）特性和工作环境特性。对于一些监测道（PAMS 监测道）还要考虑假想事故工况下的上述特性。

根据“三哩岛事故后行动”第 222 条的要求，测量反应堆厂房事故后γ剂量率监测道的测量范围要增大带 10^5 Gy/h，烟囱高活度惰性气体监测道的测量上限要增大到 10^{14} Bq/m^3。

2）测量效率

设计中要求气溶胶过滤器及碘捕集器的效率必须大于 95%。而且要求气溶胶活度测量值必须有代表性。为确保其代表性，必须：

——取样位置的确定和验证：

在设计阶段采用计算流体动力学（CFD）方法预选一个合理的取样截面，建立比例模型进行取样截面的混合均匀度试验，确定取样截面的位置。混合均匀度的判定准则如下：

- 整个截面的平均气旋角度不大于 20°；
- 截面中心 2/3 面积上的速度变异系数不大于 20%；
- 截面中心 2/3 面积上的示踪气体浓度的变异系数不大于 20%；
- 整个截面的最大示踪气体浓度与平均浓度之差不大于 30%；
- 截面中心 2/3 面积上的气溶胶（空气动力学直径为 10 μm）浓度的变异系数不大于 20%。

在电厂预运行阶段将进行现场试验

——取样头选择

在取样截面混合均匀度满足标准要求的情况下，选择标准推荐的护套式单嘴取样头，进行气态排出流的取样，确保取得有代表性的样品。

取样头的传输比在 80%～130%。

——取样系统的设计

合理选择监测设备的安装位置，使取样管道的总长度尽量短，确保取样系统的实际满足标准要求，对流体动力学直径为 10 μm 的气溶胶粒子，系统的总贯穿系数大于 50%。

3）设备鉴定要求

一些监测道的设备要能经得起地震破坏。此外，按照“三哩岛事故后行动”第 222 条规定，监测反应堆厂房事故后γ剂量率监测道要经得起安全壳内各种事故环境条件。

4）安全运行

——遇到监测道故障（仪表故障或失去流量），则仪表发出报警信号并驱动报警装置通知运行人员。

——有些监测道带有一个放射源。该放射源或用来连续监督仪表探测装置是否正常工作、或用来定期检查探测器装置响应情况，有时也用一个光源来定期检查探测装置的响应情况。

——每个监测道都要有好的过载性能。如果仪表读数由于照射超过了仪表测量范围而达到饱和，其读数值应保持在满刻度（100%）处，而且超量程报警要待确认后才能消失。

5）材料选择—结构

设备同放射性流体接触部分要选用低本底、没有污染的材料制造，设备的结构形式和表面形状要能避免或尽量减少污染物的沉积或覆盖，如果出现污染，要易于去污。

6.3 辐射监测系统设备类型及技术要求

6.3.1 说明

（1）概述

IRM 系统由多个位于核电厂主要厂房内的监测道组成，这些监测道包括：

——气溶胶、碘及惰性气体活度监测仪；

——离线低放液体活度监测仪；

——在线中放液体活度监测仪；

——蒸汽发生器泄漏率监测仪；

——高放液体活度监测仪；

——扫描式风管中气体β活度监测仪；

——低β气体活度监测仪；

——高湿度气体活度监测仪；

——Ⅲ型区域γ剂量率监测仪；

——Ⅱ型区域γ剂量率监测仪；

——Ⅰ型区域γ剂量率监测仪；

——事故及事故后安全壳内γ剂量率监测仪；

——反应堆厂房空气 ^{13}N 活度监测仪；

——衰变箱排放气体活度监测道；

——安全壳卸压排放气体活度监测仪；

——安全壳气溶胶、碘、惰性气体、^{3}H 取样装置；

——烟囱气溶胶、碘、惰性气体、^{3}H、^{14}C 取样装置。

每个辐射监测仪由下列部件或其中的部分部件组成：

——探测装置；

——源检装置；

——就地处理显示箱；

——电气箱；

——配电箱；

——取样柜；

——流量计；

——压力表；

——取样泵；

——其他取样回路辅助器件。

系统包含系列通信器件：

——接口部件（用于数据获取与通信控制）；

——接线箱；

——辐射监测工作站；

——辐射监测查询站；

——辐射监测信息服务器、网页服务器；

——打印机；
——其他部件。
系统包含下列系统软件或应用软件
——操作系统平台；
——信息管理系统软件；
——设备现场调试和故障诊断专用软件。
（2）与 IRM 系统有关的其他系统
下表所列出的系统，有些要同 IRM 系统连接，有些同 IRM 系统有关。

表 352-03-06-01 与 IRM 系统有关的其他系统

TTB	蒸汽发生器排污系统
TTV	冷凝器真空系统
VCL	控制室空气调节系统
VNA	核辅助厂房通风系统
CSV	安全壳换气通风系统
CAV	环形空间通风系统
CAM	安全壳大气监测系统
CFE	安全壳过滤排放系统
IPC	电站过程控制机柜
IIC	电厂计算机信息和控制系统
IMC	主控制室系统
IAW	核辅助厂房三废处理控制系统
RCV	化学容积控制系统
RNS	核取样系统
RPC	棒控和棒位系统
RVD	核岛疏水排气系统
WCC	设备冷却水系统
WAI	仪用压缩空气分配系统
WDW1	核岛除盐水分配系统
WPW	饮用水系统
WSD	辅助蒸汽分配系统
ZGT	废气处理系统
ZBR	硼回收系统
WQB	常规岛废液排放系统
ZLD	核岛废液排放系统
ZST	固体废物处理系统
EEC	低压交流应急 380 V 低压交流电源系统 A 列
EED	低压交流应急 380 V 低压交流电源系统 B 列
LKS	低压交流电源 380 V 系统（废物辅助厂房）
EAE	220 V 交流不间断电源系统
EAF	220 V 交流公用不间断电源系统
EAC	220 V 交流重要负荷电源系统（第三保护组）
EAB	220 V 交流重要负荷电源系统（第二保护组）

6.3.2 技术要求

（1）一般要求

1）气溶胶、碘及惰性气体活度监测仪

气溶胶活度监测仪

探测装置：双 PIPS 探测装置

——检查源：一个合适光源或 ^{204}Tl 放射源；

——辐射类型：β 辐射；

——能量范围：150 keV～3 MeV；

——参考能量：766 keV（^{204}T1）；

——测量范围：0.1～3.7×10^{6} Bq/m^{3}；

——响应时间：对 0.1 Bq/m^{3} 为 5 h，对 0.5 Bq/m^{3} 为 1 h；

——过滤器。

直径　46.5 mm；

效率＞99.95%（对平均直径为 0.15 μm 的粒子）。

碘活度监测仪

——探测装置：NaI（Tl）晶体＋光电倍增管；

——被测辐射：γ辐射；

——能量范围：80 keV～3 MeV；

——参考能量：364 keV；

——能量范围：3.7～3.7×10^{6} Bq/m^{3}；

——最小可探测活度：3.7×10^{-1} Bq/m^{3}（本底为 10 mSv/h，测量时间 1 h）；

——对碘的捕集效率：≤99.8%（分子碘）≤99.9%（甲基碘）；

——报警阈值：在整个测量范围可调，有音响和灯光报警信号；

——取样流量：35 L/min。

高量程惰性气体活度监测仪

——探测装置：电离室；

——检查源：内嵌 ^{241}Am（1.11×10^{5} Bq）；

——被测辐射：β 辐射；

——能量范围：250 keV～3 MeV；

——参考能量：^{85}Kr（670 keV）；

——测量范围：3.7×10^{8}～3.7×10^{15} Bq/m^{3}；

——报警阈值：在整个测量范围可调，有音响和灯光报警信号。

2）离线低放液体活度监测仪

——探测装置：NaI（Tl）闪烁探测装置＋光电倍增管；

——检查源：源在探测装置外面。源强：3.7×10^{5} Bq（^{137}Cs）；

——能量范围：80 keV～3 MeV；

——参考能量：662 keV（^{137}Cs）；

——被测流体流量：2～12 L/min；

——被测流体最高压力：1.1 MPa（绝对）；

——被测流体温度：4～55 ℃；

——测量下限：3.7×10^{3} Bq/m^{3}；

——测量范围：3.7×10^{3}～3.7×10^{8} Bq/m^{3}；

——总误差：<20%（对于参考能量 ^{137}Cs）；
——在 0.5 μGy/h 环境本底中，本底噪声<12 Hz；
——仪器预热时间：<30 min；
——测量响应时间：<4 s；
——报警响应时间：<4 s。
3）在线中放液体活度监测仪
——探测装置：电离室；
——检查源：源内嵌在探测装置内。源强：3.7×10^5 Bq（^{137}Cs）；
——能量范围：80 keV～3 MeV；
——参考能量：662 keV（^{137}Cs）；
——测量下限：1×10^{-5} Cy/h；
——测量范围：1×10^{-5}～10 Gy/h；
——总误差：<20%（对于参考能量）；
——总误差：<50%（被测能量两端）；
——仪器预热时间：<15 min；
——仪器平衡稳定时间：对于 2.5×10^{-5} Gy/h，<100 s 对于 1×10^{-2} Gy/h，<2.5 s；
——最大测量限值：10 Gy/h；
——各向同性响应：30%（2π 立体角）；
——阈值调节范围：在测量范围的 0～100%可调。
4）蒸汽发生器泄漏率监测仪
——探测装置：NaI（Tl）晶体+241 Am 源+光电倍增管、温度补偿探头；
——辐射类型：γ辐射；
——能量范围：
^{16}N 测量　4.5～7 MeV（参考能量 2.9 MeV、241 Am）；
总γ测量　0.2～2.2 MeV；
——测量范围（相对一回路水）：
16N 测量　0.1～5000 L/h 或 0.1～5000 Hz；
总γ测量　0.5～5000 c/s（对应比活度 Bq/m^3）；
——收集时间：10～1000 s；
——γ谱分析：
能量范围　0.2 MeV～7 MeV；
倒数　1024；
线性　±0.25%或±1 道。
——工作条件：
温度　测量部件为 5～50 ℃；
探测部件为 10～55 ℃（事故时可在 150 ℃条件下工作 5 min，在 100 ℃条件下工作 10 min）；
相对湿度　可达 95%；
温度梯度　600 ℃/h（只对探测部件）；
大气压力　0.086～0.116 MPa；
抗震　符合 RCC-E 标准。
5）高放液体活度监测仪
——探测装置：共两种，一种为普通式电离室，一种为差分电离室；

——检查源：^{239}Pu 源内嵌入电离室，活度为 3.7×10^4 Bq；
——辐射类型：γ辐射；
——能量范围：80 keV～3 MeV；
——参考能量：660 keV；
——测量范围：10^{-3}～10^3 Gy/h；
——总误差：＜20%（相对参考能量）；
——能量响应：＜50%（对于 80 keV～3 MeV）；
——仪器预热时间：＜15 min；
——阈值调节范围：在测量范围的 0～100%可调。

6）扫描式风管中气体β活度监测仪
——探测装置：塑料闪烁体＋光电倍增管；
——辐射类型：β射线；
——检查源：^{137}Cs（3.7×10^6 Bq）；
——能量范围：150 keV～3 MeV；
——参考能量：350 keV（^{133}Xe）；
——测量范围：1.11×10^4～3.7×10^8 Bq/m^3；
——报警功能：具有超阈值报警、故障报警及流量缺少报警，阈值可在整个测量范围设置；
——基本误差：＜20%（相对参考能量）；
——取样方式：按顺序自动扫描点取样测量；
——每道扫描时间：1～5 min 可调；
——取样流量：1.4 m^3/h±20%（对每根取样管路）。

7）低β气体活度监测仪
——探测装置：塑料闪烁体＋光电倍增管；
——辐射类型：β射线；
——检查源：^{137}Cs（3.7×10^6 Bq）；
——能量范围：150 keV～3 MeV；
——参考能量：350 keV（^{133}Xe）；
——测量范围：1.11×10^4～3.7×10^8 Bq/m^3；
——报警功能：具有超阈值报警、故障报警及流量缺少报警，阈值可在整个测量范围设置；
——基本误差：＜20%（相对参考能量）。

8）高湿度气体活度监测仪
——探测装置：半导体二极管或电离室；
——被测辐射：γ辐射；
——能量范围：0.15～3 MeV；
——参考能量：250 keV（^{135}Xe）；
——测量范围：3.7×10^3～3.7×10^9 Bq/m^3；
——响应时间：≤20 min（在 10 倍探测下限下考核）；
——报警阈值：在整个测量范围内可调，有音响和灯光报警信号。

9）Ⅲ型区域γ剂量率监测仪
——探测装置：GM；
——测量范围：0.1～10^6 μGy/h；
——能量响应：≤30%（在 60～3000 keV 范围）；

——响应时间：10 s（在 10 μGy/h）；
——相对固有误差：≤20%（对参考辐射能量）；
——报警：有高值、低值及故障三种，阈值可在整个测量范围调节；
——绝缘电阻：＞100 MΩ；
——介电强度：2500 Vrms 50 Hz（1 min）；
——各向同性响应：好于 30%（2π 立体角）。

10）Ⅱ型区域γ剂量率监测仪

——探测装置：电离室或半导体探测器；
——检查源：^{137}Cs 在探测装置外面，其强度为 3.7×10^{6} Bq；
——能量范围：80 keV～3 MeV；
——参考能量：662 keV（^{137}Cs）；
——测量范围：10^{-6} Gy/h～1 Gy/h；
——灵敏度：0.1 Hz/1×10^{-5} Gy/h；
——能量响应：±50%；
——总相对误差：＜20%；
——各向同性响应：（2π 立体角）＜30%；
——饱和阈值：＞10 Gy/h；
——预热时间：≤30 min。

11）Ⅰ型区域γ剂量率监测仪

——探测装置：电离室；
——检查源：源在探测装置外面，源强：3.7×10^{6} Bq（^{137}Cs）；
——能量范围：60 keV～7 MeV；
——参考能量：80 keV（^{133}Xe）；
——测量下限：1×10^{-6} Gy/h；
——测量范围：1×10^{-6}～1 Gy/h；
——总误差：＜20%（137Cs）；
——预热时间：＜30 min；
——测量响应时间：对于 2.5×10^{-5} Gy/h 小于 100 s；
——对于 1×10^{-2} Gy/h 小于 2.5 s；
——最大测量限值：10 Gy/h；
——报警保持：在最大测量限值处保持报警；
——各向同性响应：30%（2π 立体角）；
——报警阈调节范围：在测量范围的 0～100%处可调。

12）事故及事故后安全壳γ剂量率监测仪

——探测装置：电离室；
——检查源：源在探测装置内，活度 1.11×10^{5} Bq（^{241}Am）；
——辐射类型：γ辐射；
——能量范围：60 keV～7 MeV；
——测量范围：1×10^{-3}～1×10^{5} Gy/h；
——饱和阈值：＞1×10^{5} Gy/h；
——总误差：＜20%（^{137}Cs）；
——能量响应：±50%，60 keV～7 MeV；

——±20%，100 keV～3 MeV；
——各向同性响应：<50%（2π 立体角）；
——报警保持：在最大测量限值处保持报警；
——阈值调节范围：在测量范围的 0～100%内可调；
——工作条件：仪器能在安全壳内事故及事故后环境条件下保持正常工作。

13）反应堆厂房空气 ^{13}N 活度监测仪
——辐射类型：^{13}N 或总γ辐射；
——能量范围：0.511 MeV（对 ^{13}N）或 60 keV～3 MeV（对总γ）；
——测量范围：10～5000 L/h，1～100 000 cps；
——最低可探测限：10 L/h。

14）衰变箱排放废气活度监测仪
——探测装置：NaI（Tl）晶体＋^{241}Am 源＋光电倍增管、温度补偿探头；
——辐射类型：γ辐射；
——能量范围：100 keV～7 MeV；
——测量范围：3.7×10^{6}～3.7×10^{12} Bq/m^3。

15）安全壳卸压排放气体活度监测仪
——辐射类型：γ辐射；
——能量范围：0.2～2.5 MeV；
——测量范围：2～700 GBq/m^3（对 ^{131}I）4×10^{-4}～4 GBq/m^3（对 ^{134}Cs）40～4×10^{5} GBq/m^3（对总γ，0.2～2.5 MeV）；
——环境本底：≤5 Gy/h；
——启动时间：≤30 min；
——供电电源：220 V，50 Hz；
——绝缘电阻：≥100 MΩ；
——介电强度：2000 V、50 Hz（1 min）。

16）安全壳气溶胶、碘、惰性气体、3H 取样装置
——气溶胶、碘取样器；
——^{3}H 取样装置；
——流量计；
——取样泵（220 V、50 Hz 电源）；
——流量：约 60 L/min。

17）烟囱气溶胶、碘、惰性气体、^{3}H、^{14}C 取样装置
——气溶胶、碘取样器；
——^{3}H、^{14}C 取样装置；
——流量计；
——取样泵（220 V、50 Hz 电源）；
——流量：约 60 L/min。

6.4 辐射监测系统维修技术要求

6.4.1 定期试验要求

固定式辐射监测道仪器要定期检查，而对核电厂安全重要的监测道要定期试验。这些检查和测试还包括对各种报警的启动和对其他系统的自动启动，检查、测试的时间间隔取决于该监测道的具体功

能及其重要性。

一般情况下，IRM 系统正常运行状态定义为连续运行，但是有些监测道由于具有不同特性，因而这些监测道的正常运行状态定义为间断运行。

电厂辐射监测系统定期试验只包括仪表和控制系统试验。

6.4.2 报警阈值检查

每一个监测道都被设计成永久性自监视的，也就是说，一个内源保证了最小计数率，任何被探测的故障都应在控制室李产生一个报警。

另外，被测流体断流将会触发报警，以保证 IRM 监测的有效性。

报警阈值检查主要检查各监测道报警阈值设置是否正确，因此阈值显示值的检查需要每月进行。阈值的每月检查属于定期试验的一部分。

6.4.3 通道计数评价

依据相关测试的可行性和特点，每个换料周期都要对传感器校准系数进行检查。

对于大多数通用的监测道，针对监测变化值过低的情况，可以利用与监测道相匹配的测试源作为替代。

或者将 IRM 系统测得的流体放射性活度或者剂量率与标准仪器的测量值相比较。

对于“高放射性活度”监测道，应利用标准放射源。

实际上，“高放射性活度”监测道是比较特殊的一种。其相关部件的校准需要使用能产生高剂量率的放射源，而放射源的放射性又与人体的辐射防护密切相关，因此，依据最基本的防护原则，用电子信号模式模拟代替高放射源。

测量值的接受原则需要考虑到 IRM 系统的总体误差（一般说来是+/–20%）。

6.4.4 通道阈值触发检查

依据相关测试的可行性和特点，每次装料都要对各个部件进行基本性能测试，以检查各个部件在放射性水平超过阈值时是否都能正确的报警和触发自动动作。

6.4.5 定期试验说明

一个月：报警阈值检查。本项试验是为了验证阈值正确。

其中，对监测道 IRM05MA、015MA、017MA、018MA、027MA、028MA、021MA、022MA、019MA、020MA 的报警阈值检查试验与监督要求匹配。

IRM017MA、018MA（反应堆装卸料腔表面γ剂量率监测道）为投运前检查，投运期间进行月度定期试验。非投运期间不要求。

验收准则：阈值正确；

三个月：本项试验是为了验证监测道 IRM055MA 计数在预计值±20%范围内。

验收准则：预计值±20%；

一个换料周期：

通道计数评价

通道计数评价的方法有以下三种：通过监测道的内嵌源检查监测道；使用标准放射性外源（检查源）检查监测道；使用信号发生器检查监测道。由放射源或用于通道自检（压力、流量和计数率）的装置正确触发，并检测相应的 IRM 报警和信息是否正确显示。与模拟信号显示相比，测量值显示为可接受，则认为可用。如果符合下列情况，则认为测量显示就处于正常的工作状态，在控制室中显示的测量值与相应就地显示箱上的测量值相差小于 10%。

考虑到 IRM 的总体误差（一般来说是±20%），并且对放射源的衰变进行了必要的修正后，试验期间获得的计数率应等于试验前的计数率与由于检测源而造成的本底计数率之和。

本项试验是为了验证各监测道计数在预计值±20%范围内。

其中，对监测道 IRM005MA、015MA、017MA、018MA、027MA、028MA、021MA、022MA、019MA、020MA 的通道计数评价试验与监督要求匹配。

通道阈值触发检查

该试验主要是通过 IRM 报警阈值低于检测源的放射性水平或本底放射性水平而触发报警，试验会导致如下结果：

IRM 放射性水平报警触发。

其他系统阀门或隔离传动装置自动触发。

下列与其他系统有关的监测道的触发试验：

——IRM005MA，IRM015MA　　自动动作相关系统：CAM，ZGT

——IRM017MA，IRM018MA　　自动动作相关系统：CSV

——IRM019MA，IRM020MA　　自动动作相关系统：VFL

——IRM021MA，IRM022MA　　自动动作相关系统：VCL，VEC

——IRM023MA，IRM024MA　　自动动作相关系统：VCL

——IRM041MA　　自动动作相关系统：RNS，RVD

——IRM027MA　　自动动作相关系统：CSV，RVD

——IRM028MA　　自动动作相关系统：CAM，CSV，RVD

——IRM042MA-052MA　　自动动作相关系统：RVD

——IRM039MA　　自动动作相关系统：RVD

——IRM059MA　　自动动作相关系统：ZGT

——IRM901MA　　自动动作相关系统：ZLD

——IRM902MA　　自动动作相关系统：WQB

本项试验是为了验证放射性水平达到或超出相应阈值时报警出现，被联动设备正确动作。

其中，对监测道 IRM005MA、015MA、017MA、018MA、027MA、028MA、021MA、022MA、019MA、020MA 的通道阈值触发检查试验与监督要求匹配。

验收准则：报警正常出现，被联动设备正确动作。

6.4.6 预防性维修项目

表 352-03-06-02　设备名称预防修性维修项目

项目名称	项目周期（1 C 为 1 个燃料循环）
IRM001MA、002MA、003MA 通道检查及维护	1 C
IRM037MA、038MA 通道检查及维护	1 C
IRM037MA、038MA 管路冲洗	3 M
IRM054MA 通道检查及维护	1 C
IRM901MA、7IRM902MA 通道检查及维护	1 C
IRM011MA、012MA、013MA 通道检查及维护	1 C
IRM005MA、006MA、015MA、016MA、029MA、030MA、031MA、032MA 通道检查及维护	1 C
IRM029MA、030MA 流量计检定	1 Y
IRM031MA、032MA 碘盒更换	3 M
IRM017MA、018MA、019MA、020MA 通道检查及维护	1 C
IRM501MA-521MA、7IRM550MA-564MA 通道检查及维护	1 C

续表

项目名称	项目周期（1 C 为 1 个燃料循环）
IRM055MA 通道检查及维护	1 C
IRM007MA、008MA 通道检查及维护	1 C
IRM023MA、024MA 通道检查及维护	1 C
IRM025MA、026MA、027MA 通道检查及维护	1 C
IRM028MA 通道检查及维护	1 C
IRM023MA、024MAIRM、025MA、026MA、027MA、028MA 滤纸更换	1 M
IRM033MA 通道检查及维护	1 C
IRM033MA 流量计检定	1 C
IRM034MA、036MA 滤纸更换	1 M
IRM039MA、041MA 通道检查及维护	1 C
IRM040MA 通道检查及维护	1 C
IRM056MA、057MA、058MA；IRM905MA、906MA、907MA 通道检查及维护	1 C
IRM042MA-053MA 通道检查及维护	1 C
IRM035MA 通道检查及维护	1 C
IRM035MA 滤纸更换	1 M
IRM060MA-065MA 通道检查及维护	1 C
IRM059MA 通道检查及维护	1 C

6.4.7 检修主要内容

（1）设备清洁

设备在运行期间灰尘聚集，会影响设备性能，加快设备老化。通过定期维护时对设备进行清洁，可有效延缓设备老化时间。

（2）虑盒滤纸更换

在对取样空气进行监测时，会通过滤纸进行空气过滤，部分杂质会被滤纸过滤并遗留在滤纸上，通定期对滤纸进行更换，提高监测的可靠性。

（3）碘盒更换

在对取样空气进行监测过程中，会通过碘盒对取样空气中的碘物质进行吸附，碘盒长时间使用，会降低碘盒的吸附效果，通过定期对碘盒进行更换，通过碘的吸附效果及监测可靠性。

（4）通道检查

定期对通道的阈值及通信进行检查，确保设备运行的可靠性

6.4.8 质量管理

无。

6.4.9 技术规程清单

表 352-03-06-03 技术规程清单

序号	规程名称（规程编码）
1	FQZ-IRM-TPTSLM—0005 IRM001MA、002MA、003MA 报警试验、计数评价
2	FQZ-IRM-TPTSLM—0030 IRM037MA、038MA 报警试验、计数评价
3	FQZ-IRM-TPTSLM—0032 IRM054MA 报警试验、计数评价

续表

序号	规程名称（规程编码）
4	FQ7-IRM-TPTSLM—0002 IRM901MA、IRM902MA 报警试验、计数评价
5	FQ7-IRM-TPTSLM—0003 IRM901MA 信号引起的自动动作试验
6	FQ7-IRM-TPTSLM—0004 IRM902MA 信号引起的自动动作试验
7	FQZ-IRM-TPTSLM—0006 IRM011MA、012MA、013MA 报警试验、计数评价
8	FQZ-IRM-TPTSLM—0012 IRM005MA、006MA、015MA、016MA、029MA、030MA、031MA、032MA 报警试验、计数评价
9	FQZ-IRM-TPTSLM—0010 IRM005MA、015MA 信号引起的自动动作试验
10	FQZ-IRM-TPTSLM—0008 IRM017MA、020MA 报警试验、计数评价
11	FQZ-IRM-TPTSLM—0022 IRM017MA、018MA 信号引起的自动动作试验
12	FQZ-IRM-TPTSLM—0036 IRM019MA、020MA 信号引起的自动动作试验
13	FQZ-IRM-TPTSLM—0021 IRM501MA-521MA、7IRM550MA-558MA 报警试验、计数评价
14	FQZ-IRM-TPTSLM—0003 IRM055MA 报警试验
15	FQZ-IRM-TPTSLM—0009 IRM023MA、024MA 报警试验、计数评价
16	FQZ-IRM-TPTSLM—0027 IRM021MA、022MA 信号引起的自动动作试验
17	FQZ-IRM-TPTSLM—0028 IRM023MA、024MA 信号引起的自动动作试验

6.4.10 经验反馈

无。

6.4.11 参考资料

无。

7 压力测量仪表

压力是核电厂生产中的重要工艺参数之一。核电厂中，压力测量遍布全厂几乎所有系统，如稳压器压力测量、蒸汽发生器压力测量、凝汽器真空压力测量、循环水系统管道压力测量、安全厂用水压力测量、压空系统压力测量、通风系统压力测量等。压力测量可给予系统压力指示，给控制系统输送实时压力模拟及开关量信号，以逻辑控制系统运行。如压力不符合要求，不仅会影响生产效率，降低系统安全，甚至还会造成严重的安全事故。

同时，系统运行中，有些参数如液位、流量的测量，可用通过测量压力或压差达到目的，即测试压力或压差便可确定液位或流量。

工程中所说的压力，实际是物理学定义上的压强。在物理学研究中，一律都是采用绝对压力，而在工程中，我们说压力，除非有特殊说明，一般指的是表压力。

7.1 术语和定义

压力（压强）：垂直作用在单位面积上的分布力。

绝对压力：以零作参考压力的差压。

表压力：以环境大气压力作参考压力的差压，常称压力。

差压：两个相关压力的差。

7.2 范围对象

核电厂中使用的一般压力表，包括弹簧管式压力表、膜片压力表、膜盒压力表、波纹管压力表、隔膜压力表、抗震压力表、电接点压力表、U 形压力计、差压表。

7.3 结构原理

7.3.1 弹簧管式压力表

在表壳里装有一个椭圆形弹簧管，管的一端固定并与存水弯管相连接，另一端封闭与连杆和杠杆连接，指针固定在小齿轮轴上。当弹簧管内受压时，由椭圆形膨胀趋向圆形，迫使弹簧管向外伸展，压力越高，伸展越大，通过连杆带动机芯指示出压力值。

基本维修项目包括外观检查、仪表清洗、零位检查与调整、校验。

7.3.2 膜片压力表

膜片压力表以金属膜片为弹性敏感元件。在压力的作用下，膜片产生变形移位，并借助固定在膜片中心的连杆带动机芯指示出压力值。

基本维修项目包括外观检查、仪表清洗、零位检查与调整、校验。

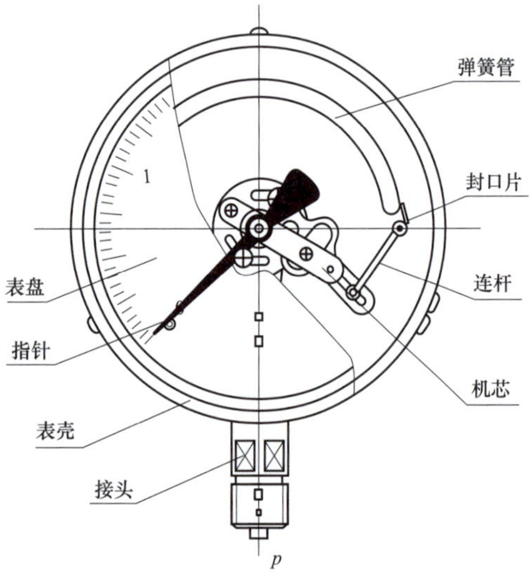

图 352-03-07-01　弹簧管式压力表

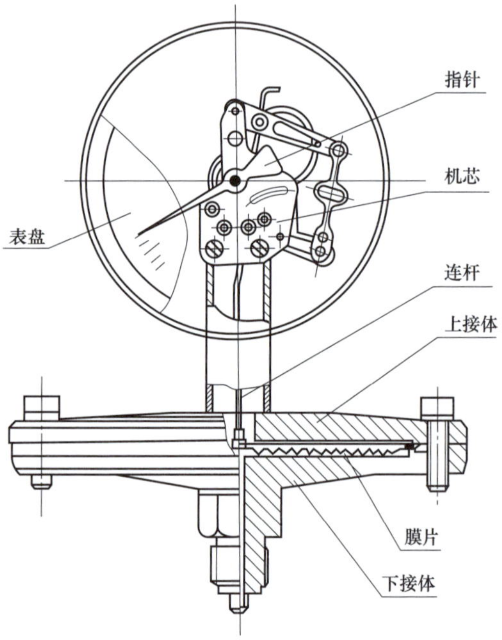

图 352-03-07-02　膜片压力表

7.3.3 膜盒压力表

膜盒压力表也称为微压表，为了增加膜片的位移量，提高压力表的灵敏度，把两个同心膜片焊接在一起，做成空心膜盒，并用膜盒作为弹性敏感元件用来测量微小压力。

基本维修项目包括：外观检查、仪表清洗、零位检查与调整、校验。

7.3.4 波纹管压力表

波纹管压力表以波纹管为感压元件。波纹管是一种圆柱形的薄壁金属容器，沿其圆周做成波形皱纹。被测介质压力引入后，波纹管在压力的作用下，伸长或缩短，一直到压力与弹簧压力平衡时为止。这时管的自由端产生的位移通过传动放大机构，带动指针转动指示出相应的压力值。

基本维修项目包括：外观检查、仪表清洗、零位检查与调整、校验。

7.3.5 隔膜压力表

隔膜压力表，被测介质压力作用在隔离膜片上，隔离膜片便产生一位移，此时封液亦产生相应的压力，此压力推动弹簧管的自由端产生一相应的位移，通过扇形齿轮带动指针动作。

基本维修项目包括：外观检查、仪表清洗、零位检查与调整、校验。

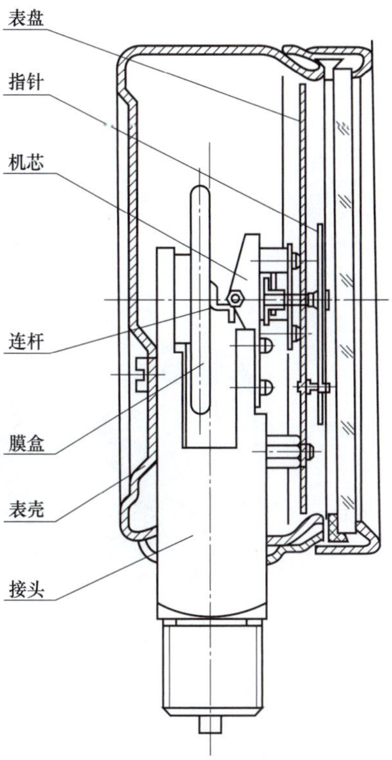

图 352-03-07-03 膜盒压力表

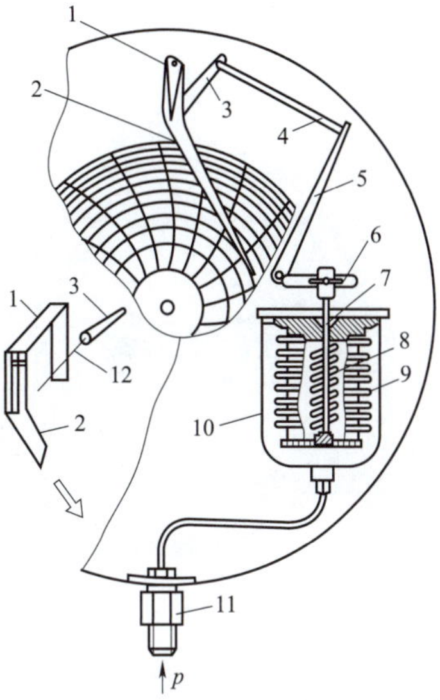

图 352-03-07-04 波纹管压力表

1—弓形杆；2—记录笔；3，4，5—传动杆；6—可调臂；7—连杆；8—弹簧；9—波纹管； 10—壳体；11—连接接头；12—连杆

特定技术指标：

——根据不同的被测腐蚀介质，选取不同的膜片材料，已达到最好的耐腐蚀性。隔膜材料有哈氏合金、蒙乃合金等；

——封液为无腐蚀性的，常用的有甘油水溶液、硅油等；

——感压部分可直接就地安装，也可用毛细管引至远离测量点的地方；

——校验过程中，绝对不能将压力表表头从上接体上拧下来，这样会导致弹簧管内灌充液部分流失，直接导致仪表精度和使用功能。

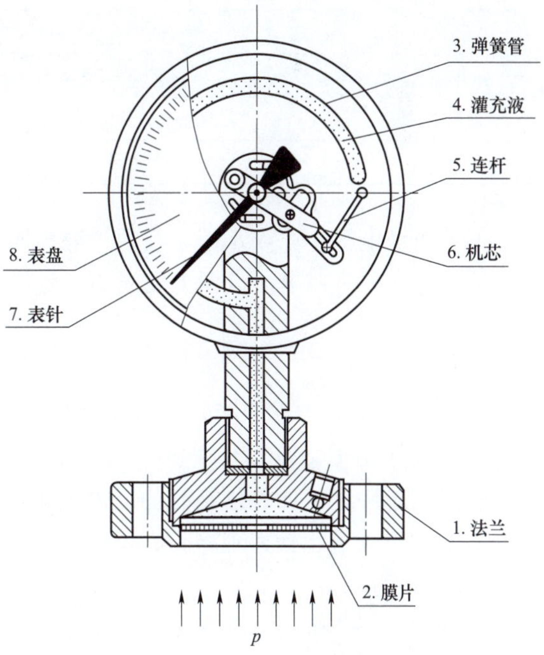

图 352-03-07-05 隔膜压力表

7.3.6 抗震压力表

除采用杠杆传动机构外，对于扇形齿轮传动的压力表，可将表壳密封，使表壳内充满阻尼油，用以减少环境震动引起的指针摆动，原理和弹簧管式压力表一致。

基本维修项目包括：外观检查、仪表清洗、零位检查与调整、表盘充油、校验。

特定技术指标：

——抗震压力表充油量不超过 95%。充的油为硅油；

——抗震压力表加油后，表壳上的充油孔的密封螺钉宁松，或剪去凸起头，使表壳内气压和外接相同，消除表壳内憋压导致的测量误差。

7.3.7 电接点压力表

电接点压力表基于弹簧管压力表作用原理，指针在表盘上指示出测量值。与此同时，指针上的触头与设定指针上的触头（上限或下限）相接触（动断或动合）的瞬时，致使控制系统中的电路得以断开或接通，以达到自动控制和发信报警的目的。

基本维修项目包括外观检查、仪表清洗、校验、设定点偏差和切换差校验、绝缘电阻检查、绝缘强度检查。

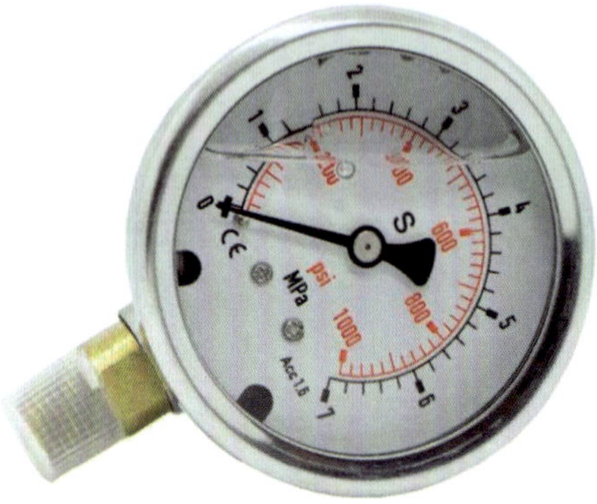

图 352-03-07-06 抗震压力表

图 352-03-07-07 电接点压力表

特定技术指标：

——电接点压力表设定点偏差和切换差应符合表 352-03-07-01 规定；

表 352-03-07-01 电接点压力表设定点偏差及切换差标准

项目	作用方式	
	直接作用式	磁助直接作用式
设定点偏差	不超过示值最大允许误差	−4% FS～−0.5% FS 或 0.5% FS～4% FS
切换差	不大于示值最大允许误差绝对值	3.5% FS

——绝缘电阻：电接点压力表的绝缘电阻应不小于 20 MΩ；

——绝缘强度：电接点压力表应能经受交流电（1.5 kV、50 Hz），历时 1 min 的绝缘强度试验，不得有击穿和飞弧现象。

7.3.8 U 形压力计

结构形式为 U 形管的液体压力计。当 U 形压力计没有与测压点连通前，U 形玻璃管内两侧的液面在零刻度线处相平。当 U 形管的一端与测压点连通后，U 形管内的液面会发生变化。若与测压点连通一侧的液面下降，说明测压点处的压力为正压，反之则为负压。

基本维修项目包括外观检查、仪表清洗、零位检查与调整。

特定技术指标：

——仪表正负压侧对空情况下，添加液液面零点根据标尺确定；

——根据不同密度要求，仪表添加液材质可选用水、酒精、水银和四氯化碳等。

7.3.9 差压表

差压表有两个压力导入口，L 入口（低压入口）和 H 入口（高压入口）。差压表在高低压作用下，与两个弹簧管的达到平衡时，通过传动机构带动指针指示出两个测量点的压力差值。

基本维修项目包括外观检查、仪表清洗、零位检查与调整、校验。

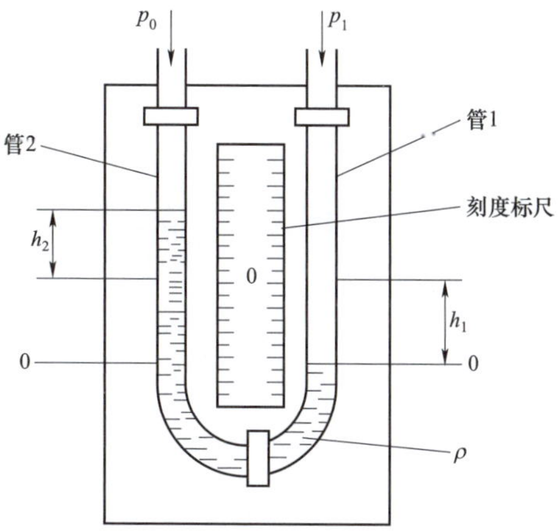

图 352-03-07-08 U 形压力计

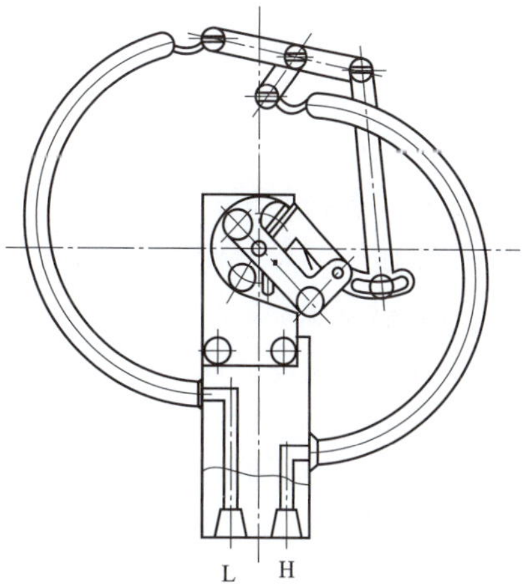

图 352-03-07-09 差压表

7.4 指标与参数

7.4.1 压力校验仪器精度要求

压力表校验时，校验仪器的允许误差绝对值应不大于被校压力表允许误差绝对值的 1/4。

7.4.2 压力表校验环境

精密压力表校验时环境温度：0.25 级为（20±2）℃，0.4 级为（20±3）℃。一般压力表检验时的环境温度为（20±5）℃，压力表需在规定的校验温度下放置 2 h 以上方可进行校验。相对湿度≤85%，环境压力为大气压力。

7.4.3 校验工作介质

——侧量上限不大于 0.25 MPa 的压力表，工作介质为清洁的空气或无毒、无害和化学性能稳定的气体；

——测量上限大于 0.25 MPa 到 400 MPa 的压力表，工作介质为无腐蚀性的液体或根据标准器所要求使用的工作介质；

——测量上限大于 400 MPa 的压力表，工作介质为药用甘油和乙二醇混合液或根据标准器所要求使用的工作介质。

7.4.4 校验性能指标

——零位误差：带有止销的压力表，在通大气的条件下，指针应紧靠止销，“缩格”应不超过表 3 规定的最大允许误差绝对值。没有止销的压力表，在通大气的条件下，指针应位于零位标志内，零位标志宽度应不超过表 352-03-07-02 规定的最大允许误差绝对值的 2 倍。

表 352-03-07-02 压力表校验允许误差

精确度等级（级）	最大允许误差/%			
	零位		测量上限的（90～100）%	其余部分
	带止销	不带止销		
1.0	1.0	±1.0	±1.6	±1.0
1.6（1.5）	1.6	±1.6	±2.5	±1.6
2.5	2.5	±2.5	±4.0	±2.5
4.0	4.0	±4.0	±4.0	±4.0

注：1. 使用中的 1.5 级压力表最大允许误差按 1.5 级计算，准确等级可不更改。

2. 压力表最大允许误差应按量程百分比计算。

——示值误差：对每一校验点，在升压和降压校验时，轻敲表壳前、后的示值与标准器示值之差均应不大于表 352-03-07-02 所规定的允许误差。

——回程误差：对同一校验点，在升压和降压校验时，轻敲表壳后示值之差应不大于表 352-03-07-02 中规定的允许误差的绝对值。

——轻敲位移：对每一校验点，在升压和降压校验时，轻敲表壳后引起的示值变动量均应不大于表 352-03-07-02 所规定的允许误差绝对值的 1/2。

——指针偏转平稳性：在示值误差校验过程中，用目力观测指针的偏转，指针偏转应平稳，无跳动和卡住现象。

7.5 维护技术要求

7.5.1 外观检查

——压力表装配牢固、无松动现象。

——压力表的可见部分无明显的瑕疵、划伤，连接件无明显的毛刺和损伤。

——压力表装有安全孔，安全孔上须有防尘装置（不准被测介质逸出表外的压力表除外）。

——测量氧、氢、乙炔及其他可燃（助燃）性气体的压力表，在分度盘上标示出被测介质的名称和被测介质的颜色警示标记。在采用颜色警示标记时，应在分度盘上压力表名称下面画一标示横线，标示横线的颜色见表 352-03-07-03。氧气压力表还必须在分度盘上标以红色“禁油”字样或标有规范的禁油标志。

表 352-03-07-03 特殊气体介质颜色警示标记

被测介质	标示横线的颜色
氧	天蓝色
氢	绿色
乙炔	白色
氨	黄色
其他可燃（助燃）性气体	红色

——分度盘上有如下标志：制造单位或商标、产品名称、计量单位和数字、量址器具制造许可证标志和编号、准确度等级、出厂编号。

——表玻璃无色透明，无妨碍读数的缺陷和损伤，分度盘平整光洁，各标志清晰可辨。

——指针指示端能覆盖最短分度线长度的 1/3～2/3，带设定指针的压力表其设定指针指示端能覆盖主要分度线长度的 1/4～2/4，指针指示端的宽度不大于分度线的宽度。

7.5.2 压力表拆除

拆卸前记录好压力表在线压力值，确认系统状态（高压系统要求拆除前先隔离仪表根阀），关闭仪表阀对仪表进行隔离。

拆卸时需缓慢泄压，防止飞溅，并确认不存在泄漏；必要时注意收集废液。

拆卸完压力表，做好压力表引压管线的接头、接口保护。

7.5.3 压力表清洗

压力表经过一段时间使用后，由于仪表的工作环境原因，仪表各部会产生一定的脏污、锈蚀，在仪表的校验前需对被校仪表进行适当清洗。

——如仪表接头导压孔内有污垢，使用注射器向导压孔内注入汽油（或四氯化碳），摇晃洗涤后向清水盆中甩出，以不见彩色油影为准，反复几次，到达清洗干净。

——如表壳内积灰，拆下罩壳，反向将灰尘磕出来，再用气吹子将余灰吹干净。

——如表盘玻璃上有灰尘或污垢，将表玻璃取下，用清水清洗干净或用棉丝沾上酒精擦拭干净。

——如仪表接头锈蚀，可将仪表接头浸入汽油中进行刷洗去锈，也可以用相应的螺纹板牙过一遍，除去螺纹上的锈垢。

7.5.4 零位误差检查与调整

在规定的环境条件下，将压力表内腔与大气相通，并按正常工作位置放置，用目视观察。零位误差检查应在示值误差校验前后各做一次。

带有止销的压力表，在通大气的条件下，指针应紧靠止销。如不满足，加压至起点压力数值，装上指针，降压力至零后，指针回复紧靠止销，回装表盖。

没有止销的压力表，在通大气的条件下，指针应位于零位标志内。如不满足，处于工作位置时，在没有压力情况下，打开表盖，使用起针器取下指针及表盘，使游丝松紧适度后，将表盘重新安装，指针安装对准零位，回装表盖。

7.5.5 压力表校验

（1）示值误差检查

——压力表的示值检查采用标准器示值与被校压力表的示值直接比较的方法，校验回路连接示意图如图 352-03-07-10 所示。

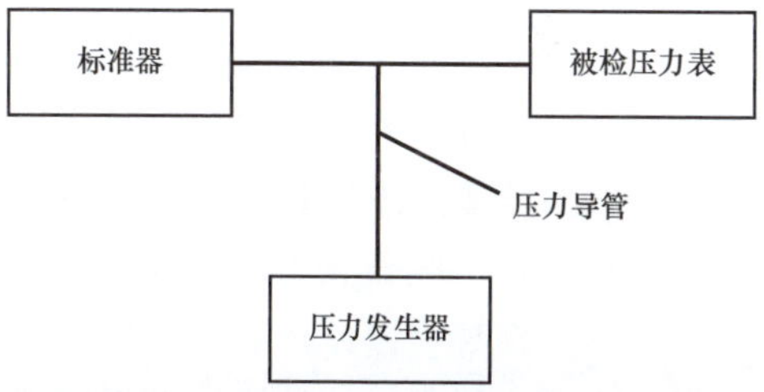

图 352-03-07-10 校验回路示意图

——示值误差校验点应按标有数字的分度线选取，真空表测量上限的校验点按当地大气压 90%以上选取。

——校验时，从零点开始均匀缓慢地加压至第一个校验点，然后读取被校压力表的示值（一般压力表按分度值 1/5 估读，精密压力表按分度值的 1/10 估读）。接着用手指轻敲一下压力表外壳，再读取被校压力表的示值并进行记录。如此依次在所选取的校验点进行校验直至上限，切断压力源，耐压 3 min 后，再依次逐点进行降压校验直至零位，有正负两个压力量程的膜盒（片）压力表应该分别进行正负两个压力量程的示值误差校验。

（2）回程误差检查

回程误差的检查是在示值误差校验时同时进行，当示值达到测量上限后，切断压力源，耐压 3 min，然后按原校验点平稳地降压倒序回检。同一校验点升压、降压轻敲表壳后被检压力表示值之差的绝对值即为压力表的回程误差。

（3）轻敲位移检查

轻敲位移检查是在示值误差检查时同时进行，同一校验点轻敲压力表外壳前与轻敲压力表外壳后指针位移变化所引起的示值变化量即为轻敲位移。

（4）指针偏转平稳性检查

在示值误差校验的过程中，目视观测指针的偏转平稳、卡涩、跳变情况。

7.5.6 电接点压力表设定点偏差和切换差校验

（1）设定点偏差校验

——设定点的选取：二位调节电接点压力表，设定点偏差校验应在压力表量程的 25%、50%、75%三点附近的分度线上进行；三位调节电接点压力表，带上限设定电接点压力表的设定点偏差校验应在压力表量程的 50%和 75%两点附近的分度线上进行；带下限设定电接点压力表的设定点偏差校验应在压力表量程的 25%和 50%两点附近的分度线上进行；带上、下限设定电接点压力表的设定点偏差校验应分别按上、下限设定点偏差设定点进行。

——上、下切换值的确定：用拨针器或专用工具将设定指针拨到所需校验的设定点，均匀缓慢地升压或降压，当指示指针接近设定值时，升压或降压的速度应缓慢均匀。当电接点发生动作并有输出信号时，停止加减压力并在标准器上读取压力值，此值为上切换值或下切换值。

——上切换值与设定点压力值的差值为升压设定点偏差，下切换值与设定点压力值的差值为降压设定点偏差。

（2）切换差检定

切换差检定可与设定点偏差检定同时进行，同一设定点的上、下切换值之差为切换差。

7.5.7 电接点压力表的绝缘电阻

将绝缘电阻表的两根导线分别接在电接点压力表接线端子与外壳上，在环境温度为（15～35）℃，相对湿度不大于 80%情况下进行试验，测量时，应稳定 10 s 再读数。

7.5.8 电接点压力表的绝缘强度

将接点与外壳分别接于耐电压测试仪上，然后平稳地升高试验电压直到 1.5 kV，保持 1 min，观察电接点压力表及耐电压测试仪的情况。

7.5.9 压力表回装与投表

将合格压力表按原位回装到现场，投运仪表时，需注意：

——安装前需核对仪表的型号、规格、精度等级是否符合仪表使用要求，检查仪表的接头螺纹和安装的母螺纹一致。

——压力表回装时，需确保表盘朝向人员，便于人员读取压力值。

——对于接头为平螺纹，需用垫片密封，每次拆后回装需更换垫片。

——测量蒸汽压力时，压力表下端应装有环形管，使用中由水来传递蒸汽压力，以免高温蒸汽冲入弹簧管内，影响仪表精度，或不慎使焊锡熔化，造成仪表泄露，发生事故或烫伤人。

——投表时缓慢打开阀门，使压力缓慢升到工作压力；若突然打开阀门，如压力失控，超过测量上限，会造成弹簧管被打坏、变形或造成扇齿脱牙而使仪表失去功能。

——压力表回装后，检查测量管线是否有漏情况，气体介质可用检漏液检查。同时记录当前测量压力值。

——如需标准表测量作为参考，可将标准表接入系统在线实测压力。

7.5.10 维修周期

——核电厂根据技术规格书要求的安全相关强制性试验项目，按要求设置周期；

——压力容器上的压力表以 1 年为周期进行校验检查；

——其他压力表校验通常为有缺陷再校验检查，可根据压力表实际使用情况，建议个别设置周期预维项目，周期视具体情况而定。

7.6 质量管理

表 352-03-07-04 质保选点表

项目名称	质量管控点
外观检查	无需
压力表拆除	无需
压力表清洗	无需
零位误差检查与调整	无需
压力表校验	满足允许误差、回程误差、指针偏转平稳性
电接点压力表设定点偏差和切换差校验	满足设定点偏差及切换差标准
电接点压力表的绝缘电阻	绝缘电阻不小于 20 MΩ
电接点压力表的绝缘强度	能经受交流电（1.5 kV、50 Hz），历时 1 min 的绝缘强度试验，无击穿和飞弧现象
压力表回装与投表	无需

7.7 经验反馈

根据以往检修经验总结以下故障类型，以及对其原因分析和处理方法。

表 352-03-07-05 故障模式列表

故障现象	故障原因	排除方法
指针偏离零点，且示值的误差远超过允许误差值	1）弹簧管、膜片、波纹管变形损坏 2）指针在降压时与零位止钉碰撞过剧，使指针变形 3）测量孔道不通畅，堵塞 4）传动机构的紧固螺钉松动 5）膜盒泄漏或破裂 6）隔膜压力表弹簧管内油液流失，膜片上凹或永久变形	1）更换同型号备件 2）修整或更换新指针 3）清洗疏通 4）拧紧螺钉 5）更换同型号备件 6）更换同型号备件
指针指示端处于零位限止钉之后	1）弹簧管被系统压力打坏 2）振动导致指针从原位置跳出	1）更换仪表本体 2）重新安装指针，与止钉间留适当间隙
指针在回转时很滞钝，且有突跳现象	1）传动机构间存在积污或锈蚀 2）仪表测量孔道上有阻塞 3）传动件间配合间隙过小 4）指针与刻度盘或玻璃面相碰	1）使用汽油进行去污除锈 2）清洗疏通 3）增大间隙并添加仪表润滑油 4）矫直指针
校验时轻敲位移量远超允许误差绝对值	1）游丝变形或老化弹性消退 2）传动机构孔磨损过大，配合间隙过大 3）指针和轴套铆接松动	1）更换同型号备件 2）更换同型号备件 3）重新安装指针
指针允许不平衡，有抖动	1）被测介质压力波动大 2）压力表安装位置有震源	1）关小阀门或安装减震装置 2）清除震源或加装减震装置
当负荷稳定时，示值不能保持稳定	1）弹簧管存在破裂或渗漏现象引起泄压 2）膜片破裂或渗漏现象，引起泄压 3）波纹管折裂或焊接处渗漏	1）更换同型号备件 2）更换同型号备件 3）更换同型号备件
仪表和引压管线连接时，无法拧紧	两则螺纹尺寸不一致或螺纹的制式不一致	对螺纹进行检查，修复螺纹，如无法修复则更换本体
表盘上的线条和数字脱色或褪色，引起读数困难	1）长期受到强光的作用或热源影响 2）长期受到周围环境中有害气体的侵蚀	1）修复或更换，同时应采取措施避光、避热 2）修复或更换，必要时选密闭型外壳压力表
电接点压力表在压力升到上限或降到下限时不能控制	长期大电流使用，产生火花或电弧现象，形成一层氧化膜，触头接触不良	对形成氧化膜的触头使用细沙布抛光
电接点压力表在压力升到上限或降到下限时，压力表指针卡在设定值指针处	振动或压力冲击等因素使压力表指针抬高或设定指针重合在一起	打开压力表，压低指针
U 形管压力计测量存在误差	1）安装不垂直 2）引压管线或接头处密封性不良	1）调整安装垂直 2）检查管线及接头处，消除泄露点
U 形管压力计零点超差	添加液蒸发或被系统吸入而减少	添加原型号添加液
抗震压力表漏油	罩壳处没拧紧或密封圈损坏导致漏油	检查漏油处，更换密封圈，消除漏点
抗震压力表内硅油变色	仪表被日光照晒造成硅油变黄；在高温下使用造成硅油变黄；与表壳内黑色橡胶接触，造成壳内硅油变黄；使用时间过久	更换新硅油

7.8 技术规程清单

表 352-03-07-06 技术规程清单

序号	规程名称
1	压力表检查、校验及更换
2	安全注入系统就地压力表、流量表的校验
3	反应堆冷却剂系统就地压力表检查
4	安注箱试验管线压力表校验
5	高压安注泵出口就地压力表校验
6	安全喷淋泵出口就地压力测量表校验

7.9 参考资料

[1] 弹性元件式一般压力表、压力真空表和真空表检定规程，JJG52-2013，发布日期 2013.6.24，国家质量监督检验检疫总局.

[2] 一般压力表，GB/T 1226-2010，发布日期 2010.9.2，国家质量监督检验检疫总局、中国国家标准化管理委员会.

8 压力变送器

压力是核电厂生产中的重要工艺参数之一，压力测量是正确指导生产操作、保证生产安全、保证系统工艺安全、保证工艺过程自动化必不可少的环节。同时，系统运行中，有些参数如液位、流量的测量，可通过测量压力（压差）达到目的，即测试压力（压差）便可确定液位或流量。核电厂中，压力（差压）测量遍布全厂所有系统，如稳压器压力测量、主蒸汽压力测量、安全壳压力测量，凝汽器真空压力测量、安全厂用水压力测量、主给水流量测量等。压力（差压）测量可给予系统压力指示，给控制系统输送实时压力模拟及开关量信号，以及逻辑控制。如果压力（差压）不符合要求，不仅会影响生产效率，降低系统安全，甚至还会造成严重的安全事故。本章节将就压力（差压）变送器类型及简要原理、选型及技术要求、维修技术要求进行介绍。

压力（差压）变送器是一种将压力（差压）变量转换为可传送的统一输出信号的仪表，而且其输出信号与压力（差压）变量之间有一给定的连续函数关系，通常为线性函数。压力变量包括正、负压力，差压和绝对压力。标准化输出信号主要为 0～10 mA 和 4～20 mA（或 1～5 V）的直流电信号。

压力（差压）变送器按原理可分为电容式、谐振式、电阻式、力（力矩）平衡式、电感式和应变式等，压力（差压）变送器按安全级别可分为核级、非核级。

本章节内容中，核级压力（差压）变送器也称为核级变送器，非核级压力（差压）变送器也称为非核级变送器。变送器则为核级变送器和非核级变送器总称，两者在测量原理、安装要求等方面有很多相似。

8.1 核级压力（差压）变送器

8.1.1 定义

（1）核级要求

主要核技术性能和核安全质量保证符合 RCC-E、IEC、IEEE 等压水堆核电厂核岛电气设备设计和建造规则等标准，如 RCC-E-1993、GB12727、GB13625-1992、IEEE-323-2002、IEEE-344-1993 标准及 RCC-M-1993、HAF003-1991 等相关核安全要求，并按照 EJ/T 核行业标准《核电厂安全级电气设备质量鉴定试验方法与环境条件》的要求，通过了相应的试验和鉴定。

（2）静压影响

差压变送器的感压元件除了承受差压，还需要承受一定的静压，在静压的作用下会对变送器的输出造成偏移，静压的大小不同造成的偏移大小不同，这种影响即为静压影响。

（3）压力的定义

——压力（压强）：垂直作用在单位面积上的分布力；

——绝压（绝对压力）：以零作参考压力的差压；

——表压：以环境大气压力作参考压力的差压，常称压力；

——差压：两个相关压力的差。

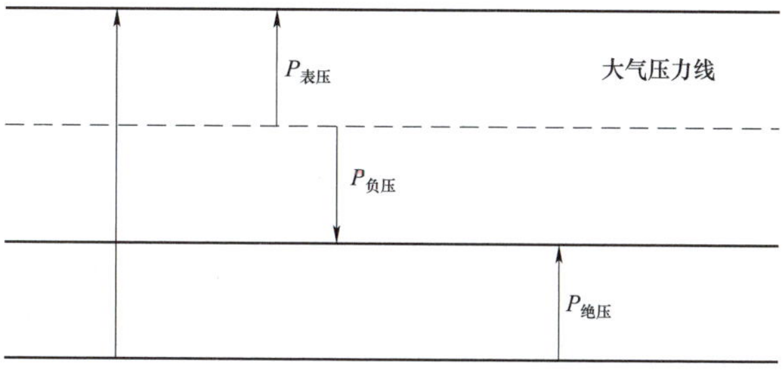

图 352-03-08-01 表压、绝压之间的关系图

8.1.2 范围对象

核级变送器根据设计和布置方式的不同，适用于过程压力、液位、流量等工艺参数的测量。根据核电厂设备设计和选型原则，如表 352-03-08-01 中列举了单台机组的核级变送器参考清单。在综合考虑安全性和经济性的前提下，设计要求为非核级的变送器仍可以选用满足核级要求的变送器，不包含在表 352-03-08-01 中。

核级变送器 K1、K2、K3 级的主要技术指标及区别参考表 352-03-08-02，使用不同标准（如 RCC-E 或 IEEE）的产品其技术指标会有一定的差异。

表 352-03-08-01 核级变送器参考清单

序号	名称	设计压力	设计温度	安全等级	鉴定等级	抗震等级	质保等级	测量范围
1	安全壳压力	0.52 MPa	160 ℃	1E	K1	1	Q1	0～0.55 MPa（A）
2	安全壳压力	0.52 MPa	160 ℃	1E	K1	1	Q1	0～0.55 MPa（A）
3	安全壳压力	0.52 MPa	160 ℃	1E	K1	1	Q1	0～0.55 MPa（A）
4	安全壳压力	0.52 MPa	160 ℃	1E	K1	1	Q1	0～0.55 MPa（A）
5	安全壳压力	1.32 MPa	160 ℃	1E	K1	1	Q1	0～1.40 MPa（A）
6	安全壳压力	1.32 MPa	160 ℃	1E	K1	1	Q1	0～1.40 MPa（A）
7	反应堆冷却剂压力	17.2 MPa	343 ℃	1E	K1	1	Q1	0～20 MPa
8	反应堆冷却剂压力	17.2 MPa	343 ℃	1E	K1	1	Q1	0～20 MPa
9	反应堆冷却剂压力	17.2 MPa	343 ℃	1E	K1	1	Q1	0～20 MPa
10	反应堆冷却剂压力	17.2 MPa	343 ℃	1E	K1	1	Q1	0～20 MPa
11	稳压器压力	17.2 MPa	360 ℃	1E	K1	1	Q1	11～18 MPa
12	稳压器压力	17.2 MPa	360 ℃	1E	K1	1	Q1	11～18 MPa
13	稳压器压力	17.2 MPa	360 ℃	1E	K1	1	Q1	11～18 MPa
14	稳压器压力	17.2 MPa	360 ℃	1E	K1	1	Q1	11～18 MPa
15	余热排出系统泵出口总管压力	4.75 MPa	180 ℃	1E	K1	1	Q1	0～5 MPa
16	余热排出系统热交换器流量	17.2 MPa	343 ℃	1E	K1	1	Q1	0～0.3 MPa
17	余热排出系统热交换器流量	17.2 MPa	343 ℃	1E	K1	1	Q1	0～0.3 MPa
18	主蒸汽流量	8.6 MPa	316 ℃	1E	K1	1	Q1	0～95 kPa
19	主蒸汽流量	8.6 MPa	316 ℃	1E	K1	1	Q1	0～95 kPa
20	主蒸汽流量	8.6 MPa	316 ℃	1E	K1	1	Q1	0～95 kPa
21	主蒸汽流量	8.6 MPa	316 ℃	1E	K1	1	Q1	0～95 kPa
22	主蒸汽流量	8.6 MPa	316 ℃	1E	K1	1	Q1	0～95 kPa
23	主蒸汽流量	8.6 MPa	316 ℃	1E	K1	1	Q1	0～95 kPa
24	蒸汽发生器液位（窄量程）	8.5 MPa	316 ℃	1E	K1	1	Q1	0～26.6 kPa
25	蒸汽发生器液位（窄量程）	8.5 MPa	316 ℃	1E	K1	1	Q1	0～26.6 kPa

续表

序号	名称	设计压力	设计温度	安全等级	鉴定等级	抗震等级	质保等级	测量范围
26	蒸汽发生器液位（窄量程）	8.5 MPa	316 ℃	1E	K1	1	Q1	0～26.6 kPa
27	蒸汽发生器液位（窄量程）	8.5 MPa	316 ℃	1E	K1	1	Q1	0～26.6 kPa
28	蒸汽发生器液位（窄量程）	8.5 MPa	316 ℃	1E	K1	1	Q1	0～26.6 kPa
29	蒸汽发生器液位（窄量程）	8.5 MPa	316 ℃	1E	K1	1	Q1	0～26.6 kPa
30	蒸汽发生器液位（窄量程）	8.5 MPa	316 ℃	1E	K1	1	Q1	0～26.6 kPa
31	蒸汽发生器液位（窄量程）	8.5 MPa	316 ℃	1E	K1	1	Q1	0～26.6 kPa
32	蒸汽发生器液位（宽量程）	8.5 MPa	316 ℃	1E	K1	1	Q1	0～0.11 MPa
33	蒸汽发生器液位（宽量程）	8.5 MPa	316 ℃	1E	K1	1	Q1	0～0.11 MPa
34	蒸汽发生器液位（宽量程）	8.5 MPa	316 ℃	1E	K1	1	Q1	0～0.11 MPa
35	蒸汽发生器液位（宽量程）	8.5 MPa	316 ℃	1E	K1	1	Q1	0～0.11 MPa
36	稳压器液位	17.2 MPa	360 ℃	1E	K1	1	Q1	0～47.3 kPa
37	稳压器液位	17.2 MPa	360 ℃	1E	K1	1	Q1	0～47.3 kPa
38	稳压器液位	17.2 MPa	360 ℃	1E	K1	1	Q1	0～47.3 kPa
39	安全壳地坑液位	0.52 MPa	160 ℃	1E	K1	1	Q1	0～30 kPa
40	安全壳地坑液位	0.52 MPa	160 ℃	1E	K1	1	Q1	0～30 kPa
41	一环路冷却剂流量	17.2 MPa	343 ℃	1E	K2	1	Q1	0～0.11 MPa
42	一环路冷却剂流量	17.2 MPa	343 ℃	1E	K2	1	Q1	0～0.11 MPa
43	一环路冷却剂流量	17.2 MPa	343 ℃	1E	K2	1	Q1	0～0.11 MPa
44	二环路冷却剂流量	17.2 MPa	343 ℃	1E	K2	1	Q1	0～0.11 MPa
45	二环路冷却剂流量	17.2 MPa	343 ℃	1E	K2	1	Q1	0～0.11 MPa
46	二环路冷却剂流量	17.2 MPa	343 ℃	1E	K2	1	Q1	0～0.11 MPa
47	安全厂用水泵压力	1 MPa	40 ℃	1E	K3	1	Q1	0～0.5 MPa
48	安全厂用水泵压力	1 MPa	40 ℃	1E	K3	1	Q1	0～0.5 MPa
49	主蒸汽压力	8.6 MPa	316 ℃	1E	K1	1	Q1	0～10 MPa
50	主蒸汽压力	8.6 MPa	316 ℃	1E	K1	1	Q1	0～10 MPa
51	主蒸汽压力	8.6 MPa	316 ℃	1E	K1	1	Q1	0～10 MPa
52	主蒸汽压力	8.6 MPa	316 ℃	1E	K1	1	Q1	0～10 MPa
53	主蒸汽压力	8.6 MPa	316 ℃	1E	K1	1	Q1	0～10 MPa
54	主蒸汽压力	8.6 MPa	316 ℃	1E	K1	1	Q1	0～10 MPa
55	稳压器压力校对	17.2 MPa	360 ℃	1E	K3	1	Q1	0～0.1 MPa
56	稳压器液位（冷校）	17.2 MPa	常温	1E	K3	1	Q1	0～95.3 kPa
57	主给水流量（宽量程）	9.0 MPa	240 ℃	1E	K3	1	Q1	0～0.25 MPa
58	主给水流量（宽量程）	9.0 MPa	240 ℃	1E	K3	1	Q1	0～0.25 MPa
59	主给水流量（宽量程）	9.0 MPa	240 ℃	1E	K3	1	Q1	0～0.25 MPa
60	主给水流量（宽量程）	9.0 MPa	240 ℃	1E	K3	1	Q1	0～0.25 MPa
61	主给水流量（宽量程）	9.0 MPa	240 ℃	1E	K3	1	Q1	0～0.25 MPa
62	主给水流量（宽量程）	9.0 MPa	240 ℃	1E	K3	1	Q1	0～0.25 MPa
63	主给水流量（窄量程）	9.0 MPa	240 ℃	1E	K3	1	Q1	0～0.25 MPa
64	主给水流量（窄量程）	9.0 MPa	240 ℃	1E	K3	1	Q1	0～0.25 MPa
65	主给水流量（窄量程）	9.0 MPa	240 ℃	1E	K3	1	Q1	0～0.25 MPa
66	主给水流量（窄量程）	9.0 MPa	240 ℃	1E	K3	1	Q1	0～0.25 MPa

续表

序号	名称	设计压力	设计温度	安全等级	鉴定等级	抗震等级	质保等级	测量范围
67	主给水流量（窄量程）	9.0 MPa	240 ℃	1E	K3	1	Q1	0～0.25 MPa
68	主给水流量（窄量程）	9.0 MPa	240 ℃	1E	K3	1	Q1	0～0.25 MPa
69	辅助给水流量（宽量程）	18.0 MPa	50 ℃	1E	K3	1	Q1	0～0.13 MPa
70	辅助给水流量（宽量程）	18.0 MPa	50 ℃	1E	K3	1	Q1	0～0.13 MPa
71	辅助给水流量（宽量程）	18.0 MPa	50 ℃	1E	K3	1	Q1	0～0.13 MPa
72	辅助给水流量（宽量程）	18.0 MPa	50 ℃	1E	K3	1	Q1	0～0.13 MPa
73	辅助给水箱液位	0.1 MPa	50 ℃	1E	K3	1	Q1	0～120 kPa
74	辅助给水箱液位	0.1 MPa	50 ℃	1E	K3	1	Q1	0～120 kPa
75	安喷流量	5.0 MPa	80 ℃	1E	K3	1	Q1	0～100 kPa
76	安喷流量	5.0 MPa	80 ℃	1E	K3	1	Q1	0～100 kPa
77	换料水箱液位	0.2 MPa	45 ℃	1E	K3	1	Q1	0～160 kPa
78	换料水箱液位	0.2 MPa	45 ℃	1E	K3	1	Q1	0～160 kPa
79	换料水箱液位	0.2 MPa	45 ℃	1E	K3	1	Q1	0～160 kPa
80	换料水箱液位	0.2 MPa	45 ℃	1E	K3	1	Q1	0～160 kPa
81	硼酸箱液位	0.2 MPa	45 ℃	1E	K3	1	Q1	0～100 kPa
82	硼酸箱液位	0.2 MPa	45 ℃	1E	K3	1	Q1	0～100 kPa
83	硼酸箱液位	0.2 MPa	45 ℃	1E	K3	1	Q1	0～100 kPa
84	硼酸箱液位	0.2 MPa	45 ℃	1E	K3	1	Q1	0～100 kPa
85	低压安注泵出口流量	10.0 MPa	150 ℃	1E	K3	1	Q1	0～0.2 MPa
86	低压安注泵出口流量	10.0 MPa	150 ℃	1E	K3	1	Q1	0～0.2 MPa
87	高压安注流量	10.0 MPa	150 ℃	1E	K3	1	Q1	0～1.6 MPa
88	高压安注流量	10.0 MPa	150 ℃	1E	K3	1	Q1	0～1.6 MPa
89	高压安注流量	10.0 MPa	150 ℃	1E	K3	1	Q1	0～0.6 MPa
90	设备冷却水流量	1.0 MPa	45 ℃	1E	K3	1	Q1	0～40 kPa
91	设备冷却水流量	1.0 MPa	45 ℃	1E	K3	1	Q1	0～40 kPa
92	设备冷却水波动箱液位	0.2 MPa	45 ℃	1E	K3	1	Q1	0～18 kPa
93	设备冷却水波动箱液位	0.2 MPa	45 ℃	1E	K3	1	Q1	0～18 kPa
94	设备冷却水波动箱液位	0.2 MPa	45 ℃	1E	K3	1	Q1	0～18 kPa
95	设备冷却水波动箱液位	0.2 MPa	45 ℃	1E	K3	1	Q1	0～18 kPa
96	容控箱液位	1.0 MPa	100 ℃	1E	K3	1	Q1	0～14 kPa
97	容控箱液位	1.0 MPa	100 ℃	1E	K3	1	Q1	0～14 kPa
98	汽轮机冲动级压力	6.6 MPa	316 ℃	1E	K3	1	Q1	0～6.6 MPa（A）
99	汽轮机冲动级压力	6.6 MPa	316 ℃	1E	K3	1	Q1	0～6.6 MPa（A）

表 352-03-08-02 核级变送器鉴定要求

安装位置	安全壳外	安全壳内	安全壳内
量鉴定	K3	K2	K1
辐照老化（γ 辐照）	经累积剂量为 50 kGy 的 γ 辐照试验，在试验中及试验后，其基本误差不大于最大量程时的±3%	经累积剂量为 250 kGy 的 γ 辐照试验，在试验中及试验后，其基本误差不大于最大量程时的±3%	经累积剂量为 250 kGy 的 γ 辐照试验，在试验中及试验后，其基本误差不大于最大量程时的±3%
热老化	120 ℃、22 d（相当于 50 ℃-10 年）	120 ℃、22 d（相当于 50 ℃-10 年）	120 ℃、22 d（相当于 50 ℃-10 年）

续表

安装位置	安全壳外	安全壳内	安全壳内
量鉴定	K3	K2	K1
压力循环老化 70%～80%～70% 0～100%	（相当于 20 年） 200 000 次 25 000 次	（相当于 20 年） 200 000 次 25 000 次	（相当于 20 年） 200 000 次 25 000 次
振动老化试验	符合 GB/2423.10-1995	符合 GB/2423.10-1995	符合 GB/2423.10-1995
抗地震性能	经过三轴向，震动频率为 2～35 Hz，加速度为 4 g 的地震试验，其基本误差不大于最大量程的±0.50%（0.25 级）	经过三轴向，震动频率为 2～35 Hz，加速度为 4 g 的地震试验，其基本误差不大于最大量程的±0.50%（0.25 级）	经过三轴向，震动频率为 2～35 Hz，加速度为 4 g 的地震试验，其基本误差不大于最大量程的±0.5%（0.25 级）
事故辐照（γ 辐照）	N/A	N/A	经受累积剂量为 600 kGy 的事故 γ 辐照试验，在试验中及试验后，其基本误差不大于最大量程时的±3%
模拟事故工况 （含化学喷淋）	N/A	N/A	经蒸汽 159 ℃、0.55 MPa，保温 8 h；129 ℃、0.3 MPa，保温 56 h；100 ℃、0.2 MPa，保温 32 h；100 ℃、0.2 MPa，保温 10 d，其基本误差不大于最大量程的±0.75%（0.25 级）

注：以某常用变送器为例。

8.1.3 结构原理

核级变送器（包括压力变送器、绝对压力变送器及差压变送器）用于测量核电厂中安全级重要的工艺过程参数，向反应堆保护系统及事故后检测系统提供信号，用于安全保护、控制、显示、记录等功能。

电容式差压变送器有一个可变电容的传感组件，称为“δ”室，过程压力通过“δ”室传感组件转变为电容极板上形成的差动电容。这差动电容经转换电路转换成二线制 4～20 mA DC 输出信号。即变送器主要由检测部件和转换部件组成，其原理方框图如图 352-03-08-02 所示。

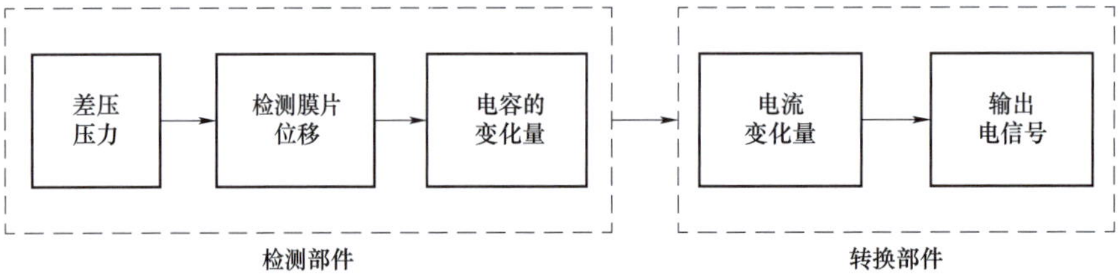

图 352-03-08-02 变送器原理方框图

（1）检测部件

检测部件的主要部分为测量元件，如图 352-03-08-03 所示。测量元件由有预张力的中心膜片作为可动极板，和两侧固定的弧形极板形成电容 C_L 和 C_H。被测压力 P_1 和 P_2 分别加在两外侧的隔离膜片上，经腔内所充液体（硅油）传递到中心膜片的两侧。当 $P_1=P_2$ 时，中心膜片在中心位置，$C_H=C_L$；当 $P_1 \neq P_2$ 时，中心膜片产生位移Δd，使中心膜片与两侧固定极板的距离不等，$C_H \neq C_L$，从而实现差压—位移—电容量变化的转换。

（2）转换电路

转换电路（部件）由解调器、振荡器、振荡控制放大器、电压调节器（调零和量程调节电路）、电流检测器、电流控制放大器、电流控制电路、电流限制电路、反向极性保护电路等组成。转换电路框图见图 352-03-08-04。

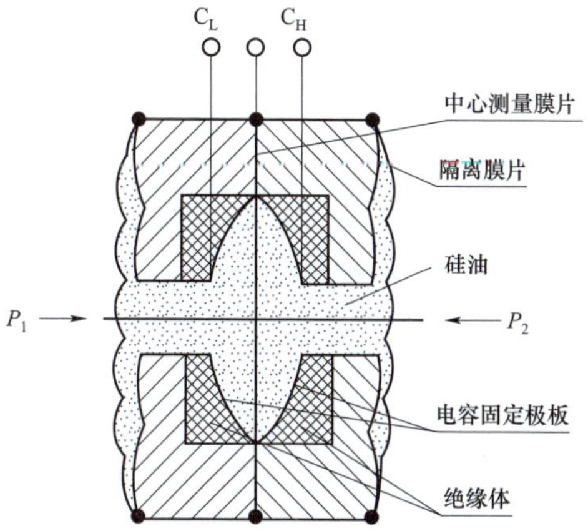

图 352-03-08-03　变送器检测部件结构示意图

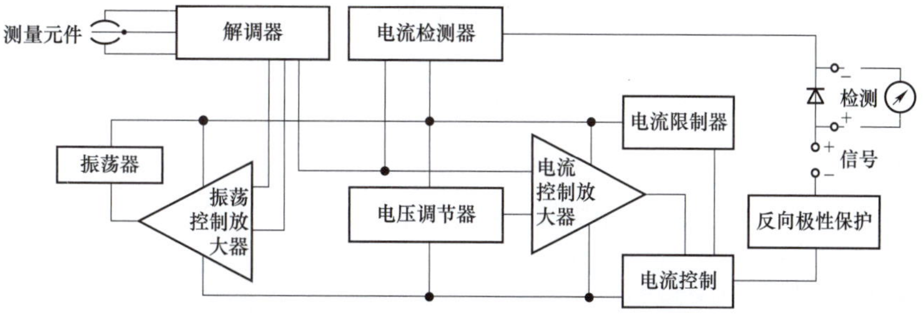

图 352-03-08-04　变送器转换电路方框图

8.1.4　指标与参数

技术要求和指标：

（1）基本通用技术要求

——温度环境：5～45 ℃（常规温度）；

——最大湿度：100%RH；

——大气压：0.096～0.106 MPa；

——输出信号：4～20 mA；

——电源：普通供电电压为 12～45 V DC，常用 24 V DC。负载与供电电压有关，见图 352-03-08-05，其关系为：$R \leqslant 50$（V-12）；

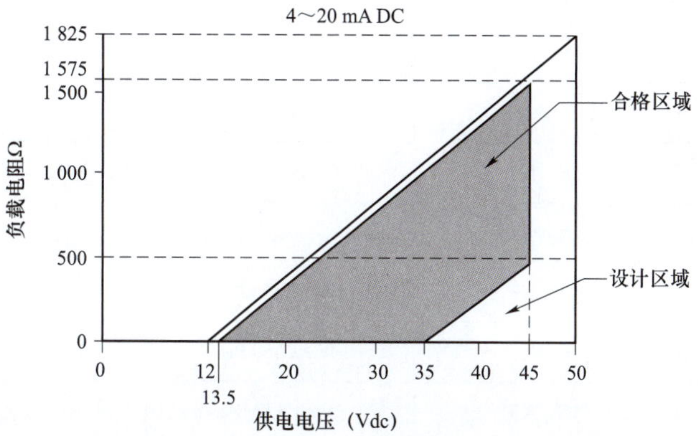

图 352-03-08-05　变送器供电负载特性图

——量程和零点：在外部连续可调；

——正负迁移：正迁移量为最小调校验量程 500%，负迁移量为最小调校验量程 600%；

——静压和过载压力：运行时不对变送器造成损坏的压力；

——使用寿命：核级变送器的寿命取决于电子线路部分和测量部件的寿命，并与变送器使用现场环境温度有关，在变送器电子线路部分寿命到期后，可通过调换新的电子线路板将变送器的寿命延长至测量部件的使用寿命，如图 352-03-08-06 所示，一般常规温度下不应低于 20 年；

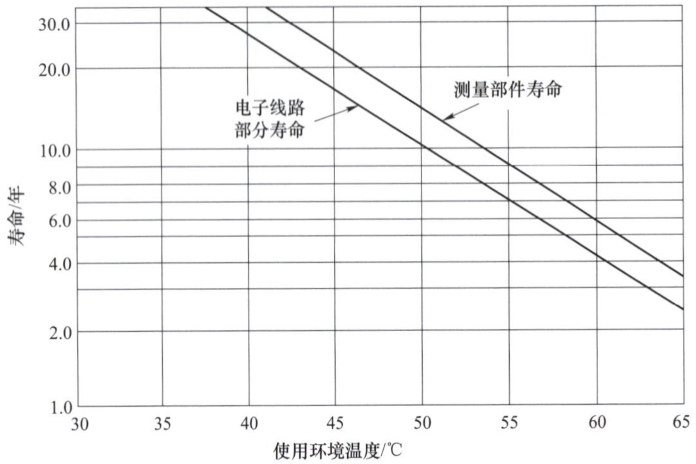

图 352-03-08-06　核级变送器寿命——温度曲线

——基本精度：≤±0.25%FS；

——死区：无（如有要求则≤0.1%）；

——稳定性：18 个月漂移量不超过：±（0.1%量程上限值+0.1%量程）；

——温度影响：环境温度每变化 55.6 ℃影响量不超过±（0.15%量程上限值+0.6%量程）；

——电源影响：小于 0.005%输出量程/V；

——负载影响：如果电源稳定，则负载没有影响；

——静压影响：见表 352-03-08-03；

表 352-03-08-03　核级变送器静压影响效应

型号	安全等级	量程范围	每 6.9 MPa 产生的零点漂移
差压变送器	1E、K1	0～37.5 kPa	±0.2%量程上限值
差压变送器	1E、K1、K2	0～0.69 MPa	±0.5%量程上限值
差压变送器	1E、K1	0～186.5 kPa	±0.2%量程上限值
差压变送器（高静压）	1E、K1、K2	0～186.5 kPa	±0.66%量程上限值
差压变送器（高静压）	1E、K2	0～0.69 MPa	±0.66%量程上限值
型号	安全等级	量程范围	每 13.8 MPa 产生的零点漂移
差压变送器	1E、K3	0～7.46 kPa	±0.5%量程上限值
差压变送器	1E、K3	0～37.5 kPa	±0.25%量程上限值
差压变送器	1E、K3	0～0.69 MPa	±0.5%量程上限值
型号	安全等级	量程范围	每 31.0 MPa 产生的零点漂移
差压变送器（高静压）	1E、K3	0～2.07 MPa	±2.0%量程上限值

——响应时间：时间常数τ=63.3%时响应时间要求≤0.4 s；τ=95%时响应时间要求≤1.2 s。

对于稳压器压力τ=63.3%时响应时间要求≤0.2 s；τ=95%时响应时间要求≤0.6 s。

对于稳压器液位τ=63.3%时响应时间要求≤0.7 s；τ=95%时响应时间要求≤2.1 s。

——安全等级：根据变送器所在区域、系统及实现的功能进行安全分级，1E 级对应核级变送器。

——抗震等级：1 级（根据变送器所在的区域、系统及实现的功能进行分级）。

——外观要求：核级变送器的铭牌应完整、清楚，并具有产品名称、型号规格、测量范围、准确度等级、额定工作压力等主要技术信息。制造厂的名称或商标、出厂编号、制造年月、制造计量器具许可证标志及编号以及差压变送器的高、低压容室应有明显标记。

——安装要求：面板安装支架，使变送器可以垂直或水平位置固定。

——绝缘电阻试验：在环境温度为 15～35 ℃，相对湿度为 45～75%RH 时，使用 500 VDC 等级，测试时间不少于 60 s，要求绝缘电阻≥20 MΩ。

——电磁兼容性要求：符合 IEC61000 系列。

——泄漏量：进行 1.5 倍设计压力的水压时，对测量容室表面目视检查无泄漏。

——快速接头：核级变送器的连接方式采用具有一定寿命、能承受辐照、地震和 LOCA 等功能的连接电缆装置，为实现上述功能，一般采用金属保护装置，可以是螺纹连接，也可以是快速插头连接。

——接线箱：核级变送器的现场接线箱需要具备变送器同等安全等级。

（2）变送器安装通用技术要求

——过程接口和变送器之间的接管必须能精确地传递压力，保证测量精度。有五种可能出现的错误原因：压力传递阻碍、泄漏、摩擦损失，液体管路滞气、气体管路中的液体和支脚之间的密度差异。

——尽量缩短引压管线，一般为 3～50 m 范围内。

——从变送器到过程接头，引压管线尽量垂直或保持 1:12 的倾斜度。如无法保证倾斜度时，在引压管的最高处应有气体收集器及放气阀。

——避免液体管道内的高点和气体管道中的低点：

对于液体流量变送器，其位置应当低于节流装置，这样可以保证自被测介质分离出来的或偶然进入导压管路的空气或其他气体从导压管中排出。在水平管道上，导压管引出口应自节流装置横截面的水平中心线向下 0°～45° 的角度内引出。参考图 352-03-08-07 液体流量测量安装指导。

对于气体流量变送器，其位置应高于节流装置，以便导压管内所产生的冷凝水流到主管道中去。导压管引出口应自节流装置横截面的水平中心线的上半部引出，且与节流装置横截面垂直中心线成 0°～45° 角度内，参考图 352-03-08-08 气体流量测量安装指导。

对于蒸汽流量变送器，其位置应低于节流装置，和测量液体流量一样，可以保证被测介质分离出来的或偶然进入导压管路的空气或其他气体便于从导压管路中排出，导压管路上应装设冷凝器。因蒸汽受外界温度影响而可能凝结，所以需装设冷凝器。导压管引出口应自节流装置横截面的水平中心线或自水平中心线向上 0°～45° 的角度内引出，以免气体进入或沉淀物落入导压管，并能使冷凝液连续流回主管道。参考图 352-03-08-09 蒸汽流量测量安装指导。

——确保使两条引压管线温度相同。

——使用直径足够大的引压管线，避免摩擦影响和堵塞。

——从液体引压管线中排出所有气体。

——从气体引压管线中排出所有液体。

——使用密封液体时，将两条引压管线充注液体到相同液位。

——进行管道清洗时，将清洗连接件置于接近过程接头的位置，然后对相同长度和相同尺寸的管道进行清洗。避免通过变送器进行清洗。

——避免腐蚀性或热的过程材料直接接触变送器。

——防止引压管线内产生沉积物。

——使液压头在引压管线的两个管上保持平衡。

——避免过程法兰内出现过程流体冻结的情况。

——确保引压管线有充足的长度来承受预期的压力。

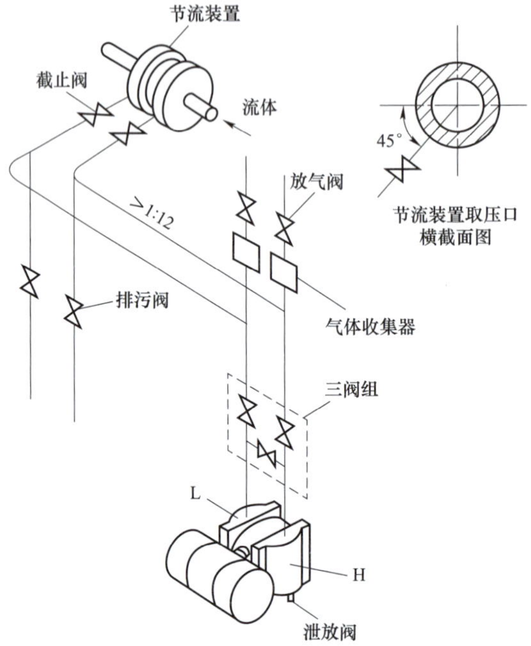

图 352-03-08-07　液体流量测量安装示意图

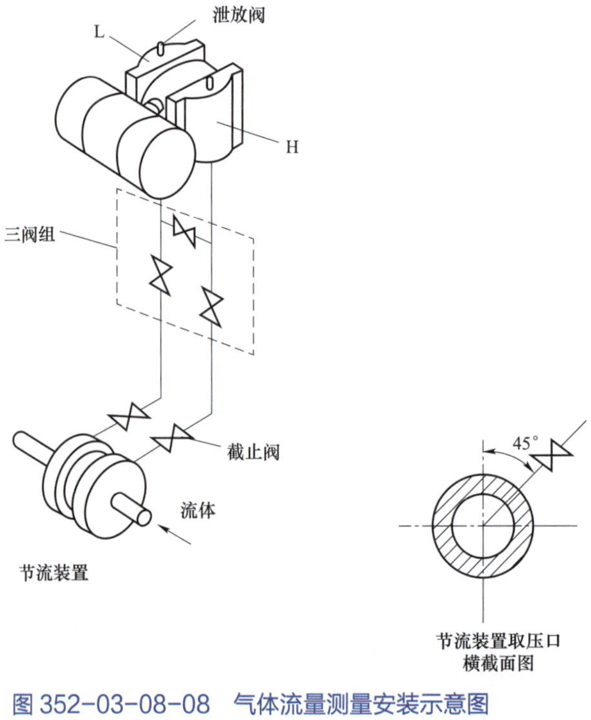

图 352-03-08-08　气体流量测量安装示意图

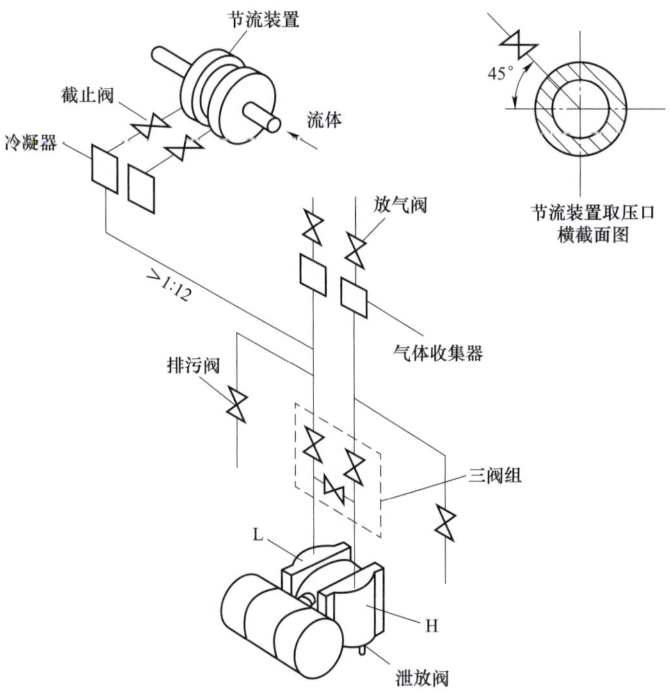

图 352-03-08-09 蒸汽流量测量安装示意图

8.1.5 维修技术要求

（1）维护项目

根据通用《压力传感器/变送器预防性维修模板》，变送器的维护项目主要包括校验/检查、通道检查、巡查和更换，见表 352-03-08-04。

变送器其他维护项目还有零点检查，交叉比较，泄漏检查、平衡罐补水和目视检查等。

表 352-03-08-04 变送器维护项目

项目	CHS	CLS	CHM	CLM	NHS	NLS	NHM	NLM
校验/检查	2Y	N/A	3Y	N/A	3Y	N/A	6Y	N/A
通道检查	AR	N/A	AR	N/A	AR	N/A	AR	N/A
巡查	1S	N/A	1S	N/A	1D	N/A	1D	N/A
定期更换	15Y	N/A	20Y	N/A	AR	N/A	AR	N/A

注：AR-表示据需要而定，Y-年，D-日，S-每一个值班值，N/A-不适用。

表中“CHS、CLS、CHM、CLM、NHS、NLS、NHM、NLM”含义：C-关键设备、N-重要设备、H-高工作频度、L-低工作频度、S-工作环境条件严酷、M-工作环境条件缓和，其中 H、L、S、M 随设备类型而异。

（2）基本项目周期参考清单

核级变送器预防性维护工作，可分为校验、零点检查和交叉比较项目，目前定期更换的项目比较少见。不同的项目根据预防性大纲的要求其周期和类别不同。具体见表 352-03-08-05、表 352-03-08-06、表 352-03-08-07（单机组）。

周期：C 表示运行周期，如 2C 即表示 2 个换料循环。

PM 类别中：TSSR 表示 QSR（质量和安全相关，下文中均以此表达）定期试验监督大纲要求的项目，PMSR 表示安全相关的预防性维修，PM 表示预防性维修。

表 352-03-08-05　核级变送器校验 PM 项目

序号	PM 项目	周期	PM 类别
1	安全壳压力变送器校验	2C	TSSR
2	反应堆冷却剂压力变送器校验	3C	TSSR
3	稳压器压力变送器校	3C	TSSR
4	余热排出系统泵出口总管压力变送器校验	3C	TSSR
5	余热排出系统热交换器流量变送器校验	3C	TSSR
6	主蒸汽流量变送器校验	2C	TSSR
7	蒸汽发生器液位（窄量程）变送器校验	3C	TSSR
8	蒸汽发生器液位（宽量程）变送器校验	3C	TSSR
9	稳压器液位变送器校验	3C	TSSR
10	一、二环路冷却剂流量变送器校验	5C	TSSR
11	安全厂用水泵压力变送器校验	1C	TSSR
12	主蒸汽压力变送器校验	2C	TSSR
13	稳压器液位（冷校）变送器校验	3C	TSSR
14	主给水流量（宽量程）变送器校验	3C	TSSR
15	主给水流量（窄量程）变送器校验	1C	TSSR
16	辅助给水流量（宽量程）变送器校验	2C	TSSR
17	辅助给水箱液位变送器校验	2C	TSSR
18	安喷流量变送器校验	5C	PMSR
19	换料水箱液位变送器校验	3C	TSSR
20	硼酸箱液位变送器校验	5C	TSSR
21	低压安注流量变送器校验	3C	TSSR
22	高压安注流量变送器校验	3C	TSSR
23	设备冷却水流量变送器校验	2C	TSSR
24	设备冷却水波动箱液位变送器校验	2C	TSSR
25	容控箱液位变送器校验	6C	TSSR
26	汽轮机冲动级压力变送器校验	2C	TSSR

表 352-03-08-06　核级变送器零点检查 PM 项目

序号	PM 标题	周期	PM 类别
1	辅助给水流量变送器（宽量程）零点检查（合包）	1C	PM
2	高压安注泵出口流量零点检查（合包）	1C	TSSR
3	设备冷却水流量（B 列）零点检查	1C	TSSR
4	设备冷却水流量（A 列）零点检查	1C	TSSR
5	余热排出系统泵出口总管压力零点检查	1C	TSSR
6	安全壳地坑液位变送器零点检查	1C	TSSR

续表

序号	PM 标题	周期	PM 类别
7	安全厂用水泵压力变送器零点检查	1C	TSSR
8	主蒸汽流量零点检查（热停堆平台时做）（合包）	1C	TSSR

表 352-03-08-07 核级变送器交叉比较 PM 项目

序号	PM 标题	周期	PM 类别
1	主蒸汽流量交叉比较（满功率运行期间交叉比较）（合包）	1C	PM
2	稳压器液位交叉比较（稳压器水位满功率运行时做）（合包）	1C	TSSR
3	主蒸汽压力交叉比较（大修前满功率时做）（合包）	1C	TSSR
4	辅助给水箱液位交叉比较（大修前做）（合包）	1C	TSSR
5	稳压器压力交叉比较（大修前满功率时做）（合包）	1C	TSSR
6	一、二环路冷却剂流量交叉比较（大修前满功率）	1C	TSSR
7	换料水箱液位交叉比较（大修前做）（合包）	1C	TSSR
8	安全壳地坑液位交叉比较（合包）	1C	TSSR
9	安全壳压力交叉比较（宽量程）（合包）	1C	TSSR
10	容控箱液位交叉比较（合包）	1C	TSSR
11	安全壳压力交叉比较（宽量程）（合包）	1C	TSSR
12	主给水流量交叉比较（合包）	1C	TSSR
13	蒸汽发生器液位交叉比较（两台蒸汽发生器）（合包）	1C	TSSR
14	高压安注泵流量交叉比较（高压安注泵流量检查试验时）（合包）	2C	PM
15	一、二环路冷却剂流量交叉比较（升至热停堆）	1C	TSSR
16	一、二环路冷却剂流量交叉比较（降至热停堆）	1C	TSSR
17	一、二环路冷却剂流量（大修后满功率）（合包）	1C	TSSR
18	余热排出系统热交换器流量交叉比较（合包）	1C	TSSR
19	稳压器压力年度一回路压力精确测量，并与一回路其他压力比较（合包）	1C	TSSR
20	换料水箱液位交叉比较（合包）	1C	TSSR

（3）维护技术要点

根据已有的维护项目和周期进行现场维护，并给出相应的技术要求。

1）外观和泄漏检查

——变送器应进行外观检查，标志牌完整，外壳端盖安装紧密，密封圈完好，连接电缆可靠，电缆保护装置完整紧固，接线箱完整无脏污、损坏；

——变送器应进行卡套、接头和堵头/帽的状态检查，应无变形，不存在渗漏；

——周期：核级变送器的外观和泄露检查周期宜设定为：1 次/换料周期。

2）校验

变送器的校验，主要为了验证变送器的精度和功能满足现场要求，通过实际值与理论值对比来确认是否合格或是否需要调整。校验连接的示意图如图 352-03-08-10 所示。

标准器

选用的标准器及配套设备所组成的校验装置，推荐标准器选用见表 352-03-08-08，可以使用同等功能且性能不低于要求的同类装置。

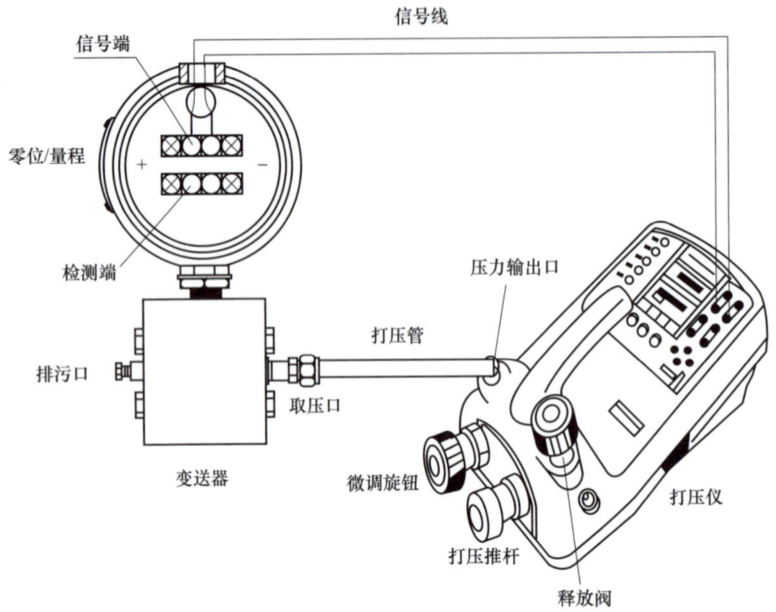

图 352-03-08-10　变送器校验连接示意图

表 352-03-08-08　标准仪器及配套设备

序号	仪器设备名称	技术要求	用途
1	压力校验仪	标准器的允许误差小于变送器允许误差的 1/3	变送器输入的压力标准器
2	直流电流表	测量范围 0～20 mA，准确度等级不低于 0.1 级	变送器输出电流测量
3	绝缘电阻表	输出直流电压为 500 V，测量范围为 0～∞MΩ，10 级（电容式变送器用输出直流电压 100 V 的表）	测量绝缘电阻
4	耐电压实验仪	输出交流电压大于 1500 V 功率不低于 0.5 kV	绝缘强度试验
5	真空机组	绝对压力变送器的零点压力必须抽至允许误差的 1/10～1/20	绝对压力变送器及负压力变送器的压力源

实际校验前，打开压力校验仪，检查、确认供电电源，显示单位满足要求，电流值显示正常等，必要时需要修改打压仪的显示单位。

配套设备

一般变送器校验需要使用配套工器具、配件及材料，常用的有：呆扳手、螺丝刀、补水装置、废液收集装置、绝缘胶布、密封材料。

校验方法

——基本校验：

对变送器进行校验前需进行必要的隔离和介质排空。在满足变送器正常工作电源的条件下，参考校验连接示意图 352-03-08-10，连接变送器与标准校验装置。在进行标准校验前确保电气回路工作正常，介质回路可靠无泄露。

如变送器的使用量程比较高（大于 2 MPa），标准校验装置的压力传递不能用空气，一般选用除盐水（特殊介质的系统尽量使用与系统相同的介质，例如润滑油等）。使用液态介质时，在与变送器取压口连接时需要做好充液排气，否则影响校验结果。

基本校验的方法是对变送器的测量量程进行十点（0、25%、50%、75%、100%、100%、75%、50%、25%、0）打压校验，并记录对应输出电流值（如 4 mA、8 mA、12 mA、16 mA、20 mA、20 mA、16 mA、12 mA、8 mA、4 mA），然后与理论值对比，确认变送器的结果。

注意：部分变送器有零点迁移（正或负迁移）和静压修正，压力值和电流值不是整数，必须核对校验数据的正确性。

——零点和量程调整：

通过标准校验装置向变送器分别施加零点和满点压力（差压），通过对应的零点和量程调整旋钮进行调整。

——正负迁移调整：

不以零点压力作为变送器的零位输入的调校，称为迁移。输入压力低于零点压力时的调校，称为负迁移；输入压力高于零点压力的调校，称为正迁移。

变送器根据现场需要进行迁移，特别是测量液位的变送器，由于安装高度不在绝对“零位”，根据变送器实际量程可选择正迁移或者负迁移。

变送器的迁移量较小时，可以通过调整零位、量程来实现，但迁移量较大时，必须采用正、负迁移跨接件来完成。取下放大电路板，将正、负迁移跨接片插到调校所需要的正迁移（EZ）或负迁移（SZ）的位置，见图 352-03-08-11。

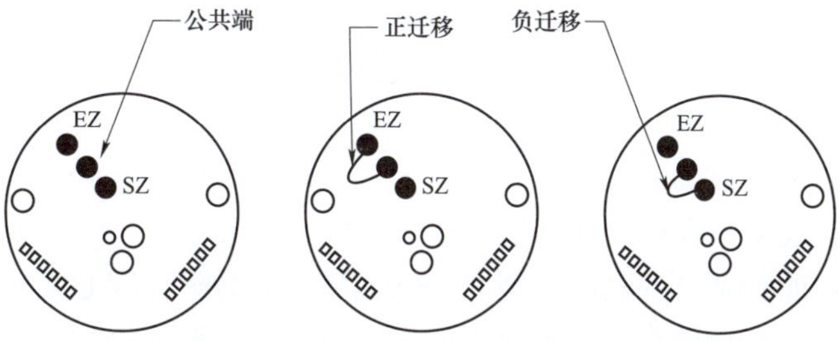

图 352-03-08-11　正、负迁移跨接片示意图

变送器的迁移限制如下：

测量值的绝对值不能超过迁移前变送器的最大测量值上限；

量程不能小于允许最小量程，也不能超过允许的最大量程。

——线性调整：

为使变送器的输入、输出特性达到高度的线性，在放大器线路板上备有线性调节电位器。通常在变送器出厂前线性度均已调整好，一般不必在使用过程中调整。如需要在某一特定范围内改善线性，而且具有校验所需的高精度仪表，也可进行线性度调整。

注意：线性调节电位器两端有限位，猛拧电位器超出限位可导致永久性损坏。

——阻尼调整：

阻尼可以消除被测压力频繁变化而引起的输出波动，阻尼时间常数可调范围一般在 0.2～1.67 s，阻尼时间常数可以通过阻尼调节电位器进行调整。

注意：阻尼调节电位器两端有限位，猛拧电位器超出限位可导致永久性损坏。

——绝缘电阻检查：

在环境温度为 15～35 ℃，相对湿度为 45%～75%时，变送器各端子之间施加直流电压 500 V（电容式变送器及制造厂有特殊规定的变送器可不进行该项检定，部分变送器是一个对地耦合的电容，不允许用高压仪表去测量变送器绝缘电阻，只能用低于 100 V 的兆欧表或类似仪表进行测量），其绝缘电阻应不小于下列值：

- 输出端子与接地端子（机壳）：20 MΩ；
- 电源端子与接地端子（机壳）：50 MΩ；
- 电源端子与输出端子：50 MΩ。

——绝缘强度检查：

在环境温度为 15～35 ℃，相对湿度为 45%～75%时，变送器各端子之间施加下列频率为 50 Hz 的正弦交流电压，历时 60 s，应无击穿和飞弧现象。

—— 输出端子与接地端子（机壳）：500 V；

——电源端子与接地端子（机壳）：1000 V；

——电源端子与输出端子：1000 V；

——二线制的变送器，电压为 500 V。

- 验收准则：参考表 352-03-08-11 核级变送器功能精度和出厂精度。
- 周期：核级变送器校验的周期参考表 352-03-08-05。

3）交叉比较

交叉比较通过测得在线变送器的输出参数，通过一定的计算方法，如与其他相同物理量测量通道比较（有冗余通道时），或与相同精度的现场测量仪表比较（热平衡），或与从相关物理量推导出的数值进行比较，对变送器进行验证。

主要针对重要变送器通道（尤其是反应堆保护通道），该类通道大多设计成多个相同的测量通道，符合核电厂仪表通道冗余性设计要求，实践证明交叉比较能发现 50%以上的变送器（也可包括靠近变送器的少量通道）的故障。

交叉比较可以应用在两个以上冗余的仪表通道上，如果和其他非冗余通道进行比较，必须保证参考通道的精度至少和考察通道具有相同的精度等级，否则会造成误判。

交叉比较使用的验收准则是设备验证准则 C（mv）和功能验证准则 C（fv），是针对现场变送器而言的，所以在进行交叉比较时，数据测量点尽可能靠近传感器一侧，这样可以尽量减少其他环节影响因素。为了安全起见我们在现场工作时一般不直接使用上述传感器功能误差作为其功能验证准则，而是引入一个经验上的修正系数，使功能验证准则更严格一些，不同数量的冗余仪表通道在进行交叉比较时采用的修正系数是不一样的。

2 通道：$C(fv)=[(\delta(FS)/\varepsilon(T))-0.82]*\varepsilon(T)$

3 通道：$C(fv)=[(\delta(FS)/\varepsilon(T))-0.58]*\varepsilon(T)$

4 通道：$C(fv)=[(\delta(FS)/\varepsilon(T))-0.47]*\varepsilon(T)$

5 通道：$C(fv)=[(\delta(FS)/\varepsilon(T))-0.41]*\varepsilon(T)$

6 通道：$C(fv)=[(\delta(FS)/\varepsilon(T))-0.37]*\varepsilon(T)$

7 通道：$C(fv)=[(\delta(FS)/\varepsilon(T))-0.33]*\varepsilon(T)$

8 通道：$C(fv)=[(\delta(FS)/\varepsilon(T))-0.31]*\varepsilon(T)$

9 通道：$C(fv)=[(\delta(FS)/\varepsilon(T))-0.29]*\varepsilon(T)$

10 通道：$C(fv)=[(\delta(FS)/\varepsilon(T))-0.27]*\varepsilon(T)$

其中：$\varepsilon(T)$——核级变送器的技术精度；

$\delta(FS)$——核级变送器功能允许误差，见表 352-03-08-11。

4）零点检查

零点检查是通过对处于特定工作状态（如系统无压力、无流量或介质排空等）的变送器测得其输出数据，通过一定的计算方法验证变送器是否满足其功能。

零点检查的方法可以归纳为两种：

方法一：通过通大气或从过程回路中隔离后施加标准物理信号对变送器零点（不是电气零点）进行检查。变送器零点为 4 mA 或 20 mA。

方法二：检查与过程回路相连的变送器给出的数值，通过与其无关的其他方式获知真实物理量（如由其他仪表直接指征出被测介质压力或打开变送器平衡阀造成零流量），将二者进行比较。

实际上，物理零点不是仪表零点，因为变送器处于正常运行状态，其数值在 4～20 mA 之间变动。

注：变送器零点检查通常需要改变变送器投运状态（旁路打开、水路断开加入标准信号等）。

验证方式的选择根据变送器冗余度、安装环境、运行回路确定，相应的准则也需逐项分析。

通用的零点检查验收标准：C（fv）=δ（FS）。

C（fv）——功能验证准则；

δ（FS）——核级变送器功能允许误差，见表 352-03-08-11。

5）投运及泄漏检查

核级变送器的投运宜根据机组的状态，分别在装料前、离开冷停堆、稳压器人孔关闭、单相中间停堆工况下、在确保一次根阀正确投运的情况下，检查或投运仪表阀（组）。

在机组升温升压过程中，选取具有代表性且机组状态保持时间合理的压力平台对核级变送器进行泄露检查。经验表明，在一回路 2.5 MPa、7.0 MPa 和 15.5 MPa 压力平台下执行泄露检查项目效果较好。

6）平衡罐充水

被测介质温度较高时，常通过冷凝罐（平衡罐）中充参考液的方法来实现隔离。平衡罐高于变送器安装位置，对平衡罐充水时需要从变送器最低端（变送器排污堵头或五阀组下端）向上充水，通过观察平衡罐充满溢流情况，保证仪表管线内无气体。

如蒸汽发生器液位、稳压器压力/液位、主蒸汽流量等重要变送器均有平衡罐。

7）拆装和更换

变送器的拆装是常规操作，是变送器校验，更换，故障维修中必要的步骤，规范的操作可以保证变送器的功能及寿命，变送器拆装的主要的技术要点：

——使用正确的工器具，根据常用的仪表管和接头，推荐使用 3/8 "、9/16 "、5/8 "、11/16 "、10 mm 等呆扳手。

——变送器拆装时需确认仪表管极性。

——变送器的各部件连接按照紧固要求进行，力矩值见表 352-03-08-09。

表 352-03-08-09　变送器部件力矩值表

项目	数量	力矩值	允许误差
支架固定到安装板螺栓	4 个	19 ft-lb（26 N·m）	±1 ft-lb（±1 N·m）
变送器固定到支架螺栓	4 个	21 ft-lb（26 N·m）	±1 ft-lb（±1 N·m）
配管接头（接头底座）	4 个	12.5 ft-lb（16.9 N·m）	±1 ft-lb（±1 N·m）
排水/排气阀	2 个	7.5 ft-lb（10 N·m）	±0.5 ft-lb（±0.7 N·m）
表盖	2 个	16.5 ft-lb（22.4 N·m）	±1 ft-lb（±1 N·m）
接线端子	2 个	7.5 in-lb（0.6 N·m）	±1 in-lb（±0.1 N·m）

——对变送器的关键零部件进行必要检查，如排污堵头的密封面、底座的密封面等。在整个变送器上，排污堵头是一个非常重要的部件，也是变送器的承压部分，如果排污堵头球形密封面有缺陷，就无法达到密封的效果，引起泄漏。因此在变送器维修、校验过程中必须对其密封面检查，如有明显的变形、球面无法滚动、球面有污垢等，应该及时更换。如图 352-03-08-12 为典型的有缺陷与完好排污堵头对比图。

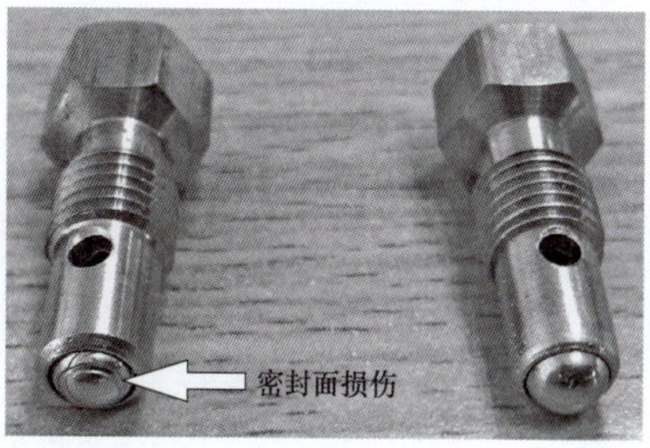

图 352-03-08-12　变送器新、旧堵头对比

——变送器与仪表管通常使用卡套接头连接，安装时先用手拧紧，保证卡套公母螺纹配合上，然后使用呆扳手拧紧 1～

1/4 圈，为了确保卡套已经紧固到位，推荐使用卡套间隙检验规进行复验。如在安装过程中发现手拧紧比较吃力，建议更换新卡套接头。

——变送器安装到位后应保证感压腔室处于水平状态。避免由于变送器本体倾斜导致测量误差的产生。

——变送器应根据行业经验和生产制造厂家的建议在其寿命点到达之前进行更换，通用的更换周期参考表 352-03-08-04。

8）特殊维护项目

——静压修正：

由于部分差压变送器正常工作时存在高压影响，为了保证精度则需要在校验时把高压影响量进行补偿、修正，这对高静压的变送器来说很重要。变送器在接受相同差压情况下，在不同静压时其感压元件的位移量不同，出输电流值也不同，具体需要根据真实差压范围和厂家出厂报告中修正因子进行修正计算。每块差压变送器出厂时都有一个 MSCF 值（即变送器在 1000 psi 静压下修正量百分比）。表 352-03-08-10 为某品牌变送器的 MSCF 值。以蒸汽发生器液位为例，蒸汽发生器在功率运行时静压在 6.7 MPa 左右，变送器正常输出 4～20 mA，因此可得出修正因子和相应的修正量。其中 1000 psi≈6.89 MPa，以变送器 0 差压值计算。值得注意的是，如果变送器 0 差压值是 0 kPa，则输出电流修正量为 0 mA。

$$K = \frac{\text{MSCF值} \times 6.7}{6.89}$$

$$\Delta I_{0\%} = \frac{K \times P_{0\%}}{\Delta P} \times 16$$

$$I = 4 + \Delta I_{0\%}$$

式中：K——修正因子，单位：%；

$P_{0\%}$——变送器 0 差压值，单位： kPa；

$\delta I_{0\%}$——变送器 0%差压输出电流修正量，单位：mA；

I——修正后变送器最后的输出电流，单位：mA。

表 352-03-08-10　变送器 MSCF 值参考表

变送器代码	量程字段	MSCF 精度允许值/%	
		最小值	最大值
代码 1	3	−2.25	−1.25
	4	−1.12	−0.62
	5	−1.06	−0.56
	6	−1.70	−1.20
	7	−1.30	−0.80
	8	−0.80	−0.30
代码 2、3	3	−2.00	−1.00
	4、5、8	−1.25	−0.25
	6、7	−1.75	−0.75

同样可以计算出变送器满点对应的电流值，因此变送器校验时应该按静压修正后的电流值校验，从而尽可能降低变送器本身的误差。

——管线补水：

对于核电厂，现场很多变送器是测量高温、高压容量的液位的，不同的温度工况可能会引起变送器负压侧压力的变化，从而影响液位测量准确度。因此通常在变送器的负压侧接入一个稳定的压力，即增加平衡罐，通过在平衡罐里加恒量的液体（水）。但在校验变送器时，就会使平衡罐里的水少量流走，因此变送器校验完成后，必须进行补水。

在校验该类变送器时通常是操作仪表阀组来隔离变送器，因此补水只需对变送器到仪表阀组之间的仪表管线补水，也是必须执行的过程。该补水操作没有固定的方法或步骤，但最后的目的是要保护仪表管内充满介质并没有气泡，且无泄漏。

9）验收准则

——校验与零点检查：

核级变送器的校验或零点检查工作可按 QSR 定期试验管理，涉及核安全的要求，需要给出确定的合格判据或验收准则。根据设计文件要求，应按照变送器的功能精度（功能允许误差）要求来判断变送器是否合格。具体判断准则有以下三条，其中核级变送器的功能精度和出厂精度分四类来确认，见表 352-03-08-11。

- 当核级变送器调整前的精度小于出厂精度，该仪表定期试验合格；
- 当核级变送器调整前的精度大于出厂精度但小于下表功能精度（δ/ FS），该仪表定期试验合格，但将其调整至出厂精度范围内；
- 当核级变送器调整前的精度大于功能精度（δ/FS），该仪表定期试验不合格。

表 352-03-08-11 核级变送器功能允许误差和出厂精度

类别	说明、数量（单台机组）	出厂精度	功能允许误差 δ/ FS	备注
稳压器压力	4 台	0.25% FS	≤1.4% FS	电流输出（4～20）mA
主蒸汽压力	6 台		≤1.4% FS	
主蒸汽流量	6 台		≤1.5% FS	
其他核级变送器	1. 安全壳压力表（6 台） 2. 设备冷却水流量和波动箱液位表（6 台） 3. 容控箱液位表（2 台） 4. 高、低压安注流量表（5 台） 5. 反应堆冷却剂压力（4 台） 6. 一、二环路冷却剂流量表（6 台） 7. 稳压器液位表（3 台） 8. 蒸汽发生器液位表（宽、窄量程，12 台） 9. 主给水流量表（宽、窄量程，12 台） 10. 余热排出泵出口总管压力和热交换器流量表（3 台） 11. 换料水箱液位表（4 台） 12. 安全壳地坑液位表（2 台） 13. 辅助给水箱液位及辅助给水流量表（宽量程，6 台） 14. 安全厂用水泵压力表（2 台） 15. 硼酸箱液位表（4 台） 16. 汽机冲动级压力表（2 台） 17. 安喷流量表（2 台） 18. 稳压器压力校对和液位（冷校）（2 台）		≤2.0% FS	

——对于变送器的交叉比较的工作，其验收准则如表 352-03-08-12 所示：

表 352-03-08-12　核级变送器交叉比较验收准则

序号	内容	验收准则/%		类别
		C（mv）	C（fv）	
1	高压安注泵出口流量	0.75	1.38	非 QSR
2	硼酸箱液位	1.46	2.50	非 QSR
3	安全壳压力	1.18	1.53	QSR
4	辅助给水箱液位	0.87	1.88	QSR
5	主蒸汽流量	1.61	1.72	非 QSR
6	稳压器压力	2.04	2.29	QSR
7	反应堆冷却剂压力	1.18	1.43	QSR
8	安全壳压力	1.503	1.794	QSR
9	蒸汽发生器液位（窄量程）	1.02	2.00	QSR
10	蒸汽发生器液位（宽量程）	0.87	2.00	QSR
11	容控箱液位	1.237	1.486	QSR
12	稳压器液位	2.036	2.36	QSR
13	一、二环路冷却剂流量	满功率（6.669±0.192）V 热停堆（6.944±0.192）V		QSR
14	余热排出系统热交换器流量	0.829	1.32	QSR
15	换料水箱液位	0.99	2.08	QSR
16	安全壳地坑液位	0.82	1.83	QSR
17	主给水流量（宽量程）	0.87	1.88	QSR
18	主蒸汽压力	1.005	1.817	QSR

8.1.6　质量管理

按核电厂质保体系确定质量点选取。

表 352-03-08-13　质量点选取

项目名称	质量管控点
校验	（1）核级变送器（QSR 项目）校验数据及一次性合格判定； （2）补水操作正确性； （3）仪表回装正确性和完整性
交叉比较	（1）计算方法的正确性和结果判定
零点检查	（1）数据测量方法正确性和结果判定

8.1.7　经验反馈

（1）变送器常见故障及分析

变送器在运行、维修等过程中会出现异常，故障现象多样，无法一一列举，在总结厂家、业内等各方面经验的前提下，归纳出常见故障的表现形式和应对措施，可参考表 352-03-08-14。

表 352-03-08-14 变送器常见故障及分析

序号	故障现象	故障原因	处理方法
1	无输出	导压管的阀门是否没有打开	打开导压管阀门
		导压管路是否有堵塞	疏通导压管
		电源电压是否过低	将电源电压调整至合格范围内
		仪表输出回路是否有断线	接通断点
		电源是否接错	检查电源，正确接线
		内部接插件接触不良	查找处理
		电子器件故障	更换新的电路板或根据仪表使用说明查找故障
2	输出过大	导压管中有残存液体、气体	排出导压管中的液体、气体
		输出导线接反、接错	检查处理
		内部接插件接触不良	检查处理
		电子器件故障	更换新的电路板或根据仪表使用说明查找故障
		压力传感器损坏	更换变送器
		实际压力是否超过压力变送器的所选量程	重新选用适当量程的压力变送器
3	输出过小	变送器电源是否正常	如果小于 12 VDC，则应检查回路中是否有大的负载，变送器负载的输入阻抗应符合 $R_L \leqslant 50$（变送器供电电压-12 V）Ω
		实际压力是否超过压力变送器的所选量程	重新选用适当量程的压力变送器
		压力传感器是否损坏（严重的过载有时会损坏隔离膜片）	需发回生产厂家进行修理或更换新变送器
4	输出不稳定	导压管中有残存液体、气体	排出导压管中的液体、气体
		被测介质的脉动影响	调整阻尼消除影响
		供电电压过低或过高	调整供电电压至合格范围内
		输出回路中有接触不良或断续短路	检查处理
		接线松动、电源线接错	检查接线
		电路中有多点接地	检查处理保留一点接地
		内部接插件接触不良	处理
		压力传感器损坏	更换变送器
5	压力指示不正确	变送器电源是否正常	如果小于 12 VDC，则应检查回路中是否有大的负载，变送器负载的输入阻抗应符合 $R_L \leqslant 50$（变送器供电电压-12 V）Ω
		参考压力是否一定正确	使用高精度仪表作为参考压力
		压力指示仪表的量程是否与压力变送器的量程一致	压力指示仪表的量程必须与压力变送器的量程一致
		压力指示仪表的输入与相应的接线是否正确	压力指示仪表的输入是 4～20 mA 的，则变送器输出信号可直接接入；如果压力指示仪表的输入是 1～5 V 的则必须在压力指示仪表的输入端并接一个精度在 1‰及以上、阻值为 250 Ω的电阻，然后再接入变送器的输入
		变送器负载的输入阻抗应符合 $R_L \leqslant 50$（变送器供电电压-12 V）Ω	如不符合则根据其不同可采取相应措施：如升高供电电压（但必须低于 36 VDC）、减小负载等
		相应的设备外壳是否接地	设备外壳接地
		是否与交流电源及其他电源分开走线	检查、确认与交流电源及其他电源分开走线

续表

序号	故障现象	故障原因	处理方法
5	压力指示不正确	压力传感器是否损坏（严重的过载有时会损坏隔离膜片）	须发回生产厂家进行修理或更换新变送器
		管路内是否有沙子、杂质等堵塞管道（有杂质时对测量精度有影响）	须清理杂质，在压力接口前加过滤网
		管路的温度是否过高	加缓冲管以散热，使用前最好在缓冲管内先加些冷水，以防过热蒸汽直接冲击传感器，从而损坏传感器或降低使用寿命，或考虑改为远传法兰式变送器

（2）变送器现场实践

变送器除了常见故障外，还有许多因为系统工艺，工器具的使用，仪表的安装方式等原因，引起变送器不能正常工作或超出了预期。根据现场的实践和经验，有以下故障可能和建议的处理方法，见表 352-03-08-15。

表 352-03-08-15　变送器现场实践

序号	故障现象	故障可能原因	建议处理方法
1	排污口泄漏	变送器 H、L 压侧的接口螺纹为 1/4 NPT 松动	拆下重新正确安装、紧固，建议拆、装过程中正确使用工器具和操作方法
		排污堵头密封面损伤	检查排污堵头密封面，如有损伤则需要更换
		密封材料失效	拆下重新正确安装、紧固，并正确使用密封胶
2	输出漂移	系统压力不稳定	检查系统状态
		变送器温度补偿元件不准或损坏	对变送器重新标定或返厂检修
		仪表管安装不当	检查仪表管，必要时重新配管，将“直进式”，改成“下进式”
3	零点检查超差	仪表取压位置不正确	检查仪表取压口位置，消除“水位差”情况。
		仪表管内有气泡	对仪表管充水排气
		零点漂移	重新校验仪表
4	校验超差	校验器具未正常使用	选择合适量程校验器具，并正确连接
		校验使用的介质有气泡或水	使用空气作为校验介质时，确认打压管和变送器腔内无水；使用水作为校验介质时，确认打压管和变送器腔内无空气
		电源使用不当	使用外接电源供电（不能使用系统电源）
		校验数据有误	重新确认校验量程
		仪表损坏	更换合格备件

8.1.8　技术规程清单

核级变送器在大修期间都有定期检查项目，即校验、零点检查和交叉比较，均引用相应的检修规程进行现场执行，规程清单见表 352-03-08-16、表 352-03-08-17、表 352-03-08-18。

表 352-03-08-16　核级变送器校验规程

序号	规程名称
1	安全壳压力变送器校验
2	反应堆冷却剂压力变送器校验
3	稳压器压力变送器校
4	余热排出系统泵出口总管压力变送器校验

续表

序号	规程名称
5	余热排出系统热交换器流量变送器校验
6	主蒸汽流量变送器校验
7	蒸汽发生器液位（窄量程）变送器校验
8	蒸汽发生器液位（宽量程）变送器校验
9	稳压器液位变送器校验
10	一、二环路冷却剂流量变送器校验
11	安全厂用水泵压力变送器校验
12	主蒸汽压力变送器校验
13	稳压器液位（冷校）变送器校验
14	主给水流量（宽量程）变送器校验
15	主给水流量（窄量程）变送器校验
16	辅助给水流量（宽量程）变送器校验
17	辅助给水箱液位变送器校验
18	安喷流量变送器校验
19	换料水箱液位变送器校验
20	硼酸箱液位变送器校验
21	低压安注流量变送器校验
22	高压安注流量变送器校验
23	设备冷却水流量变送器校验
24	设备冷却水波动箱液位变送器校验
25	容控箱液位变送器校验
26	汽轮机冲动级压力变送器校验

表 352-03-08-17　核级变送器零点检查规程

序号	规程名称
1	辅助给水流量（宽量程）变送器零点检查
2	安全厂用水泵压力变送器零点检查
3	余热排出系统泵出口总管压力变送器零点检查
4	高、低压安注流量变送器零点检查
5	设备冷却水流量变送器零点检查
6	安全壳地坑液位变送器零点检查
7	主蒸汽流量变送器进行零点调整

表 352-03-08-18　核级变送器交叉比较规程

序号	规程名称
1	辅助给水箱液位变送器交叉比较
2	安全壳压力变送器交叉比较（宽量程）
3	硼酸箱液位变送器交叉比较
4	高压安注流量变送器交叉比较
5	主给水流量变送器（宽量程）交叉比较

续表

序号	规程名称
6	一、二环路冷却剂流量变送器交叉比较
7	稳压器液位变送器交叉比较
8	主蒸汽流量变送器交叉比较
9	蒸汽发生器水位变送器（窄、宽量程）交叉比较
10	安全壳地坑液位变送器交叉比较
11	主蒸汽压力变送器交叉比较
12	安全壳压力变送器交叉比较（窄量程）
13	容控箱液位变送器交叉比较
14	换料水箱液位变送器交叉比较
15	余热排出系统热交换器流量变送器交叉比较
16	稳压器压力和反应堆冷却剂压力变送器交叉比较

8.1.9 参考资料

[1] 工业过程测量和控制系统用压力/差压变送器（第 1 部分：通用技术条件）：GB/T 28474.1-2012 [S]，国家质量监督检验检疫总局，2012.

[2] 核级压力、差压变送器设备技术规格书：0401G8012 [R]. 核工业第二研究设计院，2006.

[3] 压力传感器/变送器预防性维修模板 [R]. QS-5EQ-MNEQ-0009.

[4] 压力变送器检定规程：JJG882-2004 [S]. 国家质量监督检验检疫总局，2004.

[5] 秦二厂 QSR 安全相关变送器精度标准 [R]. CNQS-150077-RDNI，中国核动力研究设计院，2015.

8.2 非核级压力（差压）变送器

8.2.1 定义

非核级：区别于核级要求，其他可参照 8.1.1 节。

8.2.2 范围对象

在 8.1.2 节中列举了单台机组的核级压力（差压）变送器参考清单，从核电厂设备设计和选型原则来讲，除 8.1.2 节清单中所列变送器外都属于非核级范围。

特殊说明：在综合考虑安全性和经济性的前提下，设计要求为非核级的变送器仍可以选用满足核级要求的变送器，实际电厂在采购建安过程中也大量采用。

8.2.3 结构原理

非核级压力（差压）变送器（包括压力变送器、绝对压力变送器及差压变送器）用于测量核电厂中工艺过程参数，向控制系统提供信号，用于设备保护、控制、显示、记录等功能。

非核级压力（差压）变送器分为非智能变送器和智能变送器。

非智能压力（差压）变送器与同型式的核级变送器结构和原理一致，参见 8.1.3 节。

——原理和结构组成：

智能压力（差压）变送器的结构见图 352-03-08-13，主要部件有：传感器单元、电子线（电）路板、接线板、过程连接件、排液/排气阀、电子显示屏（可选）。其内有一隔离膜片，压力（差压）信号的变化经变送器内含的一种灌充液（硅油与惰性液）通过隔离膜片转换为电容的变化，再转换成可供电子板模块处理的数字信号，再经电子线路处理转化为二线制 4～20 mADC 模拟量输出。

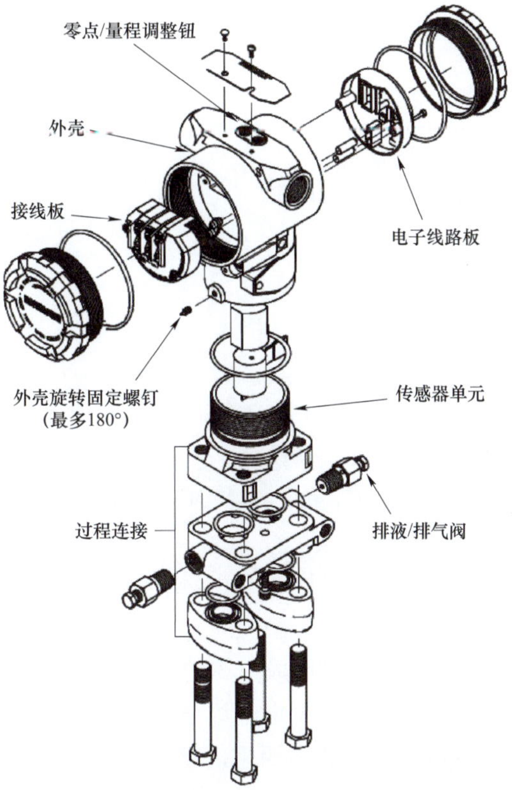

图 352-03-08-13 智能变送器结构

智能变送器一般由传感器单元和电子处理器（电路板）组成，充分利用了电子处理器的运算和转换能力，对传感器的数据进行处理，包括对测量信号的调理、数据显示、数据信号的传输、自动校正和自动补偿等。

传感器单元内的线路板能将输入的电容与温度信号转换成可供电子板模块进一步处理的数字化信号。电子电路板中电子处理器是智能变送器的核心，它不但可以对测量数据进行计算、存储和数据处理，还可以通过反馈回路对传感器进行调节，使采集数据达到最佳。如图 352-03-08-14 所示。

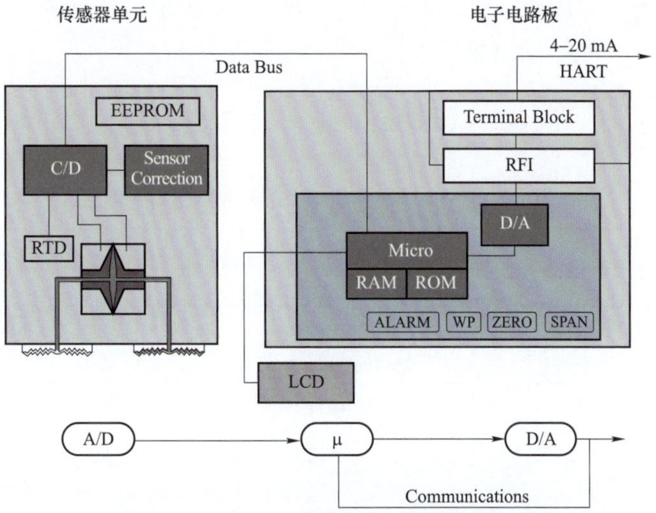

图 352-03-08-14 智能变送器原理方框图

电子电路板采用专用集成电路（ASIC），该板接受来自传感器单元的数字输入信号及其修正系数，对信号进行修正与线性化。电子电路板模块的输出部分将数字信号转为模拟量 4～20 mA 输出，并与 HART 手操器进行通信，可以直接以数据信号方式存取传感器读数，不经过数/模转换以得到更高精度。组态数据存储于变送器电子板的永久性 EEPROM 中，变送器掉电后，数据仍保存，故而上电后变送器能立即工作。

8.2.4 指标与参数

技术要求和指标：

（1）基本通用技术要求

——安装和启动前极限环境温度：–10～40 ℃。

——最大湿度：100% RH。

——大气压：0.096～0.106 MPa。

——正常环境温度：壳内 5～55 ℃，壳外 5～45 ℃。

——正常运行极限环境温度：壳内 55～60 ℃，壳外 45～55 ℃。

——壳内变送器辐照要求：环形区：$1\times10^{-4}\sim10^{-2}$ Gy/h（一般 $1\times10^{-4}\sim0.5$ Gy/h）。

——输出信号：4～20 mADC。

——电源：普通供电电压为 12～45 VDC，常用 24 VDC，由电子机柜供电的变送器电源≤18.5 VDC。

——量程和零点：在外部连续可调。

——正负迁移：正迁移量为最小调校验量程的 500%，负迁移量为最小调校验量程的 600%。

——启动时间：≤2 s。

——静压和过载压力：运行时不对变送器造成损坏的压力。

——使用寿命：非核级变送器的寿命取决于电子线路部分和测量部件的寿命，并与变送器使用现场环境温度有关，在变送器电子线路部分寿命到期后，可通过调换新的电子线路板将变送器的寿命延长至测量部件的使用寿命。一般常规温度下不应低于 10 年。

——基本精度：≤±0.25%FS（智能变送器≤±0.075%FS）。

——死区：无（如有要求则≤0.1%）。

——稳定性：12 个月漂移量不超过最大量程的基本误差的绝对值。

——温度影响：按环境温度每变化 55.6 ℃影响量。

- 量程在 0～7.46 kPa 内非核级差压变送器，不超过±（1.0%量程上限值+1.0%量程）；
- 量程除 0～7.46 kPa 外非核级压力、差压变送器，不超过±（0.5%量程上限值+0.5%量程）；
- 全部的非核级压力、差压变送器，不超过±（0.75%量程上限值+0.5%量程）。

——电源影响：小于 0.005%输出量程/V。

——负载影响：如果电源稳定，则负载没有影响。

——静压影响：见表 352-03-08-19。

表 352-03-08-19 非核级变送器静压影响效应

型号	量程范围	每 6.9 MPa 产生的零点漂移
差压变送器	0～37.5 kPa	±0.2%量程上限值
差压变送器	0～0.69 MPa	±0.5%量程上限值
差压变送器	0～186.5 kPa	±0.2%量程上限值
差压变送器（高静压）	0～186.5 kPa	±0.66%量程上限值
差压变送器（高静压）	0～0.69 MPa	±0.66%量程上限值
型号	量程范围	每 13.8 MPa 产生的零点漂移
差压变送器	0～7.46 kPa	±0.5%量程上限值
差压变送器	0～37.5 kPa	±0.25%量程上限值
差压变送器	0～0.69 MPa	±0.5%量程上限值
型号	量程范围	每 31.0 MPa 产生的零点漂移
差压变送器（高静压）	0～2.07 MPa	±2.0%量程上限值

——响应时间：时间常数ㄒ=63.3%时响应时间要求≤0.4 s；ㄒ=95%时响应时间要求≤1.2 s。

——外观要求：非核级变送器的铭牌应完整、清楚，并具有产品名称、型号规格、测量范围、准确度等级、额定工作压力等主要技术指标。制造厂的名称或商标、出厂编号、制造年月、制造计量器具许可证标志及编号以及非核级差压变送器的高、低压容室应有明显标记。

——安装要求：面板安装支架，使变送器可以垂直或水平位置固定。

——绝缘强度试验：使用 500 VDC 等级，测试时间不少于 60 s，要求绝缘电阻≥100 MΩ。

——电磁兼容性要求：符合 IEC 61000 系列。

——泄漏量：进行 1.5 倍设计压力的水压时，对测量容室表面目视检查无泄漏。

——外壳防护等级：IP 65。

——外壳旋转方向：最大 180°。

（2）安装通用技术要求

参考核级压力（差压）变送器（4.1.4 节（1））中安装要求。

8.2.5 维修技术要求

（1）维护项目

根据通用《压力传感器/变送器预防性维修模板》，变送器的维护项目也主要包括校验/检查、通道检查、巡查和更换，与核级变送器相似，可参照表 352-03-08-04。除此也有零点检查，交叉比较，泄露检查、平衡罐补水和目视检查等。

（2）基本项目周期参考清单

非核级变送器预防性维护工作，可分为校验、零点检查和交叉比较项目，目前定期更换的项目比较少见，不同的项目根据预防性大纲的要求其周期和类别不同，具体见表 352-03-08-20、表 352-03-08-21、表 352-03-08-22（单机组）。

周期：C 表示运行周期，如 2C 即表示 2 个换料循环；Y 表示一年。

PM 类别中：TSSR 表示 QSR 定期试验监督大纲要求的项目，PMSR 表示安全相关的预防性维修，PM 表示预防性维修。

表 352-03-08-20　非核级变送器校验 PM 项目

序号	PM 项目内容	监测周期	PM 类别
1	低加水位变送器校验（合包）	4C	PM
2	低加压力变送器校验（合包）	5C	PM
3	除氧器水位变送器校验（合包）	3C	PM
4	低压缸抽气压力变送器校验（合包）	3C	PM
5	除氧器压力变送器校验（合包）	3C	PM
6	给水泵润滑油压力变送器校验检查（合包）	1C	PM
7	高加给水进水母管压力变送器校验（合包）	3C	PM
8	高加水位变送器校验（合包）	2C	PM
9	主给水泵流量变送器校验（合包）	3C	PM
10	给水泵前置泵进口压力变送器校验（合包）	2C	PM
11	启动给水泵阀后压力变送器校验检查（合包）	3C	PM
12	蒸汽发生器排污至凝汽器压力变送器校验（合包）	2C	PM
13	蒸汽发生器排污流量变送器校验（合包）	2C	PM
14	蒸汽发生器排污总管压力变送器校验	5C	PM
15	主给水出口压力变送器校验（合包）	3C	PM

续表

序号	PM 项目内容	监测周期	PM 类别
16	蒸汽发生器蒸汽管道压力变送器校验（合包）	4C	PMSR
17	辅助给水泵再循环流量变送器校验（合包）	4Y	TSSR
18	辅助给水泵出口压力变送器校验（合包）	3C	TSSR
19	前置阳床再循环泵出口流量变送器校验（合包）	4Y	PM
20	前置阳床凝结水入、出口母管压力变送器校验	4Y	PM
21	高速混床入、出口流量变送器变送器校验（合包）	4Y	PM
22	低压缸喷水压力变送器校验（合包）	4C	PM
23	主蒸汽轴封供汽变送器校验（合包）	3C	PM
24	凝汽器热井水位变送器校验（合包）	2C	PM
25	凝汽器循环水入口压力变送器校验（合包）	4C	PM
26	凝汽器真空测量变送器校验（合包）	2C	PM
27	安全壳地坑液位变送器校验（合包）	3C	PM
28	安全壳压力变送器校验	3C	PM
29	DEH 油母管压力变送器校验	4C	PM
30	润滑油箱油位变送器校验	3C	PM
31	润滑油主油泵入口压力变送器校验（合包）	3C	PM
32	低压缸进汽压力变送器校验（合包）	3C	PM
33	汽轮机第一级压力变送器校验	1C	PM
34	一级再热器疏水箱液位变送器校验（合包）	4C	PM
35	一级再热蒸汽流量变送器校验（合包）	4C	PM
36	一级再热器疏水箱液位变送器校验（合包）	4C	PM
37	主泵消防废液油水分离水箱液位变送器校验	3C	PM
38	应急柴油机液位变送器校验（合包）	1C	TSSR
39	应急柴油机压力变送器校验	2C	PMSR
40	应急柴油机智能型液位变送器校验（合包）	5C	TSSR
41	应急柴油机液位变送器校验（合包）	1C	TSSR
42	换料水池冷却循环流量变送器校验	4Y	PM
43	换料水池冷却循环流量变送器校验	2C	PM
44	卸压箱液位变送器校验	4C	PMSR
45	卸压箱压力变送器校验	2C	TSSR
46	一、二环测温旁路返回流量变送器变送器校验	5C	TSSR
47	主泵 1 号密封水压差变送器校验	2C	PMSR
48	主泵 2 号密封泄漏率宽量程变送器校验	4C	PM
49	上充下泄流量变送器校验（合包）	2C	PM
50	主泵密封回水流量变送器（宽量程）变送器（合包）	2C	PM
51	补给水流量变送器校验（合包）	3C	PM
52	硼酸循环流量、压力变送器变送器校验（合包）	3C	PMSR
53	中压安注箱液位变送器校验（合包）	3C	TSSR
54	中压安注箱压力变送器校验（合包）	3C	TSSR
55	反应堆冷却剂疏水箱液位变送器校验（合包）	3C	PM

续表

序号	PM 项目内容	监测周期	PM 类别
56	设备冷却水波动箱液位变送器校验	3C	PM
57	公用环路设备冷却水流量变送器校验	3C	TSSR
58	主泵轴封、热屏冷却水流量变送器校验（合包）	1C	TSSR
59	蒸汽发生器排污热交换器设冷出口流量、压力变送器校验（合包）	3C	PM
60	干燥器出口总管压力变送器校验	3C	PMSR
61	仪用压缩空气压力变送器校验（合包）	3C	PM
62	公用压缩空气压力变送器校验	4Y	PM
63	安全厂用水泵进出口压差变送器校验	5C	TSSR
64	膨胀水箱液位变送器校验（合包）	3C	PM
65	膨胀水箱压力变送器校验（合包）	5C	PM
66	辅助蒸汽总管压力变送器校验（合包）	4C	PM
67	废液前贮槽液位变送器校验（合包）	3C	TSSR
68	废液平衡槽液位变送器校验（合包）	3Y	PM
69	废液平衡槽压力变送器校验（合包）	3Y	PM
70	主蒸汽联箱压力变送器校验（合包）	2C	PM
71	主蒸汽联箱前主蒸汽压力变送器校验（合包）	3C	TSSR
72	凝结水泵入口压力变送器校验（合包）	3C	PM
73	净凝结水泵出口流量变送器校验（合包）	3C	PM
74	空侧密封油与发电机氢气压力变送器校验（合包）	2C	PM
75	空侧密封油与发电机氢气压差变送器校验	3C	PM
76	再热蒸汽压力变送器校验（合包）	4C	PM
77	一级再热蒸汽流量变送器校验（合包）	4C	PM

表 352-03-08-21 非核级变送器零点检查 PM 项目

序号	PM 标题	监测周期	PM 类别
1	蒸汽发生器辅助给水流量变送器（窄量程）零点检查（大修前做）（合包）	1C	PM
2	公用环路设备冷却水流量变送器零点检查（合包）	1C	TSSR
3	上充下泄系统压力变送器零点检查（合包）	1C	TSSR
4	主泵密封回水流量变送器（宽、窄量程）零点检查（合包）	1C	TSSR
5	主泵密封注水流量变送器零点检查（停堆后）（合包）	1C	TSSR
6	主泵 2 号轴封泄漏流量变送器（宽量程）零点检查（合包）	1C	TSSR
7	主泵 2 号轴封泄漏流量变送器（窄量程）零点检查（合包）	1C	TSSR
8	一、二环测温旁路返回流量变送器零点检查（合包）	1C	TSSR
9	硼酸和直接硼化流量变送器零点检查（合包）	1C	TSSR
10	主泵 1 号密封水压差变送器零点检查（合包）	1C	TSSR
11	安全厂用水泵进出口压差变送器零点检查（合包）	1C	TSSR
12	消防水池液位变送器零点检查	4Y	PM
13	辅助给水泵再循环流量变送器零点检查	1Y	TSSR

表 352-03-08-22　非核级变送器交叉比较 PM 项目

序号	PM 标题	监测周期	PM 类别
1	中压安注箱液位、压力变送器交叉比较（合包）	1C	TSSR
2	汽辅泵上游蒸汽压力变送器交叉比较（合包）	1C	TSSR
3	辅助给水泵出口压力变送器交叉比较（合包）	1C	TSSR

（3）维护技术要点

1）基本维护项目

非核级变送器维护项目要求与核级变送器内容基本一致，可参考表 352-03-08-23 相应项目查找。

表 352-03-08-23　非核级变送器维护项目要求

维护项目	技术要求	验收准则
外观和泄漏检查	与核级变送器一致，参见 4.1.5.3 对应节	与核级变送器一致，参见 4.1.5.3 对应节
校验	与核级变送器一致，参见 4.1.5.3 对应节	参见表 352-03-08-24
交叉比较	与核级变送器一致，参见 4.1.5.3 对应节	参见表 352-03-08-25
零点检查	与核级变送器一致，参见 4.1.5.3 对应节	参见表 352-03-08-24
投用	与核级变送器一致，参见 4.1.5.3 对应节	与核级变送器一致，参见 4.1.5.3 对应节
充水	与核级变送器一致，参见 4.1.5.3 对应节	与核级变送器一致，参见 4.1.5.3 对应节
静压修正	与核级变送器一致，参见 4.1.5.3 对应节	与核级变送器一致，参见 4.1.5.3 对应节

非智能压力（差压）变送器的校验技术要求与核级压力（差压）变送器一致。智能压力（差压）变送器的校验基本原理和过程也与核级压力（差压）变送器一致，参考 8.1.5.3 节内容，但智能变送器可以通过满足智能通信协议（如 HART）的装置实现常用的零、满点调整，迁移，线性调整，阻尼调整，小信号切除，信号转换函数选择，单位选择等，还可以进行传感器校准和 A/D（模/数转换）、D/A（数/模转换）电路板校准。

典型的基于 HART 通信装置的智能变送器校验连接回路见图 352-03-08-15 通过手操器查看、修改、设置相应的参数，以保证智能变送器满足功能要求和使用功能。具体的参数查看、修改、设置可参照图 352-03-08-16 典型菜单树进行，但有些参数修改还需要与打压仪一起配合使用。

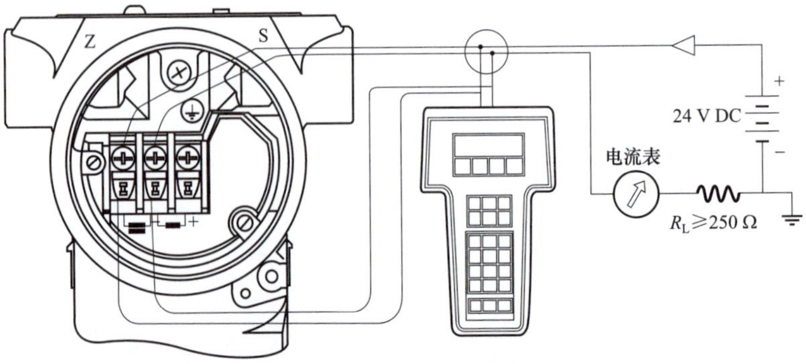

图 352-03-08-15　智能变送器与 HART 手操器连接

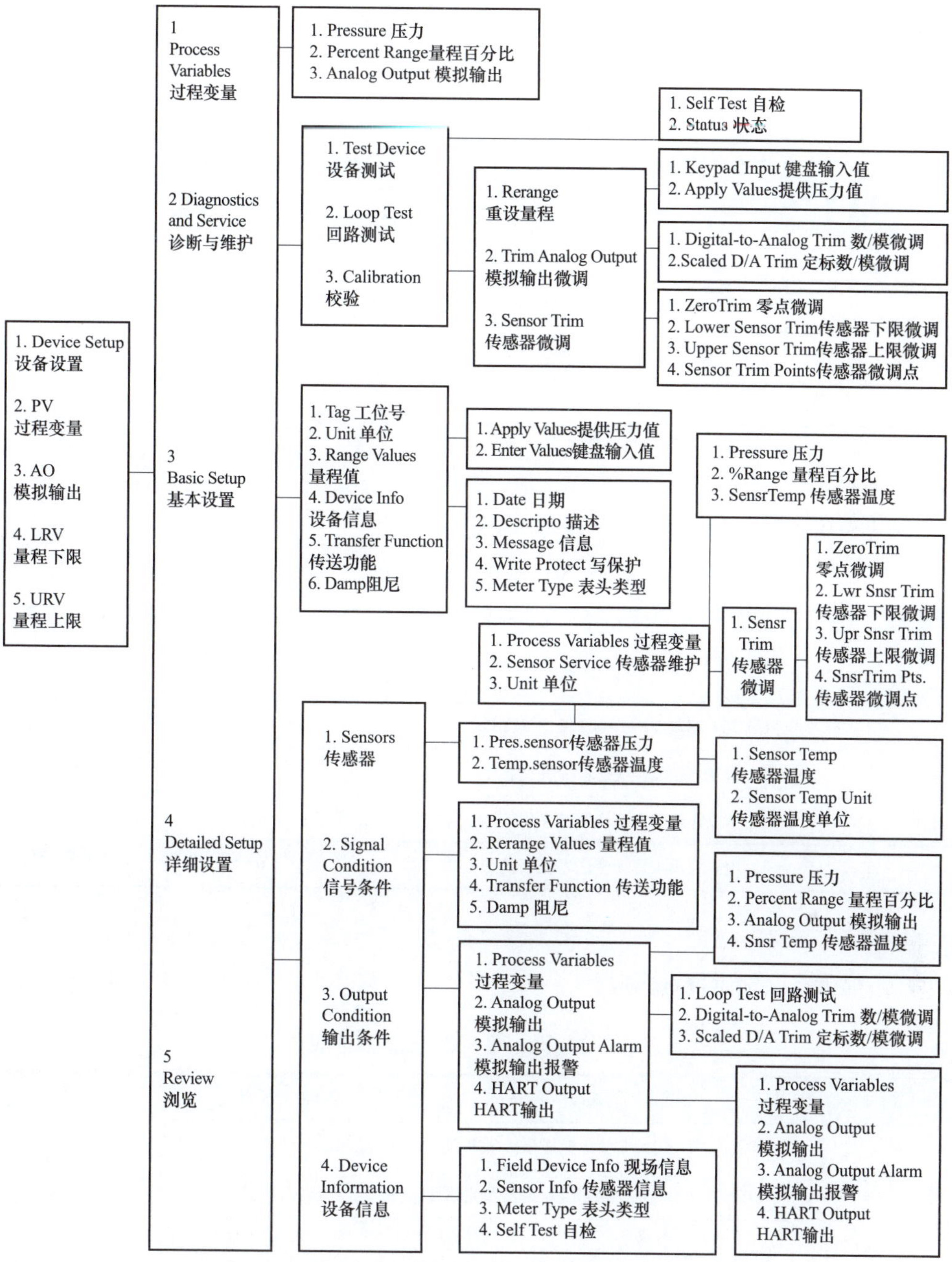

图 352-03-08-16 智能变送器 HART 通信连接典型菜单树

2）验收准则

——校验与零点检查：

部分非核级变送器的校验或零点检查工作属于 QSR 定期试验监督大纲范围内项目，涉及核安全的要求，需要给出确定的合格判据或验收准则。根据设计文件要求，应按照变送器的功能精度（功能允许误差）要求来判断变送器是否合格。具体判断准则有以下三条，其中非核级变送器的功能精度和出厂精度分二类变送器来确认，具体见表 352-03-08-24。

- 当非核级变送器调整前的精度小于出厂精度，该仪表定期试验合格；
- 当非核级变送器调整前的精度大于出厂精度但小于上述功能精度（δ/FS），该仪表定期试验合格，但将其调整至出厂精度范围内；
- 当非核级变送器调整前的精度大于功能精度（δ/FS），该仪表定期试验不合格。

非 QSR 定期试验监督大纲范围内的非核级变送器，不做要求，实际操作中也可参照表 352-03-08-24 执行。

表 352-03-08-24　非核级变送器功能允许误差和出厂精度

类别	说明	出厂精度	功能允许误差 δ/FS	备注
非核级变送器	非智能变送器： 如中压安注箱液位、压力，主泵轴封、热屏冷却水流量等	≤0.25%FS	≤2.0%FS	电流输出 4～20 mA
	智能变送器： 如辅助给水流量（窄量程），辅助给水泵再循环流量，蒸汽发生器排污流量、压力，设备冷却水波动箱液位，换料水池冷却循环流量等	≤0.075%FS	≤2.0%FS	电流输出 4～20 mA

——交叉比较：

对于非核级变送器的交叉比较的工作，其验收准则参考表 352-03-08-25。

表 352-03-08-25　非核级变送器交叉比较验收准则

序号	内容	验收准则/%		类别
		C（mv）	C（fv）	
1	汽辅泵上游蒸汽压力变送器交叉比较	0.75	4.81	QSR
2	中压安注箱液位变送器交叉比较	3.859	4.956	QSR
3	中压安注箱压力变送器交叉比较	1.278	2.036	QSR
4	辅助给水泵出口压力变送器交叉比较	0.912	1.752	QSR

8.2.6　质量管理

按核电厂质保体系确定质量点选取。

表 352-03-08-26　质量点选取

项目名称	质量管控点
校验	（1）非核级变送器（QSR 项目）校验数据及一次性合格判定 （2）补水操作正确性 （3）仪表回装正确性和完整性
交叉比较	计算方法的正确性和结果判定
零点检查	数据测量方法正确性和结果判定

8.2.7　经验反馈

（1）压力、电流显示不一致

在对非核级智能变送器在校验时，经常出现的一个问题，即使用 HART 通信，用手操器连接后，其显示的输出电流值或压力显示值与打压仪显示不一致，如图 352-03-08-17 所示，打压仪压力/电流显示为 150 kPa/19.93 mA，而手操器上压力/电流显示为 149.20 kPa/19.83 mA，相差比较大，从而给校验工作带来了不确定。

对于该情况要分两部分调整，如图 352-03-08-18 所示：

1）传感器 A/D 部分。如果传感器 A/D 转换部分不准会引起校验仪上的压力值与手操器压力值不一致，则需要将其进行修正。

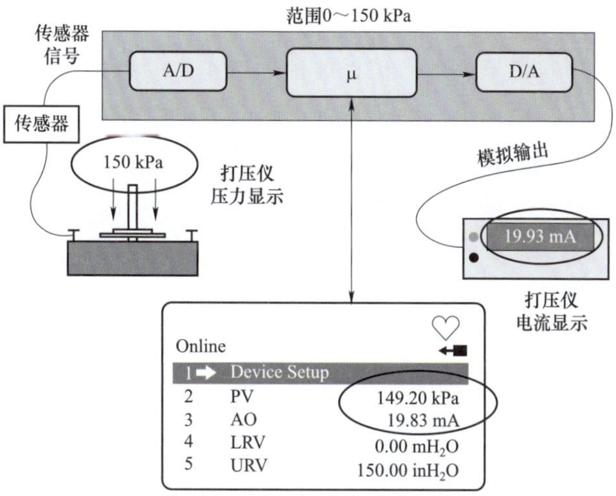

图 352-03-08-17 智能变送器校验示意图

——通过零点微调（Zero Trim），可消除因安装等引起的偏差；

——全修正（Full Trim）=低点修正+高点修正（用于 A/D 修正）。

注：Zero Trim 在 Lower Trim（低点微调）和 Upper Trim（高点微调）之前进行，Lower Trim 先执行后，再可进行 Upper Trim 调整。

2）输出电流 D/A 部分。在 A/D 部分已经校准在前提下，用打压仪打压达零点压力，手操器显示 AO 电流值和打压仪显示电应该一致，均为 4 mA，如打压仪显示不是 4 mA，表明 D/A 部分不准。可通过 4～20 mA 输出修正。可参考图 352-03-08-19 执行。

——通过手操器找到“D/A trim”菜单；

——选择 4 mA 输出，然后读取打压仪电流并输入、确定；

——选择 20 mA 输出，然后读取打压仪电流并输入、确定。

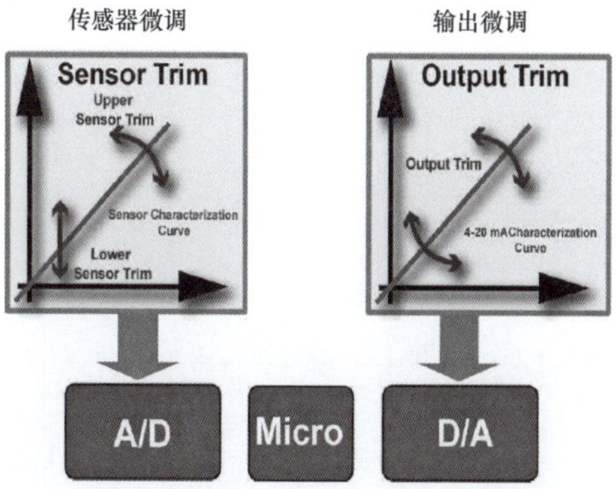

图 352-03-08-18 A/D 与 D/A 转换示意图

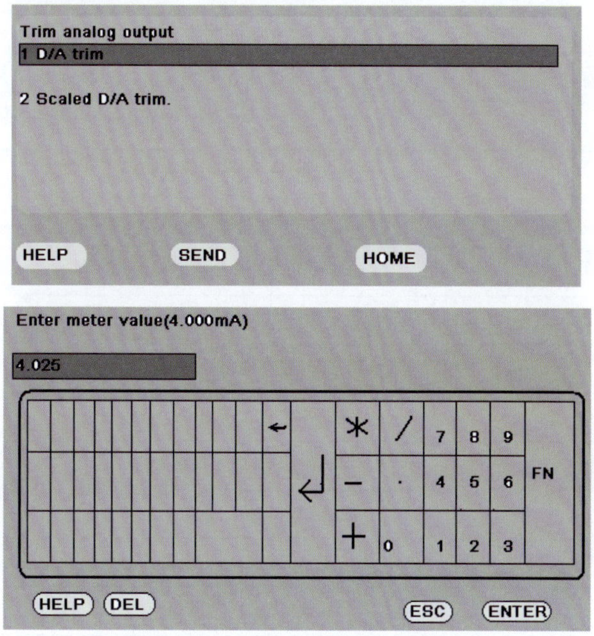

图 352-03-08-19 手操器菜单图

（2）智能变送器表头显示设置

智能变送器表头上通常带有显示表头，可以就地显示相应的测量参数，但对于测量流量时，是将智能变送器测得的差压信号转换成电流送往远方的显示、控制单元等，而流量与差压存在开方关系，在其过程外理环节中，往往加入了开方环节，以便远方的流量显示与差压真实对应。而如果就地表头设置为流量显示，则会出现两者流量显示不一致问题，这是由于就地表头流量显示未经过开方。

因此，出现该类问题，建议在智能变送器就地表头显示设置为差压显示。同样对于压力测量的也设置为压力显示，以方便读数。

（3）智能压力（差压）变送器常见故障及分析

对于智能变送器运行、维修等过程中出现故障与核级变送器基本一致，参考 8.1.7 节（1），而对于通信功能和就地液晶屏故障增加表 352-03-08-27。

表 352-03-08-27 智能压力（差压）变送器常见故障及分析

序号	故障现象	故障原因	处理方法
1	变送器不能通信	变送器上电源电压（最小值为 10.5 V）	恢复供电电源 24 VDC
		负载电阻（最小值为 250 Ω）	增加电阻或更换电阻
		单元寻址是否正确	重新寻址
2	液晶屏无显示	供电不正常	检查电源极性和电压
		液晶屏与电路板未正常连接	重新检查连接，重新安装
		液晶屏损坏	更换液晶屏
3	液晶屏与输出不一致	设置不正确	重新检查、设置
		输出未校准	重新校准

8.2.8 技术规程清单

非核级变送器在大修期间都有定期检查项目，即校验和零点检查，并引用相应的检修规程进行现场执行，规程清单见表 352-03-08-28、表 352-03-08-29、表 352-03-08-30。

表 352-03-08-28 非核级变送器校验规程

序号	规程名称
1	应急柴油机压力变送器校验
2	应急柴油机液位变送器校验
3	辅助给水流量变送器（窄量程）校验
4	给水泵润滑油压力变送器校验
5	主泵密封回水流量变送器（宽量程）变送器校验
6	辅助给水泵再循环流量和汽动泵进汽压力变送器校验
7	辅助给水泵出口压力变送器校验
8	硼酸循环流量变送器校验
9	硼酸注入箱压力变送器校验
10	压力容器密封泄漏压力变送器器校验
11	主泵 2 号轴封泄漏流量变送器（宽量程）校验

续表

序号	规程名称
12	非核级智能变送器校验
13	非核级变送器校验
14	公用环路设备冷却水流量变送器校验
15	中压安注箱液位变送器校验
16	中压安注箱压力变送器校验
17	主泵轴封、热屏冷却水流量变送器校验和报警检查
18	一、二环测温旁路返回流量变送器校验
19	主蒸汽联箱前主蒸汽压力变送器校验
20	废液前贮槽液位变送器校验
21	安全厂用水泵进出口压差变送器校验

表 352-03-08-29 非核级变送器零点检查规程

序号	规程名称
1	公用环路设备冷却水流量变送器零点零点检查
2	蒸汽发生器辅助给水流量变送器（窄量程）零点检查
3	上充下泄系统压力变送器零点检查
4	主泵密封回水流量变送器（宽量程）零点检查
5	主泵密封回水流量变送器（窄量程）零点检查
6	主泵密封注水流量变送器零点检查
7	上充下泄系统流量变送器零点检查
8	主泵轴封、热屏冷却水流量变送器零点检查
9	消防水池液位变送器零点检查及调整
10	安全厂用水泵进出口压差变送器零点检查
11	辅助给水泵再循环流量变送器零点检查
12	主泵 1 号密封水压差变送器零点检查
13	主泵 2 号轴封泄漏流量变送器（窄量程）零点检查
14	一、二环测温旁路返回流量变送器零点检查
15	主泵 2 号轴封泄漏流量变送器（宽量程）零点检查
16	硼酸和直接硼化流量变送器零点检查

表 352-03-08-30 非核级变送器交叉比较规程

序号	规程名称
1	中压安注箱液位、压力变送器交叉比较
2	汽辅泵上游蒸汽压力变送器交叉比较
3	辅助给水泵出口压力变送器交叉比较

8.2.9 参考资料

[1] 压力变送器检定规程：JJG882-2004 [S]. 质量监督检验检疫总局，2004.

[2] 非核级压力、差压变送器技术要求 [R]. 0401G8140，核工业第二研究设计院，2008.
[3] 压力传感器/变送器预防性维修模板 [R]. QS-5EQ-MNEQ-0009.
[4] 基于 HART 协议的压力/差压变送器通用技术条件：GB/T 29817-2013 [S]. 国家质量监督检验检疫总局，2013.

9 温度测量仪表

温度是表示物体冷热程度的，是核电厂重要的工艺参数之一。在核电厂中，检测温度的目的是：

——保证设备安全可靠性运行。

——使设备经济地运行。

——温度是影响热交换的重要因素。

——核电厂中需要检测温度的地方很多，下面列举一些主要项目：

- 一回路主回路温度及旁路温度测量；
- 堆芯温度测量；
- 大型转动设备如主给水泵轴承温度测量；
- 蒸汽管道蒸汽温度测量等。

——温度测量仪表种类很多，有用于现场指示，方便运行巡检人员巡检的就地指示温度计；也有用于主控操纵员对工艺系统温度参数进行监视的远传温度仪表，同时还有用于报警或者连锁控制的温度开关。

9.1 就地温度计

就地温度计指能够在现场直接测量设备温度并显示温度数值大小的仪表，核电厂常见的就地温度计有玻璃管液体温度计、压力式温度计、双金属片温度计。

9.1.1 术语和定义

标度：玻璃温度计上一组线条、数字和测量单位的组合，用来指示温度值。

温包：测温系统中感受被测介质温度的元件。

测温系统：由温包、毛细管和弹簧管组成的内部充有感温介质的封闭系统。

9.1.2 范围对象

核电厂中使用的就地温度计，主要有玻璃管液体温度计、压力式温度计、双金属温度计。

9.1.3 原理、结构及技术指标

（1）玻璃温度计

玻璃温度计是利用透明玻璃感温泡和毛细管内的感温液体随被测温度的变化而热胀冷缩的作用来测量温度的。当其下部的感温泡在被测介质中受到温度作用后，感温液体就会沿着玻璃棒中的毛细管上升（热胀）或下降（冷缩）。在毛细管旁直接刻度温度标尺，即能显示出温度的变化值。玻璃温度计构造如图 352-03-09-01 所示，它由玻璃温泡、毛细管、刻度标尺三部分组成。

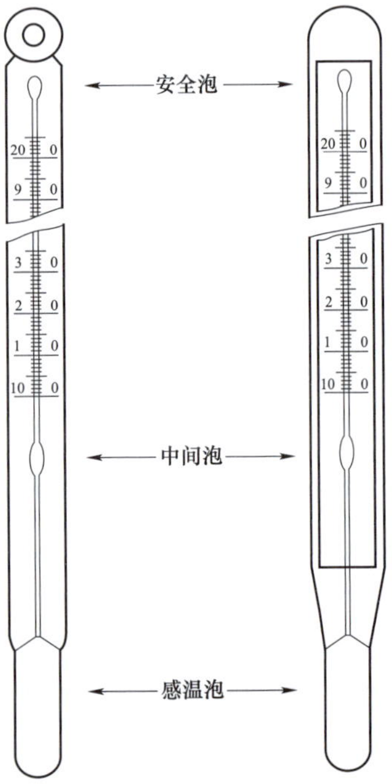

图 352-03-09-01　玻璃温度计结构

工作用玻璃温度计分为棒式温度计和内标式温度计两种结构，常见棒式温度计和内标式温度计的构造示意图如图 352-03-09-01

所示。

基本维修项目包括外观检查、示值误差校验、更换。

特定技术指标：

1）示值误差

温度计的示值误差限由温度计的测量范围和分度值确定。全浸温度计示值误差应满足表 352-03-09-01 的要求，局浸温度计示值误差应满足表 352-03-09-02 的要求。当温度计量程跨越表 352-03-09-01、表 352-03-09-02 中多个量程时，示值误差取最大范围示值允许误差限。

表 352-03-09-01 全浸温度计示值允许误差限/℃

感温液体	温度计上限或下限所在温度范围	分度值					
		0.1	0.2	0.5	1	2	5
有机液体	-100～<-60	±1.0	±1.0	±1.5	±2.0	—	—
	-60～<-30	±0.6	±0.8	±1.0	±2.0	—	—
	-30～<100	±0.4	±0.5	±0.5	±1.0	—	—
汞基	-60～<-30	±0.3	±0.4	±1.0	±1.0	—	—
水银	-30～100	±0.2	±0.3	±0.5	±1.0	±2.0	—
	>100～200	±0.4	±0.4	±1.0	±1.5	±2.0	—
	>200～300	±0.6	±0.6	±1.0	±1.5	±2.0	±5.0
	>300～400	—	±1.0	±1.5	±2.0	±4.0	±10.0
	>400～500	—	±1.2	±2.0	±3.0	±4.0	±10.0
	>500～600	—	—	—	—	±6.0	±10.0

表 352-03-09-02 局浸温度计示值允许误差限/℃

感温液体	温度计上限或下限所在温度范围	分度值						规定露出液柱环境温度
		0.1	0.2	0.5	1	2	5	
有机液体	-100～<-60	—	—	±2.0	±2.5	—	—	25
	-60～<-30	—	—	±1.5	±2.5	—	—	
	-30～100	—	—	±1.0	±1.5	—	—	
水银	-30～100	—	—	±1.0	±1.5	±3.0	—	
	0～50	±1.0	—	—	—	—	—	20
	0～100	±1.0	±1.0	—	—	—	—	35
	>100～200	—	±1.5	—	—	—	—	35
	>100～200	—	—	±1.5	±2.0	±3.0	—	25
	>200～300	—	—	—	±2.0	±3.0	±7.5	
	>300～400	—	—	—	—	±6.0	±2.0	
	>400～500	—	—	—	—	±6.0	±2.0	
	>500～600	—	—	—	—	±8.0	±5.0	

2）温度计感温泡和其他部分无损坏或裂痕

3）感温液柱不应有断节、气泡或管壁上留有液滴或挂色

（2）压力式温度计

压力式温度计是依据封闭系统内部工作物质的体积或压力随温度变化的原理工作的。如图 352-03-05-02 所示。仪表封闭系统由温包、毛细管和弹性元件组成，温包内充工作介质，在测量温度时，将温包插入被测介质中，受介质温度影响，温包内部工作介质的体积或压力发生变化，经毛细管将此变化传递给弹性元件（如弹簧），弹性元件变形，自由端产生位移，借助于传动机构，带动指针在度盘上指示出温度数值。

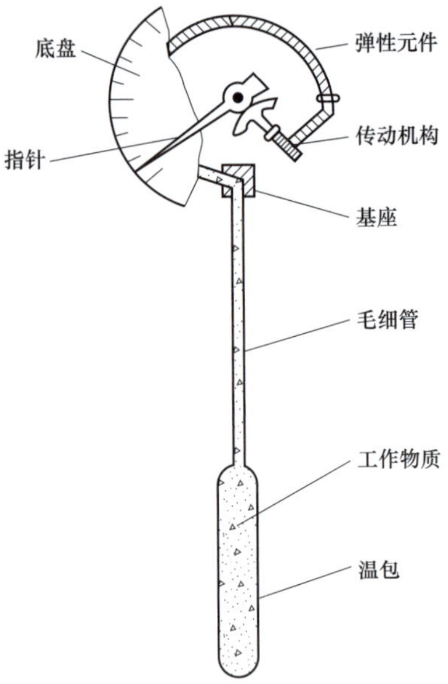

图 352-03-09-02　压力式温度计原理图

基本维修项目包括外观检查、零位检查与调整、校验、更换。

特定技术指标：

——示值误差

示值允许误差由仪表的准确度等级及量程确定，其示值允许误差限应满足表 352-03-09-03 的要求；

表 352-03-09-03　准确度等级和最大允许误差

准确度等级	最大允许误差（量程的%）
1.0	±1.0
1.5	±1.5
2.5	±2.5
5.0	±5.0

注：蒸汽压力式温度计的准确度等级是指测量范围后 2/3 部分。

——回差不大于示值最大允许误差的绝对值；

——重复性不大于示值最大允许误差的绝对值的 1/2；

——电接点温度计其设定点误差应不超过示值最大允许误差的 1.5 倍；

——电接点温度计其切换差应不超过示值最大允许误差的 1.5 倍；

——完全补偿式液体电接点压力式温度计其报警设定点误差应不超过示值最大允许误差的 1.5 倍；

——绝缘电阻在环境温度 15～35 ℃，相对湿度 45%～75%时，电接点温度计的输出端子之间及输出端子与接地端子之间的绝缘电阻不小于 20 MΩ。

表 352-03-09-04

额定电压/V	直流试验电压/V	绝缘电阻/MΩ
24 DC	100	7
220 AC	500	20

（3）双金属温度计

双金属温度计基于固体受热膨胀原理，测量温度通常是把两片膨胀系数差异相对很大的金属片叠焊在一起，构成双金属感温元件。当温度变化时，因双金属片的两种不同材料的线膨胀系数差异相对很大儿产生不同的膨胀和收缩，导致双金属片产生弯曲变形（见图 352-03-09-03）。根据不同的变形的

量而产生不同的转动量，转动的量带动连接的转轴，转轴带动另一端的指示针，这样指示指针就可以指在正确的读数上，指示出温度。

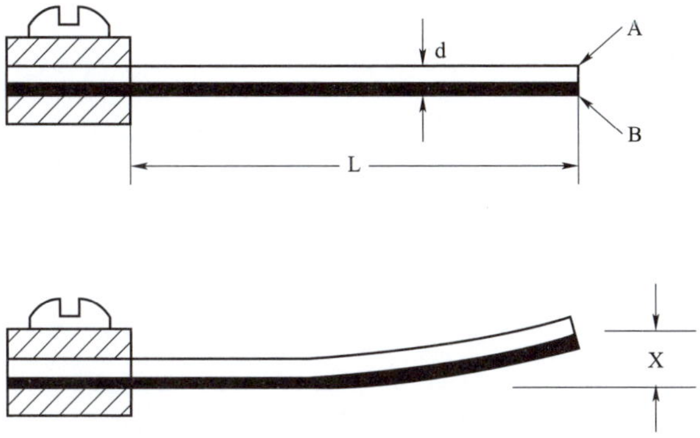

图 352-03-09-03 双金属片受热原理图

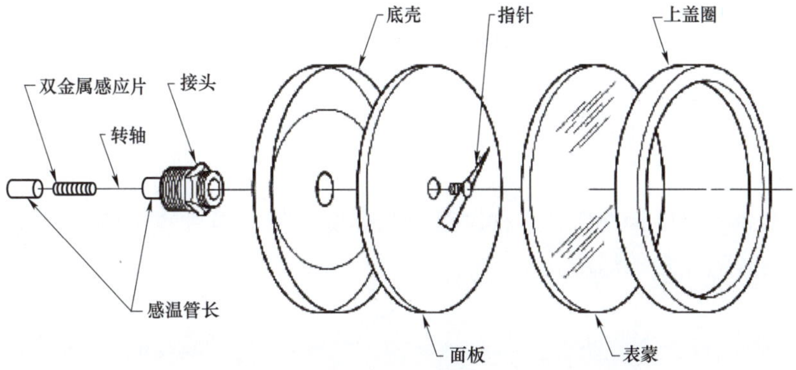

图 352-03-09-04 双金属温度计的工作结构

基本维修项目包括外观检查、零位检查与调整、校验、更换。

特定技术指标：

——示值误差示值允许误差由仪表的准确度等级及量程确定，其示值允许误差限应满足下表的要求；

表 352-03-09-05 准确度等级和最大允许误差

准确度等级	最大允许误差（量程的%）/℃
1.0	±1.0
1.5	±1.5
2.0	±2.0
2.5	±2.5
4.0	±4.0

——角度调整误差可调角温度计因角度调整引起的示值误差不应超过其量程的 1%；

——回差不大于示值最大允许误差的绝对值；

——重复性不大于示值最大允许误差的绝对值的 1/2；

——电接点温度计其设定点误差应不超过示值最大允许误差的 1.5 倍；

——电接点温度计其切换差应不超过示值最大允许误差的 1.5 倍；

——完全补偿式液体电接点压力式温度计其报警设定点误差应不超过示值最大允许误差的 1.5 倍；

——绝缘电阻在环境温度 15～35 ℃，相对湿度 45%～75%时，电接点温度计的输出端子之间及输出端子与接地端子之间的绝缘电阻不小于 20 MΩ；

表 352-03-09-06

额定电压/V	直流试验电压/V	绝缘电阻/MΩ
24 DC	100	7
220 AC	500	20

9.1.4 维护项目及周期

——就地温度计原则上不要求预防性定期检查及校验，仅对部分重要就地温度计进行定期检查及校验，如轴封蒸汽冷却器温度、主蒸汽管道疏水箱温度计，校验周期为 3C（三个换料周期）；

——其他温度计通常进行纠正性维修，可根据温度计实际使用情况，个别设置周期预维项目，周期视具体情况而定。

9.1.5 维修技术要求

（1）外观检查

——玻璃液体温度计的玻璃棒和玻璃套管应光滑透明，无裂痕、斑点、气泡、气线或应力集中等影响读数和强度的缺陷。玻璃套管内应清洁，无明显可见的杂质，无影响读数的朦胧现象；

——压力式、双金属温度计各部件装配牢固、无松动、锈蚀现象，保护套应牢固、均匀和光洁；

——压力式、双金属温度计表头所用的玻璃或其他透明材料应保持透明，不得有妨碍正确度数的缺陷或损伤；

——压力式、双金属温度计的指针、标度盘及其标度、数字和符号应鲜明、清晰，不变色或不褪色，不应有残缺和有影响读数的玷污。

（2）校验

——标准器：

- 校验温度计的标准器根据测量范围可选择二等标准铂电阻温度计与数字温度计配套或二等标准水银温度计。

——配套设备：

- 恒温槽，技术性能参考表 352-03-09-07：

表 352-03-09-07

恒温槽名称	使用温度范围/℃	工作区域最大温差/℃	工作区域水平温差/℃
酒精低温槽（1）	−80～室温	0.3	0.15
水恒温槽（2）	室温～95	0.1	0.05
油恒温槽（3）	95～300	0.2	0.1
高温槽	300～500	0.4	0.2

注：（1）、（2）、（3）也可选用技术性能相同的其他恒温槽。

- 当选用二等标准铂电阻温度计时，应选用 0.02 级的低电势直流点位差计及其配套设备，或精度匹配的数字温度计配套，或同等准确度的其他电测设备；
- 冰点槽；
- 100 VDC 或 500 VDC 兆欧表。

——校验环境要求：

- 温度为 15～35 ℃，相对湿度＜85%；
- 所用标准器和电测设备工作的环境应满足其相应规定的条件。

——校验方法：

1）示值误差

温度计的浸没长度应符合产品使用说明书的要求或按全浸校验。

校验点应均匀分布在整个测量范围上（必须包括测量上、下限），不得少于三点。有 0 ℃点的温度计应包括 0 ℃点。

温度计的校验应在正、反两个行程上分别向上限或下限方向逐点进行，测量上、下限值时只进行单行程校验。

在读取被检温度计示值时，视线应垂直于度盘，使用放大镜度数时，视线应通过放大镜中心。读数时应估计到分度值的 1/10。

0 ℃的校验，要求将温度计的检测原件插入盛有冰、水混合物的冰点槽中，待示值稳定后即可读数。

其他各点的校验

将被检温度计的检测元件与标准温度计插入恒温槽中，待示值稳定后进行读数。在读数时，恒温偏离校验点温度不得超过+/–2.0 ℃（以标准温度计为准），分别记下标准温度计和被检温度计正、反行程的示值。在读数过程中，当恒温不超过 300 ℃时，其槽温变化不应大于 0.1 ℃，槽温超过 300 ℃时，其槽温变化不应大于 0.5 ℃。电接点温度计在进行示值校验时，应将其上、下限设定指针分别置于上、下限以外的位置上。

温度计的示值误差应符合特定性能技术指标中的规定。

2）角度调整误差

角度调整误差的校验在室温下进行，可调角温度计从轴向（或径向）位置调整到径向（或轴向）位置的过程中所产生的温度计示值的最大变化量为角度调整误差。应符合特定技术指标中的要求。

3）回差

温度计回差的校验与示值误差校验同时进行（校验点除上限值和下限值外），在同一校验点上正、反行程示值的差值，即为温度计回差，应满足特定技术指标中的要求。

4）重复性

温度计在正或反行程示值校验中，在各校验点上分别重复进行多次（至少三次）示值校验，计算出各点同一行程示值之间的最大差值即为温度计的重复性，应满足特定技术指标中的要求。

5）设定点误差

将被测电接点温度计接到信号电路中，然后缓慢改变恒温槽温度（温度变化应不大于 1 ℃/min），使接点产生闭合和断开的切换动作（信号电路接通或断开）。在动作瞬间，读取的标准温度计示值，即为接点正行程和反行程的上切换值和下切换值。如此进行三个循环。

计算上切换值平均值和下切换值平均值的平均值作为切换中值。

设定点误差是由切换中值与设定点温度值之间的差值来确定。设定点误差应满足特定技术指标中的要求。

6）切换差

后续校验和使用中检验的电接点温度计，在其设定点上，上切换值与下切换值之差值即为切换差。应满足特定技术的要求。

（3）拆装及更换

拆卸：

——拆卸前记录好温度计在线温度值，确认系统状态；

——拆卸时需缓慢泄压，防止飞溅，并确认不存在泄漏；必要时注意收集废液；

——拆卸完温度计，做好温度计保护套管的保护。

回装：

——将合格温度计按原位回装到现场，需注意：

- 安装前需核对仪表的型号、规格、精度等级是否符合仪表使用要求，检查仪表的接头螺纹和安装的母螺纹一致；
- 温度计回装时，需确保表盘朝向人员，便于人员读取压力值；
- 对于接头为平螺纹，需用垫片密封，每次拆后回装需更换垫片；
- 温度计回装后，检查否有泄漏情况。

9.1.6 质量管理

按核电厂质保体系确定质量点选取。

表 352-03-09-08 质量点选取

项目名称	质量点选取
温度计校验结果	停工待检点（H）
温度计回装后，指示正常	见证点（W）

9.1.7 经验反馈

根据以往检修经验总结以下故障类型，以及对其原因分析和处理方法。

表 352-03-09-09 故障模式列表

故障现象	故障原因	排除方法
螺纹接口渗漏介质	1）密封垫老化 2）螺纹损坏	1）更换密封垫 2）更换同型号备件
温度指示偏高/低	1）仪表高漂/低漂 2）安装不规范	1）仪表校验，必要更换同型号备件 2）检查温包是否紧贴保护套管顶端
指针脱落	机械故障	矫正指针
指针回转迟钝或跳动	1）传动部件的配合间隙过小，传动不灵活 2）传动件之间有积污，传动不灵活 3）自由端与连杆连接不灵活 4）指针与表盘有摩擦	1）增大配合间隙，加钟表油润滑 2）清洗除锈、除污 3）调整连接方式至灵活为止 4）矫正指针
指针偏离零位示指误差超过允许值	1）传动机构的紧固螺钉松动 2）弹簧管产生永久变形	1）拧紧紧固螺钉 2）更换同型号备件

9.1.8 技术规程清单

表 352-03-09-10 技术规程清单

序号	文件名称
1	就地温度表检查

9.1.9 参考资料

[1] 双金属温度计：JB/T8803—2015 [S]. 中华人民共和国工业和信息化部，2015.
[2] 双金属温度计检定规程：JJG 226—2001 [S]. 国家质量监督检验检疫总局，2015.
[3] 蒸汽和气体压力式温度计：JB/T 9259—1999 [S]. 国家机械工业局.
[4] 压力式温度计：JJG 310—2002，[S]. 国家质量监督检验检疫总局.
[5] 工作用玻璃液体温度计检定规程：JJG 130—2004，[S]. 国家质量监督检验检疫总局.

9.2 远传温度计

远传温度计一般采用热电偶、热电阻作为测温元件，并将测温元件感知的温度信号通过稳压滤波、信号运算放大等一系列信号处理，转换成与温度成线性关系的信号，或通过显示仪表或指示仪表在主控或计算机系统显示，方便主控操作员对工艺参数的监视，或经设计参与控制系统调节或保护。

9.2.1 定义

安装套管：通过外螺纹、法兰或者焊接方式安装到被测对象的容器或管道上，用来保护温度计免受恶劣环境（高压或涌流）损坏的一种端部密封管。

测量端：热电偶感受被测温度的端。

参比端：热电偶处于已知温度的端。

C（mv）：仪表验证准则，基于变送器总精度。

C（fv）：功能验证准则，基于变送器功能允许误差，包括一个功能上允许的裕度。

9.2.2 范围对象

核电厂中使用的一般远传温度计，主要包括热电偶、热电阻以及热敏电阻温度计。

9.2.3 原理、结构及技术指标

（1）热电偶

当两种不同的导体或半导体（通过焊接或端接的方式）连在一起形成闭合回路，如果两个接点处的温度不同，则该回路产生热电势，这种现象称为“赛贝克效应”，也称热电效应。热电偶是按热电效应原理，当参考端温度恒定在某一温度下，测量端温度与热电势之间有一定的函数关系进行温度测量的。

热电偶温度计通常由热电极、绝缘材料、保护套管和接线盒等部件组成。

基本维修项目包括外观检查；绝缘、连续性检查；校验；温度计拆装；

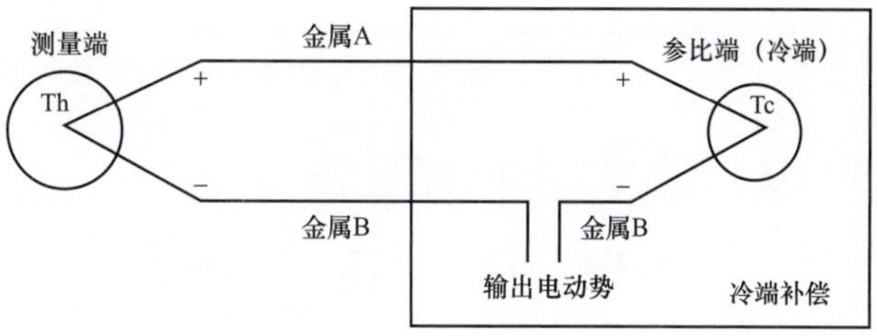

注：
Th—测量端温度。
Tc—参比端（冷端）温度。

图 352-03-09-05 热电偶温度测量原理图

——热电偶及补偿导线对地绝缘要求：

用绝缘表测量热电偶及补偿导线的对地绝缘电阻（要求在 500 VDC 档位，绝缘电阻大于 20 MΩ）。

连续性指标

——允许误差的要求：

热电偶允许误差要求参考表 352-03-09-11。

表 352-03-09-11 热电偶允许误差要求

热电偶名称	允许偏差（单位/℃）			
	1 级		2 级	
	工作端温度	允许偏差	工作端温度	允许偏差
镍铬-镍硅	＜400	+1.6，−0	＜400	+3，−0
	＞400	+0.4%t，−0	＞400	1.75%t，−0
镍铬-考铜	——	——	＜300	+/−4
			＞300	+/−1%t

（2）热电阻

以金属电阻作为感温材料的感温元件、内引线和保护管构成的一种温度探测器，其测温是基于金属导体的电阻值随温度的增加而增加这一特性来进行温度测量的。热电阻大都由纯金属材料制成，目前应用最多的是铂和铜。

基本维修项目包括外观检查；绝缘、连续性检查；校验；温度计拆装；

特定技术指标

——绝缘、连续性指标：

- 用绝缘表测量热电阻及补偿导线的对地绝缘电阻（要求在 50 VDC 档位，绝缘电阻大于 20 MΩ）；
- 在机柜侧测量热电阻测量电缆之间的电阻值，1、2 为补偿端，3 为公共端，电阻测量应满足测量电缆 1～3、2～3 间电阻值应大于 100 Ω，且两电阻应一致（差小于 0.2Ω），1～2 间电阻值应小于 10Ω。

——允许误差的要求：

表 352-03-09-12 热电阻允许误差要求

热电阻名称		分度号	0 ℃时标称电阻值（Ω）	Ei（0 ℃）
铂热电阻	A级	Pt10	10	±（0.15+0.002|t|）
		Pt100	100	
	B级	Pt10	10	±（0.30+0.005|t|）
		Pt100	100	
铜热电阻		Cu50	50	±（0.30+0.006|t|）
		Cu100	100	

9.2.4 维修项目及周期

——QSR 项目，根据电厂技术规格书上要求设置周期：

表 352-03-09-13 QSR 项目列表

序号	文件名称	备注（C 为一个燃料周期）
1	安全壳空气监测系统穹顶温度计的绝缘、连续性检查和转换器校验	3C
3	余热排出系统卸压保护阀上游温度传感器的绝缘、连续性检查和转换器校验	3C
4	设备冷却水系统 1/2 号、3/4 号板式热交换器的入口温度计和出口温度计绝缘、连续性检查和转换器校验	3C
5	安全厂用水系统 001/003 热交换器、002/004 热交换器进口海水温度及绝缘性、连续性检查和转换器校验	3C

——其他远传温度计通常进行纠正性维修，可根据温度计实际使用情况，个别设置周期预维项目，周期视具体情况而定。

9.2.5 维修技术要求

（1）外观检查

——保护套管不应有弯曲、压偏、扭斜、裂纹、沙眼、磨损和显著腐蚀等缺陷，套管上的固定螺丝应光洁完整，无滑牙或卷牙现象；

——用万用表检查热电阻或热电偶信号线有无断路、短路现象；

——感温元件不得破裂，不得有显著的弯曲现象（不可拆卸的温度计不作此项检查）；

——铭牌标识应清楚，各部分装配应牢固可靠、无缺件。

（2）绝缘、连续性检查

绝缘电阻用兆欧表进行测量。测量时应将热电阻、热电偶各个接线端子相互短路，并接至兆欧表的一个接线柱上，兆欧表另一个接线柱的导线紧夹至热电阻、热电偶的保护管上（机柜侧测量时另一个接线柱的导线紧夹至机柜接地铜排上）。具有多支感温元件的热电阻、热电偶，还应测量不同感温元件输出端之间的绝缘电阻。用 500 VDC 兆欧表对热电偶及补偿电缆进行绝缘检查，应满足 5.2.3.1 中特性技术指标要求；用 500 VDC 兆欧表对铂热电阻测量电缆进行绝缘检查，应满足 5.2.3.2 中特性技术指标要求。

在机柜侧用万用表对铂热电阻测量电缆连续性进行检查，应满足 5.2.3.2 中特性技术指标要求。

绝缘检查及连续性检查需关注测量计量器具的有效期及电压档位。

（3）校验

——标准器：

● 校验温度计的标准器根据测量范围可选择二等标准铂电阻温度计与数字温度计配套或二等标准水银温度计。

——配套设备

● 恒温槽，技术性能见表 352-03-09-14：

表 352-03-09-14 恒温槽技术性能表

恒温槽名称	使用温度范围/℃	工作区域最大温差/℃	工作区域水平温差/℃
酒精低温槽（1）	−80～室温	0.3	0.15
水恒温槽（2）	室温～95	0.1	0.05
油恒温槽（3）	95～300	0.2	0.1
高温槽	300～500	0.4	0.2

注：（1）、（2）、（3）也可选用技术性能相同的其他恒温槽。

● 当选用二等标准铂电阻温度计时，应选用 0.02 级的低电势直流点位差计及其配套设备，或精度匹配的数字温度计配套，或同等准确度的其他电测设备。

● 冰点槽。

——校验环境要求：

● 温度为 15～35 ℃，相对湿度＜85%；

● 所用标准器和电测设备工作的环境应满足其相应规定的条件。

——校验方法：

校验点

一般热电偶校验单按下表要求选择，亦可以根据实际需要确定校验点（如按实际量程选择 0、25%、50%、75%、100%）。

表 352-03-09-15 热电偶校验选点表

热电偶名称	校验点 ℃			
镍铬-镍硅	400	600	800	1000
镍铬-考铜	300	400	600	800

一般热电阻是在 0 ℃、100 ℃和必要时在 R（t）校验。亦可以根据实际需要确定校验点（如按实际量程选择 0、25%、50%、75%、100%）。

校验方法

300 ℃以下各点的校验，在恒温槽中与标准器进行比较，插入恒温槽的热电偶或热电阻温度计与标准器所用温度计浸入深度应相等，管口用棉花塞紧，通过操作恒温槽设定需要检查的温度点，温度恒定后稳定一段时间。

使用 FLUKE 725 的温度显示档（选择与标准热电偶（阻）被测热电偶（阻）一致的分度号）分别测量标准热电偶（阻）的温度值和被测热电偶（阻）的温度值并做好数据记录。

根据热电偶（阻）的测量量程选其量程的 0、25%、50%、75%、100%五点分别检查并做好记录。

计算热电偶（阻）的温度误差，应满足特定技术指标中热电偶（阻）允许误差的要求。

300 ℃以上各点的校验，在管形电炉中与标准器进行比较（300 ℃以上建议送检）。

（4）拆装及更换

——拆卸前需确认安全措施已正确的执行；

——脱开的信号线需要用绝缘胶带包扎好裸露部分，并做好拆线记录；

——松开温度计与保护套管连接部分，注意不能用力过猛；

——温度计安装时缓慢插入保护套管中；

——插入深度应能真实反映被测介质温度。

（5）堆芯温度测量及堆芯热电偶温度计

以中核核电运行管理有限公司秦二厂 3、4 号机组为例，压力容器堆芯的温度测量由 32 个热电偶及其补偿电缆、堆芯冷却监测控制机柜、远传显示仪组成的温度测量系统完成。30 个燃料组件的出口热电偶测得反应堆冷却剂出口的温度，2 个上部堆内构件上封头温度做为参考。它固定在所测燃料组件水流出口处，温度信号由 4 根热电偶支撑柱引出。热电偶导线穿入导线管，若干支导线管穿入一只热电偶支撑柱。热电偶经过与铜材料的补偿导线相连，构成测温回路。热电偶包壳用镍铬-镍铝不锈钢制成，并用氧化铝做绝缘材料。32 个热电偶分为 A，B 两列，每列 16 个。

测温回路所产生的热电势 e 与冷热端温度差（$t-t_0$）成正变关系，即 $e=k$（$t-t_0$）。在机柜中，根据所采用的热电偶种类，测得的热电势 e 和由电阻温度探测器测得的冷端温度 t_0，通过计算获得热端温度 t 的值。

堆芯热电偶维护的方法及技术要求：

为确保堆芯热电偶测量温度的准确性及可靠性，在机组每次大修期间需按顺序执行大修初期热停堆平台热电偶电势测量、堆芯热电偶的拆卸、堆芯热电偶的回装及绝缘检查以及大修末期热停堆平台热电偶电势测量工作。

——堆芯热电偶的电势测量（初期和末期）：

- 大修初期热态电势测量要求在热电偶解列前完成；大修末期热电偶电势测量在压力容器大盖关闭后的热态进行。
- 测量现场热电势和 SU 度数记录尽可能在同一时间进行，避免机柜降温过度导致偏差。
- 把测量值（mV）通过查表换算为温度值，把换算后的温度值（℃）与冷端温度的平均值（℃）相加，得出计算值；计算值与 SU 读数的差值作为误差（℃），要求误差不大于 3.5 ℃。
- 机柜端子测量热电偶 mV 电压值时需断开热电偶转换模块电源，测量结束恢复电源。
- 若不满足要求则需进一步纠正性检查查明原因。

——堆芯热电偶接头的拆卸：

- 堆芯热电偶接头的拆卸主要包括电缆桥架上热电偶接头、热电偶柱电缆接头的拆卸；
- 连接板保护盖板拆卸使用 10 mm 扳手；
- 热电偶电缆接头拆卸使用 13 mm 扳手固定，17 mm 扳手旋转拆开；
- 所有的电缆要求捆绑到一起，并用塑料袋将接头包裹起来以保护电缆接头，禁止使电缆及接头处于悬挂状态；

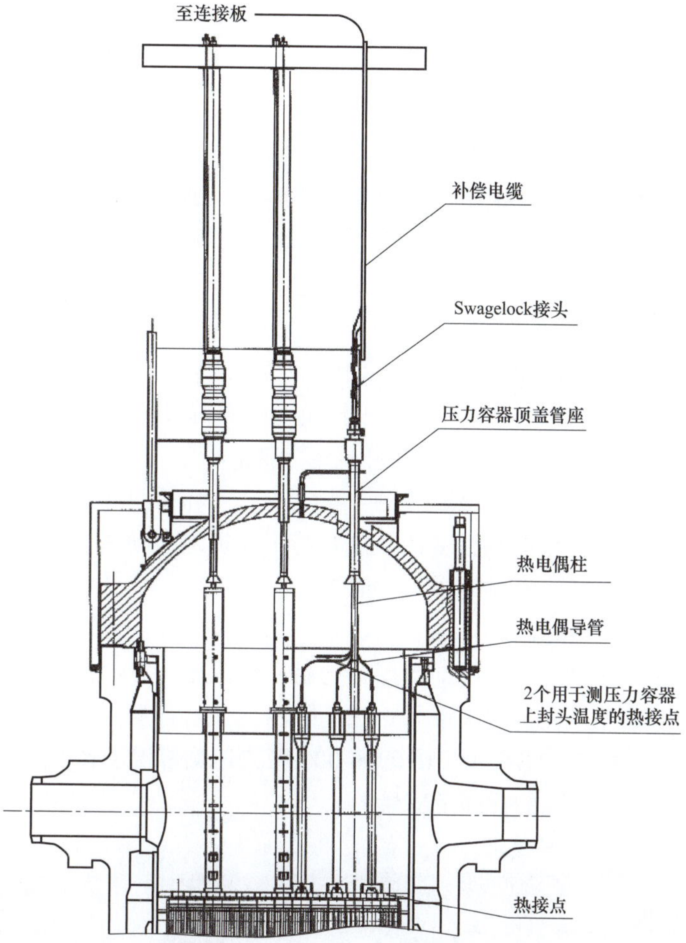

图 352-03-09-06　热电偶安装位置示意图

- 电缆接头插座、热电偶柱上要求加装保护盖。

——堆芯热电偶的回装及绝缘检查：

- 在压力容器大盖关闭后开展；
- 压力容器大盖上热电偶接头的回装；
- 拆下热电偶接头保护盖，并收好；
- 在每热电偶电缆接头上放置新的密封圈；
- 恢复热电偶电缆接头；
- 检查确认每根热电偶接头与安装位置一致；
- 20 m 平台热电偶电缆接头的回装；
- 拆下热电偶电缆的保护盖板；
- 拆下热电偶接头保护盖，并收好；
- 在连接板用万用表测量测量热电偶及延长线的电阻和对地绝缘，以确认连接良好，无断路和对地短路情况；
- 在每热电偶电缆接头上放置新的密封圈；
- 恢复热电偶电缆接头；
- 检查确认每根热电偶接头与安装位置一致；
- 恢复热电偶电缆的保护盖板；
- 热电偶电阻及绝缘测量；

● 测量在机柜进行，需松开机柜内对应端子排的固定螺丝，将端子排拆下；

● 用万用表测量热电偶及补偿导线的电阻，并做好记录；

● 用绝缘表测量热电偶及补偿导线的对地绝缘电阻（要求在 125 VDC 档位，绝缘电阻大于 10 MΩ）；

● 如果热电偶及其补偿导线的对地绝缘电阻不符合要求，则对不符合要求的热电偶及补偿导线进行分段检查（共分 3 段：机柜到 20 m 平台、20 m 平台到反应堆大盖、反应堆大盖到探测器）；

● 对于绝缘不符合要求的部分，用干燥空气罐对连接头进行清洁干燥处理。如果还不符合要求，则需要考虑是否需要更换电缆等。

（6）反应堆冷却剂主环温度计及旁路温度计

——反应堆冷却剂的温度测量包括主环路温度测量和旁路温度测量两类：

以中核核电运行管理有限公司秦二厂 3、4 号机组为例。

主环路温度：一、二环热段冷却剂温度计各一支，一、二环冷段冷却剂温度计各一支，为安装在温度计套管内的宽量程标准响应铂电阻温度计，主要用于在机组启动和停堆期间或反应堆冷却剂泵停运时监视一回路的温度变化，并用于事故后温度监测。

旁路温度：一、二环热段旁路温度计共 8 支，一、二环冷段旁路温度计共 8 支。为直接装在测温旁路管道上的窄量程快速响应温度计，用于计算平均温度和温差信号，供控制和保护通道使用。

主环路温度测量和旁路温度测量均采用了铂热电阻温度计，其型号分别为 MODEL SP615E RTD K1 级标准响应温度计和 N 9355E-1B-3.94-T070906-001 型快速响应温度计。

——主环温度计及旁路温度计的拆卸及安装：

主环温度计的拆装方法及技术要求：

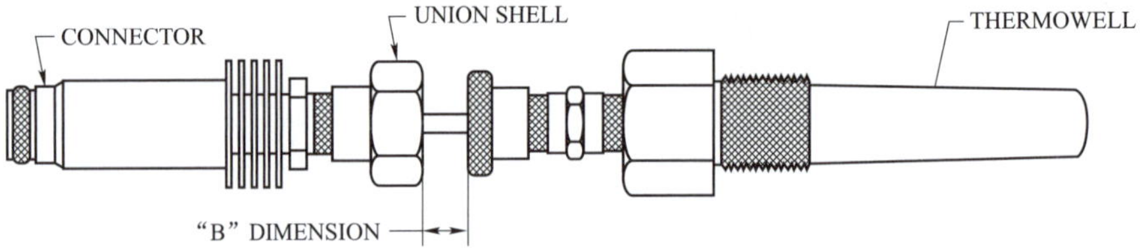

图 352-03-09-07　SP615 RTD 主环温度计装配图

主环温度计拆卸方法及技术要求：

——如果温度套管延伸段需要拆卸，用 7/8″ 开口扳手卡住温度计的温度套管延伸段（扳手位置尽量靠近温度套管和延伸段的连接螺纹处），逆时针松开延伸段和温度套管的连接，将温度计连同延伸段一起移出，如果螺纹连接很紧，则可能是螺纹咬合过紧或温度的热胀冷缩导致，可以在螺纹连接处涂上松动剂，待松动剂渗透到一定程度后再用扳手旋松，同时可用锤子沿逆时针方向轻轻敲击扳手的手柄端使其松动旋出即可（如果实在松不动，应停止拆卸以免损伤设备，并立即上报领导）；

——如果不需要拆卸延伸段，用 7/8″ 开口扳手卡住温度计的温度套管延伸段（扳手位置尽量靠近温度计和延伸段的连接螺纹处），再用 1-1/2″ 开口扳手逆时针松开温度计上卡套螺母，即可将温度计抽出。如果锁紧螺母很紧，则可能是螺纹咬合过紧或温度的热胀冷缩导致，用锤子沿逆时针方向轻轻敲击扳手的手柄端使其松动旋出即可（如果实在松不动，应停止拆卸以免损伤设备，并立即上报领导）；

——如果不立刻进行温度计回装则应先安装保护套管的防护帽以保护连接螺纹和防止异物掉入保护套管内。

主环温度计安装方法及技术要求：

——用 1-1/2″ 和 7/8″ 开口扳手松开温度计和延伸段连接的卡套螺母，将温度计从延伸段中移出；

——在延伸段和温度套管的螺纹结合处涂抹螺纹密封剂；

——用尺寸为 7/8″ 的力矩扳手拧紧延伸段和温度套管，力矩值要求为 68～75 N•m；

——根据电缆和温度计的航空插头上的键和键槽，确定温度计的安装方位；

——用手将温度计插入延伸段和温度套管，插入时要注意保护温度计头部的测量段，尽量使其不要受撞击和磨擦。直到装配图中“B”间隙接近 1-1/2″ 至 2″；

——抓住温度计的连接部分（CONNECTOR），用适当的力将温度计推入套管中，直至温度探杆 B 的间隙为 1/4″ 至 3/4″；

——用尺寸为 1-1/2″ 力矩扳手上紧卡套螺纹，使温度计和延伸段装配好，力矩值要求为 68～75 N•m。

旁路快响温度计的安装方法及技术要求：

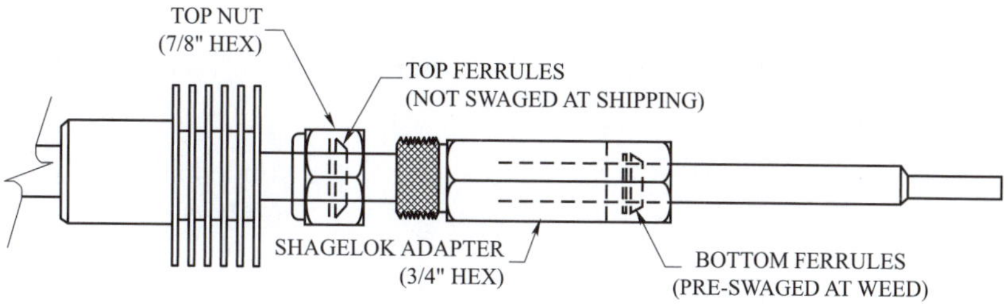

图 352-03-09-08 N9355 RTD 装配图

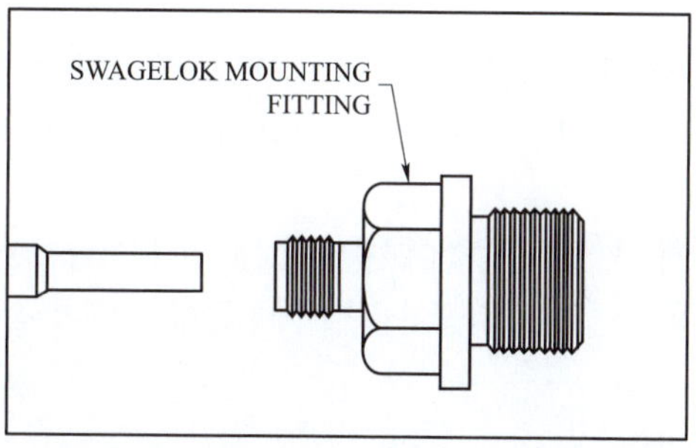

图 352-03-09-09 Manifold fitting

旁路快响温度计拆卸方法及技术要求：

——拆卸：夹持扳手固定住温度计；

——用 7/8″ 开口扳手卡住 TOP NUT(如图 352-03-05-08)，用 3/4″ 开口扳手卡住 Swagelok Adapter（适配器），松开 TOP NUT；

——用 3/4″ 开口扳手将 Swagelok Adapter（适配器）从 SWAGELOK MOUNTING FITTING（旁路管道安装件）（如图 352-03-05-09 所示）上拧下；

——缓慢取出温度计组件，避免碰磨；

——如果不立刻进行温度计回装则需先安装盲堵头以保护连接头的螺纹和防止异物进入管道。

旁路快响温度计安装方法及技术要求：

——由于快响温度计每个测点有相同的 4 个温度探头，安装前务必核实好位号和安装位置；

——如果有盲堵头则需先拆下盲堵头，检查连接头螺纹的清洁度和螺纹是否有损坏。如有损坏请停止安装并立即汇报领导；

——在 SWAGELOK MOUNTING FITTING 螺纹上涂敷防咬合剂需用 3/8″ 不锈钢管小心插入 SWAGELOK MOUNTING FITTING（旁路管道安装件）以防止在涂防咬合剂时异物进入管道，同时可以检查 SWAGELOK MOUNTING FITTING 的安装孔的适配性；

——用 7/8″ 和 3/4″ 开口扳手，松开 Swagelok Adapter 与 TOP NUT 的螺纹连接，如果是新的温度

计，TOP NUT 中的卡箍没有完全卡死，将 TOP NUT 从 Swagelok Adapter 松开并取下；如果是用过的温度计 TOP NUT 中的卡箍已经卡死，将 TOP NUT 完全松开即可；

——根据电缆和温度计的航空插头的键和键槽合理确定温度计的安装方位，用适当的力小心将温度计插入 SWAGELOK MOUNTING FITTING 的孔中（千万不可用蛮力），插入时要注意保护温度计头部的测量段，尽量使其不要受撞击和磨擦；

——用手拧紧 Adapter 和 FITTING 的卡套，直到合适的紧度，再用力矩值为 23.7 N • m 尺寸为 3/4″ 的开口力矩扳手将其最终拧紧；

——用手拧紧 Adapter 和 TOP NUT 的卡套，直到合适的紧度，再用 3/4″ 开口扳手卡住 Adapter，用力矩值为 23.7 N • m 尺寸为 7/8″ 的开口力矩扳手将卡套最终拧紧。

（7）反应堆冷却剂测温旁路温度计交叉比较

——安全相关定期试验（QSR）要求每一个换料周期需要对一回路热段和冷段测温旁路中的温度测量通道进行交叉比较验证。

——交叉比较的目的是通过同一测量参数的相互比较，发现测温旁路温度计的故障或性能下降，以避免温度指示数据失真。由于测温旁路分为一环热段、冷段，二环热段、冷段，一共 4 个测量参数，16 支温度计，因此进行交叉比较时同一测量参数的四个温度计为一组进行交叉比较。

——交叉比较工作要求系统工况稳定，温度避免出现较大变化。一般安排在满功率运行或热停堆稳定工况下执行。

——在电站计算机系统或机柜测量温度计信号并记录。机柜侧测量温度信号转换后的电压值时采用万用表的电压挡，并选择平均值，保持 10 s 以上。若在计算机系统读取数据进行交叉比较结果合格，则无需再到机柜进行测量。

——一回路测温旁路温度计信号参与停堆保护，因此在机柜进行测量时需特别注意仪表档位正确，同时确保同一测量参数各保护通道不允许同一时间测量，即执行一个通道后再测量另一个通道数据。

——数据处理及结果判定流程如图 352-03-09-10 所示：

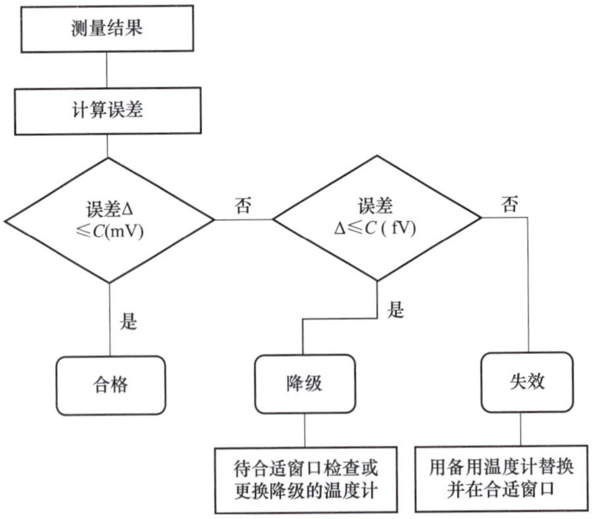

图 352-03-09-10　交叉比较流程图

记录数据表格参考表 352-03-09-16。其中一个温度计的参考值是同管段另外三个温度计测量值（%）的平均值。仪表误差准则：C（mv）为 0.85，功能误差准则：C（fv）为 1.774。

表 352-03-09-16 交叉比较记录表

设备标识	温度/%	参考值/%	准则		偏差 Δ =温度-参考值	结论
			C（mv）	*C*（fv）		
温度计 1			0.85	1.774		
温度计 2			0.85	1.774		
温度计 3			0.85	1.774		
温度计 4			0.85	1.774		

9.2.6 质量管理

按电厂质保体系确定质量点选取。

表 352-03-09-17 质量点选取

项目名称	质量点选取
远传温度计校验结果	停工待检点（H）
远传温度计回装过程	见证点（W）

9.2.7 经验反馈

（1）热电偶故障模式及维护经验

热电偶通常是与测量仪表配套组成测量回路来实现测温的，因此，故障现象往往通过测量仪表反应出来。故障产生后首先要判断故障位置是在热电偶回路还是测量仪表方面，可以将补偿导线与测量仪表连接处断开，用万用表测量热电偶回路电阻，观察线路电阻是否正常。然后用便携式电位差计测量输出电势，若输出电势值正常，则故障在测量仪表方面；若输出电势不正常或无电势输出，则可根据故障现象进行原因分析，然后对热电偶及连接导线等部分进行检查和修复。根据以往检修经验总结以下故障类型及现象，以及故障原因和处理方法。

表 352-03-09-18 故障模式列表

故障现象	故障原因	排除方法
热电偶：热电势比实际值小（显示指示偏低）	1）热电极短路 2）热电偶的热电极变质 3）补偿导线与热电偶极性接反 4）补偿导线与热电偶不匹配 5）热电偶安装位置不当或插入深度不符合要求 6）热电偶冷端温度补偿不符合要求	1）潮湿，进行干燥处理 2）补偿导线线间短路：找出短路点，加强绝缘或更换补偿导线 3）本体故障，更换同型号备件 4）重新端接接线 5）更换匹配的补偿导线 6）重新按照规范安装 7）调整冷端补偿器
热电偶：热电势比实际值大（显示指示偏高）	1）测量线路绝缘破损，引起断续短路或接地 2）安装不牢固或外部震动 3）热电极将断未断 4）外界干扰（交流漏电、电磁感应）	1）找出故障点，修复绝缘 2）紧固消除震动或采取减震措施 3）修复或更换同型号备件 4）查出干扰源，采取屏蔽措施
热电偶：热电势误差大	1）热电极变质 2）安装位置不当 3）保护管表面积灰	1）更换同型号备件 2）改变安装位置 3）清除积灰

（2）热电阻故障模式及维护经验

根据以往检修经验总结以下故障类型及现象，以及故障原因和处理方法。

表 352-03-09-19 故障模式列表

故障现象	故障原因	排除方法
热电阻：显示仪表显示值比实际值低或示指不稳	1）保护套管内有杂质（灰尘、金属碎屑等） 2）接线柱间短路（芯线毛刺短路、积水等）	1）清除杂质 2）查找短路点，重新压线鼻子，端接接线，加强绝缘等
热电阻：显示仪表显示值无穷大	1）热电阻本体损坏（断路） 2）引出接线断路 3）接线端子松动	1）更换同型号备件 2）接线鼻子与芯线之间焊接或压接 3）紧固接线端子
热电阻：显示仪表显示负值	1）接线错误 2）热电阻短路	1）更正接线 2）找出短路点，加强绝缘
热电阻：阻值与温度关系有变化	1）热电阻材料腐蚀变质	1）更换同型号备件

9.2.8 技术规程清单

表 352-03-09-20 技术规程清单

序号	文件名称
1	外围设备间通风系统除碘回路电加热器温度计绝缘、连续性检查和转换器校验
2	安全壳喷淋系统地坑温度计绝缘、连续性检查和转换器校验
3	反应堆堆坑通风系统堆坑顶部排风温度变送器、压力壳支撑环温度变送器电离室排风温度变送器绝缘、连续性检查
4	设备冷却水系统设备冷却水泵上温度计绝缘、连续性检查
5	设备冷却水系统反应堆主泵出口温度计绝缘、连续性检查
6	反应堆冷却剂系统测温旁路和主管道温度计绝缘和连续性检查
7	反应堆冷却剂系统主泵温度计绝缘、连续性检查和转换器校验
8	反应堆冷却剂系统稳压器安全阀测温交叉比较
9	反应堆冷却剂系统稳压器温度计 绝缘、连续性检查和转换器校验
10	反应堆冷却剂系统安全阀温度计绝缘、连续性检查和转换器校验
11	安全壳泄漏监测系统铂电阻温度计绝缘连续性检查
12	安全注入系统温度计绝缘、连续性检查和转换器校验
13	核功率测量系统探测器电缆绝缘及连续性检查
14	热电偶、热电阻绝缘性、连续性检查
15	控制棒驱动机构通风系统 CRDM 出口空气温度计绝缘、连续性检查和转换器校验
16	蒸汽发生器排污系统再生热交换器冷却水出口温度计绝缘、连续性检查和转换器校验
17	铂电阻绝缘、连续性检查和转换器校验
18	安全壳空气监测系统安全壳大气温度计绝缘、连续性检查和转换器校验
19	安全壳空气监测系统穹顶温度计绝缘、连续性检查和转换器校验
20	安全壳连续通风系统温度计绝缘、连续性检查
21	反应堆换料水池和乏燃料水池冷却和处理系统温度计绝缘和连续性检查
22	化学和容积控制系统温度计绝缘、连续性检查和转换器校验
23	循环水系统循环水泵、电机温度计绝缘性、连续性检查
24	核岛疏水排气系统反应堆冷却剂疏水箱 温度计绝缘、连续性检查和转换器校验
25	安全壳空气监测系统穹顶温度计绝缘、连续性检查和转换器校验
26	反应堆硼和水补给系统硼酸配料箱温度计绝缘和连续性检查
27	余热排出系统热交换器上游/下游温度传感器绝缘、连续性检查和转换器校验
28	安全厂用水系统热交换器温度计绝缘性、连续性检查和转换器校验

9.2.9 参考资料

［1］核电厂安全重要热电偶温度计：NB/T 20375-2016［S］．国家能源局，2016.

［2］工业铂、铜热电阻：JJG 229-98［S］．国家质量技术监督局，1998.

9.3 温度开关

温度开关是利用感温元件、机械传动装置和动、静触头组合起来，形成的一种能够在被测温度达到设定值时自动切换输出的通断状态，完成将温度信号转换为开关量信号输出的一种装置。

9.3.1 定义

设定值：温度开关闭合（常开型）或断开（常闭型）时所对应的实际温度值。

动作温度：温度开关接点闭合（常开型）或断开（常闭型）时所对应的实际温度值。

回复温度：温度开关接点闭合或断开后，其接点产生断开（常开型）或闭合（常闭型）时所对应的实际温度值。

动作温度误差：动作温度与设定值之差值。

通断温度差：动作温度与回复温度之差值。

除技术规格书有特殊要求外，开关的校验准确度按照下面的数据来执行：

——温包式温度开关，准确度定为设定值调节范围的 1.5%，切换差为 1.5 ℃，切换差不可调的开关按照厂家的说明书要求来执行；

——非温包式开关，准确度定为设定值调节范围的 1.0%，切换差的误差为切换点的 1.5%，切换差不可调的开关按照厂家的说明书要求来执行。

9.3.2 范围对象

电厂中使用的温度开关，主要包括压力式温度开关，双金属温度开关。

9.3.3 原理、结构及技术指标

（1）双金属式温度开关

一种用双金属片作为感温元件的温度开关，正常状态时，双金属片处于自由状态，触点处于闭合/断开状态，当温度升高至动作温度值时，双金属元件受热产生内应力而迅速动作，断开开/闭合触点，从而启到联锁控制功能。当温度降到设定温度时，触点自动闭合或断开，恢复正常工作状态。如图 352-03-09-11 所示。

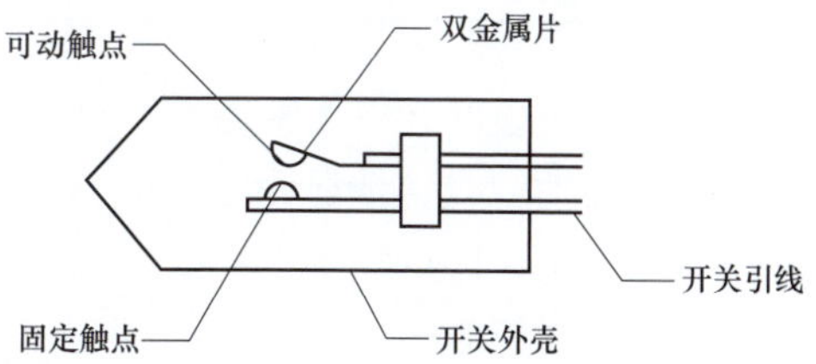

图 352-03-09-11 双金属式温度开关原理图

基本维修项目包括外观检查、校验及设定值调整、更换。

特性技术指标

——绝缘电阻：

电气线路对外壳装置的绝缘电阻，用 500 V 兆欧表测量，应不小于 20 MΩ。

——动作温度误差：

满足厂家说明书的要求。

——通断温度差：

满足厂家说明书的要求。

（2）压力式温度开关

压力式温度开关利用了气体或液体受热膨胀，压力增大来实现开关的功能的。其结构主要包含温包、毛细管、膜盒、杠杆装置以及开关触点，如图 352-03-09-12 所示。开始时杠杆的一端的电触点没有闭合，当温度升高时，温包内的饱和蒸汽受热膨胀，压力增大，通过毛细管的传压，使得膜盒也胀

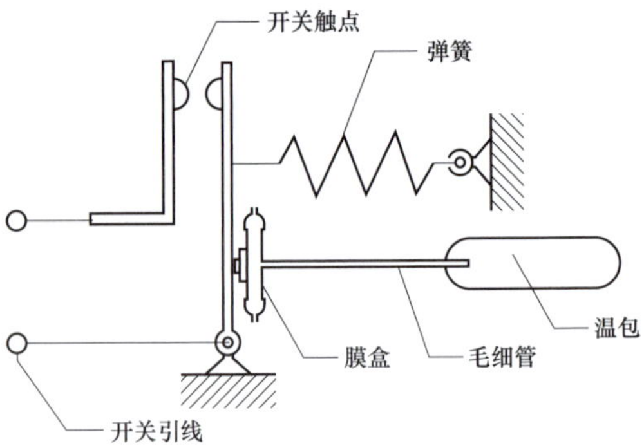

图 352-03-09-12　压力式温度开关原理图

大起来。从而推动杠杆克服弹簧的拉力产生的力矩逆时针转动，当温度达到一定程度时，触点闭合。当温度降低时，饱和气体收缩，压力降低，触点在弹簧的作用下断开。

基本维修项目包括外观检查、校验及设定值调整、更换。

特性技术指标

——绝缘电阻：

温度开关输出信号线路对外壳装置或输出信号线路间的绝缘电阻，用 500 V 兆欧表测量，应不小于 20 MΩ。

——动作温度误差：

满足厂家说明书的要求。

——通断温度差：

满足厂家说明书的要求。

9.3.4　维修项目及周期

——QSR 项目，根据核电厂技术规格书上要求设置周期：

表 352-03-09-21　QSR 项目列表

序号	项目名称	周期
1	上充泵间应急通风系统温度开关整定值验证	2C
2	电气厂房通风系统排风温度控制开关定值和报警检查	1C
3	电气厂房通风系统冷却器上游空气温度开关定值和报警检查	1C
4	设备冷却水系统主泵热屏出口温度开关功能检查	3C
5	辅助给水系统辅助给水箱温度开关定值与报警检查	3C
6	反应堆换料水池和乏燃料水池冷却和处理系统乏燃料水池温度开关定值和报警检查	1C
7	反应堆换料水池和乏燃料水池冷却和处理系统换料水箱温度开关定值和报警检查	3C

——其他温度开关校验通常为有缺陷再纠正性检查，可根据实际使用情况，建议个别设置周期预维项目，周期视具体情况而定。

9.3.5　维修技术要求

（1）外观检查

——检查感温组件毛细管密封性、柔软性良好，引线和密封圈无龟裂现象；

——微动开关和机械触点无显著氧化，闭合、释放动作正确可靠；

——根据设计要求，确认接线正确、牢靠。

（2）校验及调整

校验技术要求

——校验仪器要求：

一般使用铂电阻温度计和配套电测设备组成测量标准，校验仪器的允许误差绝对值应不大于被校温度开关允许误差绝对值的 1/10。

——环境要求：

检验时的环境温度为（20±5）℃，相对湿度不大于 85%。

——温度源：

- 应具备升降温速率可调节功能，可调节范围（0.1～1.0）℃/min；
- 选用温度范围为（–30～+300）℃的恒温槽、恒温箱或干体式温度校准器，其工作区域最大温差应不大于被校温度开关动作温度最大允许误差的 1/10。

——通断测量装置：

通过开关的电流一般不大于 50 mA。

——验收准则：

温度开关的动作温度差、通断温度差应满足特性技术指标中的要求。

——温度开关的动作温度差、通断温度差的校验及调整：

将温度开关与测量标准器放在恒温槽中，温度开关的接线端子与通断测量装置连接，对恒温槽升温或降温至距校准点 10 ℃处，达到稳定后并保持 10 min 后进行升温或降温（升降温速率≤1 ℃/min），观察通断测量装置，当温度开关动作时，记录测量标准的示值为动作温度。然后进行降温或升温（升降温速率≤1 ℃/min），观察通断测量装置，当温度开关再次动作时，记录测量标准的示值为回复温度。

重复上述操作过程，取两次测量的平均值为测量结果。

计算温度开关的动作温度误差：两次动作温度测量的平均值减去温度开关的设定值。

计算温度开关的通断温度差：两次动作温度测量的平均值一两次回复温度测量的平均值的绝对值。

若温度开关校验不符合验收准则的要求，则需进行调整。调整可以在校验期间进行，通过调整设定值螺钉，使其在设定的温度区域内动作。直至使其满足验收准则中关于动作温度差、通断温度差的性能指标要求。

（3）拆装及更换

——拆卸前需确认安全措施已正确的执行；

——脱开的信号线需要用绝缘胶带包扎好裸露部分，并做好拆线记录；

——松开温度开关与保护套管连接部分，注意不能用力过猛；

——温度开关安装时缓慢插入保护套管中；

——插入深度应能真实反映被测介质温度；

——对带有航空插头的开关注意恢复电气连接时应注意航空插头接触良好，无松动或脱落现象，并确认公插头（仪表侧）无插针弯曲变形，插针间距正常，母头（电缆侧）插针，确认插针缩进橡胶垫内约 2 mm，橡胶垫无明显挤压变形，否则予以修复；

——若对航空插头进行了解体修复，需在恢复航空插头端接后，在就地利用温度校验仪触发温度开关动作，并检查确认相应报警或继电器动作正常。

（4）绝缘电阻检查

绝缘电阻用兆欧表进行测量，测量时应将接线端子相互短路，并接至兆欧表的一个接线柱上，兆欧表另一个接线柱的导线紧夹至温度开关的保护管上（机柜侧测量时另一个接线柱的导线紧夹至机柜接地铜排上）。

——用 500 VDC 档位摇表测量温度开关输出信号对开关外壳绝缘电阻，应满足特性技术指标中绝缘电阻的要求。

——用 500 VDC 档位摇表测量温度开关输出信号之间的绝缘电阻，应满足特性技术指标中绝缘电阻的要求。

9.3.6 质量管理

按核电厂质保体系确定质量点选取。

表 352-03-09-22 质量点选取

项目名称	质量点选取
温度开关定值检查结果合格	停工待检点（H）
温度开关回装后，指示正常	见证点（W）

9.3.7 经验反馈

根据以往检修经验总结以下故障类型，以及对其原因分析和处理方法。

表 352-03-09-23 故障模式列表

故障现象	故障原因	排除方法
温度开关未正常触发	1）波纹管变形损坏 2）定值漂移 3）航空插头内接线松动或通道内端子排接线松动 4）报警卡件或指示灯故障	1）更换同型号备件 2）仪表校验，调整定值 3）紧固接线 4）更换报警卡件或指示灯
温度开关报警后未消报	1）回差漂移 2）振动导致指针从原位置跳出	1）仪表校验，调整回差 2）回差不可调仪表，更换同型号备件
探头温包弯曲	1）机械故障	1）更换同型号备件
触发仪表电源绝缘低报警	1）航空插头接地	1）检查调整航空插头内电缆 2）检查仪表侧航空插头插针 3）插针变形无法调整，更换同型号备件

9.3.8 技术规程清单

表 352-03-09-24 技术规程清单

序号	文件名称
1	蒸汽发生器排污系统排污水温度开关功能和报警检查
2	控制棒驱动机构通风系统空气温度开关定值和报警检查
3	反应堆换料水池和乏燃料水池冷却和处理系统换料水箱温度开关定值和报警检查
4	核取样系统硼表取样管线温度计定值和报警检查规程
5	辅助给水泵间通风系统温度控制开关定值和报警检查
6	安全壳空气监测系统加热器温度控制开关定值和报警检查

9.3.9 参考资料

［1］温度开关温度参数校准规范，JJF 1632-2017［S］. 国家质量监督检验检疫总局.

［2］双金属温度计，JB/T8803-2015［S］. 中华人民共和国工业和信息化部.

［3］蒸汽和气体压力式温度计，JB/T 9259-1999［S］. 国家机械工业局.

10 流量测量仪表

流量测量广泛用于与核电厂工艺系统，流量参数是核电厂工艺重要参数，在核电厂中监测流量的目的是：

——保障设备安全可靠运行；

——流量是影响一回路余热排查的重要参数，直接影响核安全；

——流量是二回路汽水配合的重要监测参数，直接影响汽轮机安全稳定运行。

核电厂监测流量的系统很多，如一回路冷却剂流量、主泵轴封泄漏流量、主蒸汽流量、主给水流量等，控制系统通过流量测量数据进行预警、逻辑控制机组安全稳定运行。

流量测量仪表种类很多，有用于现场指示，方便运行巡检人员巡检的就地流量计；也有用于主控操纵员对工艺系统温度参数进行监视、逻辑控制的远传流量变送器；同时还有用于报警或者连锁控制的流量开关。

10.1 就地流量计

10.1.1 术语和定义

流量：单位时间内通过某一截面的流体的量。

10.1.2 范围对象

核电厂中使用的一般就地流量计，包括金属管浮子流量计，玻璃管浮子流量计，差压式流量计，挡板式流量计，椭圆齿轮流量计。

10.1.3 原理、结构及技术指标

（1）金属管浮子流量计

金属管浮子流量计形式是在一根由下向上扩大的垂直锥管中，圆形横截面的浮子的重力是由液体动力承受的，浮子可以在锥管内自由地上升和下降。在流速和浮力作用下上下运动，与浮子重量平衡后，通过磁耦合传到与刻度盘指示流量（见图 352-03-10-01）。

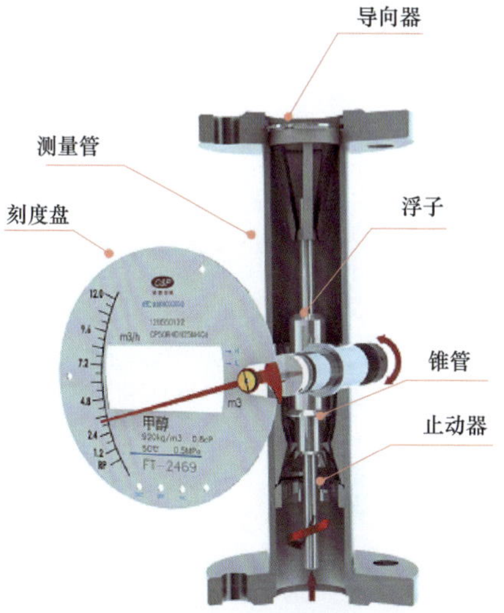

图 352-03-10-01 金属管浮子流量计

浮子流量计，当测量流体的流量时，被测流体从锥形管下端流入，流体的流动冲击着浮子，并对它产生一个作用力（这个力的大小随流量大小而变化）；当流量足够大时，所产生的作用力将浮子托起，并使之升高。同时，被测流体流经浮子与锥形管壁间的环形断面，这时作用在浮子上的力有三个：流体对浮子的动压力、浮子在流体中的浮力和浮子自身的重力。流量计垂直安装时，浮子重心与锥管管轴会相重合，作用在浮子上的三个力都沿平行于管轴的方向。当这三个力达到平衡时，浮子就平稳地浮在锥管内某一位置上。对于给定的浮子流量计，浮子大小和形状已经确定，因此它在流体中的浮力和自身重力都是已知的常量，唯有流体对浮子的动压力是随来流流速的大小而变化的。因此当来流流速变大或变小时，浮子将作向上或向下的移动，相应位置的流动截面积也发生变化，直到流速变成平衡时对应的速度，浮子就在新的位置上稳定。对于一台给定的浮子流量计，浮子在锥管中的位置与流体流经锥管的流量的大小成一一对应关系，就地指示器中的随动磁钢与浮子内磁钢耦合，而发生转动，同时指针通过刻度盘指示出此时流量。

金属管浮子流量计具有结构简单、直观、压力损失小、维修方便等特点。浮子流量计适用于测量通过管道直径 $D<150$ mm 的小流量，也可以测量腐蚀性介质的流量。使用时流量计一般安装在垂直走向的管段上，流体介质自下而上地通过浮子流量计，经特殊设计的浮子流量计可以水平安装或上进底出垂直安装。

安装注意事项：

——为了方便检修和更换流量计、清洗测量管道，安装在工艺管线上的金属管浮子流量计应加装旁路管道和旁路阀；

——转子流量计入口处应有 5 倍管径以上长度的直管段，出口应有 250 mm 直管段；

基本维修项目包括外观检查、零点检查、仪表清洗。

（2）玻璃管浮子流量计

玻璃管浮子流量计的测量部分为一根垂直安装的锥形玻璃管及在内可以上下移动的浮子所组成（见图 352-03-10-02）。锥管在端向上，当流体自下而上流经玻璃管时，在浮子上、下之间产生压差，浮子在此差压作用下上升。当使浮子上升的力与浮子所受的重力，浮子及粘性力三者的合力相等时，浮子处于平衡位置。因此，流经流量计的流体流量与浮子上升高度存

图 352-03-10-02 玻璃管浮子流量计

在着一定关系，浮子的平衡位置可作为流量的量度。

流量计玻璃管浮子流量计安装方式：竖直安装。

基本维修项目包括更换密封件、清洗玻璃管、零点检查。

（3）差压孔板式流量计

差压孔板式流量计是基于流体流动的节流原理，利用流体流经节流装置（见图 352-03-10-03）时产生的压力差而实现流量测量的。它是目前生产中测量流量最成熟、最常用的方法之一，通常是由能将被测流量转换成压差信号的节流装置和能将此压差转换成对应的流量值显示出来的差压计以及显示仪表所组成。

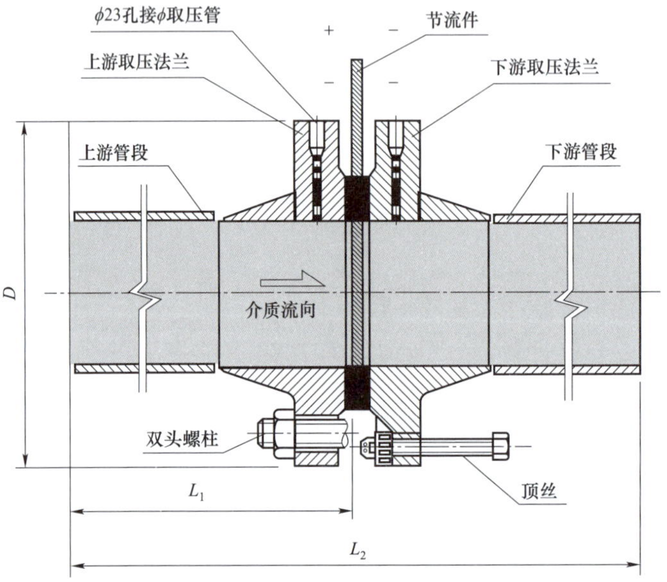

图 352-03-10-03　差压孔板式流量计

孔板安装注意事项。

——孔板流量计的安装要求：对直管段的要求一般是前 10D 后 5D；

—— 孔板安装方向要与流体方向一致。

基本维修项目包括仪表定期校验、仪表管线疏通、孔板定期更换（6C）。

特殊技术指标：

- 孔板技术参数要与流量仪表技术参数相对应。

挡板式流量计当介质以一定的流速流经水平或垂直安装的挡板流量计测量腔体时，挡板将沿轴向旋转，当作用在挡板表面的流体推力与挡板表面的反作用力加上扭矩弹簧的张力达到平衡时，挡板在测量体中的角位置或平衡点位置就代表了相应的流量大小，并由密封在挡板轴线端的磁钢腔体内环形磁铁部件，通过磁耦合带动指示器指针部件的指针转动，将流量转换为刻度盘显示，见图 352-03-10-04。

（4）挡板式流量计

安装注意事项：

——为了方便检修和更换流量计、清洗测量管道，安装在工艺管线上的金属管浮子流量计应加装旁路管道和旁路阀。

——基本维修项目：零点检查、仪表清洗、检查指针安装是否牢靠。

（5）椭圆齿轮流量计

椭圆齿轮流量计是由计量箱和装在计量箱内的一对椭圆齿轮，与上下盖板构成一个密封的初月形空腔（由于齿轮的转动，所以不是绝对密封的）作为一次排量的计算单位。当被测液体经管道进入流量计时，由于进出口处产生的压力差推动一对齿轮连续旋转，不断地把经初月形空腔计量后的液体输送到出口处，椭圆齿轮的转数与每次排量四倍的乘积即为被测液体流量的总量（原理见图 352-03-10-05）。流量计主要是由壳体、计数器、椭圆齿轮和联轴器（分磁性联轴器和轴向联轴器）等组成。

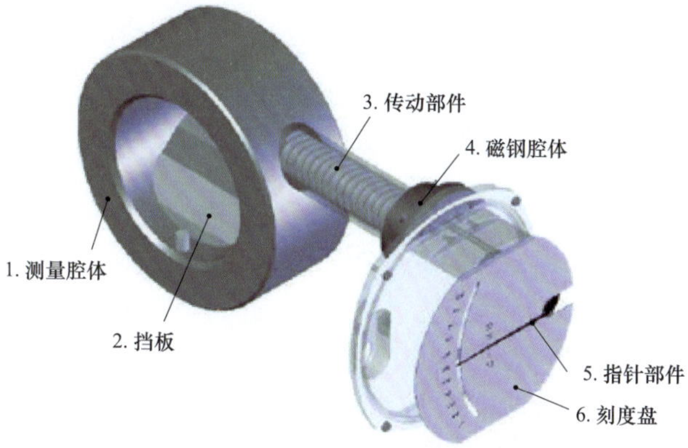

图 352-03-10-04　挡板式式流量计

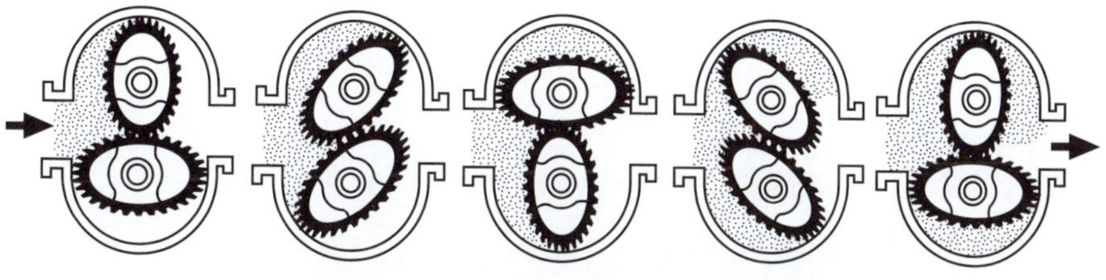

图 352-03-10-05　椭圆齿轮流量计工作原理图

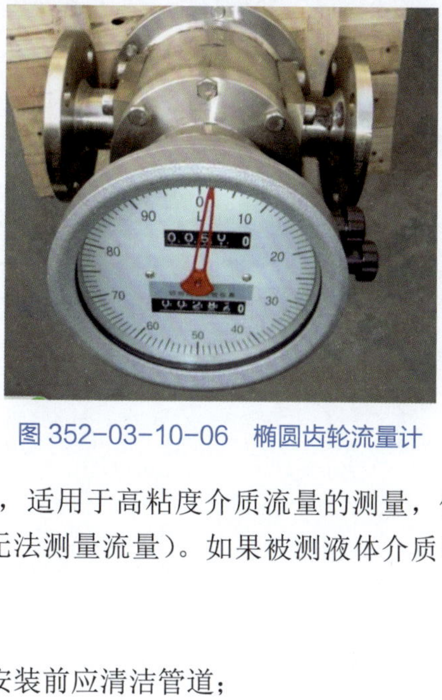

图 352-03-10-06　椭圆齿轮流量计

椭圆齿轮流量计计量精度高，适用于高粘度介质流量的测量，但不适用于含有固体颗粒的流体（固体颗粒会将齿轮卡死，以致无法测量流量）。如果被测液体介质中夹杂有气体时，也会引起测量误差。

安装注意事项：

——安装椭圆齿轮流量计在安装前应清洁管道；

—— 若液体内含有固体颗粒，则必须在管道上游加装过滤器；

—— 若含气体应安装排气装置。

基本维修项目：检查上游管道过滤器是否损坏、排气。

10.1.4　维护周期

1）就地流量计原则上不设置预防性定期检查及校验（送检），仅对使用在容易造成堵塞介质环境

（如泥沙含量高）的流量计进行定期清洗，维护周期为1C（一个换料周期）。

2）其他就地流量计通常进行纠正性维修，可根据就地流量计实际使用情况，个别设置周期预维项目，周期视具体情况而定。

10.1.5 维修技术要求

（1）外观检查

——就地流量计装配牢固、无松动现象；

——就地流量计的可见部分无明显的瑕疵、划伤，连接件无明显的毛刺和损伤；

——就地流量计与管道连接处无跑冒滴漏现象；

——就地流量计可读视窗无脏污影响读数情况；

——就地流量计指针无卡顿现象。

（2）就地流量计拆除

拆卸前确认就地流量计上下游阀门。拆卸时需缓慢拆开法兰连接螺栓，防止管道内憋压导致管内介质喷出伤人，并确认上下游阀门不存在泄漏，在工作过程中注意收集废液。

拆卸完就地流量计后，做好连接法兰（接头）的防异物保护工作，避免异物进入管道。

（3）就地流量计清洗

就地流量计经过一段时间使用后，由于流量计的工作环境原因，流量计各部会产生一定的脏污、锈蚀，在仪表的校验前需对被校仪表进行适当清洗。

将使用清水对从管线上拆下的流量计内部进行清洗，将附着在内壁的污垢、铁锈、铁屑等影响流量计正常工作的异物进行清理。

（4）差压式流量计校验

就地流量集计中只有差压流量计在厂内可以进行校验，其余流量计需要送各地计量院（所）进行校验。

1）差压式流量计校验仪器要求

差压流量计校验时，校验仪器的允许误差绝对值应不大于被校压力表允许误差绝对值的1/4。

2）差压式流量计校验环境要求

差压流量计需在规定的校验温度下放置2 h以上方可进行校验。相对湿度≤85%；环境压力为大气压力。

3）校验工作介质

——测量上限不大于0.25 MPa的压力表，工作介质为清洁的空气或无毒、无害和化学性能稳定的气体；

——测量上限大于0.25 MPa到400 MPa的压力表，工作介质为无腐蚀性的液体或根据标准器所要求使用的工作介质。

4）校验性能要求

——零位误差：带有止销的压力表，在通大气的条件下，指针应紧靠止销，“缩格”应不超过表352-03-10-01 规定的最大允许误差绝对值。没有止销的压力表，在通大气的条件下，指针应位于零位标志内，零位标志宽度应不超过表352-03-10-01规定的最大允许误差绝对值的2倍。

——示值误差：对每一校验点，在升压和降压校验时，轻敲表壳前、后的示值与标准器示值之差均应不大于表352-03-10-01所规定的允许误差。

——回程误差：对同一校验点，在升压和降压校验时，轻敲表壳后示值之差应不大于表352-03-10-01中规定的允许误差的绝对值。

——轻敲位移：对每一校验点，在升压和降压校验时，轻敲表壳后引起的示值变动量均应不大于表352-03-10-01所规定的允许误差绝对值的1/2。

——指针偏转平稳性：在示值误差校验过程中，用目力观测指针的偏转，指针偏转应平稳，无跳动和卡住现象。

表 352-03-10-01 差压式流量计校验允许误差

精确度等级（级）	最大允许误差/%			
	零位		测量上限的（90～100）%	其余部分
	带止销	不带止销		
1.0	1.0	±1.0	±1.6	±1.0
1.6（1.5）	1.6	±1.6	±2.5	±1.6
2.5	2.5	±2.5	±4.0	±2.5
4.0	4.0	±4.0	±4.0	±4.0

注：1. 使用中的 1.5 级压力表最大允许误差按 1.5 级计算，准确等级可不更改。
2. 差压式流量计最大允许误差应按量程百分比计算。

5）特殊技术指标

——示值误差检查：

- 压力表的示值检查采用标准器示值与被校流量计的示值直接比较的方法；
- 示值误差校验点应按标有数字的分度线选取（由于校验仪表为压力式，注意压力与流量换算关系）；
- 校验时，从零点开始均匀缓慢地加压至第一个校验点，读取被校差压流量计的示值（一般压力表按分度值 1/5 估读），接着用手指轻敲一下压力表外壳，再读取被校压力表的示值并进行记录。如此依次在所选取的校验点进行校验直至上限，切断压力源，耐压 3 min 后，再依次逐点进行降压校验直至零位。

——回程误差检查：

回程误差的检查是在示值误差校验时同时进行，当示值达到测量上限后，切断压力源，耐压 3 min，然后按原校验点平稳地降压倒序回检。同一校验点升压、降压轻敲表壳后被检压力表示值之差的绝对值即为仪表的回程误差。

——轻敲位移检查：

轻敲位移检查是在示值误差检查时同时进行，同一校验点轻敲压力表外壳前与轻敲仪表外壳后指针位移变化所引起的示值变化量即为轻敲位移。

——指针偏转平稳性检查：

在示值误差校验的过程中，目视观测指针的偏转平稳、卡涩、跳变情况。

——差压流量计拆装：

拆卸差压流量计时，五阀组（三阀组）隔离操作步骤如下。

- 先开平衡阀；
- 再关正、负压侧阀门；
- 慢慢松开仪表接头，确认隔离到位。

回装差压流量计时，五阀组（三阀组）投运操作步骤如下。

- 仪表回装后，先开平衡阀；
- 再开正压侧阀门；
- 依次松开仪表正、负压侧接头进行充水排气；
- 充分排气后拧紧仪表接头；
- 确保无泄漏后关闭平衡阀，打开负压侧阀门。

（5）就地流量表回装与投表

将清洗完成、校验合格的流量计按原位回装到现场，投运仪表时，需注意：

——安装前需核对仪表的型号、规格、精度等级是否符合仪表使用要求，检查仪表的接头螺纹和安装的母螺纹一致；

——回装时流量计与管道连接的密封原件须使用新备件；

——回装时，需确保表盘朝向人员，便于人员读取压力值；

——投表时缓慢打开阀门，避免连接面密封不佳，使得带压介质外泄，导致伤人、跑水事件；

——投表后检查测量管线是否有漏情况，气体介质可用检漏液检查；

10.1.6 质量管理

按核电厂质保体系确定质量点选取。

表 352-03-10-02 质量点选取

项目名称	质量点选取
流量计拆除后防异物工作	停工待检点（H）
流量计回装过程	见证点（W）

10.1.7 经验反馈

根据以往检修经验总结以下故障类型，以及对其原因分析和处理方法。

表 352-03-10-03 故障模式列表

流量计形式	故障现象	故障原因	排除方法
浮子子流量计（金属管、玻璃管）	指针不归零	1）仪表指针松动 2）仪表浮子卡涩 3）仪表磁耦装置偏移	1）重新安装指针 2）清洗流量计 3）更换通信仪表
	指针抖动	1）介质波动引起 2）液体介质流动状态造成 3）气体介质压力不稳导致 4）介质脉动	1）管线加装阻尼 2）管线加装稳压或稳流装置
	测量误差大	1）安装不符合要求 2）液体介质的密度变化较大 3）活动部件松动	1）安装规范安装 2）计算误差修正系数 3）返回厂家进行校正
差压式流量计	指针在回转时很滞钝，且有突跳现象	1）传动机构存在积污或锈蚀 2）仪表测量孔道上有阻塞 3）传动件间配合间隙过小 4）指针与刻度盘或玻璃面相碰	1）用有机溶剂去污除锈 2）清洗疏通 3）增大间隙并添加仪表润滑油 4）矫直指针
	校验时轻敲位移量远超允许误差绝对值	1）游丝变形或老化弹性消退 2）传动机构孔磨损过大，配合间隙过大 3）指针和轴套铆接松动	1）更换同型号备件 2）更换同型号备件 3）重新安装指针
差压式流量计	指针允许不平衡，有抖动	1）被测介质压力波动大 2）压力表安装位置有震源	1）关小阀门或安装减震装置 2）清除震源或加装减震装置
	当负荷稳定时，示值不能保持稳定	1）弹簧管存在破裂或渗漏现象引起泄压 2）膜片破裂或渗漏现象，引起泄压 3）波纹管折裂或焊接处渗漏	1）更换同型号备件 2）更换同型号备件 3）更换同型号备件
	仪表和引压管线连接时，无法拧紧	两则螺纹尺寸不一致或螺纹的制式不一致	对螺纹进行检查，修复螺纹，如无法修复则更换本体
	表盘上的线条和数字脱色或褪色，引起读数困难	1）长期受到强光的作用或热源影响 2）长期受到周围环境中有害气体的侵蚀	1）修复或更换，同时应采取措施避光、避热 2）修复或更换，必要时选密闭型外壳压力表

续表

流量计形式	故障现象	故障原因	排除方法
挡板式流量计	当管道内被测介质流速为零时，流量计示值瞬时流量值不为零	1）安装前后流量计水平度不一致 2）安装或运行过程中，严重过载造成零点飘移 3）靶片、靶杆与测具之间被杂物卡住 4）安装或运行过程中，严重过载造成零点飘移	1）按规范安装 2）更换同型备件 3）清洗流量计，清除异物
	流量计工作过程中示值出现非正常增大	1）靶片以及靶杆上挂有杂物 2）高结圬条件下，靶片和靶杆产生严重结圬	清洗流量计，清除异物
	计量误差大	1）安装时流量计与连接管道相对同心度出现较大错位，密封垫片未同心，形成节流阻件 2）流量计前后直管段太短，并于流量计前直接安装了弯头，阀门等极大干扰被测介质流态部件 3）旁通管道泄漏 4）靶片上绕缠有带状杂物，增大了靶片受力 5）受力元件（靶片）脱落	1）调整安装状态 2）按规范安装检查及更换旁通管路 3）清洗流量计，清除异物 4）装配相同规格的靶片
椭圆齿轮流量计	测量不准	1）管线内有细小异物进入流量计 2）介质温度过高 3）被测介质流量过小 4）齿轮腐蚀磨损	1）管线加装过滤器 2）检查过滤器是否损坏 3）按现场实际情况进行选型 4）定期排气 5）禁止使用蒸汽冲洗流量计内部 6）加热流量计（针对高粘度液体介质） 7）更换同型备件

10.1.8 技术规程清单

表 352-03-10-04 技术规程清单

序号	规程名称	备注
1	安全厂用水反冲洗泵入口流量计清洗	适用于日常缺陷检修及定期检修
2	压力表检查、校验及更换	适用于日常缺陷检修及定期检修

10.1.9 参考资料

[1] 弹性元件式一般压力表、压力真空表和真空表检定规程，JJG52—2013，发布日期 2013.6.24，国家质量监督检验检疫总局.

[2] 一般压力表，GB/T 1226—2010，发布日期 2010-09-02，国家质量监督检验检疫总局、中国国家标准化管理委员会.

[3] 金属管浮子流量计，JB/T 6844-93，发布日期 1993-07-09，中华人民共和国机械工业部.

[4] 靶式流量计，JJG 461—2010，发布日期 2010-01-05，国家质量监督检验检疫总局.

[5] 容积式流量计 通用技术条件，JB/T 9242，发布日期 1999-08-06，国家机械工业局.

[6] 玻璃转子流量计，JB/T 9255—1999，发布日期 1999-08-06，国家机械工业局.

[7] 差压式流量计检定规程，JJG 640—1994，发布日期 1994-12-01，国家技术监督局.

10.2 远传流量计

10.2.1 定义

流量：单位时间内通过某一截面的流体的量。

10.2.2 范围对象

核电厂中使用的一般远传流量计，包括金属管浮子流量计、差压式流量计、电磁流量计、热式质量流量计、超声波流量计、涡街流量计。

10.2.3 原理、结构及技术指标

（1）金属管浮子流量计

远传式金属管浮子流量计较就地式金属浮子流量计测量原理、结构基本一致（见图 352-03-10-07），差异是远传式金属管浮子流量计多了信号处理单元、信号输出单元。

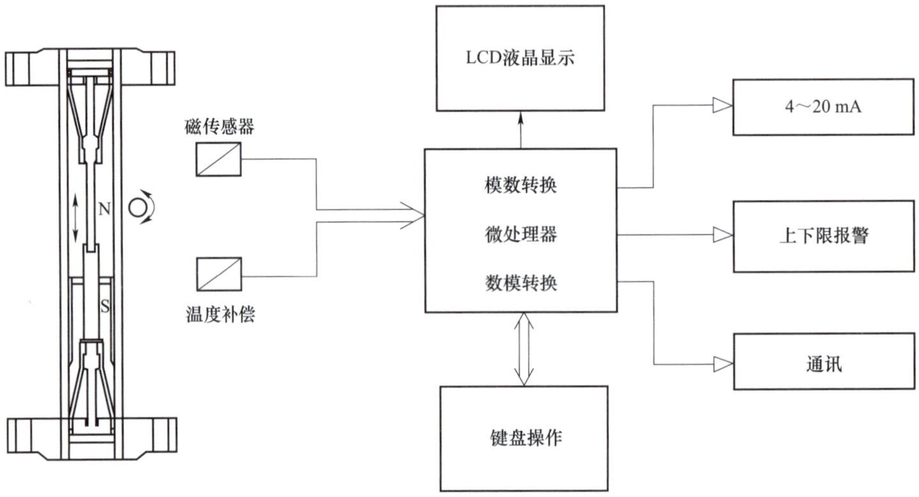

图 352-03-10-07 金属管浮子流量计

在一根由下向上扩大的垂直锥管中，圆形横截面的浮子的重力是由液体动力承受的，浮子可以在锥管内自由地上升和下降。在流速和浮力作用下上下运动，与浮子重量平衡后，由智能型指示器中的随动磁钢与浮子内磁钢耦合，而发生转动，同时带动传感磁钢及指针，通过一个磁传感器将磁场变化转化成电信号，经 A/D 转换，数字滤波，微处理器处理，D/A 输出，LCD 液晶显示，来显示出瞬时流量及累积流量大小。

金属管浮子流量计具有结构简单、直观、压力损失小、维修方便等特点。浮子流量计适用于测量通过管道直径 D＜150 mm 的小流量，也可以测量腐蚀性介质的流量。使用时流量计一般安装在垂直走向的管段上，流体介质自下而上地通过浮子流量计，经特殊设计的浮子流量计可以水平安装或上进底出垂直安装。

安装注意事项：

——为了方便检修和更换流量计、清洗测量管道，安装在工艺管线上的金属管浮子流量计应加装旁路管道和旁路阀；

——转子流量计入口处应有 5 倍管径以上长度的直管段，出口应有 250 mm 直管段。

基本维修项目包括零点检查、仪表清洗。

（2）差压孔板式流量计

差压孔板式流量计是基于流体流动的节流原理，利用流体流经节流装置（见图 352-03-10-08）时产生的压力差而实现流量测量的。它是目前生产中测量流量最成熟、最常用的方法之一，远传式差压孔板流量计通常是由能将被测流量转换成压差信号的节流装置和差压变送器组合。

孔板安装注意事项：孔板流量计的安装要求——对直管段的安装一般是前 10D 后 5D。

基本维修项目包括：变送器定期校验、仪表管线疏通。

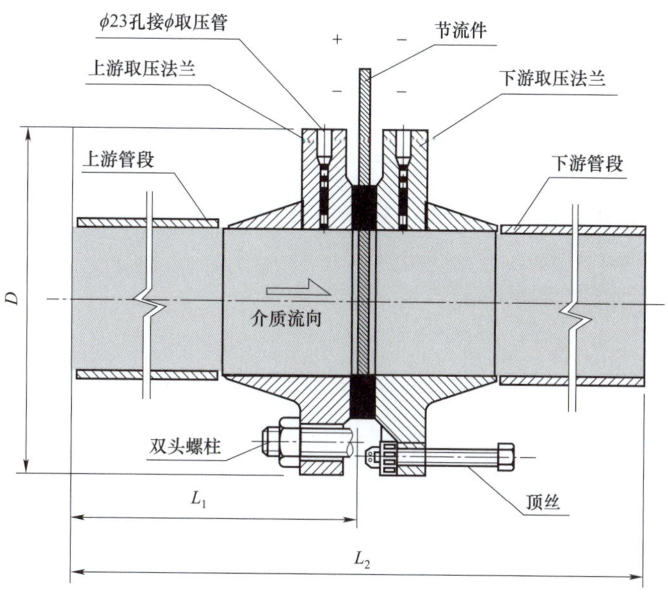

图 352-03-10-08　差压孔板式流量计

（3）电磁流量计

电磁流量计是应用电磁感应原理，根据导电流体通过外加磁场时感生的电动势来测量导电流体流量的一种仪器。电磁流量计的优点是压损极小，可测流量范围大，适用的工业管径范围宽，最大可达 3 m，电磁流量计适用于测量电导率≥5 μS/cm 的流体，不适合测量气体、蒸汽以及纯净水的流量。电磁流量计的结构主要由磁路系统、测量导管、电极、外壳、衬里和转换器等部分组成。

磁路系统：其作用是产生均匀的直流或交流磁场。直流磁路采用永磁体来实现，易导致电极磁化影响仪表正常工作，管径较大时，永磁体笨重、经济性差，所以实际应用中采用交变磁场（50 Hz 工频电源激励产生）。

测量导管：其作用是让被测导电性液体通过。为了使磁力线通过测量导管时磁通量被分流或短路，测量导管必须采用不导磁、低导电率、低导热率和具有一定机械强度的材料制成，可选用不导磁的不锈钢、玻璃钢、高强度塑料、铝等材料。

电极：其作用是引出和被测量成正比的感应电势信号。电极一般用非导磁的不锈钢制成，且被要求与衬里齐平，以便流体通过时不受阻碍。它的安装位置宜在管道的垂直方向，以防止沉淀物堆积在其上面而影响测量精度。

外壳：应用铁磁材料制成，是分配制度励磁线圈的外罩，并隔离外磁场的干扰。

图 352-03-10-09　电磁流量计

衬里：在测量导管的内侧及法兰密封面上，有一层完整的电绝缘衬里。它直接接触被测液体，作用是增加测量导管的耐腐蚀性，防止感应电势被金属测量导管管壁短路。衬里材料多为耐腐蚀、耐高温、耐磨的聚四氟乙烯塑料、陶瓷等。

转换器：由液体流动产生的感应电势信号十分微弱，受各种干扰因素的影响很大，转换器的作用就是将感应电势信号放大并转换成统一的标准信号并抑制主要的干扰信号。其任务是把电极检测到的感应电势信号 Ex 经放大转换成统一的标准直流信号。

安装注意事项：

——上、下游工艺管的内径与传感器的内径相同，并应满足：0.98 DN≤D≤1.05 DN（式中 DN：

传感器内径，*D*：工艺管内径）；

——入口/出口直管段：入口应≥10×DN，出口应≥5×DN；

——工艺管与传感器必须同心，同轴偏差应不大于 0.05 DN；

——避免安装在靠近调节阀和半开阀门之后；

——为了方便检修流量计，最好为流量计安装旁通管；

——对重污染流体及流量计需清而流体不能停止的，必须安装旁通管。

基本维修项目：零点检查、测量管导管清洁度检查。

（4）热式质量流量计

热式质量流量计是利用流体流过外热源加热的管道时产生的温度场变化来测量流体质量流量，或利用加热流体时流体温度上升某一值所需的能量与流体质量之间的关系来测量流体质量流量的一种流量仪表。

热式质量流量计通过测量气体流经流量计内加热元件时的冷却效应来计量气体流量的。气体通过的测量段内有两个热阻元件，其中一个作为温度检测，另一个作为加热器。温度传感元件用于检测气体温度，加热器则通过改变电流来保持其温度与被测气体的温度之间有一个恒定的温度差。当气体流速增加，冷却效应越大，使须保持热电阻间恒温的电流也越大。此热传递正比于气体质量流量，即供给电流与气体质量流量有一对应的函数关系来反映气体的流量。

基本维修项目：零点检查、定期送检。

（5）超声波流量计

超声波流量仪表是以“速度差法”为原理，测量圆管内液体流量的仪表，超声波流量计是一种非接触式仪表。超声波发射换能器将电能转换为超声波能量，并将其发射到被测流体中，接收器接收到的超声波信号，经电子线路放大并转换为代表流量的电信号供给显示和积算仪表进行显示和积算。它既可以测量大管径的介质流量也可以用于不易接触和观察的介质的测量。它的测量准确度很高，几乎不受被测介质的各种参数的干扰，尤其可以解决其他仪表不能的强腐蚀性、非导电性、放射性及易燃易爆介质的流量测量问题。

基本维修项目：检查信号强调、定期更换探头耦合剂。

（6）涡街流量计

涡街流量计是应用流体振荡原理来测量流量的，流体在管道中经过涡街流量变送器时，在三角柱的旋涡发生体后上下交替产生正比于流速的两列旋涡，旋涡的释放频率与流过旋涡发生体的流体平均速度及旋涡发生体特征宽度有关，通过测量旋涡频率就可以计算出流过旋涡发生体的流体平均速度。主要用于工业管道介质流体的流量测量，如气体、液体、蒸汽等多种介质。

安装注意事项：

——安装液体传感器的附近管道内应充满被测液体；

——传感器应避免安装在有强烈机械振动的管道上；

——直管段的内径尽可能与传感器通径一致；

——传感器的上游和下游应配置一定长度的直管段，其长度应符合前直管段 15～20 D，后直管段 5～10 D 的要求；

——传感器应避免安装在有较强电磁场干扰、空间小和维修不方便的场合。

基本维修项目：零点检查；仪表清洗。

10.2.4 维护周期

——QSR 项目，根据电厂技术规格书上要求设置周期。

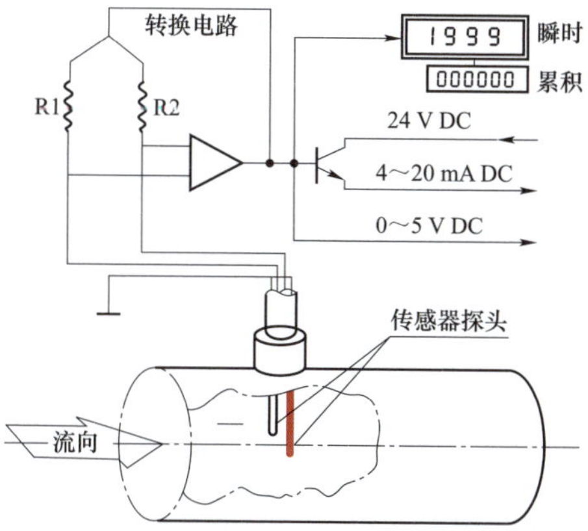

图 352-03-10-10 热式质量流量计

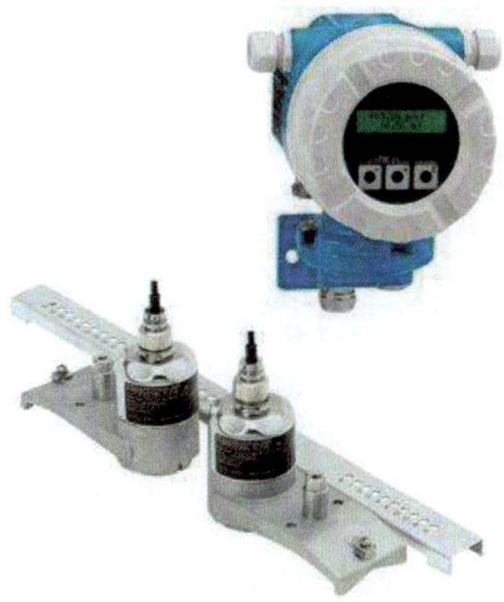

图 352-03-10-11 超声波流量计

表 352-03-10-05 QSR 项目列表

序号	项目名称	周期（C 为 1 个燃料周期）	涉及仪表
1	热式质量流量计零点检查与通道校验	1C	热式质量流量计
2	热式质量流量计流量计五年送检	3C	热式质量流量计
3	交叉比较（主给水流量）（合包）	1C	主给水流量计
4	变送器校验（宽量程 GP3）（合包）	3C	主给水流量计
5	变送器校验（宽量程 GP4）（合包）	3C	主给水流量计
6	变送器校验（窄量程 ATWT）（合包）	1C	主给水流量计
7	变送器校验（窄量程 ATWT）（合包）	1C	主给水流量计
8	安注泵出口流量控制整定（3 号 4P）	1C	安注泵出口流量计
9	安注系统流量计零点检查（合包）	1C	安注泵出口流量计
10	安注系统流量计变送器校验（合包）	3C	安注系统流量计
11	安注系统流量计变送器校验（合包）	3C	安注系统流量计
12	反应堆硼和水补给系统硼酸流量表零点检查（合包）	1C	硼酸流量表
13	余热排出热交换器下游流量计交叉比较（合包）	1C	余热排出热交换器下游流量计
14	余热排出热交换器下游流量计变送器校验（合包）	3C	余热排出热交换器下游流量计
15	化学和容积控制系统主泵密封注水、回水流量计零点检查（停堆后）（合包）	1C	化学和容积控制系统主泵密封注水、回水流量计
16	辅助给水泵再循环流量计零点检查	1C	辅助给水泵再循环流量计
17	辅助给水泵再循环流量计变送器校验（合包）	1C	辅助给水泵再循环流量计
18	反应堆冷却剂系统流量计交叉比较	1C	反应堆冷却剂系统流量计
19	反应堆冷却剂系统流量计变送器校验（不允许调整变送器零点）（合包）	5C	反应堆冷却剂系统流量计
20	设备冷却水系统流量计零点检查	1C	设备冷却水系统流量计
21	设备冷却水系统流量计变送器校验	2C	设备冷却水系统流量计
22	主蒸汽流量计零点检查［在 S22 状态（热停堆平台）时做］（合包）	1C	主蒸汽流量计
23	主蒸汽流量计变送器校验（合包）	2C	主蒸汽流量计
24	蒸汽发生器辅助给水流量变送器（宽量程）零点检查（合包）	1C	蒸汽发生器辅助给水流量变送器
25	变送器校验（合包）	2C	蒸汽发生器辅助给水流量变送器
26	蒸汽发生器辅助给水流量变送器流量孔板定期更换	6C	蒸汽发生器辅助给水流量变送器流量孔板

——其他远传流量计通常进行纠正性维修，可根据流量计计实际使用情况，个别设置周期预维项目，周期视具体情况而定。

10.2.5 维修技术要求

（1）外观检查

——远传流量计装配牢固、无松动现象；

——远传流量计的可见部分无明显的瑕疵、划伤，连接件无明显的毛刺和损伤；

——远传流量计与管道连接处无跑冒滴漏现象。

（2）远传流量计拆除

拆卸前确认就地流量计上下游阀门。拆卸时需缓慢拆开法兰连接螺栓，防止管道内憋压导致管内介质喷出伤人，并确认上下游阀门不存在泄漏，在工作过程中注意收集废液。

拆卸完远传流量计后，做好连接法兰（接头）的防异物保护工作，避免异物进入管道。

（3）远传流量计清洗

远传流量计经过一段时间使用后，由于流量计的工作环境原因，流量计各部会产生一定的脏污、锈蚀，在仪表的校验前需对被校仪表进行适当清洗。

将使用清水对从管线上拆下的流量计内部进行清洗，将附着在内壁的污垢、铁锈、铁屑等影响流量计正常工作的异物进行清理。

（4）超声波流量计定期更换耦合剂

超声波流量计使用的耦合剂为液状，使用一段时间后有干结的现象影响超声波流量计正常使用，需要每年需要进行更换耦合剂，更换前须将原耦合剂清理干净，再在探头上涂满，且涂抹均匀。

（5）差压式流量计校验

就地流量集计中只有差压流量计在厂内可以进行校验，其余流量计需要送各地计量院（所）进行校验。

1）差压式流量计校验仪器要求

表 352-03-10-06 差压式流量计校验仪器技术要求表

仪器设备名称	技术要求	用途
压力校验仪	标准器的允许误差小于变送器允许误差的 1/3	变送器输入的压力标准器
直流电流表	测量范围 0～20 mA，准确度等级不低于 0.1 级	变送器输出电流测量标准
绝缘电阻表	输出直流电压为 500 V，测量范围为 0～∞MΩ，10 级（电容式变送器用输出直流电压 100 V 的表）	测量绝缘电阻
耐电压实验仪	输出交流电压大于 1 500 V 功率不低于 0.5 kV	绝缘强度试验
真空机组	绝对压力变送器的零点压力必须抽至允许误差的 1/10～1/20	绝对压力变送器及负压力变送器的压力源

2）差压式流量计校验环境要求

差压流量计需在规定的校验温度下放置 0.5 h 以上方可进行校验，相对湿度 45%～75%，环境压力为大气压力。

3）校验工作介质

——测量上限不大于 0.25 MPa 的差压式流量计，工作介质为清洁的空气或无毒、无害和化学性能稳定的气体；

——测量上限大于 0.25 MPa 到 400 MPa 的差压式流量计，工作介质为无腐蚀性的液体或根据标准器所要求使用的工作介质。

4）校验性能要求

（a）示值误差：对每一校验点，在升压和降压校验时，校验仪表显示的电流值与该校验点对于的理论电流值之差均应不大于仪表本体所规定的允许误差（精度*16 mA）。

（b）回程误差：对同一校验点，在升压和降压校验时，仪表示值之差绝对值应不大于仪表本体所规定的允许误差的绝对值。

注：仪表精度在仪表铭牌上标注；也可以根据工艺系统精度要求确定仪表校验精度（前提现场使用的仪表铭牌标注精度高于工艺系统要求精度）。

5）特殊技术指标

小流量切除：

在工艺系统停运后，管线可能处于非满管情况，孔板两侧的压力可能会出现不平衡的情况，导致上位机显示小流量，一般在仪表表头（或信号处理卡件）设置不大于额定流量 6%的小流量切除。

差压流量计拆装：

拆卸差压流量计时，五阀组（三阀组）隔离操作步骤如下。

——先开平衡阀；

——再关正、负压侧阀门；

——慢慢松开仪表接头，确认隔离到位。

回装差压流量计时，五阀组（三阀组）投运操作步骤如下。

——仪表回装后，先开平衡阀；

——再开正压侧阀门；

——依次松开仪表正、负压侧接头进行充水排气；

——充分排气后拧紧仪表接头；

——确保无泄漏后关闭平衡阀，打开负压侧阀门。

（6）就地流量表回装与投表

将清洗完成、校验合格的流量计按原位回装到现场，投运仪表时，需注意：

——安装前需核对仪表的型号、规格、精度等级是否符合仪表使用要求，检查仪表的接头螺纹和安装的母螺纹一致；

——回装时流量计与管道连接的密封原件须使用新备件；

——回装时，需确保表盘朝向人员，便于人员读取流量值（部分远传流量计有就地显示）；

——投表时缓慢打开阀门，避免连接面密封不佳，使得带压介质外泄，导致伤人、跑水事件；

——投表后检查测量管线是否有漏情况，气体介质可用检漏液检查。

10.2.6 质量管理

按电厂质保体系确定质量点选取。

表 352-03-10-07 质量点选取

项目名称	质量点选取
流量计拆除后防异物工作	停工待检点（H）
仪表校验数据审核	见证点（W）
流量计回装过程	见证点（W）

10.2.7 经验反馈

根据以往检修经验总结以下故障类型，以及对其原因分析和处理方法。

表 352-03-10-08 故障模式列表

流量计形式	故障现象	故障原因	排除方法
金属管浮子流量计	指针抖动 电流输出波动	1）介质波动引起 2）液体介质流动状态造成 3）气体介质压力不稳导致 4）介质脉动 5）信号干扰	1）管线加装阻尼 2）管线加装稳压或稳流装置 3）信号接地
	测量误差大	1）安装不符合要求 2）液体介质的密度变化较大 3）活动部件松动	1）安装规范安装 2）计算误差修正系数 3）返回厂家进行校正
	无电流输出	1）接线错误 2）输出模块损坏	1）确定正确接线方式 2）更换输出模块
差压式流量计	输出信号突跳现象	1）仪表测量孔道上有阻塞 2）传动件间配合间隙过小 3）被测介质压力波动大 4）变送器处理单元异常	1）清洗疏通 2）增大间隙并添加仪表润滑油 3）关小阀门或安装减震装置 4）更换变送器备件
	当负荷稳定时，示值不能保持稳定	1）弹簧管存在破裂或渗漏现象引起泄压 2）膜片破裂或渗漏现象，引起泄压 3）波纹管折裂或焊接处渗漏	1）更换同型号备件 2）更换同型号备件 3）更换同型号备件
	仪表和引压管线连接时，无法拧紧	两则螺纹尺寸不一致或螺纹的制式不一致	对螺纹进行检查，修复螺纹，如无法修复则更换本体
电磁流量计	无流量输出	1）供电问题 2）安装方向错误 3）管道未满管	1）提供合格电源 2）调换安装方向 3）排气、更换安装方式
	信号持续下降或突降	1）测量管内壁沉积污垢 2）测试两电极间绝缘 3）测量管衬里破坏	1）清洁测量管内壁、电极 2）更换备件
	零点不稳定	1）介质中存在气泡旁通管道泄漏 2）仪表接地问题 3）介质电导率应小于 5 μS/cm	1）排气、更换安装方式 2）按规范重新接地 3）换测量方式
	信号波动	1）干扰源及其他影响仪表正常工作的磁源或震动 2）测试信号电缆接地	1）清除干扰源 2）对信号电缆绝缘处理
热式质量流量计	测量不准	1）安装不规范 2）接线问题 3）测量介质出现夹气，气化或两相流等现象	1）安装按厂家指导现场实施 2）按规程接线 3）改善管线介质状态
超声波流量计	超声波流量计信号低	1）耦合剂失效 2）管道与探头耦合剂中间有气泡	更换耦合剂
	输出信号波动	1）信号干扰 2）管道内介质有杂质、气泡	1）消除干扰源 2）定期排气
涡街流量计	指示长期不准	1）入口直管段长度不够 2）表头处理单元异常	1）按规范安装 2）更换表头

10.2.8 技术规程清单

表 352-03-10-09 技术规程清单

序号	规程名称
1	热导式质量流量计定期送检规程
2	反应堆冷却剂流量计校验
3	反应堆冷却剂环路流量变送器交叉比较
4	反应堆冷却剂零点检查
5	反应堆冷却剂流量表检查清洗

续表

序号	规程名称
6	化学和容积控制系统流量表校验
7	化学和容积控制系统流量表零点检查
8	反应堆硼和水补给系统流量表零点检查
9	安全厂用水系统超声波流量计耦合剂更换及信号强度检查
10	电磁流量计定期检查
11	安注系统流量计校验
12	主给水流量变送器校验
13	蒸汽发生器正常给水流量交叉比较规程
14	设备冷却水流量变送器校验和定值检查
15	设备冷却水流量变送器零点检查
16	发电机定子水冷流量变送器检查规程
17	N 厂房烟囱流量计交叉比较
18	N 厂房流量变送器校验
19	启动蒸汽流量变送器进行零点调整
20	主蒸汽流量变送器校验
21	主蒸汽流量交叉比较
22	浮子式流量计及电磁流量计拆装送检

10.2.9 参考资料

[1]工业过程测量和控制系统用压力/差压变送器(第 1 部分:通用技术条件):GB/T 28474.1—2012[S]. 国家质量监督检验检疫总局，2012.

[2] 核级压力、差压变送器设备技术规格书 [R]. 0401G8012，核工业第二研究设计院，2006.

[3] 压力传感器/变送器预防性维修模板 [R]. QS-5EQ-MNEQ—0009.

[4]压力变送器检定规程[S]，JJG882—2004，国家质量监督检验检疫总局，发布日期 2004-06-04.

[5] 金属管浮子流量计，JB/T 6844-93，发布日期 1993-07-09，中华人民共和国机械工业部.

[6] 差压式流量计检定规程，JJG 640—1994，发布日期 1994-12-01，国家技术监督局.

10.3 流量开关

10.3.1 定义

流量：单位时间内通过某一截面的流体的量。

10.3.2 范围对象

流量开关可以通过远程流量计表头、二次表、上位机设置报警值实现开关作用。

核电厂中突出使用的流量开关一般包括差压式流量开关、靶式流量开关。

10.3.3 原理、结构及技术指标

(1) 差压式流量开关

差压孔板式流量计是基于流体流动的节流原理，利用流体流经节流装置（见图 352-03-07-12）时产生的压力差而实现流量测量的。它是目前生产中测量流量最成熟、最常用的方法之一，远传式差压孔板流量计通常是由能将被测流量转换成压差信号的节流装置和差压开关组合。

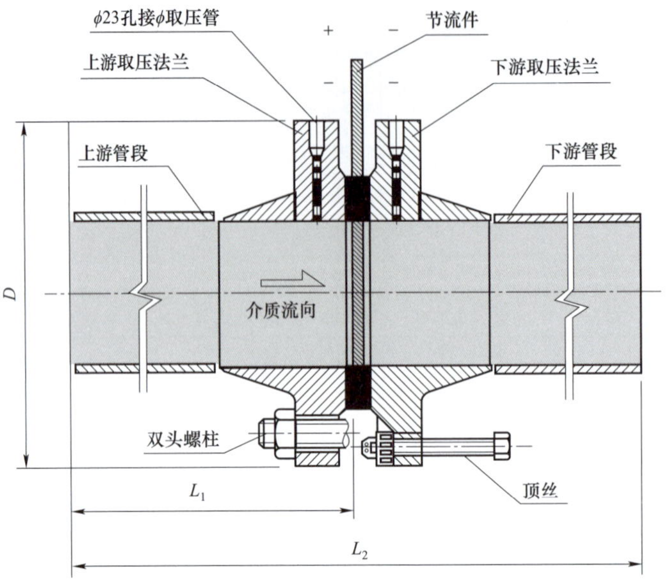

图 352-03-10-12　差压式流量开关

孔板安装注意事项：孔板流量计的安装要求——对直管段的安装一般是前 10D 后 5D。

基本维修项目包括：差压开关定期校验、仪表管线疏通。

（2）靶式流量开关

介质以一定的流速流经水平或垂直安装的靶式流量计测量腔体时，挡板将沿轴向旋转，当作用在挡板表面的流体推力与挡板表面的反作用力加上扭矩弹簧的张力达到平衡时，挡板在测量体中的角位置或平衡点位置就代表了相应的流量大小，并由密封在挡板轴线端的磁钢腔体内环形磁铁部件，通过磁耦合触发开关部件动作，实现流量开关功能。

基本维修项目：清洗流量开关、定期送检。

10.3.4　维护周期

——QSR 项目，根据电厂技术规格书上要求设置周期；

表 352-03-10-10　QSR 项目列表

序号	项目名称	周期（Y 为年）	涉及仪表
1	重要流量开关定值与报警检查	1Y	重要流量开关

——其他流量开关通常进行纠正性维修，可根据流量开关实际使用情况，个别设置周期预维项目，周期视具体情况而定。

10.3.5　维修技术要求

（1）外观检查

——流量开关装配牢固、无松动现象；

——流量开关的可见部分无明显的瑕疵、划伤，连接件无明显的毛刺和损伤；

——流量开关与管道连接处无跑冒滴漏现象。

（2）流量开关清洗

流量开关经过一段时间使用后，由于流量开关的工作环境原因，流量开关各部会产生一定的脏污、锈蚀，在仪表的校验前需对被校仪表进行适当清洗。

将使用清水对从管线上拆下的流量计内部进行清洗，将附着在内壁的污垢、铁锈、铁屑等影响流量计正常工作的异物进行清理。

（3）差压式流量计校验

流量开关中只有差压流量开关在厂内可以进行校验，靶式流量开关需要送各地计量院（所）进行校验。

1）差压流量开关校验仪器要求

表 352-03-10-11　差压流量开关技术要求表

仪器设备名称	技术要求	用途
压力校验仪	标准器的允许误差小于变送器允许误差的 1/3	输入的压力标准器
绝缘电阻表	输出直流电压为 500 V，测量范围为 0～∞MΩ，10 级（电容式变送器用输出直流电压 100 V 的表）	测量绝缘电阻

2）差压式流量计校验环境要求

差压流量计需在规定的校验温度下放置 0.5 h 以上方可进行校验，相对湿度 45%～75%，环境压力为大气压力。

3）校验工作介质

——测量上限不大于 0.25 MPa 的差压流量开关，工作介质为清洁的空气或无毒、无害和化学性能稳定的气体；

——测量上限大于 0.25 MPa 到 400 MPa 的差压流量开关，工作介质为无腐蚀性的液体或根据标准器所要求使用的工作介质。

4）校验性能要求

——示值误差：对差压流量开关升压和降压校验，当差压流量开关触点信号翻转时压力值与设计定值之差均应不大于仪表本体所规定的允许误差（精度*仪表设定值范围）；

——回程误差：差压流量开关触点信号翻转时压力值与恢复值之差的绝对值称为回程误差，该回程误差一般根据工艺系统实际情况来设定。

5）特殊技术指标

① 控压范围

对设定点可调的差压流量开关，控压范围应不小于表 352-03-10-12 的要求：

表 352-03-10-12　控压范围表

控压范围	
差压流量开关（控压上限值的%）	真空差压流量开关（控压下限值的%）
15～95	95～15

② 差压流量开关拆装

拆卸差压流量开关时，五阀组（三阀组）隔离操作步骤如下：

——先开平衡阀；

——再关正、负压侧阀门；

——慢慢松开仪表接头，确认隔离到位。

回装差压流量开关时，五阀组（三阀组）投运操作步骤如下：

——仪表回装后，先开平衡阀；

——再开正压侧阀门；

——依次松开仪表正、负压侧接头进行充水排气；

——充分排气后拧紧仪表接头；

——确保无泄漏后关闭平衡阀，打开负压侧阀门。

（4）流量开关回装与投表

将清洗完成、校验合格的流量计按原位回装到现场，投运仪表时，需注意：

——安装前需核对仪表的型号、规格、精度等级是否符合仪表使用要求，检查仪表的接头螺纹和安装的母螺纹一致；

——回装时流量计与管道连接的密封原件须使用新备件；

——投表时缓慢打开阀门，避免连接面密封不佳，使得带压介质外泄，导致伤人、跑水事件；

——投表后检查测量管线是否有漏情况，气体介质可用检漏液检查。

10.3.6 质量管理

按电厂质保体系确定质量点选取。

表 352-03-10-13 质量点选取

项目名称	质量点选取
流量开关定值检查	停工待检点（H）
流量开关回装过程	见证点（W）

10.3.7 经验反馈

根据以往检修经验总结以下故障类型，以及对其原因分析和处理方法。

表 352-03-10-14 故障模式列表

流量计形式	故障现象	故障原因	排除方法
差压式流量开关	流量开关异常动作	1）开关定值漂移 2）管线接头渗漏 3）触点选择错误 4）信号线短路 5）管线阀门内漏	1）校验仪表 2）对管接头检漏紧固 3）根据实际情况选择正确触点 4）确认电路点，更换电缆 5）检查阀门密封性
	仪表和引压管线连接时，无法拧紧	两则螺纹尺寸不一致或螺纹的制式不一致	对螺纹进行检查，修复螺纹，如无法修复则更换本体
靶式流量开关	当管道内被测介质流速为零时，流量开关仍然触发	1）靶片、靶杆与测具之间被杂物卡住 2）触点选择错误 3）信号线短路 4）管线阀门内漏	1）清洗流量计，清除异物 2）根据实际情况选择正确触点 3）确认电路点，更换电缆 4）检查阀门密封性
	管道连接处泄露	1）密封材料老化损坏 2）未使用合适的密封材料 3）法兰螺栓未拧紧	1）按规范使用密封材料 2）重新紧固法兰螺栓

10.3.8 技术规程清单

表 352-03-10-15 技术规程清单

序号	规程名称
1	应急压空流量开关定值和报警检查
2	主泵油箱压力流量开关定值和报警检查

10.3.9 参考资料

[1] 靶式流量计，JJG 461—2010，发布日期 2010-01-05，国家质量监督检验检疫总局.

[2] 差压式流量计检定规程，JJG 640—1994，发布日期 1994-12-01，国家技术监督局.

11 气动调节阀附件

11.1 概述

气动调节阀是过程控制中重要的环节。在过程控制回路中存在各种变量，如压力、流量、温度、液位，并要求把它们控制在一定的范围之内。在实际生产过程中，由于工艺参数的变化或操作人员的干预，总是存在各种扰动的，需要在过程控制回路中设计一个消除扰动的操作对象，即调节阀；气动调节阀就是以压缩气体为动力源，以气缸为执行器，并借助于阀门定位器、电气转换器、电磁阀、放大器、过滤减压器等阀门附件去驱动阀门，实现开关量或全行程调节。

本章将就常见阀门附件类型、原理及维护要求进行介绍。

11.2 电磁阀

电磁阀（Electromagnetic Valve）是用电磁控制的工业设备，是用来控制流体的自动化基础元件，属于执行器，并不限于液压、气动。用在工业控制系统中调整介质的方向、流量、速度和其他的参数。电磁阀可以配合不同的电路来实现预期的控制，而控制的精度和灵活性都能够保证。电磁阀有很多种，不同的电磁阀在控制系统的不同位置发挥作用，最常用的是单向阀、安全阀、方向控制阀、速度调节阀等。

图 352-03-11-01　常见电磁阀

11.2.1 术语和定义

电磁阀：根据系统逻辑关系控制阀门动作电气构件。

11.2.2 范围对象

核电厂使用的电磁阀主要有直动式电磁阀、分布直动式电磁阀、先导式电磁阀，常见驱动电压等级有 48 VDC、110 VDC、220 VAC 等。

11.2.3 电磁阀结构原理、类型

电磁阀里有密闭的腔，在不同位置开有通孔，每个孔连接不同的油管，腔中间是活塞，两面是两块电磁铁，哪面的磁铁线圈通电阀体就会被吸引到哪边，通过控制阀体的移动来开启或关闭不同的排油孔，而进油孔是常开的，液压油就会进入不同的排油管，然后通过油的压力来推动油缸的活塞，活塞又带动活塞杆，活塞杆带动机械装置。这样通过控制电磁铁的电流通断就控制了机械运动。

从阀结构和材料的不同，分为：直动膜片结构、分步直动膜片结构、先导膜片结构、直动活塞结构、分步直动活塞结构、先导活塞结构。

从功能分类：水用电磁阀、蒸汽电磁阀、制冷电磁阀、低温电磁阀、燃气电磁阀、消防电磁阀、氨用电磁阀、气体电磁阀、液体电磁阀、微型电磁阀、脉冲电磁阀、液压电磁阀 常开电磁阀、油用电磁阀、直流电磁阀、高压电磁阀、防爆电磁阀等。

（1）直动式电磁阀

原理：通电时，电磁线圈产生电磁力把关闭件从阀座上提起，阀门打开；断电时，电磁力消失，弹簧把关闭件压在阀座上，阀门关闭。

特点：在真空、负压、零压时能正常工作，但通径一般不超过 25 mm。

（2）分步直动式电磁阀

原理：它是一种直动和先导式相结合的原理，当入口与出口没有压差时，通电后，电磁力直接把

先导小阀和主阀关闭件依次向上提起，阀门打开。当入口与出口达到启动压差时，通电后，电磁力先导小阀，主阀下腔压力上升，上腔压力下降，从而利用压差把主阀向上推开；断电时，先导阀利用弹簧力或介质压力推动关闭件，向下移动，使阀门关闭。

特点：在零压差或真空、高压时亦能可*动作，但功率较大，要求必须水平安装。

（3）先导式电磁阀

原理：通电时，电磁力把先导孔打开，上腔室压力迅速下降，在关 闭件周围形成上低下高的压差，流体压力推动关闭件向上移动，阀门打开；断电时，弹簧力把先导孔关闭，入口压力通过旁通孔迅速腔室在关阀件周围形成下低上高的压差，流体压力推动关闭件向下移动，关闭阀门。

特点：流体压力范围上限较高，可任意安装（需定制）但必须满足流体压差条件。

11.3 定位器

阀门定位器是控制阀的主要附件，它将阀杆位移信号作为输入的反馈测量信号，以控制器输出信号作为设定信号，进行比较，当两者有偏差时，改变其到执行机构的输出信号，使执行机构动作，建立了阀杆位移量与控制器输出信号之间的一一对应关系。因此，阀门定位器组成以阀杆位移为测量信号，以控制器输出为设定信号的反馈控制系统。该控制系统的操纵变量是阀门定位器去执行机构的输出信号。

阀门定位器能够增大调节阀的输出功率，减少调节信号的传递滞后的情况发生，加快阀杆的移动速度，能够提高阀门的线性度，克服阀杆的摩擦力并消除不平衡力的影响，从而保证调节阀的正确定位。

11.3.1 定义

定位器：一个位置控制器，在机械上被连接到终端控制元件或其执行机构的一个运动部件上，自动调整向执行机构的输出，以保持一个需要的与输入信号成比例的阀门位置。

11.3.2 范围对象

核电厂中使用的阀门定位器，依工作原理上区分，主要是机械式定位器和智能式定位器，依厂家型号区分，主要有 Fisher3582 系列、DVC6000/DVC6200 系列、西门子 6DR5010 系列、IP6000（SMC）系列等。

11.3.3 定位器结构原理、类型

阀门定位器按其结构形式和工作原理可以分成气动阀门定位器、电-气阀门定位器和智能式阀门定位器。

阀门定位器按输入信号分为气动阀门定位器、电-气阀门定位器和智能阀门定位器。

按动作的方向可分为单向阀门定位器和双向阀门定位器。单向阀门定位器用于活塞式执行机构时，阀门定位器只有一个方向起作用；双向阀门定位器作用在活塞式执行机构气缸的两侧，从两个方向起作用。

按阀门定位器输出和输入信号的增益符号分为正作用阀门定位器和反作用阀门定位器。正作用阀门定位器的输入信号增加时，输出信号也增加，因此增益为正。反作用阀门定位器的输入信号增加时，输出信号减小，因此增益为负。

按阀门定位器是否带 CPU 可分为普通电气阀门定位器和智能电气阀门定位器。普通电气阀门定位器没有 CPU，因此不具有智能功能不能处理有关的智能运算。智能电气阀门定位器带 CPU，可处理有关智能运算，如可进行前向通道的非线性补偿等，现场总线电气阀门定位器还可带 PID 等功能模块，实现相应的运算。

按反馈信号的检测方法也可进行分类：用机械连杆方式检测阀位信号的阀门定位器、用霍尔效应检测位移的方法检测阀杆位移的阀门定位器、用电磁感应方法检测阀杆位移的阀门定位器等。

（1）气动阀门定位器

气动阀门定位器的输入信号是标准气信号，如 20～100 kPa 气信号，其输出信号也是标准的气信号[1]。

气动阀门定位器接收来自控制器或控制系统中 4～20 mA 等弱电信号，并向气动执行机构输送空气信号来控制阀门位置的装置。

其与气动调节阀配套使用，构成闭环控制回路。把控制系统给出的直流电流信号转换成驱动调节阀的气信号，控制调节阀的动作，同时根据调节阀的开度进行反馈，使阀门位置能够按系统输出的控制信号进行正确定位。

气动阀门定位器是按力矩平衡原理工作的，当通入波纹管的信号压力增加时，使主杠杆绕支点转动，使喷嘴挡板靠近喷嘴，喷嘴背压经单向放大器放大后，通入到执行机构薄膜室的压力增加，使阀杆向下移动。并带动反馈杆绕支点转动，反馈凸轮也随之作逆时针方向转动，通过滚轮使副杠杆 4 绕支点转动，并将反馈弹簧拉伸，弹簧对主杠杆的拉力与信号压力用在波纹管上的力达到力矩平衡时，仪表达到平衡状态。执行机构的阀位维持在一定的开度上，一定的信号压力就对应于一定的阀位开度。以上作用方式为正作用，若要改变作用方式，只要将凸轮翻转，A 向变成 B 向等即可。所谓正作用定位器，就是信号压力增加，输出压力亦增加；所谓反作用定位器，就是信号压力增加，输出压力则减少。一台正作用执行机构只要装上反作用定位器，就能实现反作用执行机构的动作；相反，一台反作用执行机构只要装上反作用定位器，就能实现正作用执行机构的动作。

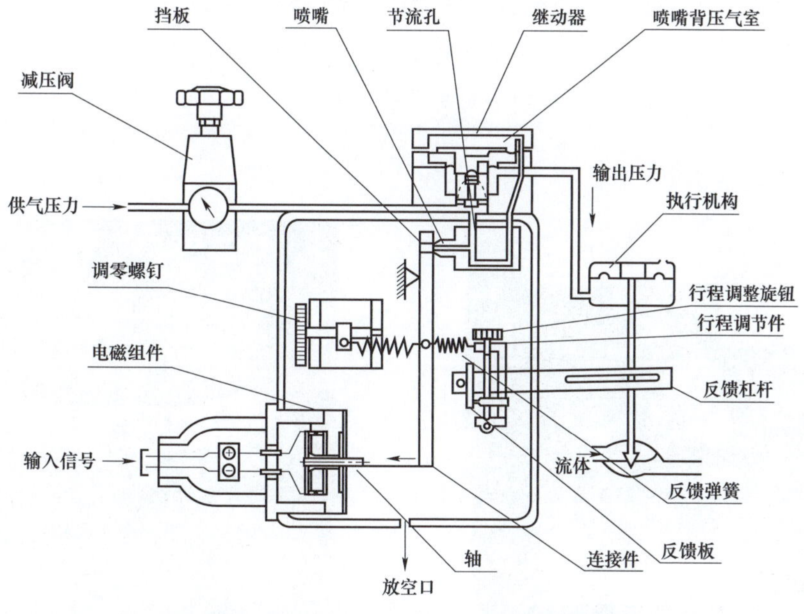

图 352-03-11-02 电-气阀门定位器结构

（2）电-气阀门定位器

电-气阀门定位器的输入信号是标准电流或电压信号，如 4～20 mA 电流信号或 1～5 V 电压信号等，在电气阀门定位器内部将电信号转换为电磁力，然后输出气信号到拨动控制阀[4]。

是指把电动控制器的输出信号变为气信号去驱动气动执行器，它具有电-气转换器和气动阀门定位器两种作用。电一气阀门定位器一方面具有电一气转换器的作用，可用电动控制器输出的 0～10 mA DC 或 4～20 mADC 信号去操纵气动执行机构；另一方面还具有气动阀门定位器的作用，可以使阀门位置按控制器送来的信号准确定位（即输入信号与阀门位置呈一一对应关系）。

配薄膜执行机构的电一气阀门定位器的动作原理是按力矩平衡原理工作的。

当信号电流通入力矩马达的线圈时，它与永久磁钢作用后，对主杠杆产生一个力矩，于是挡板靠近喷嘴，经放大器放大后，送入薄膜气室使杠杆向下移动，并带动反馈杆绕其支点转动，连在同一轴上的反馈凸轮也作逆时针方向转动，通过滚轮使副杠杆绕其支点偏转，拉伸反馈弹簧。当反馈弹簧对主杠杆的拉力与力矩马达作用在主杠杆上的力两者力矩平衡时，仪表达到平衡状态，此时一定的信号电流就对应于一定的阀门位置。

（3）智能阀门定位器

智能电气阀门定位器它将控制室输出的电流信号转换成驱动调节阀的气信号，根据调节阀工作时阀杆摩擦力，抵消介质压力波动而产生的不平衡力，使阀门开度对应于控制室输出的电流信号，并且可以进行智能组态设置相应的参数，达到改善控制阀性能的目的。不需要人工调校，可以自动检测所带调节阀零点、满程、摩擦系数，自动设置控制参数的阀门定位器。

按供电方式可分为：单独供电和不用单独供电。

定位器有一个 24 VDC 和一个 4～20 mA 电流信号，这样才能自检；或者不用有 24 VDC 供电，只需要一个 4～20 mA 的电流信号就能自检。

按隔爆级别分：可分为隔爆和不隔爆。

隔爆的是不透明外壳的，一般是黑色的外壳；普通的是透明外壳能看到它内部的结构。

11.4 放大器

气动放大器是接收安装在气动控制阀上的定位器的输出压力以相同压力给执行，机构输入大流量的气源加快控制阀动作速度的装置，以便减少传输滞后的影响。

通常与气动薄膜式或气动活塞式执行机构配套使用；可有效解决当仪表远距离传送压力信号，或执行机构气室的容量很大时，由于传递时间滞后导致的执行机构响应时间长的问题，从而提高执行机构的响应特性。

以 Fisher2625 气动放大器为例：

图 352-03-11-03　气动放大器

图 352-03-11-04　Fisher2625 气动放大器

2625 气动放大器采用了固定的死区，内置软阀座和一个整体式旁路节流装置，三者结合以消除常规气动放大器可能会引发的定位器饱和问题，从而提高调节的稳定性。尤其在快速变化的流程工艺条件和需要阀门快速响应的应用工况中，阀门定位器无法独自提供必要的行程速度来满足需求，Fisher2625-12 气动放大器的性能提升则显得尤为重要。

2625 气动放大器设计有内置软阀座，帮助加强气密性，减少不必要的空气消耗及消除定位器内部放大器的饱和问题。其旁路限制器使执行器快速响应，进一步提升了 VBL 的卓越性能。该限制器也使调节阀能够响应缓慢变化的信号或提供开/关控制功能。这种微调功能不会影响气动放大器的死区。（死区可以使气动放大器忽略掉微小的信号变化，从而避免不必要的动作，以提高稳定性）。设计紧凑轻巧，VBL 气动放大器为铝制机身，具有 1/4 NPT 输入和 1/2 NPT 连接。内部有隔膜，有上下阀门，氢化丁腈橡胶的 O 形圈。最大输入压力为 10.3 bar（150 psig），输入输出比固定在 1:1。

放大器结构原理、类型

以常用基于力平衡原理放大器为例：当由调节器或阀门定位器来的控制信号压力输入到气室 A 时，在膜组件 1 上产生一个向下的推力，膜片组件 1 向下转动，打开阀芯 2。此时，气源压力由阀芯、阀座之间的间隙，流人到反馈气室 B，同时经由输出端被送到执行机构。当膜片的上下两侧所产生的作用力相平衡时，输入信号与输出信号将保持一定的比例关系。图中的针形阀 3 用于改善继动器的动特性，适用于不同容量的执行机构。当配用小尺寸的执行机构时，如果继动器流量大，会使执行机构产

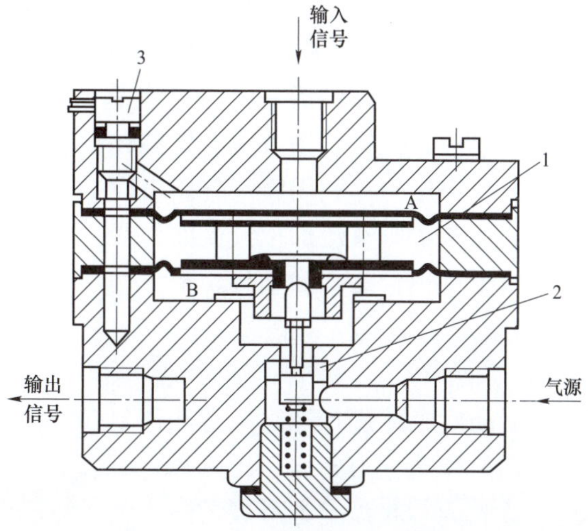

图 352-03-11-05 基于力平衡原理放大器结构

生振荡，所以应使针形阀开度大一些，这样可使阀芯开度变化缓慢一些，达到输出稳定的目的。当继动器与大尺寸执行机构相配时，为了得到足够的动作速度，应让针阀开度关小一些，这样继动器就可能输出很大的流量。

常用选型方法有两种：一是直接按调节阀行程选型，二是根据需要以继动器每分钟输出气量选择。

常用的放大器有节流式和平衡式，原理不一样，可分耗气型和非耗气型，二者的主要不同点在于：非耗气型放大器的压力不进行放大，耗气型放大器的压力、流量都进行放大。

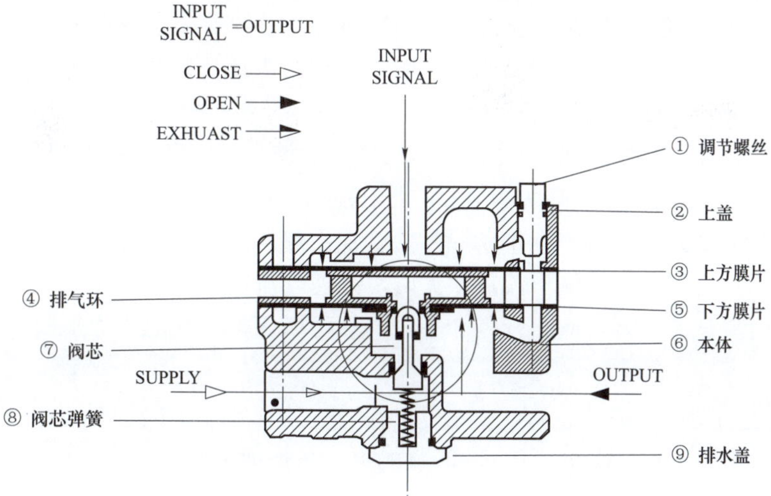

图 352-03-11-06 耗气型放大器结构

非耗气型放大器是基于力平衡原理工作的。

稳定时，输入信号（背压）产生的力和输出信号产生的反馈力相平衡，放大系统有反馈作用，呈闭环式；工作时，两个活门基本上都处于关闭状态，耗气量很小，故称非耗气式功率放大器。

耗气型放大器是基于位移平衡原理工作的。

输入信号（背压）作用于膜片，使其产生位移，再以膜片位移和刚度的乘积，即弹性元件的弹力与输入力相平衡，所以这种放大系统呈开环式。稳态时，两个活门都有一定的开度，总有一部分空气排大气，故称耗气型功率放大器。

11.5 过滤减压阀

过滤减压阀是气动调节阀组合单元的一种辅助装置，经输入 0.3～1.0 MPa 压缩空气后，可向气动遥控板和阀门定位器提供 0.1～-1.0 MPa 洁净气源。空气过滤减压阀属于先导活塞式减压阀，由主阀和导阀两部分组成。主阀主要由阀座、主阀盘、活塞、弹簧等零件组成；导阀主要由阀座、阀瓣、膜片、弹簧、调节弹簧等零件组成。通过调节调节弹簧压力设定出口压力、利用膜片传感出口压力变化，通过导阀启闭驱动活塞调节主阀节流部位过流面积的大小，实现减压稳压功能。主要用于气体管路，如空气、氮气、氧气、氢气、液化气、天然气等气体。

图 352-03-11-07　过滤减压阀

过滤减压阀结构原理与类型

压缩空气进入过滤减压阀之后会对气体进行除水、有和灰尘的处理。顺时针旋转调节螺丝，调节弹簧受力并向下压膜片，于此相连的阀芯和底盘向下移动，这时阀芯底盘上方形成通路，气源压力通过出口输出[3]。

当出口压力上升到设定压力大小时，通过出口压力感应孔传达到膜片底部，和弹簧压力保持平衡，并维持设定压力。当出口压力大于设定压力，通过出口压力感应孔传达到膜片底部，膜片和底盘间的孔开启，出口压力通过这个孔传达到弹簧室 内并向大气排出，维持设定压力。

气动减压阀按压力调节方式，有直动式减压阀和先导式减压阀，后者适用在较大通径的场合，直动式减压阀用的最多通径的场合，直动式减压阀用的最多

压力为 $P1$ 的压缩空气，由左端输入经阀口节流后，压力降为 $P2$ 输出。$P2$ 的大小可由主调压弹簧 4 进行调节。拉起并顺时针旋转主调压旋钮 6，主调压弹簧 4 被压缩，推动膜片组合 3 和调压柱 8 下移，推动阀芯 10，增大阀口开度使 $P2$ 增大。出口压力气体经反馈导管 2 进入膜片室，在膜片组合 3 上产生一个向上推力。当此推力与主调压弹簧力平衡时，出口压力便稳定在一定值。若反时针旋转主调压旋钮 6，阀口的开度减小，$P2$ 随之减小

若进口压力不变，输出流量变化，使出口压力 $P2$ 发生波动（增高或降低）时，依靠溢流孔的溢流作用和膜片组合 3 上力的平衡作用推动调压柱 8 上下移动，仍能起到稳压作用。当输出流量为零时，出口压力经过反馈导管 2 进入膜片室，推动膜片组合 3 上移，调压柱 8 在复位弹簧 1 的推动下上移，阀口关闭，保证出口压力恒定。当输出流量很大时，高速气流使反馈导管 2 处产生负压，吸出膜片室内的部分气体使膜片室压力下降，阀口开度加大，仍然可以保持膜片上的力平衡。

11.6 电气转换器

电气转换器是将 0～10 mA 或 4～20 mA 的直流信号转换成 20～100 kPa 气动信号，以便沟通电动单元仪表与气动单元仪表一起工作。

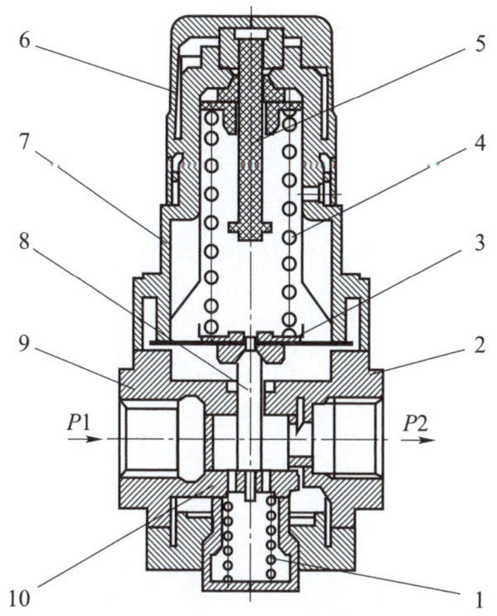

图 352-03-11-08　常见过滤减压阀结构

1—复位弹簧；2—反馈导管；3—膜片组合；4—主调压弹簧；5—调节杆；
6—主调压旋钮；7—主调压座；8—调压柱；9—减压阀本体；10—阀芯

电气转换器结构原理

电气转换器使用开环路控制和小质量磁铁，以比较经济的成本，进行精确的气压控制。不受位置影响以及抗 RFI/EMI 干扰。

电流或电压输入信号转换为线性比例气动输出压力。这种通用仪表设计为以比较经济的成本，提供高可靠性和可重复性的应用。小量程模型是专为 3～5 psig 输出的标准过程控制设计，扩展量程型号可为更高压力的工业气动和过程控制系统的运行要求提供 145 psig 输出。

它是将电信号转换成气信号输出的装置，与气电转换器作用刚好相反。按输出气信号的压力也分为高压（>0.1 MPa）、中压（0.01～0.1 MPa）和低压（<0.01 MPa）三种，常用的电磁阀即是一种高压电气转换器。图 352-03-11-09 为喷嘴挡板式电气转换器结构图。通电时线圈 3 产生磁场将衔铁吸下，使挡板 5 堵住喷嘴 6、气源输入的气体经过节流孔 7 后从输出口输出，即有输出气信号。断电时磁场消失，衔铁在弹性支承 2 的作用下使挡板 5 离开喷嘴 6，气源输入的气体经节流孔 7 后从喷嘴 6 喷出，输出口则无气信号输出。这种电气转换器一般为直流电源 6～12 V，电流 0.1～0.14 A，气源压力<0.01 MPa，属低压电气转换器。

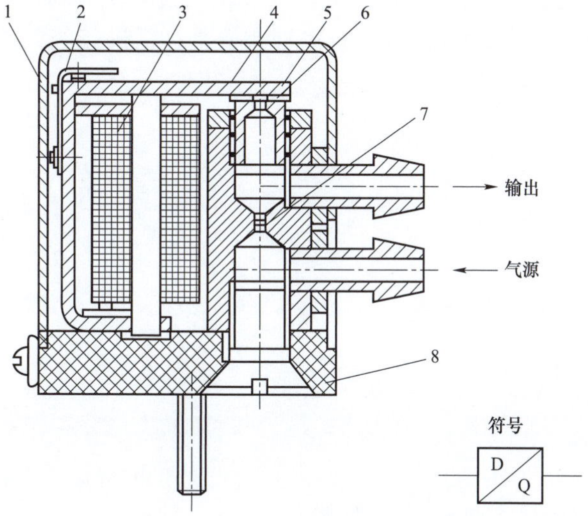

图 352-03-11-09　常见电气转换器结构

1—罩壳；2—弹性支承；3—线圈；4—杠杆；5—挡板；6—喷嘴；7—固定节流孔；8—底座

11.7 维护周期

（1）气动调节阀原则上要进行预防性定期检查及校验，其中重要阀门检查周期为 1C（1 个换料周期），其他阀门预防性周期设置为 2 C 或 3 C。

（2）气动调节阀原则上要进行预防性易损件更换（包括定位器、电磁阀、放大器、电气转换器、过滤减压阀等），重要阀门易损件更换（全部附件）一般设置为 6 C（6 个换料周期）。

（3）对于阀门附件，也可单独设置预防性易损件更换项目，如单独更换电磁阀、放大器，或者过滤减压阀等，更换周期一般设置为 6 C（6 个换料周期）。

11.8 维护项目

11.8.1 气动调节阀控制检查

——阀门各附件如定位器、过滤减压器、放大器、电气转换器、电磁阀、限位开关等外观无明显破损或异常；

——阀门气源压空供气正常，供气管线各接头处无明显泄漏，如有漏气则先进行消漏处理；

——电磁阀（如有）供电正常，可用螺丝刀靠近电磁阀线圈，无磁性则检查电磁阀，有磁性可进行下一步；

——定位器反馈杆固定必须牢固可靠，记录阀门气源压力，电气转换器入口、出口压力，定位器入口、出口压力；

——给阀门输入 20 mA 信号，让阀门保持全开，用检漏液检查压空管线所有接头，检查有无漏点，如有泄露，处理完毕后再进行下一步工作；

——缓慢降低电气转换器的输入电流，注意阀门开度变化，当电流降至略高于量程下限时，阀门应完全关闭。逐渐增加电流信号，观察阀门应有明显开启动作；

——将阀门全开，检查全开阀门限位开关是否闭合动作，如未闭合则调整限位开关位置。将阀门由全开开始关闭，检查全开阀门限位开关是否断开，如未断开则调整限位开关位置；

——将阀门全关，检查全关阀门限位开关是否闭合动作，如未闭合则调整限位开关位置。将阀门由全关开始开启，检查全关阀门限位开关是否断开，如未断开则调整限位开关位置；

——给阀门加信号（4～20 mA），并记录阀门开度各对应点和阀门反馈各对应点（0、25 %、50 %、75 %、100 %），并通过秒表测试阀门调开、调关、快开、快关动作时间，将结果记录阀门校验单中；

——阀门在动作过程中应保持顺畅，如检查过程有异常，需进行阀门校验工作，或执行易损件更换，如确认阀本体问题，需先转机械处理。

11.8.2 气动调节阀附件定期更换

——过滤减压器更换；

——气动放大器定期清洗/更换；

——电气转换器更换；

——电磁阀（线圈）更换及功能验证；

——限位开关更换；

——阀门定位器更换及校验。

11.9 质量管理

按核电厂质保体系确定质量点选取。

表 352-03-11-01 气动调节阀检修质量点选取

项目名称	质量点选取
阀门控制检查	见证点（W）
阀门就地接线箱清扫及端子排紧固	见证点（W）
更换电磁阀	见证点（W）
电磁阀功能验证	见证点（W）
更换阀门定位器/放大器/过滤器/限位开关	见证点（W）
执行阀门校验	见证点（W）

11.10 经验反馈

根据以往检修经验总结以下故障类型，以及对其原因分析和处理方法。

表 352-03-11-02 气动调节阀常见故障模式列表

故障现象	故障原因	排除方法
电磁阀通电后不能正常工作	1）电源接线是否不良 2）电源电压是否在±工作范围 3）线圈是否脱焊、短路 4）节流孔平衡孔堵塞/有杂质使电磁阀的主阀芯和动铁芯卡死 5）主阀芯或铁动芯的密封件已损坏	1）重新接线和接插件的连接 2）调至正常范围/或更换相称的电磁阀 3）重新焊接、更换线圈 4）清洗，如有密封损坏应更换密封并安装过滤器 5）更换密封件
阀门定位器输出压力变化缓慢	1）放大器进气球阀陷得过深；放大器进气球阀沾污，流通面积减小；放大器耗气量较大 2）喷嘴与挡板之间的配合不好	1）调整放大器 2）调整喷嘴挡板
阀门定位器有信号输入，但无输出压力信号	1）电/气定位器，衔铁与线圈架之间有异物 2）气路连接有误（包括放大器） 3）电气回路接线错误 4）气源压力的大小不合要求	1）检查定位器 2）检查气源回路 3）检查电气回路接线 4）调整气源压力
阀门动作线性不好	1）反馈机构安装不好 2）背压有轻微泄露现象 3）反馈凸轮或弹簧安装不当 4）喷嘴或挡板有沾污现象	1）重新调整反馈连接 2）查漏 3）调整反馈装置 4）清洁
无输入信号，阀门定位器有输出压力	1）喷嘴有堵塞。 2）放大器金属膜片变形或安装不良 3）定位器内部元器件损坏	1）清洁喷嘴 2）更换放大器备件 3）更换定位器备件

11.11 技术规程清单

表 352-03-11-03 气动调节阀技术规程清单

序号	规程名称
1	气动调节阀控制检查及校验（ABB 定位器）
2	气动调节阀易损件更换及校验（FISHER 3570 型）
3	调节阀易损件更换及校验（DVC 6205 定位器）
4	阀门金属软管更换
5	气动调节阀控制检查及校验（西门子定位器）
6	气动阀供气管线及附件检漏规程
7	阀门限位开关的检查与调整规程

续表

序号	规程名称
8	阀门附件拆装及检修后对阀门进行功能验证
9	ARE 主给水调节阀定期阀门特性检查
10	GCTC 旁排调节阀检修
11	旁排阀易损件定期更换及校验
12	汽轮机主调门阀门附件拆装
13	汽轮机重要阀门动作时间测定试验
14	仪表压空减压阀过滤器定期检查与清洗
15	气动阀门更换电磁阀及线圈
16	气动调节阀检查
17	调节阀易损件更换及校验（DVC 6000 系列）
18	调节阀易损件定期更换及校验（D 3 系列）
19	调节阀易损件更换及校验（DVC 6200 定位器）
20	主给水调节阀易损件定期更换及校验
21	FISHER 3582 型气动调节阀易损件更换及校验
22	FISHER 阀门易损件更换及校验
23	气动调节阀控制检查及校验（SMC 定位器）

11.12 参考资料

[1] 工业过程控制系统用阀门定位器，GB/T 221310.2—2018，发布日期 2008-06-30，中华人民共和国工业和信息化部.

[2] 工业过程控制阀，GB/T 17213.6—2005，发布日期 2005-09-09，中华人民共和国工业和信息化部.

[3] 气动压缩空气过滤器，GB/T 221011.2—2008，发布日期 2008-06-25.

[4] 气动调节阀，GB/T 4213—2008，发布日期 1984-03-21.

第四章　专用工器具

1　概述

核电厂专用工器具是核电厂运行维修中不可或缺的组成部分，是执行检修工作的有力保证，只有做好专用工器具管理，使专用工器具种类齐全，且处于良好的技术状态，提高工具质量，才能满足核电厂生产和应急的需要。

2　引用文件

《工器具管理导则》（MA-AC-620.DZ）

3　术语和定义

专用工器具：专为某些设备的维修活动而特制的工器具、装置，统称为专用工器具。

4　专用工器具

4.1　专用工器具分类

机械专用工器具按照不同方式有不同分类方法。从采购方式，可分为采购和机械加工；从维修工期重要性分为关键路径上必须、次关键路径上必须和功能优化。“华龙一号”专业工器具集中在重要机械设备，最常用分类是从专用工器具所在的机械设备对象上分，如压力容器、主泵等。

4.2　专用工器具使用

专用工器具的责任及技术管理处室为专用工器具的归属及使用处室，负责专用工器具的采购提出、验收及预防性维护保养等工作。专用工器具存储及库房管理为电厂工器具总归口管理处室（如维修支持处），负责专用工器具的库房管理及常规保养，专用工器具中通用工具保养及计量器具的定期校验等。

专用工器具的使用是采用出库/退库或借用/归还方式开展。从事维修工作的各处室及协作单位人员在工作中，如需要使用本责任处室管理的专用工器具，需要办理《专用工器具出库/退库单》；如需使用其他部门负责的专用工器具，需要办理《专用工器具借用/归还单》，两种情况均严格按要求进行审批。专用工器具出库或借出时，借用人和库房保管员需要对专用工器具借出时的技术状态检查，并将检查情况记录到《专用工器具出库/退库单》或者《专用工器具借用/归还单》。专用工工器具使用完毕后及时清洁、去污，退库或归还时，借用人、专用工器具责任处室专业工程师和库房保管员需对专用工器具退库时的状态进行检查，记录完成后退库。

专用工器具每次借出时间不超过三个月，借用期间的维护保养由借用部门负责。为确保借用人能正确、熟练使用所借的专用工器具并使专用工器具维保得当，专用工器具借用人应向专用工器具负责人了解并掌握正确使用专用工器具的技能和维护保养要求。

4.3 专用工器具维护与保养

为确保专用工器具可用性和有效性，特别是影响关键关键和次关键路径设备的专用工器具可用性。专用工器具责任处室责任人应根据专用工器具使用说明书或技术资料，制定专用工器具的维护保养计划要求和周期并按照预防性维修计划进行维护保养，专用工器具中通用工具保养及计量器具校验由库房统一管理。

机组建安阶段，工程总承包方需制定专用工器具维护保养管理要求及开展维护保养工作。机组商运后，专用工器具维保工作进行应结合电厂大修时间，在每次大修前后进行，对专用工器具在使用前后进行维护保养，保证专用工器具使用的可靠性。

4.4 “华龙一号”重要设备专用工器具

4.4.1 反应堆压力容器整体螺栓拉伸机

反应堆压力容器整体螺栓拉伸机是反应堆压力容器（以下简称 RPV）的专用工具，可以同时对 60 根主螺栓施加或释放预紧力，完成 RPV 的开盖与关盖工作。通过使用整体螺栓拉伸机，能保障 RPV 的可靠密封，维持一回路压力边界的完整性。

（1）工作原理

反应堆压力容器正常运行时，压力容器承受 15.5 MPa 内压的作用、压紧弹簧的力、O 形密封圈的回复力等；而反应堆压力容器顶盖与法兰之间通过螺栓联接，为保证螺栓联接的牢固性，安装螺栓时需要施加合适的预紧力，以维持一回路压力边界的完整性。螺栓预紧力可增强螺栓联接的刚性、紧密性和防松能力，通过整体螺栓拉伸机使螺栓达到规定的伸长量，再拧紧螺母，然后去除外力后得到需要的预紧力。延伸法仅使用纯拉力直接拉长螺栓，无扭剪力和侧向力，对联接的接触面无摩擦损坏，并且可同时预紧多颗螺栓，能够精确控制螺栓预紧力。

整体螺栓拉伸机主要用于实现反应堆压力容器主螺栓组件的吊装、运输、安装、预紧和拆卸。

整体螺栓拉伸机可自动全同步拉伸压力容器顶盖上的所有螺栓，在开盖时自动旋松主螺母，并旋出主螺栓组件；在关盖时载入主螺栓组件，并旋紧主螺母，使主螺栓精确达到顶盖法兰所需求的预紧力值，从而保证反应堆压力容器的可靠密封。

主控制台可以操作整体螺栓拉伸机的所有功能，并监视和记录所有的操作过程和数据，进行打印和输出。

隔离变压器可防止电源波动对整体螺栓拉伸机性能的影响，同事可避免操作人员意外触电的危险。

整体螺栓拉伸机的试验台架主要实现整体螺栓拉伸机存储、转运、支撑以及拉伸机的螺栓载入/旋出试验和压力试验。

（2）主要结构

整体螺栓拉伸机的主要部件包括支撑环、支腿、提升装置、主螺母驱动装置、拉伸缸、拉伸螺母驱动装置、调平对中系统、伸长量测量装置、工作平台以及拧螺栓机器人。

1）支撑环

支撑环是整体螺栓拉伸机的安装基础，整体螺栓拉伸机大部分组件（吊耳、提升系统、活塞行程限制装置、拉伸油缸、主螺母驱动装置、支腿、补偿油缸等）都安装在支撑环上。在主螺栓拉伸过程中，通过支撑环将拉伸载荷传递到 RPV 顶盖上。支撑环在沿周向均匀分布了 60 个孔，对应 RPV 主螺栓位置。内部开有液压油槽，用于传输拉伸油缸与补偿油缸的液压油。在支撑环壁面上均布三个吊耳，用于整体螺栓拉伸机的吊装。

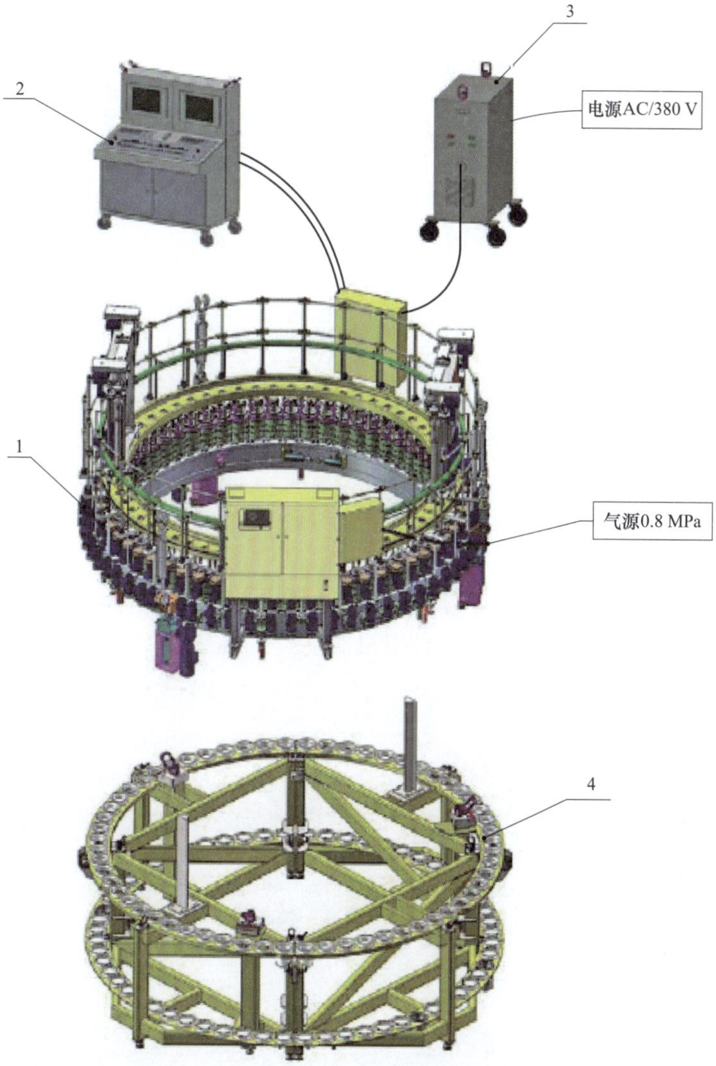

图 352-04-04-01 整体螺栓拉伸机总图

1—整体螺栓拉伸机；2—主控制台；3—隔离变压器；4—试验台架

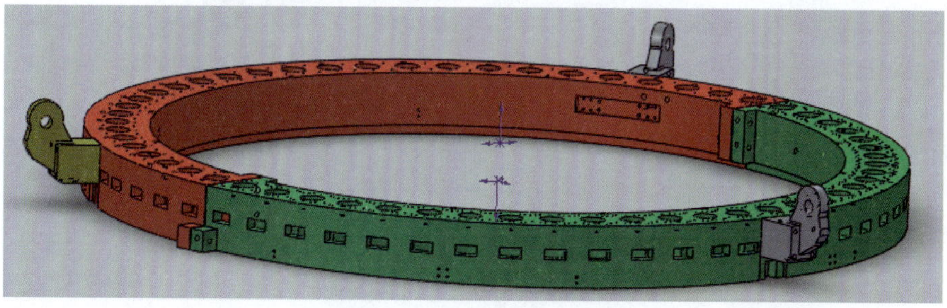

图 352-04-04-02 支撑环

2）支腿

在整体螺栓拉伸机的支撑环上沿周向均匀安装了 6 个支腿，用于在旋拧 RPV 主螺栓的过程中，为整体螺栓拉伸机提供支撑，保持支撑环底部与 RPV 顶盖法兰面之间的间隙，保证主螺栓旋拧有足够的操作空间。支腿以压缩空气为动力绕驱动轴转动，使用时，6 个支腿同步旋入支撑环底部与 RPV 顶盖法兰面之间。

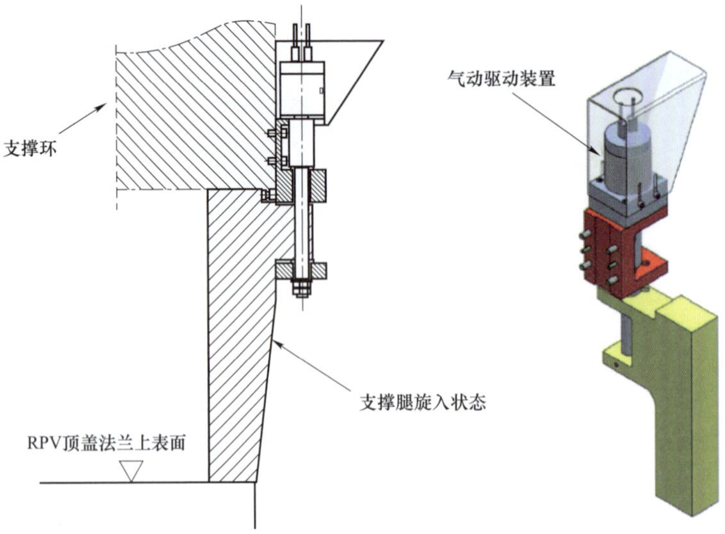

图 352-04-04-03　支腿

3）提升装置

在整体螺栓拉伸机的支撑环上沿周向均匀安装了 3 个提升装置，可以同步将整体螺栓拉伸机抬高 350 mm，为支腿提供活动空间。提升装置通过电机驱动提升轴旋转，带动支撑板向下移动，并以提升支撑块为支点将拉伸机整体上抬。

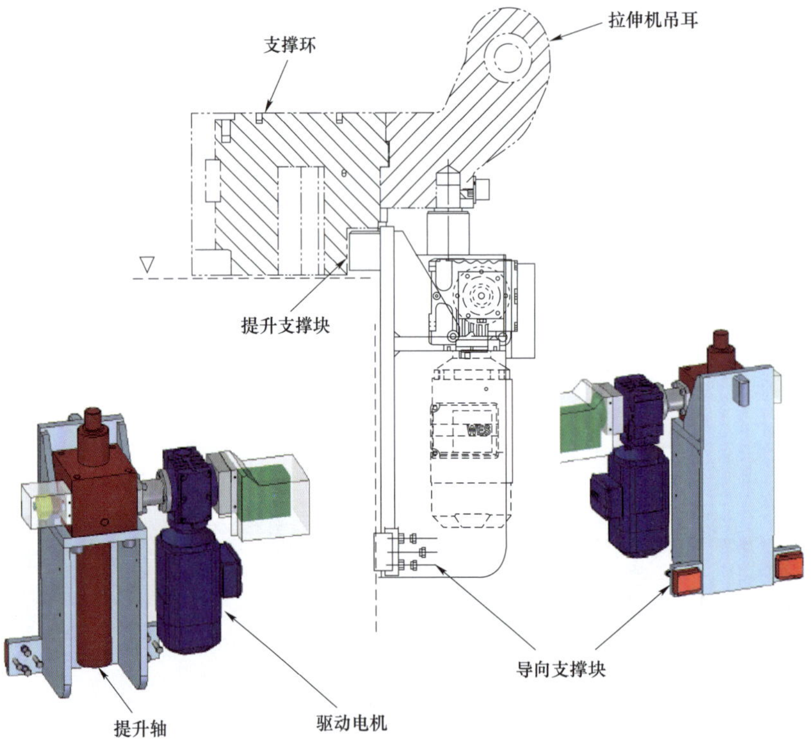

图 352-04-04-04　提升装置

4）主螺母驱动装置

在支撑环壁上沿周向均匀布置 60 个主螺母驱动装置，用于自动旋拧 RPV 主螺母。RPV 主螺母旋拧由一套齿轮组来完成，电机驱动主动齿轮旋转，主动齿轮将力矩通过中间齿轮传递给驱动齿轮并最终传递给主螺母。每一套主螺母驱动装置安装了一个气缸，通过对气缸的充排气可以使主螺母驱动装置沿支撑环径向来回移动，以实现 RPV 主螺母与主螺母驱动装置的驱动齿轮啮合与脱开。

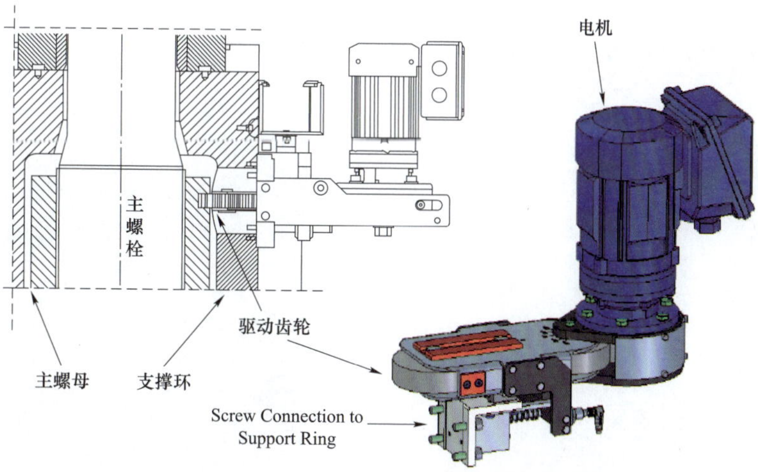

图 352-04-04-05 主螺母驱动装置

5）拉伸缸

在支撑环壁上沿周向均匀布置 60 个拉伸缸，用于对 RPV 主螺栓施加拉伸载荷。拉伸缸为 3 缸串连结构，设置有拉伸注油口与活塞复位回油口，在注油口安装活塞行程限制器，防止油压异常升高导致活塞超行程。

6）拉伸螺母驱动装置

60 套拉伸螺母驱动装置安装在对应的拉伸缸上，用于自动旋拧拉伸螺母。拉伸螺母旋拧由一套齿轮组来完成，电机驱动主动齿轮旋转，主动齿轮将力矩传递给驱动齿轮并最终传递给拉伸螺母。

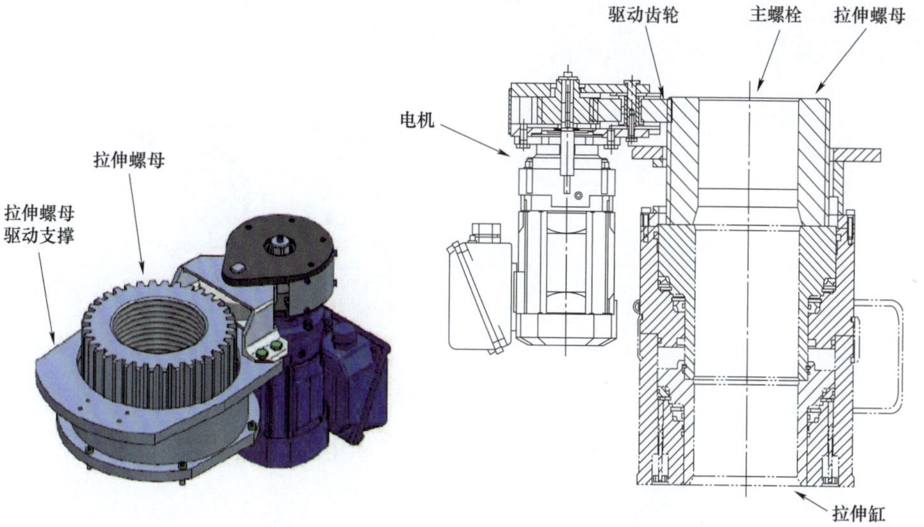

图 352-04-04-06 拉伸螺母驱动装置

7）调平对中系统

为了使整体螺栓拉伸机在 RPV 顶盖上顺利落座，在吊装过程中必须保证拉伸机的水平与对中。在拉伸机的三个吊耳上安装有两个液压缸，通过液压缸可以对拉伸机起吊后的水平度进行在线调整，调整水平精度为＜0.20 mm/m。

在拉伸机支撑环壁安装有两个激光发射器，在拉伸机顺着 RPV 顶盖导轨下放至快接近 RPV 顶盖时，安装在激光发射器正下方 RPV 法兰面上的激光靶接收到发射器的信号，根据测得的对中度偏差值，控制安装在支撑环内壁上的两组对中活塞缸（电动）进行对中调节，直到拉伸机对中度满足要求。对中调整精度为 0.2 mm/m。

图 352-04-04-07　激光发射器

图 352-04-04-08　对中活塞缸

8）伸长量测量装置

在拉伸螺母驱动装置的支架上安装有主螺栓伸长测量装置，由测量装置支撑、气动驱动装置、旋转臂、导向筒以及测量表组成。

旋转臂可以绕着轴沿着水平方向转动（90° 范围），从而带动测量表旋入或旋出伸长量测量工作位置。旋转臂以压缩空气为动力源。导向筒插入主螺栓适配器，为测量表杆进入主螺栓提供可靠的导向与定位。测量装置在工作位置时，测量表杆与主螺栓测量杆相接触，测得主螺栓的绝对伸长量，并通过测量表上的数据线将主螺栓伸长量反馈给控制台。

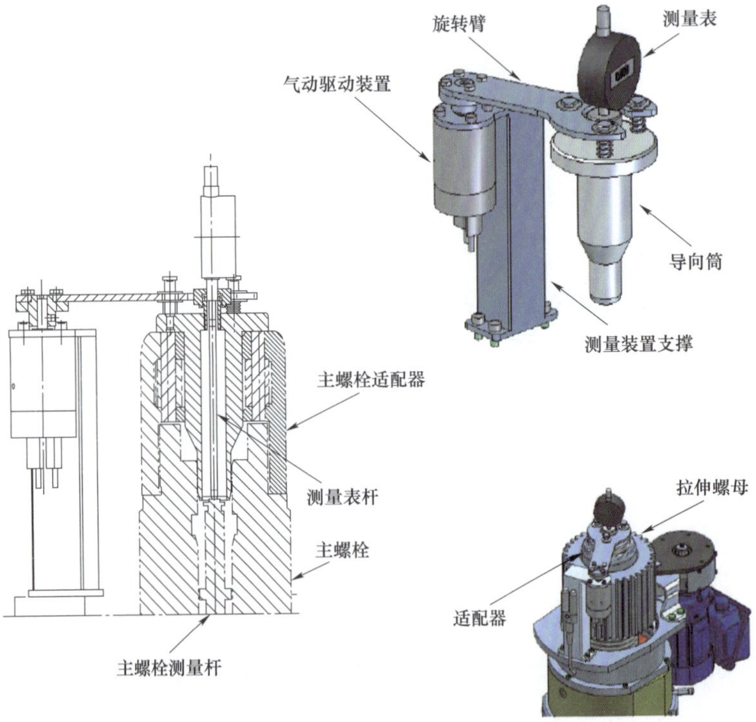

图 352-04-04-09　伸长量测量装置

9） 工作平台

在支撑环正上方安装有一个工作平台，该平台顶部对应主螺栓位置开有 60 个通孔，拧螺栓机器人的机械手从通孔下降至主螺栓头部进行主螺栓的抓取、旋拧以及提升。工作平台也为拉伸机的电气柜、液压站、集电滑环等提供支撑。平台周围安装有护栏与爬梯，为人员检修高空作业提供防护。平台侧面安装有拧螺栓机器人的导轨，实现机械器人沿 RPV 顶盖周向行走。

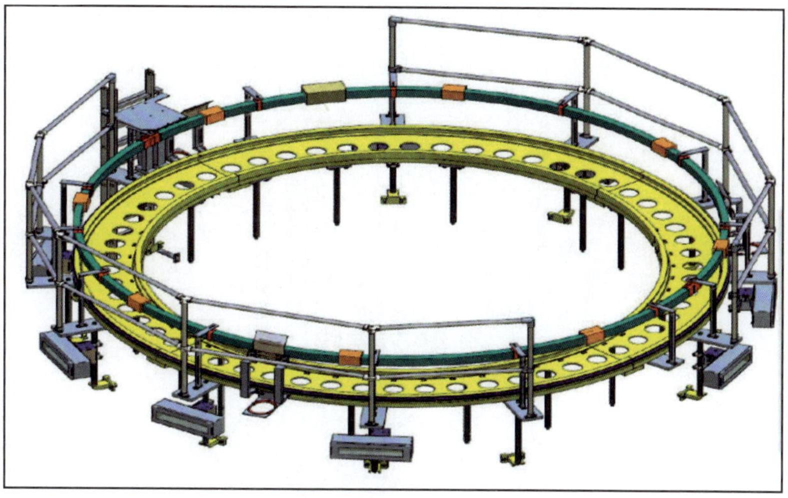

图 352-04-04-10 工作平台

10）拧主螺栓机器人

整体螺栓拉伸机配备有两套拧主螺栓机器人，每套机器人有两个机械手，每个机器人能自动并同时旋入或旋出两根主螺栓。

机器人由齿轮电机驱动，电源来取自工作平台上的集电滑环。机器人的驱动轮与工作平台侧面的链条配合，使机器人能够沿着 RPV 顶盖周向行走。机器人底部安装有两个位置传感器与一个读取器，传感器可以准确定位工作平台上的通孔（对应主螺栓位置），使旋转轴与通孔同心；读取器可以读出工作平台上的编码块，以确定机器人旋转轴对应的主螺栓编号。

主螺栓旋拧时的重量补偿由机器人旋转轴的伺服电机实现。重量补偿能有效避免主螺栓螺纹与主螺栓孔螺纹在旋拧过程中发生“咬死”。主螺栓的重量补偿通过测力装置测得并由此调节伺服电机的转速。

机器人旋转轴上安装有 *X-Y* 平台，它能够补偿旋转轴与主螺栓的中心偏差，确保旋转轴与主螺栓的同轴度，*X-Y* 平台的补偿范围为 20×20 mm。

（3）设计要求

反应堆压力容器整体螺栓拉伸机主要用于“华龙一号”反应堆压力容器主螺栓组件的吊装、运输、安装、预紧和拆卸工作。主要功能包含同时拉伸 60 根主螺栓到预定值、自动测量主螺栓伸长量、拧紧和拧松主螺母、平稳旋入和旋出主螺栓并自动平衡螺栓重量、主螺栓旋出后锁住主螺栓、螺母等随拉伸机一起运到安全壳外清洗和存放、螺栓、螺母和螺孔对应清洁机对压力容器上主螺栓螺纹、主螺母螺孔及筒体法兰螺栓孔进行清洁。为确保整体螺栓拉伸机实现其主要功能，其总的设计与技术要求如下：

——螺栓拉伸机及其相关设备应采用经过验证的，在核电厂有过相关使用经验的产品；

——设备设计应尽量减轻操作时的劳动强度，缩短工作时间，降低操作人员的辐照剂量；

——在各设备的操作过程中不能损坏压力容器、主螺栓和螺母，应保证易松动的零部件可靠锁紧、不能掉落；

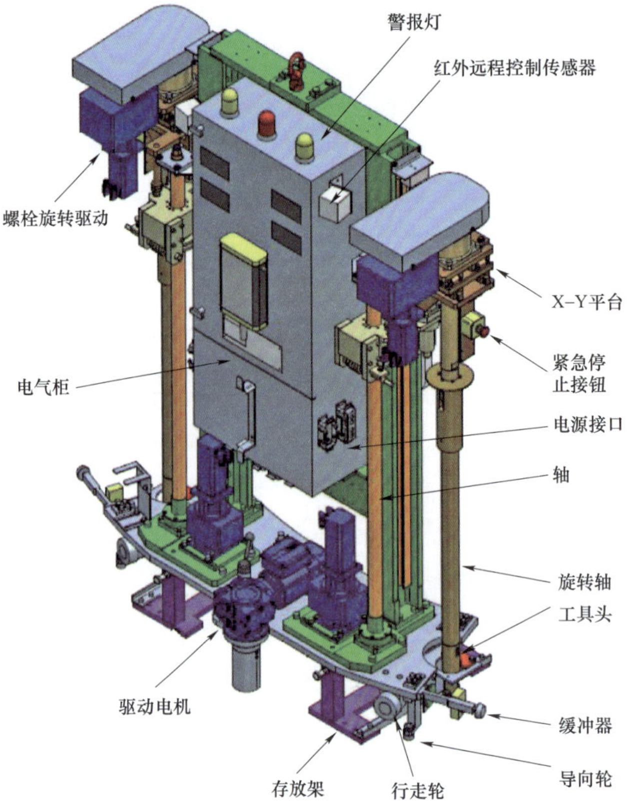

图 352-04-04-11　拧主螺栓机器人

——所有可更换零件（包含软管）应易于更换，拆装时不能损坏设备。接线箱应位于设备的外侧，以方便操作；

——设备设计应考虑操作人员安全，尤其是高压油泄露可能造成的伤害。高压部件及其管线的设计应避免吊装中可能的碰撞；

——设备设计应考虑易于去污，应尽可能减小振动和噪声；

——就地机柜应符合《就地盘箱通用技术规格书》的要求；

——接口设计方面：应全面考虑同相关设备和结构的接口如压力容器（包括容器、顶盖、主螺栓、螺母和垫圈）、堆顶结构、顶盖吊具、测力装置、换料水池、设备闸门和翻转平台卷扬机、环吊、安全壳外龙门吊及放射性机修及去污车间等。

此外，对整体螺栓拉伸机系统相关组成设备、存储条件、材料、制造及其检验、验收、包装运输等方面有具体要求。

——技术要求：

- 螺栓拉伸机的大部分功应是自动或远距离操作，至少提供自动、半自动和手动三种操作模式；
- 打开或关闭容器顶盖的操作时间不超过 5h（不包括螺栓拉伸机就位到容器顶盖法兰和将螺栓拉伸机从容器顶盖法兰已开的操作）；
- 联锁设计应保证设备的操作按预定顺序进行，操作人员的误操作不会导致损坏设备；
- 应保证通过螺栓拉伸机施加到顶盖法兰面上的压应力均匀分布，最大压应力不超过 345 MPa；
- 液压油的卤素含量应小于 200×10^{-6}，硫含量应小于 200×10^{-6}，不允许含有 Pb、Hg、P/Zn、Cd、Sn、Sb、Bi、AS、Cu 和稀土元素；
- 承压大于 20 MPa 的软管应有保护套，液体泄漏应可探测和收集、设备结构设计应防止外来液体存留、泄漏的液压油应可回收，尤其是动密封部位、支撑环支架要求可实现自动化操作，人为手动操作作为备用；

- 螺栓拉伸要求：螺栓拉伸的技术参数是主螺栓数量 60 个，主螺栓中心圆直径 4750 mm，主螺栓螺纹 M170*4；各种工况下单个螺栓的剩余载荷和剩余伸长量要求见表 352-04-04-01；螺栓伸长亮测量不确定度为 0.01 mm，主螺栓在拉伸时的最大容许伸长量为 4.00 mm。

表 352-04-04-01 螺栓拉伸参数表

	初始水压试验	在役水压试验	正常运行
螺栓剩余载荷/N	6.31×10^6	5.32×10^6	4.971×10^6
剩余伸长量/mm	2.02±0.03	1.71±0.03	1.60±0.03

——60 个拉伸螺母与主螺栓的连接和脱开应由 60 个驱动装置自动完成，60 个压力容器主螺母旋拧力矩≤350 N • m。

——维护要求：

为确保压力容器整体螺栓拉伸机正常使用，在大修使用前在 AC 厂房应进行整体螺栓拉伸机的液压功能试验机械功能试验。整体螺栓拉伸机检查与试验包含液压系统检查和压力试验，拉伸螺母驱动机构检查与试验、主罗松木驱动机构检查和试验、提升系统检查和功能试验、拧螺栓机器人的检查和功能试验、操作拧螺栓机器人在手动/自动模式下的拧如螺栓试验、测量表及测量系统控制线检查、测量系统检查和拉伸量参数检查等内容。

4.4.2 主泵专用工具

（1）概述

主泵专用工具约 800 项，可全面满足主泵电机机械年度检查，主泵电机机械全面解体检查，主泵电机下导轴承和推力轴承检查，主泵高压冷却器全面检查，主泵 1、2、3 号密封解体检查，主泵 1、2、3 号密封拆卸及装配，主泵机械年度检查，主泵停车密封解体检查，主泵全面解体检查，主泵油密封解体检查等预防性维修项目的开展。

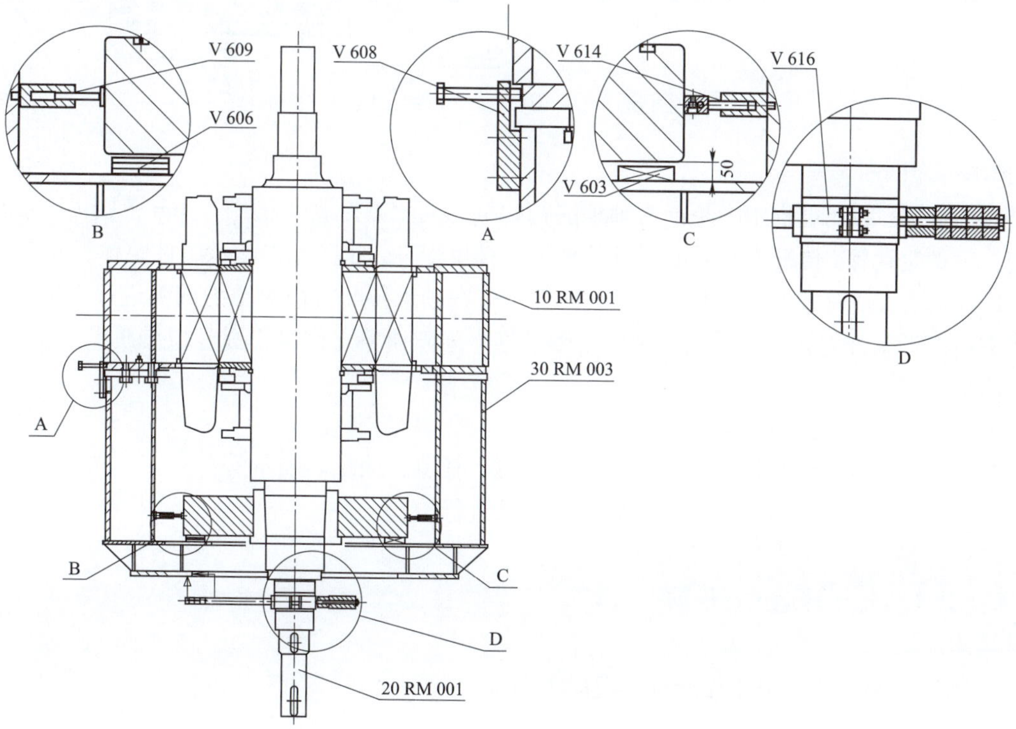

图 352-04-04-12 主泵电机对中工具

（2）典型专用工具

主泵专用工具种类繁多，设计复杂。由于篇幅有限，仅挑选部分典型检修活动或特殊设计的专用工具进行介绍。

1）主泵电机对中

主泵电机单体对中目的在于将主泵电机转子与电机静止件的同轴度、垂直度以及电机转子自身关键部位的外圆跳动调整到标准范围内。实现以上功能的专用工具主要包括电机定子与下机架顶推工具、电机飞轮千斤顶、电机飞轮工具导瓦等，通过调整进给量来实现电机动静部件相对位置的精确调整。

2）轴封拆装

轴封检修使用的主要专用工具包括拉伸工具、提升工具、定心装置、推中工具等。检修过程中应正确使用工具，可实现停车密封的升降路径与泵轴线平行，从而避免轴孔与轴、键咬伤；机械密封翻转及保护、部件定位和对中。

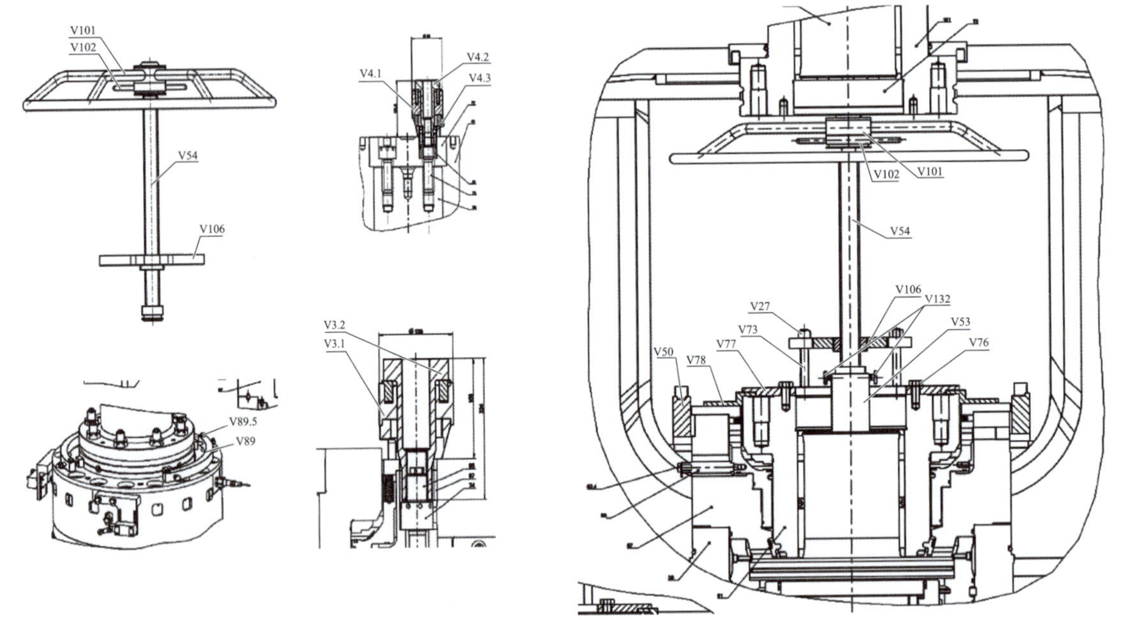

图 352-04-04-13　密封工具

3）轴承推力间隙调整

经过设计计算，装配过程中主泵推力轴承的初始推力间隙需控制在 $0.2_{0}^{+0.025}$ mm 范围内，才能保证主泵的长期正常稳定运行。传统方法只能通过部件加工精度保证，并在电机轴承组件整体组装完成后提升电机来实现，无法实现有效过程控制。新工具的开发可在轴承装配阶段对推力间隙进行测量，并通过增减调整垫来精确控制推力间隙，极大地减轻了轴承推力间隙调整工作量、提升检修质量。

（3）维保要求

主泵专用工具的维保主要包含两部分：

——常规工具使用前的可用性检查、清洁、除锈、补漆、涂抹防咬剂等；

——特殊液压工具、起重工具、配套仪表需单独进行校验。

（4）经验反馈

1）某主泵电机转子转运过程松动

问题描述：

2019.2.15 某主泵岛内预对中过程中发现如下情况。

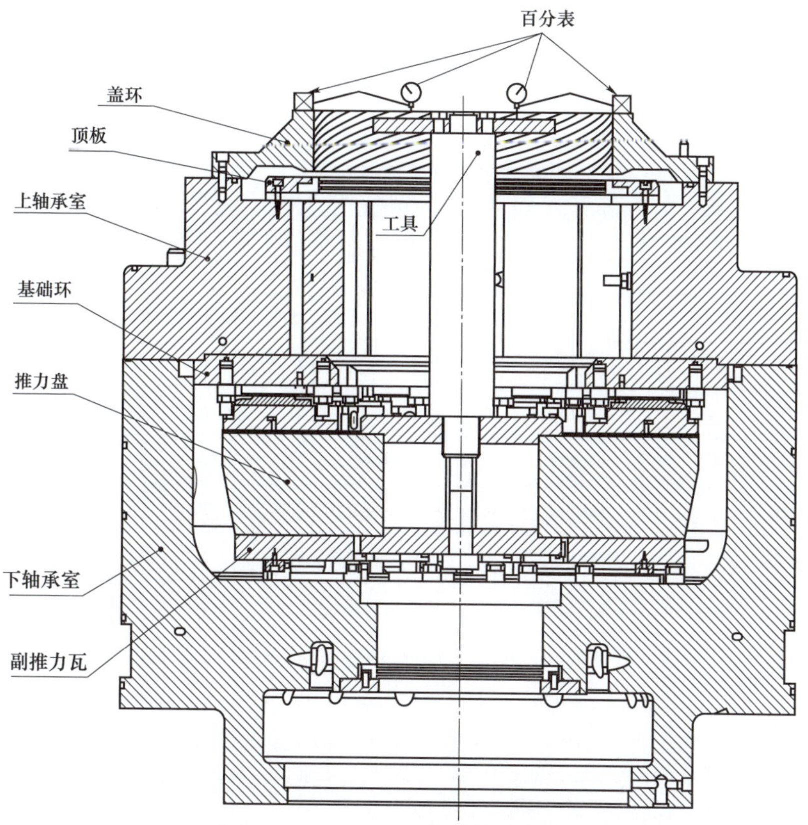

图 352-04-04-14 推力间隙调整工具

——复测电机轴与下轴承室内圆同轴度，最大 0.19 mm，明显高于 AC 测值 0.07 mm；

——拆除电机轴保护套，复测电机转子摆动。上导瓦处 0.02 mm，飞轮处 0.02 mm，下轴伸 0.065 mm；下摆明显高于 AC 测值 0.02 mm。

该问题导致主泵电机返回 AC 厂房重新解体、对中。

原因分析：运输过程电机转子松动。

反馈要点：主泵电机运输前设置控制点对飞轮工具导瓦锁紧状态检查，运输过程需保证缓慢平稳。

2）某主泵安装过程中钢珠散落事件

问题描述

2014.10.26 更换某主泵第 3 级机械密封后，回装停车密封时出现卡涩，利用液压千斤顶取出，取出停车密封的过程中专用工具 V54 损坏，丝杆底部滚动轴承 V54.3 崩裂导致钢珠散落。从 V54.3 的轴承保持架可推测共有 13 颗钢珠，经多次检查后找到 12 颗，尚有一颗钢珠未找到。

为防止系统产生异物，对钢珠散落可能到达的区域（泵检修坑、坑外 SAS 区域等）进行多次检查，确定可视区域不存在异物；对异物可能进入的位置作内窥镜检查，如停车密封的氮气出入管线（直径 9 mm）；对第三级机械密封解体检查并清洁回装。

原因分析：停车密封联轴器泵轴为双键配合且配合间隙较小，拆除过程中由于杂质等原因导致卡涩，无法利用专用工具 V54 取出，采用液压千斤顶拉出，导致专用工具承压过载，轴承崩裂。

反馈要点：

——联轴器卡涩拆出过程应使用专用的拉马；

——机封检修严格按照防异物一级执行（以泵间为控制区）；

——工作过程中任何人怀疑异物进入系统时必须及时告知工作负责人。

（5）参考资料

《FQZ42EOM004101A45SS 福清核电 5、6 号机组主泵设备运行维修手册》F 版

附件 1　典型专用工器具的维护保养清单

	名称	维修项目	工作内容	频度	评判依据
1	压力容器单体螺栓拉伸机 4 个拉伸头	外观检查	检查外观是否完好	1C	表面掉漆锈蚀、局部损伤等
2	硬开顶集装箱	外观检查	检查外观是否完好	1C	表面掉漆锈蚀、局部损伤等
3	长导向柱存放架	外观检查	检查外观是否完好	1C	表面掉漆锈蚀、局部损伤等
4	密封环托架	外观检查	检查外观是否完好	1C	表面锈蚀、局部损伤等
5	测力装置显示器	外观检查	检查外观是否完好	1C	表面锈蚀、局部损伤等
6	燃料抓具调试模拟体	外观检查	检查外观是否完好	1C	表面锈蚀、局部损伤等
7	移动式铅屏蔽容器	外观检查	检查外观是否完好	1C	表面掉漆锈蚀、局部损伤等
8	移动式铅屏蔽容器（RFT 细滤网）	外观检查	检查外观是否完好	1C	表面掉漆锈蚀、局部损伤等
9	真空滤油机	外观检查、压力表校验	检查滤油机外观是否完好、校验压力表显示是否准确	1C	部件缺失、压力表显示误差大
10	地脚螺栓拉伸工具	定期校验	液压部件检测、压力表校验	1C	漏油、液压油不足、液压附件损坏、压力表显示误差大
11	高中压隔板存放架	外观检查及润滑	检查外观是否完好	C3	表面掉漆锈蚀、枕木破裂等
12	低压隔板存放架	外观检查及润滑	检查外观是否完好	C3	表面掉漆锈蚀、枕木破裂等
13	阀盖螺栓拉伸工具	定期校验	液压部件检测、压力表校验	C1	漏油、液压油不足、液压附件损坏、压力表显示误差大
14	对轮螺栓拆装工具	定期校验	液压部件检测、压力表校验	C1	漏油、液压油不足、液压附件损坏、压力表显示误差大
15	气动注胶枪（含配套软管）	密封试验、外观检查	启动部分是否漏气、胶枪部件外观检查	C1	漏气、胶枪有异物、锈蚀等
16	水压试验装置	密封试验、外观检查	冲水进行打压、检查外观是否锈蚀、部件缺失	C1	漏水、表面锈蚀等
17	发电机转子顶起工具	定期校验	液压部件检测、压力表校验	C1	漏油、液压油不足、液压附件损坏、压力表显示误差大
18	基础弹簧调整装置（千斤顶与泵）	定期校验	液压部件检测、压力表校验	C1	漏油、液压油不足、液压附件损坏、压力表显示误差大
19	200 t 超薄千斤顶	定期校验	液压部件检测、压力表校验	C1	漏油、液压油不足、液压附件损坏、压力表显示误差大
20	HIP 分缸装置（千斤顶+泵）	定期校验	液压部件检测、压力表校验	C1	漏油、液压油不足、液压附件损坏、压力表显示误差大
21	HIP 猫爪置换装置（千斤顶）	定期校验	液压部件检测、压力表校验	C1	漏油、液压油不足、液压附件损坏、压力表显示误差大
22	HIP 中分面螺栓伸长量测量工具	定期校验	百分表校验	C1	百分表显示不准确
23	导汽管螺栓拆装工具	定期校验	液压部件检测、压力表校验	C1	漏油、液压油不足、液压附件损坏、压力表显示误差大
24	轴承拆卸液压扳手	定期校验	液压部件检测、压力表校验	C1	漏油、液压油不足、液压附件损坏、压力表显示误差大
25	数显楔形塞尺	定期校验	量具检测	C1	测量误差大

续表

	名称	维修项目	工作内容	频度	评判依据
26	HIP 中分面冷紧螺栓拆装工具	定期校验	液压部件检测、压力表校验	C1	漏油、液压油不足、液压附件损坏、压力表显示误差大
27	低压内缸横向调节千斤顶	定期校验	液压部件检测、压力表校验	C1	漏油、液压油不足、液压附件损坏、压力表显示误差大
28	低压内缸轴向调节千斤顶	定期校验	液压部件检测、压力表校验	C1	漏油、液压油不足、液压附件损坏、压力表显示误差大
29	转子吊带 50 t	定期校验	外观检查、载荷试验	C1	外包层损坏、可受载荷不足
30	转子吊带 80 t	定期校验	外观检查、载荷试验	C1	外包层损坏、可受载荷不足
31	轴向位移调整工具	定期校验	液压部件检测、压力表校验	C1	漏油、液压油不足、液压附件损坏、压力表显示误差大
32	低压内缸中分面螺栓拆装工具	定期校验	气动部件密封性检查、液压部件检测、压力表校验	C1	漏气、漏油、液压油不足、液压附件损坏、压力表显示误差大
33	吸尘器	定期校验	电动工具检测	C1	吸力不足、电线破损等
34	钢丝绳	定期校验	外观检查、载荷试验	C1	钢丝断裂、可载荷不足
35	钢丝绳	定期校验	外观检查、载荷试验	C1	钢丝断裂、可载荷不足
36	轴承箱顶起装置	定期校验	液压部件检测、压力表校验	C1	漏油、液压油不足、液压附件损坏、压力表显示误差大
37	钛管冲洗装置	定期校验	电动工具检查、压力表压力表校验	C1	压力表显示误差大
38	低压转子顶起装置	外观目视检查	检查外观是否完好	Y3	表面锈蚀、有裂纹
39	高中压汽缸起吊工具	定期校验	外观检查	C1	表面损坏、可受载荷不足
40	低压内缸起吊工具	定期校验	外观检查	C1	表面损坏、可受载荷不足
41	低压外缸起吊工具	定期校验	外观检查	C1	表面损坏、可受载荷不足
42	转子起吊工具	定期校验	外观检查	C1	表面损坏、可受载荷不足
43	汽封体起吊工具	定期校验	外观检查	C1	表面损坏、可受载荷不足
44	高中压隔板起吊工具	定期校验	外观检查	C1	表面损坏、可受载荷不足
45	低压隔板起吊工具	定期校验	外观检查	C1	表面损坏、可受载荷不足
46	核电低压转子滚轮支架	目视检查及通电试验	外观检查各部件是否完好、表面是否有裂纹、通电试验电控系统是否正常	C1	表面、部件损坏、电控系统故障
47	高中压转子支架	目视检查及通电试验	外观检查各部件是否完好、表面是否有裂纹、通电试验电控系统是否正常	C1	表面、部件损坏、电控系统故障
48	低压轴承箱箱盖起吊工具	定期校验	外观检查	C1	表面损坏、可受载荷不足
49	低压轴承起吊工具	定期校验	外观检查	C1	表面损坏、可受载荷不足
50	端盖起吊工具	定期校验	外观检查	C1	表面损坏、可受载荷不足
51	地脚螺栓拧紧装置	定期校验	液压部件检测、压力表校验	C1	漏油、液压油不足、液压附件损坏、压力表显示误差大
52	转子顶升液压设备	定期校验	液压部件检测、压力表校验	C1	漏油、液压油不足、液压附件损坏、压力表显示误差大
53	高中压汽缸调平用千斤顶	定期校验	液压部件检测	C1	漏油、液压油不足、液压附件损坏

续表

	名称	维修项目	工作内容	频度	评判依据
54	汽缸中分面顶开用千斤顶	定期校验	液压部件检测	C1	漏油、液压油不足、液压附件损坏
55	高中压汽缸负荷分配千斤顶	定期校验	液压部件检测	C1	漏油、液压油不足、液压附件损坏
56	低压内缸调整千斤顶	定期校验	液压部件检测	C1	漏油、液压油不足、液压附件损坏
57	手动液压泵及其附件	定期校验	液压部件检测、压力表校验	C1	漏油、液压油不足、液压附件损坏、压力表显示误差大
58	联轴器螺栓液压拧紧工具	定期校验	液压部件检测	C1	漏油、液压油不足、液压附件损坏
59	液压螺栓拉伸器 M 68/M 76/M 80/M 90	定期校验	液压部件检测	C1	漏油、液压油不足、液压附件损坏
60	螺栓伸长测量工具	定期校验	百分表检测	C1	显示误差大
61	闸阀研磨机（D 20～80 mm）	外观检查及通电试运转	外观检查及通电试运转	C1	膜头磨损
62	闸阀研磨机（DN 40～300 mm）	外观检查及通电试运转	外观检查及通电试运转	C1	膜头磨损
63	闸阀研磨机系列（DN 65～450 mm）	外观检查及通电试运转	外观检查及通电试运转	C1	膜头磨损
64	安全阀校验台	外观检查及仪表校验	外观检查及仪表校验	C1	仪表失效
65	安全阀校验台	保压试验	校验台整体保压试验	C1	可能故障：漏气、漏水
66	内张管端坡口机	外观检查及通电试运转	外观检查及通电试运转	C1	齿轮损伤
67	主泵机封清洗槽	外观检查	1. 外观检查：检查内外表面有无锈迹、毛刺 2. 盛水试验，检查有无泄漏	C1	可能故障 1. 表面锈蚀、毛刺、铭牌松动 2. 排水阀密封不严
68	电动水压试验泵	外观检查及润滑	检查泵外观是否完好、校验压力表显示是否准确	C1	泵漏油、漏水、无法动作等
69	蒸汽发生器二次侧排水泵	外观检查及润滑	检查泵外观是否完好、校验压力表显示是否准确	C1	泵漏油、漏水、无法转动等
70	传热管检漏堵漏工具	外观检查	检查外观是否完好	C1	表面锈蚀、橡胶老化等
71	气密性堵板气囊	外观检查	检查外观是否完好	C1	表面锈蚀、橡胶老化等
72	防异物盖板、密封面保护环	外观检查	检查外观是否完好	C1	表面锈蚀、划伤等
73	工业内窥镜	专用工器具外观检查	1. 检查内窥镜镜头有无明显损坏；2. 检查操作屏或按钮有无损坏；3. 检查内窥传送线有无破损；4. 检查电源有无损坏	6M	设备维护说明书
74	超声清洗装置	专用工器具外观检查	检查外表面有无脏污或破损	C1	设备维护说明书
75	风冷制冷剂抽罐装置	两年度检查	外观检查、润滑油、皮带更换	C2	设备维护说明书
76	薄型液压千斤顶	年度检查	外观检查、功能性试验	C1	设备维护说明书
77	单作用手动泵-PA 系列	年度检查	外观检查、功能性试验	C1	设备维护说明书

第五章 维修支持

1 概述

维修支持专业为机组的安全稳定运行及相关维修工作提供必要的工作支持，包括通信系统、火灾报警系统、实物保护系统、起重系统和燃料操作与贮存系统，是核电厂消防安全、核设施安全和燃料安全的重要组成部分。本章阐述“华龙一号”反应堆维修支持相关系统的技术要求。

2 引用文件

《火灾自动报警系统施工及验收规范》（GB 50166）
《火灾自动报警系统设计规范》（GB 50116）
《起重机设计规范》（GB/T 3811—2008）
《通用桥式起重机》（GB/T 14405—2011）
《核电厂专用起重机设计准则》（EJ/T 801—1993）
2005 年 12 月版《压水堆核电厂核岛电气设备设计和建造规则》（RCC—E）
《起重机电控设备》（JB/T 4315—1997）
《起重机械安全规范　第 1 部分：总则》（GB 6067.1—2010）
《机械安全机械电气设备 第 32 部分：起重机械技术条件》（GB 5226.2—2002）
《起重机试验规范和程序》（GB 5905—2011）
《起重机械安全规程第 5 部分桥式和门式起重机》（GB 6067.5—2014）
《起重机　钢丝绳　保养、维护、检验和报废》（GB/T 5972—2016）
《起重机维护手册第 1 部分：总则》（GB/T 18453—2001）
《核动力厂设计安全规定》（HAF102）
《核电厂设计总的安全原则》（HAD102/01）
《核电厂防火》（HAD102/11）
《核电厂辐射防护设计》（HAD102/12）
《核动力厂燃料装卸和贮存系统设计》（HAD102/15）
《核电厂运行期间的辐射防护》（HAD103/04）
《电离辐射防护与辐射源安全基本标准》（GB 18871—2002）
《核电厂安全功能和设备分级》（1188XCP—ZHC18）
《核电厂专用起重机设计准则》（NB/T 20234—2013）
《起重机设计规范》（GB/T 3811—2008）
《起重机安全规程》（GB 6067.1—2010）

3 术语和定义

无。

4 生产通信系统

4.1 范围对象

生产区域通信系统，不是核安全设备，但对核电机组的安全运行起着重要作用。提供可靠的厂内通信和厂外通信，特别是在应急状态下必须保证与上级各主管部门的通信，包括语音、传真、数据、图像。

4.2 结构原理

行政电话：设置中继模块，作为机组电话配线场所。

安全电话系统：安全电话系统设置一台安全电话自动交换机（SPABX），连接核电厂内关键和重要岗位，使之在事故和应急状态下保持专用可靠和有效的通信联系。

电力调度电话系统：系统由电力调度电话交换机（GPABX）和一定数量的电话用户组成，实现厂内电力调度通信并与网调、省调、厂外变电所建立中继通信。

直通电话系统：直接作为市话局的终极用户，为厂内重要部门和岗位的管理人员和运行人员提供直接的国内外通信。

有线广播系统：系统由控制台（呼叫站）、功率放大器、网络控制器、音频扩展器和扬声器组成。用于从主控室（或远程停堆站）、应急指挥中心发出寻人呼叫和应急通知，具有灵活组合的分区呼叫和优先呼叫功能。

内部对讲系统：系统用于核电厂生产运行通信，由内部对讲交换机、主控室主终端、工业用户终端和办公室普通用户终端组成，系统能辅助操作员与主控室或远程停堆站进行语音通信。

声警报系统：系统作为有线广播系统的备用，由控制台、功率放大器、网络控制器、声警报器（扬声器）和就地触发警报盒组成。其功能是可以从主控室、远程停堆站、应急指挥中心、或者从反应堆厂房和核燃料厂房控制发出声警报，包括紧急撤离、火灾、撤离警报。

声力电话系统：系统用于测试和维修时的通信联络，由转接箱、插座网络和声力电话机组成。插座网络分成三个分支，每个分支经由转接箱实现各分支间的通话，每个分支有三条线路允许三组用户在同一分支上同时通话。

时钟系统：系统用于为全厂提供统一时间和为同步设备、DCS 等系统提供同步脉冲信号，由 GPS 卫星定时基准源、母钟、子钟等设备组成。母钟分别设置在华龙机组，母钟接收来自 GPS 的标准时间信号，将其传送到电厂内的各子钟，自动对时。系统定时将子钟和母钟比较对时，以确保子钟时间与母钟同步。同时，母钟提供多种同步信号，供电厂内的同步设备、DCS 等系统和计算机网络等同步使用。机组时钟系统由时钟远端模块、子钟和仪控时基信号箱等组成。

无线电话系统：用于核电厂岛外正常工况和事故工况下无线通信，作为有线通信的备用。

综合布线：系统用于建立信息传输通道，灵活组建信息网络、高速传输数据信息和语音信息。

移动电话信息平台寻呼系统：系统利用移动电话信息平台寻呼系统管理终端，可对福清核电厂华龙机组所有应急人员进行单个寻呼或集群寻呼。

通信监控系统：通信监控系统可对通信机房电话系统、有线广播系统、声警报系统、内部对讲系统、时钟系统的电源进行实时远程监控。从而保证及早发现故障及时处理，确保通信系统畅通无阻。

主控室录音系统：数字录音系统设置在华龙机组 L710 房间，可对相关操作和指令等进行跟踪和事后检查等，便于核电厂的运营和管理。

正常运行工况：

核电厂正常运行（除去任何事故工况）所必须的通信网由下列组成：

一套行政电话网，该网在核电厂办公场所设置电话终端，经光纤与公用电话网相连接。

一套电力调度电话网，该网连接到电力调度部门或变电站，系统具有录音功能。

一套安全电话网，该网配置有限数量的重要用户电话，系统具有录音功能。

一套有线广播网，该网的扬声器安装在核电厂核岛厂房、常规岛厂房和 BOP 各建筑物内外，用来发送生产调度指令和广播通知等。

一套声警报网，该网的警笛安装在核电厂核岛厂房、常规岛厂房和 BOP 各建筑物内外，在发生事故或有线广播系统故障时，作为有线广播网的备用。

一套无线电话系统，为正常和应急情况下的工作运行提供无线通信手段。

一套内部对讲网，用于核电厂运行时核岛及技术性 BOP 厂房的通信联络，辅助操作员可通过此网呼叫主控室，系统具有录音功能。

一套声力电话网，用于核电厂工作人员调试和维修时的通信联络。

一套时钟网，用于在厂内传送时间及相关系统所需的时钟信号。

一套综合布线网，用于核电厂数据信息和语音信息的传输。

一套通信监控网，用于通信机房设备电源监测。

一套数字录音网，用于对相关操作和指令等进行跟踪和事后检查等。

移动电话信息平台寻呼系统

事故工况：

在事故工况下通信系统应具有下列的应急能力：人员在现场时，能从下述任一地点发出报警信息：机组主控室或远程停堆站（当核电机组主控室发生事故时）；应急楼的应急指挥中心（实行厂内应急计划时）。报警信息通过有线广播网发送至核电厂各个区域，有线广播网发生故障时，则由声警报网完成报警信息的发送。人员在家待命时，通过移动电话信息平台寻呼系统发布应急信息。

4.3 指标与参数

——内部对讲系统：

话音频率在 200～10 000 Hz 的范围，支持最长讲话时间：不小于 1 h，具有通信标准接口：RS-232、RS485 等。

——有线广播系统：

频响：50 Hz～20 kHz，失真＜0.6%，灵敏度 2.5 mV/Pa。

——扬声器：

额定电压：100 V，有效频率范围（−20 dB）：10 到 18 000 Hz，核岛内筒式扬声器的防护等级 IP65。

——声力电话机：

声力电话机话音放大增益 26 dB，声力电话机呼叫铃声响度大于 75 dB。

——时钟系统：

时间偏差 TDEV：在τ积分时间内，TDEV 符合表 352-05-04-01 要求。

表 352-05-04-01 时间偏差 TDEV

积分时间 τ（s）	TDEV 限值（ns）
$0.1<\tau$ 运 100	3
$100<\tau$ 运 1000	0.03τ
$1000<\tau$ 运 10 000	30

4.4 维修技术要求

每换料大修对摄像机进行预防性维修。

4.5 质量管理

本系统无特殊质量管理，参照核电厂 QC 质量管理体系执行。

4.6 经验反馈

无。

4.7 技术规程清单

表 352-05-04-02 技术规程清单

序号	规程名称
1	“华龙一号”机组应急通信设施设备定期试验
2	“华龙一号”机组有线广播系统主机预防性维修
3	“华龙一号”机组声力电话定期功能试验
4	“华龙一号”机组内部对讲系统主机设备预防性维修
5	“华龙一号”机组声警报按钮定期功能试验
6	“华龙一号”机组 7BX 电话交换机系统设备预防性维修

4.8 参考资料

（1）LSC 通信系统设备技术规格书-A［R］.
（2）全厂通信系统（LSC）系统手册［R］.

5 闭路电视系统

5.1 范围对象

闭路电视系统虽然不是核安全有关系统，但主控制室操纵员可通过该系统监视布置有摄像机区域的火灾情况而确认火灾探测器所发出的火警信号，从而迅速启动相应的保护装置。闭路电视系统实现以下功能：

——对反应堆大厅状态的监视；
——复核反应堆冷却剂泵的火灾情况；
——复核上充泵的火灾情况；
——对下泄孔板阀门运行状态进行监视；
——对燃料厂房大厅状态的监视；
——复核辅助给水泵的火灾情况；
——对特定位置风机、管道和阀门的整体监视；
——复核循环水泵及重要厂用水泵的火灾情况；
——复核汽机厂房的火灾情况。

5.2 结构原理

本系统在位于主控制室的控制台上操作运行，系统主要由摄像机（耐辐照摄像机、普通摄像机）及附件、监视器、矩阵控制器、电视插座网络箱、硬盘录像机及分控制台等设备组成。

（1）视频控制主机

视频控制主机是一种交叉式视频矩阵切换器，矩阵切换主机单机最大容量为 256 路视频输入和 16 路视频输出。视频主机提供了 256 路视频输入，每一路均支持同轴视控和视频丢失检测功能。

（2）键盘

系统主要控制功能由键盘来实现，键盘可对摄像机/监视器进行切换操作，并可控制预置、模式、顺序切换、本地和解码器辅助功能及画面分割器等功能。键盘同样可以通过遥杆来控制 PTZ 功能。

当主机第一次加电或重新加电时，用户需等待 5 s 左右，再在键盘上选择监视器号。步骤：1）输入用户要监视的监视器号码；2）按 MON 键，键盘的 LED 显示区将显示出当前的监视器号码，同时说明，主机与键盘已通信正常。如果键盘没有显示，重复步骤 1）和步骤 2）。

限制和优先级：摄像机到监视器，摄像机可以指定显示到特定的监视器。键盘到监视器：键盘可以指定控制特定的监视器。连续工作：视频主机设计为长时间连续工作方式，一旦安装，如果设备出现问题，无需重新加电或退出正常模式。系统有两种编程模式：菜单直接控制和间接控制，即使用提供的 Windows 界面的软件，两种方式均不需要用户重新加电。设备的通信口为：RS232、RS422 和 RS485，所有的通信连接均不需重新加电，改变视频终端方式也无需重新加电。

（3）耐辐照摄像机

耐辐照摄像机是耐辐照、自动聚焦的彩色摄像机，具有 10 倍光学变焦功能、低光灵敏度和高分辨率图像，辐射屏蔽的内部结构使得该摄像机适用于高辐射区域。

一个倾斜镜延伸保护透镜系统及摄像机模块不直接暴露于辐射之下，同时内置的热电冷却系统，即使在外部环境温度很高的情况下，也能自动保持摄像机内部温度。

由于工作环境存在游弋中子，摄像机镜头需避免暴露在环境中，摄像机采用了反射式设计。如图 352-05-05-01 所示：

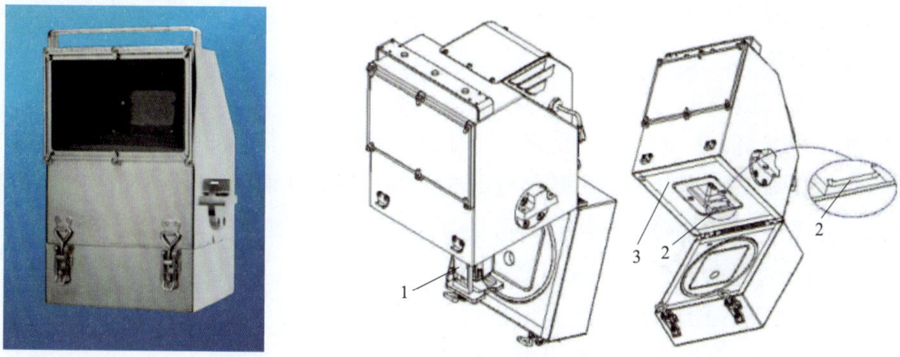

图 352-05-05-01　摄像机采用反射式设计

该款摄像机核心感光部件采用感光元器件，累计剂量率 107 rad，剂量率大于 105 rad/h 的要求，抵御伽马等电离辐射伤害，核心部件包裹厚重的铅板及含硼聚乙烯进行防护。如图 352-05-05-02 所示：1）一体化机芯；2）机芯安装支架；3）防护材料。摄像机连接口采用军标航空插头集成，性能可靠操作简便，如图 352-05-05-02 所示：

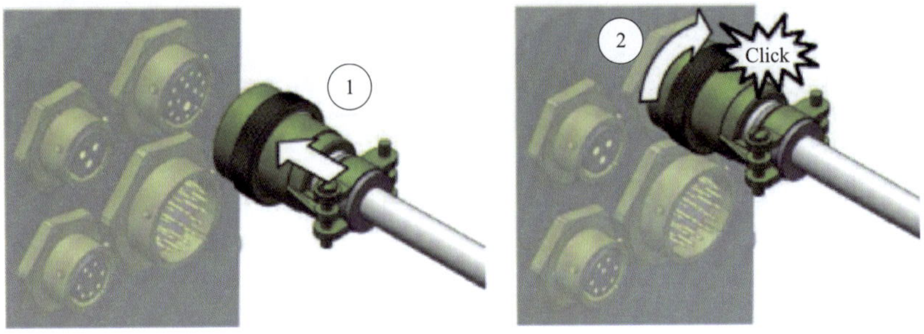

图 352-05-05-02　耐辐照变焦彩色摄像机

耐辐照变焦彩色摄像机，主要安装在上充泵、余排泵等设备的周围，使主控室可以通过该系统监视反应堆上述区域的火灾情况，确认火灾探测器发出的火警信号，从而迅速启动相应的保护装置。它的设计沿袭 AE 耐辐照摄像机系列设计，具有 10 倍光学变焦功能、低光灵敏度和高分辨率图像，辐射屏蔽的内部结构使得该摄像机适用于高辐射区域。如图 352-05-05-03 所示：

图 352-05-05-03　耐辐照摄像机外观设计

产品结构：该款摄像机核心感光部件采用感光元器件，累计剂量率 107 rad，剂量率大于 105 rad/h 的要求，抵御伽马等电离辐射伤害，核心部件包裹厚重的铅板及含硼聚乙烯进行防护。安装与调试：该款摄像机的安装，沿袭 AE 系列设计需配合其专用云台或支架进行安装，完成机械连接后，再将电缆接头与摄像机连接，需要将接头外壳上的红色圆点与摄像机连接头上的圆点对准，轻轻推入后左右轻轻旋转，直到听见“咔”的一声为止。将电缆的另一端连接到 15 V 直流电源和视频监视器；需要注意的是，电源电压不能超过 18 V，同时电源接线必须正确，否则可能会损坏摄像机。摄像机采用一体化机芯，成像元器件与镜头集成在一起，其聚变焦及光圈调整是通过芯片计算自动控制，所以不需要进行手动调整。机芯的更换：该型号摄像机集成度高，在日常维护中，只需要更换受到辐射损伤的一体化机芯即可，快捷简便，有效控制维修人员的受辐射剂量。其更换方法如下：1）拆下后端①内六角螺栓；2）握住②手柄抽出机芯安装支架；3）换下机芯；4）将支架插入外护罩，并回装①内六角螺栓。

（4）耐辐照变焦黑白摄像机

耐辐照变焦黑白摄像机，主要安装在反应堆冷却剂泵等设备的周围，使主控室可以通过该系统监视反应堆上述区域的火灾情况，确认火灾探测器发出的火警信号，从而迅速启动相应的保护装置。与普通摄像机核心感光部件采用 CCD 感光元器件不同，为了能够达到累计剂量率 108 rad，剂量率大于 106 rad/h 的要求，抵御伽马等电离辐射伤害，耐辐黑白摄像机采用了电子管感光元器件。这种设计使得其在辐照环境下的工作寿命远远高于采用感光元器件的摄像机。

图 352-05-05-04　耐辐照变焦黑白摄像机

由于电子管元器件散热量较大，而要求摄像机防护等级采用 IP 65 的标准，因此在电子管周围使用了导热片和导热管设计，将导热管与摄像机的阳极氧化铝外壳相连，通过外壳向大气散热，同时导热片也起到辐照隔离作用，提高了电子成像管的使用寿命。由于防护等级的要求，摄像机外壳被设计成了圆柱体结构，因此在安装过程中要十分小心，放置时要放在 V 形支架上，或者专用的夹具内。要避免部件掉落或磕碰，损坏成像管等精密元件。为了使成像的图像朝上，在安装过程中需要将摄像机上印制的序列号保持水平方向，位于摄像机连接口的右侧。电缆接头与摄像机连接时，需要将接头外壳上的红色圆点与摄像机连接头上的圆点对准，轻轻推入后左右轻轻旋转，直到听见“咔”的一声为止。将电缆的另一端连接到 15 V 直流电源和视频监视器；需要注意的是，电源电压不能超过 18 V，同时电源接线必须正确，否则可能会损坏摄像机。在打开摄像机外壳时，干燥剂袋必须立即取出并密封在聚乙烯拉链塑料袋中，以便再次安装外壳时使用。必要时可以将干燥剂袋放入 120° 高温烤箱里 2h，使之充分干燥。

（5）彩色视频摄像机

是带有 1/3in 成像器的高分辨率彩色视频摄像机。摄像机具有以下功能：扩展的动态范围（EDR）模式、直接驱动/自动光圈镜头连接器、可调后焦距、背光补偿、自动增益控制以及可调的 C/CS 镜头装配。摄像机配备了彩色定焦镜头和彩色变焦镜头。

（6）控制键盘

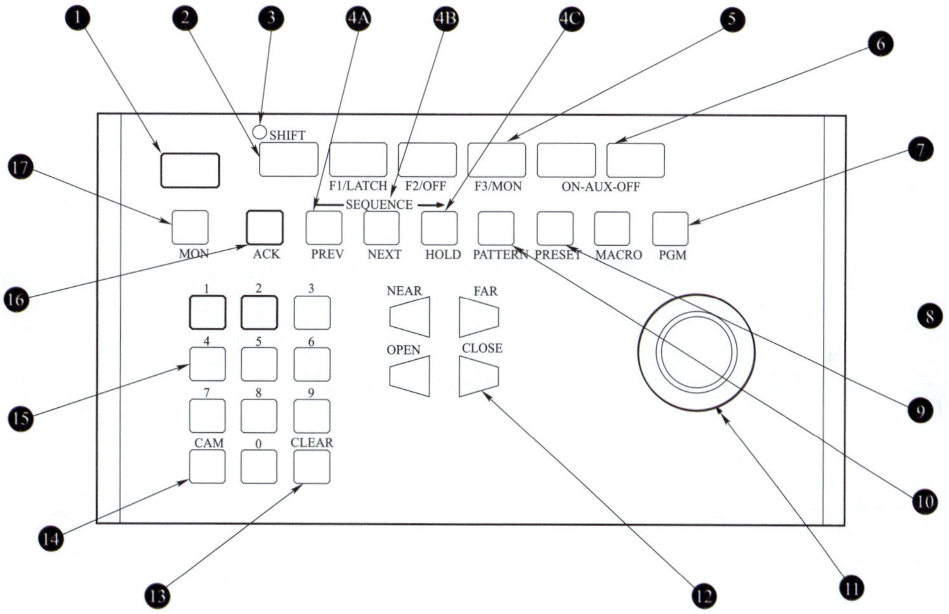

图 352-05-05-05　耐辐照摄像机控制盘

代码	描述
1	LED 显示
2	上档键
3	上档键 LED 显示
4	顺序切换键：前、后、保持
5	功能键 F1/LATCH，F2/OFF，F3/MON 控制辅助功能，上档键亮时控制多画面
6	AUX ON 和 AUX OFF 控制解码器辅助功能，上档键亮时控制多画面
7	编程键
8	宏切换键
9	预置位键

续表

代码	描述
10	巡逻键
11	摇杆
12	聚集和光圈键（光圈键可在使用 CM6800 时选择菜单）
13	清除键
14	摄像机选择键
15	数字键（1～0）
16	确认键
17	监视器选择键

5.3 指标与参数

CCD 传感器：1/3 in 行间传输；
同步系统：INT/AC 行锁定；
视频连接器：BNC；
电源要求：24 VAC 或 12 VDC；
功耗：最大 3.3 W。

5.4 维修技术要求

每换料大修对摄像机进行预防性维修。

5.5 质量管理

本系统无特殊质量管理，参照核电厂 QC 质量管理体系执行。

5.6 经验反馈

——摄像机在监视器上显示无图像：

- 检查监视器是否损坏；
- 检查摄像机电源是否接好；
- 若接好，则检测电源电压是否符合摄像机供电要求；
- 检查摄像机上镜头光圈是否打开；
- 检查同轴电缆所有连接头是否发生短路或断路；
- 检查视频同轴电缆与 BNC 接头是否接触不良；
- 检查录像机和矩阵对应的视频通道是否损坏。

——无法控制云台：

- 检查云台控制键盘是否供电；
- 检查云台和解码器是否供电；
- 检查云台 485 控制线是否断路或断路。

——硬盘录像机显示器画面有抖动感：

- 这种情况一般是因为显示刷新率设置过低所致；
- 进入“显示属性”，点击“设置”，选“高级”，再选“监视器”，把新频率调整到 75 Hz，确定退出后就可解决此问题。

——硬盘录像机显示器出现屏幕保护或者黑屏：

- 从监控系统退出到 Windows 操作系统界面后，在界面上点击鼠标右键，选择“属性”；
- 在出现的标签里选择屏幕保护，选择（无）一项解除屏保；
- 点击右下角的设置按钮，在电源使用方案里选择“始终打开”，系统等待选择“从不”，关闭监视器出选择“从不”，“关闭硬盘”处选择“从不”；
- 点击“确定”即可。

——硬盘录像机图像显示只有图像没有操作按钮或画面：

- 一般情况下是显示分辨率设置没有达到要求；
- 将桌面分辨率设置成 1024 × 768，并将小字体改为大字体即可。

——矩阵无法进入主菜单：

- 确认第一路视频输入是否有图像并切换到第一路视频输出；
- 确认键盘的编程钥匙是否打到 PROG 位置，检查键盘顶端的拨码；
- 确认键盘和矩阵通信是否正常；
- 开机箱，对矩阵进行带电复位。

——矩阵某路输出无图像或图像有问题：

- 确认是否设置监视器访问权限；
- 确认输入通道是否正常，把确认正常的输入通道切换到输出；
- 进入系统主菜单进行软复位。

——码转换器指示灯不亮：

- 检查码转换器是否有 220 V 供电电压。

——键盘失灵：

- 检查键盘连接线是否有问题；
- 键盘复位。

——键盘没电源：

- 检查 AC 接口；
- 检查变压器连接；
- 检查连到键盘和接口盒的连线；
- 检查变压器到终端接口地方。

——键盘按键没有反应（电源已检查）：

- 检查接口盒到矩阵通信端口的连接；
- 检查键盘和矩阵系统的波特率；
- 检查通信协议 DIP 设置；
- 检查运行内置测试去验证键盘操作。

——监视器开机图像没有彩色：

- 调节图像的彩色制式为“自动”（摄像机彩色制式是否设置在黑白状态）；
- 按监视器面板的“MENU”键，加大图像菜单中的“色度”值，调节监视器软件菜单中的“对比度”项。

——监视器开机图像暗或黑屏：

- 适当加大图像菜单中的“亮度、对比度”值；
- 打开监视器后壳，调节高压包上面的“Screen”旋钮，直到亮度合适即可。

——监视器开机指示灯不亮：

- 可用电笔确认插座是否有电、插座指示灯是否亮；

- 更换其他插座或换同一插座不同插口；
- 监视器电源线是否已断；
- 检查监视器主板各连接线是否连接好。

——监视器整个屏幕模糊不清，菜单字符也模糊：

- 调节高压包“FORCE”旋钮，将字符调节清晰即可；
- 维修监视器主板。

——监视器开机显示屏显示一条水平亮线：

- 维修监视器主板。

5.7 技术规程清单

图 352-05-05-01 技术规程清单

序号	规程名称
1	闭路电视系统主机预防性维修
2	闭路电视系统设备预防性维修
3	闭路电视系统设备定期更换

5.8 参考资料

[1]《工业电视系统设计规范》[R].

6 出入口控制系统

6.1 范围和对象

ISA 系统是厂区出入口控制系统。设备由位于保卫控制中心（7UG 楼）、控制区出入口警卫室（7UA）、保护区出入口警卫室（7UD）、要害区的主出入口及辅助出入口的门禁控制器、读卡器和相应的出入口设施等设备组成。

本系统能实现下列功能：

——通过出入卡的自动读取，可实现对出入口设施（三角闸门、旋转门、电磁锁门、电动门、路障机）的管理和操作；

——数据实时管理；

——修改出入权限，新卡的数据记录；

——通过读卡器允许或拒绝人员进出；

——记录进出信息；

——分析数据以发现运行问题和故障，以达到定期检修的目的；

——对报警和故障信号进行处理；

——记录报警数据并实时打印。

安保对讲系统为出入口控制系统正常运行、紧急出口的使用、安保人员的出入口运行工作和紧急情况的通信联络提供方便快捷有效的手段。当出入口处的对讲机发出呼叫时，视频监视系统的监视器上能立即显示出该点的实时现场图像，快速确认情况，为消防疏散和应急计划实施作出快速响应。

6.2 结构

出入口设备安装在系统设计的各层围栏周界人员和车辆通道处和特定的建筑物内人员和车辆出入口。

区域划分

——控制区：

这一区域包括所有需要保护的场所。在控制区域外设单道围栏进入这一区域要经过控制区主入口（7UA），在控制区主入口设控制区警卫室。

——保护区：

保护区位于控制区内，包括所有影响核电厂运行的设施。在保护区周界设双道围栏（通过 LSM 系统进行监视），进入这一区域需通过保护区出入口（7UD），在保护区主出入口设警卫室。

——要害区：

要害区位于保护区内，包括那些如果被破坏会危及核电厂安全的场所、设备和系统。在要害区周界设围栏或实体墙（通过 LSM 系统进行监视），进入要害区要通过严格限制和控制。

系统内部接口

出入口控制器通过以太网与管理服务器连接，通过网络上传各出入口设备的状态及报警信号。通过 RS485 接口或 TCP/IP 接口与读卡器模块连接；读卡器模块接收读卡器、门磁、电磁锁等接入设备的报警、故障等状态，通过继电器输出控制信号。

——与集成管理平台的接口：

集成管理平台通过接口协议和数据库共享实现对出入口控制系统（包括虹膜识别系统）的完全集成，两者数据共享，可通过集成管理平台对出入控制系统进行管理与控制，可在集成管理工作站上和电子地图上显示出入口控制系统的相关信息并进行控制。出入口控制系统应能与集成管理平台进行时间同步。

——与视频监控系统的接口：

出入口控制系统通过软件接口协议，通过集成管理平台与视频监控系统进行联动控制。当有出入口刷卡或发出非法入侵报警时，联动该出入口处的定焦摄像机或相应一体化摄像机到相应的预置位，并将该图像自动显示到指定监视器和工作站上，同时进行报警录像。

——与辐射监测系统的接口：

可与 IAM 系统通过开关量信号进行联动控制。当人员或物品被 IAM 系统测出放射线超标时，IAM 系统发出报警并将信号以干接点方式送至出入口控制系统，联动关闭相应的出入口设施。解锁时，由保卫控制中心根据相关程序发出解锁信号。

6.3 指标与参数

（1）自动模式控制方式

表 352-05-06-01 自动模式控制方式

出入区域	入	出
由监视区至控制区	读卡	读卡
由控制区至保护区	读卡并键入密码	读卡
由保护区至要害区	读卡并键入密码	读卡
进出保卫控制中心	读卡并键入密码	读卡

续表

出入区域	入	出
由要害区至要害部位	读卡并键入密码/虹膜识别	读卡
由监视区至控制区（车辆出入口）	驾驶员读卡确认后，道闸挡杆升起，警卫人员手动打开外侧电动栅门，车辆进入检查通道，警卫人员手动关闭外侧电动栅门，对车辆进行检查，检查完成后，警卫人员手动打开内侧电动栅门，车辆通过	驾驶员读卡确认后，道闸挡杆升起，警卫人员手动打开内侧电动栅门，车辆进入检查通道，警卫人员手动关闭内侧电动栅门，对车辆进行检查，检查完成后，警卫人员手动打开外侧电动栅门，车辆通过
由控制区至保护区（车辆出入口）	驾驶员读卡确认后，道闸挡杆升起，警卫人员手动打开外侧电动栅门，车辆进入检查通道，警卫人员手动关闭外侧电动栅门，对车辆进行检查，检查完成后，警卫人员手动降下液压路障并打开内侧电动栅门，车辆通过	驾驶员读卡确认后，道闸挡杆升起，警卫人员手动打开内侧电动栅门，由警卫人员手动降下液压路障，车辆进入检查通道，警卫人员手动关闭内侧电动栅门，对车辆进行检查，检查完成后，警卫人员手动打开外侧电动栅门，车辆通过

（2）各设备允许通行模式

表 352-05-06-02　各设备允许通行模式

	自动模式	自由通行模式	禁止通行模式	手动控制模式
三角闸门	√	√	√	
旋转门	√	√	√	
电磁门锁	√	√	√	
道闸	√	√	√	√
液压路障				√

通过手动控制将可改变出入过程，在保卫控制中心内设置一套手动出门按钮控制盘，对保护区、要害区和要害区内通道上出入口设备进行控制。

（3）出入口控制数据库服务器

表 352-05-06-03　出入口控制数据库服务器

术内容	参数
电源	220 VAC
CPU	四核 3.6 GHz
硬盘	4 个 1 TB，支持 SATA RAID5
内存	128 GB
网卡	100 M/1 000 M 自适应

（4）出入口系统工作站

表 352-05-06-04　出入口系统工作站

技术内容	参数
电源	220 VAC
CPU	四核 3.6 GHz
硬盘	2 TB
内存	16 GB
网卡	100 M/1 000 M 自适应

（5）读卡机控制器

表 352-05-06-05　读卡机控制器

技术内容	参数
电源	12 VDC
接口	RJ 45、RS 232、RS 485
支持持卡人数	＞200 000
工作温度	0～50 ℃
工作湿度	0～85%无凝结

（6）数字接近式读卡器

表 352-05-06-06　数字接近式读卡器

技术内容	参数
电源	5～12 VDC
接口	RJ45、RS232、RS485
读卡频率	13.56 MHz
最大读卡距离	≥10 cm
工作温度	-20～70 ℃
工作湿度	0～100%

（7）虹膜识别器及控制器

表 352-05-06-07　虹膜识别器及控制器

技术内容	参数
电源	12 VDC
操作系统	Linux
内存	256 MB
接口	以太网、USB、韦根、RS422、智能卡读卡器
操作范围	25～37 cm
工作温度	0～40 ℃

（8）旋转门

表 352-05-06-08　旋转门

技术内容	参数
箱体材质	316 拉丝不锈钢
旋转翼	316 磨砂不锈钢，四扇 90° 旋转翼
旋转轴	316 磨砂不锈钢
电源	220 VAC
工作温度	-15～50 ℃
通行流量	刷卡式通过时，每分钟流量不小于 15 人 刷卡+密码键盘通过时，每分钟流量不小于 12 人

（9）三角闸门

表 352-05-06-09　三角闸门

技术内容	参数
三辊毂	铸铝，并经涂层抛光
三辊臂	316 抛光不锈钢柱，直径不小于 35 mm，臂长不少于 480 mm
电源	220 VAC
工作温度	−35～50 ℃
通行流量	刷卡式通过时，每分钟流量不小于 20 人

（10）室内用电控锁

表 352-05-06-10　室内用电控锁

技术内容	参数
电源	12/24 VDC
安全类型	断电开门
承受拉力	＞500 kg

（11）室外用电控锁

表 352-05-06-11　室外用电控锁

技术内容	参数
电源	12/24 VDC
安全类型	断电开门
承受拉力	＞600 kg

（12）声光报警装置

表 352-05-06-12　声光报警装置

技术内容	参数
电源	12/24 VDC
闪光强度	＞70 cd
报警音量	＞85 dB

（13）液压路障

表 352-05-06-13　液压路障

技术内容	参数
电源	380 VAC
路障高度	⩾0.7 m
通道宽度	⩾3 m
液压柱直径	⩾250 mm
起落时间	3～10 s
通过性承压能力	车辆通过时，可承受单轴 20 T 的通过压力
工作温度	−30～70 ℃

（14）道闸

表 352-05-06-14　道闸

技术内容	参数
电源	380 VAC
车辆档杆起落时间	1.5～4 s（可调）
车辆档杆长度	4 500 mm（直方杆，长度可调）
工作温度	−35～60 ℃

6.4　预防性维修项目

表 352-05-06-15　预防性维修项目

序号	预防性维修项目	周期
1	液压路障、道闸预防性维修	1 年一次
2	三角闸门预防性维修	1 年一次
3	虹膜识别器预防性维修	1 年一次
4	工作站定期维护	1 年一次

表 352-05-06-16　监检内容、标准和周期

序号	监检内容	标准	周期
1	安保控制中心机房巡检	无异常故障或者告警	每周至少两次
2	液压路障巡检	检查油位在红线之上	每周至少两次

6.5　质量管理

表 352-05-06-17　质量管理

序号	维护项目	标准
1	液压路障、道闸预防性维修	（1）测量工作电压正常 （2）外表无明显脏污 （3）液压油在红线之上 （4）液压路障升起、下降速率基本一致 （5）液压路障可升到最高处
2	三角闸门预防性维修	（1）测量工作电压正常 （2）外表无明显脏污 （3）无明显异音
3	虹膜识别器预防性维修	（1）测量工作电压正常 （2）外表无明显脏污 （3）通行功能正常
4	工作站定期维护	（1）数据库备份 （2）远程手动控制功能正常

7 厂区报警与监视系统

7.1 范围和对象

厂区报警与监视系统的功能：

LSM 系统用于防范、探测、阻止、监视各种敌对入侵，此系统主要有三种设置：设置围栏作为明显障碍物阻止人员穿行、在保护区/要害区围栏内设置专用的防入侵探测器、通过视频监控系统及安保照明系统对周界进行监视和报警复核。

LSM 系统设备的主要功能：

——同时能接收和显示多个系统报警信号；

——当入侵探测报警后可通过视频图像来确认现场情况；

——报警数据应能记录并实时打印；

——当系统的线路或探测器被篡改时应能探测到并显示故障点；

——所有系统的设备箱应加设门磁报警开关，非法打开时报警；

——系统在各警卫室和主控室设有紧急报警按钮；

——系统设置围栏周界照明供夜间监视用。

来自入侵探测设备的各种报警信号和故障信号由入侵报警主机及工作站接收并显示、处理，视频监控系统监视器可显示监视图像。上述设备配有打印机，可记录、打印报警信息，信号均送至保卫控制中心通知值班人员。

LSM 系统的视频监控设备同时也有一组为出入口控制系统服务，连续监视主要出入口的状态。

7.2 结构

入侵探测设备包括各种不同类型的探测设备（张力探测、红外探测、微波探测、振动电缆探测器等），根据周界的需求和各种探测手段的特性来选择应用。

探测器种类包括门磁报警开关、红外对射探测器、微波探测器、多普勒探测器、振动电缆探测器、张力探测器、管道栅栏探测器。

前端入侵报警信号通过光端机等传输设备传回保卫控制中心设备间，通过信号分配器将报警信号分成两路，一路送至入侵报警接口模块，接入报警主机；另一路送至视频矩阵，用于联动报警图像。报警主机处理报警数据在工作站上显示报警信息，同时快速联动视频矩阵在保卫控制中心的监视器组上显示相关报警区域的图像用于报警的复核确认，并在网络存储单元中保存摄像机图象记录备查。

视频监控设备包括各种不同类型的摄像机、监视器、视频矩阵和视频存储设备。根据所监视区域的需求来选择不同类型的摄像机摄像机种类包括：室外彩色变焦摄像机、室外彩色定焦摄像机、室外红外定焦摄像机、室内彩色变焦摄像机、室内彩色定焦摄像机、室内半球型彩色定焦摄像机及室内红外定焦摄像机。

各摄像机图像数据通过光端机等传输设备传回保卫控制中心设备间，通过信号分配器将视频信号分成两路，一路送至视频矩阵进行实时图像的显示，另一路送至编码器通过数字视频管理系统进行视频图像的存储。

LSM 系统包括以下各种类型周界防入侵探测设备：

——入侵探测设备；

——门磁报警开关；

——红外对射探测器；

——微波探测器；
——多普勒探测器；
——振动电缆探测器；
——围栏式张力探测器；
——管道栅栏探测器；
——视频监控设备：

在保护区双层围栏周界上、要害区周界内、要害区室内及各层实体屏障的出入口处共设置多台摄像机，其中包括定焦摄像机，云台变焦摄像机（其中在保护区双层围栏之内、要害区单层围栏上设置定焦彩色摄像机；在控制区、保护区、要害区出入口设置定焦彩色摄像机；主出入口和厂区重要监视点设置云台变焦彩色摄像机以实现对厂区重要地点的选择监视）。

系统可接受入侵探测器报警信号或出入口控制系统的报警信号联动控制开启相关部位的摄像机，在保卫控制中心的监视器上显示相关部位的摄像机图像供报警确认之用，同时有网络数字存储控制器及磁盘阵列进行录像并保存。

——安保照明设备：

为控制区、保护区和要害区围栏和出入口提供可靠的照明，确保夜间安保巡逻和视频监控系统室外摄像机正常工作必需的工作照度。用于在自然光照度不足的情况下保证视频监控正常工作和周界巡逻监视。

——围栏：

根据保护区的安全等级设置不同的围栏。

保护区围栏为双道围栏，围栏间的要留有一定的距离（6 m）用于安装探测设备。

围栏 1（控制区一侧）高度：2.5 m 顶部加装 0.8 m 向外斜撑；

围栏 2（保护区一侧）高度：2.5 m 顶部加装 0.8 m 向外斜撑。

两层围栏间设有固定在地上的圈形带刺钢丝网（蛇腹形）。要害区周界高度 2.5 m，围栏顶部加装 0.8 m 向外斜撑。围栏外侧设置轻质防护栏，防护栏高度 1.0 m。

——红外对射探测器：

红外对射探测器通过红外线光束被阻断来发现外来侵入者，发射柱发送红外光束到接受柱，探测区域为地上 0.15 m 到 3 m。

报警信号在下列情况下触发：

- 束以上发射射线被阻断；
- 接收器故障设备遭到破坏；
- 光信号过弱。

3 m 红外探测器用于保护区和要害区车辆出入口，1.5 m 红外探测器用于屋顶或旋转栅门上方探测。

——微波探测器：

微波探测器通过微波束被阻断来发现外来入侵者，一套微波探测器由一个发射器和接收器组成。

微波探测器（包括发射器和接收器）的最长的保护距离为 100 m。

报警信号在下列情况下触发：

- 发射波束被阻断；
- 设备故障；
- 设备遭到破坏。

这一探测系统用于保护区围栏间隔离带的空间入侵探测。

——多普勒探测器：

多普勒探测系统通过微波束被阻断来发现外来入侵，其发射与接收装置为一体。

多普勒探测器的最大保护区域为 50 m×5 m。

报警信号在下列情况下触发：

- 发射波束被阻断；
- 设备故障；
- 设备遭到破坏。

这一探测系统主要用于保护区围栏隔离带内的微波探测器的死角处。

——振动电缆探测器：

振动电缆探测系统通过对微点电缆的震动分析来发现外来入侵，包括振动电缆、报警处理单元及连接模块。每个处理单元控制 2 根各 200 m 的微点电缆，探测防区通过软件逻辑分区使围栏式振动电缆的防区与微波空间场探测器防区相一致。

报警信号在下列情况下触发：

- 任何一根电缆被剪断、拉伸；
- 任何一根电缆受到超过某定值的振动；
- 处理单元故障或被破坏。

——张力探测器：

张力探测系统包括张力铁丝和传感器，张力铁丝有任何形式的变形（挤压、拉伸或剪断）传感器都会告知探测器。张力探测系统通过张力铁丝被拉伸、剪断或受到一定压力后变形而发现外来入侵者，最大保护距离为 60 m。

报警信号在下列情况下触发：

- 任何一根张力铁丝被剪断、拉伸；
- 任何一根张力铁丝受到超过某定值的压力；
- 传感器故障。

这一探测系统安装在要害区围栏上。

——管道栅栏探测器：

管道栅栏探测器通过隔栅被破坏、移除、剪断和拉弯而探测外来入侵。

管道栅栏探测器包括探测器栅栏和控制器。探测器栅栏的尺寸根据所防护的孔洞尺寸确定。

报警信号在下列情况下触发：

- 任何一根管道栅探测器被有破坏、剪断、折弯、变形；
- 设备故障。

——门磁报警开关：

用于探测门或出入口的非法打开。

报警信号在下列情况下触发：

- 一个监视设备箱门或出入口的门被打开；
- 设备故障。

该探测手段主要安装在设备柜门、人员应急通行门和车辆入口大门处。

——视频监控系统：

视频监控系统用于监视以下区域：

- 保护区围栏周界的隔离带内；
- 核岛要害区围栏周界及 PX 要害区周界；
- 控制区和保护区的出入口，包括地下廊道；
- 要害区的出入口及要害区内的要害部位出入口；
- 保卫控制中心的出入口；

- 主控室和保卫控制中心内，以便运行人员和安全保卫人员可以相互监视；
- 汽轮机厂房（MX）厂房内。

——保护区、要害区围栏周界的监视：

在保护区围栏内安装摄像机，安装高度 4.5 m，每台摄像机覆盖区域约 60 m 以满足下列标准：

- 定焦摄像机；
- 在监视器上可以清晰辨别人的面孔；
- 两台邻近的摄像机的监视区域相重合，无盲区。

视频监视操作由保卫控制中心的值班人员实现，系统并可接受入侵探测器报警信号或出入口控制系统的报警信号联动控制开启相关部位的摄像机，在保卫控制中心的监视器上显示相关部位的摄像机图像供报警确认之用，同时由网络存储单元进行视频图像的保存。

视频监控系统中远端设备到保卫控制中心的传输线路采用光缆。

——出入口监视（控制区主出入口、保护区主出入口、要害区出入口）：

系统可连续对主要人员和车辆出入口通道及重要岗位进行监视和录象，保卫控制中心负责全厂出入口的监视。同时控制区主出入口 7 UA 的警卫可监视控制区主出入口人员和车辆出入口通道的情况，保护区主出入口 7UD 的警卫可监视保护区主出入口人员和车辆出入口通道的情况。

室外摄像机置于不锈钢防护罩中。

——安保照明：

为了确保摄像机在夜间能够正常工作，要求足够的亮度。在保护区双道围栏内靠近围栏 2 m 处设金属卤化物灯（色温应大于 5000 K），在控制区、保护区及要害区出主入口处设安保照明设施，工作面照度不低于 150 Lx。保护区、要害区围栏的平均照度应在 20～40 Lx，最大照度与最小照度比小于 5:1。

——保卫控制中心监视：

入侵数据传输要求

带有传输模块功能的就地接口控制箱安装在防水的箱体中，总线连接所有传输模块，数据通过总线经控制模块送至网络管理模块。管理模块将报警信号到防入侵报警工作站，同时显示在模拟盘上，并通过报警实时打印机打印记录，并且发出联动控制信号给视频监控系统矩阵显示报警区域的摄像机以便值班人员观察入侵区域。

为确保系统（包括管理模块、控制模块和传输模块）可靠的运行，需对各种故障进行检查：

——保卫控制中心服务器；

——数据网络传输总线；

——电源；

——与视频监控系统的连接；

——探测模块功能。

整个保护区围栏的监视由视频系统实现保卫控制中心所需设备：

——入侵报警监视器；

——出入口控制监视器；

——大屏幕用于快速定位报警信号发出的不同区域；

——视频存储系统和打印机用于记录报警和故障时间入侵报警工作站用于确定入侵报警的位置并处理。

——应急电源：

所有的探测器和摄像机均由双路电源供电，主电源由 0 ELx 提供，备用电源由 0EEZ 提供。

保护区、要害区周界照明和控制区、保护区、要害区出入口照明系统供电由两路 380 V 电源提供。

主电源由 0ELX 提供，备用电源由 0EEZ 提供，确保在其中一路电源失去时仍然能为摄像机提供可靠照明。

7.3 指标与参数

（1）微波探测器

技术内容	参数
探测概率	≥99%
误报概率	1 次/组 • 年（视现场实际情况）
目标重量	≥35 kg
最大探测距离	122 m

（2）多普勒探测器

技术内容	参数
最大探测距离	61 m
最大探测宽度	7.3 m

（3）震动电缆探测器

技术内容	参数
工作温度范围	－40～70 ℃
最小曲径	10 cm
工作电压	10.5～60 VDC

（4）张力围栏探测器

技术内容	参数
工作温度范围	−30～70 ℃
工作电压	10～30 VDC

（5）管道栅栏探测器

技术内容	参数
工作温度范围	−20～70 ℃
工作电压	12～30 VDC

（6）红外对射探测器

技术内容	参数
报警响应时间	20～30 ms
工作电压	12～30 VDC

（7）彩色摄像机

技术内容	参数
报警响应时间	20～30 ms
工作电压	24 VDC
最低亮度	≤0.7 lux
信噪比	≥50 db
旋转角度	水平方向 0°～360°，0.1°/s～40°/s 垂直方向+30°～–80°，0.1°/s～20°/s
变焦	15～24 X 光学变焦（3.8 mm±5%～91.2 mm±5%） 10 X 电子变焦

7.4 维修技术要求

表 352-05-07-01 维修技术要求

序号	预防性维修项目	周期
1	微波对射探测器、多普勒探测器预防性维修	1 年一次
2	张力铁丝探测器预防性维修	1 年一次
3	振动电缆探测器预防性维修	1 年一次
4	监控摄像机定期维护	1 年一次
5	红外对射探测器预防性维修	1 年一次
6	管道栅栏探测器预防性维修	1 年一次

序号	监检内容	标准	周期
1	安保控制中心机房巡检	无异常故障或者告警	每周至少两次
2	终端探测器巡检	无设备脱落或严重锈蚀	每半年一次

7.5 质量管理

表 352-05-07-02 质量管理

序号	维护项目	标准
1	微波对射探测器、多普勒探测器预防性维修	（1）测量工作电压正常，校准电压正常 （2）测试防拆报警正常 （3）电路板无明显脏污或者锈蚀
2	张力铁丝探测器预防性维修	（1）测量工作电压正常，校准电压正常 （2）测试防拆报警正常 （3）电路板无明显脏污或者锈蚀 （4）探测器上无脏污物体
3	振动电缆探测器预防性维修	（1）测量工作电压正常 （2）测试防拆报警正常 （3）电路板无明显脏污或者锈蚀 （4）探测器上无脏污物体
4	监控摄像机定期维护	（1）图像清晰，无明显水波纹 （2）测试防拆报警正常 （3）电路板无明显脏污或者锈蚀

续表

序号	维护项目	标准
5	红外对射探测器预防性维修	(1) 测量工作电压正常 (2) 测试防拆报警正常 (3) 电路板无明显脏污或者锈蚀
6	管道栅栏探测器预防性维修	(1) 测量工作电压正常 (2) 测试防拆报警正常 (3) 电路板无明显脏污或者锈蚀

7.6 经验反馈

表 352-05-07-03 经验反馈

序号	故障现象	原因分析	处理
1	微波探测器误报高	(1) 探测器电路故障 (2) 探测器受脏污影响工作不正常	(1) 检查探测器是否受潮或者脏污 (2) 检查探测器是否正常巡检
2	红外对射探测器报故障或者误报	(1) 探测光路受到遮挡 (2) 电压不稳定	(1) 检查探测光路上是否有物体遮挡 (2) 检查电压是否在正常范围内
3	监控摄像机波纹	(1) 摄像机固定不牢靠 (2) 电压不稳定 (3) 数据线未完全插入	(1) 检查摄像机是否有晃动 (2) 检查电压是否在正常范围内 (3) 检查数据线是否插好
4	多普勒探测器误报多	(1) 探测范围调节过大 (2) 地面积水	(1) 调节范围到合适探测区间内 (2) 清除地面积水，必要时可以铺碎石子

7.7 技术规程清单

表 352-05-07-04 技术规程清单

序号	规程名称
1	管道栅栏探测器预防性维修
2	红外对射探测器预防性维修
3	监控摄像机定期维护
4	微波对射探测器、多普勒探测器预防性维修规程
5	张力铁丝探测器预防性维修
6	振动电缆探测器预防性维修

7.8 参考资料

[1] 核设施实物保护（HAD 501/02—2018）[Z].
[2] 核设施周界入侵报警系统（HAD 501/03—2005）[Z].
[3] 核设施出入口控制（HAD 501/04—2008）[Z].
[4] 核电厂运营单位的组织和安全运行管理（HAD103/06—2006）[Z].

7.9 经验反馈

表 352-05-07-05 经验反馈

序号	故障现象	原因分析	处理
1	三角闸有异音	(1) 三辊毂卡涩 (2) 螺栓脱落	(1) 检查三辊毂并调整位置 (2) 检查螺栓位置并拧紧
2	液压路障升起速度慢或升不到顶	(1) 电机出力不足 (2) 油路泄露	(1) 检查电机电源是否正常 (2) 检查油位是否低于红线，并检查管路泄露并补漏
3	虹膜无法识别	(1) 虹膜控制器死机 (2) 使用人使用不当	(1) 重新启动虹膜控制器 (2) 提醒使用人在正确距离内使用
4	读卡无法进/出	(1) 触发防反传机制 (2) 读卡控制器死机	(1) 检查通行人是否按照正确路径进出 (2) 重启读卡控制器

7.10 技术规程清单

表 352-05-07-06 技术规程清单

序号	规程名称
1	液压路障、道闸预防性维修规程
2	三角闸门预防性维修规程
3	虹膜识别器预防性维修规程
4	工作站定期维护规程

7.11 参考资料

[1] 核设施实物保护（HAD 501/02—2018）[Z].

[2] 核设施周界入侵报警系统（HAD 501/03—2005）[Z].

[3] 核设施出入口控制（HAD 501/04—2008）[Z].

[4] 核电厂运营单位的组织和安全运行管理（HAD103/06—2006）[Z].

8 集成管理系统

8.1 范围和对象

安保系统的管理和控制设备设于以下区域：

保卫控制中心 7UG；

控制区出入口警卫室 7UA；

控制区制卡室 7UA；

保护区出入口警卫室 7UD；

核岛要害区 5AR/6AR 主出入口警卫室；

应急中心 EM。

——保卫控制中心 7UG：

保卫控制中心面积 120 m^2。

保卫控制中心位于要害区，保卫控制中心大门设气闸门通道（设有读卡器，在保卫控制中心控制台可远程控制开启）。

保卫控制中心需要配备以下设备：

- 安保管理系统机柜，由热备份可自动切换的计算机服务器及几台不同用途的工作站组成；
- 视频控制系统机柜，由视频矩阵控制器、视频存储设备及其网络设备组成；
- 安保对讲机柜；
- 出入口系统机柜，包括控制出入口系统控制器等设备；
- 监视器组；
- 电源控制柜；
- 保护区、要害区围栏照明控制设备。

——控制区出入口警卫室 7UA：

控制区出入口警卫室控制台需要配备以下设备。

- 监视器；
- 控制区围栏照明控制设备；
- 胁迫报警设备；
- 通信设备。

——控制区制卡室 7UA：

控制区出入口制卡室控制台需要配备以下设备。

制卡工作站、数字相机、卡证打印机、制卡读卡机。

——保护区出入口警卫室 7UD：

保护区出入口警卫室控制台需要配备以下设备。

- 监视器；
- X 光检查机；
- 胁迫报警设备；
- 保护区围栏照明设备；
- 通信设备。

——核岛要害区 5AR/6AR 主出入口：

在核岛要害区 5AR 主出入口警卫室设控制台（6AR 警卫室配置与 5AR 警卫室配置相同），需要配备以下设备。

- 监视器；
- 出入口系统设备；
- 胁迫报警设备；
- 通信设备。

——应急中心 EM：

在应急中心设安保管理系统工作站及通信设备。

8.2 结构

集成安保控制和管理系统能直接与各被集成安防子系统通信，通过系统操作员工作站提供的统一图形用户界面，操作员和维护人员能对所有被集成安防各子系统执行控制逻辑，对其系统设备进行远程监控。操作员工作站拥有一个完善、方便用户及有效的人机界面，以便操作员对安全防范系统及各个分系统中的有关设备进行监控，操作工作站同时可按授权进行程序修改和系统管理功能服务配置。集成安保管理和控制系统需要无缝集成各个安防子系统，各安防子系统系统采用软件接口的方式集成到集成安保管理和控制系统中。

集成保安控制及管理系统作为整个实物保护系统的综合管理平台，能够协调实物保护系统下各子系统正常运行，协助保安管理人员便捷地控制、管理和维护复杂的实物保护系统。概况而言，具有以下功能：

1）集成监控管理平台

集成保安控制与管理系统设置在各监控机构内，能通过统一的通信平台和管理软件将监控中心设备与各子系统设备联网，实现由监控中心对各子系统的自动化管理与监控。集成管理平台的故障不影响各子系统的运行，某一子系统的故障不影响其他子系统的运行。提供操作界面实现对各种设备的操作控制，包括视频图像的切换、处理、存储、检索和回放、云台、镜头等预置和遥控；对防护目标的设防与撤防，执行机构及其他设备的控制等。

2）报警事件集成管理

提供处警处理及预案功能，入侵报警时入侵部位、图像、声音应自动同时显示，并显示可能的对策或处警预案。

报警事件记录和查询，操作员的管理、系统状态的显示等应有记录，需要时能简单快速地检索和/或回放。

统计分析功能，可生成和打印各种类型的报表。报警时能实时自动打印报警报告（包括发生时间、地点、报警类别、值班员姓名、处理情况等），留有多个数据输入、输出接口，能连接各子系统的主机。

集成保安控制与管理系统具有视频、报警网络地图及报警点显示等地图示意图功能，操作人员可以通过示意图或者各种报警信息以及通过示意图进行视频、入侵报警等控制操作。

3）运行维护管理

系统提供自检及报警功能，以声光和/或文字图形显示系统自检、设防和撤防的区域，报警和故障信息（时间、部位等）及图像状况，以及受控出入口人员通行情况（姓名、时间、地点、行为等）。

系统可以建立、修改各类设备的通信及端口配置情况，可以方便地进行设备的增加、维护、故障处理；

系统管理人员可以建立各类设备的联动关联关系。

4）系统管理功能

可以建立多级用户管理，设定操作员的姓名和操作密码，划分操作级别和控制权限等。系统具备防止非法操作的功能，具备预防任何操作人员对电脑历史资料进行篡改的功能。

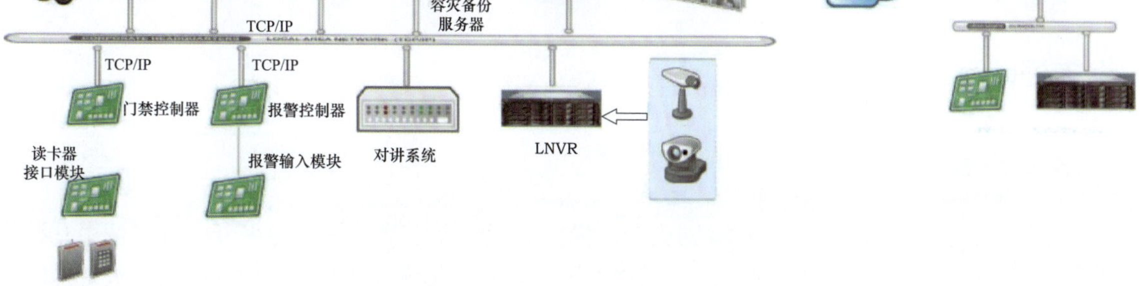

图 352-05-08-01　集成系统功能图

8.3 指标与参数

无。

8.4 维修技术要求

表 352-05-08-01 维修技术要求

序号	预防性维修项目	周期
1	数据库备份	系统首次投运前一次，运行期间 1 年一次及每次对数据库修改前
2	防火墙病毒库升级	2 年一次

序号	监检内容	标准	周期
1	安保控制中心机房巡检	无异常故障或者告警	每周至少 2 次

8.5 质量管理

表 352-05-08-02 质量管理

序号	维护项目	标准
1	数据库备份	（1）确保用专用移动存储介质，并经过病毒消杀
2	机房巡检	（2）所有指示灯均正常工作 （3）无异常告警信息

8.6 经验反馈

表 352-05-08-03 经验反馈

序号	故障现象	原因分析	处理
1	视频存储录像丢失	（1）存储硬盘故障 （2）未开启视频存储功能	（1）检查硬盘是否工作正常 （2）检查视频存储功能是否开启

8.7 技术规程清单

无。

9 火灾报警系统

9.1 范围和对象

由设在核岛、常规岛和 BOP 厂房各防火分区的火灾探测器组成，同一防火分区可能使用几种不同类型的火灾探测器。火灾探测器用电气线路互相连接，当火灾探测器触发报警时，在火灾报警控制器上出现声光报警信号，火灾报警控制器位于电子设备间或值班室内。同时，报警信号以图形和文字形式显示在主控室的操作员工作站上，并可打印相关信息。

许多厂房（如电气厂房、安全厂房、核燃料厂房、核辅助厂房、反应堆厂房等）均配备有就地模拟盘，它们重复显示相应报警信号。

火灾征兆一旦出现，相关火灾探测器立即向火灾报警控制器传送报警信号，同时核岛火灾报警控制器向操作员工作站和 DCS 系统（通过接口）传送信号，并且从 DCS 系统接收防火阀和排烟阀相关信息，同时火灾报警控制器上相应的指示灯闪亮，显示并记录首个发生火灾的防火分区的编号。常规岛及 BOP 则是通过输入输出模块控制相应消防设备动作。

氢气探测系统用于：

——连续监测氢气可能积累的各个区域（氢气高风险区）；

——在氢气泄漏和积累时自动告知运行人员。

氢气探测系统有预防作用：在周围空气中的氢气浓度达到爆炸下限值（LEL）前触发报警。

9.2 结构原理

9.2.1 火灾探测器

所有类型的火灾探测器均为低电压（DC0～24 V）条件下工作，火灾探测器由一个固定式底座（包括连接端子及触点）及探测单元组成。除了在控制室中的火灾探测器是嵌入安装外，其他火灾探测器一般都是吸顶安装的。

火灾探测器的类型如下：

（1）感烟探测器

红外线 LED 辐射出中空锥形光脉冲，光井使这种脉冲不能被聚酯硅光接收器接收。进入探测器的烟雾把光线散射至接收器上，电子设备对产生的信号进行测量计数。当脉冲数被计量之后，一个信号被传送至控制单元。

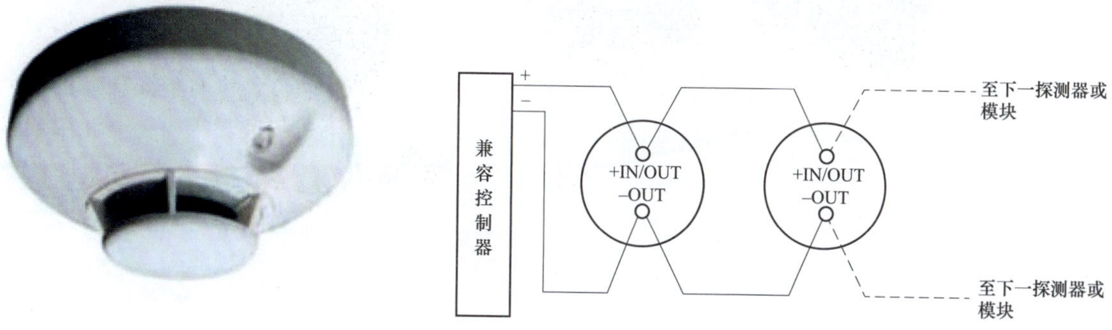

图 352-05-09-01　感烟探测器及其控制器

（2）感烟探测器（安装在风管内）

风管探测器一般安装在通风管道系统来探测进入管内烟雾状况。风管感烟探测器利用光电技术对空气中的烟粒子进行探测。结合防护区的有效设计，将空气样品输入管道中，并探测防护区的烟雾含量。当探测到的烟雾达到一定值时，探测器就会发出相应的报警信号用于监视通风系统风管内的烟雾情况。风速不大于 15 m/s。

（3）红外对射感烟探测器

一种主动红外感烟探测器，它用于宽敞开阔、不适合安装点型火灾探测器的厂房内。探测器是由一个发射器/接收器组合单元和一个反光镜构成，当进入发射器/接收器和反光镜之间区域的烟使到达接收器的信号减弱，减光率达到预设阈值（可在发射器/接收器组合单元上设定）时，探测器就会产生报警信号。光束全被挡住，会产生故障信号，以防止漏报警。因探测器镜头上积聚的灰尘而导致的减光率的缓慢变化会由微处理器来补偿，该处理器不断地监视信号强度并定期更新报警和故障阈值。当自动补偿达到其极限时，探测器就会发出故障信号，表示需要维修。

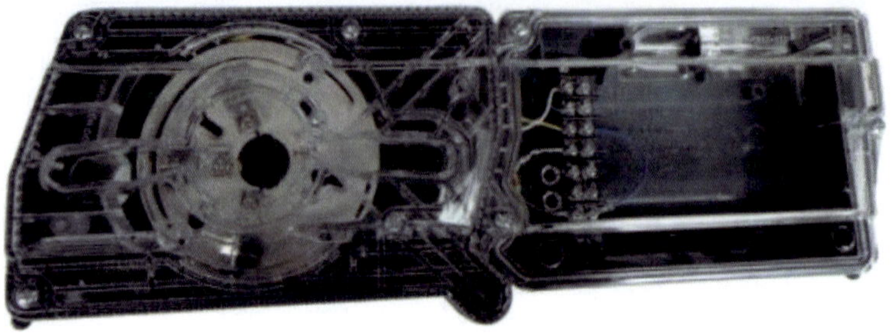

图 352-05-09-02　感烟探测器安装位置图

（4）本质安全型感烟探测器

设在有爆炸性气体存在的危险区域，如蓄电池室等。

（5）火焰探测器

这种探测器对调制过的红外辐射做出反应，辐射调制固定在 5～25 Hz，用来抵消由固定源发出的辐射。火焰探测器设在经常贮存油及燃油的设备房间内，其反应时间应为 30 s，误差为±10%，这个时间从火焰出现开始计算。

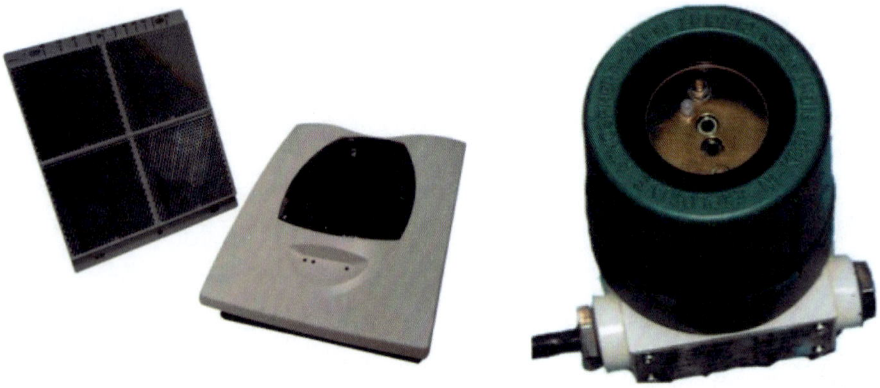

图 352-05-09-03　红外对射感烟探测器

（6）感温探测器

这类探测器按照整定值对温升速率做出反应，反应时间决定于温升速率的设置。

这类探测器布置于热惯性高的房间内。

图 352-05-09-04　感温探测器

（7）缆式线型感温探测器

此类探测器的敏感元件为热敏电缆。当环境温度上升到缆式线型感温探测器的整定动作温度时，热敏电缆的绝缘状态发生变化，线路阻抗跃变，发出火灾报警信号。缆式线型感温探测器用于电缆间和电缆夹层，直接与被保护的设施（如电缆桥架）接触，呈正弦波敷设于桥架上，或直线悬挂于桥架上。

缆式线型感温探测器应具有适合使用环境的报警温度范围、多级温度报警和高可靠性。

（8）管型吸气式感烟火灾探测器

在反应堆厂房的冷却剂泵环路的润滑油的小室，因其火灾的高危险性及高放射性，设有管型吸气式感烟火灾探测系统用于监测火灾信号。

在电气厂房电子设备间和与安全相关的电气柜内设置有管型吸气式感烟火灾探测系统，以实现电气火灾的极早期探测。

管型吸气式感烟火灾探测系统是主动对空气采样，即采用高效抽气泵把空气从采样管抽到探测室进行分析，有三级或四级报警。作为一个独立报警回路，有烟雾浓度显示、报警灯光显示、报警区域显示、错误信息显示、报警阀值显示，以及“静音、复位、模式、隔离”等功能键。设备可对烟雾浓度报警阀值等参数进行设置。在就地都设置编程模块，可进行编程和显示。用于主泵隔间的管型吸气式感烟火灾探测系统的取样风机的数量为两个，一台工作，一台备用，故障时自动切换。两个风机由两个不同系统的电源供电。

采样管网采用多管路方式。

（9）温度传感器

用于碘过滤器的温度监测。当温度达到定值，触发报警，报警信号可通过监视模块输入至火灾自动报警系统。

图 352-05-09-05　温度传感器

9.2.2　火灾报警控制器

火灾报警控制器包括如下方面。

——火灾探测器地址单元：带有微处理器，可对具有独立地址火灾探测器进行管理；

——指示和控制单元：可通过在液晶屏上以文字描述等方式显示防火分区及火灾探测器相关信息，并可与打印设备相连接；

——可发出报警信号，包括火警（红灯）、故障和失效（黄灯）；

——反应堆冷却剂泵抽气探测系统控制器接口；

——氢气探测系统的接口；

——仪控 DCS 系统接口。

9.2.3　就地模拟盘

许多厂房（如电气厂房、安全厂房、核燃料厂房、核辅助厂房、反应堆厂房等）均配备有就地模拟盘，指示已发生火灾房间的位置。此设备可用来迅速、直观显示出火灾的起源，并显示相关区域防火阀和排烟阀的状态信息。就地模拟盘上的按钮可用于手动控制关闭防火阀以及排烟阀的开启。

9.2.4　电气回路及小型电气与机械设备

电缆均为低烟、无卤、阻燃 K3 型或耐火电缆。接线是抗机械振动的，各端子是分隔开的，以免任何可能的短路，电气端子及其有关电路与控制及仪表的端子是实体隔离的。

9.2.5　氢气探测部件

安装在有氢气泄漏高危险区域的探测器应是防爆型的，反应堆厂方内安装的探测器应适应相应的环境条件，氢气探测器安装在房间的天花板或通风管道上。

9.2.6　氢气报警控制器

氢气探测报警控制器柜体为 19 in 模块化结构，能确保实现氢气探测器的报警控制及模拟试验气体报警控制、电气故障报警等，可显示探测装置所测氢气含量并分成两级报警。

9.2.7　操作员工作站

操作员工作站是基于高性能台式 PC 机的图形显示控制工作站，采用专用硬件和软件构成一个指令中心，能够以文字和图形方式显示和控制所有网络节点和网络事件。

9.3 指标与参数

9.3.1 点型感烟火灾探测器

表 352-05-09-01 点型感烟火灾探测器

技术内容	参数
工作温度范围	−10～55 ℃
工作湿度范围	5%～95%RH 无凝结
工作电压	15～32 VDC
静态电流	320 μA
最大报警电流	6 mA

9.3.2 点型感温火灾探测器

表 352-05-09-02 点型感温火灾探测器

技术内容	参数
工作温度范围	−10～50 ℃
定温报警温度	57.2 ℃
工作电压	15～32 VDC
静态电流	380 μA
最大报警电流	3 mA

9.3.3 红外对射感烟探测器

表 352-05-09-03 红外对射感烟探测器

技术内容	参数
工作温度范围	−30～55 ℃
工作湿度范围	10%～93%RH 无凝结
工作电压	15～32 VDC
静态电流	17 mA
最大报警电流	38.5 mA
保护距离	5～100 m
保护宽度	9～18 m
响应时间	报警：20 s，故障：30 s
故障状态	≥96%减光率

9.3.4 火焰探测器

表 352-05-09-04 火焰探测器

技术内容	参数
工作温度范围	−20～60 ℃
工作湿度范围	10%～95%RH 无凝结
工作电压	24 VDC

续表

技术内容	参数
静态电流	20 mA
最大报警电流	30 mA
探视角	≤90°
旋转角	360°
仰视角	140°

9.3.5 温度传感器

表 352-05-09-05 温度传感器

技术内容	参数
测量原理	气体膨胀式温度系统
报警温度	110 ℃/135 ℃

9.4 维修技术要求

表 352-05-09-06 维修技术要求

序号	预防性维修项目	周期
1	感烟探测器定期清洗/更换	首次投运后 2 年，随后每隔 3 年执行一次
2	空气抽样探测器过滤器定期更换/计数器清零	1 个燃料周期一次
3	火灾报警控制器工控机更换	5 年一次
4	火灾报警控制器回路线对地阻值测量	1 个燃料周期一次

序号	监检内容	标准	周期
1	火灾报警控制器巡检	无异常故障或者火警	每周至少 2 次
2	终端探测器巡检	无脱落或被包裹	每半年 1 次

9.5 质量管理

表 352-05-09-07 质量管理

序号	维护项目	标准
1	感烟探测器定期清洗/更换	(1) 点型感烟探测器巡检灯正常闪亮 (2) 点型感烟探测器保护罩已拆除 (3) 点型感烟探测器固定牢靠，无脱落
2	空气抽样探测器过滤器定期更换/计数器清零	(1) 过滤器更换后安装牢固 (2) 计数器已清零
3	火灾报警控制器工控机更换	(1) 火灾报警控制器运行正常，无异常火警或者故障 (2) 数据已进行备份
4	火灾报警控制器回路线对地阻值测量	使用万用表测量回路对地阻值，要求绝缘大于 5 MΩ

9.6 经验反馈

表 352-05-09-08 经验反馈

序号	故障现象	原因分析	处理
1	点型探测器报故障或者误报火警	(1)探测器电路故障 (2)探测器受脏污影响工作不正常	(1)检查探测器是否受潮或者脏污 (2)检查探测器是否正常巡检
2	红外对射探测器报故障或者误报火警	(1)探测光路受到遮挡 (2)电压不稳定 (3)输入模块故障	(1)检查探测光路上是否有吊车等物体遮挡 (2)检查电压是否在正常范围内 (3)检查输入模块是否有故障告警
3	红外火焰探测器报故障或者误报火警	(1)附近有强光照射 (2)电压不稳定 (3)输入模块故障	(1)检查是否附近有日光灯或者阳光直射 (2)检查电压是否在正常范围内 (3)检查输入模块是否有故障告警

9.7 技术规程清单

图 352-05-09-09 技术规程清单

序号	规程名称
1	感烟探测器定期更换规程
2	火灾报警控制器工控机更换规程
3	火灾报警控制器回路对地阻值测量规程

9.8 参考资料

[1]《火灾自动报警系统施工及验收规范》(GB 50166).
[2]《火灾自动报警系统设计规范》(GB 50116).

10 起重设备

10.1 范围和对象

起重设备包括如下 10 个系统。

HRT：反应堆厂房起重设备系统；

HCI：常规岛主厂房起重设备系统；

HFL：燃料厂房起重设备系统；

HMI：反应堆外围厂房起重设备系统；

HNA：核辅助厂房起重设备系统；

HPX：联合泵房起重设备系统；

HQX：核废物厂房起重设备系统；

HSC：安全厂房起重设备系统；

HBP：BOP 厂房起重设备系统；

HWS：放射性机修及去污车间起重设备系统。

起重设备类型：

起重设备主要包括如下类型。

——环形起重机：核电厂特有的起重机，大车轨道为圆形；

——桥式起重机：如汽机厂房主行车、乏燃料容器吊车等；
——起重小车：如龙门架 450 t 高跨小车、80/5 t 低跨小车、设备闸门起吊装置等；
——半门式起重机：如联合泵房起重设备系统室外半门吊；
——电动悬挂梁式起重机；
——单轨电动葫芦；
——单柱式悬臂起重机，包括电动和手动；
——手动单轨起重机。

10.2 结构原理

10.2.1 起重设备主要组成结构

——环形起重机：核电厂特有的起重设备，安装在反应堆厂房中，主要由桥架及其旋转机构、运行小车、安装小车、5 t 移动起重机、弓形支架、环形轨道及支撑梁、自备检修葫芦以及电气控制设备等组成；

——桥式起重机：主要由桥架、大车及其运行机构、小车及其运行机构、主/副起升机构、电气控制设备等组成；

——起重小车：主要由小车及其运行机构、主/副起升机构、电气控制设备等组成；

——半门式起重机：主要由半门架、大车及其运行机构、小车及其运行机构、主/副起升机构、电气控制设备等组成；

——电动悬挂梁式起重机：主要由主梁（包括单梁和双梁）、悬挂机构、大车及其运行机构、电动葫芦及其行走机构、电气控制设备等组成；

——单轨电动葫芦：主要由轨道梁、电动葫芦及其行走机构、电气控制设备等组成；

——单柱式悬臂起重机：主要由立柱、旋转装置、横梁、电动葫芦及行走机构、电气控制设备等组成；

——手动起重设备：主要由轨道梁、手拉小车、手拉葫芦等组成；

10.2.2 起重设备工作原理

起重设备主要通过起升机构实现吊物在垂直平面上的起升、下降运动，通过大/小车运行机构实现吊物在水平平面上的运动。

——起升机构主要由电机、减速箱、卷筒装置、制动器系统、定滑轮组、吊钩滑轮组和钢丝绳缠绕系统等组成：

- 电机为起升机构提供动力；
- 制动系统工作时能停止起升机构动作；
- 减速箱将电动机动力传递到卷筒装置，同时降低输出轴转速，提高输出扭矩；
- 卷筒装置直接为起升机构提供起降动力并承受钢丝绳传递的载荷；
- 钢丝绳缠绕吊钩滑轮组和定滑轮组，根据滑轮组滑轮数量的不同，实现不同的省力倍率；

——大/小车的运行机构主要由独立的运行驱动装置以及主/被动车轮组等组成；

- 运行驱动机构一般为减速器、电机和制动器组成“三合一”驱动单元，实现低速和大扭矩动力输出，同时具备制动功能；
- 主/被动车轮组主要由车轮、车轮轴等零部件组成，安装在台车架或者端梁上，运行驱动机构直接套装在主动车轮组的车轮轴上，实现动力的传递并驱使车轮转动。

10.3 设计要求与参数

10.3.1 起重机械设计要求

起升机构：

1）钢丝绳卷绕系统

钢丝绳的卷绕应能保证钢丝绳的均匀受力，特别是对于双钢丝绳的设计，应能保证两个钢丝绳能均匀的分配载荷，在其中一根损坏时，另一根能保持住载荷并维持滑轮组平衡。

当吊钩在规定提升操作的低位时，卷筒上的钢丝绳应至少保留 3 圈的安全圈。

2）制动系统

起升机构的制动系统一般由运行制动器和紧急制动器组成，对于重要的起重设备，其起升机构的制动器由运行制动器、紧急制动器和安全制动器组成。

制动器设置有手动载荷释放系统并带有测速计、开度和磨损检测传感器。

3）安全限位

起升机构在最高处应至少装设两个相对独立的不同型式的终端行程开关：

——第一个行程开关停止起升运动；

——第二个为超行程开关，在第一个行程开关失效时起作用，切断主回路接触器。

4）超载保护

所有起升机构均应设置带测力装置的负载限制系统，当载荷超过系统设计值的 10%时，将立刻切断起升电机电源。

5）防钢丝绳重叠和松弛

所有起升机构均应设置防钢丝绳重叠和松弛（或欠载保护）装置，电动葫芦设置导绳器。

6）超速保护

重要起重设备的起升机构应设置超速检测装置，连续检测起升机构的起升速度，当起升机构超速 10%时，安全制动器将立即动作刹住卷筒并切断起升机构电源。

10.3.2 运行机构

——由电机、减速器、制动器或三合一机构组成驱动机构，驱动大/小车车轮行走；

——大/小车运行轨道的每个终端都应设置有车档和终端行程开关，大/小车上设置有缓冲器，用于保护大/小车在限定区域内行走并防止冲撞导致出轨；

——对于双小车的起重机，还设置防互撞装置。

10.3.3 材料

——对于重要起重设备，其主要的金属结构承载件至少应采用 Q345 材质的钢材制造，次要结构至少采用 Q235 材质的钢材制造，起升机构的卷筒用扎制或焊接钢管制造，所用钢材材质不低于 Q345，材料应遵照 GB/T 3811—2008 的附录 I 对影响脆性破坏因素进行评价，并对钢材质量组别进行选择，以保证起重机构材料脆性破坏的安全性；

——不得使用铸造齿轮；

——禁止使用沸腾钢；

——吊钩、起升机构的销和轴、卷筒轴、起升机构齿轮和齿轮传动轴等主要零部件的材料应做冲击试验，并满足最低使用温度条件下材料脆性破坏的安全性；

——主要承载件以及齿轮、吊钩、钢丝绳等重要部件所使用的材料应进行特别检查（如射线和超声波无损探伤等）；

——起升机构的减速器应采用焊接箱体，在保证强度和刚度的条件下，允许采用球磨铸铁材料，禁止使用铝合金和锌合金壳体。

10.3.4 噪声和振动

起重设备的运行噪声不得大于 85 dB（在离设备外部 1 m 处的假象平面上测量），并在所有运行工况下都应是稳定的、无刺激性、无明显的脉冲及单频纯音。

10.3.5 机械部件温升

起重设备运行期间，机械部件的温升应限制在环境温度以上 40 ℃范围内。

10.3.6 螺栓紧固

起重设备所有的螺栓联接应采用牢固可靠的方式紧固，以防止由于螺栓松动造成零部件掉落，不得使用弹簧垫圈防松。

10.3.7 润滑

起重设备的传动装置的润滑要采取特别措施防止漏油，禁止润滑油滴落至导轨、电气设备或操作面上。

10.3.8 电气控制系统

重要起重机应采用成熟先进的控制和调速技术，设备、系统应采用在核电厂或者类似的大型工程上实践检验过的同类型的、先进的工业产品，应功能完善，可靠性高，具备网络通信功能、故障自诊断功能。应用软件是经过验证过的成熟软件。

10.3.9 电动机

所有电动机都应设计成能断续工作，三相电动机对每一相都应保护，为防止电动机线圈受潮凝露，应加装防潮加热器。

10.3.10 电缆

电缆应使用低烟、无卤、阻燃型电缆，禁止使用聚氯乙烯电缆。电缆的两端应有保护或者刻字标签来标识，防止由于周边环境或老化使特征标识消失，控制、测量和电力电缆应通过分组来保证它们的隔离。

10.3.11 起重机主要参数

起重机械的主要参数包括额定起重量、跨度、轮距、起升高度和下降高度、运行速度、起重机工作级别等。其中，额定起重量指起重机能吊起的重物或者物料连同可分吊具质量的总和，是起重机最重要的参数之一，核岛、常规岛及 BOP 厂房主要起重机的额定起重量见表 352-05-10-01：

主要起重机额定起重量

表 352-05-10-01 核岛、常规岛及 BOP 厂房主要起重机的额定起重量

序号	起重机名称	系统号	额定起重量	单台机组吊车数量（台）
1	环形起重机	HRT	主钩：205 t 副钩：20 t 服务小车：5 t	1
2	乏燃料容器吊车	HFL	单钩 130 t	1
3	龙门架高跨小车	HMI	单钩 450 t	1
4	龙门架低跨小车	HMI	主钩：80 t 副钩：5 t	1
5	汽机房主行车	HCI	主钩：350 t 副钩：60 t	1
6	汽机房主行车	HCI	主钩：80 t 副钩：20 t	1
7	泵房室内起重机	HPX	主钩：50 t 副钩：5 t	1
8	泵房室外半门吊	HPX	主钩：32 t 副钩：5 t	1
9	AC2 厂房起重机	HWS	主钩：80 t 副钩：20 t	2
10	AC1 厂房起重机	HWS	主钩：55t 副钩：10 t	1

10.4 检查和维护技术要求

起重机定期的检查和维护对工作效率、安全生产和起重机的寿命有很大关系，同时防止起重机过度使用或意外损坏引起伤害事故，因此要建立检查维护制度，涉及外购配套件的安装、维修和故障处理，以附件中相应配套件厂家的说明书为准。

起重机需检查和维护的机构包括大车运行机构、主小车、副小车、桥架和电气设备，其检查和维护范围包括如下方面。

——大车运行机构：车轮的磨损、轴承的润滑、减速器的润滑、制动器的调整、电机的电气接线；

——主小车：车轮的磨损，卷筒、滑轮、车轮处的轴承的润滑，减速器的润滑，制动器的调整，电机的电气接线，制动器磨损，钢丝绳润滑，联轴器的联接螺栓；

——副小车：车轮的磨损，卷筒、滑轮、车轮处的轴承的润滑，制动器磨损，钢丝绳润滑，联轴器的联接螺栓，减速器润滑，卷筒联轴器润滑；

——桥架：结构件的焊缝，栏杆、走台、平台的联接螺栓，主梁的上拱度。

10.4.1 起重机运行期间的检查

为保障起重机的安全运行，在起重机正常使用期间需每日进行一次检查，即上班前或下班后的检查，以便及时发现起重机存在的问题并进行维修，检查项目主要如下：

——检查联动台或操作按钮盒上的起动、停止、紧停、主/副起升、大小车点动等功能按钮动作时，系统系统响应动作正常；

——检查各机构两方向运动的低速和高速，监测在小于额定负载情况下各机械运行方向、目测速度和方向基本正常；

——监测变频器的频率值、电流值，起动时电流值应小于 1.5 倍的额定电流，正常运行时应小于额定电动机电流，检查变频器的输入电压在变频器使用说明书允许的波动范围内；

——检查变频器无故障和报警显示；

——检查电动机无振动噪声，无温升过高现象，特别是变频器故障记录中无电动机电流过载、力矩过载、速度偏差过大、电动机过压、欠压、缺相等电动机故障；

——检查紧急制动器，运行制动器的制动功能完好，控制逻辑正确，响应迅速，起重机无溜钩或滑行现象存在。

10.4.2 起重机停运期间的检查

在起重机停运期间，主要部件需要定期进行维修和检查，维修和检查的具体内容如下。

——总接触器线圈吸合正常，无振动或杂音，触点无毛刺或绕结现象；

——变频器无故障报警显示，输出触点动作正常，冷却器无灰尘，冷却风机工作正常，编码器双绞屏蔽线屏蔽层接地完好；

——电器元器件特别是接线端子上的螺栓螺丝必须紧固；

——制动电阻对地绝缘良好，电阻值基本正常；

——各制动器电控信号时序正常，制动器打开关闭动作正常，制动器抱闸力矩和制动额定值负载情况的各种状况正常并无制动器过份发热、制动器过度磨拉等不良现象；

——检查各空气开关、断路器、各种继电器有无损坏，更换已损坏的这类低压电器；

——检查动力电缆和控制电缆，对电缆外层绝缘层有异常或电缆芯有断的应调换；

——电动机对地绝缘电阻良好（变频器输出端连线必须断开），电动机定子的相间绝缘电阻良好（变频器输出端连线必须断开），电动机旋转良好。

定期检查的频度要求：

——起重设备暂时停运期间，原则上每隔一个月进行 4.2.1 部分的检查和测试；

——起重设备长期停运期间（停运期间达到六个月以上），停运开始应进行 4.2.1 部分的检查和测试。首次启动时必须进行 4.2.1 部分的检查和测试，如有进行检修，还必须进行检修后需要检测的项目。

10.4.3 起重机的日常维护

对于频繁使用的起重机，在其运行期间每日应进行一次日常维护，即上班前维护或下班后维护；对于经常使用的起重机，日常维护频率可适当降低，但至少要每周一次；对于仅在核电机组大修期间使用的起重机，日常维护频率可以降低到每年一次，并在机组大修开始前完成。

日常维护项目包括：

——清扫司机室和机身上的灰尘和油污；

——检查制动器间隙（合格标准按照相应的制动器说明书）是否合适；

——检查联轴器上的联接螺栓是否紧固；

——检查电铃，各种安全装置是否灵敏可靠；

——检查制动器磨擦片及钢丝绳的磨损情况；

——检查三相+PE 的滑触线有无破损、松动，集电器有无受电接触不良，紧固件有无损坏，导电刀有无掉落的现象；

——紧急制动器、运行制动器二者之间的控制逻辑正确，通电和断电状态下均为合闸，控制系统发出工作指令后开闸，控制系统发出停止指令后合闸，且紧急制动器相对运行制动器有提前或延迟；

——紧急制动器、运行制动器的电气指令控制的响应过程迅速正常；

——紧急制动器、运行制动器的制动功能完好，必须排除因抱闸力矩不够而产生的溜钩或滑行现象存在；

——安全制动器控制逻辑正确，通电状态下为开闸，断电状态下为合闸，急停或紧急情况下触发合闸；

——根据《电气原理图》检查电气连锁装置和安全防护装置的完好有效，各安全限位和连锁开关动作时，安全限位开关和连锁开关对应接触器，继电器吸合释放动作是否正常；

——各电控柜检查，各断路器吸合常态正常，接触器断电回等低压电器是否有振动噪声、损坏、烧结等状态；

——检查变频器故障记录参数，在实际信号显示形式下进入故障历史记录，故障信息可以通过按上下键滚动查找，对故障进行分析按故障类型进行逐一日常维护防止故障再发生；

——制动电阻检查外形是否正常，机构进行电制动时制动电阻是否正常，必要时检查制动电阻值，制动电阻对地绝缘性不小于安装调试后记录值或者大于 10 MΩ；

——检查电动机无振动噪声，无温升过高现象，特别是变频器故障记录中无电动机电流过载、力矩过载、速度偏差过大、电动机过压、欠压、缺相等电动机故障，否则必须当日当时排除，不得带故障继续工作；

——电器外壳，屏蔽线屏蔽层，线槽管子等接地线是否完好可靠；

——检查电气元件和线缆有无老化，电器固定螺丝有无松动，电气设备应无绝缘破损或降低、击穿现象，电气设备应无漏电现象；整机电气控制器手感应明确，工作指令响应可靠正确；检查全部电缆铜接头紧固情况，对松动者必须立即紧固；及时清除电器元件上的尘灰。

10.4.4 起重机的润滑保养

起重机的润滑保养分为一级保养和二级保养。

一级保养

——保养频度：对于频繁使用和经常使用的起重机，应每月进行一次一级保养，对于仅在核电机组大修期间使用的起重机，可不进行一级保养；

——对大车、小车运行机构的“三合一”齿轮减速器的保养和维护按说明书进行；起升机构减速器也按说明书进行，检查减速箱油量，减速器加注的润滑油量按其减速器铭牌或油标所示进行加注；

——必须检查每润滑点的油路畅通情况，大车、小车的车轮组润滑点加注润滑脂，其他机构零部件润滑点加注润滑脂；

——检查制动器液压推动器润滑情况，如发现油质变坏，应更换润滑油，若油量不足则加油至标准值。

二级保养

——保养频度：对于频繁使用和经常使用的起重机，应半年进行一次二级保养，对于仅在核电机组大修期间使用的起重机，可根据起重机所处的环境恶劣情况，每半年或每年进行一次二级保养；

——执行上述一级保养作业；

——除去润滑脂表面脏污，拆卸机构滚动轴承采用煤油进行清洗并加润滑脂；

——检查起重机固定滑轮的轴承情况加注润滑脂；

——检查减速箱、液压推杆器的油量和油质情况，如发现油质变坏应更换润滑油，若油量不足则加油至标准位置；

——检查钢丝绳的表面润滑情况，如出现缺油或油脂干结的情况，应对钢丝绳补充润滑并确保润滑油能渗入钢丝绳内部。

10.4.5 起重机零、部件润滑材料及添加时间

表 352-05-10-02 起重机零、部件润滑材料及添加时间

零部件名称	添加时间	润滑条件	润滑材料
主、副起升减速器	第一次运行 150～300 h 磨合期后换油。使用至 3 个月时必须第二次换油。其后换油间隔为 6～8 个月，按照使用频率决定	矿物油：起升机构减速箱用	参照起重机运行维护手册
大、小车运行减速	第一次运行 10 000 h，最迟 2 年后首次换油。其后换油间隔为 2 年或工作 10 000 h	矿物油：大、小车行走机构“三合一”减速箱用	参照起重机运行维护手册
钢丝绳	一般半年一次，根据使用实际情况而定，少量多次为宜（手触摸无油性即需润滑）	1. 将润滑脂加热 80～100 ℃浸涂饱和为宜 2. 不加热涂抹、滴加、擦拭、喷涂等	参照起重机运行维护手册
推动器	工作 500 万次或 10 000 h 更换	−25～50 ℃	参照起重机运行维护手册
轴承	根据使用频率，每月一次为宜	油枪加注到漏为止	参照起重机运行维护手册
电动机	主起升为 8500 h 一次，副起升为 10 500 h 一次	不宜超过轴承室容积的 70%	参照起重机运行维护手册

注：以上起升减速器用油针对矿物油，合成油的各个添加间隔期限为矿物油的两倍。

10.5 起重机常见故障处理

表 352-05-10-03 起重机常见故障处理

故障描述	产生故障的原因	消除方法
滚动轴承发生高热现象（以烫手为准）	完全缺乏滑脂或润滑脂少轴承中有污物	给轴承加注润滑脂用煤油清洗轴承并注入润滑脂
滚动轴承工作中声音增大	装配不良，轴承偏差而发生卡住现象； 轴承的部件发生毁坏或磨损现象	检查装配的正确性并进行调整 更换轴承
减速器噪声异常（包括运行机构“三合一”在减速箱部分的噪声）	油位过低	检查油位
	润滑油中有杂质	传动装置停机检验润滑油特性，清洗减速箱，更换润滑油
	轴承间隙增大或轴承失效	检查轴承必要时加以更换

续表

故障描述	产生故障的原因	消除方法
减速器噪声异常（包括运行机构“三合一”在减速箱部分的噪声）	啮合部件失效	检查啮合部件，必要时加以更换
	运行过程中的损伤	检查传动装置在运输过程中受到损伤
	紧固螺栓松动	拧紧螺栓及螺母
运行机构“三合一”在电机上的噪声异常	轴承间隙增大或轴承失效	检查轴承必要时加以更换
	电动机制动器未释放	检查制动器间隙，必要时加以调整（规定值的±20%）
	变频器参数问题	检查参数
漏 油	对所用安装位置选取了错误的油位	检查安装位置，检查油位
	由于没有通气孔从而产生了过压	根据安装位置配置通气孔
	轴密封圈失效	更换轴密封圈
	运行机构“三合一”减速器盖或法兰螺栓松动	拧紧螺栓螺母后继续观察传动装置
	表面密封措施失效（例如在盖、法兰上）	重新密封
	运输过程中的损伤（例如发状、裂纹）	检查传动装置是否在运输过程受到损伤
减速器过热（以烫手为准）	运行机构“三合一”电动机的风扇罩和/或传动装置太脏	清洁风扇罩和传动装置表面
	对所用安装位置选取了错误的油位	检查安装位置，检查油位
	注错了润滑油（例如错误的粘度）	检查注入润滑油
	润滑油老化	检查何时最后一次更换的润滑油，更换润滑油
	轴承间隙增大和/或轴承失效	检查轴承必要加以更换
制动器不能刹住重物	杠杆系统中活动关节被卡住 制动盘上有油 制动轮、摩擦片过度磨损	清理制动器，消除卡住现象，活动关节加油 用煤油清洗制动盘 更换摩擦片
小车、大车运行机构制动后滑行距离较大	“三合一”减速电机的制动器制动力矩不足	调整制动器工作行程调节制动力矩
制动器不能打开	推动器电动机线圈烧毁，调整弹簧组件张力过大	更换推动器电动机重新调整弹力或更换调整弹簧组件
在制动闸区内发生焦味、制动轮摩擦片很快磨损	制动盘与摩擦片之间间隙不均匀脱开时产生摩擦使制动盘发生过热现象	检查退距机构工作是否正常；调节两侧摩擦片与制动盘之间距离，使间隙相等
小车运行中产生打滑，小车“三条腿”	小车轨道上有油水，轮压不均匀；电动机车轮直径不等、轮压不均；车轮安装不合要求误差过大；车体焊接过程中产生变形；小车走偏、轨道铺设误差大	去掉轨道油和水，调整轮压，修复或调整安装精度达到标准要求，火焰较正轨道至标准要求
大车运行中产生“啃轨”	车轮安装偏差过大，轨道铺设偏差过大，轨道上有油或水，传动系统偏差过大，车架偏斜变形	调整车轮安装尺寸，调整轨道标高跨距平行误差，去掉轨道油和水，使电动机、制动器合理匹配
锻制吊钩尾部及表面产生疲劳裂纹可能导致吊钩折断	吊钩开口处的危险断面磨损高度超过断面高度的10%	更换吊钩
起重钢丝绳迅速磨损或经常破裂	滑轮和卷筒的直径及卷筒上绳槽的槽距和钢丝绳不匹配	正确选用滑轮和卷筒直径及卷筒上绳槽的槽距，装上标准直径钢丝绳
	有脏物和没有润滑油	清洗和润滑钢丝绳
	清洗和润滑钢丝绳	检查并考虑上升安全，改装或调整挡板
若干滑轮不转	轴与轴套间没有润滑油 轴承损坏	拆洗滑轮部分并保证需要的润滑油 检查更换轴承
主梁复查下挠影响起重机（大、小车）正常运行	制造厂产品运输或存放不当 经常超载使用	按规定要求做运输存放工作 正确合理维护使用
金属结构重要部位焊缝产生裂纹（如主梁、联系梁以及走台连接部位，主梁下盖板，小车端梁等）	局部应力集中剧烈振动，经常超载造成严重下挠引起下盖板产生裂纹	每年对金属结构检查 1～2 次 每两年进行负荷试验一次，进行安全技术鉴定，严禁超载 火焰校正主梁加固

10.6 起重机的试验

起重设备在停止使用一年以上以及大修后，应进行载荷试验对起重机的整体性能进行验证。起重设备的主要试验项目如下：

——无负载试验，验证各机构运行良好，测量各机构电机的性能参数；

——50%负载试验；

——额定载荷试验；

——静载试验，1.25 倍（对于重要起重设备是 1.4 倍）额定载荷试验，验证主要受力结构件以及机械部件无永久变形；

——动载试验，1.1 倍（对于重要起重设备是 1.2 倍）额定载荷试验，检验制动系统性能；

——耐久试验，每一个运动机构连续运行 30 分钟，电动机和电气设备不应出现不正常的温升；

——安全保护装置试验；

——其他试验。

起重机的静载主要验证起重机主要承载部件的承载能力，动载试验主要验证制动器的制动性能，这两项试验均为超载试验，试验过程对起重机存在一定的损伤，应根据起重机的主要承载部件的状态以及大修的工作内容评估是否进行这两项试验。

10.7 适用规范、标准

起重设备的设计、运行和维护需满足国家标准、行业标准的相关要求，主要遵守的规范及标准如下：

《起重机设计规范》（GB/T3811—2008）

《通用桥式起重机》（GB/T14405—2011）

《核电厂专用起重机设计准则》（EJ/T801—1993）

《压水堆核电厂核岛电气设备设计和建造规则》（RCC-E）2005 年 12 月版

《起重机电控设备》（JB/T 4315—1997）

《起重机械安全规范　第 1 部分：总则》（GB 6067.1—2010）

《机械安全机械电气设备　第 32 部分：起重机械技术条件》（GB 5226.2—2002）

《起重机试验规范和程序》（GB 5905—2011）

《起重机械安全规程第 5 部分桥式和门式起重机》（GB 6067.5—2014）

《起重机　钢丝绳　保养、维护、检验和报废》（GB/T 5972—2016）

《起重机维护手册第 1 部分：总则》（GB/T 18453—2001）

10.8 参考文件

无。

11 燃料操作与贮存

11.1 定义

燃料操作与贮存主要活动包括新燃料组件入堆前的接收、检查、贮存，拆卸和装封反应堆，堆芯换料以及乏燃料组件的运输、贮存和发送等一系列工艺操作，由燃料操作与贮存系统（简称 RFH 系统）完成操作，属于核辅助系统，该系统主要由以下设备组成：

——装卸料机；

——燃料转运装置（反应堆厂房侧）；
——在线啜吸检测装置；
——燃料转运装置（燃料厂房侧）；
——新燃料升降机；
——人桥吊车，横跨于乏燃料水池上方，用于操作新、乏燃料组件；
——辅助吊车，用于操作新燃料组件和新燃料运输容器；
——新燃料贮存格架，仅用于贮存新燃料组件；
——Ⅰ区乏燃料贮存格架用于贮存新、乏燃料组件和破损燃料组件（需配备专用滤网）；
——Ⅱ区乏燃料贮存格架，仅用于贮存乏燃料组件；
——离线啜吸检测装置；
——破损控制棒组件贮存小室；
——新燃料检查装置；
——乏燃料检查系统；
——燃料操作工具。

与燃料操作与贮存系统相关的重要设备、设施主要有：
——反应堆厂房中的换料水池、堆内构件存放池和燃料厂房中的乏燃料水池；
——反应堆水池和乏燃料水池池水冷却和处理系统（RFT 系统）；
——乏燃料容器吊车、燃料厂房容器准备井和装载井；
——反应堆厂房中的环吊。

11.2 结构原理

燃料操作与贮存系统的主要功能是检查、贮存和操作新、乏燃料组件，完成反应堆首次装料和反应堆换料操作，RFH 系统的主要功能概述如下：

在反应堆停堆后（冷态和卸压）装卸反应堆燃料组件，即为达到下述目的而进行的所有必要操作。

在冷态和卸压状态下，实施反应堆的换料操作，主要内容包括以下内容：
——在新燃料检查装置上对新燃料组件进行目视检查和控制棒组件的抽插试验；
——将新燃料组件从新燃料贮存间转运至乏燃料贮存格架；
——从堆芯卸出燃料组件，转运至乏燃料贮存水池的贮存格架中；
——通过乏燃料检查系统对燃料组件进行外观检查；
——通过离线啜吸检测装置对燃料组件进行定量破损检测；
——在乏燃料贮存水池实施相关组件在燃料组件之间的抽插倒换操作，将破损的控制棒组件贮存在破损控制棒组件贮存小室；
——完成相关组件的倒换操作以后，将燃料组件逐组回装入反应堆堆芯：

- 从新燃料组件的现场接收到装入反应堆前的贮存；
- 贮存乏燃料组件和破损燃料组件；
- 把乏燃料组件装入乏燃料运输容器，包括装料前乏燃料运输容器的准备、装料、去污和将乏燃料运输容器装在运输车辆上；
- 装卸反应堆压力容器顶盖和上、下部堆内构件等设备。

RFH 系统的设备分别布置在反应堆厂房和燃料厂房，以完成各工艺操作环节的规定功能。

RFH 系统不直接参与反应堆安全运行方面的任务，但它在保护现场工作人员免受过量的放射性辐照、防止燃料组件的意外临界和防止放射性物质不可接受的释放等方面起着极为重要的作用。

装卸料机：

装卸料机在反应堆换料水池和堆内构件存放池上方工作，它配备有大车、小车、主起升机构、辅助单轨吊、固定套筒伸缩套筒和抓具。装卸料机可以沿着三个方向（X、Y、Z）移动燃料组件，并且可以旋转燃料组件。为了保证燃料组件的操作安全，对装卸料机作了如下设计。

——主起升机构装备有：

- 一个运行制动器；
- 一个紧急制动器；
- 一个安全制动器。

——伸缩套筒由两根钢丝绳悬挂，并且装有平衡梁和钢丝绳断裂探测装置；

——装卸料机具有下列安全保护功能：

- 起升燃料组件时，过载 10%，起升机构停止起升运动；
- 下降燃料组件时，欠载 10%，起升机构停止下降运动；
- 当显示的伸缩套筒和燃料组件的重量之和小于 3000 N 时，允许装卸料机的抓爪动作。

——燃料组件插入堆芯过程中欠载 800 N，装卸料机停止下降运动；燃料组件抽出堆芯过程中过载 800 N，装卸料机停止上升运动；

——手动模式下，通过操纵杆控制装卸料机 X、Y、Z 轴方向的运动，操纵杆从空挡位置扳到操作位置时，应松开相应的制动器。装卸料机只能在设定好的路线上行走，行走路线上有限位开关，避免碰撞。在自动、半自动模式下，装卸料机在优化的路线上行走，从而避免碰撞的可能性。优化的行走路线通过大车、小车上的编码器实现。装卸料机的最大速度，大车为 15 m/min，小车和主起升为 12 m/min。

——装卸料机还设有下列联锁：

- 大车和起升机构以及小车和起升机构均不能同时操作。
- 只有当伸缩套筒和 TV 杆均处于高位时，大车或小车才有可能运动。
- 大车和小车备有联锁系统，以便保证装卸料机沿着规定的路线行走：手动模式下，装卸料机从换料水池向堆内构件存放池方向运行时必须按运行路线行走，防止与反应堆压力容器顶盖导向柱发生碰撞。自动、半自动模式下，从燃料装运装置承载器抽出燃料组件的过程中或把燃料组件插入承载器的过程中，装卸料机的大车和小车被联锁，均不能运行。当装卸料机到达慢速区域边界时，其运行速度被自动切换为低速；装卸料机与燃料转运装置联锁，只有当燃料转运装置承载器处于垂直位置时，装卸料机才能进入承载器操作 区（反应堆厂房侧）；只有当装卸料机退出燃料转运装置承载器的操作区后，倾翻架才能 翻转。
- 载荷保护系统与起升机构联锁，如果装卸料机的起升超载或下降欠载 10%时，超载或欠载指示灯亮，同时停止起升或下降运动。在超载情况下，起升操作的联锁可以被旁通；在欠载情况下，下降操作的联锁不可旁通。
- 装卸料机的抓具设计有安全自锁装置。抓具带载时，不会被冲击载荷或径向载荷打开；起升或者下降过程中也不会因操作员的误操作而使抓爪打开，造成燃料组件的意外坠落。
- 装卸料机的大车、小车和主起升机构以及辅助单轨吊均备有手动应急装置。只有应急操作手轮处于存放位置时，装卸料机的大车、小车和主起升才能运动；手动操作时，电源自动处于被切断状态。
- 人桥吊车在乏燃料贮存水池、燃料转运舱和容器装载井上方工作，用于操作新、乏燃料组件及其相关组件。人桥吊车具有下列安全保护功能：

人桥吊车被限制在一定的范围内运行，以防燃料组件与乏燃料贮存水池池壁、燃料转运舱池壁和容器装载井池壁等设施发生碰撞。

大车、小车和起升机构中的任何两个均不能同时操作。

大车、小车和起升机构均备有手动应急装置，手动操作时，电源自动处于断电状态。

大车运动和小车运动均与起升机构联锁，只有当吊钩处于上部标高时，大车和小车才能运动。

只有人桥吊车的小车与燃料转运舱侧水闸门对中后，并且燃料转运装置的承载器处于垂直位置时，人桥吊车才能进入燃料转运舱的承载器操作区（燃料厂房侧）；只有当人桥吊车退出承载器操作区后，倾翻架才能翻转。

只有离线啜吸检测装置贮存小室的盖板被打开后，人桥吊车才能进入离线啜吸检测装置的上方操作；当人桥吊车到位后，贮存小室的盖板被联锁，不能够翻转。

只有新燃料升降机料舱位于下部位置时，人桥吊车才能进入新燃料升降机所在区域；当人桥吊车位于新燃料升降机所在区域时，新燃料升降机不允许上升操作。

在过载时，停止起升操作；在欠载时，停止下降操作。

人桥吊车的操作走台是可以拆卸的，必要时将其卸下，以便进行必要的维修。

人桥吊车带有一个可以与辅助吊车相连接的机械装置，以便在其中一台吊车的大车发生故障时，通过另一台吊车将发生故障的吊车拖回到指定位置。

人桥吊车装备有防碰撞装置，以便在它接近辅助吊车时，能及时切断人桥吊车的电源。该吊车还备有防脱轨装置，防止其在地震时脱轨。

人桥吊车的起升机构备有运行制动器和安全制动器。安全制动器直接制动卷筒法兰盘，由卷筒超速探测器触发动作。另外，在断电和传动链断裂等工况下，安全制动器也停止起升运动。

——辅助吊车：

辅助吊车被限制在新燃料贮存操作区工作，用于在干式条件下操作新燃料组件和新燃料运输容器。辅助吊车设有下列联锁保护和安全措施：

- 大车和起升机构以及小车和起升机构均不能同时操作。
- 大车运动和小车运动均与 20 kN 的起升机构联锁，只有当吊钩处于其上部标高时，大车或者小车才能运动。
- 大车运动和小车运动不与 50 kN 的起升机构联锁，但当 50 kN 的起升吊钩低于其上部标高时，仅允许大车和小车以低速运动，不允许吊车在起吊过程中同时作水平运动。
- 20 kN 的起升机构和 50 kN 的起升机构不能同时操作。
- 辅助吊车的运行范围不得超过新燃料升降机。
- 在故障时，辅助吊车可以由人桥吊车牵引。辅助吊车装备有防碰撞装置，以便在它接近人桥吊车时，能及时断开辅助吊车的电源。
- 辅助吊车的大车、小车和起升机构均备有手动应急装置。手动操作时，电源必须处于被切断状态。
- 辅助吊车还备有防脱轨装置，以防止其在地震时脱轨。

——燃料转运装置：

燃料转运装置在燃料厂房和反应堆厂房之间水下运输燃料组件。为了保证燃料组件的安全运输，对燃料转运装置作了如下设计。

考虑了燃料厂房和反应堆厂房的相对位移及安全停堆地震对燃料转运装置的设计影响：

- 燃料转运通道的外套管与反应堆厂房安全壳为刚性连接，所以不会影响安全壳的完整性。密封焊缝经过超声波检验，采用盲板法兰和手动闸阀作为隔离装置保证燃料转运通道的密封性。安装后，燃料转运通道依次在不同的压力 0.12 MPa 和 0.49 MPa 下进行现场试验，以保证通道的密封性。在盲板法兰一侧，由反应堆到燃料厂房方向施以 0.49 MPa 的压差条件下，空气泄漏量小于 100 cm^3/h；在 0.12 MPa 压差下，在两个方向上水的泄漏量接近于零。由反应堆厂房到燃料厂房方向上施以 0.49 MPa 的压力或由燃料厂房到反应堆厂房方向上施以 0.12 MPa 的压力，以水测量的手动阀门泄漏量均小于 100 cm^3/h，试验时间要求不小于 48 h。
- 燃料转运通道与反应堆厂房以及燃料转运通道与燃料厂房均用能吸收建筑位移的膨胀节连接。

膨胀节内设有漏水探测器，用来显示膨胀节是否泄漏。漏水探测器与安装在反应堆厂房操作大厅和燃料厂房操作大厅的控制台连接，报警信号同时被传送到主控室。

- 在运输小车的驱动和控制系统发生故障时，可以通过安装在燃料厂房操作大厅的手动应急装置将位于任何位置的运输小车拖回燃料转运舱。当运输小车停在燃料转运通道内时，利用自然对流足以保证燃料组件的冷却。因此，对燃料组件在燃料转运通道内滞留不作最大时间的限制。
- 用来操作倾翻架的卷扬机具有两个制动器，一个为运行制动器，另一个为安全制动器。此外，还设有载荷传感器，在钢丝绳过载或松弛时停止操作，应急手动装置作为备用。倾翻架卷扬机采用双钢丝绳设计，在一根钢丝绳断裂时，另一根钢丝绳能保持住载荷并能够完成正在进行的操作。
- 倾翻和转运操作在低速下启动和停止，为避免燃料组件受冲击和振动，应逐渐加速和减速。
- 每个控制台配备有一个手动开关，如果操作人员发现有故障，用该开关就能使主供电电路断电。

燃料转运装置还装备有下列联锁装置：

- 只有两个倾翻架均处在水平位置时，才能开动运输小车；
- 只有运输小车在其行程终端时，倾翻架才能被操作；
- 只有倾翻架处在垂直位置时，装卸料机或人桥吊车才能进入承载器操作区，当装卸料机或人桥吊车位于承载器操作区时，倾翻架不能进行翻转运动；
- 只有当手动闸阀完全打开时，运输小车才能运动；
- 新燃料升降机。

新燃料升降机把新燃料组件从乏燃料贮存水池水面之上下降到池底，为了防止在操作时发生故障或事故，做下列设计：

- 卷扬机配备有载荷限制器。在钢丝绳过载或欠载情况下，载荷限制器使卷扬机停止运行。此外，卷扬机上还配备有手动应急装置。手动操作时，电源处于切断状态。
- 通过缓慢加速和减速，保证燃料组件运行平稳，无冲击和振动。新燃料升降在高速运动时，速度为 5 m/min。在接近行程终点时，运动自动降为低速（0.5 m/min）。
- 承载器上端带有喇叭口，且周边光滑，从而保证燃料组件顺利地插入和抽出。
- 设备制造完成后，利用模拟燃料组件在制造厂进行功能试验；设备安装后，在现场进行功能试验。

乏燃料检查系统：

乏燃料检查系统用于水下检查乏（辐照）燃料组件的表面情况，乏燃料检查系统主要由水下摄像机和安装在16.55 m操作平台上的带记录仪的监视器等组成，借助于人桥吊车和新燃料升降机完成对乏（辐照）燃料组件的外观检查。通过评价探测到的机械缺陷，确定燃料组件是否可以回装入反应堆堆芯或是否可以外运。

进行外观检查时，水下摄像机临时安装在新燃料升降机的燃料舱上，乏燃料组件抓具挂在人桥吊车的吊钩上。由人桥吊车操作被检查的燃料组件；通过旋转乏燃料组件抓具旋转燃料组件，以便检查燃料组件的四个侧面和上、下管座的外观情况。通过新燃料升降机燃料舱的上下运动，可以检查燃料组件不同标高处的表面情况。

新燃料检查装置：

新燃料检查装置设有燃料组件上部支架和下部回转台，下部回转台是可以旋转的。工作人员可从三个不同标高的平台上检查新燃料组件的表面情况。在新燃料组件放入贮存格架前，新燃料检查装置对新燃料组件和控制棒组件进行外观检查。该检查装置的设计能保证在实施燃料组件的插入、转动或抽出操作时，不损伤燃料组件。

在进行控制棒组件的抽插试验时，下部回转台被锁住。控制棒组件导向装置与燃料组件定位装置相互对中，以保证控制棒组件抽插试验有效进行。抽插试验时，用测力计检测控制棒组件的抽插阻力。抽插阻力不合格的控制棒组件会影响反应堆运行的安全控制，不得使用。

在线啜吸：

核电厂反应堆在运行期间，由于各种原因（本身、外界）致使燃料棒出现裂纹或微孔，冷却剂会经裂纹或微孔渗入包壳，直至包壳内外压力平衡为止，在燃料棒自由体积内积累的裂变气体经包壳的裂纹或微孔扩散出来，同时水和水蒸汽与燃料棒裂变产物发生反应，形成的易挥发化合物以与裂变气体相似的方式释放，而形成的其他可溶解化合物则随冷却剂带出。核电厂反应堆运行时，冷却剂中裂变产物（常测量 ^{131}I、^{133}I、^{134}I、^{133}Xe、^{134}Cs、^{137}Cs、惰性气体总量、^{131}I 当量的方法）的活度和不同裂变产物核素活度的比可用于显示燃料包壳的破损。冷却剂通过从回路系统单独取样测量或在回路系统管道适当位置进行在线测量。在线测量是在工作运行中的测量，而离线测量是对固定在某一位置静止测量。如果发生燃料组件破损，可用不同位置的控制棒组件的运动使反应堆功率在局部发生变化，并观察它对冷却剂系统中裂变产物活性或不同裂变产物核素活度比的影响来判断破损燃料组件在堆芯中的位置。在反应堆运行过程的冷却剂取样检测中，若发现有燃料组件破损征兆，就要在核反应堆停堆换料的大修过程中进行啜吸检测，先是快速定性检测，找出那组燃料组件出现异常，然后进行定量检测，以判定破损的大小。

在线啜吸装置是在反应堆换料时安装在装卸料机平台上的测量系统，其功能是在换料操作过程中，当每束燃料组件在提升至装卸料机的固定套筒后，对燃料组件进行破损监测。其工作原理如下：

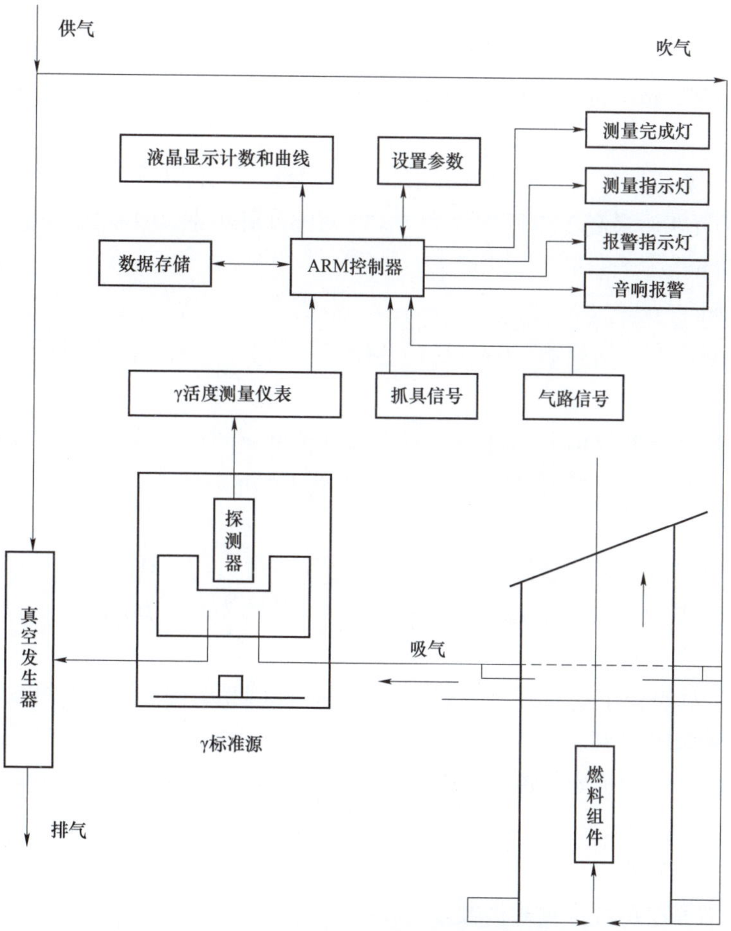

图 352-05-11-01　在线啜吸工作原理简图

在线啜吸装置由控制系统机箱、γ 活度测量仪表、探测器及铅室、计量罐、气体系统等组成，装在一个控制柜中。

当反应堆换料时，用装卸料机抓具抓住燃料组件从堆芯中提出，在上升到固定套筒上部位置时，由于燃料组件收到外压降低，如果有燃料棒有破损，则加速了裂变气体 ^{133}Xe 向外泄漏。从固定套筒底部吹气口吹入的压缩空气气流携带漏出的裂变气体上升到套筒内水面上方，位于此处的吸气口把夹带裂变气体的空气吸入计量罐，吸气是用向真空发生器注气来实现的。

γ 活度测量系统通过测量 ^{133}Xe γ 峰值微分计数率变化，积分计数率变化，控制系统实时描绘曲线和显示计数，在 γ 活度超过设定阈值时给出音响报警信号和灯光报警信号。

燃料组件在固定套筒上端停留监测 2 min（默认时间或用户设定），此时测量指示灯（黄灯）亮，2 min 后系统自动保存相关数据和曲线图片到 SD 卡中，测量完成灯（绿灯）亮通知操作员，该组件监测完毕。

离线啜吸

离线啜吸监测装置安装在燃料厂房内，其作用是定性检测辐照后的燃料棒包壳的密封性和定量检测燃料包壳破损的大小。其工作原理是将燃料组件装入啜吸室内，啜吸室将燃料组件隔离，并升高其温度，使燃料棒包壳内的压力升高。如果包壳不严密，就向外排出裂变产物。这些裂变产物随后被循环流体带走，通过比较升温前后流体内的 γ 活度，就可以探测裂变产物的存在，从而鉴定出破损燃料。

离线啜吸检测设备运行特性如下：

（1）温度控制

啜吸室内筒最高温度为 95 ℃，有 4 根热电偶来测量其温度。两个温度平台分别为 50 ℃和（75～85）℃；平台的温度误差为±3 ℃（池水温度 30 ℃），时间为 2 h；温度上升的速率是：有燃料组件时为 3 ℃/min（池水温度 30 ℃，燃料组件剩余功率 50 kW，气体热屏，经加热 5 min 的稳态气流和水流）；没有燃料组件时为 1.5 ℃/min（池水温度 30 ℃，空啜吸室气体热屏，经加热 5 min 的稳态气流和水流）。

（2）水、气循环

水主回路循环时，流量范围为（5～6）m^3/h，与此同时，泵出口压力约为 0.125 MPa；气主回路流量范围为（150～250）L/h，最高工作压力约为 0.135 MPa，并要在 0.2 MPa 下密封，同时提供稳定的水流和气流的时间≥4 h。

（3）盖子开闭时间

在盖开启、闭合回路上分别施加（0.4±0.1）MPa 的压力，开启、闭合时间应小于 20 s。

（4）实时测量

测量前端是光电倍增管和NaI（Tl）晶体，它们与气体测量室间可加衰减片，气体测量室体积为 2 dm^3，铅屏蔽的厚度为 100 mm，γ 活度的探测下限为 4.44 *10^4 Bq/m^3。

（5）取样

取水样和取气样，都在手套箱中获得。手套箱内有冲洗、排污功能。气体取样的抽真空压力≤－0.06 MPa。气样品瓶的容积范围为 0～500 mL，水样品瓶的容积范围为 0～100 mL。

燃料组件、相关组件操作工具

燃料组件、相关组件操作工具的设计能避免燃料组件及其相关组件从操作工具上意外脱落，操作工具的设计为负载时不能自动打开。

为确保抓具安全操作，作了如下设计：抓具设计保证装卸操作时只有轴向载荷施加于燃料组件，且轴向力不大于 4500 N。对抓具进行各项功能试验，验证下列功能：

——无故障的抓紧和松开操作；

——抓头能按照需要在抓取位置时被锁住。

部件的耐用性。所有操作抓具均配备有定位和锁紧装置，它们应确保完成下列功能：1）通过使用定位销，实现抓具与燃料组件之间正确定位；2）在抓取操作之前，依靠定位销的充分插入来保证抓取的可靠性；3）在由一个位置运送到另一个位置时，被抓取的组件不会跌落；4）将抓具锁紧在抓取位置上，以保证被操作组件的安全吊运。

11.3 指标与参数

——燃料操作系统应设计成在燃料组件从一处转运到另一处期间，燃料组件坠落、碰撞或损伤的危险为最小。既不能导致可能的污染，也不能导致保证电厂安全的重要设备的损坏。

——除仪表和控制设备以外，RFH 系统中的设备应能承受最大运行应力和极限安全地震动（SL-2）引起的应力。

——乏燃料组件应在足够深的水下操作，确保燃料组件上方有足够的水屏蔽层。

——燃料组件的操作应满足下列要求：

● 在反应堆内提升或放下燃料组件时，或在吊装的燃料组件通过可能与其发生接触的表面时，需要连续监测提升力，以防止发生损伤燃料组件的事故。

● 为确保燃料组件在吊装过程中，其负载不超过规定的限值，在燃料组件的最初 250 mm 插入国产中，如果发现其负载减少了 200 N 以上，应立即停止下插，之后吊车以最小速度反向运动，直到负载恢复到正常值；在燃料组件其余部分插入过程中，如果发现负载减少了 300 N 以上，这时要么燃料组件被挂住了，要么定位不准，不管哪种情况，应停止下插，使吊车以最小速度反向运动，直到燃料组件提出为止。

● 吊运燃料组件的过程中，应确保燃料组件不受到任何撞击。

● 一般情况下，燃料组件不允许水平操作，除非在燃料组件的整个长度上有良好支承。

● 为了防止燃料组件的弯曲变形，燃料组件在无侧向支承时，加在其上的轴向力不得超过 4 500 N。

● 为了防止燃料组件的弯曲变形，燃料组件在有侧向支承时，加在其上的轴向力不得超过 9 000 N。

● 为了防止燃料棒在贮存或操作时受到额外载荷，必须在燃料组件未端或贮存格架上采取导向措施。

——辐照燃料组件水下操作的原因：便于对操作的目视监测，也是排除余热和辐射防护的有效方法。

——RFH 系统所有设备以及与系统相关设备的设计，应考虑防止零部件掉落到乏燃料贮存水池、反应堆换料水池以及操作地面等的可能性。

——在核电厂现场不允许乏燃料等放射性物质永久贮存。

——乏燃料组件应采用湿法贮存。

——用于支承燃料组件（带控制棒组件的燃料组件重 735.8 kg，控制棒组件重 68 kg）的构件及其所有零件，其最大设计应力（许用应力）小于材料抗拉强度极限的 20%（$\sigma<0.2\sigma b$）。该项规定适用于正常操作和小于 1.2 倍正常载荷的事故超载，而不适用于地震载荷。

设备正常运行应力和由 SL-1 产生的地震应力的组合应力小于材料抗拉强度极限的 30%（$\sigma<0.3\sigma b$）。

设备的设计均应承受最大运行应力和 SL-2 所产生的应力。设备正常运行应力和由 SL-2 产生的地震应力的组合应力小于材料的屈服强度。

——RFH 系统的设备，在 SL-1 或 SL-2 地震过后，经过检查和修理应能够恢复其功能。在所有情况下，能够通过手动方式来完成正在进行的燃料操作，并且不损伤燃料组件。

——RFH 系统水下操作设备的设计应该满足下列环境条件：含有各种化学添加剂的含硼除盐水；一般情况下平均水温不超过 35 ℃；在换料大修结束后出现事故需要全堆芯卸料的异常热负荷工况下，两台泵和两台热交换器投入运行时，乏燃料水池冷却回路的设计保证乏燃料水池水温不超过 60 ℃，一台冷却泵和一台热交换器投入运行时，乏燃料水池冷却回路的设计保证乏燃料水池水温不超过 80 ℃。水下运行的设备零部件一般应采用奥氏体不锈钢制造，其外形应易于去污，并且不允许使用有机材料，包括有机润滑脂等。

11.4 燃料操作要求

11.4.1 首次堆芯装料操作

下列系统和设施应处于备用状态：

（1）在反应堆厂房

——反应堆压力容器和下部堆内构件；

——反应堆水池池水冷却和处理系统；

——换料水池和堆内构件存放池、R 水闸门和装卸料机；

——首次堆芯装料所需的各种测量仪表；

——水下照明装置等。

（2）在燃料厂房

——乏燃料水池池水冷却和处理系统；

——乏燃料贮存水池；

——人桥吊车；

——辅助吊车；

——新燃料升降机；

——燃料贮存格架；

——燃料转运装置；

——操作工具；

——水下照明装置等。

11.4.2 首次装料的燃料组件类型

首次装入堆芯 177 组带有以下相关组件的燃料组件：

——61 组控制棒组件；

——80 组可燃毒物组件和中子源组件；

——36 组阻流塞组件。

11.4.3 装料操作

用于首次装料的新燃料组件（装有除一次中子源组件外的所有相关组件）运抵核电厂。

（1）新燃料组件及相关组件的抵达

新燃料组件装在运输容器里运至燃料厂房 ± 0.000 m 标高就位，在此可通过设备装卸口起吊容器。用辅助吊车的主钩将新燃料运输容器吊起，运至新燃料接收间上方并通过其舱口将其降至地板上就位。

（2）新燃料运输容器的开箱和卸料操作

用工具松开容器盖与容器体间的连接，用新燃料运输容器盖吊车将容器盖吊开，拆除新燃料组件的聚乙烯袋。再用辅助吊车将容器内的燃料托架旋转至垂直位置，操作人员用手动工具松开燃料组件与燃料托架间的固定装置后，再用辅助吊车和新燃料组件抓具从新燃料运输容器内提取新燃料组件并运至新燃料检查间进行相关检验，检验合格后将运至新 燃料贮存格架或新燃料升降机。

由于新燃料组件抓具不能在水下使用，故新燃料升降机在接收新燃料组件时，其料舱必须处于高位；当用人桥吊车从新燃料升降机卸出新燃料组件时，由于乏燃料组件抓具较长，其料舱必须处于低位。最终新燃料组件将被放置于乏燃料贮存格架的 I 区中。

（3）新燃料组件在燃料厂房与反应堆厂房之间的转运

通过挂有乏燃料组件抓具的人桥吊车将新燃料组件从乏燃料贮存格架运至燃料转运装置的燃料承载器中。

当人桥吊车从燃料转运区域移走后，翻转承载器至水平位置，操作燃料转运装置的运输小车，把该燃料组件从燃料厂房转运至反应堆厂房堆内构件存放池的规定位置。

当新燃料组件运至反应堆厂房后，翻转承载器至垂直位置，在翻转过程中，装卸料机应不在转运装置承载器的操作区。燃料转运装置配备有显示屏用于监控对新燃料组件的翻转和转运操作。

当新燃料组件在垂直位置后，用装卸料机把燃料组件从承载器内抽出来并转运至堆芯，在转运过程中装卸料机应沿着规定好的路线行走，以避免碰撞到反应堆水池中的其他设备。

燃料组件的操作将受到装卸料机闭路电视系统的监控。

（4）堆芯装料

新燃料组件均带有相关组件，因此相关组件不需要单独转运，按照上述 a、b、c 顺序每次从燃料贮存格架中转运一组燃料组件到堆芯。

首次堆芯装料可以采用干法操作工艺。在这种操作方式下必须对新燃料升降机和燃料转运装置的运动部件进行喷水。另外也可以采用湿法装料，湿法装料是将换料水池、堆内构件存放池、燃料转运舱和乏燃料贮存水池全部充水至规定水位。

11.4.4 首次换料操作准备

下列系统和设施应处于备用状态：

（1）在反应堆厂房

——反应堆压力容器和下部堆内构件；

——反应堆水池池水冷却和处理系统；

——换料水池和堆内构件存放池（充满水）和水下照明系统；

——装卸料机和电视摄像机。

（2）在燃料厂房

——乏燃料水池池水冷却和处理系统；

——乏燃料贮存水池（充满水）和水下照明系统；

——挂有乏燃料组件抓具的人桥吊车；

——乏燃料检查系统；

——可燃毒物组件抓具悬挂于其支架上；

——旧控制棒组件抓具悬挂于其支架上；

——乏燃料贮存格架；

——破损控制棒组件贮存小室；

——可燃毒物组件存放架；

——新燃料组件。

11.4.5 首次换料的燃料组件类型

（1）从堆芯移出的燃料组件和相关组件

——乏燃料组件；

——可燃毒物组件和中子源组件。

（2）在下一燃料循环的反应堆中需装载的燃料组件和相关组件

——新燃料组件；

——阻流塞组件；

——控制棒组件。

11.4.6 首次换料操作

部分乏燃料组件和部分可燃毒物组件必须从堆芯移除，剩余的燃料组件、新燃料组件和相关组件按照下一燃料循环的装料计划在乏燃料水池中进行倒换。

（1）新燃料组件的操作

——新燃料运输容器通过辅助吊车运至新燃料接收间；

——从运输容器中取出新燃料组件；

——每根新燃料组件送至新燃料检查装置中进行检查；

——检验合格的新燃料组件贮存于新燃料贮存格架中，并确保新燃料组件在格架中的正确定位；

——借助辅助吊车和新燃料组件抓具将新燃料组件运往新燃料升降机；

——借助人桥吊车将新燃料组件临时存放于乏燃料水池中的I区中，并准备接受从辐照燃料组件或乏燃料组件中取出的相关组件。

（2）堆芯卸料并将全部辐照燃料组件运至乏燃料水池

——将燃料转运装置运输小车开至反应堆厂房；

——将燃料承载器翻转至垂直位置；

——通过装卸料机将一根辐照燃料组件连同其所带的相关组件转运并插入燃料承载器内；

——将燃料承载器翻转至水平位置；

——将燃料转运装置运输小车开至燃料厂房；

——将燃料承载器翻转至垂直位置；

——借助人桥吊车和乏燃料组件抓具把辐照燃料组件从承载器内抽出；

——将辐照燃料组件及其相关组件运至乏燃料贮存格架的Ⅰ区（或根据燃料组件的燃耗程度运至Ⅱ区，如果有破损，将运至破损燃料组件贮存小室）；

——将燃料转运装置运输小车运回反应堆厂房，重复上述 2）至 8）的操作步骤，直至将反应堆堆芯内的燃料组件全部卸至燃料厂房的乏燃料贮存水池的指定区域为止。

（3）在乏燃料贮存水池内进行的倒换相关组件的操作倒换相关组件的操作在燃料厂房中的乏燃料水池中进行，使用旧控制棒组件抓具抓取控制棒组件，用可燃毒物组件抓具抓取可燃毒物组件，用阻流塞组件抓具抓取阻流塞组件

——从辐照燃料组件中抽出可燃毒物组件并插入可燃毒物组件存放架：

- 将可燃毒物组件抓具悬挂于人桥吊车的吊钩上；
- 从辐照燃料组件中抽出可燃毒物组件并插入可燃毒物组件存放架，重复此操作直至可燃毒物组件存放架被全部占用。

——阻流塞组件在辐照燃料组件与新燃料组件之间的倒换操作：

- 将阻流塞组件抓具悬挂于人桥吊车的吊钩上；
- 从乏燃料组件中抽出阻流塞组件，并根据堆芯装料计划插入到辐照燃料组件和新燃料组件中。

——控制棒组件在辐照燃料组件与新燃料组件之间的倒换操作：

- 将旧控制棒组件抓具悬挂于人桥吊车的吊钩上；
- 从乏燃料组件中抽出控制棒组件，并根据堆芯装料计划插入到辐照燃料组件和新燃料组件中。

——根据堆芯装料计划在燃料组件中加入阻流塞组件和控制棒组件 此操作应按照上述 2）、3）中描述的步骤进行。

（4）可燃毒物组件和阻流塞组件的操作

首次堆芯换料需要向堆芯加入阻流塞组件，卸出堆芯的全部可燃毒物组件和一次中子源组件。

加入阻流塞组件的操作是借助于破损控制棒组件贮存小室、新燃料升降机和人桥吊车等设备完成的。卸出的可燃毒物组件和一次中子源组件除装入卸出的乏燃料组件中存放以外，剩余的装入安装在Ⅰ区的可燃毒物存放架中存放。

（5）堆芯装料操作

当在乏燃料贮存水池内进行的倒换相关组件的操作全部完成后，可按下述程序进行反应堆堆芯的装料操作。

——将燃料转运装置运输小车开至燃料厂房；

——将燃料承载器翻转至垂直位置；

——通过人桥吊车和乏燃料组件抓具将一根燃料组件连同其所带的相关组件转运并插入燃料承载器内；

——将燃料承载器翻转至水平位置；

——将燃料转运装置运输小车开至反应堆厂房；

——将燃料承载器翻转至垂直位置；

——借助装卸料机把燃料组件连同所带的相关组件从承载器内抽出；

——将燃料组件及其相关组件运至堆芯并按堆芯装料计划插入规定的位置；

——将燃料转运装置运输小车运回燃料厂房，重复上述 2）至 8）的操作步骤，直至将乏燃料贮存水池中的燃料组件全部装入堆芯的指定区域为止。

11.4.7 转运、贮存高放处置容器

堆芯探测器组件需要定期更换，从堆芯卸出后，经剪切、缩容形成堆芯探测器高放废物。该废物放入高放处置容器中存放。本系统仅负责高放处置容器的转运和贮存。

空的高放处置容器贮存在乏燃料水池 I 区乏燃料贮存格架中（封堵位置）。需要装载探测器组件（高放部分）时，通过燃料转运装置等设备将高放处置容器从乏燃料水池转运至反应堆厂房内的堆内构件存放池，主要流程下：

——燃料转运装置承载器在燃料厂房就位；

——用人桥吊车和乏燃料组件抓具抓取空的高放处置容器并将其转运至燃料转运装置承载器中；

——燃料转运装置承载器翻转到水平位置；

——燃料转运装置运输小车带着承载器通过燃料转运通道，将高放处置容器转运到反应堆厂房；

——燃料转运装置承载器翻转到垂直位置；

——用装卸料机（辅助单轨吊）和乏燃料组件通用抓具抓取高放处置容器并将其转运至堆内构件存放池的存放架上，准备装载堆芯探测器高放废物；

——用探测器组件拆除装置向高放处置容器中装载堆芯探测器高放废物；

——装载完成后，用装卸料机、燃料转运装置等设备沿相反路径将高放处置容器转运至乏燃料水池中贮存。

11.4.8 故障应急设计要求

——装卸料机故障：

- 装卸料机工作期间主起升发生故障后，用装卸料机辅助单轨吊和乏燃料组件通用抓具完成装卸料操作。
- 装卸料机的主起升、大车和小车均备有手动操作装置，在故障情况下以完成必要的操作。

——燃料转运装置故障：

- 在燃料转运装置不工作时，燃料转运舱无水，可以对燃料转运装置实施必要的检查。燃料转运装置的运输小车备有水上手动操作机构，以便在运输小车电气故障情况下将运输小车拖回燃料转运舱。
- 燃料转运舱与乏燃料贮存水池是相互隔开的，燃料厂房侧的倾翻架发生故障或运输小车发生故障时，燃料转运舱里的水可以排空，以便进行必要的维修，而不影响乏燃料贮存。借助于水闸门，可以将换料水池和堆内构件存放池隔开，从而可以在反应堆厂房侧的倾翻架发生故障时排空堆内构件存放池内的水，以便实施必要的修复工作。

11.4.9 控制要求

为了减少运行差错，对 RFH 系统的设备提出如下联锁要求。

——RFH 系统设备间的联锁要求：

- 只有当燃料转运装置承载器处于垂直位置时，装卸料机才能进入承载器操作区（反应堆厂房侧）；只有当装卸料机离开承载器操作区后，倾翻架才能翻转。
- 只有当燃料转运装置承载器处于垂直位置时，人桥吊车才能进入承载器操作区（燃料厂房侧）；只有当人桥吊车离开承载器操作区后，倾翻架才能翻转。
- 只有当离线啜吸检测装置的小室盖板被打开时，人桥吊车才能进入离线啜吸检测装置上方操作；只有当人桥吊车离开后，小室盖板才能盖上。
- 只有新燃料升降机料舱位于下部位置时，人桥吊车才能进入新燃料升降机上方操作；只有当人桥吊车离开后，新燃料升降机才允许上升操作。
- 应设计防止人桥吊车和辅助吊车相碰撞的联锁。
- 同一设备的各个部件之间应设置必要的联锁，以便将产生事故的风险减至最小；
- 装卸料机在堆芯和燃料转运装置倾翻架之间的行走应被局限于专门的运输路线，避免与反应堆压力容器顶盖导向柱、堆内构件或换料水池池壁的互相干涉；
- 人桥吊车必须设置安全保护，以便在吊运燃料组件期间，防止燃料组件与任何设施发生碰撞；
- 起升设备应装有载荷测量装置和防绳索松弛的安全装置，以避免发生操作事故；
- 操作工具设计适当的长度和设置限位开关，保证在最不利的情况下，所操作的燃料组件仍然处在足够的水深中，为现场工作人员提供必要的辐射防护。

11.5 质量管理

系统可用性：

需要试验和检查的设备零部件均应易于接近并可拆卸，以便进行必要的检查和修理。

——在使用人桥吊车、辅助吊车、装卸料机、新燃料升降机、燃料转运装置、新燃料检查装置、乏燃料检查系统、离线啜吸检测装置和在线啜吸检测装置等设备之前，应进行下列维修和检查：

- 目视检查有无松动的零部件和不属于本设备的零部件，并去除灰尘、污垢、油脂，必要时给零部件加油；
- 用适当的润滑剂润滑开式齿轮（如果有）；
- 检查起升钢丝绳有无磨损或断股现象；
- 目视检查各限位开关和限位开关触发装置有无零件损坏或破裂的迹象；
- 必要时检查连接管线有无老化和损伤；
- 检查设备的各项功能是否安全可靠。

——燃料操作工具：

在使用操作工具之前，应进行下列维修和检查。

- 目视检查操作工具有无灰尘、松动件和任何损坏迹象（如裂口等）；
- 检查操作工具的各项功能是否安全可靠；
- 维修和定期试验原则；

按照各项设备的电气和机械要求，在现场对设备进行维修和定期试验，其目的是保证系统和设备的性能。

- 维修和定期试验；

设备设计应使它们的维修和定期试验工作减至最低程度，维修和定期试验工作应满足下列要求。

- 可拆卸和易接近；

为了便于进行必要的维修和定期试验，所有可能磨损的部件必须尽可能地易接近、易拆卸和易更换。设备的所有零部件可通过下列途径接近：

● 对于装卸料机，配备可以通达维修部位的梯子；

● 对于下列设备的零部件，可以从操作地面或者梯子直接到达：

燃料转运装置；

新燃料升降机；

离线啜吸检测装置；

各种操作工具。

● 在人桥吊车发生故障时，通过辅助吊车将其拖带到易于接近的地方进行修理；在辅助吊车发生故障时，通过人桥吊车将其拖带到能接近的地方进行修理。

● 在燃料转运装置发生故障时，能通过手动操作完成正在进行的操作。

维修和定期试验计划：

一般地，维修和定期试验主要是润滑受磨损的机械部件，主要包括：

● 装卸料机；

● 人桥吊车；

● 辅助吊车。

另外，应对驱动电动机、制动系统和电控元器件等进行检查，需要检查、维修的部件应尽可能地易接近、易拆卸和易更换。每台设备均应编制运行维修手册。

11.6 经验反馈

图352-05-11-01 经验反馈表

序号	故障现象	原因分析	处理
1	装卸料机伸缩套筒导向轮卡涩	（1）装卸料机导向轮卡涩导致伸缩套筒运动阻力大，在燃料释放过程中触发欠载保护 （2）装卸料机伸缩套筒导向轮设计固有特性导致导向轮卡涩的缺陷 （3）未考虑采取措施监测装卸料机主提升试验和运行过程中载荷变化的趋势，不利于提前发现装卸料机套筒内部缺陷	（1）拆除导向轮组件，更换受损的导向轮组件 （2）进行导向轮组件升级改造，增加锡青铜轴套，防止同种材质摩擦 （3）升版预维规程，明确导向轮检查要求
2	装卸料机主载荷放大器损坏	装料后装卸料机载荷放大器未拆除，载荷放大器在岛内运行期间受到放射性照射导致损坏	（1）临时更换载荷放大器 （2）核实装卸料机装料后仪控部件清单是否齐全（应包含载荷放大器、摄像头、编码器、控制台），将载荷放大器的拆除加入规程中 （3）提前对冗余载荷放大器的状态进行检查，确认是否存在隐患
3	转运装置倾翻机超载，载荷传感器闪发故障	转运装置载荷放大器更换后未进行标定	（1）重新标定载荷放大器故障消除 （2）编写装卸料机载荷放大器标定规程，增加载荷放大器更换后进行标定的步骤
4	装卸料机发生啃轨，大车跑偏	轨道接缝不平整，导致导向轮间隙变大，大车发生啃轨	（1）维修人员对轨道接缝处进行打磨 （2）定期检查防翻勾的状态 （3）定期检查导向轮的间隙
5	装卸料机在燃料组件提升过程发生主提升超载报警	（1）装卸料机零点定位错误，抓取燃料组件上升过程中，装卸料机抓具与套筒导向轮摩擦逐渐增大 （2）设备安装调试和移交管理制度不完善，以致系统设备带隐患移交 （3）人员对系统设备了解不透彻，维修经验不足，未能意识到调整承载器垂直度会造成装卸料机零位位置发生改变	（1）调整将装卸料机大车实际零点 （2）与调试标定零点位置一致后用模拟组件验证，结果合格

11.7 技术规程清单

图 352-05-11-02 技术规程清单

序号	规程名称
1	燃料厂房辅助吊车操作
2	燃料厂房人桥吊车操作
3	乏燃料组件抓具操作
4	乏燃料组件通用抓具操作
5	旧控制棒组件抓具操作
6	可燃毒物组件抓具操作
7	阻流塞组件抓具操作
8	装卸料操作
9	小靴帮操作
10	新燃料升降机操作
11	装卸料机操作
12	相关组件倒换操作
13	堆芯燃料吊装操作
14	新燃料接收操作
15	燃料转运装置操作
16	燃料操作与贮存系统旁路操作
17	新燃料放入水池操作
18	光枪的安装、操作和拆卸
19	二次中子源组件倒换操作

11.8 参考文件

[1] 核动力厂设计安全规定（HAF102）[Z]. 2016.
[2]《核电厂设计总的安全原则》(HAD102/01)（1989 年 7 月 12 日）.
[3]《核电厂防火》(HAD102/11)（1996 年）.
[4]《核电厂辐射防护设计》(HAD102/12)（1990 年 5 月 19 日）.
[5]《核动力厂燃料装卸和贮存系统设计》(HAD102/15)（2007 年 6 月 1 日）.
[6] 核电厂运行期间的辐射防护（HAD103/04）（1990 年 5 月 19 日）.
[7] 电离辐射防护与辐射源安全基本标准：GB18871—2002 [S].
[8]《核电厂安全功能和设备分级》(1188XCP—ZHC18).
[9]《核电厂专用起重机设计准则》(NB/T 20234—2013).
[10]《起重机设计规范》(GB/T 3811—2008).
[11]《起重机安全规程》(GB 6067.1—2010).

附录：《图表编码规则及说明》

编码规则分为四字段和三字段，说明如下：

1. 四字段编码规则：第一字段由三个数字组成，第一个数字表示图/表所在册定位，第二个数字表示图/表所在卷定位，第三个数字表示图/表所在篇定位，如所在卷不分篇，则第三个数字为“0”；第二个字段表示图/表所在章定位，由两位数字组成，如 01、02、03 依次类推；字段和字段之间用“—”连接；第三字段表示图/表所在节定位，由两位数字组成，如 01、02、03 依次类推；第四字段表示所在节的第几张图/表，用 01、02、03 等依次类推组成。

2. 三字段编码规则：针对章中划分了“第一节、第二节……”的情况，采用三字段编码。第一字段由三个数字组成，第一个数字表示图/表所在册定位，第二个数字表示图/表所在卷定位，第三个数字表示图/表所在篇定位，如所在卷不分篇，则第三个数字为“0”；第二个字段表示图/表所在章定位，由两位数字组成，如 01、02、03 依次类推；字段和字段之间用“—”连接；第三字段表示所在章的第几张图/表，用 01、02、03 等依次类推组成。

图表编码规则

<table>
<tr><th>图/表</th><th>册</th><th>卷</th><th>篇</th><th>分隔符</th><th>章</th><th>分隔符</th><th>节</th><th>分隔符</th><th>编码</th></tr>
<tr><td rowspan="12">图/表</td><td rowspan="3">第一册</td><td>第一卷：工程设计</td><td rowspan="12">0：不分篇
1：第一篇
2：第二篇
3：第三篇
4：第四篇
5：第五篇
6：第六篇
7：第七篇</td><td rowspan="12">—</td><td rowspan="12">01：第一章
02：第二章
……
……
……
10：第十章
11：第十一章
……
……</td><td rowspan="12">—</td><td rowspan="12">01：第 1 节
02：第 2 节
……
……
……
10：第 10 节
11：第 11 节
……
……</td><td rowspan="12">—</td><td rowspan="12">图/表的顺序编码：
01 到 NN</td></tr>
<tr><td>第二卷：采购</td></tr>
<tr><td>第三卷：建安</td></tr>
<tr><td>第二册</td><td>第四卷：调试</td></tr>
<tr><td>第三册</td><td>第五卷：维修</td></tr>
<tr><td>第四册</td><td>第六卷：技术支持</td></tr>
<tr><td rowspan="6">第五册</td><td>第七卷：运行</td></tr>
<tr><td>第八卷：设备管理</td></tr>
<tr><td>第九卷：保健物理</td></tr>
<tr><td>第十卷：环境和应急</td></tr>
<tr><td>第十一卷：消防</td></tr>
<tr><td>第十二卷：信息文档</td></tr>
</table>

举例 1：图 110-02-02-05　第一册　第一卷　第二章　第二节　第五张图，　（本卷不分篇，采用四个字段）

举例 2：图 241-02-02-05　第二册　第四卷　第一篇　第二章　第二节　第五张图，　（采用四个字段）

举例 3：表 572-02-02-01　第五册　第七卷　第二篇　第二章　第二节　第一个表，　（采用四个字段）

列举 4：表 110-03-01　第一册　第一卷　第三章　第一个表，　（对于部分章划分第一节、第二节的，采用三个字段）